JN433158
UNDERSTANDING BIOLOGY
수정판
생명과학의 이해
대표역자 김영환
KENNETH MASON
GEORGE JOHNSON
JONATHAN LOSOS
SUSAN SINGER
BIO
BIOSCIENCE
(주)바이오사이언스출판

이 도서의 국립중앙도서관 출판예정도서목록(CIP)은 서지정보유통지원시스템 홈페이지(http://seoji.nl.go.kr)와 국가자료공동목록시스템(http://www.nl.go.kr/kolisnet)에서 이용하실 수 있습니다. (CIP제어번호 : CIP2016006084)

생명과학의 이해 수정판

초판 인쇄: 2017년 3월 2일
초판 발행: 2017년 3월 10일

저 자: Kenneth Mason, George Johnson, Jonathan Losos, Susan Singer
역 자: 김영환, 강상순, 김경환, 김관석, 김성한, 김형규, 류성호, 류호진, 석호영, 성현아, 신현웅, 심성보, 오병운, 이만렬, 이보영, 이용석, 이준상, 조성진, 조태주, 차병진, 최수영, 한재석, 현상환, 홍완표
발 행 인: 문정구
발 행 처: (주)바이오사이언스출판
주 소: 14040 경기도 안양시 동안구 전파로 107(호계동)
전 화: (02)581-4057~8 팩스: (02)581-4059
이 메 일: inquiry@biosciencepub.com
홈페이지: http: //www.biobooks.co.kr
I S B N: 978-89-6824-050-8
등록번호: 제22-3079호

값 40,000원

저자 소개

케니스 메이슨(*Kenneth Mason*)은 아이오와대학교에서 일반생물학과 인류유전학을 가르치고 있다. 이전에 그는 퍼듀대학교에서 가장 큰 강좌의 하나인 2학기 과정의 일반생물학을 6년간 강의했다. 그는 학생들의 투표로 1학년 우등생클럽의 명예회원으로 선출되었다. 한편 그는 미국국립과학재단의 지원을 받고 화학 및 물리학 교수들과 협력하여 공학도를 대상으로 하는 생물학과 화학 및 물리학을 연계하는 혁신적인 과정을 개발하는 과제를 수행하였다. 퍼듀대학교 이전에는 캔자스대학교에서 11년간 교수로 재직했으며, 양서류 착색의 유전학을 연구하여 그 분야의 논문과 총설을 발표하였다. 그곳에 있는 동안 다양한 교과목을 강의했고, 교육과정 문제에 적극 참여했으며, 유전학실험의 상급과정을 위한 지침서를 저술하였다. 그의 부인이 아이오와대학교의 총장이 되면서 메이슨은 아이오와대학교로 옮기게 되었다.

조지 존슨(*George Johnson*)은 세인트루이스에 있는 워싱턴대학교의 생물학 명예교수이며, 35년간 생물학을 전공하는 학생들에게 유전학을 가르치고 비전공자에게는 교양생물학을 강의하였다. 한편 워싱턴대학교 의과대학의 유전학 교수이면서 고산성 나비들의 유전적 변이에 초점을 맞춰 집단유전학의 연구를 수행하고 있다. 그는 그간 40편 이상의 연구논문을 발표하고, 『*Biology*』, 『*The Living World*』, 『*Essentials of the Living World*』를 포함한 6권의 대학교재와 널리 사용되는 고교 생물학 교재인 『*Holt Biology*』를 저술하였다. 30여 년간 그는 생물학 교재들을 집필하였고, 3백만 명 이상의 학생들이 그가 저술한 교재로 배웠다.

조나단 로소스(*Jonathan Losos*)는 하버드대학교의 개체 및 진화생물학과에서 라틴아메리카학을 연구하는 Monique and Philip Lehner 교수이며 비교동물학박물관의 파충류학 큐레이터를 맡고 있다. 로소스 교수의 연구는 도마뱀의 적응방산과 진화적 다양화의 양상을 밝히는 데 초점이 맞춰져 있다. 그는 상을 여럿 수상하였는데, 그 가운데 명망 있는 Theodosius Dobzhansky Prize, David Starr Jordan Prize, Edward Osborne Wilson Naturalist Award, 그리고 미국국립과학원이 시상하는 Daniel Giraud Elliot Medal 등이 있다. 로소스 교수는 100편 이상의 연구논문을 발표하였다.

수잔 런델 싱거(*Susan Rundell Singer*)는 미네소타 주 노스필드의 칼튼대학 생물학과에서 자연과학을 담당하는 Laurence McKinley Gould 교수이고, 26년간 일반생물학, 식물생명과학, 유전학 및 식물발생학을 강의하였다. 그녀의 연구는 꽃식물의 발생과 진화 및 유전체학에 집중되어 있다. 싱거 교수는 식물의 발생에 관한 많은 연구논문을 발표하였고, 『*Vision and Change*』와 『*America's Lab Report*』 등과 같은 교육보고서들의 공저자로 참여하였다. 그녀는 미국식물생명과학회가 시상하는 우수강의상과 미국식물학회의 Bessey Award를 수상하였고, 미국과학진흥회 회원이며, 과학교육국가위원회에서 활동하였고, 국립연구위원회에서 『*Discipline-Based Education Research*』를 발간하는 위원회를 포함한 몇 연구위원회의 위원장을 맡았다.

디지털 작가 **이안 퀴타다모**(*Ian Quitadamo*)는 워싱턴 주 엘렌스버그에 있는 센트럴워싱턴대학교의 생물과학과와 과학교육과의 겸임교수이다. 그는 일반생물학과 세포생물학, 유전학 및 생명공학을 강의하고, 미래의 과학교사를 위한 과학교수법 강좌와 대체에너지와 지속가능성의 학제간 강좌를 담당하고 있다. 퀴타다모 박사는 워싱턴주립대학교에서 교육을 받았고, 생물학 학사학위, 유전학과 세포생물학의 석사학위, 그리고 과학과 교육 및 기술의 학제적 박사학위를 취득하였다. 이전에는 종양맥관형성을 연구하였고, 지금은 비판적 사고를 연구하고 있으며, 학생들이 비판적 사고를 실행하는 데 영향을 미치는 요인에 관한 연구들을 저술하고 있다. 그는 탁월한 강의로 Crystal Apple Award를 수상하였고, 비판적 사고와 평가에 관한 다양한 계획을 주도하였으며, 예비과학교사의 교육에 매우 활동적이다. 그는 『*Biology*, 11판, 2013년, Mader and Windelspecht』의 공저자로 참여하였고, McGraw-Hill에서 발간한 『*Biology*, 10판, 2014년, Raven』과 『*Biology*, 3판, 2014년, Brooker』의 디지털 작가로 참여하였다.

저자 서문

학생을 위한 안내부터 시작하기로 한다. 생물학은 그 어떤 과목보다도 많은 아이디어들이 그 핵심에 자리 잡는 과목이고, 만일 기본적인 발상들에 숙달할 수 있다면 더욱 자세한 정보들을 담고 계속 축적할 수 있는 틀이 생길 것이다. 이 교재는 바로 여러분이 그렇게 할 수 있게끔 도와주고자 기획되었다. 저자들은 여러분에게 도움이 필요한 핵심적인 아이디어들에 『생명과학의 이해』의 초점을 맞추었다.

이러한 목표에 따라서 이 교재는 생물학의 이해를 가로막을 정도로 사실들이 방대한 숲을 지날 수 있게끔 명확한 경로를 제시한다. 각 장마다 그 장의 주요 개념들을 소개하는 '학습 과정'으로 시작한다. 그 다음에 각 절에서 큰 개념들을 보다 구체적이고 뒷받침하는 개념들로 나눠서 설명하였다. 각 절을 마치고 나면 무엇을 할 수 있는지 말해주는 '학습 목표'가 각 부분마다 제시되고, 각 절에는 제시된 개념에 관해 생각하는 데 도움을 주는 질문을 곁들인 간략한 '개념 정리'가 포함된다.

이러한 체제와 더욱 중요한 내용을 담은 이 책은 생물학의 중요한 개념들과 그를 뒷받침하는 세부 사항들을 제시하면서도 이해할 수 있게끔 더 치중하고 있다. 한편 이러한 체제는 교재와 관련된 디지털 학습방식에 매우 적합하다. 『생명과학의 이해』는 생물학을 이해하는 데 도움을 주고 학습에서 성공할 수 있도록 디자인된 학습도구의 하나이다.

다음으로 이 교재를 이용하여 교과목을 담당하는 교수를 위해 안내하고자 한다. 생물학을 가르치는 모든 사람은 요즈음 대학교육을 휩쓰는 변화의 물결에 직면하고 있다. 디지털 기술은 강의법에 혁명을 일으켜서, 온라인 강의운영부터 대화식 평가와 적응형 평가에 이르기까지 교수들이 하는 거의 모든 것이 변하고 있다. 그렇지만 아직까지도 교재 자체는 크게 변하지 않았다. 사실상 지난 25년간 백과사전이 어떻게 변화하였는지 목격하였다. 생물학의 이토록 두꺼운 교재는 정보를 담기에는 훌륭하지만, 늘 변화하는 강의실에서 생물학을 가르치거나 배우는 데 반드시 좋다고는 할 수 없다. 그런 맥락에서 이 책은 현대 학생들에게 생물학을 어떻게 강의할 것인지 다시 생각해 보는 시도를 담고 있다.

문맥과 뒷받침하는 정보들을 빼는 것보다 대부분의 강의에서 가르치지 않는 내용들을 제거하였다. 그렇게 함으로써 교수들이 실제로 강의하는 개념들에 초점들에 주력할 수 있었다. 무엇을 포함시키고 무엇을 삭제할 것인지를 결정할 때 우리들의 경험에만 전적으로 의존하지 않았다. 그 대신 전국의 교수들에게 생물학 전공과목에서 어떤 내용을 강의하고 어떤 내용을 강의하지 않는지를 문의하였다. 강좌 교수요목의 분석과 조사 그리고 교재 예비판의 검토 결과의 종합을 통해 바로 교수들이 이 교과목의 주제들을 선정하는 데 도움을 주었다. 대부분의 생물학 전공과목에서 교재의 전반부에 세포생물학, 유전학 및 진화를 주제로 다루는 것은 그다지 놀라운 일이 아니다. 강의의 후반부에서는 교수들이 교재의 후반부에 있는 내용들 가운데에서 까다롭게 고른다. 이 교재에서도 이를 반영하여 학생들의 수업을 용이하게 하게끔 기초적 분야들은 유지시키고 확충한 반면, 교재의 나머지 부분은 단축시켰다. 전통적인 교재의 전체 챕터들은 삭제하지 않았지만, 주된 개념들에 보다 주력하였고 불필요하게 상세한 내용들은 축소시켰다.

한편으로 학생들에게는 장차 이들에게 도움이 될 비판적 사고 기량을 증진시키는 데 초점을 맞추었다. 『생명과학의 이해』에서는 비판적 사고를 개발하게끔 도와주는 두 가지 특징을 담고 있는데, 그 하나는 각 장 끝의 '질의 및 분석'이고 다른 하나는 각 부의 끝에 있는 '개념 연결하기'이다. 본문에서 그래프를 보여 주거나 실험내용을 설명하기도 하지만, 이런 것들은 학생들에게 과학자처럼 "생각하는" 경험을 주는 경우가 드물다. 전면에 걸친 '질의 및 분석'은 실험실에서 과학자들이 수행한 실험에 의거하고 주된 학술지에 발표된 과학적 연구이다. 이 부분에서 학생들은 가설을 설정하고 실험을 수행하여 자료를 분석하고 결론을 도출하는 과학적 절차에 따라 걷게 된다. 각 부의 끝에 있는 '개념 연결하기'는 학생들에게 주제들이 통합적 개념 아래 어떻게 연관되는지를 보여준다. 외견상 관련이 없는 주제들을 통합적 개념 아래 관련시키면 지식에 지식을 쌓는 틀이 제공된다.

오늘날 생물학 교재들이 새로운 내용을 담고 있기는 하지만 새로운 교육용 기회를 거의 이용하지 않는다고 판단되어 이 책을 저술하게 되었다. 온라인 강의를 수강하는 학생들에게 어떤 종류의 교재가 가장 도움이 될까? 교실의 수업에서는 강의보다 토론에 들이는 시간이 더 많은가? 강의는 상호작용 교수법으로 컴퓨터를 활용하는 수업인가? 이렇게 다양한 내용들을 고심하여 저자들이 새로운 전공교재에 착수하게 되었다. 물론 『생명과학의 이해』가 생물학 강좌를 담당하는 교수들에게는 상세한 설명을 곁들여 전통적 방식으로 강의하도록 지원하지만, 그 목적은 광범위해서 새로운 교수법을 지원하는 한편 원격강의 방식도 지원하는 수단을 제공하는 데 그 목표를 두었다.

역자 서문

30년 이상 대학 강단에서 교양과목으로 생명을 다루는 과학인 생명과학을 가르치면서 꽤 많은 종류의 생물학 서적을 강의교재나 참고도서로 접해 왔다. 그런데 원서이건 우리말 번역서이건 간에 엄청나게 다양한 생물과 생명 현상의 많은 정보를 고루고루 잘 정리한 교재를 찾기가 의외로 쉽지 않았다. 생명과학을 전공할 학생들이나 비전공 학생들 모두를 대상으로 하는 교양과목에서 특정한 세부 분야에도 치우치지 않게끔 적절하게 지식을 안배하고 심도를 조절한 이데아 같은 교재는 그리 많지 않았다.

더구나 우리말로 번역된 교재의 경우에는 또 다른 문제점을 발견할 수 있었다. 즉 원서의 방대한 분량 때문에 거의 모든 번역서가 제법 많은 역자들이 공동으로 참여하여 번역하기 마련인데, 이 과정에서 원저자의 의도와 달리 번역되거나 또는 우리말 용어가 통일되지 않는 사례를 흔히 접하게 된다. 정보의 전달과 공유 그리고 의사소통을 위한 학술용어의 올바른 사용은 그 중요성을 아무리 강조해도 지나침이 없을 것이다. 그럼에도 불구하고 우리말 교재에서 영어로 된 전문용어들이나 어려운 한자의 용어들을 숱하게 볼 때마다 오랫동안 생물학용어의 우리말 심의와 제정에 몸담아 온 사람으로서 안타까움을 금할 길이 없었다.

그러던 차에 ㈜바이오사이언스출판의 문정구 대표님으로부터 2015년에 초판이 발간된 『*Understanding Biology*』 번역서 발간의 제안을 받게 되었다. 시중에서 접할 수 있는 거의 모든 생명과학 도서들이 오래 전에 만들어진 초판의 틀에 새로운 정보를 끼워 넣다시피 계속 판을 거듭하고 있음을 감안할 때, 현시점의 지식을 토대로 정리된 초판이라면 생명을 다루는 교양과목의 교재로 손색없을 것이라 판단되었다. 더구나 50년 가까이 생물학이라는 외길을 걸어올 수 있게끔 여건이 마련된 데 대해 보은할 필요성도 느끼던 차였기에 동료 교수들의 전폭적인 지원을 받아 번역서 발간을 추진하게 되었다.

국내 여러 대학에서 이 분야의 강의를 담당하는 관련 교수들을 번역진에 참여시키려 노력하였다. 번역서의 발간에서 가장 중요한 부분인 우리말 용어는 『생물학용어집 제3판(한국생물과학협회 편, 2015)』과 『헨더슨 생물학사전 15판(김영환 역, 2013)』으로 통일하도록 하였으며, 이들 자료에 없는 용어들은 적합한 우리말 용어를 만들어 제시하였다.

1000페이지가 넘는 원서의 방대한 분량을 번역한 원고 모두를 대표역자 혼자의 힘으로 검토하고 편집하기에 벅차서, 부득이 같은 학과에 재직 중인 동료 교수들의 협조를 받지 않을 수 없었다. 즉 1~2부는 대표역자, 3~4부는 김경환 교수, 5~6부는 류호진 교수, 그리고 7~8부는 조성진 교수가 각각 분담하여 번역된 원고를 검토하고 편집하였으며, 이 세 분의 헌신적인 봉사가 없었다면 이 책은 빛을 보지 못하였을 것이다. 그렇지만 워낙 방대한 분량을 단시간 내에 편집하다보니 오역이나 오탈자가 도처에 산재하여 있는바, 이는 전적으로 대표역자의 책임이며 다음 기회에 바로잡을 계획이다. 잘못된 부분들을 날카롭게 지적해 주고 친절하게 충고해 주기를 기대한다.

연구와 강의로 바쁜 중에도 후학들을 위해 쾌히 번역작업에 동참해 주신 교수님들에게 다시 한 번 감사의 말씀을 드린다. 번역진을 구성하는 데 있어 순천향대학교 이용석 교수님의 도움이 컸으며, 충북대학교 생명과학부의 조교 윤은영 양과 임효선 양은 각종 자료를 정리하는 데 힘이 되어 주었다. 예상을 넘긴 번역작업을 인내로 기다리고 신속하게 발간되도록 애써주신 ㈜바이오사이언스출판의 문정구 대표님과 홍수희 팀장님 외 임직원 여러분에게 진심으로 사의를 표한다.

부디 이 책이 생명과학을 연구하고 배우고자 하는 모든 사람들에게 소중한 길잡이가 되기를 바라며, 이 책을 통해 다양한 생물과 신비로운 생명의 세계에 한 발짝 다가가는 계기가 마련된다면 더할 나위 없이 기쁘겠다.

2016년 2월

대표역자 김영환

역자 소개

김영환	충북대학교 생명과학부	kimyh@cbnu.ac.kr
강상순	충북대학교 생물교육과	jin95324@cbnu.ac.kr
김경환	충북대학교 생명과학부	kyungkim@cbnu.ac.kr
김관석	충북대학교 축산학과	kwanskim@cbnu.ac.kr
김성한	숙명여자대학교 생명과학부	kimsh@sookmyung.ac.kr
김형규	충북대학교 의학과	hkkim69@cbnu.ac.kr
류성호	순천향대학교 의생명연구원	ryu@sch.ac.kr
류호진	충북대학교 생명과학부	hjryu96@cbnu.ac.kr
석호영	영남대학교 생명과학과	hsuk@ynu.ac.kr
성현아	충북대학교 생명과학부	haseung@cbnu.ac.kr
신현웅	순천향대학교 생명시스템학과	hwshin@sch.ac.kr
심성보	충북대학교 생명과학부	sungbo@cbnu.ac.kr
오병운	충북대학교 생명과학부	obutaxon@cbnu.ac.kr
이만렬	순천향대학교 의생명연구원	leeman@sch.ac.kr
이보영	성균관대학교 기초과학연구소	bylee613@skku.edu
이용석	순천향대학교 생명시스템학과	yslee@sch.ac.kr
이준상	충북대학교 생물교육과	jslee0318@cbnu.ac.kr
조성진	충북대학교 생명과학부	sjchobio@cbnu.ac.kr
조태주	충북대학교 생명과학부	tjcho@cbnu.ac.kr
차병진	충북대학교 식물의학과	bjcha@cbnu.ac.kr
최수영	충북대학교 생명과학부	schoe@cbnu.ac.kr
한재석	순천향대학교 의생명연구원	hanjs015@sch.ac.kr
현상환	충북대학교 수의학과	shhyun@cbnu.ac.kr
홍완표	충북대학교 생명과학부	sophiw10@cbnu.ac.kr

『생명과학의 이해』의 학습과정

◀ 각 장마다 그 장의 주요 개념들을 소개하는 '학습과정'으로 시작한다. 이는 그 장에서 다루는 다른 개념들과 어떻게 어울리는지를 이해하도록 해 준다.

서론

식물에 의한 지상의 점령은 지구상의 생명의 역사를 근본적으로 바꾸어 놓았다. 지상의 환경은 광합성을 위한 이산화탄소와 태양 방사를 충분히 제공한다. 하지만 최소 5억년 동안 물의 부족과 강한 자외선 복사는 녹조류 조상의 삶을 수중 환경에 제한시켰다. 생식과 구조적 지지, 물 손실의 방지를 위한 진화적 혁신은 식물이 지상 환경에 적응하는 데에 중요한 역할을 하였다. 2배체 세대가 지배적인 생활주기로의 진화적 이행은 강한 자외선에 의해 생겨나는 열성 돌연변이의 영향력을 약화시킨다. 그 결과 많은 수의 대립 유전자가 유전자풀 내에 존재하게 되어 유전적 다양성이 증가한다. 지상의 장애물들에 대해 진화적 측면에서의 극복이 이루어짐으로써, 숲에서 고산의 툰드라까지, 그리고 농지에서 사막까지 걸쳐 300,000종 이상의 식물이 지상의 모든 장소에 분포하게 되었다. 식물은 환경의 질 상승에서부터 약, 음식, 연료, 건축 지재, 의복의 제공까지 우리 삶의 거의 대부분의 영역에 영향을 미친다. 이 장에서는 식물의 진화 역사와 진화 전략을 탐구한다.

26.1 식물은 다세포의 육상 독립 영양 생물로 배를 가진다

24과에서 배웠듯이 원생생물들 간의 계통발생학적 관계가 검토된

식물은 민물 조류로부터 진화하였다

학습목표 26.1.1 녹조류와 식물의 관계를 설명하라.

어떤 바다 조류들은 민물 환경에서 번성하도록 진화하였다. 단 한 종의 민물 녹조류로부터 이끼에서 현화식물(피자식물, 꽃식물)에 이르기까지, 지상의 모든 식물 계통이 발생하였다. 믿을 수 없을 만한 가혹한 지상의 조건을 고려했을 때, 지상의 식물들이 하나의 공통된 조상을 갖는다는 것은 놀라운 일이 아니다. 이 조류 조상이 정확히 어떤 것이었는지는 여전히 미스테리이나, 가까운 친척으로서 차축 조류에 속하는 생물이 오늘날 민물 호수에 존재하고 있다.

녹조류는 지상에 자리 잡지 못한 녹조식물 집단과 모든 육상 식물들과 형제지간인 차축 조류 집단의 두 주요 단 계통군으로 나뉘어졌다(그림 26.1). 차축 조류와 육상식물 집단은 함께 스트렙토식물이라 불린다. 육상식물은 다양하지만 어떠한 공통된 특성들을 가지고 있다. 차축 조류와 달리 육상식물은 다세포의 반수체, 2배체 단계를 거친다. 2배체 배아 역시 육상식물의 혁신이다. 시간이 지남에 따라 배아의 보호와 생활주기에서의 반수체 단계가 축소되는 방향으로 진화가 이루어졌다.

식물은 지상에서의 생활에 적응하였다

학습목표 26.1.2 육상식물이 경험한 두 가지 주요한 환경적 도전들과 그에 관련된 적응을 설명하라.

▲ 각 장에서 다룰 주요 개념들을 구분하여 각 절에서 습득해야 할 기량이나 발상을 다루게 된다. 각 절이 시작될 때 '학습목표'를 제시하여 중요한 개념을 확인하도록 도와준다.

개념 26.3 관다발식물은 뿌리, 줄기, 그리고 잎을 진화시켰다

이해

1. 아래의 식물 구조들 중 어떠한 것이 대응하는 기능과 연결되어 있지 않은가?
   a. 기공-가스의 이동을 가능하게 한다
   b. 헛물관-물과 무기염류의 이동을 가능하게 한다
   c. 각피-건조를 방지한다
   d. 위의 모든 보기들이 올바로 연결되어 있다.
2. 관다발 식물들의 어떠한 특징이 가장 초기에 진화된 것인가?
   a. 뿌리 b. 줄기
   c. 잎 d. 꽃

응용

1. 뿌리가 없는 식물은 어떻게 흙으로부터 충분한 영양분을 얻는가?
   a. 불가능하며, 모든 육상식물들은 뿌리를 가지고 있다.
   b. 균근균이 식물과 연합하여 영양분의 이동을 보조한다.
   c. 차축 조류가 식물과 연합하여 영양분의 이동을 보조한다.
   d. 이 식물은 뿌리가 없을 때 물관에 의존한다.

종합

1. 석탄기 후기에 북아메리카 대륙의 상당 부분이 낮았고, 얕은 바다와 습지로 덮여 있었다. 키가 크고 가는 석송류 나무들은 35m의 높이까지 생장하였으며 그 시기를 지배하였다. 그들의 압축된 잔해가 우리가 오늘날 석탄이라고 알고 있는 물질이다. 경험적으로, 당신은 석탄이 상당 부분 석송류로 구성되어 있다는 것을 어떻게 확신하는가?

각 절의 끝에 있는 '개념 정리'의 질문을 통해 다음 개념으로 넘어가기 전에 과연 잘 이해하였는지를 평가한다. ▶

포자체의 발아와 생장

이미 앞에서 언급하였듯이, 종자는 종에 따라 수 년 동안 휴면기 상태에서 머물 수 있다. 환경 조건이 좋을 때 종자는 발아를 거치며, 어린 포자체 식물이 자란다. 마찬가지로 종에 따라서, 어떠한 포자체는 생식이 가능하게 되기 전까지 많은 해 동안 생장하고 발달하며, 어떤 것은 한 번의 생장 계절 동안 빠르게 자라 꽃을 피운다.

30장에서 식물에서의 생식에 대한 더 자세한 설명이 이루어질 것이다.

개념 정리 26.8

피자식물의 경우 수분 시 심피 기부의 자방 안에 둘러싸여 있는 배주가 특징적이며, 이는 피자식물문에서만 나타나는 독특한 구조이다: 열매는 사방으로부터 발달한다. 피자식물에서의 진화적 혁신은 수분매개체를 유혹하는 꽃, 배아를 보호하고 이들의 산포를 돕는 열매, 또한 배아에 영양을 공급하는 것을 돕는 배젖을 포함한다.

■ 피자식물은 동물이 먹을 과일을 생산함으로써 어떠한 이득을 얻는가?

▲ 각 장의 끝에서 개개의 개념을 세 가지의 다른 수준으로 평가한다. 처음에는 '이해' 수준의 질문에 집중하면 된다.

차 례

1부 생명의 분자적 기초

1장 생물학의 과학 1

2장 분자의 특성과 물의 성질 21

3장 생명의 화학적 구성 41

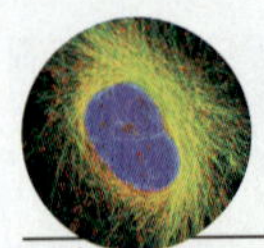

2부 세포의 생물학

4장 세포의 구조 68

5장 생체막 96

6장 에너지와 대사 118

7장 세포는 어떻게 에너지를 수확하나 134

8장 광합성 160

9장 세포 신호교신 182

10장 세포분열 201

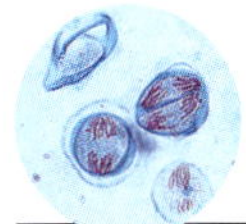

3부 유전 및 분자생물학

11장 유성생식과 감수분열 225

12장 유전의 패턴 240

13장 유전에서의 염색체 역할 261

14장 DNA: 유전물질 284

15장 유전자와 유전의 발현 309

16장 유전자발현의 조절 337

17장 생명공학 363

5부 생명의 다양성

22장 계통분류학과 계통발생 483

23장 원핵생물과 바이러스 504

24장 원생생물 530

25장 균류 556

26장 식물 576

7부 동물의 형태와 기능

32장 동물의 몸과 운동 744

33장 신경계 768

34장 몸의 신진대사 795

35장 항상성 유지 826

1 생물학의 과학

학습과정

서론

지금부터 생명의 본질을 발견하는 여정에 착수해 보자. 이와 비슷한 여정으로 약 2세기 전에 영국의 젊은 박물학자인 찰스 다윈(Charles Darwin)이 비글호(H.M.S. Beagle)를 타고 출항하였다. 5년에 걸친 항해에서 배운 것들을 바탕으로 다윈은 자연선택에 의한 진화론을 정립하였고, 이 이론은 생물과학의 핵심이 되었다. 생물과 이들이 어떻게 진화하였는지를 과학적으로 연구하는 생물학을 탐구하는 출발점으로 다윈의 항해가 들어맞는 것처럼 보인다. 그렇지만 생물학 탐구의 출발에 앞서 생물학이란 무엇이고 왜 생물학이 중요한지를 잠시 생각해 보도록 하자.

1.1 생명의 다양성은 실로 엄청나다

넓은 의미에서 생물학은 생물을 연구하는 생명의 과학이다. 생명의 세계는 고래와 나비 그리고 버섯과 모기와 같이 놀랍도록 다양한 생물들로 가득 차 있으며, 이들 모두는 모든 생물에 공통된 특징을 공유하고 있다. 이 장에서는 이러한 다양성부터 시작하여 생명의 과학을 소개하고자 한다.

생물의 다양성은 전통적으로 6계로 분류한다

학습목표 1.1.1 생명의 6계를 설명하라.

엄청나게 다양한 생명에 직면하여 전통적으로 생물학자들은 공유하는 특징에 의거하여 생물을 6개의 집단인 **계(kingdom)**로 분류한다. 어느 계에 속한 모든 생물은 동일한 계의 다른 모든 생물들과 비슷한 특성을 공유하지만, 다른 계의 생물들과는 매우 다른 특징을 보인다(그림 1.1). 나중에 생물의 다양성을 보다 상세하게 살펴볼 때 이해하겠지만, 새로운 정보들이 나타나면서 이들 계의 일부는 존속하지만 다른 어떤 계는 수정되거나 심지어는 제거되기도 한다. 그럼에도 불구하고 이들 계들은 생명의 엄청난 다양성에 접근하는 아주 좋은 시작점이 되고 있다.

생물학자들은 여러 다른 방법으로 생명의 다양성을 연구한다. 생물학자들은 고릴라와 함께 살고, 화석을 수집하며, 고래가 내는 소리를 듣는다. 이들은 세균을 분리하고, 버섯을 키우며, 초파리의 유전을 조사한다. 이들은 유전의 긴 분자에 암호화된 정보를 판독하고, 벌새가 1초에 몇 번이나 날갯짓을 하는지 센다.

그림 1.1 생명의 6계. 생물학자들은 전통적으로 생물들을 주요 범주인 계(kingdom)로 분류한다. 각각의 계는 다른 계들과 매우 다르다. 생물의 다양성을 체계화하는 다른 방식은 나중에 살펴보도록 하자.

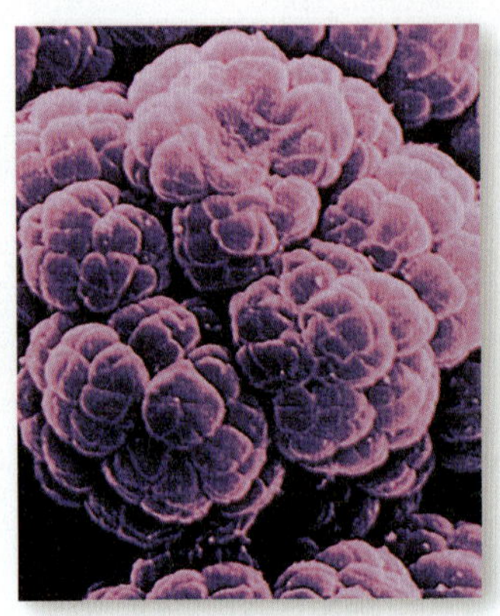

고세균계(Archaea). 원핵생물(핵이 없는 단순한 세포)들로 이루어진 이 계에는 대사활동의 결과로 메탄을 만드는 메탄생성균(methanogen)이 포함된다.

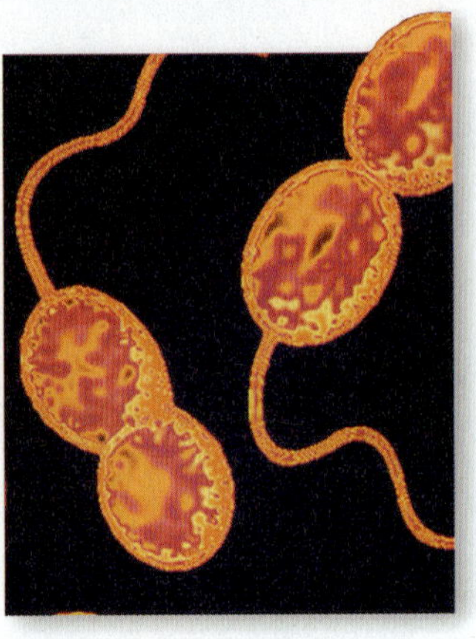

세균계(Bacteria). 원핵생물의 2개 계 가운데 두 번째 집단이다. 이 생물은 빛을 화학에너지로 전환할 수 있는 자색황세균이다.

원생생물계(Protista). 이 계에는 대부분 단세포로 된 진핵생물(세포에 핵이 들어있는 생물)들과 이 사진에 보인 것과 같이 다세포로 된 조류들이 포함된다.

진균계(Fungi). 이 계에는 버섯과 같이 주로 다세포로 된 비광합성 생물들이 포함되는데, 이들은 먹이를 외부에서 소화시킨다.

식물계(Plantae). 이 계에는 광합성을 하는 다세포생물들이 포함되는데, 이들은 사진에 보인 꽃식물처럼 육상생활을 한다.

동물계(Animalia). 이 계에 속하는 생물들은 광합성을 하지 않는 다세포생물들이고, 사진의 숫양처럼 이들은 먹이를 체내에서 소화시킨다.

우리가 매일 먹는 것과, 병원에 갈 때 일어나는 일, 그리고 우리 사회가 지구온난화를 방지하기 위해 노력할 때 생물학자들은 큰 영향을 미친다. 생물학자들은 보다 효과적인 쥐덫과 모기 퇴치제를 만들고, 사라져가는 종들을 보존하기 위한 대책을 강구한다.

이렇게 다양한 모든 시도와 효과에도 불구하고, 생물학의 핵심적인 내용은 모든 생물이 많은 기본 특성을 공유한다는 점이다.

개념 정리 1.1

생명의 세계는 엄청나게 다양하다. 생물들은 전통적으로 공유하는 특징에 의거하여 6개의 계로 분류한다.

- 생명계에서 공유하는 특징들은 어떤 것들인가?

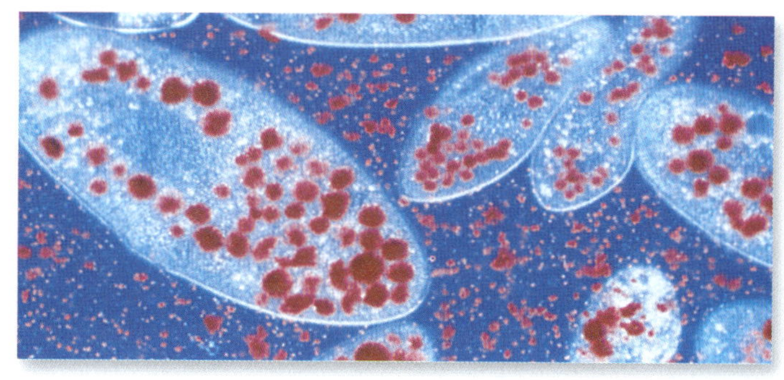

그림 1.2 세포 체제. 이제 막 몇몇 효모 세포들을 삼킨 이들 짚신벌레는 복잡한 단세포 원생생물이다. 이 짚신벌레들처럼 많은 생물들이 단지 하나의 세포로 구성되는 반면, 어떤 생물들은 몇 조의 세포들로 이루어진다.

1.2 생물학은 생명을 연구하는 과학이다

가장 넓은 의미에서 생물학은 생물을 연구하는 학문이다. 따라서 생물학자들이 생명을 정의하는 데에는 별 문제가 없을 것 같지만, 사실상 생명을 간단하게 정의내리기는 매우 어렵다.

생명은 간단하게 정의할 수 없다

학습목표 1.2.1 생명의 다섯 가지 기본적 특성을 설명하라.

살아있다는 것이 무엇인가? 생물을 정의하는 특성은 무엇인가? 이러한 질문은 결코 간단하지 않다. 그것은 왜냐하면 생물에서 나타나는 명백한 특성 가운데 일부는 생물이 아닌 무생물의 특성이기도 한데, 이를테면 **복잡성**(컴퓨터는 복잡하다), **운동**(구름은 하늘 위에서 움직인다), 그리고 **자극에 대한 반응**(비눗방울을 만지면 터진다) 등이 그 예가 된다. 생물들 간에서 너무나도 보편적으로 나타나는 이들 세 가지 특성이 왜 생명을 정의하는 데 도움이 되지 않는지를 인식하기 위해 텔레비전 옆에 서 있는 버섯을 상상해 보자. 텔레비전은 버섯보다 훨씬 복잡해 보이고, 텔레비전 스크린의 화면들은 움직이지만 버섯은 그 자리에 그대로 있으며, 텔레비전은 리모컨 장치의 조작에 반응하지만 버섯은 꼼짝하지 않는다. 그렇지만 버섯은 살아있다.

모든 생물은 앞서 언급한 세 가지 외에도 추가로 다섯 가지의 기본적 특성을 공유하고 있는데, 이는 지구상에서 생겨난 최초의 생물로부터 오랜 세월에 걸쳐 전해진 것이다. 그 다섯 가지 특성은 **세포 체제; 에너지 이용; 항상성; 생장과 발생 및 생식; 유전**이다.

1. **세포 체제.** 모든 생물은 하나 또는 여러 개의 세포들로 구성된다. 보통 아주 작아서 잘 보이지 않지만 세포는 생명의 기본적 활동을 수행한다. 일부 세포들은 내부가 간단한 반면에 다른 세포들은 복잡한 체제를 갖고 있는데, 세포는 모두 생장하고 번식할 수 있다. 많은 생물은 짚신벌레(**그림 1.2**)처럼 하나의 세포로 구성되지만, 사람의 몸은 몸집에 따라 약 10조에서 100조에 달하는 세포들로 이루어진다.
2. **에너지 이용.** 모든 생물은 에너지를 이용한다. 움직이고, 자라며, 생각하는 모든 일들은 에너지를 필요로 한다. 이러한 모든 에너지는 어디에서 오는 것일까? 이 에너지는 식물과 조류가 광합성을 통해 햇빛을 잡으면서 생기는 것이다. 생명의 원동력이 되는 에너지를 얻기 위해 우리는 식물이나 초식동물로부터 에너지를 추출한다. 조류를 갉아먹는 물고기를 물총새가 잡아먹는 것은 바로 이러한 이유 때문이다(**그림 1.3**).
3. **항상성.** 모든 생물은 체내에서 일어나는 복잡한 과정들이 보다 잘 조정될 수 있도록 내적 상태를 비교적 일정하게 유지시킨다. 비록 환경이 매우 변화하더라도 생물은 체내의 상태를 비교적 일정하게 유지시키는데, 이 과정을 **항상성**(*homeostasis*)이라고 한다. 사람의 몸은 아무리 날씨가 덥거나 춥더라도 체온이 37℃(98.6℉)를 유지한다.
4. **생장과 발생 및 생식.** 모든 생물은 자라고 번식한다. 세균은

그림 1.3 에너지 이용. 이 물총새는 물고기를 잡아먹어서 움직이고 생장하며 몸에서 일어나는 과정들을 수행하는 데 필요한 에너지를 얻는다. 이 새는 세포 내에서 일어나는 화학적 과정을 이용하여 먹이로부터 에너지를 수확한다.

크기가 늘어난 다음 간단하게 둘로 갈라지는데, 대체로 이 과정은 약 15분마다 일어난다. 보다 복잡한 생물들은 세포수의 증가에 의해 생장하고, 여러 다른 종류의 세포들을 만들어 발달한다.

5. **유전.** 모든 생물은 *DNA*(디옥시리보핵산)라고 부르는 긴 분자의 복제와 중복에 기초를 둔 유전체계를 갖고 있다. 각각의 생물이 어떻게 될지를 결정짓는 정보는 DNA분자를 이루는 구성단위들의 순서에 따라 암호화되어 있다. DNA는 한 세대에서 다음 세대로 복사되기 때문에 유전자에서 일어나는 어떤 변화도 보존되어 후손들에게 전해진다. 부모로부터 자손에게 형질이 전달되는 과정을 유전(*heredity*)이라고 한다. 모든 생물은 자신들의 생존에 영향을 미치는 다른 생물들이나 비생물적 환경과 상호 작용하며, 그 결과 생물은 그들의 환경에 적응하게끔 진화한다.

생물계는 계층구조를 나타낸다

학습목표 1.2.2 생물계의 계층적 유형을 설명하라.

생명은 많은 수준에서 단순하거나 복잡하게 서로 작용을 한다. 이러한 상호작용을 체계화하는 주요한 요인은 그들의 복잡성 정도이다. 생물학적 세계의 조직은 계층적(hierarchical)인데, 그것은 가장 간단한 수준인 개개의 원자로부터 대단히 복잡한 수준인 상호 작용하는 생태계에 이르기까지 각 수준은 그 아래의 수준을 기반으로 하는 것이다(그림 1.4).

세포 수준. 세포 수준에서, 물질의 기본 요소인 ①**원자(atom)**가 화학결합으로 합쳐져서 안정된 조합인 ②**분자(molecule)**를 이룬다. 크고 복잡한 분자를 ③**거대분자(macromolecule)**라고 한다. 유전정보가 들어있는 DNA는 거대분자이다. 복잡한 생물분자들이 모여서 이루는 작은 구조를 ④**세포소기관(organelle)**이라 하는데, 이 안에서 세포 활동이 체계화된다. 세포 내에서 먹이 분자로부터 에너지를 추출하는 미토콘드리아는 세포소기관이다. 막으로 둘러싸인 단위인 ⑤**세포(cell)**는 생명의 기본적 구성단위가 된다. 세균은 하나의 세포로 구성된다. 동물과 식물 그리고 다른 많은 생물들은 여러 세포로 구성되는 다세포생물이다.

개체 수준. 다세포생물의 세포들은 세 가지 수준의 체제를 나타낸다. 가장 기본적인 수준은 ⑥**조직(tissue)**인데, 이는 기능적 단위로 작용하는 비슷한 세포들의 무리이다. 그 한 예로 신경조직은 전기신호를 전달하도록 특수화되었다. 이어서 조직은 ⑦**기관(organ)**을 형성하는데, 이는 여러 다른 조직들로 구성되

그림 1.4 생물계의 계층구조. 생명은 간단한 원자로부터 복잡한 다세포생물에 이르기까지 고도로 조직화되어 있다. 이러한 구조적 체계를 따라 원자는 분자를 형성하고 분자는 세포소기관을 이루며, 이는 다시 세포 내의 여러 기능적 하위 체계를 형성한다. 세포들은 모여서 조직과 기관으로 체계화되며, 이어서 신경계 같은 기관계를 형성한다. 개체 수준 이상의 체제는 개체군, 군집, 생태계 그리고 마지막으로 지구 전체의 생물권이다.

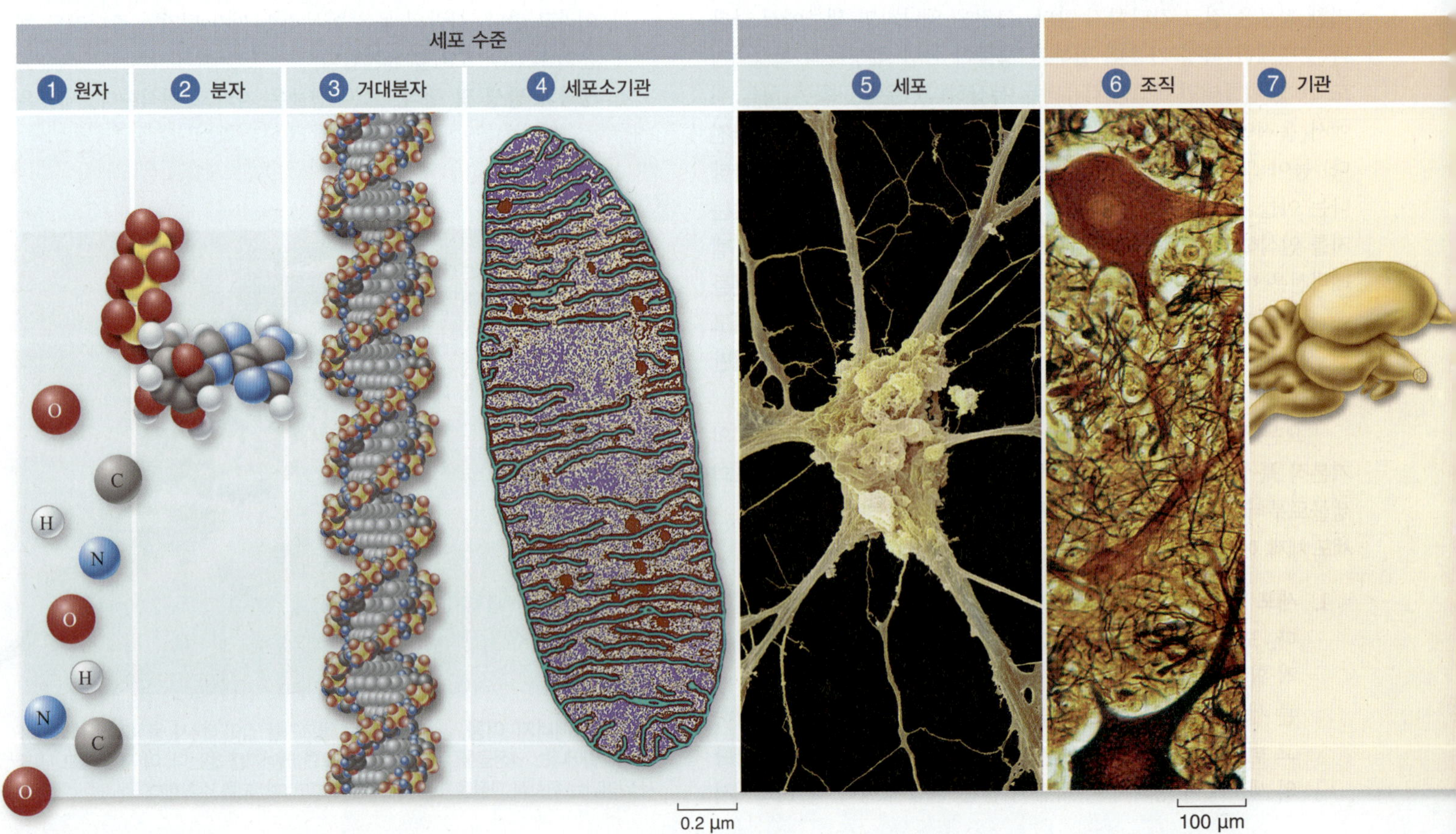

고 구조적 및 기능적 단위로 작용하는 구조이다. 뇌는 신경세포들과 이들에게 영양을 공급하고 지탱하는 세포들뿐만 아니라 보호하는 덮개와 뇌에 산소와 영양소를 공급하는 혈관망을 이루는 다양한 결합조직들로 구성되는 기관이다. 세 번째 수준으로 기관은 모여서 ⑧**기관계(organ system)**를 이룬다. 이를테면 신경계는 감각기관, 뇌와 척수, 그리고 뇌와 몸의 다른 기관과 조직들 사이에서 신호를 전달하는 신경망으로 구성된다.

개체군 수준. 각각의 ⑨**개체(organism)**는 생명세계 내에서 몇 가지 계층적 수준을 차지한다. 그 가운데 가장 기본적인 수준은 ⑩**개체군(population)**으로, 이는 같은 장소에 사는 같은 종의 개체들 무리이다. 특정한 종류의 모든 개체군들이 ⑪**종(species)**을 이루고, 그 구성원들은 생김새가 흡사하고 상호 교배할 수 있다. 생물학적 체제에서 이보다 높은 수준은 ⑫**생물군집(biological community)**인데, 이는 동일한 장소에서 함께 사는 여러 다른 종들의 모든 개체군으로 구성된다.

생태계 수준. 생물학적 체제의 가장 높은 단계에서 생물군집은 그들이 생활하는 물리적 서식지(토양의 조성, 이용 가능한 물, 온도 범위, 바람, 그리고 그 밖의 수많은 환경영향)와 함께 생태적 체계인 ⑬**생태계(ecosystem)**를 구성한다. 온 지구를 하나의 전체적 생태계로 생각할 수 있어서 이를 ⑭**생물권(biosphere)**이라 부른다.

보다 복잡한 체제에서 새로운 특성이 드러난다

학습목표 1.2.3 생명계가 어떻게 창발성을 드러내는지 논하라.

생명의 계층구조에서 한 수준 높아질 때마다 그 아래의 수준에서는 나타나지 않던 새로운 특성이 드러난다. 이와 같은 **창발성(emergent property)**은 구성원들의 상호작용의 결과 생겨나는 것이고, 작은 부분만 본다면 종종 짐작하지 못할 수도 있다. 예를 들어 사람의 세포형은 기린과 같은 배열을 하고 있어서 개개의 세포만 수집하여 관찰한다면 몸이 어떻게 생겼는지 알아낼 수가 없다.

생명의 창발성은 신비하거나 초자연적인 것이 아니고 계층구조 또는 구조적 체제의 자연적인 결과이며, 이는 곧 생명의 전형적인 특징이 된다. 우리 몸의 50~75%를 차지하는 물 그리고 얼음은 모두 H_2O 분자들로 구성되지만 그 중 하나는 액체이고 다른 하나는 고체인데, 그것은 얼음의 H_2O 분자들이 훨씬 더 조직화되었기 때문이다. 아미노산들이 길게 연결된 단백질 두 가지가 똑같은 수의 아미노산으로 이루어졌다 하더라도 하나는 화학반응을 촉진하는 효소의 기능을 할 수 있지만 다른 하나는 그렇지 않을 수 있는데, 효소의 활성은 아미노산 순서(*sequence*)에 담긴 정보를 나타내는 창발성이다.

기능성(functional property)은 훨씬 복잡한 체제에서 드러난다. 대사(metabolism)는 생명의 창발성이다. 세포 내의 화학반응은 분자들 간의 상호작용에 의해 일어나는데, 이 반응은 세포 내부의 질서 있는 환경에 의해 조정된다. 의식(consciousness)은 뇌의 여러 다

른 부분들에 있는 뉴런들이 상호 작용한 결과로 나타나는 뇌의 창발성이다.

지금까지 설명한 생명계의 공통점과 체제는 생명체의 본질을 이해하는 시작점이 될 수 있다. 이 책의 나머지 부분에서는 이들 근본개념을 설명하고 확대시킴으로써 생명계를 보다 완벽하게 설명하고자 한다.

개념 정리 1.2

생물학은 생명계를 연구하는 모든 분야의 과학을 망라하는 통합과학이다. 생명을 간단하게 정의할 수는 없지만, 생명계는 생명이 무엇인지를 함께 설명할 수 있는 몇 가지 특성을 공유한다. 생물학자들은 세포 이하의 수준부터 온 지구의 생물권에 이르기까지 생명계를 계층구조로 체계화하는데, 각 단계마다 그 부분들만 연구한다면 짐작할 수 없는 창발성이 나타난다.

- 개체군 수준의 창발성은 무엇인가?

1.3 과학은 관찰과 추리에 근거한다

생명 자체가 그러하듯이 과학의 본질도 간단하게 정의하기 어렵다. 오랫동안 과학자들은 과학을 하는 유일한 방법인 것처럼 "과학적 방법(scientific method)"에 대하여 말해왔다. 이토록 지나치게 단순화시킨 결과, 과학을 전공하지 않는 사람들에게 과학의 본질에 관해 혼란을 야기하였다.

과학은 관찰(observation)과 추리(reasoning)를 이용하여 우리 주변의 세계를 보다 정확하게 이해하도록 도와준다. 우선 현재 가해지는 자연의 힘이 항상 작용하고, 태초 이래로 우주의 본질이 변하지 않았으며 지금도 변하지 않고 있다고 추정해 보자.

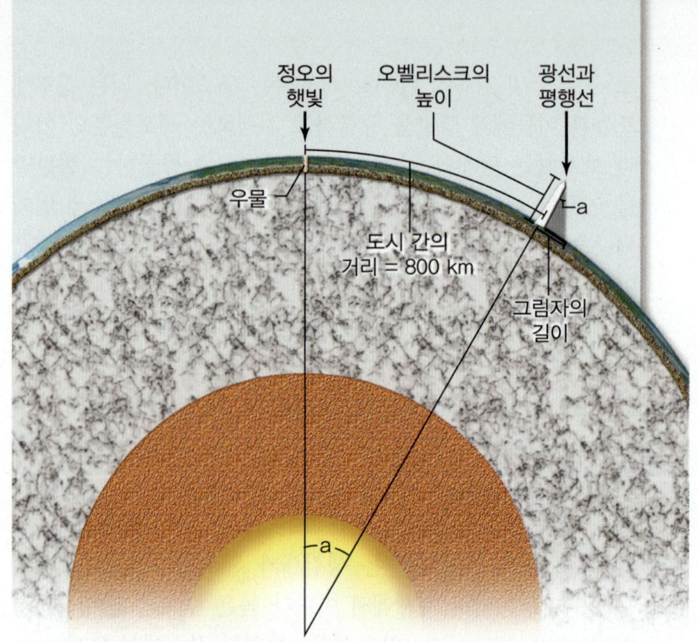

그림 1.5 연역적 추리: 에라토스테네스는 연역적 추리를 이용하여 어떻게 지구의 둘레를 추정하였나. **1.** 이집트의 시에네(Syene)에 있는 깊은 우물 바닥이 태양빛을 받고 밝아진 날, 에라토스테네스는 약 800 km 떨어진 알렉산드리아의 높은 오벨리스크에 드리운 그림자의 길이를 측정하였다. **2.** 그림자의 길이와 오벨리스크의 높이는 삼각형의 두 변을 형성한다. 유클리드 기하학의 원리를 이용하여 에라토스테네스는 각 *a*가 원(360°)의 정확히 1/50인 7°12′로 계산하였다. **3.** 만일 각 *a*가 원의 1/50이라면, 알렉산드리아의 오벨리스크와 시에네의 우물 간의 거리는 지구 둘레의 1/50과 같아야 한다. **4.** 에라토스테네스는 알렉산드리아에서 시에네로 오려면 낙타를 타고 50일이 걸린다고 들었다. 낙타가 하루에 약 18.5 km 여행한다고 가정하고, 에라토스테네스는 오벨리스크와 우물 간의 거리가 925 km(그는 다른 단위인 스타디아를 사용하였음)라고 추정하였다. **5.** 따라서 에라토스테네스는 지구의 둘레가 50 × 925 = 46,250 km라고 추정하였다. 오벨리스크와 우물 간의 실제 거리는 800 km가 조금 넘는다. 거리를 800 km라고 치면 에라토스테네스의 지구 둘레는 50 × 800 = 40,000 km가 된다. 지구 둘레의 실제 길이는 40,075 km이다.

과학적 과정에는 기술과 연역적 및 귀납적 추리가 수반된다

학습목표 1.3.1 연역적 추리와 귀납적 추리를 구별하라.

과학자들은 자신이 얻은 결과를 해석할 때 가능한 한 객관적이 되도록 시도한다. 그런데 과학자 자신이 사람이기 때문에 이러한 시도가 완벽하게 가능할 수는 없지만, 과학자들이 공동으로 노력하여 철저하게 검토하기 때문에 자기 수정적(self-correcting)이 된다. 어떤 사람의 결과를 다른 사람이 확인하고, 만일 그 결과가 반복되지 않는다면 그 결과는 받아들여지지 않는다.

기술과학(descriptive science)

전형적인 과학적 과정은 관찰이 가설로 이어지고 이는 결국 실험적으로 검증 가능한 예측을 낳는 것이다. 우리는 새로운 발상이 자연에 관해 더욱 정확한 관점에 도달하였는지를 이런 방법으로 공정하게 평가한다. 이렇게 과학을 연구하는 방법에 관해 이 장의 뒷부분에서 논의하겠지만, 대부분의 과학이 전적으로 기술적(descriptive)이라는 점을 이해하는 것이 중요하다. 무엇이든지 이해하려면 그 첫 번째 단계는 그것을 완전히 서술하는 것이다. 대부분의 생물학은 자연에 대한 더욱 정확한 서술에 이르는 것을 중요시한다.

생물다양성을 연구하는 것은 사회적 영향에 덧붙여 생물학의 다른 측면에 영향을 미치는 기술과학의 한 사례가 된다. 지구상의 모든 생명을 분류하는 데 노력이 현재 기울여지고 있다. 이러한 야심적인 연구 프로젝트는 전적으로 기술적이지만, 그렇게 함으로써 생물다양성을 이해하고 우리 인간이라는 종이 생물다양성에 미치는 영향을 더 잘 이해할 수 있도록 해 준다.

21세기가 시작될 무렵 분자생물학의 가장 중요한 업적은 사람 유전체의 염기순서를 해독한 것이다. 이렇게 얻어진 지식을 바탕으로 인류생물학에 관한 많은 새로운 가설들이 생겨날 것이고, 이들 가설을 입증하는 데 많은 실험이 필요하겠지만, 염기순서의 결정 그 자체는 기술과학이다.

논리학에서는 논리적 결론에 도달하는 두 가지 상반된 방법을 인정하는데, 그것은 연역적 추리와 귀납적 추리이다. 물론 귀납법(induction)이 가설에 기반을 둔 과학에서 추리의 주된 방식이지만,

과학에서는 이들 두 가지를 모두 이용한다.

연역적 추리

연역적 추리(deductive reasoning)는 일반적인 원리를 이용하여 특정한 결과를 예측한다. 약 2,200년 전에 그리스의 과학자인 에라토스테네스(Eratosthenes)는 유클리드 기하학과 연역적 추리를 이용하여 지구의 둘레를 정확하게 추정하였다(그림 1.5). 연역적 추리는 수학과 철학의 추리이고, 모든 분야의 지식에서 일반적인 개념의 타당성을 검증하는 데 이용한다. 이를테면 만일 모든 포유동물이 털을 갖는다고 정의하고 털이 없는 동물을 발견한다면 그 동물은 포유동물이 아니라고 결론을 내릴 수 있다. 생물학자는 연역적 추리를 이용하여 표본의 형질로부터 그 종을 추론한다.

귀납적 추리

귀납적 추리(inductive reasoning)에서는 특정한 것에서 일반적인 것으로 논리의 흐름이 반대가 된다. 귀납적 추리는 특정한 관찰로부터 일반적인 과학 원리를 도출한다. 예를 들어 만일 푸들에 털이 달리고, 테리어도 털이 있으며, 이제까지 본 개들마다 털을 갖고 있다면 모든 개는 털을 갖고 있다는 결론을 내릴 수 있다. 귀납적 추리는 일반화(generalization)를 이끌어내고, 이는 다시 검증될 수 있다. 귀납적 추리는 1600년대에 유럽에서 베이컨(Francis Bacon)과 뉴턴(Isaac Newton) 및 그 밖의 사람들이 특정한 실험 결과를 이용하여 세상이 돌아가는 일반적인 원리를 추론하면서 처음으로 과학에서 중요하게 되었다.

가설에 기반을 둔 과학이 예측을 만들고 이를 검증한다

학습목표 1.3.2 어떻게 실험이 가설을 검증하는데 이용될 수 있는지 설명하라.

실험과학자들은 귀납적 추리를 이용하여 여러 대안들을 체계적으로 검증함으로써 많은 일반 원리들 가운데 어떤 일반 원리가 참인지를 밝힌다. 만일 이들 대안들이 실험적 관찰과 부합되지 않는다면 참이 아닌 것으로 간주하여 기각한다(그림 1.6).

과학자들은 세심하게 관찰한 다음 **가설(hypothesis)**을 세우는데, 이는 관찰한 내용에 대해 제안한 설명이다. 가설은 참일 수 있는 명제이다. 틀렸음이 입증되지 않은 가설은 보유된다. 이러한 가설은 유용한데, 왜냐하면 그 가설이 알려진 사실에 들어맞기 때문이다. 그러나 향후 새로운 정보가 나타나면서 만일 옳지 않은 것으로 판명된다면 기각될지도 모르는 상황에 놓여있다.

이 과정은 한편으로 반복적(*iterative*)일 수 있다. 이는 곧 새로운 자료가 생겨남에 따라 가설이 수정되고 개선될 수 있음을 의미한다. 이를테면 유전학자 비들(George Beadle)과 테이텀(Edward Tatum)은 유전정보의 본질을 연구하여 "1유전자/1효소(one-gene/one-enzyme)" 가설을 세웠다. 이 가설은 하나의 유전자가 단일한 효소를 만드는데 필요한 유전정보를 나타낸다는 것이다. 그렇지만 유전정보의 분자적 성질에 관해 더욱 많은 연구가 진행되면서 이

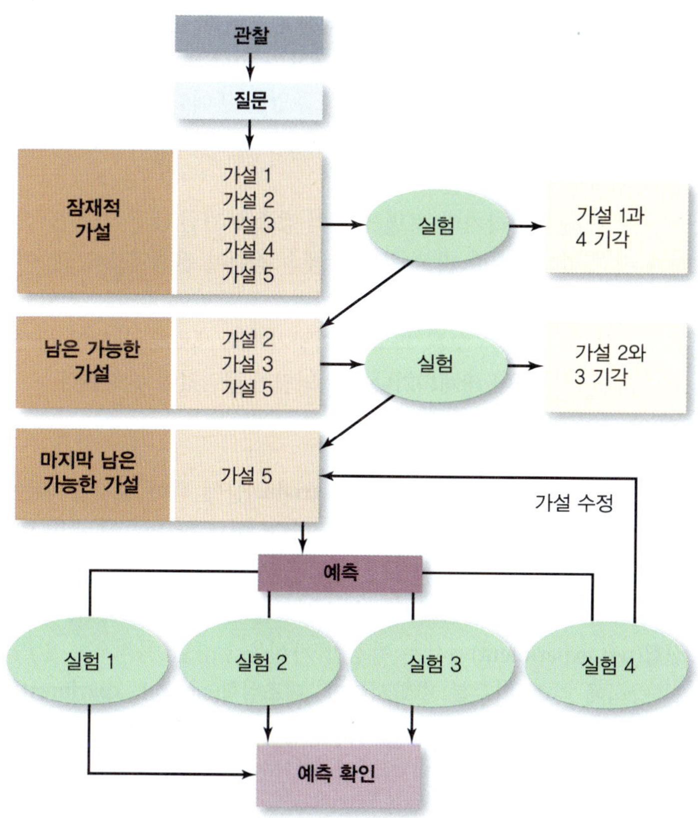

그림 1.6 실험과학의 흐름도. 이 도표는 과학적 탐구가 어떻게 진행되는지를 나타낸다. 우선 과학자는 관찰을 통해 특정한 문제를 제기한다. 이러한 질문에 답할 수 있는 가능한 설명(가설)을 몇 가지 세운다. 다음으로 이들 가설을 하나 둘 제거해 가는 실험을 수행한다. 그 다음에 남은 가설에 의거하여 예측하고, 이러한 예측을 검증하기 위한 추가의 실험을 수행한다. 한편 이 과정은 반복적일 수 있다. 실험이 수행되고 정보가 얻어짐에 따라 새로운 관찰에 들어맞도록 원래의 가설을 수정할 수 있다.

가설은 "1유전자/1폴리펩티드(one-gene/one-polypeptide)"로 개선되었는데, 그것은 효소가 한 개 이상의 폴리펩티드로 구성될 수 있기 때문이다. 유전정보의 본질에 관해 더욱 많은 발견이 이루어짐에 따라 어떤 연구자는 하나의 유전자가 한 개 이상의 폴리펩티드를 지정할 수 있음을 발견하였고, 이에 따라 가설은 다시 한 번 수정되었다.

가설의 검증

가설의 검증을 **실험(experiment)**이라고 한다. 방이 어둡게 보인다고 가정해 보자. 왜 방이 어두운지를 이해하기 위하여 몇 가지 가설을 설정한다. 가능한 첫 번째 가설은 "전등 스위치가 꺼져 있기 때문에 방에 빛이 없다"이다. 두 번째 가설은 "전구가 타 버려서 방에 빛이 없다"이다. "내 눈이 점점 멀어가고 있다"라고 또 다른 가설을 세울 수도 있다. 이러한 가설들을 평가하기 위해 가설을 하나 둘 제거하도록 실계된 실험을 진행하게 된다.

예를 들면 전등 스위치를 찰칵 눌러서 가설을 검증할 수 있다. 그렇게 해도 여전히 방이 어둡다면 첫 번째 가설은 틀렸음이 입증되었고, 전등 스위치의 설정이 아닌 다른 무엇인가가 방이 어두

운 이유가 된다. 그렇다고 해서 이러한 검증이 다른 가설이 참인지를 입증하지 않았다는 점에 주목할 필요가 있다. 다만 검증한 하나의 가설이 옳지 않았다는 점만 보여 주었을 뿐이다. 하나 또는 여러 가설들이 결과에 부합되지 않다고 입증되고 따라서 가설이 기각되는 실험이 성공적인 실험이다.

이 교재를 따라가다 보면 실험의 검증을 견딘 많은 가설을 접하게 될 것이다. 그 중 많은 가설은 계속 검증이 진행되고 있고, 어떤 가설들은 생물학자들이 새로운 발견을 거듭함에 따라 수정되고 있다. 생물학은 다른 모든 과학과 마찬가지로 새로운 발상이 생기고 오래된 생각들이 대체되거나 개선되면서 끊임없이 변화한다.

대조군 설정

과학자들은 많은 요인들, 즉 **변수(variable)**들에 의해 영향을 받는 과정들을 이해하는데 관심을 갖기도 한다. 어느 한 변수에 관한 대립가설들을 검정할 때 다른 모든 변수들은 일정해야 한다. 이를 위해 검증실험과 대조실험의 두 가지 실험을 동시에 수행한다. **검증실험(test experiment)**에서는 특정한 가설을 검증할 목적으로 알려진 방식에 따라 변수를 변화시킨다. **대조실험(control experiment)**에서는 그 변수를 바꾸지 않는다. 이들 실험에서 다른 모든 점은 동일하므로 두 가지 실험의 결과에서 나타나는 차이는 변화시킨 변수의 영향에 의한 것이다.

실험과학이 당면한 도전의 대부분은 과정에 영향을 미칠 수 있는 특정한 변수를 다른 변수들로부터 분리해 내는 것이다.

이론은 과학의 확실한 결론이다

학습목표 1.3.3 과학자들이 이론을 서술하고 설명하며 검증하는데 어떻게 모델을 이용하는지 논하라.

성공적인 과학적 가설은 타당할 뿐만 아니라 쓸모가 있어야 한다. 즉 우리가 알고자 하는 뭔가를 우리에게 알려주어야 한다. 가설은 예측을 할 때 가장 유용한데, 그것은 그러한 예측이 가설의 타당성을 검증하는 방편을 제공하기 때문이다. 만일 실험결과가 예측과 부합하지 않으면 가설은 기각되거나 수정되어야 한다. 그에 반해서 만일 예측이 실험적으로 입증이 되면 가설은 지지를 받게 된다. 가설에서 제시된 예측이 실험적으로 더욱 지지를 받을수록 그 가설은 더욱 타당해진다.

환원주의

과학자들은 복잡한 체계를 이해할 때 종종 **환원주의(reductionism)**라고 부르는 철학적 접근을 이용하여 그 체계를 구성하는 부분들로 축소하여 이해하려 한다. 그렇지만 이와 같은 환원주의를 생명계에 적용하는 데에는 한계가 있는데, 그것은 상호 연결된 많은 기능들이 복잡하게 연동되어 작동하는 부분들 수준에서는 예측할 수 없는 창발성(emergent property)을 일으키기 때문이다. 예를 들어 단백질을 합성하는 복잡한 세포내 공장격인 리보솜은 그 구성 요소들로 분해될 수 있다. 그러나 이렇게 분리된 부분들을 아무리 조사해 보아도 단백질을 합성하는 본질에 관해 전혀 예측할 수 없다. 보다 높은 수준에서 캐나다 기러기 한 마리의 생리를 이해하더라도 새떼를 형성하는 행동에 관해 예측할 길이 없다. 생물학자들은 이러한 문제에 직면하기 시작했으며, 구성하는 부분들뿐만 아니라 전체를 다루는 방식을 생각하고 있다. 시스템생물학(systems biology)의 최근 생겨난 분야는 이렇게 서로 다른 접근에 초점을 맞추고 있다.

생물학적 모델

생물학자들은 많은 다른 방법으로 다양하게 이용되는 모델을 만든다. 유전학자들은 유전자 발현을 조절하는 단백질들의 상호 작용하는 망의 모델을 구축한다. 개체군 생물학자들은 어떻게 진화적 변화가 나타나는지에 관해 모델을 만든다. 세포생물학자들은 세포간 연락을 설명하고 외부의 신호를 받아 내부에서 사건이 발생하는 일련의 과정을 설명하는 모델을 만든다. 구조생물학자들은 단백질의 구조와 세포내 거대분자 복합체에 관한 모델을 구축한다.

모델은 우리가 문제를 어떻게 생각하는지를 정리하는 방법을 제공해 준다. 한편 모델은 큰 그림에 가까이 갈 수 있게 해 주고 지나친 환원주의적 접근에서 멀어지게 해 준다. 환원주의적 분석에서는 작동하는 부분들이 제공되지만, 모델은 이들이 어떻게 서로 잘 맞는지를 보여준다. 종종 이들 모델은 모델의 개선이나 검증을 수행할 수 있는 다른 실험을 제안한다.

과학 이론의 본질

과학자들은 **이론(theory)**이라는 단어를 두 가지의 주된 방법으로 사용한다. 이론의 첫 번째 의미는 본질적으로 연역적인데, 어떤 자연현상에 대해 일반 원칙에 입각하여 제안된 설명이다. 따라서 뉴턴이 제안한 이론을 "중력 이론(theory of gravity)"이라고 부른다. 이와 같은 이론들은 이전에 관계없는 것으로 여겼던 개념들을 종종 합치기도 한다.

이론의 두 번째 의미는 본질적으로 귀납적인데, 과학의 일부 분야에서 사실을 설명하는 상호 연관된 개념들의 모음이고, 귀납적인 과학적 추론과 실험적 증거에 의해 지지를 얻는다. 예를 들어 물리학의 양자 이론은 우주의 본성에 관한 다양한 실험 관측에서 파생된 일련의 생각을 종합한 것이며, 추가적인 질문과 실험을 위한 길잡이가 된다.

과학자들에게 있어서 이론은 과학의 탄탄한 기반으로, 우리가 가장 확신하는 생각들을 나타내는 것이다. 그와 대조적으로 일반 대중에게 이론이라는 단어는 대체로 지식의 부족이나 추측("그건 단지 이론일 뿐이야")을 나타내는 정반대의 의미를 풍긴다. 당연히 이와 같은 차이는 자주 혼란을 초래한다. 이 교재에서는 이론이라는 단어를 일반적으로 인정된 원칙이나 지식 체계와 관련한 과학적 의미로만 사용할 것이다.

"과학적 방법"

과거에는 "과학적 방법"이 질서정연한 순서의 논리적 단계들로 구성된다고 유행처럼 말해 왔다. 각 단계마다 서로 양립할 수 없는 두 가지 중 하나를 기각하게 하는데, 이는 마치도 시행착오 검사가 연구자들로 하여금 미로같이 복잡한 불확실성을 뚫고 필연적으로 궁극적인 과학적 해답으로 인도하는 것처럼 보인다. 만약 그렇다면 컴퓨터는 훌륭한 과학자를 만들었을 것이다. 그러나 과학은 이런 식으로 되지 않았다.

영국의 철학자 포퍼(Karl Popper)가 지적하였듯이, 성공한 과학자들은 예외 없이 결과가 어떻게 나올 것인가를 어느 정도 알고 실험을 설계하였다. 이들은 사실이 어떨지에 대해 포퍼가 말한 "창의적 예상(imaginative preconception)"을 가졌던 것이다. 통찰력과 상상력이 과학의 진보에서 크나큰 역할을 하였기 때문에 어떤 과학자들은 과학 분야에서 다른 누구보다도 뛰어났는데, 이는 밥딜런과 비틀즈가 현대음악의 작사가 겸 작곡가들 중에서 돋보이고 모차르트와 베토벤이 고전음악의 작곡가들 중에서 두드러진 것과 견줄 만하다.

연구 결과를 정리하여 학술지에 게재되도록 투고하면 다른 과학자들이 그 실험 내용과 결론을 재검토한다. 이렇게 동료 전문가들이 상호 검토하고 심사하는 과정을 **동료 심사**(*peer review*)라고 하는데, 이는 현대 과학의 핵심이 된다. 이러한 절차는 잘못된 연구나 거짓 주장이 과학적 사실의 권위를 얻지 못하게끔 확실히 해 둔다. 이는 한편으로 다른 과학자들에게 실험 결과의 재현성(reproducibility)을 검정하는 출발점을 제공해 준다. 재현할 수 없는 결과는 받아들이지 않는다.

개념 정리 1.3

대부분의 과학은 기술적(descriptive)이며, 정확한 견해를 얻기 위한 관찰들을 축적한다. 과학에서는 연역적 추리와 귀납적 추리가 모두 이용된다. 과학적 가설은 관찰한 현상에 대해 제안한 설명이다. 가설이 광범위하게 검증되고 모순되는 정보를 찾을 수 없을 때 그 가설은 이론으로 받아들여진다. 이론은 관찰한 자료에 대한 조리 있는 설명이고, 새로운 정보에 의해 수정될 수 있다.

- 과학적 이론이 가설과 어떻게 다른가?

진화 연구는 과학탐구의 좋은 예가 된다

다윈의 진화론은 지구상의 생물이 시간이 지나면서 어떻게 변화하고 새로운 다양한 형태를 얻게 되었는지를 설명하고 기술해 준다. 이 유명한 이론은 과학자가 가설을 어떻게 세우고 과학적 이론이 어떻게 검증되고 받아들여지는지에 대한 좋은 사례가 된다.

다윈 이전에 존재했던 진화의 생각

학습목표 1.4.1 다윈 이전에 제안된 진화에 대한 생각을 기술하라.

찰스 다윈(Charles Robert Darwin; 1809-1882; **그림 1.7**)은 30년에 걸친 연구와 관찰 끝에 역사상 가장 유명하고 영향력 있는 책 중 하나를 저술한 영국의 박물학자이다. 『자연선택에 의한 종의 기원에 관하여(*On the Origin of Species by Means of Natural Selection*)』라는 제목의 이 저서는 처음 출판되었을 때 센세이션을 불러일으켰고, 이 책에서 나타난 다윈의 생각은 그 이후로 줄곧 인류 사상의 발전에서 중심적인 역할을 하였다.

그림 1.7 찰스 다윈. 다윈이 죽기 전인 1881년에 찍은 사진. 새롭게 재발견된 이 사진은 위대한 생물학자가 남긴 마지막 사진이다.

진화에 대한 생각의 태동

다윈의 시대에는 대부분의 사람들이 다양한 종류의 생물과 이들 각각의 구조가 창조자의 직접적인 행동에서 비롯되었다고 믿었고, 지금도 많은 사람들이 그렇게 믿고 있다. 종은 특별히 창조되었다고 여겼고 시간이 흘러도 종은 변하지 않는다고 생각하였다. 이것은 현재에도 사용되는 생물의 명명체계를 확립한 스웨덴의 생물학자 린네(Carolus Linnaeus; 1708-1778)의 견해였다.

18세기 전반에는 그 이전에 발견된 종류보다 더 많은 종류의 생물들이 발견되었을 뿐만 아니라 동물과 식물의 화석도 많이 발견되었다. 이러한 발견들이 계기가 되어 지구상의 생명 역사 동안 생물이 변화하였을 가능성인 진화에 대한 논의가 서서히 시작되었다. 다윈보다 한 세기 앞서 프랑스의 저명한 생물학자 뷔퐁(Georges-Louis Leclerc, Comte de Buffon; 1707-1788)은 "모든 세대의 보편적인 동질성은 공통의 모친에서 태어났다"라고 기술하면서 생물 종류들 간의 자연적 유사성을 명쾌하게 언급하였다. 그는 공통조상으로부터의 진화를 제외하고는 모든 포유동물이 지닌 공통점의 이유를 찾을 수 없었다.

이러한 생각은 반세기가 지난 다음 라마르크(Jean Baptiste de Lamarck; 1744-1829)로 하여금 자연에서 관찰되는 양상을 설명하는 이론으로 진화를 명쾌하게 제안하는 계기가 되었다. 그는 1801년에 인간을 포함하여 모든 종은 다른 종으로부터 생겼다고 제안하였다. 라마르크는 생명이 단순한 형태로부터 보다 복잡한 형태

그림 1.8 5년간에 걸친 비글호의 항해. 남아메리카의 연안과 갈라파고스군도를 포함한 연안의 섬들을 탐사하는데 대부분의 시간을 보냈다. 갈라파고스군도의 동물을 대상으로 한 다윈의 연구는 자연선택을 통한 진화의 개념을 발전시키는데 핵심적인 역할을 하였다.

로 서서히 진화하였다고 생각하였으며, 진화를 논리 정연한 이론으로 제안한 첫 번째 학자이다.

라마르크의 이론은 기관과 구조가 사용할수록 점점 강해지고 이렇게 강화된 형질이 후손에게 물려진다[이를 **획득형질의 유전설(theory of inheritance of acquired characteristics)**이라 함]라는 그릇된 생각에 기인한 것이다. 비록 그의 생각이 옳지 않았지만 라마르크의 이론은 진화 가능성에 대해 주목을 끌었으며, 그렇게 함으로써 반세기가 지난 다음 다윈이 제안한 정확하면서 더욱 간단한 설명이 받아들여지는 발판이 되었다.

다윈은 진화를 **자연선택**(*natural selection*)의 결과로 보았고, 이에 대한 논리 정연하고 타당한 설명을 제시하였다. 그가 저술한 책인 **종의 기원**(*On the Origin of Species*)은 당시의 베스트셀러였으며, 그의 생각은 사람들의 이목을 끌었다.

다윈은 비글호의 항해 동안 정보를 수집하였다

학습목표 1.4.2 다윈이 비글호를 타고 행한 중요한 관찰을 확인하라.

다윈의 이야기와 그의 진화론은 다윈이 22살이었던 1831년부터 시작된다. 다윈은 5년간에 걸쳐 남아메리카 해안을 따라 항법지도를 작성하는 조사단의 일원으로 **비글호**(H.M.S. *Beagle*)에 승선하였다 **(그림 1.8)**. 기나긴 항해 동안 다윈은 대륙과 섬들 그리고 먼 바다의 다양한 식물과 동물을 연구하는 기회를 가졌다. 비슷한 종들의 특징이 다니는 곳마다 조금씩 다르다는 점을 다윈은 여러 차례 목격하였다. 이와 같은 지리적 양상은 다윈에게 종들이 어느 한 곳에서 다른 곳으로 이동하면서 계통이 점진적으로 변한다는 점을 암시하였다. 다윈은 에콰도르의 해안에서 960 km 떨어진 갈라파고스군도에서 섬들마다 서로 다른 다양한 방울새(핀치)들을 접하게 되었다. 이들 14종은 동족임에도 불구하고 모양이 조금씩 달랐으며, 특히 부리의 모양이 달랐다**(그림 1.9)**.

다윈은 이들 새가 수백만 년 전에 남아메리카의 본토에서 날아온 공통조상의 후손이라고 추정하는 것이 타당하다고 생각하였다. 섬들마다 서로 다른 먹이를 먹으면서 이들 방울새의 부리는 후손으로 갈수록 변화하였는데, 이는 "변화를 동반한 계승(descent with modification)" 또는 진화의 산물이다. 이들 방울새는 20장과 21장에서 보다 상세하게 설명될 것이다.

보다 넓게 보았을 때 다윈은 생긴 지 얼마 되지 않은 비교적 젊은 화산섬에 사는 동물과 식물들이 인근의 남아메리카 연안에 출현하는 생물들과 비슷하다는 사실에 끌렸다. 만일 이들 식물과 동물들이 각각 독립적으로 창조되어 갈라파고스군도에 놓였다면, 비슷한 기후를 가진 섬들, 예를 들어 아프리카 연안의 섬들에 사는 동물이나 식물들과는 왜 닮지 않았을까? 왜 이들 생물은 가까운 남아메리카 연안의 생물들과 비슷한 것일까?

그림 1.9 갈라파고스의 방울새 3종과 이들이 먹는 먹이. 갈라파고스군도에서 다윈은 14종의 방울새(핀치)를 관찰하였는데, 이들은 주로 부리와 먹이를 섭취하는 습성에서 차이를 보였다. 이들 3종의 방울새는 전혀 다른 먹거리를 먹었는데, 다윈은 이들 부리의 모습이 이들이 사는 특정한 서식처에서 구할 수 있는 먹이를 먹는 능력을 증진시키게끔 진화적으로 적응하였다고 추측하였다.

다윈은 진화의 기구로 자연선택을 제안하였다

학습목표 1.4.3 자연선택에 의한 다윈의 진화론을 설명하라.

다윈의 위대한 업적 두 가지는 진화가 일어난다는 증거를 관찰한 것과 이러한 진화를 자연선택의 결과로 설명하는 가설을 세웠다는 것이다.

다윈과 맬서스

다윈이 자연선택이라는 통찰력을 갖게 된 중요한 이유 중 하나는 맬서스(Thomas Malthus)가 1798년에 집필한 **인구론**(*An Essay on the Principle of Population*)이었다. 이 책에서 맬서스는 식물과 인간을 포함한 동물의 개체군(인구)은 기하급수적으로 증가하는 반면, 인간은 이를 위한 식량의 공급을 단지 산술급수적으로 증가시킬 수 있다고 지적하였다. 달리 표현하면 맬서스는 개체군이 곱셈법에 의해 증가한다고 주장하였는데, 예를 들면 수열 2, 6, 18, 54와 같이 3배씩 증가한다. 그와 대조적으로 맬서스는 식량의 공급이 덧셈법에 의해 증가된다고 믿었는데, 예를 들면 수열 2, 5, 8, 11과 같이 시작하는 숫자에 각각 3씩 더해진다. **그림 1.10**은 이러한 두 가지 관계에서 나타나는 차이를 보여준다.

맬서스는 개체군이 기하급수적으로 증가하기 때문에 만일 억제되지 않고 번식한다면 사실상 동물이나 식물의 어떤 종류라도 놀랄 만큼 빠르게 온 지구의 표면을 덮어버릴 것이라고 주장하였다. 그러나 맬서스는 종의 개체군이 해마다 비교적 일정하게 유지되도록 사망이 개체군 수를 제한하기 때문에 이러한 일은 일어나지 않는다고 주장하였다.

맬서스의 생각에 자극을 받은 다윈은 비록 생물마다 살아남을 수 있는 수보다 훨씬 많은 자손을 낳을 수 있음에도 불구하고 실제로는 자손이 오직 한정된 수만 생존하고, 이들이 다음의 후손을 낳고 있음을 알았다. 이런 사실과 비글호 항해에서 관찰한 내용 그리고 동물을 직접 사육하면서 얻은 경험을 결합하여 다윈은 중요한 생각을 하게 되었다. 즉 환경에서 유리하게 작용하는 물리적, 행동적 또는 그 밖의 특징을 갖춘 개체들이 덜 유리한 특징을 갖는 개체들보다 좀 더 생존하고 번식할 가능성이 있다. 살아남으면서 이들 개체들에게는 그들이 지닌 유리한 특징을 그들의 후손에게 넘겨 줄 기회가 마련되었다. 개체군 내에서 이러한 특징의 빈도가 차츰 증가하면서 개체군의 본질이 전반적으로 서서히 변하게 되었다. 다윈은 이러한 과정을 선택(*selection*)이라고 불렀다.

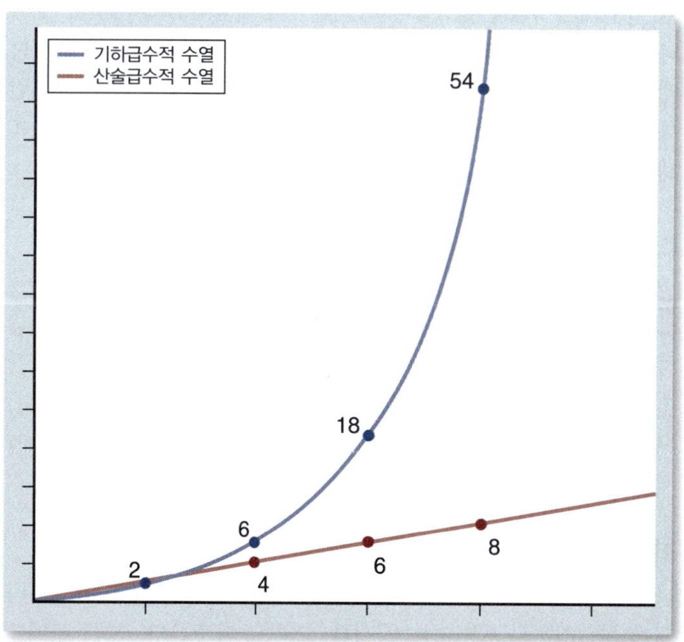

그림 1.10 기하급수적 수열과 산술급수적 수열. 기하급수적 수열에서는 상수 공비(constant factor; 예를 들면 각 단계마다 x3)에 의해 증가하는 반면, 산술급수적 수열에서는 상수 공차(constant difference; 예를 들면 각 단계마다 +3)에 의해 증가한다. 맬서스는 인구의 증가는 기하급수적 곡선을 나타내지만, 인간의 식량생산은 단지 산술급수적으로 증가할 뿐이라고 주장하였다.

자연선택

다윈은 사육동물의 변이에 대해 속속들이 잘 알고 있었으며, 그의 저서 『종의 기원』은 비둘기 사육을 상세하게 설명하면서 시작한다. 그는 동물을 사육하는 사람들이 비둘기 그리고 개와 같은 다른 동물들 가운데 어떤 특징을 나타내는 특정한 변종을 선택한다는 사실을 알고 있었으며, 다윈은 그와 같은 과정을 **인위선택(artificial selection)**이라고 불렀다.

인위선택은 흔히 형질에 있어서 엄청난 변이를 낳기도 한다. 예컨대 사육하는 비둘기 품종은 전 세계에서 발견되는 모든 야생종보다도 훨씬 각양각색이다. 다윈은 이런 유형의 변화가 자연에서도 나타날 수 있을 것이라고 생각하였다. 만일 인위선택에 의해 비둘기 품종에서 변이가 나타났다면 자연도 동일한 작용을 할 수 있을 것이고, 이 과정을 다윈은 **자연선택(natural selection)**이라 불렀다.

다윈은 그의 생각을 원고로 작성하였다

자연선택에 의한 진화에 대한 종합적인 논거를 정리하여 다윈은 1842년에 책 분량만큼의 원고를 작성하였다. 그런데 다윈은 가장 가까운 몇몇의 과학자들에게 이 원고를 보여준 다음 서랍에 넣고, 16년간 다른 연구에 몰두하였다. 그 첫 원고가 매우 철두철미했고 그의 생각을 상세하게 정리하였는데, 왜 다윈이 그 원고를 출판하지 않았는지를 확실하게 아는 사람이 없었다.

서랍에 처박혀 있던 다윈의 가설이 마침내 빛을 보게 된 것은 인도네시아에서 연구하던 젊은 영국인 박물학자 월리스(Alfred Russel Wallace; 1823-1913)로부터 1858년에 받은 에세이 때문이었다. 그는 자연선택을 통한 진화의 가설을 간결하게 정리한 에세이를 다윈에게 보냈는데, 월리스는 다윈과 독립적으로 가설을 세웠다. 월리스의 소론을 받고나서 다윈의 동료들은 런던에서 열리는 세미나에서 그들의 생각을 공동으로 발표하도록 주선하였다. 그런 다음, 다윈은 1842년에 작성하였던 오래된 원고를 확충하고 다음 해에 출판사에 원고를 보내 마침내 책이 완성되었다.

다윈 이론의 예측들은 잘 검증되었다

학습목표 1.4.4 시간의 경과에 따른 진화를 어떻게 검증하는지 확인하라.

다윈이 1882년에 사망한지 130년 이상의 시간이 흘렀다. 이 기간 동안 그의 이론을 뒷받침하는 증거들이 계속해서 힘을 얻어 왔다. 이 장에서는 그런 증거의 일부를 간단히 탐구하고, 20장에서 자연선택에 의한 진화론과 그 증거를 보다 상세하게 살펴볼 것이다.

화석기록

다윈은 화석기록이 큰 무리의 생물들[이를테면 어류와 어류로부터 생겨났을 것으로 여겨지는 양서류, 그리고 파충류와 조류] 사이에서 중간 고리 역할을 할 것이라고 예측했다. 뿐만 아니라 자연선택은 그러한 이행형(transitional form)들이 출현한 시기의 상대적 위치를 예측한다고 하였다. 오늘날 우리는 19세기에 상상도 할 수 없었던 정도의 화석기록을 발견하였고, 고생물학자들은 예측되는 시기의 이행형으로 보이는 화석들을 속속 발견하고 있다.

최근 발견된 현미경적 화석들은 지구상 생명의 역사를 약 35억 년 전으로 끌어올렸다. 다른 많은 화석들이 다윈의 예측을 뒷받침해 주었고, 이토록 장구한 세월에 걸쳐 어떻게 간단한 형태의 생물로부터 복잡한 생물이 진화되었는지를 설명해 주고 있다. 특히 척추동물의 경우는 화석기록이 풍부하고, 형태의 변화가 단계별 계열을 나타내면서 누가 보아도 알 수 있는 진화의 계열을 보여준다 (그림 1.11).

비교해부학

동물의 비교해부학적 연구들은 다윈의 이론에 강력한 증거를 제공한다. 이를테면 척추동물의 많은 다양한 종류들에서 동일한 뼈가 나타나는데, 이러한 사실은 이들 동물이 진화적 과거를 공유하고 있음을 시사한다. 그림 1.12에 나타낸 앞다리(forelimb)는 모두 뼈들이 동일한 기본배열을 하고 있지만, 서로 다른 목적으로 변형되었다.

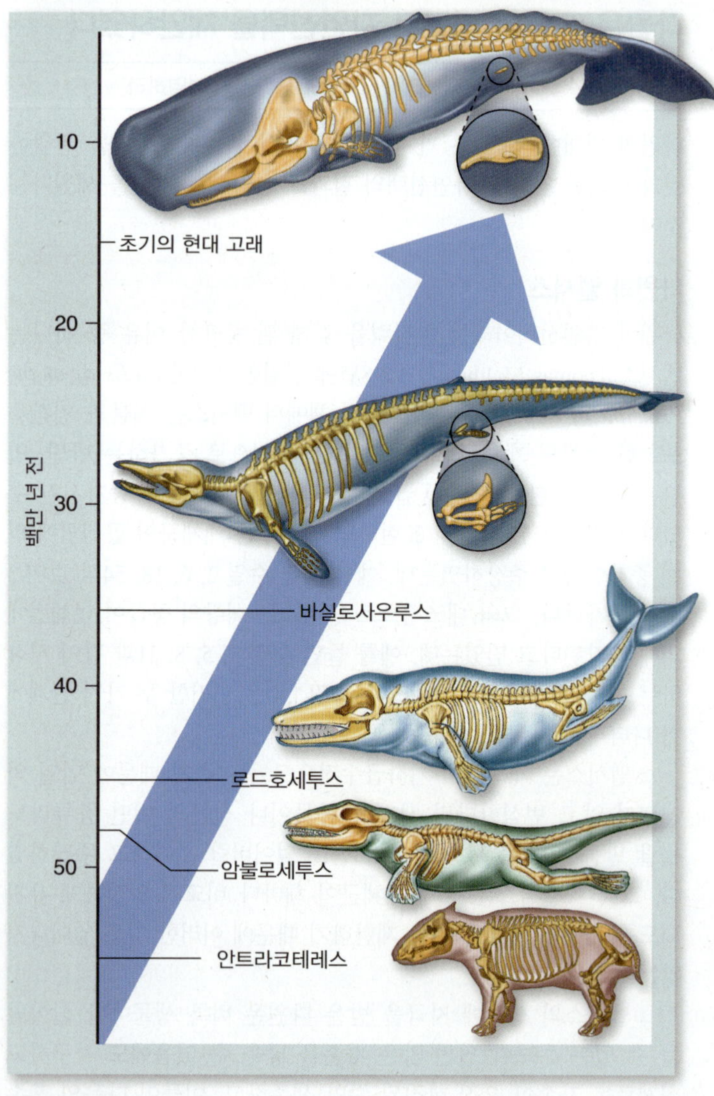

그림 1.11 고래의 진화역사. 3500만 년의 기간에 걸쳐 오늘날의 고래는 하마류의 돼지 같은 조상으로부터 진화하였으며, 그 중간 계열들이 화석기록으로 남아있다.

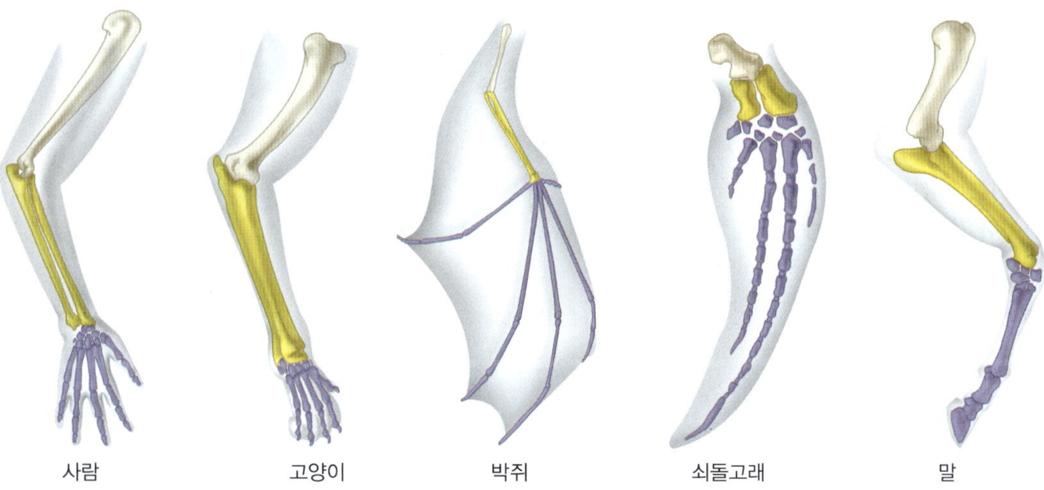

그림 1.12 척추동물 앞다리에서 나타나는 상동성. 그림에 나타낸 다섯 가지 척추동물의 앞다리는 각각의 생물이 살아가는 특수한 방법과 관련하여 앞다리 뼈들의 상대적 부분들이 변화한 양식을 보여준다.

각각 다른 척추동물에서 나타나는 이런 구조의 뼈들을 **상동(homologous)**이라고 하는데, 이는 이들이 동일한 진화기원을 갖지만 지금은 구조와 기능이 다른 것을 가리킨다. 이들과 대조를 보이는 것이 새와 나비의 날개 같은 **상사(analogous)** 구조인데, 이는 비슷한 기능을 하지만 진화기원이 다른 것을 말한다.

분자적 증거

진화의 양상은 분자적 수준에서도 드러난다. 동물이나 식물의 각각 다른 집단의 유전체(모든 유전자의 염기서열)를 비교하면 집단들 간의 유연관계가 어느 정도인지 보다 정확하게 명시할 수 있다. 시간이 흐르면서 일련의 진화적 변화가 일어나면 DNA의 유전적 변화가 끊임없이 축적된다.

최근 유전체 염기순서결정이 발전하면서 이제 이러한 예측은 직접 검증할 수 있게 되었다(그림 1.13). 그 결과는 분명한데, 광범위한 척추동물에서 두 생물의 유연관계가 멀어질수록 이들의 유전체가 나타내는 거리는 더욱 커진다.

분기(divergence)에 따른 차이도 이와 동일한 양상을 보이고, 이 역시 단백질 수준에서 분명히 알 수 있다. 여러 다른 종의 헤모글로빈 아미노산순서를 비교하면 그 양상이 분명해진다. 인간처럼 영장류인 붉은털원숭이(rhesus monkey)의 헤모글로빈 β사슬의 146개 아미노산을 분석해 보면, 개 같이 유연관계가 먼 포유동물보다는 사람과 훨씬 적은 차이를 나타낸다. 새와 개구리 같이 포유동물이 아닌 척추동물과는 차이가 더 크게 나타난다.

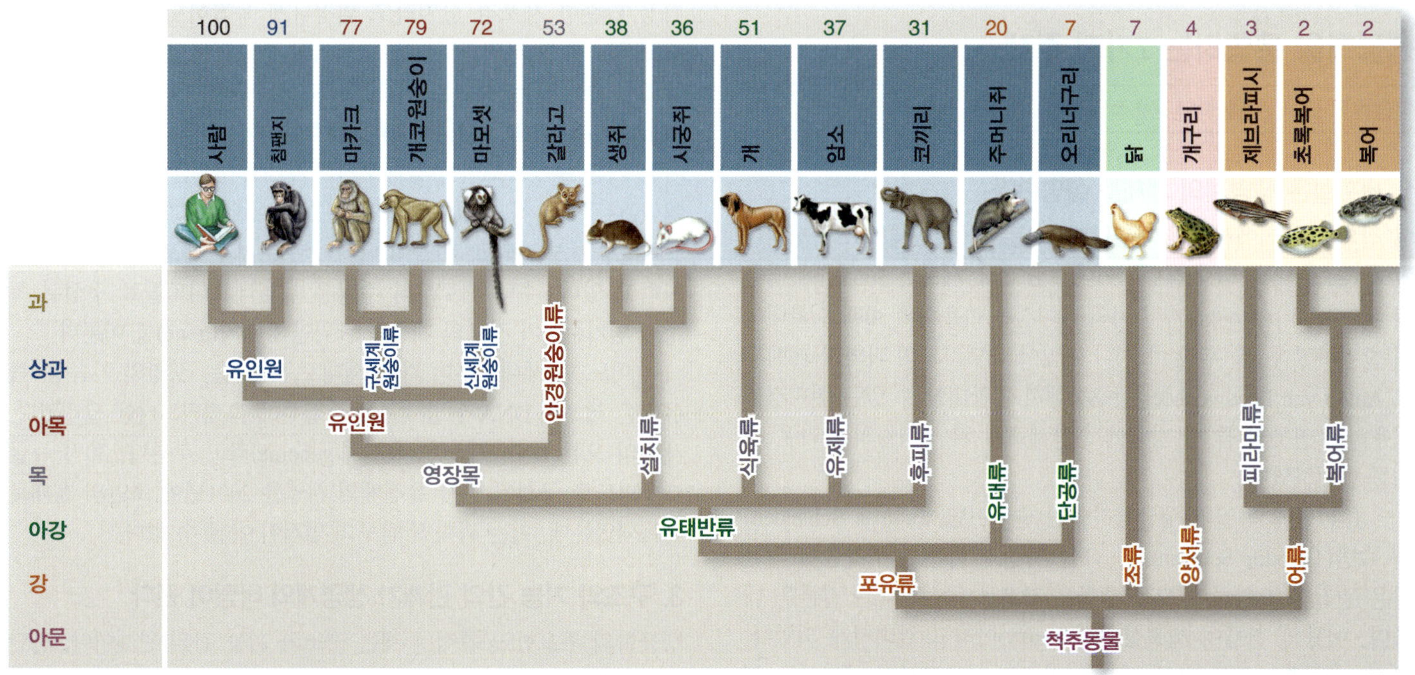

그림 1.13 척추동물 유전체의 진화. 최근 유전체를 연구하는 학자들이 척추동물 유전체에 산재해 있는 44개 대표적 부위(전유전체의 1%)의 유사성을 조사하였다. 오른쪽에서 왼쪽으로 가면서 유전체의 유사도(그림의 맨 위에 사람과의 염기서열 유사도를 %로 표시하였음)는 사람과 분류학적으로 가까울수록 증가하는데, 이는 다윈의 이론이 예측한 바와 같다.

일부 유전자, 예컨대 헤모글로빈 단백질을 지정하는 유전자의 염기서열이 많은 생물에서 밝혀졌고, 유전자 염기서열에서 특정 뉴클레오티드 변화의 기원을 추적함으로써 이들이 진화한 전체 시간 경로를 확신을 갖고 제시할 수 있다. 이렇게 얻어진 진화양상을 **계통수(phylogenetic tree)**라고 부른다. 이는 유전자의 진화 역사, 즉 "가계도(family tree)"를 나타내는 것이다. 분자적 계통수는 화석기록에서 유래된 계통수와 일치하며, 이는 진화의 강력한 직접적인 증거가 된다. DNA 변화가 축적되는 양상은 사실상 진화역사의 발자국을 나타내는 것이다.

개념 정리 1.4

다윈은 동족의 생물들 간에서 차이점을 발견하고 이러한 차이를 설명하기 위해 자연선택에 의한 진화의 가설을 제안하였다. 자연선택으로 인하여 생겨난 예측은 화석기록, 비교해부학 그리고 생물의 DNA 분석을 통해 검증되고 계속 검증되고 있다.

- 자연선택에 의한 다윈의 진화론이 생명의 기원을 설명하는가?

1.5 몇몇 중요한 발상이 생물학의 핵심을 이룬다

생물학의 연구는 생화학에서 생태학에 이르는 많은 다양한 분야를 포함한다. 그렇지만 이들 모든 분야에서 공통적인 주제를 찾을 수 있는데, 그것은 세포설, 유전의 분자기초, 구조와 기능의 관계, 진화 그리고 창발성이다.

생물학을 통합하는 7가지 주제

학습목표 1.5.1 생물학의 공통적인 7가지 주제를 설명하라.

1. 세포설은 생명계의 체제를 설명한다

이 장의 첫머리에서 서술하였듯이, 모든 생물은 세포로 구성되어 있고 세포는 생명의 기본단위이다(**그림 1.14**). 세포는 1665년에 영국의 후크(Robert Hooke)가 초기의 현미경을 이용하여 30배로 확대하여 발견하였다. 그 후 얼마 지나지 않아 네덜란드의 과학자 레벤후크(Anton van Leeuwenhoek)는 300배까지 확대할 수 있는 현미경을 이용하여 연못의 물 한 방울에서 단세포로 된 생명들의 놀라운 세계를 발견하였다.

1839년에 독일의 생물학자들인 슐라이덴(Matthias Schleiden)과 슈반(Theodor Schwann)은 그들 자신과 다른 연구자들에 의한 많은 관찰을 요약하여 모든 생물은 세포로 구성된다는 결론을 내렸다. 이들의 결론이 **세포설(cell theory)**이라고 알려지게 되었다. 그 후 생물학자들은 모든 세포가 기존의 세포로부터 생긴다는 생각을 추가하였다. 생물학의 기본 개념 중 하나인 세포설은 모든 생물의 생식과 생장을 이해하는데 기초가 된다.

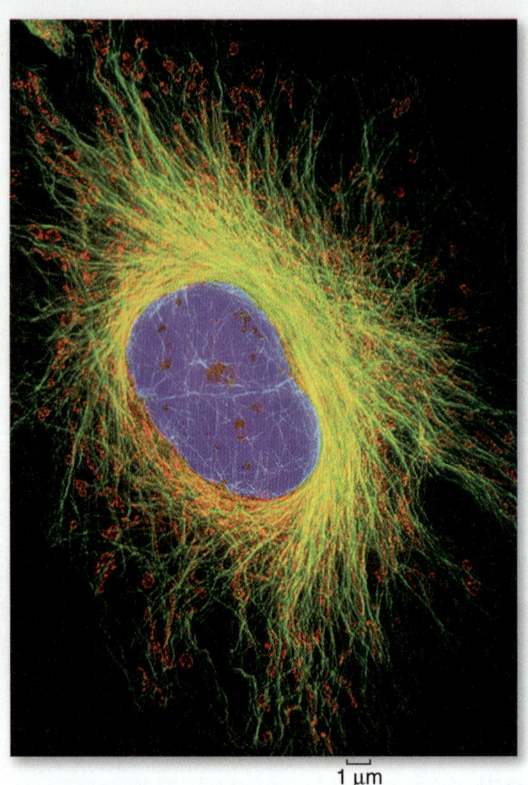

그림 1.14 생명의 기본인 세포. 모든 생물은 세포로 구성된다. 어떤 생물은 너무 작아서 현미경의 도움 없이는 볼 수 없는 단세포로 이루어진다. 사람 같은 다른 종류의 생물들은 많은 특수한 세포들로 구성되는데, 형광현미경 사진에 나타난 섬유모세포가 그 한 예이다.

2. 유전의 분자기초는 생명의 연속성을 설명한다

가장 단순한 세포라 할지라도 엄청나게 복잡하며, 그 어떤 컴퓨터보다도 훨씬 복잡하다. 세포가 어떻게 생겼는지에 관한 상세한 계획을 명시하는 정보는 긴 케이블 같은 분자인 **디옥시리보핵산(deoxyribonucleic acid; DNA)**에 암호화되어 있다. 각각의 DNA 분자는 기본 구성요소인 뉴클레오티드 두 가닥의 긴 사슬이 서로 감겨있는 구조를 하고 있다(**그림 1.15**). DNA에서는 4개의 다른 뉴클레오티드들이 발견되고, 이들이 나타나는 순서가 세포의 정보를 암호화하고 있다. 수백 개로부터 수많은 뉴클레오티드들로 구성된 특정한 염기순서가 정보의 개별적 단위인 **유전자(gene)**를 이룬다.

어느 한 세대로부터 다음 세대로 이어지는 생명의 연속성, 즉 유전은 세포의 DNA가 딸세포에 충실하게 복제되느냐에 달려있다. 세포의 모든 DNA 세트를 유전체(genome)라고 부른다. 30억 뉴클레오티드로 구성된 인간 유전체의 서열은 2001년에 초안의 형태로 해독되었는데, 이는 과학적 탐구의 업적이 아닐 수 없다.

3. 구조와 기능 간의 관계가 생명계의 바탕이 된다

생물학의 주요한 공통적 주제는 구조와 기능 간의 관계이다. 간단하게 말하면, 조직과 기관의 분자들과 거대분자 복합체들이 적절하게 기능을 수행하는 것은 전적으로 그들의 구조에 좌우된다.

어쩌면 사소하게 보일 수도 있지만, 이 사실은 지대한 영향을

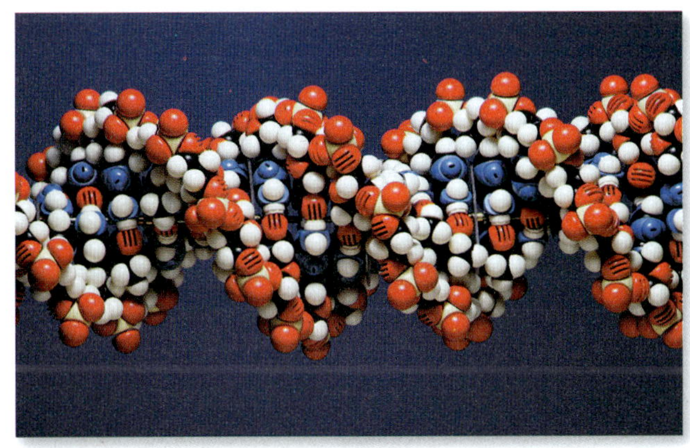

그림 1.15 유전물질인 DNA. 모든 생물은 그들의 유전정보를 DNA 구성단위의 염기서열로 저장한다. 이는 마치도 이 교재가 정보를 알파벳 문자의 순서로 저장한 것과 마찬가지이다.

갖는다. 우리가 특정한 구조의 기능을 알면, 다른 생물에서와 같이 다른 상황에서 발견되는 그와 비슷한 구조의 기능을 추론할 수 있다.

이를테면 사람의 세포에서 포도당 흡수를 조절하는 호르몬인 인슐린에 대한 표면수용체 구조를 알고 있다고 가정해 보자. 그리고 다른 종, 경우에 따라 벌레 같이 매우 다른 생물의 세포막에서 그와 유사한 구조를 발견했다고 가정해 보자. 그렇다면 세포막에 있는 이 분자가 벌레에서 인슐린과 유사한 분자에 대한 수용체로 작용할 것이라고 결론을 내릴 수 있다. 이렇게 하여 우리는 벌레와 사람에서 나타나는 포도당 흡수 간의 진화적 유연관계를 파악할 수 있다.

4. 생명의 다양성은 진화적 변화에 의해 생겨났다

밀접하게 연관된 많은 생물들이 공유하는 어떤 중요한 특징들에서 나타나는 생명의 통일성은 지구상의 다양한 환경에서 나타나는 생물의 놀라운 다양성과 대조를 이룬다. 생화학과 유전학은 한결같이 모든 생명이 동일한 기원에서 진화되었다고 주장한다. 오늘날

그림 1.16 3엽충류의 화석. 지구의 암석에 보존된 화석생물은 진화의 생생한 기록이다.

우리 주변의 엄청나게 다양한 생명들은 진화적 변화에 의해 생겨났으며, 이들의 대부분은 화석기록에서 볼 수 있다(그림 1.16).

5. 진화적 보존이 생명계의 통일성을 설명한다

생물학자들은 오늘날 지구상에 출현하는 모든 생물이 약 35억 년 전에 생긴 어떤 단순한 세포성 구조의 후손이라는 점에 의견을 같이 한다. 그러한 초창기 생물의 특징 가운데 일부가 보존되었다. 예컨대 모든 생물은 공통적으로 유전정보를 DNA에 저장한다.

이렇게 보존된 특성이 장구한 세월에 걸쳐 후손에서 물려지면서 유지되고 있다는 사실은 이들 특징이 쉽사리 변하지 않고 생물에서 핵심적인 역할을 한다는 점을 의미한다. 그 적절한 예가 호메오도메인(homeodomain) 단백질인데, 이는 진핵생물의 초기 발생에서 결정적인 역할을 한다. 식물계와 동물계 및 진균계의 생물들 가운데 약 1,850개의 호메오도메인 단백질에서 보존된 특징을 찾을 수 있다(그림 1.17). 호메오도메인 단백질은 초기에 진화된 효과적인 발생도구이며, 더 좋은 대안이 생기지 않았다.

6. 세포는 정보를 처리하는 체계이다

세포는 정보를 처리하는 고도로 복잡한 나노기기(nanomachine)라고 생각할 수 있다. DNA에 저장된 정보는 세포성분의 합성을 지시하는 데 사용되고, 세포성분들의 특정한 세트들은 세포들마다 다를 수 있다. 단백질들이 입체적으로 접히고, 거대분자 복합체의 이러한 형태들이 상호작용하면서 흥미로운 특성이 나타난다. 비록 생물의 모든 세포가 동일한 유전정보를 나르고 있지만, 유전자 발현의 조절은 시공간적인 세포형의 분화를 가능케 하고, 이는 나아가서 발

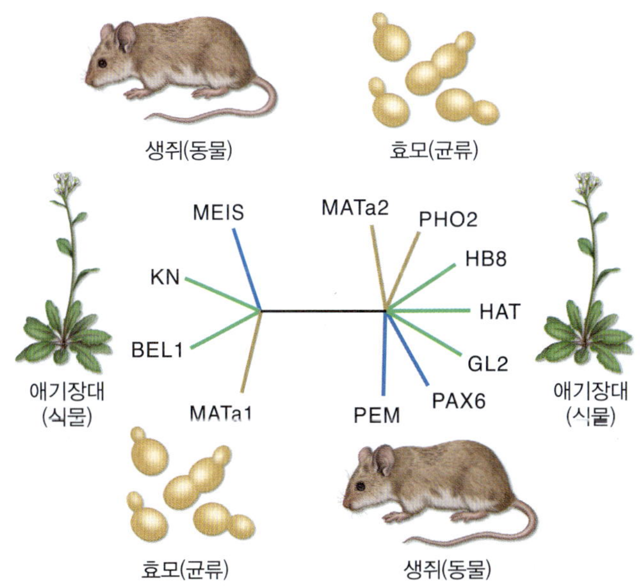

그림 1.17 호메오도메인 단백질의 계통수. 호메오도메인 단백질은 균류(갈색), 식물(녹색), 그리고 동물(청색)에서 발견된다. 염기서열의 유사도에 의해 이들 11개의 서로 다른 호메오도메인 단백질들(가지의 말단에 있는 대문자)은 두 그룹으로 나뉘는데, 각 그룹에는 각각의 계(kingdom)를 대표하는 생물들이 포함된다. 예컨대 생쥐의 호메오도메인 단백질 PAX6은 생쥐의 호메오도메인 MEIS보다는 PHO2와 GL2와 같은 균류와 꽃식물의 단백질들과 훨씬 밀접하게 연관되어 있다.

생 과정을 거치는 동안 여러 다른 조직형으로의 변화를 야기한다.

한편 세포는 환경에 관하여 받아들인 정보를 처리한다. 세포는 막에 있는 단백질을 통해 그들의 환경을 감지하고, 이 정보는 막을 가로질러 세포의 기능을 변화시킬 수 있는 정교한 신호전달 화학경로에 전달된다.

세포가 그들의 환경을 감지하고 그에 대해 반응할 수 있음은 다세포생물에서 조직과 기관들이 기능을 수행하는 데 있어서 중요하다. 다세포생물은 온도와 pH 및 생명 유지에 필수적인 이온들의 농도를 일정하게 유지시키면서 내부 환경을 조절할 수 있다. 이러한 항상성(homeostasis)은 서로 다른 조직에 있는 다양한 세포들의 활성을 조정하는 정교한 신호전달망 때문에 가능해진다.

7. 생명계는 비평형 상태로 존재한다

생명계의 주요한 특징은 이 계가 열역학적 평형과는 다르게 기능하는 개방계라는 점이다. 이 복잡하게 보이는 설명을 아주 단순하게 생각해 볼 수 있다. 만일 당신이 음식물 섭취를 중단한다면 당신의 운명이 어떻게 될지 생각해 보자. 왜 음식물을 섭취해야 할까? 이는 단순히 세포나 조직 따위를 만드는 데 필요한 물질을 얻는 것만이 아니다. 더욱 중요한 것은 음식물을 섭취함으로써 비평형 상태를 유지하는 데 이용할 수 있는 에너지를 얻는 것이다. 육상생태계를 작동시키는 에너지의 궁극적인 원천은 태양이다.

두 번째로, 비평형계는 평형계에서 볼 수 없는 자율형성(self-organization)의 특성을 나타낸다. 생명계가 지닌 자율형성 특성은 생명 계층구조의 다양한 수준에서 나타난다. 세포 수준에서는 염색체가 분리하는 데 필수적인 방추체 같은 거대분자 복합체들이 자율적으로 형성될 수 있다(그림 1.18). 개체군 수준에서는 한 떼의 새, 물고기 떼, 또는 생물막(biofilm)의 세균들 역시 모두 자율적으로 형성된다. 개별 단위들이 상호작용하는 이러한 유형의 행동은 창발성(emergent property)을 야기하는데, 이는 단위들 고유의 본질로는 전혀 예측할 수 없는 것이다.

분자나 세포 또는 개체들의 무리들에서 나타내는 창발성은 평균이나 표준편차와도 같이 통계학에서 서술하는 범주형 특성(categorical property)과는 완전히 다른 것이다. 이러한 유형의 상호 작용하는 계를 설명하는 수학 분야는 비선형역학(nonlinear dynamics)이다. 시스템생물학(systems biology)의 최근 생겨난 분야는 이런 방법으로 생물학적 체계의 모델링을 시작하고 있다. 세포의 분자들 간에 또는 신경계의 뉴런들 간에 존재하는 되먹임고리(feedback loop)와 피드포워드고리(feedforward loop)의 유형은 사람의 의식 같은 창발적 행동을 이해하게 해 준다.

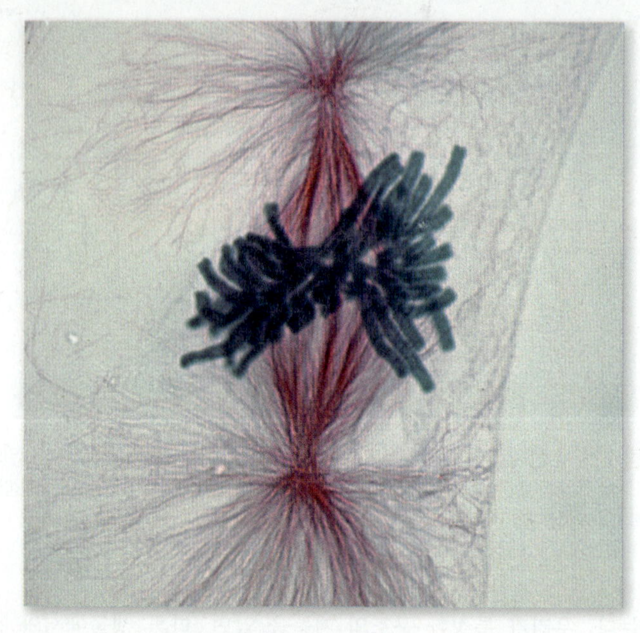

그림 1.18 방추체. 분열하는 세포에서 미세소관들이 모여 방추체(적색으로 염색)를 형성하고, 각각의 염색체(청색으로 염색)를 분열 중인 세포의 중앙면으로 이끈다.

개념 정리 1.5

생물학은 광범위하고 복잡한 분야이지만, 이러한 복잡성에서 공통적인 주제를 발견할 수 있다. 세포는 생명의 기본 단위이고 정보를 처리하는 기계이다. 분자, 거대분자 복합체, 세포 그리고 이들보다 수준이 더 높은 체제의 구조들은 모두 그들의 기능과 관련되어 있다. 생명의 다양성은 비슷한 특징에 근거하여 분류되고 체계화될 수 있으며, 생물학자들은 생명의 다양성을 6계와 3역으로 식별한다. 생물은 에너지를 이용하여 간단한 분자로부터 복잡한 분자를 구성할 수 있으며, 열역학적 평형과는 다른 상태로 존재한다.

- 바이러스는 생명계의 정의에 어떻게 들어맞는가?

어느 한 종의 출현이 다른 종들의 개체군 크기를 제한할까?

다윈의 진화론에 내포된 것은 자연에서 종들이 한정된 자원을 두고 경쟁한다는 점이다. 이런 일이 정말 일어날까? 종들 간에서 경쟁이 일어난다는 좋은 증거들은 실험적 야외조사를 통해 찾을 수 있는데, 이런 연구는 실험실이 아니라 자연 개체군 속에서 수행하는 조사이다. 두 종이 단독으로 존재하거나 아니면 함께 나타나도록 실험을 설계하면 어느 한 종의 출현이 다른 종의 개체군 크기에 부정적인 영향을 미치는지 파악할 수 있다. 여기서 소개하는 실험은 북아메리카의 사막에서 나타나는 종자를 먹는 설치류에 관한 것이다. 1988년에 연구자들은 캥거루쥐(kangaroo rat)가 종자를 먹는 작은 설치류에 미치는 영향을 연구하기 위해 일련의 50 m × 50 m 울타리를 설치하였다. 울타리를 쳐 놓은 곳의 절반에서는 캥거루쥐를 제거하였지만 다른 곳에서는 그대로 두었다. 모든 울타리의 벽은 설치류들이 자유롭게 드나들 수 있는 구멍이 있지만, 캥거루쥐가 없는 조사구 울타리 벽의 구멍은 너무 작아서 캥거루쥐가 들어갈 수 없다.

조사구 설치 후 3년간 울타리를 쳐 놓은 곳에서 발견된 작은 설치류의 개체수를 조사하여 그래프로 나타내었다. 개체군 크기를 추정하게 위해 연구자들은 일정한 간격마다 얼마나 많은 작은 설치류를 잡을 수 있는지 조사하였다. 1988년에 울타리를 두른 곳의 절반에서 캥거루쥐를 제거한 직후에 그리고 그 후 3개월마다 각 조사구에서 설치류 자료를 수집하였다. 그래프는 상대 개체군 크기, 즉 잡힌 총 개체수를 조사구의 수로 나눈 평균값으로 나타내었다.(예컨대 울타리를 두른 곳 3군데에서 모두 30마리의 쥐가 잡혔다면 평균은 10마리이다.) 이 자료는 캥거루쥐를 제거한 후 몇 년 간에 걸친 작은 설치류의 수를 보여준다.

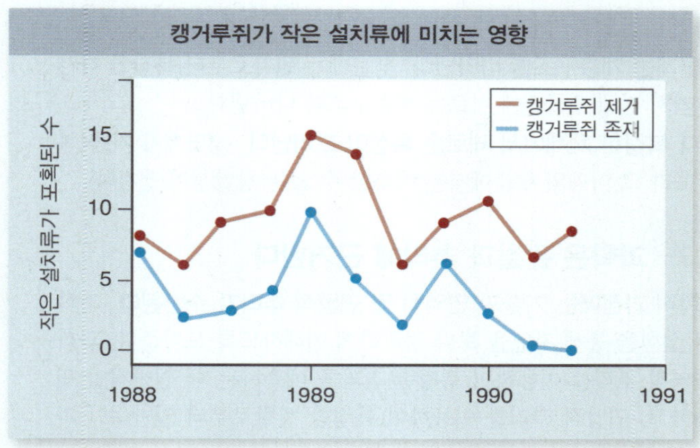

분석

1. **개념 적용**
   a. **변수.** 이 그래프에서 종속변수는 무엇인가?
   b. **상대 크기.** 두 종류의 조사구 가운데 작은 설치류의 개체군이 많이 유지되는 곳은 어디인가? 캥거루쥐와 함께 있는 곳인가, 아니면 캥거루쥐를 제거한 곳인가?
2. **자료 해석**
   a. 두 종류의 조사구 각각에서 캥거루쥐를 제거한 직후, 작은 설치류는 평균 몇 마리인가? 1년 후 그리고 2년 후에는 각각 몇 마리인가?
   b. 두 종류의 조사구 간에서 차이가 가장 크게 나타난 시점은 언제인가?
3. **추론**
   a. 작은 설치류의 개체군 크기에 미치는 캥거루쥐의 영향을 관찰한 것은 정확히 무엇인가?
   b. 두 종류의 조사구에서 관찰된 작은 설치류의 개체수 간 차이의 규모를 검토해 보자. 어떤 추세를 나타내고 있는가?
4. **결론 도출** 이러한 결과는 캥거루쥐가 다른 작은 설치류들과 경쟁하여 그들의 개체군 크기를 제한한다는 가설을 뒷받침하는가?
5. **추가 분석**
   a. 경쟁 이외에도 이러한 결과를 설명할 수 있는 다른 원인이 있을 것이라고 생각하는가? 그렇다면 다른 원인을 잠재적으로 제거하거나 확인할 수 있는 실험을 제안해 보자.
   b. 두 종류의 조사구에서 개체군들이 1년 내내 동시에 증가하고 감소하면서 변화하였나? 만일 그렇다면 무엇 때문에 이런 일이 생겼을까? 그리고 그 가설을 어떻게 검증할 것인가?

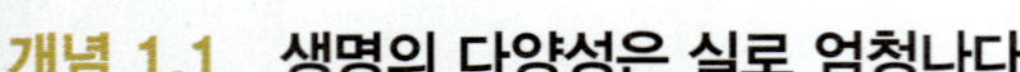

학습 과정 복습

개념 1.1 생명의 다양성은 실로 엄청나다

1.1.1 생물의 다양성은 전통적으로 6계로 분류한다 생명의 세계는 매우 다양하지만, 공유하는 특징에 의거하여 전통적으로 6계로 분류한다.

개념 1.2 생물학은 생명을 연구하는 과학이다

1.2.1 생명은 간단하게 정의할 수 없다 생명을 간단하게 정의하기는 어렵지만, 생명계는 8가1234지의 기본적 특징을 공유한다: 생물은 운동할 수 있고; 복잡하고 고도로 질서 정연하며; 자극에 대해 반응할 수 있고; 하나 또는 여러 개의 세포로 구성되며; 일을 하는데 에너지를 이용하고; 비교적 일정한 내부 환경을 유지할 수 있으며(항상성); 생장하고 발생하고 번식할 수 있으며; 그들의 유전정보를 자손에게 전달할 수 있고, 자손들이 환경에 진화적으로 적응할 수 있게 해 준다.

1.2.2 생물계는 계층구조를 나타낸다 생물계는 원자로부터 복잡한 다세포생물을 거쳐 전체 생물권에 이르는 계층구조를 나타낸다.

1.2.3 보다 복잡한 체제에서 새로운 특성이 드러난다 생명계가 차츰 복잡해짐에 따라 그 아래의 수준에서는 예측할 수 없는 창발성이 생긴다.

개념 1.3 과학은 관찰과 추리에 근거한다

1.3.1 과학적 과정에는 기술과 연역적 및 귀납적 추리가 수반된다 과학은 관찰과 실험을 통해 자연을 보다 정확하게 이해하도록 도와준다. 과학자들은 연역적 추리를 이용하여 특정한 결과를 예측하는 데 일반적인 원리를 이용하고, 귀납적 추리를 이용하여 특정한 관찰로부터 일반적인 과학 원리를 도출한다.

1.3.2 가설에 기반을 둔 과학이 예측을 만들고 이를 검증한다 가설은 관찰을 바탕으로 세워지고, 실험적으로 검증 가능한 예측을 만들어 내야 한다. 실험은 변수를 변화시키는 검증실험과 변수를 바꾸지 않는 대조실험을 포함한다. 가설에서 예측한 바가 관찰이나 실험에 의해 확인될 수 없으면 가설은 기각된다.

1.3.3 이론은 과학의 확실한 결론이다 환원주의는 복잡한 체계를 구성하는 요소들로 쪼개서 체계를 이해하려 하지만, 큰 체계에서 분리되었을 때 각 요소들은 다르게 작용할 수 있다. 생물학자들은 생명계를 설명하기 위하여 모델을 만든다. 모델은 문제를 연구하는 여러 방향을 제공해 주는 한편, 실험적 접근을 제안하기도 한다. 과학자들은 이론이라는 단어를 연역적인 의미와 귀납적인 의미로 사용하는데, 한편으로 자연현상에 대해 제안된 설명으로 사용하고, 다른 한편으로는 과학의 일부 분야에서 사실을 설명하는 개념들의 모음으로 사용한다.

개념 1.4 진화 연구는 과학탐구의 좋은 예가 된다

1.4.1 다윈 이전에 존재했던 진화의 생각 다윈보다 한 세기 앞서 박물학자들은 지구의 역사를 통해 생물이 진화하였다고 시사했다.

1.4.2 다윈은 비글호의 항해 동안 정보를 수집하였다 비글호에 승선하여 항해하는 동안 다윈은 전 세계에 걸쳐 다양한 생물들을 관찰하는 기회를 가졌다.

1.4.3 다윈은 진화의 기구로 자연선택을 제안하였다 다윈은 종들이 많은 자손을 낳을 수 있지만 그 가운데 오직 한정된 수의 자손만이 생존하고 번식하고 있음을 알았다. 다윈은 성공적으로 살아남고 번식에 유리한 특징을 갖는 개체들의 수가 시간이 흐르면서 개체군 내에서 점차 많아질 것이라고 제안하였다. 이것이 바로 변화를 동반한 계승, 즉 자연선택의 본질이다. 월리스는 자신의 연구를 통해 독립적으로 같은 결론에 도달하였다.

1.4.4 다윈 이론의 예측들은 잘 검증되었다 자연선택은 많은 분야에서 얻어진 자료들을 이용하여 검증되었다. 그 증거들은 화석기록; 방사성 붕괴의 속도로 알아낸 지구의 연령 45억 년; 비교해부학과 상동구조의 연구; 그리고 시간이 지나면서 DNA와 단백질에서 나타난 변화의 증거가 되는 분자적 자료 등이다. 모두 종합해 보면 이들 증거들이 자연선택에 의한 진화를 강력하게 뒷받침한다.

개념 1.5 몇몇 중요한 발상이 생물학의 핵심을 이룬다

1.5.1 생물학을 통합하는 7가지 주제

1. **세포설은 생명계의 체제를 설명한다.** 세포는 생명의 기본단위이고, 모든 생물의 생장과 생식을 이해하는 기초가 된다.
2. **유전의 분자기초는 생명의 연속성을 설명한다.** DNA분자에 있는 유전자에 암호화되어 있는 유전정보는 한 세대에서 다음 세대로 전달된다.
3. **구조와 기능 간의 관계가 생명계의 바탕이 된다.** 거대분자들의 기능은 그들의 구조에 좌우된다. 구조와 기능의 유사성은 진화적 유연관계를 나타내기도 한다.
4. **생명의 다양성은 진화적 변화에 의해 생겨났다.** 모든 생물은 동일한 기원을 갖고 있으며, 이로부터 진화적 변화에 의해 생명의 다양성이 생겨났다.
5. **진화적 보존이 생명계의 통일성을 설명한다.** 생화학과 유전학은 한결같이 모든 생명이 동일한 기원에서 진화되었다는 견해를 뒷받침한다.
6. **세포는 정보를 처리하는 체계이다.** 세포는 세포막에 있는 단백질을 통해 환경의 변화를 감지하고 반응할 수 있다.
7. **생명계는 비평형 상태로 존재한다.** 생물은 안정적인 비평형 상태를 유지하기 위해 끊임없이 에너지를 공급받아야 하는 개방계이다. 생물은 창발성을 나타낼 수 있는 복잡한 계층구조를 갖는다.

학습 과정 평가

개념 1.1 생명의 다양성은 실로 엄청나다

이해

1. 사람은 어떤 계(kingdom)에 속하나?
   a. 6개의 모든 계
   b. 동물계
   c. 진핵생물역
   d. 앞에 답 없음

응용

1. 원생생물과 세균이 서로 다른 계에 속하는 이유는?
   a. 원생생물은 다세포 생물이고, 세균은 단세포 생물이다.
   b. 원생생물은 세포로 구성되지만, 세균은 그렇지 않다.
   c. 원생생물은 핵을 갖고 있지만, 세균은 그렇지 않다.
   d. 앞의 답 모두.

종합

1. 최근에 과학자들은 우주에 10^{21}개의 별이 있다고 추정했다. 만일 이들 별 가운데 1/10이 행성을 갖는 우리 태양과 비슷하고, 만일 그들 중 1/10,000이 생명체를 존재하게 할 수 있으며, 만일 생명체가 존재할 수 있는 행성의 100만 개 중 하나에서 지능을 갖춘 생물이 진화하였다고 가정하면, 이 우주에는 과연 얼마나 많은 행성에 지적 생명체가 존재할까? 우리가 외계로부터 연락을 받지 못한 이유를 설명할 수 있는 타당한 가설을 생각해 볼 수 있는가?

개념 1.2 생물학은 생명을 연구하는 과학이다

이해

1. 다음 중 생명의 특징이 아닌 것은?
   a. 궁극적으로 태양으로부터 오는 에너지를 이용
   b. 움직임
   c. 변화하는 환경에서 비교적 일정한 조건을 유지
   d. DNA에 담긴 설명서에 따라 생장하고 발생하며 번식하는 능력
2. 창발성의 설명으로 옳은 것은?
   a. 계층적 수준의 구성원들이 상호 작용한 결과로 생겨남.
   b. 우리의 세포가 산양의 세포와 비슷하지만 체제는 서로 다른 점을 설명함.
   c. 계층구조의 각 수준마다 생김.
   d. 앞의 답 모두.

응용

1. 중국의 대나무 숲에 한 무리의 자이언트 판다들이 산다. 이 무리의 수컷들은 정소를 갖는데, 정소(testis)란 생식계통의 한 부분이 되는 기관이다. 정소는 테스토스테론(testosterone) 분자를 분비하는 라이디히세포(Leydig cell)를 포함하여 여러 가지 유형의 세포들로 구성된다. 다음 중 생명의 계층구조에서 가장 덜 복잡한 수준에서 가장 복잡한 수준의 순으로 나열된 것은?
   a. 테스토스테론, 라이디히세포, 정소, 생식계통, 판다, 판다 개체군
   b. 숲 군집, 판다 개체군, 판다, 생식계통, 정소, 라이디히세포, 테스토스테론
   c. 테스토스테론, 세포소기관, 라이디히세포, 정소, 판다, 생식계통, 판다 군집
   d. 생태계, 판다 군집, 판다, 정소, 생식계통, 라이디히세포, 테스토스테론

종합

1. 앞선 〈응용〉의 질문에 입각하여, 계층구조의 어느 수준이 생명과 결부 짓는 모든 활동을 수행하는 가장 작은 수준인가?

개념 1.3 과학은 관찰과 추리에 근거한다

이해

1. 귀납적 추리 과정에 포함되는 것은?
   a. 일반적인 원리를 이용하여 특정한 결과를 예측한다.
   b. 신념체계에 의거하여 특정한 예측을 만들어 낸다.
   c. 특정한 관찰로부터 일반적인 원리를 도출한다.
   d. 일반적인 원리를 이용하여 가설을 뒷받침한다.
2. 생물학의 가설을 가장 잘 서술한 것은?
   a. 관찰의 가능한 설명.
   b. 이론을 뒷받침하는 관찰.
   c. 생명의 일부 양상을 설명하는 일반적인 원리.
   d. 생명의 일부 양상을 정확하게 예측하는 불변의 서술.

응용

1. 새는 깃털을 갖고 알을 낳아 번식하는 척추동물이다. 자연을 산책하다 보면 알을 낳지만 깃털이 없는 척추동물을 접하게 된다. 그렇다면 그 동물은 새가 아니라는 결론을 내린다. 이것은 다음 중 무엇에 해당되나?
   a. 귀납적 추리
   b. 연역적 추리
   c. 기술과학
   d. 환원주의
2. 밤에 자장가를 불러주면 사과나무가 더욱 큰 열매를 맺는다는 가설을 검증하는 실험을 수행한다고 가정해 보자. 밤에 실험용 나무 10그루에 음악을 틀어주었다. 대조군으로 정확한 것은 다음 중 어떤 것인가?
   a. 대조군은 낮에 자장가를 틀어주어야 한다.
   b. 대조군은 전혀 자장가를 들려주지 말아야 한다.
   c. 대조군은 랩 음악 같이 다른 유형의 음악을 틀어주어야 한다.
   d. 대조군은 하루 종일 음악을 틀어주어야 한다.

종합

1. 고전적인 실험에서 파스퇴르(Pasteur)는 세포가 다른 세포에서 생긴다는 가설을 검증하였다. 그는 이 실험에서 육즙을 멸균해서 살아있는 모든 세포를 죽인 다음, 백조의 목처럼 입구가 구부러진 플라스크와 목 부분을 잘라 입구가 드러난 플라스크에서 세포들이 어떻게 생장하는지 관찰하였다.
   a. 이들 두 실험에서 동일하게 유지한 변수는 무엇인가?
   b. 플라스크의 목 부분이 어떻게 실험에 영향을 미쳤나?
   c. 자연발생설과 세포는 오직 세포에서만 생긴다는 두 가지 가설에 근거하여 이들 실험의 결과를 예측해 보라.

2. 발사된 지 얼마 되지 않아 공중에서 폭발한 우주왕복선 챌린저호 사고의 원인을 조사하는 임무를 맡았다고 상상해 보자. 특히 발사 당시의 기온이 너무 낮아 장비들이 제대로 작동하지 못하였을 가능성을 조사해 달라는 요청을 받았다. 이러한 가설의 검증작업을 어떻게 진행할 것인가?

개념 1.4 진화 연구는 과학탐구의 좋은 예가 된다

이해

1. 자연선택에 의한 진화의 견해는
   a. 과학자가 이전의 지식과 관찰을 바탕으로 가설을 세운 사례이다.
   b. 다윈과 월리스가 독립적으로 생각하였다.
   c. 현재의 분자적 증거들에 의해 뒷받침된다.
   d. 앞의 답 모두.
2. 자연선택의 과정은 인위선택의 과정과 어떻게 다른가?
   a. 자연선택은 더 많은 변이를 낳는다.
   b. 자연선택은 보다 잘 적응하는 개체를 만든다.
   c. 인위선택은 사람이 개입한 결과이다.
   d. 인위선택의 결과로 보다 잘 적응하게 된다.
3. 화석기록이 자연선택에 의한 진화론을 뒷받침하는 데 어떻게 도움이 될까?
   a. 화석기록은 시간이 지나면서 복잡한 생물이 차츰 단순해지고 보다 능률적이 된다는 점을 나타낸다.
   b. 화석기록은 시간이 지나면서 생물이 변해가는 증거를 제공해 준다.
   c. 화석기록은 아주 오래 전에 존재했던 다양성을 보여준다.
   d. 중간 고리 역할을 하는 이행형이 확인되지 않으므로 화석기록은 진화론에 도움이 되지 않는다.

응용

1. 다음 중 어떤 상황에서 자연선택에 의한 진화가 일어날 것인가?
   a. 섬에 사는 유전적 변이성이 거의 없는 방울새 개체군.
   b. 여러 세대에 걸쳐 무한한 자원을 이용하는 달팽이 개체군.
   c. 여러 세대에 걸쳐 거의 모든 구성원들이 자손을 낳을 수 있는 짖는원숭이(howler monkey) 개체군.
   d. 몸의 털이 짧은 유전자를 가진 고릴라보다 춥고 찌푸린 날씨에서 보다 잘 살아남을 수 있게끔 여러 세대에 걸쳐 긴 털의 유전자를 가진 마운틴고릴라(mountain gorilla) 개체군.
2. 76개 아미노산으로 구성된 작은 단백질인 유비퀴틴(ubiquitin)은 진핵생물의 거의 모든 조직에서 발견되고 세포에서 단백질이 분해되는 데 관여한다. 사람에서 발견되는 유비퀴틴의 아미노산 순서는 토양 선충류인 예쁜꼬마선충(*Caenorhabditis elegans*)에서 발견되는 유비퀴틴과는 1개의 아미노산에서 차이가 나고, 맥주 제조에 쓰이는 효모(*Saccharomyces cerevisiae*)의 유비퀴틴과는 3개의 아미노산이 다르다. 이러한 정보에 근거해 볼 때 다음 중 어떤 설명이 정확한가?
   a. 사람은 선충류보다 효모와 더욱 밀접한 관계가 있다.
   b. 효모와 선충류 그리고 사람의 공통조상은 모두 같다.
   c. 분자적 증거는 오직 DNA에만 의존하므로, 이 자료는 진화역사에 관하여 알려 주는 것이 아무 것도 없다.
   d. 분자적 자료는 화석기록을 통해 얻어지는 자료와 보통 잘 맞지 않으므로, 분자적 자료는 진화와 관련하여 알려 주는 것이 거의 없다.

종합

1. 포르투갈령 카보베르데제도(Cape Verde Islands)는 갈라파고스군도가 남아메리카 연안에서 떨어진 만큼 아프리카 연안에서 멀리 떨어져 있고, 이 두 제도의 기후는 비슷하다. 다윈이 갈라파고스군도에서 발견한 동물들과 비슷한 동물들을 카보베르데제도에서도 발견하였을 것이라고 생각하는가? 그 이유는 무엇인가?

개념 1.5 몇몇 중요한 발상이 생물학의 핵심을 이룬다

이해

1. 세포설이 서술하는 것은?
   a. 세포가 작다.
   b. 세포는 고도로 조직되어 있다.
   c. 세포의 기본형은 하나뿐이다.
   d. 모든 생물은 세포로 구성된다.
2. 당신의 DNA는
   a. 생명의 다른 계로 분류되는 생물들의 DNA와 동일하다.
   b. 세포의 기능에 관한 설명을 제공한다.
   c. 정확히 복제되어 자손에게 전달될 수 있다.
   d. 앞의 b와 c.

응용

1. 아쿠아포린(aquaporin)은 원핵생물, 원생생물, 균류, 식물 및 동물의 막에서 물을 통과시키는 통로 역할을 하는 단백질군이다. 이들 단백질은 모든 생물에서 매우 비슷한 구조로 나타나며, 세포 안팎으로 물을 이동시키는 기능을 한다. 이러한 정보에 근거해 볼 때 다음 중 어떤 설명이 정확한가? (해당되는 모든 설명을 골라라.)
   a. 이들 생물 모두가 연관되어 있다.
   b. 아쿠아포린의 구조가 변하더라도 물을 통과시키는 기능에는 영향이 없을 것이다.
   c. 물의 수송은 생명에게 중요하다.
   d. 아쿠아포린의 유전정보를 담고 있는 DNA는 반드시 보존되어야 한다.

종합

1. 외계생물학(exobiology)은 다른 행성의 생명을 연구하는 분야이다. 최근에 과학자들은 외계의 생명을 찾고자 은하계로 여러 우주선을 보냈다. 모든 생명이 공통적인 특징을 갖고 있다고 전제한다면, 외계생물학자들은 다른 세상을 탐사하면서 무엇을 찾아야 할까?

2
분자의 특성과 물의 성질

학습과정

2.1 모든 물질은 원자로 구성되어 있다

2.2 생명계 내의 원소들은 낮은 원자 질량을 갖는다

2.3 분자들은 화학결합에 의해 합쳐진 원자들의 집합체이다

2.4 물의 특성은 물의 극성 성질에 기인한다

2.5 물 분자는 이온으로 나뉠 수 있다

서론

우리 몸에 있는 모든 원자는 별에서 만들어졌다. 약 125억 년 전에 일어난 거대한 폭발은 우주의 시작을 알리는 신호탄이었다. 이 폭발로 말미암아 화학적 진화, 별의 생성 그리고 행성의 형성 과정이 시작되었다. 행성의 형성 과정에서 약 45억년 전 지구가 만들어졌다. 대략 10억년 후에 생명체가 지구에 출현하게 되고 이후 다양해지기 시작했다. 지구상 생명체의 본질을 이해하기 위해서 우리는 먼저 모든 생명체의 구성 단위를 만드는 별에서 탄생된 물질(substance)들의 특성을 이해하여야 한다. 화학이라는 학문은 이러한 물질들의 특성을 연구하는 것이다. 생명계가 어떻게 조합되는지를 이해하기 위해서는 우선 반드시 원자의 구조와 어떻게 원자들이 화학적 결합에 의해 분자를 형성하는지, 그리고 어떤 방법으로 이 작은 분자들이 모여 더 커다란 분자를 형성하는지, 그리고 어떻게 이들이 주변의 분자들과 상호작용하는지를 이해하여야 한다. 이렇게 하다 보면 우리는 세포들의 구조와 그 다음으로 생명체까지 도달하게 될 것이다. 그러므로 지구의 생명체에 대한 우리의 학습은 원자와 원자들이 어떻게 분자를 형성하는가부터 시작한다. 생명체들은 화학적 기계들이므로 이들을 이해하기 위해서 우리는 반드시 원자 구조부터 시작해야 한다.

2.1 모든 물질은 원자로 구성되어 있다

우주에 있는 어느 물질이라 해도 질량을 가지고 공간을 차지하는 것들은 물질(*matter*)로 정의된다. 모든 물질은 **원자(atom)**라고 불리는 극도로 작은 입자들로 구성되어 있다. 원자의 크기는 매우 작기 때문에 원자를 연구하기는 쉽지 않다. 원자만큼 작은 대상들은 현재로서는 복잡한 기술을 이용한 간접적인 방법으로만 볼 수 있다. 예로서 터널 현미경을 들 수 있다(그림 2.1).

그림 2.1 주사형 터널 현미경 사진 주사형 터널 현미경은 원자의 모습을 시각화하기 위해 사용되는 비광학적인 영상기법의 한 종류이다. 이 영상은 로듐(rhodium) 결정(연한 파랑) 위에 있는 산소 원자(진한 파랑)가 격자모양으로 배열되어 있는 것을 보여준다.

원자들은 세 종류의 아원자 입자들로 구성되어 있다

학습목표 2.1.1 보어 원자(Bohr atom) 구조를 설명하라.

보어 원자는 중앙에 핵과 핵의 궤도를 선회하는 전자를 가지고 있다

현재 우리는 매우 복잡한 원자구조에 대해 상당히 많이 알고 있지만, 원자 이론을 이해하기 좋은 단순한 모형으로 만든 것은 1913년 덴마크의 물리학자인 보어(Niels Bohr)에 의해 제시된 것이 시작이었다. 보어는, 태양계 행성들의 축소판처럼 모든 원자가 중심을 축으로 빠르게 주변을 도는 전자라 불리는 아주 작은 아원자(subatomic)의 궤도 구름을 가지고 있다고 주장했다. 각 원자의 중앙에는 작고 밀도가 매우 높은 핵이 있다. 핵은 두 개의 다른 종류의 아원자 입자인 **양성자**(*proton*)와 **중성자**(*neutron*)로 이루어져 있다(그림 2.2).

수소	산소
1개의 양성자 1개의 전자	8개의 양성자 8개의 중성자 8개의 전자

a.

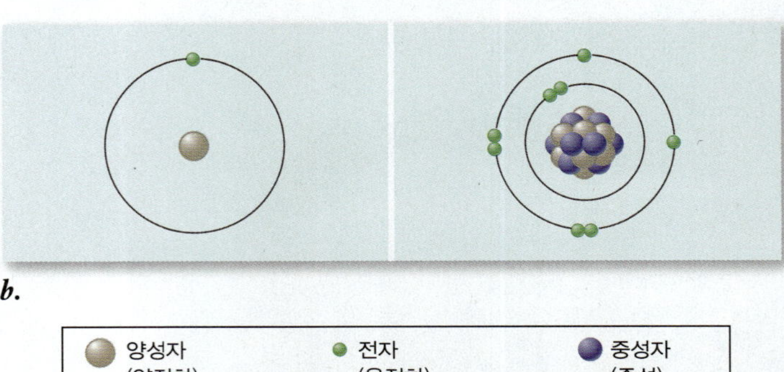

그림 2.2 원자의 기본 구조. 모든 원자들은 양성자와 중성자로 이루어진 핵을 가지는데 예외는 수소이다. 가장 작은 원자인 수소는 핵 안에 하나의 양성자를 갖지만 중성자는 갖지 않는다. 산소는 전형적으로 핵 안에 8개의 양성자와 8개의 중성자를 가진다. 여기서는 간단한 "보어 모델"의 원자 그림으로 나타내고 있다. 전자들은 상대적으로 꽤 먼 거리에서 중성자의 주변을 돈다. a. 원자들은 전자의 구름을 가진 핵으로 묘사되었다(크기는 표기하지 않음). b. 전자들은 별개로 구분되는 에너지 준위로 보여진다. 이들에 대한 자세한 내용은 본문에 기술되어 있다.

원자번호는 원소를 결정한다

핵 안의 양성자와 중성자의 덩어리는 아원자 거리가 매우 가까울 때만 작용하는 힘에 의해서만 유지가 된다. 각각의 양성자는 양(+)전하를 띠지만 각각의 중성자는 전하를 띠지 않는다. 대신 각 전자는 음(−)전하를 띤다. 전형적으로 하나의 원자는 각 양성자에 대해서 하나의 전자를 갖기 때문에 전체적으로 보면 전기적으로 중성이다. 서로 다른 원자들은 **원자번호**(*atomic number*)라 불리는 양성자의 수에 의해 정의된다. 원자의 화학적인 반응은 이 장에서 곧 배우게 될 전자의 수와 배열에 의해서 결정된다. 같은 원자번호를 가진 원자들은(즉, 같은 수의 양성자를 가진 원자들을 의미함) 같은 화학적인 특성들을 가지고 있고 따라서 동일한 원소에 해당한다고 말한다. 정식으로 말하면, **원소**(*element*)는 일반적인 화학적인 방법을 사용해서 다른 물질로 깨질 수 없는 물질을 말한다.

원자 질량

질량(*mass*)과 **무게**(*weight*)는 종종 호환되어 쓰이지만 이 단어들은 약간 다른 의미를 가지고 있다. **질량**은 물질의 양을 나타내는 반면 **무게**는 물질에 가해지는 중력으로 나타낸다. 어떤 물체는 지구에 있거나 달에 있거나 같은 질량을 갖지만, 그 물체의 무게는 지구에서 더 무거울 것이다. 왜냐하면, 지구의 중력이 달의 중력보다 더 강하기 때문이다. 한 원자의 **원자질량**(*atomic mass*)은 그 원자의 양성자와 중성자의 질량의 합과 같다. 지구에서 자연적으로 발생하는 원자들은 1에서 92개의 양성자와 146개까지의 중성자를 가지고 있다.

원자와 아원자 입자의 질량은 **달톤**(*Dalton*)이라 불리는 단위로 측정된다. 이 단위가 얼마나 작은지를 생각해 보라는 의미에서 말하면, 6.02×10^{23} 만큼의 달톤이 있어야 1 g을 만들 수 있을 정도로 작은 단위이다. 이는 말로 풀어 말하면 백만 곱하기 백만 곱하기 억 개의 수이다. 양성자 하나의 무게는 약 1달톤이고(정확히는 1.007달톤) 이것은 중성자와 같다(1.009달톤). 이에 비해서 전자의 무게는 달톤의 1/1840에 불과하기 때문에 원자의 질량에 거의 아무런 영향을 끼치지 않는다. 당신의 몸에 있는 모든 전자의 무게를 합해도 속눈썹 하나의 무게보다 적다.

이온

원자의 핵 안에 있는 양전하는 음전하를 띠는 전자들에 의해 중화(neutralized)되는데, 전자들은 핵 둘레로 다양한 거리를 가지고 만들어지는 **궤도(orbital)**라 불리는 지역에 위치한다. 같은 수의 양성자와 전자를 갖는 원자들은 전기적으로 중성이다. 이는 원자들이 순전하(net charge)를 갖지 않기 때문에 **중성원자**라 불린다.

전자가 궤도 안에 유지되는 것은 양전하를 띠는 핵에 의해 끌어당기는 힘 때문이다. 때때로 이러한 인력을 넘어서게 되고 원자는 하나 혹은 그 이상의 전자를 잃는다. 다른 경우에, 원자는 부가적인 전자를 얻을 수도 있다. 원자가 양성자의 수와 일치하는 수의 전자를 갖지 못하는 경우 **이온**(*ion*)이라고 하고 전하를 띠는 입자가 된다.

전자보다 더 많은 양성자를 갖는 원자는 **양이온(cation)**이라 부르고 양전하를 갖는다. 예를 들어, 하나의 전자를 잃은 나트륨(Na)원자는 +1 전하를 갖는 나트륨이온(Na^+)이 된다. 전자보다 적은 양성자를 갖는 원자는 **음이온(anion)**이라 부르고 음전하를 갖는다. 하나의 전자를 얻은 염소 원자(Cl)는 −1전하를 갖는 염소이온(Cl^-)이 된다.

동위원소

비록 한 원소의 모든 원자들이 같은 수의 양성자를 가지고 있다 하더라도, 중성자의 수는 다를 수 있다. 단일 원소의 원자들이 다른 수의 중성자를 가지고 있으면 이를 **동위원소(isotope)**라고 불린다.

자연에는 대부분의 원소들이 다른 동위원소들과 혼합되어 존재한다. 예를 들어, 탄소(C)는 3개의 동위원소를 가지고 있고 세 개의 동위원소 모두가 6개의 양성자를 포함하고 있다(그림 2.3). 또한 자연에서 발견되는 탄소의 99% 이상이 6개의 중성자를 가진 동위원소로 존재한다. 이 동위원소의 총 질량은 12 달톤이므로(양성자로부터 6개와 중성자로부터 6개를 더한 것), 이것은 탄소-12로 표현하고 ^{12}C로 도식화한다. 자연에서 나타나는 나머지 탄소들 중 대부분은 탄소-13개이고 7개의 중성자를 가진 동위원소이다. 자연에서 가장 드물게 존재하는 탄소 동위원소는 탄소-14이고 8개의 중성자를 가지고 있다. 다른 두 동위원소들과는 달리, 탄소-14는 불안정하다: 이것은 탄소-14의 핵이 낮은 원자번호를 가진 원소들로 쪼개지려는 경향이 있다는 것을 의미한다. 핵이 깨지게 되면 엄청난 양의 에너지를 방출하는데 이를 **방사성 붕괴**(*radioactive decay*)라고 부르고 이러한 방법으로 깨지는 동위원소를 **방사성 동위원소(radioactive isotope)**라 한다.

몇몇 방사성 동위원소들은 다른 방사성 동위원소보다 좀 더 불안정하고, 이로 인해 그들은 더 쉽게 쪼개진다. 그러나 어느 동위

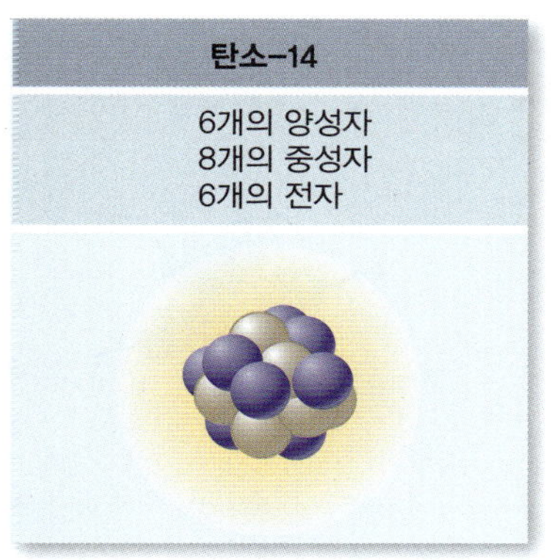

그림 2.3 탄소의 가장 많은 동위원소 3가지. 특정 원소의 동위원소는 다른 개수의 중성자를 가진다.

원소의 경우는 쪼개지는 비율은 일정하다. 붕괴시간은 보통 반감기(*half-life*)로 표현되며 이것은 특정 샘플이 원자가 반이 되는데 걸리는 시간을 말한다. 예를 들어, 종종 화석과 다른 물질들의 탄소측정 연대에 사용되는 탄소-14는 5730년의 반감기를 가진다. 다시 말해 현재 탄소-14 1g을 포함하는 탄소 표본은 지금부터 5730년 후에 0.5g의 탄소-14를 포함하게 될 것이고, 지금부터 11,460년 후엔 0.25g, 지금부터 17,190년 후엔 0.125g의 탄소-14를 가지고 있게 될 것이다. 생물학적 표본과 암석에서 탄소와 다른 원소들의 서로 다른 동위원소들의 비율을 측정함으로써, 과학자들은 정확하게 언제 이러한 물질들이 형성되었는지 가늠할 수 있게 되었다.

방사선은 현대 생물학에서 유용하게 적용할 수 있는 분야가 많다. 방사성 동위원소는 특정 분자에 라벨(표지를 함) 혹은 "태그(tag)"함으로써, 화학반응이나 살아있는 세포와 조직에서 그 분자의 진행과정을 추적할 수 있다. 그러나 단점은 방사성 물질에 의해 방출되는 에너지를 가지고 있는 아원자 분자들이 잠재적으로 살아있는 세포에 심각한 영향을 미칠 수 있는데, 유전적 돌연변이를 유발할 수 있고, 심한 경우 세포가 죽을 수 있다. 결과적으로 방사선의 노출은 매우 신중하게 관리되고 조절되어야 한다. 방사선을 이용하는 과학자들은 방사선을 다루기 위해서는 엄격한 규칙을 따라야 하며 방사선에 민감하게 반응하는 배지를 착용함으로써 그들의 노출 시간을 계속 주기적으로 지켜보고 노출의 안전한 단계를 안전하게 확보하도록 도와준다.

전자는 원자의 화학적인 반응을 결정한다

학습목표 2.1.2 원자의 전자 배열과 화학적 반응을 관련지어라.

원자의 화학적 반응의 핵심은 궤도(orbital)안에 있는 전자의 수와 그 배열에 달려있다. 보어의 원자 모델은 핵의 주위에 있는 독립적이고 혹은 구별되는 원형의 궤도를 따르는 각각의 전자들을 보여준다. 이 간단한 그림이 가지고 있는 문제는 이것이 실제를 반영하지 않았다는 점이다. 현대 물리학은 우리가 어느 주어진 시간에 각각의 전자 위치를 정확히 찾아낼 수 없다는 것을 보여준다. 사실, 전자는 핵에 가까운 곳부터 무한히 먼 곳까지 어느 곳에나 있을 수 있다.

그러나 특정한 전자는 다른 곳보다 어떠한 영역에 있는 것을 더 선호한다. 전자가 가장 많이 발견되는 궤도는 핵 주변의 영역으로 정의된다. 따라서 이 궤도라는 것은 전자가 가장 발견될 수 있을 것 같은 핵 주위의 영역들로 정의될 수 있다. 이들 궤도들은 전자가 분포할 수 있는 확률을 의미하고, 이는 그 지역이 좀 더 전자를 가지고 있을 것 같다는 걸 말한다. 핵 주변에 있는 어떤 전자 궤도는 구 모양(*s* 궤도)이고, 반면에 다른 것들은 아령 모양(*p* 궤도)이다(그림 2.4). 또한 핵에서 더 멀리 떨어진 다른 궤도는 다른 모양일 수도 있다. 모양에 관계없이, 어떠한 궤도도 두 개 이상의 전자를 포함 할 수 없다.

전자 궤도 그림	해당 전자 궤도
K 에너지 준위	하나의 구형 궤도 (1s)

a.

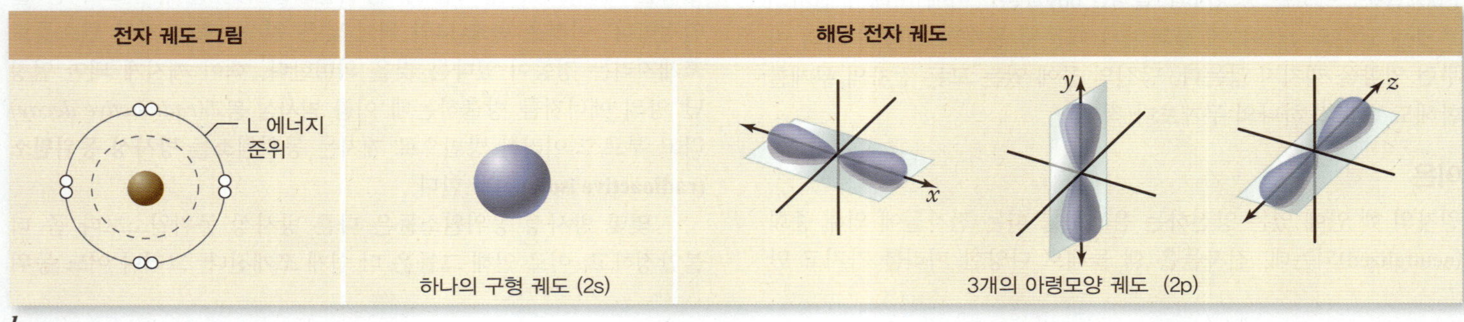

b.

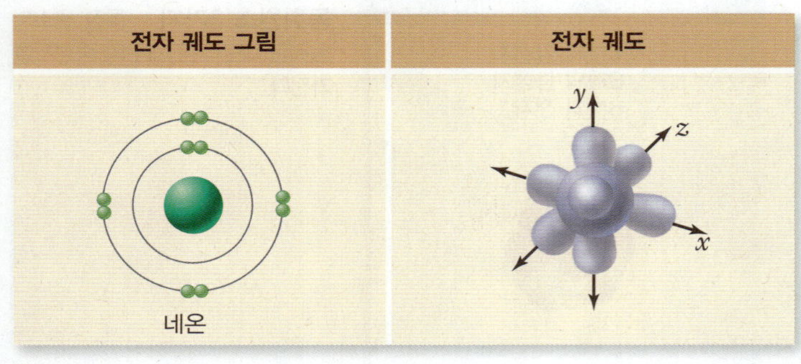

c.

그림 2.4 전자 궤도. **a.** 가장 낮은 에너지 준위 또는 에너지껍질(energy shell) 다시 말해 핵과 가장 가까운 것은 레벨 K이다. 이것은 단일 s 궤도에 의해 채워지고, 1s로 표기한다. **b.** 다음으로 가장 높은 에너지 준위인 L은 총 4개 궤도로 이루어져 있으며, 하나의 s 궤도(2s 궤도라고 표기함)와 세 개의 p 궤도(각각 2p 궤도라고 표기함)로 되어있다. 각 궤도는 서로 반대 스핀 상태를 가지는 두 개의 전자쌍을 가지고 있다. 따라서 K 준위는 2개의 전자를 가지고 있고, L 준위는 총 8개의 전자를 가지고 있다. **c.** 네온 원자는 전자가 가득 찬 L과 K 에너지 준위를 가지고 있고, 따라서 화학 반응을 일으키지 않는다.

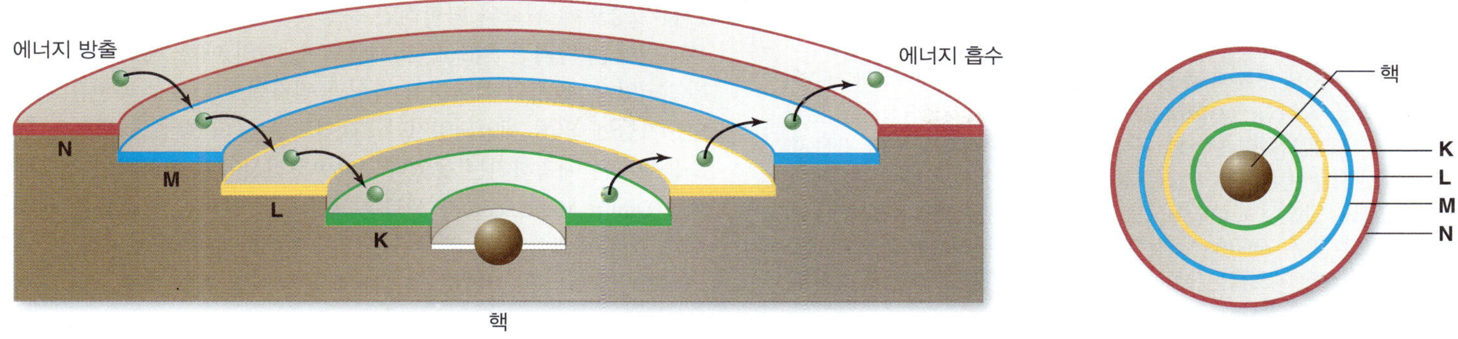

그림 2.5 원자의 에너지 준위. 전자는 위치에너지를 가지고 있다. 원자가 에너지를 흡수 했을 때, 하나의 전자는 더 높은 에너지 준위가 있는 곳으로 이동하고 핵으로부터 멀어진다. 전자의 에너지 준위가 떨어지면, 핵으로 가까워지고 에너지는 방출된다. 처음 두 개의 에너지 준위는 이전의 그림에서 보여준 것과 같다.

원자가 갖는 거의 모든 부피는 빈 공간이다. 이것은 전자들이 크기에 비해 핵에서 멀리 떨어져 있기 때문이다. 만약 원자의 핵이 골프공만 한 크기라고 가정하면, 가장 가까운 전자의 궤도는 1마일 정도 떨어진 곳에 있는 셈이다. 결과적으로, 두 원자의 핵은 절대로 자연상태에서 서로에게 상호작용할 만큼 충분히 가까워 질 수 없다. 이로 인해, 원자의 양성자나 중성자가 아닌 전자만이 원자의 화학적인 특성을 결정하는 것이고, 한 원소의 모든 동위원소들이 같은 전자 배열을 가지고 있기 때문에 이들이 왜 화학적으로 같은 반응을 보이는지 그 이유를 설명해준다.

원자는 구분되는 에너지 준위를 가진다

학습목표 2.1.3 원자에서 에너지가 어떻게 양자화되는지를 설명하라.

양전하를 띠는 핵은 전자를 끌어당기기 때문에, 전자를 그들의 궤도 안에 가지고 있으려고 노력한다. 이것은 마치 당신의 손에 있는 자몽을 중력이 당기는 힘에 반하여 잡고 있는 일을 하는 것과 같다. 에너지의 공식적인 정의는 일을 할 수 있는 능력이다.

지면으로부터 떨어져 위치한 자몽은 그 위치 때문에 **위치에너지**(*potential energy*)를 갖는다고 한다. 만약 당신이 자몽을 놓는다면, 자몽은 아래로 떨어지고 자몽의 위치에너지는 줄어든다. 만약 당신이 자몽을 빌딩의 꼭대기로 운반한다면, 당신은 자몽의 위치에너지를 증가시킨 것이다. 전자 또한 그것의 위치와 관련된 위치에너지를 갖는다. 원자의 핵의 인력에 반하면서 전자를 더 먼 궤도로 이동시키는 것은 에너지를 넣어줘야 하고 결과로 전자는 더 큰 위치에너지를 갖게 된다. 식물이 녹색을 띠게 하는 엽록소는 이와 같은 방법으로 광합성 동안 빛으로부터 에너지를 모은다. 8장에서 배우겠지만, 빛 에너지는 엽록소 분자 안에 있는 전자를 들뜬 상태로 만든다. 전자가 핵 쪽으로 움직이는 것은 반대 효과를 낸다: 보통 복사 에너지로서 에너지가 방출되고(열이나 빛), 전자는 결국 낮은 위치에너지를 갖게 된다(그림 2.5).

원자의 구조에서 처음 갖게 되는 놀라운 측면들 중 하나는 원자 안에 있는 전자가 별개의 **에너지 준위(energy level)**를 가지고 있는 것이다. 이 별개의 에너지 준위는 특정한 에너지의 양을 의미하는 양자(quanta, 단수로는 quantum)에 해당된다. 자몽 비유를 다시

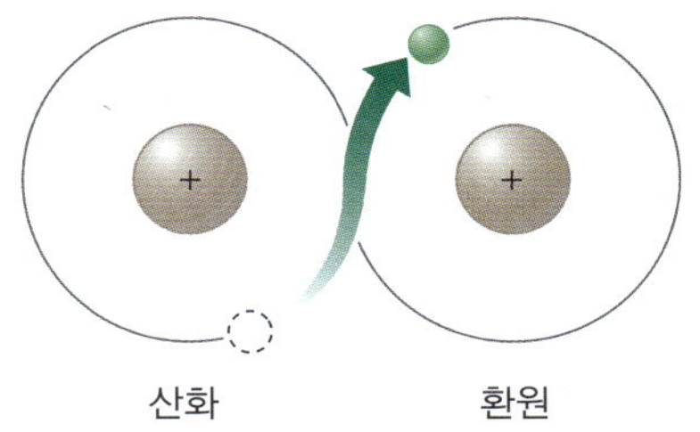

사용하면, 자몽이 건물의 특정 층으로만 올라갈 수 있다는 것을 말한다. 모든 원자는 핵으로부터 마치 사다리의 계단과 같은 위치에너지 값의 단계를 보인다. 이는 핵으로부터 특정한 에너지를 가진 "거리"에 있는 궤도가 독립적으로 구분되기 때문이다.

하나의 전자가 지닌 에너지의 양은 핵으로부터의 거리와 관련이 있기 때문에, 만약 전자들이 서로 다른 궤도에 위치하고 있다고 하더라도, 핵으로부터 같은 거리에 있다면 전자들은 같은 에너지를 갖는다. 이러한 전자들은 같은 에너지 준위를 갖는다고 말할 수 있다. 에너지 준위는 K, L, M 등과 같은 문자로 표현된다(그림 2.5 참조). 여기서 주의할 점은 에너지 준위와 궤도와 혼동하지 말아야 한다. 에너지 준위는 전자의 에너지를 나타내기 위해 링 모양으로 그리는 것이고, 반면 궤도는 다양한 3차 입체 구조적인 모양으로 그리며 전자가 가장 있을 것 이라고 보는 위치를 나타낸다. 그래서 전자 궤도는 이미 꽉 찬 모양으로 배열하여 나타내고 이는 순차적으로 각 에너지 준위를 채운다. 이렇게 궤도와 에너지 준위를 채우는 것이 원소가 화학적인 반응성을 갖는 이유이다.

어떤 화학반응 동안, 전자는 하나의 원자에서 다른 원자로 옮겨진다. 그러한 반응에서 전자를 잃는 것을 **산화(oxidation)**라 하고, 전자를 얻는 것을 **환원**(*reduction*)이라 한다.

주목할 점은 전자가 이러한 방법으로 옮겨 질 때, 전자의 위치에너지가 보존 된다는 것이다. 생명체 내에서 화학적인 에너지는 산화와 환원을 포함한 반응(7장에 설명되어 있다) 에서 하나의 원자에서 다른 원자로 옮겨지는 높은 에너지를 갖는 전자에 저장된다. 산화와 환원 반응이 함께 일어날 때(주로 함께 일어난다), 같은 반응에서 하나의 원자 혹은 분자는 산화되는 반면 다른 원자나 분자는 환원된다. 우리는 이 조합을 **산화환원 반응**(*redox reaction*)이라 부른다.

개념 정리 2.1

한 원자는 전자의 구름에 둘러싸여 있는 양성자와 중성자의 핵으로 이루어져 있다. 각각의 원자에서 양성자의 수는 원자번호이다; 같은 원자번호를 가진 원자들이 원소를 구성한다. 다른 중성자의 수를 가진 한 원소의 원자는 동위원소라 불린다. 원소의 화학적인 반응을 결정짓는 전자는 궤도 안에서 독립되어 구분되는 에너지 준위를 나타내면서 핵 주위에 위치한다. 궤도(orbital)는 두 개 보다 많은 전자를 가지고 있을 수 없지만, 많은 궤도들은 같은 에너지 준위를 가지고 있고, 따라서 같은 에너지를 가진 전자를 포함하고 있다.

- 만약 양성자의 수가 전자의 수를 초과한다면, 원자의 전하는 양전하인가 음전하인가?

2.2 생명계 내의 원소들은 낮은 원자 질량을 갖는다

자연에는 90여개의 원소가 존재하며 각각 다른 수의 양성자와 다른 전자 배열을 가지고 존재한다. 원자의 수와 화학적인 반응 사이의 관계를 이해하는 것은 과학의 위대한 발견 중 하나로서 진화가 생물학의 기초가 되는 것만큼이나 화학의 기초가 된다.

주기율표는 원자들의 전자 구조를 반영한다

학습목표 2.2.1 주기율표와 다른 원소들의 화학적인 반응성과 연관지어라.

19세기 중반에 원소의 화학적인 특성에 대한 많은 논의가 있었다. 1863년에는 알려진 원소가 56개였으며, 거의 매년 새로운 원소가 발견되었다. 원소의 화학적인 특성과 원자번호의 연결 패턴은 여러 연구자들에 의해 제안되었지만 그 어느 누구의 방법도 새로운 원소들까지는 예측하지는 못했다. 1869년 러시아의 화학자인 멘델레예프(Dmitri Mendeleev)가 새로운 방법으로 알려진 원소들을 원자번호 표에 배열하였고, 과학에 있어서 위대한 일반화(보편화 된 과학법칙) 중 하나를 발견하였다: 원소들은 여덟 개를 그룹으로 해서 반복하는 화학적 특성의 패턴을 나타낸다. 이 주기적으로 반복하는 패턴으로 인해 이 표에 **원소 주기율표(periodic table of element)**라는 이름이 지어졌다(**그림 2.6**). 이 표를 이용하여, 멘델레예프는 성공적으로 게르마늄, 갈륨 그리고 스칸듐 원소의 발견을 미리 예상하였고 정확하게 그들의 화학적인 특성이 어떨 것이라고 기술하였다.

멘델레예프가 발견한 여덟-원소의 주기성은 서로 다른 원소들에서 가장 바깥 쪽의 에너지 준위에서의 전자의 상호작용을 기초로 한다. 이 전자들을 **원자가전자(valence electron)**라고 부르고 그들의 상호작용은 원소의 다른 화학적인 특성에 대한 토대가 된다. 생명에 중요한 원자들 중 대부분은, 가장 바깥 쪽의 에너지 준위에 8개 보다 많은 전자를 가질 수 없다; 원소의 화학적인 반응은 8개의 자리 중에서 얼마나 많이 채워져 있는가를 반영하는 것이다. 바깥 에너지 준위에 8개의 전자를 가지고 있는 원소는(헬륨의 경우는 2개) 비활성(inert)이거나 반응성이 없다. 이러한 원소들에는 헬륨(He), 네온(Ne), 아르곤(Ar) 등이 있으며, **비활성기체**(*noble gas*)라고 한다. 이와 극명하게 대조적으로, 바깥 쪽의 에너지 준위에서 7개의

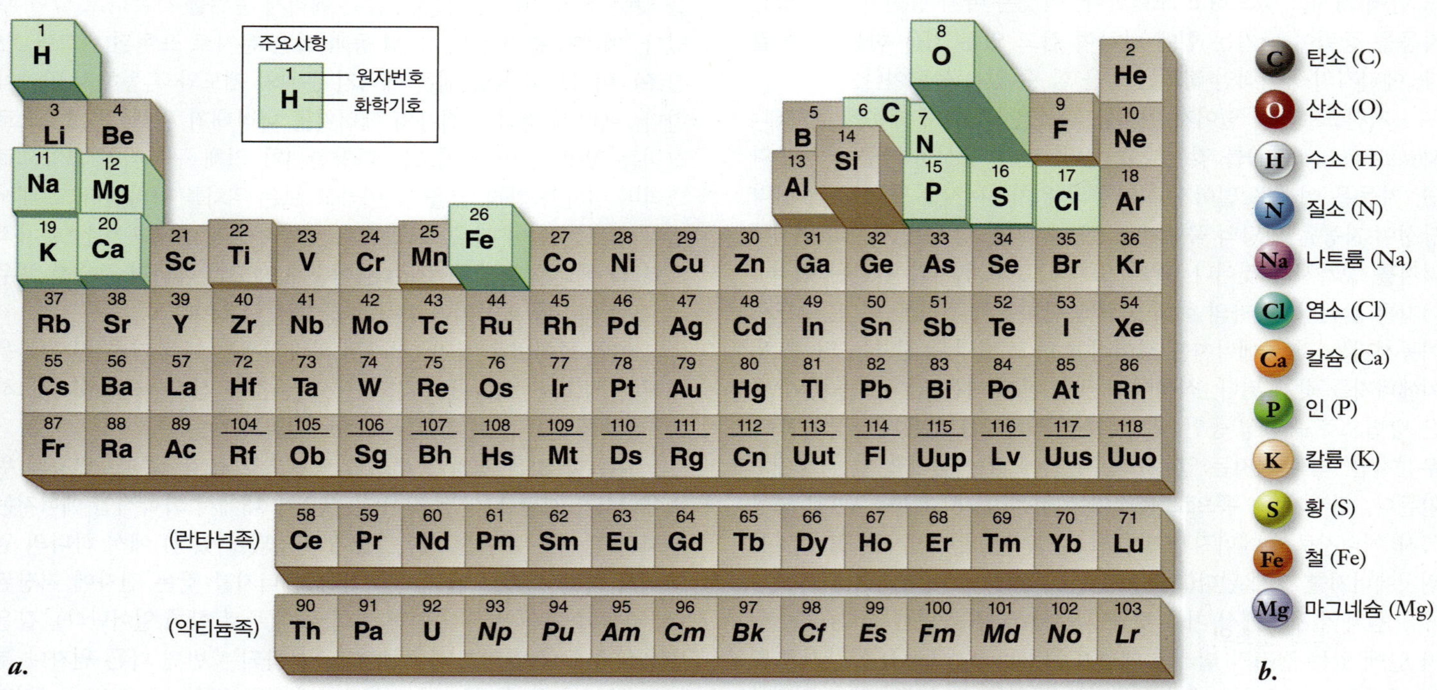

그림 2.6 원소 주기율표. **a.** 이 표에서 지구의 표면에 나타나는 원소의 빈도는 블록의 높이로 표현하였다. 녹색으로 표시된 원소는 생명 시스템 내에서 상당량 발견된다. **b.** 색깔로 표시된 생명 시스템 내에서 발견되는 일반 원소들은 본문을 통해서 다뤄질 것이다.

전자를 가진(최대 숫자인 8보다 하나 적은) 원소들인 불소(F), 염소(Cl) 그리고 브롬(Br) 등은 높은 반응성을 갖는다. 이들은 에너지 준위를 채우기 위해 여분의 전자를 하나 더 얻으려는 경향이 있다. 바깥 에너지 준위에 오직 하나의 전자만을 가진 리튬(Li), 나트륨(Na) 그리고 칼륨(K)과 같은 원소들 또한 반응성이 매우 높다. 그들은 바깥 준위에 있는 하나의 전자를 잃으려는 경향이 있다.

옥텟규칙은 화학적인 반응을 예측한다

멘델레예프의 주기율표는 **옥텟규칙(8전자규칙, octet rule)** 혹은 8의 규칙(라틴어로 octo는 "8"이다)이라는 유용한 일반화를 만들었다: 원자는 외곽의 에너지 준위를 완전하게 채우려는 경향이 있다. 주기율표의 주요 원소 그룹들의 경우에는 하나의 채워진 s궤도와 3개의 채워진 p궤도에 의해 8의 규칙이 적용된다(**그림 2.7**). 이 규칙에서 제외되는 것은 헬륨이고, 헬륨의 경우는 1s궤도를 채우기 위해 2개의 전자만 필요하다. 대부분의 생물학적 화학반응은 이러한 단순한 법칙과 더불어 원자가 양 전하와 음전하의 균형을 맞추려는 경향성에 의해서 상당히 정확하게 예측될 수 있다. 예를 들어, 당신은 이미 이전 내용에서 나트륨이온(Na^+)이 외곽의 에너지 준위에서 하나의 전자를 잃는다는 것과, 염소이온(Cl^-)은 외곽의 에너지 껍질에 여분의 전자를 얻었다는 것을 읽은 바 있다.

생물에서 12원소만이 일반적이다

지구상에 자연적으로 나타나는 90개의 원소들 중, 탄소(C), 수소(H), 산소(O), 질소(N), 인(P), 황(S), 나트륨(Na), 칼륨(K), 칼슘(Ca), 마그네슘(Mg), 철(Fe), 염소(Cl)의 12개만이 생명계 내에서 발견되고 이들은 상당량 발견된다(0.01% 혹은 더 많이). 이 원소들은 모두 원자번호가 27보다 작으며, 상대적으로 작은 원자 질량을 가지고 있다.

생명계 내의 원소들의 분포는 우연에 의한 것이 아니다. 생명체 내에서 가장 일반적인 원소들은 지구 지표에서 가장 많이 존재하는 원소들과는 다르다. 예를 들어, 실리콘, 알루미늄, 철은 지표면의 39.2%를 차지하지만 인체 내에는 소량만이 존재한다.

12개의 원소들 중 생명체 에서 많은 양이 발견되는 처음 4개의 원소들은(탄소, 수소, 산소, 질소) 당신 몸 무게의 96.3%를 차지한다. 당신의 몸을 구성하는 분자 중 가장 많은 수를 차지하는 화합물은 탄소이며, 따라서 우리는 이를 유기 화합물(organic compound)이라 부른다. 이들 유기 화합물들은 기본적으로 이 네 개의 원소들을(CHON) 포함하고 생명시스템에서 그들의 편재를 말해준다. 구리(Cu), 아연(Zn), 몰리브덴(Mo), 요오드(I)와 같은 몇 몇 미량 원소들은, 비록 매우 적은 양으로 존재하지만 생명과정에서 중요한 역할을 한다. 구리, 몰리브덴, 아연은 많은 효소들에 있어서 주요한 구성요소이다. 요오드(iodine)는 갑상선 호르몬의 중요 구성요소이다. 요소의 결핍은 목이 툭 튀어나오는 것을 유발하는 갑상선 비대증의 원인이 될 수 있다.

개념 정리 2.2

주기율표는 원자번호와 반복되는 화학적인 성질의 관점에서 원소들을 나타낸다. 단지 12개의 원소들만이 살아있는 생명체 내에서 많은 양으로 발견된다. 그 원소들은 탄소, 수소, 산소, 질소, 인, 황, 나트륨, 칼륨, 칼슘, 마그네슘, 철, 염소이다.

- 주기율표에서 왜 비활성기체들이 다른 원소들 보다 더 안정한가?

2.3 분자들은 화학결합에 의해 합쳐진 원자들의 집합체이다

분자(molecule)는 에너지에 의해 안정한 결합을 한 원자들의 그룹이다. 에너지는 다양한 원자들을 다른 원자와 붙이는 "아교"의 역할을 한다. 한 분자가 한 원소보다 많은 원자를 포함하고 있을 때,

그림 2.7 헬륨과 질소의 전자 에너지 준위. 녹색 공은 전자들을 나타내고, 파란 공은 핵을 나타낸다. 핵 안에는 전하(+)의 수에 의한 양성자의 수를 나타낸다. 헬륨 원자는 다 채워진 K 껍질을 가지고 있으므로 비반응성인 반면, 질소 원자는 L 껍질에 5개의 전자를 가지고 있어 3개의 전자가 짝이 없으므로 반응성을 나타내는 것에 주목하라.

표 2.1 결합과 상호작용

이름	상호작용의 기본	강도
공유결합	전자 쌍의 공유	강함
이온결합	반대 전하들 간의 인력	↑
수소결합	수소 원자의 공유	
소수성 상호작용	극성 물질들의 존재 하에 분자들의 소수성 부분에 작용하는 힘	↓
반데르발스 인력	상반되게 분열된 전자 구름에 의한 원자 사이의 약한 인력	약함

이를 화합물(*compound*)이라 부른다. 하나의 분자 안에 두 개의 원자를 서로 붙잡고 있는 에너지 혹은 힘을 **화학결합(chemical bond)**이라 부른다. 화학결합은 커다란 생물학적 분자들의 모양을 결정하고 생물학적 분자들에 대해서는 3장에서 논의할 것이다. 화학결합에는 세 가지 기본 원리들이 있다(표 2.1): 이온결합(*ionic bond*), 반대 전하를 가진 이온의 인력에 의해 발생하는 결합. 공유결합(*covalent bond*), 전자를 공유한 결과 생긴 힘에 의한 결합. 수소결합(*hydrogen bond*), 서로 상반된 부분적인 전하의 인력에 의해 발생하는 결합. 또 다른 화학적 인력은 반데르발스 인력(van der Waals attraction) 이라고 부르며 이는 추후 논의될 것이지만, 이런 종류의 상호작용은 화학결합으로 간주하지 않음을 명심해야 한다.

이온결합들은 결정을 형성한다

학습목표 2.3.1 어떻게 이온결합들이 결정의 형성을 촉진하는지를 설명하라.

이온결합이라 불리는 화학결합은 원자가 반대 전하에 의해 서로에게 이끌릴 때 생기는 결합이다. 마치 자석의 양극이 다른 자석의 음극에 끌리는 것처럼, 만약 두 원자들이 반대의 전하를 가지고 있다면, 원자도 다른 원자와 강한 결합을 형성할 수 있다. 전하를 가지고 있는 원자는 이온이기 때문에 이 결합은 이온결합이라 부른다.

항상 소금(NaCl)은 이온결합을 형성한다. 소금의 나트륨과 염소 원자는 이온이다. 그림 2.8에서 보듯이 나트륨은 가장 바깥 껍질에 있는 전자 하나를 포기한다(그 껍질 아래에는 8개의 전자를 가지고 있다). 반면에 염소는 가장 바깥 껍질을 다 채우기 위해 하나의 전자를 얻는다. 2.2절에서 배운 것을 상기하면 원자는 가장 바깥 껍질의 전자가 다 찼을 때 더 안정하다(가장 안의 껍질에는 2개의 전자를 가지고 있거나 핵으로부터 더 먼 껍질에는 8개의 전자를 가지고 있다.).

이러한 안정성을 얻기 위해 원자는 전자를 포기하거나 다른 원자로부터 전자를 받아들인다. 금속의 성질을 띠는 나트륨과 기체인 염소를 같이 두면 이들은 빠르고 폭발적으로 반응한다. 이는 나트륨이온과 염소이온을 만들기 위해 나트륨 원자가 전자를 염소에 제공하기 때문이다. 그러나 NaCl을 결합하는 전기적인 인력은 특별하게 특정 나트륨이온과 염소이온 사이에 정해지는 것이 아니고, 개별적인 소금 분자를 형성하지도 않는다. 대신에 그 힘은 어떤 한 원자와 반대 전하를 가진 모든 이웃하는 이온들 간에 작용한다. 이온은 정확한 기하학적 구조를 가진 결정체로 결합한다. 그러한 결합들이 우리가 알고 있는 소금 결정이다. 만약 소금을 물 속에 넣는다면, 물 분자의 전기적 인력이 소금 결정의 이온결합을 방해할 것이고 이 장 후반부에서 다룰 이유에 의해 결정을 이루는 이온들을 붙잡고 있는 힘을 방해해서 소금이 대략 같은 양의 나트륨이온과 염소이온의 혼합물로 용해되게 한다.

이온결합의 두 가지 중요한 특성은 강한 결정을 형성하고(비록 공유결합만큼 강하지는 않더라도), 방향성이 없다는 것이다. 전하를 띠는 하나의 원자는 주변의 모든 반대 전하를 가진 원자들이 형성하는 전기장에 이끌리게 된다. 이렇듯 이온결합은 방향성이 없기 때문에 대부분의 생물학적인 분자 내에서 중요한 역할을 담당하지는 않는다. 생물학적인 시스템 내에서 중요한 이온들은 세포 신호전달과 관련 있는 칼슘이온, 신경 전달과 관련 있는 칼륨이온과 나트륨이온 등이다. 복잡하고 안정한 모양은 좀 더 특정한 결합을 필요로 하는데 이는 방향성이 있는 결합에 의해 만들어진다.

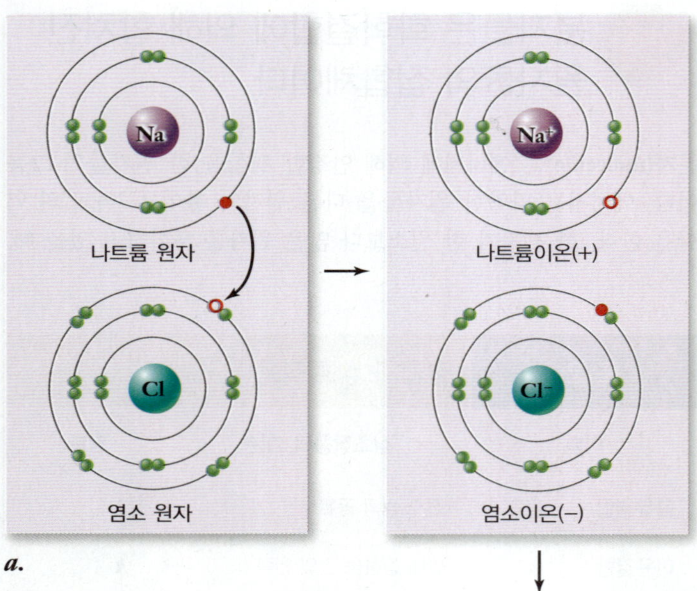

a.

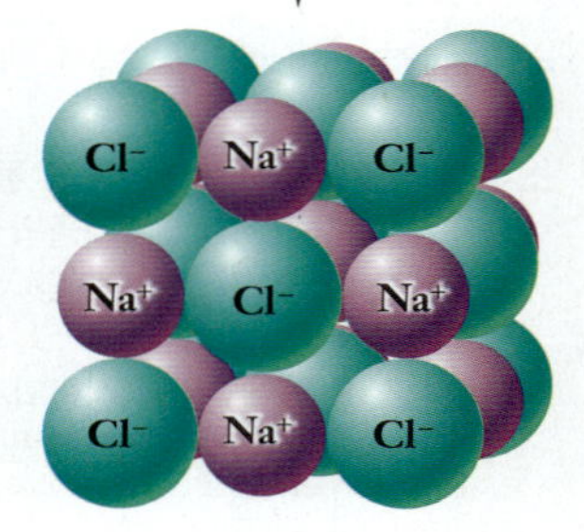

b. 염화나트륨 결정

그림 2.8 염화나트륨에서의 이온결합의 형성. a. 나트륨 원자가 염소원자에게 전자 하나를 제공할 때 나트륨 원자는 양전하를 띠는 나트륨이온이 되고 염소 원자는 음전하를 띠는 염소이온이 된다. b. 반대 전하를 가진 이온의 정전기적 인력은 Na^+와 Cl^-가 격자 모양을 형성하도록 유도한다.

공유결합은 안정한 분자들을 만든다

학습목표 2.3.2 공유결합이 어떻게 원자들을 붙잡고 있는지 설명하라.

공유결합(covalent bond)이라 부르는 강하고 안정한 화학결합은 두 개의 원자가 하나 이상의 원자가전자(valence electron)를 공유하는 형태이다. 기체 형태의 수소를 예로 들어보자. 각각의 수소 원자들은 짝이 없는 전자를 가지고 있고 바깥의 에너지 준위도 채워있지 않다; 이러한 이유들로 인해 수소 원자는 불안정하다. 그러나 두 개의 수소 원자가 밀접하게 되면 각 원자의 전자는 두 핵으로 끌어당겨진다. 사실상, 핵들은 그들의 전자를 공유하는 것이 가능하다. 그 결과는 수소 기체의 2원자분자(diatomic, 두 개의 원자)이다.

두 개의 수소원자에 의해 만들어진 분자는 세 가지 이유로 인해 안정하다:

1. **전하를 가지고 있지 않다.** 전자의 공유로 인해 만들어진 2원자분자는 전하를 띠지 않는다. 왜냐하면, 이것은 여전히 두 개

의 양성자와 두 개의 전자를 갖기 때문이다.

2. **옥텟규칙을 준수한다.** 각각의 두 수소 원자는 바깥의 에너지 준위에 궤도를 도는 두 개의 전자들을 가지고 있다고 여겨진다. 이 상태에서 각각 공유된 전자는 두 원자의 바깥 에너지 준위에 포함되기 때문에 옥텟규칙을 만족시키는 셈이다.
3. **모든 전자가 짝을 갖는다.** 두 원자 사이의 결합은 두 개의 자유 전자들이 짝을 이룬다.

이온결합과 다르게 공유결합은 높은 방향성이 있어서 두 개의 개별적인 원자들 사이에서 이루어지며 진정으로 별개의 분자들을 만들어낸다.

공유결합의 견고함

공유결합의 견고함은 공유된 전자의 수에 의해 정해진다. 따라서, 두 개의 원자가 두 쌍의 전자를 공유함으로써 옥텟규칙을 만족시키는 2중결합은 하나의 전자쌍만을 공유하는 단일결합보다 강하다. 실질적인 측면에서 보면, 단일 결합을 깰 때보다 이중 결합을 깰 때 더 많은 에너지가 필요하다. 가장 강한 공유결합은 질소 기체 분자들(N_2)에서 두 개의 질소 원자들을 연결하는 3중결합이다.

여러 공유결합을 가지고 있는 분자들

방대하게 많은 생물학적 화합물들은 두 개 이상의 원자들로 구성되어 있다. 원자의 바깥 에너지 준위를 완전히 채우기 위해 두 개, 세 개, 혹은 네 개의 전자들이 더 필요한 원자들은 두 개 혹은 더 많은 원자들과 전자를 공유 함으로써 필요한 부분을 획득한다.

예를 들어, 탄소 원자(C)는 여섯 개의 전자들을 가지고 있고 그 중, 바깥 에너지 준위에 있는 네 개의 전자들은 짝을 이루고 있지 않다. 옥텟규칙을 만족시키기 위해서는, 탄소 원자는 반드시 네 개의 공유결합들을 형성해야만 한다. 탄소는 네 개의 공유결합을 형성할 수 있는 여러 방법들이 있어서, 탄소 원자들은 CO_2(이산화탄소), CH_4(메탄), C_2H_5OH(에탄올)과 같은 다양한 종류들의 분자 형태로 발견된다.

극성, 비극성 공유결합

원자들은 전자에 대한 친밀도가 다르다. 이 특성은 **전기음성도(electronegativity)**라고 한다. 일반적으로, 전기음성도는 주기율표 상에서 하나의 행을 볼 때 왼쪽으로부터 오른쪽 방향으로 점점 증가하고, 주기율표 상에서 하나의 열에서 볼 때 아래로 내려갈수록 감소한다. 따라서 오른쪽 위 모서리에 있는 원소가 가장 높은 전기음성도를 가지고 있다.

동일한 원자들 사이의 결합에서(예를 들면, 두 개의 수소나 산소 원자들과 같이) 전기적 친화도는 당연한 말이지만 완전히 같고 같은 전자가 동일하게 공유된다. 그러한 결합은 **비극성(nonpolar)**이라 한다.

전기음성도가 매우 다른 원자들에서는 전자들은 동등하게 공유되지 않는다. 공유된 전자들은 더 높은 전기음성도를 가진 원자와 더 가까이 있으려고 한다. 따라서, 비록 분자가 전기적으로 중성이라 할지라도(전자들의 수와 양성자들의 수가 같은), 전하의 분배는 균일하지 않다. 이 결과 전기음성도가 높은 원자가 있는 지역은 부분적으로 음전하를 띠고, 전기음성도가 낮은 원자가 있는 지역은 부분적으로 양전하를 띠게 된다. 이러한 결합을 **극성 공유결합(polar covalent bond)**이라 하고 이 분자들을 극성 분자들이라고 부른다. 극성 공유결합에서 부분적인 전하를 보이는 지역은 상대적으로 작다. 이것은 이온의 단위 전하(unit charge)에 비하면 훨씬 작다. 우리는 원자들의 상대적인 전기음성도를 알게 됨으로써 결합의 극성을 예측할 수 있다(표 2.2). 비록 탄소와 수소의 전기음성도가 약간 다르지만 이 작은 차이는 무시해도 될 정도여서 탄소-수소(C-H) 결합은 비극성으로 간주하는 것을 주목할 필요가 있다.

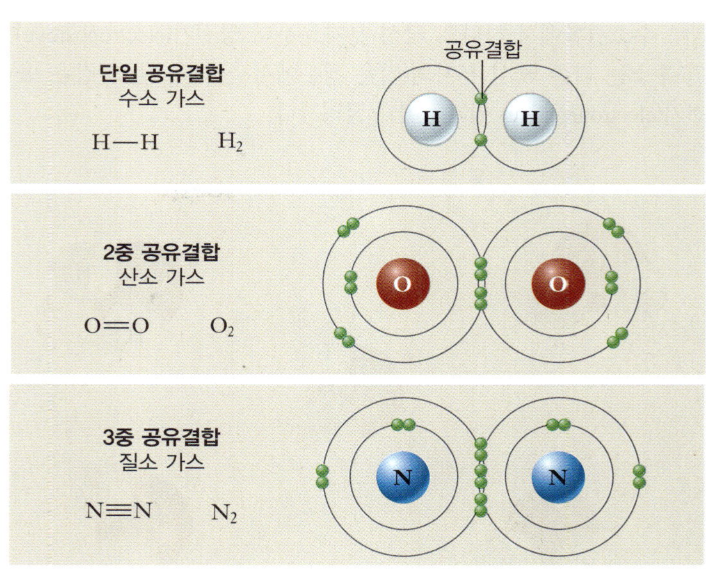

표 2.2 일부 중요한 원자들의 상대적인 전기음성도

원자	전기음성도
산소	3.5
질소	3.0
탄소	2.5
수소	2.1

극성 분자들 사이에서 수소결합이 형성될 수 있다

학습목표 2.3.3 어떤 종류의 분자들이 수소결합을 형성하는지 예측하라.

물과 같은 극성 분자들은 서로에게 인력이 작용하는데 이러한 특수한 형태의 약한 화학결합을 **수소결합(hydrogen bond)**라고 한다. 수소결합은 마치 서로에게 끌려가는 두 자석처럼 하나의 극성 분자의 양전하 부분이 다른 분자의 음전하 부분에 이끌려 갈 때 형성이 된다.

수소결합에서 하나의 극성 분자로부터 양전기(electropositive)인 수소는 다른 극성 분자의(많은 경우에서 산소나 질소) 같은 음전기(electronegative) 원자들에게 끌려간다.

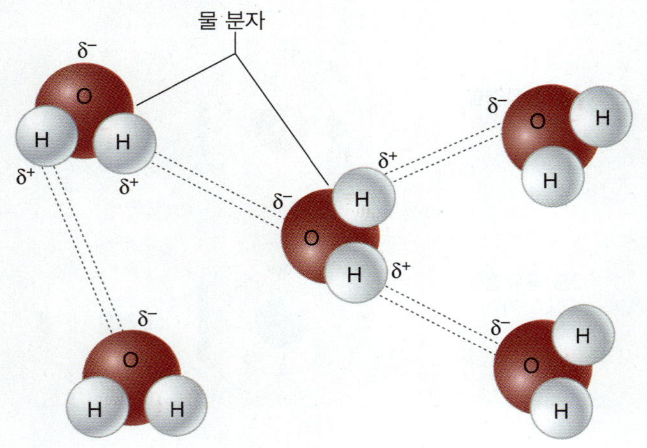

물 분자 안에서 산소 원자들은 수소 원자들보다 전기음성도가 크기 때문에 물 분자는 극성을 갖게 된다. 물 분자들은 서로 간에 강한 수소결합을 형성하게 되며, 이로 인해 액체상태의 물은 여러 독특한 특성을 갖는다.

산소는 부분적으로 음전하(δ⁻)를 띠고 수소는 부분적으로 양전하(δ⁺)를 띤다. 수소결합은(점선으로 나타내었음) 극성 분자의 양전하 말단과 다른 극성분자의 음전하 말단 사이에 형성이 되어 부분적인 전하를 가진 물 분자들을 서로 끌어당긴다.

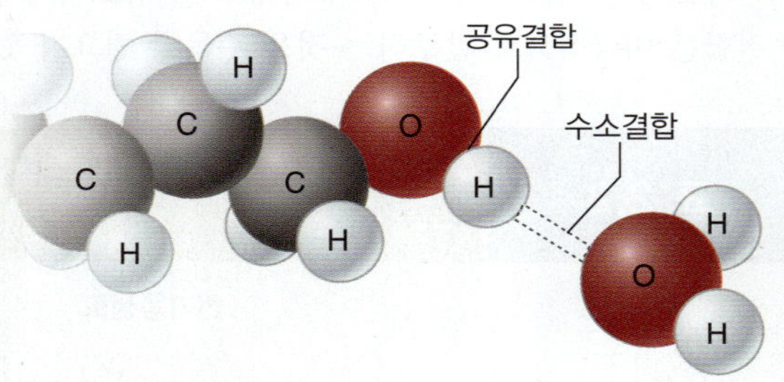

수소결합의 주요 특성

수소결합의 두 가지 주요 특성은 생명체 내에서 발견되는 분자들에 있어서 중요한 역할을 한다. 첫 번째로, 수소결합은 약하기 때문에 더 강한 공유결합과 이온결합과는 달리 먼 거리에는 효과적이지 않다. 수소결합은 그들 자신들로만 안정한 형태의 분자들을 형성하기에는 너무 약하다. 대신에 수소결합은 이러한 약한 상호작용들을 다수가 작용하는 부가 효과로 인해 단단한 결합을 하게 된다. 이는 마치 벨크로(옷 등에 단추대신 사용하는 것) 같은 효과이다. 두 번째로, 수소결합은 높은 방향성을 가진다. 3장에서 단백질과 DNA 같은 커다란 생물학적 분자의 구조를 유지하는 수소결합의 역할에 대해 논의할 것이다.

반데르발스 인력은 표면들을 끌어당긴다

학습목표 2.3.4 화학결합과 반데르발스 인력을 구별하라.

약한 화학적 인력의 종류들 중에서 다른 중요한 하나는 **반데르발스 힘(Van der Waals force)** 또는 반데르발스 인력(Van der Waals attraction)이라 불리는 비 방향성 인력이다. 이 화학적인 힘은 두 개의 원자들이 서로 매우 가까이 있을 때만 작용한다. 인력이 매우 약해서 원자들이 조금만 멀어져도 이 인력은 사라진다. 한 분자 안의 수 많은 원자들이 다른 분자의 수 많은 원자들과 가까워질 때(즉, 분자들의 모양이 꼭 들어맞을 때) 이 인력은 강해진다. 예를 들어, 이 인력은 당신의 혈액 속에 있는 항체가 외부물질로서 침입한 바이러스의 모양을 인식할 때 중요하게 작용한다.

화학반응들은 결합을 변화시킨다

학습목표 2.3.5 세포 내에서 발생하는 화학반응들에 영향을 주는 3가지 요인들에 대해 알아보자.

화학결합의 형성과 분해를 화학반응(*chemical reaction*)이라 한다. 모든 화학반응들은 원자들이 한 분자나 이온화합물로부터 다른 분자로 이동하는 것을 말하며 이 때는 원자번호나 고유성에 어떠한 변화도 없다. 편의상 우리는 반응이 시작하기 전의 원래 분자들을 반응물(reactant)이라 하고, 화학반응의 결과로 얻어지는 분자들을 생산물(product)이라고 한다. 예를 들면:

$$6H_2O + 6CO_2 \rightarrow C_6H_{12}O_6 + 6O_2$$

반응물 → 생산물

당신은 이 반응이 물과 이산화탄소가 포도당과 산소를 만들어 내기 위해 결합한다는 것과 광합성 반응의 간소화된 형태라는 것을 알 수도 있을 것이다. 대부분 동물들의 삶은 궁극적으로 이 반응에 달려있고 자세한 것은 8장에서 논의할 것이다.

화학반응이 일어나는 범위는 다음 세 가지의 중요한 요인들의 영향을 받는다:

1. **온도.** 반응물에 열을 가하는 것은 반응 속도를 증가시킨다. 이는 반응물에 분자들이 다른 분자들과 더 자주 충돌하기 때문이다.(온도가 너무 높으면 오히려 분자들을 파괴시킬 수 있으니 주의가 필요하다)
2. **반응물과 생산물의 농도.** 더 많은 반응물들이 존재할 때 반응은 더 빠르게 진행된다. 이는 충돌이 더 빈번하게 일어나게 만들기 때문이다. 생산물의 축적은 전형적으로 반응을 느리게 하고 가역반응에서는 역방향 반응 속도가 증가될 수 있다.
3. **촉매작용.** 촉매는 반응의 속도를 증가시키는 물질이다. 이것은 반응물과 생산물 사이에서 반응의 평형을 바꾸지는 않지만 평형에 도달하는 시간을 줄인다. 생명계 내에서는 효소라고 불리는 단백질들이 거의 모든 화학반응을 촉매한다.

자연에서는 많은 반응들이 가역반응이다. 이것은 생산물이 역방향으로 반응을 진행하면서 자신이 반응물이 될 수도 있음을 의미한다. 우리는 앞에서 보았던 반응을 반대로 쓸 수 있다.

$$C_6H_{12}O_6 + 6O_2 \rightarrow 6H_2O + 6CO_2$$

반응물 → 생산물

이 반응은 포도당이 산소가 있는 곳에서 물과 이산화탄소로 분해되는 세포 호흡에 의한 산화를 간단하게 나타낸 것이다. 사실상 모든 생명체들은 포도당의 산화를 수행하고 이것은 7장에서 다룰 것이다.

개념 정리 2.3

이온결합은 이온 화합물에서 반대 전하를 가진 이온 사이의 인력이다. 공유결합은 두 개의 원자들이 하나 이상의 전자 쌍을 공유하면서 만들어진다. 복잡한 생물학적 화합물들은 대부분이 하나 혹은 그 이상의 공유결합을 할 수 있는 원자들 즉, 탄소, 수소, 산소, 질소와 같은 원자들에 의해서 만들어진다. 극성 공유결합은 전자들의 불균등 공유에 의해 형성된다. 비극성 결합은 전자들의 균등 공유를 보여준다.

- 극성 공유결합과 이온결합은 어떻게 다른가?

물의 특성은 물의 극성 성질에 기인한다

모든 일반 분자들 중에서 유일하게 물만 상대적으로 낮은 온도에서 액체의 상태로 지구 표면에 많이 존재한다. 지구의 3/4이 액체 형태의 물로 덮여있다. 생명이 시작되었을 때, 물은 매개체 역할을 하였고, 이로서 분자들이 강한 공유결합이나 이온결합에 의해 붙잡혀 있지 않을 수 있었고 자유롭게 주변으로 움직이고 또한 상호작용 할 수 있었다. 생명이 육지로 나오기 전까지 20억년 동안 물 속에서 진화했다. 그리고 오늘날 까지도 생명체는 불가분하게 물과 엮여 있다. 생명체의 몸은 약 2/3정도가 물로 구성되어 있고, 모든 생명체들은 체내건 체외건 상관없이 성장하고 번식하기 위해서는 물이 풍부한 환경을 필요로 한다. 열대 우림이 생명체로 가득 차 있는 반면, 건조한 사막의 경우는 물이 일시적으로 풍부한 때를 제외하고는 거의 생명체가 나타나지 않는 것은 결코 우연이 아니다.

물의 구조는 수소결합을 촉진시킨다

학습목표 2.4.1 물의 구조가 어떻게 수소결합을 형성하는지 설명하라.

물은 하나의 산소원자가 두 개의 수소 원자와 공유결합을 하고 있는 간단한 분자 구조를 가지고 있다(그림 2.9). 그 결과로 분자는 안정하다: 이것은 옥텟규칙을 만족시키며 모든 전자가 짝을 이루고 있고 전하를 띠지 않기 때문이다.

물이 가진 가장 월등한 화학적인 특성은 **수소결합(hydrogen bond)**이라고 하는 약한 화학적 결합을 형성할 수 있다는 것이다. 이 결합은 두 개의 물 분자들 간에서 부분적으로 음전하인 산소 원자와 부분적으로 양전하인 수소 원자 사이에 형성이 된다. 비록 이러한 수소결합의 강도는 공유결합의 강도에 비해 5-10% 정도 밖에 되지 않지만, 이 결합은 DNA와 단백질 구조에 중요하며, 따라서 생명계의 화학적 조직체계에 상당부분을 담당한다.

산소의 전기음성도는 수소의 전기음성도 보다 매우 크다(표

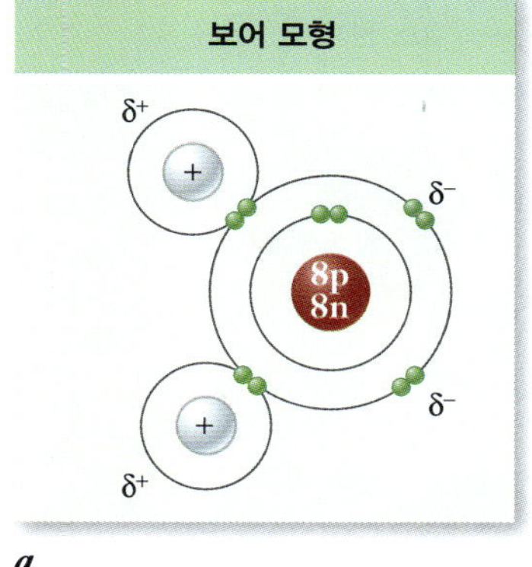

a.

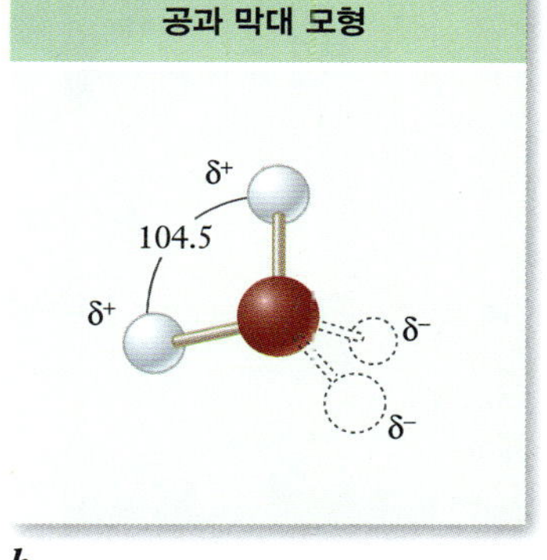

b.

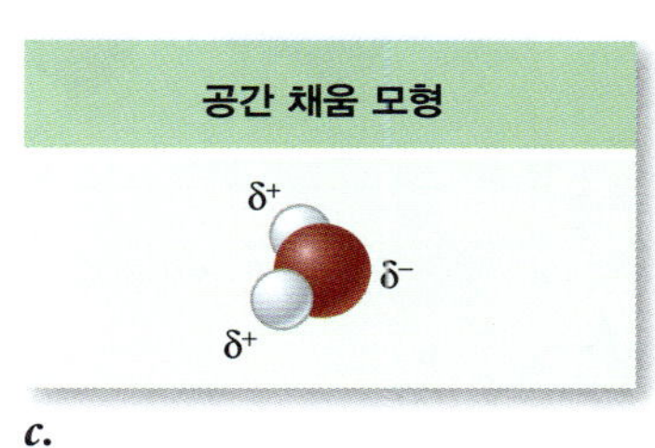

c.

그림 2.9 물은 간단한 분자 구조를 가진다. a. 물 분자 각각은 하나의 산소 원자와 두 개의 수소 원자로 구성되어있다. 산소 원자는 각각의 수소 원자와 하나의 전자쌍을 공유한다. b. 산소 원자의 더 높은 전기음성도는 물 분자가 극성을 띠도록 한다: 물은 산소 원자 근처에 두 개의 부분 음전하(δ^-)를 가지고, 각각의 수소 원자들에 하나씩 총 두 개의 부분 양전하(δ^+)를 가진다. c. 공간 채움 모형은 만약 분자를 볼 수 있다면 어떤 모양인지를 보여준다.

2.2 참조). 그렇기 때문에 이들 원자들 사이의 결합은 매우 극성이다. 물의 극성은 물의 화학적 성질과 생명체의 화학적 성질의 원천이 된다.

만약 우리가 물 분자의 모양을 생각해 본다면 우리는 두 개의 공유결합들이 각각의 끝에 부분전하를 띠는 것을 볼 것이다: 산소 쪽 끝 부분에는 δ^-, 수소 쪽 끝 부분에는 δ^+ 이다. 이들 전하들의 가장 안정적인 배열은 4면체(*tetrahedron*, 삼각형을 기초로 하는 피라미드 모양)로써 두 개의 음전하들과 두 개의 양전하들이 다른 것들로부터 대략적으로 같은 거리에 있는 배열이다. 산소 원자는 사면체의 가운데에 놓이고 수소 원자는 두 꼭대기(모서리)를 차지하면, 부분 음전하는 다른 두 개의 꼭대기를 차지한다(그림 2.9b). 두 개의 산소-수소 공유결합 들 사이의 각은 104.5° 이다. 이 각은 정사면체의 각인 109.5° 보다는 약간 작다. 물 속에서 부분 음전하는 부분 양전하보다 좀 더 많은 공간을 차지한다. 그래서 산소-수소결합의 각은 살짝 눌려있다.

물 분자는 응집과 부착 성질을 둘 다 가지고 있다

학습목표 2.4.2 부착과 응집을 구분하라.

물의 극성은 물 분자가 다른 물 분자로 이끌려 갈 수 있도록 한다: 즉 물은 응집(cohesive)한다. 각 물 분자의 δ^-인 산소 쪽 끝 부분은 δ^+ 인 수소 쪽 부분으로 이끌린다. 이 인력은 물 분자들 간에 수소결합을 만들어낸다(그림 2.10). 하나의 수소결합은 개별적으로는 매

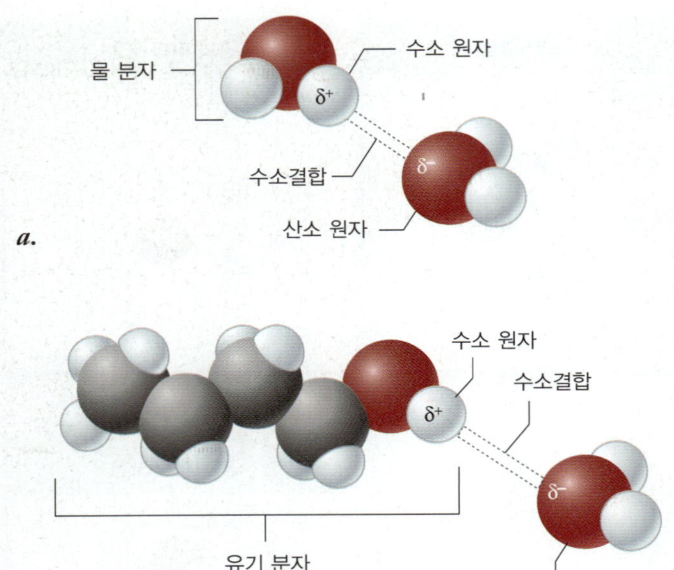

그림 2.10 수소결합의 구조. **a.** 두 개의 물 분자들 간에 형성되는 수소결합. **b.** 유기 분자(n–뷰탄올)와 물 사이의 수소결합. n–뷰탄올 안에 있는 수소는 물의 산소와 수소결합을 형성한다. 이러한 종류의 수소결합은 수소가 더 많은 음성의 원자와 결합하는 경우는 언제든지 가능하다(표 2.2 참조).

우 약하고 일시적이어서 평균 10^{-11} 초 정도만 지속된다. 그러나 많은 수의 수소결합이 초래하는 누적된 효과는 엄청나다. 물은 수많은 수소결합을 형성하고 이 수소결합들은 물의 중요한 물리적인 특성을 담당한다(표 2.3).

물의 응집력은 적정온도에서 물이 기체가 아닌 액체로 있게 만든다. 액체형태인 물의 응집력은 또한 **표면 장력(surface tension)**을 만들어낸다. 이 힘에 의해 작은 곤충들이 물 위에서 걸어 다닐 수 있는데(그림 2.11) 그 이유는 공기와 물의 경계 면에서 아래쪽에 있는 물 분자들은 수소결합된 분자들이기 때문이다.

물의 극성은 다른 극성 분자들에게 또한 잘 끌려가려고 한다. 다른 극성 물질들에 대한 이끌리는 것을 부착(*adhesion*)이라고 한다. 물은 수소결합을 형성할 수 있는 어떤 물질에도 부착한다. 이 특성은 물에 담가 졌을 때 극성 분자들을 가진 물질들이 왜 "젖어야" 하는지, 반면에 기름과 같은 비극성 분자들로 구성된 물질들은 왜 그렇지 않은지에 대해 설명한다.

물이 표면에 전하를 가진 물질로 이끌리는 것은 모세혈관현상을 만들어낸다. 좁은 지름을 가진 유리관을 물이 있는 비커 아래쪽으로 넣는다면, 유리관 안에 물은 비커에서 물의 높이보다 위로

그림 2.11 응집력. 소금쟁이 같은 몇몇 곤충들은 말 그대로 물 위를 걸을 수 있다. 물의 표면 장력이 발 하나의 표면 장력보다 크기 때문에 소금쟁이는 물 속에 빠지지 않고 물 표면을 미끄러지듯 움직일 수 있다. 물의 표면 장력이 큰 이유는 물 분자 사이의 수소결합 때문이다.

표 2.3 물의 특성

특성	설명	생명에게 주는 이점의 예
응집력	수소결합은 물 분자를 결합시킨다.	나뭇잎은 뿌리로부터 물을 끌어올릴 수 있다; 씨가 부풀어오르고 싹튼다.
높은 비열	수소결합은 결합이 깨질 때 열을 흡수하고 결합을 형성할 때 열을 내보낸다. 이로서 온도 차이를 최소화한다.	물은 생명체와 환경의 온도를 안정화시킨다.
높은 증발열	많은 수소결합들이 물이 증발할 때 깨진다.	물의 증발은 몸의 표면을 시원하게 한다.
얼음의 낮은 밀도	얼음 결정에 있는 물 분자들은 수소결합으로 인해 상대적으로 멀리 위치한다.	얼음이 물보다 밀도가 낮기 때문에 호수는 얼음으로 얼지 않는다. 그로 인해, 겨울에 호수 안의 물고기나 다른 생명체들이 살 수 있다.
용해성	극성 물 분자는 이온과 극성 화합물들에 끌리며 이들 화합물들을 수용성으로 만든다.	여러 종류의 분자들은 세포 안에서 자유롭게 움직일 수 있어서 다양한 화학반응을 할 수 있게 된다.
소수성 배제	물은 소수성 화합물을 배제 함으로써 그들끼리 모이도록 한다.	생물학적 막은 내부가 소수성인 이중 구조를 가지고 있다.

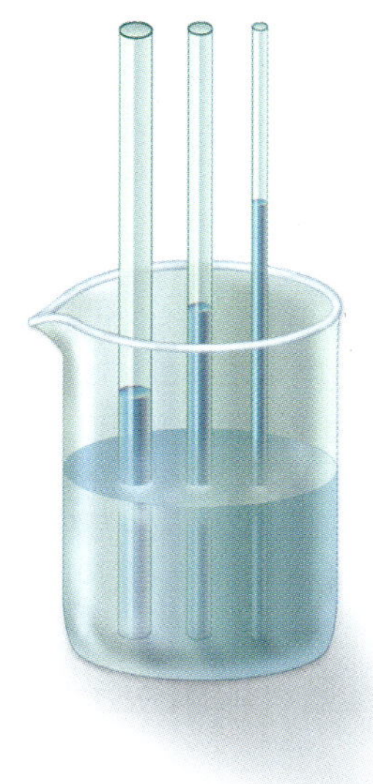

그림 2.12 부착력. 모세혈관 현상은 좁은 관에 있는 물이 주변의 물 보다 위로 올라갈 수 있도록 한다; 물을 위로 올리는 유리 표면에 대한 물의 부착력은 아래로 당기는 중력보다 강하다. 더 좁은 관일 수록 주어진 물의 부피에 대해서 부착할 수 있는 더 많은 표면을 가지게 되어, 관에서 물을 더 높이 올릴 수 있다.

올라갈 것이다. 왜냐하면, 유리 표면으로 물이 부착하여 위로 끌려 올라가는 힘은 아래로 잡아당기는 중력보다 강하기 때문이다. 더 좁은 유리관일수록 더 강한 정전기적인 힘이 물과 유리 사이에 가질 것이고 물은 더 높이 올라갈 것이다(그림 2.12).

물은 높은 비열을 가지고 있다

학습목표 2.4.3 물은 왜 천천히 뜨거워지는지 설명하라.

물은 두 가지의 특성들을 통해 온도를 조절한다: 바로 물의 높은 비열과 높은 증발열이다. 앞으로 보게 되겠지만, 물은 고체 형태인 얼음이 될 때 물보다 더 낮은 밀도가 되는 특이한 특성을 가지고 있다. 물은 또한 극성 분자들에 대한 용매로 작용하고 비극성 분자들의 배열을 조직화하는 효과를 가진다. 이러한 모든 특성들은 물의 극성 성질의 결과이다.

어느 물질의 온도는 얼마나 빠르게 그 물질의 개별적인 분자들이 움직이는지 측정하는 것이다. 물의 경우에, 물 분자가 움직이지 못하게 하고 있는 많은 수소결합을 깨기 위해서는 높은 열 에너지의 유입이 필요하다. 그렇기 때문에, 물은 높은 **비열(specific heat)**을 가지고 있다고 말한다. 비열은 1g의 물질이 섭씨 1도의 온도를 변화시키는 데 반드시 흡수하거나 방출하는 열의 양을 의미한다. 비열은 물질이 열을 흡수하거나 잃었을 때 물질의 온도 변화에 저항하는 정도를 측정한다. 하지만 극성 물질은 수소결합을 하려는 경향이 있기 때문에 더 많은 극성 분자가 있으면 비열은 더 높아진다. 물의 비열은(1 calorie/g/℃) 대부분의 탄소 화합물들의 2배이고, 철의 비열보다 9배 높다. 단지 물보다 더 극성이고 배우 강한 수소결합을 형성하는 암모니아만이 물보다 더 높은 비열을 가지고 있다(1.23 calorie/g/℃). 이 경우 0℃에서 100℃까지의 가열하더라도 단지 수소결합의 20%만 깨진다.

높은 비열로 인해, 물은 다른 대부분 화합물보다 천천히 따뜻해지고 온도를 유지하는 시간이 길다. 생명체들은 체내에 많은 물을 가지고 있고, 물의 높은 비열로 인해 그들이 체내의 온도를 비교적 변함없이 유지할 수 있도록 한다. 세포 내에서 화학반응에 의해 발생되는 열은 만약 세포 내에 있는 물에 의해 이 열이 흡수되지 않는다면 세포를 파괴시킬 수도 있다.

물은 높은 증발열을 가진다

학습목표 2.4.4 왜 땀을 흘리는 것이 시원한지 설명하라.

증발열(heat of vaporization)은 1g의 물질을 액체에서 기체로 변화시키는데 요구되는 에너지의 양이다. 물에서 이 변화를 수행하는 데는 상당한 양의 열 에너지(586 cal)가 필요하다. 물이 액체에서 기체르 변화하기 위해서는 많은 수소결합을 깨기 위한(열 형태의) 에너지가 필요하다. 이러한 에너지의 흡수로 인해 주변의 온도는 낮아지게 된다. 표면에서 물이 증발하는 것이 그 표면을 시원하게 만드는 건 바로 이러한 이유 때문이다. 인간을 위시한 다른 여러 척추동물들이 땀을 통하여 체온을 조절하는 예에서 볼 수 있듯이, 많은 생명체들이 증발 냉각을 통해 과도한 체열을 없앤다.

고체 상태의 물은 액체 상태의 물보다 밀도가 낮다

학습목표 2.4.5 얼음이 왜 뜨는지 설명하라.

낮은 온도에서 물 분자들은 결정과 같은 격자 구조의 수소결합들에 고정되어 있어서 고체 얼음을 형성한다(이 장의 제일 처음 페이지에서 볼 수 있는 빙산과 같은 형태). 흥미롭게도 얼음 안 물 분자들의 수소결합들은 상대적으로 거리가 멀기 때문에 얼음은 액체 상태의 물 보다 밀도가 낮다. 이러한 물의 독특한 특성은 빙산이 떠 있을 수 있게 한다. 만약 물이 이러한 특성을 가지지 않았다면, 거의 모든 물줄기가 얼음으로만 되었을 것이고 매년 표면만 얇게 녹는 상태가 될 것이다. 얼음의 부력은 생태학적으로도 중요하다. 왜냐하면 물줄기가 아래에서 위가 아니라, 위에서 아래로 어는 것을 의미하기 때문이다. 겨울에 호수의 표면에 얼음이 떠있고 얼음 아래에는 물이 용액상태로 유지되고, 따라서 어류와 다른 동물들이 동사하는 것을 막기 때문이다.

물은 극성 분자들에 좋은 용매가 된다

학습목표 2.4.6 소금이 왜 물에 용해되는지 설명하라.

물 분자는 전하를 띠는 주변의 물질을 모으는 경향이 있고, 이는 전체적으로 전하를 띠거나(이온) 부분적으로 전하를 띠거나(극성 분자)에 무관하다. 예를 들어, 자당(설탕)은 극성을 띠는 수산화기(OH)를 가진 분자들로 구성되어 있다. 설탕 결정은 물에 빠르게 용해되는데 그 이유는 물 분자들은 설탕 분자들의 각각의 수산화기와 수소결합을 형성할 수 있기 때문이다. 그러므로, 설탕은 물에 **용해된다고**(*soluble*) 말 할 수 있다. 이 경우 물은 **용매**(*solvent*)라고 부르고, 설탕은 **용질**(*solute*)이라고 한다. 설탕 분자가 고체 상태의 설탕 결정으로부터 분리되거나 떨어져 나올 때마다, 물 분자들은 설탕분자를 둘러 싸고 수화 껍질(hydration shell)을 만들어 다른 설탕 분자와 결합하는 것을 막는다. 또한 수화 껍질은 나트륨이온이나 염소이온과 같은 이온 주변에도 형성이 될 수 있다(그림 2.13).

물은 비극성 분자들을 조직화한다

학습목표 2.4.7 기름이 왜 물에 용해되지 않는지 설명하라.

물 분자는 항상 최대한 많은 수소결합을 형성하려는 경향이 있다. 수소결합을 할 수 없는 기름과 같은 비극성 분자들이 물에 놓이게 되면, 물 분자들은 비극성 분자들은 배제하려는 행동을 한다. 비극성 분자들은 합쳐지거나 무리를 이루어서, 물의 수소결합 형성을 방해하는 작용을 최소화 한다. 그 영향으로 비극성 분자들은 물과의 접촉을 피해 축소되고, 이러한 이유로 비극성 분자들은 **소수성(hydrophobic)**이라고 불린다(그리스어로 hydros는 "물", phobos는 "두려워함"을 뜻함). 반면에, 물 속에서 빠르게 수소결합을 형성하는 극성 분자들은 **친수성(hydrophilic)**("물을 좋아하는") 이라 불린다.

물 안에서 비극성 분자들이 서로 합쳐지려는 경향은 **소수성 배제(hydrophobic exclusion)**로 알려져 있다. 분자들의 소수성 부분들을 서로 모이도록 밀어내는 물의 특성은 이러한 분자들이 특정한 모양을 만들게 한다. 이러한 특성은 단백질, DNA, 생물학적 막의 구조에 주요한 영향을 끼친다. 사실, 물과 비극성 분자들의 상호작용은 모든 생명계 내에서 조직화에 대단히 중요한 역할을 한다.

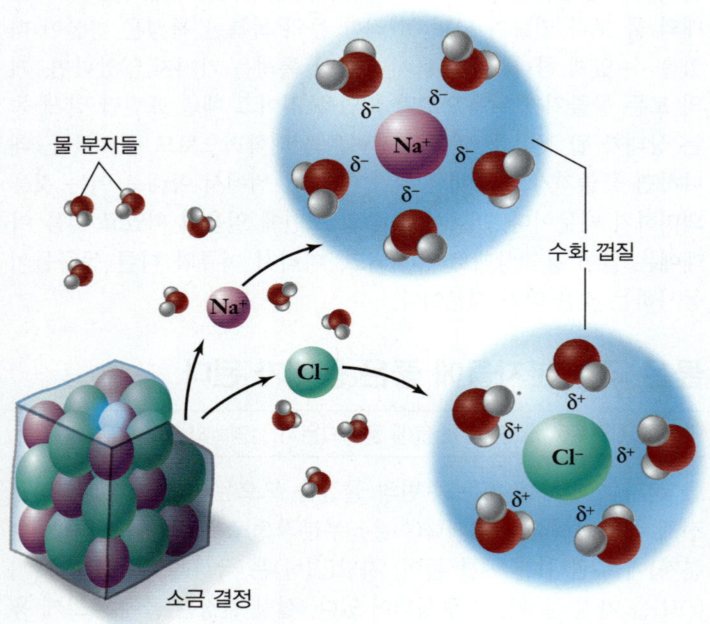

그림 2.13 소금이 물에 용해되는 이유. 소금 결정이 물에 용해될 때, 나트륨이온과 염소이온은 소금 격자구조에서 떨어지고 극성의 물 분자들에 의해 둘러싸이는데, 물 분자들의 부분적 전하들이 이온들의 전하로 끌어당겨지게 된다. 수화 껍질(hydration shell)에 의해 둘러 싸여진 나트륨이온과 염소이온은 절대 소금 격자 구조로 다시 돌아갈 수 없다.

개념 정리 2.4

극성 공유결합들로 인해 물은 자신 스스로도 그리고 다른 극성 분자들과도 수소결합을 형성할 수 있다. 수소결합은 물 분자들 간에 작용하는 물의 응집력과 다른 극성 분자들에게 "붙는" 능력인 부착력을 갖게 하는 원동력이 된다. 모세혈관 현상은 이 두 특성들로부터 생겨난다. 물은 높은 비열을 가지고 있어서 온도가 빠르게 변하지 않게 되고, 이는 생명계가 거의 변함없는 온도를 유지할 수 있도록 돕는다. 물의 높은 증발열은 증발에 의해서 온도를 낮추는 일을 가능하게 만든다. 고체 형태의 물은 액체 형태의 물보다 밀도가 낮은데 그 이유는 수소결합을 이루는 분자들이 더 멀어진 공간을 갖기 때문이다. 극성 분자들은 물에서 용해가 잘되지만 물은 비극성 분자들을 배제하는 경향이 있다. 물은 H^+와 OH^-의 형태로 분리된다.

- 만약 물이 수소와 산소 대신에 탄소와 수소로 이루어져 있었다면, 여전히 응집력과 부착력을 가질까?

2.5 물 분자는 이온으로 나뉠 수 있다

물 분자의 공유결합은 가끔씩 자발적으로 깨질 때가 있다. 25℃의 순수한 물 상태에서 5억5천개의 물 분자 중 1개는 이 과정을 겪는다. 이러한 일이 발생하면, 양성자(핵의 수소 원자)는 물 분자로부터 분리된다. 분리된 양성자는 공유하고 있던 음전하를 띤 전자가 없기 때문에, 양성자의 양전하는 더 이상 균형을 잡지 못하고 수소이온, 즉 H^+이 된다. 분리된 물 분자의 나머지는 공유결합으로부터 공유하던 전자를 유지하고 있어서 음전하를 띠며 수산화(hydroxide)이온, 즉 OH^-이 된다. 자발적으로 이온이 되는 이 과정은 이온화(*ionization*)라고 부른다:

$$\underset{\text{물}}{H_2O} \rightarrow \underset{\text{수산화이온}}{OH^-} + \underset{\text{수소이온(양성자)}}{H^+}$$

25℃, 1L의 물은 천 만분의 일(10^{-7}) 몰의 수소이온들을 가지고 있다. 몰(mole)은 어떤 물질의 무게를 정의하는 단위이며 분자 안에 있는 모든 원자들의 원자 질량의 합에 해당하는 그람(g)을 의미한다. 수소이온의 경우에 원자 질량은 1이고 따라서 수소이온의 1몰은 1g이다. 어느 물질이더라도 1몰은 항상 6.02×10^{23}의 개수만큼의 분자들을 가진다. 그러므로, 순수 물에서 수소이온의 **몰 농도(molar concentration)**는 $[H^+]$로 표기하며, 10^{-7}mol/L이다(실제로, 수소이온은 종종 다른 물 분자와 결합하여 히드로늄(hydronium)이온(H_3O^+)이 된다).

pH 척도는 수소이온 농도를 측정한다

학습목표 2.5.1 수소이온의 몰 농도를 기반으로 한 용액의 pH를 계산하라.

용액에서 수소이온과 동시에 수산화이온의 농도는 각각 산성(*acidity*)과 염기성(*basicity*)이라는 용어로 정의된다. 순수한 물은

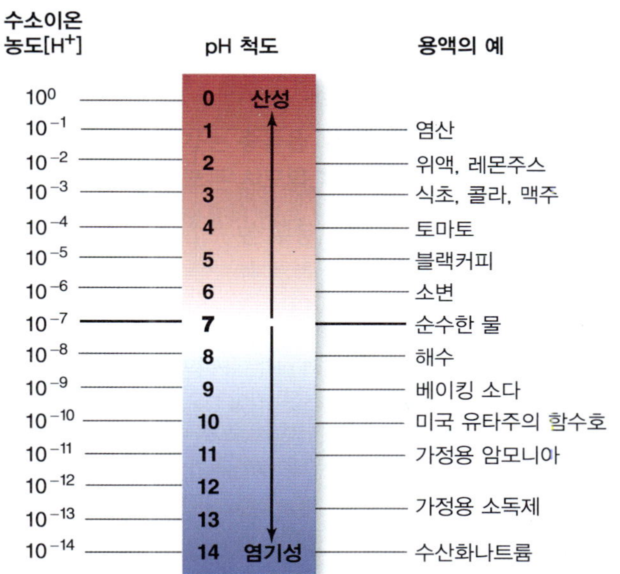

그림 2.14 pH 척도. 용액의 pH 값은 수소이온들의 농도를 나타낸다. pH가 7보다 낮은 용액은 산성인 반면 7보다 높은 것은 염기성이다. 이 척도는 로그 값이고, 이는 pH가 1이 변할 때 수소이온 농도는 10배 변한다는 것을 뜻한다.

10^{-7}mol/L의 수소이온 농도를 가지며 따라서 중성으로 간주된다. 즉, 산성도 아니고 염기성도 아님을 말한다. 물이 분리될 때는 모든 수소이온에 해당하는 수산화이온 역시 동시에 발생한다고 배웠음을 떠올려보자. 이는 다시 말해 물의 분리는 수소이온과 수산화이온을 같은 양으로 만들어낸다는 것을 의미 한다.

pH 척도(*pH scale*)는(그림 2.14) 용액의 수소이온 농도를 설명하는 더 쉬운 방법이다. 이 척도는 pH로 정의되고 "부분적인 수소(partial hydrogen)"의 영문 첫 글자를 따온 것이다. pH는 수소이온 농도를 음수 로그(negative logarithm)로 전환한 값이다:

$$pH = -\log[H^+]$$

수소이온 농도의 로그 값은 단순하게 수소이온의 몰 농도에 대한 지수 변환 값이므로, pH는 그 지수 값에 -1배가 되는 셈이다. 그러므로, 물에서 10^{-7}mol/L의 $[H^+]$에 상응하는 pH 값은 7이다. 이것은 pH 척도에서 수소이온과 수산화이온 사이의 균형점인 중간 지점이다. 이 균형은 물의 분리가 같은 양의 수소이온과 수산화이온을 만들기 때문에 일어난다.

pH 척도는 로그이기 때문에 척도상 1의 차이가 $[H^+]$의 10배 차이를 나타낸다는 것을 주목해야 한다. pH 4의 용액은 pH 5의 용액 보다 10배 많은 $[H^+]$가 있고, pH 6인 용액보다 100배 많은 $[H^+]$가 있다.

산

어느 물질이 물에서 분리되어 $[H^+]$을 증가시키는 경우(pH는 낮아짐) 그 물질을 **산(acid)**이라 부른다. 더 강한 산일수록 더 많은 수소이온들을 만들고 pH를 낮춘다. 예를 들어, 당신 몸의 위 속에 많이 존재하는 염산(HCl)은, 물에서 완벽하게 이온화된다. 염산 10^{-1} mol/L의 희석은 용액의 pH를 1로 만들면서, 10^{-1} mol/L만큼의 수소이온을 분리시킨다. 탄산이 용해되어 거품을 만들어내는 샴페인의 pH는 대략 2 정도 이다.

염기

어느 물질이 물에서 용해되었을 때 수소이온과 결합해서 $[H^+]$을 낮추는 물질을 **염기(base)**라고 부른다. 그러므로 염기성(또는 알칼리성) 용액은 7보다 높은 pH 값을 가진다. 수산화 나트륨(NaOH)과 같은 매우 강한 염기는 12 혹은 더 높은 pH 값을 가진다. 일반적으로 암모니아와 락스 같은 많은 세척 용액들은 그들이 가진 높은 pH로 인해 세척 역할을 한다.

완충제(buffer)는 pH의 안정화를 돕는다

거의 모든 살아있는 세포들 내부의 pH와 다세포 생명체 내의 세포들을 둘러싸고 있는 유동체의 pH는 거의 중성인 7에 가깝다. 생명계 내의 거의 모든 효소들은 pH에 매우 민감하다. 종종 pH의 작은 변화는 효소의 모양을 바꾸고, 그로 인해 효소의 활성이 저해된다. 이러한 이유로, 세포가 늘 일정한 pH수준을 유지하는 것이 중요하다.

그러나 생명체의 화학반응은 끊임없이 세포 내에 산과 염기를 만든다. 더욱이, 많은 동물들이 산과 염기로 된 물질들을 먹는다. 예를 들어 콜라 음료는 비교적 강한(비록 희석되었었지만) 산성용액이다. 이러한 수소이온과 수산화이온 농도의 다양한 변화에도 불구하고, 생명체의 pH는 완충제에 의해 상대적으로 일정한 수준을 유지한다(그림 2.15).

완충제(buffer)는 pH의 변화에 대응하는 물질이다. 완충제는 염기가 더해졌을 때 수소이온을 방출하고 산이 더해졌을 때 수소이온을 흡수함으로써, 전체적으로 같은 $[H^+]$을 유지하는 효과를 가지고 있다.

생명체 내의 대부분의 완충제들은 두 개의 물질 들, 즉 하나는 산, 다른 하나는 염기인 물질의 쌍으로 구성되어 있다. 사람

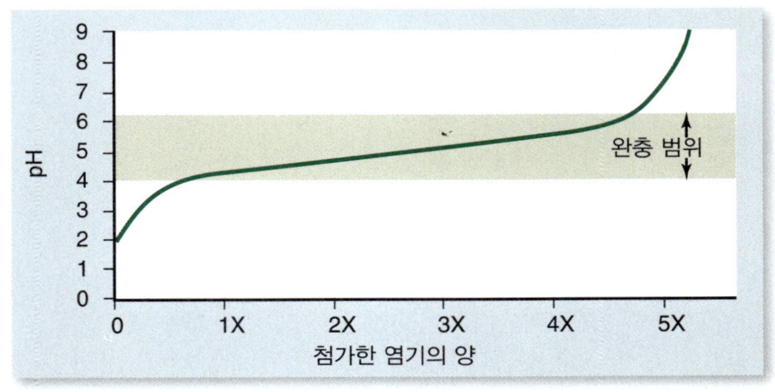

그림 2.15 완충제는 pH의 변화를 최소화한다. 일부 산이 존재하는 용액에 염기를 넣는 것으로 중화를 시키게 되고 pH 값은 오르게 된다. 그러므로 그래프가 오른쪽으로 이동한다는 것은 더욱 더 염기가 됨을 의미하고 또한 pH 값을 올리게 된다. 완충제는 pH척도의 일부 구간에 걸쳐 그래프를 매우 천천히 오르거나 내리게 한다. 이를 그 완충제에 대한 "완충 범위"(buffering range)라고 한다.

의 혈액 내 중요한 완충제는 탄산(carbonic acid)(산)과 중탄산염(bicarbonate)(염기)으로 구성된 산-염기 쌍이다. 이들 두 물질들은 쌍으로 된 가역 반응들에 의해 상호작용한다. 첫 번째, 이산화탄소(CO_2)와 물(H_2O)이 반응하여 탄산(H_2CO_3)을 만들고, 두 번째 반응에서는 탄산이 분해되어 중탄산이온(HCO_3^-)과 수소이온을 만든다.

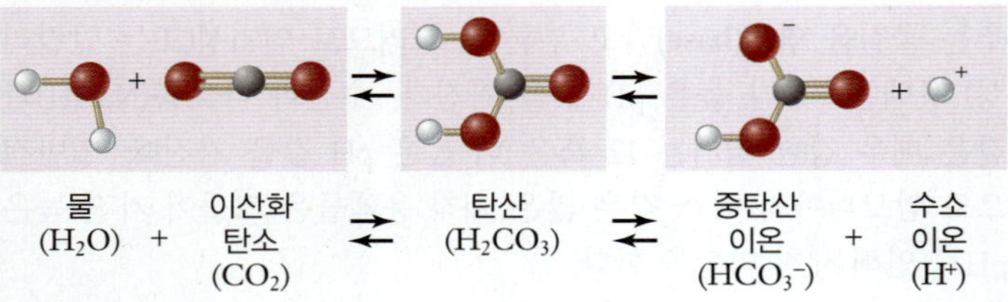

만약 산이나 다른 물질이 혈액에 수소이온을 더한다면, 중탄산이온은 염기로서 역할을 하고 탄산을 만듦으로써 초과 분의 수소이온들을 제거한다. 이와 유사하게 염기성 물질이 혈액 내 수소이온을 제거한다면, 탄산이 분리되어 혈액에 수소이온을 방출한다. 정반응과 역반응이 탄산과 중탄산이온의 상호 전환을 통해 혈액의 pH를 안정화시킨다.

탄산을 만드는 이산화탄소와 물의 반응은 생명체에게 꼭 필요한 탄소를 공기 중으로부터 물 안으로 녹아 들어가게 만드는 대단히 중요한 반응이다. 물과 이산화탄소의 반응으로 인해 지구의 바다는 탄소가 풍부하다.

개념 정리 2.5

산성 용액은 높은 $[H^+]$를 가지고, 염기성 용액은 낮은 $[H^+]$를 갖는다(그러므로 높은$[OH^-]$를 갖는다). 용액의 pH는 $[H^+]$의 음수 로그(negative logarithm) 값이다. 낮은 pH 값은 산을 의미하고, 높은 pH 값은 염기를 의미한다. pH의 작은 변화라도 생명체에게는 해로울 수 있다. 생명체의 완충제 시스템은 좁은 범위 내에서 pH가 유지되도록 만든다.

- pH의 단위가 2만큼 변하는 것은 $[H^+]$가 얼마나 변하는 것을 의미하는가?

방사선 붕괴를 이용한 아이스맨의 연도 측정

1991년 가을, 두 명의 오스트리아 등산가들은 이탈리아와 오스트리아 사이에 위치한 산이 많은 경계지역 근처 산길의 높은 산마루에서 녹은 눈 위로 삐져 나온 시체를 발견했다. 즉각 수습된 그 시체는 매우 오래되었으며, 얼음해구 안에서 오랫동안 얼어있었고 최근 얼음이 녹으면서 이제서야 발견된 것이다. 이러한 놀랄만한 발견 이후로 과학자들은 죽은 사람에 대해 많은 것을 알아내었고 그 죽은 사람에게 외치(Ötzi)라는 이름을 붙였다. 과학자들은 그가 죽었을 때의 나이와, 건강 상태, 그가 입고 있던 옷, 그가 먹었던 것, 그리고 그가 그의 등을 통과한 화살로 인해 찢어져 죽었다는 것을 알아냈다. 화살촉은 여전히 그의 등쪽의 왼쪽 어깨에 박혀있었다. 그의 치아와 뼈에서의 화학물질들의 분포를 통해서, 그가 죽은 지점에서 60km 내에 살았다는 것을 알 수 있었다.

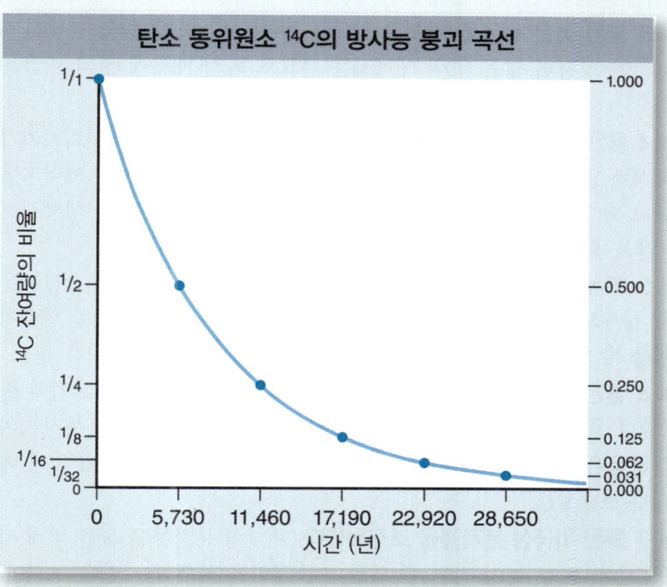

이 아이스맨은 언제 죽었을까? 과학자들은 이 중요한 질문에 외치의 몸에서 반감기가 짧은 동위원소인 ^{14}C의 붕괴 정도를 측정함으로써 답할 수 있었다. 대부분의 탄소 원자는 안정적인 동위원소인 ^{12}C인 반면, 매우 작은 비율로 불안정한 방사성 동위원소인 ^{14}C가 존재한다. 이는 질소-14(^{14}N) 원자들에게 우주선(cosmic ray)이 퍼붓듯이 쏟아질 때 만들어진다. 이렇게 만들어진 ^{14}C들은 광합성을 하는 식물들에 의해 획득되고, 이들 식물들을 먹는 초식 동물들의 체내의 탄소 분자들에서도 발견된다. 이 식물이나 동물이 죽게 되면, 어느 탄소들도 더 이상 축적하지 않게 되고, 죽을 당시에 존재하던 ^{14}C는 시간이 지남에 따라 ^{14}N으로 붕괴한다. 점차적으로 ^{12}C 에 대한의 ^{14}C 비율이 줄어든다. ^{14}C가 반으로 줄어드는데 5730년이 걸리며, 이 시간의 길이를 동위원소 ^{14}C의 **반감기(half-life)**라 한다. 반감기는 절대 변하지 않는 상수(constant)이기 때문에 방사선 붕괴의 규모로 표본의 년도를 계산할 수 있다. 따라서 ^{14}C의 원래 비율에서 4분의 1이 남은 표본일 경우에는 대략 11,460살이다(두 번의 반감기를 지남).

왼쪽 그래프는 탄소 동위원소 ^{14}C의 방사선 붕괴 곡선을 나타내고 있다. 이 그래프에 의해 과학자들은 표본 안에 존재하는 ^{14}C가 반감되어 ^{14}N로 붕괴되는데 5730년이 걸린다는 것을 알았다. 외치의 탄소 동위원소를 분석하였을 때, 과학자들은 ^{12}C 에 대한 ^{14}C 의 비율을 측정하였고, 또한 $^{14}C/^{12}C$ 비율로 표기하였다. 외치의 몸의 경우에는 최근에 죽은 사람의 조직과 비교해서 이 비율은 0.435 였다.

분석

1. **개념 적용** 죽은 외치의 시체가 오늘까지 거기에 있다고 가정하면, 외치의 몸에 존재하는 ^{14}C의 비율은 얼마인가? 그가 죽었을 때 ^{14}C를 1.0이라 한다.
2. **자료 해석** 이 비율을 위의 ^{14}C의 방사성 붕괴 곡선에 표시하시오. 이 지점이 표시하는 곳은 얼마나 많은 반감기가 지났는가?
3. **추론** 만약 외치가 정말로 최근의 시체이고, 높은 산길에서 나타나는 혹독한 날씨로 인해 오래된 것처럼 보이는 것이라면, 외치의 경우 ^{12}C 에 대한의 ^{14}C 비율이 당신의 신체에 비교해서 어떻게 될 것으로 예상하는가?
4. **결론 도출** 언제 아이스맨 외치가 죽었는가?

학습 과정 복습

개념 2.1 모든 물질은 원자로 구성되어 있다

2.1.1 원자들은 세 종류의 아원자 입자들로 구성되어 있다 각각의 원소는 원자번호와 핵 안에 있는 양성자의 수에 의해 정의된다. 전기적으로 중성인 원자들은 전자와 같은 개수의 양성자를 가진다. 전자를 얻거나 잃은 원자는 이온이라 부른다. 원자 질량은 양성자와 중성자 질량의 총합이다. 동위원소는 중성자의 수가 다른 원소의 형태이며 따라서 다른 원자질량을 갖는다. 방사성 동위원소는 불안정하다.

2.1.2 전자는 원자의 화학적인 반응을 결정한다 전자는 핵 주위의 궤도에서 발견된다. s-궤도는 공 모양이다; 다른 궤도들의 경우에는 다른 모양을 갖는다. 예를 들어 p-궤도는 아령 모양을 갖는다.

2.1.3 원자는 구분되는 에너지 준위를 가진다 전자의 위치에너지는 핵으로부터의 거리가 멀어질수록 증가한다. 에너지 준위는 에너지의 양자에 해당된다. 원자가 전자를 잃는 것은 산화라고 한다. 전자를 얻는 것은 환원이라고 한다. 함께 일어나는 산화환원 반응에서 전자는 하나의 원자에서 다른 원자로 옮겨질 수 있다.

개념 2.2 생명계 내의 원소들은 낮은 원자 질량을 갖는다

2.2.1 주기율표는 원자들의 전자 구조를 반영한다 원자는 바깥의 에너지 준위를 완전하게 채우려는 경향이 있다(옥텟규칙). 가장 바깥쪽의 궤도가 채워진 원소는 불활성(inert)이다. 원소들 중에서 12개의 원소는 살아있는 생명체 내에서 상당량 발견된다: 탄소, 수소, 산소, 질소, 인, 황, 나트륨, 칼륨, 칼슘, 마그네슘, 철, 염소가 그들이다.

탄소화합물은 유기화합물이라 불린다. 생명시스템 내에서 가장 많은 분자들은 수소와 산소 질소와 결합한 탄소로 구성된다.

개념 2.3 분자들은 화학결합에 의해 합쳐진 원자들의 집합체이다

2.3.1 이온결합들은 결정을 형성한다 화학결합은 원자들 사이의 인력으로 인해 만들어진다. 소금(NaCl)과 같이 반대 전하를 가진 이온들이 이온결합을 형성한다.

2.3.2 공유결합은 안정한 분자들을 만든다 공유결합은 바깥의 전자 껍질을 채우기 위해 원자가 전자를 공유함으로써 만들어지지만 이 경우 전하는 띠지 않는다. 공유결합은 공유하는 전자의 수에 따라 단일, 2중, 3중결합을 이룰 수 있다. 비극성 공유결합은 원자 사이에서 전자를 동등하게 공유하는 것과 관련이 있다. 극성 공유결합은 전자의 동등하지 않은 공유와 관련이 있다.

2.3.3 극성 분자들 사이에서 수소결합이 형성될 수 있다 수소결합은 한 극성 분자의 양전하 말단이 다른 극성 분자의 음전하에 이끌릴 때 발생한다.

2.3.4 반데르발스 인력은 표면들을 끌어당긴다 반데르발스 인력은 두 원자가 서로 매우 가까울 때 두 원자를 서로에게로 약하게 이끌리게 된다.

2.3.5 화학반응들은 결합을 변화시킨다 온도, 반응물의 농도와 촉매제의 존재는 반응 속도에 영향을 미친다. 대부분의 생물학적 반응들은 역반응이 가능하다.

개념 2.4 물의 특성은 물의 극성 성질에 기인한다

2.4.1 물의 구조는 수소결합을 촉진시킨다 수소결합은 한 분자 내에서 부분적으로 양전하를 띠는 수소와 다른 분자 내에서 부분적으로 음전하를 띠는 산소 사이의 약한 상호작용이다.

2.4.2 물 분자는 응집과 부착 성질을 둘 다 가지고 있다 응집력은 물 분자가 수소결합을 형성하는 것 때문에 다른 분자에 붙으려는 성질을 말한다. 물의 응집력은 표면장력이 형성되는 요인이 된다. 부착력은 물이 다른 극성 분자에 부착할 때 발생한다. 모세혈관 현상은 물의 응집력과 더불어 좁은 관의 측면에 작용하는 물의 부착력으로 인해 생긴다.

2.4.3 물은 높은 비열을 가지고 있다 물이 가진 수소결합을 분해하기 위해서는 상당히 많은 양의 에너지를 필요로 하기 때문에 물의 비열은 높다

2.4.4 물은 높은 증발열을 가진다 액체 상태의 물을 증기로 변화시키기 위해서는 많은 수소결합을 분해하여야 하며 이 때는 상당량의 에너지를 필요로 한다. 많은 생명체들은 냉각 증발을 통해 과도한 열을 상쇄시킨다. 땀을 흘리는 것도 이와 같은 이치이다.

2.4.5 고체 상태의 물은 액체 상태의 물보다 밀도가 낮다 수소결합은 액체 상태보다 물의 고체 상태에서 더 멀리 위치한다. 그 결과로 얼음이 떠있을 수 있다.

2.4.6 물은 극성 분자들에 좋은 용매가 된다 물의 극성성질로 인해 물은 극성 물질과 이온의 좋은 용매가 된다. 극성 분자들 혹은 분자들의 일부분들은 물과 끌리게 된다(친수성). 비극성인 분자들은 물에 의해 배제된다(소수성).

2.4.7 물은 비극성 분자들을 조직화한다 비극성 분자들은 물을 피해 서로 뭉친다. 이는 물이 만들 수 있는 수소결합을 극대화 시킨다. 소수성의 배제는 DNA, 단백질 생물학적 막의 구조에 영향을 미친다.

개념 2.5 물 분자는 이온으로 나뉠 수 있다

2.5.1 pH 척도는 수소이온 농도를 측정한다 물은 H^+와 OH^-로 나뉠 수 있다. $[H^+]$로 나타내는 H^+의 농도는 순수 물에서 10^{-7} mol/L이다. pH 척도는 $[H^+]$의 양적인 측정이다. pH는 $[H^+]$의 음의 로그로 정의된다. 순수 물은 pH 값이 7이다. 1 pH 단위의 차는 $[H^+]$의 10배 차이를 의미한다. 산은 많은 $[H^+]$를 가지며 따라서 pH가 낮다; 염기는 적은 $[H^+]$를 가지며 따라서 pH가 높다. 생명체는 세포 외 액에서 pH의 변화를 억제하는 완충제를 이용해 일정한 pH를 유지해야 한다. 이산화탄소와 물은 탄산을 만들기 위해 가역적으로 반응하고, 완충제는 H^+을 흡수하거나 방출함으로써 pH의 변화를 억제한다. 사람의 혈액에서 중요한 완충제는 탄산/중탄산염 쌍이다.

학습 과정 평가

개념 2.1 모든 물질은 원자로 구성되어 있다

이해

1. 동위원소 탄소-12와 탄소-14의 차이는 무엇인가?
   a. 중성자의 수　　b. 양성자의 수
   c. 전자의 수　　d. b와 c 둘 다
2. 양전하를 띠는 원자는 반드시 다음의 특징을 가져야 한다.
   a. 중성자 보다 양성자가 더 많다.
   b. 전자보다 양성자가 더 많다.
   c. 중성자보다 전자가 더 많다.
   d. 양성자보다 전자가 더 많다.
3. 완전히 채워진 L 에너지 준위는 완전히 채워진 K 에너지 준위보다 얼마나 더 많은 전자를 가지고 있는가?
   a. 2　　b. 4
   c. 6　　d. 8
4. 칼슘이온은
   a. 음이온이다
   b. 중립적인 동위원소이다
   c. 두 개의 전자를 잃은 원자이다.
   d. 환원된 형태이다.

응용

1. 아령모양의 p궤도(orbital)에서 발견되는 전자의 최대 수는?
   a. 구형의 s궤도에서 발견되는 수보다 많다.
   b. 구형의 s궤도에서 발견되는 수보다 적다.
   c. 구형의 s궤도에서 발견되는 수와 같다.
   d. 구형의 s궤도에서 발견되는 수와 관련이 없다.
2. 철 원자는 26개의 양성자와, 30개의 중성자 그리고 26개의 전자를 가지고 있다. 따라서 철이온은 다음과 같다.
   a. 원자 질량이 82이다.　　b. 원자번호가 26이다.
   c. 이온이다.　　d. 원자번호가 56이다.

종합

1. 라듐-226의 반감기는 1620년이다. 어떤 물질 표본이 라듐-226을 16mg가지고 있다면, 이 표본이 1mg의 라듐-226을 갖기 위해서는 얼마나 많은 시간이 걸리는가?

개념 2.2 생명계 내의 원소들은 낮은 원자 질량을 갖는다

이해

1. 한 원소(예를 들어 탄소)의 원자를 다른 원소(예를 들어 산소)의 원자로부터 구분할 수 있는 특성은 무엇인가?
   a. 전자의 수　　b. 양성자의 수
   c. 중성자의 수　　d. 양성자와 중성자를 합친 양
2. 1가 전자를 가진 원자는 다음과 같다.
   a. 전자를 쉽게 잃는 경향이 있다.
   b. 불활성이다
   c. 주기율표의 오른쪽에서 발견된다.
   d. 여분의 전자를 쉽게 얻는다.
3. 다음 중 살아있는 생명체 내에서 일반적으로 발견되는 원소에 대한 설명으로 올바르지 않은 것은?
   a. 낮은 원자 질량을 갖고 있다.
   b. 원자번호가 27보다 작다.
   c. 완전하게 채워진 바깥 껍질을 갖는다.
   d. 유기 분자들로 병합된다.

응용

1. 요오드(I) 는 다음과 같다.
   a. 생명계 내에서 상당량으로 존재한다.
   b. 염소(Cl)와 비슷한 반응성을 갖는다.
   c. 염소의 동위원소이다.
   d. 위의 모든 것에 전부 해당한다.

종합

1. 당신의 몸의 반 이상의 무게는 산소 원자이다. 왜 그렇게 가정하는가? 어떤 분자가 이 산소를 가장 많이 가지고 있는가?

개념 2.3 분자들은 화학결합에 의해 합쳐진 원자들의 집합체이다

이해

1. 이온결합은 다음의 무엇으로 인해 발생하는가?
   a. 원자가 전자들의 공유
   b. 원자가 전자들 사이의 인력
   c. 원자가 전자들 사이에 작용하는 전하에 따른 인력
   d. 반대 전하를 가진 이온들 사이의 인력
2. 수소결합은 다음과 같다.
   a. 공유결합보다 약하다.
   b. 이온결합보다 강하다.
   c. 반데르발스 인력과 같다.
   d. 공유결합보다 강하다.
3. 반데르발스 인력은 다음과 같다.
   a. 이온결합과 수소결합처럼 전기적 인력을 포함한다.
   b. 수소결합보다 강하다.
   c. 방향성이 없다.
   d. 오직 두 개의 원자만 관련되어 있다.
4. 화학반응이 더 빠르게 일어나게 하기 위해서는 다음과 같아야 한다.
   a. 온도를 낮춘다.
   b. 생산물이 많이 존재하여야 한다.
   c. 반응물이 적게 있어야 한다.
   d. 촉매제가 있어야 한다.

응용

1. 그림 2.6에 있는 주기율표를 참고하면, 다음 원자들 중 어느 것이 양이온(cation)을 만들 것으로 예상하는가?
   a. 불소(F)　　b. 네온(Ne)
   c. 칼륨(K)　　d. 황(S)
2. 옆의 원소 그림을 참고하라. 이 원자는 얼마나 많은 공유결합을 형성할 수 있는가?
   a. 2개　　b. 3개
   c. 4개　　d. 없음
3. 수소결합은 다음과 같다.
   a. 수소를 가지고 있는 어느 분자들 사이에서도 일어난다.
   b. 오직 물 분자들 사이에서만 일어난다.
   c. 수소가 극성 공유결합의 일부분일 때 일어난다.
   d. 수소의 두 원자들이 전자를 공유할 때 일어난다.

종합

1. 왜 안정적인 분자는 이온결합이 아니라 공유결합으로 연결되는가?
2. 공상과학 문헌에서 인기 있는 주제는 우리들과 같은 탄소를 기반으로 두는 생명체와는 반대로 규소(silicon)를 기반으로 한 생명체가 존재한다는 발상이다. 규소 원자의 화학적인 구조와 잠재적인 화학결합을 토대로 하여 규소를 기반으로 두는 생명체의 가능성을 분석하시오.

개념 2.4 물의 특성은 물의 극성 성질에 기인한다

이해

1. 두 개의 인접한 물 분자들은 서로 수소결합을 형성할 수 있다. 그 이유는 다음과 같다.
   a. 산소는 수소보다 전기음성도가 더 크기 때문이다.
   b. 수소는 산소보다 전기음성도가 더 크기 때문이다.
   c. 수소와 산소는 전자에 대한 동등한 친화력을 가지고 있기 때문이다.
   d. 수소 원자는 부분적인 음전하를 가지고 있고 산소원자는 부분적인 양전하를 가지고 있기 때문이다.
2. 응집력과 부착력의 차이는 무엇인가?
   a. 응집력은 수소결합의 형성과 관련 있는 반면 부착력은 아니다.
   b. 응집력에서 물 분자들은 다른 물 분자들과 수소결합을 형성하지만, 부착력에서 물 분자들은 물보다는 다른 분자들과 수소결합을 형성한다.
   c. 응집력은 물의 모세혈관 현상에 기여하고 부착력은 그와 반대이다.
   d. 부착력은 표면장력 현상에 기영하고 응집력은 그 반대이다.

응용

1. 극성 공유결합을 가진 분자는 다음과 같다.
   a. 물에 용해된다.
   b. 물에 용해되지 않는다.
   c. 매우 비슷한 전기음성도를 가진 원자들로 되어 있다.
   d. 전자를 잃거나 얻은 원자들로 되어 있다.
2. 다음 중 물에 용해되지 않는 것은?
   a. 극성 분자들
   b. 이온들
   c. 많은 수산화기를 가진 분자들
   d. 비극성 분자들

종합

최근 화성에서 생명체의 신호를 찾으려는 NASA의 노력은 직접적으로 생물학적 생명체(살아있거나 혹은 화석화 된)를 찾는 것 보다 액체형태의 물의 흔적을 발견하는 것에 초점이 맞추어져 왔다. 지구상의 생명체에게 미치는 물의 영향에 대한 당신의 지식을 활용해서 이러한 접근 방법에 타당성을 부여하는 논리를 작성해 보시오.

개념 2.5 물 분자는 이온으로 나뉠 수 있다

이해

1. 완충제들이 생명계에 왜 중요할까?
   a. 많은 화학반응들은 반응이 일어날 때 용액의 산성도에 영향을 받는다.
   b. 생명체의 화학반응은 세포 내에 산과 염기를 만든다.
   c. 효소의 활성은 pH의 영향을 받는다.
   d. 위의 모든 것에 전부 해당한다
2. 완충제 시스템은 다음과 같다.
   a. 용액에서 항상 H^+를 제거한다.
   b. 용액에서 항상 H^+를 더한다.
   c. 비교적 일정한 pH를 유지하는 것을 돕는다.
   d. 물의 이온화를 막는다.

응용

1. pH값이 5인 물질은 다음과 같다.
   a. pH값이 10인 물질보다 더 산성이다.
   b. pH값이 10인 물질 보다 H^+의 농도가 낮다.
   c. pH값이 10인 물질 보다 두 배 많은 H^+를 갖는다.
   d. 염기성이다.

종합

1. 탄산 완충제인 샴페인은 pH값이 약 2이다. 우리는 이렇게 강한 산을 어떻게 마실 수 있는가?

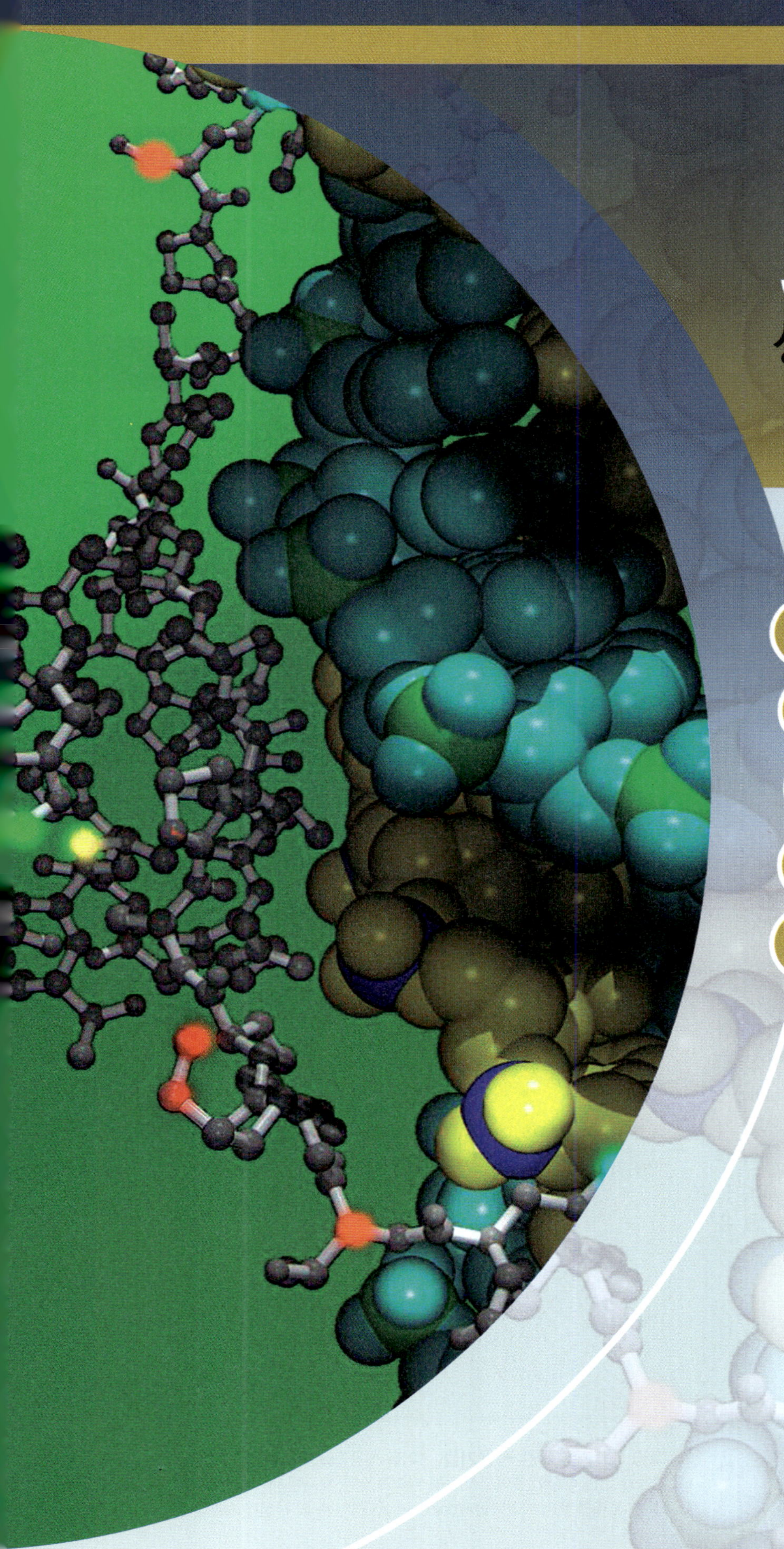

3
생명의 화학적 구성

학습과정

3.1 탄소는 생물학적 분자들의 골격을 만든다

3.2 탄수화물은 구조분자와 에너지 저장 분자들을 만든다

3.3 단백질은 세포의 도구이다

3.4 핵산은 유전정보를 저장하고 발현한다

3.5 소수성 지질은 지방과 세포막을 만든다

서론

물 한 컵에는 하늘에 떠 있는 별보다 더 많은 개수의 분자들이 있다. 반면에, 생명체에 있는 많은 분자들은 물 분자보다 훨씬 큰 수천 혹은 수십억개의 원자들로 이루어져 있는 고분자들이다. 이러한 거대 조합은 세포 내에서 거의 대부분 열차의 객차를 연결하듯이, 단위 분자들을 서로 길게 연결한 형태로 합성된다. 이러한 고분자들은 모든 생명체들을 이루는 기본 화학 구성 단위들이다. 생물학적 고분자들이 모두 탄소를 가진 화합물이기 때문에 우선 탄소의 화학적 특성에 대한 간단한 요약으로 이 장을 시작하고자 한다.

3.1 탄소는 생물학적 분자들의 골격을 만든다

생물체들의 몸은 수많은 종류의 다양한 분자들로 이루어져 있다. 이러한 거대한 생물학적 고분자들은 간단한 화학적 구조를 가진 매우 작은 화합물들로부터 만들어진다. 이러한 기본 화합물들은 모두 탄소 원소 간의 화학결합, 또는 탄소가 산소, 질소, 황, 인, 수소 등과의 결합을 통하여 구성된 골격으로 이루어져있다. 탄소 원소를 가지고 있는 화합물을 **유기물(organic molecule)**이라고 한다. 각 탄소 원자들은 최대 4개의 공유결합을 할 수 있으므로, 탄소를 가지고 있는 분자들은 한 줄로 이루어진 체인 구조나 옆으로 연결된 가지 구조, 혹은 심지어 고리나 공, 튜브나 용수철 구조까지 만들 수 있다.

작용기는 화학적 유연성을 제공한다

학습목표 3.1.1 다른 작용기들을 그들의 화학적 성질에 근거하여 정의하라.

탄화수소

오직 탄소와 수소로 이루어진 분자들은 탄화수소(*hydrocarbon*)라 한다. 탄소-수소 공유결합은 상당량의 에너지를 보관할 수 있으므로 탄화수소들은 좋은 연료가 된다. 예를 들어 휘발유(gasoline)는 탄화수소를 풍부하게 가지고 있다. 또 다른 탄화수소인 프로판 가스는 세 개의 탄소 원자들이 연결된 기본 구조이고 총 여덟 개의 수소 원자들이 결합되어 있다. 프로판의 화학식(empirical formula, 분자를 구성하는 원자들과 그 들의 개수를 아래첨자로 적은 것) 은 C_3H_8이다. 구조식은 다음과 같다.

$$H-\overset{\displaystyle H}{\underset{\displaystyle H}{C}}-\overset{\displaystyle H}{\underset{\displaystyle H}{C}}-\overset{\displaystyle H}{\underset{\displaystyle H}{C}}-H$$

프로판 구조식

이론적으로 볼 때 탄소 원자들의 체인 결합의 길이에는 제한이 없다. 이번 장에서 계속 논의되겠지만, 네 개의 주요 생물학적 분자들은 매우 긴 구조의 탄소 화합물로 구성이 되어 있다.

작용기

탄소와 수소 원자들 모두 매우 비슷한 전기음성도(electronegativity)를 갖는다. C-C 와 H-H결합에서 전자들은 따라서 균등하게 분배되고, 분자 표면에 걸쳐 눈에 띄는 차이는 없다. 이러한 이유로 탄화수소들은 무극성(nonpolar)이다. 이와 다르게, 세포에서 만들어지는 대부분의 생물학적 분자들은 다른 원소들을 갖는다. 이들

작용기	구조식	예	발견되는 분자
수산기	—OH	CH_3-CH_2-**OH** 에탄올	탄수화물, 단백질, 핵산, 지질
카르보닐기	—C(=O)—	CH_3-**C(=O)**$-H$ 아세트알데히드	탄수화물, 핵산
카르복실기	—C(=O)OH	CH_3-**C(=O)OH** 초산	단백질, 지질
아미노기	—N(H)H	$HO-C(=O)-CH(CH_3)-$**NH₂** 알라닌	단백질, 핵산
술피드릴기	—S—H	$H-C(COOH)(NH_2)-CH_2-$**S—H** 시스테인	단백질
인산기	—O—P(=O)(O⁻)—O⁻	$CH_2OH-CHOH-CH_2-$**O—P(=O)(O⁻)—O⁻** 글리세롤 인산	핵산
메틸기	—CH₃ (—C(H)(H)—H)	$HO-C(=O)-CH(NH_2)-$**CH₃** 알라닌	단백질

그림 3.1 기본적인 작용기들. 이들 작용기들은 화학반응 동안 하나의 단위로 행동을 하는 경향이 있어서 이들을 가지고 있는 분자들이 특별한 화학적 성질을 갖게 한다. 예를 들어 카르복실기(carboxyl group)는 좀 더 산성 분자를 만든다.

다른 원소들은 다른 전기음성도를 갖기 때문에 이들을 갖는 분자는 부분적으로 극성(polar)이고, 양성 혹은 음성 전하를 갖는다. 이들 분자들은 C-H를 중심으로 **작용기(functional group)**라고 하는 특별한 분자 그룹들이 결합되어 있다. 일반적인 작용기들 중 하나가 수산기(*hydroxyl group*)라고 하는 -OH이다.

작용기들은 반응이 일어나는 장소에 상관없이 유지되는 화학적 성질로 정의가 된다. 예를 들어 수산기와 카르보닐기(C=O) 들은 산소 원소의 전기음성도 때문에 극성을 띤다(2장 참조). 다른 흔히 쓰이는 작용기들에는 산성의 성질을 띠는 카르복실기(COOH)와 인산기(PO_4), 그리고 염기성의 성질을 띠는 아미노기(NH_2)가 있다. 이들 작용기들의 대부분이 수소결합에 관여한다. 수소결합의 공여체(donor)와 수용체(acceptor)들에 대한 예측되는 전기음성도는 표 2.2에 나타나있다. **그림 3.1**은 생물학적으로 중요한 이들 작용기들의 목록과 이들을 포함하고 있는 고분자들에 대해 보여준다.

이성질체

유기 분자들은 때때로 동일한 분자식(혹은 화학식)을 갖지만 다른 구조를 갖는데 이를 **이성질체(isomer)**라고 한다. 만약에 탄소로 이루어진 골격이 실제 구조에서 차이가 있는 경우에는 이를 구조 이성질체(structural isomer)라고 한다. 또 다른 형태의 이성질체는 입체 이성질체(stereoisomer)가 있으며, 동일한 탄소 골격을 가지나 이에 결합된 화학기들의 공간적인 배열이 서로 다르다.

생물학적 체계에서 효소들은 오직 한 가지의 특정 입체 이성질체만을 인식하여 반응한다. 입체이성질체의 하위 범주에 속하는 거울상 이성질체(enantiomer)는 거울에 비치는 상처럼 좌우대칭 구조를 가진 두 분자를 구분한다. 이러한 거울 이성질체를 갖는 분자를 경상체(chiral) 분자라고 한다. 탄소가 서로 다른 네 개의 분자들과 결합할 때 이러한 비대칭이 생겨난다.

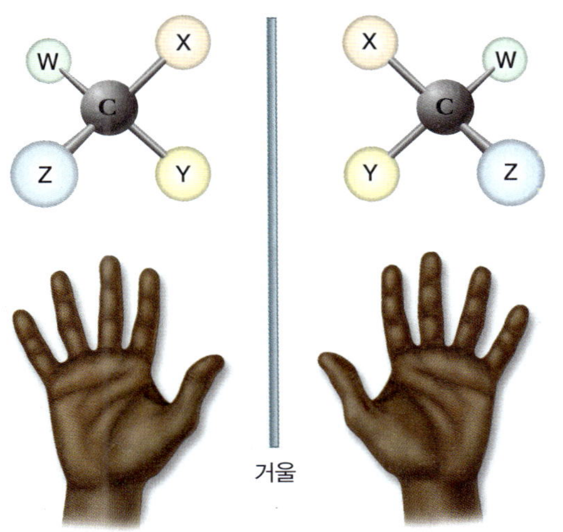

그림 3.2 경상체 분자들. 탄소가 다른 네 개의 그룹들과 결합할 때 만들어지는 분자를 경상체(chiral; 그리스어 cheir 가 어원이고 "손"을 의미한다)라 한다. 경상체 분자는 거울상으로 된 입체 이성질체(stereoisomer)를 갖는다. 두 개의 분자들은 같은 네 개의 그룹들을 갖고 있지만 오른손과 왼손 같이 서로 겹쳐지지 않는다. 이들 입체 이성질체들을 거울상 이성질체(enantiomer)라고 한다.

경상체 화합물(**그림 3.2**)은 편광(polarized light)에 대한 효과로 특징지을 수 있다. 편광은 단일 평면으로 되어 있으며 경상체 분자들은 이러한 평면을 오른쪽(라틴어로 *dextro*)이나 왼쪽(라틴어로 *levo*)으로 회전시킨다. 따라서 이들 두 개의 경상체 형태를 말할 때 오른쪽으로 회전함을 뜻하는 라틴어 단어인 *dextrorotatory*의 앞 글자를 따서 D라고 표시하고 왼쪽으로 회전을 뜻하는 라틴어 단어인 *levorotatory*의 앞 글자를 따서 L 이라고 부른다.

생명계는 두 개의 가능한 거울상 이성질체 중에서 오직 한 가지만 만들어 내는 경향이 있다. 예를 들어 대부분의 생명체들에서는 기본적으로 D형의 당(D-sugar)이나 L형의 아미노산(L-amino acid)간이 발견된다.

고분자

생물학적 고분자들은 표 3.1과 같이 전통적으로 네 종류로 나눈다. 그들 네 종류는 탄수화물, 지질, 단백질, 핵산이다. 네 종류 고분자들 도두가 세포 내에서 많은 수의 작은 소단위(subunit)가 연결되어 만들어진다. 소단위가 반복되어 연결된 분자를 **중합체(polymer)**라고 한다. 중합체는 유사한 화학물질의 작은 소단위들이 서로 연결되어 만들어지는데, 이들 소단위들을 **단위체(monomer)**라고 한다. 진주목걸이나, 일렬로 연결된 열차와 같이, 대부분의 생물학적 중합체들은 긴 사슬 구조로 되어있다. 지질은 예외의 경우로서, C-H 작용기들의 긴 사슬인 지방산(fatty acid)이라고 불리는 3개의 소단위체만으로 이루어져 있다.

중합체의 성질은 중합체를 만드는 데 사용된 단위체들에 의해 결정된다. 녹말 등과 같은 복합 탄수화물들은 단순한 고리 구조의 당들로 구성된 중합체이다. DNA나 RNA같은 핵산들은 뉴클레오티드의 중합체이다. 단백질은 아미노산의 중합체이다. 트리글리세리드(triglyceride)는 지질의 한 종류로서 지방산의 중합체이다.

생물학적 고분자들은 중합체이다

학습목표 3.1.2 가수분해와 탈수반응을 비교하라.

탄수화물, 지질, 단백질 및 핵산의 연결 사슬들은 동일한 방법으로 만들어지는데 이들은 탈수반응(*dehydration reaction*)으로 합성되고 가수분해반응(*hydrolysis reaction*)으로 분해된다.

탈수반응

이들 주요 중합체들의 단위체들에 차이가 있음에도 불구하고 그들을 합성하는 기본 화학반응은 유사하다. 두 개의 단위체들 간에 공유결합을 만들기 위해서는 하나의 단위체에서 수산기(-OH)가 떨어지고 다른 단위체에서 수소 원자(H)가 떨어져야 한다(**그림 3.3a**). 예를 들어 이러한 간단한 화학반응은 녹말을 만들기 위한 포도당 단위체의 결합과 단백질을 만들기 위한 아미노산들의 결합 과정에서 동일하게 나타난다. 이러한 반응은 또한 지방산과 글리세롤을 연결하여 지질을 합성하는 데에도 사용 되어진다. 이 반응은 축합(condensation) 또는 **탈수반응(dehydration reaction)**이라고 불리는데, 그 이유는 반응과정에서 －OH와 －H가 제거되는 것이 물 한

표 3.1 고분자

고분자	소단위	기능	예
탄수화물			
녹말, 글리코겐	포도당	에너지 저장	감자
섬유소	포도당	식물 세포벽의 구조적 지지	종이; 셀러리의 줄
키틴	변형 포도당	구조적 지지	게 껍질
단백질			
기능단백질	아미노산	촉매; 수송	헤모글로빈
구조단백질	아미노산	지지	털; 비단
핵산			
DNA	뉴클레오티드	유전자 암호화	염색체
RNA	뉴클레오티드	유전자 발현에 필요	전령RNA
지질			
지방	글리세롤과 3개 지방산	에너지 저장	버터; 옥수수기름; 비누
인지질	글리세롤, 2개 지방산, 인산 및 극성원자단	세포막	포스파티딜콜린
프로스타글란딘	2개의 비극성 꼬리를 갖는 5탄소 고리	화학신호전달물질	프로스타글란딘 E (PGE)
스테로이드	4개 탄소고리	막; 호르몬	콜레스테롤; 에스트로겐
테르펜	긴 탄소사슬	색소; 구조적 지지	카로틴; 고무

분자가 제거되는 것과 동일하기 때문이다. 특정 고분자에 하나의 소단위(subunit)체가 더해질 때마다 물 한 분자가 떨어져 나가게 된다. 이와 같은 모든 생화학 반응들은 반응하는 기질들이 서로 근접하여야 하며 올바른 화학 결합들이 변형되고 깨져야 한다. 이러한 결합들의 배열과 변형 과정을 촉매(*catalysis*)라고 하며 세포 내에서는 효소에 의해 이루어진다.

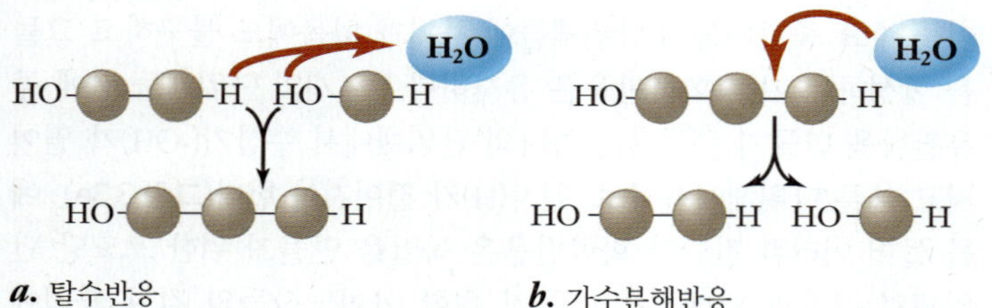

그림 3.3 고분자들을 만들고 분해하는 과정. a. 생물학적 고분자들은 탈수반응을 통해 단위체들을 결합하면서 만들어진다. 이러한 과정에서 하나의 결합이 생성될 때마다 물 한 분자가 빠져 나간다. b. 소단위들 사이의 결합을 분해할 때는 가수분해가 일어나며, 탈수반응에서 하나의 물 분자가 방출되는 과정과 반대이다.

가수분해반응

세포는 탈수반응의 역반응을 통하여 고분자들을 소단위체로 분해한다. 이러한 과정에서 물 한 분자가 떨어져 나가는 대신에 첨가가 되어진다(그림 3.3b).

이 과정을 **가수분해(hydrolysis)**라고 하며 수소 원자 하나가 소단위에 붙고 수산기 하나가 인접한 다른 소단위에 결합되면서 두 소단위체 사이의 공유결합이 분해된다.

개념 정리 3.1

작용기들은 유기 분자들에 있어서 화학적 성질들에 차이를 만드는 요인이 된다. 이성질체들은 동일한 화학식을 가지나 다른 구조를 갖는 화합물을 말한다. 이러한 차이들은 생물학적 기능에 영향을 줄 수 있다. 고분자들은 비슷한 소단위들이 길게 사슬로 연결된 중합체로서, 탈수반응에 의해 합성이 되고 가수분해에 의해 깨어진다.

- 탈수반응과 가수분해의 관계는 무엇인가?

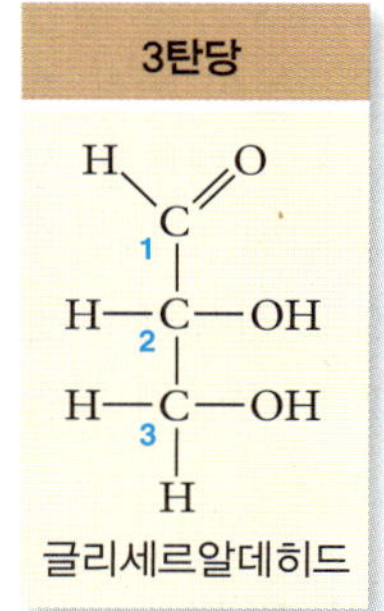

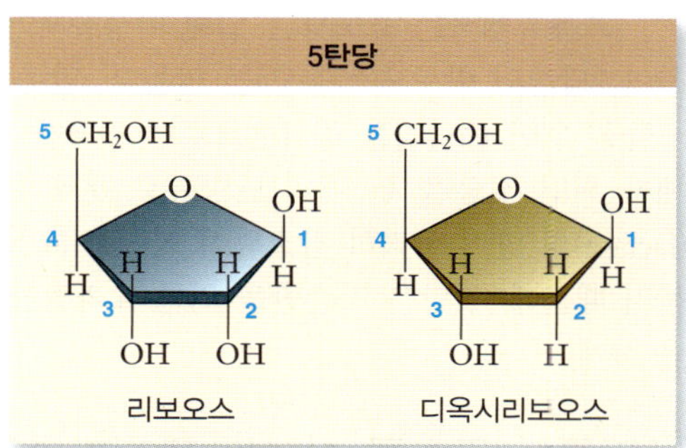

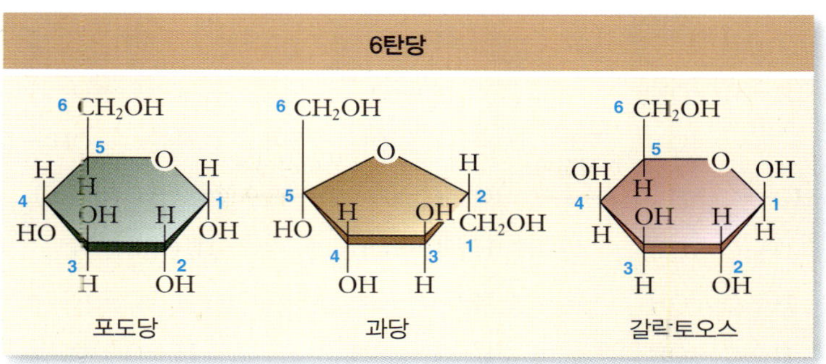

그림 3.4 단당류. 단당류는 최소 세 개의 탄소 원자로 구성되어 있으며 주로 큰 분자를 만드는 구성 요소로 사용된다. 5탄당인 리보오스(ribose)와 디옥시리보오스(deoxyribose)는 핵산의 구성 성분이다. 관행상으로 탄소들에 매기는 숫자는 좀 더 산화된 끝부분부터 번호를 시작한다.

탄수화물은 구조분자와 에너지 저장 분자들을 만든다

탄수화물(carbohydrate)을 대략 정의하자면 탄소와 수소, 그리고 산소가 1:2:1의 분자 구성비율로 이루어진 분자들의 집합으로 볼 수 있다. 화학식은$(CH_2O)_n$로 나타낼 수 있고 여기서 n 은 탄소 원자의 수를 의미한다. 탄수화물은 산화반응에 의해 에너지를 방출하게 되는 탄소-수소(C—H) 결합을 많이 가지고 있기 때문에 에너지의 저장에 적합하다. 당이라고도 불리는 탄수화물은 가장 중요한 에너지 저장 분자의 하나로 여러 다른 형태로 존재한다.

단당류는 단순 당(simple sugar)이다

학습목표 3.2.1 구조 이성질체와 입체 이성질체를 구별하라.

가장 단순한 구조의 당은 **단당류(monosaccharide)**이다. 이는 그리스어로 하나를 뜻하는 *mono* 와 라틴어로 당을 뜻하는 *sacchrum*에서 유래되었다). 단당류는 적게는 3개의 탄소만으로도 이루어 질 수 있으나 에너지 저장에서 주요한 일을 담당하는 것들은 여섯 개의 탄소를 갖는다(그림 3.4). 6탄당의 화학식은 다음과 같다.

$$C_6H_{12}O_6 \text{ 또는} (CH_2O)_6$$

6탄당은 직선으로 된 사슬로 존재할 수도 있지만 물에 녹아있는 상태(수용성 환경)에서는 대부분이 고리 구조를 형성한다.

에너지 저장에서 가장 중요한 6탄당은 포도당이다. 포도당은 에너지를 저장하고 있는 7개의 C-H 결합을 가지고 있다(그림 3.5). 고리 구조가 되면서 위치하는 카르보닐기(C=O)의 방향에 따라 포도당은 두 개의 다른 형태인 알파(α) 와 베타(β) 형태가 된다.

당 이성질체는 구조적 차이를 갖는다

당 중에서 포도당 만이 $C_6H_{12}O_6$의 화학식을 갖는 것은 아니다. 자연에는 6탄당에 해당하는 구조 이성질체와 입체 이성질체가 모두 존재한다. 과당(fructose)은 카르보닐기의 위치가 다른 구조 이성질체이다. 갈락토오스(galactose)는 －OH 와 －H의 위치가 다른 입체 이성질체이다(그림 3.6). 이러한 차이는 종종 이성질체 간에 기능적 차이를 만드는 요인이 된다. 인간의 미각 세포는 이들을 구별할 수 있어서, 과당과 포도당이 동일한 화학 조성을 가지고 있음에도 불구하고 과당을 포도당에 비해 훨씬 더 달게 느낀다. 효소들은 같은 6탄당 골격을 가진 구조 이성질체와 입체 이성질체를 모두 구별할 수 있다. 이 장의 뒷부분에서 살펴보게 되듯이, 포도당의 서로 다른 입체 이성질체들은 포도당으로 이루어진 중합체들의 특성을 결정하는 중요한 요소로 작용한다.

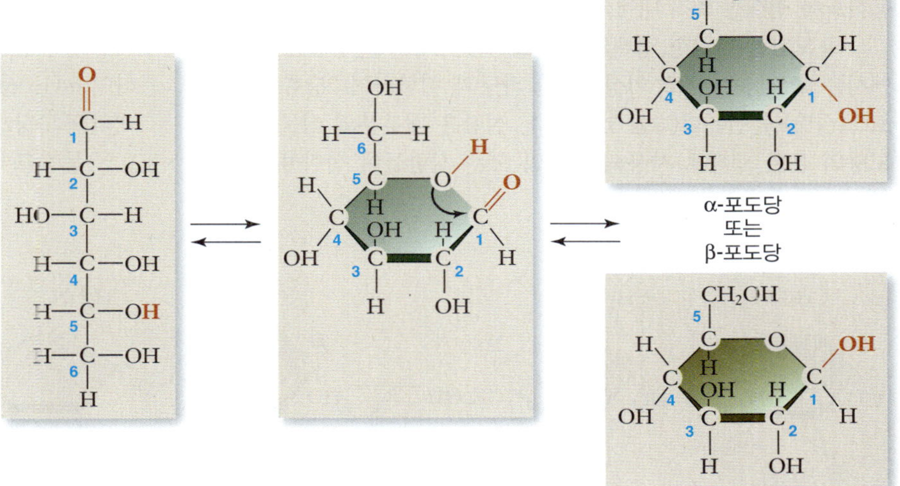

그림 3.5 포도당 분자의 구조. 포도당은 6탄당으로서 수용액에서 고리 구조를 만든다. 고리 구조는 고리가 형성될 때 두 가지 형태를 만들 수 있는데 α-포도당과 β-포도당이라고 한다. 이들 구조는 1번 탄소에 결합된 －OH의 위치에 따라 결정이 된다.

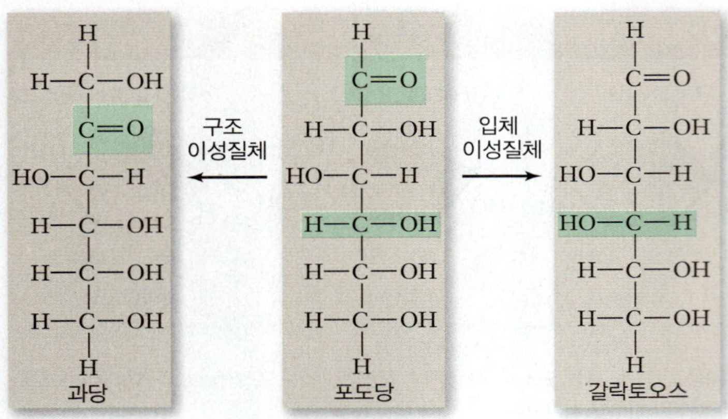

그림 3.6 구조 이성질체와 입체 이성질체. 포도당과 과당(fructose) 그리고 갈락토오스는 같은 화학식 $C_6H_{12}O_6$을 갖는 이성질체이다. 포도당의 구조 이성질체인 과당은 원자단들이 포도당과는 다른 탄소에 결합이 되어 있으며, 포도당의 입체 이성질체인 갈락토오스의 경우에는 원자단들의 종류와 결합위치도 포도당과 같지만 방향이 다르다는 차이점이 있다(4번 탄소에 −OH의 방향).

2당류는 운반에 적합한 당이다

학습목표 3.2.2 단당류와 2당류를 구분하라.

동물과 식물은 모두 몸 안에서 당을 한 곳에서 다른 장소로 운반한다. 인간의 경우에는 포도당은 본래의 단당류의 형태로 혈액을 통하여 운반된다. 반면에 식물과 다른 여러 동물들에서는 포도당은 수동되기 전에 운반을 위한 형태로 전환되어, 운반 도중에 대사작용에 의해 소멸될 위험성이 줄어든다.

운반 형태의 당은 대부분 두 개의 단당류가 결합되어 이루어진 **2당류(disaccha-ride)**이다(그리스어로 di는 둘을 의미함). 생명체 안에서 포도당 대사작용에 관하여 효소들은 두 개의 단당류를 연결하는 결합을 끊을 수 없기 때문에 2당류는 포도당의 효과적인 저장고 역할을 한다. 그러한 결합을 끊을 수 있는 효소는 포도당을 사용하도록 정해진 조직 내에서만 존재한다.

포도당은 다양한 형태의 운반을 위한 2당류를 형성한다. 식물에서는 포도당은 구조 이성질체인 과당과 결합하여 2당류인 수크로스(설탕)를 만든다(그림 3.7a)이다. 설탕은 대부분의 식물에서 포도당의 운반 형태로 사용되며 거의 모든 사람들이 섭취하는 당이다.

포유류에서는 포도당은 입체 이성질체인 갈락토오스와 결합하여 2당류인 락토오스(젖당)를 만든다. 많은 포유류들이 어린 자식들을 위한 에너지를 공급원으로서 젖당을 이용한다. 대부분 성체가 되면 젖당을 두 개의 단당류로 분해하는 효소인 락타아제(lactase)의 양이 급격히 감소하여 젖당을 효율적으로 사용하지 못하기 때문에, 젖당은 자손만을 위한 효과적인 에너지 공급원 역할을 하게 된다.

다당류는 구조를 이루는 물질과 에너지 저장 화합물로 사용된다

학습목표 3.2.3 소는 녹말과 섬유소를 둘 다 분해할 수 있는데 반해서 인간은 왜 녹말만 소화할 수 있고 섬유소는 분해할 수 없는지 설명하라.

다당류(polysaccharide)는 탈수반응에 의해 단당류들이 결합되어 만들어지는 길다란 형태의 당 중합체이다.

녹말과 글리코겐

생명체들은 단당류를 맥아당(*maltose*)과 같은 2당류로 바꾸면서 대사에너지를 저장한다(그림 3.7b). 이들 2당류는 서로 연결이 되면서 불용성(insoluble) 저장 형태인 다당류로 바뀌는데 이를 **녹말(starch)**이라고 한다(그림 3.8).

녹말은 중합체들이 어떤 가지 형태를 구성하는가에 따라 종류가 달라진다. 가장 간단한 형태의 녹말은 아밀로오스(*amylose*)이다. 아밀로오스는 수백 개의 α-포도당이 곁사슬 없이 하나의 사슬로 연결된 구조를 가지고 있다. 포도당들을 연결하는 결합은 한 포도당의 1번 탄소와 인접한 포도당의 4번 탄소가 연결이 되기 때문에 α-(1→4) 결합이라고 한다(그림 3.8a). 길다란 사슬 구조는 물에서 용수철처럼 꼬이는 경향이 있어서 아밀로오스는 불용성이다. 감자 녹말은 약 20%의 아밀로오스로 구성되어 있다(그림 3.8b).

감자 녹말의 나머지 80%를 위시하여, 대부분의 식물 녹말은 보다 더 복잡한 형태인, 아밀로펙틴(*amylopectin*)으로 이루어져 있다(그림 3.8b). 펙틴은 곁사슬을 가진 다당류이고 곁사슬이 시작되는 지점에서 한 포도당의 1번 탄소와 다른 포도당의 6번 탄소가 결합하여 α-(1→6) 결합을 형성한다. 이들 짧은 가지들은 약 20에서 30개의 포도당으로 되어 있다.

동물도 녹말과 아주 유사한 **글리코겐(glycogen)**을 가지고 있

그림 3.7 어떻게 2당류가 만들어지는가. 일부 2당류들은 생명체 몸의 한 부분에서 다른 부분으로 포도당을 운반하기 위해 사용된다. 한 가지 예는 설탕으로(a) 사탕수수에서 발견된다. 또 다른 2당류의 예로서 맥아당(b)을 들 수 있으며 에너지 저장을 위한 목적으로 사용되고 곡물에서 발견된다.

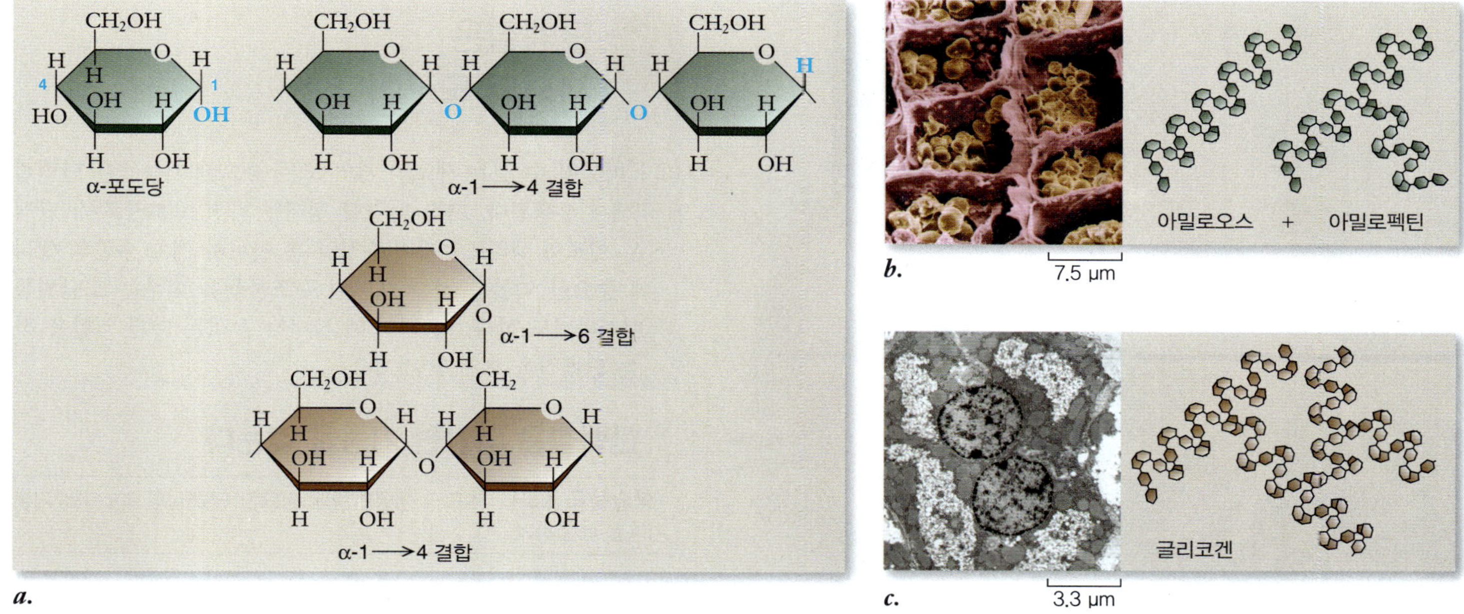

그림 3.8 포도당 중합체: 녹말과 글리코겐. a. 녹말은 α-(1→4) 글리코시드결합(glycosidic linkages)으로 연결된 α-포도당의 중합체이다. 이들 사슬은 비슷한 방식의 α-(1→6) 글리코시드 결합을 통하여 곁사슬을 형성할 수 있다. 이러한 저장용 중합체들은 기본적으로 곁사슬을 형성하는 정도에 따라 구분된다. b. 식물에서 발견되는 녹말은 곁사슬이 없는 아밀로오스와 많은 곁사슬을 가진 아밀로펙틴으로 구성되어있다. 곁사슬을 가진 형태는 불용성이 되고 식물 세포 내에서 녹말 과립(granule) 상태로 존재한다. c. 글리코겐은 동물 세포에서 발견되고 다량의 곁사슬을 가진 구조이며 역시 불용성이어서 세포 내에서 글리코겐 과립을 형성한다.

다. 아밀로펙틴과 마찬가지로 글리코겐은 곁사슬을 가진 아밀로스로 이루어진 불용성 다당류이다. 글리코겐은 식물의 녹말에 비해 평균적으로 곁사슬의 수가 더 많고 길이가 길다(그림 3.8c).

섬유소

일부 당 사슬들은 에너지를 저장하지만 다른 당들은 세포 구조를 유지하기 위한 물질로 사용된다. 포도당이 서로 연결되어 사슬을 이루기 위해서는 포도당 소단위가 반드시 같은 형태이어야 한다. 예를 들어 녹말은 α-포도당으로만 이루어진 사슬이다. 반면에 섬유소는 β-포도당만을 가진 사슬이다(그림 3.9a). 섬유소에서 인접한 포도당 분자들 사이에 결합은 처음 포도당의 1번 탄소와 다음 포도당의 4번 탄소 사이에서 결합한다는 것은 아밀로오스와 동일하지만 섬유소의 경우에는 β-(1→4) 결합을 한다.

β-포도당으로 된 사슬의 특성은 녹말의 경우와는 많이 다르다. 길고 가지가 없는 β-결합은 강력한 섬유질(fiber)을 만들 수 있다. 섬유소는 식물의 세포벽을 만드는 주성분이다(그림 3.9b). 화학

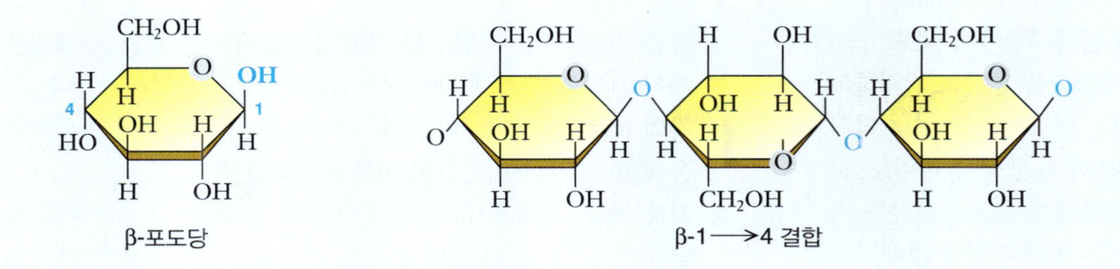

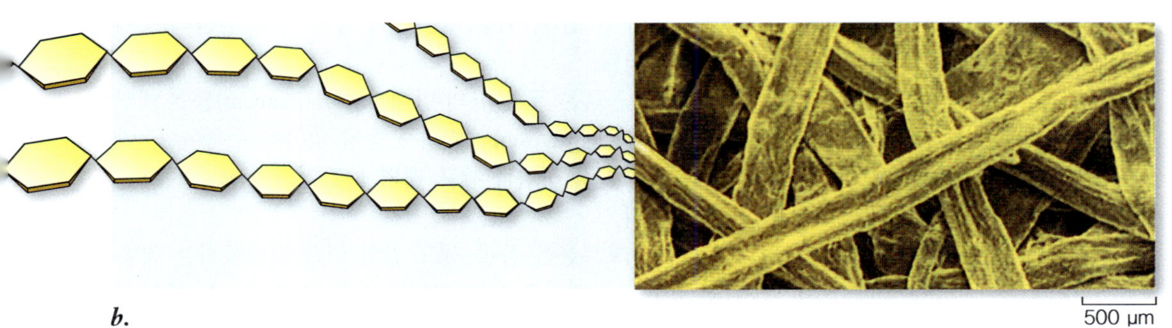

그림 3.9 포도당의 중합체: 섬유소. 녹말 사슬은 α-포도당 소단위로 구성되어 있고, 섬유소 사슬은 β-포도당 소단위로 구성이 되어 있다. a. 그러므로 섬유소의 경우 인접된 포도당 분자 간의 결합은 β-(1→4) 글리코시드결합이다. B. 섬유소는 가지가 없는 긴 섬유질로 되어 있다. 섬유질은 매우 단단한 구조여서 대사 분해가 되기 쉽지 않다. 한 예로 목재는 건축에 이용하기 좋다.

그림 3.10 키틴. 키틴은 바닷가재와 같은 외골격을 가진 무척추동물의 기본 구성 성분이다.

적으로는 아밀로오스와 비슷하지만 한 가지 차이점이 있는데, 대부분 생명체에서 녹말을 가수분해 하는 효소는 오직 α-결합을 인식할 수 있기 때문에 β-포도당 사이의 결합을 끊을 수 없다.

섬유소는 대부분 생명체에 의해 손쉽게 분해되지 않기 때문에 생물학적 구조물로서 적합하다. 하지만 소와 같은 일부 동물들은 그들 소화기관에 공생하는 박테리아와 원생생물에 의해서 섬유소를 분해할 수 있다. 이들 미생물체들은 β-(1→4) 결합을 분해하는 효소를 가지고 있고 따라서 섬유소와 같은 풍부한 에너지원을 이용할 수 있다.

키틴

포도당의 변형체인 *N*-아세틸글루코사민(*N*-acetylglucosamine)의 중합체인 **키틴(chitin)**은 절지동물들과 여러 곰팡이류에서 세포 구조물을 만드는 데에 사용된다. 단백질과 교차결합을 통하여 강력하고 저항력이 높은 표면물질을 형성하여, 키틴은 곤충과 갑각류의 단단한 외골격으로 사용된다**(그림 3.10)**. 대부분의 동물들이 아마도 곰팡이에 대한 방어기작의 일환으로서 키틴분해효소(chitinase)를 가지고 있지만, 키틴을 위에서 소화시킬 수 있는 동물은 거의 없다.

개념 정리 3.2

단당류는 대부분 탄소 원자들을 고리 구조로 배열된 형태로 가지고 있다. 2당류는 두 개의 단당류가 연결되어 구성되고 다당류는 단당류의 긴 사슬 구조이다. 녹말은 α-포도당들이 곁사슬을 포함한 긴 사슬구조를 이룬 중합체로, 에너지 저장에 이용된다. 식물 섬유소는 β-포도당들이 곁가지 없는 긴 사슬을 이룬 구조이며, 소화되기가 쉽지 않다.

- 어떻게 녹말과 글리코겐, 그리고 섬유소의 구조들이 그들의 기능에 영향을 주는가?

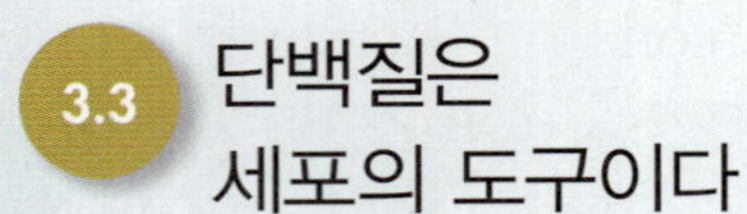

3.3 단백질은 세포의 도구이다

우리가 떠올릴 수 있는 세포의 거의 모든 중요한 기능들은 단백질에 의해서 수행된다. 가장 다양한 형태를 가진 고분자로서, 단백질은 세포의 생리조절에 필수적일 뿐 아니라 개체 수준의 생리에 중요한 역할을 하는 대단위 구조물들을 이루는 소단위를 형성하기도 한다. 이 책의 매 장마다 우리는 다른 역할을 하는 단백질을 보게 될 것이다.

단백질은 다양한 기능을 갖는다

학습목표 3.3.1 세포의 생명활동에 필요한 단백질의 7가지의 기본 기능을 나열하라.

단백질은 화학적 및 기능적으로 가장 큰 다양성을 갖는 생체 고분자이다. 단백질이 세포 내에서 많은 다른 기능들을 갖고 있기 때문에 우리는 그들을 전부 나열할 수 없다. 그러나 단백질의 기능을 다음 7개의 범주로 나눌 수 있다. 여기에서 설명되는 것은 단지 기능의 요약 정도이다. 각각의 자세한 내용들은 이번 장의 뒷부분에서 다룰 것이다.

1. **효소 촉매 기능.** 효소는 특정한 화학반응을 촉진시키는 생물학적 촉매제이다. 효소는 3차구조로 된 구형 단백질로 그들이 반응하고자 하는 분자의 부분에 꼭 들어맞는 구조를 갖는다. 이러한 맞춤은 특정 화학결합을 자극하여 화학 반응을 촉진시키게 된다.
2. **방어 기능.** 다른 구형 단백질은 그들의 구조를 외부 미생물 또는 암세포를 인식하는 데 사용한다. 백혈구세포가 외부 세포들을 분해하고 다른 세포들은 침범한 세포에 붙을 수 있는 항체를 만든다.
3. **운반 기능.** 다양한 구형(globular) 단백질은 작은 분자나 이온들을 운반한다. 적혈구는 헤모글로빈이라는 운반 단백질을 가지고 있어서 혈액 내에 산소를 운반하는 역할을 한다. 각각의 세포 표면에는 막 수송 단백질을 가지고 있어서 세포막을 통한 분자나 이온들의 이동을 도와준다.
4. **지지 기능.** 섬유형(fibrous) 단백질은 중요한 구조적 기능을 담당한다. 우리 몸에서 찾아볼 수 있는 섬유질들은 케라틴(keratin)과 피브린(fibrin)과 콜라겐(collagen) 등이 있는데, 콜라겐은 피부와 인대, 힘줄, 연골, 뼈 등을 서로 연결하는 기반을 형성한다.
5. **운동 기능.** 근육은 두 종류의 단백질 섬유(filament)들인 액틴(actin)과 미오신(myosin)의 활주운동에 의하여 수축한다. 단백질은 세포골격 구성과 세포 내의 물질의 수송에도 중요한 역할을 한다.
6. **조절 기능.** 호르몬은 동물 세포 간의 연락을 담당하는 작은 단백질이다. 단백질은 세포 내에서 많은 조절 기능도 담당하

는데, 예를 들어 유전자의 발현을 억제하거나 촉진하는 역할을 한다. 단백질은 또한 세포 밖의 신호전달 수용체의 기능도 한다.

7. **저장 기능.** 칼슘과 철은 이온 형태로 세포 내의 저장 단백질에 결합되어 몸 안에 저장된다.

단백질은 아미노산의 중합체이다

학습목표 3.3.2 어떻게 펩티드 결합이 형성되는지 설명하라.

단백질은 아미노산들이 길게 선형으로 이어진 중합체이다. 단백질의 아미노산 서열을 단백질의 **1차구조(primary structure)**라고 한다. 단백질을 구성하는 20개의 아미노산이 각각 단백질 사슬에서 어느 위치에도 존재할 수 있으므로 엄청나게 다양한 종류의 1차구조를 가진다.

아미노산(amino acid)은 그 이름에서 알 수 있듯이 아미노기(-NH2)와 산성의 카르복실기(-COOH)를 갖고 있다. 아미노산의 특정 순서가 단백질의 구조와 기능을 결정한다. 많은 과학자들은 아미노산이 초기 지구에서 가장 먼저 형성된 생물학적 주요 분자 중 하나라고 믿고 있다. 초기 지구의 해양은 매우 다양한 종류의 아미노산을 갖고 있었을 가능성이 매우 높다.

아미노산의 구조

아미노산의 기본 구조는 아래에 보여지는 것과 같이 아미노기와 카르복실기가 중앙의 탄소 원자에 결합이 되어 있고 추가적으로 하나의 수소 원자와 통상 R 그룹이라고 지칭되는 다양한 형태의 원자단이 결합되어 있다. 이들 네 개의 구성 성분들이 중앙의 탄소원자가 가질 수 있는 네 개의 공유결합을 완벽히 점유하고 있다.

$$H_2N - \underset{H}{\overset{R}{C}} - COOH$$

각 아미노산의 독특한 성격은 R 그룹의 성질에 의해서 결정이 된다. 글리신(glycine)과 같이 R 그룹이 수소원자인 경우를 제외하면 모든 아미노산이 경상체(chiral)이고 D와 L 구조인 두 개의 이성질체를 가질 수 있다. 생명체의 경우에 단백질에서는 오직 L-아미노산만 존재한다.

R 그룹은 또한 아미노산의 화학적 성질을 결정한다. 그러므로 R 그룹에 $-CH_2OH$를 갖는 세린(serine)의 경우에는 극성을 띠는 분자가 된다. 이와 반대로 R 그룹에 $-CH_3$를 갖는 알라닌(alanine)의 경우에는 비극성(nonpolar) 성질을 갖는다. 20개의 아미노산은 R 그룹의 화학적 성질에 따라 5개의 부류로 나눌 수 있다.

1. 비극성(nonpolar) 아미노산. 류신(leucine)과 같이 대부분의 R 그룹은 $-CH_2$ 나 $-CH_3$를 갖는다.
2. 극성이면서 전하를 띠지 않는(uncharged) 아미노산. 트레오닌(threonine)과 같이 R 그룹은 산소(혹은 -OH) 를 갖는다.
3. 전하를 띠는 아미노산. 글루탐산(glutamic acid)과 같이 R 그룹이 이온화할 수 있는 산성이나 염기성이다.
4. 방향족(aromatic) 아미노산. 페닐알라닌(phenulalanine)과 같이 R 그룹이 단일 결합과 2중 결합이 번갈아 나타나는 고리형 탄소구조로 되어 있고 이들은 매우 비극성이다.
5. 일부 아미노산들은 독특한 성질을 갖는다. 예를 들어 메티오닌(methionine)은 아미노산 사슬 구조에서 종종 첫 번째에 위치한다. 프롤린(proline)은 사슬 구조를 구부러지게 하며 시스테인(cycteine)은 아미노산 사슬들 간을 연결시키는 기능을 한다.

각각의 아미노산은 그들이 가지고 있는 R 그룹의 화학적 성질에 따라 단백질의 모양을 달라지게 한다. 예를 들어 다량의 비극성 아미노산들로 구성된 단백질 부위는 수용액 상태에서 소수성 배제(hydrophobic exclusion) 작용에 의해 단백질의 내부로 접혀 들어가는 경향이 있다(이에 관하여는 추후에 좀 더 자세히 설명될 것이다).

펩티드결합의 형성

R 그룹 뿐만 아니라, 각각의 아미노산의 아미노기와 카르복실기는 생리적 조건에서 이온화되어 양전하인 NH_3^+와 음전하인 COO^-를 갖는다. 탈수반응을 통하여 한 아미노산의 아미노기는 다른 아미노산의 카르복실기와 공유결합을 형성하는데 이 공유결합을 **펩티드결합(peptide bond)**이라고 한다(그림 3.11). 펩티드결합은 부분적인 2중결합의 특성을 갖기 때문에 결합에 의해 연결된 두 아미노산들은, 한 아미노산의 중심 탄소와 연결된 N-C나 C-C 결합과는 달리, 이 N-C 결합을 중심으로 회전할 수 없다. 펩티드결합이 회전할 수 없다는 성질은 아미노산 사슬에 의해 형성되는 코일 형태나 다른 모양들의 구조를 결정하는 요인이 된다.

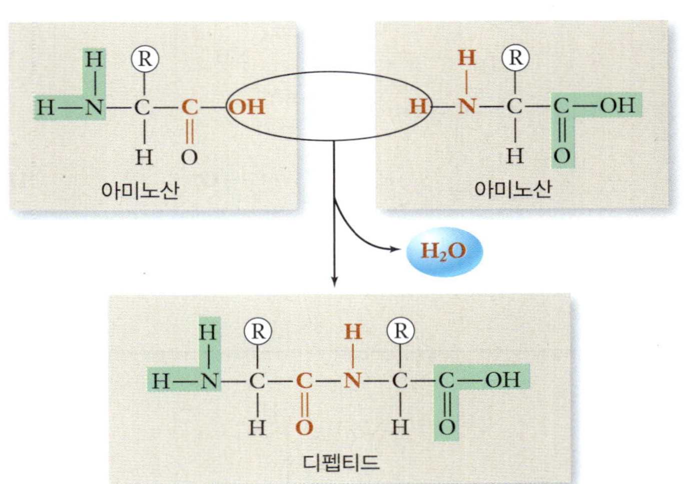

그림 3.11 펩티드결합. 펩티드결합은 한 아미노산의 아미노기가 다른 아미노산의 카르복실기에 결합할 때 형성된다. 반응하는 아미노기와 카르복실기는 붉은색으로 크기되어 있고 반응에 관여하지 않는 기들은 녹색으로 표기되어 있다. 결과로 얻어지는 디펩티드는 여전히 한쪽 끝에 아미노기를 다른 한 끝에 카르복실기를 가지고 있다는 것에 주목해야 한다. 이러한 펩티드결합은 부분적인 2중결합의 특성을 갖기 때문에 결과로서 얻어지는 펩티드 사슬은 이들 펩티드결합을 중심으로 자유롭게 회전할 수 없다.

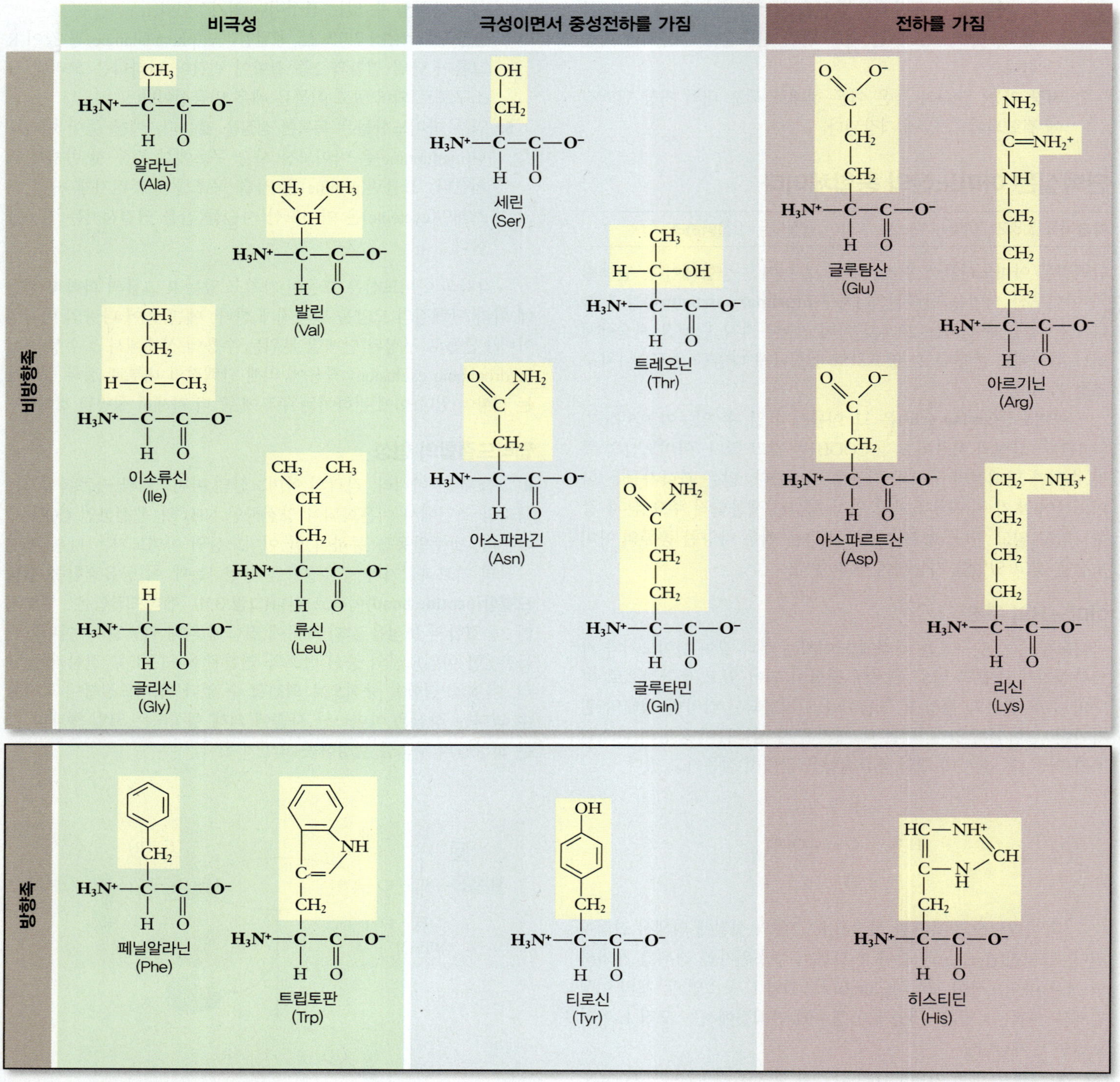

	비극성	극성이면서 중성전하를 가짐	전하를 가짐
비방향족	알라닌 (Ala), 발린 (Val), 이소류신 (Ile), 류신 (Leu), 글리신 (Gly)	세린 (Ser), 트레오닌 (Thr), 아스파라긴 (Asn), 글루타민 (Gln)	글루탐산 (Glu), 아르기닌 (Arg), 아스파르트산 (Asp), 리신 (Lys)
방향족	페닐알라닌 (Phe), 트립토판 (Trp)	티로신 (Tyr)	히스티딘 (His)

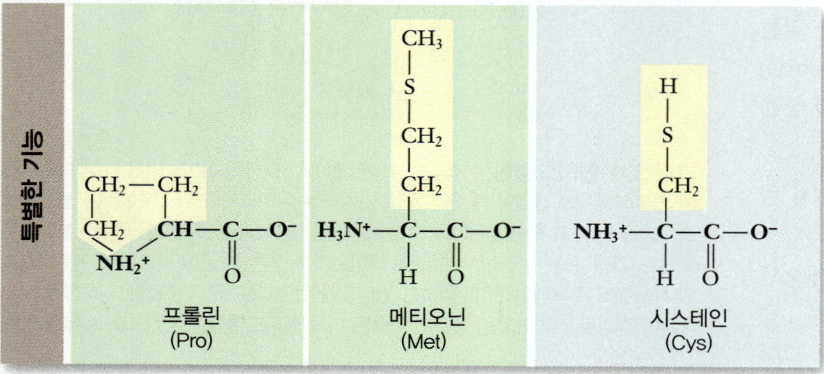

그림 3.12 20개의 아미노산들. 각각의 아미노산들은 동일한 화학적 골격을 갖지만 R 그룹이 다르다. 7개의 아미노산들은 R 그룹에 $-CH_2$ 혹은 $-CH_3$를 가지고 있으며 비극성이다. 7개중에 두 개는 2중결합과 단일결합이 반복적으로 나타나는 고리 구조이어서 방향족(aromatic)으로 분류가 된다. 다른 5개는 산소나 수산기를 가지고 있어서 극성의 성질을 띤다. 다른 5개는 이온화 되어서 전하를 띠는 능력이 있다. 나머지 3개는 단백질의 사슬 간에 결합을 이루거나 사슬을 구부리게 하는 등의 특별한 기능을 갖는다.

단백질은 아미노산들이 펩티드결합으로 연결된 하나 혹은 여러 개의 곁가지 없는 긴 사슬 구조이다. 각각의 사슬은 **폴리펩티드(polypeptide)**라고 한다. 단백질과 폴리펩티드라는 명칭은 엄격한 구분 없이 서로를 지칭하는 것으로 통용되므로 때론 혼란을 줄 수 있다. 하나의 폴리펩티드 사슬로만 이루어져 있는 단백질의 경우는 이 둘은 정확히 동의어이다.

1950년대 초반 생거(Frederick Sanger)의 선구자적인 업적으로 모든 단백질이 특유의 아미노산 서열을 갖는다는 것이 증명되었다. 화학적 방법을 이용하여 아미노산을 순서대로 제거하고 그 아미노산을 확인함으로 생거는 인슐린의 아미노산 서열을 밝혀내었다. 이를 통하여 생거는 수용액 안에 모든 인슐린 분자들은 공통적으로 인슐린만의 특유한 아미노산 순서를 갖는다는 것을 분명하게 증명하였다. 비록 자연계에서는 훨씬 더 많은 종류의 아미노산들이 존재하지만 단백질은 단지 20개의 공통적인 아미노산들로 구성되어 있다. 그림 3.12는 이들 20개의 아미노산들과 그들이 가진 R 그룹을 보여준다.

단백질의 구조에는 4개의 단계가 있다

학습목표 3.3.3 단백질 구조의 4 단계를 기술하고 어떻게 각각이 안정화 될 수 있는지 기술하라.

단백질의 구조는 일반적으로 1차, 2차, 3차, 4차 등의 4단계 계층적 구조로 설명된다(그림 3.13). 우리는 이러한 관점에서 단백질의 구조를 살펴보고 이를 최근에 새로이 밝혀지고 있는 좀더 현대적인 단백질 구조의 지식들과 연계시키고자 한다.

1차구조: 아미노산 순서

단백질의 1차구조는 그 아미노산 서열이다. 각 아미노산의 특성을 결정짓는 R 그룹들은 단백질의 펩티드 골격에는 아무런 영향을 미치지 않기 때문에 특정 단백질은 어떠한 아미노산 서열로 이루어져

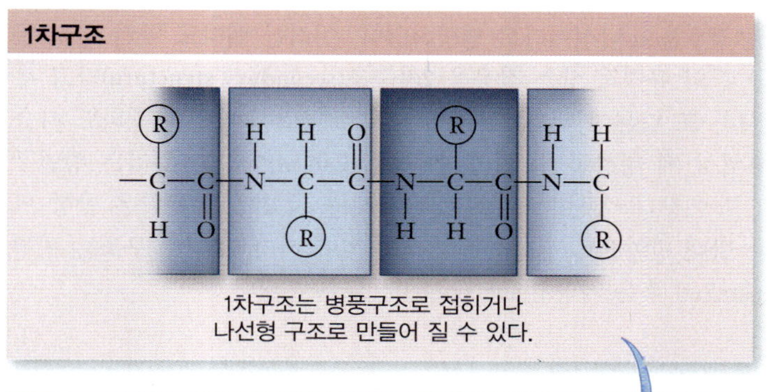

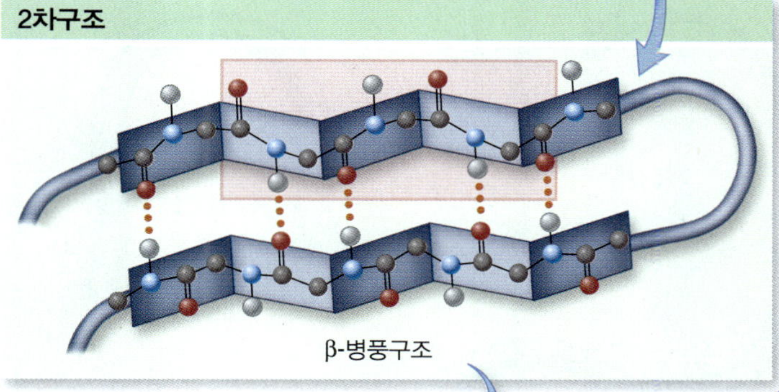

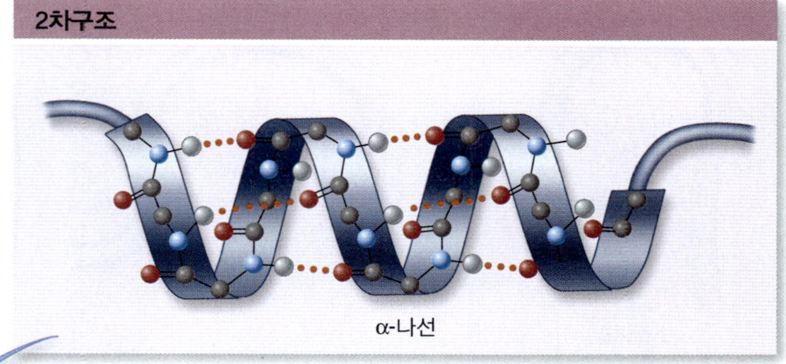

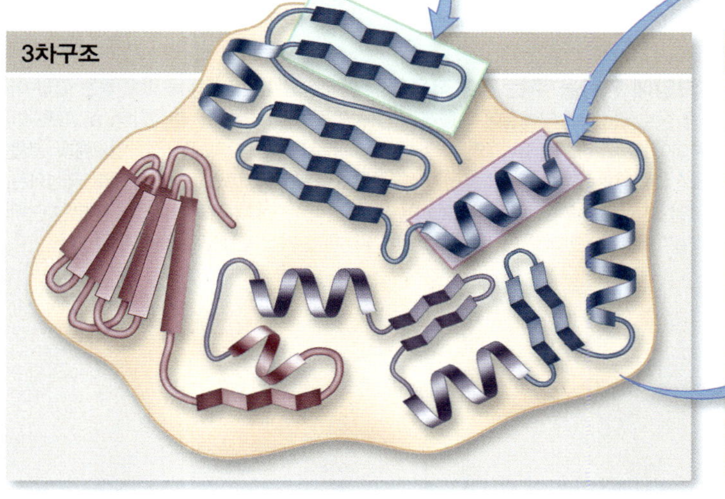

그림 3.13 단백질 구조의 단계. 단백질의 1차구조는 아미노산의 서열이다. 2차구조는 인접한 아미노산 골격들 사이의 수소결합에 의해 형성된다. α-나선(helix)이라고 불리는 나선형 구조와 β-병풍구조(sheet)라고 불리는 2종류의 2차구조가 만들어질 수 있다. 3차구조는 단백질의 전체적 3차원 입체 구조이다. 이는 2차구조들이 더 나아가 공간적으로 어떻게 접히는지를 결정하며 최종 단백질 구조를 형성한다. 4차구조는 오직 복수의 폴리펩티드로 이루어진 단백질에서만 나타난다. 이 경우 단백질의 최종 구조는 폴리펩티드들의 공간적 배열 형태에 의해 정해진다.

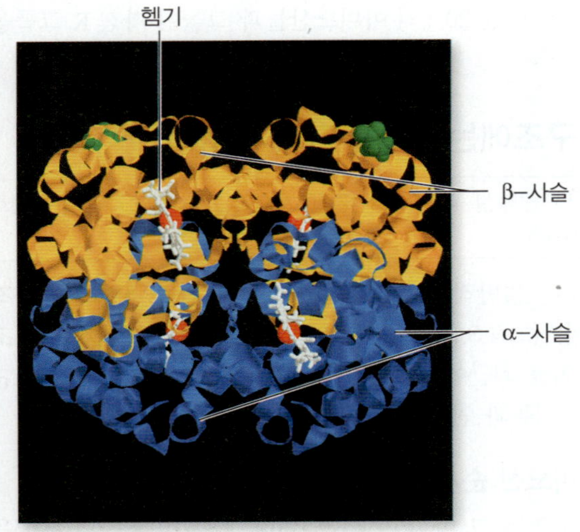

그림 3.14 헤모글로빈 분자. 헤모글로빈 분자는 4개의 단백질 소단위로 구성이 되어 있다. 이들은 두 개의 알파 사슬과 두 개의 베타 사슬이다. 각 사슬은 헴기와 결합할 수 있으며 각각의 헴기는 중앙에 산소와 결합할 수 있는 철 원소를 갖는다.

도 무방하다. 따라서 각 20개의 아미노산들은 단백질 서열상 어느 위치에도 놓일 수 있기 때문에 어떤 단백질이 100개의 아미노산으로 구성되어 있다고 하면 20^{100} 종류의 서로 다른 서열 조합이 가능한 셈이다. 이는 단백질의 엄청난 다양성을 가능하게 하는 중요한 성질이다.

혈액에서 산소를 운반하는 헤모글로빈 단백질에 대해 살펴보자. 헤모글로빈은 두 개의 α-글로빈 펩티드 사슬과 두 개의 β-글로빈 펩티드 사슬로 구성이 되어 있다(그림 3.14). α-글로빈 사슬과 β-글로빈 사슬은 아미노산의 서열이 서로 다르다. 뿐만 아니라 이들 중 어느 한 사슬의 아미노산 서열이 바뀌면(심지어 단 한 개의 아미노산 차이만으로도) 단백질의 기능에 급격한 변화를 가져올 수 있다.

2차구조: 수소결합 형태

단백질에서 수소결합을 형성하는 것은 아미노산의 R 그룹들뿐만 아니라 주 골격을 이루는 펩티드 그룹도 수소결합을 형성할 수 있다. 이들 수들은 물과 쉽게 수소결합을 형성할 수 있다. 그러나 단백질의 펩티드 그룹들이 물하고만 수소결합을 이루게 되면 단백질은 무질서한 용수철 같은 구조를 갖고 단백질에서 흔히 볼 수 있는 구형 구조를 만들지는 못한다. 폴링(Linus Pauling)은 단백질 사슬의 아미노산들이 사슬의 다른 아미노산들과 수소결합을 할 수 있다고 제시하였고, 이로 인해 펩티드 사슬이 나선형으로 꼬이게 되는 경우를 α-나선이라고 명명하였다. 이러한 펩티드 골격 내 그룹들 간의 규칙적 상호 작용을 **2차구조(secondary structure)**라고 부른다. 또 다른 형태의 2차구조는 서로 나란히 배열된 펩티드 사슬 부위 간에 형성될 수 있고, **β-병풍(β sheet)**이라고 불리는 평면구조를 이룬다. 두 이웃하는 펩티드 사슬 지역이 서로 같은 방향 또는 반대 방향으로 진행하는 지의 여부에 따라, β-병풍 구조는 평행(parallel) 혹은 역평행(antiparallel)으로 구분된다.

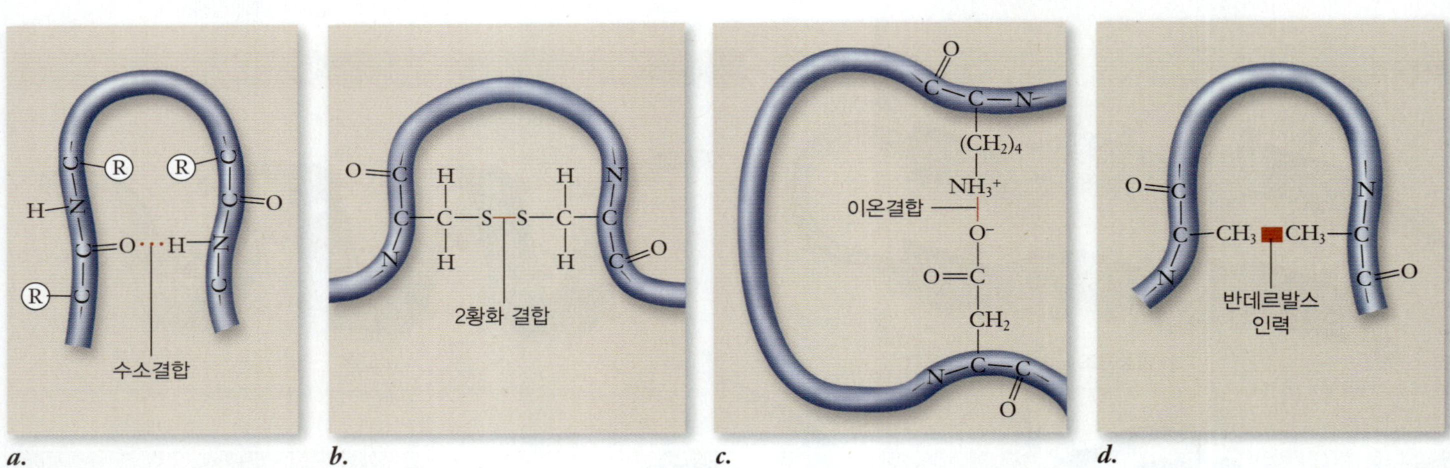

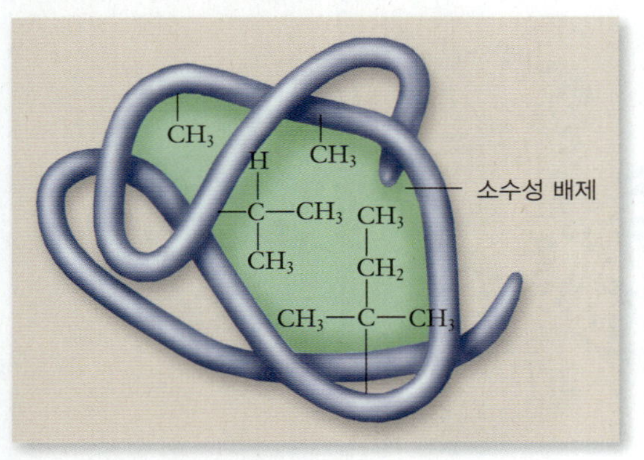

그림 3.15 단백질의 모양에 영향을 주는 상호작용들. 단백질의 아미노산들을 함께 묶는 결합 이외에도 여러 약한 힘들과 상호작용들이 단백질이 어떻게 모양을 만들며 접히는지를 결정한다. **a.** 다른 아미노산들의 R 그룹들 사이에 수소결합. **b.** 두 개의 시트테인(cysteine) R 그룹간의 공유결합인 2황화 결합(disulfide bond). **c.** 반대 전하를 띠는 R 그룹간의 정전기적 인력(electrostatic attraction). **d.** 반대로 극성화된 전기 구름에 의한 반데르발스(van der Waals) 힘이라고 하는 약한 인력. **e.** 물과 상호작용하는 부분인 단백질의 바깥부분은 극성 부분이 모이고 반대로 단백질의 소수성 부분은 단백질의 내부로 묻히게 됨.

이들 두 종류의 2차구조에 의해 한 단백질의 특정 부위는 부분적으로 실린더 모양(α-나선) 또는 평면 모양(β-병풍구조)을 이루게 된다. 한 단백질의 전체 구조는 각각의 2차구조들이 만들어 내는 부분들로 구성이 된다. 예를 들어 DNA와 결합하는 단백질들은 대부분 주로 DNA 구조와 맞물려서 염기들과 직접적인 상호작용을 이루는 α-나선 부위들을 가지고 있다. 포린(porin) 단백질은 β-병풍들로 이루어진 터널 구조를 세포막에 형성한다. 헤모글로빈의 전체적 구조는 α- 와 β-글로빈 펩티드 사슬이 각자 가지는 α-나선과 β-병풍들의 고유한 2차구조 배열 형태의 조합으로 결정된다.

3차구조: 접히면서 모양을 만듦

구형 단백질의 최종 접힌 구조를 **3차구조(tertiary structure)**라 한다. 단백질의 3차구조 형성은 1차적으로 수용액 상태에서의 소수성 배제에 의해 시작된다. 반대 전하를 띠는 R 그룹 간에 이온결합이 형성되어 근접하게 만들고 두 개의 시스테인(cysteine) R 그룹 간에 형성되는 공유 결합인 2황화 결합(disulfide bond)은 특정 부분을 단단히 고정한다. 단백질의 최종 접힘 구조는 1차구조가 이루는 특정 아미노산 서열의 R 그룹들의 화학적 성질에 의해 정해진다.

단백질의 3차구조는 다양한 힘들에 의해서 안정화 된다. 서로 다른 아미노산들의 R 그룹 간의 수소결합, 반대 전하를 띠는 R 그룹 간의 정전기적 인력(electrostatic attraction)[염 다리(salt bridge)라고도 불림], 비극성 R 그룹 간의 소수성 배제, 그리고 2황화 결합을 형성하는 공유결합 등을 그 예로 들 수 있다(그림 3.15). 단백질이 일단 3차구조를 이루면 단백질의 안정성은 3차구조 내부가 서로간에 얼마나 잘 맞아 들어가는지에 따라 영향을 받는다. 두 개의 비극성 사슬이 내부에서 매우 가까워지면 반데르발스(van der Waals) 힘이라는 분자들 간에 인력이 형성이 된다. 분자 개개의 힘은 매우 약하지만 다량으로 작용을 하게 되면 큰 인력이 된다. 이는 마치 벨크로(Velcro)의 후크(hook)와 루프(loop)들이 수 백 개가 모여서 충분한 힘을 주는 것과 같다. 하지만 이러한 힘들은 아주 가까운 거리에서만 효율적으로 작용한다. 단백질의 내부에는 구멍이나 텅빈 공간이 존재하지 않는다. 다양한 종류의 비극성 아미노산들은 각자 고유한 크기와 모양을 가진 R 그룹들을 가지고 단백질의 내부공간을 정확하게 채우게 된다.

따라서 단 하나의 아미노산의 변화로 단백질 구조나 기능이 급격하게 변화된 다고 해도 놀랄 일은 아니다. 헤모글로빈의 낫형적혈구빈혈증(HbS)은 β-글로빈 사슬의 6번째에 위치한 글루탐산(매우 극성)이 발린(비극성)으로 바뀐 경우이다. 이처럼 단백질 표면에 위치한 극성 아미노산이 비극성으로 치환되면 단백질이 점성이 강해지고 덩어리를 형성하게 된다. 지금까지 700개 이상의 헤모글로빈 변형이 알려졌고, 전체 인류의 7% 정도가 의학적으로 문제가 되는 이런 변형 형태를 가지고 있다.

4차구조: 소단위 배열

두 개 혹은 그 이상의 폴리펩티드 사슬이 모여 하나의 기능을 담당하는 단백질이 될 때 각각의 사슬들을 단백질의 소단위라고 한다. 이들 소단위들의 배열을 단백질의 **4차구조(quaternary structure)**라고 정의한다. 소단위로 구성되는 단백질에서 소단위들이 서로 접촉하는 부분은 비극성인 경우가 많으며 각각 소단위들의 기능 수행에 필요한 정보를 전달하는 중요한 역할을 한다.

헤모글로빈 단백질은 두 개의 α-사슬과 두 개의 β-사슬로 구성이 되어 있다(그림 3.14). 각각의 α- 와 β-글로빈 사슬은 특정 아미노산 서열의 1차구조를 갖는다. 이들 각각은 α-나선과 β-병풍구조로 이루어진 2차구조를 형성하고 그 다음 소수성 배제에 의해 특정 3차구조를 만들게 된다. 마지막으로 소단위가 최종 4차구조로 배열된다. 오직 소단위를 갖는 단백질만 4차구조를 갖는다. 단일 펩티드 사슬을 갖는 단백질의 경우는 3차구조가 최종 구조가 된다.

모티프와 도메인이 2차구조를 조직한다

학습목표 3.3.4 단백질의 구조를 결정하는 모티프와 도메인의 역할을 설명하라.

생물학자들이 단백질의 3차구조를 발견한 이후로(실제는 아미노산의 순서를 결정하는 것보다도 더 힘든 일이었지만) 전혀 다른 단백질 사이에 두 종류의 유사성이 있다는 것을 알았고 이를 모티프와 도메인이라고 불렀다.

모티프

이러한 유사한 구조들 중에서 작은 것을 **모티프(motif)**라고 하며 간혹 "초2차구조(supersecondary structure)"라고 한다. 모티프라는 명칭은 예술분야에서 가져온 것으로 음악이나 디자인에서 모티프는 반복적으로 사용되는 주제 요소들을 말한다.

단백질 모티프의 대표적인 예는 β-α-β 모티프라는 접힘 구조로서, 다양한 단백질들의 뉴클레오티드 결합부위의 핵심을 구성하는 "로스만폴드(Rossmann fold)"가 바로 이 모티프이다. 여러 단백질들에서 흔히 나타나는 또 다른 모티프는 β-배럴(barrel)인데, β-병풍들이 돌아가는 형태로 접혀서 원통 모양을 형성하는 구조이다. 세 번째로 들 수 있는 대표적인 모티프는 나선 대 나선연결(helix-turn-helix) 구조이며 두 개의 α-나선들이 중간의 구부러진 짧은 사슬(bend)에 의해 연결된 구조로 되어 있다. 많은 단백질들이 이 모티프를 이용하여 DNA 2중 나선에 결합하는 중요한 모티프이다(그림 3.16).

모티프의 존재는 연구자들이 아직도 완전히 이해하지 못하고 있는 단백질 구조에 대해 하나의 논리적 근거를 제시해 준다. 포괄적 관점에서 모티프는 반복적으로 나타나는 문제들에 대한 현실적인 해결책이 진화하게 된 재활용 구조라고 보면 될 듯하다. 하지만 개별 모티프들은 각자의 상황에서 최적의 해결책을 구현하기 위해 약간의 설계 변경 과정을 거쳤을 수 있다. 굳이 비유를 하자면, 아미노산들을 글자로 하여 이루어진 단백질이라는 언어에 있어서 모티프는 반복적으로 사용되는 단어나 절에 해당한다. 단백질 모티프들의 데이터베이스는 새롭게 발견되는 단백질의 기능을 연구하는데 이용된다. 새로운 단백질 구조에서 이미 알려진 기능을 가진 모티프를 찾았다면 연구자는 새로운 단백질의 기능을 추론해 낼 수 있다.

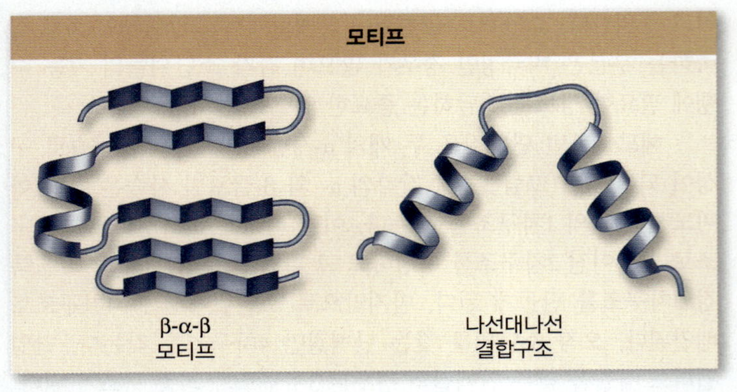

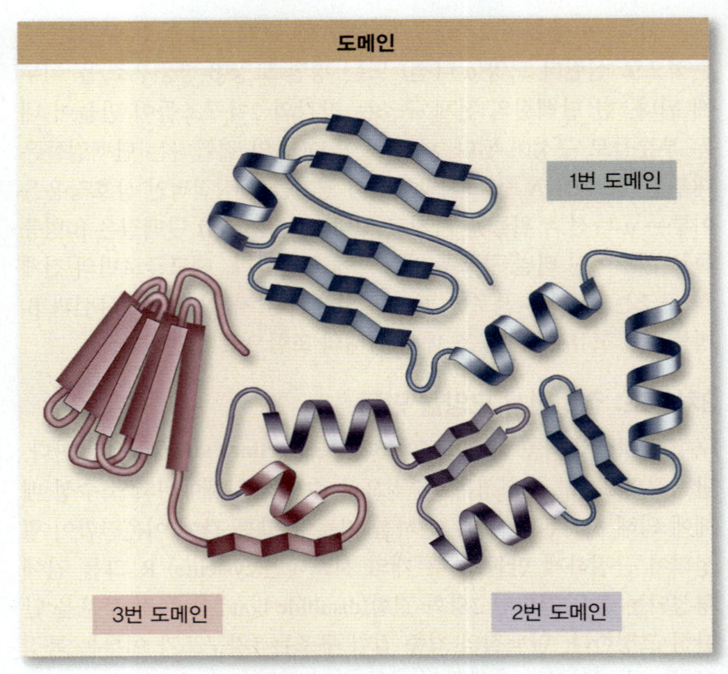

그림 3.16 모티프(motif)와 도메인(domain). 2차구조의 일부는 접혀서 모티프를 만들 수 있다. 이들 모티프는 다른 단백질에서도 동일하게 발견이 되며 따라서 기능을 예측하는데 이용된다. 단백질은 또한 커다란 도메인을 만들 수 있다. 이러한 도메인은 단백질에서 기능적으로 구분되는 부분들이라 할 수 있다. 이러한 도메인들이 공간적으로 배열되는 것이 바로 단백질의 3차구조이다.

도메인

단백질의 **도메인(domain)**은 큰 구조 내에서 기능적인 단위를 말한다. 이들은 단백질의 3차구조 내에서의 세부구조라고 생각하면 된다(그림 3.16 참조). 같은 방식의 비유를 계속 들자면, 단백질이라는 언어에서 아미노산을 글자라고 하면 모티프는 단어 혹은 절이 되고 도메인은 단락이라고 보면 된다.

대부분의 단백질은 여러 개의 도메인으로 구성이 되어 있고 각각의 도메인들은 단백질 내에서 서로 다른 기능을 담당한다. 많은 경우에 이들 도메인들은 물리적으로 분리가 가능하다. 예를 들어 DNA에 결합하여 전사를 시작하는 단백질인 전사인자(16장에서 다룸)들의 경우 특정 전사인자에서 DNA와 결합하는 부위를 다른 전사인자의 같은 부위로 교환하는 경우 특정 염기서열을 인식하여 DNA와 결합하는 전사인자의 특이성이 바뀔 수 있는데 이 경우 전사를 촉진하는 능력에는 변화가 없다. 이러한 "도메인 교환(domain-swapping)" 실험은 많은 전사인자들을 대상으로 수행이 되었고 결과는 DNA에 결합 도메인과 활성화 도메인은 기능적으로 분리되었다는 것을 분명하게 보여주었다.

단백질의 기능적 도메인들은 또한 단백질들이 올바르게 접히는 것을 도와주기도 한다. 폴리펩티드 사슬이 접히는 과정에서 도메인들은 대체적으로 다른 부위의 영향을 받지않고 독립적으로 그들의 구조를 완성한다. 이러한 양상은 실험적으로 증명이 가능한데, 예를 들어 한 단백질에서 특정 도메인을 이루는 폴리펩티드 부위만을 인공적으로 만들었을 때, 그 도메인 조각이 만들어내는 구조는 전체 단백질에서 안에서 갖던 구조와 동일하다. 하나의 폴리펩티드 사슬은 마치 여러 개의 매듭을 묶어놓은 로프처럼 도메인들이 연결된 구조이다.

단백질이 접히는 과정은 샤페론 단백질에 의존한다

학습목표 3.3.5 단백질이 접히는 과정에서 샤페론 단백질의 기능을 설명하라.

최근까지 우리는 새롭게 만들어지는 단백질이 스스로 접히는 것으로 생각하였다. 즉, 이러한 과정은 단백질이 무작위로 접히면서 여러 가능한 구조 등이 시도되는 동안 물 안에서 소수성 배제 작용에 의해서 비극성 아미노산들이 단백질의 내부로 묻히게 되면서 단백질 구조가 최종적으로 형성된다고 여겼다. 하지만 우리는 이제 이러한 견해가 너무 단순한 것이었음을 안다. 하나의 단백질이 특정한 모양으로 접힐 수 있는 경우의 수가 너무 많기 때문에 무작위로 접히는 시행착오 과정을 통하여 하나의 구조를 형성하기에는 시간이 너무 오래 걸린다. 뿐만 아니라, 완전히 접히지 않은 열린 상태의 단백질에서는 상호 응집력이 강한 내부의 비극성 부위가 외부에 노출되게 된다. 만약 이러한 중간 단계의 형태를 세포의 내부와 동일한 환경을 가진 시험관 안에 가져다 놓으면, 이들 간의 인력으로 인해 의도하지 않던 다른 단백질과 붙게 되어 응집된 덩어리를 만들게 될 것이다.

어떻게 세포는 단백질들이 이렇게 엉켜 붙는 것을 막을 수 있을까? 핵심 단서가 세균 내에서 바이러스의 복제를 제한하는 특이한 돌연변이 세균으로부터 얻어졌다. 이 돌연변이 세균 안에서는 바이러스 단백질들이 제대로 접혀지지 못하는 것으로 밝혀졌다. 후속 연구에 의해서 돌연변이가 아닌 정상세포는 **샤페론(chaperone)**이라는 단백질을 가지고 다른 단백질이 제대로 접히도록 도와준다는 것을 알아내었다.

이제 분자 생물학자들은 세포 내에서 분자 샤페론 기능을 수행하는 다수의 단백질을 찾아내었다. 이들은 몇가지 소분류로 구분되며 모두 단백질의 접힘과 조립을 도와준다. 이들의 기능이 얼마나 중요한지는 이들 유전자의 돌연변이를 가진 세포는 생존할

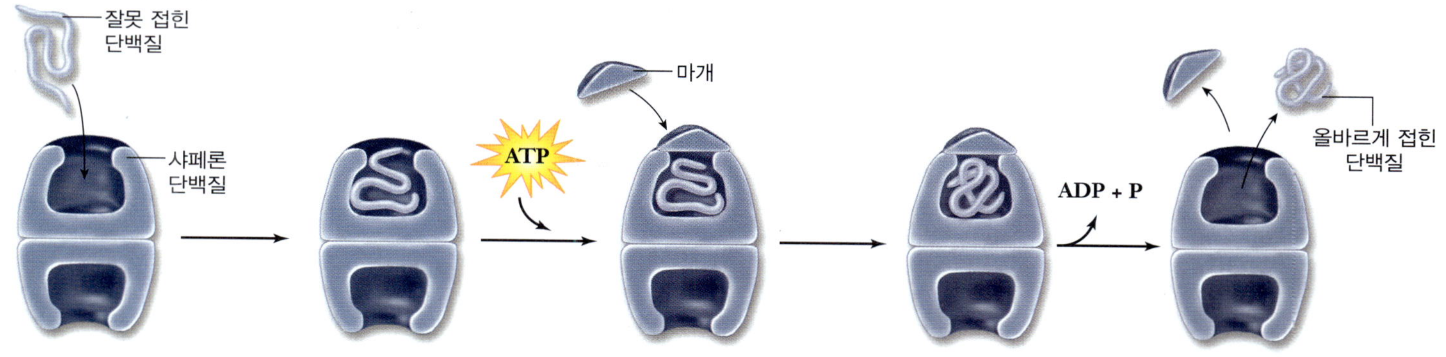

그림 3.17 한 종류의 샤페론이 어떻게 작용하나. 이러한 술통 모양의 샤페로닌은 샤페론 단백질 중 GroE 계에 속한다. 두 개의 동일한 고리 구조로 되어 있고 각각은 7개의 동일한 세부단위로 구성 되어 있다. 각각은 3개의 구별되는 도메인을 갖는다. 잘못 접힌 단백질들은 술통모양의 하나의 용기 안으로 들어가고 용기는 마개로 봉해진다. ATP를 가수분해하여 얻어지는 에너지를 이용하여 용기가 소수성에서 친수성으로 구조적 변화를 하게 한다. 이러한 변화는 단백질이 다시 접히게 한다. 단백질이 접히든 접히지 않았던 간에 바로 단백질은 배출이 되고 이러한 사이클은 스스로 반복된다.

수 없는 사실에서 잘 나타난다. 많은 샤페론들은 소위 말하는 **열충격**(*heat shock*) 단백질로서 높은 온도에서 세포에 그 양이 증가하는 특성이 있다. 고온상태에서 단백질의 접힘이 풀리게 되는데 이런 조건에서 열충격 샤페론들은 단백질들이 다시 제대로 접히게 되는 것을 돕는다.

특히 이들 중에서 **샤페로닌(chaperonin)**이라고 불리는 한 부류가 많이 연구되어 왔다. 대장균의 필수 단백질인 GroE 샤페로닌이 그 한 예이다. GroE 샤페로닌의 활성이 저해된 돌연변이에서는 최소 30%에 해당하는 박테리아 단백질들이 제대로 접히지 못한다. 샤페로닌은 서로 결합하여 원통모양의 용기와 비슷한 거대분자 구조를 만드는데 단백질들이 용기 내부로 들어오게 되면 용기 자체의 모양이 상당히 변하게 된다(그림 3.17). 잘못 접힌 단백질이 샤페로닌으로 들어간 후 제대로 접혀서 나오는 것이 실험적으로 입증되었다. 비록 우리는 이것이 정확히 어떤 방식으로 이루어지는지를 알지 못하지만, 아마도 용기 내부의 소수성 구조에 생긴 변화와 관련있는 것이 아닌가 생각한다.

단백질 접힘의 오류로 인한 질병들

낭포성 섬유증(cystic fibrosis, CF)은 세포막에서 이온들을 수송하는 단백질을 만드는 유전자에 생긴 돌연변이로 인한 유전 질환이다. 낭포성 섬유증을 앓는 사람은 정상보다 짙은 점액이 생겨 폐와 다른 기관들에 심각한 문제를 야기한다. 환자의 90% 이상에서 나타나는 가장 흔한 형태는 이 단백질의 아미노산 하나가 결실된 것으로 이로 인해 단백질이 제대로 접히지 못하게 된다. 이 결과로 잘못 접힌 단백질들이 다량으로 발생하게 되면 세포가 잘못 접힌 단백질들을 제거하려고 하는 단백질 항상성(protein homeostasis) 반응에 의해서 이들은 모두 파괴된다.

단백질 구조는 환경변화에 의해 손상될 수 있다

학습목표 3.3.6 환경 조건의 변화가 어떻게 단백질의 변성을 야기하는지 설명하라.

단백질을 둘러싼 주변 환경이 변화하면 단백질은 모양을 바꾸거나 심지어 접힘이 완전히 풀어지게 되는데, 이러한 과정을 **변성(denaturation)**이라고 한다. 단백질은 주변 수용액의 pH, 온도, 혹은 이온 농도가 달라지면 변성될 수 있다. 이러한 환경적 변화는 그림 3.15에서 자세히 다루었던 상호작용들에 영향을 주며 구조의 손상을 초래한다.

변성된 단백질들은 대부분 생물학적 활성을 잃는다. 이러한 상황은 효소의 경우에 더욱 현저하게 나타난다. 사실상 살아있는 생명체의 모든 화학적 반응은 특정 효소에 의해서 촉매되므로 효소의 정성적인 활성을 유지하는 것은 매우 중요하다. 음식을 보관하는 전통적인 방식인 소금이나 식초 절임 등은 단백질 변성을 이용한 것이다. 냉장이나 냉동 기법이 보편화되기 전에는 음식에 미생물이 자라는 것을 막는 유일한 방법은 높은 농도의 소금이나 식초를 용액 안에 음식을 저장하여 대부분의 미생물들이 가지고 있는 효소들을 변성시켜서 자라지 못하게 만드는 것이었다.

단백질의 환경을 정상적으로 되돌리면 작은 단백질의 경우에는 저절로 원래의 모양으로 다시 접히는데, 이 과정은 비극성 아미노산들과 물 분자들 간의 상호작용에 의존한다(그림 3.18). 이러한 과정을 재생(*renaturation*)이라고 하며 리보핵산가수분해효소(RNase)에서 처음 밝혀졌다. 이와 같은 RNase의 재생은 단백질의 3차구조가 1차구조에 의해 결정된다는 원리를 도출하였다. 하지만 큰 단백질들의 경우 그들의 복잡한 구조의 특성상 대부분 저절로 재생되지 못하는 점으로 미루어 볼 때 이러한 단순한 원리는 수정될 필요가 있다.

일부 단백질들이 저절로 재생될 수 있다는 사실은 1차구조가 3차구조의 형성에 상당한 영향을 준다는 것을 시사해준다. 심지어 대장균의 리보솜은 시험관 안에서 분해와 재조립이 가능하다. 비록 이러한 과정이 온도나 이온 농도의 급격한 변화를 필요로 하긴 하지만 이는 단백질의 자가 조립 능력이 놀라울 정도라는 것을 보여주는 것이다. 복잡한 구조들이 스스로의 조합으로 만들어질 수 있다는 사실은 현대 생물학의 연구의 주요 개념이다.

과학적 사고

가설: 단백질의 3차구조는 열역학적으로 안정한 구조이다. 이는 오직 단백질의 1차구조와 수용액의 조건에 의존한다.

예측: 만약에 단백질이 변성되고 자연 조건에 두고 재구성하면 본래의 구조로 다시 접힐 것이다.

테스트: 핵산분해효소에 2황화 결합을 환원제를 써서 깨뜨리고 요소(urea)를 써서 완전히 풀어지게 만든다. 효소를 본래의 환경조건에 두고 2황화 결합이 다시 만들어지게 하고 나서 단백질이 적절하게 다시 접히는 것을 확인한다.

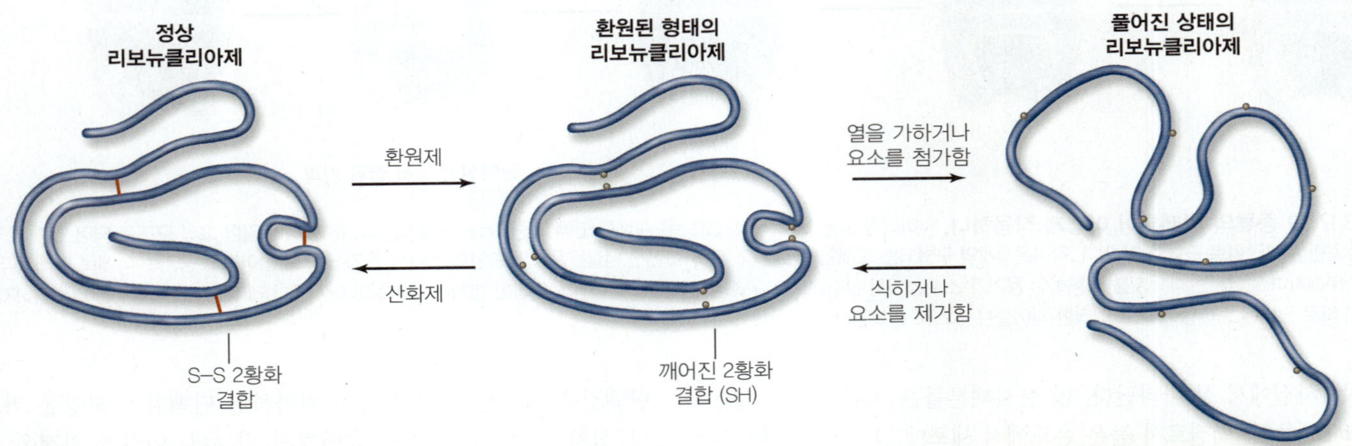

결과: 변성된 핵산분해효소가 정상 조건에서 적절하게 다시 접혔다.

결론: 가설을 입증하였다. 1차구조의 정보는 단백질이 다시 접히게 하는데 있어서 충분하다. 이는 단백질이 접히는 것이 열역학적으로 안정한 구조를 가져온다는 것을 암시한다.

추가 실험: 만약 2황화 결합이 변성 조건에서 이루어진다면 같은 결과를 얻을 수 있을까? 어떻게 하면 단백질이 완전히 변성되지 않아서 일부 구조가 유지되었다는 반론을 배제할 수 있을까?

그림 3.18 **1차구조가 3차구조를 결정한다.**

해리(dissociation)와 변성을 구분하는 것은 중요하다. 4차구조를 갖는 단백질의 경우에 소단위들은 자신들의 3차구조를 잃어버리지 않으면서 해리가 될 수 있다. 예를 들어 헤모글로빈의 4개의 소단위들은(두 개의 α-글로빈과 두 개의 β-글로빈) 글로빈 단백질들의 접힘에 변성이 없이 각각의 분리된 단위체들로 해리가 될 수 있다. 이들은 쉽게 4차구조를 다시 만들 수 있다.

개념 정리 3.3

단백질은 다양한 기능을 갖는 분자이다. 단백질은 20개의 서로 다른 아미노산들로부터 만들어진다. 단백질 구조는 4단계로 나눌 수 있으며 이들은: (1) 아미노산 서열 혹은 1차구조; (2) 2차구조라고 하는 나선과 병풍구조; (3) 3차구조라고 하는 입체 구조; (4) 각각의 폴리펩티드 소단위가 모여서 만드는 4차구조 등이다.

- 단백질의 구조에 대한 우리의 지식들이 새로운 단백질의 구조를 예측하는 데 어떻게 도움을 주는가?

3.4 핵산은 유전정보를 저장하고 발현한다

한 세포의 생명활동은 각기 특정한 서열을 가진 여러 종류의 단백질을 만드는 능력에 의존한다. 적절한 시기에 정확한 형태의 단백질들을 만들어내는 데에 필요한 정보들은 세포 내의 핵산에 의해 암호화(encode)된다. 두 종류의 주요 핵산들은 디옥시리보핵산, 즉 **DNA(deoxyribonucleic acid)**(그림 3.19)와 리보핵산, 즉 **RNA(ribonucleic acid)**(그림 3.20)이다. DNA는 단백질 합성에 사용되는 유전정보를 암호화한다(자세한 내용은 15장에서 논의될 것이다).

세포의 정보를 담고 있는 분자는 긴 뉴클레오티드 사슬이다

학습목표 3.4.1 DNA와 RNA 구조의 유사점과 차이점을 비교하라.

고분자들 중 핵산은 유일하게 그 자신을 주형(template)으로 삼아 자신의 정확한 복사본을 만들어 낼 수 있다. 이러한 특성은 세포 분열과정 동안 유전정보를 보전하고 단백질을 만드는 과정으로 유전 정보가 유입되게 한다. DNA는 기본적으로 세포 안에서 핵을 이루는 지역에서 존재하고 특정 생명체를 만드는 데 필요한 유전정보들을 담고 있다. 세포는 DNA를 전사(transcribe)하여 만들어낸 RNA를 이용하여 단백질 합성을 수행한다. 이 과정은 15장에서 자세히 다룬다.

핵산은 뉴클레오티드의 중합체이다

핵산은 **뉴클레오티드(nucleotide)**라고 불리는 소단위가 반복적으로

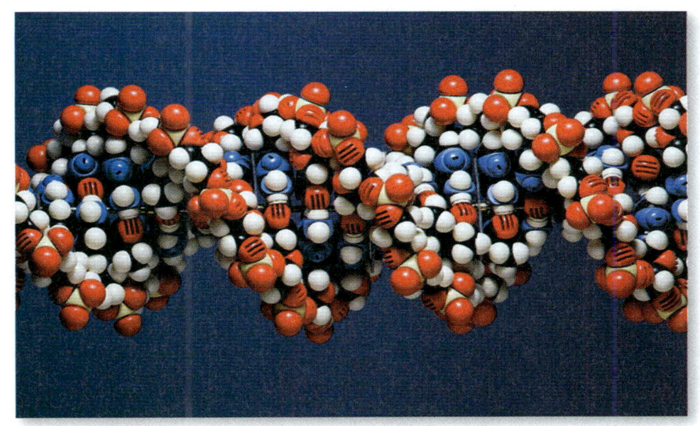

그림 3.19 DNA. DNA의 구조를 나타내는 공간채움.

나타나는 긴 중합체이다. 각 뉴클레오티드는 5탄당(RNA의 경우는 리보오스이고 DNA의 경우는 디옥시리보오스), 인산기($-PO_4$) 그리고 질소함유 염기 등 3부분으로 구성되어 있다(**그림 3.21**). 핵산 중합체가 형성될 때 한 뉴클레오티드의 인산기는 다른 뉴클레오티드의 5탄당에 있는 수산기와 결합한다. 이 반응은 물 한 분자가 빠져나가는 탈수 반응이며 인산디에스테르 결합이라고 한다. 이런 관점에서 보면 **핵산(nucleic acid)**은 돌출된 질소함유 염기를 가진 5탄당들이 인산디에스테르 결합으로 연결된 긴 사슬에 지나지 않는다. 이 폴리뉴클레오티드 사슬은 서로 구분되는 양쪽 말단을 가진다. 한 쪽 말단은 인산기로 끝나고 다른 한 쪽은 당에 연결된 수산기로 끝나게 되는데 우리는 통상적으로 이들을 5'(five prime $-PO_4$) 말단과 3'(three prime, $-OH$) 말단이라고 각각 부르며 여기서 사용되는 번호는 그림 3.21에서 보여지는 바와 같이 5탄당 탄소의 순서를 지칭하는 것이다.

뉴클레오티드를 구성하는 질소함유 염기는 두 종류가 있다. 그 하나는 퓨린(*purine*)이라고 하는 두 개의 고리 구조로 이루어진 상대적으로 큰 물질이며 DNA와 RNA 모두에서 발견된다. 아데닌(A)과 구아닌(G)이 퓨린 염기의 예이다. 또 다른 하나는 피리미딘(*pyrimidine*)이라는 하나의 고리 구조로 되어 있는 상대적으로 작은 물질이며 시토신(C), 티민(T), 우라실(U)이 있다. 시토신은 DNA와 RNA에 모두 존재하지만, 티민은 DNA 그리고 우라실은 RNA에만 존재한다.

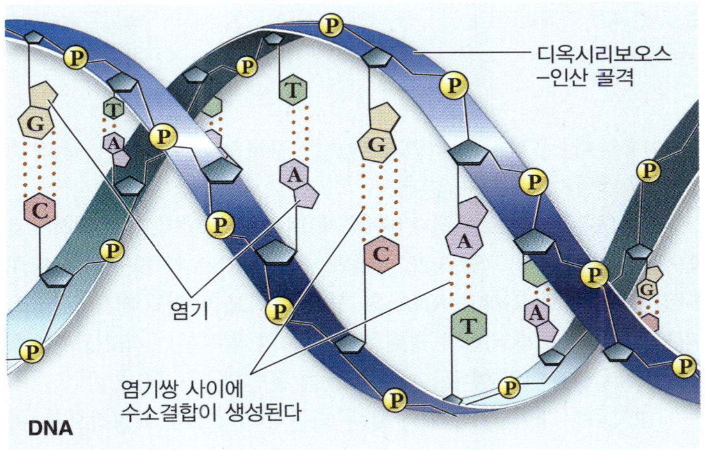

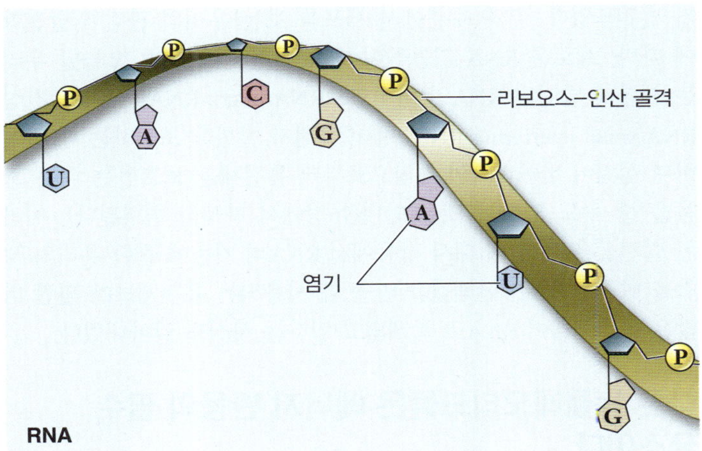

그림 3.20 DNA와 RNA. DNA는 2중 나선 구조이고 당-인산 골격에 존재하는 당은 디옥시리보오스이다. 또한 질소함유염기 중 하나는 티민(thymine)이다. RNA는 일반적으로 단일 가닥이고 당-인산 골격에 존재하는 당은 리보오스이다. 또한 티민 대신에 우라실(uracil)을 이용한다.

DNA는 유전정보를 저장한다

학습목표 3.4.2 유전정보가 어떻게 DNA의 구조에 암호화 되는지 설명하라.

정보를 저장하는 분자로서 DNA의 기능은 DNA의 구조와 밀접하게 연계되어 있다(**그림 3.22**). 생명체는 DNA 염기서열을 사용하여 단백질의 아미노산 서열을 결정하는 정보를 암호화한다. 이러한 정보의 암호화 방식은 문장에서 글자들의 배열이 의미를 부호화 하는 것과 매우 유사하다. 영어문장이 26 글자의 알파벳들의 특정한 순서의 조합으로 이루어진 것처럼 DNA의 유전정보는 4 종류의 뉴클레오티드가 CGCTTACG 같은 특정 순서의 조합을 구성하여 형성된다.

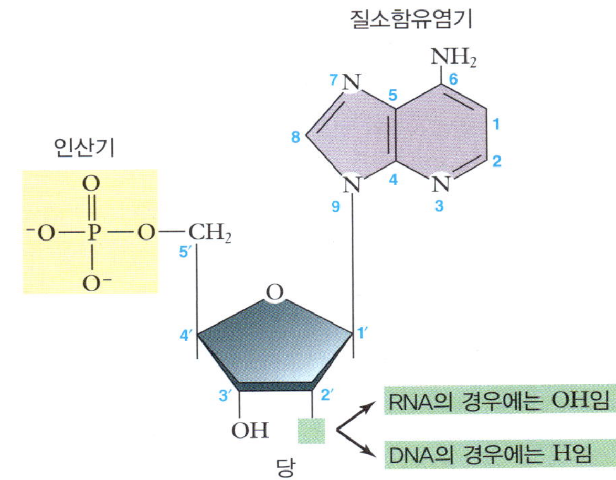

그림 3.21 뉴클레오티드의 구조. DNA와 RNA의 뉴클레오티드 소단위는 세 부분으로 구성되어 있다. 5탄당(리보오스 혹은 디옥시리보오스), 인산기($-PO_4$), 질소함유염기(여기서는 아데닌) 등이다. 5탄당에 번호가 프라임(prime)(1', 2', 등)으로 매겨져 있는 것에 주목할 필요가 있다. 이는 염기의 고리 구조에 매겨진 숫자와 구별하기 위한 것이다.

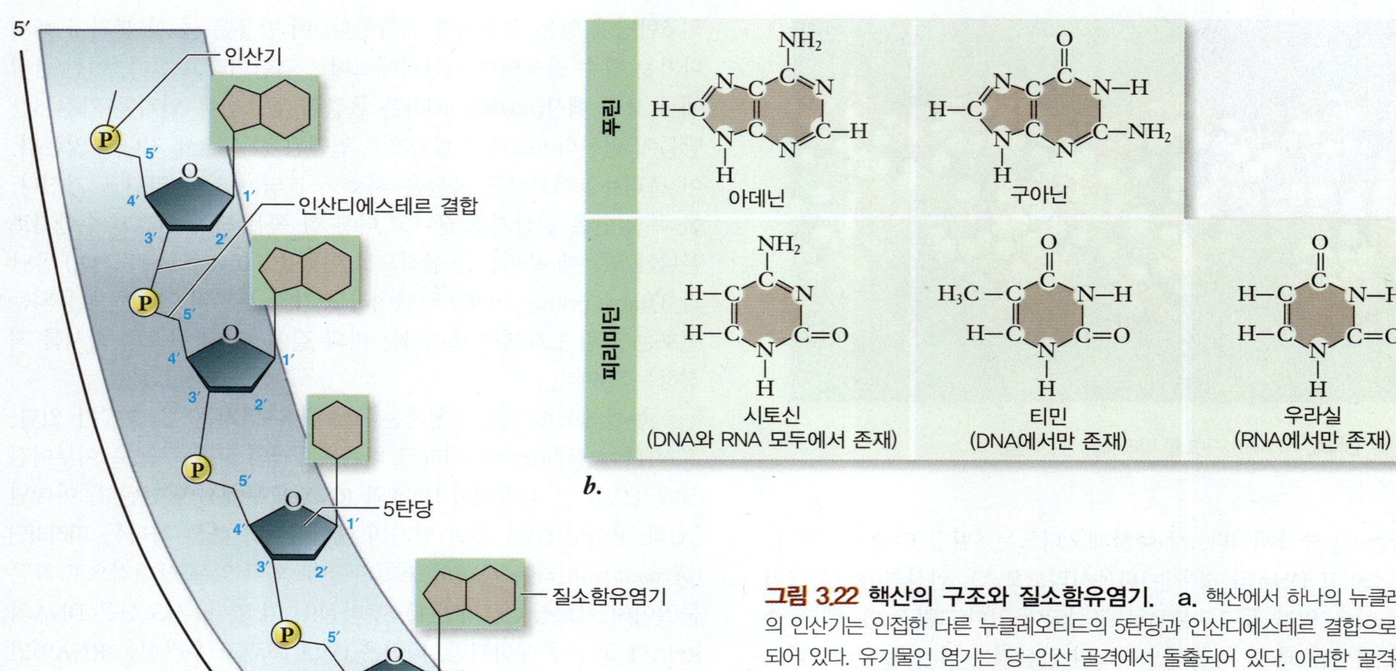

그림 3.22 핵산의 구조와 질소함유염기. **a.** 핵산에서 하나의 뉴클레오티드의 인산기는 인접한 다른 뉴클레오티드의 5탄당과 인산디에스테르 결합으로 연결이 되어 있다. 유기물인 염기는 당-인산 골격에서 돌출되어 있다. 이러한 골격은 또한 서로 다른 끝을 가지고 있는데 한 쪽 끝은 5′-인산이고 다른 한쪽은 3′-수산기이다(이러한 숫자는 5탄당의 번호를 매기는 것을 근거로 한다). **b.** 유기물인 질소함유염기는 푸린 혹은 피리미딘이다. 염기 중 티민은 DNA에서 발견되고 우라실은 RNA에서 발견된다.

생명체 내의 DNA 분자들은 단백질의 경우처럼 단일가닥이 복잡한 모양으로 접힌 상태로 존재하는 것이 아니라 두 뉴클레오티드 가닥이 서로를 감싸고 있는 모양으로, 진핵생물에서는 긴 선형 구조를 이루고 대부분의 원핵생물에서는 원형으로 되어있다. 두 개의 뉴클레오티드 가닥이 나선형 계단의 안쪽과 바깥쪽 난간들처럼 서로를 감아 올라가고 있는 구조인 것이다. 이러한 나선형 구조를 helix라고 하며 두 가닥이 나선을 이루므로 **2중나선(double helix)**이라고 한다. DNA 나선계단의 각 층계 디딤돌은 염기 쌍에 의해 만들어진다. 염기 쌍은 2중 나선 한 가닥의 염기가 반대편 다른 가닥의 염기와 수소결합으로 연결되어 이루어진다(그림 3.23).

염기 쌍을 이루는 규칙은 매우 엄격해서, 아데닌은 티민(DNA의 경우) 혹은 우라실(RNA의 경우)하고만 결합하고 시토신은 오직 구아닌과 결합한다. 염기 쌍을 이루는 염기들을 서로 간에 **상보적(complementary)**이라 지칭한다. DNA 구조에 관한 보다 자세한 특징과 단백질을 만드는 과정에서 어떻게 RNA와 상호작용하는지에 대해서는 14장과 15장에서 논의된다.

RNA는 세포에서 많은 역할을 한다

학습목표 3.4.3 세포가 DNA에 저장된 정보를 이용하는 과정에서 RNA의 중요한 역할 4가지를 기술하라.

RNA는 DNA와 비슷하지만 두 가지의 주요한 화학적 차이점이 있다. 첫째로 RNA 분자는 리보오스 5탄당을 가지고 있다. 이는 2번 탄소에 수산기가 결합되어 있다(DNA의 경우에는 수소 분자가 수산기로 대체되어 있다). 두번째로 RNA는 티민을 대신해서 우라실을 이용한다. 우라실은 티민과 비슷한 구조로 되어있으나 탄소 중 하나에 메틸기(-CH3)가 없다.

RNA는 DNA로부터 전사(복제)되어 만들어지고 일반적으로는 단일 가닥이다(그림 3.20). 세포 내에서 RNA의 기능은 상당히 다양하다. 전령 RNA(mRNA)의 형태로 정보를 전달하기도 하고, 리보소말 RNA(rRNA)의 형태로 리보솜의 일부분이 되기도 하며, 운반RNA(tRNA)의 형태로 아미노산을 운반하기도 한다.

RNA에 대한 우리의 견해는 최근 들어 가히 혁명적으로 바뀌었다. 단백질이 아닌 RNA에 의해서 촉매작용이 수행되는 효소가 발견되었다. 분자 수준에서 세포를 보는 우리의 관점이 발전함에 따라, 새로운 RNA 기능들이 계속 발견되고 있다. 오늘날 우리는 새롭게 발견된 RNA인 마이크로RNA(micro-RNA)와 작은 간섭 RNA(small interfering RNA) 등이 유전자 발현을 조절하는 데 관여하며 심지어 바이러스의 침입으로부터 유전체를 보호하는 데는 도움을 줄 수도 있다는 것을 안다(16장에서 자세히 설명된다). 이러한 발견들은 세포 내 대사 작용에서 RNA의 기능에 관한 우리의 생각을 바꾸고 있다. 단백질을 만들 때 사용되는 유전체보다 훨씬 더 많은 유전체들이 RNA로 복제되고 있다는 사실도 알아내었다.

다른 뉴클레오티드들은 에너지 반응의 필수 요소이다

학습목표 3.4.4 어떻게 아데노신3인산이 화학 에너지를 저장하고 방출하는가를 설명하라.

뉴클레오티드 염기들은 DNA나 RNA의 소단위로 사용될 뿐 아

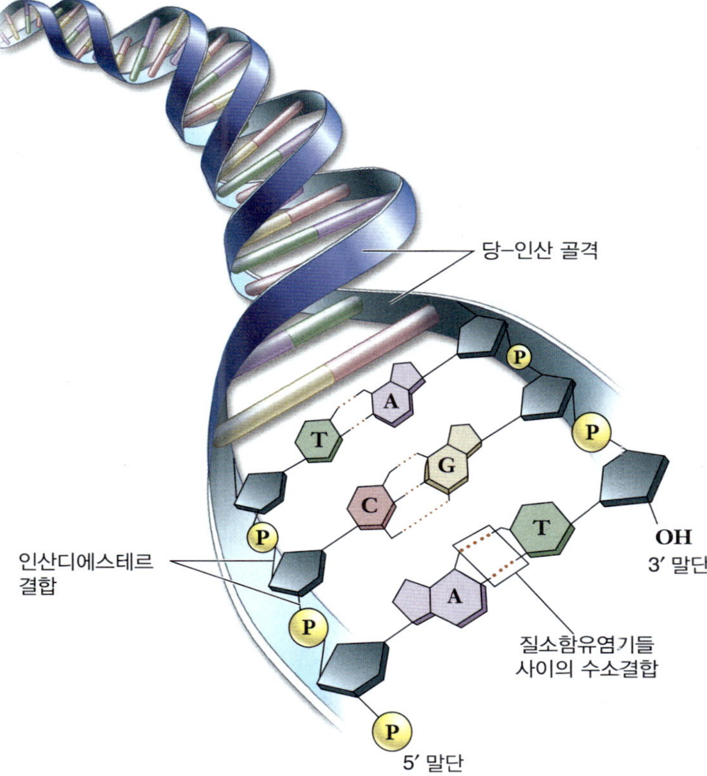

그림 3.23 DNA의 구조. DNA는 서로 방향이 반대인 두 개의 폴리펩티드 가닥으로 되어 있고 서로가 하나의 나선 축을 중심으로 둘러싸고 있다. 질소함유염기들 사이에 수소결합이 형성되면 이를 염기쌍이라고 한다. 이러한 염기쌍으로 DNA 두 가닥이 서로 결합하여 2중나선구조를 만든다.

니라 세포의 생존에 필수적인 다른 중요한 역할들도 담당한다. 예를 들어 아데닌은 세포의 에너지 화폐인 **아데노신 3인산(adenosine triphosphate; ATP)**의 주요 구성원이다. 우리가 사회에서 화폐를 사용하는 것과 흡사하게 세포는 다양한 세포 내의 다양한 거래에서 아데노신 3인산을 에너지로 사용한다. ATP는 에너지 관점에서 보면 쉽게 일어날 수 없는 반응들을 수행하는 데에 사용되며, 세포막 사이로 분자를 수송한다거나 세포가 움직이는 데에 동력을 제공한다.

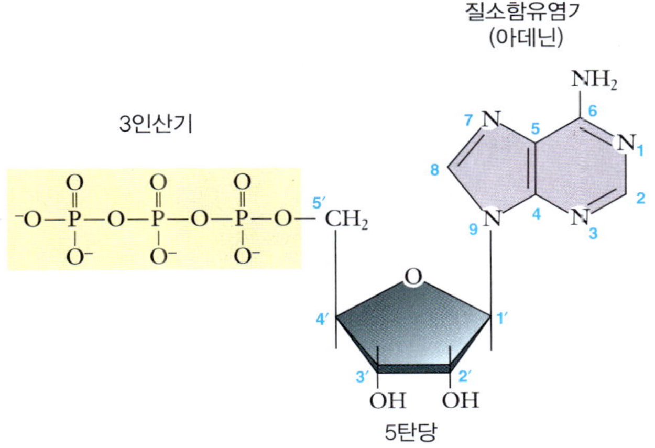

그림 3.24 ATP와 NAD^+. 아데노신3인산(ATP)은 아데닌, 5탄당, 그리고 3개의 인산기를 갖는다.

각각의 ATP 분자들은 그림 3.24에 보여지는 것과 같이 세 부분으로 구성이 되어 있다. (1) 당(파란색)은 다른 두 부분이 붙는 골격 역할을 한다. (2) 아데닌(보라색)은 DNA와 RNA를 이루는 염기 중 하나이다. (3) 세 개의 인산기(노란색)는 고 에너지 결합을 가지고 있다. 인산기는 음성 전하를 가지고 있어서 이들을 함께 결합시켜 유지하려면 상당한 에너지를 필요로 한다. 마치 용수철처럼 인산기는 서로 반발하려는 힘이 강하다. 일단 인산기가 떨어져 나가게 되면, 6장에서 살펴보게 되듯이, 상당량의 에너지가 방출되게 된다.

뉴클레오티드로 이루어진 또 다른 중요한 분자들은 **니코틴아미드아데닌디뉴클레오티드(nicotinamide adenine dinucleotide; NAD^+)**와 **플래빈아데닌디뉴클레오티드(flavin adenine dinucleotide; FAD)**이다. 이들은 다양한 세포 반응에서 전자를 전달하는 데 사용이 된다. 이들의 작용에 대해서는 7장과 8장의 광합성과 호흡에서 자세히 논의될 것이다.

개념 정리 3.4

핵산은 5탄당과 인산으로 구성된 중합체이고 각각의 당으로부터 돌출된 염기를 가지고 있다. DNA에서 이 5탄당은 디옥시리보오스다. RNA에서 이 5탄당은 리보오스다. RNA는 또한 티민 대신에 우라실을 염기로 가지고 있다. DNA는 2중 가닥으로 된 나선형이고 뉴클레오티드 염기의 특정 배열 순서를 이용해서 유전정보를 저장한다. RNA는 DNA의 전사체로 이루어진 단일 가닥 사슬이며 단백질 합성을 주도한다.

- DNA는 2중가닥을 형성할 수 있는데 어째서 DNA로부터 전사된 RNA는 2중 가닥을 형성하지 않는가?

3.5 소수성 지질은 지방과 세포막을 만든다

지방은 글리세롤에 부착된 지방산으로 구성된다

학습목표 3.5.1 고체의 지방과 액체의 기름을 형성하는 트리글리세리드를 구별하라.

지질(lipid)은 물에 녹지 않는다는 비교적 모호한 기준을 공통적 특성으로 가지는 분자들의 집단이다. 동물성 지방 같은 저장용 지방이 그 한 예이다. 올리브, 옥수수, 코코넛 등에서 얻어지는 식용유도 지질이고 벌의 밀납이나 귀지도 지질이다. 심지어 일부 비타민도 지질이다. 지질은 매우 높은 비율의 비극성 탄소-수소(C-H) 결합을 가지고 있다. 지질은 기다란 비극성 탄소-수소 구조여서 수용액 내에서 비극성 부분을 노출하지 않도록 접힐 수 없다. 이는 수용액 내에서 소수성 부분이 안으로 접히게 되는 단백질과는 차이가 있다. 대신에, 지질들이 물에 존재할 때는 다수의 지질 분자들이 서로 저절로 응집하게 되고 그들이 가지고 있는 극성 부위(친수성, hydrophilic)만이 주변의 물에 노출되게 되고, 비극성 부위(소수성, hydrophobic)들은 응집체를 결성하여 내부에 자리잡게 된다. 이러한 현상은 물을 담은 냄비에 기름을 떨어뜨렸을 때 확인할 수 있다. 이때 기름들은 물 표면에 응집하는 기름 방울들을 형성한다. 이러한 자발적인 지질의 응집현상은 세포에게는 매우 중요한데 이는 세포막 구조 형성의 근간을 제공하기 때문이다.

지방은 소수성 분자이다

지방은 두 종류의 분자(지방산과 글리세롤)로 이루어진 지질이다. 지방산은 말단에 카르복실(COOH) 그룹을 가진 긴 탄화수소 사슬이다. 글리세롤은 3탄당 폴리알콜(3개의 −OH 그룹을 가짐)이다. 하나의 지방 분자는 글리세롤 한 분자에 3개의 지방산이 탈수반응을 통해 글리세롤 골격의 각 탄소에 하나씩 결합되어 형성된다. 이와 같이 3개의 지방산으로 구성되는 지방 분자는 일상적으로 **트리글리세리드(triglyceride)**라고 부른다[더욱 정확한 화학식 이름은 트리아실글리세롤(*triacylglycerol*)이다]. 이에 대한 기본 구조는 그림 3.25에 나와있다. 트리글리세리드의 3개의 지방산들이 항상 동일한 것은 아니며 때론 서로 다른 지방산들이 섞여 있을 수도 있다. 지방산은 다양한 길이의 탄화수소 사슬을 가질 수 있지만 대부분 14개에서 20개 정도 사이에서 짝수 개의 탄소로 구성되어 있다. 지방이 가지는 풍부한 C-H 결합은 지방을 장기적인 에너지 저장에 적합한 물질로 만든다.

만약 지방산 사슬 내부의 모든 탄소 원자가 최소한 두 개의 수소 원자와 결합한다면, 가질 수 있는 최대한의 수소와 결합했다는 뜻으로, 그 지방산은 **포화(saturated)**되었다고 말한다. 반면에 지방산이 하나 이상의 2중결합 탄소쌍을 갖는 경우 **불포화(unsaturated)** 지방산이라고 하고, 한 개의 2중결합을 가지면 단일불포화(monounsaturated), 그 이상의 2중결합을 가지면 **다중불포화(polyunsaturated)**라고 한다. 자연에서 존재하는 대부분의 불포화 지방산의 경우 시스(*cis*: 같은 면) 배열을 가지고 있어서 탄소 사슬이 2중결합 전과 후로 같은 면에 놓이게 된다(그림 3.25b).

산업용 지방의 공정에서 부분적으로 수소를 첨가하는 과정에서 2중결합 전과 후로 탄소 사슬이 반대 면에 놓이게 되는 트랜스(*trans*: 반대 면) 2중결합이 만들어 질 수 있다. 이것이 바로 **트랜스지방(trans fat)**이다. 트랜스지방은 우리 몸에 저밀도 지방단백질(LDL)(혹은 나쁜 콜레스테롤)의 증가를 가져오고 좋은 콜레스테롤인 고밀도지방단백질(HDL)의 감소를 가져오기 때문에 관상심장질환의 위험성을 증가시킨다.

2중결합을 이루는 두 탄소(C=C)는 단일 결합을 사이에 둔 두 탄소(C-C)처럼 자유로이 회전을 할 수 없기 때문에 2중결합은

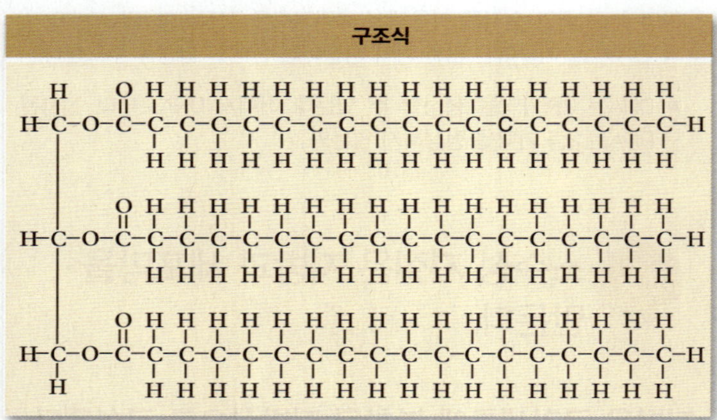

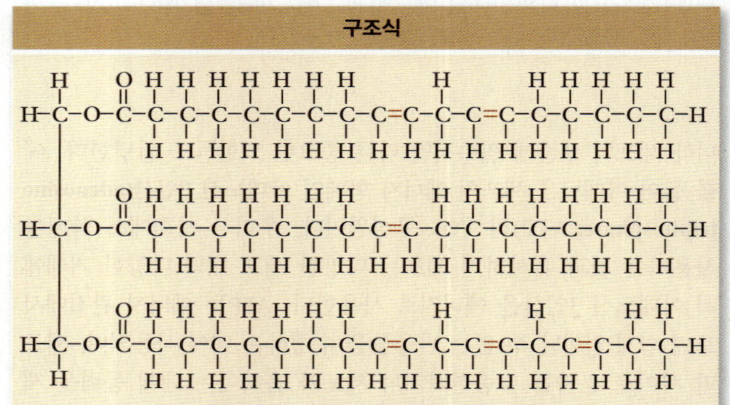

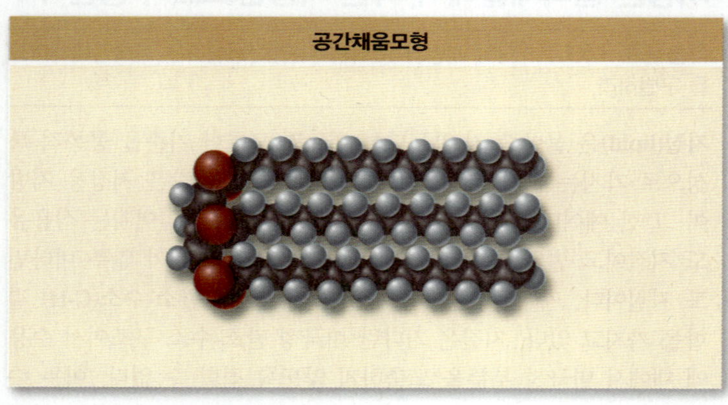

a.

b.

그림 3.25 포화지방과 불포화지방. **a.** 포화지방은 세 개의 포화 지방산(2중결합이 없는 종류)을 함유하는 트리글리세리드로 구성되어 있다. 그러므로 포화 지방은 탄소 사슬이 가질 수 있는 최대한의 수소 원자를 가진다. 대부분의 동물성 지방은 포화지방이다. **b.** 불포화지방은 하나 혹은 그 이상의 불포화 지방산(하나 혹은 더 많은 2중결합이 있는 종류)을 포함하는 트리글리세리드로 구성된다. 불포화지방은 탄소사슬에 결합할 수 있는 최대의 수보다 적은 수소원자를 갖는다. 이 불포화지방은 단일불포화 지방산과 다중불포화 지방산 둘 다 해당한다. 식물성 지방은 전형적인 불포화 지방산이다. 다양한 종류의 2중 결합은 트리글리세리드가 근접해서 배열되는 것을 막음으로써 상온에서 액체 상태로 존재하게 만든다.

지방의 특성에 변화를 가져온다. 이러한 변화는 지방의 녹는점에 영향을 끼쳐서 상온에서 고체 지방인지 액체 지방인지를 결정하는 요인이 된다. 다중불포화 지방산을 포함하고 있는 지방은 지방산 사슬이 2중결합 부위에서 구부러져 지방산 사슬들이 서로 간에 가깝게 배열되는 것을 막기 때문에 녹는점이 낮아진다. 따라서 식용유 같은 대부분의 불포화지방산은 상온에서 액체이다.

생명체들은 지방 이외에도 많은 종류의 지질을 가지고 있다 **(그림 3.26)**. **테르펜**(*terpene*)은 긴 사슬로 된 지질로서 엽록소나 시각 색소인 레티날 등의 생물학적으로 중요한 많은 색소의 구성성분이다. 고무 역시 테르펜이다. 또 다른 종류의 지질인 **스테로이드**(*steroid*)는 4개의 탄소 고리 구조로 되어 있다. 대부분의 동물세포막은 스테로이드 콜레스테롤을 포함하고 있다. 테스토스테론(testosterone)과 에스트로겐(estrogen)은 다세포 동물에서 호르몬으로 작용하는 스테로이드이다. **프로스타글란딘**(*prostaglandin*)은 약 20여 가지의 변형된 지방산들로 이루어진 지질로서, 두 개의 비극성 사슬 꼬리가 5탄당 고리에 결합된 구조를 가지고 있다. 프로스타글라딘은 여러 척추동물 조직에서 국소적 화학 신호전달에 사용된다. 이 책의 뒷부분 장들에서 이들 복잡한 구조의 지방산들 일부의 기능에 대해 탐구할 것이다.

지방은 훌륭한 에너지 저장 분자이다

대부분의 지방은 40개 이상의 탄소 원소를 가지고 있다. C-H 결합에 저장되는 에너지의 효율은 지방이 탄수화물보다 두 배 이상으로 높아서(3.2절 참조) 지방은 화학에너지 저장에 가장 적합한 분자이다. 평균적으로 지방은 그램 당 약 9 Kcal의 화학 에너지를 만들어 내는 반면 탄수화물은 약 4 Kcal 정도를 만들어낸다.

동물이 만들어내는 대부분의 지방은 포화지방산인 반면 (일부 생선 기름을 제외하면) 식물이 만들어내는 지방은 대부분이 불포화지방산이다. 열대 식물 기름인 사탕수수나 코코넛 기름 등은 예외로서, 비록 상온에서 액체 상태임에도 불구하고 포화지방산이다. 기름은 수소를 화학적으로 넣음으로써 고체화된 지방으로 전환이 가능하다. 대부분의 땅콩버터는 땅콩 지방을 고체화시키기 위해 인공적으로 수소를 첨가한 것이다. 이로서 땅콩버터 병이 상점의 진열대에 놓였을 때 기름이 분리되는 것을 막을 수 있다. 그러나 인공적으르 수소를 첨가한 불포화 지방은 앞서 설명했던 트랜스 지방산을 발생시킨다.

동물은 소비하고 남은 탄수화물을 글리코겐이나 지방으로 전환하여 나중을 위해 저장한다. 선진국의 많은 사람들이 나이가 들어감에 따라 체중이 늘어나는 이유는 나이가 들어가면서 필요한 에너지의 양은 줄어들지만 그들이 먹는 음식의 양은 줄어들지 않기 때문이다. 따라서 섭취된 음식물 중 늘어난 만큼의 탄수화물은 지방으로 전환된다.

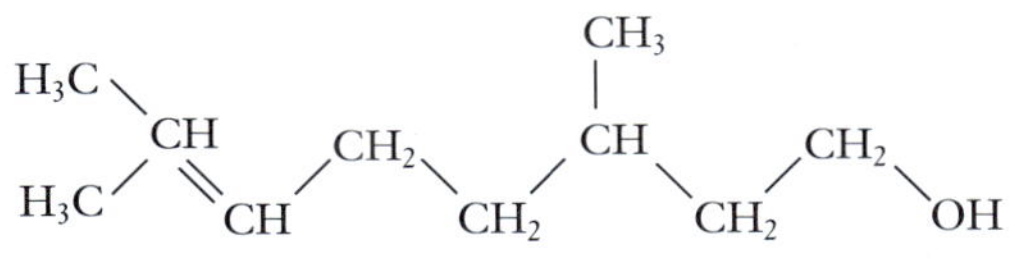

a. 테르펜 (시트로넬롤)

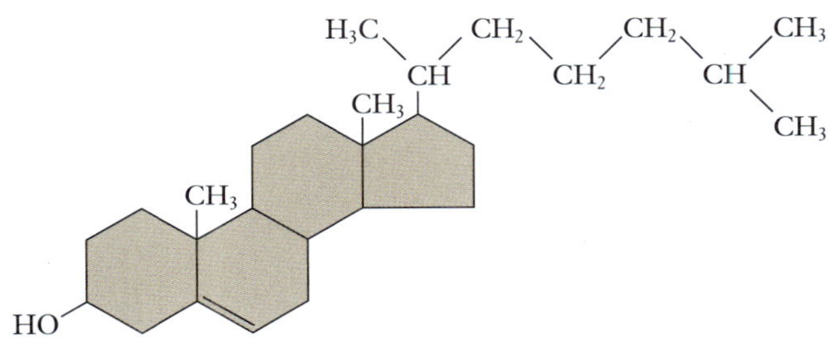

b. 스테로이드 (콜레스테롤)

그림 3.26 다른 종류의 지질들. **a.** 테르펜은 엽록소와 레티날과 같은 생물학적 색소에서 발견되고, **b.** 스테로이드는 세포막에 중요한 역할을 하고 화학적 신호전달에 관련된 호르몬의 한 종류로 사용된다.

인지질은 세포막을 형성한다

학습목표 3.5.2 생물학적 세포막이 어떻게 해서 자발적으로 지질2중층을 형성하는지 설명하라.

인지질(phospholipid)이라 부르는 복잡한 지질 구조는 모든 생체막의 핵심을 구성하기 때문에 세포의 가장 중요한 분자 중의 하나이다. 각각의 인지질은 치환된 형태의 트리글리세리드(triglyceride)로 간주될 수 있다. 트리글리세리드에서 하나의 지방산 대신에 인산기가 글리세롤과 결합되어 있는 형태인 것이다. 인지질의 기본 구조는 세 부분의 소단위로 구성되어 있다:

1. **글리세롤**, 3개의 탄소로 된 알코올로서 각 탄소는 수산기를 가진다. 글리세롤은 지방 분자에서와 마찬가지로 인지질 분자의 골격을 만든다.
2. **지방산**, 길다란 CH_2 그룹(탄화수소 사슬)으로 말단에 카르복실기(-COOH)를 갖는다. 지방의 경우 글리세롤 골격에 3개의 지방산이 결합되어있는 반면 인지질의 경우에는 두 개의 지방산만이 결합되어 있다.
3. **인산기**($-PO_4^{2-}$). 인산기는 글리세롤의 한 쪽 말단에 붙어 있다. 전하를 띠는 인산기는 보통 콜린(choline), 에탄올아민(ethanolamine) 혹은 아미노산 종류인 세린(serine)과 같이 전하를 가진 유기 분자와 결합한다.

인지질 분자는 한 쪽 끝에 극성인 "머리"(인산기)를 갖고, 다른 쪽의 끝에는 매우 비극성인 두 개의 긴 "꼬리"를 갖는다**(그림 3.27)**. 얼핏 보기엔 모순적으로 보이는 이러한 2중적인 구조는 인지질 특별한 기능 수행에 매우 중요하다. 어떤 경우에 특정 분자가 물에 잘 용해되는 특성과 용해되지 않는 특성을 동시에 필요로 할까? 생체막의 형성과정은 이러한 2중 구조의 독특한 특성을 잘 보여준다.

물에서, 비극성 꼬리는 물로부터 멀어지려는 성질에 의해 인접된 인지질 분자들 간에 서로 모여 원형 모양의 **마이셀**(*micelle*)을 만든다**(그림 3.28a)**. 이러한 성질은 세제 분자가 기름이 물에 용해될 수 있도록 만드는 방법이다. 기름은 마이셀의 비극성 내부 안으

그림 3.27 인지질의 모식도. 인지질인 포스파티딜콜린 (phosphatidylcholine)을 다음 여러 가지 형태로 표현 하였다. (a) 도식, (b) 화학식, (c) 공간-채움 모형, (d) 생물학적 막을 표현하기 위해 사용되는 아이콘(그림 3.28에서 사용되고 있다).

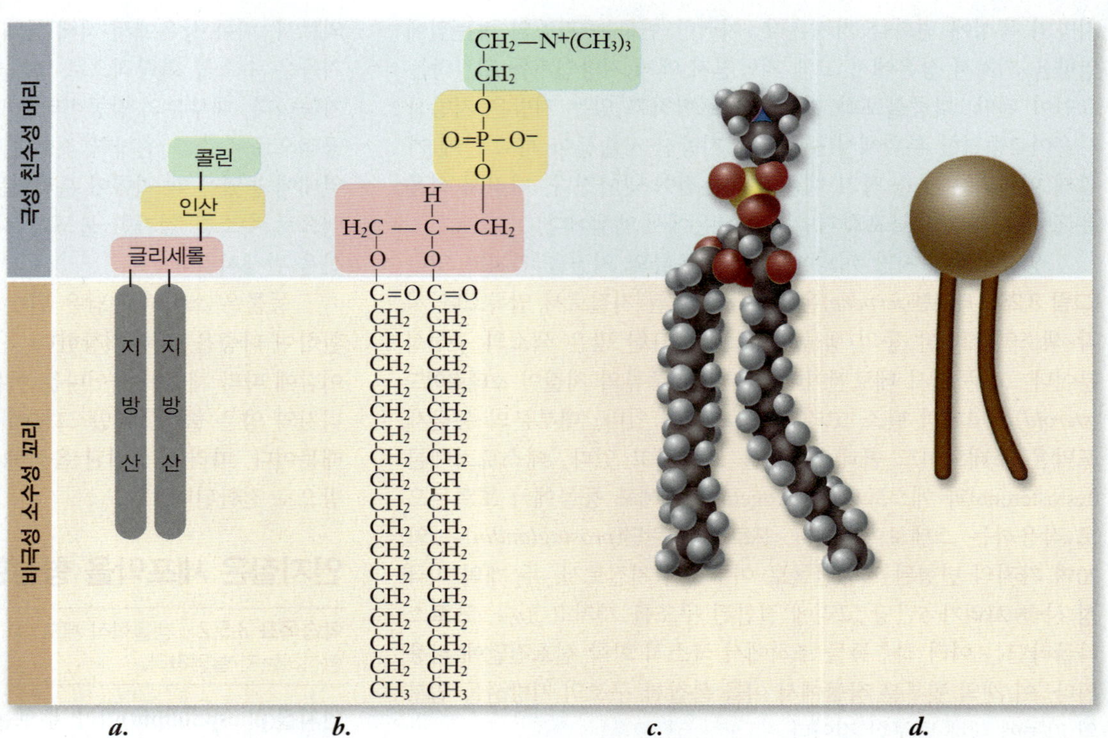

그림 3.28 지질은 물 속에서 자발적으로 마이셀 또는 지질2중층을 형성한다. 물과 같은 환경에서 지질 분자는 방향성을 갖는데 극성(친수성) 머리는 극성 매체 쪽으로 향하고, 비극성(소수성) 꼬리는 물로부터 멀어지려 한다. **a.** 마이셀이라 부르는 작은 방울을 형성할 수 있고 혹은 **b.** 인지질 분자는 그들 간에 두 개의 층으로 정렬할 수 있는데 이를 2중층이라고 부른다.

로 용해될 수 있고, 마이셀의 극성을 띠는 표면은 물에 용해될 수 있다. 인지질에서는 좀더 복잡한 구조가 만들어지는데, 두 개의 막이 2중층을 형성하며 배열되고, 각 층의 소수성 꼬리는 서로를 향하여, 2중층의 내부에 자리잡게 되어 친수성 머리 부위는 바깥쪽을 향하게 되는 구조를 형성한다(그림 3.28b). 지질 2중층은 5장의 주제인 생체막의 기본 골격을 이룬다.

개념 정리 3.5

트리글리세리드는 글리세롤과 연결된 지방산들로 이루어진다. 지방은 탄수화물의 두 배만큼 많은 C–H결합을 가질 수 있고 따라서 지방은 에너지를 저장하는 데 효율적이다. 지방이 가진 길다란 C–H결합은 비극성이기 때문에 지방은 물 속에서 용해되지 않고 서로 모이게 된다. 인지질은 트리글리세리드가 가진 3개의 지방산들 중 하나가 친수성 인산기로 치환된 것으로, 이러한 특성이 자발적으로 생체막의 기반인 2중층을 형성하게끔 만들어 준다.

- 트리글리세리드는 물에서 불용성의 작은 방울을 만드는 반면 인지질은 왜 막을 형성하는가?

pH가 어떻게 단백질의 기능에 영향을 줄까?

오른쪽에서 사진의 적혈구는 우리들 몸의 모든 곳으로 산소를 운반하는 역할을 한다. 이 세포는 붉은색인데 헤모글로빈이라 부르는 크고 철이 풍부한 단백질로 가득 차 있기 때문이다. 각각의 헤모글로빈 분자 안에 있는 철 원자들은 산소 기체 분자가 단백질에 결합할 수 있는 자리를 제공한다. 산소의 농도가 높을 때는(폐에서), 산소 원자는 헤모글로빈과 단단하게 결합하고, 대부븐의 세포 내 헤모글로빈 분자들은 산소원자와 결합한다. 산소의 농도가 낮아지면(몸의 조직 등에서), 헤모글로빈과 산소 원자의 결합력이 약해지고 그 결과 헤모글로빈은 조직으로 산소를 방출한다. 헤모글로빈이 어떤 작용으로 폐와 조직 사이에 산소를 싣고 내리는 차이를 만들어 내는 것일까? 산소 농도만이 이를 조절하는 주요 원인은 아니다. 단백질의 기능은 pH에 의해 영향을 받는다. 예를 들어, 폐와 체내 조직 사이에서 혈액의 pH 또한 다르다. 조직은 폐에 비해 약간 더 산성이다(이 말은 조직이 좀 더 많은 수소 이온을 가지고 있고 pH가 낮다는 걸 의미한다). 조직은 대사 활동 부산물인 CO_2를 혈액 속으로 방출한다. CO_2는 빠르게 탄산(carbonic acid)으로 전환되어 pH를 낮춘다.

오른쪽에 보이는 그래프는 소위 말하는 산소와 헤모글로빈의 해리곡선을 나타낸다. 이런 일반적인 유형의 곡선은 어떤 두 종류의 반응물의 결합력과 반응물 농도와의 상관관계를 흔히 나타낸다. 이러한 그래프는 효소와 기질의 결합을 분석하거나 신호전달 물질이 수용체에 결합하는 것을 분석하기 위해서도 사용된다. 여기에서는, 헤모글로빈의 산소와의 결합은 산소 농도에 비례하고, 따라서 x축은 산소의 농도이고, y축은 산소 농도가 증가함에 따라 변화하는 산소와 결합한 헤모글로빈의 비율을 나타낸다. 산소 농도가 증가함에 따라서 더 많은 산소가 헤모글로빈에 결합하고 이는 헤모글로빈이 산소로 포화될 때까지(100% 결합) 계속된다. 이 그래프는 휴식 상태, 운동 중, 그리고 매우 활동적인 세 가지 상태의 근육 조직에서 각각 예상되는 혈액의 pH값(7.6, 7.4, 7.2)에서 헤모글로빈에 결합하는 산소의 양을 나타낸다.

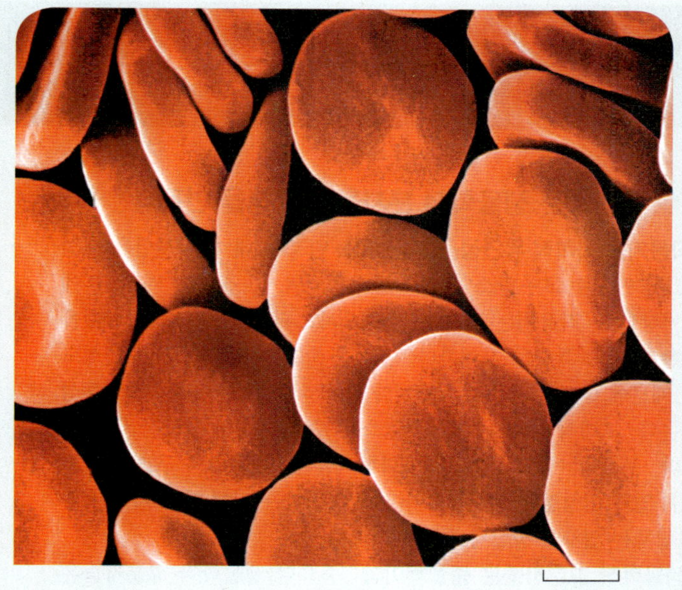

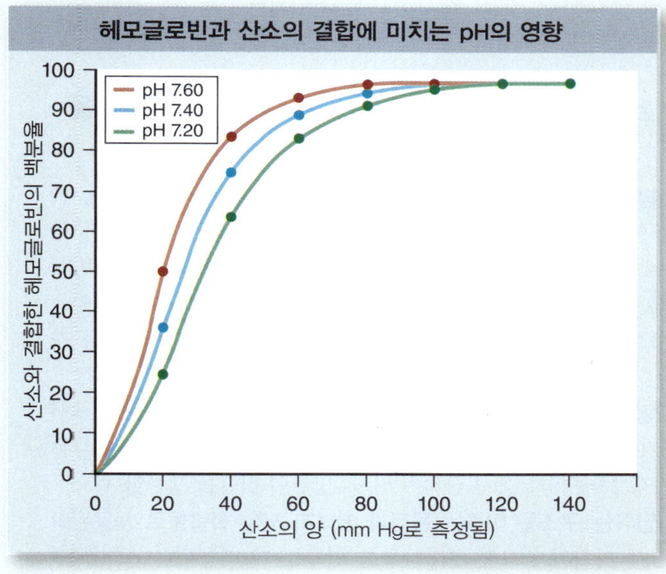

분석

1. **개념 적용** 3가지의 pH값 중에서 어느 것이 수소이온 농도가 가장 높은 것을 나타내는가? 이 값이 다른 두 가의 값보다 더 산성을 띠는가 혹은 더 염기성을 띠는가? 헤모글로빈 포화와 산소 농도의 관계는 선형 비례(linear)인가?
2. **자료 해석** 각 pH 조건에서 산소와 포화상태 결합을 이룬 헤모글로빈의 비율은 어떠한가? 20 mm Hg 산소 분압에서는 어떠한가? 40 mm Hg 과 60 mm Hg는 또 어떠한가?
3. **추론** 40 mm Hg 산소 분압에서, pH값이 7.6 일 때 7.0 보다 더 많은 산소가 헤모글로빈과 결합하는가?
4. **결론 도출** 어떻게 pH가 헤모글로빈으로부터 산소의 방출에 영향을 미치는가?

학습 과정 복습

개념 3.1 탄소는 생물학적 분자들의 골격을 만든다

3.1.1 작용기는 화학적 유연성을 제공한다 탄소는 네 개의 결합을 형성할 수 있다. 탄화수소는 탄소와 수소로 구성되며, 이 결합은 꽤 많은 에너지를 저장한다. 작용기는 작은 분자 독립체로써 탄화수소에 결합했을 때 특별한 화학적 특성을 부여한다. 탄소와 수소는 비슷한 전기 음성도를 갖기 때문에 C-H 결합은 비극성이다. 산소와 질소는 높은 전기 음성도를 갖는다. 그래서 산소나 질소와 탄소나 수소 사이의 결합은 극성 결합이 된다. 구조적 이성질체는 같은 화학식을 갖지만 다른 구조를 갖는 분자이다; 입체 이성질체는 그룹이 어떻게 결합하는 지에 따라 차이가 있다. 거울상체는 입체 이성질체에서 좌우 대칭이다.

3.1.2 생물학적 고분자들은 중합체이다 중요한 생물학적 고분자들은 대부분 중합체로 단위체가 길게 연결된 사슬 구조이다. 생물학적 중합체는 두 개의 단위체에서 물(H 와 OH)이 방출이 되며 만들어진다(탈수 작용). 이들은 물이 더해지면서 분리된다(가수분해).

개념 3.2 탄수화물은 구조분자와 에너지 저장 분자들을 만든다

3.2.1 단당류는 단순한 당이다 탄화수소의 화학식은$(CH_2O)_n$ 이다. 탄화수소는 에너지 저장뿐 아니라 구조적인 분자로 사용된다. 간단한 당은 세 개에서 6개 혹은 그 이상의 탄소 원자로 되어있다. 6탄당의 일반적인 화학식은 $C_6H_{12}O_6$이고 많은 이성질체 형태가 가능하다. 생명 시스템은 종종 이성질체를 하나의 형태에서 다른 형태로 바꿀 수 있는 효소를 가진다.

3.2.2 2당류는 운반에 적합한 당이다 식물은 당을 그들의 몸 내에서 이동시키기 위해 포도당을 2당류인 자당으로 전환시킨다. 암컷 포유류는 그들의 자식에게 영양분을 공급하기 위해 2당류인 젖당을 생산한다.

3.2.3 다당류는 구조를 이루는 물질과 에너지 저장 화합물로 사용된다 포도당은 세 가지의 중요한 중합체들을 만드는 데 사용된다: 글리코겐(동물), 그리고 녹말과 섬유소(식물). 키틴은 절지동물과 여러 곰팡이에서 발견되는 구조 골격을 이루는 물질이다.

개념 3.3 단백질은 세포의 도구이다

3.3.1 단백질은 다양한 기능을 갖는다 대부분의 효소들은 단백질이다. 단백질은 여러 기능을 담당하는데 방어, 운반, 움직임과 조절 등이 그 예들이다.

3.3.2 단백질은 아미노산의 중합체이다 20개의 일반적인 아미노산은 폴리펩티드를 만드는 펩티드 결합에 의해 연결된다. 독특한 R 그룹은 아미노산들의 특성을 결정한다.

3.3.3 단백질의 구조에는 4개의 단계가 있다 단백질 구조는 다음의 단계로 정의된다: 1차(아미노산 순서), 2차(수소결합 패턴), 3차(입체적인 접힘) 그리고 4차(두 가지 혹은 그 이상의 폴리펩티드 사이의 결합)

3.3.4 모티프와 도메인이 2차구조를 구성한다 모티프는 연관이 없는 단백질들에서 발견되는 비슷한 구조적 요소이다. 도메인은 3차 구조 내에서 기능을 가진 소단위 혹은 부위를 말한다.

3.3.5 단백질이 접히는 과정은 샤페론 단백질에 의존한다 샤페론 단백질은 단백질의 접힘을 돕는다. 열충격 단백질은 샤페론 단백질의 예로 들 수 있다.

3.3.6 단백질 구조는 환경변화에 의해 손상될 수 있다 온도, pH, 염분의 농도 등과 같은 환경의 변화는 단백질을 변성시킬 수 있는데 이는 단백질의 구조를 유지하고 있는 힘들을 약화시키기 때문이다. 일부 단백질들은 원래의 환경으로 돌아오면 본래 가진 구조를 회복할 수 있다. 이는 아미노산 순서가 단백질의 구조에 매우 큰 영향을 준다는 것을 보여주는 것이다.

개념 3.4 핵산은 유전정보를 저장하고 발현한다

3.4.1 세포의 정보를 담고 있는 분자는 긴 뉴클레오티드 사슬이다 디옥시리보핵산(DNA)과 리보핵산(RNA)은 뉴클레오티드 단위체로 이루어진 중합체이다. 세포는 정보의 저장과 전달을 위해 핵산을 이용한다. 핵산은 네 가지의 다른 뉴클레오티드 염기를 가지고 있다. DNA의 경우는 아데닌, 구아닌, 시토신과 티민이고 RNA는 티민 대신에 우라실을 갖는다.

3.4.2 DNA는 유전정보를 저장한다 DNA는 특정한 염기 분자 쌍들로 이루어진 2중 나선형으로 존재한다: 아데닌은 티민과 쌍을 이루고 구아닌은 시토신과 쌍을 이룬다. 핵산 염기순서는 유전자 암호를 구성한다.

3.4.3 RNA는 세포에서 많은 역할을 한다 RNA는 DNA의 복제로 만들어진다. mRNA는 정보로 이용되며, tRNA는 아미노산과 mRNA와 상호작용하고, rRNA는 리보솜의 일부이다. RNA의 다른 형태는 유전자 발현에 관련 있다.

3.4.4 다른 뉴클레오티드들은 에너지 반응의 필수 요소이다 아데노신3인산(ATP)은 세포에 에너지를 제공한다; NAD^+와 FAD는 세포의 여러 반응에서 전자를 운반한다.

개념 3.5 소수성 지질은 지방과 세포막을 만든다

3.5.1 지방은 글리세롤에 부착된 지방산으로 구성된다 지질은 높은 비율의 비극성 C-H결합을 가지기 때문에 물에서 용해되지 않는다. 지방은 에너지 저장에 적합한 분자들이다.

3.5.2 인지질은 세포막을 형성한다 인지질은 글리세롤에 연결된 두 개의 지방산과 하나의 인산으로 구성되어있다. 인지질 2중층 막에서, 인산 머리는 친수성이고 막의 양쪽 면에서 서로 모이고, 소수성 꼬리는 막의 중간에 위치한다.

학습 과정 평가

개념 3.1 탄소는 생물학적 분자들의 골격을 만든다

이해

1. 네 종류의 유기 분자는
   a. 수산기, 카르복실기, 아미노, 인산
   b. 단백질, 탄수화물, 지질, 핵산
   c. DNA, RNA, 당, 아미노산
   d. 탄소, 수소, 산소, 질소
2. 다음 중 수산기는 어느 것인가?
   a. −OH
   b. $-CH_2$
   c. −C=O
   d. $-NH_2$

응용

1. 다음의 작용기 중 어떤 것이 탄화수소에 더해졌을 때 물에 용해성을 갖지 않게 만드는가?
   a. 메틸기
   b. 아미노기
   c. 술피드릴기(sulfhydryl group)
   d. 위의 모든 것은 용해성을 갖게 한다.
2. 녹말은 식물에서 발견되는 탄수화물 중합체이다. 녹말을 만드는 화학반응은
   a. 가수분해 반응이다.
   b. 물을 이용한다.
   c. 단백질과 지질을 만드는 반응과 같다.
   d. 앞의 답 모두.

종합

1. 생물이 기본적으로 D형 당을 가지고 있으면서도 왜 L형의 아미노산을 갖는다고 생각하는가? 왜 같은 경상체 형태가 아닌가?

개념 3.2 탄수화물은 구조분자와 에너지 저장 분자들을 만든다

이해

1. 동물과 식물 모두 2당류를 다음을 위해 사용된다
   a. 에너지를 저장을 위해
   b. 당을 운반하기 위해
   c. 구조물로서 도움을 제공하기 위해
   d. 다당류를 분해하기 위해
2. 식물 세포는 에너지를 ____________형태로 저장하고, 동물 세포는 에너지를 ____________ 형태로 저장한다.
   a. 과당; 포도당
   b. 2당류; 단당류
   c. 섬유소; 키틴
   d. 녹말; 글리코겐
3. 소는 음식 자원으로써 섬유소를 사용하지만 왜 인간은 그렇지 못하는가?
   a. 소는 α−(1→4) 결합을 분해할 수 있는 효소를 만들어 낼 수 있다.
   b. 소는 소화계 내에 섬유소의 포도당 단위체들 간의 결합을 분해할 수 있는 공생미생물을 가지고 있다.
   c. 소는 침 안에 다량의 녹말 분해 효소를 가지고 있다.
   d. 소의 넓은 이빨은 기계적으로 섬유소를 잘게 부술 수 있게 한다.

응용

1. 인간이 식물성 저장 탄수화물을 소비하는 경우, 아밀라아제라는 효소를 이용하여 분해한다. 아밀라아제는 ____________을 포도당 단위체로 분해할 수 있는데 이 경우 ____________의 과정을 거친다
   a. 녹말; 가수분해
   b. 글리코겐; 탈수
   c. 섬유소; 탈수
   d. 녹말과 섬유소; 가수분해

종합

1. 식물은 녹말과 섬유소를 만든다. 당신은 녹말을 합성하는 데 관련된 효소가 섬유소의 합성에도 또한 사용될 수 있다고 예측하는가? 이를 설명하기 위해 효소와 효소에 의해 합성된 중합체의 구조와 기능을 토대로 한 논의를 구상해 보시오.

개념 3.3 단백질은 세포의 도구이다

이해

1. 아미노산의 어느 부분이 전반적인 단백질의 구조에 가장 큰 영향을 미치는가?
   a. 아미노기 b. R 그룹
   c. 카르복실기 d. a와 c 둘 다
2. 아미노산은 단백질을 형성하기 위해 ____________로 연결되어있다.
   a. 2황화 다리 b. 소수성 배제
   c. 펩티드결합 d. 수소결합
3. 단백질의 4차구조는
   a. 단백질의 아미노 말단 끝부분으로부터 시작되는 처음 4개의 아미노산이다.
   b. α나선 혹은 β병풍구조로의 폴리펩티드 사슬로 구성된다.
   c. 완전히 접힌 폴리펩티드가 만들어내는 특유의 3차구조이다.
   d. 두 개 혹은 그 이상의 폴리펩티드 소단위들이 뭉쳐져서 만드는 전체의 단백질 구조이다.
4. 모티프와 도메인의 차이는
   a. 기능적인 구역을 형성하는 것으로 볼 때 모티프가 더 크다.
   b. 기능적인 구역을 형성하는 것으로 볼 때 도메인이 더 크다.
   c. 모티프는 3차구조에 영향을 주는 반면, 도메인은 그렇지 않다.
   d. 도메인은 병풍구조와 튜브 형태를 만들고 반면 모티프는 나선 형태를 만든다.

응용

1. 다음 중 헤모글로빈과 같은 단백질의 내부에서 존재할 것이라고 예상되지 않는 아미노산은?
   a. 알라닌　　b. 류신
   c. 발린　　d. 세린
2. 단백질에서 글리신이 히스티딘으로 바뀌었다. 이것은 다음을 의미한다
   a. 단백질의 1차구조는 항상 바뀌지만, 3차구조나 기능은 절대 바뀌지 않는다.
   b. 때때로 단백질의 1차구조를 변화시키고 이는 항상 3차 구조에 영향을 미치고, 가끔 기능에도 영향을 미친다.
   c. 1차구조는 절대 변화 시키지 않고, 2차, 3차 구조와 기능에는 항상 영향을 미친다.
   d. 단백질의 1차 구조는 항상 변화시키고, 가끔씩 4차구조와 기능에 영향을 미친다.
3. 두 개의 서로 연관성이 없는 전혀 다른 단백질들도 최종 단계로 갖는 구조의 한 부분으로서, 동일한 도메인을 가질 수 있다. 이로부터 우리는 무엇을 추론할 수 있는가?
   a. 같은 1차구조　　b. 비슷한 기능
   c. 매우 다른 기능　　d. 같은 1차구조이지만 다른 역할

종합

1. 만약 단백질의 1차구조가 전적으로 4차구조와 기능을 이끌어낸다면, 단백질이 올바르게 접는 것에 왜 샤페론이 필요한가?

개념 3.4 핵산은 유전정보를 저장하고 발현한다

이해

1. DNA와 RNA 중합체는 ___________로 구성되어 있다.
   a. 단당류
   b. 뉴클레오티드
   c. 아미노산
   d. 지방산
2. 다음 중 어느 것이 RNA가 아닌 DNA에서만 발견되는가?
   a. 리보오스, 티민, 아데닌, 구아닌, 시토신
   b. 5'인산과 3'수산기 말단
   c. 디옥시리보오스와 티민
   d. 5탄당과 질소함유염기
3. ATP는
   a. 구조의 일 부분으로 뉴클레오티드인 티민을 포함한다.
   b. 세 개의 인산기들 간에 화학결합으로 에너지를 저장한다.
   c. 화학적 에너지를 저장하는 전자를 운반한다.
   d. 위의 것 모두에 해당함.
4. RNA는
   a. 세포의 핵 안에 유전적인 정보를 저장하는 역할을 한다.
   b. 세포의 핵 안에서만 발견된다.
   c. 일반적으로 2중 나선 구조이다.
   d. 효소로서의 역할을 할 수 있다.

응용

1. 두 개의 인접한 물 분자에 대해서, α-나선 그리고 상보적인 DNA의 두 가닥은 유사하다. 이유는 그들이 다음의 공통점이 있기 때문이다.
   a. 수소결합에 의해 서로 결합하거나 안정화 된다는 점.
   b. 고분자라는 점
   c. 친수성이라는 점
   d. 모두가 탈수 반응에 의해 결합한다는 점

종합

1. 모든 가능한 DNA 뉴클레오티드 순서 중에서, DNA 2중나선이 어떤 염기 쌍으로 된 염기 순서일 때 열을 가해서 단일가닥으로 분리되기 가장 쉬운가? 왜 당신은 이 염기순서를 선택했는가?

개념 3.5 소수성 지질은 지방과 세포막을 만든다

이해

1. 트리글리세리드는 _____________이고, _____________로 구성된다.
   a. 지질; 지방산과 포도당　　b. 지질; 지방산과 글리세롤
   c. 탄수화물; 지방산　　d. 지질; 콜레스테롤
2. 트리글리세리드, 스테롤, 테르펜은 모두 지질이다. 왜냐하면
   a. 이들 모두 소수성이기 때문이다.
   b. 이들 모두 양친매성(amphipathic)이기 때문이다.
   c. 이들 모두 에너지 저장 분자이기 때문이다.
   d. 이들 모두 탈수 반응에 의해 합성되기 때문이다.

응용

1. 지질의 어떤 화학적인 특성이 물 속에서 지질이 불용성이 되게 만드는가?
   a. 지방산의 COOH기
   b. 다량의 비극성 C−H결합
   c. 포화 지방산 사슬의 가지치기
   d. 불포화 지방산에서 발견되는 C=C 결합
2. 식물성 기름의 부분적인 수소화는 다음 중 어떤 결과를 가져오는가?
   a. 기름이 상온에서 더 고체화 된다.
   b. 기름에 2중결합들을 추가한다
   c. 지방산에서 트랜스 2중결합을 만든다
   d. a와 c

종합

1. 북극 어류의 세포막은 낮은 온도에서 유동을 유지해야 한다. 이 어류들이 가지고 있는 인지질 중에 포화지방산 비율이 높을 것으로 생각하는가 아니면 혹은 불포화지방산의 비율이 높을 것으로 생각하는가? 또한 지방산이 길 것이라고 생각하는가 아니면 짧을 것이라고 생각하는? 이유를 설명하시오.

개념 연결하기: 1부 생명의 분자적 기초

생명과학분야는 방대한 태피스트리(큰 카펫의 패턴과 같이 복잡하게 짜놓은 그림)를 형성하므로 얼마나 많은 연동되는 조각들이 모여서 전체 그림을 만드는지를 한 눈에 보기는 어렵다. 따라서 개념을 일원화시키는 과정이 많은 복잡한 생각들이나 접근들로부터 생물학이라는 과학을 완성시키기 위한 도움이 된다. 과학자들은 예전부터 복잡한 시스템을 이해하기 위한 선행과정으로 시스템을 각 파트 별로 분해하는 일을 먼저 수행하였다. 이로서 발생한 문제는 조각난 부분들을 큰 그림으로 복원하기 어렵다는 것이고, 이들 모두가 어떻게 연결이 되어 있는지는 결국 의문으로 남겨지게 된다. 여기에 소개되는 개념들을 연결하는 과정은 독자로 하여금 그러한 연결들을 만들어 나가는 데 도움을 주려는 의도로 제작되었다. 그림에서 톱니바퀴들은 주요한 일원화된 개념들을 보여준다. 톱니바퀴의 각 톱니들은 다음 단계의 자세한 설명을 위한 개념들을 정리해준다. 네모난 말 풍선들은 추가적인 설명을 담고 있고 일원화된 개념들과 어떻게 관련되어 있는지를 명확하게 해준다. 여러 개의 톱니바퀴들은 어떻게 주요한 생물학적 개념들이 서로 연관되어 있는지를 표현해준다.

생물학적 구조의 변화가 생물학적 기능을 바꿀 수 있기 때문에, 진화의 과정이 가능해졌고 따라서 지구상에서 우리가 볼 수 있는 다양한 생명체를 만들어낼 수 있었다. 예를 들어 DNA의 변화는 다른 기능을 가진 다른 생물분자들의 변화를 이끌어 낸다. 변화된 분자들은 생명체로 하여금 특정 주어진 환경에서 더 높은 혹은 더 낮은 적응, 생존, 그리고 생식 능력을 갖게 만든다. 결국 생물학적 시스템의 구성은 모든 단계에서 시스템을 통한 에너지의 흐름에 좌우된다.

- 공유결합은 원자가 제일 바깥쪽에 전자 층을 채우고자 전자를 공유할 때 형성이 된다.
- 전자의 균등한 분배는 비극성 분자들을 만들고 비 균등 분배는 극성 분자들을 만든다
- 물 분자들은 극성이어서 수소결합을 한다
- 탄소 원자를 둘레로 전자가 균등 분배가 되어서 분자들의 넓은 배열을 형성한다.

- 물의 극성은 이온성 그리고 극성 화합물을 물에 용해하게 하고 소수성 분자들을 물에 불용성으로 만든다.
- 물의 수소결합은 소수성 배제를 통해 비극성 분자들을 조직화한다
- 물은 수소결합을 통해서 열을 지니고 있을 수 있다. 일부 생명체는 물을 소비 하는 과정을 조절하면서 높은 체내 온도를 유지할 수 있다.

- 제한된 수의 탄소 기반 단위체들을 구성 단위로 해서 비교적 상당량의 다양한 생물분자들이 만들어진다.
- 기능기들은 분자들에게 화학적 성질을 제공한다.
- 식물의 녹말과 동물의 글리코겐은 에너지를 저장하는 역할을 하고, 구조로 보면 길고 가지를 갖는 다당류이며 불용성이다.
- 수소결합은 DNA가 2중 나선구조를 유지하게 만들고, 수소결합을 끊으면 DNA 가닥이 서로 분리가 된다.
- 물 안에서 지질의 자발적인 조합으로 생물학적 막 구조를 만들어낸다.

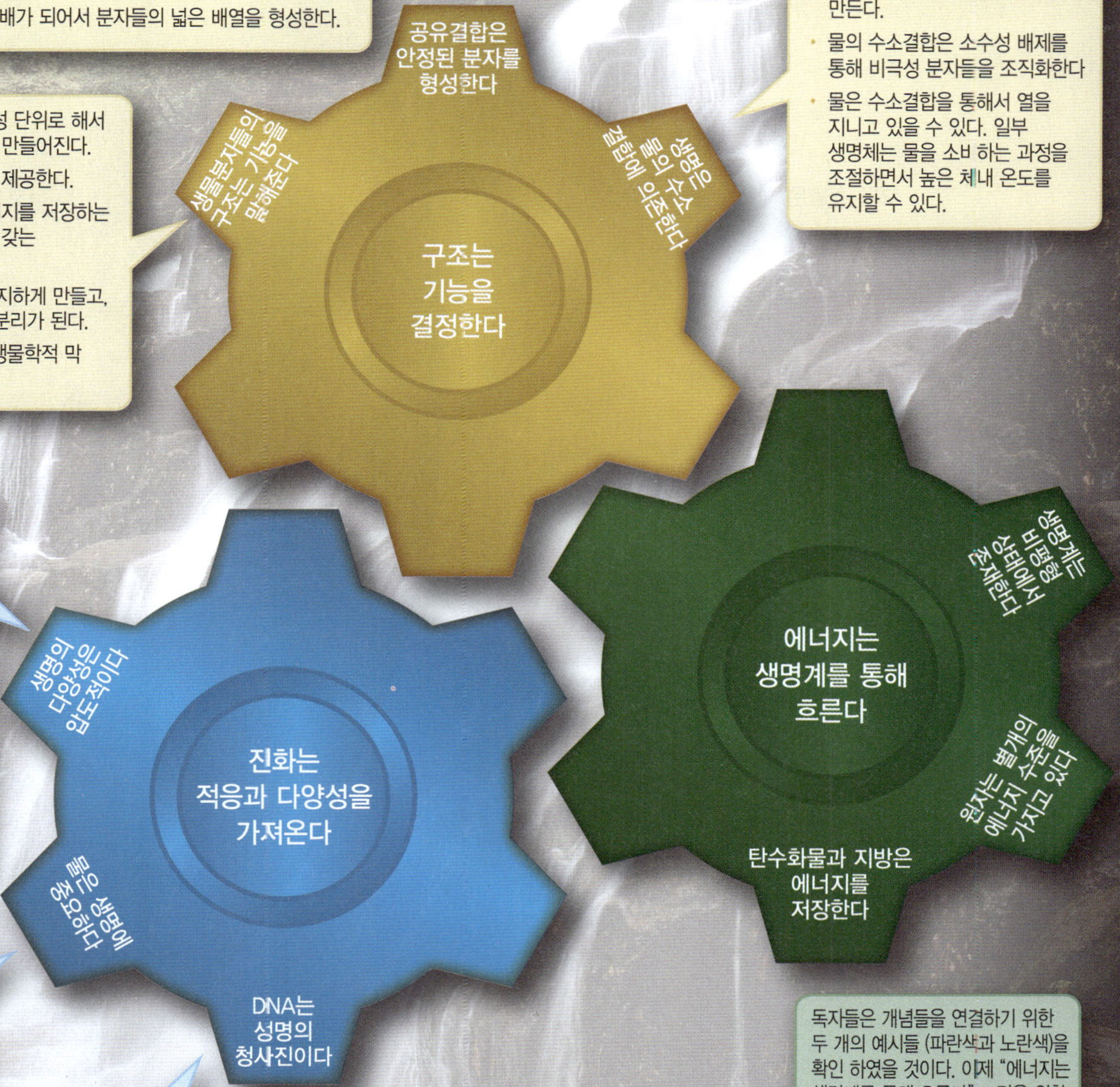

구조는 기능을 결정한다

공유결합은 안정된 분자를 형성한다

생명은 물의 수소 결합에 의존한다

생물분자들의 구조는 기능을 말해준다

- 생명의 다양성은 DNA 염기순서의 변화에서 시작되며 진화적인 변화를 야기한다.
- 진화는 놀라울 정도의 생명의 다양성을 만들어낸다. 이는 박테리아와 같은 단세포 생물에서부터 식물과 동물과 같은 다세포 생물까지 다양하다.
- 형태 및 분자적 특징을 기초로 생물은 단세포생물들의 두 개 역과 보다 복잡한 단세포나 다세포생물들로 구성되는 세 번째 역으로 분류된다.

진화는 적응과 다양성을 가져온다

생명의 다양성은 압도적이다

물은 생명에 중요하다

DNA는 성명의 청사진이다

에너지는 생명계를 통해 흐른다

생명계는 비평형 상태에서 존재한다

원자는 별개의 에너지 수준을 가지고 있다

탄수화물과 지방은 에너지를 저장한다

- 물은 유기 분자들의 상호 작용을 위한 매개체를 제공한다.
- 생명은 육상으로 진출하기 전에 물에서 진화되었고 다양화되었다.
- 대략 모든 생명체의 2/3 정도가 물로 이루어져 있다.
- 지구의 다양성은 부분적으로는 물을 보존하기 위한 생명체의 적응력에 기인한다.

- DNA에 저장된 유전정보는 모든 생명체에 대해 유사하다
- DNA 염기순서는 세포가 어떻게 생기고 기능하는지를 특정화 시킨다.
- DNA는 생명이 시작된 이후로 세대를 거치면서 복제되고 유전되었다.
- DNA 돌연변이는 자연선택을 일으키는 유전적 변이의 원동력이다
- DNA의 보편적인 성질은 모든 생명이 같은 생명기원 사건들에 의해 진화된 것을 말해준다.

독자들은 개념들을 연결하기 위한 두 개의 예시들 (파란색과 노란색)을 확인 하였을 것이다. 이제 "에너지는 생명계를 통해 흐른다"= 것을 위한 보충설명을 제공된 개념들을 이용해서 채워보자.

4 세포의 구조

학습과정

서론

모든 생물은 세포로 구성되어 있다. 나비의 그물 같은 날개뿐 아니라 눈의 반짝이는 외부 막의 경우 얇은 한 장의 세포들로 이루어진 판 구조를 가지고 있다. 햄버거나 토마토 역시 세포들로 이루어져 있으며, 이들의 구성성분이 당신을 이루는 세포의 부분이 된다. 어떤 생물의 경우 너무 작은 하나의 세포로 이루어져 있기 때문에 맨눈으로는 관찰할 수 없다. 인간과 같은 생물의 경우, 여기에 보이는 화려한 형광현미경사진의 주인공인 섬유모세포들을 포함한 많은 특화된 세포들로 구성되어 있다. 세포들은 모든 생물을 이루는 부분으로서 세포로 이루어지지 않은 생물은 상상할 수도 없다. 이 장에서는 세포의 내부 구조에 대해 좀 더 자세히 알아볼 것이다. 그리고 이어지는 6개의 장에서는 세포의 기능, 즉 어떻게 그들이 외부 환경과 소통하며, 생장하며, 생식하는지에 대해서 집중적으로 알아볼 것이다.

4.1 모든 생물은 세포로 구성된다

모든 생물은 세포들로 구성되어 있는데, 세포의 대부분은 그 크기가 너무 작기 때문에 육안으로는 확인하기 힘들다. 몇 가지 예외가 존재하지만, 보통 진핵세포의 경우 직경 10~100 ㎛(마이크로미터) 정도인 반면, 대부분의 원핵세포들은 1~10 ㎛ 에 불과하다.

세포설은 생물학을 통합하는 토대가 된다

학습목표 4.1.1 세포설의 세 가지 원리에 대하여 논하라.

세포는 너무 작기 때문에 17세기에 현미경이 발명되기 전까지 발견되지 못하였다. 훅(Robert Hooke)은 1665년에 처음 세포를 관찰하고 이를 라틴어로 "작은 방"이라는 의미를 가진 cellulae라고 명명하였고, 이후 cell(세포)이라는 용어로 정착되었다. 또 다른 현미경학자인 레벤후크(Anton Van Leeuwenhoek) 역시 세포를 처음 관찰하고 작은 동물이라는 의미를 가진 "animalcules"라고 명명하였다. 이러한 최초의 발견 이후 거의 150년이 지나서야 생물학자들은 세포의 중요성을 제대로 이해하기 시작하였다. 1838년 식물학자인 슐라이덴(Matthias Schleiden)은 모든 식물은 "각각 독립적이고 개별적이며 분리된 존재, 즉 세포라는 것들의 집합체"라고 언급하였다. 1839년 슈반(Theodor Schwann)은 모든 동물의 조직은 개별적인 세포들로 구성되어 있다고 보고하였으며, 이를 통해 세포설이 탄생되었다.

세포설은 생물이 세포로 이루어져 있다는 관찰을 바탕으로 발전되었다. 비록 간단해 보이지만 세포설은 생명의 조직에 대한 매우 심오한 기술이라 볼 수 있다. 현대적 관점으로 보면 **세포설(cell theory)**은 다음과 같은 세 가지 원리를 포함하고 있다.

1. 모든 생물은 하나 또는 그 이상의 세포들로 구성되어 있으며, 대사 및 유전의 생명과정은 이들 세포 내에서 이루어진다.
2. 세포는 가장 작은 형태의 생명이며, 모든 생물의 기본 단위이다.
3. 세포는 이미 존재하고 있는 세포의 분열로만 생긴다.

세포는 35억 년 동안 자연스럽게 진화한 것으로 여겨진다. 생물학자들은 어떠한 세포도 자연발생적으로 생기지 못하며, 아마도 현재 지구상에 존재하는 모든 생물은 초기 원시세포로부터 이어진 후손들인 것으로 결론짓고 있다.

세포의 크기는 한계가 존재한다

학습목표 4.1.2 어떻게 부피와 표적적의 비율이 세포의 크기를 제한하는지 알아보자.

대부분의 세포들은 상당히 작다. 왜 그럴까? 그 이유는 세포의 내부와 외부로 물질이 확산하는 과정과 밀접한 관련이 있다. 이러한 확산 속도는 여러 가지 변수에 의해 영향을 받는데 이는 1) 확산이 가능한 표면적, 2) 온도, 3) 확산하는 물질의 농도경사, 그리고 4) 확산이 일어나는 거리이다. 확산 속도는 34장에서 설명되는 픽의 확산법칙(Fick's Law of diffusion)이라는 공식으로 설명된다. 이에 따르면 세포가 커지면서, 세포막 밖에서 안쪽으로 확산하는 데 걸리는 시간이 늘어난다. 이 상황은 곧 커다란 문제점에 봉착하게 되는데 더 큰 세포의 경우 더 많은 거대물질을 생산하고, 이에 따라 더 많은 에너지를 요구하게 되며 또한 더 많은 폐기물을 만들게 된다. 에너지 생산 및 생합성에 필요한 물질들은 세포막을 통해서 이동하게 된다. 대사과정에서 나오는 폐기물은 반드시 제거해야 하며 이 또한 세포막을 통해야만 한다. 이러한 물질들의 이동 속도는 세포막까지의 거리 및 이용 가능한 세포막의 표면적에 반비례하게 된다.

크기가 작은 세포가 갖는 이점은 **표면대용적비(surface-area-to-volume ratio)**라는 것으로 명확해지는데, 세포의 크기가 커질수록 그 부피는 표면적의 증가에 비해 현저히 증가한다. 구형 세포의

그림 4.1 표면대용적비. 세포가 커지면 그 부피는 표면적보다 훨씬 빨리 증가한다. 세포의 반지름이 10배 커지면, 표면적은 100배 증가하지만 부피는 1000배 증가한다. 표면적은 부피의 대사 요구량에 맞게 충분히 커야한다.

세포 반지름 (r)	1 단위	10 단위
표면적 ($4\pi r^2$)	12.57 단위	1257 단위
부피 ($\frac{4}{3}\pi r^3$)	4.189 단위	4189 단위
표면적/부피	3	0.3

경우 표면적은 반지름의 제곱에 비례하는 반면 부피는 반지름의 세제곱에 비례한다. 따라서 만약 세포의 지름이 10배로 커질 경우 면적은 그 100배가 증가하는 반면 부피는 1000배가 커진다(그림 4.1).

세포를 둘러싸고 있는 막은 세포의 기능을 조절하는 핵심적인 역할을 하는데, 그 이유는 세포의 표면이 외부 환경과의 상호작용을 담당하는 곳이며, 이를 통해 세포의 안팎으로 물질이 이동하는 유일한 장소이기 때문이다. 작은 세포는 큰 세포에 비해 같은 단위 부피 당 더 많은 표면적을 가지고 있으며 따라서 물질의 이동이 더 효과적일 수밖에 없다.

물론 모든 세포가 작지만은 않다. 커다란 세포의 경우에는 표면적을 늘리는 구조적 특징을 통해 효율적으로 기능을 발휘한다. 예를 들어, 골격근세포의 경우 하나 이상의 핵을 가지고 있으며 이를 통해 유전물질이 세포 전체로 효과적으로 퍼질 수 있도록 한다. 신경세포의 경우 길고 가는 구조를 가지는데, 어떤 돌기의 경우는 길이가 1미터에 달하기도 한다. 따라서 길지만 가는 구조를 통해 세포의 어떤 부분에서도 세포막까지의 거리는 가깝게 된다. 이러한 이점을 통해 세포의 안과 밖의 교환이 효과적으로 빨리 이루어진다. 이런 이유로 우리 몸의 많은 세포들이 얇은 판과 같은 구조를 지니고 있다.

세포의 표면적을 가장 획기적으로 늘린 세포는 **미세융모**(*microvilli*)라고 불리는 손가락 모양의 돌기구조를 가진 작은창자를 이루는 표피세포이다. 작은창자의 내벽을 이루는 세포들은 미세융모들로 덮여있다.

세포는 현미경을 통하여 관찰할 수 있다

학습목표 4.1.3 생물학자들이 세포를 관찰할 수 있는 방법에 대하여 논하라.

알세포 이외에 맨눈으로 관찰할 수 있는 세포는 그리 많지 않다(그림 4.2). 대부분의 경우 직경 50 ㎛보다 크기가 작으며, 이 문장의 끝의 마침표보다도 훨씬 작다. 눈에 보이지도 않는 작은 크기의 세포를 어떻게 연구할 수 있을까? 이러한 세포를 관찰하기 위해 우리는 기술의 도움이 필요하다.

광학현미경

우리 눈의 한계를 극복할 수 있는 방법 중의 하나는 작은 물체의 배율을 높여서 볼 수 있을 만큼 크게 만드는 것이다. 최신 **광학현미경**(*light microscope*)의 경우 두 개의 확대경(그리고 여러 종류의 교정렌즈)을 이용하여 높은 배율 및 선명성을 가능하게 한다(표 4.1). 첫 번째 렌즈의 경우 관찰하고자 하는 물체의 이미지의 초점을 두 번째 렌즈에 맞추는 역할을 하고, 두 번째 렌즈는 다시 그 이미지를 확대하여 우리 눈의 망막에 초점을 맞게 하는 역할을 한다. 여러 단계마다 몇 개의 렌즈를 사용하여 물체의 이미지를 확대하는 현미경을 **복합현미경**(*compound microscope*)이라 부른다.

전자현미경

아무리 복합현미경을 쓴다고 해도 세포의 내부를 관찰할 수 있을 만큼의 해상력을 제공하지 못한다. 왜 더 많은 렌즈 및 단계를 추

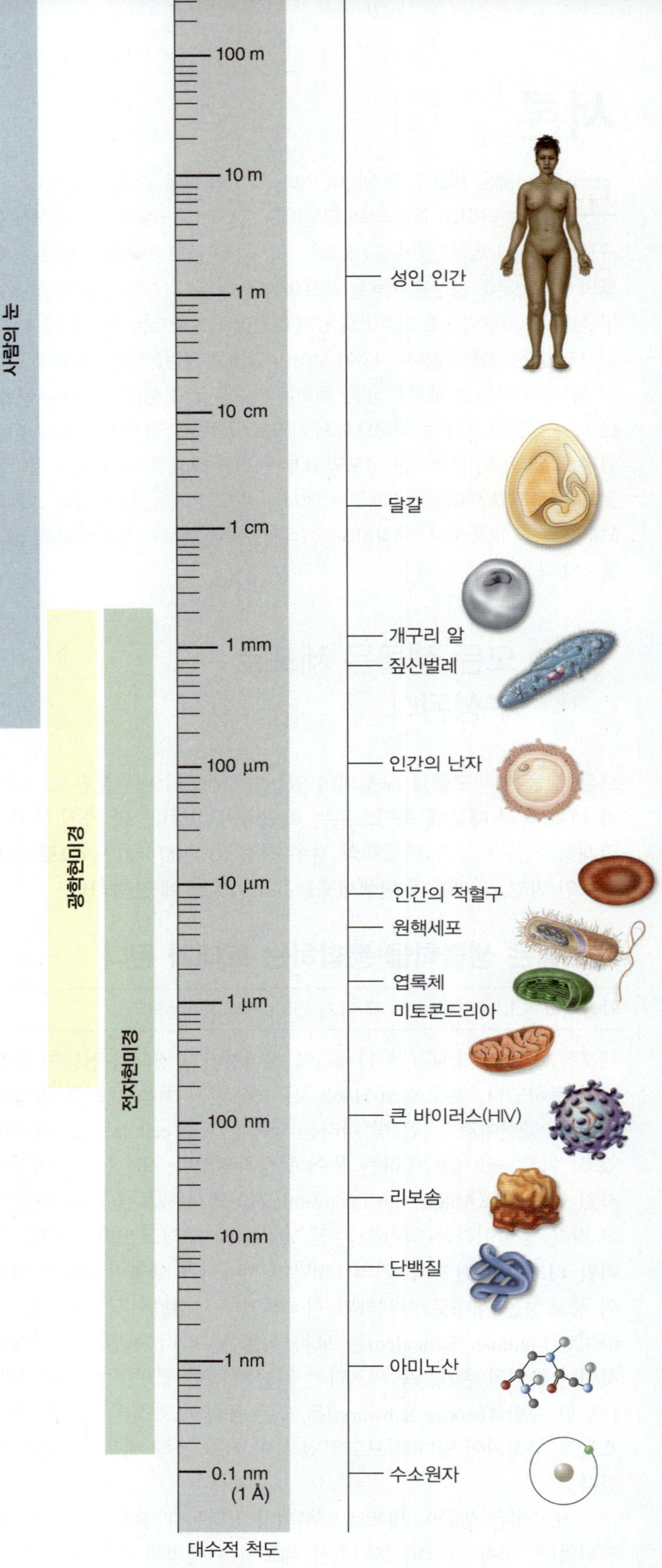

그림 4.2 세포들과 그 내용물들의 크기. 보통 육안으로 볼 수 있을 만큼 큰 척추동물 난자를 제외하고, 대부분의 세포들은 현미경적 크기이다. 원핵세포는 보통 직경이 1~10㎛이다.

1m = 10^2cm = 10^3mm = 10^6㎛ = 10^9nm

표 4.1 현미경

광학현미경

명시야현미경

빛이 표본을 뚫고 투사되어 적은 대조를 보인다. 표본을 염색하면 대조를 늘릴 수 있지만 이를 위해 세포는 고정되어야 하며 (살아있지 못함), 고정되면서 그 내용물이 변질되거나 변형될 수 있다.

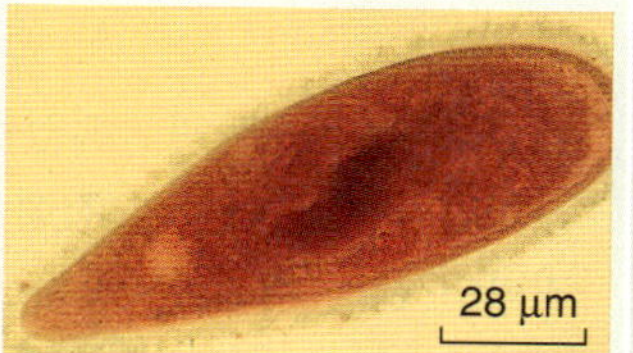

미분간섭현미경

편광이 두 개의 빔으로 분리되어 표본을 지날 때 약간의 차이를 만들어 낸다. 이 두 개의 빔을 합쳐서 더 큰 대조를 만들어 내는데 구조물의 끝부분에서 도드라진다.

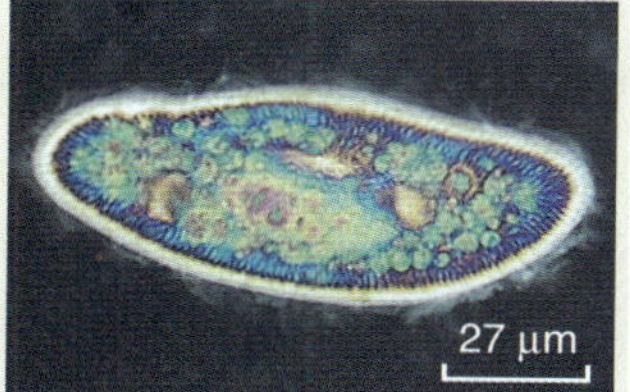

암시야현미경

빛이 표본을 향하여 비스듬히 들어온다. 집광렌즈는 표본에서 반사된 빛만을 투과시킨다. 배경은 어둡고, 이런 어두운 배경에 반하여 표본은 밝다

형광현미경

형광 염색은 파장을 흡수하여 다른 파장의 빛을 방출한다. 필터는 방출된 파장의 빛만 통과시킨다.

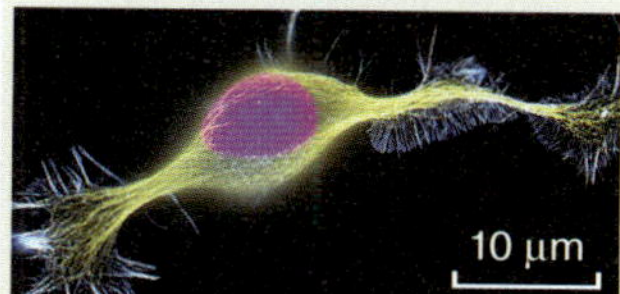

위상차현미경

현미경의 구성요소들에 의해 빛 파장의 위상에 맞지 않게 만드는데, 빛 파장을 다시 모을 때 대조 및 밝기의 차이를 만든다.

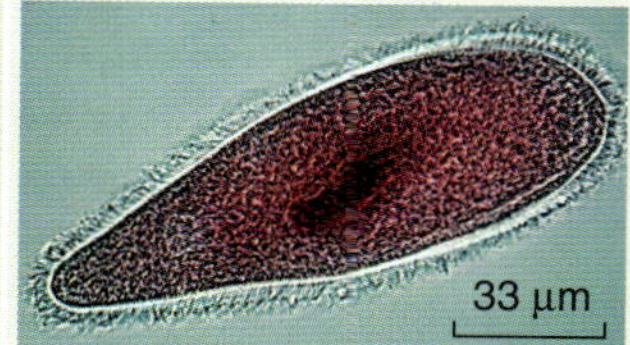

공초점현미경

레이저로부터 나온 빛이 하나의 점으로 초점이 맞춰진 후 형광으로 염색된 표본을 두 방향으로 스캔한다. 이것은 표본의 한 평면에 대한 깨끗한 이미지를 만든다. 표본의 다른 평면들은 이미지를 흐리게 하기 때문에 제외된다. 여러 평면을 조합하여 3차원적 이미지를 만든다.

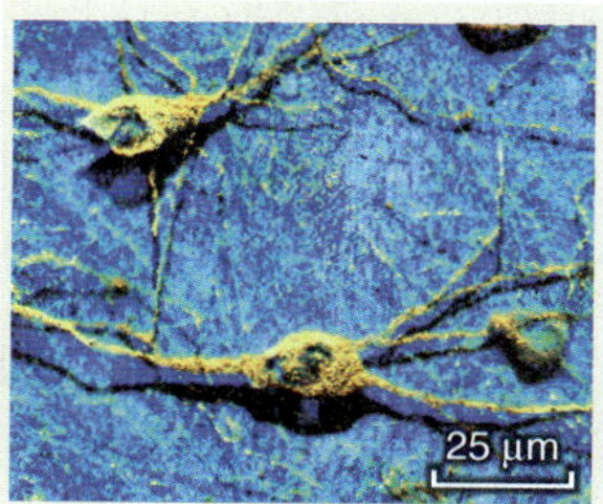

전자 현미경

투과전자현미경

전자빔이 표면을 통과한다. 그렇게 통과된 전자가 필름에 노출되게 된다. 전자가 산란된 표본의 부분은 검게 나타난다. 위색영상 처리를 하면 이미지가 훨씬 좋아진다.

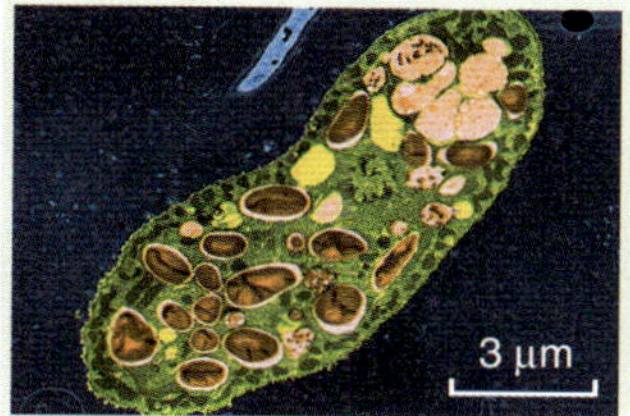

주사전자현미경

전자빔이 표본의 표면을 스캔하여 표면을 복사한다. 표본의 형태가 이미지의 내용 및 대조를 결정한다. 위색영상 처리를 하면 이미지가 훨씬 좋아진다.

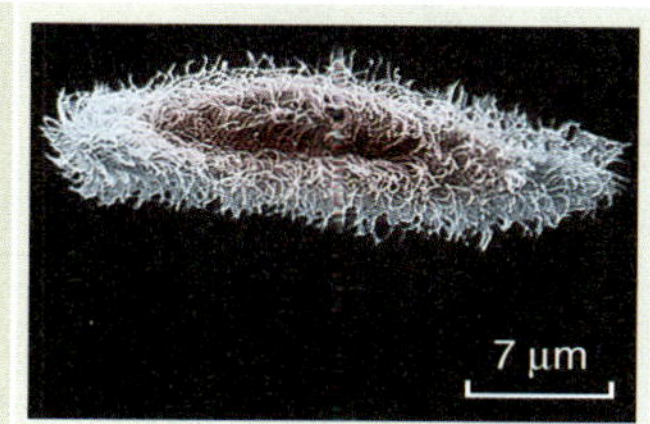

가한다고 해도 광학현미경을 더 높은 해상력을 갖지 못할까? 그것은 인간 눈이 가지는 해상력의 한계 때문이다. **해상력**(*resolution*)이란 인접한 두 개의 점이 서로 다른 점이라는 것을 인지할 수 있는 두 점 사이의 최소 거리이다. 만약 두 물체가 100 ㎛ 보다 적은 거리에 존재하면, 물체에서 반사된 각각의 빛이 우리 눈의 같은 광수용기에 도달하게 된다. 두 물체가 100 ㎛ 이상으로 떨어져 있을 경우에만 반사된 각각의 빛이 다른 광수용기에 도달하고 우리 눈이 두 개의 물체로 인식할 수 있게 된다.

더 나쁜 점은 두 개의 이미지로 반사된 광선이 몇 백 ㎛보다 가까울 경우 서로 겹치는 현상이 나타난다. 오직 광선의 파장이 충분히 짧을 경우에만 두 개의 광선이 가까워도 서로 겹치지 않게 된다. 따라서 가시광선보다 짧은 파장을 가진 전자 광선을 사용하는 방법만이 두 개 광선의 겹침 현상을 피할 수 있는 방법이다. 전자의 경우 매우 짧은 파장을 가지고 있으며 이러한 전자 광선을 이용하는 전자현미경은 광학현미경에 비해 1000배 이상의 해상력을 가질 수 있게 된다. **투과전자현미경**(*transmission electron microscope*)의 경우 표본을 통과하는 전자를 이용하는데 그 해상력은 약 0.2 nm정도이며 이는 수소원자 지름의 두 배 정도의 크기이다.

또 다른 종류의 전자현미경인 **주사전자현미경**(*scanning electron microscope*)은 표본의 표면에서 반사되는 전자를 이용하는 것으로서, 반사된 또는 표본 자체가 방출하는 전자를 증폭하여 스크린에 전달하고 이를 처리하여 3차원 이미지 및 그 사진을 제공한다.

모든 세포는 구조적으로 유사성을 가진다

학습목표 4.1.4 모든 세포에서 나타나는 유사성을 확인하자.

일반적으로 세포의 구조는 서로 다른 종에서 다르게 나타나지만 세포의 기본적인 구조는 세 가지 기본적인 유사성을 지닌다.

중앙에 존재하는 유전물질

모든 세포들은 DNA라는 유전물질을 가지고 있다. 가장 단순한 생물인 **원핵생물(prokaryote)**의 경우 하나의 원 모양의 DNA에 유전정보를 보관한다. 보통 세포의 중앙에 존재하는 핵양체(nucleoid)에 존재하는데, 막으로 둘러싸여있지 않고 다른 세포내부 구조와 구분되어 있지 않다. 그에 반하여, 보다 복잡한 생물체인 **진핵생물**

(eukaryote)의 DNA는 핵(*nucleus*)이라는 2중막으로 둘러싸인 구조에 존재한다.

세포질

반유동성 특징을 가진 **세포질(cytoplasm)**은 모든 세포의 내부를 채우고 있다. 비록 수용성 특징을 가지지만 높은 농도의 단백질 및 거대분자들을 포함하기 때문에 물보다는 젤리 같다. 세포 내에서 고유의 기능을 가진 구조들을 **세포소기관(organelle)**이라 부르며 이들 세포소기관이 부유하는 액체를 **세포기질(cytosol)**이라 부른다.

원형질막

모든 세포를 둘러싸고 있는 **원형질막(plasma membrane)**은 외부로부터 세포 내부를 분리하는 역할을 한다. 원형질막은 인지질의 2중막으로 두께는 5-10 nm 정도이며 많은 단백질들이 매몰되어 있다. 전자현미경으로 절단면을 확인해 보면 원형질막은 두 개의 짙은 선이 밝은 부분 양쪽으로 분리되어 존재한다. 이는 원형질막을 이루는 인지질 분자들이 꼬리 대 꼬리형태로 쌓여서 나타나는 형태로 이들의 구조는 기능은 5장에서 다룰 예정이다.

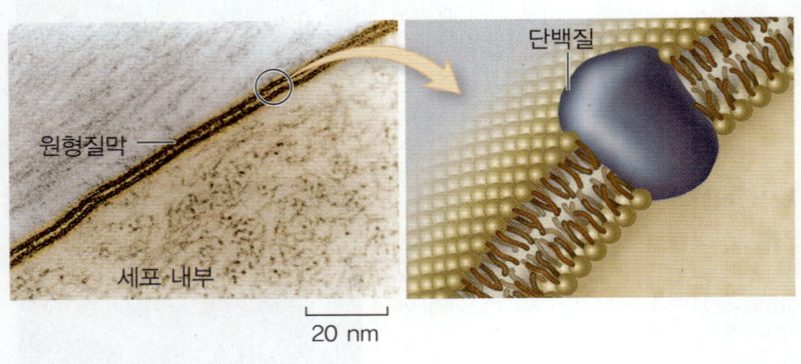

원형질막에 존재하는 단백질은 세포가 외부 환경과 소통할 때 중요한 역할을 한다. **수송단백질**(*transport protein*)의 경우 분자들 또는 이온들이 원형질막을 통과하여 세포 내부 또는 외부로 이동하는 통로이다. **수용체단백질**(*receptor protein*)의 경우 외부 환경에 존재하는 호르몬과 같은 특정 물질 또는 이웃 세포의 표면에 존재하는 분자와의 접촉을 통해 세포 내부에 변화를 유도한다. 이러한 물질들은 특정 세포를 확인하는 **표지**(*marker*)로서 사용할 수도 있다.

개념 정리 4.1

모든 생물은 하나의 세포 또는 이미 존재하는 세포로부터 발생한 세포들의 집합체이다. 세포의 크기는 원형질막을 통한 확산의 효율에 따라 결정된다. 모든 세포는 원형질막으로 둘러싸여 있으며 내부는 세포질로 채워져 있다. 유전물질은 세포의 중앙에 위치하며 진핵생물의 경우 막으로 둘러싸인 핵 안에 존재한다.

- 화성에서 생물을 발견한다면 우리의 세포설에 어떤 영향을 미칠까?

4.2 원핵세포는 내부 구조가 없다

세포가 처음으로 관찰되었을 때 두 개의 기본적인 세포 종류가 인식되었다. 원핵세포와 진핵세포는 유전정보를 포함하는 막으로 둘러싸인 핵의 존재 유무로 구분된다. 원핵생물은 가장 단순한 생물이다. 그들은 원형질막으로 둘러싸인 세포질로 구성되어 있으며, 이들 전체가 **세포벽(cell wall)**이라는 단단한 구조로 쌓여있다. 보다 중요한 점은 이들은 내부에 구획이 나뉘어 있지 않다는 것이다(그림 4.3). 원핵생물은 하나의 방에서 먹고, 자고, 그리고 TV 시청까지 모든 것을 하는 것과 같다.

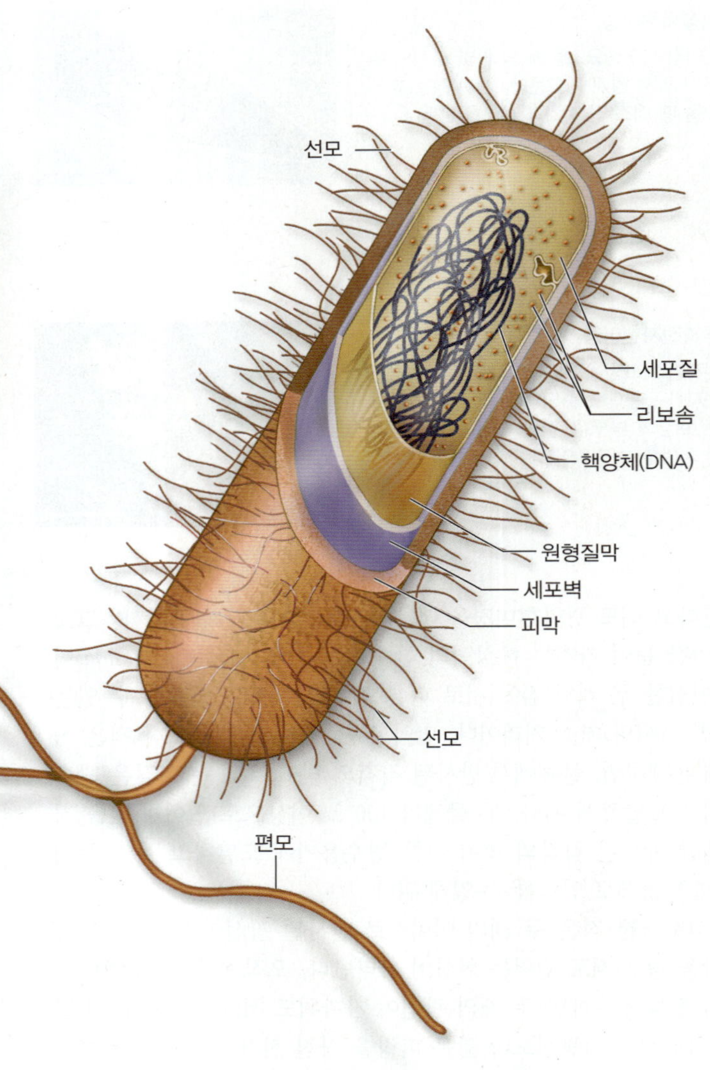

그림 4.3 원핵세포의 구조. 원핵생물의 일반적인 구조. 핵양체는 세포질과 구분되어 중앙에 짙게 관찰된다. 어떤 원핵생물은 세포 바깥쪽으로 선모라 불리는 털과 같은 구조물을 가지고 있다.

원핵세포는 막으로 둘러싸인 세포소기관이 없다

학습목표 4.2.1 세균과 고세균의 차이를 이해하라.

원핵생물은 생태계에서 중요한 역할을 한다. 어떤 것들은 광합성을 통해 빛을 에너지로 저장하고 다른 것들은 죽은 생물체를 분해하여 분해산물을 재순환하는 역할을 한다. 또 다른 것들은 병을 일으키거나 중요한 산업 공정에 쓰이지도 한다. 원핵생물은 크게 진정세균과 고세균이라는 두 개의 역(domain)으로 나뉜다. 23장에서 이들에 대해 자세히 알아보도록 하자.

원핵생물은 단백질합성을 담당하는 **리보솜(ribosome)**이라는 세포소기관을 가지고 있으나 대부분의 막으로 둘러싸인 세포소기관은 가지지 않는다. 오랫동안 진핵생물에서 보이는 세포골격이 없다고 생각했으나 세포골격을 이루는 주요 구성성분인 액틴과 튜불린과 비슷한 분자가 발견되었으며, 아마도 세포골격이 어느 정도는 있을 것으로 생각된다. 세포의 모양 및 강도는 세포벽에 의해 결정되며 다른 세포골격에 의한 영향은 제한적이다(그림 4.3). 하지만 세포벽의 구조는 세포골격에 의해 영향을 받는다. 예를 들어 액틴과 비슷한 MreB 섬유는 세포의 길죽한 부분을 통과하며, 이들이 세포벽의 섬유와 수직으로 연결되어 막대기 모양의 세포 모양을 결정한다. 만약 MreB 섬유를 없앨 경우 세포는 구형 형태를 가지게 된다. 세포 분열시 세포벽의 침전은 튜불린과 비슷한 FtsZ 단백질에 의해 영향을 받는다(10장 참조).

원핵세포의 원형질막은 진핵생물의 세포소기관과 비슷한 역할을 수행한다. 예를 들어 **그림 4.4**에서 묘사된 광합성 세균인 **프로클로론**(*Prochloron*)의 경우 광범위하게 접힌 원형질막이 발견되는데 접혀진 부분이 세포의 안쪽으로 말려들어가 있다. 이러한 접혀진 각들은 광합성에 필요한 세균성 색소를 포함하고 있는데 이러한 구조는 진핵생물의 경우 엽록체에서 발견된다.

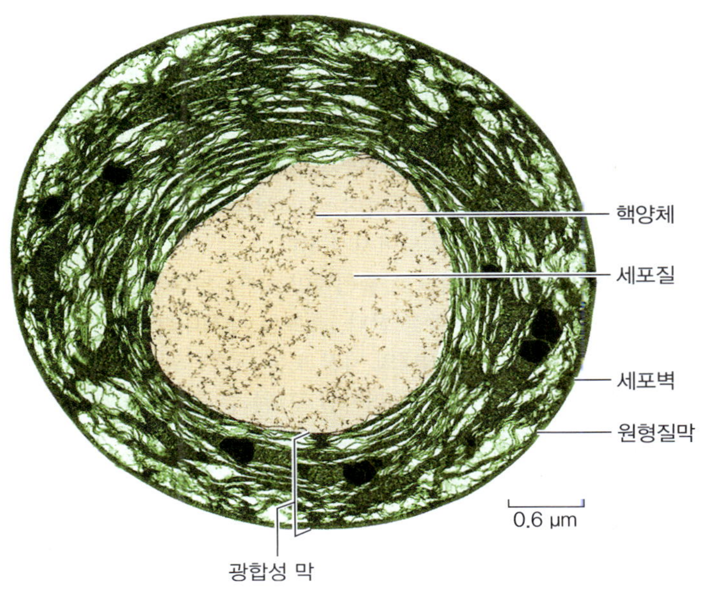

그림 4.4 광합성을 하는 세균 세포의 전자현미경 사진. 프로클로론 *Prochloron*) 세포의 위색영상(false color) 처리를 한 전자현미경 사진에서 광범위하게 접힌 광합성 막들이 초록색으로 표시되어 있다.

세균

대부분의 세균은 매우 강한 **세포벽(cell wall)**으로 쌓여있다. 이러한 세포벽은 **펩티도글리칸**(*peptidoglycan*)이라는 탄수화물기질(당의 중합체)과 폴리펩티드의 복합체로 구성되어 있다. 보다 자세한 구조는 23장에서 기술되어 있다. 세포벽은 세포를 보호하고, 모양을 결정하며, 대량의 수분 흡수 또는 손실을 방지한다. **마이코플라스마속**(*Mycoplasma*)을 포함하는 몰리큐테스강(Mollicutes)의 경우는 예외로, 이들은 세포벽이 존재하지 않는다. 식물, 곰팡이 그리고 원생생물의 경우 세포벽이 존재하지만 그 화학적 구조는 펩티도글리칸과는 다르다.

항생제에 대한 세균의 감수성은 주로 세포벽의 구조에 따라 결정된다. 페니실린 또는 반코마이신의 경우 세균에서 펩티드와 펩티도글리칸과의 교차결합을 방해한다. 이는 목재건물에서 못을 뺀 것과 같이 구조의 통합성을 파괴하고 결국 수분이 세포내에 침투하는 것을 막지 못하여 세포가 부풀어 결국 터지게 만든다.

어떤 세균의 경우 다당류로 구성된 젤리 같은 보호 캡슐을 세포 주위에 분비한다. 많은 질병유발 세균의 경우 이러한 캡슐을 가지고 있으며 이를 통해 치아, 피부, 음식 그리고 다른 여러 물질의 표면에 흡착하여 생장을 할 수 있도록 한다.

고세균

많은 연구에도 불구하고 우리는 아직 펩티도글리칸 세포벽을 가지지 않는 고세균의 생리 및 구조에 대해서 배우고 있는 실정이다. 이들 중 대다수는 실험실에서 배양하기 힘들며 따라서 자세히 연구되지 못하고 있다. 대신 그들의 유전체에 대해서는 다른 것들보다 많은 이해를 하고 있는 편이다.

고세균의 세포벽은 여러 화학물질로 구성되어 있는데 이는 다당류, 단백질 그리고 무기질까지 포함되어 있다. 세균과 확연히 구별되는 고세균의 특징은 막지질의 특성에 있다. 고세균 지질의 화학적 구조는 세균의 그것과 많이 다른데 글리세롤과 양 끝에서 공유결합을 하고 있는 포화 탄화수소에 의해 단일막을 형성한다는 것이다. 이러한 특징으로 인하여 고세균은 열에 내성을 가지지만 온도의 변화에 따른 탄화수소의 포화정도를 조절하지 못하게 된다. 따라서 외부 온도 변화에 적응하는데 어려움을 가지게 된다.

고세균의 DNA 복제 및 단백질 합성과정은 세균보다는 진핵생물에 보다 가깝다. 비록 고세균의 구조적으로 세균과 비슷한 점이 많지만 분자수준으로 보면 진핵생물과 더 연관성이 깊다.

대부분의 원핵세포는 편모를 이용하여 움직인다

학습목표 4.2.2 원핵생물의 움직임에 대해 논하라.

편모(flagella; 단수형은 flagellum)는 세포에서 뻗어 나온 긴 실과 같은 구조를 가지고 있으며 주로 움직임을 담당한다. 원핵생물의 편모는 세포로부터 뻗은 단백질 섬유이다. 편모는 종에 따라 세포

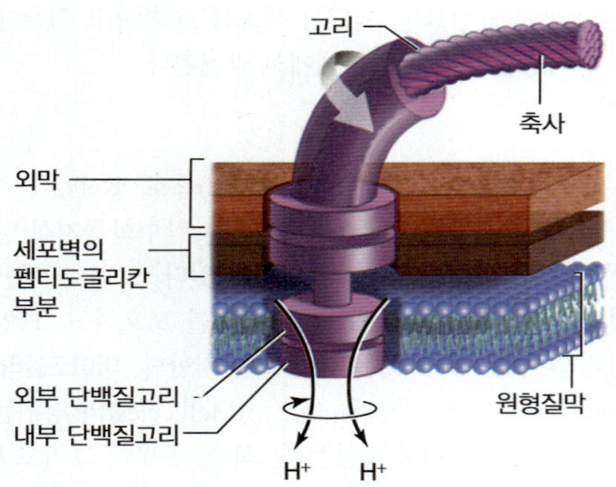

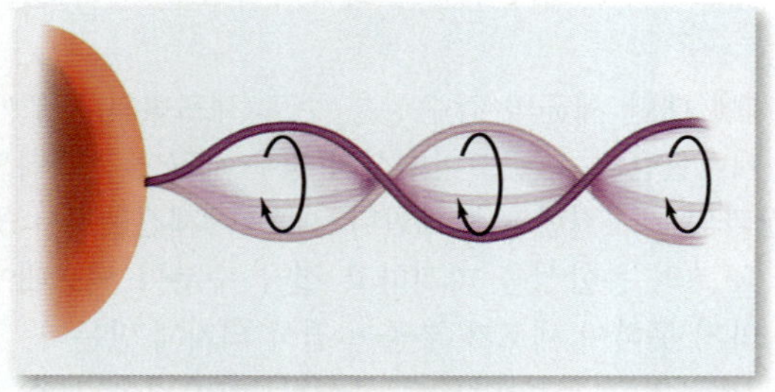

그림 4.5 어떤 원핵생물들은 편모를 회전시켜 움직인다. 세균의 편모는 복잡한 구조체이다. 양성자 농도 기울기를 통해 동력을 얻는 운동 단백질들은 원형질막에 고정되어 있다. 두 개의 고리는 세포벽에 존재한다. 운동 단백질들이 전체 구조물이 회전하도록 한다. 편모가 회전하면서 그 아래에 나선형 물결을 만든다. 이것이 세포를 앞쪽으로 이동시키는 동력이 된다.

당 하나 또는 그 이상이 존재하거나 아예 없기도 한다. 세균의 경우 스크류와 같이 편모를 움직여 초당 70개 세포 길이 정도의 속도로 유영할 수 있다(그림 4.5). 편모는 이온 농도기울기에 저장된 에너지를 이용하여 원형질막을 통한 양성자의 이동을 통해서 움직임을 얻을 수 있다(흥미롭게도 이러한 양성자 농도기울기를 이용한 편모의 움직임의 원리는 미토콘드리아나 엽록체가 ATP를 합성하는 원리와 같다).

개념 정리 4.2

원핵생물은 매우 작은 세포로서 복잡한 내부 조직이 존재하지 않는다. 원핵생물은 세균과 고세균으로 나눠진다. 세균의 세포벽은 펩티도글리칸으로 구성되어 있지만, 고세균의 세포벽은 다양한 종류의 다당류 및 펩티드로 만들어진다. 고세균의 세포막은 보통과 다른 지질을 포함하고 있다.

- 세균과 고세균은 어떤 특징들을 공유하는가?

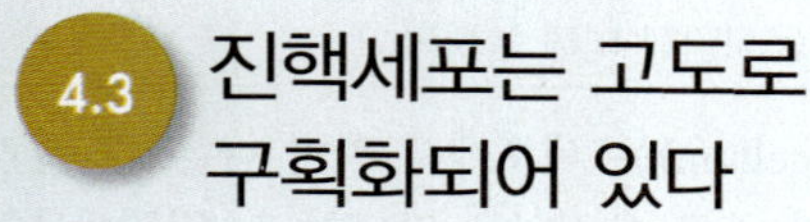

4.3 진핵세포는 고도로 구획화되어 있다

초기 생물의 진화과정 중 10억 년 동안 모든 생물은 간단한 내부 구조를 지닌 원핵생물이었다. 약 15억 년 전에 새로운 종류의 세포인 진핵세포가 나타나게 되었다. 진핵세포는 원핵세포에 비해 크기가 크고 현저히 다른 특징들을 가지는데, 특히 내부 구조가 매우 복잡하게 발전하였다. 세균과 고세균을 제외한 지구상에 존재하는 모든 세포는 진핵세포이다.

세포소기관 및 막구조를 통하여 진핵생물의 내부는 조직화된다

학습목표 4.3.1 진핵생물에 고유한 세포 구조를 나열하라.

그림 4.6 및 4.7에서는 동물 및 식물세포의 절단면에 대한 모식도를 보여주고 있다. 쉽게 알 수 있는 것처럼 진핵세포의 내부는 앞서 그림 4.4에서 본 원핵생물의 내부에 비해 매우 복잡하다. ❶**원형질막(plasma membrane)**은 반유동적 기질인 ❷**세포질(cytoplasm)**을 둘러싸고 있으며, 세포질은 핵과 여러 다른 세포소기관을 포함하고 있다. **세포소기관(organelle)**은 특정한 세포의 기능이 수행되는 매우 특별한 구조이다. ❸**미토콘드리아(mitochondria)**와 같은 진핵세포 각각의 세포소기관은 각기 고유한 기능을 수행한다. 각 세포소기관은 ❹**세포골격(cytoskeleton)**이라 불리는 단백질 섬유에 의해 고정되어 특정 위치에 존재한다.

세포를 관찰할 때 현미경상에서 가장 뚜렷하게 잘 보이는 세포소기관 중의 하나는 ❺**핵(nucleus)**으로, 영국의 식물학자인 브라운(Robert Brown)이 1831년 처음 관찰하였을 때 "씨"라는 라틴어인 nucleus(핵)라고 명명하였다. 핵의 내부는 DNA가 단백질에 의해 응축되어 있는 염색체 형태로 존재한다. **진핵생물(eukaryote)**이라는 이름 자체가 핵으로부터 나온 것으로 그리스 단어인 "eu"는 진짜(진)를 뜻하고 karyon(씨, 핵)을 뜻한다. 그에 비해 원핵생물(prokaryote)는 초기 발생단계의 생물을 말하며 원래의 뜻은 karyon의 전 단계(pro)라는 말이다.

그림 4.6과 4.7을 자세히 보면, 세포질 내 다른 세포소기관들과 확연히 구별되는 막으로 둘러싸인 부분을 관찰할 수 있다. 이러한 구획화가 진핵세포의 가장 뚜렷한 특징이다. 이러한 내부 구획들은 세포 내부에서 얽혀진 ❻**세포내막계(endomembrane system)**를 이용하여 만들어 지는데 이를 통하여 많은 생물학적 과정이 일어나는 막의 표면적이 획기적으로 넓어지게 된다.

❼**소포(vesicle)**는 막으로 둘러싸인 작은 주머니로서 물질들을 운송하거나 저장하는 역할을 한다. 소포는 세포내막계로부터 발아하여 만들어 지거나 세포질내의 지질 또는 단백질의 결합을 통하여 만들어진다. 이러한 막으로 둘러싸인 구획들은 집에서의 방의 역할처럼 서로 독립적인 기능을 간섭 없이 동시에 수행할 수 있게끔 한다. 리소좀(*lysosome*)은 세포내 재활용 센터로서 역할을 하는데, 리소좀 내부의 강한 산성은 노화한 세포소기관을 분해하고 분해된 물질들은 세포내에서 재활용된다. 리소좀의 강한 산성은 매우 파괴적이어서 세포질내부로 유입되면 매우 위험하게 된다. 이와 비슷하게 페르옥시솜(*peroxisome*)의 기능은 화학물질을 안전하게 고립시키는 것이다. 페르옥시솜에 존재하는 효소에 의해 전자가 제거되거

나 수소원자의 결합들을 통해 독성 화학물질은 분해되고 음식물들은 가공 처리된다. 만약 페르옥시솜 내부에 제한되지 않을 경우 이들 효소에 의해 일어나는 화학반응이 세포질에서 일어나게 되고 결과적으로 세포질 내에 존재하는 분자들에 수소분자를 첨가하는 반응이 일어날 것이다.

그림 4.6과 그림 4.7을 비교해 보면, 거의 같은 종류의 세포소기관이 존재하지만 몇 가지 예외가 존재함을 알 수 있다. 예를 들어 식물, 곰팡이 그리고 원생생물의 경우 세포 외부에 섬유소 또는 키틴 섬유로 이루어진 두꺼운 ⑧**세포벽(cell wall)**이 존재하지만 동물세포의 경우는 이러한 세포벽이 존재하지 않는다. 모든 식물과 많은 종류의 원생생물의 경우 광합성이 일어나는 ⑨**엽록체(chloroplast)**를 지니고 있지만 동물 및 곰팡이 세포는 그렇지 않다. 식물세포는 물을 저장하는 커다란 ⑩**중심액포(central vacuole)**를 가지고 있으며, 세포벽에 존재하는 구멍인 ⑪**세포질연락사(plasmodesmata)**를 통하여 이웃세포와 상호작용이 일어난다. ⑫**중심립(centriole)**은 동물세포에만 존재하며 식물 및 곰팡이 세포에는 존재하지 않는다. 어떤 종류의 동물세포는 손가락과 같이 모양의 돌기인 미세융모(*microvilli*)라는 구조를 지닌다. 많은 동물 및 원생생물의 경우 움직임을 제공하는 편모(*flagella*) 및 또 다른 기능들을 가진 섬모(*cilia*)를 가지고 있다. 편모의 경우 몇 종류 식물의 정자에 나타나지만 대부분의 식물 및 곰팡이류에서는 존재하지 않는다.

지금부터 우리는 특정 세포소기관의 모식도를 이용하여 전형적인 진핵세포의 내부를 좀 더 자세히 알아볼 것이다. 이 그림에서는 쉽게 알아볼 수 있게끔 다양한 세포소기관들이 색깔로 나타나지만, 이들의 대부분은 실제로 무색이다.

핵은 세포의 정보센터로서 역할을 한다

학습목표 4.3.2 핵의 구조와 기능을 연결시켜보자.

진핵세포에서 가장 크고 쉽게 관찰되는 세포소기관은 1831년에 식물학자 브라운(Robert Brown)에 의해 처음 기술된 **핵(nucleus)**이다. 핵은 대체로 구형의 형태를 가지고 있으며 동물세포에서는 전형적으로 세포의 중앙에 위치한다(그림 4.8). 어떤 세포의 경우 미세한 세포질 필라멘트의 네트워크가 핵의 위치를 유지한다.

핵은 살아있는 진핵생물의 거의 모든 단백질 합성을 담당하는 유전정보의 저장소 역할을 한다. 대부분의 진핵세포의 경우 하나의

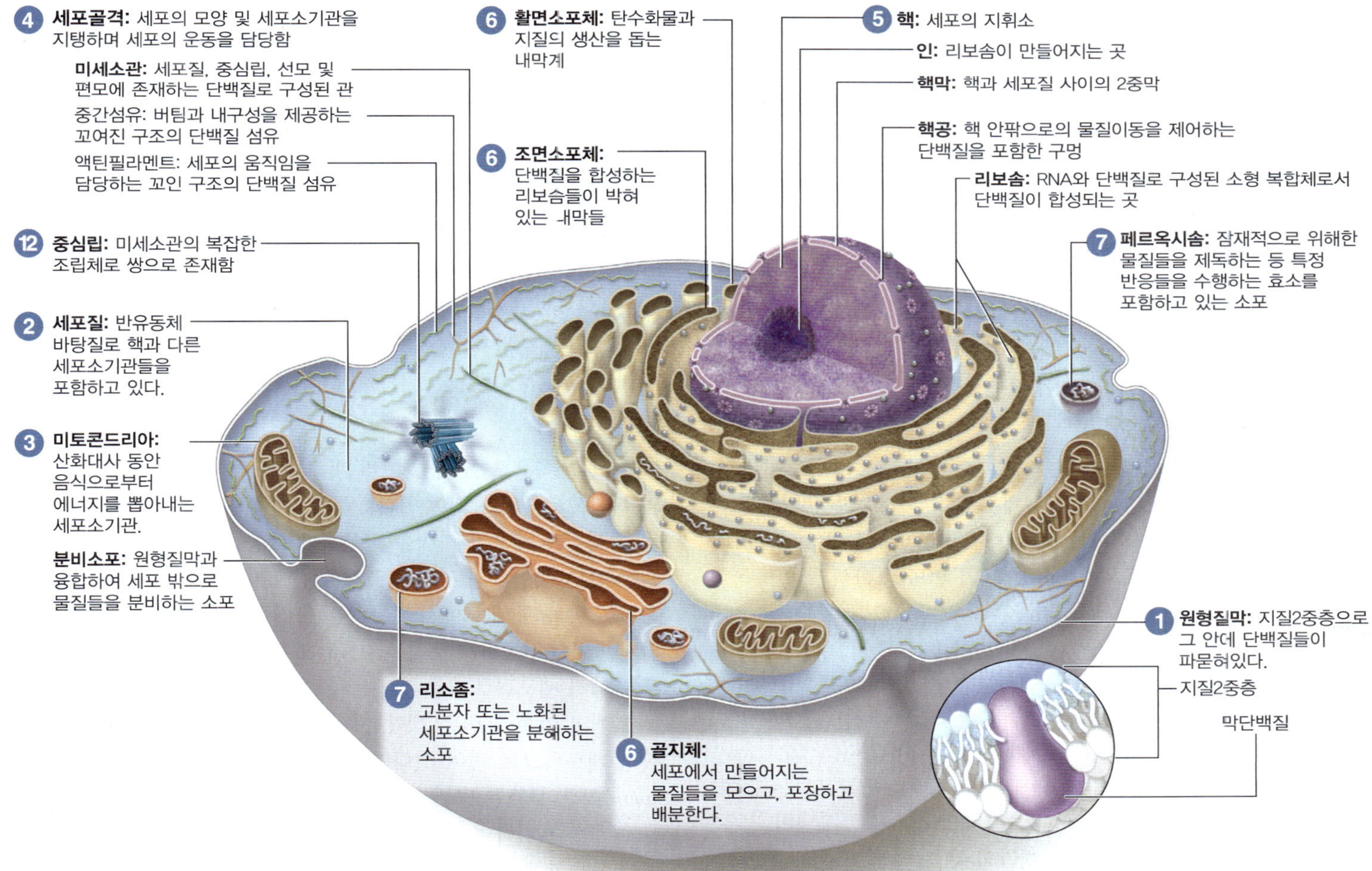

그림 4.6 동물세포의 구조. 원형질막은 동물세포를 감싸고 있으며, 그 안에 세포골격 및 여러 가지 세포소기관들과 내부 구조물들이 세포질이라 불리는 반유동체 바탕질 속을 떠돌아다니고 있다.

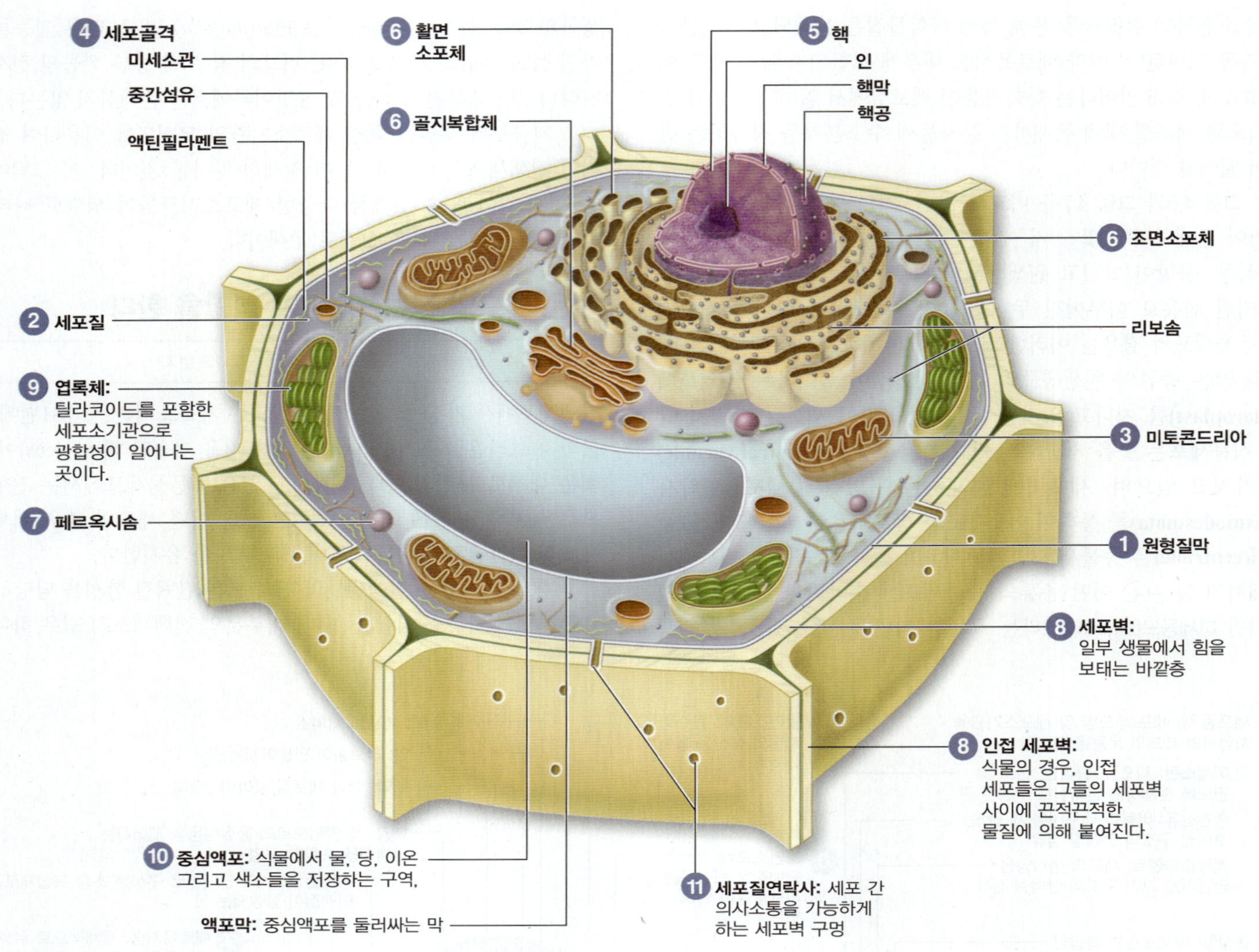

그림 4.7 식물세포의 구조. 대부분의 성숙한 식물세포는 세포 내부의 대부분을 차지하는 커다란 액포, 광합성이 일어나는 엽록체라 불리는 세포소기관을 가지고 있다. 식물, 곰팡이 그리고 어떤 원생생물의 경우 세포벽을 가진다. 편모는 몇 가지 식물 종의 정자에서 발견되기도 하지만 대체로 식물과 곰팡이 세포에서는 존재하지 않는다. 중심립 역시 식물 및 곰팡이 세포에는 존재하지 않는다.

핵을 가지지만, 곰팡이세포 또는 다른 종류의 경우 몇 개 이상의 핵을 가지기도 한다. 포유류 적혈구세포의 경우 성숙과정에서 핵을 잃어버리기도 한다. 상당수의 핵들에서 짙게 염색된 **인(nucleolus)**이 발견되는데, 이곳에서는 리보솜 RNA가 활발히 합성된다.

핵막

핵은 두 개의 인지질 2중층으로 둘러싸여 **핵막(nuclear envelope)**을 형성한다(그림 4.8a). 핵막의 바깥쪽 부분은 소포체(*endoplasmic reticulum*)라 불리는 세포질 내부 막계와 연결되어 있다.

핵막의 표면은 전자현미경 상에 함몰된 부분이 분포하는데 이를 **핵공(nuclear pore)**이라 부른다(그림 4.8b,c). 이들 구멍의 경우 50~80 nm 정도 떨어져 존재하며 핵막의 두 개의 막이 서로 이어진 형태로 생성된다. 핵공은 중앙에 핵막에 파묻힌 팔면대칭 형태의 틀(중앙고리)로 구성된다. 이것이 세포질 쪽으로 8개 섬유들과 결합하고, 핵쪽으로는 중앙 고리 바로 아래에 존재하는 바구니형태의 복합고리와 결합되어 있다. 핵공을 통하여 이온 및 조그만 물질들은 핵질과 세포질 사이를 자유롭게 이동하지만, 단백질 또는 단백질-RNA 복합체의 경우는 조절을 받으며 이동할 수 있다. 핵공을 통한 수송을 통해 핵에서 기능하는 물질들이 유입되며 핵에서 생성되지만 세포질에서 기능하는 RNA 또는 단백질-RNA 복합체의 경우 핵에서 세포질로 유출된다.

핵의 안쪽 표면은 핵막하층(nuclear lamina)을 구성하는 섬유질의 네트워크로 덮여 있다(그림 4.8d). 핵막하층은 핵라민(*nuclear lamin*)이라 부르는 중간섬유로 이루어져 있다. 이 구조를 통해 핵은 형태를 유지하며, 세포분열 시기에 핵 구조의 붕괴 및 재구성 과정에 중요한 역할을 한다.

DNA 패키징

원핵생물과 진핵생물 모두에서 DNA는 유전정보를 저장하는 물질이다. 진핵생물의 경우 DNA는 여러 개의 선형 염색체로 나뉘어 있으며 단백질과 결합하여 복잡한 구조인 **염색질(chromatin)**이 된다. 염색질의 구조가 DNA의 기능에 영향을 준다는 것이 밝혀졌다. DNA의 염기서열 변화 없이 유전자 발현이 조절되는 이른바 후성적 변화(epigenetic change)에는 염색질 구조의 변화가 수반된다(16장 참조). 물론 아직까지 명백히 밝혀진 것은 아니지만 이러한 사실은 많은 낡은 생각들을 흥미진진하게 새롭게 바라보는 계기가 된다.

염색질은 대체로 핵 안에서 길게 늘어난 형태를 하고 있지만, 아직도 우리는 그 구조를 완벽하게 이해하지 못하고 있다. 세포가 분열할 때, 염색질은 더욱 단단히 다져져서 광학현미경으로 관찰할 수 있는 X자 모양의 염색체를 형성하는 고도로 응축된 상태가 되어야 한다.

인

세포가 다량의 단백질을 합성할 수 있게 되기 전에 세포는 먼저 단백질 합성을 수행하는 다수의 리보솜을 만들어야 한다. 리보솜RNA들을 암호화하는 다수의 유전자들이 염색체에 밀집되어 리보솜 구축을 가능하게 한다. 이 유전자군에서 RNA분자들이 전사되면 세포는 신속하게 리보솜을 조립하는 데 필요한 많은 분자들을 생성한다.

리보솜RNA 유전자군, 거기서 생산되는 RNA, 그리고 리보솜 단백질 모두 리보솜 합성 시 핵의 한곳에 위치한다. 이러한 리보솜 복합체들은 핵 내에서 **인(nucleoli**; 단수형 **nucleolus)**이라 불리는 짙게 염색되는 장소에 존재한다. 인은 염색체가 풀렸을 때 광학현미경으로도 볼 수 있다.

리보솜은 세포의 단백질 합성 기계이다

학습목표 4.3.3 리보솜의 구조에 대해 논하라.

비록 세포내에서 각 단백질의 아미노산 서열을 해독하는 것은 DNA이지만, 단백질의 조립은 그 곳에서 이루어지지 않는다. 아주 간단한 실험으로 이것을 증명되었는데, 방사선 동위원소로 표지된 아미노산을 세포에 잠깐 노출시켰을 때, 새로 만들어진 단백질에 편입된 방사능은 핵이 아닌 세포질에서 검출되는 것이 관찰되었다. 과학자들이 이 실험을 진행하였을 때 단백질 합성에 관련된 커다란 RNA-단백질 복합체가 핵 밖에서 이 과정에 관여한다는 사실을 발견하였고, 오늘날 우리는 이 구조를 **리보솜(ribosome)**이라고 부른다.

리보솜은 세포에서 관찰되는 가장 복잡한 구조의 분자들의 복합체이다. 각 리보솜은 두 개의 소단위로 구성되는데(**그림 4.9**), 각 소단위는 **리보솜RNA(ribosomal RNA; rRNA)**라 불리는 RNA들과 단백질의 조합으로 구성된다. 두 개의 소단위들은 활발히 단백질을 합성할 경우에만 결합하여 정상적인 기능을 하는 리보솜이 된다. 이러한 복잡한 과정에서 두 개의 중요한 형태의 RNA

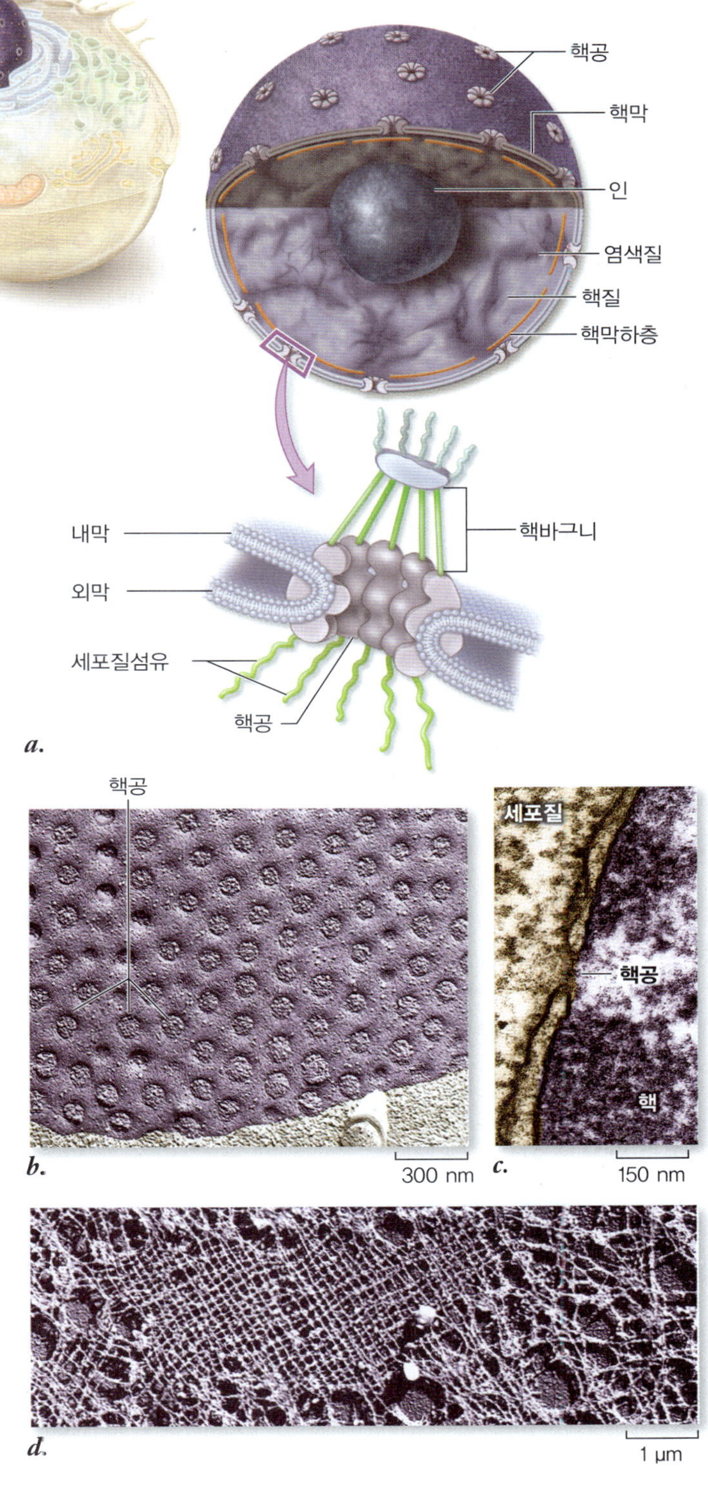

그림 4.8 핵. **a.** 핵은 염색질을 포함하는 유동 바탕질을 둘러싸고 있는 핵막이라 불리는 2중막으로 되어 있다. 핵공이 2중막을 관통하고 있다. **b.** 많은 핵공들이 관찰되는 동결파괴 전자현미경 사진. **c.** 하나의 핵공을 보여주는 투과전자현미경 사진. **d.** 중간섬유로 만들어진 짙은 섬유 네트워크로 관찰되는 핵 라미나. 핵들은 현미경 사진들에서 보라색으로 색칠되었다.

그림 4.9 리보솜. 리보솜은 rRNA와 단백질로 만들어진 작은 소단위와 큰 소단위로 형성된다. 각 소단위들은 핵에서 만들어지고 이후 핵공을 통해 세포질로 이동하고, 그곳에서 mRNA를 번역한다. 리보솜은 단백질 합성이 일어나는 곳이다.

가 필요한데, 하나는 DNA로부터 해독정보를 가지고 있는 **전령RNA(messenger RNA; mRNA)**이며 또 다른 하나는 아미노산을 나르는 **운반RNA(transfer RNA; tRNA)**이다. 리보솜은 mRNA에 보관된 정보를 이용하여 단백질을 합성한다. 이 과정은 또 다른 소형 RNA에 의해 조절되는데, 이들에 대한 연구는 비교적 최근에 이루어졌다. 이들 과정은 15장에서 자세히 설명될 것이다.

리보솜은 세포질에서 자유롭게 존재하거나 또는 소포체라 불리는 내부 막구조와 결합된 형태로 발견되며 다음 절에서 기술될 것이다. 세포질 리보솜의 경우 세포질, 핵, 미토콘드리아 및 세포내막계에서 유래되지 않은 여러 세포소기관에서 기능을 하는 단백질을 합성을 담당한다. 소포체와 결합된 리보솜의 경우 막단백질, 세포내막계에서 유래된 세포소기관에 존재하는 단백질 및 세포 밖으로 분비되는 단백질의 생성을 담당한다.

리보솜은 매우 보편적인 세포소기관으로 여겨지는데, 그 이유는 리보솜이 현존하는 세 가지의 역(domain) 모두에서 발견되기 때문이다. 따라서 세포의 생명을 유지하는 최소한의 필수요소를 그려 볼 때 리보솜은 꼭 들어가는 세포소기관이다. 그 이유는 생명을 유지하는 데에는 단백질이 필요하고 그 단백질을 만드는 것이 리보솜이기 때문이다.

개념 정리 4.3

진핵세포의 경우 세포내막계와 특화된 기능을 수행하는 세포소기관으로 구획화되어 있다. 핵은 세포의 유전물질을 저장하고 있으며 내막계와 연결된 2중막으로 둘러싸여 있다. 핵과 세포질간의 물질이동은 핵공을 통하여 이루어진다. 리보솜은 DNA에 저장된 정보를 이용하여 단배질을 합성한다. 리보솜은 모든 알려진 생물에서 발견되는 매우 보편적인 세포소기관이다.

- 고등생물에서 서로 다른 조직에 존재하는 세포들의 경우 같은 조직을 가지고 있을 것으로 예상하는가?

막은 세포 내부를 기능적 구획으로 체계화한다

진핵세포의 내부는 광학현미경으로 보이지 않을 만큼 얇은 막으로 포장되어 있다. 이런 내막계는 세포를 채우고 있으며 내부를 구획으로 구분 짓고, 세포 내부로의 물질이동을 통로화하며, 지질 및 단백질의 합성이 이루어지는 장소를 제공한다. 진핵세포에서 보이는 막구조는 진핵생물과 원핵생물을 구분 짓는 지표 중의 하나다.

소포체는 세포를 가로지르는 고속도로이다

학습목표 4.4.1 조면소포체와 활면소포체의 차이를 구별해 보자.

내부 막구조 중 가장 큰 부분을 차지하는 것은 **소포체(endoplasmic reticulum; ER)**이다. "*endoplasmic*"의 의미는 "세포질 내부"이며 "*reticulum*"은 라틴어로 "작은 그물"이라는 뜻이다. 원형질막과 마찬가지로 소포체는 단백질이 함몰된 인지질 2중층으로 구성된다. 소포체는 평면 형태로 세포 내부를 가로 지으며 이들의 접힌 구간 사이에 여러 개의 통로를 형성한다(그림 4.10). 진핵생물의 많은 구획을 크게 두 개로 나누면 **시스터나(cisternal space)** 또는 **강(lumen)**이라고 부르는 내부 구역과 그 바깥쪽의 세포기질(cytosol)로 나뉘며, 세포기질은 세포질에 용해되어 있는 물질들과 단백질, 그리고 이온들을 포함한 유동성 있는 부분을 의미한다.

조면소포체는 단백질합성이 일어나는 곳이다

조면소포체(rough ER; RER)는 표면에 리보솜이 결합된 형태에 유래하여 이름이 지어졌다. 조면소포체는 광학현미경으로는 관찰되지 못하고 전자현미경에서만 관찰된다. 조면소포체는 납작한 주머니 형태로 존재하고 표면은 리보솜 때문에 거친 모양을 보인다(그

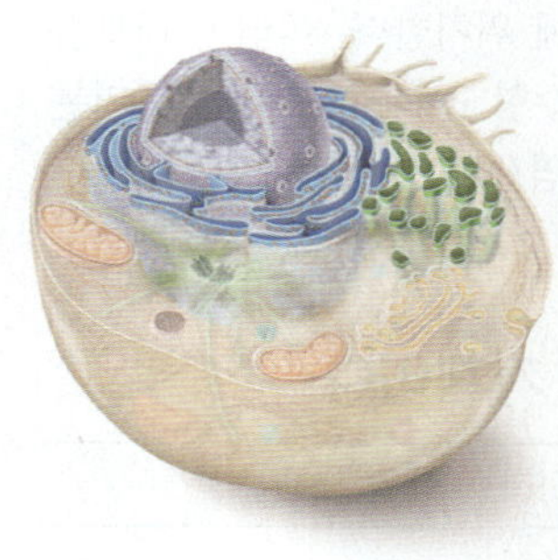

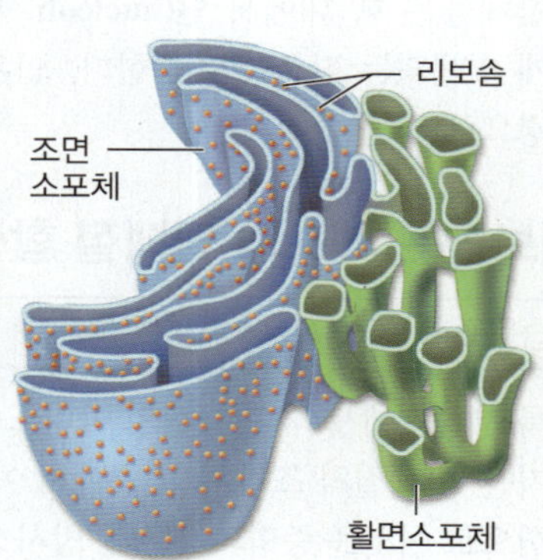

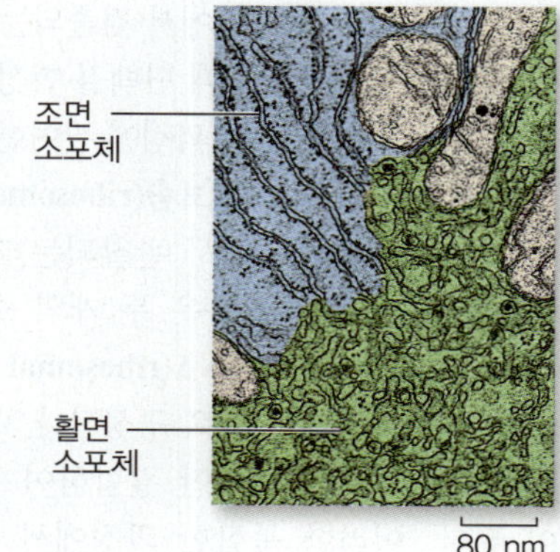

그림 4.10 소포체. 그림에서 파랗게 칠해진 조면소포체는 납작한 주머니들로 구성되었으며 세포질 전반에 걸쳐 구역을 형성한다. 세포질쪽 표면에 결합한 리보솜들이 새로 만들어진 단백질을 소포체 내부로 밀어 넣는다. 녹색으로 칠해진 활면소포체는 좀 더 관모양의 구조물로서 조면소포체와 연결되어 있다. 전자현미경 사진에서는 그림 색상에 맞게 채색되어 있다.

림 4.10 참조).

조면소포체의 표면에서 리보솜에 의해 합성된 단백질은 세포의 외부, 리소좀 또는 액포(이어지는 절에서 다뤄질 예정)로 이동되며, 원형질막에 함몰될 단백질 역시 이곳에서 만들어진다. 이들 단백질은 예정 목적지로의 이동의 시작으로 조면소포체 내부로 보내진다. 이들 경로를 통해 단백질들은 골지장치 또는 소포 등으로 이동되며 이후에 다뤄질 것이다. 만들어지는 단백질의 신호에 의해 리보솜은 조면소포체와 결합할 것인지 혹은 세포질 내에 자유롭게 존재할 것인지 결정된다.

소포체내에서 새로 만들어지는 단백질들은 짧은 탄수화물 사슬이 덧붙여져 **당단백질(glycoprotein)**이 된다. 분비되기로 예정된 단백질들은 다른 산물들과 분리되어 이후에 소포(vesicle)로 포장된다. 소포체는 또한 막단백질 및 인지질을 만드는데, 막단백질의 경우 소포체 자체의 막으로 삽입된 채로 소포를 형성하여 다른 곳으로 이동하게 된다.

활면소포체는 여러 가지 역할을 한다

소포체 가운데 리보솜과 거의 결합되지 않은 부분을 **활면소포체(smooth ER; SER)**라 한다. 활면소포체는 조면소포체와 같은 납작한 주머니 형태라기보다는 관들의 네트워크같이 보인다. 활면소포체의 막에는 많은 효소들이 묻혀있다. 이들 효소는 탄수화물 또는 지질의 합성을 촉진하는 역할을 한다. 스테로이드성 지질 역시 활면소포체에서 만들어지고 세포의 여러 필요한 막들의 구성요소로 쓰인다.

활면소포체는 또한 세포내 칼슘이온(Ca^{2+})의 저장소 역할을 하며, 이를 통해 세포질 내 칼슘이온의 농도를 낮게 유지하면서 칼슘이온이 세포의 신호전달에 쓰일 수 있는 환경을 제공한다. 예를 들어 근육세포의 경우 칼슘이온은 근육세포의 수축을 유발하며, 다른 세포의 경우 여러 신호전달경로에 중요한 역할을 한다.

조면소포체와 활면소포체의 비율은 세포의 기능에 따라 결정된다. 인간과 같은 다세포 생물의 경우 이들 비율은 세포에 따라 다양하게 변한다. 정소, 창자, 그리고 뇌세포와 같이 지질합성을 많이 하는 세포들의 경우는 활면소포체의 함량이 높다. 항체를 생성하는 B세포와 같은 경우 조면소포체의 비율이 월등히 높다.

활면소포체의 또 다른 기능은 외부 물질을 변형시켜 독성을 낮추기도 한다. 간세포의 경우 활면소포체의 효소들이 이런 기능을 하는데 이를 통하여 페니실린과 같은 우리가 섭취한 물질들을 중화한다. 따라서 우리가 처방된 적정량 이상을 섭취했을 경우 우리 몸은 초과량을 없앨 수 있게 된다. 간세포는 이와 같이 확장된 활면소포체 및 효소들을 통해 화학적으로 변형을 할 수 있다.

골지장치는 단백질을 분류하고 포장한다

학습목표 4.4.2 세포내막계에서 골지체의 기능에 대하여 설명하라.

납작한 주머니와 막구조는 때로는 서로 연결되어 **골지체(Golgi body)**라 불리는 복합체를 형성한다. 이 구조는 19세기에 이를 처음 발견한 의사 골지(Camillo Golgi)의 이름을 따서 명명되었다. 골지체 내에 쌓여진 막의 숫자는 원생생물의 경우 1개에서 여러 개, 동물세포에서는 20개 이상, 식물세포에서는 몇 백 개 이상이다. 골지체는 주로 물질을 분비하는 샘 조직 세포에 많이 존재한다. 골지체는 **골지장치(Golgi apparatus)**로도 불린다(그림 4.11).

골지장치는 세포의 우체국과도 같은 역할을 한다. 먼저 일정 장소에서 만들어진 물질들을 모으고 포장한 후 필요한 세포내 소기관이나 세포 밖으로 분배한다. 골지체는 앞부분과 뒷부분이 존재하는 양쪽 끝의 막 구성성분이 확연히 다르다. 소포체로부터 물질을 먼저 받는 곳이 형성면(*cis* face)이고 이를 **분비소포(secretory vesicle)**로 내보내는 부분이 성숙면(*trans* face)이다(그림 4.12). 어떻게 물질들이 골지체를 통해 전달되는지는 아직 논쟁중이다. 각각의 시스터나가 형성면에서 성숙면으로 성숙되는 가설이 존재하나 또 다른 가설은 소포나 직접 작용에 의해 앞선 시스터나에서 뒤 시스터나로 물질이 이동된다는 것이다. 아마도 두 가설 모두 옳을 지도 모르지만 현재는 시스터나의 성숙 가설이 맞는 것으로 여겨진다.

조면소포체와 활면소포체의 막들에서 만들어진 단백질과 지질들은 골지장치로 이동하고 이를 통과하면서 여러 가지 변형을 맞게 된다. 가장 흔한 변형은 짧은 당 사슬이 첨가되어 당단백질 또는 당지질이 되는 것이다. 많은 경우에 있어서, 골지장치에 존재하는 효소들은 이미 소포체에서 만들어진 당단백질 또는 당지질의 당을 끊어 내거나 하나나 두 개의 당을 변형시킨다. 이렇게 변형된 뒤 골지체 성숙면에서 작은 막구조 소포에 포장된 후 세포내 다른 곳으로 이동하여 최종 목적지로 새로 만들어진 물질들을 배송한다.

또 다른 골지체의 기능은 세포벽의 구성성분을 합성하는 것이

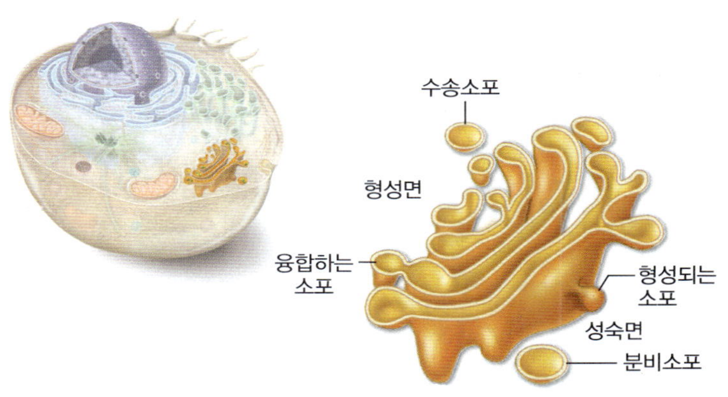

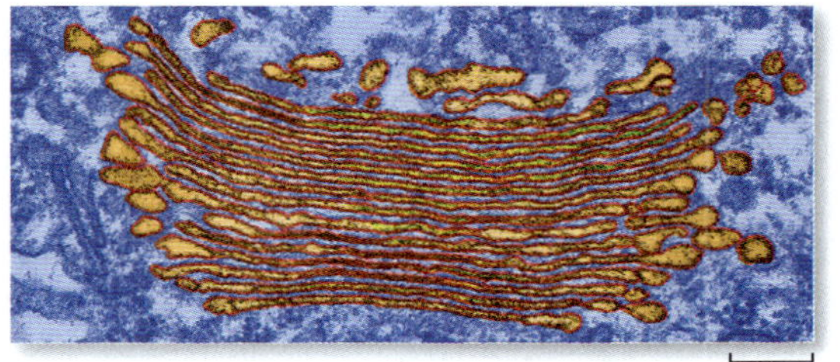

그림 4.11 골지장치. 골지장치는 매끈하고 오목한 막 형태의 구조를 가진다. 골지장치는 형성면(*cis* face) 쪽의 수송소포를 가공하는 물질들을 받고 그것을 성숙면(*trans* face) 쪽으로 포장해서 보내거나 분비 소포에 싼 채 이동시킨다. 소포에 있는 물질들은 세포 밖으로 분비되거나 같은 세포 내의 다른 구역으로 분배된다.

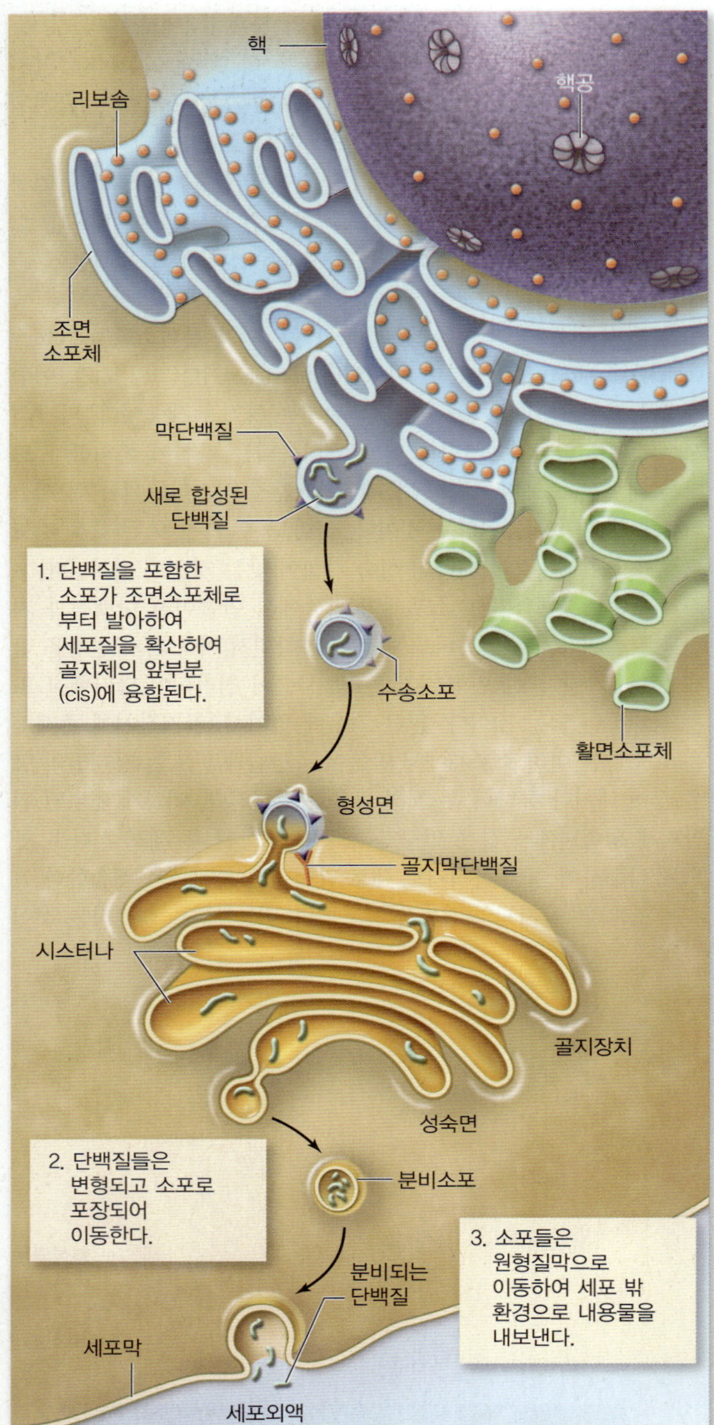

그림 4.12 세포내막계를 통한 단백질 수송. 조면소포체에 결합한 리보솜에서 만들어진 단백질들은 소포체 내부로 이동된다. 이들 단백질들은 세포 안의 멀리 떨어진 곳으로 사용되거나 세포 밖으로 분비된다. 이들은 조면소포체로부터 소포체로 둘러싸인 채 발아되어 수송된다. 이들 수송 소포들은 골지장치의 형성면(cis face)으로 이동한다. 골지장치에서 변형되고 소포로 포장되어 성숙면(trans face) 쪽으로 발아된다. 골지체의 성숙면을 떠난 소포들은 세포의 다른 부분으로 이동하거나 원형질막과 융합하여 안의 내용물들을 세포 밖 환경으로 내보낸다.

다. 식물의 세포벽을 이루는 비섬유소성 다당류의 경우 골지체에서 합성되어 원형질막으로 이동하고 그곳에서 세포의 외벽을 이루는 섬유소에 첨가된다. 식물에서 분비되는 다른 다당류의 경우 역시 골지체에서 합성된다.

다른 세포소기관들은 분해 및 재활용 과정을 수행한다

학습목표 4.4.3 세포가 어떻게 소화성 효소를 구획화 했는지 설명하라.

막으로 둘러싸인 소화성 소포인 **리소좀(lysosome)** 역시 세포내막계의 구성요소이다(그림 4.13). 리소좀은 골지체로부터 유래한다. 리소좀은 높은 농도의 분해효소를 가지고 있으며 단백질, 핵산, 지질, 그리고 탄수화물을 분해한다. 진핵생물의 일생동안 리소좀은 노화한 세포소기관을 분해하여 그 구성성분을 재활용한다. 이를 통해 새로 형성된 세포소기관이 차지할 자리를 마련한다. 예를 들어 어떤 조직에서 미토콘드리아는 매 10일 만에 새로 교환된다.

리소좀의 소화효소는 산성에서 가장 활성화된다. 리소좀은 세포내 섭취(endocytosis)의 특정한 유형인 식세포작용(phagocytosis: 5장 참조)을 통해 생성된 식포 또는 노화한 세포소기관들과 융합된 후 활성화된다. 이러한 융합과정은 리소좀 막에 존재하는 양성자 펌프를 활성화시켜 리소좀 내부를 산성화한다. 내부 pH가 산성화됨에 따라 리소좀내부 효소가 활성화되고 이를 통해 식포내 물질들을 분해하고 노화한 세포소기관을 파괴한다.

리소좀 저장 문제에 관련된 많은 인간 유전질환이 리소좀에 영향을 미치는데, 예를 들어 테이-삭스병(Tay-Sachs disease)이라 불리는 유전질환의 경우 리소좀 효소의 일종인 헥소사미니다제(hexosaminidase)의 기능이상에 의해 발병한다. 이 효소는 신경세포에 존재하는 막 당지질의 분해를 담당하는데, 효소의 부족으로 당지질이 신경세포 내에 축적될 경우 뇌졸중 또는 근육경화 등 다양한 종류의 신경질환이 발생한다.

세포내 소기관의 분해 이외에 리소좀은 식세포작용에 의해 포식된 다른 세포를 제거하기도 한다. 예를 들어 백혈구가 병원체를 포식한 후 리소좀은 병원체를 포함한 "식포(food vesicle)"와 융합한 뒤 리소좀 내 효소를 이용하여 병원체를 분해한다.

미소체들

진핵세포는 **미소체(microbody)**라 불리는 여러 종류의 효소함유 소포들을 가지고 있다. 이들은 식물, 동물, 그리고 원생생물에서 발견된다. 미소체로 효소를 분배하는 것은 진핵세포가 그들의 대사과정을 조직화하는 주요 방법 중의 하나다.

미소체 중 가장 중요한 종류는 **페르옥시솜(peroxisome)**이며, 이는 지방산의 산화과정 및 유해한 화학물질의 제독작용에 관여하는 효소들을 포함하는 구형 세포소기관이다. 페르옥시솜은 소화 및 제독 과정에서 발생하는 부산물인 과산화수소 때문에 이름이 붙여졌다. 과산화수소는 강한 화학작용 때문에 세포에 매우 위험하다. 페르옥시솜은 과산화수소를 무해한 물과 산소로 분해하는 효소인 카탈라아제(catalase)를 포함하고 있다. 만약 산화효소들이 미소체

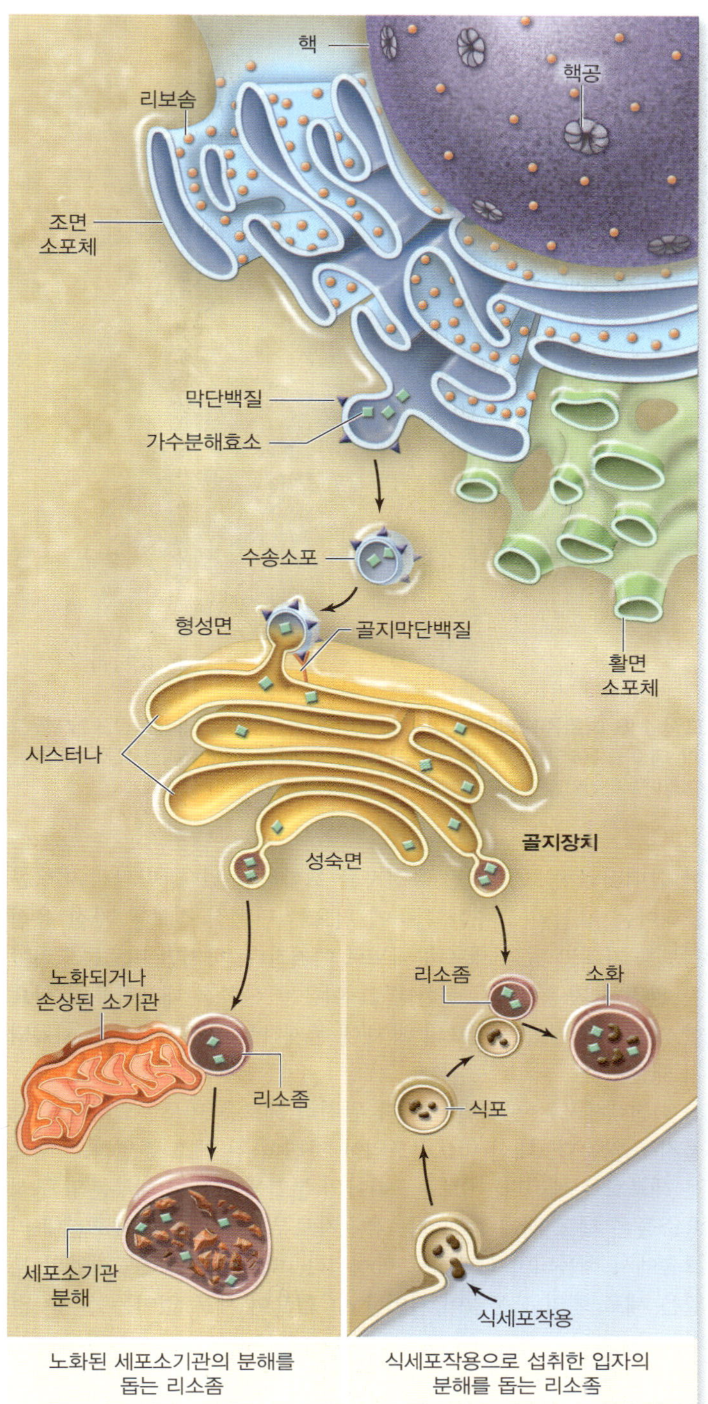

그림 4.13 리소좀. 리소좀은 골지체로부터 발아한 소포로부터 형성된다. 리소좀은 물질들이나 식세포작용을 통해 세포가 섭취한 다른 세포를 소화하거나 노화한 세포소기관을 분해하는 가수분해 효소들을 함유하고 있다.

에 의해 고립되지 못할 경우, 이들은 세포질 내 대사과정을 단락시켜 산소에 수소를 첨가하여 과산화수소를 형성하게 된다.

단백질분해효소복합체

모든 세포내 구획화된 세포소기관이 막으로 둘러싸인 것은 아니다. 구획화는 훨씬 소규모로 이루어질 수 있다. 세포는 그들의 단

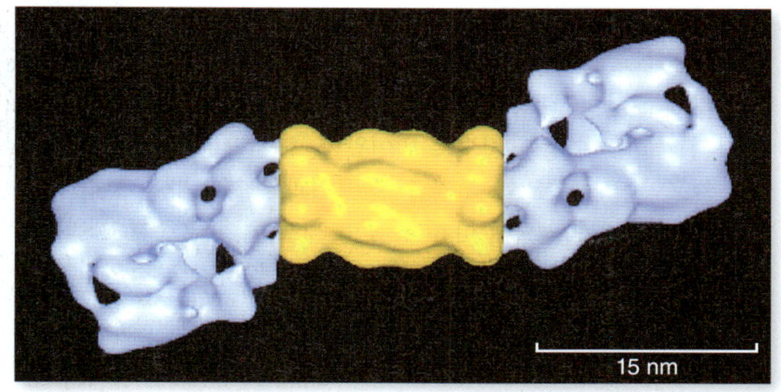

그림 4.14 초파리의 단백질분해효소복합체. 복합체의 중간부분은 단백질 분해 기능을 가지고 있으며 그 양쪽 끝은 조절자로서 역할을 한다. 원통의 한쪽 끝에서 들어간 단백질들은 펩티드 조각으로 분해되어 다른 쪽으로 나온다.

백질을 **단백질분해효소복합체(proteasome)**라 불리는 통모양의 복합체를 이용해 재활용한다(그림 4.14). 세포는 잘못 접히거나 손상을 입은 단백질 또는 더 이상 필요하지 않는 단백질에 76개 아미노산으로 이루어진 유비퀴틴(ubiquitin)이라는 단백질을 연결시킨다(이 장의 질의 및 분석 부분에서 자세히 다룰 것이다). 단백질분해효소복합체의 입구 쪽으로 들어간 단백질은 중간부분에서 소화되고, 출구 쪽에서 아미노산과 폴리펩티드 조각으로 배출된다.

식물 액포

식물세포는 **액포(avcuole)**라는 막으로 둘러싸인 매우 특화된 세포소기관을 가진다. 대부분의 식물세포에서 중앙에 위치한 액포를 관찰할 수 있다(그림 4.15). 사실 액포의 원래 의미는 "빈 공간(blank space)"이라는 의미로 광학현미경의 관찰을 통해 명명되었다. 액포를 둘러싼 막은 **액포막(tonoplast)**으로 불리는데 이들은 물의 이동을 위한 통로를 지니며 이를 통해 세포내 삼투압 균형을 맞춘다(5

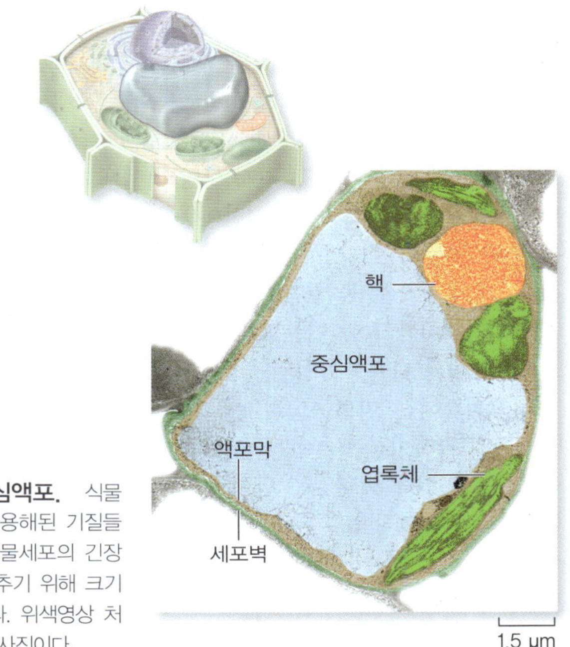

그림 4.15 중심액포. 식물의 중심액포는 용해된 기질들을 저장하고 식물세포의 긴장성(tonicity)을 맞추기 위해 크기가 커질 수 있다. 위색영상 처리를 한 현미경 사진이다.

장의 삼투압 참조). 중심액포와 물 통로를 통해 식물세포는 삼투압 균형을 맞추고, 조건에 따라 세포가 확대하거나 수축할 수 있는 능력을 갖게 된다. 오랫동안 생물학자들은 오직 한 종류의 액포가 여러 가지 기능을 수행할 것으로 믿어왔다. 하지만 여러 종류의 세포에서 액포막 및 물통로를 분리 연구한 결과 액포에 대한 보다 복잡한 관점을 갖게 되었으며 다른 종류의 세포에 다른 종류의 액포가 존재한다는 것이 확실해 졌다. 세포의 기능에 따라 각각의 액포는 매우 특화된 기능을 갖고 있다.

개념 정리 4.4

소포체는 세포의 생합성에 참여하는 세포내막계 구성원이다. 조면소포체에서 합성된 단백질은 골지체로 이동하고 거기서 변형 및 포장되고 마지막 목적지로 분배된다. 리소좀, 페르옥시솜, 그리고 단백질분해효소복합체는 소화성 효소를 구획화하는 소포들이다. 액포는 막으로 둘러싸인 구조로서 식물세포의 생장에서부터 저장에 이르는 역할들을 수행한다.

- 조면소포체에 붙어있는 리보솜은 세포질 리보솜과 어떤 차이를 가지는가?

4.5 미토콘드리아와 엽록체는 에너지를 만들어내는 세포소기관이다

미토콘드리아는 유기화합물을 대사하여 ATP를 생산한다

학습목표 4.5.1 미토콘드리아의 구조를 묘사하라.

미토콘드리아와 엽록체는 세포 내에서 에너지를 생산하는 세포소기관이다. 이 둘은 구조적으로 기능적으로 매우 유사하다. 구조적으로 2중막으로 둘러싸여 있으며, 자신들의 고유한 DNA 및 단백질 합성 메커니즘을 가지고 있다. 기능적으로 이 두 세포소기관은 이 절에서 다뤄질 에너지 대사에 관여한다는 점에서 비슷하다.

미토콘드리아(mitochondria; 단수형 *mitochondrion*)는 보통 세균 크기의 관 모양 또는 소시지 모양의 세포소기관으로 모든 진핵생물에서 발견된다(**그림 4.16**). 진핵생물 안에서 미토콘드리아는 당을 분해하여 ATP를 생성한다. 7장에서 다루겠지만, 미토콘드리아는 두 개의 막으로 둘러싸여있다. 매끈한 외막과 **크리스타(cristae**; 단수형 *crista*)라고 불리는 접혀져 있는 내막으로 구성되어 있으며 크리스타에서 ATP가 합성된다.

크리스타는 미토콘드리아를 내막 안의 **기질(matrix)**과 내막 바깥쪽의 **막사이공간(intermembrane space)**으로 나눈다. 내막 표면 또는 그 안에 박혀있는 단백질들은 산화적 대사작용을 담당한다. 산화적 대사작용은 산소를 필요로 하는 공정으로 고분자에 저장된 에너지를 이용하여 ATP를 생성한다(7장).

미토콘드리아는 자신의 고유한 DNA를 가지고 있다. 미토콘드리아 DNA는 원형으로 미토콘드리아의 산화적 대사작용에 필요

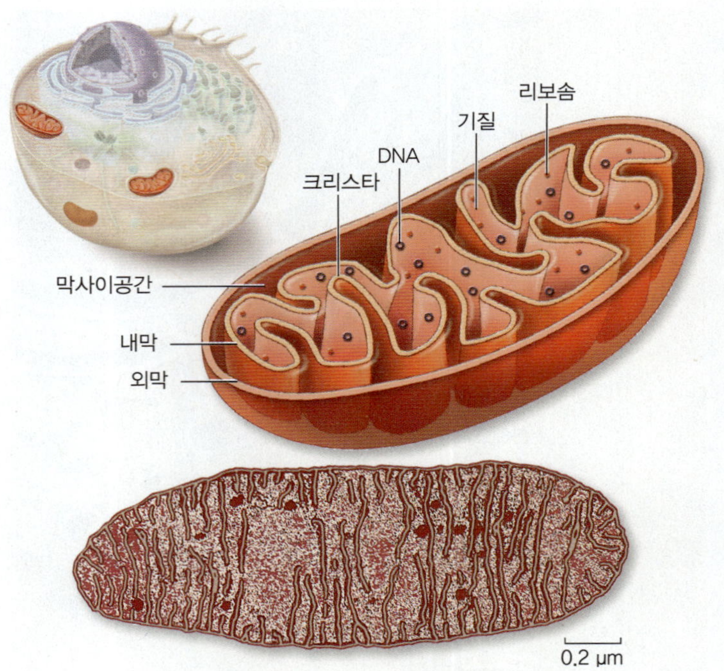

그림 4.16 미토콘드리아. 미토콘드리아의 내막은 크리스타라는 접힌 형태를 보이는데 이를 통해 산화 대사를 위한 표면적을 극대화 시킨다. 현미경사진에서 미토콘드리아를 세로로 절단한 면이 빨간색으로 색칠되어 보여진다.

한 단백질의 정보를 가진 유전자를 포함하고 있다. 따라서 미토콘드리아는 자신의 고유한 기능에 필요한 단백질 정보를 가진 유전정보를 가지고 있는 세포내 세포로 여겨진다. 하지만 미토콘드리아는 완전히 자율적이지 못한데 그 이유는 산화적 대사작용에 필요한 많은 단백질들이 세포의 핵 내에 존재하는 유전자로부터 해독되기 때문이다.

진핵세포는 분열할 때마다 완전히 새로운 미토콘드리아를 만들지는 않는다. 대신 미토콘드리아 자신이 두 개로 분열하고 새로운 세포로 분배된다. 미토콘드리아의 분열에 필요한 대부분의 구성요소들은 세포 핵에 존재하는 유전자로부터 전사되고 세포질내 리보솜에서 해독되어 단백질로 합성된다. 따라서 미토콘드리아의 분열은 세포 핵의 도움없이 일어날 수 없으며 세포 없이는 살 수 없다.

엽록체는 빛을 이용하여 ATP와 당을 생성한다

학습목표 4.5.2 미토콘드리아와 엽록체를 구분해보자.

식물세포 및 광합성을 하는 진핵세포는 보통 하나로부터 몇 백 개 이상의 **엽록체(chloroplast)**를 함유하고 있다. 엽록체는 빛을 이용하여 ATP와 당을 만들어낸다. 이 점은 엽록체를 포함한 세포에 명백한 이점을 제공한다. 즉 그들은 자신들의 음식을 자체 생산할 수 있다. 엽록체는 엽록소(chlorophyll)라는 광합성 색소를 함유하고 있으며, 이 때문에 대부분의 식물은 초록색을 띠게 된다.

엽록체는 미토콘드리아와 마찬가지로 두 개의 막으로 둘러싸여있다(**그림 4.17**). 그러나 엽록체는 미토콘드리아보다 더 크고 복잡

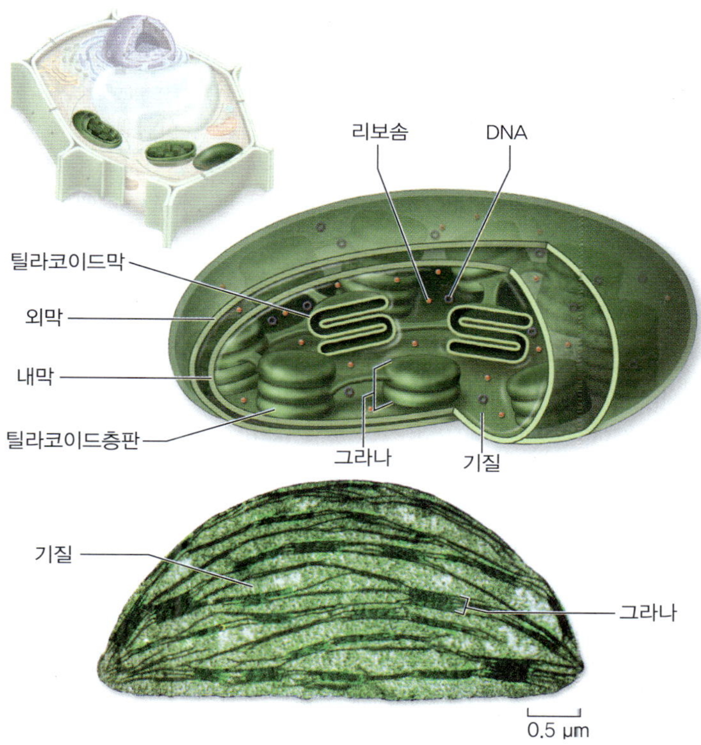

그림 4.17 엽록체의 구조. 엽록체의 내막은 틸라코이드라는 엽록소를 함유한 소포들이 겹겹이 쌓인 막구조를 둘러싸고 있다. 틸라코이드는 보통 한 개씩 겹쳐 쌓아지면서 그라나라 불리는 기둥을 형성한다. 엽록체는 현미경 사진에서 녹색으로 색칠되어 있다.

하다. 외막과 내막뿐만 아니라 엽록체는 막이 쌓인 형태로 닫힌 구조의 **그라나(grana**; 단수형 *granum*)가 내막 안에 존재한다.

엽록체는 몇 백 개 또는 그 이상의 그라나를 가지고 있으며, 각 그라나는 몇 개에서 수십개의 **틸라코이드(thylakoid)**라 불리는 원반 모양의 구조를 가지고 있다. 틸라코이드 표면에서 빛을 포획하는 광합성 색소가 존재하는데 광합성에 대해서는 8장에서 다룰 예정이다. 틸라코이드 주변으로 **스트로마**(*stroma*)라는 액상 기질이 존재한다. 광합성 과정에서 포도당을 생성하는 효소가 스트로마에 존재한다.

미토콘드리아와 마찬가지로 엽록체는 고유의 DNA를 가지고 있으나 엽록체 고유 기능을 수행하는데 필요한 구성요소에 대한 유전자들은 핵에 존재한다. 광합성에 필요한 몇 개의 구성요소들은 전적으로 엽록체에서 합성된다.

식물에서 DNA를 포함하는 다른 세포소기관인 **백색체**(*leucoplast*)는 색소를 포함하지 않으며 복잡한 내부 구조를 가지고 있다. 뿌리세포 또는 다른 식물세포에서 백색체는 전분의 저장소 역할을 한다. 전분을 저장하고 있는 백색체는 때로는 **녹말체(amyloplast)**라고도 불린다. 이들 세포소기관들인 엽록체와 백색체 그리고 녹말체를 통칭하여 **색소체(plastid)**라고 부른다. 모든 색소체는 이미 존재하고 있는 색소체로부터 분열을 통해 자생된다.

미토콘드리아와 엽록체는 세포내 공생을 통해 생겼다

학습목표 4.5.3 미토콘드리아가 고대 세균에서 어떻게 진화하였는가에 대해 기술하라.

공생이란 더불어 살고 있는 서로 다른 종 사이에 형성된 밀접한 관계이다. **세포공생기원설(theory of endosymbiosis)**은 현존하는 진핵생물의 세포소기관 일부가 원래 독립적인 두 세포의 공생관계로부터 진화되었다는 이론이다. 원핵세포가 다른 세포에 섭식된 후 그 세포의 일부가 되었으며 이 세포가 현대 진핵생물의 전구세포가 되었다(그림 4.18).

생물학자로부터 폭넓게 받아들이고 있는 이러한 세포공생기원설에 따르면 섭식된 원핵세포가 숙주세포에게 자신이 가지고 있는 대사과정의 이점을 제공한다. 그리고 마침내 원핵세포의 많은 유전자들이 숙주 진핵세포의 염색체로 이동하였다.

두 개의 중요한 진핵세포의 세포소기관이 이러한 세포내 공생

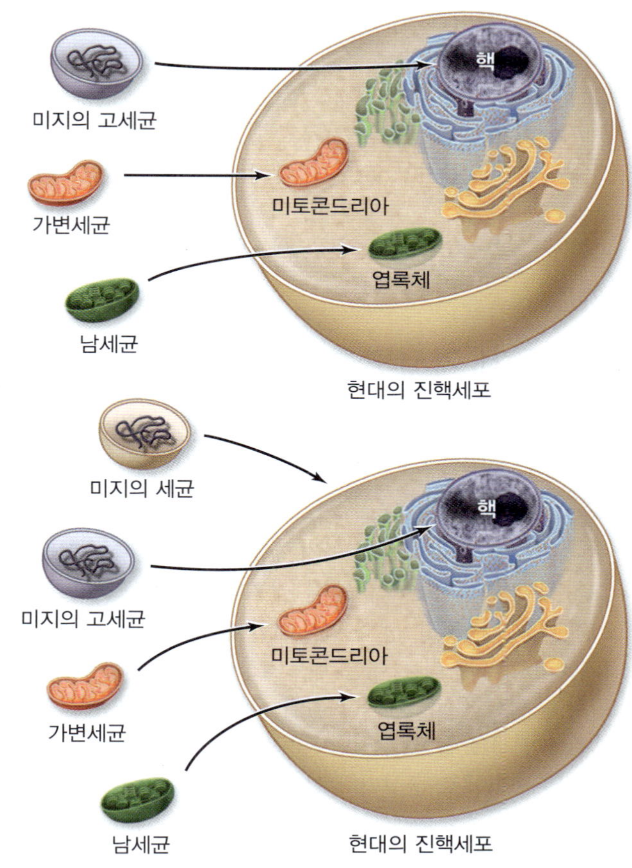

그림 4.18 진핵세포의 가능한 기원들. 미토콘드리아와 엽록체는 독립생활을 하던 세포가 섭취된 후 소화되지 않고 공생관계를 형성하면서 생성되었다고 생각된다. 삼킨 세포의 특성을 모르지만 두 가지 가능성은 다음과 같다. 삼킨 세포(위)는 고세균으로서 핵 유전체 및 세포질의 내용물들이 이 세포로부터 왔다. 아래 그림의 삼킨 세포의 경우 세균 세포 안에 존재하던 고세균으로부터 유래된 핵으로 구성된다. 이 경우 융합 또는 세균에 의해 삼켜진 고세균으로 만들어졌을 것이다.

관계로부터 발전했다고 여겨지는데, 산화적 대사활동을 수행하는 세균으로부터 출발한 미토콘드리아와 광합성을 하는 세균으로부터 출발한 엽록체가 그것들이다. 이 이론을 지지할 수 있는 광범위한 증거에 대해서는 24장에서 다룰 것이다.

개념 정리 4.5

미토콘드리아와 엽록체는 둘 다 외막과 광범위한 내막으로 구성되었다. 두 세포소기관 모두 자신들의 고유한 DNA를 가지고 있지만 또한 핵으로부터 유래한 단백질을 이용한다. 미토콘드리아는 당을 분해하여 ATP를 생성한다. 엽록체는 빛에너지를 포획하여 ATP와 당을 생산한다. 미토콘드리아와 엽록체 모두 원시 진핵생물에게 섭식된 원핵생물이 공생관계를 통해 진화했다고 여겨진다.

- 많은 미토콘드리아와 엽록체의 단백질들이 핵에 존재하는 유전자로부터 만들어진다. 어떻게 이러한 과정이 밝혀졌을까?

4.6 세포골격은 세포의 모양을 지지해준다

진핵세포는 다양한 형태를 보이고 있는데 신경세포의 경우 척추에서 발끝까지 이르는 긴 돌기를 가지고 있고, 피부세포는 탄탄한 가늘고 긴 관 모양을 가지고 있다. 이런 형태의 다양성은 복잡한 내부 세포골격에 의해 가능하게 되며, 더욱 인상적인 것은 세포의 요구에 따라 이들의 일부를 변형하여 세포의 형태를 변화시킬 수 있다는 것이다.

세포골격은 세 가지 종류의 단백질 섬유로 구성되어 있다

학습목표 4.6.1 세포골격을 이루는 세 가지 단백질 섬유들의 구조 및 기능을 비교하라.

모든 진핵세포의 세포질은 세 가지 종류의 단백질 섬유들 네트워크가 교차되어 있으며, 이를 통해 세포의 형태가 만들어지고 각 세포소기관들이 정해진 장소에 위치할 수 있게 된다. **세포골격(cytoskeleton)**이라 불리는 이들 네트워크는 매우 역동적인 시스템으로 항상 조립되거나 해체되고 있다. 개개의 섬유들은 똑같은 단백질 단위들이 서로 끌어당기고 자발적으로 조립되어 긴 사슬을 형성하여 만든 중합체로 구성되어 있다. 섬유들은 같은 방법으로 각 단위들이 사슬의 한쪽 끝으로부터 하나씩 하나씩 분리되어 해체된다.

액틴필라멘트(미세섬유)

액틴필라멘트(actin filament)는 7nm의 직경을 지닌 긴 섬유다. 각 필라멘트는 진주구슬모양의 두 가닥이 느슨하게 꼬여져 있듯이 두 가닥의 단백질 사슬이 꼬여있는 형태로 존재한다. 사슬에 존재하는 각 구슬들 또는 단위들은 둥그런 형태의 **액틴(actin)**이라는 단백질이다. 액틴필라멘트는 극성을 나타내는데, 한 쪽 끝은 플러스(+) 다른 쪽 끝은 마이너스(-)를 나타내며 이를 통해 필라멘트가 만들어지는 과정에 방향성을 제공한다. 액틴 분자들은 시험관에서 조차 자발적으로 이러한 필라멘트를 형성한다. 세포는 스위치와 같은 역할을 하는 다른 단백질을 이용하여 이러한 중합과정을 제어하여 필요할 때 중합과정을 켤 수 있다.

미세소관

미세소관(microtubule)은 세포골격의 구성원 중에 가장 크며 가운데가 비어있는 25nm 직경의 관으로 각각 13개 단백질 프로토필라멘트(protofilament)의 고리로 구성되어 있다. α-와 β-튜불린(*tubulin*) 2합체로 구성된 구형 단백질들이 중합과정을 거쳐 13개 프로토필라멘트를 형성한다. 프로토필라멘트는 중앙핵심 주위에 나란히 배열되어 미세소관이 관 형태의 특징을 갖도록 한다.

미세소관은 지속적으로 중합되거나 중합해체 과정을 거친다. 미세소관의 평균 반감기는 분열하지 않는 동물세포에서는 약 10분 정도이고 분열하는 세포의 경우 20초 정도로 짧다. 미세소관의 양쪽 끝은 핵생성 중심에서 멀어진 쪽을 플러스(+) 끝으로, 핵생성 중심 쪽을 마이너스(-) 끝으로 표기한다.

중간섬유

세포골격의 강한 내성을 가진 구성요소는 강한 섬유성 단백질 분자들이 서로 꼬이고 중복 배열된 형태를 가진다. 이들 **중간섬유**(*intermediate filament*)는 특징적으로 액틴필라멘트와 미세소관의 중간 크기인 8-10nm의 직경을 가진다. 일단 형성되면, 중간섬유는 매우 안정적이어서 거의 분해되지 않는다.

중간섬유는 세포골격 섬유들의 혼합그룹을 형성한다. 가장 흔한 종류는 비멘틴(*vimentin*)이라 불리는 단위로 구성되며 많은 종류의 세포들에게 구조적 안정성을 제공한다. 또 다른 중간섬유인 케라틴(*keratin*)은 주로 상피세포에서 발견되는데, 주로 모발이나 손발톱 등의 구조를 구성한다.

중심체는 미세소관형성중심이다

중심립(centriole)은 동물세포와 대부분의 원생생물에서 보이는 술통 모양의 세포소기관이다. 주로 쌍으로 존재하며 보통 핵막 주변에서 서로 직각으로 위치한다(그림 4.19). 거의 모든 동물세포에서 중심립 쌍의 주변을 중심체(*centrosome*)라 부른다. 중심체에서 **중심립주변물질(pericentriolar material)**이 중심립을 둘러싸는데, 중심립주변물질은 튜불린으로 구성된 고리 모양의 구조를 포함한다. 동물세포의 경우 이들 중심립주변물질에서 미세소관의 형성이 시작되면 이런 기능 구조를 미세소관형성중심(*microtubule-organizing center*)이라 부른다. 중심체는 세포분열 과정에서 미세소관들의 재조직을 책임지고 있다. 식물 또는 곰팡이 세포의 경우 중심체가 없지만 미세소관형성중심을 가지고 있다. 세포분열 과정에서 중심체에 대한 기능은 10장에서 보다 자세히 기술될 것이다.

세포골격은 세포내 물질의 이동을 도와준다

학습목표 4.6.2 동물세포가 세포골격 요소를 이용하여 세포내 물질이동을 하는 방법에 대해 설명하라.

액틴필라멘트와 미세소관은 그들의 활동을 제어함으로서 세포의 기능에 영향을 미친다. 예를 들어 세포 증식과정에서(10장 참조), 복제된 각각의 염색체에 결합한 미세소관의 길이를 줄여서 분열하는 딸세포로 이동시킨다. 이후 동물세포의 경우 액틴벨트는 외과수술에 쓰이는 쌈지봉합(purse string)처럼 수축을 통하여 세포를 둘로 나눈다.

근육세포의 경우 역시 액틴필라멘트를 사용하는데 근육이 수축할 때 운동 단백질이 미오신(myosin)으로 이뤄진 필라멘트 옆으로 미끄러진다. 속눈썹이 파르르 떨릴 때, 독수리의 비행, 아기의 서툰 기어감 등의 모든 것들이 근육세포의 세포골격의 이동을 기반으로 한다.

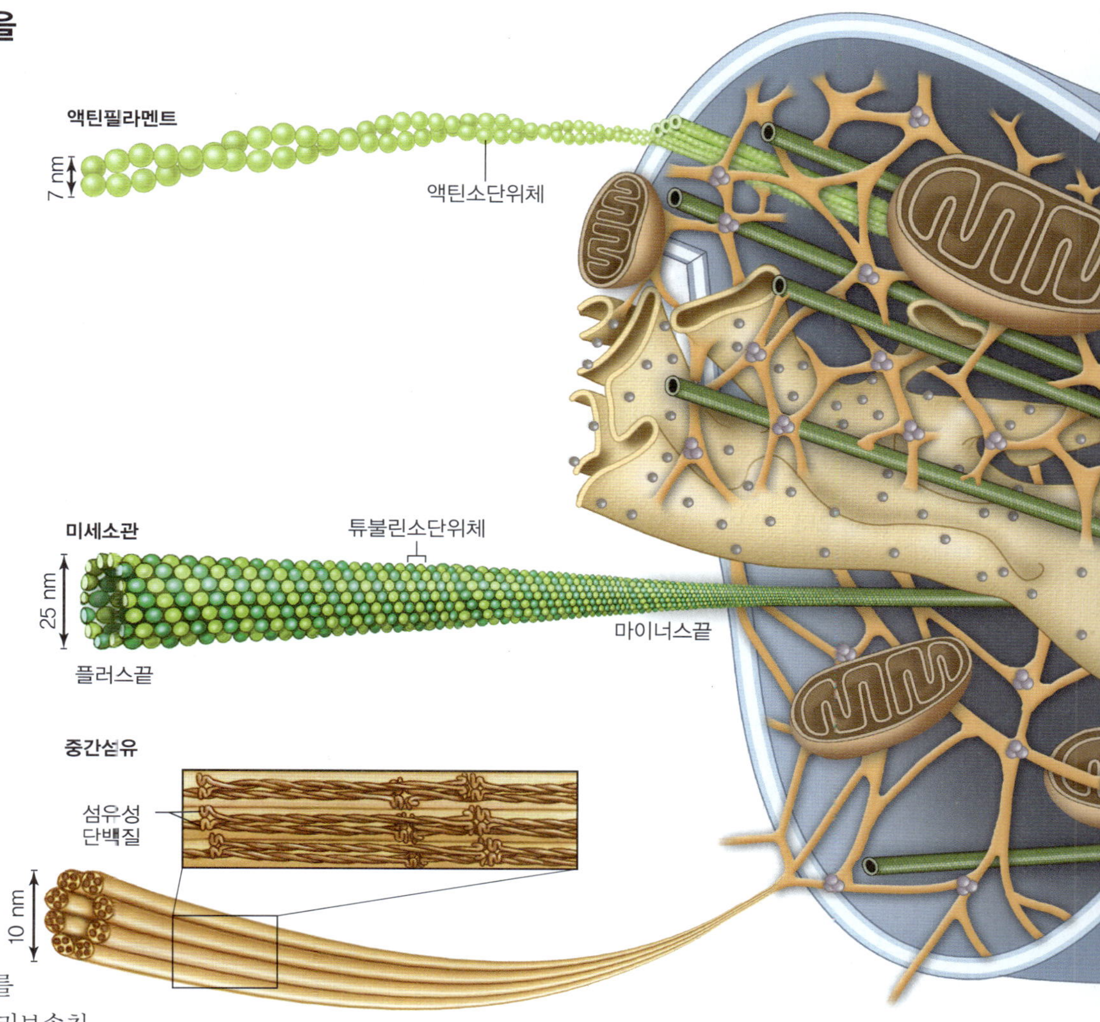

세포골격은 세포의 모양 및 움직임만을 담당할 뿐 아니라 세포질 내 고분자 또는 특정 효소들이 지정된 장소에 위치시키는 지지대로서의 역할도 한다. 예를 들어 세포의 대사에 관계된 많은 효소들이 리보솜처럼 액틴필라멘트에 결합되어 있다. 특정 효소들을 서토 가깝게 이동시키고 지탱하면서 세포골격은 소포체처럼 세포의 활동성을 조절한다.

분자 모터

모든 진핵세포는 세포질 한 쪽에서 다른 쪽으로 물질들을 이동시켜야한다. 한 가지 방법은 소포체의 채널을 고속도로처럼 이용하는 방법이다. 또 다른 방법은 화물을 실은 소포들을 세포골격을 이용하여 이동하여 물질들을 이동시는 것이다. 예를 들어, 신경세포의 경우 세포로부터 뻗어 나온 긴 돌기를 가지고 있는데 돌기의 끝까지 소포를 이동시켜 물질을 이동시킬 수 있다.

미세소관을 통하여 물질을 이동하는 데 다음과 같은 4가지 구성요소가 필요하다. 1) 운송되어질 소포나 세포소기관, 2) 에너지를 사용하여 동력을 제공하는 운동 단백질, 3) 소포를 운동 물질과 연결시켜주는 접속 분자, 4) 철도가 움직이는 레일과 같은 역할을 하는 미세소관(그림 4.20).

소포가 움직이는 방향은 관여하는 운동 단백질의 종류에 의해 결정되며 또한 미세소관의 세포 외곽 쪽 부분이 플러스 전하를 띄는 것과 관계가 있다. 예를 들어 키넥틴(kinectin)이라는 단백질은 소포를 키네신(kinesin)이라는 운동 단백질에 연결시킨다. 키네신은 ATP를 이용하여 소포를 미세소관의 플러스 전하 방향, 즉 세포의 외곽으로 끌어당김으로서 물질을 운송시킨다. 자연계내의 가장 작은 모터로서 이들 단백질들은 미세소관을 경로삼아 소포를 이동시킨다. 디낵틴(dynactin)이라는 다른 종류의 소포 단백질의 경우 소포를 디네인(그림 4.20에 예시)이라는 운동 단백질에 결합시키고

그림 4.19 중심립. 각 중심립은 3중 미세소관 9개로 구성된다. 중심립들은 보통 식물세포에서는 발견되지 않는다. 동물세포에서는 미세소관을 조직하는데 도움을 준다.

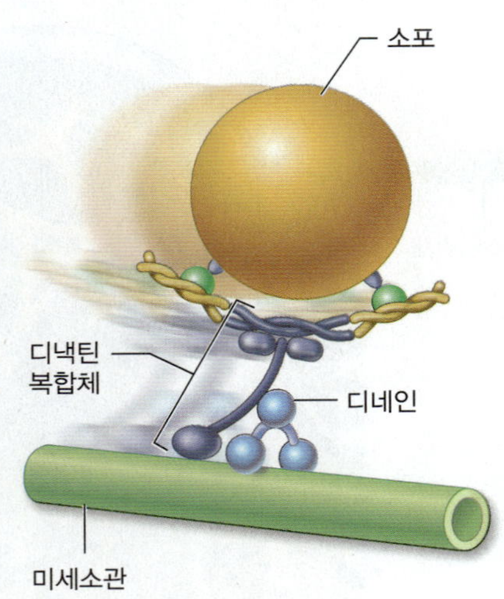

그림 4.20 분자 모터. 소포는 ATP를 동력으로 사용하는 운동 단백질을 이용하여 미세소관을 따라 이동된다. 소포들은 연결물질에 의해 운동 단백질에 부착되는데 여기서는 디낵틴 복합체가 보여진다. 운동 단백질인 디네인은 연결된 소포를 미세소관을 따라 이동시킨다.

앞의 예와는 반대로 소포를 미세소관의 마이너스 방향, 즉 세포의 안쪽으로 운송시킨다(디네인의 경우 진핵생물의 편모의 운동에도 관여하는데 이에 대해서는 조금 후에 다뤄질 예정이다). 이렇듯 특정 수송 소포 및 그 내용물의 목적지는 소포의 막에 존재하는 단백질의 결합 양상에 따라 결정된다.

진핵세포는 세포골격의 구성요소를 이용하여 기어가거나 유영할 수 있다

학습목표 4.6.3 동물세포가 기어가는 방법과 원생생물이 편모를 이용하여 유영하는 것의 차이를 비교해보자.

세포의 이동은 액틴필라멘트 또는 미세소관 그리고 어떤 경우에 있어서는 두 물질 모두 필요하다. 중간섬유의 경우 세포내 힘줄 역할을 해서 세포가 과하게 늘어나는 것을 막는다. 액틴필라멘트는 세포의 모양을 결정짓는 주요한 역할을 한다. 액틴필라멘트가 쉽게 형성되거나 해체되기 때문에 세포가 모양을 빨리 변화시킬 수 있게 한다.

문자 그대로, 세포의 세포질에서 액틴필라멘트의 재구성을 통해 세포는 기어 다닐 수 있다. 우리 몸에서 세포의 기어 다님은 매우 중요한데 염증반응, 혈액응고, 상처치료, 그리고 암의 전이 등 여러 과정에서 필수불가결한 요소이다. 특히 백혈구에서 이 능력은 중요한데, 골수에서 만들어진 후 백혈구는 우리 몸의 순환계로 이동하고 최종적으로 혈관 밖으로 기어나가서 조직 내 잠재적인 감염원을 제거한다.

기어가는 세포의 앞부분에서 액틴필라멘트는 재빨리 중합과정을 거치고 그렇게 뻗어가는 힘으로 세포를 앞으로 이동시킨다. 이렇게 뻗어나간 부분은 미세소관이 중합과정을 거쳐 새로 생성된 공간에 들어옴으로써 안정화된다. 앞으로 이동하는 전반적인 과정은 근육의 수축에 관여하는 **미오신(myosin)**이라는 단백질에 의해 완성되는데, 미오신은 액틴필라멘트를 따라 수축하고 이를 통해 세포의 다른 부분을 새로 뻗어나간 앞부분으로 끌어당긴다.

세포의 기어 다님은 이런 일련의 과정이 연속적으로 일어나면서 생기는데, 이동하는 앞부분이 뻗어나가고 안정화된 후, 세포의 나머지 부분을 모터를 이용해 수축시켜 끌어당긴다. 세포 표면에 있는 수용체가 세포 외부의 물질을 탐지하고 특정 방향으로의 돌출을 자극하면서 백혈구와 같은 세포가 특정 표적을 향해 움직일 수 있게끔 한다.

편모와 섬모의 도움을 통해 세포의 움직임이 이루어진다

많은 원생생물들이 편모를 이용하여 유영을 한다. 이번 장의 앞부분에서 원핵생물의 편모의 구조에 대해 기술했다. 진핵세포의 경우 그것과는 전혀 다른 구조의 편모를 가지는데, 두 개의 중앙 미세소관 주위로 한 쌍으로 이루어진 미세소관 9개가 원을 이루는 구조를 가지고 있다. 이러한 배치를 9+2 구조라 부른다(그림 4.21).

운동 단백질 디네인으로 이루어진 팔을 이용하여 한 쌍의 미세소관이 서로 스치듯 움직이기 때문에 진핵세포의 편모는 회전한다기 보다는 물결치듯 움직인다. 자세히 살펴보면 각 편모들은 세포질을 포함하며 원형질막으로 둘러싸이는 등 세포의 내부가 바깥쪽으로 돌출한 것으로 증명된다. 편모의 미세소관들은 **기저체(basal body)**로부터 유래되는데, 기저체는 편모가 세포 표면으로부터 돌출되는 곳 바로 아래에 위치한다.

편모의 미세소관 구조는 진핵생물 역사의 초기부터 진화했다. 현존하는 많은 다세포 생물과 몇몇 단세포 진핵세포의 경우 편모

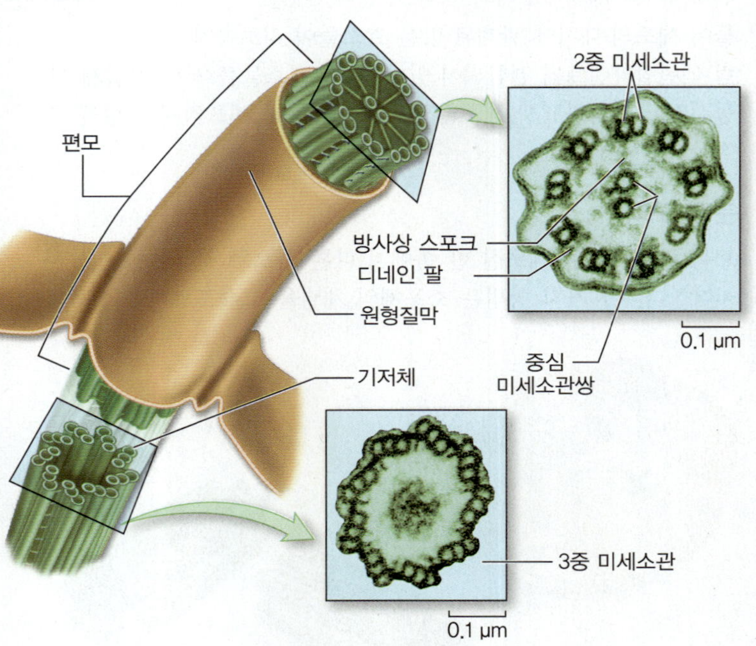

그림 4.21 편모와 섬모. 진핵세포의 편모는 기저부로부터 직접 유래한다. 편모는 중심에 두 개의 미세소관이 있으며, 디네인 팔을 가진 9개의 2중 미세소관으로 구성된 외부 고리와 바퀴살처럼 연결되어 있다. 기저체는 3중 미세소관 9개가 짧은 단백질 조각과 연결되어 있다. 섬모의 구조는 편모와 비슷하지만 섬모의 경우는 길이가 보통 더 짧다.

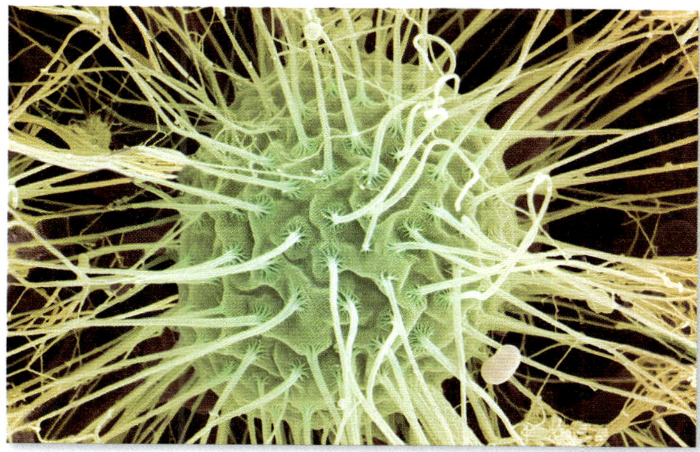

그림 4.22 편모와 섬모. a. 녹조류는 수많은 편모를 통해 물을 헤쳐 움직일 수 있다. b. 짚신벌레는 많은 섬모를 가지고 있으며 이들이 일제히 고동치면서 움직인다. 섬모를 이용하여 짚신벌레는 액체를 입으로 이동시켜 먹이를 취한다.

를 더 이상 가지지 않으며 따라서 움직임도 없다. 하지만 편모에서 발견되는 미세소관의 9+2 배열과 비슷한 구조를 가지는 **섬모(cilia;** 단수형 *cilium*)라 불리는 구조들은 여전히 이들 세포에서 발견되고 있다. 섬모는 짧은 세포 돌기들로 주로 일렬로 배치되어 있다. 섬모는 세포 표면에 편모에 비해 많은 수가 존재하지만, 그 내부 구조는 편모와 같다. 섬모는 노 젓는 듯한 움직임을 통해 조직 표면에서 물을 이동시키는 역할을 한다(그림 4.22).

개념 정리 4.6

세 가지 세포골격의 요소는 미세섬유(액틴), 미세소관, 그리고 중간섬유이다. 이들 섬유들은 상호작용을 통하여 세포의 모양을 조절하고, 세포가 움직일 수 있게 하며, 세포질내 물질들의 이동을 담당한다. 소포 역시 미세소관을 따라서 분자 모터를 통하여 이동한다. 세포는 액틴과 미오신을 통한 기어 다니기, 미세포관으로 이루어진 섬모나 편모를 이용한 유영을 통해 움직임을 갖는다. 진핵세포의 섬모와 편므는 9+2 배열을 가지는 미세소관의 다발로 이루어져 있으며 물결치듯 움직인다.

- 세포골격 요소가 관련된 세포의 움직임에는 어떤 것들이 있는가?

4.7 세포외 구조는 세포를 보호한다

식물의 세포벽은 세포를 보호하는 동시에 지지대로서의 역할을 한다

학습목표 4.7.1 식물의 1차세포벽과 2차세포벽을 비교해 보자.

식물, 곰팡이 그리고 많은 종류의 원생생물의 세포들은 세포벽을 가지고 있으며 이를 통해 세포를 보호하고 지지할 수 있다. 이들 진핵생물들의 세포벽은 화학적으로 그리고 구조적으로 원핵생물의 세포벽과는 다르다. 식물과 원생생물의 경우, 세포벽은 다당류 섬유소 섬유로 구성되어 있는 반면 곰팡이의 그것은 키틴으로 구성되어 있다.

식물에서 **1차세포벽(primary wall)**은 세포가 여전히 생장하고 있을 때 만들어지는 세포벽이다. 서로 인접한 세포의 세포벽 사이에는 **중간층(middle lamella)**이라 불리는 끈적끈적한 물질이 존재하며 세포들을 서로 붙이는 역할을 한다(그림 4.23). 어떤 식물세포의 경우 강한 **2차세포벽(secondary wall)**을 생성하는데, 완전히 생

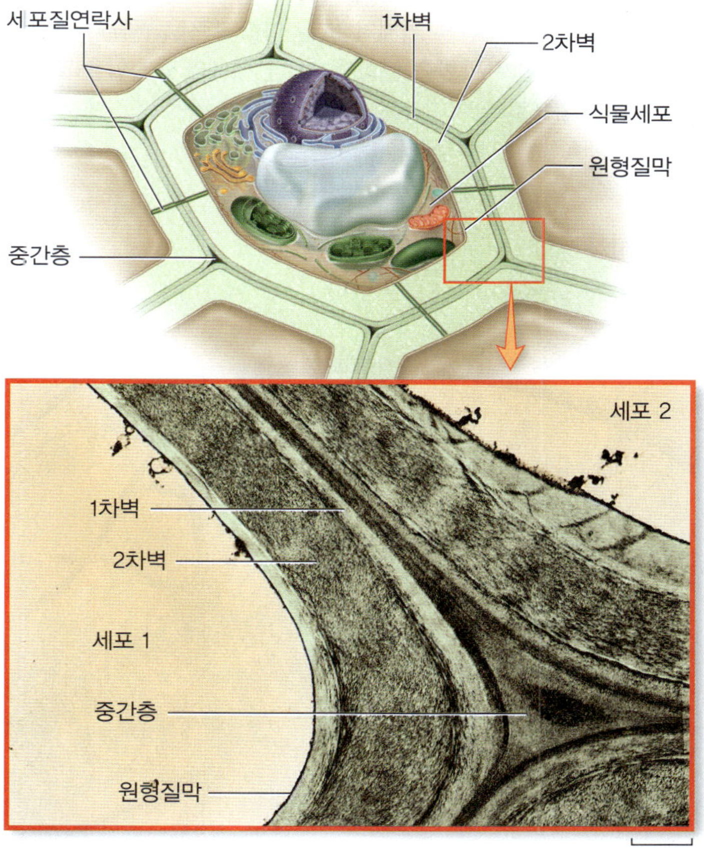

그림 4.23 식물의 세포벽. 식물세포의 세포벽은 두껍고, 강하며, 또한 단단하다. 1차세포벽은 세포가 아직 어리고 생장 중에 만들어진다. 더 두꺼운 2차세포벽은 세포가 다 생장한 후에 덧붙여진다.

장이 끝난 세포의 1차세포벽 안쪽에 축적된다.

동물세포는 세포외 기질을 분비한다

학습목표 4.7.2 인테그린이 어떻게 세포골격과 동물세포의 세포외 기질을 연결시키는지 설명하라.

동물세포는 식물세포, 곰팡이 그리고 대부분의 원생생물을 감싸고 있는 세포벽이 존재하지 않는다. 대신, 동물세포는 정교한 당단백질의 혼합물을 그들을 둘러싸고 있는 외부로 분비하여 **세포외 기질**(*extracellular matrix; ECM*)을 형성한다(그림 4.24). 연골, 힘줄, 인대 등에 존재하는 것과 똑같은 섬유성 단백질인 콜라겐이 주로 세포외 기질에 많이 존재한다. 콜라겐과 또 다른 섬유성 단백질인 엘라스틴으로 구성된 강한 섬유들은 다른 당단백질인 프로테오글리칸(proteoglycan)으로 구성된 복잡한 망구조에 파묻혀서 세포 표면 위쪽에 보호 층을 이룬다.

어떤 세포의 세포외 기질은 세 번째 종류의 당단백질인 **피브로넥틴**(*fibronectin*)에 의해 원형질막과 결합되어 있다. 피브로넥틴 분자는 세포외 기질의 당단백질 뿐 아니라 **인테그린(integrin)**이라 불리는 단백질과도 결합된다. 인테그린은 원형질막의 구성에 없어서는 안 될 부분으로, 세포질 쪽으로 뻗어져 있으며 세포골격을 이루는 미세섬유 및 중간섬유에 결합된다. 세포외 기질과 세포골격을 연결함으로써 인테그린은 세포외 기질이 세포의 행동에 중요한 영향을 미친다. 인테그린은 기계적 또는 화학적 신호전달의 조합을 통해 세포의 유전자 발현을 변화시키거나 세포의 움직임을 조절한다. 이런 방법으로 인테그린은 세포외 기질이 특정 조직에서 세포의 행동을 조정하는 데 도움을 준다.

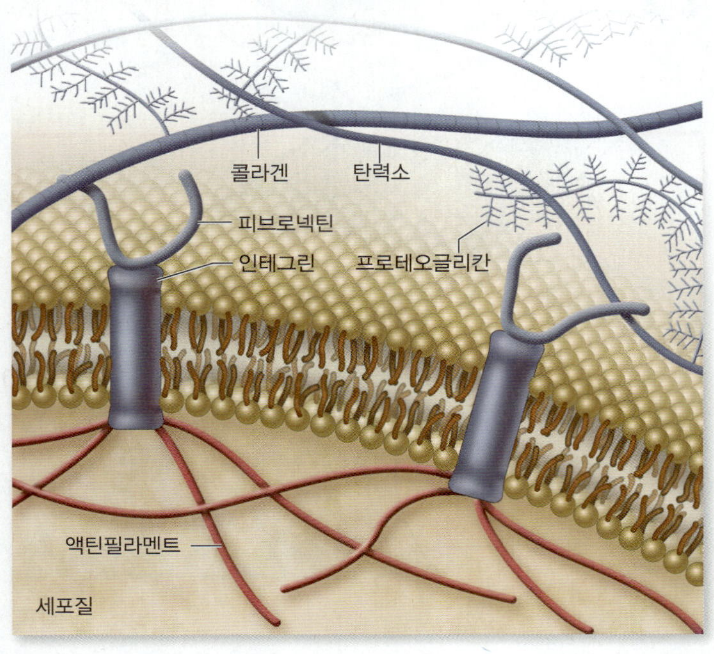

그림 4.24 세포외 기질. 동물세포는 여러 가지 당단백질로 구성된 세포외 기질로 둘러싸여 있으며, 이들은 세포에 버팀, 내구성, 그리고 탄성을 제공한다.

개념 정리 4.7

식물세포는 섬유소 기반의 세포벽을 가진다. 동물세포는 세포벽이 없다. 동물세포에서는 세포골격이 세포외 기질이라 불리는 당단백질의 그물망과 연결되어 있다.

- 미세포관 및 미세섬유에 의해 수행되는, 하지만 중간섬유와는 관계없는 세포의 역할은 무엇인가?

4.8 세포와 세포의 연결을 통해 인접 세포의 반응을 조절한다

가장 기본적인 다세포 생물의 특징은 피부, 피, 근육과 같은 다양한 종류의 **조직**(*tissue*)을 형성한다는 것이며, 이들 조직에서 세포들은 고유한 방법으로 조직화한다. 세포들은 서로 상호작용을 할 수 있어야 하며 고유의 정체성을 나타내는 표지를 가진다. 세포 간 상호작용, 세포의 정체성을 나타내는 표지 및 세포간의 대화와 같은 이런 모든 기능들은 막단백질 및 세포로부터 분비되는 단백질과 깊은 관련성이 있다. 개체가 발생과정을 거치면서, 세포들은 여러 유전자들의 **발현**(*expression*)을 조절하고, 각 세포들에 특화된 기능을 수행할 수 있는 유전자를 발현시켜서 고유의 정체성을 갖는다. 표 4.2에 세포들 사이에 존재하는 여러 종류의 연결 방법이 설명되어 있으며 이번 절에서 자세히 다뤄질 것이다.

표면 단백질들은 세포의 정체성을 말해준다

학습목표 4.8.1 다세포 생물에서 서로 다른 조직의 세포들을 어떻게 구별할 수 있는지 설명하라.

하나의 중요한 유전자 군에 의해 세포의 표면에 남겨진 표시를 통해 각 세포들을 특정 종류로 확인할 수 있다. 세포가 서로 접촉할 때, 그들은 서로의 표면에 존재하는 표지를 인식하고 거기에 맞춰 반응한다. 같은 종류의 조직을 이루는 세포들은 서로를 인식하고, 세포 표면 사이에 연결고리를 만들어 더욱 효율적으로 기능을 수행할 수 있게 한다.

당지질

대부분의 조직 특이적 세포 표면 표지는 탄수화물을 머리 부분으로 갖는 지질, 즉 당지질이다. 적혈구의 표면에 존재하는 이러한 당지질의 종류에 따라 A, B, O형의 혈액형을 갖게 된다.

MHC 단백질

세포 표면 표지의 중요한 역할의 하나는 면역세포에 의해 "자기(self)" 또는 "비자기(nonself)"로 인식되는 것이다. 이 기능은 다세포 생물에게 생명과 관련된 것으로, 이를 통해 외부로부터 침입한 세포 또는 악성세포로부터 자기를 보호할 수 있기 때문이다. 척추동물의 면역체계를 특정 군의 표지를 이용해 자기와 비자기를 구별하는데, 이 표지는 **주조직적합성복합체**(*major histocompatibility*

표 4.2	세포간 연결의 종류와 특징		
연결의 종류	구조	기능	예
표면표지	원형질막에 존재하는 여러 가지 단백질 및 당지질	세포를 확인	MHC 분자, 혈액형, 항체
격벽연접 밀착연접	세포의 주위를 밀봉하는 단단히 결합된, 방수의 섬유성 클라우딘 단백질	세포들을 단단히 결합하여 어떤 물질도 그들 사이를 통해 통과하지 못하지만 세포 간 물질 교환은 가능	내장의 상피세포간의 연접
부착연접(접착반)	카데린의 변이인 데스모콜린(desmocollin)이 중간섬유에 결합한다.	세포 간 강하고 유연한 연결을 형성한다. 척추동물어서 발견된다.	상피세포
부착연접(접착연접)	고전적인 카데린이 세포골격의 미서소관과 결합한다.	세포들을 연결한다. 가장 오래된 세포 연접으로 모든 다세포 생물에서 발견된다.	피부와 같은 기계적 스트레스를 받는 조직들
부착연접 (반접착반, 초점접착역)	인테그린 단백질이 세포를 세포외 기질에 결합시킨다	기질에 부착할 수 있게 한다.	세포의 움직임 또는 발생과정에 중요함
교통연접 (간극연접)	6개의 막통과 부위를 가진 코넥손/파넥신 단백질이 구멍을 형성	조직내에서 세포에서 세포사이로 작은 분자들을 이동시킴	심장근육과 같이 흥분할 수 있는 조직들
교통연접 (세포질연락사)	인접한 식물세포벽들에 존재하는 간극사이에 형성되는 세포질 연결	식물세포들 사이의 교통연접	식물 조직들

complex; MHC) 유전자에 의해 만들어진다. 면역체계에서 세포의 인식에 대한 것은 35장에서 다뤄진다.

세포 접합부를 통해 세포간 부착이 이루어진다

학습목표 4.8.2 서로 다른 종류의 접합부의 구조와 기능의 관련성을 알아보자.

다세포생물의 진화과정에서 세포와 세포의 연결을 담당하는 물질을 사용하는 과정이 필요했다. 다세포생물의 진화과정에서 계통은 서로 달라도 세포 간 연결을 하는 방법은 매우 잘 보존되어 있으며, 이를 담당하는 단백질은 상당히 오래전부터 쓰였다.

세포 간 물리적 연결 방법의 성질은 대체로 조직의 형태에 따라 다르다. 사실 조직이 정상적인 기능을 수행하는데 그 안의 세포가 배열되는 방법이 매우 중요하다. 세포의 접합부는 현미경상 관찰되는 구조와 접합부를 구성하는 단백질에 따라 특성이 나눠질 수 있다.

부착연접

부착연접(adhesive junction)이 아마도 제일 처음 진화상에 나타났을 것으로 보인다. 원시적인 형태는 스펀지와 같은 생물에서도 보이고 거의 모든 동물 종에서 관찰된다. 그들은 기계적으로 한 세포의 세포골격을 다른 세포의 세포골격 또는 세포외 기질에 접합시킨다. 이러한 종류의 연결은 근육이나 피부상피세포와 같은 기계적 스트레스를 많이 받는 조직에서 발견된다.

접착연접(adherens junction)은 해파리부터 척추동물에 이르는 동물군에서 발견된다. **카데린(cadherin)**이라는 단백질을 기반으로 하는 연결로서, 카데린은 여러 계통의 생물에서 보이는 Ca^{2+}의존성 부착물질이다. 카데린은 하나의 막관통 영역과 세포 외부의 영역으로 구성되며, 세포 외부 영역은 주변 세포의 카데린과 상호작용을 통하여 세포들을 연결시킨다(그림 4.25). 카데린은 유형1과 유형2로 나뉘는데, 유형1만 가진 세포가 유형2만을 가진 세포와 섞이면 유

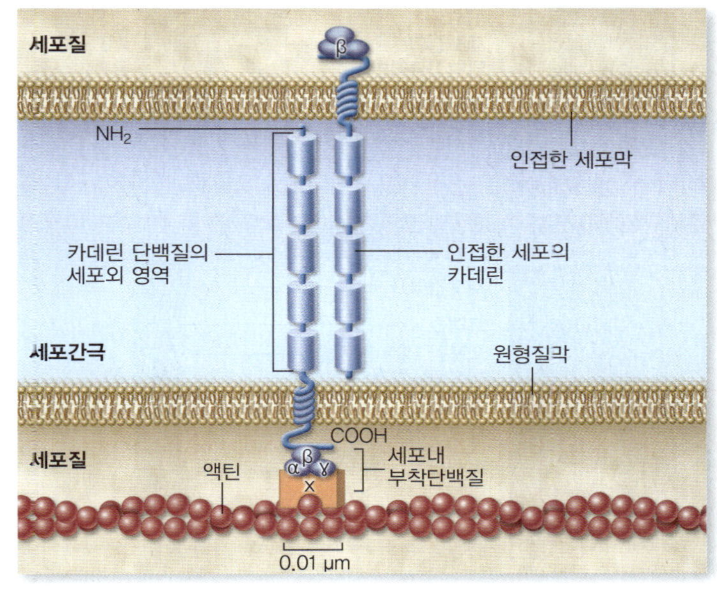

그림 4.25 카데린-매개 연접. 카데린 물질은 세포골격의 액틴에 고정된 채 원형질막을 뚫고 나가 인접한 세포의 카데린 분자와 상호작용한다.

형1 세포는 유형1 세포와, 유형2 세포는 유형2 세포와만 연결을 가진다. 세포 내부 쪽으로 카데린은 액틴과 간접적으로 작용하여 유연한 연결을 보인다(그림 4.25 참조).

접착반(desmosome)은 척추동물에서만 보이는 카데린기반 연접이다. 이들은 카데린의 종류인 데스모콜린(desmocollin)과 데스모글레인(desmoglein)으로 구성되며, 이들을 통해 액틴대신 세포골격의 중간섬유와 작용한다. 접착반은 다른 세포 간을 연결하고(**그림 4.26b**), 이를 통해 기계적 스트레스를 받는 조직을 지지한다.

반접착반(hemidesmosome)과 **초점부착(focal adhesion)**을 통해 세포는 기저 라미나와 세포외 기질과 연결된다. 이 경우 세포외 기질과 연결되는 단백질은 인테그린이다. 인테그린은 세포 표면 수용체 종류의 하나로서 세포외 기질에 존재하는 단백질과 결합한다. 이들 부착 역시 세포의 세포골격과 연결되는데, 초점부착의 경우 액틴필라멘트와 결합하고, 반접착반의 경우 중간섬유와 연결된다.

격벽접합 또는 밀착연접

격벽접합(septate junction)은 무척추동물과 척추동물 모두에서 발견되며 한 면의 세포를 밀봉하여 장벽을 형성한다. 격벽접합에서 보이는 단백질의 경우 다른 시스템에서는 다른 이름을 불리는데, 예를 들어 초파리의 경우 "Discs large"와 "Neurexin"이라 한다. 이들의 다양한 분포로 보아 접착연접 직후 진화되었을 것으로 보인다.

밀착연접(tight junction)은 척추동물에서만 관찰되며, 세포간 물질의 이동을 막는 능력을 가능하게 하는 클라우딘이라는 단백질을 함유한다. 이런 종류의 세포 간 연접은 조직의 벽을 형성하며 이를 통해 세포의 한 쪽 면에만 물질을 가두는 역할을 한다(**그림 4.26a**).

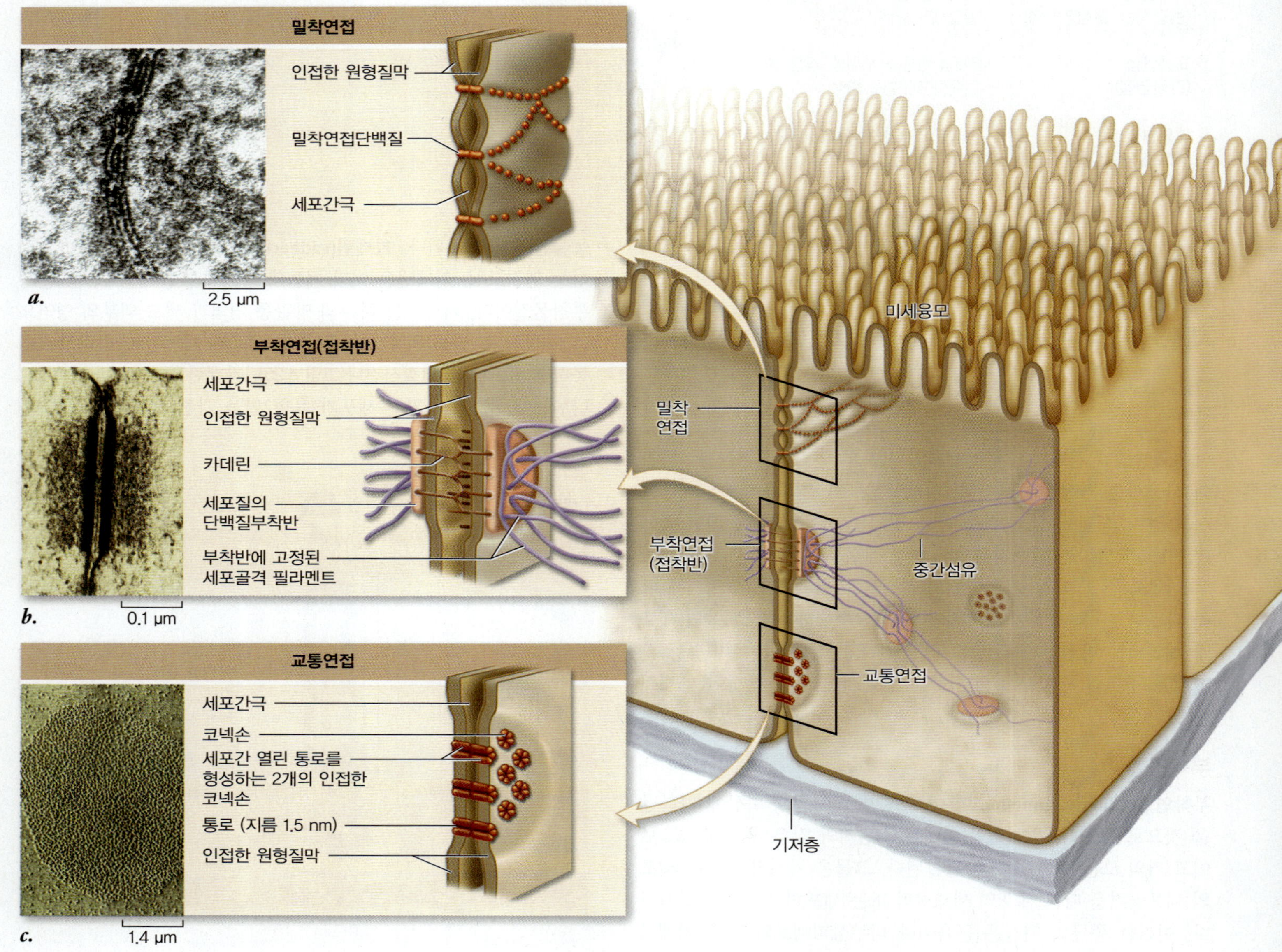

그림 4.26 세포 연접의 종류들에 대한 개요. 오른편에 보이는 창자 상피세포의 그림은 일반적인 세포 연접들의 구조 및 위치를 비교하여 나타낸다. 더 자세한 모델을 나타내는 왼편 그림은 세포 연접의 세 가지 주요 종류의 구조를 보여주고 있다: (a) 밀착연접; (b) 부착연접, 접착반이 예로 제시됨; (c) 교통연접, 간극연접이 예로 제시됨

얇은 세포판 형성

동물의 소화기관을 안감처럼 덮고 있는 세포들은 한 장의 판을 형성하는데 그 두께는 겨우 세포크기 정도이다. 세포판의 한 쪽 면은 소화관 안쪽을 향하고 있으며 다른 쪽 면은 혈관이 존재하는 세포외공간을 향하고 있다. 이웃하는 세포와 확실히 연결되어 있기 때문에 세포 사이로는 아무것도 통과할 수 없다. 따라서 소화기관에 있는 양분들은 세포판을 직접 통과해야만 혈류로 들어갈 수 있다. 또한 이들 판의 원형질막은 서로 구분된 구획을 형성하게 되는데 소화기관 안쪽을 향한 막에 존재하는 수송단백질은 우리가 섭취한 양분을 세포 안으로 이동시키며, 다른 쪽 막에 존재하는 단백질은 이들 양분을 세포외공간으로 내보내며 결국 혈관으로 이동하게 된다.

교통연접

앞서 설명된 접합들에 포함된 단백질들은 단세포 생물의 일부분에서도 발견된다. 다세포생물로의 진화는 또 다른 세포 연결을 만들어 냈는데 이를 교통연접(communicating junction)이라 부른다. 이들을 통해 세포들은 서로 의사소통을 하는데, 주로 작은 구멍을 통한 확산을 이용한다. 전달 연접들을 통해 세포는 포도당, 아미노산, 이온과 같은 작은 물질들을 다른 세포로 전달한다. 동물세포의 경우는 간극연접을, 식물세포에서는 세포질연락사를 이용한다.

동물세포의 간극연접. 간극연접(gap junction)은 척추동물 및 무척추동물에서 모두 발견된다. 무척추동무의 경우 파넥신(pannexin)이라는 단백질로 구성되며 척추동물에서는 파넥신기반 연접이외에 코넥손이라는 단백질로 구성된 다른 유형의 연접이 동시에 존재한다. 각 경우에서, 간극연접은 6개의 동일 막통과영역을 가진 복합체로 구성된다(그림 4.26c 참조). 단백질들은 원통구조로 배열되어 원형질막을 가로지르는 통로를 만들며, 이 통로는 세포 표면으로부터 몇 nm정도 돌출된다. 간극연접은 코넥손/파넥신 단백질들이 완벽하게 배열될 때 만들어지는데, 이를 통해 두 세포의 원형질막을 가로지르는 열린 통로가 만들어진다.

간극연접 통로는 매우 역동적인 구조물로서 칼슘 또는 수소이온과 같은 여러 가지 요인에 의해 열리거나 닫힌다. 이러한 통로의 열고 닫힘은 매우 중요한 기능이다. 세포가 손상을 입으면 원형질막은 새기 쉬운 상태가 된다. 세포 밖은 칼슘과 같은 이온의 농도가 매우 높아서 손상을 입은 세포 안으로 이온이 들어오게 되는데, 인접 세포의 경우 간극연접을 닫게 되면 손상 입은 세포로부터 이온이 유입되는 것을 막아서 피해가 퍼지는 것을 막을 수 있다.

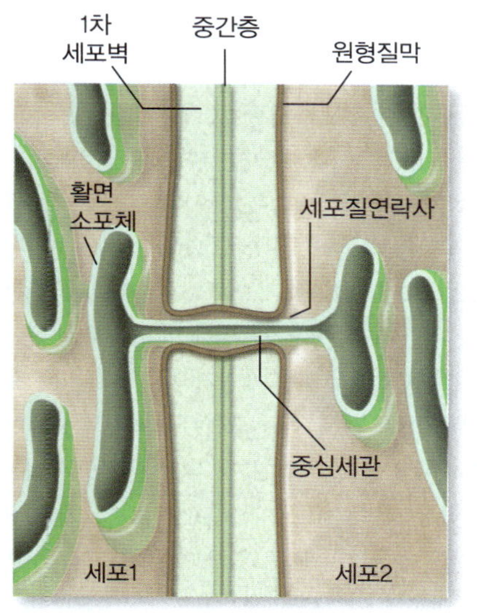

그림 4.27 세포질연락사. 식물세포는 세포질연락사라 불리는 세포벽에 존재하는 매우 특별한 통로를 통해 의사소통한다. 이곳을 통해 인접세포와 세포질을 공유한다.

식물의 세포질연락사. 식물의 경우 세포벽이 각 세포를 다른 세포로부터 분리시킨다. 세포 간 연접은 세포벽의 구멍 또는 간극을 통해서만 일어나고 이들 통로가 다른 인접세포의 원형질막과 접촉할 수 있는 공간이다. 맞붙어있는 원형질막을 통해 세포질의 교환이 일어나는 연접을 **세포질연락사(plasmodesmata; 단수형 plasmodesma)**라고 부른다(그림 4.27).

세포질연락사는 동물세포의 간극연접과 매우 비슷한 기능을 수행하지만, 그 구조는 훨씬 복잡하다. 간극연접과는 다르게, 세포질연락사는 원형질막을 따라 형성되어 있으며 두 세포의 소포체를 서로 연결하는 세관이 존재한다.

개념 정리 4.8

세 가지 종류의 연접이 존재한다. 1) 밀착연접은 방수기능을 갖는 세포판을 형성하고, 2) 부착연접은 강도 및 유연성을 결정하며, 3) 동물세포의 간극연접 및 식물세포의 세포질연락사와 같은 교통연접의 경우는 세포 사이의 물질이동을 담당한다. 세포의 정체성은 면역계의 MHC단백질을 포함하여 표면 당단백질에 의해 결정된다.

- 어떻게 연접들이 조직을 만드는데 일조하는가?

엔도솜 형성에 대한 조절

진핵생물에서 발견되는 많은 세포소기관 중에, 가장 생화학적으로 다양한 것은 손상된 세포의 구성요소를 재활용하거나, 잠재적으로 위험한 화학물을 제독하거나, 혈류로부터 저밀도 지질단백질(LDL)을 제거하는 역할을 하는 작은 엔도솜(endosome)이다. 매우 복잡한 단백질 네트워크에 의해 초기 엔도솜이 리소좀 또는 페르옥시솜과 같은 기능적인 특정 종류의 후기 엔도솜으로 융합되거나, 엔도솜을 세포 내 특정 위치에 옮아매거나, 원형질막으로 보내지는 물질들을 함유한 엔도솜을 이동시키는 등의 과정들이 조절된다. 현미경사진에서 재활용되는 세포 물질(빨간색), 축적된 효소(옅은 녹색)를 포함한 두 개의 엔도솜과 LDL 입자(진한 녹색)가 보인다. LDL 입자는 엔도솜을 기다리고 있으며 두 엔도솜 사이 아래 부분에 보인다.

세포는 어떻게 이런 복잡한 시스템을 조절할까? 최근 증거에 따르면 Rab5라는 소형 GTPase가 중요한 역할을 하는 것으로 보인다. 9장에서 여러분들이 배우겠지만, 많은 종류의 GTPase가 세포 내부의 의사소통에 중요한 역할을 한다. 이번 경우에서, Rab5는 초기 엔도솜 형성에 필요하며, 이를 통해 엔도솜의 수 및 기능을 조절한다.

이 주제를 연구하기 위해, 연구자들은 RNA 간섭(RNA intereference; RNAi)라는 기술을 이용하여 Rab5 유전자의 발현을 줄였다. 16장에서 설명된 것처럼, 이 방법은 특정 유전자에 보완적인 합성 RNA를 이용하여 그 유전자들의 발현을 억제한다. 이들을 작은간섭RNA(small interfering RNA; siRNA)라 한다. siRNA를 처리하면 표적 mRNA를 파괴한다. RNAi를 처리한 후 약 5일 후에 조사하면, 세포의 Rab5 mRNA양이 약 80%정도 준다.

RNAi를 처리한 세포에서, 후기 엔도솜 및 리소좀과 같은 모든 종류의 엔도솜이 줄어든다. 이러한 결과는 다음과 같은 의문점을 야기한다 "이것이 세포내 섭취에 의한 섭취에 영향을 주는가?".

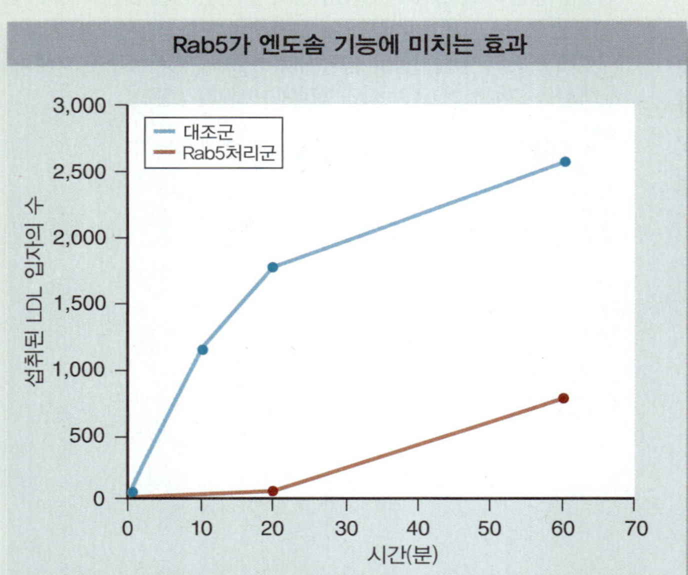

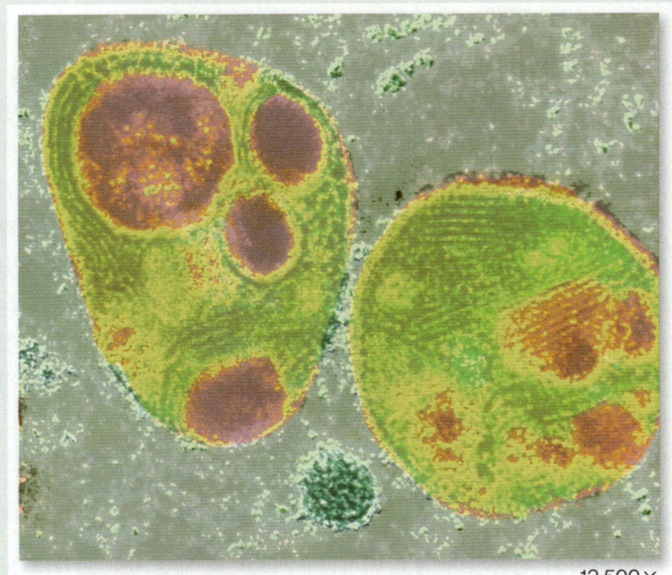
12,500×

이 질문에 답하기 위해, 염색된 LDL 입자를 이용해 간세포에서 LDL의 섭취를 확인했다. 결과는 아래의 그래프와 같다.(Rab5 KD는 RNA 간섭을 처리한 세포이다).

분석

1. **개념 적용**
   a. **변수.** 그래프에서 종속변수는 무엇인가?
   b. 연구자는 같은 수의 대조군과 Rab5 KD 세포를 써야 할까? 설명하라
2. **자료 해석**
   a. 한 시간 동안의 실험과정에서 Rab5 KD 세포에 의한 LDL입자의 섭취가 얼마나 변했는가?
   b. 같은 시간 동안 대조군 세포에서 LDL 입자의 섭취는 어떻게 변했는가?
   c. 실험 시작 20분 후에 대조군 세포에 의해 섭취된 LDL 입자의 수는 얼마인가? Rab5 KD 세포에는 얼마인가?
3. **추론** 대조군과 Rab5 KD 세포 사이에서 LDL 입자 섭취 행동의 변화 중 가장 중요한 것은 무엇인가?
4. **결론 도출**
   a. siRNA에 의해 Rab5 유전자를 억제했을 때 간세포의 엔도솜이 LDL을 세포내 섭취를 하는 능력이 붕괴되었는가?
   b. 만약 siRNA를 처리한 세포를 복원하였을 때, 처리로 인한 영구적인 영향은 없었다. 이 결과는 엔도솜 시스템에 대해 어떤 것을 말해주는가?
5. **추가 분석** 이런 분석이 진행된 쥐 실험의 경우, 성체 쥐의 간으로 직접 RNAi를 처리할 수 있다. RNAi를 간세포에 처리한 쥐의 혈청 및 대조군 쥐의 혈청에서 LDL의 농도는 어떻게 변할 것으로 예상하는가?

학습 과정 복습

개념 4.1 모든 생물은 세포로 구성된다

4.1.1 세포설은 생물학을 통합하는 토대가 된다 세포들은 기존에 존재하는 세포들의 분열로만 발생한다.

4.1.2 세포의 크기는 한계가 존재한다 세포의 크기가 증가하면 확산은 비효율적이 된다.

4.1.3 세포는 현미경을 통하여 관찰할 수 있다 현미경을 통한 이미지 확대를 통해 육안으로 확인할 수 있을 만큼 더 나은 해상력이 가능하게 되었으며, 짧은 파장의 빛을 사용하면 훨씬 개선된다.

4.1.4 모든 세포는 구조적으로 유사성을 가진다 모든 세포는 중심에 위치한 DNA, 반유동적인 세포질, 그리고 이를 둘러싸고 있는 원형질막으로 구성된다.

개념 4.2 원핵세포는 내부 구조가 없다

4.2.1 원핵세포는 막으로 둘러싸인 세포소기관이 없다 원핵세포는 핵, 내부 막구조, 막에 둘러싸인 세포소기관이 존재하지 않는다. 튼튼한 세포벽이 원형질막을 둘러싸고 있다. 세균 세포벽은 짧은 펩티드와 교차결합된 탄수화물로 이루어진 펩티도글리칸으로 구성되어 있다. 고세균은 펩티도글리칸이 없으며 고유한 막지질 성분을 가진다.

4.2.2 대부분의 원핵세포는 편모를 이용하여 움직인다 원형질막을 가로지르는 양성자 이동을 통해 편모는 동력을 얻는다.

개념 4.3 진핵세포는 고도로 구획화되어 있다

4.3.1 세포소기관 및 막구조를 통하여 진핵생물의 내부는 조직화된다

4.3.2 핵은 세포의 정보센터로서 역할을 한다 핵은 DNA를 포함하며 지질2중층 2중막으로 둘러싸여 있다. 핵공을 통해 작은 물질들의 교환이 일어난다.

4.3.3 리보솜은 세포의 단백질 합성 기계이다 리보솜은 mRNA를 번역하여 폴리펩티드를 생산한다. 리보솜은 모든 세포의 세포질에서 발견된다.

개념 4.4 막은 세포 내부를 기능적 구획으로 체계화한다

4.4.1 소포체는 세포를 가로지르는 고속도로이다 리보솜이 박혀있는 조면소포체는 단백질을 합성하고 변형시키고 또한 막을 생성한다. 비조면소포체는 탄수화물 및 지질의 합성 및 제독작용을 한다.

4.4.2 골지장치는 단백질을 분류하고 포장한다 골지체는 소포체로부터 소포를 받아서 고분자들을 변형하고 포장하여 수송한다. 리소좀은 소화효소를 가지고 있어서 고분자를 분해하거나 노화된 세포소기관을 재활용한다. 단백질분해효소복합체는 손상되거나 더 이상 필요 없는 단백질들을 분해한다. 식물은 액포를 이용해 물을 저장하거나 물 균형을 맞춘다.

4.4.3 다른 세포소기관들은 분해 및 재활용 과정을 수행한다 리소좀은 소화효소를 가지고 있으며, 미소체들은 여러 가지 대사 과정을 격리시킨다.

개념 4.5 미토콘드리아와 엽록체는 에너지를 만들어내는 세포소기관이다

4.5.1 미토콘드리아는 유기화합물을 대사하여 ATP를 생산한다 미토콘드리아는 2중막 구조를 가지고 있으며 자신의 고유한 DNA를 가지고 독립적으로 분열할 수 있다. 내막은 광범위하게 접힌다. 내막에 파묻혀 있거나 표면에 결합한 단백질들이 ATP를 생성하는 대사과정을 수행한다.

4.5.2 엽록체는 빛을 이용하여 ATP와 당을 생성한다 엽록체는 2중막을 가지고, DNA를 가지고 있으며 독립적으로 분열한다. 엽록체는 차곡차곡 쌓인 틸라코이드 막을 통해 빛을 포획하여 포도당을 합성한다.

4.5.3 미토콘드리아와 엽록체는 세포내 공생을 통해 생겼다 세포내공생 가설에 따르면 미토콘드리아와 엽록체는 한때는 원핵생물이었지만 다른 세포에 삼켜졌을 것으로 여겨진다.

개념 4.6 세포골격은 세포의 모양을 지지해준다

4.6.1 세포골격은 세 가지 종류의 단백질 섬유로 구성되어 있다 세포골격은 세포의 모양을 지탱하거나 세포소기관을 고정해주는 단백질 섬유로 구성되어 있다. 액틴필라멘트 또는 미세섬유는 세포의 운동에 참여한다. 미세소관은 세포 내 물질의 운송을 담당한다. 중간섬유는 여러 다양한 기능을 수행한다.

4.6.2 세포골격은 세포내 물질의 이동을 도와준다 키네신 또는 디네인 등의 분자 모터는 미세소관을 따라 소포들을 수송한다.

4.6.3 진핵세포는 세포골격의 구성요소를 이용하여 기어가거나 유영할 수 있다 세포는 액틴이 막을 앞으로 내밀고 미오신이 세포 몸을 끌어당김으로서 기어 다닌다. 편모와 섬모는 세포를 유영하게 한다. 진핵세포의 편모는 9+2 구조를 가지고 있으며 기저부로부터 유래한다. 섬모는 편모에 비해 짧지만 그 수가 많다.

개념 4.7 세포외 구조는 세포를 보호한다

4.7.1 식물의 세포벽은 세포를 보호하는 동시에 지지대로서의 역할을 한다 식물은 섬유소 섬유로 구성된 세포벽을 가진다. 세포벽들 사이에 존재하는 중간층이 인접한 두 세포를 붙인다.

4.7.2 동물세포는 세포외 기질을 분비한다 당단백질이 세포외 기질의 주요 성분이다

개념 4.8 세포와 세포의 연결을 통해 인접 세포의 반응을 조절한다

4.8.1 표면 단백질들은 세포의 정체성을 말해준다 당지질과 MHC 단백질은 자기와 비자기를 구별할 수 있게 도와준다.

4.8.2 세포 접합부를 통해 세포간 부착이 이루어진다 세포 연접들에는 밀착연접, 고정연접, 그리고 교통연접들이 있다. 동물세포에서는 간극연접을 통해 세포 사이에 작은 물질들의 이동이 가능하다. 식물세포에서는 세포질연락사가 세포벽을 통과하여 다른 세포들과 연결된다.

학습 과정 평가

개념 4.1 모든 생물은 세포로 구성된다

이해

1. 다음 중 세포설에 대한 언급으로 적절하지 못한 것은 무엇인가?
   a. 모든 생물은 하나 또는 그 이상의 세포로 이루어져 있다.
   b. 모든 세포는 다른 세포의 분열로 만들어진다.
   c. 세포는 가장 작은 생명체이다.
   d. 모든 세포는 분자들과 세포소기관으로 이루어져 있다.
2. 세포의 크기를 결정하는 가장 중요한 요인은?
   a. 세포가 만들어내는 단백질과 세포소기관의 양
   b. 세포질 내 물의 농도
   c. 세포의 표면대용적비
   d. 세포 내 DNA의 양

응용

1. 투과전자현미경을 이용하여 세포의 단면을 관찰할 때 밝은 부분을 구분 짓는 두 개의 검은 선을 관찰하였다. 다음 중 타당한 결론이 아닌 것은?
   a. 관찰된 세포는 다세포 진핵생물의 세포다.
   b. 단백질을 포함하는 구조체이다.
   c. 세포막을 보고 있는 것이다.
   d. 인지질을 포함하는 구조체이다.

종합

1. 당신이 새로운 단세포 생물을 디자인하는 프로그램을 사용하고 있다고 가정하자. 물질을 이동시키는데 있어서 납작한 접시모양의 세포가 공 모양의 세포에 비해서 효과적인 이유에 대하여 논하라.

개념 4.2 원핵세포는 내부 구조가 없다

이해

1. 다음 중 원핵세포의 특징이 아닌 것은?
   a. 리보솜 b. 세포벽
   c. DNA d. 선모
2. 고세균은
   a. 펩티도글리칸으로 구성된 세포벽을 가지고 있다.
   b. 원핵생물보다는 진핵생물에 더 가깝다.
   c. 여러 개의 세포로 이루어진 원핵생물이다.
   d. 핵에 유전체를 가지고 있다.

응용

1. 세포벽을 가지고 있지만 핵은 없고, 페니실린에 민감하지 않은 단세포 생물체를 발견했다고 가정하자. 이 생물에 대하여 당신이 도출할 수 있는 논리적으로 타당한 결론은 무엇인가?
   a. DNA가 없다.
   b. 펩티도글리칸으로 구성된 세포벽을 가지고 있다.
   c. 이 생물의 세포막을 구성하는 지질은 양쪽으로 친수성을 지닌다.
   d. 이 생물은 단백질을 만들지 못한다.

종합

1. 만약 당신이 원핵생물의 배양액을 받았다고 가정하자. 어떻게 이 원핵생물이 세균인지 아니면 고세균인지 구분할 수 있는가?

개념 4.3 진핵세포는 고도로 구획화되어 있다

이해

1. 다음 중 진핵세포에서는 발견되고 원핵세포에서는 발견되지 않는 것은 무엇인가?
   a. 세포벽 b. 원형질막
   c. 소포체 d. 리보솜
2. 다음 핵 구조들 중에서 그 기능과 잘못 연결된 것은 무엇인가?
   a. 인 – rRNA가 생성되는 장소
   b. 핵공 – 핵 안팎으로 물질의 이동을 가능하게 하는 통로
   c. 핵막 – 세포질로부터 핵 내부의 물질을 분리하는 역할
   d. 핵막하층 – 리보솜을 합성함

응용

1. 사람의 형질세포는 많은 양의 항체 단백질을 분비한다. 당신이 생각할 때 형질세포는 많은 양의 어떤 것을 가지고 있을 것으로 예상하는가?
   a. 세포질 리보솜
   b. 조면소포체에 결합한 리보솜
   c. 미토콘드리아
   d. 인

종합

1. 핵라민(nuclear lamin)의 중간섬유가 해체되지 못하게끔 억제하는 돌연변이가 일어났다고 가정하자. 이러한 돌연변이가 일어난 세포에서는 어떤 결과가 나타날까?

개념 4.4 막은 세포 내부를 기능적 구획으로 체계화한다

이해

1. 세포 밖으로 분비되는 단백질들은 어떤 경로를 통하는가?
   a. 조면소포체-수송소포-골지체-분비소포-원형질막
   b. 세포질-원형질막
   c. 활면소포체-조면소포체-수송소포-골지체-리소좀
   d. 골지체-수송소포-조면소포체-수송소포-리소좀-원형질막

응용

1. 세포 내 세포소기관의 크기 또는 숫자는 세포의 기능과 연관되어 있다. 정소의 라이디히세포(Leydig cell)는 스테로이드 호르몬인 테스토스테론을 만든다. 라이디히세포는 다음 중 어떤 세포소기관의 숫자가 많을까?
   a. 활면소포체 b. 조면소포체
   c. 리소좀 d. 리보솜

종합

1. 골지체는 어떤 소포를 어느 곳으로 보낼지 어떻게 알까?

개념 4.5 미토콘드리아와 엽록체는 에너지를 만들어내는 세포소기관이다

이해

1. 미토콘드리아는?
   a. 완전히 자립할 수 있다.
   b. 고도로 접힌 내막을 가지고 있다.
   c. ATP와 당을 만든다.
   d. 위의 모든 것이 해당된다.

응용

1. 덩이줄기(tuber)는 생장을 위한 영양분을 저장하는 식물의 변형된 구조체이다. 만약 당신이 감자의 덩이줄기를 절단하여 현미경으로 관찰한다면 당신은 많은 양의 무엇을 발견할까?
   a. 미토콘드리아 b. 엽록체
   c. 녹말체 d. 크리스타

종합

1. 진핵세포의 엽록체는 독립적으로 살 수 없다. 그 이유를 설명하라.

개념 4.6 세포골격은 세포의 모양을 지지해준다

이해

1. 세포골격은?
   a. 액틴섬유로 만들어진 미세소관을 포함한다
   b. 튜불린으로 만들어진 미세섬유를 포함한다.
   c. 비멘틴과 케라틴의 꼬인 섬유로 만들어진 중간섬유를 포함한다.
   d. 활면소포체를 포함한다.
2. 미세섬유는?
   a. 미세소관에서 나타나는 극성을 보이지 않는다.
   b. 동물세포의 중심체로부터 자라난다.
   c. 세포의 분열 및 근육 수축에 중요하다.
   d. 세포내막계를 통한 소포들의 이동에 쓰인다.

응용

1. 키네신과 미오신 같은 각각 다른 운동단백질은 다음과 같은 유사성을 가진다.
   a. 미세소관과 작용한다.
   b. 움직임을 만들기 위해 ATP로부터 에너지를 이용한다.
   c. 액틴과 작용한다.
   d. a와 b 모두 맞다.

종합

1. 어떤 진화적 메커니즘에 의해 9+2 또는 다른 유사한 구조들이 세포의 세 가지 특징적인 구성요소인 중심체, 편모, 섬모의 등장에 중요한 역할을 했을까?

개념 4.7 세포외 구조는 세포를 보호한다

이해

1. 세포벽에 대한 다음 설명 중 틀린 것은?
   a. 세포의 구조를 지지하며 또한 보호를 해준다.
   b. 원형질막의 안쪽에 위치한다.
   c. 1차세포벽은 세포가 자라고 있는 동안 생성된다.
   d. 주로 다당류로 이루어져 있다.

응용

1. 당신이 세포간 부착이 비정상적으로 약한 돌연변이 식물을 발견했다. 이 식물은 아마도 다음과 같은 문제가 있을 것이다.
   a. 세포질연락사 문제
   b. 중간층을 생성하는 과정에서의 문제
   c. 2차세포벽을 만드는 과정에서의 문제
   d. 세포외 기질에 필요한 단백질을 만드는 과정에서의 문제

종합

1. 인테그린과 피브로넥틴은 동물세포에서 세포의 바깥 환경과 내부를 물리적으로 이어준다. 왜 식물에서는 비슷한 시스템이 존재하지 않는가?

개념 4.8 세포와 세포의 연결을 통해 인접 세포의 반응을 조절한다

이해

1. 다음 중 세포 결합의 종류와 기능이 맞게 연결된 것은?
   a. 접착연접 - 세포간 물질의 이동을 막는다
   b. 세포질연락사 - 세포간 의사소통
   c. 격벽접합 - 한 세포의 세포골격과 다른 세포의 세포골격을 결합시킴
   d. 위의 모든 답이 맞다.

응용

1. 신장에 문제가 있는 사람들 중 몇몇은 클라우딘단백질을 만드는 유전자에 돌연변이를 가진다. 이들에 대한 다음의 진술 중 맞는 것은?
   a. 신장의 세포들이 서로 정확히 의사소통을 하지 않는다.
   b. 물질들이 인접한 신장세포 사이에서 움직이 않고 다른 세포들을 통해 움직인다.
   c. 신장세포들이 물질에 대한 적절한 장벽을 만들지 못한다.
   d. b와 c가 맞다.

종합

1. 막을 통과하여 물질을 이동시키는 단백질들은 세포의 원형질막 안에서 자유롭게 움직인다. 어떻게 한 겹의 세포층으로 이루어진 소화기관의 표피층은 당신이 섭취한 음식물을 소화기관 쪽에서 혈액이 순환하고 있는 다른 쪽으로 오직 한쪽 방향으로만 수송하는지를 설명하라.

5
생체막

학습과정

5.1 생체막은 내재된 단백질들을 지닌 지질 박층이다

5.2 인지질은 막의 구조적인 기반을 제공한다

5.3 막단백질은 환경과 다양하고 폭넓은 상호작용을 가능하게 한다

5.4 수동수송은 확산에 의해 막을 가로지르며 분자들을 이동시킨다

5.5 막을 가로지르는 능동수송은 에너지를 필요로 한다

5.6 부피가 큰 물질들은 소포에 담겨 막을 횡단한다

서론

세포에서 환경과의 상호작용들은 결코 멈출 수 없는 교환 작용이며 생존에 있어서 결정적으로 중대하다. 이러한 상호작용들이 없이는 생명은 존재할 수 없을 것이다. 살아있는 세포들은 소수의 수용성 물질들만 자유롭게 통과할 수 있는 지질막 내에 둘러싸여 있다. 세포막은 단지 특정 물질들만 단백질 출입구를 통해서 세포 안팎으로 통과하는 것을 허용한다. 세포를 싸고 있는 내재된 단백질 분자들과 더불어 지질의 정교한 얇은 막을 원형질막(plasma membrane)이라 부른다. 진핵생물 세포들은 또한 여기에서 사진으로 보여주고 있는 소포체(endoplasmic reticulum)와 같은 내부 막들과 그 안에 내재된 미토콘드리아를 포함하고 있다. 이 장에서는 이러한 주목할 만한 막들의 구조 및 기능을 살펴본다.

5.1 생체막은 내재된 단백질들을 지닌 지질 박층이다

모든 살아있는 세포들을 둘러싸고 있는 막들은 단지 5-10 나노미터(nanometer) 두께의 인지질의 얇은 층들로 구성되어 있다; 이 박층을 10,000개 이상 층층이 쌓아 올려야 그 두께가 이 종이 장 정도 될 것이다. 생물학자들에게 막들의 구성요소는 지질, 단백질, 기타 다른 분자들 등으로 오랫동안 알려져 왔으나, 이러한 막의 구조는 한동안 파악하기 어려운 상태로 남아 있었다.

생체막은 유동 모자이크이다

학습목표 5.1.1 막 구조에 대한 유동 모자이크 모델에 대해서 설명하라.

세포막의 기반을 형성하고 있는 지질층은 실제적으로 2개의 **인지질 박층(phospholipid sheet)**들로 형성된 2중층이다(그림 5.1). 수년 동안 생물학자들은 세포막의 단백질 구성요소들이 페인트의 외피와 같이 인지질 2중층의 내부 및 외부 표면을 덮고 있다고 생각해 왔다. 세포막을 묘사하는 초창기 모델은 2층의 구형단백질 사이에 인지질 2중층을 가진 샌드위치로써 막을 묘사했다.

1972년에, 싱거(S. Jonathan Singer)와 니컬슨(Garth J. Nicolson)은 그 모델을 간단하지만 통찰력 깊은 방식으로 수정했다: 그들은 구형단백질들이 2중층의 비극성 내부와 접촉하고 있는 비극성 부분들과 세포막 표면으로부터 돌출하고 있는 극성 부분을 지닌 지질 2중층 사이에 삽입되어 있다(inserted)라고 제안했다. **유동 모자이크 모델**(*fluid mosaic model*)이라고 불리는 이 모델은 단백질 모자이크가 연못에서 떠다니거나 혹은 보트와 같은 유동성의 지질 2중층 위를 떠다닌다는 것이다(그림 5.2).

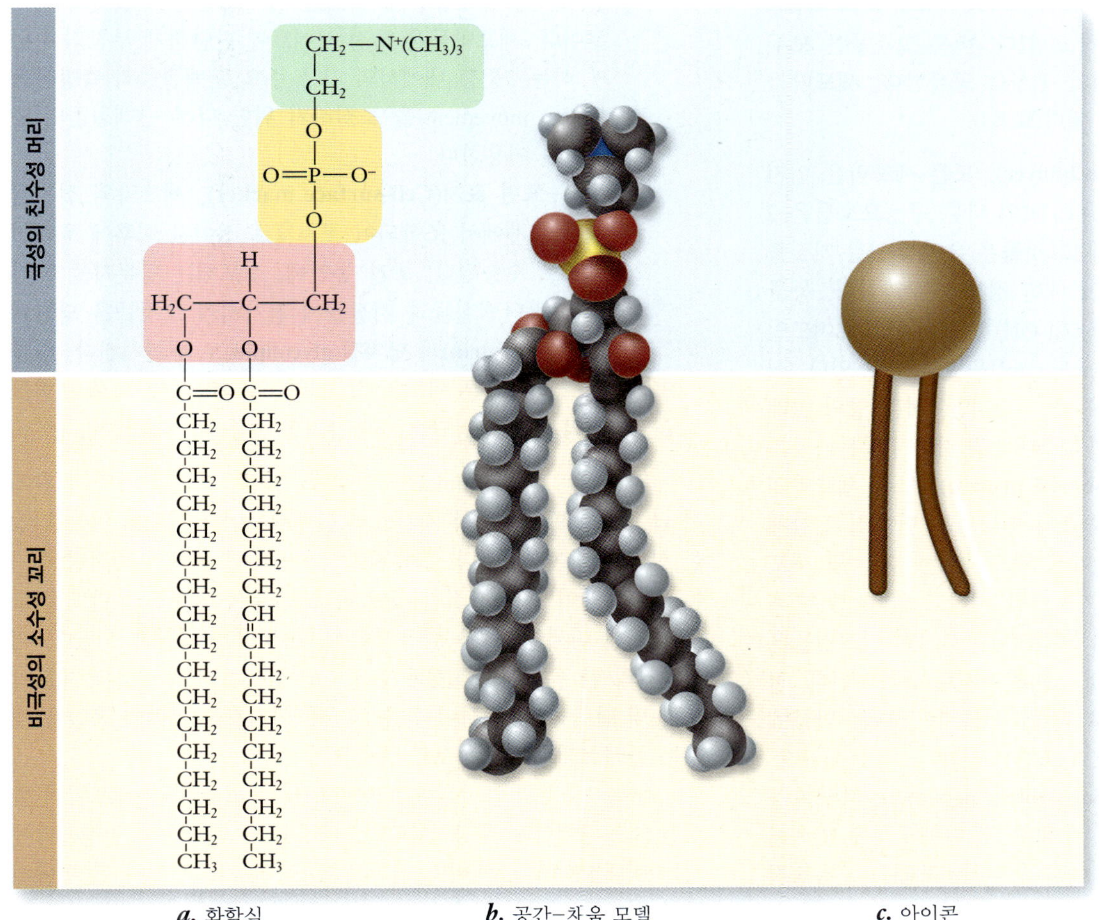

그림 5.1 인지질의 구조를 나타내는 몇 가지 방법. 인지질들은 2개의 지방산이 1개의 인산기에 연결된 글리세롤(분홍색)로 구성되어 있다. 인산기(노랑색)는 보여주는 것과 같이 양전하를 띠고 있는 콜린(choline, 녹색)과 같은 부착되어 있는 추가적인 분자들을 지니고 있다. 포스파티딜콜린(phosphatidylcholine)은 막의 공통되는 구성요소이다: (a) 그것의 화학식, (b) 공간-채움 모델 및 (c) 이 장의 대부분의 그림에서 사용된 아이콘으로써 보여주고 있다.

그림 5.2 세포막들의 유동 모자이크 모델. 내재단백질은 막의 소수성 내부에서 그것들을 매고 있는 비극성 지역을 지닌 원형질막을 통하여 돌출한다. 탄수화물 사슬들이 종종 이러한 세포외 부분에 결합되어서 당단백질을 형성한다. 주변부 막단백질(peripheral membrane protein)이 세포막의 표면과 관련이 되어 있다. 세포막 인지질들은 당지질을 형성하기 위해서 탄수화물 첨가에 의해 변형이 될 수도 있다. 세포 내부에서는 액틴 필라멘트와 중간섬유가 막단백질들과 상호작용한다. 세포 외부에서는 많은 동물 세포들이 주로 당단백질들로 구성되어 있는 정교한 세포외기질을 지니고 있다.

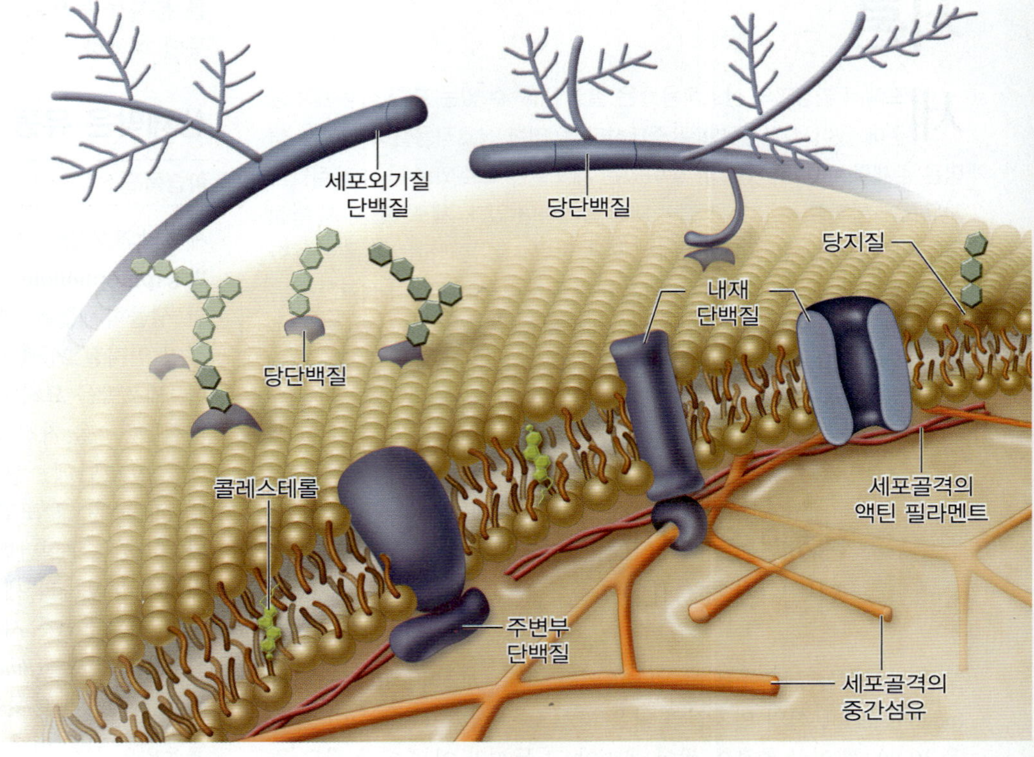

세포막은 4가지 주요 구성요소들로 조합된다

학습목표 5.1.2 생체막들의 4가지 주요 구성요소들에 대해서 설명하라.

진핵세포는 많은 세포막들을 함유하고 있다. 비록 그것들은 모두 동일하지는 않지만, 똑같은 기본적인 구성을 공유한다. 세포막들은 4가지 구성요소들로부터 조합이 된다(표 5.1):

1. **인지질 2중층(Phospholipid bilayer).** 모든 세포막은 인지질 2중층으로 구성되어 있다. 막의 다른 구성요소들은 2중층 내에 내재되어 있는데, 그것들은 유연성 있는 기질을 제공하고, 동시에 투과성에 대한 장벽을 부과한다. 동물 세포막들은 또한 극성 수산기(-OH)를 지닌 스테로이드인 상당한 양의 콜레스테롤(cholesterol)을 함유하고 있다. 식물 세포들은 다른 스테롤들을 지니지만, 적은 양의 콜레스테롤을 지니거나 혹은 콜레스테롤을 지니지 않는다.
2. **막관통 단백질(Transmembrane protein).** 모든 세포막의 주요 구성성분은 지질 2중층에 떠다니는 단백질 집합체이다. 이러한 단백질들은 막을 가로지르는 수송 및 세포 교신을 포함하는 다양한 기능들을 지니고 있다. 많은 내재적 막단백질들은 적소에 고정되어 있지 않다. 그것들은 인지질 분자들이 그러는 것과 마찬가지로 돌아다닌다. 일부 세포막들은 단백질들로 가득 차 있지만, 다른 막들에서는 단백질들이 빈약하게 분포되어 있다.
3. **내부 단백질 연결망(Interior protein network).** 세포막들은 막의 모양을 강화시키는 세포 내 단백질들에 의해서 구조적인 지지를 받는다. 예를 들어서, 적혈구는 특징적으로 양면이 오목한 모양을 지니고 있는데, 왜냐하면 스펙트린(spectrin)이라고 불리는 단백질로 구성된 스캐폴드(scaffold)가 세포의 세포골격에서 액틴 필라멘트를 지닌 원형질막 2중층에 내재된 단백질들을 연결시키기 때문이다. 세포막들은 특정 사이트에 단단하게 부착되어 있게 하는 2중층 내에서의 일부 주요 단백질들의 측방운동(lateral movement)을 조절하기 위한 다른 단백질들의 연결망을 이용한다.
4. **세포-표면 표지(Cell-surface marker).** 세포막의 절편들이 소포체에서 조합되어 골지체로 전이된 이후에 원형질막으로 수송된다. 통과 동안에, 소포체는 당분자들의 사슬을 막단백질들과 지질들에 첨가시켜 그것들을 **당단백질(glycoprotein)**과 **당지질(glycolipid)**로 변환시킨다. 다른 세포 유형들은 세포 동정 표지들로 작용하는 세포 표면들 위의 다양한 당단백질과 당지질 변종들을 제시한다.

원래에는 유동성(fluidity) 때문에, 원형질막이 세포막의 판에서 급속하게 확산하도록 지질들과 단백질들이 유리되어 있는 일정한 상태라고 여겨졌었다. 그렇지만, 과거 10년 동안의 축적된 증거는 원형질막이 모두 균질한 것이 아니고, 독특한 지질과 단백질 구성을 지닌 미세영역들을 함유하고 있다는 것을 제안하고 있다. 미세영역의 한 유형인 **지질뗏목**(*lipid raft*)에는 둘러싸고 있는 세포막보다 더 단단히 함께 사이를 채우면서, 인지질들 사이의 공간을 채우는 콜레스테롤이 다량으로 농축되어 있다.

비록 2중층의 양면 위의 다른 막지질들의 분포는 세포막이 합성된 소포체에서는 대칭적이지만, 골지체 및 엔도솜의 원형질막에서는 비대칭적이다. 이러한 전환은 2중층을 가로질러서 한 면에서 다른 면으로 지질들을 수송하는 효소들에 의해서 이루어진다.

표 5.1 세포막의 구성요소

구성요소	구성	기능	작용	예
인지질 2중층	인지질 분자	투과 장벽, 단백질들에 대한 기질을 제공함	2중층과 세포의 비극성쪽으로부터 수용성 분자들을 배척하기	세포의 2중층은 포도당과 같은 커다란 수용성 분자들에 대해 비투과성임
막관통 단백질	운반체	막을 가로질러서 능동적 또는 수동적으로 수송함	입체구조 변화에 의해 막을 가로질러서 특정 분자들을 이동시키기	당수송을 위한 글리코포린(glycophorin) 운반체; 나트륨칼륨펌프
	통로	막을 가로질러 수동적으로 분자들을 수송함	막을 통한 통로로 사용하는 선택적인 터널을 성성함	신경, 심장 및 근육 세포들에서의 나트륨칼륨펌프
	수용체	정보를 세포 안으로 전달함	신호분자들이 세포 바깥에서 결합한다. 세포 너부에서 신호전달 경로를 개시함	특이적 수용체들이 펩티드 호르몬들과 신경전달물질들에 결합하는 것
내부 단백질 연결망	스펙트린(Spectrin)	세포 모양을 결정함	세포막과 세포골격 양쪽 모두에 고정되어 있는 막의 아래에서 지지하고 있는 스캐폴드를 형성함	적혈구
	클라스린(Clathrin)	수용체매개 세포내섭취에 중요한 특정 장소에 대한 부착 단백질들	단백질들이 피막 소공(coated pit)의 내벽에 붙고 특이 분자들의 결합을 촉진시킴	피막 소공 안쪽에 낮은 저밀도 지방단백질의 국지성(localization)
세포-표면 표지	당단백질	"자기" 인식	개개의 특징적인 단백질/탄수화물 사슬을 생성함	면역계에 의해서 인식된 MHC(major histocompatibility complex) 단백질
	당지질	조직 인식	조직에 특징적인 지질/탄수화물 사슬 모양을 생성함	A, B, O식 혈액형 그룹 표지들

전자현미경의 사용은 구조적 증거를 제공해 왔다

전자현미경의 사용은 생물학자들이 세포막의 정교하고, 얇은 막으로 덮인 구조를 직접적으로 조사하는 것을 허용한다. 보기 위하여 샘플을 준비하는 방법들 중 하나는, 선택한 조직을 단단한 에폭시 기질에 파묻는 것이다. 그 이후에 에폭시 블록을 마이크로톰으로 자르는데, 이 기계는 조직 블록에서 1μm의 두께로 엄청나게 얇고, 투명한 "에폭시 깎아낸 부스러기(epoxy shaving)"로 벗겨지게 하는 매우 뾰족한 칼날을 지니고 있다.

이러한 깎아낸 부스러기들이 그리드(grid) 위에 놓여지고 전자 광선이 그리드를 통과하도록 지시를 한다. 전자현미경이 제공하는 고배율에서, 해상력은 막의 2중층을 드러낼 만큼 충분하다. 위에서와 같이, 세부사항을 향상시키기 위해서 위색(false color)이 현미경 사진에 첨가될 수 있다. 샘플의 동결할단(freeze-fracture)은 세포막의 표면 안쪽을 극적으로 시각화하기 위한 방식을 제공한다(그림 5.3). 조직은 봉입제에 심어지게 되고, 액체 질소로 급속 냉동된다. 그 이후에, 냉동된 조직은 나이프로 두들겨서 세포막의 인지질층들 사이에 균열이 생기도록 한다. 단백질과 탄수화물 사슬들, 홈(pit), 작은 구멍들, 통로들 혹은 세포막과 제휴된 어떠한 다른 구조가 잡아당겨서 서로 떼어지게 되고, 갈라진 막의 한쪽 혹은 다른 면과 들러붙게 된다.

다음에는, 매우 얇은 백금 피막이 표면의 복제물이나 "주형"을 형성하면서 균열이 생긴 표면 위로 증발한다. 막의 지형도가 주형에 보전된 이후에, 조직이 융해되고 질감 있고, 3차원적인 막의 사진을 생성하면서, 전자현미경으로 그 주형을 검사한다.

개념 정리 5.1

세포의 막은 (1) 인지질 2중층, (2) 막관통 단백질, (3) 내부 단백질을 지탱하는 연결망 및 (4) 당단백질과 당지질을 함유하고 있다. 막 구조에 대한 유동 모자이크 모델은 인지질 2중층에서 떠다니고 있는 막의 유동성 특성과 단백질들의 모자이크 구성을 포함하고 있다.

- 원형질막이 단지 인지질 2중층이라면, 이것이 그 기능에 있어서 어떤 영향을 미칠 것인가?

5.2 인지질은 막의 구조적인 기반을 제공한다

지질은 지방이다. 3장에서 설명된 지방 분자들과 같이, 인지질은 3탄소 다가알코올인 글리세롤(*glycerol*)로부터 유래된 골격을 지니고 있다. 이 골격에 부착된 것은 2개의 지방산, 카르복실산(-COOH)으로 종결되는 탄소 원자들의 기다란 사슬들이다. 지방 분자는 이런 사슬을 3개 가지고 있으며, 그 골격의 각 탄소에 하나씩 부착되어 있다. 대조적으로, 인지질은 골격에 단지 2개의 지방산 사슬이 부

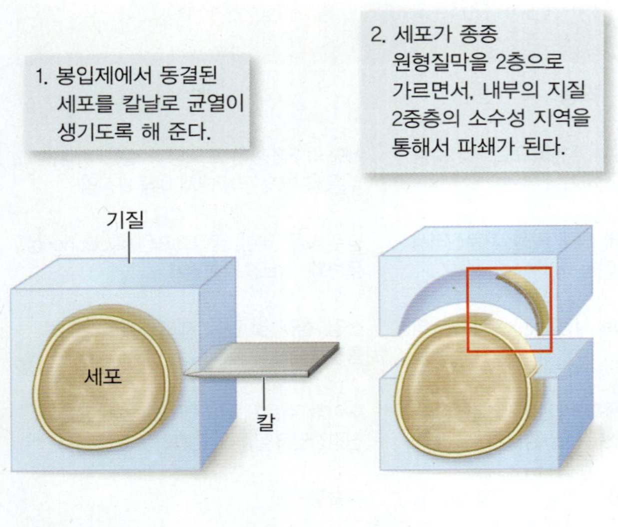

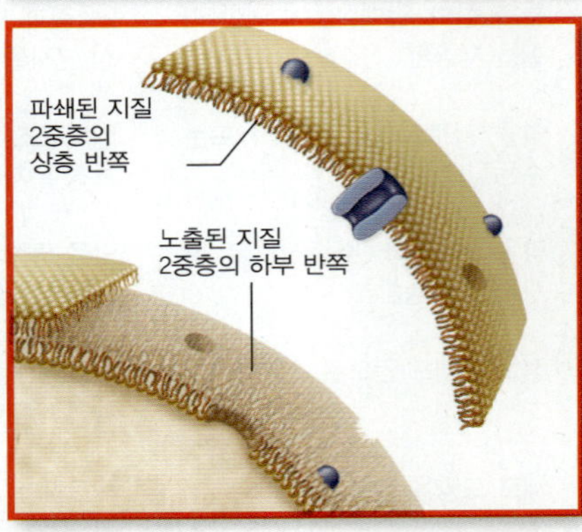

그림 5.3 동결할단 현미경관찰법에 의한 원형질막의 관찰.

착되어 있다. 글리세롤의 3번째 탄소는 인산기를 지니므로, **인지질**(*phospholipid*)이라 부른다. 부가적인 극성 유기분자는 종종 인산기에도 첨가가 된다.

극성 유기 그룹과 지방산 사슬들을 다양화시키는 것에 의해서, 온갖 종류의 지질들이 이러한 단순한 분자 틀에 구성될 수가 있다. 포유류의 세포막은, 예를 들어서, 수백 개의 화학적으로 독특한 인지질들을 함유하고 있다.

지질 2중층은 자발적으로 형성된다

학습목표 5.2.1 지질 2중층들이 자발적으로 형성되는 방법을 설명하라.

이러한 지질들의 인산기는 전하를 띠고 있고, 그것들에 부착된 다른 분자들 또한 전하를 띠고 있거나 극성을 띤다. 이로 인해, 트리글리세리드(triglyceride)와 비교하여, 분자의 물리적 특성들에 막대한 변화를 생성한다: 강력한 극성인 인산 말단은 친수성 혹은 "water-loving"한 것에 반하여 지방산 말단은 강력한 비극성과 소수성 혹은 "water-fearing"하다. 이 2개의 비극성 지방산들은 한 방향으로 확장되고, 대략 서로 평행하고, 극성 인산기는 다른 방향을 가리킨다. 이를 나타내기 위해 인지질들은 종종 2개의 매달려 있는 비극성 꼬리들을 가진 1개의 극성 머리로써 그려진다(그림 5.1c).

인지질 분자들의 집합체가 물속에 놓여 졌을 때, 무슨 현상이 일어나는가? 극성 물 분자들은 수소결합을 할 파트너를 찾으면서 인지질의 기다란, 비극성 꼬리들을 밀쳐낸다. 물 분자들의 극성인 특성 때문에 인지질들의 비극성 꼬리들은 물로부터 가능한 한 격리되려고 함께 밀접하게 모아지게 된다. 두 층들이 꼬리가 상호 마주보게 형성되었을 때, 어떠한 꼬리들도 결코 물과 접촉하지 않는다. 결과적인 구조는 인지질 2중층이다(**그림 5.4**). 인지질 2중층들은 최대 수의 수소결합들을 형성하려는 물 분자의 경향성에 의해 자발적으로 형성된다.

지질 2중층의 비극성 내부는 한 층의 오일이 물 한 방울의 통과도 방해하는 것과 마찬가지로, 2중층을 통한 수용성 극성 혹은 전하를 띤 물질들의 통과를 방해한다. 수용성 물질들에 대한 이러한 장벽이 지질 2중층의 생물학적인 주요 속성이다.

인지질 2중층은 유동성을 띤다

지질 2중층은 수소결합에 대한 물의 친화성이 결코 멈추지 않기 때문에 안정적이다. 표면 장력이 비누 거품을 함께 붙들고 있는 것과 마찬가지로, 액체로 이루어져 있긴 하지만, 물의 수소결합이 막을 함께 붙들고 있는 것도 그러하다. 비록 물은 지속적으로 인지질 분자들을 2중층 구조로 몰아내지만, 2중층에 있는 지질과 비지질 이웃들과 상대적인 인지질들의 이동성에는 어떠한 효과도 지니지 않는다. 인지질들은 상호간에 비교적 약하게 상호작용을 하기 때문에, 개개의 인지질들과 부착되지 않은 단백질들은 호수에 떠다니는 배와 같이 비교적 자유롭게 막 내부에서 움직이며 돌아다닌다. 이것은 **그림 5.5**에서 설명된 실험에서 행해진 것처럼, 세포를 융합시키고, 그것들의 시간에 따른 단백질들과의 섞임을 관찰하면서 생생

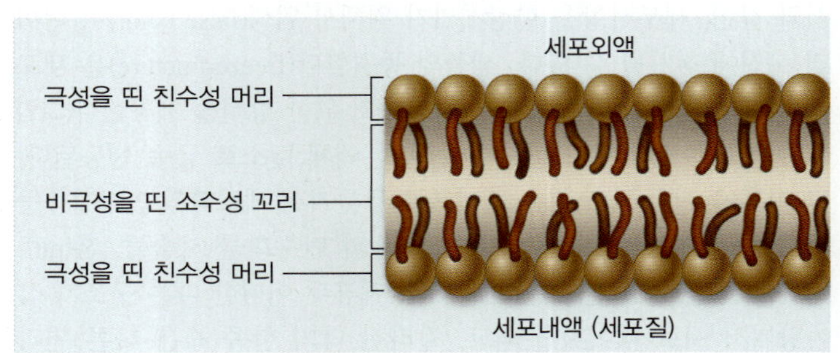

그림 5.4 지질 2중층. 모든 원형질막의 기본적인 구조는 인지질 2중층이다. 수성 환경에 놓였을 때(파란색으로 가려진 영역), 인지질 분자들은 비극성 내부를 지닌 2중층을 형성하기 위해서 자발적으로 모인다.

하게 증명될 수 있다.

막의 유동성 정도는 막의 지방산 구성의 변화에 의해서 변경될 수 있다. 불포화 지방은 세포막을 더 유동성 있게 만든다—"비틀림(kink)"이 2중결합에 의해서 그것들이 단단하게 포장하는 것을 막을 수 있도록 도입되었다.

동물세포에서는 콜레스테롤이 2중층의 바깥쪽 막 지질 성분의 최대 50%까지 차지하게 되는 경우도 있다. 콜레스테롤은 불포화 지방산들에 의해 생긴 간극을 채울 수 있고, 이것은 막의 유동성을 감소시키는 효과를 가져오지만, 막의 강도를 증가시키게 된다. 전체적으로, 이것은 더욱 내구성이 있고, 또한 덜 투과성을 지닌 중간의 유동성을 지닌 막이 되게 한다.

환경의 변화는 세균과 같은 단세포 생명체들의 세포막들에 강렬한 영향을 미칠 수가 있다. 온도를 증가시키는 것은 막을 더 유동적이게 만들며, 온도를 낮추는 것은 막을 덜 유동적이게 만든다. 세균은 변동을 거듭하는 온도에도 불구하고 일정한 막의 유동성을 유지시키기 위한 체계를 진화시켜 왔다. 일부 세균은 2중결합을 막의 지방산들에 도입시킬 수 있는 **지방산불포화효소**(*fatty acid desaturase*)라고 부르는 효소를 함유하고 있다. 이러한 효소들의 불활성화 혹은 정상적으로 그러한 효소를 지니고 있지 않은 세포나로 도입을 관련시키는 유전적 연구들은 이러한 효소들의 작용이 내한성을 부여한다는 것을 지적하고 있다. 더 차가운 온도에서, 지방산불포화효소에 의해 도입된 2중결합들은 감소된 온도의 환경적 영향에 반대로 작용하면서, 세포막을 더욱 유동성 있게 만든다.

과학적 사고

가설: 원형질막은 유동적이지만, 딱딱한 것이 아니다.

예측: 세포막은 유동적이고, 막단백질들은 측면적으로 확산될 것이다.

테스트: 쥐와 인간 세포들을 융합시킨 다음에, 특정한 쥐 단백질들과 인간 단백질들에 표지를 하는 것에 의해 시간에 따른 막 단백질들의 분포를 관찰하라.

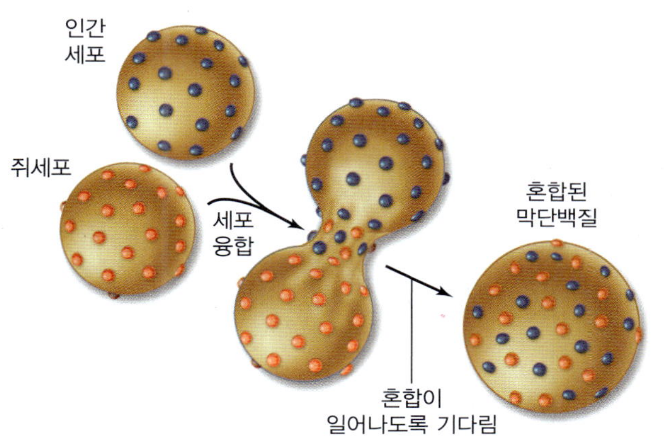

결과: 시간이 지나는 동안에, 잡종 세포들이 점차적으로 섞이는 단백질들을 보여 준다.

결론: 적어도 일부 막단백질들은 막에서 측면적으로 확산될 수 있다.

추가 실험: 이러한 관찰들에 대해서 어떤 다른 설명을 생각해 낼 수가 있는가? 실험 동안에 새롭게 합성된 단백질들이 막 안으로 삽입이 된다면? 이러한 기본적인 실험적 디자인을 이러한 혹은 다른 가능한 설명들을 배제하기 위하여 어떻게 이용할 수 있을 것인가?

그림 5.5 단백질들이 세포막에서 돌아다닌다. 세포막들 내에서의 단백질의 이동은 쥐 세포의 원형질막 단백질들을 형광성 항체들로 표지를 한 후에 인간세포와 그 세포를 융합하는 것에 의해서 쉽게 증명할 수 있다. 처음에는 모든 쥐의 단백질들은 융합된 세포의 쥐 세포 측에 위치하고 있다. 그러나 1시간 이내에 표지가 된 단백질들과 표지가 되지 않은 단백질들이 잡종의 원형질막 도처에서 섞여진다.

개념 정리 5.2

생물학적 세포막들은 인지질 2중층으로 구성되어 있다. 각각의 인지질은 친수성(인산) 머리와 소수성(지질) 꼬리를 지니고 있다. 물에서 인지질들은 바깥쪽을 향한 인산기와 물과 격리되는 안쪽을 향하고 있는 지질 꼬리들을 지닌 2중층을 자발적으로 형성한다.

- 인지질 2중층이 비극성 용매를 형성하겠는가?

5.3 막단백질은 환경과 다양하고 폭넓은 상호작용을 가능하게 한다

인지질 2중층은 생물학적인 세포막들에서 기초가 되는 유동성 구조이지만, 각각 다른 세포막들의 독특한 특징은 관련된 단백질들로부터 온다. 단백질들은 세포막들에 각기 다른 기능들을 제공하고, 많은 역할을 한다. 인지질 2중층은 마치 다양한 토핑과 소스를 뿌리기 전의 디저트 아이스크림과 같다.

막단백질은 많은 기능을 지니고 있다

학습목표 5.3.1 막단백질의 6가지 주요 기능적인 종류들을 나열하라.

세포막들은 인지질 분자들의 유동성 스프에 빠뜨려진 단백질들의 복잡한 조합을 함유하고 있다. 비록 세포들은 많은 방식으로 원형질막을 통하여 환경과 상호작용을 하지만, 이장에서는 막단백질의 6가지 주요 기능적인 종류들에 중점을 둘 것이다(**그림 5.6**):

1. **운반체(Transporter).** 세포막은 단백질로 이루어진 통로 혹은 운반체들을 통하여 특정한 용질들만 세포로 들어가거나 떠나도록 허용하며, 매우 선택적이다.
2. **효소(Enzyme).** 세포들은 세포막에 부착되어 있는 효소들을 이용해 원형질막의 내부 표면 상에서 많은 화학적 반응들을 수행한다.
3. **세포-표면 수용체(Cell-surface receptor).** 세포막들은 절묘하게 화학적 메시지들에 민감한데, 그것들은 표면에 단단히 고정되어 있는 수용체단백질들에 의해서 감지될 수 있다.
4. **세포-표면 동정 표지(Cell-surface identity marker).** 세포막들은 그것들을 다른 세포들로부터 동정하는 세포-표면 표지를 가지고 있다. 대부분의 세포 유형들은 독특한 세포 유형의 특징인 세포-표면 단백질들과 당단 백질들의 조합인 그것들

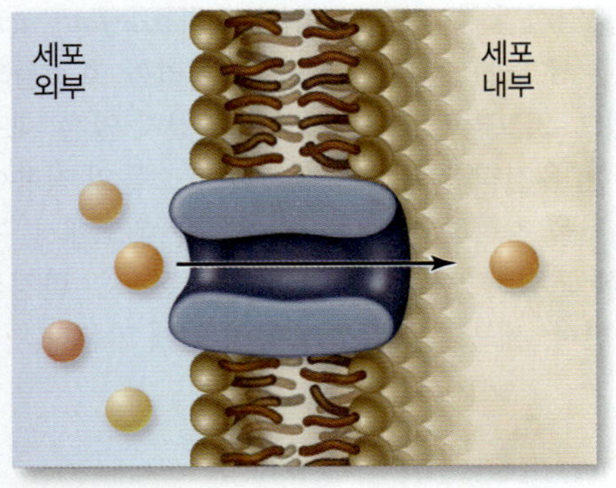

운반체

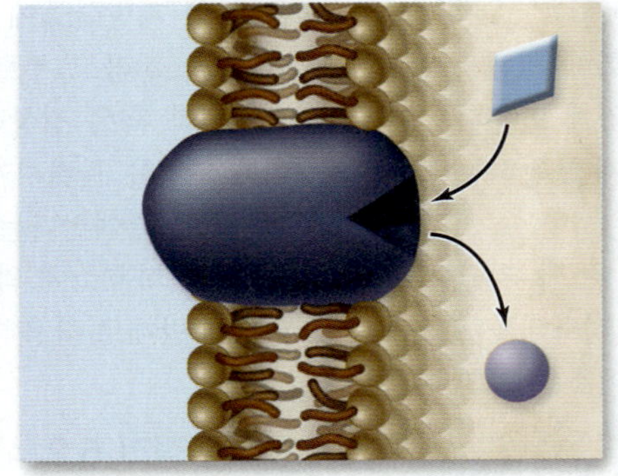
효소

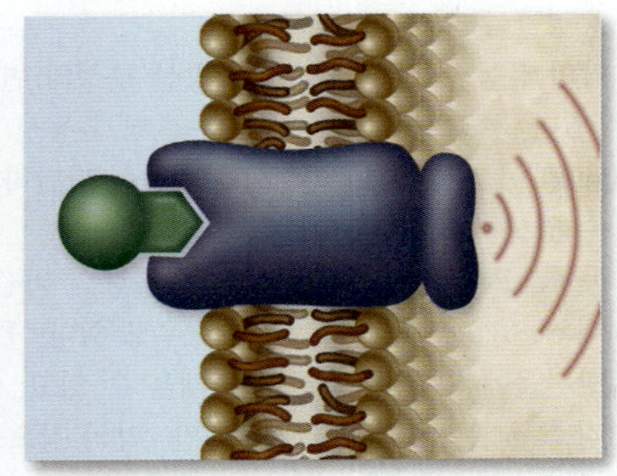
세포-표면 수용체

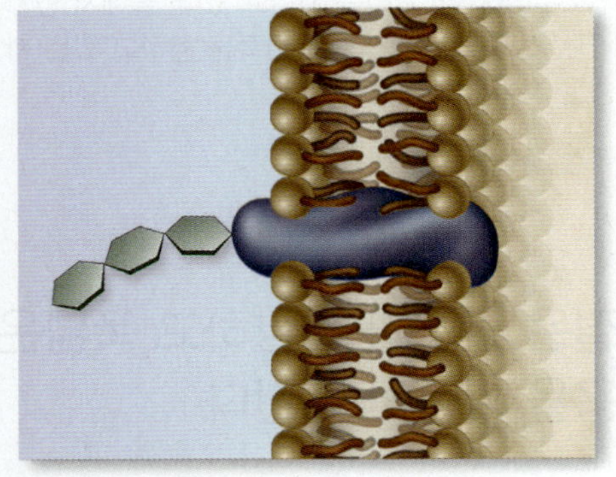
세포-표면 동정 표지

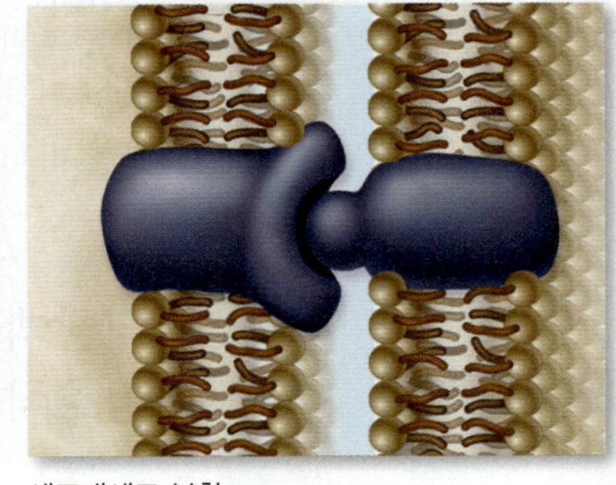
세포대세포 부착

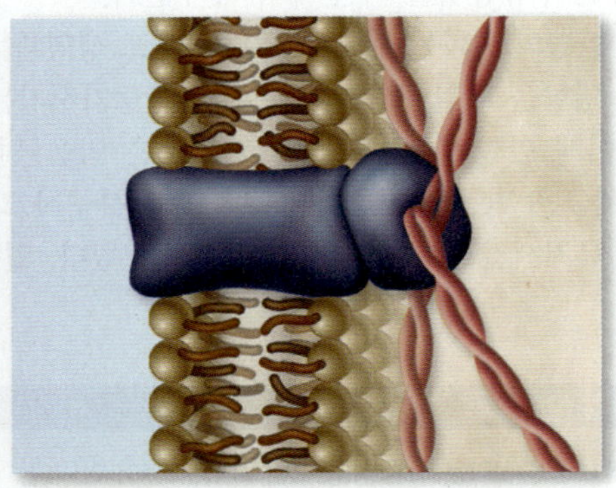
세포골격 고정 장치

그림 5.6 원형질막 단백질들의 기능들. 막단백질들은 세포대세포 부착(cell-to-cell adhesion)을 돕고 세포골격을 단단하게 하는 것뿐만 아니라 운반체, 효소, 세포-표면 수용체 및 세포-표면 동정 표지로써 작용한다.

자체의 동정 꼬리표들을 가지고 있다.

5. **세포대세포 부착 단백질(Cell-to-cell adhesion protein).** 세포들은 자신들을 다른 세포들에 붙이는 데 특이한 단백질들을 이용한다. 일부는 일시적인 상호작용 형성을 통해 결합되는 반면에, 다른 것들은 좀더 영구적인 결합을 형성한다.
6. **세포골격 고정체(Cytoskeleton anchor).** 다른 세포들과 상호작용하는 표면 단백질들은 종종 연결 단백질에 의해서 세포 내부의 세포골격에 단단하게 고정이 된다.

막관통단백질영역은 비극성 아미노산을 함유하고 있다

학습목표 5.3.2 단백질이 유동성의 생물학적 세포막과 관련되는 방법에 대해서 설명하라.

2중층에서의 단백질들의 단단한 고정

일부 막단백질들은 인지질들과 강하게 연관되어 있는 특이적인 분자들에 의해서 막의 표면에 부착되어 있다. 떠다니는 부두에 매여 있는 보트와 같이, 이러한 단단히 매여 있는 단백질들은 인지질에 매여져 있는 막의 표면 위에서 돌아다닐 수 있도록 자유롭다. 단단하게 고정되어 있는 분자들은 변형된 지질들로써 (1) 인지질의 내부 부분에 삽입되는 비극성 지역들과 (2) 직접적으로 단백질과 화학결합을 통하여 연결될 수 있는 부위를 지니고 있다.

반면에, 다른 단백질들은 실제적으로 지질 2중층에 걸쳐 있다. 비극성 내부와 접촉하고 있는 지질 2중층을 관통하여 확장되고 있는 이러한 막관통단백질들의 부분은 비극성 아미노산으로 구성된 α-나선 혹은 β-병풍(3장 참조)이다. 물은 비극성 아미노산들을 회피하기 때문에, 단백질의 이러한 부분들은 지질 2중층의 내부에 묻혀 있다. 극성 말단부분들은 세포막의 양쪽 면으로부터 돌출하고 있다. 세포막 단백질이 막을 벗어나서 어떠한 방향(바깥쪽 또는 안쪽)으로든지 이동하려고 하면 단백질의 비극성 부위가 물과 접촉하게 되고 이는 단백질을 다시 내부로 "밀어버리는(shove)" 결과를 가져온다. 이러한 힘은 막관통단백질들이 쉽게 막으로부터 튀어 나와서 유실되는 것을 방지한다.

막관통영역

세포막들은 2중층을 횡단하는 방식에서 차이가 나는 다양한 다른 막관통단백질들을 포함하고 있다. 일차적인 차이점은 몇 회에 걸쳐서 단백질이 세포막을 가로지르는가에 달려 있다. 각각의 세포막을 걸치는 영역을 **막관통영역(transmembrane domain)**이라 부른다. 이러한 영역은 주로 α 나선으로 배열된 소수성의 아미노산으로 구성되어 있다(그림 5.7).

단백질들은 단지 단일 막관통영역이 세포막에 단단하게 고정되기 위해서 필요하지만, 종종 하나 이상의 그러한 영역을 지니고 있다. 단일 막관통영역을 지닌 단백질의 예는 세포골격의 스펙트린 연결망(spectrin network)을 세포막의 안쪽과 연결시키는 결합 단백질이다.

생물학자들은 호염성(salt-loving) 고세균들에서 광합성을 수행하는 주요 막관통단백질들의 하나인 세균로돕신(bacteriorhodopsin)과 같은 것이 가지고 있는 막관통영역의 수에 바탕을 두고 수용체들의 유형을 분류한다. 광구동(light-driven) 양성자의 펌프작용 동안에 양성자들이 통과하는 세포막내에서의 구조를 형성하면서 막을 횡단하는 7개의 비극성 나선 부분들을 함유하고 있다. 9장의 G단백질연관수용체 또한 7개의 막-관통 영역을 지니고 있다.

구멍

일부 막관통단백질들은 α 나선 대신에 β 병풍의 2차 구조(3장)과 함께 광범위한 비극성 지역을 지니고 있다. β 병풍은 막을 스패닝하는 β 시트의 내부에서 극성 환경과 더불어 세포막을 통하는 파이프와 같은 그 시트 자체를 배열 할 수 있도록 원통에서 앞부분과 뒷부분을 접으면서 특징적인 모티프를 형성한다. 이러한 양쪽 말단부위가 열리는 소위 **β 통형(*β barrel*)**은 일부 세균의 외부막 내에서 발견되는 단백질들의 포린 종류에서의 일반적인 특징이다. 열림은 극성 물 분자들이 세포막을 통과하는 것을 허용한다(그림 5.8).

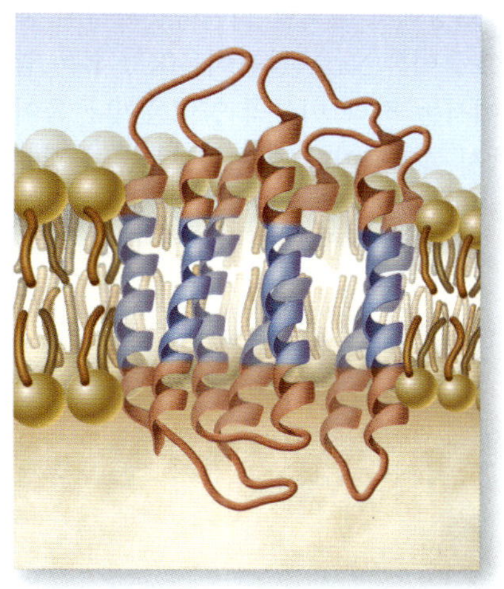
a.

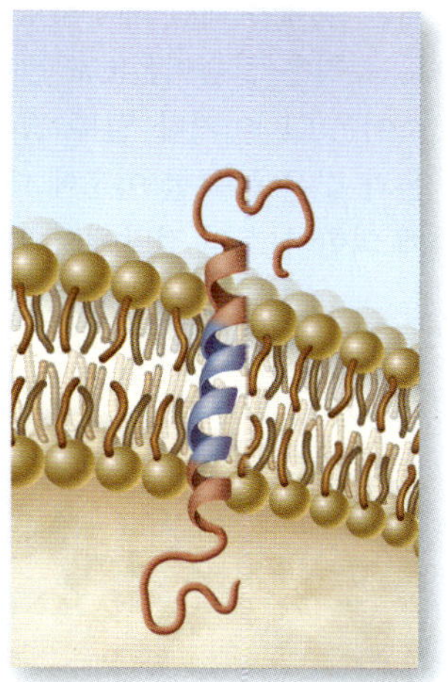
b.

그림 5.7 막관통영역. 내재성 막단백질은 세포막에서 그것들을 단단하게 고정시키기 위한 적어도 한 개의 소수성 막관통영역(transmembrane domain)을 지니고 있다. **a.** 7개의 막관통영역을 가진 수용체 단백질. **b.** 단일 막관통영역을 가진 단백질.

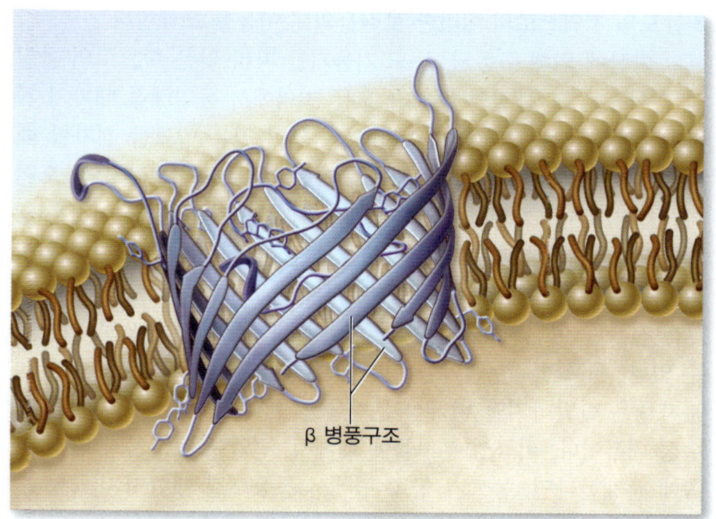

그림 5.8 구멍단백질. 막관통단백질인 포린(porin)은 원형질막에 있는 커다란 열려 있는 구멍들을 생성한다. β 병풍의 16개의 가닥들은 물 분자들이 통과하는 것을 허용하는 세포막에서의 β 통형을 형성하면서, 서로 역평행으로 움직인다.

개념 정리 5.3

막단백질들은 다른 세포들의 세포막과의 차별성을 제공한다. 막단백질의 기능은 세포에 ID를 부여하면서, 수송, 효소 활성, 신호 전달, 세포대세포 상호작용들을 포함한다. 주변부 단백질(peripheral protein)은 변형된 지질들에 의해서 막에 고정될 수 있다. 내재성 단백질은 한 개 혹은 그 이상의 소수성 막관통영역들에 의해서 세포막을 파고 들어가 있다.

- 단백질 아미노산 서열 데이터에서 막관통영역들을 발견하기 위해서 어떻게 컴퓨터로 프로그램화를 할 수 있을 것 같은가?

5.4 수동수송은 확산에 의해 막을 가로지르며 분자들을 이동시킨다

현재 우리는 막의 구조를 알고 있고, 막을 가로지르는 수송 체계를 고찰할 수가 있다. 인지질 2중층에서의 물질의 이동을 고찰하기 시작할 것이고, 그 이후에 어떻게 단백질들이 수송된 물질의 범위를 확장시킬 수 있는가를 고찰할 것이다.

확산은 무작위적인 분자적 운동의 결과이다

학습목표 5.4.1 단순확산에 대한 농도의 중요성을 설명하라.

물에 용해된 분자들과 이온들은 브라운운동(*Brownian movement*)이라 불리는 끊임없이 무작위적인 움직임을 하고 있다. 이러한 무작위적인 움직임은 **확산(diffusion)**이라고 불리는 고농도의 지역에서 저농도의 지역으로의 이러한 물질들의 순이동을 초래한다.

확산에 의해 구동된, 농도 기울기를 따라 낮은 쪽으로의 물질의 순이동은 그 물질의 농도가 모든 지역에서 동일해질 때까지 지속될 것이다. 물 접시에 한 방울의 색상이 있는 잉크를 첨가할 때 무슨 일이 일어나는지에 대해서 고려를 해 보아라(그림 5.9). 오랜 시간을 거쳐서, 그 잉크는 용액의 도처에 흩어지게 된다. 이것은 잉크 분자들의 확산 때문이다. 세포를 취급하는 관점에서, 이제 원형질막 사이의 분자들의 농도 차이에 집중해보자.

전부는 아니지만, 많은 물질들이 세포들의 안팎으로 이동할 수 있다. 세포의 원형질막을 횡단하는 것에 대한 주요 장벽은 극성 분자들은 반발하지만 비극성 분자들은 반발하지 않는 2중층의 소수성 내부이다. 비극성 분자들에 대해서, 만약에 농도차가 막의 양쪽에 존재한다면, 농도가 양쪽 면에서 동등해질 때까지 비극성 분자가 막을 자유롭게 횡단할 것이다. 이 시점에서, 양쪽 방향으로의 움직임이 여전히 일어날 것이지만, 어느 한쪽 방향으로의 순변화는 없다. 이러한 자유 통과는 산소와 스테로이드 호르몬들과 같은 비극성 유기 분자들을 포함한다.

원형질막은 단지 작은 극성 분자들에 대한 제한된 투과성을 지니고 있지만, 더 커다란 극성 분자들과 이온들에 대해서는 매우 제한된 투과성을 지니고 있다. 가장 중요한 극성 분자들 중 하나인 물의 이동에 대해서는 나중에 그것 자체에 대해서 검토될 것이다.

촉진확산은 특이적인 운반체와 이온 통로를 활용한다

학습목표 5.4.2 단순확산과 촉진확산을 구별하라.

세포들에 필요한 많은 중요한 분자들은 극성을 띠어서 원형질막을 용이하게 횡단할 수가 없다. 어떻게 이러한 분자들이 세포로 들어갈 수가 있을 것인가? 그것들은 원형질막 내에 내재된 특이적인 단백질 통로들 혹은 운반체들을 통하여 확산되는 것에 의해서 진입을 허용 받을 수가 있다. 세포의 안쪽보다는 바깥쪽에 분자의 더 높은 농도가 제공된다면, 분자들의 통행에는 에너지가 불필요하다. 막단백질에 의해서 매개된 확산에 대한 이러한 과정을 **촉진확산(facilitated diffusion)**이라고 부른다(그림 5.10). **통로단백질(channel protein)**은 통로가 열려 있을 때에 극성 분자들이 통과할 수 있는 액성 통로를 제공하는 친수성 내부를 지니고 있다. 통로들과는 대조적으로, **운반체(carrier protein)**는 효소가 기질과 결합하는 것과 매우 흡사하게 보조하는 분자들과 특이적으로 결합한다. 이러한 통로들과 운반체들은 주로 한 가지 분자 유형에 대하여 선택적이므로, 세포막은 **선택적 투과성(selectively permeable)**을 지닌다고 말할 수가 있다.

그림 5.9 확산. 만약 한 방울의 색상이 있는 잉크가 물이 담겨 있는 비커에 떨어뜨려진다면, (a) 분자들이 녹을 것이고 (b) 확산되어 (c) 결국, 확산은 물을 통하여 잉크 분자들의 균등한 분포를 초래할 것이다(d).

통로를 통한 이온들의 촉진확산

원형질막의 지질 2중층의 내부를 이루고 있는 것과 같은 비극성 분자들은 이온들을 반발하는데, 이는 이온이 가진 전하 때문이다. 그러므로 이온들은 막수송단백질들의 보조 없이는 세포의 세포질과 세포외액 사이를 이동할 수가 없다.

이온통로(ion channel)는 막을 돌고 있는 수화된 내부를 보유하고 있다. 이온들은 막을 가로지르는 그것들의 상대적인 농도에 따라서 어느 한쪽 방향으로의 통로를 통한 확산을 할 수가 있다. 일부 통로단백질들은 자극에 반응해서 개폐가 될 수가 있다. 이러한 통로들은 **개폐통로**(*gated channel*)라 하며, 통로의 특성에 따라서 그 자극은 화학적이거나 전기적인 것일 수가 있다.

3가지 조건들이 이온들의 순이동 방향을 결정한다: (1) 세포막의 어느 한쪽 방향에서의 그것들의 상대적인 농도, (2) 세포막을 가로지르는 그리고 개폐통로들에 대한 전하 차이와 (3) gate의 상태(열리거나 닫힘). 전하 차이는 **막전위**(*membrane potential*)라고 부르는 세포막을 가로지르는 전위적 차이이다. 막전위에서의 변화가 신경계와 다른 조직들에서의 신호의 전달에 대한 기초를 형성한다(이러한 주제에 대한 세부사항을 33장에서 검토할 것이다). 각각의 통로 유형은 칼슘이온(Ca^{2+}), 나트륨이온(Na^+), 칼륨이온(K^+) 혹은 염소이온(Cl^-)이거나 일부 경우에서는 하나 이상의 양이온이나 음이온과 같은 독특한 이온에 대해서 특이적이다. 이온통로들은 신경계에 의한 신호의 전달에서 필수적인 역할을 한다.

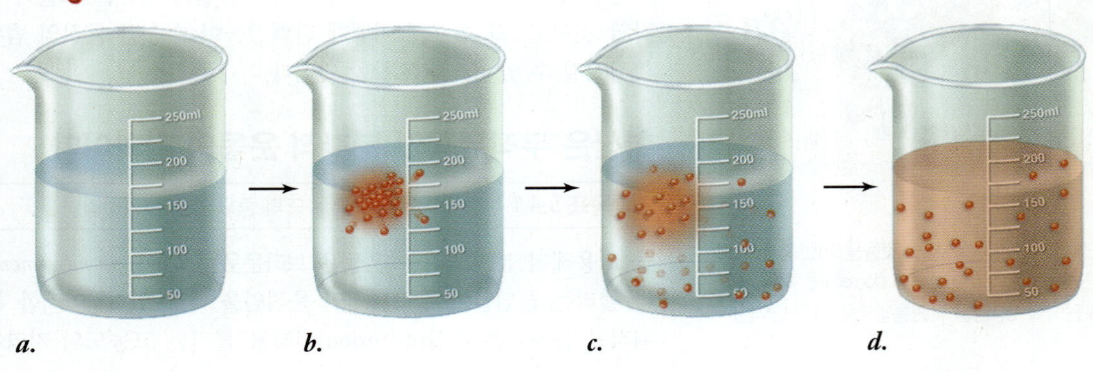

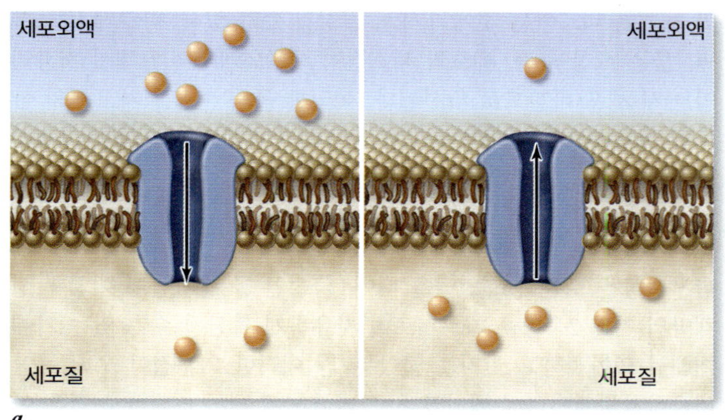

a.

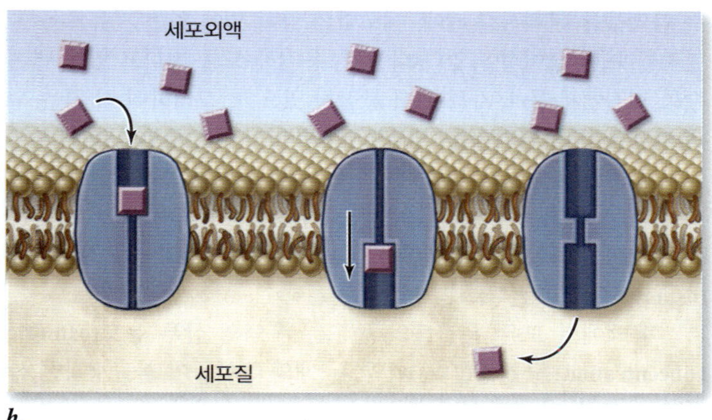

b.

그림 5.10 촉진확산. 확산은 막단백질들에 의해서 촉진될 수가 있다. **a.** 통로를 통한 이온들의 이동이 보여 지고 있다. 왼쪽에서 농도는 세포의 바깥쪽에서 높아서, 그 이온들은 세포 내로 이동을 한다. 오른쪽에서는 이 상황이 역전되어 있다. 양쪽의 경우에, 수송은 농도가 세포막의 양쪽 면에서 동등해질 때까지 지속된다. 이 시점에서, 이온들은 양쪽 방향으로 세포막을 가로지르며 지속될 것이지만, 어느 한 방향으로의 순이동은 없다. **b.** 운반체는 자신들이 수송하는 분자들과 특이하게 결합한다. 이 경우에 농도는 세포의 바깥쪽에서 높으므로, 분자들이 바깥쪽에 있는 운반체에 결합한다. 그 운반체의 모양은 분자가 세포막을 횡단하도록 허용하면서 변화한다. 이것은 가역적이므로(reversible), 순이동은 세포막의 양쪽 면에서 동등해질 때까지 지속될 것이다.

운반체에 의한 촉진확산

통로들만이 세포들 안쪽으로의 유일한 이동 방식이 아니다. 운반체(transporter)들 역시 일부 이온 및 당, 아미노산 등과 같은 다른 용질들을 원형질막을 횡단해서 수송을 할 수가 있다.

운반체에 의한 수송은 여전히 확산의 형태이므로 세포막을 가로지르는 농도 차이를 필요로 한다. 그렇지만, 운반체를 이용하면서 세포막을 횡단하는 확산은 다음과 같은 관점에서 단순 확산과는 다르다: 농도 기울기가 증가함에 따라서, 단순 확산에 의한 수송은 수송 비율의 선형적인 증가를 보여 준다. 반면에, 운반체에 결합되어 수송되는 분자들은 농도 기울기가 증가함에 따라서 모든 운반체들이 사용되고 있는 시점에 도달하게 되고 수송률이 **포화**(*saturation*)에 도달하여 더 이상 증가하지 못한다.

이 상황은 어찌 보면 관중들이 입장하기 위해서 회전식 출입문(운반체)들을 반드시 통과해야 하는 스타디움(세포)과 비슷하다고 볼 수 있다. 티켓 소지자들이(수송된 분자들) 최대의 속도로 모든 게이트를 통과하고 있다면, 바깥에서 얼마나 많은 사람들이 들어가길 기다리고 있다 하더라도, 그들이 입장하는 속도는 더 이상 증가될 수가 없다.

적혈구에서의 촉진확산

촉진확산의 몇몇 예들이 척추동물 적혈구(RBCs)의 원형질막에서 발견될 수가 있다. 예를 들면 어떤 운반체는 서로 다른 분자를 각각의 방향으로 수송 한다: 한 방향으로는 염소이온(Cl^-) 그리고 반대 방향으로는 중탄산염 이온(HCO_3^-). 제34장에서 학습할 것과 마찬가지로, 이 운반체는 이산화탄소의 흡입과 방출에 중요하다.

포도당 수송체는 RBCs에서 또 하나의 필수적인 촉진확산 수송체이다. 적혈구들은 하나의 화학 기법을 통하여 내부의 포도당 농도를 계속해서 낮게 유지한다. 막을 통과해서 들어온 포도당들에 곧바로 인산기를 첨가해서 더이상 포도당 수송체를 통해서 돌아갈 수 없는 강한 전하를 띤 포도당 인산 분자로 변환시켜버리는 것이다. 이와 같은 방식으로 막 사이의 인산화되지 않은 포도당의 농도 기울기 차이를 계속 높게 유지시켜서 포도당이 세포 내부로 들어갈 수 있도록 한다.

세포 내로 포도당을 운반하는 포도당 수송체는 세포막을 횡단하는 통로(channel)를 형성하지 않는다. 대신에 이 막관통단백질은 포도당과 결합하게 되면 단백질구조가 뒤집히게 되어 그 과정에서 포도당을 막 사이로 잡아당긴 후, 원형질막의 안쪽에 방출하게 된다. 포도당을 방출된 이후에는 수송체는 원래의 모양으로 되돌아가고, 다시 세포 밖의 다음 포도당 분자와 결합할 수 있게 된다.

삼투압은 막을 가로지르는 물의 이동이다

학습목표 5.4.3 물의 삼투이동의 방향을 예측하라.

세포의 세포질은 물에 녹아 있는 당과 아미노산들과 같은 이온들과 분자들을 함유하고 있다. 이러한 물질들과 물의 혼합물을 **수용액**(*aqueous solution*)이라고 부른다. 물은 **용매(solvent)**이고, 물에 녹아 있는 물질들은 **용질(solute)**이다. 물과 용질들은 모두 고농도의 지역으로부터 저농도의 지역까지 확산하는 경향이 있다.

두 지역들이 막에 의해서 분리가 되어 있을 때에, 용질들이 그 막을 통해서 자유롭게 통과할 수 있는가 없는 가에 따라서 무슨 일이 일어날 것인가? 이온들과 당을 포함한 대부분의 용질들은 지용성이 아니므로, 지질층을 횡단하는 것이 불가능하다. 중요한 것으로는, 이러한 용질들의 농도 기울기가 막을 가로질러서 물의 순이동을 일으킬 수가 있다는 것이다.

이러한 현상이 왜 일어나는가? 물 분자들이 전하를 띠거나 혹은 극성인 용질 분자들 주변에서 수화 껍질을 형성하는 것에 의해서 녹아 있는 용질들과 상호작용을 한다. 이것의 직접적인 결과로써, 세포막이 전하를 띠거나 극성인 용질들의 상이한 농도를 지닌

두 용액들을 분리시킬 때에, 세포막의 양쪽 면에 있는 자유로운 물 분자들 또한 상이성이 있다-더 높은 용질 농도를 지니고 있는 면은 수화 껍질에서 물 분자들에 더 붙잡혀 있으며, 그리하여 더 적은 수의 자유로운 물 분자들을 지니고 있다.

이러한 차이점의 결과로써, 더 높은 용질 농도를 향하여, 자유로운 물 분자들이 그것들의 농도 기울기에서 내려간다. 더 높은 용질 기울기를 향한 세포막을 가로지르는 물의 순확산을 **삼투현상(osmosis)**이라 부른다(그림 5.11).

용액에서 모든 용질들의 농도는 용액의 **삼투 농도(osmotic concentration)**를 결정한다. 만약 두 개의 용액들이 불균형적인 삼투압 농도를 지니고 있다면, 더 높은 농도를 지닌 용액은 **고장성(hypertonic)**이라고 할 수 있고(그리스어 hyper, "보다 많은"), 저농도를 지닌 용액은 **저장성(hypotonic)**이라고 한다(그리스어 hypo, "보다 적은"). 두 용액들이 동일한 삼투 농도를 지니고 있을 때에, 그 용액은 **등장성(isotonic)**이라고 한다(그리스어 *iso*, "동일한"). 고삼투압(*hyperosmotic*), 저삼투압(*hyposmotic*) 및 등삼투압(*isosmotic*)이라는 용어들이 또한 이러한 상태들을 설명하기 위해서 사용된다.

어떠한 환경에서의 세포는 두 용액들을 분리시키는 원형질막으로써 생각될 수가 있다: 세포질과 세포외액. 원형질막을 횡단하는 물에 대한 어떠한 확산의 방향 및 정도는 이러한 용액들의 삼투압 세기를 비교하는 것에 의해서 결정될 수가 있다. 다르게 말하자면, 물은 고장액(즉, 세포의 세포질이 세포외액에 비교해서 저장액임)에서 세포 바깥으로 확산된다. 이러한 물의 손실은 세포질의 삼투압 농도와 세포외액의 농도가 동등해질 때까지 세포가 쭈그려지게 한다.

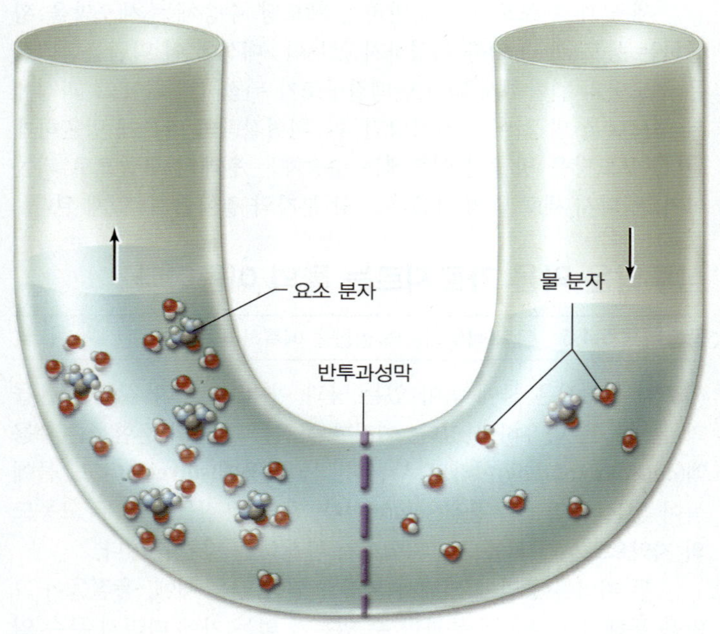

그림 5.11 삼투현상. 반투과성 막을 횡단할 수 없는 전하를 띠고 있는 혹은 극성 분자들에서의 농도 차이들은 막을 횡단할 수 있는 물의 이동을 초래한다. 물 분자들은 용액에서 그것들 주변에 수화 껍질을 형성하면서 전하를 띠거나 혹은 극성 분자들을 지닌 수소결합들을 형성한다. 막의 왼쪽에서 보여 지고 있는 극성 분자들(요소)의 더 높은 농도는 각각의 요소 분자 주변에 모여드는 물 분자들을 이끌게 된다. 이러한 물 분자들은 더 이상 막을 횡단해서 확산할 수 있도록 자유롭지가 않다. 극성 용질은 자유로운 물 분자들의 농도를 줄여서 기울기를 형성한다. 이것은 U-튜브에서 오른쪽에서 왼쪽으로의 확산에 의한 물의 순이동을 일으켜서, 왼쪽에서는 물의 높이가 올라가게 되고, 오른쪽에서는 물의 높이가 낮춰지게 한다.

아쿠아포린: 수분통로

삼투현상을 토론하고 있었을 때에, 극성인 물 분자들이 어떻게 생체막의 지질 2중층을 가로지르며 자유롭게 확산될 수가 있는 가에 대해서 의아해하고 있지는 않았는가? 이러한 의문점이 오래 동안 생물학자들에게 수수께끼였다. 그러한 수수께끼에 대한 해결은 **아쿠아포린(aquaporin)**이라는 물에 대한 특수화된 단백질 통로들에 대한 발견과 함께 왔다.

단순한 실험이 물을 세포들 안으로 허용하는 아쿠아포린들의 주요 역할을 입증을 한다. 만약에, 양서류의 알이 저장성 샘물(세포에서의 용질 농도가 둘러싸고 있는 물의 농도보다 더 높다)에 놓여 진다면, 그 알은 부풀지 않는다. 아직까지는 미발달 상태의 알 속에서, 아쿠아포린들을 암호화하는 유전자들은 아직 발현이 되지 않았다. 그 이후에, 아쿠아포린 mRNA가 알 안으로 주입이 된다면, 양서류 통로단백질들이 발현되고 알의 원형질막에 나타난다. 물은 그러면 알 속으로 확산이 될 수가 있고, 알이 부풀어 오르는 것을 초래한다.

11종류 이상의 아쿠아포린들이 포유동물들에서 발견되어 왔다. 이러한 것들은 2가지 일반적인 종류에 속한다: 단지 물에 대해서만 특이성을 보이는 종류와 역시 세포막을 횡단할 수 있는 글리세롤과 요소와 같은 다른 작은 친수성 분자들을 허용하는 그러한 종류임. 이 후자 종류는 어떻게 일부 세포막들이 작은 친수성 물질들의 용이한 통과를 허용하는가에 대해서 설명을 할 수가 있다.

신성요붕증(nephrogenic diabetes insipidus; NDI)은 기능을 상실한 신장의 아쿠아포린 단백질에 의해서 초래되는 유전 질환이라는 것이 밝혀졌다. 이 결과로 많은 양의 희석된 소변이 배설되는데, 이것은 우리의 생리에서 아쿠아포린이 얼마나 중요한 역할을 하는지를 보여준다.

삼투현상은 상당한 압력을 발생시킬 수 있다

학습목표 5.4.4 생명체들이 삼투압 균형을 유지할 수 있는 3가지 방식에 대해서 검토하라.

고장액(즉, 세포의 세포질이 세포외액에 대해서 상대적으로 고장액인 장소임)에서는 무슨 일이 일어나는가? 이 상황에서, 물은 세포외액으로부터 세포 안으로 확산에 의해 유입되며 세포를 팽창시키게 된다. 이와 함께 세포의 막에 대항해서 밀어내는 세포질의 압력인 **정수압(hydrostatic pressure)** 또한 증가한다. 세포로 들어가는 물의 양은 세포와 세포외액 사이의 용질 농도에서의 차이에 의해서 결정된다. 이는 **삼투압(osmotic pressure)**이라는 단위로 측정될 수 있는데, 삼투압이란 삼투 현상에 의한 물의 흐름을 방지하기 위해서 필요한 힘으로 정의할 수 있다.

만약에 세포막의 강도가 충분하다면, 물을 세포 안으로 유입시키려는 삼투압은 물을 밖으로 밀어내려는 정수압의 힘에 상쇄되어 평형상태에 도달할 것이다. 하지만, 원형질막은 그 특성상 내부의 큰 압력을 견딜 수가 없기 때문에, 그러한 조건에 놓인 분리된 세포는 바람을 너무 불어넣은 풍선과 같이 터지게 될 것이다(그림 5.12).

따라서, 단지 원형질막 내에 싸여 있는 동물세포들에게 있어서 삼투 균형을 유지하는 것이 중요하다. 대조적으로, 원핵생물들, 균류, 식물들과 많은 원생생물들의 세포들은 터지지 않고 높은 내부 압을 견딜 수 있는 강한 세포벽들에 의해서 둘러 싸여 있다.

삼투 균형을 유지하기

생명체들은 자신들의 환경에 대해서 고장 상태(hypertonic)가 되어 발생하는 문제점을 해결하기 위한 많은 전략들을 발달시켜 왔으며, 따라서 삼투압에 의한 물의 안정된 유입에 노출되어 있다.

분출(Extrusion). 원생생물 짚신벌레와 같은 일부 단세포 진핵생물들은 물을 제거하기 위해서 수축포라고 불리는 세포소기관을 이용한다. 각각의 액포는 세포질의 다양한 부분으로부터 물을 수집해서, 세포 표면 근처에 있는 액포의 중심 부분으로 수송을 한다. 액포는 세포 바깥쪽으로 열리는 작은 구멍을 가지고 있다. 율동적으로 수축시키는 것에 의해서, 이 구멍을 통하여 액포는 지속적으로 삼투압의 힘에 의해서 세포 안으로 끌어 당겨지는 물을 퍼낸다(분출함).

등삼투 조절(Isosmotic Regulation). 해양에 살고 있는 일부 생명체들은 용질에 대한 내부 농도를 둘러싸고 있는 해수의 농도와 대등하게 적응을 한다. 그것들은 환경에 관련시켜서 등장액이기 때문에, 물의 순흐름이 이러한 세포들의 안팎으로 일어나지 않는다.

많은 육상동물들은 세포들이 등장액에 담겨 있는 몸체를 통하여 액체를 순환시키는 것과 유사한 방법으로 그 문제를 해결한다. 예를 들어서, 몸체에서의 혈액은 세포의 세포질과 대등한 혈액에 대한 용질의 농도를 향상시키는 고농도의 알부민 단백질을 함유하고 있다.

팽만(Turgor). 대부분의 식물 세포들은 중심 액포에서 고농도의 용질을 함유하고 있어서 주변 환경에 대해 고장 상태이다. 이에 따라 발생하는 팽압(turgor pressure)이라고 불리는 내부 정수압은 세포막을 세포벽의 안쪽에 단단하게 밀착되도록 한다.

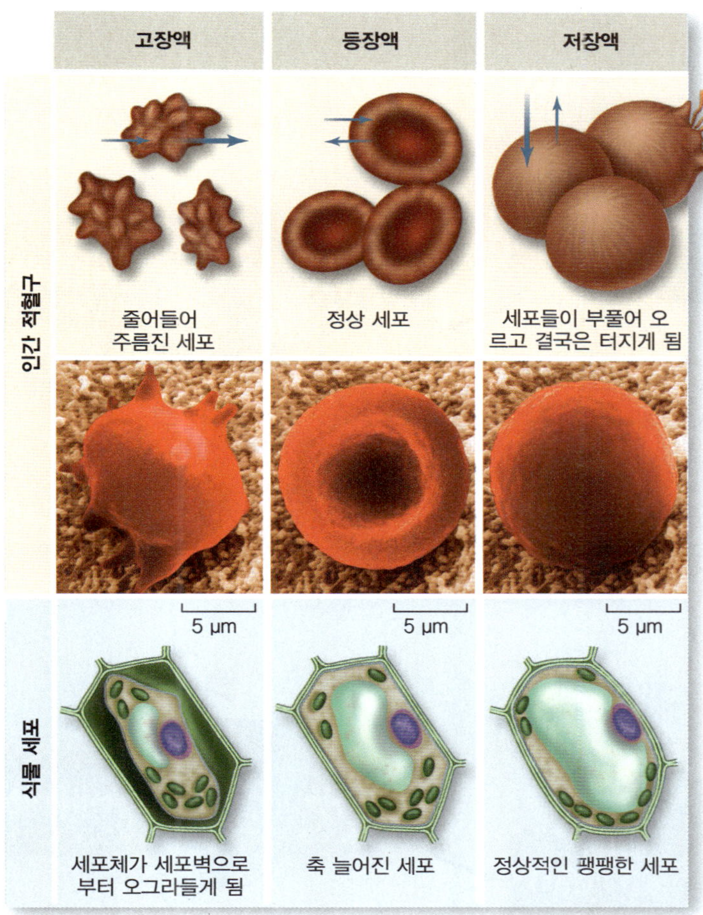

그림 5.12 용질들이 삼투압을 생성하는 방법. 고장액에서, 물은 세포가 줄어들어 주름지게 하면서 세포 바깥쪽으로 이동한다. 등장액에서, 물은 세포 크기에서의 변화가 없이 동일한 비율로 세포의 안팎으로 확산된다. 저장액에서, 물은 세포 안으로 이동한다. 파란색 화살표(위)는 물의 움직임의 방향과 양을 보여 준다. 저장액으로부터 물이 세포로 들어갈 때에, 압력에 의해서 세포가 파열될 때까지 원형질막에 실제로 압력이 적용이 된다. 세포에서의 더 높은 용질 농도로부터의 삼투압 때문에 물이 세포로 들어간다. 삼투압의 크기는 삼투현상을 멈추기 위해서 필요로 되는 힘으로써 측정된다. 식물체의 강한 세포벽은 파열되는 것으로부터 세포를 지키기 위하여 정수압을 견딜 수가 있다. 동물세포들의 경우에는 다르다.

개념 정리 5.4

수동수송은 농도 기울기를 필요로 하는 확산에 관련이 되어 있다. 소수성 분자들은 막을 통하여 직접적으로 단순한 확산이 의해서 이동한다. 극성 분자들과 이온들은 통로 혹은 운반체를 통하여 촉진확산에 의해서 이동한다. 물은 세포의 안쪽과 바깥쪽에서의 용질의 농도 차이들에 반응해서 아쿠아포린들을 경유한 막을 통해서 삼투압에 의해 통과한다.

- 만약에 당신에게 병원에서 정맥약물(IV medication)이 필요로 된다면, IV 용액에서 용질의 농도는 당신의 혈액세포들에 관련시켜서 어떠할 것인가?

5.5 막을 가로지르는 능동수송은 에너지를 필요로 한다

확산, 촉진확산과 삼투현상은 물질들의 농도 기울기를 내려가게 하는 수동수송 과정들이다. 그렇지만, 음식 분자들과 다른 물질들을 모으기 위해서, 세포들은 또한 반드시 그것들의 농도 기울기가 높은 곳으로 원형질막을 가로질러서 물질들을 이동 시킬 수가 있어야 한다. 이러한 과정에서는 전형적으로 ATP로부터 에너지 소비를 필요로 함으로써, **능동수송(active transport)**이라고 부른다.

능동수송은 특이적 운반체를 활용한다

학습목표 5.5.1 능동수송과 촉진확산 사이를 구별하라.

능동수송은 농도 기울기에 역행하여 막을 가로질러서 물질들의 이동을 구동시키기 위한 에너지를 사용한다. 촉진확산과 같이 능동수송은 전형적으로 이온, 당, 아미노산 혹은 뉴클레오티드의 수송된 물질에 결합하는 막 내에서의 고도로 선택적인 운반체를 관련시키고 있다. 이러한 운반체들은 만약에 그것들이 단일 분자 유형을 수송한다면, **1방향수송단백질(uniporter)**라고 부르고, 만약 그것들이 2개의 다른 분자들을 함께 수송하면 공동수송물질 혹은 역수송체라고 부른다. **공동수송물질(symporter)**은 동일한 방향으로 두 분자를 수송하며, **역수송체(antiporter)**는 반대 방향으로 두 분자를 수송한다. 이러한 용어들은 때때로 촉진확산 운반체들을 설명하기 위하여 사용하기도 한다.

능동수송은 세포에 의해서 수행되는 가장 중요한 활동들 중 한 가지이다. 그것은 세포가 세포외액에서 보다 더 고농도로 세포질에 이미 존재하고 있는 물질에 대한 추가적인 분자들을 받아들이는 것을 가능하게 한다. 능동수송은 또한 세포가 더 높은 외부 농도에도 불구하고 세포질 바깥으로 그리고 세포외액으로 물질들을 이동시키는 것을 가능하게 한다.

능동수송에서 ATP로부터의 에너지의 사용은 직접적이거나 간접적일 수가 있다. 먼저 어떻게 ATP가 농도 기울기에 역행해서 직접적으로 이온들을 이동시키기 위하여 사용되는가에 대한 고려를 해보자.

나트륨칼륨펌프(역수송체)

활동적으로 분열하고 있지 않는 동물세포에 의해서 소비된 모든 에너지의 1/3 이상이 나트륨이온(Na^+)과 칼륨이온(K^+)의 능동수송에서 사용된다. 모든 동물세포들은 그것들의 주위의 상황에 대해 상대적으로 Na^+에 대한 낮은 내부 농도와 K^+에 대한 높은 내부 농

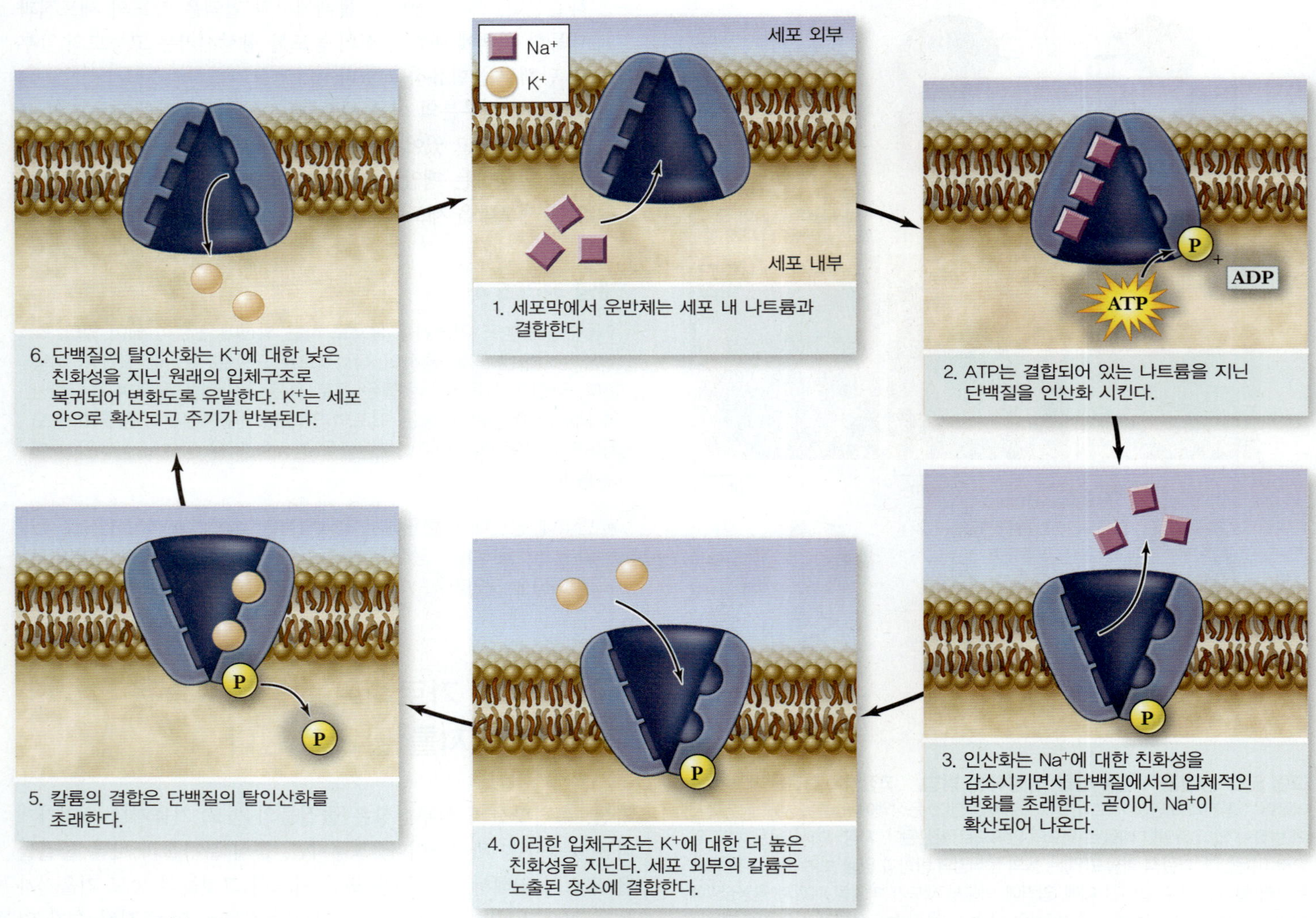

그림 5.13 나트륨칼륨펌프. 나트륨칼륨펌프로써 알려진 운반체는 원형질막을 가로질러서 나트륨(Na^+)과 칼륨(K^+)을 수송한다. 모든 3개의 Na^+는 세포 바깥으로 수송되고, 2개의 K^+는 세포 안으로 수송된다. 나트륨칼륨펌프는 ATP 가수분해에 의해서 연료가 공급된다. Na^+와 K^+에 대한 이 펌프의 친화성은 단백질의 입체구조를 변화시키는 인산염(P)을 첨가시키거나 제거하는 것에 의해서 변화될 수 있다.

도를 지니고 있다. 그것들은 활동적으로 세포의 바깥으로 Na^+를 퍼내고 세포 안쪽으로 K^+을 퍼붓는 것에 의해서 이러한 농도 차이를 유지한다.

이러한 두 이온들을 세포막을 가로질러서 수송하는 주목할 만한 단백질은 **나트륨칼륨펌프(sodium-potassium pump)**라고 알려져 있다(그림 5.13). 이 역수송체 운반체는 그 입체구조를 변화시키고, 다음으로 처음에는 Na^+ 이온, 이후에는 K^+ 이온에 대한 그것의 친화성을 변화시키는 것에 의해서, 이러한 두 개의 이온들의 동시적인 이동에 동력을 공급하려고 ATP로 저장된 에너지를 사용 한다. 이것은 어떻게 단백질의 미묘한 변화가 그것의 기능에 영향을 미치는가에 대한 훌륭한 설명이다.

나트륨칼륨펌프의 가장 중요한 특징은 저농도 영역에서 고농도 영역으로의 Na^+와 K^+를 수송시키는 능동수송 체계라는 것이다. 이러한 수송은 확산에 의한 수동수송의 반대작용으로, 대사적 에너지의 지속적인 소모에 의해서만 성취될 수가 있다. 나트륨칼륨펌프는 그림 5.13에서 요약된 것처럼 역수송체 막관통단백질에 발생하는 아래의 일련의 구조적 변화들을 통하여 작동한다:

1 단계. 3개의 Na^+은 단백질이 그것의 입체구조를 변화시키도록 하면서 단백질의 세포질 쪽 측면에 결합한다.

2 단계. 새로운 입체구조에서, 단백질은 ATP 분자에 결합하고 아데노신2인산(ADP)과 인산염(P_i)으로 절단된다. ADP는 방출되지만, 인산기는 단백질에 공유결합이 되어 있다. 이제 그 단백질이 인산화 된다.

3 단계. 단백질의 인산화는 단백질의 2차적인 입체구조 변화를 유도한다. 이 변화는 3개의 Na^+를 막을 가로질러서 이동을 시키며, 그리하여 그것들은 이제 외부 측면에 직면하게 된다. 이러한 새로운 입체구조에서, 단백질은 Na^+에 대해서는 낮은 친화성을 지니고, 3개의 결합된 Na^+은 단백질로부터 벗어나서 세포외액으로 확산된다.

4 단계. 새로운 입체구조는 Na^+가 유리되자마자 단백질의 세포 외부면에 결합된 2개의 K^+에 대한 높은 친화성을 지니게 된다.

5 단계. K^+의 결합은 단백질에서의 또 하나의 입체구조적인 변화를 야기 시키는데, 이번에는 결합된 인산기의 가수분해를 초래한다.

6 단계. 자유롭게 된 인산기로 단백질은 세포질에서 2개의 K^+를 드러내면서 그것의 원래의 모양으로 되돌아간다. 이러한 입체구조는 K^+에 대한 낮은 친화성을 지니고 있으므로 2개의 결합된 K+는 단백질로부터 분리되고 세포의 내부로 확산된다. 원래의 입체구조는 Na^+에 대한 높은 친화성을 지니고 있다. 이러한 이온들이 결합하면, 그것들은 또 다른 주기를 시작한다.

모든 주기에서, 3개의 Na^+는 세포를 떠나고, 2개의 K^+가 들어온다. 그 주기 동안에 발생하는 단백질 입체구조에서의 변화는 신속하고, 각각의 운반체가 초당 300개만큼의 Na^+를 수송하는 것을 가능하게 해준다. 비록 세포들은 그것들이 함유하고 있는 펌프 단백질의 수에서 광범위하게 다양하지만, 모든 동물 세포들에 존재하는 것처럼 보인다.

동시수송은 농도 기울기에 역행해서 분자들을 이동시키기 위하여 이온 기울기를 이용한다

학습목표 5.5.2 동시수송의 에너지론에 대해서 설명하라.

일부 분자들은 다른 분자의 기울기를 경유하여, 간접적으로 ATP에 저장된 에너지를 이용하는 것에 의해서 그것들의 농도 기울기에 역행해서 이동될 수 있다. 동시수송(*coupled transport*)이라고 부르는 이 과정에서, 한 분자가 농도 기울기가 낮은 곳으로 방출된 에너지가 그것의 농도에 역행해서 다른 분자를 이동시키기 위해서 사용된다. 방금 살펴본 것과 마찬가지로, ATP 분자들에 저장된 에너지는 막을 가로질러서 Na^+와 K^+의 기울기를 만들기 위해서 사용된다.

한 예로써, 동물세포들에서 막을 가로지르는 포도당의 능동수송을 고려해보자. 포도당은 그것을 위한 다양한 수송체가 있을 정도로 중요한 그런 분자이고, 그중 하나는 수동수송 하에서 앞서 검토되었다. 다세포 생명체에서, 내장 상피조직 세포는 바깥쪽보다 안쪽에 훨씬 더 높은 포도당 농도를 지닐 수가 있으므로, 이러한 세포들은 대사가 된 음식물로부터 포도당을 흡수하기 위하여 그것의 농도 기울기에 역행해서 포도당을 수송할 수가 있어야 할 필요가 있다. 이것은 포도당의 촉진확산에서 관련된 수동 단일수송체보다 다른 수송체를 필요로 하게 된다.

동시수송

포도당의 능동수송은 세포 내로 포도당의 이동을 구동할 에너지의 출처로써 나트륨칼륨펌프에 의하여 생성된 Na^+ 기울기를 이용하는 공동수송물질(symporter)에 의해서 수행된다. 이 시스템에서, 포도

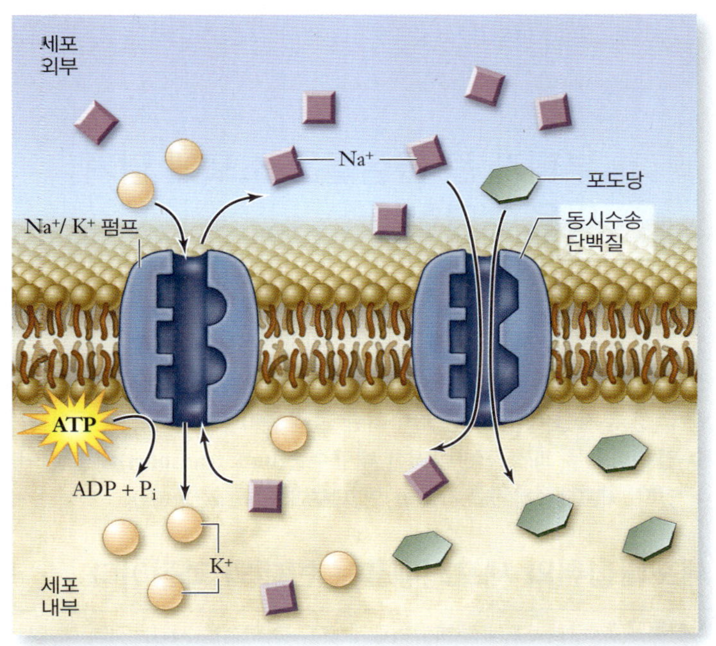

그림 5.14 동시수송. 막단백질은 Na^+/K^+ 펌프에 의해 유지된 농도 기울기가 낮은 곳으로 동시에 포도당 분자를 수송하면서, Na^+를 세포 내로 수송한다. Na^+가 들어오는 것을 구동하는 기울기는 당 분자들이 그 농도 기울기에 역행해서 수송되는 것을 허용한다.

당과 Na^+ 모두 동시에 공동수송물질 수송 단백질에 결합한다. 그 이후에, Na^+는 세포 내로 포도당과 함께 운반되면서 그것의 농도 기울기가 낮은 곳에서 세포의 일부가 된다(그림 5.14).

역수송

Na^+와 포도당의 공동수송(cotransport)에서, 양쪽 분자들은 막을 가로질러서 동일한 방향으로 이동한다. 역수송(*countertransport*)이라고 부르는 관련된 능동수송 과정에서는 Na^+의 안쪽을 향한 이동이 Ca^+ 혹은 H^+와 같은 다른 물질의 바깥을 향한 이동과 결합이 되어 있다. 공동수송에서와 같이, 양쪽 Na^+와 다른 물질은 동일한 수송단백질과 결합하는데, 이 경우에는 역수송체-물질들이 막의 반대면에 결합하고, 반대 방향으로 이동되는 것이다. 역수송에서, 세포는 그것의 농도 기울기에 역행해서 물질을 내뿜도록 세포 내로 농도 기울기가 낮은 곳으로 Na^+의 이동이 일어날 때에 방출되는 에너지를 이용한다. 공동수송과 역수송 모두에서, 한 분자의 농도 기울기에서의 잠재적인 에너지는 농도 기울기에 역행해서 다른 분자를 수송할 때에 이용된다. 두 번째 분자가 첫 번째 분자에 대해 상대적으로 이동하는 방향에서만 단지 차이가 나고 있다.

개념 정리 5.5

능동수송은 농도 기울기에 역행해서 분자들을 이동시키기 위하여 운반체와 에너지를 필요로 하는 것이다. Na^+/K^+ 펌프는 Na^+를 한 방향으로 이동시키고, 이러한 이온들의 농도 차이를 생성하고 유지하기 위하여 다른 방향에서 K^+를 이동시키기 위하여 ATP를 사용한다. 동시수송에서는, 한 분자의 농도 기울기가 기울기에 역행해서 다른 분자를 이동시키기 위하여 이용된다.

- 능동수송에서 통로단백질이 관련이 될 수가 있는가? 왜 그런가? 혹은 왜 그렇지 않은가?

5.6 부피가 큰 물질들은 소포에 담겨 막을 횡단한다

세포의 원형질막에서 지질의 본질은 세포에 대한 흥미 있는 문제점을 생성해 낸다. 세포들이 생장하기 위하여 요구되는 물질들은 지질 2중층이 생성하는 소수성 장벽을 횡단할 수 없는 대부분이 커다란 극성 분자들이다. 어떻게 이러한 물질들이 세포 안으로 들어 갈 수 있을까? 두 과정들이 이러한 **대량수송(bulk transport)**에 관련되어 있다: 세포내섭취(*endocytosis*)와 세포외배출(*exocytosis*).

세포내섭취와 세포외배출은 반대의 과정이다

학습목표 5.6.1 세포내섭취가 어떻게 분자-특이성을 지니는지에 대해서 설명하라.

세포내섭취(endocytosis)에서, 원형질막이 음식물 입자들과 수분을 감싸게 된다. 세포들은 3가지 주요 세포내섭취 유형을 이용 한다: 식세포 작용(phagocytosis), 음세포작용(pinocytosis) 및 수송체 매개 세포내섭취(receptor-mediated endocytosis, 그림 5.15). 능동수송과 마찬가지로, 이러한 과정들은 또한 에너지 소비를 요구한다.

만약에 세포가 획득하는 물질이 생물체나 일부 다른 유기물의 조각과 같은 미립자(분리된 입자들로 구성되어 있는)라면 (그림 5.15a), 그 과정은 **식세포작용(phagocytosis)**이다(그리스어로 *phagein*은, "먹는다," + *cytos*, "세포")이다. 세포가 섭취하는 물질이 액체(그림 5.15b)라면, 그 과정은 **음세포작용(pinocytosis)**이라고 한다(그리스어로 *pinein*, "마신다"). 음세포작용은 동물세포들 사이에서 일반적으로 나타난다. 포유동물의 알세포들에서, 예를 들어서, 둘러싸고 있는 세포들로부터의 "양육을 하는 경우"이다; 인근의 세포들이 성숙중인 알세포가 음세포작용에 의해서 섭취하는 영양물을 분비한다.

실질적으로 모든 진핵세포들은 입자들과 세포외액을 소포에 가두고 소화시키는 이러한 세포내섭취 과정들을 끊임없이 수행한다. 세포내섭취율은 한 세포 유형에서 다른 세포 유형에 이르기까지 다양하다. 그것들은 놀랄 만큼 높을 수가 있다; 백혈구 세포들의 일부 유형은 매시간 그것들의 세포 부피의 25%까지 섭취를 할 수가 있다.

수용체매개 세포내섭취

때때로 세포내섭취는 특이적 분자들을 표적으로 삼고 있다. 이러한 경우에, 표적분자들이 **수용체매개 세포내섭취(receptor-mediated endocytosis)**에 의해서 세포 내로 수송된다. 이러한 분자들은 먼저 원형질막에 있는 특이적인 수용체들에 결합한다—그 결합은 표적 분자의 모양이 그것의 수용체에 적절하게 배치되면서 상당히 특이적이다. 다른 세포 모양들은 각각 다른 종류의 분자를 표적으로 하는 특징적인 수용체 유형의 그룹을 포함하고 있다.

막의 안쪽으로 돌출하는 수용체 분자의 부분은 단백질 **클라스린**(*clathrin*)과 함께 세포질 측에 피막을 형성하게 되는 파여진 홈 내부에 갇히게 된다. 올바른 표적 분자가 홈에 들어가게 되면 각각의 홈은 분자 함정(trap)처럼 닫히게 되어 내부 소낭을 형성한다(그림 5.15c). 그 함정을 작동시키는 자극은 적절히 들어맞는 표적 분자가 내재된 수용체에 결합하는 것이다. 결합이 일어나면, 세포는 세포내섭취를 시작하는 것으로 반응을 한다; 그 과정은 고도로 특이적이고 매우 빠르다. 소낭은 이제 그 수하물을 적재한 채로 세포 내에 와 있게 되는 것이다.

수용체매개 세포내섭취에 의해 획득되는 한 중요한 분자 유형은 저밀도 지방단백질(low-density lipoprotein; LDL)이다. LDL 분자들은 콜레스테롤을 세포막에 삽입될 수 있도록 세포로 운반 한다. 이 수송은 콜레스테롤이 신체 세포막들의 뻣뻣함을 결정하는 데에 주요 역할을 함에 따라 중요하다. 인간의 유전병인 가족성 고콜레스테롤혈증(familial hypercholesterolemia)에서, LDL 수용체들은 꼬리가 없어서, 그것들은 결코 클라스린 피막홈에 고정되어 있지 않고 결과적으로 소포 형성을 자극하지 않는다. 콜레스테롤은 동맥 안쪽에서 플라크로서 축적되어서 심장마비로 이끌면서 영향

그림 5.15 세포내섭취. a. 식세포작용(phagocytosis)과 b. 음세포작용(pinocytosis)은 모두 세포내섭취의 형태이다. c. 수용체매개 세포내섭취에서, 세포들은 표적세포들이 원형질막에서 수용체 단백질들과 결합할 때에 세포내섭취를 시작하는 단백질 클라스린으로 피막을 형성하는 홈(coated pit)을 지니고 있다. 투과전자현미경(TEM) 사진 삽입물(구조들의 차별을 향상시키기 위해서 위색체가 첨가됨): a. 쥐의 복막 중피세포에 의한 세균, 리케차 츠츠가무시(*Rickettsia tsutsugamushi*)의 식세포작용. 세균이 식세포작용에 의해서 숙주세포에 들어가고, 세포질에서 복제를 한다. b. 평활근 세포에서의 음세포작용(pinocytosis). c. 피막홈이 단백질 층으로 덮여 있는 발달중인 알세포의 원형질막에서 나타난다. 적당한 분자 집합체가 피막홈에 모여들게 되면, 홈이 깊어지고 결국은 낭을 형성하기 위해서 봉쇄가 될 것이다.

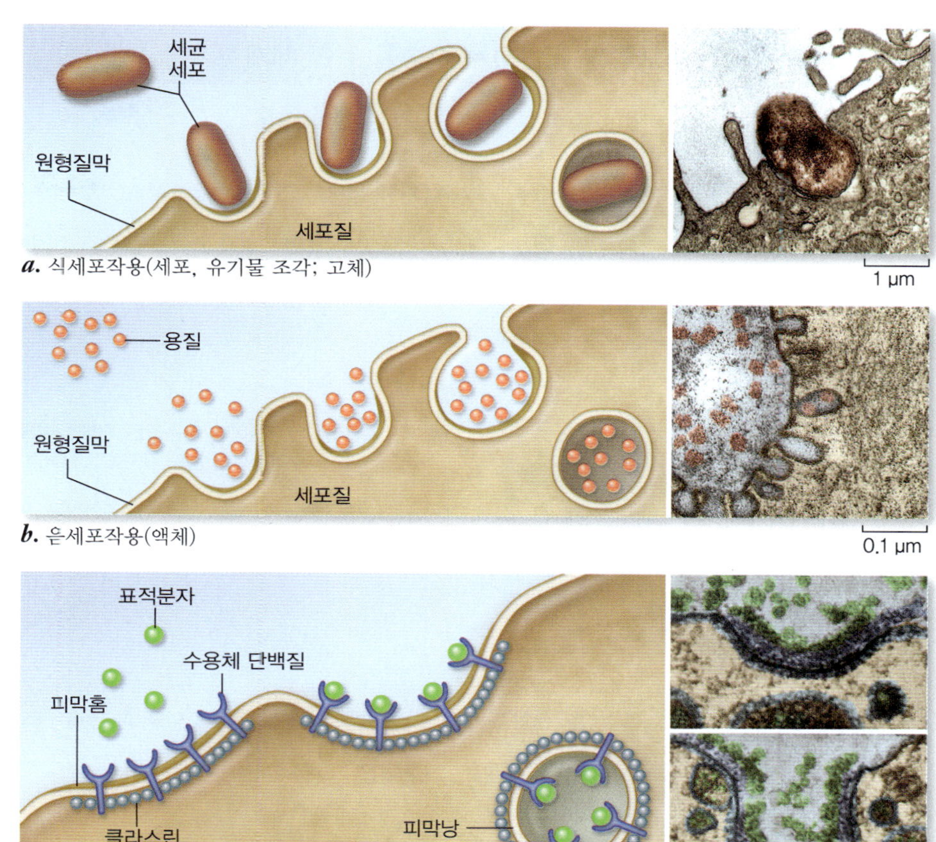

을 받은 개개인들의 혈류에 머무른다.

세포내섭취 그 자체는 물질들을 직접적으로 세포의 세포질 내로 운반하지 않는다는 것을 이해하는 것이 중요하다. 흡수한 물질이 여전히 소포의 막에 의해서 세포질로부터 분리되어 있다.

세포외배출

새포내섭취의 반대는 세포 표면에서 소포로부터 물질을 방출하는 **세포외배출(exocytosis)**이다(그림 5.16). 식물세포들에서, 세포외배출은 원형질막을 통하여 세포벽을 만들기 위해 필요로 되는 물질들

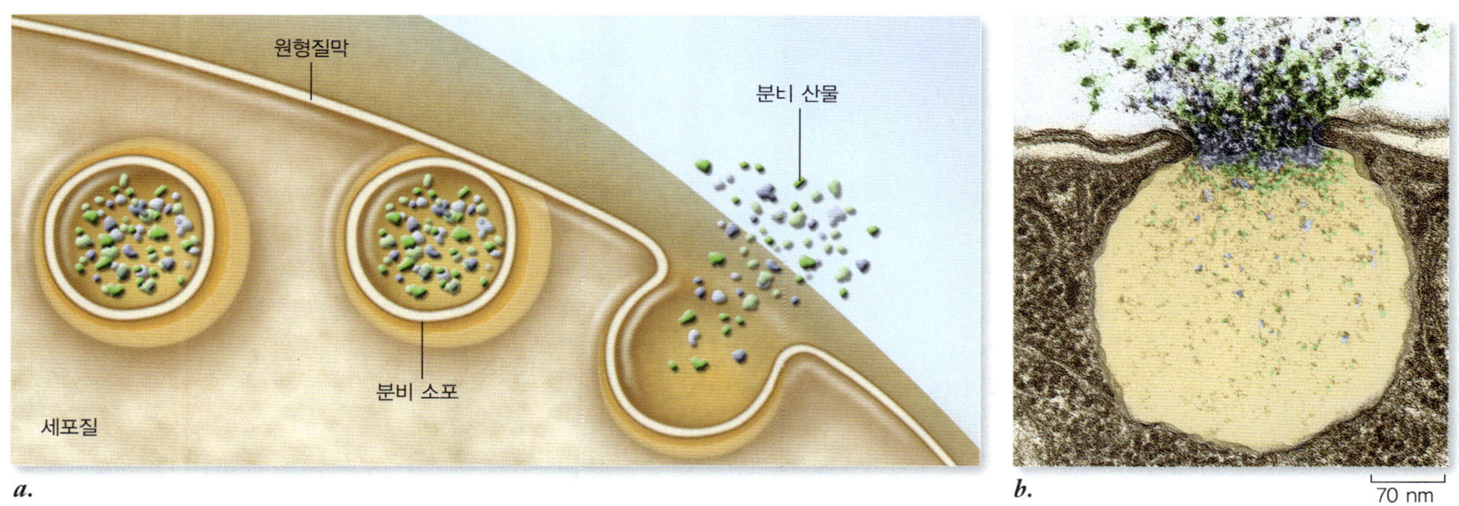

그림 5.16 세포외배출. a. 단백질들과 다른 분자들은 소포라고 불리는 작은 패킷 안으로 세포들로부터 분비가 되는데, 그 소포들의 막들은 원형질막과 융합되고 그것들의 내용물들을 세포 바깥으로 방출한다. b. 세포외배출을 보여주고 있는 위채색 투과전자현미경 사진.

표 5.2	세포막을 횡단하는 수송을 위한 체계	
과정	**작용**	**예**
수동적 과정		
확산		
직접적	무작위적인 분자 움직임은 저농도 지역을 향한 비극성 분자들의 순이동을 야기한다.	세포 내로 산소의 이동
촉진확산		
단백질 통로	극성 분자들이나 이온들은 단백질 통로를 통하여 이동한다; 순이동은 저농도 지역을 향한다.	이온들의 세포 안팎으로의 이동
단백질 운반체	분자가 막에 있는 운반체에 결합하고 가로질러서 수송 된다; 순이동은 저농도 지역을 향한다.	세포 내로 포도당의 이동
삼투		
아쿠아포린	삼투현상을 통하여 막을 횡단하는 물의 확산; 삼투현상 기울기를 필요로 한다.	저장액에 놓인 세포 내로의 물의 이동
능동적 과정		
능동수송		
단백질 운반체		
Na^+/K^+ 펌프	운반체는 농도 기울기에 역행하여 막을 횡단하는 물질을 이동하기 위해서 에너지를 사용한다.	농도 기울기에 역행하는 Na^+와 K^+
동시수송	분자들은 농도 기울기를 따라 나트륨이온들이나 양성자들을 공동수송하여 자신들의 농도 기울기에 역행하여 막을 횡단해서 수송된다.	Na^+ 기울기를 이용하여 농도 기울기에 역행해서 세포 내로 포도당 동시수송
세포내섭취		
막소포		
식세포작용	입자는 막에 의해서 삼켜지고, 접혀서 소포를 형성한다.	백혈구 세포들에 의한 세균의 섭취
음세포작용	액체 방울들이 막에 의해서 삼켜지고, 주변에 소포들을 형성된다.	인간 알세포들의 "Nursing"
수용체매개 세포내 섭취	클라스린 피막 소포들을 형성하면서 특이적인 수용체에 의해서 자극된 세포내섭취.	콜레스테롤 섭취
세포외배출		
막소포	소포들이 원형질막에 융합되고 내용물들을 배출한다.	점액 분비; 신경전달물질의 방출

을 전하는 중요한 수단이다. 원생생물들 사이에, 수축포 방출은 세포외배출의 형태로 간주된다. 동물세포들에서, 세포외배출은 많은 호르몬들, 신경전달물질들, 소화효소들과 다른 물질들을 분비하기 위한 체계를 제공한다.

세포막들을 횡단하는 수송을 위한 체계들이 표 5.2에 요약되어 있다.

개념 정리 5.6

커다란 분자들과 다른 부피가 큰 물질들은 세포내섭취에 의해서 세포로 들어갈 수가 있고, 세포외배출에 의해서 세포를 떠날 수가 있다. 이러한 과정들은 에너지를 필요로 한다. 세포내섭취는 소포들의 형성을 자극하는 막에서의 특이적인 수용체단백질들에 의해서 매개가 될 수 있을 것이다.

- 어떠한 특징들이 수용체매개 세포내섭취에 의한 수송, 운반체에 의한 수송과 효소에 의한 촉매 현상을 통합하는가?

출혈성 대장균(*E. coli*)이 위의 산성 환경을 어떻게 견딜까?

최근 수년 동안에 출혈성(내출혈을 야기함) 대장균(*E. coli*)의 균주와 관련된 일련의 식중독 돌발을 지켜봐 왔다. 세균은 종종 식중독의 원천인데, 전형적으로 가벼운 감염은 식품매개 연쇄상구균(streptococcal) 세균에 의해서 초래된다. 인간 위속에서의 음식물에 의해 직면하는 극도의 산성 환경(pH=2)을 견딜 수가 없는 대장균은 일반적인 문제가 아니었다. 최근의 발병의 원인이 되는 대장균의 출혈성 균주는 더 정교하고 저항성이 있는 체계를 진화시켜 온 것처럼 보인다.

어떻게 출혈성 대장균이 위의 산성적 환경에서 생존할 수 있을까? 본질적으로, 그들이 직면하는 문제는 수소이온들 바다에 넣어져 있다는 것인데, 그 수소이온들 중 많은 수가 세포 속으로 확산된다. 지나친 수소이온들을 대장균 자체가 제거하기 위하여, 대장균 세포들은 수소이온들을 그것들 세포 바깥쪽으로 퍼내기 위한 영리한 체계를 사용한다.

첫째로, 출혈성 대장균 세포들은 수소이온을 소비하는 탈카르복시화 반응(decarboxylation)인 아미노산 글루탐산(glutamate)을 γ-아미노부틸산(gamma amino butyric acid, GABA)으로 변환시키기 위해서 효소인 글루탐산 탈2산화탄소효소(glutamic acid decarboxylase, GAD)를 사용하여 세포의 수소이온들을 받아들인다.

둘째로, 출혈성 대장균은 이 GABA를 GadC[이 막관통단백질 통로는 "역수송체(antiporter)"라 불리는데, 왜냐하면 막을 가로지르며 2분자들을 반대 방향으로 수송하기 때문임]라 불리는 Glu-GABA 역수송체를 이용하면서 그것들 세포의 세포질 바깥으로 이 GABA를 전한다.

그렇지만, 인체의 다른 곳에서 생존하기 위해서는, 출혈성 대장균의 대사가 누전되지 않도록, Glu-GABA 역수송체가 비기능적인 것이 중요하다. 정말로 GadC 역수송체가 단지 산성적 환경에서만 기능을 하는지 살펴보기 위해서, 연구자들은 광범위한 조건하에서 세포 바깥으로 아르기닌을 수송하는 AdiC라고 부르는 다른 아미노산 역수송체의 그것과 다양한 pH에서 그것의 활성도를 비교하였다. 10분 동안 수송을 관찰한 결과가 그래프로 제시되었다.

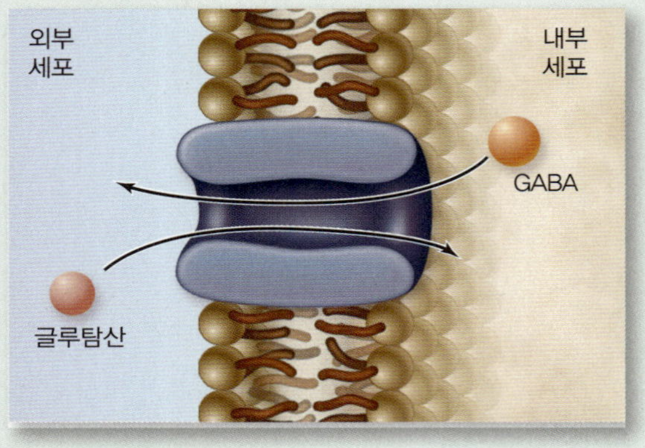

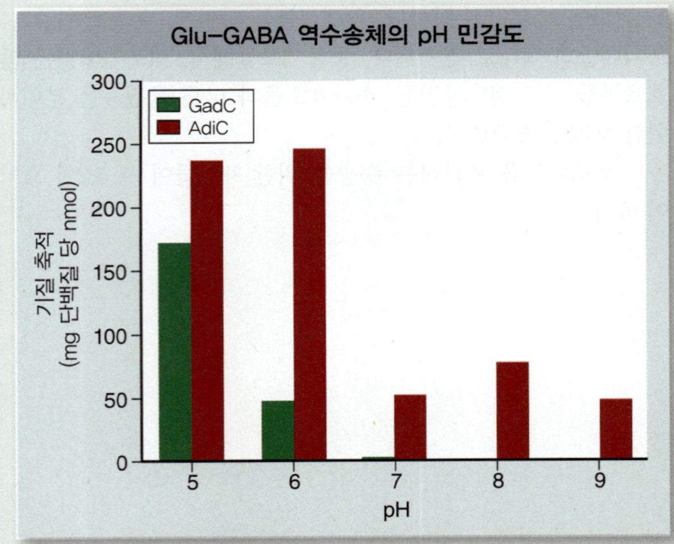

분석

1. **개념 적용**
   a. **변수.** 이 그래프에서, 종속변수는 어느 것인가?
   b. **기질.** 어느 것이 기질인가? 이 조사에서, 축적되고 있는 기질은 무엇인가?
   c. **pH.** pH 5와 pH 7 사이에 수소이온 농도의 차이는 무엇인가? 얼마나 더 농도차가 많은가(혹은 더 적은가)? 설명하라.
2. **자료 해석**
   a. 10분의 실험 간격 동안에 수송된 아미노산의 양(기질 축적으로 나타냄)은 아르기닌-수송 AdiC 역수송체에 대한 pH에 따라서 다양한가? 글루탐산-수송 GadC 역수송체에 대해서는?
   b. pH 9.0에서 10분 후에 AdiC에 의해서 축적된 기질의 양과 pH 5.0에서 축적된 그것을 비교하라. 낮은 pH 활성도의 어떠한 비율이 더 높은 pH에서 관찰되었는가?
   c. 유사한 방식으로, pH 9.0에서 GadC에 의해 축적된 기질의 양을 pH 5.0에서 축적된 것과 비교하라. 낮은 pH 활성도의 어떠한 비율이 더 높은 pH에서 관찰되었는가?
3. **추론** GadC 역수송체가 AdiC 역수송체와 마찬가지로 동일한 pH 의존성을 나타낸다고 할 수 있는가? 그렇지 않다면, 어떤 역수송체가 비산성 pH에서 덜 활성적인가?
4. **결론 도출** 글루탐산-GABA 역수송체 GadC는 비산성 pH에서 활성적인가?
5. **추가 분석** GadC 역수송체는 또한 아미노산 글루타민(Gln)도 수송한다. 이 활성도가 낮은 pH 환경에서 싸우는 데에 어떠한 역할을 한다고 생각하는가? 이 가설을 어떻게 검증할 것인가?

학습 과정 복습

개념 5.1 생체막은 내재된 단백질들을 지닌 지질 박층이다

5.1.1 생체막은 유동 모자이크이다 생체막들은 소수성 지역이 안쪽을 향하고, 친수성 지역이 바깥쪽을 향하는 인지질 2중층의 박층이다. 유동 모자이크 모델에서, 단백질들은 지질 2중층 상에서 혹은 속에서 떠다닌다.

5.1.2 세포막은 4가지 주요 구성요소들로 조합된다 진핵세포들에서, 막들은 4가지 구성요소들을 지니고 있다: 인지질 2중층, 막관통 단백질들, 내부 단백질 연결망 및 세포-표면 표지들. 내부 단백질 연결망은 막과 연관된 세포골격 필라멘트와 주변 막단백질들로 구성되어 있다. 세포막들은 동정 표지들로 작용하는 표면상에 당단백질들과 당지질들을 함유하고 있다.

개념 5.2 인지질은 막의 구조적인 기반을 제공한다

5.2.1 지질 2중층은 자발적으로 형성된다 인지질들은 2개의 지방산과 1개의 인산기가 3탄소 글리세롤 분자에 연관되도록 구성이 되어 있다. 인산기는 극성이고 친수성을 띤다; 지방산들은 비극성이고 소수성을 띠며, 그것들은 친수성 환경으로부터 멀리 방향을 잡는다. 지질 2중층의 비극성 내부는 물과 수용성 물질들의 통행을 방해한다. 인지질 2중층은 유동적이다. 물의 수소결합은 막에서 그것의 2중층 구조를 유지시킨다; 그러나, 인지질 층들과 단단하게 고정되어 있지 않은 단백질들은 측면으로 확산될 수가 있다. 막유동성은 변할 수가 있고, 막에서의 지방산 구성에 의해서 결정된다. 불포화 지방은 막을 더 유동적이게 만든다. 온도 또한 유동성에 영향을 미칠 수가 있다.

개념 5.3 막단백질은 환경과 다양하고 폭넓은 상호작용을 가능하게 한다

5.3.1 막단백질은 많은 기능을 지니고 있다 수송체들은 막을 통하여 특이적인 물질들을 운반하는 내재 막단백질들이다. 효소들은 종종 막의 내부 표면상에 나타난다. 세포-표면 수용체들은 외부의 화학적 메시지들과 세포 안에서의 변화 상황들에 반응한다; 표면상에서의 세포 동정 표지들은 신체 세포들을 자기("self")로써 인식하는 것을 허용한다. 세포대세포 부착 단백질들은 세포들을 함께 붙게 한다; 다른 세포들과 상호작용하는 표면 단백질들은 세포골격에 단단하게 고정된다.

5.3.2 막관통단백질영역은 비극성 아미노산을 함유하고 있다 표면 단백질들은 인지질들의 비극성 지역과 관련되는 비극성 지역에 의해서 표면에 부착된다. 막관통단백질들은 몇 번이고 2중층을 횡단할 수도 있고, 각각의 막을 돌고 있는 지역은 막관통영역이라고 불린다. 그러한 영역은 주로 α-나선으로 배열된 소수성 아미노산들로 구성되어 있다. 포린과 다른 단백질들에서, 비극성 지역에서의 β-병풍은 극성 환경을 지니고 있는 파이프와 비슷한 통로를 형성한다.

개념 5.4 수동수송은 확산에 의해 막을 가로지르며 분자들을 이동시킨다

5.4.1 확산은 무작위적인 분자적 운동의 결과이다 단순확산은 농도 기울기를 따르는 물질의 수동적인 이동이다. 생체막들은 친수성을 지닌 극성 분자들에 대한 장벽을 제기하며, 반면에 그것들은 소수성 물질들이 자유롭게 확산되도록 허용한다.

5.4.2 촉진확산은 특이적인 운반체와 이온 통로를 활용한다 이온들과 커다란 친수성 분자들은 촉진확산에서 단백질들의 도움으로 인지질 2중층을 횡단한다. 이러한 단백질들은 통로들이거나 운반체일 수 있다. 통로들은 다른 이온들에 대해 특이적이고, 막을 가로지르는 농도 혹은 전기적인 기울기에 바탕을 둔 확산을 허용한다. 운반체들은 효소와 마찬가지로 그것들이 수송하는 분자들에 결합한다. 운반체에 의한 수송률은 막에서의 운반체 수에 의해서 제한되어 있다.

5.4.3 삼투압은 막을 가로지르는 물의 이동이다 삼투현상 때문에 이동의 방향은 막의 어느 쪽이든지 용질 농도에 의해서 결정된다.

5.4.4 삼투현상은 상당한 압력을 발생시킬 수 있다 용액은 등장, 저장, 고장성일 수가 있다. 등장액에서 세포들은 삼투 균형에 있다; 저장액에서 세포들은 물을 획득하고; 고장액에서 세포들은 물을 손실할 것이다. 아쿠아포린은 물의 확산을 촉진시키는 물 통로이다.

개념 5.5 막을 가로지르는 능동수송은 에너지를 필요로 한다

5.5.1 능동수송은 특이적 운반체를 활용한다 능동수송은 수송을 위한 에너지의 원천을 결합시키는 특수화된 단백질운반체들을 이용한다. 단수송체들은 한 방향으로 특이적인 분자를 수송 한다; 공동수송물질들은 동일한 방향으로 2개의 분자들을 수송 한다; 그리고 역수송체들은 반대방향으로 2개의 분자들을 수송한다. 나트륨칼륨펌프는 ATP를 사용하면서 농도 기울기에 역행하여 세포 바깥으로의 3개의 Na^+와 세포 안쪽으로의 2개의 K^+를 이동시킨다. 이러한 펌프는 동물세포들에서 거의 보편적이다.

5.5.2 동시수송은 농도 기울기에 역행해서 분자들을 이동시키기 위하여 이온 기울기를 이용한다 동시수송은 확산되는 분자에 의해서 방출된 에너지가 동일한 방향으로 그것의 농도 기울기에 역행해서 다른 분자를 수송하는데 사용될 때에 일어난다. 역수송은 반대방향으로 2개의 분자들을 이동하는 것이다.

개념 5.6 부피가 큰 물질들은 소포에 담겨 막을 횡단한다

5.6.1 세포내섭취와 세포외배출은 반대의 과정이다 세포내섭취에서, 세포막은 물질을 둘러싸고, 소포를 형성하기 위하여 자르게 된다. 수용체매개 세포내섭취에서, 특이적인 분자들이 세포막상의 수용체들에 결합한다. 세포외배출에서, 소포에 있는 물질은 소포가 세포막과 융합할 때에 방출된다.

학습 과정 평가

개념 5.1 생체막은 내재된 단백질들을 지닌 지질 박층이다

이해

1. 다음 구성요소의 어느 것이 전형적으로 원형질막의 일부가 아닌가?
   a. 인지질 b. 콜레스테롤
   c. 당단백질 d. 섬유소
2. 생물학적인 막에 대한 다음의 진술에서 사실이 아닌 것은(적용되는 모든 답을 선택할 것)?
   a. 인지질들의 소수성 꼬리는 서로를 향하고 있다; 친수성 머리는 서로를 향하지 않는다.
   b. 인지질들은 2중층 반쪽에서 측면으로 이동할 수 있다.
   c. 막에 부착된 탄수화물 그룹은 세포질을 향한다.
   d. 그것들은 선택적으로 투과성을 지닌다.

응용

1. 동물세포는 당분자들을 막단백질들에 부착시키는 효소가 결여되어 있다. 다음 중 어느 것이 초래될 것인가?
   a. 세포는 서로 상호작용을 할 필요가 있는 다른 세포들에 의해서 인식되지 않을 것이다.
   b. 세포는 정확한 세포골격 요소들에 부착될 수가 없을 것이다.
   c. 효과가 없을 것 같고, 당 그룹은 장식일 것이다.
   d. 정상적인 세포벽이 만들어지지 않을 것이다.

종합

1. 세포막의 구조에 대한 초창기의 모델들은 원형질막을 두 층의 구형 단백질 사이에 인지질 2중층의 샌드위치로써 원형질막을 보았다. 비록 실용적인 아이디어로써 받아들여지기는 했지만, 이 모델은 단백질들에 대해서 우리가 알고 있는 것들과는 근본적으로 차이가 나고 있다. 이 모델이 왜 작용하지 않을까?

개념 5.2 인지질은 막의 구조적인 기반을 제공한다

이해

1. 세포막 인지질에 대한 다음의 진술들 중에서, 어느 것이 사실인가(적용 되는 모든 답을 선택할 것)?
   a. 막을 유동적으로 만든다.
   b. 2중층을 형성하기 위하여 물에서 동시적으로 관련 된다.
   c. 2중층의 한쪽 면에서 다른 면까지 용이하게 뒤집힌다.
   d. 친수성 머리를 지닌다.

응용

1. 막지질에서 포화된 지방산과 불포화지방산의 구성을 변경시킬 수 있는 세균 세포는 추운 환경에 적응되어 있다. 만약에 이 세포가 더 따뜻한 환경으로 이동한다면, 세균 세포의 반응은?
   a. 세포막에서 콜레스테롤의 양을 증가시키기
   b. 세포막에 존재하는 단백질의 양을 변경시키기
   c. 세포막에서 포화 지방산의 정도를 증가시키기
   d. 세포막에서 불포화 지방산의 비율을 증가시키기

종합

1. 소포체 막에서의 지질들의 분포는 대칭적인데, 즉 막의 양쪽에서 동일하다. 골지체와 원형질막은 막지질의 대칭적인 분포를 지니지 않는다. 어떠한 유형의 과정들이 이 결과를 성취할 수 있을 것인가?

개념 5.3 막단백질은 환경과 다양하고 폭넓은 상호작용을 가능하게 한다

이해

1. 다음 중 어느 것이 막단백질의 주요 기능적인 종류가 아닌가?
   a. 막에 단단하게 고정되어 있는 효소들
   b. 저장 단백질들
   c. 세포 동정 표지들
   d. 세포골격 고정체들
2. 대부분의 다른 내재 막단백질들과 비교해서, 포린(porin)에 대해서 무엇이 독특한가?
   a. β-통형 모티프를 지니고 있으며, 그것은 세포막들에서 물통로를 형성하도록 허용한다.
   b. 막관통영역은 주로 α 나선으로 구성되어 있다.
   c. 막관통영역은 높은 비율의 친수성 아미노산들을 함유하고 있다.
   d. 세포막에 느슨하게 고정될 수 있는 단일 막관통영역을 지닌다.

응용

1. EGFR은 일부 인간 세포 유형들에서 발견되는 내재성 막단백질이다. EGF 분자가 세포외부의 EGFR에 결합할 때에, 세포가 분열하도록 하면서 세포의 내부에 신호를 전달한다. EGFR은
   a. 세포 표면 수용체이다.
   b. 세포-세포 부착 단백질이다.
   c. 수송체이다.
   d. 세포 표면 동정 표지이다.

종합

1. 외부 환경에서 분자들과 상호작용하는 막 단백질들은 종종 세포골격에 단단하게 고정이 되어 있다. 막 단백질의 비극성 부분이 지질 2중층에 강하게 고정되어 있다면, 세포골격과 세포교신을 한 외부 분자들과 어떻게 상호작용을 하겠는가?

개념 5.4 수동수송은 확산에 의해 막을 가로지르며 분자들을 이동시킨다

이해

1. 인지질 2중층의 소수성을 띤 내부는
   a. 선택적으로 투과적인 세포막을 초래한다.
   b. 극성 분자들에게 세포로의 자유로운 입장과 퇴장을 허용한다.
   c. 막을 가로지르는 가스의 이동을 거부한다.
   d. 항상성을 유지시키는 것을 허용하면서, 세포 안팎으로 아무것도 들어가거나 나갈 수 없게 보장한다.

2. 촉진확산은
   a. 분자들을 농도 기울기에 역행해서 이동시킨다.
   b. 막관통단백질들을 필요로 한다.
   c. ATP를 필요로 한다.
   d. 위의 사항 모두 해당함.
3. 동물세포를 저장액에 둔다면 터질 때가지 부풀어 오를 것이다. 그렇지만, 식물세포를 동일한 저장액에 둔다면, 거의 전혀 터지지 않을 것이다. 왜 안 터질까?
   a. 식물세포벽이 상당한 정수압에 견딜 수 있기 때문이다.
   b. 세포벽이 삼투 현상을 차단하기 때문이다.
   c. 식물과 동물세포들이 저장액에 반대로 반응하기 때문이다.
   d. 식물세포들은 세포질을 등장액 상태로 변화시키는 분자들을 만들어 낸다.

응용

1. Glut5는 소장 안벽 세포들의 원형질막을 가로질러서 그것의 농도 기울기를 내리는 2 탄당인 과당을 수송한다. Glut5는 수송 과정 동안에 입체 구조 변화를 겪는다. 다음의 어느 것이 과당의 이동을 설명하고 있는가?
   a. 단순한 확산
   b. 운반단백질을 통한 촉진확산
   c. 통로단백질을 통한 촉진확산
   d. 막전위에 대한 반응으로

종합

1. 세포의 지질 2중층은 왜 상당히 극성을 띠는 물은 자유롭게 투과를 시키지만, 또한 극성이고 거의 동일한 분자 크기를 지니는 암모니아는 자유롭게 투과를 시키지 않는가?

개념 5.5 막을 가로지르는 능동수송은 에너지를 필요로 한다

이해

1. 동시수송에서, 분자들은 농도 기울기에 역행해서 이동된다. 동시수송에서 사용되는 직접적인 에너지 원천은 무엇인가?
   a. 효소들　　　　b. ATP
   c. 화학적 기울기　　　　d. 온기
2. 나트륨칼륨펌프는
   a. 세포막을 가로질러서 나트륨과 칼륨을 이동시키기 위한 일련의 입체구조적인 변화를 통하여 작용한다.
   b. 공동수송물질이다.
   c. 나트륨을 농도 기울기를 따라 이동시키고, 칼륨을 농도 기울기에 역행해서 이동시킨다.
   d. 위의 사항 모두 해당함.

응용

1. 다음 중 어느 것이 능동수송의 예인가?
   a. 낭포성 섬유증 막관통 조절유전자(CFTR)는 염소 이온을 그것의 농도 기울기에 역행해서 세포막을 가로지르며 퍼낸다.
   b. 엽산은 농도 기울기가 낮은 곳으로 운반체를 통하여 세포내로 이동한다.
   c. 질소 산화물(가스)의 세포 안팎으로의 이동.
   d. 고장액에 있는 세포로부터의 물의 손실

종합

1. 능동수송은 세포들이 세포의 주변 환경에서 발견되는 많은 다른 분자들의 고농도를 유지하는 것을 허용한다. 당신은 능동수송을 수행하는 많은 다른 막관통 통로를 발견하기를 기대할 수도 있을 것이다. 밝혀진 바에 의하면, 거의 모든 능동수송은 단지 두개의 그러한 통로들, 나트륨칼륨펌프와 양성자 펌프에 의해서 수행된다. 세포들이 다양한 다른 단일수송체를 이용하기보다는 왜 그렇게 많은 수송 과정들을 이러한 두 개의 통로에 결합시키는가?

개념 5.6 부피가 큰 물질들은 소포에 담겨 막을 횡단한다

이해

1. 대량수송에 대한 다음 진술들 중 어느 것이 정확한가?
   a. 음세포작용은 그것들이 필요로 되는 세포들로 녹아 있는 이온들을 선택적으로 가져다준다.
   b. 세포내섭취는 원핵세포에서 일반적이지만, 진핵세포에서는 드물게 보인다.
   c. 내막계에서 만들어진 단백질들은 세포외배출에 의해서 방출된다.
   d. 대량수송은 에너지를 필요로 하지 않음에 따라서 수동수송이다.

응용

1. 유전적으로 가공된 쥐가 결함이 있는 LDL 수용체를 지니고 있다. 이 쥐에 대해 다음의 진술들 중에서 어느 것이 정확한가?
   a. LDL 콜레스테롤을 세포 내로 수송할 수가 없을 것이다.
   b. 고농도의 혈중 콜레스테롤을 지닐 것이다.
   c. 세포막 안에 비정상적인 지질 구성을 지닐 것이다.
   d. 위의 사항 모두 해당함.

종합

1. 세포외배출은 식물에서 중요한 과정이다. 식물 세포들이 두껍고 단단한 세포벽들에 싸여 있는 것을 고려한다면, 당신은 어떻게 이 중요성을 설명할 수 있을까?

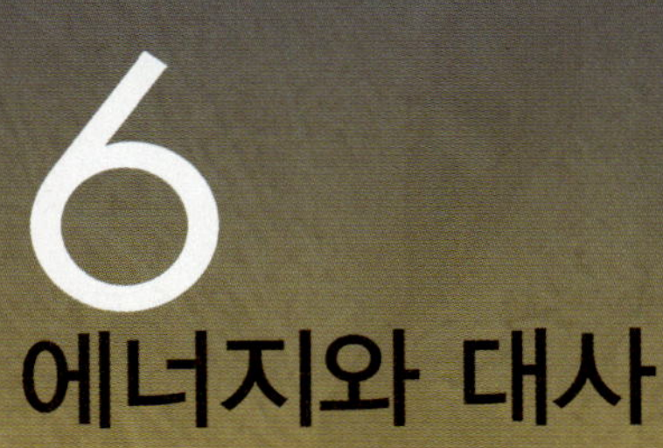

6 에너지와 대사

학습과정

서론

생명은 지속적인 에너지의 흐름이라 볼 수 있으며, 이는 성명을 유지하는 개체들에 의해 전달된다. 우리가 생명현상이라 부르는 중요한 과정들인 생장, 생식, 반응, 그리고 내부 조절에서 지속적인 에너지 공급이 필요하다. 사자가 기린으로부터 얻은 에너지는 사자의 세포를 움직이고, 포효하고, 뜀박질하고, 더 큰 몸집을 만드는 데 사용된다. 에너지 원천이 부족하면 생명은 멈추게 된다. 따라서 생명에 대한 포괄적인 이해는 생명현상이 에너지를 이용하는 방법을 분석하는 생물에너지학(bioenergetics)을 논하지 않고서는 불가능하다. 이번 장에서 우리는 에너지란 무엇이며 화학반응을 통해 어떻게 변화하는지에 대해 초점을 맞출 것이다. 앞으로 소개될 두 개 장에서 어떻게 개체들이 에너지를 얻고, 저장하고 사용하는지에 대해 알아볼 것이다.

6.1 에너지는 생명계 전반을 걸쳐 흐른다

에너지(energy)는 일을 할 수 있는 능력으로 정의될 수 있다. 에너지는 운동에너지와 위치에너지의 두 가지 형태로 존재한다(그림 6.1). **운동에너지(kinetic energy)**는 운동을 하는 에너지이다. 움직이는 물체는 물질들을 이동시킨다. **위치에너지(potential energy)**는 저장된 에너지다. 실제로 움직이지 않지만 그럴 수 있는 잠재력을 가진 물체는 위치에너지를 가지고 있다. 고개 위에 자리 잡은 바위의 경우 중력 위치에너지를 가지고 있다. 아래쪽으로 바위가 굴러 내려갈 때 일정량의 위치에너지가 운동에너지로 바뀐다. 생명체가 수행하는 많은 일들이 위치에너지를 운동에너지로 전환시키면서 수행된다.

에너지는 저장되어 있거나 일을 하기 위해 쓰인다

학습목표 6.1.1 운동에너지와 위치에너지의 차이를 알아보자.

에너지는 기계적 에너지, 열, 소리, 전류, 빛, 그리고 방사능 등 다양한 형태로 존재한다. 이러한 다양성 때문에 에너지를 측정하는 방법도 다양하다. 열은 에너지를 측정하는데 가장 손쉬운 방법인데 다른 모든 종류의 에너지가 열로 전환되기 때문이다. 사실 **열역학**(*thermodynamics*)이란 말은 "열의 변화"라는 의미다.

생물학에서 보편적으로 쓰이는 열에너지의 단위는 킬로칼로리(Kcal)이다. 1 킬로칼로리는 1000 칼로리(cal)와 같다. 1 칼로리는 1그램의 물을 1℃ 올리는 데 필요한 양의 열에너지다 [여러분들은 아마 칼로리(*calorie*)라는 말을 자주 보았을 것이며 주로 대문자 C로 쓰여 있다. 주로 음식물 포장지에 쓰이는 데 사실 이때의 칼로리는 킬로칼로리를 나타낸다.] 또 다른 에너지 단위는 물리학 분야에서 자주 쓰이는 줄(*joule*)이며 1줄은 0.239칼로리와 같다.

생물계로 유입되는 에너지의 원천은 태양이다. 1년에 태양으로부터 지구로 공급되는 에너지는 약 13×10^{23} 칼로리이다. 식물, 조류, 그리고 어떤 종류의 세균은 광합성을 통하여 이 에너지의 일부만을 포획한다.

광합성에서는 햇빛으로 흡수된 에너지를 이용하여 작은 분자(물, 이산화탄소)를 고분자(당류)로 화합시킨다. 이 과정을 통해 무기질 상태의 탄소원자가 유기질 형태로 바뀌며 햇빛 에너지가 탄수화물의 원자들 간 공유결합 형태의 위치에너지로 저장된다.

a. 위치에너지

b. 운동에너지

그림 6.1 위치에너지와 운동에너지. a. 운동할 수 있는 능력을 가지고 있으나 움직이지 않고 있는 물체는 위치에너지를 가지고 있다. 소녀가 미끄럼틀을 올라갈 때 필요한 에너지가 위치에너지로 저장된다 b. 움직이고 있는 물체는 운동에너지를 가진다. 소녀가 미끄럼틀을 타고 내려올 때 저장된 위치에너지가 운동에너지로 방출된다.

원자들 사이의 공유결합을 깰 때 에너지가 필요하다. 사실 공유결합의 힘은 이들을 깰 때 필요한 에너지로 측정된다. 예를 들어 유기질의 탄소-수소(C-H) 결합 1몰(6.023×10^{23})을 깨는 데 98.9 킬로칼로리가 필요하다. 지질은 많은 C-H결합을 가지고 있는데, 이들 결합이 깨지면서 많은 에너지를 제공한다. 동물들이 지방을 저장하는 이유이다. 완전히 포화된 16개 탄소를 함유한 지방산 1몰을 산화하면 2340 킬로칼로리가 생성된다.

산화–환원 반응을 통해 에너지가 이동한다

학습목표 6.1.2 산화와 환원반응의 차이를 알아보자.

화학반응 과정에서 화학결합에 저장된 에너지는 새로운 결합을 만드는 데 이용된다. 이런 반응들 과정에서 전자는 하나의 원자 또는 분자로부터 다른 분자나 원자로 이동한다. 전자를 잃어버린 원자 또는 분자는 산화되었다고 하며, 이런 과정을 **산화(oxidation)**라 한다. 산화이란 이름은 산소가 생물계에서 가장 흔한 전자 수용 원자이기 때문에 지어졌다. 반대로, 전자를 얻는 원자나 분자는 환원되었다고 하며 이를 **환원(*reduction*)**이라 한다. 환원된 형태의 물질은 산화된 형태에 비해 높은 에너지를 가진다(그림 6.2).

산화와 환원은 항상 같이 일어나는데 산화를 통해 원자가 잃어버린 전자는 환원을 통해 다른 원자가 얻게 되기 때문이다. 따라서 이런 종류의 화학 반응을 **산화–환원 반응(oxidation-reduction reaction 또는 redox reaction)**이라 부른다. 산화-환원 반응은 공유결합이 만들어지거나 깨질 때 에너지를 가진 전자를 이동시키며 이때 전자가 가지는 위치에너지를 이동시킨다. 이런 이유로 환원된 형태의 물질이 산화된 것에 비해 높은 에너지를 가진다.

산화-환원 반응은 생명계를 통한 에너지 흐름에 핵심적인 역할을 한다. 앞으로 소개될 두 개의 장에서 개체가 어떻게 호흡을 통해 유기질의 산화과정에서 에너지를 이끌어내며 또한 광합성을 통해 햇빛으로부터 에너지를 이끌어 내는지를 배울 것이다.

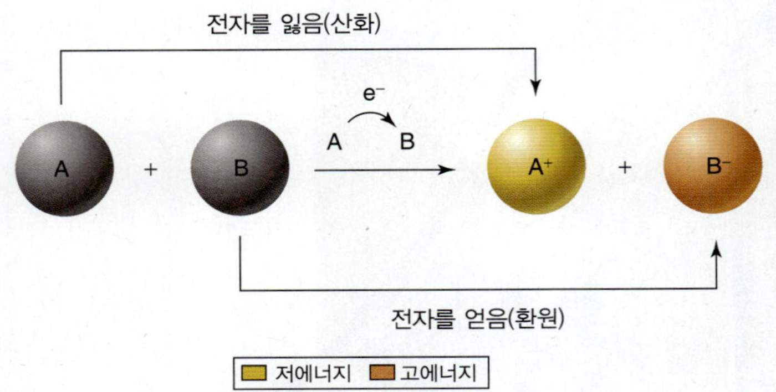

그림 6.2 산환–환원. 산화는 전자를 잃는 것이다. 환원은 전자를 얻는 것이다. 예시에서 A와 B분자의 전하는 각 분자의 첨자로 표시되어 있다. A분자는 전자를 잃을 때 에너지를 잃고, B분자는 전자를 얻을 때 A가 잃어버린 에너지를 얻는다.

개념 정리 6.1

에너지는 일을 할 수 있는 능력으로 정의된다. 에너지는 저장된 형태(위치에너지)와 움직이는 형태(운동에너지)로 존재한다. 태양은 생태계의 궁극적인 에너지 원천이다. 생물체는 산화–환원 반응을 통해 에너지를 이끌어낸다. 산화는 전자를 잃는 것이고 환원은 전자를 얻는 과정이다.

- 해저 생태계의 에너지 원천은 무엇인가?

6.2 열역학 법칙이 모든 에너지 변화를 지배한다

열역학(thermodynamics)이란 에너지 변화에 대한 것을 다루는 화학의 한 분야다. 세포는 물리 법칙과 화학 법칙에 지배된다. 따라서 세포의 기능을 이해하기 위해서는 이들 법칙을 알아야한다. 생물체의 모든 활동(생장, 달리기, 생각하기, 노래 부르기, 이 글을 읽는 것)은 에너지의 변화를 포함한다. 우리가 열역학 법칙들이라 부르는 두 가지 보편적인 법칙들이 하늘을 나는 새부터 핵반응에 이르기까지 우주의 모든 에너지 변화를 지배하고 있다.

열역학 제1법칙은 에너지가 만들어지거나 파괴되지 않는다는 것이다

학습목표 6.2.1 열역학을 정의하고 열역학 제1법칙을 설명하라.

열역학 제1법칙(First Law of Thermodynamics)은 에너지는 새로 만들어지거나 없어지지 않는다는 것이다. 즉 하나의 형태에서 다른 형태로 변화한다는 것이다(예를 들면, 위치에너지에서 운동에너지로). 우주에 존재하는 모든 에너지의 합은 항상 같다.

이 장 도입부 사진에 있는 기린을 먹는 사자는 에너지를 얻는 중이다. 새로운 에너지를 만들거나 햇빛으로부터 에너지를 습득하는 것이 아니라 사자는 단지 기린의 조직에 축적된 위치에너지를 자신의 몸으로 옮기는 중이다. 마찬가지로 기린은 살아있을 때 섭취한 식물에 저장된 위치에너지를 얻었던 것이다.

모든 살아있는 개체들에서 어떤 물질에 저장된 화학적 위치에너지는 다른 물질로 이동되어 다른 형태의 화학적 공유결합 형태로 저장된다. 이는 운동에너지, 빛, 전기와 같은 또 다른 형태로 전환되기도 한다. 각각의 전환 과정에서 에너지의 일부는 **열(heat)**의 형태로 외부로 낭비되는데 열은 물질들의 임의의 움직임의 척도이며 따라서 일종의 운동에너지의 척도이다. 에너지는 생태계에서 한 방향으로 지속적으로 움직이는데, 태양으로부터 새로 생성된 에너지는 생태계로 스며들어 열의 형태로 낭비되는 에너지를 보충한다.

열은 두 장소에 온도가 차이 날 때 나타나는 열 기울기가 존재할 경우에만 일을 수행하는 데 이용될 수 있다. 세포는 내부에 의미 있을 만큼의 온도 차이를 만들기에는 너무 작기 때문에 열에너지를 이용하여 일을 할 수는 없다. 대신 세포는 화학 반응을 이용하여 에너지를 사용한다.

비록 우주에 존재하는 에너지의 총합은 일정하지만, 열의 형태로 지속적으로 낭비되면서 일을 할 수 있는 가용한 에너지는 줄어들게 된다.

열역학 제2법칙은 무질서가 증가하면서 에너지의 일부가 손실된다는 것이다

학습목표 6.2.2 엔트로피에 대해 정의를 내리고 열역학 제2법칙이 무엇인지 기술하라.

열역학 제2법칙(Second Law of Thermodynamics)은 위치에너지가 열 또는 임의 분자운동으로 변화하는 것에 대한 것이다. 제2법칙은 공식적으로 **엔트로피(entropy)**라 불리는 우주의 무질서가 지속적으로 증가한다고 규정한다. 간단히 말하면, 무질서가 질서보다 더 일어날 가능성이 높다는 것이다. 예를 들어 벽돌들 다발이 자발적으로 기둥을 형성하기 보다는 굴러 떨어질 가능성이 더 높다는 것이다.

일반적으로 에너지는 불안정한 형태의 질서정연한 형태에서 더 안정적인 무질서한 상태로 자발적으로 전환되어 이동한다. 이런 연유로 제2법칙은 때때로 "시간의 화살(time's arrow)"이라고도 부른다. **그림 6.3**의 그림을 살펴보면, 시간이 흐름에 따라 오직 일들이 자연적으로 발생 한다 정보를 이용하여 사진들을 순서대로 배열할 수 있을 것이다. 비록 우리 방이 스스로 정리를 한다면 매우 좋을지라도, 그렇게 되기 위해서 우리는 경험 상 얼마나 많은 일을 해야 하는지 알고 있다.

열역학 제2법칙은 또한 엔트로피가 증가한다고도 말할 수 있다. 우주가 형성되었을 때 우주는 가질 수 있는 모든 위치에너지를 가지고 있었다. 그 이후로 우주는 지속적으로 무질서해지면서 그만큼 증가된 엔트로피로 에너지를 전환하였다.

화학반응은 자유에너지의 변화를 근거로 예상할 수 있다

학습목표 6.2.3 자유에너지의 정의를 사용하여 자유에너지증가반응과 자유에너지감소반응을 구분하라.

원자들을 분자 안에 유지하기 위한 공유결합을 깨기 위해서는 에너지가 필요하다. 열에너지는 원자의 운동을 증가시킴으로서 원자를 해체하기 쉽게 한다. 이런 이유로, 화학적 공유결합과 열은 분자에 열역학적 중대한 영향을 주는데, 화학적 공유결합은 무질서를 줄이고 열은 무질서를 늘린다. 화학적 공유결합을 깨고 또 다른 공유결합을 만드는 데 쓰이는 에너지의 총합을 그 분자의 자유에너지(*free energy*)라 한다.

보다 일반적인 관점에서 보면, **자유에너지(free energy)**는 어떤 시스템에서 일을 할 수 있는 가용한 에너지라고 정의된다. 압력과 부피가 변하지 않는 세포 내 물질에서 자유에너지는 *G*(기브스자유에너지)라는 기호로 나타내지는데, 여기서 시스템은 세포로 국한된다. *G*는 분자의 화학적 공유결합들[**엔탈피(enthalpy)**라고 불리며 *H*르 표시됨]에서 그 시스템 내 무질서의 정도를 측정하는 *TS*를 뺀 에너지의 총합으로, 여기서 *S*는 엔트로피를 나타내고 *T*는 캘빈 등급(K=℃ + 273)으로 표시된 절대온도이다.

$$G = H - TS$$

화학반응은 반응물에 존재하는 공유결합을 깨고 생성물에 새로운 공유결합을 형성한다. 결과적으로, 반응은 자유에너지의 변화를 가져온다. 화학반응이 같은 온도, 압력 그리고 부피의 조건(대부분의 생물학적 반응에서 그러하듯)에서 일어날 경우, 자유에너지의 변화(ΔG, 그리스 문자 델타 Δ는 차이를 나타냄)는 간단하게 이렇게 표기된다.

$$\Delta G = \Delta H - T\Delta S$$

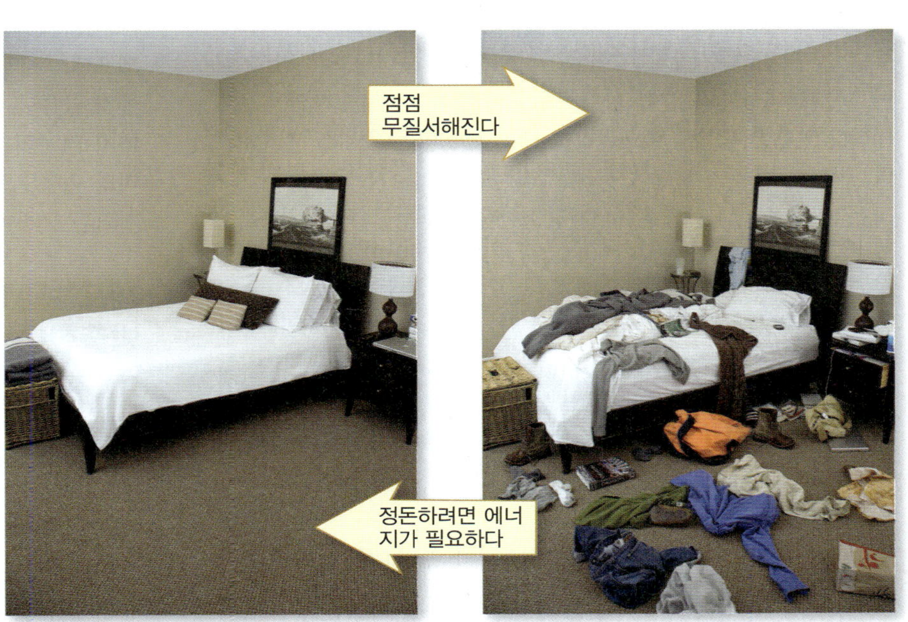

그림 6.3 실제 엔트로피. 시간이 지나면서 오른쪽에 보이는 방은 점점 무질서해진다. 이 방의 엔트로피는 증가했다. 왼편에 보이는 것과 같이 방을 정돈된 상태로 복귀하는 데는 에너지가 필요하다.

여기서 우리는 자유에너지의 변화(ΔG)를 이용하여 화학 반응이 자발적으로 일어날지 혹은 아닐지 예상할 수 있다. 어떤 반응에서 ΔG가 양일 경우 이는 반응 생성물이 반응물 보다 더 많은 에너지를 가진다는 의미다. 즉 결합에너지(H)가 많거나 시스템의 무질서도(S)가 낮다는 뜻이다. 이 경우 에너지를 투입해야하기 때문에 자발적으로 반응이 일어나지 않는다. 에너지 투입이 필요한 반응은 **자유에너지증가반응(endergonic reaction)**이라 한다.

다른 반응에서, ΔG가 음이면 반응의 생성물이 더 낮은 자유에너지를 가지진다는 의미고, 이는 결합에너지가 낮거나 무질서도가 높거나 또는 둘 다인 상태이다. 이런 반응의 경우 자발적으로 반응이 일어날 경향이 높으며 열의 형태로 여분의 에너지를 방출하는데 이러한 반응을 **자유에너지감소반응(exergonic reaction)**이라 한다. 반응물과 생성물 사이에 무질서 차이가 결합에너지보다 클 경우 화학 반응은 자발적으로 일어난다.

자발적 화학반응은 활성화 에너지를 필요로 한다

만약 자유에너지를 방출하는 화학반응들이 자발적으로 일어난다면, 왜 모든 그런 반응들이 이미 일어나지 않았을까? 당신 차의 휘발유를 생각해보자. 휘발유의 탄화수소의 산화는 에너지방출이지만 휘발유는 자발적으로 폭발하지 않는다. 이는 대부분의 반응이 시작하기 위해 에너지의 투입이 필요하기 때문이다. 차의 경우 엔진의 실린더에서 전기 점화가 에너지 입력이며 이를 통해 폭발을 조절한다.

아무리 낮은 에너지를 가진 결합이라 해도 새로운 화학결합이 만들어지기 전에 이미 존재하는 결합이 먼저 깨져야 하며 이때 에너지의 입력이 필요하다. 기존에 존재하는 화학결합을 불안정하게 하고 화학반응을 시작하는 데 필요한 잉여 에너지를 **활성화 에너지(activation energy)**라 한다.

자발적인(*spontaneous*) 반응이라는 것이 즉각적(*instantaneous*)이라는 말과 같지 않다는 것을 주목하자. 자발적인 반응은 매우 느리게 진행될 수도 있다. **그림 6.4**에 자유에너지증가반응과 자유에너지감소반응에 대해 요약되어 있다.

화학반응은 가역반응으로서 한 쪽 방향이 자유에너지감소반응일 경우 반대쪽 방향은 자유에너지증가반응이다. 각 반응에는 반응물과 생성물의 양이 상대적으로 평형을 이루는 지점이 있다. 이러한 평형은 평형상수(*equilibrium constant*)라는 숫자를 가지고 있다. 이러한 반응의 특성을 통해 우리는 자유에너지에 대해 다른 생각을 가질 수 있다. 자유에너지감소반응은 생성물 쪽의 평형을 선호하는 반면 자유에너지증가반응은 반응물 쪽의 평형을 선호한다.

개념 정리 6.2

열역학 제1법칙은 에너지는 새로 만들어지거나 없어지지 않는 다는 개념이다. 제2법칙은 에너지 손실은 무질서 혹은 엔트로피의 증가로 나타난다는 개념이다. 자유에너지 변화(ΔG)를 통해 화학반응이 일어날지 아닐지를 예측할 수 있다. ΔG이 음인 반응은 자발적으로 일어나고 양인 반응은 그렇지 않다.

- 만약 세계의 엔트로피가 항상 증가한다면 세계가 완전히 무질서가 되는 것을 막아 온 것은 무엇인가?

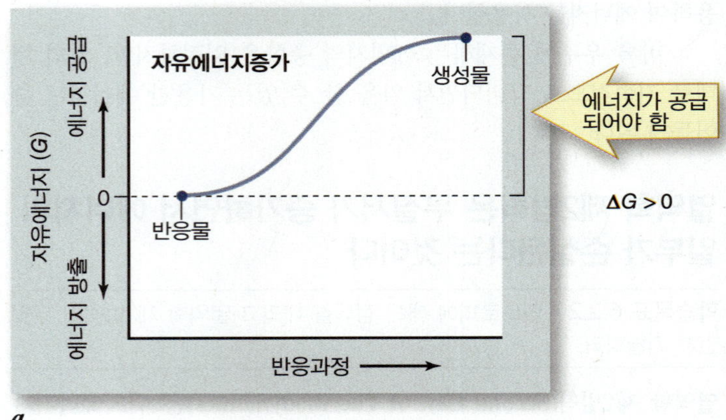

a.

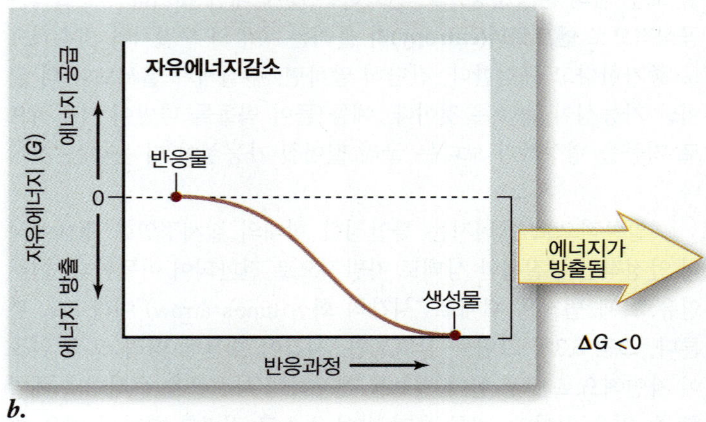

b.

그림 6.4 화학반응의 에너지. **a.** 자유에너지증가반응에서 반응의 생성물은 반응물보다 많은 에너지를 가지며, 반응이 진행되기 위해서 추가적인 에너지가 필요하다. **b.** 자유에너지감소반응에서 생성물은 반응물보다 적은 에너지를 가지고 있으며, 여분의 에너지가 방출된다.

6.3 ATP는 세포의 에너지 화폐이다

세포에서 에너지 대사 과정은 매우 복잡하며 이어지는 두 개의 장에서 알아볼 것이다. 세포는 항상 에너지를 필요로 하기 때문에 에너지 대사의 출력물은 순환적으로 만들어지고 쓰일 수 있는 에너지의 중간 저장 형태이다. 세포의 ATP가 이런 역할을 할 수 있도록 진화된 물질이다.

세포는 ATP의 결합에 에너지를 저장하거나 방출한다

학습목표 6.3.1 어떻게 ATP의 인산기에 위치에너지가 저장되는지 설명하라.

모든 세포가 에너지 교환에 쓰고 있는 주요 "화폐"는 아데노신3인산(*adenosine triphosphate; ATP*)이라는 뉴클레오티드이다. 각 ATP 분자는 세 개의 작은 구성요소로 이루어진다(**그림 6.5**). 첫 번째 구성요소는 5개 탄소로 이루어진 당인 리보오스이며 두 개의 다른 구성단위가 연결되는 뼈대 역할을 한다. 두 번째 구성요소는 아데닌으로 두 개의 탄소-질소 고리로 구성된 유기물이다. 고리의 각 질소 원자는 공유되지 않는 한 쌍의 전자를 가지고 있으며 수소 원자를 약하게 끌어당김으로서 아데닌이 화학적으로 약한 염기를 띠게 한다. 마지막 ATP의 구성요소는 인산 세 개의 사슬이다.

ATP가 어떻게 에너지를 저장하는가?

ATP가 에너지를 저장하는 방법의 핵심은 3인산기에 있다. 인산기는 강한 음전기를 가지고 있으며 따라서 서로 강하게 밀쳐낸다. 이런 정전기적 반발력으로 인해 인산을 이어주는 공유결합이 불안정하게 된다. 이런 분자를 자주 "코일 스프링(coiled spring)"이라고 부르는데, 인산이 서로 밀어내어 양 끝으로 잡아당겨진 상태로 존재한다.

ATP 분자의 인산들을 잡아두고 있는 불안정한 결합은 낮은 활성화 에너지를 가지고 있으며 따라서 가수분해를 통해 쉽게 잘린다. 이들이 깨질 때 상당량의 에너지가 전달이 된다. ATP의 가수분해는 가장 높은 에너지를 가지고 있는 바깥쪽 결합을 분해하고 결과적으로 가장 끝에 있는 인산이 분리된다. 이때 ATP는 아데노신2인산(*adenosine diphosphate; ADP*)과 **무기인산(inorganic phosphate; P_i)**이 되며, 표준 환경에서 7.3kcal/mole의 에너지가 생성된다. 방출된 인산기는 임시로 중간물질에 결합하며 이 물질이 탈인산화될 때 인산기는 무기인산(P_i)으로 방출된다.

두 개의 끝 쪽 인산이 모두 가수분해되어 에너지를 방출할 때 아데노신1인산(*adenosine monophosphate; AMP*)이 만들어질 수도 있지만 세 번째 인산은 고에너지 결합으로 연결되어 있지 않다.

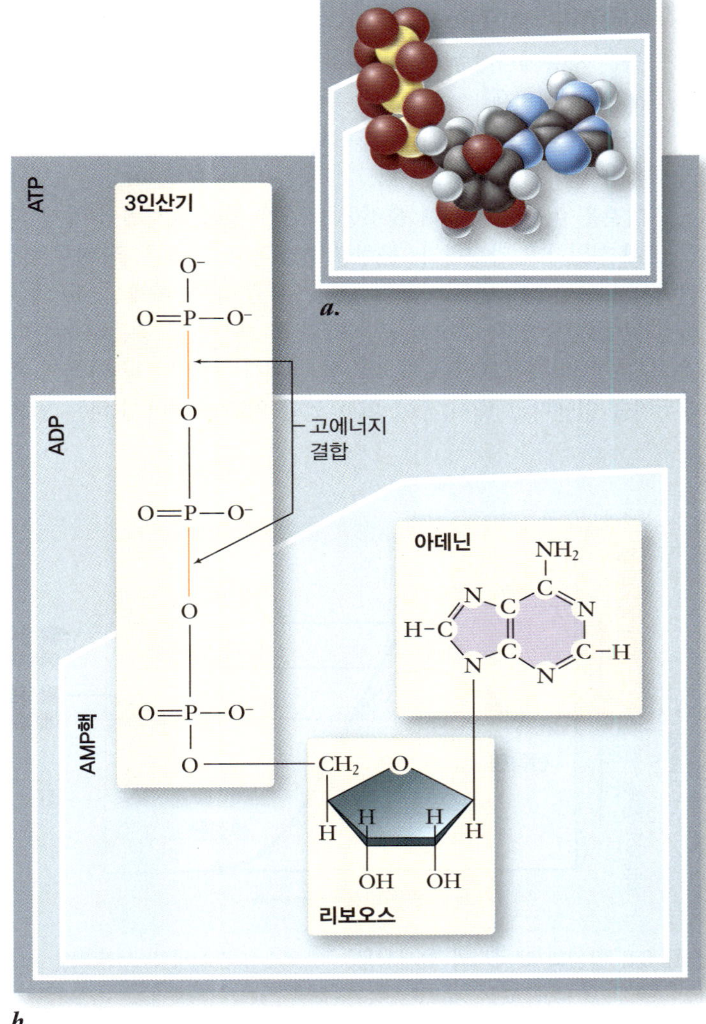

그림 6.5 ATP 분자.

ATP 가수분해는 자유에너지증가반응이 일어나게 한다

세포는 자유에너지증가반응을 일어나게 하기 위해 ATP를 사용한다. 이 반응은 자발적으로 일어나지 않는데 생성물이 반응물에 비해 높은 자유에너지를 가지기 때문이다. 하지만 ATP의 말단에 존재하는 높은 에너지 결합이 잘라지며 방출되는 에너지가 다른 반응이 사용할 에너지보다 높은 경우, 이 두 반응을 결합하면 최종적으로 에너지가 방출된다($-\Delta G$). 종합적으로 두 반응은 자유에너지감소반응이 되며 결국 자발적으로 반응이 진행된다. 대부분의 세포 내 자유에너지증가반응의 경우 필요한 에너지가 ATP의 가수분해 때 방출되는 에너지보다 작기 때문에, ATP는 세포가 필요로 하는 대부분의 에너지를 공급할 수 있다.

ATP의 사용은 순환적으로 생각할 수 있다. 세포는 자유에너지감소반응을 통해 ADP와 무기인산을 ATP로 만드는 데 에너지를 공급한다. 그리고 세포는 자유에너지감소반응인 ATP 가수분해를 통해 그들이 필요한 자유에너지증가반응을 이끌어내는 에너지를 공급받는다(그림 6.6).

대부분의 세포는 ATP를 다량으로 보유하지 않는다. 대신 세포는 어떤 특정 시간에도 겨우 수초간 공급할 수 있는 양의 ATP를 가지고 있으며, 지속적으로 ADP와 무기인산으로부터 ATP를 생성한다. 휴식상태의 개체가 하루에 회전시키는 ATP의 양은 대략 자신의 몸무게와 같다. 이 ATP는 세포가 여러 가지 공정이나 기능에 필요한 에너지를 제공한다(그림 6.7).

개념 정리 6.3

ATP는 세 개 인산기를 가진 뉴클레오티드다. 세포의 자유에너지증가반응은 두 개의 말단 인산기의 가수분해라는 자유에너지감소반응과 연결되어 진행된다. 말단 인산기를 유지하는 공유결합은 쉽게 깨지면서 코일 스프링과 같이 에너지를 방출한다.

- 만약 ATP의 분자량이 507.18 g/mol이고 가수분해의 ΔG가 −7.3 kcal/mol이라면, 100kg의 사람의 경우 얼마나 많은 양의 에너지가 방출되는가?

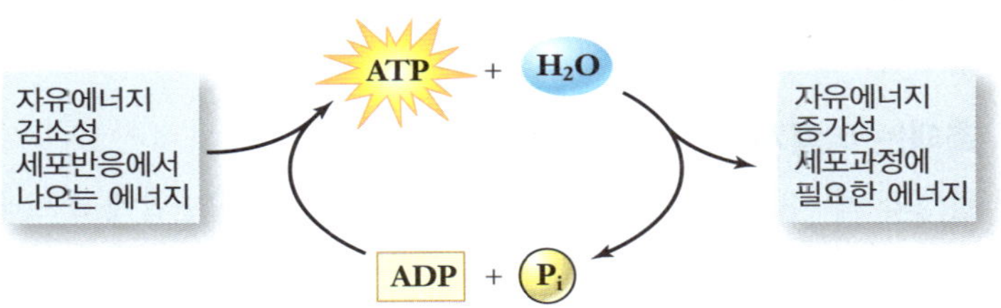

그림 6.6 ATP회로. ATP는 순환구조를 가지고 만들어지고 가수분해된다.

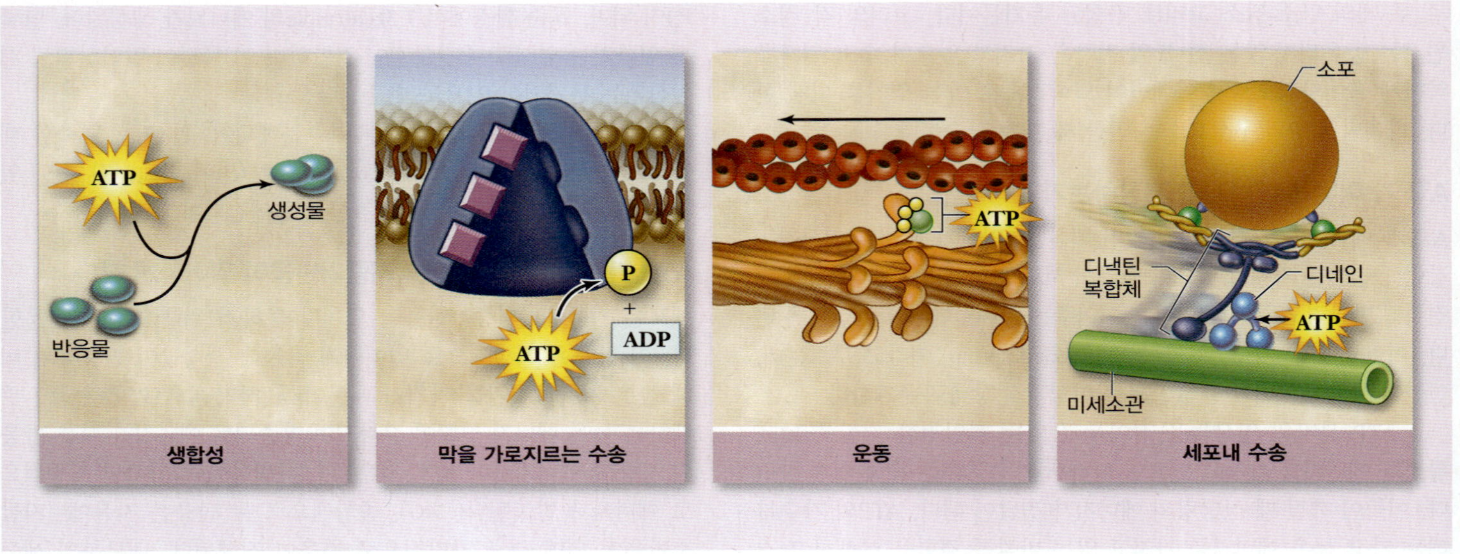

그림 6.7 세포가 ATP를 이용하는 방법. 세포의 여러 과정들에게 ATP가 동력을 제공하는 다양한 방법들이 보여 진다. 본문을 통해 ATP의 역할에 대해 알아볼 것이다.

6.4 효소는 활성화 에너지를 낮춤으로써 화학반응을 빠르게 한다

화학반응 속도와 에너지론 사이에는 중요한 차이점이 존재한다. 자유에너지감소반응은 자발적으로 일어나지만 살아있는 생명체를 지탱해 줄 만큼의 속도로 일어나지 않을 수 있다. 즉 세포는 잘 일어나지 않는 반응을 이끌어낼 에너지뿐 아니라 이런 종류의 반응의 속도를 빠르게 할 방법 역시 필요하다는 의미이다.

화학결합을 불안정하게 하는 데 필요한 에너지가 활성화 에너지이다

학습목표 6.4.1 어떻게 촉매가 화학반응 속도를 증가시키는지 설명하라.

자유에너지감소반응의 속도는 반응을 시작하는 데 필요한 활성화 에너지에 달려있다. 큰 활성화 에너지가 필요한 반응은 느리게 진행되는데 아주 적은 양의 분자들만 초기 에너지 장벽을 극복할 수 있기 때문이다. 반응속도를 증가시키는 데 두 가지 방법이 있는데, 1) 반응 물질의 에너지를 늘리거나 2) 활성화 에너지를 줄이는 것이다. 화학자들은 자주 중요한 대량 반응을 이끌어낼 때 반응 물질의 에너지를 높이는데 이때 많이 쓰이는 방법은 단순히 반응물의 온도를 올려주는 것이다. 다른 전략은 촉매를 사용하여 활성화 에너지를 낮추는 것이다.

촉매는 어떻게 작용하는가?

활성화 에너지는 항상 같은 것이 아니다. 특정 화학결합에 스트레스를 가하면 더 쉽게 깨지게 된다. 화학결합에 영향을 주어 반응이 시작하는 데 필요한 활성화 에너지를 낮추는 과정을 **촉매작용(catalysis)**이라 하고, 이러한 반응을 수행하는 물질을 촉매(*catalyst*)라 한다(그림 6.8).

촉매들이 기본 열역학 법칙을 위반하는 것은 아니다. 예를 들어 그들은 자유에너지증가반응을 자발적으로 일어나게 할 수는 없다. 활성화 에너지를 낮춤으로서 촉매는 순방향 및 역방향 모두 같은 만큼 가속화 시킨다. 따라서 촉매는 생성물로 변화되는 반응물의 비율을 변화시키지는 않는다.

이것을 이해하기 위해 볼링공 하나가 언덕 경사면의 얕게 파인 곳에 서있다고 가정하자. 볼링공 아래의 아주 좁은 흙 테두리에 의해서도 볼링공은 언덕 아래로 굴러가지 못한다. 이제 그 흙 테두리를 없애보자. 만약 당신이 공 아래의 흙 테두리를 충분히 없앤다면, 공은 언덕 아래로 구르기 시작할 것이다. 하지만 공 아래의 흙 테두리를 없앤다고 해서 공이 위로 언덕 위로 올라가게 하는 일은

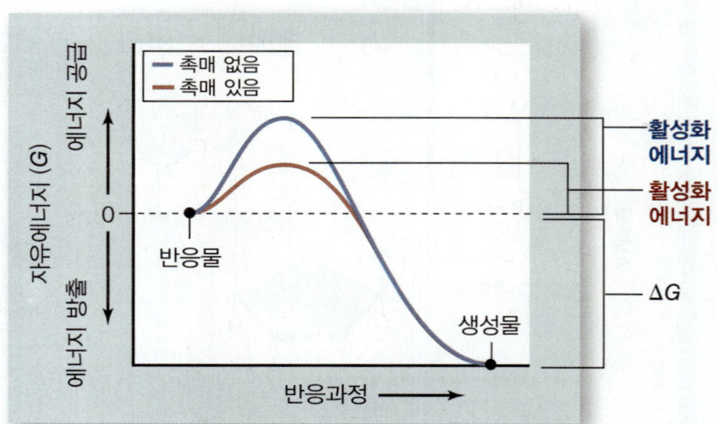

그림 6.8 활성화 에너지와 촉매작용. 자유에너지감소반응은 보통 빠른 속도로 진행되지 않는데, 기존의 화학 결합을 불안정하게 만드는 활성화 에너지가 공급되어야 되기 때문이다. 촉매는 반응을 시작하는 데 필요한 활성화 에너지를 줄임으로써 특정 반응들의 속도를 촉진한다. 촉매들은 반응에 의해 발생되는 자유에너지 변화를 바꾸지는 않는다.

절대 생기지 않는다. 흙 테두리를 없애는 것은 단순히 공이 자유롭게 움직이게 할 뿐이다. 중력이 이끄는 대로 공은 움직일 것이다.

이와 마찬가지로, 화학반응이 일어나는 방향은 반응물과 생성물 사이의 자유에너지의 차이에 의해 결정될 뿐이다. 볼링공 아래의 흙을 없애는 것과 같이, 촉매는 반응이 시작되는 것을 막고 있는 에너지 장벽을 줄인다. 자유에너지감소반응만이 자발적으로 일어나고 촉매는 그것을 바꿀 수는 없다. 촉매가 하는 일은 반응이 더 빨리 진행되도록 만드는 것이다.

효소는 활성화 에너지를 낮춘다

학습목표 6.4.2 어떻게 효소가 활성화 에너지를 낮추고 그렇게 함으로서 나타나는 결과를 설명하라.

살아있는 생명체에서 촉매작용은 효소라 불리는 물질에 의해 수행된다. 대부분의 효소는 단백질이지만 어떤 효소는 RNA 분자라는 증거가 점점 많아지고 있으며 이는 이 장의 후반에서 다룰 것이다. 효소 고유의 3차원적 형태를 통해 반응이 일어나는 **기질(substrate)**과의 일시적인 결합을 안정화시킨다. 두 개의 기질을 정확한 방향으로 모으거나, 기질의 화학결합에 스트레스를 가하거나 함으로서 효소는 새로운 결합을 형성하는 데 필요한 활성화 에너지를 줄인다. 이를 통해 효소가 없을 때 보다 훨씬 빨리 반응이 진행된다.

효소 자체는 반응 과정에서 변하거나 소비되지 않기 때문에 아주 소량의 효소만이 필요하고 또한 계속해서 쓰일 수 있다.

효소가 일을 하는 방법의 예로 이산화탄소와 물이 탄산을 만드는 반응을 보자. 이 중요한 효소-촉매 반응은 척추동물의 적혈구에서 일어난다:

$$CO_2\text{(이산화탄소)} + H_2O\text{(물)} \rightleftharpoons H_2CO_3\text{(탄산)}$$

이 반응은 어떤 방향으로도 일어날 수 있다. 하지만 큰 활성화 에너지 때문에 효소 없이는 매우 느리게 반응한다. 효소 없이는 세포에서 한시간당 약 200개의 탄산이 형성된다. 이렇게 느린 반응은 세포에는 쓸모가 없다. 척추동물 적혈구는 그들의 세프질에 탄산무수화효소(carbonic anhydrase, 효소 뒤에는 주로 "-ase"라는 접미사가 붙는다)라는 효소를 이용하여 이 문제를 극복한다. 같은 조건하에서 탄산무수화효소가 존재하면 초당 600,000 개의 탄산이 형성된다! 이렇게 효소는 백만 배 이상 반응을 빨리 진행시킨다.

수천 개 이상의 서로 다른 효소들이 알려져 있으며, 각각은 하나 혹은 몇 개의 화학반응만을 촉매 한다. 특정 화학 반응을 촉진함으로서 세포의 효소들은 세포 내 대사(모든 화학반응의 모음) 과정을 결정한다.

다른 종류의 세포들은 다른 세트의 효소들을 가지는데 이러한 차이점으로 인해 다른 종류의 세포 간에 나타나는 구조적 기능적 변형들이 만들어진다. 예를 들어, 적혈구에서 일어나는 화학반응들은 신경세포의 그것들과 다른데, 부분적으로는 다른 종류의 세포는 다른 배열의 효소들을 가지기 때문이다.

효소의 활성부위는 기질의 형태에 맞추어 변형한다

학습목표 6.4.3 효소의 활성부위와 기질은 결합부위 사이의 차이를 알아보자.

대부분의 효소는 구형 단백질로서 표면에 **활성부위(active site)**라 불리는 하나 또는 몇 개의 주머니 또는 균열을 가진다(그림 6.9). 기질은 효소의 이런 부위에 결합하여 **효소-기질 복합체(enzyme-substrate complex)**를 형성한다(그림 6.10). 이들 복합체에서 촉매작용이 일어나기 위해, 기질 분자는 활성부위에 정확히 맞아야 한다. 이 때 효소의 아미노산 측면기가 기질의 특정 공유결합에 가까이 위치한다. 이들 측면기가 화학적으로 기질과 반응하고, 보통 특정 결합에 스트레스를 주거나 변형시켜 결과적으로 결합을 깨는 데 필요한 활성화 에너지를 낮춘다. 기질의 공유결합들이 깨지거나 새로운 결합이 생성된 후 기질은 생성물로 바뀐다. 이들 생성물은 효소로부터 떨어지고 효소가 다음 기질과 결합하여 새로운 사이클을 시작할 수 있게 한다.

단백질은 변하지 않는 단단한 물질이 아니다. 어떤 기질과의 결합은 효소를 약간 변형시켜 효소와 기질이 좀 더 잘 맞도록 형태 변화를 유도한다(그림 6.10 참조). 이런 반응은 다른 기질과의 결합을 촉진시키기도 하는데 이때 하나의 기질이 효소를 "활성화"시켜 다른 기질과 결합할 수 있도록 도와준다.

효소는 여러 형태로 존재한다

학습목표 6.4.4 효소로 작용하는 다양한 종류의 분자들을 기술하라.

많은 효소들이 세포질에서 다른 구조물들과 결합하지 않은 채 떠돌아다니지만, 어떤 효소들은 세포 막 또는 소기관의 일부분으로 작용한다. 효소들은 또한 일련의 반응을 수행하기 위해 다효소복합체라 불리는 결합을 형성한다. 앞서 설명한 대로, 어떤 효소의 경우 단백질만으로 구성되지 않고 RNA를 구성요소의 일부분으로 가진다는 증거들도 존재한다.

다효소복합체

때때로 일련의 서로 다른 반응을 촉매 하는 몇 개의 효소들이 서로 비공유 결합으로 연결되어 **다효소복합체(multienzyme complex)**를 형성한다. 그림 6.11에서 보이는 세균의 피루브산탈수소효소 다효소복합체는 산화 대사과정 중 세 개의 일련의 반응들을 수행하는 효소들을 포함하고 있다. 각 복합체는 각 세 가지 효소를 중복해서 가지며 단백질 구성단위의 총합이 60개에 이른다. 많은 구성단위들이 함께 일하며 분자 기계를 형성한다.

다효소복합체는 촉매 효율성에 다음과 같은 이점을 제공한다.

1. 특정 효소 반응 속도는 얼마나 자주 효소가 기질과 충돌 하는지에 따라 설정된다. 만약 일련의 순서적인 반응들이 다효소복합체 안에서 이루어진다면, 한 반응의 생성물이 확산을 통해 멀어지지 않고 바로 다음 효소로 전달된다.

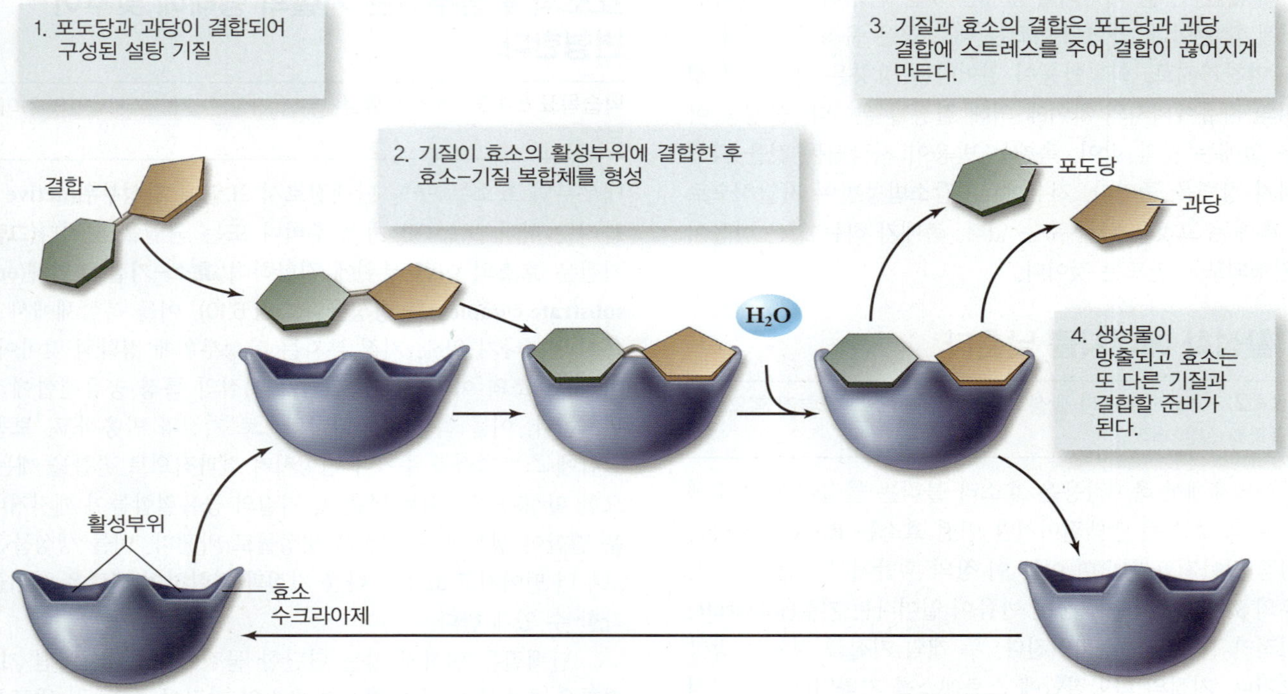

그림 6.9 효소의 촉매회로. 효소는 화학반응이 일어나는 속도를 증가시키지만 그 과정에서 자신이 변화하지 않는다. 삽화된 반응에서, 효소 수크라아제(sucrase)는 설탕(sucrose)을 두 개의 단당류인 포도당과 과당으로 분해한다.

2. 반응 기질이 다음 반응을 위해 복합체를 떠나지 않기 때문에, 원하지 않은 부작용을 막을 수 있다.
3. 하나의 복합체에서 일어나는 모든 반응들은 하나의 단위처럼 제어가 가능하다.

유기호흡과정 중 크레브스회로로의 유입을 제어하는 피루브산탈수소효소(7장 참조) 이외에 몇 가지 다른 핵심적인 세포 과정들이 다효소복합체에 의해 촉매 된다. 가장 잘 연구된 물질로서 지방산 합성효소가 있는데 이는 2탄소 전구물질로부터 지방산의 합성을 촉매 한다. 7개의 서로 다른 효소들로 복합체가 구성되어 있으며, 반응 중간물질이 일련의 반응 전체에 걸쳐서 복합체와 결합된 상태로 남아 있다.

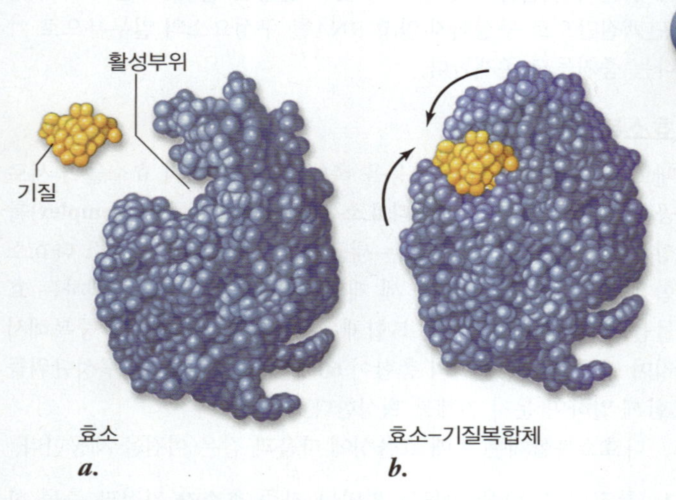

그림 6.10 기질과 결합하는 효소. **a.** 효소 리조자임(lysozyme)의 활성부위는 기질인 세균 세포벽의 구성성분인 펩티도글리칸의 형태와 딱 맞는다. **b.** 노란색으로 색칠된 기질이 활성부위의 홈 안으로 밀려들어가면, 단백질의 형태가 약간 변형되게 유도되어 기질에 더 강하게 결합한다. 이렇게 효소의 형태가 변화하여 기질에 더 잘 맞춰지는 것을 유도적합(induced fit)이라 한다.

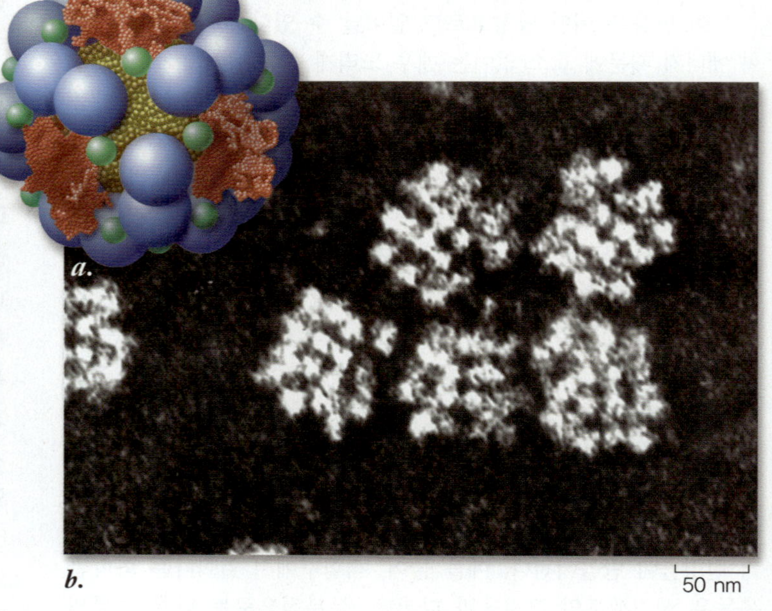

그림 6.11 복합 효소: 피루브산탈수소효소. 피루브산탈수소효소는 피루브산의 산화를 촉매하는 효소로서 현재까지 알려진 가장 복잡한 효소의 하나다. **a.** 60개 단백질 소단위의 배열상태를 보여주는 효소 모델. **b.** 전자현미경 상에서 많은 단백질 소단위가 선명히 보인다.

비단백질성 효소

몇 년 전까지 많은 생물학 교과서에는 "효소라 불리는 단백질들이 생물계의 촉매다"라는 언급을 포함하고 있었다. 우리는 이제 이 문구가 완벽하지 않다는 것을 알고 있다.

콜로라도 대학의 체크(Thomas J. Cech)와 그 동료들은 1981년에 RNA를 포함한 반응이 효소가 아닌 RNA 자체에 의해 촉매된다는 보고를 했다. 이런 초기 관찰은 또 다른 사례의 RNA 촉매에 의해 입증되었으며 1989년 노벨 화학상을 수상하는 기반이 되었다. 효소와 같이, "RNA효소(리보자임, ribozyme)"라 불리는 이런 RNA 촉매는 특정 생화학적 반응을 크게 촉진하며 엄청난 기질 특이성을 보인다.

연구들에 따르면 적어도 두 가지 종류의 RNA효소가 존재한다. 어떤 RNA효소는 접힌 구조를 가지며 자신의 반응을 촉매하고 이 과정을 분자 내 촉매 작용이라 부른다. 다른 RNA효소의 경우 자신은 변하지 않은 채 다른 분자들에 작용하고 이 과정을 분자 간 촉매 작용이라 한다.

효소로서 RNA가 갖는 역할 중 가장 놀라운 사례는 리보솜의 구조 및 역할에 대한 연구로부터 나왔다. 오랜 동안 리보솜의 RNA 분자는 단백질이 리보솜에서 단백질을 합성과정을 수행하는 구조적 뼈대로서 역할을 한다고 생각되었다. 지금은 RNA분자 자체가 핵심적인 촉매 역할을 하며, 단백질은 RNA 소단위가 제대로 배열될 수 있는 뼈대 역할을 제공한다는 것이 분명하다. 리보솜 자체가 RNA효소이다.

정보전달물질인 RNA의 촉매로서의 능력은 엄청난 흥분을 가져왔는데 다음과 같은 질문에 답을 할 수 있는 가능성을 제공했기 때문이다. 단백질 또는 핵산, 어떤 것이 먼저 존재했는가? 적어도 RNA가 진화적으로 먼저 발생했고 첫 번째 단백질의 형성을 촉매했을 가능성이 있을 것으로 보인다.

효소 보조인자

효소의 기능은 때때로 **보조인자(cofactor)**라 불리는 화학물질의 도움을 받는다. 이들은 효소의 활성부위에서 촉매 작용에 직접적으로 관여하는 금속이온들이다. 예를 들어, 아연은 카르복시말단펩티드 가수분해효소(carboxypeptidase)와 같은 단백질 소화효소에 의해 사용되며, 기질의 공유결합에 있는 전자를 끌어당겨서 결합을 약화시키고 깨지기 쉽게 한다. 철, 몰리브데늄, 그리고 망간 이온들 역시 보조인자로 사용된다.

보조인자가 비단백질성 유기물질일 경우 **조효소(coenzyme)**라 불린다. 비타민이라고 불리는 우리 식단에 꼭 필요한 많은 소형 유기물질들이 조효소로 작용한다. 예를 들어, 비타민 B인 비타민 B_6와 B_{12}의 경우 여러 가지 다른 효소들의 조효소로 기능을 한다.

효소에 의해 촉매 되는 많은 산화-환원 반응들에서드 효소의 활성부위에서 쌍으로 전자 수용체로 작용하는 조효소로 전달된다. 조효소는 이후 전자들을 다른 효소로 전달하고, 거기서 다른 반응의 기질로 전자(와 그들이 가지는 에너지)를 방출한다. 때로 전자는 양성자와 결합하여 수소 원자를 만든다. 이런 방법을 통해, 조효소는 세포 내 하나의 효소로부터 다른 효소로 에너지를 수소원자의 형태로 왕복시킨다. 조효소 및 그들의 작용 특이성은 이어지는 두 개의 장에서 자세히 다뤄질 것이다.

세포의 상태가 효소의 활성을 결정한다

학습목표 6.4.5 온도와 pH가 효소-촉매 반응에 미치는 영향을 설명하라.

어떠한 화학적 물리적 인자(온도, pH, 조절 물질의 결합 등과 같은) 들이라도 효소의 3차원적 형태를 변화시킬 수 있다면 이들은 화학 반응을 촉매 하는 효소의 능력에 영향을 미친다.

온도

촉매가 없는 반응은 온도가 올라가면 빨라지는데 부가적인 열이 임의 분자 운동을 증가시키고, 분자 결합에 스트레스를 주며 결국 반응의 활성화 에너지를 낮추기 때문이다. 효소-촉매 반응의 속도 역시 온도에 의해 증가되지만, 소위 **최적온도**(*optimum temperature*)라 불리는 지점까지만 그렇다**(그림 6.12a)**. 최적온도 아래에서는 효소의 형태를 결정하는 수소 결합 및 소수 작용이 유연하지 못하여 촉매 작용에 최적화 된 형태로 효소가 변화하기 쉽지 않기 때문이다. 최적온도 이상으로 올라가면, 이들 힘들이 너무 약해져서 효소의 형태를 유지하지 못하고 단백질은 변성된다.

대부분의 사람 효소들은 최적온도가 35℃ - 40℃이며, 우리의 정상 체온이 이 범위에 포함된다. 뜨거운 온천에 사는 원핵생물의 경우 더 안정적인(즉 더 강하게 지탱하는) 효소들을 가지고 있는데, 이들의 최적온도는 70℃ 또는 그 보다 더 높다. 각 경우에 있어서 효소의 최적온도는 개체에 따라 몸이나 환경이 처한 정상 온도에 준한다.

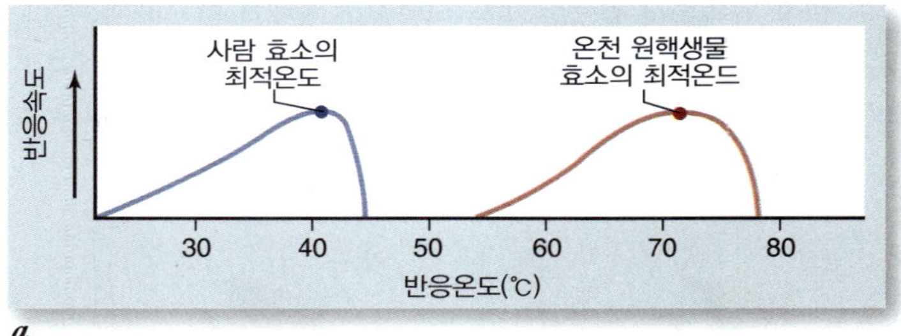

a.

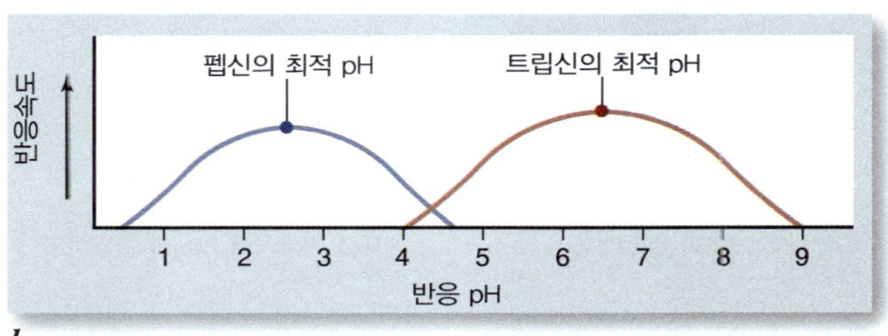

b.

그림 6.12 환경에 대한 효소의 민감성. 효소의 활성은 a) 온도 그리고 b) pH에 영향을 받는다. 단백질 분해효소인 트립신(trypsin)과 같은 많은 사람 효소들의 경우 약 40℃의 온도 및 6에서 8 정도의 pH에서 가장 작용한다. 펩신(pepsin)의 경우 위장의 강산성 환경에서 작용하는데 아주 낮은 최적 pH를 가지고 있다.

pH

예를 들어 글루탐산(−) 또는 리신(+)과 같은 서로 반대의 전기를 띠고 있는 아미노산 간의 이온 작용 역시 효소를 지탱하는 힘이다. 이들 작용은 효소가 녹아있는 용액의 수소 이온 농도에 매우 민감한데, 수소 이온 농도의 변화가 양성 또는 음성을 띠고 있는 아미노산기의 균형을 이동시키기 때문이다. 이 때문에 대부분의 효소는 pH 6에서 pH 8 정도의 최적 pH(*optimum pH*) 범위를 가진다.

매우 산성인 환경에서도 기능을 발휘하는 효소들은 높은 수소 이온 농도 하에서도 그들의 3차원 구조를 유지할 수 있는 단백질들이다. 예를 들어, 펩신 효소는 pH 2인 매우 산성인 위에서 단백질을 소화시킨다(그림 6.12b).

억제제와 활성제

효소의 활성은 효소에 결합하여 형태를 변화시킬 수 있는 특정 기질에도 민감하다. 이런 기질들을 통해 세포는 어떤 효소는 특정 시간에 활성화 시키고 다른 효소는 비활성화 시킬 수 있는 조절 능력을 가진다. 이 능력을 이용해 세포는 발생 과정에서 세포의 특징의 변화를 조절하거나 효율성을 극대화 시킨다. 효소와 결합해 활성도를 낮추는 기질을 **억제제(inhibitor)**라 한다. 때때로 생화학 경로의 최종 산물이 이 경로의 초기 반응에 대한 억제제로 작용하며, 이런 과정을 되먹임억제(*feedback inhibition*)라 한다(이번 장의 뒷부분에서 다룬다).

효소의 억제는 두 가지 방법으로 이루어진다. **경쟁적 억제제(competitive inhibitor)**는 효소의 동일 활성부위에 대한 기질과 경쟁하여 활성부위를 차지함으로서 다른 기질이 결합하는 것을 막는다(그림 6.13a). **비경쟁억제제(noncompetitive inhibitor)**는 효소의 활성부위 이외의 곳에 결합하여 효소의 형태를 변형시켜 기질이 결합하는 것을 막는다(그림 6.13b).

많은 효소들이 활성화 또는 비활성화 형태로 존재할 수 있다. 이런 효소를 다른자리입체성 효소(*allosteric enzyme*)라 한다. 대부분의 비경쟁억제제는 **다른자리입체성 부위(allosteric site)**라 불리는 효소의 다른 부분에 결합한다. 이들 부위는 화학적 전원 스위치로서 역할을 하는데, 기질이 이 부위에 결합함으로서 효소를 활성화 또는 비활성화 상태로 변화시킬 수 있기 때문이다. 다른자리입체성 부위에 결합하여 효소의 활성을 감소시키는 기질을 **다른자리입체성 억제자(allosteric inhibitor)**라 한다(그림 6.13b).

이런 종류의 제어는 효소를 활성화 시키는 데 쓰인다. **다른자리입체성 활성분자(allosteric activator)**는 다른자리입체성 부위에 결합하여 효소를 활성 형태로 유지시키고 효소의 활성을 촉진한다.

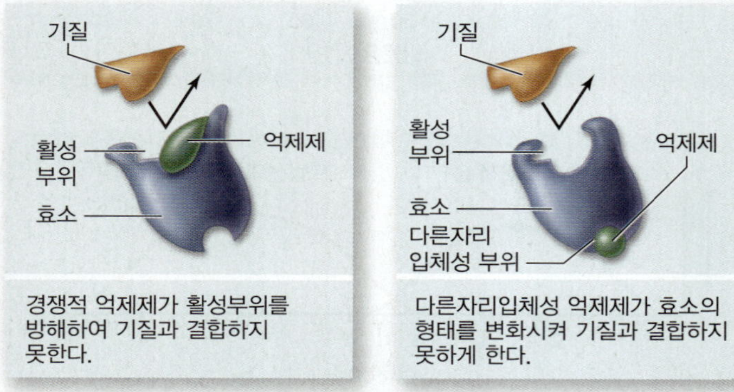

그림 6.13 효소가 억제되는 방법. **a.** 경쟁적 억제에서, 억제제는 기질과 비슷한 구조를 가지고 있으며 따라서 효소의 활성부위에서 기질과 경쟁한다. **b.** 비경쟁억제에서, 억제제는 효소의 활성부위와 떨어진 다른자리입체성 부위에 결합하여 효소의 형태를 변화시켜 기질과 결합하지 못하게 한다.

개념 정리 6.4

효소는 특이적 촉매제로서 세포의 화학 반응을 촉진한다. 효소는 분자 구조에 기반하여 기질과 결합하고 이를 통해 특이성을 갖는다. 효소의 활성은 온도, pH, 그리고 억제제 또는 활성제에 의해 영향을 받는다. 어떤 효소의 경우 무기질 보조인자 또는 유기질 조효소를 필요로 한다.

- 효소가 자유에너지증가반응을 자유에너지감소반응으로 바꿀 수 있을까?

6.5 대사는 세포의 화학적 활동 전체를 일컫는다

생물은 몇 천개의 서로 다른 종류의 효소를 가지고 있으며 이들은 정신없이 많은 종류의 반응들을 촉매 한다. 생물에 의해 수행된 모든 화학 반응 전체를 **대사(metabolism)**라고 한다. 에너지를 사용하여 물질을 만드는 화학 반응들을 **동화작용(anabolism)**이라 한다. 분자들을 분해하면서 에너지를 얻는 과정을 **이화작용(catabolism)**이라 한다.

생화학적 경로가 세포의 화학반응을 정리한다

학습목표 6.5.1 화학 반응들이 어떻게 경로로 정리되는지 기술하라.

세포 내 순차적인 과정으로 일어나는 많은 반응들을 **생화학적 경로(biochemical pathway)**라 한다. 이런 경로에서 한 반응의 생성물은 다음 단계 반응의 기질이 된다(그림 6.14). 생화학적 경로는 대사의 조직적 단위이며, 일관성 있는 대사 작용을 유지하기 위해 개체가 제어하는 요소이다.

생화학적 경로 상 많은 순차적인 효소 단계는 세포의 특정 구획에서 일어난다. 예를 들어 크레브스회로(7장 참조) 단계는 진핵생물의 미토콘드리아 내부 바탕질에서 일어난다. 이런 단계를 촉매하는 많은 효소들이 어디에 존재하는지를 확인함으로서 우리는 세포 내 대사 과정에 대한 세밀한 모델을 수립할 수 있다.

아주 초기 단계의 세포에서, 처음 생화학적 과정은 아마도 외부 환경으로부터 포획된 에너지를 많이 함유한 물질이 포함되었을 것이다. 이 과정에 필요한 대부분의 물질들은 초기 대양의 "유기질 수프"에 독립적으로 존재했을 것으로 여겨진다.

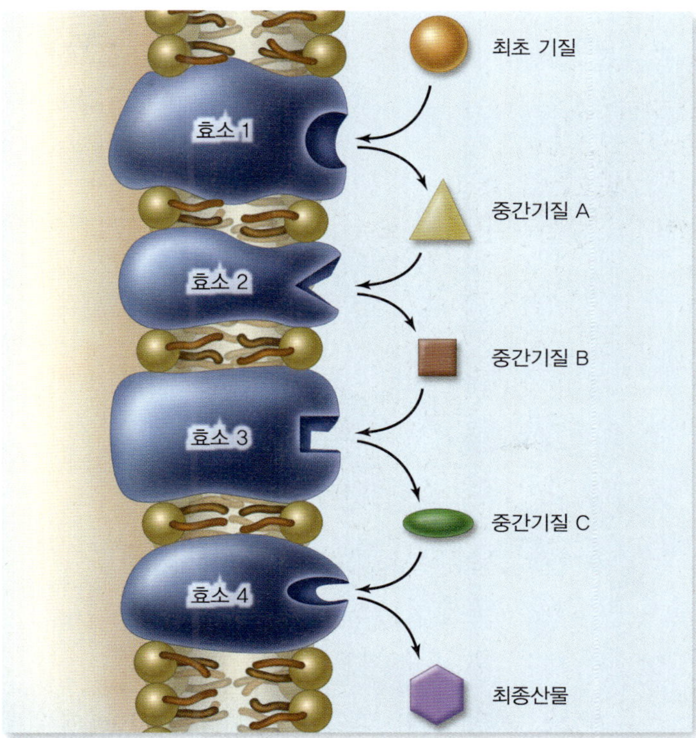

그림 6.14 생화학적 경로. 효소 1이 최초 기질을 중간물질로 바꾸고 이 중간물질은 효소 2의 기질이 된다. 효소 2는 새로운 중간물질을 효소 3의 기질로 바꾼다. 경로 상 각 효소는 전 단계의 생성물에 작용한다. 효소는 수용성으로 존재하거나 그림에서 보이는 것처럼 막에 파묻힌 상태로 존재한다.

되먹임억제가 경로의 산물을 조절한다

학습목표 6.5.2 다른자리입체성 단백질의 기능을 설명하라.

생화학적 경로가 효율적으로 운영되기 위해서, 경로의 활동은 세포에 의해 조정되고 조절되어야만 한다. 이미 많이 존재하는 화합물을 합성하는 것은 불필요할 뿐 아니라 다른 곳에 쓰일 수 있는 원료 물질 및 에너지를 낭비하는 것이다. 따라서 생화학적 경로의 산물이 필요하지 않을 경우 이 경로를 임시로 끄는 것이 세포에게도 이롭다.

간단한 생화학적 경로 조절은 자주 피드백 메커니즘(feedback mechanism)에 기반하는데, 이는 경로의 최종산물이 경로의 첫 반응을 촉매 하는 효소의 다른자리입체성 부위에 결합하는 것을 말한다. 이런 종류의 조절을 **되먹임억제(feedback inhibition)**라 한다 (그림 6.15).

우리가 방금 기술한 이론적 경로에서, C→D 반응을 촉매 하는 효소는 이 경로의 최종산물인 H에 대한 다른자리입체성 부위를 가질 것이다. 경로가 산물을 대량으로 생산하고 세포 내 H의 양이 증가하면, H 분자가 C→D 효소의 다른자리입체성 부위에 부딪힐 확률이 높아진다. 이렇게 H가 다른자리입체성 부위에 결합하면 C→D반응은 폐쇄되고 결국 전체 경로가 효과적으로 폐쇄된다.

이 장에서 우리는 생물체에서 일어나는 에너지 및 에너지 변화의 기본에 대해 고찰했다. 화학 결합은 에너지가 저장되고 방출되는 기본 장소이다. 효소는 촉매제로서 이들 반응을 촉진한다. 이어지는 다음 장에서 우리는 개체가 어떻게 에너지를 수집하고, 저장하며, 쓰는지에 대해 자세히 배울 것이다.

개념 정리 6.5

대사는 세포 내 모든 화학 반응 전체를 일컫는다. 동화작용은 에너지를 이용해 물질을 만드는 것이다. 이화작용은 물질을 분해함으로서 에너지를 방출시키는 것이다. 대사 경로에서 한 반응의 산물은 다음 단계의 기질이 된다.

- 이화작용 경로는 되먹임억제가 적용되는가?

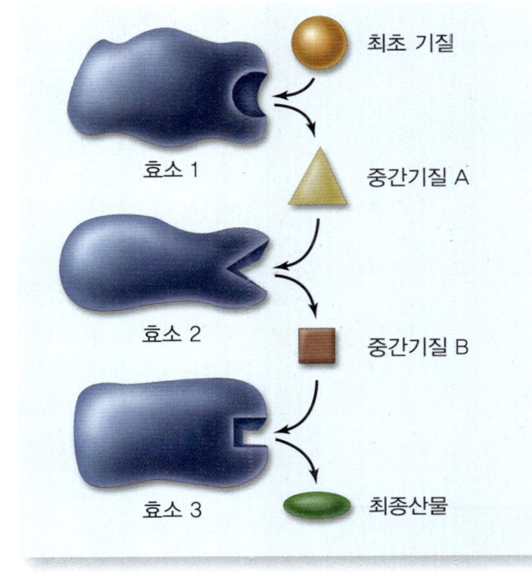

a.

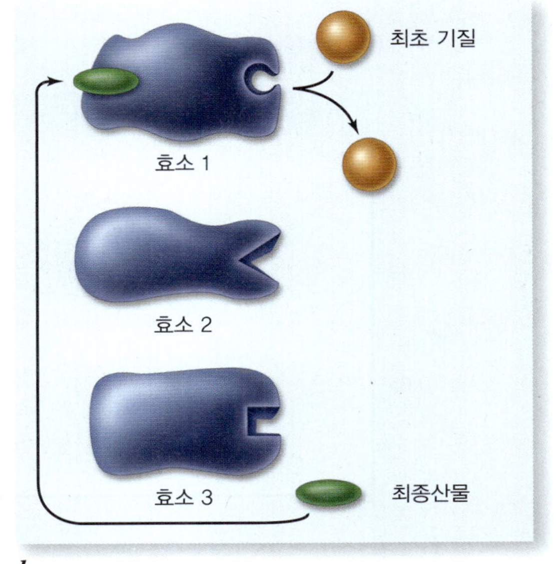

b.

그림 6.15 되먹임억제. **a.** 되먹임억제가 없는 생화학적 경로. **b.** 최종산물이 경로 상 첫 단계의 효소에 대한 다른자리입체성 억제제가 되는 생화학적 경로. 다른 말로 하면, 경로 상 최종적으로 만들어지는 생성물이 경로 전체를 억제한다. 경로는 아미노산, 핵산, 또는 다른 세포 내 중요물질을 만드는 경로일 수 있다.

실의 및 분석

효소가 물리적으로 그들의 기질에 결합하는가?

과학자들이 처음 생물체의 화학 작용을 연구하기 시작했을 때, 아무도 생화학 반응들이 효소에 의해 촉매 될지 몰랐다. 첫 번째 효소는 1833년 프랑스 화학자인 파앤(Anselme Payen)에 의해 발견되었다. 그는 보리로부터 맥주가 만들어지는 방법을 연구하고 있었다. 먼저 보리가 눌리고 약간 열이 가해지면, 보리의 녹말이 간단한 2당류로 분해되고, 이후 효모가 이들을 에탄올로 변환한다. 파앤은 첫 번째 분해과정에 살아있지는 않지만 공정 중에 소진되지 않는 화학적 요인인 촉매가 필요하다는 것을 발견했다. 그는 그 첫 번째 효소를 디아스타아제(*diastase*)라고 명명하였고, 현재 우리는 아밀라아제(amylase)라고 알고 있다.

과연 이 촉매가 분자 주위에 열을 올리는 것과 같이 떨어져서 작용을 할까? 아니면 물리적으로 접촉을 해서 분자에 결합하여 반응을 촉진하는가?

실험	S	1/S	V	1/V
1	5	0.200	7.7	0.130
2	10	—	15.4	—
3	25	—	23.1	—
4	50	—	30.8	—
5	75	—	38.5	—
6	125	—	40.7	—
7	200	—	46.2	—
8	275	—	47.7	—
9	350	—	48.5	—

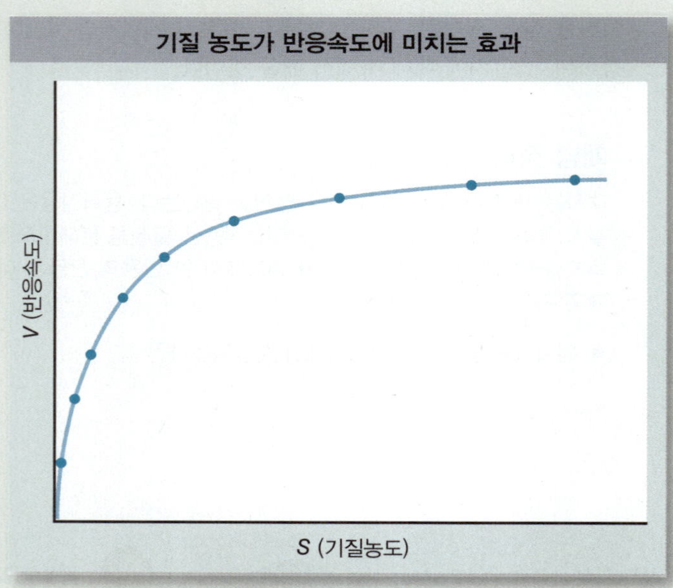

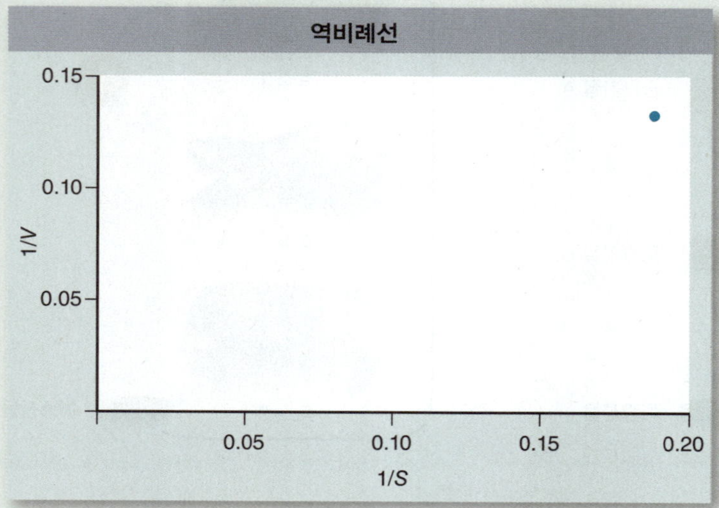

해답은 1903년 프랑스 화학자인 앙리(Victor Henri)에 의해 발견되었다. 그는 효소가 물리적으로 그 기질에 결합한다는 가설이 보다 명확하고 증명할 수 있는 예측을 만들 것으로 보았다. 효소와 기질이 있는 용액에서는 반응이 절대 넘을 수 없는 최고의 반응속도가 있다. 모든 효소가 일을 하고 있는 경우, 아무리 많은 기질을 더 넣어도 속도는 더 이상 빨라지지 않는다. 이 가설을 증명하기 위해, 앙리는 다른 농도의 기질에 따른 디아스타아제의 반응속도(V)를 측정하는 실험을 수행하였고, 그 결과는 그래프에서 볼 수 있다.

분석

1. **자료 해석 및 추론** S가 증가면서 V가 증가하는가? 이 증가가 선형인가? 최대 반응 속도가 있는가?
2. **결론 도출** 이 결과가 효소가 기질에 물리적으로 결합한다는 가설을 지지하는가? 설명하라.
   만약 가설이 틀렸다면, 그래프는 어떻게 보일 것으로 예상하는가?
3. **추가 분석** 높은 기질 농도에서 V의 증가가 더뎌지는 것이 이 때 이용 가능한 비어있는 효소가 적기 때문이라면, 앙리의 실험에서 수학적으로 속도 커브는 기하급수적으로 감소해야 한다. 이것은 역비례선($1/V$ 대 $1/S$)에서는 직선으로 보여야 한다는 것을 의미한다. 만약 기질의 농도에 다르게 작용하는 인자가 이 반응에 존재한다면, 역비례선(reciprocal plot)은 위쪽 또는 아래쪽을 향하게 될 것이다. 위의 표에 역값(reciprocal value)을 적고 아래 그래프(x축의 $1/S$과 y축의 $1/V$)에 도표를 작성하라. 앙리의 자료에 대한 역비례선이 직선을 나타내는가?

학습 과정 복습

6.1 에너지는 생명계 전반을 걸쳐 흐른다

6.1.1 에너지는 저장되어 있거나 일을 하기 위해 쓰인다 에너지는 일을 할 수 있는 능력이다. 위치에너지는 저장된 에너지이며 운동에너지는 움직임에 쓰이는 에너지이다. 에너지는 기계, 열, 소리, 전자회로, 빛, 그리고 방사능 등 다양한 형태로 존재한다. 에너지는 킬로칼로리라는 열 단위로 측정된다. 광합성은 태양으로부터 유래한 빛에너지를 당 분자의 공유결합이라는 위치에너지로 저장한다. 세포에서 이들 결합을 깨면서 방출된 에너지를 다른 반응에 이용한다.

6.1.2 산화-환원 반응을 통해 에너지가 이동한다 산화는 전자를 잃어버리는 반응이며 환원은 전자를 얻는 것이다. 두 반응은 동시에 일어나며 따라서 산화환원 반응이라 불린다.

6.2 열역학 법칙이 모든 에너지 변화를 지배한다

6.2.1 열역학 제1법칙은 에너지가 만들어지거나 파괴되지 않는다는 것이다 사실 살아있는 모든 생명체의 활동은 에너지를 필요로 한다. 열역학은 에너지 변화를 연구하는 학문이다. 에너지 변화는 생물체 및 그들의 생화학적 시스템을 거치면서 이동하지만 만들어지거나 없어지지 않는다.

6.2.2 열역학 제2법칙은 무질서가 증가하면서 에너지의 일부가 손실된다는 것이다 우주의 무질서 혹은 엔트로피는 지속적으로 증가한다. 태양으로부터 에너지를 받고 있는 지구와 같은 열린 시스템의 경우는 이 법칙이 맞지 않아 보일 수 있다. 하지만 질서가 늘어나려면 에너지가 반드시 쓰여야 한다. 에너지 변화 과정에서 일부 에너지는 항상 열의 형태로 잃어버린다.

6.2.3 화학반응은 자유에너지의 변화를 근거로 예상할 수 있다 자유에너지(G)는 어떤 시스템에서 일을 할 수 있는 가용한 에너지를 말한다. 자유에너지 변화(ΔG)를 통해 반응의 방향을 예측할 수 있다. 음성의 ΔG를 가진 반응은 자발적인(에너지방출) 반응이며, 양성의 ΔG를 가진 반응은 비자발적(에너지흡수) 반응이다. 에너지흡수 화학반응은 주위로부터 에너지를 흡수하는 반면 자유에너지감소반응은 주위로 에너지를 방출한다. 활성화 에너지는 화학결합을 불안정화 시켜 반응을 시작하게 할 때 쓰이는 에너지다. 자유에너지감소반응이라 할지라도 이런 활성화 에너지가 필요하다. 촉매는 활성화 에너지를 낮춤으로써 화학반응 속도를 높인다.

6.3 ATP는 세포의 에너지 화폐이다

6.3.1 세포는 ATP의 결합에 에너지를 저장하거나 방출한다 ATP의 에너지는 말단 인산기들 사이의 공유결합에 저장된다. 이들 인산기들은 그들의 음전하 때문에 서로 밀치며, 그래서 인산기들 사이의 공유결합은 상대적으로 불안정하다. ATP의 말단 인산기를 가수분해하여 에너지를 방출하는 효소는 이를 통해 자유에너지증가반응을 진행시킨다. ATP의 가수분해를 통해 방출된 에너지를 이용하여 자유에너지증가반응을 진행시키며, 자유에너지감소반응으로부터 방출된 에너지를 이용하여 ATP를 합성한다.

6.4 효소는 활성화 에너지를 낮춤으로써 화학반응을 빠르게 한다

6.4.1 화학결합을 불안정하게 하는 데 필요한 에너지가 활성화 에너지이다 활성화 에너지는 화학 반응의 속도를 조절한다. 높은 활성화 에너지를 가진 반응들은 느리게 진행된다. 촉매는 활성화 에너지를 낮추고 이를 통해 반응을 더 빠르게 진행시킨다.

6.4.2 효소는 활성화 에너지를 낮춘다 효소는 촉매다. 효소는 세포 내 특정 화학반응을 시작하는 데 필요한 활성화 에너지를 낮춘다.

6.4.3 효소의 활성부위는 기질의 형태에 맞추어 변형한다 기질과의 결합은 효소의 형태를 바꾸게 하며, 이를 통해 기질이 더 잘 맞도록 한다.

6.4.4 효소는 여러 형태로 존재한다 효소는 생화학적 반응과정 중 세포질에서 자유롭게 돌아다니거나 혹은 막이나 소기관에 결합된 다효소복합체 형태로 존재한다. 대부분의 효소는 단백질이지만, 일부는 RNA효소라 불리는 RNA 분자다. 보조인자는 효소의 기능에 필요한 무기질 금속이다. 조효소는 비타민들과 같은 비단백질 유기물질로, 역시 효소의 기능에 필요하다. 보통 조효소들은 전자 수용체 역할을 한다.

6.4.5 세포의 상태가 효소의 활성을 결정한다 효소의 기능성은 효소의 3차원적 형태를 유지하는 능력에 달려있는데, 온도나 pH에 의해 영향을 받는다. 효소의 활성은 억제제에 의해 감소된다. 경쟁적 억제제는 효소의 활성부위에 대해 경쟁한다. 비경쟁억제제는 효소의 다른자리입체성 부위에 결합하여 효소의 형태를 바꿔 기능을 억제한다. 다른자리입체성 결합은 효소를 활성화시키기도 한다.

6.5 대사는 세포의 화학적 활동 전체를 일컫는다

6.5.1 생화학적 경로가 세포의 화학반응을 정리한다 대사는 세포에서 일어나는 모든 생화학적 반응의 총체이다. 동화작용은 물질을 만드는 데 에너지가 필요하며, 이화작용은 물질을 분해하면서 에너지를 방출한다. 생화학적 경로 상 화학반응들에서 한 반응의 산물은 다음 반응의 기질로 사용된다.

6.5.2 되먹임억제가 경로의 산물을 조절한다 생합성 과정은 자주 경로의 최종산물에 의해 조절된다. 되먹임억제는 경로의 최종산물이 경로의 초기 효소의 다른자리입체성 부위에 결합하여 효소의 기능을 억제할 때 나타난다.

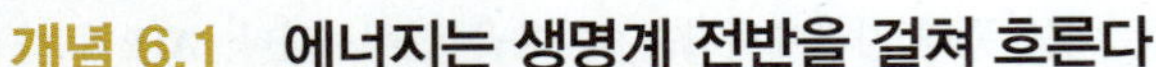

학습 과정 평가

개념 6.1 에너지는 생명계 전반을 걸쳐 흐른다

이해

1. 수소원자와 산소원자 사이의 공유결합은 어떤 종류의 에너지를 나타내는가?
   a. 운동에너지 b. 기계에너지
   c. 위치에너지 d. 태양에너지
2. 산화환원반응 중 전자를 얻은 물질은?
   a. 환원되었으며 이제 높은 에너지 준위를 가지고 있음.
   b. 산화되었으며 이제 낮은 에너지 준위를 가지고 있음.
   c. 환원되었으며 이제 낮은 에너지 준위를 가지고 있음.
   d. 산화되었으며 이제 높은 에너지 준위를 가지고 있음.

응용

1. 동면중인 동물이 몸의 기초대사에 동력을 제공하기 위해 저장된 지방을 사용한다면 그것은?
   a. 운동에너지를 위치에너지로 바꾸는 것임.
   b. 운동에너지를 화학에너지로 바꾸는 것임.
   c. 위치에너지를 운동에너지로 바꾸는 것임.
   d. 화학에너지를 위치에너지로 바꾸는 것임
2. 세포의 호흡과정 중 특정 단계에서, 전자는 포도당분자에서 NAD^+라 불리는 물질로 이동된다. 이 경우,
   a. 포도당은 산화되고 NAD^+는 환원되었음.
   b. 포도당은 환원되고 NAD^+는 산화되었음.
   c. 포도당과 NAD^+ 둘 다 양성자를 얻었음.
   d. 포도당은 양성자를 얻었으며 NAD^+는 전자를 잃었음.

종합

1. 식물, 조류, 그리고 어떤 세균과 같은 광합성 생물들은 태양광선의 에너지를 포획하여 당분자로 변화시킨다. 다른 유기체들은 이런 당을 섭취하여 에너지를 수확한다. 이들 당 분자의 어디에 에너지가 저장되어 있으며 그것이 어떻게 동물들에 의해 수확되는지 설명하라.

개념 6.2 열역학 법칙이 모든 에너지 변화를 지배한다

이해

1. 곰이 연어를 먹을 때, 연어에 저장된 어떤 에너지가 곰의 활동과 생장을 위해 사용된다. 연어에 원래 저장된 많은 에너지는 열로 사라진다. 이것은 다음 중 어떤 것의 예인가?
   a. 열역학 제1법칙 b. 열역학 제2법칙
   c. 100% 효율의 에너지 변환 d. 운동에너지의 위치에너지로의 전환
2. 자유에너지증가반응의 경우에 맞는 특징은 다음 중 어떤 것인가?
   a. $+\Delta G$이며 반응은 자발적임.
   b. $+\Delta G$이며 반응은 비자발적임.
   c. $-\Delta G$이며 반응은 자발적임.
   d. $-\Delta G$이며 반응은 비자발적임.

응용

1. 나트륨이온(Na^+)은 통로단백질을 통해 생물학적 막을 통과한다. 만약 막의 한쪽에 높은 농도로 존재하면, 나트륨이온은 양쪽이 평형을 이룰 때까지 막을 통과한다. 이런 반응은?
   a. 세포의 위치에너지를 획득.
   b. 엔트로피 감소.
   c. 열역학 제2법칙을 따름.
   d. 앞의 답 모두.
2. 자연발생적 반응(spontaneous reaction)이란?
   a. 반응물이 생성물에 비해 높은 자유에너지를 가진 것.
   b. 생성물이 반응물에 비해 높은 자유에너지를 가진 것.
   c. 에너지의 입력이 필요함.
   d. 엔트로피가 감소함.

종합

1. 어떤 사람들은 보통 복잡도(질서)가 증가하는 과정인 진화의 경우 우주의 엔트로피(무질서)가 증가하기 때문에 일어날 수 없다고 주장한다. 이 주장인 맞는가? 다윈의 진화론은 열역학 제2법칙을 위배하는가? 설명하라.

개념 6.3 ATP는 세포의 에너지 화폐이다

이해

1. ATP 분자의 어디에 에너지가 저장되는가?
   a. 질소와 탄소분자 사이의 결합
   b. 리보오스에 존재하는 탄소-탄소 분자사이
   c. 인-산소사이의 이중결합
   d. 두 개의 말단 인들을 연결하는 결합
2. ATP에 의해 비활성단백질들이 활성화된다. 어떻게 ATP는 단백질을 활성화시키는가?
   a. ATP의 높은 에너지를 가진 인이 단백질에 결합하여
   b. ATP가 효소임.
   c. ATP가 단백질의 인을 제거함으로서
   d. ATP 분자가 단백질에 직접 결합하여

응용

1. 세포는 ATP를 이용하여 자유에너지증가반응을 진행시킬 수 있다. 그 이유는?
   a. ATP가 보편적인 효소이므로
   b. ATP의 가수분해로 인해 방출된 에너지가 연관된 반응들의 ΔG를 음으로 만들기 때문에
   c. ATP의 가수분해로 인해 방출된 에너지가 연관된 반응들의 ΔG를 양으로 만들기 때문에
   d. ATP에서 ADP로의 전환 역시 자유에너지증가반응이므로

종합

1. 시골에서 여름날 밤에는 자주 어둠속에서 반딧불의 반짝거림을 볼 수 있다. 이런 반짝거림을 만드는 데 에너지가 필요할까? 만약 그렇다면 어디서 에너지를 얻을까? 어떻게 당신의 가설을 검증할 수 있는가?

개념 6.4 효소는 활성화 에너지를 낮춤으로써 화학반응을 빠르게 한다

이해

1. 활성화 에너지란?
   a. 분자들의 임의 움직임에 연관된 열에너지
   b. 화학결합을 분해할 때 방출되는 에너지
   c. 반응물과 생성물 사이의 자유에너지 차이
   d. 화학반응을 시작하는 데 필요한 에너지
2. 다음 중 효소의 특성이 아닌 것은?
   a. 효소는 반응의 활성화 에너지를 낮춘다.
   b. 효소는 반응물의 자유에너지를 낮춘다.
   c. 효소는 반응의 결과로 변화하지 않는다.
   d. 효소는 순방향 및 역방향 모두 작용한다.
3. 다음의 진술 중 효소에 대한 온도의 영향에 대해 틀린 것은?
   a. 모든 효소는 같은 고유의 최적온도를 갖는다.
   b. 온도를 올리면 효소의 활성이 올라갈 수 있다.
   c. 어떤 효소의 경우 물이 끓는 온도에서 안정적이다.
   d. 온도를 올리면 효소의 활성이 떨어질 수 있다.
4. 조효소란?
   a. 금속이온일 수 있다.
   b. 활성부위에 결합하여 촉매작용에 직접적으로 참여할 수 있다.
   c. 어떤 경우 비타민들이다.
   d. 앞의 답 모두.
5. 경쟁적 억제에서
   a. 두 개의 효소가 서로 같은 기질을 두고 경쟁한다.
   b. 억제 물질이 효소의 다른자리입체성 부위에 결합하여 활성부위의 변화를 야기한다.
   c. 억제 물질이 효소의 활성부위에 결합하여 기질이 결합하지 못하게 한다.
   d. 반응의 생성물이 활성부위에 경쟁한다.

응용

1. 아로마타제(aromatase)라는 효소는 어떤 세포의 세포질에서 발견되며 테스토스테론을 에스트로겐으로 전환한다. 당신이 특정 세포종류에서 아로마타제를 테스트하려고 마음 먹었고, 당신의 실험동료가 모든 시험관에서 pH를 크게 올렸다고 고백했다. 다음 중 어떤 일이 발생할까?
   a. 효소는 변성되어 기질이 효소의 활성부위에 결합하지 못할 것이다.
   b. 효소는 더 빠른 속도로 테스토스테론을 에스트로겐으로 전환할 것이다.
   c. 효소가 pH 변화에 민감하지 않기 때문에 실수는 아마 아무 영향도 없을 것이다.
   d. ΔG가 낮춰질 것이고 따라서 반응은 자발적으로 일어날 것이다.

종합

1. 아래의 그래프를 조사하라. 우리 몸이 섭씨 40℃ 이상으로 올라갈 때 이 사람 효소의 구조가 어떻게 변할지 설명하라.

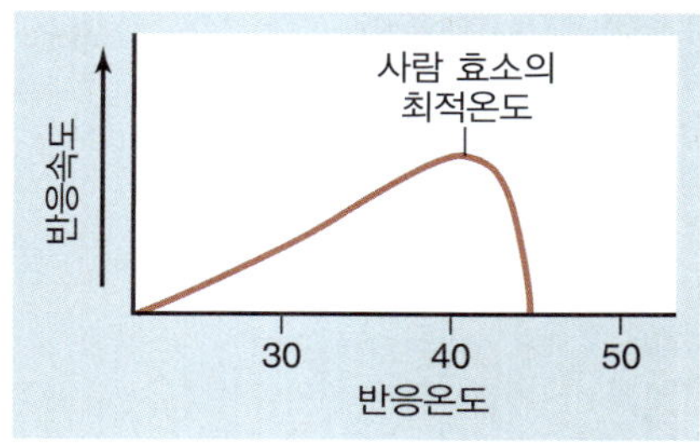

개념 6.5 대사는 세포의 화학적 활동 전체를 일컫는다

이해

1. 동화작용(anabolism)이란?
   a. 양성자를 얻음.
   b. 동물의 대사.
   c. 분자를 만드는 것.
   d. 분자를 분해하는 것.

응용

1. 효소에 의해 촉매되는 반응이 아래와 같다. 이 과정은 효소 1에 의하여 되먹임억제가 된다. 이 반응에 대해 틀린 언급은?

   A —(효소 1)→ B —(효소 2)→ C —(효소 3)→ D —(효소 4)→ E —(효소 5)→ F

   a. 물질 F는 효소 1의 활성부위에 결합한다.
   b. 효소 1은 물질 F에 대한 다른자리입체성 부위를 가진다.
   c. 물질 F가 충분하게 만들어졌을 경우 자신의 합성을 억제한다.
   d. 물질 F가 효소 1에 결합하면 형태의 변환을 야기한다.

종합

1. 포스포프룩토인산화효소(phosphofructokinase)는 과당-6-인산(fructose-6-phosphate) 분자에 인을 첨가한다. 이 효소는 7장에서 소개되는 에너지 생산 화학반응인 해당과정의 초기에 작용한다. 이 효소는 과당과 ATP에 결합하는 활성부위를 가지고 있다. 다른자리입체성 부위에는 세포 내 ATP의 농도가 매우 높을 경우 ATP와 결합한다.
   a. 세포 내 ATP의 수준이 낮은 경우 반응 속도를 예상하라.
   b. 세포 내 ATP의 수준이 매우 높을 경우 반응 속도를 예상하라.
   c. 세포 내 ATP의 수준이 매우 높을 경우 효소에 어떤 일이 발생하는지 기술하라.

7 세포는 어떻게 에너지를 수확하나

학습과정

서론

생명활동은 에너지에 의해 유지된다. 생물들이 수행하는 모든 활동들은 – 꿈틀거리는 세균, 야옹거리는 고양이, 이런 단어들에 대해 생각하는 우리 자신 등등 – 에너지가 사용된다. 이 장에서, 세포들이 유기물로부터 화학적 에너지로의 전환과 화학적 에너지가 ATP로 전환되는 모든 과정을 다룰 것이다. 그 다음 8장 광합성에서는 빛에너지를 어떻게 화학적 에너지로 전환하는지 살필 것이다. 식물, 광합성을 하는 생물, 사진에서 볼 수 있는 초식성 애벌레를 포함하여 모든 생명체들은 화학적 결합으로부터 에너지를 수확하므로, 첫 번째로, 화학에너지가 ATP로의 전환을 다룰 것이다. 호흡을 통한 에너지 수확은 매우 중요한 과정이다.

7.1 세포는 유기물의 산화를 통해 에너지를 수확한다

식물, 조류 그리고 일부 세균은 빛에너지를 화학에너지로 전환하는 광합성 과정을 통해 햇빛 에너지를 수확한다. 유사한 방법으로 화학에너지를 이용하는 몇 종의 세균들을 **독립영양생물(autotroph)**이라 한다. 독립영양생물이 생성하는 유기물을 먹이로 사용하여 살아가는 모든 생물들은 **종속영양생물(heterotroph)**이다. 모든 동물과 균류, 그리고 대부분의 원생생물과 원핵생물들을 포함하여 지구상 생명체 종류의 약 95%가 종속영양생물이다. 독립영양생물들은 종속영양생물들처럼 유기물로부터 에너지를 추출하지만, 햇빛에너지를 유기물로 합성하여 에너지를 사용하는 추가 능력을 가지고 있다. 화학적 결합으로부터 에너지를 추출하기 위해 유기물의 산화를 통해 에너지를 수확하는 과정을 **세포호흡(cellular respiration)**이라 한다.

유기물에 저장된 위치에너지는 주로 C–H 결합에 있다

학습목표 7.1.1 산화와 환원반응 사이를 구별하라.

대부분의 식품은 다양한 유기 화합물인 탄수화물, 지방 및 단백질을 함유하며 이들 모두는 에너지가 가득한 화학 결합이 풍부하다. 3장에서 다루었듯이, 탄수화물과 지방은 탄소-산소(C-O) 결합과 마찬가지로 많은 탄소-수소(C-H) 결합이 있다. 대부분의 식품에 있는 복잡한 유기물 혼합체로부터 에너지를 추출하는 방법 중의 하나는 주로 C-H 결합에 있는 에너지를 수확하는 것이다. 에너지 추출은 많은 단계를 거친다. 첫 번째로, 효소는 분해작용을 통해 고분자를 작은 분자들로 쪼갠다(34장 참조). 그 후 다른 효소들이 작은 분자들을 분해해서 각 단계마다 C-H와 다른 화학적 결합으로부터 에너지를 수확한다. 유기물을 이화하는 반응은 공통적인 특징인 산화과정이다. 따라서 에너지 대사는 산화반응과 관련되어 있고 대사과정을 이해하기 위해서는 유기물의 산화로부터 얻은 전자의 역할을 알아야 한다. 이 과정을 또한 **탈수소화반응(dehydrogenation)**이라 부른다. 유기물의 산화로부터 전자와 양성자가 방출된다.

산화–환원반응

6장에서 배웠듯이, 전자를 잃으면 산화라고 하며, 전자를 얻으면 환원이라 한다. 생물계에서 산화반응은 일반적으로 환원반응으로 이어지며, 이러한 반응을 산화-환원반응이라 한다. 세포는 에너지를 얻기 위해 산화-환원반응을 유도하는 효소를 활용하며, 에너지를 ATP로 전환한다. 한 원자에서 다른 원자로 전달되는 전자는 위치에너지를 함께 전달하기 때문에 산화-환원 반응은 생물계를 통한 에너지의 흐름에서 핵심적인 역할을 한다. 전자가 가지고 있는 에너지의 양은 원자 핵을 돌고 있는 전자 궤도 위치, 또는 에너지 수준에 의존한다. 전자가 한 원자에서 이탈해서 산화-환원 반응을 통해 다른 원자로 이동할 때, 전자의 위치에너지는 전자와 함께 옮겨진다.

그림 7.1은 효소가 **니코틴아미드아데노신디뉴클레오티드(nicotinamide adenosine dinucleotide; NAD^+)** 보조인자와 에너지가 풍부한 기질분자의 산화-환원반응을 효소가 어떻게 촉매하는지를 보여준다. 이 반응에서, NAD^+는 하나의 양성자와 함께 기질로부터 전자 한 쌍을 받아 **NADH**(이 과정은 곧 자세히 설명될 것이다)가 된다. 효소의 촉매 부위로부터 방출된 환원물은 NADH이다. 세포 내에서 일어나는 에너지 합성의 모든 과정에는 수십 번의 산화-환원반응이 일어나고 NAD^+를 포함하는 수 많은 분자들이 전자수용체로 작용한다. 전자들이 전달되는 동안에 에너지는 방출된다. 방출된 에너지의 상당부분이 포획되어 ATP를 합성하거나 또는 다른 화학적 결합을 형성하는 데 사용되고 나머지는 열로 소실된다. 이 에너지 수확과정의 마지막에는, 초기 화학적 결합들에서 얻은 에너지 높은 전자들은 많은 에너지를 소실하고 마지막에는 전자수용체에 전달된다(그림 7.2). 이 전자수용체가 산소일 때 이 과정은 **유기호흡(aerobic respiration)**이라 부른다. 마지막 전자수용체가 산소가 아닌 무기물일 때는 **무기호흡(anaerobic respiration)**이라 부르며, 유기물일 때는 **발효(fermentation)**라 한다.

탄수화물의 연소

화학적으로 세포 내 탄수화물의 이화작용과 벽난로에서 타고 있는 목재의 연소 사이에는 차이가 없다. 이 두 경우, 반응물은 탄수화물과 산소이며 생성물은 이산화탄소, 물과 에너지이다.

$$C_6H_{12}O_6 + 6\ O_2 \rightarrow 6\ CO_2 + 6\ H_2O + \text{에너지(열과 ATP)}$$

포도당 산소 이산화탄소 물

표준상태에서 이 반응의 자유에너지의 변화는 −686 kcal/mole(또는 −2870 kJ/mole)이다. 세포 내의 조건에서 방출된 에너지는 −720 kcal/mole로 −34 kcal 더 많이 방출된다. 실제로 세포조건에서는 표준상태에서 보다 더 많은 에너지가 방출된다. 포도당이 이화되거나 연소되는 경우 같은 양의 에너지가 방출되지만, 연소될 때는 대부분의 에너지가 열로 방출된다.

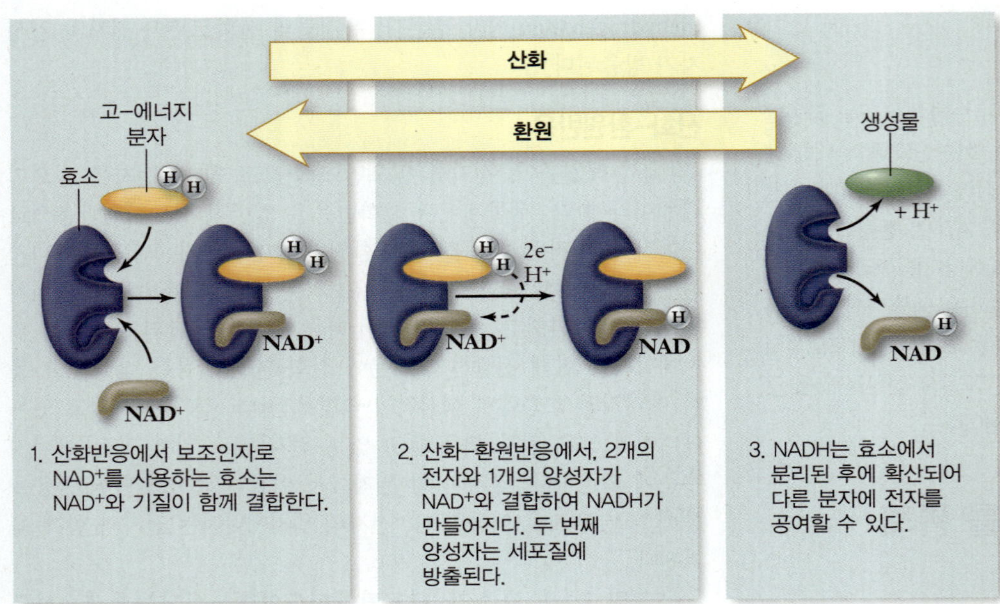

그림 7.1 산화-환원반응은 보조인자가 필요하다. 세포는 많은 산화-환원반응을 수행하기 위해서 화학적으로 보조인자인 니코틴아미드아데닌디뉴클레오티드(NAD^+)를 사용한다. 2개의 전자와 1개의 양성자는 NAD^+와 결합하고 다른 양성자는 세포질에 방출한다. 전자를 획득한 분자는 환원되었다고 하며 전자를 잃은 분자는 산화되었다고 한다. NAD^+는 고-에너지 분자로부터 전자를 받아 환원되어(이 그림에서 이 과정은 1 → 2 → 3으로 진행된다), 전자를 다른 분자에 공여하여 환원시킨다(이 그림에서 이 과정은 3 → 2 → 1로 진행된다). NADH는 NAD^+가 환원된 형태이다. 세포들은 ATP의 합성을 위해 포도당의 이화작용으로부터 유용한 에너지를 수확한다.

전자 운반체는 전자를 한 분자에서 다른 분자로 전달한다

학습목표 7.1.2 NAD^+의 구조를 설명하고 에너지 대사에서의 역할을 설명하라.

유기호흡과정에서 포도당은 CO_2로 산화된다. 만약에 전자가 직접 산소와 결합하면 세포는 연소된다.

대신에, 세포는 전자를 중간 전자운반체들에 전자들을 이동하고 난 후 최종적으로 O_2에 전달한다. 많은 형태의 전자운반체들이 이 반응에서 작용한다: (1) 전자를 한 분자에서 다른 분자로 전달하는 수용성 운반체들, (2) 산화-환원반응을 반복하는 막-결합 운반체, 그리고 (3) 막 내에서 이동하는 운반체들. 이 모든 운반체들의 공통적인 특징은 가역적으로 산화와 환원이 일어날 수 있다. 철-함유 시토크롬과 같은 운반체의 일부는 전자만 전달하고, 다른 운반체는 전자전달과 양성자 수송을 함께 한다. NAD^+는 가장 중요한 전자와 양성자 운반체 중의 하나이다. 그림 7.3의 오른쪽에서 볼 수 있듯이, NAD^+는 2개의 뉴클레오티드가 함께 결합되어 있다. NAD^+를 구성하는 두 개의 뉴클레오티드는 니코틴아미드1인산(NMP)과 아데노신1인산(AMP)은 인산결합으로 붙어있다. 두 개의 뉴클레오티드는 NAD^+ 분자에서 다른 작용을 한다: AMP는 많은 효소들이 인식하는 핵심 구조로써 역할을 하며; NMP는 NAD^+의 활성부위로 쉽게 환원된다; 즉 전자들을 쉽게 수용한다. NAD^+가 효소의 활성부위로부터 두 개의 전자와 한 개의 양성자를 획득할 때, 그림 7.3의 오른쪽에서 볼 수 있듯이 NADH로 환원된다. NADH 분자는 두 개의 고-에너지 전자를 운반 하며, 이 전자들을 다른 분자에게 전달하여 그들을 환원시킨다. 고-에너지 전자를 공여할 수 있는 이러한 능력은 지방과 설탕을 포함하는 많은 유기물의 생합성과 에너지 대사 모두에 필수적이다. 동물에서 ATP가 풍부할 때는 축적된 NADH의 환원력은 고-에너지 전자를 지방산 전구체에 공여하고, 그들은 지방을 생성하기 위해 환원되어 전자 에너지를 저장한다.

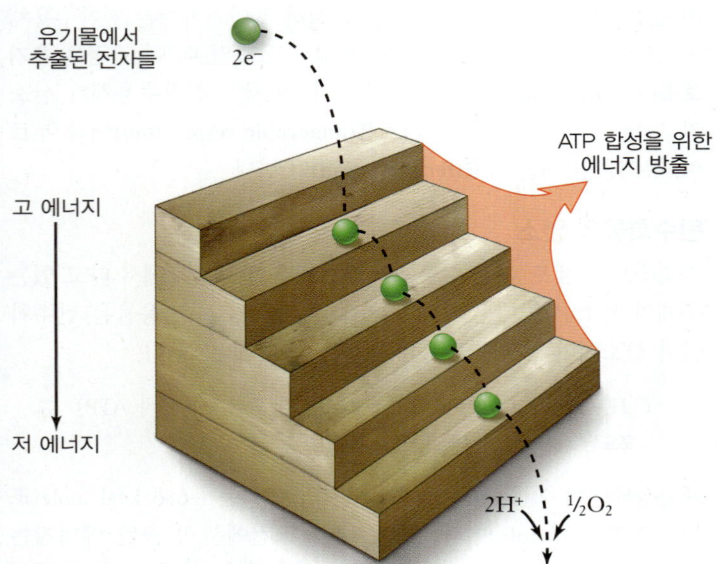

그림 7.2 어떻게 전자 수송이 일을 하나? 이 그림은 전자가 한 에너지 수준에서 다른 에너지 수준으로 이동할 때 어떻게 ATP가 합성되는지를 보여준다. 한번에 폭발적인 에너지를 방출하기 보다는, 전자는 낮은 에너지 수준의 단계들로 떨어지고 전자가 가장 낮은 전자수용체인 O_2와 결합할 때까지 저장 에너지는 각 단계마다 낮아진 저장 에너지를 방출한다.

물질대사는 단계마다 에너지를 수확한다

한 단계에서 에너지의 방출이 크면 클수록, 더 많은 에너지가 열로 방출되어 더 유용한 경로로 연결되지 못한다. 휘발유의 연소에서 자동차 연료 탱크에 있는 모든 휘발유를 한번에 폭발시키거나 또는 실린더 안에서 일련의 아주 작은 폭발과정들을 거치면서 연소되거나 동일한 양의 총 에너지가 방출된다.

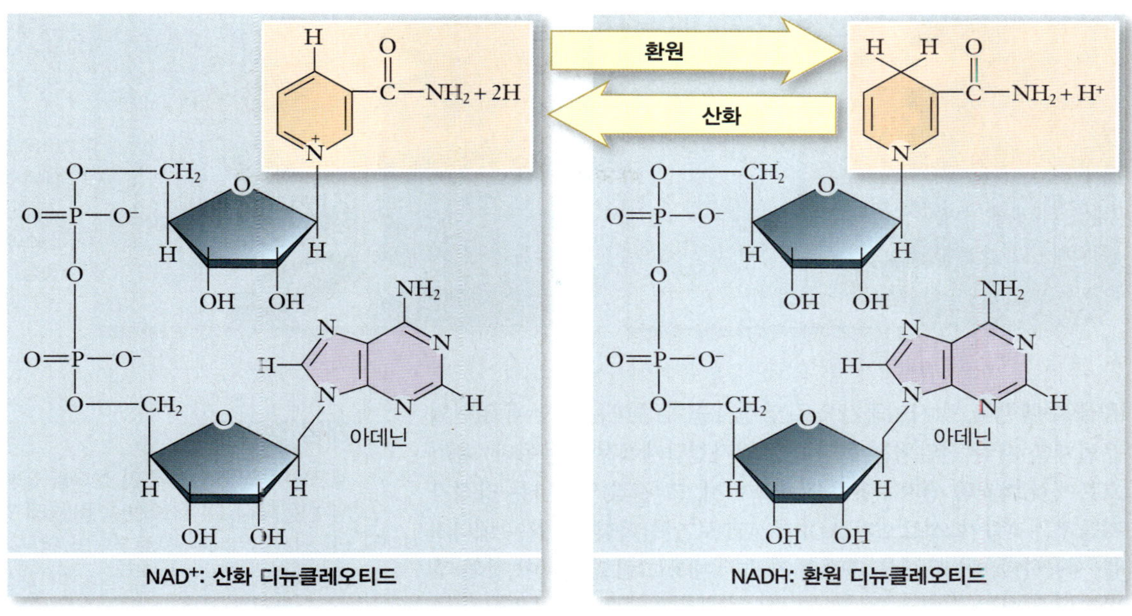

그림 7.3 NAD$^+$와 NADH. 디뉴클레오티드는 세포호흡 동안에 "전자셔틀(electron shuttle)"로 작용한다. NAD$^+$는 분해된 고분자로부터 한 개의 양성자와 한 쌍의 전자를 수용하여 NADH로 환원된다.

그러나 휘발유 속에 있는 에너지를 한번에 조금씩 방출하면, 연료 효율은 더 커지고 더 많은 에너지를 피스톤을 밀 때 그리고 자동차가 달릴 때 사용될 수 있다. 똑 같은 원리가 세포의 포도당 산화에 적용된다. 모든 자유에너지를 한번에 방출하여 폭발 단계에 있는 산소에 모든 전자를 전달한다면, 세포는 유용한 형태의 에너지를 아주 적게 회복할 것이다. 반면에, 세포는 가지고 있는 연료를 한번에 적게 자동차처럼 소모한다. 포도당의 C-H 결합에 있는 전자들은 해당과정과 크레브스회로로 알려진 일련의 효소-촉매 반응의 단계에서 작용을 한다. 전자들은 NAD$^+$로 이동하거나, 다른 전자운반체로 이동하면서 제거된다. 한번에 모든 산화과정을 거쳐서 에너지를 방출하기 보다는 각 전자는 미토콘드리아 내막에 있는 다른 전자운반체들로 이동하는데, 이를 **전자전달사슬(electron transport chain)**이라 한다. 전자전달계를 통한 전자이동은 전기화학적 기울기의 위치에너지(potential energy)를 생산한다. 이 과정은 나중에 이 장에서 좀 더 자세히 설명할 것이다.

호흡의 핵심 역할은 ATP의 합성이다

학습목표 7.1.3 산화적 인산화와 기질수준인산화를 비교하라.

세포호흡의 수 많은 단계들은 결국 ATP의 합성이 목적이다. 앞 장에서 세포의 에너지 통화로서 ATP를 배웠다. 세포는 대부분의 대사활동을 촉진하기 위해서 ATP를 사용하는 데, 가장 대표적인 예가 수송이다. 근육세포 내에 있는 미세섬유는 근육이 수축될 때 서로를 잡아 당긴다. 미토콘드리아는 1 m까지 이동할 수 있으며 척추에서 발까지 뻗은 좁은 신경세포에서는 그 이상을 이동할 수 있다. 염색체는 세포분열 동안에 미세소관에 의해 서로 잡아 당겨진다. 이러한 모든 이동은 ATP의 가수분해에 의한 에너지지출을 필요로 한다. 세포는 자유에너지 증가반응(endergonic reaction)을 유도하기 위해 ATP를 사용한다(그림 6.4 참조). ATP가 어떻게 자유에너지 증가반응을 이끌까? 특정한 반응을 촉매하는 효소는 표면에 두 개의 결합 부위를 가지고 있다: 반응물과 ATP의 결합부위. ATP 결합 부위에서 ATP 분자는 쪼개지면서 7 kcal 이상의 화학에너지를 방출한다(ΔG=-7.3 kcal/mol). 이 에너지는 두 번째 결합부위에 있는 반응물을 활성에너지에 도달하게 한 후 자유에너지 증가반응이 진행된다. 이와 같이 ATP 가수분해와 함께 자유에너지 증가반응이 일어난다.

세포는 두 개의 다른 메커니즘을 통해 ATP를 합성한다

ATP의 합성은 두 개의 다른 뚜렷한 반응을 통해 합성될 수 있다: 즉 인산에 결합한 매개체와 화학적 짝-반응을 포함하는 것 그리고 ADP를 인산화하기 위해 위치에너지인 양성자의 전기화학적 기울기에 의존하는 메커니즘이다.

1. 기질수준인산화에서, ATP는 인산-함유 매개체 또는 기질이 ADP와 결합하여 합성된다(**그림 7.4**). 포도당(뒤에 논의되었다)의 초기 분해인 **해당과정(glycolysis)** 동안에 포도당의 화학적 결합은 기질수준인산화에 의해 ATP를 합성하기 위해 필요한 에너지를 제공한다.
2. **산화적 인산화(oxidative phosphorylation)**에서, ATP는 양성자(H^+)기울기로부터 형성된 에너지를 이용하여 **ATP 합성효소(ATP synthase)**에 의해 합성한다. 양성자 기울기는 포도당의 산화로부터 수확한 것과 전자전달계(뒤에 설명되었다)의 고-에너지 전자에 의해 형성된다.

$$ADP + P_i \rightarrow ATP$$

진핵생물과 호기성 원핵생물은 이런 방법으로 막대한 양의 ATP를 생산한다. 대부분의 생물체는 이 두 과정을 갖추고 있다. 산소가 존재하는 조건에서는 포도당으로부터 ATP를 만들기 위한 에너지를 수확하기 위해, 세포의 산화반응은 복잡한 효소-촉매 반

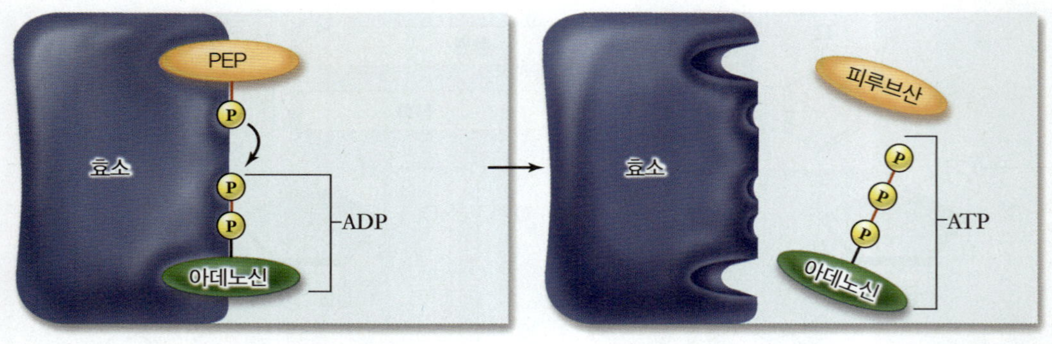

그림 7.4 기질수준인산화. 포스포에놀피루브산(PEP)과 같은 일부 분자들은 ATP 내의 결합에 있는 것과 비슷하게 고-에너지인 인산(P)을 가지고 있다. PEP의 인산그룹이 효소 반응에 의해 ADP에 전달될 때, 결합 속에 있는 에너지는 보존되어 있어서 ATP가 만들어진다. 고갈된 에너지를 가지고 있는 전자들은 그 후 산소에 전달되어 산화적 인산화라 부른다. ATP 합성효소는 반응을 촉매 하기 위해 양성자 기울기의 에너지를 이용한다.

응을 수행한다. 막사이공간으로 양성자를 수송하는 동안에 일련의 운반체를 따라 전달되는 전자들은 전자전달계에서 사용된다. 유기 호흡에서 마지막 전자수용체는 산소이며, 그 결과 일어나는 양성자 기울기는 ATP 합성효소가 ADP를 ATP로 인산화할 수 있는 에너지를 제공한다. 이 복잡한 과정의 자세한 내용(**그림 7.5**)은 이 장의 후반부에서 다룰 것이다.

개념 정리 7.1

세포는 포도당의 완전한 산화를 통해 에너지를 얻는다. 이들 산화-환원 반응에서 탈수소화반응을 통해 전자가 전달되고 양성자는 수송된다. 전자운반체는 산화로부터 얻은 에너지를 점진적이고 단계적으로 방출을 할 수 있도록 돕는다. 이 과정을 통해 에너지는 ATP로 포획된다. ATP의 합성은 두 가지 메커니즘에 의해 일어난다: 기질수준인산화와 산화적 인산화이다.

- 세포는 에너지가 필요한 세포 내의 반응에 직접 포도당의 산화를 왜 연관하지 않을까?

그림 7.5 유기 호흡의 개요.

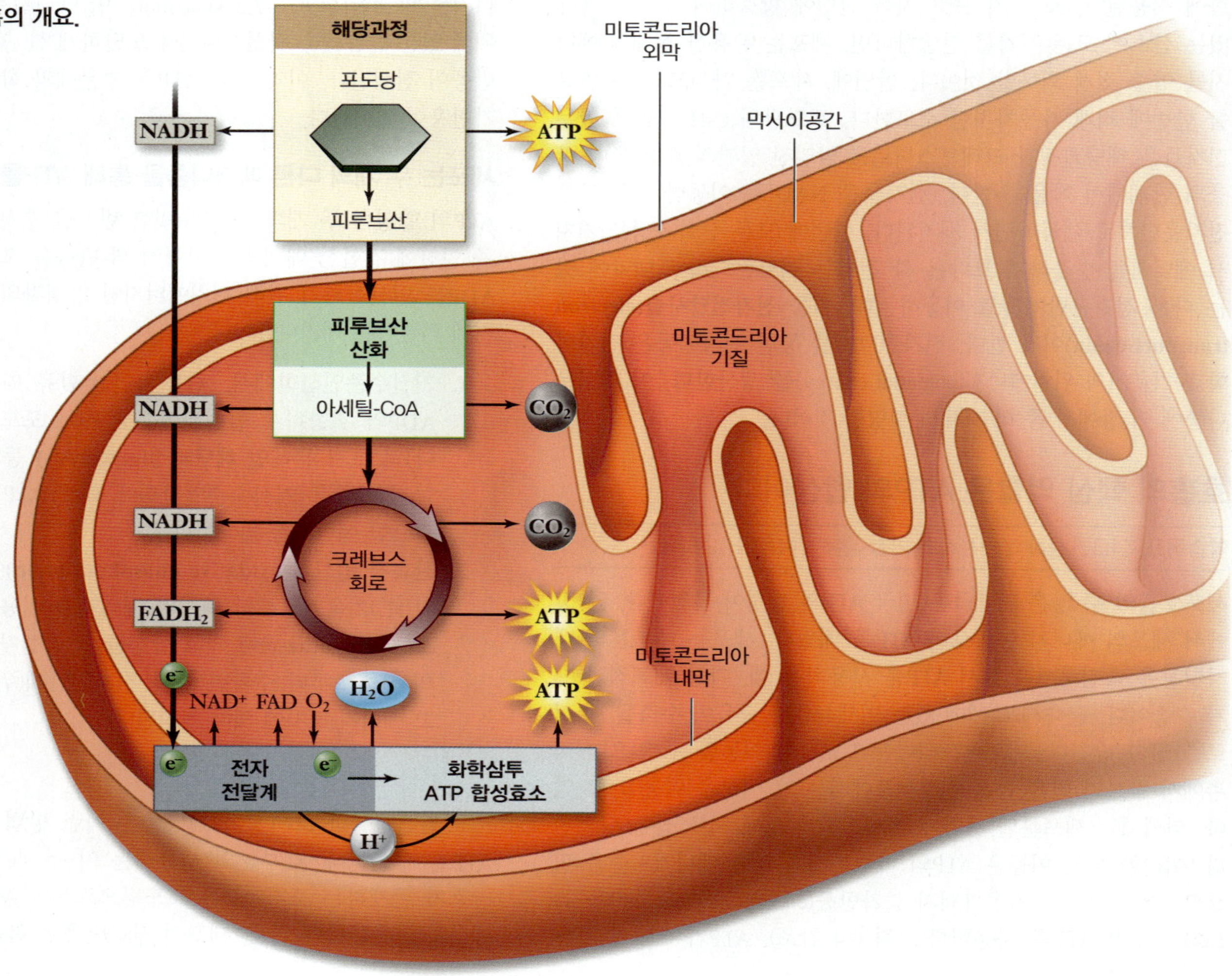

7.2 해당과정은 포도당을 분해해고 소량의 에너지를 수확한다

포도당은 여러 방법으로 분해될 수 있지만, 원시 생명체는 원소들의 결합 에너지를 사용하여 효소 짝-반응(coupled reactions)을 통해 ATP를 합성할 수 있도록 충분한 자유에너지를 방출하는 단순한 포도당-이화과정을 진화시켰다. 세포질에서 일어나는 이 과정을 **해당과정(glycolysis)**이라 부르고, 포도당을 2개의 3-탄소 분자인 피루브산으로 전환한다(그림 7.6). 이러한 변화를 통해 포도당 각 분자는, 세포에서 2개의 ATP가 순 생산된다.

해당과정은 포도당을 2개의 피루브산으로 전환하고, 2개의 ATP와 2개의 NADH를 순 생산한다

학습목표 7.2.1 해당과정의 에너지 수확을 포함하여 그 과정을 설명하라.

해당과정에서 초기 반응의 반은 포도당 한 분자를 3-탄소 화합물인 **글리세르알데히드-3-인산(glyceraldehydes 3-phosphate; G-3-P)** 두 분자로 전환하는 다섯 번의 순차적인 반응으로 구성되어 있다. 이 반응은 ATP를 소비하므로 자유에너지 증가과정이다. 해당과정의 후반부 반응은 ATP를 합성하는 에너지 수확과정에서 다섯 번이 넘는 반응을 통해 G-3-P를 피루브산으로 바꾼다.

핵심반응. 첫 번째는 ATP 합성의 준비단계로 ATP를 사용하는 인산화 과정이다. 이 과정은 포도당이 2개의 ATP를 사용하여 과당-1,6-2인산이 생성된다. 이것은 다시 1단계의 생성물인 2개의 3탄당인산으로 분해된다. 이 과정에서 2개의 ATP가 사용된다.

분해반응. 6-탄당 인산은 2개의 3-탄당 인산으로 쪼개어진다. 이 중의 1개가 G-3-P이고 나머지는 디히드록시아세톤 인산이 합성되는데 이는 G-3-P로 전환될 수 있다. G-3-P는 그 후 초기 반응에서 소모된 에너지보다 더 많은 에너지를 수확하는 일련의 과정을 거친다(그림 7.7).

산화와 ATP의 합성. 1개의 G-3-P는 산화되어 NAD^+에 2개의 전자와 1개의 양성자를 전달하여 NADH가 된다. P_i 분자는 G-3-P에 결합하여 1,3-비포스포글리세르산(1,3-BPG)을 생산한다. 편입된 인산은 이 과정의 끝에 1개의 ATP을 순 생산하는 기질수준인산화(그림 7.4 보라)가 일어난다. 나머지 네 단계의 반응들은 1,3-BPG를 피루브산으로 전환한다.

이 과정에서, 인산은 G-3-P당 2개의 ATP를 합성하기 위하여 ADP와 결합한다. 전체 과정은 그림 7.7에 자세히 설명되어 있다. 1개의 포도당이 2개의 G-3-P 분자로 분해된다. 해당과정의 2단계는 2개의 G-3-P가 2개의 피루브산으로 전환된다. 이 과정에는 4개의 ATP와 2개의 NADH가 만들어진다. 해당과정의 1단계에서 2개의 ATP를 소비했으므로 반응결과 2개의 ATP, 2개의 NADH 그리고 2개의 피루브산이 만들어진다.

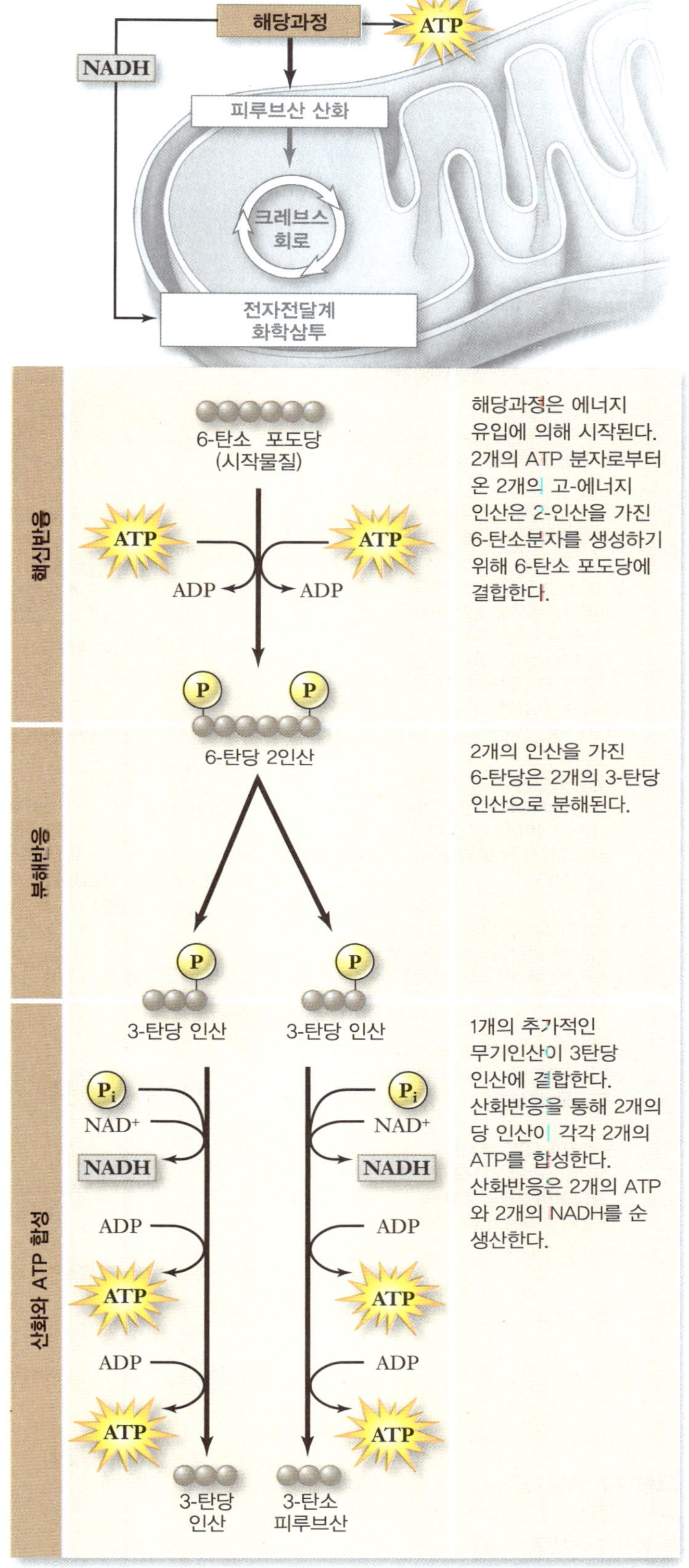

그림 7.6 해당과정이 하는 일.

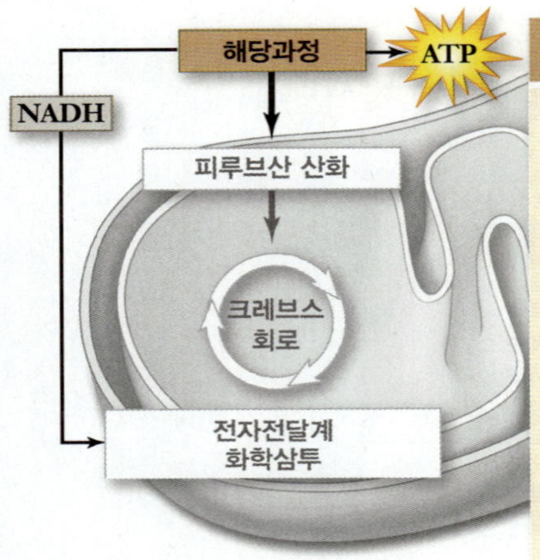

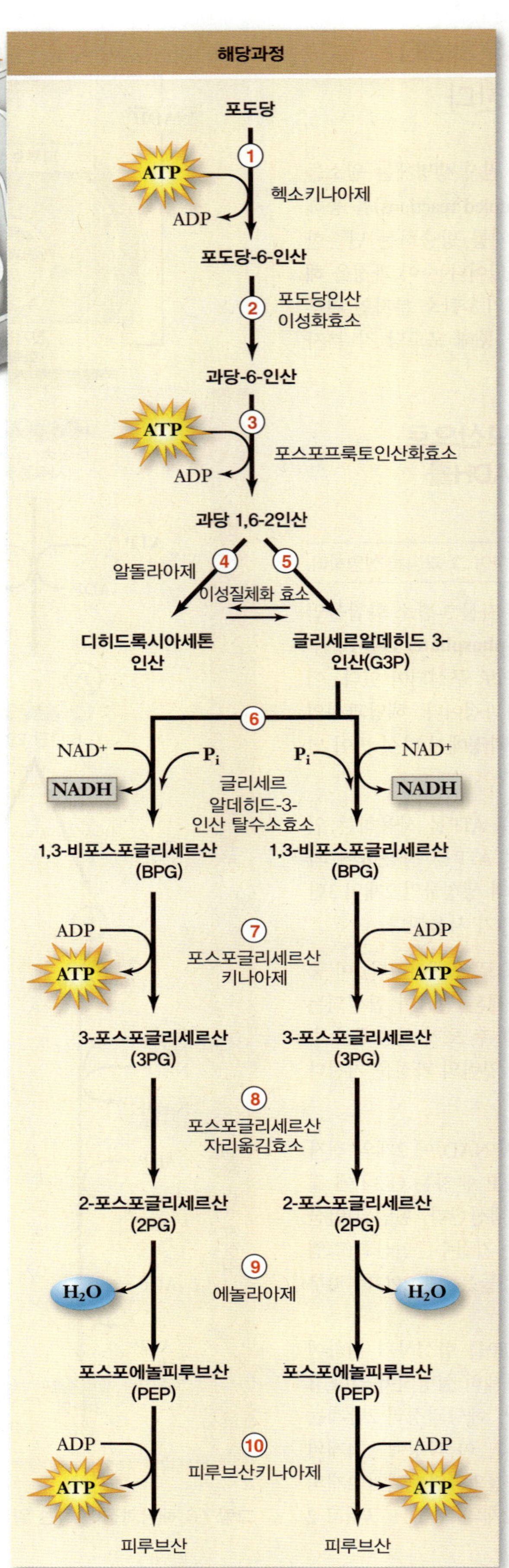

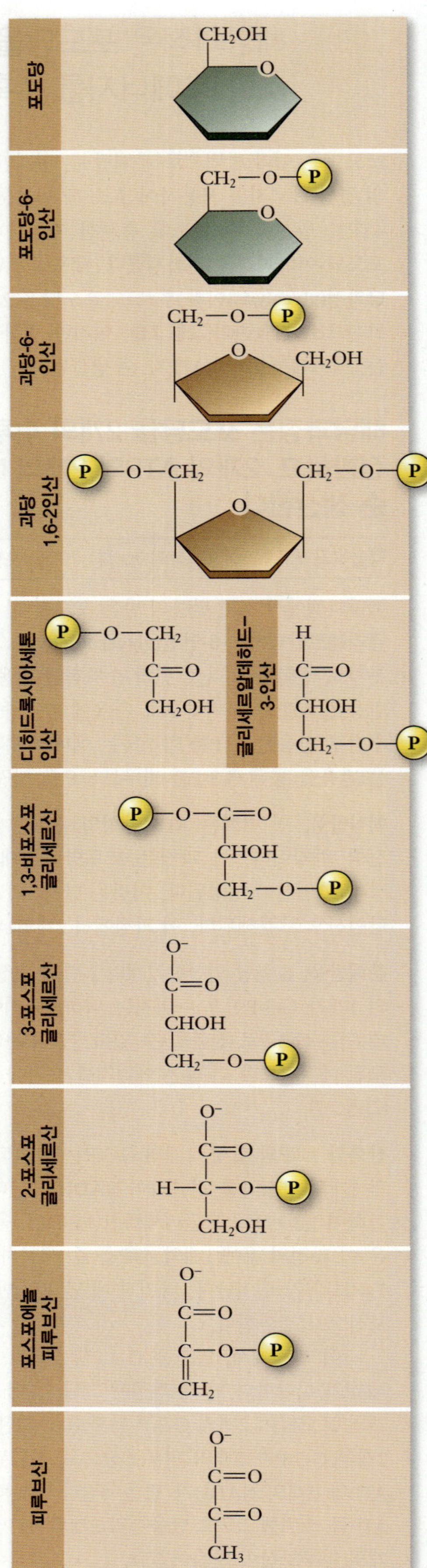

1. ATP에 의한 포도당의 인산화.

2–3. 두 번째 ATP의 인산화반응에 의한 재배열.

4–5. 6-탄소 분자는 2개의 3-탄소 분자로 전환되고, 그 중 하나는 G-3-P이고, 다른 하나는 디히드록시아세톤 인산으로 3탄당 인산 이성화효소에 의해 G-3-P로 전환된다.

6. 인산화반응 후의 산화는 고-에너지의 인산결합을 가진 2개의 BPG 분자와 2개의 NADH 분자를 생산한다.

7. 2개의 ADP 분자는 고-에너지 인산과 결합하여 두 분자의 ATP와 두 분자의 3PG를 생산한다.

8–9. H_2O의 이탈은 고-에너지의 인산 결합을 가진 두 분자의 PEP를 생산한다.

10. 2개의 ADP 분자는 고-에너지의 인산과 결합하여 2개의 ATP와 2개의 피루브산을 생성한다.

그림 7.7 해당과정. 처음 다섯 차례에 걸친 일련의 반응은 포도당 한 분자로부터 두 분자의 G-3-P를 만들고 그 이후 다섯 차례의 반응은 G-3-P를 피루브산으로 전환한다.

$$
\begin{array}{l}
\quad 4\ \text{ATP(G-3-P당 2 ATP 합성, 2 G-3-P = 4 ATP))} \\
-2\ \text{ATP(초기 두 반응 과정에서 사용된다)} \\
\hline
\quad 2\ \text{ATP(전 과정을 통한 순 생산)}
\end{array}
$$

ATP 한 분자의 가수분해는 표준상태에서 −7.3 kcal/mol의 ΔG를 수확한다. 이와 같이 세포는 해당과정을 통해 포도당 몰(mole)당 14.6kcal를 수확한다. 이 에너지 수확은 시작에 불과하다: 피루브산은 계속 산화되며, NADH는 산화적 인산화에 의해 더 많은 ATP를 합성하는 고-에너지 전자를 수송한다.

해당과정의 간략한 역사적 개요

해당과정이 방출하는 에너지의 양은 충분하지 않지만, ATP를 만든다. 지구상에 산소가 없는 환경에서 생명체가 살았던 10억년 전에 해당과정은 종속 영양하는 생물체들이 유기물로부터 ATP를 합성할 수 있는 유일한 방법이었다. 산소가 없을 때, 비교적 적은 에너지를 수확하는 해당과정은 왜 오늘날의 생물체에서 일어나는가? "진화는 증가하는 과정이다" 라는 것이 대답이다: 변화란 과거의 성공을 향상시키는 데서 일어난다. 이화대사에서, 해당과정은 가장 필수적인 진화의 기준을 만족시켰다-해당과정은 발전이었다. 해당과정을 수행하지 못하는 세포는 경쟁적으로 불리하여 해당과정을 수행할 수 있는 세포들만 생존했다. 이후에 이화작용의 발전은 해당과정의 성공을 바탕으로 이루어졌다. 대사과정은 반응의 한 층에서 또 다른 층을 추가하는 방식으로 진화했다. 현재 지구상에 생존하는 거의 모든 생명체는 과거 진화의 대사적 기억으로 해당과정을 수행한다.

호흡의 지속은 NADH의 재활용을 필요로 한다

학습목표 7.2.2 유기호흡과 발효를 비교하라.

해당과정의 순 반응을 요약하면,

$$
\begin{aligned}
&\text{포도당} + 2\ \text{ADP} + 2\ P_i + 2\text{NAD}^+ \rightarrow \\
&\quad 2\ \text{피루브산} + 2\ \text{ATP} + \\
&\quad 2\ \text{NADH} + 2\ \text{H}^+ + 2\ \text{H}_2\text{0}
\end{aligned}
$$

해당과정 동안에는 세 가지의 변화가 일어난다: (1) 포도당은 2개의 피루브산으로 전환된다; (2) 두 분자의 ADP는 기질수준인 산화를 통해 ATP로 전환된다; (3) NAD^+의 두 분자는 NADH로 환원된다. 이 해당과정은 세포에 두 가지 문제를 남긴다: 2개의 피루브산에 있는 에너지를 추출하는 일과 해당과정이 지속될 수 있도록 NAD^+를 재생산하는 것이다.

NADH 재활용의 필요성

세포는 활성을 유지하기 위해 유기물을 포도당으로 전환하여 지속적으로 ATP를 만들 수 있어야 한다.

위 반응을 통해 NADH가 축적되고, NAD^+ 분자 풀은 고갈된다. 세포는 많은 양의 NAD^+를 가지고 있지 못하므로 해당과정이 지속되기 위해서는 NADH가 NAD^+를 재활용해야 한다 - NAD^+와 다른 일부 분자는 결국 피루브산에서 획득한 전자를 수용하여 환원된다. 다음의 두 반응이 핵심적인 역할이다(그림 7.8):

1. **유기호흡.** 산소는 최고의 전자수용체이다. 일련의 전자전달 반응을 통해 피루브산에서 얻은 전자는 산소와 결합하여 물이 된다. 이 과정은 산소가 있을 때는 진핵세포의 미토콘드리아에서 일어난다. 대기 중에 산소가 풍부하므로 이 과정은 유기호흡으로 많은 양의 ATP를 합성한다.
2. **발효.** 산소가 없으면 포도주의 발효 동안에 있는 아세트알데히드 같은 유기물이 대신하여 전자를 수용할 수 있다. 발효는 유기호흡을 할 수 있는 대부분의 생물체들의 대사과정에서 매우 중요한 역할을 한다.

개념 정리 7.2

해당과정은 6-탄당 포도당을 3-탄소 분자인 피루브산 두 분자로 나누어진다. 이 과정에서는 2개의 ATP가 사용되고 포도당은 4개의 ATP를 만들어서 2개의 ATP가 순 생산된다. 해당과정에서 산화반응은 NAD^+로 전자를 전달하여 2개의 NADH가 만들어진다. 산소가 풍부할 때, NADH는 전자전달계에 의해 산화되고, 최종적으로 O_2를 환원시킨다. 산소가 없을 때, NAD^+는 유기물을 환원하는 발효반응에 의해 재 생산된다.

- 세포질에서 일어나는 해당과정은 미토콘드리아의 세포 내 공생설을 지지하게 하나 아니면 그 반대인가?

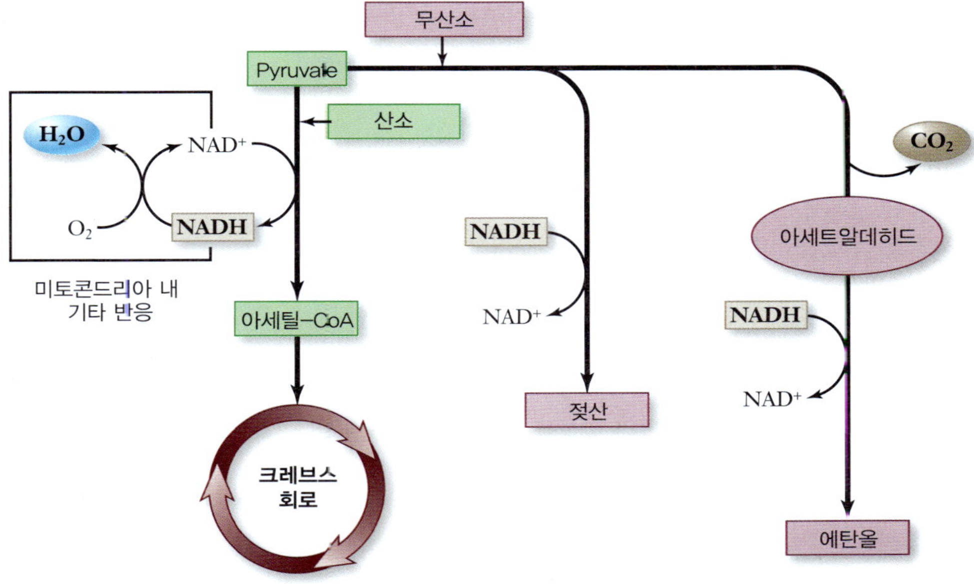

그림 7.8 NADH 재활용하는 데 필요한 반응.

7.3 크레브스회로는 세포호흡에서 산화과정의 핵심이다

해당과정에서 만들어진 피루브산의 운명은 산소의 유무에 의존한다. 유기호흡에서 크레브스회로는 피루브산의 산화에서 아세틸-CoA(acetyl-CoA)가 생성되면서 시작한다. 반면에, 발효 경로에서는 NADH를 다시 NAD^+로 산화하기 위해 피루브산의 전체 또는 일부를 환원시킨다. 지금부터 유기호흡에 대해 살펴볼 것이다; 발효과정은 다음 절에서 더 자세히 설명될 것이다.

피루브산은 크레브스회로에 들어 가기 위해 2-탄소인 아세틸 그룹으로 전환된다

학습목표 7.3.1 피루브산의 산화가 호흡의 해당과정과 어떻게 연관되는지를 설명하라.

산소가 존재할 때 해당과정에서 시작되는 포도당의 산화는 피루브산으로 마무리된다. 진핵생물은 피루브산에서 추가적인 에너지 추출은 미토콘드리아 내에서 일어난다. 원핵생물에서도 비슷한 반응이 세포질과 원형질막에서 일어난다. 세포는 피루브산의 많은 에너지를 두 가지 방법으로 수확한다. 첫 번째로, 피루브산은 산화되어 NAD^+에 전자를 전달하여 NADH 그리고 2-탄소 화합물과 CO_2를 생산한다. 두 번째는 2-탄소화합물이 크레브스회로의 반응을 통해 두 분자의 CO_2를 방출하며 산화된다. 피루브산은 피루브산의 3-탄소에서 1개의 탄소를 쪼개는 "탈카르복시화" 반응에서 산화되며 탄소는 CO_2로 방출된다(그림 7.9). 아세틸 그룹이라 부르는 2-탄소화합물은 조효소 A(coenzyme A)와 결합한다; 이 분자를 아세틸-CoA라 한다. 이 반응에서 2개의 전자와 1개의 양성자가 전자운반체인 NAD^+로 전달되어 NADH로 환원되며, 나머지 양성자는 기질에 방출한다. 이 복잡한 반응은 하나의 다중효소 복합체에 의해 미토콘드리아 내에서 촉매되는 세 번의 반응을 수행한다. 6장에서 설명했듯이, 다중효소 복합체는 단계적인 효소반응을 진행시키므로 이 반응의 화학적 중간산물들을 확산하지 않으며, 아울러 다른 반응을 거치지도 않는다. 다중효소 복합체 내의 폴리펩티드는 기질을 한 효소에서 다른 효소로 전달하지만 방출은 하지 않는다. 피루브산에서 CO_2를 제거하는 효소 복합체인 피루브산 탈수소효소는 지금까지 알려진 가장 큰 효소 중의 하나로 60개의 소단위들을 포함한다. 이 반응은 다음과 같이 요약할 수 있다.

$$\text{피루브산} + NAD^+ + CoA \rightarrow \text{아세틸-CoA} + NADH + CO_2 + H^+$$

합성된 NADH 분자는 ATP의 합성을 위해 나중에 사용된다. 아세틸 그룹은 피루브산의 또 다른 산화를 위해 재활용되는 CoA와 함께 크레브스회로로 들어간다. 크레브스회로는 포도당의 산화를 마무리한다.

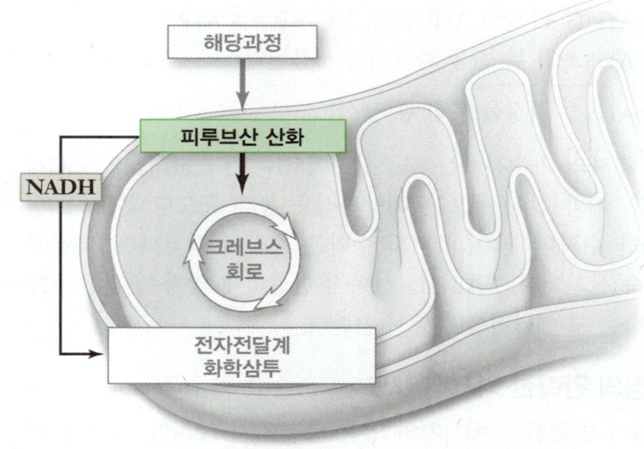

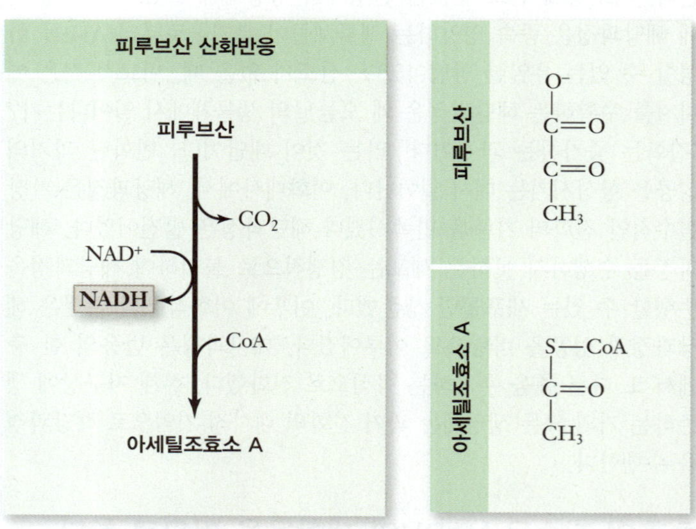

그림 7.9 피루브산의 산화. 이 복합 반응은 NAD^+를 전자수용체로 사용하여 NADH로 환원된다. 이 생성물인 아세틸조효소 A (acetyl-CoA)는 크레브스회로에 아세틸 단위로 들어가고 CoA는 피루브산의 또 다른 산화를 위해 재활용된다. NADH는 전자전달계에서 전자들을 제공한다.

크레브스회로는 2-탄소 아세틸 그룹을 산화한다

학습목표 7.3.2 크레브스회로의 산물로 생성된 전자의 역할을 설명하라.

산화적 호흡의 세 번째 단계에서 피루브산에서 생성된 아세틸 그룹은 크레브스회로에서 아홉 번의 연속적인 반응을 거치는 동안 산화된다. 이 반응은 미토콘드리아의 기질에서 일어난다. 이 반응은 중간산물인 시트르산을 통해 일어나므로 시트르산 회로라고 불린다. 시트르산은 트리카르복실산으로 트리카르복실산 또는 TCA 회로라 부르기도 한다. 이 회로에서 2-탄소 아세틸-CoA는 4-탄소 분자인 옥살로아세트산과 결합한다. 그 결과로 합성된 6-탄소 분자인 시트르산은 전자를 수확하는 산화반응이 몇 단계를 거쳐 일어나며, 그 과정에 두 분자의 CO_2가 방출되며, 옥살로아세트산을 재생성한다. 재 생성된 옥살로아세트산은 다음 회로를 위해 다른 아세틸 그룹과 결합한다. 회로가 다시 시작할 때, 새로운 아세틸 그룹이 첨가되고 2개의 탄소는 CO_2 두 분자로 방출되어 사라지며 많은 전자들이 전자 매개체로 전달된다. 이 전자들은 ATP를 합성하는 양성자 펌프를 야기하는 전자전달계에 의해 사용된다.

크레브스회로의 요약

크레브스회로는 스스로 많은 양의 ATP를 합성하지 못하지만 전자전달계에 전자를 전달할 수 있는 많은 양의 NADH를 생성한다. 크레브스회로의 역할은 회로의 시작 물질을 재 생성하는 일련의 산화 과정을 통해서 전자를 수확한다. 크레브스회로에서 일어나는 아홉 번의 반응은 아세틸-CoA(그림 7.10)에 있는 2-탄소 단위에서 시작되고 이들이 산화되어 전자와 양성자를 NADH와 $FADH_2$에 전달한다. 첫 번째 반응은 4-탄소인 옥살아세트산이 아세틸 그룹과 결합하여 6-탄소인 시트르산 분자를 생산한다. ❶ 그림 7.10에서 단순화 한 다섯 번의 반응들은 시트르산을 5-탄소 중간산물로 전환하고, 그 이후에는 4-탄소의 숙신산이 된다. 이 반응 동안에 두 개의 NADH와 한 개의 ATP가 합성된다. ❷

숙신산 또한 이 그림에서 단순화했지만 옥살아세트산이 되기 위해 세 번의 추가적인 반응을 한다. ❸ 이 반응 동안에 하나의 NADH가 더 생산된다; 게다가 또 다른 보조인자인 플라빈아데닌디뉴클레오티드(FAD)가 $FADH_2$로 환원된다.

크레브스회로는 아홉 번의 반응으로 이루어진다

학습목표 7.3.3 크레브스회로에서 아홉 번의 반응과 회로가 일어나는 곳을 설명하라.

그림 7.11은 크레브스회로에서 일어나는 아홉 번의 반응을 요약한 것이다: 2-탄소 그룹인 아세틸-CoA가 크레브스회로로 들어가면서 반응이 시작되어 2개의 CO_2, 1개의 ATP, 그리고 4쌍의 전자가 생성된다.

반응 1: 축합반응. 시트르산은 아세틸-CoA가 옥살아세트산과 결합하여 생성된다. 이 축합반응은 비가역적으로, 2-탄소 아세틸 그룹이 크레브스회로로 들어간다. 이 반응은 세포 내의 ATP 농도가 높을 때는 저해되고 낮을 때는 촉진된다. 그 결과 세포가 충분한 양의 ATP가 있으면 크레브스회로는 중지되고 아세틸-CoA는 지방 합성반응에 사용된다.

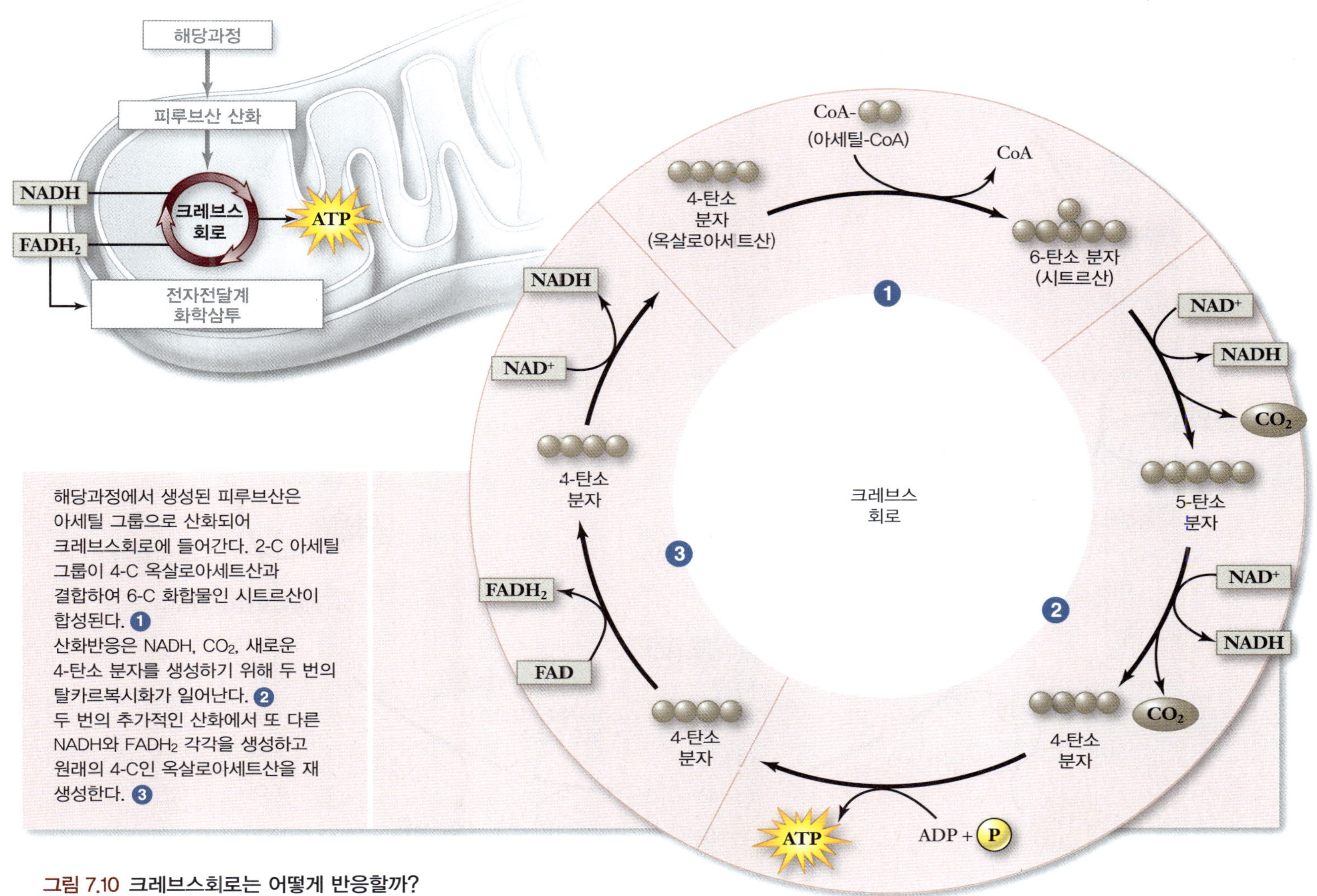

그림 7.10 크레브스회로는 어떻게 반응할까?

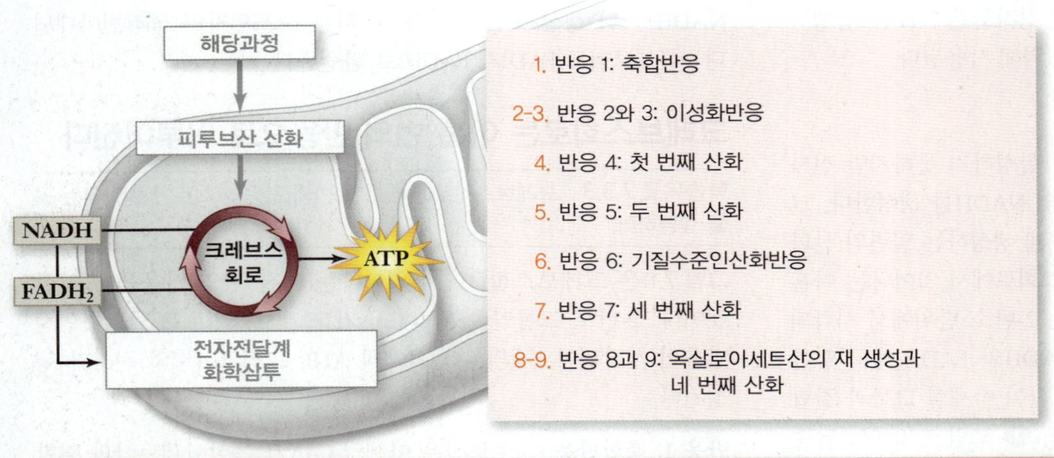

그림 7.11 크레브스회로. 크레브스회로의 반응은 미토콘드리아의 기질에서 일어난다. 포도당의 완전한 분해를 위해 해당과정을 통해 두 분자의 아세틸-CoA가 생성되고, 피루브산의 산화가 일어날 때 마다 크레브스회로로 들어간다. 회로에서 탄소 수의 변화를 살펴보고 화합물의 탄소골격에서 일어나는 변화와 이 회로를 통해 일어나는 산화반응이 어디에서 일어나는지를 기억하라.

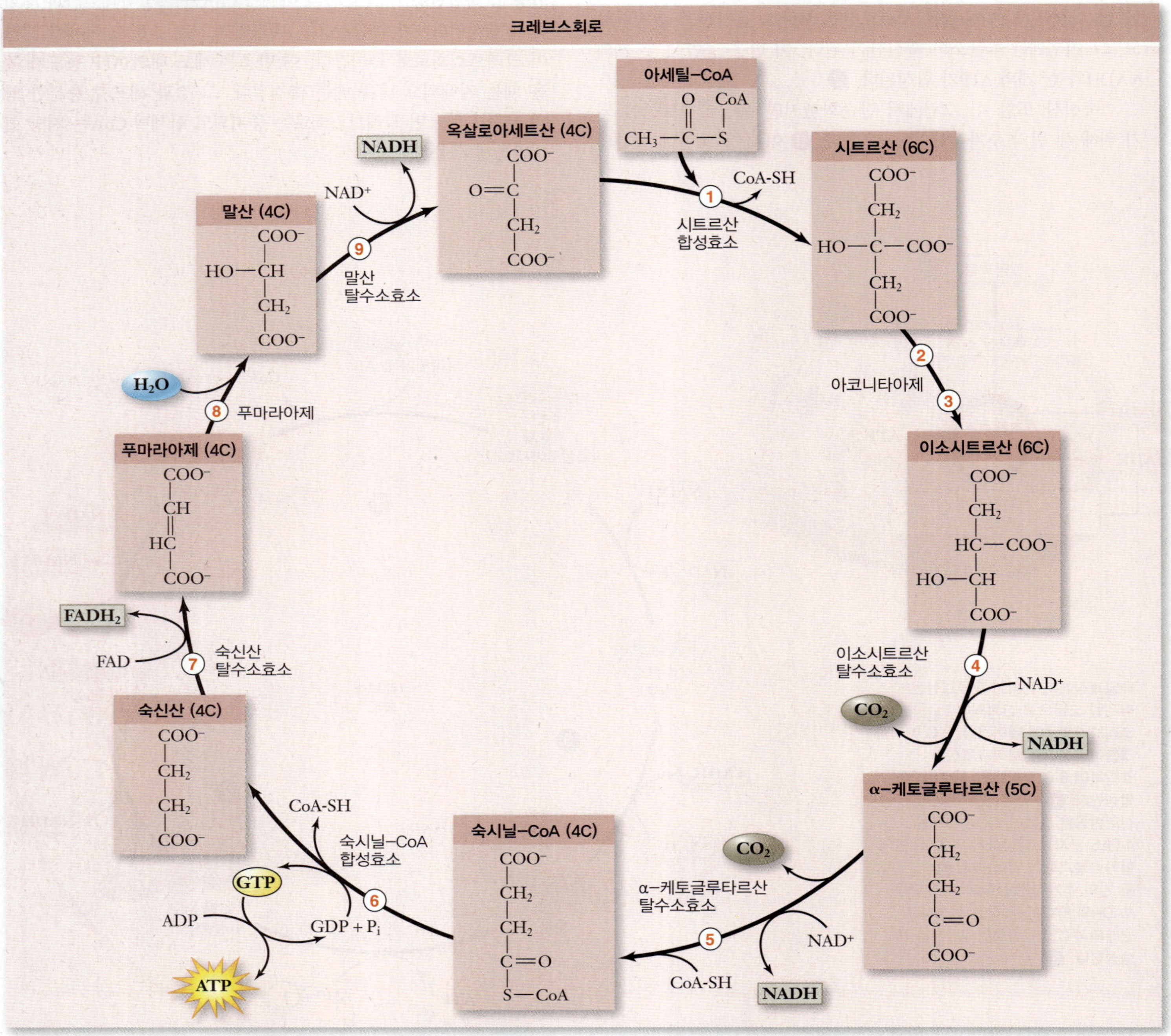

크레브스회로

아세틸-CoA
$CH_3—C(=O)—S—CoA$

① 시트르산 합성효소, CoA-SH

시트르산 (6C)
$COO^-—CH_2—C(OH)(COO^-)—CH_2—COO^-$

② 아코니타아제 ③

이소시트르산 (6C)
$COO^-—CH_2—HC(COO^-)—HO—CH—COO^-$

④ 이소시트르산 탈수소효소, NAD^+ → NADH, CO_2

α-케토글루타르산 (5C)
$COO^-—CH_2—CH_2—C{=}O—COO^-$

⑤ α-케토글루타르산 탈수소효소, NAD^+ → NADH, CoA-SH, CO_2

숙시닐-CoA (4C)
$COO^-—CH_2—CH_2—C{=}O—S—CoA$

⑥ 숙시닐-CoA 합성효소, CoA-SH, GDP + P_i → GTP, ADP → ATP

숙신산 (4C)
$COO^-—CH_2—CH_2—COO^-$

⑦ 숙신산 탈수소효소, FAD → $FADH_2$

푸마라아제 (4C)
$COO^-—CH{=}HC—COO^-$

⑧ 푸마라아제, H_2O

말산 (4C)
$COO^-—HO—CH—CH_2—COO^-$

⑨ 말산 탈수소효소, NAD^+ → NADH

옥살로아세트산 (4C)
$COO^-—O{=}C—CH_2—COO^-$

반응 2와 3: 이성질화. 산화반응이 시작되기 전에 시트르산의 수산화기(-OH)는 위치를 바꾸어야 한다. 이 재배열은 두 단계를 거친다: 첫 번째로 물 분자가 탄소로부터 제거되고; 그 후 물은 다른 탄소에 결합한다. 그 결과 −H 그룹과 −OH 그룹이 위치를 바꾼다. 생성물은 시트르산의 이성질화된 이소시트르산이다. 이런 재 배열은 다른 반응을 촉진시킨다.

반응 4: 첫 번째 산화. 크레브스회로에서 처음으로 에너지를 수확하는 단계는 이소시트르산이 산화적 탈카르복시화 반응을 거쳐 이루어진다. 첫 번째로 이소시트르산은 산화되어 NAD^+를 NADH로 환원하는 한 쌍의 전자를 수확한다. 그 후 산화된 중간산물은 탈카르복시화 된다: 중앙의 카르복실 그룹이 CO_2를 생성하기 위해 쪼개지고, α−케토글루타르산이라 불리는 5-탄소로 전환된다.

반응 5: 두 번째 산화. 그 다음 α−케토글루타르산이 피루브산 탈수소효소와 유사한 다중효소 복합체에 의해 탈카르복시화 된다. CO_2 방출 후에 남은 숙시닐 그룹은 조효소 A와 결합하여 숙시닐-CoA가 생성된다. 이 과정에서 두 개의 전자가 추출되어 NAD^+ 분자를 NADH로 환원한다.

반응 6: 기질수준인산화. 4-탄소 숙시닐 그룹과 CoA의 결합은 에너지가 높은 결합이다. 해당과정에서 일어나는 반응들과 비슷한 짝지음 반응에 있는, 이 결합이 쪼개진 결과 발생한 에너지에 의해 구아노신2인산(guanosine diphoaphate; GDP)의 인산화가 일어나서 구아노신3인산(guanosine triphosphate; GTP)이 형성된다. GTP는 한 개의 인산을 ADP에 전달하여 ATP를 합성할 수 있다. 남아있는 4-탄소 분자를 숙신산이라 한다.

반응 7: 세 번째 산화. 그 다음 숙신산은 미토콘드리아 내막에 위치한 효소에 의해 푸마르산으로 산화된다. 이 반응에서 자유에너지는 NAD^+를 환원시키기에는 충분하지 못하다. 대신에 FAD가 전자수용체이다. NAD^+와 달리, FAD는 미토콘드리아 내에서 확산될 수 없다; 즉 FAD는 미토콘드리아 내막에 있는 효소에 강하게 결합되어 있다. 환원된 형태인 $FADH_2$은 막의 전자전달계에서 전자를 공여할 수 있다.

반응 8과 9: 옥살로아세트산의 재생성. 회로의 마지막 두 반응에서 물 분자가 푸마르산에 결합하여 말산이 된다. 말산은 그 후 산화되어 4-탄소 분자인 옥살로아세트산과 NAD^+ 한 분자가 NADH로 환원되며 두 개의 전자를 수확한다. 회로를 시작하는 분자인 옥살로아세트산은 다른 2-탄소 아세틸-CoA의 2-탄소인 아세틸 그룹과 결합하면서 회로가 다시 돌아간다. 유기호흡 과정에서 포도당은 완전히 연소된다. 6-탄소 포도당 분자는 해당과정 동안에 3-탄소인 피루브산 두 분자로 나누어진다. 각 피루브산의 탄소 1개는 피루브산이 아세틸-CoA로 전환되면서 CO_2로 방출된다. 아세틸-CcA의 다른 2개의 탄소는 크레브스회로 과정에서 CO_2로 방출된다. 1개의 포도당 분자로부터 6개의 CO_2를 방출하고, 남은 것은 4개의 ATP 분자와 환원된 상태에 있는 12개의 전자운반체에 보존되어 있다. 전자전달운반체 중 열 개는 NADH 분자이고, 나머지 둘은 $FADH_2$이다.

호흡에서 전자의 흐름

포도당이 산화되는 반응에서 전기적 전하의 변화를 조사하는 좋은 전략은 항상 전자의 흐름을 파악하는 것이다. 예를 들면, 해당과정 동안에 한 개의 효소가 두 개의 수소를 추출하는 데, 그것이 포도당으로부터 유래한 두 개의 전자와 한 개의 양성자를 NAD^+로 전달한다. 다른 양성자는 세포질에 방출한다. 이 전달은 NAD^+를 NADH로 전환시킨다; 즉 두 개의 음의 전자($2e^-$)와 한 개의 양 전하를 띤 양성자(H^+)가 전기적으로 중성인 NADH를 형성하기 위해 양 전하를 띤 NAD^+에 결합한다. 앞에서 설명했듯이, NADH에 의해 포획된 에너지는 한번에 모두 수확하지는 못한다. NADH에 의해 전달되는 두 개의 전자는 미토콘드리아 내막의 단백질 복합체로 되어 있는 전자전달계를 따라 이동한다. NADH는 전자전달계의 초기에 전자를 방출하고, 마지막에는 산소가 그 전자들을 포획한다. 산소는 그때 수소와 결합하여 물이 된다. 전자전달계의 각 단계에서 전자는 좀 더 음전기적인 운반체로 조금 이동하고, 전자들의 에너지 위치는 약간 변한다. 이와 같이 전자는 에너지 기울기를 따라 아래로 이동한다. 전자전달의 모든 과정을 통해 표준조건에서 전체적으로 53 kcal/mol(222 kj/mol)을 방출한다. 전자전달계를 통한 전자들의 전달은 에너지가 점진적으로 추출되도록 한다. 다음에는 이 에너지가 어떻게 ATP 합성으로 이끌어지는지를 살필 것이다.

개념 정리 7.3

피루브산은 미토콘드리아에서 아세틸–CoA와 CO_2로 산화된다. 아세틸–CoA는 해당과정에서 시작한 포도당의 산화를 마친 후에 크레브스회로에 들어간다. 아세틸–CoA는 옥살로아세트산과 결합하여 시트르산이 된다. 다섯 번의 반응은 숙신산, 2개의 NADH, 2개의 CO_2와 1개의 ATP를 생산한다. 숙신산은 세 번의 반응을 더 거쳐 옥살로아세트산, 1가의 NADH와 1개의 $FADH_2$를 생산한다.

- 포도당으로부터 수확된 전자들은 어떤 일이 일어나나?

7.4 산화를 통해 수확된 전자들은 전자전달계를 따라 이동한다

유기호흡 동안에 생성된 NADH와 $FADH_2$ 분자는 각각 NAD^+와 FAD로부터 환원될 때 얻은 한 쌍의 전자들을 가진다. 이 전자들은 ATP를 합성하는 데 사용되지 않은 상당한 양의 위치에너지를 가지고 있어서 전자전달계를 통해 ATP의 합성에 이용된다. 전자전달계의 역할은 ATP 합성효소가 ATP를 합성하는 데 사용할 수 있는 양성자 기울기를 만드는 것이다.

전자전달계는 양성자 기울기를 만든다

학습목표 7.4.1 전자전달계를 통한 전자의 전달과정을 설명하고 전자의 마지막 반응을 알아내라.

NADH 분자는 전자를 미토콘드리아 내막에 있는 NADH 탈수소효소로 전달한다. 전자를 처음으로 받는 단백질은 **NADH 탈수소효소(NADH dehydrogenase)**로 막내재효소인 복합체이다. 유비퀴논은 단백질 시토크롬 복합체인 bc1 복합체로 전자를 전달한다. 전자전달계의 각 복합체는 막사이공간으로 양성자를 펌프한다(그림 7.12). 전자는 그 다음 시토크롬 산화효소 복합체인 시토크롬c로 전달된다. 이 복합체는 산소 한 분자를 환원하기 위해 4개의 전자를 사용한다. 이때 산소는 양성자와 반응하여 물을 생산한다.

$$O_2 + 4\ H^+ + 4\ e^- \rightarrow 2H_2O$$

NADH 탈수소효소로 전자를 전달하는 NADH와는 달리 $FADH_2$는 내막의 유비퀴논으로 전자를 전달한다. $FADH_2$로부터 방출한 전자는 전자전달계의 첫 번째 단계인 NADH 탈수소효소를 건너 뛴다. 전자수용체인 산소는 산화적 호흡이 일어날 수 있도록 한다. 8장에서 볼 수 있듯이, 유기호흡의 전자전달계는 광합성의 전자전달계로 부터 진화한 것일 수 있으며, 또한 매우 유사하다. 호흡은 미토콘드리아를 가지고 있는 모든 진핵세포에서 일어난다. 미토콘드리아의 기질에는 크레브스회로의 반응을 수행하는 효소들이 있다. 앞에서 설명했듯이, 전자가 NAD^+로 전달될 때 양성자(H^+)가 함께 결합한다. 산화적 호흡에 의해 수확된 전자들이 전자전달계를 따라 이동함에 따라, 그들이 방출하는 에너지는 양성자를 기질 밖인 막사이공간이라 불리는 바깥 구획으로 수송한다.

미토콘드리아 내막의 전자전달계에 있는 세 개의 단백질 복합체가 실제로 양성자를 수송한다(그림 7.12를 참조하라). 고-에너지 전자 전달은 막을 가로질러 양성자를 수송할 수 있게 펌프 단백질의 형태를 변화시킨다. NADH에서 받은 전자들은 세 종류의 단백질 복합체의 양성자 펌프를 모두 활성시키나, $FADH_2$에서 방출된 전자는 전자전달계로 들어가서 두 개의 단백질 복합체의 양성자 펌프를 활성시킨다. 이런 방식에 의해 기질과 막사이공간 사이에는 양성자 기울기가 형성된다.

화학삼투는 ATP를 합성하기 위해 양성자 기울기를 이용한다

학습목표 7.4.2 ATP 합성효소의 화학삼투, 위치와 구조를 설명하라.

미토콘드리아의 기질은 막사이공간에 비하여 음전하를 띠고 있기 때문에 양으로 전하를 띤 양성자는 기질로 들어 간다. 기질로 되돌아간 양성자의 대부분은, ADP와 P_i로부터 ATP의 합성을 촉매하기 위해 양성자 기울기의 에너지를 이용하는 ATP 합성효소 내의 채널을 통해 이동한다. ATP의 화학적 합성이 삼투현상과 비슷한 확산의 힘에 의해 이루어지므로 이 과정을 화학삼투라 부른다. 새롭게 합성된 ATP는 ATP합성효소가 자유에너지 증가반응을 유도하기 위해 에너지가 필요한 세포 내 많은 곳으로 촉진 확산된다.

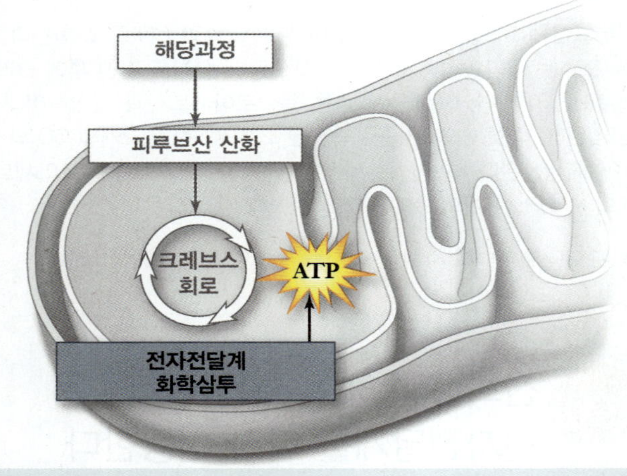

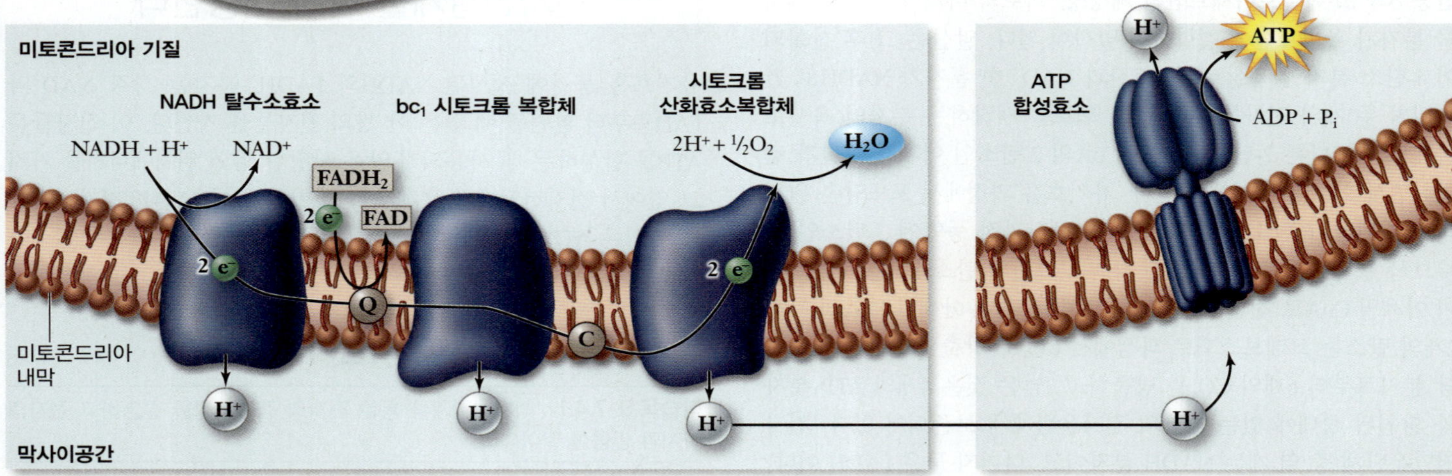

a. 전자전달계

b. 화학삼투

그림 7.12 전자전달계. 분해된 분자에서 수확된 고-에너지 전자는 세 개의 단백질 복합체 사이에 있는 운동성 전자 운반체들(Q로 표시한 유비퀴논과 C로 표시한 시토크롬c)에 의해 전달된다. 이 세 개의 단백질 복합체는 전자 에너지의 일부를 단백질 복합체의 기질 밖인 막사이공간으로 양성자를 펌프한다. 전자는 마지막으로 산소를 환원하여 물이 된다.

전자전달과 ATP 합성의 짝-반응에 대한 화학삼투에 대한 이론이 제안되었을 때 논란이 많았다. 시간이 지남에 따라 이 이론을 지지하는 많은 실험적 증거가 축적되었다(그림 7.13). 세포호흡 반응에서 방출된 에너지는 양성자 기울기를 형성하는 양성자 펌프를 한다. 양성자 기울기는 ATP 합성을 위해 필요한 에너지를 공급한다. 그림 7.14는 이 모든 과정을 요약하였다.

ATP 합성효소는 분자회전모터이다

ATP 합성효소는 ATP의 합성을 수행하기 위해 흥미로운 분자적 메커니즘을 사용한다(그림 7.15). 구조적으로, 이 효소는 막 결합 부위와 원형의 촉매부분 그리고 막 부위를 연결하는 가는 자루로 되어 있다.

이 복합체는 두 개의 하부구조로 나눌 수 있다: 막에 결합된 소수성 부분인 F_o-단백질 복합체 그리고 기질로 돌출된 F_1-복합체이다. F_1-복합체가 효소활성을 가진다. F_o-복합체는 양성자의 농도 기울기에 따라 막을 통과할 수 있는 채널을 가지고 있다. 양성자 수송은 F_o-복합체와 기둥이 회전하게 한다. 회전의 기계적인 에너지가 ATP의 합성을 촉매 하기 위해 F_1-복합체의 촉매부위에 형태 변화를 일으킨다. 이와 같이, ATP의 합성은 양성자 기울기에 의해 직접 작동되는 회전, 즉 작은 회전모터에 의해 일어난다. 양성자 흐름은 수력발전소의 물 흐름과 같다. 중력에 의해 물이 떨어지는 힘을 이용하여 터빈이 회전하게 되고 전류가 만들어지는 것과 같이, 양성자 기울기는 ATP 합성효소 발전기가 회전하게 하는 에너지를 생산한다.

과학적 사고

가설: ATP 합성효소는 인산화반응에 필요한 에너지를 제공하기 위해 양성자 기울기를 이용한다.

예측: 양성자 기울기의 근원은 중요하지 않다. 빛에 의해 유도된 세균로돕신 펌프에 의해 형성된 양성자 기울기는 빛이 있을 때는 인산화를 유도하나 암조건에서는 인산화를 유도하지 못한다.

테스트: 세균로돕신과 ATP 합성효소를 포함하거나, ATP 합성효소만을 포함하는 인위적인 소낭을 만든다. 이들 소낭에 빛을 비추고 ATP의 합성을 측정한다.

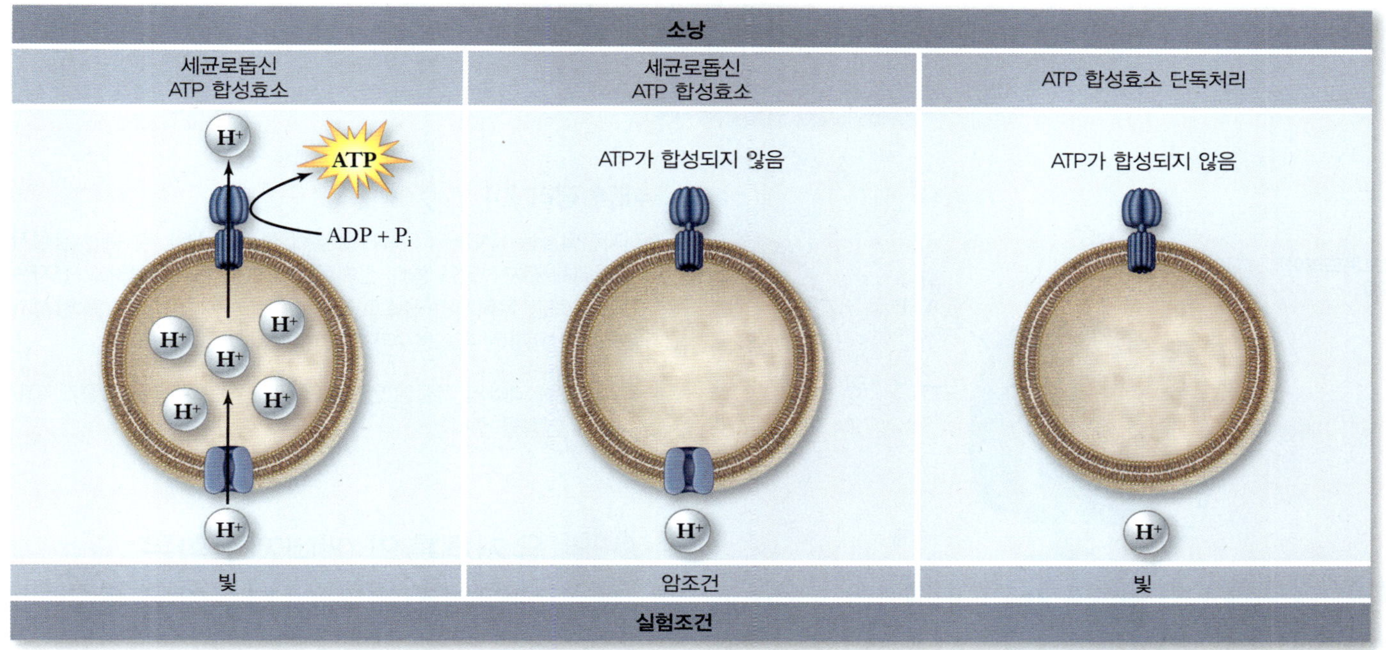

결과: 세균로돕신과 ATP 합성효소가 있는 소낭은 빛을 비추면 ATP를 합성할 수 있으나 암조건에서는 ATP를 합성하지 못한다. ATP 합성효소만 있는 소낭은 빛이 있어도 ATP를 합성하지 못한다.

결론: ATP 합성효소는 ATP의 합성을 위한 에너지로 양성자 기울기를 이용할 수 있다.

추가 실험: 이런 종류의 실험에 적절한 다른 조건들은 무엇이 있을까? 이 실험이 8장에 있는 산성 용액 배양을 이용하는 것보다 화학삼투를 증명하는 데 왜 더 적절한가(그림 8.16 참조)?

그림 7.13 ATP 합성효소에 의한 ATP의 화학삼투를 위한 증거. 세균로돕신(빛 에너지를 사용하여 양성자 펌프를 촉진시키는 색소)과 ATP 합성효소를 포함하는 것과 ATP 합성효소만 있는 두 종류의 인위적인 소낭을 만들었다. 이 실험은 암조건에서 그리고 다시 빛을 주었을 때 ATP의 합성을 측정하였다. 세균로돕신과 ATP 합성효소가 있는 소낭은 빛이 있으면 ATP를 합성하나 암조건에서는 ATP를 합성하지 못한다; ATP 합성효소만 있는 소낭은 빛이 있어도 ATP를 합성하지 못한다. 결론: ATP 합성효소는 ATP를 합성하기 위해 양성자 기울기가 필요하다.

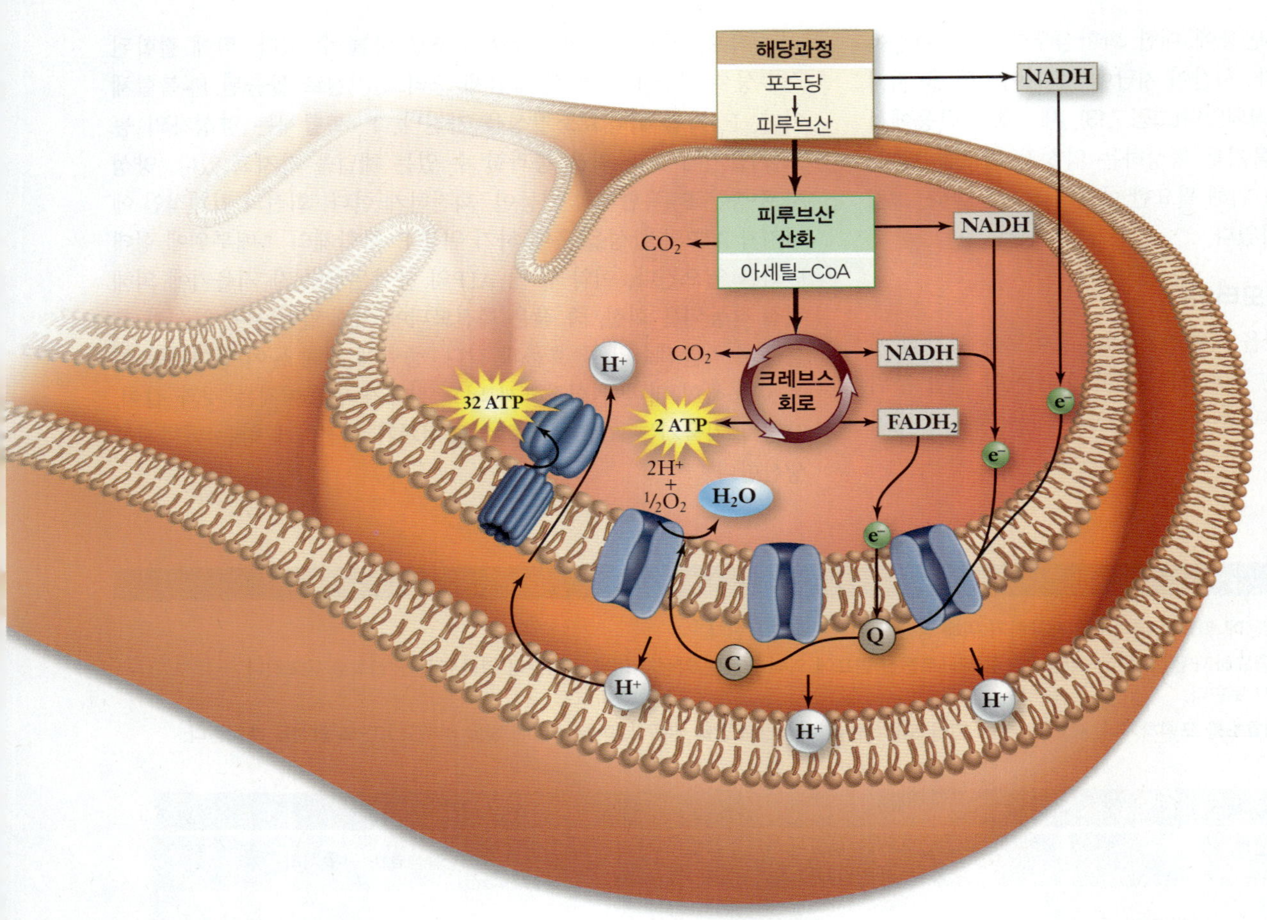

그림 7.14 미토콘드리아 내 유기호흡의 개요. 유기 호흡의 모든 과정은 세포본문에서 다루었다. 해당과정은 미토콘드 리아에서 사용되는 NADH와 피루브산을 세포질에서 생성한다. 미토콘드리아에서 피루브산은 산화되고, 산화과정을 완성하기 위해 크레브스 회로로 들어간다. 전체 과정 중에서 산화에 의해 수확된 모든 전자는 NADH와 $FADH_2$에 의해 전자전달계로 들어간다. 전자전달계는 전자전달 동안에 방출된 에너지를 내막을 가로질러 양성자를 펌프하기 위해 사용한다. 이 과정은 위치에너지인 전기화학적 기울기를 만든다. ATP 합성효소는 ATP를 합성하기 위해 ADP를 인산화하는데 이 기울기를 사용한다.

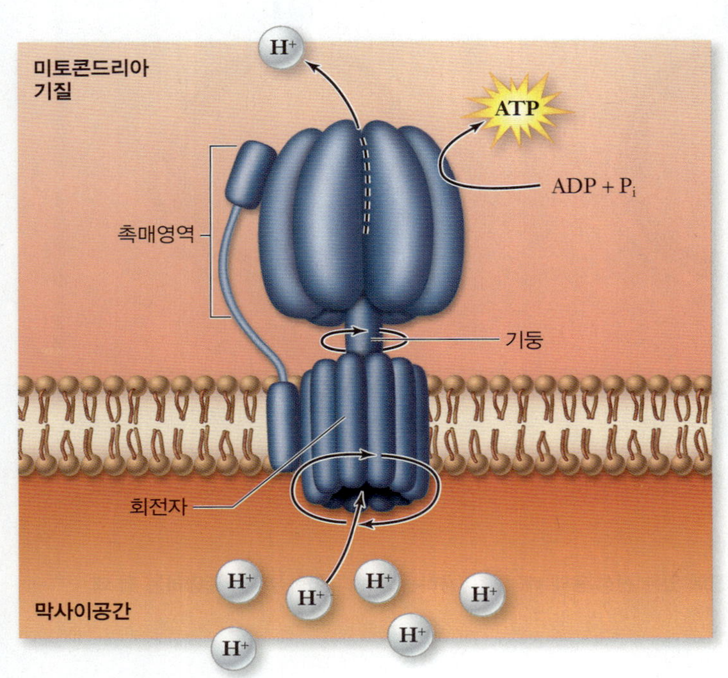

그림 7.15 ATP의 회전 엔진. 양성자는 농도 기울기에 따라 막의 채널을 통해 이동한다. 방출된 에너지가 회전자를 작동시켜 기둥구조가 회전한다. 이 기계적인 에너지가 ATP의 합성을 촉매 하기 위해 ATP 합성효소의 구조를 변형시킨다.

개념 정리 7.4

전자전달계는 NADH와 $FADH_2$로부터 전자를 받아, 막 횡단 양성자 펌프를 위해 전자전달을 통해 전기화학적 기울기를 형성하고, 전자는 전달계의 최종 목적지인 산소로 이동한다. ATP 합성효소는 양성자 기울기를 이용하여 ADP를 ATP로 인산화시킨다.

- 미토콘드리아의 기질에 연결되어 있는 작은 채널은 어떻게 ATP 합성에 영향을 주나?

7.5 유기호흡의 에너지수확은 해당과정의 에너지수확을 초과한다

양성자 기울기를 형성하여 ATP가 합성되는 것을 발견한 이후로 생화학자들은 전자전달 경로로 전자를 제공하는 NADH당 합성되는 ATP의 수를 측정하려고 시도해 왔다. 초기 측정은 잘못된 가설을 기반으로 하여 수치가 일치하지 않았으나, 현재는 정확한 이론적 그리고 실험적 수치 모두를 가지고 있다.

진핵생물의 이론적인 수확량은 포도당 한 분자당 30개의 ATP 분자이다

학습목표 7.5.1 유기호흡을 통해 세포에 의해 생산되는 ATP의 수를 계산하라.

포도당 한 분자당 ATP 합성효소에 의해 합성되는 ATP의 분자 수는 내막을 횡단하는 양성자 수와 ATP가 합성될 때 소요된 양성자 수에 의존한다. NADH와 $FADH_2$당 수송된 양성자 수는 각각 10개와 6개의 H^+이다. ATP의 합성은 4개의 H^+를 필요로 하여, 10/4 = 2.5 ATP/NADH와 6/4 = 1.5 ATP/$FADH_2$이다. 에너지 총 생산: 해당과정에서 피루브산을 생성하기 위해 포도당이 산화되어 직접 2개의 ATP 그리고 2개의 NADH로부터 2×2.5 = 5개의 ATP를 합성한다. 아세틸-CoA로 피루브산이 산화되면서 2개의 NADH로부터 2×2.5 = 5개의 ATP를 합성한다. 마지막으로, 크레브스회로에서 2개의 ATP가 합성되며, 6개의 NADH로부터 6×2.5 = 15개의 ATP, 그리고 2 $FADH_2$에서 2×1.5 = 3개의 ATP가 합성된다. 이 모두를 합치면 호흡을 통해 32개의 ATP가 합성된다(그림 7.16). 이 수치는 세균에서는 정확하나, 진핵생물은 해당과정 동안에 세포질에서 생성된 NADH는 능동수송에 의해 미토콘드리아로 수송되어 NADH당 하나의 ATP를 소비한다. 따라서 진핵생물은 30개의 ATP 합성이 예상된다.

P/O 비율의 계산은 시간에 따라 변한다

학습목표 7.5.2 P/O 비율을 통한 결과가 시간에 따라 왜 변하는지를 설명하라.

환원된 O_2 분자당 합성되는 ATP의 수치를 인산 대 산소비율(P/O)이라 한다. 이 수치의 이론적인 계산과 실험을 통한 계산은 논쟁의 여지가 있었다. 이론적인 계산이 처음 도입되었을 때, 호흡의 전자전달계와 전자전달로 통해 ATP가 합성되는 짝-반응에 대한 자세한 지식이 부족했다. 산화-환원 반응에서 NADH 합성이 세 곳에서 그리고 $FADH_2$는 두 곳에서 일어나므로 NADH당 3개의 ATP 그리고 $FADH_2$당 2개의 ATP가 합성된다고 가정했다. 이 가설은 너무나 단순하였다. 양성자 기울기는 전자전달과 ATP 합성의 짝-반응을 통해 일어난다. 전자전달 동안에 펌프 된 양성자 수를 알 필요가 있다: NADH당 $10H^+$, $FADH_2$당 $6H^+$가 수송된다. 그 다음에 ATP의 합성에 필요한 양성자 수를 알아야 한다. ATP 합성효소는 회전모터로, 계산은 ATP의 합성을 위해 효소에 결합하는 부위 수와 회전을 위해 필요한 양성자 수에 의해 결정된다. ATP 합성효소는 ATP의 합성을 위한 3개의 결합부위가 있다. 12개의 양성자가 한번의 회전을 위해 필요하다면, 앞의 계산에서 ATP당 $4H^+$가 소모된다는 것을 알 수 있다. P/O 비율을 이용하여 실질적으로 측정된 수치는 2.5이다. 호흡은 포도당 산화를 통해 방출된 자유에너지가 얼마나 효율적으로 사용되었는지를 계산할 수 있다.

개념 정리 7.5

화학삼투에 의해 합성된 ATP 수는 전자전달에 의해 수송된 양성자 수 그리고 ATP 합성효소에 의해 사용된 양성자 수에 의해 정해진다. NADP당 최대 ATP 수는 2.5($FADH_2$당 1.5)이다. 원핵생물은 포도당으로부터 32개의 ATP와 진핵생물은 30개의 ATP를 합성하는 차이는 진핵생물은 세포질 NADH가 미토콘드리아로 수송되기 때문이다. 환원된 O_2당 ATP의 양을 P/O 비율이라 한다.

- 미토콘드리아 내의 어느 요소들이 화학삼투에 의한 ATP 합성에 영향을 주나?

7.6 유기호흡은 되먹임억제에 의해 조절된다

세포는 많은 양의 ATP가 있을 때는 해당과정의 핵심 반응들인, 크레브스회로, 지방산 분해가 억제되어 ATP의 합성이 느리게 일어난다. ATP의 농도에 의해 유기호흡의 생화학적 경로가 조절되는 것

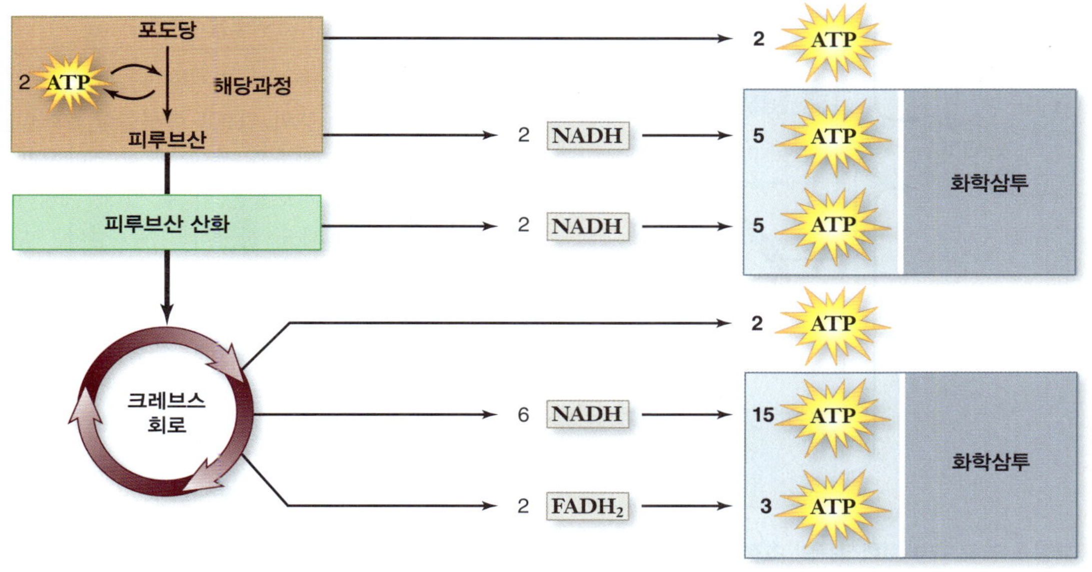

그림 7.16 이론적 ATP의 수확량. 유기호흡에서 포도당의 완전한 분해로 얻는 이론적인 수확량은 총 32개의 ATP이다. 진핵생물은 세포질에서 일어난 해당과정에 의해 만들어진 NADH 한 분자를 미토콘드리아로 수송하는 데 1개의 ATP가 소모되므로 30개로 감소한다.

을 되먹임억제라 한다. 반대로 세포 내에 ATP의 수준이 낮고, ADP의 농도가 높을 때는, ADP는 더 많은 ATP를 합성하기 위해 탄수화물 이화과정에 있는 효소들을 활성화 한다.

두 개의 핵심적인 조절 부위를 가진다

학습목표 7.6.1 세포에서 세포호흡과정을 조절할 수 있는 두 핵심반응을 구별하라.

포도당의 이화작용의 조절은 해당과정과 그리고 크레브스회로에서 일어난다(그림 7.17). 해당과정의 조절 부위는 과당-인산을 과당-2인산으로의 전환을 촉매 하는 포스포프룩토인산화효소이다. 이 과정은 해당과정에서 ATP가 사용되는 반응이다. ATP 자체는 포스포프룩토인산화효소의 다른자리입체성 억제자(6장 참조)이며 크레브스회로의 시트르산도 같은 기능을 갖는다. 모두 높은 농도의 ATP와 시트르산은 포스포프룩토인산화효소를 억제한다. 이와 같이 ATP가 초과하거나 크레브스회로에서 소비되는 것보다 더 빨리 시트르산을 만들 때는 해당과정이 천천히 진행된다.

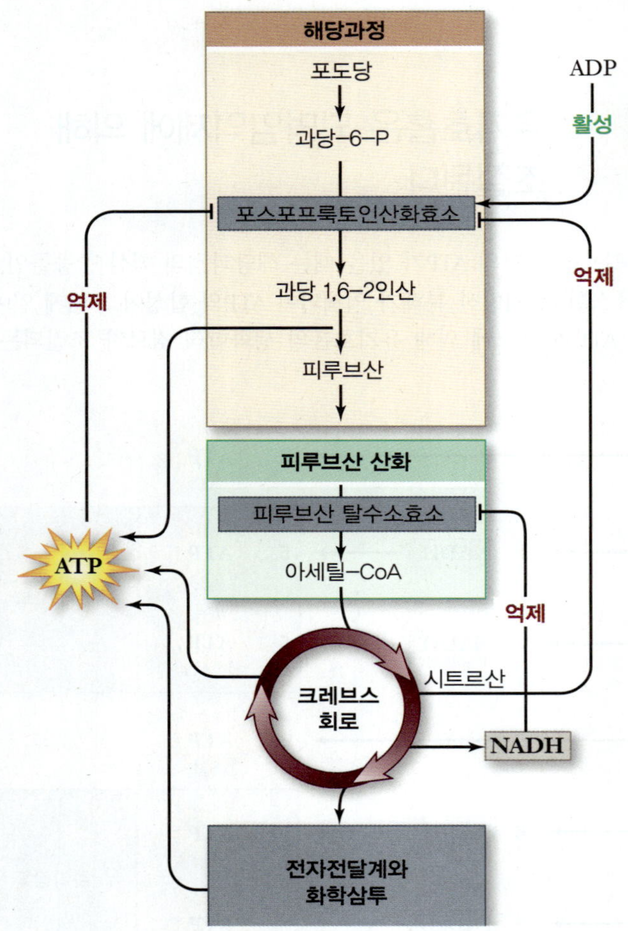

그림 7.17 포도당 이화작용의 조절. ADP와 ATP의 상대적인 농도 그리고 핵심적인 중간산물인NADH와 시트르산이 두 중요 지점에서 분해작용 경로를 조절한다: 해당과정의 반응과 크레브스회로.

피루브산 산화의 주요 조절지점은 피루브산을 아세틸-CoA로 전환하는 피루브산 탈수소효소가 작용하는 부분이다. 이 효소는 크레브스회로의 핵심 산물인 NADH의 높은 농도에 의해 저해된다. 크레브스회로에서 또 다른 조절 지점은 옥살아세트산과 아세틸-CoA가 시트르산으로 전환되는 첫 번째 반응을 촉매 하는 시트르산 합성효소이다. 높은 농도의 ATP는 시트르산 합성효소를 저해하여(포스포프룩토인산화효소, 피루브산 탈수소효소, 그리고 두 개의 다른 크레브스회로 효소들)전체적인 분해작용이 느려진다.

개념 정리 7.6

호흡은 세포 내의 ATP와 호흡과정의 중요한 중간산물의 농도에 의해 조절된다. 해당과정에서 조절부위는 ATP 또는 시트르산 (또는 둘 다)에 의해 저해되는 포스포프룩토인산화효소이다. 피루브산 산화의 주요 조절부위는 NADH에 의해서 억제되는 피루브산 탈수소효소이다.

- 어떻게 되먹임억제가 ATP의 경제적 합성을 보장하는가?

7.7 산화는 산소가 없어도 일어날 수 있다

우리는 산소가 있는 환경에서만 생활하는 생명체에 익숙해져 있지만, 많은 생물체는 그렇지 않다. 실제로 지구 상에 첫 번째로 출현한 생명체는 산소가 없는 환경에서 살았다. 현재 많은 생명체들은 무기환경에서 번성하는 생존 시스템을 가지고 있기 때문에 새삼 놀랄 일은 아니다.

산소를 필요로 하지 않는 호흡은 일부 원핵생물에서 일어난다

학습목표 7.7.1 원핵생물들이 산소가 없는 상태에서도 호흡할 수 있는 두 가지 방법을 설명하라.

산소가 존재할 때 세포는 전자수용체로써 산소를 이용하고 많은 양의 ATP를 합성한다. 그러나 전자를 수용할 산소가 없어도, 일부 생물은 전자전달계의 마지막 전자수용체로 무기물을 사용하며 무기호흡을 할 수 있다. 예를 들면, 많은 원핵생물들은 산소가 있는데도 불구하고 황, 질산, 이산화탄소 또는 심지어 금속들을 최종 전자수용체로 사용한다(그림 7.18). 최종 전자수용체로써 이들 다른 분자들을 사용하여 방출되는 자유에너지의 양은 전자에 대한 친화도가 더 낮아 산소를 이용하는 전자수용체보다 방출되는 자유에너지가 크지 않다. 합성되는 ATP의 양이 적을지라도 이 과정은 분명히 호흡이며 발효가 아니다.

메탄생성세균은 이산화탄소를 이용한다

무기호흡을 하는 종속영양생물 중에서 호열성세균과 메탄생성세균은 고세균이다. 메탄생성세균은 전자수용체로써 이산화탄소를 사용하고, CO_2를 CH_4로 환원시킨다.

그림 7.18 황-호흡 원핵생물. **a.** 고세균 종인 썸모프로테우스(*Thermoproteus tenax*)의 전자현미경 사진이다. 이 세균은 무기호흡을 위한 최종 전자수용체로써 황 원소를 사용할 수 있다. **b.** 썸모프로테우스는 그림에서 보듯이 옐로우스톤 국립공원에 있는 노리스게이셔바진 (Norris Geyser Basin)에 있는 황을 포함하는 뜨거운 샘물에서 발견되곤 한다.

수소는 다른 유기체에 의해 생성된 유기물로부터 유래되었다. 메탄생성세균은 소와 같은 반추동물의 소화시스템 또는 토양과 같은 다양한 곳에서 발견된다.

황세균은 황산염을 이용한다

고세균 중에 두 번째로 무기호흡 과정에 대한 증거는 우먼리버철 광층(Woman River iron formation)으로 알려진 약 27억년 된 암석에서 발견되었다. 이 암석의 유기물은 상대적으로 무거운 동위원소 ^{34}S에 비해 ^{32}S인 황 가벼운 동위원소가 풍부하다. 지구화학적 과정을 통해 동위원소가 풍부하게 생성되는지는 알려지지 않았지만, 생물학적인 황 환원은 특정 원핵생물에 의해 진행된다. 이 황산염 호흡에서, 원핵생물들은 무기황산염(SO_4)을 황화수소(H_2S)로 환원하여 에너지를 얻는다. 수소이온은 다른 생명체에서 생성된 유기물로부터 얻는다. 이들 원핵생물들은 메탄생성세균과 유사하지만 CO_2 대신에 환원제(즉, 전자수용체)로 SO_4를 사용한다. 초기 황산염 환원제는 대기에 H_2S를 풍요롭게 만들면서, 광합성 진화를 위한 토대를 만들었다. 8장에서 설명되었듯이, 광합성의 초기 형태는 태양에너지를 사용하여 H_2S로부터 수소를 수확했다.

발효는 해당과정에서 만들어진 전자를 산소가 아닌 유기물에 전달한다

학습목표 7.7.2 발효를 정의하고 에탄올과 젖산 발효를 구별하라.

산소가 없는 환경에서 호흡을 위한 대체적인 전자수용체를 이용할 수 없는 세포는 ATP 합성을 위해 오직 해당과정에만 의존해야 한다. 이런 조건에서 해당과정에 의해 생성된 전자를 발효 과정인 유기물에 전달한다. 이 과정은 해당과정을 지속하게 하기 위해서 전자수용체로써, NAD^+를 재활용한다. 세균은 NADH로부터 전자를 수용하는 피루브산 또는 피루브산 유도체를 이용하는 12종류 이상의 발효반응이 일어난다. 피루브산과 다른 유기물 또는 피루브산의 유도체들이 발효에 사용될 수 있다; 중요한 점은 이 과정이 NAD^+를 재 생성한다:

$$유기물 + NADH \rightarrow 환원된\ 유기물 + NAD^+$$

환원된 유기물은 주로 아세트산, 부틸산(butyric acid), 프로피온산(propionic acid) 또는 젖산, 에탄올인 유기산이다.

에탄올 발효

진핵생물 세포는 단지 몇 종류의 발효만 할 수 있다. 효모의 경우는 NADH로부터 전자를 받는 분자는 해당과정의 마지막 산물인 피루브산으로부터 파생된다. 효모의 효소는 탈카르복시화를 통해 피루브산에서 CO_2 그룹을 제거하여 아세트알데히드 2-탄소 분자를 생산한다. 방출된 CO_2는 효모로 만든 빵을 부풀게 한다. 아세트알데히드는 NADH로부터 전자 한 쌍을 받아 NAD^+와 에탄올(에틸 알코올)을 생성한다(그림 7.19). 이런 특별한 종류의 발효는 포도주나 맥주에 있는 알코올의 원천이므로 인간에게 큰 흥미를 일으킨

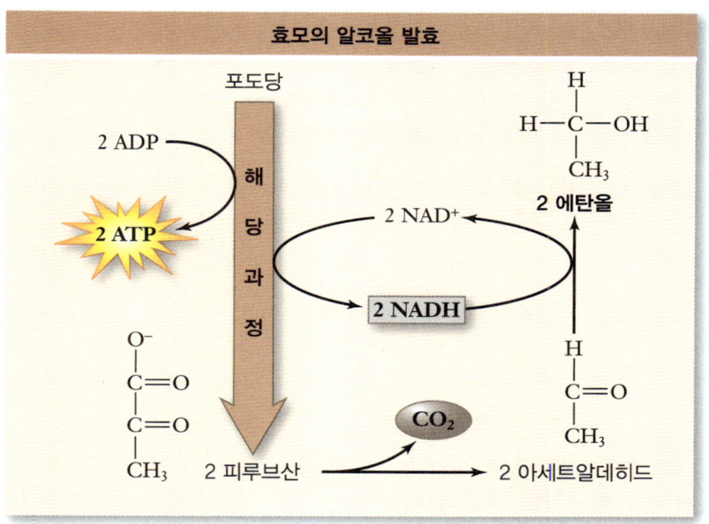

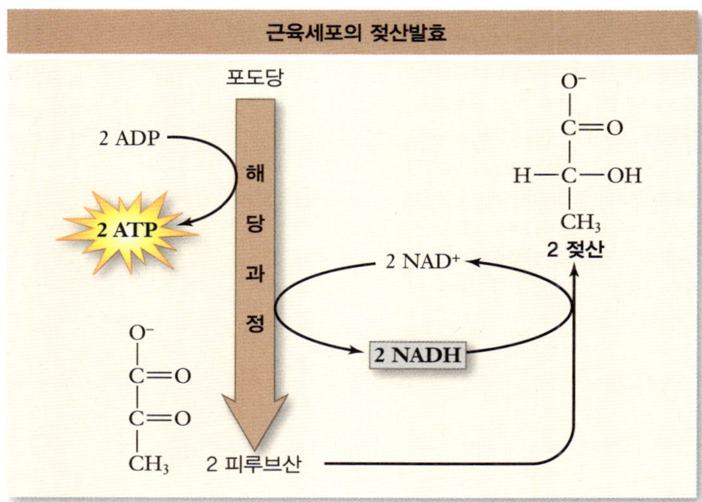

그림 7.19 발효. 효모는 피루브산을 에탄올로 전환한다. 근육세포는 피루브산을 에탄올보다 독성이 약한 젖산으로 전환한다. 이 경우, 하나의 포도당 대사산물 환원이 혐기조건에서 해당과정을 지속하게 NADH를 NAD^+로 다시 산화시킨다.

다. 에탄올은 효모에 독성이 있는 발효의 부산물이다; 약 12% 농도에 가까워 짐에 따라 효모가 죽기 시작한다. 때문에 자연적으로 발효한 포도주는 약 12%의 에탄올을 함유한다.

젖산발효

대부분의 동물세포는 산소가 없는 조건에서는 탈카르복시화를 하지 않고 NAD^+를 재생한다. 예를 들면 근육세포는 젖산 탈수소효소를 NADH로부터 해당과정에서 생성된 피루브산에 역으로 전자를 전달하기 위해 이용한다.

이 반응은 피루브산을 젖산으로 전환하고 NADH로부터 NAD^+를 재 생성한다(그림 7.19를 보라). 따라서, 젖산회로는 끝나고, 포도당이 있으면 해당과정은 지속된다. 순환하는 혈류는 근육에서 이온상태로 된 초과 젖산을 제거하지만, 제거가 합성을 따라가지 못하면 축적된 젖산이 근육의 기능을 방해하고, 피로하게 된다.

> **개념 정리 7.7**
>
> 질산, 황 그리고 CO_2 모두 다른 생물의 무기호흡에서 최종 전자수용체로 사용된다. 유기물은 NAD^+를 재 생성하는 발효반응에서 전자를 또한 수용할 수 있다. 발효반응은 효모에서 에탄올 그리고 인간에서는 젖산을 포함하는 다양한 화합물들을 생산한다.
>
> - 어떤 종류의 생태계에서 무기호흡을 발견할 수 있을 것으로 기대하나?

7.8 탄수화물은 종속영양생물의 유일한 에너지원이 아니다

단백질의 분해작용은 아미노기를 제거한다

학습목표 7.8.1 세포들은 단백질로부터 어떻게 에너지를 추출하는지 설명하라.

지금까지 생명체들이 광합성 또는 탄수화물의 분해로 생긴 포도당의 유기호흡에 중점을 두었다. 또한 포도당과 다른 유기분자인 단백질과 지방은 특히 중요한 에너지원이다(그림 7.20). 단백질은 처음에 각각의 아미노산으로 분해된다. 질소를 포함하는 곁사슬 그룹(아미노기)이 그 다음 **탈아미노화(deamination)**를 통해 아미노산으로부터 제거된다. 일련의 반응은 남은 탄소사슬이 해당과정 또는 크레브스회로로 들어가는 분자로 전환된다. 예를 들면, 알라닌은 피루브산으로, 글루타민은 α-케토글루타르산(그림 7.21), 그리고 스파르트산을 옥살로아세트산으로 전환된다. 그 다음 세포호흡은 이들 분자들로부터 고-에너지를 가진 전자를 추출하여 ATP를 합성하는 데 사용된다.

지방산의 β-산화는 아세틸 그룹을 생산한다

학습목표 7.8.2 지방산의 길이에 따라 얼마나 많은 ATP를 합성할 수 있는지 산출하라.

지방은 지방산과 글리세롤로 분해된다. 전형적으로 긴 사슬의 지방

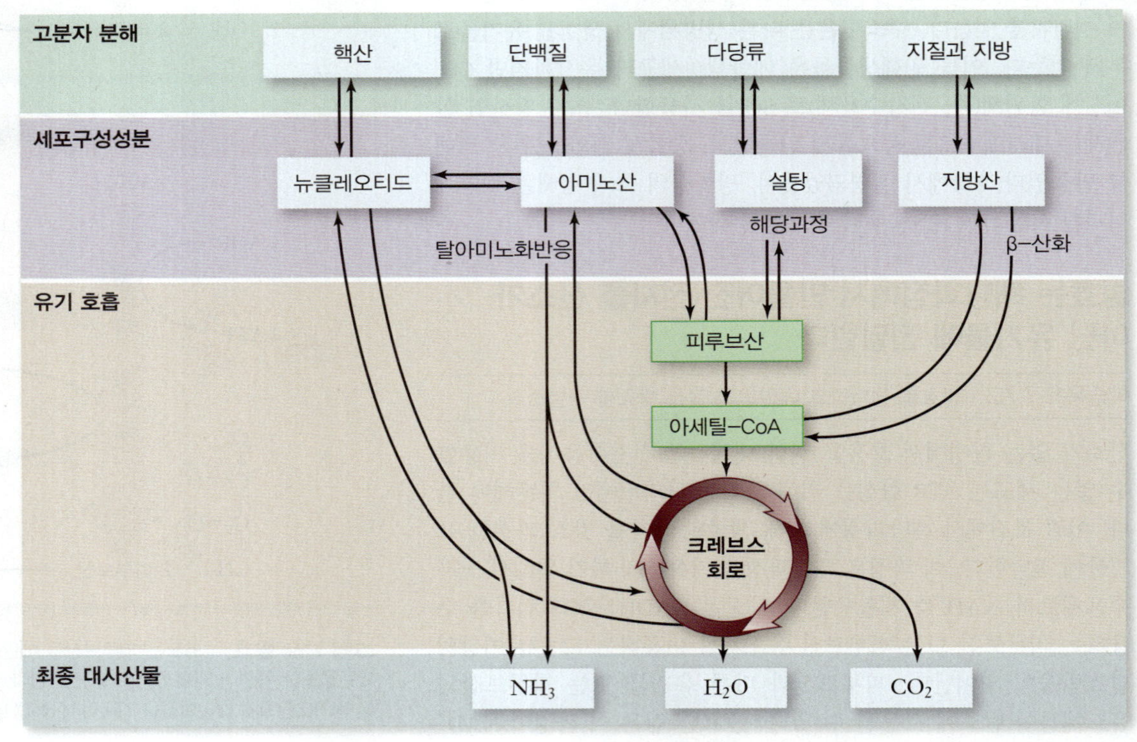

그림 7.20 세포들은 어떻게 화학적 에너지를 추출하나. 모든 진핵생물들과 많은 원핵생물들은 유기물을 산화하여 에너지를 얻는다. 이 과정의 첫 번째 단계는 고분자를 구성했던 작은 분자로 분해하지만 에너지를 거의 수확하지 못한다. 두 번째 단계에서 1차적으로 고–에너지 전자 형태로 에너지를 추출하고 물과 이산화탄소를 생성한다. 이 에너지 경로의 핵심적인 중간 산물들은 역 화살표로 표시했듯이 생합성 경로에 사용되기도 한다.

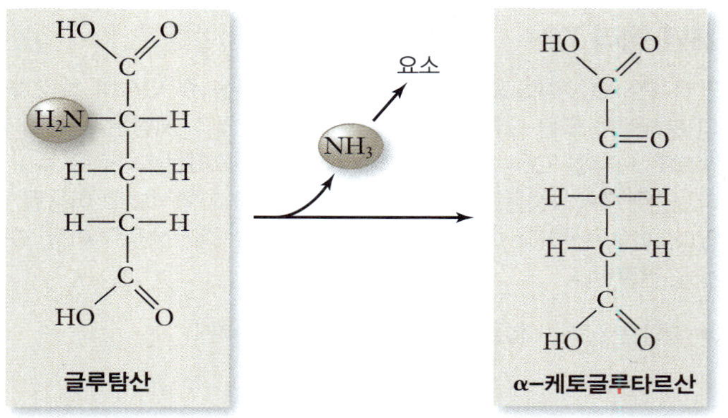

그림 7.21 탈아미노화 반응. 단백질이 아미노산으로 분해되면, 해당과정이나 크레브스회로에 참여하는 분자를 형성하기 위해 아미노기는 아미노산으로부터 제거된다. 예를 들면 아미노산인 글루탐산은 아미노기를 잃고 크레브스회로의 중간 산물인 α–케토글루타르산이 된다.

산은 짝수의 탄소를 가지며, 많은 C-H 결합은 에너지 수확을 풍부하게 한다.

이 에너지 경로의 핵심적인 중간 산물들은 역 화살표로 표시했듯이 생합성 경로에 사용되기도 한다. 지방산은 미토콘드리아의 기질에서 산화된다. 효소는 전체 지방산이 아세틸 그룹으로 전환될 때까지 각 지방산의 끝에서 2-탄소 아세틸 그룹을 점진적으로 제거한다(그림 7.22). 각 아세틸 그룹은 아세틸-CoA를 형성하기 위해 조효소A와 결합한다. 이 과정을 **β-산화(β oxidation)**라 한다. 왜 유산소 운동이 지방을 연소하는지를 설명하는 산소-의존적이며, 무산소 운동은 지방을 연소하지 못한다. 지방산의 분해에서는 얼마나 많은 ATP가 만들어지나? 진핵생물의 세포에서 30분자의 ATP를 수확하는 6-탄소 포도당 분자와 이론적인 6-탄소 지방산을 비교 해 보자. β-산화가 두 번 진행될 때 지방산을 세 분자의 아세틸-CoA로 전환한다. β-산화가 한번 일어나면 기본적으로 한 분자의 ATP가 필요하지만 NADH와 $FADH_2$ 한 분자씩 또한 생산이 된다. NADH와 $FADH_2$ 한 분자를 합치면 4개의 ATP 분자를 수확한다(가정하면, NADH 당 2.5 ATP, $FADH_2$당 1.5 ATP). 크레브스회로에서 각 아세틸-CoA의 산화는 추가로 10개의 ATP 분자를 합성한다. 6-탄소 지방산으로부터 ATP의 수확: 8(β-산화 두 번) − 2(β-산화마다 1개의 ATP 소모) + 30(3 아세틸-CoA의 산화) = 36 ATP 분자이다. 따라서, 6-탄소 지방산의 산화는 포도당 호흡보다 20% 더 많은 ATP를 수확한다. 6-탄소 지방산의 무게는 포도당의 2/3 보다 더 가벼워서 지방산 1 g은 포도당 1 g에 비해 2배 이상의 열량을 가진다. 따라서 다양한 종류의 동물에서 에너지가 초과되면 저장분자로 지방을 축적하는 사실을 알 수 있다. 반면에 식물처럼 초과 에너지를 탄수화물로 저장하면 동물의 생체량은 훨씬 무거워질 것이다.

적은 수의 핵심적인 중간산물은 대사경로를 연결한다

영양분자의 산화경로는 피루브산과 아세틸-CoA와 같은 적은 수의 핵심적인 중간산물과 밀접하게 연관되어 있으며, 다른 출발선에 있는 물질의 분해와 연결된다. 이들 핵심적인 중간 산물들은 설탕이나 아미노산과 같은 다른 형태의 분자로 상호 전환된다(그림 7. 20을 보라). 다른 공급원으로부터 이들을 얻을 수 있는 것과 마찬가지로 세포는 포도당, 아미노산과 지방을 만들 수 있다. 세포는 이들 화합물들이 분해되는 것과 비슷한 반응을 이용한다.

아세틸-CoA는 많은 역할을 한다

많은 다른 대사 경로는 아세틸-CoA를 합성한다. 피루브산의 산화는 아세틸-CoA를 만들지만 단백질, 지방 그리고 다른 지질의 대사적 분해 또한 아세틸-CoA를 생성한다. 에너지 생성을 위해 이화작용을 하는 분자는 아세틸-CoA로 전환된다. 아세틸-CoA는 또한 동화 대사과정을 한다. 아세틸-CoA로부터 파생된 2-탄소는 지방산의

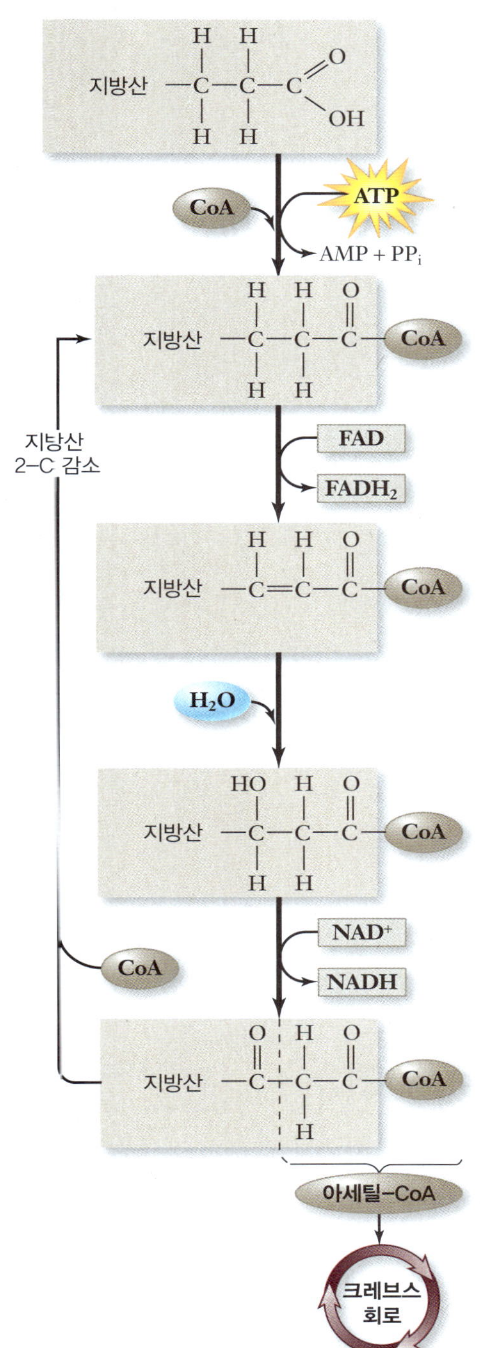

그림 7.22 β 산화. β-산화로 알려진 일련의 반응을 통하여 지방산의 끝에 있는 2-탄소가 크레브스회로로 들어가는 아세틸-CoA를 형성하기 위해 조효소 A와 결합한다. 2-탄소 짧아진 지방산은 β-산화 과정으로 다시 들어가고, 모든 지방 탄소가 아세틸-CoA를 형성하기 위해 사용될 때까지 계속해서 진행된다. β-산화 과정에는 ATP 한 분자가 사용되고 $FADH_2$와 NADH를 한 분자씩을 만든다.

탄화수소 사슬을 만드는 데 사용된다. 따라서 다양한 근원에서 합성된 아세틸-CoA는 생물체의 에너지 필요에 따라 지방산 합성 또는 ATP 합성과 연결될 수 있다. 이 두 반응 중에 어느 것이 선택되는 지는 세포 내의 ATP 농도에 의존한다. ATP의 농도가 높을 때 산화경로는 억제되고, 아세틸-CoA는 지방산 합성으로 연결된다. 많은 동물들은(인간 포함) 지방 저장을 발달시키는 데 이는 동물이 활동에 필요한 영양보다 더 소비할 때 사용하기 위해서다. 반대로 ATP의 농도가 낮을 때는 산화적 경로가 활성화되어 아세틸-CoA는 에너지를 생성하는 산화적 대사과정에 들어간다.

개념 정리 7.8

단백질은 탈 아미노화 된 아미노산으로 분해될 수 있으며 해당과정의 분해작용 또는 크레브스회로에 들어갈 수 있다. 지방은 β-산화 과정으로 아세틸-CoA 단위로 분해되고 난 후 크레브스회로로 들어간다. 많은 대사과정은 동화나 이화작용을 위해 가역적으로 이용될 수 있다. 피루브산이나 아세틸-CoA와 같은 주요 중간산물은 이들 과정들을 연결한다.

- 지방은 산소가 없을 때에도 산화될 수 있는가?

어떻게 물고기는 낮은 pH 혈액을 피하면서 수영하는가?

호수의 바닥에 산소가 없는 진흙 속에서 살아가는 벌레와 같이 산소가 부족한 환경에서 살아가는 동물들은 크레브스회로를 통해 근육운동에 필요한 에너지를 얻을 수 없다.

이들 세포들은 영양분자로부터 얻은 전자를 수용하는 데 필요한 산소가 결핍되어 있다. 대신에 이들 물고기는 피루브산에 전자를 전달하여 젖산을 만들면서 ATP를 얻기 위해 해당과정에 의존한다. 크레브스회로보다 효율성은 훨씬 떨어지지만, 해당과정은 산소를 필요로 하지 않는다. 산소가 풍부하더라도 활동적인 근육은 혈액으로부터 공급될 수 있는 것보다 더 빨리 산소를 소모할 수 있어서 연속적인 근육운동을 위해 필요한 ATP는 해당과정에 의존할 수밖에 없는 환경에 처할 수 있다. 이것은 물고기에게 특수한 문제를 야기시킨다. 물고기 혈액에는 인간보다 훨씬 더 낮은 이산화탄소를 가지고 있어서 물고기 혈액에서 완충용액으로 작용하는 탄산수소나트륨 양 또한 매우 낮다.

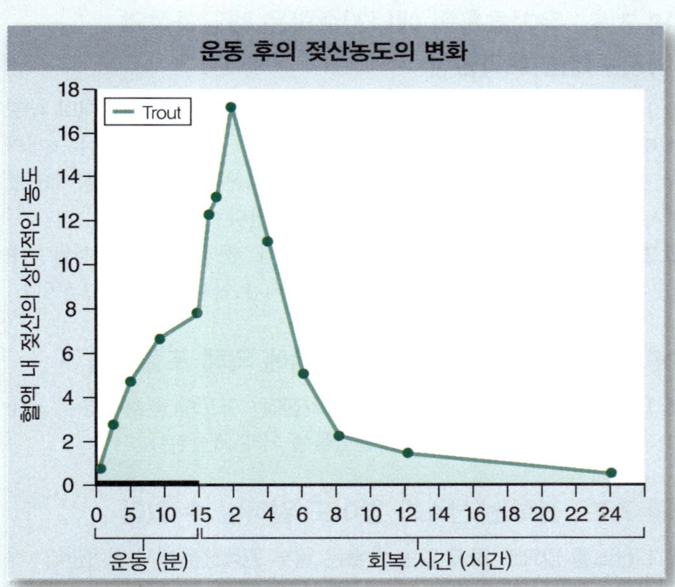

송어가 하루살이를 잡기 위해 빠르게 수영해야 한다고 가정하자. 격렬한 수영은 근육의 혈액 속으로 많은 양의 젖산을 방출한다; 이것은 혈액의 산성도 균형을 깨서 먹이를 잡기도 전에 수영하는 근육의 수축을 방해한다. 아래 그래프는 송어가 이런 딜레마를 어떻게 해결하는지를 연구하기 위해 설계된 실험 결과를 나타낸다. 이 실험에서 실험실 수조에서 약 15분 동안 힘차게 수영하게 한 후 하루의 회복기간을 주었다. 혈액 속의 젖산 농도를 수영할 때나 회복기간에도 주기적으로 모니터 했다.

분석

1. **개념 적용**
   a. **변수.** 의존적인 변수는 무엇인가?
   b. 기록된 데이터. 젖산의 농도는 수영하는 동안 또는 회복시기 동안에 나타냈다. 수영하는 데이터를 나타낸 것은 어느 시간 단위인가? 회복 데이터는?
2. **자료 해석**
   a. 송어 혈액 내의 젖산 농도에서 운동의 효과는 무엇인가?
   b. 운동을 멈춘 후에 젖산 농도의 변화가 어떻게 일어났는가?
3. **추론**
   a. 격렬한 운동 후에 생성된 전체 젖산은 운동을 멈춘 후에 얼마나 방출되나? [힌트: X축의 수치를 나타내는 모든 점들을 이어서 그린 후에 곡선 아래의 면적과 비교하라.]
4. **결론 도출** 이 결과는 물고기가 근육에 축적된 젖산의 방출을 지연함으로써 혈액 산성도를 유지하는 가설과 일치하나? 왜 이 가설이 물고기에게 유리한가?

학습 과정 복습

개념 7.1 세포는 유기물의 산화를 통해 에너지를 수확한다

7.1.1 유기물에 저장된 위치에너지는 주로 C–H 결합에 있다 유기호흡은 산화-환원 반응을 위한 마지막 전자수용체로써 산소를 사용한다. 무기호흡은 전자수용체로써 무기분자를, 그리고 발효는 유기물을 이용한다.

7.1.2 전자 운반체는 전자를 한 분자에서 다른 분자로 전달한다 전자 운반체는 가역적으로 산화 또는 환원될 수 있다. 예를 들면, NAD^+는 두 전자와 결합하여 NADH로 환원된다; NADH는 전자를 다른 분자에 전달할 때 산화된다.

7.1.3 호흡의 핵심 역할은 ATP의 합성이다 세포호흡의 궁극적인 목적은 대부분의 세포 활동이 일어나는 데 사용되는 ATP의 합성이다. 세포는 기본적으로 다른 두 메커니즘에 의해 ATP를 만든다: 기질수준인산화와 산화적 인산화이다.

개념 7.2 해당과정은 포도당을 분해하고 소량의 에너지를 수확한다

7.2.1 해당과정은 포도당을 2개의 피루브산으로 전환하고 2개의 ATP와 2개의 NADH를 순 생산한다 해당과정은 포도당에 두 개의 인산을 결합하는 인산화 반응으로부터 시작된다; 포도당은 글리세르알데히드-3-인산(G-3-P)인 3-탄소 분자 두 개로 나누어진다. ATP는 기질수준인산화를 통해 합성된다. G3P의 산화는 NAD^+로 전자를 전달하여 NADH가 합성된다. 이어지는 네 번의 반응을 거친 후의 마지막 생성물은 피루브산 두 분자이다. 해당과정은 2개의 ATP, 2개의 NADH 그리고 2개의 피루브산을 순 생산한다.

7.2.2 호흡의 지속은 NADH의 재활용을 필요로 한다 산소가 있을 때에는 NADH는 전자를 전자전달계로 전달한다. 산소가 없을 때는 NADH는 아세트알데히드(발효)와 같은 유기물에 전자를 전달한다.

개념 7.3 크레브스회로는 세포호흡에서 산화과정의 핵심이다

7.3.1 피루브산은 크레브스회로에 들어 가기 위해 2–탄소인 아세틸 그룹으로 전환된다

7.3.2 크레브스회로는 2–탄소 아세틸 그룹을 산화한다 크레브스회로는 적은 양의 ATP 그리고 NADH와 $FADH_2$의 위치에너지를 생산한다. 아세틸-CoA는 CO_2로 산화된다.

7.3.3 크레브스회로는 아홉 번의 반응으로 이루어진다 첫 번째 반응은 시트르산을 합성하는 비가역적인 축합반응이다; ATP가 풍부하면 이 반응은 억제된다. 두 번째와 세 번째 반응들은 시트르산을 이소시트르산으로 전환시킨다. 네 번째와 다섯 번째의 반응들은 산화반응이다; NAD^+가 NADH로 환원된다. 여섯 번째 반응은 기질수준인산화 반응으로 GTP를 합성하고 GTP로부터 ATP를 합성한다. 일곱 번째 반응은 FAD를 $FADH_2$로 환원하는 또 다른 산화반응이다. 여덟 그리고 아홉 번째 반응들은 NAD^+가 NADH로 환원하는 마지막 산화를 포함하여 옥살로아세트산을 재 생성한다.

개념 7.4 산화를 통해 수확된 전자들은 전자전달계를 따라 이동한다

7.4.1 전자전달계는 양성자 기울기를 만든다 전자가 전자운반체를 따라 전달되는 동안 양성자 기울기는 생성된다. NADH는 NAD^+로 산화된다. 전자들은 시토크롬 산화효소로 전달되어, 그 곳에서 H^+와 O_2가 결합하여 H_2O가 생성된다. 이 반응은 세 개의 양성자가 막사이공간으로 수송되게 한다.

7.4.2 화학삼투는 ATP를 합성하기 위해 양성자 기울기를 이용한다 ATP를 합성하기 위해 양성자 기울기의 에너지를 이용하는 ATP 합성효소 채널을 통해 양성자는 다시 미토콘드리아의 기질로 확산된다.

개념 7.5 유기호흡의 에너지수확은 해당과정의 에너지수확을 초과한다

7.5.1 진핵생물에서 이론적인 수확량은 포도당 한 분자당 30개의 ATP 분자이다 포도당 한 분자가 CO_2로 분해될 때 그 에너지의 일부는 4개의 ATP, 10개의 NADH 그리고 2개의 $FADH_2$로 보존된다. 하나의 NADH는 2.5 ATP를 $FADH_2$ 한 분자는 1.5 ATP를 생산한다.

7.5.2 P/O 비율의 계산은 시간에 따라 변한다 환원된 O_2당 합성된 ATP의 수치는 시간에 따라 변했다. 이론적인 수치나 실제 측정치는 2.5이다.

개념 7.6 유기호흡은 되먹임억제에 의해 조절된다

7.6.1 두 개의 핵심적인 조절 부위를 가진다 포도당 분해작용은 ATP 분자의 농도와 크레브스회로의 중간산물에 의해 조절된다.

개념 7.7 산화는 산소가 없어도 일어날 수 있다

7.7.1 산소를 필요로 하지 않는 호흡은 일부 원핵생물에서 일어난다 메탄생성세균은 이산화탄소를 그리고 황세균은 황산염을 이용한다.

7.7.2 발효는 해당과정에서 만들어진 전자를 산소가 아닌 유기물에 전달한다 발효는 NADH의 산화이고 유기물의 환원이다. 효모에서는 피루브산이 탈카르복시화 된 후 에탄올로 환원된다. 동물은 젖산을 직접 환원한다.

개념 7.8 탄수화물이 종속영양생물의 유일한 에너지원이 아니다

7.8.1 단백질의 분해작용은 아미노기를 제거한다

7.8.2 지방산의 β-산화는 아세틸 그룹을 생산한다 지방산은 β-산화에 의해 아세틸 그룹으로 전환된다. 이 아세틸 그룹은 산화되기 위해 크레브스회로로 들어가서 NADH를 합성한다. ATP의 농도가 높으면 아세틸-CoA 그룹은 지방산으로 전환된다.

학습 과정 평가

개념 7.1 세포는 유기물의 산화를 통해 에너지를 수확한다

이해

1. 세포호흡의 목적은 무엇인가?
   a. 우리 몸 안으로 O_2를 받아 들이고 몸 밖으로 CO_2를 배출 하기 위해.
   b. 설탕을 합성하기 위해 햇빛 에너지를 이용한다.
   c. 세포 활동들을 할 수 있는 ATP를 생산하기 위해.
   d. ATP를 가수분해 하기 위해.
2. 산화와 환원 반응은?
   a. 양성자가 한 분자에서 다른 분자로 전달된다.
   b. 한 물질이 전자를 잃고 다른 물질은 전자를 얻는다.
   c. 전자를 잃는 물질은 환원되고 전자를 얻는 물질은 산화된다.
   d. b와 c 모두 맞다.

응용

1. 효모 세포에서 산소가 결핍되었을 때 일어날 수 있는 것을 모두 선택하라.
   a. ATP가 합성되지 않는다.
   b. 모든 ATP는 해당과정 동안에 만들어진다.
   c. 모든 ATP는 기질수준인산화에 의해 만들어진다.
   d. NADH는 생산되지 않는다.

종합

1. 포도당이 분해되거나 연소되어 같은 양의 에너지를 방출할 때 포도당은 왜 즉시 연소하지 않는가?

개념 7.2 해당과정은 포도당을 분해하고 소량의 에너지를 수확한다

이해

1. 해당과정 동안의 ATP의 합성은?
   a. 하나의 효소가 필요하다
   b. 세포질에서 일어난다.
   c. 기질수준인산화에 의해 일어난다.
   d. 위 모두가 맞다.

응용

1. 포도당 10개 분자가 해당과정을 끝낼 때 순 합성된 ATP의 분자와 NADH의 분자는?
   a. 4; 2
   b. 2; 2
   c. 20; 20
   d. 40; 산출할 수 없음
2. 해당과정은 NADH 두 분자를 수확한다. NADH로 전달된 전자는 어디서 왔나?
   a. 반응을 촉매 하는 효소들
   b. 포도당의 공유결합
   c. 주요 해당과정 동안에 사용된 ATP
   d. NAD^+

종합

1. 해당과정의 초기 반응들이 에너지를 이용한다면 해당과정은 세포에서 어떻게 시작되나?

개념 7.3 크레브스회로는 세포호흡에서 산화과정의 핵심이다

이해

1 크레브스회로가 일어나는 장소는?
   a. 미토콘드리아의 내막.
   b. 미토콘드리아의 막사이공간.
   c. 세포질.
   d. 미토콘드리아의 기질.

응용

1. 해당과정에서 포도당이 산회되어 2개의 피루브산을 합성될 때 최종적인 에너지 수확은?
   a. 2 ATP, 4 CO_2, 2 $FADH_2$, 6 NADH
   b. 1 ATP, 2 CO_2, 1 $FADH_2$, 3 NADH
   c. 1 ATP, 6 CO_2, 1 FAD, 3 NAD^+
   d. 4 ATP, 6 CO_2, 2 $FADH_2$, 10 NADH

종합

1. NAD^+와 FAD를 비교하라.

개념 7.4 산화를 통해 수확한 전자들은 전자전달계를 따라 전달된다

이해

1. 진핵생물 세포에서 전자전달계를 따라 환원물의 산화와 ATP 합성효소가 발견되는 곳은?
   a. 미토콘드리아의 기질.
   b. 미토콘드리아 내막.
   c. 미토콘드리아 외막.
   d. 막사이공간.
2. 전자전달계를 통한 전자의 전달은?
   a. 아세틸-CoA를 만드는 데 사용된다.
   b. CO_2를 생성한다.
   c. 전자 기울기를 형성한다.
   d. 막사이공간으로 양성자를 펌프한다.

응용

1. 디시클로헥실카보디이미드(DCCD)는 ATP 합성효소를 통한 양성자의 흐름을 방해하는 화학물질이다. DCCD를 처리한 세포는 왜 죽는가?
   a. 포도당이 피루브산으로 전환되지 못하기 때문이다.
   b. 산화적 인산화에 의해 ATP가 합성되지 않는다.
   c. 전자들이 전자전달계를 따라 전달될 수 없으며 따라서 산소는 환원되지 않는다.
   d. 양성자 기울기가 형성되지 못한다.

종합

1. 전자 매개체인 시토크롬c는 많은 다양한 시토크롬 중의 하나이지만 다른 시토크롬과 달리 시토크롬c 유전자의 염기서열은 모든 생물 종에서 거의 동일하다. 사실 인간에게 시토크롬c에 영향을 주는 유전자 질환은 발견되지 않았다. 그 이유는 무엇인가?

개념 7.5 유기호흡의 에너지수확은 해당과정의 에너지수확을 초과한다

이해

1. P/O 비율
   a. 기질수준인산화에 의해 합성된 ATP의 양이다.
   b. ATP 합성효소가 어떻게 작동되는지에 대한 증가한 이해로 시간이 바뀌었다.
   c. 화학삼투를 통해 기본적으로 생각했던 것보다 높다.
   d. 위 모두가 맞다.
2. 인간세포 내에서 합성된 ATP 분자의 막대한 양의 합성은 어디에서 수확된 전자에 의해 일어나는가?
   a. 피루브산의 산화과정 동안이다.
   b. 해당과정 동안.
   c. 크레브스회로 동안.
   d. 전자전달계를 통한 전달 동안.

응용

1. ATP 합성 효소의 회전을 위해 12개 대신에 8개의 양성자가 필요하다면 P/O 비율은 어떻게 되나?
   a. P/O 비율은 증가한다.
   b. P/O 비율은 감소한다.
   c. P/O 비율은 변하지 않는다.
   d. 양성자는 P/O 비율과 관계가 없기 때문에 말할 수 없다.

종합

1. P/O 비율을 정확하게 산출하는 것은 쉽지 않다. 진핵생물에서 ADP와 같은 ATP 합성을 위한 전구체는 수송단백질에 의해 세포질에서 미토콘드리아로 수송되어야 한다. 전구체 수송은 세포의 에너지 소비를 가져오는지 그리고 이러한 에너지 소비와 관련하여 P/O 비율에 영향을 준다고 생각하나? 만약에 그렇다면, 진핵생물의 세포와 원핵생물의 세포에서 P/O 비율은 어떤 영향을 받나?

개념 7.6 유기호흡은 되먹임억제에 의해 조절된다

이해

1. 세포 내에 ATP가 초과될 때 어떤 현상이 일어나는가?
   a. 포스포프룩토인산화효소가 억제된다.
   b. 시트르산 합성효소가 억제된다.
   c. 피루브산 탈수소효소가 억제된다.
   d. 위 모두가 맞다.

응용

1. 해당과정 관련 효소를 암호화 한 유전자가 돌연변이 된 효모 세포들은 글리세롤을 계속 만들 수 있다. 효모 세포들이 글리세롤을 사용할 수 있는 이유는?
   a. 돌연변이에 의해 영향을 받은 단계 이후에 해당과정을 진행한다.
   b. 크레브스회로에 이용될 수 있고 전자전달계와 화학삼투를 통해 ATP를 합성한다.
   c. 발효과정에 이용될 수 있다.
   d. 전자전달계로 전자를 직접 전달할 수 있기 때문이다.

종합

1. 해당과정의 조절 지점이 첫 번째 반응이 아닌 세 번째 반응에 있는 포스포프룩토인산화효소에 의해 일어난다는 것을 왜 지지하나?

개념 7.7 산화는 산소가 없어도 일어날 수 있다

이해

1. 젖산발효와 에탄올발효의 차이점을 정확하게 기술한 것은?
   a. 젖산발효는 원핵생물에서 일어나고 에탄올발효는 진핵생물에서 일어난다.
   b. 젖산발효의 마지막 전자수용체는 피루브산이고 에탄올 발효의 마지막 전자수용체는 아세트알데히드이다.
   c. 젖산발효에서 NADH는 해당과정에 의해 만들어진다: 에탄올발효에서는 NADH는 크레브스회로에서 생성된다.
   d. 젖산발효에서는 세포는 산소 대신에 CO_2를 에탄올 발효에서는 SO_4를 사용한다.
2. 어느 경로에서 발효와 유기호흡 모두를 볼 수 있나?
   a. 크레브스회로　　b. 전자전달계
   c. 해당과정　　d. 피루브산 산화

응용

1. 양의 반추위에 사는 단일 세포인 원핵생물이 있다. 반추위는 반추동물의 소화 시스템의 일부이며 산소가 존재하지 않는다. 이 원핵생물은?
   a. 기질수준인산화를 통해서만 ATP를 생성할 수 있다.
   b. 마지막 전자수용체로써 CO_2를 사용한다.
   c. 해당과정의 부산물로써 에탄올을 생성한다.
   d. 생존할 수 없을 것이다.

종합

1. 청량음료는 CO_2 가스를 주입하여 인위적으로 탄산염화한 것이다. 반면에 맥주는 자연스럽게 탄산염화 된다. 어떻게 자연적으로 탄산염화가 일어나는가?

개념 7.8 탄수화물이 종속영양생물의 유일한 에너지원이 아니다

이해

1. 지방산의 β-산화에 대한 사실이 아닌 것은?
   a. 산화과정이 미토콘드리아의 기질에서 일어난다.
   b. 아세틸 그룹들은 지방산 사슬의 끝에서부터 제거된다.
   c. 6-탄소 지방산의 호흡은 6-탄소 포도당 분자의 호흡보다 더 많은 ATP를 수확한다.
   d. 위 모두가 다 사실이다.

2. 단백질은?

a. ATP를 합성하는 데 충분한 위치에너지를 가지지 못한다.

b. 분해된 산물은 해당과정 또는 크레브스회로로 들어간다.

c. 아미노산으로 분해되어 ATP 합성효소를 활성화한다.

d. 지방보다 더 많은 ATP(몰당)를 합성한다.

응용

1. 14-탄소 지방산이 β-산화 과정에 의해 이화되었다. 이 화합물의 호흡은 얼마나 많은 ATP를 수확하나?

a. 3 b. 14

c. 36 d. 88

종합

1. 해당과정과 산화적 대사가 똑 같이 최적으로 작용하고 모든 영양분자가 똑 같은 양(예를 들면 같은 몰수)을 소비한다고 가정하면 탄수화물, 지방 또는 단백질 중 어느 것이 가장 많은 ATP를 합성하나? 설명하라.

8 광합성

학습과정

서론

지구에 서식하는 생명체의 다양성은 광합성을 할 수 있는 식물이 없다면 존재할 수 없을 것이다. 우리가 호흡하는 대기 중의 거의 대부분의 산소는 광합성을 통해 방출된 과거 물 분자의 한 부분이였다. 석탄, 목재, 휘발유, 천연가스 그리고 우리가 먹는 모든 음식의 연소 등으로 방출된 모든 에너지는 광합성을 통해 태양에너지를 포획한 것이다 이것은 광합성을 이해하는 것보다 실제적으로 더 중요하다. 광합성에 대한 연구는 인구가 급증하는 세계에서 중요한 목표인 토양의 효율적인 이용과 식량 수확량의 증가를 향상시키는 것을 가능하게 한다. 7장에서 세포가 영양분자로부터 어떻게 화학에너지를 추출하는지, 그리고 그 에너지가 세포활동을 위해 어떻게 사용되는지를 다루었다. 이 장에서는 광합성을 하는 해바라기가 햇빛에너지를 어떻게 포획하는지 그리고 그 에너지를 화학에너지가 풍부한 유기물로 생성하는 광합성을 살펴볼 것이다.

8.1 광합성은 유기물 합성을 위해 햇빛을 이용한다

생명체는 햇빛에 의해 활력을 얻는다. 대부분 살아 있는 세포들이 사용하는 에너지는 궁극적으로 태양에서 오며 광합성을 통해 식물, 조류 그리고 세균이 포획한다.

광합성은 세 단계를 거쳐 일어난다

학습목표 8.1.1 광합성을 방정식으로 나타내라.

생명체의 다양성은 태양에서 지구로 에너지가 들어오기 때문에 가능한 것이다. 매일 히로시마에 투하한 원자폭탄, 약 백만 개의 위력과 같은 방사 에너지가 지구에 도달한다. 광합성은 이 막대한 양의 에너지 중 약 1%만 포획하고(히로시마 원자폭탄 약 10,000개와 같은 양) 그것을 모든 생명체가 활동하는 데 필요한 에너지로 만들어 사용한다.

광합성의 형태들

광합성은 매우 다양한 생물체에서 일어나지만, 다른 형태들로 진행된다. 이들은 산소를 발생하지 않는 무산소성과 산소를 발생하는 산소성 광합성을 포함한다. 무산소성 광합성은 네 개의 다른 세균 그룹: 홍색세균, 녹색황세균, 녹색무황세균 그리고 헬리코박테리아에서 발견된다. 산소성 광합성은 남세균, 조류의 일곱 그룹 그리고 모든 육상식물에서 일어난다. 이 두 종류의 광합성은 빛에너지를 포획하는 색소 분자들은 유사하지만 이들 색소 분자들의 분포와 작용은 다르다. 산소성 광합성을 하는 식물과 조류의 광합성은 CO_2와 H_2O가 결합하여 포도당과 O_2를 생성한다.

광합성은 기본적으로 잎에서 일어나지만 녹색 식물의 줄기에서도 일어날 수 있다. 그림 8.1은 식물 잎의 조직화된 구조를 보여준다. 식물 잎에 있는 세포소기관인 엽록체에서 광합성이 일어난다. 식물 세포의 다른 부분에서는 일반적으로 광합성을 할 수가 없다.

광합성의 세 단계

광합성은 그림 8.2에서 묘사했듯이 세 단계로 나누어진다.

1. 햇빛으로부터의 에너지 포획;
2. ATP의 합성을 위한 에너지의 사용, 전자운반체인 NADPH로 $NADP^+$의 환원;
3. 대기 중의 CO_2를 유기물로 합성하기 위한 ATP와 NADPH의 사용.

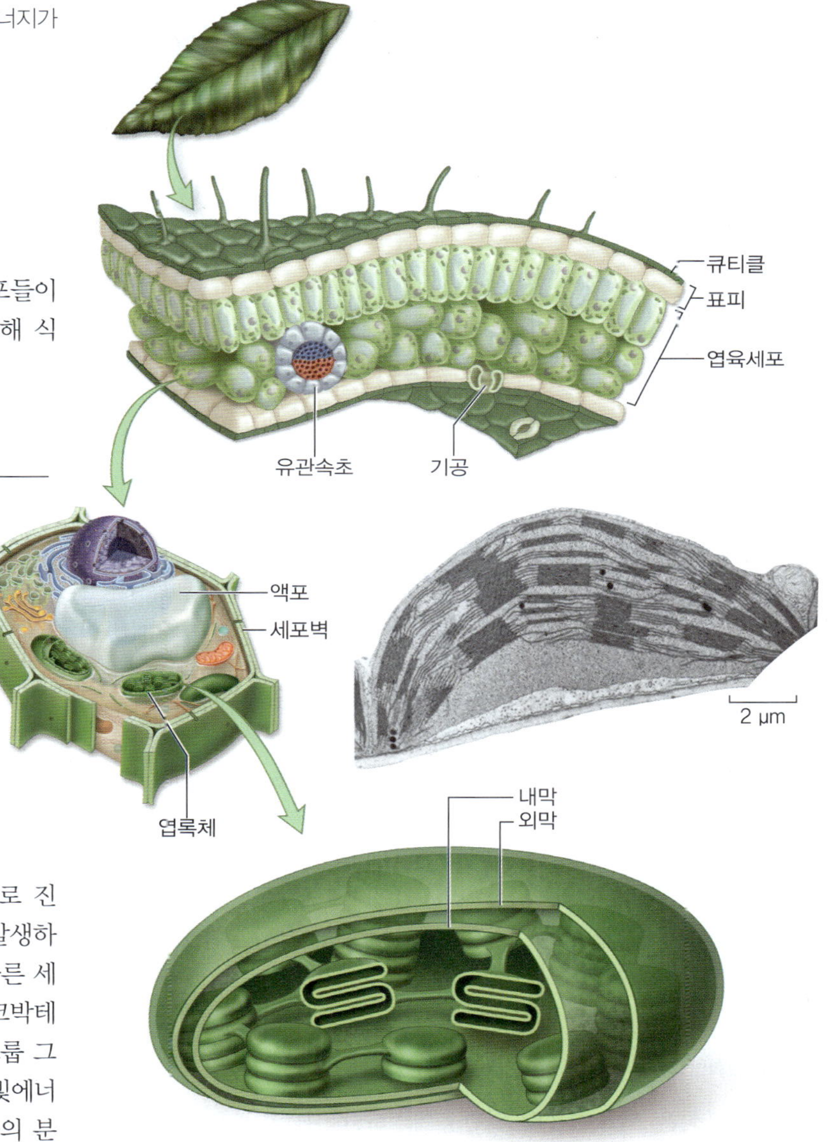

그림 8.1 잎의 구조. 식물 잎은 엽록체가 풍부한 두꺼운 세포층(엽육세포)을 가지고 있다. 엽록체의 내막은 '그라나' 라는 동전 같은 모양이 중첩된 틸라코이드 층과 그라나를 연결하는 스트로마 라멜라로 되어 있다. 스트로마라고 하는 내부의 공간은 반 유동성 물질들로 채워져 있다.

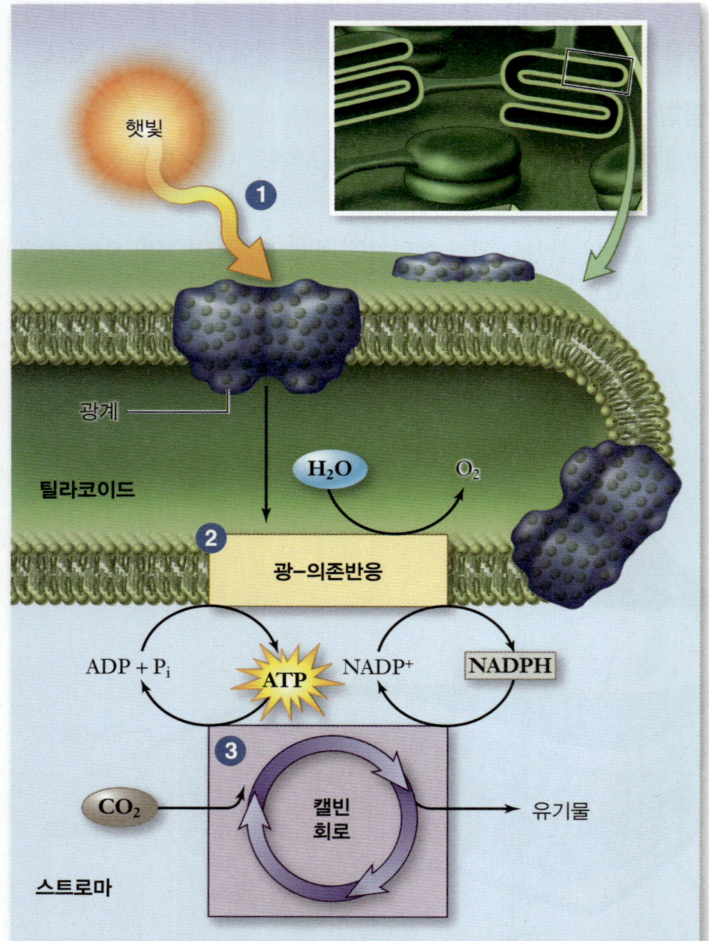

그림 8.2 광합성 개요. 명반응은 틸라코이드막 내의 광계가 빛의 광자를 흡수하고 ATP와 NADPH를 생성하기 위해 에너지를 사용한다❷. 광계에서 이탈된 전자는 물의 산화로부터 보충되며, 이때 부산물로써 O_2가 발생한다. 명반응에서 합성된 ATP와 NADPH는 스트로마에서 캘빈 회로를 통해 탄소고정 과정에 사용된다❸.

처음 두 단계는 빛을 필요로 하기 때문에 일반적으로 **광-의존반응(light-dependent reaction)**이라 부른다. 세 번째 단계에서 CO_2로부터 유기물의 생성과정을 **탄소고정(carbon fixation)**이라 부른다. 이 과정은 **캘빈 회로(Calvin cycle)**라 불리는 일련의 회로적 반응을 통해 일어난다. ATP와 NADPH가 이용 가능하다면, 탄소고정 반응은 빛이 있거나 없어도 일어나서 **광-독립반응(light-independent reaction)**이라 부른다. 다음의 간단한 방정식은 광합성의 전체적인 과정을 요약한다:

$$6\ CO_2 + 12\ H_2O + \text{햇빛} \rightarrow C_6H_{12}O_6 + 6\ H_2O + 6\ O_2$$

이산화탄소 물 포도당 물 산소

이 공식은 세포호흡의 역반응이기도 하다. 호흡은 포도당의 산화과정으로부터 생긴 전자들이 O_2를 전자수용체로 사용하여 H_2O로 환원된다. 광합성은 CO_2를 물의 산화과정으로부터 얻은 전자를 이용하여 포도당으로 환원한다. H_2O와 CO_2의 환원은 빛에 의해 생성된 에너지를 필요로 한다. 이 설명은 매우 단순화된 것이지만 글로벌 관점에서 매우 유익하다

엽록체에서 광합성이 일어난다

학습목표 8.1.2 엽록체의 구조를 미토콘드리아의 구조와 비교하라.

앞 장에서 미토콘드리아의 내막과 외막의 복잡한 구조는 유기호흡을 하는 데 중요하다. 엽록체의 구조도 마찬가지이다. **틸라코이드막**(*thylakoid membrane*)이라고 불리는 엽록체의 내막은 **그라나**(*grana*; 단수, *granum*)라는 동전 같은 모양이 축적되어 쌓여진 평평한 낭으로 조직화된 연속적인 인지질 2중 층이다. 틸라코이드막은 ATP를 합성할 수 있는 시스템과 빛에너지를 포획하는 **엽록소(chlorophyll)**와 보조색소들이 있다. 그라나 사이를 연결하는 것은 **스트로마 라멜라**(*stroma lamella*)이다.

틸라코이드막 내부는 **스트로마(stroma)**로 반액체 물질이다. 스트로마에는 NADPH와 ATP를 이용하여 유기물을 합성하는 효소들이 있다. 틸라코이드막에는 광합성 색소들이 빛에너지를 집약하는 커다란 안테나와 같은 역할을 하는 **광계(photosystem)**가 있다. 다음 절에서, 햇빛으로부터 얻은 에너지를 사용하여 ATP와 NADPH를 합성하는 최초 과정을 수행하는 광계의 색소들이 어떻게 조직화되었는지를 더 자세하게 다룰 것이다. 그 후 ATP와 NADPH가 CO_2를 유기물로 편입하는 에너지로 사용되는 과정을 다룰 것이다. 광합성에 대한 최근 이해를 위한 내용과 배경으로써, 광합성의 기본적인 이해 과정을 위한 광합성 실험 역사를 살필 것이다.

개념 정리 8.1

광합성은 빛을 필요로 하는 명반응과 CO_2를 유기물로 전환하는 반응으로 이루어져 있다. 전체적으로 볼 때 호흡의 역과정이고 부산물로써 O_2를 생성한다. 틸라코이드막은 광합성 색소들이 조직적으로 결합되어 있어서 한 분자의 에너지를 다른 분자로 전달하는 곳이다.

- 엽록체의 구조는 미토콘드리아와 얼마나 유사하나?

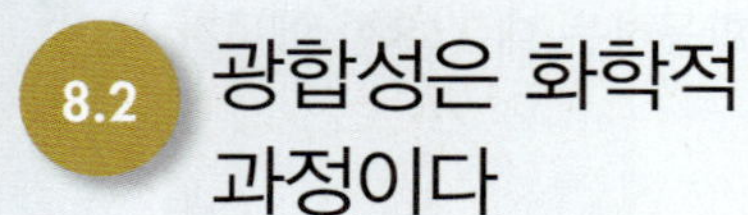

8.2 광합성은 화학적 과정이다

광합성에 대한 이야기는 300년 전에 식물은 어떻게 자라고 생체량이 어떻게 증가하는지에 대한 호기심으로부터 시작된다. 이런 호기심은 광합성에 대한 연구를 촉진시켰다.

토양은 생장하는 식물의 생체량에 큰 영향을 주지 않는다

학습목표 8.2.1 식물의 생체량은 기본적으로 대기로부터 파생되지만, 토양은 큰 영향을 주지 못한다는 것을 증명하라.

그리스 시대부터 식물은 영양소를 뿌리로부터 빨아들이는 것으로 생각했다. 벨기에 의사인 **반 헬몬트(Jan Baptista van Helmont;**

1580-1644)는 이 아이디어를 실험할 간단한 방법을 생각했다. 그는 처음에 나무와 토양의 무게를 잰 후 토양화분에 작은 버드나무를 심었다. 나무는 반 헬몬트가 오직 물만 처리한 곳에서 몇 년 동안 자랐다. 5년 후에 나무는 훨씬 커졌고 무게는 74.4 kg까지 증가했다. 하지만 화분 속의 토양은 처음 5년 전보다 57 g이 감소했다. 이 실험으로 반 헬몬트는 식물의 구성물질이 토양으로부터만 생성되지 않는다는 것을 증명했다. 그렇지만 그는 주로 준 물이 증가한 식물의 생체량과 일치한다는 잘못된 결론을 내렸다. 이후 백 년이 지난 다음 이야기는 명확해졌다. 핵심 실마리는 영국의 과학자 **조셉 프리스틀리(Joseph Priestley**; 1733-1804)가 제공하였다. 1771년 8월 17일에 프리스틀리는 왁스로 만든 초를 태운 공기 안으로 살아 있는 박하의 잔가지를 넣었다. 8월 27일에 또 다른 초가 같은 공기에서 탈 수 있다는 것을 발견했다. 이것은 식물이 공기를 원상태로 정화한 것 같았다. 프리스틀리는 초가 다 탄 밀폐된 공기 속에서 쥐가 숨을 쉴 수 없었지만, 식물에 의해 회복된 공기는 쥐에게 전혀 문제가 없음을 발견하였다. 핵심적인 근거는 살아있는 식물은 공기에 무엇인가를 제공한다는 것이었다.

어떻게 식물이 공기를 원상태로 회복시킬까? 25년 후에 네덜란드 의사 **얀 인겐하우즈(Jan Ingenhousz**; 1730-1799)가 퍼즐을 풀었다. 몇 년을 연구한 후에 그는 공기는 햇빛이 있을 때, 그리고 식물의 녹색 잎이 존재할 때만 회복되었고 뿌리는 무관하다는 것을 발견하면서 프리스틀리의 결과를 확장시키고 재해석하였다. 그는 식물의 녹색 부분이 이산화탄소를 탄소와 산소로 분해하기 위해 햇빛을 사용하는 과정(현재 광합성이라 불리움)을 수행한다고 제안하였다. 그는 산소가 대기 중으로 방출되고 탄소 원자는 탄산염을 생성하기 위해 물과 결합한다고 보았다. 다른 연구는 그의 결론을 수정하였고, 19세기 말에 광합성의 전체 공식이 다음처럼 쓰여질 수 있었다;

$$CO_2 + H_2O + \text{빛에너지} \rightarrow (CH_2O) + O_2$$

그러나 이 공식에 무엇인가가 더 첨가되어야 한다는 것을 알았다. 20세기에 연구자들이 더 자세하게 이 과정을 조사하기 시작했고, 빛의 역할이 생각과는 달리 복잡하다는 것이 증명되었다.

광합성은 일부 단계에서는 빛을 필요로 하지 않은 다단계 과정이다

학습목표 8.2.2 광합성에서 빛을 사용하지 않는 핵심적인 영역을 증명하라.

인겐하우즈의 초기 광합성 공식에는 논의되지 않은 한 요소가 있다. 빛이 광합성에서 어떤 역할을 하는가? 20세기 초기에, 영국의 식물생리학자인 **블랙맨(F. F. Blackman**; 1866-1947)이 이 공식을 해결하기 시작했다. 1905년 그는 광합성은 실제로 다단계 반응이지만 빛을 직접적으로 사용하는 단계는 한 부분이라는 놀랄만한 결론을 이끌어냈다. 블랙맨은 광합성에 미치는 다른 광도, CO_2 농도, 온도의 효과를 측정하였다. 그의 결과는 **그림 8.3**에 묘사되었다. 그는 광도가 상대적으로 낮을 때, 광합성은 빛의 양을 증가시킴으로써 촉진될 수 있지만 온도와 CO_2 농도를 증가하는 것은 효과가 없다는 것을 발견했다(그림 8.3). 그러나 광도가 높을 때, 온도와 CO_2 농도 증가는 광합성을 촉진시켰다. 블랙맨은 광합성은 온도에는 크게 의존적이지 않지만 빛에 의존하는 "명반응"이라 부르는 초기 과정과 빛에 의존하지 않지만 CO_2에 의해 제한되는 "암반응"이라는 두 번째 과정으로 이루어져 있다고 결론 내렸다.

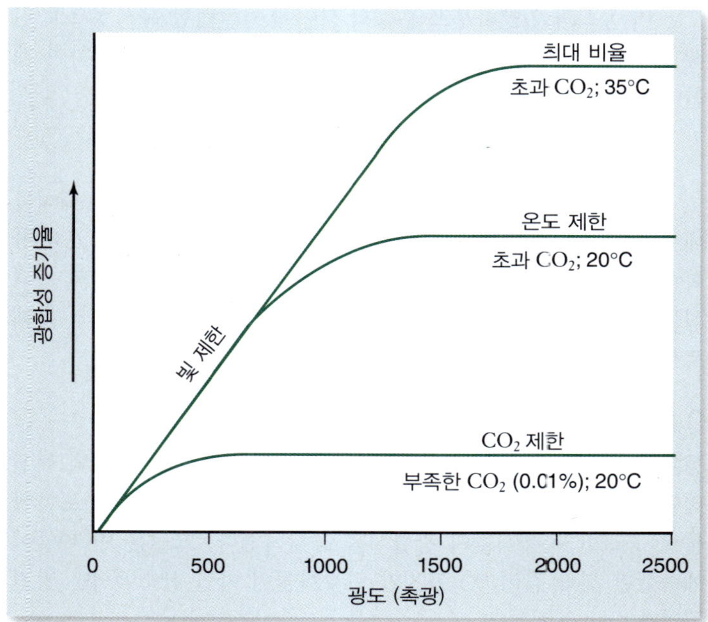

그림 8.3 광-독립반응의 발견. 블랙맨은 다른 광도, CO_2 농도와 온도에서 광합성률을 측정하였다. 그림에서 볼 수 있듯이 빛은 낮은 광도에서 제한 요인이지만 온도와 CO_2 농도는 높은 광도에서 제한 요인이었다. 이것은 효소가 관련되어 CO_2를 사용하는 반응이 있다는 것을 나타낸다.

블랙맨의 정의로 혼동하지마라—그래서 불리는 "암반응"(암반응은 광-의존반응의 생성물을 필요로 한다)은 빛이 있어도 일어난다; 그가 사용한 단어, 암(dark)은 빛이 암반응과 직접 관련이 없다는 것을 나타낸다. 블랙맨은 증가된 온도가 광-독립반응의 활성이 약 35℃까지만 증가한다고 밝혔다. 더 높은 온도는 광-독립반응의 활성을 빠르게 떨어지게 했다. 많은 식물 효소들이 35℃에서 변형되기 시작하기 때문에, 블랙맨은 효소들이 광-독립반응을 수행해야 한다고 결론지었다.

물은 전자 공여자로써 작용한다

학습목표 8.2.3 광합성에서 O_2가 어떻게 생성되는지를 설명하라.

1930년대 스탠포드의 있는 홉킨스 해양연구소(Hopkins Marine Station)에서 연구하던 **반 니엘(C.B. van Niel**; 1897-1985)은 홍색황세균은 광합성 동안에 산소를 발생하지 않는다는 것을 발견했다; 대신 이 세균은 황화수소(H_2S)를 순수 황 원소로 전환한다는 것을 밝혔다. 반 니엘이 관찰한 과정은:

$$CO_2 + 2\,H_2S + \text{빛에너지} \rightarrow (CH_2O) + H_2O + 2\,S$$

이 공식과 인겐하우쯔의 공식 사이에 놀랄만한 유사성으로 인해 반 니엘은 광합성의 일반화된 과정을 다음과 같이 정리하여 제안하게 되었다:

$$CO_2 + 2\ H_2A + \text{빛에너지} \rightarrow (CH_2O) + H_2O + 2\ A$$

이 공식에서 H_2A 물질은 전자 공여자로 작용한다. 녹색식물에서 수행된 광합성에서 H_2A는 물이지만, 홍색 황세균은 H_2A가 황화수소이다. 생성물 A는 H_2A가 분해되면서 발생한다. 따라서 녹색식물의 광합성 동안에 생성된 O_2는 이산화탄소가 아닌 물의 분해로부터 생성된다.

O_2는 CO_2가 아닌 물로부터 생성된다

동위원소가 1950년대 초에 일반적으로 사용될 때, 반 니엘의 혁신적인 이론이 실험되었다. 연구자들은 무거운 산소(^{18}O)를 포함한 물로 공급한 녹색식물의 광합성을 조사하였다; 그들은 반 니엘이 예측했던 것과 같이 ^{18}O 표지가 탄수화물이 아닌 산소에서만 발견되었다:

$$CO_2 + 2\ H_2{}^{18}O + \text{빛에너지} \rightarrow (CH_2O) + H_2O + {}^{18}O_2$$

조류와 녹색식물에서 광합성에 의해 전형적으로 합성되는 탄수화물은 포도당이다. 이들 생물들로부터 완성된 광합성 방정식은 다음과 같다:

$$6\ CO_2 + 12\ H_2O + \text{빛에너지} \rightarrow C_6H_{12}O_6 + 6\ H_2O + 6\ O_2$$

NADPH는 이산화탄소를 환원하는 데 사용된다

학습목표 8.2.4 물에서 방출된 전자가 $NADP^+$를 환원하는 데 사용된다는 것을 증명하라.

광-의존반응의 개척자인, 반 니엘은 H^+ 이온과 물의 분해로부터 발생한 전자들은 탄소고정이라 불린 과정에서 CO_2를 유기물로 전환하는 데 사용된다고 제안하였다. 그가 옳은가? 1950년대에 **로빈 힐(Robin Hill; 1899-1991)**은 반 니엘이 옳았고, 빛에너지는 포획되어 환원물질을 만드는 데 사용된다고 증명하였다. 그의 실험에서 잎의 세포로부터 분리한 엽록체는 염료를 환원하고 빛에 대한 반응에서 산소를 방출하였다. 이후의 실험은 물에서 방출된 전자가 $NADP^+$로 전달되고, CO_2가 제거된 엽록체에 빛을 주면 ATP가 축적된다는 것을 보여주었다. CO_2가 유입되면, ATP와 NADPH가 축적되지 않고 CO_2는 유기물로 동화되었다. 이 실험들은 세 가지 이유에서 중요하다: 첫 번째로, 식물에서 광합성은 엽록체에서 일어난다는 것을 확고하게 증명했다. 두 번째는, 광-의존반응은 빛에너지가 $NADP^+$를 환원하고 ATP를 합성하는 데 사용된다는 것을 보여주었다. 세 번째는, 광합성의 초기 단계에서 합성된 ATP와 NADPH는 이후 연속적인 반응에서 단순한 설탕을 생성하면서 이산화탄소를 환원하는데 사용된다는 것을 증명했다.

개념 정리 8.2

초기 실험들은 식물은 햇빛이 있을 때 산소를 생성한다는 것을 나타냈다. 이어진 실험들은 두 개의 광-의존반응과 광-독립반응이 있다는 것을 보여 주었다. 광-의존반응은 H_2O로부터 O_2를 생성하고, ATP와 NADPH를 만든다. 광-독립반응은 CO_2로부터 유기물을 합성한다.

- 우리 몸속의 탄소는 어디로부터 오나?

8.3 색소들은 햇빛으로부터 에너지를 포획한다

식물이 햇빛에너지를 이용하기 위해서는 특수한 생화학적 구조가 엽록체에 있어야 한다. 가시광선 범주 내의 빛에너지를 흡수하는 분자는 **색소(pigment)**이다. 우리는 옷이나 다른 물질들을 특정 색으로 염색하는 염료로써 색소들과 가장 친숙하다. 우리가 보는 색은 흡수되지 않은 반사하는 색이다. 식물이 빛에너지를 포획하기 위해서 색소들을 어떻게 이용하는지를 이해하기 위해서는 먼저 빛의 특성에 대한 최근 지식을 살펴보아야 한다.

빛은 에너지의 형태이다

학습목표 8.3.1 광자에너지는 파장과 관련이 있다.

빛은 파장과 입자의 특성을 모두 나타낸다. 빛의 파동은 파장을 기반으로 빛을 구별하는 전자기스펙트럼(electromagnetic spectrum)을 만든다. 우리가 실제로 볼 수 있는 스펙트럼의 가시광선 범주는 매우 친숙하지만, 가시광선은 전체 스펙트럼의 극히 일부분이다. 가시광선은 파장의 원리에 의해 빛을 분리하는 프리즘의 사용을 통해서 각각의 색으로 나눌 수 있다. 빛의 입자적 특성은 **광자(photon)**라고 불리는 별개의 에너지이다. 이 절에서는 빛에 있는 다른 색들을 설명하기 위해 빛의 파동 개념을 그리고 광합성 동안에 일어나는 에너지 전달을 설명하기 위해 빛의 입자적 특성을 이용하고 빛의 광자와 빛의 파장 특징 모두를 참조할 것이다.

광자에너지

광자의 에너지 함량은 빛의 파장에 반비례한다: 짧은 파장의 빛이 긴 파장의 빛보다 높은 에너지의 광자를 포함한다(그림 8.4). 높은 에너지를 포함하는 X-선은 가시광선의 파장보다도 훨씬 더 짧은 파장을 가진다.

빛의 광선은 특정 분자로부터 전자를 제거할 수 있으며 전기적 전류를 생성한다. 이러한 현상을 **광전효과(photoelectric effect)**라 부르며 양성자가 에너지를 전자로 전달할 때 일어난다. 광전효과의 힘은 빛의 파장에 의존한다; 짧은 파장은 더 많은 에너지를 가지므로 광전효과가 긴 파장보다 훨씬 더 효율적이다. 광합성에서 엽록체는 광전소자(photoelectric device)로 작용한다: 엽록소는 햇빛을 흡수하여 들뜬 전자를 운반체에 전달한다. 이 과정을 자세

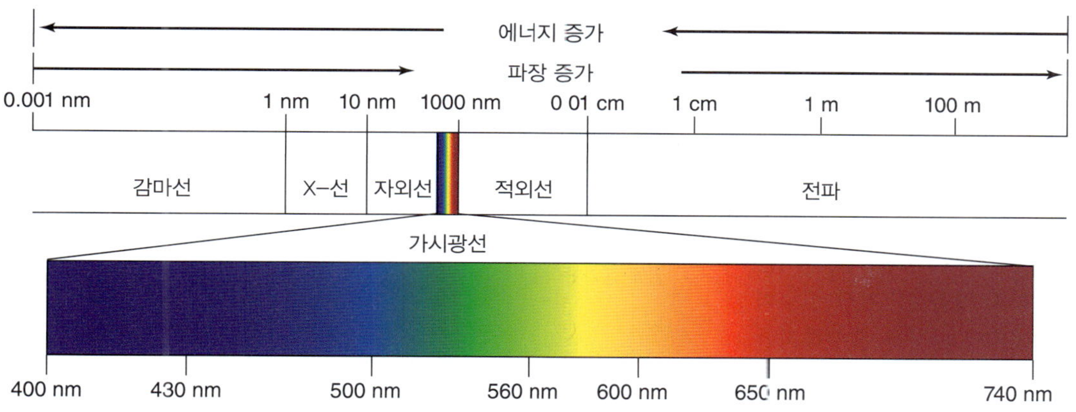

그림 8.4 전자기 스펙트럼. 빛은 파동인 전자기 에너지이다. 빛의 파장이 짧을수록 에너지는 더 커진다. 가시광선은 400~740 nm 사이의 전자기 스펙트럼의 매우 작은 부분이다.

히 살펴봄으로써 에너지를 어떻게 포획하고 그 에너지는 어떻게 유기물을 합성하는 데 사용되는지 명확해질 것이다.

엽록소는 기본 광합성 색소이다

학습목표 8.3.2 엽록소 흡수 스펙트럼과 광합성의 작용 스펙트럼을 비교하라.

광자가 전자를 들뜨게 할 수 있는 정확한 양의 에너지로 분자에 충돌할 때, 그 분자는 광자를 흡수하여 전자를 더 높은 에너지 수준으로 올린다. 흡수된 광자의 에너지가 얼마나 많은 에너지를 나를 수 있는지는 광자와 충돌하는 분자의 화학적인 특성에 의해서도 결정된다. 전자를 다른 에너지 수준으로 올리기 위해서는 그 만큼의 정확한 에너지의 양이 필요한데, 그것은 사다리 위의 다음 단계에 도달하기 위해 발을 정확한 거리만큼 올리는 데 필요한 에너지와 같다. 특정 원자는 빛의 특정 광자만을 흡수할 수 있다—즉, 원자가 이용 가능한 에너지 수준과 일치하는 광자 수이다. 그래서 각 분자는 특징적인 **흡수스펙트럼(absorption spectrum)**의 범위와 흡수할 수 있는 광자의 효율성을 가진다.

앞에서 언급했듯이, 색소는 가시광선 범위 내에 있는 빛을 잘 흡수한다. 생명체들은 다양성이 있는 다른 색소들을 진화시켰지만, 단지 두 종류만이 녹색식물 광합성에 일정하게 사용된다: 엽록소와 카로티노이드이다. 일부 생명체에서는 다른 분자들도 빛을 흡수할 수 있다.

엽록소 흡수 스펙트럼

엽록소는 좁은 에너지 범위 내에 있는 광자를 흡수한다. 식물은 엽록소 *a*와 엽록소 *b*, 두 종류를 가지는데 청-보라색과 적색 빛을 주로 흡수한다(그림 8.5). 엽록소는 500에서 600 nm 사이의 파장을 가진 광자는 흡수하지 못한다; 이들 파장의 빛은 반사된다. 반사된 광자들이 우리 눈에 있는 망막 색소에 의해 흡수될 때 우리는 녹색으로 인식한다.

엽록소 *a*(chlorophyll *a*)는 식물과 남세균에서 주된 광합성 색소로 빛에너지를 화학에너지로 직접적으로 전환할 수 있는 유일한 색소이다. **보조색소(accessory pigment)**로 작용하는 **엽록소 *b*(chlorophyll *b*)**는 녹색파장 쪽으로 옮겨진 흡수 스펙트럼을 가진다. 엽록소 *b*는 엽록소 *a*가 흡수할 수 없는 녹색-파장 광자를 흡수할 수 있어서, 이 에너지를 엽록소 *a*로 전달하여 식물이 수확할 수 있는 햇빛의 광자 비율을 크게 증가시킨다. 다양한 다른 보조색소들은 식물, 세균 그리고 조류에서 발견된다.

엽록소 구조

엽록소는 광전효과와 유사한 들뜬 과정을 통해 광자를 흡수한다. 엽록소는 단일결합과 2중결합으로 교차된 포르피린 유사 고리구조를 가진다. 고리구조의 중앙에는 마그네슘 원자가 있다(그림 8.6). 광자는 탄소 단일 또는 2중결합의 교차를 통해 연결된 포르피린 구조에 있는 전자를 들뜨게 한다. 고리구조 밖에 결합한 다른 작은 곁사슬 그룹은 엽록소 종류에 따라 분자의 흡수 특성을 바꾼다(그림 8.6). 정확한 흡수 스펙트럼은 다른 종류의 단백질과 엽록소의 결합에 의해 생긴 국소적인 미소환경에 의해서도 영향을 받는다.

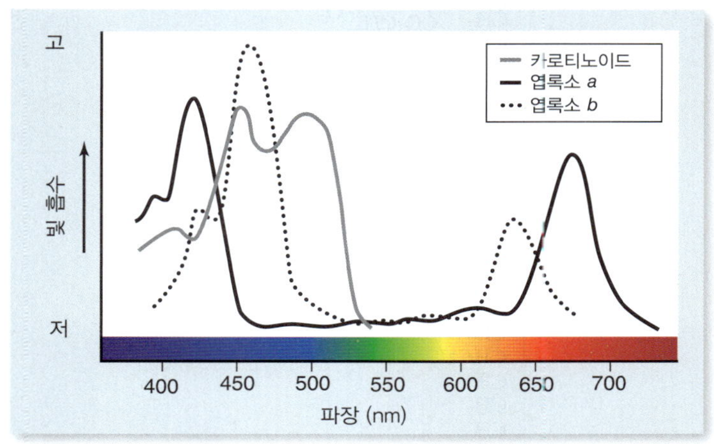

그림 8.5 엽록소와 카로티노이드의 흡수 스펙트럼. 흡광도 피크는 두 종류의 광합성색소인 엽록소 *a*, 엽록소 *b* 그리고 카로티노이드에 의해 흡수된 빛의 파장을 나타낸다. 엽록소는 스펙트럼의 좁은 밴드에 있는 청보라색과 적색광을 주로 흡수하고 스펙트럼의 중간에 있는 녹색 빛은 반사한다. 카로티노이드는 주로 청색광과 녹색광을 흡수하고 주황색과 노랑색광은 반사한다.

광합성의 **작용 스펙트럼(action spectrum)**은 광합성을 촉진하는 데 있어서 빛의 다른 파장에 대한 상대적인 효과로 엽록소 흡수 스펙트럼과 일치한다. 이것은 **그림 8.7**에서 보듯이 유명한 고전적인 실험을 통해 증명되었다. 모든 식물, 조류 그리고 남세균의 기본적인 색소는 엽록소 *a*와 *b*이다. 작용 스펙트럼은 다음 절에서 설명한 보조색소의 역할로 넓혀질 수 있다. 왜 광합성 생물체들은 500에서 600 nm 범위의 파장을 볼 수 있는 더 넓은 흡수 스펙트럼을 가지는 망막(사람 눈 색소)과 같은 색소를 이용하지 않을까? 가장 설득력 있는 가설은 광-효율이다. 망막은 넓은 범위의 파장을 흡수하지만 상대적으로 낮은 효율성을 보여준다. 반면에, 엽록소는 좁은 두 밴드를 흡수하지만 높은 효율성을 가진다. 이러한 이유로 식물과 다른 광합성 생물체들은 다른 색소들에 비해 엽록소로 훨씬 많은 양의 에너지를 포획한다.

카로티노이드는 보조색소이다

학습목표 8.3.3 보조색소의 역할을 설명하라.

카로티노이드(carotenoid)는 엽록소처럼 탄화수소 사슬로 연결된 탄소고리로 구성되어 있지만 탄화수소 사슬이 단일결합 또는 2중 결합으로 교차되어 있는 색소분자이다. 카로티노이드는 다양한 범위의 에너지를 가진 광자를 흡수할 수 있지만, 에너지를 전달하는 데 있어서 높은 효율성을 보이지는 못한다. 카로티노이드는 엽록소에 의해 효율적으로 흡수되지 않은 파장으로 구성된 빛에너지를 포획하여 광합성 과정을 돕는다**(그림 8.8)**. 카로티노이드는 자유 라디칼을 없애주는 매우 중요한 역할을 수행한다. 엽록체에서 일어나는 산화-환원 반응은 파괴적인 자유라디칼을 생성할 수 있다. 카로티노이드는 손상을 감소시켜 주는 일반적인 항산화제로 작용할 수 있다. 이와 같이, 카로티노이드는 빛을 흡수하는 분자로써의 역할과 더불어 보호적인 역할과 가진다. 보호적인 역할은 식물세포에만 한정된 것이 아니다. 엽록소와는 달리, 카로티노이드는 생명체의 세 영역(진정세균, 고세균, 진핵생물) 모두를 포함하여 다양한 종류의 생물에서 항산화제로 작용한다는 것이 알려졌다. 당근을 먹는 것은 시력을 향상시킬 수 있다는 말을 들은 적이 있을 것이다. 이 효과가 사실이라면 그것은 당근에 β-카로틴의 높은 함량 때문일 것이다. 이 카로티노이드는 비타민 A 두 분자로 구성되어 있다. 비타민 A의 산화는 척추동물에 시력에 사용되는 색소인 레티날(retinal)을 만든다.

피코빌리단백질(phycobiliprotein)은 남세균과 일부 조류에서 발견되는 보조색소이다. 이 색소는 전자를 전달하는 분자와 다른 색소에서 발견되는 것과 유사한 2중 교차결합 시스템을 가진다. 피

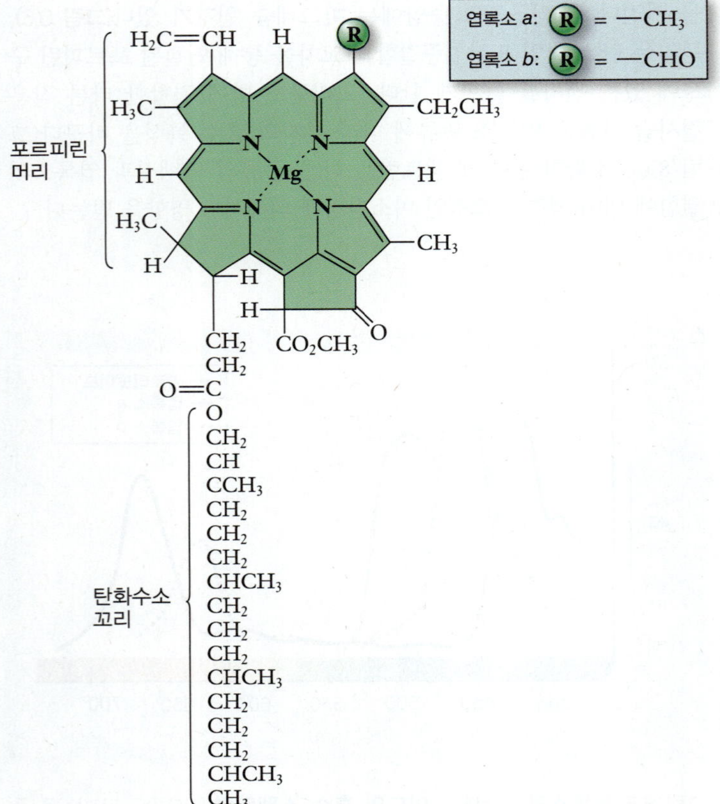

그림 8.6 엽록소. 엽록소 분자는 포르피린 머리와 틸라코이드막에 내재된 단백질의 소수성 부위에 결합하는 탄화수소 꼬리로 되어 있다. 두 엽록소 사이의 유일한 차이는 엽록소 *b*에 있는 $-CHO$(알데히드)그룹이 엽록소 *a*에는 $-CH_3$(메틸)그룹으로 치환된 것이다.

과학적 사고

가설: 빛의 모든 파장은 광합성을 촉진하는 데 동일한 효과를 가진다.

예측: 프리즘을 통해 다른 파장으로 나누어진 빛을 식물 세포에 비추면 모든 파장에서 똑같은 양의 O_2가 생성될 것이다.

테스트: 슬라이드 위에 고정된 사상체 조류에 프리즘을 통해 무지개 색광을 비추었다. 생장에 O_2를 필요로 하는 운동성 세균을 슬라이드 위에 첨가했다.

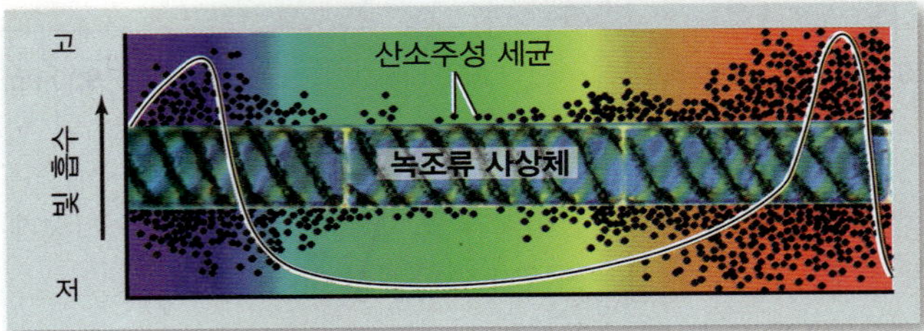

결과: 세균은 높은 농도의 O_2가 있는 지역 또는 광합성이 가장 활발한 곳으로 이동한다. 이 곳은 스펙트럼의 청색/보라색과 적색 부위이다.

결론: 모든 파장이 광합성을 활성화시키는 데 동일한 효과를 가지지 않는다. 가장 효과적인 부분은 광합성의 작용 스펙트럼과 일치한다.

추가 실험: 작용 스펙트럼은 그림 8.5에 있는 흡수 스펙트럼과 어떻게 관련되어 있나?

그림 8.7 광합성에서 작용 스펙트럼의 결정.

그림 8.8 단풍 잎은 카로티노이드와 다른 보조색소에 의해 물든다. 봄과 여름 동안에는 엽록소가 카로티노이드와 다른 보조색소를 가린다. 서늘한 가을 온도는 잎에서 엽록소 생산을 멈추고, 엽록소는 더 이상 녹색을 반사하지 못하고 카로티노이드와 다른 색소들이 흡수하지 못하는 주황색과 노란색을 반사한다.

코빌리단백질은 엽록소가 반사하는 녹색광을 흡수하는 또 다른 광수확 복합체를 형성하기 위해 조직화될 수 있다. 이 복합체는 대양의 낮은 광도에서 생존할 수 있게 남세균에게 도움을 주어 생태학적으로 중요하다. 이런 서식처에는 녹색광이 남아 있다; 적색과 청색광은 표면에 가까이 서식하는 녹조류에 의해 흡수된다.

개념 정리 8.3

색소분자는 빛에너지를 흡수한다. 흡수 스펙트럼은 분자가 가장 효율적으로 흡수하는 파장을 나타낸다. 우리가 보는 색소의 색은 흡수하지 못하는 파장에 의해 결정된다. 광합성의 주된 색소는 약간 다른 흡수 스펙트럼을 가진 두 형태의 엽록소이다. 보조색소는 엽록소와 다른 흡수 스펙트럼을 가진다.

- 작용 스펙트럼과 흡수 스펙트럼의 차이는 무엇인가?

8.4 광합성 색소는 광계로 조직화되어 있다

엽록소가 광합성의 기본 색소라는 것을 알게 되면 중요한 의문이 뒤따른다: 이 색소는 엽록체에서 어떻게 조직화되어 있는가? 이 의문에 대한 대답은 광합성을 연구하는 식물생화학자들을 놀라게 한다.

광합성률은 낮은 광도에서 포화된다

학습목표 8.4.1 식물 잎에 있는 광계의 존재를 증명하라.

색소가 광합성에서 하는 역할을 연구하는 하나의 방법은 광합성 성성물과 광도 사이의 관계를 측정하는 것이다—그것은 광합성 산물과 광도의 차이를 보는 것이다. 광합성 산물은 낮은 광도에서 직선적으로 증가하다가 높은 광도에서는 증가 폭이 감소하고 마지막으로 높은 광도에서 포화된다는 것을 보여준다. 포화는 식물이 빛을 흡수할 수 있는 모든 용량이 사용될 때이다. 광합성 활성이 포화되었을 때 엽록체의 모든 색소들이 전자를 들뜨게 할까? 1932년 식물생리학자 로버트 에머슨(Robert Emerson)과 윌리엄 아놀드(William Arnold)는 이 의문을 조사하기 시작하였다: 높은 광도에서 포화될 때 모든 엽록소 분자가 광자를 흡수하나? 해답을 찾기 위해서는 광합성 생성물과 존재하는 엽록소 분자 수 모두를 측정할 수 있어야 한다. 연구자들은 단세포 조류 클로렐라(*Chlorella*)를 이용하여 이 모든 값을 측정할 수 있었다. 이 실험에서, 에머슨과 아놀드는 단지 몇 마이크로 초 동안의 매우 짧은 빛의 펄스를 클로렐라에 비추면서 광합성의 산소량을 측정했다.

색소포화 가설이 사실이면, 모든 엽록소 분자가 광자를 흡수하여 시스템이 포화될 때까지 섬광의 강도를 증가했기 때문에, 펄스당 생산량은 증가할 것으로 예측했다. 그 다음 O_2 발생량은 배양

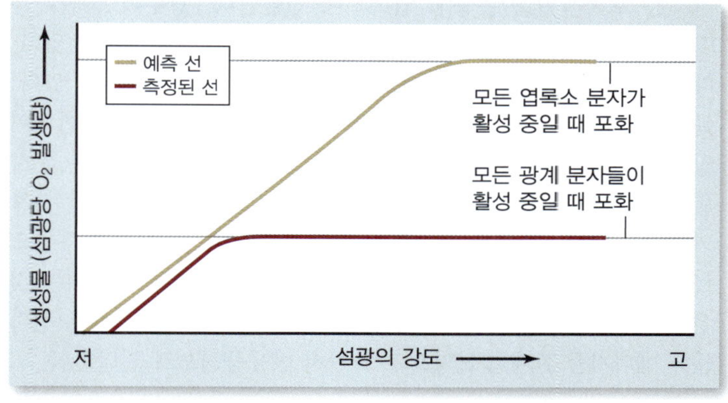

그림 8.9 광합성의 포화. 광합성이 포화되었을 때는 광도를 증가해도 생성물이 증가하지 않는다. 이 포화는 엽록소 분자 수로 예측했던 수준보다 훨씬 낮게 일어난다. 이 결과는 많은 엽록소 분자들이 조직화된 광계에 대한 생각으로 이끌었다. 광계는 개별 엽록소 분자 수로 예측했던 것 보다 낮은 O_2 발생량으로 포화된다.

액 속에 있는 엽록소 분자 수와 직접 비교하였다.

이런 결과는 일어나지 않았다. 대신에, 포화는 2500 엽록소 분자당 O_2 한 분자로 빠르게 일어났다(그림 8.9). 이 결과는 예측한 것과는 매우 달랐기 때문에, 에머슨과 아놀드는 빛이 독립적인 색소분자들에 의해서 흡수되는 것이 아니라 **광계(photosystem)**라고 불리게 된 엽록소와 보조색소 분자들에 의해서 흡수된다고 결론을 내렸다. 빛은 광계에 있는 약 100개의 색소분자들에 의해 흡수되고 각 색소분자는 들뜬 에너지를 다른 색소들보다 에너지 단계가 낮아진, 반응중심이라 불리는 엽록소 *a*로 전자를 전달한다. 에머슨과 아놀드는 이것은 반응중심의 포화이며 각 색소분자들의 포화는 아니라는 것을 관찰했다.

엽록소 색소는 빛을 포획하기 위하여 효율적으로 조직화되어 있다

학습목표 8.4.2 반응중심 엽록소와 광계에 있는 다른 엽록소 분자들 사이의 차이를 구별하라.

엽록체에서 그리고 광합성을 하는 원핵생물에서 빛은 광계에 의해 포획된다. 각 광계는 틸라코이드막에 내재된 단백질에 엽록소 *a*와 *b* 그리고 보조색소들이 결합한 네트워크이다. 광계는 개별적인 색소 분자들에 의해 모아진 들뜬 에너지를 특수한 반응중심 엽록소 분자에 전달한다. 그 결과 반응중심의 엽록소 *a*가 들뜬 전자를 방출하고 전자는 전자전달계를 통해 ATP와 NADPH를 합성된다.

광계는 밀접하게 함께 작용하는 두 부분으로 구성되어 있다: (1) 광자를 모으는 수백 개의 색소분자로 구성된 안테나 복합체(*antenna complex*)는 포획된 빛에너지를 반응중심으로 전달한다; (2) 들뜬 전자를 틸라코이드막 내에 있는 하나 또는 그 이상의 엽록소 *a* 분자로 구성된 반응중심(*reaction center*)으로 전달한다.

안테나 복합체

안테나 복합체(antenna complex)는 그 역할을 정확하게 설명하는 용어인 광수확 복합체라고도 불린다. 광수확 복합체는 햇빛에서 전자를 포획하여 반응중심 엽록소에 전달한다. 광수확 복합체는 틸라코이드막에 단단하게 결합한 엽록소 분자들로 구성되어 있다. 다양한 양의 카로티노이드 보조색소도 복합체에 포함되어 있다. 복합체는 에너지 전달에 최적의 배열로 각 색소분자들이 결합되어 있다. 광자의 흡수로 들뜬 에너지는 한 색소분자에서 인접한 분자를 거쳐 반응중심으로 전달된다(그림 8.10). 전자전달 후에 각 분자의 들뜬 전자는 광자를 흡수하기 전에 있었던 낮은 에너지 수준으로 돌아간다. 결국 한 색소분자에서 다른 색소분자로 전달되는 것은 들뜬 전자가 아닌 에너지이다. 안테나 복합체는 많은 들뜬 전자들의 에너지를 깔때기 모양으로 모아서 반응중심으로 전달한다.

반응중심

반응중심(reaction center)은 단백질-색소 복합체 중앙에 있다. 홍색광합성세균의 반응중심은 엽록체에 비해 매우 단순하지만 잘 연구되어 있다. 세균 엽록소 *a* 분자 한 쌍은 광자에너지를 포획하는 작용을 하며 주위에 위치한 수용체에 들뜬 전자를 전달한다. 반응중심으로 전달된 것은 안테나 복합체의 색소 대 색소에서의 전달 방법과 같은 에너지가 아니라 들뜬 전자이다. 이 차이는 광자로부터 흡수한 에너지가 엽록소로 이동하여 빛을 화학에너지로 전환할 수 있게 하는 핵심과정이다. 그림 8.11은 반응중심으로부터 첫 번째 전자수용체로 들뜬 전자가 전달되는 과정을 보여준다. 반응중심 엽

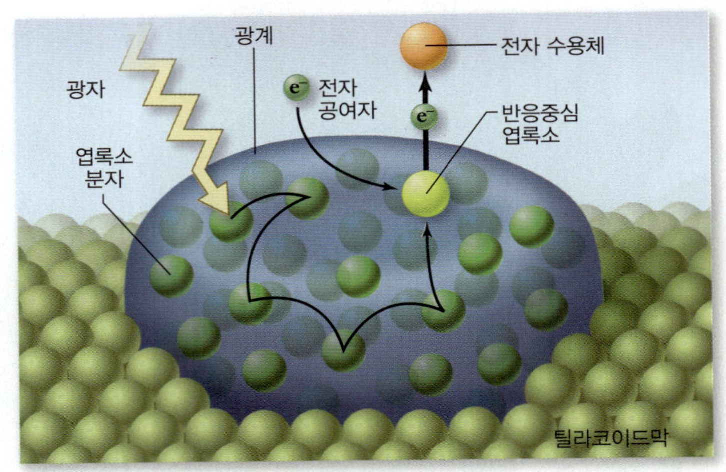

그림 8.10 안테나복합체는 어떻게 작동되나. 적절한 파장의 빛이 광계 내에 있는 한 색소분자를 때리면, 빛은 그 색소분자에 의해 흡수된다. 들뜬 에너지는 반응중심 엽록소 *a*에 도달할 때까지 색소분자들 내의 한 분자에서 다른 분자로 전달된다.

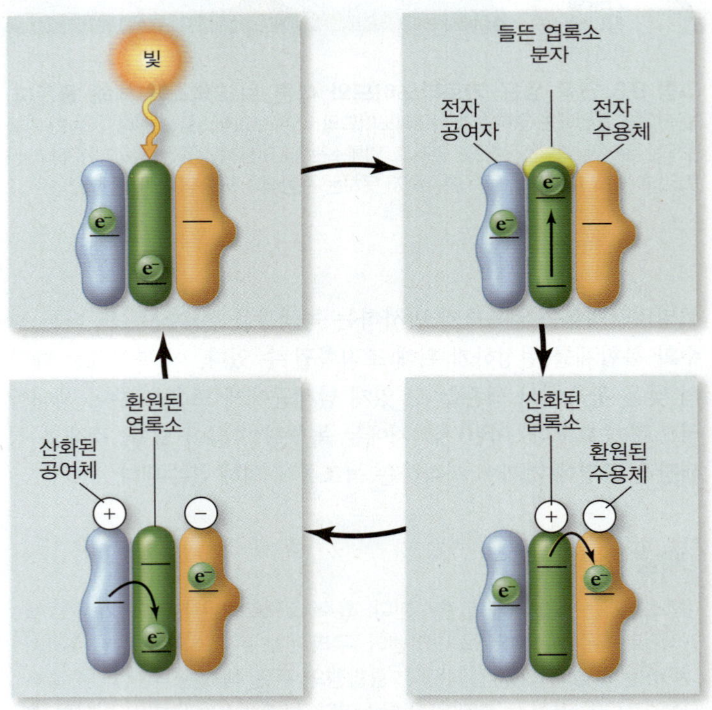

그림 8.11 빛을 화학에너지로의 전환. 반응중심에 있는 하나의 엽록소 *a*가 빛 광자를 흡수할 때 전자는 높은 에너지 수준으로 들뜬다. 빛에너지를 가진 전자는 초기 전자 수용체로 전달되고 그 수용체를 환원시킨다. 그 후 산화된 엽록소는 전자 공여자를 산화하여 다시 환원된다. 전자 공여자의 근원은 이 장에서 설명했듯이 광계에 의해 다양해진다.

록소의 전자가 에너지를 얻음으로써, 빛은 강한 전자 공여자를 만든다. 엽록소는 들뜬 전자를 초기 수용체(퀴논분자)에 전달하여 퀴논을 환원시켜서 강한 전자 공여자가 된다. 근처에 약한 전자공여자는 낮은 에너지 전자를 엽록소로 전달하여 엽록소를 원래의 상태로 회복시킨다. 퀴논은 전자를 또 다른 수용체에 전달하며 이 과정은 되풀이된다.

식물에서 물이 약한 전자 공여자로 작용한다. 물이 산화되어, 산소는 두 개의 양성자(H^+)와 함께 방출된다. 물은 광계 II에 있는 물-분해효소(Water-splitting enzyme)의 작용에 의해 물을 산화시켜 산소를 만든다.

개념 정리 8.4

엽록소와 보조색소는 틸라코이드막에 광계로 조직화 되어 있다. 광계는 빛 수확을 위한 안테나 복합체와 광화학 반응이 일어나는 반응중심으로 구성되어 있다. 들뜬 전자는 엽록소를 떠나 에너지를 전달하는 수용체로 전달한다. 이것이 빛을 화학에너지로 전환하는 핵심이다.

- 광계는 왜 예측하지 못한 발견이 되었나?

8.5 햇빛에너지는 양성자 기울기를 형성한다

광합성의 광-의존반응은 막에서 일어난다. 광합성을 하는 세균은 그 원형질막 자체가 광합성을 수행하는 막이다. 많은 세균에서 원형질막은 표면적을 확장하기 위해 반복적으로 접혀 있다. 식물과 조류의 경우 광합성은 광합성 세균의 진화된 후손으로 추측되는 엽록체에서 일어난다.

광-의존반응은 틸라코이드막에서 일어난다

학습목표 8.5.1 광-의존반응의 네 단계를 설명하라.

내부 틸라코이드막은 고도로 조직화되어 있으며 광-의존반응을 수행할 수 있는 구조들로 되어 있다. 이런 이유로 이 반응을 틸라코이드 반응으로도 불린다. 틸라코이드 반응은 네 단계로 일어난다.

1. **일차적인 광반응.** 빛의 광자는 색소에 의해 포획된다. 이 일차적인 광 반응은 색소에서 전자를 들뜨게 한다.
2. **전하분리.** 들뜬 에너지는 전자전달을 시작하는 광계 II의 반응중심으로 들뜬 전자를 전달한다.
3. **전자전달.** 들뜬 전자는 광계 II에서 광계 I으로 전자 운반체를 따라 전달된다. 전자 운반체의 일부는 막을 횡단하는 양성자를 수송하여 양성자 기울기가 형성된다. 결국 전자는 마지막 전자수용체인 $NADP^+$를 NADPH로 환원하는 데 사용된다.
4. **화학삼투.** 루멘에 축적되는 양성자는 유기호흡과 같은 방식으로 ATP의 화학삼투가 일어나는 ATP 합성효소 내의 채널을 통해 다시 스트로마로 수송된다.

이 장의 앞부분에서 언급했듯이, 이 네 과정에서 광-의존반응은 두 단계가 있다. 1단계에서 3 단계에서는 빛에너지 포획단계를 나타낸다; 4단계는 ATP와 NADPH를 합성하는 단계이다. 개념 8.5의 탐구의 나머지 부분에서 광-의존반응에서 광계의 기능에 세밀한 초점을 맞추고, 광계의 진화를 다룰 것이다.

세균은 한 개의 광계를 가진다

광합성 색소의 배열은 현재 생존하는 홍색과 녹색세균과 유사한 세균이 20억년 이상 진화한 것으로 생각된다. 이들 세균은 한 개의 광계로 전자전달을 거쳐 ATP를 합성한다. 이 과정은 전자를 반응중심으로 되돌아가게 한다. 이런 이유로 ATP의 합성과정을 순환적 광인산화라 부른다. 이 과정은 산소를 생성하지 않으므로 비산소발생-광합성이라 부른다. 홍색무황세균의 흡광도 피크는 870 nm(적외선 부근, 사람이 볼 수 없다)의 파장에서 일어나며, 반응중심 색소는 P_{870}이다. 엽록소에 의한 광자의 흡수는 $NADP^+$로 전달할 수 있는 전자에너지를 올리지 못해서 다른 방법으로 환원시키는 힘을 만들어야 한다. P_{870} 반응중심이 광자를 흡수할 때 들뜬 전자는 반응중심으로 전자를 되돌리는 전자전달계로 전달되고, 이 과정에서 ATP의 합성을 위한 양성자 기울기가 만들어진다**(그림 8.12)**. 홍색세균의 광계에 있는 단백질은 오늘날의 광계 II에 있는 단백질과 상동이다. 녹색황세균의 경우는 흡광도 피크가 840 nm(적외선 부근, 사람이 볼 수 없다)파장에서 일어나고, 반응중심 색소는 P_{840}이라 부른다.

이 광계로부터 들뜬 전자는 NADPH를 환원할 정도로 충분한 에너지를 가지며 또한 들뜬 전자는 홍색세균과 유사한 전자전달계에 의해 엽록소로 되돌아갈 수 있다. NADPH로 전달된 전자를 대체하기 위해서 황화수소(hydrogen sulfide)가 전자공여자이다. 녹색

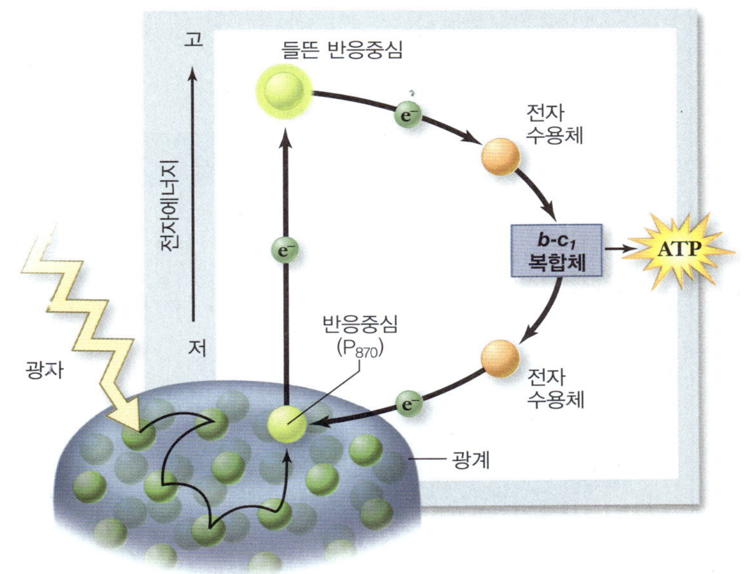

그림 8.12 홍색비황세균의 전자 경로. 빛에너지를 받은 전자가 광계 반응중심(P_{870})에서 나올 때 그 전자는 ATP를 합성하는 순환적 경로를 거쳐 광계로 가지만 NADPH를 합성하지는 못한다.

황세균 광계에 있는 단백질은 현존하는 광계 I에 있는 단백질과 상동인 것으로 보인다. 이 시스템의 어느 것도 H_2O를 산화시킬 충분한 산화력을 만들지 못해서, 비산소성이다. 반면에 H_2O를 산화하는 데 필요한 산화력을 가지는 식물 엽록체와 남세균에 있는 광계는 H_2O가 전자와 양성자의 공급원으로서의 역할을 할 수 있도록 한다.

엽록체는 두 개의 연결된 광계를 이용한다

학습목표 8.5.2 엽록체 광계를 세균 광계와 비교하라.

황세균과 대조적으로 식물은 두 개의 연결된 광계를 가지고 있다. 물의 산화를 통해 전자를 공급 받으므로, 순환적 인산화의 한계를 극복할 수 있다. 물의 산화는 또한 O_2를 생성하여 산소성-광합성이다. 전자의 비순환적 전달은 탄수화물 생합성에서 중요한 역할을 하는 NADPH를 생성한다.

광계 I(photosystem I)이라 불리는 광계는 700 nm의 흡수 피크를 보여주므로 이 반응중심 색소를 P_{700}이라고도 부른다. 이 광계는 앞에서 언급한 황세균에서 발견된 광계와 어느 정도 유사하다. **광계 II(photosystem II)**는 680 nm에서 최고로 흡수를 하여 P_{680}이라고도 한다. 이 광계는 물을 산화시킬 수 있을 만큼 높은 수준의 산화전위(oxidation potential)를 만들 수 있다. 두 광계가 함께 작용하여 ATP와 NADPH를 생성할 수 있는 전자의 비순환적 전달이 이루어진다(그림 8.13). 이 광계들은 광-의존반응에서 작용하는 순서가 아니라 발견된 순서에 따라 I과 II로 불리게 되었다. 식물과 조류에서, 이 두 광계는 산소를 발생시키는 광합성의 전체적인 과정에서 각자 특화된 역할을 수행한다. 광계 I은 전자를 마지막에 $NADP^+$로 전달하여 NADPH를 생성한다. 광계 I에서 잃은 전자는 광계 II에서 전자를 공급받는다. 높은 산화퍼텐셜을 가진 광계 II는 광계 I에 전달된 전자를 공급하기 위해서 물을 산화할 수 있다. 이와 같이 전자를 물에서 NADPH로 전달하는 전체적인 과정이 있다.

비순환적 광인산화에서 두 광계는 연속적으로 작동한다

학습목표 8.5.3 광계 I과 광계 II의 기능을 비교하라.

두 종류의 광계가 작동하고 있다는 사실은, 적색과 원적색의 서로 다른 두 파장의 광선을 사용하여 광합성량을 측정하는 실험에 의해서 입증되었다. 두 파장의 광선을 동시에 사용했을 때의 광합성량은 각 단일 파장을 하나씩 사용한 경우의 합보다도 높았다(그림 8.14). 증진효과(*enhancement effect*)라고 하는 이러한 예상치 못한 결과는, 한 광계가 적색광을, 다른 광계는 원적색광을 각자 선별적으로 흡수하면서 두 광계가 연속적으로(즉, 한번에 하나씩) 광합성을 수행하는 방식에서 비롯된다.

식물은 광계 II와 광계 I이 연속적으로 작용하여 ATP와 NADPH 모두를 합성한다. 이 두 단계 과정은 전자가 순환하지 않고 광계로부터 방출된 전자는 NADPH를 합성하는 데서 끝나므로

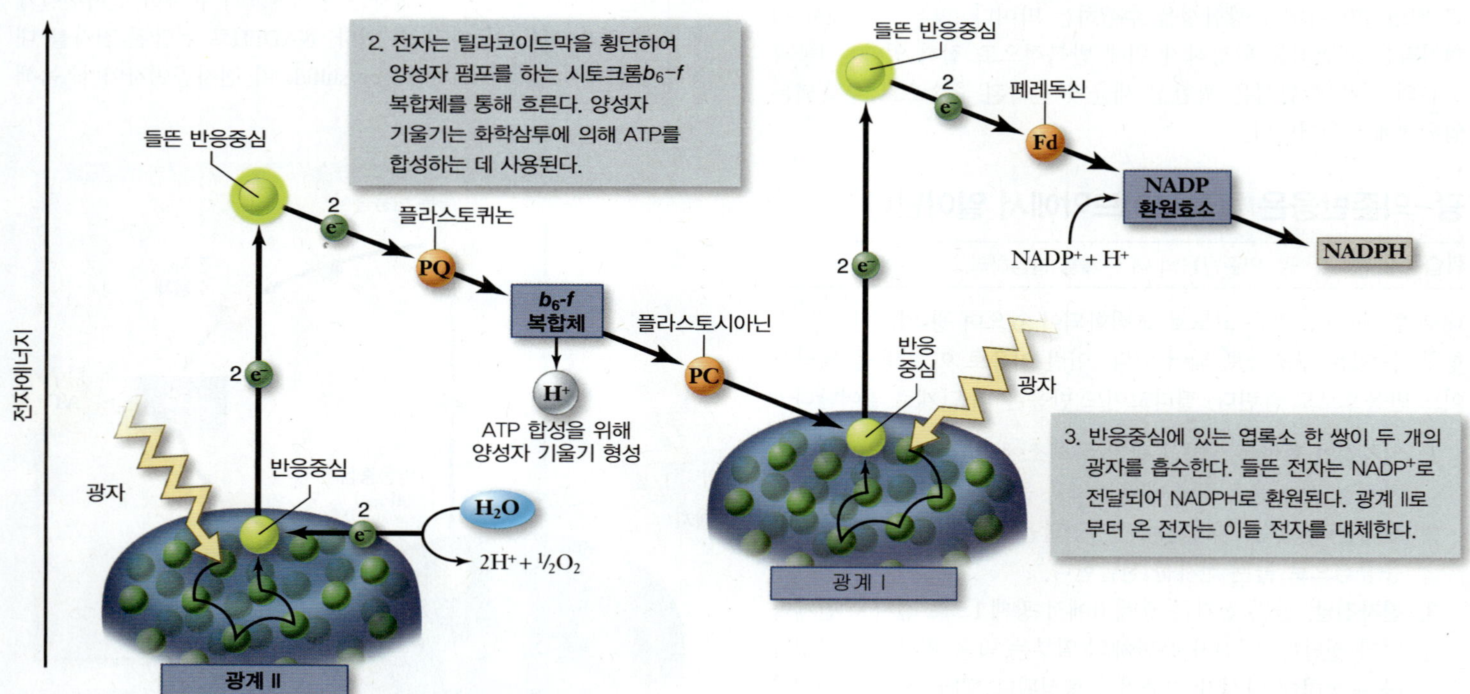

그림 8.13 광계 II와 광계 I의 Z 모식도. 두 광계는 연속해서 작동하며 다른 역할을 한다. 광계 II는 전자전달계를 통해 광계 I으로 전자를 전달한다. 전달된 전자는 물의 산화로부터 공급된다. 광계 I은 전자를 최종적으로 스트로마의 페레독신으로 전달하여 $NADP^+$를 NADPH로 환원한다.

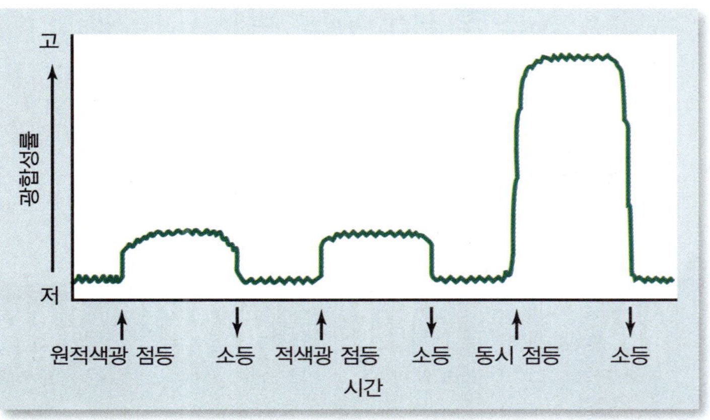

그림 8.14 증진 효과. 적색광과 원적색광을 동시에 줄 때의 광합성률은 각 파장을 따로 주었을 때의 합보다 훨씬 크다. 광합성은 연속적으로 작용하는 두 개의 광화학적 시스템에 의해 수행된다. 광계 I은 원적색광을 최대로 흡수하고 광계 II는 적색광을 최대로 흡수한다.

비순환적 광인산화(noncyclic photophosphorylation)라 한다. 광계는 물의 분해로부터 발생한 전자로 공급된다.

Z모식도(*Z diagram*)라 불리는 그림 8.13에 있는 메커니즘은 각 광계에 의해 촉매된 전자를 에너지 단계로 나타낸 것이다. 가로축은 명반응의 과정과 복합체들의 상대적인 위치를, 수직 축은 전자의 상대적 에너지 수준을 보여준다. 전자(산화환원전위 = +820 mV)와 물의 분해로부터 생긴 전자는 전자전달계를 통해 전달되면서 낮은 에너지 수준으로 떨어진 전자(산화환원전위 = −320 mV)가 최종적으로 NADP를 환원하여 NADPH를 합성한다.

광계 II가 먼저 작용한다. 광계 II에 의해 만들어진 높은 에너지를 가진 전자는 ATP를 합성하는 데 사용되고 그 후 NADPH의 합성을 위해 광계 I으로 전달된다. 물 분자로부터 얻은 모든 전자쌍은 NADPH 한 분자와 ATP 한 분자 이상을 합성한다.

광계 II

광계 II의 반응중심은 홍색세균의 반응중심과 매우 유사하다. 반응중심은 전자전달관련 10개의 단백질 소단위와 반응중심 핵심에 배열된 두 개의 P_{680} 엽록소 분자로 구성되어 있다. 광-수확 복합체는 몇 개의 단백질에 결합한 엽록소 *a*, 엽록소 *b* 그리고 보조색소로 구성되어 있다. 광계 II는 홍색세균의 반응중심과 다르지만 네 개의 망간 원자를 포함한다. 망간 원자는 물의 산화에 필수적이다. 물의 산화에 대한 화학적 과정이 분명하게 밝혀지지 않았지만 윤곽은 알려졌다. 네 개의 망간 원자는 광계 II의 구성 단백질인 물-분해효소에 결합되어 있다. 두 개의 물 분자는 망간 결합체에 결합할 수 있다. 산화된 망간 원자는 물-분해효소에 의해 두 개의 물 분자의 산화가 이루어진다. 물 분자의 산화로 4개의 H^+와 1개의 O_2가 루멘으로 방출되며 산소 원자로부터 전자는 제거되어 광계 II의 반응중심의 엽록소 *a*분자를 환원시킨다. 광수확복합체에 의해 흡수된 빛 에너지는 광계 II의 반응중심에 있는 엽록소 *a*로 들뜬 에너지의 집중전달이 이루어진다. 이때 P_{680} 반응중심 엽록소 *a*분자에 있는 전자는 들뜨게 되어 전자운반체인 플라스토퀴논으로 전달된다.

b_6–*f*복합체의 역할

광계 II를 떠난 전자의 첫 번째 수용체는 퀴논분자이다. 전자 한 쌍을 수용하여 환원된 퀴논(플라스토퀴논)은 강한 전자공여자가 된다; 퀴논은 틸라코이드막 내에 내재된 **b_6–*f*복합체(b_6-*f* complex)**의 양성자 펌프를 위해 들뜬 전자 쌍을 전달한다. 전자 쌍이 b6-f복합체에 전달되면 루멘으로 한 개의 양성자를 펌프 한다. 플라스토시아닌이라 불리는 구리를 포함한 작은 단백질은 그 후 전자쌍을 광계 I으로 전달한다.

광계 I

광계 I의 반응중심은 두 개의 P_{700} 엽록소 분자와 결합한 12에서 14개의 단백질 소단위로 구성된 단백질 복합체로 되어 있다. 에너지는 엽록소 *a*와 *b* 그리고 보조색소 분자로 구성된 광계 I의 안테나 복합체로부터 얻는다. 광계 I은 플라스토시아닌에서 전자를 수용한다. 광계에 의한 광자의 흡수는 반응중심을 떠나는 전자를 매우 높은 에너지 수준으로 올린다. 전자는 페레독신(*ferredoxin*)으로 알려진 철-황 단백질에 전달된다. 광계 II와는 달리 세균 광계와 식물 광계 I은 전자수용체로써 퀴논에 의존하지 않는다. 광계 I은 스트로마 쪽에 있는 막의 페레독신으로 전자를 전달한다. 환원된 페레독신은 매우 높은 퍼텐셜의 전자를 전달한다. 환원된 페레독신에서 받은 두 개의 전자는 $NADP^+$ 한 분자를 NADPH로 환원하는 데 사용된다. 이 반응은 막에 결합한 페레독신-NADP 환원효소에 의해 촉매된다. 이 반응은 스트로마 쪽의 막에서 일어나며 NADPH를 합성하기 위해 한 개의 양성자를 사용하여 광합성적 전자전달 동안에 형성된 양성자 기울기의 차를 증가시킨다. 두 광계의 기능은 그림 8.15에 요약되어 있다.

광합성적 화학삼투는 ATP를 합성하기 위해서 양성자 기울기를 사용한다

학습목표 8.5.4 양성자 기울기가 어떻게 ATP 합성을 위한 에너지원으로 써 작용하나?

광계의 b_6-*f*복합체는 스트로마에서 루멘으로 양성자를 수송한다. 물 분해는 틸라코이드막 사이의 양성자 기울기 차를 더해 준다. 틸라코이드막은 양성자에 불투과성이기 때문에 ATP를 합성할 수 있는 전기화학적 기울기를 만든다.

ATP 합성효소

엽록체는 양성자를 스타로마로 역수송할 수 있는 채널을 가진 ATP 합성효소가 틸라코이드막에 있다. 이 채널은 ATP 합성효소에서 틸라코이드막에 내재된 F_0복합체에 있다. 양성자가 ATP 합성효소 채널을 통해 스트로마로 수송될 때, ADP는 ATP로 인산화된다(그림 8.15). 스트로마에는 탄소고정 반응(캘빈 회로)을 촉매하는 효소들이 있다. 이 메커니즘은 미토콘드리아의 ATP 합성효소에서 살펴본 것과 동일하고 실제로 두 효소들은 진화적으로 유연관계이다. 전자전달을 통한 양성자 기울기를 만드는 것과 이 기울기를 화학삼투에 의해 ATP를 합성하는 것의 유사성은 미토콘드리아와 엽록체

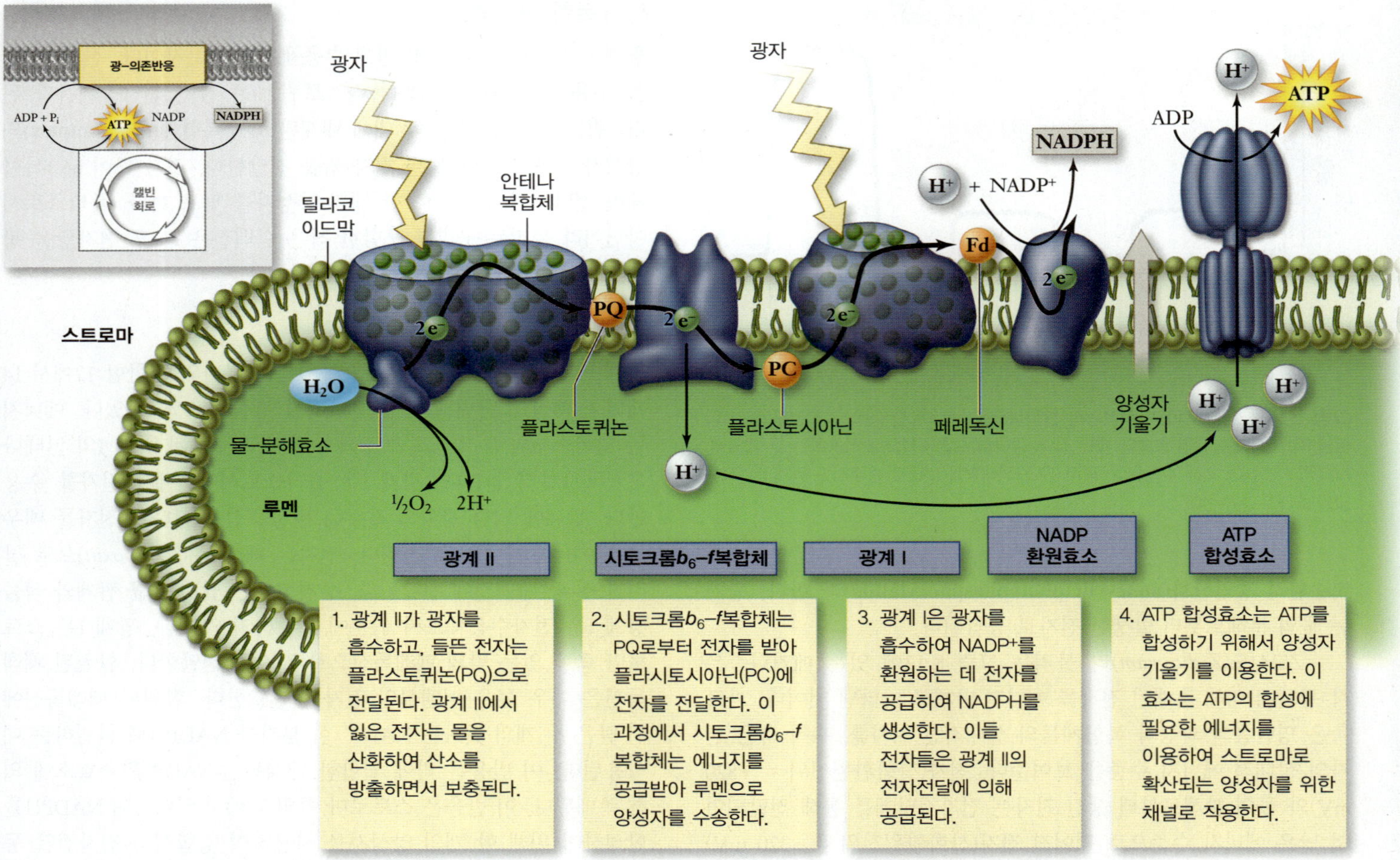

광-의존반응
ADP + Pi
ATP
NADP
NADPH
캘빈 회로
광자
광자
틸라코 이드막
안테나 복합체
스트로마
루멘
H_2O
물-분해효소
½O_2
2H^+
2e⁻
PQ
2e⁻
PC
2e⁻
Fd
2e⁻
H⁺
H⁺ + NADP⁺
NADPH
ADP
ATP
H⁺
플라스토퀴논
플라스토시아닌
페레독신
양성자 기울기
광계 II
시토크롬b_6–f복합체
광계 I
NADP 환원효소
ATP 합성효소
1. 광계 II가 광자를 흡수하고, 들뜬 전자는 플라스토퀴논(PQ)으로 전달된다. 광계 II에서 잃은 전자는 물을 산화하여 산소를 방출하면서 보충된다.
2. 시토크롬b_6–f복합체는 PQ로부터 전자를 받아 플라시토시아닌(PC)에 전자를 전달한다. 이 과정에서 시토크롬b_6–f 복합체는 에너지를 공급받아 루멘으로 양성자를 수송한다.
3. 광계 I은 광자를 흡수하여 NADP⁺를 환원하는 데 전자를 공급하여 NADPH를 생성한다. 이들 전자들은 광계 II의 전자전달에 의해 공급된다.
4. ATP 합성효소는 ATP를 합성하기 위해서 양성자 기울기를 이용한다. 이 효소는 ATP의 합성에 필요한 에너지를 이용하여 스트로마로 확산되는 양성자를 위한 채널로 작용한다.

그림 8.15 광합성적 전자전달계와 ATP 합성효소. 두 개의 광계는 시토크롬b_6–f복합체를 포함하여 전자전달계로 틸라코이드막 내에 배열되어 있다. 이들의 기능은 ATP를 합성하기 위해 ATP 합성효소에 의해 사용되는 양성자 기울기를 함께 만든다. 광계 II는 물을 O_2로 산화할 수 있으며 광계 I은 $NADP^+$를 NADPH로 환원한다.

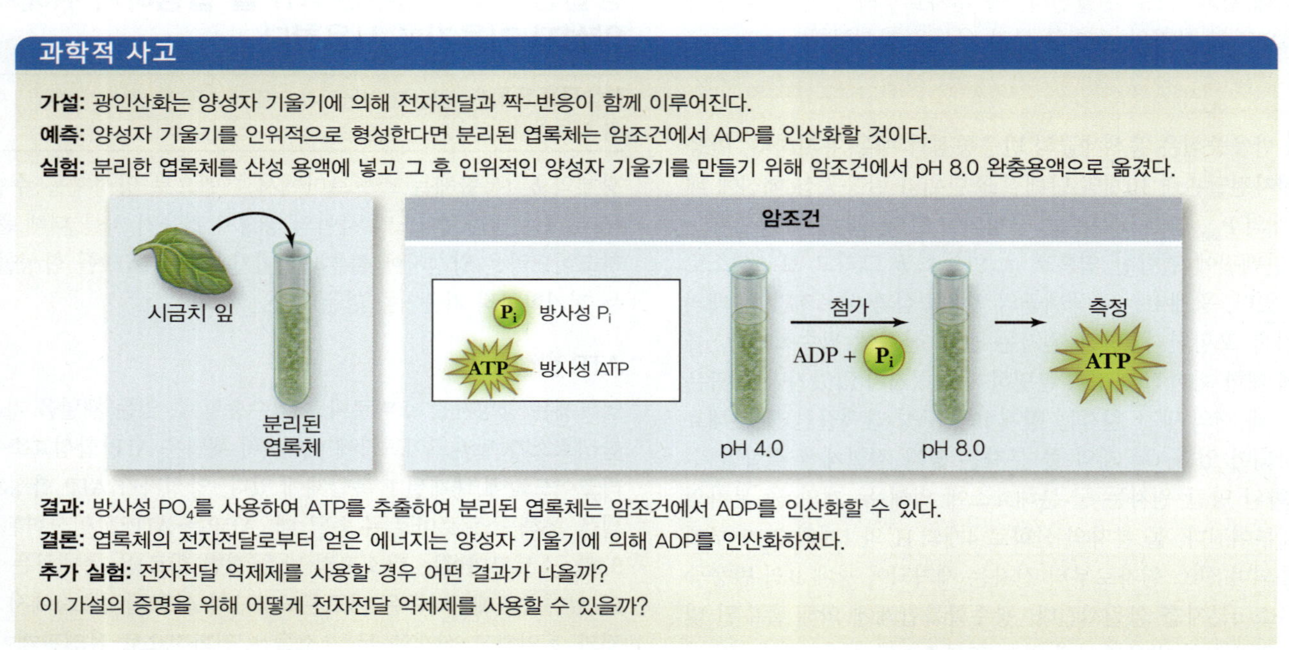

과학적 사고

가설: 광인산화는 양성자 기울기에 의해 전자전달과 짝-반응이 함께 이루어진다.
예측: 양성자 기울기를 인위적으로 형성한다면 분리된 엽록체는 암조건에서 ADP를 인산화할 것이다.
실험: 분리한 엽록체를 산성 용액에 넣고 그 후 인위적인 양성자 기울기를 만들기 위해 암조건에서 pH 8.0 완충용액으로 옮겼다.

시금치 잎
분리된 엽록체
암조건
Pi 방사성 Pi
ATP 방사성 ATP
첨가
ADP + Pi
측정
ATP
pH 4.0
pH 8.0

결과: 방사성 PO_4를 사용하여 ATP를 추출하여 분리된 엽록체는 암조건에서 ADP를 인산화할 수 있다.
결론: 엽록체의 전자전달로부터 얻은 에너지는 양성자 기울기에 의해 ADP를 인산화하였다.
추가 실험: 전자전달 억제제를 사용할 경우 어떤 결과가 나올까?
이 가설의 증명을 위해 어떻게 전자전달 억제제를 사용할 수 있을까?

그림 8.16 야겐도르프의 산성 용액 배양 실험.

의 구조와 기능도 유사하다는 것을 의미한다. 광인산화를 위한 화학삼투에 대한 증거는 초기에 발견되었고(그림 8.16) 그 후 미토콘드리아 ATP합성효소의 존재를 밝히는 실험적 배경이 되었다. 화학삼투가 처음 제안되었을 때는 논쟁이 되었고, 이것이 미토콘드리아와 엽록체 모두에서 ATP 합성 메커니즘의 연구를 촉발시켰다.

추가 ATP의 합성

비순환적 인산화 과정은 물에서 NADPH로 전자전달을 하여 한 분자의 NADPH와 ATP 한 분자 이상을 생성한다. 뒷부분에서 배우겠지만 유기물로 탄소를 고정하기 위해 NADPH 분자당 1.5 ATP 분자가 사용된다. 추가 ATP를 생성하기 위해 많은 식물 종은 짧은-순환 광계 I인 순환적 광인산화에 의해 광계 I을 떠나는 전자는 NADPH 대신에 ATP 만드는 데 사용될 수 있다. 전자는 $NADP^+$로 전달되는 대신에 시토크롬b_6-f복합체로 전달된다. 시토크롬b_6-f복합체는 ATP의 화학삼투로 양성자 기울기의 차를 증가시키는 루멘으로 양성자를 수송한다. 식물의 상대적인 순환적 그리고 비순환적 인산화 비율은 유기물을 합성하는 데 이용 가능한 ATP와 NADPH의 상대적인 양을 결정한다.

개념 정리 8.5

엽록체는 틸라코이드막에 전자전달계로 연결된 두 광계를 가진다. 광계 I은 전자 하나를 NADPH로 전달한다. 이 전자는 광계 II에서 방출된 전자 중 하나에 의해 대체된다. 광계 II는 손실된 전자를 대체하기 위해 물을 산화할 수 있다. 양성자 기울기는 루멘에서 형성되며 ATP 합성효소에 의해 ATP를 만드는 데 사용된다.

- 틸라코이드막에서 양성자가 샌다면, ATP와 NADPH는 여전히 생산될까?

8.6 명반응에서 합성된 ATP와 NADPH를 사용하여, CO_2는 유기물로 편입된다

인간의 몸에 있는 탄소의 모든 것을 고려해 보자. 탄소는 어디서 왔는가? 음식 섭취로부터 오지만 궁극적으로 우리 몸의 탄소는 한 때 대기 중의 CO_2였다. 광합성은 CO_2를 모든 생명체가 사용할 수 있는 유기물의 형태로 전환한다.

캘빈 회로는 유기물을 합성한다

학습목표 8.6.1 캘빈 회로에서 루비스코(rubisco)의 반응을 그림으로 나타내라.

탄수화물은 많은 C-H 결합으로 구성되어 환원되어 있다. 세포는 탄수화물을 합성하기 위해서 광-의존반응의 생성물인 ATP와 NADPH를 사용한다:

1. **에너지.** ATP(순환과 비순환적 인산화에 의해 생성된)는 자유에너지 증가반응을 유도한다.
2. **환원전위.** NADPH(광계 I을 통해 생성된)는 탄소 원자에 결합하는 데 필요한 전자와 양성자를 공급한다.

광합성에서 포획된 빛에너지의 많은 부분은 에너지가 풍부한 설탕의 C-H 결합 내에 있다. 초기광합성 연구에서 광합성 활성이 온도 의존성과 상관관계를 나타내자, 광합성은 효소-촉매 반응으로 연계되어 있을 것으로 추측했다. 이 반응은 호흡의 크레브스회로와 같은 효소-촉매 단계들의 회로를 형성한다. 그러나 크레브스 회로와는 달리 탄소고정은 새로운 화합물을 합성하는 쪽으로 발달해서 회로의 특성은 많이 다르다.

탄소고정을 하는 반응의 회로는, **멜빈 캘빈(Melvin Calvin;** 1911-1997)이 발견하여 **캘빈 회로(Calvin cycle)**라 부른다. 캘빈 회로의 첫 번째 산물인 3-포스포글리세르산(3-PGA)은 인산화와 환원과정을 거쳐 2개의 G-3-P를 합성하므로 이 과정은 **C_3 광합성(C_3 photosynthesis)**이라 부르기도 한다. 이 과정의 핵심 단계는 CO_2의 환원으로 유기물에 CO_2를 편입하는 것이다. G-3-P는 5-탄당인 **리불로오스-1,5-2인산(ribulose 1,5-bisphosphate; RuBP)**을 재생성한다.

CO_2는 즉시 3-탄소인 3-포스포글리세르산(*3-phosphoglycerate; PGA*)으로 분해되는 순간적인 6-탄소화합물을 합성하기 위해 RuBP와 반응한다. 이 전체적인 반응은 무기물인 CO_2가 유기분자인 PGA로 편입되므로 탄소고정반응이라 부른다. 이 반응을 촉매하는 효소인 **리불로오스-1,5-2인산카르복실화효소-산소화효소(ribulose bisphosphate carboxylase/oxygenase)** 또는 **루비스코(rubisco)**는 엽록체의 스트로마에서 발견되는 커다란 16-소단위 효소이다. 이 효소는 초당 약 3개의 RuBP와 반응하므로 매우 느리게 촉매한다. 이 효소는 매우 느리게 작용하므로 루비스코의 많은 분자들이 촉매 반응에 필요하다. 전형적인 온대성 기후 식물 잎에 있는 모든 단백질의 50% 이상이 루비스코이다. 따라서 지구상에서 가장 풍부한 단백질이다.

캘빈 회로가 여섯 번 돌 때 포도당 한 분자가 만들어진다

학습목표 8.6.2 캘빈 회로는 어떻게 포도당을 생성하는지를 설명하라.

캘빈 회로는 탄소를 고정하기 위해서 어떻게 작용하는지, 즉 대기 중에 있는 CO_2가 포도당과 같은 유기물로 전환하는 것을 살필 것이다. 일련의 반응(그림 8.17)에서, 6개의 CO_2가 루비스코에 의해 6개의 RuBP와 반응하여 12개의 PGA 분자(12×3 = 36 탄소 원자, 6은 CO_2에서 30은 RuBP에서)를 생성한다. 36개의 탄소 원자는 6개의 RuBP 분자를 만드는 회로가 돌아간다(6×5=30 탄소 원자). 이 반응은 글리세르알데히드 3-인산(glyceraldehyde 3-phosphate; G-3-P) 두 분자를 만든다. 두 개의 G-3-P 분자는 포도당 한 분자를 만드는 데 사용된다.

캘빈 회로의 순 방정식은:

$$6\ CO_2 + 18\ ATP + 12\ NADPH + 물 \rightarrow$$
$$2\ 글리세르알데히드\ 3\text{-}인산 + 16\ P_i + 18\ ADP + 12\ NADP^+$$

캘빈 회로가 여섯 번 돌 때, 6개의 CO_2가 사용되고 G-3-P 두 분자가 만들어지며, 6개의 RuBP 분자가 재생된다. 회로가 여섯 번 돌아 한 분자의 포도당을 만드는 데 사용될 수 있는 2개의 G-3-P를 생성한다. 여섯 번 회로의 순환은 6개의 CO_2를 편입하여 포도당을 합성하는 데 필요한 탄소는 충분히 공급된다.

회로의 단계

캘빈 회로는 세 단계로 나눌 수 있다: (1) 탄소고정, (2) 환원, 그리고 (3) RuBP의 재생. 탄소고정반응은 3-탄소 PGA 두 분자를 생성하고; PGA는 해당과정의 역반응인 G-3-P로 환원된다; 마지막으로 PGA는 RuBP를 재생성하는 데 사용된다. 캘빈 회로가 3회 돌 때 새로운 G-3-P 분자를 만드는 탄소를 편입하고 여섯 번 돌 때 포도당 한 분자를 합성하는 탄소를 편입한다. 빛은 CO_2의 환원반응의 여러 과정에 간접적으로 영향을 미친다. 예를 들면, 루비스코를 포함한 다섯 가지 캘빈 회로 효소들은 그들의 효율적인 활성에 빛을 필요로 한다. 또한 빛은 캘빈 회로 구동에 필요한 3탄당 중간재들(intermediates)의 엽록체 막을 통한 수송을 촉진한다. 뿐만 아니라 빛은 Mg^{2+} 이온이 엽록체의 스트로마로 유입되는 것을 촉진시켜, 루비스코의 추가적인 활성화를 돕는다.

캘빈 회로의 산물들의 활용

캘빈 회로의 첫 번째 산물인 글리세르알데히드-3-인산은 해당과정에서 중요한 중간 산물이다. 캘빈 회로에서 생성된 많은 G-3-P는 세포질로 수송되고, 해당과정에서 몇 번의 역반응을 통해 과당 6-인산과 포도당-1-인산으로 전환되기도 한다. 이 생성물들은 식물의 주요 수송 당인 설탕을 생성한다(설탕은 과당과 포도당의 결합으

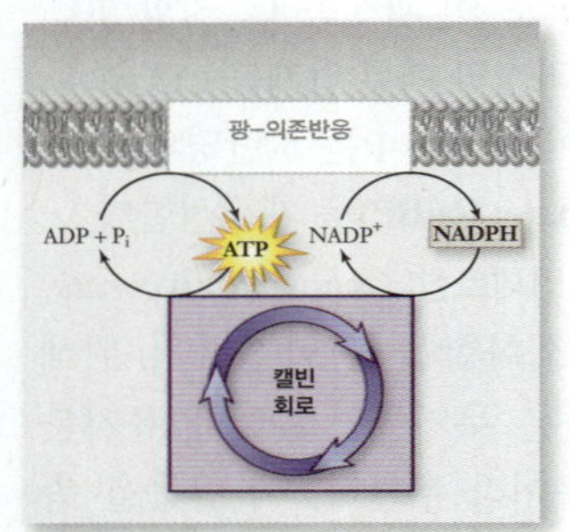

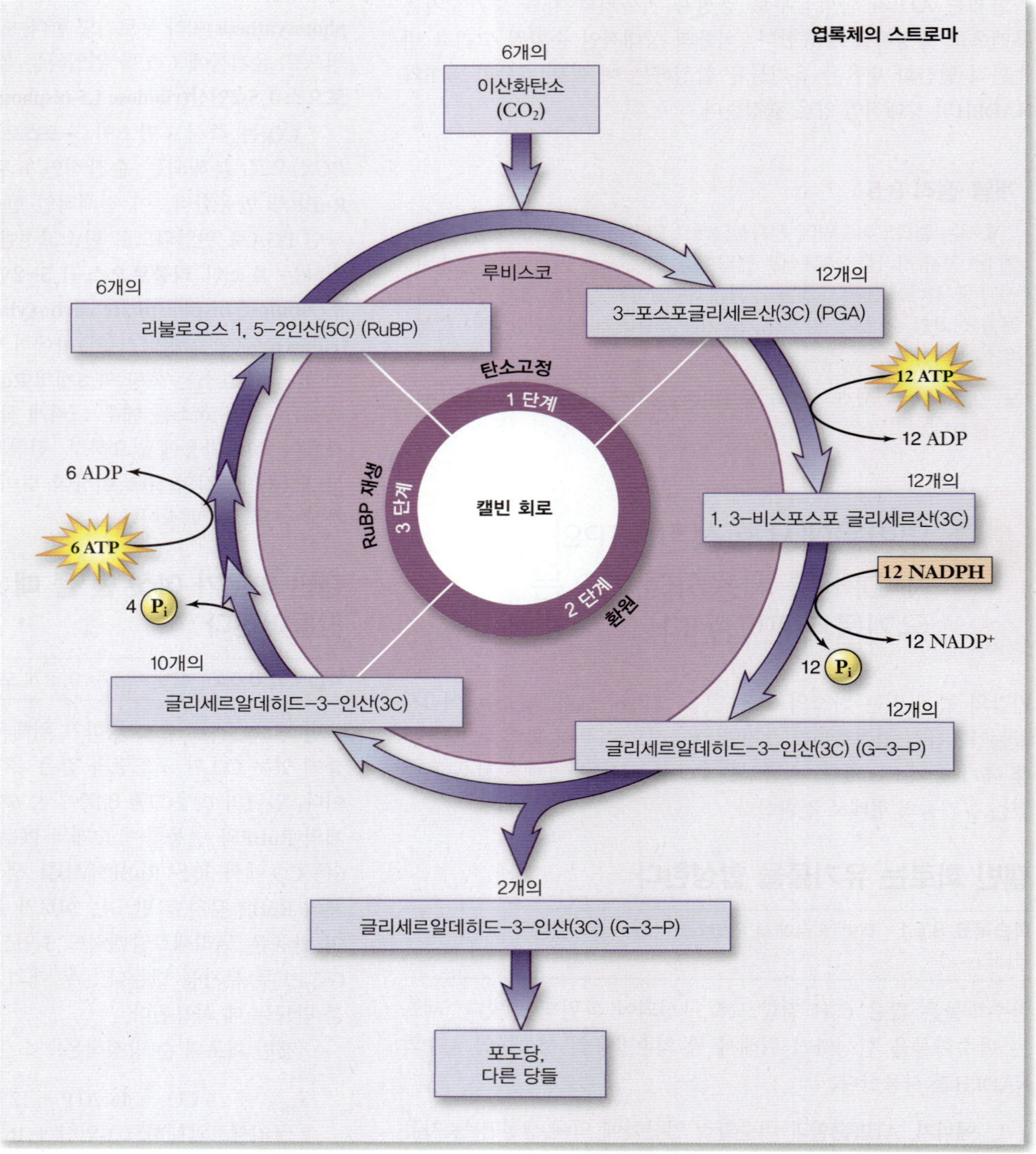

그림 8.17 캘빈 회로. 캘빈 회로는 탄소고정을 완성한다: CO_2의 형태로 있는 무기 탄소를 탄소화물의 형태 속에 있는 유기물로 전환한다. 이 회로는 세 단계로 나눌 수 있다: (1) 탄소고정, (2) 환원, (3) RuBP의 재생성. 회로에 의해 고정된 6개의 CO_2당 환원산물인 G-3-P로부터 포도당 한 분자가 합성될 수 있다. 캘빈 회로는 명반응에 의해서 생성된 ATP와 NADPH를 사용한다

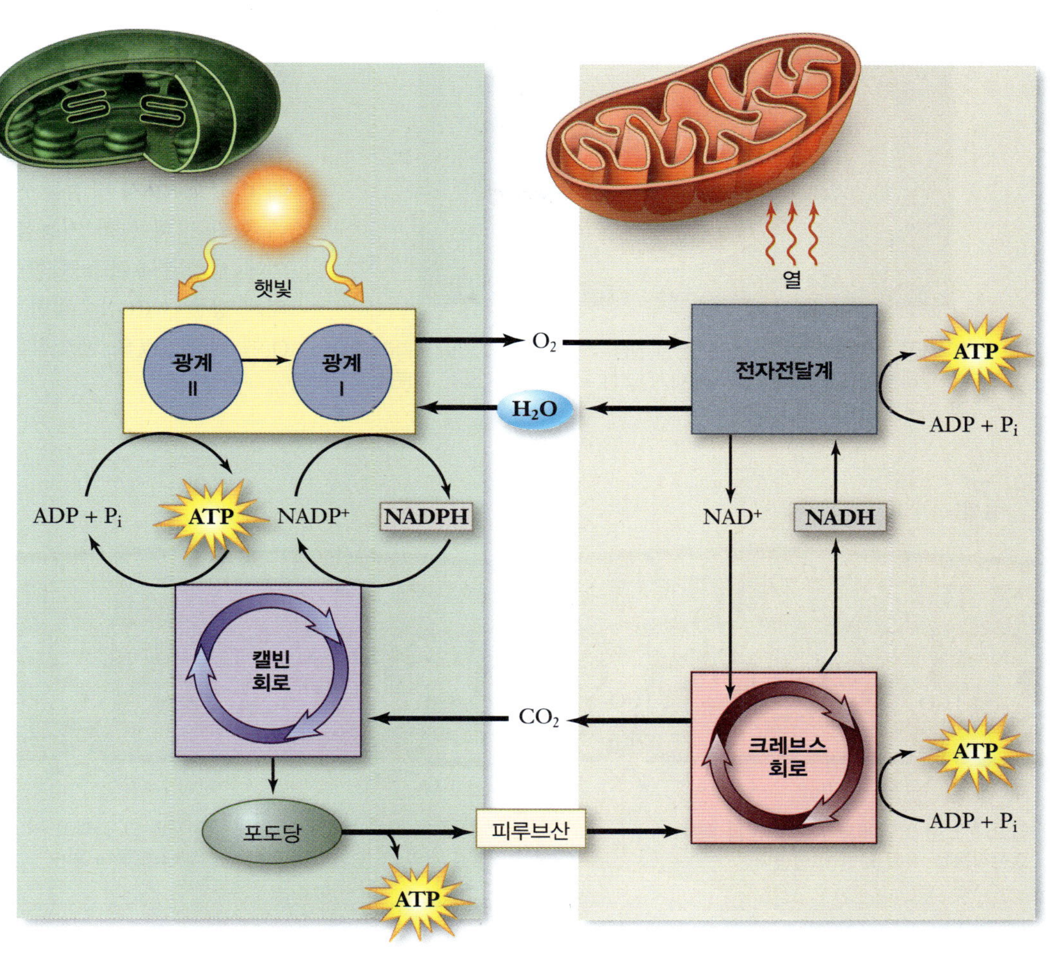

그림 8.18 엽록체와 미토콘드리아: 에너지 회로의 종료. 미토콘드리아의 포도당 산화와 엽록체의 포도당 합성 과정은 유사한 면이 있다. 엽록체는 CO_2와 H_2O를 사용하여 포도당과 O_2를 발생한다. 동물세포처럼 엽록체가 없는 세포는 포도당과 O_2를 사용하여 CO_2와 H_2O를 생성한다.

로 만들어진 2당류이다). 광합성이 활성화되는 시간에는 G-3-P 농도가 엽록체의 스트로마에서 증가한다. 그 결과로 엽록체에 있는 일부 G-3-P는 포도당 1-인산으로 전환된다. 이 반응은 세포질에서 일어나는 반응으로 해당과정에서 일어나는 역반응과도 유사하다. 포도당-1-인산은 녹말로 전환되어 저장되기도 한다.

에너지 회로

이 장에서 연구된 엽록체와 7장에서 살핀 미토콘드리아의 에너지 포획 대사는 밀접하게 관련되어 있다(그림 8.18). 광합성은 최초 시작 기질로 호흡의 산물을 사용하고 호흡은 광합성 산물을 사용한다. G-3-P로부터 포도당의 합성은 오래된 해당과정 경로의 일부를 역으로 사용한다. 엽록체의 전자전달계와 ATP의 합성과 관련된 주요 단백질은 미토콘드리아와 진화적으로 연관되어 있다.

개념 정리 8.6

탄소고정은 CO_2가 유기물로 편입되는 스트로마에서 일어난다. 핵심적인 중간 산물은 루비스코에 의해 CO_2와 결합하는 5-탄당 RuBP이다. 이 회로는 탄소고정, 환원, RuBP의 재생으로 나눌 수 있다. 명반응에서 합성된 ATP와 NADPH는 G-3-P를 생산하는 환원반응을 위해 에너지와 전자를 제공한다.

- 캘빈 회로는 해당과정과 어떻게 비교되는가?

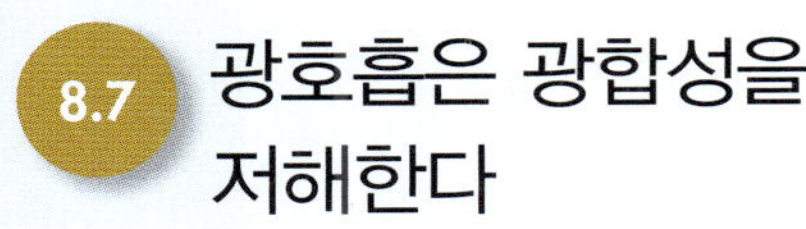

8.7 광호흡은 광합성을 저해한다

진화는 반드시 최적의 해법을 창조하지 못한다. 오히려 이미 존재하는 특징으로부터 파생될 수 있는 실행 가능한 해법을 선호한다. 광합성은 예외가 아니다. 광합성의 핵심적인 탄소고정 반응을 촉매하는 효소인 루비스코는 분명히 차선적인 해법을 제공한다. 이 효소는 탄소고정을 방해하는 두 번째 효소 활성을 갖는데, 바로 RuBP를 산화하는 것이다. **광호흡(photorespiration)**이라 불리는 이 과정에서 O_2는 CO_2를 방출하는 추가적인 반응을 통해 RuBP와 결합한다. 이와 같이 광호흡은 CO_2를 방출함으로써, 본질적으로 탄소고정 과정을 역행시킨다.

C_4 식물은 CO_2를 4-탄소 분자로 편입한다

학습목표 8.7.1 C_3 식물을 C_4 식물, CAM 식물과 비교하라.

RuBP의 카르복시화와 산화는 루비스코의 같은 활성부위에서 촉매반응이 일어나고 CO_2와 O_2는 서로 이 부위에서 경쟁한다. 25℃ 정상적인 조건에서, 루비스코에 의한 카르복시화반응이 산화반응보다 4배 이상으로 일어나며 광합성적 탄소고정의 약 20%는 광호흡으로 손실된다. 이런 손실은 주로 온도가 올라가면 증가하는데, 덥고 건조한 조건에서 기공(*stomata*: 단수, *stoma*)열림은 물을 보존하기 위해 닫힌다(그림 8.19). 기공 닫힘은 잎으로 들어가는 CO_2의 공급을 차단하고 O_2가 밖으로 나가지를 못한다(그림 8.20). 따라서 잎내 공간에는 낮은 CO_2와 높은 O_2 조건이 형성되어 광호흡에 유리하다.

그림 8.19 기공. 담배 식물 잎에 있는 닫힌 기공. 기공은 팽압의 변화에 따라 기공이 열리고 닫히는 두 공변세포로 되어 있다. 건조한 환경에서는 식물은 수분을 보존하기 위해 기공을 닫는다.

단지 C_3 광합성(캘빈 회로)을 이용하여 탄소를 고정하는 식물은 **C_3 식물(C_3 plant)**이라 부른다(그림 8.21a). 다른 식물들은 포스포에놀피루브산(PEP)에 CO_2가 결합하여 4-탄소 분자를 형성한다. 이 반응은 PEP 카르복실라아제에 의해 촉매된다. 이 효소는 루비스코에 비해 두 가지 장점을 가진다: 루비스코보다 CO_2에 대한 친화력이 훨씬 크며 산화 기능을 가지지 않는다. PEP 카르복실라아제에 의해 생성된 4-탄소 화합물은 탈카르복실화된다. 탈카르복실화에 의해 방출된 CO_2는 캘빈 회로에 있는 루비스코에 의해 사용된다. O_2에 비해 CO_2의 국소적 농도를 증가시킬 수 있는 유관속초 세포

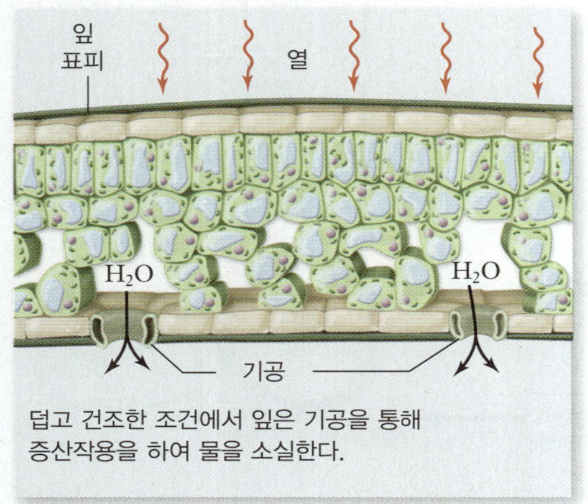

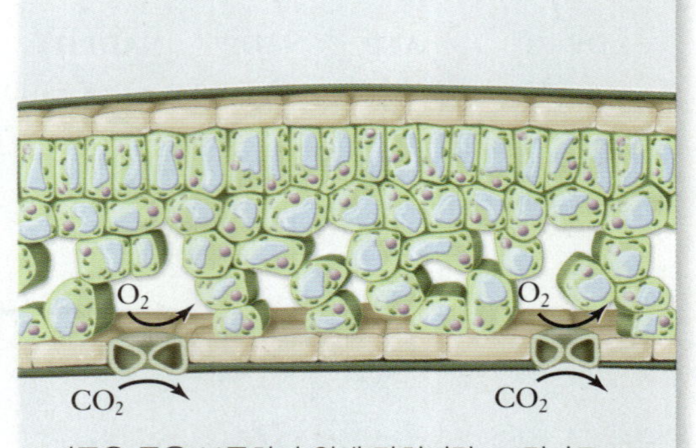

그림 8.20 광호흡을 선호하는 조건. 덥고 건조한 환경에서 기공은 물을 보존하기 위해 닫는다. 그 결과로 기공으로 들어가는 CO_2와 기공 밖으로 나가는 O_2가 방해를 받는다. 높은-O_2와 낮은-CO_2 조건은 광호흡에 유리하다.

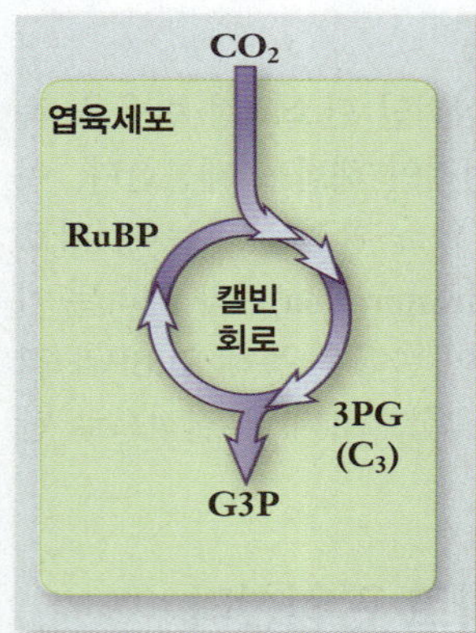

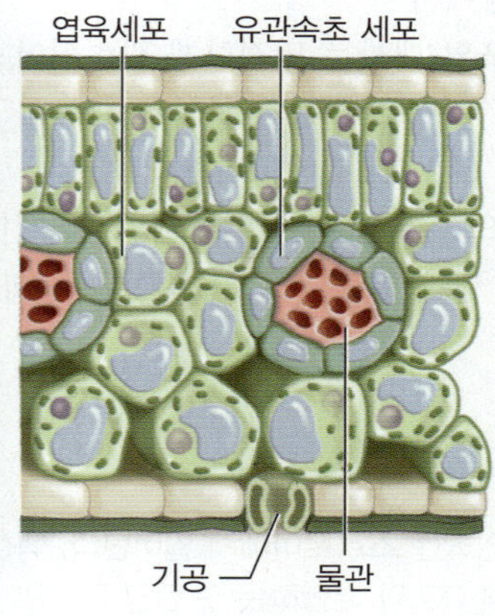

a. C_3 경로

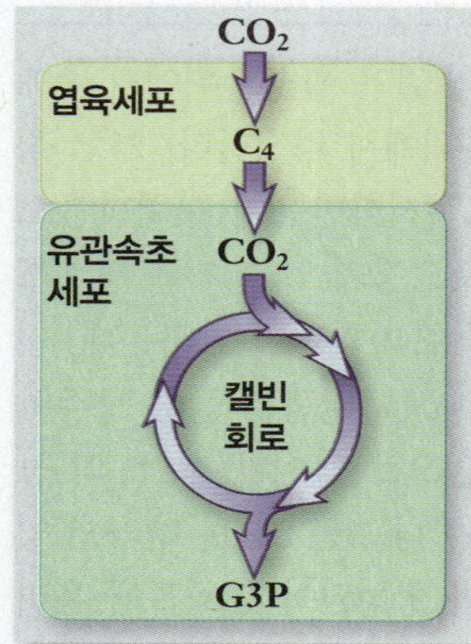

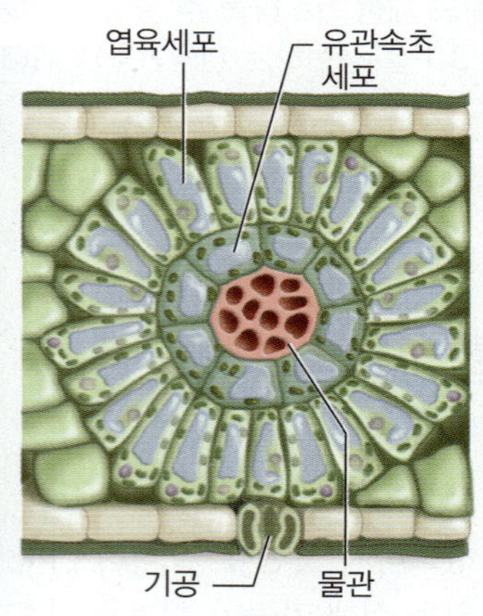

b. C_4 경로

그림 8.21 C_3와 C_4 탄소고정 경로의 비교. **a.** C_3 경로는 탄소고정을 위해 캘빈 회로를 이용한다. 모든 반응이 기공을 통해 확산되어 들어오는 CO_2를 사용하여 엽육세포에서 이루어진다. **b.** C_4 경로는 엽육세포에서 4-탄소 분자인 말산으로 CO_2를 편입한다. 말산은 유관속초 세포로 이동한 후 탈카르복실화되어 CO_2를 방출하여 높은 농도로 축적이 되고 피루브산이 된다. 이러한 경로는 캘빈 회로에 의한 탄소고정을 효율적으로 만든다.

에서 CO_2를 방출하여 루비스코에 의한 카르복실화는 촉진되고 광호흡은 일어나지 않는다.

PEP 카르복실라아제에 의해 생성된 4-탄소 화합물은 CO_2를 유기물의 형태로 저장하거나, 또는 유관속초 세포에서 방출하여 CO_2의 농도를 높게 유지할 수 있다. 광호흡의 결과로 인한 탄수화물 수확의 감소는 무시할 수 없다. C_3 식물은 광합성으로 고정한 탄소의 25~50%를 잃는다. 손실률은 온도에 크게 의존한다. 열대기후에서 온도가 28℃를 넘는 지역은 특히 문제가 심각하며 열대농업에 커다란 피해를 준다. PEP 카르복실라아제를 이용하여 CO_2를 초기에 편입하는 식물은 O_2에 비해 높은 CO_2 농도를 유지한다. **C_4 식물(C_4 plant**; 그림 8. 21b**)**에서 CO_2의 편입은 엽육세포에서 일어나며, 탈카르복시화는 유관속초 세포에서 일어나므로 광호흡의 문제가 공간적인 분리를 통해 해결된다. 같은 세포에서 두 가지 반응을 수행하는 **CAM 식물(CAM plant)**은 밤에 PEP 카르복실라아제를 통해 CO_2를 편입하고, 낮에는 탈카르복실화된다. CAM은 **다육식물유기산대사(crassulacean acid metabolism)**의 약자로 돌나물과(꿩의비름과 칠복수)에서 처음 발견되어 불리게 되었다. 이 메커니즘은 광호흡 문제에 대한 시간적인 해결 방식을 가진다.

C_4 식물

C_4 식물은 옥수수, 사탕수수, 수수 그리고 많은 다른 단자엽 초본들을 포함한다. 이 식물들은 엽육세포에 있는 PEP 카르복실라아제를 이용하여 탄소를 고정한다. 이 반응은 옥살아세트산을 만들며 옥살아세트산은 말산으로 전환된 후 잎의 물관을 둘러싸는 유관속초 세포로 수송된다. 유관속초 세포 내에서 말산은 탈카르복실화되어 CO_2와 피루브산을 생성한다(그림 8. 22). 유관속초 세포는 CO_2에 불투과성이기 때문에, CO_2 농도는 증가하여 루비스코에 의한 탄소고정과 캘빈 회로는 효율적이다. 탈카르복실화에 의해 생성된 피루브산은 엽육세포로 다시 수송되고 엽육세포에서 CO_2 수용체인 PEP로 전환되면서 회로를 마친다. C_4 경로는 광호흡 문제를 해결해도 비용이 따른다. 피루브산이 PEP로 전환되기 위해서는 ATP의 에너지 결합을 필요로 한다. 유관속초 세포로 수송된 CO_2당 2개의 ATP에 해당되는 비용이 사용된다. 포도당 한 분자를 생성하기 위해 캘빈 회로만 돌아가는 C_3 식물에 비해 12개의 ATP가 추가적으로 필요하다. 이런 부가적인 비용에도, C_3 경로를 통해 고정되는 탄소의 반 이상이 광호흡에 의해 유실되게 되는 덥고 건조한 지역에서는 C_4 광합성이 유리하다.

크레슐산(CAM) 경로

더운 지역에서 광호흡을 감소시키는 두 번째 전략은 CAM 식물에 의해 이루어진다. 이들은 선인장, 파인애플과 같은 많은 다육식물 그리고 약 24종의 식물 그룹들을 포함한다. 이 식물들은 기공이 밤에 열리고 낮에는 닫힌다. 기공 열림과 닫힘의 이러한 패턴은 대부분의 식물과는 반대이다. CAM 식물은 PEP 카르복실라아제에 의해 옥살로아세트산을 생성하기 위해 초기에 CO_2를 고정한다. 옥살로아세트산은 특정한 CAM 식물에 따라 다른 유기산으로 전환되기도 한다.

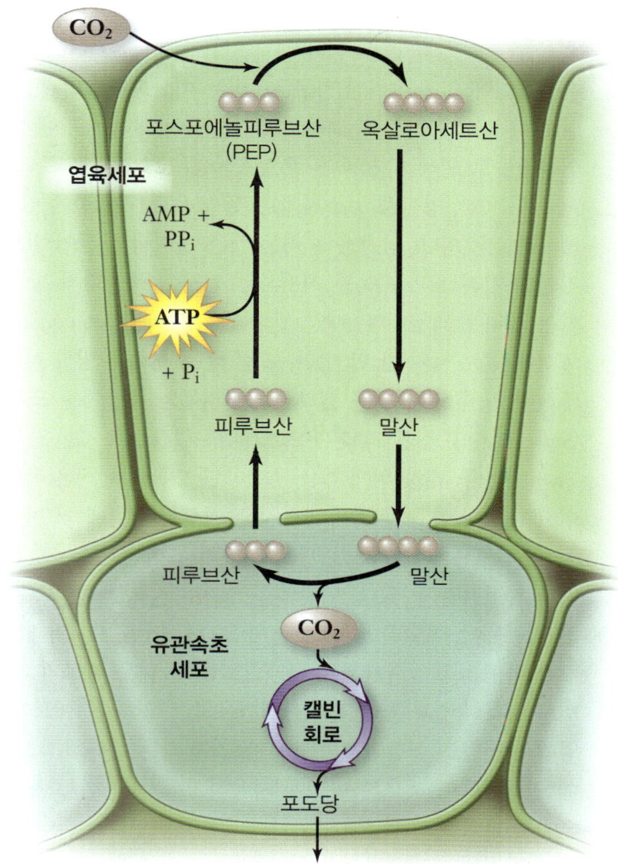

그림 8.22 C_4 식물의 탄소고정. 첫 번째로 생성된 옥살로아세트산은 말산으로 전환된 후 유관속초 세포로 이동하고, 유관속초 세포에서 CO_2를 방출하여 탈카르복실화되고 피루브산이 생성된다. 이 과정은 유관속초 세포에 CO_2 농도를 증가시키고 정상적인 C_3 캘빈 회로에 의해 CO_2가 고정되며, 광호흡은 일어나지 않는다. 피루브산은 엽육세포로 다시 확산되어 들어가고 C_4 고정반응이 CO_2 수용체인 PEP로 전환된다.

이 유기화합물은 밤 동안에 축적되어 액포에 저장한다. 낮에 기공이 닫힐 때 유기산은 높은 농도의 CO_2 환경을 만들기 위해 탈카르복실화된다. 높은 농도의 CO_2는 캘빈 회로가 돌게 하고 광호흡은 최소화한다. C_4 식물과 같이, CAM 식물은 C_3와 C_4 경로를 모두 사용한다. CAM 식물은 이 두 경로가 같은 세포에서 일어난다: C_4 경로는 밤에 C_3 경로는 낮에 작용한다. C_4 식물에서는 두 과정이 다른 세포에서 일어난다.

개념 정리 8.7

루비스코는 높은 O_2와 낮은 CO_2 농도 조건에서는 RuBP를 산화할 수 있다. C_3 대사만을 사용하는 식물은 고정된 탄소의 20%까지 손실될 수 있다. 덥고 건조한 환경에 적응한 식물은 4-탄소 분자에 CO_2를 저장할 수 있어서 고정된 탄소의 손실을 피할 수 있다. CAM 식물은, CO_2는 밤에 4-탄소 유기 화합물로 고정된다: 낮에 이 화합물은 C_3 대사를 위한 CO_2의 공급원으로 사용된다.

- C_4식물과 CAM 식물의 차이점은 무엇인가?

철덤프가설(Iron Dump Hypothesis)

온실효과에 의해 야기된 지구온난화는 이산화탄소의 농도의 증가, 다른 온실효과 가스들 그리고 인간활동에 의해 대기에 방출된 오염물질들로 인해 야기된다. 온실효과를 감소시키는 두 가지 방법이 있다: CO_2 방출을 감소시키는 것 그리고 대기 중에 있는 CO_2를 제거하는 것이다. 방출을 줄이는 것은 사회적 공감이 필요한 이슈지만 대기의 초과 CO_2를 제거하는 접근은 생물학적 방법을 사용하는 어려운 과정이다. 해양 생태학자 존 마틴(John Martin)은 "유조선에 있는 철의 반 만 달라, 그럼 나는 새로운 빙하 시대를 돌려주겠다"고 유명한 말을 했다. 그는 지구의 해양에는 조류가 풍부한데, 조류의 생장이 기본적으로 철(Fe)결핍으로 제한을 받고 있다고 지적했다: 대양 위에 철을 뿌린다면 조류의 번식은 폭발적일 것이고 이로 인한 역동적인 광합성은 지구의 대기에 더 이상 영향을 줄 수 없도록, 해양의 밑바닥으로 유기물 내에 있는 CO_2의 막대한 양을 침전시킬 수 있다. 이런 종류의 시나리오를 실험하는 데는 많은 어려움에 직면하겠지만 충분히 고려할 만한 가치가 있다.

마틴의 철덤프가설은 해양의 조류가 너무 빠르기 때문에 Fe-비료 처리의 결과를 산출하는 실험은 쉽지 않다. 적어도 12곳의 해양에서 철덤프 실험이 진행됐지만 그 결과는 분명하지 않다. 최근에 연구자들이 새로운 방법을 사용하였다. 안정한 소용돌이를 일으키는 남극대륙 부근의 남극해에서 실험하였다.

마틴의 철덤프가설은 두 가지를 보여주었다: 조류 번성이 일어났다는 것과 두 번째로, 유기물질을 통한 CO_2의 격리는 조류가 죽은 후 깊은 대양으로 가라앉는다는 것이었다. 이 실험에서 연구자들은 Fe-비료를 주고 난 후 주변 바다와 비교하기 위해, 100 m 높이의 넓은 물 기둥 안에 있는 물의 유기탄소와 엽록소를 측정하였다. 과학자들이 얻은 결과의 일부는 그림에 있다. 붉은 점들은 Fe-비료를 준 부분을 나타내고 푸른 점들은 대조구이다. 결과는 Fe-비료를 처리한 후 시간에 따라 유기탄소미립자(POC)와 엽록소 농도이다. POC 수치는 $mmol/m^3$이고 엽록소의 수치는 값은 mg/m^3이다. 추가적인 결과로부터 엽록소 농도의 변화는 돌말류 종의 밀도변화와 일치하는 것을 관찰하였다.

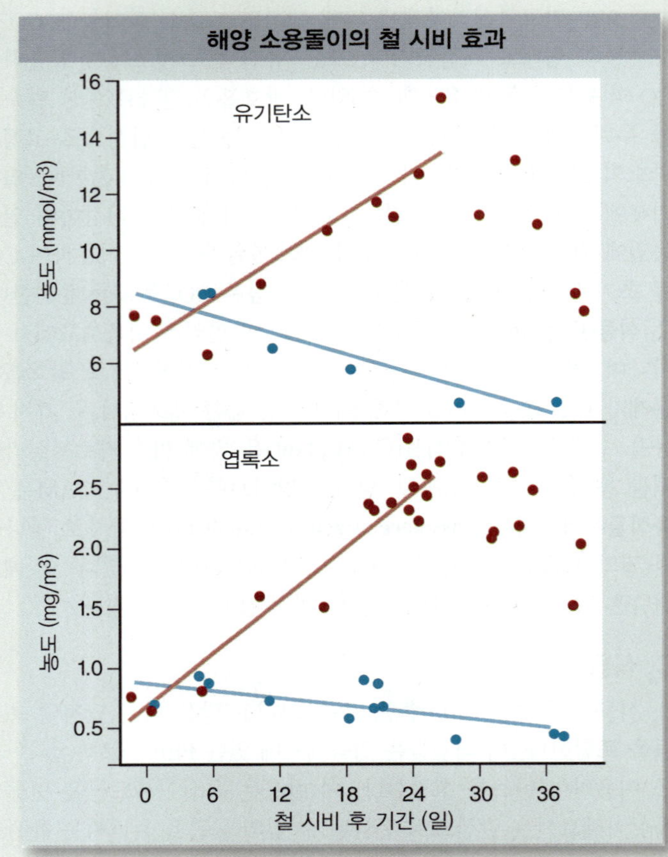

분석

1. **개념 적용**
   변수. 그래프는 어떤 변수에 의해 결정되나?
2. **자료 해석**
   a. Fe-비료를 준 후 해수의 유기탄소 농도가 변하였나? 엽록소의 농도는?
   b. Fe-비료를 준 후 처음 4주 동안에 유기탄소와 엽록소 농도의 변화가 일관되게 일어났나?
   c. 2주가 지나는 동안 다른 변화가 나타났나? 어떻게?
3. **추론** 이 결과로부터 Fe-비료 첨가가 100 m 대양의 깊이에서 조류 번식의 폭발적인 증가가 있다는 추론이 합리적인가? 이 효과는 같은 깊이에서 4주 후에도 지속될 것인가?
4. **결론 도출**
   a. 이 결과는 철 결핍이 해양의 특정 지역에서 식물플랑크톤의 생장 그리고 광합성을 제한한다는 주장과 일치하는가?
   b. 마틴의 철덤프가설이 증명되었나?
5. **추가 분석** 일부 조류의 폭발적인 증가가 죽음으로 이어지고 죽은 생명체가 침전된다는 생각을 실험으로 증명해 볼 수 있나? 폭발적인 증가를 보인 주요 종인 돌말류라는 사실이 침전 가설과 관련이 있나?

학습 과정 복습

개념 8.1 광합성은 유기물 합성을 위해 햇빛을 이용한다

8.1.1 광합성은 세 단계를 거쳐 일어난다 광합성은 CO_2와 H_2O를 반응하여 O_2와 포도당을 합성한다. 광합성은 세 단계로 일어난다: 빛에너지를 흡수, 이 에너지를 이용하여 ATP와 NADPH를 합성하고, ATP와 NADPH를 이용하여 CO_2를 유기물로 전환한다. 처음 두 단계는 광-의존반응이며, 세 번째 단계는 광-독립반응이다.

8.1.2 엽록체에서 광합성이 일어난다 엽록체는 틸라코이드막 내부(루멘)와 유동적인 스트로마를 포함한다. 에너지 포획을 담당하는 광계는 틸라코이드막에 있으며 유기물 합성을 위한 효소들은 스트로마에 있다.

개념 8.2 광합성은 화학적 과정이다

8.2.1 토양은 생장하는 식물의 생체량에 큰 영향을 주지 않는다 초기 연구에서 식물은 빛을 통해 이산화탄소와 물로 식물의 생체량이 증가하는 것과 O_2를 발생하는 것을 밝혔다.

8.2.2 광합성은 일부 단계에서는 빛을 필요로 하지 않은 다단계 과정이다 광-의존반응은 빛을 필요로 하고; 광-독립반응은 낮과 밤에 모두 일어난다.

8.2.3 물은 전자 공여자로써 작용한다 광합성반응 과정에서 방사성 동위원소의 사용을 통해 다른 분자들의 기원과 역할을 밝혔다.

8.2.4 NADPH는 이산화탄소를 환원하는 데 사용된다 탄소고정은 광-의존반응의 생성물인 ATP와 NADPH를 필요로 한다.

개념 8.3 색소들은 햇빛으로부터 에너지를 포획한다

8.3.1 빛은 에너지의 형태이다 빛은 광전효과에 의해 일부 금속으로부터 전자를 제거할 수 있으며 광합성에서 엽록소는 광전장치로 작용한다.

8.3.2 엽록소는 기본 광합성 색소이다 엽록소 *a*와 *b*는 빛에너지를 화학에너지로 바꿀 수 있는 유일한 색소이다.

8.3.3 카로티노이드는 보조색소이다 보조색소는 빛의 다른 파장을 흡수한다.

개념 8.4 광합성 색소는 광계로 조직화되어 있다

8.4.1 광합성률은 낮은 광도에서 포화된다 O_2 발생의 측정은 에너지를 반응중심으로 집약하는 색소분자 집단인 광계의 개념을 이끌어 냈다.

8.4.2 엽록소 색소는 빛을 포획하기 위해 효율적으로 조직화되어 있다 광계는 엽록소 *a*와 *b*, 보조색소들 그리고 틸라코이드막에 내재된 단백질의 네트워크로 되어 있다. 안테나 복합체의 색소분자는 광자를 흡수하여 빛에너지를 반응중심으로 전달한다. 반응중심은 들뜬 전자를 전자 수용체로 전달하는 두 개의 엽록소 *a* 분자로 되어 있다.

개념 8.5 햇빛에너지는 양성자 기울기를 형성한다

8.5.1 광-의존반응은 틸라코이드막에서 일어난다 명반응은 네 과정으로 나눌 수 있다: 일차적인 광반응, 전하분리, 전자전달, 그리고 화학삼투. 들뜬 전자는 양성자 기울기를 만들면서 전자전달계를 따라 전달되고 결국에는 광계로 돌아간다. 일부 세균은 명반응을 통해 NADPH를 생성할 수 있다.

8.5.2 엽록체는 두 개의 연결된 광계를 이용한다 광계 I은 $NADP^+$에 전자를 전달하고 환원하여 NADPH를 생성한다. 광계 II는 광계 I이 잃은 전자를 공급해 준다. 광계 II에서 손실된 전자는 물의 산화로부터 전자를 공급 받고 O_2를 발생시킨다.

8.5.3 비순환적 광인산화에서 두 광계는 연속적으로 작동한다 광계 II와 광계 I은 틸라코이드 공간(루멘)으로 양성자를 펌프하는 전자전달계로 연결되어 있다.

8.5.4 광합성적 화학삼투는 ATP를 합성하기 위해서 양성자 기울기를 사용한다 ATP 합성효소는 채널 효소이다. 양성자가 기울기에 따라 채널을 통해 이동될 때 발생되는 에너지로, ADP는 ATP를 합성하기 위해 인산화된다. 식물은 순환적 인산화를 통해 추가 ATP를 만들 수 있다.

개념 8.6 명반응에서 합성된 ATP와 NADPH를 사용하여, CO_2는 유기물로 편입된다

8.6.1 캘빈 회로는 유기물을 합성한다 C_3 광합성으로 알려진 캘빈 회로는 당을 합성하기 위해, CO_2, ATP 그리고 NADPH를 이용한다.

8.6.2 캘빈 회로가 여섯 번 돌 때 포도당 한 분자가 만들어진다 캘빈 회로는 세 단계로 이루어진다: RuBP에 CO_2가 루비스코의 촉매 반응을 통해 탄소고정이 이루어지고; 3-탄소 PGA가 ATP와 NADPH를 사용하여 G-3-P로의 환원; RuBP의 재생. 회로가 여섯 번 돌아 두 개의 G-3-P를 생성하기 위해 충분하게 탄소를 고정하고 한 분자의 포도당이 만들어진다.

개념 8.7 광호흡은 광합성을 저해한다

루비스코는 탄소고정의 역반응인 RuBP의 산화를 촉매할 수 있다. 건조하고 더운 환경 조건은 산화반응이 증가한다.

8.7.1 C_4 식물은 CO_2를 4-탄소 분자로 편입한다 C_4 식물은 말산으로 전환되는 옥살로아세트산을 형성하기 위해 포스포에놀피루브산에 CO_2를 결합하여 탄소를 고정한다. 유관속초 세포에서 말산은 피루브산으로 탈카르복실화되어 CO_2를 방출하고 피루브산으로 전환되는 과정을 통해 CO_2의 세포 내 농축이 가능하게 되어 광호흡을 최소화한다. C_4 경로에서 탄소는 엽육세포에서 고정되고 유관속초 세포에서 캘빈 회로를 위해 방출된다(그림 8.22 참조). CAM 식물은 기공이 닫히는 낮에 C_4 경로를 이용하고 밤에 같은 엽육세포에서 캘빈 회로가 작동된다.

학습 과정 평가

개념 8.1 광합성은 유기물 합성을 위해 햇빛을 이용한다

이해

1. 다음 중 어느 것이 광합성의 전체 과정을 요약한 것인가?
   a. $6\ O_2 + C_6H_{12}O_6$ + 햇빛 → $6\ CO_2 + 6\ H_2O$
   b. $6\ O_2 + C_6H_{12}O_6 \rightarrow 6\ CO_2 + 6\ H_2O$ + ATP
   c. 6 H_2O + 6 CO2 + 햇빛 → 6 O_2 +6 $C_6H_{12}O_6$
   d. 6 CO_2 +6 H_2O + 햇빛 → 6 O_2 + $C_6H_{12}O_6$ + ATP + NADPH
2. 광합성의 광-의존반응은?
   a. ATP와 NADPH를 생성하고 틸라코이드막에서 일어난다.
   b. 포도당을 생성하고 스트로마에서 일어난다.
   c. ATP를 생성하고 $NADP^+$를 환원하고 스트로마에서 일어난다.
   d. CO_2를 사용하며 틸라코이드막에서 일어난다.

응용

1. 이론적으로, 완전한 암조건에 놓은 식물에 어느 분자들을 첨가해 주면 포도당을 합성할 수 있나?
   a. CO_2와 H_2O b. O_2와 H_2O
   c. ATP와 NADPH d. $FADH_2$, NADH, CO_2

종합

1. 반응물질 그리고 광합성과 세포호흡의 생성물 사이의 관계를 그림으로 나타내라. 그리고 어떤 세포소기관 또는 생물체들에서 이런 반응이 일어나는지 설명하라.

개념 8.2 광합성은 화학적 과정이다

이해

1. 식물이 생장할 때 식물 생체량의 증가는 어디서 오나?
   a. 토양의 영양소.
   b. 뿌리에 의해 흡수된 물.
   c. 대기 중의 CO_2에서 탄소.
   d. 햇빛에너지에 있는 광자.
2. 블랙맨(F. Blackman)은 광도를 증가시켜도 광합성률을 증가하지 않는다는 것을 밝혔다. 왜일까?
   a. 낮은 광도에서 빛은 제한 요인이 아니다.
   b. 초기 반응은 광-의존적이지 않다.
   c. 모든 반응중심이 모두 작동하기 때문에.
   d. 낮은 광도에서 CO_2 농도는 제한 요소가 아니다.
3. 광합성 산물로써 방출된 가스는 어디서 왔나?
   a. $C_6H_{12}O_6$의 분해. b. H_2O.
   c. CO_2. d. NADPH.

응용

1. 빛을 받고 있는 엽록체에서 CO_2를 제거한다면?
   a. $NADP^+$를 환원할 수 없다.
   b. NADPH와 ATP를 축적한다.
   c. O_2를 발생하지 않을 것이다.
   d. ATP 결핍이 된다.

종합

1. 철은 일부 광합성 생물들의 영양제로 작용한다; 해양 먹이사슬의 최하위에 위치한 식물플랑크톤은 생장하는 데 철을 필요로 한다. 일부 과학자들은 지구온난화를 방지하기 위해 세계 해양에 철을 뿌리는 것을 제안했다. 철의 처리는 지구온난화에 어떤 영향을 줄 것인가?

개념 8.3 색소들은 햇빛으로부터 에너지를 포획한다

이해

1. 광자에 대한 설명 중 어느 것이 틀리나?
   a. 광자들은 빛에너지와 관계가 없다.
   b. 광자들은 빛의 모든 파장에서 발견된다.
   c. 광자의 에너지는 색소분자로 전달될 수 있다.
   d. 모든 광자는 똑같은 에너지 양을 가진다.
2. 엽록소 *a*는?
   a. 500~600 nm의 파장을 가진 광자를 흡수한다.
   b. 녹색광은 반사한다.
   c. 녹색파장 쪽으로 이동된 흡수 스펙트럼을 가진다.
   d. 중요한 보조색소이다.

응용

1. 정상적인 엽록소를 가진 식물이지만 변이가 있는 카로티노이드를 만든다면?
   a. 보라색-파란색 광과 적색광을 흡수할 수 없을 것이다.
   b. 자유라디칼을 생성하지 못할 것이다.
   c. 정상 카로티노이드를 가진 식물처럼 효율적으로 광합성을 할 수가 없을 것이다.
   d. 위 모두 맞다.

종합

1. 생물학의 핵심적인 주제는 형태와 기능의 일치성에 대한 문제이다. 엽록소 *a*와 *b*의 구조는 어떻게 에너지 수확 분자로써 이상적인지를 설명하라.

개념 8.4 광합성 색소는 광계로 조직화되어 있다

이해

1. 광계에 있는 반응중심 색소는 안테나 복합체에 있는 색소와 어떻게 다른가?
   a 반응중심 색소는 엽록소 분자이다.
   b. 안테나 복합체 색소만이 빛을 반사할 수 있다.
   c. 반응중심 색소는 빛에너지를 흡수할 때 전자를 잃는다.
   d. 안테나 복합체 색소는 단백질에 결합되어 있지 않다.
2. 진핵생물에서 광계는 어디에서 발견되나?
   a. 세포질.
   b. 스트로마.
   c. 틸라코이드막.
   d. 루멘.

응용

1. 돌연변이로 안테나 복합체가 카로티노이드로만 구성된다면, 이 세포는 정상적인 식물세포와 어떻게 비교할 수 있을까?
   a. 산소 발생이 감소할 것이다.
   b. 더 많은 자유라디칼에 의해 손상이 있을 것이다.
   c. 세포는 적색/오렌지색/노란색 범주 내에 있는 빛을 흡수하는 데 덜 효율적일 것이다.
   d. 위 모두 맞다.

종합

1. 모든 반응중심 엽록소를 위해 각 광계에 많은 색소분자를 가지면 무슨 이익이 있을까? 왜 모든 색소분자는 직접 전자수용체로 반응을 하지 않나?

개념 8.5 햇빛에너지는 양성자 기울기를 형성한다

이해

1. 광합성의 광-의존반응에서 광계 I은 ____________ 로 작용하고 광계 II는 ________________ 로 작용한다.
   a. ATP를 합성하고; O_2를 발생한다
   b. $NADP^+$를 환원하고; H_2O를 산화한다
   c. CO_2를 환원하고; NADPH를 산화한다
   d. 반응중심에서 전자를 되찾고; 물로부터 전자를 얻는다
2. 명반응에서 전자의 총 흐름은 어디로부터 오나?
   a. 안테나 색소에서 반응중심으로.
   b. H_2O에서 CO_2로.
   c. 광계 I에서 광계 II로.
   d. H_2O에서 NADPH로.

응용

1. 틸라코이드막에서 이온이 샌다면, 명반응의 결과는 어떻게 될 것으로 예상하나?
   a. ATP 합성이 중지될 것이다.
   b. NADPH 생성이 중지될 것이다.
   c. H_2O의 산화가 중지될 것이다.
   d. 위 모두 맞다.
2. 엽록체 틸라코이드에서는?
   a. 양성자 채널을 통해 스트로마로 양성자가 수동 수송된다.
   b. 빛은 루멘의 수소이온 농도가 스트로마보다 낮아지게 한다.
   c. 빛은 틸라코이드 밖으로 양성자의 수송을 유도한다.
   d. 양성자가 루멘으로 수송될 때 ATP가 합성된다.

종합

광-의존반응과 세포호흡 동안의 ATP 합성을 비교하고 대조하라.

개념 8.6 명반응에서 합성된 ATP와 NADPH를 사용하여, CO_2는 유기물로 편입된다

이해

1. 다음 중 어느 것이 탄소고정에 대한 설명 중 틀렸나?
   a. CO_2의 합성을 초래한다.
   b. 전자와 양성자를 공급하기 위해 NADPH를 필요로 한다.
   c. 광-의존반응에서 공급된 에너지를 필요로 한다.
   d. 스트로마에서 일어난다.
2. 광합성의 총 과정은?
   a. CO_2의 환원과 H_2O의 산화를 초래한다.
   b. H_2O의 환원과 CO_2의 산화를 초래한다.
   c. O_2를 소비하고 CO_2를 생성한다.
   d. CO_2로부터 O_2를 생성한다.

응용

1. 6개의 CO_2 분자가 캘빈 회로에 들어가고 12개의 G-3-P 분자가 만들어진다. 2개의 G-3-P 분자는 당을 합성하는 데 사용된다. G-3-P의 나머지 분자들은 어떻게 되나?
   a. CO_2로 다시 전환되어서 식물로부터 방출된다.
   b. RuBP의 재생성에 쓰인다.
   c. 에너지 저장 분자—식물에 따라 기름 또는 녹말로 전환된다.
   d. 더 많은 ATP를 합성하는 데 쓰인다.

종합

1. 식물에서 캘빈 회로 반응은 밤에 정지될 수 있다. 그러면 왜 이 반응을 "광-독립"이라 부르나?

개념 8.7 광호흡은 광합성을 저해한다

이해

1. 다음 중 어느 것이 C_4와 CAM 식물 사이의 유사점인가?
   a. 초기에 탄소를 고정하기 위하여 PEP 카르복실라아제를 둘 다 사용한다.
   b. 둘 다 탄소고정을 하고 다른 분리된 세포에서 캘빈 회로가 작동된다.
   c. 둘 다 밤에 캘빈 회로가 작동된다.
   d. 위 모두 맞다.

응용

1. 왜 PEP 카르복실라아제는 덥고 건조한 조건에서 더 효율적인가?
   a. PEP 카르복실라아제는 낮에 작동하나 루비스코는 밤에만 작동한다.
   b. PEP 카르복실라아제는 산소와 반응하지 않는다.
   c. PEP 카르복실라아제는 광호흡률을 증가시켜서, 더 많은 당을 합성하게 된다.
   d. 위 모두 맞다.

종합

1. 식물은 포도당 한 분자를 생성하기 위해 왜 30개의 ATP(일반적으로 포도당 당 18개의 ATP를 소모하는 것보다 많은)를 소비하나, 이 과정은 더운 기후에서 유리하고 추운 기후에서는 왜 불리한가? 온도가 하는 역할은 무엇인가?

9 세포 신호교신

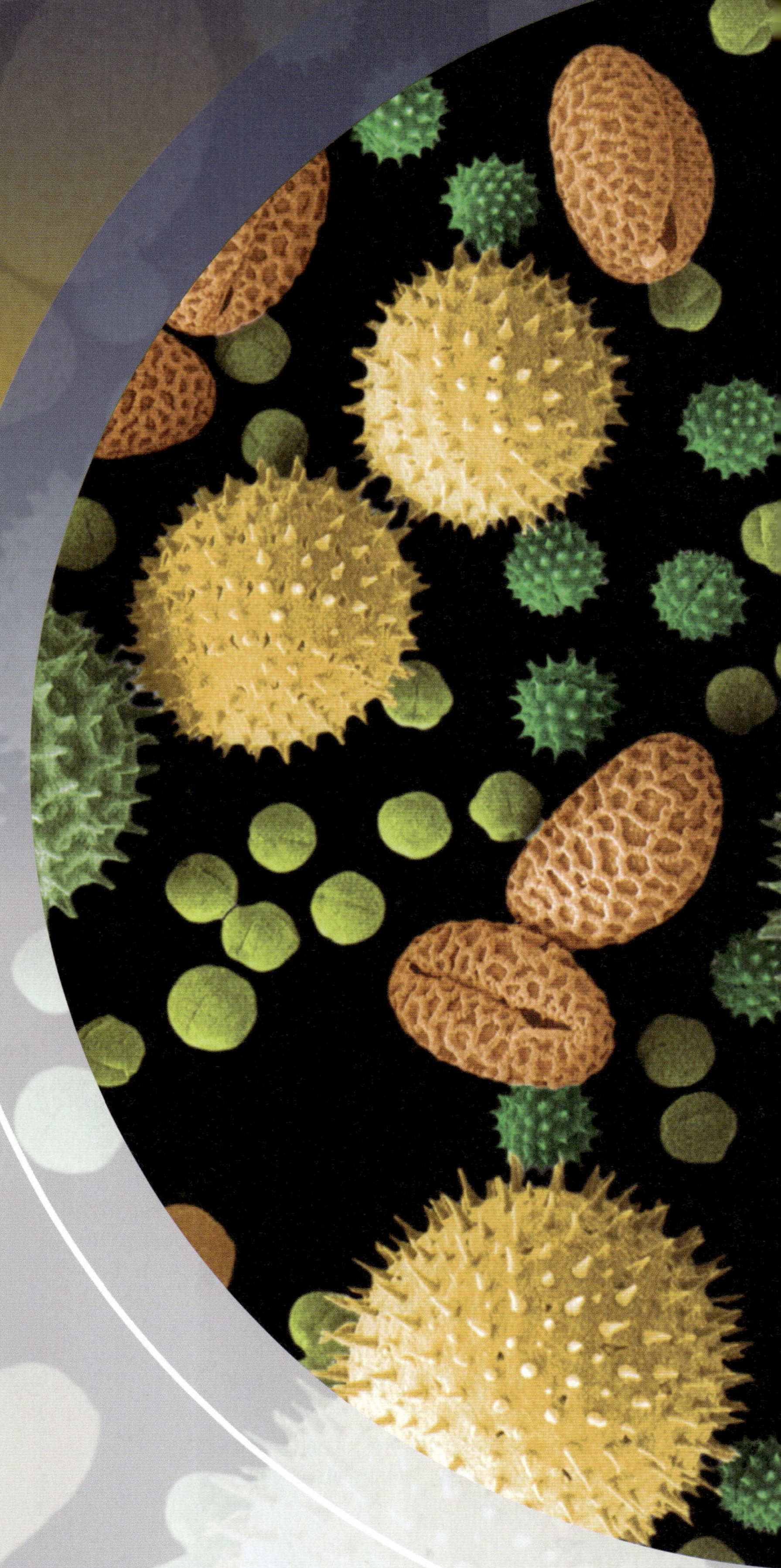

학습과정

서론

봄은 중생과 재생의 시간이다. 죽어 있는 듯 보이던 나무들이 새로운 잎과 싹을 생산하고, 꽃들이 땅에서 생성된다. 계절성 알레르기 환자들에게 이러한 봄은 그리 즐거운 시간이 아니다. 현미경사진에서의 화분(꽃가루)과 다른 알레르겐은 면역계를 자극해서 히스타민과 세포 신호를 형성하는 다른 분자들이 생성되게 한다. 이러한 신호는 콧물 감기, 가려움증, 눈물 젖은 눈 및 다른 알레르기 반응 증세를 일으킨다. 알레르기는 히스타민 신호에 대한 수용체를 차단하는데 작용하는 항히스타민제로 치료를 한다. 이 장에서는 그러한 신호 경로에 대한 세부사항을 조사할 것이다.

9.1 다세포 생물의 세포들은 신호교신을 한다

세포 사이의 신호교신은 자연에서는 흔한 일이다. 세포신호전달(cell signaling)은 세포들이 상호 영향을 미치는 필수적인 메커니즘을 제공하면서 모든 다세포 생물체에서 일어난다. 효과적인 신호전달은 **리간드(ligand)**라는 신호전달 분자와 이러한 리간드에 결합하는 세포성 단백질인 **수용체단백질(receptor protein)**을 필요로 한다. 이러한 두 구성요소의 상호작용에 의해서 신호전달(*signal transduction*) 과정이 시작되는데, 신호전달 과정에서는 외부 신호정보가 세포반응으로 전환된다(그림 9.1).

다세포 생물체들의 세포들은 펩티드, 커다란 단백질, 개개의 아미노산, 뉴클레오티드 및 스테로이드와 지질을 신호(signal)로써 포함하며, 이것들에 제한되지 않고 다양한 분자들을 신호로 이용한다. 심지어는, NO(산화질소)와 같은 용해된 가스도 신호로 이용될 수 있다.

신호전달 메커니즘은 원천에서부터 수용체까지의 거리에 따라 다양하다

학습목표 9.1.1 원천에서부터 수용 때까지의 거리에 바탕을 두고 신호전달 방법들 사이의 차이점을 식별하라.

다세포 생물의 어떠한 세포도 지속적인 신호의 흐름에 노출이 되어 있다. 언제든지, 수백 가지의 다른 화학 신호가 세포를 둘러싸고 있는 환경에 존재할 수 있을 것이다. 그러나 각각의 세포는 단지 특정한 신호에만 반응을 하고, 나머지 신호는 무시를 하는데, 이것은 마치 한 사람이 시끄럽고 혼잡한 방에서 1인 혹은 2인의 대화만 다르는 것과 같다.

세포가 반응할 신호를 "선택"하는 방법은 무엇일까? 수용체 분자의 수와 종류가 이것을 결정한다. 리간드가 보완적 형태를 지닌 수용체단백질에 접근할 때, 그 리간드와 수용체단백질은 복합체를 형성하면서 결합을 할 수 있다. 이러한 결합(binding)은 신호전달경로(signal transduction pathway)를 통하여 세포에서의 반응을 생성하면서 수용체단백질에서의 변화를 유도할 수 있다. 이러한 방식으로, 어떤 주어진 세포는 그것이 소유하는 특정한 집합의 수용체단백질들에 대해서 적합한 신호 분자들에는 반응을 하고, 수용체가 없는 그러한 신호 분자들은 무시를 한다.

세포들은 주로 신호전달과 반응 세포들 간의 거리에 따라서 다음 4가지 기본 메커니즘들 중 한 가지를 통해서 신호교신을 할 수 있다(그림 9.2). 이러한 메커니즘은 (1) 직접적인 접촉, (2) 측분비 신호전달(paracrine signaling), (3) 내분비 신호전달(endocrine signaling) 및 (4) 시냅스 신호전달(synaptic signaling)이다.

이러한 4가지 기본 메커니즘을 이용하는 것 이외에도, 일부 세포들은 실제적으로 자신의 원형질막에 위치한 특정한 수용체에 결합하는 신호를 분비하면서, 그러한 신호를 자기 자신들에게 보낸

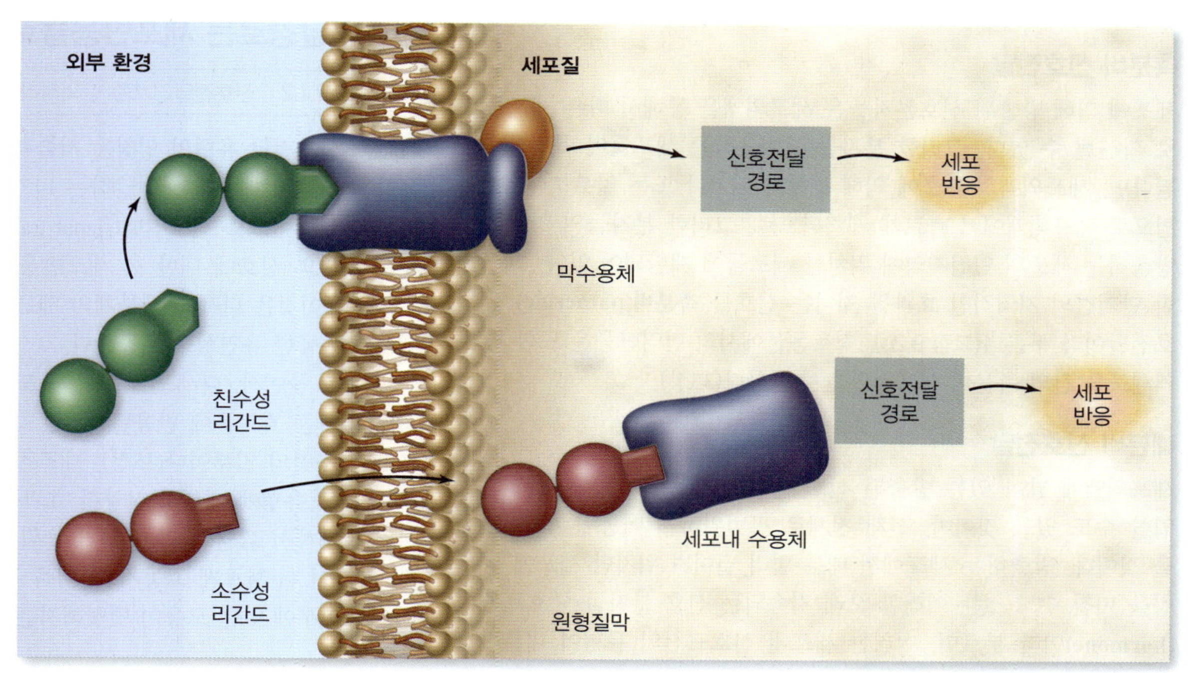

그림 9.1 세포신호전달에 대한 개요. 세포신호전달에서는 리간드라고 부르는 신호 분자, 수용체 및 세포 반응을 생성해 낼 수 있는 신호전달경로가 관여된다. 수용체는 막을 가로지를 수 있는 소수성 리간드를 위해서는 세포 내에 위치할 수 있고, 막을 가로지를 수 없는 친수성 리간드의 경우에는 원형질막에 위치할 수 있다.

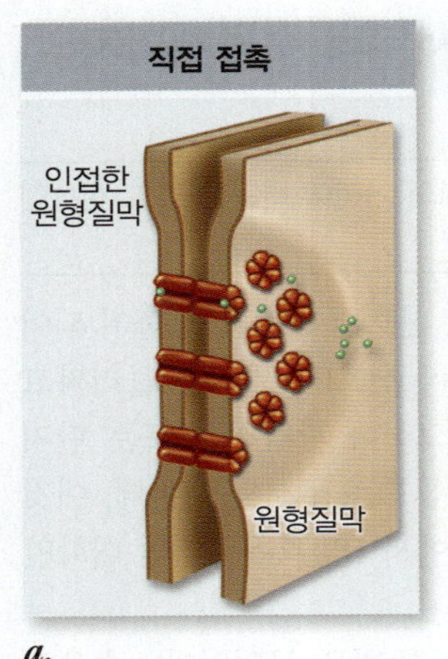

a.

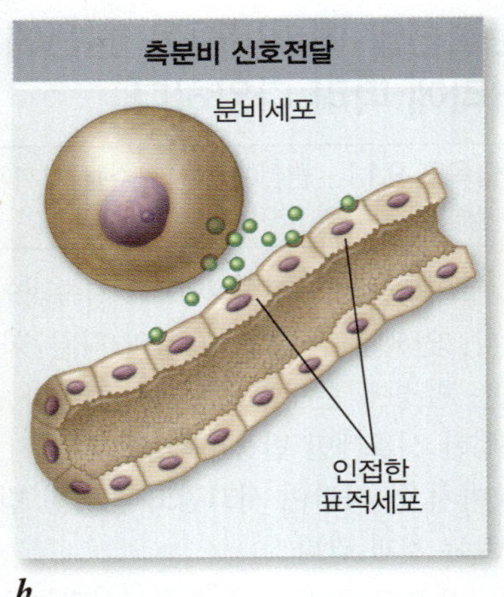

b.

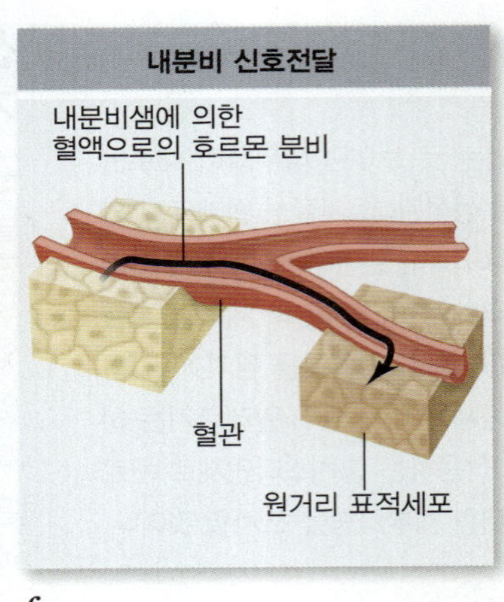

c.

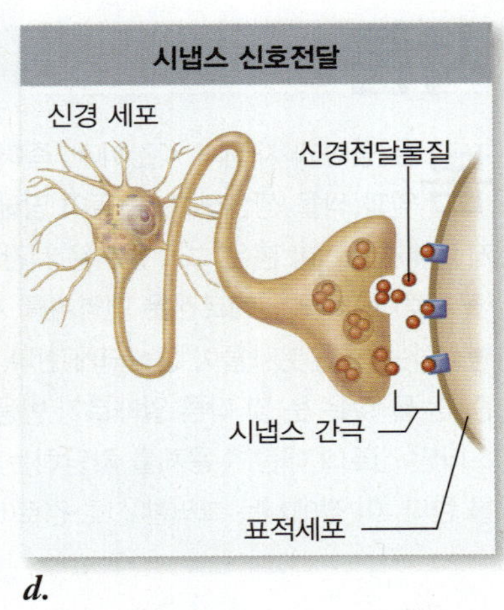

d.

그림 9.2 4종류의 세포신호전달. 세포들은 몇 가지 방법으로 신호교신을 할 수 있다. **a.** 상호간에 직접적인 접촉을 하고 있는 두 세포들은 간극연접 부위를 가로지르며 신호를 보낼 것이다. **b.** 측분비 신호전달에서는 한 세포의 분비물이 단지 인접 지역에 있는 세포들에만 효력을 발생할 수 있다. **c.** 내분비 신호전달에서는 호르몬이 생물체의 순환계로 방출되며, 그 순환계를 통해서 표적세포로 전달된다. **d.** 화학적 시냅스 신호전달은 뉴런에서부터 작은 시냅스간극을 통해서 신경전달물질이라고 불리는 신호 분자들을 표적세포로 전달한다.

다. "자가분비 신호전달(*autocrine signaling*)"이라 불리는 이러한 과정이 발달에서의 변화 강화에 있어서 중요한 역할을 하는 것으로 여겨지며, 그것은 면역계에서의 신호전달에서 중요한 구성요소이다(35장).

직접적인 접촉

5장에서 살펴본 것처럼, 진핵세포의 표면에는 단백질, 탄수화물과 지질이 원형질막에 부착되고 바깥쪽으로 확장되면서 풍부하게 채워져 있다. 세포들이 상호간에 매우 근접할 때에, 한 세포의 원형질막에 있는 일부 분자들은 근접한 세포의 원형질막에 있는 수용체들에 의해서 인식될 수 있다. 초기 발달단계에서 세포들 간에 수많은 중요한 상호작용이 세포 표면 사이의 직접적인 접촉 수단에 의해서 일어난다. 세포들은 또한 간극연접을 통하여 신호전달을 한다(그림 9.2a).

측분비 신호전달

세포에 의해 방출된 신호분자들은 세포외액을 통해서 다른 세포들로 확산될 수 있다. 그러한 분자들을 이웃하는 세포들이 차지하게 된다면, 세포외액성 효소에 의해 분해가 되거나 또는 일부 다른 방법으로 세포외액에서 빠르게 제거되므로, 그러한 분자들의 영향은 방출하는 세포의 인접지역에 위치한 세포들에 제한되어 있다. 그러한 단기간의 지역적인 효과를 지니는 신호를 **측분비(paracrine)** 신호전달이라 부른다(그림 9.2b). 척추동물에서의 면역반응은 또한 면역세포들 간의 측분비 신호전달을 수반한다(35장).

내분비 신호전달

세포외액에 남아 있는 방출된 신호 분자는 생물체의 순환계로 진입할 수도 있을 것이며, 신체 전체로 광범위하게 이동될 수도 있을 것이다. 방출하는 세포에서 매우 멀리 떨어져 위치한 세포에 영향을 미칠 수도 있는 이러한 오래 지속되는 신호 분자들을 **호르몬(hormone)**이라 부르며, 이러한 세포내 신호교신의 유형이 **내분비 신호전달(endocrine signaling)**로 알려져 있다(그림 9.2c). 35장에서는 내분비 신호전달에 대해서 상세하게 검토하고 있다.

시냅스 신호전달

동물들의 신경계 세포들은 원거리 세포들과의 신속한 신호교신을 제공한다. 신경계 세포들의 신호 분자들, **신경전달물질(neurotransmitter)**은 호르몬이 하는 것처럼 순환계를 통하여 원거리 세포들로 이동하지 않는다. 오히려, 신경세포들의 기다랗고, 섬유 같은 확장물의 표적세포와 매우 근접한 말단 부위에서 신경전달물질이 방출된다(그림 9.2d). 뉴런과 표적세포의 연합을 **화학시냅스(chemical synapse)**라 하며, 이러한 세포간 신호교신의 유형을 **시냅스 신호전달(synaptic signaling)**이라 한다. 시냅스 신호전달은 33장에서 더욱 철저히 살펴볼 것이다.

신호전달경로는 세포반응들로 이어진다

학습목표 9.1.2 신호전달경로를 정의하라.

이러한 신호전달 유형의 명칭은 서술적이지만 세포들이 신호에 반응하는 방법에 대해서는 언급하는 바가 없다. 신호에 대한 세포반응들을 집합적으로 신호전달(signal transduction)이라고 부른다. 이것은 하나의 신호에 대한 한 세포반응을 생성하는 경로를 수반하고 있다. 이것은 다세포 생물체의 세포들이 신호에 반응하는 방법에서의 훌륭한 유연성을 제공한다.

예를 들어서, 다세포 유형은 포도당을 이동시키는 것에 의해서 글루카곤 호르몬에 반응할 수 있으며, 이것은 집합적으로 혈중 포도당 조절의 일부이다(35장). 대조적으로, 에피네프린 호르몬은 다른 세포 유형에 대해서 다양한 효과를 보인다. 모두들 갑작스런 사건에 대해서 깜짝 놀라게 되거나 위협을 느껴본 적이 있을 것이다. 심장이 더 빠르게 고동치고, 더욱 경계 태세가 되고, 심지어 여러분의 피부에 있는 모용이 뻣뻣해지는 느낌을 가질 수 있다. 이 모든 현상이 부분적으로는 여러분 신체에서 에피네프린 호르몬(또한 아드레날린이라고 부름)을 혈류로 방출하기 때문이다.

에피네프린의 이러한 세포 유형특이적 효과는 각 세포가 동일한 에피네프린 수용체를 지니지만, 각자 다른 신호전달경로를 통해 반응한다는 것을 의미한다. 간에서 세포들은 포도당을 수송할 준비를 하도록 자극을 받는다; 심장 근육에서, 세포는 혈류의 흐름을 증가시키기 위해서 더 힘차게 수축하고; 혈관은 혈류를 간, 심장과 근육으로 분배하기 위해서 일부 혈관 지역을 확장시키고 다른 지역을 수축시키는 반응을 한다. 이러한 다양한 반응들은 에피네프린 수용체를 동일하게 가지고 있는 각각의 세포들이 활용하게 되는 서로 다른 종류의 반응 단백질 조합에 의해 매개된다.

인산화는 단백질 기능을 조절하는 핵심이다

학습목표 9.1.3 인산화효소(kinase)와 인산가수분해효소(phosphatase)의 활성도에서의 차이점을 구분하라.

신호전달경로는 세포의 행동이나 본질을 변화시키는 행동을 한다. 이러한 작용은 세포의 단백질 조성을 변화시키거나 세프 단백질의 활성도를 변경시키는 것을 필요로 할 수도 있다. 많은 단백질들은 합성 초기에는 불활성이거나 비기능적이고, 나중에 변형에 의해서 활성화가 된다. 다른 단백질들은 변형에 의해서 비활성화되기도 할 것이다. 기능에 영향을 미치는 공통적인 단백질 변형은 인산기를 첨가시키는 **인산화(phosphorylation)**나 인산기를 제거시키는 **탈인산화(dephosphorylation)**이다.

앞 장에서 학습한 것과 같이, 세포호흡과 광합성에 의해서 ATP가 생성된다. 이러한 ATP의 한 가지 이용은 인산기를 단백질에 기증하는 것이다. 단백질의 인산화는 그 단백질의 활성도를 켜거나 끄는 것에 의해서 단백질 기능을 변화시킨다. 이것이 신호전달경로가 세포 활성도의 변화를 초래할 수 있는 한 가지 방법이다.

단백질인산화효소

ATP에서 유래된 인산기를 단백질에 첨가시키는 효소 종류를 **단백질인산화효소**(*protein kinase*)라고 부른다. 이러한 인산기는 R기의 일부로 OH(수산기)를 지니는 3종류의 아미노산, 세린, 트레오닌과 티로신에 첨가될 수 있다. 단백질인산화효소는 그것들이 변경시키는 아미노산 종류에 기초를 두고 세린-트레오닌 인산화효소나 티로신 인산화효소로 범주화한다(그림 9.3). 대부분의 세포질단백질인산화효소는 세린-트레오닌 인산화효소 종류에 속한다.

인산가수분해효소

단백질 변형의 형태로써 인산화에 대한 다재 다능성의 부분적인 이유는 가역성이다. 또한 다른 효소 종류는 인산화효소의 작용과는 반대로 인산기를 제거시키는 **인산가수분해효소(phosphatase)**이다(그림 9.3 참조). 그러므로 인산화효소에 의해서 활성화된 단백질은 인산가수분해효소에 의해서 비활성화될 것이며, 인산화효소에 의해서 비활성화된 단백질은 인산가수분해효소에 의해서 활성화 될 것이다.

개념 정리 9.1

세포는 세포수용체에 결합하는 화학적 신호나 리간드에 의해서 신호교신을 한다. 수용체에 리간드가 결합하면 세포반응으로 이어지는 신호전달경로가 시작된다. 신호전달은 원천으로부터의 수신이 원거리, 직접적인 접촉에 의한 것에서 멀리 떨어진 내분비 신호까지 다양하다. 다른 세포들은 하나의 신호에 동일한 반응을 보일 수도 있으며, 동일한 신호가 다른 세포들에서 상이한 반응을 유도해 낼 수도 있을 것이다. 한 가지 반응이 단백질의 인산화이다.

- 수용체 리간드 상호작용이 효소 기질 상호작용과 어떤 점에서 유사한가?

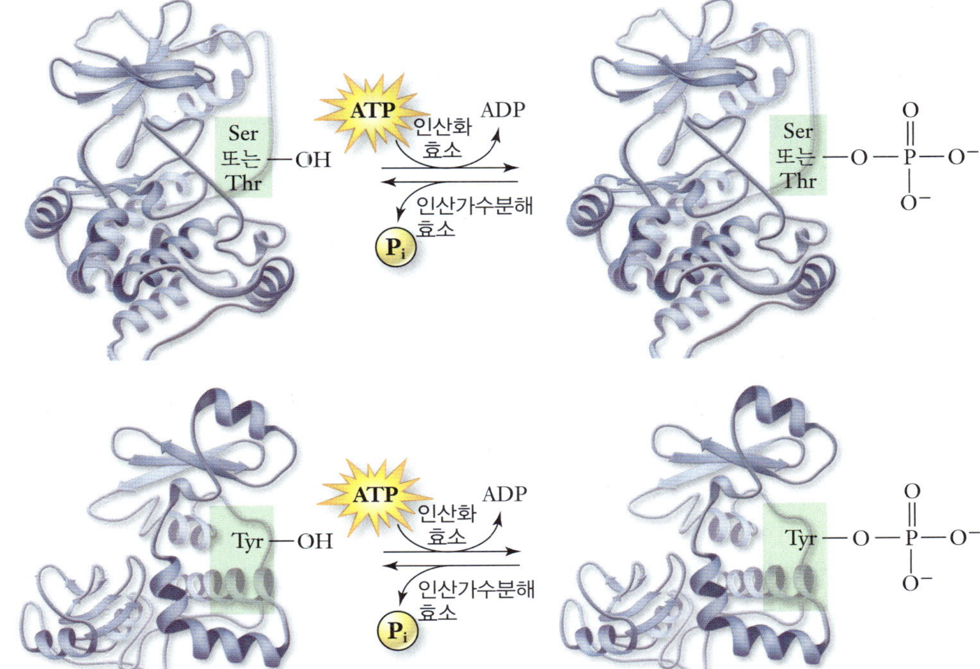

그림 9.3 단백질의 인산화. 많은 단백질들은 인산화 상태에 의해 조절된다. 즉, 단백질들은 인산화에 의해서 활성화가 되고 반대로 탈인산화에 의해서 비활성화된다. 인산기를 첨가시키는 효소를 인산화효소라고 부른다. 이것은 인산이 첨가되는 아미노산에 따라서 세린–트레오닌 인산화효소나 티로신 인산화효소의 2가지 종류를 형성한다. 인산화효소의 작용은 단백질인산가수분해효소에 의해 가역될 수 있다.

9.2 신호전달은 세포수용체에서 시작된다

세포 신호전달을 이해하는 데 있어서 첫 번째 단계는 수용체 자체에 대해 고려해야 한다는 점이다. 세포는 특정한 신호전달 분자에 반응할 능력이 있는 특정한 수용체를 반드시 지녀야만 한다. 수용체와 그 수용체의 리간드와의 상호작용이 분자 인식의 예인데, 이 분자인식 과정은 한 분자가 다른 분자와 보완적인 형태에 바탕을 두고 특정하게 꼭 맞는 과정이다. 이러한 상호작용은 수용체의 구조에서의 미세한 변화를 유발하여, 활성화를 시키게 된다. 이것이 특정 신호전달경로의 시작이 된다.

이러한 수용체 분자의 본질은 그 위치와 결합하는 리간드 종류에 의존한다. 소수성 리간드는 용이하게 세포막을 횡단할 수 있으므로, 세포내 수용체에 결합할 수 있다. 친수성 리간드는 세포막을 용이하게 횡단할 수 없으므로 세포 바깥에 있는 수용체에 결합한다(그림 9.1 참조). 막수용체는 세포질과 세포외 환경 양쪽과 모두 접촉할 수 있는 막관통(transmembrane)으로 구성되어 있다.

수용체단백질들은 위치와 반응 양식에 의해서 정의된다

학습목표 9.2.1 세포의 위치에 바탕을 둔 다른 수용체 유형들을 구별하라.

수용체가 막관통 단백질이라면, 리간드는 세포 바깥의 수용체에 결합하고 결코 실제적으로 원형질막을 횡단하지는 않는다. 이 경우에 신호 분자가 아니라 수용체 그 자체가 막을 가로지르는 정보를 담당하고 있다. 막 수용체는 막 수용체의 구조 및 기능에 바탕을 두고 범주화될 수 있다.

통로연관 수용체

화학적 개폐형 이온 통로(gated ion channel)는 이온들의 통과를 허용하는 수용체단백질들이다. 많은 신경전달물질에 대한 수용체들은 화학적 개폐형 이온 통로이다. 그 통로는 화학물질(신경전달물질)이 수용체에 결합할 때에만 열리기 때문에 화학적 개폐형이라고 한다. 화학적 개폐형 이온 통로가 열릴 경우에 막을 가로질러서 흐르는 이온의 유형은 통로의 형태와 전하 구조에 의해 결정된다. 소듐, 포타슘, 칼슘 및 염소 이온은 모두 특정 이온 통로를 지니고 있

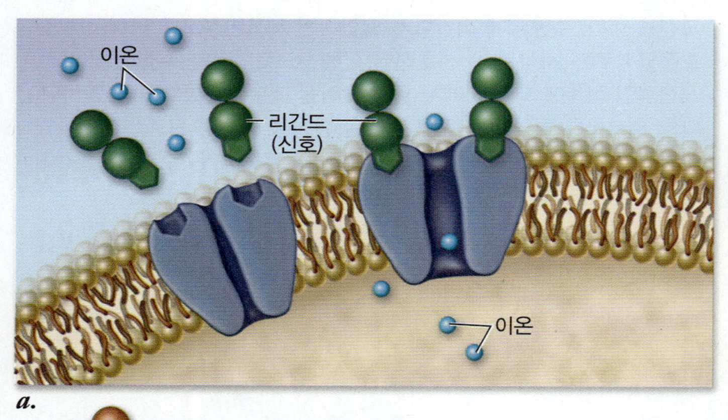

a.

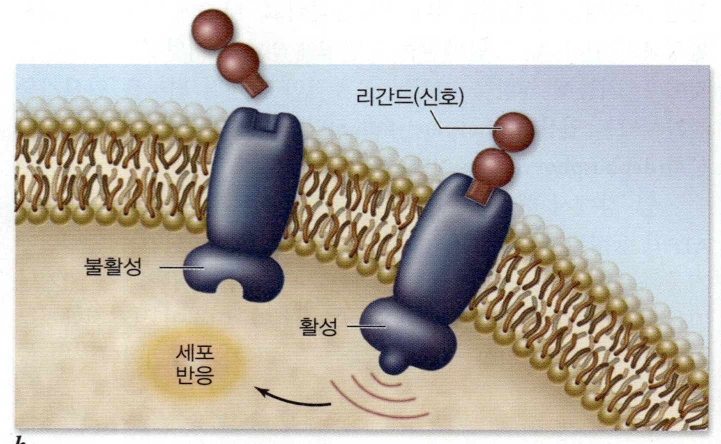

b.

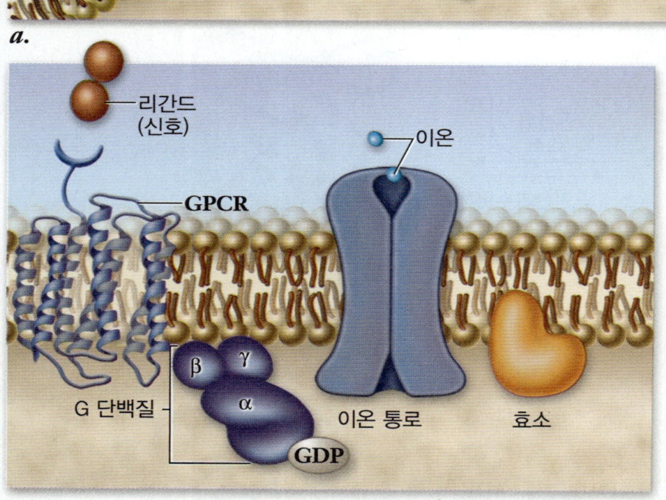

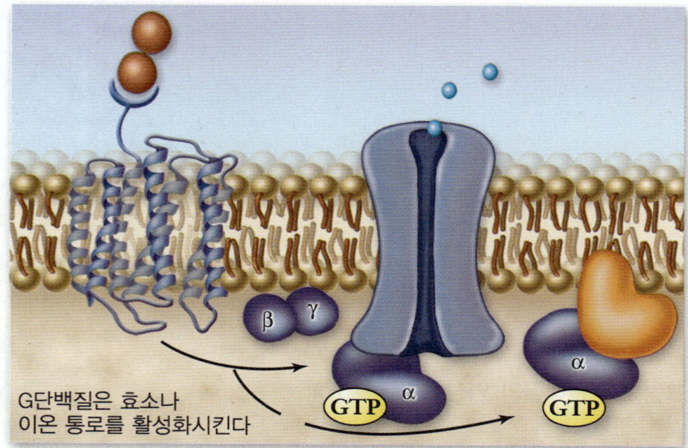

c.

그림 9.4 세포-표면 수용체들. **a.** 화학적 개폐형 이온 통로는 화학적 신호에 의해서 개폐될 수 있는 원형질막에서의 작은 구멍을 형성한다. 그것들은 주로 단지 한 유형의 이온만 통과를 허용하는 방식으로 선택적이다. **b.** 효소 수용체는 세포외 표면에 있는 리간드에 결합한다. 효소들의 세포질 부분에 있는 촉매 구역은 세포질 부분에서 효소로써 작용을 해서 막을 가로질러서 신호를 전달한다. **c.** G단백질공역수용체(GPCRs)는 세포 바깥의 리간드에 결합하고, 세포 내에서는 G단백질에 결합한다. G단백질은 그때 신호를 세포 표면으로부터 내부 쪽으로 전달시키면서 효소나 이온 통로를 활성화시킨다.

다. 근육 세포막에서 발견되는 아세틸콜린 수용체는 Na^+ 채널로써 기능을 한다. 이것은 운동 뉴런으로부터 근육 세포 수축까지의 신호를 연관시키는 결정적인 단계이다(33장).

효소 수용체

많은 세포-표면 수용체들은 효소로써 작용하거나 직접적으로 효소에 연관되어 있다(그림 9.4b). 신호 분자가 수용체에 결합하면, 효소가 활성화된다. 거의 모든 경우에 이러한 효소들은 인산기를 단백질에 첨가하는 **단백질인산화효소(protein kinase)**들이다. 이 장의 뒷부분에서 이러한 수용체에 관한 세부사항을 검토할 것이다.

G단백질공역수용체

세 번째 세포-표면 수용체 종류는 **G단백질(G protein)**이라는 보조 단백질의 도움으로 원형질막에 있는 효소나 이온 통로에 직접적으로 작용을 한다. G단백질이라는 명칭이 붙은 것은 단백질이 뉴클레오티드 구아노신 3인산(*guanosine triphosphate; GTP*)에 결합하기 때문이며, G단백질은 수용체와 효소(효과기) 사이를 연결하는 역할을 한다고 보면 된다. 즉, 리간드는 수용체에 결합하여 수용체를 활성화시키고, 이것이 G단백질을 활성화시키고, 그 다음에는 효과기 단백질이 활성화되는 것이다(그림 9.4c). 이러한 수용체들은 또한 나중에 상세하게 검토된다.

2차전달자

일부 효소 수용체 및 대부분의 G단백질공역수용체들은 세포질 내에서 메시지를 중계하기 위해서 다른 물질들을 활용한다. 이러한 다른 물질들, 작은 분자나 이온들을 **2차 전달자(second messenger)**라 부르며, 그러한 물질들에 결합하여 모양을 변화시키는 것에 의해서 세포 단백질의 행동을 변경시킨다(원래의 외부 신호 분자는 "1차 전달자"로 간주된다). 2가지 일반적인 2차 전달자는 **고리형 아데노신 1인산(cyclic adenosine monophosphate; cyclic AMP 혹은 cAMP)**과 칼슘이온이다. 이러한 2차 전달자의 역할은 다음 절에서 더 상세하게 탐구할 것이다.

개념 정리 9.2

수용체는 세포내 수용체이거나 막수용체다. 막수용체는 통로연관수용체, 효소 수용체와 G단백질공역수용체들을 포함한다. 막수용체를 통한 신호전달은 세포 내에서 2차 전달자의 생산을 이끌 수 있다.

- 소수성 분자는 내부 수용체를 지닐 것인가 혹은 막수용체를 지닐 것인가?

9.3 세포내 수용체들은 유전자발현 조절작용에 의한 신호들에 반응한다

많은 세포 신호는 지용성이거나 표적세포의 원형질막이나 **세포내 수용체**(*intracellular receptor*)와 상호작용을 하는 세포 내로 용이하게 관통할 수 있는 매우 작은 분자들이다. 이러한 일부 리간드는 세포질에 위치한 단백질수용체에 결합한다: 다른 리간드는 핵막을 가로질러서 통과할 수도 있고, 핵 내에서 수용체에 결합한다.

스테로이드 호르몬 수용체들은 유전자발현에 영향을 미친다

학습목표 9.3.1 스테로이드 호르몬 수용체가 전사에 영향을 미치는 방법에 대해서 설명하라.

이 장에서 검토한 모든 수용체 유형들 중에서, 스테로이드 호르몬 수용체의 작용이 가장 간단하고 직접적이다.

스테로이드 호르몬은 공통적으로 비극성 구조를 지닌 코르티솔, 에스트로겐, 프로게스테론 및 테스토스테론을 포함하는 가장 커다란 화합물 종류다. 에스트로겐, 프로게스테론과 테스토스테론은 성적인 발달과 행동에 관여되어 있다(36장). 코르티솔은 염증을 조절하기 위한 백혈구 세포의 억제를 포함해서 표적세포에 따라서 다양한 효과를 지닌다. 이러한 항염증 작용은 의학 분야에서 코르티솔 사용을 하는 기초가 되고 있다.

비극성 구조로 이루어진 스테로이드 호르몬은 세포막을 용이하게 횡단하여 세포질에서 수용체와 결합한다. 호르몬-수용체 복합체의 형성은 세포질에서 핵으로의 전이를 유도한다(그림 9.5). 호르몬-수용체 복합체가 핵에서 기능을 함에 따라서 이러한 수용체들은 종종 핵수용체라고 부른다.

스테로이드 수용체 작용

다수의 다른 비타민 D와 티로신 호르몬과 같은 작은 지용성 신호 분자들에 대한 수용체 뿐만 아니라 스테로이드 호르몬 수용체의 1차 기능은 유전자 발현의 조절자로써 작용한다는 것이다(16장 참조).

모든 이러한 수용체들은 유사한 구조를 지닌다; 그것들을 암호화하는 유전자들이 단일 조상 유전자의 진화적인 자손들인 것으로 나타난다. 그것들의 구조적 유사성 때문에, 그러한 수용체들은 모두 **핵수용체 슈퍼패밀리**(*nuclear receptor superfamily*)의 일부이다.

이러한 수용체들 각각은 3가지 기능적 도메인을 지닌다.

1. 호르몬-결합 도메인,
2. DNA-결합 도메인, 그리고
3. 유전자 전사 수준에 영향을 주는 보조활성인자(coactivator)와 상호작용을 할 수 있는 도메인.

비활성화된 상태에서는, 수용체가 전형적으로 DNA에 결합할 수 없는데, 왜냐하면 억제인자 단백질이 DNA-결합부위를 차지하고 있기 때문이다. 신호 분자가 호르몬-결합부위에 결합할 때, 수용체의 입체구조는 억제인자를 방출하면서 DNA-결합부위를 노출시키고 수용체가 DNA에 있는 특정한 뉴클레오티드 염기서열에 부착하는 것을 허용하도록 변화된다(그림 9.5 참조). 이러한 결합은 주로 호르몬-결합 염기서열에 인접해서 위치한 특정한 유전자들을 활성화시킨다(혹은, 몇몇 경우에는 억제를 시킨다). 세포에서 포도당의

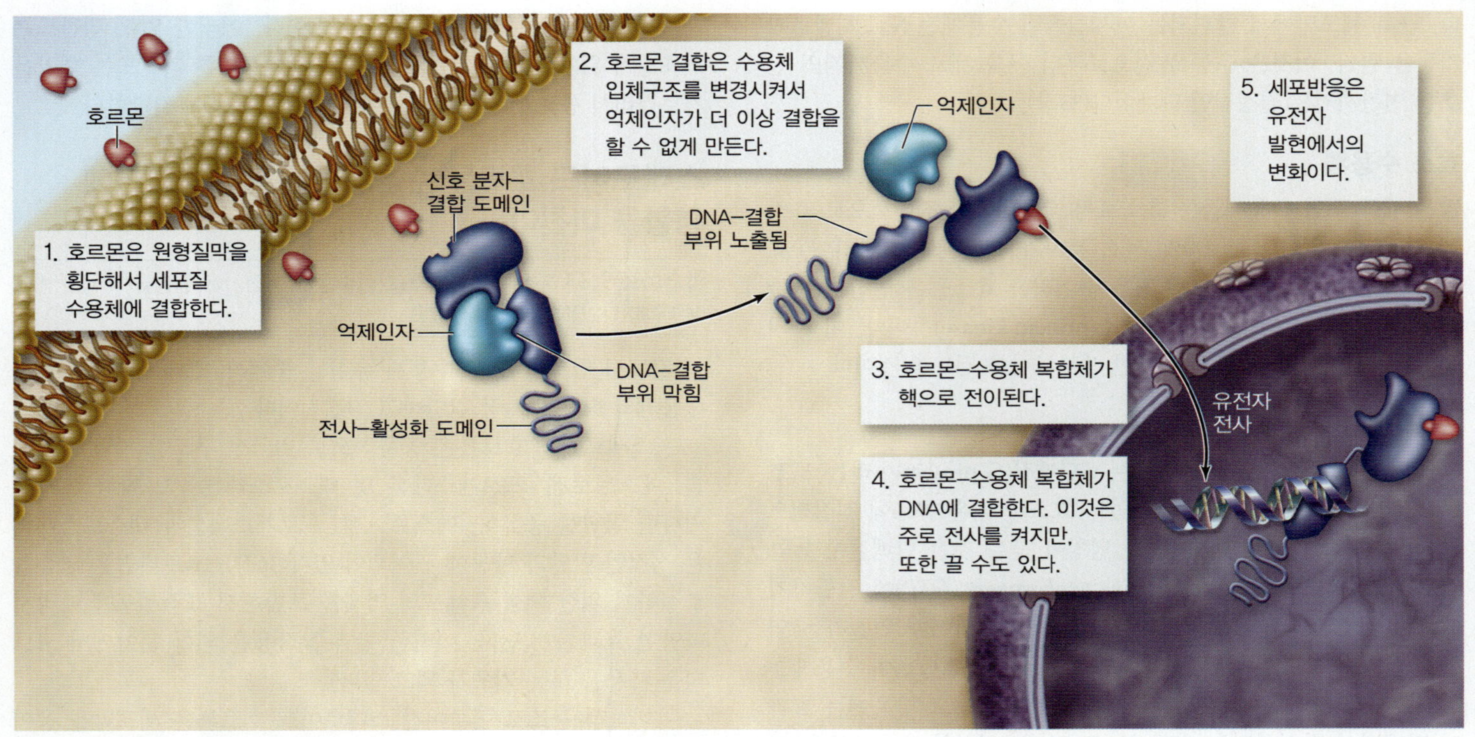

그림 9.5 세포내 수용체들은 유전자 전사를 조절한다. 소수성 신호 분자들은 원형질막을 횡단해서 세포내 수용체들에 결합한다. 이것이 유전자 발현에서의 변화를 생성하는 신호전달경로의 시작이다.

수준을 증가시킬 수 있는 당질코르티코이드(glucocorticoid) 호르몬인 코르티솔의 경우에 포도당 합성에 연관된 다수의 다른 유전자들이 호르몬 수용체 복합체에 대한 결합부위를 지니고 있다.

세포내 수용체들이 인식하는 지용성 리간드들은 수용성 신호보다 혈액 내에 훨씬 더 오래 지속되는 경향이 있다. 대부분의 수용성 호르몬은 수분 내에 분해되고 신경전달물질들은 몇 초 이내 혹은 심지어 밀리 초 이내에 분해가 된다. 대조적으로, 코르티솔이나 에스트로겐과 같은 스테로이드 호르몬은 몇 시간 동안 지속된다.

보조활성인자들의 특이성 및 역할

지용성 세포 신호에 대한 표적세포의 반응은 세포의 본질에 따라서 엄청나게 다양할 수 있다. 심지어 다른 표적세포들이 동일한 세포내 수용체를 지닐 경우에도 이것이 사실이다. 수용체 단백질들이 모든 세포에서 동일한 특정 DNA 염기서열에 결합한다고 가정한다면, 어리둥절하게 만들 수도 있을 것이다. 그것은 수용체들이 보조활성인자(coactivator)들과 협력해서 작용한다는 사실에 의해서 일부가 설명될 수 있고 이러한 분자들의 수와 본질은 세포와 세포 사이에 다를 수가 있다. 그러므로 세포의 반응은 수용체들뿐만 아니라 또한 존재하는 보조활성인자들에 의해서 결정된다.

다른 세포내 수용체들은 효소로써 작용한다

학습목표 9.3.2 NO(산화질소)와 스테로이드 호르몬들 사이의 작용을 구별하라.

효소로써 작용하는 수용체의 예는 산화질소(NO) 수용체이다. 이 작은 기체 분자는 합성된 장소 외부로 쉽게 확산되어 주변부 세포 속으로 침투하여 구아닐산고리화효소(guanylyl cyclase)와 결합한 후 이를 활성화시킨다. 이것이 다중 효과를 지니는 중요한 신호전달 분자인 고리형 구아노신1인산(cGMP)의 생성을 이끌게 된다. 평활근 세포의 이완 유발은 이러한 효과들 중 하나이다.

신경세포로부터 혈관에서의 상피세포까지의 신호는 인접한 평활근으로 확산되는 NO의 생성을 일으킨다. 근육 세포에서 NO는 cGMP의 생성을 유발하여 이완, 혈관 확장, 혈류의 증가를 일으킨다. 이것이 심장으로의 수축된 혈관에 의해서 유발된 협심증의 통증을 치료하기 위한 니트로글리세린(nitroglycerin)의 사용을 설명한다. 니트로글리세린은 세포에 의해서 NO로 전환되고, 그때에 혈관 이완 작용이 일어난다.

실데나필약(Viagra라고 더 잘 알려짐)은 또한 cGMP를 파괴하는 cGMP 인산디에스테르가수분해효소(phosphodiesterase)에 결합해서 억제시키는 신호전달경로를 통한 기능을 한다. 이것이 분해를 억제시켜서 NO 수준을 높게 유지시킨다. 비아그라의 선택적인 효과에 대한 이유는 음경 세포에서 발견되는 cGMP 인산디에스테르가수분해효소 형태에 결합하기 때문이다. 이것이 발기성 조직에서 혈류를 증가시키는 것에 의해서 평활근의 이완을 허용한다.

개념 정리 9.3

소수성 신호전달 분자는 막을 가로질러서 세포내 수용체에 결합을 할 수 있다. 스테로이드 호르몬 수용체들은 직접적으로 유전자 발현에 영향을 미치는 작용을 한다. 결합 호르몬에 대해서, 호르몬–수용체 복합체가 유전자 발현을 켜기 위해서(혹은 끄기 위해서) 핵으로 이동한다. 이것은 또한 보조활성인자를 필요로 할 것이다. 그리하여 호르몬에 대한 세포의 반응은 수용체와 보조활성인자 양쪽 모두의 존재에 의해서 결정된다.

- 이러한 세포내 수용체 유형들은 빠르게 작용하는가 혹은 더 오랜 지속기간 효과를 지니는가?

9.4 단백질인산화효소 수용체들은 단백질인산화에 의한 신호에 반응한다

앞에서 단백질인산화효소는 단백질을 인산화시켜서 단백질 기능을 변경시키며, 가장 일반적인 인산화효소는 아미노산, 세린, 트레오닌과 티로신에 작용한다는 것에 대해서 알게 되었다. **수용체 티로신 인산화효소(receptor tyrosine kinase; RTK)**는 세포주기, 세포 이동과 세포증식에 영향을 준다. 실질적으로 세포의 모든 측면이 이러한 수용체들을 통한 신호전달에 의해서 영향을 받는다. 이러한 수용체들의 기능 및 신호전달 경로에서의 변경은 인간과 다른 동물들에게 암을 일으킬 수 있다.

암유발 유전자나 발암유전자(oncogene; 10장 참조)의 최초의 예의 일부는 RTK 기능과 연관이 있다. 조류 적혈아구증(erythroblastosis) 바이러스는 대부분의 세포외 도메인이 없는 상피세포성장인자의 변경된 형태를 지닌다. 이러한 바이러스가 세포를 감염시키면, 생성된 변경 수용체들은 켜져 있는("on") 상태로 정체되어 있다. 이 수용체로부터의 지속적인 신호전달은 성장에 대한 정상적인 조절을 잃은 세포들로 이끌게 된다.

수용체 티로신 인산화효소들은 동물세포에서 친수성 리간드를 인식하고 막수용체의 많은 종류를 형성한다. 식물들도 전반적으로 유사한 구조와 기능을 갖추고 있지만, 그것들은 세린-트레오닌 인산화효소들이다. 이러한 식물 수용체들은 **식물수용체인산화효소(plant receptor kinase)**로 명칭이 주어져 있다.

이러한 수용체들은 식물들과 동물들에서 유사한 기능을 수행하지만, 수용체들의 기질과 복제에서 차이가 나며, 양쪽 수용체 유형의 분기는 아마도 식물-동물 분기 이후에 발생했을 것이다. 이러

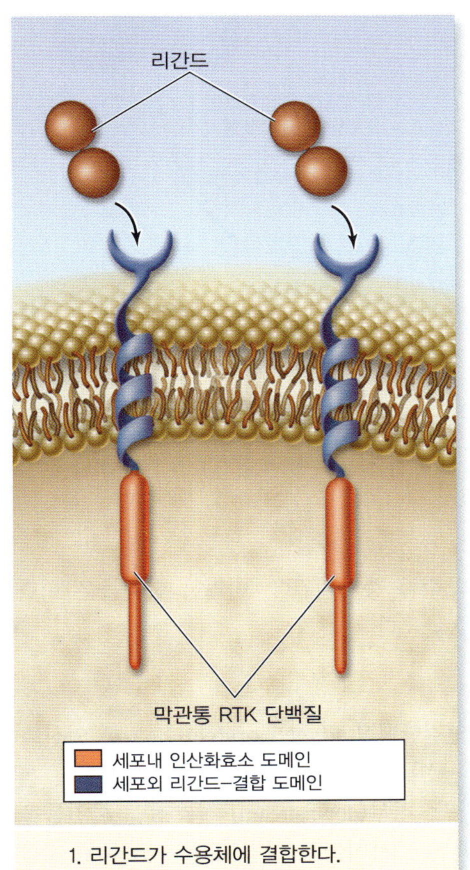

1. 리간드가 수용체에 결합한다.

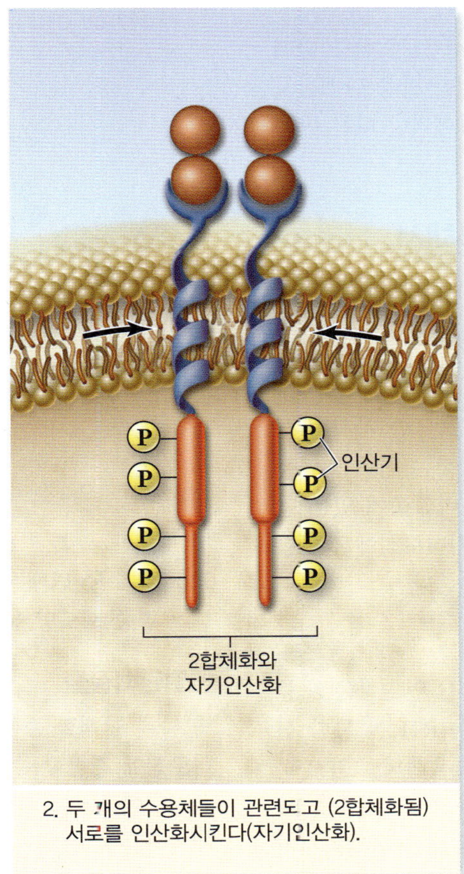

2. 두 개의 수용체들이 관련되고 (2합체화됨) 서로를 인산화시킨다(자기인산화).

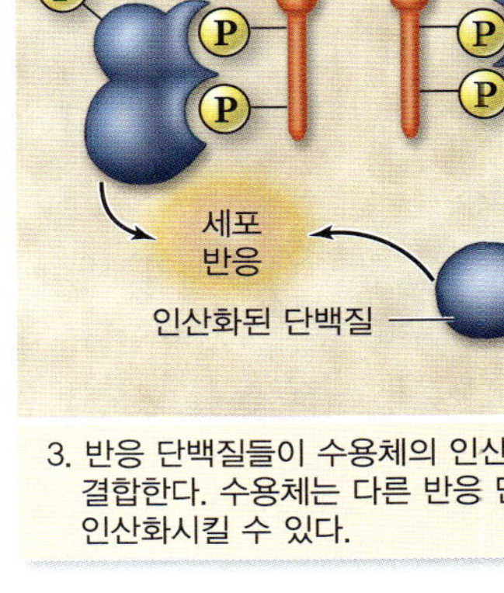

3. 반응 단백질들이 수용체의 인산화티로신과 결합한다. 수용체는 다른 반응 단백질들을 인산화시킬 수 있다.

그림 9.6 수용체 티로신 인산화효소(RTK)의 활성화. 이러한 막 수용체들은 친수성인 호르몬들이나 선장인자들과 결합을 하며, 막을 횡단할 수 없다. 수용체는 세포외 리간드–결합 도메인과 세포내 인산화효소 도메인을 지닌 막관통 단백질이다. 신호전달경로는 수용체상의 인산화티로신에 결합을 하는 반응단백질들과 반응 단백질들의 수용체들의 인산화에 의해 시작된다.

한 신호전달 분자들의 증식은 각 그룹에서의 다세포성의 독립적인 진화와 부합한다.

이 절에서는, RTK 수용체 패밀리에 집중을 할 것이며, 이 패밀리는 다양한 동물세포에서 광범위하게 연구가 되어왔다.

리간드 결합은 RTKs가 그것들 자체를 인산화시키고, 신호전달을 활성화시키도록 한다

학습목표 9.4.1 자기인산화가 막을 횡단해서 신호를 전달하는 방법에 대해서 설명하라.

수용체 티로신 인산화효소들이 단일 막관통 도메인에 의해 막에 단단하게 고정되어 있다. 그것들은 세포외 리간드-결합 도메인과 티로신에 인산기를 첨가시키는 세포내 인산화효소 도메인을 지니고 있다. 특정한 수용체에 대한 리간드 결합에 관해서, 이러한 수용체-리간드 복합체들 중 두 가지는 서로 연관되어 있고 서로를 인산화시키는데, 이러한 과정을 자기인산화(autophosphorylation)라고 부른다(**그림 9.6**). 자기인산화는 세포외 신호를 막을 가로질러서 전달시킨다. 다음 단계에서는, 세포질에서의 신호 보급은 다른 세포내 표적을 인산화시키기 위한 티로신 인산화효소 도메인의 활성화 또는 다른 단백질들과 인산화된 수용체 사이의 상호작용을 포함해서, 다양한 형태를 취할 수 있다.

활성화 이후의 세포 반응은 세포에서 가능성 있는 반응 단백질에 의해 결정된다. 두 개의 다른 세포들은 어떠한 반응 단백질들이 세포질에 존재하는가에 따라서 동일한 수용체이지만 다른 반응을 지닐 수 있다.

세포 단백질들은 신호를 전달하기 위해서 인산화티로신에 결합한다

학습목표 9.4.2 단백질-단백질 상호작용이 신호를 전달시키는 방법을 설명하라.

수용체로부터의 신호가 세포질에서 보급될 수 있는 한 가지 방식은 수용체에서 인산화된 티로신에 특이하게 결합하는 단백질을 통해서이다. 수용체가 활성화되면, 촉매화 장소의 바깥쪽에 있는 단백질 구역이 인산화된다. 이것은 특이하게 인산화티로신에 결합할 수 있는 "도킹(docking)" 장소를 단백질에 만들어 준다.

인슐린 수용체

인슐린 수용체는 도킹 단백질의 역할을 예증한다. 인슐린은 혈중 포도당의 일정한 수준 유지에 중요하다. 인슐린은 RTK를 통한 신호전달에서 혈중 포도당 농도를 낮추는 데에 작용한다(**그림 9.7**). 인슐린 반응 단백질은 인산화된 수용체에 결합하고, 그 신호를 포도당을 글리코겐으로 전환시키는 글리코겐 합성효소를 활성화시키는 또 다른 반응 단백질에 전달한다. 다른 반응 단백질들은 포도당을 합성하는 데 연관된 효소들의 생성을 억제시키며 원형질막에서

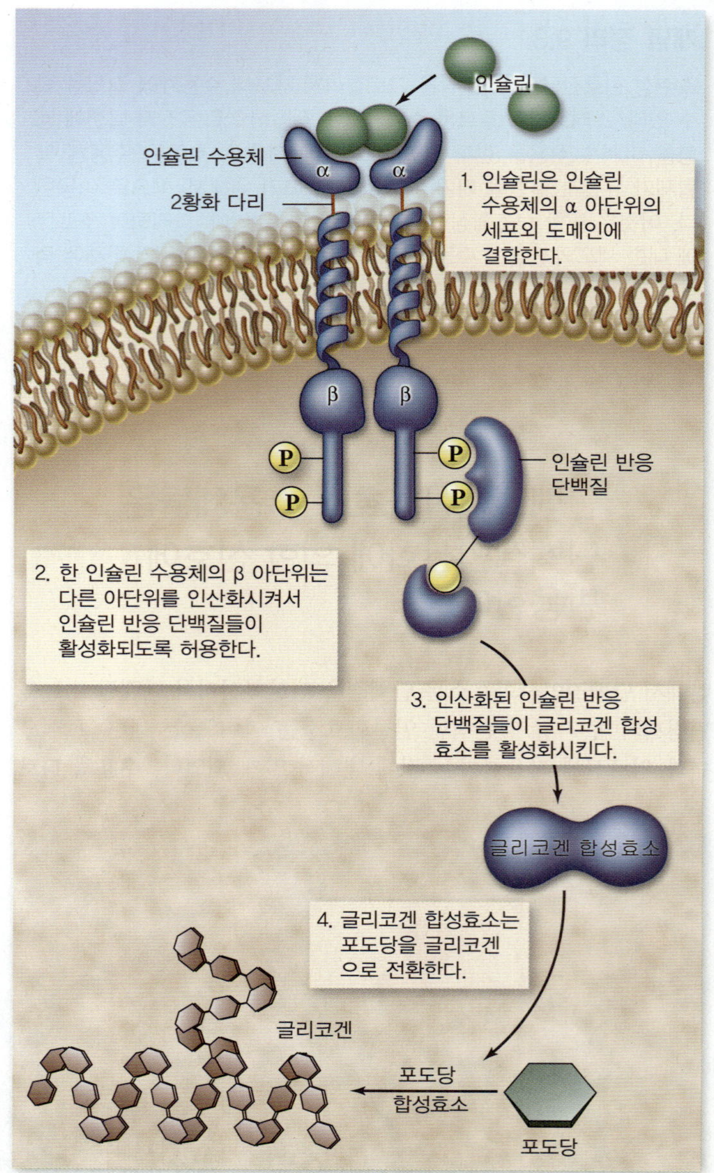

그림 9.7 인슐린 수용체. 인슐린 수용체는 포도당 대사작용과 관련된 다양한 세포 반응들을 개시하는 수용체 티로신 인산화효소이다. 이 수용체에 의해서 매개된 한 신호전달경로는 효소인 글리코겐 합성효소의 활성화를 일으킨다. 이 효소는 포도당을 글리코겐으로 전환시킨다.

포도당 수송 단백질들의 수를 증가시킨다. 이러한 반응들은 협력해서 혈중 포도당 농도를 낮춘다.

연결단백질들

또 다른 단백질 종류인 **연결단백질(adapter protein)**은 또한 인산화티로신에 결합할 수 있다. 이러한 단백질들은 그것들 자체로는 신호전달에 참여하지 않지만, 하부(downstream) 신호전달 사건들을 개시하는 수용체와 단백질들 사이에서 연결로써 작용한다. 예를 들어서, 나중에 검토가 되는 Ras 단백질은 수용체에 결합하는 연결단백질들에 의해서 활성화된다.

단백질인산화효소 단계적 연쇄반응은 신호를 증폭시킬 수 있다

학습목표 9.4.3 세포 위치에 바탕을 둔 다른 유형의 수용체들을 구별하라.

세포질 인산화효소들의 한 가지 중요한 종류는 **MAP키나아제[mitogen-activated protein(MAP) kinase]**이다. 유사분열물질(*mitogen*)은 세포분열을 조절하는 정상 경로를 활성화시키는 것에 의해서 세포분열을 자극하는 화학물질이다. MAP키나아제들은 인산화 단계적 연쇄반응(*phosphorylation cascade*) 혹은 **인산화효소 단계적 연쇄반응(kinase cascade)**이라고 부르는 신호전달 모듈에 의해서 활성화된다. 이 모듈은 상호 연속해서 인산화시키는 일련의 단백질인산화효소들이다. 그 단계적 연쇄반응의 최종단계는 MAP키나아제 자체의 인산화에 의한 활성화이다(그림 9.8).

인산화효소 단계적 연쇄반응의 한 가지 기능은 원래의 신호를 증폭하기 위한 것이다. 단계적 연쇄반응에서 각각의 단계는 효소이고, 그것은 다수의 기질 분자에 작용할 수 있다. 많은 기질들에 작용하면서 단계적 연쇄반응에서의 각각의 효소와 함께, 이것은 많은 최종산물을 생성해 낸다(그림 9.8 참조)

MAP키나아제로부터의 궁극적인 반응은 주로 유전자 발현을 활성화시키는 전사인자들을 인산화시키기 위한 것이다(16장). 10장에서, 성장인자들이 세포분열 과정을 조절하기 위해서 인산화효소 단계적 연쇄반응을 통하여 상피세포인자들이 어떻게 신호를 통과시키는가에 대해서 알아볼 수 있을 것이다.

스캐폴드 단백질들이 인산화효소 단계적 연쇄반응을 체계화시킨다

인산화효소 단계적 연쇄반응에서 단백질들은 효력을 보이기 위해서 연속적으로 작용할 필요가 있다. 이러한 과정의 효율성이 증가될 수 있는 한 가지 방식은 그것들을 세포질에서 체계화시키는 것이다. 스캐폴드 단백질(*scaffold protein*)이라는 단백질들이 궁극적인 신호전달 모듈에서 단일의 단백질 복합체로 인산화효소 단계적 연쇄반응의 구성요소를 체계화시킬 수 있다. 스캐폴드 단백질들은 궁극적인 기능을 위해서 공간적으로 체계화된 그러한 각 개별적인 인산화효소에 결합한다(그림 9.9).

이러한 체계화의 일종은 이점과 불리한 점을 지닌다. 스캐폴드의 사용은 적합한 순서의 사건들을 생성하기 위해서 확산에 의해서 결정되는 것보다 더 효율적이다. 이러한 방식의 체계화는 또한 다른 세포질 위치에서의 신호 모듈의 분리를 허용한다. 이러한 종

a.

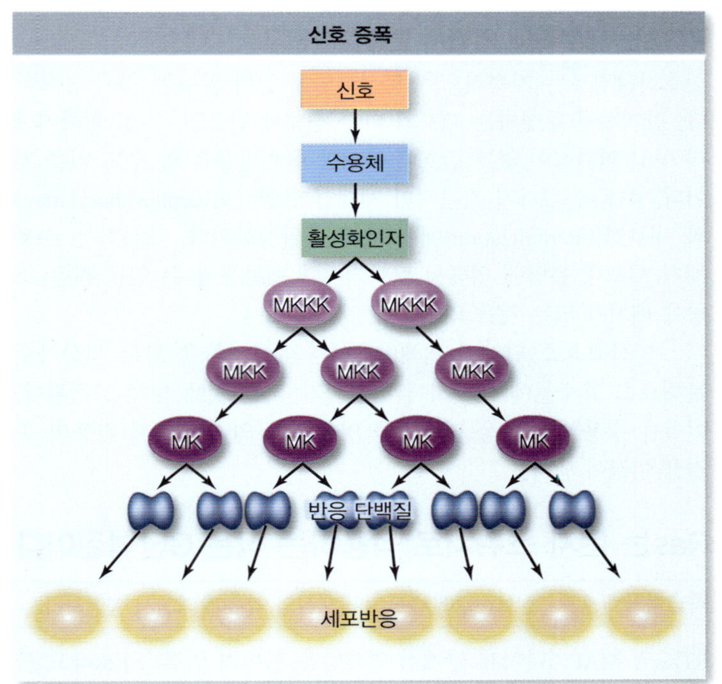

b.

그림 9.8 MAP키나아제 단계적 연쇄반응은 신호 증폭을 일으킨다. **a.** 인산화 단계적 연쇄반응은 왼쪽에서 흐름도로 보여 주고 있다. 대응하는 세포 사건들은 원형질막에 있는 수용체를 시작으로 오른쪽에서 보여 주고 있다. 각각의 인산화효소는 최종적인 MAP키나아제(MK)로 시작하면서 명칭이 주어졌는데, MK는 MAP키나아제 인산화효소(MKK)에 의해서 인산화되고, 다음에는 MKK가 MAP키나아제 인산화효소의 인산화효소(MKKK)에 의해서 인산화된다. 그 단계적 연쇄반응은 활성단백질에 의한 수용체단백질에 연관되어 있다. **b.** 각 단계에서 다중 기질에 대한 인산화효소의 효소 작용이 신호의 증폭을 일으킨다.

그림 9.9 인산화효소 단계적 연쇄반응은 스캐폴드 단백질들에 의해서 체계화될 수 있다. 스캐폴드 단백질들이 단계적 연쇄반응에서 각각의 인산화효소와 결합하여 각각의 기질이 효소 다음에 위치하도록 한다. 이러한 체계화는 또한 세포질에서 다른 신호전달경로로부터 그 인산화효소들을 격리시킨다.

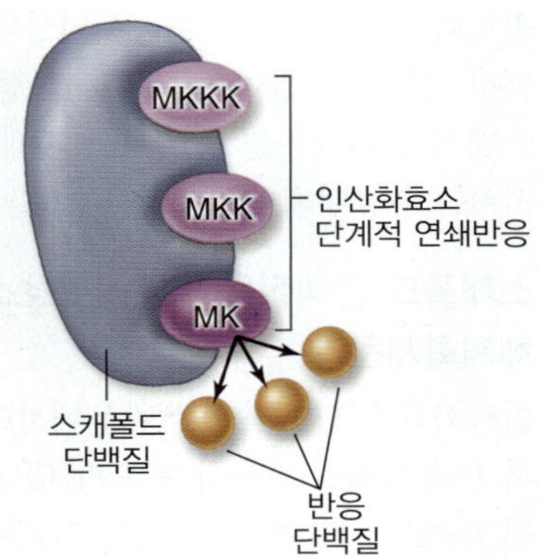

류의 체계화에서의 불리한 점은 그것이 인산화효소 단계적 연쇄반응의 증폭 효과를 감소시킬 수 있다는 것이다.

한 예가 효모에서의 교배 행동으로부터 온다. 효모 세포는 단백질인산화효소 단계적 연쇄반응에 의해 매개된 세포 형태와 유전자발현에서의 변화를 동반하며 교배 페로몬에 반응한다. Ste5 단백질이 교배 행동을 위하여 요구되지만, 효소의 활성도는 지니지 않는다. 대신에, 이 단백질은 모든 다른 인산화효소 단계적 연쇄반응의 일원들과 상호작용을 하고 단계적 연쇄반응을 체계화시키면서 스캐폴드 단백질로써의 작용을 한다.

RTKs는 내부화에 의해서 불활성화된다

신호전달경로는 지속적으로 활성화되어 있지 않다는 것이 중요하다. 장기적인 활성화는 세포가 다른 신호에 반응할 수 없게 하거나 더 이상 연관성이 없는 신호에 부적합하게 반응을 할 수도 있을 것이다. RTKs는 2가지 기본적인 체계인 탈인산화(dephosphorylation)와 내부화(internalization)에 의해서 불활성화된다. 내부화는 수용체가 세포내 유입에 의해서 퇴화되거나 재활용될 수 있는 작은 소낭에 배치가 되는 것을 의미한다.

인산화효소 단계적 연쇄반응에서의 효소들은 모두 인산가수분해효소 효소들에 의해서 탈인산화가 되는 것에 의해 조절된다. 이것은 수용체와 반응 단백질들 양쪽 모두의 단계에서 반응의 종결을 이끌어 낸다.

Ras는 분자 스위치로 작용하는 작은 G단백질이다

학습목표 9.4.4 신호전달에서 Ras 단백질의 역할에 대해서 설명하라.

RTKs와 MAP키나아제 단계적 연쇄반응 사이의 연결은 Ras라고 불리는 작은 GTP-결합 단백질(G단백질)이다. 모든 다른 G단백질들처럼, Ras는 GTP에 결합하면 활성적이고 GDP에 결합하면 불활성적이다. Ras 단백질은 성장인자 수용체들을 그것들의 세포반응에 연관시키는 중심적인 역할의 암시로써 많은 인간 종양에서 돌연변이화되어 있다. Ras는 인간 유전체에서 150 멤버 이상을 가지는 작은 G단백질들의 커다란 슈퍼패밀리에서 동정된 첫 번째 단백질이다.

이러한 작은 G단백질들의 역할은 세포증식, 세포골격, 막수송 및 핵수송에 영향을 미치면서 다양하다. 그것들은 어떻게 유전자 복제 및 다양화가 진화가 다양한 기능을 지닌 모듈 단위를 생성할 수 있는가를 허용하는 한 예이다. 그 과에 속하는 모든 일원들의 공통적인 특징은 외부 신호를 신호전달경로에 연관시키는 분자 스위치로써 작용한다는 것이다(그림 9.10).

Ras 스위치는 GDP를 GTP로 교환하는 것과 GTP를 GDP로 가수분해하는 것에 의해서 켜거나 끌 수가 있다. 외부 신호로의 연결은 GDP를 GTP로 교환하는 것을 자극하는 구아닌 뉴클레오티드 교환인자(guanine nucleotide exchange factor; GEF)로부터 유래된다. 활성화된 성장인자 수용체는 GEF인 연결단백질과 결합한다. 이것이 Ras를 활성화시키고, 그 이후에 단계적 연쇄반응에서 첫 번째 인산화효소를 활성화시킨다(그림 9.8과 10장 참조).

Ras의 작용은 그것의 복잡한 GTPase 활성도에 의해서 종결된다. 이것은 GAP 단백질에 의해서 자극이 될 수 있고, 그것은 Ras 활성도의 지속기간에 바탕을 두고 신호전달을 미세조정을 할 수 있는 기회를 제공한다. 이러한 단백질들의 중요성은 신경섬유종증(neurofibromatosis)과 같은 특정 암에 대한 소인을 일으킬 수 있는 GAP 단백질 돌연변이에 의해서 보여지고 있다.

개념 정리 9.4

수용체 티로신 인산화효소(RTKs)는 티로신을 인산화시킬 수 있는 막 수용체들이다. 활성화가 일어났을 때, 그것들은 신호를 세포 내부로 전달시킬 수 있는 다른 단백질들을 위한 결합 도메인을 생성하면서 RTKs가 자기인산화가 된다. 한 가지 신호전달경로는 일련의 인산화효소가 시리즈에서 각각 다음 인산화효소를 활성화시키는 MAP키나아제 단계적 연쇄반응을 포함한다. 이것은 유전자발현을 변경시키기 위한 전사인자들을 활성화시키는 것에 의해서 종결된다.

- Ras 단백질은 많은 인간 암에서 돌연변이화가 되어 있다. 이러한 것이 가능한 이유들에는 어떠한 것들이 있을까?

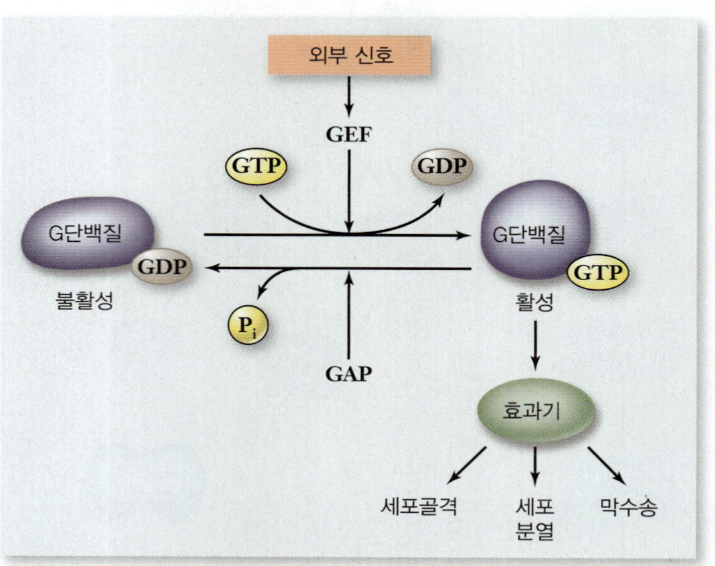

그림 9.10 크기가 작은 G단백질들은 분자 스위치로써 작용한다. Ras와 같이 크기가 작은 G단백질들은 외부 신호를 내부 신호전달경로로 연결시킨다. 외부 신호는 G단백질을 활성화시키는 구아닌 뉴클레오티드 교환(GEF) 단백질들을 활성화시킨다. G단백질은 약한 내재적 GTPase 활성도에 의해서 불활성화될 수 있는데 그것은 활성적인 단백질(GAPs)에 의해서 자극이 될 수 있다.

9.5 G단백질공역수용체들은 효과기 단백질들을 통한 신호들에 반응한다

동물세포들에서 수용체 유형들 중에서 단일의 가장 커다란 범주는 **G단백질공역수용체(GPCRs)**인데, 그런 명칭이 주어진 이유는 수용체들이 G단백질에 결합해서 작용을 하기 때문이다. 이러한 수용체들은 이온, 휘발성 유기화합물, 펩티드, 단백질과 지질을 포함하는 다양한 리간드들에 결합한다. 광감지(light-sensing) 수용체들이 또한 이 과(family)의 일부이므로, 심지어 광자를 "리간드"로써 또한 포함시킬 수도 있다.

이러한 단백질 슈퍼패밀리는 또한 수용체를 막에 고정시키는 7개의 막관통 도메인을 지닌 특징적인 구조를 지니고 있다. 많은 동물 유전체에 대한 분석은 GPCRs가 대부분의 동물들에서 가장 커다란 유전자과(gene family)라는 것을 암시한다. 그것들은 다수의 신호전달경로에 이르는 복제 및 분기의 고대 기원을 지니고 있다.

인간 유전체에서 GPCRs를 암호화하는 가장 최근의 유전자 수 총계는 799개인데, 이러한 휘발성 수용체들을 암호화시키는 유전자들의 절반은 맛과 냄새에 연관되어 있다. GPCRs과(family)는 구조와 기능에 바탕을 두고 5개 그룹으로 세분화되어 왔다. 이 절에서는, 활성화의 기본적인 체계와 가능한 신호전달경로들의 일부에 집중을 할 것이다.

G단백질들은 신호를 전달하기 위해서 수용체들과 효과기 단백질들을 연관시킨다

학습목표 9.5.1 이형3합체형 G단백질(heterotrimeric G protein)이 활성화되거나 불활성화되는 방법들을 설명하라.

GPCRs에 의한 신호 전달에서 G단백질의 기능은 신호를 받는 수용체와 세포 반응들을 생성하는 효과기 단백질들 사이의 연결을 제공하는 것이다. G단백질은 수용체에 의해 켜진 스위치로써의 기능을 한다. "켜진" 상태에서, G단백질은 세포반응을 유발하기 위하여 효과기 단백질들을 활성화시킨다.

앞서 GPCRs에서의 G단백질들과 작은 G단백질들 사이의 주요 차이점은 이러한 G단백질들은 α, β와 γ라는 3개의 아단위(subunit)로 구성이 되어 있다는 것이다. 결과적으로, 그것들은 **이형3합체형 G단백질**(*heterotrimeric G Protein*)이라 불린다. 리간드가 GPCR에 결합하고, 그것의 연합된 G단백질을 활성화시키면, G단백질은 GDP를 GTP와 교환하고, GTP에 결합되어 있는 G_α 아단위와 G_β와 G_γ의 결합된 아단위($G_{\beta\gamma}$)로 구성되어 있는 두 부분으로 분리를 시킨다. 곧이어, 신호는 G_α 혹은 $G_{\beta\gamma}$ 구성요소들에 의해서 전해진다. G_α에 의해서 결합된 GTP의 GDP로의 가수분해는 이형3합체의 재연합을 유발하고 시스템에서의 꺼진("off") 상태로 복귀된다(**그림 9.11**).

효과기 단백질들은 주로 효소다. 효과기 단백질은 직접적으로 신호를 전달하기 위해서 단백질들을 인산화시키는 단백질인산화효소일 수도 있거나, 혹은 신호전달경로를 개시하기 위한 2차 전달자를 생성할 수도 있을 것이다.

효과기 단백질들은 신호를 퍼뜨리기 위해서 다수의 2차 전달자들을 생성한다

학습목표 9.5.2 다른 2차 전달자들의 작용을 비교하고 대조하라.

G단백질들에 의해서 활성화된 효과기 단백질(effector protein)은 종종 2차 전달자(second messenger)를 생성한다. 가장 일반적인 효과기 2가지는 cAMP를 생성하는 **아데닐산고리화효소**(*adenylyl cyclase*)와 IP_3 플러스 DAG를 생성하는 **포스포리파아제 C**(*phospholipase C*)

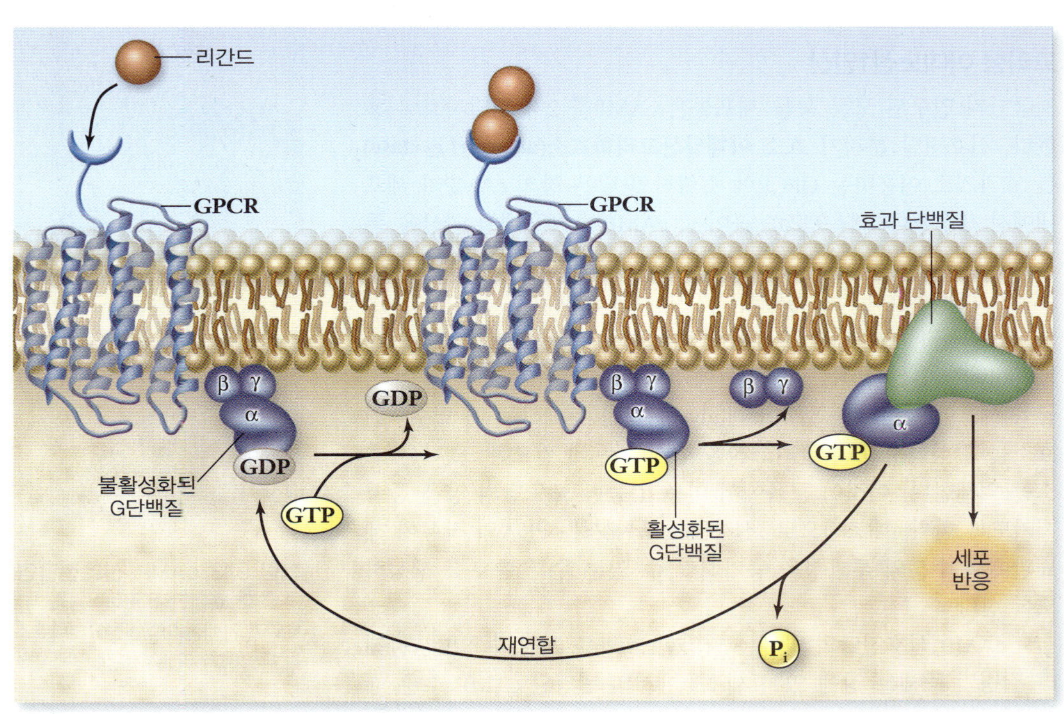

그림 9.11 G단백질공역수용체들의 작용. G단백질공역수용체(G protein-coupled receptor)는 수용체를 효과기 단백질에 연관시키는 이형3합체형 G단백질을 통해서 작용한다. 리간드가 수용체에 결합하면, 그것은 GDP를 GTP로 교환시키면서 연합된 G단백질을 활성화시킨다. 활성적인 G단백질 복합체는 G_α와 $G_{\beta\gamma}$로 분리된다. G_α 아단위(GTP에 결합됨)가 효과기 단백질을 활성화시키는 것을 보여 주고 있다. 효과기 단백질은 세포반응들을 유발하기 위해서 직접적으로 세포 단백질에 작용하거나 혹은 2차 전달자를 생성할 것이다. G_α는 그 시스템을 불활성화 시키면서 GTP를 가수분해 시킬 수 있으며, 곧이어 $G_{\beta\gamma}$와 재연합(reassociate)한다.

ATP

아데닐산고리화효소

cAMP + PP_i

cAMP

PP_i

a.

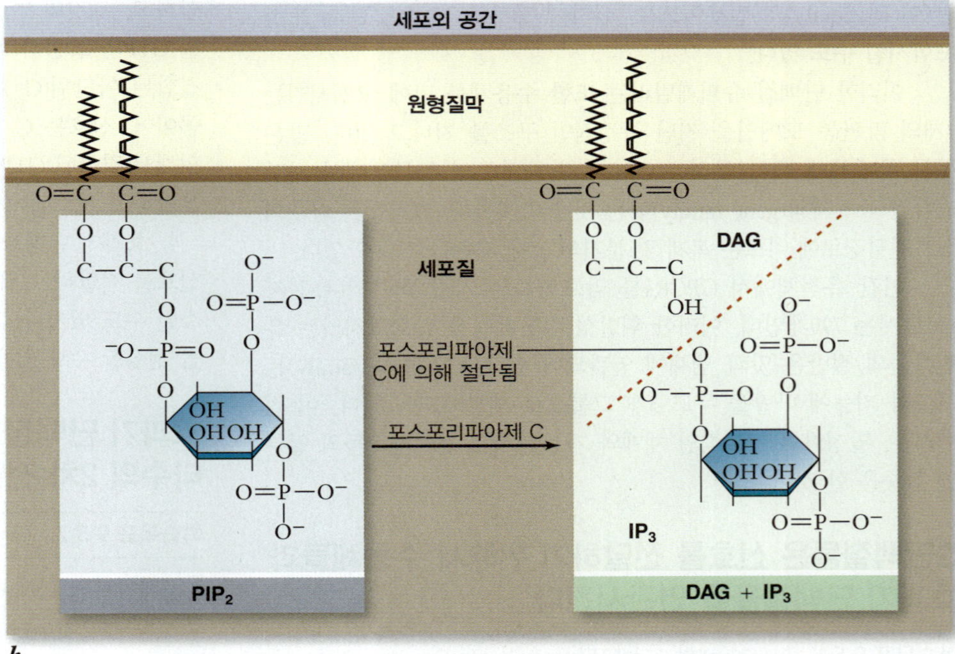

b.

그림 9.12 2차 전달자의 생성. 2차 전달자들은 세포 내에서 생성된 신호전달 분자들이다. **a.** 뉴클레오티드 ATP는 효소인 아데닐산고리화효소를 고리형 AMP 혹은 cAMP와 피로인산(PP)으로 변환시킨다. **b.** 이노시톨인지질 PIP_2는 글리세롤에 부착되어 있는 2개의 지질과 인산으로 구성되어 있다. 인산은 또한 당이노시톨에 부착되어 있다. 이 분자는 두 개의 다른 2차 전달자들을 생성하기 위해서 효소인 포스포리파아제 C에 의해 절단될 수 있다: 2개의 지질을 지닌 글리세롤로 만들어진 DAG와 이노시톨 3인산(inositol triphosphate), IP_3.

이다(그림 9.12).

고리형 아데노신1인산

지금까지 연구된 모든 동물 세포들은 cAMP를 2차 전달자로 이용한다. 신호전달 분자가 효소 **아데닐산고리화효소(adenylyl cyclase)**를 효과기로 이용하는 GPCR에 결합하면 많은 양의 cAMP가 세포 내에서 생성된다(그림 9.12a). 곧이어, cAMP가 세포에서 인산을 특정 단백질들에 첨가하는 효소 단백질인산화효소 A(protein kinase A; PKA)에 결합하고 활성화를 시킨다(그림 9.13).

세포 기능에 대한 이러한 인산화의 효과는 세포의 주체(identity)와 인산화되는 단백질들에 의해서 결정된다. 예를 들어서, 근육 세포에서 PKA는 글리코겐(glycogen)을 분해하는 데 필수적인 효소를 활성화시키고, 글리코겐을 합성하는 데 필요한 또 다른 효소를 억제한다. 이것이 근육에서 이용 가능한 포도당의 양을 증가시키도록 한다. 대조적으로, 신장(kidney)에서는 PKA의 작용이 세뇨관에서 수분의 투과성을 증가시킬 수 있는 수분 통로를 생성하도록 한다.

cAMP 신호전달의 방해는 다양한 효과를 지닐 수 있다. 콜레라 질병의 증세는 장에 있는 세포들에서의 변경된 cAMP 수준 때

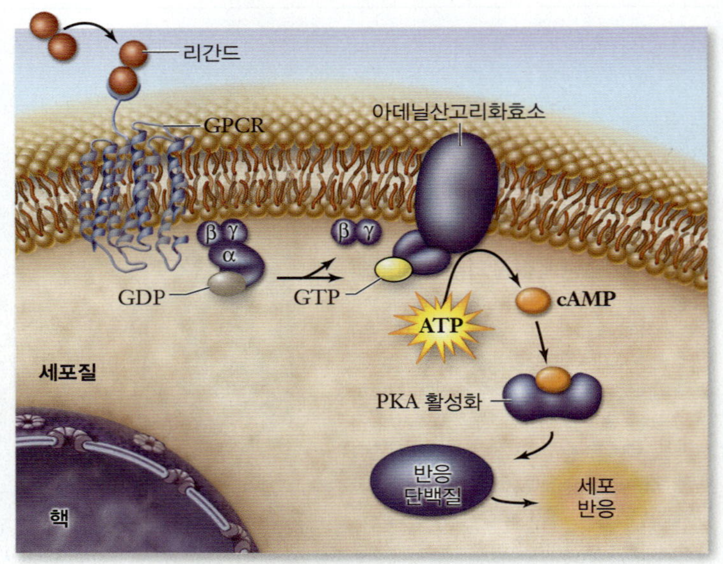

그림 9.13 cAMP 신호전달경로. 세포외 신호는 G단백질을 활성화시키면서 GPCR에 결합한다. 곧이어, G단백질은 ATP를 cAMP로 변환시키는 촉매작용을 하는 효과기 단백질 아데닐산고리화효소를 활성화시킨다. 그 이후에, cAMP가 세포반응들을 유발하기 위해서 표적 단백질을 인산화시키는 단백질인산화효소 A를 활성화시킨다.

문이다. 비브리오 콜레라(*Vibrio cholerae*) 박테리아는 내장 속에 있는 상피조직에서 GPCR이 결합하는 독성물질을 생성하는데, 이것은 GPCR이 항상 켜져 있는("on") 상태에 고정되어 있도록 유발한다. 이것이 세포내 cAMP의 많은 증가를 유발하는데, 이러한 세포들에서 Cl^- 이온들이 세포 바깥쪽으로 수송될 수 있게 유발한다. 수분은 그 질병의 특징인 설사 및 탈수를 일으키면서 Cl^-을 따르게 된다.

cAMP의 모듈은 또한 세포외 신호이다. 점균류 딕티오스텔리움 디스코이데움(*Dictyostelium discoideum*)에서, 분비된 cAMP는 기아(starvation) 조건 하에서 집합체(aggregation)를 형성하기 위한 신호로써 작용한다. 실험을 통해서 이 신호에 대한 수용체가 또한 GPCR이라는 것을 보여주었다.

이노시톨 인산

일반적인 2차 전달자가 이노시톨 인지질(inositol phospholipid)이라 불리는 분자들로부터 생성이 된다. 이러한 것들이 지질 말단 부위에서 원형질막에 삽입이 되고 **이노시톨 인산**(*inositol phosphate*) 부분이 세포질 쪽에 돌출하게 된다. 가장 일반적인 이노시톨 인지질은 포스파티딜이노시톨-4,5-2인산(phosphatidylinositol-4,5-bisphosphate; PIP_2)이다. 이 분자는 **디아실글리세롤(diacylglycerol; DAG)**과 **이노시톨-1,4,5-3인산(inositol-1,4,5-triphosphate; IP_3)**을 생산하기 위해서 PIP_2를 절단하는 효과기 단백질인 포스포리파아제 C에 대한 기질(substrate)이다(그림 9.12b 참조).

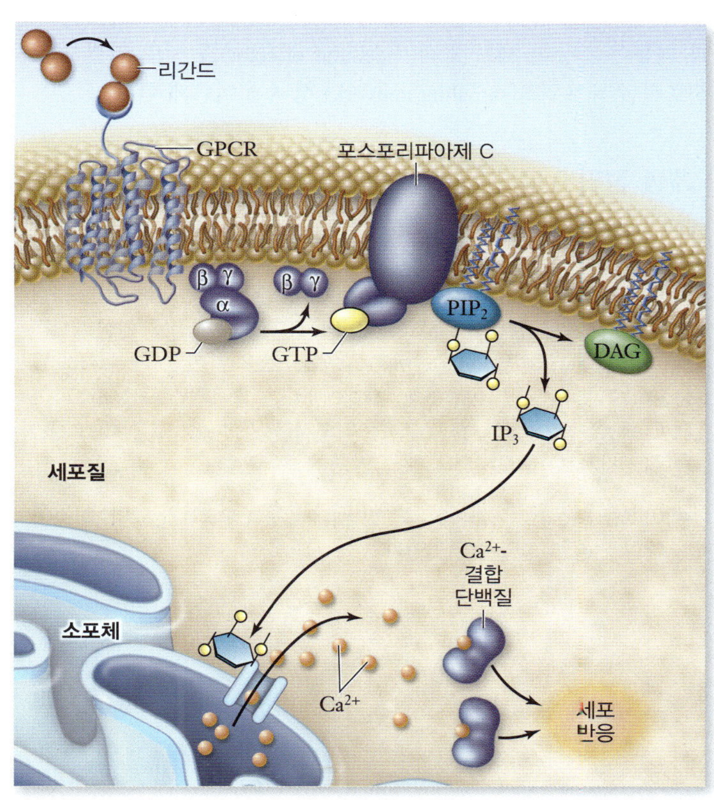

그림 9.14 이노시톨 인지질과 Ca^{2+} 신호전달. 세포외 신호는 G단백질을 활성화시키면서 GPCR에 결합한다. G단백질은 PIP_2를 DAG와 IP_3로 변환시키는 효과기 단백질인 포스포리파아제 C를 활성화시킨다. IP_3는 곧이어 소포체가 세포질에 저장된 Ca^{2+} 방출을 유발하면서 소포체 막에 있는 통로연관수용체에 결합된다. 그런 이후에 Ca^{2+}은 세포반응을 유발하면서 칼모듈린(calmodulin)과 PKC와 같은 Ca^{2+}결합단백질들에 결합한다.

이러한 화합물 양쪽 모두는 곧이어 다양한 세포 효과들을 지닌 2차 전달자로써 작용한다. cAMP와 같이 DAG는 단백질인산화효소, 이 경우에는 단백질인산화효소 C(protein kinase C; PKC)를 활성화시킬 수 있다.

칼슘

칼슘이온(Ca^{2+})은 2차 전달자로써 광범위하게 도움이 된다. 세포질 내에서 Ca^{2+} 수준은 정상적으로 매우 낮으며(10^{-7}M 이하의), 반면에 세포의 바깥쪽과 소포체 내의 Ca^{2+} 수준은 상당히 높다(약 10^{-3} M). 소포체는 Ca^{2+}을 방출하기 위한 이온 통로로써 작용하는 수용체 단백질을 지니고 있다. 이러한 수용체들 중에서 가장 일반적인 것 하나가 Ca^{2+}에 의한 신호전달과 더불어 이노시톨인산을 통한 신호전달을 연관시키면서, Ca^{2+}을 방출하기 위해 2차 전달자 IP_3에 결합할 수 있다(그림 9.14).

소포체로부터의 Ca^{2+}의 유출 결과는 세포 유형에 의해서 결정된다. 예를 들어서, 근골격 세포들에서 Ca^{2+}은 근수축을 촉진하지만 내분비 세포에서는 호르몬의 분비를 촉진한다.

여러 다른 신호들이 동일한 효과를 지닐 수 있고, 동일한 신호가 다른 효과들을 지닐 수 있다

학습목표 9.5.3 신호들이 세포들에서 수렴되고 분기하는 방법들에 대해서 설명하라.

앞서 언급한 것처럼, 호르몬 글루카곤과 에피네프린 양쪽 모두는 간세포들이 포도당을 이동시킬 수 있도록 촉진을 한다. 이러한 다른 신호들이 동일한 효과를 지니는 이유는 글리코겐의 분해를 촉진시키고, 글리코겐 합성을 억제시키기 위한 동일한 신호전달경로에서 양쪽 모두 작용하기 때문이다.

두 호르몬들 중에 하나가 그것의 수용체에 결합하면 아데닐산고리화효소를 촉진시키는 G단백질을 활성화시킨다. cAMP의 생성은 PKA의 활성화를 일으키고, 차례로 가인산분해효소인산화효소(phosphorylase kinase)라 불리는 또 다른 단백질인산화효소를 활성화시킨다. 활성화된 인산화 키나아제는 곧이어 글리코겐 중합체로부터 포도당 6-인산의 단위를 절단해 내는 글리코겐 인산화효소를 활성화시킨다(그림 9.15). 다수의 인산화효소의 작용은 다시 증폭을 일으켜서, 소수의 신호 분자들이 많은 수의 포도당 분자들이 방출되도록 하는 결과를 초래한다.

동시에, PKA는 또한 효소인 글리코겐 합성효소를 인산화시키지만, 이 경우에 그것은 효소를 억제시키므로 글리코겐 합성을 저해하게 된다. 부가적으로, PKA는 포도당을 합성시키기 위해서 필요로 되는 효소를 암호화하는 유전자의 발현을 활성화시키는 다른 단백질들을 인산화시킨다. 이러한 다른 수용체들로부터의 신호전달 경로의 수렴은 동일한 결과를 일으킨다—포도당이 이동된다는 것이다.

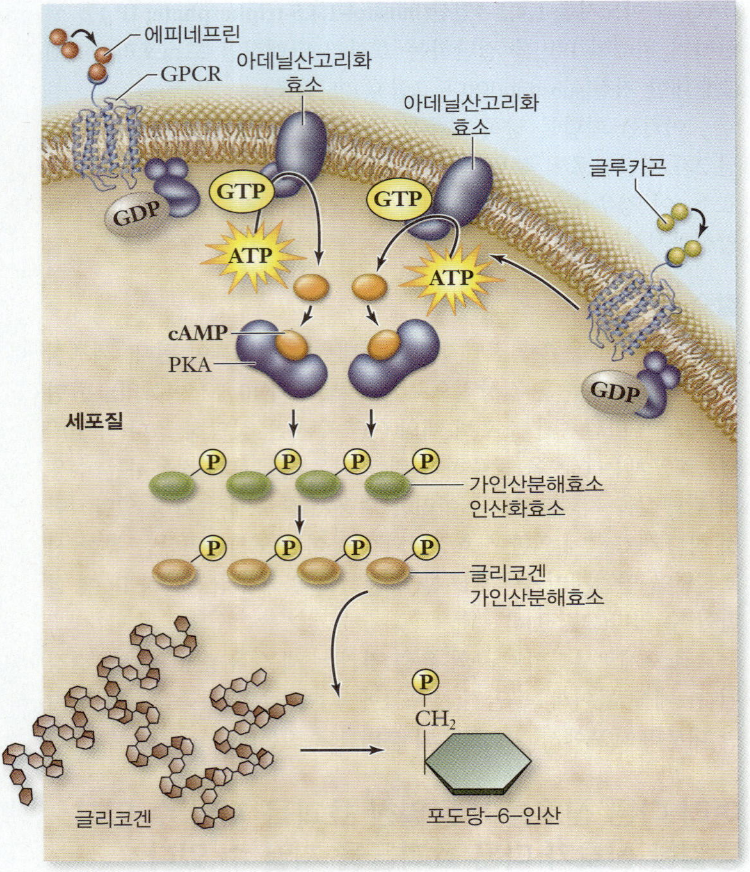

그림 9.15 여러 다른 수용체들이 동일한 신호전달경로를 활성화시킬 수 있다. 호르몬 글루카곤과 에피네프린 양쪽 모두는 GPCRs를 통하여 작용한다. 이러한 수용체들 각각은 cAMP를 생성하면서 아데닐산고리화효소를 활성화시키는 G단백질을 통해서 작용한다.

수용체 아형

앞서 단일 신호전달 분자인 에피네프린이 어떻게 다른 세포들에 다른 효과들을 지닐 수 있는가에 대해서 살펴보았다. 이것이 일어나는 한 가지 방식은 동일 수용체의 다중 형태 때문이다. 에피네프린에 대한 수용체는 다른 유전자들에 의해서 암호화되는 9개의 다른 아형(subtype)이나 동형(isoform)을 지닌다. 그것들은 주로 G단백질들과 상호작용하는 세포질 도메인에서 차이가 난다. 그래서 다른 동형은 다른 G단백질들을 활성화시키는 것에 의해서 다른 신호전달경로들을 이끌어 낸다.

따라서 심장에서는 근육세포들이 cAMP를 증가시키는 아데닐산고리화효소를 활성화시키는 한 동형의 수용체를 지닌다. 이 동형의 수축률과 세기(force)를 증가시킨다. 내장에서는 평활근 세포들이 cAMP를 감소시키는 아데닐산고리화효소를 억제시키는 다른 수용체 동형을 지니고 있다. 이것은 근육 이완을 초래하는 반대의 결과를 생성해낸다.

GPCRs와 RTKs는 동일한 경로를 활성화시킨다

다른 수용체 유형들은 동일한 신호 모듈에 영향을 줄 수 있다. 예를 들어서, RTKs가 MAP키나아제 단계적 연쇄반응을 활성화시키는 것으로 여겨지나, GPCRs 또한 이것과 동일한 단계적 연쇄반응을 활성화시킬 수 있다. 유사하게, 포스포리파아제 C의 활성화는 앞에서는 GPCR 신호전달의 문맥에서 언급되었으나, 그것은 또한 RTKs에 의해 활성화될 수도 있다.

이러한 교차반응성(cross-reactivity)은 세포 기능에 있어서 복잡성을 도입하는 것처럼 보이지만, 사실은 세포에 믿기지 않을 정도로 많은 융통성을 제공한다. 세포들은 제한적이지만 많은 수의 세포내 신호전달 모듈을 지니는데, 그것은 다른 종류의 막수용체들에 의해 켜지거나 꺼질 수 있다. 이것은 다수의 들어오는 신호들과 더불어 가능한 세포 효과기(cellular effector)를 서로 연결시키는 신호전달 네트워크(signaling network) 상태에 이르게 한다.

개념 정리 9.5

GPCRs를 통한 신호전달은 G단백질이라는 수용체와 효과기 단백질(effector protein)을 연관시킨다. G단백질은 GTP에 결합 시에는 활성적이고, GDP에 결합 시에는 불활성적이다. 수용체에 대한 리간드 결합은 G단백질을 활성화시키고, 곧이어 효과기 단백질을 활성화시킨다. 아데닐산고리화효소(adenylyl cyclase)는 2차 전달자인 cAMP를 생성하는 효과기 단백질(effector protein)이다. 효과기인 포스포리파아제 C(effector phospholipase C)는 이노시톨 인산(inositol phosphate)을 절단시키고, ER로부터의 Ca^{2+} 방출을 초래한다.

- 어떠한 수용체 유형들보다도 훨씬 더 많은 GPCRs가 있다. 이것에 대한 가능한 설명은 무엇인가?

홍역이 호흡기병(respiratory disease)인 이유는?

홍역은 어린 아이들에게 심각한 질병인데, 해마다 1천만 명의 아이들을 감염시키고, 감염자들 중 120,000명을 사망하게 만든다. 홍역은 아래의 현미경사진에서 보여주는 RNA 파라믹소바이러스(RNA paramyxovirus)에 의해 유발된다. 놀랍게도, 최근의 연구에 의하면 홍역 바이러스는 초기에는 기도에서 대식세포(macrophage)라고 부르는 이동성의 면역계 세포들을 감염시킨다. 감염된 대식세포들은 감염을 바이러스가 왕성하게 생장할 수 있는 림프절로 이동시키면서 호흡상피조직을 횡단한다. 감염된 사람의 림프절에서 생성된 새로운 바이러스 입자들 구역이 어떻게 그 사람의 기도로 다시 들어가서, 그 감염자가 재채기를 할 때에 퍼져나가고 다른 사람들을 감염시키는가? 새로운 연구에 의해서 홍역 바이러스가 상피조직 장벽을 가로질러서 이용할 수 있는 교통로가 확인이 되었다.

연구자들은 홍역 바이러스에 녹색-형광 단백질(green-fluorescent protein)을 첨가한 이후에 바이러스에 노출이 되었을 때 기도의 어떤 세포들이 형광물질을 발하는가를 찾아보았다. 영향을 받은 유일한 세포들은 넥틴-4(nectin-4)라고 불리는 특정한 세포 표면 수용체를 지닌 그러한 세포들뿐이었다. 접착연접(adherens junction) 단백질은 홍역 바이러스 부착 단백질에 단단하게 결합한다.

넥틴-4가 홍역 바이러스가 기도로 들어가기 위해서 이용하는 세포 표면 수용체라는 가설을 검증하기 위해서, 그 연구팀은 넥틴-4 유전자를 차단하는 침묵 RNA(silencing RNA, siRNA)를 이용했다(siRNA는 16장에서 검토하였다).

먼저 그 연구팀은 그들의 siRNA 탐침이 특이하게 넥틴-4 유전자를 표적으로 했다는 것을 입증할 필요가 있었다. 그래프에서 넥틴-4 siRNA로 처리된 세포들에 의해서 생성된 넥틴-4 mRNA의 양이 또 다른 비넥틴-4 siRNA(non-nectin-4 siRNA)로 처리된 세포들에 의해서 생성된 양과 비교되었다.

그 이후에, 그 연구팀은 넥틴-4 siRNA로 처리된 상피조직 세포들에 의해서 기도를 가로지르며 전파된 바이러스의 수와 비넥틴-4 siRNA로 처리된 대조 표준 세포(control cell)에 의해서 전파된 수를 비교할 필요가 있었다. 그들이 얻은 결과를 그래프에서 보여 주고 있다.

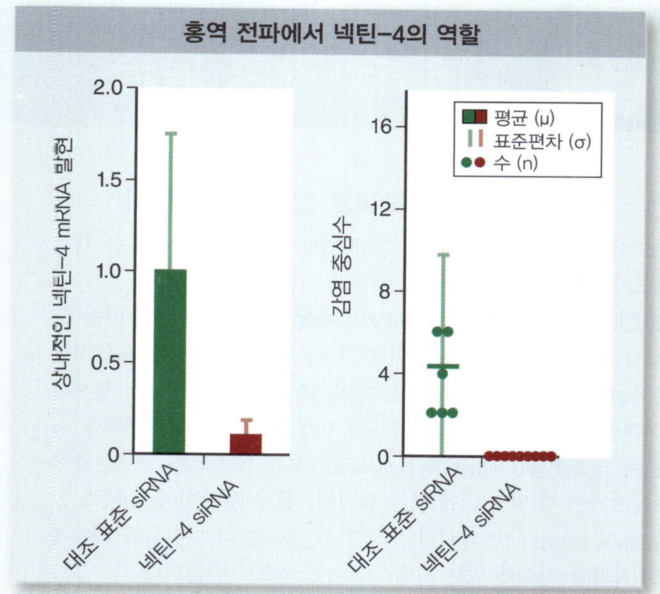

분석

1. **개념 적용**
   a. **종속변수.** 그래프에서 어느 것이 종속변수인가?
   b. **상대발현(Relative expression).** 상단에서에서 왼쪽 그래프의 y-축 변수는 무엇에 상대적으로 측정이 되었는가? [힌트: 대조 표준의 상대발현은 정확하게 1이다.]

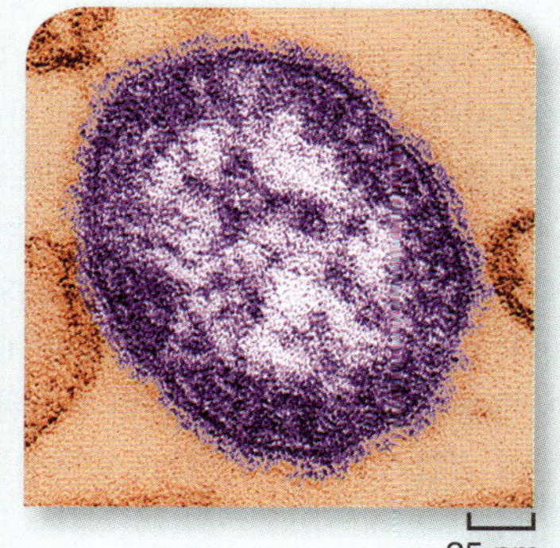

2. **자료 해석**
   a. 넥틴-4 유전자로부터 전사된 mRNA의 상대적인 양은 넥틴-4 특이적 siRNA(nectin-4-specific siRNA)에 의해 영향을 받았는가? 몇 퍼센트의 감소가 관찰되었는가?
   b. 대조표준 siRNA로 처리된 세포들이 홍역 바이러스에 10회 실험에서 감염이 되었을 때 감염 중심의 평균 수는 얼마였는가? 넥틴-4 siRNA로 처리된 세포들이 10회 실험에서 감염이 되었을 때는 얼마였는가?
3. **추론**
   a. 왼쪽 그래프. 이러한 결과들로부터 호흡기 상피조직 세포들에 대한 처리가 넥틴-4 유전자를 차단시킨다고 추론할 수 있는가?
   b. 오른쪽 그래프. 이러한 결과들로부터 넥틴-4 siRNA가 배양해서 생장시킨 호흡 세포들의 홍역 바이러스 감염을 억제한다고 추론할 수 있는가?
4. **결론 도출**
   a. 넥틴-4 유전자의 침묵이 홍역 바이러스에 의한 호흡기 상피조직 세포들의 감염을 방지하는가?
   b. 넥틴-4 표면 수용체가 호흡기 상피조직을 가로질러서 홍역 바이러스에 대한 루트를 제공했다고 결론을 짓는 것이 타당한 것인가?
5. **추가 분석**
   홍역 바이러스가 넥틴-4 세포 표면 수용체에 결합한 후에 물리적으로 상피세포 장벽(epithelial barrier)을 횡단한다는 것을 입증하기 위해서 다른 연구들을 수행했다. 무슨 실험들이 이러한 점을 더 잘 입증하기 위해서 제안될 수 있을 것 같은가?

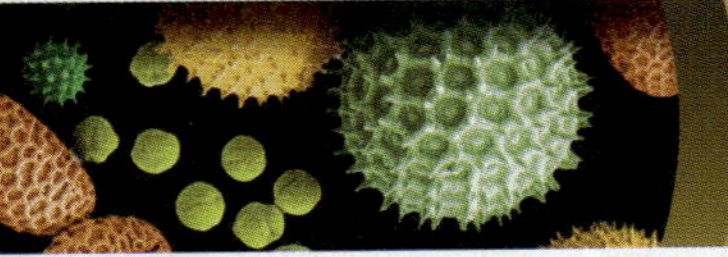

학습 과정 복습

개념 9.1 다세포 생물의 세포들은 신호교신을 한다

세포 신호교신은 특정 수용체 단백질들에 결합하고, 세포내 반응을 생성하는 리간드라고 부르는 신호 분자들을 필요로 한다.

9.1.1 신호전달 메커니즘은 원천에서부터 수용체까지의 거리에 따라 다양하다 직접적인 접촉: 원형질막상의 분자들은 인접한 세포 위에 위치한 수용체 분자들과 접촉한다. 측분비 신호전달(Paracrine signaling): 일시적인 신호 분자들이 세포외액으로 방출되고 이웃하는 세포들에 영향을 미친다. 내분비 신호전달(Endocrine signaling): 오래 지속되는 호르몬들이 순환계에 들어가서 더 먼 거리에 있는 표적세포들로 운반된다. 시냅스 신호전달(Synaptic signaling): 일시적인 신경전달물질들이 뉴런들에 의해서 신경과 표적세포들 사이에 있는 시냅스라는 간극으로 방출된다.

9.1.2 신호전달경로는 세포반응들로 이어진다 하나의 신호전달 사건에 의해 시작된 세포내 사건(intracellular event)을 신호전달이라고 부른다. 이것은 세포에서 신호를 변화로 전환시킨다.

9.1.3 인산화는 단백질 기능을 조절하는 핵심이다 단백질들은 인산화효소에 의해서 첨가되고 효소인 인산가수분해효소에 의해 제거된 인산에 의해서 조절될 수 있다. 이러한 조절은 양성적이거나 음성적일 수가 있다.

개념 9.2 신호전달은 세포수용체에서 시작된다

9.2.1 수용체단백질들은 위치와 반응 양식에 의해서 정의된다 수용체들은 세포내 혹은 세포-표면 수용체(막수용체들)로써 광범위하게 정의될 수가 있다. 막수용체는 막을 가로질러서 정보를 전달시키는 막관통 단백질들이지만, 신호 분자는 아니다. 통로연관수용체들은 특정 이온들을 중심의 작은 구멍을 통해서 통과시키는 것을 허용하는 화학적 개폐 이온통로들이다. 효소성인 수용체들은 리간드 결합에 의해서 활성화되는 효소들이다; 이러한 효소들은 주로 단백질인산화효소들이다. G단백질공역수용체들은 효과기 단백질들의—효소들이나 이온 통로들—기능을 조절하는 G단백질들과 상호작용을 한다. 일부 효소성 수용체들과 대부분의 G단백질공역수용체들은 세포질에서 메시지를 전달하기 위하여 2차 전달자들을 생성한다.

개념 9.3 세포내 수용체들은 유전자발현 조절작용에 의한 신호들에 반응한다

많은 세포 신호들은 지용성이고 원형질막을 용이하게 통과하며 세포질이나 핵에 있는 수용체들에 결합을 한다.

9.3.1 스테로이드 호르몬 수용체들은 유전자 발현에 영향을 미친다 스테로이드 호르몬들은 세포질 수용체들에 결합을 하고, 곧이어 핵으로 수송된다. 그러므로 그것들은 핵수용체(nuclear receptor)라 불린다. 핵수용체들은 호르몬-결합, DNA—결합 및 전사—활성화 도메인을 지닌다. 이것이 그것들이 직접적으로 유전자 발현에 영향을 미치도록 허용한다. 지용성 신호에 대한 세포의 반응은 호르몬-수용체 복합체와 존재하는 다른 보조활성인자들에 의해서 결정된다.

9.3.2 다른 세포내 수용체들은 효소로써 작용한다 질소 산화염에 대한 수용체는 cGMP를 생성하는 효소인 구아닐산고리화효소를 활성화시킨다. 이 시스템에서의 한 작용은 평활근을 이완시키는 것이다.

개념 9.4 단백질인산화효소 수용체들은 단백질인산화에 의한 신호에 반응한다

식물들과 동물들에서 수용체 인산화효소들은 친수성 리간드를 인식하고, 세포주기, 세포 이동, 세포 대사활동 및 세포증식에 영향을 미친다. 그것들이 생장 조절에 연관되어 있기 때문에, 수용체 인산화효소들과 신호전달경로에서의 변경은 암을 일으킬 수가 있다.

9.4.1 리간드 결합은 RTKs가 그것들 자체를 인산화시키고, 신호전달을 활성화시키도록 한다 활성화된 수용체는 또한 다른 세포내 단백질들을 인산화시킬 수도 있다.

9.4.2 세포 단백질들은 신호를 전달하기 위해서 인산화티로신에 결합한다 연결단백질들은 인산화티로신에 결합할 수 있고, 수용체들과 하부(downstream) 신호전달 사건들 사이의 연결로써 작용한다.

9.4.3 단백질인산화효소 단계적 연쇄반응은 신호를 증폭시킬 수 있다 단백질인산화효소들은 세포 반응으로 종결되는 일련의 인산화 사건들을 개시할 수 있다. 단계적 연쇄반응에서 각각의 효소는 다음 효소의 여러 복사본을 인산화시킬 수 있으며, 진행되는 동안에 신호를 증폭시킨다. 스캐폴드 단백질들과 단백질인산화효소들은 효소들이 연속적으로 작용하고 궁극적으로 기능적인 단일 복합체를 형성한다. 수용체들은 탈인산화 혹은 내부화에 의해서 불활성화될 수 있다. 단계적 연쇄반응에서 효소들은 탈인산화에 의해서 불활성화된다.

9.4.4 Ras는 분자 스위치로 작용하는 작은 G단백질이다 작은 G단백질들은 외부의 신호를 신호전달경로에 연관시키는 분자 스위치로써 작용한다. 그것들은 구아닌 뉴클레오티드 교환인자(GEFs)에 의해서 촉진되고, 불활성화는 GTPase의 활성도를 증가시키는 인자(GAPS)에 의해서 증진될 수 있다. 이것들이 신호전달경로를 연관시킨다.

개념 9.5 G단백질공역수용체들은 효과기 단백질들을 통한 신호들에 반응한다

G단백질공역수용체들은 G단백질들의 활성화를 통하여 기능을 한다.

9.5.1 G단백질들은 신호를 전달하기 위해서 수용체들과 효과기 단백질들을 연관시킨다 G단백질들은 GTP에 결합 시에는 활성적이고, GDP에 결합되면 불활성적이다. 수용체들은 GDP에서 GTP로의 교환을 촉진한다. 불활성화된 G단백질은 G_α와 $G_{\beta\gamma}$의 두 부분으로 분해되며, 그 각 부분은 효과기 단백질들에 대해 작용할 수 있다. G_α는 또한 G단백질을 불활성화시키기 위해서 GTP를 GDP로 가수분해할 수가 있다.

9.5.2 효과기 단백질들은 신호를 퍼뜨리기 위해서 다수의 2차 전달자들을 생성한다 2개의 일반적인 효과기 단백질들은 2차 전달자인 cAMP를 생성하는 아데닐산고리화효소와 DAG와 IP_3를 생성하는 포스포리파아제 C이다. Ca^{2+}도 또한 2차 전달자이다. Ca^{2+} 방출은 소포체에서 통로연관 수용체들에 결합하는 IP_3에 의해 유발된다. Ca^{2+}는 세포질 단백질인 칼모듈린에 결합하고, 차례로 다른 단백질들을 활성화시켜서 다양한 반응들을 생성한다.

9.5.3 여러 다른 신호들이 동일한 효과를 지닐 수 있고, 동일한 신호가 다른 효과들을 지닐 수 있다 다른 GPCR 수용체들이 동일한 효과기 효소를 활성화시키기 위해서 수렴할 수도 있으므로, 동일한 2차 전달자를 생성할 수 있다. 수용체 아형(subtype)들이 다른 세포들에서 다른 효과들을 일으킬 수 있다. G단백질공역수용체들과 수용체인 티로신 인산화효소들은 동일한 신호전달경로를 활성화시킬 수 있다. RTKs와 GPCRs 양쪽 모두 MAP키나아제 단계적 연쇄반응을 활성화시킬 수 있다.

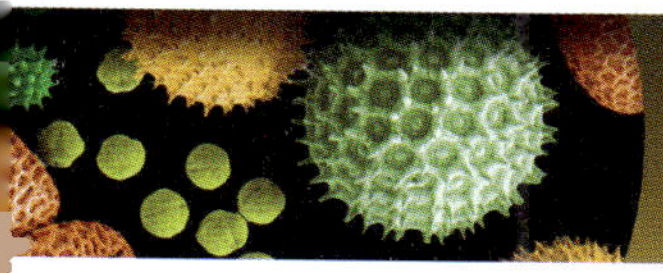

학습 과정 평가

개념 9.1 다세포 생물의 세포들은 신호교신을 한다

이해

1. 신호전달경로는
   a. 신호가 막을 횡단하기 위해서 필수적이다.
   b. 세포외 신호에 의해서 촉진된 세포내 사건들을 포함한다.
   c. 세포내 신호에 의해서 촉진된 세포외 사건들을 포함한다.
   d. 신호가 막을 횡단할 수 있는 경우에서만 발견된다.
2. ______________의 기능은 단백질들에 인산을 첨가하는 것이고, 반면에 ______________은(는) 인산을 제거하는 기능을 한다.
   a. 티로신; 세린
   b. 단백질인산가수분해효소; 단백질 탈인산화효소
   c. 단백질인산화효소; 단백질인산가수분해효소
   d. 수용체; 리간드

응용

1. 어떤 방식으로 수용체단백질이 효소와 유사한가?
   a. 양쪽 모두 화학 반응 속도를 가속화시킨다.
   b. 양쪽 모두 동일한 1차 구조를 지니고 있다.
   c. 양쪽 모두 특이 분자에 결합하도록 하는 특이적인 입체구조를 지니고 있다.
   d. 앞의 답 모두.

종합

1. 이 장에서 검토된 세포 신호의 모든 예에서 공통적인 특징들을 설명하라. 여러분의 해답을 예증하기 위한 예들을 제공하라.

개념 9.2 신호전달은 세포수용체들에서 시작된다

이해

1. 다음 수용체 유형들 중 어느 것이 막수용체가 아닌가?
   a. 통로연관수용체
   b. 효소성 수용체
   c. G단백질공역수용체
   d. 스테로이드 호르몬 수용체
2. 막수용체는
   a. 일단 세포에 들어가면 리간드에 결합한다.
   b. 세포의 바깥으로부터의 신호를 세포 내부로 전달한다.
   c. 주로 외재성 막단백질이다.
   d. 주로 소수성 리간드들에 결합한다.

응용

1. γ-아미노부틸산이 막결합 GABA 수용체에 결합하면, 작은 구멍이 열려서 Cl^-가 세포 내로 들어가도록 허용한다. GABA 수용체는
   a. 효소성 수용체. b. G단백질공역수용체.
   c. 통로연관수용체. d. 2차 전달자.

종합

1. 코르티솔은 지용성 호르몬이다. 그것이 세포막을 통하여 이동할 수 있기 때문에, 신체의 모든 세포들에서 반응을 유도해 낼 수 있는가? 설명하라.

개념 9.3 세포내 수용체들은 유전자발현 조절작용에 의한 신호들에 반응한다

이해

1. 스테로이드 호르몬들의 작용은 종종 펩티드 호르몬들의 작용보다 더 오래 동안 지속된다. 이러한 이유는 그것들이?
   a. 세포에 들어가서 오랫동안 효소들 같이 작용하기 때문이다.
   b. 세포 내에서 지속될 수 있는 단백질들을 생산하기 위한 유전자 발현을 켜게 된다.
   c. 직접적으로 세포 반응들에 작용할 수 있는 2차 전달자들의 생성을 초래한다.
   d. 세포 반응들에 직접 작용할 수 있는 G단백질들을 촉진시킨다.
2. 다음 중 어느 것이 핵수용체 서브패밀리(subfamily)의 일원인 단백질에서 발견되지 않는가?
   a. DNA-결합 도메인
   b. 보조활성인자 결합부위
   c. 원형질막에 단단하게 고정되는 소수성 꼬리
   d. 호르몬 결합 도메인

응용

1. 대사 작용과 심박수를 포함하는 인간에서의 많은 과정들을 갑상선 호르몬 수용체들이 조절한다. 하나의 갑상선 호르몬 수용체가 결함이 있는 DNA-결합 도메인을 지니고 있다. 이러한 결함을 지닌 생명체에 대한 다음의 진술들 중에 어느 것이 옳은가?
   a. 갑상선 호르몬이 세포로 들어가는 것이 불가능할 것이다.
   b. 갑상선 호르몬이 수용체에 결합하는 것이 불가능할 것이다.
   c. 대사 작용과 심박수를 조절하는 유전자들이 정확하게 발현될 수 없을 것이다.
   d. 갑상선 호르몬이 DNA에 직접 결합할 수 있음으로써, 영향력이 없을 것이다.

종합

1. 레티놀산(RA, 아래에 구조가 보여짐)은 레티놀산 수용체(RAR)에 결합한다. 초기 배 발달을 조절하는 많은 *Hox* 유전자들의 발현이 RAR에 의해 영향을 받는다. 위에 주어진 정보에 바탕을 두고, RAR 구조에 대해 어떤 결론을 내릴 수 있는가? RA를 모방하는 항체를 생성한다면, 세포 신호전달과 *Hox* 유전자 발현에 어떤 현상이 일어날 것인가?

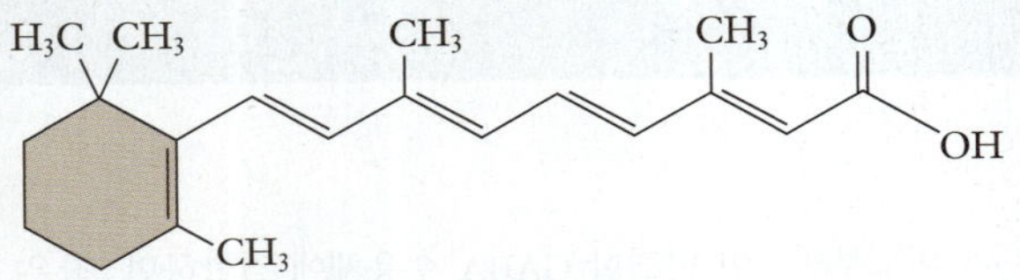

개념 9.4 단백질인산화효소 수용체들은 단백질인산화에 의한 신호에 반응한다

이해

1. 티로신 인산화효소 세포 신호전달 동안에 Ras의 기능은 무엇인가?
   a. 통로연관수용체들의 열림을 활성화시킨다.
   b. 2차 전달자들을 합성하는 효소다.
   c. 수용체 단백질을 MAP키나아제 경로에 연관시킨다.
   d. 경로의 일부로써 다른 효소들을 인산화시킨다.
2. 인산화효소 단계적 연쇄반응은
   a. 세포에 제시된 원래의 신호를 증폭시킬 수 있다.
   b. 종종 스캐폴드 단백질들에 의해서 체계화된다.
   c. 동일한 신호로부터 몇몇 다른 세포 반응들을 일으킬 수가 있다.
   d. 앞의 답 모두.

응용

1. PDGF 신호전달경로에서 다음의 어떠한 결함들이 잠재적으로 암을 유발할 수 있는가?
   a. PDGF 수용체가 내부화되지 못하는 결함
   b. PDGF 수용체에서 내부 도메인이 결여된 결함
   c. 경로에서 인산화효소가 활성화되는 것이 불가능한 결함
   d. 앞의 답 모두

종합

1. 섬유아세포(fibroblast) 생장인자 수용체 3(FGFR3)는 수용체 티로신인산화효소다. FGFR3는 생장인자들에 결합을 하고 뼈의 생장, 발달 및 유지를 조절한다. 연골무형성증(achondroplasia)은 FGFR3 유전자에서의 결함 때문에 인간에게 나타나는 소인증의 형태이다. 개개인이 FGFR3 돌연변이에 대해 이형접합성(50%는 정상이고 50%는 돌연변이 FGFR3)을 지니면 연골무형성증을 지니게 된다. 이형접합성 개개인들이 연골무형성증을 지니는 이유는 무엇이겠는가?

개념 9.5 G단백질공역수용체들은 효과기 단백질들을 통한 신호들에 반응한다

이해

1. 다음 중 어느 것이 G단백질공역수용체에 결합하는 리간드의 즉각적인 효과를 가장 잘 설명하고 있는가?
   a. G단백질 3합체는 GDP를 방출하고 GTP에 결합한다.
   b. G단백질 3합체는 수용체로부터 분리된다.
   c. G단백질 3합체는 효과 단백질과 상호작용을 한다.
   d. G단백질의 α 아단위체가 인산화가 된다.
2. 다음 중 2차 전달자가 아닌 것은 어느 것인가?
   a. 아네닐산고리화효소
   b. 칼슘
   c. 포스파티딜이노시톨-4,5-2인산
   d. 고리형 아데노신1인산
3. 이온 Ca^{2+}이 2차 전달자로써 작용할 수 있는데, 왜냐하면
   a. 효소인 칼슘 합성효소에 의해 생성되기 때문이다.
   b. 정상적으로 세포질에서 고농도이기 때문이다.
   c. 정상적으로 세포질에서 저농도이기 때문이다.
   d. 세포질에 저장되기 때문이다.

응용

1. Ras와 GPCR 단백질들과 같은 작은 G단백질들을 비교하는 데 있어서, 말할 수 있는 것은
   a. 양쪽 단백질들은 신호전달을 멈추는 내재적인 GTPase 활성도를 지닌다.
   b. 양쪽 단백질들은 GTP에 결합 시에 활성적이다.
   c. Ras는 GDP에 결합 시에 활성적이고, GPCRs는 GTP에 결합 시에 활성적이다.
   d. a와 b 모두 사실이다.
2. 당신이 세포를 포스포리파아제 C 억제제로 처리한다. 다음 중 어떤 현상이 발생할 것인가?
   a. 칼슘이 소포체로부터 방출되지 않을 것이다.
   b. 고리형 아데노신1인산이 생성되지 않을 것이다.
   c. G단백질들이 불활성화되지 않을 것이다.
   d. GTP가 가수분해되지 않을 것이다.

종합

1. 에피네프린(아드레날린)은 G연관수용체들에 결합을 하고 고리형 아데노신1인산(Cyclic AMP)을 포함하는 신호전달경로를 촉진시킨다. 우리가 급성의 신체적인 혹은 정신적인 스트레스에 노출되었을 때 신체의 싸움-혹은-도주 반응(fight-or-flight response)이 발생하고, 심박수가 증가하며 글리코겐 저장물에서 방출된 포도당의 증가와 증가된 경각심을 일으킨다. 싸움-혹은-도주 반응은 부분적으로는 에피네프린에 의해서 매개된다. 카페인은 인산디에스테르가수분해효소(phosphodiesterase)에 대한 억제제이다; 인산디에스테르가수분해효소들은 cAMP를 퇴화시킨다. 어떻게 카페인 섭취에 의해서 우리의 신체가 싸움-혹은-도주 반응에 있는 것과 마찬가지로 작용하도록 유발되는가에 대해서 설명하라.

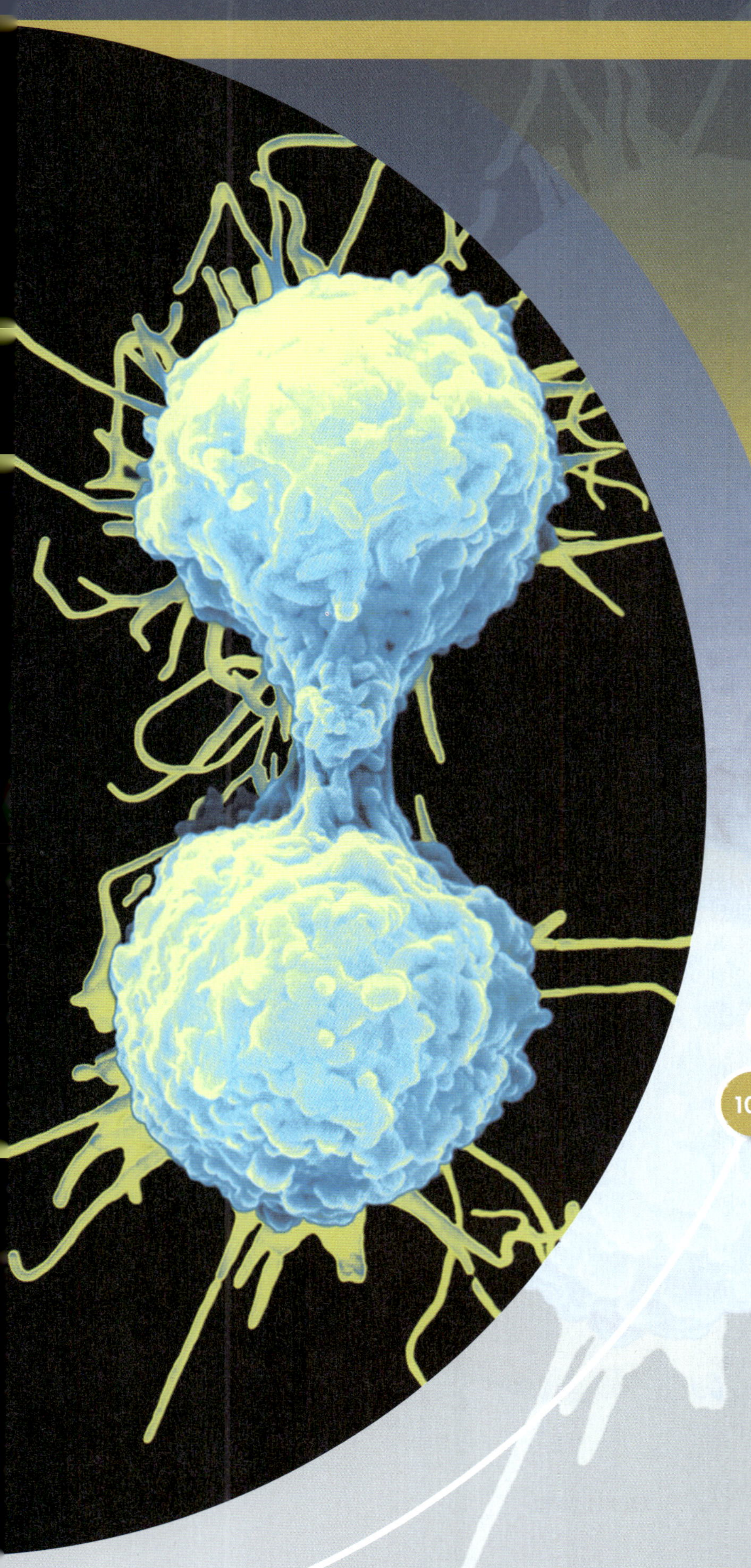

10 세포분열

학습과정

서론

가장 작은 생명체에서부터 가장 큰 생명체에 이르기까지 모든 종은 자기와 유사한 자손을 생산한다. 그리고 그들이 가지고 있는 유전정보를 전달한다. 이번 장에서, 우리는 현미경사진에 있는 백혈구 같은 세포가 어떻게 분열하고 복제되는지를 살펴볼 것이다. 세포분열은 생물의 생장과 상처 치료 및 세포의 수명이 끝난 여러분의 피부 혹은 내장 세포를 대체하기 위해서 필수적인 과정이다. 진핵세포에서 이루어지는 세포분열은 원핵생물에 비하여 매우 복잡한 과정이다. 우리가 배우게 되는 암 유발 원인의 대부분은 세포가 어떻게 세포분열을 조절하는지와 관련된 것이며, 이 기작은 큰 틀에서 보면 모든 진핵생물에서 동일하다.

10.1 세균의 세포분열은 무성적(clonal)이다

세균은 그들 스스로 복제하는 방식으로 분열한다. 비록 세균은 DNA를 교환하지만, 그들은 진핵생물처럼 성적 주기를 갖지 않는다. 따라서 세균 집단의 모든 생장은 새로운 세포를 생성하기 위하여 분열에 기인한다. 세균의 생식을 무성적(clonal)이라고 하는 것은 세포분열에 의해 생산된 각 세포가 원래 세포의 동일한 복사본이라는 것이다.

세균 세포는 2분법으로 둘로 나뉜다

학습목표 10.1.1 세균의 세포주기를 도해하라.

모든 생명체에서, 세포분열은 원래 세포와 동일한 유전정보를 가진 2개의 새로운 세포를 각각 생산한다. 원핵생물과 진핵생물 간의 많은 차이점에도 불구하고 세포분열 과정의 본질, 즉 유전정보를 복제하고 딸세포에게 분리하고 세포내용물을 나누는 과정은 동일하다. 세균 같은 원핵세포의 **2분법(binary fission)**부터 시작하기로 한다.

대부분의 세균 유전체는 하나의 환형 DNA 분자로 이루어져 있다. 겉보기엔 단순함에도 불구하고, **대장균**(*Escherichia coli*)의 DNA 분자는 그 세포 자체보다 500배 이상 길고, 실제로 세포에 맞게 아주 단단히 포장되어 **핵양체**(*nucleoid*)라 부르는 부위에 존재하고 있다. 핵양체는 주변의 세포질과 구별되지만 막으로 둘러싸여 있지 않다.

핵양체의 압축과 조직화는 염색체의 구조를 유지하는 SMC(structural maintenance of chromosome) 단백질이라고 하는 단백질 클래스에 의해 실현된다. 이들은 서로 다른 계통에서 DNA 조직화와 관련된 다양한 기능을 수행하기 위해 진화적 시간을 뛰어넘는 다양화된 고대 단백질이 존재하고 있다. 이 장의 뒷부분에서 다룰 진핵생물의 코헤신(cohesin) 및 콘덴신(condensin) 단백질은 모두 SMC단백질들이다.

2분법으로 분열하는 동안 세균의 염색체는 복제되고 세포가

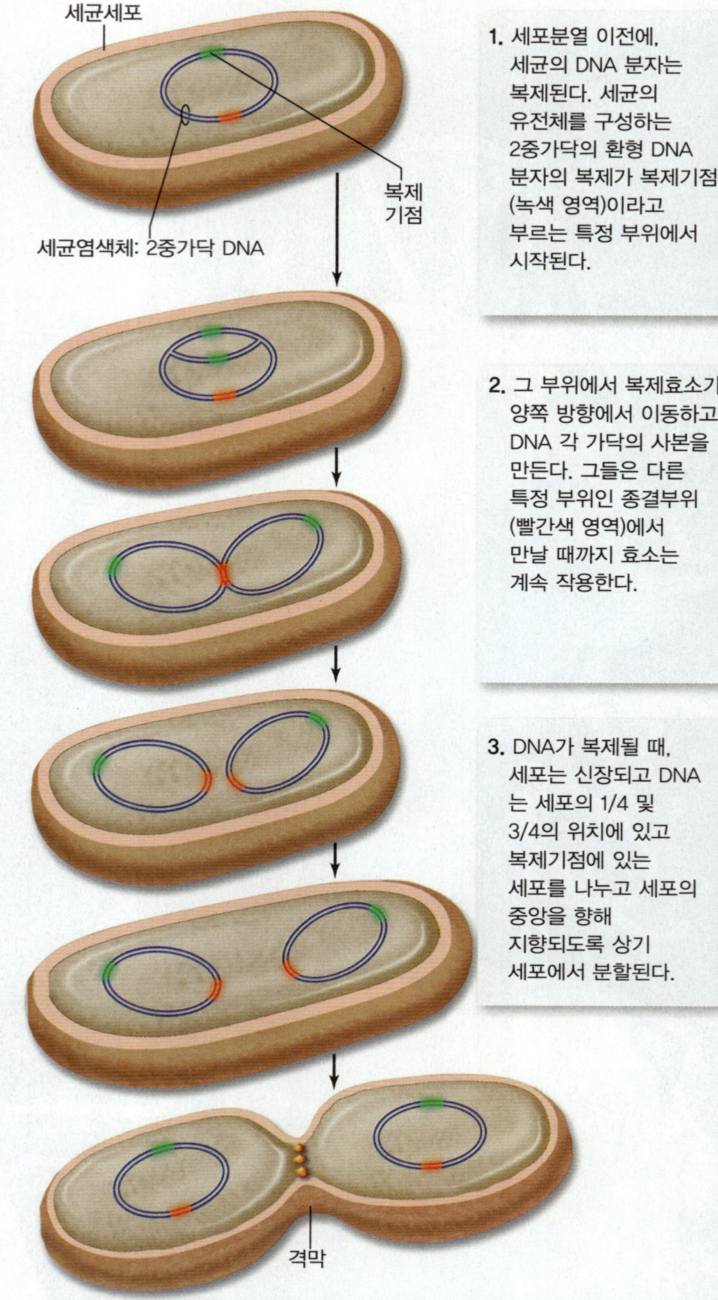

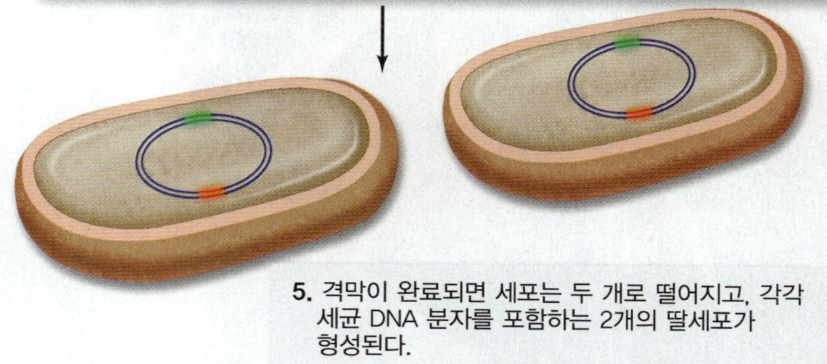

그림 10.1 2분법.

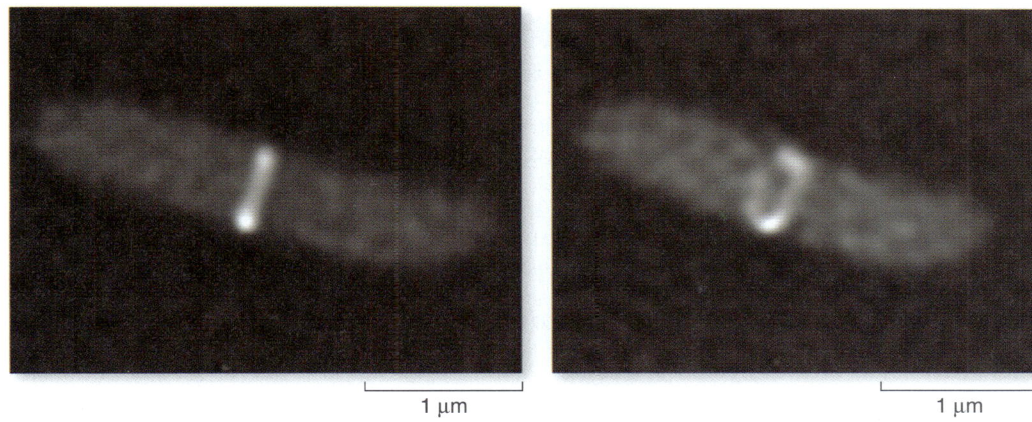

그림 10.2 FtsZ 단백질. 분열하고 있는 대장균(*E. coli*) 세균에서, FtsZ 단백질은 2분법으로 분열하는 동안 위치를 나타내는 형광염료로 표지되었다. 세포 격막 구분과 분열을 촉진하는 단백질은 세포의 중앙에 고리모양으로 모인다. FtsZ 유전자에 돌연변이를 가진 세균은 분열될 수 없다.

분열하기 전에 두 개의 염색체는 각 세포의 끝으로 분리된다. 2분법은 복제기점(origin of replication)이라 부르는 특정 부위에서 세균 DNA의 복제와 함께 시작되고, 환형 DNA 양방향의 종단 특정 위치로 진행된다(그림 10.1). 이와 같은 과정이 진행되면서 세포는 대략 중심부에서 둘로 나뉘는데, 이를 "2분법"이라 한다.

단백질은 염색체의 분할과 격막 형성을 조절한다

학습목표 10.1.2 DNA분할과 세포분열 과정을 설명하라.

세균 세포분열의 중요한 특징 중 하나는 염색체의 복제 및 분할이 일치된 과정으로 일어난다는 것이다. 이와는 대조적으로 진핵세포에서 DNA의 복제는 분열 초기에 일어나고 염색체의 분리는 훨씬 나중에 일어난다.

새롭게 복제된 대장균의 DNA는 세포막에 부착되어 세포가 생장하는 과정에서 막의 신장에 의해 수동적으로 분리된다고 여러 해 동안 인식되어 왔다. 이와 같은 가설을 증명하기 위하여, 원래 세포의 중앙에 위치한 복제기점(origin of replication)이 세포분열 과정에서 세포의 끝 쪽으로 이동하는 것을 추적하는 실험을 하였다. 놀랍게도 이러한 이동은 세포 신장의 속도보다 빨랐고, 이는 막의 생장만으로는 충분히 설명되지 않는다. 이 복제기점들은 세포의 긴 축을 중심으로 1/4 및 3/4에 해당하는 위치에 멈춰섰고, 이 부위들은 장차 생겨날 딸세포의 중앙 부분이 될 것이다.

복제과정에서, 먼저 복제기점이, 그리고 복제된 염색체의 나머지 부분이 세포의 양 끝 부분으로 이동하여 두 개의 새로운 핵양체를 형성한다. 마지막으로, 복제에 의해 생겨난 두 DNA 사슬들 간의 연결이 풀어지게 된다. DNA 복제 그 자체와 전사 그리고 액틴과 유사한 분자들의 중합작용 등이 이러한 염색체 분리를 가능하게 하는 요인으로 확인되고 있으나, 현재로선 단일 모델로 이와 같은 과정을 설명할 수 없고, 이들 요인들이 복수로 개입되어 있을 가능성이 있다.

세포의 다른 구성 요소는 **격막(septum)**의 형성에 의해 딸세포 사이를 물리적으로 구분하는 것이다. **격막형성(septation)**이라고 부르는 이와 같은 과정은 일반적으로 세포의 중간점에서 나타난다. 이것은 많은 FtsZ 단백질 복제들로 구성된 고리의 형성과 함께 시작된다(그림 10.2). 그리고 나서 막 단백질을 포함하여 다른 많은 단백질들이 축적된다. 세포가 두 개의 새로운 세포로 분리될 때까지 이 구조는 방사상으로 안쪽을 향하여 수축한다.

FtsZ 단백질은 고세균을 포함하여 대부분의 원핵생물에서 발견된다. 이 단백질은 필라멘트와 고리를 형성하고, 최근에 진핵생물의 튜불린과 매우 높은 유사성을 보이는 3차원 입체 모델이 밝혀졌다. 그러나 세균 분열에서 차지하는 이 단백질의 기능은 유사분열에서 튜불린이 차지하는 역할과 매우 다르다.

진핵세포의 진화는 더 복잡한 유전체를 포함하고 있다. 이러한 복잡한 유전체는 복제 후에 염색체 분리를 지연하는 메커니즘의 발전에 기인할 수 있다. 어떻게 염색체를 유지할 수 있는 능력이 함께 진화했는지는 불분명하지만, 우리가 한때 생각했던 것보다 더욱 밀접하게 2분법과 관련된 것으로 보인다(그림 10.3).

개념 정리 10.1

대부분의 세균은 DNA의 복제와 분리가 동시에 발생하여 2분법으로 분열한다. 이 과정에는 단일한 세균염색체의 활발한 분할과 격막이 생기는 위치결정이 포함된다.

- 만일 세균이 많은 염색체를 가지고 있어도 2분법으로 분열할 수 있을까?

10.2 진핵생물은 긴 선형 염색체를 가진다

염색체는 도롱뇽 유생의 빠르게 분열하는 세포를 연구하던 독일의 발생학자 발터 플레밍(Walther Flemming; 1843-1905)에 의해서 1879년에 처음으로 관찰되었다. 오늘날과 비교하여 다소 원시적인 광학현미경을 통해 세포를 관찰하던 플레밍은 핵 내에서 세로로

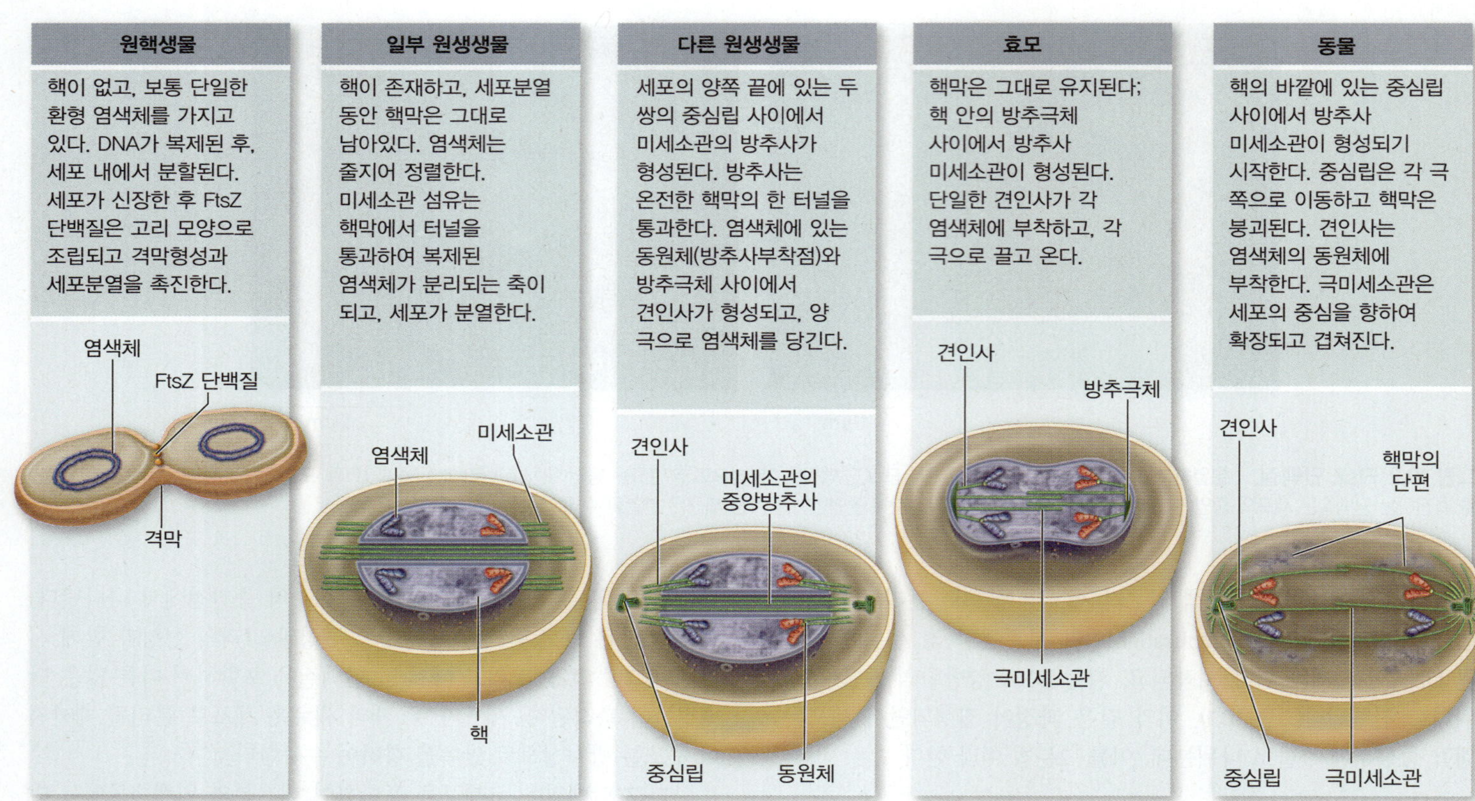

그림 10.3 여러 다른 생물에서 세포분열 동안의 단백질 조립 비교. 원핵생물의 단백질인 FtsZ는 미세소관을 구성하는 진핵생물의 단백질인 튜불린과 유사한 구조를 가지는데, 튜불린은 진핵세포가 염색체를 분리할 때 쓰이는 방추장치를 구성하는 데 사용하는 섬유인 미세소관의 단백질 성분이다.

분할할 것처럼 보이는 매우 가는 실 가닥을 보았다. 플레밍은 이것들을 그리스어의 "실(thread)"이라는 뜻의 *mitos*에서 유래하여 **유사분열(mitosis)**이라고 불렀다.

염색체 수는 종마다 다르다

학습목표 10.2.1 하나의 종에서 염색체의 반수체 수와 2배체 수를 구별하라.

염색체가 처음 발견된 이후, 연구된 모든 진핵생물의 세포에서 염색체가 발견되고 있다. 염색체의 숫자는 종에 따라서 엄청나게 다르게 나타난다. 호주의 개미인 불독개미(*Myrmecia*)의 종, 북아메리카 사막에서 자라는 해바라기의 사촌인 하플로파푸스(*Haplopappus gracilis*) 그리고 균류 푸른곰팡이(*Penicillium*) 같은 몇 종류의 생물은 오직 한 쌍의 염색체를 가지고 있으나, 어떤 양치식물은 500쌍 이상의 염색체를 가지고 있다. 대부분의 진핵생물은 체세포에 10~50개의 염색체를 갖고 있지만, 연관된 종들 간에서도 그 숫자는 몹시 변할 수 있다. 예를 들어 포유동물 간에서 쥐는 40개의 염색체를 가지고, 말은 64개 그리고 개는 78개를 가진다. 곤충에서는 초파리가 8개 염색체를 가지고, 모기는 6개이지만, 누에는 56개의 염색체를 가지고 있다.

인간의 세포는 23개의 거의 동일한 쌍으로 구성된 46개의 염색체를 가지고 있다(**그림 10.4**). 이들 46개 염색체의 각각은 인체의 발생과 기능을 결정짓는 중요한 역할을 담당하는 수백 혹은 수천

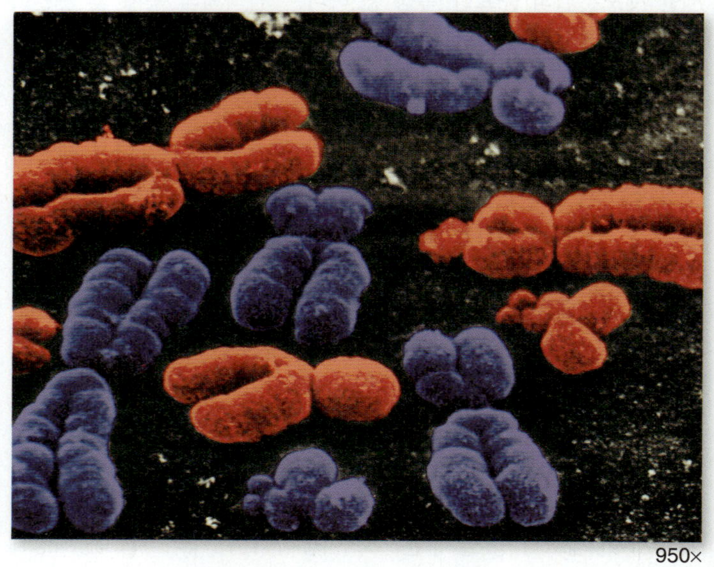

그림 10.4 사람 염색체. 이 주사전자현미경 사진은 핵분열 직전에 나타나는 인간 염색체를 보여준다. 각각의 DNA는 이미 복제되었고, 동일한 복제본들이 동원체라고 부르는 잘록한 부분에서 서로 붙어 있다. 염색체를 위색영상 처리하였다.

개의 유전자를 포함하고 있다. 단지 하나의 염색체가 상실된 상태를 1염색체성(*monosomy*)이라 하는데, 그러한 인간 배아는 오래 생존하지 못한다. 어느 한 염색체를 추가로 갖는 경우를 3염색체성

(*trisomy*)이라 하는데, 이러한 상태는 아주 작은 염색체가 관련된 경우를 제외하고는 보통 매우 치명적이다. (앞으로 13장에서 인간의 염색체 이상에 대해 자세히 살펴보게 된다.)

어느 종에서 서로 다른 염색체의 수를 정의할 때, 유전학자들은 염색체의 **반수체(haploid; *n*)**의 수를 계산한다. 이는 생물을 규정하는 데 필요한 염색체의 완전한 한 세트를 의미한다. 인간 및 다른 많은 종에서, 세포 내의 총 염색체는 반수체의 두 배인 **2배체(diploid; 2*n*)**로 부른다. 사람의 경우, 반수체 수는 23이고 2배체 수는 46이다. 2배체 염색체는 각각의 부모가 자손에게 동일한 유전적 기여를 했음을 나타내는 것이다. 모계 염색체와 부계 염색체들을 **상동(homologous)**염색체라 부르고, 쌍을 이루는 각 염색체를 **동족체(homologue)**라고 한다.

진핵생물의 염색체는 복잡한 구조로 되어 있다

학습목표 10.2.2 진핵생물의 염색체 구조를 설명하라.

연구자들은 염색체를 처음 발견된 이래 지난 125년 이상 동안 염색체의 구조와 조성에 대해 많은 것을 밝혔다. 그러나 많은 연구에도 불구하고, 세포주기 동안 진핵생물의 염색체의 정확한 구조는 아직도 불분명하다. 이 장에서는 현재 받아들여지는 염색체 구조에 관한 모델을 설명한다.

염색질의 조성

염색체는 DNA와 단백질의 복합체인 **염색질**(*chromatin*)로 구성되어 있다. 대부분 염색체는 약 40%의 DNA와 60%의 단백질이다. 염색체는 RNA가 합성되는 부위이기 때문에 RNA의 상당량은 또한 염색체와 연관되어 있다.

각 염색체는 염색체의 전체 길이가 중단 없이 이어진 단일 DNA 분자로 구성되어 있다. 전형적인 인간의 염색체는 그 DNA에 약 1억 4천만(1.4×10^8) 뉴클레오티드가 포함되어 있다. 만약에 우리가 각 염기를 "단어(word)"로 가정한다면, 보통의 염색체는 한 페이지당 500 "단어"로 1000 페이지가 인쇄된 280권의 책으로 채울 수 있을 것이다.

핵이 분열하고 있지 않을 때의 염색질의 조성에 대해서는 아직 많이 알려져 있지 않지만, 유전학자들은 염색질에서 발현되지 않는 일부 도메인을 **이질염색질(heterochromatin)**이라고 하고, 염색질에서 발현되는 도메인을 **진정염색질(euchromatin)**이라고 불렀다. 유전적으로 측정할 수 있는 상태는 염색질의 물리적 상태와 관련되어 있는데, 연구자들은 이와 같은 변화를 자세히 노려고 시작하고 있다.

염색체 꼬임

만일 한 염색체에서 DNA의 가닥을 직선으로 펼친다면, 그것은 약 5cm(2인치)가 될 것이다❶. 세포의 핵에 이러한 가닥을 끼워 넣는 것은 마치도 축구 경기장 길이의 줄을 억지로 야구공 속으로 집어넣는 것과 같은데, 그나마 이것은 46개의 염색체 중에서 단지 1개에 불과하다. 그렇지만 세포에서는 DNA가 조밀하게 압축되어 있기 때문에 훨씬 더 작은 공간에 알맞게 들어가는 것이 가능하게 되어 있다.

진핵세포의 핵을 적당히 처리하여 전자현미경으로 DNA를 조사하면 구슬을 꿰어 놓은 줄과 유사한 것을 알 수 있다(그림 10.5). 매 200 뉴클레오티드마다 DNA 2중가닥은 여덟 개의 **히스톤단백질(histone protein)**의 중심에 감겨있다. 음전하를 가지는 보통의 단백질과 달리, 히스톤 단백질은 염기성 아미노산인 아르기닌과 리신이 풍부하기 때문에 양전하를 띠고 있다. 따라서 그들은 강하게 음전하의 인산기를 가지는 DNA를 끌어들이고, 히스톤핵(histone core)은 "자석 같은 형태"로 DNA가 꼬이도록 작용한다. DNA와 히스톤 단백질의 복합체는 **뉴클레오솜(nucleosome)**이라고 한다❷.

뉴클레오솜에 싸여 DNA는 초나선(solenoid)이라는 더욱 치밀한 구조로 감긴다❸. 염색질이 고도로 접히는 정확한 과정은 여전히 논쟁의 주제이지만, 30 nm의 직경을 갖는 섬유가 되기 때문에 이를 30-nm 섬유(30-nm fiber)라고 부른다. 이와 같은 30-nm 섬유는 분열하지 않고 있는 간기의 일반적인 염색질 상태이다.

유사분열을 하는 동안에 단백질의 스캐폴드(scaffold)는 뒷부분에서 설명될 유사분열 기구에 의해서 보다 쉽게 분리될 수 있는 훨씬 더 치밀한 염색체로 조립된다. 이렇게 치밀해지는 정확한 본질은 아직 알 수 없지만, 이를 설명하는 하나의 오랜 모델은 와이어 브러시(wire brush)의 솔 같은 스캐폴드로부터 염색사(chromatin fiber)가 루프를 이루고 있는 것이다❹, ❺. 이와 같은 과정은 **콘덴신(condensin)**이라고 하는 단백질 복합체의 도움을 받게 되는데, 콘덴신은 핵양체를 치밀하게 하는 세균의 SMC와 진화적으로 관련이 있다.

염색체는 크기, 염색 특성, 모든 염색체에서 발견되는 잘록한 부분인 중심립의 위치, 중심립의 양쪽에 있는 두 팔의 상대적인 길이 그리고 팔을 따라 수축된 영역의 위치 등이 매우 다양하다(그림 10.4). 각각의 생물이 가지고 있는 염색체의 특정한 모음을 **핵형(karyotype)**이라고 한다(13장 참조).

염색체 복제

복제에 앞서, 각각의 염색체는 앞서 설명한 바와 같이 30-nm 섬유로 정리되는 하나의 DNA 분자로 구성된다. 복제된 후, 각각의 염색체는 **코헤신(cohesin)**이라고 불리는 단백질 복합체에 의해 함께 뭉치는 2개의 동일한 DNA 분자로 이뤄진다. 염색체가 차츰 치밀해지고 단백질 스캐폴드 주위로 배열되면서 서로 붙어있는 두 가닥이 관찰된다. 이 시점에 하나의 염색체로 부르지만, 이것은 두 개의 **자매염색분체(sister chromatid)**로 구성된다(그림 10.6).

복제된 염색체가 함께 붙어있다는 사실은 분열 과정에서 매우 중요하다. 세포가 반드시 해결해야 하는 하나의 문제점은 각각의 새로운 세포가 온전한 세트의 염색체를 받을 수 있도록 하는 것이다. 세포는 각 복제된 생성물을 염색체가 분리되는 순간까지 함께 유지시킴으로써 각 염색체의 사본이 딸세포에게 이동할 수 있도록 보장하고 있다. 이와 같은 자매염색분체의 분리는 곧 상세하게 설명하게 될 유사분열 과정에서 중요한 사건이다.

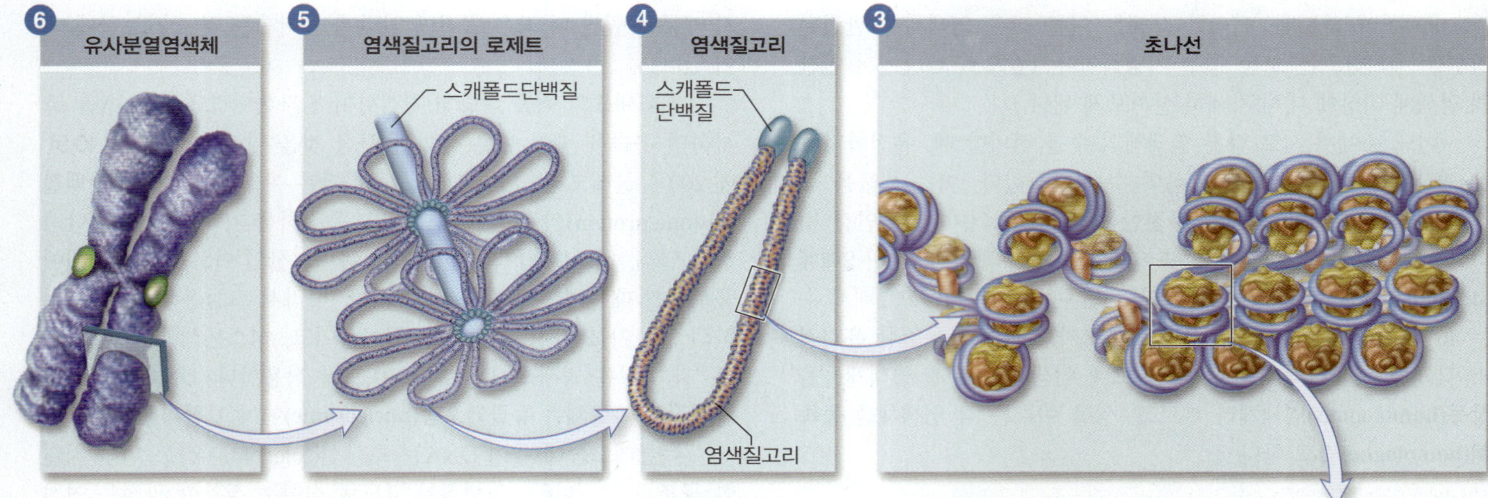

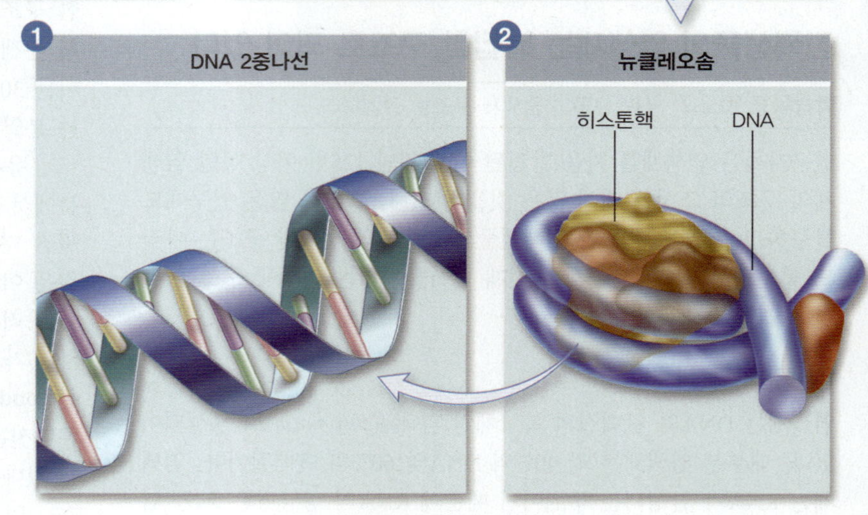

그림 10.5 단계별 진핵세포 염색체 조직화. ❶ 각각의 염색체는 긴 2중가닥 DNA 분자로 구성되어 있다. 이 가닥은 세포의 핵에 들어맞기 위해 패키징(packaging)이 필요하다. ❷ DNA 2중가닥은 단단히 결합되어 히스톤이라는 단백질에 감겨 있다. 감싸진 히스톤을 뉴클레오솜이라고 부른다. ❸ 뉴클레오솜은 더 감겨져 초나선 형태가 된다. ❹ 이 초나선은 고리부위로 편성된다 ❺ 염색체의 최종 구조는 알려져 있지 않지만 방사상의 고리 모양으로 말리면서 기존의 스캐폴드단백질 주변으로 꽃무늬 구조를 형성하는 것으로 보인다. ❻ 세포가 분열할 때 더욱 응축된다.

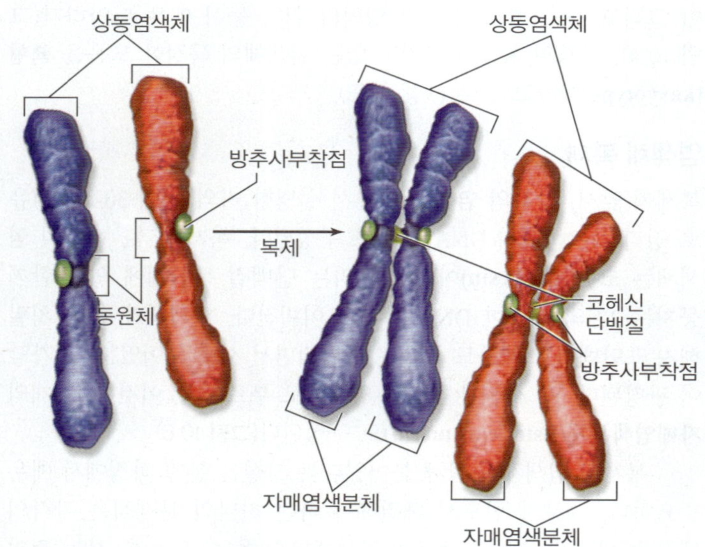

그림 10.6 상동염색체와 자매염색분체 간의 차이. 상동염색체는 동일한 염색체의 모계와 부계의 복사본이다. 자매염색분체는 DNA 복제 이후 코헤신 단백질에 의해 동원체에서 서로 결합되어 있는 단일한 염색체의 두 개의 복제본이다. 방추사부착점(10.4절 참조)은 유사분열을 하는 동안 미세소관에 부착된 동원체에서 발견되는 단백질로 구성되어 있다.

개념 정리 10.2

진핵생물의 염색체는 세포분열을 위해 치밀해질 수 있는 복잡한 구조이다. 간기 동안, DNA는 단백질 주위를 휘감아 뉴클레오솜이라는 구조가 된다. 뉴클레오솜의 끈은 더욱 감겨서 초나선(30-nm 섬유)이 된다. 2배체 세포는 각각의 염색체에 대한 부계와 모계의 상동염색체를 포함하고 있다. 염색체가 복제된 후, 각 상동염색체는 두 자매염색분체로 구성된다. 염색분체는 코헤신이라는 단백질에 의해 서로 붙어 있다.

- 염색체의 수가 개체의 복잡성과 관련이 있는가?

10.3 진핵생물의 세포주기는 복잡하고 고도로 조직적이다

진핵생물의 유전체가 원핵생물과 비교하여 크기가 증가되고 훨씬 더 복잡해짐에 따라 어떻게 복제된 유전체를 딸세포에게 분할할 것인가에 대한 근본적인 변화가 요구된다. **세포주기(cell cycle)**는 유전체의 복제와 정확한 분리 그리고 세포내용물의 분할을 필요로 한다.

세포주기는 5단계로 구분된다

학습목표 10.3.1 진핵생물 세포주기의 5단계에 대해서 설명하라.

세포주기는 유전체 복제, 염색체 분리 및 세포질의 분배등 주요 이벤트에 기초하여 여러 단계로 나누어진다. 세포주기는 일반적으로 시계문자판에 비유되어 도식화된다(**그림 10.7**).

- **G_1기** 또는 **제1간극기(gap phase 1)**는 세포의 주된 생장 단계이다. *gap phase*라는 용어는 세포질분열 및 DNA 합성의 간극을 채운다는 의미이다. 대부분의 세포에서 이 시기가 가장 긴 단계를 차지하고 있다.
- **S기** 또는 **합성(synthesis)**기는 세포가 자신의 DNA 유전체를 복제하는 단계이다.
- **G_2기** 또는 **제2간극기(gap phase 2)**는 2차 생장기로서 새롭게 복제된 유전체의 분리를 준비하는 단계를 포함한다. 이 단계는 DNA 합성과 유사분열의 시작 사이의 간극을 채우는 시기이다. 이 단계에서 미세소관이 방추사를 형성하기 위해 재구성하기 시작한다. G_1기, S기, 및 G_2기는 세포주기의 한 부분인 **간기(interphase)**를 구성한다.
- **유사분열(mitosis)**은, 방추장치(spindle apparatus)들이 조립되고, 염색체에 붙어서 자매염색분체를 분리시키는 세포주기의 단계이다. 유사분열은 두 개의 딸유전체가 분리되는 데 필수적인 단계이다. 전통적으로 세포주기는 전기(prophase), 전중기(prometaphase), 중기(metaphase), 후기(anaphase) 및 말기(telophase)의 다섯 단계로 세분화된다.
- **세포질분열(cytokinesis)**은 세포질이 분열하여 두 개의 딸세포가 만들어지는 세포주기 단계이다. 동물세포에서는 미세소관 방추사들이 졸라매는 끈과 같이 세포를 둘로 조이는 액틴 고리를 배치하는 데 도움을 준다. 식물이나 곰팡이 세포와 같이 세포벽을 가진 세포에서는 분열을 하는 세포 사이에 판이 형성된다.

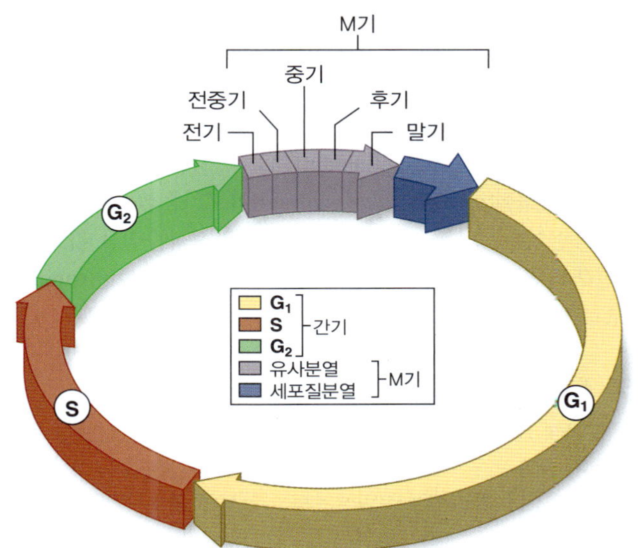

그림 10.7 세포주기. 세포주기는 원으로 도식화된다. 제1간극기 G_1은 DNA 합성을 위한 생장 및 준비를 포함한다. S기에서 유전체 복제본이 합성된다. 제2간극기 G_2에서는 세포가 유사분열을 준비한다. 유사분열을 하는 동안 복제된 염색체가 분할된다. 세포질분열은 동일한 유전체를 갖는 두 개의 세포로 분할한다.

간기와 구별하기 위하여, 유사분열과 세포질분열을 합쳐서 M기(M phase)라고 부른다.

세포주기의 기간은 세포형에 따라 다양하다

세포주기가 완성되는 데 걸리는 시간은 매우 다양하다. 동물의 배아에서 세포는 20분 만에 세포주기를 완료할 수 있다. 이러한 세포는 세포의 생장 없이 가능한 빨리 DNA를 복제하여 핵을 단순히 나눈다. 그들 주기의 절반은 S기가 차지하고, 나머지 절반을 M기가 차지하며, G_1기나 G_2기는 본질적으로 없다.

성숙한 세포는 생장할 시간이 필요하기 때문에, 이들 세포의 주기는 배아조직의 세포에 비해 훨씬 더 길다. 일반적으로 생장하는 포유류 세포는 약 24시간의 세포주기를 완료하지만, 사람의 간에 있는 특정한 세포 같은 일부 세포는 세포주기가 1년이 넘게 걸리기도 한다. 세포주기 중에 G_1기 및 G_2기뿐만 아니라 S기에서도 생장이 일어나다. 단지 한 시간이 걸리는 M기는 전체 세포주기에서 작은 부분을 차지한다.

생물이나 세포형 간에서 세포주기의 길이가 다양하게 나타나는 것은 대부분 G_1기 때문이다. 세포들은 종종 DNA 복제하기 전에 G_1기에서 잠시 멈추고 **G_0기(G_0 phase)**라고 하는 휴지상태로 들어간다. 세포는 세포분열을 재개하기 전까지 수일에서 수년 동안 이 단계를 지속할 수 있다.

개념 정리 10.3

진핵생물의 세포분열은 제1간극기(G_1기), DNA 합성기(S기), 제2간극기(G_2기), 염색분체가 분리되는 유사분열(M기), 세포가 두 개의 독립된 세포로 분리되는 세포질분열의 5단계를 포함하는 복잡한 과정이다.

- 세포주기 동안 세포가 분열을 되돌릴 수 없게 되는 시기는 언제인가?

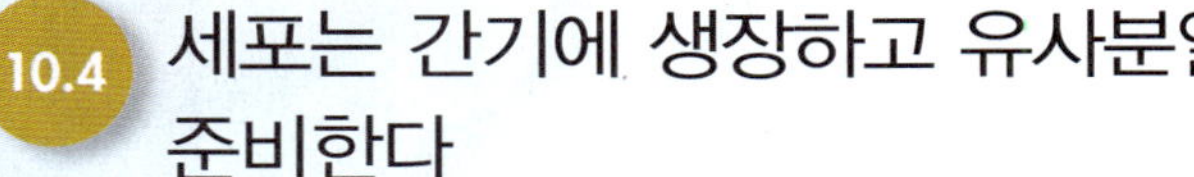

10.4 세포는 간기에 생장하고 유사분열을 준비한다

간기는 합성과 세포주기의 간극기를 포함한다

학습목표 10.4.1 간기 동안에 일어나는 현상과 그것들이 S기 이후에 동원체의 구조에 어떠한 영향을 미치는지에 대해서 설명하라.

간기는 세포분열 사이에 세포주기의 일부분이다. 간기, 즉 G_1기, S기 및 G_2기 동안 일어나는 과정은 유사분열의 성공적인 완성을 위한 매우 중요한 준비 단계가 포함된다. G_1기 동안에 세포는 생장의 주요한 부분을 겪게 된다. S기 동안에 각각의 염색체는 복제되어

두 자매염색분체가 만들어지는데, 이들은 동원체에서 서로 붙어있게 된다. G_2기에서 염색체가 더욱 단단히 감기게 된다.

동원체(centromere)는 특정 단백질에 결합된 DNA 반복서열을 함유하는 염색체상의 협착 지점이다. 이들 단백질은 **방추사부착점(kinetochore)**이라고 부르는 디스크 같은 구조를 구성한다. 이 디스크는 세포분열을 하는 동안 염색체를 분리하는 데 필수적인 미세소관의 부착점이다(그림 10.8). 각 염색체의 동원체는 염색체의 길이에 따라 특징적인 위치에 존재한다.

S기 후에 새롭게 합성된 자매염색분체는 동원체를 공유하지만, 분자 수준에서 동원체의 DNA는 이미 복제되어 있고 따라서 2개의 완전한 DNA 분자가 존재하게 된다. 이것은 두 개의 염색분체가 동원체에서 코헤신 단백질에 의해 결합되어 있다는 것을 의미하고, 각 염색분체는 자신만의 고유한 동원체 단백질의 세트를 가지고 있다(그림 10.9). 후생동물에서는 복제 후에 자매염색분체를 결합시키는 코헤신의 대부분이 염색체가 응축되면서 콘덴신(condensin)으로 대체된다. 이 단백질로 인해 염색체들이 동원체에서 단단히 부착된 상태로 남지만, 다른 부위는 느슨하게 부착되어 있다.

진핵세포는 일반적으로 간기 동안에 생장한다. 간기의 G_1기와 G_2기는 단백질이 합성되고 세포소기관이 생성되는 왕성한 생장 시기이다. 그러나 세포의 DNA는 세포주기의 S기에서만 복제된다.

염색체가 S기에서 복제된 후 염색체는 완전히 늘어나고 풀린 상태로 남지만, 이 시기에 코헤신 단백질은 동원체와 결부된다. G_2기에는 염색체의 응축과정이 시작되어 단단하게 꼬인다. 특수한 운동단백질(*motor protein*)이 유사분열의 초기에서 나타나는 염색체의 급속한 최종 응축에 관여한다. 또한 G_2기 동안에 세포들은 나중에 세포의 양극으로 염색체를 이동할 때 사용하는 장치들을 조립하기 시작한다. 동물세포에서는 **중심립(centriole)**이라고 하는 한 쌍의 통 모양 세포소기관이 양극에 하나씩 복제된다. 그들은 미세소관형성중심(microtubule-organizing center)으로 작용하고, 미세소관의 조립을 모을 수 있는 튜불린(tubulin)으로 구성된 고리 모양의 구조인 중심립주변물질(*pericentriolar material*)이 각 중심립을 둘러싼다. 식물과 곰팡이는 중심립이 없지만, 미세소관형성중심을 갖고 있다. 모든 진핵세포는 미세소관을 형성하는 단백질인 **튜불린(tubulin)**을 대규모로 합성한다.

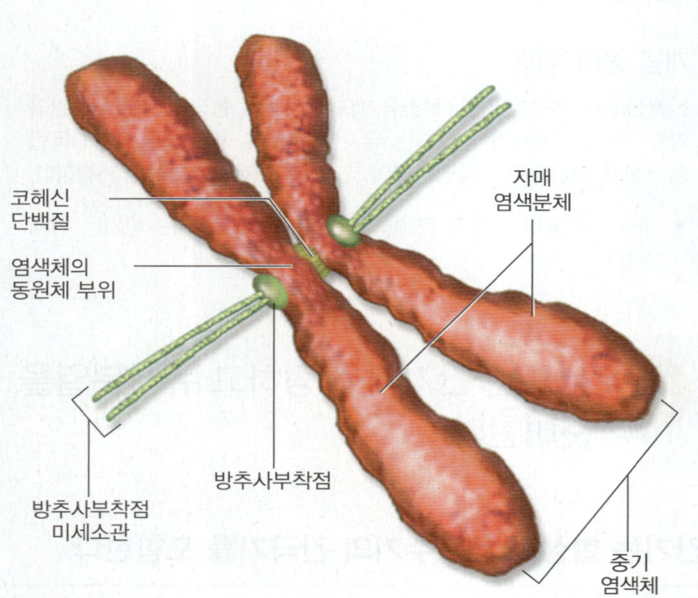

그림 10.8 방추사부착점. 유사분열을 하는 동안 자매염색분체의 분리는 방추사부착점에 있는 단백질에 부착된 미세소관에 따라 달라진다. 이 방추사부착점 단백질들은 염색체의 동원체에서 조립된다. 두 자매염색분체의 동원체는 코헤신 단백질에 의해 서로 붙게 된다.

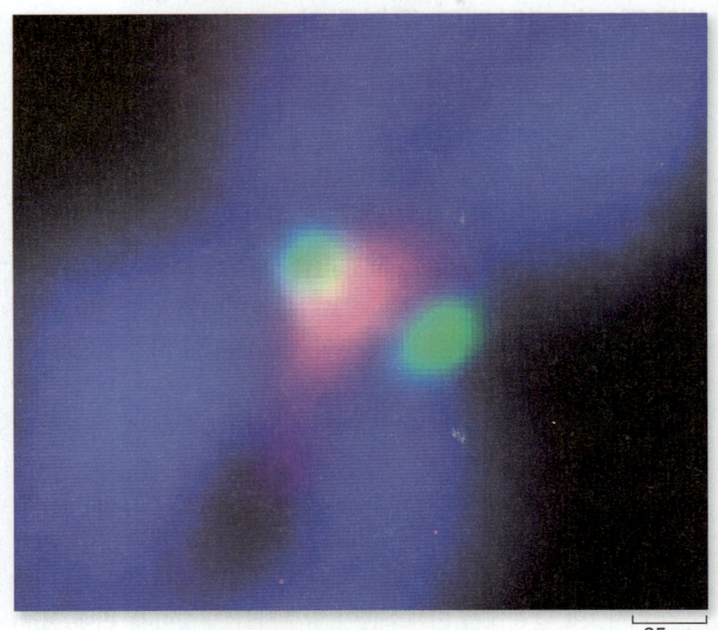

그림 10.9 동원체에서 발견되는 단백질. 이 DNA 영상에서 코헤신 단백질과 방추사부착점 단백질은 모두 서로 다른 색깔을 띠는 형광염료로 표지되었다. 동원체를 붙잡고 있는 코헤신(붉은색)은 자매염색분체(푸른색) 사이에 자리 잡고 있다. 각 자매염색분체는 자신의 독립적인 방추사부착점(녹색)을 갖고 있다.

개념 정리 10.4

간기 동안에 세포가 생장하고, 염색체와 세포소기관 그리고 중심립을 복제하며, 튜불린을 포함하여 유사분열에 필요한 성분들을 합성한다. 코헤신 단백질은 동원체에서 염색분체들을 서로 결합시킨다.

- 코헤신 단백질이 결실된 돌연변이는 세포분열에 어떠한 영향을 미치는가?

10.5 유사분열에서 염색체가 분리된다

유사분열은 우리가 쉽게 관찰할 수 있는 가장 극적이고 아름다운 생물학적 과정 중 하나이다. 무슨 일이 일어나는지 더 잘 설명하기 위해서, 생물학자들은 일반적으로 유사분열을 다섯 단계로 구분하고 있다. 그렇지만 실제 과정은 역동적이고 연속적이기 때문에 별개의 단계들로 나눌 수는 없다. 이 과정은 현미경 사진과 함께 그림 10.10에서 도식적으로 보여주고 있다.

전기 동안에 유사분열장치가 형성된다

학습목표 10.5.1 전기 동안에 어떻게 유사분열장치가 형성되는지 서술하라.

유사분열의 첫 번째 단계인 **전기(prophase)**는 G_2기에서 시작된 염색체 응축이 광학현미경에서 처음으로 관찰할 수 있을 만큼의 응축된 염색체로 보이는 시점에 도달할 때부터 시작한다. G_2기에서 시작된 응축 과정이 전기 내내 지속되기 때문에, 가는 실처럼 전기를 시작한 염색체는 마무리되기 전에 상당히 부피가 커진다. rRNA 유전자를 가지고 있는 염색체 부위가 응축될 때 리보솜 RNA의 합성은 중단된다.

방추사와 중심립

나중에 자매염색분체를 분리하게 되는 방추장치(spindle apparatus)의 조립은 전기 동안에 일어나서, G_2기에서 분해된 정상적인 미세소관 구조를 대체한다. 동물세포에서는 G_2기에서 형성된 두 개의 중심립 쌍이 전기의 초기에 떨어져 나가기 시작하여 그들 사이에 방추사(spindle fiber)라고 부르는 미세소관의 축을 형성한다. 중심립이 세포의 반대극에 도달할 때까지 그들은 방추장치라고 부르는 미세소관의 연결 다리를 구축한다. 식물세포에서도 이와 비슷한 미세소관 섬유의 다리가 세포의 양극 사이에 형성되지만, 식물세포는 중심립이 없다.

동물세포의 유사분열에서 중심립들이 세포의 양극에 도달할 때 중심립으로부터 인근의 원형질막 쪽으로 미세소관들이 방사상으로 뻗어 나온다. 이와 같은 미세소관의 배열을 **성상체(aster)**라고 한다. 성상체의 기능이 완전히 밝혀지지는 않지만, 중심립을 막 쪽으로 떠받치고 방추사가 오므려지는 동안 미세소관의 부착점을 뻣뻣해지도록 해 주는 것으로 여겨진다. 단단한 세포벽을 가진 식물세포는 성상체를 형성하지 않는다.

핵막의 붕괴

방추장치가 형성되는 동안 핵막은 분해되고 소포체는 그 구성 요소를 다시 흡수한다. 이때 미세소관 방추사가 한쪽 극으로부터 다른 극까지 세포를 완전히 가로지른다. 방추사의 방향이 나중에 세포가 갈라지는 면을 결정짓는데, 세포의 중앙에서 방추장치에 수직으로 나뉜다.

전중기에 염색체가 방추사에 붙는다

학습목표 10.5.2 전중기동안에 염색체가 방추사에 어떻게 붙는지 서술하라.

전기에서 **전중기(prometaphase)**로의 이행은 핵막의 분해에 이어 일어난다. 전중기 동안에 응축된 염색체는 방추사부착점에 의해 방추사에 부착하게 된다. 각 염색체는 자매염색분체의 동원체 부분에 하나씩 부착되게 되는 두 개의 방추사부착점을 가진다(그림 10.8 참조).

미세소관 부착

전중기가 계속됨에 따라 미세소관의 두 번째 무리가 세포 양극으로부터 동원체를 향해 생장한다. 이들 미세소관은 각 쌍의 자매염색분체에 있는 방추사부착점에 붙는다. 그 결과 각 자매염색분체의 방추사부착점이 방추사의 양쪽 극과 연결된다.

이와 같은 양극 부착은 유사분열의 과정에서 중요한데, 미세소관이 잘못 자리 잡으면 재앙이 될 수 있다. 예를 들어, 두 자매염색분체의 방추사부착점이 같은 극에 부착하면 자매염색분체들이 분리되지 않는 비분리현상(*nondisjunction*)을 일으킨다. 다시 말해, 두 자매염색분체는 같은 극으로 끌려와 결국 동일한 딸세포에 자리 잡게 되고, 다른 딸세포에는 그 염색체가 없게 된다.

세포 중심으로 염색체의 이동

각각의 염색체는 마주보는 극에서 자매염색분체의 방추사부착점으로 뻗는 미세소관의 방추사와 연결된다. 염색체는 양극을 향하여 동시에 끌리고 요동치는 움직임으로 결국 모든 염색체들이 세포의 적도로 끌려온다. 적도에 정렬한 염색체는 자매염색분체들이 팽팽해지고 방추사부착점 미세소관에 의해 마주보는 극을 향하도록 방향을 잡는다.

유사분열의 과정이 처음 관찰된 이후 염색체를 움직이는 힘이 큰 관심을 끌었다. 이러한 작용력을 설명하기 위해 두 가지 기본적인 메커니즘이 제안되었는데, 그 하나는 미세소관의 조립과 해체가 염색체를 이동하는 힘을 제공한다는 것이고, 다른 하나는 방추사부착점과 세포의 양극에 위치한 운동단백질들이 미세소관을 끌어당기는 힘을 제공한다는 것이다. 이제까지 얻어진 많은 자료들이 이 두 메커니즘을 뒷받침한다.

미세소관이 단축된다는 제안을 뒷받침하는 증거로, 분리된 염색체는 미세소관의 분해에 의해 끌릴 수 있다. 방추사는 중기 동안에도 미세소관들이 방추사부착점에 추가되고 양극에서 단축되는 매우 역동적인 구조이다. 운동단백질에 관한 제안을 뒷받침하는 증거로, 많은 운동단백질들이 방추사부착점 단백질로 확인되었고, 운동단백질 디네인을 억제하면 후기에서 염색체 분리가 늦춰진다. 생명계에서 분석하는 많은 현상과 마찬가지로, 정답은 간단한 양자택일이 아니다. 아마도 이 두 메커니즘이 함께 작용할 것이다.

중기에 염색체는 세포의 적도에 정렬한다

학습목표 10.5.3 중기에 염색분체가 어떻게 세포의 적도에 정렬하는지 서술하라.

세포의 중심에 염색체가 정렬하는 것은 유사분열의 세 번째 단계인 **중기(metaphase)**의 시작을 의미하는 신호이다. 이때 광학현미경으로 세포를 관찰하면 염색체들이 마치 지구의 적도를 둘러싸듯이 세포의 안쪽 둘레를 따라 원을 이루며 정렬하는 것처럼 보인다(그림 10.11). 이 원을 통과하는 방추사의 축에 수직인 가상 평면을 **중기판**(*metaphase plate*)이라고 부른다. 중기판은 실제 구조가 아니라 세포분열의 가상의 축을 표시하는 것이다.

동원체의 방추사부착점에 부착된 미세소관들에 의해 자리를 잡으면서 모든 염색체들이 중기판에 일렬로 늘어선다. 이 시점에서 염색체의 동원체는 세포 양극으로부터 같은 거리에 위치하고 원을 이루며 깔끔하게 정돈하며, 미세소관들은 세포의 양극을 향한다. 세포는 각각의 딸세포가 완전한 염색체 세트를 받을 수 있게끔 자매염색분체들이 적절하게 분리되기 위한 준비가 되었다. 따라서 중기는 세포주기를 계속하기 전에 모든 준비를 확인하는 과도기적인 단계이다.

후기에 염색분체들이 분리된다

학습목표 10.5.4 후기에 염색분체들이 분리될 때 염색분체의 접합이 성급한 분리를 어떻게 방지하는지 설명하라.

그림 10.10에서 보여주는 유사분열의 모든 단계에서, **후기(anaphase)**는 가장 짧고 가장 놀라운 것이다. 동원체에서 자매염색분체들을 붙들고 있는 단백질들이 제거될 때 후기는 시작된다. 유사분열에서 이 시점까지 자매염색분체들은 동원체에 집중된 코헤신 단백질에 의해 함께 접합되어 있다. 따라서 후기의 중요한 이벤트는 염색체 모두에서 코헤신들을 동시에 제거하는 것이다. 이와 같은 과정의 세부 사항은 세포주기의 조절을 다루는 이 장의 뒷부분에서 논의될 것이다.

서로 분리된 자매염색분체들은 각 방추사부착점들과 연결되는 있는 양극을 향해 빠른 속도로 당겨진다. 이 과정에서, 미세

그림 10.10 유사분열과 세포질분열. 유사분열은 보통 다섯 단계[전기, 전중기, 중기, 후기, 말기]로 나누어지는데, 이들 단계는 복제된 염색체를 분리한다. 유사분열에 이어 세포를 두 개의 독립된 세포로 분할하는 세포질분열이 나타난다. 사진은 식물(*Haemanthus katharinae*)에서의 유사분열과 세포질분열을 묘사하고 있으며, 염색체는 푸른색으로 그리고 미세소관은 붉은색으로 염색되었다. 그림은 동물에서의 유사분열과 세포질분열을 묘사하고 있다.

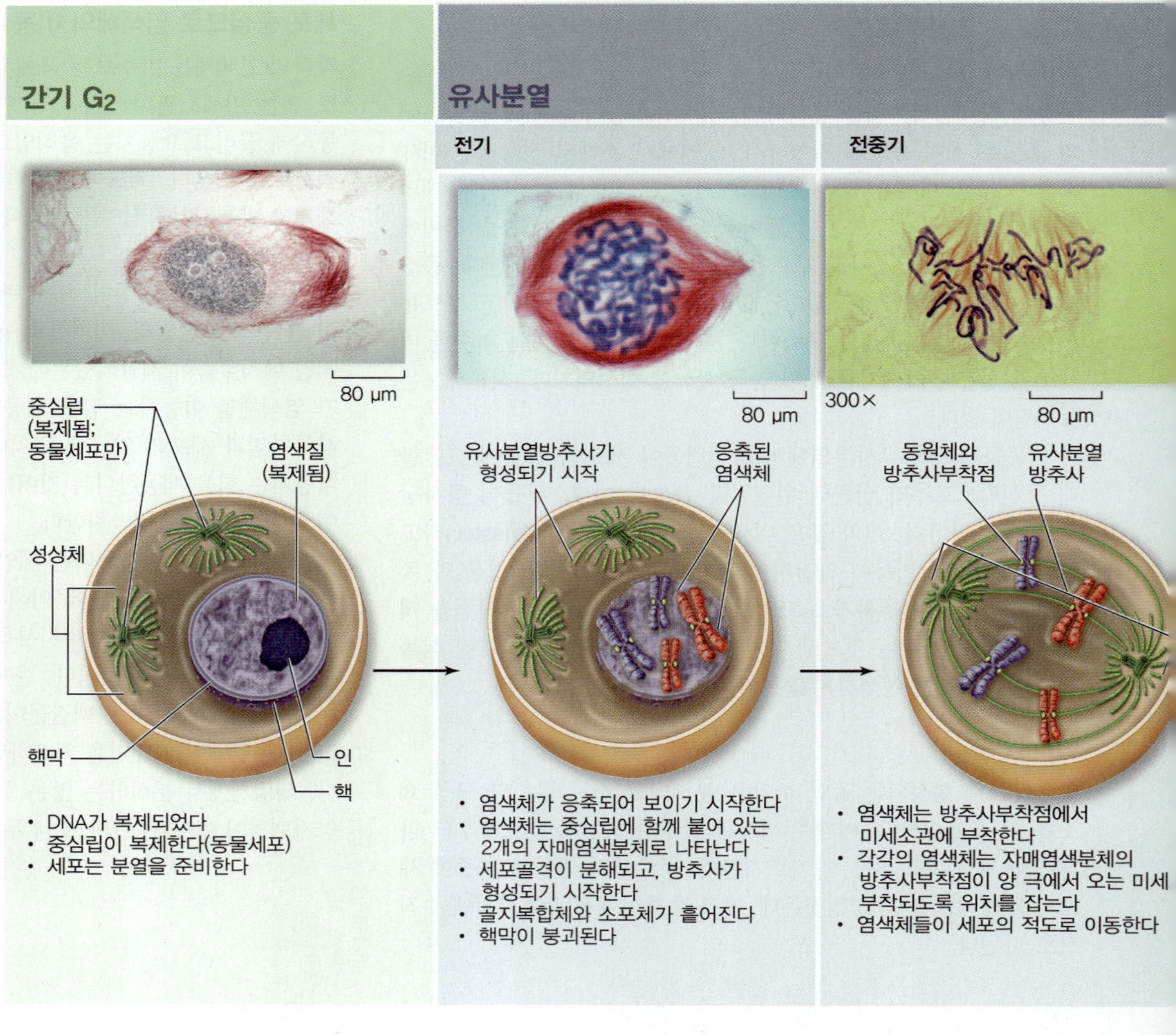

소관에 의해 구동되는 두 가지 형태의 운동이 동시에 일어난다. 그러한 움직임을 구별하기 위하여 두 가지 움직임을 종종 후기A(anaphase A)와 후기B(anaphase B)라고 한다.

첫째로, 후기A 시기에 방추사부착점과 양극을 연결하는 미세소관들이 짧아지면서 **방추사부착점들이 극 쪽으로 당겨진다.** 이렇게 짧아지는 과정은 수축하는 것이 아니고, 미세소관은 두꺼워지지 않는다. 그 대신에 튜불린의 소단위들이 미세소관의 방추사부착점 끝 부분에서 제거된다. 더 많은 소단위들이 제거됨에 따라, 염색분체를 지탱하는 미세소관들이 점진적으로 분해되며, 염색분체는 세포의 극 쪽으로 더욱 가깝게 당겨진다.

둘째로, 후기B 시기에 세포의 중심으로부터 멀어지면서 양극에 물리적으로 고정된 미세소관 방추사들이 서로 미끄러지면서 양극은 멀리 떨어진다(그림 10.12). 다른 무리의 미세소관들이 극에 염색체를 연결하기 때문에, 염색체들 역시 떨어져 이동한다. 만약에 유동성이 있는 막이 세포를 둘러싸고 있다면 그 세포는 눈에 보일 정도로 길어지게 된다.

자매염색분체들이 후기에서 분리될 때, 유사분열의 필수 요소인 복제된 유전체의 정확한 분할이 완료된다.

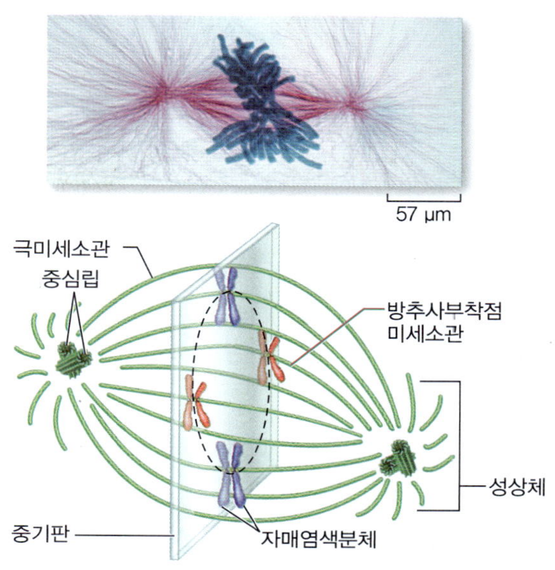

그림 10.11 중기. 중기에 염색체는 세포의 중앙에 정렬한다. 세포의 적도를 지나는 가상의 평면을 중기판이라고 부른다. 방추사 자체가 3차원적 구조이므로 염색체는 중기판에 대략 원형으로 배열된다.

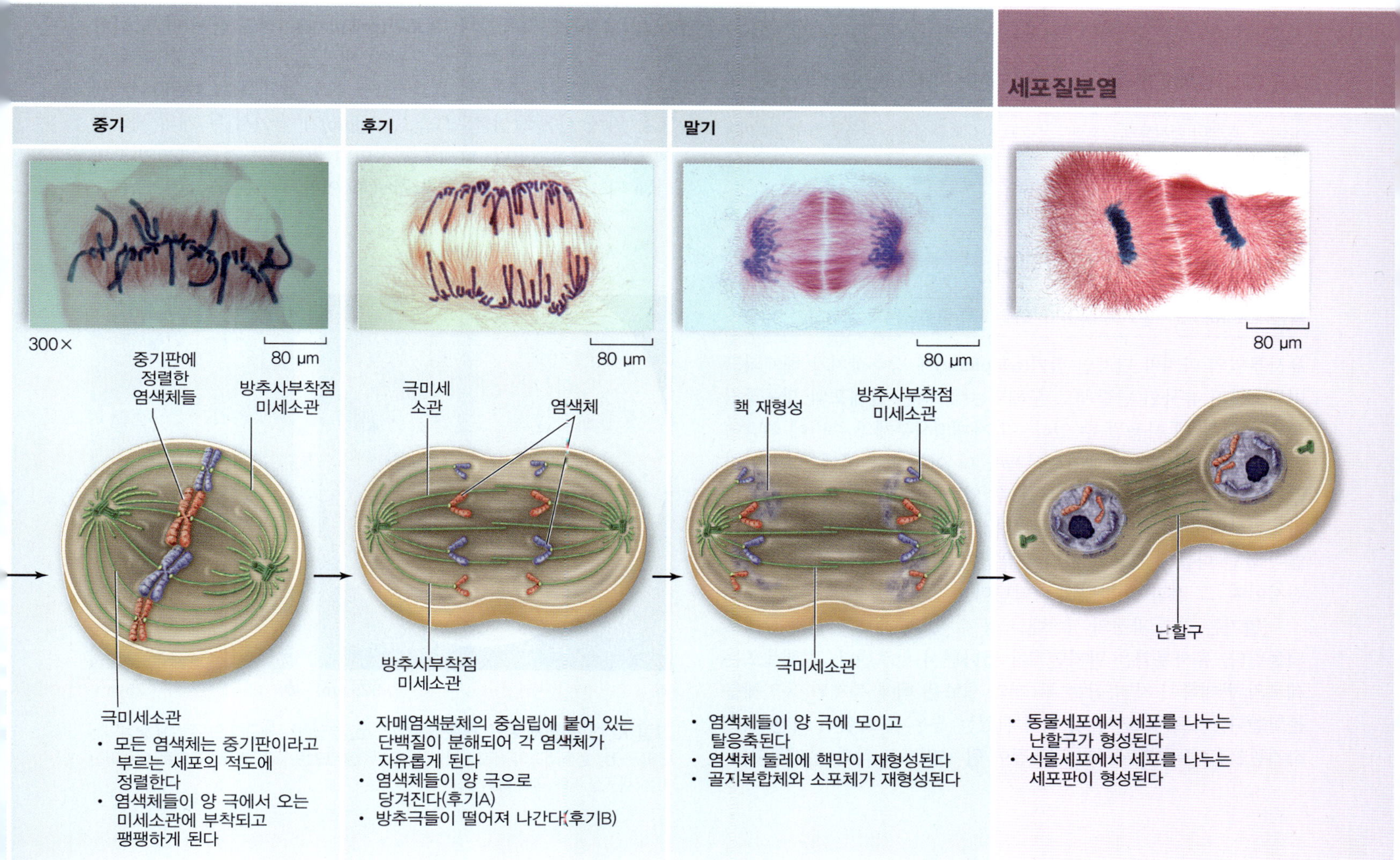

세포질분열

중기

300×
80 μm
중기판에 정렬한 염색체들
방추사부착점 미세소관
극미세소관

- 모든 염색체는 중기판이라고 부르는 세포의 적도에 정렬한다
- 염색체들이 양 극에서 오는 미세소관에 부착되고 팽팽하게 된다

후기

80 μm
극미세소관
염색체
방추사부착점 미세소관

- 자매염색분체의 중심립에 붙어 있는 단백질이 분해되어 각 염색체가 자유롭게 된다
- 염색체들이 양 극으로 당겨진다(후기A)
- 방추극들이 떨어져 나간다(후기B)

말기

80 μm
핵 재형성
방추사부착점 미세소관
극미세소관

- 염색체들이 양 극에 모이고 탈응축된다
- 염색체 둘레에 핵막이 재형성된다
- 골지복합체와 소포체가 재형성된다

80 μm
난할구

- 동물세포에서 세포를 나누는 난할구가 형성된다
- 식물세포에서 세포를 나누는 세포판이 형성된다

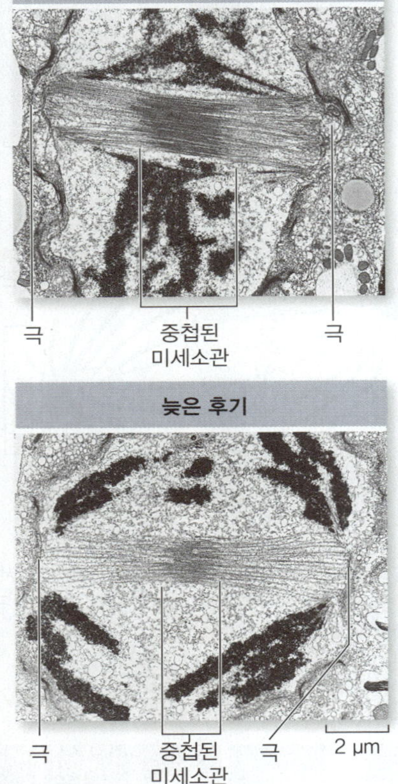

그림 10.12 염색체 분리로 서로 미끄러지는 미세소관. 세포분열 중인 돌말류의 전자현미경사진에서, 세포가 중기에서 말기로 가면서 방추사가 신장되고 미세소관의 중첩이 현저하게 감소한다. 후기B 시기에 염색체가 양극을 향해 움직이면서 양극은 멀리 떨어진다.

말기에 핵이 다시 형성된다

학습목표 10.5.5 말기에 핵이 어떻게 다시 형성되는지 설명하라.

유사분열의 마지막 단계인 **말기(telophase)**에 방추장치가 해체되고 미세소관이 튜불린 단량체로 분해되는데, 이는 딸세포의 세포골격을 구성하는 데 사용될 수 있다. 각 자매염색분체의 주변에 핵막이 만들어지고, 이제는 자매염색분체가 더 이상 동원체에 붙어 있지 않기 때문에 이를 염색체로 부를 수 있다. 염색체는 유전자발현이 가능하도록 더욱 확장된 형태로 나선이 풀리기 시작한다. 유사분열이 끝난 다음에 처음 발현되는 유전자 무리의 하나는 rRNA의 유전자이며, 그 결과 인이 다시 나타난다.

말기는 전기 과정의 정반대로 볼 수 있고, 세포를 간기 상태로 되돌린다. 유사분열은 말기단계가 끝나면서 완료된다. 진핵세포는 세포의 반대쪽에 자리 잡는 두 개의 새로운 핵에 복제된 유전체를 분할한다. 미토콘드리아 및 엽록체(있는 경우)를 포함한 다른 세포 소기관들은 추후 딸세포의 세포질이 될 구역으로 각각 분리한다.

세포질분열 동안에 세포질이 분리된다

학습목표 10.5.6 식물세포와 동물세포의 세포질분열을 비교하라.

유사분열이 끝났다고 해서 세포가 완전히 분열된 것은 아니다. 왜냐하면 세포 몸체의 적절한 분할이 아직 시작되지 않았기 때문이다. 세포가 실제로 분리되는 세포주기의 최종 단계는 **세포질분열(cytokinesis)**이라고 불린다. 이는 일반적으로 세포 몸체와 세포질이 거의 균등하게 절반으로 분리되는 것을 말한다.

동물세포에서 액틴 벨트가 딸세포를 떼어낸다

동물세포와 세포벽이 없는 다른 모든 진핵생물의 세포에서, 세포질분열은 액틴필라멘트의 수축띠에 의해 달성된다. 이 필라멘트들이 서로 미끄러지면서 띠의 직경이 줄어들고, 세포를 졸라매며, 세포의 원주 둘레로 **난할구(cleavage furrow)**를 형성한다(그림 10.13a).

수축이 진행됨에 따라 난할구가 깊어지고, 결국 세포의 중앙에서 세포를 완전히 잘라낸다. 이 시점에 세포는 둘로 나눠진다(그림 10.13b).

식물세포에서 세포판이 딸세포를 나눈다

식물세포의 세포벽은 너무 단단해서 액틴필라멘트에 의해 두 개로 압착될 수 없다. 그 대신, 식물세포는 방추장치에 수직으로 내부에서 막 성분들을 조립한다. **세포판(cell plate)**이라고 하는 이 막 칸막이는 원형질막의 안쪽 면에 도달할 때까지 계속 팽창하고 결국 원형질막과 합쳐서, 세포를 효과적으로 둘로 분리한다(그림 10.14). 새로운 막에 섬유소(셀룰로오스, cellulose)가 쌓여서 두 개의 새로운 세포벽이 만들어진다. 딸세포들 사이의 공간에는 차츰 펙틴이 스며들게 되고, 이를 중간층(*middle lamella*)이라고 부른다.

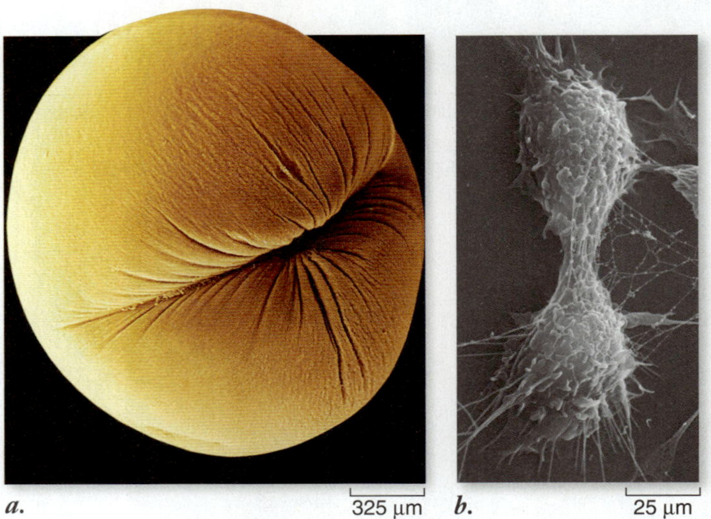

그림 10.13 동물세포의 세포질분열. **a.** 분열하는 개구리 알 주위에 형성되는 난할구. **b.** 동물세포의 세포질분열 종료. 두 딸세포는 주로 미세소관으로 이루어진 가는 세포질 띠에 의해 붙어있다.

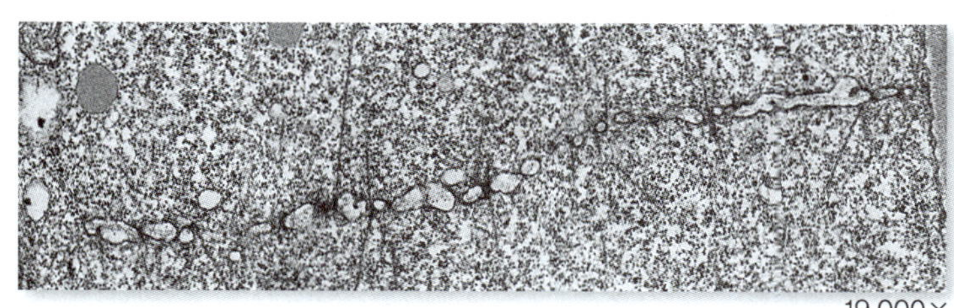

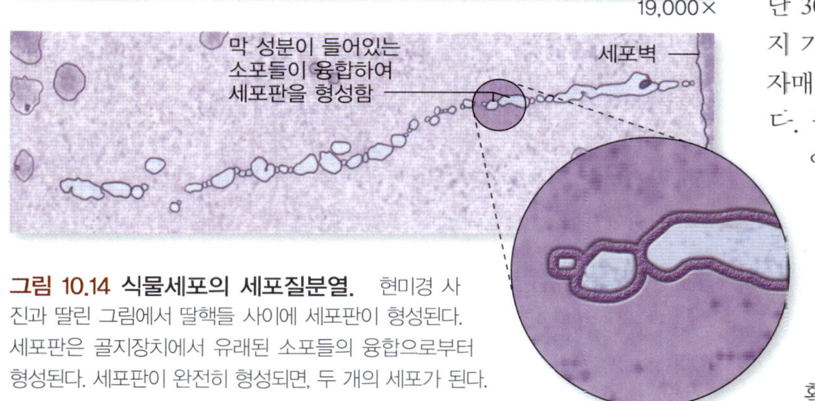

그림 10.14 식물세포의 세포질분열. 현미경 사진과 딸린 그림에서 딸핵들 사이에 세포판이 형성된다. 세포판은 골지장치에서 유래된 소포들의 융합으로부터 형성된다. 세포판이 완전히 형성되면, 두 개의 세포가 된다.

곰팡이와 일부 원생생물에서 세포질분열 동안에 딸핵이 분리된다

대부분의 곰팡이와 원생생물의 일부 집단에서 핵막은 분해되지 않고, 따라서 유사분열의 모든 과정이 전적으로 핵 안에서 일어난다. 이들 생물에서는 유사분열이 완료된 후 핵은 2개의 딸핵으로 분리되고, 세포질분열 동안에 하나씩 각 딸세포로 이동한다. 세포주기에서 이렇게 독립된 핵분열 단계는 식물이나 동물 또는 대부분의 원생생물에서는 나타나지 않는다.

모든 진핵세포에서 세포질분열 후에 두 딸세포는 완전한 세포의 모든 구성요소를 포함하게 된다. 유사분열은 두 딸세포가 완전한 염색체를 포함하도록 보장해 주지만, 미토콘드리아와 엽록체 같은 세포소기관들이 각 딸세포 사이에 균등하게 배분되는 것을 보장해 주는 메커니즘은 없다. 그러나 각 세포소기관 중 최소한 하나라도 각 세포에 존재하기만 하면, 이 세포소기관은 나중에 그 세포에 있어 적절한 수에 도달할 수 있도록 복제된다.

개념 정리 10.5

유사분열은 전기, 전중기, 중기, 후기 그리고 말기의 단계들로 구분된다. 초기 단계에서는 중기에 세포의 적도 쪽으로 염색체를 당기는 미세소관 방추사를 형성하도록 세포를 재구성한다. 각 염색치에 대한 염색분체는 코헤신 단백질에 의해 동원체에 부착된 상태로 유지된다. 코헤신 단백질이 파괴되고 염색분체는 후기에 마주보는 극으로 당겨진다. 핵은 말기에 재형성된다.

유사분열에 이어 세포의 세포질과 세포소기관을 분할하는 세포질분열이 일어난다. 동물세포에서는 액틴이 세포를 둘로 떼어내고, 식물세포에서는 분열하는 세포의 중앙에 세포판이 형성된다

- 중기 전에 자매염색분체 사이의 코헤신 단백질을 잃은 염색체에서는 어떤 일이 일어날까?

10.6 세포주기는 주의 깊게 조절된다

아직도 완벽하지는 않지만, 세포주기를 제어하는 방법에 대하여 지난 30년 동안 엄청나게 많이 밝혀졌다. 우리의 현재 관점은 두 가지 기본 개념으로 집약된다. 첫째, 세포주기는 유전물질의 복제와 자매염색분체의 분리라는 두 가지 비가역적인 지점을 가지고 있다. 둘째, 세포주기는 **확인점**(*checkpoint*)이라고 부르는 특정 지점에서 보류될 수 있다. 여러 확인점 가운데 어느 곳에서든 세포주기의 정확성을 검증하고 만일 오류가 나타나면 중단될 수 있다. 이것은 전체 과정에 대한 매우 높은 정확도를 이루게 된다. 한편 확인점은 세포주기로 하여금 영양 상태와 유전물질의 온전함 같은 세포의 내부 상태뿐만 아니라 환경으로부터 오는 신호에 반응하도록 도와주는데, 이들 모두 주된 확인점에서 일어난다.

사이클린과 사이클린의존성 인산화효소는 세포주기의 주요 단계를 조절한다

학습목표 10.6.1 세포분열에서 사이클린과 사이클린의존성 인산화효소가 미치는 효과를 비교하라.

연구를 통해 세포주기를 조절하는 요인들이 밝혀졌다

세포주기의 제어에 대한 연구의 역사는 두 가지 측면에서 유익하다. 첫째, 그것은 전후사정에서 현대적인 관찰을 할 수 있게 해 준다; 둘째, 매우 다른 생물들을 연구하는 생물학자들이 어떻게 같은 문제에 봉착하게 되는지를 볼 수 있게 해 준다. 다음과 같은 간단한 역사는 세 가지 관찰을 소개하고 그들이 어떻게 하나의 메커니즘으로 통합되는지를 보여준다.

관찰1. 세포분열촉진인자의 발견

개구리 난모세포(oocyte)의 활성화에 관한 연구를 통해 **세포분열촉진인자**(*maturation-promoting factor; MPF*)라고 부르는 물질이 발견되었다. 알세포가 될 개구리의 난모세포는 감수분열이 시작되기 전에 G_2기에서 발생과정이 멈춰있게 된다. 난모세포들은 세포분열을 완료하기 위한 호르몬 신호를 기다리면서 세포주기가 정지된 상태로 남아있다.

연구자들은 왕성하게 분열하는 다양한 종류의 세포들로부터 취한 세포질을 난모세포에 주입하면 조기에 세포분열을 유도한다는 것을 발견했다(그림 10.15). 이러한 실험은 분열하는 세포의 세포질에 세포주기의 진행을 도와주는 양성조절자가 있음을 나타내는 것이고, 연구자들은 이 물질을 MPF라고 불렀다. 유사분열 중인 세포와 간기의 세포를 대상으로 수행된 세포융합 실험에서도 세포질이 유사분열을 유도할 수 있는 양성조절자의 존재가 확인되었다.

나아가서 연구들은 MPF의 다음과 같은 두 가지 핵심 요소를 강조했다. 첫째, 세포주기 동안에 MPF의 활성이 변화되는데, G_2기

과학적 사고

가설: 세포분열을 위한 양성조절자(positive regulator)가 있다.

예측: 개구리 난모세포는 감수제1분열의 G_2기에 멈춰져있다. 이들에 프로게스테론(progesterone)을 처리하면 감수분열이 진행되고 성숙을 유도할 수 있다. 만일 성숙하고 있는 난모세포에 세포분열의 양성조절자가 포함되어 있다면, 세포질의 주입은 미성숙 난모세포에서 감수분열이 일어나도록 유도하게 될 것이다.

테스트: 난모세포를 프로게스테론으로 유도하고, 성숙하고 있는 난모세포의 세포질을 미성숙 난모세포에 주입한다.

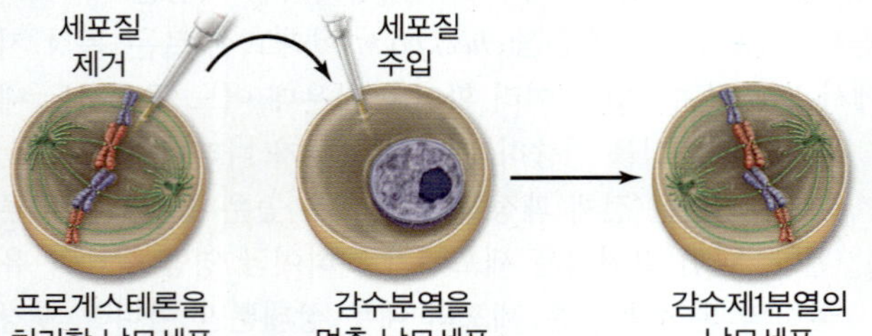

결과: 세포질이 주입된 난모세포는 G_2기에서 감수제1분열로 진행된다.

결론: 프로게스테론의 처리는 난자성숙의 양성조절자인 세포분열촉진인자(Maturation Promoting Factor; MPF)의 생산을 촉진한다.

예측: 만약에 유사분열이 양성조절자에 의해서 촉진된다면, 유사분열을 하는 세포로부터 얻어진 세포질은 G_1기에 있는 세포에서 유사분열이 일어나도록 유도할 것이다.

테스트: M기의 세포를 G_1기 세포와 융합시키고, G_1기 세포의 핵을 현미경으로 관찰한다.

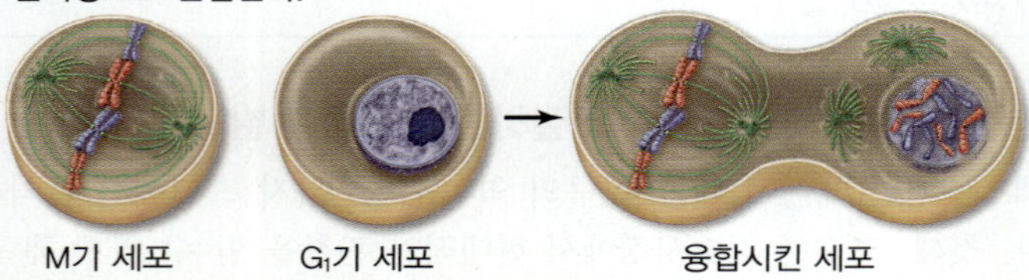

결론: M기에 있는 세포의 세포질은 세포에서 유사분열이 일어나게 하는 양성조절자를 포함하고 있다.

추가실험: 이와 같은 두 가지 실험을 어떻게 합리화할 수 있겠는가? 이들 인자의 특성을 밝히는 다음 단계는 무엇이 될까?

그림 10.15 세포분열의 양성조절자의 발견.

의 초기에는 낮고, 이 단계를 지나면서 상승하여 유사분열에서 정점에 이른다. 둘째, MPF의 효소 활성은 단백질의 인산화와 연관되어 있다. 이 두 번째 요점은 인산화가 단백질의 활성에 가역적 스위치로서 작용하는 중요성을 고려해 볼 때 놀라운 일이 아니다(9장 참조). 첫 번째 관찰은 MPF 자체가 항상 활성화되는 것이 아니라 세포주기에 따라 조절된다는 것을 나타내는 반면에, 두 번째 관찰은 MPF 활성에 관한 가능한 효소 메커니즘을 보여주는 것이다.

관찰2. 사이클린의 발견

다른 연구자들은 성게 배아와 함박조개에서 초기 세포분열이 진행되는 동안 생산되는 단백질을 조사하였다. 이들은 세포주기와 동시에 생산되는 단백질을 확인하였고, 이를 **사이클린(cyclin)**이라고 불렀다. 사이클린은 유사분열의 다소 다른 시기인 G_1기/S기와 G_2기/M기 경계들에서 피크에 도달하는 두 가지 형태가 발견되었다. 많은 노력에도 불구하고, 효소활성은 이들 단백질과 어떠한 연관성도 발견되지 않았다. 이들의 특징은 어떤 고유한 효소활성이라기보다는 그들이 합성되는 타이밍이라고 할 수 있다.

관찰3. 세포주기의 유전적 조절

유전학자들은 모델시스템으로서 효모를 이용하여 세포주기를 조절하는 유전자를 탐색하였다. 분열 동안 정지된 돌연변이체를 분리함으로써, 그들은 세포주기 진행에 필요한 유전자를 확인하였다. 이러한 연구를 통해 효모에는 DNA 합성에 투입되고(이를 '*START*'라 부름) 유사분열에 관여하는 두 가지 중요한 조절점이 있다는 것을 발견하였다. *cdc2*라고 하는 특정한 유전자는 이들 두 경계를 모두 지나는 데 있어서 대단히 중요한 것으로 나타났다.

MPF는 사이클린과 *cdc2*이다

이러한 발견들은 모두 다음과 같은 세 가지 관찰로 집약된다. 첫째, *cdc2* 유전자에 의해 암호화되는 단백질은 단백질인산화효소(protein kinase)로 나타났다. 둘째, MPF를 정제하고 동정한 결과, 이들은 사이클린 성분 및 인산화효소 성분 모두로 이루어지는 것으로 나타났다(**그림 10.16**). 마지막으로, 인산화효소는 Cdc2 단백질인 것으로 나타났다.

Cdc2 단백질은 처음 동정된 **사이클린의존성 인산화효소(cyclin-dependent kinase; Cdk)**인데, 이 단백질인산화효소는 사이클린과 복합체를 이룰 때에만 활성화된다. 이 발견은 그 기능이 단순히 개구리 난모세포의 성숙을 증진시키는 것보다 훨씬 더 일반적이라는 점을 나타내는 것이고, 따라서 MPF의 명칭이 '유사분열촉진인자(*mitosis-promoting factor*)'로 변경되었다.

이들 Cdk 효소들은 세포주기의 주요 양성조절자이며, 종종 세포분열의 구동 엔진이라고 불린다. 고등한 진핵생물에서 세포주기의 제어는 효모의 단순한 단일 주기보다 매우 복잡하지만 여전히 효모의 모델은 더욱 복잡한 조절을 이해하는 유용한 틀로 이용되고 있다.

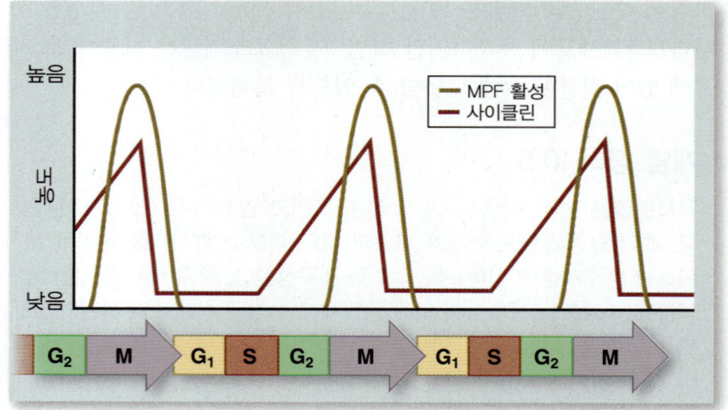

그림 10.16 MPF활성과 사이클린 단백질의 양 그리고 세포주기 단계의 상관관계. 세포주기의 단계에 따른 사이클린 농도와 MPF활성을 그래프로 나타내었다. 세포주기를 통해 이들 모두 비슷한 반복 양상을 보이면서 변화하였다. 이런 상관관계를 나타내는 이유는 사이클린이 사이클린의존성 인산화효소(Cdk)의 다른 존재인 MPF의 한 구성요소이기 때문이다. 이들은 함께 세포분열의 양성조절자로서 작용한다.

세포주기는 세 군데 확인점에서 멈출 수 있다

학습목표 10.6.2 진핵생물의 세포주기에서 가장 중요한 세 군데 확인점의 역할을 구별하라.

우리는 이해를 돕기 위해 진핵생물의 세포주기를 임의로 몇 단계로 구분하고 있지만, 세포 자체는 세 단계로 인식하고, 이들 단계마다 세포주기가 지연되거나 중단될 수 있는 **확인점(checkpoint)**으로 표시된다. 세포는 내부 상태를 평가하고 외부 신호를 통합하는 데 있어서 세 가지 확인점을 모두 사용한다(그림 10.17). 확인점은 G_1기/S기 경계와 G_2기/M기 경계에 위치하고, 늦은 중기인 방추사부착확인점(spindle checkpoint)에 있다. 이들 세 확인점의 통과는 다음과 같이 Cdk 효소에 의해 제어된다.

G_1기/S기 확인점

G_1기/S기 확인점(G_1/S checkpoint)은 세포분열 여부를 "결정"하는 중요한 단계이다. 따라서 이 확인점은 외부 신호가 세포주기에 영향을 미칠 수 있는 중요한 시점이다. 이 확인점은 생장인자가 세포주기에 영향을 주는 시기이며, 또한 세포분열을 세포의 생장 및 영양과 관련짓는 단계이다.

세포주기의 유전적 분석의 대부분이 수행된 효모의 시스템에서, 이 확인점은 '*START*'라고 부른다. 동물에서는 이 확인점을 제한점(restriction point; R point)이라고 부른다. 모든 시스템에서, 비가역적인 이 관문에서 세포가 일단 유전체를 복제하기로 한다면 세포는 분열에 접어들게 된다. DNA의 손상이나 영양결핍 또는 생장인자의 부족 등이 이 확인점에서 세포주기를 정지시킬 수 있다.

G_2기/M기 확인점

G_2기/M기 확인점(G_2/M checkpoint)은 복잡성과 유사분열을 촉진하는 그 중요성 때문에 많은 관심을 받아왔다. 역사적으로 볼 때, 이 확인점에서 활성을 나타내는 Cdk들이 MPFs로 확인되었고, 이 용어가 지금은 **유사분열촉진인자(M phase-promoting factor; MPF)**로 바뀌었다.

세포가 이 확인점을 통과하면 유사분열과 세포질분열이 일어나게 된다. 이 확인점에서는 DNA가 성공적으로 복제되었는지 평가하고, 만일 DNA가 정확하게 복제되지 않았다면 세포주기를 멈출 수 있다. 앞선 G_1기/S기 확인점에서와 마찬가지로 DNA를 손상시키는 인자들이 이 확인점에서 세포주기를 정지시킨다.

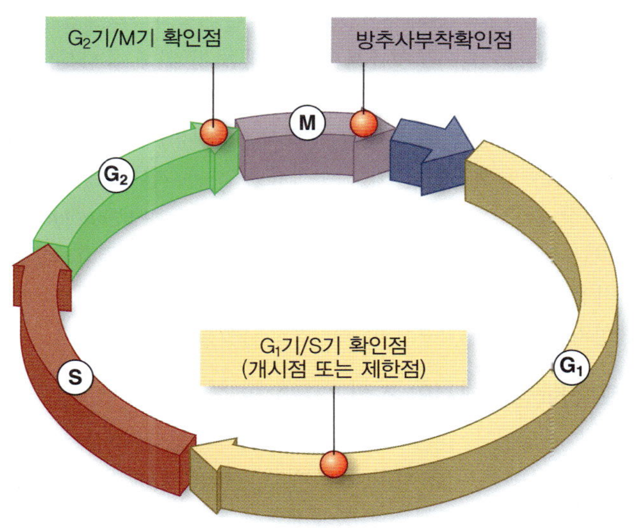

그림 10.17 세포주기의 조절. 세포는 세포분열을 시작하기 전에 세포가 적절한 상태가 되었는지를 확인하기 위해 세 군데의 중요한 확인점을 사용한다.

방추사부착확인점

방추사부착확인점(spindle checkpoint)은 후기를 준비하는 시기에 모든 염색체가 방추사에 잘 부착되었는지 확인한다. 세포주기에서 두 번째 비가역적인 단계인 이 확인점을 지나면 후기 동안에 염색체가 분리되므로 염색체들이 적절하게 중기판에 배열되는 것이 중요하다.

사이클린의존성 인산화효소가 세포주기를 구동한다

학습목표 10.6.3 유사분열에서 사이클린의존성 인산화효소의 역할을 설명하라.

세포주기를 조절하는 중요한 분자적 메커니즘은 인산화(phosphorylation), 즉 단백질의 아미노산들인 세린과 트레오닌 및 티로신에 인산기를 첨가하는 반응이다(9장 참조). 이 인산화를 수행하는 효소가 Cdk들이다(그림 10.18).

G_1기/S기 확인점에서의 Cdk의 작용

첫 번째 중요한 세포주기조절 인산화효소는 분열하는 효모에서 확인되었으며, 이를 Cdc2(지금은 Cdk1이라고 함)라고 명명하였다. 효모에서 이 Cdk는 세포주기에서 다른 확인점의 다른 사이클린들과 파트너가 될 수 있다(그림 10.19).

효모의 아주 간단한 세포주기에서조차 과연 무엇이 세포주기 동안 Cdk 효소의 활성을 제어하는지가 중요한 문제로 남아있다. 여러 해 동안 사이클린이 세포주기를 구동한다는 것이 통설이

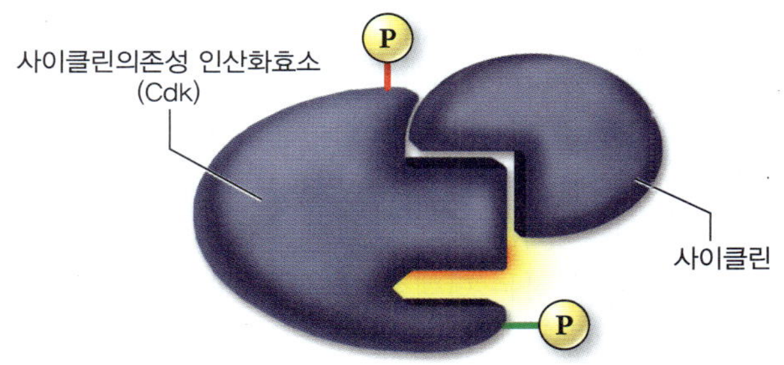

그림 10.18 Cdk 효소는 사이클린과 복합체를 이룬다. Cdk는 단백질 인산화효소로서, 인산화를 통해 다수의 세포 단백질을 활성화시킨다. 사이클린은 Cdk를 활성화하는 데 필요한 조절 단백질이다. 이 복합체는 한편으로 유사분열촉진인자(MPF)라고 부른다. Cdk의 활성은 또한 인산화의 패턴에 의해 조절된다. 즉, 빨간색으로 표시한 어느 부위의 인산화는 Cdk를 불활성화시키고, 초록색으로 표시한 다른 부위의 인산화는 Cdk를 활성화시킨다.

었다. 즉 사이클린의 주기적인 합성과 파괴가 시계 같은 역할을 한다는 것이다. 보다 최근에 Cdc2 인산화효소 자체도 인산화 반응에 의해 조절된다는 것이 명확해졌다. 다시 말하면 한 부위의 인산화가 Cdc2를 활성화하고, 다른 부위의 인산화는 그것을 불활성화한다(그림 10.18 참조). Cdc2 인산화효소의 완전한 활성화는 사이클린과 적절한 양상의 인산화와 복합 작용을 필요로 한다.

G_1기/S기 확인점에 접근하면서 G_1기 사이클린의 축적이 효모의 개시 신호가 된다. 이들은 Cdc2와 복합체를 형성하여 활성 G_1기/S기 Cdk를 만들고, 이는 여러 표적들을 인산화하여 DNA 복제를 위한 효소 활성의 증가를 유발한다.

G_2기/M기 확인점에서 MPF의 작용

G_2기/M기 확인점에서의 MPF와 그 역할에 관하여 여러 다른 실험계에서 널리 분석되었다. MPF의 조절은 복제를 방해하거나 지연시키는 물질과 DNA를 손상시키는 물질에 민감하다. 한때 MPF는 M기 특이적 사이클린의 양에 의해서만 조절된다고 생각되었지만, 지금은 그렇지 않다고 밝혀졌다.

비록 M기 사이클린이 MPF의 기능에 필요하지만, 그 활성은 인산화효소 구성요소인 Cdc2의 억제적 인산화에 의해 조절된다. 이 과정에서 중요한 조절 신호는 단백질인 인산가수분해효소(phosphatase)에 의해 인산염의 억제를 제거하는 것이다. 이러한 작용은 양성되먹임을 기반으로 하는 분자 스위치를 형성한다. 왜냐하면 활성 MPF가 자신의 활성화된 인산가수분해효소를 더욱 활성화하기 때문이다.

확인점은 억제성 인산염을 추가하는 인산화효소와 그들을 제거하는 인산가수분해효소의 균형을 확인한다. DNA의 손상은 손상 감지를 포함하는 복잡한 경로를 통해 균형을 깨뜨리고 MPF의 억제성 인산화로 국면을 전환시키게끔 작용한다. 일부 암이 이러한 억제를 어떻게 극복하는지에 대해 나중에 설명하기로 한다.

방추사부착확인점에서 후기촉진복합체의 작용

방추사부착확인점에서 감지하는 시스템의 분자적 메커니즘은 명확하지 않다. 모든 염색체들이 중기판에 존재하고 양극 사이에서 미세소관이 팽팽하게 유지되는 것이 모두 중요하다. 신호는 **후기촉진복합체(anaphase-promoting complex; APC)**를 통해 전달되는데, 이를 **시클로솜**(*cyclosome; APC/C*)이라고도 한다.

APC/C의 기능은 후기 자체를 실행하는 것이다. 앞서 서술한 바와 같이, 중기에 자매염색분체들은 여전히 코헤신 단백질 복합체에 의해 서로 붙어있다. APC는 코헤신에 직접 작용하지 않는 대신, **세큐린**(*securin*)이라고 하는 단백질로 해리를 표시한다. 이 세큐린 단백질은 또 다른 단백질가수분해효소인 세파라제(separase)의 저해제 역할을 하는데, 이 세파라제는 코헤신 복합체의 한 성분에 대해 특이적이다. 억제가 해제되면, 세파라제는 코헤신을 분해한다.

이와 같은 과정은 출아 효모에서 상세히 분석되었는데, 세파라제 효소는 Scc1이라는 코헤신의 성분을 특이적으로 분해한다. 이는 자매염색분체들을 풀어 주게 되고, 그 결과 후기에 자매염색분체들이 양극을 향하여 급작스럽게 이동하는 결과로 이어진다.

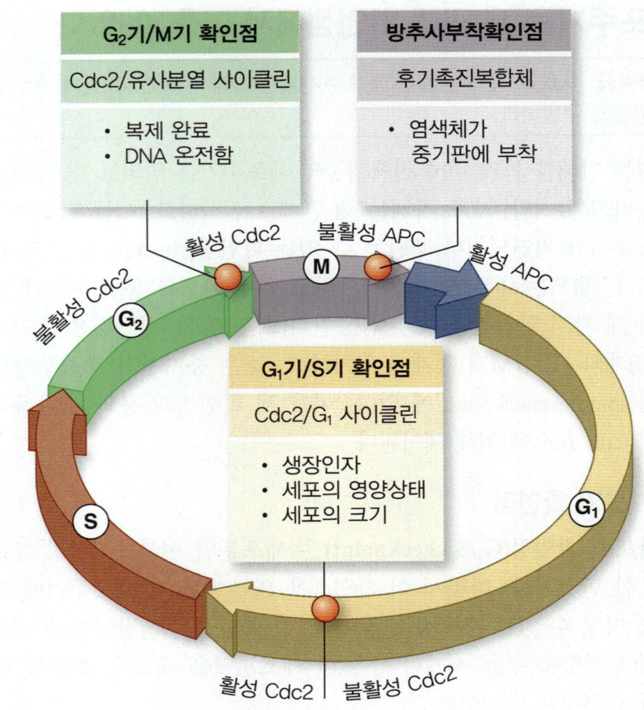

그림 10.19 효모 세포주기의 확인점들. 효모의 세포주기는 이제까지 상세히 연구된 세포주기 가운데 가장 단순한 것이다. 이 주기는 세 군데의 주요 확인점에서 조절되고, Cdc2라 부르는 단일한 Cdk 효소를 이용한다. Cdc2 효소는 G1기/S기 확인점과 G2기/M기 확인점을 제어하는 다른 사이클린과 파트너가 된다. 방추사부착확인점은 후기촉진복합체(APC)에 의해 조절된다.

척추동물에서는 대부분의 코헤신이 염색체가 응축되어 있는 동안 자매염색분체에서 제거된다. 중기에 척추동물의 염색분체에 남아있는 코헤신의 대부분은 동원체에 집중된다(그림 10.9). 이 코헤신의 분해가 후기에 염색체가 이동하고 동원체가 명백하게 "분열"하는 이유가 된다.

APC/C는 유사분열에서 두 가지 주요 기능을 하는데, 자매염색분체를 붙잡고 있는 코헤신을 제거하는 단백질가수분해효소를 활성화하고, 세포를 유사분열에서 벗어나게 하기 위해 유사분열 사이클린을 파괴하는 데 필요하다. APC/C 복합체는 단백질분해효소복합체(proteasome)에 의해 분해될 단백질을 표시하는데, 단백질분해효소복합체는 단백질을 분해하는 작용을 하는 거대한 단백질복합체이다(4장 참조). 단백질을 분해하는 신호는 **유비퀴틴**(*ubiquitin*)이라고 하는 분자의 첨가이고, APC/C는 유비퀴틴의 연결효소(ligase)로서 작용한다. APC/C와 그 기능에 대해 많은 것을 알게 됨으로서, 그 활성의 조절이 세포주기의 주된 조절인자임이 명백해졌다.

다세포 진핵생물에서의 조절

곰팡이와 원생생물 같은 단세포 진핵생물과 보다 복잡한 동물과의 가장 큰 차이점은 두 가지이다. 첫째, 단일한 Cdk가 세포주기를 조절하는 효모와 대조적으로 동물세포에서는 많은 Cdk들이 세포주기를 조절한다. 둘째, 교배하는 데 필요한 신호에 주로 반응하는 효모와 비교하여 동물세포는 매우 다양한 외부 신호에 반응한다.

고등한 진핵생물에는 많은 Cdk 효소가 있고 이렇게 많은 Cdk들과 협력할 수 있는 많은 사이클린들이 있지만, 그들의 기본적인 역할은 효모의 세포주기에서와 동일하다. 이러한 보다 복잡한 제어는 세포주기를 조절하는 데 관여하는 많은 입력요소들을 통합하도록 도와준다. 더욱 복잡한 체제(조직, 기관 및 기관계)들이 진화함에 따라 더욱 복잡한 유형의 세포주기 조절도 함께 진화하였다.

다세포 생물은 특정한 세포들만 그리고 적절한 시간에만 분열하게끔 세포 증식을 조절할 수 있다. 이와 같이 생장을 억제하는 능력은 포유류 세포의 조직 배양에서 볼 수 있다. 즉 세포가 배양접시에서 생장할 때 다른 세포와 접촉하면 분열을 멈춘다. 세포들의 어느 부분이 제거되면 그 부분이 다시 채워지겠지만, 세포는 곧 분열이 중지된다.

어떻게 세포들이 그들 주위의 밀도를 감지할 수 있을까? 세포가 접촉할 때, 원형질막에 있는 수용체단백질은 Cdk 작용을 억제하는 신호전달경로를 활성화한다. 이것이 세포주기에 진입하지 못하게 한다.

생장인자와 세포주기

생장인자는 세포내 신호전달 체계를 촉발하도록 작용한다. 예를 들어, 섬유모세포(fibroblast)의 원형질막에는 **혈소판유래생장인자(platelet-derived growth factor; PDGF)**라고 알려진 생장인자 중 하나에 대한 여러 수용체가 있다. PDGF 수용체는 세프분열을 촉진하는 MAP 인산화효소 연쇄반응(cascade)을 개시하는 수용체티로신잔기인산화효소(receptor tyrosine kinase; RTK)이다(9장에서 설명됨).

연구자들이 증식배지에 혈청(blood serum)이 포함되는 경우에만 섬유아세포가 생장하고 분열한다는 사실을 알았을 때 PDGF가 발견되었다. 혈청은 응고 후 혈액에 남아있는 액체이고, 그로부터 세포를 제거한 액체인 혈장은 이와 같은 효과를 나타내지 않았다. 연구자들은 혈액응고 반응에 참여하는 혈소판이 섬유아세포의 생장에 필요한 하나 또는 그 이상의 요인을 혈청에 방출한다는 가설을 세웠다. 결국 그들은 이러한 인자를 분리하였고, 이를 PDGF라고 명명하였다.

PDGF와 같은 생장인자는 세포분열을 억제하는 세포 조절작용들을 되돌릴 수 있다. 조직이 손상되면 혈액 응고 반응이 시작되고, PDGF의 분비는 주변 세포들의 분열을 촉진함으로써 상처를 치유하는데 기여한다.

생장인자로서 기능을 하는 50여 가지의 여러 단백질들이 확인되었고, 더 많은 생장인자가 존재할 것이 틀림없다. 특정한 세포표면 수용체는 각각의 생장인자를 인식하는데, 그 결합부위는 생장인자에 꼭 맞는다. 이 생장인자 수용체들의 일부는 MAPK 연쇄반응을 개시하고, 이 과정에서 마지막 인산화효소는 핵 안으로 들어가 인산화 반응을 통해 전사인자들을 활성화시킨다. 이들 전사인자는 G_1기 사이클린 및 세포주기 진행에 필요한 단백질의 생산을 촉진한다(그림 10.22). 대부분의 동물세포는 세포분열을 억제하는 다양한 제어를 극복하기 위해 여러 다른 생장인자들의 결합을 필요로 한다.

G_0기

세포에 적절한 생장인자를 주지 않으면 이들은 세포주기의 G_1기 확인점에서 정지한다. 생장과 분열이 저지되면서 세포들은 휴면 상태로 G_0기에 남아 있다.

G_0기로 들어가는 능력은 여러 다른 조직에서 세포주기의 긴 시간에서 볼 수 있는 놀라운 다양성의 이유가 된다. 인간의 장내 상피세포는 하루에 두 번 이상 분열한다. 반면에 간세포는 1년 혹은 2년에 오직 한 번 분열하고, 대부분의 시간을 G_0기에서 보낸다. 성숙한 신경세포와 근육세포는 대체로 G_0기를 떠나지 않는다.

개념 정리 10.6

사이클린 단백질은 세포주기와 동시에 생산된다. 이들 단백질은 세포주기를 구동하는 사이클린의존성 인산화효소와 복합체를 형성한다. 세포주기에는 G_1기/S기 확인점, G_2기/M기 확인점 및 방추사부착확인점의 세 군데 확인점이 존재한다. 만약에 과정이 정확하지 않다면 세포주기는 이들 확인점에서 정지될 수 있다. 후기촉진복합체/시클로솜(APC/C)은 염색분체를 서로 붙들고 있는 코헤신을 제거하는 단백질가수분해효소의 억제를 해제함으로써 후기를 촉발시킨다.

- Cdk에 돌연변이가 일어나면 세포가 분열을 하지 않거나 통제되지 않는 세포분열로 이어질 가능성이 많을까?

10.7 암은 세포주기 조절의 실패이다

암은 세포주기를 조절하는 유전자의 돌연변이에 의해 일어난다

학습목표 10.7.1 암을 세포주기의 조절 면에서 설명하라.

동물에서 억제되지 않고 조절되지 않는 세포의 생장은 **암(cancer)**이라고 부르는 질병을 일으킨다. 본질적으로 암은 세포의 생장 장애이다. 정상적으로 보이는 세포가 억제되지 않는 방식으로 자라기 시작할 때 암은 시작된다. 그 결과 생기는 세포의 무리를 **종양(tumor)**이라고 하는데, 이 종양은 끊임없이 크기가 확장된다. 그림 10.20에 보인 핑크색 허파세포의 무리는 종양을 형성하기 시작했다. 악성 종양(malignant tumor)은 세포들이 종양에서 떨어져 나와 몸의 다른 부위로 퍼질 수 있는 침입성이 있다. 세포들이 종양을 떠나서 몸 전체에 퍼지고 멀리 떨어진 부위에서 새로운 종양을 형성하는데, 이를 **전이(metastasis)**라고 한다.

간단히 말해서, 암은 세포주기를 조절하는 단백질을 암호화하는 유전자에 돌연변이가 일어나 손상을 준 결과이다. 암은 DNA를 손상시킬 수 있는 그 어떤 것에 의해 야기될 수 있어서, 담배 연기에 포함된 그러한 화학물질에 의해, 자외선 같은 환경 요인에 의해, 또는 어떤 경우에 세포의 정상적인 생장과 세포분열 조절을 회피하는 바이러스에 의해서 일어날 수 있다. 그러나 직접적인 원인

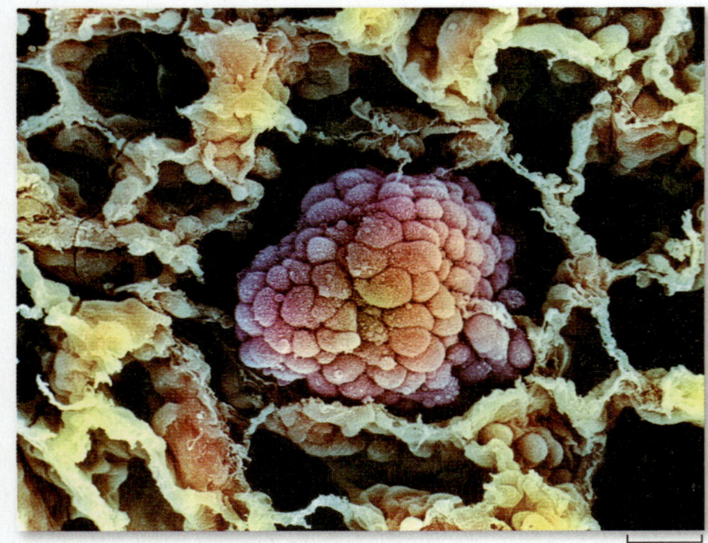

그림 10.20 폐암세포(300배). 이 사진은 사람 허파의 폐포(허파꽈리)에 생겨난 종양의 세포들이다.

이 무엇이든 간에 모든 암은 세포의 생장과 분열을 제어할 수 없는 특징을 나타낸다. 세포주기는 암세포주에서 결코 멈추지 않는다.

*p53*유전자

상기 조절 시스템 중에서 매우 중요한 조절자 하나가 확인되었다. 공식적으로 *p53*이라는 명칭이 붙은 이 유전자는 세포분열의 G_1기/S기 확인점에서 중요한 역할을 한다(**그림 10.21**). 이 유전자의 생산물인 p53단백질은 DNA가 손상되지 않았는지를 확인하여 온전한 DNA를 모니터링한다. 만일 p53단백질이 손상된 DNA를 검출하게 되면, 세포분열을 정지하고 손상을 회복하기 위한 특별한 효소의 활성을 촉진한다. 일단 DNA가 정상적으로 수선되면, *p53*은 세포분열을 계속하도록 한다. 만일 DNA 손상이 회복 불능인 경우, *p53*은 세포 스스로 죽게끔 지시한다.

DNA가 손상된 세포의 분열을 중단시킴으로써 *p53*유전자는 돌연변이가 일어난 세포들이 생기지 않게 막아주고, 비록 그 활동이 암 예방에 한정되는 것은 아니지만 이 유전자를 **종양억제유전자(tumor-suppressor gene)**로 간주된다. 이제까지 과학자들이 조사한 암세포의 대부분에서는 *p53*유전자가 완전히 없거나 비기능적인 것으로 밝혀졌다. *p53*이 기능하지 않기 때문에 암세포들이 G_1기/S기 확인점에서 멈추지 않고 세포분열을 계속 수행할 수 있는 것이다.

원암유전자

우리가 암이라고 부르는 질병은 실제로는 영향을 받은 조직에 따라 여러 다른 질병이다. 모든 경우에 공통된 주제는 세포주기에 걸친 조절 상실이다. 연구를 통해 소위 **암유전자(oncogene)**를 많이 확인하였는데, 암유전자는 세포에 도입되면 그 세포를 암세포로 발전시킬 수 있는 유전자들이다. 암유전자의 확인은 나아가서 **원암유전자(proto-oncogene)**의 발견으로 이어졌는데, 원암유전자는 돌연변이가 일어나면 암유전자로 바뀌는 정상 세포의 유전자이다.

원암유전자의 작용은 종종 생장인자에 의한 신호전달과 연관되며, 이들의 돌연변이는 여러 가지 방법으로 생장 조절의 상실을 초래할 수 있다. 어떤 원암유전자는 생장인자에 대한 수용체들을 암호화하고, 다른 원암유전자는 생장인자 수용체 다음에 작용하는 신호전달에 관여하는 단백질들을 암호화한다. 만일 생장인자에 대한 수용체에서 돌연변이가 일어나 영구적으로 "켜진(on)" 상태가 되면 세포는 분열하는 데 있어서 더 이상 생장인자의 존재에 의존하지 않게 된다. 이것은 전등 스위치가 눌려져 있어서 항상 불이 켜진 상태로 고정된 것과 유사하다. PDGF와 EGF 수용체들은 모두 원암유전자의 범주에 속한다. 억제되지 않는 분열을 일으키는 돌연변이가 일어나는 데에는 원암유전자의 한 복사본만으로도 가능하고, 따라서 이러한 변화는 우성 돌연변이 같이 작용한다.

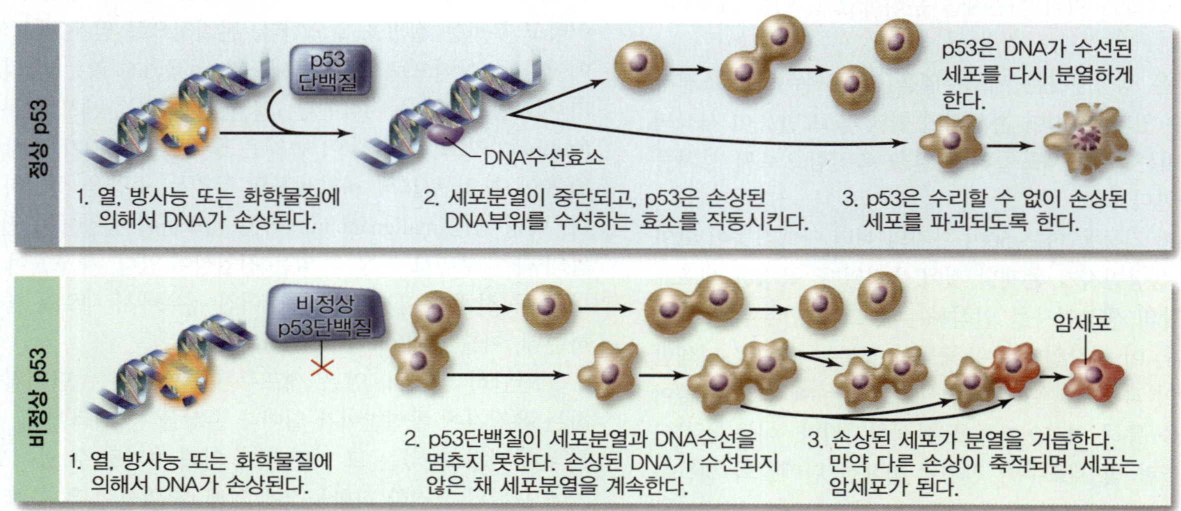

그림 10.21 세포분열, 암 그리고 p53 단백질. 정상 p53단백질은 DNA를 감시하고, 수리불능의 손상을 입은 DNA를 가진 세포를 파괴한다. 비정상 p53단백질은 세포분열과 DNA수선을 멈추지 못한다. 손상을 입은 세포들이 증식하면서 암이 발달한다.

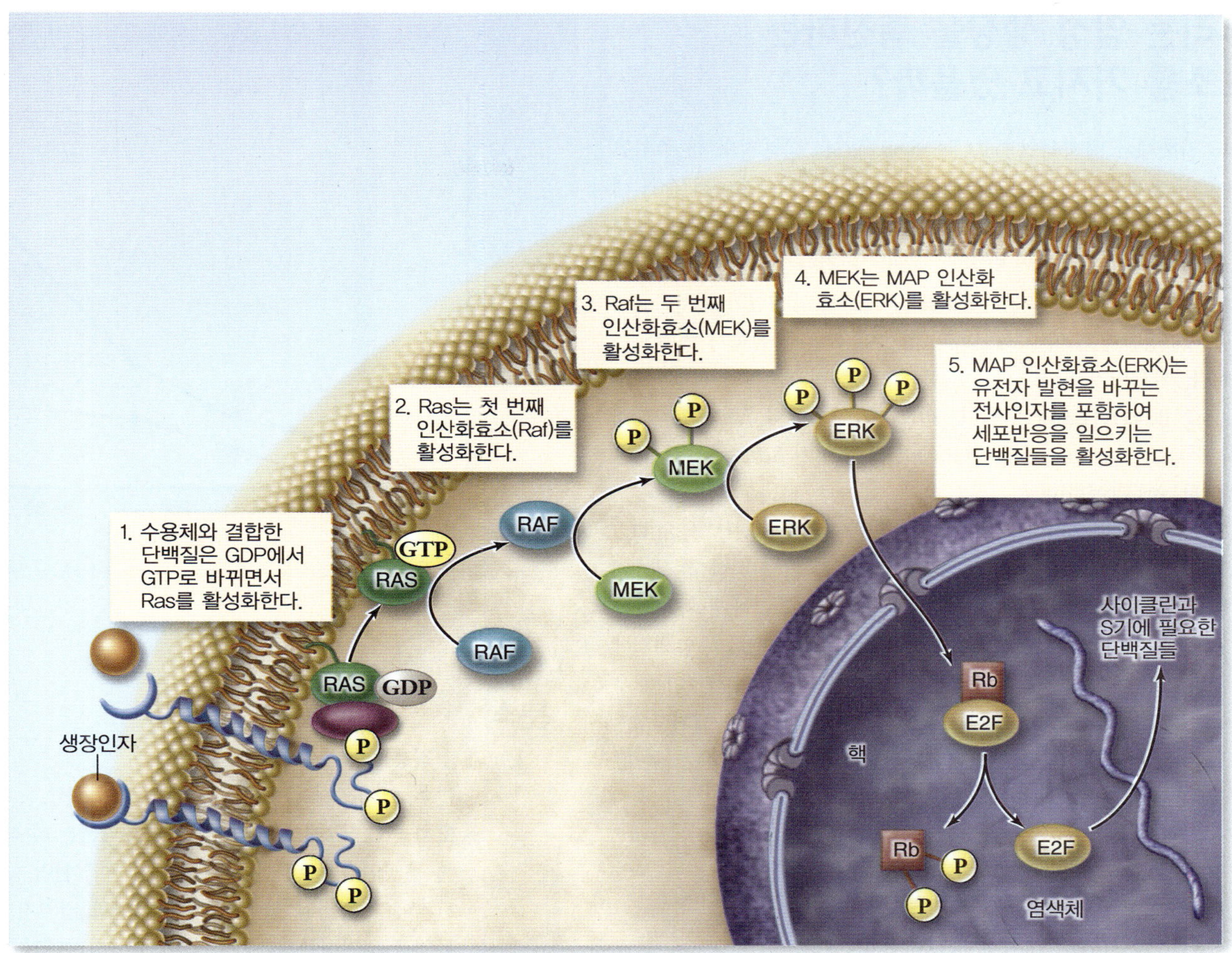

그림 10.22 세포증식 신호전달 경로. 생장인자의 결합은 MAP 인산화효소의 세포내 신호전달 경로(9장에서 설명)를 작동시키고, 이는 세포분열을 유발하는 핵의 조절단백질을 활성화시킨다. 이 예에서 핵의 망막아세포종 단백질(Rb)이 인산화되면 다른 핵단백질(전사인자 E2F)이 방출되어 사이클린과 S기에 필요한 다른 단백질의 생산이 가능해진다.

확인된 원암유전자의 수는 수년간 50개 이상으로 증가했다. 이 분야의 연구는 암에 관한 우리의 지식을 세포주기 조절을 관장하는 분자적 메커니즘에 대한 우리의 지식과 직접 관련짓고 있다.

종양억제유전자

원암유전자가 발견된 후, 암에 관련된 유전자의 두 번째 범주인 종양억제유전자가 확인되었다. 앞서 *p53*유전자가 종양억제유전자로 작용한다고 언급하였고, 그 밖에도 많은 종양억제유전자들이 존재한다.

원암유전자의 돌연변이와 달리 암 표현형이 발달하려면 종양억제유전자의 두 가지 복사본이 그 기능을 상실해야 한다. 달리 표현하면, 원암유전자는 우성 양식으로 작용하고 종양억제유전자들은 열성 양식으로 작용한다.

처음으로 확인된 종양억제유전자는 눈의 망막에 영향을 주는 드문 유형의 암에 잘 걸리게 하는 **망막아세포종유발성 유전자(retinoblastoma susceptibility gene; Rb)**이다(그림 10.22). 세포주기에서의 Rb 단백질의 역할은 생장인자로부터의 신호를 통합하는 것이다. Rb 단백질은 다른 단백질과의 결합주머니(binding pocket)를 가지고 있기 때문에 "주머니단백질(pocket protein)"이라고 한다. 그 역할은 중요한 조절단백질과 결합하고, 사이클린이나 Cdk 같은 세포주기 조절단백질의 생산이 촉진되는 것을 방지하는 것이다.

생장인자의 작용은 Cdk에 의한 Rb 단백질의 인산화 및 불활성화를 초래한다. Rb가 인산화되면 이전에 결합된 조절단백질을 풀어 주고, 그 결과 세포가 G_1기/S기를 통과하고 염색체 복제를 시작하는 데 필수적인 S기 사이클린의 생산을 초래한다.

개념 정리 10.7

세포주기가 조절되지 못하면 암에 이르게 되는데, 이는 원암유전자가 암유전자의 기능을 얻게 되고 종양억제유전자가 기능을 상실하여 세포가 증식하는 두 가지 기본적 메커니즘의 조합에 의해 일어날 수 있다.

- 종양억제유전자와 원암유전자를 어떻게 구별할 수 있을까?

우리는 암성 생장을 촉진하는 효소를 가지고 있을까?

모든 진핵세포 염색체의 DNA는 먼저 히스톤 단백질의 핵 주위를 DNA가 감싸서 뉴클레오솜을 만들고, 이들이 더욱 꼬여서 간기 세포의 염색질 상태가 된다. DNA와 히스톤 단백질이 변형되면 유전체 영역 내에서 유전자의 발현에 영향을 미친다. 발현과 연관된 히스톤 변형 가운데 하나가 리신(lysine) 잔기의 아세틸화(acetylation)이다. 그 정반대는 이 아세틸화의 상실이 유전자 침묵과 연관되는 것이다. 아세틸기를 제거할 수 있는 효소를 히스톤탈아세틸화효소(histone deacetylase)라고 한다. 히스톤탈아세틸화효소의 한 클래스는 시르투인(sirtuin)이고, 효모에서 그 원형인 *SIR2*는 유전자 발현의 침묵에 관여한다.

포유동물에서는 수십 가지의 시르투인이 알려졌는데, SIRT-7을 제외하고는 그 특징이 모두 잘 밝혀졌다. 이 신비한 유전자의 발현 조절에 초점을 맞추고, 연구자들은 우리의 삶에서 차지하는 그 역할을 구명하기 시작했다. 초기의 연구에서 SIRT-7이 염색질에 결합된 세포에서 발견되는 것으로 확인되었는데, SIRT-7이 매우 선택적이어서 히스톤 3의 리신 18로부터만 아세틸기를 제거할 뿐, 히스톤의 다른 아세틸화 부위에서는 활성을 나타내지 않는다는 흥미로운 사실이 밝혀졌다.

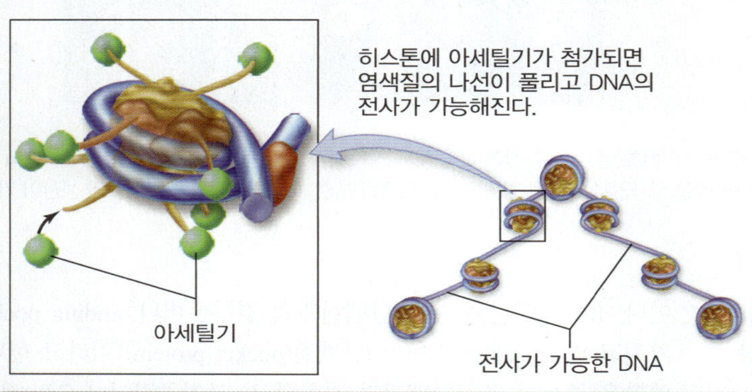

어떤 종류의 유전자들이 아세틸화된 리신 18 히스톤으로 구성된 염색질 H3 단위를 담당하는가? 연구진은 인간의 염색체에서 276개의 SIRT-7 결합부위를 찾았다. 이들 대부분은 RNA 가공과 DNA 대사 및 종양억제와 관련된 전사인자와 관련이 있는 것으로 나타났으며, 공격적인 암을 억누르는 것으로 밝혀진 유전자도 있었다. 이러한 결과는 SIRT-7이 암성 생장에 필수적인 특징들을 갖는 것임을 시사하는 것이고, 사실상 SIRT-7이 암을 촉진하는 유전자라는 사실을 의미한다.

이러한 가능성을 평가하기 위해, 연구자들은 생쥐에 이종이식한 사람 암세포의 생장을 추적하고, SIRT-7의 활성이 제거된 종양(S7KD)과 정상적인 종양(대조군)을 비교하였다. 각 경우에서, 암성 생장은 생쥐의 등에 보이는 종양의 부피를 기록하면서 35일간에 걸쳐 모니터링하였다. 이 연구에서 얻어진 결과는 오른쪽의 그래프에서 볼 수 있다.

SIRT-7 단백질이 종양 생장에 미치는 효과

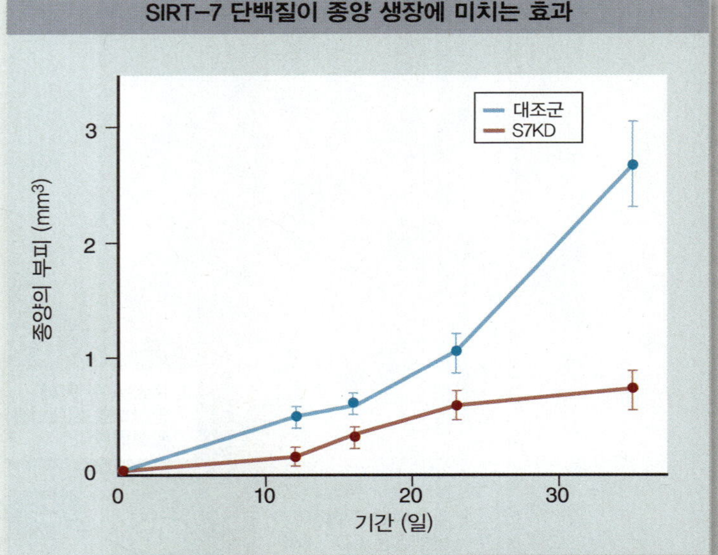

분석

1. **개념 적용**
   a. **변수.** 그래프에서 종속 변수는 무엇인가?
   b. **오차 막대.** 그래프의 각 지점을 통과하는 수직선의 의미는 무엇인가? 그것은 파란색 점의 수직선이 동일한 시간 간격에서 측정된 붉은 점의 수직선과 겹치지 않는 것은 무엇을 의미하는가? 만약에 이들이 겹친다면? 설명하라.
2. **자료 해석**
   a. 35일 동안 대조군의 사람 종양 크기가 증가하였나? 변화는 지속적인가?
   b. 35일 동안 S7KD의 사람 종양 크기가 증가하였나? 변화는 지속적인가?
3. **추론** S7KD 종양의 생장을 대조군 종양과 비교하여 35일의 실험기간 동안 이들 모두 같은 속도로 자랐다고 말할 수 있는가? 만일 그렇지 않다면, 어떤 종양이 더 빠르게 생장하였는가? 종양의 각 유형에서 암성 생장의 속도가 높아졌는가, 아니면 느려졌는가?
4. **결론 도출**
   a. S7KD 종양에서 SIRT-7 활성의 붕괴가 종양 생장의 속도를 감소시켰는가?
   b. 이 결과로부터 SIRT-7이 암성 생장을 촉발한다는 결론을 내리는 것이 타당한가?
5. **추가 분석** 이 자료를 고려해 볼 때, 만일 다양한 종류의 종양을 살펴본다면 SIRT-7의 활성에서 나타나는 어떤 유형의 유전적 변화를 찾을 것인가? SIRT-7이 상향 조정되거나 하향 조정될 것으로 예상되는가? 거의 공격적으로 자라는 종양에서 이를 찾을 수 있을 것으로 기대하는가?

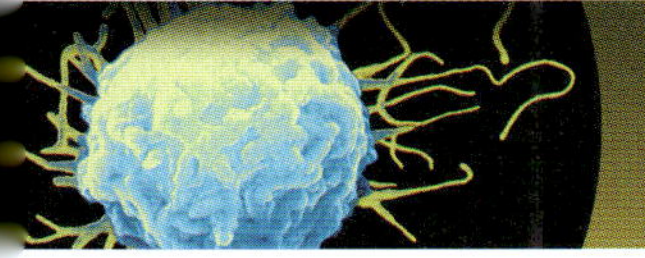

학습 과정 복습

개념 10.1 세균의 세포분열은 무성적이다

10.1.1 세균 세포는 2분법으로 둘로 나뉜다 원핵생물의 세포분열은 두 개의 동일한 세포가 만들어지는 무성번식이다. 세균의 DNA 복제와 염색체의 분할은 일치된 과정이다.

10.1.2 단백질은 염색체의 분할과 격막 형성을 조절한다 DNA 복제는 특정 지점에서 시작하고 특정한 종결 지점까지 양방향으로 진행된다. 새로 복제된 염색체는 반대 극으로 분리된다. 세포의 중간지점에서 막에 FtsZ와 단백질들의 고리가 삽입되어 두 개의 새로운 세포가 분리된다.

개념 10.2 진핵생물은 긴 선형 염색체를 가진다

10.2.1 염색체 수는 종마다 다르다 개체에서 염색체가 늘거나 줄면 대체로 치명적이다.

10.2.2 진핵생물의 염색체는 복잡한 구조로 되어 있다 염색체는 DNA 복합체인 염색질과 단백질로 구성된다. 이질염색질은 발현되지 않고 진정염색질은 발현된다. 단일한 염색체의 DNA는 매우 긴 2중가닥 섬유이다. DNA는 8개의 히스톤핵을 감싸서 뉴클레오솜을 형성하고, 이는 더욱 감겨서 간기 세포의 30-nm 섬유가 된다. 유사분열을 하는 동안에 30-nm 섬유들의 나선이 단백질의 스캐폴드 주위를 방사상으로 감싸면서 염색체가 더욱 치밀해진다. 새로 복제된 염색체들은 동원체라고 부르는 반복된 DNA 서열의 잘록한 부위에 부착된 채 유지된다. 복제 후 염색체는 코헤신이라고 부르는 단백질 복합체에 의해 동원체에서 서로 붙어있는 두 개의 자매염색분체로 구성된다.

개념 10.3 진핵생물의 세포주기는 복잡하고 고도로 조직적이다

10.3.1 세포주기는 5단계로 구분된다 세포주기의 단계는 제1간극기(G_1기), 합성기(S기), 제2간극기(G_2기), 유사분열 그리고 세포질분열(C)이다. G_1기와 S기 그리고 G_2기 단계를 묶어서 간기라고 부르고, 유사분열과 세포질분열을 묶어서 M기라고 부른다. 세포주기의 길이는 나이, 세포 유형, 그리고 종에 따라 다르다. 세포는 G_1기를 떠나서 G_0기라고 하는 휴지 상태로 들어갈 수 있다.

개념 10.4 세포는 간기에 생장하고 유사분열을 준비한다

10.4.1 간기는 합성과 세포주기의 간극기를 포함한다 G_1기, S기, G_2기는 간기의 세 가지 하위 단계이다. G_1기는 1차 생장단계이고, S기 동안 DNA의 합성이 일어나며, G_2기는 S기 다음에 그리고 유사분열 전에 나타난다. 동원체는 단백질과 결합하여 유사분열동안 미세소관에 부착하는 방추사부착점을 조립한다.

개념 10.5 유사분열에서 염색체가 분리된다

10.5.1 전기 동안에 유사분열장치가 형성된다 전기 동안 염색체는 응축되고, 방추사가 형성되며, 핵막이 붕괴된다. 동물세포에서는 중심립 쌍이 떨어져서 세포의 양 끝 쪽으로 이동하며, 핵분열의 축을 확립한다.

10.5.2 전중기에 염색체가 방추사에 붙는다

10.5.3 중기에 염색체는 세포의 적도에 정렬한다 각 염색체의 염색분체들은 방추사부착점 미세소관에 의해 양극에 연결된다. 염색분체들은 양극을 향해 당겨지는 장력에 의해 세포의 적도에 놓인다.

10.5.4 후기에 염색분체들이 분리된다 이 시점에서 동원체에서 자매염색분체들을 붙잡는 코헤신 단백질이 분해되고, 염색분체들이 양쪽 극에 끌려간다. 이러한 움직임을 후기A라고 부르며, 양극이 서로 멀어지는 움직임을 후기B라고 부른다.

10.5.5 말기에 핵이 다시 형성된다 말기는 전기 과정의 정반대이고, 세포는 세포질분열을 준비한다.

10.5.6 세포질분열 동안에 세포질이 분리된다 동물세포에서는 막 아래에 있는 액틴의 수축띠가 딸세포를 떼어낸다. 식물세포에서는 소포들이 융합하여 세포의 중앙에서 세포판을 형성하는 새로운 막을 만든다.

개념 10.6 세포주기는 주의 깊게 조절된다

10.6.1 사이클린과 사이클린의존성 인산화효소는 세포주기의 주요 단계를 조절한다 실험을 통해 유사분열의 양성조절자가 있고 세포주기와 공시적으로 생산되는 단백질(사이클린)이 있다는 것이 밝혀졌다. 양성조절자는 사이클린의존성 인산화효소(Cdks)이다. Cdk들은 인산화효소와 사이클린이라 부르는 조절분자의 복합체이다. 이들은 단백질을 인산화하여 세포주기를 움직인다.

10.6.2 세포주기는 세 군데 확인점에서 멈출 수 있다 확인점은 세포가 세포주기 과정의 정확성을 평가하고 필요하다면 과정을 정지시킬 수 있는 지점이다. G_1기/S기 확인점은 분열에 투입하는 곳이고, G_2기/M기 확인점은 DNA가 성공적으로 복제되었는지 평가하고, 방추사부착확인점은 모든 염색체들이 양극 방향으로 방추사에 붙어 있는지를 확인한다.

10.6.3 사이클린의존성 인산화효소가 세포주기를 구동한다 효모는 단지 하나의 Cdk 효소를 가지고 있는 반면에 척추동물은 4개 이상의 Cdk 효소들을 가지고 있다. G_1기 사이클린은 Cdk2 인산화효소와 결합하여 Cdk를 형성하고, S기로의 진입을 유발한다. 후기촉진복합체/시클로솜(APC/C)은 자매염색분체들을 동원체에서 결합시키는 코헤신 단백질을 제거하는 단백질가수분해효소를 활성화시킨다. 그 결과 염색분체들이 분리되고 이들이 양쪽 극으로 끌려간다. 또한 APC/C는 유사분열을 마치기 위해 유사분열 사이클린의 파괴를 일으킨다. 혈소판유래생장인자(PDGF) 같은 생장인자들은 사이클린을 생산하고 Cdk들을 활성화시키는 MAP 인산화효소 연쇄반응을 통해 세포분열을 촉진한다.

개념 10.7 암은 세포주기 조절의 실패이다

10.7.1 암은 세포주기를 조절하는 유전자의 돌연변이에 의해 일어난다 원암유전자에서 돌연변이가 일어나면 암으로 이어지는 우성적 기능획득 효과가 나타난다. 종양억제유전자에서 일어나는 돌연변이는 열성적이고, 두 복사본 모두 기능이 상실되어야 암으로 이어진다.

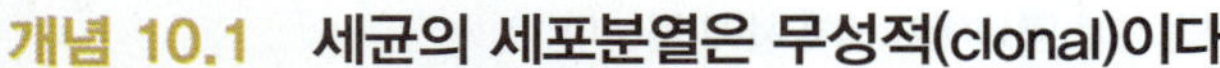

학습 과정 평가

개념 10.1 세균의 세포분열은 무성적(clonal)이다

이해

1. 원핵생물의 2분법에서 필요 없는 것은
   a. DNA의 복제.
   b. 세포의 신장.
   c. 격막 형성에 의한 딸세포의 분리.
   d. 핵막의 조립.

응용

1. 세균 세포가 FtsZ를 암호화하는 유전자의 결함을 가지고 있다. 세포가 2분법으로 세포분열을 한다면 그 결과는 어떻게 될까?
   a. 서로의 클론을 가진 두 개의 딸세포
   b. 두 개의 염색체를 가진 하나의 큰 세포
   c. 한 딸세포는 두 개의 염색체를 갖고 다른 딸세포는 염색체를 갖지 않는 두 개의 딸세포
   d. 유전적으로 어버이세포처럼 보이는 하나의 큰 세포

종합

1. 세균 세포가 분열할 때, 각 딸세포가 복제된 유전체 중 하나를 어떤 메커니즘으로 얻게 되는가?

개념 10.2 진핵생물은 긴 선형 염색체를 가진다

이해

1. 염색분체는 무엇으로 구성되는가?
   a. RNA와 단백질.　　b. DNA와 단백질.
   c. 자매염색분체.　　d. 염색체.
2. 뉴클레오솜은 무엇인가?
   a. 세포의 핵에서 진정염색질이 포함된 부위
   b. 히스톤 단백질 주위를 감싸는 DNA 부위
   c. 염색질의 여러 루프로 구성된 염색체의 부위
   d. 염색질 내에서 발견되는 30-nm 섬유
3. 세포분열의 직전에 상동염색체는
   a. 복제된다.　　b. 2개의 자매염색분체로 구성된다.
   c. 서로 결합된다.　　d. a 와 b

응용

1. 얼룩스컹크는 2n=64이다. 이 정보를 바탕으로 다음 중 무엇을 알 수 있는가?
   a. 그 반수체는 64이다.
   b. 그 체세포는 각각 64개의 염색체를 가지고 있다.
   c. 이들은 64개의 상동염색체를 가지고 있다.
   d. 그 DNA는 이미 복제되어 있다.
2. 고도로 응축된 DNA는
   a. 쉽게 복제되고 발현된다.
   b. 이질염색질이다.
   c. 세포분열을 하지 않는 세포의 DNA 상태이다.
   d. a와 b

종합

1. 하플로파푸스(*Haplopappus gracilis*)라는 식물은 단지 2개의 염색체를 가지고 있고 나도고사리삼(*Ophioglossum spp.*)은 1262개의 염색체를 가지고 있다. 포유동물 중에서는 염색체 수의 변이가 그다지 크지 않다. 포유동물이 아니라 식물들 간에서 염색체 수가 매우 다양하게 나타나는 이유를 설명할 수 있는가?

개념 10.3 진핵생물의 세포주기는 복잡하고 고도로 조직적이다

이해

1. 세포는 분열하기 위한 신호를 받는다. 다음 중 세포주기를 통해 일어나는 단계들이 정확한 것은?
   a. G_1기, G_2기, S기, M기　　b. G_1기, S기, G_2기, 간기, M기
   c. M기, S기, G_1기, G_2기　　d. G_1기, S기, G_2기, M기
2. 어떤 면에서 세포주기(유사분열)가 2분법과 유사한가?
   a. 유전적으로 다양한 자손을 만드는 데 둘 다 필요하다.
   b. 둘 다 진핵생물에서만 일어난다.
   c. 둘 다 DNA가 히스톤 주위를 감싸고 있다.
   d. 둘 다 DNA가 복제되고 두 딸세포로 DNA가 정확하게 분리된다.

응용

1. 일부 곰팡이에서는 세포질분열을 하지 않고 유사분열이 일어난다. 그 결과는 무엇인가?
   a. 어버이세포 DNA 양의 절반을 가진 두 개의 작은 세포
   b. 어버이세포와 동일한 DNA 양을 가진 한 개의 큰 세포
   c. 어버이세포 DNA 양의 2배를 가진 한 개의 큰 세포
   d. 어버이세포와 동일한 DNA 양을 가진 두 개의 세포

종합

1. 간기 동안에는 광학현미경을 통해 염색체를 볼 수 없다. 왜 이와 같은 현상이 일어난다고 생각하는가? 염색체는 어디에 있는가?

개념 10.4 세포는 간기에 생장하고 유사분열을 준비한다

이해

1. 세포분열에서 코헤신 단백질의 역할은 무엇인가?
   a. 염색체의 DNA를 몹시 응축된 구조로 체계화한다.
   b. 자매염색분체의 DNA를 서로 붙잡고 있다.
   c. 세포가 두 개의 딸세포로 분열하도록 도와준다.
   d. 미세소관과 염색체를 연결시킨다.
2. 동원체는
   a. 유사분열을 하는 동안 자매염색분체들이 분리되기 전에 붙어 있는 부위이다.
   b. 미세소관형성중심이다.
   c. 튜불린을 합성하는 부위이다.
   d. 동물세포에서 분열을 위해 필요하지만 다른 진핵생물의 세포에서는 필요하지 않다.

응용

1. 동물의 중심립으로부터 뻗어 나온 미세소관은
   a. 방추사부착점에 붙는다.
   b. 동원체에 붙는다.
   c. 각 자매염색분체의 DNA 염기에 붙는다.
   d. 그 세포에서 새롭게 복제된 중심립에 붙는다.

종합

1. 당신이 인공염색체를 구축할 수 있다면, 유사분열에서 정상적으로 기능할 수 있도록 최소한 어떤 요소들을 집어넣어야 하겠는가?

개념 10.5 유사분열에서 염색체가 분리된다

이해

1. 유사분열의 어느 단계에서 복제된 염색체들이 세포의 중앙에 정렬되나?
   a. 전기 b. 말기
   c. 후기 d. 중기
2. 다음 중 후기에서 일어나는 일은?
   a. 접합단백질이 만들어지고 동원체에 집중되기 시작한다.
   b. 방추사부착점 미세소관이 짧아질 때, 자매염색분체들이 떨어진다.
   c. 극 미세소관이 짧아질 때, 세포가 신장된다.
   d. 앞의 답 모두.

응용

1. 비정상적인 미세섬유를 포함하면 돌연변이체 동물세포가 형성된다. 이 세포가 생존한다고 가정할 때, 이러한 돌연변이는 세포분열에 어떤 영향을 미치나?
   a. 유사분열 동안에 자매염색분체들이 분리되지 않는다.
   b. DNA가 복제되지 않는다.
   c. 아무런 영향이 없고, 세포판이 여전히 형성된다.
   d. 세포질분열이 일어나지 않는다.

종합

1. 세포분열이 끝난 후, 각 딸세포는 어버이세포에서 발견되는 모든 세포소기관을 가지고 있어야 한다. 미토콘드리아와 엽록체 그리고 세포내막계의 구성 요소들이 세포질분열 동안에 어떻게 배분되는가?

개념 10.6 세포주기는 주의 깊게 조절된다

이해

1. 세포분열촉진인자(MPF)는
   a. G_1기에서 활성이 가장 높다.
   b. 사이클린과 단백질인산화효소로 구성된다.
   c. 개구리 난모세포의 분열을 정지시킨다.
   d. G_1기/S기 확인점을 조절한다.
2. 후기촉진복합체는
   a. 극 미세소관을 길게 늘려 후기를 유발한다.
   b. 접합을 분해하는 신호를 내서 후기를 유발한다.
   c. 세포내 유사분열 사이클린의 농도를 증가시켜 후기를 유발한다.
   d. b 와 c

응용

1. DNA가 완전하거나 정확하게 복제되지 못한다면, 어떤 확인점에서 세포주기가 멈추겠는가?
   a. G_1기/S기 확인점
   b. G_2기/M기 확인점
   c. 방추사부착확인점
   d. 위의 어느 단계에서나

종합

1. 세포주기의 조절은 매우 복잡하고 여러 단백질들이 관여한다. 효모에서 Cdc2 복합체와 유사분열 사이클린은 세포가 G_2기/M기 확인점을 지나는 것을 책임지고 있다. 사이클린의존성 인산화효소(Cdc2)의 활성은 Wee-1 인산화효소에 의해 Cdc2가 인산화될 때 억제된다. Wee-1 돌연변이주 효모의 표현형이 어떨 것이라고 예상하는가? Wee-1-결핍 돌연변이주에서 다른 어떤 유전자가 변화되면 세포가 정상적으로 작용할 수 있을까?

개념 10.7 암은 세포주기 조절의 실패이다

이해

1. 세포에서 p53 유전자의 정상적인 기능은?
   a. 종양억제유전자로서 행동한다.
   b. 손상될 가능성이 있는 DNA를 감시한다.
   c. DNA 수선이 불가능한 세포를 파괴하도록 유발한다.
   d. 앞의 답 모두.

응용

1. 항암제를 개발한다면, 다음 중 어떤 것이 추구할 가장 유용한 방안이겠는가?
   a. 종양억제유전자를 폐쇄하는 약물
   b. 원암유전자를 암유전자로 전환시키는 약물
   c. 생장인자를 모방하고 돌연변이주 수용체에 결합할 수 있는 약물
   d. 전이를 촉진하는 약물

종합

1. 오늘날 우리가 암에 대해 많은 부분을 알고 있어도, 어떤 종류의 암은 여전히 발병이 증가하고 있다. 흡연하지 않는 여성이 걸리는 폐암이 그 중 하나이다. 이렇게 증가하는 문제의 이유는 무엇일까? 해결방안을 제시할 수 있겠는가?

개념 연결하기: 2부 세포의 생물학

생명은 35억 년에 걸쳐 초기의 세포로부터 진화하였다. 생명의 역사에 걸쳐 세포들이 적응하고 다수의 여러 유형으로 다양해졌다. 생물이 고도로 조절된 반응들인 광합성과 호흡에 어떻게 에너지를 저장하고 가공하는지에 의해 생명의 다양성이 형성되었다. 식물들은 태양의 에너지를 화학에너지로 전환시키는 특수한 기관과 조직 및 세포를 갖고 있다. 진핵생물은 유기호흡의 조절된 반응들을 수행하는 특수한 세포소기관을 갖고 있다.

진화는 적응과 다양성을 일으킨다

일부 생물은 산소를 이용하지 않는다

- 초기의 생명은 산소를 이용하지 않았다.
- 일부 원핵생물들이 세포호흡의 최종 전자수용체로 산소 이외의 물질을 이용함으로써 무산소환경에 적응하였다.
- 발효는 전자수용체로 유기화합물을 이용하는 혐기성 과정이다.
- 유기호흡은 최종 전자수용체로 산소를 이용하고 광합성으로 산소가 이용가능해진 다음에 진화하였다.

모든 생물은 하나 또는 여러 세포들로 구성된다

- 생명은 35억 년 이전에 자연발생적으로 생겨난 초기 세포로부터 진화하였다.
- 모든 세포는 원형질막, 세포질 그리고 핵양체나 핵 중 하나의 중심에 위치하는 DNA를 갖지만, 다른 구조들은 각기 다르다.
- 원핵세포는 구획화가 없다.
- 식물세포는 세포벽, 엽록체 그리고 큰 중심액포를 갖는 반면, 동물세포는 이러한 구조들이 없다.

식물은 광합성을 하도록 적응되었다

- 잎은 광합성의 주된 기관이다.
- 잎의 구조는 기체교환을 가능하게 하고 물의 손실을 최소화하며, 잎의 세포에는 엽록체가 들어있다.
- 식물의 색소분자는 빛의 특정 파장을 흡수하며, 여러 다른 색소분자를 이용하여 식물이 흡수하는 태양에너지의 스펙트럼을 늘린다.
- 식물은 이산화탄소를 고정하는 데 루비스코를 이용하지만, 루비스코는 한편으로 산소와 결합하여 탄소고정을 뒤집는다.
- C_4식물과 CAM식물은 광호흡을 최소화하도록 적응하였다.

모든 세포는 세포분열의 조절된 과정에 의해 생겨난다

- 원핵생물과 진핵생물 간에서 염색체 구조는 다르지만 DNA의 구조와 기능은 비슷하다.
- 원핵생물은 단일한 환형 염색체를 갖고 2분법으로 무성적으로 분열한다. 진핵생물의 분열은 유전체 크기 때문에 복잡하다.
- 유전체가 커지고 더욱 복잡해지면서 염색체를 정확하게 분리하는 유사분열이 진화하였다.

에너지는 생명계를 통해 흐른다

광합성은 빛에너지를 이용하여 유기물질을 만든다

- 광합성생물은 태양의 에너지를 획득하고, 이 에너지를 이용하여 모든 생명을 작동시킨다.
- 광의존성 반응은 ATP와 NADPH를 만들고, 이들을 이용하여 광독립반응에서 대기 중 이산화탄소로부터 유기물질을 합성한다.
- 광계는 빛에너지를 포획하고 이를 들뜬 전자의 형태로 화학에너지로 전환시키는 중요한 구조이다.

열역학이 모든 에너지 변화를 통제한다

- 생물계는 에너지가 태양으로부터 유입되고 결국 열로 사라지는 개방계이다.
- 생명의 모든 활동은 열역학법칙을 따르는 에너지 변화를 수반한다.
- 광합성과 세포호흡은 생명계에 대단히 중대한 에너지 변환 반응이다.

세포는 유기물질을 산화시켜 대사를 일으킨다

- 산화환원반응은 식품의 에너지를 ATP의 형태로 변환시킨다.
- NAD^+와 같은 전자운반체는 전자와 그 에너지를 한 분자로부터 다른 분자로 실어 나른다.
- 세포호흡을 통해 방출되는 에너지는 ATP 합성을 구동하는 양성자기울기를 일으키는 데 사용된다.

생명의 과정은 조절된 반응이다

세포주기는 주의 깊게 조절된다

단백질인산화효소 수용체는 인산화에 반응한다

중요한 반응들은 되먹임억제에 의해 조절된다

이제까지 [개념 연결하기]의 두 가지 예를 보았으니, 제공된 개념들을 이용하여 "생명의 과정은 조절된 반응이다"를 뒷받침하는 세부 사항들을 채워보라.

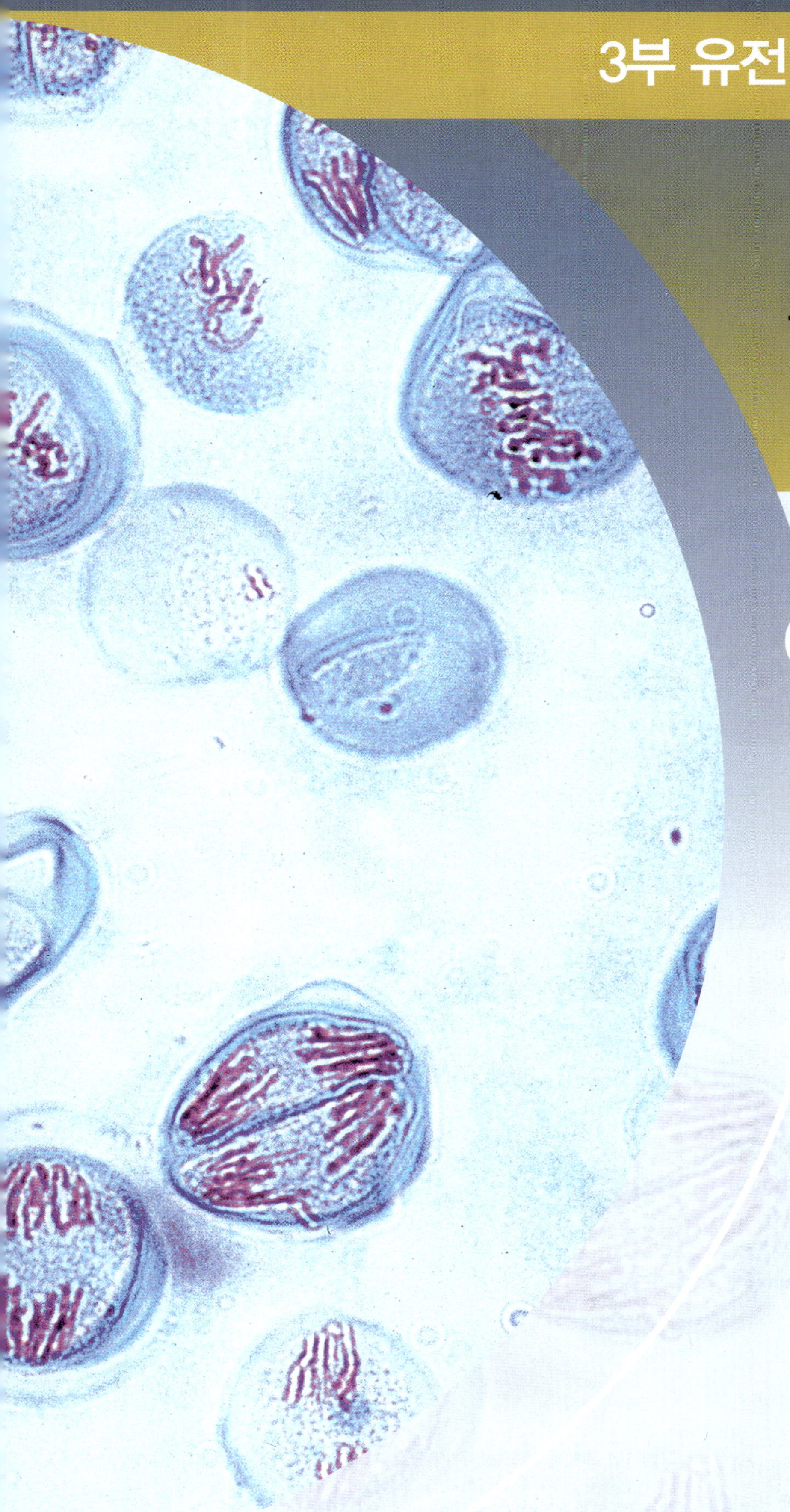

11 유성생식과 감수분열

학습과정

서론

대부분의 동물과 식물은 성을 통해 번식한다. 인간의 경우 상대방 성의 생식세포는 체세포분열을 반복하여 세포가 형성되어, 궁극적으로는 100조 가량의 세포로 이루어진 성체가 된다. 초기세포를 형성하는 생식세포는 감수분열이라는 세포분열을 통해 만들어지는데, 이 분열은 위 사진에서 볼 수 있으며, 이 장의 주제가 된다. 감수분열은 체세포분열보다 훨씬 복잡하며, 상세한 내용에 대해서는 아직 완전히 밝혀지지 않고 있다. 하지만 기본단계는 확실하며, 유성생식의 결과는 명확하다. 즉, 진화의 저변인 유전적 다양성을 일으키는 중요한 역할을 한다는 것이다.

11.1 유성생식은 감수분열을 필요로 한다

유성생식의 핵심은 서로 다른 개체로부터 온 두 개의 세포가 유전적으로 합쳐지는 것이다. 이런 형태의 생식은 진화적으로 이점이 있는데, 생물학자들은 오래전에 인식하고 있었다. 하지만 우리는 최근에 와서야 유성생식 과정인 감수분열 때 일어나는 염색체의 정교한 행동을 야기시키는 기작을 이해하기 시작하였다. 우선 감수분열의 역사와 유성생식과의 관련성을 간략히 살펴보기로 한다.

배우자는 각 염색체의 한쪽만을 갖는다

학습목표 11.1.1 배우자와 접합자의 염색체 수를 비교한다.

수정은 두 배우자가 합치는 것이다

1879년에 플레밍(Walther Flemming)이 염색체를 발견한 지 몇 년 되지 않아서 벨기에 세포학자인 반베네덴(Edouard van Beneden)은 회충의 경우 세포에 따라 서로 다른 숫자의 염색체가 있음을 알고 놀라게 되었다. 특히, **배우자**(난자, 정자) 각각은 두 개의 염색체를 가지고 있는 반면, 배아와 개체의 생식세포가 아닌 모든 세포 또는 **체세포(somatic cells)**는 4개의 염색체를 가지고 있다는 것을 관찰하였다.

이러한 관찰로부터 반베네덴은 1883년에 다른 세포에서 발견되는 염색체의 절반을 가지고 있는 난자와 정자는 **접합자(zygote)**라 불리는 하나의 세포를 만들기 위해 융합한다고 제시하였다. 접합자는 각 염색체를 두 개씩 가지고 있다. 새로운 세포를 만드는 배우자의 융합을 **수정(fertilization)** 또는 **배우자합체(syngamy)**라 부른다.

감수분열은 염색체의 숫자를 감소시킨다

배우자의 형성시에 다른 세포에서 발견되는 염색체의 숫자의 반으로 줄이는 염색체 수를 감소시키는 기작이 있어야 한다는 것은 연구 초기부터 명확했었다. 그렇지 않다면, 염색체 수는 매 수정시마다 두 배가 되어, 몇 세대 만에 세포내 염색체 수는 엄청나게 많아질 것이다. 예를 들면, 10세대 만에 인간의 46 염색체는 47,000(46 x 210) 이상으로 증가할 것이다.

염색체 수는 이러한 형식으로 증폭되지 않는데, 그 이유는 **감수분열(meiosis)**이라고 하는 특별한 감소시키는 분열이 있기 때문이다. 감수분열은 배우자 형성시 나타나는데, **반수체(haloid)** 세포—정상 숫자 염색체의 절반을 가진 세포—를 만들어 낸다(그림 11.1). 이 두 세포가 융합하면 **2배체(diloid)** 세포—반수체 세포 염색체의 두 배를 가진 세포—를 형성하여 세대가 지나도 염색체 숫자를 유지시켜 준다. 이 장의 주제인 감소시키는 분열과정이 유성생식에서 가장 중요한 것이다.

성적인 생활주기는 반수체와 배수체 사이를 오간다

학습목표 11.1.2 생활주기 간의 변화는 감수분열과 수정의 시기에 기초한다.

감수분열과 수정은 생식주기를 구성한다. 그림 11.1은 두 개의 반수체 세포(아버지가 준 세개의 염색체를 가진 정자와 어머니가 준 세 개의 염색체를 가진 난자)가 어떻게 융합하여 2배체 체세포(6개의 염색체를 가진)를 형성하게 되는지를 보여준다.

감수분열과 수정을 반복하는 생식을 **유성생식(sexual reproduction)**이라 부른다. 이런 훌륭한 특징은 자손이 부모로부터(그림 11.1) 염색체를 유전받게 해준다. 예를 들면, 엄마로부터 23개의 염색체를 물려받고, 아버지로부터 23개의 염색체를 물려받는다.

모든 유성생식 생물들의 생활주기는 2배체와 반수체 염색체 숫자를 반복하는 형태를 따르고 있지만, 시기에 있어서는 약간의 변화가 있다. 대부분의 조류(algae)는 대부분의 생활주기를 반수체로 보낸다. 대부분의 식물과 일부 조류는 다세포 반수체 시기와 다세포 2배체 시기를 반복한다(24장에서 예를 볼 수 있다). 반면, 대부분의 동물에서는 2배체 시기가 대다수를 이룬다. 접합자는 먼저 체세포분열을 통해 2배체 세포를 만들고, 후에 이들 2배체 세포 일부가 감수분열을 통해 반수체 배우자를 만든다(그림 11.2).

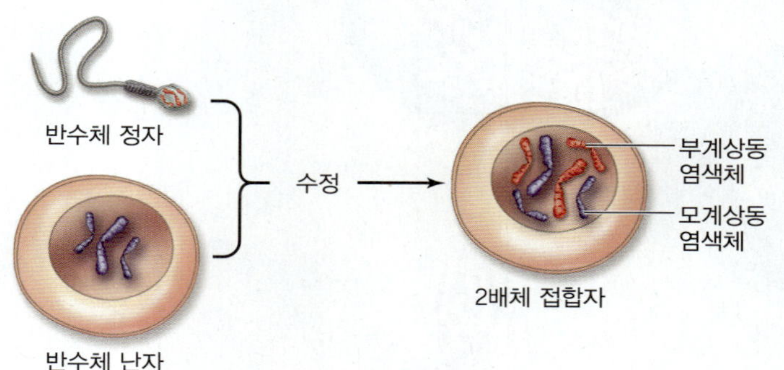

그림 11.1 2배체 세포는 두 부모로부터 염색체가 운반된다. 2배체 세포는 두 종류의 염색체를 포함하고, 모계 상동 염색체는 어머니의 반수체 난자에 의해 기여되며, 부계 상동염색체는 아버지의 반수체 정자로부터 기여된다.

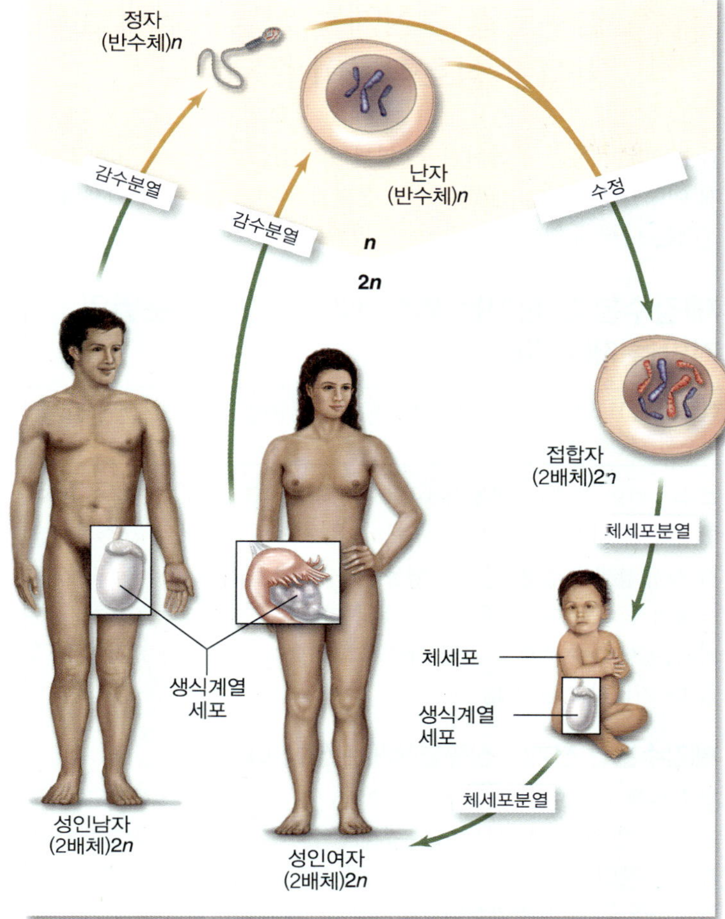

그림 11.2 **동물의 생식주기.** 동물에서, 접합자는 체세포분열을 겪으며 성체의 모든 세포가 생기게 한다. 생식 계열 세포는 발생 초기에 따로 설정되며 반수체 배우자(난자 혹은 정자)를 형성하기 위해 감수분열을 겪는다. 몸의 나머지 부분의 세포를 체세포라고 부른다.

생식계열세포는 동물발생 초기에 따로 챙겨둔다

동물의 경우, 하나의 2배체 접합자는 체세포분열을 통해 **체세포계열세포(somatic-line cells)**를 만드는데, 이들은 성체를 구성하는 세포가 된다. 배우자를 생산하는 감수분열을 겪게되는 세포들은 발생 초기에 체세포와는 별도로 챙겨진다. 이러한 세포를 **생식계열세포(germ-line cells)**라 한다.

모든 생물체가 성을 통해 번식하는 것은 아니다. 일부는 체세포분열로만 번식하기도 하는데, 결코 배우자를 만들지 않는다. 이러한 생물체의 번식은 무성생식이라 한다. 10장에서 본 효모의 세포분열은 무성생식의 한 예이고, 일부 식물은 무성생식이 가능하다(30장).

개념 정리 11.1

유성생식은 서로 다른 개체에서 온 각 두 세포의 유전적 참여를 포함한다. 감수분열은 반수의 염색체를 갖는 반수체 세포를 생산한다. 수정은 두 반수체 세포를 합쳐 다음 세대에 2배체 상태로 복귀시켜준다. 단지 생식계열 세포만이 감수분열을 할 수 있다. 다른 세포들은 단지 체세포분열만을 수행한다.

- 생식계열 세포는 감수분열을 겪는데, 신체는 이런 세포를 어떻게 꾸준하게 공급할 수 있을까?

11.2 감수분열 시 DNA 복제는 한 번이지만 두 번의 분열이 일어난다

감수분열의 진화는 상세히 알려지지 않았지만 체세포분열과 그 기작이 매우 유사한 것 같다. 감수분열과정을 연구할 대 항상 체세포분열과 비교해서 살펴보게 된다.

감수분열은 두 가지 면에서 체세포분열과 다르다

학습목표 11.2.1 상동 짝짓기 과정을 기술한다.

개체마다 약간씩 다르기는 하지만, 진핵세포의 경우 감수분열은 두 가지 면에서 체세포분열과 다르다.

1. 상동염색체의 짝짓기

2배체 생물의 감수분열은 **제I감수분열(meiosis I)**과 **제II감수분열(meiosis Ⅱ)**의 두 번의 분열과정을 겪는다. 각 분열은 전기, 중기, 후기, 말기 단계로 나눈다. 제I감수분열 전기에는 상동염색체가 서로를 찾아 가까이에 위치하게 되어, 짝을 이루는 **접합(synapsis)**이라 불리는 과정을 겪는다(그림 11.3a).

접합복합체

상동염색체 가까이 쌍을 이루어 이들 사이의 단백질들이 격자를 이루는 **접합복합체(synaptonemal complex)**가 제I감수분열 전기에 형성된다. 접합체의 구조는 아직 정확한 기능은 밝혀지지 않았지만 대부분의 생물체에서 유사하게 나타난다. 대표적인 예를 그림 11.3에 나타내었다. 상동염색체의 네개의 염색분체가 감수분열시 가까이 접해 있음을 볼 수 있다. 이 구조는 때로 4분염색체(*tetrad*) 또는 2가염색체(*bivalent*)라 부른다.

교차

상등염색체가 접합복합체를 형성할 때, 감수분열에서만 나타나는 현상인 **교차(crossing over)**가 일어난다. 이 현상은 상동염색체가 일부를 교환하는 현상으로, 이로 인해 유전적 재조합—분리된 다른 상동염색체에 있던 대립유전자가 이제는 같은 상동염색체에 존재함—이 일어난다. 교차가 일어나는 위치를 **교차점(chiasmata)**이

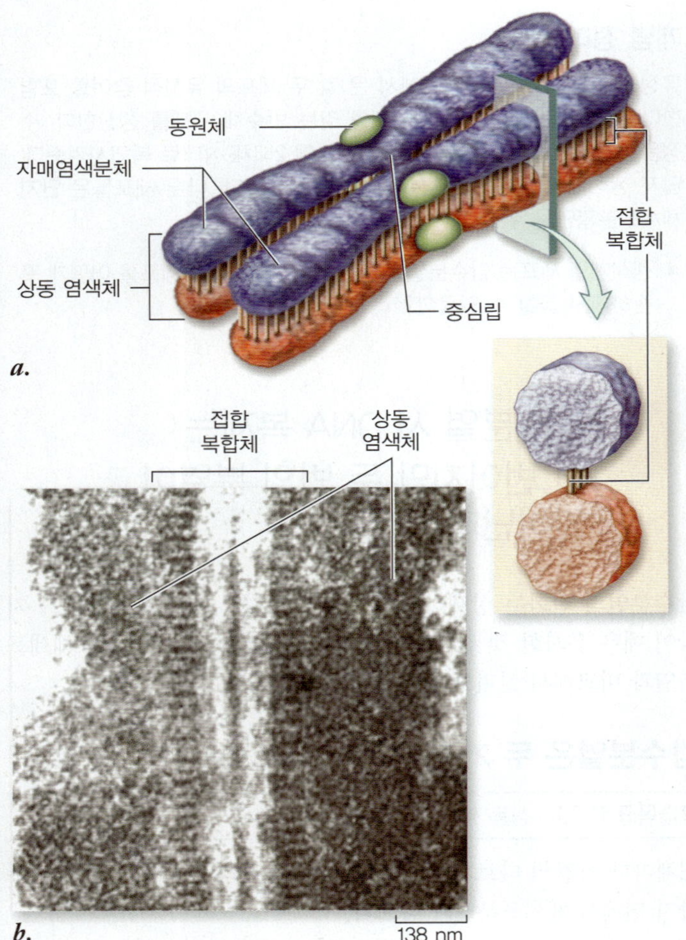

그림 11.3 감수분열의 독특한 특성. **a.** 상동의 염색체는 제I감수분열 전기에 쌍을 맺는다. 이 과정을 접합이라 부르며, 접합복합체라 불리는 구조에 의해 연결된 상동염색체를 만든다. 상동염색체 쌍은 물리적으로 부분을 교환하며, 이 과정을 교차라 부른다. **b.** 자낭균 *Neotiella rutilans*의 접합복합체, 찻종버섯.

라 부르며, 제I감수분열 후기까지 존재한다. 교차에 의해 상동염색체 간의 물리적 연결이 일어날 때, 자매염색분체들의 연결은 코헤신이라는 단백질에 의해 고정된다.

2. 염색체 감소 분열

감수분열과 체세포분열의 가장 뚜렷한 차이는 감수분열에서는 유전물질의 복제없이 두 번의 분열이 일어나는 것인데, 즉 DNA 복제는 두 번의 세포분열 시 억제되어 있다. 이로 인해 세포는 염색체의 한쪽 세트만 가지게 된다.

개념 정리 11.2

제I감수분열 전기에는 상동염색체가 길게 쌍을 이룬다. 상동염색체들은 교차점에서 염색체의 교환이 일어난다. 제I감수분열 후기에는 상동염색체가 분리되면서 반수체로 염색체가 수가 감소한다. 이후 복제없이 두 번째 분열로 들어가 자매염색분체가 분리하여 네 개의 반수체 세포를 만들게 된다.

- 자매염색분체가 첫 번째 분열 시에 분리되어도 감수분열이 제대로 일어날까?

11.3 감수분열 과정에는 상동염색체 간의 밀접한 상호작용이 존재한다

감수분열 과정은 복잡하지만, 염색체의 행동 양상을 분석하면 쉽게 이해할 수 있다. 제I감수분열 전기에 일어나는 상동염색체의 짝짓기는 나중에 일어나는 과정의 기반이 된다.

제I감수분열 전기는 염색체가 줄어드는 분열의 기반을 제공한다

학습목표 11.3.1 제I감수분열 전기에 상동염색체의 짝짓기는 어떻게 일어나는지 설명한다.

감수분열의 복잡한 과정을 이해하기 위해, 두 번의 세포분열 동안 일어나는 염색체의 행동을 추적하기로 한다. 첫 번째 감수분열은 각 상동염색체 쌍을 이루어 행동한다. 이는 체세포분열 시 각 상동염색체가 따로 따로 행동하는 것과 다르다. 이는 상동염색체가 분리되는 제I감수분열 후기에 이르기까지 함께 연결되어 복잡한 과정을 다 거친다**(그림 11.4)**.

제I감수분열 전기에 상동염색체는 쌍을 이룬다

감수분열 세포도 체세포분열 시의 G_1, S, G_2 같은 유사한 간기를 갖는다. 간기 후에, 생식세포는 제I감수분열에 들어간다**(그림 11.5)**. 제I감수분열 전기에, DNA는 강하게 코일화되고, 각각의 염색체는 가느라란 실처럼 광학현미경 하에서 관찰된다. DNA는 이미 감수분열에 들어가기 전에 복제되었기 때문에, 각 실같은 형태는 동원체에서 연결된 사실상 두 개의 자매염색분체인 것이다. 제I감수분열 전기에 상동염색체는 아주 가까이 위치해서 교차에 의해 교환이 일어나고, 나중에 분리된다.

시냅시스

간기의 생식세포에서는 염색분체 말단이 핵막의 특정 위치에 붙어있는 것처럼 보인다. 상동염색체가 붙어있는 위치는 매우 가까워서, 제I감수분열 전기에는 쌍을 이룬 각 상동염색체가 매우 가까이 있게 된다. 상동염색체 쌍은 나란히 위치하여 시냅시스를 형성하게 된다.

이로 인해 상동염색체는 전체 길이가 나란히 위치하게 된다. 각 상동염색체의 자매염색분체 또한 코헤신 복합체와 결합하여 **자매염색분체 코헤신**(체세포분열 시 나타나는 것과 유사함)을 형성한다. 이로인해 모든 네 개의 염색분체가 밀접히 연결된다.

교차의 기작

제I감수분열 전기에 나타나는 접합복합체(그림 11.3)와 함께, 재조합이 일어나는 같은 시기에 또 다른 구조가 나타난다. 이를 **재조합마디**(*recombination nodule*)라 하는데, 상동염색체의 염색분체를 절단하고 연결하는데 필요한 효소를 포함하는 것으로 여겨진다.

교차는 자매염색분체가 아닌 염색분체 간의 DNA 절편들이 교환되는 복잡한 과정을 의미한다. 비자매염색분체 간의 상반교차

그림 11.4 염색체의 배열은 제I감수분열과 체세포분열에서 다르다. 제I감수분열 중기에, 교차와 자매염색분체 간의 상호작용은 상동염색체가 함께 가도록 한다; 각 상동염색체의 자매염색분체를 잇기 위한 동원체는 한 극의 방추사에 붙는다. 제I감수분열의 말에, 자매염색분체 팔 사이의 연결은 방추사가 짧아짐으로써 끊기며, 상동염색체를 밀어내어 떨어지게 만든다. 자매염색분체는 그들의 중심립에 붙은 채로 남아있는다. 체세포분열에서, 반대극으로부터의 방추사는 각 자매염색분체의 동원체에 붙는다; 자매염색분체 중심립 사이의 연결이 끊어지고, 방추사가 짧아지고, 자매염색분체를 양극으로 밀어낼 때.

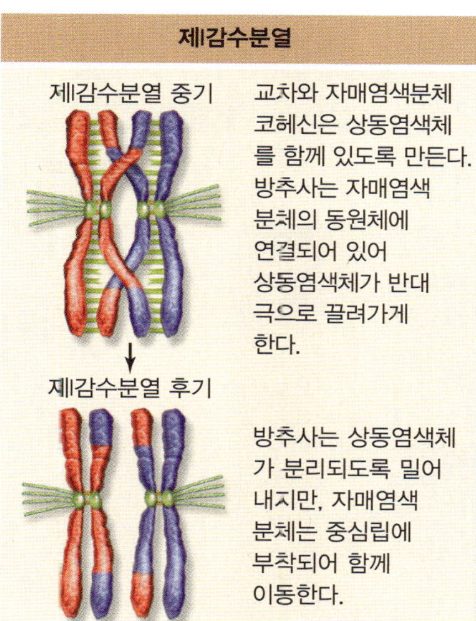

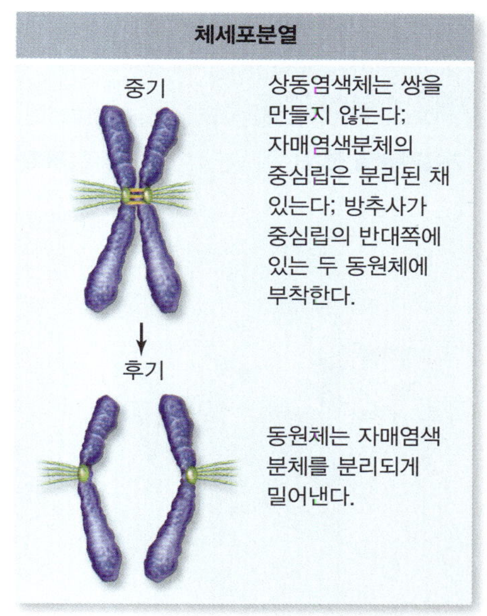

(reciprocal crossover)는 각 염색체가 한번의 감수분열 시 염색체의 크기와는 상관없는 적은 수의 교차를 갖도록 조절된다. 인간 염색체의 경우 두 번 또는 세 번의 교차가 일어난다.

교차가 완성되면, 접합복합체는 깨지면서 상동염색체가 느슨하게 되지만 아직은 교차점에 의해 연결되어 있다. 이 시점에 이르면 네 개의 염색분체는 각각의 염색체 형태를 갖게 된다(두 개의 자매염색분체로 이루어진 상동염색체 두 개).

네 개의 염색분체는 두 가지 방법으로 연결되어 있게 된다. (1) DNA 복제의 결과물인 두 개의 자매염색분체로 이루어진 상동염색체는 코헤신 단백질에 의해 연결(자매염색분체 코헤신) (2) 상동염색체간의 교차에 의한 물질의 교환이 4개의 염색분체를 함께 묶는다.

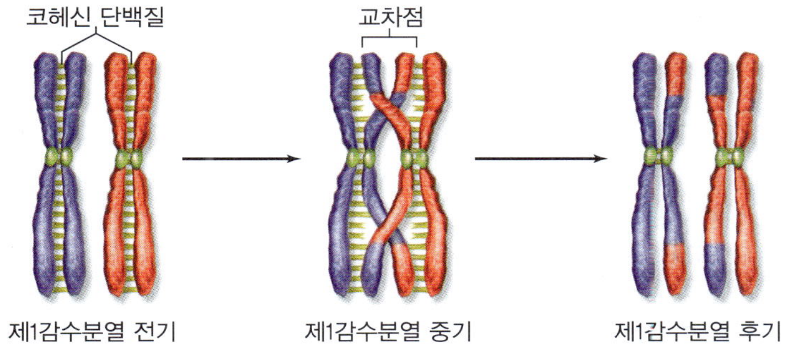

염색체 쌍의 이러한 행동이 제I감수분열 전기에 일어나는 동안, 또 다른 중요한 현상이 일어난다. 미세소관의 간기의 구조에 따라 핵막이 붕괴된다. 이 미세소관은 방추사로 재형성된다.

제I감수분열 중기, 쌍을 이룬 상동염색체가 배열된다

학습목표 11.3.2 제I감수분열 중기에 상동염색체 쌍이 monopolar하게 부착되는 중요성을 설명한다.

제I감수분열 전기에 일어나는 현상으로 인해, 상동염색체의 각 쌍은 두배수인 2가 상태로 함께 연결된다. 이러한 2가 염색체가 방추사를 붙들기 때문에, 세포의 가운데로 이동하여, 쌍을 이루면서 배열하게 된다.

자매염색분체의 방추사부착점은 극에 있는 미세소관을 붙드는 기구로 작용한다. 이로 인해 반대극에서 온 미세소관이 각 염색체가 아닌 상동염색체 방추사부착점에 붙게 되는 것이다(그림 11.4).

자매 방추사부착점이 제I감수분열 동안 하나의 단위로 행동하는 능력에 대해서는 아직 밝혀지지 않았다. 다만 전자현미경 관찰 결과를 근거로, 자매염색분체의 동원체 방추사부착점 복합체는 제I감수분열 동안 압축되어, 하나의 단위로 행동하는 것이 아닌가 한다.

자매염색분체 방추사부착점의 한쪽에만 방추사가 붙는 것은 체세포분열의 경우에는 굉장히 위험하다. 하지만 제I감수분열의 경우에는 매우 중요하다. 쌍으로 된 상동염색체에 긴장을 야기시켜, 세포의 적도판에 끌어올 수 있게 한다. 이러한 방법을 통해, 상동염색체 쌍이 중기판의 정렬하게 되는 것이다.

각 쌍의 염색체는 방추사 축에 놓이게 되는 방향은 무작위여서 부계, 모계의 구분없이 어느 쪽 극으로든 향할 수 있다(그림 11.6).

제I감수분열

제I감수분열 전기

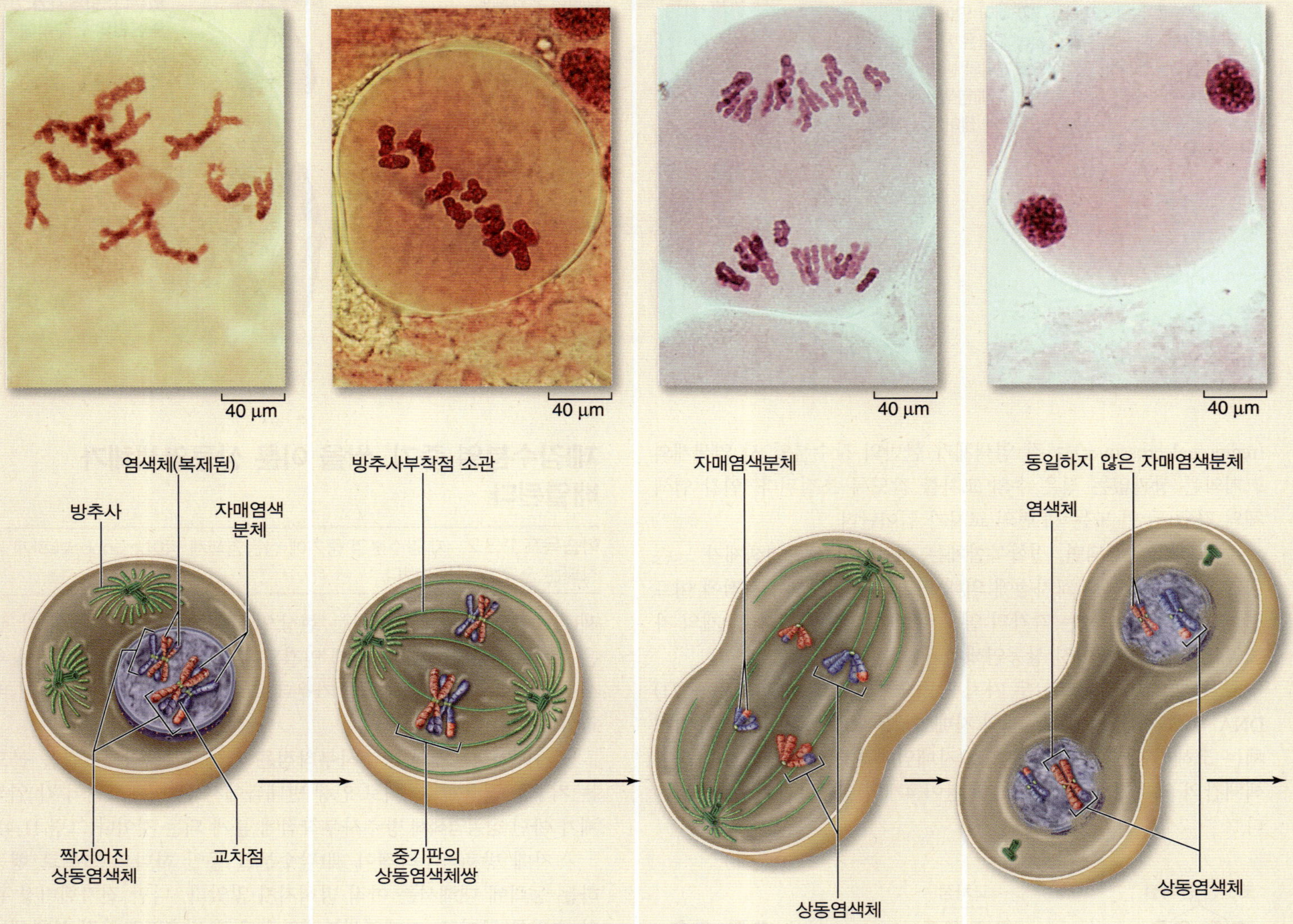

제I감수분열 전기에, 염색체는 응축되기 시작하며, 방추사극이 생기기 시작한다. DNA는 복제되었으며, 각 염색체는 중심립에 부착된 두 자매염색분체로 구성된다. 여기에 그려진 세포는 4개의 염색체를 갖거나, 두 쌍의 상동염색체를 갖는다. 상동염색체쌍 간기 동안 전체 길이를 늘인다. 교차가 일어나고, 교차점을 형성하며, 상동염색체는 함께 행동한다.

제I감수분열 중기

제I감수분열 중기에, 상동염색체쌍은 세포의 적도면에 배열된다. 교차점은 상동염색체쌍을 함께 있도록 하고 반대극으로부터의 방추사는 각 상동염색체의 자매염색분체를 부착시키며, 팽팽함을 만든다. 세포 한극의 동원체 방추사는 염색체의 한 상동염색체에 부착된다. 다른 세포극으로부터의 동원체 방추사는 다른 상동염색체에 부착된다.

제I감수분열 후기

제I감수분열 후기에, 동원체 방추사는 짧아지며, 상동염색체쌍은 멀어진다. 복제된 상동염색체 하나는 세포의 한 극으로 가며, 다른 복제된 상동염색체는 다른 극으로 간다. 자매염색분체는 분리되지 않는다. 복제된 상동염색체가 중기판에 각각 줄지어지는 것과, 자매염색분체가 후기에 멀어지는 점에서 이는 체세포분열과는 대조되는 특징이다.

제I감수분열 말기

제I감수분열 말기에, 분리된 상동염색체는 세포의 각 극에 집단을 형성하며, 핵막이 각 딸세포 핵 주변에서 재생성된다. 세포질분열이 일어난다. 두 세포는 원래 세포의 반이 되는 염색체를 포함하며, 각 핵은 두 염색체를 갖는다(원래 세포가 4개를 갖는 것에 비해). 각 염색체는 두 자매염색분체를 포함하지만, 자매염색분체는 교차가 일어났기 때문에 동일하지 않다.

그림 11.5 감수분열의 단계. 식물세포(사진)와 동물세포(그림)의 감수분열.

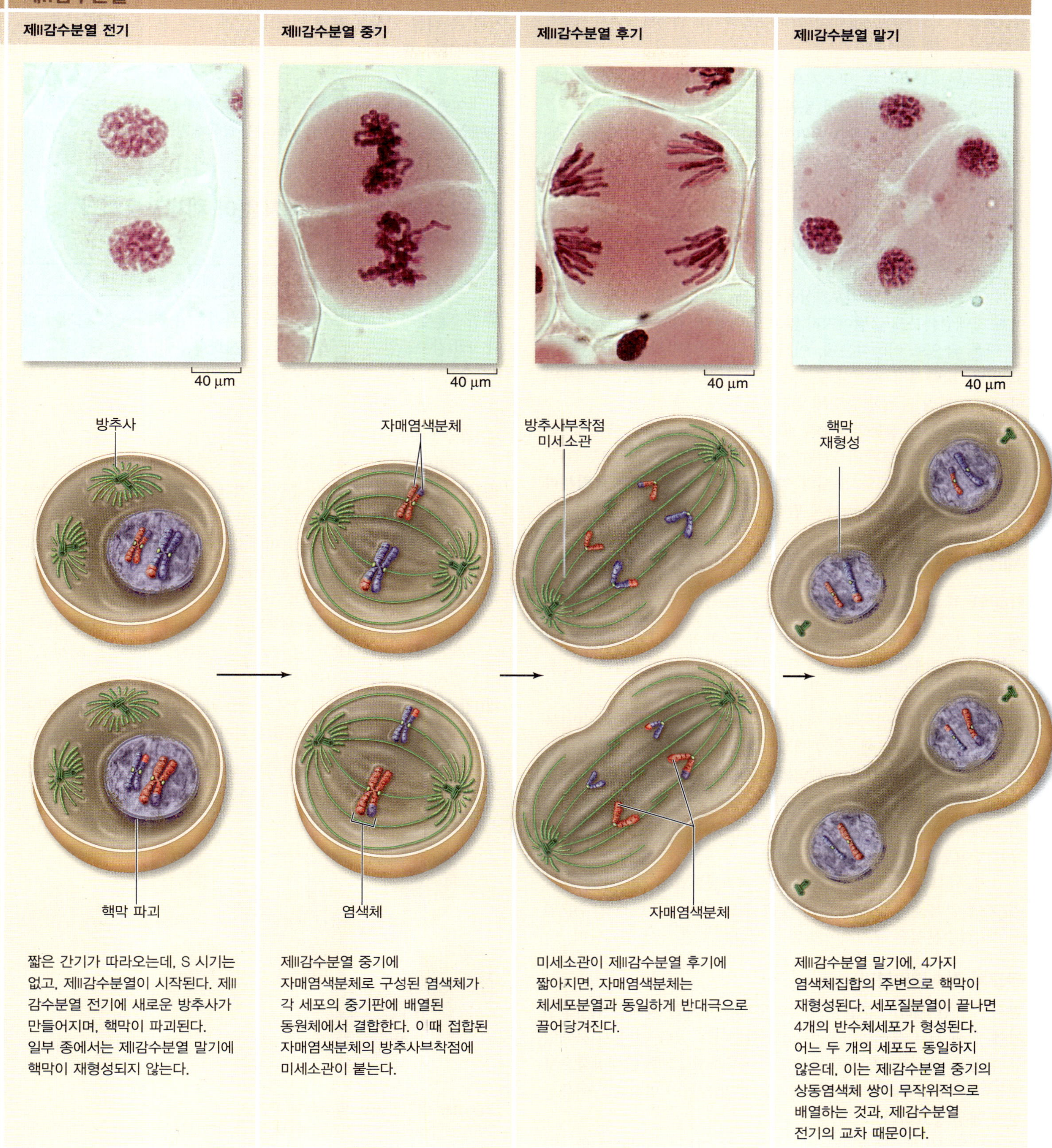

짧은 간기가 따라오는데, S 시기는 없고, 제II감수분열이 시작된다. 제II 감수분열 전기에 새로운 방추사가 만들어지며, 핵막이 파괴된다. 일부 종에서는 제I감수분열 말기에 핵막이 재형성되지 않는다.

제II감수분열 중기에 자매염색분체로 구성된 염색체가 각 세포의 중기판에 배열된 동원체에서 결합한다. 이 때 접합된 자매염색분체의 방추사부착점에 미세소관이 붙는다.

미세소관이 제II감수분열 후기에 짧아지면, 자매염색분체는 체세포분열과 동일하게 반대극으로 끌어당겨진다.

제II감수분열 말기에, 4가지 염색체집합의 주변으로 핵막이 재형성된다. 세포질분열이 끝나면 4개의 반수체세포가 형성된다. 어느 두 개의 세포도 동일하지 않은데, 이는 제I감수분열 중기의 상동염색체 쌍이 무작위적으로 배열하는 것과, 제I감수분열 전기의 교차 때문이다.

제I감수분열 후기에 자매염색분체의 부분적인 소실이 나타난다

학습목표 11.3.3 동원체에서와 제I감수분열 후기의 염색체 팔에서 자매염색분체의 소실을 비교한다.

제I감수분열 후기에서, 방추사의 미세소관은 짧아지기 시작한다. 짧아지면 교차점을 분리시켜 동원체를 극쪽으로 잡아당긴다.

제I감수분열 후기에 자매염색분체의 염색체 팔간의 결합은 분리되지만, 동원체까지는 분리가 안된다. 이러한 분리는 체세포분열시에 나타나는 현상과 유사한 감수분열 특이적인 코헤신이 부서지면서 나타나는 것으로 생각한다. 다만 두 가지 분열시의 차이점은 최근에서야 이해하기 시작한 기작에 의해 이러한 파괴는 동원체에서 멈춘다는 것이다.

이러한 분리의 결과로, 상동염색체는 서로 떨어지게 되지만, 아직 자매염색분체는 떨어지지 않고 붙어있다. 각 상동염색체는 서로 다른 극으로 이동하는데, 이 염색체는 자매염색분체를 동반하고 있다. 방추사가 완전히 수축하게 되면 각 극에는 상동염색체의 하나만을 가진 완전한 반수체 염색체가 존재하게 된다.

중기판에서 상동염색체의 배열이 무작위적이었기 때문에, 한쪽 극에는 부계, 모계의 염색체가 혼재되어 있게 된다. 그 결과, 제I감수분열은 부계와 모계의 염색체가 배우자세포로 **독립분리(independent assortment)**하게 된다.

제I감수분열 말기에 제I감수분열이 마무리된다

학습목표 11.3.4 제I감수분열 말기에 일어나는 중요한 사건을 살펴본다.

제I감수분열 말기의 시작은 염색체가 두 개의 집단으로 분리되어 세포의 각 극에서 하나가 된다. 이때 핵막이 다시 형성되어 각각을 딸핵으로 감싸게 된다.

딸핵에 있는 염색체는 제I감수분열이 시작되기 전에 이미 복제가 된 것이기 때문에, 각 염색체는 동원체에 의해 연결된 자매염색분체로 구성되어 있다. 자매염색분체는 더 이상 동일한 것이 아님을 주시할 필요가 있다. 왜냐하면 제I감수분열 전기에 교차가 일어났기 때문이다(그림 11.4). 즉, 이런 변화는 유전적 다양성을 제공해 주는 중요한 의미가 있다.

세포질과 그 내용물이 쪼개지는 세포질분열은 제I감수분열 말기 후에 일어날 수도 일어나지 않을 수도 있다. 두 번째 감수분열인 제II감수분열은 규칙적이지 않은 시간이 흐른 뒤에 일어난다.

무교차 감수분열분리

앞서 서술한 제I감수분열은 상동염색체가 교차와 자매염색분체 접합에 의해 서로 붙어있다는 관찰에 의존하고 있다. 이렇게 붙어있는 현상은 상동염색체가 중기판으로 이동하고 그 후 반대방향으로 이동하는 제I감수분열 중기와 제I감수분열 후기의 염색체의 이동양상에 매우 중요하다.

상동염색체가 붙어있는 것이 일반적이기는 하지만, 예외도 있다. 초파리(*Drosophila*) 수컷의 경우, 재조합은 일어나지 않아 감수분열은 매우 정확하게 일어난다. 이러한 것을 **무교차감수분열분리(achiasmate segregation)**(교차가 나타나지 않는)라 한다. 이 경우 상동염색체가 연결되고 제I감수분열 후기에 염색체가 분리되는 과정은 좀 다른 기작을 통해 일어나는 것 같다. 말단소체와 다른 이질염색체가 관여하는 것 같지만 아직 상세한 과정은 알려진 것이 없다.

이런 예외적인 경우에도 불구하고, 대부분의 종에서는 교차와 자매염색분체 접합이 일어나서 상동염색체가 제I감수분열 후기에 함께 이동한다.

제II감수분열은 DNA 복제없이 체세포분열과 유사하게 일어난다

학습목표 11.3.5 제II감수분열 시 일어나는 사건을 기술한다.

제I감수분열과 제II감수분열 사이의 간기는 뚜렷하며, S 시기가 없다. 제II감수분열은 체세포분열과 유사하다. 제II감수분열 전기, 제II감수분열 중기, 제II감수분열 후기, 제II감수분열 말기는 일련의 과정으로 빠르게 진행된다(그림 11.5)

제II감수분열 전기. 세포의 양쪽 극에서 염색체들이 제II감수분열 전기로 들어가, 새로운 방추사 형성될 때 핵막이 소실된다

제II감수분열 중기. 제II감수분열 중기에는 반대방향에서 온 방추사가 각 자매염색분체의 방추사부착점에 결합하여 각 염색체를 중기판으로 이동시키고, 미세소관이 자매염색분체를 끌어당길 준비를 한다. 이 과정은 체세포분열시의 중기와 유사하다.

제II감수분열 후기. 방추사가 잡아당기고, 자매염색분체의 동원체를 연결하는 접합체가 해체되면서 동원에가 분리되어 자매염색분체는 반대편으로 끌어당겨지게 된다. 이 과정은 체세포분열시의 후기와 유사하다.

제II감수분열 말기. 마지막으로, 4세트의 딸염색체 주위로 핵막이 재형성된다. 그리고 세포질 분리가 일어난다.

이 결과 반수의 염색체를 가진 4개의 세포가 만들어진다. 이러

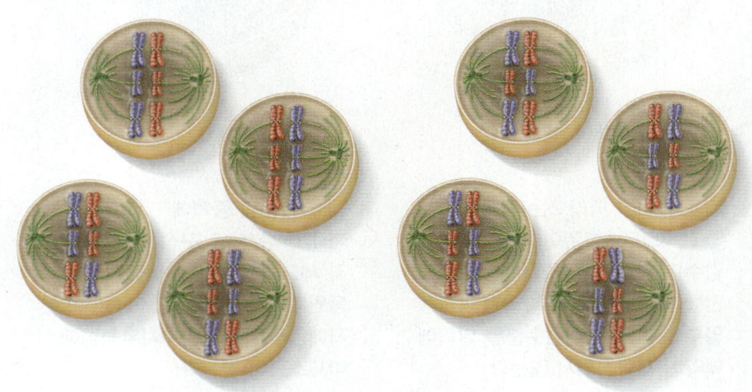

그림 11.6 중기판에서 염색체의 무작위 배열. 가능한 염색체 배열의 수는 염색체 쌍의 수를 제곱한 것과 동일하다. 세 염색체 쌍을 가진 가상의 세포가 있다면, 8개의 가능한 배열이 존재한다. 각 배열은 부모 염색체의 다른 조합을 가진 배우자를 생성한다.

한 반수의 핵을 가진 세포는 배우자로 발생하게 된다. 식물, 곰팡이, 원생생물 같은 경우에는 이들이 스스로 체세포분열을 일으켜, 반수의 염색체를 가진 성체로 발생하거나 반수의 배우자를 대량 생산하기도 한다.

개념 정리 11.3

자매염색분체의 접합은 제감수분열시 교차와 더불어 상동염색체를 연결해준다. 각 상동염색체의 동원체는 단극의 접합으로 제감수분열 중기에 상동염색체 쌍의 배열을 이루게 해준다. 동원체에서만 접합이 일어나기 때문에 제감수분열 후기에 상동염색체가 반대극으로 이동이 가능해진다. 제II감수분열은 체세포분열과 유사하다.

- 제감수분열 후기에 적절한 분리가 일어나지 않으면 어떤 일이 일어날가? 제II감수분열 후기에은 어떨까?

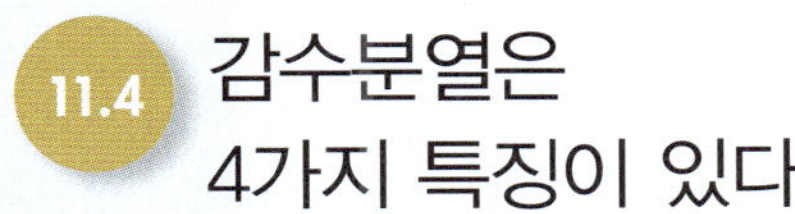

11.4 감수분열은 4가지 특징이 있다

제I감수분열 시 염색체의 행동은 구별되는 점이 있다

학습목표 11.4.1 감수분열의 4가지 특징에 대한 분자기작을 살펴본다.

감수분열의 핵심은 감수분열과 체세포분열의 차이점을 이해하는 것이다. 양쪽과정에서 기본은 유사하지만 염색체의 행동양상은 첫 번째 감수분열에서 분명하게 차이가 난다(그림 11.7). 감수분열은 4가지 뚜렷한 형태로 특징지어진다.

1. 상동염색체 쌍 형성과 교차가 제I감수분열시 모계와 부계 상동염색체를 연결시킨다
2. 자매염색분체는 동원체에서 연결된 채로 있으며, 제I감수분열 후기에 함께 이동한다
3. 자매염색분체의 방추사부착점은 제I감수분열 시 같은 극으로 부착되며, 체세포분열 시에는 반대편 극으로 부착된다
4. DNA 복제는 두 번의 감수분열시에 억제된다

1. 상동염색체 쌍 형성은 감수분열의 특징이다

제I감수분열 전기에 일어나는 상동염색체 쌍 형성이 체세포분열과 다른 첫 번째 현상이며, 이러한 현상은 그 후 일어나는 차이점들에 대한 원인이 된다(그림 11.4). 상동염색체가 어떻게 자기 쌍을 찾고 배열하는지는 감수분열의 큰 불가사이였다. 일부 해답은 감수분열 특이적인 점착단백질이 발견되면서 보인다. 효모의 경우, Rec8 단백질을 코헤신 복합체의 일부단백질인 Scc1 단백질을 대체하여 사용한다. 이 단백질은 separase 효소(10장)의 타겟인데, 이렇게 감수분열 특이단백질로 교체되는 가설이 현재까지의 결과이다.

접합복합체 단백질은 다양한 종에서 발견되었지만, 구조의 유사성에도 불구하고 단백질 서열의 보존성은 별로 나타나지 않고 있다. 아미노산 서열의 보존성은 별로 없음에도 불구하고 단백질 간의 상호작용에 관여하는 coiled-coil 구조는 보존되고 있다.

재조합에는 상동염색체 쌍 형성이 필요하며, 여기에 관여하는 단백질들은 많이 알려져 있다. 재조합과정은 DNA의 절단을 수선하는데 필요한 과정과 관련성을 가지고 있다. 재조합은 아마도 수선기작으로부터 진화되어, 후에 염색체를 분리하는데 사용되도록 적응시키게 되었다. 적절한 분리를 수행하는 재조합의 중요성은 재조합단백질의 기능이 소실되면 비분리가 많아지는 것으로 보아 분명하다.

2. 자매염색분체 결합은 제I감수분열 시에는 유지되나, 제II감수분열 시에는 분리된다

제I감수분열은 후기에 자매염색분체가 아니라 상동염색체가 분리되는 것으로 특징지어진다. 이렇게 되기 위해서는, 자매염색분체의 동원체가 제I감수분열 후기에 같은 극으로 이동해야 한다. 이 과정은 제I감수분열부터 제II감수분열 시까지, 자매동원체가 아니라 염색체 팔로부터 점착단백질이 제거되어야 한다(그림 11.4).

상동염색체는 교차점에 의해 연결되어 있으며, 교차부위 주위의 자매염색분체 결합은 상동염색체를 함께 붙들고 있다. 염색체에서 Rec8 단백질이 망가지면 상동염색체가 분리되어 제I감수분열 후기에 분리되어 이동될 수 있도록 해준다.

이 과정은 제I감수분열 동안 보호되는 동원체에 있는 코헤신에 의존한다. 최근에 발견된 단백질에 의해 문제해결에 서광이 비치고 있는데, Shugoshin("수호신"을 의미하는 일본 용어)으로 불리우는 단백질이 제I감수분열 시 코헤신 보호에 필요하다는 것이다. 생쥐는 두 가지 shugosin을 가지고 있는데 Sgo-1과 Sgo-2가 바로 그것이다. Sgo-2를 없애면 초기의 자매염색분체가 분리된다. 이는 Sgo-2가 제II감수분열이 아니라 제I감수분열 전기에만 일을 하는가 하는 의문점을 제기한다. 하나의 가설은 제II감수분열 후기에 생긴 긴장이 Sgo-2로 하여금 동원체에서 교차점으로 이동하도록 해주는 것이 아닌가 한다.

3. 자매 교차점은 제I감수분열 내내 같은 극에 붙어 있다

제I감수분열 시 자매동원체가 같이 이동하기 위해서는 자매염색분체의 방추사부착점은 같은 극쪽에 붙어있어야 한다. 이러한 현상은 자매방추사부착점이 반대극 쪽에 있는 체세포분열(그림 11.4) 및 제II감수분열 시와는 상반된 상태이다.

이런 자매방추사부착점이 한쪽에 쏠려있게 되는 원인을 이해하지 못하고 있지만, 제I감수분열 및 체세포분열 시 동원체-방추사부착점 복합체 사이의 구조적 차이점에 기인하는 것이 아닌가 여겨지고 있다. 전자현미경으로 관찰한 체세포분열 시의 방추사부착점은 훨씬 오목하게 보이는데, 이것이 양쪽에서 붙게해주는 이유가 아닌가 한다. 제I감수분열의 방추사부착점은 좀더 튀어나와 있는데, 이것은 한쪽면에서의 부착을 더 쉽게 해준다. 동원체에서 자매염색분체가 결합되어 유지되는 것과 한쪽으로 부착되는 것 모두 제I감수분열과 체세포분열을 구별짓는 상동염색체 이동에 필요하다.

4. 복제는 감수분열 시 억제되어 있다

체세포분열 후, 새로운 DNA 복제가 다음 분열 전에 일어나야 한다. 감수분열의 경우는, 주어진 염색체 수를 성공적으로 반분하기 위해서는 이런 복제는 두 번의 감수분열 시 억제되어 있어야 한다. 감수분열시 복제를 억제하는 상세한 기작은 알려진 것이 없지만, cyclin 중의 하나인 cyclin B가 감수분열 시 감소한다는 단서가 있기는 하지만, 체세포분열 시와 마찬가지로 완전히 없어지지는 않는다.

체세포분열 시, cyclin은 새로운 분열을 하기 위해서 체세포 cyclin은 소멸되어야 한다. 감수분열 시 cyclin B가 지속적으로 존재하게 되면 DNA 복제가 시작되는데 필요한 개시복합체가 형성하지 못하게 된다. 이처럼 개시복합체가 형성이 안되면 DNA 복제가 억제되게 된다.

개념 정리 11.4

감수분열의 특징에는 아래의 것들이 있다. 상동염색체 쌍 형성 및 교차, 첫 번째 분열 시 동원체가 아니라 염색체 팔에서 자매염색분체의 결합이 안 일어나는 것, 자매방추사부착점이 같은 극쪽에 붙는 것, 감수분열 시 DNA 복제가 일어나지 않는 것 등이다. 이를 통해 감수분열 시 상동염색체가 분리되며, 제II감수분열 시에는 자매염색분체 분리가 일어난다. 이로 인해 4개의 반수체 세포가 만들어진다.

- 감수분열의 어떤 모습이 세포주기와 관련이 있는가?

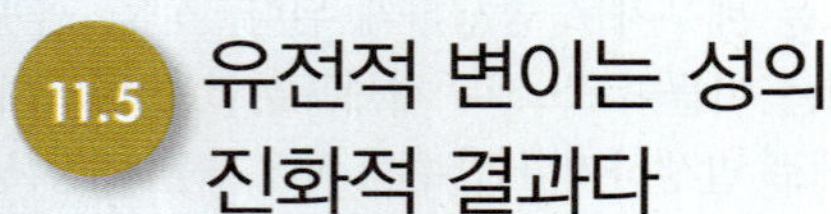

11.5 유전적 변이는 성의 진화적 결과다

감수분열은 체세포분열보다 훨씬 복잡하다. 왜 이렇게 복잡하게 진화가 되었을까? 감수분열과 성이 어떻게 진화되었는지 살펴보는 과정에서, 감수분열과 유성생식은 새로운 유전적 조합을 아주 빨리 만들어내는 능력으로 인해, 종이 현재도 어떻게 진화하는지에 대한 커다란 영향을 주고 있음을 알 수 있다. 세 가지 기작이 있는데, 독립적인 분리, 교차, 무작위수정 등이 그것이다.

세 가지 기작이 유전적 다양성을 증가시킨다

학습목표 11.5.1 감수분열이 유전적 다양성을 증가시키는 방법과 이것이 왜 중요한지를 설명한다.

독립분리

감수분열 시 일어나는 유전물질의 재분리는 수많은 유전적 변이를 만들어내며, 이러한 변이로 인해 지난 15억년을 지나는 동안 다양한 진핵생물의 진화가 가능했다. 이것을 이해하기 위해, 대부분의 생물이 하나 이상의 염색체 쌍을 가지고 있으며 제I감수분열 동안

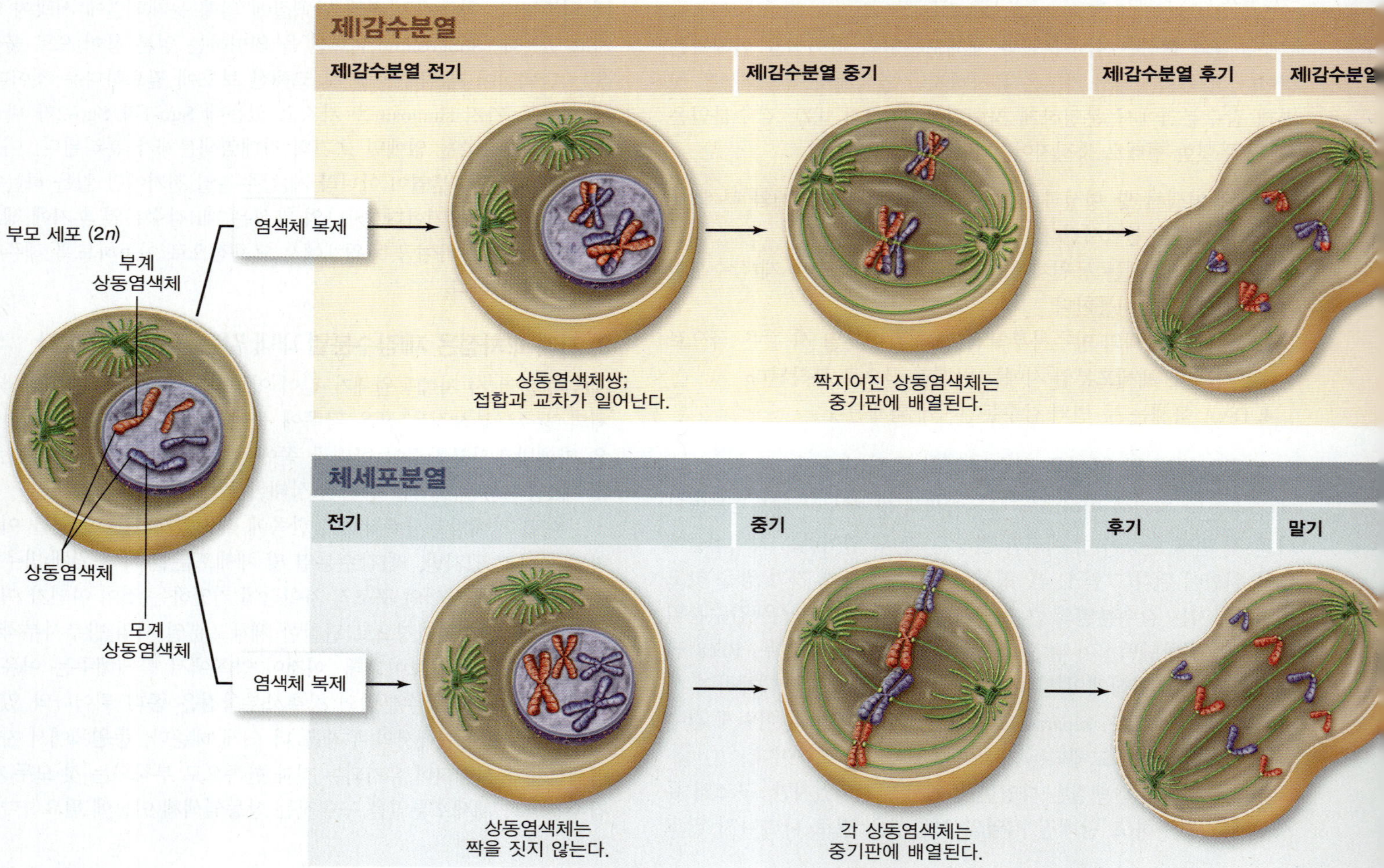

제I감수분열

제I감수분열 전기 | 제I감수분열 중기 | 제I감수분열 후기 | 제I감수분열

부모 세포 (2n)

부계 상동염색체

상동염색체

모계 상동염색체

염색체 복제

상동염색체쌍; 접합과 교차가 일어난다.

짝지어진 상동염색체는 중기판에 배열된다.

체세포분열

전기 | 중기 | 후기 | 말기

염색체 복제

상동염색체는 짝을 짓지 않는다.

각 상동염색체는 중기판에 배열된다.

상동염색체가 독립적으로 쌍을 이룬다. 이는 적도부근에 2^n(n은 반수의 염색체 수)의 가지 수가 존재함을 의미한다. 반수의 염색체가 3이라고 가정해보자. 이 경우 $2^3=8$이라는 상동염색체 쌍의 가짓수가 존재한다(그림 11.6). 감수분열이 끝나면 8개의 서로 다른 배우자세포가 생긴다. 이 8가지의 배열은 사실 동일한 배우자를 만드는 상보적인 4 세트이다. 예를 들면, 모든 파란색 상동염색체가 "왼쪽"에, 붉은 상동염색체가 "오른쪽"에 배열되는 것은 반대배열, 즉 파란색은 "오른쪽", 붉은색이 "왼쪽"에 반대로 배열된 배우자와 동일하다. 이를 사람의 유전체에 적용해보면 n=23이므로 2^{23}(8백만가지 이상)의 배우자가 만들어질 수 있다.

교차

비자매염색분체의 팔이 교차되어 나타나는 DNA 교환은 감수분열 시 나타나는 염색체의 독립적 분리에 더욱 많은 재조합을 추가로 발생시킨다. 이리하여 배우자에 나타나는 유전적 변이의 가능한 숫자는 거의 무한대에 이른다.

무작위 수정

새로운 개체를 형성하는 접합체 또한 두 개의 배우자가 합쳐져서 만들어진다. 이 배우자는 독립적으로 만들어지므로, 수정은 가능한 배우자 수를 곱해야 한다($2^{23} \times 2^{23}$ = 70조).

다양성의 중요성

진화의 속도는 유전적 재조합에 의해 빨라지며, 이는 대부분 유성생식의 결과로 나타난다. 변화가 항상 선택에 유리하지는 않다. 서식지가 요구하는 환경에서 살고 있는 무성생식하는 식물의 경우, 선택은 현존하는 유전자의 재조합을 보존하려는 경향이 있다. 척추동물의 경우에는 그 반대로 진화적이 이점은 다양성에 있어서 유성생식이 생식의 주 방법이 되었다.

유성생식으로 가게하는 힘이 무엇이던 간에, 진화의 결과는 매우 크다. 어떠한 유전적 현상도 다양성을 빠르게 발생시키지 못한다. 따라서 19장에 보게 되겠지만, 유전적 다양성은 진화의 기초이며, 유력한 방향으로 선택하고 그 방향으로 가속화시키는 연료와 같다.

개념 정리 11.5

감수분열은 독립적 분리, 교차, 무작위 수정을 통해 유전적 다양성을 야기한다. 독특한 유전자 형태를 만들어내는 능력은 유성생식 생물체에 진화적으로 커다란 이점을 제공해왔다.

- 감수분열의 어떤 형태가 유전적 변이를 야기시키는가?

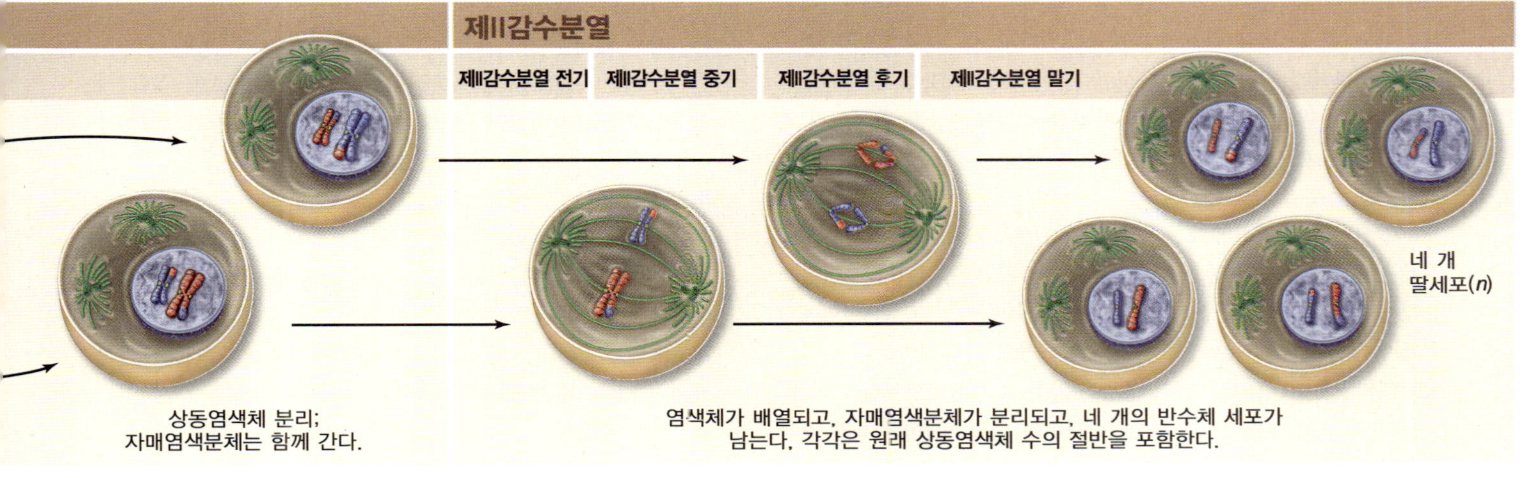

그림 11.7 감수분열과 체세포분열의 비교. 체세포분열은 두 딸세포를 생성하며, 각각은 원래의 염색체 수를 갖는다. 감수분열은 네 개의 딸세포를 생성하며, 각각은 원래 염색체의 절반을 갖는다.

실험 및 분석

감수분열 시의 재조합은 교차시 어떻게 상동염색체 서열과 어울리게 되는가

감수분열에서 중심이 되는 사건은 시냅시스 기간에 일어나는 상동염색체간의 재조합이다. 이른 전기에, 코헤신 단백질이 접합복합체라 부르는 형태인 격자형태를 이루는데, 이로인해 상동염색체가 매우 가까이 접촉하게 된다. RecB라 불리는 효소에 의해 두 염색체중 하나에 흠이 만들어지면, 이로 인해 이중의 DNA가 부분적으로 풀리게 된다. DNA의 단일사슬 중 하나가 자신과 매치되는 상보 서열을 근처의 상동 DNA에서 "어떻게든" 찾게되어, 국지적으로나마 삼중사슬을 형성한다. 그 위치에서 사슬 사이의 교환이 일어나 유전적 교차를 만들게 되어, 상동염색체간의 물리적 교환이 형성되게 된다.

"어떻게든"이란 표현은 유전학자에겐 매우 흥미로는 사건이다. 단일사슬 DNA(ssDNA)는 상동염색체의 이중사슬 DNA(dsDNA)에 있는 상보서열에 생긴 흠에 의해 어떻게 생성될까?

이 과정은 흔치않은 효소인 RecA에 의해 수행되는데, 아래에 그림으로 나타내었다. 이 효소는 ssDNA와 dsDNA 모두에 대한 결합부위를 가지고 있다. 접합복합체 내에서 RecA 단백질은 흠에 의해 새로이 형성된 ssDNA와 결합하여, 주변을 단단히 둘러싸면서 (이중 DNA를 한 바퀴 둘러쌀 때마다 6개의 RecA 단량체 관여함) 길다란 핵단백질 필라멘트를 형성한다. 이 RecA-ssDNA 필라멘트가 근처 상동염색체의 dsDNA를 따라서 서열유사성을 조사한다. 필라멘트의 ssDNA와 상보적인 dsDNA 서열만이 dsDNA 결합부위에 결합할 수 있다.

수십년간의 연구에도 불구하고, ssDNA가 탐색하는 과정의 기작은 아직 알려지지 않고 있다. 최근 연구자들은 일어나는 현상을 직접 볼 수 있는 단일분자 형광현미경을 사용해왔다. 한 실험에서, 상동 dsDNA에 있는 상보서열을 성공적으로 탐색하는데 필라멘트 내의 ssDNA 길이가 어떤 영향을 주는지를 살펴보았다. 이들은 세 가지 서로 다른 길이의 ssDNA 사슬에 의해 상동염색체가 쌍을 이루는 속도를 측정했다. 그 염기들은 162 염기(고리를 형성하기엔 짧은), 430 염기(고리를 형성하기 충분한) 및 1762 염기(여러 개 고리를 형성하기에 충분) 등이다. 얻은 결과를 그래프에 표시하였다.

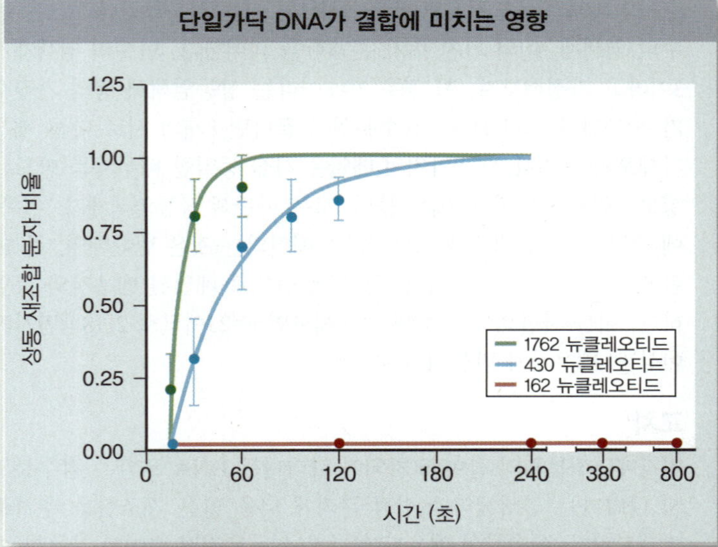

분석

1. **개념 적용**
   a. **변수.** 그래프에서 종속변수는 무엇인가?
   b. **상동쌍 분자의 비율.** 무엇과 쌍을 이루는 것은 어떤 것인가?
2. **자료 해석**
   a. 이런 ssDNA-dsDNA 결합실험에서, dsDNA에 결합하는 ssDNA의 비율이 162 염기 분자에 시간에 따라 증가하는가? 430 염기의 경우는? 1762 염기의 경우는?
3. **추론**
   a. 세가지 ssDNA 중 어느것이 더 빨리 상동쌍을 형성하는가? [힌트: 세가지 ssDNA들이 50% 상동결합을 달성하는 걸리는 시간]
   b. 162 염기가 50% 상동결합을 달성하는데 걸리는 시간을 측정할 수 있는가?
4. **결론 도출**
   a. 성공적인 상동결합에 162 염기 이상의 ssDNA가 필요하다고 결론지을 수 있는가?
   b. ssDNA가 고리를 형성하는 능력이 성공적인 상동결합에 중요하다고 볼 수 있는가?
5. **심층 분석.** 430 염기 이상의 ssDNA가 ssDNA 고리를 만들기 위해 필요하다고 결론을 내리고자 한다면, 이 가설을 확인하기 위해 어떻게 해야 하나? 성공적인 상동결합이 RecA-ssDNA 필라멘트가 탐색하는 dsDNA 서열의 길이에 의존한다는 가능성을 조사하는 방법을 생각할 수 있는가?

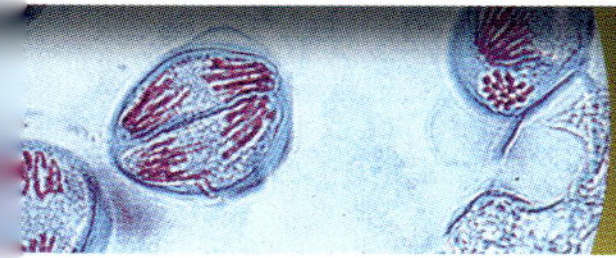

학습 과정 복습

개념 11.1 유성생식은 감수분열을 필요로 한다

11.1.1 배우자는 각 염색체의 한쪽만을 갖는다 감수분열은 반수체($1n$)인 난자와 정사를 생산하며, 각각은 염색체의 하나의 세트만을 가지게 된다

11.1.2 성적인 생활주기는 반수체와 배수체 사이를 오간다 감수분열은 반수체($2n$)인 난자와 정사를 생산하며, 각각은 염색체의 하나의 세트만을 가지게 된다

개념 11.2 감수분열 시 DNA 복제는 한 번이지만 두 번의 분열이 일어난다

11.2.1 감수분열은 두 가지 면에서 체세포분열과 다르다 상동염색체는 제I감수분열 이른 전기에 쌍을 이룬다. 쌍을 이룬 상동염색체는 때론 접합복합체에 의해 결합된다. 쌍을 이룬 상동염색체는 하나의 단위로 제I감수분열 중기에 중기판으로 이동한다. 제I감수분열 후기에 상동염색체는 반대극으로 끌려가서, 염색체의 하나의 세프를 가진 두 개의 세포를 생산한다

개념 11.3 감수분열 과정에는 상동염색체 간의 밀접한 상호작용이 존재한다

11.3.1 제I감수분열 전기는 염색체가 줄어드는 분열의 기반을 제공한다 제I감수분열 전기에, 상동염색체는 길이를 따라 배열한다. 자대염색분체는 코헤신 단백질에 의해 서로 결합한다. 상동염색체 교환은 제I감수분열 기간에 상동염색체가 함께 붙은 것을 도와주는 교차에 의해 염색체가 교환된다. 핵막은 사라지며, 방추사가 형성된다

11.3.2 제I감수분열 중기, 쌍을 이룬 상동염색체가 배열된다 방추사가 상동염색체의 방추사부착점에 붙고, 자매염색분체의 방추사부착점은 하나의 유닛으로 행동한다. 각 쌍의 상동염색체는 방추사부착점 미세소관에 의해 반대방향으로 부착되어, 상동염색체 쌍은 하나의 유닛으로 중기판으로 이동한다. 각 상동염색체 쌍의 중기판에서의 방향은 무작위적이다.

11.3.3 제I감수분열 후기에 자매염색분체의 부분적인 소실이 나타난다 제I감수분열 후기에 각 쌍의 상동염색체는 방추사부착적 미세소관의 짧아짐에 따라 반대방향으로 끌어당겨진다. 동원체가 아니라 자매염색분체상의 코헤신이 사라지면 상동염색쳉가 분리된다. 이는 동원체가 아니라 염색체 팔에서의 코헤신 단백질이 사라지기 때문에 나타나는 것이다. 제I감수분열 후기 마지막에 각 극에는 반수 염색체의 완전한 세트가 존재하게 된다. 제I감수분열 중기에서 무작위적인 상동염색체 쌍의 배열로 인해 독립적인 상동염색체의 분리가 일어난다.

11.3.4 제I감수분열 말기에 제I감수분열이 마무리된다 제I감수분열 말기에 각 딸핵주위로 핵막이 재형성된다. 이 시기는 모든 종에서 나타나는 것은 아니다. 세포질분열은 제I감수분열 말기 후에 일어나기도 일어나지 않기도 한다. 상동염색체는 보통 교차점에 의해 서로 붙지만, 일부에서는 이 과정없이 염색체가 분리한다.

11.3.5 제II감수분열은 DNA 복제없이 체세포분열과 유사하게 일어난다 DNA 복제가 일어나지 않는 짧은 간기는 제I감수분열 후에 일어난다. 제II감수분열 기간에는 자매염색분체를 결합시키고 있는 동원체에 있는 코헤신 단백질 소멸되면서, 각 염색체가 세포의 반대극으로 이동하게 된다. 제I감수분열과 제II감수분열의 결과 4개의 세포가 만들어지는데, 각 세포는 독같지 않은 반수의 염색체 세트를 가지게 된다. 감수븐열 기간에 일어나는 에러는 염색체가 반대극으로 이동하는데 문제가 생기는 비분리 때문에 생긴다. 염색체 수 이상이 있는 배우자체가 만들어지는데, 하나는 염색체가 없고 다른 하나는 두 개의 염색체를 가지게 된다.

개념 11.4 감수분열에는 4가지 특징이 있다

11.4.1 제I감수분열 시 염색체의 행동은 구별되는 점이 있다 상동염색체 쌍은 감수분열의 특징이다. 접합복합체의 단백질은 구조는 보존되나 서열은 보존되지 않는다. 감수분열 특이적인 코헤신 단백질이 감수분열 기간 동안 동원체에서 부분적으로 소실된다. 자매염색분체 코헤신은 제I감수분열기에는 유지되지만 제II감수분열에 들어가면 분리된다. Shugosin 단백질은 제I감수분열 후기에 동원체 코헤신을 보호한다. 자매 방추사부착점은 제I감수분열 기간 동안 같은 극에 붙어있다. 자매염색분체의 방추사부착점은 함께 분리하기 위해 같은 방추사에 부착되어 있어야 한다. 복제는 감수분열기에는 억제된다. 이는 체세포분열 마지막에 분해되는 cyclin 단백질의에 의한 것 같다.

개념 11.5 유전적 변이는 성의 진화적 결과다

11.5.1 세 가지 기작이 유전적 다양성을 증가시킨다 유성생식은 제I감수분열 중기의 독립적인 분리, 제I감수분열 전기에서의 교차, 무작위 수정을 통해 유전적 다양성을 증가시킨다.

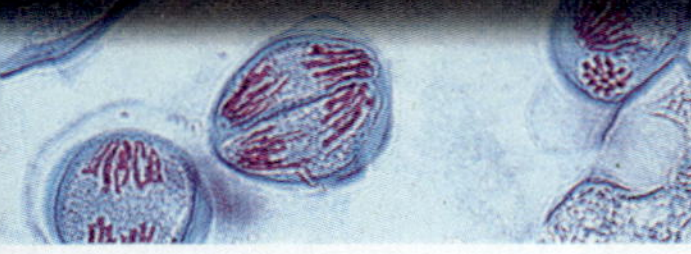

학습 과정 평가

개념 11.1 유성생식은 감수분열을 필요로 한다

이해

1. 체세포와 배우자를 비교할 때, 체세포는
   a. 염색체수의 절반인 2배체
   b. 염색체수의 절반인 반수체
   c. 염색체수의 두배인 2배체
   d. 염색체수의 두배인 반수체
2. 대부분 동물의 생활사에서,
   a. 2배체와 반수체 염색체 간에 변화가 있다
   b. 감수분열에 의해 배우자가 생성된다.
   c. 반수체 단계에서는 단세포이다.
   d. 모두 정답.

적용

1. 난자와 정자는 체세포에 비해 절반의 염색체를 갖는다. 왜 그런가?
   a. 일단 배우자가 형성되면, 염색체의 절반이 분해된다.
   b. 배우자 형성 동안, DNA는 한 번 복제되지만, 세포분열은 두 번 일어난다.
   c. 체세포분열에 의해 배우자가 형성될 때, DNA 복제는 간기 동안에 일어나지 않는다.
   d. DNA의 오직 절반이 감수분열 주기 동안에 복제된다.

종합

1. 많은 유기체에서 반수체 시기가 우세하게 나타나며, 성체에서도 반수체로 유지하며, 단지 짧은 시기의 2배체를 보인다. 어느 누구도 반수체가 상태가 살아있는 것이 아니라고 우기지는 않는다. 그렇다면, 반수체인 인간의 정자나 난자세포가 살아있는 것이 아니라는 주장에 어떻게 찬성하거나 반대할 수 있을까?

개념 11.2 감수분열 시 DNA 복제는 한 번이지만 두 번의 분열이 일어난다

이해

1. 접합이 일어나는 시기는
   a. 체세포분열　　b. 제I감수분열
   c. 제II감수분열　　d. b와 c 모두 옳다.
2. 접합 복합체는
   a. 감수분열의 초기에 상동염색체를 연결한다.
   b. 교차를 촉진시킨다.
   c. 제II감수분열의 마지막까지 온전한 상태로 남는다.
   d. 동물세포에만 특징적이다.

적용

1. 키아즈마는
   a. 상동염색체 사이에 형성된다.
   b. 자매염색분체를 형성한다.
   c. 동일한 염색체의 복제된 형태사이에 형성된다.
   d. 성염색체이며 상염색체가 아니다.

종합

1. 2배체일 경우 여섯 개의 염색체를 가지고 있는 가상의 세포에서의 감수분열의 과정을 그려보자.
   a. 이 세포에 얼마나 많은 상동염색체 쌍이 존재하는가? 상동염색체 쌍 사이를 구별하여 그려보아라.
   b. 각 상동염색체가 모계(M)인지 부계(P)인지 구별하시오.
   c. 제I감수분열의 중기에 이 염색체가 스스로 어떻게 정렬하는지를 보여주는지 그려보아라. 모든 모계 상동염색체가 세포의 같은 면에 줄 세워지는가?
   d. 제II감수분열 후기의 그릴 수 있다면, 이 그림은 어떻게 다른가?
2. $2n$=6인 세포에서 접합과 교차의 과정을 그려보아라. 이 세포에 얼마나 많은 상동염색체 쌍이 있는가? 상동염색체 쌍 사이를 구별하여 그려보고, 각 상동염색체가 모계인지 부계인지 구별해보시오. 같은 개체 세포에서 체세포분열의 전기를 그린다면, 이 그림은 어떻게 다른가?

개념 11.3 감수분열과정에는 상동염색체 간의 밀접한 상호작용이 존재한다

이해

1. 교차에 대해 올바르지 않은 것은?
   a. 전기1에 나타난다.
   b. 전기2에 나타난다.
   c. 상동염색체 사이에서 나타난다.
   d. DNA의 교환은 교차지점에서 일어난다.
2. 중기1에서, 자매염색분체의 동원체는
   a. 같은 극으로부터 방추사에 부착된다.
   b. 반대극으로부터 방추사에 부착된다.
   c. 코헤신 단백질과 함께 결합한다.
   d. 어떤 방추사와도 붙지 않는다.
3. 후기1 동안
   a. 자매염색분체는 분리되고 극으로 이동한다.
   b. 상동염색체는 반대 극으로 이동한다.
   c. 상동염색체는 세포의 중간에 줄지어 배열한다.
   d. 모든 염색체는 세포의 중간에 독립적으로 배열된다.
4. 후기1은 ~ 때문에 발생한다.
   a. 염색체 팔을 따라 자매 염색분체 코헤신의 풀림
   b. 반대극에서 기원되는 미세소관에 동원체가 부착
   c. 동원체에서 코헤신의 파괴됨
   d. 동원체에서 자매염색분체 코헤신의 풀림
5. 제II감수분열과 체세포분열은 어떻게 유사한가?
   a. DNA 복제가 핵분열 이전에 일어난다.
   b. 자매염색분체가 분리된다.
   c. 2배체 딸세포가 생성된다.
   d. 염색체 수가 반으로 줄어든다.

적용

1. DNA 수선에 영향을 주는 돌연변이는 종종 감수분열의 정확성에도 영향을 준다. 그 이유는
   a. 이중가닥 절단의 수선에 관여하는 단백질이 교차에도 관여한다.
   b. DNA 수선에 관여하는 단백질이 자매염색분체 코헤신에도 관여한다.
   c. DNA 수선은 감수분열에서 관찰되는 응축된 염색체에서만 일어난다.
   d. 코헤신 단백질은 DNA 수선에 필수적이다.
2. 일부 잎진드기는 $2n=4$이다. 다음 세포 중 제I감수분열 후기의 세포는?

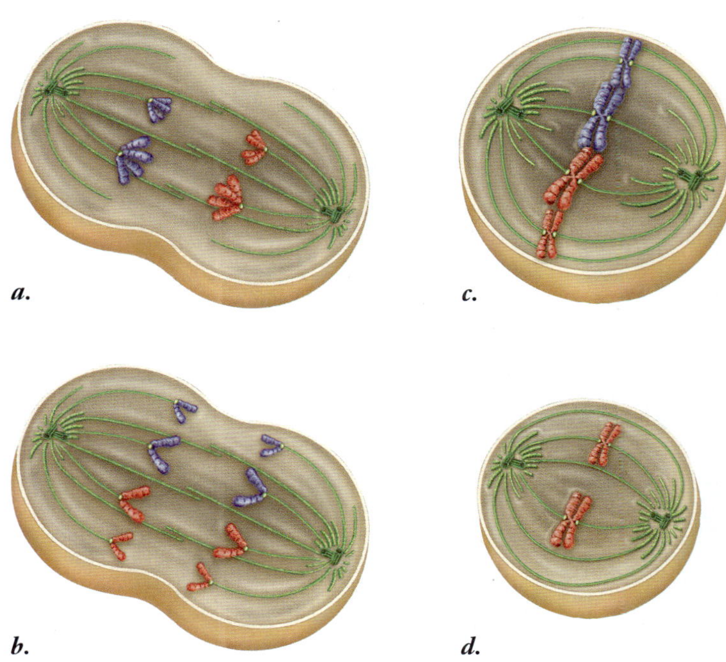

3. $2n=6$ 세포가 감수분열 중이다. 제I감수분열에서, 동원체 방추사가 한 염색체의 동원체에 부착하지 않으면, 감수분열의 마지막에, 어떤 결과가 예측되는가?
   a. 반은 반수체 세포, 반은 2배체 세포가 된다.
   b. 두 개는 n=4인 세포, 두 개는 n=2인 세포가 된다.
   c. 하나는 n=4인 세포, 또 하나는 n=2인 세포, 나머지 두 개는 n=3인 세포가 된다.
   d. 모든 세포가 2배체 배우자가 된다.

종합

1. 다운증후군 환자는 상염색체 21번의 3개의 복사본을 갖는다. 당신이 알고 있는 동물의 감수분열과 생식주기를 이용하여, 어떻게 개체가 이러한 염색체 변이를 갖게 되는지를 설명하여라.
2. 노새는 말과 당나귀 사이의 교배에 의한 자손이다. 노새는 번식을 할 수 없다. 말은 총 64개의 염색체를 갖는 반면, 당나귀는 62개의 염색체를 갖는다. 당신의 감수분열에 관한 지식을 이용하여 노새의 2배체 염색체 수를 예측하여 보아라. 노새의 생식 불가능에 대해 가능한 설명을 해보아라.

개념 11.4 감수분열에는 4가지 특징이 있다

이해

1. 다음 중 감수분열의 특징이 아닌 것은?
   a. 상동 염색체 사이에서 유전물질의 짝지음과 교환
   b. 자매 동원체가 방추사 미세소관에 부착함
   c. 자매염색분체가 같은 극으로 이동
   d. DNA 복제가 억제됨
2. 교차는
   a. 올바른 분리를 위해 중요하다.
   b. 상동 염색체가 쌍을 지을 때 일어난다.
   c. 이중나선 DNA 절단을 수선하는 기작으로서 진화하였다.
   d. 모두 정답

적용

1. 구조적으로, 감수분열 코헤신은 체세포분열 코헤신에 비교하여 다른 요소를 갖는다. 이것은 다음의 기능적인 차이점을 가져온다.
   a. 중기1 동안, 자매 방추사 부착점은 같은 극에 붙게 된다.
   b. 동원체는 제I감수분열의 후기 동안 붙어있다.
   c. 동원체는 두 번의 분열동안 붙어있는다.
   d. 동원체 코헤신은 후기1에 파괴되며, 염색체 팔을 따라 있는 코헤신은 후기2에 파괴된다.
2. 세포 주기의 G_1기에 2배체 세포에 있는 DNA의 양을 측정하여라. 세포가 제I감수분열을 끝마치면 하나의 딸세포에 있는 DNA양을 측정하여라. 딸세포에 있는 DNA 양은
   a. G_1 세포의 두 배이다.
   b. G_1 세포와 동일하다.
   c. G_1 세포의 절반이다.
   d. G_1 세포의 사분의 일이다.

종합

1. 왜 자매염색분체는 체세포분열에서와 같이 중기1 동안에는 분리되지 않는가?

개념 11.5 유전적 변이는 성의 진화적 결과다

이해

1. 다음 중 어떤 것이 번식 기작에서 유전적 다양성을 가져오는가?
   a. 교차, 돌연변이, 수정
   b. 수정과 교차
   c. 독립적인 분리, 교차, 돌연변이, 수정
   d. 교차와 독립적인 분리

적용

1. 교차를 고려하지 않을 때, 2n=8인 유기체는 모계와 부계 상동염색체에 비교해서 얼마나 많은 다른 타입의 배우자를 생산할 수 있는가?
   a. 2　　b. 4
   c. 8　　d. 16

종합

1. 독립 분리와 교차의 과정을 비교해 보아라. 어떤 과정이 유전적 다양성에 큰 영향을 주는가?

12 유전의 패턴

학습과정

서론

강낭콩의 꼬투리에서 콩과식물의 다음세대 일부를 형성하는 씨의 윤곽을 볼 수 있다. 씨앗은 서로 비슷하지만, 이를 생산하는 식물은 여러면에서 다르다. 이는 씨를 생산하는 배우자가 부모로부터 염색체를 받기 때문이다. 요컨대 "카드를 섞는 것"으로서 자손 식물이 부모의 일부 특성과 다른 이의 일부 특성을 가지게 된다는 것이다. 약 150년 전에 멘델(Gregor Mendel)이 이러한 과정을 처음으로 설명하였으며, 그 이전에는 어느 누구도 유전자나 염색체가 존재한다는 것을 알지 못했다. 우리는 지금 아주 상세히 유전의 과정을 이해하고 있다. 이 장에서는 완두콩 식물을 가지고 행한 실험을 다룰 것이다. 멘델이전의 과학자와는 다르게 멘델은 실험에서 생산된 여러 종류의 완두콩의 수를 조심스럽게 세었으며, 그의 결과를 보면 아주 단순한 결과를 만들어 내었다. 이를 설명하기 위해 그가 제시한 가설은 생물학에서 중요한 법칙이 되었다.

12.1 멘델에 의해 이루어진 실험이 유전을 설명한다

문헌을 최대한 거슬러서 찾아보면, 어떤 가족 구성원들은 일정한 패턴의 유사한 점이 있다고 기록되어 있다(그림 12.1). 하지만 이런 패턴을 설명하는 논리적인 모델은 존재하지 않았다. 20세기 이전에, 유전에 대해 가장 기본적인 것으로 두 가지 개념이 있었다. 첫 번째는 유전은 종 내에서 일어난다. 두 번째는 형질은 부모에게서 자식으로 바로 전달된다는 것이었다. 이를 합쳐보면, 이 개념은 **유전의 융합유전이론(Blending Theory of Inheritance)**으로서, 유전은 고정된, 변하지 않는 종내의 형질이 섞여서 나타난다는 것이다.

그림 12.1 유전과 가족 유사성. 가족 유사성은 종종 강하다 – 유전 메커니즘의 시각적 징후.

유전의 신비가 단계적으로 풀리다

학습목표 12.1.1 식물 잡종형성에 대한 초기 실험을 기술한다.

유전은 보통 혈액으로 규정되는 용액에 포함된 형질로 보았는데, 이로 인해 자손에서는 섞이는 것으로 생각했다. 이런 예전의 생각은 오늘날에도 혈통이란 용어로 남아있다. 이 용어는 말 같은 가축의 교배시 사용된다.

하지만 이러한 용어는 역설적이다. 만일 변이가 외부에서 내부로 들어오지 않는다면, 그리고 만일 각 종 내부에 있는 변이가 매 세대마다 혼합된다면, 종의 모든 구성원은 얼마되지 않아 같은 모양새를 보여야 한다. 이런 일이 일어나지 않는다는 것은 쉽게 알 수 있다. 종내의 개체는 서로 다르며, 세대를 거치면서 전달되는 특징도 다름을 알 수 있다.

초기의 잡종형성 실험

잡종형성(hybridization)이란 실험을 성공적으로 수행하고 기록한 사람은 독일 식물학자인 쾰로이터(Josef Kölreuter)인데, 1760년에 서로 다른 계통의 담배를 교차수정하여 생식력이 있는 자손을 만들었다. 이 잡종은 부모 어느 쪽과도 모양새가 달랐다. 잡종세대 내의 개체들을 교배했을 때 그 자손들은 매우 다양했다. 일부 자손은 잡종세대(그들의 부모)와 유사했지만, 일부는 원래의 계통(그들의 조부모)과 유사했다.

쾰로이터에 의해 관찰된 2세대 내에서의 다양성은 전통적인 유전의 혼합이론과는 달랐다. 즉 쾰로이터 식물들의 형질은 혼합된 것이 아니었다. 최신의 보고서에는 3세대에서 다시 나타나는 형질은 "그들의 원래 힘과 성질이 완벽하게 회복된 것"이었다.

쾰로이터의 실험은 현대유전학의 시작으로 볼 수 있다. 즉 유전학에 있어 현대이론을 가리키는 첫 번째 실마리인 것이다.

그후 100년 동안 다른 과학자들은 쾰로이터의 업적에 대해 설명해왔다. 나이트(T.A. Knight)라는 영국의 지주는 1823년에 **완두콩**(*Pisum sativum*)의 두 변이체를 교배하였다. 하나는 초록색 씨를 가지고 있고, 다른 하나는 노란색 씨를 가지고 있는 것이었다. 두 변이체 모두 **순종(true-breeding)**이었는데, 이는 자손이 모두 자가수분에 의해 생산되는 것을 의미한다. 두 변이체 간의 교배에서 나온 모든 자손은 노란색 씨를 가지고 있었다. 이러한 교배를 통해 생산된 자손 중에서 일부는 노란색 씨를 생산했지만, 많지는 않지만 다른 자손들은 초록색 씨를 생산하였다.

다른 연구자들은, 나이트가 그랬던 것처럼, 관찰된 형질의 대체형이 자손 가운데 퍼져있음을 관찰하였다. 현대 유전학자들은 각 형질의 다른 형태는 자손중에서 **분리(segregating)**된다고 주장하는데, 이는 일부 자손은 하나의 형질을 보이는(노란색 씨) 반면, 다른 자손은 상이한 대체형질(초록색 씨)을 보인다.

이러한 기만적인 간단한 결과 속에서 과학적 혁명이 만들어지고 있었다. 그럼에도 불구하고, 분리과정이 완전히 이해되기까지 또 다른 한세기가 지나갔다. 왜 이렇게 오랜시간이 걸렸을까? 이유 중의 하나는 초기 연구자들이 충분한 자료를 얻지 못했다는데 있다. 나이트가 일부 형질이 다른 형질보다 "강한 경향성" 때문에 나타난다고 주장했다. 하지만 다른 종류의 자손의 숫자를 제시하지는 않았다. 그때는 과학이 초기였기 때문에 그 숫자가 중요하다고 여기지 않았다.

유전의 수수께끼를 이해하는데 중요한 열쇠는 1세기 전 **멘델(Gregor Mendel)**이라는 수도승에 의해 오스트리아 수도원의 정원에서 발견되었다. 멘델은 그 당시에는 새로운 과학인 정량적인 측정방법으로 접근하였는데, 이는 수수께끼를 푸는 강력한 방법이었다. 콩과식물을 서로 교배하면서, 멘델은 간단하지만 정확하게 유전의 양상을 예측하는 강력한 가정을 제시할 수 있는 관찰을 수행하였다. 그의 업적은 과학의 역사에 있어 가장 위대한 지적인 성취 중의 하나인 유전을 이해하는 긴 여정의 첫 번째 걸음이었다.

멘델은 완두콩으로 나이트의 초기 연구를 다시 수행하였다

학습목표 12.1.2 교배실험을 수행하는데 있어 완두콩의 이점을 설명한다.

소작농인 부모로부터 1822년 태어난 멘델(**그림 12.2**)은 수도원에서 교육을 받고 과학과 수학을 공부하기 위해 비엔나대학으로 갔다. 그는 과학자와 교사가 되기를 열망했지만, 교사자격증 취득시험에 실패했다. 그는 수도원으로 되돌아가 그곳에서 남은 인생을 보냈으며, 결국은 대수도원장이 되었다. 수도원으로 돌아갈 즈음에 그는 과학에 관심있는 비공식 그룹에 가입하였다. 지역 유력자의 후원 아래 멤버들은 과학적 연구를 하고, 서로 토의하여 그 클럽 자체 잡지에 발표하였다. 멘델은 나이트가 수행했던 콩식물을 가지고 반복된 교배실험을 반복하였다. 하지만 그는 자손에서 나타나는 각 형태의 숫자를 세기로 마음먹었다. 정량적인 과학적접근—측정하고 수를 세는 것—은 유럽에서 막 각광을 받기 시작하였던 것이었다. 멘델의 조심스러운 측정 결과는 우리의 관점을 확고하게 변화시켰다.

완두콩을 사용하고자 하는 실용적인 생각

실험을 위해 멘델은 완두콩을 선택했는데, 이는 나이트나 다른 사람들이 연구한 같은 식물이었다. 이 선택은 몇 가지 이유에서 아주 좋았다.

그림 12.2 멘델(Gregor Mendel). 유전의 과제를 이해하는 열쇠는 오스트리아 부른의 수도원 옆의 정원에서 완두콩을 키운 수도자 멘델에 의해 해결되었다.

첫째, 나이트와 다른 사람들이, 변이가 있는 콩을 교배하여 얻은 자손들로부터 이미 형질의 분리를 관찰한 바가 있기 때문에, 멘델은 분리현상을 관찰할 수 있다는 것을 알고 있었다.

둘째, 다량의 순수한 콩 변이체 사용이 가능했다. 멘델은 초기에 34가지의 변이체를 분석하였다. 그 후 진전된 연구를 위해, 멘델은 7가지 쉽게 구별되는 형질을 가진 계통을 선택하였다. 둥글거나 주름진 씨앗, 노랗거나 초록색인 씨앗 등인데, 후자는 나이트가 연구했던 형질이다.

셋째, 콩식물은 작고, 키우기 쉬우며, 비교적 짧은 세대기간을 가진다. 이로 인해 연구자는 대량의 식물을 다룰 수 있게 되며, 한 해에 여러 세대를 키울 수 있어 결과를 빨리 얻을 수 있게 된다.

네 번째 장점은 암,수 생식기관이 꽃에 둘러싸여 있어, 콩식물은 자가수정이 가능하다(**그림 12.3**). 이럼에도 불구하고 수컷 구조를 제거하여 다른 식물의 꽃가루를 수정시키기 쉽다. 이것은 교차수정이 쉽게 수행될 수 있음을 의미한다(그림 12.3).

멘델의 실험 디자인은 정량적이며 근본적인 변화였다

학습목표 12.1.3 멘델의 실험 디자인을 나이트가 이전에 행한 연구와 비교한다.

멘델은 그가 사용한 식물의 몇 가지 특정한 차이점에 대해서만 집중하였고, 셀 수 없는 다른 차이점에 대해서는 무시하였다. 그는 나이트처럼 대비되는 형질을 비교 연구해야 할 것을 인식할 줄 아는 예지를 가지고 있어서, 둥근 씨앗과 큰 키 형질의 교배같은 것은 의미가 없음을 알았다.

멘델의 실험디자인은 나이트의 디자인과 같았는데, 하나의 중요한 차이점은 멘델은 식물을 수를 세었다는 것이다. 각 세대마다 멘델은 얼마나 많은 자손이 각 형질을 가지고 있는지를 조심스럽게 기록하였다.

멘델은 통산 4단계로 실험을 수행하였다.

1. 멘델은 어떤 변이체를 여러 세대 동안 자가교배시켰다. 그는 각 변이체가 같은 형질을 가진 자손을 생산하는지를 확인하였다. 이는 형질이 변하지 않고 세대간으로 전달됨을 의미한다. 멘델은 이러한 계통을 **P 세대(P generation**, P for parental) 불렀다. 이는 멘델이 연구한 각 형질이 순종이었음의 확인시켜준다.
2. 멘델은 대비되는 형질을 가진 순종 변이체를 교배시켰는데(그림 12.3), 예를 들면 흰색 대 보라색 꽃과 같은 것이 그것이다. 나이트처럼, 멘델도 **역교배(reciprocal crosses)**를 수행하였다. 이는 흰색 꽃 식물의 꽃가루를 보라색 꽃 식물에 수정시키고, 그 다음에는 보라색 꽃 식물의 꽃가루를 흰색 꽃 식물에 수정시키는 것이다. 멘델은 **F_1 세대(F_1 generation,** F_1은 "첫 번째 자식"세대를 의미하며, "아들" 또는 "딸"의 라틴어에서 따왔다)라 불렀다. 매번의 교배에서 모든 F_1 식물은

그림 12.3 멘델은 어떻게 그의 실험을 행했는가. 완두콩 꽃에서, 꽃잎은 꽃밥과(반수체 정자를 발생시키는 꽃가루를 포함하는) 심피(반수체 난자를 발생시키는 배주를 포함하는)로 둘러싸여 있다. 이것은 꽃이 망가지지 않는 한 자가수정이 일어나게 한다. 멘델은 흰색 꽃의 꽃밥으로부터의 꽃가루를 선택하였으며, 꽃밥을 제거시킨 보라색 꽃의 암술머리 속에 꽃가루를 위치시켰다. 이러한 교차수정은 전부 보라색 꽃을 만드는 잡종종자를 만들었다. 보라색 꽃으로부터의 꽃가루를 흰 꽃에 수정시켰을 때도 같은 결과가 나왔다.

보라색 꽃을 보였다.

3. 마지막으로, 멘델은 F_1 세대를 자가수분시켜 **F_2 세대(F_2 generation,** F_2는 "두번째 자식"을 의미)를 얻었다. 그는 자식이 각각의 형질을 보이는 것을 관찰하였다. 흰색 꽃 형질이 F_2세대에서 다시 나타났는데, 이는 보라색 꽃 형질이 나타나는 것과 같은 빈도는 아니었다—이는 나이트가 이미 관찰한 것과 같다.
4. 이제 다시 멘델의 실험디자인의 중요한 단계로 가보면, 그는 F_2 식물의 각 변이체의 숫자를 세었다는 것이다. 오늘날에는 이것이 명백한 것이지만, 멘델의 시대에는 이러한 정량적인 접근은 없었다. 멘델은 그 숫자가 중요할 것이라고 생각했으며, 이는 사실이었다.

개념 정리 12.1

멘델 이전에는 유전의 컨셉은 일정하지가 않았다. 주된 관점은 혼합유전이었는데, 부모의 형질이 용액으로 전달되어 자손에서 "혼합된다"는 것이었다. 나이트같은 식물잡종형성을 하는 연구자들은 두 번째 세대에서 변화되는 잡종형성의 특징을 이미 관찰하였다. 멘델의 실험은 수학적인 분석을 통해 자손의 수를 측정하는 첫 번째 실험이었다.

- 나이트가 오늘날 멘델과 같이 언급되지 않는 것이 공정하다고 생각하는가? 왜 그렇게 생각하는지 설명하시오.

12.2 멘델의 분리의 법칙은 3:1의 표현형 비율을 설명한다

멘델은 7가지 형질을 연구했는데, 각각은 쉽게 알아볼 수 있고 세기 쉬운 대비 변이를 가지고 있다. 그가 선택한 형질은 꽃, 씨앗, 줄기, 성체형태 등의 색이나 형태 등이었다. 이제 꽃의 색깔 형질에 대한 멘델의 단일잡종형성 교배를 살펴보자.

멘델은 교배시 형질의 대비되는 형태가 분리된다는 것을 관찰하였다

학습목표 12.2.1 F_2 세대를 통해 단일잡종 교배를 설명한다.

F_1 세대에는 두 형질 중 단지 하나만이 보인다

멘델이 흰색 꽃과 보라색 꽃 식물을 교배시켰을 때, F_1 잡종형성 자손에는 혼합유전의 가설에서 예측할 수 있는 중간색을 가진 꽃이 없었다. 대신, 모든 자손의 꽃색은 부모 중의 한쪽의 꽃색을 가지게 되었다. 멘델의 교배실험에서는 F_1 자손은 모두 보라색 꽃을 가졌는데, 쾰로이터, 나이트와 다른 과학자들이 보고한 대로였다.

멘델은 F_1 식물에서 나타나는 형질의 형태를 **우성(dominant)**이라 했으며, 대비되는 형태로 F_1 식물에서 나타나지 않는 형질을 **열성(recessive)**이라 하였다. 멘델이 실험한 대비되는 형질을 가진 7가지 쌍을 살펴보면 쌍의 하나는 우성이고 나머지 하나는 열성이었다.

F_2 세대에서는 양쪽 형질이 3:1 비율로 나타난다

F_1 식물을 성숙시킨 뒤, 자가수분시킨 후에, 멘델은 각각의 식물에서 씨앗을 수확하여 심어서 F_2 세대에서 자손이 어떤가를 보았다. 그는 대부분의 F_2식물이 보라색 꽃을 가졌더라도, 일부는 열성형질인 흰색꽃을 보였다. F_1 세대에서 감춰졌던 열성형질이 F_2에서 다시 나타난 것이다.

유전기작에 대한 힌트를 F_2 형태의 비율이 제공할 것이라는 믿음을 가지고, 멘델은 F_2의 각 형태의 숫자를 세었다. 보라색 꽃을 가진 F_1 식물들의 교배에서, 그는 총 929 개체의 F_2를 얻었다. F_2 개체의 거의 1/4이 열성형태를 보였다.

멘델은 다른 6가지의 형질을 가지고도 같은 결과를 얻었다(그림 12.4). 즉, F_2의 3/4은 우성형질을 보였고, 1/4은 열성형질을 나타내었다. 이는 F_2에서 우성과 열성의 비율이 항상 3:1에 가깝다는 것을 의미한다.

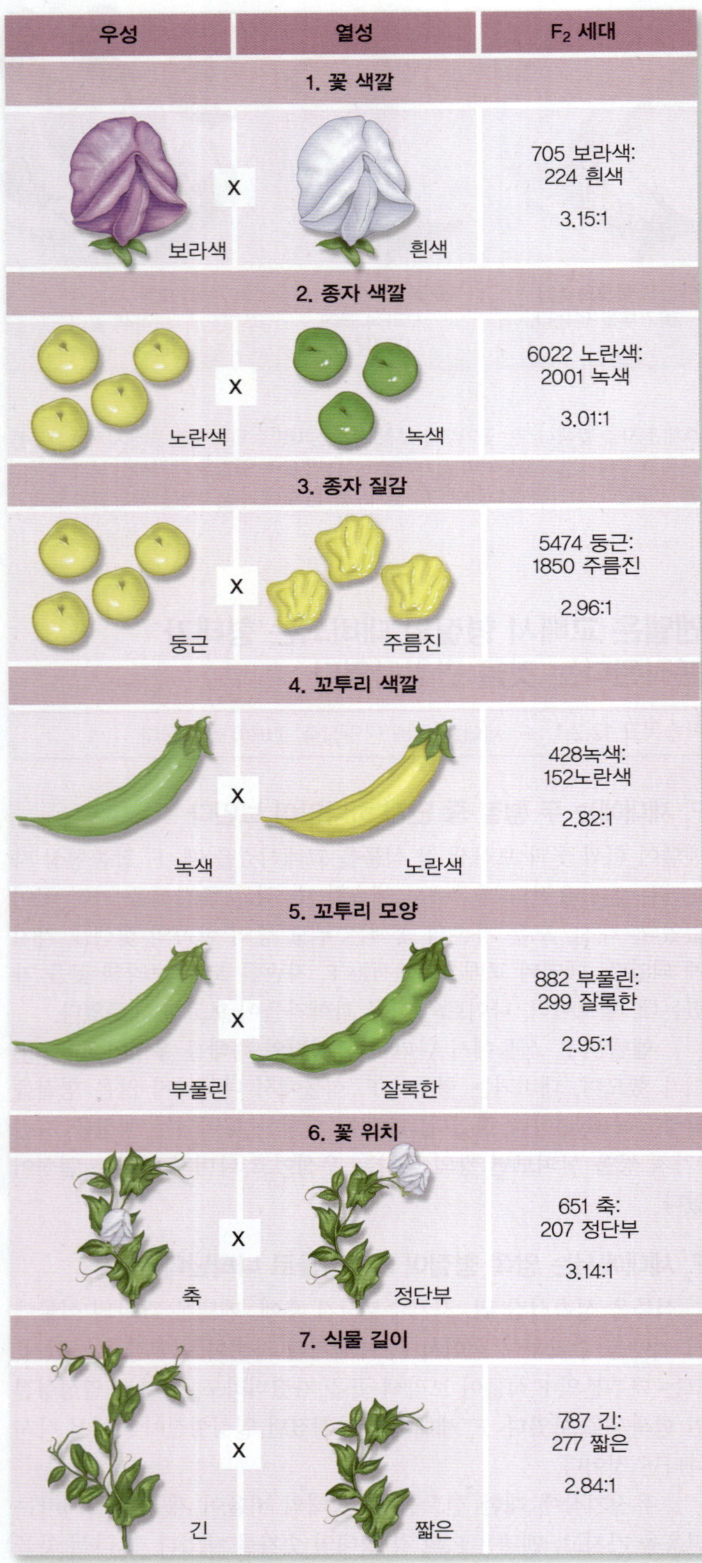

그림 12.4 멘델의 7가지 형질. 멘델은 완두콩이 다양하게 교차되었을 때 유전되는 것 사이의 차이점에 대해 연구했다. 유사한 실험이 전에 이루어졌지만, 멘델은 처음으로 결과를 수량화하고 그것의 중요성을 알아보았다. 그림은 7개의 다른 단성 잡종의 교배결과를 보여준다. F_1세대는 그림에 나타내지 않았다.

3:1 비율은 모습을 바꾼 1:2:1 비율이다

멘델은 F_2 식물이 다음세대에 어떻게 형질을 전달하는 지를 계속해서 조사하였다. 그는 열성형질을 보이는 식물은 항상 순종교배였음을 발견하였다. 예를들면, 흰색의 F_2 개체는 자가수분 시 흰색의 꽃을 피우는 자손을 만든다. 그 반면, 우성인 보라색 꽃의 F_2 개체의 1/3만이(F_2 전체로는 1/4) 순종교배로 밝혀졌으며, 2/3는 그렇지 않음이 밝혀졌다. 위의 마지막 그룹은 우성과 열성개체 모두를 생산하는데, 멘델이 그 숫자를 세어보았을 때 그는 3세대(F3)에서 우성과 열성의 비율이 다시 3:1임을 발견하였다.

이 결과를 바탕으로 멘델은 그가 관찰한 F_2 에서의 3:1 비율은 사실 위장된 1:2:1 비율이라는 것을 관찰한 것이다(그림 12.5).

1	2	1
순종 :	순종이 아님 :	순종
우성	우성	열성

멘델은 분리의 법칙이라는 이론을 제시한다

학습목표 12.2.2 분리의 법칙을 설명한다.

단성교배 결과로부터 멘델은 4가지 분명한 관찰결과를 제시하였다.

- 그가 교배한 식물은 혼합유전의 가설이 맞다면 나타날 중간형질을 나타내지 않았다. 그 대신 식물은 각 형질을 그대로 전달하여 분명한 특성을 유지한다.
- 대비되는 형질의 쌍에서, 하나는 F_2 세대에서는 다시 나타날지언정 F_1에서 나타나지 않는다. "사라진" 형질은 F_1에서 잠재(발현되지는 않지만 존재하는 것)되어 있다.
- 대비형질의 쌍은 특정 교배로부터 나타난 자손에서 분리된다(그림 12.6).
- F_2 세대에서 대비형질은 3/4이 우성, 1/4이 열성의 비율로 나타난다. 이러한 3:1 분리의 특징이 단성교배에서의 **멘델 비율(Mendelian ratio)**이라 한다.

멘델의 5 요소 모델

이를 설명하기 위해 멘델은 과학역사에서 가장 유명한 모델을 제시했다. 이 모델은 간단한 가정으로 분명한 예측을 가능케 한다. 이 모델은 5가지 요소를 가지고 있다:

부모는 생리적인 형질은 자손에게 직접 전달하지 않는다.
그 대신 형질에 대한 분명한 **정보**를 전달하는데,
이를 멘델은 "factor"라 불렀으며, 현재 우리는 이것을 유전자라 부른다.

5. 각각의 개체는 각 부모로부터 각 유전자의 복사본 하나를 받는다. 현재 우리는 유전자가 염색체에 존재함을 할고 잇으며, 각 성인개체는 각 부모로부터 받은 염색체 세트를 가진 2배체이다.

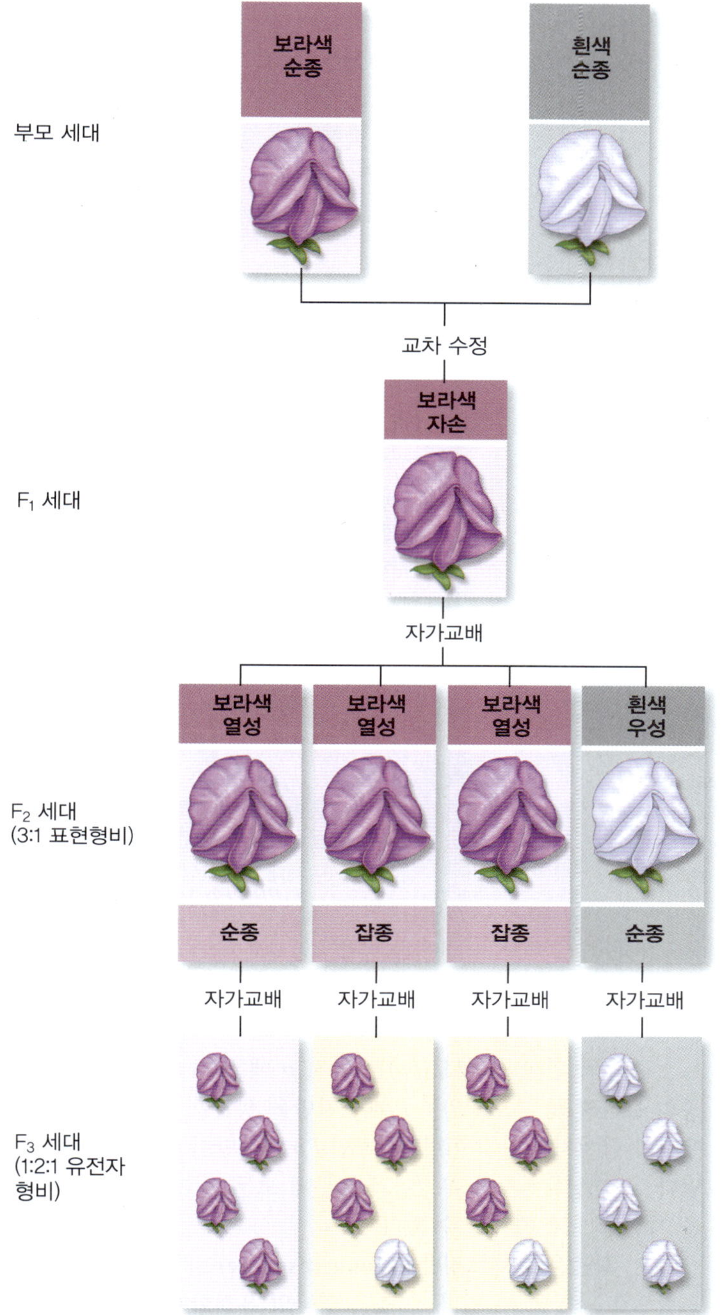

그림 12.5 F2 세대는 1:2:1 비율로 가정된다.

6. 유전자의 모든 copy가 동일하지는 않다. 유전자의 상대적 형태를 **대립유전자(allels)**라 한다. 동일한 대립유전자를 가진 두 개의 반수체가 수정되면, 그 자손은 **동형접합(homozygous)**이라 부른다. 서로 다른 대립유전자를 가진 두 개의 반수체일 때는 그 자손은 **이형접합(heterozygous)**이라 부른다.
7. 두 개의 대립유전자는 별개로 존재한다. 즉 서로 섞이지도 않고 다른 것을 변형시키지도 않는다. 그러므로 가인이 성숙하여 자신의 생식세포를 만들 때, 대립유전자는 생식세포로 무작위적으로 분리된다.

그림 12.6 둥근 vs 주름진 종자. 완두콩 식물들 가운데 다른 점은 멘델이 연구한 종자의 모양이다. 몇몇 종자는 둥근 반면, 다른 것들은 주름진 형태.

8. 특별한 대립유전자가 있다해도 그것에서 만들어지는 형질이 발현된다는 보장은 없다. 이형접합 개체의 경우, 단지 하나의 대립유전자(우성유전자)만이 발현되며, 다른 대립유전자(열성유전자)는 발현되지 않은 상태로 존재하게 된다.

유전학자들은 개체가 기자고 있는 대립유전자의 모든 세트를 **유전자형(genotype)**이라고 부른다. 대립유전자의 발현으로 인해 나타나는 물리적인 표현이나 다른 관찰 가능한 형질을 **표현형(phenotype)**이라 부른다. 달리 말하면, 유전자형은 청사진을 제공하고, 표현형은 볼 수 있는 결과물을 말한다.

이러한 구별을 통해 우리는 좀더 현대적인 용어로 멘델의 비율을 나타낼 수 있다. 우성과 열성의 3:1 비율은 단성교배의 **표현형** 비율이며, 동형접합 우성, 이형접합, 동형접합 열성의 1:2:1 비율은 단성교배 **유전형** 비율이라 한다. 이형접합자를 우성 동영접합자와 구분할 수 없게 만드는 우성 대립유전자의 힘 때문에 유전자형 비율은 표현형 비율로 축약("collapse")되게 된다.

분리의 법칙

멘델의 모델은 그가 관찰한 비율에 대해 잘 정리되고 설득력 있는 방식으로 설명한다. 그의 핵심 결론—한 형질에 대한 대립유전자들은 배우자 형성과정에서 서로 분리되어 독립적으로 유지된다는 사실—은 여러 다른 개체에서도 검증되었다. 이는 흔히 멘델의 첫 번째 유전법칙, 또는 **분리의 법칙(Principle of Segregation)**이라고 알려져 있다. 간략히 정리하면, 한 유전자의 대립유전자들은 배우자가 형성되는 동안에 분리되고 수정을 통하여 각 부모로부터 온 하나와 무작위로 재결합된다는 것이다.

13장에서 배우게 되겠지만, 대립유전자의 분리에 대한 물리적 기초는 감수분열 시의 염색체 행동이다. 각 염색체의 상동염색체는 제I감수분열 후기에 분리된다. 그리고 두 번째 감수분열 시 각 염색체의 하나의 상동염색체만을 가진 배우자를 생산한다.

염색체나 감수분열에 대한 지식이나 세포의 유전 기작에 대한

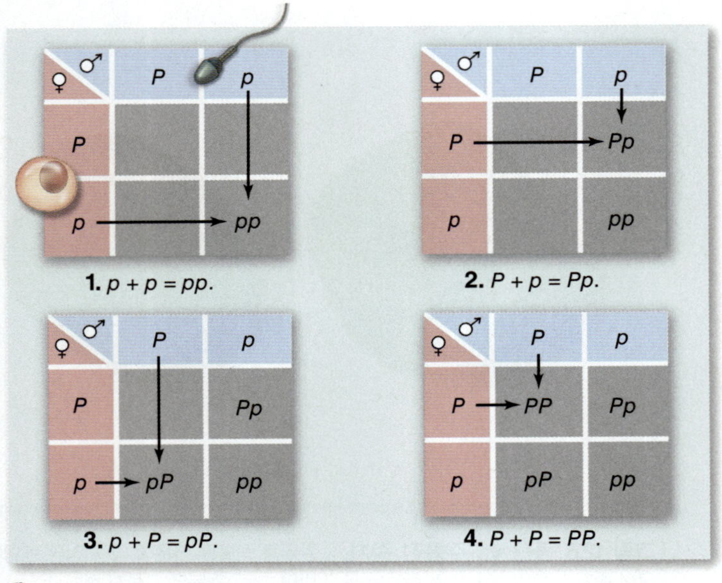

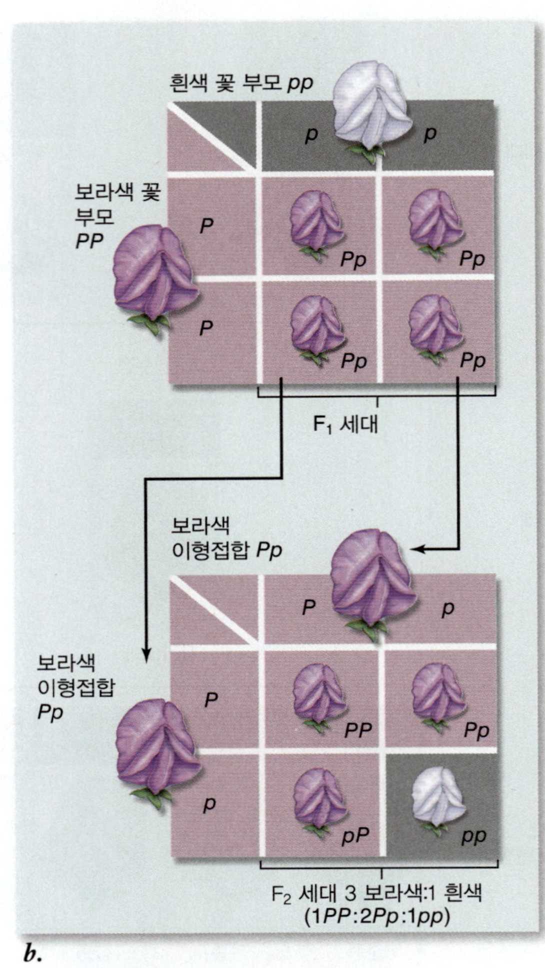

그림 12.7 멘델의 교차를 분석하기 위해 사용하는 푸네트정방형. **a.** 푸네트정방형을 만들기 위해, 교배로부터 나온 암 배우자를 사각형의 왼쪽면에 표시하고, 교배로부터 나온 수 배우자를 위에 표시한다. 가능한 접합자는 수직선과 수평선의 교차에 의해 표현된다. **b.** 보라색에서 흰색까지 멘델의 교차에서, F_1은 모두 보라색, *Pp*, 이형접합이다. F_1 자손은 3가지 타입의 F_2자손을 만들기 위해 혼합될 수 있는 2가지 타입의 배우자를 만든다: *PP* 동형접합 우성(보라색); *Pp* 이형접합(또한 보라색); 그리고 *pp* 동형접합 열성(흰색). 표현형 비율은 3보라색:1 흰색. 유전형 비율은 1*PP* : 2*Pp* : 1*pp*.

지식이 없었음에도 불구하고 멘델의 분석이 정확하게 들어맞는 그의 방법은 기림을 받을 만하다.

푸네트정방형은 기호 분석을 이용한다

학습목표 12.2.3 푸네트정방형을 이용한 3:1 멘델 비율의 기초를 설명한다.

그의 모델을 검증하기 위해, 멘델은 간단한 기호 세트를 이용하였다. 그의 결과를 설명하기 위해 기호를 사용한 것이다.

보라색 꽃 식물과 흰색 꽃 식물을 교배하는 멘델의 실험을 다시 검토해보자. 그는 보라색 꽃을 보이는 우성 대립유전자는 *P*(대문자)로, 흰색 꽃을 만드는 열성 대립유전자를 *p*(소문자)로 표시하였다.

이렇게 하여, 열성인 흰색 꽃 형질에 대한 순종 개체의 유전자형은 *pp*로 표시될 수 있다. 이와 유사하게, 보라색 꽃 개체의 유전자형은 *PP*로 표시될 수 있다. 그 반면, 이형접합체는 *Pp*(우성대립유전자를 앞에 쓴다)로 표시한다. 이런 고안된 방법을 사용하여 두 가지 계통의 교배는 x로 표시하는데, 멘델의 독창적인 보라색 x 흰색 교배는 *PP* × *pp*로 표시할 수 있다.

순종의 흰색 꽃 부모(*pp*)는 단지 *p* 배우자만을 생산하며, 순종의 보라색 꽃 부모(*PP*)는 *P* 배우자만을 생산할 수 있다. 이런 배우자가 합쳐지면 단지 이형접합자인 *Pp* 자손만이 F_1 세대에서 나타난다. *P* 대립유전자가 우성이기 때문에 모든 F_1 개체는 보라색 꽃을 가질 것으로 예측할 수 있다.

F_2 확률은 **푸네트정방형(Punnett square)**이라 불리는 간단한 도형으로 나타낼 수 있다. 이것은 영국의 유전학자인 푸네트(R.C. Punnett)가 고안한 까닭에 그의 이름을 붙이고 있다(그림 12.7a). 푸네트정방형은 교배시험 시 모든 접합체의 유전형을 구별할 수 있다. 푸네트정방형은 부모 한 쪽에서 가능한 모든 배우자를 사각형의 위쪽에 놓고, 다른 배우자로부터 가능한 모든 배우자를 사각형의 왼쪽에 배열한다. 임의 배우자 조합으로 형성되는 접합자의 유전자형은 사각형의 블록으로 표시한다.

멘델의 모델은 푸네트정방형 방법으로 분석하면, F_2 세대는 3/4는 보라색 꽃 식물이며, 1/4은 흰색 꽃 식물로서 표현형의 비는 3:1인 것이다(그림 12.7b).

개념 정리 12.2

멘델의 단성잡종은 혼합이론을 반박했다. 하나의 형질이 F_1에서 사라지고, F_2 세대에서 예측되는 비율로 다시 나타난다. F_1에서 볼 수 있는 형질을 우성이라 하고, 다른 것은 열성이라 한다. F_2에서 우성과 열성의 비는 3:1이며, 이는 하나의 우성 동형접합, 두 개의 이형접합, 하나의 열성 동형접합을 의미한다. 분리의 법칙은 대립유전자가 서로 다른 배우자로 분리되는 것을 말한다. 이에 대한 물리적인 기초는 제감수분열 후기에 상동염색체가 분리한다는 것이다.

- 키 큰 F_2 식물들 중 어느정도 부분이 순종일까?

12.3 멘델의 독립의 법칙은 유전자가 독립적으로 분리한다는 것을 주장한다

분리의 법칙은 단성잡종 교배 시 한 형질에 대한 대립유전자들의 유전양상을 설명한다. 멘델은 더 나아가서 종자의 색깔 등의 특정 형질의 유전이 종자의 모양이나 꽃의 색깔 등의 다른 형질의 유전에 영향을 주는지에 대해 조사하였다.

양성잡종에서의 형질은 독립적으로 행동한다

학습목표 12.3.1 푸네트정방형을 이용하여, 9:3:3:1의 양성잡종 비율의 유전적 기초를 설명한다.

멘델은 7가지 형질 중에서 서로 다른 두 가지의 콩을 교배하는 일련의 실험을 수행하였다. 그는 대조되는 쌍을 교배하여 F_1 이형접합체를 만들었다. 이 이형접합체는 이중으로 이형접합체이며 양성잡종이라고도 부른다. 마지막으로 그는 F_1 이형접합체 식물을 자가교배하여 F_2 세대를 생산한 후, 모든 형태의 자손들 숫자를 세었다.

대비되는 씨앗의 형태 대립유전자(둥근 *R*, 찌그러진 *r*)와 대비되는 씨앗의 색깔 대립유전자(노란색 *Y*, 녹색 *y*)를 교배하는 것을 염두에 두자. 둥근 노란색(*RRYY*)과 찌그러진 녹색(*rryy*)을 교배하면 이형접합체인 F_1이 생산되는데, 모든 개체가 같은 표현형(둥글고 노란색)에 같은 유전자형(*RrYy*)을 보인다. 이 양성잡종인 F_1을 자가교배시키면 F_2 세대가 나온다.

F_2 세대는 4가지 형태의 자손이 9:3:3:1 비율을 보인다

이 결과를 분석함에 있어서, 먼저 가능한 표현형의 수를 고려해야 한다. 두 부모의 표현형인 둥근 노란색과 찌그러진 초록색을 볼 수 있어야 한다. 만일 형질이 독립적으로 행동한다면, 한 부모에서 온 하나의 형질이 둥근 초록색 씨앗을 가진 식물을 만들 것이라는 것을 기대할 수 있어야 하고, 다른 것은 찌그러진 초록색 씨앗을 가진 식물을 만들 수 있어야 한다.

다음으로는 F_1 세대가 만드는 배우자가 어떤 형태인지를 고려해야 한다. 부모에게서 보이는 배우자의 두가지 형태가 *RY*와 *ry*임을 예상한다. 이 형질들이 독립적으로 행동한다면, 예상되는 배우자는 *Ry*와 *rY*가 될 수도 있다. 현대의 용어로 말하면, 두 개의 대립유전자를 가진 각각의 유전자는 4가지 방법으로 배합되어 *RY*, *ry*, *Ry*, *rY* 등이 만들어질 수 있다.

이런 바탕에서 우리는 푸네트정방형을 만들 수 있는데, 4x4 곱하기는 16가지 가능한 산물을 만들게 된다. 푸네트정방형을 채우다 보면 모든 가능한 자손을 만들 수 있다(그림 12.8). 그들의 표현형은 무엇일까? 사각형을 보면, 9개의 둥근 노란색, 3개의 주름진 노란색, 3개의 둥근 녹색, 1개의 주름진 녹색을 볼 수 있다. 이렇게 예상되는 표현형의 비는 9:3:3:1이 되는 것이다.

멘델의 독립의 법칙은 양성교배 결과를 설명한다

멘델이 실제로 관찰한 것은 무엇인가? 양성교배 자가수분을 통해 얻은 총 556개의 씨앗에서 그는 아래의 결과를 관찰하였다.

- 315개의 둥근 노란색(*R_Y_*로 기록하며, 밑줄은 어느 대립유전자도 다 허용한다)
- 108개의 둥근 녹색(*R_yy*)
- 101개의 주름진 노란색(*rrY_*)
- 32개의 주름진 녹색(*rryy*)

이 결과는 9:3:3:1 비율과 매우 유사하다(멘델의 556개의 자손의 정확한 9:3:3:1은 313:104:104:35이다).

이로인해 멘델은 두 가지 형질이 각각 독립적으로 분리된다고 결론을 내렸다. 서로 다른 유전자가 이렇게 독립적으로 분리를 하던 각 유전자의 대립유전자의 쌍은 분리의 법칙을 훼손하지 않게 된다. 둥근 씨앗과 주름진 씨앗은 대략 3:1(423:133)의 비율로 나타나고, 노란색 것과 녹색의 씨앗(416:140)도 마찬가지이다. 멘델은 그가 시험한 다른 쌍의의 형질에서도 유사한 결과를 얻었다.

우리는 이러한 멘델의 두 번째 유전법칙을 **독립의 법칙(Principle of Independent Assortment)**이라 부른다. 이것은 간단하게 요약이 가능하다. 교배시, 대립유전자는 다른 유전자와 상관없이 독립적으로 분리한다는 것이다. 13장에서 배우겠지만, 제I감수분열 중기에 서로 다른 상동염색체의 독립적인 배열이 이런 독립의 법칙을 가능케 한다.

개념 정리 12.3

양성잡종교배에 관한 멘델의 분석은 서로 다른 형질의 대립유전자 분리가 독립적이라는 것을 보여준다. 이것이 멘델의 독립의 법칙으로 알려지고 있다. 두 가지 형질이 다른 개체를 교배하고, 그들의 자식을 자가수정시키면 4가지 서로 다른 형태가 9:3:3:1로 나타난다.

- 멘델의 법칙을 설명함에 있어, 제I감수분열과 제II감수분열 중에 어느 것이 더 중요할까?

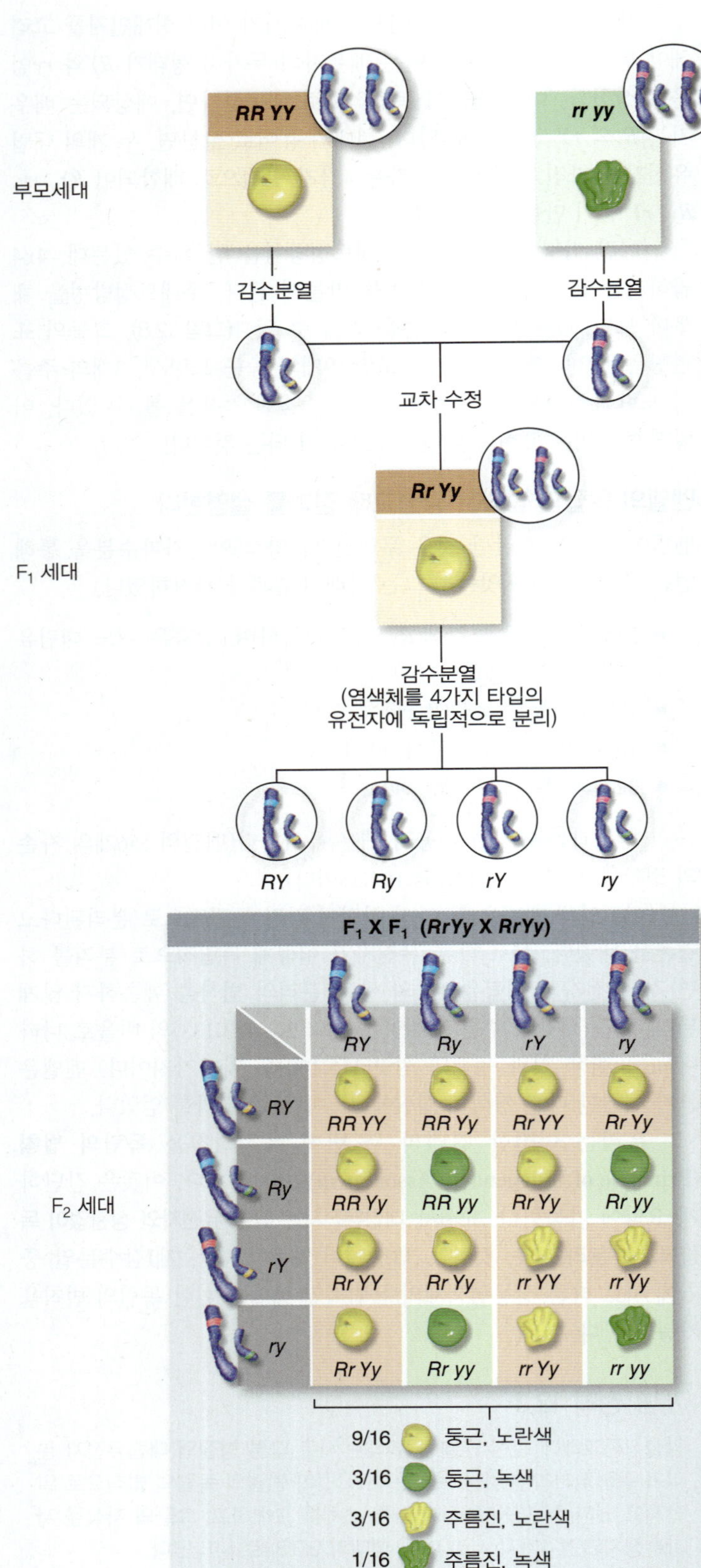

그림 12.8 양성잡종 교배 분석. 푸네트정방형은 둥근 노란색 종자와 주름진 초록색 종자 사이의 양성잡종 교배의 결과를 보여준다. 4개의 가능한 유전형 조합의 비율은 9:3:3:1로 예상되며, 비율은 멘델이 발견한 것이다.

12.4 확률은 교차의 결과를 예측하게 해준다

확률은 무작위적인 사건의 결과를 예측하게 해준다. 감수분열 시 서로 다른 염색체의 행동은 독립적이기 때문에, 교배의 결과를 확률적으로 예측할 수 있다. 여기에는 두 가지 간단한 공식이 사용된다.

두 가지 확률의 공식이 교배 결과를 예측한다

학습목표 12.4.1 유전적 교배에 합의 법칙과 곱의 법칙을 적용한다.

이러한 공식과 그 사용법을 설명하기 전에, 우선 정의를 할 필요가 있다. 두 가지 사건이 같은 시간에 일어날 수 없다고 가정하면 이 두 가지 사건은 서로 배타적이라고 말한다. 동전 던지기의 앞뒤 같은 것을 배타적 사건의 예로 들 수 있다. 이는 두 번의 앞이나 두 번의 뒷면이 연속적으로 나오는 두 번의 연속적인 동전던지기와는 다르다. 이 경우, 각 동전의 면은 독립적인 사건을 나타낸다. 독립적인 사건과 배타적인 사건은 두 가지 규칙의 기본이 된다.

합의 법칙

동전 대신에 6면의 주사위를 생각해보자. 어떻게 던지던 한 면만이 나오는데, 이때 그 결과를 배타적이라 부른다. 특정 숫자가 나올 확률은 1/6이다. 서로 다른 두 숫자가 나올 확률은 각 확률의 합인데, 이를 **합의 법칙(rule of addition)**이라 한다.

두 번의 배타적인 사건을 예를 들어보면, 사건이 일어날 확률은 각 확률의 합이다.

2 또는 6이 나올 확률은

$$1/6 + 1/6 = 2/6 = 1/3$$

이를 이형접합의 보라색 F_1 식물의 교배에 적용하면, 4가지 배타적인 사건이 가능한데, *PP*, *Pp*, *pP*, *pp*가 그것이다.

이형접합이 될 확률은 *Pp*나 *pP*인데, 1/4 + 1/4 = 1/2이 된다.

$$F_2\text{가 이형접합일 확률} = 1/4Pp + 1/4pP = 1/2$$

앞의 실험에서, 379개의 자손 중, 약 190인 1/2이 여기에 속한다고 기대할 수 있다.

곱의 법칙

두 번째 규칙은 유전학자에게 대단히 유용한 규칙으로서, 독립적인 사건의 결과를 다룬다. 이것은 **곱의 법칙(product rule or rule of multiplication)**이라 불린다. 그리고 이는 두가지 독립적인 사건이 함께 일어날 확률은 각 확률을 곱하는 것이라는 것을 의미한다.

이를 두 부모의 각각에서 유래된 배우자에 의해 형성된 자손에서 일어나는 단성잡종에 적용할 수 있다. 어떠한 결과도 두가지 서로 다른 배우자의 형성되는 두가지 독립적인 사건의 결과이다. 보라색 F_1 부모를 예를 들어보자. 이들은 모두 *Pp*(이형접합자)여서, F_2가 *pp*(동형접합자)가 될 확률은 부(1/2)에서 *p* 배우자를 받을 확

률과 모(1/2)에서 p 배우자를 받을 확률을 곱한 1/4이 된다. 즉

$$pp \text{ 동형접합자 확률} = 1/2p(\text{부}) \times 1/2p(\text{모}) = 1/4pp$$

이것이 앞에서 사용한 푸네트정방형의 기초가 된다. 사각형에서 각각의 세포는 세포에 영향을 주는 배우자의 확률을 곱한 것이다. 그리고 나서 각 세포를 이루는 배타적 사건의 확률을 합산하는 합의 법칙을 사용한다.

이형접합자 간의 교배에서 동형접합 열성 자손의 숫자를 예측하는 확률계산의 결과로 사용할 수 있다. 예를 들면, 총 379의 자손 중, 1/4을 이들로 간주하는데, 대략 95개가 동형접합 열성의 표현형을 보인다.

양성잡종의 분석

확률분석은 양성잡종의 경우로도 확장할 수 있다. 앞의 씨앗 형태와 색깔의 예를 사용해보자. 씨앗의 형태와 색깔에 영향을 주는 대립유전자가 독립적으로 분리한다면, 씨앗의 형태에 관한 특정 대립유전자 쌍이 씨앗의 색을 나타내는 특정 대립유전자 쌍과 함께 나타날 확률은 각 쌍의 독립적인 확률을 곱한 것이 된다.

예를 들면, 주름진 녹색 씨앗($rryy$)을 가진 개체가 F_2 세대에 나타날 확률은 주름진 씨앗을 얻을 확률(1/4)과 녹색 씨앗의 확률(1/4)을 곱한 1/16과 같게 된다.

$$rryy\text{의 확률} = 1/4\ rr \times 1/4\ yy = 1/16\ rryy$$

독립의 법칙으로 인해, 두 가지 독립적인 단성잡종 교배인 양성잡종 교배를 추론할 수 있다. 왜냐하면 이들은 독립적인 사건이기 때문에, 곱의 규칙을 적용한다. 따라서 각 양성잡종 표현형의 확률을 계산할 수 있다.

둥근 노란색의 확률($R\_Y\_$) = 3/4 $R\_$ × 3/4 $Y\_$ = 9/16
둥근 녹색의 확률(R_yy) = 3/4 $R\_$ × 1/4 yy = 3/16
주름진 노란색의 확률($rrY\_$) = 1/4 rr × 3/4 $Y\_$ = 3/16
주름진 녹색의 확률($rryy$) = 1/4 rr × 1/4 yy = 1/16

색깔과 형태 유전자가 독립적으로 분리된다는 가설은 F_2 세대가 9:3:3:1의 표현형 비유을 보인다는 것을 예측하게 해준다. 어떠한 양성잡종 교배에서도 이러한 비율은 적용될 수 있어, 각 표현형 그룹의 예상 숫자를 예측하게 해준다. 원리와 결과는 푸네트정방형을 사용해서 얻은 결과와 같다.

검정교배를 통해 미지의 유전자형을 밝힌다

학습목표 12.4.2 단성잡종 검정교배를 결과를 설명한다.

멘델은 자신의 모델을 계속 시험하기 위해, 간단하고 강력한 방법인 **검정교배(testcross)**를 고안하였다(그림 12.9). 검정교배는 미지의 유전자형을 가진 개체를 동형접합 열성 유전자형을 가진 개체와 교배하는 것이다. 동형접합 열성 부모의 영향은 무시하는 것인데, 왜냐하면 이 부모는 단지 열성의 대립유전자만을 제공하게 된다. 보라색 꽃 식물을 생각해보자. 이 식물이 동형접합인지 이형접합인자 단순히 보기만 해서는 알 수 없다. 유전자형을 알기 위해서는 흰색 꽃 식물과 검정교배를 수행할 수 있다. 이 교배에서는 두 가지 유전자형이 서로 다른 결과를 야기한다(그림 12.9). 즉,

경우 1: 미지의 개체가 동형접합 우성(PP)인 경우
$PP \times pp$: 모든 자손이 보라색 꽃을 보인다(Pp).
경우 2: 미지의 개체가 이형접합 우성(Pp)인 경우
$Pp \times pp$: 자손의 1/2은 흰색 꽃(pp), 1/2은 보라색 꽃을 보인다(Pp).

간단히 말하면, 검정교배시 자손세대의 열성 표현형의 발현은 검정개체의 유전자형이 이형접합자임을 말하는 것이다.

멘델이 조사한 대립유전자의 각 쌍에서, F_2 표현형의 비율이 3:1(그림 12.4)이며, 검정교배시에는 1:1이 나타남을 관찰하였다. 검정교배는 두 가지 유전자가 관여할 때 각 개체의 유전자형을 결정하는 데에도 사용할 수 있다. 멘델은 때로 우성이 나타나는 F_2 개체의 유전자형을 확인하는데 사용하였다.

두 가지 우성형질($A\_B\_$) 모두를 나타내는 F_2는 다음의 유전자형을 가질 수 있다. 즉, $AABB$, $AaBB$, $AABb$, $AaBb$가 그것이다. 우성을 보이는 F_2를 동형접합 열성과 교배시킴으로써, 멘델은 형질의 한쪽이나 양쪽 모두가 자손에게 진정으로 전달되는지를 확인할 수 있었다. 그리고 F_2 부모의 유전자형을 결정할 수 있었다(표 12.1).

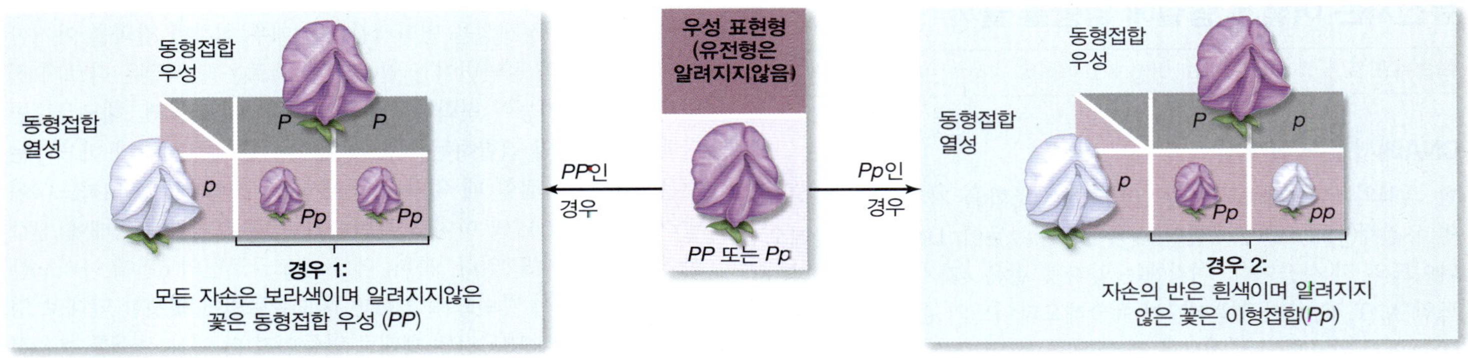

그림 12.9 검정교배. 우성 대립인자에 대해 우성 형질을 보이는 것이 동형접합 인지 이형접합 인지를 확인하기 위해 멘델은 동형접합 열성 식물을 교배시켰다.

표 12.1	양성잡종 검정교배	
실제 유전형	검정교배의 결과	
	형질A	형질B
AABB	형질A 자손	형질B 자손
AaBB	——	형질B 자손
AABb	형질A 자손	——
AaBb	——	——

개념 정리 12.4

합의 법칙은 두 가지 사건의 확률이 각 확률의 합을 의미한다. 곱의 규칙은 함께 일어나는 두 가지 독립적인 사건의 확률은 각 확률을 곱하는 것을 의미한다. 이런 규칙은 교배의 결과를 예측하는데 사용한다. 우성 표현형을 가진 개체와 동형접합 열성 개체를 교배하면, 검정교배, 그들의 유전자형을 알아낼 수 있다.

- 두 형질에 대한 이형접합체의 양성잡종 검정교배에서 예상되는 표현형의 비율은 어떻게 될까?

12.5 유전자형은 단백질의 서열을 결정함으로써 표현형을 좌우한다

멘델의 유전학에 대한 보다 더 깊은 이해를 위해서는, 유전자의 작동원리를 간단히 살펴보는 것이 도움이 된다. 이를 염두에 두고, 우리는 특정 유전자가 어떻게 멘델의 형질에 영향을 미치는지, 돌연변이는 어떻게 유전자를 변화시키는지, 그리고 이런 변화가 오랜 기간에 걸친 진화의 결과에 잠재적으로 미치는 영향 등에 대해 대략적으로 살펴볼 것이다. 이를 위하여 헤모글로빈 단백질을 그 예로 들 것이다. 헤모글로빈은 성인의 경우 4가지 단백질 사슬로 이루어져 있는데, 두 개의 알파사슬과 두 개의 베타사슬로 구성되어 있다.

유전자는 어떻게 형질에 영향을 줄까

학습목표 12.5.1 유전자형이 어떻게 표현형을 결정하는지를 설명한다.

DNA에서 단백질까지

한 개체의 모든 체세포는 동일한 DNA 조합을 가지고 있고 이를 인 유전체(genome)라고 한다. 3장에서 보았듯이, DNA는 뉴클레오타이드의 긴 사슬이다. 여기에는 알파벳 같은 4가지 뉴클레오타이드인 A, T, C, G가 있는데, 이 뉴클레오타이드의 순서가 유전자의 DNA에서 암호화되는 정보를 결정한다.

사람의 유전체는 20,000~25,000가지의 유전자를 가지고 있다. 사람 유전체 DNA는 23개의 염색체로 나뉘어져 있는데, 각각의 염색체는 1,000~2,000개의 유전자를 함유하게 된다. 알파와 베타 글로빈의 유전자는 염색체 16번과 11번에 집단을 이루어 위치하고 있다. 이러한 집단은 상이한 발생시기에 발현되는 다양한 형태의 유전자를 가지게 된다.

DNA에 있는 정보는 같은 염기서열(T 대신에 U가 되는 것만 제외하고)의 RNA 사슬을 만드는 효소에 의해 "읽혀진다". 알파와 베타 글로빈의 RNA 전사체는 세포질로 이동하여, 리보솜에 의해 단백질을 생산하는 정보로 사용된다. 하지만 진핵세포의 경우에는, RNA 전사체는 필요 이상의 정보를 가지고 있어서, 핵을 떠나기 전에 불필요한 부분을 "편집"한다. 예를 들면, 헤모글로빈의 베타 소단위체를 암호화하는 초기의 RNA 전사체는 1660 뉴클레오타이드이지만, "편집"후에는 1000 뉴클레오타이드 정도의 길이를 갖는 "전령" RNA로 된다.

RNA 전사체가 편집된 후에는, 전령 RNA(mRNA)로서 핵을 떠나게 되며, 세포질에서 리보솜으로 이동한다. 각각의 리보솜은 아주 작은 단백질 조립 공장인데, 특정 단백질의 아미노산 서열을 결정하는 전령 RNA의 서열을 이용한다. 베타 글로빈의 경우, 전령 RNA는 146 아미노산의 단백질을 암호화한다.

단백질이 어떻게 표현형을 결정하는가

3장에서 보았듯이, 아미노산의 단백질사슬은 물에서 3차원 형태로 자연스럽게 접히게 된다. 두 개의 알파와 두 개의 베타 헤모글로빈 단백질은 조밀한 구 형태로 뭉쳐져서, 적혈구에 존재하는 활동성있는 헤모글로빈 단백질을 형성하기 위해 4개의 철과 함께 결합한다. 글로빈 분자는 허파의 산소가 풍부한 환경에서 산소와 결합(34장에서 상세히 설명함)하며, 조직같은 산소가 부족한 환경에서는 산소를 방출한다.

혈액에서 헤모글로빈 단백질의 산소결합 효율은 신체가 제 기능을 잘 수행하는데 매우 중요하다. 근육으로의 산소공급량에 의해 크게 제약을 받는 격한 신체활동 조건에서는 특히 그러하다.

일반적으로, 유전자는 신체에 존재하는 단백질의 종류를 결정함으로써 표현형에 영향을 주는데, 이 단백질은 신체가 어떻게 기능하는가를 결정한다.

돌연변이는 표현형을 어떻게 변화시키는가

돌연변이라 부르는 유전자내 뉴클레오타이드의 변화는, 그 변화가 아미노산의 정체성을 변화시킨다면 매우 심각한 결과를 야기한다. 이런 종류의 돌연변이가 일어나면, 새로운 단백질은 다르게 접혀서, 그들의 기능이 변화하거나 파괴된다. 예를 들면, 헤모글로빈 단백질이 산소와 결합하는 기능을 얼마나 잘 수행하는가 하느냐는 것은 단백질이 접힐 때 얼마나 정확하게 그 형태를 유지하느냐에 달려있다. 단 하나의 아미노산 변화가 단백질의 최종 형태에 심각한 영향을 줄 수도 있다. 특히, 베타 헤모글로빈의 6번째 아미노산이 글루탐산에서 발린으로 변하면 헤모글로빈이 뻣뻣한 막대로 엉겨서 혈구세포가 낫모양의 형태로 만들어져 더 이상 산소를 효율적으로 운반하지 못한다(15장에서 상세히 설명). 낫모양적혈구 질병은 치명적이다.

대립형질들에 대한 자연선택이 진화로 이어진다

무작위 돌연변이가 모든 유전자에서 수시로 일어나기 때문에, 집단은 여러 가지 형태의 유전자를 가지게 되나, 통상적으로 하나를 제외하고는 대부분 희귀한 형태로 존재한다. 때로는 환경의 변화로 인해 희귀한 변이중 하나가 새로운 조건에서 더 좋을 수도 있다. 이렇게 되면, 자연선택은 희귀한 대립유전자를 선호하여 집단에서 그 빈도가 늘어나게 된다. 헤모글로빈 유전자의 낫모양적혈구 변이는 지구상에서 희귀한 것이지만, 중앙 아프리카에서는 흔하다. 그 이유는 이형접합 개체가 그 지역에서는 더욱 치명적인 말라리아에 대해 저항성을 보이기 때문이다.

개념 정리 12.5

유전자는 세포의 활성을 수행하는 단백질의 아미노산 서열을 결정하여 기능적 형태를 정함으로써 표현형을 결정한다. 돌연변이는 단백질 서열을 변하게 하여 단백질의 기능을 변화시킴으로써 진화학적으로 의미있는 표현형을 변하게 한다.

- 베타 헤모글로빈 유전자에서 하나의 뉴클레오타이드가 어떻게 기관 손상과 죽음에 이르게 할까?

12.6 멘델의 모델을 확장해보면 행동의 유전학에 대한 이해가 분명해진다

멘델의 결과가 그의 살아있을 때 주목을 받지는 못했지만, 다른 세 사람의 연구자가 그가 죽은 지 16년이 지난 1900년에 별개로 그의 선구적인 결과를 재발견하였다. 그들은 그들의 발견을 출판준비하기 위해 문헌을 뒤지다가, 멘델이 30년도 더 이전에 제시한 것과 매우 유사한 것을 우연히 찾아내게 되었다.

멘델의 재발견 후 수십년 만에, 많은 연구자들이 테스트하기 시작하였다. 하지만, 멘델의 이론을 확인하려는 시도를 하는 과학자들은 그가 보고한 단순한 비율과 같은 결과를 얻기가 힘들었다.

멘델의 간단한 비율을 얻지 못한 이유는 다른 사람들이 시험한 형질을 가지고 했기 때문이었다. 과도하게 단순화한 멘델의 모델에 수많은 가설을 적용하였다. 이러한 가설들은 각 형질이 두 개의 대비 대립유전자를 가진 하나의 유전자에 의해 결정되어진다는 것들이었으며, 환경적인 영향은 없다는 것이었으며, 유전자 산물은 독립적으로 행동한다는 것들이었다. 우성의 개념은 풍부한 생화학적 복잡성을 감추고 있었다. 다음 섹션에서 멘델의 단순한 생각이 더욱 완전한 유전학적 관점을 제공하도록 확장되는지를 설명할 것이다.

하나 이상의 유전자가 형질에 영향을 준다

학습목표 12.6.1 연속적인 변이에 대한 유전학적인 설명을 한다.

유전자형과 표현형 간의 관련성은 때때로 하나의 대립유전자가 하나의 형질을 만든다는 것보다 훨씬 복잡하다. 대부분의 표현형은 보라색 꽃이냐 흰색 꽃이냐 하는 2가지 상태의 형질로 나뉘어지지 않는다.

큰 식물과 작은 식물간의 교배를 생각해보자. "큰 식물"은 정상적인 크기이고, "작은 식물"은 하나의 유전자의 대립유전자에 의한 난장이 식물이다. 대부분의 식물과 동물에 있어서 개체의 크기는 분명히 대비되는 값을 갖기보다는, 연속적인 범위를 가지면서 다양하다. 이러한 연속적인 표현형의 분포는 간단한 유전적인 설명이 가능하다. 즉, 하나 이상의 유전자가 작동하고 있다는 것이다. 이 경우에 작동되는 유전의 형태는 때로는 **다원유전(polygenic inheritance)**이라 불린다.

하나의 유전자에 의해 나타나는 표현형은 드물다. 그 대신 대부분의 특징은 여러 유전자에 의한 다수의 표현형질들이 합쳐진 결과이다. 다수의 유전자가 신장이나 무게같은 특징을 보이기 위해 함께 작용할 때, 그 특징은 작은 차이의 범위를 보인다. 이러한 유전자가 독립적으로 분리되면, 많은 개체의 집단을 조사해 볼 때 차이점의 점차적인 변이를 볼 수 있다(그림 12.10). 우리는 이러한 점차적인 현상을 **연속변이(continuous variation)**라 부르고, 이러한 형질은 **양적형질(quantitative traits)**이라 부른다. 특징을 결정짓는 유전자가 많아질수록 표현형의 다양한 분포가 나타난다.

형질의 연속적인 변이는 두 가지 색깔의 페인트를 섞는 것과 유사하다. 7통의 흰색과 1통의 붉은색을 섞어보면 5통의 붉은 색과 3통의 흰색을 섞을 때보다 매우 밝은 분홍색이 나타난다. 붉은색소의 양을 달리하면 연속적인 명암이 순수 붉은색부터 순수 흰색으로 나타난다.

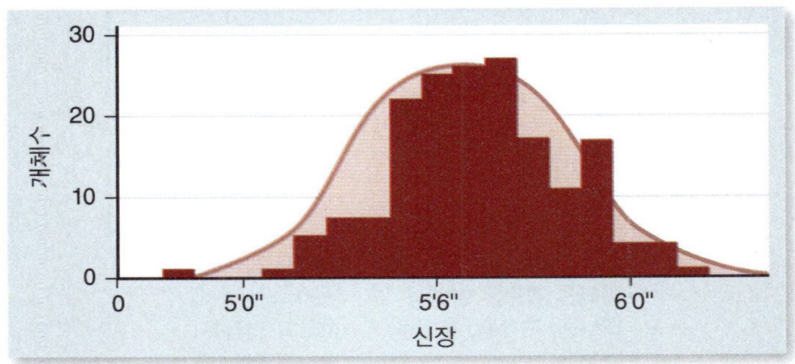

그림 12.10 키는 연속적으로 변화하는 형질이다. 사진과 동반되는 그래프는 1914년도 코네티컷 농대 학생들의 키 분포를 보여준다.

From Albert F. Blakeslee, "CORN AND MEN: The Interacting Influence of Heredity and Environment—Movements for Betterment of Men, or Corn, or Any Other Living Thing, One-sided Unless They Take Both Factors into Account," *Journal of Heredity*, 1914, 5:511–8, by permission of Oxford University Press.

때로는 변이를 서로 다른 신장 범위같은 카테고리로 구분할 수 있다. 각각의 신장 범위의 숫자를 연결하면 **히스토그램**이라 부르는 분포도곡선이 나타난다. 이것은 그림 12.10에서 볼 수 있다. 종 모양의 히스토그램은 이상적인 정규분포와 가까운데, 가운데의 값이 평균값이 되며 곡선의 퍼짐은 변이를 표시한다.

간단하게 보이는 형질이라도 이러한 다원적인 기본을 가질 수 있다. 예를 들면, 인간의 눈 색깔은 갈색이 파란색에 대해 우성이라는 단순한 용어로 표시된다. 하지만 실제로는 정확하지 않다. 심층 분석을 해보면 최소한 4가지 유전자가 눈 색깔을 결정하는데 관여하고 있음을 알 수 있다. 이로 인해 예상보다 훨씬 복잡한 유전양상이 나타나게 된다. 예를 들면, 파란 눈의 부모는(아주 드물게) 갈색 눈의 자손을 가진다.

하나의 유전자가 하나 이상의 형질에 영향을 준다

학습목표 12.6.2 유전에 영향을 주는 다면발현의 유전적 기초를 설명한다.

하나의 유전자가 하나의 형질에 영향을 주는 것만이 아니라, 하나의 유전자가 하나 이상의 형질에 영향을 줄 수 있다. 생화학적 경로의 복잡함과 다세포 생물의 독립적인 기관체계를 생각해보면 이것은 놀랄 일이 아니다.

표현형에 하나 이상의 효과를 주는 대립유전자를 **다면발현 (pleiotropic)**하다고 부른다. 선구적인 프랑스 유전학자인 Lucien Cuenot은 생쥐에서 우성인 노란 털을 연구하여 노란 생쥐를 서로 교배해서는 순종의 노란 생쥐를 얻을 수 없다는 것을 발견하였다. 노란 대립유전자가 다면발현성이 있기 때문에, 노란 대립유전자를 가진 동형접합자는 죽는다. 즉, 하나의 형질은 노란색 털 색깔이고 다른 하나는 열성 치사 결함인 것이다.

다면발현 대립유전자는 다른 표현형(노란 털)에 대해 우성이며, 다른 형질(치사결함)에 대해서는 열성이다. 다면발현 효과는 예측하기 힘든데, 그 이유는 하나의 형질에 영향을 주는 유전자가 알 수 없는 기능에 영향을 주기 때문이다.

다면발현 효과는 낭포성 섬유종(그림 12.11)과 낫모양적혈구증을 포함하는 인간의 유전질환의 특징이다. 이런 질환에 있어, 여러 가지 증상이 하나의 유전자 결함으로 판명될 수 있다. 낭포성 섬유종 환자는 혈관폐색, 가래, 짠 땀, 간과 이자 손상과 그 이외의 여러 가지 증상을 보인다. 유전자의 다면발현 효과에서 원인이 되는 결함의 특성을 추론하는 것은 매우 어렵다. 판명되었듯이, 낭포성 섬유종의 모든 증상은 하나의 유전자에 생긴 돌연변이 때문인데, 이 유전자는 염소이온의 막통로단백질을 만드는 유전자이다. 이와 같은 이온통로는 9장("세포 신호교신")에서 상세히 기술하였다. 결함있는 유전자를 정상유전자로 교체하여 낭포성섬유종을 치료하려는 시도는 17장("생명공학")에서 기술한다.

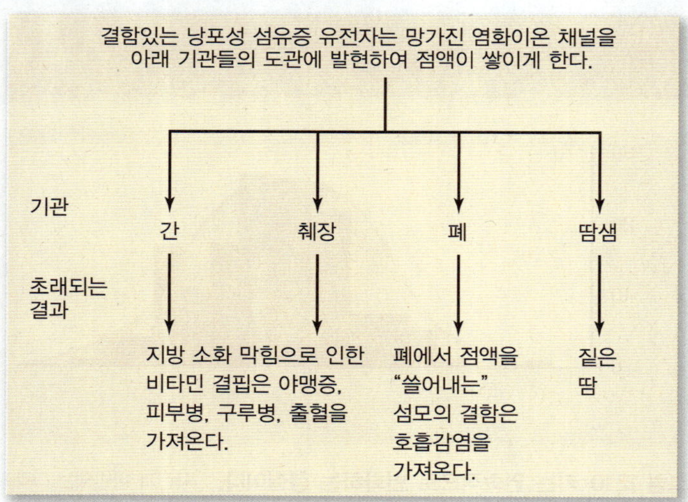

그림 12.11 낭포성 섬유증 유전자의 다면발현 효과, 예. 낭포성 섬유증은 세포막 염화이온 채널 단백질의 비정상적인 접힘을 유발하는 단일유전자 결함으로 인해 나타난다. 그 결과로, 낭포성 섬유증 환자의 점막은 삼투에 의해 수분을 주변 세포로 빼앗기고 점차적으로 두꺼운 층을 형성하여, 여러 기관에서 위의 표에 정리된 일련의 증상들을 나타내게 된다.

유전자는 두 개 이상의 대립유전자를 가질 수도 있다

학습목표 12.6.3 하나의 유전자가 가진 최대 숫자의 대립유전자를 예상해보고, 그 예상을 설명한다.

멘델은 두 개의 대립유전자를 가진 유전자를 항상 주목하였다. 어떠한 2배체도 유전자 하나에 단지 두 개의 대립유전자를 가질 수 있음에도, 집단에는 하나의 유전자에 두 가지 이상의 변이가 존재할 수 있다. ABO 혈액형이 그 예인데, 세 개의 대립유전자를 가진 것으로 다음 섹션에서 설명한다.

DNA의 염기서열로서 유전자를 생각한다면, 가능한 변이의 숫자는 매우 큰데, 왜냐하면 어떠한 염기에 생긴 변이도 새로운 대립유전자가 될 수 있기 때문이다. 실제로, 어떤 유전자에서 볼 수 있는 대립유전자의 숫자가 12개 이상일 경우는 드물지만, 집단에 존재하는 유전자에는 보통 2개 이상의 대립유전자가 존재한다. 이러한 대립유전자의 우성관계는 이형접합의 경우에 나타나는 표현형을 관찰함으로써 결정된다.

우성이 항상 완벽하지는 않다

학습목표 12.6.4 우성을 잃는 것과 불완전 우성이 어떻게 다른지 설명한다.

우성과 열성형질에 관한 멘델의 발견은 현대 생화학의 관점에서는 설명하기가 쉽지 않다. 예를 들면, 열성형질이 열성 대립유전자에서 발현된 효소기능 상실에 기인한 것이라면, 이 효소 활성의 반만 가지고 있는 이형접합자는 동형접합자인 우성과 같은 것일까?

그 답은 효소가 혼자가 아니며 경로에서 항상 활동하고 있다는 것이다. 이러한 경로는 앞의 장에서 보았듯이, 유입과 생산의 관점에서 매우 복잡하다, 그리고 이 경로는 단백질 양의 감소없이 경로상에 있는 한 효소의 활성이 크게 감소되는 것을 견딜 수 있다. 이런 경우라면, 완전우성이 관찰되지만, 모든 유전자가 다 이런 것은 아니다.

불완전 우성

불완전 우성(incomplete dominance)의 경우, 이형접합자는 두 동형접합자 사이의 중간 표현형을 보인다. 예를 들면, 붉은색과 흰색 꽃을 가진 분꽃 식물을 교배하면, 모든 자손이 분홍색 꽃을 가지는데 이것은 붉은색도 흰색도 모두 우성이 아님을 의미한다. F_1만 보면, 이것은 혼합유전의 경우라고 결론지을 수 있다. 하지만 분홍색 F_1을 교배시키면, 붉은색, 분홍색, 흰색 꽃이 1:2:1의 비율로 나타난다. 이 경우 표현형의 비는 유전자형의 비와 같다(그림 12.12).

과학적 사고

가설: 붉은색 꽃과 흰색 꽃 사이의 교배결과 관찰된 분홍색 F_1은 우성형질 획득의 실패이며 혼합된 것을 물려받은 게 아니다.

예상: 만약 분홍색 F_1을 자가교배시키면, 그들은 멘델의 단성잡종 유전형 비율과 동일한 자손을 만든다. 그것은 1 붉은색 : 2 분홍색 : 1 흰색.

실험: 교배를 수행하고 자손의 수를 센다.

결과: 교배가 수행되면, 예상된 결과가 관측된다.

결론: 꽃색은 불완전 우성을 보여준다.

그 외의 실험: 관찰된 비율에 대해 확신을 갖기 위해 얼마나 많은 자손을 세어보아야 할까?

그림 12.12 불완전 우성. 붉은색 분꽃(유전형 C^RC^R)과 흰색 분꽃(유전형 C^WC^W)의 교배실험에서, 어떠한 대립유전자도 우성이 아니다. 후손인 이형접합자는 분홍색 꽃의 C^RC^W 유전자형을 가진다. 만약 이 이형접합자들이 서로 교배된다면, 그들 자손의 표현형은 1:2:1(붉은색:분홍색:흰색)의 비율로 나타난다.

공우성

집단내 대부분 유전자는 여러 개의 상이한 대립유전자를 가지고 있으며, 때로는 어떠한 대립유전자도 우성이 아니다. 그대신 각 대립유전자는 표현형에 자신만의 영향을 끼치고 있으며, 이형접합자는 두 동형접합자 표현형의 일부를 보이게 된다. 이러한 대립유전자를 **공우성(codominant)** 한다.

공우성은 이형접합자의 모양새에서 불완전우성과 차이점을 보인다. 불완전우성의 경우, 이형접합자는 두 동형접합자의 중간을 보이는 반면, 공우성의 경우는 이형접합자에서 두 대립유전자가 모두 일부분 보인다. 가장 분명한 인간의 예는 혈액형에서 볼 수 있다.

인간 혈액형의 상이한 표현형은 적혈구세포 표면에 존재하는 단백질에 대한 면역반응에 기초한다. 동형접합자에서는 한 가지의 단백질이 세포표면에서 발견되며, 이형접합자에서는 두 가지 단백질이 발견되어 공우성을 가지게 한다.

인간의 ABO 혈액형

ABO 혈액형을 결정하는 유전자는 적혈구 세포표면에 있는 단백질에 당분자를 첨가하는 효소를 만든다. 이 당들은 면역계에서 마커로 인식된다(35장 참조). 효소를 만드는 유전자는 I로 표시하는데, 세 가지 대립유전자가 있다. 즉 I^A 의 산물은 갈락토사민을 첨가시키고, I^B의 산물은 칼락토스, i는 당을 첨가하지 못하는 단백질을 만든다.

I 유전자의 세가지 대립유전자는 6가지 상이한 유전자형을 조합시킨다. I^A 와 I^B 대립유전자를 가진 이형접합자는 두 가지 형태의 효소를 만들어 적혈구세포 표면에 갈락토스와 갈락토사민이 나타난다. 두 대립유전자가 이형접합자에서 동시에 발현되기 때문에, I^A 와 I^B 대립유전자는 공우성이 된다. I^A 와 I^B 대립유전자는 i 대립유전자에 대해 우성인데, 왜냐하면 I^A 와 I^B 대립유전자 모두 당을 첨가하기 때문이다. 반면 i 대립유전자는 그렇지 못하다. 이 세 가지 대립유전자의 조합은 4가지 표현형을 만들게 된다(그림 12.13).

1. A형 개체는 갈락토사민만을 첨가한다. 따라서 I^AI^A 동형접합자이거나 I^Ai 이형접합자가 된다(두 가지 유전자형)
2. B형 개체는 갈락토스만을 첨가한다. 따라서 I^BI^B 동형접합자이거나 I^Bi 이형접합자가 된다(두가지 유전자형)
3. AB형 개체는 두 가지 당을 다 첨가시켜, I^AI^B 이형접합자가 된다(한 가지 유전자형)
4. O형 개체는 당이 첨가되지 않으며, ii 동형접합자가 된다(한 가지 유전자형)

이러한 4가지 세포표면 표현형을 ABO **혈액형**이라고 한다.

개인의 면역계는 이 4가지 표현형으로 구별된다. A형 개체가 B형 혈액을 수혈받으면, 수혈자의 면역계가 “이질의” 항원(갈락토

대립인자	혈액형	당	수혈
I^AI^A, I^Ai (I^A가 i보다 우성인 경우)	A	갈락토사민	A형과 O형에게서 받고 A형과 AB형에게 준다.
I^BI^B, I^Bi (I^B가 i보다 우성인 경우)	B	갈락토오스	B형과 O형에게서 받고 B형과 AB형에게 준다.
I^AI^B (공동우성)	AB	갈락토오스와 갈락토사민	모든 공여자가 AB형에게 준다.
ii (i가 열성인 경우)	O	X	O형에게서 받고 모두에게 수여

그림 12.13 공동우성과 복대립 유전자를 ABO 혈액형 집단으로 나타내었다. I 유전자의 세개 대립유전자: I^A, I^B과 i. I^A와 I^B 두 대립 유전자 모두 i 유전자보다 우성이나, 각각은 서로에게 공동 우성이다(AB타입 참조). 각 혈액형 타입이 생기게 하는 유전형은 표면 단백질에 더해진 당과 수혈후 몸의 반응과 관련된 표현형을 보여준다.

스)를 인식하여, 공여자의 혈구세포를 공격하여 덩어리지거나 응집하게 한다. 공여 혈액이 AB형일 때도 같은 현상이 나타난다. 하지만, 공여혈액이 O형일 경우에는 면역공격이 나타나지 않는데, 그 이유는 갈락토스 항원이 없기 때문이다.

일반적으로, 어떠한 개인의 면역계도 O형의 혈액은 받을 수 있는데, 이를 "공통의 공여자"라 한다. 갈락토스나 갈락토사민 어느 것도 AB형 개체에게는 낯설지가 않기 때문에, 이 사람들은 어떠한 형태의 혈액도 수혈받을 수 있다. 따라서 AB형을 "공통의 수여자"라 한다. 그럼에도 불구하고, 수혈시에는 혈액을 맞추는 것이 바람직하다.

표현형은 환경에 의해 영향을 받을 수 있다

학습목표 12.6.5 환경이 어떻게 멘델의 비를 변하게 하는지에 대해 설명한다.

멘델의 유전법칙은 환경이 유전자형과 표현형간의 관계에 전혀 영향을 주지 않는다는 것을 암암리에 전제로 하고 있다. 예를 들면, 멘델이 그의 실험을 수행한 수도원 마당의 흙은 아마도 균일한 조건이 아니었을 테지만, 이것이 형질발현에 영향을 줄 수도 있으리라는 가능성은 무시되었었다. 하지만 실제로는, 유전자형이 표현형의 발현을 결정할지라도 환경이 이러한 관계에 영향을 줄 수 있다.

환경 영향은 외부환경에 국한되지 않는다. 예를 들면, 어느 유전자의 대립유전자는 체내 온도의 차이에 의해 영향받는 열-민감 단백질을 만든다. 히말라야 토끼와 샴고양이의 *ch* 대립유전자는 백색증과 관련있는 타이로시네이즈 효소의 열-민감 변이를 만든다. 이 효소의 Ch 변이는 33℃ 이상의 온도에서는 불활성화된다. 이 동물들의 상반신과 머리의 표면에서, 온도가 33℃ 이상이 되면 타이로시네이즈는 불활성화되어, 피부를 희게 만든다. 귀나 꼬리의 끝 같은 몸의 뾰족한 끝에서 온도는 보통 33℃ 이하가 되는데, 이로 인해 효소가 활성화되어 이 부위에서는 검은색 피부가 되도록 하는 멜라닌이 생산되게 한다(그림 12.14).

유전자 상호작용은 나타나는 유전적 비율을 변화시킬 수도 있다

학습목표 12.6.6 양성잡종의 표현형 비가 9:7인 것에 대한 유전적 기초를 설명한다.

멘델의 모델에서 명백하게 간단한 가정은 유전자의 산물은 상호작용하지 않는다는 것이다. 사실은, 유전자의 산물은 독립적으로는 활동하지 않으며, 유전자 산물의 상호연결된 행동은 독립분리에 의해 예측되는 비율을 바꿀 수 있다. 비록 유전자가 서로 다른 염색체에 존재하더라도..

물질대사의 상호연결된 특성을 보면, 많은 유전자 산물이 다른 유전자 산물에 의해 영향을 받는다는 것이 놀라운 것은 아니다. 같은 물질대사 경로에 있는 유전자들은 기능적 상호작용의 형태를 보인다. 이 경우, 멘델이 예측하는 비율은 보이지 않으며, 대신 변형된 형태로 나타난다.

재발견이 된 멘델의 생각을 테스트할 때, 학자들은 멘델의 단순한 비율을 얻는데 문제가 많았는데, 특히 양성잡종 교배를 할 때 이런 현상이 많았다. 때로는 4가지 표현형을 찾지 못할 때도 있었다. 왜냐하면 두 가지 이상이 비슷했기 때문이다.

이런 예는 *Zea mays*라는 옥수수의 변이체를 분석할 때 볼 수 있다. 일부 상용의 변이체는 안토시아닌으로 불리는 보라색 색소를 보이는 반면, 일부는 그렇지 않았다. 1918년 에머슨(R.A. Emerson)이라는 유전학자는 두 가지 옥수수 변이체를 교배시켰는데, 각각

그림 12.14 샴 고양이. 털색의 패턴은 효소 티로시나제의 온도 민감적인 형태를 암호화하는 대립인자 때문에 나타난다.

은 안토시아닌이 없는 것이었다. 놀랍게도 모든 F_1에서 보라색 씨앗을 가지고 있었다.

이러한 색소를 생산하는 F_1 식물 두 가지를 교배하여 F_2를 얻어보면, 56%에는 색소가 있고, 44%에는 색소가 없었다. 이는 멘델의 법칙에 의해 기대되는 결과는 분명히 아니다. 에머슨은 두 가지 유전자가 색소형성에 관여한다고, 그리고 두 번째 교배는 양성교배였을 거라고 가정하였다. 멘델의 이론에 따르면, 양성교배시의 배우자는 16가지의 동등한 방법으로 결합될 수 있다 – 그래서 수수께끼는 어떻게 이 16가지 조합이 자손의 두 가지 표현형에서 나타나는지를 규명하는 것이었다. 에머슨은 색소 만드는 확률에(0.56) 16을 곱해 9를 얻고, 색소가 없는 확률에(0.44) 16을 곱해 7을 얻었다. 에머슨은 통상적인 9:3:3:1 비율 대신에 변형된 비율인 9:7을 얻었다(그림 12.15).

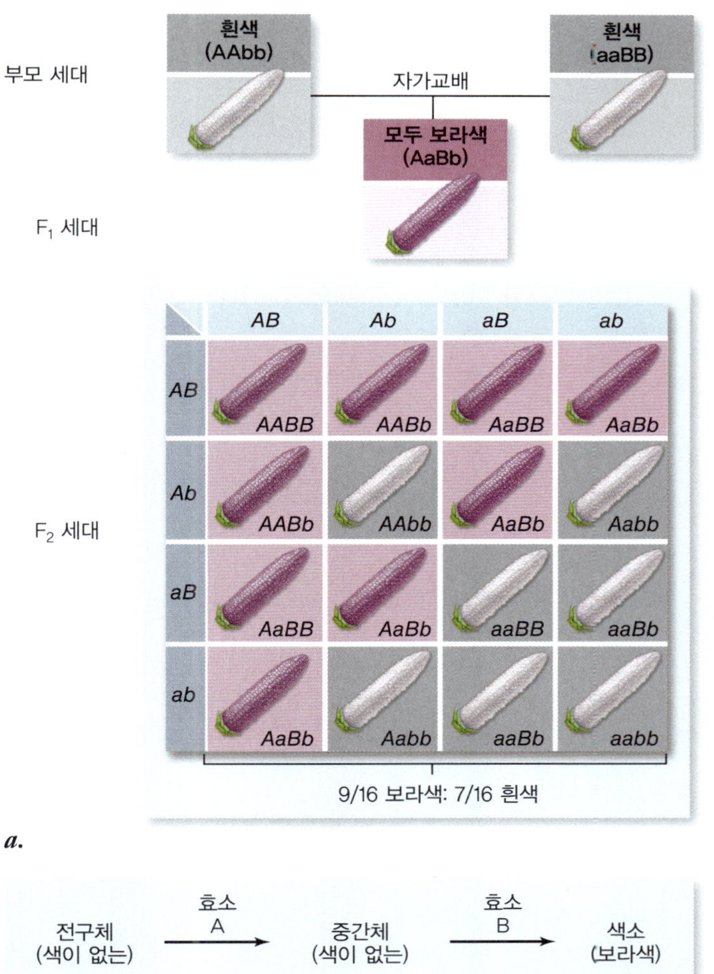

그림 12.15 상위성이 어떻게 곡물 색에 영향을 주는가. **a.** 옥수수의 흰색 낟알들을 교배시키면 모두 보라색 F_1이 야기된다. F1을 자가교배시키면 9개의 보라색과 7개의 흰색 낟알이 야기된다. **b.** 이것은 두 유전자의 존재에 의해 설명되며, 각각은 보라색소의 산물을 위해 필요한 효소를 암호화 한다. 두 효소 모두 활성되지 않으면(유전형 *A_B_*), 색소는 발현되지 않는다.

왜 9:3:3:1이 아닌가? 9:7로 변형된 비율은 에머슨의 2가지 유전자에 의해 만들어지는 단백질의 기능을 보면 쉽게 설명된다. 두 유전자 산물이 생화학적 경로처럼 순차적으로 작용하면, 초기 단계에서 결함있는 단백질로 발현된 대립유전자가 경로 후반에 있는 물질의 흐름을 막게 된다. 이 경우, 경로 후반에 있는 효소가 제대로 기능하는지를 판단할 수가 없다. 왜냐하면 후반의 효소는 사용되지 않기 때문이다. 이러한 형태의 유전자 상호작용은 하나의 유전자가 다른 유전자의 표현형 발현을 저해하는 것으로 **상위(epistasis)**라 부른다.

안토시아닌 색소는 2단계 생화학적 경로로 이루어지는 반응의 산물이다.

$$\text{시작 물질 (색이 없음)} \xrightarrow{\text{효소 1}} \text{중간 물질 (색이 없음)} \xrightarrow{\text{효소 2}} \text{안토시아닌 (보라색)}$$

색소를 만들기 위해, 식물은 각 효소 유전자에서 최소한 하나의 대립유전자의 기능은 정상이어야 한다. 우성 대립유전자가 정상 기능의 효소를 만들고, 열성 대립유전자가 기능이 없는 효소를 만든다. 무작위 분리를 하는 16가지 유전자형 중에서, 9가지가 양쪽 유전자의 우성 대립유전자를 최소한 하나를 가지고 있다. 이들은 보라색 자손을 생산한다. 나머지 7가지 유전자형은 두 유전자 모두 또는 둘 중 하나(3+3+1=7)에서 하나의 우성 대립유전자도 가지고 있지 않아, 색이 없는 자손을 만든다. 따라서 표현형의 비가 9:7이 되는 것이다.

이 비율은 기대했던 양성잡종 비율이 아니지만 이는 기대했던 비율의 변형으로 볼 수 있다. 표 12.2는 전통적인 멘델의 기대를 변형시킬 수 있는 유전적 현상의 다양한 경우를 요약하여 보여주고 있다.

개념 정리 12.6

멘델의 모델은 각 형질이 두 개의 대립유전자를 가지고 있는 하나의 유전자에 의해 결정지어진다고 생각하였다. 이때 환경적인 효과는 형질을 변형시키지 않으며, 유전자 산물은 독립적으로 행동한다고 하였다. 이는 너무 단순화한 것이었다. 복수의 유전자(다원유전)에 의해 나타나는 형질은 연속적인 변이를 보인다. 하나의 유전자가 하나 이상의 형질에 관여할 수도 있다(다면발현). 유전자는 두 가지 이상의 대립유전자를 가지고 있을 수도 있어, 이는 단순한 우성을 보이지 않을 수도 있다. 유전자의 행동은 항상 독립적이지 않는데, 변형된 양성잡종 비율을 보인다고 한다.

- 그림 12.15에 보인 교배에서, F_2에서 흰색의 비율은 얼마나 될까? 왜냐하면 두 개의 유전자 중 하나는 동형의 열성 대립유전자를 가지고 있다.

표 12.2	멘델의 법칙/결과가 관찰되지 않을 때	
유전형 발현	정의	예시
다원유전	하나 이상의 유전자가 단일 형질에 영향을 미친다.	• 눈 색을 결정하는데는 네 가지 유전자가 관여한다. • 인간의 키
다면발현	하나의 유전자가 하나 이상의 형질에 영향을 미친다.	• 쥐에서 노란색 털에 대한 다원유전 우성 대립인자는 치명적인 발달상의 결함에 대한 열성인자이다. • 낭포성 섬유증 • 겸형 적혈구 빈혈증
하나의 유전자에 다양한 대립유전자	유전자는 두 개 이상의 대립유전자를 갖는다.	인간에서 ABO식 혈액형
우성은 언제나 완전하지 않다	• 불완전 우성에서 이형접합은 중간형 이다. • 공동우성에서 단일 대립유전자를 갖지 않는 것은 우성이며, 이형접합자는 동형접합의 양상을 보여준다.	• 일본 four o'clock • 인간 혈액 집단
환경 영향	유전자는 환경에 의해 영향을 받는다	샴 고양이
유전자 상호작용	유전자의 산물은 유전형 비율을 바꿀 수 있다.	• 옥수수의 보라색소 산물 • 포유류의 털색

같은 염색체에 존재하는 두 개의 유전자는 교배시 어떻게 분리될까?

멘델은 콩과식물에서 7가지 특성에 대한 유전을 분석하여, 이들 모두가 독립적으로 분리한다는 것을 발견하였다. 어느 경우에서도 하나의 특성이 다른 특성에 의해 영향을 받지 않는다고 브고하였다. 이러한 결과는 7가지 특성이 모두 다른 염색체에 있을 때만 가능하다. 하지만 사실은 그렇지 않다. 이후의 연구자들은 멘델의 변이에 대해 상세하게 연구하여 7개 유전자 모두가 4개의 염색체에 존재한다는 것을 발견하였는데, 이는 그림에 나타내었다. 세 가지 염색체의 경우 2개의 유전자가 같은 염색체에 존재하고 있다. 줄기 형태는 염색체 #1과 #5에 두 군데 존재하는데, 유전학자들은 어느 유전자를 멘델이 사용했는지 모르고 있다.

그렇다면 멘델은 7가지 특성이 독립적으로 분리된다는 것을 어떻게 관찰하였을까? 한 가지에 대해서는 멘델이 모든 가능한 쌍을 시도하지 않았을 거라는 것이다. 예를 들면, 그는 줄기형태와 신장에 대해서는 테스트하지 않았을 거라는 것이다. 이 두 유전자는 #5 염색체에 아주 가깝게 위치하고 있다. 만일 멘델이 시험을 해보았다면 후대의 연구자들이 발견한 것처럼, 이 두 특성은 양성 교배시 절대로 독립적으로 분리하지 않기 때문이다.

다른 가능성은 멘델이 같은 염색체에 있는 두 가지 특성에 대한 양성교배를 실시하지 않았을 거라는 것이다. 꽃색깔과 씨앗의 색깔 유전자는 #2 염색체에 함께 존재하고 있는데, 멘델은 이들이 독립적으로 분리한다고하였다—이 경우 대립유전자간에 50%의 재조합이 나타남.

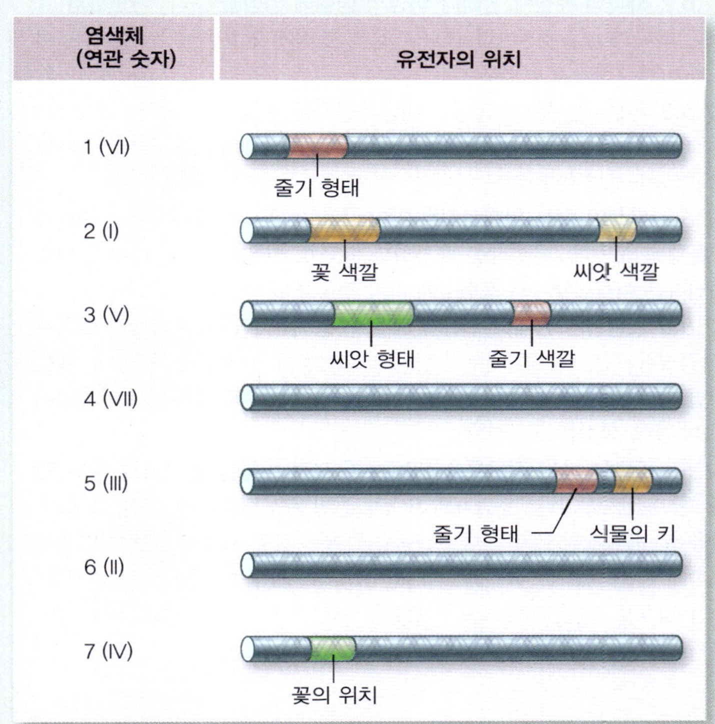

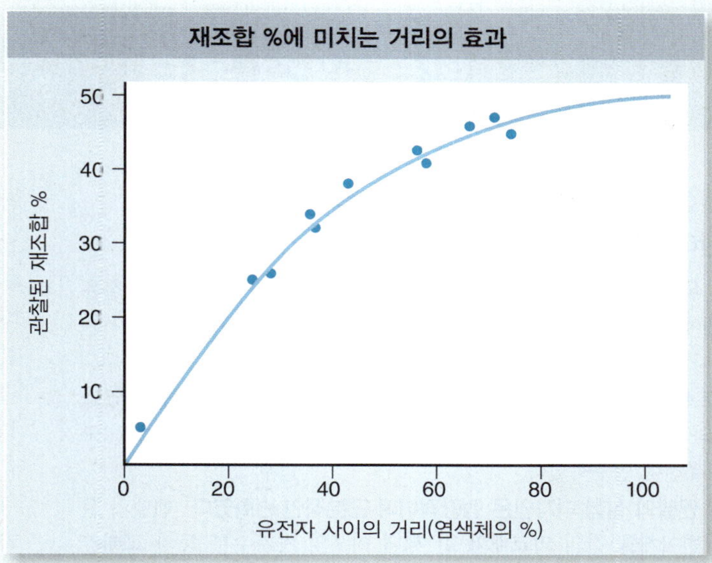

이 두 유전자는 염색체 #2번의 반대쪽으로 멀리 존재한다. 교차는 상동염색체 사이에서 일어나는 것을 알고 있지만, 염색체에서 교차현상과 물리적 거리간의 상관성은 무엇인가?

연구자들은 많은 연구가 이루어진 노랑초파리, 옥수수, 곰팡이 *Neurospora* 등을 이용하여 관찰된 재조합빈도와 염색체 상 두 유전자 간의 실제 거리 간의 상관성을 조사하였다. 그래프에서 재조합을 두 유전자 간의 물리적 거리에 대비하여 그려보았다(100%는 염색체의 반대쪽 양끝을 의미한다).

분석

1. **개념 적용**
   a. **변수.** 종속변수란 무엇인가?
   b. **빈도.** 재조합에서 가장 높게 나타나는 빈도는 무엇인가?
2. **자료 해석**
   a. 재조합 빈도는 유전자 사이의 거리가 멀어질수록 증가하는가?
   b. 관련성이 직선인가?
3. **추론** 염색체에서 멀리 떨어져 있는 유전자는 더 자주 재조합되는가? 최대값은 얼마까지 가는가? 50%가 넘는 재조합 값이 관찰되지 않는 이유를 설명하시오. 이러한 값이 관찰될 수 있는 조건을 제시할 수 있는가?
4. **결론 도출** 위에 보인 실험값의 곡선을 이용해 얻은 상관성을 이용하여, 멘델의 꽃과 씨앗의 색깔 유전자가 #2 염색체에서, 멘델은 이들 사이에서 독립적인 분리(50% 재조합)가 일어난다고 하였음, 얼마나 가까운지를 예측해보시오.

학습 과정 복습

개념 12.1 멘델에 의해 이루어진 실험이 유전을 설명한다

12.1.1 유전의 신비가 단계적으로 풀리다 식물 교배자들은 일부 형질은 한 세대에서는 사라졌다가 후에 다시 재등장하는 것을 보았는데, 이는 혼합된다기보다 분리한다는 것을 의미한다.

12.1.2 멘델은 완두콩으로 나이트의 초기 연구를 다시 수행하였다 Knighr와 유사하게 멘델은 대비형질을 쉽게 헤아릴 수 있는 완두콩을 교배하여 유전을 연구하였다.

12.1.3 멘델의 실험 디자인은 정량적이며 근본적인 변화였다 멘델의 실험에는 변이체들 간의 역교배와 한 세대 이후의 자가수분 등의 교배가 포함되어 있다. 멘델은 조심스럽게 자손의 각각의 형태을 보이는 숫자를 세었다

개념 12.2 멘델의 분리의 법칙은 3:1의 표현형 비율을 설명한다

12.2.1 멘델은 교배시 형질의 대비되는 형태가 분리된다는 것을 관찰하였다 멘델은 대비되는 두 가지 형질을 교배한 뒤 자손의 숫자를 세었다. 모든 자손이 하나의(우성) 형질은 보였으며, 다른(열성) 형질은 나타나지 않았다. 다음 세대에는, 25%가 순종 우성, 50%가 비순종 우성, 25%가 순종 열성이었다. 이는 3 우성: 1 열성의 표현형 비를 보인다.

12.2.2 멘델은 분리의 법칙이라는 이론을 제시한다 형질은 현재 유전자라고 부르는 요소에 의해 결정되는데, 이들은 대립유전자라고 부르는 대비되는 형태로 존재한다. 두 개의 동일한 대립유전자를 가진 개체를 동형, 서로 다른 대립유전자를 가진 개체를 이형이라 한다. 유전자형은 개체가 가진 모든 유전자의 대립유전자의 총합을 의미한다. 표현형은 이들 대립유전자에 의해 나타나는 개체의 모양새를 의미한다. 분리의 법칙은 배우자가 형성되는 동안에, 유전자의 대립유전자가 서로 다른 배우자로 분리됨을 말한다. 분리현상의 물리적 기초는 제I감수분열 후기에 상동염색체가 분리되는 것을 말한다

12.2.3 푸네트정방형은 기호 분석을 이용한다 푸네트정방형은 사각형 위쪽에 한부모에서 유래되는 배우자르 배치하고, 다른 부모에게서 온 배우자는 사각형 왼쪽에 배치한다. 접합자의 유전자형은 사각형의 각 블록에 표시한다.

개념 12.3 멘델의 독립의 법칙은 유전자가 독립적으로 분리한다는 것을 주장한다

12.3.1 양성잡종에서의 형질은 독립적으로 행동한다 두 가지 형질이 다른 부모를 교배하면, F_1은 모두가 우성이다. 각 F_1은 4가지 서로 다른 배우자를 만들 수 있어, F_2에서 16가지 가능한 조합이 나올 수 있다. 이는 9:3:3:1의 표현형 비율을 보이는 4가지 표현형을 만든다. 독립의 법칙은 서로 다른 형질이 서로 독립적으로 분리한다는 것을 의미한다. 이에 대한 물리적 기초는 제I감수분열시 상동염색체가 서로다른 쌍으로 독립적으로 행동하기 때문이다.

개념 12.4 확률은 교차의 결과를 예측하게 해준다

12.4.1 두 가지 확률의 규칙이 교배 결과를 예측한다 합의 법칙은 두 독립적인 사건이 일어나는 확률은 각각의 확률을 더하는 것이라는 것이다. 곱셈의 법칙은 두 독립적인 사건이 동시에 일어나는 확률은 각각의 확률을 곱하는 것이다. 곱셈의 법칙은 양성잡종에 적용하며, 결과를 예측하는데 사용될 수 있다.

12.4.2 검정교배를 통해 미지의 유전자형을 밝힌다 검정교배시, 미지의 유전자형을 동형의 열성 유전자형과 교배한다. 미지의 유전자형이 동형의 우성이라면 F_1 자손은 모두 같다. 미지의 유전자형이 이형이라면 F_1 자손은 우성과 열성이 1:1로 나타난다.

개념 12.5 유전형은 단백질의 서열을 결정함으로써 표현형을 좌우한다

12.5.1 유전자는 어떻게 형질에 영향을 줄까 유전자는 아미노산 서열을 결정하고 이로 인해 세포활성을 수행하는 단백질의 기능적 형태를 결정한다. 돌연변이는 단백질 서열을 변화시키고, 단백질 기능을 바꿔, 진화적으로 의미있는 방법으로 표현형을 변화시킨다.

개념 12.6 멘델의 모델을 확장해보면 행동의 유전학에 대한 이해가 분명해진다

12.6.1 하나 이상의 유전자가 형질에 영향을 준다 사람의 키 같은 많은 형질은 연속적인 변이를 가능케하는 많은 유전자에 의해 야기된다는 것을 의미한다.

12.6.2 하나의 유전자가 하나 이상의 형질에 영향을 준다 다면발현 효과는 하나의 대립유전자가 하나 이상의 형질에 영향을 주는 것이다. 이 효과는 예측하기가 어렵다.

12.6.3 유전자는 두 개 이상의 대립유전자를 가질 수도 있다 집단에는 두 개 이상의 대립유전자를 가진 유전자가 있다. DNA 염기서열의 가능산 숫자를 보면 놀랄 일도 아니다

12.6.4 우성이 항상 완벽하지는 않다 불완전우성 이형접합체는 중간의 표현형을 보인다. 단성잡종 유전형과 표현형 비율은 같다. 공우성 대립유전자는 이형접합자의 표현형에 각각 영향을 준다

12.6.5 표현형은 환경에 의해 영향을 받을 수 있다 유전자형이 표현형을 결정하지만, 내부나 외부의 환경오 표현형에 영향을 줄 수 있다. 예를 들면, 샴고양이의 경우, 온도 민감성 효소는 신체의 차가운 표면부위에서 더 많은 색소를 생산한다.

12.6.6 유전자 상호작용은 나타나는 유전적 비율을 변화시킬 수도 있다 한 유전자가 다른 유전자의 표형형질 발현을 변하게 한다면, 그 상호작용은 epistasis의 예가 된다. Epistasis는 양성잡종 교배시 멘델의 비율을 변하게 할 수 있다. 옥수수의 경우, 안토시아닌 색소 생산은 두 가지 효소를 필요로 한다. 이중으로 이형접합자인 개체는 자가교배시 9:3:3:1이 아니라 9:7 비율을 보인다.

학습 과정 평가

개념 12.1 멘델에 의해 이루어진 실험이 유전을 설명한다

이해

1. 어떤 특성이 멘델의 연구를 이전 연구와 구별되게 하는가?
   a. 멘델은 순종 완두콩 식물을 사용했다.
   b. 멘델은 그의 실험 결과를 정량화했다.
   c. 멘델은 많은 다른 형질을 조사하였다.
   d. 멘델은 형질의 분리를 조사하였다.

적용

1. 멘델은 주름진 씨앗과 둥근 씨앗을 교배하였다. 그는 F_2 세대에서 무엇을 발견하였는가?
   a. 부모 형질은 분리 되었다.
   b. 일부 완두콩은 둥글고, 일부는 주름져 있다.
   c. 모든 완두콩은 동일하게 보이며, 약간 주름져 있다.
   d. a와 b 모두 정답

종합

1. 왜 멘델은 주어진 형질 중에 오직 두 대립 형질만을 사용해 관찰을 하였는가?

개념 12.2 멘델의 분리의 법칙은 3:1의 표현형 비율을 설명한다

이해

1. 보라색(*PP*)과 흰색(*pp*) 꽃 완두콩의 단성교배시의 F_1 세대는
   a. 모두 흰색 꽃을 갖는다.
   b. 모든 것은 연보라색이나 뒤섞인 형태를 갖는다.
   c. 모두 보라색 꽃을 갖는다.
   d. ¾은 보라색 꽃을, ¼은 흰색 꽃을 갖는다.
2. 다음 중 멘델의 다섯 가지 모델에 속하지 않는 것은?
   a. 형질은 대비 형태를 갖는다(대립유전자라고 부른다)
   b. 부모는 자손에게 분명한 형질을 전달한다.
   c. 대립유전자가 존재한다면, 발현할 것이다.
   d. 형질은 섞이지 않는다.
3. 유기체의 __________는(은) 이것의 _________에 의해 결정된다.
   a. 유전자형; 표현형 b. 표현형; 유전자형
   c. 대립유전자; 표현형 d. 유전자; 대립유전자
4. 모든 멘델의 교배에서, F_2 식물은 3:1의 우성과 열성형질의 비율을 보인다. 보여지는 우성 형질에서, 순종의 비율은?
   a. ¼ b. ⅓ c. ⅔ d. 없다.

적용

1. 간단한 단성잡종 교배에서, 만약 순종의 키큰 식물이 순종 보통 식물과 교배가 되고, F_1 식물(모두 키가 큰)이 자가수분을 하면, 크고 동형접합자인 F_2 세대의 비율은?
   a. ½ b. ¼ c. 없다 d. $\frac{1}{16}$
2. 유전형 *Bb*를 교배했을 때, 유전자형 *bb*를 가진 개체를 얻을 수 있는 확률은?
   a. ½ b. ¼ c. ⅛ d. 0

종합

1. 다음의 교배에 대한 퍼넷 사각형을 만들어, 이를 이용하여 우성과 열성형질의 표현형 비를 예측하여라. 우성 대립유전자는 대문자로 나타내고, 열성은 소문자로 나타낸다. 파트 b와 c에서는, 확률과 곱의 규칙을 이용하여 비율을 예측하라.
   a. 유전자형 *Aa*와 *Aa*를 가진 개체의 단성잡종 교배
   b. 유전자형 *AaBb*를 가진 두 개의 개체간의 양성잡종 교배
   c. 유전자형 *AaBb* 와 *aabb*를 가진 개체간의 양성잡종 교배

개념 12.3 멘델의 독립의 법칙은 유전자가 독립적으로 분리한다는 것을 주장한다

이해

1. 길고 부드러운 잎을 가진 식물과 짧고 털이 있는 잎을 가진 식물간의 양성잡종 교배 시 길고 부드러운 잎을 가진 F_1이 생긴다. 만약 F_1을 자가교배해 F_2를 생산하면, F_2 표현형의 비율은 어떨지 예측할 수 있는가?
   a. 9 길고 부드러움: 3 길고 털이남: 3 짧고 털이남: 1 짧고 부드러움
   b. 9 길고 부드러움: 3 길고 털이남: 3 짧고 부드러움: 1 짧고 털이남
   c. 9 짧고 털이남: 3 길고 털이남: 3 짧고 부드러움: 1 길고 부드러움
   d. 1 길고 부드러움: 1 길고 털이남: 1 짧고 부드러움: 1 짧고 털이남
2. 이전의 질문에서 얻은 길고 부드러운 F_2를 참조한다. 이 식물의 유전자형은
   a. 잎의 질감과 잎의 길이 대립유전자는 동형 접합이어야 한다.
   b. 잎의 질감과 잎의 길이 대립유전자는 이형 접합이어야 한다.
   c. 한 대립유전자는 동형 접합이고 다른 대립유전자는 이형 접합이어야 한다.
   d. 잎의 질감과 잎의 길이 대립유전자는 동형 접합 혹은 이형 접합일 수 있다.
3. 멘델의 독립의 법칙이 내재되어 있는 생각을 설명하는데 가장 중요한 것은 무엇인가?
   a. 제I감수분열 b. 제II감수분열
   c. 체세포분열 d. a와 b 모두 중요

적용

1. 가상의 동물에서, 갈색 눈(B)은 분홍색 눈(b)에 대해 우성이고 단색 털(S)는 점박이 털(s) 에 대해 우성이다. 갈색 눈과 단색 털을 가진 동물은 다음의 배우자 타입 중 어느 것을 만들 것인가?
   a. B, b, S와 s b. Bb, Ss
   c. BS, Bs, bS, bs d. Bb, BB, SS, Ss
2. 갈색털과 두 발톱을 가진 동물과 흰색 털과 세 발톱을 가진 동물 사이의 양성 잡종 교배를 F_2세대까지 진행하면, 이때 9 갈색의 두 발톱: 3 갈색의 세 발톱: 3 흰색의 두 발톱: 1 흰색의 세 발톱 비율이 관찰된다. 이러한 정보로 봤을 때, 다음 중 옳은 것은?
   a. 갈색 털은 흰색 털에 대해 우성이며, 두 발톱은 세 발톱에 대해 우성이다.
   b. 흰색 털은 갈색 털에 대해 우성이며, 세 발톱은 두 발톱에 대해 우성이다.

c. 갈색 털은 두 발톱에 대해 우성이며, 흰색 털은 세 발톱에 대해 우성이다.

d. 주어진 정보로는 어떤 대립유전자가 우성 혹은 열성인지 판단할 수 없다.

종합

1. 멘델이 연구한 7개의 유전자 중에서, 오직 두 개만이 특정한 염색체에 놓여 있다. 다른 것들은 또 다른 멘델의 형질을 가진 염색체에 위치해 있다. 이것으로 볼 때, 어떻게 멘델은 유전자가 독립적으로 분리한다는 결론을 도출해낼 수 있었을까?

개념 12.4 확률은 교차의 결과를 예측하게 해준다

이해

1. 다음의 교배 중 어떤 것이 검정교배인가?

a. WW x WW　　b. WW x Ww
c. Ww x ww　　d. Ww x W

2. 독립적인 사건의 결과를 예측하기 위해 필요한 것은

a. 곱의 법칙을 사용　　b. 합의 법칙을 사용
c. 분리의 법칙을 사용　　d. 검정 교배를 사용

적용

1. 검정교배에 대한 설명으로 옳은 것은?

a. 시험 개체가 동형접합이면 자손은 3:1 비율을 보일 것이다.
b. 시험 개체가 이형접합이면 자손은 3:1 비율을 보일 것이다.
c. 시험 개체가 동형접합이면 모든 자손은 우성일 것이다.
d. 시험 개체가 이형접합이면 모든 자손은 우성일 것이다.

2. 비글은, 녹내장이 상염색체 열성 형질로 유전이 된다. 당신이 녹내장에 대해 이형 접합인 비글 두 마리를 교배한다고 했을 때, 처음 두 강아지 모두 녹내장에 걸릴 확률은 얼마인가?

a. 1/4　　b. 3/4　　c. 1/16　　d. 1/2

종합

1. 이중으로 이형접합인 개체를 양성잡종 검정교배하면, 예상되는 표현형의 비율은?

개념 12.5 유전형은 단백질의 서열을 결정함으로써 표현형을 좌우한다

이해

1. 유전자에서 하나의 뉴클레오타이드를 바꾸는 것은 _______ 단백질의 아미노산 서열을 바꾸며 _________ 단백질의 기능을 바꾼다.

a. 항상; 항상　　b. 항상; 종종
c. 종종; 항상　　d. 종종; 종종

2. 낭포성 섬유증(CF)은 낭포성 섬유증 세포막 조절 단백질(CFTR)의 결함에 의해 야기된다. 낭포성 섬유증은 상염색체 열성으로 유전된다. CF에 대해 올바른 것은?

a. 이형접합 개체는 CF를 갖는다.
b. 이형접합 개체는 정상의 세포 기능을 위한 정상 CFTR을 충분히 만든다.
c. 결함 있는 대립유전자를 갖는 개체는 CF를 갖는 아이를 낳는다.
d. 모두 옳지 않다.

적용

1. 백색증은 척추동물의 피부, 머리, 눈에 색(색소)가 없거나 거의 없는 결과를 야기하는 상염색체 열성이다. 이것은 타이로시네이즈 효소의 결함에 의해 야기된다. 온도 민감성 타이로시네이즈는 샴 고양이에서 발견된다. 몸의 온도가 상대적으로 높아지는 곳에서 이 동물의 머리와 몸통이 흰색이 되는 것을 잘 설명한 것은?

a. 정상 대립유전자는 높은 몸 온도에서 부서진다.
b. 효소는 높은 몸 온도에서 변성된다.
c. 효소는 높은 온도에서 훨씬 빨리 기능한다.
d. b와 c

종합

1. 타이로시네이즈는 피부와 머리, 눈의 색을 부여하는 색소인 멜라닌 생성에 관여하고 있다. 타이로시네이즈를 만드는 유전자에 생긴 단일 뉴클레오타이드가 어떻게 백색증을 유발하는가?

개념 12.6 멘델의 모델을 확장해보면 행동의 유전학에 대한 이해가 분명해진다

이해

1. 연속분포를 보이는 인간의 키와 같은 표현형은 아래 어떤 현상의 결과인가?

a. 단일 유전자의 복수 대립유전자에 대한 우성성의 변화
b. 단일 유전자를 위한 복수 대립유전자의 존재
c. 복수의 표현형에 대한 한 유전자의 행동
d. 단일 표현형에 대한 복수 유전자의 행동

2. epistasis에서,

a. 염색체 일부가 소실된다.
b. 한 유전자가 다른 유전자의 효과를 가린다.
c. 오직 열성 형질만이 발현된다.
d. 연관된 유전자의 행동이 독립적이다.

적용

1. 인간의 ABO 혈액형 그룹은 다중 대립유전자에 의해 결정된다. I^A와 I^B는 공동 우성이며 I^O에 대해서 우성이다. 엄마가 O형이고 그녀의 신생아가 A형인 경우, 아빠의 가능한 표현형은?

a. A, B, 또는 AB　　b. A 또는 AB
c. 오로지 O　　d. A 또는 O

2. 보라색과 흰색의 다양한 색을 가진 식물을 발견하였다. 이것을 교차 수정하였을때, F_1은 옅은 보라색이었다. 이것이 F_1 자가교배와 혼합의 예로 간주한다. 만일 멘델이 옳다면, F_2에서는 어떻게 될 거라고 예측하는가?

a. 1 보라: 2 흰색: 1 연보라　　b. 1 흰색: 2 보라: 1 연보라
c. 1 보라: 2 연보라: 1 흰색　　d. 1 연보라: 2 보라: 1 흰색

종합

1. 포유류에서, 다양한 유전자가 털색에 영향을 미친다. 그중 하나는 색소를 완전히 소실하는 결과를 야기하거나 백색증을 유발하는 돌연변이 대립유전자를 가진 유전자이다. 또 다른 것은 검은색이나 갈색을 내는 대립유전자를 가진 어두운 색소 형태를 조절한다. 백색증 형질은 열성이며, 검은색은 갈색에 대해 우성이다. 두 검은 생쥐를 교배시켜, 9 검은색: 4 알비노: 3 갈색이 나왔다면, 이러한 결과를 어떻게 설명할 수 있는가?

2. 생쥐의 경우, 교배시키면 2 노란: 1 검은색을 보이는 노란색 계통이 있다. 이러한 현상은 어떻게 설명할 수 있는가? 이러한 교배 실험은 어떻게 수행할 수 있는가?

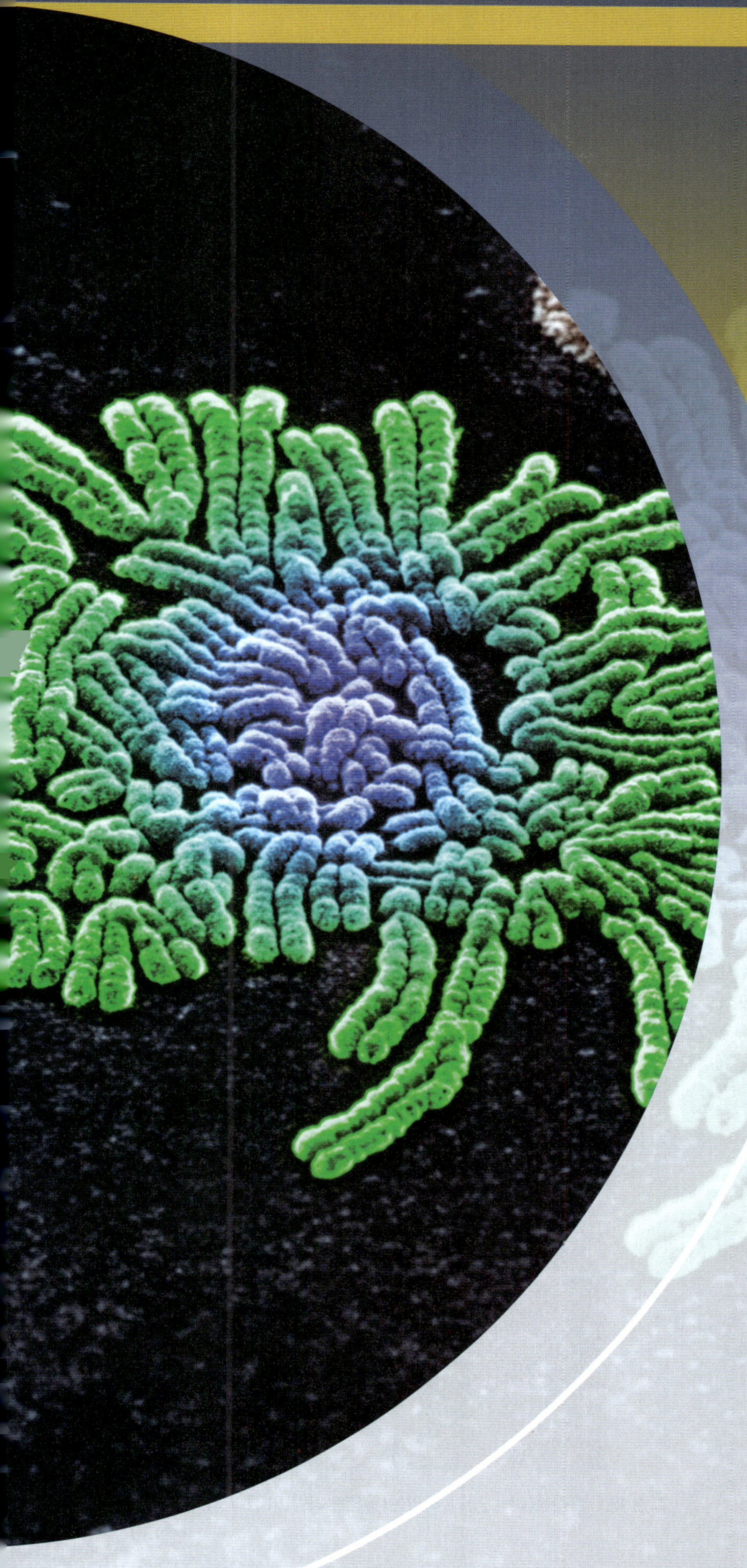

13 유전에서의 염색체 역할

학습과정

서론

멘델의 실험들은 유전을 이해하기 위한 새로운 문을 열었으나 여전히 많은 의문점들이 남아 있었다. 20세기 초반에 우리는 멘델의 인자들에 대한 특징을 알지 못했다. 그 세기 초반부에 수많은 연구자들이 참여하여 그 다음 단계로 형질의 유전에 대한 정보와 함께 감수분열에서의 염색체들의 행동에 대한 정보를 취합하고 있었다.

감수분열동안 염색체들의 행동은 멘델의 법칙을 설명할 수 있을 뿐만 아니라 유전 연구의 새롭고 다양한 접근방법을 이끌어 낸다. 유전자 지도를 작성하는 능력은 고전적 유전자 분석 방법에서 가장 힘 있는 도구 중의 하나이다. 최근 발달하고 있는 염기서열 분석 방법 기술들과의 조합으로 유전자 지도화와 가계도 분석을 위한 분석 방법들은 유전적 질병들을 일으키는 유전자들을 찾아내고, 인간 염색체에서 특정 유전자의 위치를 밝히며, 그 DNA 염기서열을 분리하는 것을 가능하게 해주는데, 이 모든 것들이 유전병의 치료방법을 개발하는 주요 단계가 된다.

13.1 염색체는 멘델 유전의 운반체이다

1900년에 독일의 유전학자 코렌스(Carl Correns)는 멘델의 업적에 대한 재발견을 알리는 그의 논문 중 하나에서 유전에서 염색체의 중심역할에 대해 처음으로 제안하였다. 그 후 곧바로 감수분열 중에 유사한 염색체들이 서로 짝을 이룬는 것을 관찰하여 **유전의 염색체설(chromosomal theory of inheritance)**을 이끌어 냈으며, 이 가설은 1902년에 미국인 슈튼(Walter Sutton)에 의해 최초로 공식화되었다.

여러 조각의 증거들이 슈튼의 이론을 뒷받침하였다. 하나는 2배체의 개체들은 각 쌍의 상동염색체가 2개의 카피를 가지고 있는 반면에, 배우자는 오직 하나의 카피만 가지고 있다는 것이다. 이것은 2배체 개체들이 하나의 유전 형질에 대해서 두 개의 카피를 가지고 있고, 배우자들은 하나를 가지고 있다는 멘델의 모델과 일치하였다. 더욱이 감수분열 동안 염색체는 분리가 되고, 멘델모델의 형질들에서처럼 상동염색체의 한쪽 쌍은 다른 한쪽 쌍과 감수분열 중기에 독립적으로 위치를 잡는다.

유전적인 형질들이 염색체 위에 있기 때문에 감수분열을 통해서 분리된다

학습목표 13.1.1 초파리에서 하얀 눈색이 어떻게 X 염색체와 같이 분리되는지 증명하여라.

연구자들을 곧 이 이론에서 한 가지 문제점을 지적하였다. 만약 멘델의 형질들이 염색체상의 유전자에 의해 결정되어지고, 멘델 형질의 독립분리(independent assortment)가 감수분열에서 염색체의 독립분리를 반영하는 것이면, 왜 독립적으로 분리되는 형질들의 수가 생물이 가지고 있는 염색체의 숫자를 초과하는 것인가? 이것은 치명적인 반대처럼 보여졌고 많은 초기 연구자들로 하여금 슈튼의 이론에 대한 심각한 의문을 품게 하였다.

모간의 하얀눈 초파리

유전의 염색체설에 대한 필수적인 정당성은 하나의 작은 파리에 의해서 증명되어졌다. 1910년, 초파리(*Drosophila melanogaster*)를 연구하던 토마스 헌트 모간은 정상 초파리와 눈에 띄게 다른 돌연변이 숫컷 파리를 발견했다. 그것의 눈은 붉은색이 아닌 흰색이었다(그림 13.1).

모간은 즉시 이 새로운 형질이 멘델의 방식으로 유전되는지를 결정하기 위한 실험에 착수하였다(그림 13.2). 그는 처음에 붉은색 눈과 흰색 눈 중에 어느 것이 우성인지를 보기 위해 돌연변이 수컷과 정상 암컷을 교배하였다. 모든 F_1 자손들은 붉은 눈을 가졌다. 그래서 모간은 붉은 눈이 우성이라고 결론을 내렸다. 그런 다음 모간은 F_1 세대에서 얻은 붉은 눈을 가진 파리들을 서로 교배시켰다. 모간이 관찰한 4252마리의 F_2 자손들 중에서, 782(18%)마리는 흰눈을 가졌다. F_2에서 붉은 눈 비율이 3:1 보다 더 컸지만, 그럼에도 불구하고 실험결과는 눈 색깔이 유전이 된다는 명확한 근거를 제공하였다. 그러나 거기에는 설명되지 않은 결과가 있었는데 그것은 모든 흰눈을 가진 F_2 파리들은 수컷이라는 것이다.

이 결과는 어떻게 설명이 되어질 수 있었을까? 그것은 흰눈의 암컷 파리가 존재하지 않았기 때문이었을까? 그렇지 않다. 그들은 쉽게 검정교배에서 생산되었다(그림 13.3). 그러나 만약 암컷이 흰눈을 가질 수 있다면, 원래 교배의 자손들 중에는 왜 흰눈의 암컷이 없었을까?

흰눈형질은 성염색체 위에 있다

모간이 그의 연구를 시작했을 즈음에, 마침 곤충에서 성염색체의 존재가 발견되었다. 각 개체의 성별은 **X 염색체(X chromosome)**의 카피 수에 따라 결정되어졌다. 두 개의 X 염색체를 가지고 있는 곤충은 암컷이었고, 오직 하나의 X 염색체를 가지고 있는 파리는 수컷이었다. 수컷에서는 감수분열 중에 하나의 X 염색체가 **Y 염색체(Y chromosome)**라고 하는 작고 다르게 생긴 파트너와 짝을 이룬다. 이 두 염색체를 성별과 연관이 있기 때문에 **성염색체(sex chromosome)**라고 부른다.

모간의 연구실에서 초파리 염색체를 관찰하면서 감수분열에서 수컷에서 하나의 X 염색체가 눈에 띄게 상이한 Y 염색체와 짝을 이루는 것을 확인하였다. 그러므로 감수분열동안, 수컷 초파리

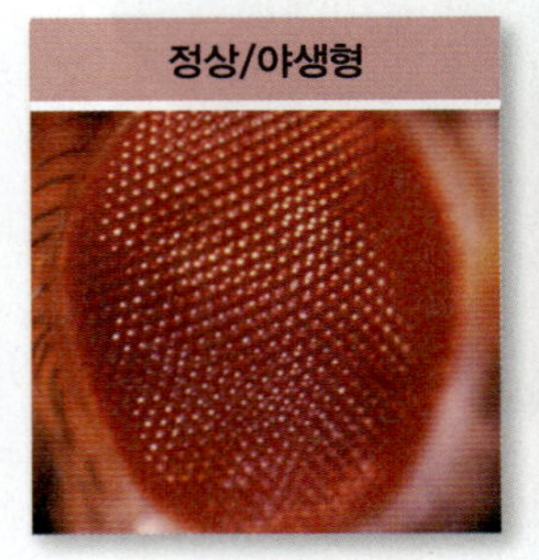

그림 13.1 빨간눈(야생형)과 하얀눈(돌연변이형)의 초파리.

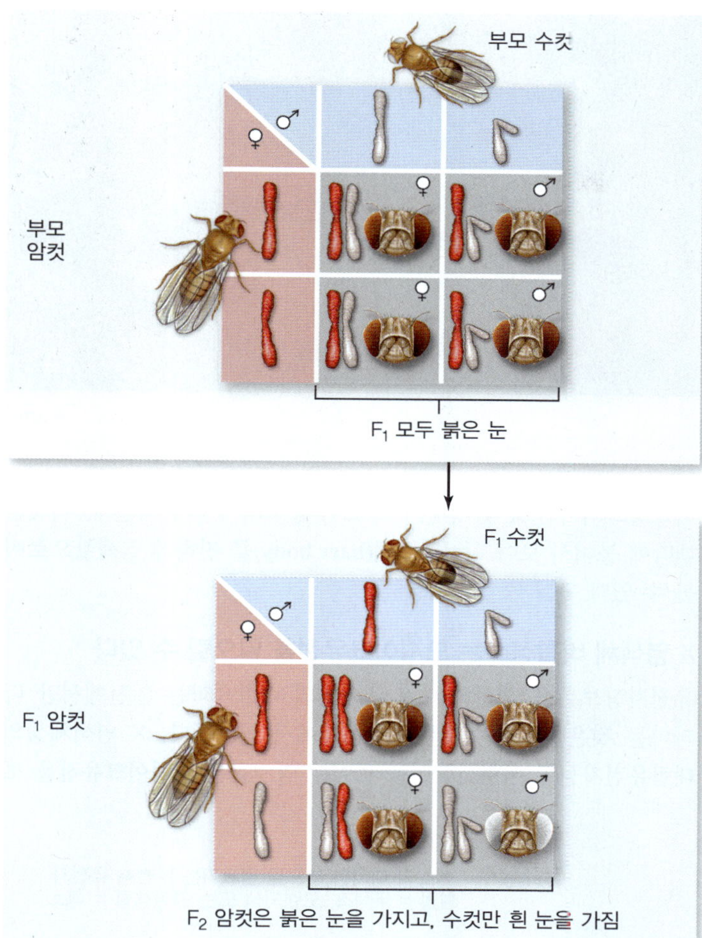

그림 13.2 성연관을 설명하기 위한 염색체의 원리. 모간은 흰눈의 수컷 초파리와 붉은 눈의 암컷을 교배시켰다. 흰색 눈에 대한 대립유전자들이 열성이기 때문에 예상대로 F_1 파리들은 모두 붉은 눈을 가졌다. F_2세대에서 모간은 3470 마리의 붉은 눈의 파리와 782마리의 흰 눈의 초파리를 세었다. 이는 대략 3:1의 비율이였다. 그러나 기대하지 않게 모든 흰 눈을 가진 파리들은 수컷이었다.

는 X를 지니는 배우자와 Y를 지니는 배우자를 모두 생산하고, 반면에 암컷은 오직 X 배우자만 생산한다. 초파리가 수정할 때 X 정자가 수정을 하면 XX 접합체가 되어 암컷으로 발달하고, Y정자가 수정을 하면, XY접합체가 되어 수컷으로 발달한다.

모간이 곤충에서 새롭게 성염색체를 인지하게 되었을 때, 흰눈 파리의 퍼즐에 대한 해답이 바로 명확해 졌다. 초파리에서 흰눈 형질을 만드는 유전자는 X 염색체에 존재하여야 하나 Y 염색체는 반드시 없어야 한다. (지금 우리는 초파리의 Y 염색체가 기능을 가진 유전자를 거의 가지고 있지 않다는 것을 안다.) X 염색체에 있는 유전자에의 해서 결정되어지는 형질을 **성연관(sex-linked)** 또는 X 연관이라고 하는데, 이것은 교배에서 형질의 행동이 개체의 성별과 관련이 있기 때문이다. 열성 성연관 형질은 항상 수컷에서 발현이 되지만 암컷에서는 오직 동형접합성(homozygous)일 때만 발현된다. 그림 13.2를 다시 보면, 흰눈 형질의 분리가 X 염색체의 분리와 일대일 대응을 이루고 있다는 것을 알 수 있다. 간단히 말해, 흰눈 유전자는 X 염색체에 위치하고 있다.

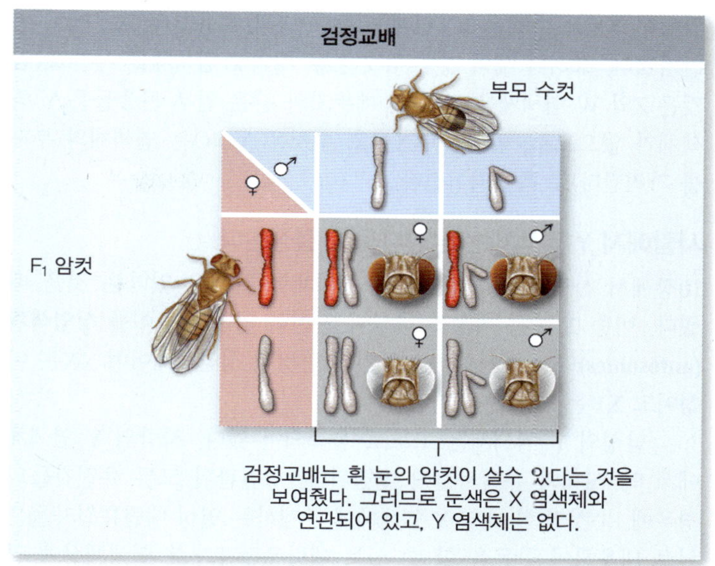

그림 13.3 흰눈의 암컷의 존재가 가능한가? 모간이 F_1 암컷을 원래 흰 눈의 수컷을 가지고 검정교배시켰을 때, 435마리의 파리 중에 88마리가 흰 눈의 암컷이었다.

모간의 실험은 멘델의 형질을 결정하는 유전자들이 염색체상에 존재한다는 명확한 증거를 최초로 보여줬기 때문에 유전학 역사에 있어 가장 중요한 것 중에 하나였다. 결론은 명백하다: 멘델의 형질들은 상동염색체들이 배우자를 형성하는 동안 분리되기 때문에 교배가 일어날 때 유전적으로 분리가 되어진다.

포유류 성체의 세포들은 오직 하나의 활동적인 X 염색체만을 가진다

학습목표 13.1.2 포유류의 성별결정과 유전자량보정 사이의 관계를 설명하여라.

성염색체의 구조와 숫자는 종에 따라 달라진다(표 13.1). 초파리에서

표 13.1 일부 생물들의 성별결정

	암컷	수컷
인간, 초파리	XX	XY
새	ZW	ZZ
메뚜기	XX	XO
꿀벌	2배체	반수체

암컷은 XX와 수컷은 XY인데 이는 사람과 포유류의 경우에도 마찬가지다. 그러나 새의 경우 수컷은 두 개의 Z 염색체를 가지고, 암컷은 Z와 W 염색체를 가진다. 메뚜기와 같은 일부 곤충들은 Y 염색체가 없으므로, 암컷은 XX이고 수컷은 XO(O는 염색체의 부재를 가리킨다)로 특정지어진다.

사람에서 Y 염색체는 남성다움을 결정한다

10장에서 사람은 46개(23쌍)의 염색체를 가지고 있다는 것을 배웠다. 이중 22쌍은 여성과 남성이 완전히 일치하며 이를 **상염색체(autosomes)**라고 부른다. 남아 있는 한쌍이 성염색체이며 XX는 여성이고 XY는 남성을 가리킨다.

남성의 Y 염색체는 고도로 응축되어 있다. 사람의 Y 염색체에서 약 78개의 유전자들이 발현된다. 성연관된 모든 유전자들의 경우에, 수컷의 한 개의 X 염색체에 존재하는 열성 대립유전자들은 서로 대응하여 활동을 할 수 있는 대립유전자가 Y 염색체상에 일반적으로 존재하지 않는다.

인간의 배아 발생단계에서 디폴트로 정해진 것은 암컷의 생산이다. 특히 *SRY* 유전자를 포함한 Y 염색체위의 78개 활동하는 유전자들 중에 일부들은 인간의 "남성다움"과 관련된 형질들을 생산하는 생식기와 이차 성기관들의 남성화를 담당하는 역할을 한다. 결과적으로 적어도 한 개의 Y 염색체를 가지고 있는 개체들은 정상적으로 남성이다.

이 법칙의 예외가 실제로 성별결정의 기작을 지지해준다. 예를 들어 Y 염색체의 일부가 X 염색체로 옮겨지면, XX 개체를 남성으로 발생시킬 수 있다. 또한 배아가 안도로겐 호르몬에 반응하지 못하는 유전적 장애(androgen insensitivity syndrome)를 가진다면 XY 개체를 여성으로 발달시킬 수 있다.

사람에게서 나타나는 이러한 성별결정의 형태는 포유류에서는 공통적이지만, 모든 척추동물에서도 일반적인 것은 아니다. 어류나 일부 파충류 종에서는 환경적인 요소들이 성별결정 유전자의 발현에 변화를 일으켜 그 결과로 성체의 성이 결정되기도 한다.

유전자량보정이 성연관 유전자들의 발현을 두 배로 만드는 것을 막는다

수컷이 하나의 X 염색체를 가지고 있고, 암컷이 두 개를 가지고 있을지라도 암컷의 세포들은 X 염색체에 있는 유전자들에 의해서 생성되는 단백질들을 두 배로 생산하지 않는다. 대신에 암컷의 X 염색체 중 하나는 배아 발생 초기 단계에서 배아의 성별이 결정되어진 바로 직후 비활성화 된다. 이러한 비활성화 작용은 **유전자량보정(dosage compensation)**의 한 예이고, 암컷과 수컷의 성 염색체의 수가 다름에도 불구하고 성염색체로부터 같은 량의 유전자가 발현을 하도록 보장하는 것이다. (반대로 *Drosophila*에서는 유전자량보존이 수컷의 X 염색체의 발현량이 증가하면서 이루어진다.)

암컷에서 어느 X 염색체가 비활성화 되는지는 세포마다 임의적으로 일어난다. 만약 여성이 성연관 형질에서 이형 접합성(heterozygous)이라면 그녀의 세포들 일부는 한쪽 대립유전자를 발현할 것이고 다른 세포들은 다른 쪽 대립유전자를 발현할 것이다.

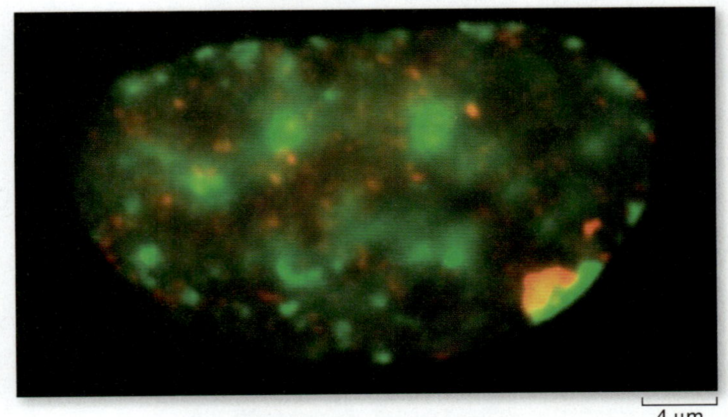

비활성화되어진 X 염색체는 고도로 응축되어지게 되는데, 이것은 핵막에 붙어서 보여지는 **바소체(barr body)**를 진하게 염색함으로써 볼 수 있다.

X 염색체 비활성화는 모자이크유전을 일으킬 수 있다

유전자량보존을 생산하는 X 염색체의 비활성화는 인간에서만 나타나는 것은 아니라 모든 포유동물에서 일어난다. X 염색체상의 대립유전자들이 이형접합성을 보이는 암컷들은 **모자이크유전**을 보

그림 13.4 삼색 고양이(calico cat). 검정색과 오렌지색 둘 중 하나를 만드는 털색의 유전자들의 대립유전자가 이형접성을 보이는 고양이이다. 이러한 패치형태의 털색의 분포와 흰색의 털은 유전자의 상위성을 나타내어 그 효과를 숨기는 두번째 유전자 때문이다.

인다. 각각의 세포들이 어떤 염색체를 비활성화시켰는지에 따라 다른 쪽 대립유전자들이 발현될것이다.

모자이크 유전의 한 예로 삼색 얼룩고양이를 들 수 있다. 암컷은 검정색, 오렌지색, 흰색의 털을 군데군데 가지고 있는 패치형의 털분포를 가진다(그림 13.4). 검정색과 오렌지색의 털은 색소의 색을 결정하는 X 염색체위에 있는 유전자가 이형접합성의 형태로 존재하기 때문이다. 한쪽의 대립유전자는 검정색을 결정하고 다른 쪽 대립유전자는 오렌지색을 결정한다. 이 색깔들 중 어느 것이 나타나는 지는 X 염색체의 어느 쪽 대립유전자가 비활성화 되었는지에 따라 다르다. 만약 오렌지 대립유전자가 비활성화 되면, 털들은 검정색으로 나타날 것이고, 반대로 검정 대립유전자가 비활성화 되면, 오렌지색이 나타날 것이다.

개념 정리 13.1

모간은 초파리에서 흰 눈의 형질이 X 염색체와 같이 유전이 된다는 것을 보여줬다. 이 것은 형질이 염색체 위에서 운반된다는 생각을 지지했다. 성별 결정은 성 염색체에 존재하는 유전자들의 활동과 함께 시작된다. 인간에서, 남성은 XY이므로 X 염색체상의 대립유전자들은 열성의 형질로 나타난다. 포유류 암컷에서, 각 세포의 하나의 X 염색체는 유전자 발현의 균형을 맞추기 위해 비활성화된다.

- XXX 개체는 남성인지 여성인지 예상이 가능한가?

13.2 연관: 어떤 유전자들은 독립적으로 유전되지 않는다

비록 모간의 흰 눈 초파리 실험에 의해서 멘델의 유전자들이 염색체 상에 존재한다는 사실이 수립되었지만, 여전히 중요한 문제가 풀리지 않았다: 유전자들이 어떻게 염색체보다 더 독립적으로 유전이 되는 것인가? 같은 염색체에 존재하는 유전자들은 같이 유전이 되어야 한다. 그러나 멘델의 일곱 형질들은 완두콩의 5개 염색체에만 존재했고, 멘델의 교배에서 독립적으로 분리되었다. 사실상 생물은 일반적으로 염색체의 수보다 독립적으로 분리유전되는 더 많은 유전자들을 가지고 있다. 이것은 독립유전이 감수분열 동안 임의적인 배열만으로는 될 수 없다는 것을 의미한다.

유전적 재조합은 가까이 위치한 유전자들 사이에서는 덜 일어난다

학습목표 13.2.1 재조합비율이 유전자의 거리와 왜 관련이 있는지를 설명하여라.

이 문제에 대한 해답은 11장에서 만났던 관찰에서 찾을 수 있다: 감수분열동안 상동염색체의 교차. 제1 감수분열 전기에서, 상동 염색체는 물리적으로 교차에 의해 유전물질을 상호 교환한다(그림 13.5). 11장에서 배웠듯이 이 물질교환은 감수분열의 필수 요소이고, 감수분열은 염색분체가 아닌 상동 염색체가 제1후기에서 분리되게 하는 기작이다.

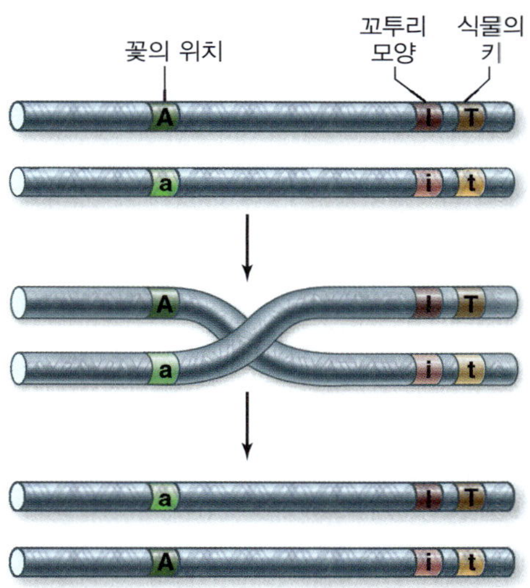

그림 13.5 연관(Linkage). 멘델의 완두콩에서 꽃의 위치(*A*)와 꼬투리 모양(*I*)과 같이 염색체상에서 멀리 떨어져 위치하는 유전자는 교차가 이 대립유전자들의 재조합을 만들기 때문에 독립적으로 분리될 것이다. 그러나 꼬투리 모양(*I*)과 식물의 키(*T*)는 너무 가까이 위치해 있어서 교차가 보통 일어나지 않는다. 이러한 유전자들을 연관되어졌다고 말하고 독립분리를 하지 않는다.

이것이 어떻게 이 문제를 해결하는가? 그림 13.5에서 유전자 A와 I처럼 2개의 유전자가 염색체의 각 끝에 멀리 위치 할 때, 그 둘 사이에 일어날 교차의 가능성은 아주 높으므로 독립유전을 일으킨다. 반대로, 두 개의 유전자가 유전자 I와 T처럼 서로 가까이 위치해 있으면, 그들 사이에 교차가 일어날 가능성이 적을 것이다. 서로 아주 가깝게 위치해 있는 유전자들은 거의 항상 같이 유전이 된다. 가까이 위치해 있는 유전자가 같이 유전이 되는 성향을 **연관(linkage)**이라고 부른다. 멀리 떨어져 위치한 유전자들은 재조합의 가능성이 더 좀 더 크다(그림 13.6).

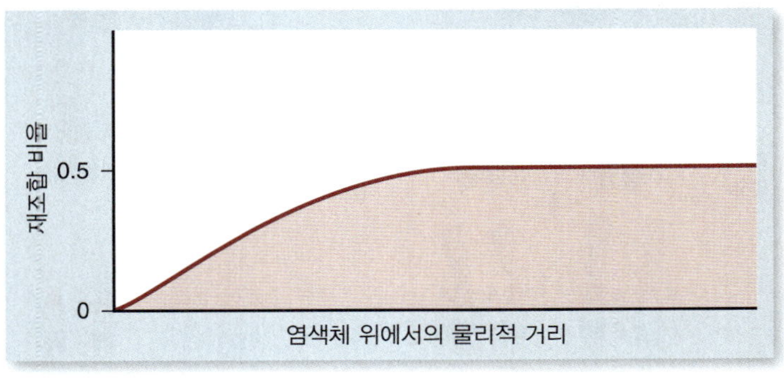

그림 13.6 실제 거리와 재조합비율 사이의 관계. 한 염색체 위에 있는 두 개의 유전자의 거리가 증가함에 따라 그들 사이의 재조합 확률 또한 양쪽 조합의 값이 같아지는 최대값 0.5까지 증가한다. (이 관계는 12장의 질의 및 분석에서 살펴봤다.)

유전적 재조합은 상동염색체 팔의 물리적인 교환을 말한다

1909년에 프랑스의 세포학자 F.A. Janssens은 감수분열 동안 상동염색체들이 소통한다는 증거를 제공하였다. Janssens은 양서류의 감수분열에서 생성되는 교차점(chiasmata)을 연구하여 각 교차점에 관여하는 4개의 염색분체들 중에 두 개가 서로 교차되어졌고 두 개는 교차되지 않았다는 것을 관찰하였다(교차점은 감수분열에서 X 염색체와 연관되어 유대를 형성하는 염색체라는 것을 11장으로부터 상기시켜보라.). 그는 이 염색분체들의 교차가 부계와 모계의 상동염색체들 사이에서 각각 한 개의 염색분체만 관여를 하여 염색체 팔의 교환을 반영했다고 제안했다. 그것은 결과적으로 교차가 유전적 대립유전자들의 재조합을 형성한다는 것을 직접적으로 따르는 것이다(**그림 13.7**).

염색체팔의 물리적 교환에 대한 Janssens의 제안은 주로 두 염색분체들이 어떻게 정확히 같은 부위에서 깨졌다가 다시 합쳐지는지 알기가 어려웠기 때문에 처음에 잘 받아들여지지 않았다.

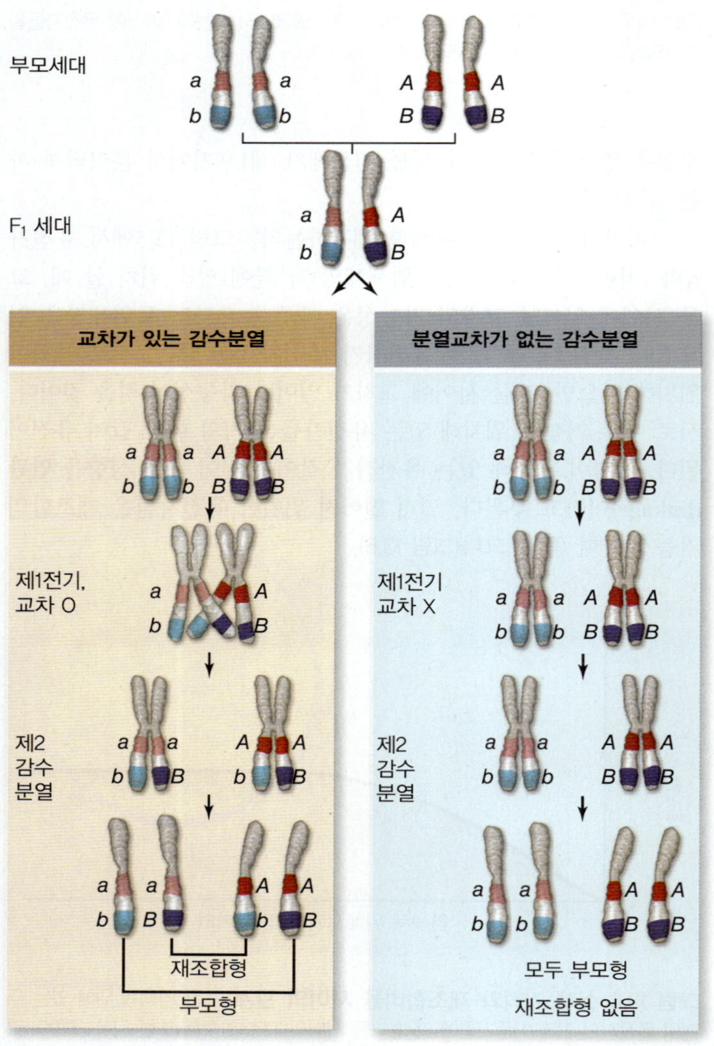

그림 13.7 교차는 상동염색체 상의 대립유전자들을 서로 교환한다. 두 개의 유전좌위 사이에서 교차가 일어날 때, 그것은 염색체의 재조합을 만든다. 교차가 일어나지 않을 때는 염색체는 부모가 가진 대립유전자들의 조합만을 운반할 것이다.

Janssens이 옳았다는 것은 커트 스턴(Curt Stern)의 초파리와, 크라이튼(Harriet Creighton)과 매클린톡(Barbara McClintock)의 옥수수에서의 유사한 실험이 독립적으로 수행된 20년 후에서야 증명이 되었다. 크라이튼과 매클린톡 의해서 수행된 실험은 그림 13.8에 자세히 설명되어 있다. 이 실험에서 그들은 현미경으로 봤을 때 두 가지 변화를 보이는 염색체를 사용했는데, 한쪽 끝은 혹 또는 손잡이(knob) 모양을 보이고 다른 쪽 끝은 연장된 형태였다. 이렇게 눈에 보이는 표시들 외에도 이 염색체는 또한 낟알색(colored 또는

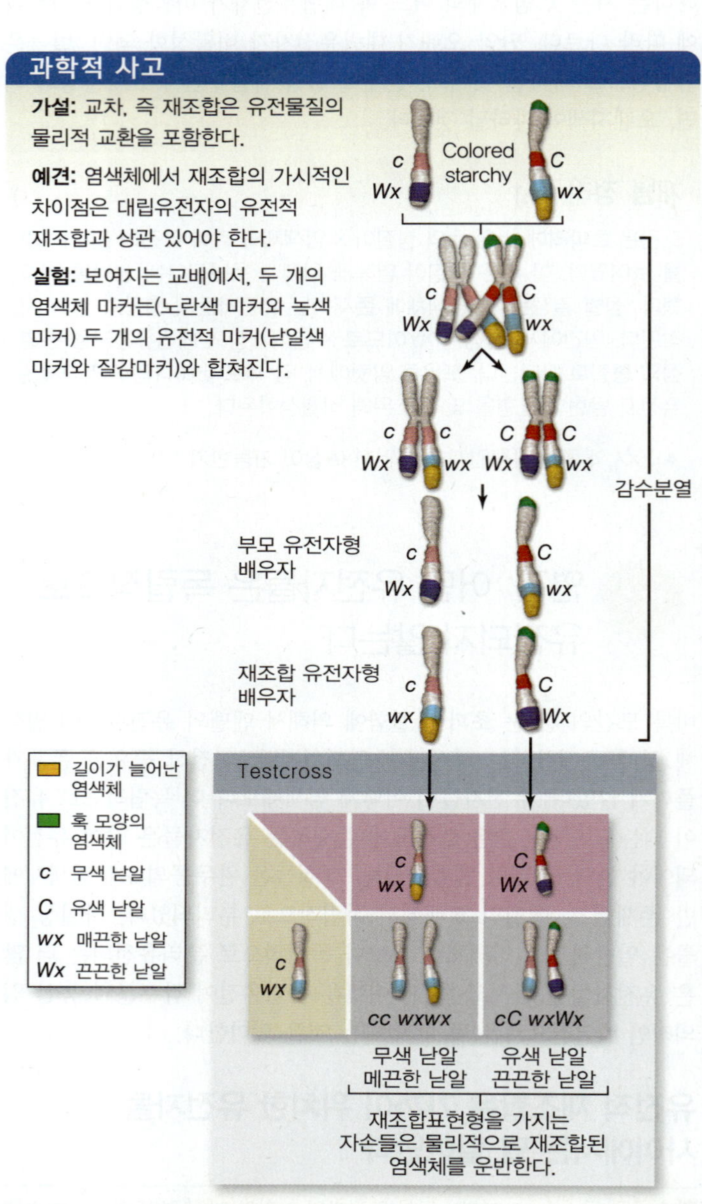

그림 13.8 크라이튼과 맥클린톡의 실험.

cololess)과 질감(waxy 또는 starchy)을 결정하는 유전자들을 지녔다.

손잡이 모양을 가지고 있는 긴 염색체들은 우성의 난알색깔(C)을 나타내는 대립유전자와 질감의 형질에서 열성인 Waxy(wx) 대립유전자를 가지고 있다. 이형접합체는 난알색깔의 열성인 무색(c) 대립유전자와 우성의 starchy(Wx) 대립유전자가 짝을 이루는 염색체로 구성되어진다**(그림 13.8)**. 이러한 식물들은 두 유전좌위에 있어서 이형접합성을 보이기 때문에 색이 있으며 끈끈하고, 두 개의 가시적으로 뚜렷하게 분리되는 염색체에 대해서도 이형접합성을 보인다. 염색체와 유전적 마커에 있어서 이형접합성을 보이는 이러한 식물들을 염색체의 형태는 정상이지만 두 유전좌위에 모두 열성을 가진 무색의(c) 매끈한(wx) 식물들과 검정교배하였다. 그 자손들은 염색체의 외형을 관찰하기 위해 현미경을 사용하여 물리적 재조합과 자손의 표현형을 검사함으로써 유전적 재조합이 분석되어졌다. 그 결과는 놀라왔다. 유전적으로 재조합이 일어난 모든 자손들은 또한 두 염색체 마커 중에 하나만을 가졌다. 결론은 유전적 재조합은 염색체들의 물리적인 교환을 반드시 수반한다는 사실이다.

개념 정리 13.2

감수분열 동안의 교차는 상동 염색체 상의 대립유전자들의 교환이며 염색체팔의 물리적인 교환을 수반한다. 서로 가까이 위치하고 있는 유전자 들은 멀리 떨어져 있는 유전자들 만큼의 교차를 경험하지 않는 경향이 있고 이를 "연관"이라고 일컫는다.

- 독립분리를 하는 두 개의 유전자가 두 개의 다른 염색체에 위치하고 있는지 아니면 하나의 염색체 상에 멀리 떨어져 위치하고 있는지를 어떻게 구별할 수 있는가?

13.3 유전적 교배는 유전자 지도를 위한 자료를 제공한다

유전적 교배 결과들을 사용하여 염색체 상의 유전자들의 지도를 작성하는 기법은 유전학 연구에서 가장 강력한 도구 중 하나이다. 이러한 방법을 고안한 통찰력은 다른 위대한 통찰력들과 마찬가지로 나중에 돌이켜봤을 때는 너무나 당연해 보일 만큼 아주 간단하다.

재조합비율은 염색체 위에 유전자들의 상대적인 위치에 대한 지도화를 허락한다

학습목표 13.3.1 연관유전자들의 검정교배 자료를 이용하여 유전자 지도를 작성하라.

모건(Morgan)은 두 번의 교차에 의한 재조합 자손이 생기는 비율이 염색체상에서 아주 멀리 떨어져 있는 유전자들 사이에서 더 많이 일어나는 것 같다는 점을 벌써 제안했었다. 모건의 연구실의 한 대학생 스터티번트(Alfred Sturtevant)는 이 관찰에 대한 논리적 결론으로 확장시켰다. 스터티번트는 염색체 상에서의 물리적 거리가 증가함에 따라 유전좌위들 사이에서 일어나는 재조합(또는 교차)의 확률도 증가해야 한다고 판단했다. 만약 그렇다면 교배에서 두 개의 유전자들 사이에서 관찰되어지는 재조합의 빈도가 염색체 상에 있는 유전자들의 물리적 거리를 측정하는 수단으로 사용될 수 있다고 반박하였다.

스터티번트가 유전자지도를 발명했다

스터티번트의 제안에서 중요 가정은 염색체 위의 유전자들이 마치 줄 위에 구슬처럼 일직선상으로 놓여 있어야 한다는 것이다. 이 가정을 검증하기 위해서 그는 다양한 종류의 가시적인 돌연변이들을 가지고 있는 모건의 초파리 검정교배로부터 얻어진 일부 자료들을 분석하였다. 모든 유전자 자료는 성연관되어 있었으므로 모두 같은 X 염색체위에 위치하였다. 미리 설명했었던 것처럼, 검정교배에서는 자손의 표현형들이 두 유전자 좌위에서 모두 이형 접합성을 보여주고 있는 F_1개체들에 의해서 생성되어진 배우자들을 반영한다. 재조합의 경우에서, 부모의 것처럼 보이는 자손들은 교차가 일어나지 않았고, 재조합처럼 보이는 자손들은 문제의 두 개의 유전좌의 사이에 교차를 겪은 것이다.

2점교배(Two-point crosses)로부터의 지도 작성

스터티번트의 접근 방법을 이용하여 유전자 지도를 작성하는 것은 이중 이형 접합성 개체들을 가지고 처음에 수행하는 검정교배와 그 다음에 재조합을 비율을 결정하기 위한 자손들의 수를 세는 간단한 문제여야 한다. 스터티번트의 추론을 더 잘 이해하기 위해서, X 염색체위에 있지 않은 유전자들을 가지고 간단한 2점교배(two-point crosses)의 결과를 살펴보자.

초파리에서 흔적으로 남아있는 날개(vg)와 검정몸체(b) 두 가지 돌연변이에 있어서 동형접합성의 초파리를 이 유전자들의 야생형(vg^+, b^+)의 초파리에 교배를 하였다. 이중 이형접합성을 갖는 F_1 개체를 열성 동형접합성의 개체($vg\ b$, vg/b)들과 교배한 후, 자손들을 세었다**(그림 13.9)**. 두 형질에 대해 두 개의 부모의 유전자와 두 개의 재조합인 총 4개의 다양한 조합이 가능하다.

날개 흔적, 검정몸체($vg\ b$)	405(부모)
긴 날개, 회색몸체($vg^+\ b^+$)	415(부모)
날개 흔적, 회색바디($vg\ b^+$)	92(재조합)
긴 날개, 검정몸체($vg^+\ b$)	88(재조합)
총 자손	1000

재조합 개체들의 수를 합하고, 이 합을 전체 자손의 수로 나누어 재조합률을 만든다. 재조합율은 92+88을 1000으로 나누어 즉 0.18이 된다. 이 수를 백분율로 바꾸면 이 두 유전자 좌위 사이의 거리로서 18 지도단위가 산출된다.

스터티번트는 모건이 연구했던 다섯 개의 X 염색체에 연관된 유전자들에 대해서도 이러한 방법으로 모건이 관찰했던 재조합 개체들의 수를 전체 자손들의 수에 의해서 나누어 **재조합비율(recombination frequency)** 값을 구하였다. 그는 이 값을 백분율로 바꾸어 1%의 재조합을 하나의 **지도단위(map unit)**로 정리했다. 이

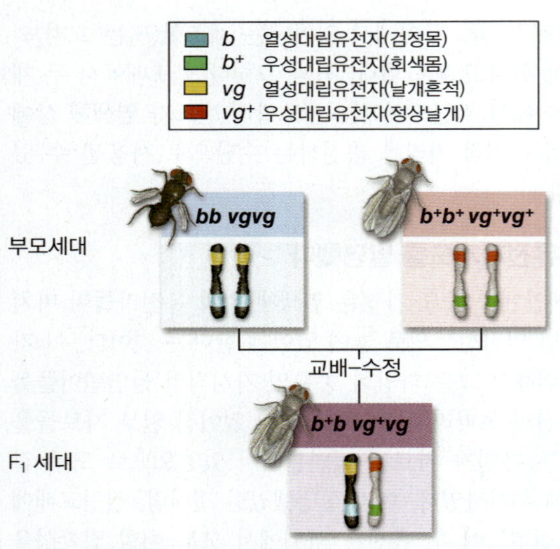

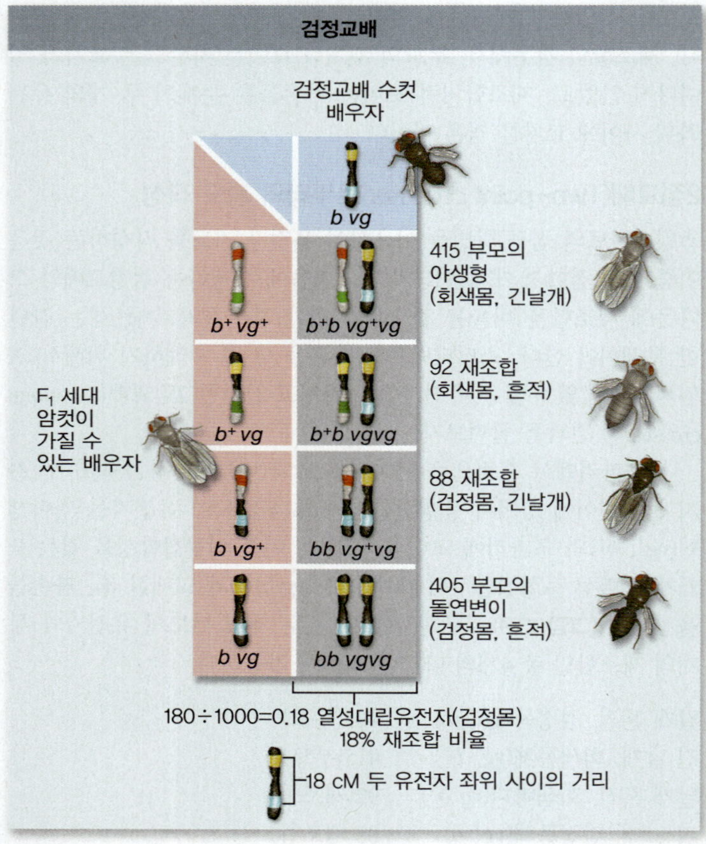

그림 13.9 유전자 지도화를 위한 2점교배(two-point cross).

단위는 후에 모건(T.H. Morgan)의 이름을 따서 센티모간(cM)으로 명명되었다. 스터티번트의 결과들은 다섯 개의 유전자들이 재조합 비율에 근거하여 일직선상에 놓여 있을 수 있다는 것을 보여줬다.

3점교배(Three-point cross)는 유전자의 순서를 정하기 위해 이용될 수 있다

스터티번트는 2점교배를 분석하여 유전자지도를 완성하는 것에 문제점이 있다는 것을 빨리 깨달았다. 떨어져 있는 유전자 좌위의 거리가 증가함에 따라 감수분열 동안 그들 사이에 일어나는 재조합 확률 또한 증가한다. 그러나 만약 상동 염색체의 유전자 좌위들 사이에 거리가 두 번의 교차가 일어날 만큼 충분히 멀다면, 부모의 조합이 다시 되돌려 질 것이다. 이 것은 두 유전자 사이에서 일어나는 모든 재조합을 다 셀 수 없기 때문에 실제 유전자의 거리를 과소측정하게 될 것이다.

먼 거리에서는 유전좌위들 사이의 교차가 빈번해진다. 이러한 경우에 홀수 번의 교차들은(1,3,5) 재조합 배우자를 만들고, 반면에 교차가 없거나 짝수 번의 교차가(0,2,4) 일어나면 부모의 배우자를 만들게 된다. 그림 13.6에서 볼 수 있는 것처럼, 두 유전자가 충분히 먼 거리에 위치할 때, 이러한 빈도들은 거의 같아져서 재조합 배우자들의 수와 부모의 배우자들의 수가 같아지게 되어 그 유전자들은 독립분리를 보여준다. 이것은 어떻게 멘델이 2번 염색체에 위치하는 콩꼬투리의 색과 씨앗의 색에 대한 이중잡종교배를 수행하여, 그 형질들이 독립분리를 한다는 것을 관찰할 수 있었는지를 보여주는 것이다.

다수의 교차가 일어나면, 관찰할 수 있는 재조합 자손들의 수가 줄어들기 때문에, 더 긴 거리에서의 지도거리는 정확하지가 않다. 그 결과, 유전학자들이 일련의 2점교배로 지도를 작성하려고 할 때 유전자의 순서를 결정하는 것이 문제가 될 수 있었다. 스터티번트는 이 문제를 2점교배가 아니라 **3점교배(three-point cross)**를 사용함으로서 풀었다.

3점교배에서 중간에 위치한 유전자는 양쪽 둘 중 한쪽으로의 재조합사건을 보게 한다. 예를 들어 가운데 좌위가 두 개의 교차 사이에 위치하고 있는 한, 양쪽 가장자리에 있는 좌위들 사이에 일어나는 이중 교차는 실질적으로 중간좌위와 각 양쪽 바깥좌위들 사이의 한 번의 교차이다(그림 13.10).

두 번의 교차가 일어날 확률은 개별의 교차비율이 상대적으로 낮을 곳에서, 각각의 개별의 교차가 일어날 확률의 곱과 같다. 그러므로 모든 3점교배에서 두 번의 교차를 가지고 있는 자손들의 등급은 가장 작은 비율을 가진 곳이다. 어느 유전좌위가 그들 사이에

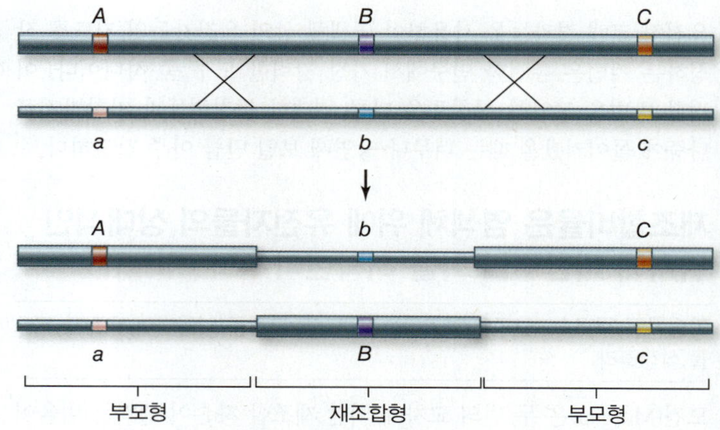

그림 13.10 유전자 순서를 정하기 위한 삼점 교배의 사용. 2점교배에서 바깥쪽의 유전자들은 이중교차가 일어났을 때의 부모형처럼 보인다. 세번째 좌위를 포함시켜도, 가운데 유전자는 재조합형이 될 것이기 때문에 이중 교차를 여전히 알 수 있다. 이 이중교차는 가장 적은 빈도여야 하고 그래서 어떤 유전자가 재조합 대립유전자이던지 가운데 위치해야 한다.

서 재조합체 인지를 보기 위해서 이렇게 개체들을 분석하는 방법은 그림 13.10에서 볼 수 있듯이 세 개의 유전자좌위들 중에 가운데에 놓여 있는 좌위들을 즉시 알아낼 수 있다.

실제로, 유전학자들은 3점교배를 유전자의 순서를 결정하기 위해 사용하였다. 그런 다음 거리를 구하기 위해서 2점교배에서 얻은 자료들을 사용하였다. 더 긴 거리는 짧은거리들을 합하여 간단하게 생성되어졌다. 이것은 멀리 떨어져 있는 유전자 좌위들 사이의 거리를 구할 때 2점교배로부터 부정확하게 측정될수 있는 문제점을 피하게 해주었다.

인간 유전자지도화의 어려움

인간의 유전자들은 재조합비율을 관찰하여 지도화되어질 수 있다. 그러나 자료들은 반드시 역사적 가계도에 의해서 유래되어져야 한다. 비록 재조합비율이 유전적 거리에 여전히 비례한다는 원리는 같으나, 분석은 더 복잡한 통계와 많은 가계들로부터의 자료정리가 요구되어진다.

광범위한 유전자 지도를 가지고 있는 사람외의 동물들을 보면, 다수의 유전자 마커들에 대한 대립유전자들이 초파리에서의 눈색깔, 몸색깔, 날개모양 등의 형태적 변화를 일으키는 좌위에서 발견되어 왔다. 사람에서 그러한 대립유전자들은 항상은 아니지만 일반적으로 질병의 상태를 고려할 수 있는 것들에 해당한다. 최근 1980년대 초에 인간유전체에서 찾은 마커들의 수는 수백 개에 달했다. 그러나 인간 유전체는 너무 컸기 때문에 이렇게 적은 수의 마커들은 지도화를 위해 필요한 밀도를 충분히 공급하지 못했다.

또 하나 고려해야 할 점들은 질병을 일으키는 대립유전자들이야말로 우리가 지도화하기를 소망하나 집단에서 낮은 빈도로 일어난다는 것이다. 어떤 한 가족이 지도화를 가능하게 하는 여러 가지 질병 대립유전자를 가지고 있을 확률이 적다.

익명의 마커

이러한 상황은 **익명의 마커(anonymous marker)**들의 발달과 함께 달라졌다. 이 마커들은 분자기술을 사용하여 발견될 수 있으나 눈에 띄는 표현형을 유발시키지는 않는 유전적 마커들이다. 이러한 마커들의 특징은 과학기술의 발달과 함께 진화하면서 유전체 전체에 흩어져 있던 다양한 마커들의 집합체의 표준화를 이끌어냈다. 그러한 분석의 결과로 유전학자들은 현재 수백이 아닌, 수천가지의 마커들을 가지고 일하고 있으며 25년 전에 상상조차 할 수 없었던 유전자 지도를 만들었다(이 단원의 마지막 장에서 인간유전체와 함께 사용되기 위해 개발된 분자기술들의 일부에 대해서 배울 것이다.)

단일염기다형성

인간 유전체의 염기서열 분석으로부터 개발되어온 정보들은 개체들에 따라 다른 단일염기들을 찾아내고, 지도화하기 위해 사용될 수 있다. 한 집단 내에서 개체들 사이의 유전자의 차이점들을 다형성(*polymorphisms*) 이라고 부른다. 하나의 유전자에서 단일염기에 영향을 주는 다형성을 **단일염기다형성(SNPs)**라고 한다. 삼백십만 개 이상의 그러한 단일 염기의 차이들이 밝혀졌고 유전자지도와 인간전장염기서열에 위치되어지고 있다. 기술의 합류는 유전자 분석의 궁극적인 해결을 가능하게 할 것이다.

최근 유전자의 지도화의 진전은 단지 간단한 멘델의 유전을 보여주는 상대적으로 작은 수의 유전자들 그 이상에 적용된다. 고해상도의 유전자 지도의 개발과 수백만 개의 SNP의 특성을 잘 살피는 일은 인간의 복잡한 계량적 형질들의 특징을 파악할 수 있는 미래 가능성을 열었다.

한가지 더 실질적인 수준에서, 미리 언급되었던 마커들의 형태들은 범죄과학 수사에서도 빈번하게 사용되어지고 있다. TV 프로그램에서 보이는 것처럼 아주 빠르지는 않을지라드, 범죄현장에서의 범죄 용의자를 확인하거나, 용의자로부터 제외를 돕기 위한 빠른 DNA 검사를 가능하게 하기도 하고, 친자확인을 돕기도 한다.

개념 정리 13.3

감수분열 동안에 이루어지는 교차는 상동염색체의 대립유전자들을 교환한다. 이러한 대립유전자들의 재조합은 유전자의 위치를 지도화하는데 사용되어진다. 서로 가까이 함께 위치하고 있는 유전자들은 검정교배에서 부모의 유전자형이 재조합된 유전자형을 초과하는 것을 보여준다. 검정교배에서 재조합비율은 유전적 거리를 측정하기위해 사용되어지고, 큰 거리에 의해 분리되어있는 유전좌위들은 독립분리를 이끌어낼 수 있는 다수의 교차를 겪는다.

- 만약에 두 개의 유전자가 이중 이형접합성 개체의 시험교배에서 10cM 떨어져있다면 몇 퍼센트의 자손이 부모의 유전자형을 가지고 있을까?

13.4 염색체 수의 변화는 심각한 효과를 가져올 수 있다

감수분열 동안 상동염색체나 염색분체들을 적절하게 분리하는데 실패하는 것을 **비분리현상(nondisjunction)**이라고 한다. 이러한 실패는 하나의 염색체를 얻기도 하고 잃기도 하는데 이러한 상태를 **이수성(aneuploidy)**이라고 한다. 인간에서 이수성이 일어날 비율은 임신의 5% 정도로 일어난다고 추정될 만큼 아주 높다.

비분리현상은 감수분열 단계에서 염색체 분리의 실패이다

학습목표 13.4.1 인간에서 비분리현상과 그것의 결과를 설명하여라.

상염색체의 비분리

상염색체에서 하나의 카피라도 잃어버린 인간을 **1염색체성(monosomics)**이라고 부르고 일반적으로 배아단계에서 생존하지 못한다. 다는 아니지만 극히 적은 경우에 추가적으로 하나의 염색체를 더 가지고 있는 사람(**3염색체성**)도 있는데 이 경우 또한 생존하지 못한다. 자연유산의 자료들이 35%의 높은 비율의 이수성 수준을 암시하고 있다.

사람의 가장 작은 다섯 개의 염색체(13, 15, 18, 21, 22번)들은 세 개의 카피로 존재될 수 있고 그 개체들도 한동안 생존한다. 추가적인 13, 15, 18번 염색체의 존재는 심각한 발달장애를 일으키고, 그러한 유전적 구성을 가지고 있는 영아는 몇 달 내에 죽는다. 반대로 21번 추가 염색체를 가지고 있는 개체들, 또는 좀 더 드물게 22번 추가염색체를 가지고 있는 개체는 보통 성인까지 생존한다. 이러한 사람들은 골격계의 성숙이 느려서, 일반적으로 키가 작고 빈약한 근육을 가지고 있다. 그들의 정신적 발달도 영향을 받는다.

1866년에 다운(J. Langdon Down)은 21번 염색체의 3염색체성에 의한 발달장애를 처음으로 설명했다(그림 13.11). 이러한 이유로 이 장애를 **다운증후군(Down Syndrome)**이라고 불렀다. 약 750명 중의 1명의 아이들이 다운증후군을 보여주고, 그 빈도는 모든 인종의 그룹에서 비교할만하다. 유사한 형태의 조건이 침팬지와 다른 영장류에서도 일어난다.

주요 비분리현상은 남성보다 여성에게서 훨씬 일반적이다. 여성이 평생 만들어 내는 모든 난자들은 그녀가 태어날 때 제1 감수분열의 한 시점까지만 발달을 하기 때문에 여자가 아이를 가질 때 즈음에 그녀의 난자들은 그녀만큼 나이가 들어있다. 그러므로 초기 비분리 현상이 암컷의 배우자체에서 시간이 지남에 따라 축적이 되는 것들을 포함하여 다양한 종류의 세포분화의 문제점들을 가질 기회가 더 많다. 반대로, 남성은 매일 새로운 정자를 생산해 낸다. 이것이 임신을 고려하고 있는 부부들에게 있어서 엄마의 나이가 아빠의 나이보다 더 중요한 이유이다.

20세 이하의 젊은 엄마에게서 다운 증후군을 가지고 있을 아이가 태어날 위험은 1700명 중에 한명이다. 20-30세의 엄마에게서는 약 1400명 중 한명에 달한다. 그러나 30-35세의 엄마들은 그 위험이 750명 중 1명 까지 올라가며, 45세 이후에는 16명 중에 한명꼴로 아주 높다(그림 13.12).

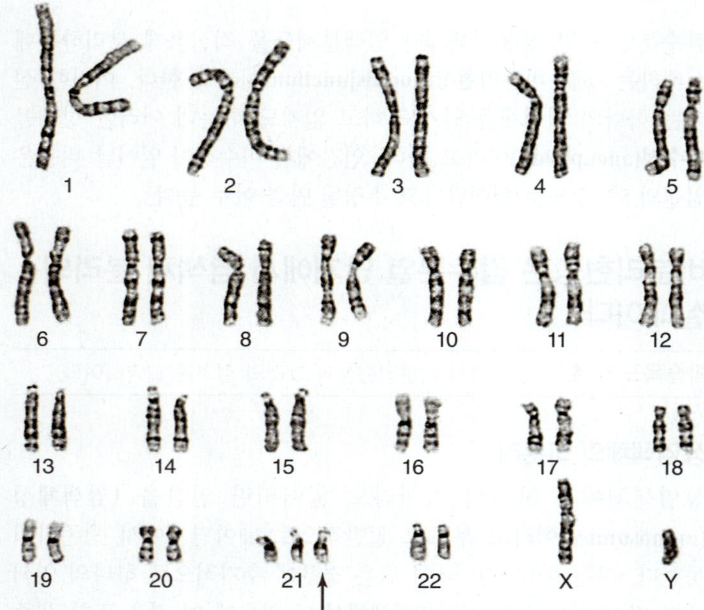

그림 13.11 다운 증후군. 이 남성에게서 보여지는 것처럼, 다운증후군은 염색체 21번의 3염색체성과 연관있다.(화살표가 21번염색체의 세 번째 카피를 보여준다.)

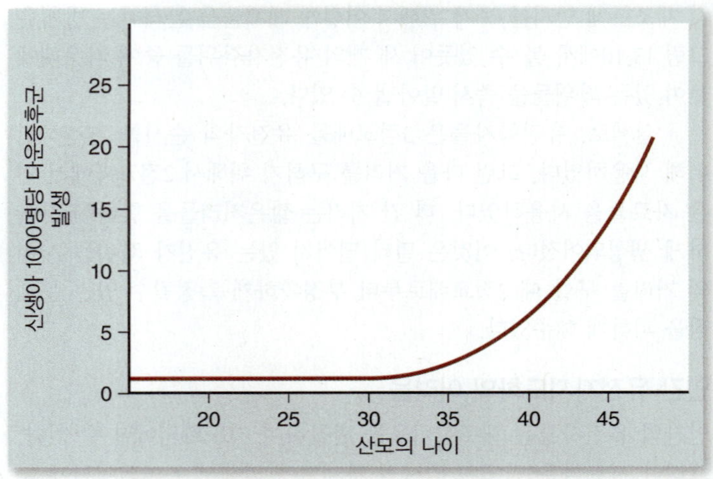

그림 13.12 엄마의 나이와 다운 증후군 위험성의 상관관계. 여자의 나이가 증가함에 따라 아이가 다운 증후군을 가질 확률은 증가한다. 여성이 35세에 도달한 후에는 다운 증후군의 확률이 빠르게 증가한다.

성염색체의 비분리

하나의 성염색체를 얻거나 잃은 개체들은 일반적으로 상염색체에서 유사한 변화들에 의해 일어나는 심각한 발달장애를 겪지 않는다.

X 염색체 비분리현상. 감수분열 동안 X 염색체가 분리에 실패할 때, 일부 배우자들은 두 개의 X 염색체를 가지고 있는 XX 배우자가 된다. 다른 배우자들은 성 염색체가 없게 되고 이를 "O"라고 한다.

만약 XX 배우자가 X 배우자와 합쳐진다면, 그 결과 XXX 접합체는 기능을 가지는 하나의 X 염색체와 두 개의 바소체를 가지고 있는 여성으로 발달할 것이다. 그러한 염색체를 가지고 있는 여성은 신장이 좀 더 클수는 있지만, 그 외의 외형은 정상이다.

만약 XX 배우가 Y 배우자와 합쳐진다면, 그 결과는 좀 더 치명적이다. 결과로 나오는 XXY 접합체는 여성몸의 특징을 가지고 있는 남성으로 발달할 것이며, 전부는 아니더라도 일부의 경우에 있어서 지능이 약해진다. 클라인펠터 증후군(*Klinefelter syndome*)으로 알려진 이러한 상태는 약 500명의 남성 출생 중에 한명의 경우로 일어난다.

만약 O 배우자가 Y 배우자와 합쳐지면, 결과적인 OY 접합체는 생존할 수 없고 추가적인 발달하지 못하게된다. 사람은 X 염색체에 있는 78개의 유전자들이 없을 때 생존할 수 없다. 그러나 만약 O 배우자가 X 배우자와 합쳐지면 XO접합체가 작은 신장의 불임여성으로 발생한다. 이들은 물갈퀴가 있는 목을 가지며, 성기관들이 사춘기에서 절대 성숙하지 못한다. XO 개체의 정신력은 정상범주에서보다 낮다. 이러한 조건을 터너증후군(*Turner syndrome*)이라고 하며 대략 5000명 중의 한명의 여아 출생에서 일어난다.

Y 염색체의 비분리현상. Y 염색체 또한 감수분열에서 분리에 실패할 수 있고, 이는 YY 배우자를 형성한다. 이러한 배우자들이 X 배

우자체와 결합하면, XYY 접합체는 정산적인 외모에 생식능력이 있는 남성으로 발달한다. XYY유전자형(*jacob snydrome*)이 일어날 빈도는 100명 중의 한명의 남자 아이의 경우이다.

개념 정리 13.4

감수분열의 비분리현상은 너무 적거나 너무 많은 염색체를 만들 수 있으며, 대부분은 생존력이 없는 자손을 생산한다.

- 정자형성과정 동안, 제1분열과 2분열 사이에서의 비분리현상의 결과에 어떤 다른 점이 있는가?

13.5 인간의 염색체 유전은 가계도 분석으로 연구된다

인간 유전을 연구하기 위해서, 과학자들은 이미 만들어진 교배들의 결과를 살펴봤다. 그들은 **가계도(pedigree)**를 한 형질이 어떤 친척으로부터 왔는지를 밝히는 연구를 위해 사용한다. 그런 다음 그 형질을 생산하는 유전자가 성별과 연관이 있거나(즉, X 염색체 위에 존재하는지), 상염색체 위에 존재하는지, 그 형질의 발현이 우성인지 열성인지를 종종 결정할 수 있다. 가계도는 어떤 형질을 지정하는 대립유전자들에 있어서 한 가계의 어떤 개체가 동형접합성이고 어떤 개체가 이형접합성인지를 연구자들이 추론하는 것을 빈번히 도울 것이다.

인간의 가계도를 분석하기 위해 유전학자는 3가지 질문을 한다

학습목표 13.5.1 유전의 모드가 가계도를 사용하여 어떻게 분석될 수 있는지를 설명하여라.

우리는 인간의 선청성색소결핍증(백색증) 형질을 예로 사용할 것이다. 백색증의 개체들은 머리카락, 피부가 완전 하얀색으로 모든 색소들이 없다. 미국에서 코카시안의 약 3만 8천분의 1과 2만2천분의 1의 흑인들이 백색증을 보인다. 호피인디언들 사이에서 백색증을 보여주는 가계도가 그림 13.13에서 나타나있다. 각 기호들은 그 가계도의 역사에서 하나의 개체들을 나타내며, 동그라미는 여성이고, 사각형은 남성이다. 이렇게 어떤 형질을 보여주는 개체들의 가계도에서(이 경우에는 백색증) 연구되어지는 형질을 보여주는 개체들은 색칠이 되어 있다. 결혼은 원과 사각형을 연결하는 수평선에 의해서 표시되며, 그 수평선에서부터 내려오는 그룹의 수직선들은 자손들을 가리키며 출생 순서에 따라 왼쪽에서 오른쪽으로가면서 표시된다.

이 백색증을 보여주는 가계도를 분석하기 위해서 유전학자들은 전형적으로 다음과 같은 3가지 질문을 하였다.

1. 백색증은 성연관이 되어있나 아니면 상염색체에 존재하는가? 만약 형질이 성별과 연관되어 있다면, 이것은 보통 남성에서만 나타날 것이다. 만약 상염색체상에 존재한다면 두 개의 성별에 거의 비슷하게 나타날 것이다. 아래 가계도에서는, 영향을 받은 남성 개체들의 비율(12명 중 5, 33%)이 영향을 받은 여성

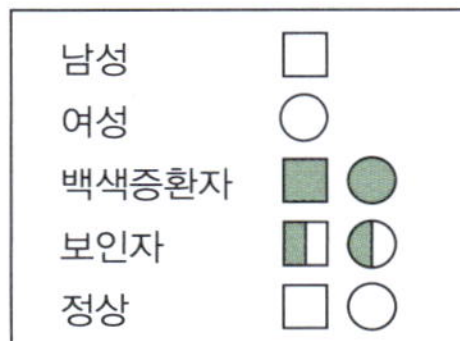

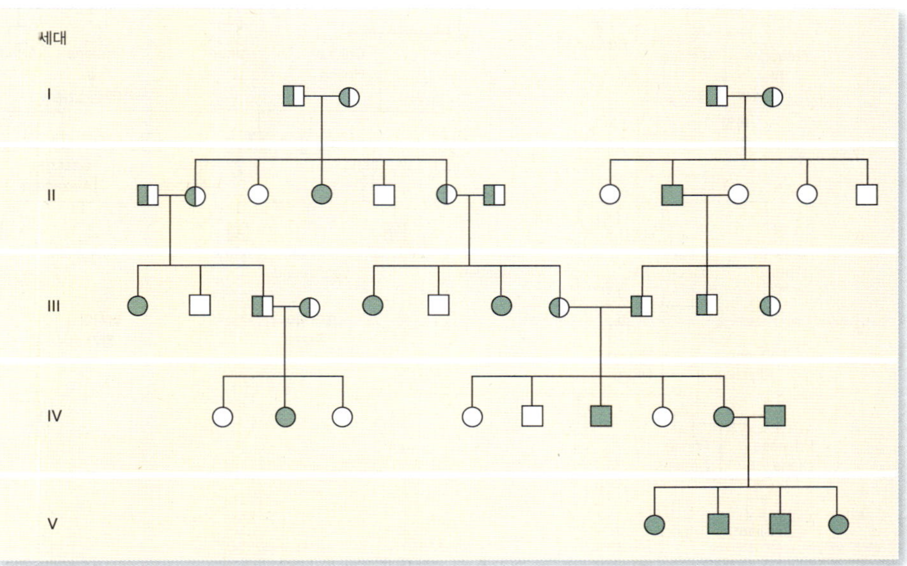

그림 13.13 선천성 색소결핍증의 가계도. 사진에 있는 호피인디안 가족의 세 명의 여자 아이 중에 하나가 백색증이다(가계도의 세대IV에서 가장 왼쪽에 보이는 가족). 가계도는 이 가족에서 백색증을 일으키는 유전자의 유전을 보여주고, 녹색의 기호들이 백색증을 가진 사람들이다.

개체들의 비율(19명 중 8, 42%)과 유사하다.(가계도에서 영향을 받은 개체들을 셀 때, 세대I에서의 부모들은 제외해라. 또한 그 가족과 결혼한 외부인들도 제외하라.) 따라서 이 형질은 상염색체 상에 있으리라 결론지어진다.

2. **백색증은 우성인가 열성인가?** 만약 그 형질이 우성이라면, 모든 백색증의 자식들은 백색증 부모를 가질 것이다. 만약 그 형질이 열성이라면, 백생증 개체의 부모들은 정상으로 보일 것이다. 왜냐하면 두 부모들은 이형접합성일것이기 때문이다. 그림 13.13의 가계도에서, 대부분의 백색증 자식들의 부모들은 그 형질이 나타나지 않는다. 이것은 백색증이 열성이라는 것을 말한다. 한 가계에서 4명의 아이들이 백색증 부모를 가진다. 그 대립유전자는 그 가계도가 작성된 호피 인디언들 사이에서는 아주 흔하고, 그러므로 이런 백색증 부모들과 같은 동형접합성의 개체들은 그들이 때때로 결혼할 만큼 호피들에게 충분한 숫자로 존재한다. 이 가족에게서 두 부모가 모두 백색증이고, 네 자녀들이 모두 백색증을 보인다. 이것은 백색증 형질이 열성이라는 발견과, 두 부모의 대립유전자들이 동형접합성이라는 발견과 일치한다.

3. **백색증은 하나의 유전자에 의해서 정해지나 아니면 여러 개의 유전자에 의해서 정해지나?** 만약 그 형질이 하나의 단독 유전자에 의해서 결정된다면 멘델의 유전에서 반영되듯이 정상과 백색증 자손의 3:1의 비율이 이형접합성의 부모(반만칠해진 기호)들로부터 태어나야한다. 그러므로, 약 25%의 자손들이 백색증이여야 한다. 그러나 만약 그 형질이 여러 유전자들에 의해서 결정이 되어진다면, 백색증은 오직 적은 퍼센트로만 존재한다. 이 가계도에서 이형접합성으로 태어난 28명 중에 8명, 대략 30% 정도가 백색증을 보여주는 것은 오직 한 개의 유전자가 이 교배에서 분리되어지고 있다는 것을 강력히 제안한다.

인간의 유전적 질병들은 종종 뚜렷한 가계도를 가진다

학습목표 13.5.2 혈우병, 겸상적혈구병, 헌팅턴병을 대조해보아라.

혈우병은 성연관 형질이다

상처에서 나오는 피는 혈액 내에서 순환하고 있는 단백질섬유의 중합의 결과로 응고되어진다. 한 다스 정도의 단백질이 이과정에 관여하고 있으며, 모두 혈액응고를 형성하기 위해 적절하게 기능을 해야한다. 이 단백질들의 어느 것에 돌연변이가 일어나면 단백질들은 활동을 잃어버려 혈액이 응고를 천천히 하거나 전혀 하지 않는 유전적 상태인 **혈우병**을 일으킨다.

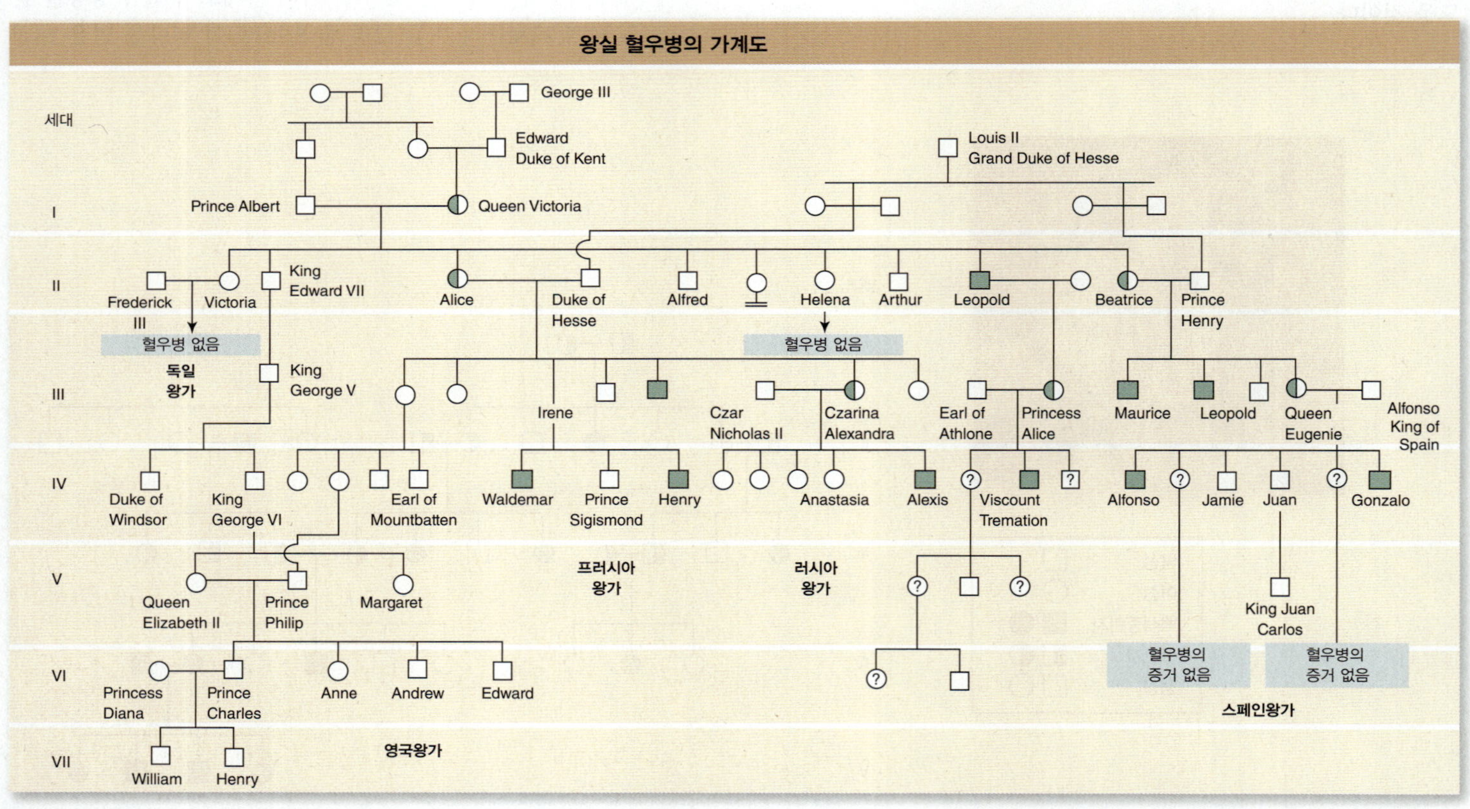

그림 13.14 왕실 혈우병의 가계도. 빅토리아 여왕의 딸 엘리스가 혈우병을 러시아와 프러시아의 귀족 가정에 도입시켰다. 그리고 그녀의 딸 베아뜨리체는 그것을 스페인의 귀족 집안에 도입시켰다. 빅토리아의 아들 레오폴드 그 자신이 희생자이고 또한 그 장애를 세번째 라인의 후손들에게 전달했다. 반쪽만 칠해진 도형들은 하나는 정상대립유전자를 가지고 다른 하나는 영향을 받은 대립유전자의 운반자이다. 온전히 칠해진 모형은 영향을 받은 개체들이다. 사각형은 남성, 원은 여성을 나타낸다.

혈우병은 열성 장애이고, 개체가 정상적인 대립유전자를 전혀 가지고 있지 않을 때 발현하여 응고를 위해 필요한 단백질들 중에 한 가지를 생산할 수 없다. 혈액응고 단백질을 암호화 하는 대부분의 유전자 들은 상염색체위에 존재한다. 그러나 두 유전자 VII와 IX는 X 염색체 위에 존재한다. 따라서 이 두 유전자는 성연관이고, 돌연변이가 일어난 대립유전자를 물려받는 모든 남성들은 혈우병 증세를 나타낼 것이다. 왜냐하면 그들의 다른 성염색체는 이 유전자들의 대립유전자가 없는 Y 염색체이기 때문이다.

종종 왕실혈우병이라고 불리우는 혈우병의 가장 유명한 경우는 영국의 왕실에서 일어난 성연관된 유전의 형태이다. 이 혈우병은 영국의 빅토리아 여왕(1819-1901)의 부모 중에 한명에게 나타난 유전자 IX의 돌연변이에 의해서 일어났다. 그림 13.14의 가계도는 빅토리아 여왕 이후 6세대에서 남자 자손 중에 10명이 혈우병을 가졌다(색깔된 사각형으로 표시됨). 현재 영국 왕실 가족은 빅토리아 여왕의 아들 에드워드 VII세가 혈우병 인자를 물려받지 않아서, 이어지는 모든 영국의 통치자들이 그의 자손들이기 때문에 이 질병으로부터 벗어났다. 빅토리아 여왕의 아홉 명의 자손중에 세명이 결함 대립유전자를 받았으나 그들은 결혼에 의해서 유럽의 다른 왕실에 이 유전자를 전파시켰다.

낫형적혈구빈혈증(Sickle-cell disease)은 열성 형질이다

낫형적혈구빈혈증은 상염색체에 있으며 열성으로 유전된다. 이것은 그림 13.15의 가계도를 보면 알 수 있다. 영향을 받은 개체들은 적혈구 세포에서 산소를 운반하는 단백질인 헤모글로빈에 결함을 갖게 된다. 이 결함은 적혈구가 적절하게 산소를 조직으로 운반하는 능력을 손상시킨다. 이러한 결함의 분자적 특징은 헤모글로빈들이 서로 응집하여 뻣뻣한 막대 모양의 구조를 형성하여 적혈구의 도양을 기형적으로 만든다. 이러한 적혈구의 모양이 낫과 같은 형태의 특징을 보여주므로 질병의 이름이 지어졌다. 이러한 비정상적인 모양의 적혈구는 모세혈관을 통과하여 이동하는 데에 어려움이 따르고, 그곳에 쌓여 응고되는 경향이 있다. 그 결과적으로 생기는 빈혈이 다양한 증상들을 나타내게 한다.

결함을 가지고 있는 헤모글로빈은 베타 글로빈에서 하나의 아마노산 때문에 생긴다. 이 낫모양 세포의 대립유전자는 발린을 글루탐산으로 치환을 시킨다(그림 15.24에 자세히 보여진다). 이마노산의 치환은 산소 결합에는 영향을 끼치지 않으나 단백질의 표면에 영향을 끼친다. 이러한 간단한 변화는 대전된 아미노산을 비극성으로 바꾸고, 비극성 아미노산은 극성환경과 연합하려는 경향이 있고, 이러한 응집현상에 의해 낫모양의 적혈구 세포들이 만들어진다.

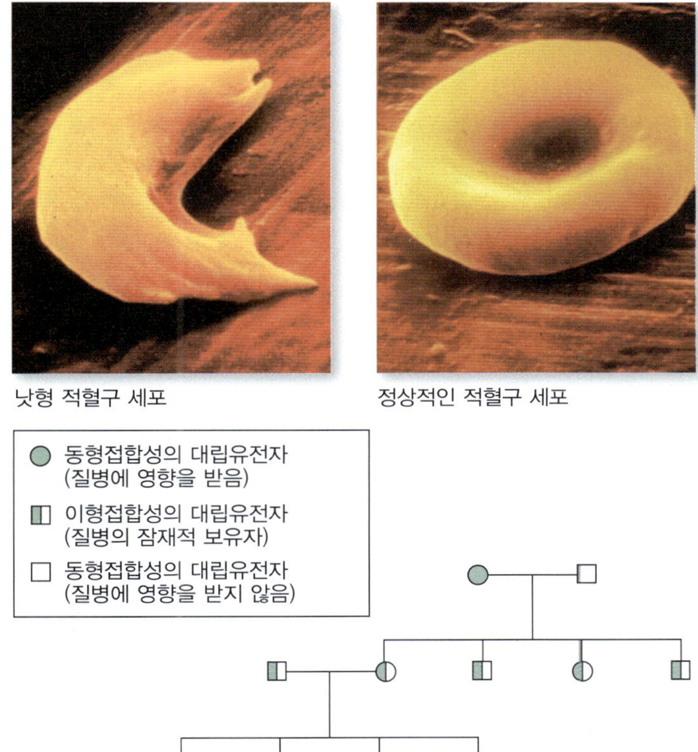

그림 13.15 낫형적혈구빈혈증의 유전. 낫형적혈구빈혈증은 열성상동염색체상의 질병이다. 만약 한쪽 부모가 열성 형질의 동형접합성을 보이면 멘델의 검정교배에서의 F_1 세대처럼 모든 자손이 보유자(heterozygoute)가 될 것이다 정상적인 적혈구세포는 납작한 구의 형태이다. 이 질병 혀질이 동형접합성인 개체들을에서 많은 적혈구 세포들이 낫모양을 가진다.

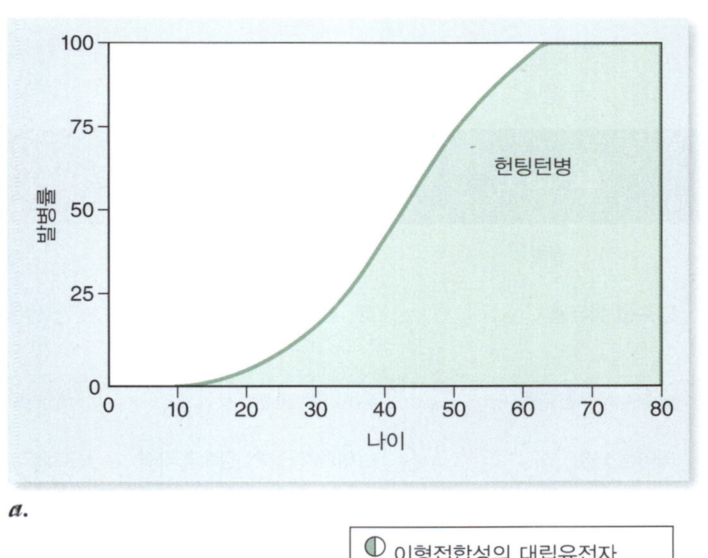

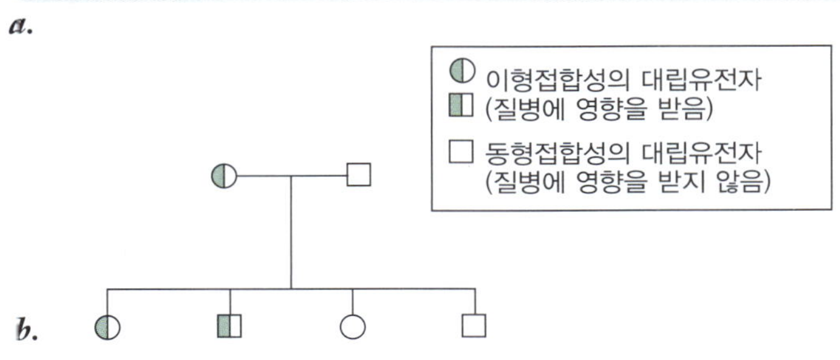

그림 13.16 헌팅턴병은 우성 유전질병이다. **a.** 헌팅턴병은 늦은 나이에 시작되기 때문에 대립유전자들이 우성이고 치명적임에도 불구하고 지속되어진다. **b.** 유성의 헌팅턴대립유전자의 유전을 보여주는 간단한 가계도.

낫모양세포의 대립유전자에 대한 이형접합성의 개체들은 일반적으로 정상적인 사람들과 구별이 안된다. 그러나 일부 적혈구들은 그들이 낮은 농도의 산소에 노출되었을 때 낫모양의 특징을 보여준다. 낫형모양의 세포들에 대한 대립유전자들이 아프리카에서 좀 더 흔하기 때문에 낫형적혈구빈혈증을 담당하는 대립유전자들은 특히 아프리카의 자손들 사이에서 일반적으로 나타난다. 이 대립유전자들에 대한 이형접합성은 중앙아프리카에서 일반적이고 심각한 질병인 말라리아에 대한 저항성을 증가시킨다. 이 낫형 세포들과 말리리아의 상호작용은 19장에서 좀 깊이 논의될 것이다.

헌팅턴병 : 우성형질

모든 유전 질병이 열성인 것은 아니다. 헌팅턴병은 우성대립유전자에 의해서 생기는 유전적인 질병으로 뇌세포의 점진적인 쇠퇴를 가져온다. 아마 24,000명 중에 한 명의 개체가 이 질병을 발달시킨다. 그 대립유전자가 우성이기 때문에 대립유전자를 가지는 모든 개체들이 질병을 발현한다. 그럼에도 불구하고 그 증상이 보통 영향을 받은 개체가 30세 이상이 되어야 진행을 하고 그들은 벌써 자식을 가지고 있는 경우가 많기 때문에 질병은 인간 집단에 존속되어 오고 있다. 결과적으로 그림 13.16에 있는 가계도에서 볼수 있는 것처럼 그 대립유전자들은 치사조건이 발달되기 전에 종종 자손에게 전달되어진다.

유전자 상담과 치료

학습목표 13.5.3 유전학자들이 양수검사에 의해서 얻어지는 세포들을 검사하여 얻는 세 가지를 설명하여라.

대부분의 유전적 질병들이 아직 치료를 할 수 없을지라도, 우리는 그것들에 대한 대처법에 대해 배우고 있고 성공적인 치료법으로의 진전 또한 많은 경우에 이루어지고 있다(표 13.2는 일부 중요한 유전병에 대해 요약하고 있다.). 그러나 치료법이 없는 상황에서, 많은 환자들은 그들이 취할 수 있는 유일한 수단이 이러한 유전적 결함을 가지고 있는 자손들이 태어나는 것을 피하려고 노력하는 것이라 느낄지 모른다. 유전적 결함을 가지고 있는 아이를 생산할 위험이 높은 부모를 확인하는 과정과 초기 배아의 유전적 상태를 평가하는 과정을 **유전적 상담(genetic counseling)**이라고 한다. 유전적 상담은 미래의 부모가 유전적 질병을 가지고 있는 아이를 가질 위험을 결정하는 것을 돕고, 그들에게 의학적 치료법을 충고하거나, 태어나지 않은 아이가 유전적 질병이 가지고 있는지를 결정하는 데에 충고를 해줄 수 있다.

고위험 임신

만약 열성 대립유전자에 의한 유전적 결함이 일어난다면, 잠재적 부모들이 그들이 그 대립유전자를 가질 가능성에 대한 결정을 어떻게 할 수 있을까? 한 가지 방법은 종종 유전적 상담의 도구로 사용되어지는 가계도 분석을 통해서이다. 이 장 처음에서 언급했듯이

표 13.2 일부 중요한 유전적 질병

질병	증상	결함	우성/열성	출생빈도
낭포성 섬유증	폐, 간, 췌장에서 점액에 의한 막힘 현상	염화이온 수송기작의 실패	우성	1/2500(Caucasians)
낫형적혈구빈혈증	약한 혈액순환	비정상적인 헤모글로빈 분자	열성	1/600(African Americans)
테이색스병	유아기에 중추신경계의 악화	효소의 결함 (헥소사마니다아제 A)	열성	1/3500(Ashkenazi Jews)
페닐케톤뇨증	유아기에 뇌 발달의 실패, 식단 조절에 의한 치료가능	효소의 결함 (페닐알라닌 수산화효소)	열성	1/12,000
혈우병	혈액응고의 실패	혈액응고인자 VIII의 결함	X 연관, 열성	1/10,000(Caucasian males)
헌팅턴병	중년기 뇌조직의 쇠퇴	뇌세포대사의 저해물질의 생산	우성	1/24,000
근위축증	근육의 쇠약	근육자극 신경 수초의 퇴화	X 연관, 열성	1/3700(males)
과콜레스테롤혈 우성	혈액의 콜레스테롤 양의 초과에 의한 심장병 야기	콜레스테롤 세포표면 수용체의 비정상적인 형태	우성	1/500

사람의 가계도를 분석함으로써, 때때로 그 사람이 특정 질병의 보유자일 가능성을 추측할 할 수 있게 한다. 예를 들어, ㄴ의 친척 중에 한 명이 낭포성 섬유증(cystic fibrosis)과 같은 열성 유전질병으로 고통을 받고 있다면, 여러분은 그 질병에 대한 열성대립 유전자의 이형접성의 보유자일 수 있다. 가계도 분석이 태어날 아기의 양쪽 부모가 심각한 유전적 질병을 일으키는 열성 유전자의 보유자일 가능성이 유의한 수준으로 있다는 걸 가리킬 때 그 임신이 고위험 임신이라 일컫는다. 그러한 경우에 아이들은 임상적으로 장애를 보여줄 가능성이 유의하게 존재한다.

또 다른 고위험 임신군은 산모가 35세 이상일 때이다. 이미 다루었던 것처럼, 다운증후군을 가지고 태어나는 아이의 출생할 확률은 나이 많은 여자의 임신에서 급격하게 증가한다.

유전자 검색(genetic screening)

임신이 고위험으로 판단되어질 때, 여성들은 많은 유전질병에 대한 태아의 진단을 가능하게 하는 양수검사를 선택한다. 그림 13.17a는 어떻게 양수검사가 수행되는지를 보여준다. 임신 4개월에 살균된 피하주사기 바늘을 엄마의 확장된 자궁에 삽입하고, 터아가 있는 양수를 소량 채취한다. 양수에는 태아로부터 떨어져나은 세포들이 떠다니고 있다. 얻어진 양수는 실험실에서 세포를 키우기위해 배양을 할 수 있다. 양수검사동안, 바늘의 위치와 태아의 위치는 보통 초음파에 의해서 관찰된다.

최근에 의사들은 **융모막융모표본채취(chorionic villus sampling)**라고 하는 외과적(invasive) 유전자 검색기법을 한층 더 빈번하게 사용하고 있다. 이 과정에서 의사는 태아에 영양을 공급하는 태반의 융모막에서 세포를 채취한다(그림 13.17b).

이 처치는 임신초기(8주까지)에 사용될 수 있고 양수검사보다 훨씬 빨리 결과를 알 수 있다. 그러나 유산의 위험이 증가한다.

유전 상담사들은 양수검사나 융모막융모표본채취로 얻어진 배양세포에서 아래의 세 가지를 조사한다.

1. **염색체의 핵형.** 핵형의 분석은 이수성(추가되었거나 없어진 염색체)과 전체적인 염색체 변이를 보여준다.
2. **효소 활성.** 많은 경우에서 적절한 기능을 하고 있는 효소들이 유전적 질병에 관여를 하고 있는지 직접적으로 테스트 하는 것이 가능하다. 정상적인 효소활성의 부재는 장애가 존재할지도 모른다는 신호이다. 그러므로 페닐알라닌을 분해하는 효소의 부재는 페닐케톤뇨증(phenylketonuria; PKU)의 신호이고, ganglioside를 분해하는 효소들의 부재는 테이색스질병의 존재를 가리킨다.
3. **유전자 마커.** 유전상담사들은 알려진 유전적 질병과 유전적 마커들과의 연관을 찾을 수 있다. 낫형적혈구빈혈증, 헌팅턴병 등 다양한 질병들에서 연구자들은 질병을 발견할 수 있는 연관된 DNA 변이를 찾아왔다.

DNA 스크리닝(DNA screening)

유전적 결함을 일으키는 돌연변이는 주요 유전자 DNA의 한 개의 뉴클레오티드의 변화에 의해서도 자주 일어난다. 이 장의 초기에서 배운 것처럼 여러분이 가지고 있는 유전자와 다른 사람의 유전자 사이에 있는 그러한 변이 부위의 차이점을 "단일염기다형성", 즉 SNP라고 한다. 인간유전체프로젝트의 완성(18장에서 자세히 다루고 있다)과 함께 연구자들은 수백만 개의 SNP의 데이터베이스를 모으고 있다. 우리가 가지고 있는 각각의 SNP들은 수천개의 유전

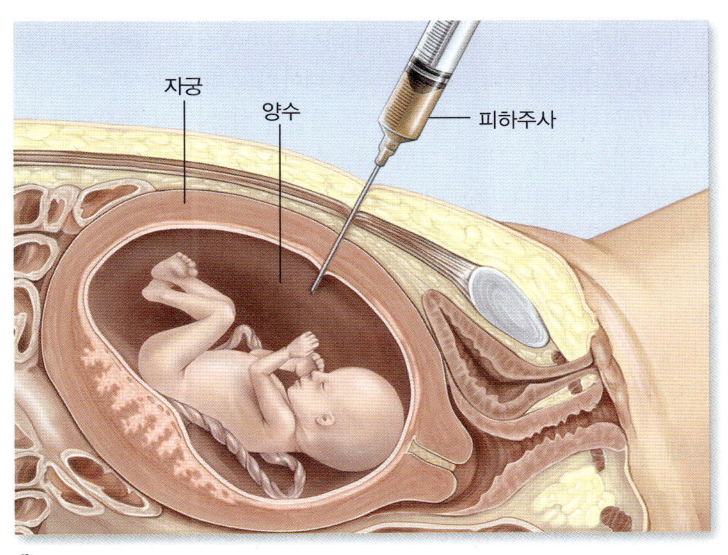

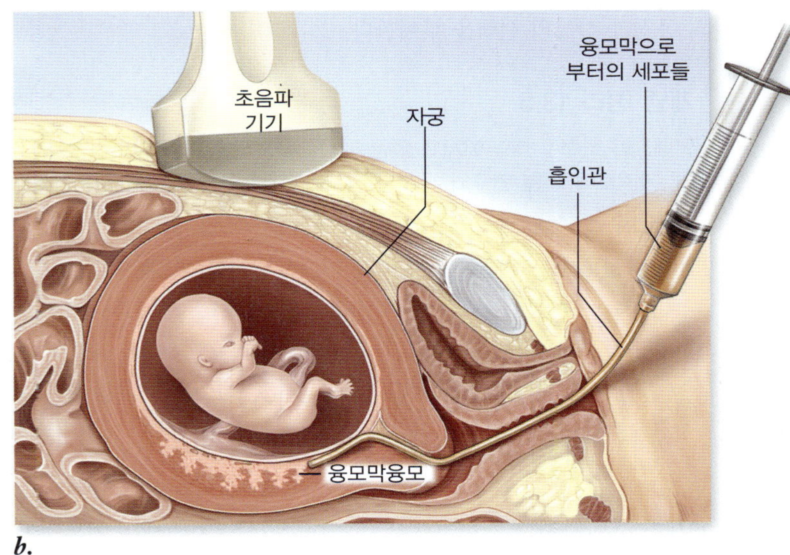

그림 13.17 태아의 세포를 얻을 수 있는 두 가지 방법. **a.** 양수검사에서, 바늘이 양막강에 삽입되어, 태아로부터 떨어져 나온 자유 세포들을 일부 포함하고 있는 양수 표본을 주사기 속으로 빨아들인다. **b.** 융모막융모표본채취에서 세포들은 자궁 경부를 통하여 삽입된 관을 가지고 일부분이 제거된다. 각각의 경우에 세포들은 배양에서 잘 자라게될 수 있고 핵형을 검사할 수 있으며 생화학적 유전학적 검사를 위해 사용되어진다.

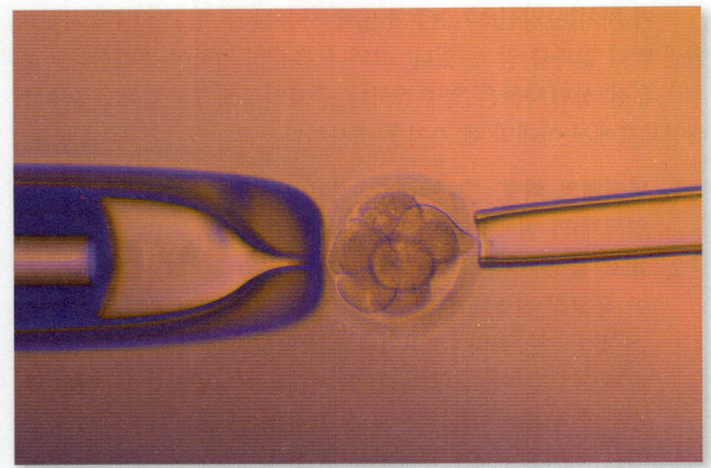

그림 13.18 착상전 유전자 검색. 사진은 인간의 8세포기의 배아가 연구자들에 의한 유전적 검사를 위해 그 중 하나의 세포를 추출하기 바로 직전을 보여준다.

자를 바꾸는 SNP에서 표준화되어진 타입시퀀스와는 다르다. SNP를 검색하고 그것을 알려진 SNP 데이터베이스의 것들과 비교하는 것은 유전적 질병의 보유자를 좀 더 정확히 동정하게 해준다.

체외수정에 의해서 임신을 한 부모들은 **착상전 유전자 검색(preimplantation genetic screening)**이라고 알려진 잘 체계회된 검색방법을 이용할 수 있다. 이러한 테스트에서 난자는 엄마의 몸 밖에서 수정되어지고, 8-기 세포가 될 때까지 세 번 분열을 한다. 그 여덟 개의 세포 중에 하나를 배아로부터 떼어내고(**그림 13.18**) 150개의 유전적 결함을 찾기 위해 검사한다. 남아 있는 7-세포 배아는 각각 정상적인 태아로 발달이 가능하여 부모에게 질병이 없는 배아의 동정과 착상의 선택을 부여한다.

개념 정리 13.5

단백질을 바꾸는 DNA에서의 돌연변이는 유전적 질병을 일으킬 수 있다. 가계도에 대한 연구와 유전자 검사는 질병을 가질 위험성을 명확히 보여준다.

- 단백질을 바꾸지 않는 돌연변이도 여전히 유전적 질병을 일으킬까?

13.6 염색체 유전에 두 가지 주요 예외가 있다

20세기 후반까지 유전학자들은 그들이 유전을 지배하는 기본적인 기작을 이해하고 있다고 확신했었다. 마우스 유전학자들이 포유동물에게 일어나는 것 같은 전형적인 멘델의 유전에서 중요한 예외를 발견한 것은 아주 놀라운 일이였다.

유전체 각인은 대립유전자가 부모 중에 누구로부터 왔는지에 의존한다

학습목표 13.6.1 유전체 각인이 어떻게 멘델의 유전법칙에서 벗어나는가를 설명하여라.

유전체 각인(genomic imprinting)은, 특정 표현형의 대립유전자가 한 부모로부터 오지만 다른 부모로부터는 오지 않을 때 일어난다. 유전체 각인은 배우자체를 형성하는 동안에 일어나고, 한 유전자의 특정 대립유전자를 침묵시키고 다른 대립유전자는 그렇게 하지 않는 것을 말한다. 유전자의 발현은 그것이 모계와 부계 중 어느 쪽의 생식세포를 통해 전해지는 지에 따라 변한다. 일부 유전자들은 부계 생식세포계열에서 비활성화 되므로 접합자(zygote)에서 발현이 되지 않는다. 다른 유전자들은 모계생식계열에서 비활성화되어 같은 결과를 보여준다. 이러한 양상은 각인되어진 유전자들을 접합자 내에서 실질적인 반수체로 만든다. 돌연변이를 가지게 된 특정 각인 유전자의 발현은 부모의 기원에 의존한다. 수정체 안에서는 각인 유전자는 모계나 부계 양친 한쪽으로부터 유전되어지는 오직 한 개의 대립유전자만을 발현시킨다. 그런 후, 각인은 발생과정을 통해 몸의 모든 세포에 전달된다.

각 세대에서 부모들로부터 받은 각인은 세대의 배우자 생성하는 세포에서 지워진다. 이러한 방법으로 부모의 선택은 각 세대에서 새로운 결과를 재정립한다. 각 부모의 배우자들은 그 부모의 성별에 따라 새롭게 각인이 되어진다. 현재 연구되어진 각각의 포유동물들에서 각인된 유전자들은 똑같은 방법으로 항상 각인이 되어졌다. 한 세대에서 다른 세대로, 암컷 배우자에서 발현되어지기 위해 각인된 유전자 들은 항상 이러한 방법으로 각인된다.

마우스 *igf 2* 유전자

알려진 최초의 각인된 유전자 중에 하나는 마우스의 **인슐린유사생장인자**(*ifg 2*) 유전자이다. 이 유전자는 태아기의 발생과 성장에 중요한 역할을 하는 생장인자를 만든다. 건강한 성장은 이 유전자가 없이는 불가능하다. 그러나 그럼에도 불구하고, 오직 부계의 대립유전자만 발현이 된다. *Ifg 2*의 유전체 각인에 대한 발견은 **그림 13.19**에서 묘사되어있다. 그 그림에서 정상적인 마우스를 *Ifg 2* 유전자의 동형접합성의 열성대립유전자를 가지고 있는 난쟁이 마우스와 교배한다. 이형접합성(하나는 정상 대립유전자, 다른 하나는 난장이 대립유전자를 지니고 있는)의 자손은 표현형은 돌연변이 대립유전자가 어느 부모에게서 왔는지에 따라 달라진다.

프래더 윌리 증후군과 안젤만 증후군

인간의 유전체 각인의 예는 프래더윌리증후군(PWS)과 안젤만증후군(AS)의 두 질병에서 찾아볼 수 있다. PWS의 효과는 호흡곤란, 비만 짧은 신장, 약한 정신장애, 강박장애등을 포함한다. AS는 발달장애 및 중증 정신장애, 활동항진(hyperactivity), 공격적인 행동과 부적절한 웃음 등을 포함한다. 유전적 연구들에 의해 두 질병이 15번 염색체 일부의 결실(deletion)과 연루되어있다는 것이 밝혀졌

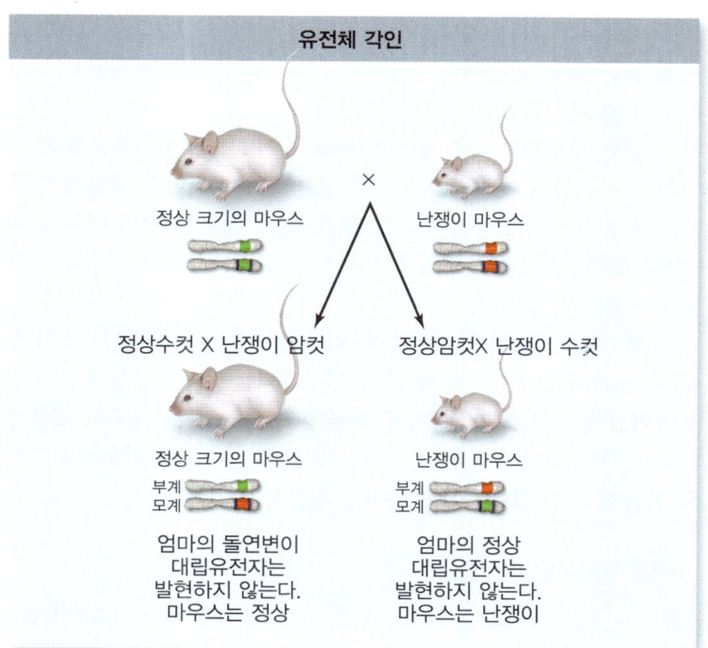

그림 13.19 마우스 *igf 2* 유전자의 유전체 각인.

다. 결실된 염색체의 혈통적 근원에 따라 동일한 부위의 결실이 두 증후군 중 하나를 유발하는 것으로 나타났다. 결실이 있는 염색체가 부계로부터 유전되면, 그것은 PWS를 일으키고, 만약 모계로부터 유전이 되면 AS를 일으킨다.

잃어버린 염색체 15번 부위는 각인의 대상이 되어 일부 유전자를 비활성화시킨다. PWS에서 유전자는 모계의 생식계열에서 비활성화 되고, 결실이나 부계로부터 유도된 대립유전자의 다른 기능의 손실은 증후군을 만들어 낸다. 반대의 경우는 AS 증후군에서 일어난다. 유전자가 부계의 생식계열에서 비활성화 되고, 모계로부터 유도된 대립유전자가 증후군을 이끈다.

유전체 각인은 후성유전의 한 예이다

유전체 각인은 실제로 좀 더 일반적인 현상인 **후성유전(epigenetic inheritance)**의 예이다. 후성유전학적 형질은 DNA 염기서열에 변화가 없이도 염색체에서의 변화로부터 오는 안정적으로 유전되는 표현형으로 정의되어진다. 이것은 모순적인 것 같으나 유전자의 염기 서열이 이야기의 끝이 아니라는 점을 설명한다. 이 장에서 설명되는 또 다른 예는 전체 염색체를 침묵시키는 현상인 X 염색체의 비활성화이다. 이것은 체세포 분열을 통하여 유전된다.

우리는 16장에서 다루겠지만, 유전자 발현의 조절은 조절 단백질의 DNA 또는 염색체 구조에 관여하는 단백질들과의 상호작용에 의해 이루어진다. 일부 잘 확립된 연구들에 의하면, 남성과 여성의 생식계열에서 일어나는 각인의 특정 양상은 DNA 데틸화와, 염색체 구조 단백질인 히스톤 변화에 관한 남성과 여성의 특이적 경향에 의해 결정된다는 것이 밝혀졌다.

세포소기관의 유전은 비핵DNA에 의해 관장된다

학습목표 13.6.2 미토콘드리아와 엽록체 DNA가 어떻게 멘델의 유전을 따르지 않는지 설명하여라.

유전체 각인은 멘델의 유전법칙에 어긋나는 유전현상의 한 예로서 유일하지도 가장 흔하지도 않은 현상이다. 멘델의 법칙에 벗어나는 유전현상의 예로서 확인된 대부분의 경우는 미토콘드리아와 엽록체 등의 세포소기관 유전체의 유전에 의한 것이다. 세포소기관을 통한 비멘델 유전은 1960년대와 1970년대에 다른 이들의 회의적인 시각에 맞서 단세포 녹조류인 *Chlamydomoanas*에서 엽록체의 유전자 지도를 최초로 완성한 세이거(Ruth Sager)에 의해 심도있게 연구되었다.

미토콘드리아 유전자들은 모계 부모로부터 유전되어진다

미토콘드리아는 일반적으로, 모계쪽, 부모로부터만 유전된다. 접합자가 형성되어질 때, 핵 유전체는 양 부모로부터 똑같이 제공받지만, 모든 미토콘드리아는 세포소기관을 위시한 세포질의 대부분을 제공하는 난자로부터 받게 된다. 접합자가 유사분열 (mitosis)에 의해 분열하는 동안 세포질의 미토콘드리아는 세포질 두 딸세포의 세포질로 무작위로 분배되어진다.

미토콘드리아가 각 세포분열에서 임의로 새로운 세포들로 분배되므로 성체의 모든 세포에 존재하는 미토콘드리아는 원래의 난자의 모계 미토콘드리아로부터 유래한 것이라 할 수 있다. 이러한 모계로부터의 단친유전(uniparental inheritance) 방식을 모계 유전이라고 한다.

어떤 종류의 유전자들이 진핵 세포에 영향을 주는 미토콘드리아세포에 존재하는가? 대부분의 미토콘드리아 유전자들은 일부 ATP 합성효소와 전자전달 사슬의 단백질 복합체를 만들다. 이러한 유전자들에 의해 만들어진 단백질 하나의 기능에 손상을 일으키는 돌연변이들은 심각한 대사의 결과와 함께 세포가 생성할 수 있는 ATP의 양을 줄게 할 것이다. 여러분 몸이 만드는 대부분의 ATP는 신경계와 몸의 근육에 의해 사용되어지기 때문에 대부분 미토콘드리아 유전자와 연관 있는 유전 질병들은 이러한 몸의 체계에 영향을 끼친다.

사람에서 레베르신경병증(Leber's hereditary optic neurophathy; LHON)은 모계유전을 보여준다. 이러한 질병의 유전적 기초는 NADH 탈수소효소의 아단위에 대한 돌연변이 대립유전자이다. 돌연변이 대립유전자는 미토콘드리아에 있는 전자전달사슬의 전자흐름의 효율성을 감소시키고(7장 참조), 전반적은 ATP의 생성을 감소시킨다. 시신경계의 일분 신경 세포들은 특히 ATP생산의 감소에 특히 민감하여 시신경세포의 쇠퇴를 일으킨다.

이 질병을 가지고 있는 엄마는 이 질병을 그녀의 모든 자손에게 전달해 줄 것이지만 반면에 이 질병을 가지고 있는 아빠는 어느 자손에게도 이것을 물려주지 않을 것이다. 이 조건은 남성과 여성 모두 똑같이 영향을 받는다는 점에서 성연관된 유전과는 다르다.

엽록체 유전자들도 단친유전 형태로 전수될 수 있다

미토콘드리아처럼 엽록체도 감수분열에 의존하지 않고 독립적으로 유전되고, 체세포분열 동안 세포질에 의해서 배분되어지는 DNA유전체를 가지고 있다. 그러므로, 미토콘드리아처럼, 엽록체의 유전양상 또한 보통 모계유전이다(일부 종에서 부계나 양계유전 또한 관찰되기도 한다).

1909년에 독일의 식물학자 코렌스(Carl Correns)에 의해 처음으로, 분꽃(*Mirabilis jalapa*) 등에서 볼 수 있는 잎무늬(녹색 잎에 노란색이나 흰색의 패치가 섞여있는 것: variegation)의 유전에 엽록체가 관여한다는 가설이 제기되었다. 잎무늬는 식물 종에서 잎무늬

그림 13.20 미나리과 식물(*Aegopodium podagrarid*)에서의 잎무늬.

(얼룩이라고도 함) 현상은 아주 흔하게 나타나는데(**그림 13.20**) 조사된 모든 경우에 있어서, 자손은 부계의 표현형과 관계없이 모계 부모의 잎무늬 표현형을 보여준다.

잎무늬는 엽록체에 있는 엽록소나 다른 색소의 생산을 조절하는 유전자들의 돌연변이에 의해 생긴다. 수정되어진 접합체가 두 부모와는 다른 대립유전자를 받을 수 있기 때문에 수정 이후의 체세포분열을 통한 발생과정에서 특정 대립 유전자가 무작위로 각 세포에 분포될 것이다.

또 다른 예로서 세이거(Sager)의 클라마이도모나스(*Chlamydomonas*) 녹조류에 대한 연구결과를 보면, 항생제 스트렙토마이신에 대한 저항성은 mt^+ 교배형(mating type) 세포의 엽록체 DNA에 의해서만 전수된다. mt^- 교배형은 mt^+ 교배형과의 융합으로 만들게 되는 접합체에 엽록체를 제공하지 않는다.

개념 정리 13.6

유전체 각인은 부모의 대립유전자들의 기원에 의존하는 비활성화를 일컫는다. 이것은 난쟁이 마우스에서 보여주듯이 교배에서 어느 부모가 돌연변이를 가지고 있는지에 따라 차이점을 보여준다. 미토콘드리아와 엽록체의 유전체는 모계유전을 한다.

- 클라미도모나스의 mt^+와 mt^-의 교배로부터 mt^-의 엽록체의 결핍을 어떻게 설명할 수 있는가?

왜 양털머리가 가족 내에서 전달되는가?

아래 그림에 보이는 여성은 그녀의 머리카락을 자르지 않는다. 그녀의 머리카락은 자라면서 자연적으로 끊어져서 길어지는 것을 방해한다. 이것이 유전적 형질이라는 것을 제안하듯이 그녀 가족의 다른 구성원들도 똑같은 종류의 머리카락을 가지고 있다. 머리카락의 곱슬거리고 보송보송한 특징 때문에 그 형질을 "양털머리"라고 불리운다.

양털머리는 드물다. 그러나 특정 가족 내에서는 그것은 타오른다. 아래의 대규모의 가계도 분석은(2세대와 그 이후의 세대에 의해서 생성되어진 대가족에서 맞춰지기 위해 커브로 그려진) 노르웨이 가족의 5세대(왼쪽에 로마숫자에 의해서 표시된)에서 양털머리의 출현을 기록한다. 사회적 약속에 의해서 영향을 받은 개체들은 색깔이 채워진 도형, 여성은 동그라미, 남성은 사각형들에 의해 가리켜진다. 가계도 분석은 여러분에게 어떻게 이 형질이 인간 가족 내에서 유전이 되는지를 발견하는데 필요한 모든 정보를 공급할 것이다.

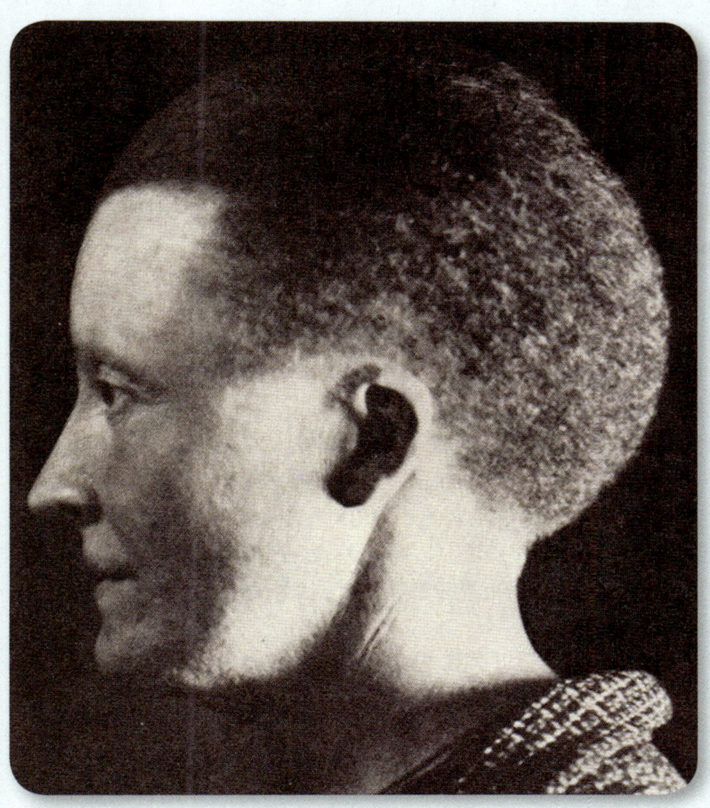

분석

1. **개념적용.** 아래의 그림에서 얼마나 많은 개체들이 문서로 기록되어 있는가? 그들 모두가 친척들인가?
2. **자료해석.**
   a. 양털머리 형질이 양 성별에서 똑같이 나오는가?
   b. 모든 양털머리를 가진 아이들은 양털머리 부모를 가졌는가?
   c. 양털머리 부모에게서 태어난 자손들의 몇 퍼센트가 또한 양털머리를 가졌는가?
3. **추론하기.**
   a. 양털머리형질은 성연관인가 상동염색체에 존재하나?
   b. 양털머리형질은 우성인가 열성인가?
   c. 양털머리 형질은 하나의 유전자에 의해서 결정되나 여러 개의 유전자에 의해서 유전되나?
4. **결론끌어내기.**
   a. 양털머리 대립유전자들의 얼마나 많은 카피가 사람의 머리카락에서 발견될 만큼의 변화를 생산하는데 필요하나?
   b. 가계도에서 동형접합성의 양털머리 개체가 존재하나? 설명하여라.

노르웨이 가족 간의 양털머리 가계도

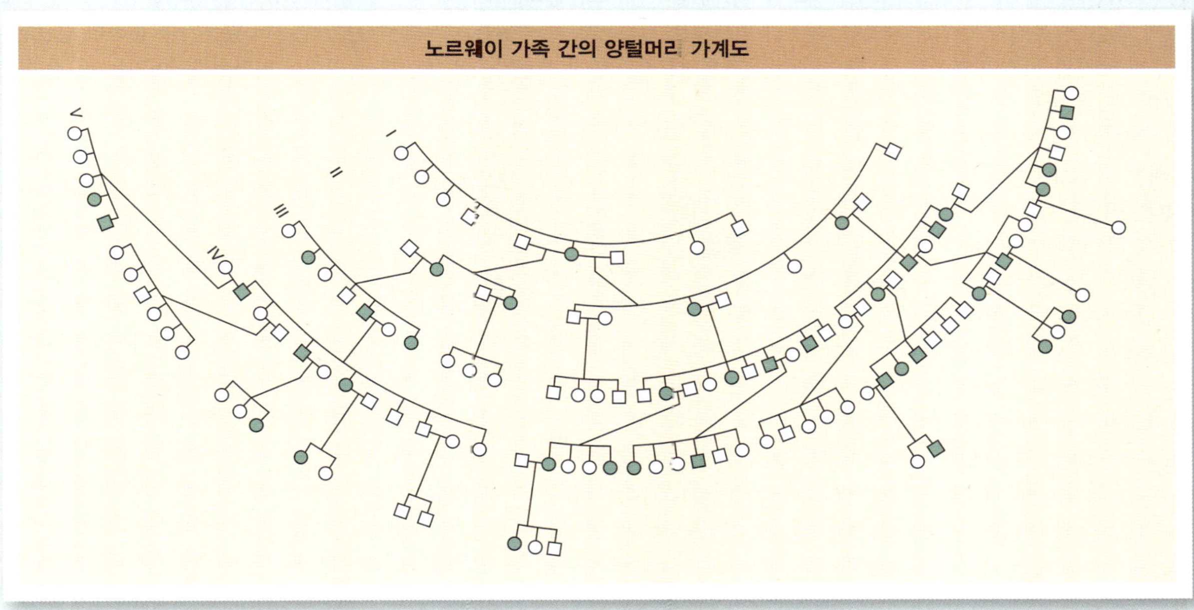

학습 과정 복습

개념 13.1 염색체는 멘델 유전의 운반체이다

13.1.1 유전적 형질들은 염색체 위에 있기 때문에 감수분열을 통해서 분리된다 모건은 초파리의 눈의 색깔이 X 염색체와 같이 유전된다는 성연관 유전이라는 것을 보여줬다. 이것은 유전자가 염색체위에 있다는 생각을 지지한다. 초파리와 사람에서 수컷은 X 염색체 위에서 열성 형질을 보여준다.

13.1.2. 포유류 성체의 세포들은 오직 하나의 활성적인 X 염색체만을 가진다 동형배우자적 성별은 두 개의 유사한 염색체를 가지고 있고, 이형배우자적 성별은 독특한 성 염색체를 운반한다. 인간에서 Y 염색체는 아주 적은 유전자를 가지고 있다. Y 염색체에 있는 SRY 유전자는 성적 발달에 책임을 진다. SRY에 돌연변이가 있는 XY개체 또는 안드로겐 반응에 실패한 개체들은 여성으로 발달할 것이다. 초파리에서 수컷은 X 염색체를 조절한다. 반면에 포유류에서는 암컷이 임의적으로 하나의 X 염색체를 비활성화시킨다.

개념 13.2 연관: 일부 유전자들은 독립적으로 유전되지 않는다

13.2.1 유전적 재조합은 가까이에 위치한 유전자들 사이에서는 덜 일어난다 상동 염색체들은 서로 교차에 의해서 대립유전자들을 교환한다. 이것은 염색체가 깨졌다가 다시 합쳐져서 일어난다. 눈에 보이는 유전적 마커들을 운반하는 염색체들의 교차에서 보여진다.

개념 13.3 유전적 교배는 유전자 지도를 위한 자료를 제공한다

13.3.1. 재조합비율은 염색체 위에 유전자들의 상대적인 위치에 대한 지도화를 허락한다 하나의 염색체 위에서 가까운 거리에 함께 있는 유전자들을 연관되었다고 한다. 두 개의 연관된 유전들의 거리가 더 멀면 멀수록, 재조합의 비율은 더 커진다. 이것은 유전자 지도를 재조합비율에 근거하여 작성할 수 있게 해준다. 유전자 단위는 재조합 자손의 퍼센트로서 표현되어진다. 다수의 교차들은 긴 거리에서 증가하며 독립유전의 법칙에서처럼 최대 50%의 재조합비율을 이끈다. 3점교배는 유전자의 순서를 정하기 위해 사용되어지며 좀 더 정확한 지도를 허락한다. 인간의 연관지도화는 한 가족에서 복수의 대립유전자들을 요구하기 때문에 어렵다. 그 과정은 표현형을 일으키지는 않지만 동정이 가능한 분자 마커의 사용에 의해서 더 쉬워졌다. 단일염기다형성은 개체들의 동정을 위해 그들 사이의 차이점을 발견하기 위해 사용되어질 수 있다.

개념 13.4 염색체 수의 변화는 심각한 효과를 가져올 수 있다

13.4.1. 비분리현상은 감수분열 단계에서 염색체 분리의 실패이다 비분리현상은 상동염색체 또는 염색분체가 감수분열 동안 분리하는데 실패하는 것을 말한다. 그 결과는 염색체의 이수성으로 접합체에서 염색체의 단일염색체성이나 3염색체성을 보여준다. 대부분의 이수성은 치명적이나 일부 인간의 21번 염색체의 3염색체서과 같은 경우는 자손이 생존하기도 한다. 성 염색체의 비분리현상은 XX, YY,와 O의 배우자를 만든다. 수정은 XO XXY, 또는 XXX의 생존력 있는 접합체를 만든다.

개념 13.5 인간 염색체의 유전은 가계도 분석으로 연구된다

13.5.1. 인간의 가계도를 분석하기 위해 유전학자는 3가지 질문을 한다 가계도의 연구는 종종 유전적 형질이 하나의 유전자에 의해서 일어나는지 그 유전자가 X 염색체 위에 있는지 그리고 돌연변이 대립유전자가 열성인지를 나타낸다.

13.5.2. 인간의 유전적 질병들은 종종 뚜렷한 가계도를 가진다 X 염색체 위의 혈액응고 요소 IX의 돌연변이는 혈우병을 일으킨다. 이것의 유전은 유럽의 귀족 가계도에 의해서 설명되어진다. 낫형적혈구빈혈증 상동염색체에서 열성으로 유전된다. 헤모글로빈 구조의 700개 이상의 변이들을 가지고 특성화되었다. 헌팅턴병은 상동염색체이고 우성으로 유전되면 늦게 발병된다.

13.5.3. 유전자 상담과 치료 인간에게서 유전적 결함은 가계도 분석, 양수분석, 융모막융모표본채취에 의해서 결정되어진다.

개념 13.6 염색체 유전에 두 가지 주요 예외가 있다

13.6.1. 유전체 각인은 대립유전자가 부모 중에 누구로부터 왔는지에 의존한다 유전체 각인에서, 하나의 유전자의 발현은 그것이 모계생식계열로부터 왔는지 부계생식계열로부터 왔는지를 통하여 전달된다. 각인되어진 유전자들은 메틸화에 의해서 비활성화되어지는 것 같다. 각인은 후성유전학의 한 예이고, 후성유전학의 변화는 세포 세대를 통하여 유전되어진다. 그러나 DNA 서열에 변화와 연관이 없다.

13.6.2. 세포소기관의 유전이 비핵DNA에 의해 관장된다 미토콘드리아는 그 자신의 유전체를 가지고 난자의 세포질 내의 자손들에게 전달된다. 이것은 모계유전을 이끈다. 엽록체 또한 그 자신의 유전체를 가지고 있다. 그들은 보통 모계로 유전되어진다.

학습 과정 평가

개념 13.1 염색체는 멘델 유전의 운반체이다

이해

1. 흰 눈의 표현형은 왜 항상 흰눈의 대립유전자를 운반하는 수컷에서 관찰되는가?
   a. 우성형질이기 때문에
   b. 열성형질이기 때문에
   c. 대립유전자가 X 염색체에 위치하고 수컷은 오직 하나의 X를 가지고 있기 때문에
   d. 대립유전자는 Y 염색체 위에 위치하고, 오직 수컷이 Y 염색체를 가지고 있기 때문에
2. 유전자량보존은 왜 필요한가?
   a. 상동염색체와 성염색체로부터 발현의 균형을 잡기 위해
   b. 2배체의 세포에서 두 개의 상동염색체의 발현의 균형을 잡기 위해
   c. 양쪽성에서 성 염색체의 발현의 균형잡기 위해
   d. 여성 특이적 상동염색체을 비활성화 시키기 위해서

응용

1. 색맹은 열성 성연관 유전자에 의해서 일어난다. 만약 한 여성의 아버지가 색맹이고, 정상의 남자와 결혼한다면, 그 들 자식의 몇 퍼센트가 색맹일까?
   a. 100% b 50%
   c.25% d. 일어나지 않는다.
2. 앞의 문제 묘사된 부부의 아들들이 색맹일 확률은?
   a. 100% b 50%
   c. 25% d. 일어나지 않는다.

종합

1. 그림 13.3의 모간의 검정교배에서, 그는 129마리의 붉은 눈의 암컷 초파리를 얻었고, 132마리의 붉은 눈의 수컷, 88마리의 흰 눈의 암컷, 86마리의 흰 눈의 수컷을 얻었다. 이것은 붉은 눈과 흰 눈의 기대되어지는 1:1에 맞지 않는다. 기대치보다 더 적은 흰 눈의 파리를 얻은 사실을 어떤 현상으로 설명할 수 있을까?
2. 수컷 삼색고양이를 가지는 것이 가능한가? 왜 그런가 아니면 왜 그렇지 않은가?

개념 13.2 연관: 일부 유전자들은 독립적으로 유전되지 않는다

이해

1. 한 염색체 위에서 서로 아주 가까운 유전자들 사이에 일어나는 현상은?
   a. 같이 유전된다.
   b. 자주 교차된다.
   c. 독립적으로 분리된다
   d. 교차점을 형성한다.

응용

1. 멘델은 그의 양성잡종교배에서 식물의 키와 콩깍지의 모양을 검사하지 않았다. 이러한 형질들에 대한 유전자는 같은 염색체 위에서 아주 가깝게 위치한다. 멘델은 그가 양성잡종교배에서 이러한 두 형질을 연구했다면 무엇을 발견했을까?
   a. F_2 세대에서의 비율이 9:3:3:1 이다.
   b. F_2 세대의 표현형의 비율이 3:1이다. 그러나 유전형의 비율은 1:2:1 이다
   c. 비율은 연관 때문에 기대치로부터 벗어났다.
   d. 그는 그들이 하나의 염색체위에서 발견되어지기 때문에 두개의 형질에 있어서 교배를 만들 수 없다.

종합

1. 하나의 염색체 위에서 두 개의 유전자 사이의 거리가 증가함으로서 그들 사이의 재조합 비율은 최대 0.5까지 증가한다. 왜 재조합 비율이 50%를 초과할 수 없는가?

개념 13.3 유전적 교배는 유전자 지도를 위한 자료를 제공한다

이해

1. 두 유전자 사이의 지도상 거리는 무엇에 의해서 결정되나?
   a. 재조합 비율
   b. 부모형태의 비율
   c. 유전자가 한 염색체의 길이의 비율
   d. 부모와 재조합 자손들의 비율
2. 실제 유전적 거리가 증가함에 따라 재조합비율에 의해 계산되어지는 거리는 어떻게 되나?
   a. 셀수 없는 다수의 교차 때문에 과대 추측된다.
   b. 셀수 없는 다수의 교차 때문에 과소 추측된다.
   c. 재조합비율에 첨가되어 다수의 교차 때문에 과소평가된다.
   d. 재조합비율에 첨가되어 다수의 교차 때문에 과대평가된다.

응용

1. 식물에서 종자 색깔과 모양에 대한 유전자들은 똑같은 염색체상에 존재한다. 노란색 종자가 녹색에 우성이고 둥근 종자가 주름진 종자에 있어 우성이다. 두 유전자에 이형접합성의 식물은 동형접합성의 열성 식물과 검정교배되어 다음 자료가 얻어졌다.

   녹색, 주름 645
   녹색, 둥근 36
   노랑, 주름 29
   노랑, 둥근 590

   이 유전자들은 얼마나 멀리 위치하는가?
   a. 2.5 지도단위 b. 5 지도다위
   c. 50 지도단위 d. 95 지도단위

종합

1. 식물에서 유전자 *lz*와 *su*에 대한 유전적 거리가 10cM 떨어져있다. 유전형 *lz* su^+/lz^+ *su*를 가지고 있는 개체가 감수분열 동안 100개의 배우자 중에 얼마나 많은 Lz su 배우자를 만드나? 얼마나 많은 lz+su+ 배우자를 만드나?

개념 13.4 염색체 수의 변화는 심각한 효과를 가져올 수 있다

이해

1. 비분리현상에 대한 맞는 것은?
   a. 제1, 제2 감수분열에서 일어난다
   b. 핵형에서 발견된다.
   c. 성염색체와 상염색체에서 일어날 수 있다.
   d. 위의 모든 답이 맞다.
2. 비분리현상이 정자세포형성에서보다 난자 세포형성에서 좀 더 일반적인 이유는?
   a. 난자는 매일 형성되고, 이러한 빠른 생산은 문제가 일어날 기회가 높기 때문에.
   b. 난자의 발달은 태아 때 시작하여 세포분열에서의 오류를 일으키는 잠재적 돌연변이에 대한 시간이 축적되는 것을 허락하기 때문에
   c. 난자는 이배수체이고 정자는 반수체이기 때문에
   d. 난자형성과정과 정자형성과정은 동등한 비율로 비분리 현상이 일어나기 때문에

응용

1. 정자형성과정 동안에, 두 번째 분열 동안에 일어나는 비분리 현상 대한 바른 설명은?
   a. 4개의 감수분열 생산물이 모두 이수체이므로 첫 번째 분열보다 나쁘다.
   b. 오직 4개중 2개의 생산물만 이수체이므로 첫 번째 분열보다 좋다.
   c. 4개의 모든 세포들이 이수체이므로 첫 번째와 같은 결과이다.
   d. 오직 두 개의 생산물만 이수체이므로 첫 번째 분열만큼 똑같은 결과이다.

종합

1. 비분리 현상은 체세포분열 동안에도 일어날 수 있다. 인간의 접합체는 두 개의 정상적인 배우자(각 n=23)를 형성한다. 배아발달의 4-세포기에서 비분리현상은 세포에서 일어나고 두 딸세포들은 염색체21번에 추가적인 카피를 갖는다. 이 개체가 태어날 때 표현형은 어떤 것인가?

개념 13.5 인간 염색체의 유전은 가계도 분석으로 연구된다

이해

1. 다음 중 어느 것이 가계도 분석에 의해서 결정 될 수 없는가?
   a. 형질이 우성인지 열성인지
   b. 형질이 성연관인지 상염색체 적인지
   c. 그 형질을 전달되는 미래 세대의 기회
   d. 질병상대를 이끄는 돌연변이의 형태
2. 낫형적혈구빈혈증은 열성이다. 이것은 무엇을 의미하는가?
   a. 이형접합성의 개체들이 모든 정상적인 헤모글로빈 단백질을 만든다.
   b. 개체들은 그 형질을 나타내기 위해 두 개의 비정상적인 헤모글로빈 유전자 카피를 가져야 한다.
   c. 조건이 인간 집단에서 아주 흔하지 않다.
   d. 질병에 영향을 받은 개체들은 반드시 영향을 받은 부모를 가져야 한다.

응용

1. 빨간색과 녹색을 구별할 수 있는 능력은 적록색맹으로 알려진 유전적 결함에 의해서 제거되어진다. 아래는 4대에 걸친 적록색맹을 가지고 있는 가계도이다. 가계도의 결과는 이 색맹이 어떻다는 것을 말하는가?

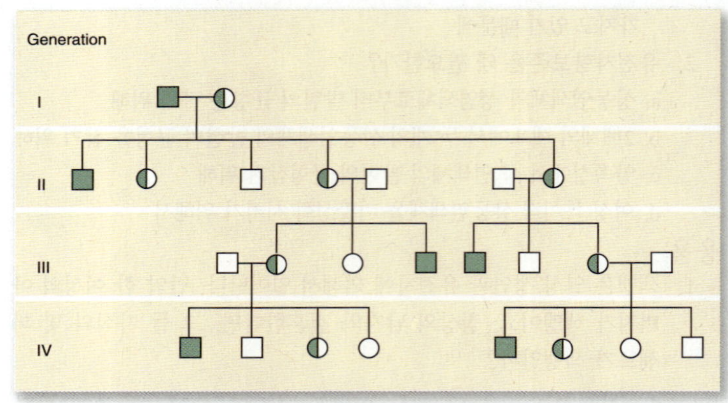

   a. 한 유전자에 의한 열성 상염색체 유전자
   b. 한 유전자에 의한 우성 상염색체 유전자
   c. 한 유전자에 의한 열성 유전자
   d. 한 유전자에 의한 우성 유전자.
2. 고콜레스트롤혈증은 우성 상동염색체 유전이다. 조는 고콜레스트롤혈증이고, 그의 아내는 아니다. 그들 딸은 정상수준의 콜레스테롤을 가지고 있다. 다음 자식이 딸과 같은 표현형을 가지기 위한 확률은 얼마인가?
   a. 100%
   b. 50%
   c. 일어날 확률이 없다
   d. 주어진 정보만으로는 결정이 어렵다.

종합

1. 귀족혈우병은 빅토리아 여왕의 자손들과 그녀의 남편 알버트 왕자를 통하여 퍼져나갔다. 알버트 왕자는 그자신이 혈우병을 가지고 있지 않았다. 만약 질병이 열성의 성별과 연관된 유전이고 비정상이라면, 그것이 남성이기 때문에 성연관 형질이 보이기를 기대했던 알버트왕자로부터 기원될 수 있었는가?

개념 13.6 염색체 유전에 두 가지 주요 예외가 있다

이해

1. 미토콘드리아의 유전자들의 모계유전은 성연관과 어떻게 다른가?
   a. 미토콘드리아 유전자들은 개체들의 표현형에 공헌을 하지 않는다.
   b. 미토콘드리아가 엄마로부터 유전되기 때문에 오직 여성만 영향을 받는다.
   c. 미토콘드리아가 엄마로부터 유전되기 때문에 남성과 여성은 똑같이 영향을 받는다.
   d. 미토콘드리아 유전자들은 우성임이 틀림없다. 성연관된 형질들은 전형적으로 열성이다.
2. 생물들은 각인된 대립유전자를 가지고 있다. 다음 중 각인된 대립유전자에 대한 문장 중 정확하지 않은 것은?
   a. 각인은 생물의 부모들 중 한쪽의 배우자체형성동안에 일어난다.
   b. 각인은 생물의 자손에게 전달될 것이다.
   c. 그것은 침묵되어진다.
   d. 각인은 생물에 있는 모든 체세포에서 발견된다.

응용

1. 마우스에서 인슐린유사생장인자를 담당하는 유전자에 동형접합성을 보이는 개체들이 정상마우스와 교배를 할 때 다음 중 일어나지 않는 것은?
   a. 오직 부계의 대립유전자들 자손에서 발현되어진다.
   b. 이형접항성의 자손들은 모두 부모의 대립유전자 표현형을 발현한다.
   c. 자손의 표현형들은 어떤 부모로부터 돌연변이 대립유전자가 왔는지에 따라 다르다.
   d. 위의 2개

종합

1. 사람에게서 모계유전을 보이는 대부분 유전자 결함은 정신적 장애나 근육의 기능에 관여를 한다. 왜 그렇다고 생각하는가?

14
DNA: 유전물질

학습과정

서론

20세기에 들어와 멘델의 업적을 재발견하게 됨에 따라 앞의 두 장에서 자세히 살펴보았던 여러 유전기작들의 빠른 발견이 이 기간 동안 이루어졌다. 그러나 50년이 넘는 기간 동안, "유전자는 무엇으로 만들어졌는가?" 라는, 아마도 가장 단순할 수도 있는 이 질문에는 직접적인 대답을 할 수 없었다. 유전자가 염색체 상에 존재하는 것은 알았지만, 염색체는 DNA, RNA, 단백질로 구성된 복 잡한 구조를 가지고 있다. 이 장에서는, 여기 이 사진이 보여주는 모델과 같은 DNA의 구조와, 유전의 분자적 기작에 대한 오늘날의 우리의 이해를 가능하게 한 일련의 실험들을 소개할 것이다. 이 실험들은 과학사에서 가장 멋진 것들에 해당한다. DNA 구조를 밝히게 되면서 시작된 분자생물학의 시대는 최근에 들어와서 그 발전속도가 더 한층 가속화되고 있다.

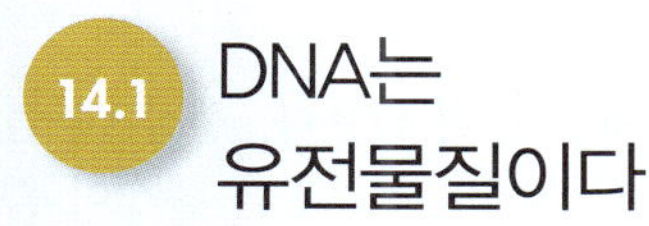

14.1 DNA는 유전물질이다

멘델과 그 뒤를 잇는 연구자들은, 유전적인 형질들은 부모로부터 물려받은 염색체에 존재하는 유전자들에 의해 조절된다는 사실을 밝혀내어, 유전의 본질적인 신비를 풀었다. 그러나 멘델의 업적은 해결되지 않은 중요한 의문점을 남겼다. 유전자가 무엇인가? 유전학자들은 염색체가 기본적으로 단백질과 DNA로 구성되었다는 것을 알았다. 둘 다 유전물질로 사용되기에 가능한 물질들이었다. 유전정보는 아미노산 또는 뉴클레오티드 서열의 형태로 저장되는 것이 가능하다. 그러면 이 둘 중 어느 것일까?

DNA의 이동은 세균의 유전적 형질전환을 유발한다

학습목표 14.1.1 그리피스의 형질전환 실험을 설명하여라.

첫 번째 단서는 1928년에 영국의 미생물학자 그리피스(Frederick Griffith)의 실험으로부터 얻어졌다. **폐렴연쇄상구균**(*Streptococcus pneumoniae*)은 당시에는 인플루엔자를 유발시키는 세균으로 여겨졌는데, 그리피스는 이 세균을 이용하여 인플루엔자의 백신을 만들려고 했다. 이 세균은 폐렴을 일으키는 병원성(virulent) 야생형과 병원성이 없는 돌연변이형의 두 가지 형태가 있다. 병원성인 야생형 세균은 다당류의 피막(capsule)에 둘러싸여서 배지에 매끄러운(smooth) 균락(colony)을 형성하므로 S형이라고 부른다. 다당류 피막을 만드는데 필요한 효소가 없는 비병원성 돌연변이형은 거친(rough) 균락을 형성하기때문에 R형이라고 한다.

그리피스는 이 세균들을 쥐에 감염시킨 후 질병의 증상을 관찰하는 일련의 간단한 실험들을 수행했다. **그림 14.1**은 그의 실험을 자세히 보여준다. 병원성의 S형 세균에 감염된 쥐들은 폐렴으로 죽었다①. 그러나 비병원성의 R형 세균에 감염된 쥐들은 전혀 아픈 증상을 보이지 않았다②. 병원성의 S형 세균을 주입 전에 열처리하여 죽이게 되면, 폐렴을 일으키지 않았다. 이는 피막 자체는 질병을 일으키기 충분하지 않다는 것을 보여준다③. 마지막으로 그리피스

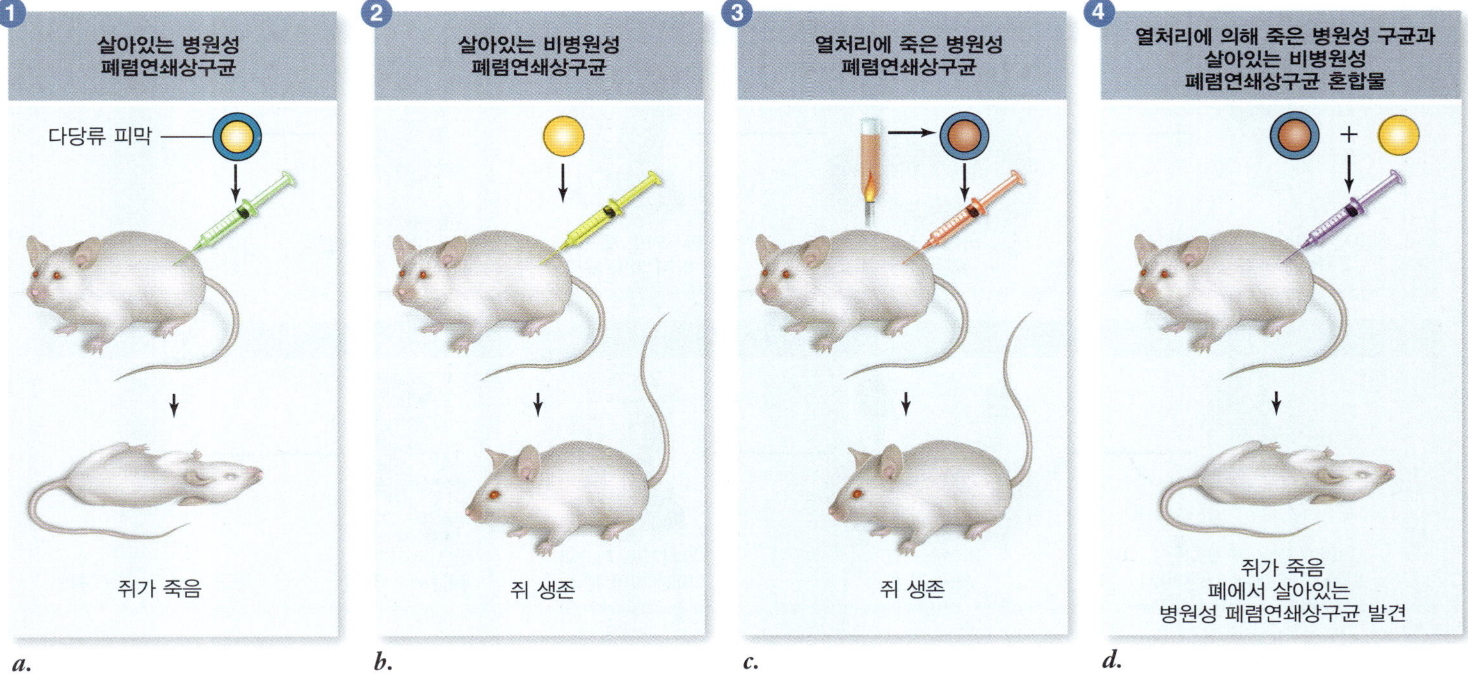

그림 14.1 그리피스의 실험. 그리피스는 폐렴에 대한백신을 만들려고 하다가 대신에 형질전환을 발견하였다. ① 살아있는 병원성 세균을 쥐에 주입하여 폐렴을 유발했다. 비병원성의 세균② 또는 열처리에 의해 병원성을 죽인 세균의 주입③은 폐렴을 일으키지 않았다. ④ 그러나 열처리에 의해 죽은 병원성 폐렴과 살아있는 비병원성의 세균의 혼합물은 쥐에서 폐렴을 일으켰다. 이것은 병원성에 대한 유전정보가 죽은 병원성 세균 세포에서 살아있는 비병원성의 세포로 전달되어 세균을 비병원성에서 병원성으로 형질전환을 시켰다는 것을 가리킨다.

는 쥐에 각자 따로 주입했을 때는 해를 끼치지 않았던 죽은 S형과 살아있는 R형을 섞어서 주입했다❹. 놀랍게도, 많은 쥐들이 죽었고, 심지어 살아있는 병원성의 S형 세균들이 죽은 마우스의 폐에서 다량으로 발견되었다.

이것은 다당류피막을 만들게 하는 정보가 혼합물에서 죽은 병원성 S 세균으로부터 살아 있고 코트가 없는 R형 세균으로 어떤 알 수 없는 경로를 통해 전달되어, 피막이 없는 R형 세균이 병원성의 S 형태로 영구적으로 전환되었다는 것을 의미한다. 그리피스는 이렇게 한 세포로부터 다른 세포로 병원성이 전이되는 현상을 **형질전환(transformation)**이라고 불렀다. 이 과정을 통하여 유전물질이 세포들 간에 이동된다는 것이 명백해 보였지만, 실험결과만으로는 이것이 어떠한 방식으로 수행되고, 또한 그 물질이 무엇인지에 대한 단서는 얻을 수 없었다.

형질전환의 물질은 DNA이다

학습목표 14.1.2 에이버리의 연구는 어떻게 DNA가 형질전환 물질인지를 보여줬는가?

1944년에 이르러서야 에이버리(Oswald Avery)와 그의 동료 맥클라우드(Colin MacLeod)와 맥카티(Maclyn McCarty)의 일련의 결정적 실험에 의하여 그리피스의 형질전환 물질에 대한 정체가 밝혀졌다. 그들은 먼저 그리피스가 사용했던 죽은 S 폐렴연쇄상구균과 살아있는 R균의 혼합체를 준비했다. 그런 다음 그들은 가능한 많은 단백질을 제거하여 이 혼합물이 99.98% 순도를 이르도록 정제하였다. 거의 모든 단백질이 제거됐음에도 불구하고 이 정제물의 형질전환 활성은 줄어들지 않았다.

더욱이 이 물질의 특징은 DNA의 그것과 몇 가지 면에 서로 닮았다.

1. **DNA와 같은 화학적 구성:** 정제된 물질을 화학적으로 분석하였을 때 기본적 구성성분이 DNA와 거의 일치하였다.
2. **DNA와 같은 물리적 화학적 특성:** 초원심분리기로 고속에서 분리하였을 때, 형질전환 물질은 DNA와 같은 밀도를 가지는 물질로서 추출되었다. 전기영동 및 다른 화학적 물리적 처리 과정에서도 DNA와 같은 특성을 보였다.
3. **단백질과 지질 제거에 의해 영향을 받지 않는다.** 형질전환물질에서 단백질과 지질을 추출한 후에도 형질전환 활성이 줄어들지 않았다.

과학적 사고

가설: DNA는 박테리오파지에서 유전물질이다.

예견: 파지의 생활사는 완수하려면 세균 세포가 파지단백질을 만들도록 재구성되어야 하며, 이에 필요한 정보는 감염에 의해 세포 속으로 들어간다.

테스트: DNA는 ^{32}P를 사용하고, 단백질은 ^{35}S를 사용하여 표지 하였다. 파지는 둘 중에 하나의 동위원소를 가진 배양액에서 키워, 세균세포를 감염시키기 위해 두 실험에서 사용되었다. 감염 시 파지의 머리부분은 세균의 외부에 부착되어 남아있고, 믹서기를 이용해 잠깐 흔들면 제거된다. 세포세포들은 원심분리기에 의해서, 상층액에 파지의 머리부분을 남겨 놓은 채 침전물로 회수된다.

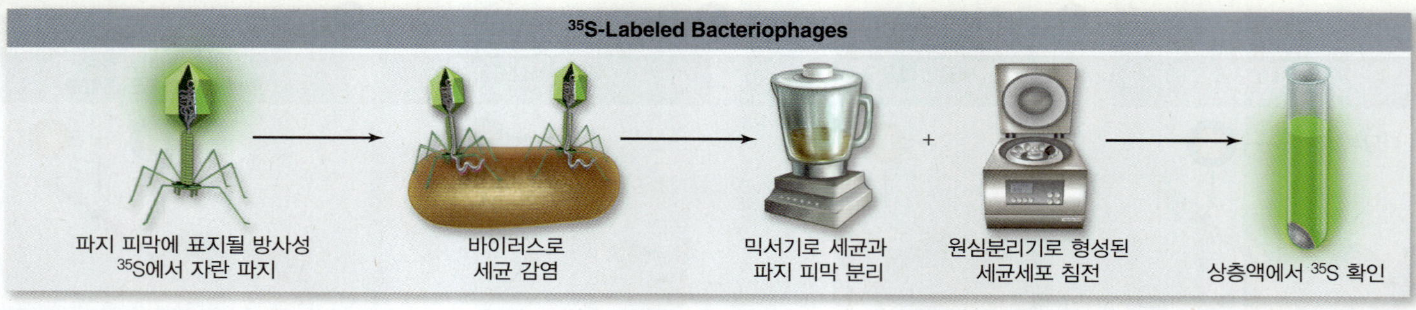

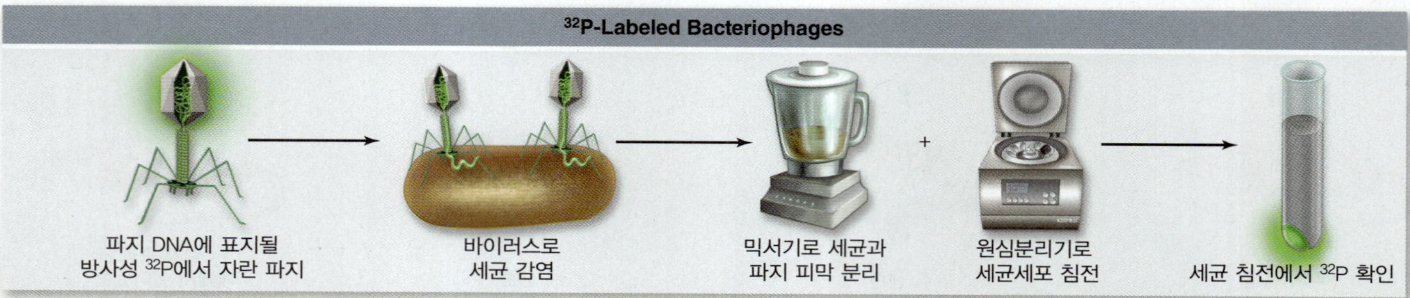

결과: 실험이 끝났을 때 오직 ^{32}P만 유의한 양으로 세포 속에 있다.

결론: 그러므로 DNA가 세포를 재프로그램하는 분자임에 틀림없다.

심화실험: 이 실험은 에이버리의 형질전환 물질의 동정에 대한 연구를 어떻게 완성하고 연장하는가?

그림 14.2 허쉬와 체이스의 실험은 DNA가 파지의 유전물질이라는 것을 보여주었다.

4. **단백질과 RNA 분해효소에 의해서 파괴되지 않는다.** 단백질 분해 효소의 처리는 형질전환 물질의 활성에 영향을 미치지 않았다. RNA 분해효소 또한 형질전환 물질의 활성에 영향을 미치지 않았다.
5. **DNA 분해효소에 의해서 파괴되어진다.** 형질전환물질에 DNA 분해 효소를 처리하면 모든 형질전환 활성이 파괴된다.

이러한 실험적 증거들은 결정적이었다. 에이버리와 동료들은 "디옥시리보스 유형의 핵산이 형질전환 물질의 기본적인 단위"라고 결론지었다. 다시 말하면, DNA가 유전물질이라는 것이다.

바이러스유전자는 단백질이 아닌 DNA로 만들어졌다

학습목표 14.1.3 허쉬–체이스의 실험과 에이버리의 실험에서의 발견들을 비교해 보아라.

많은 생물학자들이 계속해서 단백질이 유전정보의 저장소라고 믿었기 때문에 에이버리 결과는 처음에는 널리 받아들여지지 않았다. 그러나 1952년, 허쉬(Alfred Hershey)와 체이스(Martha Chase)에 의해서 수행되어진 하나의 간단한 실험은 무시하기가 불가능했다(그림 14.2).

그들은 세균을 감염시키는 **박테리오파지**라고 하는 바이러스의 유전자를 연구했다. 이러한 바이러스들은 중심의 DNA와 이를 덮고 있는 단백질 껍질의 아주 간단한 구조를 가지고 있다. 이 바이러스들이 세균을 감염시킬 때, 이들은 처음에 세포의 표면에 붙는다. 그런 다음 그들의 유전정보를 세포 속으로 주입시킨다. 거기서 세균 세포의 유전자 발현 장치에 의해서 발현되어지고, 수천 개의 새로운 바이러스가 만들어지게 된다. 바이러스의 증식은 결국 세포를 용해시키게 되고 새로 만들어진 파지가 방출된다.

허쉬와 체이스에 의해서 사용되어진 T2박테리오파지는 오직 DNA와 단백질로만 이루어져 있기 때문에, DNA와 단백질의 역할 구별이 가능한 가장 간단한 시스템을 제공했다. 허쉬와 체이스는 파지가 세균 세포에 주입시키는 분자를 동정하기 위한 실험에 착수하였다. 그들은 DNA와 단백질을 서로 구별하기 위해 DNA와 단백질에 표적을 붙이기 위한 방법이 필요했다. 뉴클레오티드는 인산기를 포함하고 있으나 단백질은 없고, 일부 단백질은 황을 가지고 있으나 DNA는 없었다. 그러므로 방사선 동위원소 ^{32}P은 DNA 표적으로 사용될 수 있고, ^{35}S는 단백질 표적으로 사용 될 수 있었다. 두 방사성동위원소들은 그들이 붕괴될 때 방출하는 입자들의 에너지에 근거해서 쉽게 구별되어질 수 있다.

두 개의 실험들이 수행되었다(그림 14.2 참조). 한 실험에서 는 바이러스 DNA 속에 삽입될 32P를 포함하고 있는 배지에서 바 이러스를 키웠고, 다른 하나에서는 바이러스 단백질 코트에 삽입되어질 35S를 포함하고 있는 배지에서 키웠다. 이와 같이 각기 다르게 표지된 바이러스들을 각각 다른 세균 배양액에 감염시키도록 하였다.

감염시킨 후, 세균 표면으로부터 바이러스 입자들을 효과적으로 제거하기 위해 세균이 들은 배양액을 분쇄기를 이용하여 강하게 흔들었다. 이 단계는 회수된 세균 세포들과 함께 발견되는 바이러스의 물질들은 오로지 세균 내에 주입된 것들만이 되도록 하기 위한 것이다. 원심분리를 통하여 세균 세포들을 배양액에서 회수한 후 분석하였다.

^{32}P 실험에서는 다량의 방사성 인이 세균 침전물에서 발견됐다. 그러나 ^{35}S 실험에서는 침전물에서 방사성의 황이 거의 발견되지 않았다. 이 결과에 근거하여, 허쉬와 체이스는 단백질이 아닌 DNA가, 바이러스가 세균 속으로 주입되어 유전정보를 구성한다고 추론했다.

개념 정리 14.1

폐렴연쇄상구균을 가지고 한 실험은 정보가 죽은 세포에서 살아있는 세포로 이동되어 형질전환을 시킬 수도 있다는 것을 보여주었다. 형질전환 인자의 정체를 통하여 그것이 DNA라는 것을 입증하였다. 표지된 단백질과 DNA를 사용한 박테리오파지 실험은 이것을 확증하였다.

- 단백질이 왜 유전물질로서 유력한 후보였는가?

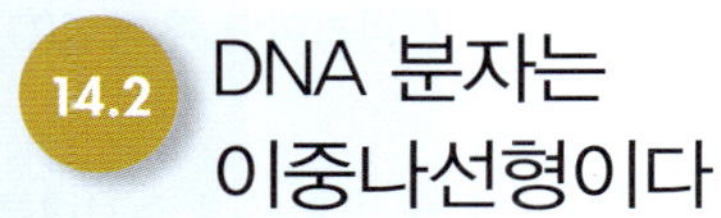

14.2 DNA 분자는 이중나선형이다

스위스 화학자 미셔(Friedrich Miescher)는 멘델이 그의 실험결과를 발표한 지 고작 4년 뒤인 1869년에 DNA를 발견하였다. 물론 미셔가 이 당시 멘델의 실험 내용을 알고 있었을 가능성은 매우 희박하다.

DNA는 뉴클레오티드의 중합체이다

학습목표 14.2.1 DNA의 4 뉴클레오티드를 구별하라.

미셔는 인간의 세포와 물고기 정자의 핵으로부터 하얀 물질들을 추출했다. 이 물질은 그때까지 알려진 세포의 여러 구성성분들과는 다른 비율의 질소와 인을 함유하고 있는 것으로 확인되었다. 이것은 미셔로 하여금 그가 새로운 생물학적 물질을 찾았다고 확신하게 했다. 그는 이 물질이 특히 핵과 관련이 있어 보였기 때문에 "nuclein"이라고 불렀다. 미셔의 nuclein은 약간 산성이었기 때문에 핵산으로 불리게 되었다.

DNA의 성분은 알려져 있었으나 그것의 3차적 구조는 알지 못했다

1920년, 핵산의 기본적인 구조는 DNA 분자가 3개의 주성분을 포함하고 있다는 것을 발견한 생화학자들에 의해서 결정되었다(그림 14.3).

1. **5탄당 탄소**
2. **인산기(PO_4)**
3. **질소함유 염기.** 염기는 두 개의 고리 구조로 된 퓨린(아데닌, A, 또는 구아닌 G) 또는 하나의 고리구조인 **피리미딘**(티민 T,

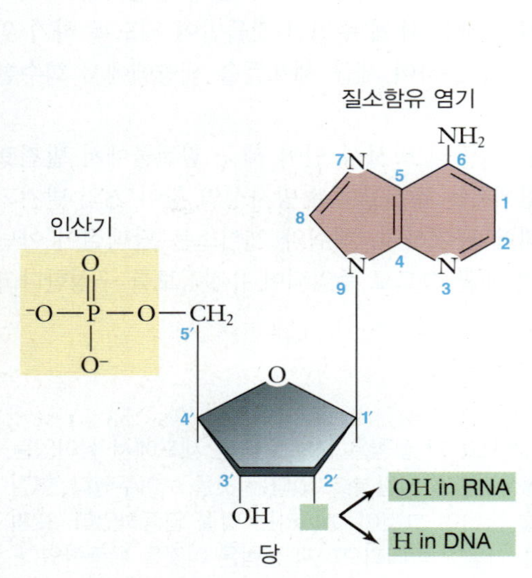

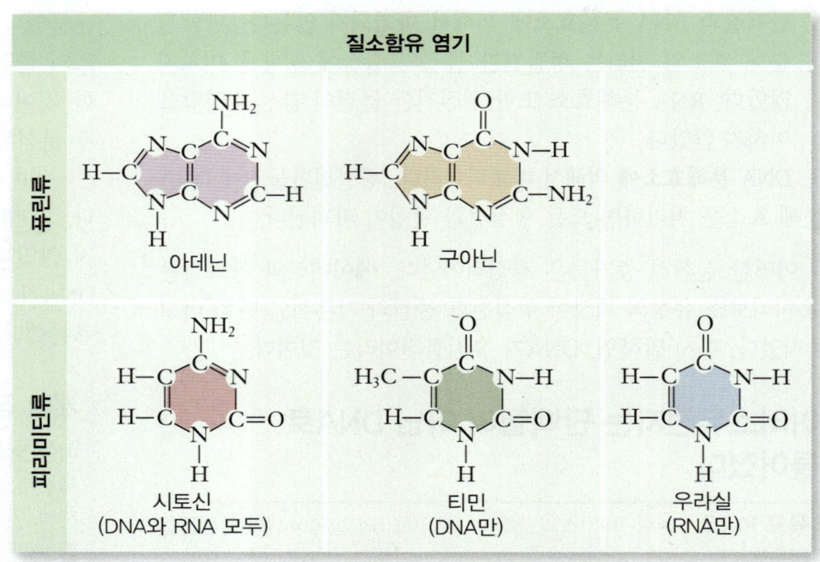

그림 14.3 DNA와 RNA의 뉴클리오티드 구성단위. DNA와 RNA의 뉴클레오티드는 3가지 구성원으로 이루어졌다. 5탄당(DNA는 디옥시리보스, RNA는 리보스): 인산기, 그리고 질소함유 염기(퓨린이나 피리미딘).

와 시토신 C) 중 하나. RNA는 T대신에 피리미딘 우라실(U)을 가짐.

유기화학에서는 통상적으로 한 분자의 탄소 원자에 순서대로 숫자를 매기고, 이것을 탄소원자에 붙게되는 작용기들을 편리하게 지칭하는 데에 사용한다(3장 참조). 핵산에서 발견되는 리보스당들은 4개의 탄소원자들과 산소 원자가 함께 5개의 구성원을 가진 고리를 형성한다. 그림 14.3에서 볼 수 있듯이, 이 탄소 원자들은 산소원자로부터 시계방향으로 1′부터 5′로 숫자가 매겨진다. 사용된 프라임 기호(′) 표시는 숫자가 당에 부착된 염기의 원자가 아니라 당에 있는 탄소를 가리킨다는 것을 뜻한다.

이러한 넘버링 체계에서 인산 그룹은 당의 5′탄소에 부착 되어진다. 그리고 염기는 1′탄소에 붙게 된다. 3′탄소에는 다른 원자단과 결합하고 있지 않은 수산기(-OH) 하나가 붙어있는데, 이를 흔히 "free hydroxyl group" 이라고 한다.

5′인산기와 3′ 수산기는 DNA와 RNA를 탈수합성 과정에 의해서(3장 참조) 긴 뉴클레오티드 사슬을 형성하게 한다. 그러한 연결을 인산디에스테르 결합이라 부른다. 왜냐하면 인산기가 한쌍의 에스테르 결합에 의해서 두 개의 당에 연결되어 있기 때문이다(그림 14.4). 수천 개의 뉴클레오티드가 이러한 결합을 통해 긴 핵산 중합체를 형성하게 된다.

선형(linear)으로 이루어진 DNA와 RNA는 그 길이와 상관없이 거의 언제나 한쪽 끝에 5′-인산기를 가지고 다른 쪽 끝에 3′-수산기를 가진다. 그러므로 모든 DNA와 RNA 사슬들은 본질적으로 방향성(polarity)을 가지게 되고 분명하게 각 말단을 지칭할 수 있게 된다. 관습적으로, 염기서열은 보통 5′에서 3′방향으로 써 내려간다.

그림 14.4
인산디에스테르 결합.

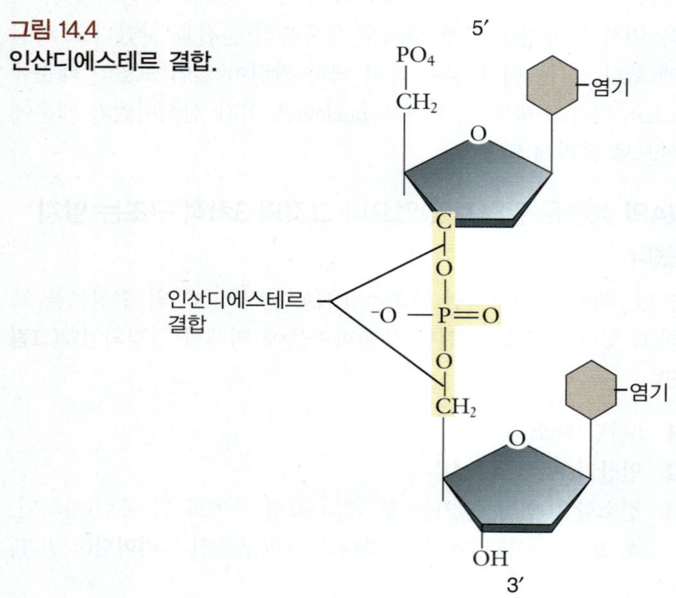

DNA는 단순한 반복적인 중합체가 아니다

학습목표 14.2.2 네 뉴클레오티드 염기의 상대적 비율에 대한 샤가프의 발견을 설명하여라.

오늘날의 고도로 정밀한 화학적 분석이 가능하기 전에 수행되었던 DNA의 구조에 대한 초기의 연구는 모든 4가지 형태의 뉴클레오티드가 대략적으로 비슷한 양으로 존재한다는 것을 제안했었다. 이 잘못된 분석 결과는 당시에는 널리 정설로 받아들여졌던, DNA가 동일한 염기서열의 반복으로 이루어진 결코 변하지 않는 네 개의 염기서열을 가지고 있는(예를 들면, CGATCGATCGAT처럼) 단순한 구조의 중합체라고 하는 "테트라뉴클레오티드 가설"을 도출하게 되는 오류를 범하였다.

이러한 화학적 분석들이 제2차 세계대전 이후 가능해진 좀 더 정밀한 기술을 사용하여 샤가프(Erwin Chargaff)에 의해서 반복되었을 때, 아주 다른 결과를 얻을 수 있었다. 네 개의 뉴클레오티드는 DNA에서 같은 비율로 존재하지 않는다는 결과를 얻었고, 그 비율은 그 DNA의 출처에 따라 복잡한 변이를 나타내었다. 이는 DNA가 단순히 반복적인 중합체가 아니라, 유전물질로서 요구되는 정보 암호화의 특성을 가지고 있을지도 모른다는 점을 강하게 시사하였다.

DNA의 복잡성에도 불구하고, 샤갸프는 DNA 이중사슬의 4개의 염기비율에서 중요한 기본적 규칙성을 발견했다. DNA에 존재하는 아데닌의 양은 항상 티민의 양과 같았고, 구아닌의 양은 항상 시토신의 양과 같았다. 이러한 발견들이 일반적으로 **샤가프의 법칙**이라고 알려진 것이다.

1. A의 비율은 항상 T의 그것과 똑같고, G의 비율은 C의 그것과 항상 같다(A=T, G=C).
2. A/T와 G/C의 상대적인 비율은 여러 생물 종들 간에 매우 다양하다.

DNA가 유전정보를 저장한다는 증거가 속출하게 되자, 연구자들은 어떻게 이렇게 외형상 단순해 보이는 분자가 그러한 복잡한 암호화기능을 수행할 수 있을지에 대해 고민하기 시작했다.

X-선 회절 양상은 DNA가 나선형 모양임을 제시한다

학습목표 14.2.3 프랭클린의 X-선 회절 사진의 중요성을 설명하여라.

현대물리학의 기술은 DNA의 가능한 구조에 대해 곧 좀 더 구체적인 정보를 제공했다. 영국의 화학자 윌킨스(Maurice Wilkins)와 프랭클린(Rosalind Franklin)(그림 14.5a)은 DNA를 분석하기 위해서 X-선 회절 기술을 사용했다. X-선 회절에서는 분자가 X-선 광선에 피폭된 후 광선이 분자와의 충돌에 의해서 굽어지거나 회절되고, 그 모양이 사진용 필름에 기록되어진다. 그 모양은 잔잔한 호수에 돌맹이를 던졌을 때 생기는 잔물결과 닮았고, 수학적인 분석을 통하여 그 분자의 3차 구조에 대한 정보를 얻게 된다.

X-선 회절분석은 완벽하게 규칙적인 결정 배열형태로 준비될 수 있는 물질에 가장 적합하다. 그러나 1950년대에는 천연 DNA의 진정한 결정체를 얻는 것이 불가능했다. 하지만 윌킨스는 DNA를 균일하게 정렬된 섬유질 형태로 만드는 법을 알았고, 대학원생 고슬링(Ray Gosling)과 함께 1950년에 천연 DNA에 대한 조잡한 회절을 처음으로 얻는데 성공했다. 그들의 초기 X-선 사진은 DNA분자가 와인 병 마개뽑이 같은 나선형의 모형을 가지고 있다고 제시했다. 프랭클린은 그 후 2년에 걸쳐서 윌킨스의 기술을 완성시켜, 그녀의 DNA 회절 패턴은 좀 더 명확한 십자 형태를 보여주었다(그림 14.5b). 이것은 매우 중요한 결과로서, 그녀의 사진의 선명함은 DNA가 나선형이라는 것을 확인시켜 주었을 뿐만 아니라 DNA의 분자적 치수를 계산할 수 있게 해주어 지름이 약 2nm이고, 나선이 3.4nm마다 1 회전한다는 것을 밝혀주었다.

호변이성 형태의 염기

X-선 회절 패턴에 의해 밝혀지지 못한 DNA의 화학적 특성 중의 하나는 염기 자체의 형태였다. 한 DNA 염기에서 이중결합과 단일결합이 교대로 형성될 수 있기 때문에, 수용액 상태에서 DNA 염기는 실제로 두 개의 다른 구조 형태가 평형상태로 존재하고 있다. 그러한 대안적 구조 형태를 **호변체**(*tautomers*)라고 부른다. 수용액에서 대부분의 염기는 케톤과 아미노기를 가진 호변체 형태로 존재한다. 그러나 그 당시 주류 생화학 교과서들에는 다른 대안적 호변체 구조를 염기의 지배적인 형태라고 설명하는 오류를 범하고 있었다. 염

a.

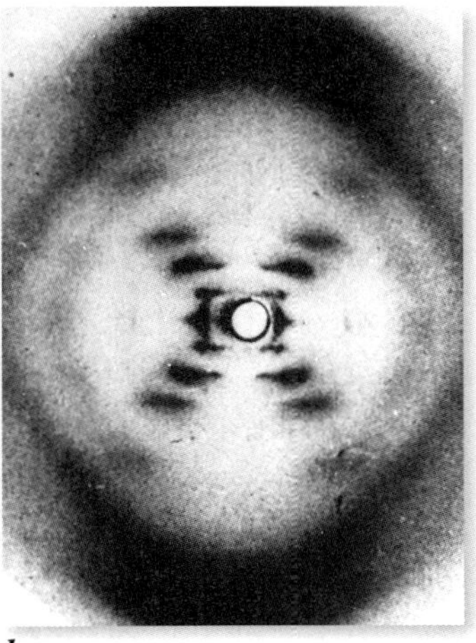

b.

그림 14.5 프랭클린의 X-선 회절패턴. **a.** 로잘린 프랭클린. **b.** 1952년 3월에 프랭클린에 의해서 만들어진 유명한 DNA 섬유의 X-선 회절 패턴의 사진은 1953년 왓슨과 클릭에 의해 보여졌다.

그림 14.6 DNA 이중나선. 1953년 초에 왓슨(왼쪽)과 크릭(오른쪽)은 염기의 적절한 호변이성 형태를 알고, 프랭클린의 회절연구를 사용하여 샤가프의 법칙으로부터 DNA 구조를 추론해 냈다.

기의 두 대안적 형태들이 형성할 수 있는 수소결합의 형태가 서로 다르기 때문에 호변체의 차이점은 아주 중요하다. 왓슨은 생화학자 친구와 점심을 함께하는 자리에서 올바른 형태의 DNA 염기 호변체 구조를 배우게 되었다는 일화가 전해진다.

DNA는 이중나선형 구조이다

학습목표 14.2.4 왓슨과 크릭이 제안한 DNA 구조를 설명하여라.

프랭클린의 X-선 회절 결과가 1953년에 발표되기 전에 이를 비공식적 경로를 통해 입수한 후, 캠브리지 대학의 두 젊은 과학자 왓슨(James Watson)과 크릭(Francis Crick)은 신속하게 DNA 구조에 대한 연구에 착수하여 지금 우리가 알고 있는 것과 거의 일치하는 정확한 구조를 밝혀내게 되었다(그림 14.6). 왓슨과 크릭은 직접 DNA 구조와 관련된 실험은 단 한 개도 하지 않았고, 대신 이 장의 첫 부분에 언급된 데이터들을 기반으로 정교한 분자 모델을 만들었다.

이 모델의 핵심은 DNA가 실제로는 두 개의 뉴클레오티드 사슬들이 서로를 감아 싸고 있는 이중나선형 구조로 되어있다는 것을 이해한 것이었다.

인산디에스테르결합

이중나선의 두 가닥은 긴 뉴클레오티드의 중합체로 구성되어져 있고, 이미 언급했던 것처럼 각 가닥은 인산에스테르결합에 의해서 당과 인의 단위가 반복적으로 구성되어진다(그림 14.7). 우리는 이것을 DNA 의 인산디에스테르 골격이라고 부른다. 두 가닥의 이러한

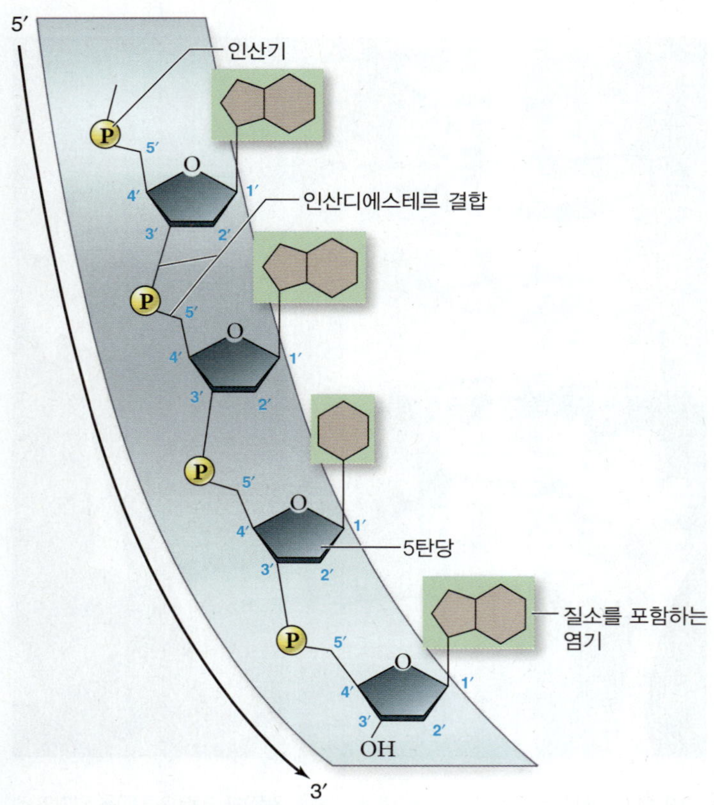

그림 14.7 DNA 한가닥의 구조. 인산디에스테르의 골격이 당과 인산기를 번갈아가며 구성하고 있다. 염기는 각 당에 붙어있다.

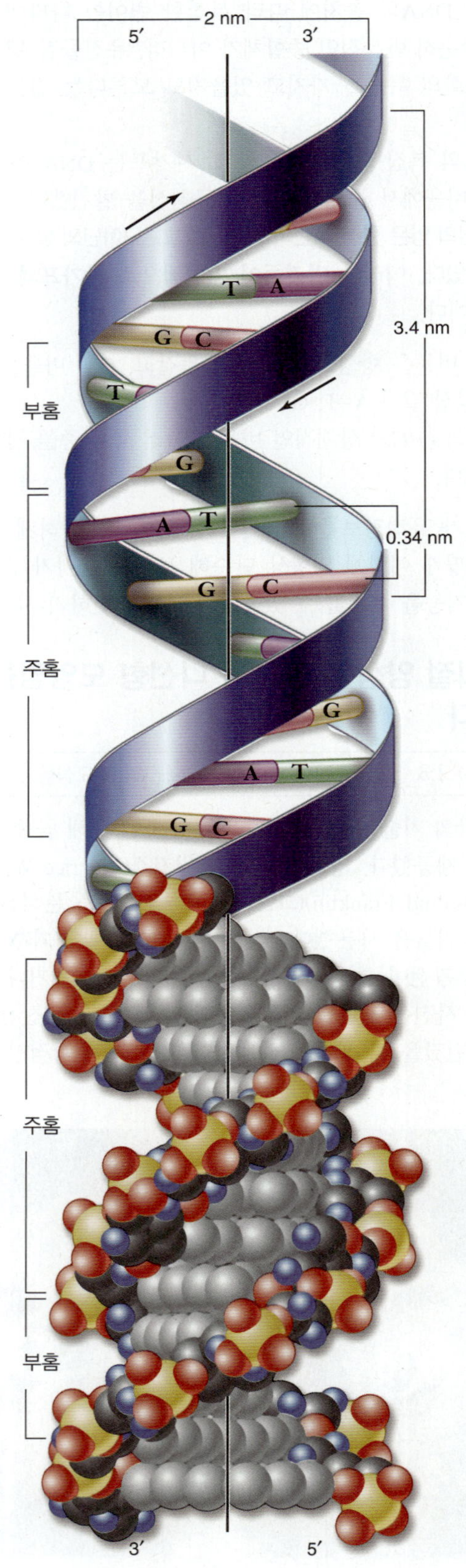

그림 14.8 이중나선. 위쪽 부분은 인산디에스테르 골격의 리본형 모델이, 아래 부분은 공간 채움형 모델이 보여진다. 염기들은 나선의 안쪽으로 돌출되어 염기쌍을 형성한다. 골격은 하나는 크고, 하나는 작은 두 개의 홈을 만든다

골격이 하나의 축을 중심으로 서로 감싸는 형태의 이중나선을 형성하는 것이다(그림 14.8). 이 구조는 나선형 계단으로 종종 비유되는데, 여기서 각 DNA 가닥은 계단의 난간이라고 보면 된다.

염기의 상보성

왓슨과 크릭은 DNA 이중가닥 구조는 서로 반대편 가닥의 염기들 간에 형성된 수소결합에 의해 유지된다고 주장했다. 이러한 결합은 특정 염기쌍을 가져온다. 아데닌(A)은 두 개의 수소결합을 티민(T)과 형성하여 A-T쌍을 형성할 수 있고, 구아닌(G)는 세 개의 수소로 시토신과 함께 G-C **염기쌍**을 형성할 수 있다(그림 14.9).

이 구조는 또한 두 개의 고리로 가진 퓨린이 한 개의 고리로 이루어진 피리미딘과 함께 짝을 이루기 때문에 각 염기쌍의 지름은 모두 같은 2nm이라는 것을 주목하라. 이 일정한 지름의 특성은 프랭클린의 X-선 회절 데이터에서도 동일하게 제시되었다.

우리는 이러한 방식의 염기쌍을 "상보적"이라고 하는데, 이는 두 DNA 가닥이 서로 같지 않음에도 불구하고 염기쌍을 통해서 상호간에 특이적인 관계를 지정할 수 있다는 것을 의미한다. 만약 한쪽 가닥의 서열이 ATGC 라면, 상보적 가닥의 서열은 TACG라야만 한다. 샤가프의 규칙은 단지 이 염기쌍의 결과일 뿐이다. 모든 DNA에서, 구아닌과 시토신의 비율과 아데닌과 티민의 비율은 항상 같아야 한다.

역평형 구조

앞에서 언급 되었듯이, 하나의 인산디에스테르 가닥의 한쪽 말단은 3′-OH로 끝나고, 다른 말단은 $5'PO_4$로 끝나는 특유의 극성을 가지고 있다. 그러므로 가닥들은 5′→3′ 이나 3′→5′ 으로의 방향성을 가진다고 언급된다. 두 가닥은 각 가닥이 서로 같은 방향(평형) 또는 반대 방향(역평형)의 두 가지 배열로 놓여 있을 수 있다. 자연상태에서 이중나선 DNA는 그림 14.8에서 보이는 것처럼 한 가닥은 5′→3′ 방향으로 놓이고 다른 가닥은 3′→5′ 방향으로 놓인 역평형 구조로 항상 배열되어 있다.

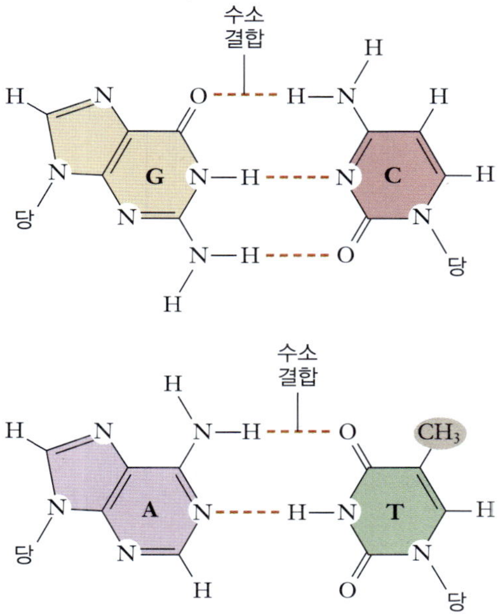

그림 14.9 **두 가닥을 함께 유지하고 있는 염기쌍.** A와 T사이와 G와 C사이에 형성되는 수소결합이 점선에 의해 보여진다. 이들은 AT와 GC 염기쌍을 생산하여 두 가닥을 함께 유지 시킨다. 이들은 항상 푸린은 피리미딘과 쌍을 이루어 이중나선의 직경을 일정하게 유지한다.

왓슨-크릭 DNA

왓슨과 크릭의 DNA 모델에서 DNA는 하나의 공동 축을 중심으로 서로 둘러싸는 나선형 구조의 두개의 상보적인 인산디에스테르 가닥으로 구성된다. 이 가닥들은 역평형으로 배열되어 있고 염기는 나선의 안쪽으로 뻗어있다. 각 염기들은 반대편 가닥의 염기와 서로 염기쌍을 형성하여 두 개의 상보적인 가닥이 결합하게 만든다(그림 14.9).

비록 각 개별 염기들 간의 수소결합은 낮은 에너지 준위를 가지지만, 중합체 내의 수많은 염기쌍들을 이루는 수소결합의 합은 DNA 구조를 안정적으로 유지하기에 충분한 양의 에너지이다. DNA 구조를 나선 계단으로 다시 비유하자면, 각 DNA 가닥의 골격은 난간이고 염기쌍은 각 계단의 디딤판에 해당된다.

왓슨과 크릭이 DNA에 대한 합리적은 구조적 모델을 제공했지만, 과학자들은 세포분열에 있어서 중요한 단계인 DNA 복제 과정이 어떻게 수행되는지, 그리고 어떻게 손상되거나 변형된 DNA 부위가 수선되는지 등에 대한 질문에 대해 추가적으로 답을 해야만 했다. 우리는 이러한 질문들에 대해서 이 장의 나머지 부분들에서 다룰 것이다. (15장에서는 계속해서 유전 암호를 다루고, 유전 암호와 단백질 합성 간의 관계에 대하여 살펴볼 것이다.)

개념 정리 14.2

샤가프는 DNA에서 아데닌의 양과 티민의 양이 같고, 구아닌과 시토신의 양이 같다는 것을 보여줬다. 프랭클린과 윌킨스에 의한 구조 연구는 DNA가 나선형을 형성하고 있다고 제시하였다. 왓슨과 크릭의 모델은 DNA가 하나의 공통된 축을 중심으로 서로 나선형으로 둘러싸고 있는 두 개의 역평형 가닥으로 구성된 것임을 보여주었다. 두 가닥들은, 아데닌은 티민과, 구아닌은 시토신과 이루는 염기쌍들 사이의 수소결합에 의해 서로 붙어있다. 이러한 염기쌍들은 두 가닥들을 서로 상보적으로 만들어준다.

- 왜 염기의 호변체 형태에 대한 올바른 정보가 중요한가?

14.3 DNA 복제 과정에서 두 가닥이 모두 복사된다

세포분열을 수행하기 전에 DNA를 정확하게 복제하는 것은 세포주기의 매우 중요한 기능이다. 과학자들은 이 과정에 세포 내의 많은 단백질들의 기능이 필요하다는 것을 밝혔다. 하지만 유전학자가 이러한 세부적인 사안들에 대한 정리를 시작하기에 앞서, 그들은 먼저 일반적인 기작에 대해 좀더 명확하게 이해를 하는 것이 필요했다.

DNA 복제는 반보존적이다

학습목표 14.3.1 메셀슨–스탈 실험의 결과들을 DNA 복제의 가능한 방식들과 연계시켜라.

왓슨과 크릭의 DNA 모델은 유전정보를 복제하기 위한 기초가 상보성이라는 사실을 즉시 제안했다. DNA 2중가닥의 한쪽 사슬은 상상할 수 있는 어떠한 염기서열도 가질 수 있으나 이 서열들은 상대방 가닥의 염기서열을 전적으로 결정한다.

DNA의 정확히 복제를 위해서는 부모 가닥의 서열이 딸 가닥으로 정확하게 복제되어야 한다. 즉, 두 가닥으로 이루어진 있는 하나의 부모 이중나선은 각 가닥이 서로 상보적인 두 개의 딸 이중나선을 만들어 내게 되어 결과적으로 모두 4가닥이 된다.

세가지 유형의 DNA복제 모델이 가능하다(**그림 14.10**).

1. 보존적(conservertive) 모델에서는 부모 이중나선의 양 가닥은 그대로 유지되고, 새로 생겨나는 DNA 이중나선의 두 가닥 가 새로운 뉴클레오티드로 이루어지게 된다.
2. 반보존적(semiconservative) 모델에서는 부모 이중나선의 한 쪽 가닥이 각 딸 DNA 사슬에 그대로 유지되고, 이러한 각 부모 가닥마다 새로 합성되어진 뉴클레오티드로 이루어진 상보적 가닥이 결합한다. 따라서 딸 가닥은 하나의 부모 가닥과 하나의 새로 합성되어진 가닥으로 구성되어진다.
3. 다발적(dispersive) 모델에서 복제된 DNA들은 부모가닥과 새로 합성된 가닥들의 혼합체로 구성된다. 즉, 새로운 DNA는 복제 후에 양 딸 나선들의 각 가닥에 여기 저기 분산되어 흩어져 있

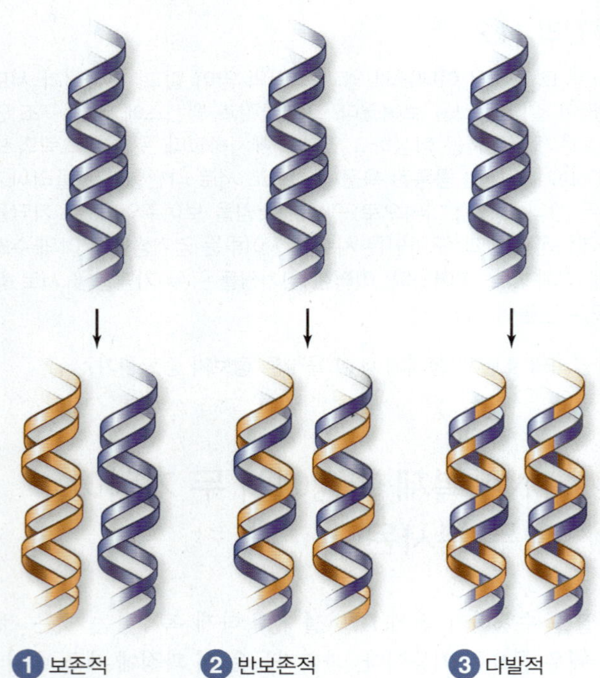

그림 14.10 DNA 복제의 세 가지 가능한 모델. 1 보존적 모델은 하나의 완전히 새로운 분자를 생산하고 낡은 분자를 보존한다. 2 반보존적 모델은 각각 새 가닥과 낡은 가닥으로 이루어진 두 개의 잡종 분자들을 생산한다. 3 다발적 모델은 각 가닥이 낡은 분자와 새로운 분자가 혼합되어 있는 잡종 분자들을 생산한다.

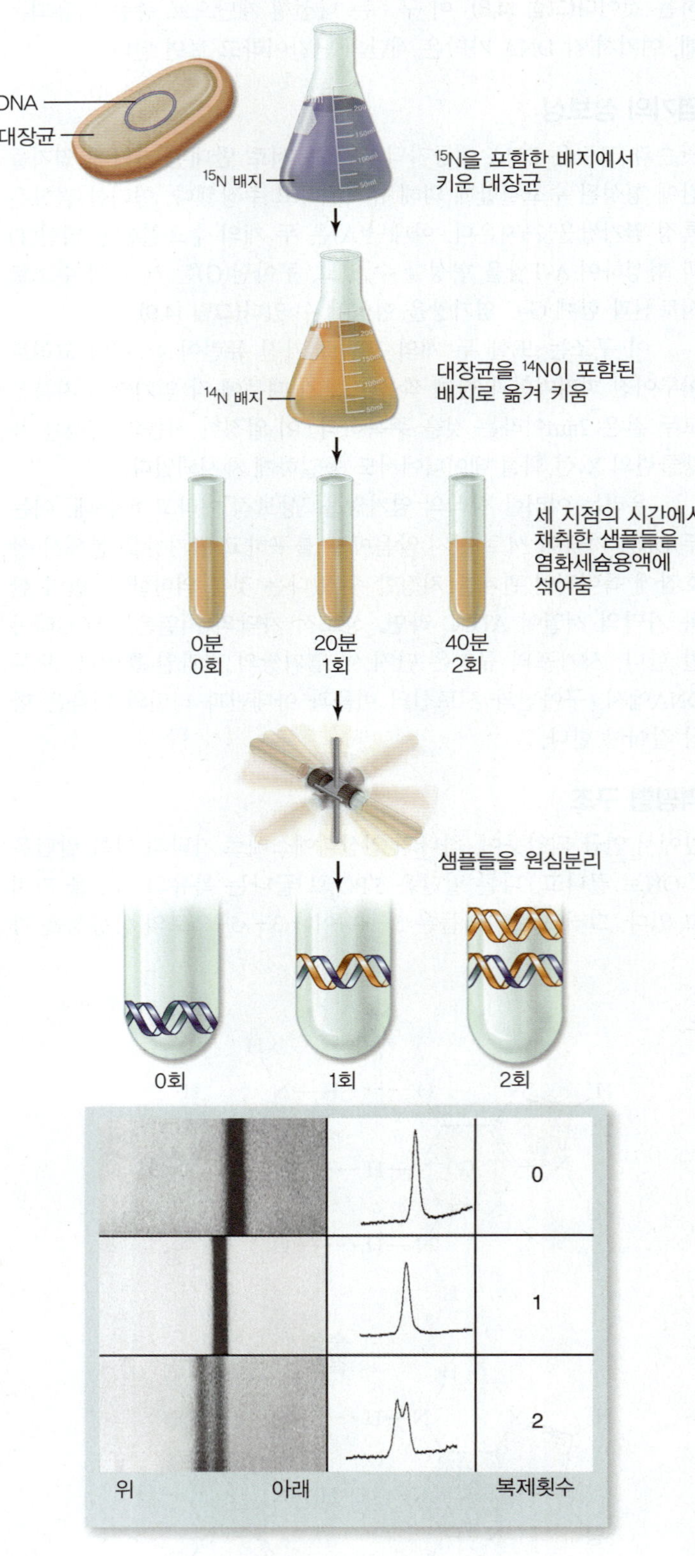

그림 14.11 메셀슨–스탈의 실험. 무거운 ^{15}N를 포함하고 있는 배지에서 자란 세균을 가벼운 ^{14}N를 포함하는 배지로 이동시키고 두 번의 복제가 일어날 때까지 키웠다. 세균 샘플들을 0, 1, 2라운드의 복제 시점에서 채취하여 밀도경사를 만드는 염화세슘에서 원심분리기를 돌렸다. 바닥의 그림에서 실제 자료들은 도식적으로 보여지며, 반보존적 복제를 보여준다.

게 된다.

이러한 세 가지 모델들은 그 과정의 분자적 세부사항들의 명시없이 복제의 다른 기작들을 제안한 것임을 명심해야 한다.

메셀슨-스탈실험

DNA 복제의 세 가지 모델은 1958년에 메튜 메셀슨과 프랭클린 스탈에 의해 조사되었다. 이러한 모델들을 구별하기 위해서 그들은 DNA에 라벨을 붙이고 두 번의 복제를 거쳐 라벨이 붙은 DNA를 추적했다(그림 14.11).

메셀슨과 스탈이 사용했던 라벨은 질소의 무거운 동위원소 (^{15}N)이나 방사성은 아니다. ^{15}N을 포함하고 있는 DNA 분자들은 일반적으로 ^{14}N을 가지고 있는 것들 보다 밀도가 더 클 것이다. 그들이 사용한 도구는 그것을 빠르게 회전시켜 다른 밀도를 가지고 있는 DNA분자들을 분리시키기 위해 사용될 수 있는 초원심분리기였다.

메셀슨과 스탈은 ^{15}N을 포함하고 있는 배지에서 세균을 키우기 시작했다. ^{15}N은 세균의 DNA의 염기에 삽입되어진다. 몇 세대 이후, 이 세균들의 DNA는 보통의 ^{14}N을 포함하고 있는 배지에서 자란 세균의 DNA보다 밀도가 더 클 것이다. 메셀슨과 스탈은 세균을 ^{15}N 배지에서 ^{14}N 배지로 옮기고, 그 이후 다양한 시간적 간격을 두고 DNA 의 밀도를 수집하고 조사하였다.

밀도를 검사하기 위해서 각 시간 간격에서 DNA가 수집되고 염기와 염화세슘이 많이 포함된 용액에 녹였다. 이 용액은 아주 높은 속도에서 초원심분리기를 이용해서 돌려졌다. 엄청난 원심력이 세슘이온들을 세슘의 농도와 밀도의 경사도가 생긴 초원심분리기 튜브의 바닥 쪽으로 이동시킨다. 각 DNA 가닥은 그것의 밀도와 세슘의 밀도가 정확하게 일치하는 경사도에서 뜨거나 가라앉는다. ^{15}N 가닥은 ^{14}N 가닥보다 더 밀도가 나가기 때문에 그들은 튜브의 더 밑바닥으로 이동했다.

세균의 ^{14}N 배지로 이동 후의 즉각적인 DNA의 수집은 ^{15}N DNA 단독의 밀도와 같은 모두 밀도1이다. 그러나 세균이 한 번의 복제가 끝난 후에는 그들의 밀도가 ^{14}N DNA 와 ^{15}N 사이의 중간값으로 줄어들 것이다. 두 번째 복제 후에는 DNA가 하나의 중간값과 하나의 ^{14}N DNA값의 밀도 값의 두 개의 밴드가 관찰되었다 (그림 14.11 참조).

메셀슨-스탈의 발견의 해석

메셀슨과 스탈은 그들의 실험자료를 세 가지 모델의 기초를 예견했던 결과들과 비교하였다.

1. 보전적 모델은 첫 번째 복제후의 결과에서 두 개의 밀도 밴드가 관찰되었기 때문에 실험자료와 일치하지 않는다. DNA 가닥은 모두 부모처럼 무겁거나 딸세포처럼 모두 가벼워야 한다는 점에서 거절된다.
2. 반보존적 모델은 모든 관찰과 일치한다. 첫 번째 복제 이후에 하나의 밀도는 모든 DNA 분자가 하나의 가벼운 가닥과 무거운 가닥을 가지고 있기 때문에 예측되어졌었고, 두 번째 복제 이후에는 분자의 반은 두 개의 가벼운 가닥이 될 것이고 나머지 반은 가벼운 가닥과 무거운 가닥이 된다. 그래서 두 개의 밀도가 관찰된다. 그러므로 그 결과들은 반보존적 모델을 지지한다.
3. 분산 모델은 첫 번째 복제 후 결과가 자료와 일치하지 않는다. 왜냐하면 이 모델은 모든 DNA 나선이 1/2 가벼운 새 가닥과 1/2 무거운 옛날 가닥들의 분자들의 혼합물로 구성된다. 그러나 두 번째 복제 이후에 분산모델은 여전히 3/4의 가벼운 것과 1/4의 무거운 분자들로 구성되어진 오직 한 개의 밀도를 낸다. 대신에 두 개의 밀도가 관찰되었다. 그러므로 이 모델은 또한 거절된다.

메셀슨과 스탈은 DNA의 복제의 기본 기작은 반보존적이라는 결론을 내었다. 그런 다음 가장 간단한 수준에서, DNA는 나선형을 열어 각 가닥들이 두 개의 딸 나선형을 만들기 위해 두 가닥을 복사하여 복제한다. 두 가닥 중 하나는 낡은 가닥이고, 다른 가닥은 새 가닥이 된다.

반보존적 DNA 복제는 주형, 뉴클레오티드, 효소가 요구된다

DNA 복제는 다음의 3가지를 요구한다.: 복사할 대상(복사의 주형으로 사용될 부모의 DNA), 복사를 하기 위한 주체(효소가 주형을 복사한다), 복사된 것들을 조립해줄 빌딩블럭(뉴클레오티드 3인산).

다수의 효소들은 새로운 가닥들을 조립하기 위해 함께 일한다. 그러나 존재하는 DNA 염기를 상보적인 뉴클레오티드와 일치를 시켜서 새로운 가닥을 만들기 위해 함께할 뉴클레오티드와 연결시켜주는 효소는 **DNA 중합효소**이다(그림 14.12). 다음 단락에서 볼 것처럼, 조사되어진 모든 DNA 중합효소들은 몇 가지 일반적인 특징들을 가진다. 그들은 모두 새로운 염기를 존재하고 있는 가닥의 3′ 말단에 첨가한다. 즉 그들은 주형에 한 가닥의 염기쌍으로 연장시키므로써 5′→3′ 방향으로 합성한다. 모든 DNA 중합효소는 합성을 시작하기 위해 **시발체**(*primer*)를 요구한다. 그들은 주형에 한 가닥의 RNA 또는 DNA 염기쌍이 없으면 복제를 시작할 수 없다. RNA 중합효소는 이러한 요구를 가진다. 그래서 그들은 시발체들을 보통 합성한다.

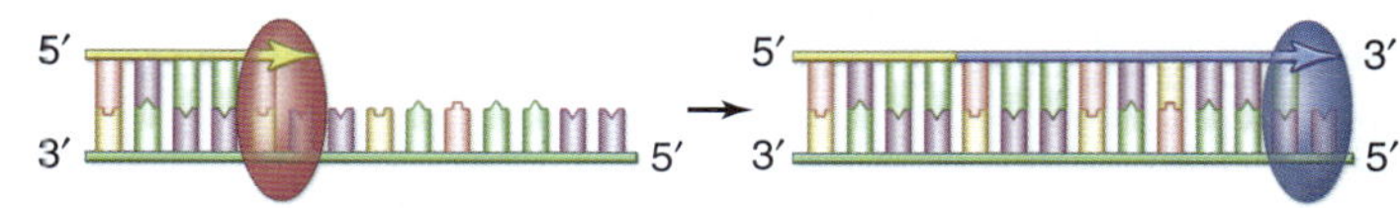

개념 정리 14.3

메셀슨과 스탈은 DNA 복제의 기본 기작이 반보존적이라는 것을 증명했다. 각 새로운 DNA 나선은 한쪽은 옛날 부모의 가닥 하나는 새로운 가닥으로 구성된다. 복제 과정은 주형, 뉴클레오티드 3인산, 그리고 DNA 중합효소가 필요하다. 그리고, DNA는 5′→3′ 방향으로 보통 RNA로 되어 있는 시발체로부터 합성한다.

- 만약 DNA가 초원심분리기에 의해 분리되기 전에 해리된다면 어떤 결과가 되는가?

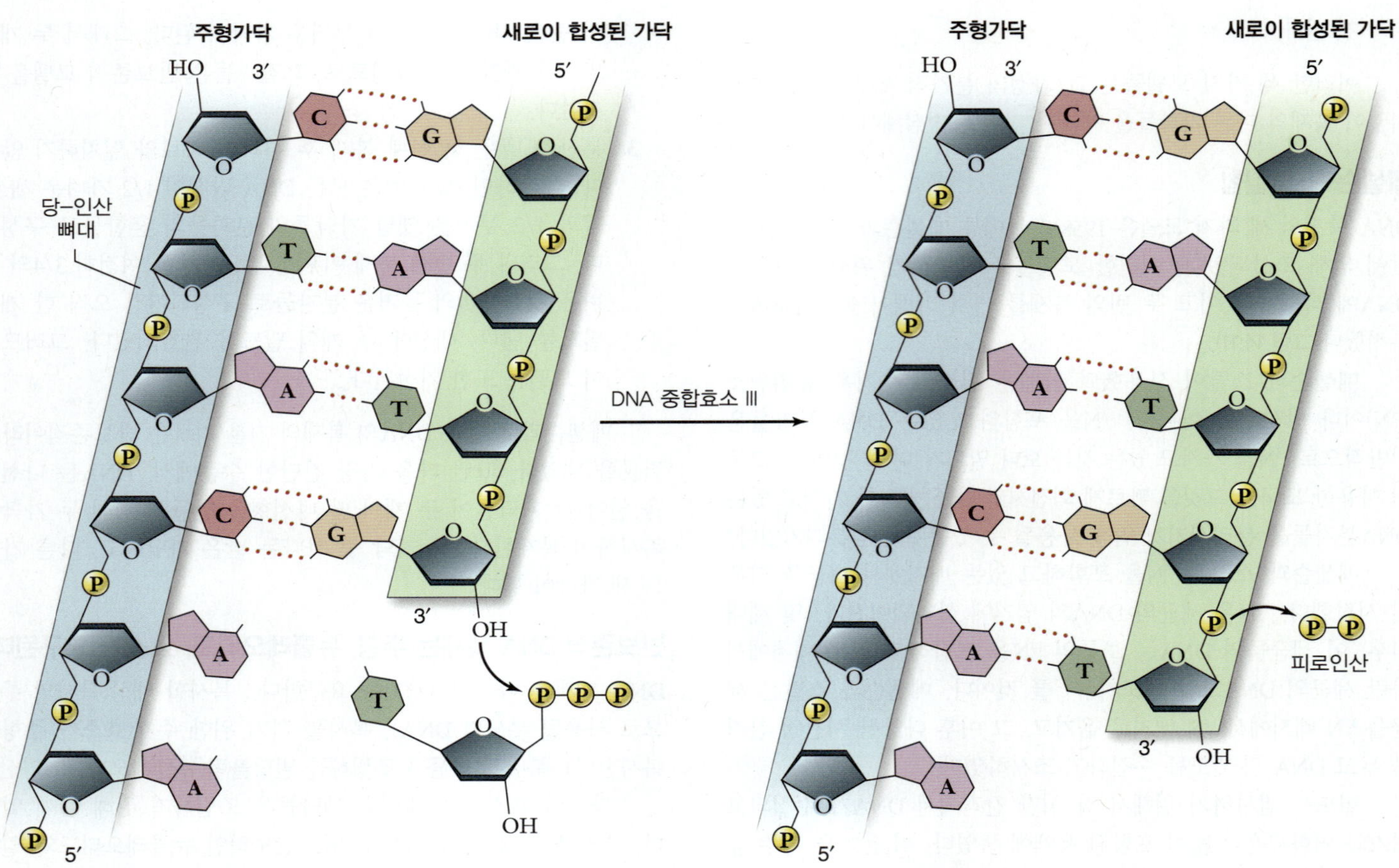

그림 14.12 DNA 중합효소의 활동. DNA 중합효소는 자라고 있는 사슬의 3′ 말단에 뉴클레오티드를 첨가한다. 첨가되는 뉴클레오티드는 주형가닥에 있는 염기에 의존한다. 각각의 새로운 염기들은 주형가닥의 염기들과 상보적이여야 한다. 각각 새로운 뉴클레오티드 3인산의 첨가와 함께 그 인산기 중에 2개는 피로인산으로 잘려나간다.

14.4 원핵생물은 DNA를 복제하기 위해 사용되는 효소들을 체계화한다

복제의 좀 더 구체적인 그림을 그려보기 위해, 우리는 처음에 *E. coli*를 모델로 사용하여 원핵생물의 복제에 집중을 했다.

원핵생물의 복제는 독특한 부위에서 시작하고 끝난다

학습목표 14.4.1 DNA를 합성하기 위해 사용되어진 효소들을 설명하여라.

*E. coli*에서 복제는 복제개시점(*oriC*로 불리는)이라는 어떤 특정 부위에서 시작한다. 그리고 종료점으로 불리는 특정 부위에서 끝난다. *oriC*의 서열은 개시 단백질이 결합하는 반복되는 뉴클레오티드와 복제개시 동안에 쉽게 열릴 수 있는 AT-많은 서열로 구성된다. (G-C 염기쌍이 3개의 수소결합을 가지고 있는 것에 비해, A-T 염기쌍은 오직 두 개의 수소결합을 가지고 있다.)

개시 후에 복제는 이 독특한 복제개시점부터 독특한 종료점까지 양방향으로 진행된다**(그림 14.13)**. 우리는 개시점에 의해 조절되어지는 DNA를 **복제단위**라고 부른다. 이런 경우, 복제개시점을 가지고 있는 염색체가 하나의 복제단위를 형성한다.

*E. coli*는 적어도 3개의 다른 DNA 중합효소를 가지고 있다

처음에 말했던 것처럼, DNA 중합효소는 주형으로부터 새로운 DNA 가닥의 건설을 담당하는 한 그룹의 효소들이다. *E. coli*에서 분리된 최초의 DNA 중합효소는, **제1DNA 중합효소(Pol I)**으로 불린다. 처음에 연구자들은 이 중합효소가 복제 동안에 DNA의 대량 합성에 관여했다고 생각했었다. 그러나 Pol I는 활성을 나타내지 않는 돌연변이는 여전히 염색체를 복제할 수 있었다. 두 개의 추가적인 중합효소들이 이 E.coli 계열에서 분리되었고 **제2 DNA 중합효소(Pol II)**와 **제3 DNA 중합효소(Pol III)**라고 알려졌다. 모든 다른 알려진 중합효소들과 함께처럼, 이 세 개의 효소들은 폴리뉴클레오티도 가닥을 5′→3′ 방향으로 합성하고, 시발체를 요구한다.

많은 DNA 중합효소들은 그들의 기능을 돕는 추가적인 효소 활동을 가진다. 그 활동은 가수분해효소 활동이거나, 뉴클레오티드 사이의 인산디에스테르 결합을 깨는 능력이다. 가수분해효소는 **핵산내부가수분해효소**(DNA를 안쪽으로 자르는)와 **핵산말단가수분해효소**(DNA말단을 끊어 버리는)로 분류된다. DNA Pol I, Pol II, Pol III는 3′→5′ 핵산말단가수분해효소 기능을 가진다. 이들은 또한 효소가 잘못 쌍을 이룬 염기들을 제거하는 능력을 가지고 있

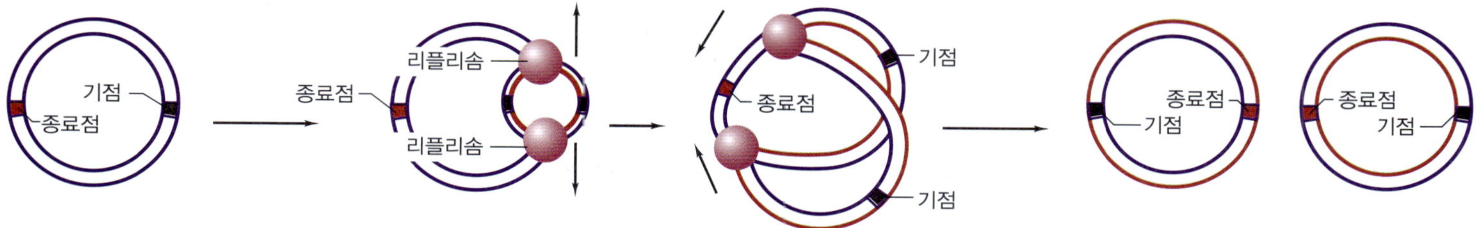

그림 14.13 복제는 독특한 개시점으로부터 양방향으로 일어난다. 복제는 독특한 복제기점으로부터 시작한다. 두 개의 갈라진 리플리솜들이 개시점 위에 올려지고 염색체의 반대방향으로 합성을 시작한다. 이 두 리플리솜은 그들이 독특한 종료점에 갈 때까지 반대방향으로 계속 간다.

기 때문에 교정 기능을 제공하기도 한다. 그 외에 DNA 중합효소 I 효소는 또한 5′→3′ 핵산말단 가수분해효소를 능력을 가지며, 이것의 중요성은 곧 명료해질 것이다.

세 개의 다른 중합효소들은 복제과정에서 각각 다른 역할을 가진다. DNA 중합효소 III는 복제의 주요 효소이다. 그것은 대량의 DNA 합성을 담당한다. DNA 중합효소 I은 시발체를 제거하기 위해 뒤처진 가닥 위에서 활동을 하고 이것을 DNA로 대체한다. 중합효소 II는 DNA 복제에서 역할이 없다. 그것은 대신 이 장의 후반부에 다루어질 DNA 회복 과정에 관여를 한다.

여러 해 동안 이러한 세 가지 중합효소들은 *E. coli*에서 유일한 DNA 중합효소들이라고 여겨져 왔다. 그러나 최근에 몇 가지 새로운 것들이 밝혀지면서 지금은 비록 모두가 DNA 복제에서 활동을 하지는 않지만 5개의 알려진 중합효소가 있다.

꼬임이 풀려지는 DNA는 에너지를 요구하고 뒤틀어진다

일부 DNA 중합효소들은 그들이 새로운 DNA를 합성할 때처럼 DNA를 풀 수 있을지라도, 또다른 등급의 효소들은 이 기능을 효율적으로 하기 위해 DNA 가닥을 푸는 하나의 기능을 가진다. DNA를 푸는데 ATP로부터 에너지를 사용하는 효소는 **DNA풀기효소(helicase)**라고 불린다.

풀기효소의 활동에 의해서 생산된 DNA의 한 가닥은 그 과정이 소수성의 염기를 물에 노출을 시키기 때문에 불안정하다. 세포들은 SSB라고 불리는 단백질을 사용하여 노출된 단일 가닥들을 덮어 이 문제를 풀었다.

DNA 분자들에서 두 가닥들의 풀림은 DNA를 뒤틀어지게 한다. 두 개의 고무줄이 서로 꼬여있다고 상상해라. 만약 당신이 지금 그 고무줄을 푼다면 무슨 일이 생길까? 서로 꼬여 있던 고무줄들은 공간에서 더 꼬일 것이다. 이것이 DNA 분자에서 일어날 때, 그것을 **초나선꼬임(supercoiling)**이라고 한다(그림 14.14). 공간에서 어떻게 꼬여서 꼬임을 만드는지를 연구하는 수학의 분야를 위상기하학이라고 부른다. 그러므로 우리는 이 이중 나선형의 꼬임을 DNA의 위상기하학적 상태라고 설명한다. 이 상태는 어떻게 공간에 이중나선 그 자체의 꼬임을 만드는지 설명한다. 여러분은 이미 진핵생물의 염색체에서 뉴클레오솜에서 히스톤 단백질 근처를 싸고 있는 DNA와 함께 꼬임의 예를 봤다(10장).

DNA의 위상기하학적 상태를 바꿀 수 있는 효소들을 **DNA 회전효소(topoisomerases)**들이라고 부른다. DNA 회전효소들은 풀려

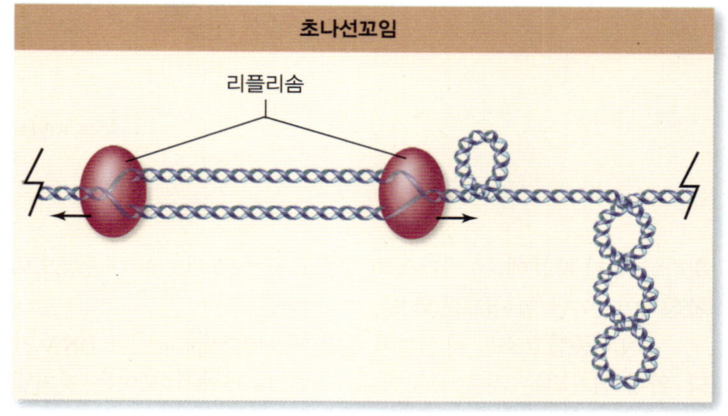

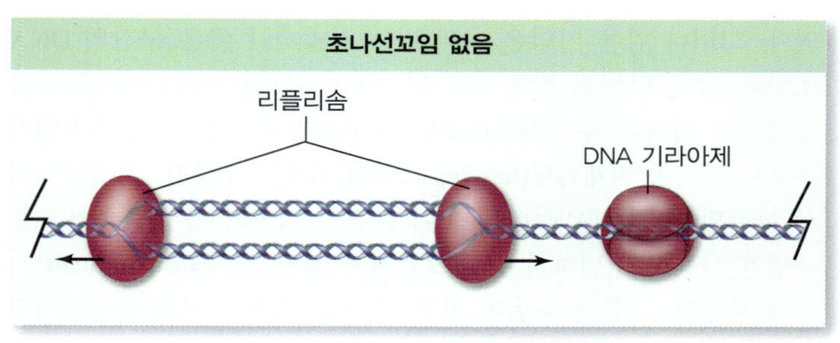

그림 14.14 이중나선이 풀어지면서 뒤틀림을 만든다. 만약 직선 DNA의 말단이 그들이 세포 안에 있는 것처럼 제한적일 때, 이중나선이 풀어지면서 뒤틀림을 만든다. 이것은 이중나선을 더욱 꼬이게 한다. DNA 기라아제 효소는 이 꼬임을 풀어준다.

짐에 의해 일어난 비틀림을 완화시키기 위해 활동하고, 풀림 현상으로부터 꼬임을 막기 위해 활동한다. DNA **기라아제(DNA gyrase)**는 DNA 복제에 관여하는 DNA 회전효소이다.

복제는 반 불연속적이다

학습목표 14.4.2 왜 DNA 합성이 양쪽 가닥에서 연속적이지 않은지 설명하여라.

초기의 DNA는 한 가닥은 3′→5′ 방향으로 흐르고, 다른 상보적 가닥은 5′→3′ 방향으로 진행하는 것을 의미하는 역평행이라고 설명되어 있었다. 중합효소의 특징과 함께 합쳐진 DNA의 역평행적 특징은 복제과정에서 제한을 가지게 한다. 중합효소가 DNA를 한쪽 방향으로만 복제를 할 수 있게 하고 두 개의 가닥이 역방향으로 위

그림 14.15 복제는 반절단적이다. 중합효소의 5′→3′ 방향으로의 합성과 역평행적 특징의 DNA는 한쪽의 선도가닥은 연속적으로 합성되어질 수 있고, 다른 가닥인 지체가닥은 각각의 프라이머를 가진 단편들로 만들어진다.

치하고 있기 때문에 두 가닥들의 중합효소들은 서로 반대방향으로 합성되어져야만 한다(그림 14.15).

DNA 중합효소는 나선형이 열릴 때 시발체(primer)가 DNA 가닥 위에 첨가되는 것을 요구한다. 그림 14.15에서 보이는 것처럼 DNA 한 가닥은 초기 시발체로부터 연속적인 방법으로 합성될 수 있다. 그러나 다른 가닥은 여러 번의 시발체와 짧은 구간의 DNA 조립과 같은 단절된 방법으로 합성되어져야만 한다. 연속적으로 합성되는 가닥은 **선도가닥(leading strand)**이라 불리고, 연속되지 못하는 가닥을 **지체가닥(lagging strand)**이라고 부른다. 지체가닥에서 합성되어진 DNA 절편들을 이 단절된 절편의 합성을 처음으로 증명한 사람을 기념하기 위해 **오카자키 절편(Okazaki fragment)**이라고 부른다. 그들은 다음에 설명되어지는 것처럼 지체 사슬위에서의 효소의 활성이 좀 더 필요하다는 것을 소개했다.

합성은 복제갈래에서 일어난다

두 개의 가닥을 형성하기 위한 DNA 나선의 부분적인 열림은 갈래길처럼 보여 그것을 **복제갈래(replication fork)**라고 부른다. 우리가 논의했던 모든 종류의 효소 활동들과 그것에 몇 가지 더해서, 복제갈래에서 발견된다. 선도가닥과 지체가닥에서의 합성은 다른 방법으로 진행된다.

Priming

복제동안에 DNA 중합효소에 의해 요구되는 시발체들은 DNA 프리마아제(*DNA primase*) 효소들에 의해서 합성되어진다. 이 효소는 RNA 중합효소이다. DNA 중합효소에 대한 시발체로서 기능을 하는 10-20bp 길이의 짧은 가닥을 합성하는 RNA 중합효소이다. 후에 RNA 시발체는 제거되고 DNA로 대체된다.

선도가닥의 합성

선도가닥의 합성은 상대적으로 간단하다. 한 번의 시발체의 결합이 요구되어지고 그런 다음 DNA 가닥은 DNA 중합효소 III의 활동에 의해서 무한적으로 연장될 수 있다. 만약 그 효소가 주형에 계속해서 붙어 있다면 *E. coli*의 전체 원모양의 염색체를 돌면서 합성할 것이다.

주형가닥에 붙어있을 수 있는 중합효소의 능력을 **진행도**(*processivity*)라고 부른다. 중합효소 III 효소는 다양한 아단위로 구성된 하나의 큰 효소이고, β아단위라고 불리는 아단위의 활성 때문에 높은 진행도를 가지고 있다(그림 14.16a).

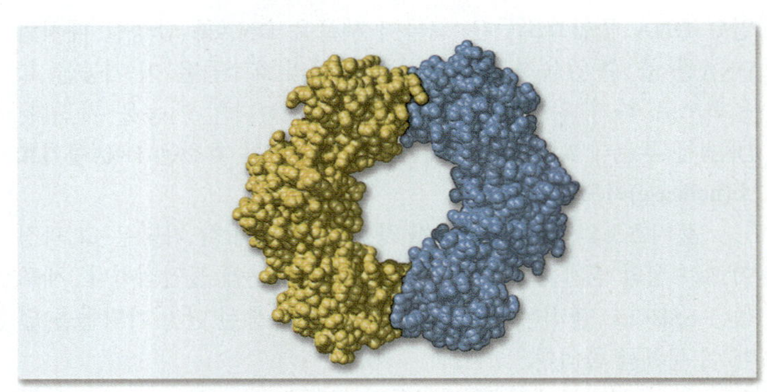

a.

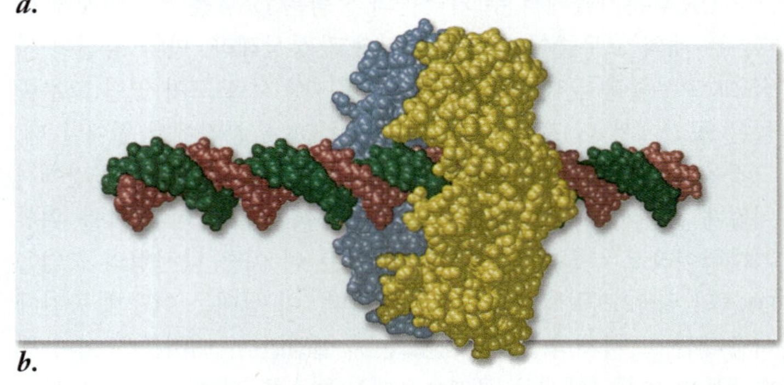

b.

그림 14.16 DNA 중합효소의 활주클램프. **a.** β 아단위가 DNA를 둘러쌀 수 있는 동그란 고리모양을 형성한다. **b.** β 아단위가 DNA에 붙어 있는 것을 보여준다. 이것은 중합효소가 주형가닥에 붙게 유지시켜주는 "활주클램프(sliding clamp)"를 형성한다.

β 아단위는 하나의 원을 만들기 위해 동일한 단백질 두 개가 같이 모인 사슬로 구성되어진다. 이 고리는 주형 위에 올려져 집게처럼 중합효소II 효소가 DNA를 잡게 할 수 있다(그림 14.16b). 그러므로 이 구조는 "활주클램프(sliding clamp)"라고 부른다 유사한 구조가 진핵생물의 중합효소에서도 발견된다. 활주클램프가 기능을 하기 위해서는 DNA주변에서 반드시 열렸다 닫혔다 해야 한다. 클램프로더(clamp loader)라고 부르는 다수의 소단위 단백질은 이러한 임무를 수행한다. 이러한 기능 또한 진핵생물에서도 발견된다.

지체가닥의 합성

지체가닥의 합성시 단편적인 합성의 특징은 세포로 하여금 선도가닥에서 보다 훨씬 더 많은 일을 요구한다(그림 14.15). 프리미아제는 각각의 오카자키 절편을 위한 시발체를 합성할 필요가 있고, 이러한 RNA 시발체들은 제거되어 DNA로 대체되어져야 하며, 마침내 절편들은 함께 꿰매어 연결되어질 필요가 있다.

DNA 중합효소 II는 오카자키 절편을 합성하는 일을 한다. 그러나 시발체 절편의 제거와 대체는 DNA 중합효소 I에 의해서 이루어진다. 5′→3′ 핵산말단 가수분해효소의 활성을 이용하여 앞에서 시발체를 제거할 수 있고, 보통 5′→3′ 중합효소의 활성을 사용함으로서 그들을 대체할 수 있다. 합성은 DNA를 구성하고 확장되어질 수 있는 자유로운 3′OH를 가지고 있는 앞쪽의 오카자키 절편에 의해서 시작되어진다.

이것은 중합효소 I에 의한 합성이 끝나는 곳에 형성되어질 마지막 인산디에스테르 결합만 남겨놓는다. 이것은 **DNA 연결효소(DNA ligase)**에 의해 일어나며, 깨진 부분들을 봉해서 결과적으로 오카자키 절편들을 연결하여 긴 완전한 가닥을 만든다. 지체가닥의 모든 이러한 활동은 그림 14.17에 요약되어있다.

종료

원형의 염색체 위에 있는 oriC의 철저한 반대편에 위치한 특정 부위에서 종료가 일어난다. 복제의 마지막 무대는 하나의 사슬에서 두 개의 고리가 연관된 것 같은 두 개의 딸 분자를 생산하는 것이다. 이렇게 서로 꼬여 엮여 있는 분자들은 복제갈래에서 비틀어짐을 풀게하는 DNA 기라아제 라는 같은 효소에 의해서 연결이 끊어진다.

세균은 DNA를 복제하는 소기관을 가진다

학습목표 14.4.3 세균의 DNA 복제 소기관의 기능을 도해하여라.

세균 DNA 복제에 관여하는 효소들(표 14.1)은 **리플리솜(replisome)**라고 하는 거대분자의 집합체를 형성한다. 이 집합체는 마치 리보솜이 단백질을 합성하는 소기관체이듯이 "복제 소기관체"이라고 생각될 수 있다. 리플리솜은 프리모솜과 각 가닥들당 하나씩 필요한 두개의 DNA 중합효소 III 효소의 복합체 두 개의 주요 하위성분을 가진다. 프리모솜은 다수의 부속 단백질들과 함께 프리마아제(시발효소)와 풀기효소로 구성되어 있다. 지체가닥에서 끊임없는 시발체 결합의 필요가 리플리솜의 일부로서 프리모솜 복합체의 필요한 이유를 설명한다.

두 개의 중합효소 III 복합체는 각각은 그자신의 β 소단위를 가지고 있는 두 개의 합성의 중심 소단위를 포함하고 있다. 전체 리플리솜 복합체는 클램프로더(clamp loader)를 포함하고 있는 다수의 단백질들과 함께 유지되어 있다. 클램프로더는 주기적으로 β 소단위를 지체가닥위에 올려놓고, 중합효소III를 이 새로운 β 소단위로 이동시키기 위해 요구되어진다(그림 14.18).

지체가닥의 합성의 어려움에도 불고하고, 리플리솜에 있는 두 개의 중합효소 III 효소들은 선도가닥과 지체가닥에서 동시에 활동

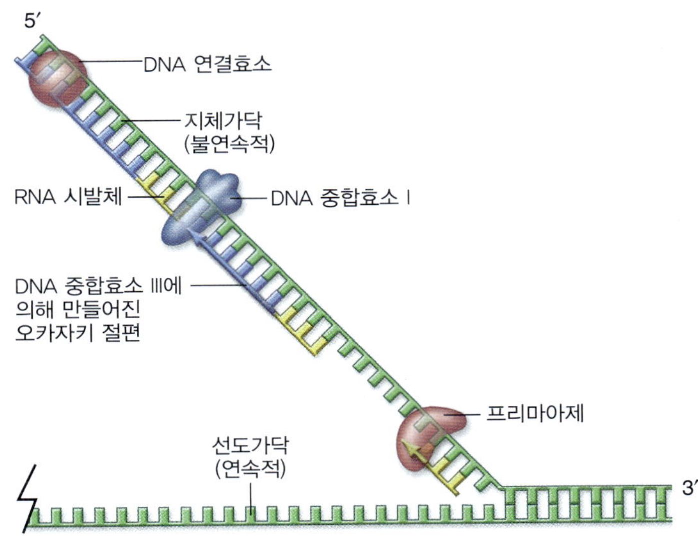

그림 14.17 지체가닥의 합성. 프리마아제(primase)의 활동은 DNA Pol III(보이지 않음)에 의해 요구되는 시발체를 합성한다. 이러한 시발체들은 DNA Pol I에 의해서 제거된다. 5′→3′ 핵산 말단가수분해효소의 활동을 사용하여 앞쪽의 오카자키 절편까지 연장되어 RNA를 제거한다. 시발체의 제거 후에 오카자카 절편들 사이의 깨진 부분들은 DNA 연결효소(DNA ligase)에 의해서 봉해진다.

표 14.1 단백질 역할 크기

단백질	역할	크기	세포당 분자
DNA 풀기효소	이중나선을 풀어준다.	300	20
프리마아제	RNA 시발체를 합성한다.	60	50
단일가닥 결합 단백질	한 가닥 상태를 안정화 시킨다.	74	300
DNA 기라아제	회전을 풀어준다.	400	250
DNA 중합효소 III	DNA를 합성한다.	≈900	20
DNA 중합효소 I	시발체를 없애고 공간을 채워준다.	103	300
DNA연결효소	DNA 단편의 말단을 연결한다.	74	300

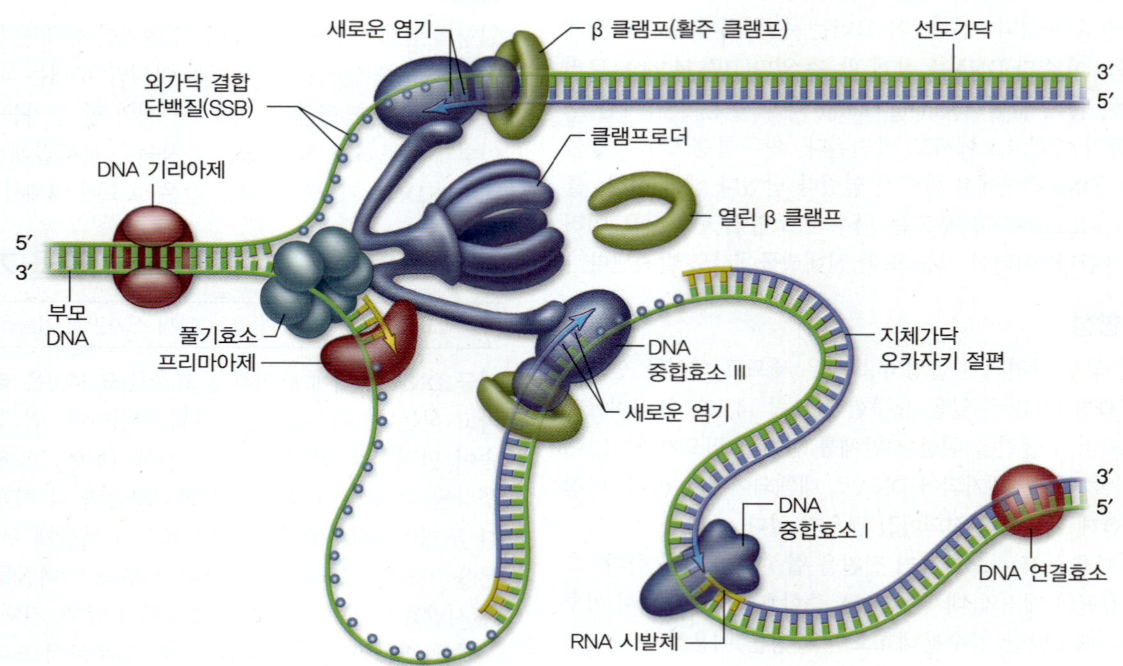

그림 14.18 복제갈래. 하나의 큰 부속단백질들의 복합체에 의해 함께 유지되는 두 개의 중합효소III를 가지고 있는 복제갈래의 구조 모델. 이것은 클램프로더를 포함하고 있는데, 이는 β 소단위의 활주 클램프를 주기적으로 지체가닥에 올린다. 지체가닥위의 PolIII는 주기적으로 주형을 풀었다가 β 클램프와 함께 재결합한다. 지체가닥에서의 루프는 중합효소들이 역평형방향으로 위치해 있음에도 불구하고 같은 방향으로 움직일 수 있게 하였다. 프리마아제는 지체가닥의 단편들에서 시발체를 만든다. 풀기효소 또한 중심의 복합체와 연관이 있다. Pol I은 시발체를 제거하고 연결효소가 단편들을 하나로 합쳐준다.

을 한다. 두 가닥이 역평형방향으로 존재하는데도 불구하고 어떻게 같은 방향으로 합성되어질 수 있는가? 첫 번째 제안된 모델은, 일부 형태에서는 여전히 우리가 믿고 있는 것으로, 지체가닥에서 만들어진 루프가 관여한다는 것이다. 그래서 중합효소들은 같은 방향으로 움직일 수 있다. 현재 증거들은 이러한 복합체들이 DNA 가닥을 따라 움직이는 것이 아니라 아마도 움직이지 않는 정적인 형태이고 DNA 가닥이 재봉틀에 있는 실타래처럼 그것을 통과하여 움직인다는 것을 가리키고 있다. 이 정적인 복합체들은 새로이 합성되어진 DNA를 바깥쪽으로 밀어내고, 염색체가 분리되는 것을 도울지도 모른다. 이 과정은 **그림 14.19**에 요약되어 있다.

개념 정리 14.4

대장균은 세 개의 DNA 중합효소를 가지고 있다. 두 개는 복제 과정에 사용되어진다. DNA 가닥들은 리플리솜이라고 하는 거대 복합체가 조립되어져 있는 복제포크에서 갈라진다. 이것은 DNA 중합효소 III, 시발효소, 풀기효소와 다른 단백질들을 포함하고 있다. DNA 역평형 구조와, 중합효소의 5′→3′ 합성은 두 개의 DNA 가닥 중 한 가닥에서는 절단된 복제를 하게 한다. DNA 중합효소I은 이 가닥에서 시발체를 제거하고 DNA로 대체한다. DNA 연결효소는 오카자키 절편들을 연결시킨다.

- 복제 동안에 두 개의 중합효소들이 어떻게 다른 기능을 하는가?

14.5 진핵생물의 염색체는 크고 직선구조다

진핵생물의 복제는 두 가지 주요 인자에서 복잡해진다. 여러 개의 염색체로부터 구성되어진 많은 양의 DNA를 가진다는 점과 염색체가 직선상의 구조를 가진다는 것이다. 이 과정들은 오직 염색체의 각 끝에서만 일하는 새로운 효소들의 활동을 요구한다. 그렇지 않은 다른 기본적인 효소학은 같다.

아주 큰 염색체의 복제는 새로운 문제를 만든다

학습목표 14.5.1 진핵 DNA 복제와 원핵 DNA의 복제를 비교하라.

진핵생물의 복제는 여러 개의 복제기점을 사용한다

순수한 DNA의 양과 어떻게 그것이 포장되는지는 진핵생물에서 문제가 되는 것으로 여겨진다(**그림 14.20**). 대부분 진핵생물들은 각각의 염색체들이 대장균 염색체보다 더 크고 여러 개의 염색체들을 가지고 있다. 만약에 각 염색체에 오직 하나의 복제개시점만 존재한다면, 복제를 위해 필요로 되는 시간의 길이를 엄두도 내지 못할 것이다. 그 문제는 각 염색체에서 다수의 복제기점을 사용하여 풀릴 수 있으며, 결과적으로 여러 개의 복제단위를 만들게 된다.

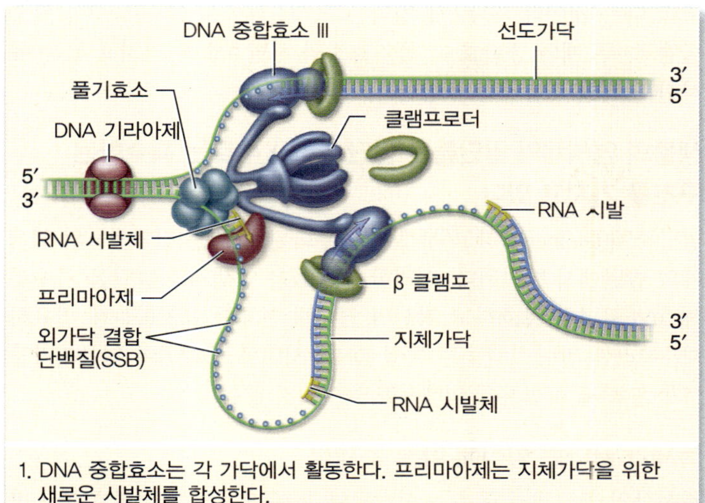

1. DNA 중합효소는 각 가닥에서 활동한다. 프리마아제는 지체가닥을 위한 새로운 시발체를 합성한다.

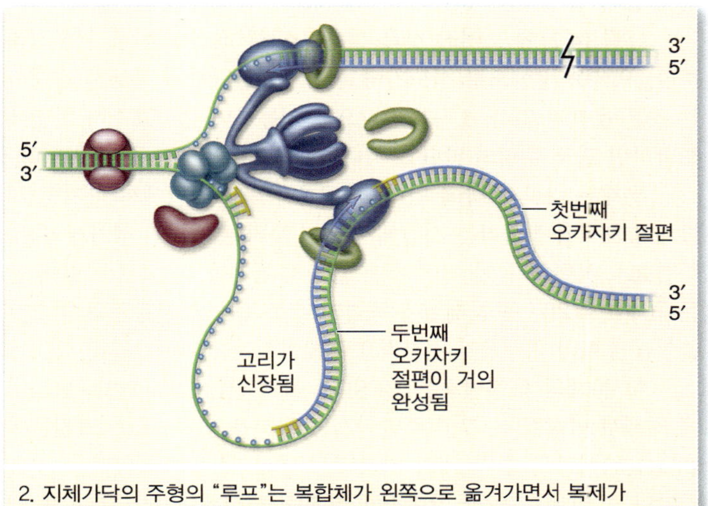

2. 지체가닥의 주형의 "루프"는 복합체가 왼쪽으로 옮겨가면서 복제가 양가닥에서 5′→3′ 방향으로 일어나게 한다.

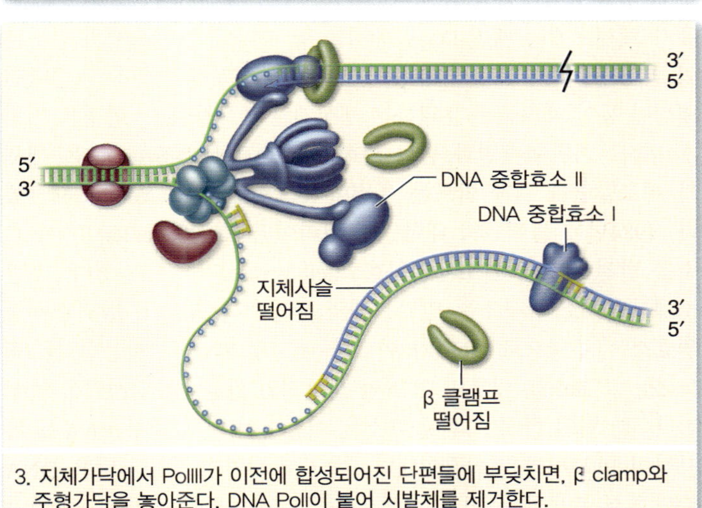

3. 지체가닥에서 PolIII가 이전에 합성되어진 단편들에 부딪치면, β clamp와 주형가닥을 놓아준다. DNA PolI이 붙어 시발체를 제거한다.

그림 14.19 리플리솜에 의한 DNA 합성. 반절단적인 DNA의 합성은 그림 14.18의 모델을 사용하여 설명되어진다

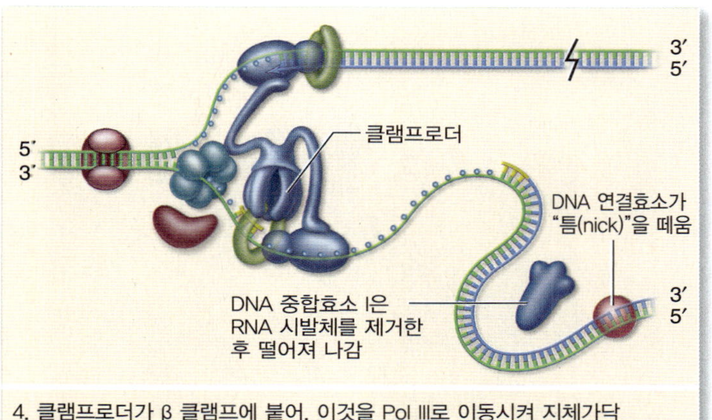

4. 클램프로더가 β 클램프에 붙어, 이것을 Pol III로 이동시켜 지체가닥 주형에서 새로운 루프를 만든다. 주형가닥을 놓아준다. DNA PolI이 붙어 시발체를 제거한다. DNA 리가아제는 PolI이 시발체를 제거한후 단편들을 연결한다.

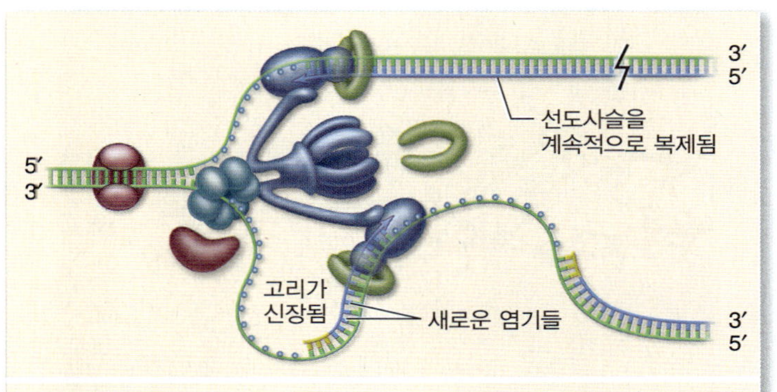

5. β 클램프로더가 올려진 후, 지체가닥 위의 DNA Pol III가 염기를 다음 오카자키 절편에 첨가시킨다.

복제개시점은 *oriC*와 같이 특정서열을 인식하는 것이 아니고 서열뿐만 아니라 염색질의 구조에도 의존하는 것 같다. 사용되어지는 다수의 복제개시점은 발생과정 동안에 조절되어질수 있다 그래서 초기에 세포분열이 빨리 일어나야 될 때, 더 많은 개시점이 활성화되어진다. 각각의 복제개시점은 세포주기당 한번만 사용되어짐에 틀림없다.

진핵생물의 복제와 관련된 효소학은 좀 더 복잡하다

진핵생물들의 복제장치는 세균에서 발견된 것과 유사하다. 그러나 그것은 좀 더 크고 복잡하다. 복제의 개시는 풀기효소와 시발효소 복합체가 주형에서 조립될 수 있게 하여 중합효소가 그것의 슬라이딩 클램프 단위(sliding clamp unit)를 가지고 적재될 수 있도록 좀 더 많은 요소들을 요구한다.

진핵생물의 시발효소는 RNA 중합효소와 DNA 중합효소의 복합체라는 점에서 흥미롭다. 그것은 처음에 짧은 RNA 시발체를 만든다. 그런 다음 DNA를 가지고 최종 시발체를 생산하기 위해 연장된다. 이렇게 첨가된 복합성에 대한 이유는 아직도 명확하지가 않다.

그림 14.20 인간 염색체 한 개의 DNA. 이 염색체는 그것의 패킹 단백질로부터 대부분 풀어져 있어 DNA의 원래 모습으로 남아 있다. 나머지 단백질의 골격은 현미경 사진의 아랫부분에서 검은 부분으로 보여지고 있다.

주요 복제 중합효소 그 자체는 두 개의 다른 효소가 함께 일하는 복합체이다. 하나는 DNA 중합효소 엡실론(*pol ε*) 과 다른 DNA 중합효소 델타(*pol δ*)이다. 효소복합체가 주형에 붙어 머무르게 하는 활주클램프 소단위체를 PCNA(증식세포핵항원)라고 한다. 이러한 드문 이름들은 PCNA가 처음에 세포증식에서 항체를 유도하는 단백질로서 알려졌었다는 사실을 반영한다. PCNA 활주클램프는 3량체를 형성하나 이 구조는 β 활주클램프와 비슷하다. 그 클램프로더는 또한 세균의 구조와 유사하다. 추가적인 복합성에도 불구하고, 리플리솜의 활동은 일찍이 대장균에서 설명되어진 것들과 유사하고, 복제갈래는 본질적으로 같은 구성성분을 가졌다.

고세균류의 복제단백질은 진핵생물의 단백질과 유사하다

세포막에 붙어 있는 핵의 부재에도 불구하고 고세균류의 복제 단백질은 세균보다 좀 더 진핵생물과 비슷하다. 주요 복제 중합효소는 중합효소 δ와 가장 유사하고 활주클램프는 PCNA 단백질과 유사하다. 이러한 모든 자료들로부터 얻은 가장 흥미로운 결과는 생명의 세 가지 범역이 염색체 복제와 관련하여 유사한 기능을 가지고 있다는 것이다. 모든 세 영역은 복제갈래에서 클램프로더, 활주클램프, 두 개의 중합효소, 풀기효소와 시발효소를 가지고 있는 유사한 단백질 복합체를 조립한다.

생물의 염색체의 말단들은 말단소체라 부르는 특수화된 구조를 가지고 있다

말단소체(telomeres)라고 부르는 특수화된 구조는 진핵생물의 염색체의 말단에서 발견된다. 이러한 구조들은 염색체의 말단을 가수분해 효소로부터 보호하고 직선의 염색체 전체를 유지하는데 필요하다. 이러한 말단소체들은 특정 DNA 서열로 구성되어 있을지라도 그들은 복제 복합체에 의해서 만들어지지 않는다.

복제가 끝나는 방식에 따른 문제점

직선상의 염색체의 구조는 시발체와 함께 요구되는 중합효소의 방향성 등과 같이 염색체의 복제에서 새로운 문제를 만든다.

그림 14.21에 보여진 것과 같은 간단한 직선상의 분자를 고려하라. 오른쪽 방향으로 선도가닥 주형의 5′말단까지 복제를 진행하는 것은 문제가 없다. 5′→3′ 방향으로 이동하며 중합효소가 말단에 도달하면 결국 주형의 말단을 지나가게 된 후 복제가 끝나게 된다.

문제는 다른 가닥에 있다. 지체가닥의 3′ 말단에서 마지막 시발체가 제거됨에 따라는 시발체가 붙지 못하는 간극이 생기게 되어, 중합효소 복합체가 이 가닥의 맨 끝까지 복제를 완성할 수 없게 만든다(**그림 14.21**). 이 문제점이 해결되지 못하면, 세포분열의 횟수가 늘어남에 따라 염색체가 점차적으로 짧아지는 결과를 가져온다.

이 문제의 해결방식은 UCSF의 블랙번(Elizabeth Blackburn)에 의해서 밝혀졌다. 그녀는 말단소체 부분을 연구 했고, 그것들이 TTAGGG서열의 수천 개의 반복적 서열로 구성되어 있다는 것을 알았다. 블랙번은 또한 말단소체 부분이 생식계열 세포보다 체 세포 조직의 염색체에서 훨씬 더 짧다는 것을 발견했다. 그녀는 이 이유가 체세포에는 매번 DNA 복제를 할 때마다 말단소체의 일부분이 염색체로부터 조금씩 유실되기 때문이라고 생각했다. 그렇다면 몇십년 동안 계속해서 분열하는 생식계열 세포들은 이 함정을 어떻게 피하는가? 블랙번과 동료 과학자 쇼스택(Jack Szostak)은 세포가 세포말단을 길게 만드는 특별한 효소를 가지고 있다고 제안했다. 1984년에 블랙번의 대학원생 그라이더(Carol Greider)는 이 효소를 발견하고, 말단소체복원효소(telomerase)라고 명명했다. 말단소체복원효소의 구조는 말단소체의 특징을 설명한다. 말단소체복원효소는 주형으로 DNA가 아니라 내부의 RNA를 사용한다(**그림 14.22**). 그 효소는 내부의 RNA와 상보적인 짧은 DNA 서열을 합성한다. 한 번의 합성 이후에 효소는 이동하여 다시 내부 RNA를 복사하여 반복서열을 이끌어낸다. 이 반복서열의 상보가닥은 DNA 중합효소 복합체가 이를 주형으로 합성하여 만들어낸다. 마지막 퍼즐 조각은 말단소체복원효소가 생식세포에서는 활성화 되어 있으나 체세포 내에서는 그렇지 않다는 것이다. 이 발견으로 블랙번, 그라이더, 쇼스택은 2009년에 노벨 생리학, 의학상을 수상했다.

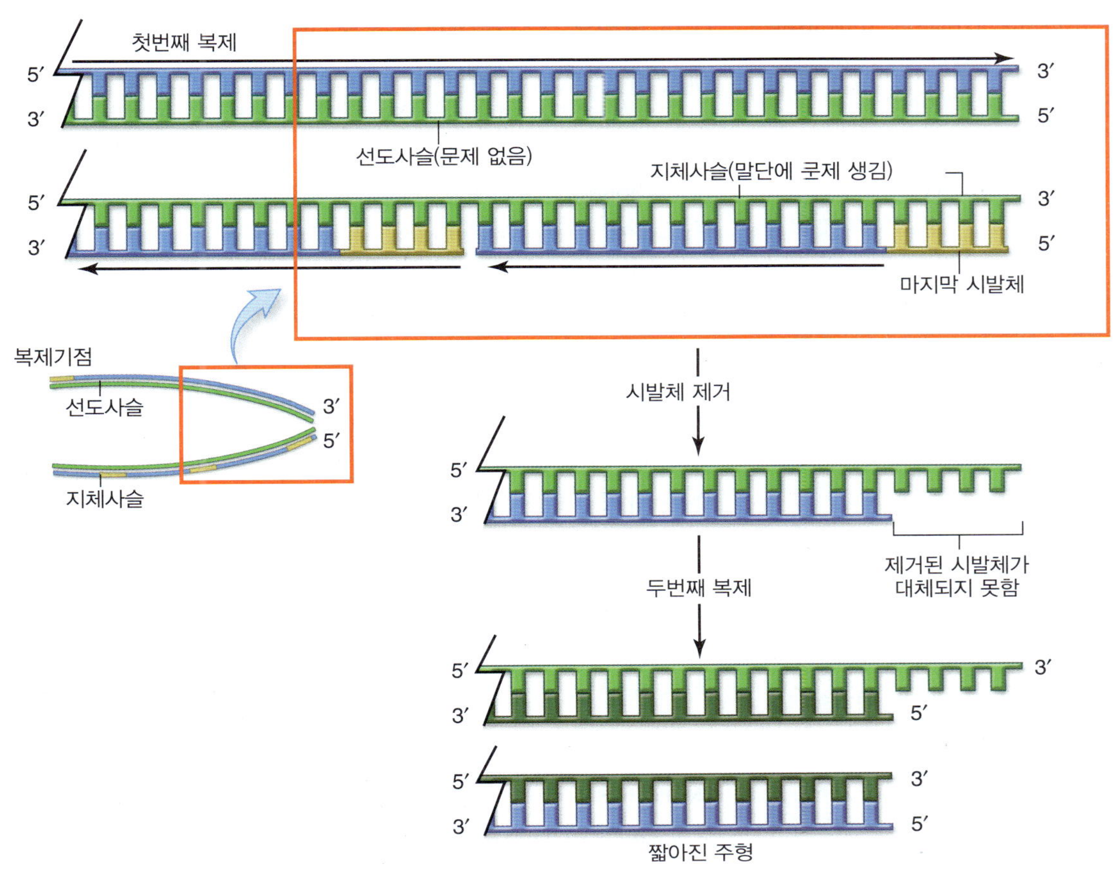

그림 14.21 직선 DNA 말단의 복제. 문제는 양쪽 말단에서 일어나지만 편이성을 위해 한쪽말단만 보여진다. 선도가닥은 완전히 복제될 수 있다. 그러나 지체가닥은 끝을 낼 수 없다. 마지막 시발체가 제거됐을 때 그것은 대체될 수 없다. 다음 회의 복제 동안, 이렇게 짧아진 주형이 복제됐을 때, 그것은 더 짧은 염색체를 생산할 것이다.

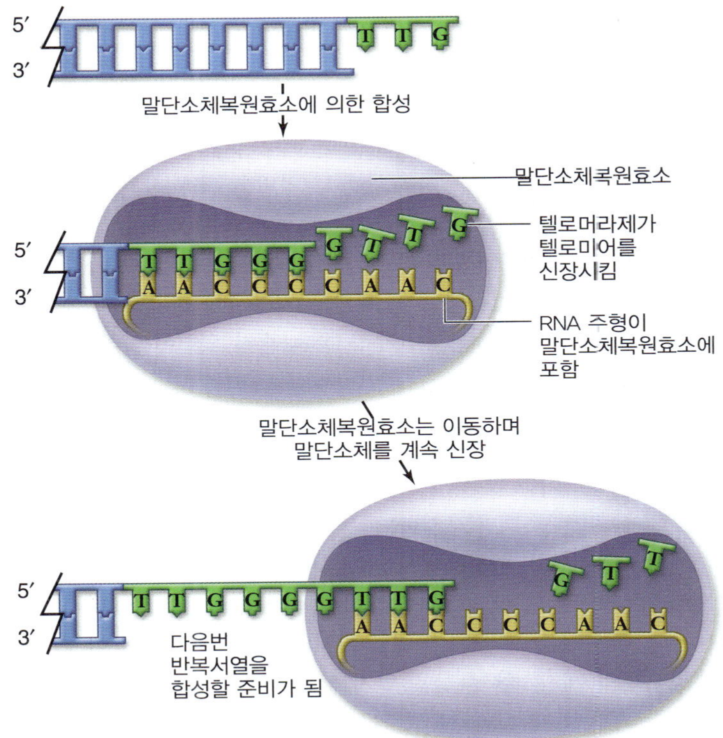

그림 14.22 말단소체복원효소의 활동. 말단소체는 염색체의 말단의 DNA를 연장하기 위한 주형으로 사용하는 내부 RNA를 포함한다. 말단소체복원효소에 의한 여러 횟수의 합성은 반복되어지는 서열을 생산한다. 이 하나의 가닥은 그것을 주형으로 사용하는 정상적인 합성에 의해서 완전해진다.

말단소체복원효소, 노화, 암

염색체 말단이 점진적으로 짧아지는 것은 말단소체복원효소의 부재에서 일어난다. 인간의 배아기와 유아기의 발달 동안에 말단소체복원효소의 활동은 높으나 성인의 대부분의 체세포에서는 낮다. 림프구와 같이 그들의 기능의 한 일부로서 분열을 해야 하는 세포에는 예외가 있다. 체세포에서의 말단소체복원효소의 활성은 그 유전자의 발현을 막음으로써 낮게 유지된다. 말단소체복원효소의 부재에서 염색체의 길이가 짧아지는 것에 대한 증거는 소체복원효소의 활성이 없는 마우스를 만들어서 얻어졌다. 이 마우스들은 6세대까지는 정상적으로 보인다. 그러나 그들은 말단소체를 꾸준히 감소시켜 결과적으로 생존력이 없는 자손을 낳게 하는 것을 보여준다.

이러한 결과들은 세포의 노화와 말단소체의 길이와의 관계를 가리킨다. 정상적인 세포들은 배지에서 자랄 때 정해진 수의 분열만 겪는다. 이 제한은 적어도 말단소체의 길이에서 기원하다.

노화와 말단소체 길이 사이의 관계에 대한 지지는 말단소체복원효소가 첨가된 배지에 섬유아세포를 배양하는 실험에서 기원한다. 이 세포들은 그들의 수명이 말단소체복원효소가 없는 대조군에 비해 증가하였다. 흥미롭게도 이 세포들은 악성세포들의 특징을 보여주지 않는데 이것은 말단소체복원효소 단독으로 세포의 악성화를 만들지 않는다는 것을 가리킨다.

그러나 말단소체복원효소와 암 사이에서의 관계가 발견되었다. 암세포들은 계속해서 분열을 무한적으로 하고, 이것은 그들의 염색체가 계속적으로 짧아진다면 불가능할 것이다. 암 세포들은 일반적으로 높은 말단소체복원효소의 활성을 보여주고, 이에 따라 말단소체의 길이가 유지된다. 그러나 이것은 그들이 정상적인 세포 성장 조절 작용을 피하는 여러 방법 중의 하나일 뿐이다.

개념 정리 14.5

진핵세포의 복제는 염색체들로 구성되어있는 많은 양의 DNA와 선형 염색체 구조에 의해서 복잡해진다. 진핵생물들은 다수의 복제기점을 사용함으로써 복제 시간을 단축한다. 선형으로 된 염색체 말단은 완벽하게 복제되어질 수 없다. 특수화된 말단, 즉 말단소체는 내부의 RNA 주형을 사용하는 말단소체복원효소에 의해서 합성이 된다.

- 말단소체가 비정상적으로 짧아지거나 말단소체복원효소의 활성이 없을 때 어떤 결과가 일어나는가?

14.6 세포는 손상된 DNA를 복원한다

여러분이 미리 배웠듯이 많은 DNA 중합효소가 첨가된 염기의 교정이 가능한 3′→5′ 핵산말단가수분해효소 활동을 가진다. 이 활동은 복제의 정확성을 증가시킨다. 그러나 여전히 실수는 남아있다. 추가적인 실수의 교정기작 없이 세포는 허용될 수 없는 비율로 오류가 축적될 것이며, 치명적이 돌연변이를 일으킬 만큼의 높은 수준을 이끌 것이다.

세포는 특이적, 비특이적 복원 시스템을 둘 다 가지고 있다

학습목표 14.6.1 DNA 복원의 특이적 형태와 비특이적 형태를 비교 대조하여라.

DNA 복제과정의 오류뿐 아니라, 세포는 항상 DNA에 손상을 입히는 다양한 매체에 노출되어 있다. DNA에는 돌연변이가 발생할 수 있고, 일정 수준 이상으로 돌연변이의 빈도를 증가시키게 되는 모든 매체들을 **돌연변이 유발원(mutagen)**이라고 한다. 생명체가 접할 수 있는 잠재적인 돌연변이 유발 매체들의 종류는 어마어마하다. 햇빛 자체도 자외선 영역대의 광선은 돌연변이를 유발한다. 대개는 오존에 의해 대부분의 해로운 자외선은 햇빛에서 걸러지게 되지만 일부는 남아 있다. 햇빛과 돌연변이 사이의 상관관계는 오존층에 구멍이 생긴 남반구 지역에서 피부암이 증가하는 것에 의해 명백히 알 수 있다.

생명체들은 또한 음식이나 주변환경으로부터 화학적 돌연변이 유발원들과 접하게 될 수도 있다. 돌연변이 유발원을 찾아내는 간단한 검사법이 고안된 후로, 우리 주변환경과 음식물에서 놀라울 정도로 다양한 종류의 잠재적 돌연변이 유발원들이 검출되었다. 그 결과로 오늘날에는 모든 소비재들은 우리에게 노출되는 돌연변이 유발원의 양을 줄이기 위한 검사과정을 거친다.

DNA 복원은 손상된 DNA를 회복시킨다

세포가 돌연변이 유발원에 노출되는 것을 피할 수는 없다. 하지만 세포는 그 안에서 발생하는 DNA 손상의 일부를 복원가능하게 시스템의 진화를 이루어 왔다. 이러한 DNA 복원 시스템은 독립적으로 생존하는 단세포 생물과 다수의 세포들로 이루어진 다세포 생물 모두에게 지속적인 생존을 위해 필수적이다.

DNA 복원의 중요성은 지금까지 확인되고 연구되어진 복원시스템의 종류가 매우 많다는 사실에서 알 수 있다. 조사된 모든 세포들은 다양한 방식으로 손상된 DNA를 수선하고 복제과정에 일어난 오류를 복구한다는 것을 보여준다. 이러한 시스템들은 완벽하지는 않으나 돌연변이를 생명체에서 허용될 수 있는 수준으로 줄여준다. 지금부터 우리는, 다양한 복원 방식 중 두 개의 예에 집중하여 DNA 복원 작용을 설명할 것이다.

복원작용은 특이적이거나 비특이적일 수 있다

DNA 복원작용은 일반적으로 특이적과 비특이적 두 개의 범주로 구분된다. 특이적 복원 시스템은 DNA에서 특정 종류의 손상형태만을 표적으로 하고 복원을 한다. 복원의 비특이적 복원 시스템은 다양한 종류의 DNA 손상을 복원하는 데에 하나의 기작을 사용한다.

광복원: 특이적 회복 기작

광복원(photorepair)은 자외선에 의해 발생하는 티민2합체(*Thymine dimer*)라고 불리는 손상구조에 대해 특이적이다(그림 14.23). 티민2합체는 인접한 두 티민염기들이 자외선에 대한 ❶ 광화학반응을 통하여 ❷ 공유결합을 형성함으로써 만들어진다.

이러한 티민2합체의 복원은 광복원을 포함한 다양한 경로에 의해서 이루어진다. 광복원 과정에서는 포토리아제(*photolyase*)라고 하는 효소가 가시광선을 흡수하고 이 에너지를 사용하여 티민2합체를 절단한다❸. 이러한 작용으로 두 티민은 원래 상태로 회복된다❹. 광복원은 가시광선이 차단된 세포에서는 일어나지 않는다.

포토리아제 효소는 진핵생물과 원핵생물 모두에서 발견되는 매우 오래된 복구 시스템이다. 세포가 지구상에 존재하기 시작한 이래로 자외선과 이로 인한 잠재적 DNA 손상 위험에 항상 노출되어 왔기 때문이다.

절제수선: 비특이적 복원 기작

대표적인 비특이적 복원 형태는 **절제수선(exision repair)**이다. 이 경로에서는, 손상 부위는 절단되어 제거되고 DNA 합성에 의해 대체된다(그림 14.24). 대장균에서 이 기능은 *uvr A*, *B*, *C* 유전자에 의해서 암호화되는 단백질들에 의해서 이루어진다.

절제 수선은 세 가지 단계를 거친다: ❶ 손상부위의 인식, ❷ 손상부위의 제거, ❸ 손상을 받지 않은 가닥의 정보를 주형으로 사용한 재합성. 인식과 절제는 UvrABC 복합체에 의해 이루어진다. UvrABC 복합체는 손상부위에 결합하고 손상부위의 한쪽 부위에서 DNA 한 가닥을 자르고, 그것을 제거한다. 합성단계에서는 DNA 중합효소 pol I 이나 Pol II가 손상된 DNA를 대체한다. 이 과정에서 손상된 가닥은 상보적인 가닥의 정보를 사용하여 원래 정보

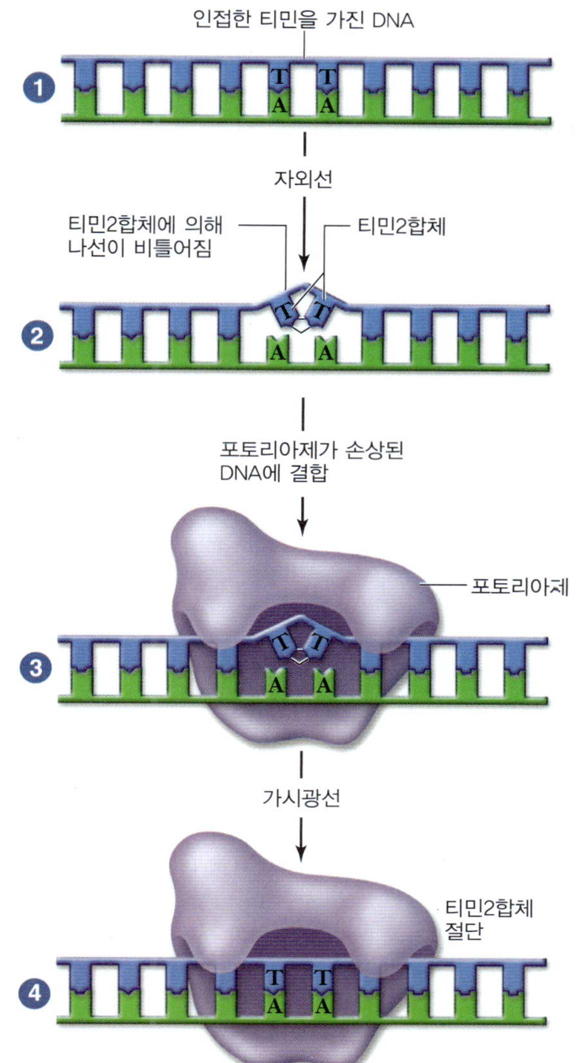

그림 14.23 **광복원에 의한 티민2합체의 수선.** UV 빛은 광화학적 반응에 의해 두 개의 이웃한 티민 사이에 공유결합을 형성하여 티민2합체를 만들기 위하여 촉매될 수 있다. 포토리아제 효소는 손상을 인지하고 티민2합체에 붙는다. 효소들은 가시광선을 흡수하고 그 에너지를 사용하여 티민이합체를 끊어버린다.

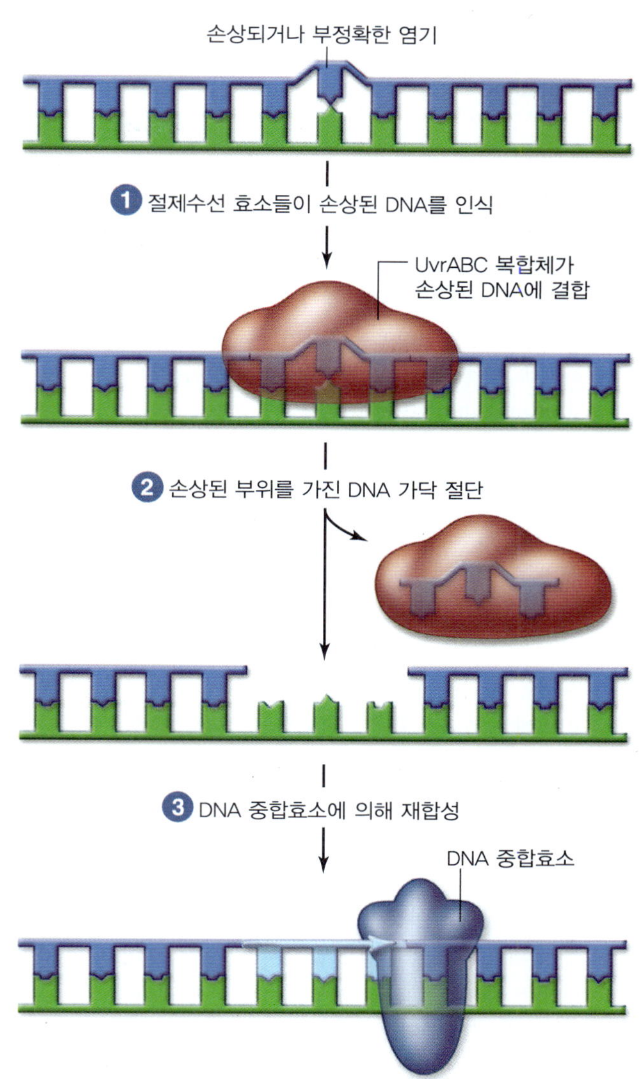

그림 14.24 **절제수선에 의해 손상된 DNA의 수선.** 손상된 DNA는 uvr 복합체에 의해서 인식되어진다. 손상된 부위에 붙어 그것을 제거한다. DNA 중합효소에 의한 합성은 손상된 부위를 대체한다. DNA 연결효소가 과정들을 끝낸다(그림에선 생략).

를 회복한다.

다른 회복 경로

세포들은 또 다른 형태의 비특이적 복원 기작을 가지는데, 이들은 그 특성상 오류가 없는 형태와 오류-유발의 두 종류로 구분된다. 오류를 유발하는 복원 경로가 존재한다는 것이 다소 의아하게 보이겠지만, 이는 세포가 매우 거대한 규모의 손상에 처하게 되어 오류 없는 시스템들이 모두 압도된 상황에서 최후의 수단으로 세포를 구하려는 노력이라고 볼 수 있다. 실제로, 대장균에서는 이 시스템을 "SOS 반응"이라고 부른다.

세포들은 또한 DNA 절단으로 인한 손상을 복원한다. 이 시스템들이 사용하는 효소들은 감수분열 시 재조합에 관여하는 효소들이다(11장). 재조합에 사용되는 효소들은 원래는 DNA 복원을 위해 진화된 것이라는 의견이 지배적이다.

세포가 가진 다양한 DNA 복원 시스템들과 이들에 의해 복원될 수 있는 광범위한 종류의 손상들은 유전체를 손상없이 보전하는 것이 세포에 얼마나 중요한지를 보여준다. 유전체의 정확한 복제는 이 과정 동안 일어나는 오류와 다른 환경적 요인에 의해 발생하는 DNA에 대한 손상을 복원할 수 없다면 아무런 쓸모가 없다.

개념 정리 14.6

DNA 복원은 복제의 오류나 손상원인에 대한 노출 때문에 중요하다. 세포들은 다수의 복제경로를 가진다. 일부는 한가지 형태의 손상에 특이적이 고 다른 것들은 비특이적이다. 광복원은 자외선에 의해 유발되는 티민2합체를 원상태로 돌려놓는다. 절제수선은 손상된 부위를 제거하고 대체하는 비특이적 복원이다.

- 세포가 DNA 복원이 없이 살 수 있을까?

돌연변이는 무작위적인가 또는 환경에 의한 것인가?

생물학자들이 멘델의 형질들이 돌연변이들로부터 생긴 대안적 형태의 DNA서열이라는 사실을 인지하게 되자, 아주 중요한 의문점에 대한 대답이 필요했다. 돌연변이는 염색체에서 DNA의 어느 곳에서도 일어날 수 있는 무작위적인 것인가? 또는 환경에 의해서 상당부분 조절되어지는 것인가? 예를 들어 담배에 있는 돌연변이 유발원은 무작위적인 위치에 있는 DNA에 손상을 입히는 것인가? 아니면 그들이 선택적으로 세포 주기 조절 유전자 등의 특정 부위를 찾아서 바꾸는가?

이 중요한 문제는 1943년에 분자유전학의 개척자인 루리아(Salvadore Luria)와 델브룩(Max Delbruck)이 수행한 명쾌하고 믿을 수 없을 만큼 간단한 실험에 의해 해결되었다. 그들은 실험실에서 배양하는 대장균에 일어나는 특정 돌연변이를 살펴보기로 하였다. 대장균은 T1 바이러스에 쉽게 감염되는데, 이 바이러스는 작은 화학적 기생충으로서 세균을 감염하여 그 안에서 복제를 하면서 세균을 죽이게 된다. 만약 10^5개의 대장균 세포를 10^{10}개의 T1 바이러스에 노출시킨 후, 그 혼합물을 배양접시에 뿌려 놓는다면 감염된 세포들은 단 하나도 살지 못하고 죽는다. 그러나 같은 시험을 10^9개의 세포를 사용하여 반복하면, 많은 세포들이 생존한다. 이들을 조사한 결과, 이러한 세포들은 T1 감염에 저항성을 가지게 된 돌연변이체란 것이 밝혀졌다. 문제는 이러한 돌연변이가 T1 바이러스에 의해 일어난 것인지, 아니면 이것이 너무 드물게 발생하는 현상이어서 10^5개의 세포에서는 발견할 수 없었지만 10^9 개의 세포에서는 충분히 발견될 수 있었는가 하는 것이다.

이 질문에 대답을 하기 위해, 루리아와 델브룩은 그림에서 보여진 것처럼 방황실험(Fluctuation test)이라고 하는 간단한 실험을 고안했다. 4개의 독립적인 세균 배양액을 5세대에 걸쳐 키운 후 5세대 째에서 저항성이 검사되었다. 만약 T1바이러스가 돌연변이를 일으킨다면(그림의 윗줄), 각 배양이 바이러스 저항 세포에 있어서 큰 "방황"이 없는(4 배양 간에 변이가 별로 없는) 결과가 얻어질 것이다.

반면에 돌연변이가 자발적이라면 저항성을 가진 세포의 수가 각 세대에서 거의 같을 가능성이 크다. 그렇게 되면 T1 저항성 돌연변이가 초기에 일어난 세균 배양은 5번째 세대까지 가면 돌연변이가 나중 세대에서 일어난 것보다 훨씬 더 많은 저항성 세포를 가지게 되어 보다 큰 방황성(fluctuation)을 보여주게 될 것이다. 표는 그들이 20개의 배양을 실험에 사용하여 해서 얻은 결과이다.

T1 바이러스 저항성 세균의 수

배양 수	확인된 저항성 균락 수	배양 수	확인된 저항성 균락 수
1	1	11	107
2	0	12	0
3	3	13	0
4	0	14	0
5	0	15	1
6	5	16	0
7	0	17	0
8	5	18	64
9	0	19	0
10	6	20	35

분석

1. **개념의 적용.** 이 실험에서 종속 변수들이 존재하는가? 설명하여라.
2. **자료해석.** 20개의 배양에서 발견되는 T1 저항성 균체들의 평균 숫자는?
3. **추론.**
   a. 20개의 개별 배양을 비교하였을 때 배양이 유사한 숫자의 T1 저항성 세균 세포들의 수를 보여 주는가?
   b. 아래 그림의 두 개의 양자택일 적인 결과 (a) 또는 (b) 중에 어느 것이 루리아와 델브룩의 실험에서 얻어진 결과와 유사한가?
4. **결론 끌어내기.** 이 데이터들은 대장균에서 T1 저항성에 대한 돌연변이가 T1 바이러스의 노출에 의해 일어난 것이라는 가설과 일치하는가? 설명하여라.

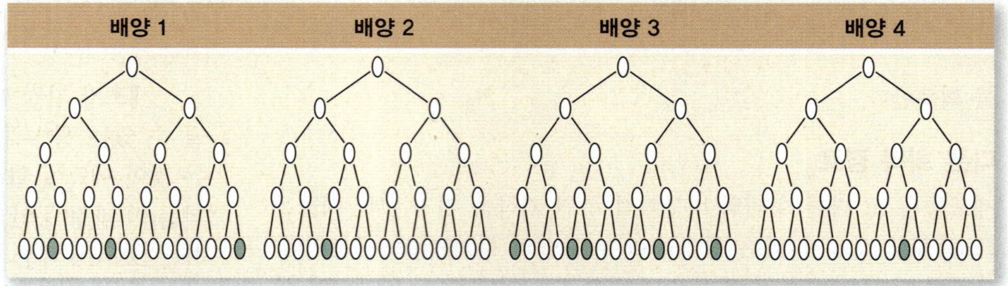

a.

배양 1 배양 2 배양 3 배양 4

b.

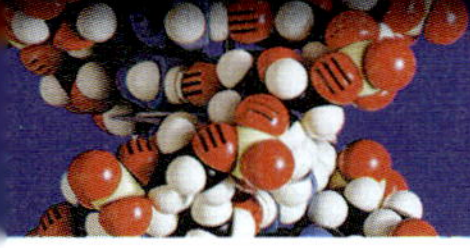

학습 과정 복습

개념 14.1 DNA는 유전물질이다

14.1.1 DNA의 이동은 세균의 유전적 형질전환을 유발한다 비병원성의 폐렴연쇄상구균으로부터 알려지지 않은 물질을 받아들여 병원성이 되게 할 수 있다.

14.1.2 형질전환 물질은 DNA이다 형질전환 물질은 DNA 분해효소에 의해 비활성화 될수 있다. 그러나 단백질 분해효소에 의해서는 아니다.

14.1.3 바이러스유전자는 단백질이 아닌 DNA로 만들어졌다 방사성 라벨은 파지의 감염 매체가 그것의 DNA이고 단백질이 아니라는 것을 보여줬다.

개념 14.2 DNA분자는 이중나선형이다

14.2.1 DNA는 뉴클레오티드의 중합체이다 DNA를 만드는 벽돌들인 뉴클리오티드는 데옥시리보스와 염기, 아데닌(A), 구아닌(G), 시토신(C), 티민(T)를 포함한다. 인산 디에스테르결합은 하나의 뉴클리오티드의 5′ 인산과 다른 뉴클리오티드의 3′ 수산기 사이에서 형성된다.

14.2.2 DNA는 단순한 반복의 중합체가 아니다 샤가프는 똑같은 양의 아데닌과 티민, 시토신과 구아닌이 DNA 에 존재한다는 것을 알았다.

14.2.3 X–선 회절 패턴은 DNA가 나선형 모양임을 제시한다 프랭클린과 윌킨스의 X-선 회절에 대한 연구는 DNA가 나선형 구조를 가졌다는 것을 가리켰다.

14.2.4 DNA는 이중나선형 구조이다 DNA는 일반적인 나선형 축을 감싸고 있는 두 가닥의 역평형의 폴리뉴클리오티드로 구성된다. 이것은 특정 염기들 쌍(AT와 GC)의 수소 결합에 의해 함께 유지되어진다. 두 가닥은 서로 상보적이다.

개념 14.3 DNA 두 가닥은 복제 동안에 복사된다

14.3.1 DNA 복제는 반보존적이다 반보존적 복제는 한 가닥의 DNA 분자를 새로운 가닥을 합성하기위해 사용한다. 메셀슨과 스탈은 라벨된 DNA의 밀도를 생산물들이 하나의 새로운 가닥과 하나의 낡은 가닥으로 구성된다는 것을 보여줬다 DNA 복제는 주형, 뉴클레오티드, 중합체효소를 요구한다. 모든 새로운 DNA 분자들은 DNA 중합효소가 주형을 복사하는 것에 의해 생산되어진다. 중합효소는 모두 새로운 DNA를 5′→3′ 방향으로 합성하며, 시발체를 요구한다.

개념 14.4 원핵생물은 DNA를 복사하기 위해 사용되는 효소들을 체계화한다

14.4.1 원핵생물의 복제는 독특한 부위해서 시작하고 끝난다 *E. coli* 복제개시점은 쉽게 열리기 쉬운 AT-가 많은 염기서열을 가진다. 염색체와 복제개시점은 리플리솜을 형성한다. *E. coli*는 적어도 세 개의 다른 DNA 중합효소를 가진다. 일부 DNA 중합효소는 말단가수분해효소 활동을 한다. 중합효소 I, II, 와 III는 모두 잘못 쌍을 이룬 염기를 제거하는 3′→5′ 핵산말단가수분해쇼소 활성을 가진다. 중합효소 I은 RNA 시발체를 제거하는데 중요한 염기를 3′→5′방향으로 제거할 수 있다. DNA를 푸는 것은 에너지를 요구하고 꼬임 구조를 일으킨다. DNA 풀기효소는 ATP로부터 에너지를 DNA를 풀기 위해 사용한다. 도입되어지는 꼬임 현상은 DNA 기라아제에 의해서 제거된다.

14.4.2 복제는 반 불연속적이다 복제는 한 가닥은 불연속적이다. 연속적인 가닥은 선도가닥이고, 불연속적인 가닥은 지체가닥이다. 합성은 복제갈래에서 일어나고 복제갈래에서 선도가닥의 합성은 하나의 시발체를 요구하고 중합효소는 β아단위에 의해서 주형을 잡는다. 지체가닥 위에서 DNA 프리마아제는 시발체를 주기적으로 첨가하고 DNA 중합효소 III은 오카자키 절편들을 합성한다. DNA 중합효소 I은 시발체 절편들을 제거하고 DNA 연결효소는 절편들을 연결시킨다.

14.4.3. 세균은 DNA를 복제하는 소기관을 가진다 리플리솜은 두 카피의 중합효소II, DNA 프리마아제, 풀기효소, 다수의 부수적인 단백질들로 구성되어 있다. 그것은 지체가닥에서 루프를 만들면서 한 방향으로 이동하여 역평형 주형가닥이 같은 방향으로 복사가 되게 해준다.

개념 14.5 진핵생물의 염색체는 크고 직선구조다

14.5.1 아주 큰 염색체의 복제는 새로운 문제를 만든다 그들은 S기에 이용되는 시간에서 DNA를 복제하기 위해 다수의 복제개시점을 요구한다. 진핵생물의 프리마아제는 짧은 가닥의 RNA를 합성하고 DNA를 만들기 위해 바꾼다. 시발체는 주요 복제 중합효소에 의해서 연장된다. 활주클램프의 소단위는 PCNA라고 하는 단백질이다. 고세균류의 복제 단백질은 활주클램프, 클램프로더와 DNA 중합효소를 포함하고 있고, 원핵생물보다 진핵생물의 것과 더 유사하다. 직선상의 염색체는 말단소체라고 하는 특수한 말단을 가지고 있다. 그들은 내부의 RNA를 주형으로 사용하는 말단소체복원효소에 의해서 만들어진다. 어른 세포들은 말단소포체복원효소의 활동이 부족하다.

개념 14.6 세포는 손상된 DNA를 복원한다

14.6.1 세포는 특이적, 비특이적 복원 시스템을 둘 다 가지고 있다 복제로부터의 오류와 UV와 화학적 돌연변이 유발체와 같은 매개체에 의한 손상은 돌연변이를 일으킨다. 복구 기작이 없이 세포는 돌연변이를 축적하게 될 것이다. 복원은 광복원처럼 특이적이거나, 여러 종류의 손상에 하나의 기작을 사용하는 비특이적 두 가지가 있다. 절제수선은 비특이적이고, 손상된 DNA 부위를 제거하고 대체한다.

학습 과정 평가

개념 14.1 DNA는 유전물질이다

이해

1. 살아있는 병원균 세균과 열처리에 의해 죽은 세균을 사용한 그리피스의 실험에서 알게 된 중요한 발견은 무엇인가?
   a. 매끄러운 표면을 가진 세균은 마우스를 죽일 수도 있었다.
   b. 거친 표면을 가지고 있는 세균은 치명적이지 않다.
   c. DNA는 유전물질이다.
   d. 유전 물질은 죽은 세균으로부터 살아있는 세균으로 이동될 수 있다.
2. 허쉬와 체이스는 방사성의 인과 황을 왜 사용하였나?
   a. DNA와 단백질을 같은 분자로 라벨하기 위해서
   b. DNA와 단백질을 다르게 표지하기 위해서
   c. 형질전이 물질을 밝히기 위해서
   d. b와 c 모두 옳다.

응용

1. R 세포들이 S 세포로 되게 하는 인자를 추출하기 위해서 에이버리와 동료들은 죽은 S 세포들을 분별했다 그리고 다음과 같은 용액을 처리했다.
   용액 A: 탄수화물 캡슐을 제거하는 화학물질이 처리됨
   용액 B; 단백질을 분해시키는 효소를 처리
   용액 C: RNA를 분해시키는 효소로 처리
   용액 D: DNA를 분해시키는 효소를 처리
   각 용액은 R 세포에 따로따로 첨가 되어졌다. 어떤 용액이 R 세포를 S 세포로 바꾸는 것이 불가능하겠는가?
   a. 용액 A, B, C
   b. 용액 B, C
   c. 용액 D
   d. 모든 용액 – 살아있는 S 세포가 이 실험에서 필요로 되어진다.

종합

1. 1940년대까지 아주 적은 사람들이 유전물질이 DNA라고 믿어왔다. 사실 많은 사람들은 그것이 단백질이리라고 믿었다. 왜 당신은 DNA가 유전물질로 받아들여지기까지 그렇게 오래 걸렸다고 생각하는가?

개념 14.2 DNA는 이중나선형이다

이해

1. 두 개의 상보적인 DNA 가닥들은 서로 어떤 결합에 의해 연결되어 있나?
   a. 수소결합
   b. 이온결합
   c. 펩티드 결합
   d. 인산디에스테르 결합
2. R프랭클린의 X-선 회절 자료의 분석은 무엇을 보여줬는가?
   a. 어떤 염기가 서로 상보적인가
   b. DNA가 2nm직경의 나선형이라는 것
   c. 염기의 호변이성 형태가 DNA에서 발견된다는 것
   d. a와 b
3. 샤가프는 다른 소스로부터 오는 DNA 의 구성성분을 연구하여 어떤 점을 발견했는가?
   a. 다수의 인산기가 항상 5 carbo sugar의 수와 같다.
   b. A의 비율이 C와 같고, G는 T 와 같다.
   c. A의 비율이 T와 같고, G는 C 와 같다.
   d. 퓨린은 피리미딘과 결합한다.
4. 다음 중 어떤 것이 왓슨과 크릭의 DNA 구조 모델의 일부가 아닌가?
   a. DNA는 두 가닥으로 구성되어 있다.
   b. 두 가닥의 DNA는 평행적으로 위치한다(5′→3′).
   c. 퓨린은 피리미딘과 결합한다.
   d. DNA는 이중 나선을 형성한다.

응용

1. 너 자신의 세포에서 DNA를 분석할 때, 당신이 15%의 뉴클리오티드가 티민이라는 것을 결정할수 있다고 가정한다면, 시토신은 몇%인가?
   a. 15%
   b. 35%
   c. 60%
   d. 85%
2. 알 수 없는 병에 걸린 병원 환자들로부터 세포를 추출하여 배양을 하였다. 그런 다음 그 배양으로부터 DNA를 추출했다. 당신은 얻어진 DNA 샘플이 두 개의 아주 다른 종류의 DA를 가지고 있다는 것을 알았다. 하나는 두가닥의 인간 DNA이고, 다른 하나는 한가닥의 바이러스 DNA이다. 당신이 두 개의 정제된 DNA의 성분을 분석하였을 때, 다음과 같은 결과를 얻었다.

   튜브#1. 22.1% A: 27.9%C: 29.7%G: 22.1% T
   튜브#2. 31.3% A: 31.3%C: 18.7% G: 18.7%T

   두 개의 튜브 중에 어느 것이 한 가닥의 바이러스 DNA를 가지고 있는가?

종합

1. DNA가 유전물질이라는 발견은 번뜩이는 통찰력이라기보다 실험의 여정이였다. 각각의 실험들을 강조하여 이 여정을 1676년 아이작 뉴튼에게 돌려진 말을 정리하기위해 사용하여라. (일부는 샤르트르의 베르나드가 1130년에처음에 말했던 것이다.) 과학자들은 “거인의 어깨에 서 있음으로서 새로운 생각을 짓는다”.

개념 14.3 DNA 두 가닥은 복제 동안에 복사된다

이해

1. DNA복제의 기본 기작은 두 개의 새로운 분자들을 가지고 있는 반보존적이라는 것이다.
   a. 각각 새로운 가닥들을 가지고 있는
   b. 하나는 모드 새로운 가닥이고 다른 가닥은 모두 낡은가닥들이다.
   c. 각각은 하나의 새로운 가닥과 하나의 낡은 가닥을 가진다.
   d. 각각은 낡은 가닥과 새로운 가닥들을 혼합물을 가진다.
2. 메셀슨과 스탈이 실험은 라벨되어질 밀도를 사용했다.
   a. DNA복제의 방향성을 결정하기 위해서
   b DNA 와 단백직을 다르게 라벨하기 위해서
   c. 새로 합성된 가닥과 옛날 가닥을 구별하기 위해서
   d. 복제되어진 DNA와 RNA 시발체를 구별하기 위해서.
3. DNA 중합효소에 관한 것 중 옳지 않은 것은?
   a. 그들은 효소이다.
   b. 그들은 자라는 사슬의 3′ 말단에 뉴클레오티드를 첨가함으로써 DNA 중합체를 만든다.
   c. 성장가닥에 가각의 뉴클레오티드를 첨가하기 위해서 ATP를 요구한다.
   d. 그들은 한가닥의 주형을 요구한다.

응용

1. 만약 복제가 반보존적 대신에 보존적이라면 어떤 경향의 밴드가 메셀슨과 스탈이 두 번의 복제 후에 보일 것인가?
   a. 오직 진한 무거운 밴드
   b. 하나의 무거운 밴드와 가벼운 밴드 그리고 중간 밴드
   c. 무거운 밴드와 진한 가벼운 밴드
   d. 같은 강도의 무겁고 가벼운 밴드

종합

1. 메셀슨과 스탈의 실험에서, 대조군 실험은 한 번의 복제 후에 교잡밴드가 사실상 두 개의 완전한 가닥(하나의 무거운 사슬과 하나의 가벼운 사슬)들이란 사실을 보여줬다. 똑같은 실험을 척에 있는 대로 자세하게 준비한다면, 이것을 어떻게 설명할 수 있을까?

개념 14.4 원핵생물은 DNA를 복사하기 위해 사용되는 효소들을 체계화한다

이해

1. 다음 중 어느 것이 DNA 복제 동안에 일어나지 않는가?
   a. 옛가닥과 새가닥 사이들 사이의 상보적인 염기쌍형성
   b. 연결효소 효소에 의해 연결되는 짧은 절편들의 생산
   c. 3′→5′방향으로의 중합
   d. RNA 시발체의 사용
2. 성공적인 DNA 합성을 위해 요구되지 않는 것은?
   a. DNA풀기효소
   b. 내부말단가수분해효소
   c. DNA 프리마아제
   d. DNA 연결효소
3. 다음중 어느 것이 *E.coli*에서 DNA 중합효소들 사이의 정확한 구별인가?
   a. DNA 중합효소I은 선도가닥을 합성하고 DNA 중합효소III는 지체가닥을 합성한다.
   b. DNA 중합효소 III는 선도가닥을 합성하고 DNA 중합효소I은 오카자키 절편을 합성한다.
   c. DNA 중합효소 III는 자유로운 3′OH기를 요구한다. 자라는 가닥에 뉴클레오티드를 첨가하기 위해서.
   d. DNA 중합효소 I과 DNA 중합효소 III는 DNA 복제에서 중요한 역할을 한다. 그러나 DNA 중합효소 II는 DNA 복원에 관여한다.

응용

1. 선도가닥과 지체가닥의 차이점은 무엇의 결과인가?
   a. 오직 DNA의 물리적인 구조
   b. 오직 DNA 중합효소의 활동
   c. 물리적 구조와 중합효소의 활동
   d. 지체가닥의 더 큰 크기
2. 만약 DNA 연결효소의 활동이 복제로부터 제거되었다면 이것은 어떤 점에 큰 영향을 미칠 것인가?
   a. 지체가닥 대 선도가닥의 합성
   b. 선도가닥과 지체가닥의 합성
   c. DNA 합성의 시발체 대 실제 DNA의 합성
   d. DNA 광복원과 복제

종합

1. 당신은 왜 DNA의 당인산 골격이 공유결합에 의해 유지되고, 반면에 두 가닥 사이의 cross-bridge는 수소결합에 의해서 유지되는 것이 중요하다고 생각하는가?
2. 효소의 기능은 DNA의 적절한 복제를 위해서 중요하다. 다음의 효소들의 각각 기능을 잃어 버렸을 때의 결과를 예측하여라.
   a. DNA gyrae
   b. DNA 중합효소 III
   c. DNA 연결효소
   d. DNA 중합효소 I.

개념 14.5 진핵생물은 염색체는 크고 직선구조다

이해

1. 어떻게 진핵생물의 DNA 복제가 세균의 DNA 복제와 다른가?
   a. 그들은 DNA를 복사하는 전적으로 다른 세트의 효소를 사용한다.
   b. 진핵생물은 그들의 DNA 중합효소가 한쪽 방향으로만 합성을 할 수 있기 때문에 지체가닥이 없다.
   c. 세균은 하나의 복제개시점을 가지고 있는 원형의 염색체를 가지고 진핵생물은 다수의 복제개시점을 가지고 있는 직선형의 염색체를 가지고 있다.
   d. 말단소체복원효소는 세균의 DNA 복제를 위해서 필요로 되어지나 진핵생물의 DNA 복제를 위해서는 필요없다.
2. 말단소체는
   a. 원핵과 진핵생물 모두 발견된다.
   b. 체세포에서 복제가 일어난 후 짧아진다.
   c. 중요한 유전자를 포함한다.
   d. DNA 복제가 진핵생물에서 시작하는 AT가 많은 지역이다.

응용

1. 어떻게 말단소체복원효소가 진핵생물의 말단복제의 문제점을 해결하는가?
   a. DNA 중합효소에 붙어 시발체 없이 DNA를 만들 수 있는 능력을 준다.
   b. DNA가닥을 3′→5′방향으로 말들 수 있다.
   c. DNA를 원형으로 만들어 끝이 없도록 한다.
   d. 내부의 RNA 주형을 DNA를 만들기 위해 사용한다.

종합

1. 진핵생물의 DNA 복제가 세균의 DNA 복제와 어떻게 다른지 설명하여라. 그리고 왜 선발이 그러한 차이점에 대한 진화를 좋아하는가를 설명하라.

개념 14.6 세포는 손상된 DNA를 복원한다

이해

1. 다음중 어느 것이 절제수선에 관여하는 효소인가?
   a. photolyase
   b. DNA 중합효소 III
   c. 핵산말단가수분해효소
   d. 말단소포체복원효소

2. 티민이합체에 관해 옳은 것은?
   a. 일반적으로 DNA 복제에서 만들어지는 결과이다.
   b. 두 개의 티민이 실수로 서로 염기쌍을 이룰 때 일어난다.
   c. photolyase에 의해서 수선된다.
   d. a와 b가 옳다.

응용

1. 절제 수선에서 DNA 중합효소는 어떻게 DNA를 프리마아제 요구 없이 만들 수 있는가 ?
   a. 절제 수선에서 사용되어지는 DNA 중합효소는 그 자신의 프리마아제 활성을 가지고 있다.
   b. 3′-OH는 제거되어질 DNA에 이웃한 존재하고 있는 DNA에 의해서 공급되어진다.
   c. 절제수선에 사용되어지는 DNA 중합효소는 존재하는 3′-OH 없이 DNA를 만들 수 있다.
   d. 위에 답이 없다.

종합

1. 세포는 항상 UV 빛과 같은 DNA에 손상을 입히는 요소에 노출된다. 만약 손상을 복원시키는 기능을 가지고 있지 않다면 무슨 일이 일어날까?

15
유전자와 유전의 발현

학습과정

서론

DNA가 유전물질임을 밝힌 실험은 유전과 그들의 발현을 연구하는 분자유전학이라는 새로운 영역의 학문을 여는 계기가 되었다. 곧이어 많은 실험을 통해 DNA 분자들이 특정 단백질을 생산하기 위해 뉴클레오티드 서열에 있는 정보를 어떻게 이용하는지를 발견하게 되었다. 이후의 실험들은 어떻게 DNA 염기서열이 특정단백질의 발현을 조절하는지에 초점을 맞추게 되었다. 이번 장에서는 원핵생물 및 진핵생물의 단백질들이 DNA정보로부터 어떻게 합성되는지에 대해 배울 것이다. 다음 장들에서는 그 과정이 어떻게 조절되며, 그 조절기작이 다세포생물체들에서 어떻게 진화되었는지에 대해 배울 것이다.

15.1 유전자의 특성을 밝힌 실험들

멘델이후 오랫동안 유전자가 생물체의 표현형에 어떻게 영향을 주는지가 명확하지가 않았다. 1902년에 영국 내과의사인 개로드(Archibald Garrod)가 특정 질병들은 특정가족들에게서 더 잘 나타난다는 것을 주목한 것이 첫번째 힌트가 되었다. 이들 가족의 가계도를 조사하면서 그는 몇몇 질병들은 열성 대립유전자로부터 발생됨을 알게 되었다. 그는 이 질환들은 멘델의 유전형질들이며 질환군의 조상으로부터 유전정보의 변화 때문에 발생했다라고 결론을 내렸다.

개로드는 이 질환들을 면밀히 연구하기 시작하였다. 알캅톤뇨증(alkaptouria)을 가진 환자는 호모젠티신산(homogentisic acid)인 알캅톤(alkapton)을 소변으로 배출하는데, 이 물질이 공기 중에서 빨리 산화되어 검은색을 띠게 되었다. 정상인에서는 호모젠티시산은 더욱 간단한 물질로 분해되었다. 많은 연구 끝에 개로드는 알캅톤뇨증을 가진 환자는 알캅톤을 분해하는 효소가 결핍되어 있음을 발견하게 되었고, 많은 다른 유전질환 또한 효소의 결핍과 관련이 있을 것이라고 추측하였다.

비들과 테이텀 – 유전자가 효소를 결정함을 밝히다

학습목표 15.1.1 "하나의 유전자–하나의 폴리펩티드" 가설을 지지하는 증거를 설명하라.

개로드의 발견으로부터 염색체의 DNA내에 암호화된 정보가 특정한 효소를 결정지을 것이다라는 추측을 하게 되었다. 그러나 이러한 추측은 1941년 비들(George Beadle)과 테이텀(Edward Tatum)이라는 두 과학자가 스탠포드대학에서 많은 실험을 통해 결정적인 증거를 제시함으로써 확립되었다. 그들은 계획적으로 염색체에 돌연변이를 만들었고 이 돌연변이들이 교배시에 멘델의 유전법칙에 따라 행동함을 증명하였다. 한 유전자에서 일어난 변화들은 생물체에서 그 효과를 위하여 분석되어졌다(**그림 15.1**).

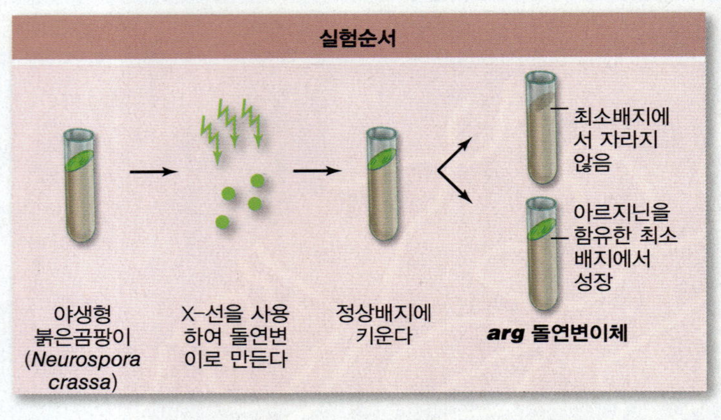

결과들

효소에서 돌연변이	+ 오르니틴	+ 시트룰린	+ 아르지노숙신산	+ 아르지닌
E				
F				
G				
H				

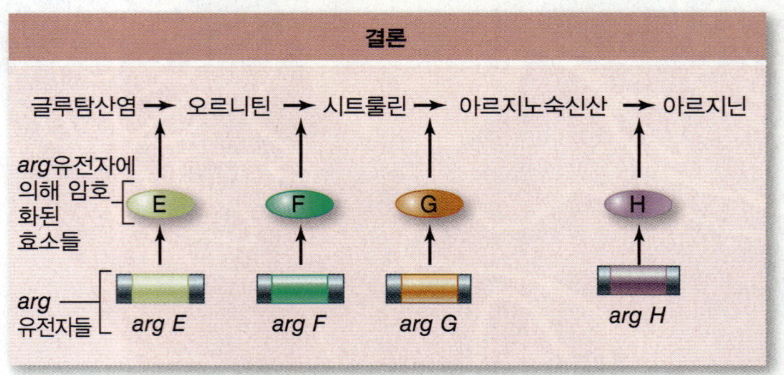

그림 15.1 비들과 테이텀의 실험. 붉은빵곰팡이의 야생형에 X-선을 쏘여 아르지닌을 합성하지 못하는 변이체들을 만들었다(위 패널). 각각의 변이체에 아르지닌 생합성과정에서의 중간생성물들을 첨가한 최소배지에 넣어 생장시킴으로써 변이체들의 특이적인 결함을 확인하였다(중간 패널). 각 변이체는 그 변이체를 위한 경로에서 결핍된 효소 이후에 생성되는 중간생성물을 첨가한 배지에서만 자랄 것이다. 그 경로에 있는 효소는 염색체에 있는 유전자와 연관될 수 있다(아래 패널).

붉은빵곰팡이

비들과 테이텀의 실험들이 명확한 결과를 도출할 수 있었던 이유 중의 하나가 빵곰팡이인 *Neurospora crassa*를 실험모델로 선택했던 것이다. 이 곰팡이는 탄소원으로 포도당(glucose), 비타민으로 비오틴(biotin) 그리고 무기염들로 조성된 배지를 이용해 실험실에서 잘 키울 수 있다. 이런 종류의 배지를 "최소배지"라고 부르는데, 그 이유는 성장에 필요한 최소한의 필요요소만을 함유하기 때문이다. 최소배지에서 자랄 수 있는 세포들은 자신이 필요로 하는 모든 생물 분자들을 만들 수 있어야 한다.

비들과 테이텀이 붉은빵곰팡이 포자를 X-선에 노출시킴으로써, 그림 15.1에서 보여지듯이 정상적인 성장을 위해 필요로 하는 성분을 암호화하는 DNA부분이 손상을 입을 것이라고 예상하였다. 그러한 돌연변이는 세포들이 최소배지에서 자랄 수 없게 만들며, 그 배지에 부가적인 영양성분을 첨가하였을때만 자랄 수 있기 때문에 이 돌연변이를 **영양요구돌연변이(nutritional mutations)**라고 부른다.

영양요구돌연변이

비들과 테이텀은 특히 아르지닌 아미노산이 존재할 때에만 생존하는 돌연변이주(*arg*- mutant)에 관심을 두었다. 아르지닌을 만드는데 관련되어 있는 유전자들의 돌연변이를 찾기 위해 그들은 아르지닌 돌연변이주를 아르지닌이 첨가된 배지에서 키운 후 최소배지에서 배양하였다. 아르지닌을 만드는 능력을 잃은 세포들은 최소배지에서 자라지 않을 것이다. 이러한 접근방법을 이용하여 비들과 테이텀은 많은 아르지닌 영양요구돌연변이주들을 분리 동정하게 되었다.

다음으로 그들은 아르지닌 돌연변이주들의 유전자가 염색체 상에서 어디에 존재하는지를 결정하기 위해 유전자지드를 그리는 실험을 실시하였다. X-선 조사 후 그들이 발견한 모든 아르지닌 돌연변이주들은 *argE, argF, argG*와 *argH*라는 4개의 유전자부위에서 돌연변이가 있음을 알게 되었다.

"1유전자-1효소설"

다음으로 아르지닌 생합성단계에서 각각의 돌연변이들이 어떤 단계를 차단하는지를 알아보기 위해 연구를 하였다. 이것을 위해 연구자들은 생합성경로에 필요한 각각의 중간생성물을 배지에 첨가하여 어떤 물질이 돌연변이체의 성장을 지원하는지를 조사하기 시작하였다. 만약 특정 돌연변이가 첨가물질을 넣기 전의 생합성경로에 관여하는 효소에 영향을 주었다면, 그 돌연변이체는 그 첨가물질을 넣음으로써 성장하게 되고 첨가물질이 사용된 후의 단계에 영향을 주는 돌연변이라면 성장이 이루어지지 않을 것이다(그림 15.1). 비들과 테이텀은 생합성경로에서 각각의 효소에 결함이 있는 변이주들을 분리할 수 있었는데, 이들 돌연변이가 모두 네 개의 특이적인 염색체 부위 중의 한 부위에 위치해 있었다. 그러므로 그들이 연구한 돌연변이체 각각은 하나의 효소에 결함이 있었고, 이 결함은 한 염색체의 한 부위에 생긴 돌연변이에 의해 유발된 것이다.

비들과 테이텀은 유전자들은 효소의 구조를 특정시키며, 1개의 유전자는 1개 효소의 구조를 암호화한다고 결론을 지었다. 그들은 이러한 연관관계를 1유전자-1효소설(*one gene-one enzyme hypothesis*)이라고 명명하였다. 오늘날에는 많은 효소들이 몇 개의 폴리펩티드 소단위체들(polypeptide subunits)을 포함하기 때문에 그 관계를 **1유전자-1폴리펩티드설(one gene-one polypeptide hypothesis)**로 더 많이 사용되고 있다. 처음으로 이 가설은 명확히 유전형과 표현형 사이의 분자관계를 제시했다.

유전체와 유전자발현에 대해 더 많이 배우면 이 상관관계의 내용이 과도하게 단순화되었음을 알 것이다. 진핵생물의 유전자들은 원핵생물의 유전자들보다 더욱 복잡하며 몇몇 효소들은 단백질 생성의 중간단계인 RNA로 구성되어 있는 경우도 있다. 또한 현재 우리는 한때 "쓰레기"라고 생각되었었던 많은 유전체 부분이 사실과 다르다는 것을 알고 있다. 그럼에도 불구하고, 1유전자/1폴리펩티드는 유전자발현을 이해를 할 때 유용한 출발점이다.

크릭은 중심원리라는 가설을 말하다

학습목표 15.1.2 분자생물학의 중심원리가 어떻게 세포안의 정보의 흐름과 연계되어 있는지 설명하라.

비들과 테이텀의 선구적인 업적은 풀리지 않은 중요한 문제를 남겨두었다: DNA에 저장된 정보가 어떻게 효소 단백질로 변환되는가? 한세대의 분자생물학자들은 그 해답—RNA라는 다른 종류의 핵산을 포함—을 찾기 위해 평생을 바쳤다. 유전자(DNA)에서 그 유전자의 복제본인 RNA로 정보가 전달되고, RNA는 단백질을 만들도록 지시를 한다(그림 15.2).

간단히 말하면, DNA → RNA → 단백질

전령RNA(mRNA) 발견자들 중의 한 명인 크릭(Francis Crick)에 의해 분명히 표현된 이 **중심원리(central dogma)**가 생물시스템에서 정보의 흐름을 묘사하는 지적인 뼈대를 제공한다. 우리는 DNA에서 RNA로 가는 단계를 **전사(transcription)**라고 하는데 그 이유는 법정의사록의 정확한 말들을 포함하는 법적사본과 같이

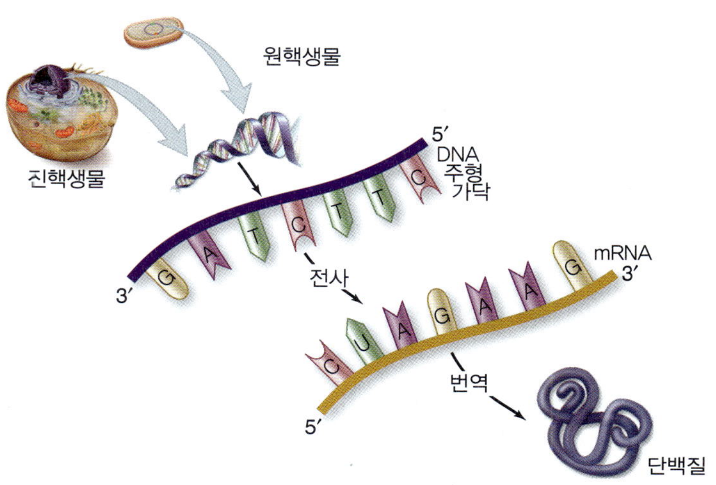

그림 15.2 분자생물학의 중심원리. DNA는 mRNA로 전사되어 단백질로 번역된다.

DNA의 정확한 복제본을 만들기 때문이다. RNA에서 단백질로 가는 단계는 **번역(translation)**이라고 하며 핵산으로부터 단백질의 언어로 번역되기 때문이다.

중심원리의 개념 형성 이후로 레트로바이러스(retrovirus)라는 바이러스 종류가 발견되었는데 이들은 **역전사효소(reverse traqnscriptase)**를 이용하여 그들의 RNA 유전체를 DNA 복제본으로 만들 수 있다. 이와 같은 변환은 중심원리의 정보흐름의 방향을 거스르는 것이고 이러한 발견은 RNA에서 DNA로의 역방향의 흐름을 허락하는 정보의 흐름을 가능하게 하였다.

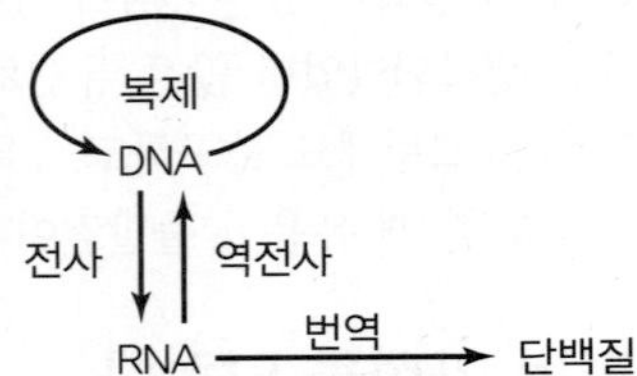

전사는 DNA의 RNA복제본을 만든다

전사과정은 DNA에 있는 정보의 RNA복제본을 만드는 것이다. 다시 말하면, 전사는 RNA중합효소에 의해 DNA가 지시하는 RNA의 합성이다(**그림 15.3**). 이 과정은 14장에서 언급한 상보성의 원리를 이용하는데 이때 DNA가를 RNA를 만들기 위한 주형으로써 사용된다.

DNA는 이중가닥이고 RNA는 외가닥으로 되어있기 때문에, DNA 이중가닥 중 한 가닥만이 RNA로의 복사에 필요하다. 복사되는 가닥을 **주형가닥(template strand)**이라 부른다. RNA 전사물의 염기서열은 주형가닥에 상보적이다. 주형으로 사용되지 않는 DNA 가닥을 **암호가닥(coding strand)**이라고 한다. 그 염기서열은 RNA 전사물과 같은 서열을 가지는데, 예외적으로 RNA에 있는 U(우라실)이 DNA 암호가닥에서는 T(티민)이다. DNA의 두가닥에 대한 다른 명명법은 암호가닥을 sense 가닥이라고 부르는 것인데 RNA와 같은 "sense"을 가지고 있기 때문이다. 그러면 주형가닥은 antisense가 될 것이다.

암호 (sense) 5′ – TCAGCCGTCAGCT – 3′ ⎤
주형 (antisense) 3′ – AGTCGGCAGTCGA – 5′ ⎦ DNA
전사
↓
암호 5′ – UCAGCCGUCAGCU – 3′ mRNA

폴리펩티드합성을 지시하는 RNA 전사물을 **전령RNA (mRNA)**라 부르며, 그 이름에서 알 수 있듯이 이 전령RNA는 처리과정을 위해 DNA의 메시지를 리보솜에 전달한다.

번역은 단백질을 합성하기 위해 RNA에 있는 정보를 이용한다

번역과정은 전사과정보다 필연적으로 더욱 복잡하다. 이 경우, RNA는 단백질을 위한 직접적인 주형으로 사용될 수 없는데, 그 이유는 상보성이 없기 때문이다 – 다시 말하면, 아미노산들의 서열은 화학적 맞춤의 측면에서 RNA 주형에 정렬될 수 없다. 분자유전학자들은 RNA와 아미노산 둘 모두에 결합하는 연결 분자들이 존재할 것이라고 제안하였고, 운반RNA(*tRNA*)가 이 역할을 한다는 것을 알게 되었다. 이러한 중개자의 필요는 DNA 복제 또는 RNA 전사 과정에 비해 번역과정을 복잡하게 만들었다.

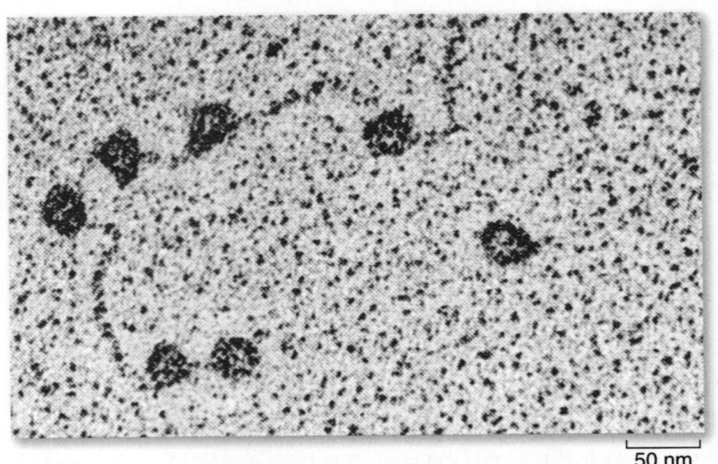

그림 15.3 RNA중합효소. 전자현미경사진에서 보이는 어두운 원들은 DNA 주형으로부터 RNA를 합성하는 RNA중합효소이다.

RNA는 유전자발현에 다양한 역할을 가진다

모든 RNA는 전사에 의해 DNA 주형으로부터 만들어진다. 유전자발현은 다양한 종류의 RNA를 포함하는데, 이들은 전반적인 과정에서 각기 다른 역할을 한다. 여기에서 이들의 역할에 대해 간략히 요약하고, 나중에 자세히 기술하고자 한다.

전령RNA. 유전자발현의 자세한 정보가 밝혀지기 전에도 유전학자들은 DNA에 있는 정보의 매개형태가 존재해서 진핵생물 세포의 핵 밖으로 나와서 세포질의 리보솜에서 단백질이 만들어진다는 것을 인식했다. 이 가설을 "전령설(messenger hypothesis)"이라 부르며, RNA 분자를 **전령RNA(mRNA)**라고 한다.

리보솜RNA. 리보솜에서 발견되는 RNA 종류로 **리보솜 RNA(rRNA)**라고 부른다. 다양한 rRNA형태가 존재하며, 각각은 리보솜의 기능에 매우 중요하다. rRNA는 두 개의 리보솜 소단위체(ribosomal subunits)에 모두 존재한다.

운반RNA. 언급했듯이 mRNA와 아미노산사이를 연결시켜주는 분자를 **운반RNA(tRNA)**라고 부른다. 운반RNA 분자의 한쪽 끝은 아미노산과 공유결합을 하고 있고 역코돈(anticodon)은 mRNA의 코돈과 염기쌍결합을 할 수 있다. tRNA는 mRNA에 있는 정보를 해석하여 리보솜에 그와 맞는 아미노산을 위치해 주는 역할을 한다.

소형 핵RNA. **소형 핵RNA(snRNA)**는 진핵생물의 mRNA전구체를 핵내에서 가공하는 기구의 한 부분으로 나중에 이어맞추기(splicing) 부분에서 설명하고자 한다.

SRP RNA. 진핵생물에서 몇몇 단백질들은 조면 소포체에 있는 리보솜에서 합성되는데 이과정은 **신호인식입자(signal recognition particle; SRP)**에 의해 매개된다. SRP는 RNA와 단백질로 구성되어져 있다.

소형 RNA. 이 부류의 RNA는 마이크로RNA(miRNA)와 작은간섭 RNA(siRNA)를 포함한다. 이들은 유전자 조절에 관여하고 있으며, 16장에서 다루고자 한다.

개념 정리 15.1

개로드는 변이된 효소에 의해 신진대사 이상이 일어날 수 있음을 보여주었다. 비들과 테이텀은 하나의 유전자는 하나의 효소를 암호화함을 증명했다. 유전정보는 전령 RNA를 매개체로 하여 DNA(유전자)에서 단백질(효소)로 정보가 전달된다. 각각의 다른 기능을 하는 다양한 종류의 RNA가 존재한다; mRNA, tRNA(연결자), rRNA(리보솜에 존재), snRNA, SRP RNA와 miRNA가 있다.

- 왜 세포는 RNA와 단백질 사이에 tRNA와 같은 연결분자가 필요할까?

유전암호는 DNA와 단백질의 정보를 연결시킨다

DNA분자의 뉴클레오티드 서열이 폴리펩티드에 있는 아미노산 서열을 어떻게 결정지을 수 있을까? 이 질문에 대한 해답은 1961년에 크릭(Francis Crick)과 브레너(Sydney Brenner)의 실험에 의해 얻을 수 있었다. 그 실험은 매우 정교하게 행해져서 여기에서 자세히 설명할 유전암호를 이해하는데 매우 중요하다.

크릭과 브레너 – 암호가 어떻게 읽히는지 알게 되다

학습목표 15.2.1 1개, 2개 또는 3개의 DNA염기를 제거하거나 첨가함으로써 어떤 결과가 나오는지 예상하라.

크릭과 브레너는 유전암호는 대부분 일련의 뉴클레오티드로 구성되어져 있으며, 코돈이라는 정보의 블록으로 그룹화되어 있다고 생각했다. 코돈당 얼마나 많은 뉴클레오티드가 있을까? 그들은 가장 가능성 있는 것이 3개라고 생각했다. 그 이유는 단순하게 각 코돈에 4개의 뉴클레오티드(A, C, G, T)중 2개의 뉴클레오티드를 사용하면 오직 16개의 다른 코돈들만 만들 수 있어 20개의 아미노산을 암호화하는데 충분하지 않지만, 3개의 뉴클레오티드는 64개의 다른 코돈의 조합을 얻을 수 있어 충분히 아미노산을 암호화할 수 있기 때문이다.

코돈 사이의 간격이 있을까 없을까?

크릭과 브레너는 유전자에 있는 코돈 서열은 아주 다른 두 가지 방법으로 배열될 수 있음을 알았다. 만약 유전자메시지에 있는 정보가 공간에 의해 분리된다면 한 단어의 변화는 전체 문장에 영향을 주지 않을 것이다. 이에 비해 만약 모든 단어들이 함께 운영되나 3개씩 이루어진 단위들로 읽힌다면 3개로 형성된 단위로 발생하지 않은 변화는 전체 문장을 바꾸게 될 것이다. 이처럼 DNA에 있는 정보를 이용하는 두 가지 방법은 그 정보를 단백질로 번역하는 다른 방법임을 내포한다.

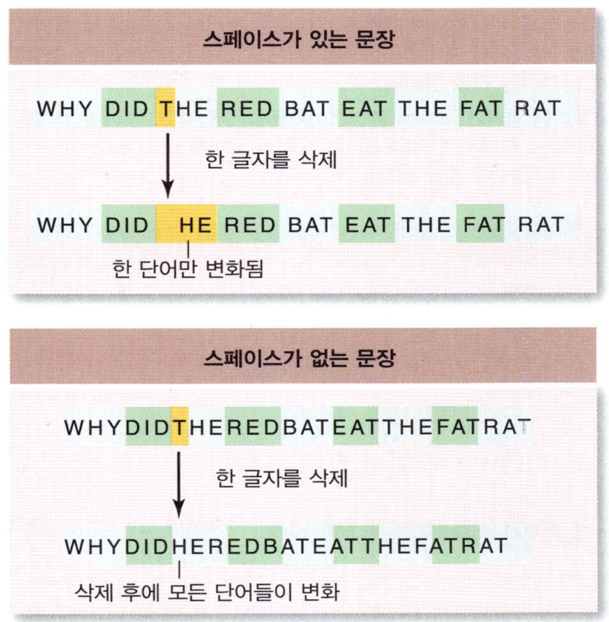

크릭–브레너 실험

이들 다른 두 기작 사이에서 맞는 것을 선택하기 위해 크릭과 브레너는 바이러스 DNA 분자에 화학물질을 사용하여 한 개 염기의 첨가 또는 삭제를 유발하여 변이체를 만들었다. 그들이 한 염기의 첨가 또는 삭제를 할 때 그 유전 메시지의 해독틀(reading frame)이 이동되어 그 아래 부위의 유전자는 nonsense가 된다. 그 이후에 그들은 삽입과 삭제를 통하여 기능이 회복됨을 보였다. 이 경우에는 삽입 또는 삭제 사이의 부분만 바뀌었다. 단백질의 기능에 별로 중요치 않은 부분을 암호화하는 유전자부위를 선택함으로써 이 조그만 변화는 표현형의 변화를 유발하지 않았다.

그 실험의 가장 중요한 부분이 여기 있다: 그들이 서로 근처에 있는 두 개의 삭제 부분을 합쳤을 때 유전 메시지는 틀이 이동되어 삭제 이후의 모든 아미노산은 바뀌었다. 하지만 그들이 3개의 뉴클레오티드를 삭제했을 때 삭제 이후의 단백질은 정상이었다. 그들이 DNA에 1개, 2개 또는 3개의 뉴클레오티드를 삽입하였을 때도 같은 결과를 얻게 되었다.

크릭과 브레너는 유전암호는 3개의 뉴클레오티드가 한 그룹(다시 말하면, 3염기 코드)으로 읽혀지며 그 3개의 뉴클레오티드 단위들 사이에는 구두점 없이 연속적으로 코드가 읽혀진다는 결론을 내렸다(그림 15.4).

이들 실험은 유전메시지를 위해 해독틀의 중요성을 나타낸다. 염기서열에 있는 첫 번째 코돈에 의해 만들어진 해독틀은 구두점이 없기 때문에 그 이후의 모든 코돈을 어떻게 읽히는지를 결정하게 된다. 우리는 현재 크릭과 브레너가 사용한 변이체를 **틀이동변이체(frameshift mutations)**라고 부르는데 그 이유는 유전자메시지의 해독틀이 바뀌었기 때문이다.

과학적 사고

가설: 유전암호는 3염기 그룹으로 읽힌다.

예측: 만약 유전암호가 3염기 그룹으로 읽히면, 하나 또는 두 개의 염기의 삭제는 삭제후의 해독틀이 이동할 것이다. 그러나 세 개의 염기의 삭제는 한 개의 아미노산이 삭제되었으나 그 밑으로는 변화가 없는 단백질을 만들 것이다.

테스트: 한 염기가 삭제된 돌연변이체들을 수집하였고, 이들 각각은 돌연변이 표현형을 보인다. 3염기 삭제의 효과를 보기 위해 한 부분에서 염기 세 개를 삭제한다.

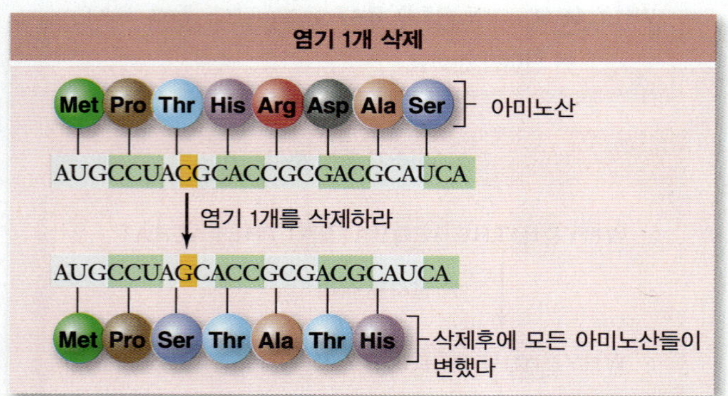

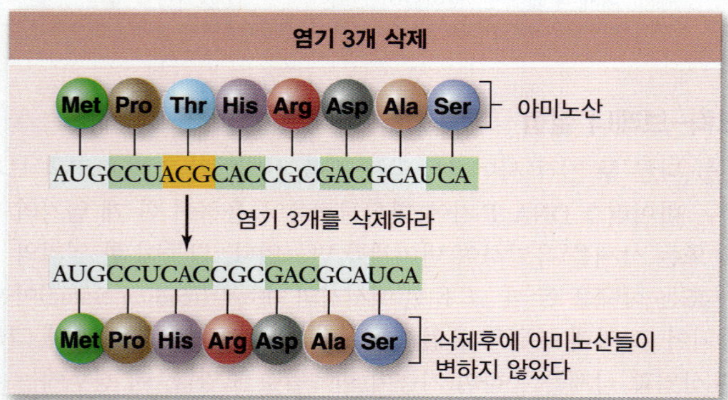

결과: 3염기 삭제 조합은 1개 또는 2개 염기의 삭제와 같은 급격한 효과를 나타내지 않았다.

결론: 유전암호는 3염기 그룹으로 해독된다.

추가실험: 만약 염기 한 개를 첨가하여 돌연변이를 얻게 되었다면, 한 염기의 삭제와 첨가를 동시에 처리하였을 때의 효과는 무엇일까?

그림 15.4 유전암호는 연속적인 3염기로 된 암호이다.

니런버그와 코라나 – 암호를 해독하다

학습목표 15.2.2 유전암호의 특징들을 설명하라.

64개의 코돈들이 어떤 아미노산을 암호화하는지를 밝힌 것은 20세기 생화학분야의 가장 큰 성공 중의 하나였다. 해독을 완성하기 위해 다음 두 가지의 기술들이 필요했다: 1) 정해진 RNA로부터 단백질 합성을 가능하게 하는 무세포생화학 시스템(cell-free biochemical system)과 2) 무세포시스템에 사용될 수 있는 정해진 RNA를 합성할 수 있는 능력.

1961년부터 1966년의 5년의 기간 동안 니런버그(Marshall Nirenberg)의 실험실에서의 결과들은 유전암호를 밝힐 수 있는 문을 열게 되었다. 니런버그 그룹은 폴리U(우라실 줄로 구성된 RNA 분자)로 합성된 RNA 분자를 무세포시스템에 넣었을 때 페닐알라닌이라는 폴리펩티드(페닐알라닌 줄)를 만든다는 것을 밝혔다. 니런버그는 코돈 UUU는 반드시 페닐알라닌을 암호화한다고 결론을 내렸다.

니런버그 연구팀은 단백질 합성 기구에 결합할 수 있는지 시험하기 위해 원하는 3개의 염기서열을 합성하기 위해 효소를 이용하는 방법을 구축했다. 이 실험을 3염기결합분석법(*triplet-binding assay*)이라고 부르며, 그들은 이 방법을 이용하여 64개의 가능한 3염기조합 중 54개를 확인할 수 있었다.

유기화학자인 코라나(Gobind Khorana)는 유기합성법을 이용하여 인공적인 RNA 분자들을 만들어 무세포시스템에서 그 RNA 분자들이 어떤 폴리펩티드를 생성을 지시하는지를 연구를 함으로써 그 퍼즐의 마지막 조각을 제공하였다. 이 일을 통해 64개의 가능한 모든 3염기 서열들의 아미노산을 결정지어 완전한 유전암호를 완성하게 되었다(표 15.1).

암호는 축중(degenerate)되어있으나 특이적이다

표 15.1로부터 유전암호의 몇몇 특징들을 알 수 있다. 첫 번째, 64개의 가능한 코돈 중 61개는 아미노산들을 지정한다. 나머지 3개의 코돈(UAA, UGA와 UAG)은 다른 기능을 가지고 있다: 이들은 정지라는 신호를 보내어 **정지코돈(stop codon)**이라고 알려져 있다. 코드에 있는 유일한 다른 형태의 구두점은 AUG라는 코돈인데, 이것은 메치오닌이라는 아미노산을 암호화할 뿐 아니라, 시작이라는 신호를 보내기 때문에 **시작코돈(start codon)**이라고 한다.

여러분은 61개의 코돈은 20개의 아미노산을 암호화하는데 충분함을 넘어서는 숫자라는 것을 알 수 있다. 이것은 많은 여분의 코돈들을 남겨두게 된다. 이러한 풍족함을 처리하는 방법으로 61개의 코돈 중에서 20개를 사용하는 방법이 있으나 세포는 그렇게 하지 않는다. 실질적으로 세포는 모든 61개의 코돈을 사용하고 그 코돈들은 축중되어(degenerate) 있는데 그 의미는 몇몇의 아미노산들은 1개 이상의 코돈들로 지정된다는 것이다. 하지만, 반대로 1개의 코돈이 여러 개의 아미노산을 지정하는 경우는 없다.

암호는 거의 보편적이나 완전히 그렇지는 않다

유전암호는 거의 모든 생명체에서 동일하다. 유전암호의 보편성은 모든 살아있는 것들은 공통 진화의 유산을 공유한다는 강한 증거를 말해준다. 암호가 보편적이기 때문에 유전자들은 한 개체에서 다른 개체로 이동이 가능하고 성공적으로 새로운 숙주에서 발현된다(그림 15.5). 유전자발현의 보편성은 17장에서 다룰 유전공학의 많은 발전에 중요한 역할을 하였다.

1979년 연구자들이 인간, 소, 쥐에서 미토콘드리아 유전체의 완벽한 염기서열을 결정하기 시작했다. 이 연구자들이 이러한 포유류의 미토콘드리아에 사용되는 유전암호는 익숙한 "보편적 암호"와 동일하지 않음을 알았을 때 충격을 받게 되었다.

미토콘드리아 유전체에서는 종결코돈으로 알려진 UGA가 트

표 15.1 유전암호

	제2문자								
제1문자	U		C		A		G		제3문자
U	UUU	Phe Phenylalanine	UCU	Ser Serine	UAU	Tyr Tyrosine	UGU	Cys Cysteine	U
	UUC		UCC		UAC		UGC		C
	UUA	Leu Leucine	UCA		UAA	"Stop"	UGA	"Stop"	A
	UUG		UCG		UAG	"Stop"	UGG	Trp Tryptophan	G
C	CUU	Leu Leucine	CCU	Pro Proline	CAU	His Histidine	CGU	Arg Arginine	U
	CUC		CCC		CAC		CGC		C
	CUA		CCA		CAA	Gln Glutamine	CGA		A
	CUG		CCG		CAG		CGG		G
A	AUU	Ile Isoleucine	ACU	Thr Threonine	AAU	Asn Asparagine	AGU	Ser Serine	U
	AUC		ACC		AAC		AGC		C
	AUA		ACA		AAA	Lys Lysine	AGA	Arg Arginine	A
	AUG	Met Methionine; "Start"	ACG		AAG		AGG		G
G	GUU	Val Valine	GCU	Ala Alanine	GAU	Asp Aspartate	GGU	Gly Glycine	U
	GUC		GCC		GAC		GGC		C
	GUA		GCA		GAA	Glu Glutamate	GGA		A
	GUG		GCG		GAG		GGG		G

코돈은 이처럼 세 개의 뉴클레오티드의 특정 배열에 의해 이루어진다. 예를 들면, ACU는 트레오닌을 지정하게 되는 것을 위의 표에서 알 수 있다. 첫글자 A를 지정하는 1번문자 행을 보면, 두 번째 글자 C를 지정하는 4개의 코돈이 있는데, 이들은 모두 세 번째 뉴클레오티드들만이 서로 다르다(ACU, ACC, ACA, ACG).

립토판을 암호화한다; AUA는 이소류신보다는 메치오닌으로 읽혔으며 AGA와 AGG는 아르기닌 보다는 종결코돈으로서 읽혔다. 더욱이, 엽록체와 원생생물의 한 종류인 섬모충의 유전체에서도 보편적 암호와 조금 다른 차이점이 발견되었다.

그림 15.5 유전자전이 돼지. 우측의 새끼 돼지는 일반적인 어린 돼지이다. 좌측의 새끼 돼지는 해파리로부터 녹색형광단백질(green fluorescence protein)을 암호화하는 유전자를 돼지에 발현하도록 하였다. 새끼 돼지코의 색깔은 도입된 유전자의 발현에 의한 것이다. 이러한 유전자전이 동물들은 유전암호의 보편적인 특성을 말해준다.

그러므로 유전암호는 그렇게 보편적이지 못하다. 어느 시점 전에 아마도 미토콘드리아와 엽록체가 내부 공생을 시작한 후에 그들은 암호를 특히 정지 신호와 관련된 부분을 다르게 읽기 시작했다.

개념 정리 15.2

유전암호는 간격없이 3개의 염기코드로 되어 있다. 총 64개의 코돈 중 61개의 코돈은 아미노산을 지정하며 그들 중 하나는 시작을 암호화하고, 나머지 3개의 코돈은 정지를 암호화한다. 몇몇 아미노산들은 1개 0 상의 코돈을 가지고 있기 때문에, 그 암호는 축중되어있다. 각각의 코돈은 오직 한 개의 아미노산을 암호화한다.

- 만약 1개의 코돈이 1개 이상의 아미노산을 암호화 하면 무슨 일이 일어날까?

15.3 원핵생물은 전사의 기초적인 특징을 보여준다

우선 원핵생물에서의 전사과정을 설명함으로써 유전자발현을 살펴보고자 한다. 이후에 진핵생물에서 전사과정을 원핵생물에서의 전사와의 차이점에 집중하여 살펴볼 것이다.

원핵생물의 전사단계

학습목표 15.3.1 박테리아에서의 전사과정을 독특한 특징을 확인하며 설명해라.

원핵생물의 **RNA중합효소(RNA polymerase)**는 핵심 중합효소(*core polymerase*)와 완전효소(*holoenzyme*) 두 가지 형태를 지닌다. 핵심 중합효소는 DNA를 주형으로 하여 RNA을 합성할 수 있으나, 정확하게 합성을 개시할 수가 없는 반면 완전효소는 정확히 합성을 개시할 수 있다.

핵심 중합효소는 2개의 α 소단위, 1개의 β 소단위 그리고 1개의 β′ 소단위로 총 4개의 소단위체로 구성되어져 있다. 두 개의 α 소단위체는 복합체를 유지하며 조절분자들과 결합을 할 수 있게 한다. 효소의 활성부위는 β와 β′ 소단위체로 구성되어 지는데, 이들 소단위체들은 DNA 주형과 리보뉴클레오티드삼인산(ribonucleotide triphosphate) 전구체와 결합을 한다.

적절히 합성을 개시할 수 있는 완전효소는 핵심 중합효소에 σ(시그마) 소단위체가 더해짐으로써 형성된다. 시그마 소단위체는 DNA의 특이한 신호 염기서열을 인지할 수 있는 능력이 있어서 완전효소를 유전자의 발현 시작점에 위치를 시킨다. mRNA 합성개시는 DNA 복제와 달리 시발체(primer)를 요구하지 않는다는 점을 주의하라.

개시(Initiation)

전사의 정확한 개시를 위해 DNA에 두 부위가 필요한데, 그중 하나는 **촉진유전자(promoter)**이다. 이 부위는 RNA 중합효소가 인지하여 결합하는 부위로 실질적인 **개시부위(start site)**이다. 중합효소는 또한 전사를 끝내기 위한 신호를 필요로 하는데 이것을 **종결자(terminator)**라고 부른다. 촉진유전자부터 종결자까지 부분을 **전사단위(transcription unit)**라 부른다.

DNA를 따라 움직이는 중합효소의 활동은 강에 흐르는 물과 비슷하다고 할 수 있다. DNA의 부위를 시작부위의 "상류(upstream)" 또는 "하류(downstream)"라고 말 할 수 있고 또한 DNA의 염기에 번호를 매김으로써 전사단위에서 위치를 나타내는 간단한 시스템을 만들 수 도 있다. 전사되는 첫 번째 염기를 **+1**이라 부르고, 이 번호매김은 마지막 염기가 전사될 때까지 하류로 계속되어진다. 시작 부위의 상류에 있는 염기는 마이너스의 수로 표기되는데 **−1**부터 시작한다.

촉진유전자는는 짧은 염기서열로 시작부위의 상류부분에 위치해 있어서 중합효소에 의해 전사되지 않는다. 두 개의 6염기서열이 일반적인 박테리아의 촉진유전자이다. 하나는 시작부위로부터 35개의 뉴클레오티드(−35) 상류에 위치해 있고, 다른 하나는 시작부위로부터 10개의 뉴클래오티드(−10) 상류에 있다(그림 15.6b). 이 두 부위는 비대칭성을 가진 촉진유전자를 제공함으로써 시작부위

그림 15.6 박테리아의 RNA중합효소와 전사개시. **a.** RNA중합효소는 두 가지 형태가 있다: 핵심중합효소와 완전효소. **b.** 완전효소의 σ 소단위는 −35와 −10의 프로모터부위들을 인지하여 DNA에 결합한다. 나선은 −10 위치에서 풀리고 전사는 +1의 출발점에서 시작한다.

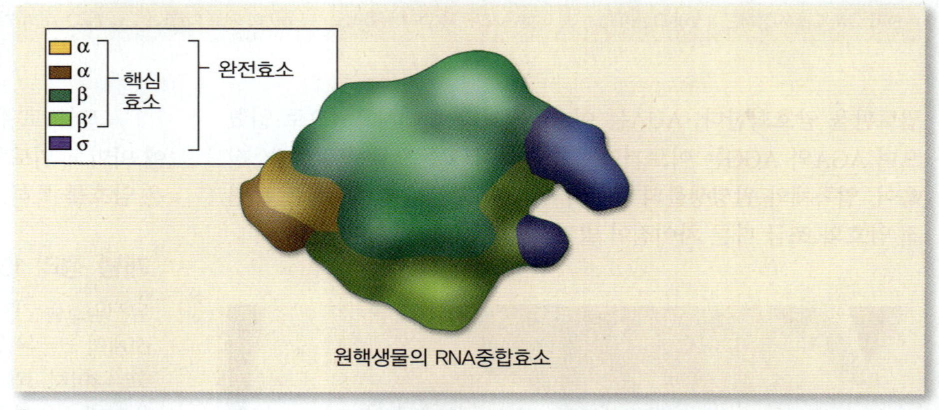

a.

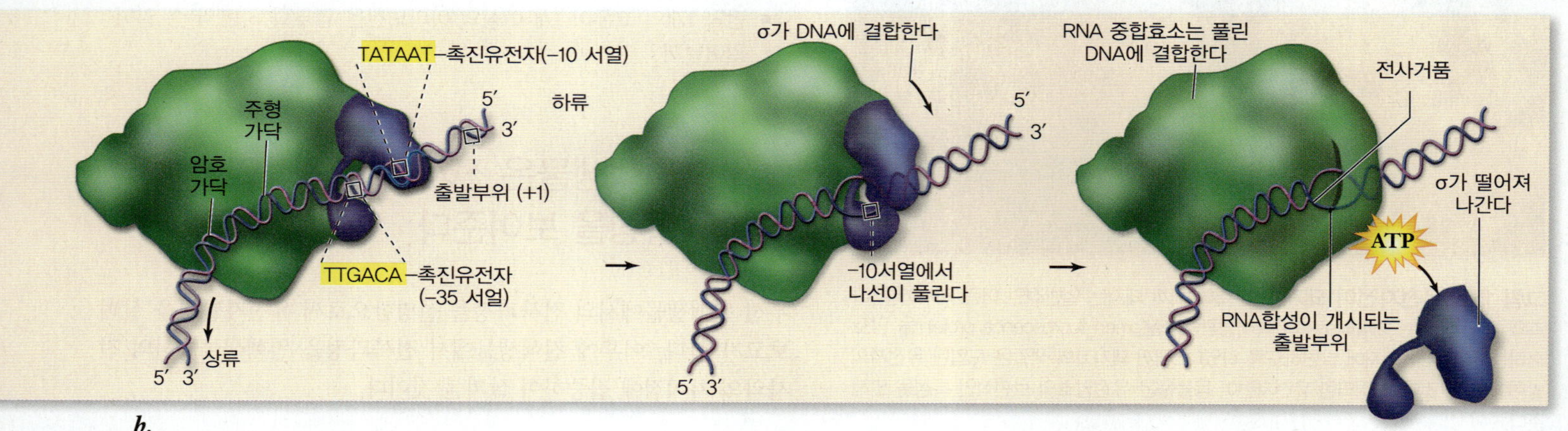

b.

뿐만 아니라 전사의 방향도 지시해준다.

RNA중합효소가 촉진유전자에 결합하는 것은 전사의 첫 단계이다. 촉진유전자에 결합은 RNA중합효소의 σ 소단위체에 의해 조절되는데 이 단백질은 −35 위치의 촉진유전자 부위를 인식하여 RNA중합효소를 올바른 시작부위에 위치시키고 올바른 방향으로 전사되도록 방향을 잡아준다.

일단 촉진유전자 부위에 결합하게 되면 RNA중합효소는 −10 위치에 있는 DNA 나선을 풀기 시작한다(그림 15.6b). 중합효소는 약 75bp 지역을 덮을 수 있으나 약 12~14bp DNA만을 푼다.

연장(Elongation)

원핵생물에서 RNA 사슬의 전사는 주로 ATP 또는 GTP로 시작한다. 이들 중의 하나는 사슬의 5′ 끝을 형성하게 되고, 이 사슬은 리보뉴클레오티드가 더해질 때 5′에서 3′방향으로 자라게 된다. RNA 중합효소가 촉진유전자 부위를 떠날 때 σ 요소는 효소에 결합하여 남아있지만 더 이상 필요치 않게 된다.

촉진유전자 부위를 떠나는 과정을 **제거**(*clearance*) 또는 **탈출**(*escape*)이라고 부르며, 이 과정은 단순히 처음 몇 개의 뉴클레오티드를 합성하고 움직이는 것 이상의 많은 것들을 내포하고 있다. 왜냐하면 효소는 개시과정에서 DNA에 강하게 결합하기 때문에 효소가 주형을 따라 점진적으로 앞으로 나아가기 위해서는 촉진유전자와의 접촉부위를 부숴야 하기 때문이다. 효소는 제거단계 동안 구조적인 변화를 하여 초기 촉진유전자에 결합하는 동안보다 더 적은 DNA와 접촉하게 된다.

RNA중합효소, DNA주형, 그리고 성장하는 RNA 전사물을 포함한 지역을 **전사거품(transcription bubble)**이라고 하는데 그 이유는 DNA가 국소적으로 풀려있는 "거품"을 포함하고 있기 때문이다(그림 15.7). 그 거품 내에 새로이 합성된 RNA 가닥(9개의 염기)은 일시적으로 DNA 주형가닥과 나선구조를 형성한다. 이것은 RNA의 3′말단의 위치를 안정화하여 들어오는 리보뉴클레오티드삼인산과 결합을 할 수 있게 한다. 중합효소 그자체가 전사거품주위의 DNA 50bp 정도를 덮고 있다.

RNA중합효소에 의해 만들어진 전사거품은 일정한 속도(초당 약 50개의 뉴클레오티드)로 중합효소를 움직이게 하여 거품으로부터 RNA 가닥이 튀어나와 자라게 한다. 전사 거품을 통과한 후에 지금 전사된 DNA는 되감기게 된다.

종결(Termination)

박테리아 전사단위의 끝은 중합효소에게 정지라는 신호를 보내는 종결자 서열에 의해 표시된다. 이 서열에 도달하면 인산디에스테르 결합의 형성이 중지되고, 전사 거품내의 RNA-DNA 혼성(hybrid)결합이 떨어져 RNA 중합효소는 DNA를 떠나게 되고 전사 거품내의 DNA는 되감기게 된다.

가장 간단한 종결자 서열은 일련의 G-C 염기쌍과 그 후의 일련의 A-T 염기쌍의 배열이다. 정지지역의 RNA 전사물의 GC부위는 이중가닥구조를 형성할 수 있는데 이를 머리핀(*hairpin*)이라고

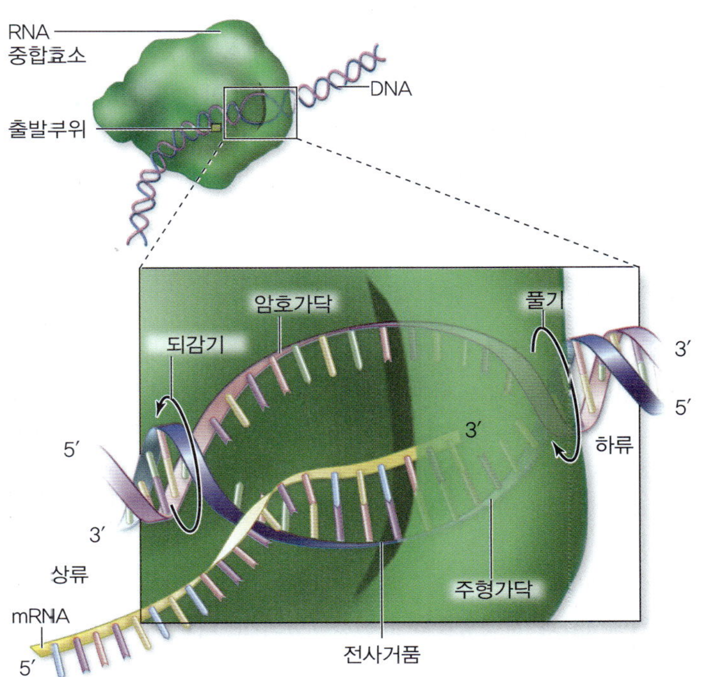

그림 15.7 전사 거품의 모델. DNA이중나선은 RNA중합효소복합체에 의해 풀리고, 거품의 끝부분에서 되감긴다. DNA가닥 중 하나는 주형으로서 기능을 하고, 뉴클레오티드 블록들은 성장하는 RNA의 3′말단에 더해진다. 거품 내에 RNA-DNA 혼성결합이 짧은 구역에서 일어난다.

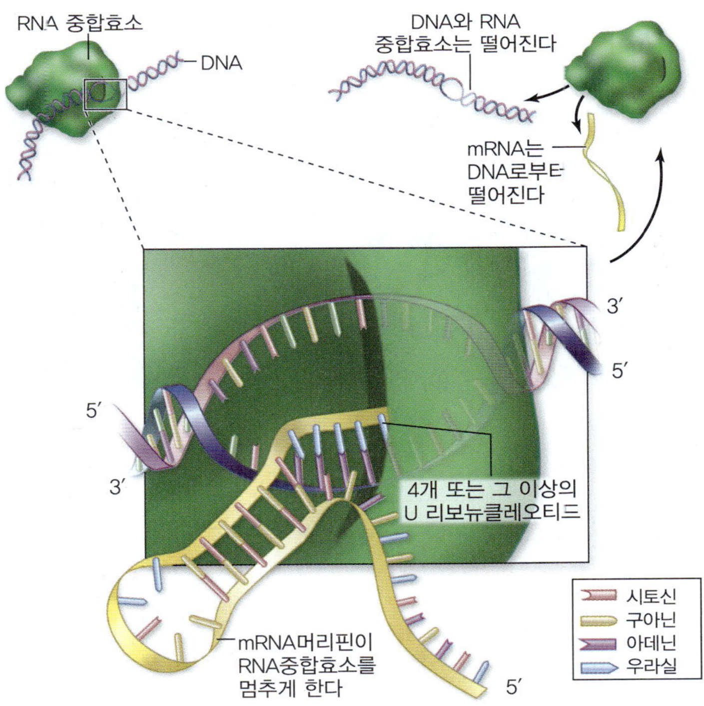

그림 15.8 박테리아 전사 종결자. 자가상보적 G-C결합부위는 머리핀(hairpin)이라고 부르는 단일나선 고리와 함께 이중나선의 줄기를 형성한다. 한줄기의 우라실(U)은 불안정한 RNA-DNA 혼성결합을 이루어 중합효소를 떨어지게 한다.

부르며 이 구조 다음에 4개 이상의 우라실 리보뉴클레오티드가 수반되어져 온다(그림 15.8). 머리핀구조의 형성은 RNA중합효소를 멈추게 하여 4개의 우라실위에 효소를 위치하게 만든다. U와 DNA의 A와의 쌍은 4개의 혼성 염기쌍 중에서 가장 약하며 중합효소가 멈추었을 때 혼성가닥을 지탱해 줄 만큼 강하지 못하다. 따라서 RNA 가닥은 전사 거품내의 DNA로부터 떨어지게 되고 전사는 멈추게 된다. 또한 여러 종류의 단백질들이 전사를 종결시키기 위해 종결자에서 작용한다.

전사와 번역의 연결

원핵생물에서 전사에 의해 만들어진 mRNA는 전사가 끝나기 전에 번역되기 시작한다—즉, 그들은 연결되어져 있다(*coupled*)(그림 15.9). mRNA의 5′말단부분이 이용 가능하게 될 때 리보솜은 번역을 하기 위해 mRNA위에 위치한다(이러한 연결은 진핵생물에서는 발생하지 않는데, 그 이유는 전사는 핵 안에서 일어나고 번역은 세포질에서 일어나기 때문이다).

원핵생물과 진핵생물의 유전자발현의 또 다른 차이점은 원핵생물에서 생성되는 mRNA는 다양한 유전자를 포함하고 있다는 것이다. 원핵생물의 유전자들은 종종 관련된 기능을 가진 유전자들이 함께 모여 있고 같은 mRNA 분자로 전사된다. 기능적으로 관련있는 유전자들의 그룹을 **오페론(operon)**이라고 부른다. 한 개의 오페론은 여러 개의 효소를 암호화하는 단일 전사 단위체를 말한다. 이런 방식으로 유전자를 모으고, 전사를 조절하여 기능적으로 관련 있는 유전자들을 함께 조절할 수 있는데 이 주제에 관해서는 16장에서 다루고자 한다.

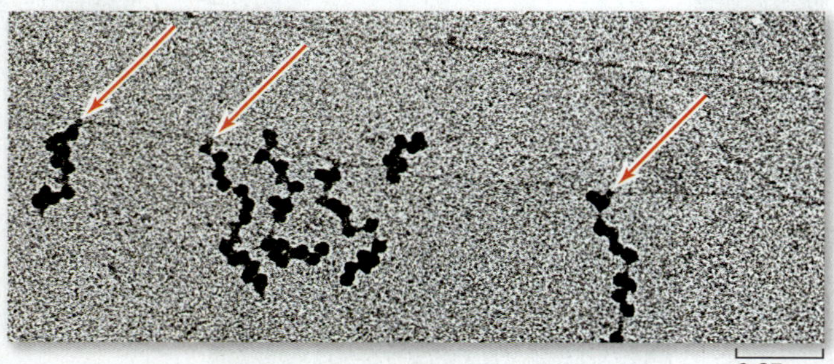

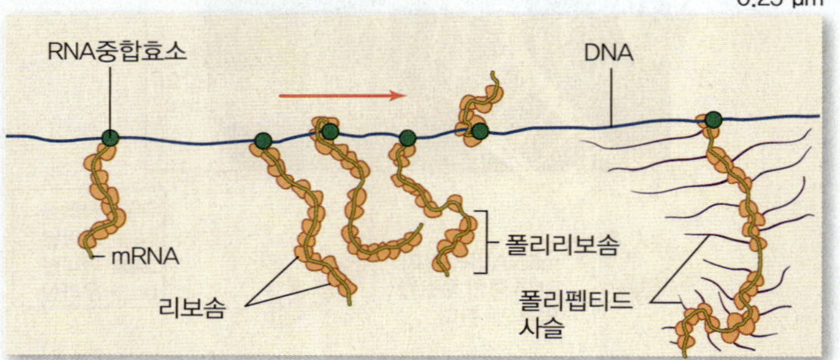

그림 15.9 원핵생물에서 전사와 번역은 연결되어 있다. 현미경사진에 있는 대장균의 유전자발현을 보면, 번역이 전사도중에 일어나고 있다. 화살표는 RNA중합효소를 가리키고, 리보솜은 중합효소로부터 뻗어 나온 mRNA에 부착되어 있다.

개념 정리 15.3

박테리아의 RNA중합효소는 두 가지 형태를 지닌다: 핵심 중합효소와 완전효소. 완전효소는 촉진유전자 서열을 인지하여 전사를 개시할 수 있다. 연장 과정에서 핵심 효소는 주형에 따라서 RNA 뉴클레오티드를 첨가하게 된다. 그 효소는 종결자 부위에서 멈추고 전사물은 떨어져 나가게 된다. 원핵생물에서 번역은 전사가 끝나기 전에 시작되어 그 과정들은 연결 되어 있다.

- 효모는 박테리아와처럼 단일 세포로된 생물체이다. 당신은 그들이 같은 전사/번역 연결 시스템을 가지고 있다고 생각하는가?

15.4 진핵생물은 세 종류의 중합효소를 사용하며 광범위하게 전사물들을 변형시킨다

진핵생물에서의 전사의 기본적인 화학은 원핵생물의 것과 같지만, 그 과정들은 많은 중요한 부분들에서 다르다. 전사 기구 자체도 진화적으로 연관되어져 있지만 매우 다르다.

진핵생물은 세 종류의 중합효소를 가진다

학습목표 15.4.1 세 종류의 RNA중합효소들이 각각의 기능에서 어떻게 다른지 설명하라.

단일 중합효소를 가지고 있는 원핵생물과는 달리 진핵생물은 세 종류의 다른 RNA중합효소를 가지고 있다. 이들은 구조와 기능적으로 구별되며 **RNA중합효소 I**은 rRNA를, **RNA중합효소 II**는 mRNA와 몇몇 소형 핵RNA를, 그리고 **RNA중합효소 III**은 tRNA와 몇몇 소형 RNA를 전사한다. 이들 세 효소는 함께 진핵생물 세포의 핵 내에서의 모든 전사를 수행한다.

각각의 중합효소는 그 자신만의 촉진유전자를 가진다

세 개의 다른 RNA중합효소의 존재로 인해 각각의 중합효소가 각자의 전사를 시작하는 부위를 인식하기 위해서는 DNA에서 다른 신호들이 요구되어진다. 각각의 중합효소는 다른 촉진유전자 구조를 인지한다.

RNA중합효소 I 촉진유전자

먼저 RNA중합효소 I의 촉진유전자는 생물학자들을 당황하게 만들었는데, 그 이유는 여러 종들 간에 rRNA 유전자를 비교했을 때 암호부위(coding region) 바깥부분에서는 유사성을 찾을 수 가 없었다. 현재의 관점에서는 이들 촉진유전자들은 각각의 종에 매우 특이적이어서 이러한 이유로 종 교차 비교는 유사성을 가지지 못한다.

RNA중합효소 II 촉진유전자

RNA중합효소 II의 촉진유전자들은 세 가지 형태에서 가장 복잡한데, 아마도 이 중합효소에 의해 전사되어지는 다양한 많은 유전자가 있음을 반영한다. 처음으로 진핵생물 유전자들이 분리되었을 때 많은 유전자들은 전사시작 부위의 상류부위에 **TATA 상자(TATA box)**라는 염기서열을 가지고 있었다. 이 염기서열은 원핵생물의 −10부위의 서열과 유사해서, TATA상자는 주요한 촉진유전자부위라고 여겨졌다. 전 유전체의 염기서열과 함께, 더 많은 유전자를 분석하면서 이러한 추측이 너무나 간단했다라는 것이 입증되었다. TATA 상자를 포함하여 많은 수의 다른 부분들로 구성된 "핵심촉진유전자(core promoter)"가 있을 것이라는 생각으로 바뀌게 되었다. 추가적인 조절부위들은 조직 특이성과 발달단계에서 시기 특이적인 발현을 가능케 하며, 이부분은 16장에서 논의될 것이다.

RNA중합효소 III 촉진유전자

RNA중합효소 III을 위한 촉진유전자들 또한 진핵생물의 유전자발현의 조절을 연구하는 생물학자들에게 놀라움을 주었다. 조절 영역을 분석하기 위한 일반적인 방법은 특정한 전사를 없애는데 충분할 때까지 5′말단부위를 연속적으로 삭제를 하는 것이다. 이 방법은 원핵생물에서는 잘 적용되는데 조절 영역들이 항상 유전자의 5′말단에 위치해 있기 때문이다. 그러나 진핵생물의 tRNA 유전자의 경우는 5′ 부분의 삭제는 유전자발현에 영향을 주지 못했다. 그 촉진유전자는 실질적으로 유전자 내부에서 발견되었다. 이것은 중합효소III에 의한 모든 유전자에 해당되는 경우는 아니지만 대부분의 경우에서 일어난다.

진핵생물의 개시와 종결은 원핵생물과 다르다

학습목표 15.4.2 진핵생물과 원핵생물에서 전사개시를 비교하라.

RNA중합효소 II의 촉진유전자에서의 개시는 원핵생물의 개시와 비슷하나, 촉진유전자 인식에 하나의 인자가 사용되는 대신에 진핵생물은 다수의 **전사인자들(transcription factors)**을 사용한다. 이들 단백질은 촉진유전자부위에 RNA중합효소 II를 모으는 것에 필수적이다. 이 전사인자들은 RNA중합효소 II와 결합하여 촉진유전자부위에서 개시복합체를 형성한다(그림 15.10). 16장에서 유전자발현 조절에 대해 설명할 때 이 복합체에 대해 자세히 다루고자 한다.

흥미롭게도 촉진유전자로의 이들 복합체의 집합이 이 이야기의 끝이 아니라는 것이다. 최근의 전반적인 분석에 따르면 인간의 유전자의 약 30%는 촉진유전자로부터 20-50bp 정도 하류 위치에서 중합효소 II를 잠시 정지시킨다는 것이다. 촉진유전자 근처에서 일시적인 멈춤은 연장인자들에 의해 풀려질 수 있고 전사과정에서 또 다른 수준의 조절을 가능하게 한다.

진핵생물의 전사물들은 변형된다

학습목표 15.4.3 진핵생물의 RNA 전사물들이 어떻게 변형되는지 기술하라.

원핵생물과 진핵생물의 주요한 차이점은 전사물의 운명이다. 원핵생물은 전사가 진행되는 동안 mRNA가 번역되나, 진핵생물은 세포질에서 번역하기 전에 핵 안에서 전사물들이 광범위하게 변형된다. RNA중합효소II에 의해 합성된 RNA를 **1차 전사물(primary transcript)**이라 부르고, 여러 과정을 거쳐서 **성숙 mRNA(mature mRNA)**가 된다.

5′ 캡 형성

전사물의 첫 염기는 보통 아데닌 또는 구아닌이며 이 염기의 5′인산부위에 GTP가 첨가되어 **5′캡(5′cap)**이 형성된다. 이 캡은 전사물의 5′말단에 연결되고 이것은 핵산에서 발견되는 유일한 5′-to-5′ 결합이다. 또한 GTP의 구아닌에 메틸기가 첨가되어 변형이 일어나는데 이것을 메틸구아닌 캡(*methyl-G cap*)이라고 한다. 이 캡은 전사가 여전히 진행되는 동안 첨가된다. 캡은 mRNA의 5′말단부위가 파괴되

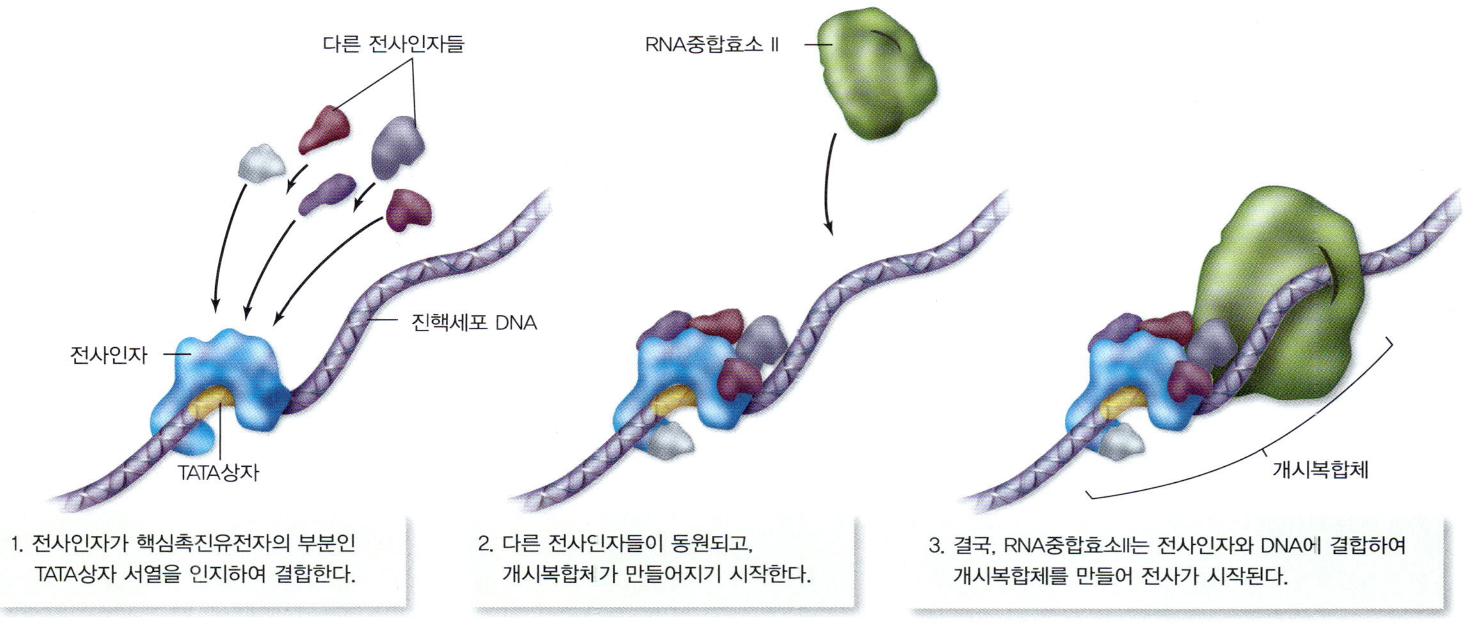

그림 15.10 진핵생물 개시복합체. RNA중합효소가 촉진유전자를 인지하고 결합하는 원핵생물의 전사와는 달리 진핵생물 전사는 RNA중합효소 II가 DNA에 결합하기 전에 촉진유전자부위에 전사인자들의 결합이 필요하다. 전사인자들과 RNA중합효소II가 촉진유전자부위에 결합하는 것을 개시복합체라 한다.

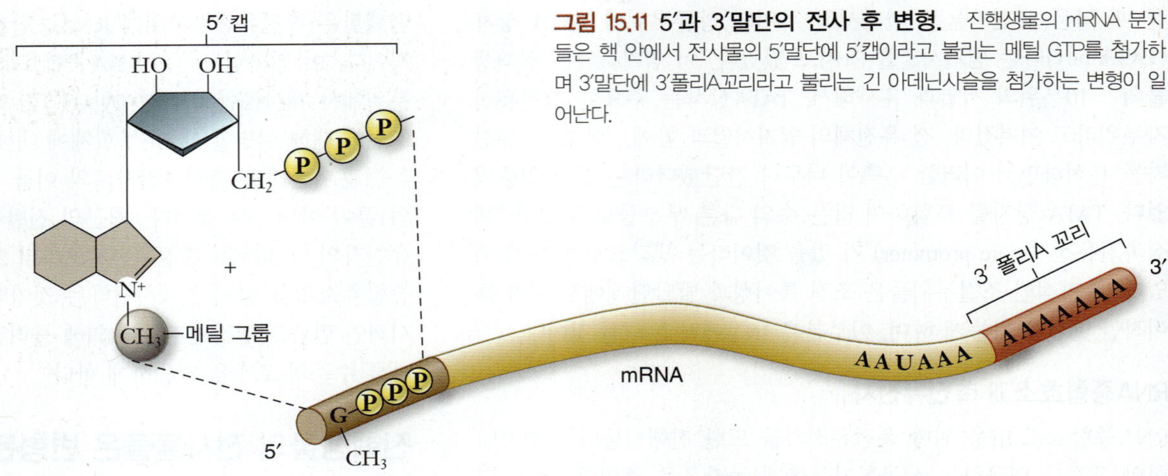

그림 15.11 5′과 3′말단의 전사 후 변형. 진핵생물의 mRNA 분자들은 핵 안에서 전사물의 5′말단에 5′캡이라고 불리는 메틸 GTP를 첨가하며 3′말단에 3′폴리A꼬리라고 불리는 긴 아데닌사슬을 첨가하는 변형이 일어난다.

는 것을 막으며 번역개시에 참여하게 된다.

3′ 폴리A꼬리

원핵생물과 진핵생물사이의 주요한 차이점은 진핵생물에서 전사물의 끝부분이 mRNA의 끝이 아니라는 것이다. 진핵생물의 전사물은 종결부위 전에 특이한 서열(AAUAAA)의 다음부분에서 절단된다. 이 절단부위 뒤에 **3′ 폴리A꼬리(3′ poly-A tail)**라는 일련의 아데닌(A)잔기가 폴리A 중합효소에 의해 더해진다. 그래서 mRNA의 끝부분은 RNA중합효소II에 의해 만들어지지 않는다(그림 15.11).

폴리A중합효소는 폴리A부위를 인지하여 전사물을 절단한 후 100-200개의 아데닌을 그 끝부위에 첨가하는 복합체의 한부분이다. 폴리A꼬리는 mRNA가 분해되는 것을 억제하여 mRNA를 안정화 시키는 역할을 한다(16장 참조).

1차 전사물의 이어맞추기

진핵생물 유전자는 비번역 서열을 포함하고 있는데 최종 mRNA를 생성하기 위해 제거되어야 한다. 이 과정을 mRNA전구체 이어맞추기(pre-mRNA splicing)라고 하며 이어맞추기복합체(*spliceosome*)라는 소기관에 의해 수행된다. 이 복잡한 주제는 다음부분에서 다루어질 것이다.

개념 정리 15.4

진핵생물은 3종(RNA 중합효소 I,II,III)의 RNA중합효소를 가지고 있다. 각각은 다른 종류의 RNA를 합성하며 그 자신의 촉진유전자부위만을 인식한다. RNA 중합효소 I의 촉진유전자는 종에 따라 선택적이다. 중합효소 II 촉진유전자는 복잡하나 TATA상자를 포함하고 있다. 중합효소 III 촉진유전자는 5′ 말단이 아니라 유전자 안에 위치해 있다. 중합효소 II는 mRNA에 관여한다. 1차 전사물은 5′ 캡과 100–200개의 아데닌으로 구성된 3′ 폴리A꼬리로 변형된다. 비번역 부위들은 이어맞추기에 의해 제거된다.

- 진핵생물의 유전체의 복잡성은 3종의 중합효소를 필요로 할까?

15.5 진핵생물 유전자는 비번역 서열을 포함한다

분리에 성공한 첫 유전자들은 대장균과 그의 바이러스들에서 발견된 원핵생물 유전자들이었다. 진핵생물 유전자가 분리되기 전에 유전자발현의 성질과 부분적인 조절에 대한 선명한 그림이 이들 시스템으로부터 나왔다. 세부 사항들은 다를 수 있지만 진핵생물에서의 유전자발현의 윤곽도 유사할 것이라 여겨졌다.

생물학계는 진핵생물체로부터 처음 유전자들이 분리되었을 때 충격을 받았는데, 그 이유는 mRNA안에서는 발견되지 않는 염기서열을 포함하고 있었기 때문이다. 이 발견은 너무나 예기치 않아서 과장하기 힘들다. 대장균에 기초한 분자생물학의 기본적인 견해는 유전자는 그 단백질 생성물과 동일 선상에 있다는 것인데, 다시 말하면 유전자에 있는 염기서열은 mRNA에 있는 염기서열 및 단백질의 아마노산 서열에 일치한다는 것이다.

진핵생물의 경우 많은 유전자들은 mRNA와 단백질에 표현되지 않는 서열에 의해 방해된다는 것이 증명되었다. 이러한 유전자의 서열을 방해하는 비번역 DNA를 "비발현서열(invervening sequence)" 또는 **인트론(intron)**이라고 부르며 발현되는 암호서열을 **엑손(exon)**이라고 부른다(그림 15.12).

RNA이어맞추기는 이어맞추기복합체에서 행해진다

학습목표 15.5.1 이어맞추기복합체가 1차 전사물을 어떻게 가공하는지 설명하라.

진핵생물의 성숙한 mRNA는 그 단백질 생성물과 동일 선상에 있으나, 인트론을 포함하는 진핵생물 유전자는 그렇지 않다. 인공위성으로부터 지역들을 연결하는 고속도로들을 보고 있다고 상상해보라. 콘크리트 선들을 따라 무작위로 흩어져 있는 차들이 무리를 지어서 또는 개별적으로 움직이고 있을 것이다. 그리고 대부분의

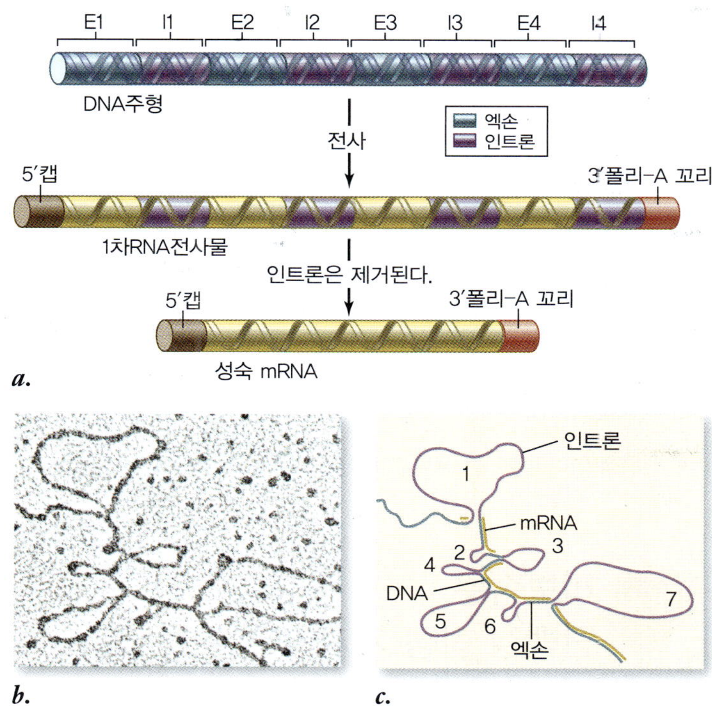

그림 15.12 진핵생물 유전자는 인트론과 엑손을 포함한다. **a.** 진핵생물 유전자는 암호서열인 엑손과 비발현서열인 인트론을 포함한다. **b.** 전자현미경사진은 오발부민(ovalbumin) 유전자의 DNA와 그 mRNA가 혼성 결합된 것을 보여준다. 오발부민의 유전자는 7개의 인트론을 포함하고 있는데, DNA서열에 있는 인트론들은 mRNA에 상보적인 서열이 없기 때문에 7개의 루프로서 나타난다. **c.** 현미경사진의 도식.

도로는 휑할 것이다. 진핵생물의 유전자도 이와 같아서 흩어져 있는 엑손들이 훨씬 더 긴 인트론들의 서열들 안에 파묻혀 있다.

인간에서 유전체의 약 1~1.5%만이 단백질을 암호화하는 엑손 부분이고, 24%는 이들 엑손이 박혀있는 비번역 인트론이다.

이어맞추기 반응

명백한 의문은 "어떻게 진핵생물 세포는 비번역 인트론을 처리할까?" 인데, 그 해답은 성숙한 mRNA를 생성하기 위해 1차 전사물이 잘리고 다시 합쳐진다는 것이다. 후자의 과정을 **mRNA전구체이어맞추기(pre-mRNA splicing)**라고 하며 이 과정은 mRNA가 세포질로 이동하기 전인 핵 안에서 이루어진다.

인트론과 엑손의 연접부위는 **소형 핵리보핵산단백질입자들(small nuclear ribonucleoprotein particles, snRNPs)**에 의해 인지된다. snRNP는 snRNA와 단백질의 복합체로 구성되어져 있다. 이러한 snRNP들은 다른 단백질들과 결합하여 **이어맞추기복합체(spliceosome)**라는 더 거대한 복합체를 형성하여 인트론의 이어맞추기 또는 제거에 관여한다.

이어맞추기가 정확히 되기 위해 이어맞추기복합체는 인트론-엑손 연접부위를 인지할 수 있어야 한다. 모든 인트론들은 시작과 끝부분에 각각 2개의 특정 염기서열을 가지는데 이것은 그들이 제거될 대상임을 표시한다. 게다가, 그 인트론 내부에 **분지점**(*branch point*)라 불리는 아데노신(A)이 보존되어져 있어 이어맞추기 과정에 중요한 역할을 담당하고 있다(그림 15.13).

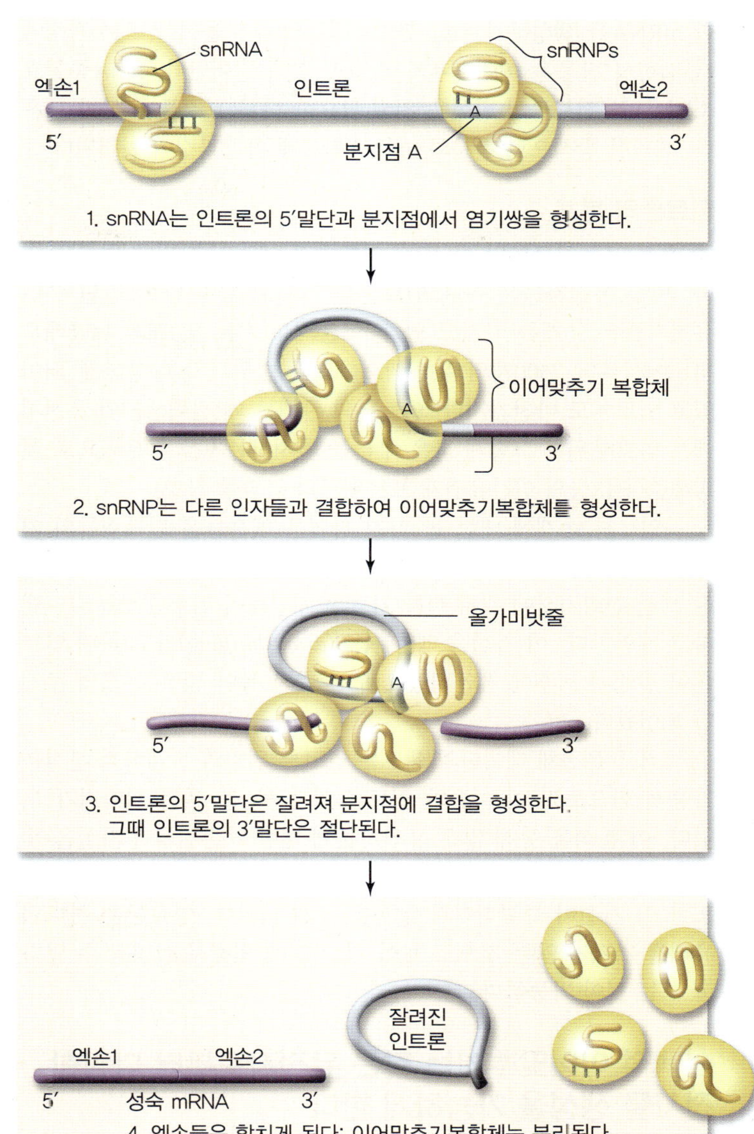

그림 15.13 이어맞추기복합체에 의한 mRNA전구체 이어맞추기. snRNP라는 입자는 snRNA를 포함하는데, 이것은 인트론의 5′말단과 그리고 인트론 내부의 분지점과 결합한다. 여러개의 snRNP들은 다른 단백질과 함께 모여 이어맞추기복합체를 형성한다. 인트론이 루프를 형성할 때, 5′말단은 잘려져 인트론의 3′말단 근처의 한 부분에 연결된다. 그 인트론은 잘려져 올가미 밧줄을 형성하고 엑손들은 서로 이어맞추기 된다. 그리고 이어맞추기복합체는 해체되고 접합된 mRNA는 방출된다.

이어맞추기과정은 인트론의 5′말단부위의 절단과 함께 시작한다. 인트론의 절단된 5′말단부위는 분지점인 아데노신(A)의 2′수산기에 결합하여 가지가 있는 구조를 형성하는데 카우보이의 올가미밧줄의 올가미와 닮아서 이것을 올가미 밧줄(*lariat*)이라고 부른다(그림 15.13 참조). 첫 번째 엑손의 3′말단은 인트론의 3′말단부위와 치환되어 다음 엑손과 함께 합쳐지고 인트론은 올가미밧줄로 방출된다.

전사와 RNA가공과정들은 순차적으로 일어나기보다는 성숙한 mRNA를 생성하기 위한 협력과정들의 부분들이다. 전사과정에서 캡형성 반응은 이어맞추기 과정과 같이 일어난다. RNA중합효소II는 1차 전사물의 변형을 위해 필요한 다른 요소들을 불러 모은다. 이러한 방식으로 전사와 mRNA전구체 가공과정이 연결된다.

인트론의 분포

한 유전자당 인트론의 수 또는 인트론과 엑손의 크기에 법칙은 없다. 몇몇 유전자들은 아예 인트론을 가지고 있지 않은 반면 어떤 유전자들은 50개를 가지고 있다. 엑손의 크기는 몇 개의 뉴클레오티드에서부터 7500개의 뉴클레오티드의 범위까지 다양하게 되어 있고 인트론도 마찬가지다. 인트론의 존재는 왜 진핵생물의 유전체에서 암호부위가 그렇게 작은 부분을 차지하는지를 부분적으로 설명해준다(18장의 인간유전체 프로젝트의 결과를 참조).

인트론 존재에 대한 한 가지 가설은 엑손들은 단백질들의 기능 도메인들을 나타내고 유전자에서 발견되는 인트론-엑손의 배열은 오랜 진화기간에 걸쳐 이들 기능 도메인들이 뒤섞였음을 나타낸다고 제안한다. 이 가설을 엑손뒤섞기(*exon shuffling*)라고 하며 인트론이 발견된 직후에 제안되었고 오랜 기간 동안 많은 논쟁의 주제가 되어왔다.

최근 유전체 데이터의 쇄도는 인트론 위치의 통계학적 분석을 가능케 함으로써 이 이슈와 인트론-엑손구조를 푸는 실마리가 되었다. 이 분석을 통해 많은 유전자들에 대한 엑손뒤섞기 가설을 뒷받침하였지만, 모든 단백질이 이러한 패턴을 보이지는 않기 때문에 또한 이 가설이 보편적이지 않음을 알게 되었다. 인트론은 하나의 유래를 가지지 않는 것으로 보아 한 가설에 의해서 설명될 수 없다고 보는 것이 가능하다.

선택적 이어맞추기는 같은 유전자로부터 다양한 전사물 생성을 가능하게 한다

학습목표 15.5.2 진핵생물은 어떻게 그들이 가지고 있는 유전자보다 더 많은 단백질을 생성할 수 있는지 설명하라.

선택적 이어맞추기(alternative splicing)의 특이한 경우들이 많이 알려져 있었지만, 인간유전체의 사용 가능성과 전사물을 분석하는 고속처리시스템이 다른 조직들로부터의 전사물들을 유전체와 비교하는 수많은 데이터를 양산하게 하는 결과를 낳았다. 이것은 선택적 전사물의 빈도의 추정치를 계속적으로 증가하게 만들었다. 가장 최근의 추정치를 가지고 본다면 선택적 이어맞추기는 본래 보편적이라는 결론을 얻게 된다. 두 개의 다른 그룹들이 인간 유전자의 90% 이상은 선택적 이어맞추기가 일어나고 이들의 80% 이상이 마이너 동형(isoform)들을 가지고 있는데 15% 이상의 mRNA를 구성한다고 추정하였다.

이들 분석이 다른 조직들로부터 RNA 집단을 분석하기 위해 차세대 서열분석방법을 이용한 전반적인 조사였음을 주목할 필요가 있다. 이들 이어맞추기 변형체들(splice variants)의 단백질 생성물들의 기능들은 이어맞추기가 잠재적으로 수행될 수 있는 유전자들의 단지 일부에서 조사되었다. 그러나 이 분석들은 인간유전체 중 25,000개의 유전자가 어떻게 인간의 세포에 존재하는 100,000개 이상의 다른 단백질을 암호화할 수 있는지를 설명해 준다. 단백질체학의 발전은 인간유전체에 의해 암호화되는 단백질의 수와 기능에 대해 말해줄 것이다.

개념 정리 15.5

원핵생물과 달리 진핵생물의 유전자들은 분리되어져 있다. 진핵생물의 유전자는 발현되는 엑손과 비발현 서열인 인트론으로 구성되어져 있다. 인트론들은 이어맞추기복합체에 의해 제거되고 두 개의 엑손들은 연결된다. 선택적 이어맞추기는 같은 유전자로부터 다른 종류의 mRNA를 만들 수 있고 결국 다른 종류의 단백질을 만들 수 있다.

- 선택적 이어맞추기는 생물체에 어떤 이익을 제공하는가?

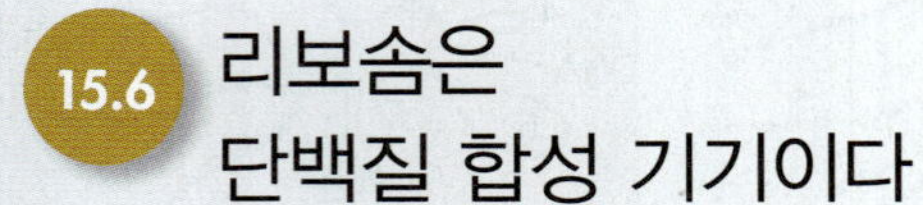

15.6 리보솜은 단백질 합성 기기이다

RNA는 유전자메시지의 번역에 중요한 행위자이다. DNA의 뉴클레오티드 서열이 단백질의 아미노산 서열로 번역되기 위해 mRNA, rRNA, tRNA 그리고 다른 요소들이 필요하다. 단백질결합인 펩티드 결합의 형성조차도 RNA에 의해 촉매되는 과정이라고 밝혀졌다. 아미노산결합과정은 전통적으로 리보솜에 있는 단백질들에 의해 촉진되며 rRNA는 단백질의 위치를 적절히 잡아주는 뼈대 역할을 한다고 여겨져 왔다. 최근에 강력한 X-선 회절연구는 그 반대가 사실임을 밝혔다. 즉, 단백질이 아닌 리보솜의 RNA가 아미노산들의 결합을 촉진시킨다는 것이다.

번역과정에서 중요한 부분은 리보솜과 tRNA의 결합이다. 이것을 이해하기 위해 tRNA의 구조, tRNA 연계분자(tRNA adaptor molecules)와 리보솜에 대해 먼저 알아보고자 한다.

tRNA는 두 기능을 가진 분자이다

학습목표 15.6.1 tRNA의 양쪽끝이 기능적으로 어떻게 다른지 설명하라.

tRNA

운반RNA는 mRNA와 아미노산 모두와 결합할 수 있는 두 기능을 가진 분자이다. tRNA의 구조는 모든 생명체에서 매우 보존되어져 있다. tRNA분자는 이중나선부위를 만드는 분자내의 염기짝짓기의 결과로 이차원적으로 클로버잎 모양의 구조로 접힐 수가 있다. 이 기본구조는 접혀서 **아미노산수용고리(acceptor stem)**와 **역코돈고리(anticodon loop)**라는 두 기능 말단을 지닌 L모양의 3차원 분자를 형성한다(그림 15.14).

아미노산수용고리는 항상 5′CAA3′로 끝나는 분자의 3′말단이다. 아미노산은 tRNA의 이 끝부분에 결합한다. 역코돈고리는 클로버잎의 바닥고리에 있고 이것은 mRNA의 코돈과 염기쌍을 이룰 수 있다.

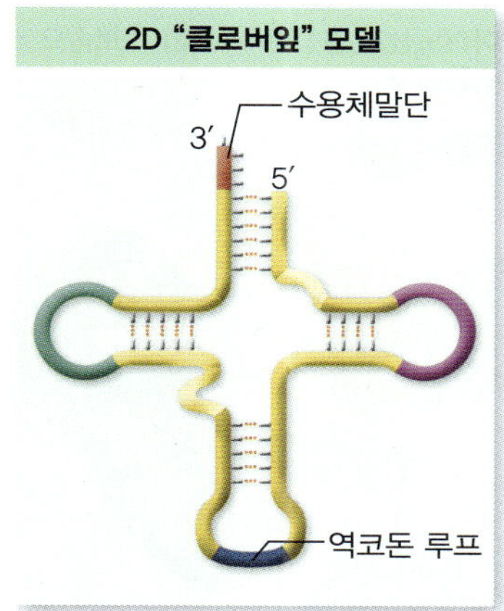

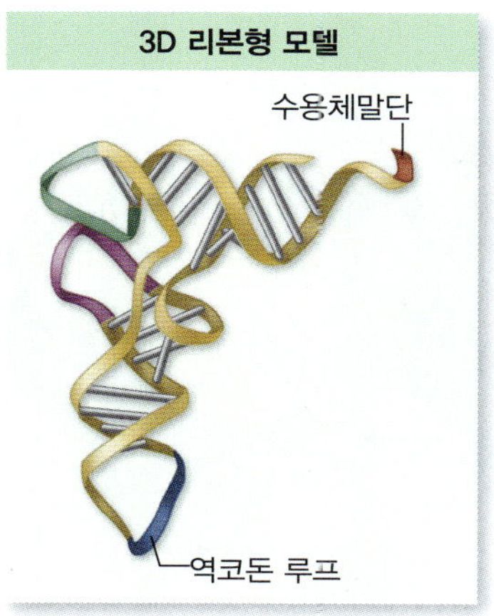

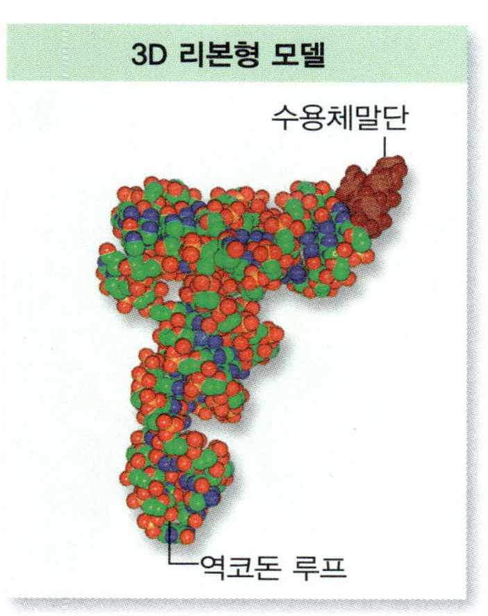

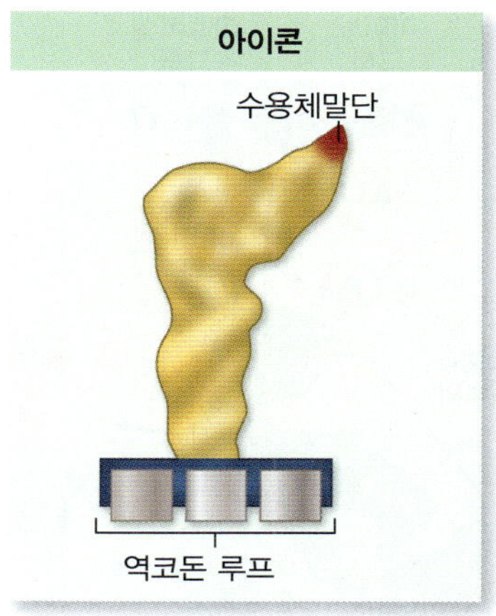

그림 15.14 tRNA 구조. 분자 내에서 염기 짝짓기는 특징적인 클로버잎 모양을 가진 3개의 머리핀 구조를 만들어 낸다. 클로버잎의 바닥에 있는 루프는 역코돈 서열을 포함하고 있어 mRNA의 코돈과 염기쌍을 형성할 수 있다. 아미노산들은 자우로운 단일가닥 말단의 수산화기에 붙는다. 최종 3차원구조 그림에서 보면 tRNA의 루프들은 L모양의 구조로 접힌다.

활성효소가 아미노산을 tRNA에 붙인다

학습목표 15.6.2 활성효소를 유전암호의 번역자라고 하는 이유에 대해 설명하라.

단백질 합성이 진행되기 위해 각 아미노산은 반드시 올바른 역코돈을 지닌 tRNA에 붙어야 한다. 이 공유결합은 **활성효소들(activating enzymes)**의 작용에 의해 이루어지는데, 이 반응에는 **아미노아실tRNA합성효소(aminoacyl-tRNA synthetase)**가 관여한다. 이들 활성효소들은 20개의 아미노산 각각을 위해 존재한다.

결합반응

아미노아실tRNA합성효소들은 tRNA에 상응하는 아미노산 뿐만 아니라 반드시 특정 tRNA 분자를 인지할 수 있어야 한다. 61개의 코돈이 아미노산을 암호화하지만 종마다 개수는 다르지만 세포에는 실질적으로 61개의 tRNA가 존재하지 않는다. 그러므로 몇몇 아미노아실tRNA합성효소는 한 개 이상의 tRNA를 인지할 수 있어야 한다.

활성효소에 의해 촉진되는 반응을 **tRNA 결합반응(tRNA charging reaction)**이라 하고, 그 생성물은 소위 "장전된 tRNA (*charged tRNA*)"로 명명되는 아미노산과 결합한 tRNA이다. 한 개의 ATP분자가 흡열반응의 에너지원으로 이용된다. 이 반응에 의해 생성된 장전된 tRNA는 활성화된 중간체로서 추가적인 에너지의 필요 없이 펩티드결합을 형성시키는 반응을 할 수 있다.

결합반응은 tRNA의 아미노산수용고리를 아미노산의 카르복실말단에 연결시킨다(그림 15.15). 이 방향성은 리보솜의 기능을 이해하는데 중요한데, 그 이유는 각각의 펩티드 결합은 한 아미노산의 아미노기와 다른 아미노산의 카르복실기 사이에 형성되기 때문이다.

tRNA에 아미노산의 올바른 부착은 중요한데, 그 이유는 리보솜이 이 부착을 검증하지 않기 때문이다. 리보솜은 오직 코돈-역코돈의 짝이 올바른지 만을 확인할 수 있다. 정교한 실험을 통해, 결합반응 이후에 시스테인을 알라닌으로 화학적으로 바꾸었다. 이 장전된 tRNA를 *in vitro* 단백질 합성시스템에 사용하였을 때, 시스테인 대신에 알라닌이 결합되었는데, 이결과는 리보솜은 tRNA에 부착된 아미노산을 "검증(proofread)"할 수 없음을 보여 주었다.

그러므로 활성효소들은 유전암호를 번역하여 tRNA의 역코돈에 아미노산을 부착하는 결합반응을 한다. 그후 아미노산들은 단지 tRNA의 역코돈과 mRNA의 상보적 결합을 기초로 하여 펩티드에 삽입된다.

리보솜은 여러 개의 tRNA 결합부위를 지닌다

학습목표 15.6.3 리보솜의 tRNA 결합부위들의 기능들의 차이를 구별하라.

생물 고분자 물질의 합성은 전사뿐 아니라 DNA 복제에서와 같이 개시, 연장 그리고 종결로 구분 지을 수 있다. 번역 즉 단백질합성의 경우 이들 세 단계는 rRNA와 단백질로 구성된 거대 고분자 집합체인 리보솜에서 일어난다.

지난 개관에서 설명하였듯이 리보솜은 아미노산들 사이에 펩티드결합이 형성되기 위해 반드시 적어도 두 개의 tRNA를 동시에 결합할 수 있어야 한다. 박테리아 리보솜은 그림 15.16에서 요약되었듯이 3개의 결합부위를 포함한다.:

- **P 부위(P site)**는 합성되어 신장되는 펩티드 사슬을 가진 tRNA에 결합한다.
- **A 부위(A site)**는 펩티드 사슬에 추가될 다음 번 아미노산을 가진 tRNA와 결합한다.
- **E 부위(E site)**는 아미노산 추가 반응을 끝내고 더 이상 아미노산을 가지고 있지 않은 tRNA와 결합한다.

운반RNA들은 연장과정 동안 연속적으로 이들 부위를 통과한다. mRNA를 기준으로 그 부위들은 5′에서 3′의 방향으로 E, P 그리고 A 순서로 배열되어져 있다. 들어오는 결합된 tRNA는 리보솜

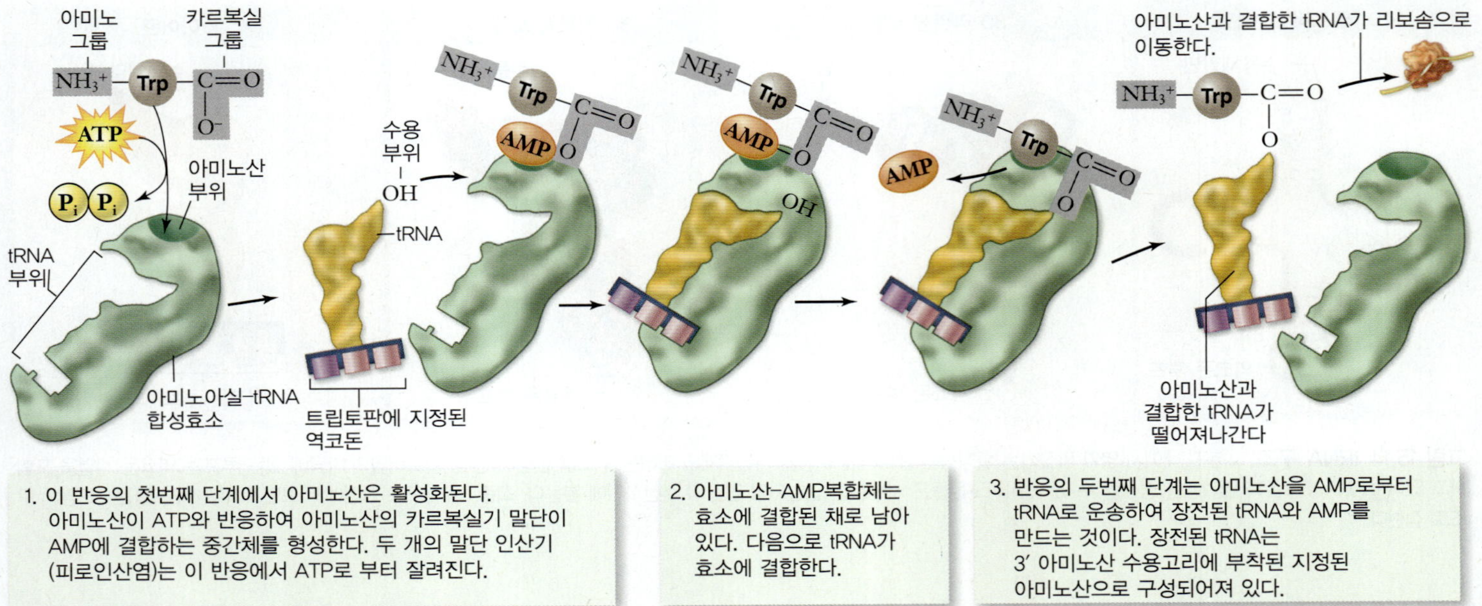

그림 15.15 tRNA 결합반응. 20개의 다른 아미노아실-tRNA합성효소가 있고 각 효소는 특정 아미노산(예. 트립토판) 각각을 위해 존재한다. 특정 효소는 아미노산을 특정하는 역코돈(트립토판을 위한 ACC)을 가진 특정 tRNA를 인지하여 결합해야 한다. 이 반응은 ATP를 사용하고 활성화된 중간체를 생성하여 펩티드결합을 위한 더 이상의 에너지는 요구하지 않는다.

의 A부위로 들어가 P부위를 통과하고 E부위를 경유하여 떠난다.

리보솜은 암호해독과 효소기능 둘 다를 가진다

리보솜의 두 가지 기능은 (1)전사된 메시지를 해독하고 (2)펩티드결합을 형성시킨다는 것이다. 해독기능은 주로 리보솜의 작은 소단위체가 관여한다. 펩티드 결합의 형성은 큰 소단위체에 있는 **펩티드기전달효소(peptidyl transferase)**가 관여한다.

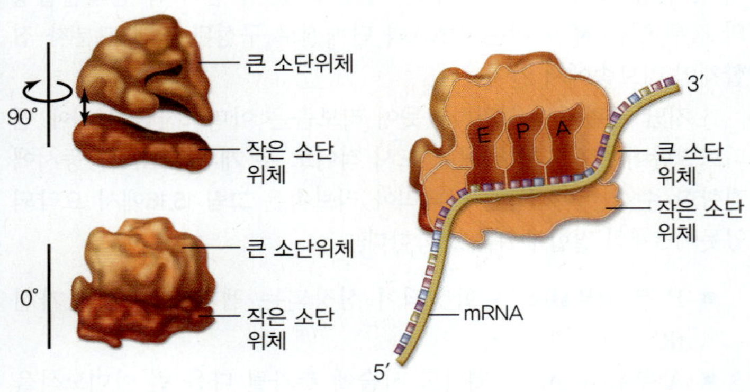

그림 15.16 리보솜은 두 개의 소단위체로 되어있다. 리보솜 사이클의 부분으로 리보솜의 소단위체들은 붙었다가 떨어진다. 작은 소단위체는 큰 소단위체 표면의 오목한 곳에 잘 들어맞는다. 리보솜은 세 개의 tRNA결합부위를 가지고 있다: 아미노아실기 부위(A), 펩티드기 부위(P)와 텅빈 부위(E).

리보솜을 보는 우리의 시각은 시간이 지나면서 매우 많이 변했다. 초기에는 분자생물학자들은 리보솜에 있는 단백질들이 암호해독과 촉매반응을 수행한다고 여겼다. 지금 이러한 시각은 바뀌었다. 대신에, 리보솜은 단백질 합성의 핵심 화학반응을 수행하는 rRNA의 집합체로서, 단백질들에 의해 안정적인 구조가 유지된다는 것이다. 리보솜의 두 소단위체가 결합하는 접촉면들은 rRNA의 배열 형태를 따라서 형성되어 있고 두 소단위체가 mRNA, tRNA 그리고 아미노산과 결합하는 부위 또한 대부분 rRNA이다(그림 15.17). 현재 펩티드기전달효소의 활성은 큰 소단위체의 rRNA에 있다고 여겨진다.

개념 정리 15.6

tRNA의 한쪽 끝은 아미노산과 결합하고 다른 끝은 mRNA와 염기쌍을 이룰 수 있다. tRNA 결합반응은 아미노산의 카르복실기 말단을 tRNA의 3′ 아미노산수용고리에 결합시킨다. 이 반응은 20개의 아미노아실 tRNA합성효소에 의해 촉진되며 각 아미노산을 위해 각각의 효소가 존재한다. 리보솜은 tRNA를 위해 세 군데의 결합부위를 가지는데 각각 합성되어 자라는 펩티드에 결합하는 tRNA를 위한 결합부위(P 부위), 다음 결합된 tRNA를 위한 부위(A 부위), 이전의 tRNA를 위한 부위(E 부위)이다. 리보솜은 암호해독과 효소기능 둘 다를 지닌다. 기능은 주로 rRNA에 있다고 여겨진다.

- 정지코돈에 상보적인 역코돈을 가진 변이된 tRNA는 번역에 어떠한 영향을 줄까?

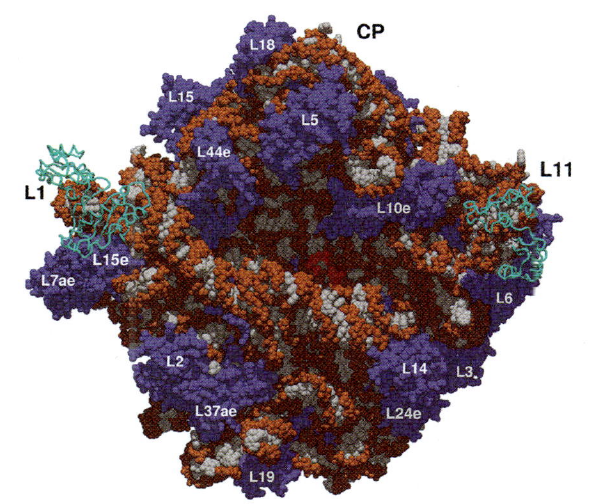

그림 15.17 원핵생물 리보솜의 3-D 구조. 원핵생물의 리보솜 큰 소단위체의 완전한 원자구조는 2.4-Å 해상도에서 결정되었다. RNA의 염기들은 흰색, 폴리뉴클레오티드 뼈대는 적색, 그리고 단백질은 청색이다. 각 리보솜 소단위체의 접촉면들은 rRNA의 배열을 따라 형성되어 있는데 이것은 tRNA, 아미노산, 그리고 mRNA와의 결합에 관여한다. 단백질들은 활성부위에는 없지만 표면 곳곳에 많이 분포되어 있다. 단백질은 인접한 rRNA가닥들과 결합함으로써 구조를 안정화시킨다.

15.7 번역과정은 복잡하고 에너지를 많이 필요로 한다

번역과정은 기본적으로 매우 간단한 과정임에도 불구하고 세포가 수행하는 작업 중에 가장 복잡하고 에너지가 많이 드는 임무 중의 하나이다. mRNA분자가 리보솜을 뚫고 나아갈 때 아미노산을 운반하는 tRNA가 mRNA의 코돈과 염기쌍을 이루어 mRNA와 결합한다. 리보솜은 아미노산을 위치시켜서 각 새로운 아미노산과 성장하는 폴리펩티드사이에 펩티드결합이 형성되게 한다.

개시는 부가적인 인자들을 필요로 한다

학습목표 15.7.1 원핵생물과 진핵생물에서의 개시를 비교하라.

원핵생물의 개시

원핵생물에서 **개시복합체(initiation complex)**는 화학적으로 변형된 메티오닌인 *N*-포르밀메티오닌(*N-formylmethionine*)과 결합한 특수한 **개시tRNA(initiator tRNA)**를 포함한다. 개시tRNA는 $tRNA^{fMet}$ 로 나타내어진다. 개시복합체는 또한 작은 리보솜 소단위체와 mRNA 가닥을 포함한다(그림 15.18). 작은 소단위체는 mRNA에 정확히 위치하게 되는데, 그 이유는 mRNA의 5′말단부위에 **리보솜결합서열(ribosome-bindnig sequence, RBS)**이라는 보존된 염기서열이 작은 소단위체 rRNA의 3′말단부위와 상보적인 결합을 하기 때문이다.

유전암호를 설명할 때 언급했듯이, 시작코돈은 AUG이다. 리보솜은 보통 mRNA가닥과 만나는 첫 AUG를 이용하여 번역의 시작을 위한 신호를 보낸다. 많은 수의 개시인자들이 리보솜, mRNA 그리고 $tRNA^{fMet}$의 결합을 중재하여 개시복합체를 형성시킨다. 이들 인자들은 개시에만 관여하며 리보솜의 한 부분은 아니다.

일단 mRNA, 개시tRNA, 그리고 작은 리보솜 소단위체의 복합체가 형성되면 큰 소단위체가 더해지고, 번역이 시작된다. 완전한 리보솜의 형성으로 개시tRNA는 A부위는 비워둔 채 P 부위에 결합된다.

진핵생물의 개시

진핵생물의 개시는 원핵생물에서와 비슷하지만, 다음 두 가지의 중요한 방식이 다르다. 첫째, 진핵생물에서 개시아미노산은 *N*-포르밀메티오닌이 아니고 메티오닌이다. 둘째, 개시복합체는 9개 이상의 단백질 인자들로 되어 있고 많은 인자들이 여러 소단위체로 구성되어져 있어 원핵생물보다 더욱 복잡하다. 또한 진핵생물의 mRNA는 리보솜결합서열이 없다. 그 대신에 작은 소단위체는 처음에 가공된 mRNA의 끝부분에 있는 5′캡에 결합하게 된다.

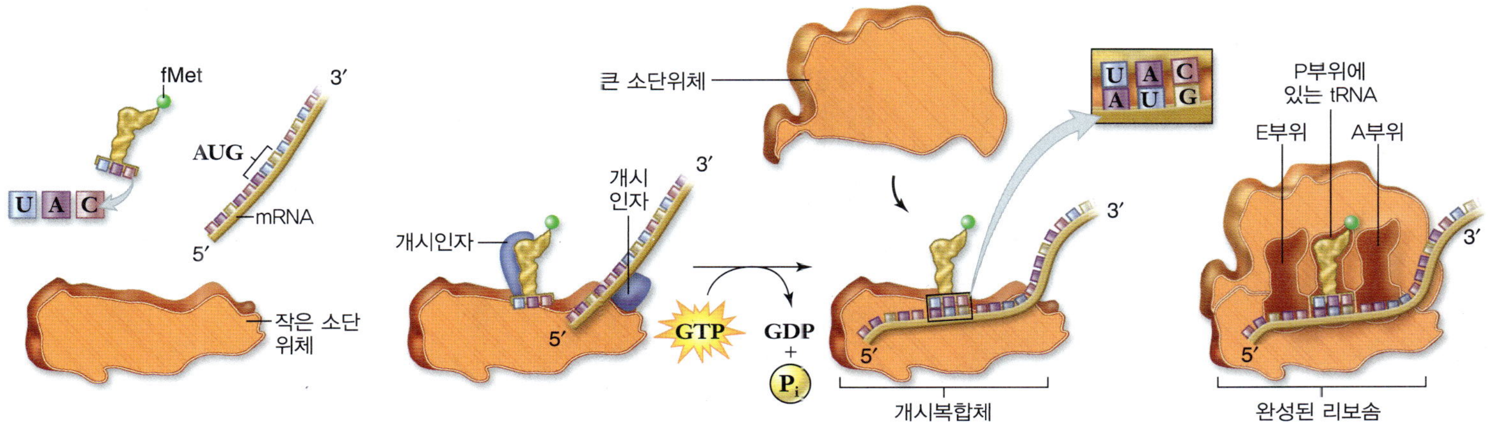

그림 15.18 번역의 개시. 원핵생물에서 개시인자들은 작은 리보솜 소단위체, 개시$tRNA^{fMet}$, 그리고 mRNA의 위치를 잡는데 중요한 역할을 한다. $tRNA^{fMet}$가 mRNA의 처음 AUG 코돈위에 위치할 때, 큰 리보솜 소단위체가 작은 소단위체에 결합하여 이후의 tRNA분자들이 리보솜에 결합하도록 E, P, A부위를 만들어 폴리펩티드 합성이 시작된다.

연장은 연속적으로 아미노산들을 더한다

학습목표 15.7.2 각각의 tRNA가 리보솜의 A, E, P부위를 어떤 순서로 차지하는지를 나타내어라.

전체 리보솜이 개시tRNA와 mRNA주위에 조립될 때 두 번째 장전된 tRNA는 리보솜에서 비어있는 A부위에 결합할 수 있다. 이 과정은 **EF-Tu**라는 **연장인자**가 필요하며 이 인자는 장전된 tRNA와 GTP에 결합한다.

펩티드결합은 그때 개시tRNA의 아미노산과 A 부위에 새로이 도착한 장전된 tRNA 사이에서 형성된다. 이 결합이 두 장전된 tRNA와 형성하는 기하학적인 구조가 이 과정을 이해하는 데 매우 중요하다. 아미노산이 tRNA의 카르복실말단에 부착되어 있음을 기억하라. 펩티드결합은 들어오는 아미노산(A 부위)의 아미노말단과 자라는 사슬(P 부위)의 카르복실기 말단 사이에 형성된다(**그림 15.20**).

연속적인 아미노산들의 첨가는 주기적인 방식으로 일어나는 일련의 사건들이다. **그림 15.19**는 연장 사이클의 상세한 사항을 보여준다.

1. **tRNA역코돈과 mRNA코돈을 맞춤.** EF-Tu와 GTP에 결합한 새로운 장전된 tRNA가 리보솜에 도착한다. 이 장전된 tRNA는 그 역코돈이 A 부위의 mRNA코돈에 상보적이면 A부위에 결합한다.

   결합 후 GTP는 가수분해되고, EF-Tu-GDP는 다른 인자에 의해 재활용되는 리보솜으로부터 떨어져 나간다. GTP의 결합과 가수분해의 두 단계는 번역의 정확성을 증가시키는 것으로 여겨진다.

2. **펩티드결합형성.** 리보솜의 큰 소단위체에 있는 펩티드기전달효소는 A 부위에 있는 아미노산의 아민기와 성장하는 폴리펩티드사슬의 카르복실기 사이의 펩티드결합을 촉진시킨다(그림 15.20). 이 효소는 또한 P 부위에서 성장중인 펩티드 사슬과 tRNA사이의 결합을 끊어 비워두게 한다. 이것의 전체적인 결과는 성장중인 펩티드 사슬을 A 부위에 있는 tRNA에 전달하게 한다.

3. **리보솜의 이동.** 펩티드결합이 형성된 후에 리보솜은 mRNA와 tRNA에 관련하여 이동한다. mRNA에 있는 다음 코돈은 A 부위로 이동하고, 성장하는 폴리펩티드가 결합된 tRNA는

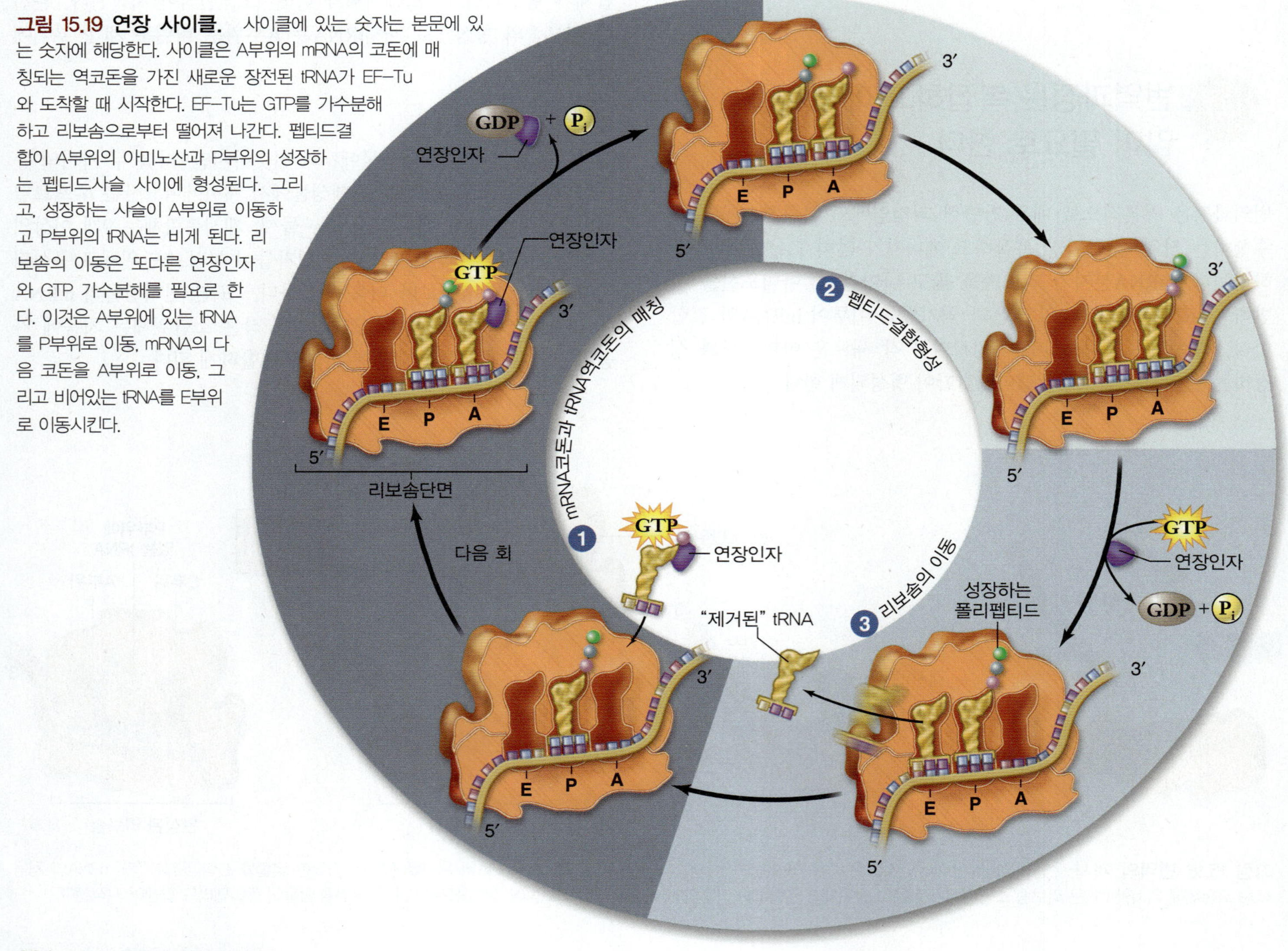

그림 15.19 연장 사이클. 사이클에 있는 숫자는 본문에 있는 숫자에 해당한다. 사이클은 A부위의 mRNA의 코돈에 매칭되는 역코돈을 가진 새로운 장전된 tRNA가 EF-Tu와 도착할 때 시작한다. EF-Tu는 GTP를 가수분해하고 리보솜으로부터 떨어져 나간다. 펩티드결합이 A부위의 아미노산과 P부위의 성장하는 펩티드사슬 사이에 형성된다. 그리고, 성장하는 사슬이 A부위로 이동하고 P부위의 tRNA는 비게 된다. 리보솜의 이동은 또다른 연장인자와 GTP 가수분해를 필요로 한다. 이것은 A부위에 있는 tRNA를 P부위로 이동, mRNA의 다음 코돈을 A부위로 이동, 그리고 비어있는 tRNA를 E부위로 이동시킨다.

그림 15.20 펩티드결합 형성. 펩티드결합은 A부위에 새로 들어온 장전된 tRNA와 P부위의 tRNA에 붙어있는 성장하는 펩티드사슬 사이에서 일어난다. 결합은 새로운 아미노산의 아미노그룹과 성장하는 사슬의 카르복실그룹 사이에서 생성된다. 이 과정은 성장사슬과 그것의 tRNA 사이의 결합을 깨고, 성장하는 사슬을 A부위로 이동시킨다.

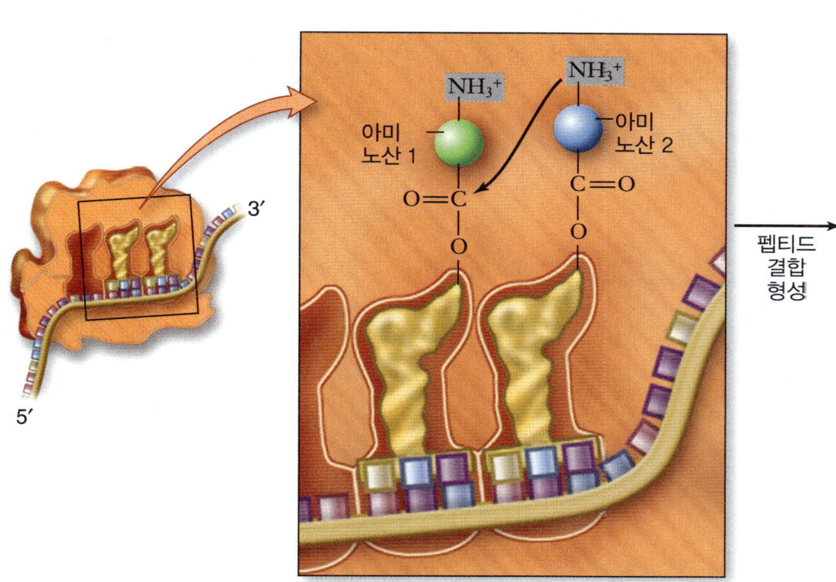

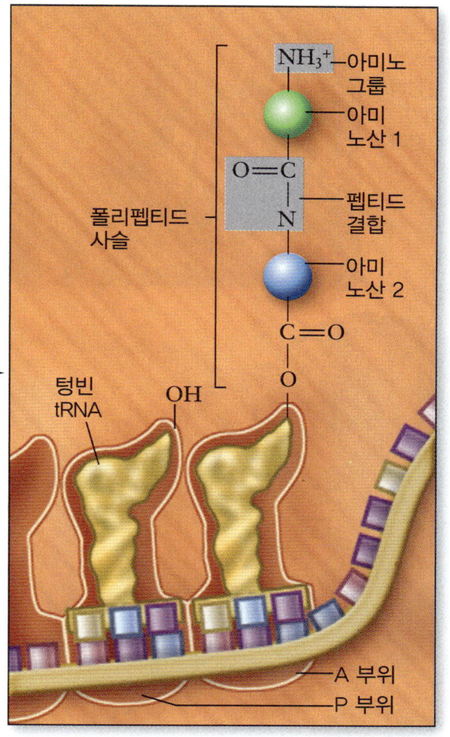

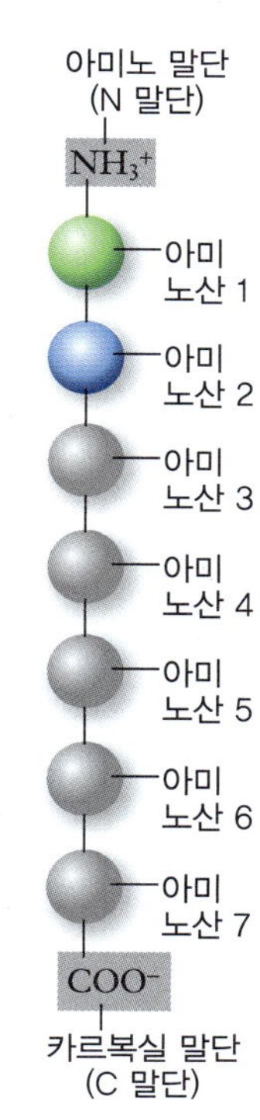

P부위로 이동한다. 이전에 P부위에 있던 아미노산과 결합하지 않은 tRNA는 현재 E 부위에 있게 되고, 다음 사이클에서 밖으로 나가게 된다. 이러한 이동단계는 보조인자인 EF-G와 또 다른 GTP의 가수분해를 필요로 한다.

이 연장 사이클은 새로운 아미노산을 첨가하며 지속된다. 리보솜은 5′에서 3′방향으로 mRNA를 따라 하향 이동하며 연속적인 코돈을 읽는다. tRNA들은 그와는 반대방향으로 리보솜의 A부위에서 P부위 그리고 마지막으로 E부위를 통해 이동해서 텅빈 tRNA로 방출된다. 방출된 tRNA는 또 다른 아미노산과 결합하여 다시 사용될 수 있다.

불안정 짝짓기

이전에 언급하였듯이 코돈에 비해 tRNA의 수가 적다. 이러한 상황은 코돈의 3′염기와 역코돈의 5′염기 사이의 짝짓기가 정상보다 약하다는 사실의 결과이다. 몇몇 tRNA에서 변형된 코돈의 염기와 역코돈의 5′에 위치해 있는 염기와의 덜 정확한 염기쌍은 융통성을 증가시킨다. 이러한 효과를 **불안정 짝짓기(wobble pairing)**라 부르는데 이들 tRNA는 mRNA와의 결합이 다소 불안정하여, 하나의 tRNA가 mRNA 코돈의 세 번째 위치에 하나 이상의 가능한 염기쌍을 이룰 수 있다.

종결은 추가적인 보조인자들을 필요로 한다

연장은 사슬을 종결시키는 종결코돈에 이르기 전까지 이런 방식으로 계속된다(예를 들어 그림 15.21에서 UAA). 이들 종결코돈은 tRNA에 결합하지 않고 그 대신에 새롭게 만들어진 폴리펩티드를 리보솜으로부터 내보내는 방출인자에 의해 인지된다.

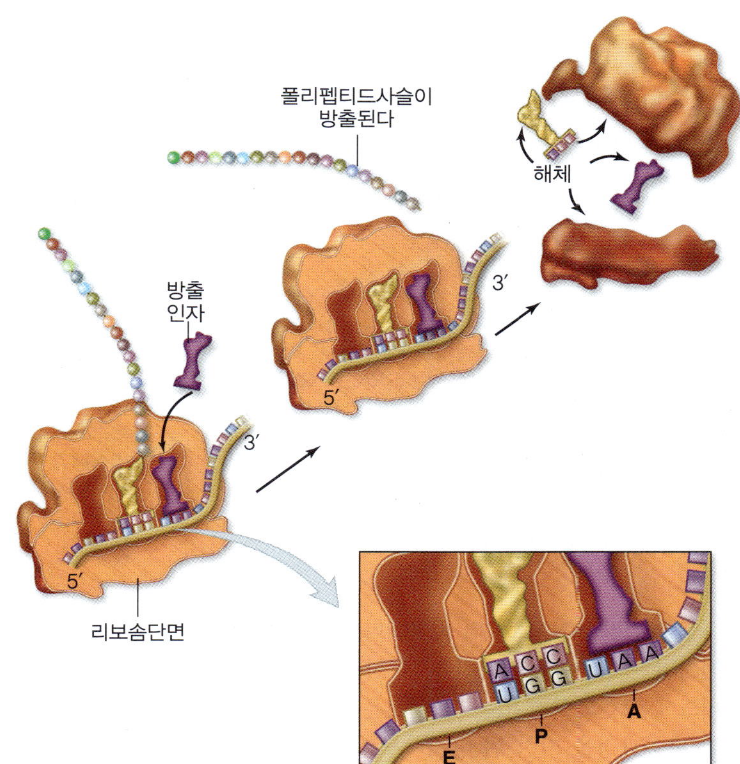

그림 15.21 단백질 합성의 종결. 3개의 종결신호 코돈 중 어떠한 것에도 상보하는 역코돈을 가진 tRNA는 없다. 리보솜이 종결코돈을 만났을 때, 리보솜은 이동을 중단한다. 방출인자라는 특이한 단백질이 폴리펩티드와 P부위의 tRNA 사이의 공유결합을 파괴함으로써 폴리펩티드사슬의 방출을 촉진시킨다.

1. 핵 안에 있는 RNA 중합효소Ⅱ는 1차 전사물을 생성하기 위해 DNA의 한 가닥을 복사한다.

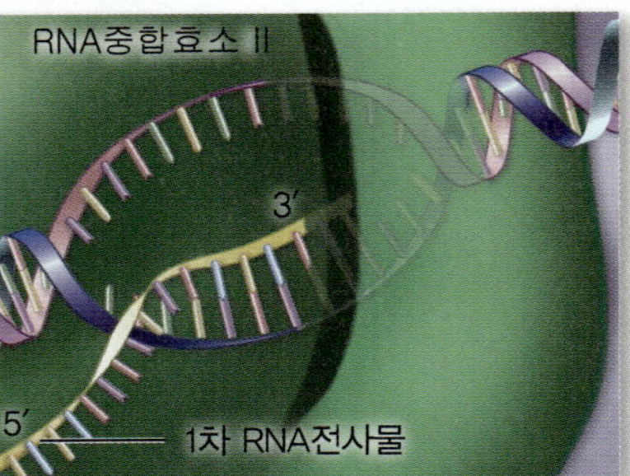

2. 1차 전사물에 5′ 메틸구아닌캡과 첨가 3′ 말단의 절단과 폴리A꼬리 첨가, 그리고 인트론의 제거가 일어난다. 그때 성숙된 mRNA는 핵공을 통하여 세포질로 나오게 된다.

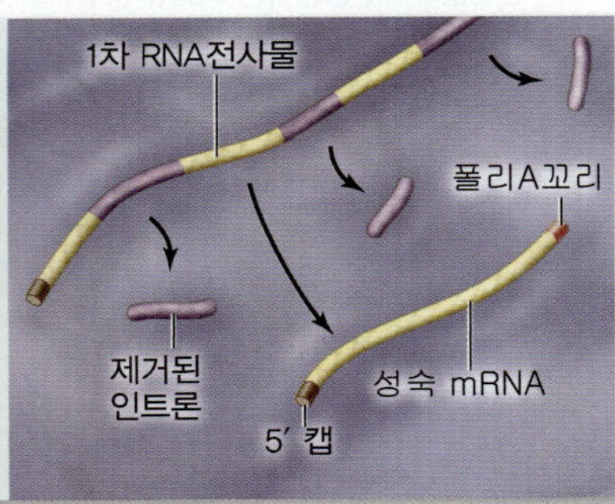

3. mRNA의 5′캡은 리보솜의 작은 소단위체와 결합한다. 개시 tRNA와 큰 소단위체가 더해져 개시복합체를 형성한다.

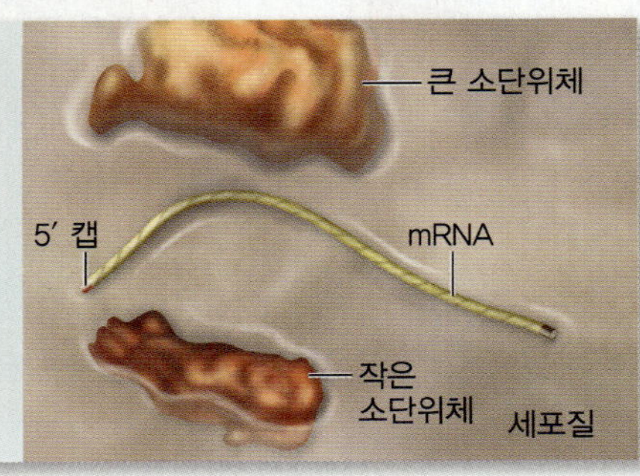

세포질

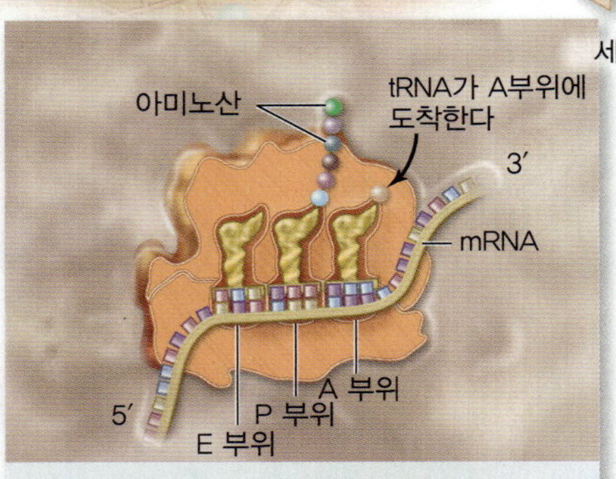

4. 리보솜 사이클은 P부위에 있는 tRNA에 부착된 성장하는 펩티드에서부터 시작한다. 다음의 장전된 tRNA는 mRNA의 코돈에 상보적인 역코돈을 가지고 A부위에 결합한다

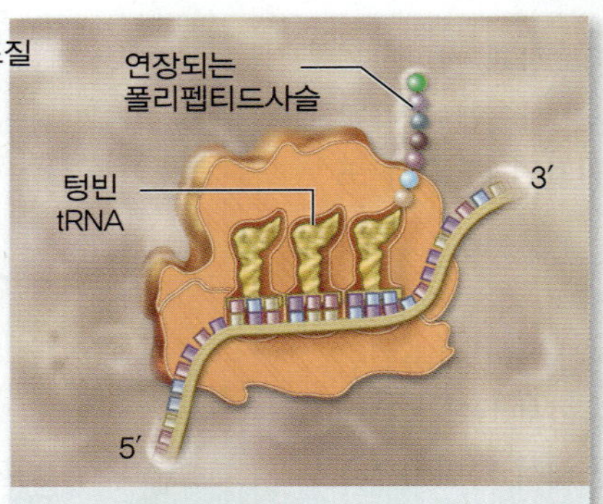

5. 펩티드결합은 성장하는 펩티드의 카르복실 말단과 새로운 아미노산의 아미노 말단사이에 형성된다. 연장되는 펩티드는 A부위의 tRNA에 전송되고 P부위의 tRNA는 텅빈 상태가 된다.

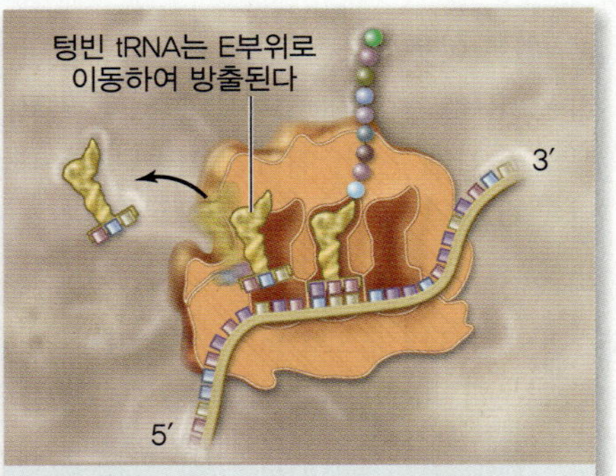

6. 리보솜 이동은 mRNA와 결합된 tRNA에 관련하여 이동한다. 이것은 성장하는 펩티드 사슬을 P부위로 이동시키며, E부위에는 텅빈 tRNA를, 그리고 A부위에는 다음 장전된 tRNA가 결합한다.

그림 15.22 진핵생물에서 유전자발현의 개요.

마지막 tRNA로부터 폴리펩티드의 방출과 리보솜의 해체는 유전자발현과정을 종결시킨다. 유전자로부터의 정보는 현재 폴리펩티드에 표현되어져 있는데, 이것은 DNA의 정보가 RNA로 전환되어 가공과정을 거친 뒤 마지막으로 리보솜에서 번역되어 폴리펩티드를 생성한다는 것이다. 이 복잡한 과정은 처음 접했을 때 압도될 수 있어서 진핵생물의 유전자발현을 그림으로 요약해 두었다(**그림 15.22**). 게다가 원핵생물과 진핵생물 사이에서의 차이점은 표 15.2에 강조해 두었다.

진핵생물에서 단백질들은 소포체로 향한다

학습목표 15.7.3 RER과 세포질에서의 번역을 비교하라.

진핵생물에서 번역은 세포질과 조면소포체(RER)에서 이루어진다. 조면소포체에서 번역되는 단백질들은 그들 자신의 초기 아미노산 배열에 기초하여 조면소포체에 남게 된다. 조면소포체에 있는 리보솜은 활동적으로 번역하고 소포체에 영구적으로 결합되어있지 않다.

신호서열(signal sequence)이라 부르는 짧은 일련의 아미노산으로 시작된 폴리펩티드는 신호인식입자(*signal recognition particle, SRP*)라는 세포질에 있는 단백질 복합체에 의해 특이적으로 인지되

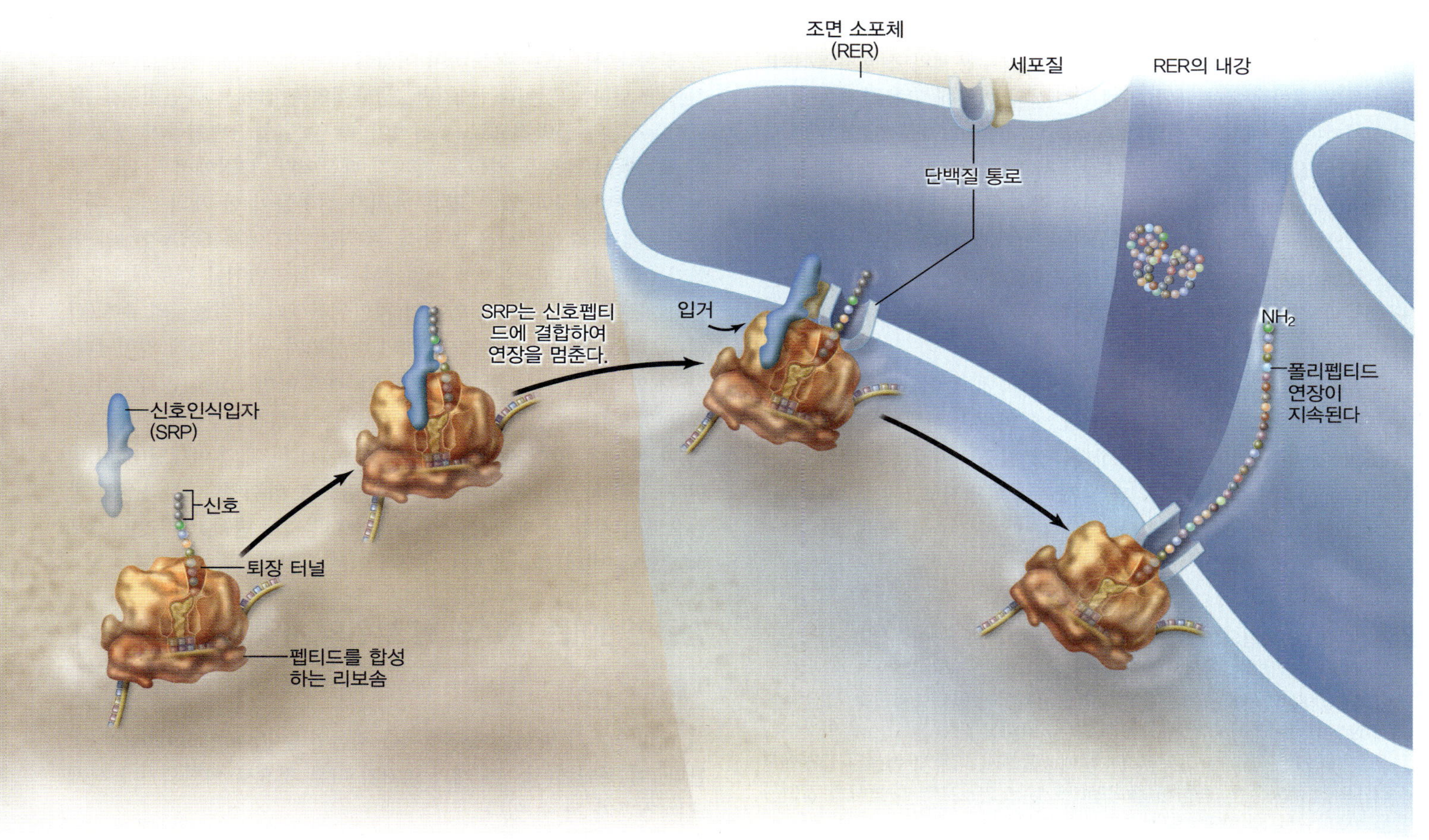

그림 15.23 조면소포체에서 단백질의 합성. 조면소포체에서 합성되는 단백질들은 펩티드 안의 서열 때문에 소포체에 도착한다. 폴리펩티드의 아미노말단에 있는 신호서열은 신호인식입자에 의해 인식된다. 이 복합체는 소포체의 통로에 있는 수용체에 입거한다. 합성된 펩티드는 통로를 통하여 소포체의 내강으로 들어간다.

표 15.2	원핵생물과 진핵생물의 유전자발현에서 차이점	
특징	**원핵생물**	**진핵생물**
인트론	몇몇 고세균 유전자를 제외하고 인트론 없음.	대부분의 유전자는 인트론을 포함.
mRNA유전자의 수	몇몇 유전자는 한 개의 mRNA분자로 전사된다. 이들은 종종 연관된 기능을 가지며 오페론을 형성해 생화학 경로의 조절을 협력한다.	한 mRNA당 오직 한 유전자; 경로의 조절은 다른 방법들로 이루어진다.
전사와 번역 부위	핵막이 없는; 전사와 번역이 연결된다.	핵안에서의 전사; 번역을 위해 mRNA는 세포질로 이동한다.
번역개시	리보솜이 결합하는 특이한 서열 다음의 AUG에서 시작된다.	리보솜이 결합하는 5′캡(메틸 GTP) 다음의 AUG에서 시작된다.
전사후 mRNA의 변형	없음; 번역은 전사가 마치기 전에 시작한다. 전사와 번역은 연결된다.	mRNA가 핵안에 있는동안 많은 변형이 일어난다; 인트론은 제거되고 엑손은 함께 이어맞추기가 된다.

어 결합하게 된다. 이 신호서열과 SRP의 복합체는 소포체막에 있는 수용체단백질에 의해 인지된다. 소포체수용체와 신호서열/SRP 복합체의 결합은 소포체막 위에 단백질의 번역에 고용된 리보솜을 고정시키는데, 이 과정을 입거(*docking*)라고 한다(그림 15.23).

단백질이 만들어지는 과정에서 그 단백질은 입거복합체(docking complex)에 의해 만들어진 통로를 통과하고 소포체내부의 시스터나 공간(cisternal space)에 들어가게 된다. 리보솜은 실질적으로 소포체에 결합하지 않고 소포체로 들어가는 새로이 합성된 단백질과 결합하는데, 리보솜은 마치 부두에 로프로 묶여 있는 보트 같다.

일단 소포체의 시스터나 공간(내부)에 들어간 새로이 합성된 단백질은 당의 첨가(glycosylation)에 의해 변형될 수 있고 소낭(vesicle)에 의해 골지체로 이동한다(4장 참조). 이것이 단백질 수송(trafficking)경로의 시작으로 다른 세포내 목적지로, 세포막으로 또는 세포밖으로 배출될 수 있다.

개념 정리 15.7

개시동안 리보솜의 작은 소단위체는 mRNA와 아미노산과 결합한 tRNA에 결합한다. 연장사이클은 새롭게 아미노산과 결합한 tRNA를 리보솜의 A 부위에 위치시키고 아미노산사이에 펩티드결합을 시킨 후 mRNA사슬을 따라 리보솜이 이동하는 것이다. tRNA는 리보솜의 A에서 P 그리고 E부위로 이동된다. 진핵생물에서 새롭게 형성된 폴리펩티드의 신호서열은 합성된 폴리펩티드를 조면소포체로 향하게 하고 폴리펩티드는 시스터나 공간으로 들어간다.

- 번역의 어떤 단계에서 에너지가 필요한가?

15.8 돌연변이는 유전자의 서열, 수 또는 위치가 변화된 것이다

유전자들의 기능을 분석하는 한 가지 방법은 유전자에서 돌연변이를 찾아내거나 또는 유도하여 이것이 기능에 어떠한 영향을 미치는지를 조사하는 것이다. 하지만, 생물체의 관점에서 돌연변이를 유도하는 것은 일반적으로 부정적이다. 많은 돌연변이들이 생물체의 표현형에 해로운 영향을 가지기 때문이다. 13장에서 당신은 낫형 적혈구빈혈증과 같은 많은 유전자 질환들이 한 개의 열성 대립유전자에 의해 일어남을 보았다. 우리는 여기에서 DNA자체의 변화가 어떻게 일어나는지의 관점에서부터 돌연변이를 검토해보고자 한다. 돌연변이는 한 개 염기의 치환에서부터 유전물질의 손실(삭제) 그리고 한 개의 전체 염색체의 손실까지 광범위하게 일어난다. 한 개 염기의 변화는 한 단백질의 한 개의 아미노산을 변화시켜 질병을 일으킬 수 있다. 그림 15.24에 있는 낫형적혈구빈혈증이 그것의 한 예이다. 낫형 세포의 대립유전자에서 한 개의 아데닌(A)이 티민(T)으로 치 환되어 글루탐산이 발린으로 바뀌었다. 무극성의 발린으로의 치환 은 베타사슬을 폴리머로 엉기게 만들고 이것이 세포의 모양을 변화시켜 질병의 상태에 이르게 한다.

점돌연변이는 DNA의 한 부위의 서열에 영향을 준다

학습목표 15.8.1 다른 종류의 점돌연변이들을 비교하라.

한 개의 염기가 바뀌는 돌연변이를 **점돌연변이(point mutation)**라고 한다. 이 돌연변이는 한 개의 염기가 다른 것으로 치환되거나 삭제 또는 첨가가 될 수 있다.

염기치환

DNA상에서 한 염기쌍이 다른 것으로 치환되는 것을 **염기치환돌연변이(base substitution mutation)**라고 부른다. 유전암호의 축중적인 특성 때문에 염기치환은 암호화되는 아미노산을 바꿀수도 바꾸지 않을수도 있다. 만약 염기치환으로부터의 새로운 코돈이 같은 아

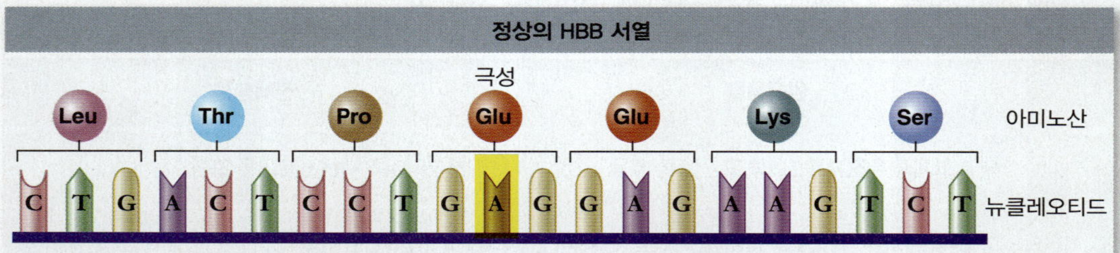

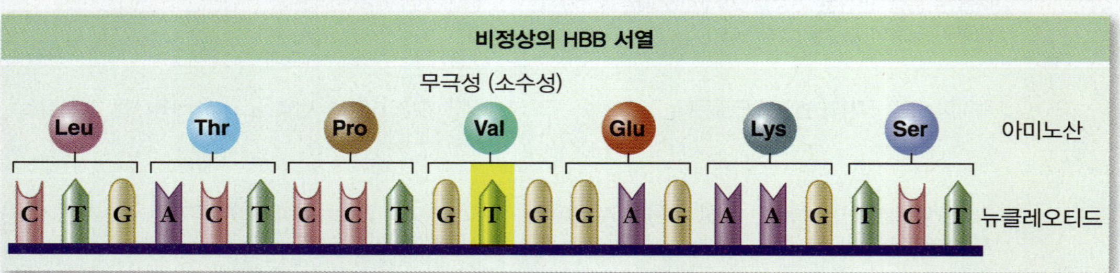

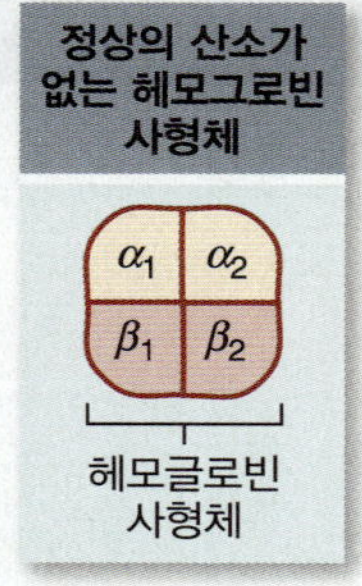

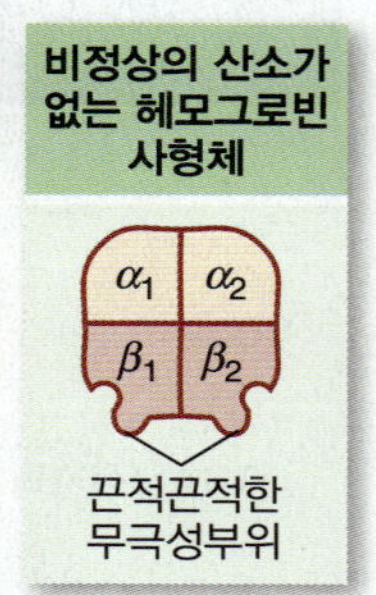

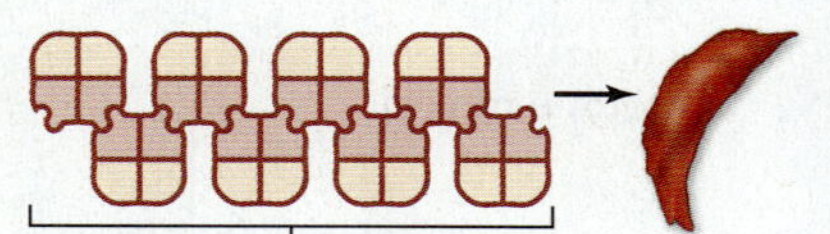

그림 15.24 낫형적혈구빈혈증은 변화된 단백질에 의해 발생한다. 헤모글로빈은 두 개의 α-글로빈과 두 개의 β-글로빈 사슬의 사합체(tetramer)로 이루어져 있다. β-글로빈 유전자의 낫형 세포의 대립유전자에서 한 개의 염기가 치환되어 글루탐산(Glu)이 발린(Val)으로 바뀌었다. 이것은 그 단백질의 표면에 끈적끈적한 소수성부위를 만들게 하여 그 단백질들이 여러 개 결합하여 긴 사슬의 형태를 만들어 적혈구의 모양을 일그러뜨린다.

미노산을 암호화한다면 이러한 돌연변이를 잠재적(*silent*)이라고 한다(그림 15.25b). 염기의 치환이 단백질의 한 아미노산을 변화시켰을 때 이를 **과오돌연변이(missense mutation)**라고 부르는데 그 이유는 변이유전자의 전사 후에 생긴 코돈의 "sense"가 바뀔 것이기 때문이다(그림 15.25c). 낫형적혈구빈혈증을 포함한 여러 종류의 인간 유전질병은 염기치환에 의해 발생한다.

정지돌연변이

염기치환의 특이한 범주로서 염기가 바뀌어서 전사되는 코돈이 정지코돈으로 바뀌는 것이다(그림 15.25d). 이러한 것들을 **정지돌연변이(nonsense mutations)**라고 부르는데 그 이유는 돌연변이가 번역기구에서 "sense"를 만들지 못하기 때문이다. 정지코돈은 번역과정을 미성숙하게 종결시켜 잘려진 단백질을 나오게 한다. 만들어지는 단백질이 얼마나 짧은 지는 정지코돈이 유전자의 어느 부위에 들어갔는지에 따라 달려있다.

틀이동돌연변이

한 염기의 첨가와 삭제는 한 염기의 치환보다 아주 심각한 결과를 낳게 한다. 이러한 돌연변이를 틀이동돌연변이(*frameshift mutations*)라고 하는데 그 이유는 이 돌연변이가 변이부분 이후의 mRNA 해독틀(reading frame)을 바꾸기 때문이다. 이 종류의 돌연변이는 이 장의 앞부분에서 기술되었듯이 크릭과 브레너에 의해 유전암호의 특징을 추론하기 위해서 사용되었다.

유전자에서 초기의 해독틀의 변화와 그에 따른 mRNA 전사물의 변화는 그 단백질의 대부분이 변화됨을 의미한다. 틀이동은 또한 번역의 조기종결을 종종 유발한다. 64개의 코돈 중 3개는 정지코돈이기 때문에, 틀이동에 의해 무작위로 되어버린 수택 개의 뉴클레오티드의 염기서열에서 정지코돈이 발생할 가능성은 높다.

3염기증폭 돌연변이(Triplet repeat expansion mutations)

분자유전학의 긴 역사와 인간에 대한 분자적 분석이 가능하게 된 상대적으로 짧은 기간을 본다면 인간에서 완전히 새로운 종류의 돌연변이를 발견한 것은 매우 놀라운 일이다. 그러나 염기서열이 분석된 첫 번째 인간질병 유전자 중의 하나인 헌팅턴병(*Hungtinton disease*) 유전자는 새로운 종류의 돌연변이의 결과로 입증되었다. 헌팅턴유전자는 3염기 서열이 반복되고 이 반복된 단위는 정상적인 대립유전자에 비해 질병대립유전자에서 확장되어있다. 처음 발견된 이후로 적어도 20개의 다른 인간 유전병이 이 기전에 의해 나타남을 알게 되었다. 이런 종류의 돌연변이의 보편성은 아직 모른다. 현재 인간과 쥐에서만 이와 같은 돌연변이가 발생하는 것으로 보아 이 돌연변이는 척추동물 또는 포유류에만 한정되었음을 암시한다. 초파리, 붉은빵곰팡이 또는 대장균에는 이들 돌연변이가 관찰되지 않았다.

3염기의 증폭은 전사되는 DNA의 번역 또는 비번역부위에서 일어난다. 헌팅턴병의 경우 반복되는 단위가 실질적으로 유전자의 번역부위에서 일어나며, 그 3염기는 글루타민을 암호화한다. 증폭 결과 단백질에 폴리글루타민(polyglutamine)부위를 만든다. 많은

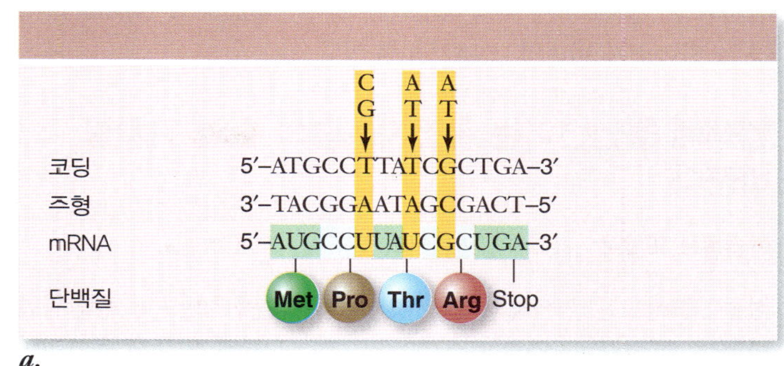

a.

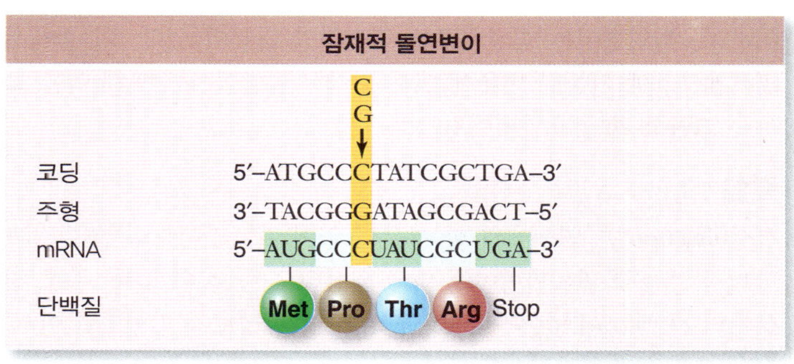

b.

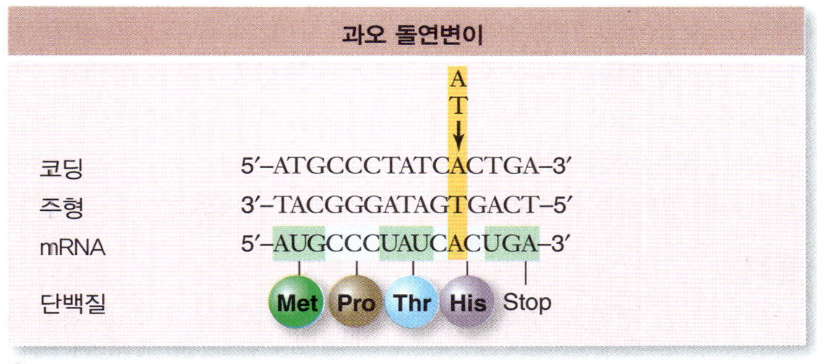

c.

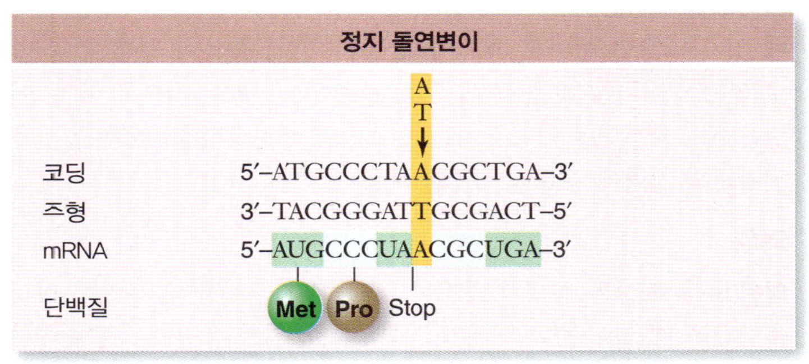

d.

그림 15.25 돌연변이의 종류. **a.** 가상의 유전자가 암호화된 mRNA와 단백질과 함께 보여지고 있다. 유전자 위의 화살표는 돌연변이 부위를 나타낸다. 나머지 그림에도 해당된다. **b.** 잠재적 돌연변이. 코돈의 세 번째 위치의 염기의 변화는 유전암호의 축중성 때문에 종종 잠재적이다. 이런 경우 T/A에서 C/G 돌연변이는 암호화되는 다미노산을 변화시키지 않는다(프롤린). **c.** 과오돌연변이. G/C 에서 A/T 돌연변이는 다르기닌을 히스티딘 아미노산으로 변화시킨다. **d.** 정지돌연변이. T/A 에서 A/T 돌연변이는 mRNA에 UAA 종결코돈을 생성한다.

종류의 신경퇴행성질환은 이와 같은 돌연변이를 보인다. 유전성 정신지체증상을 보이는 취약 X염색체 증후군(fragile-X syndrome)의 경우, 반복체가 비번역 DNA부분에 있다.

염색체 돌연변이는 유전자그룹의 수와 위치를 바꾼다

학습목표 15.8.2 염색체 돌연변이의 종류들을 비교하라.

점돌연변이들은 염색체의 한 부위에 영향을 주지만, 더 광범위한 변화는 염색체의 구조를 바꿀 수 있으며 그 결과 염색체 돌연변이가 된다. 인간에 생기는 많은 암들은 염색체이상과 관련되어져 있어서 이 돌연변이는 임상치료에 직접적인 관련이 있다. 이 절에서 염색체구조에 가능한 변환에 대해 간략히 알아볼 예정인데 이들 모두는 **그림 15.26**에 요약되어져 있다.

결실

결실(deletion)은 염색체의 한 부분이 없어지는 것이다. 염기치환과 달리 삭제는 복귀돌연변이에 의해 원상태로 돌릴 수 없다. 종종 염색체의 큰 부분이 없어진다. 만약 너무 많은 정보가 없어지면 이 결실은 생물체에 치명적이게 된다.

결실에 의해 인간에 발생하는 증후군은 **묘성증후군**(*cri du chat*)인데 프랑스어로 고양이의 울음이라고 하며 이 증후군을 앓고 있는 어린이에게서 나오는 소리를 본땄다. 묘성증후군은 염색체 5번의 단완(short arm)의 많은 부위가 결실됨으로써 기인한다. 이 질병에 걸린 많은 사람들이 정상적인 수명을 누리지만, 일반적으로 빨리 사망하게 된다. 호흡기계 문제를 포함해 여러 가지의 증상을 가진다.

중복

염색체의 한 부분의 **중복(duplication)**은 표현형에 중대한 영향을 미치거나, 그렇지 않을 수도 있다. 그 효과는 중복이 발생하는 "중지점(breakpoint)"의 위치에 달렸다. 만약 중복된 부분이 유전자 내에 있지 않으면 아마도 효과가 없을 것이다. 중복이 원본 부위 바로 옆에 일어나는 것을 **직렬중복**(*tandem duplication*)이라고 하며, 이것은 헤모글로빈을 암호화하는 글로빈 유전자군 등과 같은 유사유전자군의 진화에 중요한 역할을 해왔다.

역위

역위(inversion)는 염색체 조각이 두 곳에서 끊어진 후 뒤집혀 다시 들어갔을 때 일어난다. 역위가 일어나는 부위가 유전자부위가 아니면 표현형에 효과가 없을지도 모른다. 사실 인간은 모두 같은 유전체를 가지고 있지만 개체군의 각 개체에 있는 유전자의 순서는 정확히 같지 않은데, 그 이유는 다른 계통에서 발생하는 역위 때문이다.

전좌

염색체의 한 조각이 떨어져 나와 다른 염색체에 결합하는 것을 **전좌(translocation)**라고 부른다. 전좌는 복잡한데 그 이유는 감수분열 시에 특히 두 개의 다른 염색체가 감수분열 I에서 서로 쌍을 이루려고 시도 할 때 이 현상이 일어나기 때문이다.

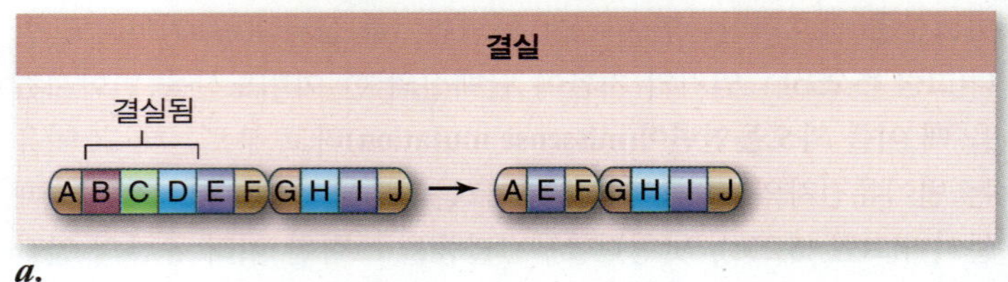

a.

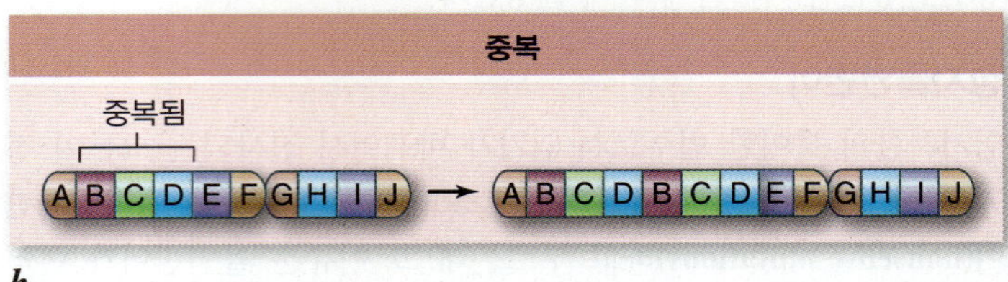

b.

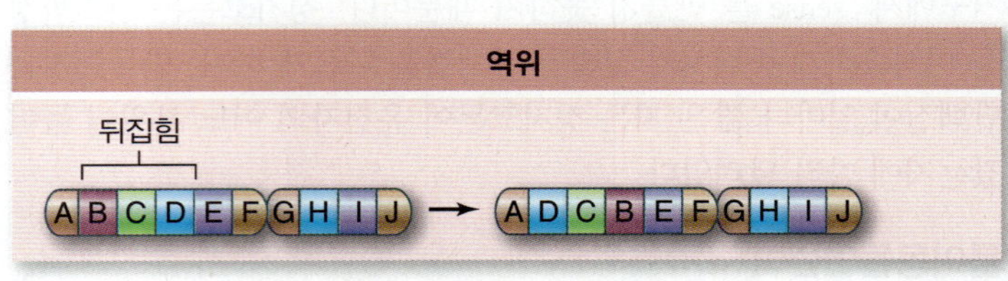

c.

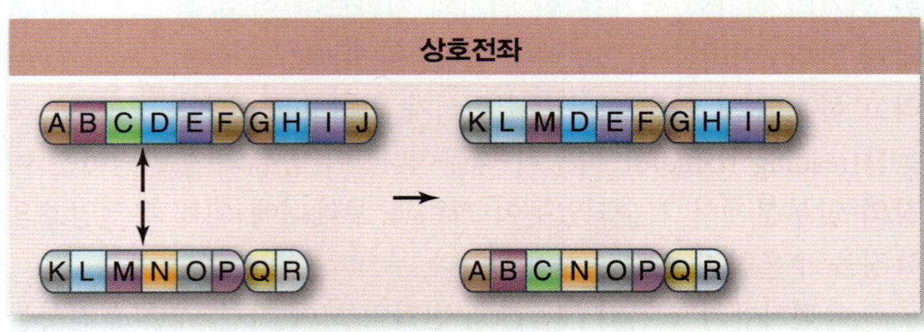

d.

그림 15.26 염색체 돌연변이. 염색체의 광범위한 변화들 또한 가능하다. 염색체가 결실되거나(**a**), 중복되거나(**b**), 또는 역위(**c**)될 수도 있다. 전좌는 한 염색체가 끊어지고 또 다른 염색체의 부분이 될 때 일어난다. 이것은 종종 두 염색체가 끊어지고 물질을 교환하는 곳에서 생기는데 이러한 것을 상호전좌(reciprocal translocation)라고 한다(**d**).

전좌는 유전자를 하나의 염색체부위에서 다른 부위로 옮길 수도 있는데 이런 방식으로 유전자의 발현이 변화될 수도 있다. 두 가지 형태의 백혈병이 전좌에 의해 발생하였는데 발암유전자가 전좌되어 혈액세포에서 부적절하게 발현된다.

염색체의 대규모 수선은 아직 그 역할에 대해 잘 알려져 있지는 않지만 진화에 중요한 역할을 해왔다. 유전자군은 조상유전자의 복제 후 복제된 복사본의 기능적인 분기가 일어났음은 분명하다. 또한 매우 가까운 종들에서조차도 염색체에 있는 유전자의 수와 배열들이 다를 수 있고 대규모의 재배열이 일어났을지도 모른다.

개념 정리 15.8

점돌연변이(한 개 염기의 변화, 추가 또는 삭제)는 한 아미노산이 다른 것으로 바뀌는 과오돌연변이, 전사를 멈추는 정지돌연변이, 그리고 코돈의 올바른 해독을 못하게 하는 틀이동돌연변이를 포함한다. 3염기 증폭은 코돈의 비정상적인 복제로 세포분열 주기와 함께 일어난다. 염색체에 영향을 주는 돌연변이는 삭제, 복제, 역위 그리고 전좌가 있다.

- 역위 또는 복제는 항상 표현형을 가질 것이라고 기대하는가?

시험관에서 단백질 만들기

단백질을 만들기 위해 세포에서 사용하는 복잡한 기전들은 한꺼번에 발견되지 않았다. 우리는 장기간의 일련의 실험들을 통해 조금씩 알게 되면서 느리게 이해하기 시작했다. 이러한 실험의 여정을 조금이나마 이해하고 이를 통한 진전의 한 계단 한 계단을 느리게 올라가는 희열을 느낄 수 있으려면, 과거 알려진 것도 거의 없고 앞으로 나아갈 길도 명확치 않았을 때의 연구자의 입장으로 돌아가서 생각하는 것이 도움이 될 것이다.

우리가 감정이입을 해 보게 될 연구자는 자메닉(Paul Zamecnik)이라는 연구자로서, 그는 단백질 합성 연구의 선구자였다. 1950년초 메사추세츠의 종합병원에서 동료들과 일을 하며, 그는 가장 직접적인 질문을 하였다: 단백질은 세포의 어디에서 합성될까? 그것을 밝히기 위해, 그들은 쥐의 간에 방사성 아미노산을 주사하였다. 몇 시간 후에 그 표지된 아미노산은 쥐의 간에서 새롭게 만들어진 단백질의 부분으로서 발견할 수 있었다. 투여 후 몇 분 후에 간을 제거하여 조사했을 때 방사성이 표지된 단백질들이 세포질에서 작은 입자들과 함께 발견되었다. 후에 리보솜으로 명명된 단백질과 RNA로 구성된 이들 입자들은 몇 년 전에 세포 구성성분의 전자현미경 연구들을 통해 이미 발견되었었다. 이 실험은 RNA와 단백질로 된 입자들을 세포내에서 단백질이 합성되는 부위라고 확인하였다.

수년간의 시행착오 후에 자메닉과 그의 동료들은 시험관에서 단백질을 합성 할 수 있는 "무세포" 단백질합성시스템을 단들었다. 그것은 리보솜, mRNA, 에너지 생성을 위해 ATP를 포함한다. 이것은 또한 균질화한 쥐세포로부터 분리한 수용성 "인자들"을 포함하는데, 리보솜과 함께 단백질합성에 관여한다. 자메닉팀은 필요한 인자들을 연구할 때 그들은 기대했던 대로 대부분은 단백질이었고 또한 예상외로 작은 RNA가 있음을 알게 되었다.

이 작은 RNA가 무슨 일을 하는지 알아보기위해 그들은 다음과 같은 실험을 수행하였다. 시험관에 그들은 여러 양의 ^{14}C-류신(다시말하면, 방사성물질로 표식된 류신 아미노산)을 수용성인자, 리보솜 그리고 ATP를 포함한 무세포계에 첨가하였다. 잠시 기다린 후에, 그들은 그 작은 RNA를 혼합물로부터 분리하여 방사성을 조사하였다. 당신은 그래프 (a)에서 그결과를 볼수 있을 것이다.

이어지는 실험에서, 그들은 방사성류신-작은RNA복합체를 온전한 소포체를 포함한 세포 추출물(다시 말하면, 단백질을 만들 수 있는 소포체막에 붙어있는 리보솜 세포계)과 섞었다. 방사성 표식이 어디로 갔는지를 알아보기 위해 그들은 새로이 만들어진 단백질 뿐아니라 작은 RNA를 분리하였다. 그래프 (b)를 보라.

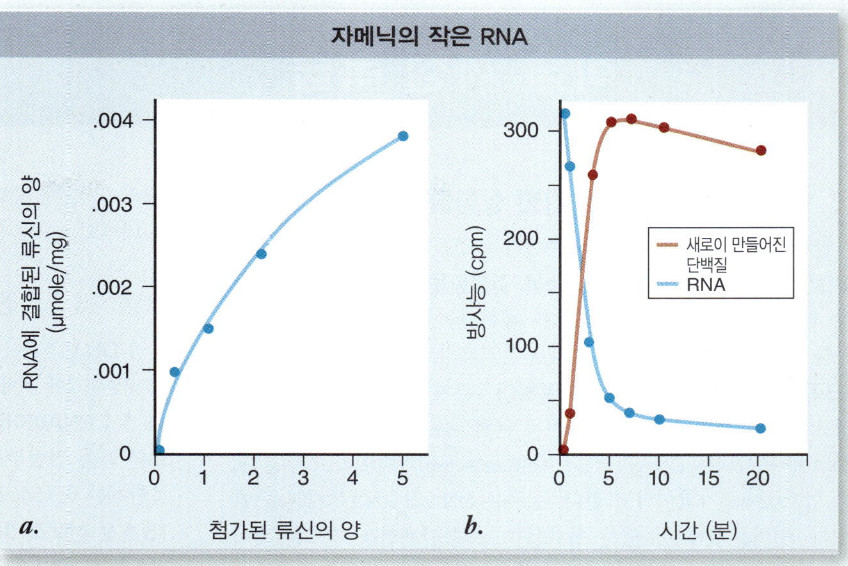

분석

실험 A. 그래프 (a)를 보며

1. **개념 적용** 무엇이 의존성 변수인가?
2. **자료 해석** 시험관에 더해진 류신의 양은 작은 RNA에 결합하여 발견되어지는 류신의 양에 영향을 주는가?
3. **추론** 작은 RNA에 결합한 류신의 양은 혼합물에 더해진 류신의 양에 비례하는가?
4. **결론 도출** 여러분은 이러한 결과로부터 류신 아미노산이 작은 RNA에 결합한다는 결론을 합리적으로 내릴 수 있는가?

실험 B. 그래프 (b)를 보며

1. **개념적용** 무엇이 의존성 변수인가?
2. **자료 해석**
   a. 방사성 류신-작은 RNA 복합체를 세포 혼합물에 첨가한 후 20분동안 방사성을 관찰하였을 때, 작은 RNA(파란색)에 있는 방사성의 레벨이 어떻게 되었는가?
   b. 같은 기간동안, 새로이 만들어진 단백질(빨간색)에 있는 방사성의 레벨은 어떻게 되었는가?
3. **추론** 작은 RNA로부터 소실된 방사성의 양이 새로이 합성된 단백질에 의해 증가된 방사성의 양과 동일한가?
4. **결론도출**
   a. 작은 RNA가 성장하는 단백질에 아미노산을 공급한다라는 결론은 합리적인가? [힌트: 이 장에서 당신이 배웠던 다른 종류의 RNA를 생각하라]
   b. 만약 당신이 20분후에 이 실험으로부터 만들어진 단백질을 분리했다면, 어떤 아미노산들이 방사능으로 표시되어져 있겠는가? 설명하라.

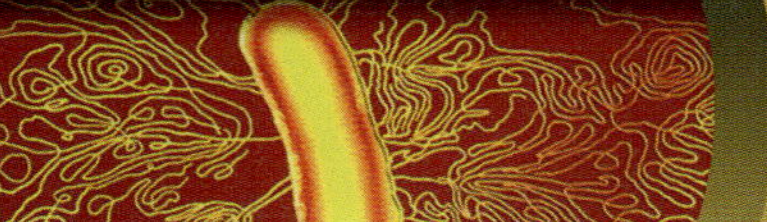

학습 과정 복습

개념 15.1 유전자의 특성을 밝힌 실험들

개로드는 알캅톤뇨증이 변형된 효소때문이라는 것을 밝혔다.

15.1.1 비들과 테이텀 – 유전자가 효소를 결정함을 밝히다 아르지닌을 합성할 수 없는 붉은빵곰팡이의 돌연변이체는 특이한 효소가 부족함을 알게 되었다. 비들과 테이텀은 "1-유전자/1-폴리펩티드"가설을 주장했다.

15.1.2 크릭이 중심원리라는 가설을 말하다 분자생물학의 중심원리는 세포의 정보흐름이 DNA에서 RNA를 거쳐 단백질을 만든다는 것이다. 우리는 mRNA에 복사되는 DNA가닥을 주형(antisense)가닥이라고 부른다; 다른 것은 암호(sense)가닥이라고 한다. 전사는 DNA의 RNA복사본을 만드는 것이다. 번역은 RNA에 있는 정보를 이용해 단백질을 만드는 것이다. RNA는 유전자발현에 다양한 역할을 한다.

개념 15.2 유전암호는 DNA와 단백질의 정보를 연결시킨다

15.2.1 크릭과 브레너 – 암호가 어떻게 읽히는지 알게 되다 크릭과 브레너는 암호는 3염기이고 겹쳐지지 않는다는 것을 보였다. 이것은 해독틀의 개념을 확립했다.

15.2.2 니런버그와 코라나 – 암호를 해독하다 3개의 염기는 한 아미노산을 지정한다. 3개의 정지코돈과 메티오닌을 암호화 하는 1개의 시작코돈이 있다; 61개의 코돈들은 20개의 아미노산을 암호화한다. 몇몇 아미노산들은 한 개 이상의 코돈을 가진다. 각 코돈은 한 개의 아미노산만 지정한다. 암호는 거의 보편적이나, 완전히 그렇지만은 않다. 몇몇 미토콘드리아와 원생생물의 유전체에서는 정지코돈이 하나의 아미노산으로 해독된다.

개념 15.3 원핵생물은 전사의 기초적인 특징을 보여준다

15.3.1 원핵생물의 전사단계 원핵생물의 RNA중합효소는 두 가지 형태를 지닌다: mRNA를 합성하는 핵심중합효소; 핵심중합효소와 합성을 정확히 개시하게 하는 σ인자로 된 완전효소. 개시는 출발부위와 촉진유전자를 필요로 한다. 촉진유전자는 출발부위의 상류에 위치해 있고 완전RNA중합효소의 −35위치에 결합은 중합효소를 적절히 위치시킨다. 전사는 5′에서 3′방향으로 진행한다. 전사거품은 RNA 중합효소, 부분적으로 풀려진 DNA 주형, 그리고 성장하는 mRNA 전사물을 포함한다. 종결자는 이중나선의 헤어핀고리를 형성하는 서열에 상보적 서열을 포함하고 있는데 여기에서 RNA중합효소가 멈춘다.

개념 15.4 진핵생물은 세 종류의 중합효소를 사용하며 광범위하게 전사물들을 변형시킨다

15.4.1 진핵생물은 세 종류의 중합효소를 가진다 RNA중합효소 I은 rRNA를 전사한다; 중합효소 II는 mRNA와 몇몇 snRNA들을 전사한다; 중합효소 III은 tRNA를 암호화 한다. 각 중합효소는 그 자신의 촉진유전자를 가진다.

15.4.2 진핵생물의 개시와 종결은 원핵생물과 다르다 RNA중합효소 II의 촉진유전자들은 수많은 전사인자들을 요구한다. mRNA의 말단은 전사후에 변형된다.

15.4.3 진핵생물의 전사물들은 변형된다 전사후에 메틸-GTP 캡이 전사물의 5′말단에 더해진다. 폴리A꼬리는 3′말단에 더해진다. 암호화 되지 않는 내부의 영역들은 이어맞추기에 의해서 제거된다.

개념 15.5 진핵생물 유전자는 비번역 서열을 포함한다

번역 DNA(엑손)는 비번역 인트론에 의해 중단된다. 이러한 인트론들은 이어맞추기에 의해 제거된다.

15.5.1 RNA이어맞추기는 이어맞추기복합체에서 행해진다 snRNP는 인트론-엑손 접합부를 인지하고 이어맞추기복합체를 불러온다. 이어맞추기복합체는 궁극적으로 처음 엑손의 3′말단을 다음 엑손의 5′말단에 합친다.

15.5.2 선택적 이어맞추기는 같은 유전자로부터 다양한 전사물 생성을 가능하게 한다

개념 15.6 리보솜은 단백질 합성 기기이다

15.6.1 tRNA는 두 기능을 가진 분자이다

15.6.2 활성효소가 아미노산을 tRNA에 붙인다 tRNA결합반응은 아미노산의 카르복실말단을 정확하게 tRNA의 3′말단에 붙이는 것이며, 이때 한 개의 ATP가 필요하다.

15.6.3 리보솜은 여러 개의 tRNA 결합부위를 지닌다 리보솜은 tRNA와 mRNA를 알맞은 장소에 잡아두어서 리보솜효소가 펩티드결합을 형성시키도록 한다. 아미노산과 결합한 tRNA들은 처음에 A부위에 결합하고 펩티드가 결합된 P부위로 이동하여 아미노산 없이 E부위로부터 빠져나온다.

개념 15.7 번역과정은 복잡하고 에너지를 많이 필요로 한다

15.7.1 개시는 부가적인 인자들을 필요로 한다 원핵생물에서 개시복합체의 형성은 리보솜의 작은 소단위체에 상보적인 mRNA의 리보솜결합서열(RBS)에 의해 도움을 받는다. 진핵생물은 같은 기능을 위해 5′캡을 이용한다.

15.7.2 연장은 연속적으로 아미노산들을 더한다 리보솜이 mRNA를 따라 5′에서 3′으로 이동할 때, 아미노산과 결합한 tRNA로부터 새로운 아미노산을 성장하는 펩티드에 첨가한다. 이 과정에서 새로운 아미노산과 결합한 tRNA를 위해 1개의 ATP와 각 펩티드결합 후에 리보솜을 이동시키는데 또다른 ATP가 필요하다. 정지코돈들은 종결인자들에 의해 인식된다.

15.7.3 진핵생물에서 단백질들은 소포체로 향한다 진핵생물에서 아미노 말단에 신호서열을 가진 단백질은 SRP에 결합하고, 이 복합체는 소포체에 입거한다.

개념 15.8 돌연변이는 유전자의 서열, 수 또는 위치가 변화된 것이다

15.8.1 점돌연변이는 DNA의 한 부분의 서열에 영향을 준다 염기치환은 한 염기를 또 다른 염기로 치환을 하는 것이고, 틀이동돌연변이는 염기의 첨가 또는 삭제를 포함한다. 3염기증폭돌연변이는 유전질환을 야기할 수 있다.

15.8.2 염색체 돌연변이는 유전자그룹의 수와 위치를 바꾼다 염색체 돌연변이는 첨가, 결실, 역위 또는 전좌를 포함한다.

학습 과정 평가

개념 15.1 유전자의 특성을 밝힌 실험들

이해

1. 아래의 RNA분자들 중 그것의 기능과 맞지 않은 것은?
   a. mRNA-유전메시지를 DNA에서 단백질을 합성하는 기기로 운반한다.
   b. tRNA- 유전메시지와 합성되는 단백질에 필요한 아미노산들을 연결한다.
   c. snRNA-리보솜을 조면소포체에 배치한다.
   d. rRNA-리보솜의 구조적 성분

응용

1. 비들과 테이텀에 의해 연구된 붉은빵곰팡이는 정상적으로 20개의 아미노산 모두를 합성할 수 있다. 곰팡이 배양시 돌연변이를 유도함으로써 비들과 테이텀은 최소배지에서 또는 트립토판이 첨가되지 않은 배지에서는 자라지 않는 배양균을 얻었다. 이 균주는
   a. 20개의 아미노산을 합성하는 모든 생화학 경로를 차단하는 돌연변이를 가진다.
   b. 트립토판을 합성하는 생화학 경로를 차단하는 돌연변이를 가진다.
   c. 20개 중 19개의 아미노산을 합성하는 모든 생화학 경로를 차단하는 돌연변이를 가진다.
   d. 아르지닌을 합성하는 생화학 경로를 차단하는 돌연변이를 가진다.

종합

1. RNA중합효소가 교정할 능력이 없다는 것은 널리 인정되는 사실이다. 당신은 DNA복제와 비교해서 전사할 때 높은 또는 낮은 수준의 실수 중 어떤 것을 기대하는가? RNA중합효소보다 DNA중합효소가 교정하는 것이 왜 더 중요할까?

개념 15.2 유전암호는 DNA와 단백질의 정보를 연결시킨다

이해

1. 유전암호에서 한 개의 코돈은
   a. 세 개의 염기로 구성된다.
   b. 한 개의 아미노산을 지정한다.
   c. 한 개 이상의 아마노산을 지정한다.
   d. b와 c 둘 다
2. 어떤 아미노산이 CUC코돈에 의해 지정될까?(표 15.1을 참조하라)
   a. 라이신 b. 알라닌
   c. 글루탐산 d. 류신

응용

1. mRNA의 중간근처에 한 개의 뉴클레오티드를 첨가하거나 또는 mRNA의 시작부분 근처에 한개의 뉴클레오티드를 또다른 것으로 변경하는 것 중 어떤 것이 단백질의 1차구조에 가장 큰 영향을 줄까?
   a. 한 개의 뉴클레오티드 더하기
   b. 한 개의 뉴클레오티드 교환하기
   c. 둘 다 단백질의 1차 구조에는 영향이 없다
   d. 그들 모두 비슷한 효과가 있다.

종합

1. 틀이동돌연변이는 종종 잘려진 단백질을 만들어 낸다. 유전자 암호에 기초해서 이 관찰을 설명하여라.

개념 15.3 원핵생물은 전사의 기초적인 특징을 보여준다

이해

1. RNA 중합효소는 DNA중합효소와 다음과 같은 점에서 비슷하다.
   a. 두 효소 모두 프라이머를 필요로 한다.
   b. 두 효소는 핵산을 5′에서 3′방향으로 만든다.
   c. 두 효소는 주형가닥을 노출시키기 위해 풀기효소를 필요로 한다.
   d. 위의 것 모두 옳다.
2. 다음 중 어떤 것이 원핵생물의 RNA복합체를 위한 정지신호로서 기능을 하는가?
   a. 종결자라 불리는 특이한 염기서열
   b. 폴리A부위
   c. 5′캡의 첨가
   d. 헤어핀을 형성할 수 있는 mRNA의 한 부분

응용

1. 촉진유전자의 −10부위에 A/T를 G/C 염기쌍으로 변환시켰을 때 유전자발현에는 어떠한 영향을 미칠까?

종합

1. 원핵생물의 오페론의 첫 번째 유전자의 때이른 정지코돈을 유발하는 돌연변이는 그것의 하류에 있는 유전자에 의해 암호화되는 단백질의 양이 줄어들 것이다. 이런 종류의 돌연변이가 진핵생물인 효모에서 일어나지 않는다. 원핵생물 유전자발현의 무슨 특징이 이것을 설명할 수 있는가?

개념 15.4 진핵생물은 세 종류의 중합효소를 사용하며 광범위하게 전사물들을 변형시킨다

이해

1. 진핵생물의 전사가 원핵생물과 다른 점은
   a. 진핵생물은 한 개의 RNA중합효소를 지닌다.
   b. 진핵생물은 3개의 RNA중합효소를 지닌다.
   c. 원핵생물은 3개의 RNA중합효소를 지닌다.
   d. a와 c 둘 다
2. 아래의 내용 중 폴리A꼬리에 대해서 사실이 아닌 것은?
   a. 그들은 RNA중합효소 II에 의해 만들어진다; 각 유전자는 그것의 말단에 긴 줄기의 T를 지니고 있다.
   b. 그들은 핵 안에서 RNA전사물에 더해진다.
   c. 그들은 mRNA가 파괴되는 것을 막아준다
   d. 그들은 진핵생물의 mRNA의 3′말단에서 발견된다.

응용

1. 한 유전자가 종결부위의 바로 상류에 있는 AAUAAA가 변화한 돌연변이를 가진다. 아래의 내용 중 이 돌연변이의 유력한 결과는 어떤 것일까?
   a. mRNA는 캡을 갖지 못할 것이다.
   b. mRNA는 핵을 떠날 수가 없다.
   c. mRNA의 수명이 짧을 것이다.
   d. mRNA는 리보솜에 정확히 위치하지 못할 것이다.

종합

1. 당신은 aardvark DNA 샘플을 제공받았다. 이 DNA의 연구중 한 부분으로 당신은 DNA로부터 mRNA를 전사시켜 그것을 정제하였다. 그리고 당신은 DNA의 두가닥을 분리시키고 각 가닥 및 mRNA 전사물의 염기조성을 분석하였다. 당신은 아래의 결과를 얻었다;

	A	G	C	T	U
DNA 가닥 #1	19.1	26.0	31.0	23.9	0
DNA 가닥 #2	24.2	30.8	25.7	19.3	0
mRNA	19.0	25.9	30.8	0	24.3

   DNA의 가닥 중 어떤 것이 mRNA합성을 위해 주형으로 사용된 "sense"가닥인가?

2. 박테리아에만 있는 많은 특징들이 있고, 진핵생물에만 있는 특성들도 있다. 이들 특징들 중 어떤 특징이 진핵생물 또는 박테리아에 유일한 방식으로 유전자 발현을 조절할 수 있도록 가능성을 제공할 수 있는가?

개념 15.5 진핵생물 유전자는 비번역 서열을 포함한다

이해

1. 인트론들은
   a. DNA에서 암호화된 부분이다.
   b. 전사가 끝난 후에 RNA에 첨가된다.
   c. RNA가 핵을 떠날 때 RNA로부터 제거된다.
   d. a와 c 둘 다 맞다.

응용

1. 상보적 염기짝짓기는 이어맞추기과정에 중요하다. 그이유는?
   a. 인트론은 엑손과 염기쌍을 이루기 때문에
   b. snRNA가 특이한 인트론 서열과 염기쌍을 이루기 때문에
   c. 인트론의 말단이 루프를 형성하기위해 다른 부분과 염기쌍을 이루기 때문에
   d. mRNA가 인트론의 위치를 표시하기 위해 DNA와 염기쌍을 이루기 때문에

종합

1. 쥐에 있는 한 유전자가 1440뉴클레오티드 염기쌍을 지니고, 192개의 아미노산으로 구성된 효소를 암호화 한다. 864개의 비번역 뉴클로에티드는 무슨 역할을 할 것이라고 생각하는가?

개념 15.6 리보솜은 단백질 합성 기기이다

이해

1. 번역의 개시단계에서, tRNAmet는 어디에 결합하는가?
   a. P부위의 시작코돈에
   b. A부위의 코돈에
   c. E 또는 입장부위의 코돈에
   d. mRNA 결합부위에
2. 코돈은 아래의 RNA종류 중 어디에서 발견되는가?
   a. snRNA　　b. mRNA
   c. tRNA　　d. rRNA

응용

1. 인슐린은 췌장세포에서 생성되어 분비되는 펩티드호르몬이다. 만약 췌장세포가 결점이 있는 신호서열을 가진 인슐린을 생성했다면, 그 인슐린은
   a. SRP에 결합하지 못하고 소포체로 가지 못 할 것이다.
   b. 소포체에 영구적으로 붙어있는 리보솜에서 만들어질 것이다.
   c. 단백질의 기능에 효과가 없을 것이다.
   d. 세포로부터 분비될 것이다.

종합

1. Wobble 현상이 특이한 코돈과 연관된 tNRA의 수 및 유전암호의 축중성과 어떠한 연관성이 있는가?

개념 15.8 돌연변이는 유전자의 서열, 수 또는 위치가 변화된 것이다

이해

1. 정지돌연변이는
   a. 염색체에 광범위한 변화를 야기한다.
   b. 전사의 때이른 종결을 일으킨다.
   c. 번역의 때이른 종결을 야기한다.
   d. 변이와 같은 것이다.

응용

1. 정상과 돌연변이의 인간 DNA풀기효소 mRNA 부분들이 아래에 보여진다. CUU가 이들 mRNA 부분들의 첫 번째 코돈이다.
   정상 DNA풀기효소 mRNA
   5′-...CUUGAUCAUUUAGCUAAACAUGAU....3′
   변이된 DNA풀기효소 mRNA
   5′-...CUUGAUCAUUUGGCUAAACAUGAU...-3′
   아래의 용어들 중 어떤 것이 이 돌연변이에 해당될까?
   a. 염기치환, 과오　　b. 염기치환, 종결
   c. 염기치환, 잠재적　　d. 틀이동

종합

1. 다음 돌연변이들 각각이 마지막 단백질 생성에 어떻게 영향을 주는지 설명하라(단백질은 시작코돈에서 시작한다.) 돌연변이 종류를 명명하라.
   원본의 주형 가닥:
   a. 3′-CGTTACCCGAGCCGTACCGATTAGG-5′
   b. 3′-CGTTACCCGAGCCGTAACGATTAGG-5′
   c. 3′-CGTTACCCGATCCGTACGATTAGG-5′
   d. 3′-CGTTACCCGAGCCGTTCGATTAGG-5′

16 유전자발현의 조절

학습과정

- **16.1** 모든 생물들은 그들의 유전자발현을 조절한다
- **16.2** 조절단백질들은 특정한 DNA 뉴클레오티드 서열에 결합하여 유전자들을 조절한다
- **16.3** 원핵생물들은 그들의 유전자들을 무리 지어서 조절한다
- **16.4** 진핵생물에서는 전사인자들이 유전자 전사를 조절한다
- **16.5** 진핵생물의 DNA는 염색질 안에 포장되어 있다
- **16.6** 진핵생물 유전자는 전사 후에도 조절된다
- **16.7** 유전자 조절은 어떻게 세포가 발생하는가를 결정한다

서론

교향곡에서는 다양한 악기들이 자기가 맡은 부분을 정해진 시점에 연주한다. 음악 악보는 어떤 악기가 언제 연주할지를 결정한다. 이와 유사하게 한 생물에서는 언제 유전자가 활성화될지를 결정하는 DNA 조절영역에 따라서 다른 유전자들이 다른 시점에 발현된다. 그림은 초파리 염색체에서 팽창된 "퍼프(puff)"를 보여주는데 이것은 활발히 발현되고 있는 유전자들을 나타내는 것이다. 우리는 지금까지 유전자발현 기구를 살펴보았는데 이제는 세포가 어떻게 이 발현을 조절하는지를 알아볼 것이다.

16.1 모든 생물들은 그들의 유전자발현을 조절한다

모든 생물들에서 유전자발현의 조절은 필수적이다. 원핵생물에서는 유전자발현의 조절은 환경 조건의 변화를 이용할 수 있도록 도와준다. 다세포 진핵생물의 경우에는 발생과정과 항상성 유지에 필수적이다.

유전자발현 조절은 다양한 단계에서 일어난다

학습목표 16.1.1 유전자발현의 조절이 일어나는 시점을 확인하라.

여러분은 15장에서 유전자발현은 유전자형에서 표현형으로의 변환이라는 것을 배웠다. DNA로부터 세포의 활동을 조절하는데 기여하는 기능성 단백질을 생산하는 정보의 흐름이라고 할 수 있다. 이러한 유전자발현에 대한 전통적인 관점은 전사의 시작단계에서 주로 조절의 과정이 일어난다는 생각을 포함한다. 여전히 이러한 관점이 유효하나, 다세포 생물체에서 전사되는 유전체의 범위나 전사조절이 예상했던 것보다 훨씬 복잡하다는 증거들이 나오고 있다.

이 장에서 우리는 매우 중요한 전사의 시작을 조절하는 기작을 자세히 살펴볼 것이다. 이것은 유전자발현 조절을 위해 가장 체계적으로 연구된 조절 기작이기 때문이다. 우리는 또한 염색질의 구조가 유전자발현에 어떻게 영향을 미치는지 살펴볼 것이다.

또한 전사 후에도 유전자발현이 조절되는지를 살펴볼 것인데 이것은 우리를 조절 RNA 분자라는 새로운 세계로 이끌어줄 것이다.

RNA중합효소(RNA polymerase)는 전사의 핵심요소인데 전사가 시작되기 위해서는 RNA중합효소가 DNA 나선에 접근 가능하여야 하며 유전자의 촉진유전자부분에 결합할 수 있어야 한다. RNA중합효소가 촉진유전자에 결합하는 능력에 영향을 미치는 **조절단백질들(regulatory proteins)**이 존재한다. 이러한 접근을 조절하는 것은 원핵생물이나 진핵생물이나 마찬가지이지만 자세히 들어가 보면 큰 차이가 있다는 것을 앞으로 살펴볼 것이다.

이러한 조절단백질들은 대개 10-15 뉴클레오티드 정도의 특별한 뉴클레오티드 서열에 결합한다.(심지어 아주 큰 조절단백질들조차 단지 약 20 뉴클레오티드 정도의 "footprint" 또는 결합영역을 가진다.) 수백 개의 조절 뉴클레오티드 서열이 확인되었고 각각은 서열을 인지할 수 있는 특정한 단백질에게 결합부위를 제공한다. 단백질의 결합은 RNA중합효소가 촉진유전자에 결합하는 것을 방해하여 전사를 억제하거나 결합을 촉진하여 전사를 유도할 수도 있다.

원핵생물과 진핵생물에서 다른 조절 전략이 사용된다

학습목표 16.1.2 원핵생물과 진핵생물에서 유전자발현을 조절하는 전략 비교하라.

원핵생물에서의 유전자발현의 조절은 진핵생물에서의 유전자발현의 조절과는 상당히 다르게 이루어진다. 원핵생물들은 일시적인 자원을 이용하여 가능한 빨리 성장하고 분열될 수 있게 진화되어져 왔다. 원핵생물의 단백질들은 유전자발현의 패턴을 변화시키면서 외부 환경의 변화에 즉각 반응할 수 있도록 빨리 교체된다.

원핵생물에서 유전자 조절의 주요한 기능은 주위 환경에 맞게 세포의 활동들을 변화시키는 것이다. 유전자발현의 변화는 사용가능한 영양분의 양과 종류 그리고 산소의 양에 따라서 어떤 효소가 존재할지를 결정한다. 대부분의 이러한 변화들은 완전히 가역적이며 환경적인 변화에 반응하여 세포가 효소의 양을 조절할 수 있게 해준다.

반면에 다세포 생물의 세포들은 그들의 주위 환경에 일어나는 일시적인 변화로부터 그들을 보호할 수 있도록 진화되어져 왔다. 이들 대부분은 상당히 일정한 조건들을 경험한다. 실제로, **항상성**(*homeostatis*, **일정한 내부 환경의 유지**)은 다세포생물의 두드러진 특징으로 여겨지고 있다. 이들의 세포들은 유전자발현의 변화를 통하여 성장인자나 호르몬 등의 형태로 전달되는 외부 환경의 신호에 반응하고 이러한 방식으로 전체 개체를 조절하는데 관여한다.

유전자발현변화들 중 일부분은 개체의 생리적인 조건에 대한 변화를 보충해준다. 나머지는 발생 동안 필요한 유전자가 올바른 세포에서 적당한 시점에 발현되는 것을 결정한다. 나중에 자세히 다루겠지만 현재로서는 다세포 생물의 성장과 발생은 각각 특정한 효소에 의해 유도되는 일련의 화학 반응들이 수반된다고 간단히 말할 수 있다. 일단 특정한 발생과정이 일어나고 나면 이러한 효소들은 다음 이벤트들을 방해하지 않도록 비활성화된다.

이러한 효소들은 순서를 지키기 위해서 정해진 유전적인 프로그램을 따르는데 이것이 **세포자살(apoptosis)**을 유도할지라도 유전자들은 정해진 순서에 따라서 특정한 시기동안 전사가 일어난다. 발생 프로그램을 진행시키는 유전자들의 일회성 발현은 원핵생물 세포들이 환경에 따라서 만드는 가역적인 대사 조절 과정과는 기본적으로 다르다. 모든 다세포 생물에서는 특정한 세포들 내에서 유전자발현의 변화는 개개 세포의 생존을 위한 것이라기 보다는 전체 개체의 필요성에 따른 것이다. 단세포 진핵생물들도 원핵생물들과는 다른 조절 기작을 사용한다. 모든 진핵생물들은 막결합 핵(membrane-bounded nucleus)을 가지고 DNA를 염색체에 압축시키기 위해서 유사한 기작을 사용하며 같은 유전자발현 기구를 가지고 있다.

개념 정리 16.1

유전자발현은 주로 전사의 시작단계에서 조절된다. 조절단백질들이 특정한 DNA 서열에 결합하여 RNA중합효소가 촉진유전자에 결합하는 것에 영향을 미친다. 원핵생물들은 세포의 활동들이 환경에 적응하도록 유전자발현을 조절한다. 다세포 진핵생물들은 그들의 내부 항상성을 유지하기 위해 유전자발현을 조절한다.

- 효모와 같은 단세포 진핵생물의 유전자발현의 조절은 인간 또는 대장균 중에서 어느 것의 조절 기작과 더 유사한가?

16.2 조절단백질들은 특정한 DNA 뉴클레오티드 서열에 결합하여 유전자들을 조절한다

특정한 단백질이 특정한 DNA 조절서열에 결합하는 능력은 유전자 조절의 기본 도구를 제공하는 것이다.(이 핵심 능력이 전사과정에서의 조절을 가능하게 한다.) 어떻게 세포들이 유전자발현을 조절하는가를 이해하기 위해서는 우선 이러한 분자간의 인식과정의 명확한 그림을 얻는 것이 필수적이다.

DNA결합 모티프는 나선의 풀림 없이 특정한 DNA 서열에 결합한다

학습목표 16.2.1 DNA결합 모티프의 일반적인 특징을 설명하라.

과거에는 분자 생물학자들은 단백질이 한 DNA 서열을 다른 DNA 서열로부터 구별하기 위해서는 DNA 나선이 풀어져야한다고 생각했다. 이 방식으로 조절단백질들이 염기쌍 사이의 수소결합에 접근할 수 있다고 생각했기 때문이다. 그러나 현재 우리는 나선이 풀릴 필요가 없다는 것을 알고 있다. 왜냐하면 단백질들은 염기쌍의 가장자리가 노출되어져 있는 바깥 표면에 결합할 수 있기 때문이다.

DNA 분자를 자세히 관찰하면 두 개의 나선형 홈(helical groove)이 분자 주위를 감싸고 있는데 하나는 나머지 다른 하나 보다 더 깊다. **주홈(major groove)**이라고 불리는 더 깊은 홈에서는 뉴클레오티드의 수소결합 공여체(donor)와 수용체(acceptor)로의 접근이 가능하다. 네 가지 가능한 염기쌍 서열 각각의 경우 이러한 화학기에 의해 생성된 유형들은 고유하며 염기 순서를 읽기 위해 홈에 자리 잡은 단백질을 위한 준비된 길을 제공한다(그림 16.1).

단백질과 DNA간의 인식은 활발히 연구되고 있는 분야이다. 지금까지 30가지 이상의 조절단백질들의 구조가 분석되었다. 비록 각각의 단백질이 미세한 세부구조는 독특하다고 할지라도 단백질이 DNA에 결합하는 부분은 훨씬 덜 다양하다. 거의 모든 이러한 단백질들은 하나의 작은 세트의 **DNA결합모티프(DNA-binding motif)**를 이용한다. 3장에서 설명했듯이 모티프는 많은 단백질들에서 발견되는 3차구조의 한 형태이다. 이러한 DNA결합모티프들은 주로 DNA 나선의 주홈을 통해서 특정한 염기서열들과 결합하는

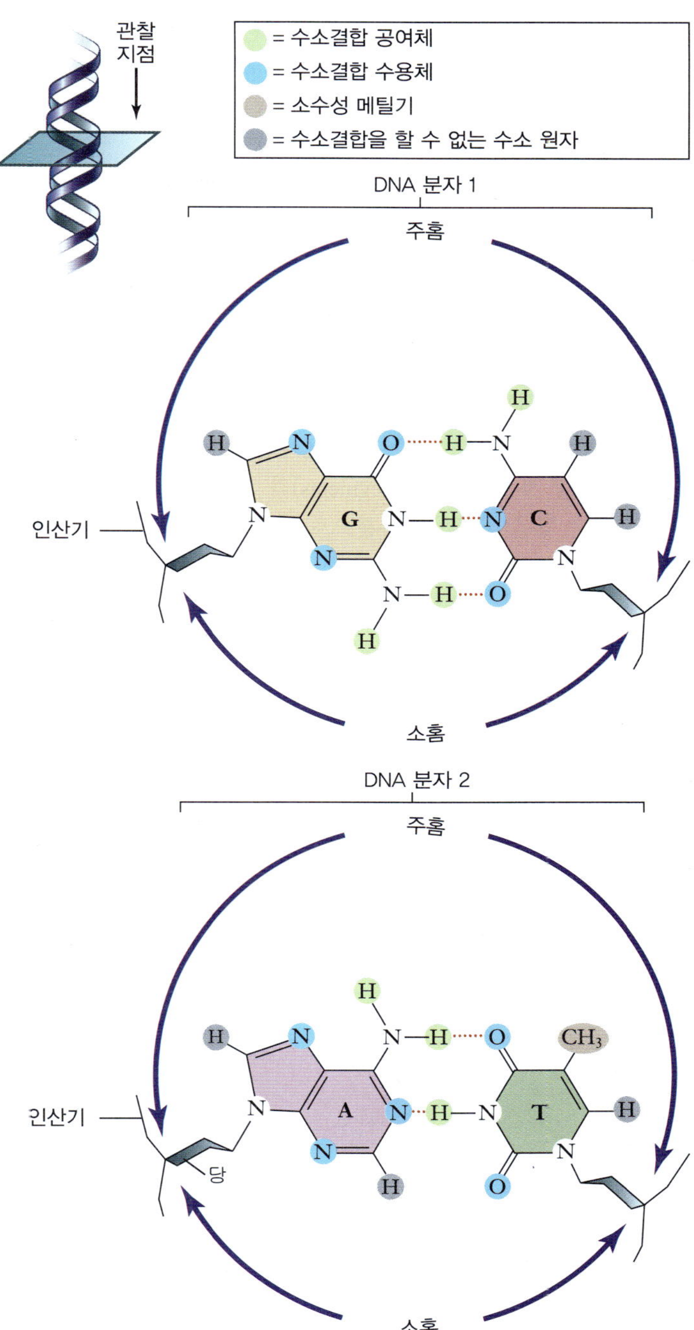

그림 16.1 DNA 주홈 읽기. 한 DNA 나선의 주홈을 내려다보면 홈쪽으로 튀어나온 염기의 가장자리들을 볼 수 있다. 각각의 네 가지 가능한 염기쌍의 배열(이 그림에서는 두 가지만 보임)은 독특한 세트의 화학기가 홈으로 나오게 되는데 이 그림에서는 다른 색깔의 원들로 나타내었다. 조절단백질은 이러한 독특한 특징에 따라서 염기쌍 배열을 인지한다.

속성을 가진다.

DNA결합모티프들은 이러한 단백질의 DNA결합 도메인(domain)내에서 핵심적인 구조이다. 이 도메인은 단백질이 DNA와 서열 특이적 방식(sequence-specific manner)으로 결합할 때 필요하며 기능적으로 구별되는 영역이다. 또한 조절단백질들은 다른 조절 도메인에 의해 수행되어지는 전사 장치와 결합할 수 있어야 한다.

두 단백질들이 같은 DNA결합 도메인을 가진다고 해서 같은 DNA 순서에 결합할 필요는 없다는 것에 유의하라. DNA결합모티프들의 유사성은 그들의 3차 구조에 나타나며 그들이 DNA와 만들어낸 특별한 접촉들에서는 나타나지 않는다.

몇몇의 흔한 결합 모티프들은 광범위하게 여러 단백질들에서 발견된다. 한정된 숫자의 흔한 결합 모티프들은 광범위한 다른 단백질들에서 발견된다. 다음 섹션들에서 어떻게 DNA결합단백질이 DNA와 결합하는지를 보여주기 위해서 가장 잘 알려진 네 가지를 자세히 다룰 것이다.

나선대나선모티프(The helix-turn-helix motif)

가장 흔한 DNA결합모티프는 **나선대나선(helix-turn-helix)**인데 두 개의 α나선형 부분(α-helical segments)과 그에 연결된 "턴(turn)"이라고 부르는 짧은 비나선형 부분으로 이루어져 있다(그림 16.2a). 나선대나선은 첫 번째로 발견된 모티프로 수 백 개의 DNA 결합 단백질에서 확인되었다.

나선대나선모티프의 구조를 자세히 살펴보면 이 모티프를 가지고 있는 단백질들이 어떻게 DNA의 주홈과 결합하는지를 보여준다. 이 모티프의 나선형 부분들은 서로 결합하여 대략 90도 각을 이룬다. 이 모티프가 DNA에 접근할 때 두 개의 나선형 부분 중에 하나인 인식나선(*recognition helix*)은 DNA 분자의 주홈에 쏙 들어가게 된다. 나머지 부분은 DNA 분자의 바깥쪽을 향해서 돌출하여 인식나선의 적절한 위치 결정에 도움을 준다.

나선대나선모티프에 의해 인지되는 대부분의 DNA조절서열들은 대칭적인 쌍으로 존재한다. 이러한 서열들은 DNA 나선이 한 번 회전할 때 필요한 거리인 3.4 nm 떨어진 두 개의 나선대나선모티프를 가진 단백질들과 결합한다. 단백질과 DNA 결합부위가 두 개 존재한다는 것은 단백질과 DNA의 접촉부위가 두 배가 된다는 것이며 그들 사이의 결합을 더욱 강하게 하는 것을 의미한다.

호메오도메인모티프(The homeodomain motif)

나선대나선모티프의 특별한 종류인 **호메오도메인(homeodomian)**은 인간을 포함한 진핵생물의 발달에 중요한 역할을 한다. 이 모티프는 초파리에서 몸의 한 부위가 다른 부위로 대체되는 **호메오 돌연변이**(*homeotic mutation*)들을 연구하던 학자들에 의해 발견되었다. 그들은 돌연변이 유전자들이 발생의 핵심적인 단계를 제어하는 조절단백질을 암호화한다는 것을 발견했다. 50개 이상의 이러한 조절 단백질들이 분석되었고 그들 모두는 거의 동일한 서열을 가진 60개 아미노산으로 이루어진 호메오도메인을 가지고 있었다. 호메오도메인의 가장 잘 보존된 부분은 나선대나선모티프의 인식 나선을 포함한다. 호메오도메인의 나머지 부분은 다른 두 나선들을 형성한다.

아연집게모티프(The zinc finger motif)

DNA결합모티프의 한 종류는 DNA에 결합하는 것을 조정하기 위해서 하나 또는 그 이상의 아연 원소를 이용한다. **아연집게(zinc fingers)**라고 불리는 이러한 모티프들은 몇몇의 형태로 존재한다. 첫

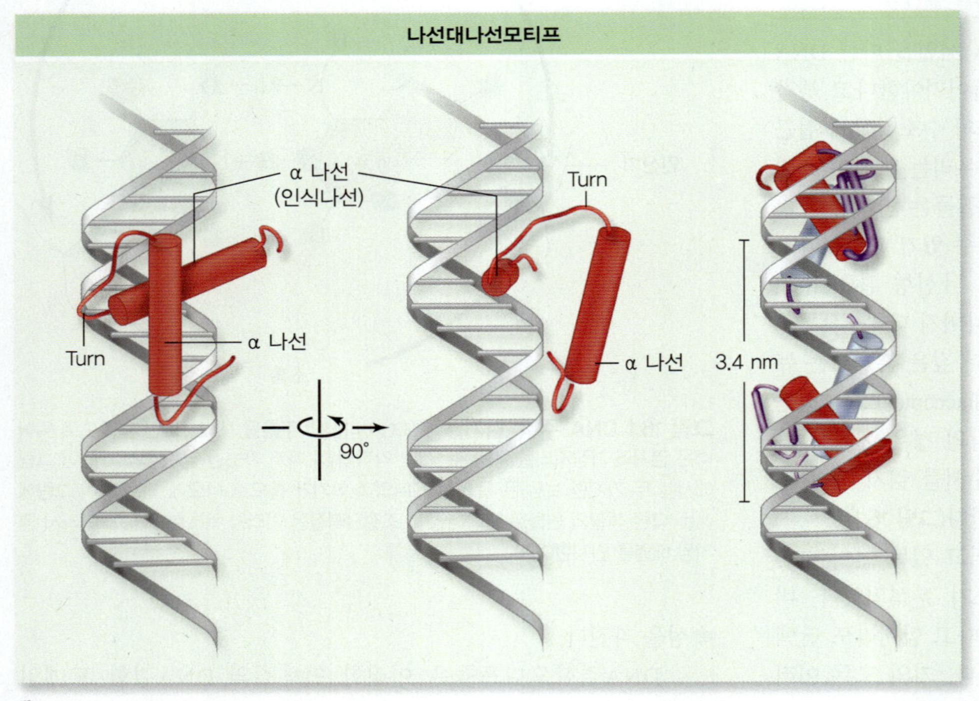

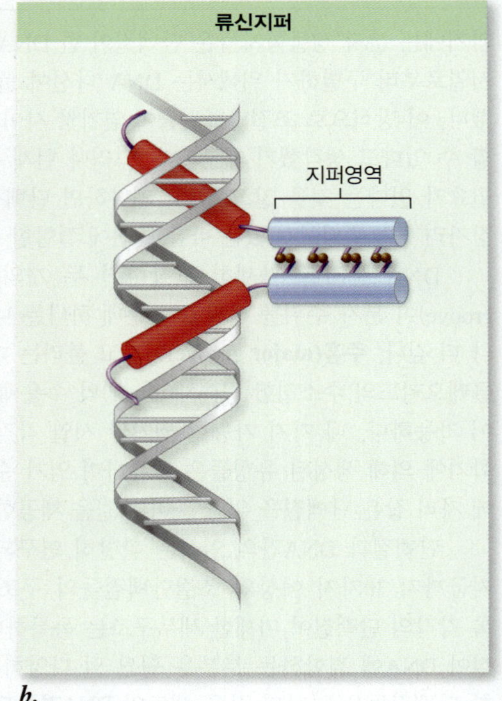

그림 16.2 주요한 DNA결합모티프들. 다른 두 DNA결합모티프들이 DNA와 결합하는 것을 그림으로 나타내었다. a. 나선대나선모티프에서는 한 인식 나선이 DNA 주홈과 결합하고 나머지 나선은 인식 나선의 위치를 잡아준다. 이러한 모티프를 가지고 있는 단백질들은 주로 동일한 소단위를 가지는 dimer로 존재한다. 두 모티프(빨간색)들은 3.4nm 정도로 떨어져 있는데 이것은 정확히 DNA 나선이 한 번 회전하는 거리이다. b. 류신 지퍼는 multisubunit 단백질에서 두 소단위를 붙잡아주어 á나선 영역들이 DNA와 결합할 수 있게 한다.

번째는 하나의 아연 원소가 α나선 부분과 β병풍구조(β-sheet) 부분을 연결하여(3장 참조) 나선 부분이 DNA의 주홈에 잘 맞게 한다.

이러한 종류의 모티프는 종종 무리를 이루는데 β병풍구조가 나선 부분사이에 공간을 만들어주어서 각각의 나선이 주홈에 접촉할 수 있게 해준다. 이것은 주홈에 놓여져 있는 손가락으로 DNA를 감싸고 있는 손과 같은 역할을 한다. 더 많은 아연 집게가 있을수록 단백질이 더 강하게 DNA와 결합한다.

류신지퍼모티프(The leucine-zipper motif)

또 다른 DNA결합모티프에서는 다른 두 가지의 단백질 소단위(subunit)가 하나의 DNA 결합 부위를 만들기 위해서 협력한다. 이 모티프는 여러 소수성 아미노산들을(주로 류신) 포함하는 한 소단위의 부분과 다른 소단위의 유사한 부분이 결합하는 곳에서 형성된다. 이 결합을 통해서 어떤 부분에서는 두 소단위가 결합하고 있지만 소단위의 나머지 부분들은 떨어져있다. **류신지퍼(leucine zipper)**라고 불리는 이러한 구조는 Y 모양을 가지고 있는데 Y의 두 팔인 나선 부분이 DNA의 주홈에 맞게 된다(그림 16.2b). 두 개의 소단위가 다양한 나선부위를 제공할 수 있기 때문에 류신지퍼들은 유전자발현을 조절하는데 있어서 큰 유연성을 가지게 한다.

개념 정리 16.2

DNA 나선은 주홈과 부홈을 가지고 있는데 조절단백질들은 나선의 풀림없이 염기들과 결합할 수 있다. 이러한 단백질들은 DNA결합모티프를 가지고 있는데 종종 α나선 부분들을 포함한다. 이러한 모티프들은 DNA결합에 관여하며 나머지 영역들은 전사기구와 결합한다.

- 나선대나선모티프를 가진 단백질에서 돌연변이가 발생하여 두 나선 사이의 공간이 변하게 된다면 어떤 영향이 나타날까?

16.3 원핵생물들은 그들의 유전자들을 무리 지어서 조절한다

전사 개시단계에서 조절은 양성일 수도 음성일 수도 있다. **양성조절(positive control)**은 개시의 빈도를 증가시키며 **음성조절(negative control)**은 개시의 빈도를 감소시킨다. 각각의 이러한 형태의 조절은 조절단백질들에 의해 매개되지만 단백질들은 반대의 효과를 지닌다.

전사 조절은 양성일 수도 음성일 수도 있다

학습목표 16.3.1 유도와 억제에 의한 효소생산의 조절을 비교하라.

억제인자에 의한 음성 조절

음성 조절은 **억제인자(repressors)**라고 불리는 단백질에 의해 매개된다. 억제인자들은 DNA에 존재하는 조절부위인 **작동유전자(operators)**에 결합한다. 그들은 장애물 역할을 하여 중합효소가 전사 개시하는 것을 효과적으로 막는다.

억제인자는 혼자 작용하지 않는다. 각각은 특정한 효과인자 분자에 반응한다. 효과인자의 결합은 억제인자의 입체구조를 변화시킬 수 있고 이 변화는 DNA에 결합하는 능력을 증가시킬 수도 없앨 수도 있다. 이러한 억제인자들은 다른 자리 입체성 단백질(allosteric protein)로서 DNA와 결합하는 활성부위와 효과인자와 결합하는 조절부위를 가지고 있다. 조절 부위에 효과인자의 결합은 억제인자가 DNA에 결합하는 능력을 변화 시킨다(다른자리입체성 단백질에 대한 자세한 설명은 6장 참조).

활성인자에 의한 양성조절

양성조절은 활성인자(*activator*)라고 불리는 다른 종류의 다른자리 입체성 조절단백질에 의해 매개되는데 이들은 DNA에 결합하여 전사의 개시를 유도한다. 이러한 활성인자들은 RNA중합효소가 프로모터에 결합하는 것을 향상시켜서 전사 개시의 빈도를 증가시킨다. 활성인자는 논리적으로나 물리적으로 억제인자의 반대이다. 효과인자들은 활성인자의 결합을 증가시킬 수도 감소시킬 수도 있다.

환경적인 변화에 따른 유전자발현 조절

박테리아와 고세균이 접하게 되는 환경의 변화는 종종 그들의 유전자발현의 변화로 나타난다. 일반적으로 이화작용 경로(catabolic pathway, 물질을 분해하는 과정)에 관련된 단백질을 암호화하는 유전자들은 동화작용 경로(anabolic pathway, 물질을 합성하는 과정)에 관련된 단백질들을 암호화하는 유전자들과 반대로 반응한다. 곧 우리는 락토오스(lactose)를 운반하고 이용하는 이화작용 경로에 관련되는 효소들에 대해서 설명할 것이다. 나중에 우리는 아미노산 트립토판(tryptophan)을 합성하는 동화작용에 대해서도 설명할 것이다.

15장에서 언급했듯이 원핵생물 유전자들은 종종 **오페론(operon)**으로 조직화되는데 이 오페론은 일련의 유전자군으로 하나의 촉진유전자를 가지는 한 전사단위의 일부분이다. 같은 대사경로에 관련되는 유전자들은 종종 이러한 방식으로 조직화된다. 락토오스를 이용하는데 필요한 단백질들은 **락오페론(*lac* operon)**에 의해서 암호화된다. 트립토판 합성에 필요한 단백질들은 **트립토판 오페론(*trp* operon)**에 의해 암호화된다.

유도와 억제

만약 한 박테리아가 락토오스를 만나면 그 박테리아는 락토오스를 이용하는데 필요한 효소들을 만들기 시작한다. 그러나 락토오스가 더 이상 존재하지 않으면 더 이상 이러한 단백질들을 만들 필요가 없다. 따라서 우리는 이러한 단백질들의 합성이 락토오스의 존재에 의해 유도되었다고 한다. 그러므로 기질에 반응하여 어떤 경로를 위한 효소가 생산될 때 **유도(induction)**가 일어난다.

주위환경에서 트립토판을 얻을 수 있을 때 박테리아는 트립토판을 만들 때 필요한 효소들을 합성하지 않을 것이다. 만약 트립토판을 더 이상 얻을 수 없다면 박테리아는 이 효소들을 만들기 시작할 것이다. 생합성 효소를 만드는 것이 가능한 박테리아가 그 효소들을 만들지 않을 때 **억제(repression)**가 일어난다. 유도와 억제를 통해서 박테리아는 주위 환경에 맞는 최적의 효소를 생산하기 위해서 조절된다.

음성 조절

유전자발현이 아마도 전사 개시 단계에서 조절된다는 것을 안다고 해도 그 조절이 양성인지 음성인지를 알 수는 없다. 표면적으로는 억제는 음성처럼 보이고 유도는 양성처럼 보일 수도 있다. 하지만 락오페론과 트립토판오페론의 경우 각각의 억제인자 단백질에 의해 음성조절이 일어난다. 핵심은 유도에서 효과인자가 억제인자에 미치는 효과는 억제에서 보여 지는 효과의 반대라는 것이다.

작용하는 두 기작을 위해서 락토오스와 트립토판과 같은 환경에 존재하는 물질은 조절되어지는 유전자에 적절한 영향을 반드시 미친다. 랙 유도의 경우 락토오스의 존재는 억제인자 단백질이 그의 조절 DNA 서열에 결합하는 것을 방해한다. 트립토판 억제의 경우에는 반대로 트립토판의 존재는 억제인자 단백질이 조절 DNA 서열에 결합하는 것을 유도한다.

이러한 반응들은 반대인데 왜냐하면 동화작용 경로이냐 이화작용 경로이냐에 따라서 세포들의 필요가 반대이기 때문이다. 뒤에서 각 경로에 대해서 자세히 설명하는데 어떻게 단백질과 DNA의 결합이 세포가 환경적인 조건에 반응할 수 있게 하는지 보여줄 것이다.

락오페론의 유도는 락 억제인자에 의해 음성적으로 조절된다

학습목표 16.3.2 락오페론이 락토오스 이용가능성에 따라서 어떻게 조절되는지를 설명하라.

락오페론은 락토오스를 이용하는데 필요한 기능들을 암호화하는 유전자들로 구성되어져 있다: β-galactosidase(*lacZ*), lactose permemase(*lacY*), lactose transacetylase(*lacA*)와 이러한 유전자의 발현을 조절하는데 필요한 조절 영역(**그림 16.3**). 게다가 락 억제인자(*lac repressor*)를 위한 유전자(*lacI*)는 락오페론의 나머지 부분과 연결되어있어서 비록 자신만의 촉진유전자를 가지고 있지만 오페론의 일부분으로 여겨진다. 연결된 억제인자를 제외하고 조절 영역이 암호영역의 상부에 배치되는 것은 거의 모든 원핵생물 오페론의 전형적인 형태이다.

억제인자의 작용

락오페론의 전사 개시는 락 억제인자에 의해 조절된다. 억제인자가 촉진유전자 근처에 있는 작동유전자에 결합 한다(**그림 16.4a**). 이 결합은 RNA중합효소가 촉진유전자에 결합하는 것을 방해한다. 이 DNA 결합은 락토오스 존재에 민감하다. 락토오스가 없으면 억제인자가 DNA에 결합하고 락토오스가 존재하면 결합하지 않는다.

억제인자와 유도물질의 결합

락토오스가 없을 때 락 억제인자는 작동유전자에 결합하고 오페론은 억제 된다(그림 16.4a 참조). 억제인자의 DNA 결합을 조절하는 효과인자는 락토오스의 대사 물질인 allolactose로 락토오스가 이용가능 할 때 생산된다. allolactose는 억제인자에 결합하여 입체 구조를 바꾸어 억제인자가 더 이상 작동유전자에 결합할 수 없게 만든다(**그림 16.4b**). 지금 오페론은 유도된 것이다. allolactose가 오페론의 유도를 가능하게 했기 때문에 주로 유도물질이라고 불린다.

락토오스의 양이 감소하면 allolactose의 농도는 감소하여 더 이상 억제인자에 결합하지 못할 것이며 결국 억제인자는 다시 DNA에 결합하게 된다. 그러므로 락 억제인자와 그의 유도물질인 allolactose에 의한 음성 조절 체계가 세포가 환경에 존재하는 락토오스의 양 변화에 반응할 수 있게 해준다.

락토오스가 없을 때도 락오페론은 아주 낮은 수준으로 발현된다. 락토오스가 이용가능하게 되면 세포내로 이송되는데 충분한 allolactose가 생산되고 나면 오페론 유도가 일어난다.

락오페론의 발현은 포도당 양에 영향을 받는다

학습목표 16.3.3 어떻게 포도당이 락토오스 이용 효소들의 생산에 영향을 미치는지 설명하라.

포도당 억제(glucose repression)는 락토오스와 같은 다른 당의 존재하에서 포도당의 우선 사용을 위한 작용 기작이다. 만약 박테리아가 포도당과 락토오스가 같이 존재하는 환경에서 자란다면 락오페론은 유도되지 않는다. 포도당을 모두 사용하고 나면 락오페론이 유도되어 락토오스가 에너지원으로 사용되어진다. 포도당 억제로 불리지만 이 작용기작은 락오페론을 포함하는 여러 가지 이화작용 오페론들의 전사를 유도하는 활성인자 단백질과 관련되어있다. 이 활성인자는 **catabolite activator protein(CAP)**인데 효과인자로 cAMP를 가지는 다른자리입체성 단백질이다. 이 단백질은 cAMP

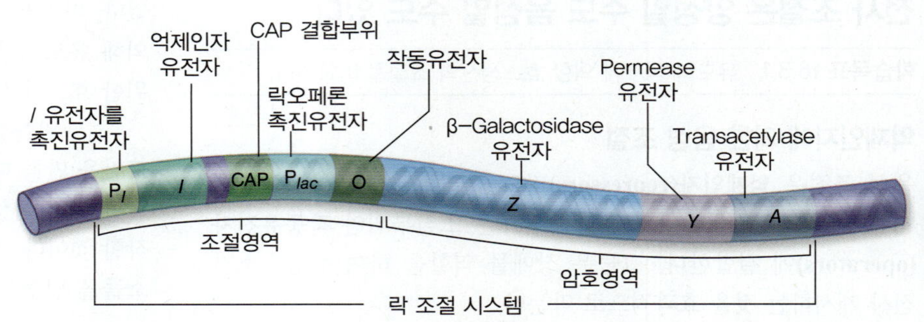

그림 16.3 대장균 염색체의 랙 영역. 락오페론은 촉진유전자, 작동유전자 그리고 락토오스 대사를 위해 필요한 단백질들을 암호화하는 세 유전자들(*lac Z, Y*와 *A*)로 이루어져 있다. 게다가 촉진유전자에 RNA중합효소가 결합하는 것에 영향을 주는 catabolite activator protein(CAP)의 결합부위가 있다. 또한 *I* 유전자는 억제인자를 암호화하는데 이 억제인자는 작동유전자와 결합하여 락오페론의 전사를 막는다.

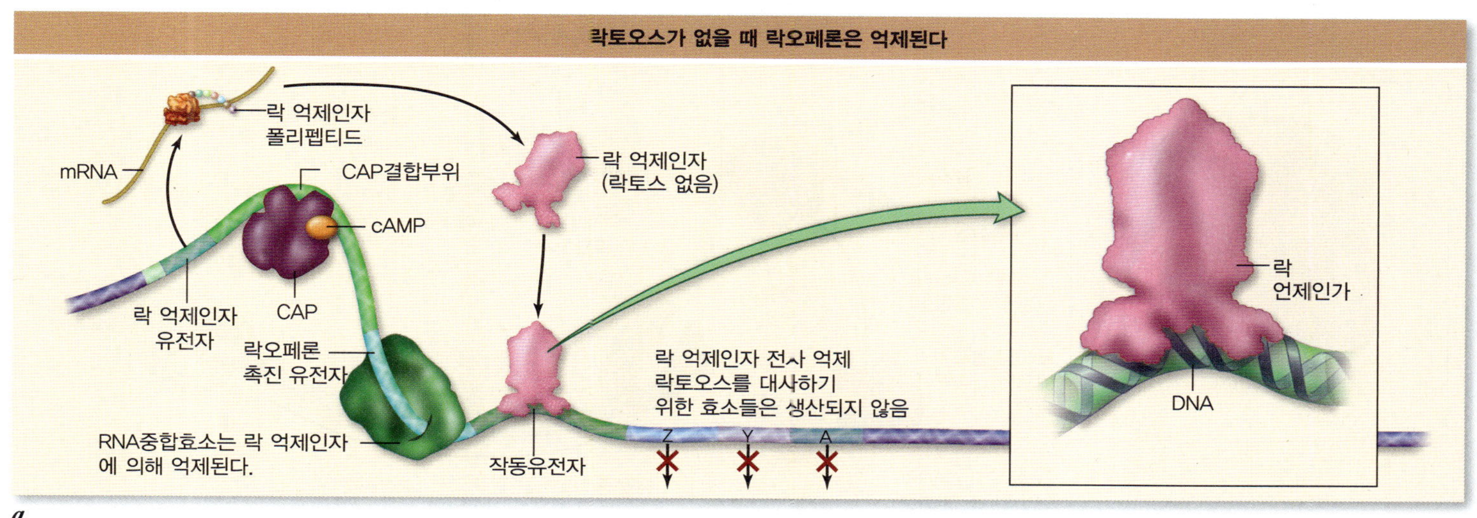

a.

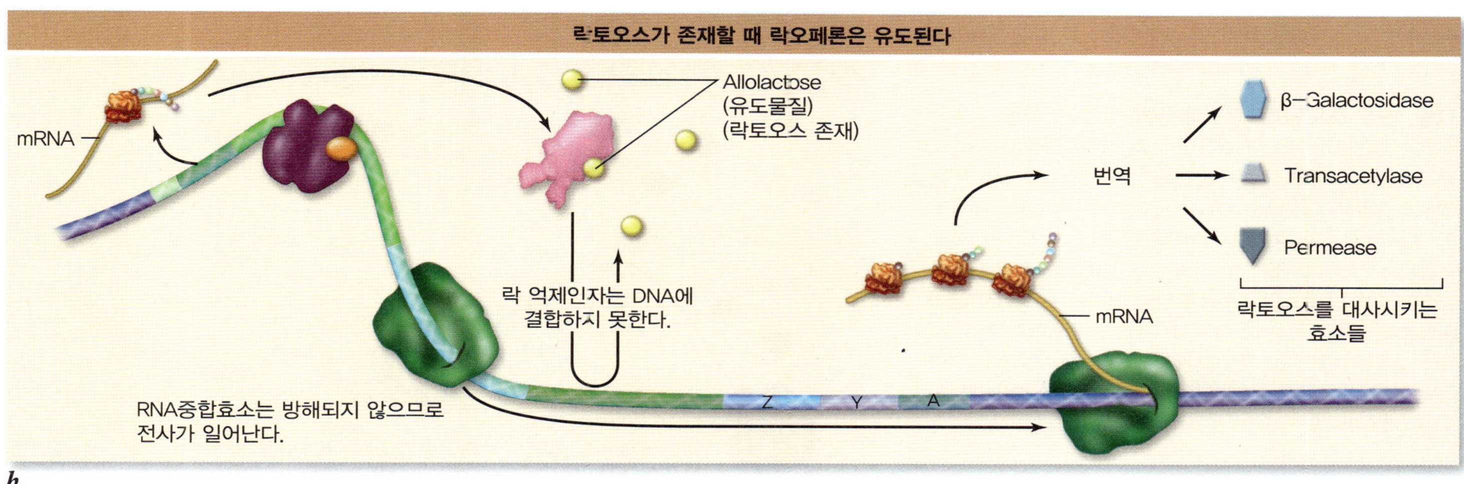

b.

그림 16.4 락오페론의 유도. a. 락토오스가 없는 경우에 락 억제인자는 작동유전자 부위에 있는 DNA에 결합하여 오페론의 전사를 막는다. 억제인자 단백질이 작동유전자 부위에 결합하면 락오페론은 정지된다(억제됨). b. CAP이 결합하고 억제인자가 결합하지 않으면 락오페론이 전사된다(유도됨). 억제인자에 allolactose가 결합하면 억제인자의 구조가 변하여 작동유전자 부위에 결합하지 못하여 RNA중합효소 활성을 막지 못한다.

와 결합하기 때문에 **cAMP response protein(CRP)**라고도 불리는데 우리는 양성 조절자로서의 역할을 강조하기 위해 CAP이라는 이름을 사용할 것이다. CAP은 단독으로 DNA에 결합하지는 않지만 효과인자인 cAMP가 결합하면 CAP의 입체구조가 변경되어 DNA에 결합할 수 있다(그림 16.5). 세포내에서 cAMP의 양은 포도당의 존재 하에서는 감소되어 CAP에 반응하는 오페론의 전사를 유도하지 않는다.

CAP-cAMP 체계는 유일한 포도당 억제 작용 기작이라고 오랫동안 알려져 왔다. 그러나 최근 연구에서 포도당의 존재가 세포내로 락토오스의 수송을 억제한다는 것을 보여주었다. 이것은 세포로부터 락오페론 유도물질인 allolactose를 제거하여 억제인자가 작동유전자에 결합하도록 해준다. 이 작용기작을 **유도물질배제(inducer exclusion)**라고 하는데 지금은 락오페론의 포도당 억제의 주된 작용 기작이라고 생각되어지고 있다.

유도물질 배제가 일어난다는 것을 고려하면 포도당이 존재하지 않을 때 CAP의 역할은 불필요한 것처럼 보인다. 그러나 사실은 락오페론의 촉진유전자는 단독으로는 RNA중합효소와의 결합에 효율적이지 않기 때문에 CAP-cAMP의 양성 조절은 필요하다. 이러한 비효율은

CAP-cAMP 활성인자의 양성 조절 작용에 의해 극복된다. 그러므로 포도당이 없고 락토오스가 존재할 때 가장 최고 수준의 발현이 일어난다. 이런 경우 활성인자의 존재와 억제인자의 부재가 결합되어 가장 최고 수준의 발현이 일어난다(그림 16.5 참조).

트립토판오페론은 트립토판 억제인자에 의해 음성적으로 조절된다

학습목표 16.3.4 트립토판오페론이 트립토판 양에 따라서 어떻게 조절되는지 설명하라.

락오페론처럼 트립토판오페론은 같은 생화학경로에 관련되는 효소

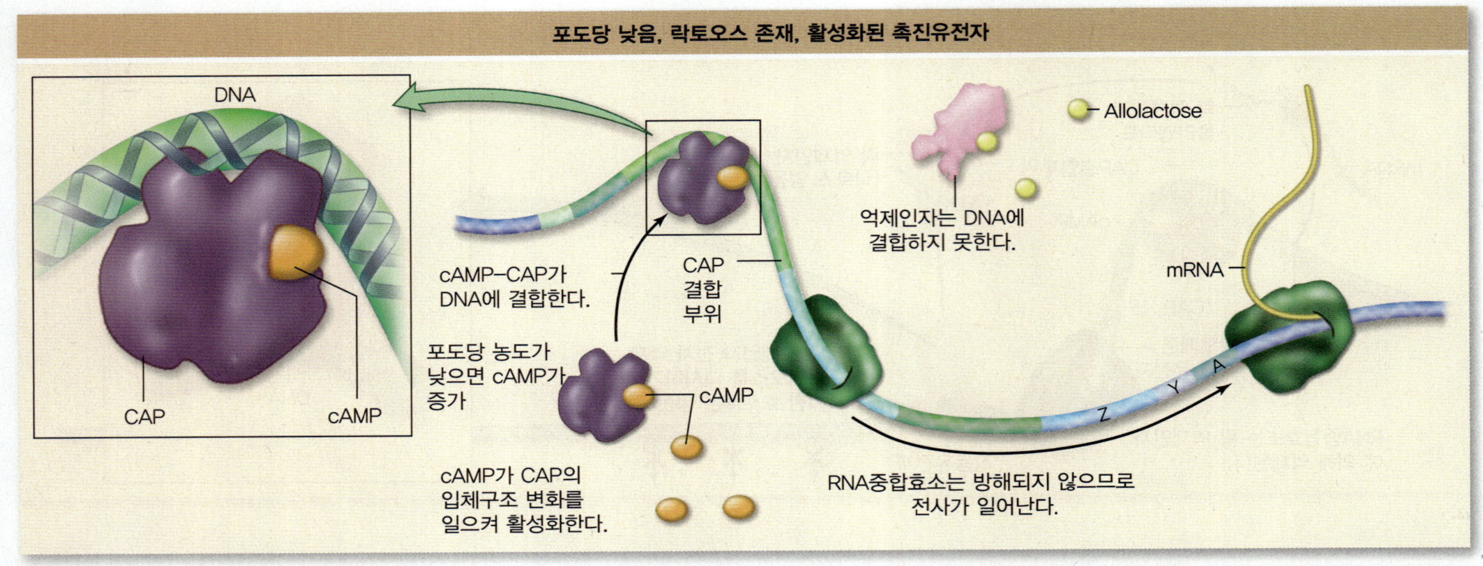

a.

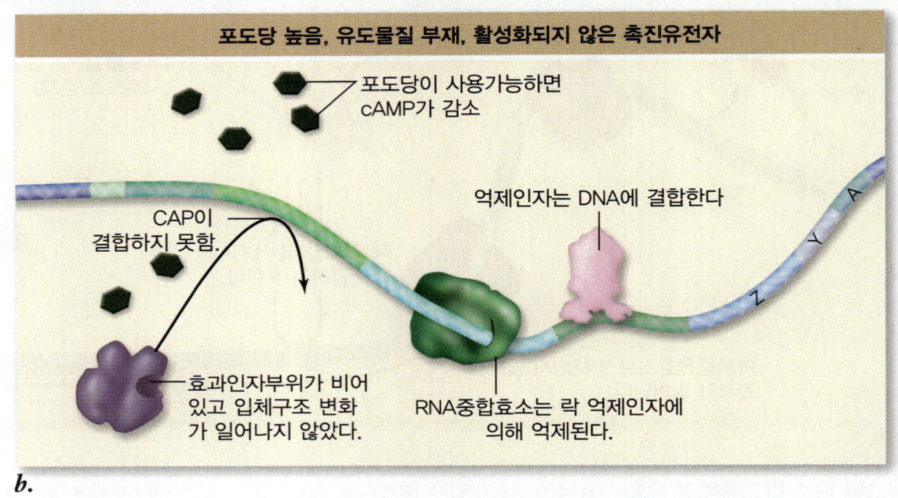

b.

그림 16.5 포도당이 락오페론에 미치는 영향. 락오페론의 발현은 음성조절자(억제인자)와 양성조절자(CAP)에 의해 조절된다. CAP의 작용은 포도당 레벨에 민감하다. **a.** CAP이 DNA와 결합하기 위해서는 cAMP와 결합해야 한다. 포도당 레벨이 낮을때 cAMP가 풍부해서 CAP와 결합한다. 이 CAP- cAMP 복합체는 복합체 주위로 DNA가 구부러지도록 유도한다. 이것은 CAP이 RNA중합효소와 접촉하게 하여(그림에서는 보이지 않음) 중합효소가 촉진유전자에 더욱 효과적으로 결합하게 한다. **b.** 높은 포도당 레벨은 두 가지 효과를 만든다 cAMP 가 감소하여 CAP 이 촉진유전자를 활성화하지 못하며 락토오스 수송이 막힌다(유도물질 배제).

들을 암호화하는 한 무리의 유전자들로 구성되어있다. 트립토판오페론의 경우 이러한 효소들은 트립토판의 합성에 필요하다. 이러한 유전자들의 전사를 조절하는 조절 영역은 유전자들의 상부에 위치한다. 트립토판오페론은 트립토판오페론 외부에 존재하는 유전자에 의해 암호화되는 한 억제인자에 의해 통제된다. 트립토판오페론은 트립토판이 없을 때는 계속적으로 발현되고 트립토판이 있을 때는 발현되지 않는다.

트립토판억제인자는 나선대나선 단백질로 트립토판 촉진유전자의 근처에 위치하는 작동유전자에 결합 한다(그림 16.6). 트립토판이 없을 때 트립토판 억제인자는 그의 작동유전자에 결합하지 못해서 오페론이 발현되게 되고 트립토판을 생성하는데 필요한 효소들이 생산된다.

트립토판의 양이 증가할때는 **트립토판(보조억제인자, *corepressor*)**이 억제인자에 결합하여 억제인자의 입체구조가 변하게 되고 작동유전자에 결합하게 된다. 억제인자-보조억제인자 복합체가 작동유전자에 결합하면 RNA중합효소가 촉진유전자에 결합하는 것을 방해한다. 트립토판 결합에 의한 억제인자 구조의 실제적인 변화는 한 쌍의 나선대나선 모티프의 orientation의 변화인데 이 변화가 인식 나선이 DNA 주홈에 맞게 만들어준다.

트립토판이 존재하여 억제인자에 결합하면 이 복합체는 작동유전자에 결합하게 되는데 이때오페론은 억제되었다고 한다. 트립토판의 양이 줄어들면 억제인자 단독으로 작동유전자에 결합하지 못하여 오페론은 발현된다. 이 상태에서 오페론은 **억제가 풀렸다(depressed)**고 하고 이것은 유도와는 구별되어진다(그림 16.6 참조).

어떻게 유도와 억제가 음성 조절에 의해 일어날 수 있는지를 이해하기 위한 핵심은 억제인자 단백질과 그의 효과인자의 행동을 이해하는 것이다. 유도에서는 억제인자가 혼자서 DNA에 결합할 수 있고 유도물질은 DNA결합을 억제한다. 억제의 경우에는 억제인자는 보조억제인자가 결합한 경우에만 DNA에 결합할 수 있다. 유도와 억제는 분자간의 결합이 어떻게 그들의 구조에 영향을 미치는지 그리고 분자의 구조가 얼마나 기능에 중요한지를 보여주는 훌륭한 예이다.

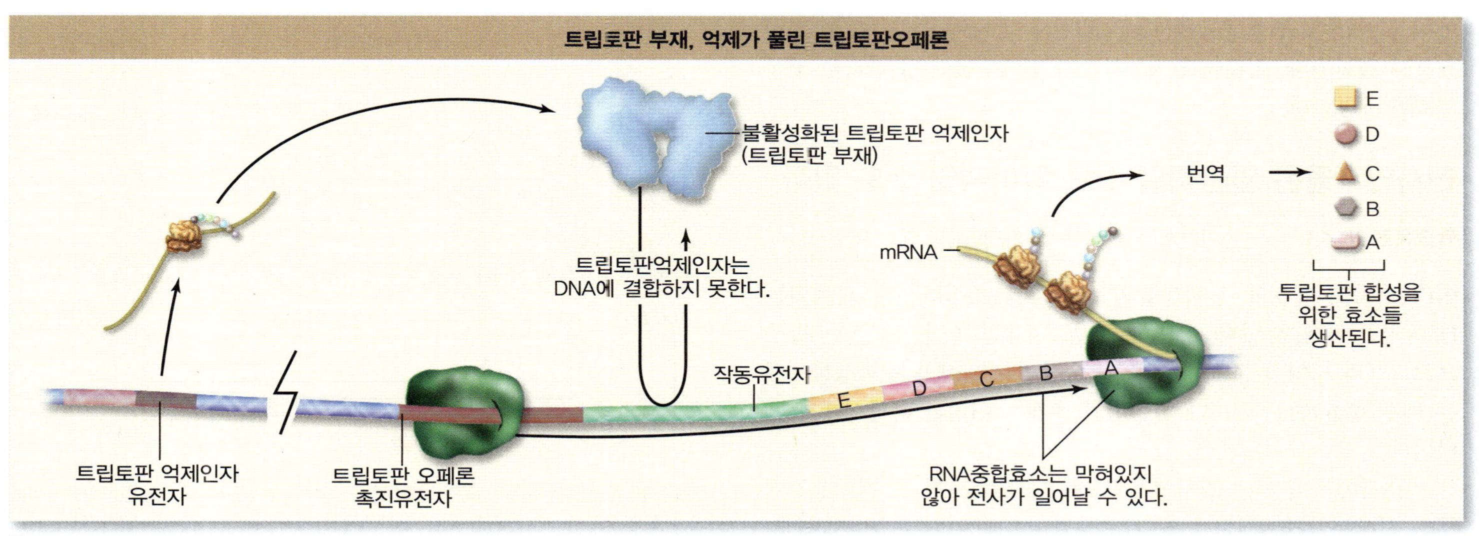

a.

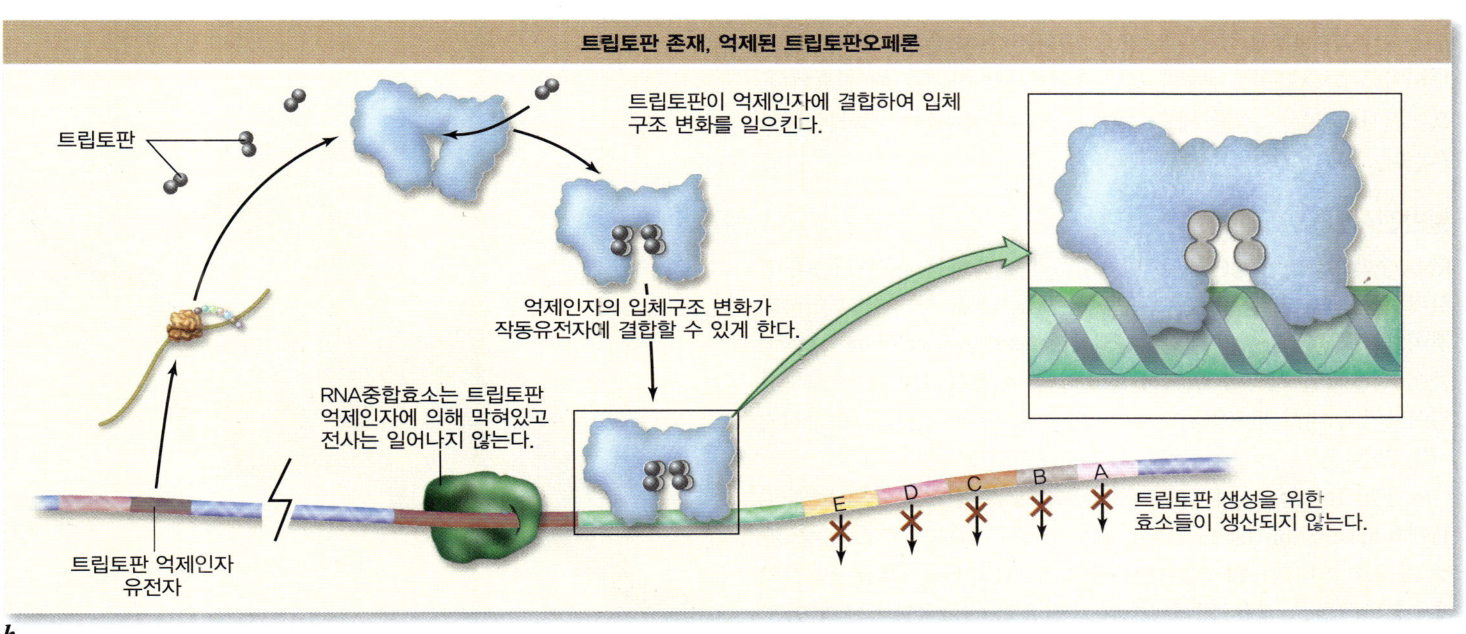

b.

그림 16.6 어떻게 트립토판오페론이 조절되는가. 트립토판오데론은 트립토판 합성에 필요한 효소들을 암호화한다. **a.** 트립토판 억제인자는 단독으로 DNA 에 결합하지 못한다. 촉진유전자는 자유롭게 기능을 할 수 있고 RNA중합효소는 오페론을 전사한다. **b.**트립토판이 존재할 때 트립토판이 억제인자와 결합하고 억제인자의 입체구조가 변화되어 DNA와 결합한다. 트립토판–억제인자 복합체는 작동유전자에 단단히 결합하여 RNA중합효소가 전사 개시하는 것을 막는다.

개념 정리 16.3

기질에 반응하여 유전자발현이 시작되는 것을 유도라고 하그 대사물질의 양에 반응하여 유전자의 발현이 멈추는 것을 억제라고 한다. 락오페론은 락토오스에 반응하여 유도된다. 이것은 락토오스가 없을 때 DNA에 결합하는 억제인자 단백질에 의해 음성조절된다: 유도물질인 allolactose가 결합한 억제인자는 더 이상 DNA에 결합할수 없다. 트립토판오페론도 또한 억제인자에 의해 음성 조절된다. 이 경우 억제인자는 트립토판과 결합한 경우에만 DNA와 결합할 수 있다.

- 만약 트립토판 억제인자에 돌연변이가 일어나서 트립토판과의 결합은 억제되지만 DNA와의 결합은 가능하다면 유전자발현에 어떤 영향을 끼칠까?

16.4 진핵생물에서는 전사인자들이 유전자 전사를 조절한다

진핵생물에서의 전사 조절은 원핵생물에서의 전사 조절보다 훨씬 복잡하다. 단백질-DNA간의 결합이라는 기본 개념은 여전히 유효하지만 몇몇 분명한 차이 때문에 결합하는 단백질의 성질이 다양하며 그 수가 훨씬 많다. 첫 번째로 진핵생물들은 그들의 DNA를 염색질(chromatin)의 형태로 가지고 있어 단백질-DNA간의 결합을 복잡하게 만든다.

두 번째로 진핵생물의 전사는 핵에서 일어나고 번역은 세포질에서 일어난다; 원핵생물에서는 이러한 과정들이 공간적으로 일시적으로 결합된다. 이것이 원핵생물보다 진핵생물에서 더 많은 조절 기회를 제공한다.

전사인자들은 일반적일 수도 특이적일 수도 있다

학습목표 16.4.1 일반전사인자와 특이전사인자의 역할들을 구별하라.

이러한 차이 때문에 진핵생물의 유전자를 조절하는데 관계되는 DNA의 양이 훨씬 많다. 유연하면서도 미세한 조절은 복잡한 발생 프로그램과 다양한 조직 형태를 가지고 있는 다세포 진핵생물에게는 매우 중요하다. 그러나 일반적인 주제는 이러한 복잡성에서 나타난다.

15장에서 우리는 전사인자의 개념을 살펴보았다. 진핵생물에서의 전사는 다양한 전사 인자들이 필요한데 이들은 **일반전사인자**(*general transcription factors*)와 **특이전사인자**(*specific transcription factors*는 두 범주로 나눌 수 있다. 일반전사인자는 전사 기구들이 모이거나 RNA중합효소Ⅱ가 라촉진유전자로 접근할 때 필요하다. 특이전사인자는 특정한 세포 종류나 신호에 반응하여 전사를 증가시킨다.

일반전사인자

RNA중합효소Ⅱ 주형(대부분 단백질을 암호화하는 유전자들)의 전사가 시작되기 위해서는 단지 RNA중합효소Ⅱ뿐 아니라 그 이상의 것이 필요하다. 다수의 **일반전사인자(genersl transcription factors)** 들이 생산적인 시작을 위해서 필요하다. 이러한 인자들은 전사가 일어나기 위해서 필요하지만 기본 비율에 비해서 비율을 증가시키지는 않는다.

일반전사인자들은 RNA중합효소Ⅱ의 전사인자의 약자로 TFⅡ(transcription factor RNA polymerase Ⅱ)로 쓴다. 그 중 가장 중요한 인자인 TFⅡD는 타타상자(TATA box) 결합단백질인데 이 단백질은 많은 진핵생물의 촉진유전자에 존재하는 타타상자 서열을 인식한다(그림 16.7). TFⅡD가 결합하고 이어서 TFⅡE, TFⅡF, TFⅡA, TFⅡB, TFⅡH와 다수의 *transcription-associated factors*(TAFs)가 결합한다. 이 **전사개시복합체**(*initiation complex*)(그림 16.8)는 촉진유전자에 결합한 박테리아 RNA 중합 완전효소(holoenzyme)보다 훨씬 더 복잡하다. 그러나 다른 수준의 복잡성이 더 있다: 이 개시 복합체는 기저수준으로 합성을 시작할 수 있지만 다른 특이 인자들의 참여 없이는 높은 수준의 전사를 진행할 수 없기 때문이다.

특이전사인자

특이전사인자는 기저수준보다 높은 수준의 전사를 유도하기 위해 조직 또는 시간 의존적인 방식으로 작용한다. 이러한 인자들의 수와 다양성은 압도적이다. 어떤 의미로는 특이 인자가 아니라 DNA 결합모티프에 집중함으로써 이러한 인자들의 증가가 이루어졌다고 볼 수도 있다.

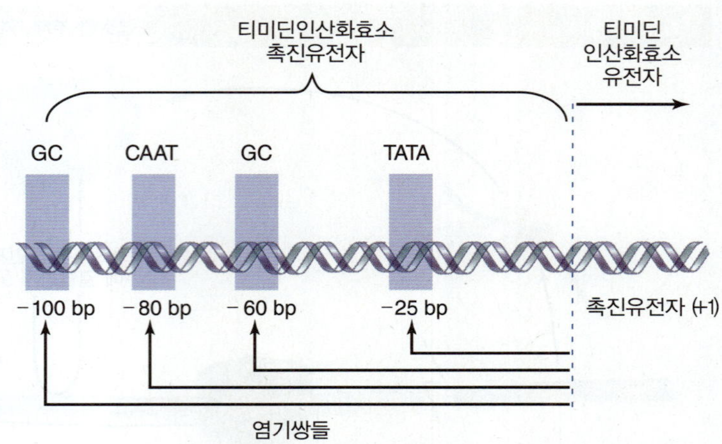

그림 16.7 진핵생물의 촉진유전자. 이 촉진유전자는 티미딘인산화효소라는 효소를 암호화하는 유전자를 위한 것이다. 전사개시복합체의 형성은 일반전사인자가 타타상자에 결합하는 것으로 시작된다. 다른 특이전사인자들과 결합하는 세 개의 다른 DNA서열도 존재한다.

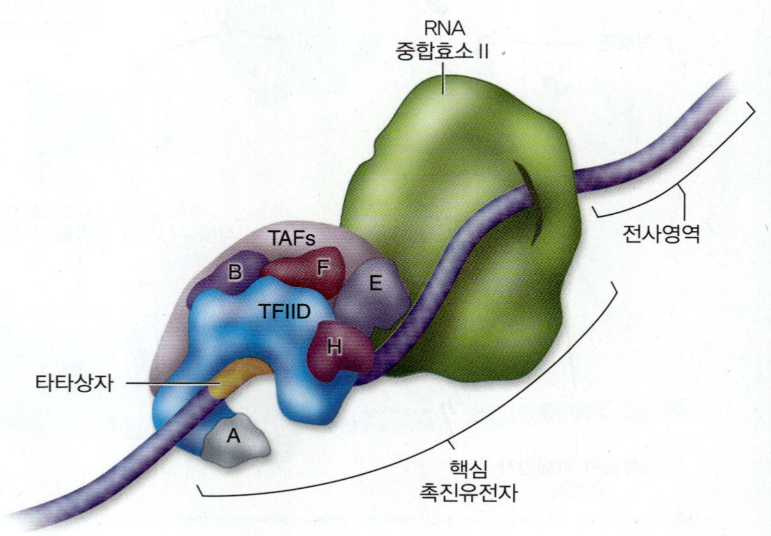

그림 16.8 진핵생물의 개시복합체의 형성. 일반전사인자인 TFⅡD가 타타상자에 결합하면 다른 일반전사인자들, TFⅡE, TFⅡF, TFⅡA, TFⅡB, TFⅡH도 결합한다. 이 복합체에 다수의 transcription-associated factors(TAFs)도 결합하여 RNA중합효소를 핵심 촉진유전자로 불러들인다.

이러한 인자들의 연구에서 나오는 핵심적인 공통 주제는 특이전사인자, 즉 활성인자가 도메인 구조로 되어있다는 것이다. 각각의 인자들은 DNA결합도메인(DNA-binding domain)과 전사 기구들과 결합하는 활성도메인(activating domain)으로 구성되어져 있는데 이 도메인들은 단백질에서 본질적으로 독립적이다. 만약 DNA결합도메인들이 다른 인자들 사이에서 교환된다면 전사를 활성화시키는 능력에는 영향을 미치지 않고 인자들의 결합 특이성(specificty)이 바뀔 것 이다.

촉진유전자와 증폭자는 전사인자의 결합 부위이다

학습목표 16.4.2 전사인자가 촉진유전자로부터 멀리 떨어져서 어떻게 작용하는지를 설명하라.

앞서 15장에서 설명했듯이 촉진유전자는 일반전사인자를 위한 결합 부위 역할을 한다. 그리고 이러한 인자들은 RNA중합효소Ⅱ가 촉진유전자에 결합하는 것을 매개한다(그리고 또한 RNA중합효소Ⅰ과 Ⅲ가 각각의 특이한 촉진유전자에 결합하는 것도 매개한다). 반면에 원핵생물의 RNA중합효소 완전효소는 직접 촉진유전자를 인식하고 결합한다.

증폭자(enhancer)는 원래, 위치 또는 방향성에 관계없이 높은 수준의 전사활동을 촉진시키는 DNA 서열이라고 알려져 있었다. 처음에는 이러한 개념이 직관에 어긋나는 것처럼 보였다. 왜냐하면 분자생물학자들은 원핵생물 체계에 영향을 받아 조절 영역이 암호영역의 바로 상부에 위치할 것이라고 기대했기 때문이다. 그러나 증폭자는 특이전사인자의 결합부위라는 것이 밝혀졌다. 증폭자가 멀리서 작용할 수 있다는 사실은 처음에는 풀기 힘든 문제였으나 현재 연구자들은 DNA 굽힘을 통해서 고리(loop)를 형성하면 증폭자가 촉진유전자에 가까이 접근할 수 있다고 생각하고 있다.

이러한 고리형성이 진핵생물 체계에서 훨씬 중요하긴 하지만 처음으로 원핵생물의 DNA 결합 단백질에서도 발견되었다(그림 16.9). 중요한 점은 염색체상에서 떨어진 두 부위의 직선거리는 DNA의 유연성이 굽힘과 고리형성을 가능하게 하기 때문에 긴 물리적인 거리로 해석되지 않는다는 것이다. 그러므로 증폭자에 결합한 활성인자는 멀리 떨어진 촉진유전자에 결합한 전사 인자들과 접촉할 수 있다(그림 16.10).

보조활성인자와 매개자는 전사인자와 RNA 중합효소를 연결한다

학습목표 16.4.3 보조활성인자와 전사인자의 역할들을 비교하라.

다른 인자들이 특이적으로 전사인자들의 작용을 매개한다. 이러한 **보조활성인자**(*coactivator*)와 **매개자**(*mediator*)들 또한 전사인자들에 의한 전사 활성화에 필요하다. 그들은 전사인자와 결합하고 그다음에 전사 기구의 다른 부분과 결합한다. 매개자는 몇몇 전사인자의 기능에 필수적이긴 하지만 모든 전사인자가 그들을 필요로 하지는 않는다. 같은 보조활성인자가 여러 전사인자와 함께 사용될 수 있기 때문에 보조활성인자의 숫자는 전사인자의 숫자보다 훨씬 적다.

전사복합체는 많은 단계의 조절을 통합한다

학습목표 16.4.4 진핵생물의 전사복합체 구성요소의 상호작용을 설명하라.

몇몇 일반적인 원리가 광범위한 경우에 적용될 수 있지만 거의 각각의 진핵생물 유전자 또는 균형 잡힌 조절이 되는 유전자 무리들은 독특한 경우를 대표한다. 실제로 RNA중합효소Ⅱ에 의해 전사되는 모든 유전자들은 개시 복합체를 형성하기 위해 같은 일반전사인자들을 필요로 한다. 하지만 이 복합체의 형성과 전사의 궁극

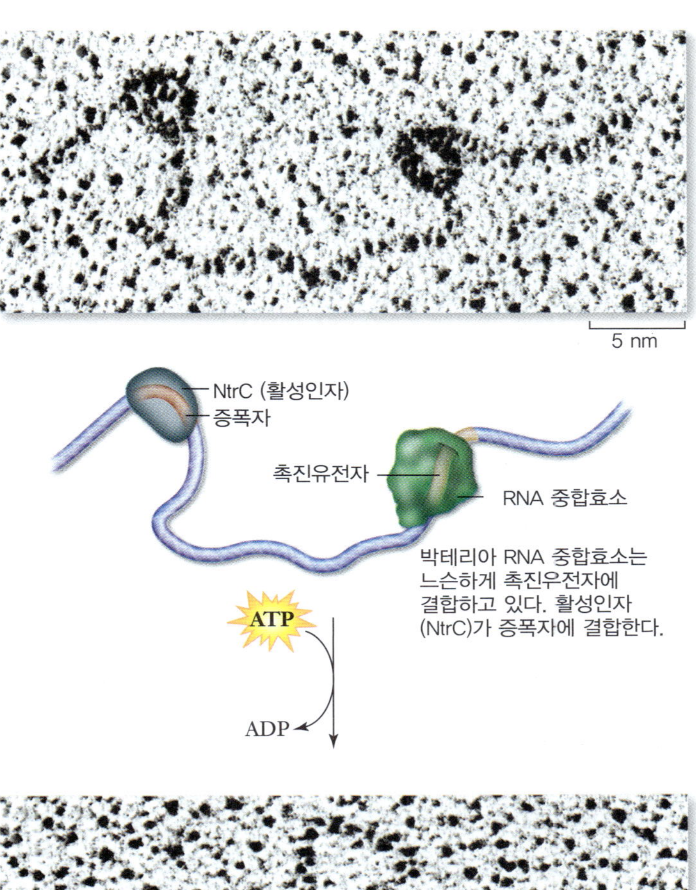

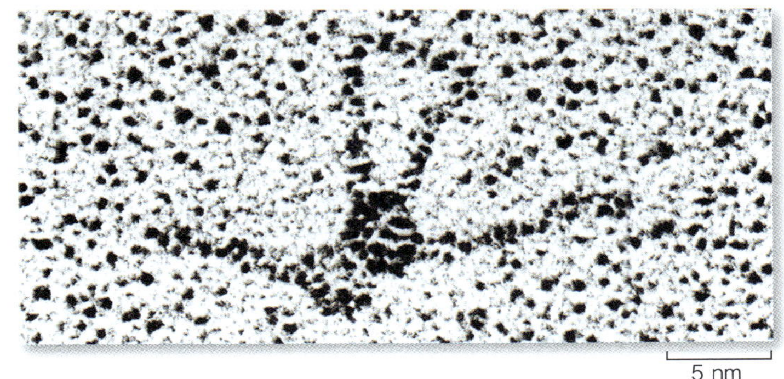

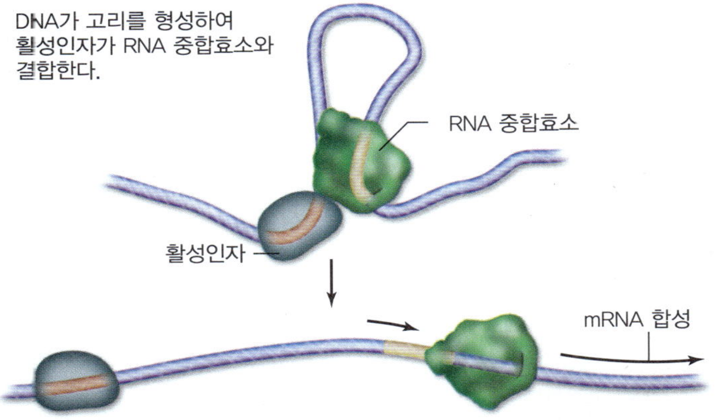

그림 16.9 단백질들에 의한 DNA고리형성. 박테리아 활성인자 NtrC가 증폭자에 결합하면 DNA가 RNA중합효소가 결합한 먼 부위까지 닿을 수 있도록 고리를 형성하여 전사가 활성화된다. 이런 증폭자가 원핵생물에서는 드물지만 진핵생물에서는 일반적이다.

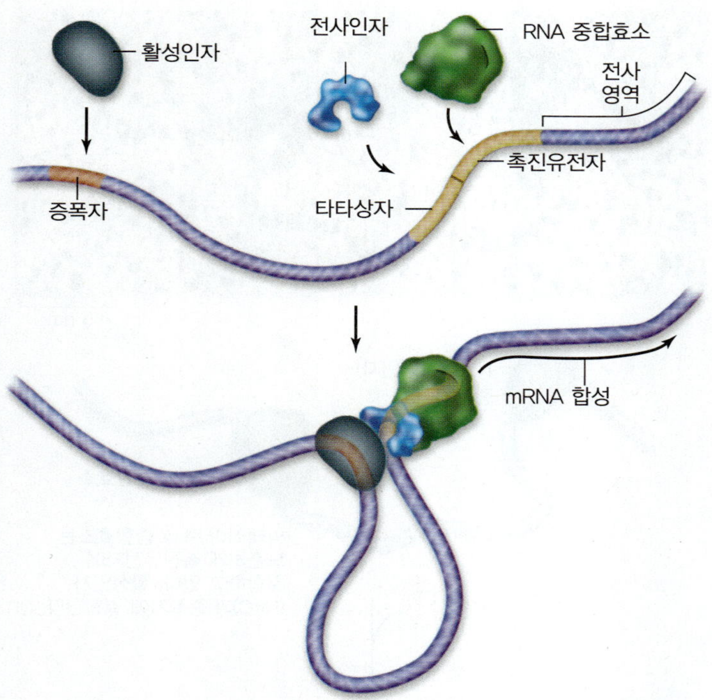

그림 16.10 어떻게 증폭자가 작용하는가. 증폭자 부위는 조절되는 유전자로부터 멀리 떨어져있다. 활성인자(회색)가 증폭자에 결합하는 것은 활성인자가 RNA중합효소와 결합하여있는 전사인자들(파란색)과 상호작용을 하여 전사를 자극할 수 있게 한다.

그림 16.11 전사복합체 내에서 여러 가지 인자들의 상호작용. 모든 특이 전사인자들은 촉진유전자로부터 멀리 떨어진 증폭자 배열에 결합한다. 이러한 단백질들은 DNA고리형성을 통해 전사복합체에 가까이 근접하여 전사복합체와 상호작용을 한다. 텍스트에서 자세히 다루었듯이, 활성인자라고 불리는 어떤 전사인자들은 직접 RNA중합효소나 개시복합체와 결합하는데 반면에 다른 인자들은 부가적으로 보조활성인자를 필요로 한다.

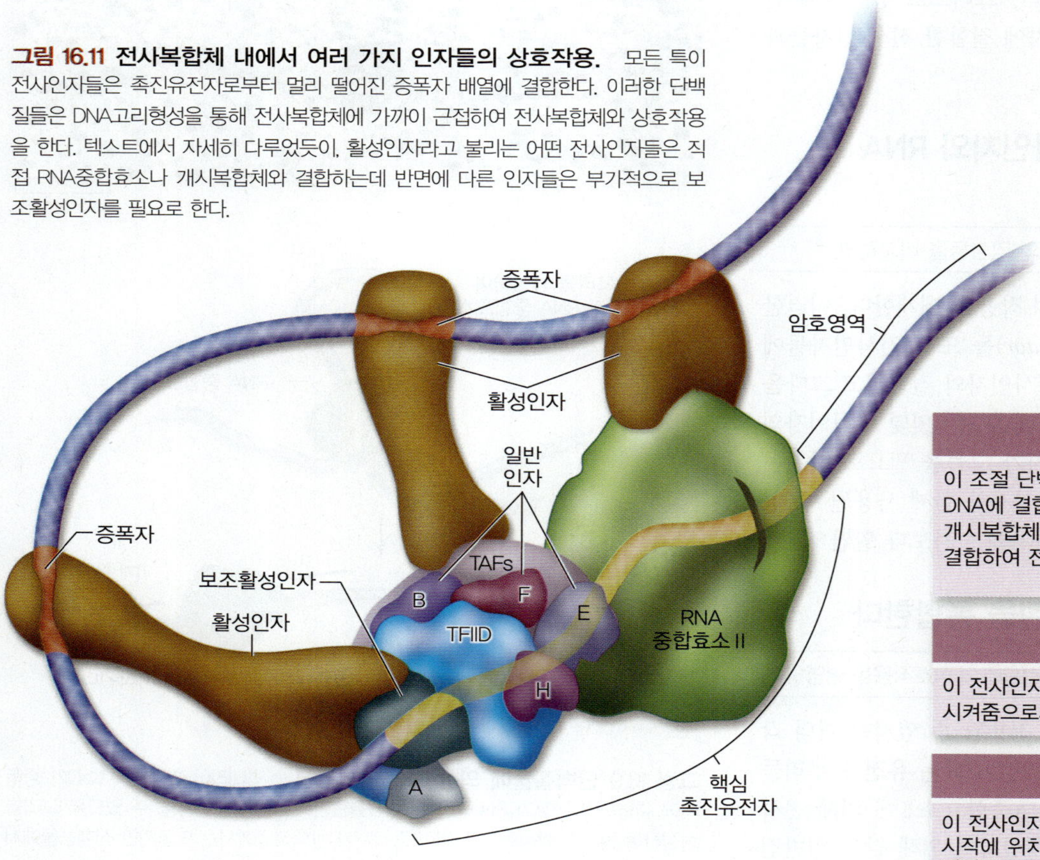

활성인자

이 조절 단백질들은 증폭자로 알려진 떨어진 부위의 DNA에 결합한다. DNA 가 구부러져서 증폭자가 개시복합체 근처로 가면 활성인자 단백질은 복합체와 결합하여 전사속도를 증가시킨다.

보조활성인자

이 전사인자들은 복합체와 활성인자 단백질 사이를 연결시켜줌으로써 전사 복합체를 안정화시킨다.

일반 인자

이 전사인자들은 RNA 중합효소를 단백질 암호배열의 시작에 위치시키고 전사를 시작하기 위해서 중합효소를 내어준다.

적인 수준은 협동하여 **전사복합체(transcription complex)**를 만드는 특이전사인자에 의존한다(**그림 16.11**).

그러므로 진핵생물의 촉진유전자의 구성은 우리가 개시 복합체를 위해서 무엇이 필요한가만을 고려한다면 매우 간단할 수도 있고 복합체에 결합하여 전사에 영향을 주는 모든 인자들을 고려한다면 매우 복잡할 수도 있다. 이런 종류의 조합적인 유전자 조절은 큰 유연성을 가질 수 있다. 왜냐하면 세포가 받는 많은 신호에 반응하여 전사에 영향을 줄 수 있고 신호들을 통합할 수 있기 때문이다.

개념 정리 16.4

진핵생물에서 전사 개시를 위해서는 촉진유전자와 결합하며 RNA중합효소 II 를 데리고 와서 개시 복합체를 형성하는 일반전사인자들이 필요하다. 일반전사인자들은 기저 수준의 전사를 유도한다. 증폭자 서열에 결합하는 특이전사인자는 전사의 수준을 증가시킨다. DNA는 고리를 형성할 수 있어 증폭자랑 촉진유전자를 같이 가까이 데리고 올 수 있어 증폭자는 멀리서도 작용할 수 있다. 추가적인 보조활성인자와 매개자는 특정한 특정전사인자와 RNA중합효소 II 를 연결시킨다.

- 한 일반전사인자의 손실을 일으키는 돌연변이 대 한 특이전사인자의 손실을 일으키는 돌연변이의 영향은 무엇일까?

16.5 진핵생물의 DNA는 염색질 안에 포장되어 있다

진핵생물들은 소유한 DNA가 염색질 안에 포장되어 있다는 추가적인 유전자발현 장애물을 가지고 있다. 처음에 DNA는 뉴클레오솜으로 포장되고 다음에 상위 염색질 구조로 포장되는데 현재는 이것이 직접적으로 유전자발현 조절과 관련된다고 생각되어진다.

염색체는 DNA와 히스톤 단백질로 구성된다

학습목표 16.5.1 유전자 조절에서 메틸화의 역할을 설명하라.

가장 하위 단계의 염색질 구조는 DNA와 히스톤 단백질이 뉴클레오솜을 형성하는 것이다(10장 참조). 이러한 뉴클레오솜은 전사인자와 RNA중합효소Ⅱ가 촉진유전자에 결합하는 것을 방해한다.

아직 완전히 밝혀지지 않은 염색질의 상위 조직은 뉴클레오솜에서 히스톤의 상태에 의존적인 것처럼 보인다. 히스톤은 변형될 수 있는데 결과적으로 염색질의 더 강한 압축을 일으키고 촉진유전자로의 단백질의 접근성을 떨어뜨릴 수도 있다. DNA에 접근성을 증가시키는 **염색질개조복합체(chromatin remodeling complex)**도 존재한다.

메틸화

DNA의 화학적인 메틸화는 한때 척추동물 세포의 유전자 조절에서 주요한 역할을 한다고 생각되어져 왔다. 사이토신에 메틸기를 첨가하면 5-메틸사이토신이 형성되지만 이 변화는 구아닌과 염기 짝짓기에는 영향을 미치지 않았다(그림 16.12). 유사하게 우라실에 메틸기를 첨가하면 타이민이 만들어지지만 아데닌과의 염기 짝짓기에는 영향을 미치지 않았다.

많은 불활성화 포유류 유전자들이 메틸화되므로 메틸화는 불활성화를 일으킨다는 결론을 내리려고 했었다. 그러나 현재 메틸화는 "꺼진" 유전자들의 돌발적인 전사를 막는 정도의 작은 직접적 역할을 한다고 보고 있다.

뉴클레오솜 핵을 형성하고 있는 히스톤 단백질들도 또한 변형될 수 있다. 이 변형은 이미 설명한 DNA 메틸화와 유사하게 염색질의 활성 또는 비활성화 영역과 관련되어 있다. 히스톤도 또한 메틸화될 수 있는데 이 변형은 주로 염색질의 비활성화 영역에서 발견된다. 마지막으로 히스톤은 아세틸기가 첨가되는 변형이 일어날 수도 있는데 이 첨가는 염색질의 활성 영역과 관련되어 있다.

그림 16.12 DNA 메틸화. 사이토신은 메틸화되어 5-메틸사이토신이 된다. 메틸기(초록색)는 가장자리에 위치하여 G-C 염기쌍에서 수소결합을 방해하지 않지만 단백질에 의해 인식된다.

염색질 구조의 변화가 유전자발현을 조절할 수 있다

학습목표 16.5.2 염색질 구조의 변화가 어떻게 유전자발현에 영향을 미치는지 설명하라.

진핵생물 전사의 조절은 전사를 활성화하기 위해 많은 다른 종류의 인자들이 필요하다. 어떤 활성인자들은 앞에서 설명했듯이 직접 개시 복합체와 결합하거나 혹은 개시 복합체와 결합한 보조활성인자와 결합한다. 다른 경우들은 명확히 밝혀지지 않았다. 최근에 어떤 보조활성인자들이 히스톤 아세틸기전달효소(acetylase)라는 의견이 나오고 있다. 이러한 경우에는 전사를 방해하는 상위 염색질 구조를 제거함으로써 전사가 증가되는 것처럼 보인다(그림 16.13). 또한 어떤 보조억제인자들은 히스톤 탈아세틸효소(deacetylase) 역할을 하는 것으로 알려졌다.

이러한 관찰들은 유전 암호(genetic code)와 유사한 "히스톤 암호(histone code)"가 존재하는 것이 아닌가하는 의견을 이끌어냈다. 이 히스톤 암호는 염색질 구조의 조절 즉 전사기구가 DNA에 접근하는 것을 조절하는 기저를 이루고 있다고 제안되어졌다.

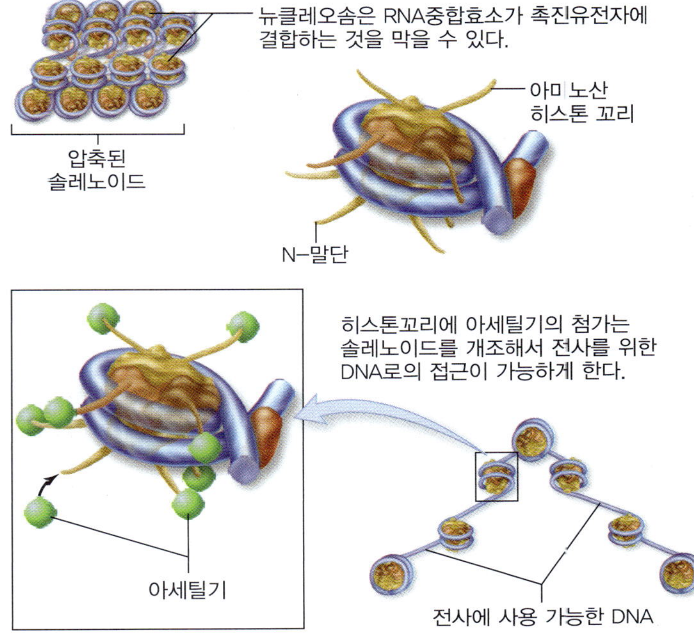

그림 16.13 히스톤 변형은 염색질 구조에 영향을 준다. 진핵생물의 DNA는 우선 뉴클레오솜으로 조직화되고 그다음에 높은 차원의 염색질 구조로 조직화된다. 뉴클레오솜 핵을 구성하는 히스톤들은 튀어나온 꼬리들을 가진다. 이 꼬리들은 아세틸기가 첨가되어 변형될 수 있다. 이 아세틸화는 염색질의 구조를 변화시켜 전사기구가 접근가능하게 된다.

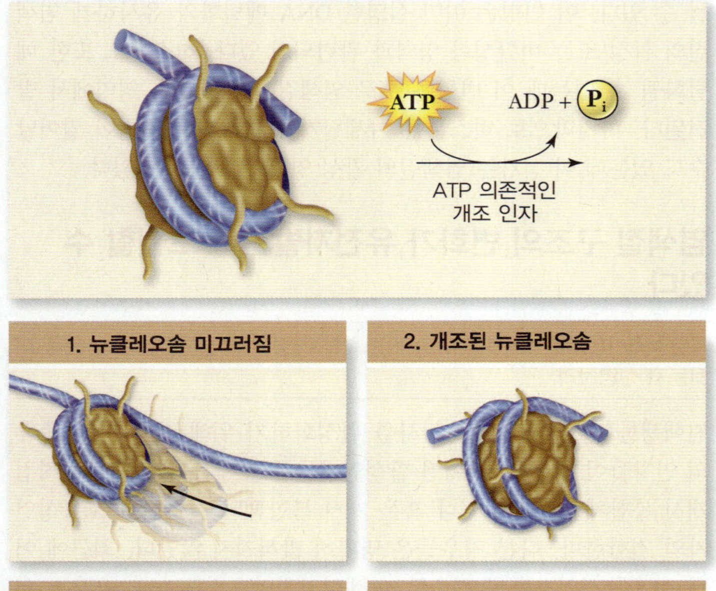

1. 뉴클레오솜 미끄러짐

2. 개조된 뉴클레오솜

3.뉴클레오솜 제거

4. 히스톤 교체

그림 16.14 ATP 의존적인 개조인자들의 기능. ATP 의존적인 개조인자들은 염색질의 구조를 변경하기 위해 ATP로부터의 에너지를 사용한다. 그들은 **(1)** 뉴클레오솜을 DNA에서 미끄러지게 하여 단백질의 결합부위가 드러나게 한다; **(2)** DNA가 더욱 접근가능하게 만들기 위해서 염색질을 개조된 상태로 만든다; **(3)** DNA로부터 뉴클레오솜을 완전히 제거한다; 그리고 **(4)** 뉴클레오솜의 히스톤들을 변종 히스톤들로 바꾼다.

염색질 구조의 어떤 변화가 유전자발현을 조절하는지에 대한 윤곽은 들어나고 있는 단계이다. 핵심적인 발견은 소위 **염색질개조 복합체(chromatin-remodeling complex)**의 존재이다. 이러한 큰 단백질 복합체들은 히스톤과 DNA를 변형시키고 또한 염색질 구조 자체를 변화시키는 효소들을 포함하고 있다.

이러한 개조 인자들의 한 종류로 ATP 의존적 염색질 개조 인자들(ATP-dependent chromatin remodeling factors)은 DNA와 히스톤에 영향을 미치는 분자 모터로써의 기능을 한다. 이러한 ATP 의존적 염색질 개조 인자들은 히스톤과 DNA의 관계를 변화시키기 위해서 ATP 에너지를 이용한다. 그들은 히스톤/DNA 결합에서 네 가지 다른 변화들을 촉진시킨다(그림 16.14): (1) DNA 상에서 뉴클레오솜의 위치를 변화시키는 뉴클레오솜 미끄러짐(Nucleosome sliding); (2) DNA에 더 접근가능하게 만드는 개조된 상태 형성; (3) DNA로부터 뉴클레오솜의 제거; (4) 히스톤을 변종 히스톤(variant histone)으로 교체. 이러한 변화들은 DNA가 조절단백질들에게 더욱 접근 가능하게 만들어 결국 유전자발현에 영향을 미치는 기능을 한다.

개념 정리 16.5

진핵생물의 DNA는 염색질로 포장되어져 있는데 이것은 전사의 또 다른 장애물이 된다. 염색질 구조의 변화는 DNA와 히스톤의 변형과 관련되고 전사 조절인자들의 DNA에로의 접근은 염색질 구조의 변화를 필요로 한다. 어떤 전사 활성인자들은 히스톤을 아세틸화시킨다. 큰 염색질 개조 복합체는 염색질의 구조를 변화시켜 조절단백질이 DNA에 더욱 접근하기 쉽게 한다.

- 모든 세포에서 항상 발현되는 유전자를 하우스키핑 유전자(항존 유전자, "housekeeping" gene)라고 부른다. 이 이름 뒤에 숨은 의미를 설명하라.

16.6 진핵생물 유전자는 전사 후에도 조절된다

진핵생물에서는 핵에서의 전사와 세포질에서의 번역으로 나누어지므로 원핵생물에는 존재하지 않는 가능한 조절 포인트들이 제공되어 진다. 오랫동안 우리는 이것들이 조절의 "대안적인" 형태로 생각해왔다. 그러나 현재에는 그들이 이전에 생각했던 것 보다 훨씬 더 중심적인 역할을 하고 있는 것처럼 보인다. 이번 부분에서는 우리는 이러한 작용기작 중에서 몇 개를 살펴볼 것인데 흥미로운 새 분야인 소형RNA에 의한 조절부터 시작할 것이다.

소형RNA는 전사 후에 유전자발현을 조절한다

학습목표 16.6.1 유전자발현 조절에서 소형RNA의 역할을 설명하라.

발생유전학은 유전자발현 조절에 중요한 통찰을 제공해왔다. 눈에 띄는 예가 유전자발현에 영향을 미치는 small RNA의 발견이다. 돌연변이체인 *lin-4*는 벌레인 예쁜꼬마선충(*C. elegans*)에서 발생 시기 선택(타이밍)을 변경시키는 것으로 알려졌는데 유전학 연구는 *lin-4*가 또 다른 유전자인 *lin-14*를 조절한다는 것을 보였다. Ambros, Lee 그리고 Feinbaum이 1992년에 *lin-4* 유전자를 분리했을 때, 그들은 그것이 단백질을 암호화하지 않는다는 것을 알아냈다. 대신에, *lin-4* 유전자는 단지 두 개의 22 nt와 61 nt의 RNA 분자를 암호화한다. 게다가 22-nt RNA는 긴 61-nt RNA로부터 유래되었다. 더 진행된 연구에서 이 small RNA는 lin-14의 한 영역에 상보적이었다. *lin-4* RNA가 *lin-14* mRNA의 번역 억제인자로서 역할을 한다는 모델이 제안되었다(그림 16.15). 그 당시에는 이렇게 불린 것은 아니지만 이것은 최초로 확인된 **micro-RNA** 또는 **miRNA**였다.

완전히 다른 종류의 접근으로 유전자발현을 억제하기 위해서 이중 가닥 RNA의 사용이 연구되었다. 이것은 **small interfering RNAs** 또는 **siRNAs**라고 불리는 또 다른 종류의 small RNA를 통해서 작용한다. 침입한 바이러스로부터 유래되거나 혹은 심지어 유전체에서 암호화된 이러한 siRNA들은 실험적으로 도입되었다. 유전자발현을 조절하기 위한 siRNA의 사용은 small RNA들을 통한 유전자발현 조절을 위한 세포내 작용기전이 있다는 것을 밝혔다.

과학적 사고

가설: *lin-4*에 상보적인 *lin-4* 유전자의 영역은 *lin-14* 발현을 조절한다.

예상: 만약 : *lin-4*에 상보적인 *lin-14* 유전자의 영역을 한 보고유전자 사이에 끼워 넣는다면 이 보고유전자는 *lin-14*와 유사한 조절을 보일 것이다.

시험: 두 가지 형태의 보고유전자(β-galactosidase)를 만들기 위해서 재조합DNA가 사용되어진다. 형질전환된 벌레(예쁜꼬마선충)에서 보고유전자 파란색을 생산한다.

1. *lin-4*에 상보적인 영역을 포함하는 *lin-14* 3′ 비번역영역을 가진 β-galactosidase 유전자(그림)
2. *lin-4*에 상보적인 영역이 없는 control 3′ 비번역영역을 가진 β-galactosidase 유전자(그림 없음)

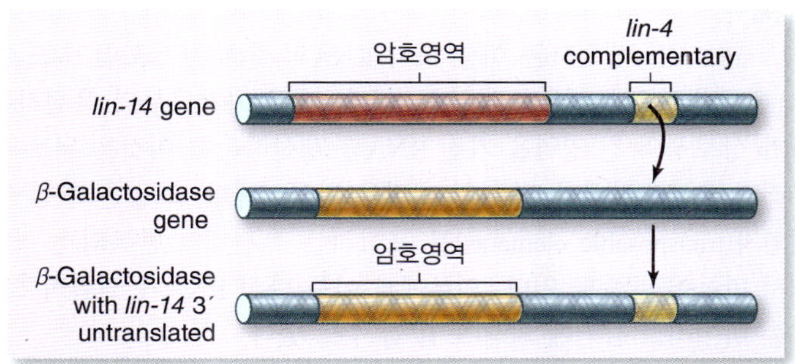

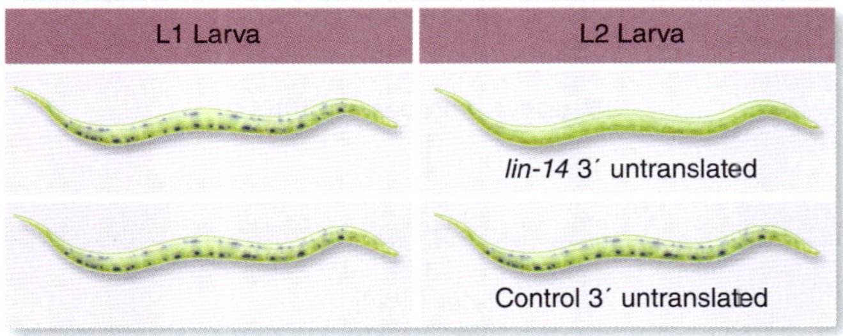

결과:

1. reporter gene과 *lin-14* 3′ 비번역영역으로 형질전환된 벌레는 L1 단계유생에서는 발현을 했지만 L2단계유생에서는 발현하지않았다. 이것은 *lin-4*에 의해 조절되는 *lin-14*에게 예상되는 양상이다.
2. reporter gene 과 control 3′ 비번역영역으로 형질전환된 벌레는 lin-4에 의한 조절에 예상되는 양상을 보이지 않았다.

결론: *lin-14*로부터의 3′ 비번역영역은 L2단계유생에서 유전자발현을 끌 수 있는(trurn off) 충분한 능력이 있다.

심화 실험: *lin-4* 기능이 소실된 돌연변이에서 이러한 construct들은 어떠한 발현양상을 나타낼까?

그림 16.15 *lin-14* 유전자 발현의 조절. *lin-14* 유전자는 *lin-4* 유전자에 의해 조절된다. 이것은 *lin-4* miRNA와 상보적인 *lin-14* mRNA의 3′ 비번역 영역에 의해 매개된다.

small RNA의 발견 이후로 small RNA에 의한 유전자 침묵(억제, gene silencing)은 실험적 사용으로나 유전자발현의 전사 후 조절을 위한 설명으로서 큰 흥미를 유발하고 있다. 최근 연구에서 풍부한 새로운 형태의 small RNA가 밝혀지고 있지만 우리는 이미 잘 확립되었으며 RNA-silencing machinery를 잘 설명해주는 miRNA와 siRNA에 국한시켜 설명할 것이다.

miRNA 유전자

*lin-4*유전자가 다른 시스템에서는 어떤 분명한 상동체(homologue)가 발견되지 않았기 때문에 유전자발현에서 miRNA의 역할은 처음에는 선충(nematode)에 국한되는 것처럼 보였다. 몇 년 후에 두 번째 유전자로 *let-7*이 예쁜꼬마선충의 같은 경로에서 발견되었다. *let-7* 유전자 또한 번역에 영향을 주는 22-nt RNA를 암호화했다. 이 경우에는 *let-7*의 상동체들이 즉시 초파리(*Drosophila*)와 사람에게서 밝혀졌다.

더욱 많은 miRNA가 다른 생물체들에서 발견됨에 따라 miRNA 유전자 발견은 컴퓨터 검색과 마이크로어레이(microarray)나 새로운 차세대 염기서열결정법(new next-generation sequencing)과 같은 고속처리방법(high-throughput method)으로 전환되었다. 현재 miRNA 데이터베이스에 695개의 알려진 인간 miRNA 서열이 등록되어있다.

miRNA 유전자들은 발현된 유전자의 인트론을 포함하는 다양한 위치에서 발견되었고 그들은 종종 하나의 전사 단위에서 여러 개의 miRNA를 가진 무리로 발견되었다. 그들은 또한 이전에 유전체에서 전사되지 않는다고(transcriptionally silent) 알려진 영역에서도 발견되었다. 이 발견은 특별히 흥미로웠는데 왜냐하면 동물 유전체에서 전체적으로 전사를 연구한 바에 따르면 우리가 전사가 일어나지 않는다고 생각했던 많은 부분들이 사실은 그렇지 않다는 것으로 밝혀졌기 때문이다.

miRNA 발생과 기능

기능을 가진 miRNA의 생산은 핵에서 시작되고 세포질에서 끝나는데 유전자발현을 억제하는 기능을 가진 약 22-nt RNA가 만들어 진다**(그림 16.16)**. miRNA의 초기 전사물(transcript)은 pri-miRNA라고 불리는 전사물을 만드는 RNA중합효소Ⅱ에 의해 합성된다. miRNA를 포함하는 이 전사물은 스스로 뒤로 접고 염기쌍 이루어 머리핀구조(stem-and-loop structure)를 형성한다. 이 전사물은 핵에서 Drosha라고 불리는 핵산가수분해효소(nuclease)에 의해 잘려서 단지 머리핀구조만 남게 되는데 이것을 현재는 pre-miRNA라고 부른다. 이 pre-mRNA는 exportin 5 단백질과 결합하여 핵공(nuclear pore)을 통해서 핵 밖으로 수송된다. 일단 세포질에서 이 pre-miRNA는 Dicer라고 불리는 다른 핵산가수분해효소에 의해 잘려서 miRNA를 포함하는 짧은 이중가닥 RNA가 생산된다. miRNA는 RNA-induced silencing complex(RISC)라는 단백질 복합체와 결합한다. 이 RISC는 miRNA와 결합하는 RNA 결합 단백질 Argonaute(Ago)를 포함한다. 상보적인 가닥은 핵산가수분해효소에 의해 제거되거나 결합과정에서 제거된다.

이 지점에서 RISC는 miRNA에 상보적인 서열을 가진 다른 유전자들의 발현을 억제하기 위해 이동하게된다. 그 상보적인 영역은 주로 유전자의 3′ 비번역영역(비해석영역, untranslated region)에 존재하는데 그 결과는 mRNA의 잘림(cleavage)이나 번역의 억제로 나타난다. 동물에서는 번역의 억제가 mRNA의 잘림보다 더 흔한 것처럼 보이는데 이러한 억제의 정확한 작용기작은 여전히 밝혀지지

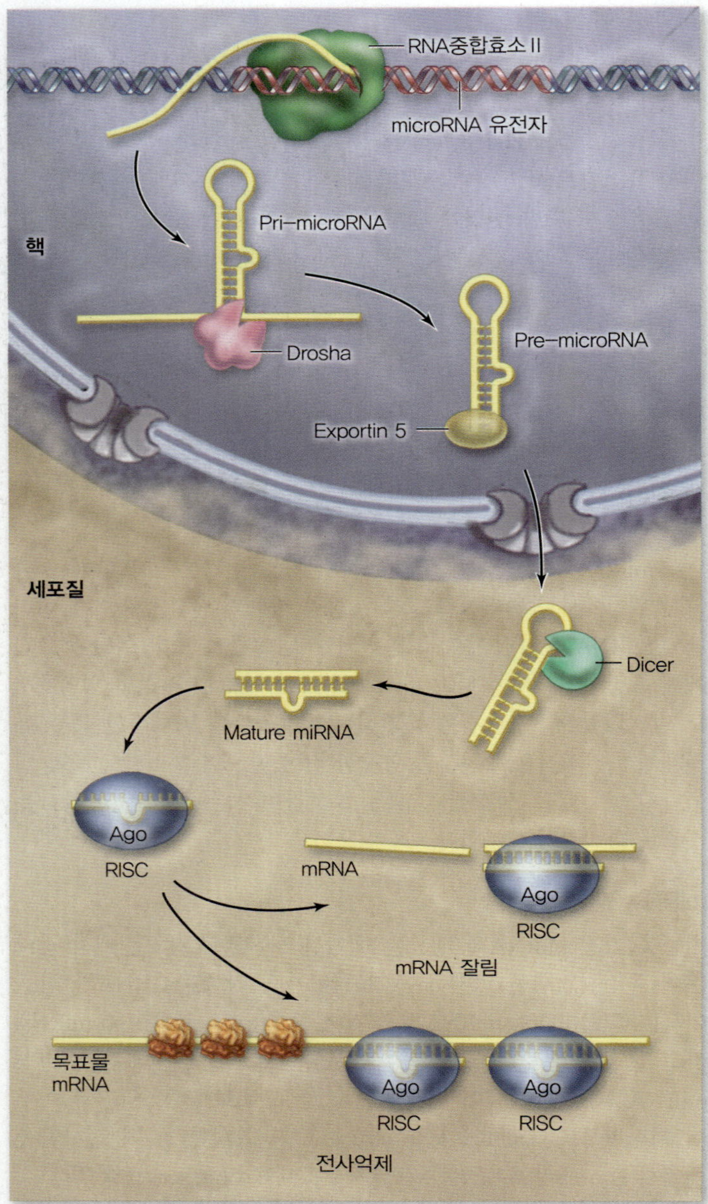

그림 16.16 miRNA의 생성과 기능. miRNA를 위한 유전자는 RNA중합효소 II에 의해 전사되어 pri–miRNA가 생성된다. 이것은 Drosha라는 핵산가수분해효소의 작용을 받아 pre–miRNA가 되는데 exportin 5에 결합한채로 핵 밖으로 수송된다. 일단 세포질에서 pre–miRNA는 Dicer라는 핵산가수분해 효소의 작용을 받아 성숙한 miRNA가 된다. 이 miRNA는 RISC에 실리게 되어 목표 mRNA를 자르거나 목표 mRNA의 번역을 억제한다.

않았다. 식물에서는 RISC에 의한 mRNA의 잘림이 흔한데 이것은 식물 mRNA들과 그들의 목표들 사이의 상보성이 동물 체계에서 발견되는 상보성보다 더욱 정교한 것과 관련되는 것 같다.

RNA 간섭

small RNA 매개 유전자 억제(침묵)는 수년간 알려져 왔다. 다른 시스템에서의 연구들이 다양한 이름들을 내놓았기 때문에 명명법에서 약간의 혼란이 발생했다. 그러나 RNA 간섭, cosuppression과 전사후 유전자 침묵은 모두 유사한 생화학적인 작용기작을 통해서 작용한다. **RNA 간섭**(*RNA interference*, RNAi)이라는 용어가 현재 가장 광범위하게 사용되어지는데 siRNA의 생성을 포함한다.

siRNA의 생성은 긴 이중 가닥 RNA 조각으로부터 만들어진다는 것을 제외하면 miRNA의 생성과 유사하다(그림 16.17). 이것은 아주 긴 자기 상보성을 가진 영역이거나 두 개의 상보적인 RNA들일 수 있다. 이러한 긴 이중 가닥 RNA들은 Dicer에 의해 잘려서 여러 개의 siRNA들이 형성되고 이들은 RISC가 포함된 Ago로 운반되어진다. siRNA들은 그들의 목표 mRNA와 거의 완벽한 상보성을 가지며 결과적으로 RISC를 포함하는 siRNA이 의해 mRNA이 잘리게 된다.

siRNA를 생성하는 이중 가닥 RNA의 출처는 세포일 수도 있고 세포밖으로부터 유도될 수도 있다. 세포 자체로부터 유전자는 자가 상보성의 긴 영역을 가진 RNA를 생산하는데 이것은 뒤로 구부러져서 세포질에서 Dicer의 기질을 만들어낸다. 그들은 또한 전이인자(transposable elements)를 포함하는 유전체의 반복되는 영역에서 만들어질 수도 있다. 외부에서 이중 나선 RNA가 실험적으로 또는 바이러스 감염에 의해 도입 될 수도 있다.

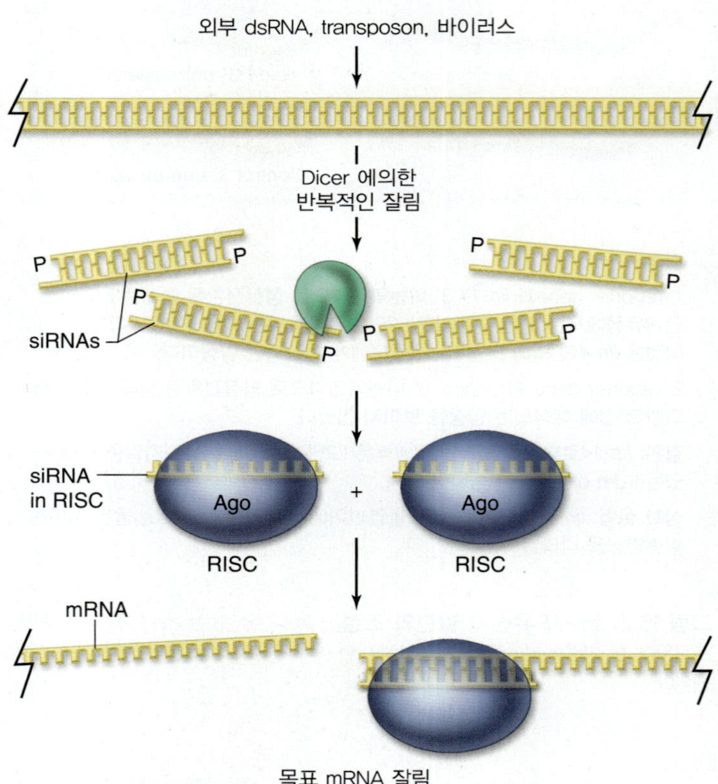

그림 16.17 siRNA의 생성과 기능. siRNA는 긴 이중가닥의 RNA 를 생산할 수 있는 다양한 원천에서 생긴다. 이중가닥 RNA는 Dicer에 의해 잘려서 수많은 siRNA가 생성되는데 각각은 그들 각자의 RISC와 결합하게 된다.

miRNA와 siRNA의 구별

miRNA와 siRNA의 생성은 Dicer에 의한 잘림과 RISC 복합체로의 삽입이 포함된다. 이러한 small RNA들을 구별하는 주요한 차이는 그들의 목표이다: miRNA는 그들의 유래와는 다른 유전자를 억제하는 반면 내생적인 siRNA는 그들이 유래된 유전자를 억제하는 경향이 있다. 게다가 siRNA는 유전자발현을 억제하기 위해 실험에서 사용된다. 이것은 도입된 이중가닥 RNA에 상보적인 유전자의 발현을 억제하는 세포의 RNA침묵기구를 이용하는 것이다.

두 종류의 small RNA는 다른 차이점도 가진다. 여러 종들을 살펴보면 miRNA는 진화학적으로 보존되어있으나 siRNA는 그렇지 않다. 핵산가수분해효소가 관련된다는 점에서 보면 두 가지의 생성이 유사하다고 볼 수 있으나 이중 가닥 RNA의 실제적인 구조는 같지 않다. miRNA 유전자의 전사물은 miRNA를 포함하는 머리핀구조(stem-loop structure)이지만 siRNA를 생성하는 이중가닥 RNA는 두 분자이거나(bimolecular) 아주 긴 머리핀구조이다. 이러한 긴 이중 가닥 영역은 다수의 siRNA들을 생성하고 반면에 pre-miRNA로부터는 오직 하나의 miRNA가 생성된다.

소형RNA들은 이질염색질을 형성한다

학습목표 16.6.2 RNA침묵이 어떻게 염색질 구조를 변화시키는지 설명하라.

RNA침묵 경로는 또한 분열하는 효모, 식물, 초파리에서 이질 염색질의 형성과 관련 있다고 알려져 있다. 분열하는 효모에서 동원체 이질염색질 형성(centromeric heterochromatin formation)은 Dicer 핵산가수분해효소의 작용에 의해 생성된 siRNA에 의해 유도된다. 이 이질염색질 형성은 히스톤 단백질의 변형을 포함하고 따라서 RNA 간섭을 염색질 개조 복합체와 연결시킨다. 어떻게 이러한 현상이 널리 퍼졌는지는 분명히 알려지지 않았다.

식물은 다양한 small RNA 종들을 가진다는 점에서 흥미로운 경우이다. RNA 간섭 경로는 동물에서보다 식물에서 더욱 복잡한데, 여러 가지 형태의 Dicer 핵산가수분해효소와 Argonaute RNA 결합 단백질을 가지기 때문이다. 한 종류의 내생적 siRNA는 DNA 메틸화반응과 히스톤 변형에 의해 이질염색질 형성을 유도한다.

소형RNA는 보호하는 역할이 있다

바이러스성 RNA는 RNA 억제 경로에 의해 분해될 수 있다는 관찰은 소형 RNA의 진화론적인 유래를 보여준다. 관련된 관찰은 RNA 억제가 또한 트랜스포존(전이 인자, transposon)의 작용을 조절할 수 있다는 것이다. 마우스와 초파리에서 유전적인 증거가 생식 계열에서 RNA 간섭 기작의 관련을 지지하는데 소형 RNA의 한 특정한 종류는 정자형성(spermatogenesis)과 난자형성과정(oogenesis)에서 트랜스포존(전이인자)의 억제에 관계되는 것처럼 보인다. 따라서 이 작용기작의 유래는 내부 혹은 외부로부터의 공격으로부터 유전체를 보호하기 위한 오래된 경로(ancient pathway)일 것이다. 핵심 단백질들의 보존은 모든 진핵동물의 조상이 어떤 형태의 RNA 억제 경로를 가지고 있었다는 것을 제안한다.

선택적 이어맞추기는 하나의 유전자로부터 다수의 단백질을 만들 수 있다

학습목표 16.6.3 선택적 이어맞추기가 어떻게 조직에 따른 유전자발현을 유도하는지 설명하라.

15장에서 언급했듯이, pre-mRNA의 이어맞추기는 성숙한 RNA로 만드는 과정중의 하나이다. 선택적 이어맞추기(alternative slicing)에 의해 많은 이어맞추기 과정을 거쳐서 하나의 1차 전사물(primary transcript)로부터 다양한 mRNA가 생성된다. 이 작용기작은 또 다른 종류의 유전자발현 조절을 가능하게 한다.

선택적 이어맞추기는 다른 발생 단계 동안이나 다른 조직에서 발생하는 이어맞추기 과정을 변화시킬 수 있다. 발생적인 차이의 예는 초파리(*Drosophila*)에서 발견되는데 수컷과 암컷에서 차이가 나는 복잡한 연쇄적인 선택적 이어맞추기의 결과로 성 결정이 이루어진다.

조직 특이적인 선택적 이어맞추기의 훌륭한 예는 두 다른 인간 기관에서 발견 된다: 갑상선(thyroid gland)과 시상하부(hypothalamus). 갑상선은 대사 속도 조절과 같은 대사과정을 조절하는 호르몬 생산을 담당하는 곳이다. 뇌에 존재하는 시상하부는 몸으로부터 정보를 수집해서(예를 들어 염분 평형) 호르몬들을 분비하는데 이 호르몬들은 결국 뇌하수체(pituitary gland)와 같은 다른 선(gland)들로부터 호르몬 분비를 조절한다. (35장에서 이러한 선들에 대해서 더 자세히 배울 것이다.)

이러한 두 기관은 그들의 기능의 한 부분으로써 뚜렷이 다른 두 호르몬을 생산한다: 칼시토닌(*calcitonin*)과 *CGRP*(*calcitonin gene-related peptide*). 칼시토닌은 칼슘의 흡수를 조절하여 뼈와 치아와 같은 조직의 칼슘 균형을 조절한다. CGRP는 수많은 신경과 내분비 기능에 관여한다. 이 두 호르몬이 아주 다른 생리적인 목적으로 사용되지만 같은 전사물에서 생성된다**(그림 16.18)**.

어떤 생성물이 합성될 것인가는 1차 전사물의 이어맞추기 과정들을 조절하는 조직 특이적인 인자들에 의해 결정된다. 칼시토닌과 CGRP의 경우에는 pre-mRNA 이어맞추기는 갑상선과 시상하부에 존재하는 다른 인자들에 의해 조절된다.

RNA 편집은 전사 후에 mRNA 염기서열을 바꾼다

학습목표 16.6.4 RNA 전사물의 편집이 어떻게 유전자발현에 영향을 미치는지 설명하라.

몇몇의 경우들에서 성숙한 mRNA 전사물의 편집은 변형된 mRNA를 생산하는데 이것은 실제로 유전체에 암호화된 것이 아닌 즉 기대하지 않은 가능성일 수도 있다.

RNA 편집은 원충(원생동물,protozoa)에서 어떤 RNA 전사물에 우라실 잔기의 삽입을 발견함으로써 처음으로 알려졌는데 하나의 변칙적인 형태라고 생각했다.

다른 종류의 RNA편집은 인간을 포함하는 포유동물의 종에서 발견되어졌다. 이 경우에 편집은 염기의 화학적인 변형을 포함하는데 주로 탈아미드화(deamidation)에 의해 염기 짝짓기 성질을 변화

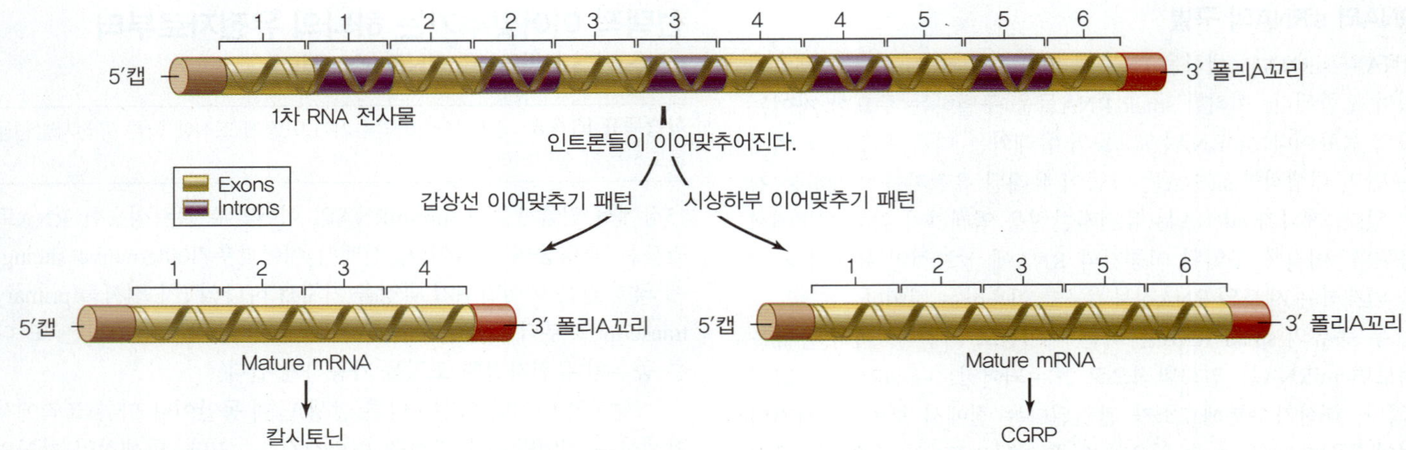

그림 16.18 선택적인 이어맞추기. 많은 1차 전사물들은 다른 방법들로 이어맞추어질 수 있어 여러 개의 mRNA들이 생산된다. 이 예에서 보면 갑상선에서는 1차 전사물이 칼시토닌 단백질을 암호화하는 네 엑손을 포함하도록 이어맞추기 되었다. 시상하부에서는 갑상선에서 사용되었던 폴리A 부분을 포함하는 네 번째 엑손을 건너뛰고 두 부가적인 엑손들을 첨가하여 calcitonin gene–related peptide(CGRP)를암호화 하였다.

된다. 예를 들어 사이토신이 탈아미드화되어서 우라실이 되고 아데닌이 탈아미드화되어 이노신이 되는 것이 관찰되었다(번역시 구아닌처럼 이노신이 염기쌍을 이룬다).

Apolipoprotein B

인간 단백질인 apolipoprotein B는 콜레스테롤과 트리글리세라이드의 수송에 관계된다. 이 단백질을 암호화하는 유전자인 *apoB*는 크고 복잡한데 29개의 엑손이 50kb DNA에 걸쳐서 흩어져 있다.

이 단백질은 두 개의 동형체(isoform)로 존재한다: full-length APO100 형태와 잘린 APO48 형태. 잘린 형태는 mRNA의 변이가 일어나 글루타민을 위한 코돈이 종결코돈으로 바뀌었기 때문이다. 게다가 이 편집은 조직 특이적인 방식으로 일어난다; 편집된 형태는 장에서만 나타나는 반면 간은 full-length 형태만 만든다. full-length APO100 형태는 콜레스테롤을 운반하는 저밀도지방단백질(low-density lipoprotein, LDL)입자의 구성성분이다. 높은 수준의 혈중 LDL은 인간에서 동맥경화증의 주요한 예측인자로 생각되어지고 있다. 편집은 장 특이적인 전사물의 양에 어떠한 영향도 미치지 않는 것처럼 보인다.

번역의 개시 또한 조절될 수 있다

학습목표 16.6.5 번역 단계에서 어떻게 유전자발현이 조절되는지 설명하라.

가공된 mRNA 전사물은 핵공을 통해서 핵을 빠져 나온다(4장에서 설명). 핵막을 지나는 전사물의 통과는 핵공의 안쪽에 존재하는 수용체에 의한 인식이 필요한 능동 과정이다. 폴리A 꼬리(poly-A tail)와 같은 전사물의 특별한 부분은 이러한 인식에 역할을 하는 것처럼 보인다.

유전자발현이 이 시점에서 조절될 수도 있지만 그렇다는 구체적인 증거는 거의 없다. 평균적으로 약 10%의 1차 전사물이 mRNA 서열로 만들어질 엑손들로 구성되어지지만 1차 전사물로 생산된 총 mRNA의 단지 약5%만이 세포질에 도달한다. 이 관찰은 1차 전사물에 있는 엑손의 반은 절대 핵을 떠나지 않는다는 것을 보여준다. 하지만 이러한 mRNA의 소실이 선택적인지는 알 수 없다. 세포질에서 리보솜(ribosome)에 의한 가공된 mRNA 전사물의 번역은 번역인자(*translation factors*)라고 불리는 단백질 복합체를 포함한다. 적어도 몇몇 경우에는 한 개 또는 그 이상의 이러한 인자들에 의한 변형에 의해서 유전자발현이 조절된다. 다른 예로 **번역 억제인자 단백질(translation repressor proteins)**은 전사물의 시작부분에 결합하여 리보솜에 붙지 못하게 하여 번역을 막는다.

인간에서는 페리틴(ferritin, 철 저장 단백질)의 생산은 aconitase(아코니타아제)라고 하는 번역억제 단백질에 의해 주로 억제된다. Aconitase는 페리틴 mRNA의 시작부분에 있는 30-nt 서열에 결합하는데 리보솜이 결합하지 못하게 안정한 고리를 형성한다. 세포내로 철이 들어오면, 철이 aconitase에 결합하여 aconitase는 페리틴 mRNA로부터 떨어져 나오게되고 mRNA는 자유롭게 번역이 일어나서 페리틴의 생산은 100배 증가한다.

mRNA의 분해는 조절된다

학습목표 16.6.6 진핵생물이 어떻게 mRNA 분해를 조절하는지 설명하라.

유전자발현에 영향을 미치는 또 다른 측면은 세포질내에서 mRNA 전사물의 안정성이다. 전형적으로 약 3분가량의 반감기를 가지는 원핵생물의 mRNA 전사물과 달리 진핵생물 mRNA 전사물은 상당히 안정적이다. 예를 들어 베타 글로빈 유전자 전사물은 10시간 이상의 반감기를 가진다. 세포에서 빨리 변하는 대사과정을 고려한다면 10시간은 오랜 시간이다.

그러나 조절단백질과 성장인자들을 암호화하는 전사물들은 반감기가 1시간 이하로 대개 덜 안정하다. 무엇이 이러한 특정한 전사물들을 불안정하게 만드는 것일까? 많은 경우에 3′ 말단에 그들의 mRNA를 분해하는 효소의 목표물이 되게 하는 특정한 서열을 포함한다. 전사물의 3′ 폴리-A 꼬리부근에 A와 U 뉴클레오티드 서열은 꼬리의 제거를 촉진하는데 이것으로 인해 mRNA는 불안정하게 된다.

폴리A 꼬리의 소실은 3′ to 5′ RNA 핵산말단가수분해효소에 의한 빠른 분해를 유도한다. 이 소실의 또 다른 결과는 5′ 캡(캡, cap)을 제거하는 decapping 효소의 활성화인데 이는 5′ to 3′ RNA 핵산말단가수분해효소에 의한 분해를 유도한다.

다른 mRNA 전사물들은 그들의 3′ 말단에 핵산내부가수분해효소를 위한 인식부위가 있는 서열을 포함하는데 이 전사물들은 재빨리 잘린다. 많은 조절 유전자들의 mRNA 전사물들의 짧은 반감기는 그들의 기능에 대단히 중요하다. 왜냐하면 짧은 반감기는 세포내에서 조절단백질의 양이 재빨리 변할 수 있게 만들기 때문이다.

번역 후 유전자발현 조절의 다양한 방법들은 그림 16.19에 요약되어있다.

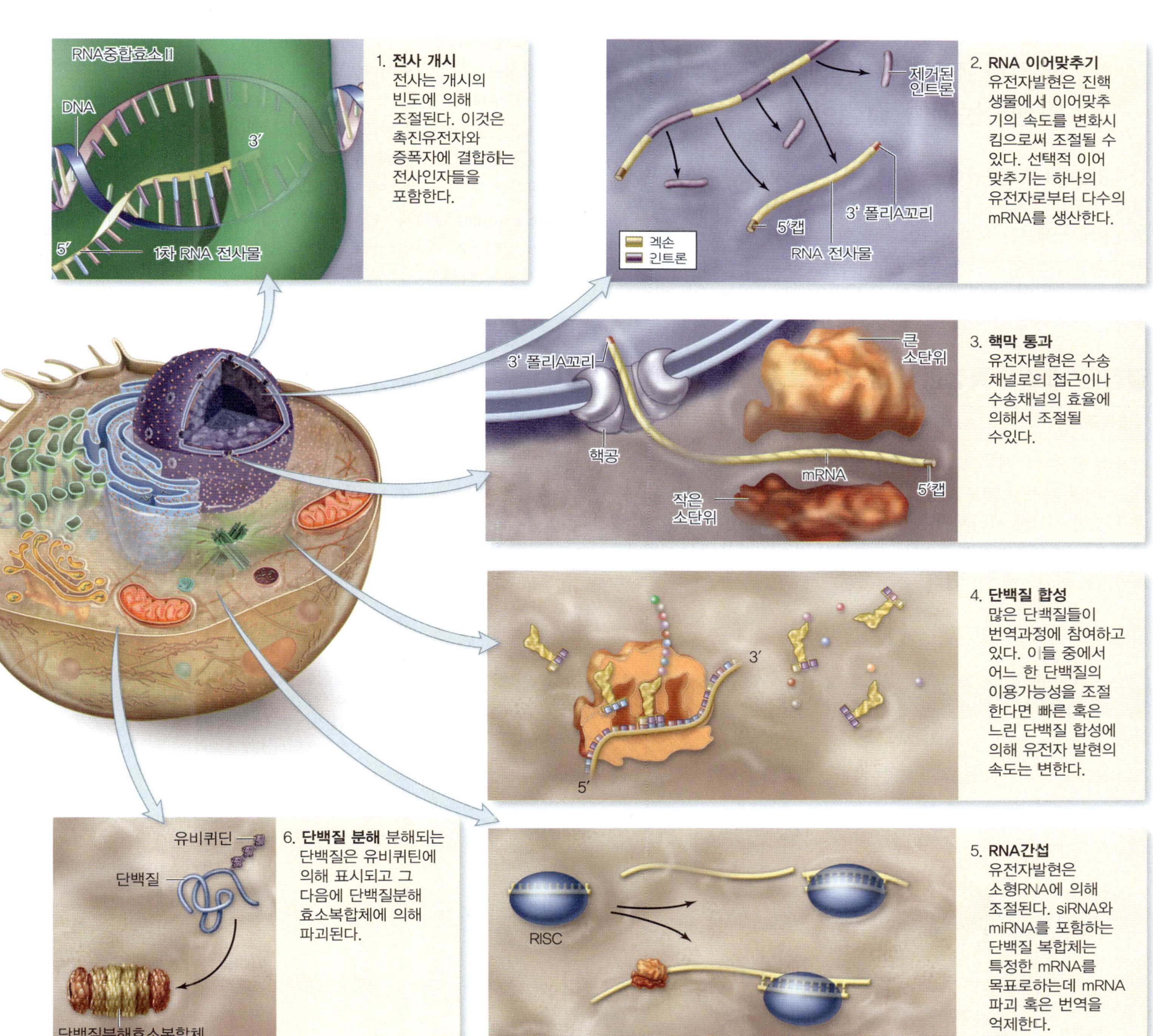

그림 16.19 진핵생물에서 유전자발현 조절의 작용기작.

개념 정리 16.6

소형 RNA들은 mRNA의 선택적인 분해, 번역의 억제 또는 염색질 구조의 변화를 통해서 유전자발현을 조절한다. 여러 개의 mRNA가 조직 특이적이거나 발생단계 특이적인 선택적 이어맞추기를 통해서 하나의 유전자로부터 형성될 수 있다. mRNA 전사물의 서열은 또한 RNA 편집에 의해서 변화될 수도 있다.

- RNA 간섭 현상은 어떻게 약물 디자인에 이용될 수 있을까?

16.7 유전자 조절은 어떻게 세포가 발생하는가를 결정한다

진핵생물에서 유전자발현을 조절하는 기작은 여러 조직과 기관에 의해 생명이 유지되는 다세포 생물체의 발생에 매우 중요하다. 발생과정에서 세포는 시간적으로 뿐만 아니라 공간적으로 유전자군의 발현에 차이가 있기 때문에 배아 세포들은 다른 형태를 지니게 된다. 지금 우리는 발생과정동안 유전자발현의 차이를 만들어내는 몇몇 기작에 대해 알아보고자 한다.

결정은 세포가 특정한 발생 경로로 헌신하게 한다

학습목표 16.7.1 세포 결정의 점진적인 특징을 설명하라.

인간의 몸은 210개 이상의 주요한 형태의 분화된 세포를 포함한다. 이러한 분화된 세포들은 그들이 합성하는 단백질, 그들의 형태와 특정한 기능에 따라서 하나씩 하나씩 구별된다. 어떤 특정한 형태의 분화된 세포가 되도록 하는 분자적인 결정은 세포에서 어떠한 표면화된 변화전에 일어난다.

이러한 분자적인 결정 형성 과정을 **세포 결정(cell determination)**이라고 부르고 세포가 특정한 발생과정으로 헌신하게 만든다.

결정 추적

세포는 분화 전에 결정된다. 결정은 종종 보이지 않지만 오직 실험에 의해서 보여진다. 세포나 세포 그룹이 결정되었나를 테스트하기 위한 표준 실험은 donor cell들을 다른 위치에 있는 host(recipient) embryo로 이동시키는 것이다. 이식된 세포가 원래 위치에서 예상되던 형태의 세포로 분화된다면 그들은 이미 결정되어졌다고 판단되어진다(그림 16.20).

결정은 시간 경로이다; 그것은 일련의 내부 또는 외부 혹은 양쪽으로부터의 이벤트들에 의존한다. 예를 들어 초기낭배(early gastrula)단계에서(36장 참조) 한 양서류 배(embryo)의 장래의 뇌 영역에 있는 한 세포는 아직 결정되지 않았다; 배에 있는 다른 위치로 이식된다면 이식된 장소에 따라서 발생할 것이다. 하지만 후기낭배(late gastrula) 단계에서는 추가적인 세포 상호작용이 일어났으며 결정이 일어났기 때문에 세포는 어디로 이식되는 간에 신경조직으로 발생할 것이다.

결정의 분자적인 근거

세포들은 유전자발현의 양상을 변화시키는 전사인자들을 사용함으로써 발생학적인 변화를 시작한다. 전사인자들을 암호화하는 유전자들이 활성화될 때 그들의 영향들 중의 하나는 그들 자신의 활성을 강화하는 것이다. 이러한 강화는 발생학적인 스위치를 확정적으로 만든다. 한 무리의 조절 유전자들이 활성화되더라도 세포는 다른 인자들이 조절단백질들과 상호작용하고 다른 유전자들의 활성화를 유도하는 어떤 시간까지는 실제로 분화과정을 거치지 않는다. 그럼에도 불구하고 일단 개시 스위치가 켜지면 세포는 완전히 미래의 발생 경로에 헌신하게 된다.

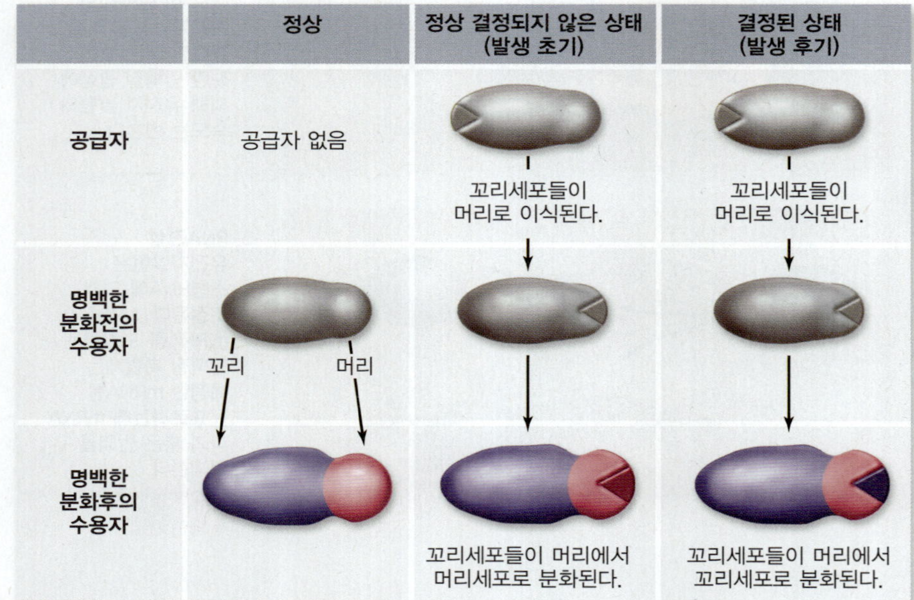

그림 16.20 결정을 위한 표준 시험. 회색 타원형은 초기 발생 단계의 배를 나타낸다. 오른쪽의 세포들은 주로 머리 구조로 발달하고 반면에 왼쪽의 세포들은 꼬리 구조를 형성한다. 만약 초기 배에서 장래의 꼬리세포들을 host embryo의 반대쪽 끝으로 이식한다면 그들은 새로운 위치에 따라서 머리 구조로 발달한다. 이러한 세포들은 결정되지 않았다. 후기 발생 단계에서 꼬리 세포들은 결정되었다. 왜냐하면 host embryo의 반대쪽 끝으로 이식된 후에 그들은 꼬리 구조로 발생되었기 때문이다.

세포는 다음 두 방식 중에서 하나의 방식으로 특정한 발생경로를 따르게 된다:

1. 어머니로부터 생산되고 난자형성과정에서 난자에 축적된 세포질 결정인자들(cytoplasmic determinants)의 차별적인 유전(differential inheritance)을 통해서; 또는
2. 세포와 세포의 상호작용을 통해서.

첫 번째 상황은 한 사람의 사회적 지위가 누가 부모인가와 무엇을 물려받았는가에 따라서 결정되는 것과 같다. 두 번째는 그 사람의 사회적 위치가 이웃들과의 상호작용에 의해 결정되는 것이다.

결정은 세포질 인자들에 의해 촉발된다

학습목표 16.7.2 결정에서 세포질 결정인자들의 역할을 설명하라.

많은 무척추동물 배(embryo)는 **세포질 결정인자(cytoplasmic determinants)**의 차별적인 유전을 통한 세포결정의 좋은 시각적인 예를 제공한다. 멍게(tunicate)는 해양 무척추동물로 대부분이 간단한 주머니 같은 몸을 가지면서 바닥에 붙어있다. 그렇지만 멍게는 척삭동물(Chordata)문에 속하는데 등쪽 신경삭(nerve cord)과 척삭(notochord)을 가지면서 수영을 할 수 있는 올챙이와 유사한 유생 단계 특징들 때문이다(그림 16.21a). 꼬리를 움직이는 근육들은 척삭의 양쪽 가장자리에서 발생한다.

많은 멍게 종들에서 수정이후에 색소 과립들이 난자에 비대칭적으로 존재하고 이어서 난할(cleavage)과정에서 꼬리 근육 전구 세포로 분리되어 모인다(그림 16.21b). 이러한 색소 과립들을 정상적으로는 근육으로 발생되지 않는 다른 세포들로 옮기면 그 세포들의 운명이 바뀌어 그들은 근육세포들이 된다. 그러므로 근육 발생을 위한 스위치를 켜는 분자들은 색소 과립들과 관련이 있는 것처럼 보인다.

다음 단계는 관련되는 분자들의 identity를 결정하는 것이다. 실험들은 암컷 부모가 *macho-1* 유전자에 의해 암호화된 mRNA를 가진 난자를 제공한다는 것을 보여주었다. *macho-1* 기능의 제거는 올챙이에서 꼬리 근육의 소실로 이어졌고 *macho-1* mRNA의 잘못된 발현은 부가적인(이소성) 비근육 계통 세포로부터 근육 세포들의 형성을 유도했다. *macho-1* 유전자 생성물은 여러 근육 특이적인 유전자들의 발현을 활성화하는 전사인자로 알려져 있다.

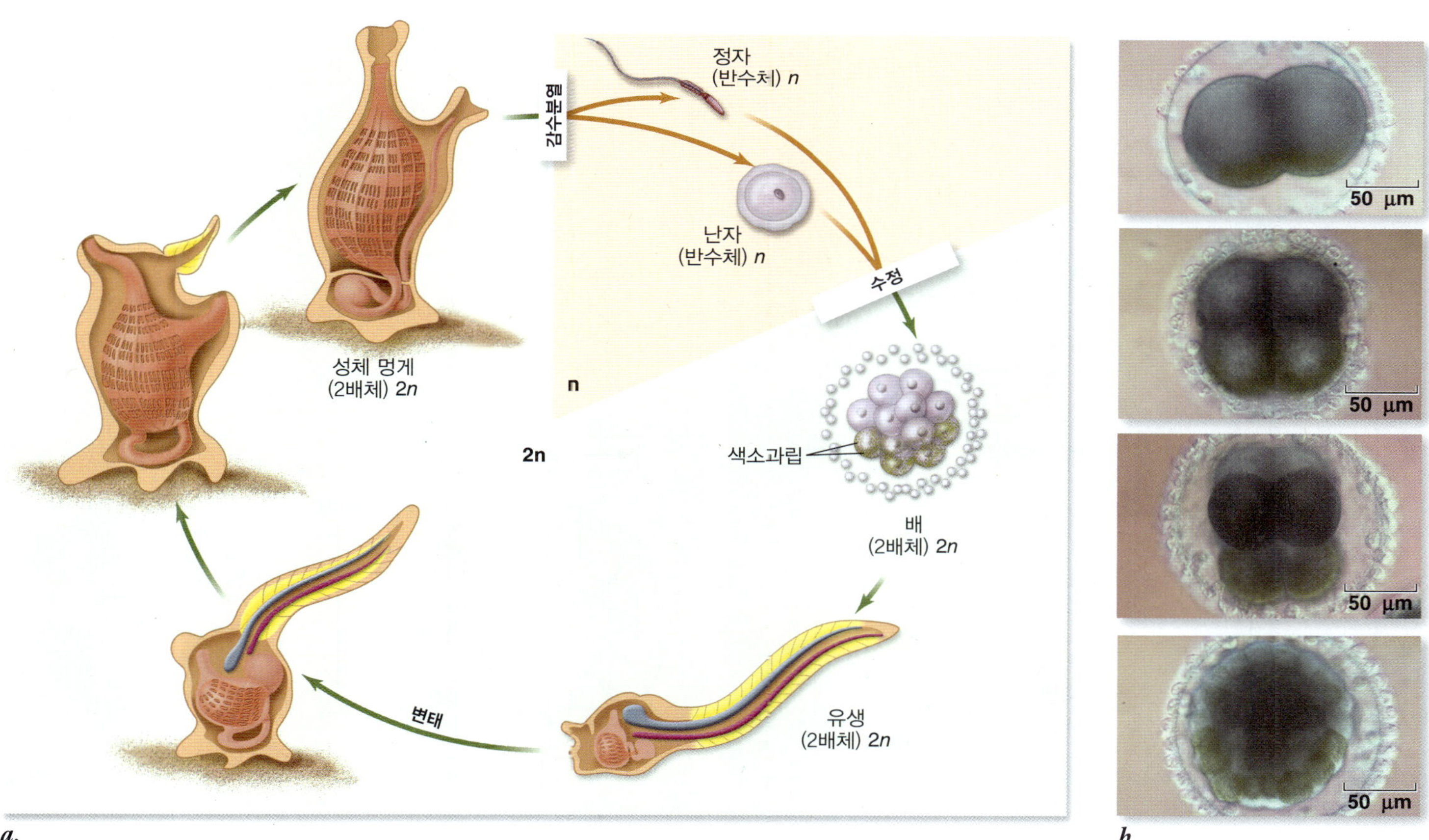

그림 16.21 멍게에서 근육 결정인자들. **a.** 단생 멍게(solitary tunicate)의 life cycle. 수영하는 올챙이형 유생의 꼬리를 움직이는 근육세포들은 척삭과 신경삭의 양쪽 가장자리에 배열되어있다. 꼬리는 정착한 성체로 변태하는 과정에서 소실된다. **b.** 멍게 *Styela*의 난자는 밝은 노란색 색소 과립을 포함한다. 이것들은 수정 후에 난자에서 비대칭적으로 존재하고 난할동안 노란색 과립을 물려받은 세포들은 유생 근육세포들이 될 것이다. 2세포기, 4세포기, 8세포기, 64세포기에서의 배들이 보여진다. 유생 꼬리는 아래쪽 그림에서 아래 영역에서 자라 나올 것이다.

유도는 세포의 운명을 바꿀 수 있다

학습목표 16.7.3 세포질 결정인자들의 역할과 유도의 역할을 비교하라.

9장에서 우리는 세포들이 다른 세포들과 소통하는 다양한 방식에 대해서 살펴보았다. 우리는 초기 개구리 배의 세포들을 분리하여 그들이 독립적으로 발생하도록 함으로써 발생에서 세포와 세포간의 상호작용의 중요성을 보여줄 수 있다.

배의 한 극(동물극 "animal pole")으로부터 분리된 난할구(blastomere)들은 외배엽이 되고 반대편 극(식물극 "vegetal pole")으로부터의 난할구들은 내배엽이 된다. 분리된 두 종류의 세포들 중 어느 것도 중배엽이 되지는 않는다. 그러나 만약 동물극 세포와 식물극 세포가 서로 옆에 놓여 진다면 동물극 세포의 일부분이 중배엽으로 발생한다. 내배엽 세포간의 상호작용이 외배엽 세포의 운명을 바꾼다. 근접한 세포와의 상호작용에 의한 세포 운명의 변화를 유도라고 부른다. 유도하는 세포로부터의 신호전달 물질들이 목표 세포들에서 유전자발현을 변화시킨다-이 경우에는 동물극 세포의 일부분.

유도하는 세포 상호작용의 또 다른 예는 멍게의 배에서 척삭과 간충직의 형성이다. 근육, 척삭과 간충직은 모두 32세포기 배의 vegetal margin에서 형성되는 중배엽 세포로부터 생긴다. 이러한 장래의 중배엽 세포들은 내배엽 전구세포로부터 척삭과 간충직의 형성을 유도하는 신호를 받는다(그림 16.22).

이 화학적인 신호는 섬유아세포성장인자(*fibroblast growth factor(FGF)*) family의 한 멤버이다. 이것은 대역(marginal zone) 세포들이 척삭(전측)과 간충직(후측)으로 분열되는 것을 유도한다. 대역에 있는 MAP인산화효소 단계적 연쇄반응을 일으키는 FGF수용체는 수용체티로신인산화효소의 한 종류이다(9장). 이것은 분화를 유도하는 유전자발현을 유도한다. 그러므로 세포의 운명은 FGF 신호와 앞서 언급한 Macho-1 근육 결정인자 양쪽에 의존한다. Macho-1을 가지고 있는 세포는 FGF가 없으면 근육이 되고 FGF가 있으면 간충직이 된다. Macho-1이 없는 세포는 FGF가 없으면 신경삭이 되고 FGF가 있으면 척삭이 된다.

개념 정리 16.7

세포의 분화는 결정 뒤에 일어나는데 결정의 단계에서는 세포가 발생학적인 운명에 헌신하지만 아직 분화되지 않은 상태이다. 세포질 인자들의 차별적인 유전들은 결정을 유발할 수 있다. 또한 근접한 세포들간의 상호작용이 결정을 유발할 수 있다(유도). 신호전달물질들이 유도된 변화들을 매개한다.

- 여러분은 세포가 유도에 의해서 결정되었는지 세포질 인자에 의해서 결정되었는지를 어떻게 구별할 수 있는가?

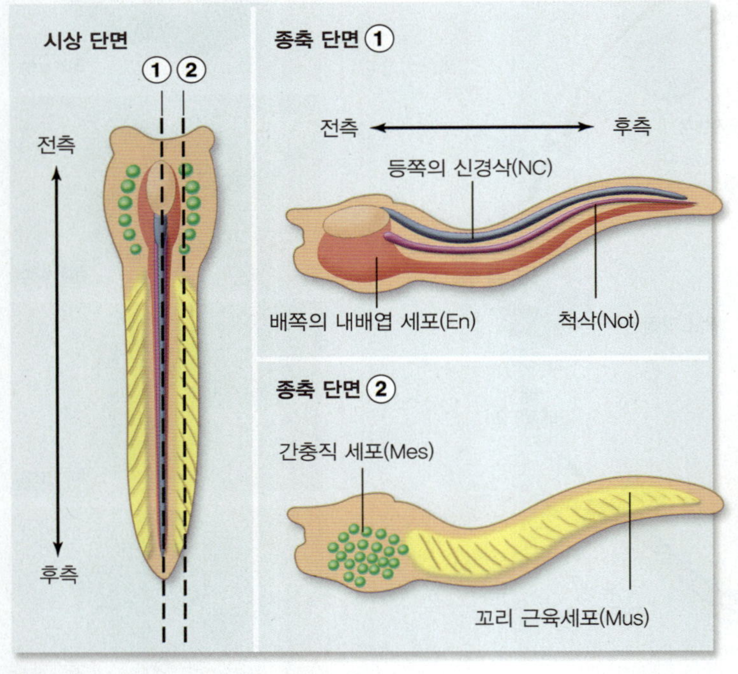

a.

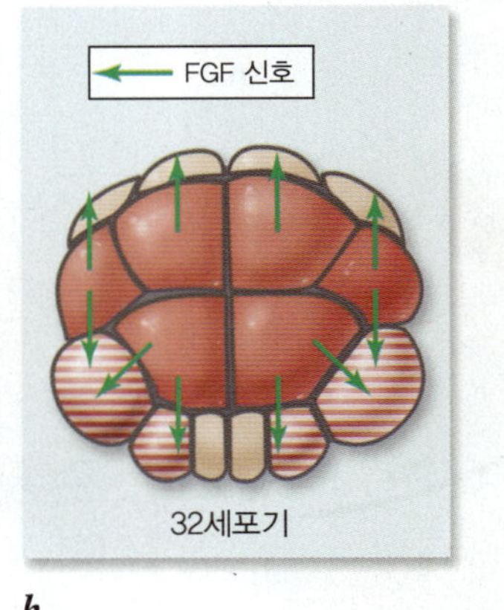

b.

c.

그림 16.22 유도상호작용이 멍게의 배에서 세포의 운명(cell fate specification)에 기여한다. **a.** 멍게 유생의 내부 구조. 왼쪽에는 두 종단면(longitudinal section)을 표시하는 점선들을 가진 유생을 관통하는 sagittal section을 보여준다. 유생의 정중선을 지나는 단면1은 등쪽의 신경삭(NC), 아래에 놓여있는 척삭(Not)과 배쪽의 내배엽 세포(En)을 보여준다. 측단면인 단면2는 간충직세포(Mes)와 꼬리 근육세포(Mus)를 보여준다. **b.** 내배엽 전구세포에서 위로 쳐다보는 32세포기의 모습. 이러한 세포들에 의해 분비되는 FGF는 밝은 초록색 화살표로 나타내었다. 후측 식물극측 난할구 또한 macho-1결정인자들을 포함하고 있는 것을 주의하라(빨간색과 하얀색 사선). **c.** 세포의 운명은 64세포기에 고정된다. 색깔들은 a에서와 마찬가지이다. 내배엽 전구세포들의 anterior margin에 있는 세포들은 각각 척삭과 신경삭이 된다. 반면에 내배엽 세포들의 posterior margin에 있는 세포들은 각각 간충직과 근육세포들이 된다.

어떻게 전사인자들은 DNA에서 특정한 조절부위들을 찾는가?

만약 여러분이 생각할 때 유전자발현을 조절하는데 있어서 가장 큰 도전은 억제인자 단백질들과 전사인자들이 직면한 "건초더미에서 바늘 찾기"와 같은 벅찬 임무일 것이다. 그들 각각은 염색체 DNA상에 있는 수백만개의 다른 부위들 중에서 그들만의 특정한 부위를 찾아야만 한다. 효과적인 유전자 조절을 위해서 조절부위의 발견은 단지 분산(diffusion)으로 가능한 것보다는 훨씬 빨라야 한다. 조절단백질들은 그들의 DNA 결합부위를 빠르고 정확하게 찾기 위해 무엇을 할까?

최근에 연구자들은 조절단백질들과 전사인자들이 세포질을 통과하는 3차원적인 확산과 DNA를 따라 미끄러지는 1차원적인 확산을 결합하여 조절부위 발견을 촉진한다고 제안했다-요컨대 염색체 DNA 가닥을 만나게 되면 조절단백질들이 DNA 이중나선을 미끄러지면서 그들이 통과하는 뉴클레오티드 서열을 읽는다. 이동하던 조절단백질이 그의 특별한 구조와 맞는 DNA 서열을 통과하게 되면 단백질은 미끄러지던 것을 멈추고 그 부위와 결합한다.

이러한 미끄러지는 과정이 실제로 살아있는 박테리아에서 일어나는지 보기 위해 한 연구팀이 잘 연구된 시스템인 대장균의 락 오페론에서 락 억제인자 단백질이 락 작동유전자 부위에 결합하는 것에 초점을 맞추어 시험하기로 결정했다.

연구자들은 살아있는 박테리아 세포에서 한 분자의 실시간 영상을 얻기 위해 락 억제인자 단백질에 노란색 형광단백질을 붙인 단백질 버전을 이용했다. 이 억제인자 단백질이 DNA상의 락 작동유전자 부위에 결합하는 것은 자유롭게 확산되는 분자들을 배경으로 해서 고정된 위치들에서 감지될 수 있다. 유도물질을 제거하여 발견 과정이 시작된 후 억제인자가 결합부위에 결합하는 속도가 시간의 함수로 세포당 평균 숫자의 지점으로부터 계산되었다.

연구자들이 답을 찾던 핵심 질문은 락 억제인자가 실제로 DNA를 따라서 이동하는지 그렇다면 얼마나 멀리 이동하는가였다. 그것을 알아내기위해 다른 거리들로 떨어진 두 개의 락 작동유전자 서열들을 가진 대장균종들을 만들어서 얼마나 빨리 락 억제인자 단백질이 두 부위를 찾는지를 측정했다. 얻은 결과들을 그래프에서 볼 수 있다.

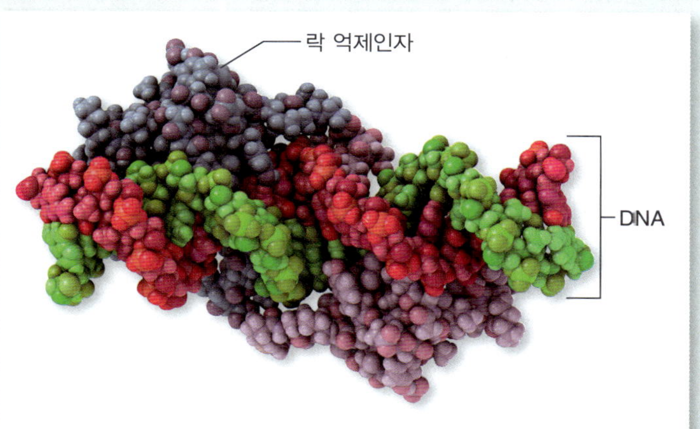

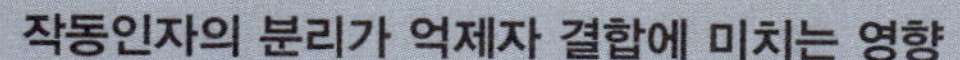

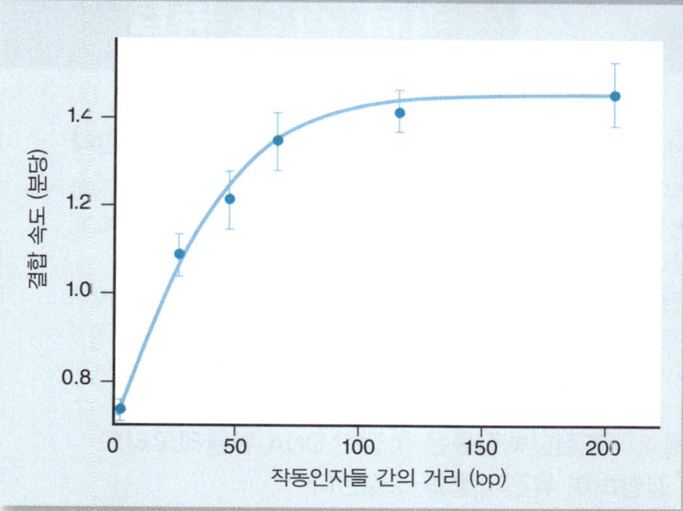

분석

1. **개념 적용**
   a. **변수.** 그래프에서 종속변수는 무엇인가?
2. **자료 해석**
   a. 발견 시간(한 락 억제인자 단백질이 한 랙 작동유전자 부위에 결합하는데 걸리는 평균 시간)은 작동유전자들 사이의 거리에 영향을 받는가?
   b. 두 작동유전자들 사이의 최소 분리 거리가 있나? 억제인자 단백질에 의한 어떤 결합이 덜 효과적인가? 얼마나 덜 효과적인가?[힌트:각 데이터 포인트에서 최대 결합속도에 대한 각 포인트의 결합속도의 비를 계산하라.]
3. **결론 도출**
   a. 위의 관찰(두 작동유전자를 분리하는 거리는 얼마나 빨리 작동유전자가 억제인자와 결합하는지에 영향을 미친다)은 억제인자가 DNA를 따라서 이동한다는 것을 암시하나? 설명하라.
   b. 두 작동유전자 부위가 가까울 때 덜 효과적인 작등유전자 결합이 보여진다는 사실로부터 당신은 무엇을 추론할 수 있나? [힌트: 만약 두 작동유전자 부위가 겹쳤다면 당신은 무엇을 기대하는가? 위의 질문 2b에 대한 답이 이 질문에 도움을 주는가?]
4. **결론 끌어냄**
   이러한 결과로부터 락 억제인자 단백질이 박테리아 DNA를 따라서 미끄러진다는 결론을 내리는 것이 적절한가?
5. **심층 분석** 락 억제인자가 DNA위를 미끄러진다면 그때 전사인자 TeR가 작동유전자 옆에 결합하는 것은 억제인자의 작동유전자로의 미끄러짐을 막을 것이다(그림 참조). 연구자들이 이 예상을 시험하기 위해 TeR을 그곳에 두었을 때 억제인자의 결합속도가 a factor of 1.8에 의해 감소하였다. 이 결과는 락 억제인자의 미끄러짐과 일관성이 있나?

학습 과정 복습

개념 16.1 모든 생물들은 그들의 유전자발현을 조절한다

16.6.1 유전자발현 조절은 다양한 단계에서 일어난다 전사는 RNA중합효소가 촉진유전자에 결합하는 능력에 영향을 미치는 조절단백질들에 의해 조절된다. 이들은 전사를 억제하기도 하고 자극하기도 한다.

16.6.2 원핵생물과 진핵생물에서 다른 조절 전략이 사용된다 진핵생물은 다른 환경조건에 적응하기 위해 유전자발현을 변화시킨다. 진핵생물은 항상성을 유지하기 위해서 그리고 발생과정에서 유전자발현을 조절한다.

개념 16.2 조절단백질들은 특정한 DNA 뉴클레오티드 서열에 결합하여 유전자들을 조절한다

16.2.1 DNA결합 모티프는 나선의 풀림 없이 특정한 DNA 서열에 결합한다 DNA 이중나선에는 주홈과 부홈이 있다; 주홈에 있는 염기들은 조절단백질에 의해 접근가능하다. DNA와 결합하는 조절단백질의 영역을 DNA결합모티프라고 한다.

개념 16.3 원핵생물들은 그들의 유전자들을 무리 지어서 조절한다

16.3.1 전사 조절은 양성일 수도 음성일 수도 있다 음성조절은 전사를 막는 억제인자 단백질에 의해 매개된다. 양성조절은 전사를 자극하는 활성인자 단백질에 의해 매개된다.

16.3.2 락오페론의 유도는 락 억제인자에 의해 음성적으로 조절된다 효과인자(allolactose)가 억제인자에 결합하면 억제인자의 입체구조가 변하여 더 이상 DNA와 결합할 수 없게 되는데 이때 락오페론은 유도된다.

16.3.3 락오페론의 발현은 포도당 양에 영향을 받는다 락오페론의 최대발현을 위해서는 cAMP와 결합한 catabolite activator protein(CAP)에 의한 양성조절이 필요하다. 포도당의 레벨이 낮으면 cAMP 레벨은 높다.

16.3.4 트립토판오페론은 트립토판 억제인자에 의해 음성적으로 조절된다 보조억제인자로서의 역할을 하는 트립토판이 억제인자에 결합하고 이 복합체가 DNA에 결합하면 트립토판오페론은 억제된다. 이것은 과잉의 트립토판 존재시 발현을 억제한다.

개념 16.4 진핵생물에서는 전사인자들이 유전자 전사를 조절한다

16.4.1 전사인자들은 일반적일 수도 특이적일 수도 있다. 일반전사인자들은 전사기구를 형성하고 촉진유전자에 RNA중합효소Ⅱ를 불러올 때 필요하다. 특이 인자들은 전사의 속도를 높이기 위해서 조직과 시간 의존적으로 작용한다.

16.4.2 촉진유전자와 증폭자는 전사인자의 결합 부위이다 일반인자는 촉진유전자에 결합한다. 특이인자는 증폭자에 결합하는데, 증폭자는 촉진유전자와 멀리 떨어져있지만 DNA고리형성에 의해 가까이 다가갈수 있다.

16.4.3 보조활성인자와 매개자는 전사인자와 RNA중합효소를 연결한다 전부는 아니지만 일부의 전사인자들은 mediator를 필요로 한다. 하나의 보조활성인자가 다수의 전사인자들과 함께 사용될 수 있다.

16.4.4 전사복합체는 많은 단계의 조절을 통합한다

개념 16.5 진핵생물의 DNA는 염색질 안에 포장되어 있다

16.5.1 염색체는 DNA와 히스톤 단백질로 구성된다 진핵생물에서는 DNA가 히스톤 단백질 주위에 포장되어져 있어서 뉴클레오솜을 형성한다. 이것이 전사인자의 결합을 방해한다.

16.5.2 염색질 구조의 변화가 유전자발현을 조절할 수 있다 사이토신의 메틸화는 염색질의 비활성화 영역과 관련되어 있다. 염색질개조복합체도 또한 염색체 구조를 변화시킨다. 그들은 뉴클레오솜의 움직임, 재배치, 이송에 관련되는 효소들을 포함한다.

개념 16.6 진핵생물 유전자는 전사 후에도 조절된다

16.6.1 소형RNA는 전사 후에 유전자발현을 조절한다 RNA간섭은 이중가닥 RNA가 Dicer에 의해 잘려서 생긴 siRNA에 의해 매개된다. siRNA는 RNA-induced silencing complex(RISC)에 있는 Argonaute라는 단백질에 결합한다. RISC는 mRNA를 자르거나 번역을 억제한다. Drosha와 Dicer의 작용에 의해 또 다른 조절 small RNA인 miRNA가 생산된다. 이들도 RISC를 형성하여 mRNA를 분해하고 번역을 억제한다.

16.6.2 소형RNA들은 이질염색질을 형성한다 분열하는 효모, 식물, 초파리에서 RNA간섭 경로는 이질염색질의 형성을 유도한다.

16.6.3 선택적 이어맞추기는 하나의 유전자로부터 다수의 단백질을 만들 수 있다 하나의 유전자로부터의 pre-mRNA의 선택전 이어맞추기는 여러개의 단백질을 생산할 수 있다.

16.6.4 RNA 편집은 전사 후에 mRNA 염기서열을 바꾼다

16.6.5 번역의 개시 또한 조절될 수 있다 번역인자들은 개시를 조절한다; 번역억제인자들은 리보솜에 결합하는 것을 막는다.

16.6.6 mRNA의 분해는 조절된다 mRNA전사물은 상대적으로 안정한데 세포의 필요에 따라서 재빨리 분해시키는 효소들의 목표물을 지니고 있다.

개념 16.7 유전자 조절은 어떻게 세포가 발생하는가를 결정한다

16.7.1 결정은 세포가 특정한 발생 경로로 헌신하게 한다 결정의 과정은 분화 전에 세포가 특정한 발생경로로 헌신하게 한다. 이것은 보이지는 않지만 실험에 의해서 추적 가능하다. 결정은 세포질 결정인자의 차별적인 유전과 세포-세포 상호작용을 통해서 일어난다.

16.7.2 결정은 세포질 인자들에 의해 촉발된다 멍게에서 꼬리근육세포의 결정은 gamete 형성동안 난자 세포질에 축적되는 macho-1 전사인자의 존재에 의존한다.

16.7.3 유도는 세포의 운명을 바꿀 수 있다 한 세포가 이웃한 목표 세포에서 유전자 발현을 유도하는 신호전달물질을 생산할 때 유도가 일어난다. 멍게에서 FGF에 의한 신호가 중배엽 발생을 유도한다.

학습 과정 평가

개념 16.1 모든 생물들은 그들의 유전자발현을 조절한다

이해

1. 원핵생물에서 유전자의 발현은 주로 _________에서 일어난다.
   a. pre-mRNA에서 mature mRNA가 되는 이어맞추기
   b. 번역의 개시
   c. 전사의 개시
   d. 위에 것들 모두

응용

1. 진핵생물에서 유전자조절은 원핵생물에서와는 다르다. 왜냐하면
   a. 그들은 변화하는 환경에 적응해야하기 때문이다.
   b. 그들은 복잡한 발생 프로그램이 있기 때문이다.
   c. 그들은 서로 상호작용하는 다양한 형태의 세포를 가지기 때문이다.
   d. b와 c 모두 맞다.

종합

1. 효모는 단세포 균류이다. 효모 유전자가 동물 유전자같이 혹은 박테리아 유전자같이 조절되어진다고 예상하는가?

개념 16.2 조절단백질들은 특정한 DNA 뉴클레오티드 서열에 결합하여 유전자들을 조절한다

이해

1. 조절단백질들은 _____에 의해서 DNA와 결합한다.
   a. 나선을 풀고 염기짝짓기 양상을 변화시킴으로써
   b. 이중나선의 당-인산기 backbone에 결합함으로써
   c. 나선을 풀고 염기짝짓기 양상을 방해함으로써
   d. 이중나선의 주홈에 결합하여 염기쌍과 상호작용함으로써

응용

1. 인간 세포에서 발견된 호메오도메인 단백질이 인식나선에 결함을 가지고 있다. 이 결함의 결과는 무엇일까?
   a. 단백질이 DNA 부홈에 정확히 결합하지 않을 것이다.
   b. 발생이 정확히 진행되지 않을 것이다.
   c. 단백질의 삼차구조를 유지하기 위해서 필요한 아연 원소는 단백질과 결합하지 못 할 것이다.
   d. a와 b 모두 맞다.

종합

1. 왜 같은 DNA결합도메인을 가지고 있는 두 단백질들은 같은 DNA 서열에 결합할 수 없는가?

개념 16.3 원핵생물들은 그들의 유전자들을 무리 지어서 조절한다

이해

1. 대장균에서 락오페론의 유도와 트립토판오페론의 억제는 모두 _____의 예들이다.
   a. 억제인자에 의한 음성조절 b. 억제인자에 의한 양성조절
   c. 활성인자에 의한 음성조절 d. 활성인자에 의한 양성조절
2. 락 억제인자, 트립토판 억제인자와 CAP는 모두 _____다.
   a. 전사의 음성 조절자들
   b. 전사의 양성 조절자들
   c. DNA와 효과인자에 결합하는 다른자리입체성 단백질들
   d. DNA와 다른 단백질에 결합할 수 있는 단백질들
3. 트립토판오페론에서 억제인자는 DNA에 결합한다.
   a. 트립토판이 없을 때
   b. 트립토판이 있을 때
   c. 트립토판이 있을 때나 없을 때 모두
   d. 단지 세포에서 트립토판이 필요할 때

응용

1. 만약 락오페론의 작동유전자 서열에 돌연변이가 있어서 억제인자가 결합하지 못한다면,
   a. 락토오스를 분해하는 효소들이 항상 발현될 것이다.
   b. 락토오스를 분해하는 효소들이 심지어 락토오스가 존재할 때도 절대로 발현되지 않을 것이다.
   c. 락토오스를 분해하는 효소들이 오직 락토오스가 존재할 때만 발현될 것이다.
   d. 위에 어떤 것도 맞지 않음.
2. 만약 락오페론의 작동유전자 서열에 돌연변이가 있어서 억제인자가 결합하지 못한다면,
   a. 트립토판이 만들어지지 않을 것이다.
   b. 트립토판이 항상 만들어질 것이다.
   c. 트립토판이 결합해도 억제인자의 입체구조가 변하지 않을 것이다.
   d. CAP이 만들어지지 않을 것이다.

종합

1. 여러분이 락오페론의 조절에 영향을 주는 일련의 돌연변이체들을 분리하였다. 이들 모두는 항상 락오페론을 발현한다. 여러분은 또한 모든 조합에서 각 돌연변이를 위한 돌연변이와 wild-type 대립유전자 모두를 가지고 있다. 이들 유전자들은 F' 플라스미드 상에 있는데 관련 유전자들을 위한 2배체세포를 만들기 위해서 세포내로 도입될 수 있다. 여러분은 어떤 돌연변이가 DNA에 존재하는 DNA 결합부위에 영향을 끼치며 어떤 돌연변이가 DNA에 결합하는 단백질에 영향을 주는지를 결정하기 위해서 어떻게 이러한 도구들을 이용하겠는가?

개념 16.4 진핵생물에서는 전사인자들이 유전자 전사를 조절한다

이해

1. 진핵생물에서는 RNA중합효소가 촉진유전자에 결합하기 위해서는 _____의 작용이 필요하다.
   a. 특이전사인자들 b. 일반전사인자들
   c. 억제인자 단백질들 d. 유도물질 단백질들
2. 진핵생물의 전사는 원핵생물의 전사와는 _____라는 점에서 다르다.
   a. 세포질에서 일어난다
   b. 타타상자에 전사인자가 결합함으로써 시작된다

c. 촉진유전자와 유전자 사이에 놓여있는 촉진유전자에 의존적이다
d. 위의 모든 사항

응용

1. 한 동물이 단백질 PDQ의 유전자를 가지고 있다. PDQ에 있는 타타 상자에 변이가 일어나서 TFⅡD가 결합하지 못 한다. 이 돌연변이의 효과는 무엇일까?
   a. PDQ가 매우 빠른 속도로 만들어질 것이다.
   b. RNA중합효소Ⅱ가 결합하지 못한다.
   c. PDQ가 발현되지 않을 것이다
   d. b와 c 모두 맞다.

종합

1. 어떻게 증폭자 서열이 멀리 떨어진 어떤 공통 서열도 공유하지 않은 유전자에 영향을 줄 수가 있나?

개념 16.5 진핵생물의 DNA는 염색질 안에 포장되어 있다

이해

1. 진핵생물의 염색질로 포장되어진 DNA는에서, 5-메틸사이토신
   a. 촉진유전자에 접근하지 못한다.
   b. 아데닌과 염기쌍 형성한다.
   c. DNA 중합효소에 의해 인지되지 않는다.
   d. 전사를 억제한다.
2. ATP에 의존적인 염색질개조복합체는 _____만을 제외하고 다음의 모든 것들을 한다.
   a. DNA에서 뉴클레오솜의 위치 변화
   b. DNA에로의 접근성을 낮춤
   c. DNA로부터 뉴클레오솜의 제거
   d. 변종 히스톤으로 교체

응용

1. 암억제단백질은 정상 세포주기조절을 위해서 필수적이다. 다음 중 어떤 것이 잠재적인 항암제가 될 수 있나?
   a.히스톤으로부터 아세틸기를 제거하는 약물
   b. 암억제 유전자를 메틸화하는 약물
   c. 암억제유전자로부터 메틸기를 제거하는 약물
   d. a와b 모두 맞다.

종합

1. 염색질 내에서 일련의 뉴클레오솜들이 더 응축된 상위구조로 감겨져 있다. 이 상위 조직이 유전자발현에 어떤 영향을 미칠지 예상하는가? 설명하라.

개념 16.6 진핵생물 유전자는 전사 후에도 조절된다

이해

1. small RNA에 의한 조절과 선택적 이어맞추기는 _____라는 점에서 유사하다.
   a. 전사 후에 작용한다.
   b. RNA/단백질 복합체를 통해서 작용한다.
   c. 전사기구를 조절한다.
   d. a와 b 모두 맞다.
2. 진핵생물에서 유전자발현의 조절은 _____을(를) 제외한 다음의 모든 것을 포함한다.
   a. 히스톤으로 포장된 DNA의 메틸화
   b. 전사인자에 의한 조절
   c. siRNA에 의한 mRNA의 안정화
   d. 선택적 RNA 이어맞추기

응용

1. 말단소체복원효소는 염색체의 말단을 복원하는 효소로 매 세포분열할 때 줄어드는 염색체를 지켜준다. 만약 여러분이 암세포에서 말단소체복원효소 유전자를 억제하기 위해 RNA간섭을 사용한다면
   a. 말단소체복원효소 유전자는 전사되지 않는다.
   b. 말단소체복원효소 유전자는 번역되지 않는다.
   c. 염색체가 짧아진다.
   d. b와 c가 모두 맞다.

종합

1. unobtanium의 분해를 촉매하는 단백질을 암호화하는 진핵생물 유전자는 세 인트론들을 가진다. 이 유전자로부터의 만들어진 pre-mRNA의 선택적 이어맞추기에 의해 얼마나 많은 다른 단백질들이 만들어질 수 있나?

개념 16.7 유전자 조절은 어떻게 세포가 발생하는가를 결정한다

이해

1. 발생 동안 세포는
   a. 그들이 결정되기 전에 분화된다.
   b. 그들이 분화되기 전에 결정된다.
   c. 유전자 물질 소실에 의해 결정된다.
   d. 유전자 물질 소실에 의해 분화된다.
2. 초기 배로부터의 장래 꼬리세포들을 host embryo의 반대쪽 끝에 이식하였는데 여전히 꼬리로 발생한다면
   a. 장래의 꼬리세포들은 결정되었다.
   b. 장래의 꼬리세포들은 결정되지 않았다.
   c. 장래의 꼬리세포들은 분화되지 않았다.
   d. 장래의 꼬리세포들은 새로운 위치 신호에 반응한다.

응용

1. 유도와 세포질 결정인자에 의한 결정과정에서 공통주제는?
   a. 전사인자의 활성화 b. 세포분열의 활성화
   c. 유전자발현의 변화 d. a 와 c 모두 맞다.
2. 유도에 관한 설명 중 옳지 않은 것은?
   a. 하나의 세포는 유도물질로서 작용할 수 없다.
   b. 유도는 특정한 방법으로 거리상으로 떨어진 목표 세포들이 발생할 수 있도록 자극한다.
   c. 유도물질을 만드는 조직도 또한 유도될 수 있다.
   d. 한 집단의 세포들은 근접한 집단의 세포들을 유도할 수 있다.

종합

1. 여러분은 인간이 난자에서 특정한 세포질 결정인자가 어디에 위치하는지를 결정하는데 영향을 주는 유전자를 가짐으로써 배의 발생이 아마도 조절된다고 예상하는가? 어떻게 그런 세포질 조절이 작용할 수 있는지 설명하라.

17
생명공학

학습과정

17.1 DNA 조작에는 여러 효소가 사용된다

17.2 분자클로닝은 특정 유전자 서열의 증식을 가능하게 한다.

17.3 분자클론 분석은 현대 생물학의 필수 도구이다

17.4 분자클론은 세포의 유전적 조작에 사용될 수 있다

17.5 의학분야의 주요 발전에도 유전공학이 적용된다

17.5 유전적으로 변형된 식물과 동물은 농업 혁명을 가져온다

서론

지난 수십 년 동안, DNA를 연구하고 다루는 새롭고 강력한 기술의 발전은 생물학에 혁명을 가져왔다. 지난 25년 동안 얻은 지식은 그 이전에 생물학 전체 역사를 통해 얻은 것보다 더 많다. 생명공학은 다른 생물학 분야에 비해 일상 생활에 더 많은 영향을 준다. 생명공학은 분자생물학 원리를 여러 생물학 분야에 적용하는 분야이다. 특정 서열의 DNA를 분리하는 기술은 박테리아에 있는 작은 DNA 분자, 즉 앞 사진에 있는 원형의 플라스미드 같은 것을 분석하고 사용할 수 있게 되면서 시작되었다. pSC101(노벨상 수상자인 코헨(Stanley Cohen)의 101번째 플라스미드)는 인간 유전자를 클로닝하는 데 사용된 첫 번째 재조합 DNA이다. 이 장에서는, 이들 기술에 대해 탐구해보고 실제적인 중요성을 가진 여러 사안들에 어떻게 적용할 수 있는지도 생각해보기로 한다.

17.1 DNA 조작에는 여러 효소가 사용된다

유전물질을 직접 분리하고 조작할 수 있는 능력은 지난 20세기에서 생물학 분야에 가장 지대한 영향을 끼친 것이었다. **재조합 DNA(recombinant DNA)** 분자, 즉 두 가지 다른 기원의 DNA를 가진 분자를 제조하는 것은 1970년대 중반에 시작됐다. 생명공학 전 분야로 파급된 이 기술은 DNA 조작에 사용되는 효소들을 기반으로 한다.

제한효소는 DNA의 특정 부위를 절단한다

학습목표 17.1.1 제한효소가 어떻게 "점착성 말단"을 가진 DNA 조각을 생산하는지 설명하시오.

제한핵산내부가수분해효소(restriction endonuclease) 또는 **제한효소(restriction enzyme)**라 불리는 효소는 분자생물학에 혁명을 가져왔는데, 그것은 이들 효소가 DNA의 특정 부위를 절단하는 능력을 가졌기 때문이다. 14장에서 기술하였지만, nuclease는 DNA를 분해하는 효소로 많은 종류가 첫 제한효소(*HindII*)가 1970년에 발견되기 전에도 알려졌다. 만약 DNA를 밧줄이라 한다면, 제한효소는 그 밧줄을 특정 크기의 조각으로 절단하는 나이프라 할 수 있다.

제한효소의 발견과 중요성

특정 부위를 절단하는 활성은 분자생물학자들이 오랫동안 찾아온 것이었는데, 이것은 왜 박테리아 바이러스가 어떤 세포는 감염할 수 있는데 반해 다른 세포는 감염하지 못하는지에 대한 기초 연구에서 얻어졌다. 이러한 현상은 숙주 제한(*host restriction*)이라 한다. 박테리아는 침입한 바이러스 DNA를 특정 부위에서 절단하는 효소를 생산한다. 숙주인 박테리아는 자신의 DNA에 있는 절단부위에는 염기수식이라는 표시를 함으로써 보호하는데, 제한효소는 염기수식이 있는 DNA는 절단하지 않는다. 처음 제한효소가 발견된 이래로 여러 다른 **제한효소절단자리(restriction sites)**를 인식해 자르는 수백 가지 제한효소가 발견되었다.

DNA를 특정 부위에서 절단하는 활성은 두 가지 점에서 중요하다. 하나는, 제한효소가 자르는 절단부위를 기초로 하여 지도를 작성할 수 있다는 것이다. 이 제한지도는 DNA 분자를 식별하고 다루는 데 중요한 기초자료를 제공한다.

두 번째로는, 제한효소에 의한 절단으로 재조합 분자를 만들 수 있다는 점이다. 재조합 분자를 제조하는 능력은 여러 연구에 결정적으로 중요한데, DNA를 클로닝하고 조작할 때 거쳐야 하는 많은 단계에서 두 가지 다른 종류의 DNA를 합치는 것이 필요하기 때문이다.

제한효소는 어떻게 작용하는가

제한효소는 세 가지 유형이 있지만, type II만 절단부위가 일정하다. Type I과 type III은 절단부위가 일정하지 않아 DNA 클로닝과 조작에 많이 사용되지 않는다.

Type II 제한효소는 재조합분자를 제조할 수 있게 해주는데, 이 효소는 4 개에서 12개에 이르는 염기로 구성된 특정 DNA 염기서열을 인지하고 이 염기서열 안 특정 염기 위치에서 DNA를 절단한다(그림 17.1).

대부분의 type II 제한효소의 인지 부위는 palindrome이다. 언어학적으로 *palindrome*이란 앞에서부터 읽으나 뒤에서부터 읽으나 똑같은 단어나 문장을 말한다. 예를 들면, "Madam I'm Adam"이 그것이다. DNA의 경우에는 한 가닥과 그것의 상보적인 가닥을 5'에서 3' 방향으로 읽을 때 똑같이 읽히는 염기서열을 palindrome이라 한다.

이러한 염기서열에서 두 상보적 가닥의 특정 염기 위치에서 DNA가 절단될 때 어긋나게 잘리면 "점착성 말단"이 나오기도 한다. 이 경우 염기쌍을 이루지 않은 말단의 짧은 서열은 특정 제한효소에 의해 절단된 조각에서는 모두 같다. 그러므로, 이들 점착성 말단으로 인해 출처가 다른 두 DNA도 쉽게 연결할 수 있다(그림 17.1 참조). 어떤 제한효소의 경우에는, 예를 들어 PvuII 경우, 각 DNA 가닥에서 중간 부분을 잘라, 절단부위가 점착성이 아닌 뭉툭한 말단부를 생산하기도 한다. 이런 경우, 뭉툭한 말단부는 뭉툭한 말단부끼리 이을 수 있다.

DNA 연결효소는 재조합 분자를 제조할 수 있게 해 준다

학습목표 17.1.2 제한효소로 잘린 DNA 조각을 어떻게 서로 연결할 수 있는지 기술하시오.

같은 type II 제한효소에 잘린 DNA 분자의 두 말단부는 상보적인 서열을 갖기 때문에 두 말단부는 합쳐져 두 가닥 상태를 만들 수 있다. 하지만 두 조각을 연결하여 안정적인 DNA 분자를 만들기 위해서는 효소가 필요하다. DNA 연결효소라는 이 효소는 인접한 인산기와 수산기 사이에 인산디에스테르결합이 형성되는 반응을 촉매함으로써 이 일을 수행한다. 연결효소 작용은 한 가닥 또는 두 가닥에 있는 절단부를 잇는 것이다(그림 17.1 참조). 이 효소는

그림 17.1 많은 제한효소는 "점착성 말단"을 갖는 DNA 조각을 생산한다. 제한효소 EcoRI은 5'GAATTC3' 서열에서 G와 A 사이를 절단한다. 두 서열이 똑 같이 양쪽 가닥에 존재하기 때문에, 양쪽이 잘린다. 하지만, 양쪽 가닥에서 두 서열은 다른 방향으로 있기 때문에, 절단 결과 서로 상보적이며 "점착성 말단"이라 부르는 한 가닥짜리 꼬리가 만들어진다. 이들 상보적 말단부는 같은 제한효소로 절단된 다른 DNA 조각의 말단부와 이어질 수 있다. 두 DNA 조각은 DNA연결효소에 의해 연결되어 재조합 분자를 생산한다.

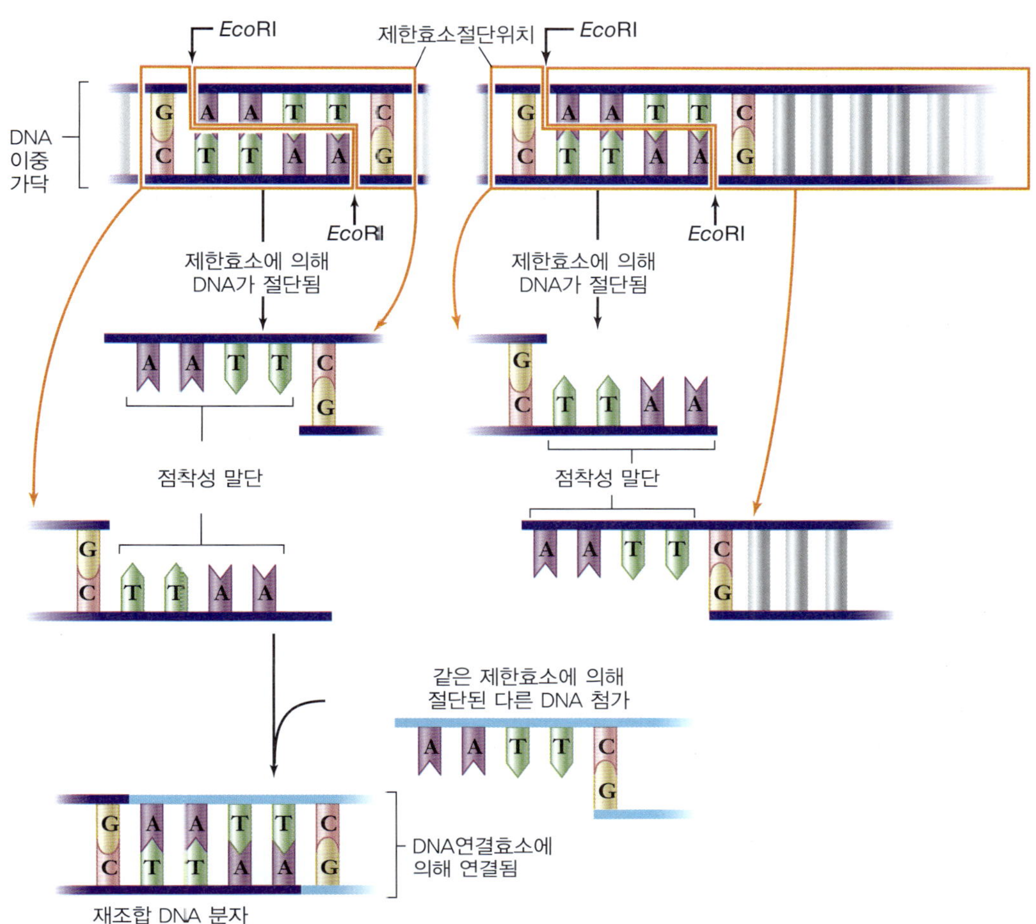

DNA 복제가 일어날 때 지체가닥(lagging strand)에서 오카자키 절편들(Okazaki fragments)을 연결하는 것과 같은 효소이다(14장 참조).

겔 전기영동으로 DNA 조각들을 분리한다

학습목표 17.1.3 겔 전기영동으로 DNA 조각들을 어떻게 분리하는지 그 물리적 원리를 설명하시오.

제한효소에 의해 생산된 조각들은 만약 우리가 쉽게 그것들을 분리하여 분석할 수 없었다면 큰 쓸모가 없었을 것이다. 분리기술로 가장 보편적으로 사용되는 것은 겔 전기영동법이다. 이 기술은 DNA 분자가 띠고 있는 음전하를 이용하며, DNA 분자를 크기별로 분리하는 데 필요한 힘으로 전기장을 사용한다.

겔은 보통 아가로오스나 폴리아크릴아미드로 만드는데 지지물질 위에 얇게 퍼져서 분자들이 크기에 따라 분리될 수 있도록 3차원 기질을 제공한다(**그림 17.2**). 그 겔은 완충용액 안에 담그는데, 완충용액에는 이온들이 있어 전기장의 영향을 받아 전류가 흐를 수 있게 한다.

DNA 뼈대에 있는 인산기의 강한 음전하는 DNA가 양극을 향해 움직이도록 만든다(**그림 17.2b**). 겔은 체와 같은 작용을 하여 DNA가 크기에 따라 분리되도록 한다. 분자가 클수록 겔을 통해 더 천천히 움직이며, 작은 분자일수록 큰 분자보다 더 멀리 이동한다. 겔에 있는 DNA는 DNA에 결합하는 형광 염료물질을 사용하여 볼 수 있다(**그림 17.2c,d**).

전기영동은, 나중에 설명하겠지만, DNA 지문감식에서 DNA 염기서열분석에 이르기까지 현대 분자생물학에서 사용하는 도구 중 매우 중요한 방법 중 하나이다.

형질전환을 통해 *E. coli* 안으로 외래 DNA를 도입할 수 있다

학습목표 17.1.4 형질전환을 통해 어떻게 유전자를 세포로 도입할 수 있는지 기술하시오.

재조합 분자를 만드는 것은 유전공학의 첫 단계이다. 이들 재조합 분자를 다시 세포 안으로 도입하는 것도 필요한데, 14장에서 유전물질이 한 박테리아에서 다른 박테리아로 전이될 수 있음을 그리피스(Fredeick Griffith)가 입증했다는 것을 배웠을 것이다. **형질전환**(*transformation*)이라 부르는 이 전이과정은 그리피스가 연구한 박테리아에서는 자연적인 과정이다.

분자생물학 실험실에서 통상적으로 사용하는 박테리아인 대장균(*E. coli*)에서는 형질전환이 자연적으로는 일어나지 않는다. 하지만, 인위적인 형질전환을 통해 외래 DNA를 대장균 안으로 도입

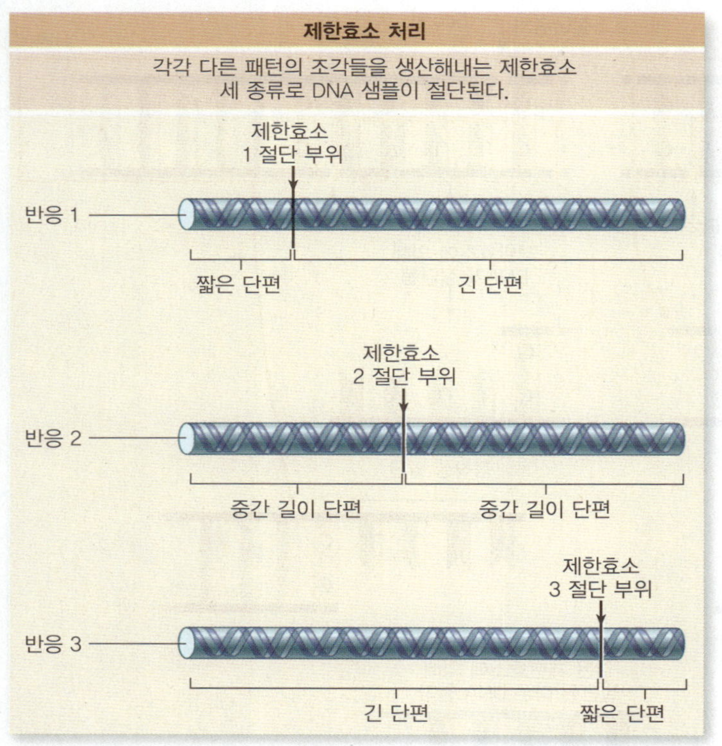

a.

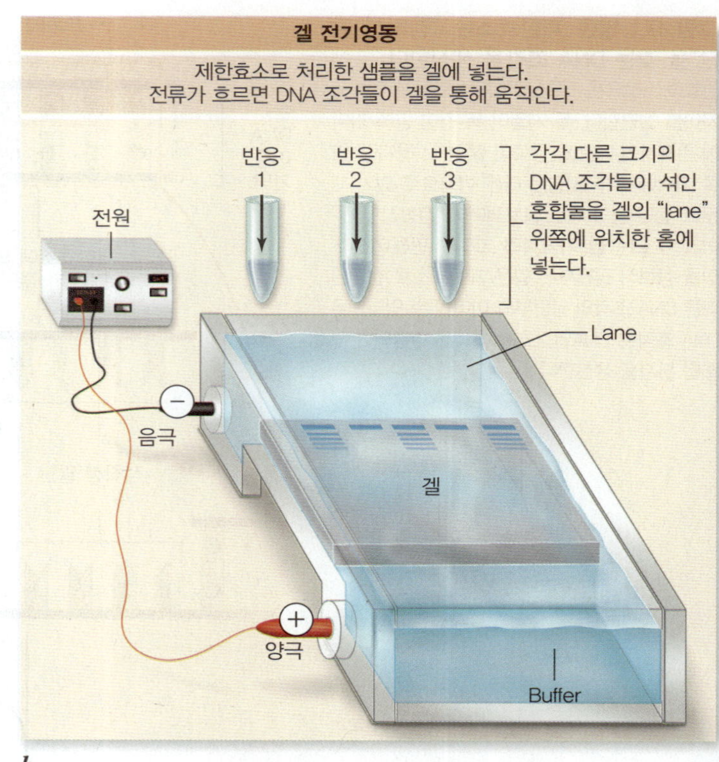

b.

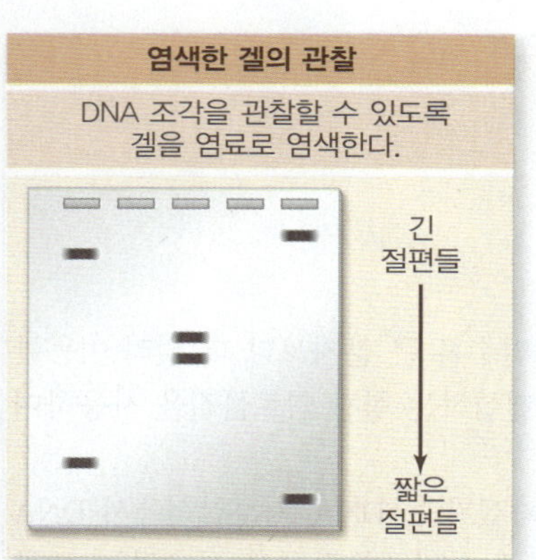

c.

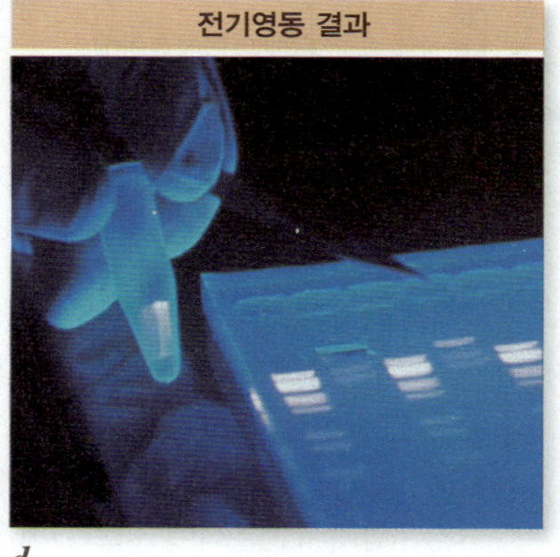

d.

그림 17.2 겔 전기영동. **a.** 세 제한효소가 각자의 인식서열에 따라 DNA를 절단하도록 한다. **b.** DNA 조각들을 겔(아가로스 또는 polyacrylamide 겔)에 넣고 전류가 흐르도록 한다. DNA 조각들이 크기에 따라, 클수록 더 천천히 움직이며 겔을 통과해 이동한다. **c.** 그 결과, 작은 조각은 큰 것보다 더 멀리 이동하여 크기에 따라 분리되는 패턴을 보인다. **d.** DNA 조각들은 ethidium bromide라는 형광염료로 염색하여 관찰할 수 있다. 자외선을 쪼이면 염료가 붙은 DNA는 형광을 방출해 겔 안에서 핑크색 밴드로 보인다. 사진에서, 추가 분석을 위해 잘라낸 밴드 하나가 손에 들고 있는 튜브 안에서 밝게 빛나는 걸 볼 수 있다.

할 수 있도록 기술이 개발되었다. 급격한 온도 변화를 통해서, 또는 전기충격을 사용하면 대장균의 세포막이 외래 DNA에 일시적으로 투과성을 갖게 된다. 재조합 분자는 이러한 방법으로 세포 안으로 들어가 여러 카피로 복제되고 증식할 수 있다.

일반적으로, 외래 DNA를 세포 안으로 도입하는 것을 형질전환이라 한다. 이 과정은 대장균을 사용한 분자클로닝과 클로닝된 DNA의 증식에 중요하다. 과학자들은 재조합 DNA를 처음 분리한 세포로 다시 도입하기를 원하기도 한다. DNA를 한 생물체에서 다른 생물체로 옮기면 **형질전환(transgenic)**생물체가 만들어지는데, 이 장 후반부에서는 형질전환식물과 형질전환동물 제조에 대해 배워보기로 한다.

개념 정리 17.1

제한핵산내부가수분해효소(제한효소)는 박테리아 세포가 바이러스 감염으로부터 자신을 보호하려는 전략의 하나이다. Type II 제한효소는 DNA를 특정 부위에서 절단한다. DNA 연결효소는 제한효소에 의해 잘려나온 조각들을 연결하는 데 사용된다. 겔 전기영동법은 전하를 이용하여 DNA 조각을 크기별로 분리한다. 외래 DNA는 인위적인 형질전환 방법을 통해 *E. coli* 안으로 도입될 수 있으며, 그 안에서 증식이 이루어진다.

- *E. coli*에서 *EcoRI*과 연결효소의 본래 역할과 분자생물학 연구실에서의 이용에 대해 설명하시오.

17.2 분자클로닝은 특정 유전자 서열의 증식을 가능하게 한다

클론(clone)이란 용어는 유전적으로 동일한 복제물을 말한다. 식물의 일부분을 잘라내 배양하여 새로운 식물체로 길러내는 방법으로 식물을 증식시키는 기술은 농업과 원예 분야에서 널리 사용되는 방법으로 일종의 클로닝이다. 생물체를 클로닝하는 주제는 36장에서 다루기로 하고, 여기에서는 분자클로닝이라는 아이디어에 대해 배워보기로 한다.

숙주–벡터 시스템은 외래 DNA를 박테리아에서 증식시킬 수 있게 해 준다

학습목표 17.2.1 분자 클로닝에서 벡터를 어떻게 이용하는지 기술하시오.

분자클로닝(*molecular cloning*) 과정은 특정 서열의 DNA, 보통 어떤 단백질을 암호화하는 DNA, 를 분리하는 것이 포함된다. 이 과정은 유전자 클로닝(*gene cloning*)이라고도 부르는데, 분자클로닝이라는 용어가 더 정확할 것이다.

짧은 서열의 DNA는 in vitro에서(시험관 안에서) 합성할 수도 있지만, 크고 미지의 염기서열을 가진 DNA를 클로닝하려면 재조합 DNA 분자를 in vivo에서(세포 안에서) 증식시키는 것을 필요로 한다. 앞서 설명한 효소와 여러 실험기법은 생물학자로 하여금 외래 DNA를 생산하고, 분리하고, 또 세포 안으로 도입하는 것이 가능하게 해 준다.

숙주 세포에서 DNA를 증식시키려면 재조합 DNA를 운반하고 숙주 세포로 도입되었을 때 복제될 수 있도록 해주는 **벡터(vector)**가 필요하다. 이러한 숙주-벡터 시스템은 분자생물학에 매우 중요하다.

분자클로닝에 가장 보편적으로 사용되는 숙주세포는 박테리아 *E. coli*이지만, 다른 여러 숙주세포도 가능하다. 연구자들은 통상적으로 포유류 세포나 효모 세포, 그리고 곤충 세포를 숙주 시스템으로 사용하여 클로닝된 진핵생물 DNA를 세포로 재도입하고 있다. 각 종류의 숙주-벡터 시스템은 클로닝된 DNA를 특정 목적에 맞춰 사용할 수 있게 해 준다.

가장 보편적으로 사용되는 vector 두 가지는 plasmid(플라스미드)와 인공염색체이다. 플라스미드는 박테리아에는 꼭 있어야 되는 건 아닌, 작고 원형이며 염색체와 별도로 존재하는 DNA이다. 박테리아 및 진핵생물 인공염색체는 큰 DNA 조각을 클로닝할 때 사용된다.

플라스미드 벡터

플라스미드 벡터(작고 원형의 DNA)는 보통 비교적 작은, 최대 약 10 kilobases(kb) 까지의 DNA 조각을 클로닝하는 데 사용된다. 플라스미드에는 다음 세 가지 요소가 있어야 한다.

1. *E. coli* 의 숙주 염색체와는 독립적으로 복제할 수 있게 해 주는 복제 기점(*origin of replication*).
2. 보통 항생제 내성유전자인 선택 표지(*selective marker*).
3. 외래 DNA를 삽입할 수 있는 하나 또는 그 이상의 특유의 절단 제한효소자리.

선별마커는 유전적 선별을 통해 플라스미드 존재를 쉽게 동정할 수 있도록 해 준다. 예를 들어, 항생제 내성유전자를 가진 플라스미드를 가진 세포는 항생제가 포함된 성장 배지에서 살아 남을 수

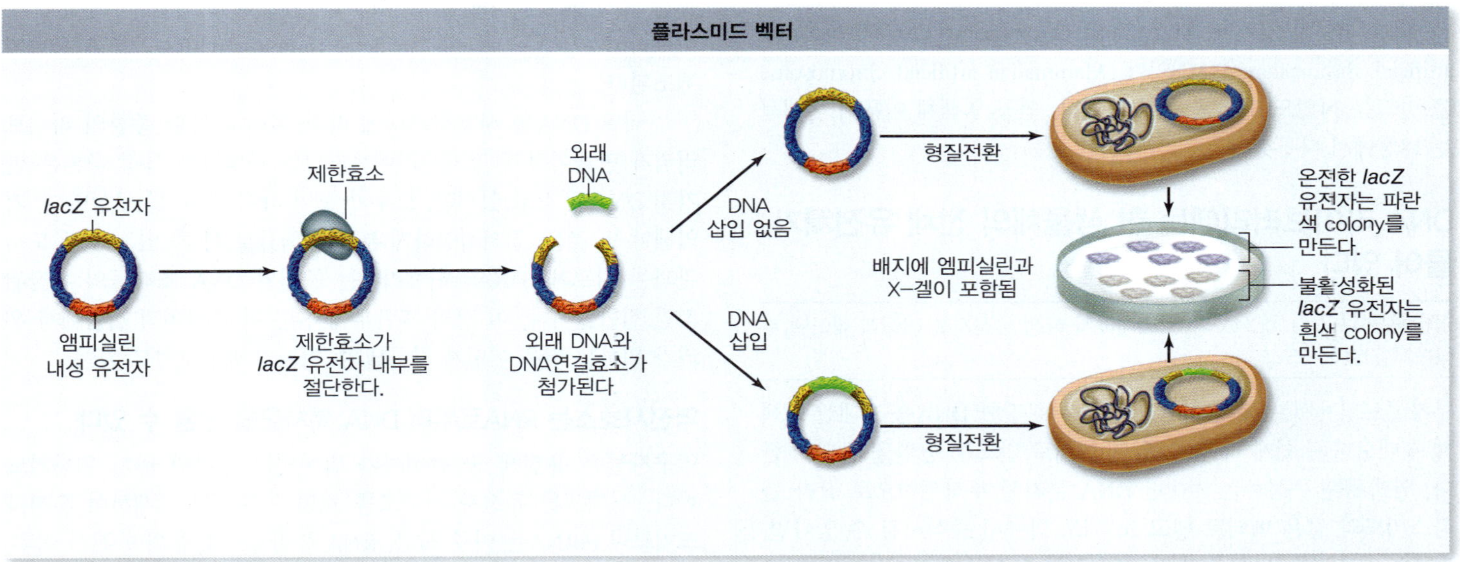

그림 17.3 벡터를 이용한 분자클로닝. 플라스미드의 β-galactosidase 유전자(*lacZ*)의 안쪽을 절단하고, 외래 DNA와 DNA 리가제를 첨가한다. 외래 DNA가 *lacZ*로 삽입되면 유전자 암호화서열이 교란되어 유전자 불활성화가 일어난다. 박테리아 세포를 항생물질 엠피실린이 들어있는 배지에 도말하면 플라스미드가 들어간 세포를 선별할 수 있다. 배지에 X-gal도 들어있는 경우, *lacZ*가 온전하면(위) 발현된 효소가 X-gal을 분해하여 파란 색 colony가 생기게 한다. *lacZ*가 불활성화된 경우(아래) X-gal이 분해되지 않고 colony는 흰색이 된다.

있는데 반해, 그 플라스미드가 없는 세포는 죽는다(항생제에 의해 죽음).

DNA 조각은 앞서 기술한 실험기법에 의해 multiple-cloning site(MCS)라 부르는 제한효소절단자리가 있는 플라스미드 부위로 삽입된다. 이 부위에는 여러 개 유일절단 제한효소자리가 있어 플라스미드가 그 제한효소로 잘리면 원형이 아닌 선형의 플라스미드가 생성된다. 클로닝하고자 하는 DNA를 같은 제한효소로 자르면 연결반응(ligation)을 통해 이 절단자리로 삽입할 수 있다. 그 플라스미드는 형질전환을 통해 세포로 도입된다(그림 17.3).

벡터에는 **삽입불활성화**(*insertional inactivation*)라 부르는 과정을 통해 활성을 잃게 되는 유전자가 추가로 들어있기도 한다. 불활성화가 일어나는 것은 삽입으로 인해 유전자가 망가지기 때문이다. 처음 개발된 벡터중 하나인 pBR322는 삽입불활성화를 목적으로 항생제 내성유전자가 하나 더 들어있는데, 한 항생제에 대해서는 내성을 보이고 다른 항생제에는 취약하면 DNA가 삽입되어 있다는 것을 보여준다.

최근 벡터들은 젖당과 같이 갈락토오스 성분의 당을 분해하는 효소인 β-galactosidase의 유전자를 삽입불활성화에 사용한다. 그 효소가 인공 기질인 X-gal을 분해하면 파란색이 나온다. 이 플라스미드에서는 외래 DNA가 삽입되면 β-galactosidase 유전자가 교란돼 제대로 된 효소가 만들어지지 않게 된다. 이 경우, 형질전환된 세포를 항생제(플라스미드가 도입된 세포를 선별하기 위함)와 X-gal이 들어있는 배지에 깔아주면 흰색으로 보인다. 반면, 삽입 DNA가 없는 플라스미드로 형질전환되면 파란색이 된다(그림 17.3).

인공 염색체

플라스미드 벡터에 넣을 수 있는 DNA 분자의 크기는 작기 때문에 대규모 유전체분석에는 적합하지 않다. 이 문제에 대한 해결책으로 유전학자들은 세포들의 전략을 따르기로 결정하였으며, 이렇게 하여 개발된 것이 yeast artificial chromosome(YAC)과 bacterial artificial chromosome(BAC)이다. Mammalian artificial chromosome을 만드는 작업도 진전을 보이고 있다. 인공 염색체 이용에 대해서는 18장에서 다루겠다.

DNA 라이브러리에는 한 생물체의 전체 유전체가 들어 있다

학습목표 17.2.2 cDNA라이브러리에서 특정 유전자를 어떻게 찾아낼 수 있는지 기술하시오.

분자클로닝에서는 유전체와 같은 매우 복잡한 DNA를 거대한 염색체 형태보다는 쉽게 다룰 수 있는 형태로 만드는 능력을 필요로 한다. 염색체를 구성하는 거대한 DNA 분자를 무작위적으로 잘라 플라스미드와 같은 벡터로 넣고 또 세포 안에서 증식시킬 수 있다면, 그 DNA 조각들을 모으면 유전체 전체를 이루게 된다. 이렇게 모은 것을 **DNA라이브러리(DNA library)**라 하는데, 벡터 안에 담긴 DNA 조각들이 모여 그 전체가 복잡한 DNA를 대표하게 된다(그림 17.4).

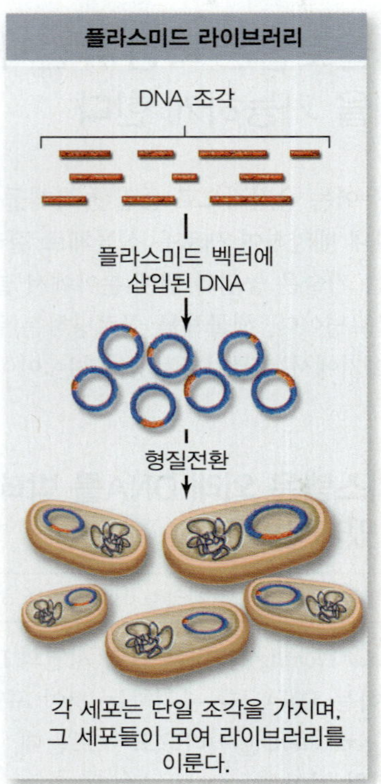

그림 17.4 DNA library 제조.

개념상 가장 간단한 종류의 DNA 라이브러리는 **유전체 라이브러리(genomic library)**, 즉 벡터에 담긴 유전체 조각들을 모두 모아 놓은 유전체 대표물이다. 이 때 유전체는 절단 빈도가 높은 제한효소를 사용하여 부분 절단한다. DNA에 존재하는 절단부위가 모두 다 절단되지 않기 때문에 서로 중첩되는 DNA 조각들이 생성되며, 어느 부위가 절단되는지는 무작위적이다. 이 무작위적으로 잘린 조각들을 벡터에 삽입하고 숙주세포로 도입한다. 유전체 라이브러리는 보통 bacterial artificial chromosome(BAC)을 사용하여 제조된다.

어떤 DNA를 사용하느냐에 따라 여러 다양한 종류의 라이브러리가 만들어질 수 있다. 라이브러리를 구성하는 특정 클론은 한 가지 DNA만 갖고 있지만, 모두가 모여 라이브러리를 구성한다. 기억해야 될 것은, 질서정연하게 분류된 책들로 꽉 차 있는 실제 도서관과는 다르게, DNA라이브러리는 중첩된 DNA 조각들의 무작위적인 집합물이다. 이 장의 후반부에서는, 이 무작위적 집합에서 우리가 원하는 것을 어떻게 찾아낼 수 있는지 배워보기로 한다.

역전사효소는 RNA로부터 DNA 복사물을 만들 수 있다

연구자들은 유전체 중 유전자가 발현되는 부분만 얻기 원하기도 한다. 진핵생물 유전자의 구조를 보면 인트론이 존재하여 유전자 크기보다 mRNA는 아주 작다. RNA 중합효소 II에 의한 전사 이후, 초기 RNA 전사물에서 이어맞추기가 일어나 mRNA가 만들어진다(15장). 이 때문에 유전체 라이브러리는 유전자 구조를 이해하는 데는 중요하지만, 그 유전자를 박테리아에서 발현시키고자 한다면 쓸모가 없다. 그 이유는 박테리아 유전자에는 인트론이 없고 따라서 이어맞추기 기작도 없기 때문이다.

발현된 서열만으로 구성된 라이브러리, 즉 cDNA라이브러리가 대표하는 DNA는 전체 유전체보다 훨씬 작다. cDNA라이브러리 제조는 특정 조직에서 발현되는 유전자의 mRNA를 분리하는 것으로부터 시작된다. 이와 같은 발현서열만으로 구성된 라이브러리의 제조는 역전사효소(reverse transcriptase)를 사용함으로써 가능해졌다.

역전사효소는 retrovirus라 부르는 특정 바이러스 종류로부터 분리한다. Retrovirus의 생활사는 RNA 유전체로부터 DNA 복사물을 만드는 것을 필요로 한다. 우리는 이 retrovirus 효소의 활성을 이용하여 mRNA로부터 DNA 복사물을 만든다. mRNA의 DNA 복사물은 **상보성 DNA(complementary DNA, cDNA)**라 한다(그림 17.5). cDNA 라이브러리 제조를 위해 우선 mRNA를 분리하고 역전사효소를 사용하여 그 mRNA로부터 cDNA를 만든다. 다음, 앞서 기술한 바와 같이 그 cDNA를 사용하여 라이브러리를 제조한다. 이들 cDNA 라이브러리는 매우 유용하며, 보통 여러 종류의 조직 또는 세포에서 발현되는 유전자를 대표하도록 제조한다. 어느 한 생물체로부터 만들어지는 유전체 라이브러리는 모두 같지만, 같은 세포라도 다른 발생 단계에 있거나 다른 조직으로부터 만드는 cDNA 라이브러리는 각각 서로 다르다.

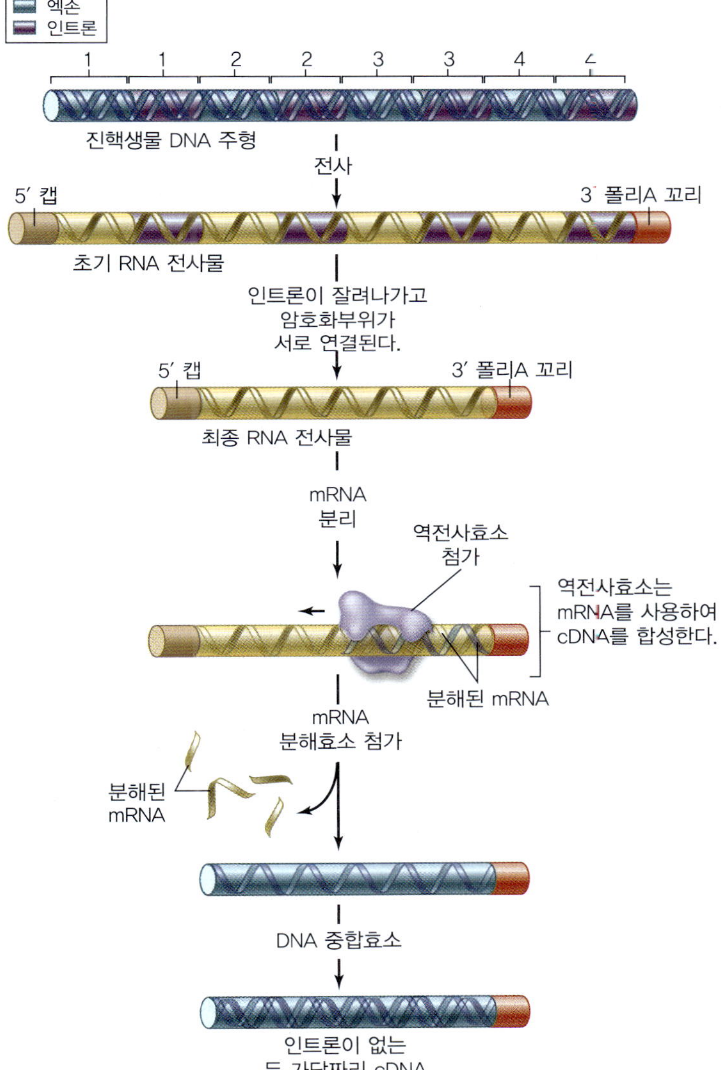

그림 17.5 cDNA 생성. 최종 mRNA 전사체는 이어맞추기를 통해 인트론을 잃어버리기 때문에 보통 그 유전자보다 훨씬 작다. mRNA는 세포의 세포질로부터 분리하며, 역전사효소가 그것을 주형으로 사용하여 mRNA에 상보적인 DNA 가닥을 만든다. 이렇게 합성된 DNA 가닥을 DNA 중합효소가 주형으로 사용해서 그 가닥에 상보적인 DNA 가닥을 만들어 결국 인트론이 없는 mRNA에 해당하는 두 가닥짜리 DNA인 cDNA가 생산된다.

혼성화는 복잡한 혼합물에서 특정 DNA를 찾을 수 있게 해 준다

분자혼성화(Molecular hybridization)라는 실험기법은 라이브러리처럼 복잡한 혼합물에서 특정 DNA를 찾아내는 데 통상적으로 사용된다. 어닐링(annealing)이라고도 부르는 혼성화는 DNA의 두 가닥 사이에 있는 염기쌍 결합의 특이성을 이용하는 것이다. DNA 분자가 변성되면, 즉 두 가닥이 나뉘어지면, 분리된 가닥은 상보적인 염기서열을 가진 파트너하고만 합칠 수 있다. 분자생물학자들은 이러한 특징을 실험적으로 이용하여 이미 확보된 특정 DNA 분자를 탐침으로 사용하여 복잡한 혼합물에서 그 파트너를 찾아낸다.

한 가닥짜리 핵산(DNA 또는 RNA)는 방사성 표지 또는 다른 탐지가능한 표지, 예를 들어 형광염료라는 꼬리표를 붙일 수 있다. 그러면 이것은 DNA나 RNA가 복잡하게 섞여 있는 곳에서 특정 상보적 파트너를 찾아내는 데 탐침으로 사용될 수 있다. 이 과정을 **혼성화**라 하는데, 그 이유는 표지가 달린 탐침과 표지가 없는 DNA가 염기쌍결합을 통해 혼성체를 형성하기 때문이다.

탐침은 역사적으로 여러 방법으로 만들어져 왔다. 한 방법에서는, 관심 있는 단백질을 분리하고 아미노산 서열을 분석한다. 단백질의 아미노산 서열을 알면 DNA 염기서열은 유전부호를 통해 예측할 수 있다. 그 정보로 탐침으로 사용할 합성 DNA를 만들 수 있다.

라이브러리로부터 특정 클론을 분리해낼 수 있다

DNA라이브러리와 같이 무작위적으로 섞인 것에서 특정 클론을 분리해내는 것은 말 그대로 짚 더미에서 바늘 찾기와 같은데, 이 작업에는 해당 유전자에 관한 정보가 필요하다. 처음으로 분리된 유전자들 중 많은 유전자는 특정 세포에서 많이 발현되는 유전자인데, 산소를 운반하는 단백질인 헤모글로빈을 암호화하는 글로빈 유전자가 그 예이다.

혼성화는 DNA 라이브러리에 있는 특정 클론을 찾아내는 보편적인 방법이다. 이 과정은 플라스미드 벡터로 제조한 DNA라이브러리를 예로 하여 그림 17.6에 나타내었다.

분자생물학 초창기에는 각 연구자가 앞서 그림 17.4에 보인 바와 같이 각자 DNA라이브러리를 제조하였다. 현재는, 많은 수의 생물종에 대하여 유전체 라이브러리와 cDNA라이브러리가 상업적으로 구매 가능하다. 이러한 라이브러리를 스크리닝하는 과정에서는, 라이브러리 구성원을 agar 배지에서 키우고, 그 복사물을 제조한 다음 특정 서열을 가진 클론을 찾는다.

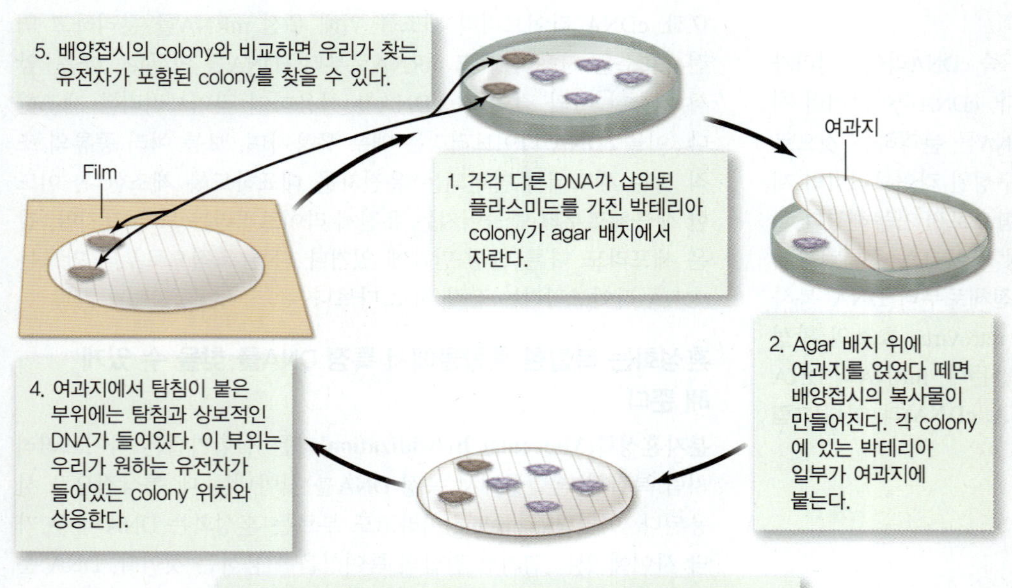

그림 17.6 혼성화를 통한 라이브러리 스크리닝. 이 실험기법은 DNA가 변성될 수 있고 또 상보적인 가닥을 찾아 원래의 두 가닥 상태로 돌아갈 수 있는 능력을 이용한다. 라이브러리가 들어있는 박테리아들을 agar 배지 위에 평판도말하고, 나이트로셀루로오즈 또는 나일론으로 만들어진 것으로 한 가닥짜리 DNA가 결합할 수 있는 특수 여과지를 사용하여 복사물을 만든다. 복사된 colony가 있는 여과지는 세포가 깨지고 DNA가 변성되도록 처리하여, 고체배지 위 colony 패턴과 상응하는 패턴의 DNA가 한 가닥짜리 상태로 여과지에 붙어있는 복사물을 만든다. 이 여과지에 방사성 탐침을 첨가하면, 탐침은 상보적 DNA 가닥을 찾아 우리가 찾는 유전자가 들어있는 colony 위치에서 하이브리드를 형성한다.

1 단계: 라이브러리 배양

물리적으로, 어느 한 라이브러리는 삽입된 DNA를 가진 박테리아 바이러스들을 모아놓은 것이거나 플라스미드나 인공염색체에 삽입된 DNA가 들어있는 박테리아 세포들을 모아놓은 것이다. 특정 클론을 찾기 위해서는 라이브러리를 조직적으로 표출할 필요가 있다. 그림 17.6은 플라스미드 벡터의 경우에 이러한 표출의 한 예를 보여준다. 플라스미드를 가진 박테리아로 구성된 라이브러리는 agar 고체배지 위에 고밀도로, 하지만 각 colony는 구별할 수 있을 정도의 밀도로, 자라게 한다.

2 단계: 라이브러리 복사물 제조

배양접시 위에 라이브러리 구성원이 자라면 agar 배지 위에 특수 여과지를 얹어 복사물(replica)을 만든다. 이 때 각 클론에 해당하는 세포나 박테리아 바이러스의 일부는 여과지에 붙고 다른 일부는 배지 위에 남는다. 그 결과로 여과지 위에 라이브러리의 복사물이 만들어지는 것이다. DNA는 그 여과지에 굽는 과정이나 자외선을 사용한교차결합반응(cross-linking)을 통해 고정된다.

3 단계: 라이브러리 스크리닝

여과지 위에 라이브러리 복사물이 만들어지면 혼성화를 통해 특정 클론을 찾을 수 있다. 특정 염기서열의 핵산을 대표하는 탐침은 방사성 뉴클레오티드로 표지할 수 있다. 그 탐침을 라이브러리가 복사되어 있는 여과지에 넣는다. 혼성화가 일어나게 한 다음 방사선 방출에 민감한 필름을 여과지에 얹어 놓는다. 방사선이 나오는 곳은 필름에 검은 점으로 나타난다. 그 필름을 원 배양접시와 정렬시켜 비교하면 원하는 클론을 찾을 수 있다.

개념 정리 17.2

분자클로닝은 특정 서열의 DNA를 분리하고 증폭하는 과정이다. 벡터는 DNA를 세포로 도입할 수 있는 운반체이다. 가장 보편적인 벡터는 플라스미드와 인공염색체이다. 벡터는 삽입된 서열을 세포 안으로 갖고 가 벡터 DNA 뿐 아니라 삽입된 DNA도 같이 복제한다. DNA라이브러리는 유전체와 같이 복잡한 DNA 혼합물을 대표하는 것으로 특정 숙주–벡터 시스템을 이용하여 저장한 것이다. DNA 라이브러리에서 특정 클론을 찾는 과정에서는 분자혼성화가 자주 사용된다.

- cDNA라이브러리에 있는 유전자 서열은 그 원래 유전자 서열과 비교하면 어떻게 다른가?

17.3 분자클론 분석은 현대 생물학의 필수 도구이다

분자 클로닝은 특정 DNA의 추가 조작과 분석을 가능하게 해 준다. DNA를 조작하는 여러 가지 방법으로 이 책을 채울 수도 있지만, 여기서는 분자 클론을 분석하고 사용하는 몇 가지 중요한 방법에 대해 초점을 맞추기로 한다.

제한지도는 분자 수준의 "상징물"을 표시해 준다

학습목표 17.3.1 유전자를 동정할 수 있는 DNA찾기 방법에 대해 설명하시오.

만약 여러분이 어느 도시에 처음 갈 경우 여러분이 갈 길을 쉽게 찾을 수 있는 방법은 지도를 구해 여러분 주위에 있는 것과 비교하는 것이다. 이와 비슷하게, 분자생물학자도 클론된 DNA를 분석하고 비교하려면 지도가 필요하다.

물리적 지도의 첫 번째 종류는 제한지도로 여기에는 여러 제한효소에 의해 절단되는 위치가 표시되어 있다. 초기에는 DNA를 실제로 여러 제한효소로 자르고, 생성된 DNA 조각들을 겔 전기영동을 통해 분리한 다음 나오는 패턴을 분석하여 이러한 지도를 얻었다. 이 방법이 지금도 사용되고 있긴 하지만, 현재 많은 제한지도는 알려진 염기서열에 대해 제한효소 절단자리를 컴퓨터 검색을 통해 분석하여 만들어진다.

서던흡입법은 DNA의 차이점을 밝혀 준다

유전자가 일단 클로닝되면, 어떤 세포나 조직으로부터 분리한 DNA에서 같거나 유사한 유전자를 찾아내고 동정하는 데 그것을 탐침으로 사용할 수도 있다(그림 17.7). **서던흡입(Southern blot)**이라 부르는 이 실험에서는, DNA를 제한효소로 절단하고 생성된 DNA 조각들을 겔 전기영동으로 크기별로 분리한다. 그 다음, 겔의 pH를 염기성으로 만들어 DNA 이중나선 구조가 풀어져 한 가닥짜리로 변성되도록 한다. 이렇게 처리한 겔은 DNA 가닥이 특수 여과지로 옮겨지도록 "흡입(blotting)" 처리한다.

그 다음, 그 여과지를 특정 유전자(또는 그 유전자로부터 전사된 mRNA)에 해당하는 DNA 탐침과 함께 배양한다. 그 탐침은 한 가닥짜리이며 표지된 것이다. 어떤 DNA 조각이든 그 탐침의 염기서열과 상보적인 서열을 가진 것이면 탐침과 혼성화가 일어난다.

이러한 종류의 흡입 기법은 RNA와 단백질 분석에도 적용된다. mRNA가 사용되는 경우에는 **노던흡입(Northern blot)**이라 부른다. 실험방법은 같은데, 실험재료가 DNA가 아닌 mRNA 라는 점과 변성 과정이 필요하지 않다는 점만 다를 뿐이다. 단백질도 전기영동을 통해 분리한 다음 **단백질흡입(웨스턴흡입, Western blot)**이란 과정을 통해 여과지로 옮길 수 있다. 이 경우에는, 전기영동 과정과 탐지 과정이 서던흡입과는 다르고, 탐지 과정에 특정 단백질과 결합할 수 있는 항체가 필요하다.

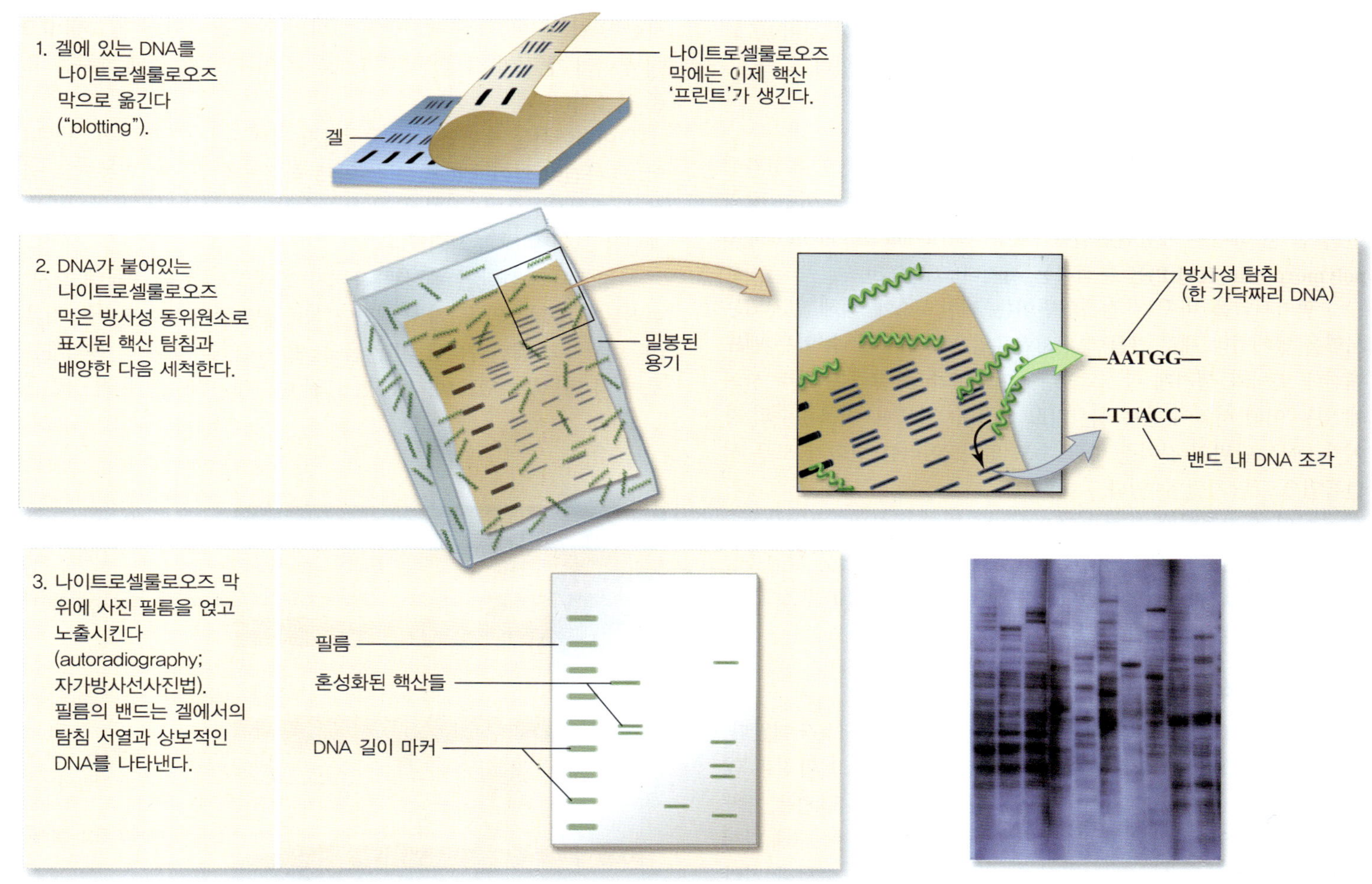

그림 17.7 서던흡입 과정. 이 실험기법은 복잡한 혼합물에서 특정 DNA 조각을 탐지할 수 있도록 서던(Edwin M. Southern)이 1975년 개발했다. 먼저, DNA 조각들의 복잡한 혼합물을 그림 17.2에서처럼 전기영동으로 분리한다. 1 단계에서는, 겔을 알칼리로 처리하여 DNA를 한 가닥짜리로 변성시킨 다음, DNA를 나일론 막이나 나이트로셀룰로오즈 막처럼 얇고 질긴 물질로 옮긴다("blotting"). 2 단계에서는, 막을 방사성 동위원소로 표지된 탐침과 배양한다. 한 가닥짜리 DNA(또는 mRNA의 cDNA 복사물)로 된 이 탐침은 막 위에 있는 상보적 서열과 하이브리드를 형성하게 된다. 2 단계 그림 오른 편에서는 탐침 가닥과 상보적 가닥의 짧은 서열을 보여주고 있다. 마지막으로 3단계에서는, 찾으려는 DNA를 사진 필름을 사용하여 탐지해낸다. 대표적인 이미지가 아래 오른 쪽 패널에 나와 있다. 이제 필름 사용은 빛이나 방사선을 탐지하는 센서가 장착된 장치인 Phosphor Imager로 점차 대체되고 있다.

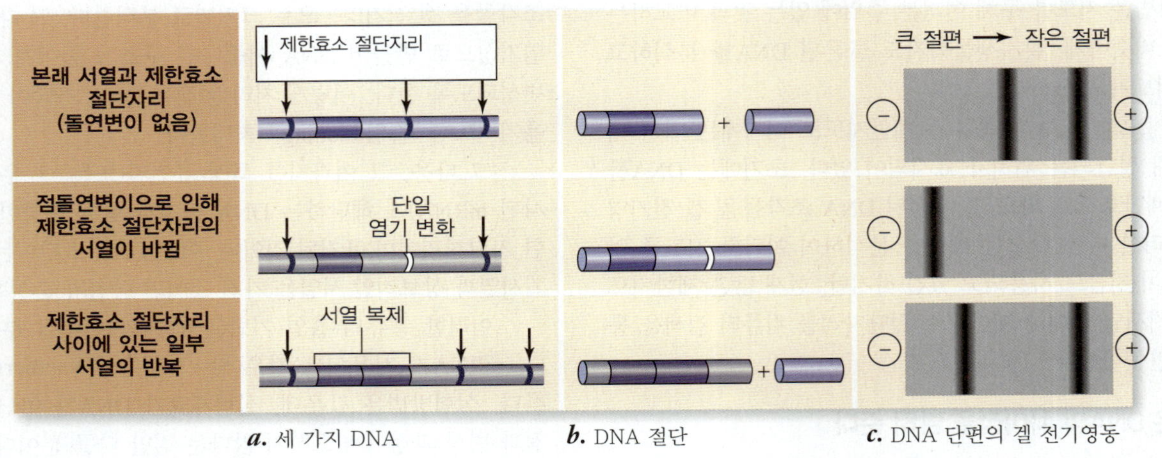

그림 17.8 RFLP 분석. **a.** 세 개 DNA 샘플은 제한효소 절단자리가 다른데, 한 경우는 염기 치환 때문에, 다른 한 경우는 일부 서열의 복제 때문이다. **b.** 이들 DNA 샘플이 제한효소로 절단되면 다른 크기와 다른 갯수의 DNA 단편이 생성된다. **c.** 겔 전기영동으로 DNA 조각들을 분리하면 각기 다른 밴드 패턴이 생긴다.

서던흡입이란 이름은 처음 이 실험기법을 개발한 사람인 영국의 과학자 서던(Edwin M. Southern)의 이름에서 유래한 것이며, 노던과 웨스턴이란 이름은 일종의 언어적 재치라 할 수 있다.

RFLP 분석

어떤 경우에는 특정 유전자를 찾아내는 것뿐 아니라 그 유전자에서 개체 간 변이를 보길 원할 수도 있다. 이것을 볼 수 있는 강력한 방법 중 하나는 **제한단편길이다형성(restriction fragment length polymorphism, RFLP)**을 분석하는 것이다(그림 17.8).

염기서열을 바꾸는 점돌연변이는 제한효소에 의해 인지되는 서열을 없애거나 새로 만들어내 서던흡입으로 확인할 수 있는 밴드 패턴에 변화가 생기게 할 수 있다. 제한효소로 잘리는 자리 사이에 있는 어떤 서열이 반복되는 일도 생길 수 있으며, 반복횟수의 차이가 DNA 단편의 길이를 바꿀 수도 있다. 이러한 변화가 모두 서던흡입으로 탐지될 수 있다.

어떤 유전질환에 특정 RFLP가 연관되어 있다면, 그 RFLP는 그 질환을 진단하는 데 사용될 수도 있다. 헌팅톤병, 낭포성섬유증(cystic fibrosis), 겸상적혈구빈혈증은 모두 연관된 RFLP를 갖고 있고 그것이 진단에 사용되어 왔다.

DNA 지문감식

RFLP 분석은 **DNA 지문감식(DNA fingerprinting)**에 사용되어왔다. 탐침이 반복서열을 가진 DNA를 대상으로 할 경우, 그 탐침은 많은 수의 DNA 단편을 탐지해내기도 한다. 이들 DNA 단편은 개체마다 다를 수 있다. 이 경우 그 집단은 이들 분자 마커에 대해 **다형성이 있다(polymorphic)**라고 말한다. 이 마커는 범죄 수사나 기타 다른 개인식별 목적에 DNA "지문"으로 사용될 수 있다.

그림 17.9에서는 1987년 성폭행 재판에서 검사가 제시한 DNA 지문을 보여준다. 이 지문은 X-선 필름에 평행선으로 난 점 모양의 자가방사선사진으로 되어있다. 이 점들은 특유의 식별 수단을 제공한다는 점에서 상품에 부착된 가격표시 코드와 유사하다고 생각할 수 있다. 각 점은 그림 17.7과 그림 17.8에서 보인 실험기법과 유사한 방법으로 생성된 제한단편 하나의 위치를 나타낸다. 그림 17.9에서 여러 개 점이 길게 연결된 lane은 길이를 알 수 있게 해주는 표준 샘플이다.

여기에서는 제한단편을 동정하기 위해 두 가지 탐침이 사용되었다. 사건이 일어나고 몇 시간 안에 희생자의 질에서 면봉으로 샘플을 채취하였으며, 거기서 정액이 수집되고 그 DNA가 제한단편 패턴을 보기 위해 분석되었다.

정액의 제한단편 패턴과 용의자 혈액의 그것을 비교해 보자. 여러분은 용의자의 두 가지 패턴이 성폭행범 것과 일치한다는 것을 (또 희생자의 패턴과는 같지 않음을) 볼 수 있을 것이다. 용의자는 토미 리 앤드류스였으며, 1987년 11월 6일 배심원단은 유죄 평결을

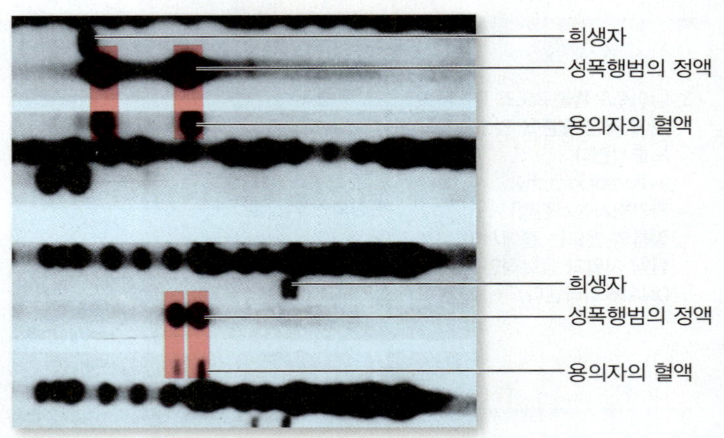

그림 17.9 1987년 앤드류스(Tommie Lee Andrews)를 유죄판결로 이끈 두 가지 DNA 프로파일. 희생자, 성폭행범이 남긴 정액, 그리고 용의자의 DNA를 분석하기 위해 두 가지 탐침이 사용되었다. 여러 검은 점들이 연달아 있는 것은 표준 샘플이다. 용의자의 DNA와 성폭행범의 정액 DNA가 두 분석 프로파일에서 뚜렷이 일치하는 것을 볼 수 있다.

내렸다. 앤드류스는 미국에서 DNA 증거를 근거로 유죄 판결을 받은 첫 번째 사람이 되었다.

앤드류스 재판 이후 DNA 지문감식 증거는 미국에서 최소한 40%의 범죄 재판에서 결정적인 요인이 되고 있다. 보통 여러 개 탐침을 사용하여 동일인일 확률이 얼마인지 계산하거나 동일인이 아님을 보여준다. 하지만, 부주의한 실험과정은 잘못된 판결로 이끌 수도 있기 때문에, DNA 샘플의 분석은 적절하게 수행되어야 한다. 일부 실험과정이 의문스러운 경우가 널리 알려진 후에는 이에 대한 국가표준이 만들어지고 있다.

DNA 지문감식은 유해를 동정하는 데에도 사용된다. 뉴욕의 세계무역센터에 대한 공격이 있었던 2001년 9월 11일 이후 일부 희생자에 대한 신원확인에서 DNA 지문감식은 유일한 선택이었다. 2005년까지 행방불명으로 처리된 2,792명 중 1,585명이 DNA 지문감식으로 신원이 밝혀졌는데, 2005년 이후 법의학 기법의 발달, 예를 들어 극소량의 조직으로부터 DNA를 추출하는 것 등으로 추가 신원확인이 가능하게 되었다.

DNA 염기서열 분석은 유전자와 유전체에 대한 정보를 제공한다

학습목표 17.3.2 DNA 염기서열을 어떻게 분석하는지 기술하시오.

최종 분석 단계는 DNA 분자의 염기서열을 분석하는 것이다. 염기서열 분석방법의 발전은 분자생물학 발전과 궤를 같이 한다. 유전체 전체의 염기서열 분석을 비교적 빠르게 분석할 수 있게 되면서 유전체학도 등장하게 된다.

DNA 염기서열 분석에서 기본적인 아이디어는, 같은 서열로 시작하되 특정 염기에서 끝나는 일련의 DNA 단편을 생성하는 것이다. 이 DNA 단편들을 고해상도 전기영동을 통해 분리하면 그 결과는 DNA 단편의 "사다리"가 되는데, 여기서 각 밴드는 특정 염기에서 끝나는 단편으로 이루어져 있다. 염기서열은 가장 짧은 단편에서 시작해 사다리 위쪽으로 올라가면서 읽으면 된다.

문제는 특정 염기로 끝나는 일련의 단편을 어떻게 생성하느냐 하는 것이다. 염기서열 분석의 초창기에는 화학적인 방법과 효소를 이용한 방법이 모두 사용되었다. 화학적 방법에서는 특정 염기에 작용해 특정 염기 부위에서 DNA 사슬이 끊어지게 하는 유기화학반응을 이용한다. 효소학적인 방법에서는 DNA 사슬을 합성하는 DNA 중합효소를 이용하는데, DNA 사슬에 첨가는 되지만 그 다음 뉴클레오티드는 첨가되지 못하는, 소위 **사슬종결자**(*chain terminator*)라 부르는 특수 뉴클레오티드를 반응에 첨가한다. 효소학적 방법이 보다 간단한 것으로 드러났고, 목적에 따라 보다 쉽게 변형도 가능하다.

효소를 이용한 염기서열 분석

효소를 이용한 염기서열 분석방법은 생어(Fredrick Sanger)에 의해 개발되었는데, 그는 단백질의 아미노산 서열을 처음으로 분석한 사람이기도 하다. 효소학적 방법에서는 DNA 합성반응에서 2디옥시뉴클레오티드를 사슬 종결자로 사용한다. **2디옥시뉴클레오티드(dideoxynucleotide)**는 2'과 3' 위치에서 모두 OH 대신 H를 갖는다(그림 17.10). 모든 DNA를 구성하는 뉴클레오티드는 당 분자의 2' 위치에서 OH 가 없지만, 2디옥시뉴클레오티드의 경우 효소가 새 뉴클레오티드를 첨가하는 데 필요한 3' 위치에서도 OH 가 없다. 따라서, DNA 합성은 중지된다.

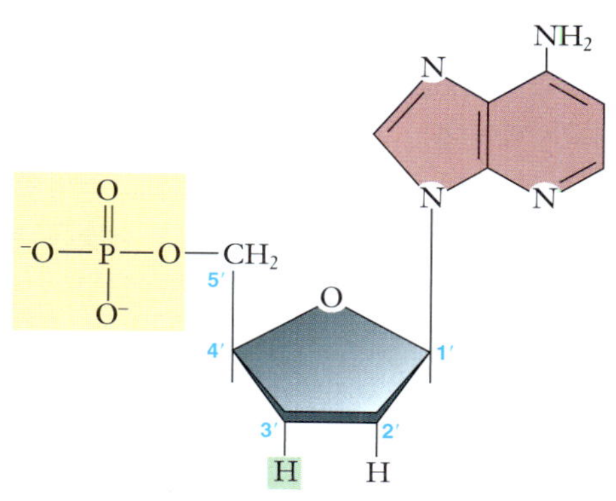

그림 17.10 2디옥시뉴클레오티드 구조. 이 뉴클레오티드는 당 분자의 고리의 2'과 3' 위치에서 모두 OH 대신 H를 갖는다.

특정 염기 위치에서 반응이 종료되어 생성된 일련의 DNA 단편을 생성하기 위해 각각 다른 종류의 2디옥시뉴클레오티드(ddNTP)가 들어있는 4 가지 반응을 따로따로 수행한다. A(아데노신) 반응에서는 2디옥시아데노신(ddATP)가 첨가되어 반응이 종료되며 말단이 A로 끝나게 된다. 다른 반응의 경우 다른 종류의 종류의가 첨가되어 반응이 종료된다. 이렇게 생성된 DNA 단편들이 고해상도 전기영동으로 분리되는데, 각 반응물은 각각 다른 길, 또는 lane을 따라 움직여, 전체적으로 가장 작은 단편부터 한 염기만큼씩 길어지는 단편들이 연달아 나타나는 패턴을 만들어낸다(그림 17.11).

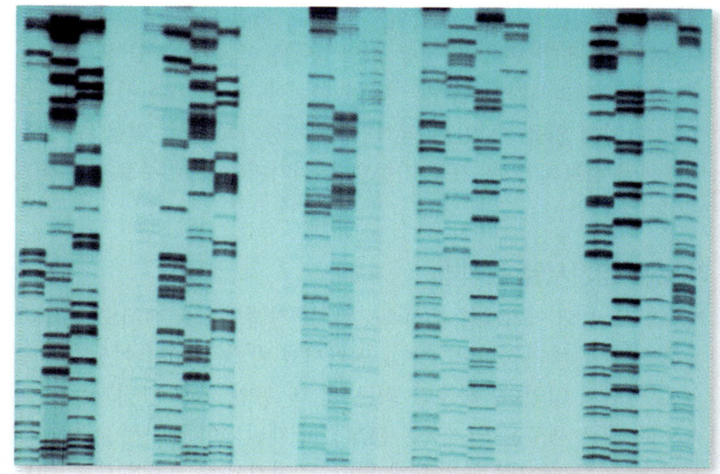

그림 17.11 DNA 염기서열 분석에서 볼 수 있는 DNA 단편 사다리. 이 사진은 DNA 염기서열 분석반응에서 생성된 DNA 단편들의 자가방사선사진이다. 이들 단편은 특정 염기 위치를 절단하는 유기화학반응으로 생성되거나 특정 염기에서 반응이 종료되는 효소반응을 통해 생성된다. 이 때 사용되는 겔은 한 염기만큼 차이가 나는 DNA 단편도 분리할 수 있다.

유의할 것은, 이것이 DNA 중합효소 반응이기 때문에 합성 개시에 필요한 시발체(primer)가 요구된다는 점이다. DNA 염기서열 분석에 사용되는 벡터에는 분석할 DNA가 삽입되는 곳 옆에 서열을 알고 있는 부분이 있다. 이곳에 상보적으로 결합할 수 있는 작은 DNA 단편을 합성해 시발체로 사용한다. 이것은 두 가지 목적을 가지는데 시발체를 제공할 뿐아니라 또 염기서열을 분석할 때 처음 몇 개 염기의 서열은 벡터 서열이어서 이미 알고 있는 것이기 때문에 분석할 DNA의 염기서열이 어디에서부터 시작되는지 알 수 있다. 염기서열이 분석되면, 밝혀진 서열의 끝 부분의 서열 정보를 이용하여 새로 시발체를 합성해 다음 반응에서 염기서열을 추가로 더 밝힐 수 있다.

자동염기서열분석

효소를 이용한 염기서열분석법은 매우 강력한 방법이지만, 많은 시간과 노력을 요하는 작업이다. 일련의 여러 효소반응과 전기영동을 위한 시간, 겔을 필름에 노출시키는 시간 등이 필요하다. 마지막 단계에서는 염기서열을 읽는데, 숙련된 연구자는 300개 정도 염기는 신뢰성있게 읽을 수 있다. 이제, 자동염기서열분석 방법의 발전으로 염기서열분석이 보다 실용적으로 또 인력을 덜 요구하게 바뀌었다.

자동염기서열 분석기기에서는 방사성 표지 대신 형광염료를 사용하고 전기영동에는 큰 평판 겔 대신 가는 모세관튜브 겔을 사용한다. 튜브를 통해 DNA가 움직일 때 튜브 끝 부분에 있는 레이저가 DNA 밴드의 형광염료를 반응시켜 형광을 방출하도록 한다. 이 형광을 광감지기(photodetector)가 탐지하는데, 각 ddNTP 염기마다 다른 형광염료를 사용하기 때문에 색깔로 어떤 염기인지 알 수 있다.

그 데이터는 컴퓨터가 취합하여 여러 색깔의 피크들로 이루어진 시각적 이미지를 생성하고 기초 염기서열 데이터로 전환된다(그림 17.12). 여기서는 염기서열 데이터를 전기영동 결과로부터 직접 얻기 때문에 겔을 필름에 노출시키는 시간과 염기서열을 수동으로 읽는 데 걸리는 시간을 절약할 수 있다. 여러 다른 색깔의 염료를 사용함으로써 한 번에 더 많은 서열정보를 얻을 수도 있다.

샘플 처리시간이 줄어든 반면 한번에 처리할 수 있는 샘플의 수와 한번에 읽을 수 있는 염기의 수는 증가하면서, 얻을 수 있는 염기서열 정보의 양은 가동 가능한 분석기기의 수에 주로 좌우되게 되었다.

새로운 염기서열 분석법

자동화로 인해 염기서열 분석속도는 큰 진핵생물 유전체도 분석 가능할 정도로 빨라졌지만, DNA 염기서열 방법은 30년 이상 기본적으로 바뀌지 않았다. 하지만 최근 몇 년 동안 이전 방법과는 근본적으로 다른 새로운 염기서열 분석법이 개발되어 염기서열 정보 생성이 매우 큰 폭으로 증가하게 되었다. 여기서는 새로운 방법 하나를 배우겠는데, 이 방법으로 200억 염기쌍 크기의 서열 정보를 한 번 분석으로 얻을 수도 있다(그림 17.13).

액체를 아주 미세한 방울로 만드는 분무기(nebulizer)라는 장치를 사용하여 DNA를 수백 bp 크기의 작은 조각으로 자르고, 특정 시발체와 상보적인 염기서열을 갖는 연결자 조각을 붙인다. 이 DNA 조각들을 플로셀(flow cell)에 넣는데, 이 플로셀은 현미경 슬라이드처럼 생기고 기저판에 DNA 말단의 연결자와 상보적으로 결합할 수 있는 시발체가 붙어있다. 수백만 개의 DNA 조각을 변성시켜 플로셀에 넣어 시발체와 붙게 한 다음 한번 합성반응을 거치고 변성시키면 한 가닥짜리 DNA가 판에 붙어있게 된다. 이후 증폭과정을 거치는데, PCR을 하듯이 온도를 낮추면(annealing) 그 DNA

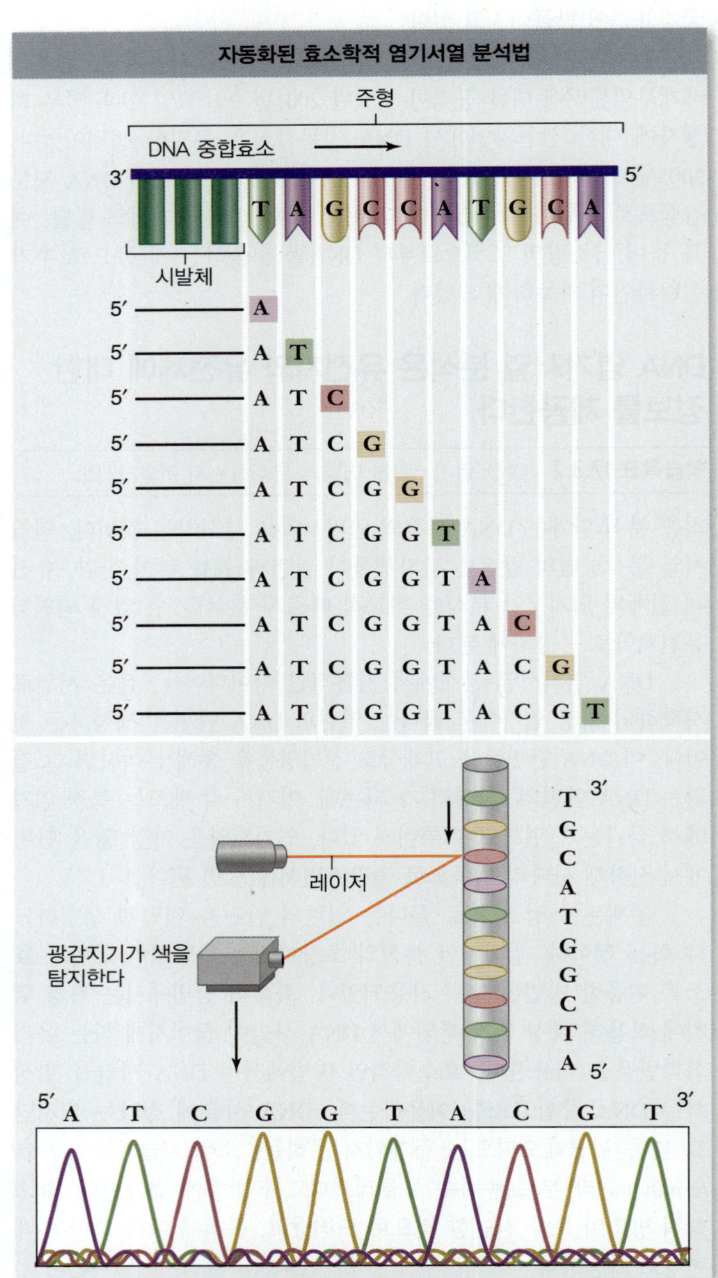

그림 17.12 자동화된 효소학적 염기서열 분석법. 분석할 염기서열의 주형 가닥이 그림의 위쪽에 시발체가 부착된 상태로 그려져 있다. 자동염기서열 분석법에서는, 각 ddNTP가 각각 다른 색깔의 형광염료로 표지되어 있어 한 튜브에서 반응을 시킬 수 있다. 생성된 DNA 단편이 그림에 표시되어 있는데, 모세관 튜브를 통해 전기영동할 때 튜브 아래 쪽에 있는 레이저가 형광염료에서 형광이 방출되도록 하면, 각각 다른 색깔의 형광은 광감지기에 의해 탐지된다.

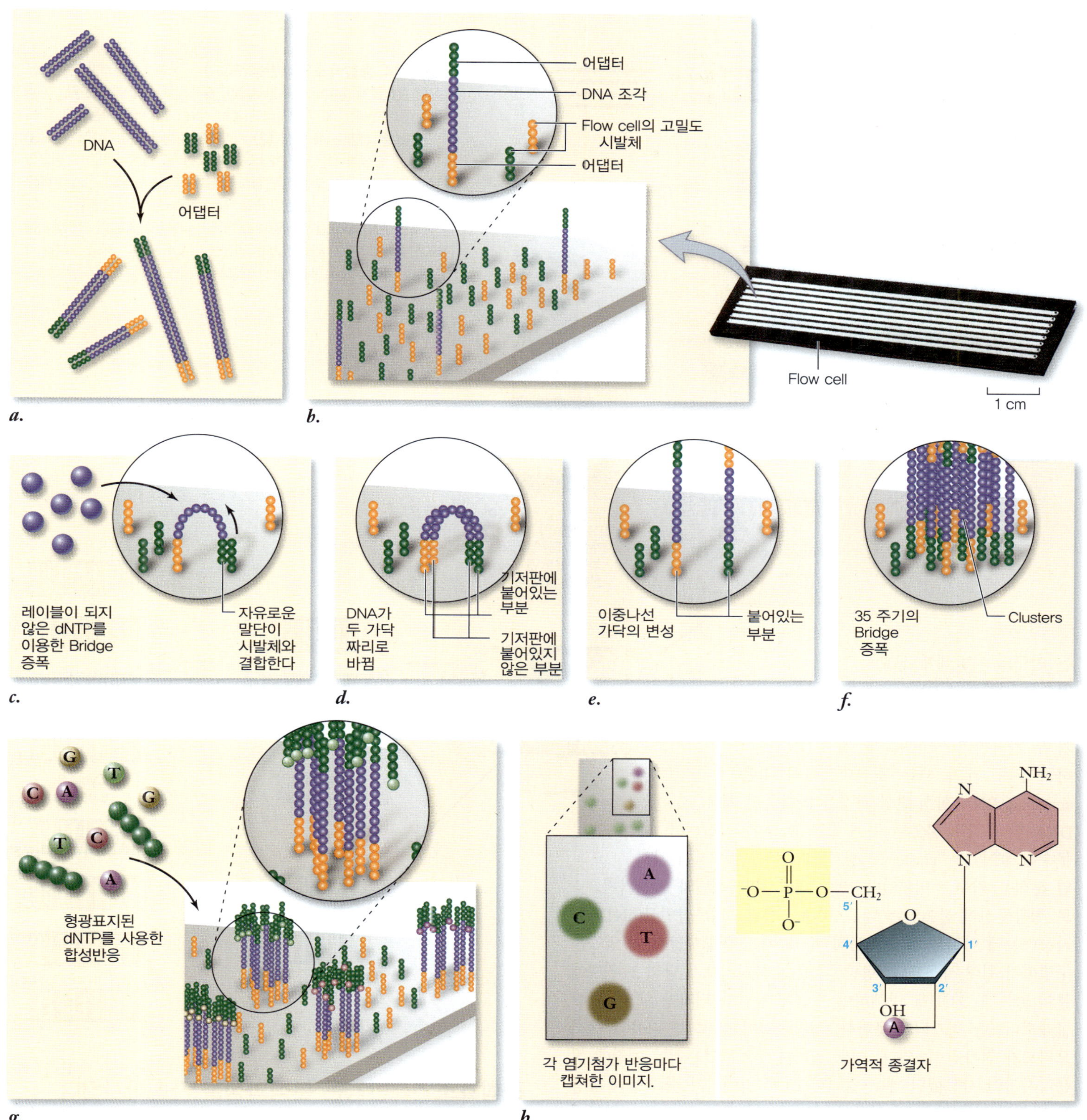

그림 17.13 염기서열 분석의 새로운 접근법. DNA가 염기서열 분석에 사용될 작은 조각으로 절단된다. **a.** DNA 말단에 어댑터가 연결된다. **b.** DNA를 변성시키고 flow cell에 넣으면 기저판에 붙어있는 시발체에 DNA 조각이 상보적으로 결합한다. DNA 합성반응 후 변성시키면 합성된 DNA 가닥만 남는다. **c–f.** 각 DNA 조각이 중합효소와 dNTP를 사용하여 증폭된다. **g.** 절단 가능한 형광염료가 추가 합성반응을 방해하는 위치에 붙어있는 dNTP가 첨가된다. **h.** CCD 카메라가 형광을 기록하고 형광물질이 제거된다. 주형에 맞춰 다음 염기가 첨가된다.

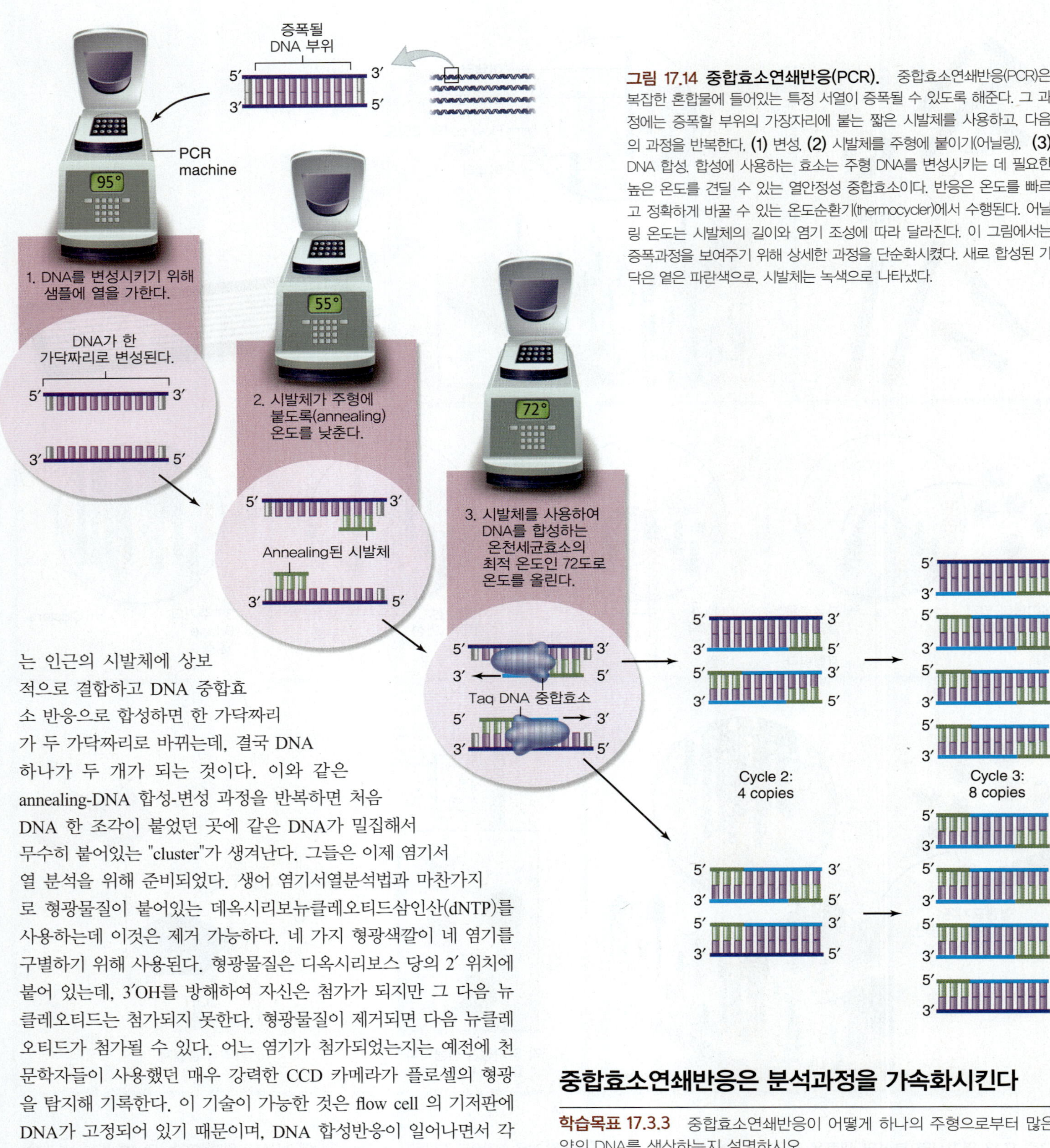

그림 17.14 중합효소연쇄반응(PCR). 중합효소연쇄반응(PCR)은 복잡한 혼합물에 들어있는 특정 서열이 증폭될 수 있도록 해준다. 그 과정에는 증폭할 부위의 가장자리에 붙는 짧은 시발체를 사용하고, 다음의 과정을 반복한다. (1) 변성, (2) 시발체를 주형에 붙이기(어닐링), (3) DNA 합성. 합성에 사용하는 효소는 주형 DNA를 변성시키는 데 필요한 높은 온도를 견딜 수 있는 열안정성 중합효소이다. 반응은 온도를 빠르고 정확하게 바꿀 수 있는 온도순환기(thermocycler)에서 수행된다. 어닐링 온도는 시발체의 길이와 염기 조성에 따라 달라진다. 이 그림에서는 증폭과정을 보여주기 위해 상세한 과정을 단순화시켰다. 새로 합성된 가닥은 옅은 파란색으로, 시발체는 녹색으로 나타냈다.

는 인근의 시발체에 상보적으로 결합하고 DNA 중합효소 반응으로 합성하면 한 가닥짜리가 두 가닥짜리로 바뀌는데, 결국 DNA 하나가 두 개가 되는 것이다. 이와 같은 annealing-DNA 합성-변성 과정을 반복하면 처음 DNA 한 조각이 붙었던 곳에 같은 DNA가 밀집해서 무수히 붙어있는 "cluster"가 생겨난다. 그들은 이제 염기서열 분석을 위해 준비되었다. 생어 염기서열분석법과 마찬가지로 형광물질이 붙어있는 데옥시리보뉴클레오티드삼인산(dNTP)를 사용하는데 이것은 제거 가능하다. 네 가지 형광색깔이 네 염기를 구별하기 위해 사용된다. 형광물질은 디옥시리보스 당의 2′ 위치에 붙어 있는데, 3′OH를 방해하여 자신은 첨가가 되지만 그 다음 뉴클레오티드는 첨가되지 못한다. 형광물질이 제거되면 다음 뉴클레오티드가 첨가될 수 있다. 어느 염기가 첨가되었는지는 예전에 천문학자들이 사용했던 매우 강력한 CCD 카메라가 플로셀의 형광을 탐지해 기록한다. 이 기술이 가능한 것은 flow cell 의 기저판에 DNA가 고정되어 있기 때문이며, DNA 합성반응이 일어나면서 각 cluster의 염기서열에 해당하는 CCD 이미지가 지속적으로 축적되고 정보가 제공된다. 염기첨가 반응이 있을 때마다 막대한 양의 데이터가 생성되어, 디지털 정보를 저장하는 데 필요한 공간과 그 데이터에 의미를 부여하는 데 필요한 연산능력이 중요하다.

중합효소연쇄반응은 분석과정을 가속화시킨다

학습목표 17.3.3 중합효소연쇄반응이 어떻게 하나의 주형으로부터 많은 양의 DNA를 생산하는지 설명하시오.

분자생물학에서 다음으로 혁명적인 일은 **중합효소연쇄반응(polymerase chain reaction, PCR)**의 개발이다. 뮬리스(Kary Mullis)가 1983년 그가 세투스(Cetus) 회사에 화학연구원으로 있을 때 PCR을 개발했는데, 1993년에는 그 공로로 노벨화학상을 수상했다.

PCR의 아이디어는 단순하다. 증폭을 원하는 DNA 가닥에 상보적으로 결합할 수 있는 두 개의 시발체를 사용하는데, 두 시발체는 서로 마주 보는 방향의 것이다. DNA 중합효소가 증폭을 원하는 주형에 붙은 어느 한 시발체에 작용하면 상보적인 가닥이 생성되는데, 여기에는 다른 시발체가 붙을 수 있는 서열이 들어있다. 이 과정이 반복되면 결과적으로 두 시발체 사이에 있는 서열이 들어있는 DNA 양이 대폭 증가한다(그림 17.14).

PCR 과정

두 가지 개선점이 이 단순한 아이디어를 강력한 기술로 바꾸어 놓았다. 첫째는 열안정성 중합효소의 사용이다. 각 cycle에서는 합성 반응 후 DNA를 변성시켜야 한다. 이 변성은 온도를 올림으로써 쉽게 달성할 수 있는데, 대부분의 중합효소는 이 온도에서 활성을 잃는다. 그 해결책은 호열성 박테리아인 *Thermus aquaticus*에서 얻은 DNA 중합효소이다. **온천세균중합효소(Taq polymerase)**라 부르는 이 효소는 반응액에 여러 차례 열을 가하더라도 효소활성이 파괴되지 않게 하는 것을 가능하게 하였다.

두 번째 혁신은 빠르고 정확하게 폭넓은 온도 변화가 가능하게 만든 기기의 개발이다.

각 PCR cycle은 다음 세 단계로 이루어져 있다.

1. 변성(고온)
2. 시발체의 어닐링(저온)
3. 합성(중간 온도)

1~3 단계가 반복되면, 두 분자였던 것이 네 개가 된다. 중합효소를 추가 첨가하는 것은 불필요한데, 가열 과정에서 온천세균중합효소가 활성을 거의 잃지 않기 때문이다. 각 주기를 마치는 데 걸리는 시간은 단지 1~2분 정도이며, DNA 분자의 수는 매번 두 배씩 증가한다. 이론상, 20주기 후 DNA 하나가 백만 개(2^{20})가 될 수 있다!

이와 같은 방법으로, PCR은 소량의 복잡한 혼합물로부터 특정 DNA 조각을 증폭할 수 있게 해준다. 그 결과는 분자클로닝 결과와 유사한데, PCR의 경우에는 DNA를 바로 세포로 재도입할 수는 없다. PCR 산물은 전기영동을 통해 분석하거나, 다른 조작을 위해 벡터로 클로닝하거나, 또는 바로 염기서열 분석에 사용할 수 있다. PCR은 합성하는 DNA의 크기에 제한이 있긴 하지만, 여러 가지 놀랄만큼 다양한 목적에 맞춰 사용되고 있다.

PCR의 적용

이제는 전부 자동화된 PCR은 아주 미량의 DNA 샘플을 분석할 수 있게 해주기 때문에 과학과 의학의 많은 분야에 혁신을 가져왔다. 범죄수사에서 이제는 작은 혈흔과 머리카락 하나의 끝에 붙어있는 조직에서도 DNA 지문을 얻을 수 있게 되었다. 의학 분야에서는, 의사들이 초기 배아에서 세포 하나를 얻은 다음 그 DNA를 증폭하여 유전적 결함을 찾아낼 수도 있다. 민감한 탐지능력, 속도, 쉬운 이용방법으로 실험실 연구원들은 이제는 통상적으로 PCR 기술을 사용한다.

PCR은 초기 인류인 *Homo neanderthalensis*의 미토콘드리아 DNA를 분석하는 데에도 이용되었다. 그 결과, 이제는 사라진 인류에 대한 정보의 편린도 얻게 되었다. 고대 DNA를 증폭하는 것에 대해서는 논란이 있어 왔는데, 그것은 현 시대의 DNA로 오염되는 것을 막기 힘들기 때문이다. 그럼에도, 이 분야는 연구가 활발히 이루어지고 있는 분야이다.

단백질 상호작용은 투하이브리드 시스템으로 탐지할 수 있다

학습목표 17.3.4 효모 시스템이 어떻게 단백질 상호작용 연구에 사용되는지 설명하시오.

단백질-단백질 상호작용은 많은 생물학적 구조의 기초가 된다. 인간 사회가 최종적으로 사람 사이의 상호작용에 의존하는 것과 마찬가지로 세포는 단백질 사이의 상호작용에 의존한다. 이와 같은 사실을 알게 되면서, 여러 다른 세포에서 단백질 간 상호작용을 대규모로 분석하고자 하는 목표가 세워졌다. 이 목표는 꿈으로 간주된 적도 있었으나, 이제는 현실이 되었다. 효모의 투하이브리드 시스템(two-hybrid system)은 이런 종류의 분석에서 강력한 수단이 된다(그림 17.15).

효모의 투하이브리드 시스템은 이 장에서 논의한 여러 실험기법을 합쳐 놓은 것이다. 이 기술은 진핵생물 유전자발현의 특징, 즉 진핵생물 유전자발현을 활성화시키는 전사인자가 모듈 구조를 하고 있다는 점을 이용한다.

Gal4 유전자는 두 개 모듈을 가진 전사활성화 인자를 암호화하는데, 한 모듈은 *Gal4*에 반응하는 촉진유전자에 있는 서열과 결합하는 DNA결합 도메인이고, 다른 하나는 전사기구와 상호작용하여 전사를 활성화시키는 활성화 도메인이다. 이 시스템은 두 개 벡터를 사용한다. 하나는 *Gal4* 유전자의 DNA결합 도메인을 암호화하는 부분이 들어있고, 다른 하나에는 *Gal4*의 전사활성화 도메인을 암호화하는 부분이 들어있다. 두 가지 중 하나만 있으면 전사활성화는 일어나지 않는다.

단백질 유전자의 cDNA를 이들 두 벡터에 각각 해독틀(reading frame)에 맞게 삽입하면, 여기에서 삽입한 유전자의 단백질과 Gal4의 일부가 연결된 하나의 단백질이 생성된다(그림 17.15 참조). 이 잡종 단백질은 **융합단백질**이라고 부르는데, 그것은 두 개 단백질이 하나로 합쳐졌기 때문이다. DNA결합 도메인이 연결된 하이브리드는 **베이트**(*bait*)라 부르고, 활성화 도메인이 연결된 하이브리드는 프레이(*prey*)라 부른다.

이들 벡터를 효모 세포로 도입하는데, 효모에는 활성을 쉽게 조사할 수 있는 효소의 유전자인 **보고유전자**(*reporter gene*)도 들어있다. 보고유전자의 발현은 *Gal4* 의 영향을 받는데, *Gal4*가 존재할 경우 보고유전자가 발현되고 그 산물인 단백질은 효소활성을 통해 조사할 수 있다.

DNA-결합 하이브리드는 보고유전자에 인접한 서열에 결합한다. 베이트 단백질과 프레이 단백질이 상호작용하면, 프레이에 있는 활성화 도메인이 작용하여 보고유전자의 발현을 활성화시킨다.

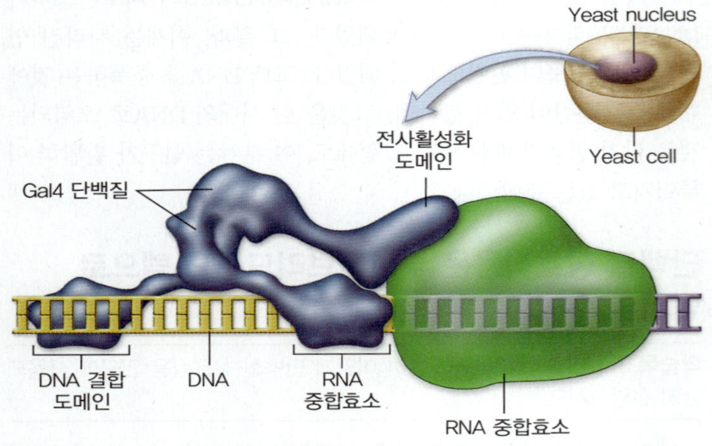

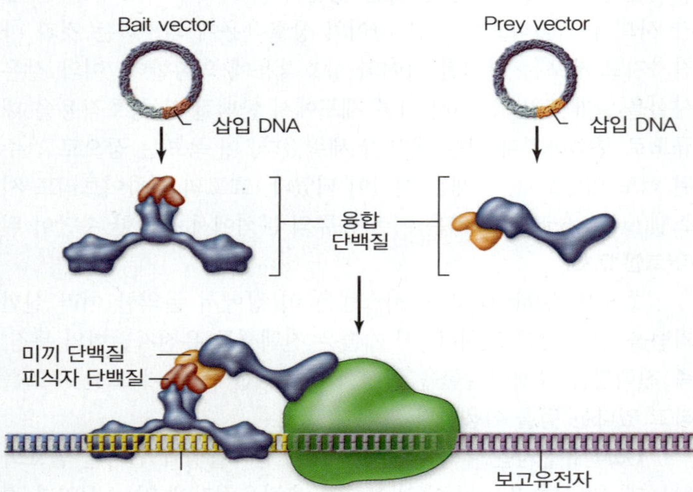

그림 17.15 효모의 투하이브리드 시스템은 상호작용하는 단백질을 탐지해낸다. Gal4 단백질은 전사활성화 인자이다(위). *Gal4* 유전자는 둘로 나뉘어 두 개 다른 vector에 사용되는데, 하나는 Gal4의 DNA-결합 도메인만 들어있고(bait vector), 다른 하나에는 전사활성화 도메인만 들어있는 것이다(prey vector). 이들 각 벡터로 단백질 유전자가 삽입되어 발현되면, 각각 Gal4 단백질의 일부와 연결된 융합 단백질이 생성된다. 융합단백질이 상호작용하는 경우 *Gal4* 기능이 회복되어 보고유전자 발현이 활성화된다.

이 시스템의 멋진 점은 간단하고 융통성이 있다는 점이다. 두 개의 이미 알고 있는 단백질에 대해 적용할 수도 있고, 하나의 알고 있는 단백질을 베이트로 삼고 cDNA 라이브러리의 구성 단백질을 모두 프레이의 대상으로 삼아 분석할 수도 있다. 후자의 경우, 어느 한 세포에서 가능한 모든 단백질 상호작용을 이 방법으로 모두 찾아낼 수도 있다.

예상했던 것보다 더 많은 단백질 상호작용이 일어난다는 것이 이미 명백해졌는데, 이 데이터는 특정 세포의 정상적인 세포활동에 필요한 단백질 상호작용 네트워크를 이해하는 데 기초가 될 것이다.

개념 정리 17.3

서던흡입기술은 DNA 조각들을 크기 별로 분리한 다음 적절히 표지된 탐침과 혼성화시키는 과정을 통해 특정 DNA를 동정할 수 있게 해준다. 살아있는 세포 내에서 DNA 중합효소는 복제에 필수적인 효소이다. DNA 염기서열 분석법은 DNA 중합효소 반응을 이용한 것으로, 합성반응 정결자의 첨가로 합성이 종결되어 생성된 일련의 DNA 조각을 분석하여 염기서열을 알아낸다. 중합효소연쇄반응(PCR)으로는 소량의 샘플을 사용하더라도 많은 양의 특정 DNA를 얻을 수 있다. 단백질-단백질 상호작용을 탐지해낼 수 있는 효모 시스템은 베이트 단백질과 프레이 단백질, 그리고 보고유전자로 구성된다.

- PCR에서 샘플의 빠른 증폭을 가능하게 하는 중요한 요소는 무엇인가?

17.4 분자클론은 세포의 유전적 조작에 사용될 수 있다

분석을 위해 특정 유전자를 클로닝할 수 있게 된 것은 기초연구 분야에서는 새로운 시대로 들어설 수 있게 해주는 큰 진전이었으나, 의학 분야나 다른 응용분야에서의 획기적인 발전으로 이어지지는 않았다. 한때 세포나 생물체를 실제로 유전적으로 조작하는 능력은 요원한 것으로 생각되었으나, 이제는 그것이 가능한 시대로 들어섰으며(**그림 17.16**), 많은 흥분과 함께 논란도 야기시키고 있다.

유전공학은 식물과 동물을 정밀하게 유전적으로 변형시키는 것을 가능하게 한다

학습목표 17.4.1 클로닝 기술의 세 가지 응용 예를 기술하시오.

유전공학 기술로 식물과 동물에 유전적 변형을 일으키는 방법은 거의 무제한적이다. 여기에서는 세 가지 간단한 예를 들어 보겠는데, 각각 연구분야와 사회 전체에 큰 영향을 미치는 것들이다.

그림 17.16 유전적으로 변형시킨 동물. 사진 오른쪽에 있는 유전적으로 변형된 연어는 왼쪽에 있는 형질전환시키지 않은 연어에 비해 생산 주기도 단축되고 무게도 더 나간다.

발현 벡터는 특정 유전자 산물을 생산할 수 있게 해 준다

여러 다양한 특수 벡터가 클로닝 기술의 개발 이래로 만들어졌다. 한 가지 매우 중요한 벡터 유형이 **발현(expression) 벡터**이다. 이들 벡터는 삽입된 DNA를 특정 세포에서 발현되도록 하는 염기서열, 즉 전사와 단백질합성이 일어날 수 있도록 해 주는 서열을 갖고 있다. 예를 들어, 박테리아에서 단백질을 생산하는 목적에는 박테리아 촉진유전자를 갖고 있는 발현 벡터를 사용한다. 이런 벡터로 형질전환된 박테리아는 삽입된 유전자에 해당하는 단백질을 많은 양 생산한다. 많은 치료용 단백질이 이런 방법으로 생산되었는데, 그 첫 번째 단백질은 당뇨병을 치료하는 인슐린이다.(이런 유형의 응용은 17.5 절에서 더 자세히 다루겠다)

유전자는 종의 장벽을 넘어 도입될 수 있다

유전자를 원래 세포로 재도입하거나 다른 세포로 도입할 수 있는 능력은 진짜 유전공학이라 할 수 있다. 다른 생물체에 있던 유전자를 전통적인 교배방식을 사용하지 않고 도입하여 만들어진 식물이나 동물을 **형질전환(transgenic)** 식물 또는 동물이라 부른다. 앞으로, 형질전환 식물이나 동물을 의학이나 농업에 응용한 여러 예를 탐구할 것인데, 처음 목적은 기초 연구에 사용하기 위함이었다.

유전자를 원래 환경에 재도입하여 발현시키거나 또는 다른 환경에서 발현시킬 수 있는 능력은 이전에는 전혀 생각하지도 못한 일이었다. 드라마틱한 예로는 생쥐의 *eyeless* 유전자를 초파리에 사용한 것이었다. 이 생쥐 유전자는 초파리에서 눈 형성을 유도하는 유전자를 대신할 수 있다는 것이 밝혀졌다. 그 유전자를 원래 눈이 형성되지 않는 조직에 발현시키면 눈이 생기는 위치가 아닌 다른 위치에서도 눈 형성을 유도한다는 것도 밝혀졌다. 이 놀라운 결과는 곤충의 복눈 형성과정이 척추동물의 눈 형성과정과 그리 다르지 않음을 보여주는 것이다.

클로닝된 유전자는 "유전자제거" 생쥐 제조에 사용될 수 있다

연구에 매우 중요한 기술 중 하나는 **시험관내 돌연변이유발(in vitro mutagenesis)**로 기능 분석을 위해 클로닝된 유전자의 특정 부위에 돌연변이를 도입하는 능력이다. 화학물질 처리나 방사선 조사를 하여 온전한 생물체에 돌연변이를 도입하는 것은 시간과 노력을 많이 요구하는데, 그 방법 대신 DNA를 직접 조작하여 돌연변이를 도입하는 것이다. 이러한 실험의 궁극적인 목표는 정상 유전자를 mutant 유전자로 대체하여 유전자 기능을 조사하는 것이다. 이 기술은 처음 효모를 대상으로 개발되었는데, 이제는 생쥐에까지 적용되게 되었다.

생쥐에서는 이 기술의 적용으로 특정 유전자가 불활성화된 유

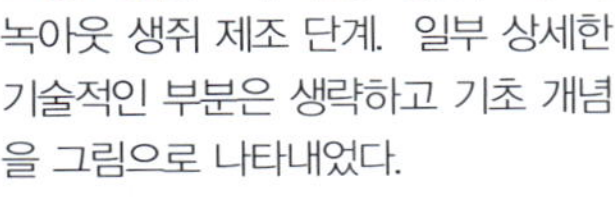

그림 17.17 녹아웃 생쥐 제조. 녹아웃 생쥐 제조 단계. 일부 상세한 기술적인 부분은 생략하고 기초 개념을 그림으로 나타내었다.

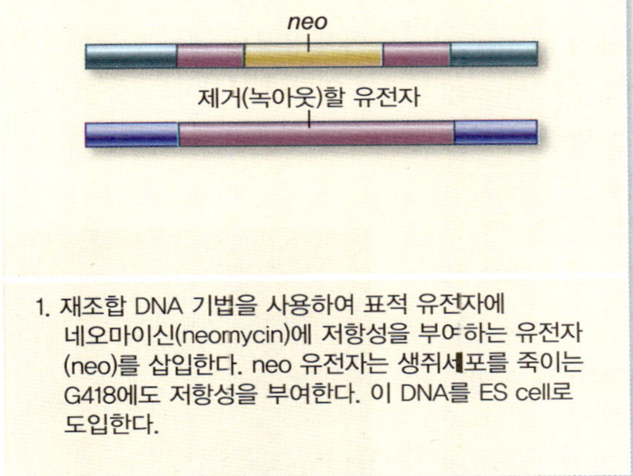

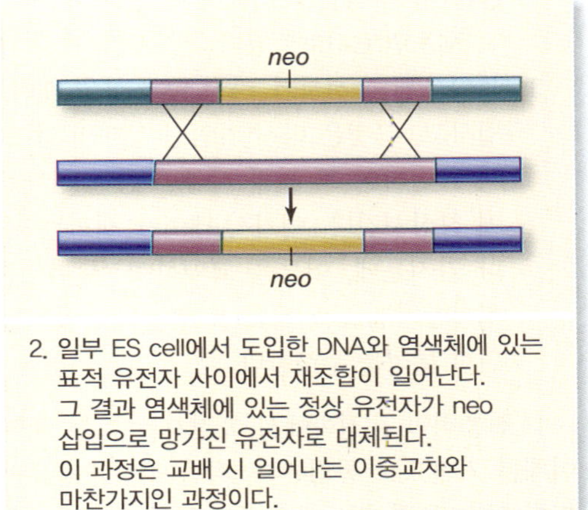

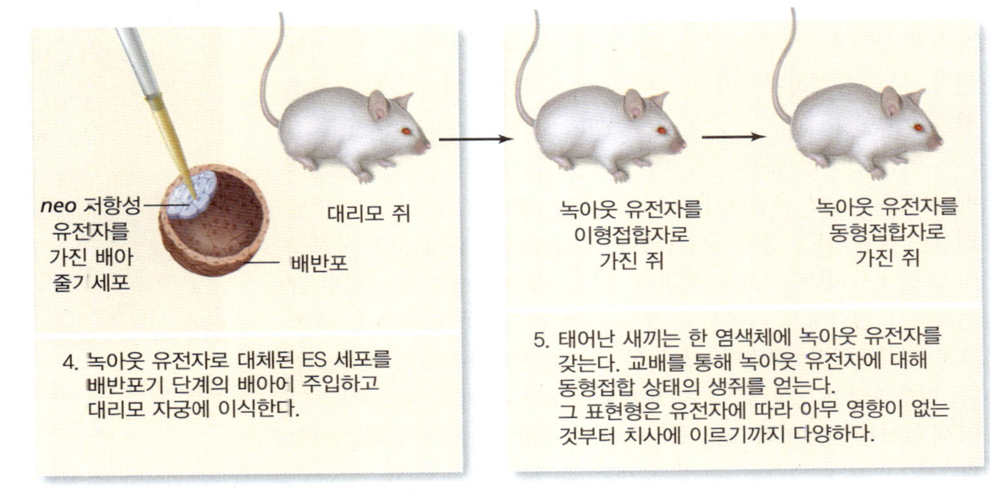

전자제거 생쥐(**knockout mice**)를 만들 수 있다. 유전자의 기능이 상실되었을 때의 영향은 생쥐 성체에서 평가한다. 만약 그 영향이 치명적인 경우 어떤 발생단계에서 기능이 망가지는지 분석한다. 이러한 아이디어는 단순하지만, 실제 기술은 복잡하다. 이런 유형의 실험을 단계별로 설명하면 다음과 같으며, 그림 17.17에도 나타내었다.

1. 클로닝된 유전자를 재조합 DNA 기술을 이용하여 마커 유전자로 대체하여 망가뜨린다. 마커 유전자는 네오마이신에 내성을 부여하는 박테리아 유전자로 생쥐 세포가 네오마이신 유사 물질인 G418이 들어있는 배지에서 생존할 수 있게 해 준다. 마커 유전자의 양옆으로는 표적 유전자의 서열이 위치하도록 DNA를 제조한다.
2. 인위적으로 망가뜨린 유전자를 **배아줄기세포(embryonic stem cell, ES cell)**로 도입한다. 이들 세포는 초기 배아에서 유래된 세포로 여러 성체 조직으로 분화할 수 있다. 도입된 DNA는 마커 유전자 양 옆에 있는 서열로 인해 염색체에 있는 표적 유전자와 재조합이 일어날 수 있다. 이 과정은 유전자 지도를 만드는 데 사용되는 것과 같은 종류의 재조합이다(13장). 항생제 내성 유전자가 있는 녹아웃 유전자에는 복제 개시점이 없기 때문에 재조합이 일어나지 않으면 사라져 버린다. 처리한 세포는 재조합이 일어난 세포만 선별하기 위해 G418이 들어있는 배지에서 배양한다.(마커 유전자가 들어있는 세포만 G418이 있더라도 자랄 수 있다)
3. 녹아웃된 유전자를 가진 ES cell을 배반포 단계의 배아에 주입하고, 그것은 다시 가임신 상태의 암컷(정관수술을 한 수컷과 교접하여 그 결과 자궁이 준비 상태로 있는 암컷)의 자궁에 착상시킨다. 여기서 태어난 새끼는 녹아웃된 유전자를 하나 가지는데, 이들을 교배하여 두 유전자가 모두 망가진 동형접합체(homozygote)를 얻는다. 이들 동형접합체에 대해 표현형 분석을 수행한다.

전통적인 유전학에서 유전자는 특정 표현형을 보이는 돌연변이체를 기반으로 동정된다. 다음에는 분자유전학적 기법들이 사용되어 해당 유전자를 찾아내고 분자 클론을 얻는다. 유전자제거 생쥐는 **역유전학(reverse genetics)**의 한 예이다. 미지의 기능을 가진 유전자 클론은 그 유전자가 결핍된 돌연변이체를 만드는 데 사용된다. 이후 유전학자들이 그 유전자가 제거됐을 때의 영향을 분석한다.

이런 연구는 때때로 놀랄만한 결과를 낳기도 하는데, 종양억제 단백질인 p53 유전자가 녹아웃되었을 때가 그 경우이다. 이 단백질은 많은 인간 종양에서 돌연변이 상태로 발견되고 또 세포주기 조절에서 매우 중요한 역할을 수행하기 때문에(10장), 필수 유전자라고 생각하고 녹아웃의 경우 태어나지도 못하고 죽게 될 것으로 생각하였다. 그런데, 그 녹아웃 생쥐는 정상적으로 태어났다. 즉, 발생과정이 정상적으로 이루어진 것이다. 하지만, 이 생쥐는 나이가 들어가면서 여러 조직에서 암이 많이 발생하는 표현형을 보였다.

개념 정리 17.4

클로닝된 유전자를 담고 있는 발현 벡터는 여러 세포에서 단백질을 생산할 수 있게 해 준다. 이러한 실험은 연구 목적으로 또는 치료용 단백질을 생산하려는 목적으로 이루어진다.

- 녹아웃 생쥐를 제조할 때 왜 재조합이 필수적인 요인인가?

17.5 의학분야의 주요 발전에도 유전공학이 적용된다

초기 유전공학 붐이 일던 시절에는 많은 회사들이, 그 중 많은 회사들이 지금은 문을 닫았지만, 우후죽순 격으로 생겨났다. 동시에, 주요 제약회사들은 모두 이 분야의 연구를 시작하거나 전망이 밝은 기술을 가진 작은 회사를 활발히 인수하였다. 이들 기술을 모두 열거하기에는 너무 많아 몇 가지만 얘기해 보도록 하겠다. 17.6 절에서는 농업에의 응용 예를 다루기로 한다.

인간 단백질이 박테리아에서 생산될 수 있다

학습목표 17.5.1 어떻게 진핵생물 단백질이 박테리아 세포에서 생산될 수 있는지 설명하시오.

유전공학을 응용한 것으로 최초의 그리고 아마도 가장 명백한 상업적 응용의 예는 임상적으로 중요한 단백질 유전자를 박테리아로 도입하여 생산하는 것이다. 박테리아는 많은 양을 저렴하게 배양할 수 있기 때문에, 도입한 유전자가 박테리아에서 발현되도록 제대로

그림 17.18 인간 성장호르몬 유전자를 가진 유전공학 생쥐. 사진의 두 생쥐는 유전자 하나를 제외하고는 유전적 환경이 같다. 큰 생쥐는 인간 성장호르몬 유전자를 추가로 갖고 있다. 그 유전자는 생쥐 게놈에 추가된 이후 생쥐의 유전물질로서 안정적인 한 부분으로 존재하고 있다.

설계되었다면 재조합 유전자를 가지게 된 박테리아는 그 유전자가 암호화하는 단백질을 다량 생산할 수 있다. 이 방법은 인슐린과 면역단백질인 인터페론뿐 아니라 인간성장호르몬(그림 17.18)과 적혈구 증식을 촉진하는 erythorpoientin 등 다른 상업적으로 가치있는 단백질을 생산하는 데 이용되었다.

의학적으로 중요한 단백질 중 이러한 방법으로 제조되는 단백질의 한 예는 고혈압과 신부전을 치료하는 새로운 방법을 제공할 수도 있는 작은 단백질인 **심방펩티드(atrial peptide)**이다. 다른 한 예는 **조직플라스미노겐활성인자(tissue plasminogen activator, TPA)**로 이 단백질은 우리 몸에서 미량 합성되어 혈전을 녹이는 작용을 하는데, 허혈성 뇌졸중(뇌로 가는 혈관이 막혀 발생할 수 있는 병)이 발생하고 3 시간 안에 사용하면 재앙적인 손상을 막을 수도 있다.

이런 방법의 한 가지 문제점은 우리가 원하는 단백질을 박테리아 단백질로부터 분리해내는 것이 어렵다는 점이다. 복잡한 혼합물로부터 단백질을 분리하는 것은 시간도 많이 걸리고 또 비용도 많이 든다. 하지만 그래도, 예전에 썼던 방법인 동물 조직으로부터 분리해 정제하는 것보다는 훨씬 쉽다. 예를 들어 인슐린은, 예전에는 돼지 췌장으로부터 추출해 사용했었는데 돼지 인슐린이 사람 인슐린과 유사하기 때문이다.

재조합 DNA 사용으로 간단히 백신을 생산할 수도 있다

학습목표 17.5.2 아단위 백신과 DNA 백신을 비교하여 설명하시오.

잠재적인 중요성이 있는 다른 분야는 유전공학 기술을 전염성 질병에 대한 백신 생산에 이용하는 것이다. 두 가지 유형의 백신이 연구 중인데 그것은 아단위 백신(*subunit vaccine*)과 *DNA* 백신(*DNA vaccine*)이다.

아단위 백신

아단위 백신(subunit vaccine)이란 병원체 전체가 아닌 일부를 사용하여 만든 백신으로, 예를 들어 허피스(포진)이나 간염을 일으키는 바이러스에 대해 제조할 수 있다. 또한, 단순허피스바이러스(herpes simplex virus) 또는 B형 간염바이러스의 단백질 유전자를 독성이 없는 백시니아(우두)바이러스 유전체에 넣어 발현시켜 생백신으로 사용할 수도 있다(그림 17.19).

백시니아바이러스는 200여년 전 영국 의사인 제너(Edward Jenner)의 선구자적인 천연두 예방접종에 사용되었던 바이러스인데, 이제는 허피스바이러스나 간염바이러스의 외피 단백질을 발현시키기 위한 벡터로 사용되고 있다. 다른 바이러스의 유전자가 삽입된 백시니아바이러스는 포유류 세포 안에서 복제하고, 그 표면에 허피스바이러스나 간염바이러스의 외피 단백질을 가진 재조합 바이러스 입자를 만들어낸다. 이 재조합 바이러스를 생쥐나 토끼에 주사하면, 접종받은 동물의 면역체계는 재조합 바이러스의 표면 단백질에 대한 항체를 만들어낸다. 즉, 그 동물에는 허피스바이러스나 간염바이러스에 대한 면역력이 생기는 것이다.

이러한 방법으로 생산되는 백신은 무해한데, 왜냐하면 백시니아바이러스는 독성이 별로 없기 때문이며, 또 질병을 일으키는 바이러스의 유전자도 전체가 아닌 일부만 발현되기 때문이다.

이 방법이 크게 매력적인 점은 어떤 종류의 바이러스 질병이든

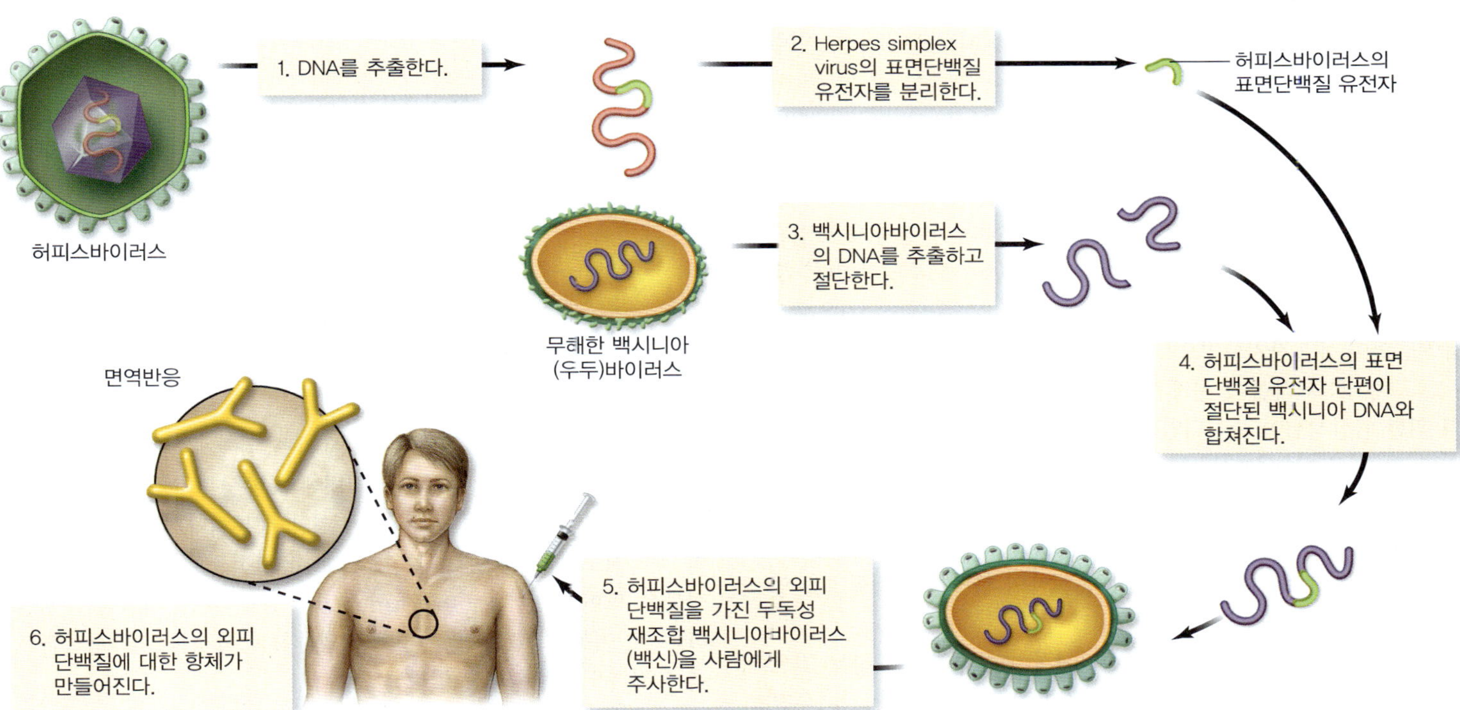

그림 17.19 단순허피스바이러스에 대한 아단위백신 제조 전략. 재조합 DNA 기술을 통해 어떤 바이러스나 박테리아의 특정 단백질을 사용하여 백신을 제조할 수 있다. 단순허피스바이러스의 표면 단백질를 예로 들어 보겠다.

적용할 수 있다는 점이다. 장래에, 유사한 재조합 바이러스가 여러 바이러스 질병에 대한 면역을 유도하기 위해 사용될 것으로 보인다.

DNA 백신

1995년, 전혀 새로운 유형의 백신인 DNA **백신(DNA vaccine)**의 첫 임상시험이 실시되었는데, 그것은 항체에 의존하는 것이 아니라 면역반응의 다른 쪽, 즉 살상 T 세포라고 알려진 혈액세포가 감염된 세포를 공격해 제거하는 소위 세포성 면역반응(35장)에 의존한다. 처음 시도된 DNA 백신은 인플루엔자바이러스의 내부 핵단백질의 유전자를 플라스미드에 삽입해 만든 것으로, 제조 후 생쥐에 주사되었다. 이 생쥐에서는 인플루엔자바이러스에 대해 강한 세포성 면역반응이 유도되었다. 새롭고 논란의 여지가 있는 방법이지만, 전망이 아주 좋은 방법이다.

유전자치료는 유전질환을 직접 치료할 수 있다

학습목표 17.5.3 유전자치료의 잠재적 문제점과 그 문제 해결을 위해 무엇이 이루어지고 있는지 설명하시오.

수십 년 동안 과학자들은 낭포성섬유증(cystic fibrosis), 근이영양증(muscular dystrophy), 다발성경화증(multiple sclerosis)과 같이 치명적이기도 한 유전질환을 치료하기 위해 잘못된 유전자를 정상 유전자로 대체하는 방법으로 치료하려 하였다. 이런 방법은 여러 광범위한 유전질환을 치료할 수 있는 가능성을 제공한다.

가능성과 함께 문제점을 여실히 보여주는 예는 **중증복합면역결핍증(severe combined immunodeficiency disease, SCID)**이다. 이 질환은 X 염색체와 연관된 종류(X-SCID)와 아데노신 디아미네이즈(adenosine deaminase) 효소가 결핍된 종류(ADA-SCID) 등 여러 종류가 있다.

성공적인 첫 **유전자전달치료(gene transfer therapy)**가 1990년 ADA-SCID를 앓고 있는 두 소녀를 대상으로 행해졌다. 과학자들은 정상적인 아데노신 디아미네이즈 유전자를 분리해내고 그것을 두 소녀로부터 추출한 골수 세포에 도입하였다. 유전자가 도입된 골수 세포를 증식하게 한 다음 다시 두 소녀에게 주입하였다. 두 소녀는 병에서 회복하고 그 뒤에도 건강을 유지하였다. 처음으로 유전질환이 유전자치료법으로 치료된 것이다.

그런데 그 다음에 문제가 생겼다. 2003년, X-SCID를 치료하기 위한 임상시험이 중지되었는데, 그것은 임상시험 대상이었던 20명의 환자 중 5명에게서 드문 형태의 백혈병이 생긴 것이다. 다섯 경우 모두 X-SCID 유전자를 도입하기 위해 사용된 벡터가 유전체의 *LMO2* 라는 원발암유전자(proto-oncogene) 옆에 삽입된 것으로 나타났는데, 삽입으로 인한 *LMO2* 유전자의 활성화가 백혈병을 일으킨 것으로 보인다.

과학자들은 그후 바이러스 벡터에서 백혈병을 유도하는 것으로 생각되는 부분을 제거하고, 여러 질환치료를 위한 새로운 유전자치료 임상시험 프로그램을 가동하였다. 2009년에는, 한 팀이 보다 진보된 벡터를 사용하여 레베르선천성흑내장(Leber's congenital blindness) 병을 가진 12명의 환자를 성공적으로 치료하였는데, 치료받은 모든 환자가 시력을 어느 정도 회복하였다. 2010년에는, 지난 2003년에 문제가 된 X-SCID 임상시험에서 백혈병이 생기지 않은 환자의 경우 X-SCID가 완전히 치료된 것에 고무되어, 새로운 벡터를 사용한 X-SCID 임상시험이 다시 시작되었다. 다른 여러 다양한 질환에 대해서도 현재 임상시험이 진행 중이다.

유전성 안과질환인 황반변성(macular degeneration)을 RNAi(16장)를 사용하여 치료하는 임상시험 결과도 전망이 밝다. 황반변성을 가진 사람은 시력을 잃게 되는데, 그것은 망막 아래 혈관의 비정상적인 증식 때문이다. 그런 환자에게는 마치 폭중우 속에서 와이퍼가 망가진 차의 앞 유리창을 통해 밖을 내다보는 것과 같을 것이다. RNAi 유전자치료법에서는 혈관 증식과 관련된 유전자 서열이 들어있는 이중가닥 RNA를 주사한다. RNAi는 앞에서 설명한 것과는 다르게 혈관형성에 필요한 단백질 생산을 억제하는 기작으로 병의 진전을 막는다.

2011년에는 과학자들이 벡터를 전혀 사용하지 않고 혈우병 생쥐를 치료하였다. 그들은 일종의 특수 절단효소를 사용하여 잘못된 유전자가 있는 위치에 정상 유전자를 삽입하였는데, 정확한 삽입을 안내하기 위해 "zinc finger"라는 DNA-결합 단백질을 사용했다. 사람의 혈우병치료에 모델 동물인 개를 대상으로도 임상시험이 진행 중이다.

개념 정리 17.5

재조합 DNA 기술은 인간과 같은 진핵생물에서 유전자를 분리하여 벡터에 삽입하고 박테리아로 도입한 다음, 거기서 그 유전자산물이 대량 생산될 수 있게 해준다. 유전자치료법은 결손 유전자를 유전공학 기술을 사용하여 대체하는 치료법인데, 어떤 경우에는 무작위적인 유전자 삽입으로 인해 원치 않는 결과가 야기되기도 한다.

- 다른 생물체에서 생산되고 정제된 인간 단백질로 환자를 치료할 때 생길 수 있는 바람직하지 않은 결과는 무엇인가?

17.6 유전적으로 변형된 식물과 동물은 농업 혁명을 가져온다

아마도 농업 분야만큼 유전공학이 우리 모두에게 직접적으로 영향을 미치는 분야는 없을 것이다. 질병에 저항성을 부여하거나 제초제에 내성이 생기도록 하거나 또는 영양 성분이나 다른 성분 함량이 높아지도록 작물은 여러 방법으로 유전적으로 변형되고 있다. 식물은 또한 "생물약농"(biopharming)을 통해 각종 치료약을 생산하는 데 이용되고 있으며, 가축도 생물학적 활성물질을 생산하도록 유전적으로 변형되고 있다.

Ti 플라스미드는 쌍떡잎식물을 형질전환시킬 수 있다

학습목표 17.6.1 식물에서 사용되는 재조합 기술을 박테리아에서 사용되는 것과 비교하시오.

식물에서 실험적으로 가장 어려운 부분은 재조합 DNA를 도입하는데 적합한 벡터를 찾는 것이었다. 식물세포는 박테리아와 달리 플라스미드를 갖고 있지 않아 벡터로 사용할만한 것이 제한적이다.

Ti 플라스미드

현재까지 가장 성공적인 결과는 식물 박테리아를 이용한 것으로, 보통 토마토, 담배, 대두와 같은 쌍떡잎식물을 감염하는 *Agrobacterium tumefaciens*에 있는 **Ti 플라스미드(tumor-inducing plasmid)**를 사용해 얻어졌다. Ti 플라스미드의 일부가 식물 DNA 안으로 삽입되는데, 과학자들은 Ti 플라스미드에서 식물세포로 운반되는 부분에 외래 유전자를 삽입할 수 있다(그림 17.20). 이 기술을 이용하여 많은 식물의 형질이 변경되었는데, 이 기술은 작물과 수목의 품질을 높이는 가치있는 기술이다.

과학자들이 원하는 형질은 질병, 서리피해, 또는 기타 스트레스에 강한 저항성 및 영양학적인 가치와 단백질 함량이 높은 것, 그리고 제초제 저항성 등이다. 이런 형질들은 이미 작물에 도입되었거나 도입 중이다. *Agrobacterium*은 불행히도 옥수수, 벼, 밀과 같은 곡물은 감염하지 않지만, 이들 작물에 유전자를 도입하기 위해서는 다른 방법이 사용될 수 있다.

다른 유전자삽입 방법

정상적으로 *Agrobacterium*에 감염되지 않는 곡물에 대해서는 다른 방법이 사용돼 왔다. 많이 사용하는 방법 중 하나는 "유전자 총"으로 DNA로 코팅된 미세한 금이나 텅스텐 입자를 식물세포로 쏘아 넣는 것이다. 이 기술은 어떤 종이든 사용할 수 있다는 장점이 있는데, 도입된 유전자의 copy 수를 조절하기 매우 힘들다는 문제점이 있다.

최근, *Agrobacterium* 시스템을 변형하여 곡물에도 사용하는 것이 가능하게 바뀌었는데, 장래에는 유전자 총 기술이 더 이상 사용되지 않을 수도 있을 것이다. 또한 *Agrobacterium*처럼 사용할 수 있는 다른 박테리아도 개발되어 곡물 형질전환에 새로운 방법으로 대두되고 있다.

모든 종류의 작물을 유전적으로 변형시킬 수 있는 기술이 완숙 단계임이 분명한데, 이 기술은 여러 종류의 형질전환 작물을 만들어내는 일을 가속화시킬 것이다.

제초제 저항성 작물은 경작의 필요성을 없앤다

학습목표 17.6.2 작물에서 글리포세이트 저항성이 어떻게 제초제 내성을 부여하는지 설명하시오.

최근, 강력하고 생분해성이 있으며 성장 중인 식물은 대부분 죽이는 제초제인 **글리포세이트(glyphosate)**에 저항성을 갖도록 쌍자엽식물이 유전공학적으로 형질전환되었다(그림 17.21). 글리포세이트는 식물에서 방향족 아미노산 생합성에 필요한 5-enolpyruvylshikimate-3-phosphate(EPSP) 합성효소라는 효소를 저해한다.

인간은 방향족 아미노산을 만들지 못하고 음식물로 섭취하기 때문에, 우리는 글리포세이트에 영향을 받지 않는다. 글리포세이트-저항성 식물을 만들기 위해 과학자들은 Ti플라스미드를 이용하여 EPSP 합성효소 유전자를 추가로 식물체로 도입하였다. 이렇게

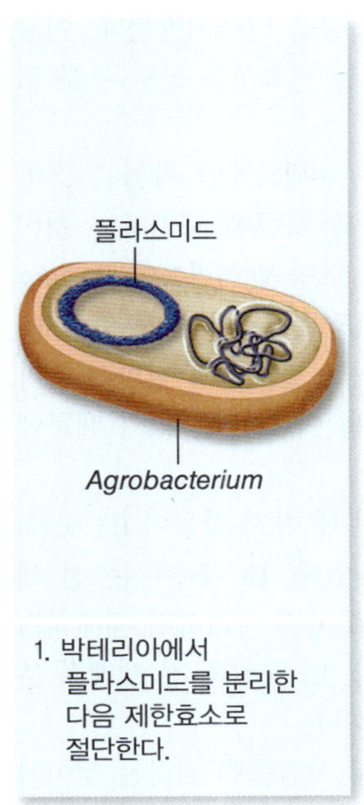

그림 17.20 Ti 플라스미드. *Agrobacterium tumefaciens*의 플라스미드가 식물유전공학에 사용된다.

과학적 사고

가설: 페튜니아는 EPSP 합성효소를 과발현시킴으로써 제초제 글리포세이트에 대한 내성을 획득할 수 있다.

예상: 강력한 촉진유전자를 가진 카이메릭 EPSP 합성효소 유전자로 형질전화된 페튜니아 식물들은 글리포세이트에 내성을 가질 것이다.

시험:

1. 제한효소와 연결효소를 이용하여 cauliflower mosaic virus 촉진유전자(35S)를 EPSP 합성효소 유전자에 연결하고 이것을 Ti plasmid에 삽입한다.
2. 이 재조합된 plasmid를 Agrobacterium에 넣어준다.
3. 페튜니아 세포들을 감염시키고 식물들을 키운다. 감염되지 않은 식물들도 control로서 같이 키운다.
4. 글리포세이트를 처리한다.

결과: 글리포세이트는 control 식물들은 죽이지만 형질전화된 식물들은 죽이지 못한다.

결론: 첨가된 EPSP 합성효소가 글리포세이트 내성을 제공한다.

심화실험: 이 형질전환된 식물들은 내성을 가지지만 저항성은 지니지 않는다. 유전자의 부가적인 카피가 내성을 증가시키는지를 어떻게 결정할수 있는가? 페튜니아에서 너무 많은 EPSP 합성효소를 발현시키면 어떤 불리한 면이 생길까?

그림 17.21 유전공학을 통한 제초제 내성 부여.

형질전환된 식물은 보통보다 20 배 더 많은 EPSP 합성효소를 생산하여 글리포세이트가 있더라도 성장할 수 있다. 나중에는, 글리포세이트에 저해를 받지 않는 효소를 박테리아에서 찾아내 그 유전자를 식물에 도입하여 글리포세이트-저항성 작물을 만들었다(그림 17.21).

이것은 농부들의 큰 관심을 끌었는데, 그것은 글리포세이트에 저항성이 있는 작물은 잡초제거 작업을 할 필요가 없고 단순히 밭에 그 제초제만 뿌리면 됐기 때문이다. 예전에 사용하던 제초제는 대부분 일부 잡초에만 효력이 있었는데, 글리포세이트는 광범위제초제이기 때문에 농부들은 더 이상 여러 제초제를 뿌릴 필요가 없어졌다. 더욱이, 주로 사용되어왔던 많은 다른 제초제와는 달리, 글리포세이트는 환경에서 쉽게 분해되었다. 지금, 곡물도 글리포세이트 저항성 형질을 갖도록 하기 위해 노력 중이다.

지금까지 네 가지 작물이 글리포세이트 저항성을 갖도록 형질전환되었는데, 그것은 옥수수, 면화, 대두, 카놀라이다. 글리포세이트 저항성 대두는 특히 인기가 좋아 아홉 나라에서 재배하는 GM(genetically modified) 작물의 재배면적 중 60%를 차지한다. 미국에서는 현재 재배 중인 대두 중 90%가 GM 대두이다.

Bt 작물은 해충에 저항성이 있다

학습목표 17.6.3 여러 형질이 합쳐진 GM 작물의 효력에 대해 설명하시오.

상업적으로 중요한 많은 작물이 해충의 공격을 받으며, 이에 대한 방어로는 보통 살충제를 살포하는 것이다. 오늘날 40% 이상의 화학 살충제가 boll weevil이라 부르는 바구미와 bollworm이라 부르는 나방유충 등 면화를 먹어치우는 해충을 표적으로 하여 사용된다. 과학자들은 해충에 저항성이 있는 작물을 만들어왔는데, 이로써 작물 외부에 살포하는 살충제를 사용할 필요성은 상당 부분 없어졌다.

사용하는 전략은, 다른 생물체에는 무해하지만 작물을 갉아먹는 해충에는 해로운 단백질의 유전자를 작물에 도입하는 것이다. 가장 통상적으로 사용되는 단백질은 토양 박테리아인 *Bacillus thuringiensis*에서 생산되는 **독소 단백질**(*Bt toxin*)이다. 곤충이 Bt toxin을 섭취하면, 곤충 효소가 그것을 독소 단백질로 전환시켜 마비와 죽음을 유발케 한다. 다른 동물에는 이 효소는 없기 때문에 해가 없다.

제초제 저항성을 갖도록 형질전환된 네 가지 작물이 BT toxin을 이용한 해충 저항성도 갖도록 변형되었다. Bt 옥수수는 전 세계적으로 두 번째로 보편적인 GM 작물로 아홉 나라에서 재배되는 GM 작물의 재배면적 중 14%를 차지한다. Bt 작물의 전 세계적 분포도 제초제 저항성 작물의 분포와 비슷하다.

제초제 저항성과 해충 저항성이 모두 사람들이 원하는 것이어서, 두 형질을 모두 가진 *stacked GM crop* 으로 옥수수와 면화가 만들어진 것이 놀라운 일은 아닐 것이다. 이와 같이 여러 형질이 합쳐진 작물은 재배면적 기준으로 전체 GM 작물의 9%를 차지한다.

황금쌀은 GM 작물의 잠재적 가능성을 보여준다

학습목표 17.6.4 과학자들이 유전공학 기술로 어떻게 더 영양가 높은 쌀을 만들어냈는지 기술하시오.

유전공학의 약속된 혜택 중 하나는 더 나은 작물을 만드는 것이다. 다른 생물종의 유전자를 도입할 수 있는 능력은 전통적인 교배를 통해 얻을 수 있는 것을 뛰어넘는 유전적 변형을 가능하게 하였다.

GM 작물의 성공작이라 할 수 있는 것 하나는 황금쌀 개발이다. 세계보건기구(WHO)는 비타민 A 결핍이 전 세계적으로 1억 4천만 명에서 2억 5천만 명의 취학 전 아동에 영향을 미치고, 그 중 25만 명에서 50만 명이 시력을 잃는 것으로 추정하였다. 비타민 A 결핍은 쌀이 주식인 개발도상국에서 특히 심각하다. 황금쌀은 벼의 배젖에서 베타카로틴이 생산되도록 하는 유전공학 과정을 거쳐 만들어졌는데, 베타카로틴은 우리 몸에서 효소에 의해 비타민 A로 바뀌어 그 결핍 증상을 완화한다.

황금쌀은 배젖에 베타카로틴이 다량 함유되어 있어 특이한 색깔을 띠기 때문에 붙여진 이름이다. 벼는 정상적으로는 배젖 조직에서 베타카로틴을 만들지 않지만, 그 전구물질인 geranylgeranyldiphosphate(GGPP)는 생산한다. GGPP는 phytoene synthase, phytoene desaturase, lycopene b-cyclase의 세 효소 작용에 의해 베타카로틴으로 전환될 수 있다. 황금쌀은 이 세 효소의 유전자를 벼에 도입하여 벼의 배젖에서 베타카로틴 생합성이 이루어지도록 만든 것이다(**그림 17.22**).

이 경우의 유전공학은 두 가지 점에서 흥미롭다. 하나는, 형질전환식물에 새로운 생합성경로를 도입했다는 점이다. 두 번째로는, 전통적인 교배방법으로는 가능하지 않은 형질을 도입했다는 점인데, 그것은 알려진 벼 품종의 경우 배젖에서 이들 효소가 생산되는 것은 없기 때문이다. 처음 만든 것은 나팔수선화로부터 얻은 두 개 유전자와 박테리아로부터 얻은 한 유전자를 사용했다(그림 17.22). 정상적인 대사를 교란하지 않고 생합성경로를 하나 추가하는 것은 여러 어려움이 예상된다. 황금쌀의 경우에는 성장이나 다른 측면에서 아무 문제를 야기하지 않고도 베타카로틴 함량이 높은 결과를 얻었는데, 이는 매우 인상적인 결과이다. 2세대 황금쌀은 phytoene synthase 유전자로 나팔수선화 대신 옥수수 유전자를 사용하였는데, 베타카로틴 함량이 더 높게 나왔다.

황금쌀은 스위스의 공공 시설에서 처음 만들어졌으며 어떠한 상업적 대가 없이 무료로 사용 가능하게 만들어졌다. 초기 개발 이래로 황금쌀은 공공의 노력과 개인의 노력으로 개선되어 왔으며, 모두 아무런 상업적인 부대조건 없이 사용할 수 있도록 되어 있다.

다른 연구자들은 다른 방식으로 쌀의 영양가를 높이는 방법을 찾았다. 애기장대(*Arabidopsis*)의 유전자를 벼에 도입하여 쌀에서 엽산 함량을 높인 것이다. 유효 철분 함량을 증가시키는 다양한 방법도 연구되었다. 나중에는 이들 여러 형질이 조합된 품종을 개발할 수도 있을 것인데, 그것은 전통적인 교배를 통해서나 유전공학 기술을 사용하여 이룰 수 있을 것이다.

생물학자들은 GM 작물의 잠재적 위험성을 평가해왔다

학습목표 17.6.5 GM 식품이 먹기에 안전한지, 또 GM 작물이 환경에 해가 되는지 평가하시오.

GM 작물의 선택은 일부 지역에서 여러 이유로 저항을 받았다. 일부 사람들은 사람들이 섭취하기에 안전한지에 대해, 또 작물에 도입된 유전자가 야생종에 흘러들어갈 가능성, 그리고 이들 작물과 관련한 생물다양성의 감소에 대해 우려해 왔다.

GM 식품은 먹기 위험한가?

많은 소비자들은, 유전공학자들이 GM 작물을 만들기 위해 새로운 유전자를 도입하면 우리가 먹는 식품에 위험한 결과가 있을 것이라 우려한다. 대두에 글리포세이트 저항성을 도입한 것이 그 한 예이다(표 17.1에 현재 재배 중인 GM 작물의 예를 열거하였음). 그 결과 만들어진 대두는 영양학적으로 다른가? 아니다. 하지만, 새로 도입된 단백질, 즉 대두에 글리포세이트 내성을 부여하는 효소 같은 단백질이 일부 사람에게 치명적인 면역반응을 일으키지는 않는가? 알레르기 반응에 대한 잠재적 위험성은 매우 현실적이기 때문에, 새로운 단백질의 유전자가 작물에 도입될 때마다 도입된 단백

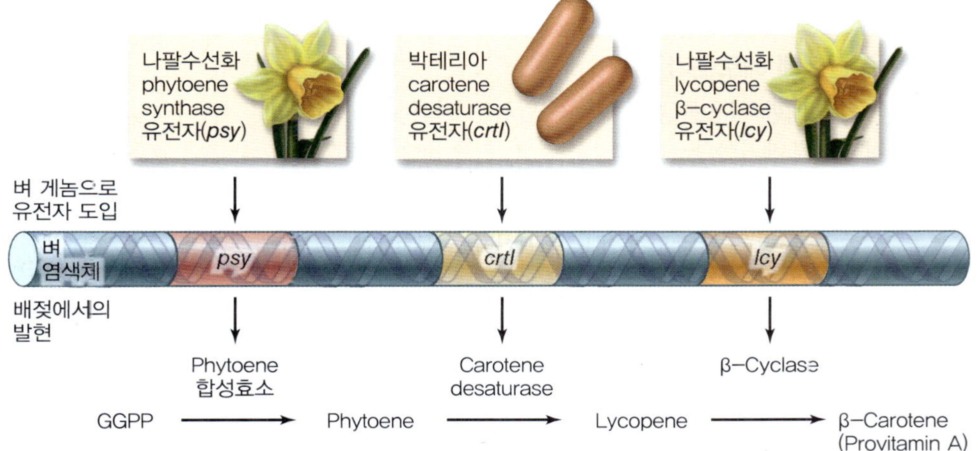

그림 17.22 황금쌀 제조. 벼는 정상적으로는 베타카로틴을 합성하는 데 필요한 효소를 배젖 조직에서 발현하지 않는다. 배젖에서 베타카로틴 합성이 이루어지도록 세 유전자가 벼 게놈에 추가되었다. 이 세 유전자의 유래와 베타카로틴 생합성 경로를 그림에 나타내었다. 그 결과물은 배젖에 높은 함량의 베타카로틴이 들어있는 황금쌀이다.

표 17.1	GM 작물		
벼	비타민 A 공급을 위해 나팔수선화 유전자가, 철분 공급을 위해 콩, 곰팡이, 야생 벼의 유전자가 재배종 벼에 도입되었다. 추위에 강한 형질전환 벼는 현재 개발 중이다.	면화	면화작물은 여러 인시류 곤충의 공격을 받는데, 전 세계적으로 40%의 살충제가 면화에 살포된다. 인시류에 선택적으로 독성을 가진 Bt 유전자가 도입된 형질전환 면화는 화학 살충제 사용을 그리 필요로 하지 않는다. 미국에서 재배되는 면화 중 93%가 Bt 면화이다.
밀	제초제 글리포세이트에 저항성이 있는 새로운 밀 품종은 경작의 필요성을 크게 줄여 표토 손실을 줄인다.	땅콩	LCB(lesser cornstalk borer)라 부르는 해충이 땅콩에 큰 피해를 입힌다. 이 해충에 저항성을 지닌 땅콩이 유전공학자들에 의해 개발 중이다.
대두	주요 동물사료 작물로, 2010년 제초제 글리포세이트 저항성 대두는 미국에서 대두 경작면적 중 90% 이상에서 재배되고 있다. 화학 살충제를 사용하지 않고 대두작물을 해충으로부터 보호하기 위해 Bt 유전자를 가진 품종도 개발 중이다. 유전공학자들은 또한 여러 방법을 통해 대두의 영양가를 높이는 연구를 하고 있다.	감자	버티실리움 시듦병(곰팡이병)은 감자의 물관조직을 감염하여 수확량을 40% 정도 감소시킨다. 알팔파로부터 얻은 항곰팡이 유전자는 이 곰팡이병 감염을 6배 정도 줄인다.
옥수수	해충에 저항성이 있는 옥수수 품종(Bt corn)이 널리 재배되고 있다(미국 옥수수 재배면적 중 86%). 제초제 글리포세이트에도 내성을 가진 품종도 최근 개발되었다. 가뭄에 강한 품종과 영양가가 높은 품종도 개발 중이다.	카놀라	주요 식용유 작물이며 동물사료 작물인 카놀라는 좁은 간격으로 밀식해 심는 것이 보통이고 별다른 밭갈이 없이 재배하기 때문에 잡초를 제거하기 위해 많은 화학 제초제 살포를 요구한다. 새로운 글리포세이트 저항성 품종은 훨씬 적은 화학 제초제를 필요로 한다. 미국에서 재배되는 카놀라의 93%가 GM 카놀라이다.

질이 알레르기 항원으로 작용할 가능성에 대해서는 광범위하게 조사할 필요가 있다. 현재 미국에서 생산되는 GM 작물 중 사람에게 알레르기 항원으로 작용하는 단백질을 함유하는 GM 작물은 없다. 이러한 근거로 보면, 식품에 미치는 유전공학의 위험성은 적은 것으로 보인다.

GM 작물은 환경에 해로운가?

GM 작물의 광범위한 사용을 우려하는 사람들은 다음 세 가지의 정당한 우려사항을 제기한다.

1. **다른 생물체에 대한 위해.** 적은 실험실 규모의 실험 결과, Bt 옥수수로부터 나온 꽃가루가 모나크 나비(monarch butterfly, 제주왕나비과 나비)의 애벌레에 해를 끼칠 수 있다는 결과를 보여 주었다. 이 예비보고서는 많은 공공의 관심을 받았으나, 이후 행해진 연구에서는 위해가능성이 거의 없음을 보여주는 결과가 나왔다. 모나크 나비는 옥수수가 아닌 milkweed(대극속 식물)에 알을 낳는데, 옥수수 밭이나 그 인근에서 자라는 milkweed는 거의 없다.
2. **저항성.** 농업에서 사용되는 살충제와 제초제는 모두 한 가지 문제점을 공통으로 갖고 있는데, 그것은 해충이나 잡초가 결국에는 박테리아가 항생제에 저항성을 가진 것으로 진화하는 것과 마찬가지 방식으로 저항성을 가진 해충이나 잡초로 진화할 것이라는 것이다. 이를 막기 위해 Bt 작물에 대해서는, Bt 저항성이 없는 곤충이 자연도태의 압력을 받지 않도록 피난처를 제공함으로써 저항성이 생기는 것이 느리게 진행되도록 하기 위해, Bt 작물이 아닌 것을 최소한 20%는 Bt 작물과 함께 재배하도록 하고 있다. 그 결과, 1996년 이래로 옥수수, 대두, 면화 등 Bt 작물을 광범위하게 재배하고 있음에도 현재까지 단지 몇 건의 저항성만 보고되었다. 불행히도 글리포세이트를 사용하는 농부에게는 똑같은 제한규정을 요구하지 않았는데, 결국 다른 결과로 귀착되었다. 2010년까지, 글리포세이트에 저항성을 가진 잡초가 22개 주에서 보고되었다.
3. **유전자 이동.** 도입된 유전자가 GM 작물에서 야생종이나 잡

초성 근연종으로 전해질 가능성은 어떨까? 주요 GM 작물의 경우에는 보통 GM 작물로부터 그 유전자를 받을만한 근연종이 주위에 없다. 예를 들어, 유럽에는 대두의 야생 근연종이 없다. 그렇게 때문에 유럽에서는 GM 대두르부터 유전자 탈출 가능성은 우리 사람의 유전자가 애완견이나 고양이로 전해질 가능성만큼이나 없다. 하지만, 이건 꽤 가능성있는 '하지만'인데, 주 재배작물이 아닌 작물의 경우에도 유전적 변형이 광범위하게 이루어지고 있어, 앞으로는 GM 작물이 주위 근연종과의 이종교배를 통해 새로운 잡종을 만드는 것을 막는 것이 어려워질 수도 있다.

치료물질이 "생물약농"으로 생산될 수 있다

학습목표 17.6.6 인간 단백질이 어떻게 작물이나 가축에서 생산될 수 있는지 설명하시오.

생물약농(biopharming) 식물

식물의 의학적 이용은 역사가 기록된 시절까지 거슬러 올라간다. 현대에 들어와서 제약산업은 식물로부터 생물활성물질을 분리해내는 것으로부터 시작됐다. 이러한 방식에 변화가 오게 된 것은 1897년 바이엘(Bayer) 사가 아스피린으로 알려진 아세틸살리실산(acetyl salicylic acid)를 시장에 내놓았을 때다. 이 물질은 서양흰버드나무의 나무 껍질에서 분리한 물질인 살리실산의 합성 버전이다. 치료약물 생산은 그 이래로 식물로부터 추출하는 것보다는 유기합성이 더 큰 비중을 차지하게 되었다.

이러한 추세에서 한 가지 예외는 암에 대한 화학치료제로, 예를 들어 택솔(taxol), 빈블라스틴(vinblastine), 빈크리스틴(vincristine)은 모두 식물로부터 직접 얻는다. 역사적 순환고리를 마무리하는 흥미로운 시점에서, 이제 제약산업은 유용한 물질 생산을 위해 형질전환 식물에 시선을 보내고 있다.

식물에서 생산된 첫 번째 인간 단백질은 인간 혈청 알부민으로 유전적으로 형질전환된 담배와 감자에서 생산되었다. 그 이후 20 종 이상의 단백질이 형질전환 식물에서 생산되었다. 이들 치료물질을 생산하는 형질전환식물들에 대한 규정은 현재 구체화 단계에 있다.

재조합 아단위백신

식물 유전공학에서 전망있는 한 분야는 재조합 아단위백신을 생산하는 것이다. 이들 중 형질전환된 감자에서 생산되는 것으로 노르워크(Norwalk) 바이러스에 대한 백신이 있다. 노르워크 바이러스는 통상적인 질병 바이러스는 아니지만, 이 바이러스가 어느 크루즈선의 승객 사이에서 집단 발병해 크루즈 항해가 취소된 일 때문에 대중에 알려졌다. 형질전환 시금치에서 생산된 광견병 백신도 현재 임상시험 중이다.

백신 생산에 식물을 사용하는 것의 잇점 중 하나는 쉽게 생산 규모를 늘릴 수 있다는 점이다. 250 에이커의 온실 면적이면 동남아시아에서 필요로 하는 B형 간염백신을 공급하는 데에 충분한 양을 생산할 수 있을 것으로 예상된다.

재조합 항체

분자클로닝 기술과 면역학을 결합함으로써 정상적으로는 척추동물의 혈액세포에 의해 만들어지는 항체를 형질전환식물에서 생산할 수도 있다. 식물에서 단클론항체를 생산하는 것은 형질전환식물 사용의 전망 좋은 한 분야이다.

치료 항체로서의 가능성이 큰 여러 항체가 식굴에서 생산 중이며 일부는 임상시험 단계에 있다. 한 가지 흥미로운 예는 충치를 일으키는 박테리아에 대한 항체이다. 드릴이 아니라 항체를 바르기만 하는 것이라면 치과 방문이 훨씬 즐거운 일이 될 것이다.

생물약농 동물

유전공학의 도래로 인간 유전자가 다른 동물에 도입될 수 있게 되었다. 형질전환 가축 생산은 초기 단계에 있어 어디로 흘러갈지 예상하기 어렵다. 이 시점에서는 형질전환동물 제조보다는, DNA 마커를 사용하여 개체를 동정하거나 가죽과 모피의 질감과 식품으로서의 맛 등을 결정하는 유전자들의 유전적 지도를 만드는 것이 유용한 분야라 할 수 있다. 분자생물학 기술과 가축 클론 제조능력(36장)을 결합하면 경제적으로 바람직한 형질을 가진 동물을 만들어낼 수 있을 것이다.

형질전환 동물은 처음 예상했던 것만큼 성공적이지 않았다. 초기에, 더 빠르고 크게 성장하리라는 희망 아래 성장호르몬을 과다 생산하게끔 돼지를 형질전환시켰다. 하지만 이 돼지는 성장이 약간만 증가했고, 지방 함량은 감소하여 맛이 떨어졌다. 이 밖에, 다른 좋지 않은 영향도 있었다. 이 분야에서 유용한 적용 분야는, 생물약농의 다른 예이지만, 젖으로 치료물질을 생산하게끔 동물을 유전공학적으로 바꾸는 것이었다.

형질전환 동물의 한 흥미있는 아이디어는 EnviroPig 이다. 이 동물은 대장균의 피타아제(phytase)라는 효소의 유전자에 생쥐의 침샘 특이적 발현 촉진유전자를 연결한 재조합 유전자를 도입하여 만든 것이다. EnviroPig에서 피타아제 효소는 침샘에서 분비되어 돼지 사료에 있는 인 성분 물질을 분해시켜 돼지가 섭취를 잘 하게끔 도움으로써 배설되는 인산을 70%까지 줄일 수 있다. 돼지 배설물에서 인산은 큰 문제가 되기 때문에, 인산 배출 감소는 환경에 큰 이로움을 줄 수 있다.

GM 작물과 마찬가지로, 형질전환 동물을 섭취하는 데 대한 두려움이 존재한다. 이 시점에서, 이러한 두려움은 건전한 과학에 근거를 둔 것은 아닌 것으로 보인다. 그럼에도 불구하고, 사람이 먹는 용도로 생산되는 형질전환동물은 매 경우마다 충분히 조사해야 할 것이다.

개념 정리 17.6

박테리아의 Ti 플라스미드와 박테리아에 사용되는 기술들을 이용하여 유전자를 식물에 도입할 수 있다. 현재까지, 제초제 저항성, 병원체로부터의 보호, 영양가 제고 및 백신과 약물 생산이 농업 유전공학의 주 관심분야였다. GM 식물에 관한 논란은 사람의 건강이나 환경에 대해 예상치 못한 영향이 있을 가능성에 초점이 맞추어져 왔다.

- Bt 독소 유전자가 어떻게 작물로부터 "탈출"하여 야생 식물로 옮겨질 수 있을까?

Bt 면화는 생물학적 해충 통제를 촉진시키는가?

최근까지, 전 세계적으로 면화에 살포된 살충제는 다른 작물에 살포된 것을 모두 합한 것보다 많았다. 대부분의 그 살충제는 bollworm 이라는 면화 해충을 없애기 위해 뿌린 것인데, 그 해충은 통제되지 않을 경우 면화밭을 완전히 황폐화시킨다. 하지만, 지난 16년 동안 해충 특이적 Bt 독소를 발현하는 유전공학 면화를 널리 재배하게 되면서 달라지기 시작했다. 사진에서 볼 수 있듯이 Bt 면화(오른 쪽)은 bollworm의 공격을 받지 않았고 형질전환되지 않은 면화(왼쪽)은 공격을 받았다.

Bt 면화가 bollworm의 공격을 받지 않기 때문에 살충제를 뿌릴 필요가 없게 되었다. 1996년 이후 Bt 면화를 대대적으로 심어 2011년에는 전 세계적으로 6.6 X 107 에이커의 Bt 면화가 심어졌고, 살충제 사용은 급격히 감소했다. 살충제 사용이 감소하면서, 과거에는 살충제에 의해 죽임을 당했던 곤충들의 개체 수가 증가할 것으로 예상됐다.

잡식성 곤충과 거미류 포식자가 면화에 뿌리던 살충제로부터 해를 입지 않게 되자 이제는, 면화 인근에 보통 재배하던 다른 작물, 즉 옥수수, 땅콩, 대두에 피해를 입히는 진딧물 같은 해충이 통제 가능하게 되었다. 이와 같이 다른 곤충을 통해 해충 수를 줄이는 것을 생물통제 서비스라고 부른다.

그런데 정말 이것이 실제 상황인 것인가? 면화해충 bollworm에 대한 살충제살포 감소가 실제 잡식성 곤충 포식자의 증가로 이어졌는가? 이것을 알아보기 위해 중국 과학자들은 2001년에서 2011년에 걸쳐 중국 북부의 여섯 성(省)에 있는 36 군데 Bt 면화밭과 non-Bt 면화밭에서 포식자를 포집하였다. 밭에 살충제를 뿌리지 않았을 때는 Bt 면화밭과 non-Bt 면화밭에서 포식자 곤충의 수에 차이가 없었다. Bollworm 살충제를 살포한 경우에는 어떤 일이 생겼을까? 그 결과는 오른 쪽 상단의 그래프로 나타낸 바와 같다. 각각의 푸른 점은 10년 동안 한 밭에서 얻은 결과의 평균을 에러바와 함께 보여준다. Bt 면화밭에는 보통 1년에 두세 번 살충제를 뿌리고, non-Bt 면화밭의 경우에는 1년에 11번 정도 뿌린다.

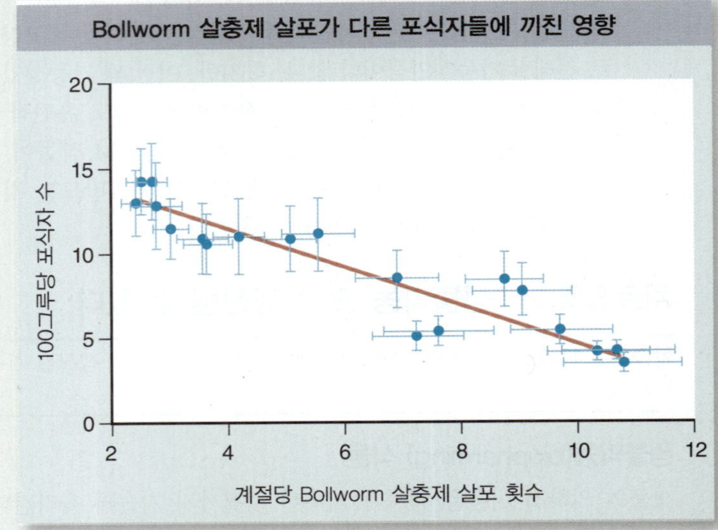

분석

1. **개념 적용**
   a. **변수.** 그래프에서 무엇이 종속변수인가?
   b. **에러바.** 두 점의 수직 에러바 또는 수평 에러바가 겹치면, 이것은 무엇을 의미하는가? 겹치지 않을 때는? 설명하시오.
2. **자료 해석**
   a. 면화 100개 당 발견되는 포식자 곤충의 수는 살충제가 자주 살포된 밭에서 달라지는가?
   b. 1년에 두세 번 살충제를 살포하는 밭에 비해 유의적으로 적은 수의 포식자 곤충을 가지려면 얼마나 자주 살충제를 살포해야 하는가?
3. **추론** 빨간 선은 데이터 점들에 맞춘 "least squares"(최소제곱) 회귀선이다. 이 선이 의미하는 바 살충제살포의 영향은 얼마나 큰가? [힌트: 세 번 살포했을 때의 포식자 수를 아홉 번 살포했을 때와 비교하시오. 살포 횟수를 세 배로 하였을 때 포식자 수는 얼마나 감소하는가?]
4. **결론** 도출 이 결과로부터, 면화해충 bollworm에 대한 살충제 살포를 줄이면 generalist 포식자 곤충의 개체 수가 증가한다고 결론짓는 것이 합당한가?
5. **추가** 분석 물론 다음 단계 연구에서는, 포식자 곤충의 개체 수 증가가 실제 인근의 비면화 작물에 있는 진딧물을 비롯한 해충 수를 감소시키는 생물통제 서비스를 증진시키는지 살펴보아야 한다. 이 일을 할 때, 무엇을 어떻게 하는 게 좋겠다 권고한다면, 여러분은 무엇이라 할 것인가?

학습 과정 복습

개념 17.1 DNA 조작에는 여러 효소가 사용된다

17.1.1 제한효소는 DNA의 특정 부위를 절단한다 여러 Type II 제한효소로 절단되어 생성된 DNA 분자에 관한 정보를 정리하여 DNA의 물리적 지도를 만들 수 있다.

17.1.2 DNA 연결효소는 재조합 분자를 제조할 수 있게 해 준다 DNA 연결효소는 뉴클레오티드 사이의 인산디에스테르결합 형성 반응을 촉매하여 재조합 분자를 만든다.

17.1.3 겔 전기영동으로 DNA 조각들을 분리한다 겔에 전기장을 걸어 DNA가 겔을 통해 움직이게 만들 수 있다. 작은 조각일수록 더 멀리 이동한다.

17.1.4 형질전환을 통해 *E. coli* 안으로 외래 DNA를 도입할 수 있다 인위적인 형질전환 기법으로 외래 DNA를 *E. coli*로 도입하여 형질전환 생물체가 되도록 만든다.

개념 17.2 분자클로닝은 특정 유전자 서열의 증식을 가능하게 한다

17.2.1 숙주–벡터 시스템은 외래 DNA를 박테리아에서 증식시킬 수 있게 해 준다 플라스미드와 인공염색체가 벡터로 사용될 수 있다. 외래 DNA는 제한효소와 DNA 연결효소를 사용하여 벡터로 삽입시킬 수 있고, 벡터는 박테리아 세포 안에서 복제된다.

17.2.2 DNA 라이브러리에는 한 생물체의 전체 유전체가 들어 있다 DNA 라이브러리는 유전체 또는 다른 복잡한 DNA 혼합물이 벡터에 담긴 것이다. mRNA의 cDNA 복사물은 역전사효소로 만들 수 있는데, 발현되는 서열만의 라이브러리 제조를 가능케 한다. 복잡한 혼합물에 있는 특정 DNA는 혼성화 과정, 즉 두 상보적인 가닥이 합쳐져 다시 두 가닥으로 되는 과정을 이용하여 찾아낼 수 있다. 즉, 라이브러리에서 특정 클론을 찾을 수 있는 것이다.

개념 17.3 분자클론 분석은 현대 생물학의 필수 도구이다

17.3.1 제한지도는 분자 수준의 "상징물"을 표시해 준다 서던흡입법에서는 복잡한 DNA 혼합물이 전기영동을 통해 크기별로 분리되고 여과지로 옮겨진 다음, 혼성화를 통해 특정 DNA가 동정된다. 제한단편길이 다형성(RFLP)은 DNA에 있는 개인 간 차이를 밝혀준다. DNA의 첫 물리적 지도는 제한효소 절단자리를 근거로 만들어진 것이다.

17.3.2 DNA 염기서열 분석은 유전자와 유전체에 대한 정보를 제공한다 DNA 염기서열 분석법에서는 염기서열을 알아내기 위해 특정 염기 위치에서 합성이 종료되게 하는 물질을 사용한다.

17.3.3 중합효소연쇄반응은 분석과정을 가속화시킨다 PCR은 증폭할 부분의 가장자리 부분에 붙는 두 개 짧은 시발체를 사용하여 특정 서열의 작은 DNA만 증폭한다. 온도를 높였다 낮추는 과정을 반복하고 고온에서도 안정한 온천세균중합효소를 사용한다.

17.3.4 단백질 상호작용은 투하이브리드 시스템으로 탐지할 수 있다 효모의 투하이브리드 시스템은 단백질-단백질 상호작용을 연구하기 위해 융합단백질과 보고유전자를 이용한다.

개념 17.4 분자클론은 세포의 유전적 조작에 사용될 수 있다

17.4.1 유전공학은 식물과 동물을 정밀하게 유전적으로 변형시키는 것을 가능하게 한다 발현 벡터는 삽입된 DNA의 발현을 촉발하기 위한 촉진유전자와 증폭자가 들어있어 특정 유전자산물의 생산을 가능케 한다. 유전자는 종의 장벽을 넘어 도입될 수 있으며, 형질전환 생물체가 만들어진다. 이 방법으로 외래 유전자를 발현시킬 수 있으며, 특정 유전자의 기능을 파악하기 위해 돌연변이를 도입할 수도 있다. 유전자제거 생쥐에서는 특정 유전자가 그 기능 평가를 위해 삭제된다.

개념 17.5 의학분야의 주요 발전에도 유전공학이 적용된다

17.5.1 인간 단백질이 박테리아에서 생산될 수 있다 인슐린 같은 인간 단백질을 박테리아에서 생산하게 되면서 질병 치료에 더 나은 결과를 얻게 되고 생산도 증대되었다.

17.5.2 재조합 DNA 사용으로 간단히 백신을 생산할 수도 있다 세포배양을 통해 생산된 아단위백신은 동물시험에서 효과가 있는 것으로 나타났으며, 세포성 면역반응을 일으키는 DNA백신도 전망이 좋다. 이 두 가지 전략은 앞으로 추가 시험이 필요하다.

17.5.3 유전자치료는 유전질환을 직접 치료할 수 있다 유전자치료에서는 결손 유전자를 대체하기 위해 정상 유전자를 삽입한다. 불행히도 두 건의 임상시험에서, 15%의 환자에게서 의도하지 않은 치명적인 결과가 나타났다.

개념 17.6 유전적으로 변형된 식물과 동물은 농업 혁명을 가져온다

17.6.1 Ti 플라스미드는 쌍떡잎식물을 형질전환시킬 수 있다 식물병원체 박테리아에 있는 종양유도(Ti) 플라스미드가 쌍떡잎식물에 유전자를 전달하기 위해 이용된다.

17.6.2 제초제 저항성 작물은 경작의 필요성을 없앤다

17.6.3 Bt 작물은 해충에 저항성이 있다

17.6.4 황금쌀은 GM 작물의 잠재적 가능성을 보여준다

17.6.5 생물학자들은 GM 작물의 잠재적 위험성을 평가해왔다 GM 작물이 안전한가에 대한 우려는 외래 단백질에 대한 알레르기 반응에 초점을 맞춰왔고, 환경에 대한 우려는 작물에 도입된 외래 유전자가 재배작물이 아닌 식물로 퍼질 수 있다는 점에 관한 것이다.

17.6.6 치료물질이 "생물약농"으로 생산될 수 있다 작물에서 동물 유전자가 발현되도록 유전적으로 변형시킬 수 있다. 현재까지 그 결과는 단순하지 않고 복합적이다.

학습 과정 평가

개념 17.1 DNA 조작에는 여러 효소가 사용된다

이해

1. 자연계에서 제한효소는
   a. 생물체 사이에서 DNA를 전달한다.
   b. 바이러스로부터 박테리아를 보호한다.
   c. 바이러스가 핵으로 침입할 수 있도록 한다.
   d. 박테리아가 클론을 형성하는 능력을 제한한다.
2. 재조합 DNA 분자는
   a. 감수분열에서 일어나는 교차과정을 통해 생산된다.
   b. 다른 DNA를 사용해 제조한다.
   c. 근원이 같은 DNA를 새로운 조합으로 제조한 것이다.
   d. 체세포분열을 통해 생산된다.

응용

1. 특정 세포에서 DNA를 분리하고 여러 조합의 *EcoRI*, *BamHI*, *EcoRV*으로 절단하였다. 생성된 DNA 조각은 겔 전기영동으로 분리하였다. DNA를 *EcoRI*과 *BamHI*의 두 제한효소를 모두 사용하여 절단하였을 때, 아래 그림 왼쪽의 제한효소절단자리와 맞는 전기영동 결과를 보인 샘플은 어떤 것인가?
   a. 1　　c. 3　　b. 2　　d. 4

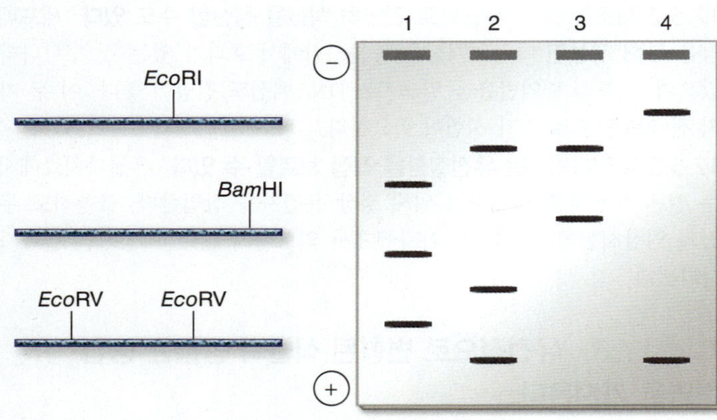

종합

1. 큰 DNA일수록 더 많은 뉴클레오티드를 갖고 있다. DNA의 음전하가 인산기로 인한 것이라면, 왜 전기영동 겔에서 큰 DNA일수록 더 빨리 이동하지 않는가?

개념 17.2 분자클로닝은 특정 유전자 서열의 증식을 가능하게 한다

이해

1. 분자혼성화는 다음 목적에 사용된다.
   a. mRNA로부터 cDNA를 생성한다.
   b. 벡터를 박테리아 세포로 도입한다.
   c. DNA 라이브러리에서 특정 클론을 찾는다.
   d. 유전자에 mutation을 도입한다.
2. cDNA 라이브러리는
   a. 역전사효소를 사용하여 만들어진다.
   b. 세포 mRNA의 DNA 복사물이 들어있다.
   c. 유전자 구조와 promoter를 연구하는 데 가장 유용하다.
   d. a와 b가 모두 맞음.

응용

1. 아래 보인 벡터를 사용하여 유전자를 클로닝하고자 한다. lacZ 유전자와 앰피실린 저항성 유전자, 그리고 몇 개 제한효소 인식부위를 나타냈다. 여러분의 유전자를 클로닝하기 위해 어떤 제한효소를 사용하여 이 벡터를 절단하겠는가?
   a. *EcoRI*
   c. *XhoI*
   b. *BamHI*
   d. *NotI* 또는 *EcoRV*

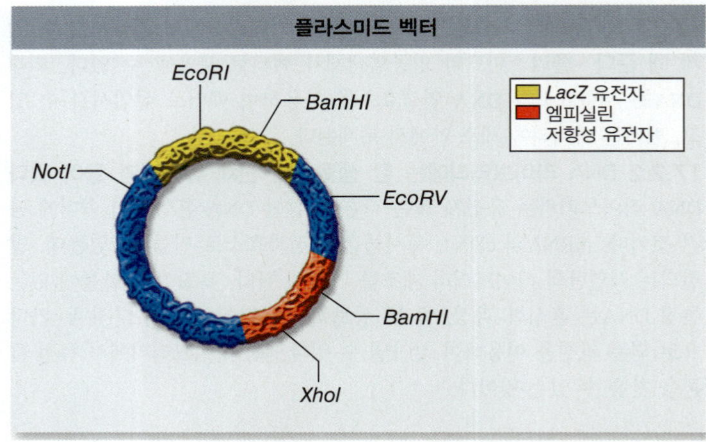

2. 형질전환된 세포를 배지에 도말한 다음, 원하는 클론을 얻기 위해 여러분은 어떤 것을 선택하겠는가?
   a. 앰피실린에 취약한 푸른 색 colony
   b. 앰피실린에 저항성이 있는 푸른 색 colony
   c. 앰피실린에 취약한 흰색 colony
   d. 앰피실린에 저항성이 있는 흰색 colony

종합

1. Genomic 라이브러리에서 특정 서열을 가진 DNA는 수백만 개 중 하나이다. 여러분이 찾는 서열이 이전에 분리된 적이 없기 때문에 탐침으로 사용할 것이 없다면, 그 라이브러리에서 여러분이 찾는 clone은 어떻게 찾을 수 있는가?

개념 17.3 분자클론 분석은 현대 생물학의 필수 도구이다

이해

1. 효소학적 염기서열 분석법의 기본 논리는 다음을 생산하여 분석하는 것이다.
   a. 제한효소에 의해 절단되어 크기가 조금씩 다른 일련의 DNA 조각.
   b. 각각 다른 염기로 시작되고 크기가 조금씩 다른 일련의 DNA 조각.
   c. 시발체 사이에 있는 부분을 PCR로 증폭하게 할 수 있는 시발체.
   d. 알고 있는 염기로 끝나고 크기가 조금씩 다른 일련의 DNA 조각.
2. 효모 투하이브리드 시스템은 어떻게 단백질-단백질 상호작용을 탐지하는가?
   a. 융합단백질 간 결합이 유전자발현을 변화시키는 신호전이 경로를 촉발한다.
   b. 융합단백질이 웨스턴흡입에서 방사성 탐침을 사용하여 탐지된다.
   c. 융합단백질의 단백질-단백질 상호작용 결합이 보고유전자발현을 촉발한다.
   d. 융합단백질의 단백질-단백질 상호작용 결합이 *Gal4* 유전자발현을 촉발한다.

응용

1. 다음 설명 중 세포에서 일어나는 DNA 복제에는 맞는 말이지만 PCR에는 해당되지 않는 것은?
   a. DNA 시발체가 필요하다.
   b. DNA 중합효소가 고온에서 안정하다.
   c. 리가아제가 필수적이다.
   d. dNTP가 필요하다.

종합

1. PCR이 mRNA를 증폭하는 데 사용될 수 있는가?
2. Gal4 시스템에서 미끼와 피식자의 상호작용에 대해 기술하시오.

개념 17.4 분자클론은 세포의 유전적 조작에 사용될 수 있다

이해

1. 시험관내 돌연변이유발은 다음을 위해 사용된다.
   a. 많은 양의 돌연변이 단백질 생산.
   b. 특정 유전자 내 특정 위치에서의 돌연변이 도입.
   c. 여러 유전자 내 무작위적인 돌연변이 도입.
   d. 외래 유전자를 가진 생물체 제조.
2. 발현 벡터는
   a. 클로닝된 유전자로부터 단백질을 생산하기 위해 사용된다.
   b. 촉진유전자를 갖고 있다.
   c. 원핵생물에서 진핵생물의 유전자산물을 만드는 데 사용될 수 있다.
   d. 위 모두 해당한다.

응용

1. 다음 중 역상유전학의 예가 아닌 것은?
   a. 부위-특이적 돌연변이유발.
   b. 특정 유전자에서 만들어지는 RNA와 상보적인 RNA의 도입으로 인한 유전자 silencing.
   c. 정상 유전자를 변형된 유전자로 대체하는 "knock-in" 제조.
   d. 돌연변이 표현형을 찾고 그 표현형과 관련된 유전자 찾기.
2. 종의 장벽을 넘어 유전자를 도입할 수 있는 것은 다음 이유 때문이다.
   a. 유전부호가 모든 생물체에서 같기 때문.
   b. 같은 의미의 코돈이 여럿 있는 유전부호의 특성 때문.
   c. 모든 생물체가 그 유전체에 같은 유전자를 갖고 있기 때문.
   d. 위 모두가 답.

종합

1. 효모를 녹아웃시킬 때 무엇을 어떻게 할 것인지 설명하시오.

개념 17.5 의학분야의 주요 발전에도 유전공학이 적용된다

이해

1. 허피스바이러스와 같은 의학적 중요성이 있는 바이러스의 표면단백질 유전자를 무해한 바이러스에 삽입하는 것은 다음의 예이다.
   a. DNA백신.
   b. 역상유전학
   c. 유전자치료
   d. 아단위백신
2. 유전자치료는
   a. 유전질환을 치료하는 데 아직 사용되지 않았기 때문에 지금도 이론적인 단계이다.
   b. 결손 유전자를 제대로 된 유전자로 교체하는 것을 필요로 한다.
   c. 특정 단백질 생산을 막기 위해 유전자발현을 중지시키는 것을 포함할 수 있다.
   d. DNA 백신 사용이 포함된다.

응용

1. 인간 유전자를 박테리아에서 발현시키고 싶다면, 다음 중 어느 것을 사용하는 것이 가장 알맞은가?
   a. 유전체 라이브러리
   b. cDNA 라이브러리.
   c. RFLP 분석.
   d. YAC 라이브러리.

종합

1. 인슐린과 헤모글로빈 같은 인간 단백질을 박테리아에서 제조하고자 할 때 어떤 잠재적 문제점을 고려해야 하나?

개념 17.6 유전적으로 변형된 식물과 동물은 농업 혁명을 가져온다

이해

1. Ti 플라스미드란 무엇인가?
   a. 재조합 유전자를 식물 유전체로 운반할 수 있는 벡터.
   b. 효모에서 재조합 단백질을 생산하는 데 사용할 수 있는 벡터.
   c. 벼나 옥수수 같은 곡물 작물에 특이적인 벡터.
   d. 배아줄기세포에 특이적인 벡터.
2. 다음 중 GM 작물 사용에 관한 우려가 아닌 것은?
   a. 섭취 후 인간에게 미칠 위험의 가능성.
   b. 해충에 생길 수 있는 살충제 저항성.
   c. GM 작물의 근연종으로의 유전자 이동.
   d. 돌연변이로 인한 GM 작물 자신에 대한 위해.

응용

1. 염소 젖으로 단백질 치료제가 생산되게 하려면
   a. 치료제의 유전자와 상동인 염소 유전자가 필요하다.
   b. 유전자 총이 사용되어야 한다.
   c. 치료제의 유전자가 염소의 유선조직에서 발현되게끔 하는 발현조절 서열을 연결시켜야 한다.
   d. 치료제의 항체가 만들어져야 한다.

종합

1. GM 식품 생산을 위한 기술 중 많은 것이 다국적기업이 소유하고 있는데, 다국적기업은 그들이 제조한 것에 대한 지적재산권을 유지하고 싶어 한다. 예를 들어, 몬산토 회사는 글리포세이트 저항성 대두를 재배하는 농부들에게 다음 해 심을 종자를 남겨두는 일을 하지 않는다는 계약에 서명할 것을 요구하고 있다. 그 회사는 그것을 위반하는 농부들에 대해서는 공격적으로 소송을 해왔다. 한편으로는, GM 작물을 개발하는 일은 막대한 비용을 요구하는 것이어서, 회사들이 그들이 만든 것으로 수익을 얻을 수 있도록 해주는 것이 필요하다. 수익이 없다면, GM 작물은 미래에는 개발되지 않을 것이다. 다른 한편으로는, 인구가 밀집한 세계의 많은 지역에서는 작물 농사를 망치면 곧바로 기근에 직면하게 되어, 단순히 농부들이 매년 종자 값을 지불할 여력이 없는 것이 문제이다. 여러분은 이러한 어려운 과제가 어떻게 해결되길 원하는가?

18 유전체학

학습과정

18.1 유전체지도 작성에서 어려운 과제는 큰 DNA 조각들의 순서를 정하는 것이다

18.2 유전체 염기서열 분석작업은 자동화과정으로 이루어진다

18.3 인간 유전체 염기서열 분석 결과 많은 놀라운 것이 밝혀졌다

18.4 마이크로어레이는 개체간 유전체 비교를 가능하게 한다

18.5 유전체 비교를 통해 진화의 역사가 밝혀진다

18.6 단백질체학은 유전체에서 만들어지는 단백질 모두를 연구하는 학문이다

18.7 유전체학에는 여러 중요한 응용분야가 있다

서론

지난 30년 동안 생물학 분야의 발전속도는 마치 인구의 기하급수적인 증가와도 같았다. 1970년대 중반 유전자를 처음 분리한 것부터 시작해서 1990년대 중반에는 생물체 유전체의 전체 염기서열을 처음 분석해내는 업적을 이루었다. 그 첫 생물체는 *Haemophilus influenzae* 라는 박테리아인데 앞 페이지 그림에서 유사한 기능의 유전자들은 같은 색으로 나타내었다. 21세기에 들어서면서 분자생물학자들은 인간 유전체의 초안을 완성하였다. 다른 말로 표현하자면, 한 유전자를 클로닝하는 일에서 백만 개 염기쌍의 서열을 분석할 수 있게 되기까지 20년이 걸렸고, 그 후 10억 개 염기쌍의 서열을 밝히는 데 5년이 걸렸으며, 지금은 200억 개 염기쌍의 서열을 단번에 분석할 수 있게 되었다. 유전체 분석작업은 전통적인 유전학과 분자유전학의 아이디어에 생명공학과 분자진화학의 기술을 융합시켰으며 전체 유전체들을 연구하는 새롭고 강력한 접근방법을 만들어냈다.

 18.1 유전체지도 작성에서 어려운 과제는 큰 DNA 조각들의 순서를 정하는 것이다

어느 한 생물체의 전체 DNA, 즉 모든 유전자와 기타 다른 DNA를 모두 포함한 것을 **유전체(genome)**라 한다. 최근 들어 생물체들 간의 유전체를 비교하는 학문 즉, **유전체학**(*genomics*)에 대한 관심이 폭발적으로 증가했다. 첫번 째 염기서열이 밝혀진 유전체는 매우 간단한 것으로 ϕ-X174 라는 박테리아 바이러스였다. DNA 염기서열을 실제 분석하는 방법을 처음으로 개발한 생어(Frederick Sanger)는 이 바이러스의 5375개 뉴클레오티드 유전체의 염기서열을 1977년 밝혔다. 이후 수십 종의 박테리아 유전체 분석이 이어졌다. 자동염기서열분석기가 개발되면서 유전체 크기가 훨씬 큰 진핵생물 유전체의 분석이 가능해졌고, 유전체학 분야가 실제로 시작되었다. 하지만, 진핵생물 유전체의 전체 염기서열 중에서 특정 유전자를 찾아내는 일은 마치 세계지도에서 여러분의 집을 찾아내는 것과도 같이 어렵다.

물리적 지도는 유전체에서의 랜드마크를 제공한다

학습목표 18.1.1 STS가 어떻게 유전체 조각의 순서를 정할 수 있게 해주는지 설명하시오.

특정 유전자를 찾는 어려움을 피하기 위해 유전체 지도는 전체 염기서열이 아닌 낮은 수준의 해상도로 제작되고, 각 유전자는 저해상도 지도에서 우선 위치를 알아낸다. 저해상도 지도의 각 부분은 이후 고해상도에서 조사한다. 저해상도 물리적 지도의 가장 보편적인 두 가지는 (1) 제한효소를 사용하여 만드는 제한지도와 (2) 세포학적 관찰을 통해 얻는 염색체 밴드 패턴이다.

제한지도

첫 번 째 물리적 지도는 유전체 DNA를 여러 제한효소로 처리하여 (한 가지 효소 또는 여러 조합의 효소를 사용하여) 만들어졌다. 생성된 DNA 조각들의 패턴을 분석하여 지도를 만든다.

염색체 밴드 패턴

광학현미경으로 염색체를 연구하는 세포학자들은 여러 염색약을 사용하여 염색체에서 재현 가능한 패턴의 밴드를 얻을 수 있음을 발견하였다. 이런 방법으로 염색체 모두를 동정할 수 있으며, 밴드 패턴을 근거로 염색체를 여러 세부 지역으로 나눌 수 있다. 이와 같은 대규모 물리적 지도는 전체 유전체를 모두 포함하되 낮은 해상도란 점에서 한 나라 전체를 보여주는 지도와도 같다.

STS 마커는 DNA 조각들의 순서를 정할 수 있는 방법을 제공한다

큰 유전체의 지도를 작성하는 일은 염기서열에 의존하지 않고 큰 DNA 조각의 위치를 알아낼 수 있을 만큼의 중간 정도 해상도의 지도들이 필요하다. 염기서열 분석은, 같은 조각을 두 번 분석하는 일을 피하기 위해, 모든 조각들의 순서가 정해진 다음에 시작한다.

각 DNA 조각은 먼저 **순서표지부위(sequence-tagged site, STS)**로 동정된다. STS는 길이가 200 bp에서 500 bp 정도 되는 것으로 유전체 내에서 유일한, 즉 유전체에 한번만 나타나는 DNA의 일부분이다. DNA 조각들이 생성될 때 STS 마커도 동정하여 데이터베이스에 추가한다. DNA 조각에 있는 STS를 이용하여 중첩되는 부분을 찾아내면 DNA 조각들의 순서를 알아낼 수 있다. 인간 유전체에서는 STS 마커가 고밀도로 존재하며 DNA 클론에서 STS 마커를 찾아내는 일이 비교적 용이하기 때문에, 과학자들은 3.2 Gb인 거대한 규모의 인간 유전체의 물리적 지도를 만들어낼 수 있었다(**그림 18.1**). STS가 표시된 조각들의 염기서열이 나중에 분석되고 그 조각들을 짜맞춰 전체 유전체의 염기서열을 완성하는 작업에서 STS 마커는 골격구조 역할을 한다.

개념 정리 18.1

유전체 지도는 물리적 지도 또는 유전적 지도이다. 물리적 지도에는 염색체 밴드패턴을 나타내는 세포유전학적 지도와 제한지도가 포함된다. DNA 지도는 STS 마커와 같은 DNA 마커를 사용하여 짜맞춤하여 만든다.

- STS라 생각되는 것이 실제로 유전체에 유일하게 존재하는 것인지는 어떻게 알 수 있는가?

 18.2 유전체 염기서열 분석작업은 자동화과정으로 이루어진다

물리적 지도의 최종 형태는 유전체의 전체 염기서열이다. 분자생물학의 초기에는 모든 염기서열 분석작업이 수동으로 이루어져서 시

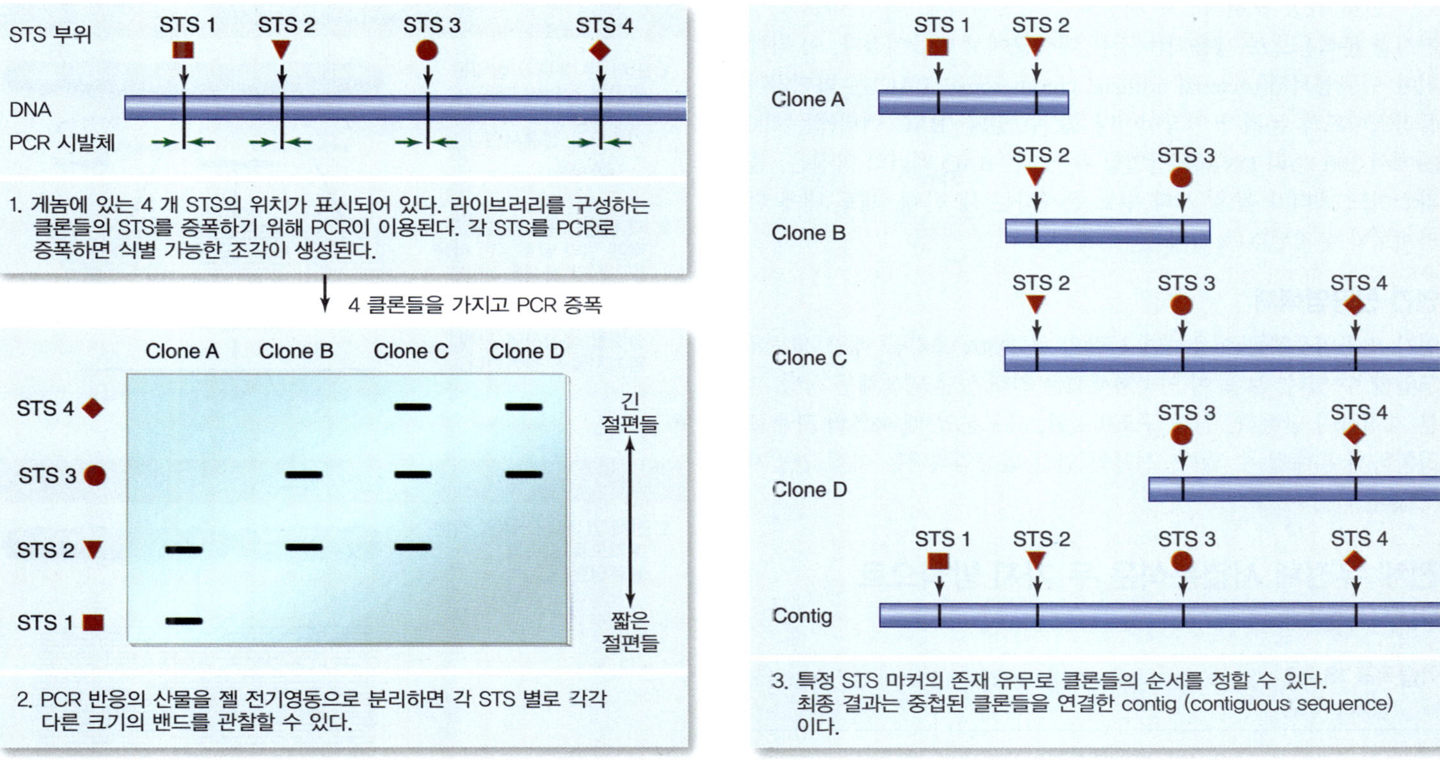

그림 18.1 STS 마커를 사용한 DNA 조각들의 물리적 지도 제작. 인간 유전체에 존재하는 sequence-tagged site, 즉 STS라 부르는 랜드마크들은 전체 유전체 분석에 기초가 되는 큰 규모의 물리적 지도를 만드는 작업을 시작할 수 있게 해주었다. **(1)** 각 STS를 인식할 수 있는 시발체(녹색 화살표)를 클로닝된 DNA에 넣어주고 PCR을 통해 DNA 증폭을 한다. **(2)** PCR 산물을 전기영동하여 크기별로 분리하고 각 클론에 들어있는 STS 마커를 확인한다. **(3)** STS 마커를 근거로 클로닝된 DNA 조각을 연결하여 contig를 만든다.

간이 많이 걸리고 노력도 많이 필요로 하였다. 17장에서 설명하였듯이, 이 과정을 자동화한 장비의 개발로 염기서열 정보 생성이 가속화되었다.

유전체 염기서열 분석은 큰 분자 클론을 필요로 한다

학습목표 18.2.1 큰 DNA 조각은 어떻게 클로닝할 수 있는지 설명하시오.

대규모 유전체 염기서열 분석작업은 고성능의 자동 염기서열 분석작업과 컴퓨터 분석을 필요로 한다. 유전체 염기서열 분석은 과학이 기술을 주도한 게 아니라 기술이 과학을 주도한 경우이다. 예전에 테크니션이 수동으로 일년 안에 마칠 수 있었던 염기서열 분석, 즉 50,000 bp의 분석작업을 자동화된 생어 분석기기는 몇 시간 안에 끝낼 수 있다. 17장에서 설명한 최근 개발된 새로운 분석기술로는 자동화된 생어 분석기기를 사용하여 인간 유전체를 분석할 때에 비해 10만 배는 빠르게 서열정보를 내놓을 수 있다. 염기서열 분석의 자동화가 없었다면, 인간 유전체와 같은 큰 진핵생물 유전체를 분석하는 것은 불가능했을 것이다.

한 생물체에서 DNA를 추출하고 그것을 염기서열 분석기에 넣으면 1~2 주 후에 유전체 염기서열의 컴퓨터 프린트물을 받아볼 수 있다고 하면 좋겠지만, 그 과정은 그렇게 간단하지 않다. 염기서열 분석기는 매 DNA 조각에 대해 최고 800 bp 길이까지는 정확한 염기서열을 제공한다. 하지만 실수도 있을 수 있다. 그렇기 때문에 실수를 줄이기 위해 각 클론을 5번에서 10번은 분석해야 한다.

신뢰성 있는 염기서열 정보를 얻을 수 있다 하더라도, 한 DNA 조각에 대한 염기서열 분석반응으로는 비교적 적은 양의 염기서열 정보만 얻을 수 있다. 따라서 17장에서 기술하였듯이, 유전체를 여러 작은 조각으로 잘라야 하고 각 분자 클론을 분리하여 염기서열 분석을 해야만 한다.

인공염색체

17장에서 기술하였듯이, 인공염색체 개발은 과학자들로 하여금 큰 DNA를 클로닝할 수 있게 해주었다. 이러한 새로운 벡터의 1 세대는 효모인공염색체(yeast artificial chromosome; YAC)이었다. 이것은 효모의 복제개시점과 동원체(centromere) 서열을 가진 것으로 거기에 외래 DNA를 삽입하는 것이다. 복제개시점은 인공염색체가 독립적으로 복제할 수 있게 해주고, 동원체 서열은 인공염색체가 세포분열 때 안정적으로 분배되도록 해준다.

YAC은 매우 큰 DNA를 클로닝하는 데 유용하지만, 삽입한 DNA에서 재배열이 일어나거나 일부가 삭제되는 경향을 보이는 단점도 있다. 그러한 어려운 점에도 불구하고 YAC은 초창기에 제한효소 절단을 통해 물리적 지도를 작성하는 데 사용되었다.

현재 가장 보편적으로 사용되는 인공염색체, 특히 대규모 염기서열 분석용으로 사용되는 것은 대장균에서 만들어졌다. 이 박테리아 인공염색체(bacterial artificial chromosome; BAC)은 박테리아 플라스미드의 논리적 연장선이라 할 수 있다. BAC 벡터에는 100 kb에서 200 kb의 DNA를 삽입할 수 있다. BAC 벡터의 약점은, 플라스미드 벡터가 높은 카피 수로 존재하는 데 반해, 세포 내에 한 카피로만 유지된다는 점이다.

인간 인공염색체

인간 인공염색체를 이용하면 사람의 큰 DNA 조각을 배양 세포에 도입할 수 있다. 보통 이 인공염색체는 원래 있던 염색체를 상당 부분 제거하여 만든다. 원형 구조이지만, 세포분열 때 98%의 확률로 정확하게 분배될 수 있다. 선형인 인간 인공염색체는 아직 만들지 못했다.

전체 유전체 서열분석은 두 가지 방식으로 이루어진다

학습목표 18.2.2 Clone-by-clone 염기순서결정과 산탄식 염기순서결정을 구별해보시오.

17장에서 설명한 염기서열 분석방법의 발전에도 불구하고 복잡한 생물체 유전체의 염기서열을 모두 분석한다는 것은 도전적인 과제로 남아 있었다. 이 과제에 대한 접근 방법으로 두 가지가 개발되었다. 한 방법은 물리적 지도를 사용하면서 단계별로 염기서열을 분석하는 방법이고, 다른 한 방법은 전체 유전체를 한꺼번에 처리하여 분석하고 컴퓨터로 하여금 종합하도록 하는 것이다.

Clone-by-clone 염기순서결정

BAC에 큰 DNA를 삽입하고 클로닝할 수 있게 되면서 유전체 분석이 용이하게 되었다. 가장 보편적으로 취하는 전략은, 우선 물리적 지도를 제작하고, 그것을 사용하여 실제 염기서열분석에 사용할 BAC 클론들의 순서를 정하는 것이다.

염색체 조각이 들어있는 클론들의 순서를 정하려면 클론 간에 중첩되는 부분을 찾아내야 한다. 이 일은 각 BAC 클론의 제한지도나 STS 마커를 비교하여 할 수 있다. 두 BAC 클론이 동일한 STS 마커를 갖고 있다면 두 클론은 중첩된 부분을 가진다는 의미이다.

여러 중첩되는 BAC 클론을 연결하면 contig 라고 부르는 일련의 중첩되어 인접한 DNA 세트를 얻게 된다. 각 BAC 클론은 이후 작게 잘려져 클로닝된 다음 500 bp 정도씩의 염기서열이 분석되고, 이것이 모여 contig 전체의 염기서열이 완성된다(그림 18.2a). 이와 같이 물리적 지도를 작성한 후 염기서열 분석을 하는 방식을 **clone-by-clone 염기순서결정(clone-by-clone sequencing)**이라 한다.

산탄식 염기순서결정

산탄식 염기순서결정(Shotgun seqeuncing)은 단순히 DNA를 무작위적으로 잘라 클로닝하고 염기서열을 분석한 다음, 컴퓨터를 사용하여 중첩되는 것들을 이어 연결하는 방식이다(그림 18.2b). Shotgun 이란 용어의 어원은 분자클로닝 초창기에 DNA 조각의 무작위적인 클로닝을 **산탄식 클로닝**(*shotgun cloning*이라 부른 것에서 시작된다. 이 방식은 clone-by-clone 방식에 비해 수고를 훨씬 덜 해도 되지만, 염기서열 정보를 정리해 짜맞추기를 하는 컴퓨터의 성능이 아주 좋아야 하며 중첩된 부분을 찾는 알고리즘이 매우 효율적이어야 한다.

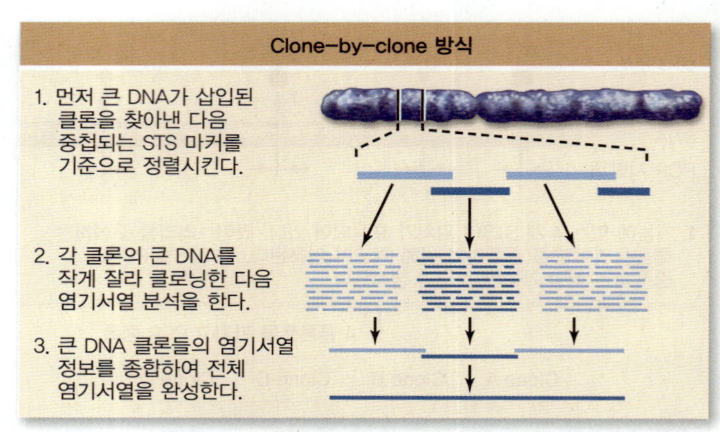

a.

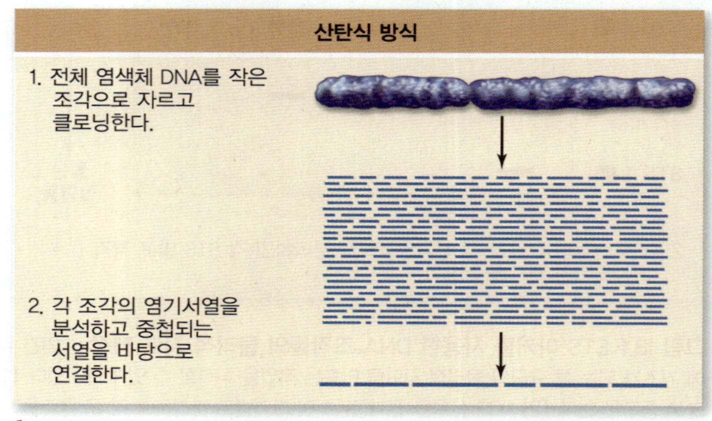

b.

그림 18.2 염기서열 분석방식의 비교. Clone-by-clone 방식에서는 STS 마커로 순서를 정한 클론들을 사용한다. 순서대로 정렬시킨 다음 각 클론들은 염기서열 분석을 위해 작게 잘라 클로닝한다. Shotgun 방식에서는, 유전체 전체를 작게 잘라 클로닝하고 염기서열을 분석한다. 그 다음, 컴퓨터 프로그램을 사용하여 중첩되는 서열을 기반으로 하여 최종 DNA 염기서열을 조립한다.

Clone-by-clone 방식과는 달리 산탄식 염기순서결정에서는 염기서열을 유전체에 대한 다른 정보와 연결시키지 않는다(그림 18.2b). 많은 연구자들은 clone-by-clone 방식과 산탄식 염기순서결정을 모두 사용하는데, 이러한 혼성방식이 점차 표준이 되고 있다. 두 가지를 조합하면 염기서열을 물리적 지도와 연결시키면서도 시간을 대폭 감축할 수 있는 장점이 있다.

컴퓨터 assembler 프로그램은 분석된 여러 개의 염기서열을 비교하여 **단일 공통서열(single consensus sequence),** 즉 여러 분석서열에서 일관되게 나오는 서열을 만들어낸다. 컴퓨터 assembler 프로그램이 놀랄만큼 강력하긴 해도, clone-by-clone 이나 산탄식 염시순서결정을 통해 얻은 유전체 염기서열 정보가 연구자들에게 유용할 만큼 충분히 정확한지 아닌지 판단하는 것은 사람 몫이다.

종간 비교를 통한 기능 추정: BLAST 알고리즘

컴퓨터를 사용하여 유전체 내 염기서열 중 다른 종에서 이미 알려진 유전자와 상동인 염기서열이 있는지 검색하는 것이 가능하다. 기능을 알지 못하는 유전자의 클론을 분리해낸 연구자는 그 기능을 추정하기 위한 방법으로 데이터베이스에서 비슷한 염기서열이 있는지 검색할 수 있다. 이러한 일을 가능하게 하는 도구가 BLAST(Basic Local Alignment Search Tool의 약자)라 부르는 검색 알고리즘이다. 인터넷으로 연결된 컴퓨터를 사용하여 분석한 염기서열을 BLAST 서버로 보내고 그 데이터베이스에 들어있는 염기서열 중 유사한 것들이 무엇인지 받아볼 수 있다. 이러한 기술을 이용하여, 전사되는 유전자 부분이 아니면서 수백만 년 이상의 진화 동안 잘 보존된 서열을 찾아내기도 하였다. 이러한 서열은 아마도 유전체 내 유전자발현의 조절에 중요한 역할을 할 것으로 추정된다.

컴퓨터 프로그램을 사용하여 유전체 정보를 종합하고, 유전자를 찾고, 또 유전체를 비교하는 것은 **bioinformatics(생물정보학)** 분야에 속하는 새로운 유전체학 연구방식 중 일부이다.

개념 정리 18.2

큰 유전체에 대한 염기서열 분석은 자동 염기서열 분석기를 요구한다. 분석방식 중 하나는 STS 마커를 사용하여 순서를 정한 클론들을 분석하는 것이고, 다른 방식은 무작위적으로 클론들의 염기서열을 분석하고 컴퓨터로 최종 염기서열을 조립하는 것이다.

- 유전체 염기서열을 분석할 때 유전체 하나 분량의 데이터로는 왜 충분하지 않은가?

18.3 인간 유전체 염기서열 분석 결과 많은 놀라운 것이 밝혀졌다

2000년 6월 26일, 유전학자들은 그 동안 염기서열을 분석한 인간 유전체 전체에 대한 초안이 완성됐다고 선언했다. 이 일은 결코 쉬운 도전이 아니었는데, 그것은 인간 유전체가 30억 개 염기쌍 이상으로 거대하기 때문이다. 그 일이 얼마나 어려운 작업이었는지 얘기하자면, 32억 개 염기쌍을 책으로 쓴다면 그 책은 5만 페이지가 될 것이고, 그것을 모두 읽으려면, 1초에 5개 염기씩 매일 하루에 8시간씩 일을 한다면 60년이 걸릴 정도이다.

인간 유전체를 처음으로 볼 수 있게 되면서 유전학자들은 여러 가지 놀라운 것을 발견하게 되었다.

유전자 개수는 예상외로 적다

학습목표 18.3.1 mRNA 종류수와 유전자 갯수가 왜 차이가 나는지 설명하시오.

인간 유전체에는 단백질 유전자가 25,000개보다 적게 들어있는데, 그것은 유전체의 겨우 1%에 해당한다. **그림 18.3**에서 볼 수 있듯이 이 숫자는 선충에 있는 유전자 수(21,000) 보다 약간 더 많고, 초파리에 있는 유전자 수(13,000개)의 2배가 되지 않는 것이다. 과학자들은 인간의 유전자 수가 25,000개보다 4배 정도 되는 숫자일 것이라고 확신에 차서 예측하였었는데, 그것은 사람 세포에는 10만 종류 이상의 mRNA가 발견되기 때문이었고, 따라서 그 정도의 mRNA를 만들려면 유전자도 그만큼 있어야 된다고 생각한 것이다.

어떻게 인간 세포에는 유전자보다 많은 mRNA가 존재할 수 있나? 15장에서, 전형적인 인간 유전자는 단백질을 만드는 데 필요한 염기서열 정보가 엑손 이라 부르는 여러 조각으로 나뉘어서 인트론이라 부르는 보다 긴 번역되지 않는 부분 사이사이에 분산되어 있다고 한 것을 상기해보기 바란다. 지금 보고 있는 이 단락을 인간 유전자라고 생각하면, "e" 라는 글자는 엑손으로, 나머지는 비번역 인트론으로 생각하면 될 것이다. 이 비번역 인트론은 인간 유전체의 24%를 차지한다.

인간 유전자에서 어떤 단백질이 만들어질 때, 우선 그 유전자의 mRNA 카피를 만들고 엑손을 이어붙이는데 그 과정에서 인트론

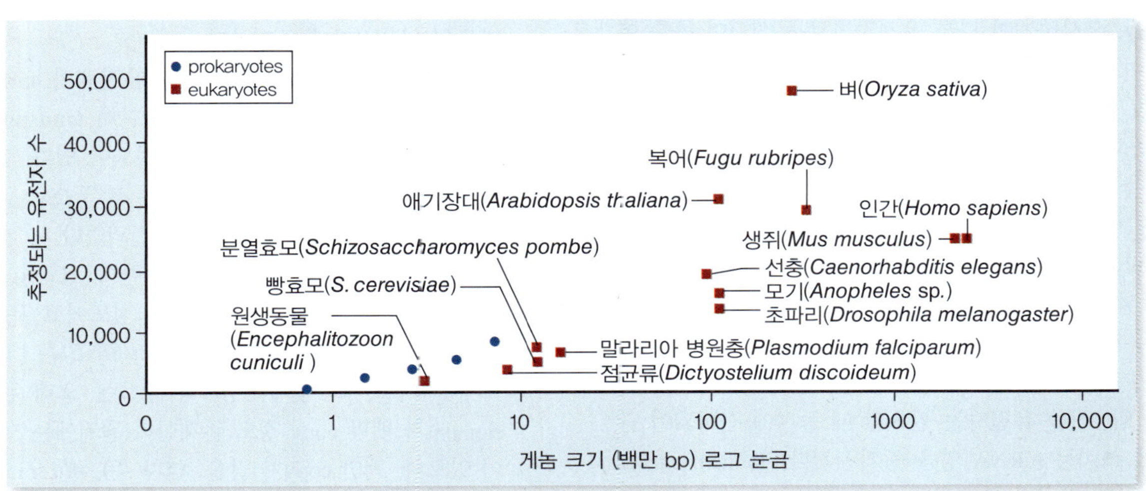

그림 18.3 유전체 크기와 복잡성. 보통, 생물체 크기는 결정적 요인은 아니지만, 진핵생물 유전체는 원핵생물 유전체보다 크며 더 많은 유전자를 갖고 있다. 생쥐 유전체는 인간 유전체만큼 크며, 벼 유전체에는 인간 유전체에 비해 더 많은 유전자가 들어있다.

서열은 제거된다. 여기 과학자들이 예상치 못했던 반전이 있다. 인간 유전자에서 만들어진 전사체는 종종 다른 방법으로 이어 붙여지는데, 이를 **선택적 이어맞추기**(**선택적 이어맞추기**)라 한다(16장). 각 엑손은 모듈로 간주할 수 있는데, 하나의 엑손이 특정 단백질의 한 부분을, 다른 엑손은 다른 부분을 암호화하는 식이다. 이러한 엑손이 여러 방식으로 조합을 이룬다면 여러 다른 단백질이 만들어질 수 있는 것이다.

선택적 이어맞추기를 감안하면, 25,000개 유전자로 어떻게 그 4배의 단백질이 만들 수 있는지 쉽게 알 수 있다. 복잡성이 추가되는 것은 유전자의 부분 부분이 새로운 방식으로 조합되기 때문이다. 대단한 음악도 마찬가지로 간단한 가락들이 모여 만들어진다.

엑손이 분산됨으로써 생긴 유전자 절편화에 더해서 유전체에는 "조직" 측면에서 흥미로운 점이 존재한다. 유전자는 유전체 내에 골고루 분포하지 않는다. 작은 19번 염색체는 전사인자 유전자를 포함한 유전자들로 빽빽하게 채워져 있다. 이와는 대조적으로, 훨씬 더 큰 4번 염색체와 8번 염색체에는 유전자가 마치 사막에 작은 마을이 드문드문 있는 것처럼 적게 분포해 있다. 대부분의 염색체에서, 유전자가 밀집된 지역 사이사이에 언뜻 불모지처럼 보이는 DNA가 길게 염색체를 채우고 있다.

유전자는 여러 개씩 존재하기도 한다

학습목표 18.3.2 Copy 수를 기준으로 인간 유전체에 있는 4가지 종류의 유전자는 무엇인지 기술하시오.

대체적으로 유전자 copy 수를 기준으로 4 종류의 단백질 유전자가 인간 유전체에 존재한다.

Single-copy 유전자. 많은 진핵생물 유전자가 염색체의 특정 위치에 한 copy씩 존재함. 이들 유전자에서 돌연변이가 발생하면 그 형질은 멘델의 법칙에 따라 열성 유전양상을 보임.

염색체 부분 복제. 10,000~300,000 bp 크기의 염색체 블록이 복제되어 같은 염색체 내 또는 다른 비상동염색체로 이동하여 존재함.

Multigene family. 유사하지만 다른 유전자들로 구성되며 종종 여러 개가 모여 있기도 한 *multigene family* 형태로 많은 유전자가 존재함이 밝혀짐. 인간 유전체에는 두 개 또는 그 이상의 유전자로 구성된 multigene family에 속하는 것이 약 10,000개 존재함. 포유류의 multigene family를 비교한 결과, 164개 유전자 family는 진화 속도가 가속화되고 있는 것으로 나타남. 유전자 family의 생물학적 기능에는 면역반응, 세포 간 신호전이, 뇌 발생이 포함됨. 또한 *pseudogene* 이라 불리며 기능을 하지 않는 유전자 copy가 들어있기도 함.

Tandem cluster. 똑같은 유전자 copy가 나란히 모여 있는 형태로 존재하기도 함. 이들 유전자는 필요할 때 동시에 전사되어 단백질 생산에 쓰이는 mRNA 양을 증가시킨다. Tandem cluster에는 rRNA 유전자처럼 단백질을 암호화하지 않는 유전자도 포함된다.

유전체 DNA의 대부분은 비번역 서열이다

학습목표 18.3.3 인간 유전체에 있는 일곱 가지 주요 비번역 DNA에 대해 기술하시오.

인간 유전체의 다른 주목할 만한 특징은 비번역 DNA 양이 놀랄 만큼 많다는 것이다. 인간 유전체의 단지 1%에서 1.5% 만이 번역 DNA로 단백질을 암호화하는 유전자이다. 여러분의 각 세포에는 약 1.8m의 DNA가 그 안에 들어차 있는데, 그 중 2.5 cm 이하만 유전자라는 것이다! 즉, 여러분 세포에 있는 거의 99%의 DNA는 여러분을 여러분답게 만드는 정보와는 전혀 또는 거의 상관없는 것처럼 보인다.

사람에는 다음과 같이 일곱 가지 주요 비번역 DNA가 존재한다.

유전자 내 비번역 DNA. 앞서 설명하였듯이, 인간 유전자는 단백질을 암호화하는 부분, 즉 엑손이라는 수많은 절편이 그보다 훨씬 큰 바탕물질인 비번역 DNA, 즉 인트론 안에 삽입해 있는 구조를 하고 있다. 인트론은 인간 유전체의 24%를 차지하고 엑손은 단지 1%만 차지한다.

구조적 DNA. 염색체의 일부 구역은 세포 주기를 통 털어 고도로 응축되고 단단히 꼬여 있으며 전사가 되지 않는 상태로 있다. 약 20%를 차지하는 이 부분은 동원체 주위 또는 telomere라 부르는 염색체 말단부 가까이에 위치하는 경향이 있다.

반복 서열. 염색체 내에 분산되어 있는 단순염기순서반복(simple sequence repeat, SSR)은 CA 또는 CGG 같이 하나에서 6개 염기짜리가 수천 번 반복된 종류이다. SSR은 DNA 복제 때 일어나는 실수 때문에 생기는 것으로 추정된다. 이 종류는 인간 유전체의 약 3%를 차지한다. 다른 종류의 반복 서열이 인간 유전체의 7%를 차지한다. C와 G가 많은 반복서열은 유전자 주위에서 발견되는 경향이 있고, A와 T가 많은 서열은 유전자가 없는 사막에 주로 존재한다.

위유전자(pseudogenes). 이 종류는 돌연변이 때문에 기능을 상실한 비활성 유전자이다. 인간 유전체에는 대략 단백질 유전자 수만큼의 위유전자가 존재한다.

전이인자(transposable element). 인간 유전체의 45%가 **전이인자(transposable element)**또는 더 간단히 **transposon**이라 부르는, 움직이는 DNA 조각으로 구성되어 있다. Transposon 은 염색체 상에서 위치를 바꿀 수 있는 짧은 DNA 서열로 맥클린톡(Barbara McClintock)에 의해 발견되었다.

전이인자는 네 종류가 존재한다: *Long interspersed element (LINE)*은 크기가 6000 bp 정도이고 유전체의 21%를 차지한다. *Short interspersed element(SINE)*은 LINE의 절반 정도 차지하고, 그 중에는 *Alu*라 부르는 오래 된 transposable element가 백만 copy 정도 존재한다(원저에는 50만 copy로 되어 있으나, 백만 copy가 맞음: 역자 주). *Alu* transposition은 많은 해로운 돌연변이를 유발한다. *Long terminal repeat(LTR)*을 가진 종류는 8%를 차지하고, 3%는 더 이상 움직이지 않는

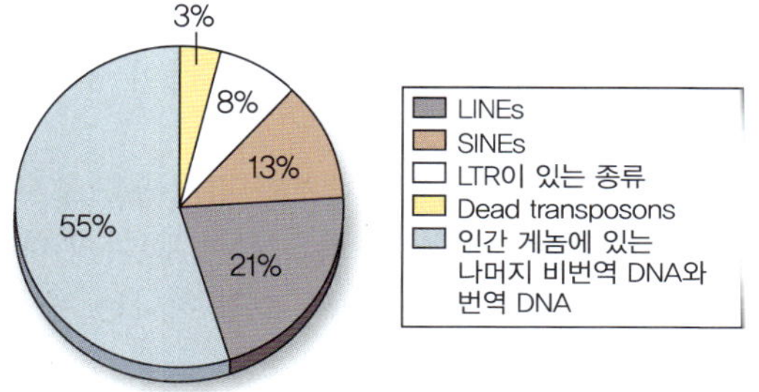

그림 18.4 전이인자 유형.

*dead transposon*이다(**그림 18.4**).

MicroRNA 유전자. 단백질을 암호화하지 않는 DNA 중에는, 최근까지 과학계에 알려지지 않은 것으로 유전자발현과 발생을 조절하는 여러 RNA의 서열이 존재한다(16장 참조). 이들은 microRNA 또는 miRNA 인데 전사는 되지만 번역되지는 않는다. 1,000 종류 이상의 miRNA가 동정되었다.(최근, 3,000 종류 이상의 miRNA 유전자가 인간 유전체에 존재한다고 보고되었으나 실제 기능이 어느 정도 확인된 것은 약 2,000 종류로, 원저에 있는 '10,000 종류'는 너무 많은 것으로 보임: 역자 주)

Long, noncoding RNA. miRNA처럼 단백질로 번역되지는 않지만 조절 역할을 담당하는 많은 작은 RNA에 더해, 수 만 종류의 긴 비번역 RNA가 유전자발현을 조절하는 것으로 추정되고 있다. 최근에 발견된 이 조절 네트워크는 유전자발현에서 새로운 수준의 복잡성을 보여준다. Long, noncoding RNA에 대해서는 이제 특성 조사가 시작되고 있다.

소기관 유전체는 핵에 있는 유전체와 유전자를 교환해왔다

학습목표 18.3.4 유전자가 소기관과 핵 사이를 이동했었다는 증거를 서술하시오.

우리는 오랫동안 핵에 있는 유전체와 소기관 유전체를 구분해왔다. 인간 유전체의 염기서열이 밝혀지면서 이러한 구별이 흐릿해졌는데, 그것은 핵에 있는 유전자 중 일부는 미토콘드리아로부터 옮겨온 것처럼 보이기 때문이다. 미토콘드리아는 엽록체와 마찬가지로 세포내공생의 결과로 진핵생물 안에 살게 된 고대 박테리아의 후손으로 간주되고 있다(24장). 미토콘드리아 유전체는 여러 측면에서 원핵생물 유전체와 유사하다.

미코콘드리아 유전체

사람 세포 안에 있는 미토콘드리아 소기관이 만들어지려면 핵 내 유전자로부터 만들어진 것과 미토콘드리아 유전자로부터 만들어진 것이 모두 필요하다. 예를 들어, 전자전달계(7장)는 핵 유전체와 미토콘드리아 유전체에 있는 유전자로부터 만들어진 단백질로 구성된다. 이러한 사실은 유전자가 미토콘드리아에서 핵으로 이동했었음을 암시하지만, 이들 유전자 이동에 대한 정확한 진화학적 역사는 아직 수수께끼이다.

엽록체 유전체

사람의 미토콘드리아 유전체에서와 같이, 어떤 유전적 교환이 엽록체와 핵 사이에서 일어났던 것으로 보인다. 예를 들어, 광합성 캘빈 회로의 주요 효소인 rubisco는 large subunit과 small subunit으로 구성되는데, small subunit 유전자는 핵 내 유전체에 존재한다. 그 단백질은 엽록체로 들어갈 수 있게 해주는 targeting sequence를 가져 엽록체 안에서 large subunit과 합쳐지는데, large subunit 유전자는 엽록체 유전체에 유전자가 있고 단백질도 엽록체 안에서 생산된다. 명백하게, 소기관 유전체로부터 핵 유전체로의 횡적 이동은 일반적인 현상이라 할 수 있겠다.

개념 정리 18.3

인간 유전자의 수는 많지 않고, copy 수는 유전자별로 차이가 있으며, 염색체 내에 드문드문 분포한다. 이들 유전자는 우리의 유전체 DNA 중 2% 이하를 차지한다. 핵 유전체는 소기관으로부터 유전자를 획득해왔다.

- 우리 유전체의 상당 부분이 왜 transposon으로 이루어졌다고 생각하는가?

18.4 마이크로어레이는 개인 간 유전체 비교를 가능하게 한다

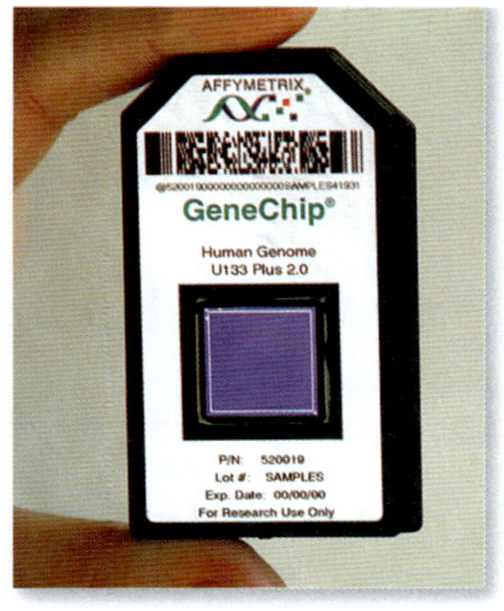

DNA 마이크로어레이(미세배열)는 우표보다 작은 네모난 유리판으로 마치 잔디밭에 잔디 잎이 솟아 있는 것처럼 수십만 종류의 한 가닥짜리 DNA로 덮여 있다. 유리판의 각 위치에는 특정 염기서열 DNA가 배열되어 있다. 왼쪽에 보이는, 제조회사에서 GeneChip이라 이름 붙인, 유전자 마이크로어레이 칩에는 모든 알려진 인간 유전자 서열이 들어있으며 200 달러 정도만 내면 구입할 수 있다.

DNA 마이크로어레이는 하나의 칩에 수천 종류의 유전자 서열을 배열해 놓은 것이다

학습목표 18.4.1 DNA 마이크로어레이의 여러 가지 사용 예에 대해 기술하시오.

각 개인의 유전자를 꼼꼼히 조사해야 한다면 여러분은 마이크로어레이 chip을 어떻게 사용할 것인가? 여러분이 할 일은 각 사람에게서 DNA를 조금 얻고, 예를 들어 혈액 샘플로부터, 변성을 시켜 한 가닥짜리로 만드는 일이다. 다음에는, 알려진 DNA 서열을 가진 칩 표면에 변성시킨 DNA 용액을 쏟아 붓는 것이다. 샘플 DNA 가닥이 마이크로어레이 가닥과 맞을 경우에는 거기에 결합하는데, 그 결합은 컴퓨터가 탐지할 수 있다.

유전자 마이크로어레이는 유전자발현 패턴을 조사하는 데 이용될 수도 있다. 이를 위해서는, 분석 대상인 세포에서 mRNA를 분리하고 형광물질로 표지된 뉴클레오티드를 사용하여 역전사반응을 통해 cDNA를 합성한다(그림 18.5). 합성된 cDNA에는 형광물질이 붙어있어 컴퓨터가 쉽게 인식할 수 있다. 이렇게 표지된 cDNA를 수천 종류의 유전자가 들어있는 마이크로어레이에 넣어 같이 배양하면 전사가 일어난 유전자 위치에서는 형광이 방출되어 컴퓨터 화면에 밝게 나오게 된다.

비슷한 방법으로, 두 개체의 유전적 유사성을 조사하기 위해 두 DNA를 비교할 수도 있다. 이 경우에는, 두 가지 다른 소스의 DNA를 각각 다른 색깔의 형광물질로, 보통 하나는 녹색으로 다른 하나는 빨간색으로, 표지한다. 형광을 띠는 곳은 샘플 DNA가 마

과학적 사고

가설: 꽃과 잎에서는 각각 전체 유전자 중 일부만 발현된다.

예측: *Arabidopsis* (애기장대)의 꽃과 잎에서 mRNA를 분리하고 *Arabidopsis* 게놈 마이크로어레이에 대해 probe로 사용하면, 두 probe는 각각 두 조직에서 공통으로 발현되는 서열 및 한 조직에서만 고유하게 발현되는 서열에 붙을 것이다.

테스트:

1. *Arabidopsis* 게놈 마이크로어레이 제조를 시작한다. *Arabidopsis* 게놈에 한 copy씩 있는 서열을 PCR로 증폭하고 각각을 plate의 well에 담아 놓는다.

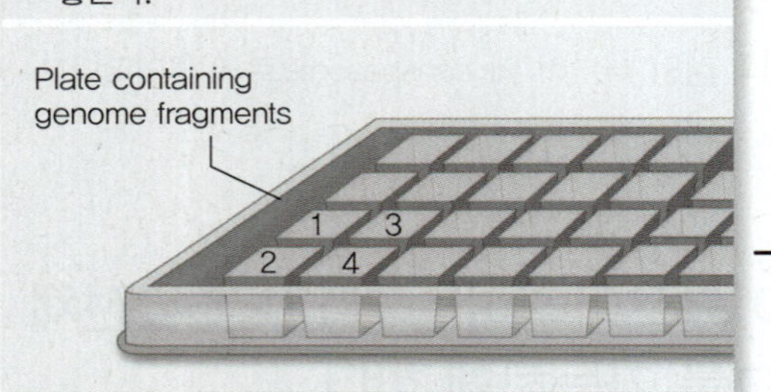

2. 증폭한 DNA를 각각 특수 현미경 슬라이드에 프린트한다.

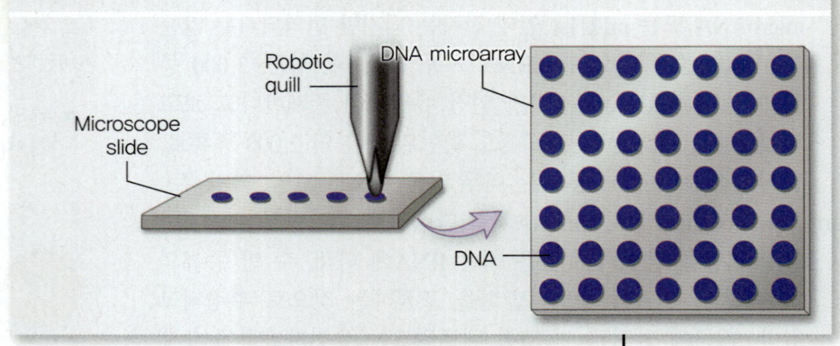

3. *Arabidopsis*의 꽃과 잎에서 mRNA를 분리하고 형광물질로 표지된 뉴클레오티드를 사용하여 cDNA를 합성한다. 두 조직의 mRNA를 사용하여 만든 cDNA, 즉 probe 에는 각각 다른 색깔의 형광물질이 붙도록 한다.

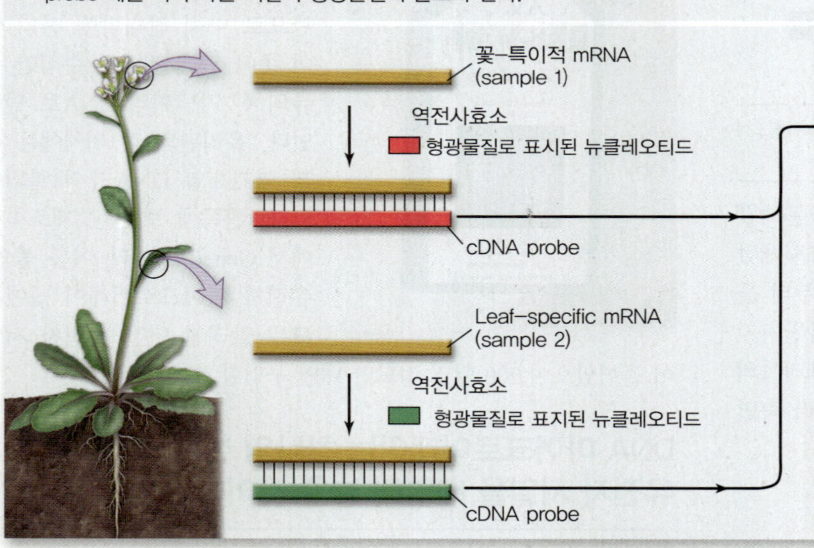

4. 표지된 cDNA로 마이크로어레이를 조사한다. 두 가지 probe를 섞은 다음 마이크로어레이에 넣고 배양하여 혼성화(hybridization)이 일어나도록 한다. 마이크로어레이에서 나오는 형광 신호를 분석한다.

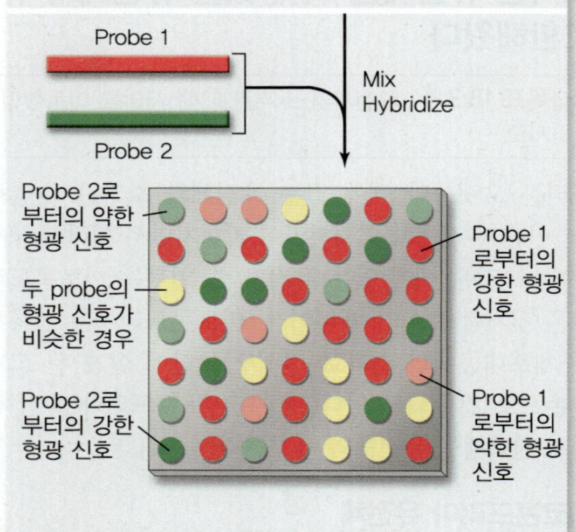

결과: 노란색은 꽃 cDNA와 잎 cDNA가 모두 붙은 서열을 나타내고, 빨간색은 꽃에서만 발현되는 유전자를, 녹색은 잎에서만 발현되는 유전자를 나타낸다.

결론: 어떤 Arabidopsis 유전자는 꽃과 잎에서 모두 발현되지만, 꽃에서만 발현되거나 잎에서만 발현되는 유전자도 있다.

추가 실험: 꽃과 잎 모두에서 발현되는 유전자가 모든 조직에서 다 발현되는 housekeeping gene인지, 아니면 꽃과 잎 조직에 고유한 유전자인지 조사하려면 마이크로어레이를 어떻게 사용해야 하나?

그림 18.5 마이크로어레이.

이크로어레이 DNA에 붙은 곳이다. 어느 한 개체의 DNA만 붙으면 빨간색 또는 녹색 형광을 띠게 될 것이다. 두 개체의 DNA가 서열이 같은 곳에서는 노란색으로 나타날 것이다. 노란색인 곳이 많을수록 두 개체의 DNA는 더 유사하다고 할 수 있다.

과학자들은 각 개인의 DNA를 인간 유전체의 "표준 서열"과 비교하여 어떤 차이점이든 찾아내느라 바쁘다. 이런 일을 통해 과학자들은 특정 위치에서 염기 하나만 다른 SNP(single nucleotide polymorphism의 약자)를 찾아내고 있다. 일부 SNP는 낭포성섬유증이나 낫형 적혈구빈혈증 같은 질환과 연관되어 있기도 하고, 또 다른 SNP는 빨간 머리나 혈중 고콜레스테롤 증상을 만들어내기도 한다. SNP는 1,000개 뉴클레오티드 당 다섯 개 정도의 빈도로 염색체 내에 무작위적으로 흩어져 있는 것으로 추정된다. 우리 각자는 표준 서열과 비교할 때 수천 개의 SNP를 가진 것으로 예상된다.

마이크로어레이 분석과 암

마이크로어레이의 사용 예 중에서 가장 흥미로운 것은 사람들의 여러 암에서 보이는 유전자발현 패턴의 프로파일을 만드는 작업이다. 마이크로어레이 분석 결과, 같은 유형의 암 환자의 경우에도 종종 다른 유전자발현 패턴을 보인다는 점이 밝혀졌다. 이러한 발견은 암의 세부 유형에 따른 진단과 치료에 이미 이용되고 있다.

많은 데이터 축적과 함께 다음과 같은 패턴이 드러나고 있다.

1. 마이크로어레이 데이터를 근거로 신뢰할 만한 수준에서, 특정 암은 다른 암이나 정상 조직과 구별할 수 있다.
2. 많은 경우 특정 암의 세부 유형들은 마이크로어레이 데이터에서 다른 유전자발현 패턴을 보인다.
3. 마이크로어레이의 유전자발현 패턴은 병의 재발, 전이 가능성, 치료에 대한 반응 등을 알아내는 데 사용될 수 있다.

개념 정리 18.4

마이크로어레이는 수많은 유전자의 발현을 한꺼번에 조사할 수 있게 해준다.

- 왜 마이크로어레이 분석이 프라이버시 문제를 야기시킬 수 있나?

18.5 유전체 비교를 통해 진화의 역사가 밝혀진다

여러 다른 종의 유전체(전체 DNA 서열)들을 비교하는 것은 생물계통수에 대한 우리의 지식을 보다 명확하게 하면서 생물학자에게 강력한 새로운 도구를 제공하였다. 이미 분석이 완료된 유전체 서열은 앞으로 밝혀질 것에 대한 흥미로운 단서도 제공한다.

포유류는 모두 같은 크기의 유전체를 갖고 있다

학습목표 18.5.1 여러 다른 포유류 유전체의 유전자 수를 비교하시오.

여러 생물체의 유전체에 들어있는 유전자의 수를 비교하면, 아주 대략적으로 말하자면, 보다 복잡한 생물체가 더 많은 유전자를 가진다는 것을 보여준다. 여러분은 그림 18.6에서 곤충(초파리와 모기)는 박테리아와 효모와 같은 단세포 생물체보다 두 배 정도 많은

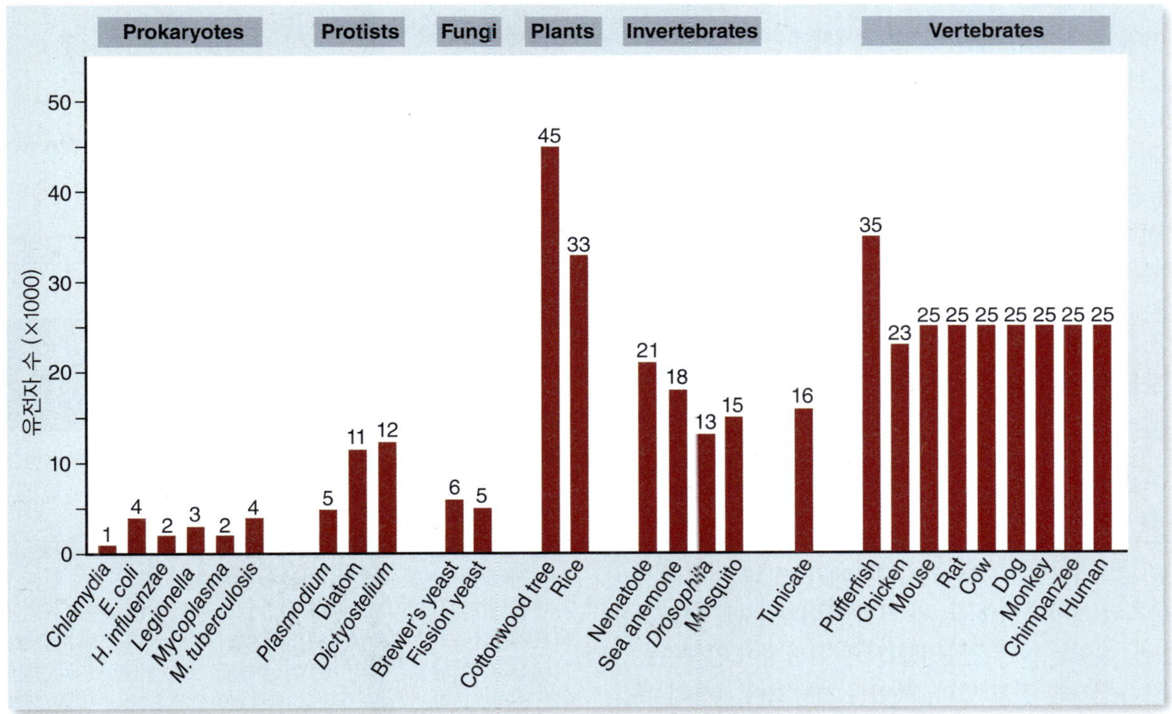

그림 18.6 유전체 크기 비교. 모든 포유류가 같은 크기의 유전체를 갖고, 핵에 있는 단백질 유전자 수는 20,000에서 25,000개이다. 식물과 복어가 예상치 듯한 큰 크기의 유전체를 가진 것은 복잡성 증가 때문이라기보다는 유전체 전체 차원의 복제가 일어난 때문으로 생각된다.

유전자를, 포유류에 비해서는 절반 정도의 유전자를 가진다는 것을 볼 수 있을 것이다.

아마 인간 유전체프로젝트에서 얻은 가장 놀라운 발견은 사람을 만드는 데 필요한 유전자가 상당히 적다는 점, 즉 20,000에서 25,000개 유전자만 있으면 된다는 점일 것이다. 다른 생물체의 유전체와 비교했을 때는 또 다른 놀라운 점이 드러났다. 그것은 모든 포유류 유전체가 같은 수의 유전자를 가진다는 점과 함께 매우 유사하다는 점이다. 그림 18.6에서 볼 수 있듯이, 소, 쥐, 생쥐, 개, 원숭이, 침팬지, 그리고 인간은 모두 20,000에서 25,000개의 유전자를 갖는다. 고양이, 토끼, 오랑우탄, 코끼리, 주머니쥐와 다른 포유류들의 유전체 서열이 밝혀지고 있는데, 모두 이런 크기의 유전체를 갖고 있을 것으로 예상된다.

많은 수의 유전자가 이전에 알려지지 않은 새로운 것이다

학습목표 18.5.2 이전에 알려지지 않은 새로운 유전자가 유전체학을 통해 얼마나 밝혀지고 있는지 기술하시오.

생물학자들이 유전체 서열이 제공하는 귀중한 정보의 보물을 탐색하기 시작하면서 드러난 놀라운 발견은, 분석이 완료된 유전체 모두에서 이전에 보지 못한 단백질 유전자를 많이 발견한다는 점이다. 예를 들어, 원핵생물인 *Aeropyrum pernix* 유전체에는 다른 생물체에서는 발견되지 않았던 유전자가 1,500개 이상—전체 중 57%—존재한다. 가장 잘 연구된 박테리아 중 하나인 *Mycobacterium tuberculosis* 유전체에 있는 대략 4,000개 유전자도 마찬가지이다. 진핵생물 유전체도 많은 예상치 못한 유전자를 갖고 있다. 사람의 6번 염색체에는 1557개 단백질 유전자가 있는데, 그 중 772개만이 알려진 것이다. 이와 유사하게, 사람의 7번 염색체에는 1150개 단백질 유전자가 있는데, 그 중 605개만이 알려진 것이다. 같은 패턴이 여태까지 분석한 유전체 모두에서 관찰되고 있다, 즉 많은 유전자가 과학계에는 새로운 종류인 것이다. 새로 밝혀진 유전자들 중 일부는 우리가 기능을 알고 있는 유전자와 비슷하지만, 그 생물체에서 그 단백질이 실제 무슨 일을 하는지는 모른다. 생물학자들이 수세기 동안 연구했음에도 불구하고, 생물체들은 우리가 아직 이해하지 못하는 많은 기능을 보유하고 있는 것으로 보인다.

유전체 크기의 큰 차이는 유전체 전체의 복제를 통해 생기기도 한다

학습목표 18.5.3 왜 어떤 생물체들은 복잡한 정도로 예상되는 것보다 훨씬 더 많은 유전자를 가지는지 설명하시오.

그림 18.6을 언뜻 보더라도 보다 복잡한 생물체가 더 많은 유전자를 가진다는 일반적인 경향에 반하는 세 가지 예외가 눈에 띄일 것인데, 미루나무, 벼, 복어는 모두 생물체로서의 복잡성이 말해주는 것보다 훨씬 많은 유전자를 갖고 있다. 복어는 사람보다 40%의 유전자를 더 갖고 있다! 여러분은 이 작은 물고기가 여러분보다 훨씬 더 복잡하다고 생각하는가? 여기에는 다른 무언가가 숨어있다. 이들 세 생물체의 유전체를 조사하니 이들이 많은 유전자를 가진 이유가 명백해졌다. 각 경우에, 유전자 수가 크게 증가한 것은 유전체 전체가 복제된 결과, 즉 새로운 유전자가 추가된 것이 아니라 배수체 생성 과정 때문인 것으로 나타났다.

어찌 된 일인지 복어 유전체를 보다 자세히 살펴보기로 하자. 복어와 사람의 가장 마지막 공통 조상은 2억 3천만 년 전에 살았던 원시 경골어류이다. 오래 전 멸종된 이 어류의 후손은 두 갈래, 즉 복어가 포함된 조기어류와 인간 조상이 포함된 육기어류로 진화했는데, 조기어류로 갈라진 초기 어느 때인가 유전체 전체가 복제되었다! 복어 유전체에 있는 6천개 이상의 유전자 위치를 인간 유전체에서 그에 상응하는 유전자 위치와 비교하면, 사람의 어느 한 염색체의 특정 부분과 일치하는 부분이 복어에서는 두 염색체에 걸쳐 존재한다. 그림 18.7에서 보인 바와 같이(일치되는 유전자는 색깔로 표시하였음), 이 패턴은 조기어류에서 유전체 전체가 복제되었음을 명확하게 보여주는 것이다. 이와 비슷한 복제가 식물체 진화과정에서도 많이 일어났다.

a.

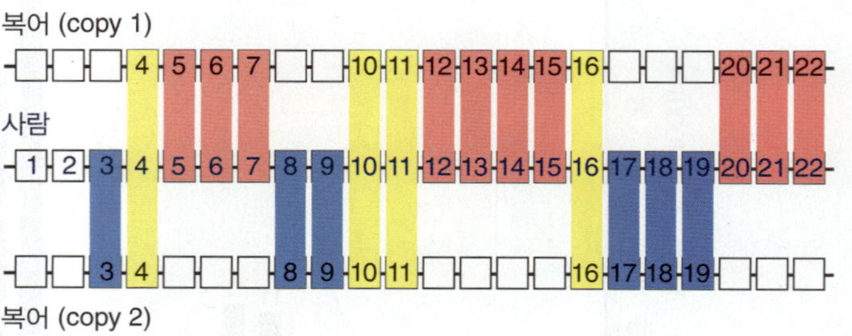

b.

그림 18.7 유전체 전체의 복제 탐지. 복어(a)의 유전체는 진화과정에서 유전체 전체가 복제되는 과정을 겪었다. (b)에서는 사람과 복어의 유전자를 보여준다. 가운데 1번부터 22번까지 번호를 붙인 인간 유전자 중 일부는 복어에서도 같은 위치에 존재한다. 노란색으로 표시된 유전자는 복어에서 두 개 다른(copy 1 copy 2로 표시된) 염색체에서 발견된다. 어떤 유전자들은 copy 1에만 있거나(빨간색) 또는 copy 2에만 존재하고(파란색), 또 어떤 것들은 없어졌거나 아니면 다른 유전자로 바뀐 것으로 보인다.

중요한 유전자들은 잘 보존되는 경향이 있다

학습목표 18.5.4 *HOX* 유전자와 같은 서열은 왜 유전체 간에 고도로 잘 보존되었는지 설명하시오.

유전자 염기서열분석기의 개발로 여러 유전체들의 DNA 서열이 밝혀지고 또 비교할 수 있게 되면서, 어떤 서열은 생물계 전체에 광범위하게 존재한다는 점이 명백해졌다. 180개 염기 크기의 서열이 공통으로 들어있는, *HOX* 유전자라 부르는 유전자가 무척추동물과 척추동물을 포함한 모든 동물에서 나타난다. *HOX* 유전자는 몸 구조 발생이 제대로 일어나게 해주고, 체절의 수나 방향을 결정하는 데 핵심 역할을 한다. 갑각류와 곤충의 몸 구조의 차이는 4개 *HOX* 유전자에서의 변화로 많은 부분 설명할 수 있는 것으로 나타났다. *HOX* 유전자는 식물과 효모, 심지어는 원핵생물에서도 발견된다. 명백하게도, 이 유전자는 생물체 역사에서 매우 일찍 생겨났으며, 수 억년의 세월 동안 동물, 곰팡이, 식물에서 거의 바뀌지 않고 보존돼 왔을 정도로 중요한 것이었다.

HOX 유전자처럼 고도로 보존된 유전자는 얼마나 보편적인가? 유전체 전체 서열이 점점 더 많이 밝혀지면서, 이 질문에 답을 얻는 것이 가능해지게 되었다는데, 이미 그러한 유전자가 매우 많다는 것이 명백해졌다. 미루나무와 벼에서는 '식물' 유전자라 할 수 있는 유전자, 즉 동물이나 곰팡이 유전체에서는 발견되지 않는 유전자는 단지 1/3 정도이다. 이 '식물' 유전자는 광합성이나 그와 관련된 구조와 연관이 있는 수천 개 유전자를 포함한다. 식물 유전체의 2/3는 동물과 곰팡이에서도 발견되는 유전자로, 여러 기본 대사와 유전체 복제 및 수선에 필요한 유전자들이다.

진화 속도는 경우에 따라 차이가 크다

학습목표 18.5.5 주요 생물체 그룹에서의 유전체 변화 속도를 비교하시오.

설치류(생쥐와 토끼) 유전체와 영장류(사람과 침팬지) 유전체를 비교한 결과, 약 7500만 년 전의 설치류와 영장류의 마지막 공통조상 이래로 설치류 DNA는 영장류 DNA에 비해 두 배 빠른 속도로 변해왔다. 이는 매우 흥미로운 관찰결과이다. 세대시간(두 세대 간의 평균 시간, 또는 다음 후손을 갖기까지 걸리는 시간)의 차이가 이 차이를 어느 정도 설명해줄 수 있을 것이다. 생쥐는 훨씬 더 짧은 세대시간을 가져 감수분열 과정에서 유전체 성분들을 섞어 조합할 기회가 더 많았을 것이기 때문이다.

곤충은 지구상에서 가장 종이 풍부하고 형태적으로 다양한 동물 그룹이다. 초파리(*Drosophila*)와 모기(*Anopheles*)의 두 종류 곤충 유전체가 분석되었다. 두 종은 약 2억 5천만 년 전에 갈라졌는데, 이후 척추동물보다 더 빠르게 진화한 것처럼 보인다. 이들 두 종류 곤충 사이의 유사성은 4억 5천만 년 전에 갈라진 사람과 복어 사이의 유사성 정도와 같다.

다윈이 옳았다 – 근연종의 유전체는 닮았다

학습목표 18.5.6 유전체는 지속적으로 유전적 변이를 축적한다는 증거를 기술하시오.

현대생물학의 주요한 과제는, 복잡한 생물체를 대상으로 현재 매우 상세히 연구할 수 있게 된 DNA 서열의 진화를 형태와 구조의

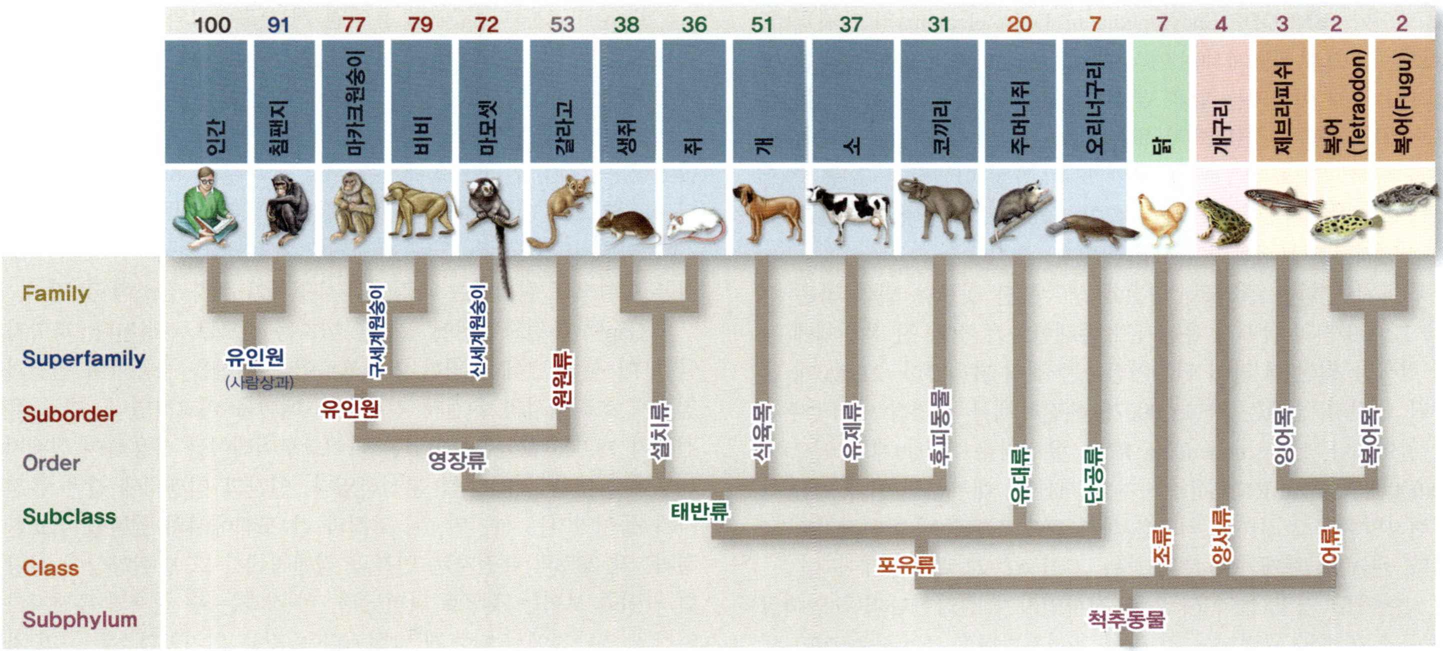

그림 18.8 유전체 유사성은 진화상의 근연 정도를 반영한다. 각 생물체 위에 표시된 숫자는 그 생물체 유전체에 있는 특정 영역의 염기가 인간 유전체에서 그와 상응하는 영역의 염기와 일치되는 비율(%)이다. 이 분석은 유전체의 1% 정도인 30 Mb를 대상으로 이루어졌다. 사람과 더 먼 동물, 즉 그림에서 오른 쪽에 있는 동물은 사람과 보다 가까운 동물에 비해 인간 유전체와의 유사성이 더 떨어진다.

진화와 연결시키는 방법을 찾는 것이다. 서로 다른 종들의 유전체 또는 유전체 일부를 비교하는 것은 이러한 관계를 탐구하는 데 새롭고 강력한 수단을 제공한다.

유전체 서열의 비교는 다윈 진화론의 주요 예측, 즉 가까운 종은 먼 종에 비해 유전적 차이가 적을 것이라는 것에 대해 이미 명확한 확증을 보여주었다. 다윈의 주장에 대해서는 19장에서 자세히 배우게 될 것이지만, 여기에서는 생물체들이 시간이 지남에 따라 점차 달라지며, 연관된 종들은 모두 생물계통수에서 한 곳에 모인다는 그의 이론만 주목하면 될 것이다. 유전체 서열을 비교한 결과에서도 똑같은 종류의 계통수를 얻을 수 있다. 다윈의 이론에서 예측되는 것 같이, 두 종이 더 가까울수록 유전체상 차이는 더 적음을 볼 수 있다(그림 18.8). 우리가 속한 목(영장목)에 있는 다른 생물체 유전체는 다른 목, 예를 들어 생쥐와 쥐 같은 설치류의 유전체보다는 인간 유전체와 더 비슷하다.

일반적으로, 그림 18.8에서 분류학적 카테고리로 우리와 매우 가까운 종(사람과 같은 과에 속한 종)부터 매우 먼 종(사람과 같은 강에 속하지만 다른 목에 속하는 종)으로 훑어나가면, 여러분은 다윈의 이론이 예측하는 것 그대로 분류학적 거리가 증가할수록 유전체의 유사성은 감소한다는 것을 명확히 볼 수 있을 것이다.

인간 유전체의 대부분에는 기능성 요소가 들어 있다

학습목표 18.5.7 단백질을 암호화하지 않는 유전체 DNA가 기능상 어떤 역할을 할 가능성에 대해 기술하시오.

인간 유전체에 존재하는 기능성 요소를 찾아내려는 대규모의 국제적 노력의 결과 "junk DNA"라는 용어는 이제 폐기되어야 할 것으로 보인다. ENCODE(Encylopedia of DNA elements의 약자)라고 부르는 그 프로젝트에서는 여러 종류의 세포에서 기능성 요소를 동정하기 위해 이전과는 다른 분석방법을 사용하였다. 이들 기능성 요소에는 어떤 산물(단백질 또는 RNA)를 암호화하는 것과 함께 특정 생화학적 특징(단백질 결합 또는 특정 염색질 구조)를 가진 것들이 포함된다. 이 연구에서는 이 프로젝트와 함께 발전해온 고성능 염기서열 분석방법이 사용되었다.

초기에 얻은 결과로, 이전에 생각했던 것보다 훨씬 적은 수(약 21,000개)의 단백질 유전자가 존재한다는 것과 전 유전체에 걸쳐 전사가 훨씬 더 많이 이루어진다는 것이 밝혀졌다. 21,000개 단백질 유전자 중에는 약 15,000개 유전자에서 선택적 이어맞추기이 일어난다. Long noncoding RNA 유전자는 13,000개가 있으며, 10,000개의 small RNA 유전자가 존재한다. 대부분의 이들 RNA가 유전자발현을 조절하는 역할을 하는 것으로 나중에 밝혀질지도 모른다. 하지만, 현재 대부분의 경우 그 기능은 모르는 상태이다.

아마도 가장 놀라운 일은, 전사인자가 결합한다거나 염색질의 구조 변화와 관련되는 것 같이 유전자발현을 조절하는 어떤 생화학적 특징이 유전체의 상당히 많은 부분에 들어있다는 점일 것이다. 이런 결과는 대규모 조사과정에서 얻어진 것으로 앞으로 기능 입증 과정이 필요하지만, 유전체가 아무 기능을 하지 않는 DNA로 주로 채워져 있다는 견해에는 종말을 시사하고 있다. 또한, 생각보다 훨씬 더 복잡한 유전체가 우리에게 어떤 영향을 미치는지 알아보는 흥미진진한 새로운 시대를 열어주고 있다.

무엇이 우리를 인간으로 만드는가

학습목표 18.5.8 인간 유전체와 침팬지 유전체에 대해 알고 있는 것을 비교해보시오.

아마도 생물학에서 가장 흥미있는 질문 중 하나는, 우리 인간은 우리와 가장 가까운 종인 침팬지(*Pan troglodytes*)와 얼마나 다른가? 하는 것이다. 두 유전체의 서열을 상세히 비교한 결과 단일 염기 수준에서는 단지 1.3% 만 다르다는 것이 밝혀졌다. SNP는 3천5백만 개가 존재한다. 단백질을 암호화하는 서열만 감안하면 유사성은 99.2%까지 높아진다.

이 정도 차이는 얼마나 중요할까? 각 사람 사이에는 약 천만 개 SNP가 존재하고 그것은 유전체 전체에 퍼져 있다. 따라서 아주 대략적으로 말하자면, 여러분은 여러분이 침팬지와 닮은 정도보다 4배 정도 다른 사람과 더 많이 닮았다고 할 수 있다. 그건 정말 매우 닮은 것이다.

사람과 침팬지 사이에는 단순한 염기교체 이외의 다른 차이도 존재하며, 그 차이는 큰 영향력을 갖는다. 침팬지 염색체의 염기서열을 그에 상응하는 사람 것과 맞춰 정렬해보면, 하나 또는 그 이상의 염기가 빠져있는 gap이 5백만 개가 존재하는 것으로 나타난다. 대부분의 gap은 30개 뉴클레오티드 이하의 크기이다. 이 gap의 존재로 두 유전체 간 차이는 3%만큼 더 커진다. 유전자 서열 안에 존재하는 gap은 영장류 진화에서 작용한 주요 기작 중 하나인 것으로 보인다.

Gap 비교를 다른 대형 유인원 계보(고릴라와 오랑우탄)으로 확대하면, 우리 쪽에서 어떤 서열이 추가되었는지, 아니면 다른 쪽에서 빠졌는지 추론하는 것이 가능하다. 결실과 첨가는 두 계보에서 비슷한 빈도로 일어난 것으로 보이며, 첨가보다는 결실이 훨씬 많았다. 명백히, 인간과 침팬지는 서로 갈라진 후 6백만 년 동안 각각 독립적으로 유전체를 조금씩 상실해온 것으로 보인다. 즉, 인간과 침팬지의 조상은 더 큰 유전체를 가졌었고 이후 두 종이 서로 다른 방향으로 진화하는 과정에서 유전체가 점차 감소한 것 같다.

Gap은 유전자발현에 영향을 끼치는 것으로 추정된다. 과학자들은 이 장 초반에 설명한 마이크로어레이 칩을 사용하여 인간과 침팬지 조직에서의 유전자 전사활동 패턴을 비교하였다. 인간 유전자가 18,000개까지 들어있는 마이크로어레이를 사용하여 침팬지 세포에서 추출한 RNA를 분석하였다. 인간과 침팬지에 같은 유전자가 들어있기는 하지만, 뇌 조직과 간 조직에서의 발현을 비교한 결과, 약 20%의 유전자는 인간과 침팬지에서 그 발현양상이 상당한 차이를 보이는 것으로 나타났다. 이 결과는 수 천개의 유전자가 인간과 침팬지에서 다르게 발현된다는 것을 의미한다. 두 종의 차이는 많은 부분 어떤 유전자가 발현되는지, 그리고 그 유전자가 언제 어디에서 발현되는지의 차이에서 비롯되는 것처럼 보인다. 아마도, 왜 침팬지가 인간이 아닌 침팬지로 진화했는지에 대한 가장 좋은 설명은 유전자들이 다른 시간에 그리고 아마도 다른 조직에서 발현되었기 때문일 것이다.

이제 우리는 다음 질문을 해보기로 하자. 침팬지와 다른 인간 유전자 중에서 어떤 유전자가 우리를 "인간"으로 만든 가장 결정적인 것일까? 이 핵심적인 질문에 대한 답을 구하기 위해 과학자들은 인간 유전체 중 최근에 특히 빠르게 변화해온 부분이 있는지 찾아보았다. 인간 유전체를 침팬지, 생쥐, 쥐 유전체와 비교한 결과, 49 군데는 사람을 제외한 다른 포유류에서는 거의 변하지 않았으나 사람의 경우 침팬지와 갈라진 후 매우 빠르게 변한 것으로 나타났다. 49개 부위에서 두 개를 제외한 나머지는 단백질을 암호화하는 서열 밖에 위치하며, 대부분 우리 뇌가 제대로 형성되게끔 하는 뇌 발생 관련 유전자 가까이 위치해 있다.

인간과 침팬지의 차이점 중 가장 흥미로운 것 중 하나는 사람에게 고유한 '말하는 능력'인데, 전사인자 유전자인 *FOXP2*에 돌연변이가 생긴 사람은 언어 이해에는 영향이 없지만 말하는 능력과 문법 관련 능력에 손상이 있다.

FOXP2 유전자는 침팬지, 고릴라, 오랑우탄, 리서스 마카크 원숭이에도 존재하고, 심지어는 생쥐에도 있지만, 이들 포유류 중 말하는 종류는 없다(그림 18.9). 이 유전자는 특정 뇌 부위에서 발현되는데, 그 곳은 운동 기능에 영향을 주는 부위로 단어를 만들어내는 데 필요한 복잡한 조정기능도 담당하는 부위이다.

생쥐와 사람에 있는 FOXP2 단백질은 단지 세 개 아미노산만 다르다. 생쥐와 다른 세 유인원 종을 비교하면 하나의 아미노산만 다르고, 침팬지, 고릴라, 리서스 원숭이는 모두 똑같은 아미노산 서열의 FOXP2 단백질을 가진다. 사람의 FOXP2 단백질은 침팬지, 고릴라, 리서스 원숭이 것과 비교하면 두 개 아미노산이 다르다. 이 두 개 다른 아미노산이 언어가 생겨나도록 만든 것으로 보인다. *FOXP2*에서의 두 개 돌연변이에는 강한 자연선택 압력이 작용하여 그것이 뇌, 후두, 입이 말을 할 수 있게끔 했을 것으로 추정된다. 두 개 바뀐 아미노산은 FOXP2 전사인자가 인산화되는 성질을 바꾸었을 수도 있다. 신호전이 과정을 조정하는 한 가지 방법은 전사인자를 인산화시켜 활성화 또는 불활성화시키는 것이다.

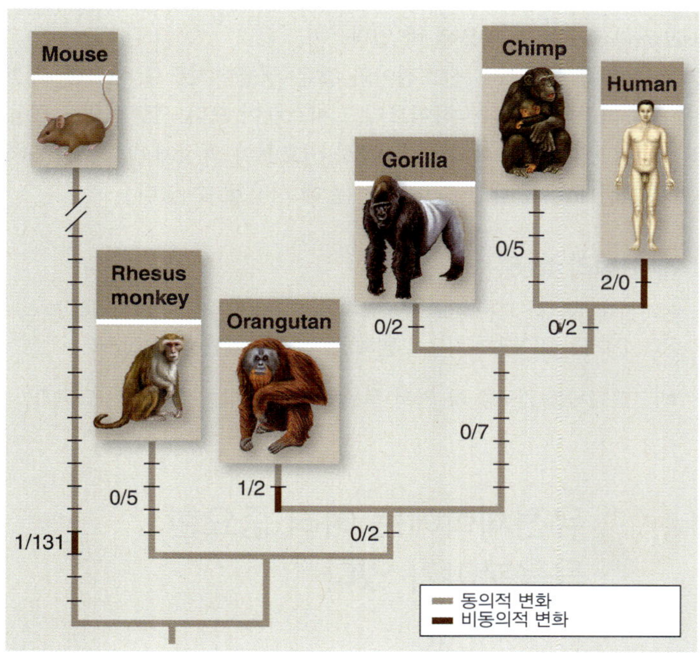

그림 18.9 *FOXP2*의 진화. 생쥐와 영장류 *FOXP2* 유전자에서의 동의적 변화와 비동의적 변화를 비교한 결과 두 개 아미노산의 변화가 사람의 언어가 생겨나게 한 것으로 보인다. 검은 색 막대는 비동의적 변화를, 회색 막대는 동의적 변화를 의미한다. 숫자도 왼쪽에 있는 것은 비동의적 변화를, 오른 쪽 숫자는 동의적 변화를 의미한다.(여기에 있는 설명과 그림의 네모 박스에 있는 설명이 달라 원 논문을 참조하여 번역하였음: 역자 주)

비교유전체학 연구는 이제 영장류를 넘어 다른 종으로도 확장되었다. 명금이라는 새가 노래할 때와 소리를 학습할 때 *FOXP2*가 어떤 역할을 할 것이라는 의견도 제시되었다. 생쥐는 찍찍 소리로 의사소통을 하는데, 길을 잃은 어린 새끼는 높은 소리를 낸다. 생쥐에서 *FOXP2* 유전자에 돌연변이가 생기면 찍찍 소리를 내지 못한다. 생쥐와 명금의 경우 *FOXP2* 가 언어 유전자라고 주장하기에는 무리이지만, 신경근육학적 측면에서는 소리를 만들어내기 위해 필요한 요소일 가능성이 있다.

개념 정리 18.5

여러 다른 유전체를 비교하는 것은 유전자 사이와 단백질 사이, 그리고 여러 종 사이의 구조적, 기능적 및 진화학적 관계를 추론할 수 있게 해준다. 복잡성의 증가와 염색체/유전체 복제는 더 큰 유전체를 만들어냈다. 진화 과정에서 중요 유전자는 보존되는 경향을 보였고, 새로운 유전자와 비번역 DNA가 추가되었다. 유전체들은 각각 다른 속도로 진화했으며, 가까운 종일수록 더 유사한 유전체를 가진다.

- 여러분은 어떤 기능을 가진 유전자를 나무와 공통으로 가지고 있을 것이라 예상하는가?

18.6 단백질체학은 유전체에서 만들어지는 단백질 모두를 연구하는 학문이다

단백질의 경우 번역후 변형(posttranslational modification) 과정이 있고 단백질 집합체를 형성하기도 하기 때문에 단백질을 연구하는 것은 DNA를 연구하는 것보다 훨씬 더 어렵다. 그리고, 앞서 설명하였지만, 유전자 하나가 선택적 이어맞추기를 통해 여러 단백질을 만들어낼 수도 있다. 어떤 세포든 유전체 DNA는 모두 들어있지만, 어느 한 세포 또는 조직에서는 전체 단백질 중 일부만이 발현된다.

단백질 다양성을 이해하는 것은 세포기능 연구에 필수적이다

학습목표 18.6.1 유전체학과 단백질체학을 구분해 설경하시오.

단백질체학(proteomics)은 **단백질체(proteome)**, 즉 유전체에 암호화된 단백질을 전체적으로 연구하는 학문이다. 한 세포의 단백질체인 경우에도 유전체 서열을 알아내는 것보다 훨씬 더 어려운 작업이다. 한 유전자로부터 선택적 이어맞추기를 통해 여러 단백질이 생산되기 때문에 우선 할 일은, 특정 세포나 조직에 있는 모든 RNA, 즉 **전사체(transcriptome)**를 분석하는 것이다. 선택적 이어맞추기 때문에 전사체와 단백질체 모두 유전체의 유전자 수보다는 훨씬 더 많고 더 복잡하다.

상황을 더 어렵게 만드는 것은, 단백질 합성 후 변형과정을 거쳐 기능적으로 다른 단백질이 만들어지기도 한다는 것이다. 또한, 단백질 기능이 다른 단백질과의 결합에 의존하기도 한다. 그러한 어려움에도 불구하고, 단백질은 세포 내 대부분의 주요 기능을 수행하기 때문에 그 다양성을 이해하는 것은 필수적이다.

단백질 기능 예측

새로운 방법을 사용하여 많은 수의 단백질을 빠른 속도로 동정하고 분석하는 것은 단백질체학을 전통적인 단백질생화학과 구분짓는 특징이다. 유전체학과 마찬가지로, 어려운 부분은 규모이다.

이상적이지만 과학자들은, 염기서열을 알면 그 서열에서 어떤 종류의 단백질이 만들어지는지 알 수 있게 되기를 희망한다. 서열만 아는 유전자가 있을 때, 그 산물인 단백질의 구조와 기능을 예측하기 위해 여러 생물체의 단백질구조 데이터베이스를 검색할 수도 있다. 이들 데이터를 분석하면 유전자 염기서열이 단백질 구조 및 기능과 어떻게 연결되는지 보다 명확한 그림을 얻을 수 있게 된다. 보다 많은 DNA 서열정보가 확보되면서 또 여러 종류의 단백질 구조가 지속적으로 밝혀지면서, 보다 광범위한 비교가 가능하게 하고 또 공통으로 존재하는 구조적 패턴도 찾아낼 수 있게 해주고 있다.

단백질 종류는 백만 개 정도가 되지만, 대부분은 소수의 구조적 테마를 바탕으로 하고 있다. 똑같은 구조적 모티프-barrel 구조, 나선 구조, 분자 지퍼-가 식물, 곤충 및 인간 단백질에서 발견된다(단백질 모티프에 대해서는 3장을 참조하시오). 모티프 종류는 최대 5,000개인 것으로 추정된다. 이들 모티프 중 약 1,000개는 이미 목록화되어 있으며, 보편적인 모티프를 모두 상세히 구체화시키는 노력이 현재 진행 중이다.

단백질 마이크로어레이

DNA마이크로어레이에 비견될만한 **단백질 마이크로어레이(protein microarray)**는 많은 수의 단백질을 동시에 분석하기 위해 사용된다. 단백질마이크로어레이 제조는 세포나 조직으로부터 전사체를 분리하는 것으로부터 출발한다. cDNA를 제조하고 그것을 박테리아나 바이러스를 사용해 클로닝하고 증식시킨다. 박테리아를 숙주세포로 하여 전사와 번역이 일어나게 하고, mM 농도의 단백질을 분리 정제한 다음, 유리판에 찍어 붙인다.

단백질 마이크로어레이는 최소한 세 가지 탐침으로 조사할 수 있다. 우선, 특정 단백질에 대한 항체를 탐침으로 하여 조사할 수 있다. 항체는 탐지 가능하도록 적절히 표지하고, 단백질 마이크로어레이에서 항체가 결합하는 패턴은 컴퓨터로 분석한다.

단백질 마이크로어레이는 결합이나 다른 상호작용을 연구하기 위해 다른 단백질을 탐침으로 하여 조사할 수도 있는데, 수천 개 상호작용을 동시에 테스트할 수 있다. 예를 들어, calmodulin(9장에 설명한 칼슘 신호를 중개하는 단백질)을 표지한 다음 5800개 효모 단백질이 있는 단백질체 마이크로어레이를 조사하는 데 탐침으로 사용한 실험에서는, calmodulin과 결합하는 39개 단백질을 밝혀냈다. 그 중 33개 단백질은 이전에 보고되지 않은 종류였다!

세 번째 유형의 탐침으로는 작은 분자를 사용하는데, 마이크로어레이에 있는 어떤 단백질이든 그것과 결합하는 것이 있는지 조사하기 위한 것이다. 이러한 방법은 특정 질환과 관련된 단백질을 저해하는 신약 후보물질을 발굴하는 데 큰 가능성을 보여주고 있다.

대규모 스크리닝으로 단백질–단백질 상호작용을 밝혀낸다

우리는 단백질을 홀로 있는 상태에서 연구하는 경우가 많은데, 이는 정상적인 세포환경과는 대조적인 것으로 명백히 인위적인 것이다. 따라서 단백질체학의 당면 목표는 세포 내 단백질들의 모든 물리적 상호작용의 그림을 얻는 것이다. 이 일은 매우 벅찬 작업으로, 유전체서열 분석이 자동화된 것과 마찬가지 방식으로 자동화될 수 있는 탐지수단을 필요로 한다.

한 방법은 17장에서 설명한 효모 투-하이브리드 시스템을 이용하는 것이다. 이 시스템은 여기에 이용되는 두 가지 벡터에 사용할 cDNA 라이브러리만 준비되면 자동화될 수 있다. 투-하이브리드 선별방식은 효모에서 상호작용하는 단백질들을 모두 찾아내는 데 적용돼왔다. 이 방법은 보다 복잡한 다세포 생물체에는 적용하기 어려운데, 놀라운 기술적 수완으로 초파리(*Drosophila melanogaster*)에도 적용된 바 있다.

척추동물에서는, 신호전이와 같은 생물학적으로 중요한 과정에 집중하는 식으로 투-하이브리드 시스템이 보다 선별적으로 적용되고 있다. 이 경우 이 기술은 특정 신호전이 과정에서 상호작용하는 단백질 모두에 대한 그림을 얻는 데 사용될 수 있다.

개념 정리 18.6

단백질체학은 한 유전체에 암호화된 모든 단백질, 즉 단백질체를 분석한다. 선택적 이어맞추기으로 인해 이 작업은 훨씬 더 복잡하다.

- 단백질체를 연구할 때 먼저 전사체를 조사하는 것이 왜 중요한가?

유전체학에는 여러 중요한 응용분야가 있다

지면의 제한으로 유전체학의 수많은 응용분야 중 몇 가지만 가능성을 보여주기 위해 설명하고자 한다. 현재 개발되고 있는 분석도구들은 생물 체계에 대해 우리가 생각하는 방식에 지속적으로 영향을 줄 가능성이 큰, 정말로 생물학 분야에서의 혁명이라 할 만한 것이다.

유전체학은 감염질환을 동정하는 데 도움을 줄 수 있다

학습목표 18.7.1 유전체학이 어떻게 병원체를 신속하게 동정하는 데 사용될 수 있는지 기술하시오.

유전체학 혁명은 앞으로 조사해야 할 수백만 개의 새로운 유전자를 내놓았다. 유전체학이 인류 건강을 증진시킬 잠재적 가능성은 막대하다. 유전자에 생긴 돌연변이는 유전질환의 대부분이 아닌 일부만 설명할 수 있다. 검색 가능한 여러 유전체들이 확보된 상태에서는 이제 사람과 동물, 그리고 식물에 생기는 여러 질병의 수수께끼를 풀 가능성이 한층 높아졌다.

단백질체학도 충분히 신약개발로 이어질 수 있지만, 유전체학은 진단 분야에서 당장의 효과를 볼 수 있다. 향상된 기술과 많은 유전자 정보는 모두 유전질환 진단의 질을 끌어올리고 있다.

진단법은 개인을 식별하는 데에도 사용되고 있다. 예를 들어, 유전체 연구를 통해 발견된 STR(short tandem repeat)은 2001년 9월 11일에 뉴욕 세계무역센터 건물에 행해진 테러 공격으로 인한 희생자들의 유해를 식별하는 데 사용된 법의학적 진단수단 중 하나였다.

또한 2001년에는, 탄저 포자가 들어있는 봉투가 미국 우편체계를 통해 배달되었는데, 다섯 명이 죽고 17명이 탄저에 감염됐다. 이 치명적인 박테리아의 출처는 유전체 서열분석을 통해 밝혀졌다. 균주 간 10개 염기의 차이가 FBI로 하여금 탄저균의 출처가 미육군 질병의학연구소의 백신연구 프로그램에서 사용된 한 작은 병에 들어있는 박테리아라고 추적할 수 있게 해주었다. 그곳 연구원인 아이빈스(Bruce E. Ivins)는 FBI가 2001년 탄저 공격의 혐의자로 그를 공식 고소하기 직전에 자살했다. 이와 함께, 집단감염 발생이 자연적인 감염으로 일어난 것인지 아니면 의도적인 감염으로 인한 것인지 구별할 수 있는 유전체분석 도구도 개발하려고 노력 중이다. 미국질병관리본부에서는 생물무기 테러에 사용될 수 있는 박테리아와 바이러스를 분류해 놓고 있다.

유전체학은 작물을 개선하는 데 도움을 줄 수 있다

학습목표 18.7.2 작물에서 유용한 유전자를 찾아내는 데 유전체학이 어떻게 사용될 수 있는지 기술하시오.

범지구적으로 말하자면, 낮은 수준의 영양은 인류의 건강에 가장 큰 방해 요소이다. 벼 유전체 프로젝트에 대해 열광적이었던 큰 이유는 그 프로젝트가 벼와 전 세계의 다른 곡물의 수확량과 영양학적 질을 향상시킬 가능성 때문이었다. 황금쌀(17장) 개발은 유전공학적인 방법으로 영양을 향상시키는 한 예이다. 지구상 인구의 약 1/3은 쌀로부터 필요한 칼로리의 반을 얻는다. 어떤 지역에서는 하루에 쌀을 1.5 kg을 섭취한다. 매년 5억 톤 이상의 쌀이 생산되는데, 장래에는 전 세계에 공급하기에 충분한 양이 되지 않을 수도 있다.

많은 부분 작물교배와 농업기술에서의 과학적 진보 덕분에 지난 50년 동안 농지는 겨우 1% 증가했음에도 불구하고 전 세계 곡물 생산량은 두 배 이상 증가했다. 지금 전 세계적으로 농사를 짓고 있는 면적은 남미 면적에 해당하는 면적인데, 과거 50년 동안의 과학적 진보가 없었더라면, 전 세계에 필요한 식량을 생산하기 위해 서반구 전체에 해당하는 면적이 필요했을 것이다.

그림 18.10 가뭄 스트레스로 인해 유전적 잠재력에 훨씬 못 미치는 생산성을 보이는 옥수수. 옥수수 생산은 건조한 기후에서 성장 기간 중 발생하는 가뭄으로 인해 제한을 받을 수 있다. 범지구적인 기후 변화는 옥수수가 주 작물인 지역에서 가뭄 스트레스를 증가시킬 수도 있다.

불행히도, 물 사용은 그 기간 동안 세 배가 되었고, 질 좋은 농지는 토양 침식으로 사라지고 있다. 과학자들은 또한 지구의 기후변화가 전 세계 농업에 미칠 영향에 대해 우려하고 있다. 작물의 수확량과 품질을 높이는 일은, 특히 경작에 최적은 아닌 농지의 경우, 많은 요인에 좌우되는데, 유전체 프로젝트에서 얻은 결과에 바탕을 둔 유전공학은 그 해결에 상당 정도로 공헌할 수 있다.

미국에서 재배되는 대부분의 작물의 경우, 환경 스트레스(염분, 물, 온도 스트레스)와 곤충을 비롯한 초식동물과 병원체 때문에 작물 생산성이 유전적 잠재력에 비해 절반 이하이다(그림 18.10). 따라서 스트레스와 해충에 대한 저항성을 부여할 수 있는 유전자를 찾는 일이 현재 진행되는 많은 유전체 프로젝트의 주 관심사인데, 유전체서열 정보의 확보는 결정적으로 중요한 유전자를 찾아낼 가능성을 높여준다.

유전체학은 유전체 정보 소유권에 대한 윤리적 이슈를 제기한다

학습목표 18.7.3 유전체학이 제기하는 지적 소유권과 프라이버시 이슈에 대해 기술하시오.

유전체 과학은 윤리적인 문제제기와 딜레마의 원천이 되기도 한다. 그 한 예는 유전자 특허 문제이다. 미 연방대법원은 최근에 유전체 DNA는 특허 대상이 될 수 없지만 cDNA는 될 수 있다 라고 판결했다. 연방정부 기금을 지원받는 공공의 유전체 콘소시움에서는 유전체 서열은 모두에게 자유롭게 접근 가능해야 하며 특허 대상이 되어서는 안된다는 믿음 하에 추진되어왔다. 연방법원 결정은 이 이슈가 얼마나 논쟁을 야기시키는 것인지 보여준다. 한편, 그 결정은 생물산업계가 분자진단 키트를 설계하는 데에는 영향을 주지 않을 것으로 보인다.

다른 윤리적인 이슈는 프라이버시에 관한 것이다. 염기서열 정보가 어떻게 사용되어야 하는지는 현재 진행 중인 사려 깊은 논의들의 핵심이다. 유네스코의 인간 유전체와 인권에 관한 선언은 다음과 같이 말하고 있다. "인간 유전체는 인류 구성원 모두의 근원적 단일성 및 그들의 선천적인 존엄성과 다양성의 근간이 된다. 상징적 의미에서, 그것은 인류의 유산이다."

우리가 인간 유전체에 대해 얘기하고는 있지만, 우리 각자는 조금씩 다른, 그래서 우리를 식별하는 데 사용될 수도 있는 유전체를 갖고 있다. 이미 낭포성섬유증과 헌팅톤병과 같은 유전질환은 스크리닝을 통해서도 찾아낼 수 있지만, 유전체학을 통해 동정 가능한 형질의 수가 크게 증가할 것이다. 미국에서는 유전형에 따른 차별을 방지하기 위해 2008년 GINA(Genetic Information Nondiscrimination Act; 유전정보 비차별 조례)가 법률로 통과되었다. 이에 따라 고용주나 건강보험회사는 유전자 검사를 요구하거나 유전자에 근거하여 차별할 수 없다. 하지만, 생명보험, 장애보험, 장기요양보험은 GINA의 대상이 되지 않는다. 또한, 군인은 GINA에서 제외되었으며, 미국 군대는 혹시 있을지 모를 사상자 식별을 위해 군 장병들의 DNA 샘플을 요구하고 있다. 유전체 프라이버시 논쟁은 계속되고 있는 것이다.

행동 유전체학도 가능성과 딜레마가 많이 혼재된 분야이다. 단일 유전자에 의해 결정되는 행동 형질은 극소수로, 두 개 유전자가 fragile-X 정신지체와 연관되어 있고, 조기 발병 알츠하이머는 세 개 유전자와 연관되어 있다. 그 외 행동과 연관된 유전자가 대규모 유전체 스크리닝 작업으로 발견될 것으로 생각된다. 문제는 그 결과가 무엇이 "정상" 행동인지에 대한 우리의 견해에 얼마나 영향을 줄 것인가 하는 것이다.

아이스랜드에서는 모든 아이스랜드인에 관한 의료 정보, 유전정보와 가계 데이터를 한 개인회사가 수집하여 데이터베이스를 구축하도록 의회가 투표로 결정하였다. 아이스랜드인은 지난 800년 동안 유입이나 유출 인구가 별로 없는 유전적으로 매우 흥미로운 집단이다. 아이스랜드 데이터베이스에서 추출할 수 있는 정보는 특이할 것이다. 하지만 최종적으로는, 개인이나 그룹에 대해 혹시 있을 수 있는 차별이나 명예훼손과 대비하여 그 정보의 가치를 저울질해야 할 것이다.

개념 정리 18.7

유전체학 기술은 병원체를 더 잘 진단하도록 도와줄 수 있으며, 병원체 균주 각각을 동정할 수도 있게 해준다. 유전체학은 유해의 DNA 식별도 잘 할 수 있게 해주었다. 작물의 경우 병저항성 또는 합성 증가와 관련된 유전자를 찾아낼 수 있다면 생산량과 영양가치를 높이는 것이 가능하다.

- 보통 감자보다 두 배의 단백질 함량을 가진 감자를 개발했다 하자. 여러분은 이 감자의 특허를 추구할 것인가?

생쥐 유전체에서 재조합은 기능성 부위에서 벗어난 곳에서 일어나도록 유도된다

감수분열 때 일어나는 재조합은 진핵생물 유전의 특징으로 우리가 동물과 식물에서 보는 다양성의 많은 부분이 그 때문이다. 하지만 재조합은, 교차가 유전자 안에서 일어나면 그 유전자가 파괴될 수도 있어, 교란 과정이 될 수도 있다. 생쥐를 비롯한 포유류는 그러한 문제가 생기지 않도록 아주 영리한 방법을 만들어낸 것처럼 보인다. 감수분열 때의 교차는 DNA에 이중가닥 절단부위가 생기면서 시작되는데, 아래 그림과 같은 실험실 생쥐에서는 이 절단부위가 PRDM9 이라는 감수분열-특이적 히스톤 메틸전이효소의 활성에 의해 결정된다.

PRDM9은 생쥐 유전체의 많은 곳에 산재한 특정 염기서열에 결합해 이중가닥 절단부위를 생성하는 효소를 유인하는 깃발 역할을 함으로써 그곳을 재조합이 잘 일어나는 부위로 만든다. 하지만 재조합에 PRDM9이 꼭 필요한 것은 아니다. *PRDM9* 유전자가 없는 녹아웃 생쥐에서도 정상적인 *PRDM9* 유전자를 가진 생쥐와 같은 정도로 감수분열 재조합이 일어난다. 따라서 *PRDM9*은 재조합 빈도를 높인다기보다 이중가닥 절단이 생쥐 유전체의 특정 부위에서 일어나도록 하여 결국 특정 부위에서 재조합이 일어나도록 유도하는 것처럼 보인다.

이 결과는, 생쥐가 이중가닥 절단, 즉 감수분열 재조합이 유전체의 중요 부위가 아닌 곳에서 일어나도록 유도하기 위해 PRDM9를 사용할 수도 있다는 가능성을 제기한다.

이 가설을 검증하기 위해 과학자들은 다음과 같은 단순한 질문을 던졌다: 정상 *PRDM9* 유전자를 가진 야생형 생쥐에서는 재조합이 유전체의 기능성 부위 밖에서 일어나도록 유도되는가? 그들은 유전체의 기능성 부위를 전사되는 부위로 일단 정의하고, TSS(transcription start site; 전사개시부위)에서 재조합성 이중가닥 절단이 발생하면 기능성 부위에 영향을 주는 것으로 기록하였다. 이 연구의 결과는 다음 히스토그램에서 볼 수 있다. 빨간 막대는 TSS, 즉 유전체 기능성 부위에 영향을 주는 재조합을 나타내고, 녹색 막대는 전사부위에 영향을 주지 않는 재조합을 나타낸다.

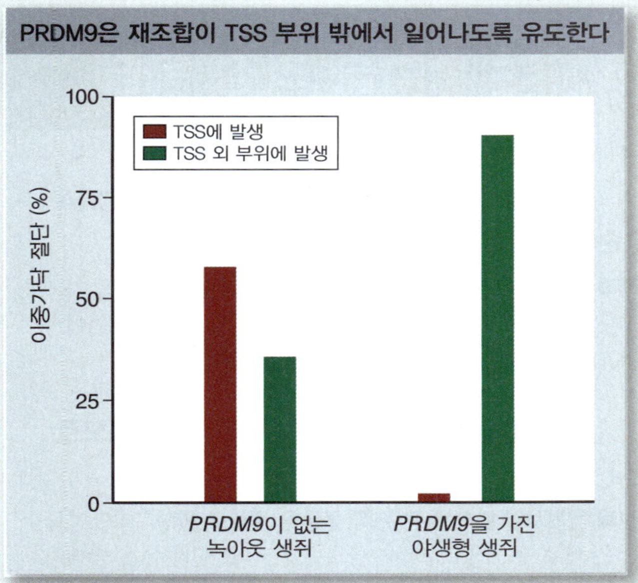

분석

1. **개념 적용**
   a. **변수.** 그래프에서 무엇이 종속변수인가?
   b. **퍼센트.** 75 라는 값은 이 연구에서 분석한 전체 이중가닥 절단부위 중 얼마의 비율이라는 것인가?
2. **자료 해석**
   a. PRDM9 활성이 없는 녹아웃 생쥐에서, TSS에서 일어난 재조합의 상대적 비율과 TSS를 벗어난 곳에서 일어난 재조합의 상대적 비율에 차이가 관찰되는가?
   b. 정상 PRDM9 활성을 가진 야생형 생쥐에서는, TSS에서 일어난 재조합의 상대적 비율과 TSS를 벗어난 곳에서 일어난 재조합의 상대적 비율에 차이가 관찰되는가?
3. **추론**
   a. PRDM9 활성이 없는 녹아웃 생쥐에서, 재조합 중 얼마만큼의 비율이 전사 부위(기능성 부위) 유전체에 영향을 주는가?
   b. 정상 PRDM9 활성을 가진 야생형 생쥐에서는, 재조합 중 얼마만큼의 비율이 전사 부위(기능성 부위) 유전체에 영향을 주는가?
4. **결론 도출** 이 결과로부터, 생쥐에서 *PRDM9*은 전사시작부위에서 벗어난 곳에서감수분열이 시작되도록 하는(DNA에 이중가닥 절단을 도입하는) 효소를 유도하여, 결국 재조합이 유전체의 기능성 부위 밖에서 일어나도록 유도하는 작용을 한다고 결론짓는 것이 합당한가?
5. **심층 분석** 이 결과는, 야생형 생쥐에서 *PRDM9* 유전자가 없으면 재조합이 일어나지 않았을 non-TSS DNA 부위의 많은 곳에서 재조합이 일어남을 보여준다. 이들 부위의 특성을 알려면 무엇을 해야 할까? 그 부위들이 진화상 중요하다고 생각하나? 설명하시오.

학습 과정 복습

개념 18.1 유전체지도 작성에서 어려운 과제는 큰 DNA 조각들의 순서를 정하는 것이다

18.1.1 물리적 지도는 유전체에서의 랜드마크를 제공한다 물리적 지도는 제한지도와 염색체 밴드 패턴 지도를 포함한다. 어느 유전체 위치에서든 짧은 고유 DNA 서열을 순서표지부위(STS)로 활용할 수 있다.

개념 18.2 유전체 염기서열 분석작업은 자동화과정으로 이루어진다

18.2.1 유전체 염기서열 분석은 큰 분자 클론을 필요로 한다 효모 인공염색체(YAC)은 매우 큰 DNA 조각을 클로닝할 수 있게 해준다. 박테리아 인공염색체(BAC)는 현재 가장 보편적으로 사용된다.

18.2.2 전체 유전체 서열분석은 두 가지 방식으로 이루어진다 Clone-by-clone 염기서열결정에서는 알고 있는 클론, 즉 보통 BAC 클론이고 순서대로 정렬시킨 클론으로 시작한다. 산탄식 염기서열결정에서는 무작위적으로 클론들의 서열을 분석하고 분석된 염기서열을 컴퓨터로 조립한다.

개념 18.3 인간 유전체 염기서열 분석 결과 많은 놀라운 것이 밝혀졌다

18.3.1 유전자 개수는 예상외로 적다 인간 유전체는 단백질 유전자를 25,000개 정도만 갖고 있는데, 그 숫자는 세포 내 mRNA 종류보다 훨씬 적다. 한편, 어떤 염색체에는 유전자가 많이 들어있고, 또 어떤 염색체에는 드물게 존재한다.

18.3.2 유전자는 여러 개씩 존재하기도 한다 어떤 유전자들은 하나씩만 존재하고, 다른 유전자들은 여러 copy로 존재하거나, multigene family 상태, 염색체 블록이 복제된 상태, 또는 연달아 모여있는(tandem cluster) 상태로 존재한다.

18.3.3 유전체 DNA의 대부분은 비번역 서열이다 진핵생물에서 비번역 DNA는 약 99%를 차지한다. 인간 유전체의 약 45%는 자리를 옮겨다니는 전이인자로 구성되는데, 여기에는 LINE, SINE, LTR 종류가 포함된다.

18.3.4 소기관 유전체는 핵에 있는 유전체와 유전자를 교환해왔다 미토콘드리아와 엽록체 유전체 모두 핵 유전체와 유전물질을 교환해왔음을 암시하는 요소를 갖고 있다.

개념 18.4 마이크로어레이는 개인 간 유전체 비교를 가능하게 한다

18.4.1 DNA 마이크로어레이는 하나의 칩에 수천 종류의 유전자 서열을 배열해 놓은 것이다 DNA 마이크로어레이로 개체간 단일 염기 차이뿐 아니라 유전자발현 양상의 차이도 탐지해낼 수 있다.

개념 18.5 유전체 비교를 통해 진화의 역사가 밝혀진다

18.5.1 포유류는 모두 같은 크기의 유전체를 갖고 있다 효모 유전체는 박테리아 유전체보다 크고, 초파리 유전체는 그 둘보다 크며, 인간 유전체는 초파리보다 크다.

18.5.2 많은 수의 유전자가 이전에 알려지지 않은 새로운 것이다 서열이 밝혀진 유전체마다 많은 수의 기존에 알려지지 않은 단백질 유전자가 존재한다.

18.5.3 유전체 크기의 큰 차이는 유전체 전체의 복제를 통해 생기기도 한다 염색체 전체 또는 유전체 전체가 복제되기도 한다. 식물에서는 200배 만큼의 유전체 크기 차이도 발견되었는데, 유전자 수는 차이가 많이 나지 않는다.

18.5.4 중요한 유전자들은 잘 보존되는 경향이 있다 식물, 동물, 곰팡이의 경우 약 70% 유전자는 공통으로 갖는다. 초파리 유전자 중 절반 이상은 사람에 그에 상응하는 유전자가 있다.

18.5.5 진화 속도는 경우에 따라 차이가 크다 설치류는 사람보다 2배 빠르게 변이가 축적돼 왔고, 곤충은 그 두 종류보다 더 빠르게 변해왔다. 짧은 세대시간이 변화속도 차이의 원인일 수 있다.

18.5.6 다윈이 옳았다 – 근연종의 유전체는 닮았다 계통발생학적으로 먼 종일수록 유전체 서열이 덜 유사하다.

18.5.7 인간 유전체의 대부분에는 기능성 요소가 들어 있다 miRNA는 전사는 되지만 단백질로 번역되지는 않는다. 이들은 조절 기능을 할 것으로 추정된다.

18.5.8 무엇이 우리를 인간으로 만드는가 차이의 대부분은 유전자 서열의 차이보다는 유전자가 언제 어디에서 발현되는지의 차이일 수 있다. 진화상 FOXP2 단백질과 그 발현양상의 작은 변화가 말을 하는 인간으로 이끌었을지 모른다.

개념 18.6 단백질체학은 유전체에서 만들어지는 단백질 모두를 연구하는 학문이다

18.6.1 단백질 다양성을 이해하는 것은 세포기능 연구에 필수적이다 단백질체학에서는 어느 한 세포에서 생산되는 모든 종류의 단백질을 연구한다. 전사체는 특정 시간에 특정 세포에 존재하는 mRNA 전체를 지칭한다.

개념 18.7 유전체학에는 여러 중요한 응용분야가 있다

18.7.1 유전체학은 감염질환을 동정하는 데 도움을 줄 수 있다 유전체학은 감염질환의 집단감염 발생이 자연적인 것인지 아니면 인위적인 것이지, 또한 그 균주가 무엇인지 밝히는 데 도움을 줄 수 있다.

18.7.2 유전체학은 작물을 개선하는 데 도움을 줄 수 있다 유전체학은 작물의 영양 가치를 높이거나 환경 스트레스에 보다 잘 대처할 수 있게 해줄 가능성이 크다.

18.7.3 유전체학은 유전체 정보 소유권에 대한 윤리적 이슈를 제기한다 유전체 데이터의 소유권과 이와 관련된 경제적 이득에 관한 문제는 과학적 지식의 윤리적 사용이라는 측면에서 현재 진행형의 문제 제기를 하고 있다.

학습 과정 평가

개념 18.1 유전체지도 작성에서 어려운 과제는 큰 DNA 조각들의 순서를 정하는 것이다

이해

1. STS란 무엇인가?
   a. 유전체 지도를 만드는 데 사용된 고유 DNA 서열.
   b. 유전체 지도를 만드는 데 사용된 반복 DNA 서열.
   c. 유전자의 3'말단을 정하는 데 사용되는 upstream element.
   d. b와 c 모두 맞음.

개념 18.2 유전체 염기서열 분석작업은 자동화과정으로 이루어진다

이해

1. 플라스미드를 사용하는 것보다 인공염색체 사용이 더 유용하다. 그 이유는 인공염색체가
   a. 유용한 밴드 패턴을 갖고 있기 때문이다.
   b. 선형의 DNA이기 때문이다.
   c. 보다 큰 DNA 조각을 클로닝할 수 있게 해주기 때문이다.
   d. DNA를 높은 copy 수로 얻을 수 있기 때문이다.
2. BLAST 검색은 무엇인가?
   a. 전체 유전체서열 분석과정에서 일치되는 부위를 정렬시키는 방법.
   b. 여러 다른 종의 유전자들 중 유사한 유전자를 찾아주는 검색 방법.
   c. DNA 라이브러리를 스크리닝하는 방법.
   d. ORF를 찾아주는 방법.

응용

1. BAC 라이브러리를 사용하여 유전체서열 분석을 시작하려 한다. STS를 사용하여 BAC 클론들의 지도를 만들었는데 그 결과가 다음과 같다면, 이에 맞는 contig는?
   Clone 1: - M - E - N - L - 　Clone 2: - Z - L - N -
   Clone 3: - R - Q - M - 　Clone 4: - Q - R - P -
   a. - M - E - N - L - R - Q - P - Z -
   b. - P - R - Q - M - E - N - L - Z -
   c. - E - L - M - N - P - Q - R - Z -
   d. - Z - E - L - M - R - Q - P - N -

종합

1. YAC은 동원체 서열을 필요로 한다. BAC의 경우에도 필요하다고 생각하나? 설명하시오.

개념 18.3 인간 유전체 염기서열 분석 결과 많은 놀라운 것이 밝혀졌다

이해

1. 인간 유전체에 있는 전체 유전자 수로 알맞은 것은?
   a. 2500 　c. 25,000
   b. 10,000 　d. 100,000
2. 인간 유전체 중 몇 %가 단백질을 암호화하는 정보가 아닌 DNA로 구성되어 있는가?
   a. 1%
   c. 45%
   b. 24%
   d. 99%
3. Multigene family는
   a. 보통 여러 다른 염색체에서 발견되는 유전자로 구성된다.
   b. 관련된 유전자들로 구성된다.
   c. 위유전자(pseudogene)을 포함하기도 한다.
   d. b와 c 모두 옳음.
4. 미토콘드리아 기능은
   a. 핵 유전체와는 독립적이다.
   b. 핵 유전체와 미토콘드리아 유전체 모두에 의존한다.
   c. 미토콘드리아 유전체와 엽록체 유전체에 의존한다.
   d. 미토콘드리아는 살아있는 것이 아니므로 어떤 유전체에도 의존하지 않는다.

응용

1. 다음 중 단백질 유전자의 설명으로 맞지 않는 것은?
   a. 단일 copy 유전자.
   b. Tandem cluster.
   c. 위유전자(pseudogene).
   d. Multigene family.

종합

1. 인간 유전체 중 아주 적은 부분만 우리를 인간이 되게끔 만드는 DNA 서열에 할애되는 것으로 보인다. 여러분의 DNA는 쭉 잡아당긴다면 여러분 키와 거의 같은 길이, 즉 거의 1.8m가 된다. 이 중 단백질을 암호화하는 부분은 2.5cm 이하이다. 우리가 추가의 DNA를 더 가지고 있는 이유가 무엇이라고 생각하는가?

개념 18.4 마이크로어레이는 개인 간 유전체 비교를 가능하게 한다

이해

1. DNA 마이크로어레이를 사용하여 어떤 정보를 얻을 수 있는가?
   a. 특정 유전자의 염기서열
   b. 특정 조직에서 유전자의 존재 유무.
   c. 유전자발현 패턴.
   d. 유전체 간 차이.
2. 다음 중 어느 것을 처음에마이크로어레이 칩에 찍어 붙이는가?
   a. 알려진 유전자에 해당하는 DNA 서열
   b. 형광물질로 표지된 cDNA
   c. mRNA
   d. 단백질

응용

1. 유방암 전이에 관련된 유전자를 찾는 연구를 수행하고 있다고 하자. 전이 개시와 관련된 유전자일 것으로 추측되는 유전자들을 담은마이크로어레이를 만들었다. 다음으로, 전이가 일어난 종양조직을 사용하여 빨간 형광물질로 표지된 cDNA를 제조하고, 전이가 일어나지 않은 종양으로부터는 녹색 형광물질로 표지된 cDNA를 제조하여 분석에 사용하였다. 다음 그림의 분석결과를 근거로, 여러분은 어떤 유전자를 연구할 것인가?

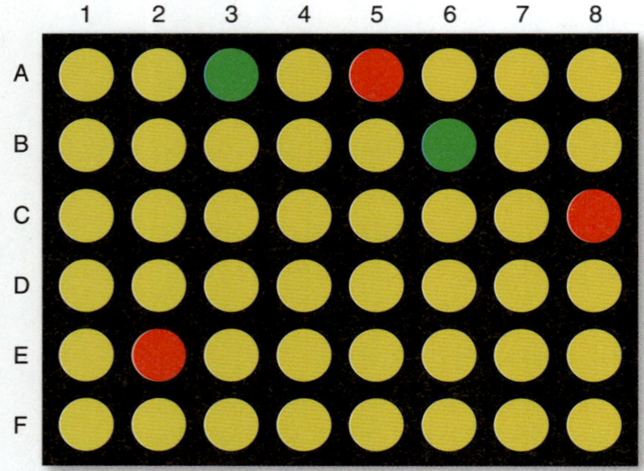

   a. 모든 유전자
   c. A3, B6
   b. A5, C8, E2
   d. 노란색으로 나타난 것 모두

종합

1. 일란성 쌍생아의 유전자마이크로어레이를 비교할 예정이라면, 어떤 결과를 얻을 것이라 예상하는가? 설명하시오.

개념 18.5 유전체 비교를 통해 진화의 역사가 밝혀진다

이해

1. 사람과 복어는 약 4억 5천만 년 전에 공통 조상으로부터 갈라졌으며, 이들 두 유전체는
   a. 매우 드물게 같은 유전자를 공통으로 갖는다.
   b. 모두 같은 유전자를 갖는다.
   c. 많은 비율의 유전자를 공통으로 갖는다.
   d. 염기서열 차이가 없다.
2. 식물 유전체와 동물 유전체의 큰 차이는 다음의 요인 때문인 것으로 보인다.
   a. 식물은 동물에 비해 덜 복잡함
   b. 단백질 합성을 조절하는 유전자
   c. 기초 중간 대사를 조절하는 유전자
   d. 유전체 전체의 복제
3. 다음 중 비번역(noncoding) DNA의 역할을 설명한 것이 아닌 것은?
   a. 유전자발현을 조절하는 RNA 유전자
   b. 염색질 패킹.
   c. Enhancer와 silencer.
   d. 역할 없음. 특별한 기능 없이 공간을 채우는 역할만 함.

응용

1. 유비퀴딘은 진핵생물의 거의 모든 조직에서 발견되는 작은 단백질이다. 아래 그림에서는 세 생물체의 유비퀴딘 1차 구조의 절반을 보여주고 있다(나머지 절반은 세 생물체에서 모두 같다). 이 데이터를 근거로, 다음 설명 중 어느 것이 정확한가?
   a. 효모, 선충, 그리고 인간은 서로 관련되어 있다.
   b. 유비퀴딘은 진핵생물에서 중요한, 그리고 유사한 기능을 할 것이다.
   c. 이들 생물체에서 유비퀴딘 유전자는 고도로 보존되어 있을 것이다.
   d. 위 모두 맞음.
2. 유비퀴딘 서열을 비교한 결과, *C. elegans*는

C. elegans (roundworm)	MQIFVKTLTGKTITLEVE **A** SDTI **E** NVK **A** KIQDKE
H. sapiens (human)	MQIFVKTLTGKTITLEVE **P** SDTI **E** NVK **A** KIQDKE
S. cerevisiae (yeast)	MQIFVKTLTGKTITLEVE **S** SDTI **D** NVK **S** KIQDKE

   a. 효모보다는 사람과 더 가까운 관계이다.
   b. 사람보다는 효모와 더 가까운 관계이다.
   c. 효모와 사람의 중간일 것이다.
   d. 서열에 차이가 있기 때문에 효모 또는 사람과는 관계가 없다.

종합

1. 많은 인간 유전체 유전자는 과학계에 새로운 것이다. 이들 유전자에 생긴 자연발생적인 돌연변이는 이전에 보고된 적이 없다. 이것은 이들 유전자의 기능이 인간 생존에 중요하지 않다는 것을 의미하는가? 만약 중요한 것이라면, 어떤 요인이 이들 돌연변이가 드러나지 않도록 하였을까?
2. *FOXP2* 유전자는 인간의 언어능력과 관련이 있다. 이 유전자는 침팬지, 고릴라, 오랑우탄, 리서스 마카크 원숭이와 심지어는 생쥐에서도 발견되는데, 이들 포유류 중 말하는 동물은 없다. *FOXP2*가 다른 포유류에서는 아니지만 사람에서는 말을 가능케 하는 이유를 설명하는 가설을 제시해보시오.

개념 18.6 단백질체학은 유전체에서 만들어지는 단백질 모두를 연구하는 학문이다

이해

1. 단백질체란 무엇인가?
   a. 단백질을 암호화하는 모든 유전자의 집합.
   b. 유전체에 의해 암호화되는 모든 단백질의 집합.
   c. 한 세포에 있는 모든 단백질의 집합.
   d. 단백질의 아미노산 서열.
2. 전사체는
   a. 특정 세포나 조직에 존재하는 모든 RNA.
   b. 유전체에서 전사되지 않는 모든 서열.
   c. 유전체에 비해 덜 복잡하고 더 작음.
   d. 특정 세포나 조직에 존재하는 모든 단백질 유전자.

응용

1. 다음 중 단백질 마이크로어레이의 사용 예가 아닌 것은?
   a. 단백질 활성 분석.
   b. 약물의 표적 동정.
   c. 단백질 3차 구조 분석.
   d. 효소의 기질 동정.

종합

1. "단백질체"가 단순히 유전체 서열에서 예상되는 단백질 산물들과 다를 가능성이 큰 이유는?

개념 18.7 유전체학에는 여러 중요한 응용분야가 있다

이해

1. 유전체학은 다음 목적에 사용될 수 있다.
   a. 사람의 유해 동정
   b. 생물재료의 출처 분석.
   c. 작물의 개선.
   d. 위 모두 해당됨.

응용

1. 유전자 마이크로어레이는 나중에 심각한 건강상의 문제를 일으킬 수도 있는 유전자를 포함하여 각 사람의 유전자를 분석할 수 있다. 이러한 능력과 관련하여 어떤 혜택과 문제점이 있을 수 있나?

종합

1. 유전체 연구는 어떤 집단감염 발생이 자연적인 것인지 아니면 의도적인 것인지 판단하는 데 사용될 수 있다. 탄저와 같은 질병이 의도적인 행위에 의해 발생했다고 의심되는 상황에서 유전체 연구자라면 무엇을 찾아봐야 하는지 설명하시오.

개념 연결하기: 3부 유전 및 분자생물학

DNA는 모든 세포의 유전물질이다. 생물학에서는 세포에서 정보가 DNA에서 RNA로 또 단백질로 흘러간다는 것이 중심원리이다. 염색체와 DNA 분자의 구조는 생명의 청사진이 될뿐 아니라 정보가 정확하게 복제되고 또 한 세대에서 다음 세대로 정확하게 전달될 수 있도록 해준다. 돌연변이와 유성생식을 통해 만들어지는 유전적 변이는 여러 표현형을 만들어내고, 여기에 자연선택이 작용하여 생명의 다양성을 창조해낸다.

- 유전부호와 유전자발현의 보편성은 유전공학을 가능케 했다.
- 형질전환 박테리아는 진핵생물 단백질을 생산하도록 변형될 수 있다.
- 유전적으로 변형시킨 생물체에서 보다 안전하고 저렴하게 약물과 백신을 생산할 수 있다.
- 작물이 병에 강하도록, 제초제를 견딜 수 있도록, 또 영양학적 품질이 향상되도록 유전적으로 변형시킬 수 있다.

- 분자생물학의 중심원리는, 세포에서 정보는 DNA에서 RNA로 또 단백질로 흘러간다는 것이다.
- DNA 서열(유전자)는 mRNA 형태로 전사되고, mRNA에 있는 코돈은 아미노산 서열로 번역되어 단백질이 만들어진다.
- 유전형은 한 개체가 가진 대립인자(allele) 모두를 나타내며, 그것의 물리적 또는 기능적 발현의 결과가 표현형이다.

생명 현상은 조절 가능한 반응들로 이루어진다

유전공학은 의학과 농업에 혁신을 가져왔다

정보는 DNA에서 RNA로 또 단백질로 전해진다

DNA는 모든 생명체의 유전 물질이다

염색체 분리와 재조합은 유전의 핵심이다

- 염색체는 유사분열, 감수분열과 배우자 형성을 통해 유전정보가 한 세대에서 다음 세대로 실체적으로 전달될 수 있도록 해주는 운반 수단이다.
- 진핵생물에서 상염색체와 성염색체는 유전형질을 담고 있다.
- 사람의 X 염색체(성염색체)에 담긴 열성 형질은 남성에서 잘 발현된다.

- 유전자라 부르는 염색체 위 DNA 염기서열은 모든 생명체에서 유전의 기본 단위이다.
- 유전자는 단백질의 아미노산 서열을 결정하고, 단백질은 형질을 결정하며 전사를 조절하고 또 여러 세포 활동을 수행한다.
- DNA 분자의 두 가닥은 상보적이며 각 가닥은 상대 가닥을 지정한다. 세포는 DNA의 완전 무결함이 확보되도록 손상된 DNA를 치료하는 기작을 갖고 있다.

- 유성생식은 수많은 유전적 변이를 생성하고 그것이 자연선택과 진화의 원천이 된다.
- 유전적 가변성은 염색체의 독립유전과 교차, 그리고 배우자의 무작위적 수정을 통해 도입된다.

진화는 적응과 다양성을 수반한다

유성생식은 유전적 변이를 만들어낸다

유전형이 표현형을 결정한다

유전체 비교로 진화의 역사가 밝혀진다

- 여러 유전형이 여러 표현형을 만들어내고, 표현형은 자연선택에 의해 선별된다.
- 단일 돌연변이도 큰 영향을 미칠 수 있다. 하지만 많은 경우에, 진화학적 변화는 표현형을 바꿀 수 있는 돌연변이의 축적으로 일어난다.
- 다른 표현형으로의 자연선택은 생물체 진화와 다양성을 낳는다.

- 비교 유전체학은 진화학적 질문에 대한 답을 찾기 위해 또 생명의 역사를 추적하기 위해 사용된다.
- 유전체 비교로 주목할만한 형질상 차이가 DNA에서의 매우 작은 차이에 기인하기도 한다는 것이 밝혀졌다.
- 보다 가까운 근연종은 보다 유사한 유전체를 갖는다. 예를 들어, 인간은 우리와 가장 가까운 종인 침팬지와 98.7%의 염기서열을 공유한다.

구조가 기능을 결정한다

DNA는 이중나선이다

단백질의 다양성을 이해하는 것은 세포 기능을 연구하는 데 필수적이다

진핵생물 DNA는 염색체 상태로 패키징되어 있다

여러분은 이미 '개념 연결'의 두 가지 예를 경험해 보았으니, "구조가 기능을 결정한다"에서 제시된 개념과 관련된 상세한 사항을 채워 넣어 보시오.

19 개체군내 유전자들

학습과정

19.1 자연 개체군은 유전적 변이를 나타낸다

19.2 대립유전자의 빈도는 변화한다

19.3 진화적 변화에는 다섯 가지 요인이 있다

19.4 선택은 다중 유전자 형질에 작용한다

19.5 자연선택은 실험적으로 연구될 수 있다

19.6 적응은 진화적 성공의 척도이다

19.7 변이는 진화적 상호작용에 의해 유지된다

서론

모든 개체는 같지 않다(일란성 쌍둥이라도 다른 점이 있을 수 있다). 개체가 보유한 서로 다른 특징은 생존과 번식기회에 중요한 영향을 미친다. 개체군내 대립유전인자의 변화에 영향을 주는 생존과 번식기회가 진화과정 주도하게 되는데, 이것이 진화 생물학의 핵심이라고 할 수 있으며, 19장부터 21장까지에서 다루어질 주제이다.

19.1 자연 개체군은 유전적 변이를 나타낸다

무엇을 진화라고 표현할 수 있을지에 대해서 먼저 정리하자. 진화라는 단어는 자연과학뿐만 아니라 사회과학분야에서도 널리 사용된다. 진화라는 단어는 시간속에서 변화하는 모든 형태에(사회적 체계, 물질, 지구생태계 등) 적용될 있다. 생물학에 있어서 현대적 의미의 진화는 다윈의 "종의기원"에서 그 흔적을 찾을 수 있지만, 그의 책에서조차 5판까지는 진화(evolution)라는 단어가 사용되지는 않았다. 다윈이 진화를 "변화를 수반한 후대(descent with modification"라고 묘사하였는데, 이 어구 속에는 생물학적 진화의 본질을 잘 나타내고 있다. 즉, 시간을 통하여 생물체 종사이에는 차이를 축적하며 그 결과 조상으로부터 후손은 다른 형태를 가지게 된다. 궁극적으로 새로운 종이 출현하게 된다.

유전적 변이는 진화의 원료이다

학습목표 19.1.1 자연선택의 결과인 진화와 경험을 통한 획득형질의 유전 사이의 차이에 대해 알아보기.

진화의 원리를 최초로 제안한 사람은 다윈은 아니다. 다윈은 다양한 생명체들이 진화의 과정에서 유래한다는 것을 가정한 초기 자연주의자들의 이론을 뒤따랐다.

또한 다윈은 진화의 방법으로 자연선택설을 제안하였는데, 자연선택은 진화에 따른 변화를 설명할 수 있었다. 생존에 유리한 형질을 물려받은 일부개체들은 점차적으로 늘어나게 될 것이고 환경에 대한 적응도가 높아지는 개체군으로 궁극적으로 진화하게 된다고 제안하였다.

당시 유명한 생물학자였던 장-바티스트 라마르크(Jean-Baptiste Lamarck)는 진화가 **획득형질유전(inheritance of acquired charateristics)**에 의해 일어날 수 있다는 가설을 주장했다. 라마르크는 개체가 사는 동안에 획득한 형질변화를 자손에게 물려 줄수 있다고 하였다. 그 보기로 라마르크는 기린의 조상들은 짧은 목을 가지고 있었지만 나무위 잎들을 먹기위해 목을 길게 뻗치려고 하였다. 목을 길게 뻗치는 행위의 결과는 다음 세대의 자손에서 긴 목을 가지도록 유전되어 나타났다고 하였다(그림 19.1a). 다윈의 이론에서는 변이는 경험으로 창조된다기보다는, 미리 존재하는 유전적 차이를 반영하는 것으로 설명하였다.

다윈의 진화이론에 가장 중요한 가정은 개체군 내에는 유전적

그림 19.1 기린의 목이 길어진 것에 대한 진화의 두 가지 개념.

기린의 조상은 원래 오카피처럼 목이 짧았다.

기린의 조상은 나뭇잎을 따 먹기 위해 목을 계속 늘이도록 했는데, 자손에게 획득된 형질이 전달되었다.

a. 라마르크의 이론: 획득형질의 유전설

유전적 차이로 기린은 목 길이가 여러 가지였다.

긴 목을 가진 기린들이 다음세대 자손을 낳는 경쟁에서 유리하였다.

여러 세대가 지나, 긴 목을 지닌 기린들만 남게 되었고, 긴 목을 가진 자손들만 태어나게 되었다.

b. 다윈의 이론: 자연선택 또는 유전적 변이에 의한 진화적 변화

차이가 존재해 있다는 것이다. 자연선택은 경쟁에서 유리한 개체가 생존하는 과정이라고 할 수 있었다. 다윈 이론의 모순점은 경쟁에서 가장 유리한 유전인자를 가진 개체가 자연선택되고, 다른 불리한 대립인자를 가진 개체가 사라진다면, 다음 세대의 자연선택에 필요한 원료가 제공될 수 없다는 것이었다

자연개체군에는 광대한 변이가 존재하고 있다는 것을 우리는 알고 있다. 식물, 곤충, 척추동물군 내에 대부분 유전자는 다양한 수준의 변이를 유지하고 있다. 이장에서는 자연적 개체군에서 유전적 변이를 조사하고, 유전적 변이에 영향을 주는 진화요인에 대해서 살펴보고자 한다.

자연적 개체군은 유전적 변이를 가진다

학습목표 19.1.2 유전적 변이를 측정하는 방법에 대해 알아보기.

진화는 개체군의 유전적 조성의 변화를 일어나는 과정에서 비롯된다. 따라서 진화는 개체군의 유전적 특성을 연구하는 **집단유전학 (poplulation genetics)**과 밀접한 관련이 있다. 생물분류의 기초단위가 되는 종에 속한 개체들이 보유한 유전적 다양성이 선택과정에서 변화의 관찰요소이다.

12장에 나온 내용처럼, 식물과 동물종은 광범위한 유전적 다양성을 보유할 수 있다. 얼마나 다른 종류가 자연적 개체군에서 나타날 수 있을까? 인류집단을 대상으로 유전적 변이의 정도를 예를 들어 설명하면 다음과 같다.

1. **혈액형에 영향을 주는 유전자들.** 인류집단에는 ABO 좌위 외에도 화학적 분석에 의해 구분될 수 있는 혈액그룹에 30개가 넘는 유전자들이 관여하고 있다. 게다가 이러한 유전자들 가운데 1/3이상이 여러 개의 대립유전자들을 가지고 있다. 혈액형 그룹외에도 혈액세포나 혈장에 포함되어 있는 단백질 성분에 관한 45여개 유전자들이 추가적으로 알려져 있다. 이렇게 혈액성분하나에만 국한하더라도 무수히 많은 유전자 변이들이 존재하고 있다는 것이다.
2. **효소들에 영향을 주는 유전자들.** 특정효소에 관한 대립인자들은 단백질 전기영동에서 나타나는 밴드양상으로 구분되어 질 수 있다. 단백질 전기영동을 통해 나타난 다양한 대립인자들이 규명되었다. 약 5% 효소단백질 유전자는 이형접합체이다. 예를 들어 설명하면 한 개인의 효소합성 유전자 가운데 하나를 선택하여 보면 약 스무개 가운데 한 개가 이형접합체 형태라는 것이다. 유전체 전체를 고려하여, 일란성 쌍둥이를 제외하고 모든 인간은 다르다. 무성생식을 하는 생명체를 제외하고, 자연계에는 광범위한 유전적 변이를 가진 생물체로 가득하다.

효소 다형성

한 특정한 개체군에서 많은 유전자좌위가 한 개 이상의 대립자유전자를 가지는데 이 빈도는 단지 돌연변이에 의해 발생할 수 있는 것보다 훨씬 많은 빈도로 발생한다. 연구자들은 이러한 좌위를 **다형성(polymorphic)**이라고 부른다(그림 19.2). 자연개체군에 존재하는 이와같은 변이를 측정할 수 있었던 것은 비교적 최근의 단백질 전기영동과 같은 기법이 이용될 수 있었기 때문이다.

곤충이나 식물 집단들 대부분이 가지고 있는 단백질의 절반 이상이 다형성을 가지고 있다. 이말은 전체 유 뜻이다. 척추동물은 조금 적은 다형성을 가전자의 5% 이상이 1개 이상의 대립유전자를 가지고 있다는 뜻이다. 척추동물은 조금 적은 다형성을 가지고 있다. 이형접합률이라는 것은 개체가 가지고 있는 어떤 유전인자가 서로 다른 형태의 대립유전자로 존재하는 확률인데, 초파리나 무척추동물의 경우에는 약 15%이고, 척추동물은 5-8%범위, 외교배 식물은 8% 내외의 이형접합률을 가지게 된다. 식물 개체군내에 유전좌위는 동형접합률이 높은 편이라서, 유전좌위의 이형접합률은 상대적으로 낮아지는 경향이 있다). 유전적 변이의 수준은 진화가 일어나는 소재가 된다.

DNA 염기서열 다형성

인간유전체의 염기서열 초안이 완성된 이후, 염기서열변이에 대한 분석을 위한 여러 프로젝트가 수행되었다. 그 결과로 5%이상의 빈도를 가진 천 만 개 이상의 단일염기다형성과 삼백만개의 삽입또는 결실 돌연변이들이 보고되었다. DNA 상에서의 염기에서의 차이는

그림 19.2 다형성 변이. 부처꽃(*Lythrum salicaria*)은 여러 가지 꽃색깔 변이를 나타낸다. 그 꽃색깔의 차이는 다음세대에게 전달되는 유전형질이다

인류개체군 간의 특징을 반영할 수 있어, 미지의 샘플에 대해서도 지리적 기원 조상을 추정할 수 있을 정도로 정확하게 되었다. 또한 인간 유전체 염기서열정보 해독하여 얻어진 방대한 유전적 변이자료는 진화를 연구하는 주요한 도구로 사용되어 진다.

개념 정리 19.1

진화는 "변이를 수반하는 유전"현상이라고 설명할 수 있다. 자연선택은 특정개체가 가지고 있는 대립인자가 후대에 유리하게 전달되는 것이다. 자연개체군은 자발적 돌연변이로 설명할 수 없는 많은 유전적 변이들을 가지고 있다. 집단유전학은 통계적 기법을 이용하여 이러한 변이를 연구하는 학문이다.

- 진화가 발생하기 위해 한 개체군에서 유전적 변이가 필요한 이유는 무엇인가?

19.2 대립유전자의 빈도는 변화한다

자연적 개체군내에 유전적변이가 어떻게 존재하는지는 다윈과 그의 1800년대 중반사람들에게 수수께끼였다. 멘델의 잡종교배실험을 통해서 밝혀진 감수분열이라는 유전적 분리현상에 대한 개념이 널리 알려지지 않았기 때문이다. 다윈은 선택과정은 최적개체에 유리하게 작용하여 환경에 불리한 변이는 제거될 것이라고 생각했다. 또한 당시에는 융합유전이론이라는 자손에서 나타나는 표현형은 부모의 중간형태로 유전된다는 가설이 유행하였다. 융합유전이론에 따르면, 새로 출현하는 유전적 변이의 효과는 그 이후 세대에서는 빠르게 희석될 수 있는 오류를 가지고 있었다.

하디-바인베르크 법칙은 개체군의 평형상태를 정의한다

학습목표 19.2.1 하디-바인베르크 평형에 있는 개체군의 특징 논하기.

멘델의 유전법칙에 대한 재발견이후에, 생물학자들은 수많은 세대가 지나도록 우성형질의 개체가 개체군내에 완전히 고정되지 않는 이유에 대해서 의문을 가지게 되었다. 1908년(영국 수학자 하디(Godfrey H. Hardy)와 독일 의사 바인베르크(Wilhelm Weinberg)가 그러한 유전적 변이가 유지되는 이유에 대해서 해답을 제시하였다. 두 사람은 각각 독립적으로 개체군내에 유전적 변이가 여러 세대에 걸쳐 일정하게 유지되는 조건을 다음과 같이 주장하였다.

1. 새로 생기는 돌연변이가 없다.
2. 개체군안으로 또는 밖으로 유전자의 이동이 발생하지 않는다.
3. 교배는 무작위로 이루어진다.
4. 개체군의 크기는 무한할 정도로 크다.
5. 어떠한 선택도 작용하지 않는다.

위의 가정아래 개체군내 유전자형이 세대를 거쳐도 유지가 되는 것을 **하디-바인베르크 평형(Hardy-Weinberg equilibrium)**이라고 한다.

두 대립유전자를 가진 하디-바인베르크 등식

하디-바인베르크법칙은 대수학 등식으로 표현된다. 84마리가 검정색이고 16마리가 흰색인 100마리 고양이의 개체군을 생각해 보자(그림 19.3). 각 표현형의 빈도는 검정색 0.84(또는 84%)와 흰색 0.16(또는 16%)일 것이다. 이러한 표현형 빈도에 근거하여 근원적인 유전자형 빈도를 추정할 수 있을까?

흰색 고양이는 열성 대립유전자인 *b*의 동형접합 개체이고, 검정색 고양이는 동형접합 우성인 *BB*이거나 이형접합인 *Bb*라면, 이 개체군이 하디-바인베르크 평형 상태에 있다는 가정 아래 흰색 개체와 검정색 개체의 비율로부터 개체군 내 두 대립유전자의 **대립유전자 빈도(allele frequency)**를 계산할 수 있다.

대립유전자 *B*의 빈도를 글자 *p*로 표기하고 다른 대립유전자인 *b*의 빈도를 글자 *q*로 표기해 보자. 대립유전자는 단지 두 가지이므로 $p + q = 1$(즉, 총 개체군)이 되어야 한다. 한편 세 가지의 유전자형 빈도의 합도 역시 1이어야 한다. 만일 대립유전자 *B*의 빈

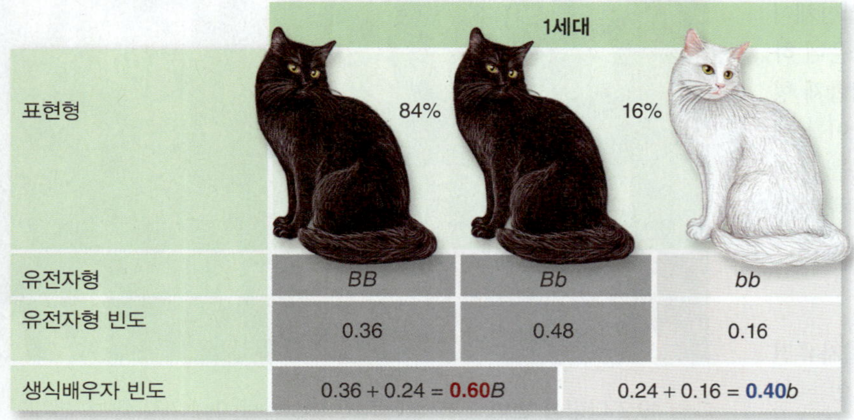

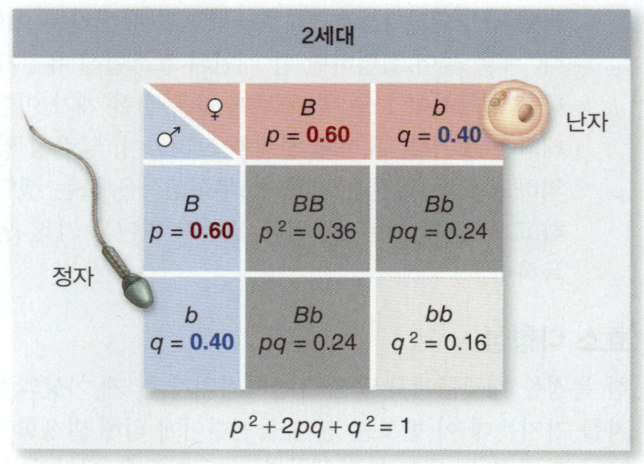

그림 19.3 하디-바인베르크 평형. 대립인자, 유전자형, 표현형의 빈도는 세대를 거듭해도 변하지 않는다.

도가 p라면 어느 개체가 대립유전자 BB를 가질 확률은 간단히 대립유전자의 각각이 B일 확률이다. 독립적으로 발생하는 두 사건의 확률은 각 사건이 일어날 확률의 곱이므로, 이 경우에 개체가 아비로부터 대립유전자 B를 받을 확률은 p이고 개체가 어미로부터 대립유전자 B를 받을 확률 역시 p이므로, 두 가지가 함께 일어날 확률은 $p * p = p^2$가 된다(그림 19.3 참조). 같은 이유에서 개체가 bb를 가질 확률은 q^2이다.

이형 접합체인 개체의 확률은 어떻게 될까? 여기에는 두 가지 가능성이 있는데, 개체가 아비로부터 B를 받고 어미로부터 q를 받는 경우와 그 반대의 경우이다. 앞의 경우에는 확률이 $p * q$가 되고, 두 번째 경우의 확률은 $q * p$가 된다. 어떤 상황이라도 개체는 결과적으로 이형 접합체가 되므로 그 결과의 확률은 드 확률의 곱인 $2pq$가 된다.

그러므로 만일 개체군이 하디-바인베르크 평형 상태에 있고 p와 q의 대립유전자 빈도를 갖는다면 개체가 세 가지의 가능한 유전자형을 가질 확률은 $p^2 + 2pq + q^2$가 된다. 이는 다음과 같은 2항 확장(binomial expansion)으로 인식할 수 있다.

$$(p + q)^2 = p^2 + 2pq + q^2$$

마지막으로 개체군이 하디-바인베르크 평형 상태에 있다는 가정 아래, 이 확률을 개체군 내의 유전자형 분포를 예측하는 데 이용할 수 있다. 어느 개체가 이형 접합체일 확률이 $2pq$라면 개체군 내에서 이형접합인 개체들의 비율이 $2pq$라고 예상할 수 있고, 마찬가지로 동형 접합체 BB와 bb의 빈도는 각각 p^2와 q^2로 예상할 수 있다.

이제 고양이의 예로 돌아가 보자. 고양이의 16%가 흰색이었다. 만일 흰색이 열성 형질이라면 흰색 고양이는 유전자형 bb를 가져야 한다. 이 유전자형의 빈도가 $q^2 = 0.16$(흰색 고양이의 빈도)이면, q(대립유전자 b의 빈도) = 0.4이다. $p + q = 1$이므로 대립유전자 B의 빈도인 p는 1.0 − 0.4 = 0.6이다(빈도의 합이 1이라는 점을 상기하자). 이제 예상되는 **유전자형 빈도(genotype frequency)**를 쉽게 계산할 수 있는데, 동형접합 우성인 BB의 고양이는 p^2 집단을 이루고 $p^2 = (0.6)^2 = 0.36$이므로, 100마리 고양이의 개체군에서 동형접합 우성인 BB의 고양이는 36마리이다. 이형접합의 고양이는 Bb의 유전자형을 가지므로 그에 해당하는 빈도는 $2pq$ 또는 (2 * 0.6 * 0.4) = 0.48, 즉 이형접합인 Bb의 고양이는 48마리가 된다.

하디-바인베르크식을 이용하여 다음 세대의 빈도를 예측한다

그림 19.3을 다시 살펴보자. 유성생식이 일어나는 동안의 유전자 재집합(genetic reassortment)을 추적하고, 다음 세대에서 대립유전자 B와 b의 빈도에 유전자 재집합이 어떻게 영향을 미치는지 살펴보기로 한다.

푸네트정방형과 비슷한 도표를 만들고, 대립유전자 B와 b의 모든 조합이 일어날 수 있게끔 이들 고양이의 정자와 난자가 무작위로 결합한다고 가정해 보자. 그렇다면 대립유전자들은 무작위로 혼합되어 다음 세대에서는 원래 출현한 비율에 준하여 나타나게 된다. 각 세대에서 개개의 정자 또는 난자가 대립유전자 B를 받을 가능성은 0.6이고($p = 0.6$), 대립유전자 b를 받을 가능성은 0.4이다($q = 0.4$).

그러므로 다음 세대에서 두 대립유전자 B가 결합될 가능성은 p^2 또는 0.36(= 0.6 * 0.6)이고, 개체군에서 약 36%에 해당하는 개체들이 BB유전자형을 계속 갖게 된다. 유전자형 bb를 갖는 개체들의 빈도는 q^2(0.4 * 0.4)이므로 약 16%가 되고, Bb의 유전자형을 갖는 개체들의 빈도는 $2pq$ (2 * 0.6 * 0.4) 또는 평균 48%가 된다.

만일 고양이의 개체군 크기가 100마리로 유지된다면 표현형에 있어서 대략 84마리의 검정색 고양이(BB유전자형이거나 Bb유전자형)와 16마리의 흰색 고양이(bb유전자형)를 보게 될 것이다. 감수분열과 유성생식 과정에서 나타나는 유전자들의 배치 전환에도 불구하고 대립유전자와 유전자형 그리고 표현형의 빈도는 세대가 바뀌더라도 변하지 않고 유지된다. 그러므로 대립유전자의 우성과 열성은 각 개체에서 대립유전자가 어떻게 발현되는지에 영향을 미치지만 시간이 경과하면서 대립유전자 빈도가 어떻게 변하는 가에는 영향을 미치지 않는다.

하디-바인베르크 예측은 진화적 과정의 증거를 찾기 위해서 데이터에 응용될 수 있다

학습목표 19.2.2 하디-바인베르크 예측으로부터의 편차의 중요성을 설명하기.

검은색과 흰색의 고양이에 대한 예로부터(그림 19.3) 유전자형이나 대립유전자의 빈도가 유지되는 하디-바인베르크 평형을 이루기 위해서 위의 다섯가지 조건을 충족하여야 한다. 하지만 자연계에 존재하는 대부분의 개체군은 위의 다섯가지 조건을 모두 갖추는 것이 불가능하다. 하디-바인베르크 법칙의 주된 이용 목적은 진화가 일어났는지를 관찰하고, 또한 진화적 변화의 요인이 무엇인지를 추정하는데 있다.

예를 들어, 다른 고양이 개체군에서 관찰된 유전자형 BB, Bb, bb의 빈도가 각각 0.6, 0.2, 0.2 이었다고 가정한다면, B 대립유전자의 빈도를 다음과 같이 계산할 수 있다: 두 개의 B 대립유전자를 가진 고양이 60%(0.6), 한 개를 가진 고양이, 20%, 가지지 않은 고양이 20%이다. B 대립유전자에 대한 고양이 한 마리의 평균은 1.4 [(0.6 x 2)] + (0.2 x 1) + (0.2 x 0) = 1.4]. 고양이 한마리는 2개의 대립유전자를 가질 수 있으므로, B 대립유전자의 최종빈도는 1.4/2.0 = 0.7 이다. 유사하게, b 대립유전자의 빈도를 계산하면 0.3이 된다.

만약 하디-바인베르크 평형조건이라는 가정아래 BB 유전자형의 고양이의 빈도는 $0.7^2 = 0.49$ 가 될 것이고, 실제로 관측된 빈도 0.6보다 낮은 것이다. 유사하게 이형접합체(Bb)의 빈도는 낮게 관측되었지만, bb 동형접합체 빈도는 하디-바인베르크 평형조건 보다 높게 관측된다. 따라서 이 개체군은 하디-바인베르크 평형으로부터 벗어나는 양상이라는 것을 알 수 있다.

위의 bb 동협접합체 유전자형 빈도가 높은 반면, Bb 이형접합체가 낮은 원인을 무엇이라고 설명할 수 있을까? 여러 가지 이유가 있을 것인데, (1) 자연선택이 이형접합체보다 동형접합체에 유리하도록 작용하는 경우, (2) 유사한 유전자형간의 교배를 선호하는 경우(즉, *BB* * *BB* 교배조합과 *bb* * *bb* 교배조합은 동형유전자형 자손을 생산하지만, *Bb* * *Bb* 유전자형 조합의 경우 자손의 절반만 부모와 같이 *Bb* 유전자형을 나타낼 것임), (3) 외부개체군으로부터 동형접합 개체들이 유입된 경우(또는 이형접합 개체들이 외부로 이주한 경우) 등이 될 수 있다. 하디-바인베르크 법칙의 평형으로부터 벗어나는 경우 위와 같이 여러 가지의 가설들 가운데 그 원인을 조사할 수 있다.

한 개체군내에서 세대마다 대립유전자의 빈도가 변한다면 하디-바인베르크 평형이론의 가정에 벗어나는 원인이 작용한다는 것을 의미한다. 예를 들어, 대립유전자 *b*의 빈도가 0.53이었는데 다음세대에는 0.61로 바뀌었다고 하자. 이때 작용할 수 있는 원인을 살펴보면 (1) 자연적 선택이 *B*보다는 *b* 대립인자에 유리하게 작용한 경우, (2) *b* 대립유전자인자가 개체군내로 유입되는 경우이거나, *B* 대립유전인자가 그 개체군으로부터 이주 한 경우, (3) *B* 대립유전인자가 높은 비율로 *b* 대립유전자로 변이가 발생한 경우 등이다. 다른 가능성을 살펴보면 개체군의 크기가 작거나 줄어든 경우, 단지 우연에 의해 대립유전인자의 빈도에 영향을 줄만큼 소수의 개체만이 다음세대인 새로운 개체군에 유전자들을 전달한 경우이다. 지금부터는 대립유전인자의 빈도에 영향을 줄 수 있는 이유들에 대해서 살펴보도록 하자.

개념 정리 19.2

하디-바인베르크 원리는 선택이 없고 무작위로 교배하는 매우 큰 규모의 개체군내에 세대를 거듭해도 대립유전자의 비율이 변하지 않는다는 것이다. 하디-바인베르크 평형에서 벗어나는 개체군은 진화적 변화(대립유전자의 비율변화)에 영향을 주는 요인이 작용한다는 것이다.

- 만약 당신이 한 개체군에서 유전자형 빈도를 알고 있다면, 그 개체군이 하디-바인베르크 평형에 속하는지를 어떻게 결정하겠는가?

19.3 진화적 변화에는 다섯 가지 요인이 있다

하디-바인베르크 원리를 만족시키는데 필요한 다섯 개의 가정이 있는데, 이것은 또한 개체군의 진화적 변화에 영향을 주는 요인이기도 하다. 그것들은 돌연변이, 유전자 확산, 무작위 교배, 작은 개체군내의 유전적 부동, 자연선택이다. 이 다섯 개의 요인에 의해 개체군의 대립유전인자와 유전자형의 빈도가 변화가 생기게 된다.

돌연변이는 대립인자 빈도를 변화시킬 수 있다

학습목표 19.3.1

대립유전자의 돌연변이로 인해 개체군 내에 특정한 대립유전자의 빈도가 변할 수 있다. 하지만 돌연변이율은 일반적으로 매우 낮은 편이어서 하디-바인베르크 평형에 미치는 영향은 미미하다. 현재까지 알려진 유전자의 돌연변이 발생률은 100,000번의 세포분열마다 한번이다. 이렇게 낮은 돌연변이 발생률때문에 대립유전자의 빈도에 영향을 주는 주된 진화적 요인으로 다른 증거를 찾는 게 일반적이다.

그럼에도 불구하고 돌연변이는 유전적변이를 생성하는 원천이며, 유전적 변이가 존재해야 진화가 가능하게 된다(그림 19.4a). 그러나 기억해야하는 사실은 자연선택에 의해서 특정한 돌연변이가 발생하는 것이 아니라, 자연선택은 특정한 돌연변이에 의해 생긴 대립유전자를 유리하게 하는 것이다(14장에서 설명된 개념참조, 질의 및 분석 참조).

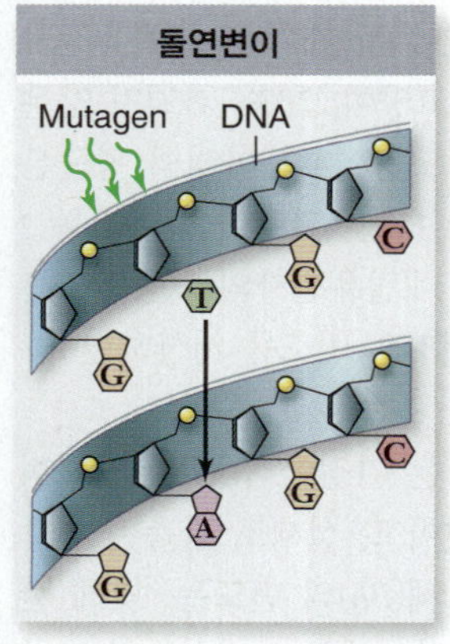

a. 변이의 원천. 돌연변이 각각은 매우 드물게 일어나서, 돌연변이가 대립인자 빈도에 큰 영향을 주지는 못한다.

b. 빈도변화의 주된 요인. 개체군사이에 개체나 생식세포의 이동

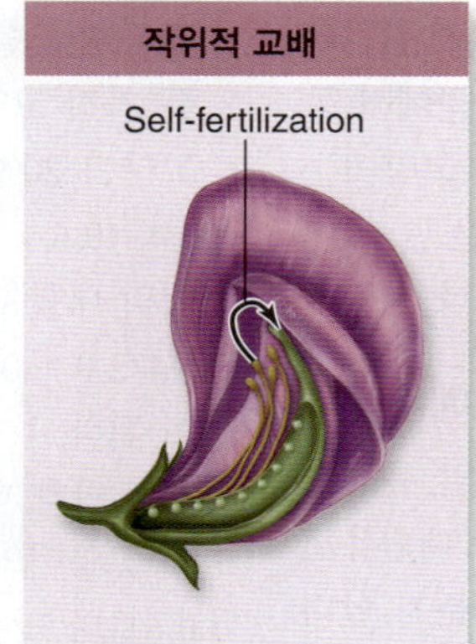

c. 근친교배가 가장 흔한 형태이다. 대립유전자의 빈도에는 영향을 주지 않고, 이형접합체의 빈도를 감소시킨다

d. 통계적 우연. 대립유전인자의 발현빈도는 집단크기가 작아지면 크게 변화한다.

e. 환경에 유리하도록 적응하는 유일한 진화적 변화

그림 19.4 진화적 변화의 다섯 가지 요인. a. 돌연변이. b. 유전자 확산. c. 작위적 교배. d. 유전적 부동. e. 선택.

유전자 확산은 개체군 간에 대립인자의 이동 시에 발생한다

학습목표 19.3.2 유전자 확산이 어떻게 하디–바인베르크 평형으로부터 이탈을 일으키는가?

유전자 확산(gene flow)은 개체군 사이에 대립유전자의 이동이며, 대립유전자 빈도의 변화에 크게 영향을 준다. 유전자확산은 동물의 무리가 새로운 장소로 이동함으로써 생기는 효과와 같은 것이다. 새로 이주한 장소에 원래 있던 무리와 합쳐져서 이주한 개체가 적응하고 번식활동을 통해 자손을 생산하게 되면, 그 개체군의 다음세대 유전적 조성은 변화하게 되는 것이다.

유전적 교류를 정확히 감지하기 어려운 경우도 있는데, 특히 씨앗이나 생식세포의 이동에 의해서 이루어지는 경우이다. 꽃가루는 정자세포를 가지는데 곤충이나 동물을 매개로 이동하는 경우도 있고, 씨앗의 경우에도 바람의 영향이나 매개동물의 이동에 의해 상당히 떨어진 새로운 개체군에서 수정되어 발아하게 될 수도 있다. 유전적 교류는 인접한 개체군에 속하는 개체간의 번식활동으로 일어나기도 한다.

대립유전자의 빈도가 완전히 다른 두 개의 개체군: 개체군1은 $p = 0.2$, $q = 0.8$이고; 개체군2에서는 반대로 $p = 0.8$, $q = 0.2$이라고 가정을 해보자. 이 두 개체군 사이에 유전적 교류는 낮은 빈도의 대립유전자들이 많아지는 효과를 서로 가지게 된다. 따라서 대립유전자의 빈도는 세대가 증가함에 따라 두 개체군 사이에 유사하게 변하게 될 것이며, 하디-바인베르크 평형이 벗어나는 효과이다. 개체군간에 유전적 교류의 중요한 영향은 대립유전자의 빈도가 비슷해지도록 한다는 것이다.

비임의적 교배는 유전자형 빈도를 변화시킨다

학습목표 19.3.3 비임의교배가 어떻게 하디–바인베르크 평형으로부터 이탈을 일으키는가?

비임의교배(nonrandom mating)는 특정한 유전자형을 가진 개체가 생식 상대자를 무작위로 고르지 않고 선택을 통해—을 교배하는 경향을 나타낸다(그림 19.4c). 그 예로 **동류교배(assortative mating)**는 교배상대를 고를 때 외모적으로 유사한 것 끼리 교배하는 것으로써, 하디-바인베르크 법칙에 의해 예측될 수 있는 유전자형의 비율에서 벗어난 특정한 유전자형 빈도가 생기는 이유가 된다.

동류교배는 대립유전자의 빈도에는 영향을 주지 않고, 동형접합 유전자형의 빈도를 증가시킨다. 예를 들면, 자가수정 식물개체군들에서 주로 동형접합 개체들로 구성된다. 혈연관계가 있는 개체들 간에 교배인 근친교배는 가장 흔한 동류교배의 형태이기도 한다. 외모적으로 비슷한 동물들 간에 교배를 하려는 경향이 동형접합 유전자형의 빈도를 증가시키는 이유는 외모적으로 비슷한 개체들은 유전적으로도 유사하기 때문이다. 반대로 비동류교배는 표현형이 상이한 개체들간에 교배를 통해서 이형접합체의 비율이 증가하게 된다.

유전적 부동으로 작은 규모의 개체군에서 대립인자의 빈도가 변화된다

학습목표 19.3.4 소개체군에서 유전적 부동이 어떤 영향을 주는가?

소개체군에서는 특정한 대립유전자의 빈도가 매우 달라지는 경우가 생기는데 이를 **유전적 부동(genetic drift)**이라고 한다. 유전적 부동에 의한 대립유전자의 빈도는 임의적으로 제한된 소수의 개체에 의해 결정되기 때문이다(그림 19.4d). 하디-바인베르크 평형 유지를 위해서는 개체군의 규모가 충분히 큰 경우에 유전적 부동으로 인한 대립유전자의 빈도가 변화되기 어려워야 한다.

일부 소수의 개체가 선택되어 다음세대 후손을 낳는 배우자가 된다면, 임의선택된 개체들이 모개체군의 대립유전자 빈도를 반영하지 못할 수 있게 될 수 있다(그림 19.5). 유전적 브동의 쉬운 예를 들면, 병 안에 담겨진 많은 수의 씨앗 가운데, 몇 개의 씨앗을 골라낸다고 할 때, 우연히 녹색 씨앗이 대부분 골라졌다면, 이로부터 만들어진 다음 세대 후손의 대부분은 녹색 씨앗이 될 것이다.

모개체군으로 부터 소수의 개체가 분리되어 만들어진 소개체군의 경우 유전적 부동의 결과로 대립유전자의 빈도가 매우 다를 수 있다. 자연선택이 미치는 영향이 동일한 조건 아래에서, 유전적 부동은 적응에 불리한 대립유전자의 빈도가 증가하는 원인이 되기도 한다. 인류의 경우 작은 수로 이루어진 개체군으로부터 진화하였을 경우 유전적 부동이 인류진화에 매우 중요한 요인으로 작용하였을 것이다.

유전적 부동이 모든 개체군에서 발생할 수 있지만, 큰 규모의 개체군에서는 작은 규모의 개체군에서보다 훨씬 느리거나 작게 일어난다. 그래서 개체군의 규모와 유전적 부동은 반대의 상관관계로 작용한다. B와 b로 이루어진 대립유전자의 빈도가 동일한 매우 규모가 큰 개체군이 있다고 하자($p=q=0.5$). 유전자형의 빈도는

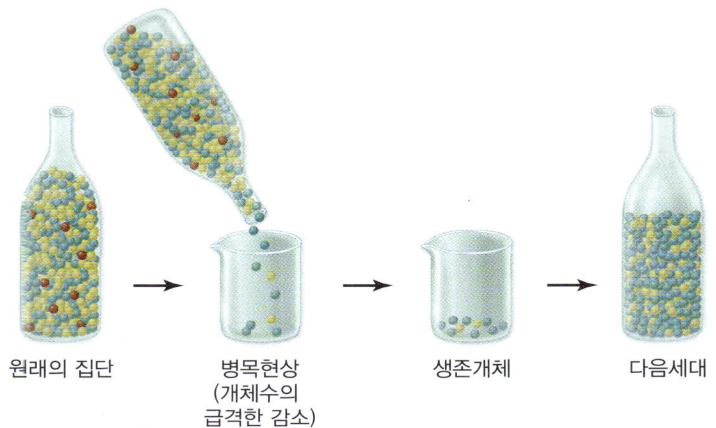

그림 19.5 유적적 부동: 병목효과. 원래의 개체군은 대략 동일한 빈도의 녹색과 노란색 개체와 그리고 아주 적은 수의 빨강색 개체로 이루어져 있다. 우연히 개체군의 크기가 다음 세대에 줄여서 대부분 녹색 개체가 더 많이 성기게 되었다. 병목현상은 소수의 개체만 다음세대에 남겨지기 때문에 전염병이나 치명적인 폭풍이 일어난 후에 종종 일어난다.

0.25 *BB*, 0.50 *Bb*, 그리고 0.25 *bb*로 예측될 수 있다. 다음세대 후손을 생산하는데 매우 적은 수의 개체들만 선택된다고 한다면 임의선택에 의해 생긴 유전적 부동의 결과로 특정 유전자형의 빈도가 높아진다.

즉 단지 4마리의 개체를 임의선택하였는데, 2마리는 *Bb*이고 나머지 두 마리는 *BB*이라고 할 때, 다음 세대의 대립유전자의 빈도는 p=0.75, q=0.25일 것이다. 이러한 실험을 시뮬레이션을 통해 1000번 반복하였다고 하면, 8번 정도는 두 개의 대립유전자 중 한 개가 다음 세대에 전달되지 못하는 경우가 생겼다.

유전적 부동에 대해서 요약한다면, 폐쇄개체군에서 소규모의 선택에 의해 유전적 부동이 일어 날 수 있으며, 이는 특정한 대립유전자가 다음 세대에서 완전히 사라지게 할 수 있으며, 대립유전자의 빈도가 상대적으로 낮은 경우에 유전적 부동으로 그 대립유전자가 사라지는 확률이 높아지게 된다.

창시자 효과

유전적 부동이 개체군의 규모와 상관없이 일어날 수 있지만, 앞에서 설명한 대로 작은 규모를 가진 개체군이거나 작은 수의 개체가 임의선택으로 후대를 생산하는 경우에 크게 영향을 주게된다. 또한 개체군 크기가 과거의 특정 시기에 급격히 감소한 경우에서도 유전적 부동이 일어날 수 있다.

창시자 효과는 새로운 독립된 무리가 소수의 개체들로부터 생겨날 때 나타난다. 소수의 개체들인 창시자들은 모개체군의 모든 대립유전자들을 갖게 되기가 어렵다. 따라서 새로 생성된 개체군에는 모개체군의 일부 대립유전자가 소실되었거나, 그 빈도차이가 매우 다르게 보유하게 될 수 있다. 특히 **창시자 효과(founder effect)**는 모개체군에서 드물게 존재했던 대립유전자를 가진 개체가 새로운 개체군의 창시자에 속할 경우 특정 대립인자는 많은 수의 후손에 전달되어 그 대립유전자의 빈도가 높아지게 될 것이다.

많은 자가수정식물들은 하나의 씨앗에서 새로운 개체군을 형성하기 시작하는 것처럼 창시자 효과는 자연계에서 흔히 존재한다. 대륙으로부터 멀리 떨어진 섬들, 하와이 또는 갈라파고스 섬에서 발견되는 생물체에서도 창시자 효과가 미친 영향을 관찰 할 수 있다.

인류의 진화과정에서 개체군의 형성은 상대적으로 소수의 개체들에 의해서 이루어 짐으로써 뚜렷한 유전적 특징을 나타내기도 한다. 그 예로 미국 아미시 공동체개체군은 다지증과 같은 다양한 유전적 질환에 대한 빈도가 높다.

병목현상

장소이동을 통해 일어나는 개체군의 변화외에 개체군의 수가 감소하는 경우가 생긴다. 홍수, 가뭄, 전염병 과 같은 자연재해로 인해서 개체수가 극단적으로 감소하고, 일부만 살아남은 경우 창시자 효과와 같은 대립유전자 빈도의 변화가 일어날 수 있다. 환경재해에 유리하게 살아남을 수 있는 유전적 특징을 가진 이유가 아니라면 이것은 극히 임의선택에 의해 결과일 것이며 이것을 **병목현상(bottleneck effect)**이라고 한다.

병목현상에 의한 유전적 다양성의 상실은 다양한 생명종에서 관찰되었다. 그 예로 북미서부해안지역에서 서식하는 북극코끼리바다표범은 19세기 초 대량사냥에 의해 거의 멸종되고 약 20여마리만 캘리포니아 바자해변 과델구페섬 인근에 생존하였다. 극심한 개체수의 감소로 인한 유전적 다양성 소실은 이후에 북부로 이주되어 뱅쿠버섬 인근에서 수만 마리로 증식되었는데 이 후손들 사이에는 유전적 다양성이 거의 없는 것으로 나타났다.

선택은 특정 유전자형에 대해서 유리하게 작용한다

학습목표 19.3.5 자연선택이 어떻게 하디–바인베르크 평형으로부터 이탈에 영향을 주는가?

다윈은 일부개체는 생존하면서 다른 개체들보다 더 자손을 낳으며, 이러한 **자연선택(natural selection)**은 시간이 지남에 따라 개체군을 변화시킨다고 하였다. 환경조건에 따라 개체군내 특정개체가 자손을 남길 가능성이 높은 것이 자연선택이다. 이에 반해 인간은 원하는 형질이나 형태를 지닌 개체를 의도적으로 선택하여 후대생산에 이용하기도 하는데 이를 인위선택이라고 한다.

자연선택이 진화적 변화를 일으키기는 것은 다음 세 가지 조건에 달려있다.

1. **개체군내 개체들 사이에 변이가 존재하여야 한다.** 자연선택은 경쟁에 유리한 특징을 보유한 개체에 작용하는 것으로서, 변이가 없이는 자연선택은 작동할 수 없다.
2. **자연선택에 작용하는 변이는 다음세대의 후손에 전달된다.** 자연선택은 성적선택 등에 유리하게 작용하는 표현형이나 행위에 관여하여 더 유리하게 자손의 수를 증가시키도록 작용한다.
3. **변이는 유전적으로 전달될 수 있어야 한다.** 자연선택은 개체군의 진화적 변화, 즉 대립유전자 빈도의 변화를 가져온다. 이러한 대립유전자의 빈도에 영향을 받는 형질이 자연선택되었다고 할 수 있다. 하지만 환경적 요인에 의해서 표현형에 차이가 나타나는 것은 다음세대에 전달되지 않음으로써, 대립유전자 빈도의 변화에 기여하지 못하게 되게된다. 따라서 환경적 영향으로 생기는 변이는 진화적 변화에 기여하지 않기 때문에 자연선택의 대상이라고 할 수 없다.

하지만 자연선택과 진화는 매우 다른 두 개념이지만 엄밀히 구분되기 어렵기도 하다. 자연선택은 하나의 과정으로 파악하여야 하고, 진화는 그 결과물, 즉 시간의 흐름 속에 역사적 기록과도 같은 것이다. 자연선택의 결과는 진화라고 할 수 있지만, 진화의 원인이 되는 여러 가지 이유 중에 하나이라는 것이다. 또한 자연선택이 반드시 진화적 변화를 생기게 하지는 않고, 단지 유전적 소인을 가진 변이가 존재하여야 자연선택이 진화로 연결될 수 있다.

포식자를 피하기 위한 선택

자연선택의 결과로 진화는 어떤 개체군이 환경에 더 잘 적응하게 되는 것이라 할 수 있다. 적응한 것에 대한 많은 예들이 포식자로부터 잡아먹히는 가능성이 줄어들도록 하는 유전적 변화를 포함하고 있다. 노랑나비의 애벌레는 주로 엷은 녹색을 띠는 개체가 많아서, 먹이식물인 알팔파에 위장하여 포식자인 새로부터 숨을 수가 있다. 반면에 노란색을 띠는 애벌레는 새의 눈에 쉽게 띠게 된다.

주위 배경과 일치하는 위장술의 하나는 미국 남서부 사막에 있는 고대용암의 흔적에서 발견된다. 이 고대용암지역 내에는 짙은 검정색 바위는 주위의 밝은 모래사막으로 둘러싸여있다. 바위를 배경으로 살아가는 많은 동물종들, 도마뱀, 설치류 등을 포함한 곤충들은 짙은 모색을 띠고 있지만, 모래사막를 배경으로 살아가는 동물들은 엷은 색을 띠고 있다(그림 19.6). 주위 배경과 일치하는 이러한 위장술은 포식행위에 대한 반응으로 진화의 산물이라고 할 수 있다. 결과적으로 주위 배경으로 위장하지 못한 피식자는 포식자인 새에게 쉽게 감지되어 먹히게 된다.

용암지대의 주머니쥐가 엷은 색을 띠면 포식자에게 쉽게 감지된다.

사막의 모래색깔과 유사하도록 주머니쥐의 모색은 자연선택되었다.

용암지대의 주머니쥐는 어두운 용암바위색과 일치하도록 진화되어 짙은 모색을 띠고 있다

그림 19.6 뉴멕시코 툴라로사 바신(Tularasa Basin) 지역 주머니쥐의 모색은 주변배경과 일치한다. 사막에 의해 둘러싸인 검정 용암지대가 있는데 거기에 서식하는 주머니쥐의 모색은 주변배경과 일치하도록 선택되었다. 유전학적 연구는 모색을 지배하는 단일유전자의 DNA 대립인자가 모색의 차이를 결정한다는 것을 밝혔다.

기후조건에 적응하기 위한 선택

선택에 관한 여러 연구결과는 효소를 만드는 유전자에 대해서 밝혀진 것인데, 효소의 대립인자 빈도의 변화가 생명체에 미치는 영향을 조사하였다.

효소대립인자의 빈도는 위도에 따라 다르다는 것을 발견하였는데, 높은 위도 지역에서 발견되는 효소의 대립인자가 낮은 위도 지역으로 갈수록 그 빈도가 점차적으로 낮아지는 것이다. 그 예로 북미 대서양 연안에 서식하는 송사리과(*Fundulus heteroclitus*)는 젖산 탈수소효소에 대한 대립유전자 빈도가 지리적 분포에 따라 차이가 있다는 것이다.

이 물고기에서 효소에 대한 생화학적 연구는 서식온도에 따라서 효소 대립인자가 다르게 화학반응을 하기 때문이었다. 북부지역에 서식하는 물고기는 낮은 온도에서 유리한 촉매작용을 가진 효소대립인자의 빈도가 남부지역의 물고기보다 높았다. 그래서 낮은온도에서는 북부지역 효소대립인자를 가진 물고기가 더 빠르게 헤엄을 치며, 생존력도 높은 것으로 나타났다. 이 사례에 대한 보충설명은 이 장의 뒷부분 Inquiry & Analysis에서 살펴볼 수 있다.

농약과 미생물 저항능력에 대한 선택

자연개체군 가운데 선택에 관한 확실한 증거는 곤충에서 농약저항성에 대한 연구결과이다. 살충제의 광범위한 사용은 500여종의 해충들에서 저항성을 가지도록 진화하게 하였다. 해충들의 진화에 따라 작물생산성이 저하에 따른 피해와 더 많은 살충체를 사용하게 되어 발생하는 비용은 연간 30-80억 달러에 달한다.

살충제에 저항능력을 가질 수 있는 예를 집파리에서 살펴보면, *pen* 유전자는 살충제의 흡수를 저해하는 대립유전인자를 가지고 있고, *kdr*과 *dld-r* 유전자들은 살충제가 작용하는 타겟을 줄일 수 있는 대립유전인자를 가지게 있다(그림 19.7). 또한 곤충의 효소들 가운데에는 살충제성분을 탐지하여 작용을 억제할 수 있는 저항성 대립인자를 가지고 있기도 한다.

세균의 항생물질 저항성에 대한 예는 자연선택과 진화의 중요한 또다른 증거이다. 박테리아는 인간과의 생존경쟁에서 유리한 진화적 변화를 보여주고 있다. 항생물질들이 작용하지 않는 새로운 병원성 슈퍼세균이 등장한 사실은 항생물질과 같은 세포내 단백질을 타겟으로 하는 생물학적 제제가 진화적 변화, 즉 저항능력을 높인 결과라고 할 수 있다.

선택이 작용하지 못하게 하는 제한 요인들이 있다

학습목표 19.3.6 유전기작이 어떻게 선택효과를 제한하는지 파악하기.

선택은 유전적 변화를 일으키는 가장 강력한 수단으로 작용하지만, 몇 가지 제약들이 있다. 첫 번째는 대립인자들의 다면작용, 두 번째는 선택이 작용할 수 있는 유전적 변이의 부재, 세 번째는 유전자들 간의 상호작용이다.

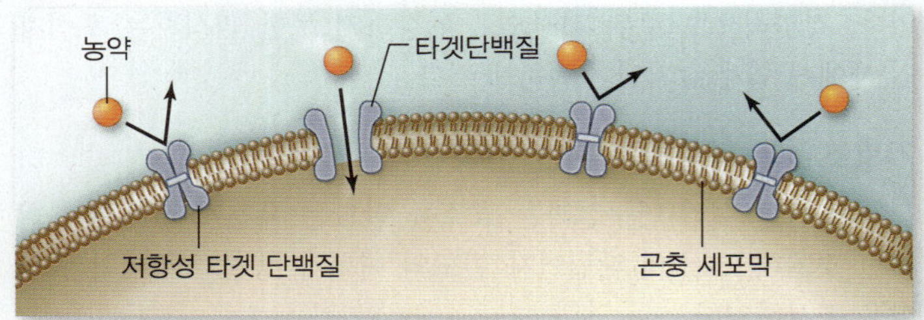

a. 곤충의 세포 표면에 pen 저항성 대립인자: 농약의 흡수를 억제한다.

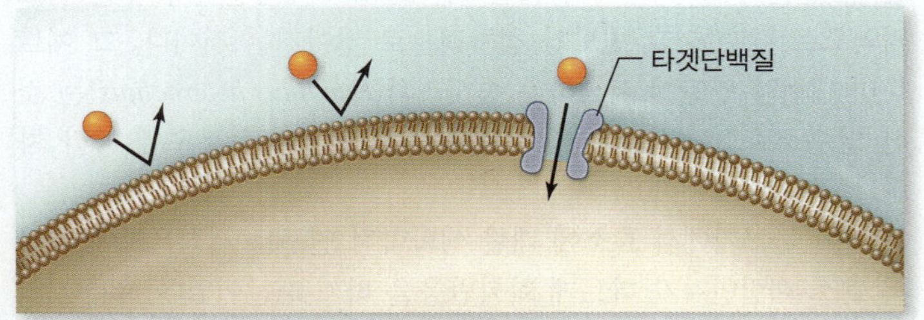

b. 곤충의 세포 표면에 kdr 저항성 대립인자: 농약의 타겟 단백질의 수를 감소시킨다.

그림 19.7 농약 저항능력에 대한 선택. 곤충 pen과 kdr 유전자의 특정대립인자는 농약에 저항성을 가지게 한다. 곤충은 선택을 통해 농약 저항성 대립인자의 빈도가 높아지게 된다.

다양한 형질에 영향을 주는 다면작용

한개의 대립유전인자가 다면작용이라고 불리는 여러 표현형에 동시에 영향을 주기도 한다. 이러한 다면작용은 선택을 통해 변할 수 있는 표현형에 제한요소로 작용한다. 예를 들어 닭의 산란수가 많으면 많을수록 달걀껍질의 두께는 얇아져서 쉽게 깨질 수 있다. 이러한 이유에서 선택을 통해 지금보다 2배이상 달걀을 생산하지 않는다. 같은 이유에서 몸집이 두배 이상 큰 소를 만들거나, 2-3개의 잎 기부에만 옥수수 이삭이 달리는 대신 모든 잎의 기부에 옥수수 이삭이 달리는 옥수수는 다른 형질에 문제를 생기게 하여 선택효과를 제한하게 된다.

유전적 변이의 부재

경주마로 이용되는 서러브레드 품종말의 유전자풀의 80%는 18세기 후반부터의 31마리의 선조로부터 유래하였다고 알려져 있다. 지난 50여년 동안 서러브레드 품종의 경주능력을 향상시키기 위한 직접선택을 집중하였지만, 경주능력의 향상은 미미하였다(그림 19.8). 그 이유는 수 십년 동안의 집중선택의 결과로 유전적 변이가 줄어들어서, 선택 또는 진화적 변화를 지속할 수 없게 되었다.

표현형에 차이가 유전적 기반이 없이 생기는 경우도 있다. 초파리의 눈은 수많은 작은 낱눈으로 이루어져 있다(그림 19.9). 일부 초파리 개체는 왼쪽눈이 오른쪽 눈보다 더 많은 낱눈을 가지고 있고 다른 초파리는 오른쪽 눈에 더 많은 낱눈이 있다. 이러한 표현형의 차이를 선택을 통해 일정하게 유지하는 초파리 개체군을 만들려고 하였지만 성공하기 못하였다. 그 이유는 오른쪽 또는 왼쪽 눈에 각각 영향을 주는 유전자가 있는 것이 아니라, 양쪽 눈에 같은

그림 19.8 경주마의 속도에 대한 미미한 선택효과. 켄터키 경마대회 우승속도는 1950년 이후 전혀 향상되지 않았다.

유전자가 관여하고, 낱눈의 수에 대한 차이는 눈의 발달과정에서 영향을 받는 것으로 알려졌다. 따라서 초파리 눈의 낱눈 수에 표현형 차이는 있지만 유전적인 차이에 기인하지 않은 것이어서 선택으로 변화 시킬 수 없었다.

유전자간의 상호작용

여러 개의 유전자가 관여하는 형질의 경우 특정한 유전자의 대립인자 효과에 대한 선택이 다른 유전자의 억제작용으로 반응하지 않는 경우가 있다. 첫 번째 유전자에 대한 선택이 두 번째로 작용하는 유전자의 대립인자가 여러 개인 경우에는 개체별로 다른 효과를 가지게 된다.

박테리아에서 한 유전자 내에 여러 개의 대립인자를 가지는 경우 나타나는 선택반응을 연구하였다. 그 예로 gluconate를 분해하는 두 가지 생화학적 대사경로가 있는데, 하나는 6-PGD 효소를 사용하는 경로이고, 두 번째 대사경로에서는 6-PGD 효소를 사용하지 않는다고 가정한다. 만약 두 번째 대사경로에 관여하는 효소가 돌연변이 등의 이유로 기능을 하지 못한다면, 그 박테리아는 6-PGD 효소를 이용하는 경로에 의존하게 될 것이다. 6-PGD 유전

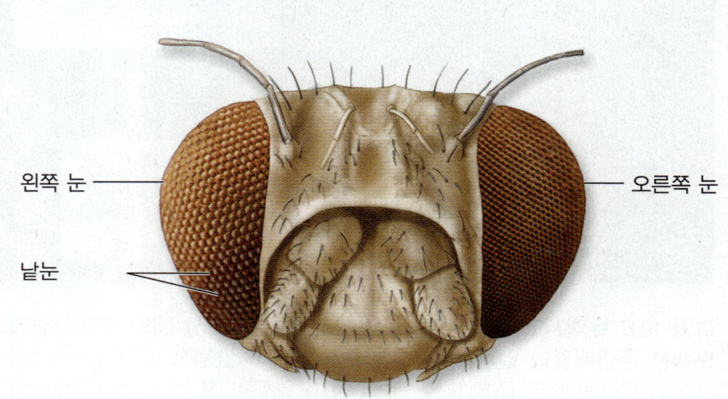

그림 19.9 곤충 낱눈의 표현형적 차이. 어떤 초파리는 왼쪽 낱눈의 수가 오른쪽보다 많다.

자의 대립인자가 여러 개인 경우 선택은 6-PGD 유전자 내의 대립인자 중 어느 하나에 유리하게 작용하게 된다. 하지만 두 번째 대사경로의 효소가 정상적으로 기능을 한다면 선택은 6-PGD 효소 유전자의 대립인자에 유리하게 작용하지 않을 것이다.

개념 정리 19.3

하디-바인베르크 평형에 영향을 주는 다섯가지 요인어 대해서 설명하였다. 이들 요인가운데 선택은 지속적으로 진화적 변화를 이끄는 요인이다. 하지만 개체군의 유전적 조성상태에 따라 돌연변이, 유전자 확산, 비임의 교배, 유전적 부동에 의해서 진화적 변화가 일어나기도 한다.

- 이들 각 과정이 어떻게 개체군들을 하디-바인베르크 평형으로부터 벗어날 수 있게 하는가?

19.4 선택은 다중 유전자 형질에 작용한다

자연계 내에서 대부분의 형질들은 한 개 이상의 유전자의 영향을 받아 발현된다. 선택효과가 표현형 발현에 관여하는 여러 유전자들에 작용을 한다. 선택을 통해 개체군을 변화하는 것은 개체군에게 유리한 유전자형이 어떤 것인지에 전적으로 달려있다.

분단성 선택은 중간의 표현형을 도태시킨다

학습목표 19.4.1 분열성 선택의 결과.

중간형 타입이 불리한 환경에서 선택은 중간형 개체를 도태하는 쪽으로 작용하는데 이를 **분단성 선택(disruptive selection)**이라고 한다(그림 19.10a). 그 예로 아프리카 산림에서 서식하는 검은배되새(그림 19.11)의 부리는 크거나 작게 나눠어진 것을 보여주고 극히 일부만 중간적 크기를 가지고 있다.

검은배되새는 크고 딱딱한 껍질의 씨앗은 큰 부리가 유리하지만, 작고 부드러운 껍질의 씨앗은 작은 부리를 가지는게 먹이감을 이용하는데 유리하다. 따라서 중간크기의 부리를 가진 새는 두 종류의 먹잇감에 모두 불리하게 작용하게 되는데, 먹이감의 형태에 다른 선택은 중간형 개체를 도태하는 방향으로 작용하게 되어, 검은배되새의 부리는 크거나 작은형태로 분열되는 개체군이 된다.

방향성 선택은 한 극단의 표현형을 도태시킨다

학습목표 19.4.2 방향성, 분단성 그리고 안정성 선택의 효과를 비교하기.

표현형의 분포도에서 한쪽 극단의 개체를 도태하게 되면, 그 개체가 가지고 있던 표현형을 지배하는 유전인자/대립인자는 점차 감소하게 되고, 최종적으로 소멸하게 된다. 이렇게 **방향성 선택(directional selection)**은 한쪽방향으로의 대립인자를 선택하는 것이다(그림 19.10b). 초파리를 예로 들면(그림 19.12) 밝은 빛으로 달려

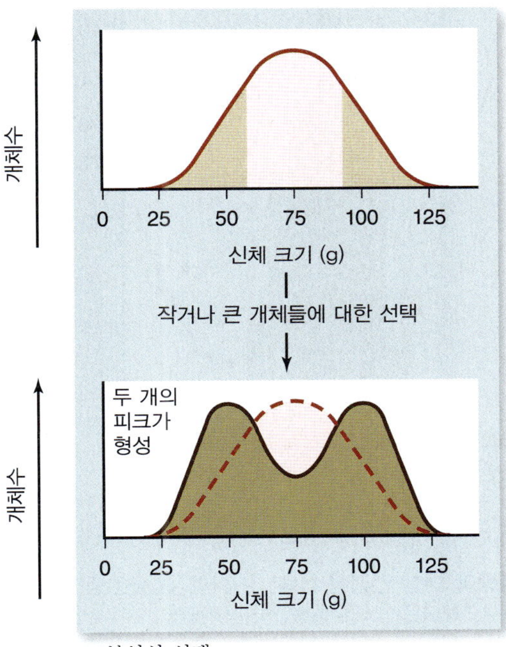

a. 분열성 선택

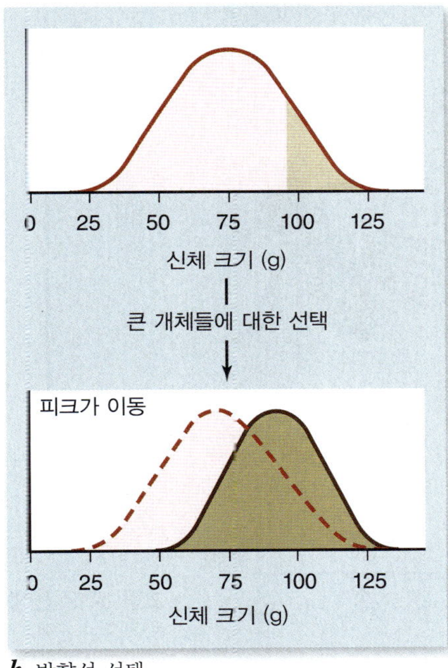

b. 방향성 선택

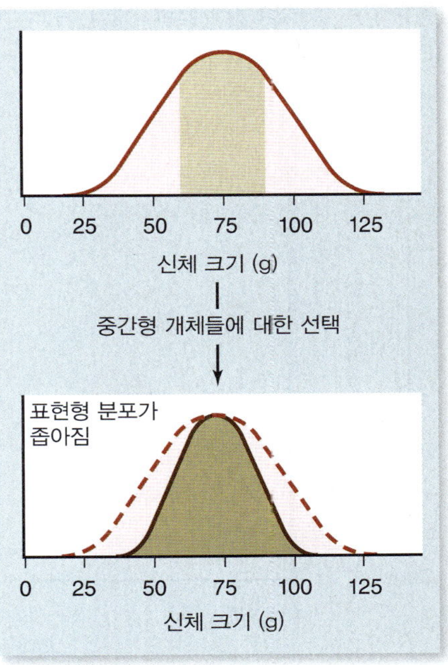

c. 안정화 선택

그림 19.10 자연선택의 세 가지 유형. 위쪽 그래프는 선택전 개체군을 나타낸다(붉은 선). 개체군에서 유리한 표현형을 가진 선택대상 개체들은 옅은 갈색으로 표시하였다. 아래쪽 그래프는 선택이 이루어진 후 다음세대의 표현형 분포를 나타낸 것이다. 붉은 사선으로 원래의 개체군에서 분포를 표시하였고, 짙은 갈색으로 다음세대의 분포를 표시하였다. **a.** 분열성 선택은 표현형의 평균에 가까운 개체들이 감소하여서, 다음 세대에는 두 개의 표현형 군으로 나뉘게 된다. **b.** 방향성 선택은 한쪽 극단의 표현형을 가진 개체들이 선호된다. **c.** 안정화 선택은 평균에 가까운 개체들이 선호됨으로써 양 극단의 표현형을 가진 개체들이 감소된다.

과학적 사고

문제 아프리카 검은배되새(*Pyrenestes ostrinus*)는 부리 크기에서의 차이는 분단성 설택이 유리하게 작용하는가?

현장연구: 개체들을 잡아 부리크기를 측정하고 다시 풀어주었다. 그리고 새들의 수명을 추적 하였다.

결과: 크거나 또는 작은 부리를 가진 새들은 중간크기의 부리를 가진 새들보다 높은 생존율을 가진 것으로 나타났다.

분석: 새들의 서식환경에 먹이 씨앗의 크기나 경도의 분포가 부리에 미치는 영향은 무엇인가?

그림 19.11 분단성 선택인 큰부리와 작은부리. 서아프리카의 검은배되새(black-belled seedcracker)의 부리 크기 차이는 분열성 선택의 결과이다.

드는 초파리를 지속적으로 도태하게 되면, 점차적으로 밝은 빛으로 달려드는 습성을 가지게 하는 대립인자는 줄어들게 된다. 따라서 후대의 초파리 개체군에서는 빛에 대해 반응하는 습성관련 유전인자 빈도가 적어지게 된다. 이와 같은 다른 예는 살충제 저항성에 대한 진화를 한 곤충도 포함된다.

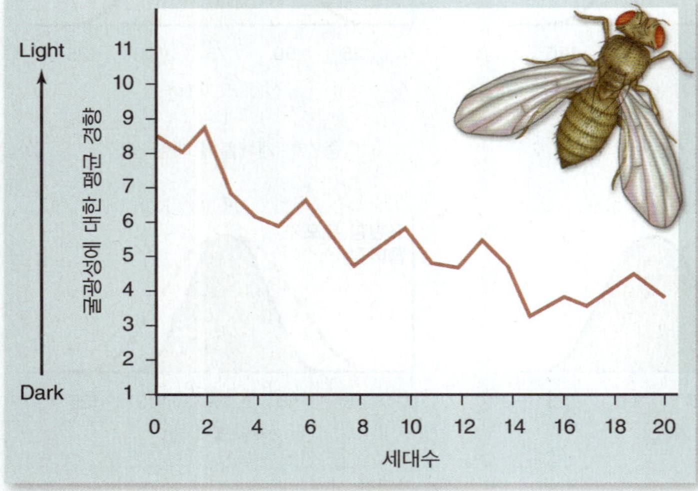

그림 19.12 초파리 음성 굴광성에 대한 방향성 선택. 빛이 있는 쪽으로 날아드는 초파리를 도태하고, 빛이 있는 쪽을 피하는 초파리는 다음세대를 위한 부모로 선택하였다. 이것을 약 20세대 반복한 결과 굴광성에 대한 상당한 변화가 있었다.

안정화 선택은 중간형 형질값을 가진 개체들을 선호한다

학습목표 19.4.3 안정화 선택의 진화적 결과를 설명하기.

개체군에서 양 극단에 속하는 개체들을 도태하는 **안정화 선택(stabilizing selection)**은 중간형 형질을 가진 개체들의 빈도를 높이게 한다(그림 19.10c). 그 결과 개체군의 중간 값으로부터 벗어나지 않도록 개체군을 유지하여, 개체군의 변이를 감소시킨다. 이러한 많은 예들 가운데에서 유아의 출생시 몸무게가 대표적이다. 중간값에 가까운 출생시 몸무게를 가진 유아는 가장 높은 생존율을 가지게 된다(그림 19.4). 오리나 닭의 경우에도 달걀의 무게가 평균값에 가까운 달걀일수록 가장 높은 부화율을 가지고 있다.

개념 정리 19.4

분단성 선택에서는 극단적인 형태가 증가한다; 안정화 선택에서는 중간형이 증가한다; 방향성 선택은 한 방향으로의 빈도를 증가시켜 결과적으로 대립유전자를 완전히 제거한다.

- 방향성 선택은 빈도의존적 선택과 어떻게 다른가?

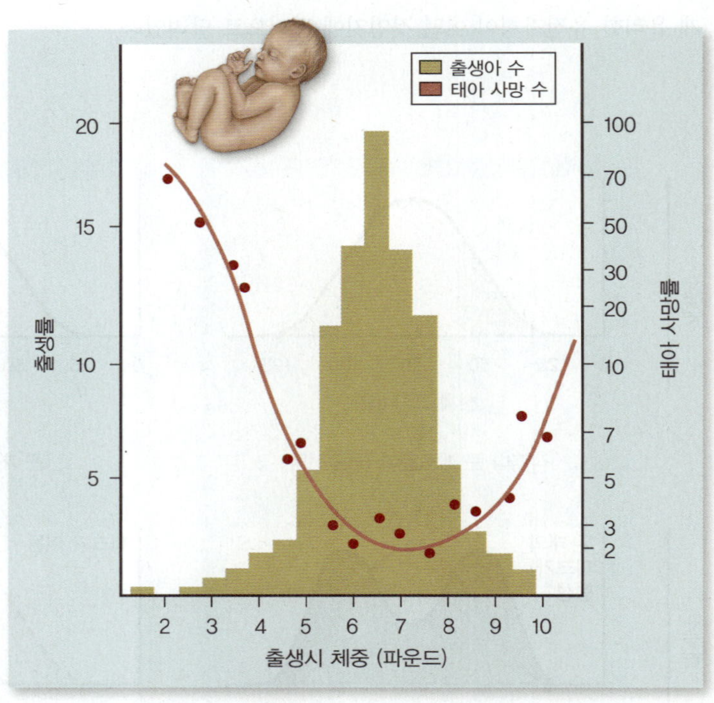

그림 19.13 신생아 체중에 대한 안정성 선택. 태아의 사망률은 중간의 출생시 체중을 가질 때 가장 낮으며(붉은 선; 오른쪽 축), 출생시 체중이 낮거나 높은 경우에 사망률이 높은 편인데, 출생시 높은 빈도의 체중범위는 7에서 8 파운드이다. 최근 의료기술의 발전은 작거나 큰 체중의 신생아 사망률을 낮추고 있다.

19.5 자연선택은 실험적으로 연구될 수 있다

진화생물학은 전적으로 관측과학이라고 할 수 없다. 다윈이 주장한 진화에 대한 이론은 상당부분 타당한 것이었지만, 진화의 속도가 매우 느려서 인지할 수가 없다고 하였다. 하지만 최근의 연구는 진화가 급속하게 일어날 수 있는 일부조건이 증명되어, 진화에 대한 가설을 실험할 수 있게 되었다.

다양한 환경에서 나타나는 구피 색깔의 변이는 자연선택을 입증한다

학습목표 19.5.1 구피를 대상으로 수행한 실험실 연구와 현장조사가 자연선택이 계속 진행 중인 작용임을 어떻게 증명하였는지 말하라.

초파리와 그 밖의 생물을 대상으로 하는 실험실 연구는 50년 이상 수행되었지만, 과학자들은 최근에야 비로소 자연에서 진화를 실험적으로 연구하기 시작하였다. 오늘날의 진화생물학자들이 실험실에서 수행한 상세한 연구와 현장에서 이루어진 철저한 실험을 어떻게 결합하는지 보여주는 하나의 훌륭한 사례는 구피(*Poecilia reticulata*)에 관한 것이다.

구피는 밝은 색깔과 왕성한 번식력 때문에 인기 있는 관상어이다. 자연에서 이들 구피는 남아메리카 북동부의 작은 하천과 트리니다드 인근의 섬에 있는 산 속의 많은 개울에서 발견된다. 몇몇 개울에서 볼 수 있는 흥미로운 특징 중 하나는 개울에 폭포가 있다는 점이다. 놀랍게도 구피와 그 밖의 몇 물고기들이 폭포 위의 개울에 터전을 마련하고 있다.

킬리피시(killifish)는 특히 훌륭한 개척자인데, 비 내리는 밤에 개울에서 빠져 나와 축축한 낙엽들 사이로 움직인다. 구피는 축축한 낙엽 사이를 움직이는 데 능숙하지 않지만 헤엄쳐서 개울을 거슬러 올라간다. 홍수기에는 시냇물이 범람하여 둑이 넘쳐서 숲 사이로 이동할 수 있는 2차적인 경로가 만들어지기도 한다. 이러한 기회에 구피는 새로운 통로를 따라 개울 위로 헤엄쳐서 폭포 위의 웅덩이로 올라갈 수 있다.

그와 대조적으로 다른 어떤 물고기들은 어떤 유형의 분산도 하지 못하기 때문에 첫 폭포 아래의 개울에서만 발견된다. 폭포 때문에 분포가 제한되는 한 종이 시클리드(pike cichlid)인데, 이 물고기는 구피를 포함하여 다른 물고기를 잡아먹는 게걸스러운 포식자이다.

분산에 대한 장벽 때문에 구피는 전혀 다른 두 환경에서 살 수 있다. 폭포 바로 밑의 웅덩이에서는 시클리드에 의한 포식이 상당한 위험이 되고 따라서 구피의 생존율이 대체로 낮다. 그러나 폭포 바로 위에 있는 그와 비슷한 웅덩이에서는 유일한 포식자가 킬리피시인데, 이 물고기는 구피를 좀처럼 잡아먹지 않는다.

폭포의 위쪽과 아래쪽에 있는 구피 개체군은 많은 차이점을 나타낸다. 포식의 위험이 높은 폭포 아래의 웅덩이에서는 구피가 칙칙한 색깔을 띤다. 뿐만 아니라 구피는 어린 시기에 번식을 하고 성체의 크기도 비교적 작게 유지된다. 이와 대조적으로 폭포 위에 사는 수컷 물고기는 화려한 색을 띠며(**그림 19.14**), 훨씬 늦게 성숙하고 보다 크게 자란다.

이러한 차이는 자연선택이 작동하고 있음을 시사하는 것이다. 포식의 위험이 적은 환경에서 수컷은 암컷의 환심을 사는 데 이용되는 화려한 색깔과 점무늬를 드러낸다. 게다가 큰 수컷은 영역을 유지하고 암컷과 교배하는 데 있어서 훨씬 성공적이며, 큰 암컷은 보다 많은 알을 낳는다. 그러므로 포식자가 없는 환경에서 보다 화려한 물고기가 훨씬 많은 자손을 만들 수 있고, 이러한 형질이 진화로 이어진다.

폭포 아래에서는 자연선택이 다른 형질을 선호하게 된다. 화려한 수컷은 시클리드의 눈에 띌 수 있고, 포식률이 높다는 것은 물고기 대부분의 수명이 짧다는 것을 의미한다. 보다 크게 자라는 것보다는 칙칙한 색을 띠고 초기에 번식하도록 에너지를 이동시키는 개체들이 자연선택에서 유리할 것이다.

그림 19.14 구피 보호착색의 진화. 포식자(pike cichlid)가 많은 계곡 아래쪽에서는 수컷 구피는 단조로운 색상을 가진다. 포식자가 없는 계곡 위쪽에서는 수컷 구피는 화려한 색상의 몸색깔로 암컷을 유인한다. 킬리피시도 구피의 포식자이나 덜 위협적이다. 구피 몸색깔의 환경적 차이를 실험적으로 증명하였다.

실험은 선택의 도구를 밝혀낸다

학습목표 19.5.2 구피를 이용한 연구실과 현장에서의 선택 실험의 결과 비교하기.

폭포로 갈라진 계곡 위와 아래에 서식하는 구피 개체군간의 표현형 차이는 포식자의 존재 유무에 따른 자연선택과정의 결과이라고 할 수 있다. 하지만 이를 설명하는 또 다른 가설들을 생각해 볼 수 있는데, 예를 들면 몸집이 큰 구피만이 폭포를 거슬러 상류로 이동하여 그들만의 군락을 형성하게 되었다는 가설이다. 이것이 사실이라면, 그에 따른 창시자효과에 의해 생성된 새로운 개체군은 큰 몸집 유전자를 가진 구피들만으로 구성되어 있을 것이다. 이러한 대안적 가능성들을 배제할 수 있는 유일한 방법은 잘 통제된 실험을 수행하는 것이다.

실험실 실험

대형 온실 수족관에서 구피의 표현형에 포식자의 존재가 영향을 주는지에 대해서 실험하였다. 10개의 구획으로 이루어진 수족관에 4개 그룹은 포식자인 시클리(Pike cichlid)를 구피와 같이 키웠고, 또 다른 4개 그룹은 구피의 포식자라고 할 수 없는 킬리피시(killifish: 송사리)를 합사하였고, 나머지 2개 그룹은 구피만 키웠다. 약 14개월 정도 경과하였을 때(구피가 10세대정도 경과기간), 그룹간에 차이를 비교하였다. 실험의 초기에는 차이가 없었는데, 10세대가 경과한 후에는 포식자인 시클리다와 합사했던 구피들이 크기가 작고 또한 몸색깔도 칙칙한 반면에, 포식자가 아닌 송사리와 합사한 구피와 구피만 단독으로 키운 그룹에서는 크고 화려한 색깔을 가진 구피들이 나타났다**(그림 19.15)**. 이러한 결과는 포식자의 존재가 진화적 변화를 일으킨다는 가정을 증명한다. 자연상태에서도 이 같은 현상이 일어난 것이라고 할 수 있는가?

과학적 사고

문제 포식자의 유무가 구피의 몸색깔의 진화에 영향을 주는가?

가정: 포식자의 위협이 높은 환경에서 화려한 몸색깔을 가진 개체는 먹히게 되어서 집단은 점차적으로 단조로운 몸색깔로 선택되지만, 포식자의 위협이 없거나 낮은 환경에서는 화려한 몸색깔로 진화하게 된다.

실험: 두 개의 매우 큰 구피 양식장에 하나는 포식자가 있고 다른 하나는 포식자가 없는 조건으로 키운다.

결과: 포식자가 있는 집단에서는 몸에 반점이 적게 진화하였고, 포식자가 없는 환경의 집단에서는 몸에 반점이 많게 진화하였다.

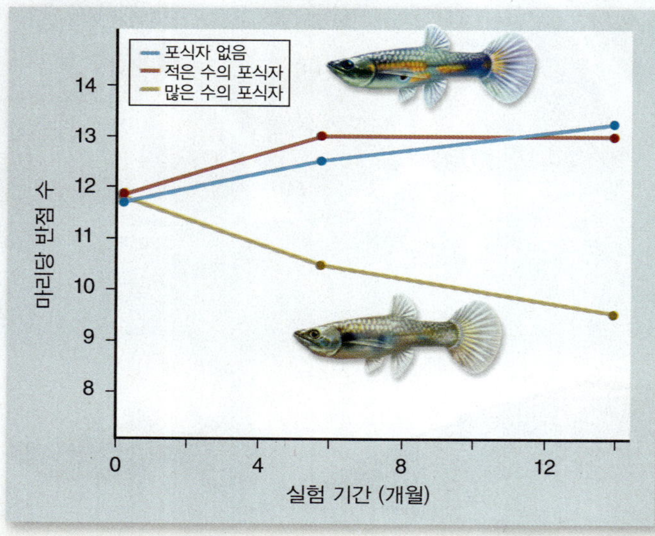

분석: 포식자가 없는 환경에서 몸색깔이 변하게 되는 이유는 무엇인가? 어떻게 그 가정을 증명하였는가?

그림 19.15 구피 몸 반점의 진화적 변화. 포식자 위협이 낮거나 없는 환경에서 10세대를 유지한 구피집단들의 개체에서는 몸에 반점 개수가 크게 증가하였다. 하지만 Pike cichlid 같은 포식자의 위협이 높은 위험지대의 구피집단은 눈에 잘 띄지 않는 색상으로 선택되었다. 이와 같은 실험실 연구결과는 현장실험결과와 일치하였다.

현장실험

위의 실험실에서 수행한 실험결과가 자연적인 진화과정을 반영할 수 있는 결과인지를 검증하기 위해서 두 개의 계곡 폭포하류에 구피들을 각각 서식하게 하였다. 트리니다드 섬지역의 하천에서처럼 포식자인 시클리드를 폭포하류에, 상류에는 송사리를 각각 살게 하였다.

하류에 살던 일부 구피들을 상류에 이주시킨 후 수년이 지나서 구피 개체군의 특징을 비교하였다. 상류와 하류에 각각 서식하는 구피들은 시클리드의 위협이 상류는 낮고, 하류는 높은 특징에 따른 차이를 나타내었다. 상류는 번식성숙일이 늦고, 몸집이 크고 몸색깔은 화려한 반면에, 하류에 서식하는 구피는 실험실 조건에서처럼 작은 몸집과 번식성숙일령이 빠르고 또한 단조로운 몸색깔을 나타내었다. 이러한 결과는 약 12년이라는 상대적으로 짧은 기간에 일어난 자연선택에 의한 진화가 결과이다.

개념 정리 19.5

진화이론에 속하는 여러 가지 가설들은 관찰에 의해서 얻어진 것인데, 이러한 가설을 실험으로 증명되기도 한다. 최근 상대적으로 짧은 시간 안에 일어나는 개체군내의 변화가 구피개체군의 몸색깔의 변화를 관찰하여서, 자연선택 압력에 의한 유전적 변화가 급격하게 일어날 수 있다는 것을 증명하였다.

- 구피의 포식자 실험에서 관찰된 선택의 형태는 무엇일까?

19.6 적응은 진화적 성공의 척도이다

선택은 다음세대의 자손을 더 많이 생육하게 하는데 유리한 특징을 가진 개체에 작용하는 것이다. 이를 **적응도(fitness)**라고 하는데 다음세대에 남겨진 자손의 수에 비례하는 번식력을 의미한다.

적응도가 높은 표현형의 특징은 빈도가 증가하는 것이다

학습목표 19.6.1 진화적 적응도에 관한 요소는 무엇인가?

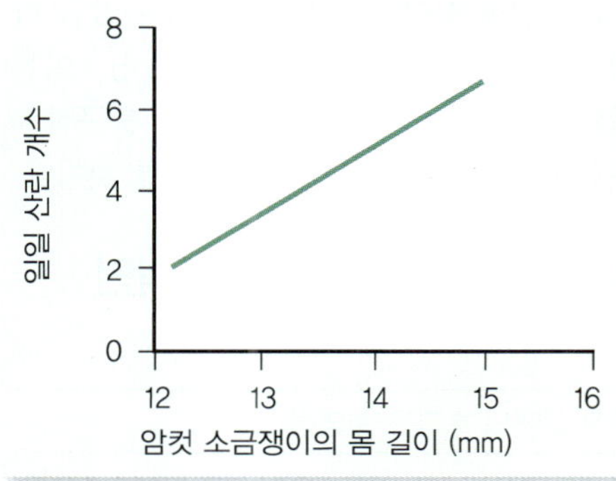

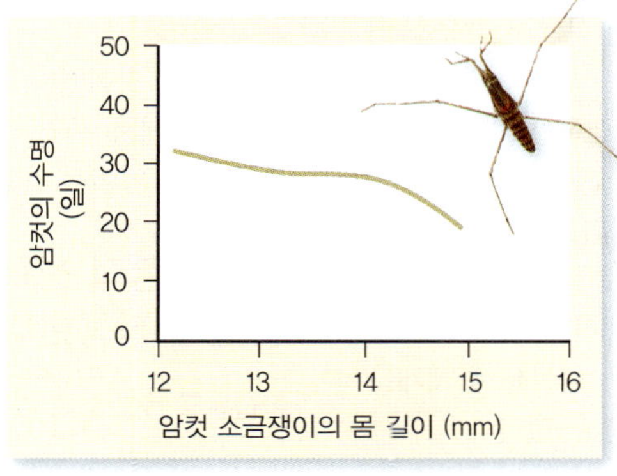

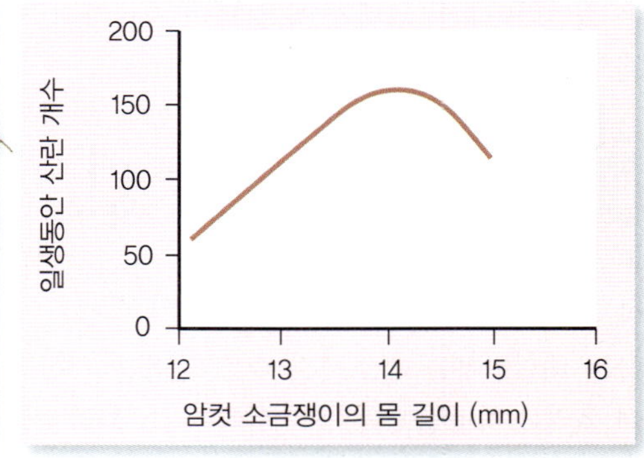

그림 19.16 구피 몸 반점의 진화적 변화. 소금쟁이의 몸집 크기와 산란 개수. 몸집이 큰 소금쟁이 암컷은 더 많은 난자를 산란하지만(왼쪽 그래프), 생존기간이 짧다(중간 그래프). 그 결과 중간 몸집의 암컷 소금쟁이가 일생동안 가장 많은 자손을 생산하게 된다.

적응도는 상대적 개념인데, 가장 적응이 잘되었다라고 할 수 있는 형질은 평균적으로 가장 많은 수의 자손을 낳을 수 있는 개체의 형질이라고 파악한다. 녹색과 갈색의 두꺼비를 예를 들어 설명한다. 녹색 두꺼비는 평균 4.0 마리의 자손을 낳는 반면에 갈색 두꺼비는 단지 2.5마리의 자손을 낳는다고 하자. 일반적으로 가장 적응도가 높은 개체의 수를 가지고 적응도 값을 1로 계산하는데 녹색두꺼비는 4.0/4.0으로 1이 되지만 갈색두꺼비의 경우에는 2.5/4.0 = 0.625 값을 적응도로 가진다. 녹색두꺼비와 갈색두꺼비의 적응도에 있어서의 차이는 1.000 − 0.625 = 0.375가 되며, 0.375의 적응도의 차이는 상당히 높은 차이라고 할 수 있다. 그리고 자연선택은 녹색 두꺼비에게 매우 유리하게 작용하고 있다고 할 수 있다.

만약 색깔에서의 차이가 유전적인 원인에서 나타나는 것이라면 진화적 변화가 일어나게 되는 것이어서 다음세대에 녹색 두께비 개체의 수와 빈도가 반드시 증가하게 된다.

적응도는 많은 요소들이 작용한다

학습목표 19.6.2 적응도의 주요한 요소 세 가지는 무엇인가?

선택은 흔히 "적자생존"이라는 표현으로 알려져 있는데, 생존능력에서의 차이는 적응도의 요소들 가운데 하나이다.

생존능력에 있어서 차이가 있지 않다고 하더라도, 개체들 가운데 배우자의 관심을 끄는데 성공하여 생식기회를 가지는 개체가 적응도가 높다고 할 수 있다. 그 예로, 육상동물 종가운데에는 몸집이 큰 숫컷이 몸집이 작은 숫컷보다 더 많은 암컷과 번식기회를 가지는 경향이 있다. 이러한 번식기회에 유리한 선택을 **성선택**(*sexual selection*)이라고 할 수 있다.

추가적으로 번식행위를 통해 만들어지는 자손의 숫자도 적응도에 관한 중요한 요소이다. 몸집이 좋은 암컷 개구리나 물고기는 작은 개체보다도 더 많은 알을 산란하는데, 이를 통해 더 많은 자손을 다음세대에 가능하게 한다.

적응도는 생존확률, 짝짓기 성공률, 짝짓지에서의 자손 수 세가지 요소의 조합에 의한 결과이다. 선택은 최적의 적응도를 가지는 표현형질에 유리하게 작용하지만, 앞의 세가지 요소가운데 한가지가 유리하다고 해서 적응도가 반드시 높다고 할 수 있는 것은 아니다. 적응도에 영향을 주는 유리한 한가지 요소가 다른 요소에는 불리하게 작용할 수 있기 때문이다. 이러한 예로써 소금쟁이를 들 수 있는데, 큰 몸집의 소금쟁이는 더 많은 알을 낳을 수는 있지만, 생존확률은 작은 몸집의 소금쟁이보다 매우 낮다. 그래서 큰 소금쟁이는 번식기회가 작은 몸집의 소금쟁이보다도 적다고 할 수 있다. 따라서 소금쟁이의 경우에는 중간크기가 다음세대에 가장 많은 자손을 낳을 수 있고, 적응도가 높다고 할 수 있다(그림 19.16).

개념 정리 19.6

적응도는 한 개체군내에 일부 개체의 상대적 번식성공률로 정의할 수 있다. 이러한 성공률은 생존기한, 번식기회, 그리고 번식 자손수에 달려 있다. 적응도를 상대적인 개념으로 숫자로 나타내면 가장 적응력이 높은 형질에 대한 다른 형질의 비율로 나타낸다.

- 번식성공에 영향을 주는 가장 중요한 요소를 고른다면 무엇일까? 그 이유를 설명하시오.

변이는 진화적 상호작용에 의해 유지된다

개체군내 유전적 변이의 정도는 작용하는 진화적 요인들에 의해서 결정된다. 작용하는 진화적 요인들이 같은 방향으로 작용하는 경우도 있지만 서로 반대방향으로 작용하기도 한다. 같은 방향으로 작용하는 경우에 대립유전자나 유전자형의 빈도가 바뀌기도 한다.

돌연변이와 유전적 부동은 자연선택의 영향을 조정한다

학습목표 19.7.1 돌연변이와 유전적 부동이 자연선택을 어떻게 조절하는 작용하는지 설명하기.

이론상으로 대립인자 B가 아주 높은 돌연변이률로 b로 바뀐다면, 아무리 대립인자 B가 자연선택에 유리하게 존재하더라도 b 대립인자는 그 개체군내에서 일정하게 유지될 것 이다. 그러나 자연계에는 돌연변이률이 그다지 높은 편이 아니라서 자연선택의 영향을 억제시키는데 충분하지 않다.

자연선택의 효과는 유전적 부동에 의해서 영향을 받게 된다. 자연선택과 유전적 부동은 모두 개체군에 변이 정도를 감소시키는 역할을 한다. 그러나 선택은 임의적 작용이 아니라, 특정한 대립유전자가 생존과 번식에 유리하다면 그것을 증가시키는 것이다. 하지만 유전적 부동은 임의적 작용이다. 선택에 의해서 유리하게 작용하는 대립인자를 감소시킬 수도 있다는 것이고, 이를 통해 개체군에 유리한 작용을 하는 대립인자가 소실되는 경우도 있다.

따라서 유전적 부동의 작용은 개체군의 크기에 반비례한다. 자연선택은 개체군의 크기가 작을 경우에 부동에 의해서 압도당하기도 한다.

유전자 확산은 진화적 변화를 촉진 또는 억제한다

학습목표 19.7.2 유전자 확산이 개체군의 자연선택과 어떻게 상호작용하는가?

유전자 확산은 개체군의 진화를 촉진 또는 억제하는 요인으로 작용할 수 있다. 유전자이동이 한 개체군이 보유한 유익한 신규돌연변이를 다른 개체군에 도입되게 하는 반면에 다른 개체군에서의 해로운 대립인자가 유입되어 개체군의 적응도를 낮추기도 한다.

다른 환경에 서식하고 있는 같은 종의 두 개체군에서 다음을 가정해보자. 자연선택은 환경이 다름으로 해서 두 개체군에서 *B*와 *b* 대립인자를 각각 선호한다. 유전자 확산 등의 진화적 변화를 일으키는 요인이 작용하지 않는 상황에서는 자연선택에 의해서 *B*와 *b* 대립인자는 각자가 유리한 개체군에서 결국 고정되게 (100% 빈도로 존재) 될 것이다. 그러나 두 개체군 사이에 유전자 확산이 일어나는 조건에서는 선택적으로 불리한 대립유전자가 계속해서 상대방 개체군으로부터 재유입되게 되어 소멸되지 않게 될 것이다. 따라서 한 개체군의 대립유전자들의 빈도는, 유전자 확산에 의해서 불리한 대립유전자가 개체군으로 유입되는 속도와 그 대립유전자가 개체군 내에서 제거되는 속도 사이의 균형에 의해 결정될 것이다.

영국 폐쇄된 광산 지역에서 유전자 도입과 자연선택의 상호작용이 자연조건에서 어떻게 일어나는지 관찰되었다. 광산이 폐쇄된 지 수백년이 지났지만, 광산 주변지역에는 광미사(광물을 가려내고 남은 돌가루) 토양의 중금속이온 농도가 높아서 작물의 재배를 어렵게 한다. 높은 중금속 성분의 토양에서 자라게 하는 대립인자를 가진 식물은 일반적인 토양에서는 잘 자라지 못한다. 결론적으로 광산지역에서 자랄 수 있는 대립인자를 가진 식물과 일반 사육지역에서의 같은 식물에서는 자연선택에 의한 대립인자의 빈도에서 큰 차이를 가지게 된다.

중금속 토양에 영향을 받지않는 식물 가운데 slender bent grass(*Agrostis tenuis*)를 이용하여 광미사 지역에서 자랄 수 있는 유전인자에 대한 연구를 하였는데, 그 빈도가 고정되어 있지 않고 중간 형태로 유지하고 있는 것으로 나타났다(그림 19.17). 왜 빈도가 100%로 고정되어 있지 않았는지에 대한 이유는 이 식물이 번식하는데 있어서 사용되는 화분이 멀리 떨어진 개체군에서의 바람을 타고 도입된 것이었다. 이러한 유전자 확산을 통해 두 개의 상-이한 환경조건에서 자연-선택된 대립인자가 서로 다름에도 불구하고 도입될 수 있어서 자연선택의 효과를 감소시키도록 작용한 것이다.

빈도의존적 선택은 희귀하거나 또는 일반적인 형질에 작용한다

학습목표 19.7.3 빈도의존적 선택의 효과를 설명하기.

지금까지 우리는 자연선택이 한 유전좌위의 대립유전자들 중 특정한 하나를 선호하여 개체군내의 변이를 감소시키게 되는 경우들을 살펴보았다. 하지만 어떤 경우에는 선택과정이 오히려 변이를 유지시키는 결과를 가져올 수도 있다. 이러한 경우에는 선택이 일반적인 형질 또는 희귀 형질이냐에 따라서 선택의 결과가 달라지며, 이러한 현상을 **빈도의존적 선택(frequency-dependent selection)**이라고 한다.

음의 관계인 빈도의존적 선택

빈도의존적 선택이 음의 관계인 경우는, 희귀 형질이 선택에 유리한 경우이다. 형질변이가 유전적 요인에 있다고 가정할 때, 희귀 형질에 대한 선택은 소수 빈도인 대립유전인자를 더 일반적인 대립인자로 증가하게끔 선택하게 되면서 개체군 내 변이가 유지되게 된다.

음의 빈도의존적 선택에 대한 사례를 살펴보면, 주로 동물이나 사람에서 일반적인 호감을 갖는 고정이미지를 찾으려고 할 때이다. 즉 포식자가 사냥할 때 익숙하고 정통하다고 느끼는 일반적인 호감은 사냥의 주된 목표가 된다. 하지만 소수의 희귀한 형태를 가진 개체는 포식자의 관심에서 벗어나 생존율을 높이는데 기여하게 된다. 낚시에 있어서 미끼로 사용하는 가짜곤충은 주로 세 종류의 색깔로 되어있다. 실험으로 세 가지 색상을 한가지 색깔로 하였을

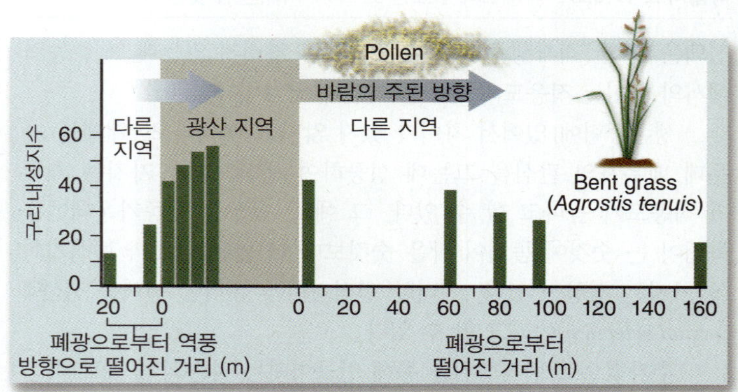

그림 19.17 폐광 근처의 잔디식물의 구리오염 내성 정도. 구리오염 내성 대립인자를 가진 개체는 오염되지 않은 토양에서 성장률이 낮은 편이다. 식물의 구리 내성 능력을 폐광지역에서는 100%과 일반지역에서는 0%로 예상하였다. 바람을 타고 날아간 씨앗이 폐광지역에서 오염되지 않은 일반지역으로 대립인자가 확산될수 있었다. 하지만 거리가 멀수록 항상풍을 타고 날아간 대립인자 씨앗의 양은 감소하게 된다. 구리오염 내성 지수를 토양의 구리 농도가 높은 곳의 식물성장률과 토양의 구리 농도가 낮은 지역의 식물성장률으로 계산하였다; 내성지수가 높을수록 고농도의 중금속오염에 내성이 높은 식물이다.

과학적 사고

질문 음의 빈도의존 선택은 변이를 유지할 수 있는가?

가정: 가장 흔한 색깔의 물벌레 미끼로 잡히는 물고기의 분포는 비대칭일 것이다.

실험: 여러 개의 수족관에 각각 물벌레색깔의 비율을 달리해서 넣어두고, 물고기가 잡아먹는 빈도를 조사하였다.

결과: 각 수족관내에 미끼의 비율은 제각각 달랐는데, 각 수족관마다 가장 빈도가 낮은 색상의 물벌레가 일반적으로 가장 생존율이 높았다.

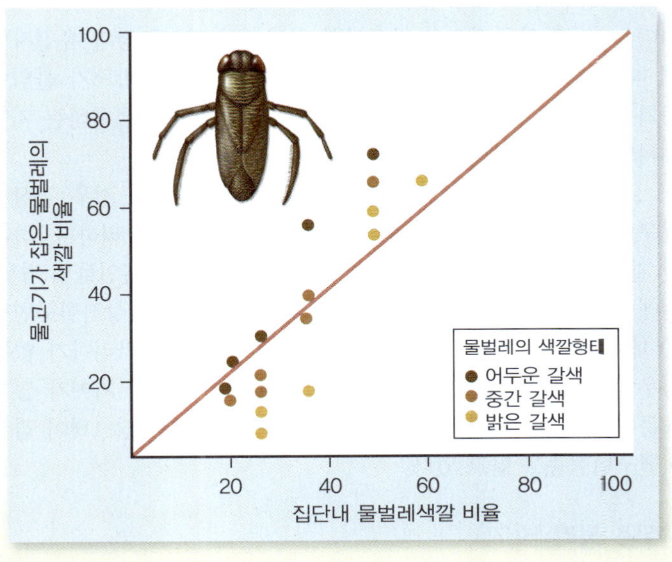

그림 19.18 빈도의존형 선택.

때 각각 잡히는 물고기종의 비율이 다르게 나타났다. 이는 물고기 종마다 가장 일반적으로 선호하는 색깔이 있다는 것을 의미한다(그림 19.18).

자원경쟁은 또 하나의 음의 빈도의존적 선택에 대한 사례가 될 수 있다. 이용하고자 하는 자원에 대한 선호도를 결정하는 유전자형이 있는 경우, 많은 식물종들이 함께 이용하는 자원은 경쟁이 심한 반면에, 어떤 자원이 풍부하면서도 다른 경쟁 식물종들이 선호하지 않는 자원일 경우에는 이를 획득하여 이용하는데 경쟁이 덜 할 것이다. 따라서 선호하는 자원이 다른 희귀 유전자형을 가진 극소수가 일반적인 자원을 이용하는 다수의 유전자형들 보다 생존에 유리하게 자연선택된다.

양의 빈도의존적 선택

양의 빈도의존적 선택은 반대로 가장 일반적인 기호를 가진 개체가 자연선택되는 경우이며, 희귀선호도를 가진 개체들은 개체군의 변이를 줄이기 위해서 제거되는 경우이다. 포식자가 항상 가장 일반적인 형태를 선택하지는 않기 때문인데, 다른 무리에서 눈에 띄거나 관심을 끌게 되는 경우에 사냥의 대상이 된다.

선택의 강도는 시간이 지남에 따라 변하게 되고 음의 빈도의존적 선택에서는 소수유전자형이나 대립인자가 증가하면서 개체군의 일반적인 유전자형으로 되는 경우이고, 양의 빈도의존적선택에서는 소수유전자형이 반대로 더 감소하게 되는 경우이다.

진동선택에서는 가장 혜택을 받는 형질은 환경이 변함에 따라 달라진다

학습목표 19.7.4 진동선택에 대해서 정의하고, 개체군내 유전적 변이의 정도를 어떻게 영향을 주는지 설명하기.

형질에 대한 선택이 시공에 따라 다르게 작용하는 경우를 **진동 선택(oscillating selection)**이라고 하는데 어떤 경우는 A 형질이 다른 경우에는 B 형질이 유리하게 선택되는 경우이다. 만약 이러한 선택과정이 반복적인 형태이면 그 개체군의 유전적 변이를 유지하는데 기여하게 된다.

21장에 그 예가 소개될 것인데 갈라파고스 제도의 핀치새의 경우이다. 극심한 가뭄의 시기에는 핀치새의 먹이가 되는 작고 부드러운 껍질의 씨앗이 고갈되면서, 일부 먹기가 어려운 큰 씨앗만이 주위에 남아 있게 된다. 이 경우에 큰 부리를 가진 새는 생존에 유리하게 된다. 상황이 바뀌어서 작은 씨앗들이 풍부한 때에는 작은 부리를 가진 새들이 유리하게 된다.

이러한 조건의 반복에서 진동 선택은 빈도의존적 선택과 비슷한 현상이라고 할 수 있다. 그 이유는 선택의 세기가 시간이 지남에 따라 변하기 때문이다. 하지만 뚜렷한 차이점이 있다. 그것은 바로 진동 선택에서는 형질의 적응도가 대립유전자빈도에 영향을 받지 않는다는 것이고, 형질의 적응도는 환경의 변화에만 영향을 받는다. 이와 반대로 빈도의존적 선택에서는 빈도의변화에 의해서 형질의 적응도가 변하게 된다는 것을 명심해야 한다.

이형접합체가 동형접합체보다 적응도가 더 높은 경우가 있다

학습목표 19.7.5 한 개체군내의 이형접합 강세가 어떻게 대립인자의 빈도에 영향을 주는지 설명하기.

만약 이형접합체가 동형접합체보다 우세한 장점을 가지고 있는 경우(**이형접합성 강세**), 자연선택은 두 개의 대립인자를 모두 갖고 있는 개체에게 유리하게 작용하는 것이고, 두 개의 대립유전자 모두 개체군내에서 유지되게 된다. 진화생물학자들의 일부는 이형접합 강세 효과가 자연계 개체군이 다형성을 잃지 않도록 하는 요인이라고 주장하였다. 하지만 또다른 일부는 이형접합강세 효과가 매우 드물게 일어나기 때문에 유전적 다형성에 기여하는 것이 아니라고 주장한다.

이형접합 강세효과에 대한 가장 좋은 예는 겸상적혈구빈혈로 알려진 사람 헤모글로빈에 영향을 주는 유전질환이다. 겸상적혈구빈혈증은 빈혈유발과 낫 모양의 비정상적인 적혈구 모양을 보인다(그림 19.19).

겸상적혈구빈혈증을 일으키는 S 대립유전인자의 빈도는 중앙아프리카 개체군에서는 약 0.12인데, 아메리카대륙의 흑인의 빈도보다 훨씬 높은 편이다. 하디-바인베르크 평형이론을 가정하여 이

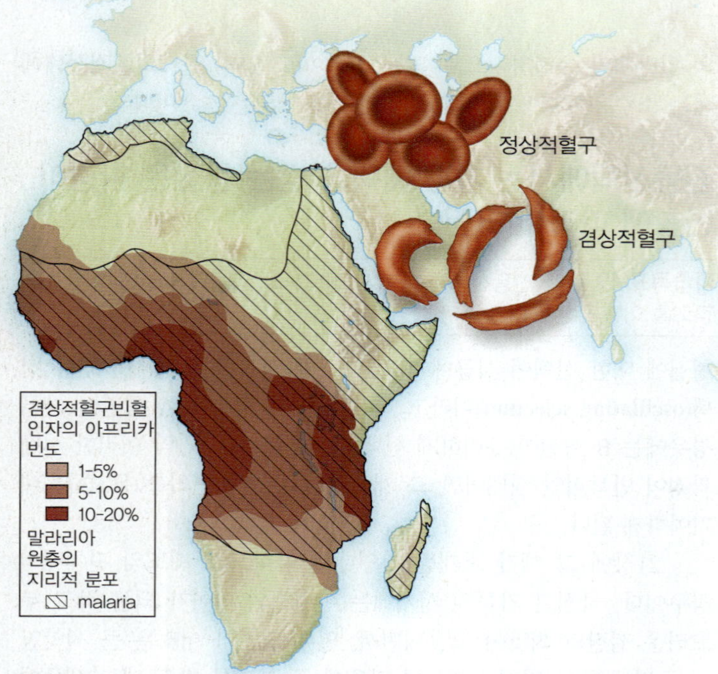

그림 19.19 겸상적혈구 빈혈 인자의 빈도와 말라리아 원충(*Plasmodium falciparum*)의 분포. 겸상적혈구빈혈인자 동형접합체인 사람의 적혈구는 혈중 산소의 농도가 낮을 경우 낫모양으로 위축된다. 아프리카에서는 겸상적혈구빈혈인자의 분포가 말라리아 원충의 분포와 밀접하게 일치한다.

형접합자 비율을 계산하면 5명당 1명이 이형접합자이고, 100명당 1명이 동형접합자로 증상을 나타낼 것으로 예측할 수 있다. 하지만 *S* 대립유전인자의 동형접합자는 번식연령에 도달하기 전에 대부분 죽기 때문에 동형접합자는 개체군내에 존재하지 않는다고 할 수 있다.

그러면 왜 *S* 대립유전자가 중앙아프리카에서 그동안 소멸되지 않고 높은 수준을 유지하고 있는 이유를 어떻게 설명할 수 있을까? 그 이유 중에 하나는 중앙아프리카의 높은 어린이 사망률 원인 중에 하나인 말라리아의 감염이 이형접합자에서는 말라리아에 발병정도가 낮기 때문이었다. 말라리아를 일으키는 병원충(*Plasmodium falciparum*)은 적혈구로 들어가 적혈구내 산소량이 낮아져 낫모양으로 된다. 말라리아로 인한 적혈구 낫모양으로의 변화는 비장에서의 여과작용으로 제거될 수 있는데, 이로써 말라리아 병원충이 제거되는 것이다. 하지만 S대립유전자가 없는 동형접합자는 많은 적혈구가 말라리아 병원충 감염에 의해서 비장에서 제거됨으로해서 극심한 빈혈증상이 생기게 된다. 반면에 *S* 대립유전자를 가지고 있는 경우 이미 낫모양이지만 적혈구가 영향을 받지 않아서 말라리아감염으로 인한 극심한 빈혈증상이 생기지 않는다.

결과적으로 겸상적혈구빈혈증을 일으키는 대립인자에 대해서 대부분의 열성접합체는 어린시기에 죽게 된다. 하지만 그 대립인자가 아프리카 흑인들 가운데 높은 빈도로 유지되는 이유는 이형접합자인 경우 말라리아 감염에 대한 방어능력을 가질 수 있기 때문이다. 아직도 과학적으로 밝혀야할 말라리아 감염증상과 유전자형에 따른 차이들이 있는데, 특히 여성의 경우 이형접합체가 불임이 증가하는 이유 등 이다. 그림 19.19에는 말라리아가 유행하는 지역에서의 겸상적혈구대립인자의 빈도를 나타낸 것이다.

말라리아가 일반적인지역에 살아가는 사람들의 경우 겸상적혈구빈혈증 대립인자를 이형접합체로 가지는 것이 유리하다. 하지만 말라리아가 거의 없는 아메리카대륙에 거주하는 흑인들의 경우, 원래 아프리카대륙에서 와서 여러세대를 거치면서 겸상적혈구빈혈증 대립인자의 빈도가 매우 낮아졌다. 그 이유는 말라리아가 없는 경우에 겸상적혈구빈혈증 대립인자의 적응력에 대한 기여가 없기 때문에 개체군내에서 점차로 소멸하여 이제는 375명당 1명이 겸상적혈구빈혈증을 앓고 있다.

개념 정리 19.7

대립유전인자의 빈도는 어려 진화적 요소의 균형이 작용한 결과이다. 예를 들면 유전자 확산은 자연선택에 유리하지 않은 대립유전인자가 개체군내 빈도가 증가하도록 할 수 있다. 대립유전자의 빈도에 영향을 주는 여러 가지 요소들의 강세들 가운데, 선택은 다형성을 유지하도록 하는 경향이 있다. 음의 빈도의존적 선택은 희귀 표형형을 증가시킬 수 있고, 진동 선택은 시간적 차이에 따라 유리한 표현형이 달라진다. 또한 이형접합강세는 적응도를 낮추는 해로운 대립인자를 유지하도록 작용하는 경우도 있다.

- 이형접합체가 가장 낮은 적응도를 나타내는 경우 개체군내 유전자 변이가 어떻게 바뀌는가? 진화적 변화에 관련한 요소들이 같은 방향으로 작용하는 경우는 어떠한 경우인지, 그리고 그 결과는 어떻게 예측되는가?

자연선택은 효소의 다형성을 유지하도록 하는가?

다윈의 진화이론은 선택이 특정한 대립인자에 유리하게 작용한다는 것이다. 자연선택에 대한 많은 연구들이 효소를 만드는 유전자에 중점을 두었는데 자연에서 만들어지는 효소의 다형성은 유지하고 있기 때문이었다. 기후환경 효소의 다양성에 미치는 영향을 연구하였는데, 그 대상이 기후조건에 가장 일반적인 효소대립인자는 무엇인지를 찾는 것이었다. 이러한 연구사례중 북미대서양에 서식하는 송사리과(*Fundulus heteroclitus*)에 속하는 물고기가 매우 우수하다. 스토니브룩대학교의 Richard Koehn 연구실에서 연구한 결과는 젖산탈수소효소를 만드는 유전자가 가지고 있는 대립인자들의 빈도를 조사하였다. 7장에서 나온 것처럼 젖산탈수소효소는 피루브산을 젖산으로 전환하는 효소이며, 이는 산소가 부족한 상황에서 에너지 대사에 매우중요한 생화학 반응이다. 젓산탈수소효소에 두 개의 일반적인 대립인자가 있는데, *a* 대립인자는 *b* 대립인자보다 낮은 온도에서 촉매작용이 더 우수하다고 알려져 있다.

실험은 플로리다 잭슨빌(위도 30)에서부터 메인주의 바 하버(위도14도)까지 높이면서 조사한 41개 물고기 개체군에서의 *a* 대립인자의 빈도이다. 위도가 오르면서 수온도 1도씩 낮게 변하는 것으로 알려져 있는데, 온도차이가 대립인자 *a*의 빈도에 선택으로 작용하는지에 대하여 조사한 것이다. 따라서 온도가 낮아지면서 *a* 대립인자의 빈도는 증가하여야 하며, 조사결과는 파이챠트로써 20개 물고기 개체군에서 *a*와 *b* 대립인자의 빈도를 나타낸 것이고 이것을 그래프로 나타내었다.

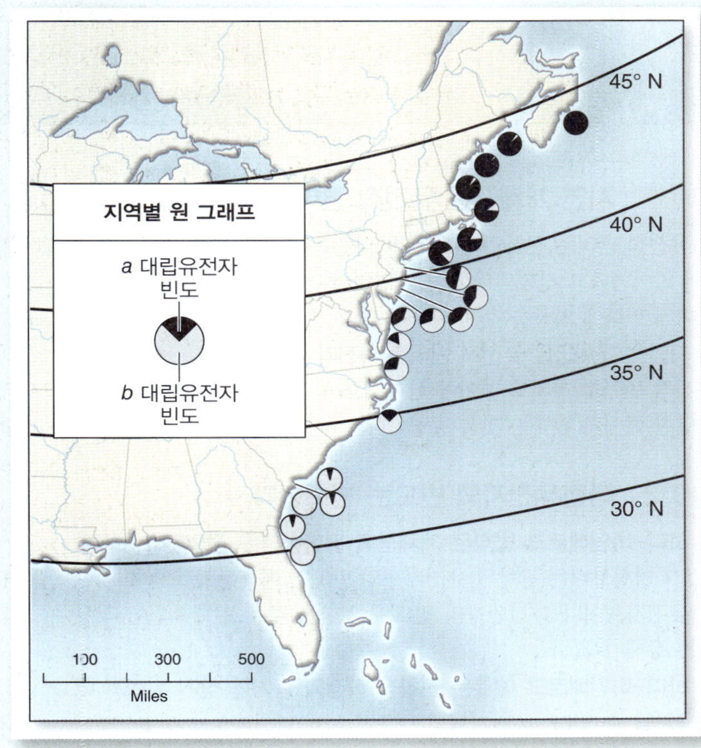

분석

1. **개념응용**
   a. **변수.** 그래프에서 종속변수는 무엇인가

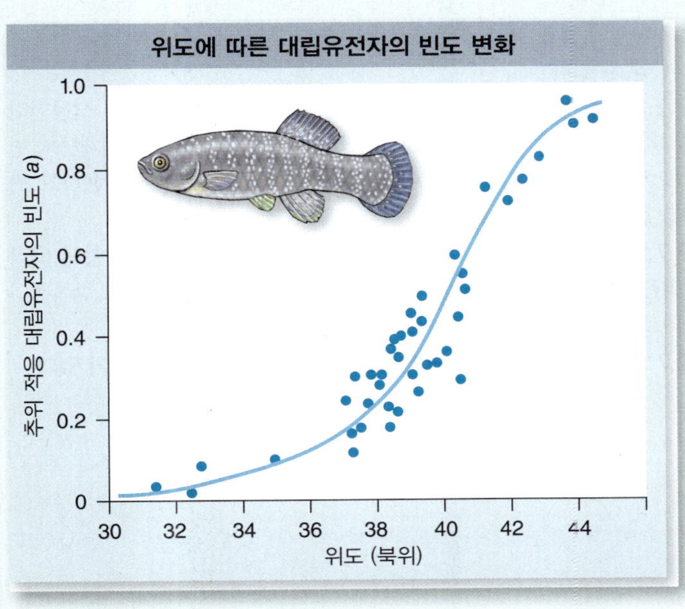

   b. **차트보기.** 위도 35에서 위치한 물고기 개체군에서 a 대립인자의 빈도를 그래프에 표시하기
   c. **연속변수 분석하기.** 위도 44의 위치에서 잡힌 물고기개체군과 위도 31에서 잡힌 물고기 개체군을 비교한다면 대립인자 a의 빈도에서 어떤 차이가 있는지, 그 차이에 대한 패턴이 있는지 설명하시오
2. **자료해석.** 물고기개체군에서 어느 구간의 위도에서 대립인자 a의 빈도차이가 가장 크게 나타났는가?
3. **추론하기**
   a. 위도 44이상의 차가운 수온환경에서의 물고기 개체군에서 이형접합체 개체가 있을 수 있을까? 또는 위도 31이하의 따뜻한 수온 환경에서는 이형접합체 개체가 있을 수 있을까? 그 차이는 무엇인가?
   b. 위도의 차이를 따라 관찰한 결과를 가지고 이형접합체의 빈도가 가장 높은 곳은 어디라고 추정되는가? 그 이유는 무엇인가?
4. **결론 도출.** 대립인자 위도에 따라 a의 빈도에 차이가 있는데, 이를 가지고 자연선택이 효소의 대립인자에 영향을 준다고 할 수 있다. 그 이유는 무엇인지 설명하라
5. **심층 분석.** 만약 위도 32에서 잡은 물고기를 위도 44지역에서 살도록 하면, 이제 두 대립인자의 빈도는 비슷한 상황이다. 이경우에 다음세대에 빈도는 어떻게 변하게 될것인지 예측하시오? 그 이유는 또한 무엇인가?

학습 과정 복습

개념 19.1 자연 개체군은 유전적 변이를 나타낸다

19.1.1 유전적 변이는 진화의 원료이다 다윈은 종의 진화는 자연선택의 과정에서 일어난다고 진화의 원리를 제안하였다. 그 외에도 다양한 요인들이 진화적 변화에 영향을 주게 된다.

19.1.2 자연적 개체군은 유전적 변이를 가진다 개체군이 진화하기 위해서는 유전적 변이를 가지고 있어야 한다. DNA 분석은 자연 상태의 개체군이 상당한 변이가 있다는 것을 증명한다.

개념 19.2 대립유전자의 빈도는 변화한다

19.2.1 하디-바인베르크 법칙은 개체군의 평형상태를 정의한다 하디-바인베르크 평형상태는 관찰된 유전자형의 빈도가 예측된 빈도와 일치할 때이다. 유전자형이나 유전인자의 빈도가 영향을 주는 진화요인이 작용하지 않는 상태이다.

19.2.2 하디-바인베르크 예측은 진화적 과정의 증거를 찾기 위해서 데이터에 응용될 수 있다 유전자형의 빈도가 하디-바인베르크 평형상태에서 벗어나면, 진화적 요인이 영향을 준 것이다.

개념 19.3 진화적 변화에는 다섯 가지 요인이 있다

19.3.1 돌연변이는 대립인자 빈도를 변화시킬 수 있다 돌연변이는 유전적 변이의 원천이다. 하지만 돌연변이가 하디-바인베르크 평형으로부터의 이탈에 큰 영향을 주지는 않는다.

19.3.2 유전자 확산은 개체군 간에 대립인자의 이동 시에 발생한다 유전자교류는 개체군에 새로운 유전인자의 이동이다. 유전자 확산은 새로운 유전적 변이를 더할 수 있으며, 동형접합 인자의 빈도에 영향을 주게 된다.

19.3.3 비임의적 교배는 유전자형 빈도를 변화시킨다 동류교배(근연교배)는 동형접합체를 증가하게 되고, 비동류교배는 이형접합체를 증가하게 한다.

19.3.4. 유전적 부동으로 작은 규모의 개체군에서 대립인자의 빈도가 변화된다 유전적 부동은 대립인자 빈도의 무작위적인 변화이다. 특이 작은 개체수의 개체군에서 큰 변화를 일으킬 수 있다.

19.3.5 선택은 특정 유전자형에 대해서 유리하게 작용한다 유전적 변이가 개체군에 있어서 자연선택이 작용하려면 번식률에서의 차이와 유전되는 특성을 가지고 있어야 한다. 선택된 특정형질이 유리하게 작용하더라도, 다른 형질에서는 불리하게 작용하는 경우가 있다. 진화는 유전적 변이가 있어야 하는데, 극단적인 선발은 유전적변이를 줄어들게 한다. 에피스타시스

19.3.6 선택이 작용하지 못하게 하는 제한 요인들이 있다 다면작용을 하는 유전자는 표현형이 변하는 것을 억제하기도 한다. 상위성 작용에서는 한 대립유전자의 적응도가 다른 유전자의 유전자형에 의해 조절된다.

개념 19.4 선택은 다중 유전자 형질에 작용한다

19.4.1 분단성 선택은 중간의 표형형을 도태시킨다 형질 분포상 가운데가 불리한 경우에는, 이봉 형질 분포를 개체군이 나타내게 된다.

19.4.2 방향성 선택은 한 극단의 표현형을 도태시킨다 방향성 선택은 개체군 형질의 평균값을 형질 분포의 유리한 극단쪽으로 이동하게 한다.

19.4.3 안정화 선택은 중간형 형질값을 가진 개체들을 선호한다 안정화 선택은 양쪽 극단의 개체들을 제거하여 평균에 가까운 개체들의 빈도를 증가시킨다. 그 결과 평균값은 변하지 않지만 변이는 감소된다.

개념 19.5 자연선택은 실험적으로 연구될 수 있다

19.5.1 다양한 환경에서 구피 색깔변이는 자연선택을 증명한다

19.5.2 실험은 선택의 도구를 밝혀낸다 자연상태 구피집단들은 다양한 포식자의 영향으로 세대마다 몸색깔의 변화를 나타낸다.

개념 19.6 적응은 진화적 성공의 척도이다

19.6.1 적응도가 높은 표현형의 특징은 빈도가 증가하는 것이다 적응은 어떤 개체가 다른 개체들 보다 다음 세대에 더 많은 자손을 만드는 것이다. 상대적 적응도는 유전자형에 따라 차이를 보이게 된다. 상대적 적응도가 높은 유전자형은 다음세대에 대부분 빈도가 증가하게 된다.

19.6.2 적응도는 많은 요소들이 작용한다 번식성공에 대한 결정은 개체의 생존기간, 개체의 짝짓기 횟수와 짝짓기에서의 자손 수를 이용한다.

개념 19.7 변이는 진화적 상호작용에 의해 유지된다

19.7.1 돌연변이와 유전적 부동은 자연선택의 영향을 조정한다 이론상 돌연변이율이 높게 되면 자연선택을 억제할 수 있지만, 돌연변이율은 그리 높지 않다. 유전적 부동은 자연선택의 효과를 조정할 수 있다.

19.7.2 유전자 확산은 진화적 변화를 촉진 또는 억제한다 유전자 이동은 다른 개체군들에 유익한 신규돌연변이를 유입되게 할 수 있지만, 그 결과 환경에 낮은 적응도를 가지는 다른 대립인자를 동반해 적응도를 나쁘게 할 수 있다.

19.7.3 빈도의존적 선택은 희귀하거나 또는 일반적인 형질에 작용한다 빈도의존선택이 음의 관계는 희귀형질에 유리하게 작용하고 개체군의 변이를 유지한다. 빈도의존선택이 양의관계는 흔한 표현형에 작용하고 변이를 감소하게 한다.

19.7.4 진동선택에서는 가장 혜택을 받는 형질은 환경이 변함에 따라 달라진다 환경의 변화가 반복적인 사이클인 경우, 선택과정도 반복적인 형태로 개체군의 유전적 변이를 유지하게 한다.

19.7.5. 이형접합체가 동형접합체보다 적응도가 더 높은 경우가 있다

학습 과정 평가

개념 19.1 자연 개체군은 유전적 변이를 나타낸다

이해

1. 찰스 다윈은?
   a. 진화론을 처음으로 제안하였다.
   b. 진화가 일어난다고 처음으로 제안하였다.
   c. 진화가 자연선택에 의해 일어난다고 처음으로 제안하였다.
   d. 진화가 획득형질의 유전에 의해 일어난다고 처음으로 제안하였다.
2. 유전적 변이는?
   a. 자연선택에 의해 만들어진다.
   b. 자연선택이 작용하기 위해 반드시 존재해야 한다.
   c. 유성생식을 하는 생물에서 무성생식을 하는 생물보다 적게 나타난다.
   d. 많은 이형접합 유전자자리를 갖는 생물에서 이형접합 유전자자리가 거의 없는 생물보다 적게 나타난다.

응용

1. 다음 중 어떤 상황에서 자연선택에 의한 진화가 일어날까?
   a. 땅거북 개체군에서 유전적 변이가 거의 없는 것으로 나타났다.
   b. 말 개체군에서 어떤 개체들이 억센 풀을 뽑기 위해 혀를 뻗었고, 이렇게 늘어난 혀가 그들의 자손에 유전되었다.
   c. 여러 세대에 걸쳐 짖는 원숭이 개체군의 거의 모든 개체들이 자손을 낳을 수 있다.
   d. 여러 세대에 걸쳐 털이 긴 유전자를 가진 마운틴고릴라 개체군들이 털이 짧은 유전자를 가진 고릴라들보다 춥고 흐린 날씨에 보다 잘 생존하였다.

종합

1. 유전적으로 동일한 클론들 간에서도 다윈이 주장한 자연선택에 의한 진화가 일어날 수 있을까? 그 이유를 설명하라.

개념 19.2 대립유전자의 빈도는 변화한다

이해

1. 흰색 꽃을 가진 개체군과 우성인 빨간색을 가진 개체군을 오랫동안 관찰하였다. 여러 세대가 지난 다음에도 흰색과 빨간색의 대립유전자 빈도가 변하지 않았다. 이 발견이 나타내는 것은?
   a. 빨간색 대립유전자가 흰색 대립유전자로 바뀌는 돌연변이가 만연하였다.
   b. 교배가 임의적이지 않아서 흰색 개체군은 흰색끼리만 교배하고 빨간색을 가진 개체군은 빨간색끼리만 교배하였다.
   c. 개체군 크기가 아주 작다.
   d. 유전자 확산이나 자연선택이 일어나지 않았다.
2. 공식 [p2 + 2pq + q2]에서 이형 접합자를 나타내는 것은?
   a. p2 b. 2pq c. q2 d. p2 + q2

응용

1. 하디-바인베르크 평형 상태에 있는 우성의 빨간색 또는 흰색 꽃을 가진 개체군에서 빨간색 꽃의 빈도가 91%이었다. 그렇다면 빨간색 대립유전자의 빈도는?
   a. 9% b. 30% c. 91% d. 70%
2. 위의 문제에서 설명한 개체군에서 빨간색 대립유전자가 이형접합인 빈도는?
   a. 9% b. 21% c. 42% d. 58%

종합

1. 색소가 결핍된 증상인 백색증(albinism)을 일으키는 열성 대립유전자가 동형접합인 개체들의 빈도가 1/1000에서 1/10,000로 감소하였다면, 이 대립유전자를 이형접합으로 갖는 개체들의 빈도가 변하였을 것이라고 생각하는가?

개념 19.3 진화적 변화에는 다섯 가지 요인이 있다

이해

1. 다음의 요인 중 진화적 변화를 일으키지 않는 요인은?
   a. 돌연변이 b. 이주 c. 동류교배 d. 임의교배
2. 유전자 확산은?
   a. 개체군이 하디-바인베르크 평형 상태에 있을 때 나타난다.
   b. 개체군들 간의 유전적 변이를 감소시킨다.
   c. 때때로 종분화를 일으킨다.
   d. 돌연변이율을 증가시킨다.

응용

1. 우연히 마주친 식물 개체군에서 동형 접합성이 매우 높은 수준이라는 사실을 발견하였다면, 이 개체군의 교배체계를 어떻게 예측할 수 있을까?
   a. 이 식물의 꽃가루가 바람에 의해 전파된다.
   b. 이들 식물은 무성번식을 할 가능성이 있다.
   c. 이 개체군은 자가수정이 우세하다.
   d. 이 개체군은 타화수정이 우세하다.
2. 유전적 부동과 자연선택은 모두 빠르게 진화가 일어나게 할 수 있다. 그렇지만
   a. 유전적 부동은 큰 개체군에서 가장 빠르게 작용한다.
   b. 유전적 부동만이 적응하도록 유도한다.
   c. 자연선택은 개체군에서 새로운 변이를 만들기 위해 유전적 부동을 필요로 한다.
   d. 진화의 두 과정은 유전자확산에 의해 지체될 수 있다.

종합

1. 일련의 작은 섬들에서 각각 유전적으로 뚜렷이 구별되는 달팽이 개체군들이 나타난다면, 이러한 차이가 자연선택에 의한 것인지 또는 유전적 부동에 의한 것인지를 결정하기 위한 시도로 어떤 증거를 수집해야 할까?

개념 19.4 선택은 다중 유전자 형질에 작용한다

이해

1. 분단성 선택에서
   a. 중간적 유형의 형질이 나타나는 빈도가 증가한다.
   b. 중간적 유형의 형질이 나타나는 빈도가 감소한다.
   c. 어느 한 극단적 형질이 선호된다.
   d. 대립유전자 빈도는 변하지 않는다.
2. 어떤 유형의 자연선택이 새로운 종이 형성되는 종분화를 유발할 것 같은가?

a. 방향성 선택
b. 안정화 선택
c. 분단성 선택
d. 어느 유형이든 개체군의 유전적 변이를 감소시키는 선택

응용

1. 농부들이 오랫동안 돼지의 살을 빼서 고기의 지방을 적게 하려고 교배시켰다. 이것은 무엇의 예인가?
   a. 방향성 선택 b. 분단성 선택
   c. 인위선택 d. a와 c 둘 다 맞다
2. 차세대의 의료기술 발전으로 몸집이 큰 영아의 사망률을 중간 크기 영아의 사망률 정도로 낮춘다고 가정하면(그림 19.13 참조) 출생시 신생아의 평균 체중은 어떻게 될까? 출생시 체중의 차이는 유전적 근거가 있다고 추정하라.
   a. 시간이 흐르면서 신생아의 평균 체중은 증가한다.
   b. 시간이 흐르면서 신생아의 평균 체중은 감소한다.
   c. a와 b 모두 맞다. d. 위에 답이 없다.

종합

1. 오리와 닭에서 중간 크기의 알이 선호되는 이유는 무엇이라고 생각하는가?

개념 19.5 자연선택은 실험적으로 연구될 수 있다

이해

1. 폭포 아래의 웅덩이에서 발견되는 구피와 폭포 위의 웅덩이에서 발견되는 구피가 다르게 진화한 이유는?
   a. 개체군 간에 빈번한 유전자 확산이 있었다.
   b. 두 개체군은 서로 다른 선택압에 직면하였다.
   c. 자연선택은 어느 한 개체군에 작용하였지만 다른 개체군에는 작용하지 않았다.
   d. a와 b 모두 맞다.
2. 진화적 변화는
   a. 수백만 년의 시간이 소요되는 너무 오래 끄는 과정이다.
   b. 자연에서는 언제나 이언(eon)의 긴 시간이 걸리지만, 실험실 환경에서는 빠르게 일어날 수 있다.
   c. 자연에서 빠르게 일어날 수 있고, 실험실에서 이를 분명하게 확인할 수 있다.
   d. 전적으로 자연선택의 결과이다.

응용

1. 항생물질에 내성을 지닌 세균 개체군이 빠르게 진화할 수 있는 것은 무엇 때문인가?
   a. 항생물질의 과용은 내성을 지닌 균주에 끊임없이 선택압을 가한다.
   b. 내성 유전자가 세균들 간에서 전달될 수 있다.
   c. 세균은 세대기간이 짧다. d. 위의 모두 다 맞다

종합

1. 트리니다드의 구피를 대상으로 병행한 실험실 연구와 현장조사로부터 색깔과 생활주기 형질의 진화적 변화가 포식자에 의해 유도된다는 매우 흥미로운 사실이 밝혀졌다. 그렇지만 폭포의 위와 아래의 장소들 간에는 포식자의 존재 유무 외에도 다른 요인들이 있을 것이다. 추가로 어떤 연구를 수행하면 연구결과가 보다 강력하게 해석될까?

개념 19.6 적응은 진화적 성공의 척도이다

이해

1. "치타 A는 치타 B보다 잘 적응되었다"라는 설명에 근거하여 알 수 있는 사실은?
   a. 치타 A는 치타 B보다 크다.
   b. 치타 A는 치타 B보다 많은 자손을 낳는다.
   c. 치타 A는 치타 B보다 강하다.
   d. 치타 A는 치타 B보다 훨씬 더 진화하였다.
2. 상대적응도(relative fitness)라는 용어는
   a. 다른 표현형과 비교하여 어느 표현형의 생존율을 가리킨다.
   b. 한 개체의 형제자매와 사촌들의 건강 상태이다.
   c. 표현형의 번식성공도를 가리킨다.
   d. 위에 해당하는 답이 없다.

응용

1. 벌새 개체군에서 혀가 긴 벌새는 평균 네 마리의 새끼를 낳고 혀가 짧은 벌새는 평균 두 마리의 새끼를 낳는다. 혀가 긴 벌새와 혀가 짧은 벌새 간의 적응도의 차이는?
   a. 미미하다. b. 0.5이다.
   c. 자연선택이 혀가 짧은 벌새를 조금 선호하였음을 나타낸다.
   d. 2이다

종합

1. 흔히 "적응도는 상대적이다"라고 말한다. 이는 어떤 의미인가?

개념 19.7 변이는 진화적 상호작용에 의해 유지된다

이해

1. 매년 환경이 변화하고 여러 다른 표현형들이 다양한 환경에서 서로 다른 적응도를 가질 때
   a. 자연선택은 빈도의존적 방식으로 작동한다.
   b. 자연선택의 효과가 해마다 변하면서 매년 서로 다른 표현형들이 선호된다.
   c. 유전적 변이는 자연선택에 의한 진화적 변화를 일으키는 데 필요하지 않다.
   d. 위에 답이 없다.
2. 낫형 적혈구헤모글로빈(S)의 대립유전자는 중앙아프리카에서 비교적 높은 빈도(0.12)로 나타나지만, 이 대립유전자를 동형접합으로 가진 사람은 대체로 어릴 때 죽는다. 강력한 선택에도 불구하고 이들 집단에서 이 대립유전자가 존속하는 이유는 무엇인가?
   a. 이형접합인 사람은 말라리아에 내성을 갖는다.
   b. 동형접합인 사람은 말라리아에 내성을 갖는다.
   c. 이형접합인 여성은 동형접합 여성보다 번식력이 강하다.
   d. 동형접합인 여성은 이형접합 여성보다 번식력이 강하다.

응용

1. 자연에서 다음 중 어느 것이 자연선택 과정과 반대가 될 것 같은가?
   a. 돌연변이 b. 아주 작은 개체군 크기
   c. 유전자확산 d. 위의 답 모두.

종합

1. 중앙아프리카 반투 족의 사람들은 적혈구헤모글로빈의 세 가지 대립유전자를 갖고 있는데, A형과 S형은 이미 논의되었고, 그 밖에 C형이라는 대립유전자가 낮은 빈도로 나타난다. C형과 A형의 이형접합인 사람은 말라리아에 잘 걸리지만, CC의 동형접합인 사람은 내성을 갖는다. 반투 족의 사람들이 비교적 최근에 중앙아프리카로 진출하였고 원 정착자들 중에는 C형과 S형 대립유전자가 드물다고 가정하고, CC의 동형접합인 사람들이 우세하게 되지 못한 이유를 설명하라.

20
진화의 증거

학습과정

서론

1장에서 이미 언급한 것처럼 다윈이 자연선택에 의한 진화이론을 제안하였을 때, 이를 뒷받침해줄 수 있는 명확한 증거는 미흡하였다. 다윈은 자연세계에 대한 관찰, 과학적 논리, 그리고 가축들의 육종에 의해서 얻은 결과들을 통찰하여 설명하였다. 이후에 다윈이 언급한 이론에 대한 강력한 증거들이 크게 증가하게 되었다.

다윈의 진화론은 두 개의 기둥에 의해서 뒷받침될 수 있었는데, 첫 번째로 자연선택이 진화적 변화를 만들어 낸다는 증거와 두 번째로 화석과 분자적 기록으로부터 진화가 이루어졌다는 것이 증명되었던 것이다. 게다가 생물학의 많은 다양한 분야들(해부학, 분자생물학, 생물지리학 등)로부터 얻을 수 있는 정보는 진화의 과정과 결과를 과학적으로 해석할 수 있게 된 것이다.

20.1 다윈이 연구한 방울새의 부리는 진화의 증거가 된다

9장에서 학습했던 것처럼, 진화를 일으키는 여러 개의 요인들이 있다. 대부분 진화생물학자들은 다윈의 이론에 나오는 자연선택이 진화의 주된 요인이라고 간주한다. 시간을 거슬러 되돌아가는 것이 불가능하기에, 진화의 과정이 어떠하였는지, 자연선택은 진화의 과정에서 어느 정도 기여하였는지를 밝혀내기 위해서는 과학적 가설의 검증을 통해서만 가능하다. 자연 상태의 조건과 실험자가 실험실에서 수행할 수 있는 조건에서 나오는 두 가지 결과를 가지고 자연선택의 과정과 결과를 증명할 수 있다.

갈라파고스 군도의 방울새들은 먹이수집에 관한 변이가 나타낸다

학습목표 20.1.1 다윈은 방울새들의 먹이 적응에 관해 무엇을 발견했는가?

다윈이 관찰한 방울새들의 변이는 자연선택에 의한 진화에 대한 가장 일반적인 사례이다. 다윈이 에콰도르의 해안에서 약 900km 떨어진 갈라파고스 군도를 1835년에 방문하여, 3개의 섬으로부터 31점의 방울새 표본을 수집하였다. 새전문가가 아니었던 다윈은 수집한 견본들이 정확히 무엇인지 알지 못하였지만, 방울새 견본들의 부리모양을 보고 남아메리카대륙의 굴뚝새(wrens)와 대륙검은지빠귀을 수집하였다고 믿었다.

영국으로 돌아온 다윈은 조류학자 굴드(John Gould)를 통해 수집된 견본들이 부리모양만 서로 다른 뚜렷이 분화된 하나의 근연종이라는 것을 알게 되었고, 모두 14개의 종류로 나누어 질 수 있었다.

그림 20.1에 묘사된 것처럼, 다윈이 수집한 방울새들의 다양성을 가지고 있다. 종자를 먹는 종인 지상 방울새(ground finch)들은 부리가 종자를 채취하고 부수기 쉽도록 되어 있고, 벌레잡이 핀치(warbler finch)는 식물의 표면부에서 곤충을 잡아먹기 편하게 작고

딱따구리 핀치 (*Cactospiza pallida*)

큰 부리 지상핀치 (*Geospiza magnirostris*)

선인장 핀치 (*Geospiza scandens*)

그림 20.1 다윈의 방울새. 다윈이 발견한 방울새들은 부리와 먹이습성에서 매우 큰 차이를 보였다. 그 차이는 최초로 섬으로 이주한 방울새의 조상이 이웃하는 다른 섬으로 분화화면서 생긴 것이다. 방울새들의 부리모양은 본토에 있는 다른 조류과에 속하는 새들의부리모양과 닮아 있었다. 예를 들면 멧새과에 속하는 벌레잡이 방울새(warbler finch)의 부리는 완전히 다른 과에 속하는 벌레잡이 새와 닮은 것이다.

벌레잡이 핀치 (*Certhidea olivacea*)

채식하는 핀치 (*Platyspiza crassirostris*)

좁은 부리로 되어있고, 선인장 핀치(cactus finch)는 선인장열매와 곤충을 잡아먹도록 적응되어 있다. 날카로운 부리를 가진 지상핀치들 가운데에는 다른 해조의 피부에 구멍을 내고 흡혈하는 것도 있다. 놀랄만한 도구사용능력을 가진 핀치는 작은 가지, 선인장 가시, 또는 입줄기를 부리로 손질하여서 나무등치안의 벌레들을 후벼내 잡아먹기도 한다.

핀치개체군들의 부리는 먹이종류에 맞게 적응된 자연선택의 결과라고 다윈은 "비글호에서 여행" 이라는 책에서 다음과 같이 묘사하였다. 일정한 동일성이 유지되어 있는 서로 다른 방울새들 사이에 이 작은 특이성은 "아주 소수의 새들이 이 열도로 유입되었다가 먹이환경에 적응하기 위해 부리들이 맞춰서 변형되었다"라고 상상되어진다.

다윈의 자연선택이론은 현대에 와서 증명되었다

학습목표 20.1.2 중간 크기 지상방울새에서 기후변동에 의한 진화적 변화가 어떻게 일어났는지 설명하라.

다윈의 관찰에서 방울새의 부리크기와 모양은 먹이종류에 따른 적응과정에 따른 진화라고 추론할 수 있지만, 이 가정을 증명할 수 있는 방법은 무엇일까? 19장에서 자연선택에 의한 진화이론은 다음 세 가지 조건을 충족하여야 한다.

1. 집단 내에 변이가 존재한다.
2. 집단내 변이는 개체들 사이에 생존과 생식기회에 영향을 준다.
3. 개체들의 변이는 유전적 기작을 통해 다음세대에 전달된다.

진화과정은 오랜 시간의 결과로 나타나기 때문에 다윈의 이론에 대한 증명은 쉽지 않다. 하지만 1973년부터 프린스톤대학 그랜트 부부(Peter and Rosemary Grant)와 학생들은 Daphne Major 이라고 불리는 갈라파고스 군도의 작은 섬에서 중간크기의 지상 방울새, *Geospiza Fortis*를 대상으로 장장 30년을 넘게 연구한 결과를 살펴보았다. 이 방울새들은 작고 부드러운 씨를 더 효율적으로 쪼아 먹는다. 그래서 쪼아 먹기 어려운 크고 딱딱한 씨들은 다른 먹이를 구하기 어려운 경우나 가뭄으로 먹이가 부족한 경우에는 작은 씨 대신에 먹이로 선택된다.

그랜트 부부는 Daphne Major 섬에 서식하는 방울새들의 부리모양을 개체별로 측정하였는데 부리 길이를 세밀하게 측정하였다. 매년 많은 방울새들의 부리 길이를 측정하면서 실제로 진화의 과정을 묘사할 수 있는 첫 시도가 되었다. 그랜트 부부는 서식하는 방울새 개체군 내에 부리 길이가 상당한 차이가 있다는 것을 알아냈고, 또한 부리 길이가 매년 조금씩 예측 가능한 형태로 변화해 간다는 것을 알게 되었다.

가뭄으로 인해 식물들이 씨앗을 맺지 못하는 때에는, 작고 부드러운 씨가 부족하여, 작은 부리를 가진 방울새들의 식량자원은 부족하게 된다. 따라서 부리가 크고 강한 방울새들은 큰 씨앗을 먹이로 이용할 수 있기 때문에 생존확률이 높아지게 된다. 결론적으로 다음해에 평균 부리 길이가 증가한 것을 알 수가 있었다. 하지만 다시 작고 부드러운 먹이가 풍부한 시기가 오랫동안 지속되면 평균 부리 길이도 다시 작아지는 경향을 나타내게 되었다(그림 20.2a).

이러한 부리 길이의 변화를 진화의 과정인 자연도태라고 할 수 있을까? 다른 가능성은 없을까? 부리 길이의 변화가 유전자빈도의 변화와 관련이 있을까 아니면 단순히 먹이에 대한 반응으로 나타난 것일까?

즉 크고 단단한 씨를 먹이로 하기 위해서 부리의 길이가 발달하게 된 것일 수 도 있다는 가정에 대해서 그랜트 부부는 같은 때에 태어난 방울새 부모와 자식의 부리 길이를 모두 측정하는 것을 여러 해동안 계속하여 환경조건을 배재하고 부모와 자식의 부리 길

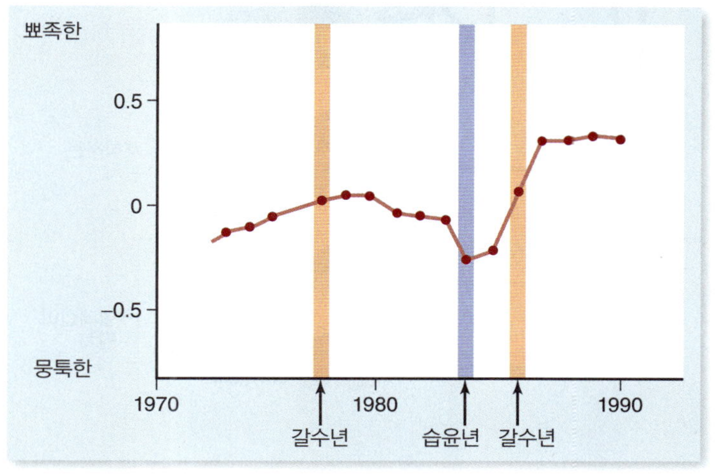

a.

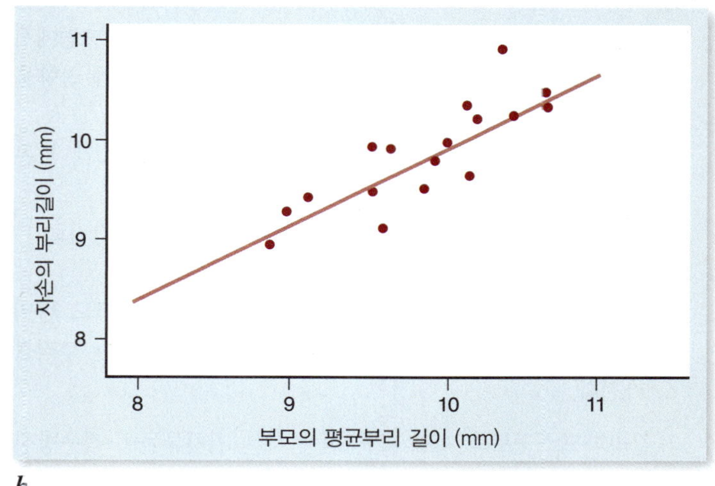

b.

그림 20.2 자연선택으로 중간부리 지상방울새(*Geospiza fortis*)의 부리모양이 바뀐 증거. **a.** 갈수년(dry year)에는 크고 단단한 씨앗이 먹이로 이용할 수 있기 때문에 평균부리 길이가 증가한다. 습윤년(wet year)에는 작고 부드러운 씨앗이 먹이로 이용될 수 있기에 평균부리 길이가 감소한다. **b.** 부리 길이는 부모에서 자손에게 유전되는 형질이다.

이의 관련성을 조사하였다(그림 20.2b). 그 결과 부리 길이의 변화는 유전적 차이에 기인한 것으로 밝혀졌으며, 매년 환경의 변화에 따라 평균 부리 길이의 변화는 자연도태로 기인한 진화적 변화라는 것을 증명할 수가 있었다.

자연선택은 새로운 환경에 적응하는 능력을 확산(적응방산)시킨다

학습목표 20.1.3 다윈은 갈라파고스 군도에서 방울새의 다양성을 어떻게 나타난 것으로 묘사했는가?

다윈은 갈라파고스 방울새들이 서식하는 환경에서 제공할 수 있는 먹이나 조건들에 각각 적응해 왔다고 생각했다. 그것은 각 섬마다 제공할 수 있는 환경이 다름으로 해서 그 속에 적응할 수 있는 개체군을 형성했다는 것이다. 추측하건대, 이 섬들의 방울새들의 조상이 처음 본토에서 이주하게 되었을 때 직면하게 되는 새로운 생물학적 환경(다른 생명체들)과 물리적 환경(기후, 먹이, 둥지 등)에서 생존하여야 했고 또한 번식하여야 했다. 그렇게 하기 위해서는 본토와는 다른 생활양식을 적용하게 되었다. 갈라파고스 군도에 있는 섬들에는 다양한 서식환경이 선택압(selection pressure)으로 작용하게 된 것이다. 이러한 환경적 선발압력아래에서 초기에 이주한 방울새들이 여러 개체군으로 나뉘게 되었고, 일부는 독자적 종으로 진화하게 되었다.

위에 설명한 것처럼 한 지역 내에 다양한 서식환경이 있으며, 그 서식환경에 적응하는 각각의 개체군이 공통선조로부터 유래되었다면 이러한 현상을 "적응방산(*adaptive radiation*)"이라고 부른다. 그림 20.3은 갈라파고스군도와 코코스섬에 서식하는 14종의 방울새들이 다윈의 이론에 따라 분화되는 과정을 표현한 그림이다. 가장 초기에 정착한 방울새들로부터 유래한 후손들이 다양한 서식지에 분포하며 분화된 것을 볼 수 있다. 14종의 방울새는 갈라파고스 군도와 코코스 섬에 4가지 형태로 크게 구분되어 있다.

1. **지상 핀치류(Ground finches).** 대부분의 지상핀치류는 씨앗을 먹이로 하는데 적합한 단단한 부리를 가지고 있다. 그림에서 보여지는 것처럼 부리의 크기는 먹이인 씨앗의 크기에 영향을 받는다.
2. **나무 핀치(Tree finches).** 나무 방울새는 나무에 애벌레나 곤충류를 잡아먹는데 적합한 가는 부리를 가진다.
3. **채식 방울새(Vegetarian finch).** 두툼한 부리는 나뭇가지로부터 싹을 잡아 떼어 내는데 유리하다.
4. **휘파람 핀치류(Warbler finches).** 벌레잡이 핀치라고도 하며 나뭇잎 표면부의 벌레를 잡는데 유리한 작고 날렵한 부리를 가진다.

갈리파고스군도의 서로 다른 섬에 사는 핀치류들이 적응방산을 통해 적응한 것은 DNA 수준에서의 차이를 정밀하게 조사하는 연구주제 이기도 하였다. 다음 장에서 이러한 종류의 다양성을 야기하는 놀라운 예들이 다루어지게 된다.

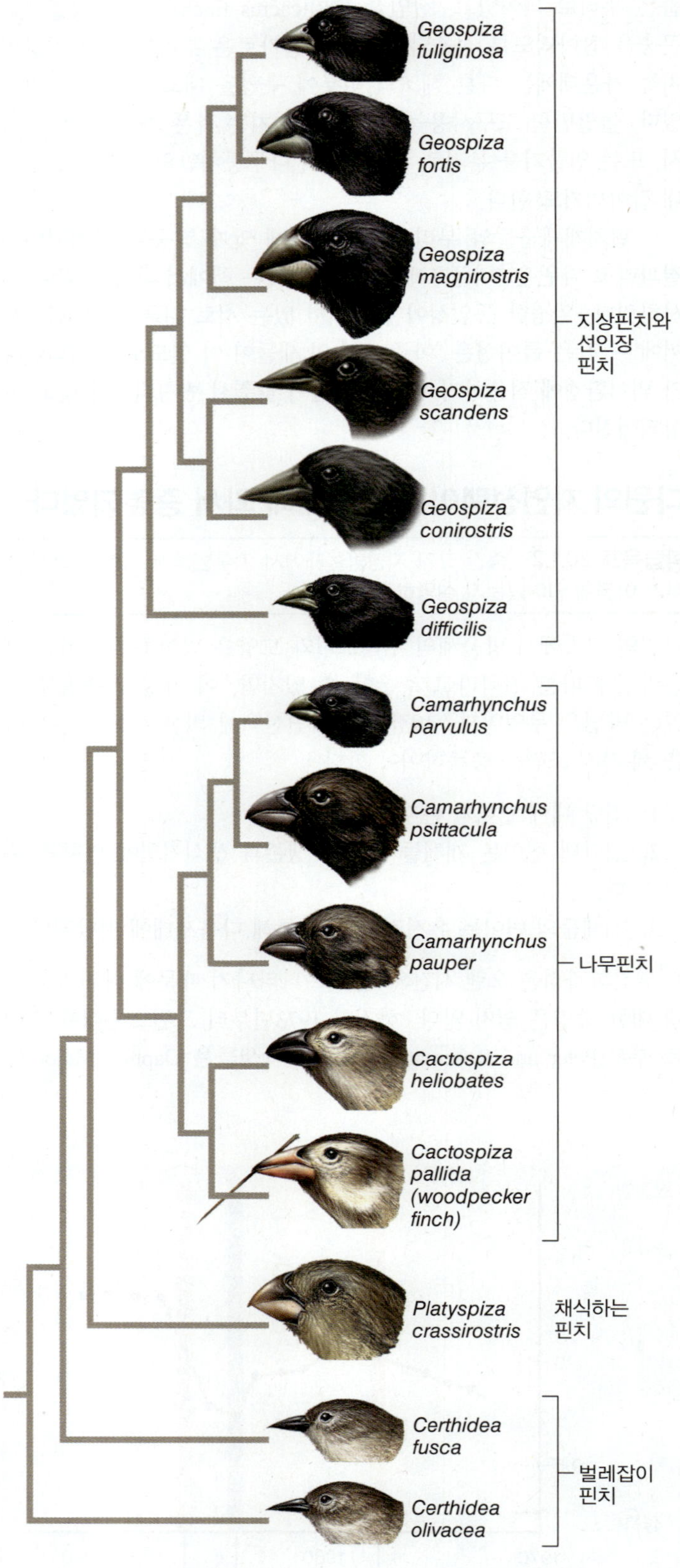

그림 20.3 다윈 방울새의 진화계보. DNA 정보를 비교하여 14종의 방울새 계통을 분류하였다. 갈라파고스 방울새 계통분류의 결과로 밝혀진 것은 벌레잡이 핀치(warbler finches)가 최초로 이주한 형태이라는 것을 알수 있다.

개념 정리 20.1

다윈의 핀치에서(다윈이 핀치를 연구한 최초의 학자였기 때문에 그렇게 부른다), 먹이종류에 따라 부리 모양에 변화를 주게 되는 것이 자연선택이라고 할 수 있다. 그 이유는 부리의 형태는 유전적으로 전달되는 형질이고, 주변에 먹이를 이용하는데 적합한 부리를 다음 세대에 더 흔하게 되기 때문이다. 다양한 서식지를 가진 갈라파고스 군도는 그 만큼 다양한 방울새들로 분화될 수 있도록 하였다. 다윈의 핀치류는 그 가운데 14종으로 나타난다.

- 단단한 씨앗을 먹으려면 부리가 크면 유리하다고 가정해보자. 그렇다면 가뭄이 있고나서는 부리의 크기가 크게 진화적 작용이 일어날 것 같은가?

20.2 후추나방과 공업암화는 자연선택이 실제로 작용한다는 것을 보여준다

환경이 변화함에 따라 생물체에서 자연선택이 선호하는 형질이 다르게 된다. 그 예로 잘 알려진 것은 **후추나방**(*Biston betularia*)인데, 후추색(검은 반점을 가진 밝은 회색)부터 어두운 흑색의 뚜렷한 색깔을 가지고 있다.

산업혁명으로 오염된 환경에서는 밝은색의 나방 빈도가 적어진다

학습목표 20.2.1 변화된 환경과 후추나방의 진화 사이에 관련성을 설명하기.

최근 분자유전학을 이용한 연구에서 흑색나방이 생기는 이유는 단일 유전요인에 기인한 것임을 밝혀내게 되었다. 이것은 우성대립인자로써 1850년 이전에는 매우 낮은 빈도로 집단에 존재하였다. 그 이후에 어두운 흑색 나방은 산업현명의 성장에 따라 거의 100%로 빈도가 증가하게 되었다.

이러한 흑색나방이 증가하게 되는 이유를 무엇인가?

생물학자들이 산업지구에서 흑색나방들이 증가하게 되는 이유에 대해서 주목하게 되었고, 나무의 이끼가 검정색 그을음으로 오염되어 밝은색을 가진 나방이 새의 먹잇감으로 눈에 잘 띄게 되는 반면에 어두운 흑색을 띠는 나방들은 검은색 그을음으로 오염된 나무둥지에 잘 은닉할 수 있어서 생존에 유리하게 작용하게 되는 것을 터트(J. W. Tutt)가 1896년에 제안하였다(그림 20.4).

하지만 터트의 설명을 증명하기는 어려웠다. 영국 생태학자인 케틀웰(Bernard Kettlewell)은 동일한 수의 검은색과 밝은색 나방들을 산업적으로 오염된 버밍햄 지역과 오염되지 않은 도르셋지역에 풀어놓고 관찰하는 실험을 수행하였다. 케틀웰은 일정한 기간이 지난 후에 나방을 유인하는 방법을 이용해서 재포획하고 두 종류의 나방가운데 생존한 비율을 조사하였다. 정확한 수를 파악하기 위해서 새들의 눈에 띄지 않는 나방의 날개 아래에 표시를 하기도 하였다.

산업적으로 오염된 버밍햄지역에서는 약 19%의 밝은색 나방을 재포획하였고, 약 40%의 어두운 색 나방을 재포획하였다. 이러한 결과는 어두운 흑색 나방이 오염된 숲에서 더 생존할 확률이 높다는 것을 나타냈다. 또한 상대적으로 덜 오염된 도르셋지역에서는 12.5%의 밝은색 나방과, 6%의 어두운 색 나방을 재포획하였는데, 나무껍질이 오염되지 않아서 여전히 밝은색을 띠는 경우에 밝은색을 가진 나방이 생존하는데 유리하다는 것을 나타낸 것이다.

케틀웰이 자신의 실험결과를 증명하기 위해서 새들이 먹잇감을 수색하는 것을 촬영하였는데 나무껍질과 비슷한 색을 가진 나방이 옆에 있는데도 이를 못보고 지나지는 것을 관찰할 수 있었다.

케틀웰의 실험결과는 새들이 눈에 잘 띄는 나방을 먹이로 하는 경향을 나타내는 것으로 나방의 색깔이 숲의 배경과 어울리지 않는 경우이었다. 최근에 영국과학자 마제러스(Michael Majerus)는 약 6년간 비슷한 실험을 수행하였는데, 4864마리의 나방을 오염되지 않은 숲에 풀어놓았을 때, 어두운 흑색의 나방이 밝은색의 나방보다 10%정도 더 빨리 사라지는 것을 관찰하였다. 이러한 마제러스의 결과는 나방의 색깔이 새의 공격으로부터 은닉하는데 작용하는 것을 증명하는 것이었다.

환경적 조건이 바뀌면 선발압력도 바뀌게 된다

유라시아나 북미지역과 같이 산업이 발달한 지역에서는 위에 설명한 후추나방과 같이 진화된 다른 종류의 나방류들이 있다. **공업암화(industrial melanism)**라는 용어는 어두운 흑색의 나방이 밝은색의 나방보다 수가 많아지는 현상을 설명하는 것이다. 20세기 하반

그림 20.4 산업의 흑색증을 설명하기 위한 터트의 가설. 나무 둥치에 붙은 나방(*Biston betularia*) 표본사진. 터트는 검은색의 나방은 오염되지 않는 나무에서 포식자 새들의 눈에 잘 띄고(왼쪽 사진), 밝은 모습의 나방은 오염으로 죽은 이끼가 있는 검은 나무에서 눈에 잘 띄게 된다고 예상했다(오른쪽 사진).

기에 공기오염물질의 발생억제를 통하여 공업암화의 발생이 줄어들어 나방의 종류도 바뀌는 경향이다.

영국에서도 1956년 깨끗한 공기를 위한 법률적 제정을 통해 공업암화를 일으키는 공기오염이 줄어들었다. 1959년 초부터 리버풀 외곽의 칼디 커먼 지역에서 불회색가지나방집단에 대한 조사를 시작하였다. 흑색을 가진 나방의 비율이 1959년에는 93%까지 높았는데, 1995년도에는 15%까지 낮아진 것으로 나타났다**(그림 20.5)**.

이와 같은 흑색 나방의 비율이 낮아진 것은 공기오염이 낮아진 것과 연관이 있는데, 그중에서도 이산화황과 미세오염물질의 농도가 낮아져서 나무를 검게 하는 것을 억제하였다. 또한 흑색의 나방은 15%정도 생존에 불리하게 작용하였는데, 이결과는 마제러스의 결과와 일치하는 것이다.

영국에서의 예와 같은 흑색나방의 감소가 미국에서도 관찰되었다. 1959년부터 1961년 사이에 디트로이트 근처에서 수집된 후추나방의 576마리 가운데 515마리는 흑색으로 그 빈도가 89%였다. 미국에서의 깨끗한 공기를 위한 법률의 제정으로 1963년에는 공기오염물질의 감소가 시작되었다. 1994년에 수집된 나방의 색깔은 단지 15%만이 흑색나방이었다(그림 20.5). 이와 같은 리버풀과 디트로이트에서의 나방집단의 변화는 모두 자연적으로 작용하는 자연선택의 강력한 증거로써 보인다.

선발의 원인을 정확히 규명하는 것은 쉽지 않다

후추나방에서처럼 자연선택의 증가가 명확하게 나타나는 경우도 있지만, 터트가 제안한 선발의 원인이 조사되었다. 최근 연구자들이 밝혀낸 흑색증 빈도감소에 대한 원인은 나무 이끼에서의 변화는 아닌 것으로 나타났다.

칼디 커먼에서 밝은색 후추나방의 빈도가 나무의 이끼가 다시 나타나기 시작하기 훨씬 이전부터 증가하기 시작하였다. 디트로이트 지역에서 나무이끼의 큰 변화는 관찰되지 않았지만, 흑색 나방의 빈도는 30여 년 동안 꾸준히 감소하는 것으로 나타났다. 결론적으로 이끼와는 상관없이 후추나방은 관찰되지 않았다. 그 이유를 설명하기 위해서 나방이 낮 시간 동안 나무이끼가 아니라 잎에서 휴식을 취한다는 증거도 제시되기도 하였고, 선발의 원인이 새의 사냥이 아니라 오염물질의 독성 때문이라는 주장도 있었다. 하지만 현재까지는 새의 사냥에 의한 감소만이 실험적 증거로 인정받고 있다.

새의 사냥에 의한 흑색나방의 감소를 주장하는 연구자들이 나무이끼의 존재유무가 나방을 수색하는데 영향을 크게 주지 않는다고 주장하기도 하였는데, 산업적 오염이 환경적으로 어둡게 하는 다른 원인과 관련이 있다는 주장이다. 즉 산업적 오염으로 생길 수 있는 먼지 같은 얇은 막형성이 표면의 빛의 반사에 영향을 준다는 것이다. 결국 오염물질이 특히 밝은색을 가지는 자작나무에 심각한 영향을 줄 수 있는데, 어두워진 배경을 가진 환경아래 흑색나방이 새들의 수색으로부터 은닉하는데 유리하게 작용하게 되는 것이다.

정확하게 선발의 원인이 무엇인지에 대한 여러 가지 불확실한 가설에서도, 오염물질이 감소함에 따라 흑색나방의 빈도가 감소하는 양상은 분명하였다. 케틀웰과 마제러스의 실험은 오염된 지역에서 선발이 어떻게 밝은색 나방의 빈도를 감소시키는지 실험적 증거를 제시하였다. 흑색나방의 증가와 감소로 이어지는 경향은 두 대륙에서 동일하게 공기오염이 감소하는 것과 관련이 있었고 진화적 변화가 이러한 선발에 작용한다는 것을 보여주었다.

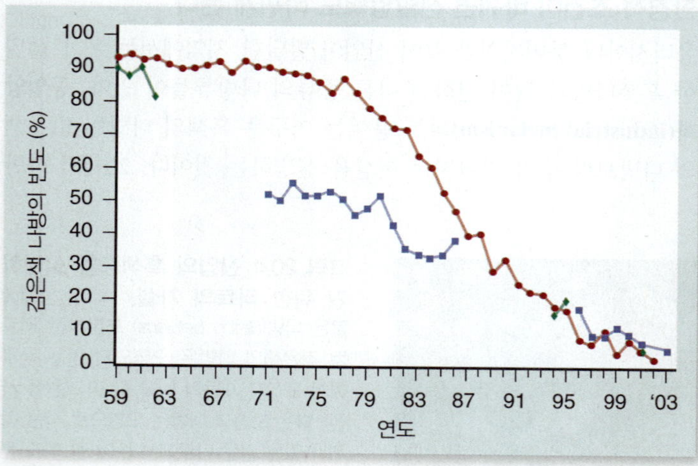

그림 20.5 오염환경 변화에 따른 선발효과. 영국 칼디 커먼지역 검정색 나방의 빈도를 붉은 원으로 표시하였다. 미국 미시간주의 검은색 나방이 빈도는 녹색으로, 펜실베니아주의 검은색 나방의 빈도는 파란색으로 각각 표시하였다.

개념 정리 20.2

자연선택은 후추나방의 색이 오염된 지역에서는 흑색이 생존에 유리하게 작용하는 것을 보여주었는데, 그 이유는 오염물질로 인해 어두워진 숲 나무에 새의 수색으로부터 유리하게 숨을 수 있는 조건이 되기 때문이었다. 하지만 오염정도가 줄어들면서 밝은색의 나방이 생존에 유리하게 변화되는 것이 관찰되었다. 이러한 선발에 대한 명확한 관찰이 이루어지면서, 그 선발의 원인이 무엇인지에 대한 즉 새의 사냥에 기인한 것인지 밝혀낼 필요가 있다.

- 나방의 색의 변화에 대한 선발원인이 새의 사냥에 의한 것이라는 견해를 어떻게 증명할 수 있을까?

20.3 인간에 의한 인위선택은 변화의 강력한 수단이 된다

인간의 이용목적에 맞춰 식물과 동물과 선발을 꾸준히 해왔다. 이러한 인위적 선택과정은 자연선택에서 나타나는 것과 동일하게 특정한 표현형질을 지닌 개체가 유리하게 번식하게 하여 다음세대에 선발된 개체들이 보유한 유전자들을 전달하게끔 하였다. 표현형에 영향을 주는 유전인자가 있다면, 직접적인 선발과정을 통해 진화적 변화를 일으키게 된다.

실험적 선택은 개체군에서 변화를 가져온다

학습목표 20.3.1 인위선택과 자연선택의 과정을 비교하라.

실험연구, 농업, 가축화 과정 등에 도입된 인위선택은 그것이 적용된 거의 모든 경우에서 상당한 변화를 만들어 내었다. 다양한 인위선택을 통해서 의도한 변화를 나타내도록 하였다. 그 결과는 선발이 진화적 과정에 효과적 수단이라는 것을 성공적으로 증명하는 것이었다.

1920년대와 1930년대 사이에서 과학의 중요한 분야로 유전학이 태동하기 시작하였고, 연구자들은 선발이 진화적 변화를 가져올 수 있다는 것을 증명하는 실험들을 수행하였다. 가장 쉽게 실험실에서 연구할 수 있는 대상은 초파리(*Drosophila melanogaster*)였다. 유전학자들은 초파리의 가능한 모든 형질에 대해서 선발을 시도해보았는데, 체구, 눈 색깔, 성장률, 수명, 그리고 특정행동등 다양한 형질에 대한 선발실험에서 항상 진화적 변화가 예측한 방향으로 일어난다는 것을 살펴볼 수 있었다.

과학자들이 초파리에서 선발한 예를 들면, 초파리 복부의 많은 강모를 들 수 있다. 실험초기의 평균 강모의 개수는 9.5개였는데, 매 세대마다 가장 강모의 수가 많은 상위 20%를 선발하여, 선발된 개체들 내에서 다음 자손을 만들어 내기 위한 교배를 시켰다. 86세대가 될 때 까지 계속된 선발을 통한 교배에서, 강모의 개수는 40여개에 이를 정도로 네배 정도 증가하였다.

한 개체군의 초파리에 대한 반대의 예로서는 강도의 개수가 적은 개체를 선발하여 교배를 하여 35세대가 되었을 때 **그림 20.6**에 나타난 것처럼 개체군이 보유한 변이의 분포가 중복되지 않게 되었다.

다양한 생명체들을 대상으로 이러한 선발과 교배를 이용한 실험을 수행하였는데, 그중에서 재미있는 예를 들면 흰쥐에서 치아부식에 덜 민감한 개체를 지속적으로 선발하여 교배를 하였고, 처음에는 약 100일령에 치아부식이 평균적으로 시작되었는데, 25세대가 경과하였을 때는 평균 500일령에 치아부식이 시작되는 것으로 변화하였다.

작물과 가축을 대상으로 한 농업분야에서 인위선택은 다양한 변종을 만들어 냈다.

소나 돼지와 같이 친숙한 가축들과 옥수수나 딸기와 같은 작물도 원래의 야생종 모습과는 매우 다르다는 것을 알 수 있다(**그림 20.7**). 이러한 차이는 매세대마다 호의적인 형질을 얻기 위해서 가해진 인위적인 선택을 통해 가능하였는데, 즉 산유량과 옥수수이삭크기의 증가를 가져왔다.

옥수수는 인위선택을 통해 작물에서 주요한 변화를 가져온 대표적인 종이다. 1896년에 옥수수 낟알의 지질함량에 대한 선발을 시작하였다. 원래는 4.5%였는데, 초파리에서 상위 20%를 선발하여 다음세대를 위한 교배를 한 것과 같은 방법으로 상위 20%를 선발하여 교배하였다. 1986년 약 90세대가 지난 후에 옥수수 낟알에 함유된 지질의 함량은 평균 450% 정도 증가하였다.

과학적 사고

질문 인위선택은 실질적인 진화적 변화를 이룰 수 있을까?

가설: 높은 강도의 방향성 선택은 개체군의 평균값이 빠르게 변화하게 한다.

실험: 실험군으로 매 세대 초파리가운데 가장 강모가 많은 상위 20% 개체를 선발하고 교배하여 다음세대를 만들었다. 두 번째 집단은 반대로 매 세대마다 가장 강모가 적은 하위 20%를 선발하여 교배하였다.

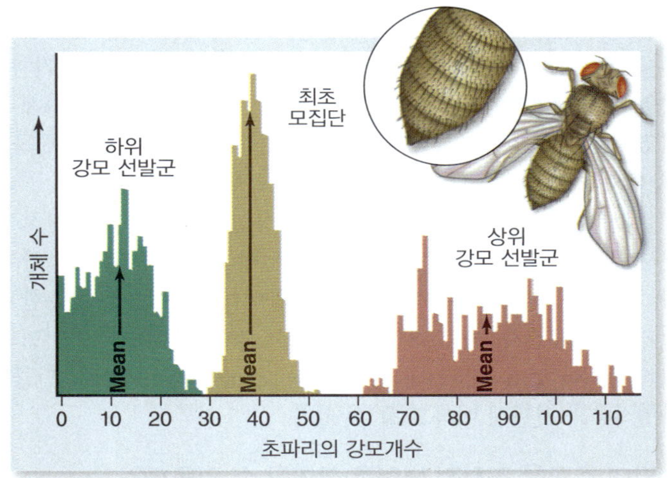

결과: 35세대가 경과한 후에 두 실험집단 모두강모의 평균 개수가 선발한 방향으로 바뀌었다.

분석: 실험종료시점에 두 집단의 변이가 최초집단의 범위에서 훨씬 벗어났다. 선발이 모집단의 변이범위를 넘어선 변화를 가능하게 되는 이유는 돌연변이와 재조합이 집단 내에 새로운 변이를 지속적으로 생성하기 때문이다.

그림 20.6 인위선택은 신속하고 실질적인 진화적 변화를 이룰 수 있다.

가축으로 이용되는 품종은 인위선발을 통해 만들어졌다

인간의 선택에 의해 고양이, 개(**그림 20.8**), 그리고 비둘기를 포함한 가축들을 대상으로 인위선발로 만들어진 다양한 종류의 품종들이 있다. 몇몇 품종들은 특정한 목적을 위해 개발된 것인데, 그레이하운드는 주행능력을 높이는 선발을 하여 만들어진 품종인데, 그 결과 긴 다리와 균형을 잡기위한 긴 고리, 보폭을 길게 하기 위한 아치형으로 굽은 등, 그리고 근육량의 증대가 특징이다. 반면에 닥스

그림 20.7 오늘날의 옥수수는 원래의 야생종과 그 모습이 매우 다르다. 현대 옥수수의 조상과 흡사한 테오신테(Teosinte)는 멕시코의 외진지역에서 발견된다. 인위선발은 지금의 형태로 옥수수를 진화시켰다.

훈트는 길다란 체형을 가지고 있는데, 그 이유는 오소리 같은 땅굴 파기에 능한 동물을 쫓기 위해서 좁은 구멍에 들어가기 유리한 체형으로 선발되었다. 다른 품종들도 주로 외모상의 특징을 균일화하기 위해서 선발되었는데 비둘기나 고양이의 털색깔이 대표적인 특징이 된다.

인위적인 선발에 의한 가축화 과정은 의도하지 않은 형질에도 영향을 주게 되는 경우가 있다. 최근 발표된 러시아 학자들의 연구결과는 실버여우를 가축화하는 시도를 하면서 가장 온순한 여우를 다음세대 자손을 낳는 부모로 선발하여 여러 세대를 거치게 하였다. 약 40년이 지났을 때 대부분의 여우는 굉장히 온순하게 변하였을 뿐만 아니라 다른 애완동물처럼 길들여져 주인에게 친근하게 접촉하고, 주의를 끌려고 하고, 핥기도 한다(그림 20.9).

실버여우에서의 이러한 유순한 행동변화뿐만 아니라 전혀 다른 형질에서도 개와 같은 변화가 있었는데 납작한 귀와 다양한 색깔, 말려진 꼬리, 짧아진 다리와 꼬리 등이다. 그 이유는 온순한 성질에 관한 유전자들이 그와 같은 변화에 영향을 주거나, 아니면 같이 연관되어 있기 때문인데 이러한 현상을 12장과 13장에서 언급한 다면작용과 연관성 이라고 할 수 있다.

선발이 주요한 진화적 변화를 야기할 수 있을까?

지금까지는 선발이 작용하는 시간이 짧은 예들을 살펴보았는데, 대부분의 학자들이 자연선택과 진화적 변화를 언급할 때는 화석기록을 떠올리게 된다. 진화에 대한 비판적 견해는 선발과정이 한 종 내에서 약간의 변화를 이끌어 낼 수는 있지만 그러나 화석기록에서 보이는 그러한 급격한 변화를 어떻게 설명할 수 있느냐는 것이다. 초파리 강모 수의 변화 또는 옥수수 이삭의 크기와 같은 미미한 변화와는 다르게, 완전히 다른 종으로 변화되는 것을 어떻게 설명할 것인가 이다.

그림 20.8 개의 품종 다양성. 개는 다양한 품종이 있는데, 모든 품종간의 차이는 야생의 회색늑대(*Canis lupis*) 조상으로부터 이끌어 낸 것이다.

그림 20.9 사육된 여우. 40여 년 동안 가장 유순한 성질을 가진 여우만을 선발 육종한 후에 일어난 변화를 관찰해 보면 개와 흡사한 유순한 형질과 외모적 특징도 포함되었다.

이러한 논쟁은 인위선발에 의해 만들어질 수 있는 변화의 범위를 벗어나는 것이다. 예를 들면 현존하는 개의 품종은 대부분은 약 만 년 전에 야생의 회색늑대 조상으로부터 유래된 것이다. 만약 다양한 개품종이 존재하지 않는 때의 고생물학자들은 닥스훈트, 그레이하운드, 마스티프와 치와와와 같은 개 품종들의 화석을 보면 완전히 다른 종으로 생각했을 수도 있다. 이러한 개 품종들이 보여주는 크기나 모양의 차이는 개과에 속하는 다른 군(코요테, 자칼, 여우, 늑대) 사이에 나타날 수 있는 차이보다 훨씬 크기 때문이다. 코요테, 자칼, 여우, 늑대는 약 5백만 년에서 천만년 사이에 분화한 것으로 추정된다. 따라서 인위선발이 약간의 변화만을 야기한다는 것은 부정확한 표현일수도 있다. 일만 년 정도의 일정한 기간 동안 작용하는 선발은 광범위한 변화를 일으킬 수 있으며, 현존하는 생물체에서 수백만 년 동안에 축적된 진화적 변화에 상응하는 정도의 변화라고도 할 수 있다.

개념 정리 20.3

인위선발에서는 사람이 동물이나 식물을 특정한 형질이나 목적을 위해서 교배한다. 그래서 비교적 빠른 시간 안에 또는 짧은 세대 안에 목적하는 형태를 얻을 수 있다. 인위선발이 주요한 진화적 변화에 상응하는 변화를 일으킬 수 있다.

- 인위선발이 목적하는 변화를 얻는데 실패할 수 있는 경우는 어떠한 것일까?

20.4 화석은 진화의 직접적 증거이다

진화가 일어난다는 가장 직접적인 증거는 화석의 기록에서 발견된다. 오늘날 현대과학기술은 다윈시대에 보다 정밀하게 화석기록을 이해할 수 있도록 도와준다.

화석에는 과거에 살았던 생명체들의 흔적이 남겨져 있다. 화석은 호박(amber), 시베리아 영구동토층(토양온도가 영하로 유지된 땅), 또는 건조한 동굴안 등에서 잘 보존된 형태로 발견되기도 하지만, 대부분의 경우 주변의 암석층과 함께 굳어진 돌의 형태로 만들어진다.

화석은 진화적 변화를 증명한다

학습목표 20.4.1 중간화석의 발견 중요성을 설명하기.

바위에 화석이 생기는 것은 세 가지 이벤트가 일어나야 한다. 먼저 생명체가 퇴적(침전물에 묻혀야) 된다. 그리고나서 뼈에 칼슘이나 다른 조직이 미네럴화되어야 하고, 마지막으로는 주변침전물이 바위를 형성하게 단단히 경화되어야 한다. 그래서 이러한 화석화는 드물게 일어나고 발견되기가 쉽지 않다. 일반적으로 동물이나 식물은 화석화가 되기보다 먼저 부패가 일어나거나, 먹혀지기 때문이다. 게다가 많은 화석들이 과학자들이 쉽게 접근하기 어려운 바위들에서 발견된다. 발견된 화석이 침식작용과 같은 자연현상에 의해서 파괴되어 있어서 연구하기 어려운 경우도 있다. 그 결과 단지 화석의 작은 일부만이 수집되어 있는데, 그중에는 5억년에 달하는 화석도 있다. 화석은 지구가 생긴 시간 속에서 일어난 진화의 과정에 대한 상세한 정보를 얻는 도구가 된다.

화석의 나이는 분해된 방사성동위원소의 비율로 측정할 수 있다

화석이 언제 생기게 되었는지 연대를 측정하는 것은 현대 과학기술로 비교적 정확하게 추정할 수 있게 되었다. 다윈의 시대에는 지질연대를 퇴적암의 상대적인 층 순서를 이용하여 측정하였다. 예를 들어 아래의 지층이 더 오래된 것이다. 19세기 지질학자들은 퇴적암의 상대적인 위치와 침식속도에 영향을 주는 환경요인을 고려하여 비교적 정확한 바위의 상대적인 연대를 추정할 수 있었다.

현대 지질학자들은 방사성 동위원소의 분해를 측정할 수 있는 기술을 화석의 연대(**절대 연대**)를 측정하는데 적용하고 있다. 용암이 굳어서 된 화성암 등 많은 종류의 바위는 우라늄-238과 같은 방사성동위원소를 함유하고 있다. 이러한 동위원소는 일정한 속도로 분해되게 되는데, U^{238}의 **반감기**(*half-life*)(방사성동위원소가 분해되어 동위원소의 양이 절반으로 되는 데 걸리는 시간)가 45억년이다. 일단 바위가 되면 다른 동위원소가 첨가될 수가 없다. 그러므로 그림 20.10에 나타난 것처럼 방사성동위원소의 분해된 양과 방사성동위원소의 양에 대한 비율을 측정하여 지질학자들은 암석의 연대를 측정할 수 있다. 화석이 두 개의 퇴적층 사이에 발견된 것이면 각각 연대를 측정하여 화석이 형성된 시기를 결정할 수 있게 된다.

화석들이 연대순으로 지층에 배열되어 있는 경우는 연속적인 진화적 변화를 증명하는 것이 된다. 가장 규모가 큰 화석기록은 원핵생물체와 진핵생물체의 기원으로 거슬러 올라가서, 어류가 처음 출현하고 육상생물체로써 공룡의 군림, 그리고 인류의 기원으로 시간의 흐름과 생명체의 출현을 증명한다. 또한 화석기록은 생물학적 다양성이 커지고 또한 대량 멸종하는 시간속 변화에 대한 많은 증거가 담겨있다.

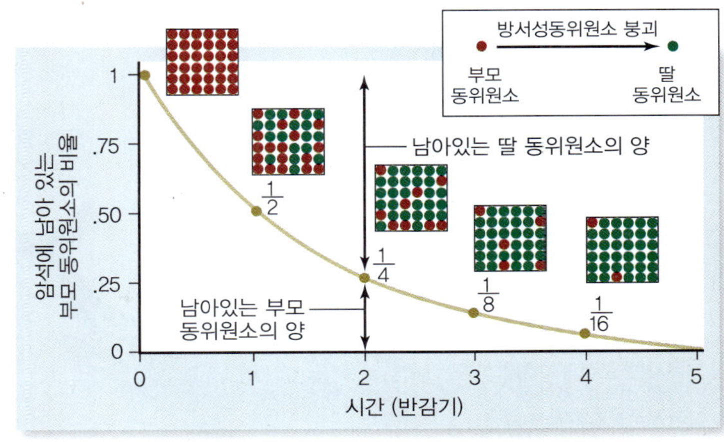

그림 20.10 방사성 붕괴. 방사성 동위원소는 반감기라는 일정한 붕괴속도를 가지고 있다. 즉 방사성 동위원소의 절반이 붕괴하여 남은 절반은 안정한 형태의 딸 동위원소로 된다. 각각의 연속적인 반감기는 부모 동위원소의 남아있는 양의 비율을 이용하여 연대를 측정할 수 있다.

화석은 진화적 변천과정의 기록이다

생물진화를 이해할 수 있도록 보존된 화석을 발견하는 것이 쉽지 않기 때문에 화석기록만으로 생명체의 진화를 설명하지 못하는 부분이 있다. 생명체가 출현하고 다른 형태로 급격한 변형이 있을 경우 중간형태가 존재했다는 것을 일부 보여준다.

가장 알려진 중간예로 시조새(*Archaeopteryx*)는 약 1억6천5백만 년 전에 살았다고 한다. 그림 20.11에 보여지는 화석표본은 조류와 공룡 사이의 중간 형태를 뚜렷하게 보여준다. 오늘날 조류의 특징과 유사한 깃털모양도 있지만, 치아와 작은 꼬리뼈 등의 해부학적 특징은 그 이후에 출현하게 되는 육식성의 공룡과 구분하기 어려울정도로 닮아있다. 그래서인지 공룡과 유사한 해부학적 특징으로 깃털흔적이 보존되지 않은 몇 개의 표본은 공룡으로 잘못 분류되기도 하였다.

그림 20.11 최초의 새인 시조새(*Archaeopteryx*,)의 화석. 화석표본에서 새의 깃털이 나있는 것을 확인할 수 있을 정도로 잘 보존되어 있었다. 이 화석은 공룡과 새의 특징을 모두 보여주고 있어서 새와 공룡사이에 계통이 있음을 보여준다.

그림 20.12 고래 "잃어버린 연결고리." 최근 파키케투스, 암불로케투스, 로드호케투스의 화석은 고래와 육지 유제포유류 사이의 진화 연결고리가 되었다. 파키케투스가 보여주는 일부 특징만이 현재 고래류와 유사한 것은 중간생명체의 모든 형질이 중간형을 가지도록 진화하지 않는다는 것을 잘 보여준다. 고래의 진화에서의 특징은 두개골의 변화가 먼저 일어난후에 사지에서의 변화가 일어났다는 것이다. 이러한 화석은 45–55백만년 시신세(eocene)에 것으로 추정한다.

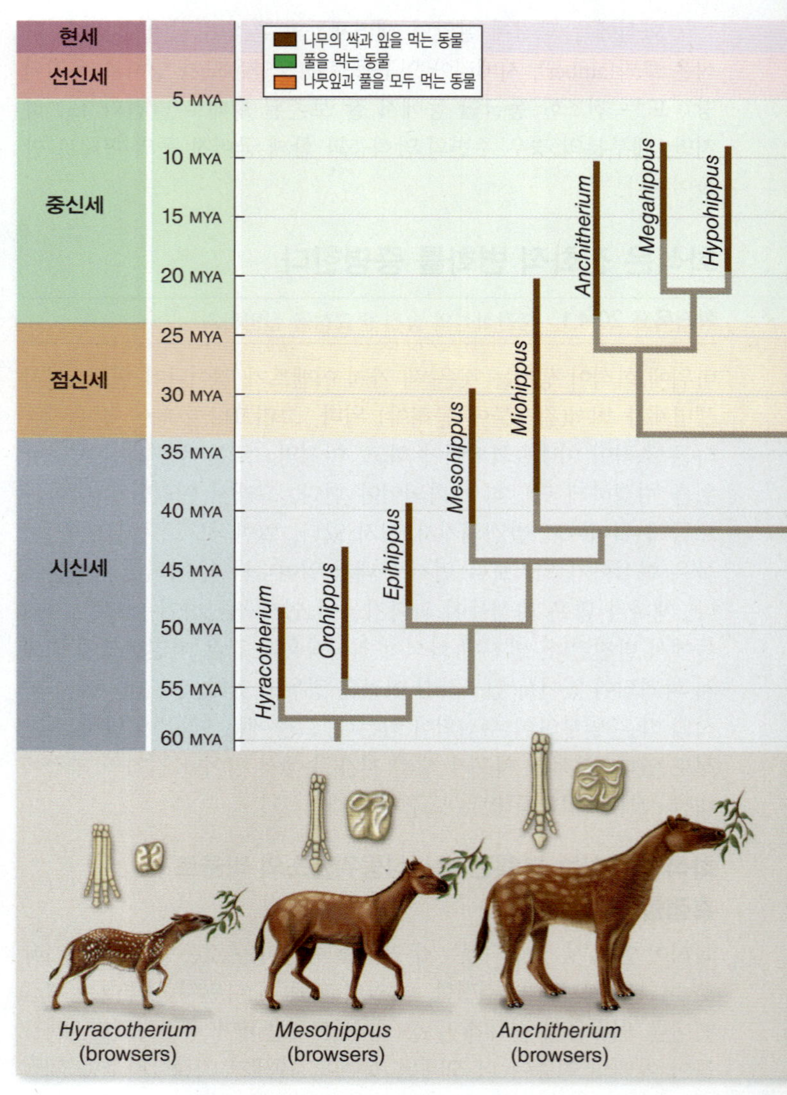

시조새는 중간 화석으로 보여지는 뚜렷한 형태를 가지고 있는데, 모든 형태에 대한 중간적 위치는 아니지만 생명체가 갈라지는 시점에 몇몇 특징들이 시조새의 선조 또는 후손의 것들을 보여주고 있다. 즉 생명체의 특징이나 형태는 각각 다른 속도와 시간에 따라 진화한다는 것이며, 중간생명체의 모든 형질이 중간형을 가지도록 영향을 주는 것은 아니다.

1859년 시조새의 화석이 발견되었을 때는 다윈이 종의 기원이 출간한 해이기도 하였다. 종의 기원이 출간된 이후로, 고생물학자들은 더욱 화석기록사이의 미흡한 진화의 고리를 해결하기 위해서 노력하여서, 현재에는 화석기록을 이용한 진화의 과정을 잘 설명할 수 있게 되었다. 특히 척추동물은 화석으로 나타난 주요한 집단들의 유연관계를 잘 연결할 수 있게 되었다.

최근까지도 척추동물의 진화를 세밀하게 설명할 수 있는 발견들이 계속되고 있는데, 특히 네발을 가진 수상 포유류(aquatic mammals)에 대한 발견은 고래나 돌고래등이 발굽을 가진 육상동물로부터 유래되었음을 추정할 수 있는 중요한 단서를 제공하게 되었다(**그림 20.12**). 유사한 형태가 다리를 지닌 것으로 보이는 뱀의 화석인데, 뱀의 출현과 진화에 관한 사실을 밝히게 하였다. 도마뱀으로부터 점차적으로 신장이 늘어나면서 사지가 퇴화하게 되면서 오늘날 뱀이 된 것이다. 가장 최근에 어류와 양서류 사이에 중간생명체 형태인 틱타알릭(*Tiktaalik*)도 발견되었다.

진화적 변화를 아주 세밀하게 보여줄 수 있는 생명체의 종류도 있는데 그 대표적인 예로 2억 년 전에 출현한 이매패류인 굴류(oyster)이다. 굴류는 작고 구부러진 껍질 모양에서 넓고 편평한 모양으로 점차적으로 진화한 것으로 보이는데 12백만 년의 기간에 걸쳐 점차적으로 넓적한 화석기록이 발견되었다. 그 외에 연속적인 진화의 변화과정을 보여주는 예들이 다양하게 있음으로 진화는 부정할 수 없는 사실로 인정받게 되었다.

화석기록은 말의 진화에 대한 확실한 증거를 제공하였다

학습목표 20.4.2 말에서 보여지는 진화의 형태를 묘사하기.

화석기록을 통해서 가장 잘 연구된 것들 중 하나는 말의 진화에 대

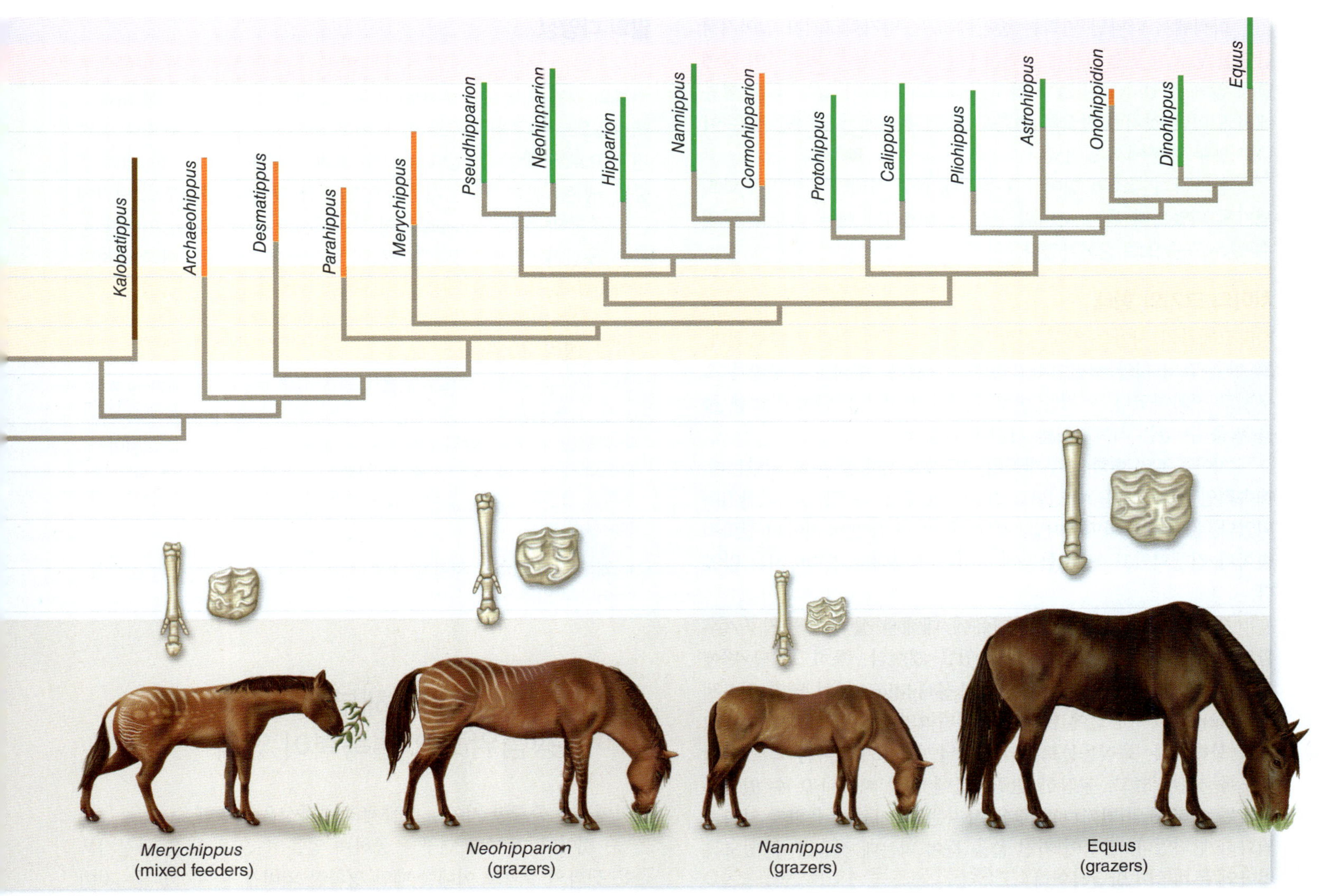

그림 20.13 말의 체구에 대한 진화적 변화. 분지선은 진화의 과정을 이해할 수 있도록 유연관계를 나타내고 있다. 말의 하나의 계통으로 진화하였다기 보다는 여러 경로의 가지를 가진 관목같이 진화하였다; 과거에 상당한 수준의 다양성이 만들어 졌지만 현대에 와서 소실되었다. 하지만 일반적으로 체구가 커지고, 좀더 복잡한 구조의 어금니와 발가락 개수는 줄어드는 방향으로 진화하였다. 하지만 난니푸스속(*Nannippus*)은 예외적으로 체구가 작아지는 쪽으로 진화하였다.

한 것이다. 말과(Equidae)에 속하는 현존하는 네 가지 종들이 있는데 말, 얼룩말, 당나귀와 나귀 포함한다. 말과의 특징은 달리기에 유리한 긴 다리와 초원에 적응하여 살아가는 것이다.

55백만 년으로 추정되는 신생대의 시신세(Eocene)에서 유래한 말속(*Equus*)에는 34개 종들이 포함되어 있다. 오랜 시간동안 계통을 이룬 말과에 대한 화석기록은 변화하는 환경에 적응한 진화의 과정들을 조사할 수 있게 되었다.

최초의 말

말과에 속하는 가장 최초로 알려진 동물은 히라코테리움(*Hyracotherium*)으로 알려진 종인데 현대의 말과는 크게 다른 모습이다. 짧은 다리와 작은 체구의 넓은 발을 가지며 숲을 서식지로 나뭇잎을 먹이로 하였고 산림속에 적응해서 대형육식동물로부터 피해 수 있도록 진화하였다. 이 소형동물로부터 이루어진 말의 진화는 몸집이 커지고 발가락 개수가 줄어드는 방향으로 진행하여 오늘날의 말르 변화하였다.

몸집의 변화

위이 언급한 말의 최초 조상은 현재 집고양이 정도의 크기였는데 현지의 말은 500kg 이상되는 대형동물이다. 화석기록을 통한 조사에서 말의 몸집은 3천만년 이전까지도 크게 변하지는 않았지만, 그 이후에 출현한 말무리들은 급격한 크기 증가가 나타났고, 일부만 여전히 크기의 변화가 작아지는 형태로 보여졌다.

발가락의 감소

한 개의 발굽으로 되어 있는 현대의 말은 매우 단단한 발굽으로 되어있다. 하지만 히라코테룸은 네 개의 발가락을 가지고 있었는데 한 개의 앞발가락과 세 개의 뒷발가락으로 이루어져 있었다. 그래서 발굽이라고 하기보다는 개나 고양이에서 보여지는 발모양의 변형이었다.

화석에서 나타난 변화는 중간에 있는 발가락크기가 길어져서 단단한 발굽이 만들어지게 되면서 다른 발가락들은 퇴화하여 땅에 닿지 않게 되었다(그림 21.13 참조). 몸집의 변화가 일부 후손 혈통에서 일어난 것처럼 발굽의 변화도 모든 후손에서 일어난 것은 아니고 일부 혈통에서 일어났다.

발가락의 감소가 일어남과 동시에 골격 형태와 길이의 변화도 생기게 되었는데 특히 사지의 구조가 장거리를 빠른 속도로 달릴 수 있는 모습으로 진화하였다.

치아의 크기와 형태

히라코테륨의 치아는 작고 간단한 구조로 되어 있다고 추측된다. 그 이후 말의 치아는 길어지고 잇몸에 복잡한 형태의 대구치와 소구치로 진화하였다. 이러한 변화의 결과로 말은 단단하고 억센 풀을 씹을 수 있는 치아구조를 가지게 되었다.

치아구조의 변화는 두개골의 모양에도 영향을 주게 되었는데, 계속적인 저작작용으로 인한 스트레스에 견딜 수 있도록 뒷받침이 되었다. 몸집의 변화에서처럼, 지난 2천만 년 동안에 치아의 진화적 변화가 진행되었고 모든 혈통에서 일관된 형태로 진행하지는 않았다.

이러한 변화가 있게 된 이유에 대해서 살펴보면 지구기후 환경의 변화가 상당한 영향을 주었을 것이다. 특히 2천만 년에서 25백만 년 사이에 있었던 초기 중신세(Miocene)와 말기 점신세(Oligocene) 시기 동안에 말들은 북미지역의 풍부한 초원에서 번성과 진화하였다. 육식동물로부터 벗어날 수 있도록 빠른 속도로 달리도록 선발되었고, 복잡한 산림식물에서 잘 빠져나갈 수 있도록 발달된 여러 개의 발가락과 짧은 사지는 더 이상 유용하지 않아서 퇴화하게 되었다. 말들이 거친 풀을 뜯어 먹는데 적응할 수 있도록 치아와 두개골이 발달하였다.

진화의 방향

말의 뚜렷한 진화적 변화를 설명하는데 오랜 시간이 필요하였다. 말의 진화에 대한 기록을 일부 과학자들은 특정한 발전적인 방향으로 지속적으로 유도되어진 것으로 판단했지만, 현재의 일반적인 견해는 그렇게 단순하게 설명되지는 않는다.

화석기록에서 보여지는 것은 많은 표현형에서의 다양한 변화가 있음으로 해서, 한 방향으로

지속적으로 꾸준히 일어난 것처럼 보여지지 않았다. 진화의 속도도 시기별로 변동이 심하게 차이가 있었는데, 오랜 시간 동안 큰 변화가 없는 시기부터, 짧은 시간에 급격한 변화가 일어났다. 급격한 변화가 일어날 때는 말의 새로운 계통이 출현하는 것이 동반되었다.

말의 진화가 몸집이 점점 커지는 방향으로 대체로 변화하게 되지만, 몸집이 작아지는 계통도 존재하였다. 이러한 전체적인 방향에서 어긋나는 사례는 동물과 식물의 화석기록에서도 나타났다. 또한 28장에서 인류의 진화에서 좀 더 다루어지게 될 것이다.

말의 다양성

현대 말의 다양성은 매우 제한적이어서 말의 진화도 한 방향으로 선형의 정렬된 형태라고 예상했다. 말의 조상으로 알려진 히라코테리움으로부터 현존하고 있는 에쿠스까지 하나의 계통으로 연결된 것으로 상상할 수 있다. 하지만 실제는 현재 말은 단 한 개의 계통만 생존하였고, 다른 계통들은 멸종한 것이다. 마이오센 시기에는 13종류의 계통 속(genus)들이 북미에서만 발견되었다. 이러한 종들은 몸집과 여러 가지의 특징들이 다양하게 나타났으며 서식지와 먹이종류에서도 차이가 있었을 것으로 추측된다.

개념 정리 20.4

호박구슬, 영구동토, 또는 바위를 모체로 생물체의 화석형태가 보존되어 있다. 화석자료는 오랜 시간 동안 주요한 진화적 변화를 조사하는데 이용할 수 있다. 말의 진화에 대한 광대한 화석자료가 발견되어서 진화의 다양한 과정을 상세하게 이해하는데 도움이 되었다. 일부 예외적인 경우도 있지만 진화는 일관성을 가지거나 일정한 방향으로 진행되지 않는다.

- 왜 진화적 변화가 시기에 따라 다르고 일정한 방향이나 속도로 일어나지 않는가?

20.5 진화에 대한 해부학적인 증거는 광범위하고 설득력이 있다

진화이론의 중요한 기여는 생물체의 다양성을 설명할 수 있는 능력을 준 것이다. 생물학 연구를 통하여 얻을 수 있는 많은 관찰기록들은 진화의 결과로 이해할 때만 명확한 의미를 줄 수 있다는 것이다.

생물체의 상동구조는 공통조상을 암시한다

학습목표 20.5.1 상동구조의 진화적 의미를 설명하기.

척추동물이 진화함으로써 다양한 신체구조와 기능을 가지게 되었다. 그렇지만 골격형태 또는 뼈들은 여전히 진화과정에서의 과거 형태를 인식할 수 있도록 유지되어 있다. 예를 들어 척추동물의 앞다리에서 모두 유사한 수와 위치를 가진 **상동구조(homologous structures)**를 가지고 있지만 외형과 기능은 공통조상에서 형태적 분기가 일어났다.

그림 20.14에서 보여주는 것처럼 포유동물들 사이에 앞다리 골격형태는 다양한 모습으로 변형되었다. 하지만 여전히 같은 뼈로 다른 형태를 가지고 있는 것을 설명하면 하나의 상단 팔뚝뼈, 한 쌍의 하단 팔뚝뼈, 여러 개의 작은 손목뼈와 한 개 이상의 손가락으로 되어 있다. 진화에 대한 이해가 없었다면 설명될 수 없는 수수께끼이었을 것이다. 이 동물들이 모두 공통조상에서 유래되어 자연선택이라는 진화과정를 거치면서 적응하는데 필요한 기능을 하도록 변형이 되었다면 쉽게 이해가 되는 것이다.

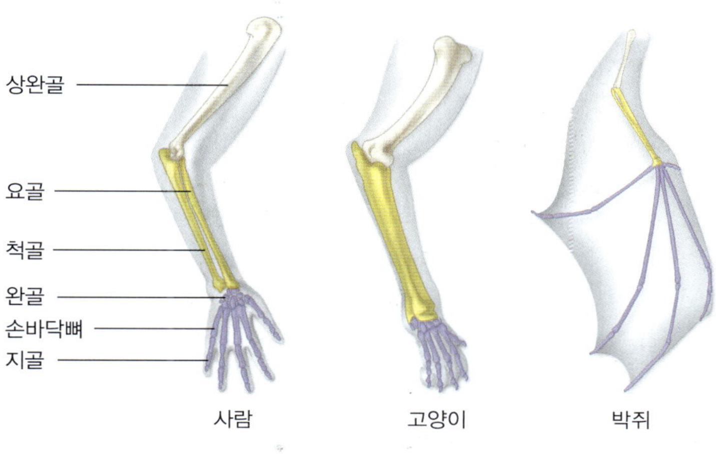

그림 20.14 포유동물의 앞다리 뼈의 상동성. 상체에 붙어 있는 앞다리(앞날개)의 형태나 기능이 상당히 다르지만, 기본적인 뼈의 구성은 동일하다.

초기 배발달은 일부 그룹에서 유사성이 발견된다

학습목표 20.5.2 초기 배발달의 양상이 진화의 증거를 어떻게 제공하는지 설명하기.

생명체가 발달하는 과정에서 일어나는 현상을 해부학적으로 비교하면 진화적 설명이 가능한 증거를 발견하게 된다. 척추동물의 다양한 종류가운데 초기 발생의 배(embryo)는 매우 유사하지만 발달이 진행됨에 따라 서로 다르게 바뀌게 된다. 예를 들면 초기 척추동물의 발달에서 인두낭은 동물 종에 따라 다른 구조로 바뀌게 된다. 사람에 있어서는 여러 가지 분비선과 관으로 발달하게 되지만, 어류에 있어서는 아가미로 바뀐다. 또한 사람의 배발달과정에서 긴 꼬리를 가지는데 성체에서는 척추의 끝에 미골로 그 흔적이 남게 된다. 5개월 령의 태아는 **솜털**(*lanugo*)이라고 불리는 미세한 모피를 나타낸다.

유사하게 대부분의 개구리는 올챙이시기를 거치지만, 몇몇 종은 알에서 개구리로 바로 부화되어 태어난다. 이러한 종의 수정란에서는 알에서 올챙이시기를 거치게 되는데(그림 20.15), 부화 직전에 긴 꼬리는 사라지게 된다.

이러한 초기 발달과정에서 보여지는 유사한 형태들은 공통조상에서 유래되었고, 진화를 통하여 새로운 변형이 생기도록 배발달이 핵심적인 역할을 하였다는 것을 보여준다.

어떤 구조는 사용에 적합하지 않게 진화하였다

학습목표 20.5.3 자연선택이 불완전한 형태로 진화한 증거를 설명하기.

개체군내의 변이는 자연선택이 작용하는 대상인데, 서식환경에 적응하기에 적합하지 않는 선발이 일어난 경우도 있다. 예를 들면 길다란 목구조를 가진 대부분 동물들은 유연성을 높일 수 있도록 많은 목 척추뼈를 가지고 있다: 거위는 약 25개, 수장룡으로 알려진 중생대(공룡)에 살았던 목이 길다란 수생 파충류는 무려 76개의 목척추를 가지고 있었다. 반대로 포유동물은 단지 7개의 목척추를 가지고 있는데, 기린의 경우에도 마찬가지 이다. 척추수는 적지만 기린의 길다란 목은 척추의 길이를 늘이도록 선발이 작용한 진화의 결과이다.

다른 불완전한 형태의 진화에 대한 예는 척추동물의 눈에 관한 것인데, 감광세포의 광수용체가 망막쪽으로 거꾸로 향해 있고 신경세포는 외부 광원을 향해 있다(그림 20.16a). 시신경세포 섬유는 뇌쪽으로 다발을 형성하여 신호를 전달하게 되는데, 모든 척추동물은 다발을 형성하는 장소가 맹점(blind spot)으로 불리는 빛을 감지하는 광수용체가 없는 영역이 있다.

반대로 오징어나 문어와 같은 연체동물(mollusks)의 눈은 비교적 효율적으로 디자인되어 있다. 광수용체들이 빛이 들어오는 쪽으로 향해 있으며 신경섬유들이 뒤쪽에서 다발을 형성하게 되어서

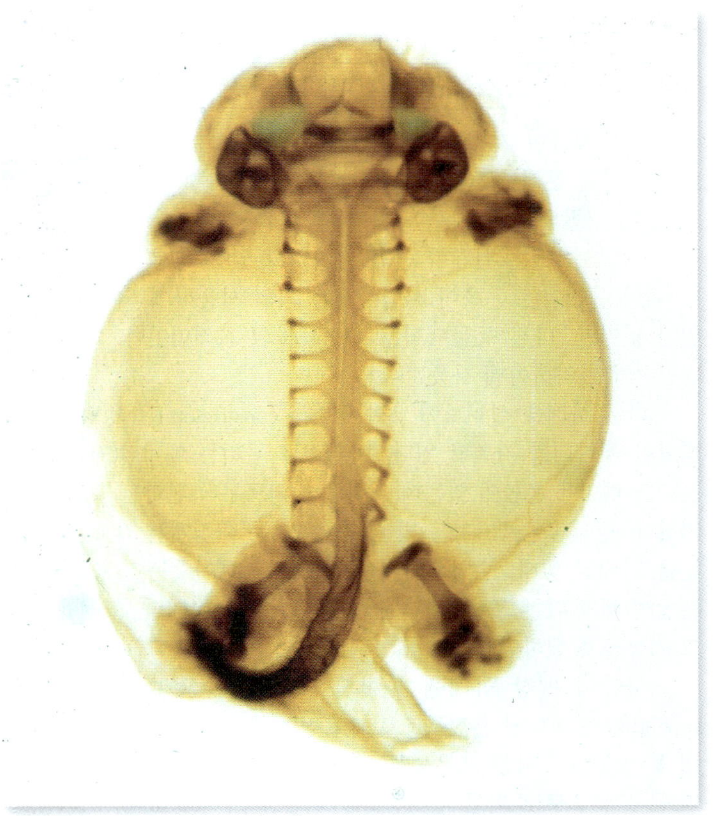

그림 20.15 배발생에서 진화의 모습. 일부 개구리종은 올챙이시기를 거치지 않는다. 하지만 배 발생과정에서 올챙이 특징이 나타났다가 사라지게 된다.

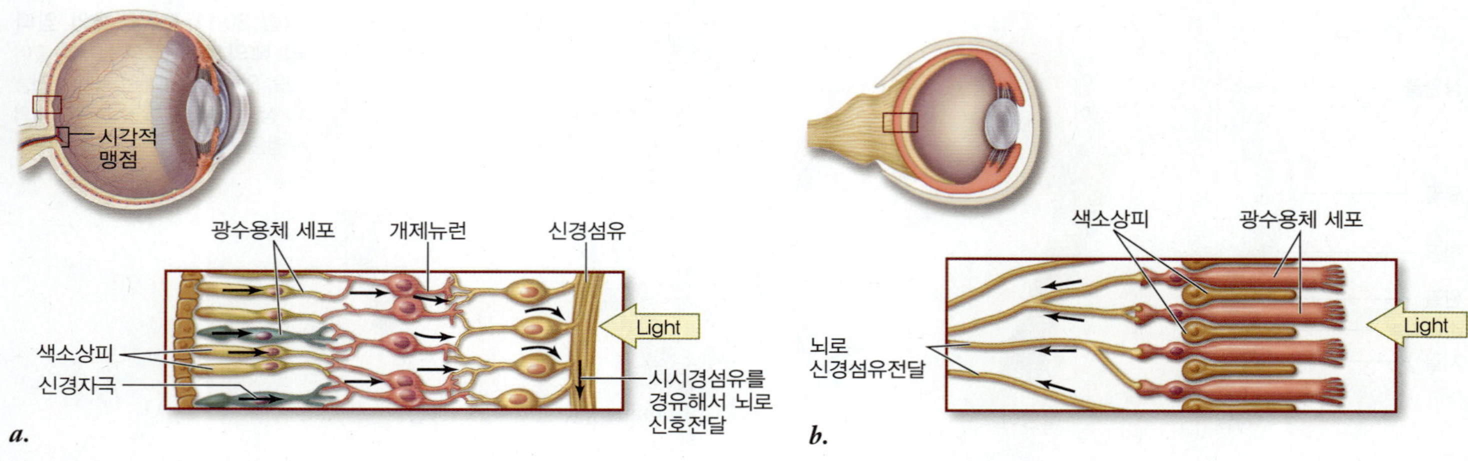

그림 20.16 척추동물과 연체동물의 눈 구조. a. 척추동물의 광수용체는 뒤집어진 구조인데, b. 연체동물의 똑바로 되어 있다. 즉 척추동물의 시신경섬유는 광수용체 앞에 위치하고 있고 망막에 구멍을 내어서 시시경과 실핏줄을 동공안으로 신호을 전달하는 구조이다. 그래서 시각적 맹점을 갖게 된다. 연체동물의 눈 구조는 이러한 문제점들이 없다.

맹점이 생기지 않는 구조로 되어 있다(그림 20.16b).

이와 같이 자연선택은 정교하게 설계된 기술이라기보다는 가능한 해결책으로 불완전하지만 수선하는 형태로 적응하게 하였다. 시력을 가진 생명체로 척추동물의 눈 구조는 완벽하지는 않지만 볼 수 있게 한 자연선택에 의한 진화의 결과라고 할 수 있다.

흔적구조들은 과거로부터 넘어온 유물로 설명될 수 있다

학습목표 20.5.4 흔적기관의 진화적의미를 설명하라.

많은 생명체들이 기능이 없지만 공통조상으로부터 물려받은 **흔적구조(vestigial strcutures)**를 가지고 있다. 사람의 경우에는 다른 포유동물들처럼 귀를 움직일 수 있는 완전한 근육을 가지고 있다. 그러나 귀를 움직이는 근육이 사람에게는 거의 사용하게 되는 일이 없지만, 다른 동물에서는 육식동물의 움직임이나 소리를 정확하게 파악하는데 사용된다.

다른 사례를 살펴보면, 보아뱀(boa constrictors)은 엉덩이뼈와 퇴화한 뒷다리를 가지고 있다. 바다소로 불리는 매너티(Manatees)는 지느러미에 손톱이 있는데 이것은 다리로부터 진화한 것으로 여겨진다. 장님동굴물고기는 빛을 볼 수 없는 환경에서 작고 퇴화된 눈을 가지고 있다. 수염고래의 골격구조를 보여주는 그림 20.17에는 골반뼈가 다른 포유동물처럼 있는 것을 볼 수 있다. 고래에서는 그 기능을 상실하였다.

사람의 맹장 아래에 늘어진 가는 관인 충수(vermiform appendix)는 퇴화된 흔적구조로 대표적인데, 대장이 시작되는 부위에 붙어 있다. 다른 포유동물 가운데 생쥐의 경우에 맹장이 대장의 큰 부분으로 소화물의 저장하는 기능을 가지고 있다. 초식동물에서는 식물의 세포벽을 미생물이 화학적으로 분해하여 대량의 셀룰로오스를 저장하는 기능을 하지만 사람에서는 특정한 기능을 가지고 있다고 할 수 없다. 오히려 충수염과 같은 질환의 원인이 되어 위험한 장기로 분류된다.

이러한 흔적기관들은 단지 진화과정에서 남겨진 과거의 유물들에 지나지 않는다. 하지만 여러 종들 사이의 동일한 흔적구조의 존재는 그들이 이후 아무리 서로 다른 모습들로 분화하였더라도 같은 공통조상을 가지고 있었음을 강력히 시사한다.

이러한 일련의 해부학적 증거들(상동구조, 발생 상의 유사성, 불완전 구조 및 흔적구조)은 모두 수정을 수반하는 전수(descent), 즉 진화의 결과로 쉽게 이해될 수 있다

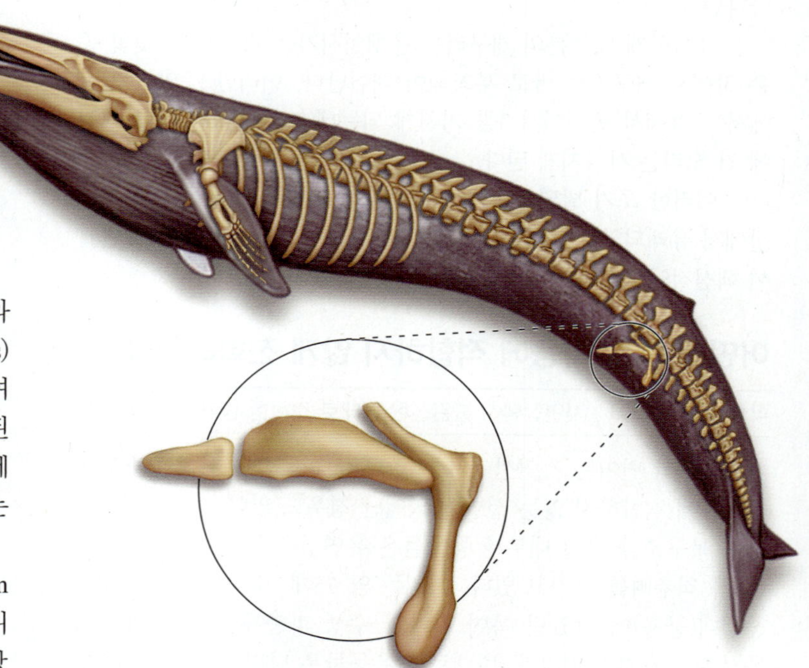

그림 20.17 흔적구조. 고래의 골격구조에는 골반의 흔적이 남아있다. 포유동물의 골반을 이루는 뼈들의 형태는 모두 유사하지만, 고래의 경우에는 기능을 상실한 작은 뼈들로 축소되었다.

개념 정리 20.5

공통조상으로부터 유래하였지만 매우 다르게 살아가는 계통학적 후손들은 해부학적으로 비교하였을 때 다른 기능을 가지도록 진화한 상동기관을 가지고 있다. 다르게는 그 역할이 완전히 불필요한 기관으로 퇴화하여 축소된 경우도 있는데 이를 흔적구조라고 한다.

- 진화적 과정이나 결과로써 상동구조와 흔적구조를 어떻게 설명할 수 있는가?

20.6 유전자는 진화적 과정에서의 분자수준의 기록을 담고 있다

분자적 수준에서 진화의 흔적을 명확히 발견할 수 있다. 조상으로부터 전달된 색깔을 감지하는 유전자들이 작용하고 있으며 형태를 인식할 수 있는 유전자들도 보유하고 있는데, 이러한 유전자들은 모두 동물들의 초기발생 동안에 공유하게 된다. 모든 세포들은 진화적 변화에 대한 기록방식으로 DNA를 가지고 있다. 단순한 형태의 조상 생물체로부터 연속적으로 진화하게 된 과정을 그 DNA 정보는 담고 있다.

다윈의 이론은 연속적인 유전자 차이의 축적을 예견한다

학습목표 20.6.1 진화가 일어났다는 분자적 증거를 제시하라.

진화메카니즘의 이론은 새로운 돌연변이 대립인자가 우리한 선발에 의해서 우세하게 되는 것이다. 진화과정은 연속적인 DNA 변이가 축적되는 일련의 과정이 되는 것이다. 따라서 이러한 진화적 이론을 통한 예측도 가능하게 된다: 생명체 사이의 진화적 역사 즉 유연관계를 진화적 과정에서 축적된 DNA의 차이가 크고 적음에 따라 재구성할 수 있다는 것이다.

이러한 예측을 실제로 가능하게 하는 최근 방법은 생물체 사이의 유전체 정보를 직접 비교하는 것이다. 그 결과를 이용하여 척추동물의 유연관계를 구성해보면, 유연관계가 멀리 떨어진 것으로 분류된 동물들 사이에 유전체의 차이도 크다는 것을 보여줬다. 이 연구는 18장에 언급되어 있다(그림 18.8).

이와 같은 분화형태를 단백질 정보에서도 이용할 수 있다. 헤모글로빈 단백질의 아미노산 서열을 비교한 결과**(그림 20.18)**는 인간의 서열정보와 다른 종의 아미노산 서열에서 인간과 가까운 종일수록 아미노산 서열 차이가 적다는 것을 볼 수 있다. 인간과 같은 영장류인 원숭이(macaques)를 비교하면 단지 8개의 아미노산 서열에서 차이가 나타났고, 유연관계가 좀 더 멀리 떨어진 개의 경우에는 32개의 아미노산 서열에서 차이가 발견되었다. 포유류가 아닌 육상 척추동물인 개구리는 더 차이가 많고 해상 척추동물인 칠성장어(lamprey)는 가장 많은 아미노산 서열차이를 나타냈다. 진화적 이론의 예측이 가능하다는 사실이 실험적으로 확인된 것이다.

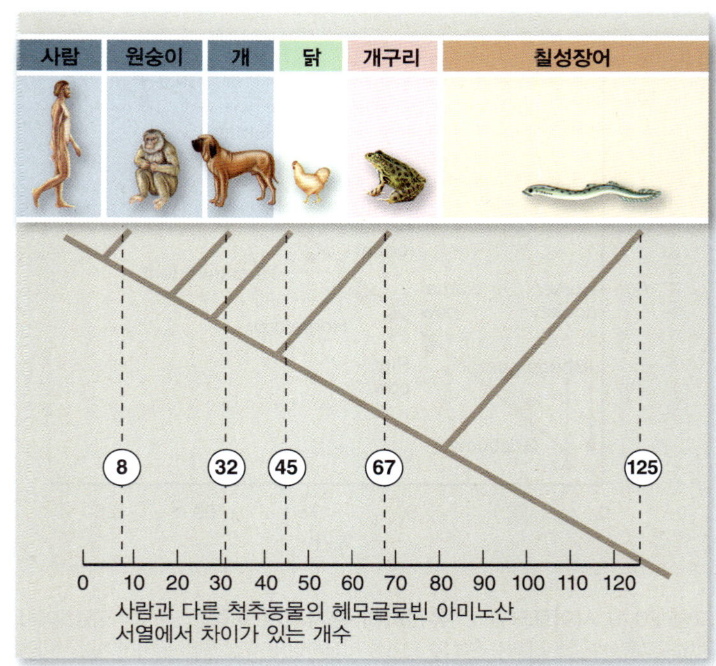

그림 20.18 진화적 과정을 증명하는 분자들. 척추동물의 진화적 유연관계에서 사람으로부터 관계가 멀어질수록 더 많은 헤모글로빈 단백질 아미노산 서열에서 차이가 증가한다.

분자시계란

유전자 하나의 정보를 다양한 종류의 생명체 비교하였을 때 위에 설경한 유연관계가 예측되었다. 포유동물의 사이토크롬 c 유전자 염기서열을 비교한 결과가 대표적인 예로 들 수 있다. 참고로 사이토크롬 c는 산화적 대사에 중요한 역할을 하는 단백질이다. **그림 20.19**는 x축은 두 개의 생명체가 분화한 시점을 표시하였고 y축은 사이토크롬 c 유전자 염기서열 차이 개수를 나타낸 것이다. 사람과 설치류의 분화시점은 약 75백만 년(MYA)으로 표시되어 있다. 그래프에서 보여주는 가장 중요한 사실은 사이토크롬 c 유전자 염기서열의 차이가 각 분화지점을 연결하는 직선으로 표시되어 있는 것처럼 일정한 속도의 진화적 변화를 보여준다는 것이다. 이렇게 염기서열의 차이가 일정한 속도로 축적된 것을 분자시계라고 정의한다. 대부분 단백질은 시간이 경과하면서 일정한 속도로 변화를 축적하는 것으로 보이지만, 일부 단백질의 진화속도는 차이가 있었다.

개념 정리 20.6

생명체가 보유한 DNA와 단백질을 서로 비교하면 진화과정에서의 변화를 알 수 있게 된다. 다윈의 이론이 제시한 것처럼 생명체의 유전체는 진화역사속에서 변이를 축적하는 것이다.

- 유전체에 축적된 꾸준한 변화를 진화적 계통분화라는 개념으로 어떻게 설명할 수 있는가?

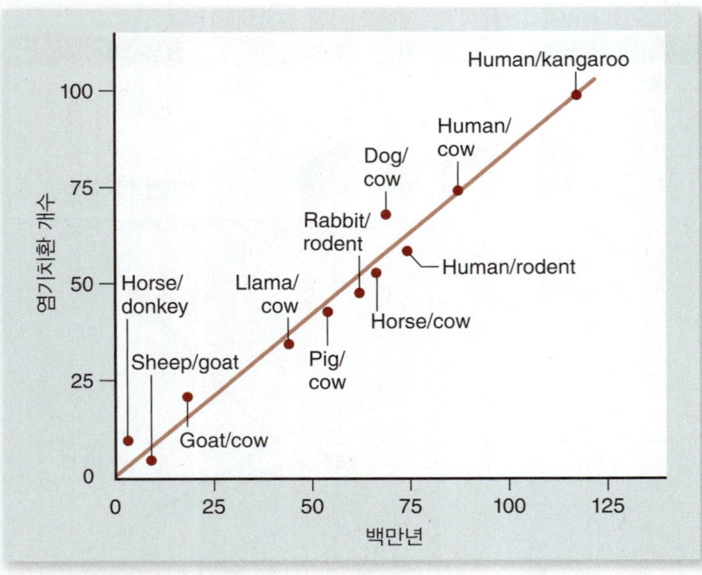

그림 20.19 사이토크롬 c 유전자의 분자시계 이용. 한쌍의 생명체에서 사이토크롬 c 유전자 DNA 정보의 차이를 비교하면 분류상 멀리 떨어진 계통사이에 차이가 많게 나타났다. 그 차이를 도표로 옮기면 직선이 만들어지는데, 그 이유는 사이토크롬 c 유전자가 느리지만 일정한 속도로 돌연변이가 축적되기 때문이다.

20.7 자연선택은 유사한 환경에서 생물체의 수렴진화를 보여준다

생물지리학(biogeography)은 생물체의 지리적 분포를 연구하는 학문인데, 자연계에서는 동물과 식물이 밀접한 관계를 유지하며 존재하고 있으며, 계통분류학상 관련성은 상대적으로 멀지만 지리적 특수성이 식물이나 동물들 사이에 유사한 특징을 보여주는 경우가 있다.

수렴진화는 자연계에서 흔히 발견되는 현상이다

학습목표 20.7.1 수렴진화의 원리를 설명하기.

생물체들이 보여주는 많은 유사한 특징들을 주목해서 관찰하면 우연히 생긴 결과는 아니라 환경적인 조건이나 선택적인 압박에 따라 출현한 것이 명백하다. 자연선택이 유사한 환경에서 독립적이지만 평행적인 적응을 선택하도록 진화과정은 보여준다. 그 결과 두 그룹의 개체들이 유사한 특성이나 형질을 가질 수 있도록 선발하기 때문에 이를 수렴되는 과정, 즉 **수렴진화(convergent evolution)**라고 한다.

유대류와 태반류 동물은 수렴진화를 보여준다

포유동물의 주요한 계통그룹인 유대류(marsupials)와 태반류(placentals) 동물은 수렴진화를 증명할 수 있는 좋은 사례들을 보여주고 있다. 다양한 지리적 분포속에서 유사한 특징을 가지도록 진화한 것이다.

유대류라고 하면 새끼가 완전히 성숙하지 않은 채로 태어나서 암컷 배부분에 있는 육아낭에서 성장하는 특징을 가지고 있다. 이와는 다르게 태반류 동물들은 태어난 새끼가 외부환경에 생존하는데 어느 정도 안정적인 동물이다. 다만 어느 정도 부모의 보살핌이 태반류도 필요하다.

오스트레일리아는 다른 대륙과 7천만 년 이상 분리되어 있어서 유대류와 태반류가 공존하며 진화를 할 수 있었는데, 그 지리적 분포는 다를 수 있었다. 특히 유대류는 지구상에서 오스트레일리아에서만 발견되는데 그 이유는 대륙이 구분되어 있기 때문이고, 또한 인간을 제외한 다른 포유동물로는 박쥐나 일부 설치류만 분포되어 있어서 유대류가 번성할 수 있는 조건이 되었다.

오스트레일리아의 유대류 특징은 무엇일까? 오스트레일리아 유대류에 속하는 동물들이 가지고 있는 모습들은 다른 대륙의 태반류에 속하는 동물들과 많은 유사한 점들이 있다(**그림 20.20**). 포유류에 속하는 두 그룹의 지리적으로 분리된 개체들이 보여주는 유사한 점들을 수렴진화의 특징으로 받아들여지지 않는다. 왜냐하면 수렴진화는 유사한 환경에서 유사한 선택압력이 작용하여 유사해지는 것이기 때문이다.

동물이 환경에 적응해 나갈 때는 유사한 방법을 취하는 것으로 추측할 수 있기 때문에, 적응에 필요한 유사한 특징을 가지게 된다. 수중에서 빠르게 움직일 수 있어야 하는 포식자를 예로 들어 보자(**그림 20.21**). 유체역학적으로 유선형의 몸형태가 마찰을 줄일 수 있어서 수중에서 빠르게 움직이는데는 유리하다. 따라서 수종 생물종에서 가장 빠르게 움직일 수 있는 돌고래, 상어, 참치 등이 모두 유사한 기본 형태를 가지고 있는 것이 잘 설명된다. 게다가 쥐라기부터 백악기에 걸쳐 바다에서 번성한 어룡(ichthyosaurs)으로 불리는 고대종도 유사한 형태를 가지고 있었다.

섬에서 발견되는 나무들에도 유사한 현상을 관찰할 수 있다. 대부분의 섬들은(인간에 의해 파괴되기 전까지는) 나무들이 울창하게 번성한다. 이러한 나무들을 관찰해 보면 우리가 쉽게 볼 수 있는 나무 계통들이 아닌 경우가 많다. 섬에서 발견되는 나무들이 나무의 형태를 하고는 있지만, 다른 지역에서는 꽃, 저목 또는 관목으로 분류되는 식물계통들이 대부분이다. 예를 들면 많은 섬들에서 발견되는 나무종이 국화과에 속하기도 한다.

이러한 식물들이 섬에서는 나무로 진화한 이유가 무엇일까? 아마도 고립된 섬에서는 나무는 씨앗을 거의 만들어지지 않기 때문이다. 그 결과로 거리상으로 멀고 고립되어 있는 섬에 이주되어 번성해야 하는 종들은 생태학적으로 번식경쟁이 필요하지 않다. 따라서 자연선택은 광합성에 필요한 빛에너지를 충분히 활용할 수 있고 개개의 식물이 독립적인 나무의 형태로 진화하는 것이 다른 세계로부터 차단된 섬들에는 유리한 것이다.

수렴진화는 인류에게도 작용하였다. 어린이 시기를 지나서 성인이 되면 대부분 유당분해효소가 필요하지 않게 된다. 소를 많이 기르는 아프리카나 유럽인들은 유당분해효소가 일생동안 생산되게 된다. 그렇지만 아프리카인이나 유럽인들이 유당분해효소를 지속적으로 생산하는 데에는 서로 다른 돌연변이가 발생하여 관여하는

그림 20.20 수렴진화. 오스트레일리아에만 남아 있는 많은 유대류들은 유사한 생태환경을 가진 지구상 다른 지역에 서식하는 태반류 동물과 같은 형태로 진화한 것을 볼 수 있다. 특히 오스트레일리아는 다른 대륙과 분리되어있어 유대류가 독립적으로 다양하게 진화할 수 있었다.

것으로 밝혀졌다. 이러한 결과는 유사한 환경에 독립적으로 적응한 좋은 사례로 제시된다.

생물지리학은 진화의 다양성을 보여준다

학습목표 20.7.2 식물이나 동물과 같은 생물체의 지리학적 분포로 진화적 다양성의 증거를 제시하기.

다윈이 전 세계를 항해하면서 식물과 동물을 관찰하면서 중요한 발견을 하였는데, 개구리나 육지 포유동물처럼 흔하게 존재하는 식물이나 동물이 많은 섬에서는 존재하지 않는다는 것이었다. 이들 동물이 섬으로 우연히 이주하였을 때 잘 생존하여, 이들 동물들이 섬에 생존할 수 없는 습성을 가지고 있는 것도 아니었다. 하지만 이 동물 종들이 섬으로 이주되었을 때는 앞서 설명한 것처럼 원래의 모집단에서 상당한 분화된 모습을 가지게 된다. 다윈의 방울새와 섬에 자생하는 나무 등 생태학적 적응에 필요한 특징을 보유하게 된다. 다윈이 섬에서 발견한 다른 중요한 특징은 섬과 가장 가까운 본토의 환경이 상당히 다름에도 불구하고 주변 본토에서 계통학적으로 가장 가까운 동종들이 있었다는 것이다.

다윈은 이러한 현상을 다음과 같은 설명으로 추론하였다. 많은 섬들이 본토와 연결된 적이 없었고, 먼 거리를 이동하여 정착한 종들도 경우에 따라서는 있겠지만 바다를 건너서 섬에 도달한 종들은 가장 거리가 가까운 본토에서 오게 되었을 확률이 높다. 본토에서 날거나, 헤엄치거나 물에 뜰 수 있는 동물 종들은 더 유리하게 섬에 정착할 수 있다. 하지만 개구리처럼 수분이 많은 바닷물에서 탈수현상으로 생존할 수 없는 동물들은 섬으로 정착이 불가능하였다. 동물과 식물이 새로운 환경으로 이주하게 되면 생태학적 그리고 형태학적 다양성을 가질 수 있는 기회가 생겨 새로운 종으로 진화할 수 있게 된다.

지리적 근접성은 진화적 유연관계에서 훌륭한 예측 기준이 되지는 않는다. 또한 지구의 지리학적 대륙 상태는 과거로부터 현재

그림 20.21 빠른 유영속도 물고기들의 수렴진화. 물속에서 빠르게 움직이기 위해서는 유선형으로 여러 번에 걸쳐 진화하였다.

에 이르기까지 이동하는 대륙판 구조로 되어 있다(대륙판 이동설). 그래서 대륙의 이동속도는 연간 몇 센티미터가 움직일 정도로 아주 느리게 변화하고 있지만, 광대한 지구의 지질학적 역사를 고려하면 현재의 대륙위치는 과거와 상당한 변화를 가지고 있다. 오랜 과거의 한 시점에 지리적으로 가까이 위치해서 상당한 계통생물학적으로 유사한 종들이 현재에는 수천마일이상 떨어져서 있을 수도 있다. 남반부 대륙에서 이러한 예들을 많이 발견할 수 있다. 그 이유는 약 1억 년 전에 남반구 전체를 포함했던 초대륙 곤드와나(Gondwana)가 있었기 때문에, 남아메리카 칠레와 오스트레일리아, 뉴질랜드에서 공통적 발견되는 너도밤나무(beech tree)가 훌륭한 증거가 된다. 따라서 장대한 지구의 지질학적 역사를 함께 고려할 때 생물의 진화적 역사를 잘 이해할 수 있게 된다.

개념 정리 20.7

수렴은 계통학적으로 다른 종들이 유사한 선택압력을 통해 유사한 형태로 진화적 발달 일어난 것이다. 생물지리학을 통해 얻어진 생물종들의 지리학적 분포는 지리적으로 가까운 종들이 더 계통학적으로 유사한 진화적 다양성을 반영할 수 있게 한다.

- 지리학적으로는 다른 위치에 있지만 유사한 환경을 가진 생물종들이 수렴진화를 하지 않는 이유는 무엇일까?

20.8 진화론에 대한 비평과 다윈의 이론에 대한 다양한 반대견해

다윈의 진화론이 발표된 지 한 세기 반이 지났다. 이제 대부분 생물학자들은 자연선택에 의한 진화에 대해서 거의 보편적으로 사실로 받아들여졌다. 하지만 진화론을 인정하지 않은 일반인들이 거론하는 논쟁점들이 있다. 그 논쟁점은 단지 진화론에 대한 부정확한 정보에서 기인한 것도 있지만, 종교적 경전의 맹목적인 믿음에서 근거하여 과학적인 논리가 소통하지 못하는 경우도 있다.

다윈의 진화론에 대해 제기된 7가지 논쟁점

학습목표 20.8.1 진화론에 대한 비판의견을 구성하고 그에 대한 반론을 제기하라.

생물학적 사실로 진화를 가리키는데 있어서 제기되는 7가지의 주된 논쟁점들을 토론하고, 이에 대한 과학자들의 답변들을 설명하고 있다.

1. **진화는 완전하게 입증되지 않았다.** "진화론은 단지 이론일 뿐이다". 다윈의 비평가들은 이론이라는 것은 가설 또는 증명되지 않은 추론으로 가르키는 것이다. 과학자들이 사용하는 이론이라는 단어는 정확하게 증명된 사실로 받아들이기 때문에 일반인들의 인식과는 다르다. 중력이론(theory of gravity)에 대해서 대다수가 사실로 받아들이지, "단지 이론" 이라고 부정되지는 않는다.
2. **중간화석이 없다.** "아무도 지느러미가 다리로 변하는 중간단계를 찾아내지 못하였다"라는 비판에 대해서 다윈이 살았던 시대에는 화석기록이 설명하지 못하는 점들이 있었다. 그 이후에 발견된 중간화석들은 척추동물의 진화 과정을 뒷받침해 주었다. 발굽이 있는 동물과 고래사이에서 과도기적인 흔적을 가진 화석들과 양서류와 포유류 사이를 연결하는 화석, 공룡과 조류 사이를 연결하는 화석, 원숭이와 인간 사이의 진화를 연결하는 화석등 다양한 화석증거들이 다양하게 발견되면서 진화를 입증하게 되었다.
3. **지적설계론 논쟁.** "살아있는 생명체의 기관은 무작위적 과정으로는 만들어 지기 어려운 매우 복잡한 구조를 가지고 있다"- 시계는 시계제조공이 만든다. 자연선택에 의한 진화는 무작위적 과정이라고 볼 수 없다. 오히려 자연선택은 생존에 유리한 개체들의 선택하여 생식성공을 최대로 이끌어내는 매우 논리적인 과정이 매 세대마다 점차적으로 향상되어 고도로 복잡한 기관구조를 탄생시키게 된다. 이러한 예로 발견된 화석들은 포유동물의 귀조직으로 진화하는 중간단계 화석들과 다양한 척추동물에서 눈조직으로 진화하는 중간단계 화석들이 있다. 발견된 눈의 중간단계 형태들은 전혀 빛을 인식하지 못하는 형태에서 조금씩 빛을 인식하는 형태가 발전해가는 진화과정을 보여준다. 눈은 점차적인 향상을 통해서 매우 복잡한 구조로 진화하였다. 하지만 진화과정에서 완벽하지 못한 형태인 척추동물의 눈구조와 맹점이 생기기도 했는 것은 지적설계자가 존재했다는 것을 정당화하기 못한다.
4. **진화론은 열역학 제2법칙을 위반한다.** "마구 뒤섞인 음료수 캔들이 저절로는 깔끔하게 정리되지 않는다-시간이 지날수록 점점 무작위로 무질서하게 되는 거지, 저절로 정리되지는 않는다. 이를 생물학자들은 열역학 제2법칙을 제대로 이해하지 못하여 생기는 오해라고 지적한다: 열역학 제2법칙은 고립계에서는 무질서도가 증가한다. 하지만 지구는 고립계가 아니다. 태양으로부터 얻어지는 지속적인 에너지가 작용하는 열린 생물권으로 생명체가 활동하는 에너지가 순환하고 조직화되는 과정이 작용한다.
5. **단백질은 확률적으로 불가능하다.** "헤모글로빈은 141개의 아미노산으로 이루어져 있다. 첫 번째 아미노산이 루신일 확률은 1/20 이고, 141개의 순서가 우연히 만들어지게 될 확률은 $(1/20)^{141}$ 이며 이것은 확률적으로 불가능한 경우다. 이것도 확률과 통계에 대한 이해가 부족하여 생기는 논쟁점인데, 확률을 그렇게 사용하지 않는다. 교실에 한 학생의 생일날이 특정한 날짜일 확률은 1/365 이다; 여기서 50명의 학생이 교실에 있는데, 그 학생들이 태어난 생일날이 될 확률은$(1/365)^{50}$ 일 것이다. 그렇다고 학생들이 교실에 존재하는 것이 불가능한게 아니라, 교실에 그냥 존재해 있으며, 특정한 생일날을 가지고 있다.
6. **자연선택은 진화를 의미하는 것은 아니다.** "어떤 과학자도 물고기를 개구리로 진화시켜서 약탈자로부터 벗어날 수 있도록

만든 실험을 보여주지 못했다." 자연선택은 종안에 개체군에서 관찰되어질 수 있는 상대적인 작은 변화라고 추정하였고, 종사이에 관찰되어 지는 주요한 차이를 설명하는데 이용할 수 있다. 대부분의 생물학자들은 품종사이에 존재하는 차이를 인위선택에 의해서 광범위하게 다양하고 특유한 집단들을 만들어 냈는데, 예로 치와와, 마스티프, 그레이하운드 같은 개품종들이 야생의 조상으로부터 진화가 된 것이다. 선발번식 실험을 통하여 교배가 될 수 없는 자손이 만들어지기도 하는데, 자연조건에서는 이를 서로 다른 종으로 그분하는 기준이 되는 것이다. 따라서 근본적으로 다르다고 블릴만한 차이를 가진 생명체를 반복적으로 만들어 낸 것이다. 진화론으로 어류와 양서류 만큼 새로운 종이라고 할 수 있는 변화를 증명하지 못한다는 비난에 대한 반반은 그러한 변화는 수백만 년이 걸리는 것이고 화석기록을 통해서 증명된 것이다.

7. **환원불가능한 복잡성에 대한 논쟁.** "혈액응고와 같은 복잡한 세포작용의 전체적 기능수행에는 각 부분들의 기능이 매우 중요하기 때문에, 이러한 복잡한 작동원리가 보다 단순한 단계로부터 진화하는 것은 불가능하다".

이 주장의 오류는, 하나의 복잡한 분자기계의 각 부품은 전체 시스템의 일환으로서 진화한다는 것을 간과한 것이다. 자연선택이 복잡한 시스템에 영향을 미칠 수 있는 이유는 진화의 모든 단계에서 그 시스템이 기능을 수행하기 때문이다. 시스템의 기능을 향상시키게 되는 부품들이 이 과정에서 첨가되게 된다. 다른 부품들 또한 개조되거나 심지어 제거되기도 하여, 초기 진화단계에서는 그다지 쓸모 없었던 부품들이 매우 중요한 기능을 담당하게 되기도 한다. 이와 같은 방식으로, "환원불가능한 복잡한" 구조가 자연선택에 의해 진화할 수 있는 것이다. 이는 분자적 수준에서도 같은 방식으로 작동한다.

예를 들면, 뱀의 독은 원래 큰 먹이를 효율적으로 소화하기 위한 효소에서 진화하였다. 뱀은 먹이를 물어서 잡은 후에 몸통을 감아 죄어서 잡는다. 소화를 촉진시키는 효소는 점차적으로 치명적인 해를 줄 수 있는 성분으로 진화하였다. 방울 뱀은 사냥할 때 사냥감을 무는 순간 독을 주입하여 죽인 후에 집어삼키게 된다. 따라서 방울뱀은 치명적인 독과 이것을 주입할 수 있는 앞이빨 등을 가지도록 진화하였다. 송곳니 또는 독을 제 거하게 되면 방울뱀은 더 이상 먹지 못하게 되는데-원래는 중요하지 않은 부분들이었는데, 진화를 통해 없어서는 안될 부분이 된 것이다: 진화를 통해 환원 불가능한 복잡성의 예가 된 것이다.

포유동물의 혈액응고 시스템은 단순한 시스템에서 유사하게 진화한 예이다. 5억년전 척추동물이 출현하기 시작하였 을 때 응고의 핵심시스템은 이미 존재한 것으로 알려졌는데, 최근 칠성장어 같은 원시어류에서 발견되었기 때문이다. 1억 년이 경과한 후에 척추동물이 진화함으르서 손상된 조직으로 부터 방출되는 성분에 반응할 수 있는 단백질이 포함되었다. 5천만년이 지나면서는 제3성분이 첨가되었는데, 이것이 부상 에 의해서 상처난 표면을 접촉하게 되면 응고를 촉발하게 된 다. 각 단계별로 응고시스템은 좀 더 복잡하게 진화한 과정에 는 새로운 성분이 더해지면서 전체적인 작용을 향상시킬 수 있도록 한 것이다. 따라서 다윈주의 진화론의 "환원불가능한 복잡성" 결과물이 바로 혈액응고시스템인 것이다.

복잡한 구조는 자연선택에 의해서 만들어 질 수가 없다는 비판적 진술이 지난 150여년동안 반복적으로 주장되었다. 하지만 세밀한 과학적 연구결과는 생명체의 그와 같은 복잡한 구조가 진화할 수 있었다는 것을 발견할 수 있게 되었다.

개념 정리 20.8

다윈의 진화이론은 일반인에게 사실이 아닌 것으로 받아들여지는 논정거리이다. 대부분 진화론에 대한 잘못된 오해에서 비롯된 것이다. 과학적 방법론에서 가정은 지적으로 훈련된 추측이지만, 이론은 관찰된 사실과 증거를 가지고 엄격한 검증을 통하여 당연한 사실로 증명하는 설명체계이다.

- 인간이 원래 화성으로부터 왔다는 것을 주장하는 누군가가 있다. 이 주장이 가정(hypothesis) 일까 아니면 이론(theory) 일까 그리고 어떻게 증명할 수 있는가?

기본적인 생산성은 종의 다양성에 방해요인일까?

진화생물학자들은 '생산성이 다양성을 촉진한다'는 가정을 오랫동안 믿어왔다. 즉 생산성 높은 지역에는 더 풍부한 종의 다양성이 있다. 예를 들면, 미국 남서부의 건조한 지역에는 연간 강수량이 식물의 기본적인 생산성에 영향을 크게 미친다. 사막지역에 습기가 많아지면 설치류가 먹을 수 있는 씨앗자원도 풍부해 지게 되어서, 결국은 설치류의 종도 다양해진다.

그렇지만 최근 수십년 동안 깊은 심해 탐사에서 발견된 사실은 놀라운 것이었다. 부족한 자원의 심해에 다양한 생명체가 살고 있는 것이다. 2012년에 수행된 심해탐사에서는 너무나 놀랄만큼 기이한 동물들이 발견되어 당황스러울 정도였다. 깊은 바다 아래는 전혀 생산적일 것 같은 환경이 아니라서 발견된 종의 다양성이 놀라운 이유였던 것이다. 빛이 도달할 수 없는 깊은 바다 아래는 차가운 온도가 지속되고 있어서, 에너지를 생산할 수 있는 자원은 바다표면근처에서 광원에부터 떨어져 있는 아주 극단의 환경이다. 따라서 '생산성이 다양성을 촉진한다' 가정은 일반적인 사실이 아니게 되었다.

이 주제에 대한 흥미로운 결과가 공원잔디를 이용한 일반적인 실험을 통해서 나왔다. 영국 로삼스테드에는 과인산염 비료를 발명한 영국농민이자 연구자인 로스(J.B. Lawes)가 8 에이커의 연구 목초지를 20개의 구역으로 나눈 후에 두 개 구역은 대조군으로 비료를 치지 않고, 나머지 구역은 비료를 일년에 한번 처리되었다. 로스는 질소도 sodium nitrate 이나 ammonium sulfate 형태로 처리하였다. 각 구역은 일년에 한번 수확을 하였고 생물체량(biomass)을 재서 생산량을 평가하였다. 이러한 공원잔디 실험이 152년동안 계속된 것이다.

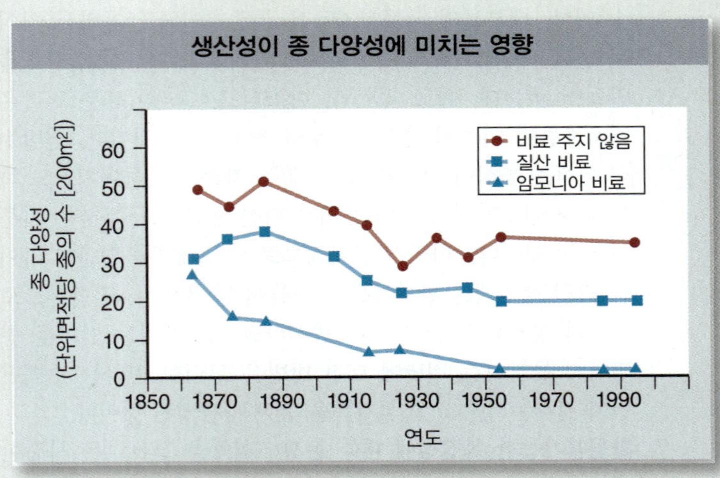

비료처리는 생산성을 증가시킨 반면에 구역내의 식물의 구성에 심대한 영향을 주었을 것이다. 그래프는 비료처리가 종의 다양성(200 평방미터내의 종의 수)에 미치는 효과를 보여 준다.

분석

1. **개념 응용**
   a. **변수.** 그래프에서 종속변수는 무엇인가
   b. **변동커브 보기.** 종의 다양성이 200평방미터내의 구역에 종의 개수에 의해서 측정되었는데 시간동안 일정하게 유지된 구역이 있는가?
   c. **커브를 비교하기.** 세 개의 변동커브가 유사한 모양인가? 어느 커브가 가장 높고 또 어느 커브가 가장 낮은가?
2. **데이터 해석**
   a. 비료처리 구역과 비료를 처리하지 않은 구역에서 다양성이 비료처리구역에서 높은 때가 있었는가?
   b. 종의 다양성에 nitrate nitrogen과 ammonium nitrogen 처리가 동일한 효과를 가지는가?
3. **추론**
   a. 150년 이상, 비료를 처리하는 것과 비료를 처리하지 않는 것을 비교하였을 때 어느 것이 종의 다양성을 높이는가?
   b. 비료를 처리하는 처리군이 비료를 처리하지 않는 대조군보다 종의 다양성을 감소하는가?
4. **결론 도출** 종의 다양성은 생산성에 의해 증가한다는 가정에 대해서 위의 실험은 지지하는 결과인가? 아니면 반대하는 결과인가? 설명하시오.

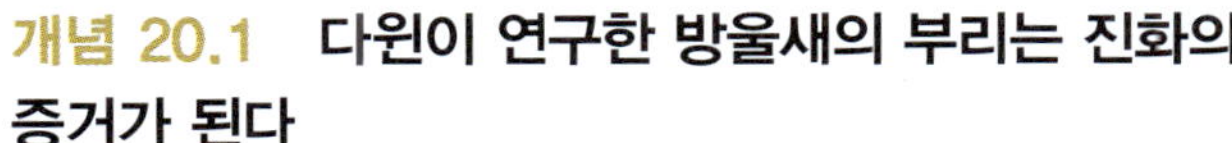

학습 과정 복습

개념 20.1 다윈이 연구한 방울새의 부리는 진화의 증거가 된다

20.1.1 갈라파고스 군도의 방울새들은 먹이수집에 관한 변이가 나타낸다 먹이종류에 따른 부리의 모양과 부리의 사용은 일치하는 사실은 다윈의 방울새들이 먹이종류에 적응하기 위해 분화하고 적응하였다는 것을 알아낼 수 있다.

20.1.2 다윈의 자연선택이론은 현대에 와서 증명되었다 다양한 부리의 모양은 환경변화에 따른 자연선택을 가능하게 했는데, 가뭄기간동안에는 큰 부리를 가진 새들이, 오랜 강우기동안에는 작은 부리를 가진 새들이 생존하는데 유리하였다.

20.1.3 자연선택은 새로운 환경에 적응하는 능력을 확산(적응방산)시킨다 갈라파고스 방울새들은 다양한 먹이종류에 적응하도록 진화하였다.

개념 20.2 후추나방과 공업암화는 자연선택이 실제로 작용한다는 것을 보여준다

20.2.1 산업혁명으로 오염된 환경에서는 밝은색의 나방 빈도가 적어진다 오염된 지역은 나무가 검댕이로 뒤덮여서 어두운 색의 나방들이 생존에 유리했다. 오염이 되지 않은 지역에서는 밝은색 나방이 우세하였다. 실험적으로 새에 의한 공격이 그 원인이라는 것을 증명하였다. 약 40여년에 걸쳐 오염이 줄어들면서 밝은색 나방의 빈도가 증가하는 것이 관찰되었다. 새의 포획행위에 대한 나방의 색깔이 선발요인이었는지는 명확하지는 않다. 하지만 자연선택이 나방의 색깔에 작용한 것은 틀림없는 사실일 것이다.

개념 20.3 인간에 의한 인위선택은 변화의 강력한 수단이 된다

20.3.1 실험적 선발은 개체군에서 변화를 가져온다 방향성 선발에 대한 실험연구는 진화로 인한 실질적인 변화를 관찰할 수 있었다. 농업분야에서의 인위적인 선발은 작물과 가축에서 최초의 야생종과 다른 다양한 변종을 만들어 낼 수 있었다. 이러한 실험은 지구상에서 수백만년동안 일어난 진화를 통해 생명체의 다양성이 가능하다는 것을 증명한다.

개념 20.4 화석은 진화의 직접적 증거이다

20.4.1 화석은 진화적 변화를 증명한다 지구상의 생명체의 역사는 화석기록을 통해 추측할 수 있다. 최근에 새로운 화석들이 발굴되면서 주요한 진화적 사건들을 알수 있게 되었다.

20.4.2 화석기록은 말의 진화에 대한 확실한 증거를 제공하였다 화석기록을 통해 말의 진화는 숲에 사는 작은 몸집의 동물에서 큰 몸집의 초원에서 빠르게 달리는 동물로 오늘날 진화하였다는 것을 보여준다. 약 5천만년의 진화과정이 물론 한 방향으로 꾸준히 일어난 것은 아니다. 때때로 급격하게 변화가 있기도 하였고, 때로는 오랜시간동안 변화가 없는 기간도 있었다.

개념 20.5 진화에 대한 해부학적인 증거는 광범위하고 설득력이 있다

20.5.1 생물체의 상동구조는 공통조상을 암시한다 공통조상으로부터 획득된 상동구조도 모양과 기능이 다르게 진화하였다.

20.5.2 초기 배발달은 일부 그룹에서 유사성이 발견된다 초기 배발달이 일부 유사하지만 성체의 형태는 다른 종간에는 많이 다르다. 공통조상으로부터 물려받은 특징이 소실된 경우도 있고 또한 다른 형태로 바뀐 경우도 있다.

20.5.3 어떤 구조는 사용에 적합하지 않게 진화하였다 자연선택은 변이를 가지고 있는 개체군에 작용한다: 척추동물의 눈구조와 같이 진화는 수선하는 것과 같이 불완전하지만 가능한 해결책이 될 수 있도록 작용한다.

20.5.4 흔적구조들은 과거로부터 넘어온 유물로 설명될 수 있다 흔적구조가 있다는 것은 생명체 사이에 공통조상의 존재유무를 파악할 수 있도록 한다.

개념 20.6 유전자는 진화적 과정에서의 분자수준의 기록을 담고 있다

20.6.1 다윈의 이론은 연속적인 유전자 차이의 축적을 예견한다 유연관계가 가까운 생명체는 유사한 DNA와 단백질 서열을 공유한다.

개념 20.7 자연선택은 유사한 환경에서 생물체의 수렴진화를 보여준다

20.7.1 수렴진화는 자연계에서 흔히 발견되는 현상이다 수렴진화는 유사한 환경에 의한 선발압력 영향으로 종이나 집단사이에서 관찰된다. 오스트레일리아 유대류와 유사한 환경에서 서식하는 태반류는 서로 놀랄만큼 유사한 특징들을 보여준다. 다른 예로는 수상생물의 유체역학적 유선형 몸구조이다.

20.7.2 생물지리학은 진화의 다양성을 보여준다 군도에 자생하는 생명체는 근처에 있는 육지의 생명체와 유연관계가 가깝다. 하지만 섬의 국지적 환경 즉 생태환경적 차이로 다양한 진화적 분화가 빈번하게 일어난다.

개념 20.8 진화론에 대한 비평과 다윈의 이론에 대한 다양한 반대견해

20.8.1 다윈의 진화론에 대해 제기된 7가지 논쟁점 다윈의 자연선택에 의한 진화론은 생물학자들 사이에서는 보편적으로 받아들여지는 사실이다. 하지만 진화론에 대한 많은 비판적 견해와 반대론이 있어왔다. 그 비판적 견해들은 대부분 과학적이지 못하거나 진화가 작용하는 원리나 진화에 소요되는 시간에 대한 부정확한 이해에 기인한 것이다.

학습 과정 평가

개념 20.1 다윈이 연구한 방울새의 부리는 진화의 증거가 된다

이해

1. 다윈의 방울새는 자연선택에 의한 진화의 주목할 만한 사례 연구인데, 그 증거가 시사하는 것은?
   a. 새들은 갈라파고스에 이주한 많은 다른 종들의 자손이다.
   b. 새들은 갈라파고스에 이주한 단일한 종으로부터 퍼져 나갔다.
   c. 새들은 서로간보다 본토의 종과 더욱 밀접한 연관이 있다.
   d. 앞에 답 없음.

응용

1. 다음 중 개체군 내에서 자연선택에 의한 진화가 일어나기 위해 충족될 필요가 없는 조건은?
   a. 변이는 다음 세대에 유전적으로 전달되어야 한다.
   b. 개체군 내의 변이체는 번식성공도에 차별적 효과를 가져야 한다.
   c. 변이는 이성이 알아챌 수 있어야 한다.
   d. 변이는 개체군에서 반드시 존재한다.

종합

1. 중간크기 지상방울새의 부리 길이는 유전적 근거가 없다고 가정하고 그림 20.2b로부터 자손의 부리 길이와 어버이의 부리 길이 간의 관계를 이끌어 내어라.

개념 20.2 후추나방과 공업암화는 자연선택이 실제로 작용한다는 것을 보여준다

이해

1. 케틀웰(Kettlewell)이 버밍엄 부근의 산업지역에 동일한 수의 밝은색 나방과 검은 색 나방을 풀어놓고 나중에 그곳에서 나방을 다시 잡았을 때
   a. 검은 색 나방만 잡혔다.
   b. 밝은색 나방보다 검은 색 나방이 훨씬 더 많이 잡혔다.
   c. 검은 색 나방보다 밝은색 나방이 훨씬 더 많이 잡혔다.
   d. 검은 색 나방과 밝은색 나방이 같은 비율로 잡혔다.

응용

1. 만일 케틀웰이 나무줄기가 회색을 띠고 있는 약간 오염된 지역에서 관찰하였다면 나방 개체군과 관련하여 어떤 타당한 가설을 얻었을까?
   a. 검은 색 나방과 밝은색 나방이 별로 없고 많은 나방이 중간 형태의 색깔을 띤다.
   b. 검은 색 나방이나 밝은색 나방이 없다.
   c. 대부분이 밝은색 나방이다.
   d. 검은 색 나방과 밝은색 나방 그리고 중간 형태의 색깔을 띤 나방이 같은 수로 있다.

종합

1. 검은 색 나방의 빈도가 잉글랜드의 Caldy Common 지역과 미시간에서 같은 정도로 감소한 사실로부터 어떤 결론을 내릴 수 있는가?

개념 20.3 인간에 의한 인위선택은 변화의 강력한 수단이 된다

이해

1. 야생의 겨자식물 종에서 시작하여 인간은 콜리플라워, 브로콜리, 케일 그리고 양배추를 개발하였다. 다음 중 어떤 설명이 이러한 사실을 뒷받침하는가?
   a. 자연선택은 겨자식물에 결코 작용하지 않는다.
   b. 야생의 겨자식물에서는 자연적인 변이가 나타나지 않는다.
   c. 겨자식물은 인간이 인위선택에 의해 어떤 특징을 과장시킬 수 있도록 충분한 자연적 변이가 있다.
   d. a와 b 모두 맞다.

응용

1. 그림 20.6에 나타난 바와 같은 실험실에서의 인위선택실험은 무엇의 예인가?

a. 안정화 선택	b. 음성 빈도의존적 선택
c. 방향성 선택	d. 분단성 선택

종합

1. 그림 20.6에 나타낸 실험실의 인위선택을 참고하라. 이 실험에서 초파리속(*Drosophila*)의 한 개체군은 강모의 수가 적어서 선발되고 다른 개체군은 강모의 수가 많아서 선발되었다. 35세대에 걸쳐 개체군들의 평균이 크게 변화했을 뿐만 아니라 두 실험개체군의 모든 개체들이 처음 개체군의 범위 밖에 놓여 있음에 주목하라. 만일 강모의 수가 많은 초파리들만 교배하도록 하였다면 이 실험의 결과가 어떻게 되었을까?

개념 20.4 화석은 진화의 직접적 증거이다

이해

1. 화석기록의 공백은
   a. 지질학적 침전물의 연대를 추정할 수 없음을 나타낸다.
   b. 어떤 생물은 화석화될 가능성이 매우 낮다는 것을 가리킨다.
   c. 새로운 화석이 발견되어도 채워지지 않는 것이다.
   d. 진화론을 약화시키는 것이다.
2. 현대 말(*Equus*)의 진화를 가장 잘 설명한 것은?
   a. 시간이 지나면서 끊임없는 변화와 한 종에서 다른 종으로의 교체.
   b. 시간이 지나면서 많은 종이 사라지고 변화하는 계통의 복잡한 역사.
   c. 언제나 현존하는 말과 비슷한 계통의 단순한 역사.
   d. 앞에 답 없음.

응용

1. 진화를 통해 말의 발가락 수가 변화한 이점은?
   a. 서서 풀을 오랫동안 씹을 수 있게끔 해준다.
   b. 포식자로부터 도망갈 때 속도를 높여준다.
   c. 관목숲 속에서 방향을 잡을 때 엄청난 유연성을 제공해 준다.
   d. 높은 나무로부터 먹을 수 있도록 키를 높여준다.
2. 다음 중 전이 상태의 화석의 예가 아닌 것은?

a. 시조새(*Archaeopteryx*)	b. 초파리속(*Drosophila*)
c. 틱타알릭(*Tiktaalik*)	d. 암블로세투스(*Ambulocetus*)

종합

1. 말의 조상은 숲에 살던 작고 발가락이 많은 동물인 반면, 오늘날의 말은 넓은 평원에 살고 발굽이 하나인 큰 동물이다. 일련의 중

간화석들은 이러한 이행(transition)이 어떻게 일어났는지 보여주고 있으며, 이러한 이유 때문에 말의 진화를 다룬 이전의 많은 논의에서는 시간이 지나면서 발가락 수가 꾸준히 감소함과 동시에 몸의 크기가 꾸준히 증가하였다고 묘사하고 있다. 이러한 해석이 왜 틀렸을까?

개념 20.5 진화에 대한 해부학적인 증거는 광범위하고 설득력이 있다

이해

1. 상동구조는
   a. 둘 또는 그 이상의 종에서 볼 수 있는 공통조상의 동일한 구조로부터 기원된 구조이다.
   b. 서로 다른 종들에서 동일하게 보이는 구조이다.
   c. 서로 다른 종들에서 여러 다른 기능에 쓰일 수 없다.
   d. 서로 다른 종들에서 여러 다른 기능에 쓰여야 한다.
2. 5개월 된 사람 배아에서 미세한 털이 나타나는 것은 무엇을 가리키나?
   a. 임신의 그 시기에 자궁이 춥다.
   b. 사람은 털을 가진 조상으로부터 진화하였다.
   c. 털은 포유동물을 정의하는 특징이다.
   d. 배의 어떤 부분이 다른 부분보다 빠르게 생장한다.

응용

1. 딱정벌레의 많은 종들은 단단한 껍질 밑에 숨겨진 비기능적 날개를 갖고 있다. 다음 중 어떤 설명이 옳은가?
   a. 딱정벌레의 조상은 아마도 날 수 있었다.
   b. 숨겨진 날개는 흔적구조이다.
   c. 그 날개는 수렴진화의 결과이다.
   d. a와 b 모두 맞다.

종합

1. 사람의 구조 가운데 눈 이외에 사용하는 데 적합하지 않은 구조를 제시할 수 있는가?

개념 20.6 유전자는 진화적 과정에서의 분자수준의 기록을 담고 있다

이해

1. 시토크롬 *c* 분자시계는
   a. 산화적 대사가 진화한 시기를 맞춘다.
   b. 시토크롬 *c*의 진화적 변화 속도를 측정한다.
   c. 일정한 속도로 작동한다.
   d. 앞의 답 모두.
2. 두 종의 아미노산순서를 비교하였더니 거의 차이를 발견할 수 없었다. 이 결과가 암시하는 것은 두 종이
   a. 잡종을 형성하는 중이고 한 종이 될 것이다.
   b. 동일한 유전체를 갖고 있다.
   c. 비슷한 진화역사를 갖는다.
   d. 두 종이 동일한 돌연변이를 겪었다.

응용

1. 다윈의 방울새에서 특정 유전자의 DNA염기순서를 분석하였다. 다음과 같은 짝 가운데 염기순서의 차이가 가장 크게 나타날 것으로 예상되는 짝은 어느 것인가? 그림 20.3을 참고하라.
   a. *Geospiza fuliginosa - Geospiza fortis*
   b. *Cactospiza pallida - Cactospiza heliobates*
   c. *Cactospiza heliobates - Camarhynchus parvulus*
   d. *Cactospiza pallida - Platyspiza crassirostris*

종합

1. 그림 18.8에 보인 유전체 변이 양상에 관해 시간의 경과에 따른 진화 이외에 타당한 과학적 설명을 제안할 수 있는가?

개념 20.7 자연선택은 유사한 환경에서 생물체의 수렴진화를 보여준다

이해

1. 수렴진화는
   a. 안정화 선택의 예이다.
   b. 여러 다른 종이나 개체군에서 유사한 표현형 반응을 독립적으로 생기도록 한 자연선택에 의해 결정된다.
   c. 섬에서만 나타난다.
   d. 여러 다른 계열이 엄청나게 다양한 선택적 환경에 노출되었을 때 일어난다.

응용

1. 선인장과 등대풀(euphorb)은 모두 사막에 사는 다육식물이다. 서반구에서 발견되는 선인장은 잎이 변형된 가시(spine)를 갖고 있고, 동반구에서 발견되는 등대풀은 가지가 변형된 경침(thorn)을 갖는다. 선인장의 가시와 등대풀의 경침은
   a. 상동구조이다.　　b. 상사구조이다.
   c. 수렴진화의 결과이다.　　d. b와 c 모두 맞다.

종합

1. 태즈메이니아 늑대(thylacine)는 최근에 멸종되었다(마지막 개체가 동물원에서 1936년에 죽었다). 유대류인 태즈메이니아 늑대가 포유류인 늑대와 진화적 수렴의 예가 되는 증거는 무엇인가?

개념 20.8 진화론에 대한 비평과 다윈의 이론에 대한 다양한 반대견해

이해

1. 환원 불가능한 복잡성(irreducible complexity)의 주장은 무엇을 말하는가?
   a. 세포는 지능형 에이전트에 의해 만들어지지 않는 한 불가능하게 복잡하다.
   b. 세포는 너무 복잡해서 결코 이해할 수 없다.
   c. 자연선택은 복잡한 체계에서 작동할 수 없다.
   d. 앞에 답 없음.

응용

1. 열역학 제2법칙은 무질서가 증가한다고 말한다. 이러한 설명과 인체의 고도로 체계적인 조직들이 모두 단일한 세포로부터 발생하였다는 관찰을 어떻게 일치시킬 수 있을까?
   a. 인체는 폐쇄적인 에너지 체계가 아니다.
   b. 하나의 세포에는 아무리 많더라도 그 후손들과 동일한 유전정보가 들어있다.
   c. 열역학 제2법칙은 인간 발생에 의해 모순된다.
   d. 앞의 답 모두.

종합

1. 2005년에 생물학자 밀러(Ken Miller)는 법정에서 지적 창조(intelligent design)의 주장을 비판하였다. 지구상에 살았던 생물의 99.9%가 멸종되었음을 지적하고, 밀러는 "99.9%가 지속되지 않는 사물을 설계하는 지적 창조자는 분명히 아주 지능적이지 않다"라고 말했다. 밀러의 비평을 평가하라.

21 종의 기원

학습과정

서론

비록 다윈은 그의 저서에 “종의 기원”이란 제목을 달았지만, 실제로는 그는 이 책에서 그 자신이 “신비 중의 신비”라고 부른, 하나의 종이 어떻게 다른 종으로 분화하였는지에 대해서는 전혀 설명하지 않았다.

비록 다윈은 그의 저서에 "종의 기원"이란 제목을 달았지만, 실제로는 그는 이 책에서 그 자신이 "신비중의 신비"라 부른, 하나의 종이 어떻게 다른 종으로 분화하였는지에 대해서는 전혀 설명하지 않았다. 대신에 그의 이론은 자연선택에 의한 진화, 즉 하나의 종이 어떻게 변화하는 환경에 적응하는 과정을 통해서 긴 시간에 걸쳐 진화하는가를 설명하려는 것이었다. 이러한 적응과정은 진화를 통한 변화과정의 중요한 기작이긴 하지만, 하나의 종이 다른 종으로 변화하는, 종분화(speciation)라고 부르는 과정을 설명하지는 못한다. 우리가 이 장에서 살펴보게 되듯이, 적응은 종분화에 영향을 미칠 수는 있지만, 반드시 그래야만 하는 것은 아니다.

우리는 한 종이 다른 종으로 초래되는 방법을 논의하기 전에, 정확히 종이 무엇인지 이해할 필요가 있다. 종의 정의가 진화 생물학에 근본적으로 중요하더라도, 이 문제는 아직 완전히 해결되지 않았고 현재까지도 상당히 연구와 토론의 주제이다.

21.1 생물학적 종개념은 생식적 격리를 강조한다

종의 개념에 관한 어떠한 이론도 다음의 두 현상을 설명할 수 있어야 한다: 동일한 지역에서 같이 존재하는 서로 다른 종들의 특이성과, 다른 지역의 동일 종 집단 간의 연관성.

생물학적 종개념은 유전자 교환의 능력에 초점을 맞추고 있다

학습목표 21.1.1 생물학적 종의 개념에 대해 기초적으로 설명하기.

동소종은 같은 지역에 살지만 분리되어 유지된다

발코니나 뒷마당에 새 먹이통(특히 다양한 종류의 음식들이 포함되어 있을때)을 놓아두면 다양한 종류의 새들이 모여들 것이다. 예 를 들면, 미국 중서부에서 당신은 일상적으로 홍관조, 큰 어치, 솜털 딱따구리, 하우스 핀치 뿐만 아니라 여름에는 벌새도 볼 수 있다.

비록 주의 깊게 관찰하는데 며칠이 걸리겠지만, 당신은 곧 많은 다른 종의 새들을 쉽게 구별할 수 있다. 그 이유는 동일 지역에서 발생한(**동소적**이라 불리는) 종들은 표현형적으로 차이가 나거나, 서식지의 이용 지역이 다르거나, 다르게 행동하는 독특한 독립체라는 것이다. 이러한 관찰은 새들 뿐만아니라 다른 생명체에서도 일반적으로 나타나는 사실이다.

때때로 두 종은 거의 동일한 형태로 함께 발생하기도 한다. 이런 경우에 우리는 시각적 유사성들을 구분할 수 있는 것이 필요하다. 짝짓기 음성이나 각각의 종에서 분비되는 화학물질들 같이 표현형이외에 다른 것들을 관찰하여 그들의 차이를 구별해 낼 수 있다. 다시 말해서 우리가 그들을 구분하는데 문제가 있을 수 있지만, 생명체 자체는 이런 어려움이 없다

종의 개체군들은 지리적 차이를 나타낸다

단일 종 내 서로 다른 지역에서 발생한 개체군들은 뚜렷하게 구별된다. 이러한 특징의 그룹 개체는 **아종들(subtypes)**로 분류 될 수 있다(모호한 용어인 *race*는 유사한 의미를 함축하고 있지만, 더 이상 일반적으로 사용하지 않는다). 이들 개체군들이 서로 가까운 곳에서 발생하는 경우, 중간 지역의 개체는 종종 두 개체군의 특성이 조합하여 나타난다(그림 21.1). 다시 말해서, 비록 지리적으로 떨어져 있는 개체군은 뚜렷하게 다르게 나타나더라도, 그들은 보통 그들의 특징의 중간을 가진 중개 개체군에 의해 연결되어져 있다.

동소종의 특수성과 지리적으로 분리된 같은 종의 개체군간의 연관성 모두는 무엇을 설명 할 수 있을까?

한 가지 분명한 가능성은 각각의 종들은 오직 그들의 종에 속하는 다른 구성원들끼리만 유전적 물질을 교환한다는 것이다. 만약 동소종이 보통 서로 유전자를 교환한다면, 일반적으로 그들은 그렇지 않지만, 그들은 빠르게 어떤 특수성을 잃어버리게 될 것이다.

이것은 다른 종의 유전자 풀(종에 존재하는 모든 대립유전자들)이 섞임으로써 균질해지기 때문이다. 반대로, 단일 종의 지리적으로 먼 개체군의 유전자 확산을 통해 유전자를 공유하는 능력은 같은 종의 구성원으로 통합된 이들 개체군을 유지하게 한다.

그림 21.1 Milk 뱀의 지리적 변화, *Lampropeltis triangulum*. 아종 표현형이 서로 아주 다른 것처럼 보이지만, 이들은 중간 표현형 개체군에 의해 연결된다.

이러한 생각들을 바탕으로, 1942년 진화생물학자인 마이어(Ernst Mayr)는 **생물학적 종개념(biological species concept)**을 제시하였으며, 종은 "실제 또는 잠재적으로 상호 교배하는 자연개체군의 집단이며 다른 집단과는 생식적으로 격리돼 있다" 라고 정의 하였다.

다시 말해서, 생물학적 종의 개념은 생성된 자손이 번식력을 가질 때 교배한 구성원을 한 종이라 한다. 반대로, 생성된 자손이 번식력을 가지지 않으며 이를 **생식적으로 격리되었다(reproductuvely isolated)**라고 하고, 따라서 같은 종의 구성원이 아니다.

생식적 격리의 원인이 무엇인가? 만일 생명체가 이종 교배를 할 수 없거나 번식력을 가진 자손을 생성 할 수 없는 경우, 그들은 명확하게 다른 종에 속한다. 그렇지만, 별도의 종으로 간주되는 일부 개체군은 이종 교배할 수 있으며 번식력을 가진 자손을 생산할 수 있으나, 일반적으로 자연 상태에서 그렇게 되지 않는다. 그들은 여전히 생식적으로 격리된 것을 고려되어, 한 종으로부터 유전자는 일반적으로 다른 종의 유전자 풀에 들어가지 않을 것이다.

표 21.1은 성공적인 생식에 장벽들이 생길 수 있는 단계를 요약한 것이다. 이러한 장벽은 종간의 유전적 교환을 방지하기 때문에 **생식적 격리기작(reproductive isolating mechanisms)**라 한다. 접합체의 형성을 방지하는 **접합전 격리기작(prezygotic isolating mechanisms)**을 시작과 함께 바로 다음에 그들의 예를 논의할 것이다. 접합체 형성 후 접합체의 적절한 기능을 방해하는 기작은 **접합후 격리기작(postzygotic isolating mechanism)**이라 한다.

접합 전 격리기작은 접합체의 형성을 막는다

학습목표 21.1.2 다양한 형태의 접합전 격리기작을 구별하기.

접합체의 형성을 방지한 기작은 생태적 격리, 행동적 격리, 시간적 격리, 기계적 격리 그리고 생식세포 융합 방지를 포함한다.

생태적 격리

만약 두 종이 동일한 지역에서 발생하는 경우라면, 그들은 환경의 다른 부분을 사용하고 서로 마주치지 않아 혼성화 되지 않는다. 예를 들어, 인도에서 150년 전까지는 사자와 호랑이의 영역이 겹쳐져 있었다. 그럼에도 불구하고, 자연적인 잡종이 기록되지 않았다. 사자는 드넓은 초원에서 주로 생활하며, 사자 무리로 사냥한다; 호랑이는 숲에서 단독 생활을 하는 경향이 있다. 때문에 그들의 생태와 행동의 차이로 호랑이와 사자는 자신들의 영역이 수천 제곱 킬로미터로 중복되어도, 서로 직접 접촉하지 않았다.

다른 예로는, 두 종류의 두꺼비인 *Bufo woodhousei*와 *B. americanus*의 영역은 같은 지역에서 겹쳐져 있다. 두 종은 잡종 자손의 형성이 가능하지만, 그들이 번식을 위한 서식지 사용은 다른 곳을 이용하기 때문에 일반적으로 잡종을 형성하지 않는다. *B. woodhousei*는 흐르는 물에서 번식을 선호하고, *B. americanus*는 빗물 웅덩이에서 번식하는 것을 선호한다.

비슷한 상황은 식물들 사이에서도 일어난다. 참나무의 두 종은 캘리포니아에서 널리 존재한다: 밸리 오크 *Quercus lobata* 와 구골나무 *Q. dumosa*. 35m 높이까지 자랄 수 있는 우아한 낙엽나무인 밸리 오크는 초원의 완만한 경사와 계곡 바닥의 비옥한 토양에서 발견된다. 이와 대조적으로, 구골나무는 상록 관목으로 보통 1~3m로 성장하며, 종종 덤불이라 알려진 빽빽한 관목을 형성한다. 구골나무는 가파른 경사면의 덜 비옥한 토양에서 서식한다. 서로 다른 참나무는 잡종을 형성하고 충분히 번식력을 가질 수 있으나 그런 경우는 드물다. 부모들의 뚜렷하게 구분된 서식지가 함께 잡종 자손의 발생을 제한하고 잡종이 번성할 수 있는 중간 서식지가 거의 없다.

표 21.1 생식격리 기작

기작		설명
접합전 격리기작		
생태적 격리		종은 같은 지역에서 출현하지만 다른 서식지에 거주하고 서로간에도 마주하기 힘들다.
행동적 격리		종은 나름의 독특한 교배 습관을 가지고 있다.
시간적 격리		종은 다른 계절이나 다른 시간대에 생식한다.
기계적 격리		구조적인 차이는 종간의 교배를 방지 한다.
생식세포 융합 방지		한 종의 생식세포는 다른 종의 생식세포 또는 다른종의 생식 기관내에서 제대로 작동하지 못한다.
접합후 격리기작		
잡종의 생존 불가능 또는 불임		잡종 배아는 정상적으로 발달하지 않고, 잡종은 자연에서 생존할 수 없거나 불림 혹은 생식력이 감소된다.

행동적 격리

37장에서 동물의 일부 그룹의 정교한 구애와 짝짓기 의식에 대해 설명하고 있다. 조류와 같이, 여러 생물의 많은 종은 그들이 같은 장소에 거주하는 경우에도 종의 특성을 유지하는 경향이 있으며 서로 다른 구애 의식을 가진다(그림 21.2). 예를 들어, 청둥오리와 고방오리는 아마도 북미지역에서 가장 일반적인 두 종류의 담수 오리이다. 사육 상태에서 그들은 번

식 가능한 잡종자손을 형성하지만, 자연에서는 그들은 나란히 둥지를 틀지만 잡종을 만드는건 거의 드물다.

동소종은 다양한 방법으로 다른 종의 구성원과의 짝짓기를 피한다; 생각할 수 있는 모든 의사소통 방식은 어떤 종에서 사용하는 것으로 나타난다. 시각적 신호의 차이는 일반적이나, 많은 동물들은 의사소통을 위해 다른 감각 방식에 더 의존한다. 개구리, 새 ,그리고 다양한 곤충들과 같이 많은 종들은 소리로 짝을 유혹한다. 예상된 일이지만, 이 동물의 동소종은 서로 다른 소리를 생성한다. 마찬가지로, 풀잠자리의 "노래" 는 포란기를 위해 그들의 복부 표면에서 진동시켜서 만들며, 동소종은 다른 진동 패턴을 생성한다(그림 21.3).

다른 종은 **페로몬(pheromones)**이라 불리는 화학적 신호를 감지한다. 나방에서 페로몬의 사용은 특히 잘 연구되었다. 나방의 암컷이 수컷을 이끌 때, 그들은 페로몬을 방출하고 수컷은 먼 거리에서도 감지할 수 있다. 동소종들은 생성하는 페로몬이 다르다: 그들은 다른 화학 화합물을 이용하거나 만약 같은 화합물을 사용하면, 사용되는 비율이 다르다. 실험실 연구에서 수컷은 다른 종이나 심지어 유사하게 합성된 화합물로부터 두드러지게 자신의 종의 페로몬을 구분하게 숙련된 것으로 나타났다.

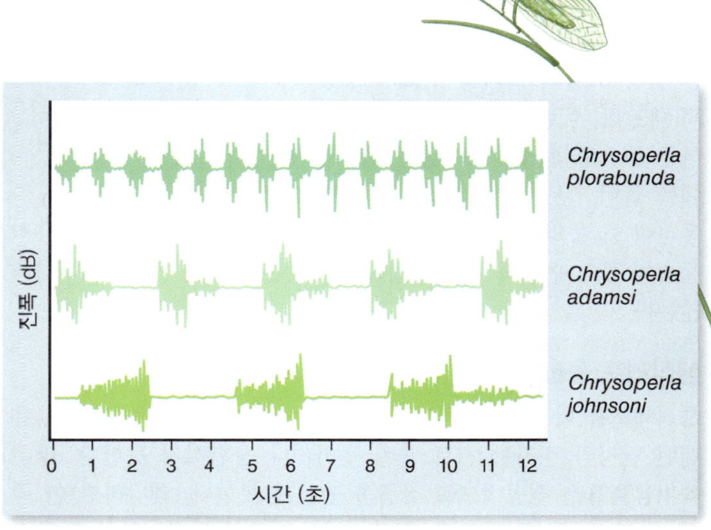

그림 21.3 풀잠자리의 동소종 구애 노래는 다르다. 풀잠자리는 복부 표면을 진동에 의해 생성된 청각신호에 의존적인 작은 곤충이며 포란기의 짝이 이끌리게 된다. 기록을 보면 다른 동소종에서 진동 패턴이 다른 것을 보여준다. 나뭇가지 같은 단단한 표면을 투과하는 부르는 소리를 감지하는 암컷은 다른 종이 부르는 소리를 구분할 수 있으며, 오직 자신에게 속한 종의 부름에만 응답한다.

어떤 종은 심지어 전기적 감지 능력을 사용한다. 아프리카와 남아시아 전기 물고기는 독립적으로 꼬리에 전기적 생산물을 방출하고 그들의 피부로 이를 감지하는 전기적 감지 능력이 있는 특별한 장기를 가지게 진화해 왔다. 이러한 방출은 사회적 상호작용에서 의사소통을 하는데 사용한다.; 현장 실험에서 수컷은 자신과 다른 종의 신호 생성물을 구별할 수 있으며, 기본적으로 대개는 전지적 진동의 타이밍이 다르다.

그림 21.2 구애 의식의 차이는 관련 있는 새 종을 분리할 수 있다. 갈라파고스의 푸른 발을 가진 부비새는 정교한 구애표시를 한 후 자신의 짝을 선택한다. 수컷이 의식적으로 높은 계단에서 그의 발을 올려 자신의 밝고 푸른 발을 과시한다. 갈라파고스에서 발생한 부비새의 두 다른 종 행동이 매우 달랐으며, 발의 색은 그대로였다.

시간적 격리

야생상추의 두 종인 *Lactuca graminifolia*와 *L. canadensis* 는 미국 남동부에 걸쳐 도로변을 따라 함께 성장한다. 이 두 종 사이의 잡종은 실험적으로 쉽게 만들어지고 완벽하게 생식이 가능하다. 하지만 *L. graminifolia* 의 꽃은 초봄에 *L. canadensis*은 여름에 피어나기 때문에 이러한 잡종은 자연적으로 드물다. 그들의 가끔 개화시기가 겹쳐질 때, 두 종은 잡종을 만들고, 그것들은 지역적으로 풍부하게 될 것이다.

밀접한 관계인 양서류 종들은 잡종화를 방지하기 위해 다른 번식 철을 가진다. 예를 들어, *Rana*속 개구리의 다섯 종은 미국 동부의 대부분에서 함께 발생하지만, 잡종은 드물게 나타나는데 이는 번식하는 절정의 시기가 다르기 때문이다.

기계적 격리

구조적 차이는 몇몇 동물이 관련 종과의 사이에 짝짓기를 예방한다. 크기와 같은 명백한 특징 외에도, 암컷과 수컷의 교미기관의 구조는 호환되지 않는다. 많은 곤충들과 다른 절지동물 군에서 생식기관은 특히 수컷에서 종을 구별하기 위한 1차 기저로서 이용되도

록 매우 다양하다.

유사하게, 동종의 식물들의 꽃들은 종종 그들의 크기와 구조가 상당히 다르다. 이런 차이들은 한 종에서 다른 종으로 꽃가루의 이동을 제한한다. 예를 들어, 꿀벌들은 그들의 몸에 특정 장소를 이용하여 한 종의 꽃가루를 운반할 수 있다. 만약 이 장소가 다른 식물종의 꽃의 수용적 구조에 접촉하지 않는다면 꽃가루는 옮겨가지 않는다.

생식세포 융합 방지

생식세포를 바로 물로 떨어뜨리는 동물에서 다른 종들로 부터 유래된 난자와 정자는 서로 붙지 못하거나 융합하지 못한다. 많은 육지동물들은 성공적으로 잡종을 만들지 못한다. 왜냐하면 한 종의 정자는 다른 종의 생식 기관 내에서 저조하게 기능하여 절대 수정이 일어나지 않기 때문이다. 식물에서, 화분관의 성장은 다른 종 사이에서 잡종교배를 지연 시킨다. 식물과 동물 양쪽에서, 성공적인 짝짓기 후에도, 이와 같은 격리 기작은 생식세포의 결합을 방해한다.

접합 후 격리기작은 생식력 있는 성체로의 정상적인 발달을 막는다

학습목표 21.1.3 접합후 와 접합전 격리 기작을 구별하기.

우리가 지금까지 언급한 모든 요인은 잡종교배를 방지하는 경향이 있다. 잡종교배가 일어나거나 접합자가 생성될 경우, 여전히 많은 요소들이 접합자가 생식력 있는 개체나 정상적인 기능을 하지 못하도록 방해한다.

이 과정은 매우 복잡하다. 잡종교배에서, 두 종의 유전적 보완은 매우 다르기 때문에 일반적으로 배아 발달에서 함께 작용할 수 없다. 예를 들어, 양과 염소 사이의 잡종은 항상 초기 배아 단계에서 죽은 배아를 생산한다.

미국 동부의 **표범개구리**(*Rana pipiens complex*)는 오랜 기간 동안 동일한 종으로 추정되는 유사한 종들이 모여 있다**(그림 21.4)**. 그러나 정밀한 조사에서 개구리는 비슷해 보이지만 그들 사이의 성공적인 짝짓기는 수정된 난자가 발달하면서 문제가 발생하기 때문에 드문 것으로 나타난다. 많은 잡종 조합이 실험실에서 생산할 수 없었다. 이런 경우는, 유사한 종에서 식물의 잡종교배 실험의 결과에서도 흔하게 나타난다. 때때로 잡종 식물의 배아는 발생 초기 단계난 인공 배지에서 키울 때에 없어질 수 있다. 이 잡종들은 다른 여분의 영양분을 공급받거나 약하거나 치사에 대하여 다른 보충물로 보상 받을 때에, 정상적으로 발달 할 수 있을 것이다.

잡종들이 배아 단계에서 살아남을 수 있다고 하더라도, 그들은 여전히 정상적으로 성장할 수 없다. 만약 잡종이 그들의 부모보다 덜 건강하다면, 그들은 자연에서 틀림없이 없어지게 될 것이다. 잡종이 활발하거나 강하다고 할지라도 암컷 말과 수컷 당나귀 사이에서 태어난 노새의 경우처럼, 여전히 불임이고 다음 세대를 생

그림 21.4 표범개구리의 접합후 격리. 이 4가지 종들은 그들의 피부의 특징이 밀접하게 닮아 있다. 이 종의 몇몇 쌍 사이에 잡종들은 실험실에서 결함이 있는 배아를 생성하는 것이 발견되었을 때, 별개의 종의 상태를 처음 의심하였다. 후속 연구에서 4종의 짝짓기 음성은 상당히 다르다고 밝혀졌으며, 이것은 종들이 접합전 격리와 접합후 격리 방식 모두 가지고 있는 것을 가리킨다.

산할 수 없다.

잡종은 생식기관의 발달이 비정상적이기 때문에 불임이다. 이는 각자의 부모에게서 받은 염색체의 감수분열동안 제대로 짝짓기 못했거나 다른 다양한 이유들 때문이다.

생물학적 종개념이 모든 관찰을 설명하지는 않는다

학습목표 21.1.4 생물학적 종개념의 취약점 설명하기.

생물학적 종개념이 자연에서 종의 존재를 이해하는 효과적인 방법인 것이 입증되었다. 그럼에도 불구하고, 이것은 모든 관찰을 고려하는데 실패했다.

생물학적 종개념의 비판 중 하나는 모든 종의 생식적 격리 정도에 관한 것이다. 정의에 따르면 생물학적 종개념 속에는 다른 종과는 상호교배하지 않고, 많은 자손을 생산한다. 그러나 최근 생물

학자의 연구에서 종간 잡종 형성 양이 이전에 생각한 뚜렷한 생물학적 독립체로서 공존하는 개체군 사이에 발생하는 것 보다 많음이 확인 되었다.

식물학자들은 항상 식물 종들이 종종 상당한 잡종교배를 겪는다는 것을 알고 있었다. 예를 들어, 한 연구에 포함된 캘리포니아 식물 종의 50% 이상이 유전적 격리에 의해 잘 정의 되지 않았다. 이 유전적 격리를 제외한 공존은 오래 지속될 수 있다: 화석 자료는 발삼 포플러와 미루나무가 2백만년 동안 뚜렷한 표현형을 갖는다고 보여준다, 그러나 그들은 또한 이 기간 동안 일상적으로 잡종을 생산하였다. 결과적으로, 많은 식물학자들은 생물학적 종개념은 오직 동물에만 적용된다고 오랫동안 느껴왔다.

그러나 새로운 증거는 더욱더 동물에서 또한 잡종교배는 흔히 일어나는 것으로 나타났다. 최근 몇 년 동안 동물 종 사이의 상당한 잡종이 기록되어 왔다. 최근의 한 조사에서 세계의 9500종의 새의 10%가 자연에서 잡종교배를 한다고 알려진 것으로 나타났다.

갈라파고스 핀치들이 특히 좋은 실험 예시를 제공한다. 다프네 섬의 세 종은-중간 땅 핀치새, 선인장 핀치, 그리고 작은 땅 핀치새- 형태학상으로 매우 가깝다. 그리고 그들은 다른 생태학적 지위을 차지한다. Peter와 Rosemary Grant에 의해 지난 20년 이상 연구된 바에 의하면, 평균적으로, 2%의 중간 땅 핀치 와 1%의 선인장 땅 핀치는 매년 다른 종과 짝짓기를 한다. 또한, 잡종자손은 생존기간이나 다음 세대로의 생식에 아무런 단점이 없는 걸로 나타난다. 이것은 사소한 유전적 교환이 아니라, 종들이 유전적으로 변하기 쉬운 개체에 합쳐진 것을 예상할 수 있다.-그러나 부모 종들은 그들의 독특성을 유지하고 있다.

잡종교배가 동물세계에 만연하는 것은 아니다. 거의 대부분의 새 종들은 잡종교배를 하지 않는다. 그리고 아마 중요한 잡종교배의 수는 훨씬 소수일 것이다. 그럼에도 불구하고, 잡종교배는 생식적 격리가 종의 무결성을 유지하는 유일한 힘 인지에 대해 의문을 제기할 정도로 흔하다.

자연선택과 생태학적 종개념

대립 가설은 종들 사이의 차이는 자연선택에 의해 유지가 되는 것이라고 제안했다. 이 가설은 각각의 종이 자신만의 특별한 환경에 적응했다는 것이다. 19장에서 언급된 안정화 선택은 다음에 종의 적응을 유지한다. 잡종교배는 다른 종으로부터 종의 유전자 풀로 도입된 대립유전자는 자연선택에 의해 빠르게 제거되기 때문에 거의 영향을 미치지 않는다.

19장에서 보았듯이, 이 보기의 문제는 유전자 확산과 자연선택 사이의 상호작용은 많은 결과를 가질 수 있다는 것이다. 강한 선택은 유전자 확산의 어떤 효과들도 제압할 수 있다. 그러나 유전자 확산 또한 집단에서 덜 성공적인 대립유전자가 제거되는 것을 막을 수 있다. 그래서, 일반적인 생태학적 종개념은 비록 몇몇 생물이나 서식지에 대해서 생물학적 종개념보다 더 잘 설명할 수 있을지는 모르지만 더 유용하지는 않다.

생물학적 종개념의 다른 취약점

생물학적 종개념은 다른 이유들로 비판을 받아 왔다. 예를 들어, 자연에서 지리적으로 나눠진 개체군에 개념을 적용하는 것은 어렵다. 왜냐하면 이 개체군의 각 개체들은 서로 접하지 않기 때문에, 그들이 자연적으로 이종 교배 하는지 아닌지를 관찰하는 것은 어렵다.

비록 실험에서 임신 가능한 잡종의 생산이 가능한지 아닌지 결정할 수 있지만 정보가 매우 부족하다. 자연에서 이종 교배 없이 공존하는 많은 종은 실험실이나 동물원에서 인공적인 장비로 잡종교배를 할 수 있다. 결과적으로, 다른 종으로 여겨지는 개체군를 평가하는 것은 궁극적으로 개인적인 판단에 따른 결정이다. 또한 이 개념은 이름이 내포하고 있는 의미보다 더 제한적이다. 많은 생명체는 무성이거나 짝짓기 없이 생식한다. 그러므로 생식적 격리는 이런 생명체에는 아무런 의미가 없다.

이런 이유들로 다른 의견들의 다양성은 정의된 종에 대한 기준을 규명하기 위해서 가치를 가진다. 많은 것들이 생물체의 특정한 유형에 해당되며, 아무것도 보편적인 적용가능성이 없다. 실제르, 종의 독자성을 유지하는 특정한 설명서는 존재하지 않는다. 생물학의 모든 측면에서 식물, 동물, 미생물의 분명하고 믿을 수 없는 다양성은 다른 생물체에서 다른 과정이 작동한다는 사실은 놀라운 일이 아니다.

게다가, 몇몇 과학자들은 개체군의 진화 역사를 조사하기 위해 종간의 차이를 유지하는 과정을 강조한다. 이 계통발생학적인 종개념은 커다란 논쟁거리이며 22장에서 더 다룰 것이다.

개념 정리 21.1

종은 다른 개체로부터 뚜렷이 다른 생물의 모임이다. 생물학적 종개념은 그들의 상호교배하는 능력에 기초를 둔 종의 구분법이다. 생식적 격리 방법은 종 사이의 잡종교배를 성공적으로 예방한다. 생태학적 종개념은 종의 분리를 유지하는 힘으로 적응과 자연선택에 의존한다.

- 어떻게 유전자를 교환하는 능력이 동소종에서는 다름을 유지하는 반면에 한 종의 지리학적인 개체군에서는 연결성을 유지하는지를 설명하시오?

자연선택은 생식적 격리를 보강할 것이다

진화에서 가장 오래 된 질문은: 어떻게 하나의 조상이 되는 종이 두 개의 후손 종으로 나뉘어 지는가(그 과정을 분기 진화라 정의)?

만약 종이 생식적 격리에 따라 정의 된다면, 종분화 과정은 생식적 격리 기작과 동일할 것이다.

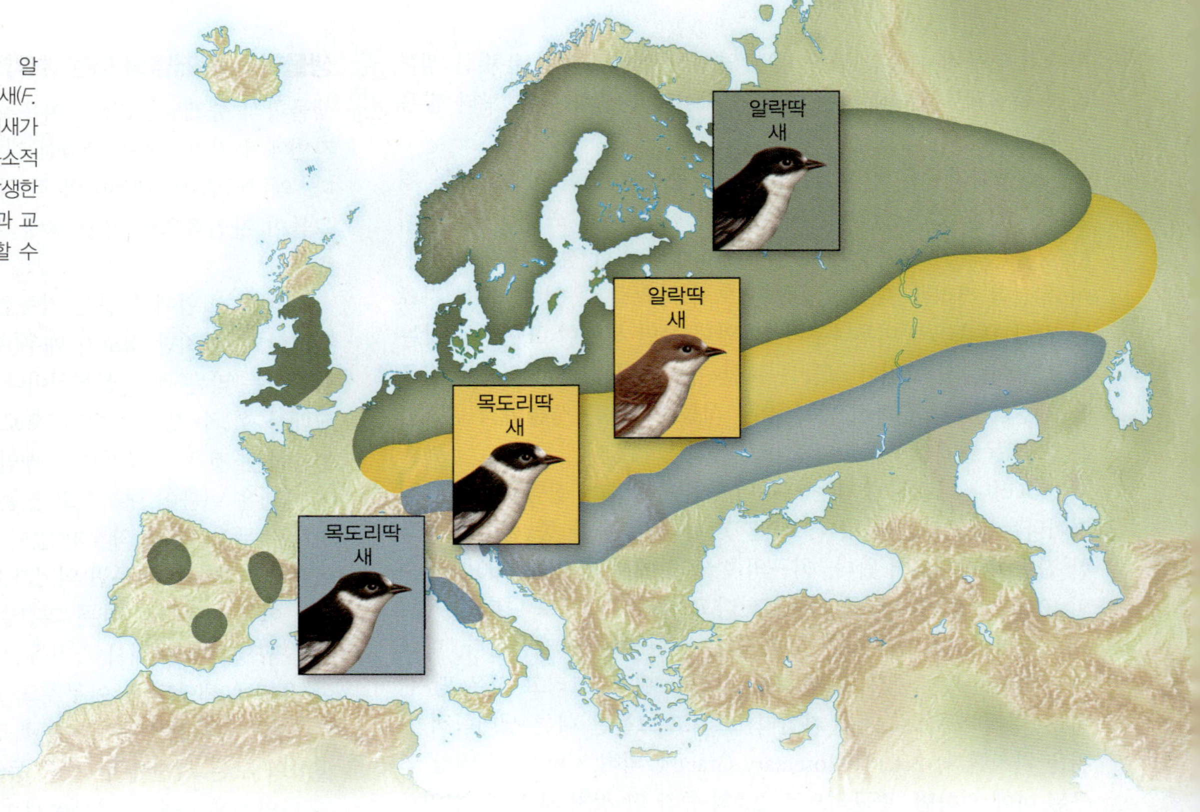

그림 21.5 유럽 딱새에서의 강화. 알락딱새(*Ficedula hypoleuca*)와 목도리딱새(*F. albicollis*)는 독자적으로 발생했을 때, 생김새가 매우 유사하게 나타난다. 그러나 두 종이 동소적(지도상에 노란색으로 표시된 지역)으로 발생한 장소에서는 개체가 그들의 소속 집단의 종과 교배 상대를 고르면서 잡종을 만드는 걸 피할 수 있게 다른 색상과 패턴으로 진화한다.

선택은 격리를 강화하는 기작으로 작용했을 것이다

학습목표 21.2.1 자연선택이 어떻게 생식격리를 강화했는지 설명하기.

종의 형성은 지속적인 과정으로, 결과적으로 보면 두 개의 집단이 단지 부분적으로 생식적 격리가 이루어진 것이다. 예를 들어, 행동적이거나 생태적인 차이로 인해 두 집단의 개체는 그들의 소속된 집단 내에서 교배하기 좀 더 쉬울 것이지만 여전히 집단 간에도 일어난다. 만약 교배가 일어나 수정란을 만드는 생식이 일어난다면 수정 후 장벽은 아마도 불완전할 것이다: 발생학적 문제가 태아의 생존율 저하나 생식력 감소로 나타나겠지만 몇몇 개체는 아마도 생존해 생식능력을 갖추게 될 것이다.

두 집단의 접촉은 격리 기작이 이미 진화된 정도에 따라 달라진다. 만약 모든 집단에서 격리 기작이 진화되지 않았다면, 두 집단은 자유롭게 상호 교배할 것이고, 다르게 진화를 했더라도 유전자 상호교환이 두 집단을 동조화하듯이 그 차이는 시간이 흐르면서 사라질 것이다. 바꾸어 말하면, 만약 집단이 완전히 생식격리 되었다면 유전자 상호교환은 발생하지 않았을 것이며, 주 집단은 다른 종으로 남았을 것이다.

어떻게 강화가 종분화 과정을 끝낼 수 있을까

생식적 격리가 완전하진 않지만 일부 진화한 중간단계가 아마도 가장 흥미로운 상황일 것이다. 만약 잡종이 부분적으로 불임이거나 그들의 부모처럼 서식지에 잘 적응하지 못한다면 그들은 불리해 질 것이다. 개체는 좀 더 성공적인 자손을 생산하기 위한 교잡에 관여할 수 없기 때문에, 선택은 부모 집단에서 대립 형질을 선호할 것이다.

접합전 격리 기작의 지속적인 개선은 두 집단이 완전히 생식격리 될 때까지 이어졌을 것이다. 초기 불완전한 격리 기작이 자연선택에 의해 그들이 완전히 유효할 때까지 보강되기 때문에 이 과정을 **강화(Reinforcement)**라고 한다.

강화의 예로 알락딱새와 목도리딱새가 있다. 동유럽과 유럽 중앙에 걸쳐 이 두 종의 새는 지리적으로 분리되어(**이소적, allopatric**) 있으면서 매우 유사한 색상을 하고 있다(그림 21.5). 그러나 체코슬로바키아에서 두 종은 함께 발견되고 종종 잡종교배를 통해 매우 낮은 생식력을 갖는 자손을 낳는다. 그 지역에서 이 종들은 상호간에 매우 다르게 진화했고, 새들은 그들의 소속된 집단 색깔을 가지고 있는 개체와의 교배를 선호한다. 반대로, 이소적 집단의 새들은 이소적 색깔 패턴을 선호한다. 색깔 차이의 결과로 동소적 교잡 비율은 극히 낮다. 이 결과들은 두 종의 집단이 접촉했을 때, 자연선택이 색상에서 차이가 있게 진화를 이끈, 행동적, 접합전 격리 진화의 결과라는 것을 의미한다.

어떻게 유전자 확산은 종분화와 반대일까

강화가 필연적이지는 않다. 불완전하게 분리된 집단이 함께 했을 때, 유전자 확산은 그들 사이에 바로 발생하기 시작한다. 만약에 그 종들이 이미 완전하게 생식격리 되었다면, 잡종 자손이 열등하더라도 완전히 생존 불가능하거나 생식불능이지는 않다.

이들 생존한 잡종이 집단의 다른 일원과 생식을 했을 때, 그들은 집단사이의 유전자 교환 루트 역할을 할 것이고, 두 집단은 그들의 유전적 변별력을 잃게 될 것이다. 그래서, 종은 계속된다: 유전자 확산이 두 집단 사이의 차이를 없애기 전에 생식격리가 완전하게 진화할 수 있을까? 전문가들은 이러한 가능성 있는 결과에 동의하지는 않지만, 많은 사람들은 덜 보편적인 결과로 강화를 생각한다.

개념 정리 21.2

자연선택은 동소적 집단사이에 두드러진 접합전 생식 격리의 진화를 선호할 것이다. 이러한 현상을 강화라고 정의하는데, 그것은 집단이 완전히 생식적 격리가 되게 이끌 것이다. 그러나, 반대로 집단 사이의 유전자 교환은 집단 사이의 유전적 차이를 감소시켜 발생할 수 있는 종분화를 막았을 것이다.

- 생식적 격리의 초기 수준이 어떻게 두 집단이 동소적으로 되었을 때 일어나는 강화의 개연성에 영향을 미쳤을까?

21.3 자연선택과 유전적 부동이 종분화에 중요한 역할을 한다

자연 선택은 종분화 과정에서 어떤 역할을 하는가? 분명히, 강화과정은 완전한 생식적 격리의 진화를 선호하는 자연선택에 의해 이루어진다. 그러나 강화는 일반적이지 않을 수 있다. 강화 이외의 상황에서, 자연 선택은 생식적 격리 기작의 진화에 중요한 역할을 하는가?

무작위적 변화와 적응 모두 분리 및 분화로 이어질 수 있다

학습목표 21.3.1 자연선택과 유전자 부동이 종분화에 미치는 영향을 비교하기.

무작위적 변화는 생식적 격리를 야기할 수 있다

집단은 우발적인 이유로 분리될 수 있다. 유전적 부동, 창시자효과, 그리고 집단 병목현상 모두가 생식적 격리을 야기하는 형질 변화를 이끌어 낼 수 있다.

예를 들어, 하와이 군도에서 초파리와 가까운 종은 때때로 그들의 구애 행동은 크게 다르다. 초파리가 새로운 섬으로 이주하여 군체를 형성하는 것은 대개 창시자 효과가 관여되며, 하나 또는 몇몇 파리들(아마도 오직 임신하고 있는 암컷)은 강한 바람에 의해 새로운 섬으로 날려졌을 수도 있다. 조상과 자손 집단의 구애행동 차이는 창시자효과의 결과일 것이다.

충분한 시간이 주어질 때, 어떤 두 고립된 집단은 유전적 부동에 의해 갈라질 것이다(큰 집단도 부동이 일어나지만 작은 집단에 비해 적음을 기억해라). 경우에 따라 이런 무작위적 분리는 생식적 격리에 의해 유발되는 형질에 영향을 미칠 수 있으며, 종분화가 발생할 수 있다.

적응은 종분화를 이끌 수 있다

비록 무작위적 과정이 때때로 원인일 수 있지만, 많은 경우에 대개는 자연선택이 종분화 과정에서 역할을 수행한다. 종의 집단들이 다른 환경에 적응함으로써, 그들은 아마 생식적 격리를 야기할 수 있는 많은 변화가 축적된다. 예를 들어, 만일 습한 환경에 적응한 파리의 한 집단과 건조한 환경에 적응한 또 다른 집단이 있다면, 자연선택은 생리적, 감각적 형질의 차이들에 부합하는 다양한 것을 선호할 것이다.

또한 선택은 직접적으로 짝짓기에 영향을 줄 수 있다. 예를 들어, 수컷 아놀 도마뱀은 암컷에게 구애할 때 치마목덜미라 불리는 목 아랫부분의 다채로운 색의 피부가 확장 된다(그림 21.6). 다른 아놀도마뱀의 치마목덜미를 보는 도마뱀의 능력은 치마목덜미의 색뿐만 아니라 아놀도마뱀의 발생에도 좌우된다. 예를 들면, 밝은 색의 치마목덜미는 어두운 숲에서 빛을 반사해 나타내는게 가장 효과적인 반면에 어두운 색은 밝은 서식지의 섬광에서 더 분명하게 나타난다. 결과적으로, 이 도마뱀들이 새로운 서식지에 거주하게 되면, 볼 수 없는 치마목덜미를 지닌 수컷은 소수의 이성에게만 매력을 끌 수 있기 때문에 자연선택은 치마목덜미 색의 진화적 변화를 선호한다. 하지만 아놀도마뱀은 또한 치마목덜미의 색으로 다른 종으로부터 자신의 구성원을 분명히 구별한다. 그러므로 새로운 환경에서 짝짓기 신호에 적응 변화는 선조의 환경에 집단으로부터 생식적 격리를 야기하는 부수적인 결과를 가질 수 있다.

실험실에서 연구자들은 초파리와 같은 생식 주기가 짧은 생명

그림 21.6 카리브해의 아놀도마뱀의 다른 치마목덜미. 수컷은 모두 영토와 구애표현에 자신의 치마목덜미를 사용한다. 공존하는 종들은 거의 항상 종 인식에 사용하는 치마목덜미가 다르다. 왼쪽 두 종의 치마목덜미와 같이 진한색은 열린 서식지에서 더 잘 보이며, 반면에 밝은 색을 가진 오른쪽 두 종은 어두운 환경에서 쉽게 볼 수 있다.

체들을 각 시험 용기에 넣어 집단에서 격리 시킨 후 얼마나 많은 생식적 격리가 진화되는지 측정하는 실험을 수행하였다. 이 실험들의 결과는 유전적 부동 그 자체가 어느 정도 생식적 격리를 초래할 수는 있지만 일반적으로 생식적 격리는 집단들이 다양한 실험실 환경(예를 들어 온도와 음식 종류)에 적응하도록 강요되면 더 빨리 진화된다는 것을 보여주었다. 이 실험에서 자연선택은 직접적으로 생식적 격리를 유발하는 형질들을 선호하지 않지만, 적응 분산의 부수적 효과는 다른 환경의 집단들을 생식적으로 격리되도록 한다. 이러한 이유로, 일부 생물학자들은 격리 기작(*isolating mechanisms*)이란 용어는 형질들이 종의 유전적 분리만을 목적으로 진화한다는 것을 암시하기 때문에, 강화의 경우를 제외하고는 대부분의 경우 잘못 쓰여지고 있다고 믿는다.

개념 정리 21.3

유전적 부동은 집단의 유전적 생산을 무작위적 변화함을 나타낸다. 고립된 집단은 결국 유전적 부동 때문에 분기된다. 서로 다른 환경에 적응도 집단이 서로 생식적 격리가 발생 할 것이다.

- 생식적 격리의 진화는 강화 과정과 어떻게 다른가?

21.4 종분화는 지리적 영향을 받는다

지금까지는 전적으로 생물학적 관점에서 생식적 격리를 논의하였다. 이것은 사실 너무 단순화 된 것이며, 지리 또한 생식적 격리 과정에 영향을 줄 수 있다. 같은 장소에 있지 않은 개체는 고립된 것으로 정의된다.

개체군은 지리적으로 격리될 때 이소적 종분화가 일어난다

학습목표 21.4.1 이소적 종분화와 동소적 종분화 비교하기.

종분화는 두 부분으로 진행된다. 첫째, 초기에 동일한 개체수로 갈라져야 한다. 그리고 둘째, 생식적 격리는 이러한 차이를 유지하며 진화해야한다. 우리가 보았듯이. 이 과정의 어려움은 집단 간에 유전자 확산에 의한 균질화 효과가 끊임없이 일어나 유전적 부동 또는 자연선택에 의해 생긴 어떤 차이던 상쇄한다는 것이다. 유전자 확산은 오직 접촉하는 집단 사이에서 발생한다. 그러나 집단은 다양한 이유에 의해 지리적으로 격리될 수 있다(그림 21.7). 그 결과, 진화생물학자들은 개체군이 지리적으로 격리 될 때 훨씬 더 많은 종분화가 일어날 것이라고 오랫동안 인정하였다.

마이어는 지리적 격리된(이소적) 집단들은 훨씬 더 다르게 진화되어져 종분화를 이끌어낸다는 것을 밝힌 첫 번째 생물학자이다. 생명체와 장소의 많은 다양한 데이터를 모아, 마이어는 종분화의 주요 수단으로 이소적 종분화에 대한 강한 케이스를 만들었다.

예를 들어, 작은 천국의 물총새는 섬의 지형과 큰 기후변화에도 불구하고, 뉴기니 전반에 걸쳐 조금 다르다. 이와 대조적으로, 인근 섬에 고립된 집단은 본토 집단과 현저하게 다르다(그림 21.8). 따라서, 지리적 격리는 개체군 간의 다른 진화를 위한 중요한 필요조건이었던 것으로 보인다.

많은 다른 예들은 분화가 이소적 조건에서 발생할 수 있음을 보여준다. 우리는 부동 이나 선택에 의해, 시간이 지남에 따라 집단이 고립될 것을 예상하기 때문에 이 결과는 놀라운 일이 아니다. 오히려, 더 흥미를 자아내는 질문이 적절하다: 종분화가 일어나기 위해서 지리적 격리가 꼭 필요한가?

a.

b.

c.

그림 21.7 집단은 다양한 이유로 지리적으로 고립될 수 있다. **a.** 멀리 떨어진 곳에서 정착하는 하나 또는 몇 개체의 유입으로 집단을 형성할 수 있다. **b.** 이동에 대한 장벽에 의해 고립된 집단은 종분화할 수 있다. **c.** 중간 집단의 소멸은 나머지 집단을 서로 고립된 상태로 남긴다.

그림 21.8 뉴기니에서 작은 천국의 물총새의 표현형 분화. 고립된 섬의 집단(왼쪽)은 꼬리 깃털 구조와 길이, 깃털의 색, 부리 크기에서 다양성를 보이면서 매우 독특한 반면, 본토의 물총새(오른쪽)는 적은 다양성를 보인다.

동소적 분화는 지리적 격리 없이 일어난다

학습목표 21.4.2 동소적 종분화가 일어나는데 필요한 조건들 설명하기.

수십 년 동안, 생물학자들은 하나의 종에서 두 개로 분화할 때 두 개의 종이 지리적으로 분리 없이 동일한 장소에서 가능한지 논의했다. 학자들은 동소적 분화는 순간적이거나 여러 세대에 걸쳐 발생하는 것이라고 제안했다. 지금까지 제안 된 가설의 대부분은 매우 논란이 있지만, 즉각적인 동소적 종분화의 한 유형은 배수성의 결과로서 일반적으로 발생하는 것으로 알려져 있다.

배수성을 통한 즉각적인 종분화

순간적인 동소적 종분화는 다른 모든 구성원으로 부터 격리되어 개체가 생성될 때 발생한다. 대부분의 경우, 돌연변이는 그 종의 다른 개체로부터 독특한 차이의 원인이며 다면발현성의 돌연변이는 많은 부작용이 있고, 개체는 생존 하지 못한다. 그러나, 종종 식물에서 보이는 한 가지 예외는 염색체의 두 개 이상의 세트가 개체를 생성하는 **배수성(polyploidy)** 과정을 통해 발생한다.

배수성 개체가 발생할 수 있는 방법은 두 가지 있다. **동질배수성체(autoploidy)**에서, 모든 염색체의 단일 종에서 발생할 수 있다. 예를 들어, 세포분열의 오류로 인해 염색체가 2배체가 될 수 있다. 4배체는 4개 염색체 세트를 가지고 있다는 것이며, 이러한 것은 자가생식 또는 다른 4배체와 생식을 할 수 있으나, 정상적인 2배체와 교배하여 생식력있는 자손을 만들수 없다. 그 이유는 4배체의 생식체는 2배체 이므로 2배체의 생식체인 반수체와 결합할 때 3배체(3개 염색체 세트를 가짐)의 자손이 생성된다. 3배체는 생식을 할 수 없는데 이는 홀수의 염색체는 감수분열동안에 적절한 분열을 막기 때문이다.

배수성 종분화의 일반적인 유형은 **이질배수성체(alloplolyploidy)**이며, 이것은 두 종의 잡종화를 통해 이루어진다 (그림 21.9). 그 결과로 자손은 각 종의 염색체 한 세트만 가지고 있어, 염색체의 감수분열 동안에 알맞은 분열이 이루어 지지 않아 생식을 할 수 없다. 하지만 많은 개체들은 무성생식과 같이 건강하게 다른 방법으로 생식할 수 있으며, 심지어 다양한 발생으로 번식할 수 있다. 예를 들어, 방금 설명한 대로 이와 같은 개체가 자연발생적으로 염색체가 두 배가 되면, 그 결과 2세트를 가진 4배체이다. 따라서 더 이상 감수분열에 문제가 없을 것이다. 결과적으로, 이러한 4배체는 교배할 수 있으며, 새로운 종이 생성된 것이다. 거의 260,000종의 약 반 정도의 식물들이 배수성 기원이며, 상업적으로 중요한 빵 밀, 면화, 담배, 사탕수수, 바나나, 감자 등을 포함한다. 배수성에 의한 종분화가 식물보다 적지만 곤충, 물고기, 도롱뇽을 포함한 다양한 동물에서도 일어난다.

분단성 선택에 의한 동소적 종분화

어떤 연구자들은 동소적 종분화가 분단성 선택의 과정을 통해 여러 세대에 걸쳐 발생할 수 있다고 생각한다. 19장에서 언급 한 바와 같이, 분단성 선택은 두 개의 서로 다른 표현형을 보이는 개체를 포함한 집단의 원인이 될 수 있다.

하나의 선택이 충분히 강하다면, 이 두 가지 표현형이 다른 종으로 수많은 세대를 통해 진화할 것이라고 생각할 수 있다. 하지만 두 표현형이 다른 종으로 되기 전에 그들은 생식적 격리 기작을 발달시켜야 한다. 처음에, 두 표현형은 모두 생식적 격리가 되지 않을 것이며, 두 표현형 개체간의 유전자 교환은 짝짓기 선호도나 다른 격리 기작을 통해 유전적 분리를 막는 경향이 있다. 그 이유로, 대부분의 생물학자들은 이런 유형은 동소적 종분화의 드문 발생 유형으로 여긴다.

그러나 최근에, 많은 경우 동소적 종분화 외에 어떤 방법으로도 설명하기 어려운 것들이 생겨났다. 예를 들어, 카메룬에 Barombi Mbo호수는 매우 작고 생태학적으로 균질한 호수이며, 호수 내부에 고립의 기회가 없다. 그럼에도 불구하고, 밀접하게 관련된 11종의 시클리드 물고기가 발생한다. 가장 적절한 설명은 선대의 종이 호수에 정착하여 대량 서식한 후 동소적 종분화가 여러 번 진행된 것이다.

개념 정리 21.4

이소적 종분화가 지리적으로 고립된 집단에서 발생하는 반면, 동소적 종분화는 지리적 고립되지 않은 집단에서 일어난다. 배수성과 분단성 선택은 단일종이 동소적 종분화를 진행 할 수 있는 두 가지의 방법이다.

- 배수성과 분단성 선택은 동소적 종분화를 일으키는 방법이 어떻게 다른가?

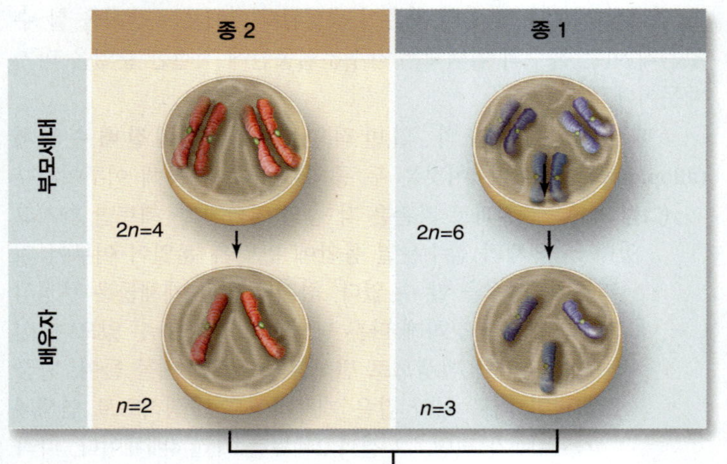

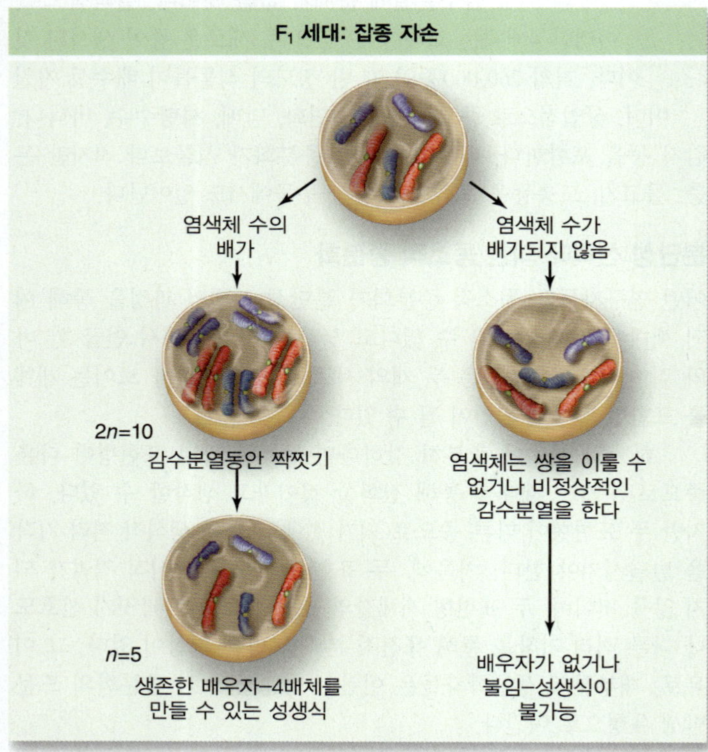

그림 21.9 배수성의 종분화. 염색체의 수가 다른 부모로부터 잡종 자손들은 성적으로 재현할 수 없다. 때때로 이러한 잡종에서 염색체의 수는 감수분열을 거쳐 유사한 배체의 개체로 재현하기 위해 두 배로 만들어 4배체의 개체가 된다.

21.5 적응방산은 종분화와 서식지 다양성 모두 필요하다

우리는 밀접하게 관련된 종들의 이러한 컬렉션은 **적응방산(adaptive radiation)**의 결과라고 이야기 한다. 다윈은 갈라파고스의 핀치새를 관찰하였다. 진화의 가장 눈에 띄는 증상 중 하나는 밀접하게 관련이 있는 종의 존재이며, 최근에 공통조상으로부터 다른 환경에 적응하여 진화되었다.

중요 혁신은 적응방산으로 이끌 수 있다

학습목표 21.5.1 어떻게 중요혁신이 적응방산으로 이끌어지는지 설명하기.

이런 **적응방산(adaptive radiations)**은 종이 다른 소수의 종들과 많은 가용 자원이 있는 환경에서 발생하는 경우에 특히 일반적이다. 하나의 예는 갈라파고스와 하와이 섬처럼, 화산활동에 의한 새로운 섬의 생성이다. 다른 예는 대재해에 의해 대부분의 다른 종의 멸종이며, 상황은 우리가 곧 좀 더 세부적으로 논의할 것이다.

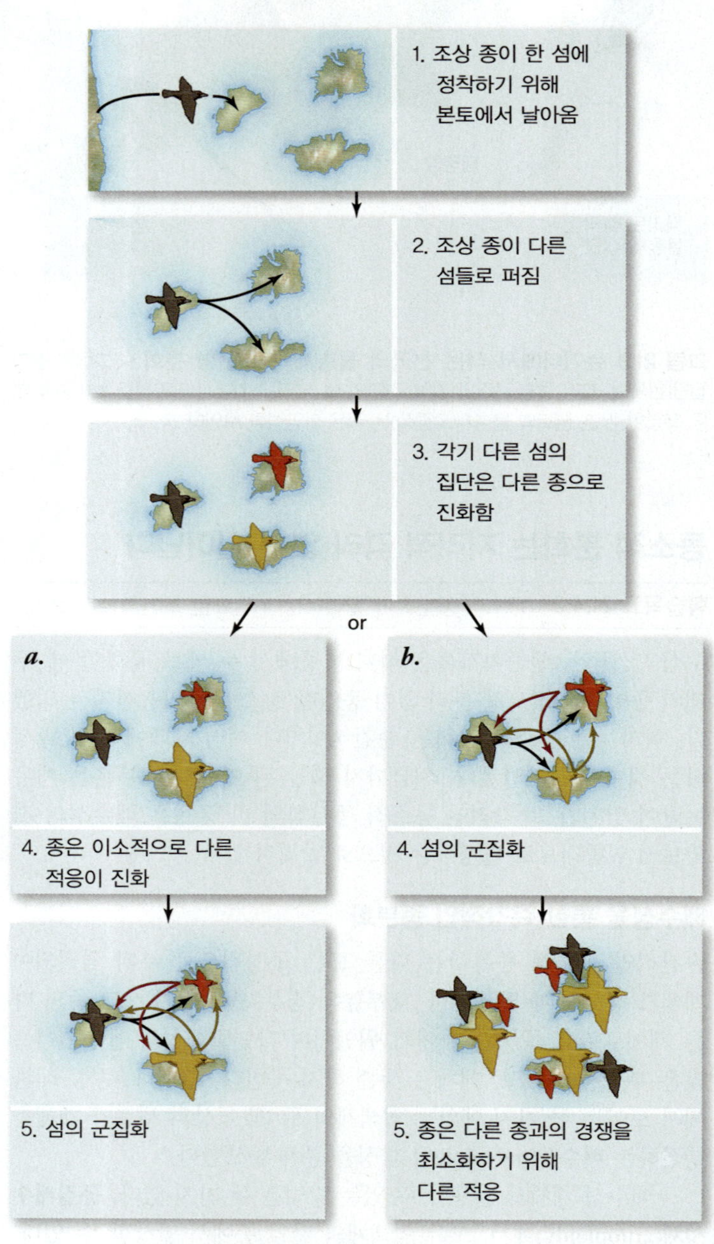

그림 21.10 다도해 섬에 적응방산의 기본적 모델. **(1)** 조상의 종은 섬에 정착 한다. 그 후에, 다른 섬에 집단이 퍼져 정착하게 된다. **(2)**그 후에, 다른 섬에 집단이 정착하게 된다. **(3)** 그 집단은 별개의 섬에서 이소적 종분화를 한다. 그런 다음에 새로운 종의 일부는 다른 섬에 정착하며, 둘 또는 더 많은 지역 공동체를 형성한다. 적응은 이소적인 다른 환경에 대한 반응이거나 형질대치에 의해 생태학적으로 종간의 상호관계로 할 수 있다.

적응방산은 **중요혁신(key innovation)**이라 불리는 새로운 특성의 결과로 나타나며, 자원의 사용 또는 이전에 접근하기 어려운 환경의 접근을 따른다. 주요 혁신에 의한 적응방산의 고전적이 예로는 자손 종의 다양화와 환경의 많은 새로운 활용가능 부분에 적응할 수 있게 물고기에 폐 와 조류와 곤충의 날개의 진화이다.

적응방산은 종분화 와 다른 서식지에 대한 적응 둘다 요구된다. 고전적 가설 모델은 다도해의 섬에 한 종이 여러 섬에 걸쳐 대량 서식하는 것을 가정하였다. 이후 종분화는 이소적으로 일어나고, 그때 새로이 발생한 종은 다른 섬에 대량 서식하게 되며, 섬마다 여러 종이 생산된다(그림 21.10).

형질대치가 동소적 종분화를 이끌 것이다

학습목표 21.5.2 어떻게 형질대치가 동소적 종분화를 촉진하는지 설명하기.

새로운 서식지에 적응은 이소적 상태에서 다른 환경의 섬안에 반응하거나, 두 종이 생긴 후 동소적으로 발생할 수 있다. 후자의 경우, 이러한 적응은 다른 종들과 필요한 자원에 대한 최소한의 경쟁을 위해 이끌어 졌을 것이다. 이러한 과정을 **형질대치(character displacement)**라고 한다. 형질대치에서, 각 종들에서 자연선택은 다른 종들이 사용하지 않는 자원을 이용하는 그들의 개체들을 선호한다. 그 개체들은 보다 더 큰 적응도를 가지고 있기 때문에, 형질들(유전적 기준에 차이가 존재한다고 가정)의 원인이 되는 자원의 사용에서 빈도, 지속 시간의 차이가 커질 것이며, 그 종은 나뉘어 질 것이다(그림 21.11).

다른 가능성은 동소적 종분화의 반복되는 사례들을 통해 적응방산이 일어나며, 다른 서식지에서 적응한 종 무리를 생성한다. 이전의 논의와 같이 뜨거운 논쟁거리이다.

과학적 사고

질문 자원에 대한 경쟁은 형질대치를 야기하는가?

가설: 유사한 종과의 경쟁은 자연선택에 의한 진화적 분기를 촉진하게 된다.

실험: 연못의 다른 유사한 물고기종들을 놓고, 선택의 형태를 측정한다. 제2의 종없이 연못에 같은 종의 개체군을 배치합니다. 이 물고기가 먹는 음식의 크기가 물고기의 크기와 관련이 있다.

결과: 연못의 두 종에서, 방향성 선택은 다른 종으로부터 가장 다른 표현형을 지향하며, 이에 따라 자원의 이용이 가장 다른 것을 선호한다. 방향성 선택은 제어 집단에서는 발생하지 않는다.

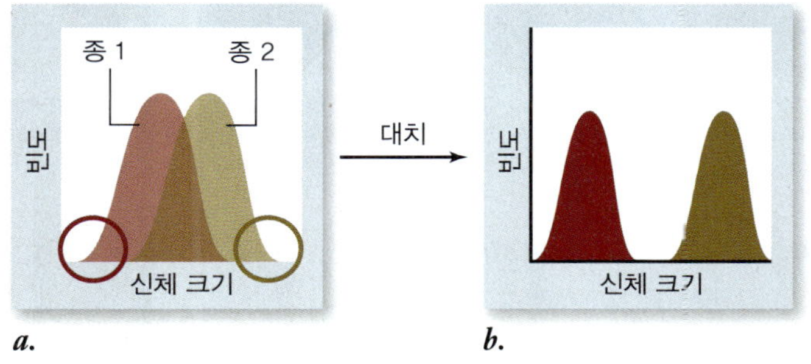

해석: 적응방산은 충분히 입증된 것이다.

그림 21.11 형질대치. a. 두 종은 초기에 유사하며, 따라서 두 종의 크기가 비슷하다면(많은 종에서, 본체 크기 및 식품 크기는 밀접하게 관련되어 있다) 자원 사용이 크게 중첩될 것이다. 그들은 다른 종과 경쟁할 필요가 없기 때문에 다른 종에서 가장 다른 개체가 자연선택에 의해 선호된다(동그라미). 예를 들어, 한 종의 작은 개체와 다른 큰 개체는 먹이로 경쟁하지 않으며 따라서 선호될 것이다. b. 그 결과, 이 종들은 자원 사용이 달라지고 종간의 경쟁을 최소화 할것이다.

적응방산은 충분히 입증된 것이다

학습목표 21.5.3 적응방산의 사례를 설명하기.

적응방산에 대한 4가지 대표적 사례를 설명할 것이다.

하와이 초파리는 풍부하고 다양한 서식지를 이용하였다

다리 속 초파리는 1000종 이상이 하와이 섬에서 발생했다. 비록 토착 초목의 파괴로 조사가 어렵게 되었지만, 새로운 초파리 종은 하와이에서 여전히 발견되고 있다.

그들의 순수한 종을 제외하고, 하와이 초파리 종은 형태와 행동형질이 놀랄 만큼 다양하기 때문에 특별하다(그림 21.12). 분명히 그들의 조상이 처음 섬에 도착 했을 때, 다른 종류의 곤충과 동물들이 점유하고 있는 다른 곳에서 "비어있는" 서식지를 접하였다. 결과적으로, 하와이의 초파리 종은 낙엽 쓰레기와 꽃의 꿀을 먹는 것에 특화된 종뿐만 아니라 포식자, 기생동물, 초식동물을 포함한 초파리의 모든 생활방식에 적응하였다. 다양한 종의 유충은 썩은 줄기, 과일, 나무껍질, 잎 또는 줄기 뿌리에 살고, 또는 수액을 먹는다. 초파리의 다양성과 비교할 만한 것은 세계 어떤 곳에서도 찾아 볼 수 없다.

하와이 종의 다양성은 섬의 지질학적 역사의 결과이다. 새로운 섬이 지속적으로 근처 바다에서 상승해 생겨났다. 오래된 섬에 존재하던 다양한 초파리 그룹이 잇달아서 새로 생긴 섬에 이주하여 대량 서식하였다. 따라서 새로운 종은 새로 생긴 섬들에 정착하여 대량 서식하면서 진화하였다.

그림 21.12 하와이의 초파리. 하와이 섬에서 진화 한 수백의 종이 유전적으로 거의 동일하지만, 모양이 매우 다양하다. a. *Drosophila heteroneura*. b. *Drosophila digressa*.

게다가, 하와이 제도는 세계에서 가장 화산 활동이 활발한 섬이다. 주기적인 용암의 흐름은 섬에 많은 서식지의 작은 지역들을 생성하였으며, 섬의 내부를 "바다"가 감싸고 있다. 그 섬의 땅은 키프카(*kipuka*)라고 불린다. 키프카에 고립된 초파리 집단은 종종 종분화가 일어난다. 이러한 방법으로 생태학적 기회와 함께 광범위한 종분화는 견줄데가 없을 정도로 다양한 곤충의 삶을 이끌었다.

다윈의 핀치 종은 다른 음식종류를 사용하도록 적응하였다

갈라파고스 섬에서 핀치 새의 다양성은 다윈에 의해 알려졌으며, 20장에서 언급되었다. 그는 다른 대륙의 핀치새의 조상이 남아메리카의 새로 생긴 갈라파고스 섬에 도달한 것으로 추정하였다. 작은 새들은 새로운 섬이 생기기 전에 본토에 대부분에 서식했다.

생태학적으로 비어있는 곳에 새로운 개체가 이주하여 새로운 삶에 적응하면서 그들은 매우 다른 선택적 강요를 받았다. 이러한 상황에서, 갈라파고스 군도의 여러 섬에 의해 지리적 격리가 발생하여 조상 핀치새는 빠르게 다양한 집단으로 분리되었고 일련의 종으로 분화되었다. 지금 이 종들은 본토에서 서식하는 수많은 다른 무리들의 서식지들과 비교할 만큼, 갈라파고스 섬의 많은 다른 서식지를 점유하고 있다. 본 그림 21.13에서 나타낸 바와 같이 14종의 핀치류는 이전 장에서 발생하는 4개의 먹이 그룹으로 나눠진다.

1. **지상핀치새류** Geospiza그룹의 6종 핀치이다. 대부분 땅의 씨앗을 먹는다. 새의 부리 크기는 새가 먹는 씨앗의 크기와 관계된다. 몇 Ground fnche는 선인장의 꽃과 열매를 주로 먹으며, 비교적 크고 긴 부리를 가진다.
2. **나무핀치새류** 곤충을 먹는 핀치로 5종이 있다. 4종의 부리는 곤충을 먹기에 알맞다. 딱따구리 핀치는 끌 같은 부리를 가진다. 이 특이한 새는 부리로 나뭇가지 또는 선인장 가시를 집어서, 깊은 틈새에 넣어 곤충을 탐침하는데 사용한다.
3. **초식핀치새** 이 종들의 매우 무거운 부리는 나뭇 가지로 부터 싹을 비트는 것에 사용된다.
4. **휘파람핀치새류** 이 특이한 새들은 본토에서 휘파람새가 지저귀는 것과 생태학적으로 유사하게 갈라파고스 숲에서 지저귀며, 잎이나 나뭇가지에서 계속 곤충을 찾는다. 이 핀치들은 가늘며 지저귈 수 있는 부리를 갖고 있다.

최근에, 과학자들은 진화의 역사연구를 위해 다윈의 핀치새들의 DNA를 조사했다. 이러한 연구들은 핀치 진화계통수의 가장 깊은 지점이 휘파람핀치새류로 이어졌으며, 이것은 섬에 군체 형성 후 휘파람 핀치새류가 진화한 최초의 유형 중에 하나임을 의미한다. 모든 지상핀치새류는 서로 밀접하게 관련되어 있으며, 나무핀치새류 또한 그렇다. 그럼에도 불구하고, 각각의 그룹 내에서 종들은 자원의 사용뿐만 아니라 부리의 크기, 특징이 다르다.

현장조사와 20장에서 논의한 내용을 종합해보면, 지상의 종

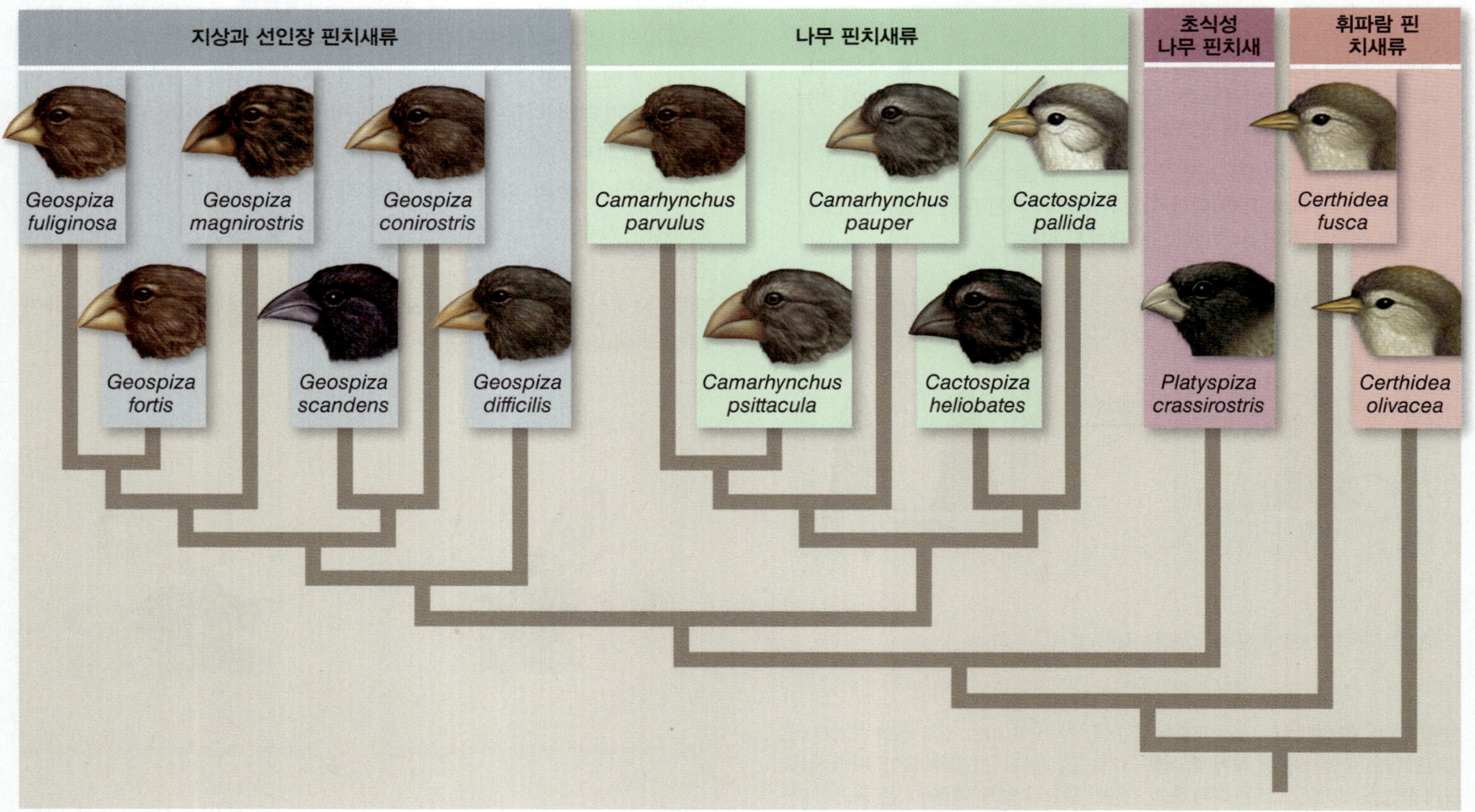

그림 21.13 다윈 핀치새의 진화계통수. DNA 염기서열 검사에서 파생된 진화계통수이며, 휘파람 핀치새류는 초기에 분화되었다고 제안한다. 지상핀치새와 나무 핀치새가 이후에 분화되었으며, 각 그룹은 다른 자원을 사용한다. 최근 연구는 뜻밖에도, 두 휘파람판치새는 각각 상대적으로 가깝지 않다.

은 자원에 대한 경쟁이 있음을 보여준다. 초기에는 종들 사이의 경쟁 압력을 최소화하기 위한 결과로 비슷한 종들이 나뉘어 졌다.

빅토리아 호수의 시클리드는 매우 빠르게 다양해졌다

빅토리아 호수는 크고, 넓은 민물 호수이다. 크기는 약 스위스크기이며, 적도의 중심인 동아프리카에 존재한다. 최근까지, 이 호수는 450종이 넘는 엄청나게 다양한 시클리드 종이서식하고 있다.

지질학상으로 최근의 방사

시클리드 종의 무리는 최근에 아주 빠른 속도로 진화하는 것으로 나타난다. 호수의 많은 물고기의 사이토크롬 b 유전자의 염기서열을 분석한 결과 20만 년 전 빅토리아 호수에 처음 시클리드가 유입된 것으로 추정된다.

수위의 극적인 변화는 종의 형성을 도왔다. 수위의 증가는 새로운 영역을 범람하고 새로운 서식지를 열었다. 14,000년 전에 호수가 건조된 후에 많은 종들은 수위가 다시 상승 할 때까지 작은 호수들에 지역 집단이 격리되었다.

시클리드의 다양성

시클리드는 보통 5~25cm의 길이를 가진 작은 퍼치(perch)처럼 생긴 물고기로, 수컷은 색깔이 매우 다양하다. 이 물고기의 생태학적, 형태학적으로 짧은 기간에 진화된 다양성은 범상치 않다.

우리는 어떻게 다른 종을 먹는가를 보면 광대한 범위의 감각을 얻을 수 있다. 진흙을 먹는, 조류를 채취하는, 잎을 씹는, 달팽이를 부수는, 플랑크톤을 먹는, 새우를 먹는, 물고기를 먹는 집단이 있다. 달팽이 껍질을 까는 느린 크롤링 과 달팽이가 껍질로 들어가기 전에 찌르는 긴 부분이 있다. 스케일 스크레이퍼는 다른 물고기의 비늘 조각을 거칠게 쓸어내린다. 심지어 다른 종의 어린 시클리드를 먹는 "페도파지(pedophage)" 시클리드도 있다.

시클리드는 예외인 주요 혁신을 가지고 있으며 그것은 아마 진화방산에 도움이 될 것이다: 그들은 기능적으로 두 번째 턱을 사용한다(그림 21.14). 이러한 특징은 다른 많은 물고기들에도 존재한다. 하지만 시클리드에서 이것은 매우 발달되었다. 두 번째 턱을 사용하고 음식물 가공이 가능해짐으로 원래의 턱이 다른 목적으로 진화하는 것을 자유롭게 하며, 그 결과 이들 어류에 의해 채워진 생태역할이 다양해 졌다.

지난 몇 년간의 급격한 멸종

최근, 시클리드의 다양성이 사라지고 있다. 1950년대에 탐욕스러운 식용을 가진 대형 나일농어가 빅토리아호에서 유입되었다. 그 이후로 시클리드를 먹으면서 호수에 확산하고 있다.

그림 21.14 빅토리아 호수의 시클리드. 이 물고기는 다른 서식지의 다양한 서식환경에 진화되어 적응한다. 이 물고기의 목에 있는 턱의 두 번째 턱이 존재하여 기존의 턱은 여러 가지 방법으로 수정될 수 있도록 진화 유연성을 제공한다.

1990년에 시클리드 종뿐만 아니라 바위 얕은 지역에 살고 있는 집단들도 멸종되어졌다.

빅토리아 호수에 전체의 시클리드종의 70%이상이 멸종되었으며, 묘사할 수 없을 정도로 많은 수이다.

빙하 서식지에서 뉴질랜드 고산 미나리아재비 종 분화를 겪다

적응방산은 하와이의 초파리, 갈리파고스 핀치, 시클리드로 설명하였으며, 이는 주기적인 격리에 의해 선호 된 것으로 보인다. 주기적 격리의 규칙에 대한 명확한 예로 뉴질랜드의 빙하 사이에서 자라는 고산 미나리아재비가 있다(그림 21.15).

고산 미나리아재비의 종이 북미와 남미지역에 존재하는 것 보다 뉴질랜드의 두 가지 주요 섬에 더 많이 성장한다. 이러한 다양성에 대한 진화 기작은 빙하의 주기적 변화와 연관되어있다.

알프스의 14종 미나리아재비는 빙하 지역 내에 구분된 5개의 독특한 서식지를 사용한다:

- 설원(*snowfelds*) - 영구적인 빙하의 바위틈새 갈라져 노출된 곳, 고지 2130-2740m
- 설선 가장자리(*snowline fringe*) -빙하의 바위 아래의 여백, 고지 1220-2130m
- 암석 파편(*stony debris*) -노출된 바위의 경사면, 고지 610-1830m
- 격리된 지점(*sheltered situations*) -바위나 관목에 의해 그늘진 곳, 고지 305-1830m
- 저습지 서식지(*boggy habitats*) - 숨겨진 비탈탈면과 속이 빈 수풀, 고지 760-1525m

미나리아재비의 분화와 다양화는 빙하의 증진과 감소의 반복 사이클에 의해 추진되고 있다. 산에 빙하가 감소하면, 집단은 산의 꼭대기에서 고립되게 되고, 종분화가 이루어진다(그림 21.15). 다음 빙하가 증가하면, 새로운 종은 산맥을 통해 상대적으로 가까운 곳에 퍼진다. 이러한 방법으로 하나의 초기 종은 많은 자손을 야기할 수 있다. 또한, 빙하 감소 동안 고립된 산꼭대기 종은 포위 집중적으로 유사한 서식지에서 진화 한다; 이와 관련되지 않았지만, 생태학적으로 유사한 종은 빙하 증가 후 접촉으로 다시 가져왔다.

개념 정리 21.5

적응방산은 종 환경의 다양한 자원을 사용하도록 구성된 하위 종을 생성할 때 발생한다. 적응방산의 분화가 발생하는 속도의 증가는 주기적인 고립에 의해 발생하고, 화산섬처럼 적은 경쟁자와 사용가능한 자원이 다양한 유형에서 생성된다. 중요혁신 진화는 이전에 사용할 수 없는 환경의 일부에서 적응을 허용 할 수 있다.

- 열도의 모델과 대조적으로, 어떻게 적응방산은 분단선택에 의한 동소적 분화가 진행되는가?

그림 21.15 뉴질랜드 고산 미나리아재비. 정기적인 빙하 작용은 뉴질랜드 고산미나리아재비 종의 형성을 촉진한다. **a.** 고산 미나리아재비 14종은 뉴질랜드의 빙하 사이에서 성장한다. **b.** 최신세(Pleistocene epoch)동안 광범위한 빙하의 형성은 고산지대의 산맥을 연결한다(흰색). 빙하가 감소할 때 서로 격리된 고산지역이 다음 빙하기 출현 전까지 연결되어있다. 격리기간 동안 고산 미나리아재의 집단은 고립된 서식지에서 분리된다.

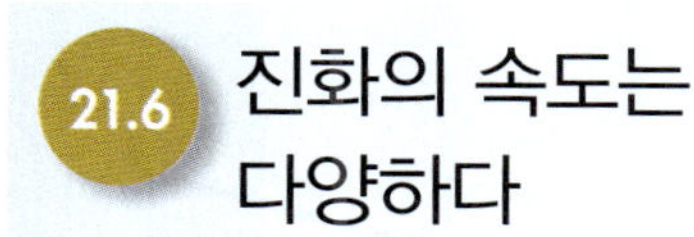

21.6 진화의 속도는 다양하다

우리는 종분화가 일어날 수 있는 방법에 대해서 논의하였다. 그러나 우리는 종들 사이에 발생하는 종분화와 진화적인 변화 사이의 관계에 대해서는 고려해보지 않았다. **점진진화** 와 **단속평형설**이라는 두 개의 가설은 이 두 관계를 설명하기 위해서 제기되었다.

진화적인 변화는 두 개의 방식이 있다

학습목표 21.6.1 정체, 점진적인 진화의 변화, 단속평형설 비교하기.

점진진화는 작은 변화가 축적되어 일어난다

종의 기원이 출판되고 한 세기 이상이 지난 후에 진화가 매우 느리게 일어난다는 사실은 기본적인 정설이 되었다. 이런 변화는 한 세대에서 다음 세대까지 거의 감지되지 않는다. 그러나 변화의 축적은 계속 일어나고 있으며, 천년이나 백만년 이상이 되면 큰 변화가 일어난다. 이러한 변화를 **점진진화(gradualism)**라고 한다(**그림 21.16a**).

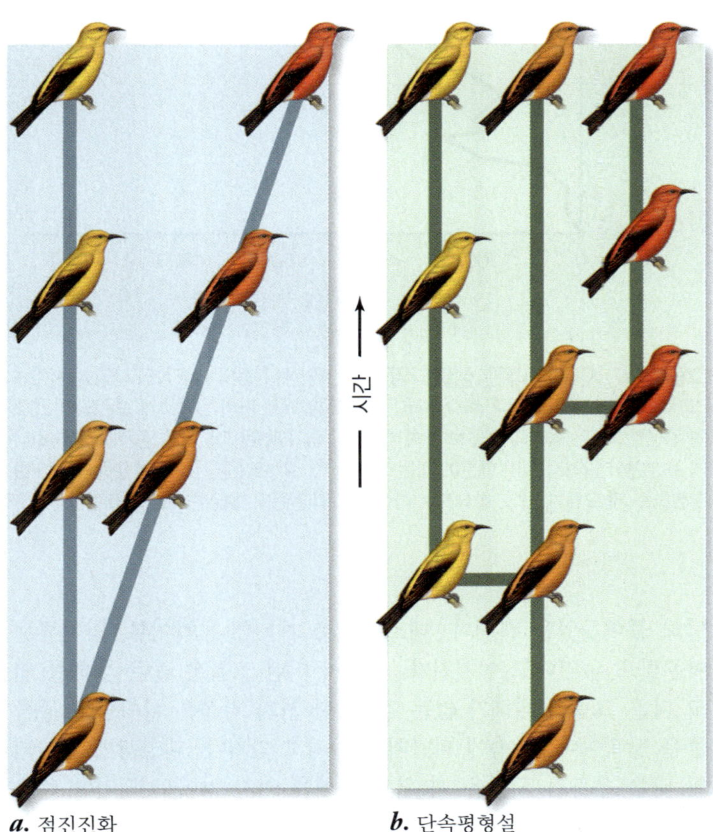

그림 21.16 대변화의 속도에 대한 두 가지 관점. **a.** 점진진화는 환경적인 변화가 천천히 일어나고 종분화가 연결되지 않는다고 주장했다. 반면에, **b.** 단속평형설은 표현형의 변화가 오랜 기간 동안 변화가 거의 없거나 아예 없이 격리된 종분화와 관련하여 갑자기 일어나는 것으로 추정한다.

단속평형설은 오랜 기간 동안의 정체에 뒤이어 일어나는 비교적 빠른 변화이다

1972년에 고생물학자인 미국역사박물관 의 엘드리지(Niles Eldredge) 와 하버드 대학의 굴드(Stephen Jay Gould)는 종들이 긴 기간 동안 상대적으로 변하지 않다가**(정체, stasis)**, 지질학적으로 짧은 시기에 일어나는 환경적인 변화의 폭발이 간간히 끼어들어가게 된다고 점진진화의 견해에 이의를 제기하였다. 그들은 이러한 현상을 **단속평형설(punctuated equilibrium)**이라고 명명하였으며 (**그림 21.16b**), 빠른 변화의 기간은 종분화 과정 동안에만 일어난다고 주장하였다.

단속평형설에 대한 최초의 비난은 빠른 변화가 짧은 기간 동안 발생할 수 있는지에 초점이 맞춰졌다. 그러나 우리가 앞서 두 장에서 알게 되었듯이 자연선택이 강하고 빠를 때 상당한 진화적 변화가 일어날 수 있다. 좀 더 어려운 질문은 오랜 시간 동안의 정체 기간에 대한 것이다. 어떻게 종들은 천년이나 혹은 백 만년도 더 넘는 시간 동안 변화 없이 살아가는가?

비록 가능한 많은 이유들이 제시 되었지만, 지금 대부분의 학자들은 안정화와 진동선택의 조합이 정체의 원인이라 생각한다. 만약 오랜 기간 동안 환경이 변하지 않거나 환경적 변화가 앞뒤로 진동한다면, 정체가 오랫동안 계속 될 것이다. 이 정체를 늘리는 하나의 요인은 그들의 영역에서 종이 이주하는 능력이다. 예를 들어, 빙하기동안 전 세계의 기후가 얼어붙으면서 많은 종의 지리적인 영역은 남쪽으로 옮겨 갔으며, 종들은 유사한 환경적 상황에 대한 경험을 지속적으로 하였다.

진화는 두가지 형태의 변화를 모두 포함한다

엘드리지와 굴드의 제안은 많은 연구들을 자극했다. 아프리카 포유동물처럼, 일부 기록이 잘되어진 그룹들은 갑작스런 변화가 아닌 확실히 점진적으로 진화하였다. 해양 이끼벌레 같은 다른 그룹들은 단속평형설에 의해 예상되는 진화적 변화의 불규칙한 패턴을 보여주는 것 같다. 사실상, 점진진화와 단속평형설은 연속체의 두 끝인 것으로 보인다. 비록 어떤 그룹은 전적으로 점진적 방법으로 진화됨을 나타내고 다른 그룹은 단속적 방법으로 진화하지만, 많은 다른 그룹들은 자신의 진화적 역사에서 다른 시간대에 점진적이고 단속적인 사건 둘 다 증거를 보인다.

그러나, 종분화가 반드시 표현형의 변화와 연결되어져 있다는 견해를 뒷받침 하는 것은 없다. 한편으로는, 이제는 종분화가 실질적인 표현형 변화 없이 일어 날 수 있다는 것은 명백하다. 예를 들어, 닯이 밀접하게 관련된 도룡뇽 종들은 거의 구별할 수 없다. 다른 한편으로는, 표현형의 변화는 또한 종분화가 없는 종 내에서도 일어날 수 있다는 것도 명백하다.

개념 정리 21.6

점진진화는 결과적으로 큰 차이를 야기하는 거의 감지 할 수 없는 변화들의 축적이다. 단속평형설은 긴 시간동안의 정체가 빠른 변화의 기간에 의해 중단되는 것(단속되는 것)을 제안한다. 점진진화와 단속평형설 모두에 대한 증거는 다른 그룹들에서 발견되었다. 정체는 환경적 변화가 거의 일어나지 않거나 아예 일어나지 않는 기간을 말한다. 정체는 안정화 또는 진동선택의 집단선택의 결과 일 것이다.

- 진화적 변화는 제시간에(즉 빠르고 일시적으로) 중단 되지만 종분화와 연결되지 않을 수도 있는가?

21.7 종분화와 멸종은 시대에 따라 생물의 다양성을 형성하였다

생물학적 다양성은 캄브리아기 이후로 매우 증가하였다. 그러나 이러한 경향이 한결같은 것은 아니었다. 다양성은 빠르게 증가한 이후, 200백만 년 동안 안정기에 도달하였다가 그 이후 착실히 증가하였다. 왜냐하면 종들의 수의 변화는 새로운 종의 비율과 원래 존재하던 종의 비율이 연관되어 반영되었기 때문이다. 이러한 오랜 기간 동안의 변화양상은 종분화가 대멸종을 뛰어넘는 다는 것을 드러낸다.

먼 과거에 다섯 번의 대멸종이 발생하였다

학습목표 21.7.1 대멸종을 정의하고 주요한 대멸종이 일어난 때를 알아보기.

종분화가 항상 대멸종을 앞서는 것은 아니다. 특히 오랜 기간 동안 증가하고 있었던 종의 다양성이 가파르게 감소하는 것을 **대멸종(mass extinctions)**이라고 한다.

이전에 5번의 대멸종이 있었던 것으로 확인되었다. 그 중 하나는 약 2억5천만 년 전의 페름기 말기에 일어난 것이다(그림 21.17). 그때에, 모든 식물과 동물 과의 반 이상과 모든 종의 96%이상이 소멸하였다.

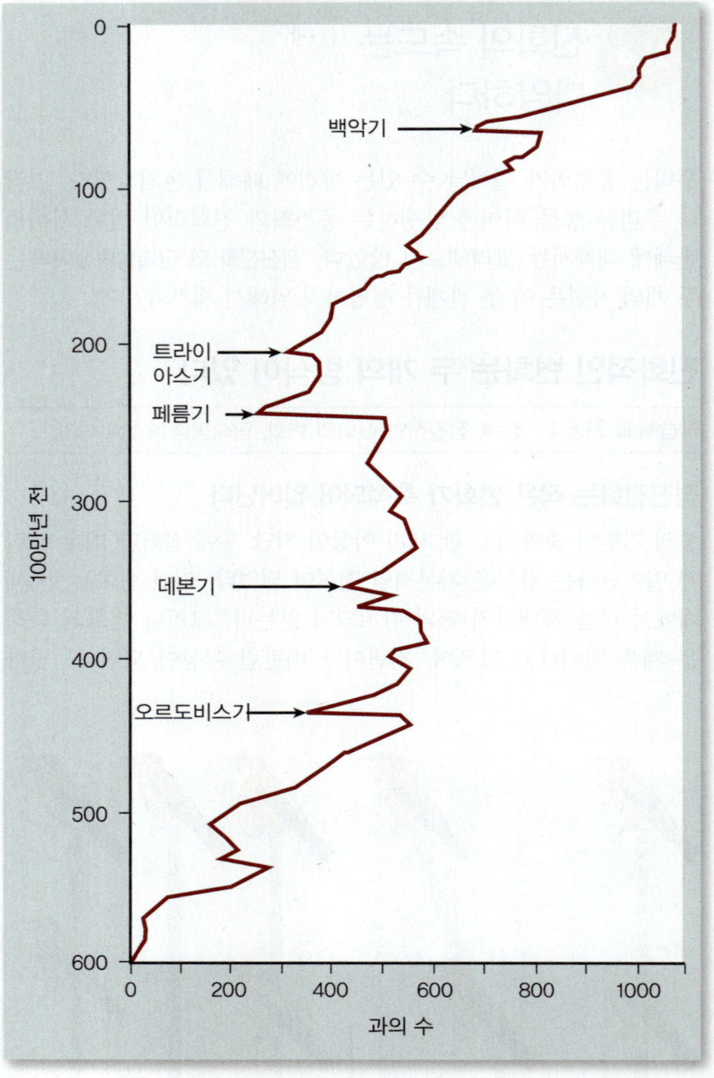

그림 21.17 시대에 따른 생물다양성. 해양생물 종의 분류상의 다양성은 캄브리아기 이래로 증가하였다. 화석 기록은 해양생물에서 거의 완벽하게 보존되어 있다. 왜냐하면 그들은 육지의 생물보다 화석화되기 쉽기 때문이다. 많은 종들은 단지 하나의 표본만이 알려져 있기 때문에 과는 종보다 더 잘 보여준다. 그래서 멸종의 시기를 추정하는 데 오류가 있다. 화살표는 다섯 번의 대멸종이 발생한 때를 가르킨다.

지금까지 알려진 대멸종 중 가장 유명한 것은 백악기 말기에 일어난 것(6천5백만 년 전)으로 그때 공룡을 비롯하여 다른 많은 종들이 멸종하였다. 현재 밝혀진 바로는 이 대멸종은 커다란 소행성이 지구에 부딪혀 작은 입자들이 공기 중을 뒤덮어 몇 달 동안이나 태양을 보기 어렵고, 전세계적으로 커다란 숲이 타버렸기 때문에 시작되었다는 가설이 유력하다. 다른 대멸종의 이유에 대해서는 증거가 불충분하다. 몇몇 학자들은 다른 대멸종 때도 소행성이 그런 역할을 했을 것이라고 주장한다; 다른 가설들은 전 세계적인 기후변화나 다른 이유가 원인임을 보여준다.

대멸종에서의 중요한 결과중 하나는 모든 생물 그룹이 동일한 영향을 받은 것은 아니란 것이다. 예를 들어, 백악기 말기의 대멸종에서는 공룡뿐만 아니라 해양생물이나 날아다니는 파충류, 암모나이트(조개류의 한 종류)가 멸종하였다. 유대목동물, 현화식물(꽃식물), 새들, 그리고 플랑크톤을 형성하는 것들은 다양성만 상당히 줄어들었을 뿐이다. 대조적으로 거북류나 악어류, 양서류는 아무탈도 없었다고 여겨진다. 어째서 어떤 그룹은 많은 피해를 입고 다른 그룹은 피해가 없는 걸까. 한 가지 가설은 살아남은 동물들은 땅속이나 물 속에 피난처를 가지고 있거나, 태양광이 차단되어 낮은 온도가 되었을 때 거의 음식을 먹지 않아도 되거나 죽은 사체를 먹었을 것이라고 주장한다.

대멸종의 결과는 이전의 지배적인 집단이 사라지고, 진화의 전개가 변화하였다. 백악기의 대멸종은 명백히 사실이다. 백악기 동안에, 태반이 있는 포유동물은 주로 집 고양이 보다도 크지 않은 종들로 구성된 소수의 집단이 였다. 1억년 이상 동안 세계를 지배했던 공룡은 백악기의 끝에 사라졌을 때, 태반이 있는 포유동물은 중대한 적응방산을 겪는다. 65백만 년전 에 소행성이 지구에 부딪치지 않았다면 인간은 발생하지 않았을 거라는 생각은 겸허하게 만든다.

우리 주변의 세상은 오늘날 분명히 보여주듯이, 종의 다양성은 대멸종 후에 반등하고 있으나, 이 회복력은 빠르지 않다. 화석 자료의 검사는 종분화의 속도는 멸종 파장 후에 즉시 증가하지 않는다는 것을 보여주며, 오히려 그들은 최대치에 도달하기 위해서 대략 천만년이 걸렸다. 이런 지연의 이유는 명확하지 않다. 그러나 이것은 회복된 생태계에 대한 시간이 지난 결과일 수도 있고, 종분화의 과정일 수 도 있고, 적합한 다양화가 시작되어서 일수도 있다. 그 결과, 종의 다양성은 이전의 단계에 도달하기 위해서 천만년이나 심지어 더 긴 시간을 요구하는 것이다.

진행 중인 여섯 번째 대멸종

학습목표 21.7.2 우리는 현재 대멸종의 한가운데 놓여있다는 논쟁에 대해 평가하기.

현존하고 있는 생물의 수는 그 이전에 있었던 어떤 때보다 많이 존재한다. 불행하게도, 그 수는 인간의 활동으로 인해 위기 수준으로 줄어들고 있다.

가까운 미래에는 몇몇 모든 종의 사분의 일 정도로 사라지게 될 것으로 추정되며, 멸종 속도는 백악기의 대멸종 이래로 지구상에 본적이 없다. 게다가 종의 다양성에서의 만회는 이전의 대멸종이 발생했을 때보다 더욱 천천히 일어난다. 대신 생태학적으로 이전의 대멸종 발생 이후에 가해진 에너지 가득한 환경을 떨어뜨린다. 세계 자원의 큰 비율은 적응방산의 위해 살아가기 위해서 구할 수 있는 많지 않은 자원이 이미 인간의 활동으로 사용되었다.

개념 정리 21.7

변함없는 비율을 유지하는 것은 아니지만 많은 수의 종들은 시간이 지나면 증가한다. 다섯 번의 대멸종의 발생은 상당히 짧은 시간에 많은 수의 종을 제거하였다. 다양성의 회복은 빠르지 않다. 또한 그룹은 멸종이 발생하기 전과 같은 다양성을 만들지 않는다. 불행하게도 인간은 현재 여섯 번째 대멸종의 원인이 되고 있다.

- 현재 일어나는 대멸종은 과거에 일어난 대멸종과 다른 점이 무엇일까?

"생태형"은 초기의 종인가?

종들이 뭉치게 하는 가장 중요한 응집력 중의 하나는 구성원 간에 일어나는 이종 교배이다. 그러나 자연에 존재하는 집단은 종종 넓은 지역에 분리되어 있어 다른 집단과 교배하고 유전자를 공유할 기회가 적다. 넓은 지역에 분포하는 그런 종은 종종 그들의 환경에 의해 지리적 하위단위로 무너지고, 자연선택은 다른 방식으로 각각의 하위단위에 작용한다.

반세기 전에 수행한 전통적인 연구에서, 스텐포드 대학 카네기 연구소의 생태학자 J. Clausen, D. Keck, 그리고 W. Hiesey는 캘리포니아를 가로질러 시에라 산맥에서 태평양에 이르는 동-서 가로축(가로축은 지도상의 직선)에 분포하는 서양톱풀의 지역적 집단을 연구했다. 그들은 이 초식성 식물이 지역 집단이 키나 성장 시기 같은 많은 유전성 특징이 다르고, 이러한 차이는 단지 다른 환경조건하에 성장한 결과가 아니라는 것을 발견했다: 보편적인 정원에서 함께 키웠을 때, 식물들의 후손세대에서 계속해서 차이를 지니고 있었다. 자연선택은 가로축의 다른 면에서 서양톱풀 종의 유전적으로 다른 부분 집단을 만들어냈고, 연구자들은 이 부분 집단을 "생태형"이라 불렀다.

생태형은 분화 과정에서 초기의 종인가? 이 질문는 야생 초파리 *Drosophila pseudoobscura* 의 자연 집단 연구로 유명한 진화 생물학자 Th. Dobzhansky에 의해 해결되었다. 실험용 초파리로 유명한 *D. melanogaster* 의 야생 사촌인 이 초파리는 미 서부지역에 광범위하게 분포하고 있다. *D. pseudoobscura* 의 세 번째 염색체에는 역위나 전위(15장 참조)같은 다양한 재배열이 존재한다. Dobzhansky는 미국과 멕시코 국경을 따라 동-서 가로축에 분포하는 12개의 지역 집단으로부터 채집한 *D. pseudoobscura* 집단에서 이 세 번째 염색체 재배열의 빈도를 조사했다. 그 결과 세 가지 가장 흔한 재배열이 존재하는 것을 알게 되었다.

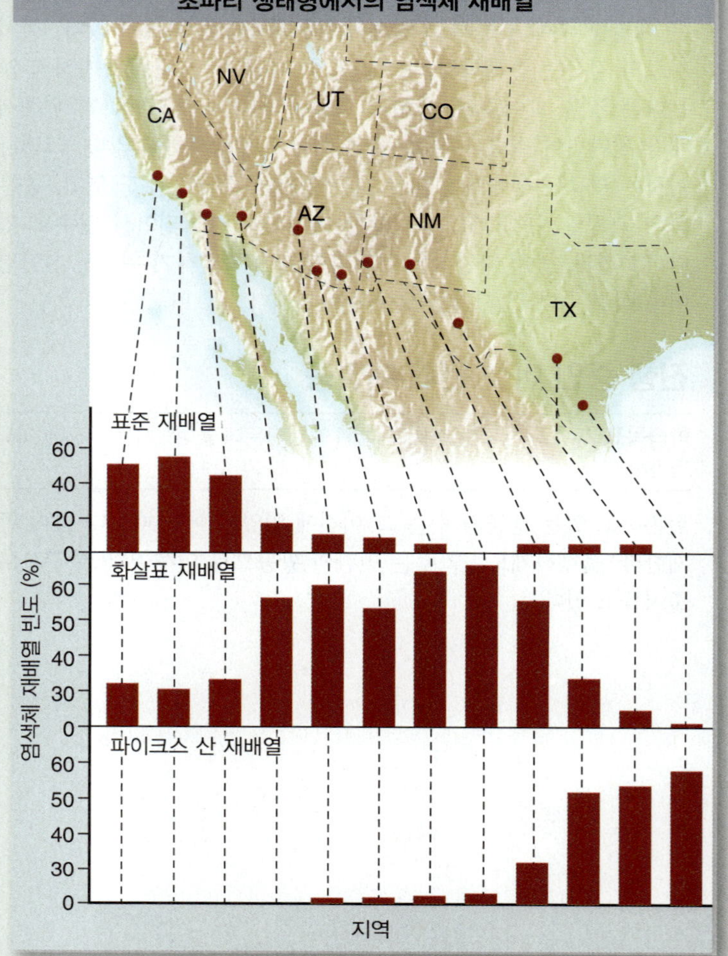

분석

1. **개념 적용**
   a. **변수.** 위-오른쪽 분포도에서, 종속 변수(들)은 무엇인가?
   b. **부문별 비교.** 세 분포도를 비교해 볼 때, 얼마나 많은 집단들이 세 번째 염색체 배열 모두를 가지고 있는가? 집단 개체의 절반 이상에 세 가지 배열 중 하나가 존재하는 집단의 수는?
2. **자료 해석**
   a. 텍사스에서 가장 보편적인 세 번째 염색체 배열은? 켈리포니아에서는? 두 지역 사이에서는?
   b. 동-서 가로축에서 표준 배열의 빈도가 가장 높은 곳은? 화살촉 배열이 높은 곳은? 파이크스 산 배열이 높은 곳은?
3. **추론** 세 번째 염색체 배열의 빈도에서 보였던 패턴이 세 가지 배열에서 동일한가? 각각의 세 번째 염색체 배열이 가장 높은 빈도를 보이는 집단을 찾아라. 동-서 가로축에 배치해라. 세 가지 배열 그룹은 그 종을 다른 부분 집단으로 나눌 수 있을까? 만약 그렇다면, 이 세 가지 부분집단은 이 가로축에서 중복되는가?
4. **결론 도출** 텍사스, 애리조나/뉴멕시코, 그리고 캘리포니아에 각각 서식하는 Drosophila pseudoobscura 의 세 부분 집단은 유전적인 차이가 있을까? 어떻게 그들은 다른가?
5. **심층 분석** 어떻게 세 부분 집단 간의 유전자 교환의 정도를 측정 할 것인가?

학습 과정 복습

개념 21.1 생물학적 종개념은 생식적 격리를 강조한다

21.1.1 생물학적 종개념은 유전자 교환의 능력에 초점을 갖추고 있다 생물학적 종은 생식력 있는 자손을 생산할 수 있게 서로 교배하거나 할 수 있는 집단을 말한다. 생식적 격리기작은 종간의 유전자 교환을 막는다. 동소적 종은 같은 지역에 살지만 다름이 유지된다. 종의 집단은 지리적 변화를 나타낸다. 표현형에서 또는 생태적으로 크게 차이가 나는 집단들은 일반적으로 지리적으로 중간에 위치하는 집단들에 의해 연결되어 있다.

21.1.2 접합 전 격리기작은 접합체의 형성을 막는다 수정 전 생식 격리기작은 수정 자체를 막아 생존할 수 있는 수정란이 만들어 지는 것을 막는 것이다. 이것에는 생태적, 행동적, 시간적, 기계적 격리가 있다.

21.1.3 접합 후 격리기작은 생식력 있는 성체로의 정상적인 발달을 막는다 접합 후 격리 기작은 수정란이 생존력과 생식력 있는 개체로 발달하는 것을 막는 것이다.

21.1.4 생물학적 종개념이 모든 관측을 설명하지는 않는다 생태학적 종의 개념은 생태학적 필요조건에서 종간의 차이와 자연선턱의 역할에 초점이 맞춰져 있다. 아무도 종의 개념으로 모든 생명체의 다양성을 설명할 수는 없다.

개념 21.2 자연선택은 생식적 격리를 보강할 것이다

21.2.1 선택은 격리를 강화하는 기작으로 작용했을 것이다 만약 부분적으로 생식격리가 진화된 집단이 접촉한다면, 자연선택은 격리를 증가시킬 수 있다. 이 과정을 "강화"라고 정의한다. 두 집단 사이의 유전자 확산은 그들간의 동조화를 유발할 수 있고 종분화를 막는다.

개념 21.3 자연선택과 유전자 부동이 종분화에 중요한 역할을 한다

21.3.1 무작위적 변화와 적응 모두 분리 및 분화로 이어질 수 있다 작은 집단에서, 유전자 부동은 집단을 가르는 요인이 되었을 것이다. 이것이 아마도 그 집단에 생식격리를 유발 했을 것이다. 다른 상황이나 환경에 대한 적응은 우연히 생식격리를 유발 했을 것이다. 자연선택은 생식격리를 강화하는 특성을 직접적으로 선택할 수 있다.

개념 21.4 종분화는 지리에 영향을 받았다

21.4.1 개체군은 지리적으로 격리될 때 이소적 종분화가 일어난다 지리적으로 분리된 집단은 유전자 확산이 발생하지 않기 때문에 분리된 종으로 진화하기 쉽다. 대부분의 종분화는 아마도 이소성으로 발생할 것이다.

21.4.2 동소적 분화는 지리적 격리 없이 일어난다 동소적 종분화는 두 가지 방식으로 발생할 수 있다. 하나는 순식간에 새로운 종이 만들어지는 배수화다. 분단선택 또한 하나의 종이 두 개로 나뉘는 원인이 될 수 있다.

개념 21.5 적응방산은 종분화와 서식지 다양성 모두 필요하다

21.5.1 중요 혁신은 적응방산으로 이끌 수 있다 개체가 이전에 접근할 수 없었던 환경에 적응할 수 있게 한 새로운 특성의 진화가 적응방산을 유도했을 것이다.

21.5.2 형질태치가 동소적 종분화를 이끌 것이다

21.5.3 적응방산은 충분히 입증된 것이다 다윈의 핀치 종은 다른 종류의 먹이에 적응했다. 4개 속 14종이 먹이 종류에 기반 한 4가지의 다른 서식지를 이용할 수 있게 진화했다. 급속한 방산을 겪은 빅토리아호의 태래어는 비록 현재 70%가 멸종되었긴 하지만 한때 300종에 이르렀었다. 빙하에 의한 주기적인 격리는 독특한 서식지를 가진 고산 식물인 미나리아재비 14종의 분화를 이끌었다.

개념 21.6 진화의 속도는 다양하다

21.6.1 진화적 변화는 두 가지 방식이 있다 과학자들은 진화적 변화가 점진주의에 의한 연속성과 단속적 변화에 의한다는 것에 일반적으로 동의한다. 역사적으로 과학자들은 매우 작은 변화가 축적되어 점진적으로 종분화가 일어난다고 생각했었다. 단속평형 가설은 빠르고 일시적인 변화가 종분화 과정과 연관되어 있다는 것을 내포하고 있다.

개념 21.7 종분화와 멸종은 시대에 따라 생물의 다양성을 형성하였다

21.7.1 먼 과거에 다섯 번의 대멸종이 발생하였다 대멸종은 종의 다양성을 현저히 감소시켰다. 여러 사건들 중 다섯 번의 대멸종이 아주 오래 전에 소행성의 충돌로 전 세계의 기후가 바뀌어 발생한 것이었다.

21.7.2 진행 중인 여섯 번째 대멸종 현재 인간이 여섯 번째 대멸종을 유발하고 있다.

학습 과정 평가

개념 21.1 생물학적 종개념은 생식적 격리를 강조한다

이해

1. 접합 전 격리 기작에 포함하지 않는 것은
   a. 번식력 없는 자손. b. 서식지 분리.
   c. 구애 의식. d. 계절에 따른 번식.
2. 생물학적 종개념의 핵심요소는
   a. 상동 격리. b. 수렴 격리.
   c. 발산 격리. d. 생식 격리.

응용

1. 캘리포니아의 Scrub oak와 valley oak는 자연 상태에서 잡종을 형성하지 않는 이유는
   a. 함께 발생하지 않아서.
   b. 잡종 뿐만 아니라 두 oak종이 함께 발생하는 서식지로 적합하지 않아서.
   c. 그들은 다른 곤충에 의해 수분되기 때문에.
   d. 그들은 다른 계절에 꽃을 생산하고 있기 때문에.

종합

1. 자연선택은 접합 전 격리 기작으로 발전할 수 있으나, 접합 후 격리 기작으로 이어질 수 없다. 설명하시오.

개념 21.2 자연선택은 생식적 격리를 보강할 것이다

이해

1. 자연선택이 할 수 있는 것은.
   a. 분화의 가능성을 향상할 수 있다.
   b. 생식 격리를 향상할 수 있다.
   c. 잡종 생존과 재생에 대한 역할을 한다.
   d. 이 모든 작업을 수행
2. 생식 분리가 될 때까지 ----과정은 지속적으로 접합 전 격리 기작을 향상시킨다.
   a. 잡종 교배 b. 강화
   c. 수렴 d. 생물이소성

응용

1. 자연선택은 종분화로 이끌어질 수 있다.
   a. 작은 집단이 많은 인구보다 더 분화되는 이유로
   b. 다른 서식지에 적응하면서 두 집단이 얻은 변화로 진화는 그들이 생식적 격리 만드는 효과를 가질 수 있기 때문에
   c. 여러 집단에서 같은 진화적 변화를 선호하기 때문에
   d. 중간 표현형을 선호하기 때문에

종합

1. 그림 21.5를 참고하시오. 유럽에서 얼룩하고 다채로운 딱새는 동지역에서 유사하다. 하지만 생물이소성이 유사하다, 착색에서 특성이 갈라짐이 일관되다. 이러한 경우에, 생물적 자원에 대한 경쟁이 되지 않으며 특성분화에 논의하였다. 어떻게 예는 작용되었는가?

개념 21.3 자연선택과 유전적 부동이 종분화에 중요한 역할을 한다

이해

1. 생식격리로 이어질 수 있는 하나 또는 그 이상의 특색이 유전적 변화로 이어지질 않는 이유는?
   a. 작은 집단의 유전적 부동 b. 설립자효과
   c. 지리적 격리 d. 집단의 규모
2. 작은 집단의 즉각 유전적 분리는 지리적으로 고립된 서식지에 의한 것이다.
   a. 자연선택 b. 접합 후 격리
   c. 설립자효과 d. 적응

응용

1. 실험실 실험에서, 언제 생식격리는 보다 신속하게 분리되는가?
   a. 집단이 균일한 환경을 경험한다.
   b. 개체군이 다른 환경에 적응한다.
   c. 집단이 너무 적어서 유전적 부동이 발생한다.
   d. 집단의 규모에서 병목현상이 발생한다.

종합

1. 어떻게 실험적으로 분리 기작 사이에서 그것은 적응분열의 부수적인 결과이고 적절하게 새로운 종을 발생시켰는지 알 수 있었는가?

개념 21.4 종분화는 지리에 영향을 받았다

이해

1. 이소적 종분화는
   a. 동소적 종분화보다 일반적이다.
   b. 어떤 종류의 지리적 격리를 포함한다.
   c. 식물에서만 발생하는 분화의 종류이다.
   d. 배수성이 필요하다.
2. 이질배수성에 의한 종분화는
   a. 오랜 시간이 걸린다.
   b. 조류에서 일반적이다.
   c. 염색체 수의 감소로 연결된다.
   d. 두 종 사이의 잡종교배 후에 발생하다.

응용

1. 만일 강화가 약하고 잡종이며 완전하지 않은 생식력이라면,
   a. 집단사이의 유전적 차이는 유전자 흐름에 의해 극복될 수 있다.
   b. 분화는 그 시간에 100% 발생할 것이다.
   c. 집단 사이의 유전자 흐름은 불가능하다.
   d. 종분화는 완전히 잡종이 불임인 것보다 가능성이 있을 것이다.

종합

1. 단일 종의 두 집단은 부분적으로 분화된 격리 기간 후에 서로 접촉할 때, 그 차이가 증가하거나 감소할 수 있다. 어떤 조건이 선호되고, 각각의 경우에 그 결과는 무엇인가?

2. *Colias*속 황나비 종은 자주 작은 유전자 교환 사이에 지역적 집단이 분할된다. 이러한 지역적 집단은 일반적으로 매우 흡사하고, 한 집단에서 다음 집단으로 약간의 형태적 변화를 보인다. 이러한 진화의 임이 유사성을 유지하기 위한 실험을 디자인하여라.

개념 21.5 적응방산은 종분화와 서식지 다양성 모두 필요하다

이해

1. 적응방산은
   a. 발전소에서 사용된 농축우라늄의 결과다.
   b. 매우 유사한 종이 환경에 따라 각기 다른 기관이 적응해 나가는 것이다.
   c. 유전적 부동의 결과다.
   d. 적응한 특성의 유지에 유리한 선택 안정화의 결과이다.
2. 무엇이 갈라파고스 섬에서 핀치새 종의 다양성을 유발한 적응방산을 일으켰는가?
   a. 부족한 식량자원에 대한 경쟁
   b. 보금자리 공간에 대한 필요성
   c. 이구아나의 포식
   d. 유전적 부동

응용

1. 형질대치는
   a. 자원 활용에 있어 분기가 유리하게, 경쟁과 자연 선택을 통해 비롯된다.
   b. 자원 활용에 있어 수렴이 유리하게, 경쟁과 자연 선택을 통해 비롯된다.
   c. 종분화를 촉진하지 않는다.
   d. 갈라파고스 핀치새의 종분화 속도를 감소시켰다.
2. 빅토리아 호수의 엄청난 다양성을 가능하게 한 것은?
   a. 조상 어류 군집의 광범위한 몸 크기.
   b. 태래어의 허파 발달.
   c. 태래어의 짝짓기 습관.
   d. 태래어에 있는 두 번째 턱.

종합

1. 형질대치와 동소적 종분화 사이의 관계는 무엇인가?

개념 21.6 진화의 속도는 다양하다

이해

1. 점진주의와 단속평형설은
   a. 오랜 시간 동안에 걸친 진화적 변화 속도에 대한 2가지 결말.
   b. 어떻게 모든 진화적 변화가 이루어졌는가에 대한 서로 상반된 시각.
   c. 생식적 격리 기작.
   d. 해당사항 없음.
2. 오랫동안 표현형적 안정성을 유지하는데 도움이 되는 선택이 형태는?
   a. 안정화 선택
   b. 방향성 선택
   c. 분단 선택

응용

1. 종분화에 대한 설명으로 맞지 않는 것은?
   a. 생식격리는 매우 천천히 발달했을 것이다.
   b. 식물 중에는 종종 배수화의 의한 것이 있다.
   c. 동물들은 일반적으로 기계적 격리를 필요로 한다.
   d. 새로운 종의 형성에는 항상 수 천년이 걸렸다.
2. 어떤 유형의 화석 증거가 단속평형설에 의한 진화를 증명할 수 있을까?
   a. 종간의 미미한 변화를 내포하고 있는 연속성 있는 화석들
   b. 변화의 일정한 상태를 보여주는 화석 기록
   c. 갑작스럽게 출현한 새로운 종이 오랜 기간 동안 안정적으로 기록된 화석
   d. 화석은 진화적 변화를 설명하는데 이용할 수 없다.

종합

1. 지리적 범위의 변화가 진화적 균형 상태를 조성할 수 있을까? 설명하시오.

개념 21.7 종분화와 멸종은 시대에 따라 생물의 다양성을 형성하였다

이해

1. 대멸종 후에, 수많은 종이 다시 나타나기 위해서는
   a. 미비한 수준의 종분화
   b. 적응방산
   c. 높은 속도의 유전자 확산
   d. 대멸종 사건에 의해 유발된 돌연변이

응용

1. 공룡시대와 현재의 생물학적 다양성을 비교하라.
   2.오늘날의 대멸종이 이전과 다른 것은?
   a. 종의 수가 감소하지는 않는다.
   b. 우세한 생명체가 멸종되고 있지 않다.
   c. 멸종된 종이 재출현할 것이다.

종합

1. 진화적 시간을 넘어 생물학적 다양성을 고려할 때, 왜 종보다 과를 더 고려해야만 할까?

개념 연결하기: 4부 진화

개체군에서의 유전자 다양성은 진화에 대한 허락이다. 많은 힘들이 개체군의 유전적 구조를 변화시킬 수 있는 다양성에 작용할 수 있다. 개체군이 현 적응했을 때, 몇몇 종들은 그들의 유전자를 다음 세대에 전달하기 위해서, 좀 더 생존하고 생식할 가능성이 크다. 시간이 흐른 후, 충분한 변화의 축적 종의 출현은 지구의 생명체의 다양성을 만들어 낸다.

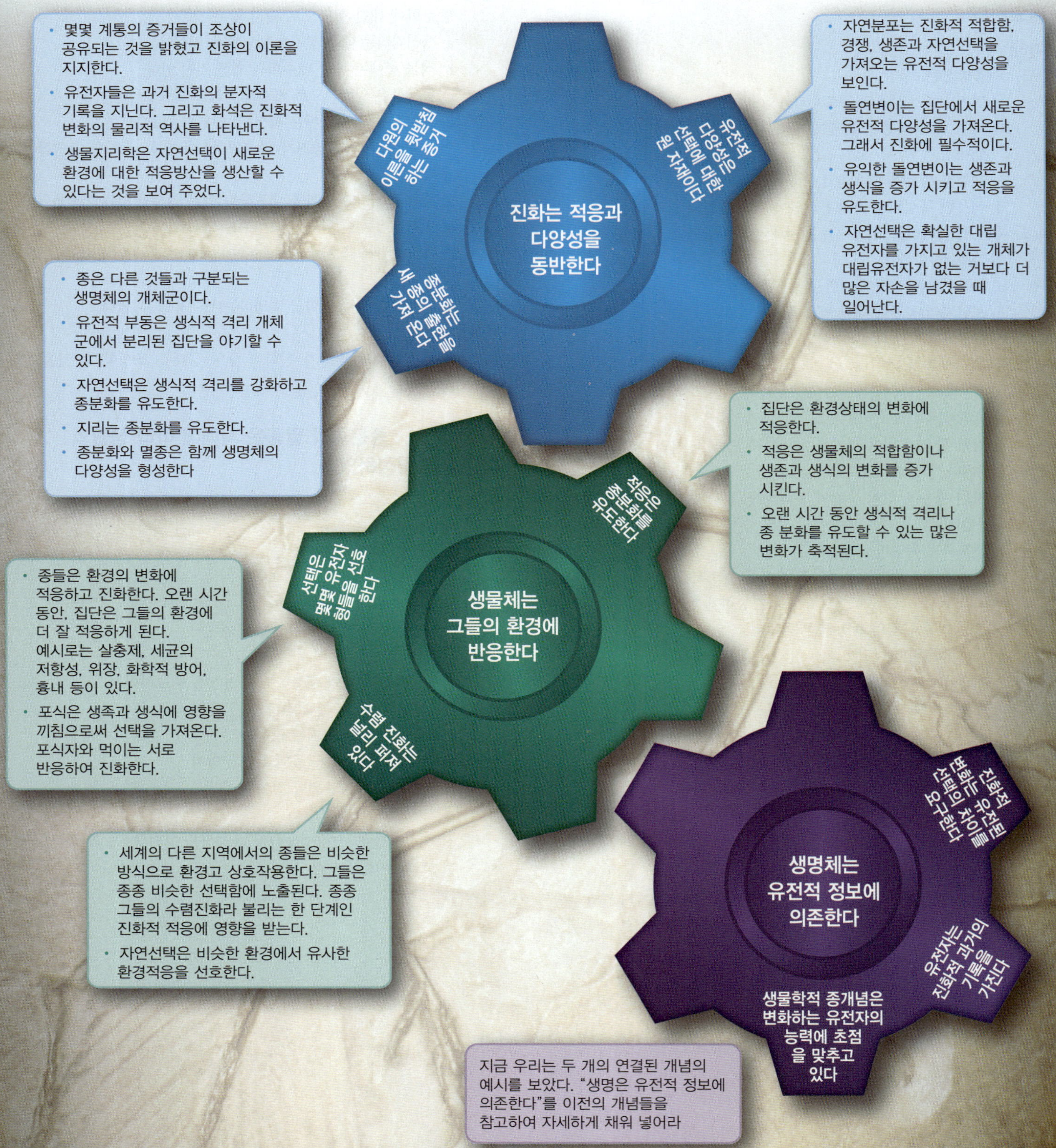

진화는 적응과 다양성을 동반한다

다윈의 이론을 뒷받침하는 증거

- 몇몇 계통의 증거들이 조상이 공유되는 것을 밝혔고 진화의 이론을 지지한다.
- 유전자들은 과거 진화의 분자적 기록을 지닌다. 그리고 화석은 진화적 변화의 물리적 역사를 나타낸다.
- 생물지리학은 자연선택이 새로운 환경에 대한 적응방산을 생산할 수 있다는 것을 보여 주었다.

유전적 다양성은 선택에 대한 원 자재이다

- 자연분포는 진화적 적합함, 경쟁, 생존과 자연선택을 가져오는 유전적 다양성을 보인다.
- 돌연변이는 집단에서 새로운 유전적 다양성을 가져온다. 그래서 진화에 필수적이다.
- 유익한 돌연변이는 생존과 생식을 증가 시키고 적응을 유도한다.
- 자연선택은 확실한 대립 유전자를 가지고 있는 개체가 대립유전자가 없는 거보다 더 많은 자손을 남겼을 때 일어난다.

종분화는 새 종의 출현을 가져 온다

- 종은 다른 것들과 구분되는 생명체의 개체군이다.
- 유전적 부동은 생식적 격리 개체군에서 분리된 집단을 야기할 수 있다.
- 자연선택은 생식적 격리를 강화하고 종분화를 유도한다.
- 지리는 종분화를 유도한다.
- 종분화와 멸종은 함께 생명체의 다양성을 형성한다

생물체는 그들의 환경에 반응한다

적응은 종분화를 유도한다

- 집단은 환경상태의 변화에 적응한다.
- 적응은 생물체의 적합함이나 생존과 생식의 변화를 증가 시킨다.
- 오랜 시간 동안 생식적 격리나 종 분화를 유도할 수 있는 많은 변화가 축적된다.

선택은 유전자 몇몇 형들을 선호한다

- 종들은 환경의 변화에 적응하고 진화한다. 오랜 시간 동안, 집단은 그들의 환경에 더 잘 적응하게 된다. 예시로는 살충제, 세균의 저항성, 위장, 화학적 방어, 흉내 등이 있다.
- 포식은 생족과 생식에 영향을 끼침으로써 선택을 가져온다. 포식자와 먹이는 서로 반응하여 진화한다.

수렴 진화는 널리 퍼져 있다

- 세계의 다른 지역에서의 종들은 비슷한 방식으로 환경고 상호작용한다. 그들은 종종 비슷한 선택함에 노출된다. 종종 그들의 수렴진화라 불리는 한 단계인 진화적 적응에 영향을 받는다.
- 자연선택은 비슷한 환경에서 유사한 환경적응을 선호한다.

생명체는 유전적 정보에 의존한다

진화적 변화는 유전된 선택의 차이를 요구한다

유전자는 과거의 진화적 기록을 가진다

생물학적 종개념은 변화하는 유전자의 능력에 초점을 맞추고 있다

지금 우리는 두 개의 연결된 개념의 예시를 보았다. "생명은 유전적 정보에 의존한다"를 이전의 개념들을 참고하여 자세하게 채워 넣어라

22 계통분류학과 계통발생

학습과정

22.1 계통분류학은 진화적인 유연관계들을 재구성한다

22.2 분지분석은 공통조상에서 유래된 형질들에 중점을 둔다

22.3 분류는 진화적인 재구성이 아니라 명칭을 붙이는 과정이다

22.4 분류학은 진화적인 문맥에서 생명체들을 분류하려고 시도한다

22.5 가장 커다란 분류군들은 영역들이다

서론

모든 생명체들은 많은 생물학적 특성들을 공유한다. 그것들은 한 개 혹은 그 이상의 세포들로 구성이 되어 있으며, 대사 작용과 ATP로의 에너지 전이를 수행하며 DNA로 유전적인 정보를 암호화한다. 그럼에도 불구하고, 박테리아와 아메바에서 청고래와 세콰이어 나무에 이르는 엄청난 생명의 다양성 또한 있다. 여러 세대에 거쳐서, 생물학자들은 공유된 형질들에 바탕을 두고 생명체들을 분류하려고 시도해 왔다. 가장 의미 있는 그룹으로 나누기는 생명체들 사이에서의 진화적인 유연관계에 대한 연구에 바탕을 둔 것이다. 진화계통수(evolutionary trees)를 재구성하기 위한 새로운 방법들과 무수한 분자 염기서열 데이터는 생명의 다양화를 설명하기 위한 향상된 진화적인 가설들을 이끌고 있다.

22.1 계통분류학은 진화적인 유연관계들을 재구성한다

현대 과학에서의 커다란 도전들 중 하나는 오늘날 우리 주변에서 볼 수 있는 초창기의 단세포 생명체들로부터 복잡한 생명체들에 이르기까지 지구상의 모든 생명체 형태들을 통합시키는 조상-자손 유연관계(ancestor-descendant relationships)의 역사를 이해하기 위한 것이다. 만약에 화석 기록이 완벽했다면, 종(species)에 대한 진화적인 역사를 추적할 수도 있었을 것이고, 어떻게 각각의 종이 생겨났고 증식을 했는가를 살펴 볼 수도 있었을 것이다; 그러나 20장에서 검토한 것처럼 화석 기록은 완전한 것과는 거리가 멀다. 비록 생명의 다양화에 대한 많은 의문점 등에 대해서 해답을 제시하겠지만, 많은 다른 사람들에게는 결말이 나지 않은 상태로 남아 있을 것이다.

분기도는 진화적인 유연관계들을 묘사한다

학습목표 22.1.1 계통발생이 나타내는 것이 무엇인지 인식하라.

화석 기록의 불완전성을 고려한다면, 진화적인 유연관계들에 대한 최고의 가설을 확립하기 위해서 과학자들은 반드시 추가적인 증거 유형들에 대한 활용을 해야만 한다. 명심할 것은, 그러한 연구의 성과는 가설들이고, 그것들 자체로는 더 추가된 검증이 요구 된다. 모든 가설들은 더 낫고, 더 정확한 과학적인 사고의 형성으로 이끌어지면서 새로운 데이터에 의해 반증될지도 모른다.

진화적인 유연관계에 대한 재구성 및 연구를 **계통분류학(systematics)**이라고 부른다. 종들 사이의 유사성과 차이점 등을 들여다보는 것에 의해서, 계통분류학자들은 종 사이에 유연관계의 유형에 대한 가설을 나타내는 계통수(evolutionary tree) 혹은 **계통발생(phylogeny)**을 재구성할 수 있다.

다윈(Darwin)은 모든 종들이 단일 공통조상으로부터 기원하였고, 생명의 역사는 분기수(branching tree)로써 묘사될 수가 있을 것이다(그림 22.1). 다윈의 관점에서, 나무의 작은 나뭇가지는 현존

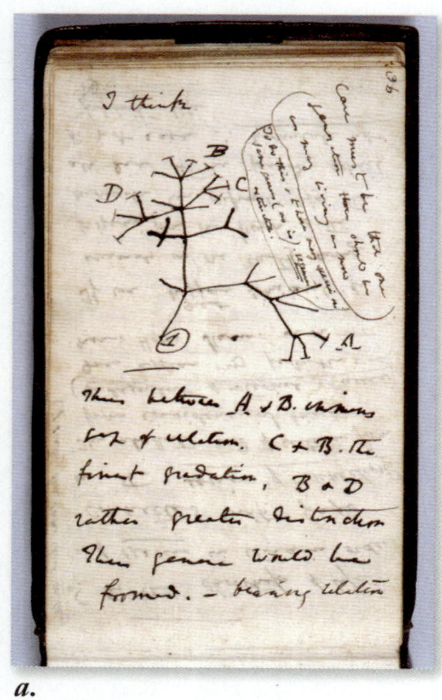

a.

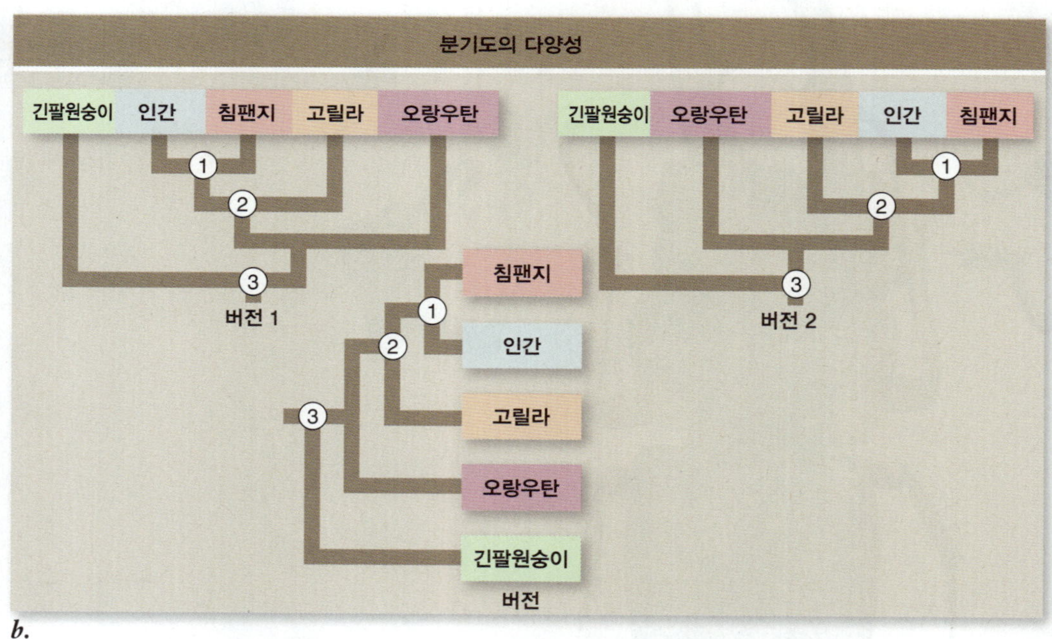

b.

그림 22.1 계통발생(phylogenies)은 진화적인 유연관계를 묘사한다. **a.** 다윈이 종의 기원(*On the Origin of Species*)으로 이르게 된 그의 사상을 발달시켰을 때인 1837년에 쓰인 다윈의 노트들 중 하나로부터 온 스케치. 다윈은 생명을 작은 나뭇가지에 종들을 가진 나무와 유사한 분기 과정으로써 보았고, 그리고 진화적인 변화는 나무가 생장할 때에 보여주는 분기 유형으로 상징되었다. **b.** 계통발생의 예. 인간과 침팬지는 어떠한 다른 살아 있는 종들에게 보다 상호간 더 밀접하게 관련되어 있다. 그것들이 다른 종들의 조상 형이 아닌 공통조상(마디 라벨 1로 표시됨)을 공유하기 때문에 이러한 점이 명백하다. 마찬가지로, 인간, 침팬지와 고릴라는 오랑우탄에 대한 조상이 아니었던 공통조상(마디 2)을 공유하기 때문에, 각각이 오랑우탄에 보다는 서로 간에 더 밀접하게 관련이 되어 있다. 마디 3(node 3)에서는 모든 영장류의 공통조상을 나타내고 있다. 이러한 3가지 버전은 종들과 방향에 대한 배열에서의 차이점에도 불구하고 동일한 정보를 전달한다는 점을 주목하라.

하는 종들을 상징한다. 나무를 아래쪽으로 내려가면서 작업을 할 때에, 작은 나뭇가지들과(나무)가지들의 연결은 모든 생명의 단일 공통조상으로 시간을 거슬러 올라가서 공통조상의 유형을 반영 한다. 공통조상으로부터 변형을 지닌 자손에 대한 과정은 모든 종들이 이러한 분기, 계층적 유형에서 관련이 되도록 야기하며, 그것들의 진화적인 역사는 분기도 혹은 계통수를 사용해서 묘사될 수가 있다. **그림 22.1b**는 진화적인 유연관계가 분기도로 묘사되는 방식을 보여 준다. 인간과 침팬지는 공통조상으로부터 유래가 되었고, 서로에게 가장 가까운 살아 있는 친족들이다(이 공통조상의 위치가 마디 라벨 1로 표시되어 나타나고 있다). 인간, 침팬지와 고릴라는 더 오래된 공통조상을 공유하고 있고(마디 2), 모든 거대한 영장류는 더 먼 공통조상을 공유하고 있다(마디 3). 계통발생을 해석하는 하나의 수단은 계통수의 정상 부분을 가로질러서 종의 배열을 관찰하기 보다는 어떻게 최근의 종들이 공통조상을 공유하고 있는가를 관찰하는 것이다. 그림 22.1b의 계통발생에 대한 3가지 버전을 비교한다면, 그 유연관계가 동일하다는 것을 알 수 있을 것이다: 그것들이 어디에 위치하는 가와는 상관이 없이, 침팬지와 인간은 여전히 어떠한 다른 종들보다 서로 더 근연관계이다.

게다가, 비록 그림 22.1b의 버전 1에서 인간이 긴팔원숭이 다음에 놓여 있지만, 유연관계의 유형은 여전히 인간이 긴팔원숭이보다 고릴라와 오랑우탄과 더 근연관계(즉, 더 최근의 공통조상을 공유한다)라는 것을 암시하고 있다. 계통발생은 또한 때때로 수직의 그림 22.1b(버전 3)이라기보다는 그들의 측면에서 보여 질 수가 있지만, 이 배열은 또한 그것의 해석에 있어서 영향을 미치지 않는다.

유사성으로는 진화적인 유연관계를 정확하게 예측할 수 없을지도 모른다

학습목표 22.1.2 표현형적인 유사성과 진화적인 역사 사이의 유연관계를 설명하라.

두 종이 공통조상으로부터 분기한 시간이 더 오래 되었으면 되었을수록, 그것들은 더욱 더 상이성을 보일 것이라고 기대할지도 모른다. 초기의 계통분류학자들은 이러한 논리에 의지했고, 전반적인 유사성에 바탕을 두고 계통발생을 재구성했다. 사실 종들이 일정한 속도로 진화를 했었다면, 두 종 사이의 분기의 양은 얼마나 오래 동안 그것들이 분기를 해 왔는가에 대한 상관적 요소가 될 것이고, 그렇기 때문에 유사성의 정도에 바탕을 둔 계통발생은 정확할 것이다. 결과적으로, 침팬지와 고릴라는 그 둘 중 어느 것이 인간에게 보다는 서로 간에 더 근연관계가 있다고 생각할지도 모른다.

그렇지만 21장에서 밝혀진 것처럼, 진화는 때로는 매우 급속하게 발생할 수가 있고, 다른 때에는 매우 느리게 발생할 수도 있다. 부가적으로, 진화는 단일 지향성이 아니다-때때로, 종의 특성은 한 방향으로 진화하고, 그 이후에 다른 방식으로 좌선회 한다(진동 선택에 대한 결과; 19장을 참조하시오). 새로운 서식처를 침입하는 종들은 새로운 선택압을 겪을 가능성이 있고 크게 변화할 수도 있다; 그것들의 조상들은 단지 조금 변화할 지도 모름에 따라 동일한 서식처에서 머무르는 그러한 것들이다. 이러한 이유로, 유사성은 반드시 두 종이 공통조상을 공유했던 이래로 얼마나 오랜 시간이 흘렀는가에 대한 좋은 예측자인 것은 아니다.

두 번째 근본적인 문제가 또한 존재 한다: 진화는 반드시 분기하는 것이 아니다. 20장에서, 두 종이 독립적으로 동일한 특징을 진화시키는 수렴진화(convergent evolution)에 대해서 검토하였다. 종종 종들은 수렴적으로 진화를 하는데, 왜냐하면 그것들이 유사한 서식처를 이용하여, 유사한 적응이 선호되기 때문이다. 결과적으로, 근연관계가 없는 두 종은 결국은 그것들이 근연종들(close relatives) 보다 서로 간에 더 유사할 수도 있다. 종들이 조상 종들의 특징을 재진화시키는 과정인, 역진화(evolutionary reversal) 또한 이러한 효과를 지니고 있다.

개념 정리 22.1

계통분류학은 진화적인 유연관계에 대한 연구를 하는 것이다. 계통발생 혹은 계통수들은 종들 간의 유연관계에 대한 그래프로 나타낸 묘사이다. 진화적인 변화가 속도와 방향에서 일정하지가 않기 때문에 생명체들의 유사성만으로는 반드시 그것들의 관계와 상관관계를 입증하는 것은 아니다.

- 한 종이 그것의 가장 진화적인 근연종이 아닌 종과 가장 표현형적으로 유사한 이유는 무엇일까?

22.2 분지분석은 공통조상에서 유래된 형질들에 중점을 둔다

표현형적인 유사성은 허위일지도 모르기 때문에, 대부분의 계통분류학자들은 더 이상 단지 이 기준만으로 그들의 계통발생적인 가설들을 재구성하지는 않는다. 오히려, 그들은 조상형(ancestral)이라고 칭하는 그룹의 공통조상으로부터 이전에 발생한 유사성으로부터 **파생된(derived)** 것이라 불리는 전체 집단의 가장 최근 공통 조상으로부터 유전된 종들 간에 유사성을 구별한다. **분기학(cladistics)**이라고 칭하는 이러한 접근에서, 단지 **공유파생형질(shared derived characters)**만이 진화적인 유연관계들을 결정하는 더 정보를 제공하는 것으로 간주되어 진다.

분기학적 방법은 조상형 혹은 파생형으로써 확인되는 형질변이를 요구한다

학습목표 22.2.1 조상형과 파생형 형질들 사이를 구분하라.

분기학적 방법을 사용하기 위하여, 계통분류학자들은 먼저 분석에서 모든 종에 대한 다수의 형질들에 대한 데이터를 모은다. 형질들은 형태, 생리, 행동 및 DNA를 포함해서, 표현형의 어떠한 양상일 수도 있다. 18장에서 보여 주는 것과 마찬가지로, 유전체 학에서의 큰 변혁은 동정을 하고 형질 변화를 연구하기 위한 우리의 능력에 대변혁을 일으킬지도 모르는 엄청난 수의 데이터를 머지않아 틀림없이 제공할 것이다. 유용하게 되기 위해서는, 형질들은 인식 가

형질: 생명체	턱	폐	양수 막	털	꼬리 없음	두발의
칠성장어	0	0	0	0	0	0
상어	1	0	0	0	0	0
도롱뇽	1	1	0	0	0	0
도마뱀	1	1	1	0	0	0
호랑이	1	1	1	1	0	0
고릴라	1	1	1	1	1	0
인간	1	1	1	1	1	1

a.

b.

그림 22.2 분기도. **a.** 7 종류의 척추동물 집단에 대한 형태적인 데이터가 도표화되었다. "1"은 파생형 형질상태(derived character state)에 대한 소유를 나타내며, "0"는 조상형 형질상태(ancestral character state)를 나타낸다("꼬리 없음"에 대한 파생형 형질상태는 꼬리의 부재 이다; 모든 다른 형질들에 대하여, 형질의 부재는 조상형 형질상태이다). **b.** 계통수(a tree) 혹은 분기도(cladogram)는 파생형질들의 부재에 바탕을 둔 생명체들 사이의 유연관계를 도형으로 나타낸다. 분기도 가지 점(branch points)들 사이의 파생 형질들은 가지 점들 위의 모든 생명체들에 의해 공유가 되며, 그것들 아래의 어느 것에도 존재하지 않는다. 외군(outgroup, 이 경우에는 칠성장어를 일컬음)은 파생형질들의 어느 것도 소유하지 않는다.

능한 **형질상태(character states)**로 존재해야만 한다. 예를 들어서, 양막류 척추동물들(즉 조류, 파충류와 포유동물; 28장을 참조하시오)에서 형질 "치아(teeth)"를 고려해보라. 이 형질은 두 개의 상태(state)를 지니고 있다: 대부분의 포유동물과 파충류에서의 존재(presence)와 조류와 바다 거북이와 같은 몇몇 다른 그룹에서의 부재(absence).

조상형 대 파생형 형질들의 예

털의 존재는 포유동물들의 공유된 파생적 특징이다(그림 22.2); 대조적으로, 포유동물들에서의 폐의 존재는 조상형적 특징인데, 왜냐하면 그것은 양서류, 파충류(도롱뇽, 도마뱀에 의해 대표 화됨)에서도 존재하므로, 추정하건대 포유동물들의 공통조상에 앞서서 진화했을 것이기 때문이다. 그러므로 폐의 존재는 포유동물 종들이 모두 파충류나 양서류들에게 보다는 서로에게 더 근연종이라는 것을 우리에게 말하는 것은 아니지만, 털의 공유된 파생적 특징은 모든 포유동물 종들이 포유동물, 양서류 및 파충류들의 공통조상(common ancestor) 보다도 더 최근에 존재했던 공통조상을 공유한다는 것을 시사한다.

인간, 침팬지, 고릴라의 유연관계에 관한 의문점으로 돌아가서, 다수의 형태학적 및 DNA 형질들이 침팬지와 인간에 의해서는 파생적이고 공유가 되지만, 고릴라나 다른 거대한 영장류들에 의해서는 그렇지 않다는 것이 존재한다. 이러한 형질들은 침팬지와 인간이 고릴라, 침팬지 및 인간의 공통조상(마디 2)보다도 더 최근에 존재했던 공통조상(그림 22.1b, 마디 1)으로부터 분기했다는 것을 시사한다.

조상형 대 파생형에 대한 결정

일단 데이터가 조합되면, 수동식의 분기학적 분석에서의 첫 번째 단계는 형질들을 대립시키는 것이다**(polarize)**. 즉, 특정한 형질상태가 조상형 혹은 파생형인지 아닌지를 결정하는 것이다. 예를 들어서, 형질 "치아(teeth)"를 대립시키기 위하여, 계통분류학자들은 어떤 상태—존재 부재—가 이 그룹의 가장 최근의 공통조상에 의해서 전시되는가를 반드시 결정해야 한다.

주로 이용 가능한 화석들은 가장 최근의 공통조상을 나타내지 않거나 혹은 그것들이 가장 최근의 공통조상이라는 것에 대해 확신을 할 수가 없다. 결과적으로, 외군 비교(*outgroup comparison*) 방법은 형질 대립화를 지정하기 위해서 사용된다. 이 방법을 사용하기 위하여, 근연관계이지만 연구 중인 집단의 일원이 아닌 종이나 종의 집단이 **외군(outgroup)**으로써 지정된다. 연구 중인 집단이 다수의 형질상태를 보여주고 그러한 상태들 중 하나가 외군에 의해 보여진다면, 그 상태는 조상 형으로 간주되고 다른 상태들은 파생형으로 간주된다. 그렇지만 외군 종은 그것들의 조상 형으로부터 또한 진화하므로, 외군 종들이 항상 조상 상황을 보여 주지는 않을 것이다.

대립성 할당은 동일한 형질 상태가 몇몇 다른 외군들에 의해서 보여 질 때에 가장 신뢰할 만하다. 선행하는 예에서, 치아는 일반적으로 양막류 그것들 자체의 많은 종들뿐만 아니라 양막류의 가장 가까운 외군들—양서류와 어류—에 존재한다. 결과적으로, 포유동물과 파충류에서의 치아의 존재는 조상 형으로 간주되고, 조류와 바다 거북이에서의 그것들의 부재는 파생형으로 간주된다.

분기도의 구성

일단, 모든 형질들이 대립화되면, 계통분류학자들은 진화적인 유연관계에 대한 가설을 묘사하는 **분기도(cladogram)**를 건설하기 위해서 이 정보를 사용한다. 공유파생형질의 소유에 의해서 나타난 것처럼 공통조상을 공유하는 종들은 **분기군(clade)**에 속한다고 한다. 그러므로 분기군들은 진화적인 단위들이고, 공통조상과 그것의 모든 자손들을 말한다.

분기군 일원에 의해 공유된 파생형질은 그 분기군의 **공동파생형질(synapomorphy)**이라고 부른다. 그림 22.2.b는 단순한 분기도가 각각 그것 자체의 공동파생형질에 의해서 규정되는 분기도가 중첩된 집합이라는 것을 설명하고 있다. 예를 들어서, 양각류는 양수막의 진화가 공동파생형질인 분기군이다. 그 분기군 내에서, 포유동물은 털을 공동파생형질로써 지니는 분기군 이며, 기타 등등임.

조상 상태는 **원시형질(plesiomorphies)**이라고 불리고, 공유된 조상 상태는 **원시적 유사성(symplesiomorphies)**이라 불린다. 공동파생형질과는 대조적으로, 원시적 유사성은 계통 발생적 유연관계에 대해서 정보를 제공하지 않는다.

예를 들어서, 칠성장어, 상어, 도롱뇽, 도마뱀 및 호랑이에 의해서 내보여지는 형질 상태인 "꼬리의 존재"를 고려해 보자. 이것이 호랑이가 그것들과 동류인 영장류와 인간보다 도마뱀과 상어와 더 근연종들이고-더 최근의 공통조상을 공유한다는 것-을 의미하는가? 물론, 그 대답은 "아니다"이다: 원시적 유사성은 먼 조상으로부터 유전된 형질 상태를 반영하기 때문에, 그 종이 그 상태가 근연관계라고 보여주고 있다는 것을 내포하지 않는다.

상사성은 분기학적 분석을 복잡하게 한다

학습목표 22.2.2 정보를 제공하는 공유되고 파생된 형질들을 비정보적인 것들과 대조시켜라.

실제의 경우, 계통 발생적 연구는 지금까지 보여준 예들처럼 조금도 단순하지가 않다. 그 이유는 일부의 경우에, 동일한 형질이 몇몇 종들에서 독립적으로 진화해 왔다. 이러한 형질들은 공유파생형질 범주로 나눌 수도 있지만, 그것들은 가까운 진화적인 유연관계에 대한 허위 신호일 수도 있을 것이다. 게다가, 파생된 형질들은 때때로 조상 상태로 재진화한 분기군 내의 종으로써 손실되었을지도 모른다.

진화적 **상사성(Homoplasy)**은 형질 상태를 보여 주는 공통조상으로부터 유전되어 온 공유형질상태를 말한다. 상사성은 수렴진화(convergent evolution)나 혹은 진화적인 역전에 의해서 비롯될 수 있다. 예를 들어서, 성체 개구리는 꼬리를 지니고 있지 않다. 따라서 꼬리의 부재(absence)는 고릴라와 인간뿐만 아니라, 개구리도 또한 통합하는 공동파생형질이다. 그렇지만 개구리는 양수막도 털도 지니고 있지 않고, 양쪽 모두는 고릴라와 인간을 포함하고 있는 분기군 들에 대한 공동파생형질이다.

형질들에 대한 불일치가 존재할 경우에는, 계통분류학자들은 가장 적은 추측을 필요로 하는 가설을 선호하는 **간결원칙(principle of parsimony)**에 의존한다. 결과적으로, 가장 적은 진화적인 사건들을 요구하는 계통발생이 계통발생적인 유연관계에 대한 최고의 가설로 간주 된다(그림 22.3). 그러므로 방금 언급한 예에서, 개구리를 도롱뇽과 함께 집단화 시키는 것은 그것이 단지 한 번의 경우에만 상사성을 요구하는 반면에(꼬리 없음에 대한 다중 기원), 개구

a.

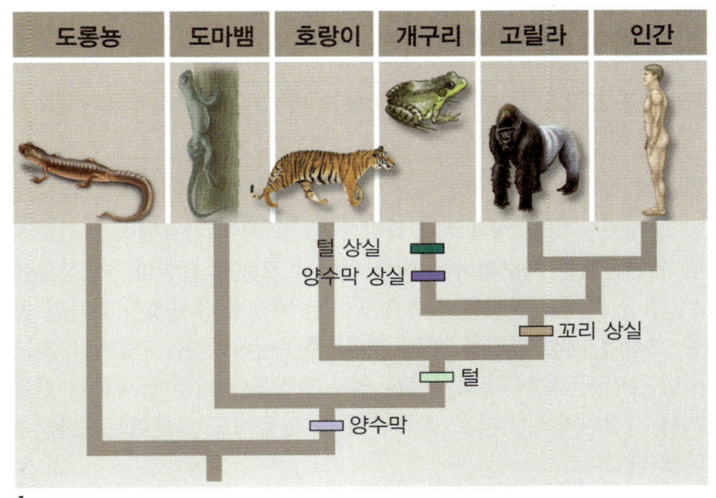

b.

그림 22.3 간결성과 상사성(parsimony and homoplasy). **a.** 개구리를 도롱뇽에 대한 근연관계로써 배치시키는 것은 상사성의 한 예인 꼬리 손실에 의한 진화가 2회 일어나는 것을 요구 한다. **b.** 만약에 개구리가 고릴라와 인간에 대해 근연관계라면, 꼬리 손실은 1회만 진화해야 했다. 그렇지만 이러한 배열은 두 번의 추가적인 진화적인 변화를 요구할 것이다: 개구리는 양수막과 털의 손실을 가져왔었을 것이다(대안으로는, 털은 호랑이와 인간과 고릴라의 분기군(clade)과는 독립적으로 진화해 왔을 것이다; 이 해석은 털 형질에서의 2회에 걸친 진화적인 변화를 요구할 것인데, 그림에서 보여주고 있는 해석과 마찬가지로, 털은 1회만 진화했고, 그 밖에 개구리에서는 손실되었다). 간결원칙(principle of parsimony)에 바탕을 두고 진화적인 변화수가 가장 적은 것이 요구되는 분기도(cladogram)가 선호 된다; 이 경우에 (a)에서의 분기도는 4회의 변화를 요구하는 반면에 (b)에서는 5회, 그러므로 (a)가 진화적인 유연관계의 가설로써 바람직하다.

	DNA 염기서열									
장소	1	2	3	4	5	6	7	8	9	10
A 종	G	C	A	T	A	G	G	C	G	T
B 종	A	C	A	G	C	C	G	C	A	T
C 종	G	C	A	T	A	G	G	T	G	T
D 종	A	C	A	T	C	G	G	T	G	G
외군	A	T	A	T	C	C	G	T	A	T

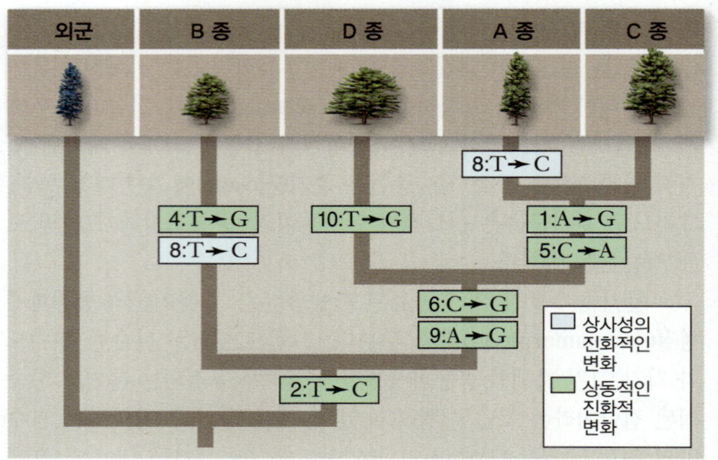

그림 22.4 DNA 염기서열 데이터에 대한 분기학적 분석. 염기서열 데이터는 어떠한 다른 데이터와 마찬가지로 분석된다. DNA 염기서열에 대한 가장 간결한 해석은 9회의 진화적인 변화를 요구한다. 이러한 각각의 변화가 계통발생(phylogeny)으로 표시된다. 장소 8에서의 변화는 상사성(homoplastic)이다: A종과 B종은 그 자리에서 티민(thymine)에서 시토신(cytosine)으로 독립적으로 진화했다.

리가 인간과 고릴라에 가장 근연종이라는 계통발생은 2가지 상사적인 진화사건(개구리에서 양쪽 양수막과 털의 손실)을 요구할 것이기 때문에, 그것이 더 선호적이다.

지금까지 제시된 예들은 모두 형태적인 형질들에 관련되어 있지만, 계통분류학자들은 다중적인 형질들이 염기서열화를 통하여 획득될 수 있기 때문에 계통발생을 구성하기 위한 DNA 염기서열 데이터를 점차적으로 이용한다. 분기학은 어느 다른 유형의 데이터와 마찬가지의 동일한 방식으로 염기서열 데이터를 분석 한다: 형질 상태는 외군의 염기서열에 대한 참고에 의해서 대립화되고, 분기도는 요구되는 형질 진화의 양을 최소화 시키도록 구성된다(그림 22.4).

일부 상황에서는 분기학보다 다른 계통발생적 방법들이 더 작동적이다

학습목표 22.2.3 진화적인 사건들의 알맞은 시기를 택하기 위한 분자시계의 결함에 대해서 검토하라.

만약에 형질들이 종 사건들에 대한 빈도와 비교해서 느린 속도로 한 상태에서 다른 상태로 진화한다면, 그 때에 간결원칙은 진화적인 유연관계를 재구성하는 데에 있어서 작동을 잘한다. 이 상황에서, 그 원칙의 근원적인 추측은(공유된 파생적 유사성이 최근의 공통 조상에 대해 암시를 하는 것임) 주로정확하다. 그렇지만 최근 수년 동안에 계통분류학자들은 일부 형질들이 너무 급속하게 진화해서 간결원칙은 아마도 허위일 수가 있을지도 모른다는 것을 깨닫게 되었다.

진화적인 변화와 상사성에 대한 급속한 속도

특정한 흥미를 둘 수 있는 것은 유전체(genome)의 일부가 진화하는 속도이다. 우리는 더 이상 유전체의 대부분이 "쓰레기 DNA(junk DNA)"라고 여기지는 않지만, 기능적으로 억제되지 않는 것이 약간의 DNA가 아니라는 것이 명백하다. 결과적으로, 이러한 DNA 부분에서의 돌연변이(mutations)는 자연선택(natural selection)에 의해서 제거되지 않으므로, 새로운 형질 상태들에 대한 진화 속도는 유전적인 부동(genetic drift)의 결과로써 이러한 지역에서 상당히 높다.

게다가, 어떠한 뉴클레오티드 염기(A, C, G 혹은 T)에 대해서 단지 4개의 형질 상태만이 가능하기 때문에, 2개의 종이 어떠한 특정염기 위치에서 동일한 파생형질상태를 독립적으로 진화시킬 높은 가능성이 있다. 만약 그러한 상사성이 형질 데이터 세트를 지배한다면, 그때는 간결원칙의 추측이 위반되고, 결과적으로 이 방법을 이용해서 추론된 계통발생은 정확하지 않을 것이다.

통계적 접근법들

진화는 때로는 급속하게 진행될 수 있고, 최근 수년 동안에 분류학자들은 계통발생을 추론하기 위하여 최대 가능도(maximum likelihood)와 같은 통계학적인 접근법들에 바탕을 둔 다른 방법들을 개척해 왔다. 이러한 방법들은 형질들이 진화하는 속도에 대한 추측으로 시작하고, 그 이후에 이러한 추측들에 최고로 일치(즉, 최대 가능도 〈"maximum likely"〉임) 하는 계통발생을 연역하기 위하여 데이터를 이러한 모델들에 맞춘다.

이러한 방법들에서의 이점은 진화 속도에 대한 상이한 추측들은 다른 형질에 대해 이용될 수 있다는 것이다. 만약 일부 DNA 형질들이 다른 것들보다 더 느리게 진화한다면—예를 들어, 그것들이 자연선택에 의해서 제약을 받는다면—그때에는 그 방법들이 다른 형질들에 대한 진화의 다른 모델들을 이용할 것이다. 이러한 접근법은 진화 변화의 속도가 빠를 때의 상사성을 다루는 데에 있어서 간결성보다 더 효과적이다.

분자시계

일반적으로, 그림 22.2의 한 개와 같은 분기도는 진화적인 분기 사건들의 순서를 나타낸다; 그것들은 이러한 사건들의 알맞은 시기 택하기에 대한 정보를 포함하지 않는다. 그렇지만 일부의 경우에 분기 사건들은 화석에 대한 참고 혹은 형질이 변화는 속도에 대한 추측을 하는 것에 의해서 시간을 정할 수가 있다. 한 가지 널리 사용되고 있지만, 논쟁의 여지가 있는 방법은 **분자시계(molecular clock)**인데, 그것은 분자의 진화 속도가 시간을 통해 일정하다는 것을 상술하는 것이다. 이 모델에서, DNA의 분기가 분기 사건들이 발생했던 시간을 산정하기 위해 사용될 수 있다는 것이다. 그러한 추정을 하기 위해서, 한 가지 혹은 그 이상의 분기 사건들에 대한 알맞은 시기를 택하는 것은 반드시 확신을 갖고 추정이 되어야만 한다. 예를 들면, 화석 기록은 2개의 분기군이 특정 시기에 공통조상으로부터 분기했다는 것을 암시할 수도 있을 것이다. 대안적으로, 두 분기군의 분리에 대한 알맞은 시기 택하기는 현재는 그 두 분기군을 분리시키는 산맥의 융기와 같은 그것들의 분기를 이끌었을 것 같은 지질학적인 사건들로부터 추정될 수 있을지도 모른다. 이 정보를 가지고, 두 분기군을 분리시키는 DNA 분기의 양이 그 두 분기군을 분리시키는 시간의 길이에 의해서 나누어질 수가 있는데, 그것은 시간의 단위당 DNA 분기 속도에 대한 추정을 야기 한다(주로, 100만년 당임). 분자시계를 추정한다면, 이 속도는 분기도에서 다른 분기 사건들의 연대를 추정하기 위해서 이용될 수가 있다.

비록 분자시계는 다양한 개개의 유전자들에 대해 들어맞는 것처럼 보이지만(그림 20.19를 참조하시오), 대부분의 경우 데이터는 진화 속도가 진화 계통수에서 모든 분기들을 가로지르는 시간을 통해서 동일하지 않다는 것을 지적한다. 따라서 비록 시토크롬 c(Cytochrome c)가 특유의 일정한 속도로 진화해 왔을 수도 있지만, 동일한 생명체에서 다른 유전자들은 상당히 다른 속도로 진화해 왔거나 혹은 시계처럼 규칙적인 방식이 아닌 다른 식으로 진화해 왔을 수도 있다. 이러한 이유로, 분자시계는 특정한 유전자들에 대한 지속적인 진화적인 영향에 대한 설득력 있는 증거를 제공하지만, 그러한 데이터에서 유래된 진화적인 분기의 시간은 반드시 신중히 취급되어야 한다. 최근에, 방법들이 분자적인 진화가 시계 방향이라는 추정 없이 진화적인 사건들의 시기를 정하기 위해서 발달되어 왔다. 이러한 방법들은 진화적인 알맞은 시기 택하기에 대한 신뢰할 만한 추정을 제공하는데 있어서 대단한 장래성을 가지고 있다.

개념 정리 22.2

분기학은 집단을 만들어 내기 위해서 공유파생형질 상태를 이용한다. 파생형질들은 근연관계인 외군과의 비교를 사용해서 조상 형으로부터 구별된다. 분기군은 공통조상의 모든 자손들을 포함한다. 분기도는 파생형질 상태에 바탕을 둔 진화적인 유연관계에 대한 가설적인 표현이다. 상동성은 이러한 유연관계에 대한 허상을 제공할지도 모른다.

- 분기학이 일부 경우에서의 계통발생 유연관계를 추론하는데 있어서 다른 경우보다 더 성공적인 이유는?

22.3 분류는 진화적인 재구성이 아니라 명칭을 붙이는 과정이다

계통분류학이 진화적인 유연관계에 대한 재구성이며 연구인데 반하여, 분류(classification)는 종들과 고등집단들-속, 과, 강과 기타 등등-을 처음에 1장에서 검토했던 분류학적인 계층으로 어떻게 배치하는가에 대해 말하는 것이다.

현재의 분류는 때때로 진화적인 유연관계를 반영하지 않는다

학습목표 22.3.1 단계통적, 측분기군과 다계성 집단들 사이를 구별하라.

계통발생학과 전통적인 분류는 항상 들어맞지는 않는다; 그 이유를 이해하기 위해서는, 어떻게 종들이 계통발생적인 유연관계에 바탕을 두고 그룹화 될 수 있는 가에 대한 고려를 할 필요가 있다. **단계통적(monophyletic)** 집단은 그 집단에 대한 가장 최근의 공통조상과 그것의 모든 자손들을 포함한다. 정의에 의하면, 분기군(clade)은 단계통적 집단이다. **측계통적(paraphyletic)** 집단은 그 집단의 가장 최근의 공통조상을 포함하지만, 그것들의 모든 자손들을 포함하지 않으며, **다계통적(polyphyletic)** 집단은 그 집단의 모든 일원에 대한 가장 최근의 공통조상을 포함하지 않는다(그림 22.5).

분류학적 계층은 공유된 형질들에 바탕을 두며, 이상적으로 그것들은 진화적인 유연관계를 반영해야만 한다. 그렇지만 전통적인 분류학적 집단들은 항상 계통발생적인 유연관계에 대한 새로운 이해와 꼭 들어맞지는 않는다. 예를 들어서, 조류는 역사적으로 조류강(class Aves)에, 그리고 공룡들은 파충류강(class Reptilia)의 일부로 간주되어 왔다. 그렇지만 최근의 계통발생적인 진보는 조류가 공룡에서 진화해 왔다는 것을 분명히 한다. 모든 조류들과 공룡의 가장 마지막 공통조상은 그림 22.5에서 보여 주는 육식성의 공룡이었다.

그러므로 하나는 조류에 대한, 그리고 다른 하나는 파충류(도마뱀, 뱀과 바다거북이 뿐만 아니라 공룡과 악어를 포함함)에 대한 2개의 분리적인 단계통적 집단들을 갖는다는 것은 계통발생에 바탕을 두었을 때 가능하지가 않다. 그러면서도 그 조류강과 파충류강의 용어들은 너무 친숙하고 잘 확립되어 있어서, 갑자기 공룡의 유형으로써 조류를 언급하고, 이렇게 파충류의 일종이라는 것은 일부 사람들에게는 어려운 일이다. 그럼에도 불구하고, 생물학자들은 점차적으로 조류를 공룡의 유형으로써 그러므로 파충류로써 표현한다.

이와 같은 상황은 흔치않은 것이 아니다. 또 다른 예는, 식물들의 분류와 관련이 되어 있다. 전통적으로 3개의 주요 집단들이 인식이 되었다: 녹조류, 선태류와 관속식물들(그림 22.6). 그렇지만 최근의 연구는 녹조류도 선태류도 단계통적 집단을 구성하지 않는다는 것을 밝히고 있다. 오히려, 일부 선태류 집단들은 다른 선태류에게 보다는 관속식물들과 더 근연관계에 있고, 일부 녹조류는 다른 녹조류에게 보다는 선태류와 관속식물들과 더 근연관계에 있다. 결과적으로, 계통분류학자들은 더 이상 녹조류 혹은 선태류를 진화적인 집단으로써 인식하지 않고, 분류체계는 진화적인 유연관계를 반영하기 위하여 변화해 왔다.

a.

b.

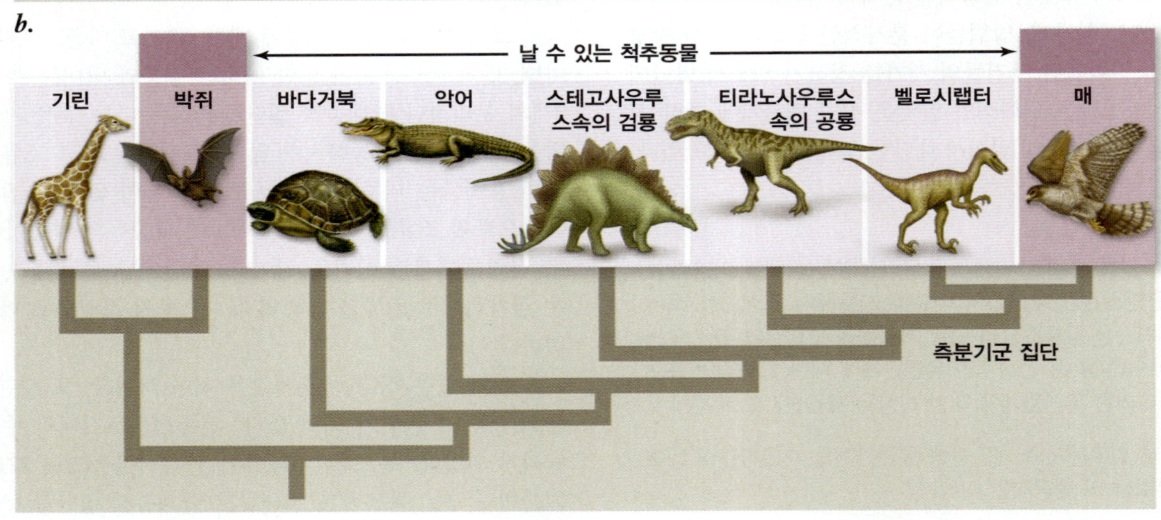

c.

그림 22.5 단계통적, 측분기군과 다계성 집단들. **a.** 단계통적(monophyletic) 집단은 가장 최근의 공통조상과 그것의 모든 자손들로 구성된다. 예를 들어서, "조룡(Archosaurs)"이라는 명칭은 악어, 스테고사우루스속의 검룡(*Stegosaurus*), 티라노사우루스속의 공룡(*Tyrannosaurus*), 벨로시랩터(*Velociraptor*)와 매를 포함하는 단계통적 집단에 부여된다. **b.** 측분기군(paraphyletic) 집단은 가장 최근의 공통조상과 그것들 자손들의 일부로 구성된다. 예를 들어서, 모두는 아니지만 일부 분류학자들은 전통적으로 스테고사우루스속의 검룡(*Stegosaurus*), 티라노사우루스속의 공룡(*Tyrannosaurus*), 벨로시랩터(*Velociraptor*)를 포함하는 측분기군 집단에 공룡("dinosaurs")이라는 명칭을 부여한다. 이 집단은 측분기군인데 왜냐하면 이러한 종들의 가장 최근의 조상의 한 자손인 조류(새)는 그 집단에 포함이 되지 않기 때문이다. 다른 분류학자들은 티라노사우루스속의 공룡(*Tyrannosaurus*)과 벨로시랩터(*Velociraptor*)가 다른 공룡들에게 보다 조류에 더 근연관계이기 때문에 Dinosauria 내에 조류를 포함한다. **c.** 다계성 집단은 집단의 가장 최근의 조상을 포함하지 않는다. 예를 들어서, 박쥐와 조류는 "날아다니는 척추동물"이라고 부를 수도 있는 동일한 집단 내에 분류될 수가 있는데, 왜냐하면 그것들은 유사한 형태, 해부학적 특징과 서식처를 지니고 있기 때문이다. 그렇지만 그것들의 유사성은 공통 혈통이 아닌 수렴진화를 반영한다.

계통발생적 종개념은 공유파생형질들에 중점을 둔다

학습목표 22.3.2 계통발생적 종개념과 그것의 단점들에 대해서 검토하라.

21장에서, 두 개체군들이 동일한 종들에 속하는지 어떤지를 결정하는 데에 관하여 다수의 개념들에 대한 독해를 하였다. 생물학적인 종의 개념(biological species concept, BSC)은 종을 다른 집단들과 생식적으로 격리된 상호교배를 하는 집단들로써 정의 한다. 최근 몇 해 동안에, 계통발생적인 견해가 출현해 왔고, 종의 개념들에 대한 의문점에 적용되어 왔다. **계통적 종개념(phylogenetic species concept, PSC)**의 주창자들은 종(species)이라는 용어가 개체군들의 다른 집단들과 독립적으로 진화해 온 개체군들의 집단들에 적용이 되어야 한다는 것을 제의한다.

게다가, 그들은 계통발생적 분석이 그러한 종들을 동정하기 위한 방식이라고 제안한다. 이러한 견해에서 종은 한 가지 혹은 그 이상의 공유파생형질들에 의해서 규정되는 개체군이나 개체군 집합이다.

이러한 접근법은 21장에서 토론되었던 BSC에 대한 문제점 2가지를 해결하는 것이다. 첫째로, BSC는 이소적 개체군들(allopatric populations)에 적용될 수가 없는데, 왜냐하면 과학자들은 개체군들의 개체들이 상호교배를 할 것인지 어떤지, 그리고 그들이 서로 어쨌든 합치더라도 번식력이 있는 자손을 생산할 수가 있는지 어떤지를 결정할 수가 없기 때문이다. PSC는 이 문제점을 해결한다: 만약 이소적 개체군들이 언젠가 접촉을 한다면 미래에 무슨 일이 일어날지를 예측하려고 시도하는 대신에, PSC는 개체군(혹은 개체군들의 집단들)이 그것 자체의 파생형질들을 발달시키기 위해서 충분히 긴 시간 동안 독립적으로 진화를 해 왔는지 어떤지 결정하기 위하여 과거를 살펴본다.

둘째로, PSC는 성적인 형태들만을 다루는 BSC와는 대조적으로 양쪽 유성생식 종과 무성생식 종에 동등하게 잘 적용될 수 있다.

PSC도 마찬가지로 결함을 지니고 있다

그렇지만 PSC는 몇 가지 이유로 논란의 여지가 있다. 첫째, 일부 비평가들은 그것이 모든 약간의 차이가 나는 개체군을 뚜렷한 종으로써 인식하도록 이끌 것이라고 강력히 주장한다. 미국 중부의 주인 미주리에서, 예를 들면, 숲속의 빈터라고 불리는 개방되고, 사막 같은 서식처 지역들이 그 주의 도처에 분포하고 있다. 이러한 숲속의 빈터들은 그 지역을 분리하는 삼림 지대에서 발견되지 않는 다양한 온난성의 식물과 동물 종들을 포함하고 있다. 숲 속의 빈터는 유전체의 일부 급속하게 진화하는 부분들에서 상이성을 진화시키기 위한 각각의 숲 속의 빈터에 개체군들을 위한 충분한 시간을 허용하면서 몇 천 년 동안 서로로부터 격리되어 왔다. 그것이 의미하는 것이 미주리 주의 숲 속 빈터의 몇 천이 아닌 수백의 각각이 그것 자체의 도마뱀, 메뚜기 및 전갈 종들을 포함하고 있다는 것인가? 일부 과학자들은 만약 한 사람이 PSC를 그것의 논리적인 극단으로 받아들인다면, 정확하게 그런 결과가 초래될 것이라고 논쟁한다.

두 번째 문제점은 계통적 종개념에 대한 일부 버전의 정의와는 대조적으로, 종들이 항상 단계통군이지는 않다는 것이다. 예를 들어서, 그림 22.7에서 나타내는 그러한 것들과 같은 진화적인 유연관계를 가진 5개의 개체군들로 구성된 종을 고려해 보아라. 개체군 C가 격리되고, 어떤 개념의 종으로서 자격을 갖추게 하는(예를 들어서, 생식적으로 격리된, 생태학적으로 구별되는) 상이성을 진화시키는 것을 가정해 보자. 그렇지만 이러한 차이는 단계통군이라고 하기 보다는 여전히 유전자를 교환하는 것이 완전히 가능할지도 모르는 남아 있는 개체군들이 다계성일 것이라는 것을 의미할 것이다. 그러한 상황들은 아마도 자연의 세계에서 종종 발생할 것이다.

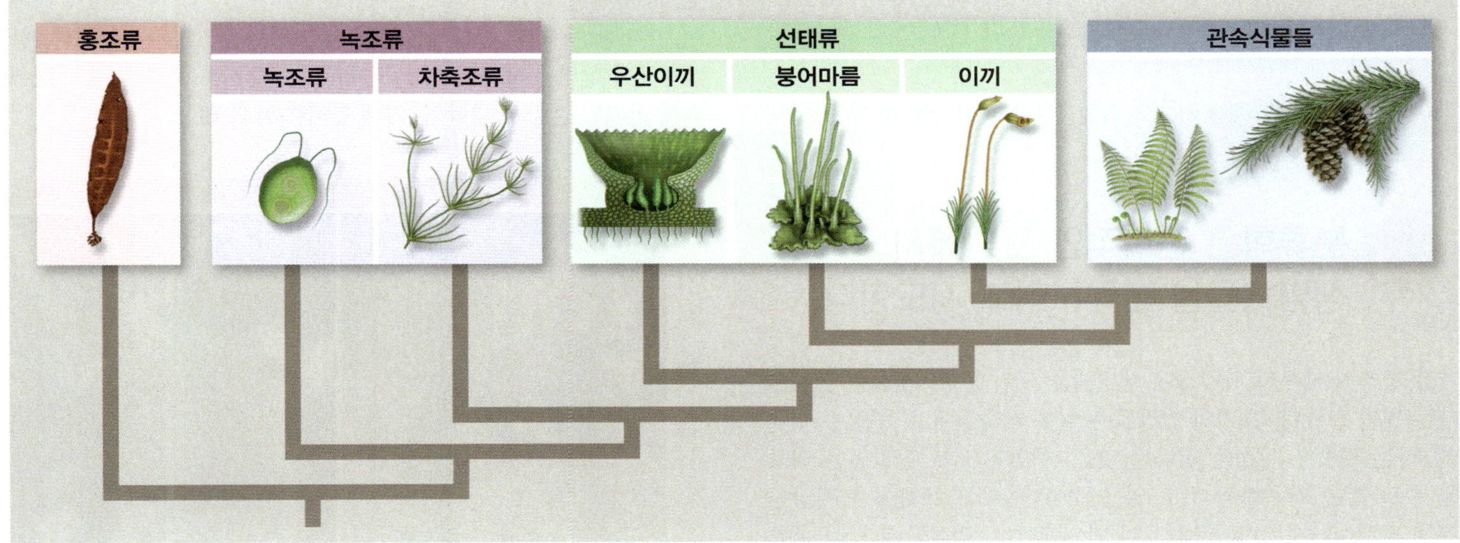

그림 22.6 계통발생적 정보는 식물 분류를 변모시키고 있다. 전통적인 분류는 현재는 단계통군으로 인식하고 있는 2개의 그룹을 포함했었다: 녹조류와 선태류. 이러한 이유로, 식물 계통분류학자들은 이러한 집단들을 포함하지 않는 식물들의 새로운 분류를 발달시켜 왔다(26장에서 검토되었다).

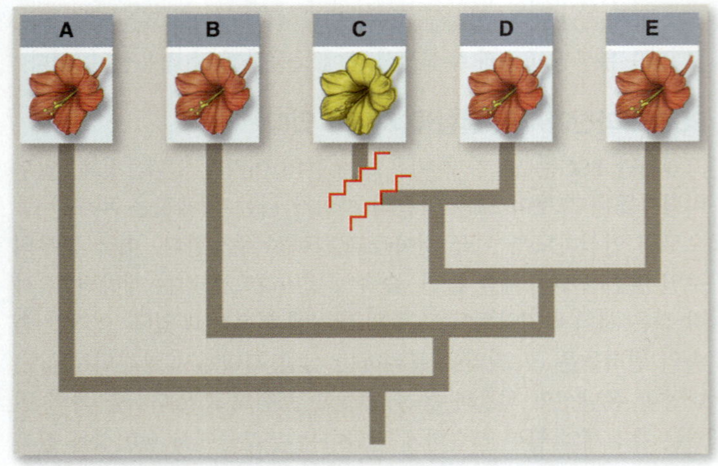

그림 22.7 측계통성과 계통적 종개념. 5개의 개체군들은 처음에는 분기도에서 나타내진 것처럼 역사적인 유연관계를 지닌 동일한 종의 모든 일원들이었다. 그 이후에, 개체군 C는 다른 개체군들로부터 생태적으로 그리고 생식적으로 크게 구별되기 위한 일부 방식을 진화시켰다. 모든 종의 개념들에 의해서, 이 개체군은 다른 종으로서의 자격을 갖출 수도 있다. 그렇지만 남아 있는 4개의 종들은 분기군을 형성하지 않는다; 그것들은 개체군 C가 제거되고 다른 종에 배치되었기 때문에 측분기군(paraphyletic)이다. 이러한 각본은 자연에서 흔히 발생할 수도 있지만, 계통적 종개념에 대한 대부분의 버전은 측계통 종을 인정하지 않는다.

많은 다른 변경이 있는, 계통적 종개념이 점차적으로 사용되고 있지만, 방금 검토된 이유들로 인하여 또한 논쟁을 불러일으킨다. 진화 생물학자들은 BSC와 다른 종의 개념들에 대한 과정-지향적인 관점을 PSC의 역사적인 관점과 조화시키기 위한 방식을 찾으려고 시도 중이다.

개념 정리 22.3

정의에 의하면, 분기군은 단계통적이다. 측분기군 집단은 가장 최근의 공통조상을 포함하지만, 모든 그것의 자손들을 포함하지는 않는다; 계통적 종개념은 생식적인 격리를 강조하는 생물학적 종의 개념과는 대조적으로 공유파생형질의 소유에 중점을 둔다. PSC는 BSC의 동일한 문제점들을 해결시켜 주지만, 그것 자체의 난제들을 지니고 있다.

- 생물학적인 종의 개념 하에서, 다계성인 종이 가능한가?

22.4 분류학은 진화적인 문맥에서 생명체들을 분류하려고 시도한다

가장 초창기 때부터 사람들은 생명체들 사이에 상이성들이 존재한다는 것을 알았다. 초기의 인간들은 일부 식물들이 섭식될 수 있지만, 다른 것들은 독성을 띤다는 것을 배웠다. 일부 동물들은 획득될 수도 혹은 가축화될 수도 있을 것이다; 다른 동물들은 사냥꾼그들 자체들에게 위험스럽다; 이 단원에서는, 정식의 과학적 분류체계를 재검토한다.

분류학은 동정과 유연관계에 대한 탐색이다

학습목표 22.4.1 분류학자들이 생명체들을 명명하고 분류하는 방법을 설명하라.

2000년 이상 이전에, 그리스의 철학자 아리스토텔레스(Aristotle)는 생명체들을 식물들이나 동물들로 정식으로 범주화 시켰다. 그리스인들과 로마인들은 이러한 단순한 체계를 성장시켰고, 동물들과 식물들을 고양이, 말과 참나무와 같은 기본적인 단위들로 분류했다. 결국, 이러한 단위들이 "무리들(groups)"에 대한 라틴어인 속(단수형, genus)이라고 불리기 시작했다. 중세 때에 시작한, 이러한 명명은 그 당시의 학자들에 의해서 사용되었다. 따라서 고양이에는 *Felis* 속(genus *Felis*), 말에는 *Equus* 속, 그리고 참나무에는 *Quercus*속이 부여 되었다.

린네는 이명법의 사용을 제정했다

1700년대 중반까지, 생물학자들이 특정한 생명체 종류를 언급하기를 원할 때마다, 그들은 종(species)이라 불렀고 속(genus)의 명칭에 일련의 서술적인 용어들을 첨가 했다; 이것은 다명법 혹은 "많은 명칭들"의 체계였다. 훨씬 더 단순한 생명체 명명 체계는 스웨덴 출신 생물학자 린네(Carolus Linnaeus, 1707-1778)의 성과로부터 기인한다. 1750년대에, 린네는 유럽산 꿀벌을 표시하기 위하여, 다명법 명칭 *Apis pubescens, thorace subgriseo, abdomine fusco, pedibus posticis glabris utrinque margine ciliates*을 사용하였다. 그렇지만 약칭의 일종으로서, 그는 또한 꿀벌에 대한 두 부분의 명칭을 포함하였다; 그는 그것을 Apis mellifera라고 지정하였다. 이러한 두 부분의 명칭 혹은 **이명법(binomials)**은 종을 지정하는 표준 방식이 되었다. 여러분들은 이미 더 앞선 장들에서 많은 이명법에 직면했을 것이다.

분류학(Taxonomy)은 생물체들을 분류 체계화하는 과학이다. 분류체계에서 특정한 수준에서의 생명체 집단은 **분류군**(taxon, 복수형, *taxa*)이라 불린다. 세계 전역의 분류학자들 사이의 협정에 의해서, 어떠한 두 개의 생명체들도 동일한 학명을 지닐 수가 없다. 한 생명체의 학명은 세계의 어느 곳에서도 동일하다; 이것은 일반명에 의해 야기된 혼동을 피할 수 있게 한다(그림 22.8).

그림 22.8 일반명은 결함이 있는 명칭을 만든다. 북미에서, 일반명 "곰"은 명확한 이미지를 상기시키지만, 그 이미지는 호주에 있는 사람에게는 매우 다르다.

그림 22.9 생명체를 분류하는데 사용되는 계층 구조적 체계. 생명체, 이 경우에 동부의 회색 다람쥐가 우선 진핵생물(진핵생물 영역, domain Eukarya)로서 인식되었다. 이 영역에서, 그것은 동물(동물계, kingdom Animalia)이다. 동물의 다른 문중에서, 그것은 척추동물(원삭동물문/Chordata, 척추동물아문/subphylum Vertebrata)이다. 그 생명체의 모피는 그것을 포유동물로서 규정한다(포유동물강/class Mammalia). 이 강 내에서, 그것은 물어뜯는 치아에 의해서 구별된다(설치목/order Rodentia). 다음으로, 그것은 4개의 앞발가락과 5개의 뒷발가락을 지니기 때문에, 그것은 다람쥐이다(다람쥐과/family Sciuridae). 이 과내에서, 그것은 회색 모피와 꼬리에 말단이 백색인 털을 지닌(*Sciurus carolinensis* 종, 동부의 회색 다람쥐) 나무 다람쥐이다(다람쥐속/genus *Sciurus*).

마찬가지로 협정에 의해서, 이명법의 첫 번째 단어는 그 생명체가 속하는 속(genus)이다. 이 단어는 항상 첫글자를 대문자로 쓴다. 두 번째 단어는 종소명(specific epithet)이라고 불리며, 대문자화하지 않는다. 속명과 종소명은 함께 종의 명칭(혹은 학명)을 구성하고, 이탤릭체로 쓴다—예를 들어서, *Homo sapiens*. 일단 속이 본문에서 사용되면, 종종 나중 사용에서 줄여 쓸 수가 있다. 예를 들어서, 공룡 *Tyrannosaurus rex*는 *T. rex*.가 된다.

분류학적 계층구조는 한계를 지니고 있다

명칭이 주어진 종들은 공유된 특성에 바탕을 두고 더 커다란 집단들로 조직화된다. 이 장에서 앞서서 검토된 것과 마찬가지로, 완전한 진화적인 가설들은 생명체들이 조상형질들이 아닌 파생형질들에 바탕을 두고 분류가 되었을 때 구성될 수 있다. 초기의 분류학자들은 파생형질들과 조상형질들 사이의 상이성이 영향을 미칠 수 있다는 것을 인식하지 못했다; 결과적으로, 많은 계층구조는 현재 재검토중이다. 계통발생적이고 계통분류적인 변혁이 지속됨에 따라서, 린네식 분류학(*Linnean taxonomy*)이라고 불리는 분류학적 조합의 원래 수준에 대한 다른 한계들이 드러나고 있다.

린네식 계층구조

린네 다음의 수십 년 동안에, 분류학자들은 생명체들을 더 크고, 더 포괄적인 범주로 분류하기 시작했다. 유사한 형질들을 지닌 속은 **과(family)**라고 불리는 집단으로 분류되었고, 유사한 과들은 동일한 **목(order)**으로 놓여졌다(그림 22.9). 공통 속성을 지닌 목들은 동일한 **강(class)**으로, 유사한 특징들을 지닌 강들은 동일한 **문(phylum**, 복수형, *phyla*)으로 배치되어졌다. 마침내, 문은 몇 개의 거대한 집단들 중 하나인, **계(kingdoms)**로 정해졌다. 이러한 계는 주로 단세포 2 종류의 원핵생물들(고세균과 세균), 진핵생물들의 집단(원생생물)과 3개의 다세포 집단들(균류, 식물계, 동물계)을 포함한다. 이 장에서 나중에 알아볼 것처럼, 원생생물들(protists)은 단계통적 집단이 아니고, 계(*kingdom*)라는 용어가 여전히 분류 체계에서 사용되어 지고 있지만, 다른 집단으로 나누기는 진화적인 유연관계를 보여주는데 있어서 더 적합하다.

게다가, **영역(domain)**이라고 불리는 분류의 8번째 수준이 빈번히 사용된다. 생물학자들은 22.5절에서 검토가 될 3개의 영역을 인정한다. 속과 더 고등 수준으로부터의 분류학적 단위들의 명칭은 첫글자가 대문자화된다.

다른 단계들에서의 범주화는 많은, 몇 안 되는 혹은 단지 한 개의 분류군을 포함 할 수도 있다. 예를 들어서, Hominidae과(소위 *Homo*)의 생존하는 단지 1속이 있지만, Fagaceae(자작나무과)의 생존하는 몇 가지 속들이 있다. 분류에 익숙하거나, 적합한 참고 서적들에 접근할 수 있는 누군가에게는 각각의 분류군(taxon)은 일련의 특징들과 그 분류군에 속하는 생명체 집단 양쪽을 내포한다.

유럽산 꿀벌의 예로 돌아가서, 벌(bees)의 분류학적 분류를 다음과 같이 분석할 수가 있다:

1. **종 수준(Species level):** 꿀을 지니는 벌이라는 것을 의미하는 *Apis mellifera*.
2. **속 수준(Genus level):** 벌속, *Apis*.
3. **과 수준(Family level):** 벌과, Apidae. 이 과의 모든 일원들은 벌들이다—일부는 고립성의, 일부는 *A. mellifera*가 그러는 것과 마찬가지로 군락으로 살고 있음.
4. **목 수준(Order level):** 벌, 말벌, 개미와 잎벌들을 포함하는 집단인 벌 목(Hymenoptera)-모두 막으로 된 날개를 가짐.
5. **강 수준(Class level):** 3 개의 주요 몸체 분절들과 중간 분절에 부착된 3쌍의 다리와 날개들을 가진 동물들로 구성된 매우 커다란 강인, 곤충 강(Insecta).
6. **문 수준(Phylum level):** 절지동물문(Arthropoda). 이 문에 있는 동물들은 키틴질로 구성된 견고한 외골격과 합쳐진 부속지를 지님.
7. **계 수준(Kingdom level):** 동물계(Animalia). 동물들은 세포벽이 없는 세포들을 지닌 다세포성 종속영양생물이다.

계층구조의 한계

이 장의 앞부분에서, 진화적인 역사에 바탕을 둔 다른 종들 사이의 유연관계를 구별하는 것인 현대 계통 발생적 접근법에 대해서 검토를 했다. 분자적인 데이터에 바탕을 둔 새로운 계통발생은 린네식의 계층구조가 항상 진화적인 역사를 반영하지 않는다는 것을 밝히고 있다. 그것은 결코 의도했던 바는 아니므로, 이것은 놀라운 일은 아니다. 이 발견은 급속하게 축적되는 분자 데이터에 대항해서 검증될 수 있는 새로운 진화적인 가설들을 이끌고 있다.

린네 체계에서의 한 가지 문제점은 많은 고등 분류 계급(예를 들어서, 파충류)은 단계통적이 아니고, 그러므로 자연적인 집단들을 대표하지 않는다. 공통조상과 모든 그것의 자손들은 공통조상으로부터의 혈통에서 비롯되는 자연 집단이지만, 어떤 다른 집단의 형태(측분기군이나 다계성)는 분류학자들에 의해서 야기된 인위적인 집단이다.

게다가, 최근에 인식된 린네식 계급들은 어떤 의미 있는 방식으로도 동등하지가 않다. 예를 들어서, 두 개의 과(families)가 동일한 시기에 기원한 분기군을 대표하지 않을지도 모른다. 한 과는 또 다른 과 보다 7천만 년 전 이전에 분기했었을 수도 있고, 그러므로 이러한 과들은 분기하고 진화적인 적응을 발달시키기 위한 대단히 다른 양의 시간을 지녀 왔을 것이다. 동시에 공통조상으로부터 분기한 2개의 집단은 다른 계급이 주어질지도 모른다. 따라서 린네식 범주들을 사용하는 비교들은 혼동을 줄 수도 있다. 그러한 경우에는, 계통 발생적 유연관계에 대한 가설들을 사용하는 것이 훨씬 더 낫다.

이러한 차이점들에 대한 한 결과는 과들은 다른 생물학적 다양성의 정도를 입증한다는 것이다. 여기에 한 가지 예시가 있다. 16,000종을 지닌 콩과(the legume family)가 단지 36종을 가진 고양이 과와 마찬가지의 동일한 수준에서의 분류학적 구성을 대표한다고 주장하기는 어렵다. 단일 계급에 걸쳐서-강, 목이나 과이든 아니든-차이점들은 진화적인 예측들을 하는 데에 있어서 분류적인 계층구조의 유용성을 제한한다.

개념 정리 22.4

관습에 의해서, 종은 이명법이 부여된다. 명칭의 처음 부분은 속을, 두 번째 부분은 개개의 종을 동정한다. 린네식 분류적인 계층구조에서는 종을 속으로, 그 이후에 과, 목, 강, 문 및 계로 분류한다. 전통적인 분류체계는 유사한 형질들에 바탕을 두고 있지만, 그것들은 파생된 형질들과 조상형의 형질들의 혼합을 포함하기 때문에, 반드시 진화적인 유연관계를 고려하는 것은 아니다.

- 다람쥐와 여우(fox)에 대한 분류적인 계층구조(taxonomic hierarchy)를 비교하는 것에 의해서 진화적인 유연관계들에 대해서 추론할 수 있겠는가? 어떠한 의문점들이 해결되지 않은 채 남아 있는가?

22.5 가장 커다란 분류군들은 영역들이다

이 난에서는, 생명체들의 가장 커다란 그룹으로 나누기를 검트 한다: 계(kingdoms)와 영역(domains). 가장 초창기의 분류 체계들은 단지 2가지 생명체들의 계들을 인식했다: 동물들과 식물들. 그렇지만, 생물학자들이 미생물들을 발견하고, 다른 다세포성 생명체들에 대해서 더 알게 됨에 따라서, 그들은 특정한 근본적인 차이점들을 인식해서 계들을 첨가시켰다. 6계 체계는 일리노이대학교의 칼 우즈(Carl Woese)에 의해서 제안되었다(그림 22.10b).

분자적인 데이터는 3개 영역의 존재를 입증한다

학습목표 22.5.1 생명체의 3개의 영역들이 단계통적이지만, 6계는 그렇지 않다는 것을 보여주는 예를 열거하라.

6계(six kingdoms)는 반드시 단계통적이지는 않다

6계 체계에서, 계들 중 4개는 진핵생물들로 구성된다. 2개의 가장 친숙한 계들은, 동물계(Animalia)와 식물계(Plantae), 그것들의 생활사의 대부분 동안에 다세포성인 생명체들만을 포함한다. 균계(Fungi)는 다세포성 종류들과 단세포 효모를 포함한다.

근본적인 차이점들이 이러한 3개의 계들(kingdoms)을 나눈다. 식물계는 대부분은 고정되어 있지만, 일부는 운동성이 있는 정자(sperm)를 지닌다; 대부분의 균류는 운동성이 있는 세포들을 지니지 않는다; 동물들은 대부분이 운동성이거나 이동성이다. 동물들은 그것들의 음식물을 섭취하고, 식물들은 그것을 제조하고, 균류(fungi)는 분비된 세포외 효소들을 수단으로 섭취하고 흡수한다.

3개의 진핵 생물계들 중 어느 것에도 적합하지 않은 다수의 진핵 생물들은 임의로 **원핵 생물계(Protista)**라고 불리는 단일계로 분류된다(24장을 참조하시오). 대부분의 원핵생물들은 단세포성 혹은 일부 조류(algae)의 경우에는 그것들의 생활사에서 단세포성 단계를 지니고 있다. 이러한 계는 분류적이고 계통적인 접근법들 사이에 관한 현행의 논쟁을 반영한다. 원핵생물들은 뚜렷한 진화적인 기원을 지닌 몇 가지 단계통적으로 적응된 혈통들을 포함하는 측분기군 집단이다.

남아 있는 2개의 계들인, **고세균들(Archaea)**과 **세균들(Bacteria)**은 모든 다른 생명체들과는 매우 다른 원핵 생물체들로 구성되어 있다(23장을 참조하시오). 고세균은 메탄 생성 미생물(methanogens)과 극도의 호열성 생물들(extreme thermophiles)과 다른 원핵성물들과는 다른 그것의 일원들-세균들을 포함하는 다양한 집단이다.

3개의 영역은 아마도 단계통적일 것이다

생물학자들이 고세균들에 대해서 더 알게 됨으로써, 이 집단이 모든 다른 생명체들과는 매우 다르다는 것이 점진적으로 명백해지고

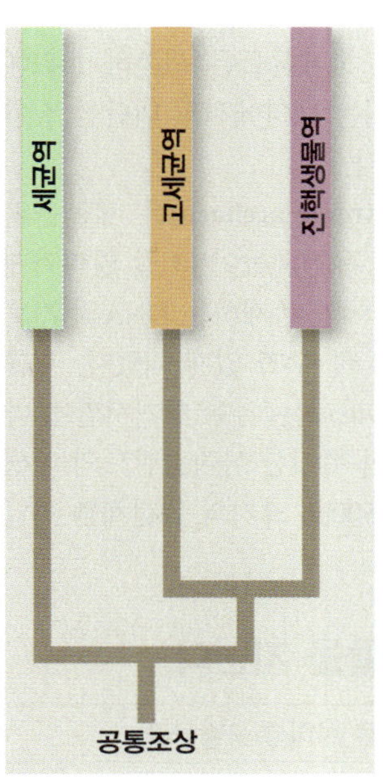

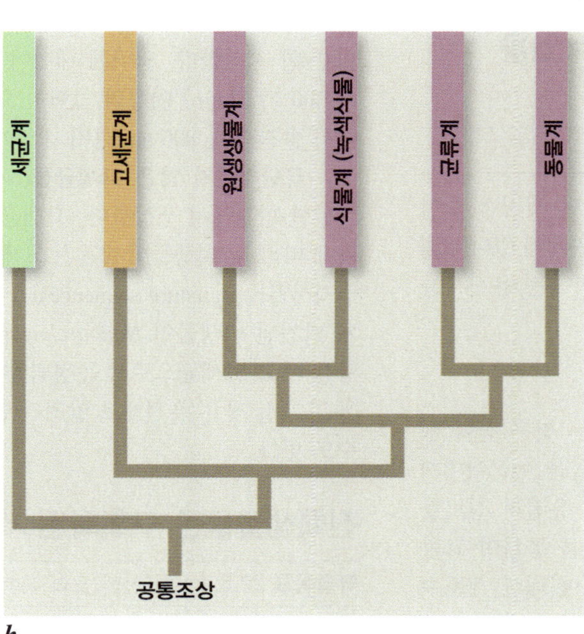

그림 22.10 생명체들을 분류하기 위한 다른 접근법들. **a.** 세균들과 고세균들(Archaea)은 매우 뚜렷해서, 그것들은 진핵생물들(Eukarya)과는 먼 분리적인 영역들로 지정되었다. 세균 영역의 일원들은 고세균과 진핵생물들을 초래하는 진화적인 혈통으로부터 초기에 분기되었다고 생각되었다. **b.** 진핵생물들은 4개의 계로 분류되지만, 이것들은, 특히 원생생물들, 반드시 단계통적 집단들은 아니다.

있다. 고세균들과 세균들의 전체 유전체 DNA 염기서열이 1996년에 처음으로 비교가 되었을 때에, 그 상이성은 놀랄만한 것이었다. 고세균들은 세균들이 진핵생물들과 다른 것만큼 세균들과 차이가 난다.

이것을 인식하면서, 생물학자들은 계(kingdom)보다 더 고등의 분류 단계인 3개의 **영역들(domains)**을 인정하는 생명체들의 분류를 점진적으로 적용하고 있다. 고세균은 한 영역**(고세균역/Domain Archaea)**, 세균은 두 번째 영역**(세균역/Domain Bacteria)** 그리고 세 번째 영역은 진핵생물**(진핵생물역/Domain Eukarya)**이다. 계통 발생적으로 이러한 영역들의 각각은 분기군을 형성한다. 이 절의 나머지에서는, 3개 영역들의 주요 특징들을 사전 검토 한다.

세균들은 어떠한 다른 생명체보다도 더 수적으로 엄청나다

학습목표 22.5.2 세균들의 뚜렷한 특징들을 나열하라.

세균들은 지구상에서 가장 풍부한 생명체들이다. 지구상에 살고 있는 포유류보다도 당신의 구강 내에 더 살아 있는 세균들이 있다. 비록 너무 조그마해서 육안으로는 볼 수가 없지만, 세균들은 생물권 도처에서 결정적인 역할을 한다. 일부는 생명체들에 의해서 사용된 모든 질소를 대기로부터 추출을 하고, 그것들은 탄소와 황의 순환에서 핵심적인 역할을 한다. 세상의 광합성의 대부분이 세균들에 의해서 수행된다. 대조적으로, 특정한 세균들은 또한 많은 질병에 대한 원인이 된다. 세균들의 대사작용과 유전학을 이해하는 것은 현대 의학의 결정적인 부분이다.

세균들은 고도로 다양하고, 종들 중의 진화적인 연관성은 충분히 잘 이해하지 못한다. 비록 분류학자들은 세균들 분류에서의 세부 사항들에 대해서 의견이 일치하지 않지만, 대부분은 12-15개의 세균들의 주요 집단들을 인정한다. 리보솜 RNA(rRNA)의 뉴클레오티드 염기서열의 비교는 어떻게 이러한 집단들이 상호간 및 다른 2개의 영역들과 관련되어 있는지에 대해서 밝히기 시작하고 있다.

고세균들은 극도의 환경에서 생존할 수 있을 것이다

학습목표 22.5.3 세균들과 고세균들을 구별하라.

고세균들은 세균들로부터 매우 초기에 분기해 왔던 것처럼 보이며, 세균들에게 보다는 진핵생물들에 대해 더 근연관계에 있다(그림 22.10). 이러한 결론은 주로 리보솜 RNAs를 암호화하는 유전자들의 비교로부터 왔다.

미생물들에서의 수평적 유전자 전달

미생물들로부터의 전체-유전체 염기서열을 비교하는 것은 진화 생물학자들이 일부는 서로 모순되는 다양한 계통수들을 이끌어내게 해 왔다. 그것들의 초기 진화 동안에, 미생물들은 유전적 정보를 수평적 유전자 전달(HGT, horizontal gene transfer)을 통하여 교환한 것처럼 보인다. 유전자 전달의 가능성은 미생물에 대한 계통수를 구성하는 것을 매우 어렵게 만든다.

고세균들의 특징들

비록 그것들은 다양한 집단이지만, 모든 고세균들은 특정의 핵심 특징들을 공유한다(표 22.1). 그것들의 세포벽은 펩티드글리칸(세균들 세포벽의 중요한 구성요소)을 지니지 않는다; 고세균들의 세포막에서 지질은 다른 생명체들에서의 그러한 것들과 다른 구조를 지니고 있다; 그리고, 고세균들은 독특한 리보솜 RNA 염기서열을 지니고 있다. 그것들 유전자들의 일부는 세균들과는 다르게, 인트론을 소유한다. 양쪽 고세균들과 진핵생물들은 세균들에서 발견되는 펩티드글리칸 세포벽을 지니지 않는다.

고세균은 그것들이 서식하는 환경이나 그것들의 특수화된 대사적 경로들에 우선 바탕을 두고, 3가지 일반적인 범주들-메탄 생성 미생물(methanogens), 극한 환경에 서식하는 생물(extremophiles)과 극단적이지 않은 고세균-로 분류된다. 극도(*extreme*)라는 단어는 우리의 현재 환경을 감안한 것이다. 고세균들이 처음에 나타났을 때, 오늘날의 잣대로 말하는 그들의 극도의 서식처들은 전형적인 환경이었을 것이다.

메탄 생성 미생물들(Methanogens)은 이산화탄소(CO_2)를 메탄가스(CH_4)로 환원시키기 위해서 수소 가스(H_2)를 사용하는 것에 의해서 그것들의 에너지를 획득한다. 그것들은 심지어 산소의 흔적에 의해서도 중독되는 절대혐기성 생물이다. 그것들은 습지, 늪지대와 포유류의 내장에서 생활한다. 메탄 생성 미생물들은 약 20억 톤의 메탄가스를 매해 마다 대기 중으로 방출한다.

극한 환경에 서식하는 생물들(extremophiles)은 우리에게는 극도로 보이는 상태 하에서 생장할 수가 있다. 이러한 상태들은 온도, 염분, pH와 압력에 의한 극단적인 상태를 포함한다. 빙하와 고산 호수에서의 추위에 적응한 고세균들과 온천(hot springs)의 60~80℃ 범위의 온도에서 서식하는 호열성 생물들(thermophiles)이 있다. 호염균들(Halophiles)은 실제적으로 15-20%의 염분 함유도를 요구하는 사해(Dead Sea)와 그레이트솔트 호(Great Salt Lake)와 같은 소금기 있는 환경에서 서식하고 있다. pH에 내성이 있는 고세균들은 산성(pH = 0.7)에서 염기성(pH = 11)의 극단적인 상태에서까지 또한 서식한다. 압력에 내성이 있는 고세균들은 생존하기 위해서 300 기압(atm) 이상의 압력이 요구되는 대양에서의 대단한 깊이에서 발견되며, 800 atm까지 내성이 있다.

극단적이지 않은 고세균들(Nonextreme archaea)은 세균들과 동일한 환경에서 생장한다. 고세균들의 유전체들이 더 잘 알려지게 됨에 따라서, 미생물학자들은 고세균들에만 존재하는 DNA의 기호 염기서열들(signature sequences)을 동정 할 수가 있게 되었다. 새롭게 발견된 미생물인 *Nanoarchaeum equitens*는 기호 염기서열에 바탕을 두고 고세균으로서 동정되었다. 이 특이한 아이슬란드의 미생물은 가장 작은 유전체로 알려진 단지 500bp 크기의 유전체를 지닐 수도 있다.

진핵생물들은 구획화된 세포들을 지닌다

학습목표 22.5.4 원핵생물들과 진핵생물들 사이를 구별하라.

적어도 약 10억년 동안, 원핵생물들이 지구를 지배했다. 어떠한 다른 생명체 유형들도 그것들을 섭식하거나 경쟁하기 위하여 존재하지 않았으며, 그것들의 아주 작은 세포들이 세계의 가장 오래된 화석들을 형성했다. 생명체의 세 번째 커다란 영역의 일원들인 진핵생물들은 단지 약 25억년(2.5 BYA) 전인 훨씬 나중의 화석 기록에 나타난다. 그렇지만 원핵세포들에 대한 진핵세포들의 대사적인 유사성에도 불구하고, 그것들의 구조와 기능은 이러한 세포들이 더 커지고, 결국은 다세포성 생물들이 진화하도록 허용 할 수 있게 되었다.

진핵세포 계통수의 본질

많은 조사자들의 많은 작업 양에도 불구하고, 진핵생물 계통수의 본질은 결정하기가 어렵다. 앞서서 지적했던 것과 마찬가지로, 전통적인 계(kingdoms)에서 문제가 있는데, 특히 원생생물(Protist), 그렇지만 진핵생물의 영역에서의 진화적으로 중대한 집단들을 발견하기 위한 분자 유전학적인 데이터를 사용할 수 있을까? 다시 말하면, 진핵생물 계통수의 가장 초창기의 분기는 어떤 것인가? 계통발생적인 유연관계들에 바탕을 두고, 진핵생물들 내에서 6개의 슈퍼집단들이 동정되었다: 섭식구굴착류(Excavata, 전형적인 미토콘드리아가 없는 생명체들임), 크로말베올라타(Chromalveolata, 2차적인 세포내 공생을 통해 획득된 엽록체를 지닌 생명체들),

원시색소체생물(Archaeplastida, 광합성을 위한 엽록체를 지닌 생명체들), 리자리아(Rhizaria, 이동에 이용되는 가느다란 위족을 지닌 생명체들), 아메바류(Amoebozoans, 이동에 이용되는 위족을 지닌 생명체들)와 후편모생물(Opisthokants, 균류, 동물 조상들, 동물). 이러한 집단들은 그림 22.11에서 보여 주고 있고, 나중에 24장에서 더 세부사항에 대해서 서술될 것이다.

세포내 공생과 진핵생물들의 기원

진핵생물들의 특징은 진핵세포를 기능적인 구획들로 세분하는 광범위한 내막계 체계에 의해 강조되는 복잡한 세포의 구성이다 (4장). 그렇지만 모든 세포의 구획들이 내막계로부터 유래한 것은 아니다.

거의 예외 없이, 근대의 진핵세포들은 **미토콘드리아**(*mitochoadria*)라는 용어를 지닌 에너지를 생산하는 세포내 소기관을 소유하며, 광합성을 하는 진핵 세포들은 에너지를 수확하는 세포내 소기관인 **엽록체**(*chloroplasts*)를 소유한다. 미토콘드리아와 엽록체 양쪽 모두는 24장에서 더 세부사항을 검토하게 될 **세포내 공생(endosymbiosis)**이라고 불리는 과정에 의해서 초기의 진핵세포들에 들어 간 것으로 믿어지고 있다.

미트콘드리아는 그 집단의 역사에서 초기에 진핵 세포들로 통합된 자색황세균(purple sulfur bacteria)과 기생성의 *Rickettsia*의 친족의 자손들이다. 엽록체들은 남세균(cyanobacteria)으로부터 유래되었다(그림 22.12). 홍조류와 갈조류는 남세균을 직접적으로 삼키는 것에 의해서 그것들의 엽록체들을 획득했다. 갈조류는 엽록체들을 획득하기 위해서 홍조류를 삼켰을 것이 가장 유력하다.

진핵생물들의 핵심적인 특징들

진핵생물 생명체들은 이례적으로 다양하지만, 그것들은 원핵생물들과 구별되는 3가지 특징들을 공유한다: 구획성; 모두는 아니지만 많은 것들이 다세포성 진핵생물들이고' 그리고, 유성생식을 함.

구획화(Compartmentalization). 분리된 구획이 엽록체들과 미토콘드리아에서 볼 수 있는 것과 마찬가지로, 세포 내에서 증가된 특수화를 위한 진화적인 기회를 제공한다. 원핵세포에서는 발견되지 않는 핵막의 진화는 또한 진핵생물들에서 증가된 복잡성을 설명한다. 진핵생물들에서는, 핵 DNA로부터의 RNA 전사체는 전이가 발생하는 세포질로 핵막을 가로질러서 가공되고 수송된다. 진핵생물들에서의 전사와 번역에 대한 물리적인 분리는 유전자 발현에 대한 과정을 조절하는 것에 대한 부가적인 단계를 첨가한다.

다세포성(Multicellularity). 다세포성 체제는 지구상의 생물량

표 22.1 생명체의 3개의 영역들의 특징

특징	고세균	박테리아	진핵생물
단백질 합성을 개시하는 아미노산	메티오닌	포밀-메티오닌(Formyl-methionine)	메티오닌
인트론	일부 유전자들에 존재	부재	존재
막-결합 세포내 소기관들	부재	부재	존재
막지질 구조	가지가 갈라진	가지가 갈라지지 않은	가지가 갈라지지 않은
핵막	부재	부재	존재
다수의 다른 RNA 중합체들	몇 개의	1개	몇 개의
세포벽에서의 펩티드글리칸	부재	존재	부재
항생제 스트렙토마이신과 클로람페니콜에 대한 반응	생장 억제 안됨	생장 억제됨	생장 억제 안됨

의 약 절반을 구성하고 있는 다세포성 원핵생물들과 진핵생물들과 더불어 비상하게 성공적이었다. 그렇지만 단일 세포는 제한적이다. 다세포성의 진화는 생명체들이 조직과 기관들로의 세포 유형들의 분화를 통한 기발한 방식들로 환경에 대처하도록 허용했다.

개개 세포들의 활동이 통합되고 세포들 자체는 접촉 중인 진정한 다세포성은 단지 진핵생물들에만 발생하고, 그것들의 주요 특징들 중에 하나다. 박테리아와 많은 원생생물들은 많은 세포들의 군락 집합체를 형성하지만, 집합체에서의 세포들은 분화가 거의 안 일어나거나 기능의 통합을 지니고 있다.

다른 원생생물들-예를 들어서, 홍조류, 갈조류와 녹조류-은 독립적으로 다세포성에 도달했다. 다세포성 녹조류의 한 혈통은 식물들의 조상이었으며(24장과 26장을 참조하시오), 대부분의 분류학자들은 현재는 녹색 식물계, *Viridiplantae*의 일원으로서 배치하고 있다.

다세포성의 다중 기원들은 또한 다른 특성들을 가진 단세포성 원생생물 조상들로부터 비롯된 균류와 동물들에서 보여진다. 뒤이은 장들에서 볼 수 있는 것과 마찬가지로, 이러한 계들 각각을 초래한 것처럼 보이는 집단들이 여전히 현존하고 있다.

유성생식(sexual reproduction). 진핵생물 종들의 집단으로서의 또 하나의 특징은 유성생식이다. 비록 유전 물질의 일부 교환이 박테리아에서 발생하지만, 그것은 진핵생물들에서의 성과 동일한 의미로 정기적이고, 예상할 수 있는 체계는 분명히 아니다. 유성생식은 11장에서 학습한 것과 마찬가지로 감수분열과 교차의 과정들을 통한 더 많은 유전적인 다양성을 허용한다.

원생생물들의 다세포성 문(phyla)의 많은 것들에서, 유성생식은 단지 가끔 발생한다. 처음의 진핵생물들은 아마도 반수체였을 것이다; 이배체들은 반수체 세포들의 융합에 의해서 다수의 경우에 걸쳐서 생겨난 것처럼 보이며, 그 이후에 결국은 유사분열에 의해서 분열을 했다.

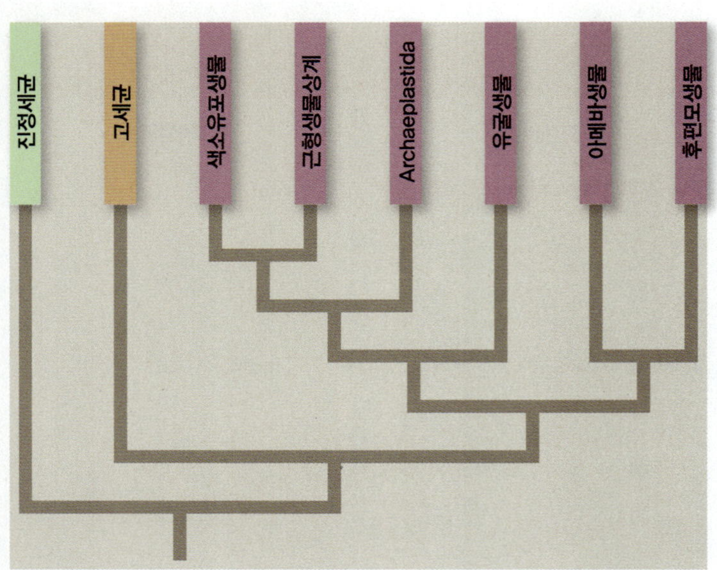

그림 22.11 6개의 슈퍼집단들이 지구상의 생명체들의 3가지 영역들 중에 하나인 진핵생물 영역 내에서 동정되어 왔다.

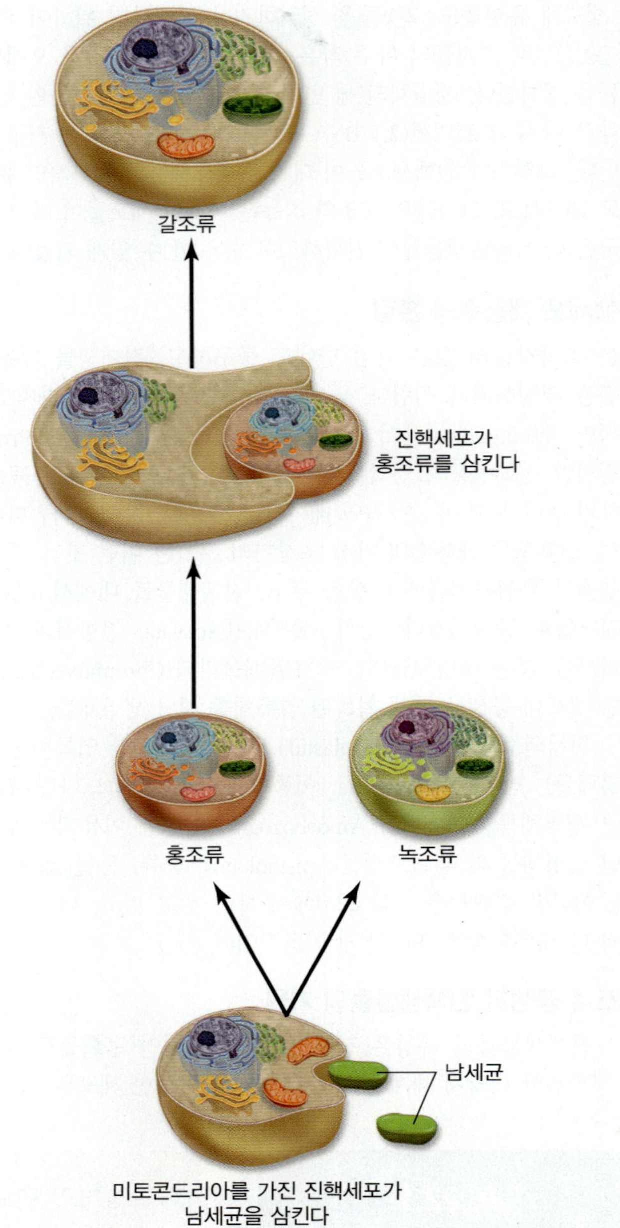

그림 22.12 모든 엽록체들은 단계통적이다. 동일한 남세균(cyanobacteria)이 홍조류와 녹조류에 대한 조상이었던 다수의 숙주에 의해서 삼켜 졌다. 갈조류는 동일한 조상형의 엽록체 DNA를 공유하지만, 홍조류를 삼키는 것에 의해서 획득되었을 가능성이 가장 크다.

개념 정리 22.5

6개의 계는 반드시 공통 혈통에 바탕을 두지는 않는다; 예를 들어서, 원생생물계는 단계통적 집단이 아니다. 3개의 영역들은, 그렇지만 단계통적으로 나타난다. 세균들과 고세균들은 매우 작지만, 내부 구획화가 없는 다수의 단세포성 생명체들이다. 진핵세포들은 고도로 구획화되어 있고, 그것들은 세포내 공생에 의해서 미토콘드리아와 엽록체들을 획득했다.

- 6개의 슈퍼집단들과 3개의 영역들 사이의 관계는 무엇인가?

새로운 생존 형태의 발생을 야기하는 것은 무엇인가?

생물학자들은 한때는 초래된 환경적인 변화들에 의해서 촉진된 대규모의 지질학적인 지각 변동 시기 동안에 새로운 생존 형태들—속, 과 및 목—이 가장 자주 발생한 것으로 추정했다. 그렇지만 그러한 유연관계가 존재할까? 대안적인 가설을 1953년에 진화학자인 심슨(George Simpson)이 제안했다. 그는 다양화가 생명체가 새로운 "적응대(Adaptive zone)"를 점령하는 것을 허락하게 했던 "발명품"인 새로운 진화적인 혁신에 뒤이어 일어났다고 제안했다. 주요 집단을 정의하는 새로운 목들(orders)의 폭발 이후에, 이어서 특수화가 새로운 속(genera)을 이끌었을 것이다.

초기의 철갑상어(하부 우측 부분을 참조하시오)에 의해서 대표되는 경골어류들은 약한 턱과 기다란 상어 같은 꼬리들을 지니고 있었다. 그것들은 데본기(어류시대, The Age of Fishes)를 장악했고, 삼첩기(공룡들이 출현 했던 시대)에는 음식 섭취를 향상시켰던 더 짧아진 강력한 턱과 이동력을 향상시켰던 짧아지고 더 조종할 수 있는 꼬리를 지닌 가파이크(gar pike)와 같은 어류들에 의해서 계승되었다. 다음에는 그것들이 더욱 빠르고, 조종할 수 있는 수영과 입이 열릴 때에 앞쪽으로 미끄러지듯 나아가는 가동성의 위턱을 지닌 복잡한 입을 지닌 퍼치(perch)와 같은 경골어류에 의해서 계승되었다.

이러한 역사는 심슨의 가설에 대한 명백한 검증을 허용한다. 심슨이 예측한 것처럼, 이러한 3가지 목들의 출현 후에는 진화적인 폭발이 뒤이어 일어났었고, 음식 섭취와 이동력에서의 새로운 혁신은 그 기회의 문을 활짝 열고 있었는가? 만약 그렇다면, 많은 새로운 속들이 각각의 새로운 목의 출현 이후에 곧 화석 기록에서 보였어야만 한다. 만약 그렇지 않다면, 새로운 속들이 출현하는 유형은 새로운 목들의 출현의 발자취를 쫓지 않아야만 한다.

그래프는 대략 4억 2천만 년 전(420 MYA)의 실루리안 기에 처음 출현했던, 경골어류인 Osteichthyes 강의 진화적인 역사를 보여준다.

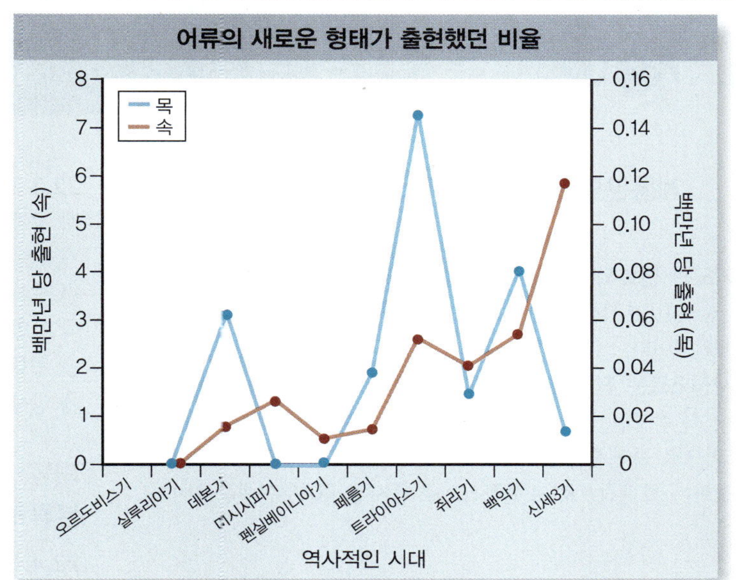

분석

1. **개념 적용** 그래프에서, 어떤 것이 종속변수인가?
2. **자료 해석** 턱과 꼬리에서의 위대한 혁신은 철갑상어, 이후에 gars, 그 이후에 경골어류에 의해서 대표되는 슈퍼 목을 생성하면서, 경골어류의 역사 동안에 발생한다. 어떤 시대에, 각각의 혁신이 발생했는가?
3. **추론** 새로운 속들의 폭발은 이러한 동일한 3회의 시기에 출현하는가, 아니면 나중에 출현하는가?
4. **결론 도출** 그래프에서 제시하는 데이터는 심슨의 가설을 입증하는가? 설명하라.
5. **추가 분석** 어류의 새로운 과들이 출현한 비율을 그래프 상에서 표시하려고 한다면, 새로운 목들과 관련시켜서, 만약 심슨(Simpson)이 옳다면, 어떠한 일반적인 유형을 볼 것이라고 예상하는가? 설명하라.

학습 과정 복습

개념 22.1 계통분류학은 진화적인 유연관계들을 재구성한다

22.1.1 분기도는 진화적인 유연관계들을 묘사한다 계통분류학은 계통발생이라고 불리는 분기하는 진화 계통수에 묘사되는 진화적인 유연관계들에 대한 연구이다.

22.1.2 유사성으로는 진화적인 유연관계를 정확하게 예측할 수 없을지도 모른다 진화 속도는 종들 사이에 다양하고, 방향조차도 역전시킬 수도 있다. 그러므로 근연종들은 표현형적인 특징들이 유사할 수 있다. 반대로, 수렴진화는 결과적으로 표현형적으로 유사한 더 먼 근연종들이 되게 한다.

개념 22.2 분기학은 공통조상에서 유래된 형질들에 중점을 둔다

22.2.1 분기학적 방법은 조상형 혹은 파생형으로써 확인되는 형질변이를 요구한다 파생형질상태들은 조상의 상태와는 다른 것들이다. 형질대립성은 외군이 근연종들이나 연구 중인 집단과 친족인 집단으로 구성된 외군 비교(outgroup comparison)를 이용하면서 확립된다. 그 외군에 의해서 전시되는 형질상태들은 조상형으로 추정되고, 다른 형질상태들은 파생형으로 고려된다. 분기도는 진화적인 유연관계들에 대해 그래프로 나타내어 보여준다.

22.2.2 상사성은 분기학적 분석을 복잡하게 한다 상사성은 공통조상으로부터 유전되지 않았던 조류들의 날개와 곤충들의 날개와 같은 공유형질상태를 가리키는 것이다. 분기도들은 간결원칙에 바탕을 두고 구성되는데, 그것들은 가장 적은 진화적인 변화들을 요구하는 계통발생이 가장 잘 작동하는 가설로 받아들여지고 있다는 것을 나타낸다.

22.2.3 일부 상황에서는 분기학보다 다른 계통발생적 방법들이 더 작동적이다 진화적인 변화가 급속할 때에, 통계적인 접근법들과 분자시계의 사용과 같은 다른 방법들이 때때로 더 유용하다.

개념 22.3 분류는 진화적인 재구성이 아니라 명칭을 붙이는 과정이다

22.3.1 현재의 분류는 때때로 진화적인 유연관계를 반영하지 않는다 단계통적 집단은 가장 최근의 공통조상과 그것의 자손들 모두로 구성된다. 측분기군 집단은 가장 최근의 공통조상과 그것의 자손들 일부로 구성된다. 다계성 집단은 그 집단의 가장 최근의 조상을 포함하지 않는다. 파충류들과 같은 최근에 인식된 일부 분류군들은 단계통적이지 않고, 그것들은 조류들과 관련시켜서 측분기군이다.

22.3.2 계통발생적 종개념은 공유파생형질들에 중점을 둔다 계통발생적 종개념은 공유파생형질들의 소유를 강조하지만, 반면에 생물학적 종개념은 생식적 격리에 중점을 둔다. 이 개념에 대한 많은 버전들은 단지 단계통적인 종들만을 인정한다. PSC(계통발생적 종개념) 또한 결함을 지니고 있다. PSC에 대한 두 가지 비판은 비실용적인 식별을 통한 너무 많은 종들을 생성할 수 있고, 한 집단에 대한 PSC 정의는 선택이 진행될 때에 항상 적용될 수 없을지도 모른다.

개념 22.4 분지분석은 진화적인 문맥에서 생명체들을 분류하려고 시도한다

22.4.1 분류학은 동정과 유연관계에 대한 탐색이다 분류학은 생명체들에게 분류군이라고 불리는 분류의 특정한 계급을 부여하는 과학이다. 분류학적 계층구조는 영역, 계, 문, 강, 목, 과, 속 및 종에 의해서 체계화된다. 린네는 이명법의 사용을 시행했다. 카를로스 린네는 개개의 종들에게 대문자화된 속으로 시작해서 종명에 의해서 뒤를 잇는 고유명을 주는 체계를 고안했다. 이것들은 이탤릭체화된다. 분류학적 계층구조들은 제한성을 지닌다. 전통적인 분류는 유사한 형질들에 바탕을 두고 진화적인 유연관계들을 고려하지 않기 때문에 제한적이다.

개념 22.5 가장 커다란 분류군들은 영역들이다

22.5.1 분자적인 데이터는 3개 영역의 존재를 입증한다 진핵생물 영역은 원생생물계, 식물계, 균류와 동물계들을 포함 한다; 다른 두 영역은 세균들과 고세균들이며, 각각은 단지 원핵생물들을 포함한다.

22.5.2 세균들은 어떠한 다른 생명체보다도 더 수적으로 엄청나다 세균들은 지구상에서 가장 풍부하고 다양한 생명체들이다; 그것들은 12-15개의 주요 집단들로 구성되지만, 그것들의 진화적인 연관성은 명백하지가 않다.

22.5.3 고세균들은 극도의 환경에서 생존할 수 있을 것이다 고세균들은 세균들에게 보다는 진핵생물들과 더 근연인 원핵생물들이다. 그것들은 메탄 생성 미생물들, 극한적인 환경에 서식하는 생물들과 비극한성의 고세균들로 분류된다.

22.5.4 진핵생물들은 구획화된 세포들을 지닌다 진핵세포들은 세포내 소기관들과 다른 구조들로 구획화되어왔다. 진핵생물들은 세포내 공생에 의해서 미토콘드리아와 엽록체들을 획득했다. 많은 진핵생물들은 다세포성이고, 대부분은 유성생식을 진행한다.

학습 과정 평가

개념 22.1 계통분류학은 진화적인 유연관계들을 재구성한다

이해

1. 생명체들 사이의 진화적인 유연관계들과 다른 종들에 대한 그것들의 유연관계들은, 그것의 ______________ 이다.
   a. 분류학(taxonomy)
   b. 계통발생(phylogeny)
   c. 개체발생(ontogeny)
   d. 계통분류학(systematics)
2. 표현형들의 전반적인 유사성은 항상 진화적인 유연관계들을 반영하지 않을 수도 있는데, ____________________________________
   a. 수렴진화로 인해서.
   b. 다른 형질 종류들의 진화적인 변화의 속도에서의 변이 때문에.
   c. 상사성으로 인해서.
   d. 위의 모든 이유들로 인해서.
3. 어느 진술이 인간과 침팬지들 사이의 유연관계를 정확하게 기술하고 있는가?
   a. 인간들은 침팬지들의 자손들이다.
   b. 침팬지들은 인간들의 자손들이다.
   c. 인간과 침팬지들은 공통조상을 공유한다.
   d. 인간들과 침팬지들은 유연관계를 지니지 않는다.

응용

1. 생명체들은 ____________________에 바탕을 두고 분류된다.
   a. 물리학적, 분자적 및 행동상의 특징들
   b. 생명체의 서식처
   c. 생명체가 섭식하는 것
   c. 개체발생
2. 분기도(cladogram)에서 더 가깝게 함께 있는 생명체들은
   a. 동일한 과(family)이다.
   b. 외군(outgroup)을 구성한다.
   c. 더 멀리 떨어져 있는 그러한 생명체들보다 더 최근의 공통조상을 공유한다.
   d. 더 멀리 떨어져 있는 생명체들보다 더 적은 수의 파생형질들을 공유한다.

종합

1. 당신의 친구가 왜 그렇게 큰 문제인지에 대해서 판단하기를 원한다 모든 사람들은 장미가 장미라는 것을 알고 있으므로, 귀찮게 왜 근사한 라틴어 명칭 *Rosa odorata*를 상관하는가? 그에게 무엇을 말해 주고 싶은가?
2. 모든 광합성을 하는 진핵생물들을 단세포이든지 아니든 가와는 상관이 없이 식물들로 함께 분류를 하고, 모든 비광합성적인 식물들은 동물들로 분류하는 것이 분류의 더 나은 체계라고 생각하는가? 그렇게 하는 것을 선호하는 논점과, 광합성을 정의하는 형질로 사용하지 않는 전통적인 분류체계를 선호하는 다른 논점을 제시하라.

개념 22.2 분지분석은 공통조상에서 유래된 형질들에 중점을 둔다

이해

1. 분기학은
   a. 표현형의 전체적인 유사성에 바탕을 두고 있다.
   b. 공통조상으로부터의 유전으로 인한 유사성을 유사성에 대한 다른 이유들과 구별 할 것을 요구한다.
   c. 상사성에 의해 영향을 받지 않는다.
   d. 위의 사항 모두 해당 없음.
2. 간결원칙(The principle of parsimony)은
   a. 진화 생물학자들이 모순된 계통발생적 가설들 사이를 구별하는 것을 도와준다.
   b. 형질들의 정반대가 결정되는 것을 요구하지 않는다.
   c. 외군들을 계통발생적 분석에 사용하는 것을 피하기 위한 방식이다.
   d. 분자적인 형질들에 대해서는 적용될 수 없다.
3. 종분화의 속도에 관련해서 형질 변화의 급속한 속도는 분기학에 문제점을 제기하는데, 왜냐하면 ____________________
   a. 먼 친척인 종들이 동일한 파생형질상태를 진화 시키는 빈도가 높을 수가 있기 때문이다.
   b. 진화적인 역전은 빈번하게 발생할 수 있기 때문이다.
   c. 상사성이 일반적일 것이기 때문이다.
   d. 위의 사항 모두 해당함.

응용

1. 형질의 다른 상태들에 대한 정반대를 결정하기 위하여
   a. 논쟁 중인 집단들에 대한 화석 기록이 반드시 있어야 된다.
   b. 유전적인 염기서열 데이터가 반드시 이용 가능해야 된다.
   c. 분류 집단에 대한 적합한 명칭이 반드시 선택 되어야 한다.
   d. 외군이 반드시 동정되어야 한다.
2. 간결(Parsimony)은 조류, 파충류 및 일부 공룡들에서의 부모들의 돌봄(parental care)에 대한 ________________________을 제안 한다
   a. 수렴진화에 의해서 독립적으로 여러 차례 진화했다.
   b. 모든 3개의 집단들에 대한 공통조상에서 1회 진화했다.
   c. 상사성 형질(homoplastic trait)이다.
   d. 상동적인 형질(homologous trait)이 아니다.
3. 분자시계 데이터(molecular clock data)를 가지고 분기시기를 정하는 것(dating divergence)은 반드시 신중히 행해져야 하는데, 왜냐하면
   a. 동일한 변화가 수렴진화에 의해서 여러 차례 독립적으로 진화했을 것이다.
   b. 진화 속도는 진화 계통수의 모든 분기들을 가로질러서 일정하지 않았을 수 있다.
   c. 분자시계는 다른 유전자들에 대해 다른 속도로 나아간다.
   d. 분자시계는 상동성의 형질이 아니다.

종합

1. 진화적인 변화의 높은 속도와 제한적인 수의 형질 상태들이 간결 분석(parsimony analyses)에 대한 문제점들을 야기하는 이유는 무엇인가?
2. 대부분의 살아 있는 파충류들은 3 심방을 지니는 반면에 조류와 포유류들은 4개의 심방을 지닌다. 그러한 근본적인 차이는 조류와 포유류들이 동일한 분기군(clade)에 배치되어야 한다는 것을 시사하지만, 여전히 생물학자들은 현재는 주로 조류를 파충류 분기군과 함께 묶는다. 그렇게 하는 그들의 결정을 평가하라.

개념 22.3 분류는 진화적인 재구성이 아니라 명칭을 붙이는 과정이다

이해

1. 측분기군(paraphyletic) 집단에서는
   a. 모든 종들이 그 집단 바깥의 종에 대해서 보다 서로에게 더 근연관계에 있다.
   b. 진화적인 역전(reversal)은 흔히 일어난다.
   c. 다계성(polyphyly) 또한 일상적으로 발생한다.
   d. 일부 종들은 그것들이 그 집단 내의 일부 종들에게 보다 그 집단 외종들과 더 근연관계에 있다.
2. 종은 계통발생적 종개념에 의해서 인식된다.
   a. 때때로 또한 생물학적 종개념에 의해서 종으로서 인식 될 수도 있을 것이다.
   b. 때때로 측분기군이다.
   c. 원시적 유사성(symplesiomorphies)에 의해서 규정된다.
   d. 동물들에서보다 식물들에서 더 흔하다.
3. 인간, 침팬지와 고릴라들은 ____________ 집단을 구성한다.
   a. 단계통적(monophyletic)
   b. 측분기군(paraphyletic)

응용

1. 수렴진화로 인하여 유사한 표현형을 지닌 종을 포함하고 있는 분류학적 집단은
   a. 측분기군.
   b. 단계통적.
   c. 다계성(polyphyletic).
   d. 진정한 분기 집단.
2. 계통발생적 분류는 핵심 형질들을 강조한다. 그러한 형질들은 종종 직접으로 종을 구별할 수 있도록 허용한다. 우리 대부분은 일반적인 가구의 애완동물들인 개와 고양이와 매우 친숙하다. 개를 고양이로부터 항상 구별할 수 있는 무슨 핵심 형질들을 생각할 수 있겠는가?

종합

1. 당신이 독해하는 동안에 주목했던 것과 마찬가지로, 분기학은 계통분류학의 가장 광범위하게 활용되는 방법이고, 우리의 분류 체계(분류학)가 진화적인 유연관계들에 대한 지식에 점차적으로 반영되고 있다. 조류들을 예로 사용하면서, 파충류들로서 그것들을 인식하는 것 대 파충류와 분리된 집단으로서 인식하는 것 대 파충류와 동등한 것으로서 인식하는 것에 대한 이점과 단점들에 대해서 토론하라.
2. 어떠한 의미에서 생물학적인 종개념은 진화적인 체계에 중점을 두고 있고, 계통발생적 종개념은 진화적인 유형들에 중점을 두는 것인가? 둘 중에 하나라면, 어떠한 것이 옳다고 느껴지는가? 당신의 결론을 설명하라.

개념 22.4 분류학은 진화적인 문맥에서 생명체들을 분류하려고 시도한다

이해

1. 늑대, 가축화된 개와 붉은여우는 모두 동일한 과, Canidae(개과)에 속한다. 늑대에 대한 학명은 *Canis lupis*, 가축화된 개는 *Canis familiaris*, 그리고 붉은여우는 *Vulpes vulpes*이다. 이것이 의미하는 것은?
   a. 붉은여우는 동일한 과에 있지만, 개와 늑대들과는 다른 속에 있다.
   b. 개는 동일한 과에 있지만, 붉은여우와 늑대들과는 다른 속에 있다.
   c. 늑대는 동일한 과에 있지만, 개와 붉은여우와는 다른 속에 있다.
   d. 모든 3가지 생명체들은 다른 속에 있다.
2. 린네는
   a. 종들을 명명한 첫 번째 인물이었다.
   b. 진화의 개념을 제시한 첫 번째 인물이었다.
   c. 오늘날 사용되고 있는 이명법 체계를 발달시켰던 인물이었다.
   d. 종개념을 제안한 인물이었다.

응용

1. 조류의 앞다리와 코뿔소의 앞다리는
   a. 상동적이고 원시적 유사성이다.
   b. 상동적이지는 않지만, 원시적 유사성이다.
   c. 상동적이고, 원시적 유사성(symplesiomorphic)이다.
   d. 상동적(homologous)이지는 않지만, 공동파생형질(synapomorphic)이다.
2. 만약에 2개의 생명체들이 동일한 강(class)에 속한다면, 그것들은
   a. 동일한 속(genus)에 속해야 한다.
   b. 양쪽 모두 동일한 목(order)의 일원들이어야 한다.
   c. 동일한 과(family)에 속해야만 한다.
   d. 양쪽 모두 동일한 문(phylum)에 있을 것이다.

종합

1. 조류와 박쥐들에서의 날개들의 존재를 설명하기 위하여 수렴에 대한 어떠한 대안들을 생각 해 낼 수 있는가? 무슨 데이터 유형들이 이러한 가설들을 검증하기 위해서 사용될 수 있을까?

개념 22.5 가장 커다란 분류군들은 영역들이다

이해

1. 극한적인 환경에 서식하는 생물들 모두는 ____________ 영역에 속한다.
   a. 진핵생물(Eukarya).
   b. 원핵생물(Prokarya).
   c. 고세균(Archaea).
   d. 세균(Bacteria).

2. 다음의 4개의 진핵생물 계들(kingdoms) 중 단세포 생명체를 포함하고 있는 것은 어느 것인가?
   a. 식물계(Planta)
   b. 균계(Fungi)
   c. 고세균계(Archaea) d. 동물계(Animalia)
3. 다음의 사건들 중에 진핵생물 진화에서 처음으로 발생했던 것은?
   a. 세포내 공생(Endosymbiosis)과 미토콘드리아의 진화
   b. 세포내 공생과 엽록체(chloroplast)의 진화
   c. 구획화(compartmentalization)와 핵의 형성
   d. 다세포 생명체들의 형성
4. 계통발생학에 대한 당신의 이해도를 가정한다면, 생명의 계통수(tree of life)에서 바이러스를 어디에 배치시킬 것인가?
   a. 고세균(Archaea)
   b. 균류(Fungi)
   c. 세균(Bacteria)
   d. 위의 사항 모두 해당 안함.

응용

1. 3개의 영역들은 아마도 ______________ 이다.
   a. 측분기군 b. 단계통적
   c. 다계성 d. 상사성
2. 고세균들은 __________________라는 점에서 세균들과 유사하다.
   a. 세포내 공생을 통하여 발생했다
   b. 다세포성이다
   c. 극도의 환경에서 서식한다
   d. 원핵생물들이다

종합

1. 제시된 계들(kingdoms) 중에 6-계 체계(six-kingdom system)의 수용에 대한 가장 큰 도전은 어느 것인지 설명하라.
2. 연구자로서, 당신이 진핵생물이고, 운동형이며, 키틴질로 구성된 세포벽을 소유하지만, 신경계에 대한 어떠한 증거도 결여된 신종(new species)을 발견한다. 이 신종을 최고로 정렬 시킬 생명계(kingdom of life)를 선택하라.

23 원핵생물과 바이러스

학습과정

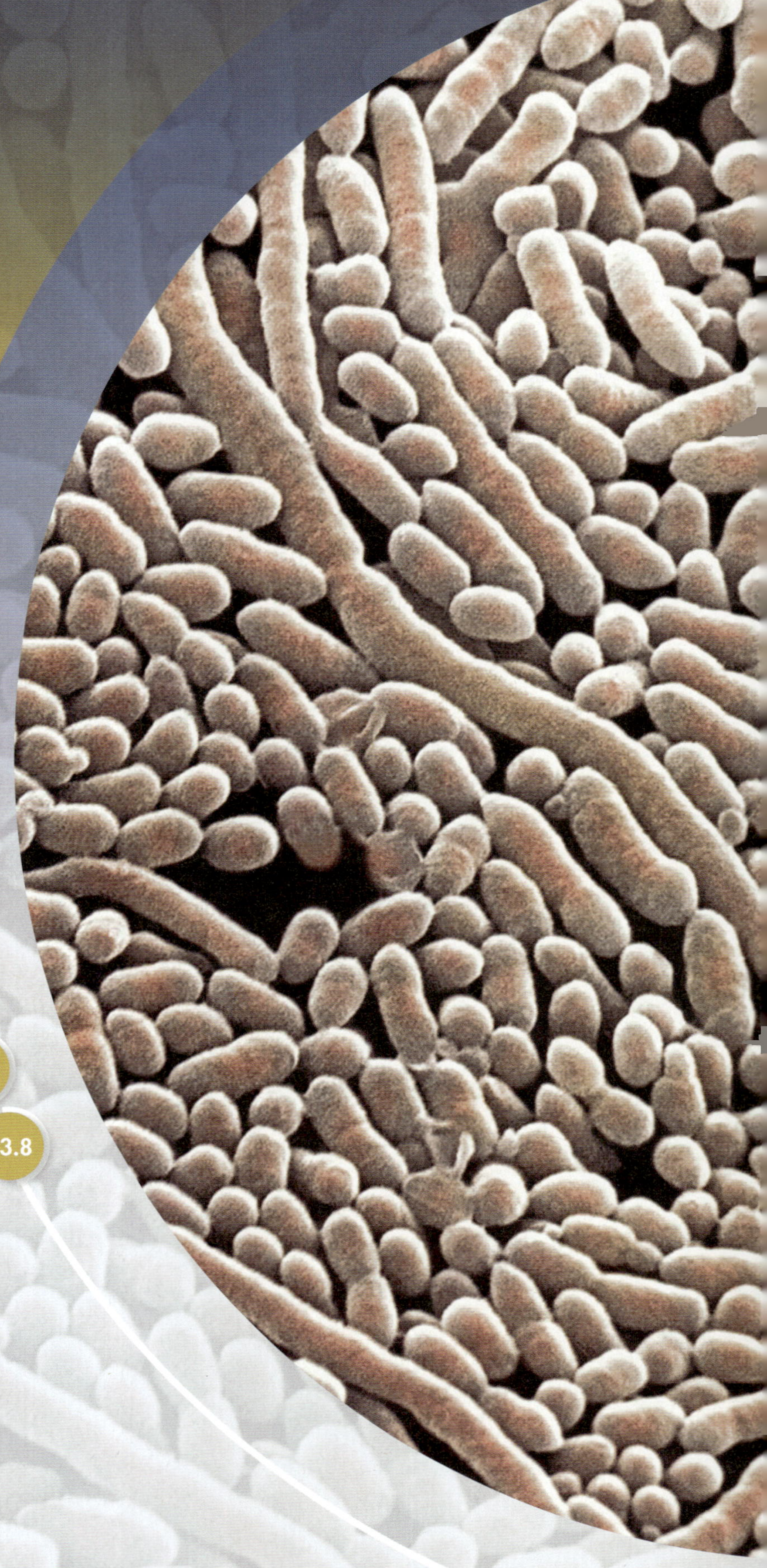

서론

원핵생물은 가장 작고 가장 간단한 생물이다. 단세포 생물로서 내부에 구획이 없으며, 너무 작아서 맨눈에는 보이지 않는다. 현미경으로 관찰해 보면 앞 쪽의 사진과 같으며 외형에 특징이 거의 없고, 전형적으로 많은 수가 모여 있다. 실제로 사람들의 몸에는 사람세포의 10배 정도의 원핵생물이 존재한다. 원핵생물은 살아있는 것 중에서 가장 오래되었으며, 지구상에 생명이 생기고 10억년 뒤에 이들로부터 진핵생물들이 생겨났다. 예를 들면 원핵생물의 광합성은 고대 지구 대기의 산소원 이었으며, 오늘날까지도 주요한 산소 생산원이다. 실제로 현재 지구상에 살고 있는 진핵생물들은 그들의 다양성을 지구 생태계의 필수적인 많은 기능들이 가능하게 만들어 주는 원핵생물에 의존하고 있다. 그러므로 과거와 현재 지구의 모든 생명을 이해하는 데 필수적인 생물인 원핵생물을 살펴보는 것으로써 생물다양성에 대한 공부를 시작하고자 한다.

이번 장의 말미에서는 바이러스에 대해 간단히 살펴볼 것이다. 바이러스는 생물이 아니라 독자적인 삶을 살 수는 없는 유전자 조각이다. 모든 생물이 생물체의 세포 내에서만 증식할 수 있는 바이러스에 감염되는 것으로 알려져 있다. 바이러스는 생물의 건강에 큰 영향을 주며, 식물과 동물의 수많은 주요 병의 원인이다.

23.1 원핵생물은 가장 오래된 생물이다

생명은 35억년보다도 더 오래 전에 지구에 생겨났다(BYA, billion years ago). 초기의 생명에 대하여 우리가 거의 알 수 있는 것은 매우 오래된 암석으로부터 수집된 **미세화석(microfossil)**이라 불리는 작은 화석미생물로부터 왔다는 것이다. 미세화석은 현미경적인 생명체의 화석이다. 미세화석들은 대개 작고(지름 1-2um) 단세포였으며, 외부의 부속체가 없고, 내부구조에 대한 증거가 거의 없다(그림 23.1). 그러므로, 미세화석은 오늘날의 원핵생물(prokaryote)과 비슷한 것으로 보인다.

미세화석은 태초의 세포가 아마도 원핵이었음을 알려준다

학습목표 23.1.1 고세균(archaea)과 진정세균(bacteria)의 기본 특성을 서술하라.

미세화석 중 가장 오래된 것으로 알려진 것은 35억년 된 것이다. 방사선 동위원소 자료와 이들이 탄소복합분자들을 가지고 있지 않다는 분광분석 결과는 이 미세화석이 살아있는 생명체의 잔재라는 주장을 뒷받침하고 있다. 이 미세화석 구조가 정말로 세포화석인지 아닌지는 아직도 논란 중이며, 다양한 미세화석으로 대별되는 원핵생물 집단의 정체성 역시 아직도 불명확하다. 뒤에 설명할 남세균(cyanobacteria)를 포함하여 다양한 세균을 미세화석으로 볼 것인가 하는 논란은 계속되어 오고 있지만, 결정적인 해석은 어렵다.

오늘날 원핵생물은 지구상에서 가장 풍부한 생명 형태이다. 현재 수천 종의 원핵생물이 알려져 있으나, 아직 동정을 기다리고 있는 것들도 수천 종이다. 새로운 분자생물학적 기법들은 과학자들로 하여금 이들을 배양하지 않고서도 미생물들을 동정하고 연구할 수 있게 만들었다. 결과적으로, 미생물학자들은 배양되지 않는 까닭에 발견되지도 않고 특성 연구할 수도 없었던 수천 종의 새로운 미생물들을 발견하였다.

모든 원핵생물 종의 불과 1~10% 만이 알려지고 특성이 파악되었으며, 나머지 90~99%는 알려지지 않았고 특성도 모르는 것으로 평가되고 있다. 미생물학자들이 찾는 모든 곳에서 새로운 종들이 발견되고 있으며, 때로는 원핵생물에 대한 우리의 사고방식을 바꾸어 놓고 있다. 1970년대와 1980년대에는 새로운 형태의 원핵생물이 동정되고 분석되어 결국에는 원핵생물부(division of prokaryotes)를 두 집단으로 나누게 되었다: *Archaea*(고세균, 예전에는 Archaebacteria로 불렸음)(그림 23.2a)와 *Bacteria*(진정세균, 때로는 Eubacteria로 불리기도 함)(그림 23.2b).

고세균과 진정세균은 가장 오래되었고 가장 간단한 구조를 하고 있고, 가장 많은 생명체이다. 이들은 또한 원핵세포 체제를 하고 있는 유일한 생명체이기도 하다. 원핵생물은 진핵생물이 세상에 생겨나기 전 수 십 억년 동안 매우 번성하였다. 초기의 광합성세균(남세균)은 산소를 생산하여 지구 대기를 바꿔 놓았으며, 이것은

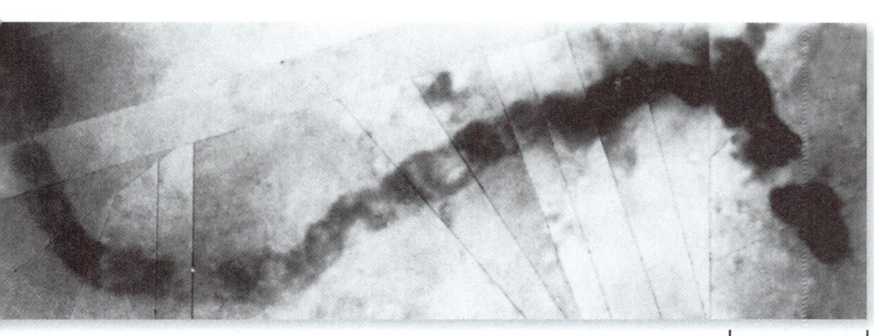

그림 23.1 세균화석의 증거. 약 10~35억 년 전의 암석에 세균 세포와 유사한 매우 작은 화석이 박혀있다.

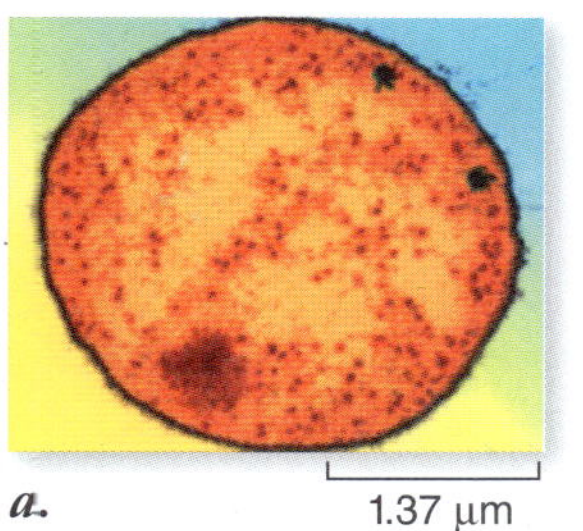

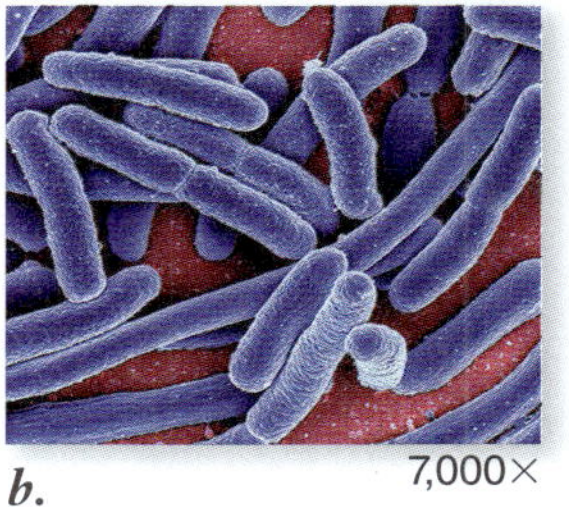

그림 23.2 두 종류의 원핵생물. 생명체 3영역 중 둘이 원핵생물이다. a. 고세균은 때로는 극한 환경에서 산다(*Methanococcoides burtonii*). b. 세균 진핵생물과 다르듯이 고세균과도 다르다(*Escherichia coli*).

세균과 진핵생물의 극한적 차이를 초래하였다.

원핵생물은 어디에서든 존재하며 진핵생물이 사는 곳 어디에나 살고 있다; 이들은 진핵생물이 전혀 살 수 없는 곳에서도 번성할 수 있다. 진정세균과 고세균은 깊은 바다 속 동굴, 화산 분화구 주변, 그리고 빙산 깊은 곳에서도 발견되었다. 원핵생물이 발견되는 극한 환경 중에는 다른 생명체들은 살 수 없는 곳도 있다.

많은 고세균들은 **극한생물**(*extremophile*)이다. 이들은 다른 생물들을 익힐 수 있는 온천에서도 살 수 있으며, 다른 세포들을 탈수시키는 고염도 환경에서도 살고, 메탄이나 황화수소 등 유독가스가 많은 대기에서도 살고 있다. 남극대륙의 435m 아래 얼음에서도 사는 것이 확인되었다!

이러한 극한 환경은 생명체가 처음 나타났던 지구 초기 환경과 유사할 것이다. 원핵생물은 일찍이 이러한 극심한 환경에서 살 수 있도록 진화되었으며 대기의 나머지 부분들이 바뀌면서 이러한 지역들을 탐험할 수 있는 능력을 가진 것으로 보인다.

원핵생물은 기본적으로 진핵생물과 다르다

학습목표 23.1.2 원핵생물과 진핵생물을 구분하라.

생명체 역 셋 중 둘이 원핵생물이다**(그림 23.3)**. 원핵생물은 여러 중요한 특성들이 진핵생물과는 다르다. 이러한 차이는 생명체 집단을 나누는 가장 기본적인 구분 중 일부이다.

단세포성(unicellularity). 예외가 있긴 하지만, 원핵생물은 단세포로 이루어져 있다. 어떤 형태에서는 개개의 세포가 행렬상으로 서로 붙어있어 실 모양을 한다; 그러나 세포들은 독자성을 유지한다. 광합성세균은 특히 이러한 모양을 하고 있는데, 이들의 세포질이 서로 연결되어 있지는 않다. 그러나 이러한 실 모양은 공통 세포벽을 가지고 있어서 개개의 세포로 분리되기 어렵게 만든다.

자연환경에서는 대부분의 세균들이 다른 종들이 모여 있는 복합체를 형성할 수 있는 것으로 알려져 있으며, 이를 **생물막(biofilm)**이라 한다. 다세포 생물이 아님에도 불구하고 생물막은 한 종의 미생물로 이루어진 단일 균총(colony)보다 환경 스트레스에 대하여 더 저항성이다.

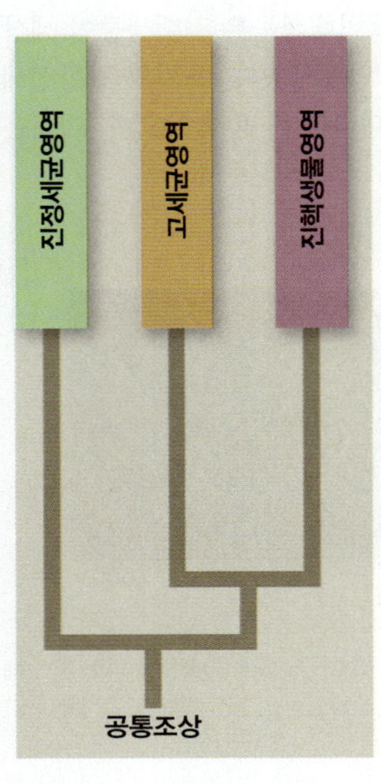

그림 23.3 생명체의 3영역. 원핵 생물인 고세균과 진정세균은 둘 다 원핵생물이면서도 밀접하게 연관되어 있지는 않다. 여러 면에서 고세균은 진정세균보다는 진핵생물과 더 유사하다. 이 트리(tree)는 rRNA 시퀀스에 기초한 것이다.

세포크기. 새로운 원핵생물 종들이 발견됨에 따라 연구자들은 원핵세포들의 크기가 십만 배(five orders of magnitude)나 차이 날 정도로 매우 다양하다는 것을 발견하였다. 현재까지 알려진 가장 큰 세균 세포는 *Thiomargarita namibia* 이다.이 종의 세포 하나는 750 ㎛나 되어 맨눈으로도 볼 수 있다. 대부분의 원핵세포들은 지름이 1 ㎛ 정도이거나 그보다도 더 작으며, 대부분의 진핵세포들은 이보다 10배 정도 더 크다. 그러나, 매우 작은 진핵세포도 있고 매우 큰 원핵세포도 있으므로 이러한 일반화는 옳지 않은 경우가 많다.

염색체(chromosone). 진핵세포는 막으로 둘러싸인 핵을 가지고 있는데, 그 안에 핵산과 히스톤(histone) 단백질로 구성된 선형의 염색체가 있다. 원핵세포는 막으로 둘러싸인 핵이 없다; 대신에 대부분 세포의 **핵양체**(*nucleoid*) 부분에 DNA와 히스톤유사 단백질로 구성된 환형 염색체 하나씩을 가지고 있다. 예외적으로 **콜레라균**(*Vibrio cholerae*) 같은 것은 두 개의 환형 염색체를 가지고 있다. 많은 원핵세포들이 플라스미드(plasmid)라 불리는 추가적인 DNA 분자를 가지고 있다.

세포분열과 유전자 재조합. 진핵생물의 세포분열은 유사분열로서 미세소관으로 이루어진 방추체를 포함한다. 원핵생물의 세포분열법은 주로 무성생식의 일종인 이분법(10장 참조)이다. 진정한 유성생식은 진핵생물에서만 일어나며 반수체 배우자를 만드는데, 이들이 융합하여 하나의 배수체 접합자를 만든다(11장 참조).

원핵생물은 무성생식 방식에도 불구하고 유전물질의 전이를 초래하고 유전적 다양성을 발생시키는 기작을 가지고 있다. 이 기작은 통칭하여 **수평적 유전자 이동**(*horizontal gene transfer*)이라고 불린다.

내부 구획화(internal compartmentalization). 진핵생물은 세포호흡을 위한 효소들을 미토콘드리아에 저장하고 있다. 원핵생물에서는 그러한 효소들이 세포막에 싸여 있거나 세포기질(cytosol)에 있다. 원핵생물의 세포질(cytoplasm)은 진핵생물의 세포질과는 달리 내부 구획을 가지고 있지 않으며 막으로 둘러싸인 구조물도 없다. 리보솜은 원핵생물과 진핵생물 모두 가지고 있지만 구조는 확연히 다르다.

편모(flagella). 원핵생물의 편모는 구조가 단순하고 플라젤린 단백질로 된 단순섬유로 되어있다. 진핵생물의 편모와 섬모(cilia)는 복잡하며, 9+2 미세소관(microtubule) 구조를 하고 있다(그림 4.21 참조). 세균의 편모 역시 다른 기능을 하고 있으며, 프로펠러 같이 견고하고 회전을 하는 반면, 진핵생물의 편모는 채찍을 휘두르는 것 같은 방법으로 움직인다.

대사의 다양성. 진핵생물에서는 오직 한가지의 광합성만이 일어나며, 이 과정에서 산소가 방출된다. 광합성 세균의 광합성에는 두 가지 기본형이 있다: 산소를 생산하는 **산소성**(*oxygenic*)과 산소를 생산하지 않는 **무산소성**(*anoxygenic*). 무산소성 광합성은 산소 대신 황과 황산염 같은 것들을 생산한다.

원핵세포는 또한 당을 합성하기 위하여 무기분자의 화학결합에 저장된 에너지를 이용하는 **화학무기영양세균**(*chemolithotrophic*)이라 할 수 있다; 진핵세포는 이러한 대사 과정을 수행할 수 없다.

유사성에도 불구하고 세균과 고세균은 근본적으로 다르다

학습목표 23.1.3 고세균과 진정세균을 비교하고 대조하라.

고세균과 진정세균은 둘 다 원핵세포 구조를 하고 있다는 점에서 비슷하지만, 생화학적 및 분자적 수준에서는 상당히 다르다. 이들은 네 가지 주요 분야에서 다르다: 원형질막, 세포벽, DNA 복제, 그리고 유전자 발현.

원형질막(plasma membranes). 5장에서 설명하였듯이 모든 원핵생물들은 유동모자이크구조의 원형질막을 가지고 있다. 고세균의 원형질막은 진정세균이나 진핵생물과는 다르다. 고세균의 막지질은 탄화수소 사슬에 결합된 글리세롤로 이루어져 있는데, 세균과 진핵생물에서 볼 수 있는 에스테르 결합이 아니라 에테르 결합이다**(그림 23.4a)**. 이 탄화수소는 분지되기도 하며, 이중층 대신 단일층을 형성하는 테트라에테르(tetraether)를 구성하기도 한다**(그림 23.4b)**.

몇몇 고온균에서는 막의 대부분이 이러한 테트라에테르 단일층으로 이루어져 있다. 이러한 구조적 특성은 이 고세균들이 높은 온도를 견딜 수 있도록 만들어 주는 힘의 일부이다.

세포벽(cell wall). 진정세균과 고세균 모두 전형적으로 원형질막을 덮어서 세포를 튼튼하게 만들어 주는 세포벽을 가지고 있다. 세균의 세포벽은 최소한도로 펩티드 가교(peptide cross-bridge)로 연결되어 있는 고분자 탄수화물로부터 유래된 펩티도글리칸으로 구성되어 있다. 펩티드 가교는 세포 단백질에서는 발견되지 않는 d-아미노산을 가지고 있다. 고세균의 세포벽에는 펩티도글리칸이 없으며, 일부 고세균이 이와 비슷한 수도뮤레인(pseudomurein(을 가지고 있다. 이 벽층 역시 펩티드 가교를 가지고 있는 고분자 탄수화물이지만, 탄수화물들이 다르며, 펩티드 가교 구조 또한 다르다. 다른 고세균들의 세포벽은 다양한 단백질과 탄수화물로 이루어져 있으므로 일반적으로 설명하기 어렵다.

DNA 복제(replication). 고세균과 진정세균 모두 단일 복제기원을 가지고 있음에도 불구하고 기원의 본성과 사용되는 단백질은 매우 다르다. 고세균이 DNA 복제를 시작하는 방법은 진핵생물의 방법에 더 가깝다(14장 참조).

유전자 발현(gene expression). 유전자 발현에 이용되는 기작도 진정세균과 고세균 간에 차이를 보인다. 고세균은 하나 이상의 RNA 중합효소(polymerase)를 가지고 있을 수 있으며, 이 효소들이 특정 세균의 RNA 중합효소 보다는 진핵생물의 RNA 중합효소와 더 비슷하다. 번역 기작의 일부 역시 진핵생물의 그것과 더 비슷하다(15장 참조).

개념 정리 23.1

초기 세포의 증거는 미세화석에 있다. 초기의 미세화석에 대해서는 논란이 많지만, 적어도 3.5 BYA에 생명의 증거가 있다. 원핵생물은 진핵생물과는 매우 다르며, 막으로 둘러싸인 핵과 다양한 소기관들을 가지고 있지 않다. 원핵생물은 또한 이분법으로 증식한다. 진정세균과 고세균 역시 서로 확실히 다르다.

- 고세균을 진정세균 및 진핵생물과 구분하는 특성은 무엇인가?

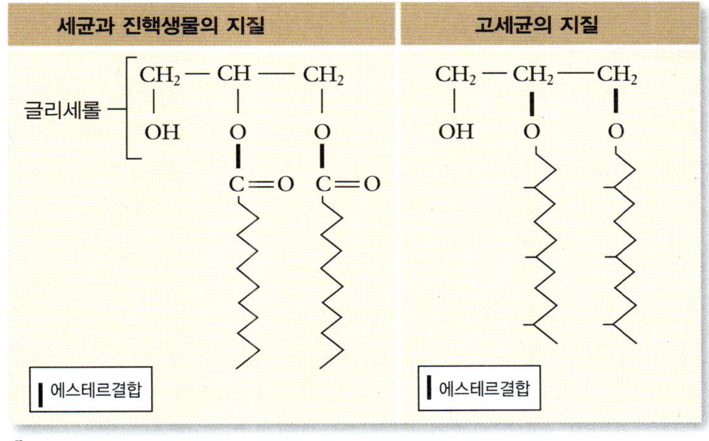

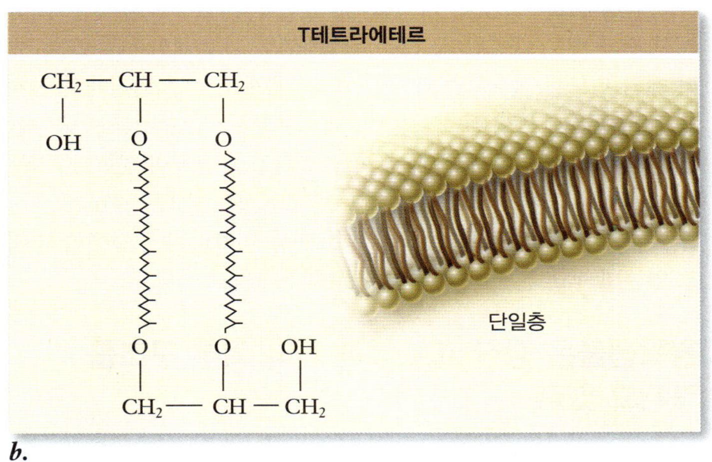

그림 23.4 고세균의 막지질. **a.** 고세균의 막지질은 세균 및 진핵생물의 지질과 비슷한 글리세롤 뼈대에 만들어지지만, 탄화수소 사슬이 에스테르결합이 아닌 에테르결합에 의해 글리세롤에 연결되어 있다. 탄화수소는 분지될 수 있으며, 고리구조를 가지고 있을 수도 있다. **b.** 이 지질은 디에테르 대신에 테트라에테르를 구성할 수도 있다. 테트라에테르는 두 개의 극성 부분에 소수성 탄화수소가 연결되며 단일층을 구성한다.

23.2 원핵생물은 조직적이지만 단순한 구조를 하고 있다

원핵세포는 상대적으로 단순하지만, 세포의 모양에 따라 구분할 수 있다. 이들은 다소간의 구조적 차이를 가지고 있으며, 이에 따라 특정 염료에 대한 염색특성이 다르다. 다른 특성들은 특정 형태의 세포들에서는 확인되지만 다른 세포에는 없다.

원핵생물에는 세 가지 기본형이 있다: 간균, 구균, 나선균

학습목표 23.2.1 원핵생물의 세 가지 형태를 묘사하라.

과도하게 단순화한 것이긴 하지만, 쉽게 규정할 수 있는 형태에 따라서 세균을 구분하는 것은 유용하다. 대부분의 원핵생물은 세 가지 기본형태 중 한 가지를 하고 있다: 때로는 간균(*bacillus*, 복수 *bacilli*)이라고 불리는 막대모양; 둥글거나 달걀모양인 구균(*coccus*, 복수 cocci); 그리고 길고 나선 모양이며, *spirochete*라고도 불리는 나선균(*spirillum*, 복수 *spirilla*).

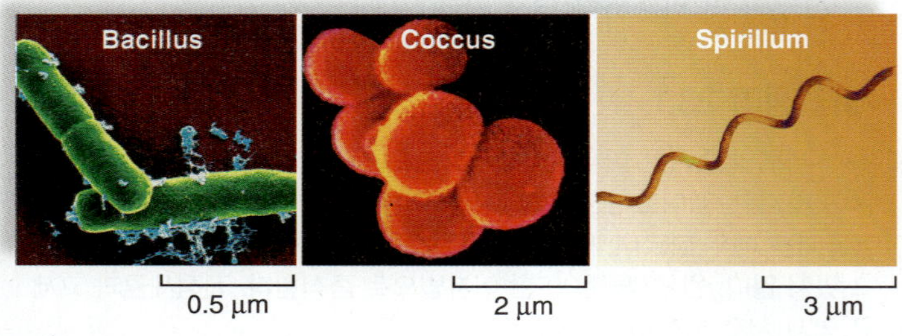

세균 세포벽은 세포의 모양을 결정해 주는 유일하며 매우 중요한 인자이다. 마이코플라스마(mycoplasma)와 같이 원래 세포벽이 없는 세균은 특정한 모양을 가지고 있지 않다.

원핵세포는 모양이 다양할 수 있듯이 환경에서 움직일 수 있는 방법도 매우 다양하다. 많은 원핵세포의 표면에서 하나 또는 여러 개의 편모를 볼 수 있다. 이 구조는 액체가 있는 환경에서 몸체를 추진하는 데 사용된다. 일부 막대모양 및 공모양 세균은 균총을 만들며, 분열한 이후에 끝과 끝이 연결되어 사슬을 형성한다. 일부 세균 세포는 자루 모양 또는 길고 분지된 실모양으로 자라기도 한다. 어떤 실모양 세균들은 단단한 표면을 미끄러지는 능력을 가지고 있는데, 때로는 장축을 중심으로 회전하기도 한다.

원핵생물은 강한 세포벽과 기타 외부 구조를 가지고 있다

학습목표 23.2.2 그람양성 및 그람음성 세균 세포의 차이를 설명하라.

원핵생물의 세포벽은 여러 층으로 구성되어 가끔 복잡하다. 세포벽은 최소한 세균 특유의 고분자물질인 펩티도글리칸으로 구성되어 있다. 이 고분자물질은 펩티드 곁사슬로 가교된 탄수화물 가닥의 견고한 네트워크를 만든다. 이 구조는 세포의 모양을 유지하고, 또 환경에 흔히 존재하는 저장액 상태에서 세포가 부풀거나 터지지 않도록 세균을 보호하므로 매우 중요하다.

그람양성 및 그람음성 세균

그람염색(Gram stain)이라는 염색법을 사용하면 세균을 두 집단으로 나눌 수 있으며, 그에 따라 이름을 붙였다. **그람양성(gram-positive)** 세균은 더 두꺼운 펩티도글리칸 벽을 가지고 있으며 자주색으로 염색되는 반면, 더 흔한 **그람음성(gram-negative)** 세균은 펩티도글리칸을 더 적게 가지고 있으며 자주색 염료도 함유하지 못한다. 이러한 그람음성 세균은 붉은색 교호염색으로 염색되어 짙은 분홍색으로 보인다(그림 23.5).

그람양성 세균에서 펩티도글리칸은 세포 바깥 표면에 두껍고 복잡한 네트워크를 형성한다. 이 네트워크은 리포테이코산과 테이코산을 포함하는데, 이들은 세포벽으로부터 돌출되어 있다. 그람음성 세균에서는 펩티도글리칸의 얇은 층이 원형질막과 2차 외막 사이에 끼어 있다(그림 23.6). 외막은 지질에 다당류 사슬이 붙어있는 커다란 **지질다당류(lipopolysaccharide)** 분자들을 포함하고 있다. 외막층은 그람양성 세균에서는 세포벽 합성을 방해하는 많은 항생제들에 대해 그람음성 세균은 저항성이도록 만들어 준다. 예를 들면, 페니실린은 그람양성 세균의 세포벽에 있는 펩티도글리칸의 가교를 저해하여 생장 중인 세균집단을 죽인다.

S층

어떤 세균과 고세균에서는 그람양성균의 펩티도글리칸 또는 그람음성균의 외막층 밖에 추가적인 단백질 또는 당단백질 층이 S층이라 불리는 견고한 파라결정성(paracrystalline) 표면을 형성한다. 고세균은 거의 다 S층을 가지고 있으며, 슈도펩티도글리칸(pseudopeptidoglycan)층의 바깥쪽에서 발견되거나, 또는 세균과 대조적으로 세포를 둘러싸고 있는 하나 뿐인 견고한 층이다. S층의 기능은 다양하고 변이가 심하지만, 때로는 표면에의 부착 또는 보호 등에도 관여한다.

캡슐(capsule)

일부 세균은 캡슐이라 불리는 추가적인 젤라틴 층으로 세포벽을 감싸고 있다. 캡슐은 원핵세포가 표면이나 다른 세포에 부착할 수 있도록 해주는데, 가장 중요한 것은 식세포의 인식을 방해함으로써 면역반응을 회피하는 것이다. 그러므로, 캡슐은 때로는 세균이 병을 일으킬 수 있도록 기여하기도 한다.

세균의 편모(flagella)와 선모(pili)

많은 원핵생물들이 플라젤린(flagellin) 단백질로 만들어진 가늘고 견고하며 나선형인 편모를 가지고 있다(그림 23.7). 편모의 길이는 3~12 ㎛이며, 매우 가늘어서 굵기는 10~20 nm에 불과하다. 이것들은 세포벽에 박혀있으며 프로펠러처럼 회전하여 액체 환경에서 세포가 움직일 수 있도록 한다. 플라젤린 유전자를 잃은 세균 세포는 움직일 수 없다.

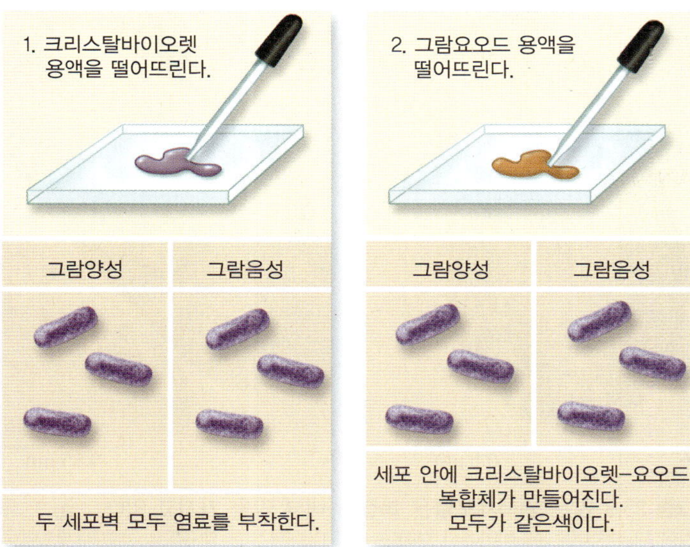

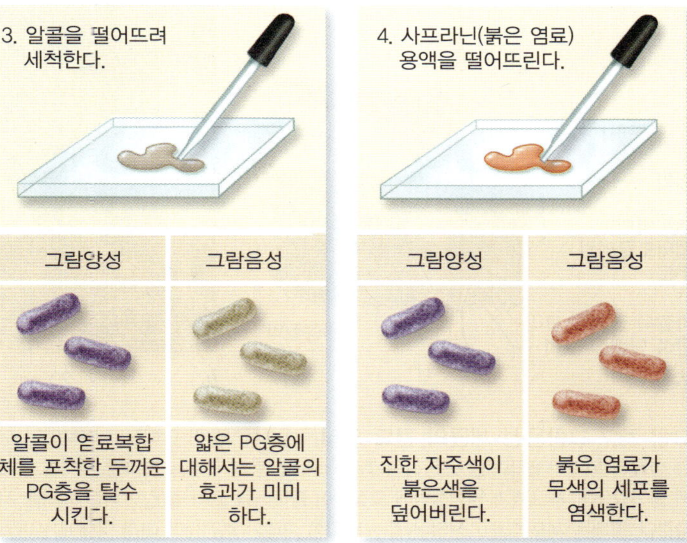

a.

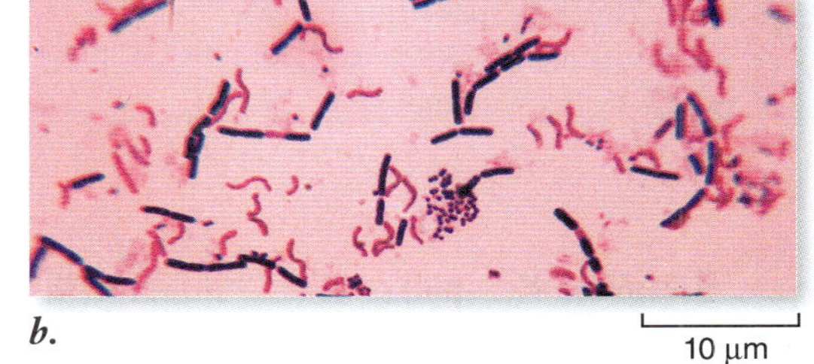

b.

그림 23.5 그람염색. a. 두꺼운 펩티도글리칸(PG)층이 둘러싸고 있는 그람양성 세균은 크리스탈바이오렛 염료를 포착하여 염색액에서 자주색으로 보이는데, 그람염색은 이 기법을 개발한 덴마크 세균학자 그람(Hans Christian Gram,1853–1938)의 이름을 딴 것이다. 그람음성 세균은 펩티도글리칸이 훨씬 더 적기 때문에(원형질막과 외막 사이에 존재) 크리스탈바이오렛 염료를 보유할 수 없으며, 그래서 교차염색(대개 사프라닌 염료)된 붉은색을 보인다. b. 그람양성 및 그람음성 세포의 그람염석 결과를 보여주는 현미경 사진.

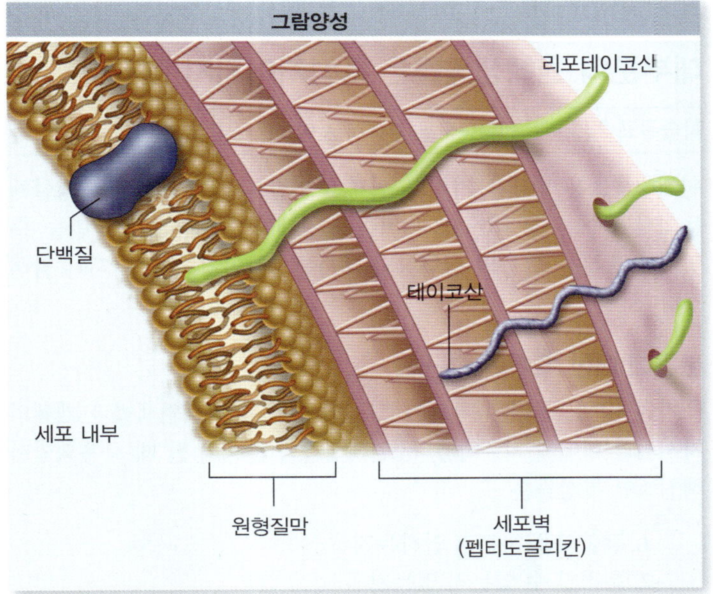

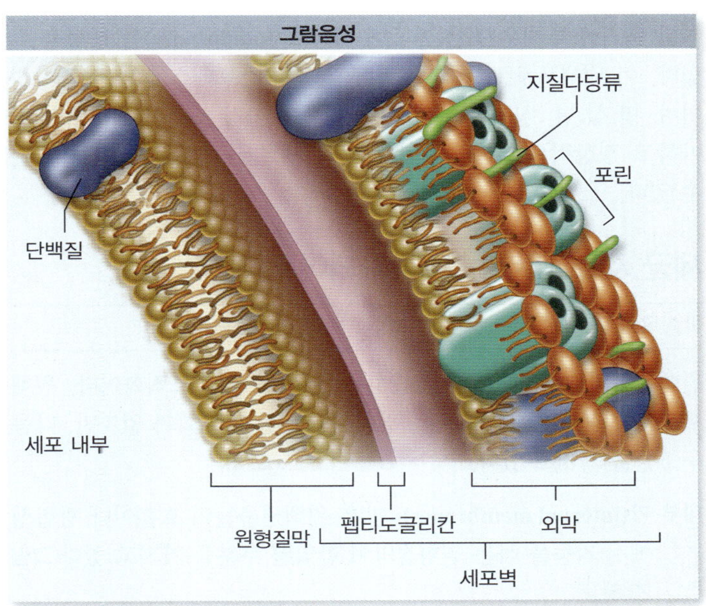

그림 23.6 그람양성 및 그람음성 세포벽의 구조. 그람양성균의 세도벽은 훨씬 더 단순하며, 교차결합된 펩티도글리칸 사슬의 두꺼운 층으로 이루어졌다. 리포테이코산과 테이코산 분자들도 세포벽에 박혀있으며 세포의 표면으로 노출되어 있다. 그람음성균의 세포벽은 다층으로 이루어져 있다. 펩티도글리칸층은 그람양성균에서보다 얇으며 지질다당류로 이루어진 추가적인 막으로 둘러싸여 있다. 포린 단백질은 외막에 액상 구멍을 만든다. 외막과 펩티도글리칸 사이의 공간은 주변세포질 공간이라고 불린다.

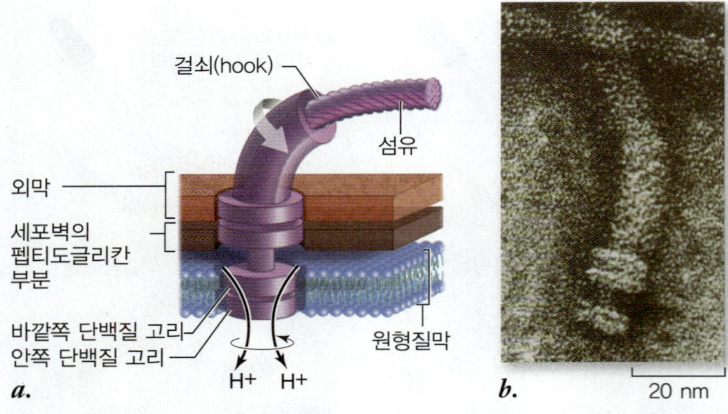

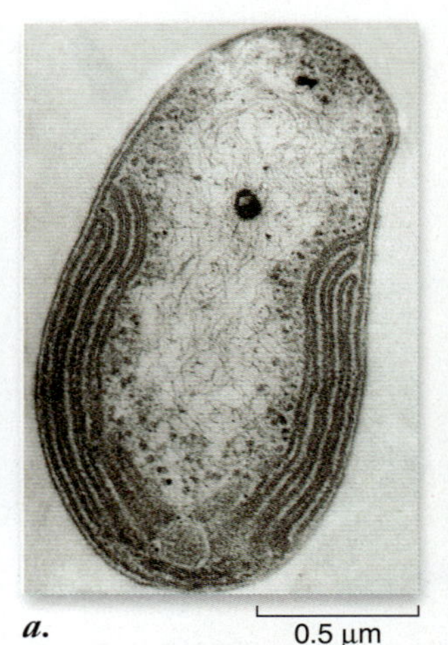

그림 23.7 그람음성 세균의 편모 모터. a. 플라젤린 단백질로 이루어진 포린 섬유가 외막의 슬리브를 관통하여 펩티도글리칸층의 구멍을 통과한 단백질 막대에 붙어있으며, 세포벽과 원형질막에 고정되어 볼베어링 고리 같은 단백질 고리를 지나간다. 막대는 세포벽에 고정되어 있는 바깥쪽 고리가 회전함에 따라 막대에 붙어있는 안쪽 단백질 고리가 회전할 때 따라서 회전한다. 안쪽 고리는 수소이온 채널, 즉 세포 안으로 양자가 흘러 들어가는 것을 바깥쪽 고리를 지나 안쪽 고리를 움직이게 하는 힘으로 이용하는 양자펌프이다. 편모의 막벽 고정부분은 기저체(basal body)라 한다. b. 세균 편모의 전자현미경 사진.

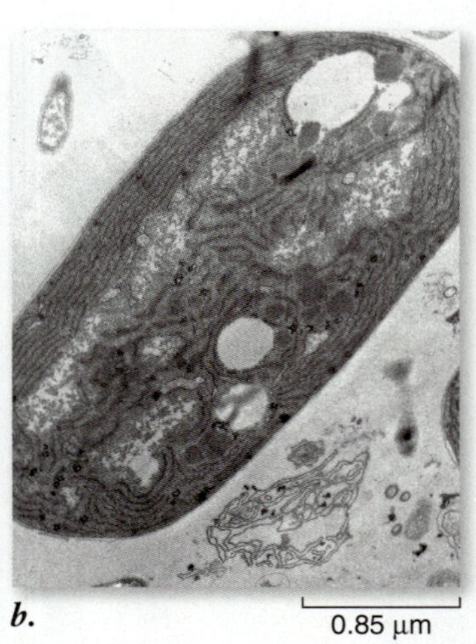

그림 23.8 많은 원핵세포들은 복잡한 내부 막을 가지고 있다. a. 이 호기성 세균은 미토콘드리아에서 보이는 것과 다르지 않은 대규모의 호흡막(세포벽을 두르고 있는 길고 짙은색의 곡선들)을 세포질에 가지고 있다. b. 이 광합성세균은 광합성 장소를 제공하는 틸라코이드 유사막(중앙과 가장자리를 따라 있는 주름 모양)을 가지고 있다.

선모(pilus, 복수 pili)는 일부 그람음성 원핵생물에서 볼 수 있는 머리카락 모양의 구조이다. 이것은 원핵생물의 편모보다 짧으며 굵기도 7.5~10 nm이다. 선모는 이동보다는 부착에 훨씬 더 중요하며, 뒤에 설명될 유전정보의 교환에서도 중요한 역할을 한다.

내생포자 형성

어떤 원핵생물들은 환경스트레스에 노출되면 유전체와 세포질 일부를 둘러싼 두꺼운 벽을 만들어 **내생포자(endospore)**를 형성할 수 있다. 이 내생포자는 특히 열과 같은 환경스트레스에 매우 저항성이며, 몇 십 년, 심지어는 몇 세기 뒤에도 환경 조건이 개선되면 발아하고 정상적으로 세포분열을 하여 새로운 개체들을 만들어 낼 수 있다.

세균 세포 내부는 조직화되어 있다

학습목표 23.2.3 원핵세포의 내부 구조를 특징지어라.

원핵세포의 가장 근본적인 특성은 간단한 내부 조직화이다. 원핵세포는 진핵세포에서 보이는 광범위한 기능적 분화가 없지만, 다음 구조들을 가지고 있다.

내부 막(internal membranes). 많은 원핵생물들의 호흡이나 광합성에서 기능을 하는 원형질막이 함입된 부분을 가지고 있다(그림 23.8).

핵양체(nucleoid) 부분. 원핵생물은 핵이 없으며 일반적으로 선형의 염색체도 가지고 있지 않다. 대신에 매우 응축되어 세포 안에 핵양체 부분이라고 알려진 가시적 부분을 만드는 하나의 환형 겹가닥 DNA에 그들의 유전자가 코딩되어 있다. 또한, 많은 원핵세포들은 작고 독립적으로 복제하는 환형의 비필수적 DNA인 플라스미드를 가지고 있다.

리보솜(ribosome). 원핵생물의 리보솜은 진핵생물 것보다 작으며 RNA 함량과 단백질도 다르다. 그러나 테트라사이클린과 클로람페니콜 같은 항생제들은 이 차이를 구분할 수 있다 – 이들은 원핵생물의 리보솜에 결합하여 단백질 합성을 차단하지만, 진핵생물의 리보솜에는 결합하지 못한다.

대부분의 원핵생물들은 특성지어지지 않았다

학습목표 23.2.4 원핵생물을 분류하는 방법을 설명하라.

원핵생물들은 형태를 가지고 쉽게 구분할 수 없으며, 다른 생물체들의 분류에 사용되는 것과 비견될 전체적인 분류체계를 만들 수 있기에 충분한 그들의 생화학과 대사특성들이 최근에 와서야 밝혀졌다.

분류에 대한 초기의 접근

초기의 원핵생물 분류체계는 그람염색 같은 판별염색법과 개체의 가시적인 형태에 의존하였다. 원핵생물의 분류에 한 때 사용되었던 핵심적인 특성들은

1. 광합성을 하는지 안하는지
2. 움직일 수 있는지 없는지
3. 단세포성인지, 균총(colony)을 만드는지, 실모양인지
4. 포자형성성 또는 이분법으로 분열하는지
5. 주요 인체병원균인지 아닌지

분류를 위한 분자학적 접근

유전학적 및 분자학적 접근의 발전에 따라 원핵생물 분류는 진정한 진화적 유연관계를 반영할 수 있게 되었다. 분자학적 접근에서 포함되는 것들은

1. 핵심 단백질의 아미노산 서열 분석
2. 구아닌(guanine, G)과 시토신(cytosine, C)의 비율 설정에 의한 핵산의 염기서열 분석
3. 필수적으로 두 종의 외가닥 DNA를 혼합해야 하며, 염기쌍의 양을 결정해야 하는 핵산교잡(가까운 종들은 더 많은 염기쌍을 이룰 것임)
4. 유전자와 RNA 염기서열, 특히 리보솜RNA의 점검
5. 유전자 전체 염기서열 분석

3계 혹은 우즈(Woese)분류법은 이 모든 분자학적 방법에 따른 것이며(그림 23.3), 모든 생명체의 진화적 유연관계를 확립하기 위하여 rRNA 염기서열 비교를 강조하고 있다. rRNA 염기서열은 진화적 보전도가 높기 때문에 생명나무(생명수)의 가장 오랜 분지를 밝히기 위해 선택되었다.

이런 종류의 분자학적 자료에 근거하여 원핵생물을 여러 개의 모둠으로 나누는 것이 제안되었다. 가장 널리 받아들여지고 있는 것은 *Bergey's Manual of Systemic Bacteriology* 2판인데, 5권으로 출판될 예정이고 그 중 셋은 이미 완성되었다**(그림 23.9)**. 동시에 무작위로 채집된 세균의 대규모 염기서열분석은 어마어마한 양의 다양성을 보여준다. 세균을 종으로 할당하는 것은 언제나 도전적이었지만, 이러한 새로운 자료는 대부분의 세균들이 한 번도 배양되거나 자세히 연구된 적이 없다는 것을 알려주고 있다.

개념 정리 23.2

원핵생물의 세 가지 기본 형태는 간상, 구형, 그리고 나선형이다. 세균은 펩티도글리칸 세포벽을 가지고 있으며, 이것이 그람염색의 기본이 된다. 그람양성 세균은 그람음성 세균보다 상대적으로 두꺼운 세포벽을 가지고 있다. 많은 세균이 외부 캡슐을 가지고 있으며, 일부는 편모와 선모를 가지고 있다. 원핵세포는 막으로 둘러싸인 소기관을 가지고 있지 않으나, 원형질막이 함입되는 등 내부가 잘 조직화되었을 수도 있다. 원핵세포의 DNA는 핵양체 부분에 있다. 분류는 주로 DNA 분석에 따르는데, 많은 원핵생물들이 동정되지 않은 채 남아있다.

- 두 세균이 같은 종에 속하는지 결정하는 가장 간단한 방법은 무엇인가?

23.3 원핵생물의 유전은 DNA 전이에 초점이 맞추어 있다

유성적으로 증식하는 집단에서는 특성이 부모로부터 자식으로 수직적으로 전달된다. 원핵생물은 유성적으로 증식하지 않지만, 서로 다른 세포 사이에 DNA를 교환할 수 있다.

접합은 접합 플라스미드 존재에 의존한다

학습목표 23.3.1 세균 유전자지도에서 접합이 어떻게 이용되는지 묘사하라.

유전자가 세포 대 세포 접촉이라 불리는 **접합(conjugation)** 또는 바이러스 대개(*transduction*, 형질도입)에 의하여 한 세포로부터 다른 세포로 이동할 때 유전자의 수평적으로 이동한다. 일부 종들은 유전물질을 환경으로부터 직접 얻을 수도 있다(*transformation*, 형질전환). 고세균에서는 이 모든 과정들이 확인되었으나 대부분의 종들이 배양이 어려운 까닭에 고세균 유전에 대한 연구는 아직도 태동기이다. 우리는 여기서 세균계, 가장 많이 연구된 E. coli에 주로 초점을 맞춘다.

플라스미드는 세포에 도움이 되는 기능의 정보를 가지기도 하지만 정상기능에 필요한 것은 아니다. 어떤 경우에는 플라스미드가 접합에 의해 한 세포에서 다른 세포로 옮겨지기도 한다. 옮겨질 수 있는 플라스미드 중 가장 잘 알려진 것은 그것의 생식력 때문에 **F 플라스미드(F plasmid)**로 불리는 것이다; F플라스미드를 가지고 있는 세포는 F^+세포라 불리며, F플라스미드가 없는 세포는 F^-세포라 불린다. F플라스미드는 대장균(E. coli)에 있으며, 모든 플라스미드와 같이 복제를 세포에 의존함에도 불구하고 독립적인 유전물체로 행동한다. F플라스미드를 포함하는 연구는 현재 우리가 세균유전과 대장균의 염색체 구성을 이해하는 데 있어 매우 중요하다.

F플라스미드 전이

F플라스미드는 그것을 다른 세포로 전이시키는 여러 유전자와 DNA 복제 origin을 가지고 있다. 이 유전자들은 세균세포의 표면을 조립하고 있는 단백질 소단위 정보를 가지고 있어, 전이에 필요한 속이 빈 선모를 만든다**(그림 23.10a)**.

우선 F플라스미드가 선모 바로 밑에 있는 F^+세포의 내부 사이트에 결합하는데, 이것을 접합다리(*conjugation bridge*)라고 한다. 그 다음 굴렁쇠복제(*rolling-circle replication*)라는 방법에 의해 F플라스미드가 결합된 지점에서 자신의 DNA를 복제하기 시작한다. 복제가 됨에 따라 떨어져 나온 플라스미드의 한 가닥이 다른 세포로 들어간다. 거기서, 상보적 가닥이 추가되어 새롭고 안정된 F플라스미드를 만든다**(그림 28.10b)**.

F플라스미드와 기주 염색체 사이의 재조합

F플라스미드는 기주염색체에 재결합되어 통합될 수 있다. 이 과정의 분자학적 사건들은 교차에 의해 염색체 간에 물질이 교환되는 진핵생물의 감수분열 중 일어나는 일들과 비슷하다. F플라스미드와 대장균 염색체의 경우에는 두 원 사이에 하나의 재조합으로 염색체와 통합된 플라스미드로 이루어진 커다란 원을 만든다. 이러한 통합은 실제로 기주가 만든 단백질에 의해 매개되지만, E. coli의 염색체에도 존재하며 삽입부위(insertion sequence, IS)라 불리는 F플라스미드의 일부분을 이용한다. 이러한 IS 요소들은 실제로는 염색체로부터 F플라스미드로 이동하는 전이인자(transposable element)이다.

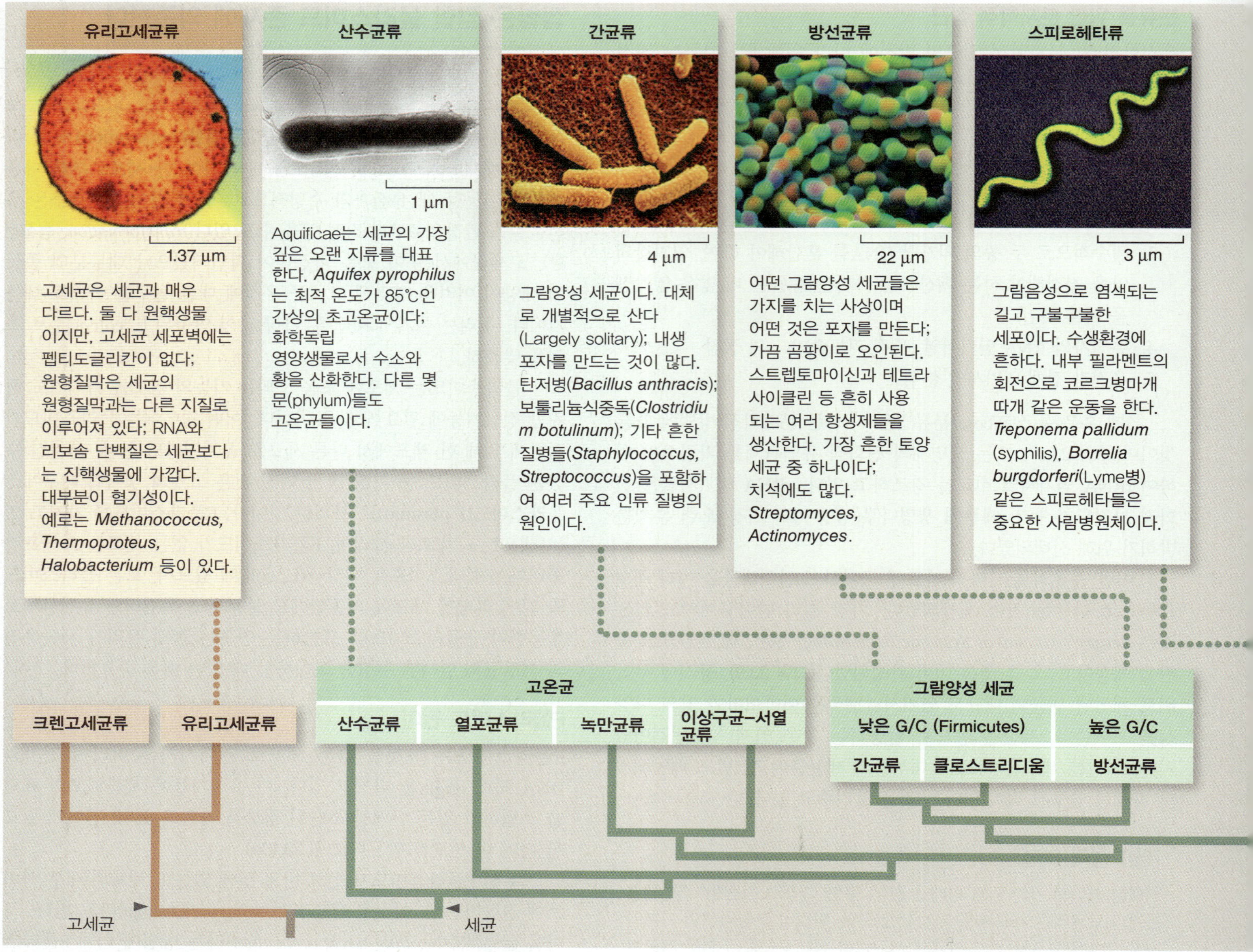

유리고세균류
1.37 μm
고세균은 세균과 매우 다르다. 둘 다 원핵생물이지만, 고세균 세포벽에는 펩티도글리칸이 없다; 원형질막은 세균의 원형질막과는 다른 지질로 이루어져 있다; RNA와 리보솜 단백질은 세균보다는 진핵생물에 가깝다. 대부분이 혐기성이다. 예로는 *Methanococcus, Thermoproteus, Halobacterium* 등이 있다.
산수균류
1 μm
Aquificae는 세균의 가장 깊은 오랜 지류를 대표한다. *Aquifex pyrophilus*는 최적 온도가 85℃인 간상의 초고온균이다; 화학독립영양생물로서 수소와 황을 산화한다. 다른 몇 문(phylum)들도 고온균들이다.
간균류
4 μm
그람양성 세균이다. 대체로 개별적으로 산다(Largely solitary); 내생포자를 만드는 것이 많다. 탄저병(*Bacillus anthracis*); 보툴리눔식중독(*Clostridium botulinum*); 기타 흔한 질병들(*Staphylococcus, Streptococcus*)을 포함하여 여러 주요 인류 질병의 원인이다.
방선균류
22 μm
어떤 그람양성 세균들은 가지를 치는 사상이며 어떤 것은 포자를 만든다; 가끔 곰팡이로 오인된다. 스트렙토마이신과 테트라사이클린 등 흔히 사용되는 여러 항생제들을 생산한다. 가장 흔한 토양 세균 중 하나이다; 치석에도 많다. *Streptomyces, Actinomyces*.
스피로헤타류
3 μm
그람음성으로 염색되는 길고 구불구불한 세포이다. 수생환경에 흔하다. 내부 필라멘트의 회전으로 코르크병마개 따개 같은 운동을 한다. *Treponema pallidum* (syphilis), *Borrelia burgdorferi*(Lyme병) 같은 스피로헤타들은 중요한 사람병원체이다.
크렌고세균류
유리고세균류
고온균
산수균류
열포균류
녹만균류
이상구균–서열균류
그람양성 세균
낮은 G/C (Firmicutes)
높은 G/C
간균류
클로스트리디움
방선균류
고세균
세균

2 μm
F플라스미드
세균 염색체
접합다리
F+
(공여세포)
F−
(수취세포)
굴렁쇠 복제:
한 가닥이
수취세포로
들어감
두 번째 가닥의
합성이 시작됨
F+
F+
a.
b.

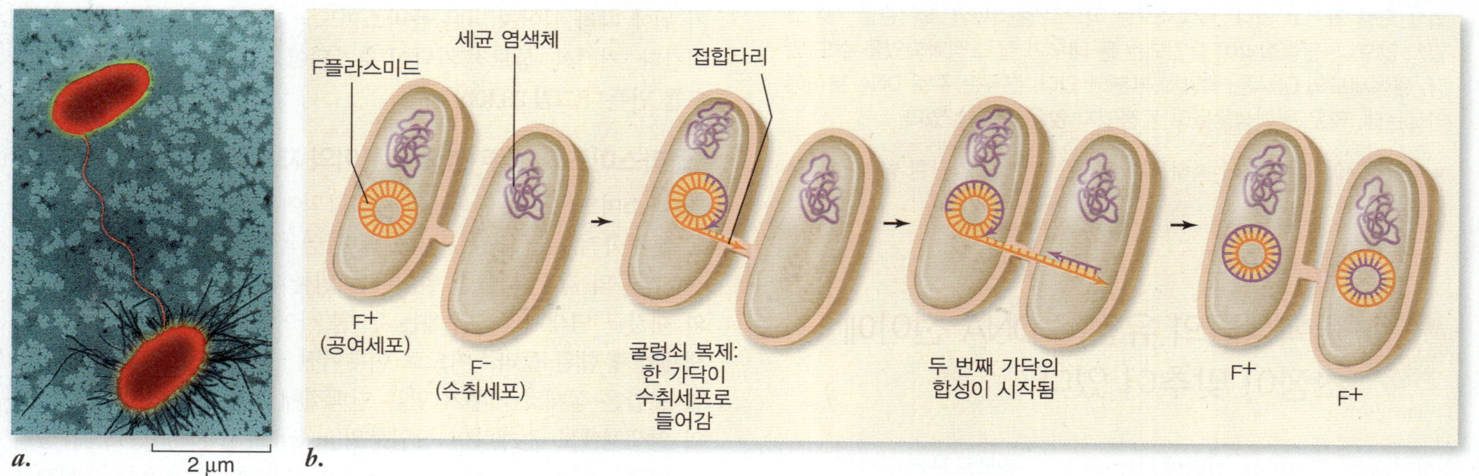

그림 23.10 F⁺세포와 F⁻세포 간의 접합다리와 F플라스미드의 전이. a. 접합 중인 두 E. coli 세포의 전자현미경 사진. 세포 간의 연결은 F 선모에 의하여 이어진다. b. 플라스미드 전이에 의해 F⁻세포가 F⁺세포로 전환되었다. 세포들은 접합다리에 의해 연결되었으며, 플라스미드는 공여 세포 내에서 복제되어 부모가닥 중 하나가 분리된다. 분리된 가닥은 수취세포로 전이되고, 복제된다. 전이가 성공적으로 이루어지면 수취세포는 F+세포가 되어 F선모 유전자를 발현시킬 수 있고, 공여자 역할을 할 수 있다.

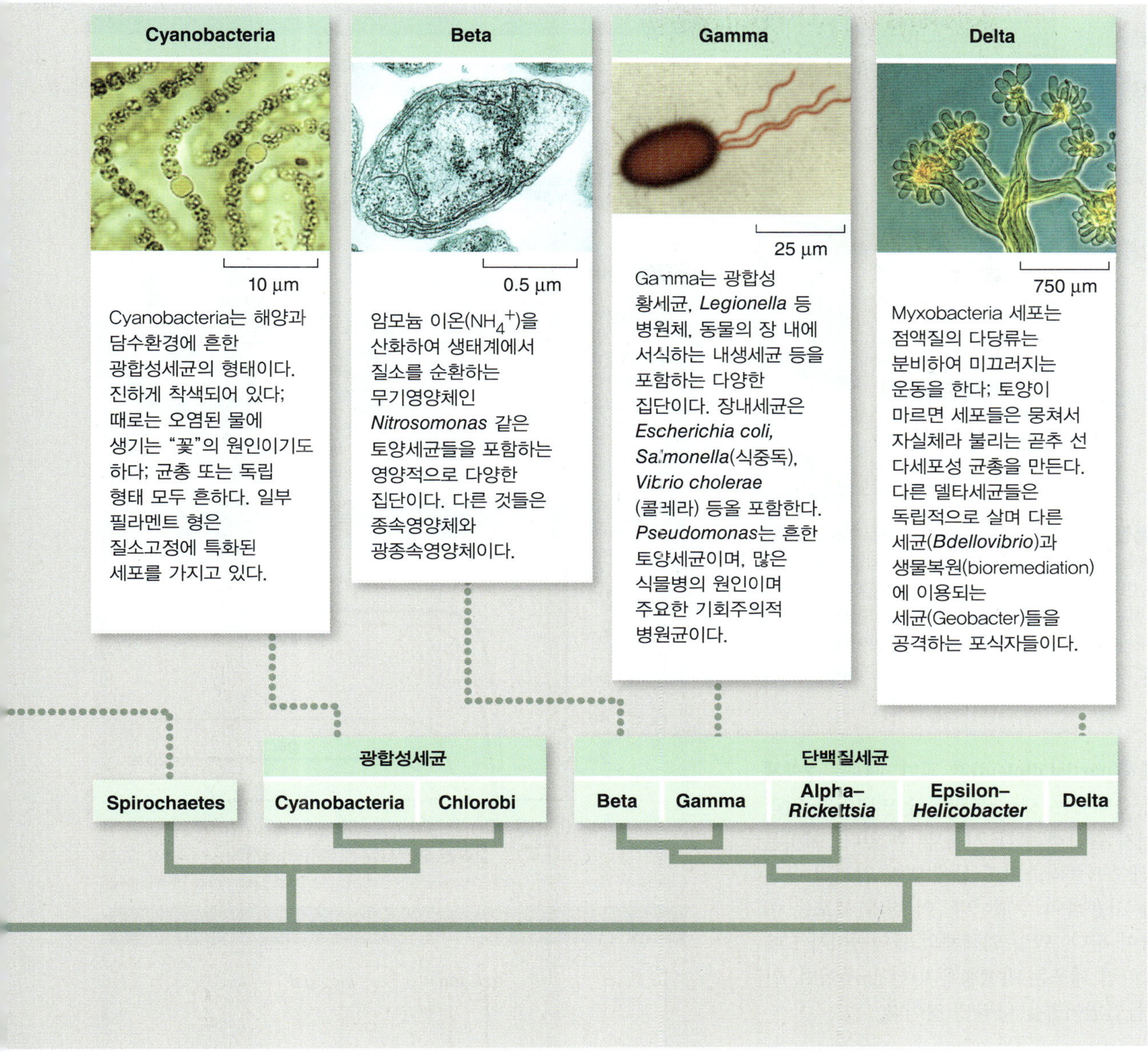

Cyanobacteria

10 μm

Cyanobacteria는 해양과 담수환경에 흔한 광합성세균의 형태이다. 진하게 착색되어 있다; 때로는 오염된 물에 생기는 "꽃"의 원인이기도 하다; 균총 또는 독립 형태 모두 흔하다. 일부 필라멘트 형은 질소고정에 특화된 세포를 가지고 있다.

Beta

0.5 μm

암모늄 이온(NH_4^+)을 산화하여 생태계에서 질소를 순환하는 무기영양체인 *Nitrosomonas* 같은 토양세균들을 포함하는 영양적으로 다양한 집단이다. 다른 것들은 종속영양체와 광종속영양체이다.

Gamma

25 μm

Gamma는 광합성 황세균, *Legionella* 등 병원체, 동물의 장 내에 서식하는 내생세균 등을 포함하는 다양한 집단이다. 장내세균은 *Escherichia coli*, *Salmonella*(식중독), *Vibrio cholerae* (콜레라) 등을 포함한다. *Pseudomonas*는 흔한 토양세균이며, 많은 식물병의 원인이며 주요한 기회주의적 병원균이다.

Delta

750 μm

Myxobacteria 세포는 점액질의 다당류는 분비하여 미끄러지는 운동을 한다; 토양이 마르면 세포들은 뭉쳐서 자실체라 불리는 곧추 선 다세포성 균총을 만든다. 다른 델타세균들은 독립적으로 살며 다른 세균(*Bdellovibrio*)과 생물복원(bioremediation)에 이용되는 세균(Geobacter)들을 공격하는 포식자들이다.

광합성세균: Cyanobacteria, Chlorobi

단백질세균: Beta, Gamma, Alpha–*Rickettsia*, Epsilon–*Helicobacter*, Delta

Spirochaetes

그림 23.9 원핵생물의 몇몇 주요 분기군 (clade). 여기 채택된 분류는 2001년에 출판된 Bergey's Manual of Systemic Bacteriology 2판에 따른 것이다. G/C는 유전자의 %G/C이다.

F플라스미드가 염색체에 통합되면 이제 F플라스미드에 의한 전이가 염색체 DNA도 포함할 것이기 때문에 높은 재조합 빈도로 인해 세포는 **Hfr 세포(Hfr cell)**라 불린다(그림 23.11). 전이가 시작되는 F플라스미드 위의 자리는 통합된 플라스미드의 중간에 있으며, 따라서 통합된 플라스미드 전체를 전이하기 위해서는 염색체 전체가 옮겨져야만 한다. 염색체 전체의 전이는 약 100분 정도 걸리며, 접합다리는 대개 그보다 전에 부서진다. 이러한 현상은 공여염색체 일부분의 전이를 초래하며, 상동 재조합에 의해 수용(recipient) 염색체의 부분들을 대체한다. 이러한 일은 진핵생물 감수분열에서의 이중 교차와 비슷하게 선형 조각과 환형 염색체 사이의 두 재조합 이벤트(event)에 의해 일어난다.

유전학자들은 이러한 과정을 대장균 염색체의 유전자 순서에 따른 지도를 그리는 데 이용하였다. 전이 근원에 가까이 있는 유전자는 과정 초기에 전이되며, 멀리 있는 것들은 나중에 전이된다. 만일에 생식과정이 여러 경우에 실험적으로 교란된다면 유전자의 순서는 각 유전자의 유입(entry) 시간을 따져서 정할 수 있다(그림 23.12). 유전자의 유입은 설명된 대로 상동재조합에 의해 수용유전자의 돌연변이 대립유전자를 대체할 수 있는 야생형 대립유전자를 가진 공여자를 사용하여 검출할 수 있다. 이러한 실험들은 대장균 염색체는 정말로 환형이며, 따라서 유전자 지도도 둥글다는 것을 입증하였다. 지도의 단위는 분이며, 전체 지도는 100분이다.

F플라스미드는 또한 통합과정을 역으로 하여 자신을 잘라낼 수 있다. 이 경우, IS요소는 통합된 플라스미드 쌍을 묶고 있으며, 이제 한 번의 재조합으로 두 개의 고리가 복원된다(그림 23.11 참조). 만일 절단이 부정확하다면 F플라스미드는 과정 중에 어떤 염색체 DNA를 선택한다. 이것은 F플라스미드라 불리는 것을 만들어서 전체를 다른 세포로 신속하게 전이한다. 이 경우, 세포는 F'에 의해 운반되었듯이 이미 염색체에 같은 유전물질을 가지고 있다.

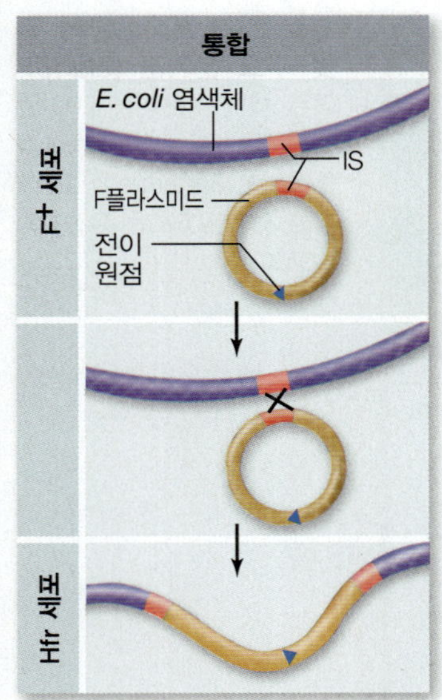

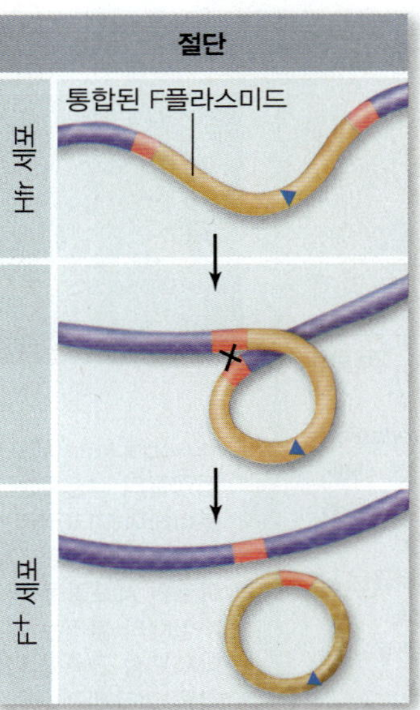

그림 23.11 F플라스미드의 통합과 절단. F플라스미드는 염색체에도 있는 짧은 삽입염기서열(IS)를 가지고 있다. 이것은 플라스미드가 염색체와 쌍을 이룰 수 있도록 해주며, 두 고리 사이의 한 번의 재조합으로 큰 고리가 만들어진다. 이 과정에 의해 플라스미드가 염색체에 통합되어 왼쪽에 보이듯이 Hfr 세포를 만든다. 통합된 플라스미드에 있는 IS 염기서열이 쌍을 이룰 수 있으므로 이 과정은 가역적이며, 이제 오른 쪽에 보이듯 재조합이 두 개의 고리를 만들고 Hfr을 F+세포로 돌려놓는다.

이에 따라 세포는 **부분2배체(partial diploid)**가 되며, 때로는 **2배체(merodiploid)**라고 불린다. 2배체는 새로 분리된 돌연변이가 알려진 유전자의 대립유전자인지 판단하는 데 사용할 수 있다. 이것은 정상 기능을 나타내기 위하여 F'플라스미드 상에 있는 알려진 유전자의 야생형 대립유전자를 사용하여 수행한다. 이 결과 세포는 이 유전자에 대하여 이형접합이 된다. 만일 염색체의 돌연변이가 F'에 있는 유전자의 대립유전자라면 세포는 야생형을 나타낼 것이며, 만일 그렇지 않다면 세포는 돌연변이형을 나타낼 것이다.

항생제 저항성은 저항성 플라스미드에 의하여 전이될 수 있다

일부 접합성 플라스미드들은 항생제 저항성 유전자들을 획득하여 저항성 플라스미드 또는 **R 플라스미드(R plasmid)**가 된다. 플라스미드에 의해 새로 획득한 항생제 저항성 유전자를 신속하게 전이하는 것은 다양한 병원체에서 다중저항성 스트레인(strain)의 출현에 있어서 매우 중요한 요인이 되어 왔다. 저항성 플라스미드는 때로는 18장에서 설명한 전이인자를 통해 항생제 저항성 유전자를 얻는다. 이들 인자가 염색체와 플라스미드 사이를 왔다 갔다 하면서 항생제 저항성 유전자를 옮겨줄 수 있다. 만일 접합플라스미드가 이 유전자들을 획득한다면 이 플라스미드를 가지고 있는 세균은 항생제가 존재하는 상황에서 선택적 우월성을 갖게 된다. 이와 같은 유전자의 수평적 이동은 병원성 관련 유전자들 역시 전이할 수 있다. 병원성 대장균인 O157:H7은 이러한 방법으로 병원성 유전자가 전이되어 생겨난다.

과학적 사고

가설: Hfr 스트레인을 사용한 접합은 공여세포로부터 수취세포로의 정보의 선형전이(linear transfer)를 포함한다.

예측: 만일 정보의 선형전이가 있다면, 시차를 두고 다른 마커들이 나타나야 한다.

테스트: 교잡 스트레인들을 특정 시점들에서 흔들어 접합다리를 끊고, 유전자형을 확인하기 위하여 배양접시에 배양한다.

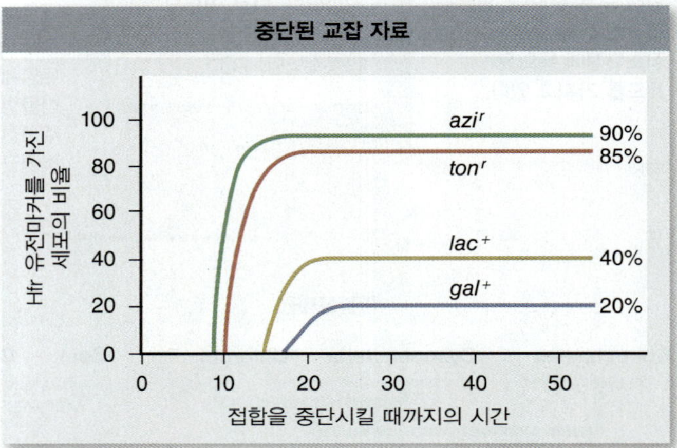

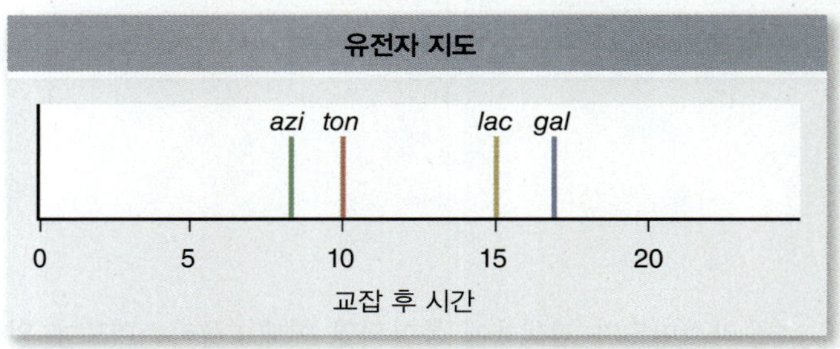

결과: 공여 스트레인으로부터 온 다른 유전자들이 일차적 시차로 나타난다.

결론: 유전정보는 선형이다. 이 시퀀스는 염색체에 있는 유전자들의 순서를 정하는 유전자지도를 만드는 데 사용할 수 있다.

추가 실험: 유전자 지도를 만드는 데 있어서 다른 DNA 교환법도 사용할 수 있는가?

그림 23.12 교잡중단실험으로 유전자지도를 만들 수 있다.

바이러스는 형질도입으로 DNA를 전이한다

학습목표 23.3.2 세균의 유전자 지도를 작성하는 데 형질도입이 어떻게 이용되는지 묘사하라.

DNA의 수평적 이동은 박테리오파지에 의해서 일어나기도 한다. **보편형 형질도입(generalized transduction)**에서는 결과적으로 세포 간에 어떤 유전자든 이동할 수 있다; **특수형질도입(specialized transduction)**에서는 오로지 몇몇 유전자만 전이된다.

보편형 형질도입

보편형 형질도입은 특정 용균성 파지(23.7 참조)의 생물성에 나타난 사고로 생각할 수 있다. 이 바이러스들에서는 바이러스 유전자가 복제되고 파지의 머리가 만들어지면 파지 조립기작이 DNA를 파지 머리 안으로 꽉 채워 넣는다(일명 headful packaging). 때로는 파지가 파지 DNA 대신 세균 DNA로 시작하며, 이 DNA가 파지의 머리에 채워진다(그림 23.13). 이 바이러스 입자가 다른 세포를 감염하면 바이러스 DNA 대신 세균의 DNA를 세포 안으로 주입한다. 그러면 이 DNA는 상동 재조합에 의해 수용 염색체에 통합된다. 앞에서 설경한 Hfr 세포에 의한 전이와 비슷하게, 두 재조합은 DNA의 선형 조각을 원형의 염색체로 통합시키는 데 필수적인 과정이다.

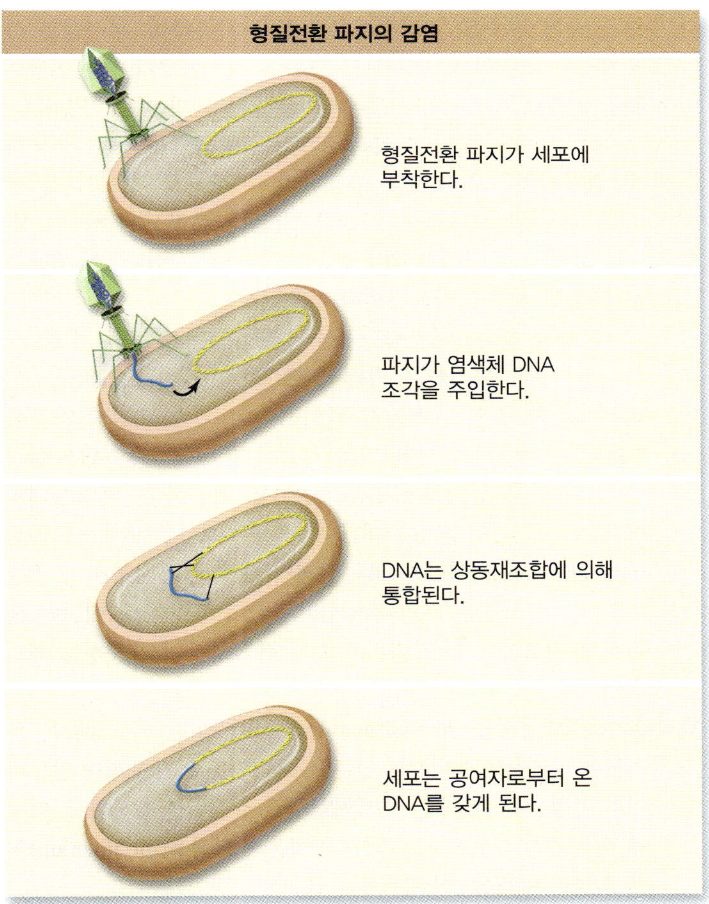

그림 23.13 보편적 형질도입 파지에 의한 형질도입. 형질도입 파지가 세포를 감염하면 기주의 DNA를 주입하며, 이것은 상동재조합에 의해 기주 유전자에 통합된다. DNA 선형 조각과 함께 두 개의 재조합 단계가 필요한데, 맨 아래에 보이듯 형질도입 DNA로 염색체 DNA를 대체한다. 만일 새로운 대립유전자가 예전 것과 다르면 세포의 표현형도 달라진다.

보편형 형질도입은 접합과는 다른 내용임에도 불구하고, 대장균의 유전자지도를 작성하기 위한 목적으로도 사용되어 왔다. 형질도입에서는 두 유전자가 가까이 있을수록 한 번의 형질전환에 의해 같이 전이될 가능성이 더 높아 보인다. 이것은 수학적으로 **공형질전환빈도**(*cotransduction frequency*)로 나타낼 수 있다. 두 방법에 의한 지도의 상관성은 공형질전환빈도와 유전자 지도의 분(minute)과의 실증변환을 가능케 한다.

특수형질도입

특수형질도입은 용원성 파지(23.7 참조)에 국한된다. λ파지가 대장균 세포를 감염하여 용원이 될 때, 그것의 유전체들이 프로파지(prophage)처럼 염색체에 통합된다. 이러한 통합과정은 λ 파지가 파지단백질을 이용하여 특정 위치에 통합된다는 것을 제외하고는 F 플라스미드의 통합과 비슷하다. 프로파지는 그것을 잘라내고 용균 생장을 하는 데 필요한 기능들을 코딩한다. 이러한 절단과정이 정교하지 못하다면, 염색체 DNA도 받아들여 특수형질도입 파지를 만들어 낸다. 오직 염색체 DNA만 운반하는 보편형 형질도입 파지와는 다르게 이 특수형질도입 파지는 통합부위에 인접한 유전체들만을 운반한다.

파지의 머리는 파지 유전체에 있는 만큼의 DNA만 운반하므로 모호한 절단은 파지 유전자의 삭제를 초래한다. 그러므로, 만일에 파지 생장에 필요한 유전자가 없어졌다면 특수형질도입 파지는 불완전해진다. 특수형질도입 파지 입자 역시 야생형 파지처럼 염색체에 통합될 수 있다. 이로 인해 세포는 파지에 의해 운반되는 유전자에 대해 배수체가 된다.

형질전환은 DNA를 환경으로부터 직접 획득하는 것이다

학습목표 23.3.3 형질전환이 세균의 유전자 지도를 만드는 데에 어떻게 이용되는지 묘사하라.

형질전환은 그리피스(Frederick Griffith)가 연구한 세균(14장 참조) 같은 특정 종에서는 자연적으로 일어나는 과정이다. 그리피스는 이러한 과정을 발견하였으나 어떤 화학성분이 이동되는지도 몰랐다. 형질전환은 한 세균 세포가 죽어서 터지고 그것의 DNA 조각이 주변 환경으로 쏟아졌을 때 일어난다. 이 DNA는 다른 세포에 의해 흡수되어 그것의 유전자에 통합되고, 그것을 전환할 수 있다(그림 23.14). 자연상태에서 흡수가 일어날 때 그것을 자연형질전환(natural transformation)이라 한다. 그람 양성 및 음성 세균의 어떤 종은 자연형질전환 하는 것을 보여 주는데, 방법은 두 그룹 사이에 차이가 있는 것으로 보인다.

자연형질전환 과정에 포함된 단백질은 세균 염색체에 의해 코딩된다. 이것이 암시하는 것은 자연형질전환이 아마도 정상적인 세포 장치의 한 부분으로 발전한 DNA 교환의 유일한 기작일 거라는 사실이다. 접합 또는 형질도입에 의한 염색체 DNA의 이동은 각각

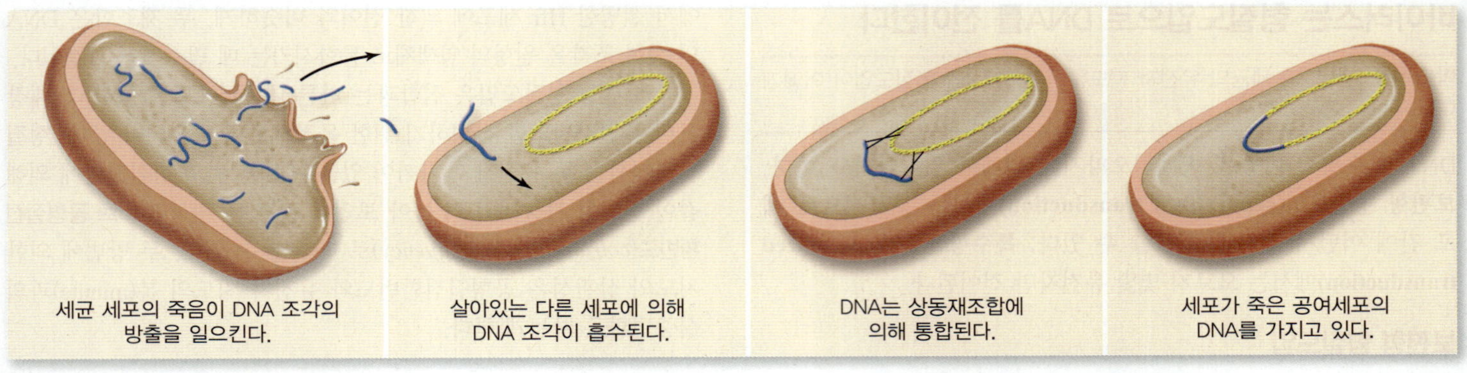

그림 23.14 자연형질전환. 자연형질전환은 한 세포가 죽어서 그것의 내용물이 주변 환경으로 방출되었을 때 일어난다. DNA는 일반적으로 조각 나있으며, 작은 조각이 살아있는 다른 세포에 의해 흡수될 수 있다. 흡수된 DNA는 접합이나 형질도입 같은 상동재조합에 의해 염색체 DNA를 대체할 수 있다. 만일 새로운 DNA가 염색체와는 다른 대립유전자를 가지고 있다면 아마도 선택적 장점을 제공하여 그 세포의 표현형은 바뀔 것이다.

플라스미드나 파지 생물학의 사고로 생각될 수 있다.

형질전환이 실험실 내에서 완성되면 그것은 인공형질전환(artificial transformation)이라 한다. 인공형질전환은 유전자 내에서 서로 붙어있는 돌연변이 지도를 그리는 데뿐만 아니라, 유전자클로닝과 DNA 조작에도 유용하다.

개념 정리 23.3

원핵생물의 DNA 교환은 공여세포로부터 수용세포로 수평적으로 이루어진다. 플라스미드에 의한 접합, 바이러스에 의한 형질도입, 그리고 환경으로부터 DNA를 직접 흡수하는 형질전환으로 인하여 DNA가 교환될 수 있다. 이러한 형태의 DNA 교환은 실험적으로 유전자 지도를 만드는 데 사용될 수 있다. 원핵생물들의 변이는 돌연변이에 의해서도 생겨난다. 항생제의 광범위한 사용은 저항성 개체의 선택을 초래한다. 저항성 유전자는 전이되어, 저항성을 빠르게 퍼뜨릴 수 있다.

- 세균의 유전정보 전이는 진핵세포의 성과 어떻게 다른가?

23.4 원핵생물의 대사는 매우 다양하다

원핵생물에서 보이는 변이는 형태적이라기보다는 생화학적 다양성에서 가장 눈에 띄게 만든다. 넓은 변이는 원핵생물이 보여주는 대사형태, 특히 에너지와 탄소를 얻는 수단에서 확인되었다.

원핵생물은 네 가지 기본적인 방법으로 탄소와 에너지를 얻는다

학습목표 23.4.1 원핵생물이 탄소와 에너지를 얻는 방법들을 비교하라.

원핵생물은 생장과 증식에 필요한 에너지와 탄소를 얻기 위해 많은 대사과정을 발전시켜왔다. 많은 원핵생물들이 자신이 필요로 하는 탄소를 무기 이산화탄소로부터 얻는 독립영양생물(*autotroph*)이다. 다른 원핵생물들은 그들이 필요로 하는 탄소를 적어도 일부를 포도당과 같은 유기분자들로부터 얻는 종속영양생물(*heterotroph*)이다. 그들이 에너지를 얻는 방법에 따라서 독립영양생물과 종속영양생물은 다음과 같이 구분할 수 있다:

광독립영양생물(photoautotroph). 많은 세균들이 햇빛의 에너지를 이용하여 이산화탄소로부터 유기물 분자를 만들어 내는 광합성을 한다. **남세균(cyanobacteria)**는 핵심적인 광획득 색소로 엽록소a를, 그리고 전자공여자로 물을 사용하며, 부산물로 산소가스를 방출한다. 그러므로 그들은 산소발생자이며, 이들의 광합성 방법은 조류와 식물에서 발견되는 것과 매우 비슷하다.

다른 세균들은 광획득 색소로 세균엽록소를 사용하고 전자공여자로 H2S를 사용하며, 부산물로 황 성분을 남긴다. 이러한 세균들은 산소를 발생하지 않으며(무산소성, anoxygenic) 더 간단한 광합성 방법을 가지고 있다. 이 세균들은 자주색과 녹색 황세균이다.

고세균 종들 또한 광합성을 수행하는데 알려진 것 중 가장 간단하다. 여기에는 박테리오로돕신(bacteriorhodopsin)이라는 단 한 종의 단백질만 관여하며 막을 가로질러 양자를 이동하는 데에 빛의 에너지를 사용한다. 그리고는 ATP 합성을 위한 양자 동기력(motive force)를 제공한다. 해양생태계에서의 미생물 다양성에 대한 최근 조사에서 프로테오로돕신(proteorhodopsin)이라는 로돕신계의 새로운 유사물질이 발견되었다. 이 사실은 해양계에서의 광합성이 아마도 예전에 생각하던 것보다는 더 광범위하고 더 복잡하다는 가능성을 제기하였다.

화학무기독립영양생물(chemolithoautotrophs). 어떤 원핵생물은 무기물을 산화하여 에너지를 얻는다. 에너지를 얻기 위하여 암모니아나 아질산을 산화하는 질화세균들은 질산염을 생산하고, 이것을 식물들이 흡수한다. 이러한 공정은 **질화작용(nitrifiaction)**이라고 불리며 육상생태계에서는 필수적인 것이다.

다른 화학무기독립영양생물들은 황, 수소가스, 기타 무기물 분자들을 산화한다. 깊이 2500미터의 어두운 해저에서는 전체 생태계가 열 배출구에서 빠져나온 황화수소를 산화하는 원핵생물들로 유지되고 있다.

광종속영양생물(photoheterotroph). 이른바 보라와 녹색 비황세균

(nonsulfur bacteria)은 에너지원으로 빛을 사용하지만, 탄소는 다른 생물체들이 생산한 탄수화물이나 알콜 같은 유기물로부터 얻는다.

화학종속영양생물(chemohetrotroph). 원핵생물의 대부분은 탄소원자와 에너지를 유기물로부터 얻는다. 여기에는 분해자와 대부분의 병원체들이 포함된다. 사람들과 광합성을 하지 않는 모든 진핵생물들 또한 화학종속영양생물이다.

개념 정리 23.4

원핵생물들은 독립영양종과 종속영양종 등 놀라울 정도의 대사적 다양성을 보여준다. 과독립영양생물들은 에너지원으로 빛을 사용한다; 화학무기독립영양생물들은 무기화합물을 산화한다. 광종속영양생물은 에너지원으로 빛을 사용하며, 탄소원으로 유기화합물을 사용한다. 화학종속영양생물들은 에너지원과 탄소원으로 유기화합물을 사용한다. 동물병원세균은 기주의 면역반응을 교란 등 여러 작용을 가진 독성단백질로 기주세포를 공격한다.

- 원핵생물을 구분하는 데 있어 왜 대사가 형태보다 더 좋은가?

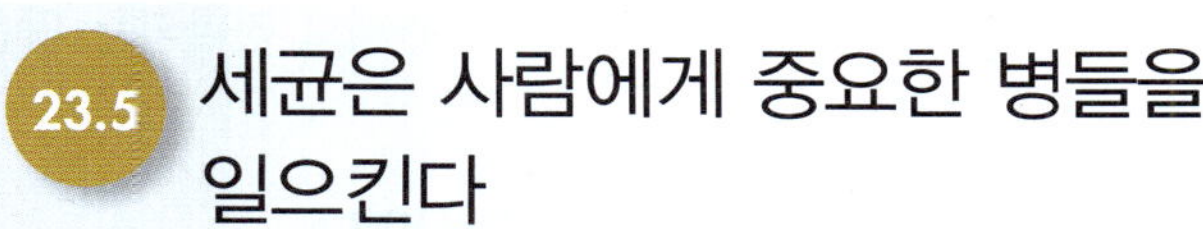

23.5 세균은 사람에게 중요한 병들을 일으킨다

항생제가 발견되어 널리 사용되기 전인 20세기 초반에는 미국 어린이들의 거의 20%가 다섯 살이 되기 전에 감염성 병들로 인해 죽었다. 위생과 항생제가 이러한 상황을 현저히 개선하였다(표 23.1).

세균이 다양한 병을 일으킨다

학습목표 23.5.1 세균에 의해 일어나는 몇 가지 주요 사람병을 묘사하라.

세균은 감수성인 집단 내에서 전파되는 몇 가지 방법을 가지고 있다. 결핵균과 그 밖의 많은 세균성 호흡기 질환은 주로 점질 물방울 또는 침으로 공기를 통해 전파된다. 장티푸스, 콜레라, 그리고 이질은 물과 음식의 배설물 오염으로 전파된다. 라임병(lyme disease)과 로키산 홍반열(Rocky Mountain spotted fever)는 매개충

표 23.1 사람의 주요 세균성 질병

병	병원체	매개체/보균체	역학
탄저병	*Bacillus anthracis*	동물, 가공된 가죽 포함	접촉이나 섭취를 통해 전반되는 세균의 감염. 간헐적인 발병을 제외하고는 드묾. 치명적이기도 함.
보틀리늄 식중독	*Clostridium botulinum*	부적당하게 조리된 음식	섭취나 상처접촉에 의해 감염됨. 급성독성 독소 생산; 치명적일 수 있음.
클라미디아	*Chlamydia trachomatis*	사람, 성관계로 전반(STD)	눈과 호흡기로 번질 수 있는 비뇨생식기감염. 지난 20년 동안 점점 더 흔해짐.
콜레라	*Vibrio cholerae*	사람 배설물, 플랑크톤	탈수로 죽음까지 이르게 하는 심각한 설사 유발. 밀도가 높고 위생이 불량한 시대의 주 사망원인.
충치	*Streptococcus mutans, Streptococcus sabrinus*	사람	이 표면에 이 세균의 밀도가 높아지면 산이 분비되어 치아법랑질의 미네랄이 파괴됨.
디프테리아	*Corynebacterium diphtheriae*	사람	호흡기 막의 급성 염증과 병반. 호흡기 비말에 의해 전파됨. 백신 있음.
임질	*Neisseria gonorrhoeae*	유일하게 사람	성관계로 전반되는 병(STD). 세계적으로 증가세에 있음. 치명적이지는 않음.
한센씨병(나병)	*Mycobacterium leprae*	사람, 야생 아르마딜로	고질적 피부병; 전 세계적으로 약 천만~천이백만 감염. 감염된 사람과의 접촉에 의하여 전파됨.
라임병	*Borrelia burgdorferi*	진드기, 사슴, 작은 설치류	감염된 진드기가 물어서 전파됨. 병반에 이어 불안감, 열, 피로감, 통증, 목 경직, 두통 등이 뒤따름.
위궤양	*Helicobacter pylori*	사람	원래는 스트레스나 다이어트에 의한 것으로 생각되었으나, 지금음 대부분의 위궤양이 이 세균에 의한 것으로 밝혀짐.
페스트	*Yersinia pestis*	들쥐와 다른쥐 등 야생 설치류의 벼룩	14세기에 유럽 인구의 25%가 사망; 오늘날에도 미국 서부의 야생 설치류 집단어 토착병으로 존재.ㅁ
폐렴	*Streptococcus, Mycoplasma, Chlamydia, Haemophilus*	사람	허파의 급성 감염; 치료하지 않으면 때로는 치명적. Streptococcal 폐렴에 대한 백신은 있음.
결핵	*Mycobacterium tuberculosis*	사람	허파, 림프, 뇌척수막의 급성 세균 감염. 항생제 저항성 스트레인을 포함하여 발생이 증가하고 있음.
장티프스	*Salmonella typhi*	사람	전서계적으로 발생하는 전신병. 미국에서의 발생빈도 500건/연 이하. 오염된 물고 음식으로 전파됨. 백신 있음.
티프스	*Rickettsia typhi*	이, 쥐벼룩, 사람	역사적으로 밀도가 높고 위생이 불량한 시대의 주 사망원인; 감염된 이나 벼룩이 물어서 전반됨.

인 진드기에 의해 사람에게도 전파된다. 성관계로 전파되는 많은 주요 병들도 세균성이다.

결핵은 선사시대 이후 내내 인간을 감염하였다

결핵(TB)은 수 천 년 동안 인류의 재앙이었다. 결핵간균(*Mycobacterium tuberculosis*)은 호흡기관을 감염하며 공기를 통해서 사람과 사람 사이에 쉽게 전반된다. 2011년도에는 870만이 새로 감염되었으며, 그 중 140만이 죽은 것으로 추산되었다. 다행이 이러한 수치는 줄어들고 있으나, 불행이도 전 세계에 걸쳐 약 3.6%가 다제저항성 균주로 밝혀졌다.

세균은 궤양을 일으킬 수 있다

세균은 또한 감염되지 않은 것으로 보이는 표면에 감염상태를 일으킬 수도 있다. 위궤양은 펩신산에 노출되는 위장관의 분화구 같은 병반에 의한 것이다. 궤양은 약물에 의해 발생하는데, 펩신산의 과다분비를 초래하는 일부 췌장암종에 의해서도 발생할 수 있다. 1982년에 위액에서 캄필로박터 파일로리(*Campylobacter pylori*, 지금은 헬리코박터 파일로리, *Helicobacter pylori*로 재명명)라는 세균이 분리되었다. 몇 년에 걸쳐서 이 세균이 실제로 주요 위궤양 사례의 원인생물이라는 증거들이 축적되었다. 오늘날의 항생제 치료는 헬리코박터 파일로리를 없애어 증상치료에만 국한하지 않고 병의 원인까지 처리하고 있다.

세균의 생물막은 치아부식과 관련이 있다

세균과 그 밖의 생물체들이 표면에 혼합배양체를 만드는데, 이들은 처리하기가 매우 어렵다. 치아에 만들어지는 생물막(biofilm) 또는 플라크는 탄수화물 매트릭스에 주로 세균 세포들로 이루어졌다. 플라크는 많은 종들로 이루어진 복합 환경이며, 대부분은 꼭 나쁜 것은 아니다. 치아부식 또는 충치는 주로 스트렙토코커스 소브리누스(Streptococcus sobrinus)와 스트렙토코커스 무탄스(S. mutans) 등 특정 세균에 의해 나타나는데, 이들은 단순당을 젖산으로 발효시킨다. 젖산은 치아 법랑질을 강화시키는 수산화인회석의 분해를 촉진한다. 법랑질이 약화됨에 따라 드러난 치아의 부드러운 기질이 감염에 취약해진다.

개념 정리 23.5

결핵, 연쇄상 구균 및 포도상 구균 감염, 그리고 성과 관련하여 전반되는 병 등 사람을 감염하는 많은 병들이 세균에 의한 것이다. 대부분의 위궤양의 원인은 소화관에 사는 헬리코박터 파일로리이다. 세균은 임질, 매독, 클라미디아 등 성행위에 의해 전반되는 병뿐만 아니라 치아 부식의 원인이기도 하다.

- 대부분의 병원체에 의한 감염은 왜 치명적이지 않을까?

23.6 바이러스는 생명체가 아니다

바이러스는 세포구조, 독립적 대사나 증식 등 생명체와 관련된 많은 특성들을 가지고 있지 않으므로 생명체로 인식되지 않는다. 이러한 까닭에 바이러스 입자는 바이러스 세포라고 부르는 대신 비리온(virion)이라 하며, 일반적으로 살았다 죽었다 대신 활성 혹은 비활성이라고 표현한다. 그러나 병을 일으킬 수 있는 그들의 능력 때문에 바이러스는 중요한 생물학적 의미를 갖는다. 다른 바이러스들은 AIDS, SARS, 출혈열 같은 병들을 일으키며, 일부는 특정 형태의 암을 유발하기도 한다.

바이러스는 단백질 껍데기에 들어 있는 핵산 가닥이다

학습목표 23.6.1 바이러스의 다양한 구조를 묘사하라.

모든 바이러스는 똑같은 기본 구조 – 단백질로 둘러싸인 핵산 속

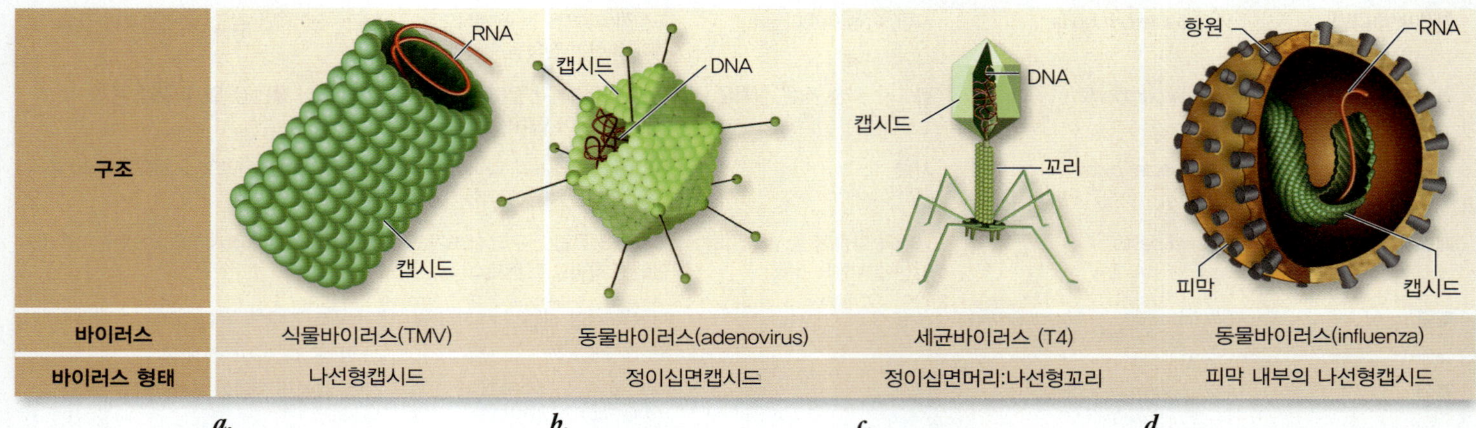

그림 23.15 비리온의 구조. 바이러스는 그들의 대칭구조에 따라 나선형, 정이십면체, 이분형, 또는 다형성으로 구분된다. **a.** 캡시드는 담배모자이크바이러스(TMV)와 같이 나선형 대칭구조를 보이기도 한다. TMV는 식물을 감염하며 외가닥 RNA(붉은색) 둘레에 원통형 외피를 구성하는 2130개의 동일한 단백질 분자(녹색)로 이루어져 있다. **b.** 정이십면체 바이러스의 캡시드는 정삼각형 20개로 이루어져 있다. **c.** 박테리오파지는 다양한 모양을 갖지만, 대장균의 T4 파지와 같은 파지에서는 오로지 2중대칭(binal symmetry)만 나타난다. **d.** 바이러스는 인플루엔자바이러스 같이 캡시드를 둘러싸는 피막을 갖기도 한다. 피막 때문에 바이러스는 다형성이 된다.

심(core)을 가지고 있다. 이 구조는 세포질이 없으며 세포가 아니다. 각각의 바이러스는 DNA나 RNA 중 오직 한 종의 핵산을 가지고 있다. DNA나 RNA 유전자는 선상이거나 환형이고, 외가닥이거나 겹가닥이다.

거의 모든 바이러스는 자신의 핵산 코어 둘레에 단백질 껍데기 또는 **캡시드(capsid)**를 만든다(그림 23.15). 캡시드는 한 종 내지 소수의 단백질 분자가 수없이 반복적으로 배열되어 이루어졌다.

대부분의 바이러스는 나선형 또는 정이십면체의 단순한 두 가지 모양을 하고 있다. 대부분의 동물바이러스는 내부 용적을 최소화하는 둥근 지붕 형태의 정이십면체이다. T-even 박테리오파지(bacteriophage) 같은 바이러스들은 복잡하며, 정이십면체 머리와 나선형의 축을 가지고 있다. 독감바이러스 등 커다란 동물바이러스들은 규칙적이지만 다형성을 하고 있기도 하다.

여러 바이러스에서 특화된 효소가 캡시드 안에 핵산과 함께 저장되어 있다. 역전사효소가 한 예인데, 이 효소는 레트로바이러스(retrovirus)가 생활사를 완성하는 데 필요하며, 기주에서는 발견되지 않는다. 이 효소는 감염과정 초기에 필요하며, 각 비리온이 가지고 다닌다.

많은 동물바이러스들은 캡시드 주변에 단백질과 지질, 당단백질 분자들이 많은 피막(envelope)을 가지고 있다. 피막에서 볼 수 있는 지질은 기주세포로부터 얻은 것이다; 그러나 피막에 있는 단백질은 일반적으로 바이러스의 유전정보에 의한 것이다.

바이러스는 기주의 기구를 인계받아 복제한다

바이러스는 세포 안에 있을 때만 증식할 수 있다. 바이러스는 단순히 바이러스 유전체라는 지침들의 집합인데, 이들은 세포의 복제 및 대사 효소들이 바이러스를 복제해 내도록 그들을 속일 수 있다. 바이러스 입자들은 세포 밖에 있을 때는 비리온(virion)이라고 불리며 대사적으로 불활성이다. 바이러스는 단백질 합성에 필요한 리보솜과 효소들을 가지고 있지 않으며, 핵산 복제에 필요한 전부는 아닐지라도 대부분의 효소들을 가지고 있지 않다. 세포 내에서 바이러스는 자신의 단백질을 생산하기 위하여 세포의 전사와 번역 기구를 탈취한다.

바이러스의 기주에는 바이러스의 존재를 확인하고자 하였던 모든 생물종들이 다 포함된다. 바이러스는 원핵생물, 동물, 식물뿐만 아니라 곰팡이 세포와 원생동물도 감염한다. 그러나 각 바이러스는 매우 제한된 수의 세포 유형에서만 복제할 수 있다. T4와 같은 세균바이러스는 사람 세포를 감염하지는 못한다.

바이러스 유전체들은 큰 변이를 보인다

바이러스는 크기(그림 23.16), 핵산의 유형, 유전체 가닥 수(표 23.2)에 있어서 매우 다양하다. 독감이나 홍역, AIDS 등 일부 바이러스들은 RNA 유전체를 가지고 있다. 대부분의 RNA 바이러스들은 외가닥이며 감염된 진핵세포의 세포질에서 복제되고 조립된다. RNA 바이러스 복제는 오류발생이 쉬우며, 돌연변이율이 매우 높다. 이런 특성은 기주의 면역계나 백신, 항바이러스성 약품 등이 바이러스를 조준하기 어렵게 만든다.

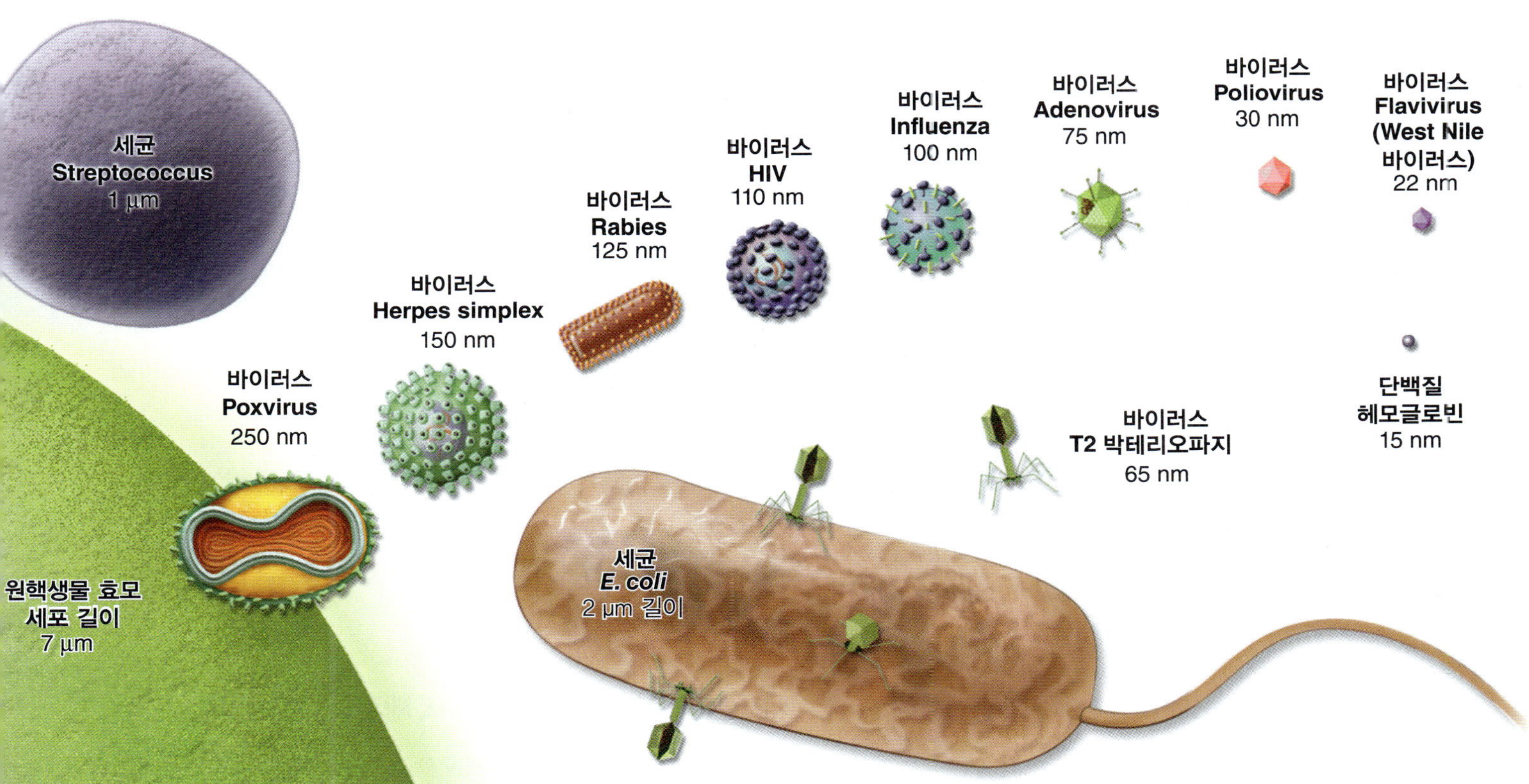

그림 23.16 바이러스는 크기와 모양이 다양하다. 진핵생물인 효모세포와 원핵생물인 세균세포, 그리고 여러 바이러스들의 극심한 크기 차이를 주목하라.

표 23.2	사람의 주요 바이러스성 질병		
병	**병원체**	**유전체**	**미개체/역학**
수두	Varicella–zoster virus	겹가닥 DNA	감염된 사람과의 접촉에 의해 전파됨. 치명적이지 않음. 미국에서는 1995년에 백신 인증됨. 잠재성이 대상포진을 초래하는 것으로 알려짐.
B형 간염 (바이러스성)	Hepadnavirus	겹가닥 DNA	감염된 체액 접촉으로 매우 감염성이 높음. 치료법 없음. 치명적일 수 있음.
포진	Herpes simplex virus	겹가닥 DNA	물집; 주로 입술포진 피부간의 접촉에 의해 전파됨. 전 세계적으로 매우 흔함. 치료법 없음. 잠재성을 보여, 몇 년간 휴면할 수 있음.
단핵증	Epstein–Barr virus	겹가닥 DNA	감염된 침으로 전파됨. 여러 주 동안 지속될 수 있음; 청년에 많이 발생함. 치료법 없음. 치명적이지 않음.
천연두	Variola virus	겹가닥 DNA	역사적으로 주요 사망원인; 1977년에 마지막으로 발생. 전 세계적인 백신홍보로 병이 사라짐.
에이즈 **AIDS**	HIV	(+)외가닥 RNA (2분절)	면역방어를 파괴하여 기회주의적 감염이나 암에 의해 사망에 이르게 함. 2010년 WHO 추산 신규감염 270만 명, 사망 180만 명.
소아마비	Enterovirus	(+)외가닥 RNA	중추신경계의 급성 바이러스 감염으로 마비를 초래하며, 때로는 치사. 세계적으로 거의 사라지고 있음.
황열	Flavivirus	(+)외가닥 RNA	모기에 의해 사람 대 사람으로 전파됨. 치료하지 않으면 최고 차사율 60%.
에볼라	Filoviruses	(–)외가닥 RNA	급성 출혈열; 바이러스가 결합조직을 공격하여 많은 출혈과 죽음을 초래함. 최고 치사율 50–90%.
인플루엔자	Influenza viruses	(–)외가닥 RNA (8분절)	항원이 조류, 돼지, 사람에서 재배열되므로 주기적으로 세계적인 유행(1918년 2천~5천만 사망).
홍역	Paramyxoviruses	(–)외가닥 RNA	감염된 사람과의 접촉을 통해 극도로 잘 전파됨. 백신 있음. 아동병; 어른에게는 더 위험함.
사스	Coronavirus	(–)외가닥 RNA	급성호흡기감염; 최근 생겨난 병으로 특히 노인들에게는 치명적일 수 있음.
광견병	Rhabdovirus	(–)외가닥 RNA	감염된 동물이 물어서 전반되는 바이러스성 급성 뇌척수염. 치료하지 않으면 치명적임.

외가닥의 RNA바이러스에서는 만일에 유전체가 바이러스 단백질을 생산하는 데 사용하는 mRNA와 같은 염기배열을 가지고 있으면 유전체 RNA가 mRNA 역할을 할 수 있다. 이런 바이러스들은 **양성가닥**(*positive-strand*) 바이러스라고 불린다. 반대로, 유전체가 바이러스 mRNA와 상보적이면 **음성가닥**(*negative-strand*)이라고 한다.

특별한 RNA 바이러스 집단인 **레트로바이러스**(*retrovirus*)는 역전사효소에 의하여 DNA로 역전사 되는 RNA 유전체를 가지고 있다. 역전사에 의해 만들어진 DNA 조각은 때로는 기주 염색체 DNA에 통합된다. **후천성 면역결핍증**(*acquired Immune deficiency syndrome(AIDS)*)을 일으키는 인간면역결핍바이러스(*Human Immunodeficiency virus(HIV)*)가 레트로바이러스이다.(HIV는 뒤에 자세히 설명함)

천연두와 포진을 유발하는 바이러스 같은 일부 바이러스는 DNA 유전체를 가지고 있다. 대부부의 DNA 바이러스들은 겹가닥이며, 그들의 DNA가 진핵인 기주세포의 핵 안에서 복제된다.

개념 정리 23.6

바이러스는 단백질 외피에 핵산 유전체가 들어있는 매우 간단한 구조를 하고 있다. 바이러스는 기주세포의 기구를 탈취하여 복제하며, 따라서 세포내부절대기생체이다. 바이러스는 외가닥 혹은 겹가닥의 DNA 또는 RNA로 구성된 다양한 유전체를 보인다; 대부분의 DNA 바이러스는 겹가닥이다.

- 왜 바이러스는 세포 밖에서는 복제할 수 없을까?

세균바이러스는 DNA를 주입하여 감염한다

세균바이러스는 두 가지 복제환을 보여준다

학습목표 23.7.1 박테리오파지의 용균성과 용원성 생활환을 구분하라.

바이러스 감염의 일반적인 결과는 새로운 바이러스 입자의 생산과 방출하여 보통 세포를 죽이는 것이다. 이러한 바이러스의 방출로 새로운 세포를 감염 또는 바이러스의 수평전반이 일어날 수 있다. 이러한 감염환은 바이러스가 대개 세포를 터뜨리거나 녹이므로 용균환이라 부른다. 그러나 어떤 세균바이러스는 초기 감염 이후에 잠복기에 들어갈 수도 있다. 이러한 잠재바이러스는 세포 분열을 통해 수직적으로 전반된다.

용균환

바이러스 복제의 용균환은 그림 23.17에 나타나 있다. 용균성 박테리오파지 환의 기본 단계는 비피막성 동물바이러스와 비슷하다. 여기서는 바이러스의 생활환에 대한 예로서 용균환을 사용한다. 이 감염환의 기본 개요가 대부분의 바이러스에 공통적임에도 불구하고, 바이러스 자신들이 다르듯 세부적인 사항은 다르다.

첫 번째 단계는 **부착(attachment)**(또는 **흡착**)이라고 하며, 바이러스가 세포와 접촉하여 특이적으로 세포에 결속한다. 이 단계에서는 바이러스의 기주범위에 국한되는데, 바이러스가 세포 표면의 특정 단백질에 결속하기 때문이다. 다른 파지들은 세균 세포 표면의 다른 부분들을 표적으로 삼는다. 다음 단계는 **침입(penetration)**으로서, 바이러스의 유전체가 기주 안으로 들어간다. 이것은 T4와 같은 binal 파지에서 자세하게 연구되었다. 일단 접촉이 되면 꼬리가 움츠러들며 꼬리관(tail tube)이 기판에 생긴 구멍을 빠져나가 세균의 세포벽을 뚫는다. 바이러스 유전체는 문자 그대로 기주 세포질로 주입된다.

일단 세균 세포 안으로 들어가면, **합성(synthesis)**기로서, 바이러스는 바이러스 구성물들을 합성하기 위하여 세포의 복제 및 단백질 합성기구를 탈취한다. 이러한 구성물들은 성숙한 바이러스 입자들을 만들기 위하여 조립된다(**조립(assembly)**기). **방출(release)**기에는 기주세포를 용해하는 효소들의 작용 또는 기주 세포벽의 출아법을 통하여 성숙한 바이러스 입자들이 방출된다. 흡착으로부터 새로운 바이러스 입자가 만들어질 때까지의 시간은 암흑기라고 불리는데, 이 시점에서 세포가 용해되면 활성이 있는 비리온들은 거의 방출되지 않는다.

용원환

잠복감염을 할 수 있는 박테리오파지는 그들이 감염한 기주 세포의 유전체에 그들의 핵산을 통합하여 용원환을 일으킨다. 핵산이 통합되면 바이러스가 기주 세포가 나누는 대로 기주 세포의 DNA와 함께 복제된다. 이러한 바이러스들을 용원성(temperate or

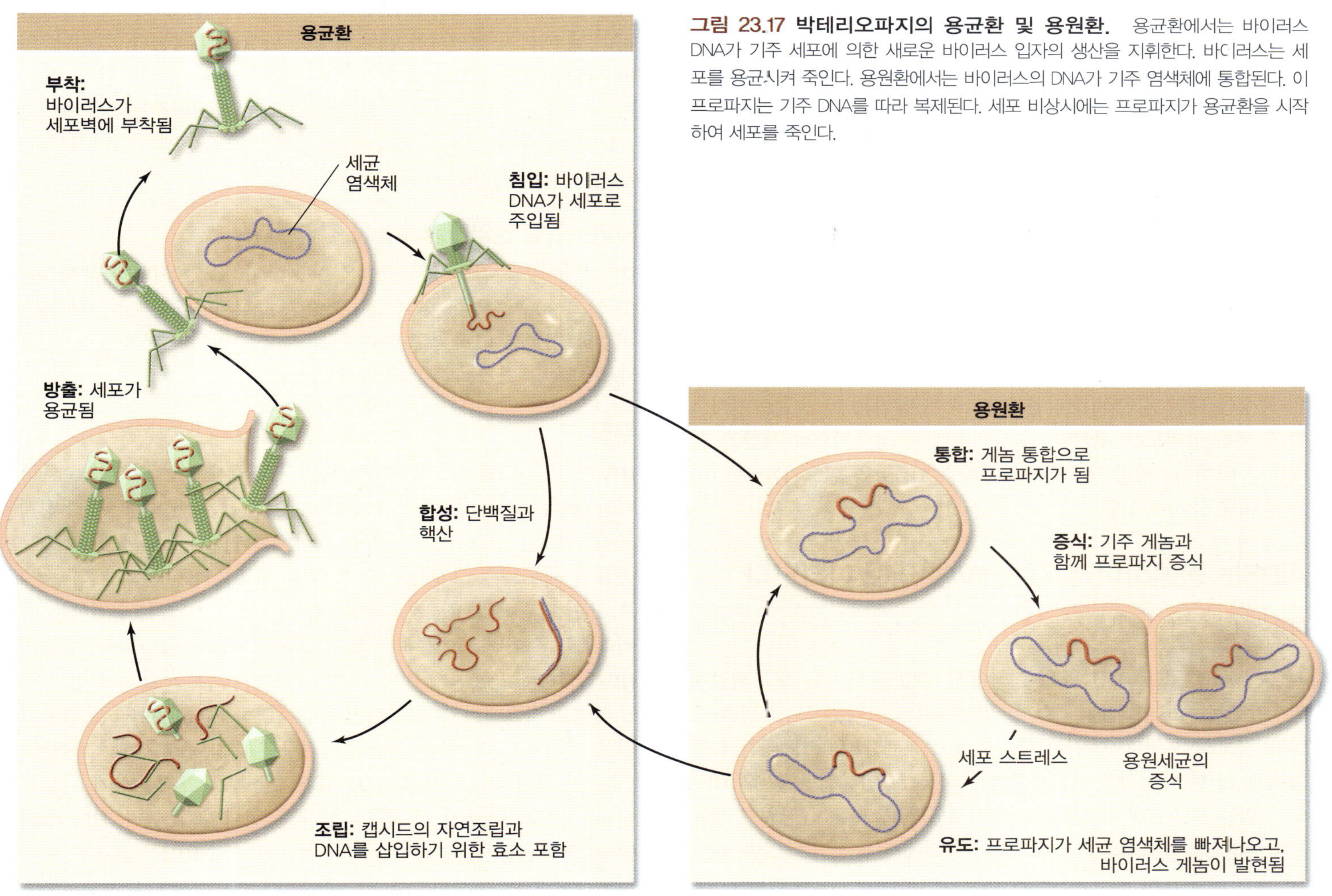

그림 23.17 박테리오파지의 용균환 및 용원환. 용균환에서는 바이러스 DNA가 기주 세포에 의한 새로운 바이러스 입자의 생산을 지휘한다. 바이러스는 세포를 용균시켜 죽인다. 용원환에서는 바이러스의 DNA가 기주 염색체에 통합된다. 이 프로파지는 기주 DNA를 따라 복제된다. 세포 비상시에는 프로파지가 용균환을 시작하여 세포를 죽인다.

lysogenic) 파지라고 한다. 기주 세포의 유전체에 통합된 DNA 조각은 포로파지라 불리며, 이러한 세포를 용원이라고 한다.

이러한 일을 하는 박테리오파지가 대장균을 감염하는 람다(λ) 파지이다. 람다파지는 지구상에서 가장 잘 연구된 생물체일 것이다. 람다파지가 세포를 감염하면 초기에, 바이러스가 복제되고 세포를 파괴할 것인지, 아니면 용원이 되어 수동적으로 세포의 유전체와 함께 복제될 것인지를 결정하는 유전적 변환이 일어난다. 이 용균/용원 결정은 파지 DNA에 결합하려고 경쟁하는 두 조절단백질을 코딩하는 유전자의 초기발현에 의존한다. 어떤 단백질이 성공하는가에 따라 용균환에 필요한 유전자가 발현되든지, 아니면 통합에 필요한 효소가 발현되어 용원환이 시작된다(그림 23.17 오른쪽).

용원파지에서는 바이러스의 조절단백질에 의하여 유전체의 발현이 억제된다(16장 참조). 그러나; 세포의 비상시에는 프로파지의 억제가 풀릴 수 있으며, 바이러스의 유전체가 잘린다. 바이러스 유전체는 감염 초기와 같은 상태가 되며, 용균환은 바이러스 입자의 형성과 세포의 용해를 이끈다.

개념 정리 23.7

박테리오파지는 세균을 감염하는 바이러스이다. 이들은 두 개의 생활환을 가지고 있다: 기주세포의 즉각적인 죽음을 초래하는 용균환과 바이러스가 기주 유전체의 일부가 되는 용원환. 이러한 바이러스 유전체는 세포분열에 의하여 수직적으로(다음세대로) 전반된다. 특정 상황에서는 용원파지가 용균환으로 전환된다. 파지로부터 콜레라 독소가 생겨나는 V. cholera의 경우와 같이 용원파지는 기주에 유전자를 제공한다.

- 기주의 단백질분해효소에 저항성인 단백질을 만드는 람다 억제유전자의 돌연변이의 결과는 무엇일까?

23.8 동물바이러스는 내세포작용으로 감염된다

바이러스의 다양한 배열은 동물 사이에서 일어난다. 이 바이러스들의 특성에 대한 일반적 생각을 얻는 좋은 방법은 한 동물바이러스를 자세히 살펴보는 것이다. 우리는 여기서 상대적으로 새롭고 치명적인 바이러스병인 후천성면역결핍증(AIDS)을 일으키는 바이러스에 대해 살펴보겠다.

AIDS는 동물바이러스인 HIV에 의해 나타난다

학습목표 23.8.1 HIV 바이러스가 어떻게 인간 세포를 감염하는지 묘사하라.

지금은 AIDS로 알려진 병은 미국에서 1981년에 처음 보고되었지만, 이 이전에도 미국에서 수 십 명이 AIDS로 죽었으나 진단되지 않은 것으로 보인다. 동결된 플라스마 표본과 HIV 스트레인의 진화속도 및 현 다양성을 기반으로 한 추산으로 인류집단에서의 HIV의 기원을 1950년대 아프리카로 추적하였다. 그것은 감염원인 레트로바이러스(retrovirus)가 프랑스의 실험실에서 동정되기 얼마 전이었다. HIV 연구는 그것이 침팬지바이러스(시미안 면역결핍 바이러스, SIV)와 밀접하게 연관되어 있으며, 최근 중앙아프리카에서 침팬지로부터 사람으로 기주가 확장되었음을 제안하고 있다.

감염된 사람은 HIV에 다양한 정도의 저항성을 보이고 있다. 어떤 사람은 감염에 거의 저항성이 없으며, HIV 양성상태에서 AIDS 발전상태로 빠른 속도로 진전되며 결국 죽는다. 어떤 사람은 심지어 거듭되는 노출 뒤에도 HIV 양성상태가 되지 않거나, 또는 AIDS로 발전하지 않으면서 HIV 양성이 되기도 한다.

HIV 감염은 기주의 면역계가 제대로 발휘되지 못하도록 한다

HIV는 인간의 면역반응에 중요한 세포들을 표적으로 삼는다. 면역세포는 표면에 있는 단백질에 근거하여 특징지어진다. HIV는 항원 CD4를 발현하는 세포, 즉 $CD4^+$ 세포들을 표적으로 삼는다. HIV에 감염된 특별한 세포 형태는 T보조세포인데, 이것은 인간의 면역반응을 조절하는 데 중요하며, 이것의 역할은 35장에 설명되어 있다.

HIV는 $CD4^+$ 세포가 거의 남지 않을 때까지 감염하고 죽인다. 이러한 결정적인 면역계 세포들 없이는 침입해 들어오는 세균과 바이러스에 대해 신체가 방어를 할 수 없다. AIDS 환자들은 건강한 사람들은 이겨낼 수 있는 감염으로 죽는다. 이러한 병들은 기회성 감염으로 불리는데, 정상적으로는 병을 일으키지 못하며 HIV 감염으로부터 AIDS로 진전되어가는 과정의 일부이다.

일반적으로 HIV 감염이 시작되고 8~10년 정도로 긴 잠복기가 지날 때까지 전형적인 임상 증상은 나타나지 않는다. 그러나, 어떤 사람은 2년 정도로 짧은 기간에 증상을 나타내기도 한다. 잠복기 동안에는 HIV 입자가 순환하지 않으나, 바이러스는 프로바이러스(세균에서의 프로파지와 같음)로서 대식세포와 $CD4^+$ T세포의 유전체에 통합되어 있는 것이 발견될 수 있다.

HIV는 핵심 면역계 세포들을 감염한다

HIV가 사람을 감염하는 방법은 동물바이러스가 어떻게 복제하는지 알려주는 좋은 예이다(그림 23.18). 대부분의 다른 바이러스들은 비슷한 경로를 따라 감염함에도 불구하고, 침입과 복제에 대한 자세한 내용은 각각의 경우에 따라 다르다.

부착

HIV가 사람의 혈류로 들어오면 바이러스 입자는 몸 전체를 순환하지만 오직 $CD4^+$ 세포들만 감염한다. HIV 같은 바이러스가 어떻게 표적 세포를 인식하는가? 4장을 회상해 보면, 사람 몸에 있는 모든 종류의 세포들은 그것을 비슷한 다른 세포들과 구분되게 하는 세포 표면 당단백질 표지자의 특이 배열을 가지고 있다. 침입하는 바이러스들은 이것을 이용하여 특정 형태의 세포에 결합한다. 각각의 HIV 입자는 그 표면에 면역계 대식세포와 T세포의 표면에 있는 세포표면 표지단백질 CD4와 면밀하게 부합하는 gp120이라는 당단백질을 가지고 있다. 다른 형태의 백혈구인 대식세포가 맨 처음에 감염된다. 대식세포는 보통 $CD4^+$ T세포들과 상호작용하기 때문에 이것은 결국 T세포가 감염되는 방법 중 하나일 수 있다. HIV에 면역인 개체들에서 돌연변이 되어 있는 CCR5 수용체를 비롯한 여러

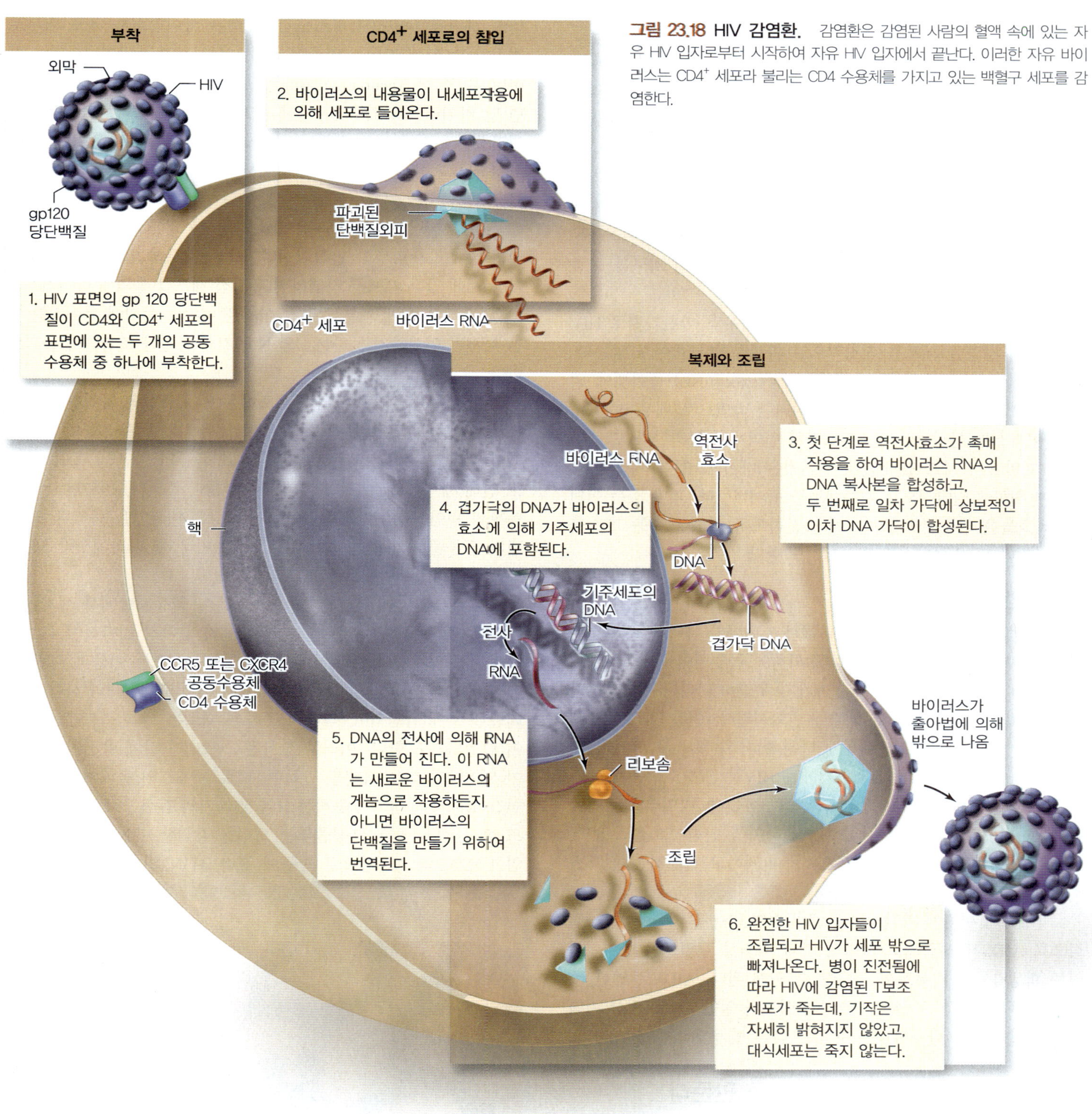

그림 23.18 **HIV 감염환.** 감염환은 감염된 사람의 혈액 속에 있는 자유 HIV 입자로부터 시작하여 자유 HIV 입자에서 끝난다. 이러한 자유 바이러스는 $CD4^+$ 세포라 불리는 CD4 수용체를 가지고 있는 백혈구 세포를 감염한다.

공수용체(coreceptor)들 또한 바이러스의 세포 침입 가능성에 주요한 영향을 미친다.

바이러스의 침입

세포의 CD4 수용체에 연결된 후, HIV는 세포막을 가로질러 자신을 끌어당기기 위해 CCR5 같은 공수용체를 필요로 한다. gp120이 CD4에 결합한 후에는 배좌의 변화가 일어나서 그것이 공수용체와 결합하게 된다. 수용체 결합은 결국 바이러스와 표적세포의 막 융합과 융합공을 통한 바이러스의 진입을 초래한다. 공수용체 CCR5는 앞에서 언급되었듯이 천연두바이러스에 의해 사용된 것으로 가정되었다.

복제

일단 기주세포 안으로 들어오면 HIV 입자는 자신의 단백질 외피를 벗어 버린다. 이렇게 하여 바이러스 RNA가 비리온 안에 있던 역전사효소와 함께 세포질에 떠다닌다. 역전사효소는 바이러스 RNA에 상보적인 겹가닥의 DNA를 합성하는데, 때로는 실수가 일어나서 새로운 돌연변이가 나타나기도 한다. 이 겹가닥 DNA는 바이러스 DNA를 기주 세포의 DNA에 통합시키는 바이러스 효소와 함께 핵 안으로 들어간다. 다양한 기간의 휴면기 후에 HIV 프로바이러스는 바이러스 복사본을 많이 만들기 위하여 기주 세포의 기구를 조종한다.

대부분의 피막이 있는 바이러스들의 경우와 마찬가지로 HIV는 자신이 감염한 세포를 직접적으로 파괴하거나 죽이지 않는다. 대신에 새로운 바이러스들이 외세포작용(exocytosis) 출아법에 의하여 세포로부터 방출된다. HIV는 이러한 방법으로 매우 많은 수의 바이러스를 합성하여 몇 년에 걸쳐 면역계를 공격한다. 그런가 하면, 피막을 가지고 있지 않은 벌거벗은 바이러스들은 자신이 탈출하기 위하여 일반적으로 기주세포를 녹여버린다. 피막 있는 어떤 바이러스들은 기주세포가 죽기에 충분하도록 피해를 주는 효소를 생산하거나 또 용균효소를 생산하기도 한다.

감염 동안의 HIV 진화

HIV는 감염하는 동안 꾸준하게 복제하고 변이가 나타난다. 역전사효소는 DNA 중합효소보다는 덜 정확하여 돌연변이율이 높다. 결국, gp120 유전자에 변이가 생긴 개체가 우연히 나타나서 gp120 단백질이 그것의 이차 수용체 상대를 변화시킨다. 이런 새로운 형태의 gp120 단백질은 CCR5 대신에 다른 이차 수용체 – 예를 들면 CXCR4 – 에 결합한다. 감염초기에는 HIV는 CCR5 수용체를 가지고 있는 면역세포를 일차적인 표적으로 삼는다. 바이러스는 결국 더 넓은 범위의 세포들을 감염하기 위하여 돌연변이를 일으킨다. 최종적으로 감염은 특정 T보조세포를 파괴하고 손상하는 결과를 초래한다.

T세포가 이렇게 파괴되면 신체의 면역 반응을 차단하며, 직접적으로 AIDS가 시작되도록 하여 암과 기회성 감염들이 방어력이 없는 희생자들을 자유로이 침범할 수 있게 된다. AIDS로 인한 죽음은 대부분 HIV의 직접적인 결과가 아니라 일반적으로 정상 면역계를 가지고 있는 환자를 해치지 않는 다른 병들에 의한 것이다.

인플루엔자는 세계적인 유행병을 만든다

학습목표 23.8.2 새로운 인플루엔자 스트레인이 왜 주기적으로 만들어지는지 설명하라.

인플루엔자 바이러스는 인류 역사상 가장 치명적인 병원체 중 하나였다. 플루 바이러스는 11개의 유전자를 가지고 있는 동물 RNA 바이러스이다. 각각의 플루 바이러스는 두 종류의 단백질로 이루어진 돌기(spike)로 장식한 것 같은 공과 비슷하다(그림 23.19). 플루 바이러스의 스트레인이 다르면 단백질 돌기도 다르다. 이 단백질 중 하나인 헤마글루티닌(H: hemagglutinin)은 바이러스가 세포 내부로 접속할 수 있는 기회를 만들어 준다. 다른 것인 뉴라미니다제(뉴라미니데이즈; N: neuraminidase)는 일단 바이러스의 복제가 완성되면 딸 바이러스가 기주세포를 부수고 나오도록 도와준다. 플루 바이러스는 현재 13개의 분명한 H subtype과 9개의 분명한 N subtype으로 분류되며, 감염으로부터 방어하려면 각각 다른 백신이 요구된다.

플루 바이러스와의 싸움에서 가장 큰 문제는 돌연변이가 아니라 재조합으로부터 만들어진다. 다른 서브타입의 두 바이러스가 동시에 같은 세포를 감염하면 유전적 재조합에 의해 바이러스의 RNA 조각은 쉽게 재분류된다. 이것은 예전의 돌기에 특이적인 인간 항체가 인식하지 못하는 H와 N 돌기의 참신한 조합을 만들기도 한다.

이러한 종류의 바이러스 재조합은 H-N 조합의 급격한 이동을 통해 20세기에 발생한 세 번의 주요한 세계적 플루 유행의 원인이 되었던 것으로 여겨진다. 1918년 스페인플루의 원인인 A(H1N1)으로 인해 세계적으로 5천만~1억의 사람들이 죽었다. 1957년 아시아 플루의 원인인 A(H2N2)는 10만 명 이상의 미국인을 죽였다. 1968년의 홍콩플루 바이러스인 A(H3N2)는 미국 한 나라에서만 5천만 명을 감염하였으며, 그 중 7만 명이 죽었다.

대부분의 새로운 플루 스트레인들이 극동지방에서 생겨난다는 것은 우연한 일이 아니다. 인플루엔자의 가장 일반적인 숙주는 오리, 닭, 돼지인데, 아시아에서는 이들 간에 또는 이들과 사람 간에 접촉이 많은 곳에서 산다. 돼지는 이 바이러스의 새와 사람 스트레인 모두에 감염되며, 각각의 동물은 때로는 여러 스트레인에 같이 감염되기도 한다. 이러한 상황은 스트레인 간에 유전적 재조합이 일어나기 쉬운 상태를 만들며, 때로는 예전의 돌기에 특이적인 인간 항체가 인식하지 못하는 H와 N 돌기의 참신한 조합을 만들기도 한다. 예를 들면 홍콩플루는 오리를 감염한 H3N8과 사람을 감염한 H2N2의 재조합으로 만들어 졌다. H3N2의 경우에 인플루엔

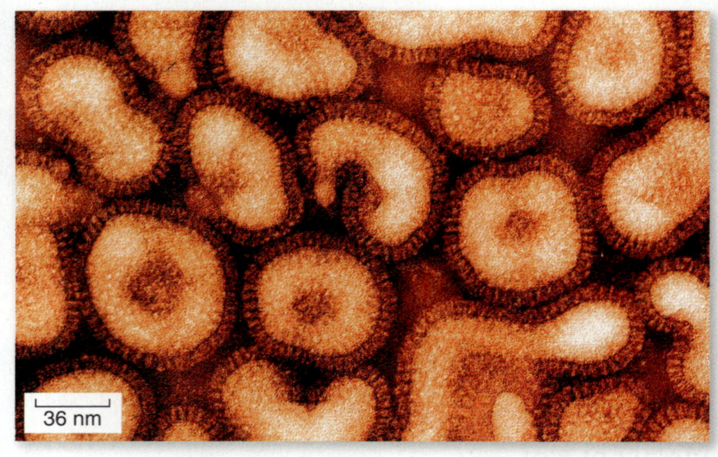

그림 23.19 H3N2 인플루엔자 바이러스. 해마다 수 천 명의 미국인이 이 바이러스에 감염되어 죽는다.

자의 새로운 스트레인은 사람을 재감염하여 세계적 유행병을 일으켰다.

세계적 유행병의 조건

세계적 유행병이 되기 위해서는 세 가지 조건이 필수적이다: (1) 새로운 스트레인은 반드시 H와 N 돌기의 참신한 조합을 가지고 있어서, 인류 집단이 감염에 대해 유의적인 면역을 가지고 있지 않아야 한다; (2) 새로운 스트레인은 사람에서 복제하고 죽음을 초래할 수 있어야 한다; 그리고 (3) 새로운 스트레인은 사람들 사이에 효율적으로 전반되어야 한다. 새로운 스트레인은 세계적 유행병을 일으키기 위하여 감염된 모든 사람들에게 치명적이어야 할 필요는 없다 – 1918년의 H1N1 플루는 최종적으로 치사율이 2.5% 보다 컸던 것으로 추산되지만 4천만~1억 명이 죽었다. 왜 이렇게 많이 죽었을까? 그것은 세계적으로 매우 많은 사람들이 감염되었기 때문이다.

조류 플루

1997년 홍콩에서 잠재적으로 치명적인 새로운 플루 바이러스 스트레인인 H5N1이 나타났다. 1918년의 세계적 유행병 스트레인처럼 H5N1은 대개 닭이나 오리 등 감염된 조류로부터 직접적으르 사람에게 전달되었으며, 이런 연유로 "조류플루"라 불리고 있다. 조류플루는 세계적 유행병이 되기 위한 첫 두 조건을 충족하고 있다: H5N1은 사람들이 거의 면역을 가지고 있지 않은 H와 N 돌기의 참신한 조합을 가지고 있어서 스트레인이 특별히 치명적이도록 한다. 2011년 말까지 조류를 취급하여 감염된 573명 중 336명이 목숨을 잃어서 치사율은 59%였다. 다행이도 세계적 유행병이 되기 위한 세 번째 조건은 아직까지 충족치 못하고 있다: 플루 바이러스의 H5N1 스트레인은 사람에서 사람으로 쉽게 전파되지 않는다. 그러나, 연구자들은 H5N1 바이러스가 사람 사이에 쉽게 전반되기 위해서는 단지 돌연변이 다섯 번만 일어나면 된다고 보고하고 있으며, 공무원들은 이 병원성화 돌연변이의 징조가 아닐까 하여 H5N1의 지역적 보고를 주의 깊게 모니터링하고 있다.

H5N1이 세계적인 언론의 관심을 끌고 있는 동안, 또 다른 조류, 사람 및 돼지 바이러스의 재편성이 일어났다. 이것으로 2009년에 H1N1 세계적 유행병이 일어났다. 이 바이러스는 멕시코 베라크루스(Veracruze)의 인플루엔자 발생에서 처음 나타났으며, 2009~2010년에 세계적으로 퍼졌다. 2009년 5월, WHO는 이 병을 세계적 유행병으로 격상하였다.

개념 정리 23.8

HIV는 막융합을 통하여 세포로 침입하는 레트로바이러스이다. 이 바이러스는 주로 숙주의 CD4+T 세포를 감염하며, 결과적으로 이 세포들의 대량 치사를 초래하여 기주 면역계가 제대로 발현되지 못하도록 한다. 인플루엔자는 아마도 사람의 바이러스 중 가장 치명적일 것이다, 세계적 유행병을 일으켜 왔다.

- 당신은 왜 AIDS에 대한 백신을 만들기가 어려웠다고 생각하는가?

질의 및 분석

HIV는 모든 백혈구세포를 감염하는가?

사람들은 혈액 속을 순환하는 세포집단인 면역계에 의해 미생물의 감염으로부터 보호받는다. 보통 "백혈구세포"라 불리는 이 집단은 실제로는 다양한 형태의 세포들로 이루어져 있다. 이들 중 일부는 CD4 세포 표면 동정지표(신분증 같은)를 가지고 있다. 바이러스에 감염된 세포를 검출하면 항체 생산을 시동시키는 세포와 침입한 세균에 초기공격을 하는 대식세포 모두 CD4 신분증을 가지고 있다. 바이러스에 감염된 세포에 구멍을 뚫는 면역세포인 살세포(killer cell) 등 다른 세포들은 CD8 신분증을 가지고 있다. AIDS 환자는 CD4나 CD8 모두 HIV 감염에 대해 능동적으로 방어하지 않는다. 이런 종류의 세포들 중 하나 또는 모두가 HIV 바이러스에 의해 죽을까?

이러한 과제를 조사하기 위하여 연구자들은 CD4표지세포($CD4^+$ 세포)와 CD8표지세포($CD8^+$ 세포)를 혼합하여 여기에 HIV를 첨가하였다. 여기의 전자현미경 사진에 붉은색으로 나타난 HIV는 두 종류의 세포 모두 감염할 수 있었다. 백혈구세포 배양체를 5일 간격으로 25일간 관찰하였는데, 각 간격마다 표본을 채취하여 얼마나 많은 $CD4^+$ 세포와 $CD8^+$ 세포들이 있는지를 조사하였다. 그래프에 보면 각 세포 종류의 감염 후 경시적 생존률이 나와 있다.

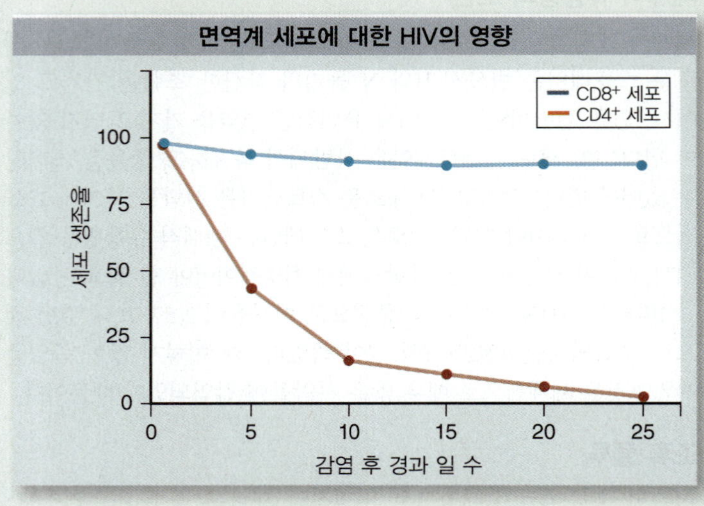

분석

1. **개념 적용**
   a. **변수.** 그래프에서 종속변수는 무엇인가?
   b. **백분율.** 만일 세포 생존율이 감소한다면 세포의 절대수가 어떻다는 말인가? 생존율이 감소한다면 세포의 절대수가 증가할 수 있는가? 설명하라.

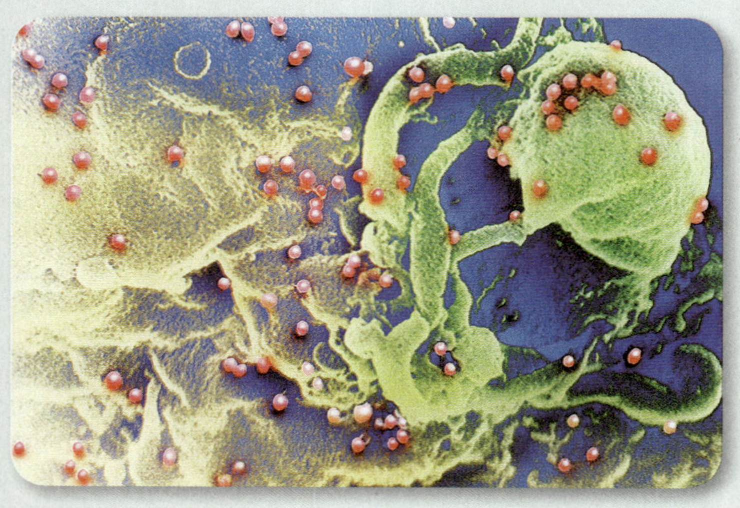

2. **자료 해석**
   a. $CD4^+$ 세포의 생존율이 3주 동안 변하였는가? $CD8^+$ 세포에서는?
   b. 두 종류의 세포에서 3주 동안 생존율의 확실한 차이가 있었는가? 서술하라. 이 차이를 어떻게 정량화 할 것인가? [힌트: 감염 후 경과 일수 별로 $CD8^+$ 세포 생존율에 대한 $CD4^+$ 세포 생존율의 비율을 점으로 표시하라.
3. **추론** 두 종류 세포 사이의 생존율 차이가 무엇 때문이라고 설명하겠는가? 이러한 추론을 어떻게 검정할 것인가?
4. **결론 도출**
   a. 두 종류의 백혈구 세포 중 어떤 것이든 실험기간 동안 HIV 감염에 의하여 완전히 배제될 수 있는가?
   b. 둘 중 어떤 종류의 세포든 결국에는 배제되는가? 만일 그렇다면 어떤 것인가?
   c. 둘 중 하나라도 HIV 감염에 크게 영향 받지 않는 것이 있는가? 만일 그렇다면 어떤 것인가? 왜 이 세포의 생존율이 어쨌든 변하는지 그 이유를 생각할 수 있는가? 이 가설을 어떻게 검정할 것인가?
5. **추가 분석.** $CD4^+$ 세포와 $CD8^+$ 세포 어느 것도 AIDS 환자를 능동적으로 방어하지 않는다. 만일 그들 중 하나가 HIV에 의해 제거되지 않는다면 왜 HIV에 감염된 AIDS 환자를 방어하기 위하여 중단된다고 가정하는가? 이 가능성을 탐구할 방법을 생각할 수 있는가?

학습 과정 복습

개념 23.1 원핵생물은 가장 오래된 생물이다

23.1.1 미세화석은 태초의 세포가 아마도 원핵이었음을 알려준다 미세화석 중 가장 오래된 것으로 알려진 것은 35억 년 된 것이다. 침강성 퇴적물과 침전물의 조합인 스트로마톨라이트는 27억년 된 것이다.

23.1.2 원핵생물은 기본적으로 진핵생물과 다르다 원핵생물의 특성에는 단세포성, 환형의 작은 DNA, 이분법, 내부 구획화의 부재, 단편모, 그리고 대사 다양성 등이 있다.

23.1.3 유사성에도 불구하고 세균과 고세균은 근본적으로 다르다 고세균과 진정세균은 중요한 특성이 다르다. 고세균의 지질은 에스테르결합 대신 에테르를 가지고 있고 테트라에테르 단일층을 만들 수 있다. 진정세균의 세포벽은 펩티도글리칸을 가지고 있다. 진정세균과 고세균의 DNA 모두 동일한 복제 기원을 가지고 있으나, 기원과 복제 단백질은 다르다. 고세균의 DNA 복제 시작과 RNA 복제효소는 진핵생물에서와 더 비슷하다.

개념 23.2 원핵생물은 조직적이지만 단순한 구조를 하고 있다

23.2.1 원핵생물에는 세 가지 기본형이 있다: 간균, 구균, 나선균

23.2.2 원핵생물은 강한 세포벽과 기타 외부 구조를 가지고 있다 세균은 그람염색에 기반하여 그람 양성균과 음성균으로 분류된다: 그람양성세균은 세포벽에 두꺼운 펩티도글리칸층을 가지고 있다. 그람음성세균은 얇은 펩티도글리칸층을 가지고 있으며, 당지질을 가지고 있는 외막이 있다. 어떤 세균은 캡슐이라는 젤라틴층을 가지고 있다. 많은 세균들이 플라젤린(flagellin)으로 만들어진 가늘고, 단단하며, 나선형의 편모를 가지고 있는데, 이것이 회전하여 움직일 수 있다. 어떤 세균은 스트레스에 반응하여 내생포자를 만든다.

23.2.3 세균 세포 내부는 조직화되어 있다 원핵생물에서는 원형질막의 함입된 부분이 호흡과 광합성 기능을 한다. 핵양체 부분은 둘러싼 막 없이 응축된 환형의 DNA를 가지고 있다.

23.2.4 대부분의 원핵생물들은 특성지어지지 않았다 원핵생물에는 9 분기군이 동정되었으나, 많은 세균들이 아직 연구되지 않았다.

개념 23.3 원핵생물의 유전은 DNA 전이에 초점이 맞추어 있다

23.3.1 접합은 접합 플라스미드 존재에 의존한다 DNA는 대장균의 F플라스미드 같은 접합플라스미드의 존재에 따른 접합에 의해 교환될 수 있다(그림 28.10). F^+ 공여세포는 F 플라스미드를 F^- 수용세포로 전달한다. F 플라스미드는 세균의 유전체에 통합될 수 있다. 절단은 정밀성이 떨어지기도 하여 플라스미드가 숙주로부터 유전정보를 가지고 나오기도 한다.

23.3.2 바이러스는 형질도입으로 DNA를 전이한다 일반적인 형질도입은 바이러스가 숙주 DNA를 포장하여 그것을 다음 감염으로 전달함에 따라 일어난다. 특수형질도입은 용원성 파지에 국한된다.

23.3.3 형질전환은 DNA를 환경으로부터 직접 획득하는 것이다 형질전환은 세포가 주변 배지로부터 DNA를 흡수하였을 때 일어난다.

개념 23.4 원핵생물의 대사는 매우 다양하다

23.4.1 원핵생물은 네 가지 기본적인 방법으로 탄소와 에너지를 얻는다 광독립영양생물들은 광합성을 수행하며 이산화탄소로부터 탄소를 얻는다. 화학무기독립영양생물은 무기물을 산화하여 에너지를 얻는다. 광종속영양생물은 에너지원으로 빛을 사용하지만 유기분자로부터 탄소를 얻는다. 가장 큰 집단인 화학종속영양생물은 유기분자로부터 탄소와 에너지를 얻는다.

개념 23.5 세균은 사람에게 중요한 병들을 일으킨다

23.5.1 세균이 다양한 병을 일으킨다 결핵은 유사 이래 내내 사람들을 감염하여 왔다. 잠재적 위험성을 가지고 있으며 성적으로 전반되는 병인 임질, 매독, 클라미디아 등이 세균에 의한 병이다. 대부분의 위궤양은 헬리코박터 파일로리(*Helicobacter pylori*)의 감염에 의한 것이다.

개념 23.6 바이러스는 생명체가 아니다

23.6.1 바이러스는 단백질 껍데기에 들어 있는 핵산 가닥이다 바이러스 유전체는 DNA나 RNA로 이루어지며 DNA바이러스, RNA바이러스, 또는 레트로바이러스로 분류된다. 대부분의 바이러스는 핵산 코어를 둘러싼 단백질 껍데기나 캡시드를 가지고 있다. 많은 동물바이러스들은 캡시드 주변에 바이러스에 의해 코딩된 단백질과 숙주세포로부터 유래한 지질로 구성된 피막을 가지고 있다. 바이러스의 크기는 다양하며 두 가지 단순한 모양으로 구분된다: 나선형(막대모양) 또는 정이십면체(구형). DNA나 RNA 바이러스 유전체는 선형 또는 환형이며, 외가닥 또는 겹가닥이다. RNA 바이러스는 다중 RNA 분자(분절)를 가지고 있거나, 또는 오직 하나의 RNA 분자(비분절)를 가지고 있다. 레트로바이러스는 RNA를 가지고 있는데, DNA로 변환된다.

개념 23.7 세균바이러스는 DNA를 주입하여 감염한다

23.7.1 세균바이러스는 두 가지 복제환을 보여준다 용균환은 숙주세포를 죽이는 반면, 용원환은 바이러스가 프로파지로서 숙주 유전체에 통합된다. 감염 절차는 부착, DNA 주입, 거대분자 합성, 새로운 파지 조립, 그리고 자손 파지의 방출이다.

개념 23.8 동물바이러스는 내세포작용으로 감염된다

23.8.1 AIDS는 동물바이러스인 HIV에 의해 나타난다 HIV는 특이적으로 대식세포와 $CD4^+$ 림프구 세포를 표적으로 삼는다. 이들이 없어지면 신체는 기회적 감염에 대항할 수 없고, 그에 따라 죽음에 이른다. 바이러스의 당단백질인 gp120은 대식세포와 세포 표면의 $CD4^+$ 단백질과 정밀하게 들어맞는다. HIV 부착은 수용체-중재 내세포작용을 일으킨다. 복제된 바이러스는 외세포작용을 통해 숙주세포로부터 빠져 나온다.

23.8.2 인플루엔자는 세계적인 유행병을 만든다 인류 역사상 가장 치명적인 바이러스 중의 하나는 A형 인플루엔자이다. 인플루엔자 바이러스의 유전자는 빈번하게 재조합이 일어난다. 플루 백신의 조성이 매년 바뀌어야만 한다.

학습 과정 평가

개념 23.1 원핵생물이 가장 오래된 생물이다

이해

1. 원핵세포의 구성의 특징이 아닌 것은:
   a. 지질 이중층 원형질막 b. 세포벽
   c. 핵 d. 리보솜
2. 다음 중 고세균 특유의 특성은?
   a. 원형질막 구조의 유동 모자이크 모델
   b. 유전자 발현 시의 RNA 중합효소 사용
   c. 에테르결합 인지질
   d. DNA 복제의 단일 기원

응용

1. 원핵세포의 편모가 진핵세포의 편모와 다른 점은 원핵세포의 편모는
   a. 9+2 미세소관 구조를 하고 있다.
   b. 채찍 모양으로 움직인다.
   c. 단일 단백질 섬유로 이루어져 있다.
   d. 위 보기 중 두 개가 답이다.
2. 고세균의 특성이 아닌 것은?
   a. 지질 단일층 원형질막
   b. 슈도뮤레인의 세포벽
   c. 다중 RNA 중합효소
   d. 단일 복제 기원

종합

1. 왜 실험실 배양체보다 생물막이 항생제에 대하여 더 저항성이라고 생각하는가?
2. 고세균과 세균의 차이가 어떤 도메인으로부터 진핵세포가 진화되었는지 알려주는가?

개념 23.2 원핵생물은 조직적이지만 단순한 구조를 하고 있다

이해

1. 다음 중 세균의 일반적인 모양이 아닌 것은?
   a. 막대모양(간상) b. 공모양(구형)
   c. 판모양(판상) d. 나선형
2. 그람 양성과 그람 음성 세균을 구분하는 차이는?
   a. 세포벽: 그람 양성은 펩티도글리칸을 가지고 있고 그람 음성은 위펩티도글리칸을 가지고 있다.
   b. 원형질막: 그람 양성은 에스테르결합 지질이지만, 그람 음성은 에테르결합 지질이다.
   c. 세포벽: 그람 양성은 두꺼운 펩티도글리칸층을 가지고 있으나, 그람 음성은 외막을 가지고 있다.
   d. 염색체 구조: 그람 양성은 환형 염색체를 가지고 있으나, 그람 음성은 선형 염색체를 가지고 있다.

응용

1. 원핵세포의 운동 방법이 아닌 것은?
   a. 단단한 표면을 미끄러지는 것
   b. 프로펠러 같은 편모의 회전으로 물속을 전진하는 것
   c. 끝과 끝이 연결되는 세포 생장사슬의 확장
   d. 노와 같이 움직이는 섬모의 운동으로 물속을 밀려 나가는 것
2. 그람 양성과 음성 세포의 세포벽은
   a. 인지질로 구성되어 있다.
   b. 펩티도글리칸 합성에 영향을 미치는 항생제의 표적이다.
   c. 펩티도글리칸으로 구성되어 있다.
   d. 막으로 둘러싸여 있다.

종합

1. 협막은 원핵세포가 표면이나 다른 세포에 부착할 수 있도록 해준다. 세균에서는 자주 발견되는 협막이 왜 고세균에서는 드문지 이유를 밝혀라.

개념 23.3 원핵생물의 유전은 DNA 전이에 초점이 맞추어 있다

이해

1. 원핵생물의 DNA 교환기작은?
   a. 정보의 수직적 전반
   b. 정보의 수평적 이동
   c. 세포 접촉 필요
   d. 한 세포의 플라스미드의 존재

응용

1. Hfr 세포와 F^+ 세포의 정확한 차이는 무엇인가?
2. 다른 세균 세포들 간에 *E. coli* 유전자를 옮기는데 λ 파지가 어떻게 사용되는가? 어떤 유전자를 옮길 때나 사용할 수 있는가?

종합

1. 접합은 어떻게 하여 적어도 부분적으로라도 배수체인 세균세포를 만들 수 있는가? 그것은 안정된 상태인가?

개념 23.4 원핵생물의 대사는 매우 다양하다

이해

1. 태양에너지와 탄소원으로 CO_2를 사용할 수 있는 세포는
   a. 광독립영양생물
   b. 화학무기독립영양생물
   c. 광종속영양생물
   d. 화학종속영양생물

응용

1. 고세균의 광합성을 설명하라.

종합

1. 화학무기독립영양생물은 어떻게 빛이나 자유산소가 없는 깊은 바다 속에서 살 수 있는지 설명하라.

개념 23.5 세균은 사람에게 중요한 병들을 일으킨다

이해

1. 결핵은
   a. 세균에 의한 것이다.
   b. 현재 세계적으로 확산되고 있는 병이다.
   c. 바이러스에 의한 것이다.
   d. 항생제로 치료되지 않는다.

응용

1. 궤양과 충치는 연관이 없어 보이지만 사실은 둘 다
   a. 특정 종류의 음식을 먹어서 생기는 것이다.
   b. 바이러스 감염에 의해 생긴다.
   c. 환경요인에 의한 것이다.
   d. 세균 감염에 의한 것일 수 있다.

종합

1. 세균병이 왜 최근에 더 널리 퍼지기 시작한다고 생각하는가?

개념 23.6 바이러스는 생명체가 아니다

이해

1. 다음 중 동물바이러스에서는 흔하지만 박테리오파지에서는 그렇지 않은 것은?
   a. DNA　　b. 캡시드
   c. 외막　　d. 정이십면체 모양
2. 막여과지는 미생물을 크기별로 구분하는 데 사용될 수 있는 구멍을 가지고 있다. 어떤 구멍 크기가 세균은 거르고 바이러스는 통과시키는 데 가장 효과적인가?
   a. 1 마이크로미터　　b. 300 나노미터
   c. 15 나노미터　　d. 1 나노미터

응용

1. 역전사효소는 어떤 부류의 바이러스들에서 활성화되어 있는가?
   a. (+)RNA 바이러스
   b. 겹가닥 DNA 바이러스
   c. 레트로바이러스
   d. (-)RNA 바이러스

종합

1. 대부분의 생물학자들은 바이러스가 최초 세포의 기원을 따라서 진화하였다고 믿는다. 이 개념을 옹호 또는 비평하라.

개념 23.7 세균바이러스는 DNA를 주입하여 감염한다

이해

1. 다음 중 어떤 것이 용균성 바이러스의 생활환이 아닌가?
   a. 거대분자 합성　　b. 숙주세포에 부착
   c. 자손 바이러스 조립　　d. 숙주 유전체으로의 통합

응용

1. 세균바이러스와 동물바이러스를 유사하게 만드는 공통점은?
   a. 유전물질로 DNA만 가지고 있다.
   b. 유전물질로 RNA만 가지고 있다.
   c. 그들의 생활환의 특정 부분에서 숙주의 기능을 요구한다.
   d. 어떠한 기주 단백질도 요구하지 않는다.

종합

1. 박테리오파지 특유의 특성은 무엇인가?

개념 23.8 동물바이러스는 내세포작용으로 감염된다

이해

1. 침입하기 전에, HIV 바이러스의 __________ 당단백질은 대식세포 표면의 ______ 수용체를 인식한다.
   a. CCR5; gp120　　b. CXCR4; CCR5
   c. CD4; CCR5　　d. gp120; CD4
2. 세계적인 유행병은
   a. 빠른 속도로 세계에 널리 퍼진다.
   b. 매우 높은 치사율을 가지고 있다.
   c. 바이러스만이 원인일 수 있다.
   d. 치료되지 않는다.

응용

1. 소아마비 바이러스는 신경세포를 공격하며, 간염은 간을 공격하고, 에이즈는 백혈구세포를 공격한다. 각각의 바이러스가 어떤 세포를 공격해야할 지 어떻게 아는가?
   a. 그들은 모든 세포에 침입하지만 특정 세포에서만 증식한다.
   b. 각 세포 종류의 특성인 특정 세포표면분자를 인식한다.
   c. 바이러스가 그 종류의 세포로부터 만들어진다.
   d. 세포의 종류가 바이러스 특이적 식세포작용을 한다.

종합

1. HIV 백신을 개발하기 위하여 매우 많은 노력을 기울여 왔지만 오늘날까지 성공하지는 못했다. 이 일이 왜 그렇게 어려운가?

24 원생생물

학습과정

서론

지구상에 생명이 출현한 이래 오랜 역사 동안 절반 이상은 모든 생명이 현미경적 크기를 가졌다. 20억 년 이상 존재했던 생물 가운데 가장 큰 생물이 두께가 6 ㎛도 되지 않는 단세포 세균이었다. 이들 원핵생물은 광합성세균의 표면막이 함입된 경우를 제외하고는 세포 내부에 막이 없었다.

전혀 다른 종류의 생물이 출현한 최초의 증거가 15억 년 전의 바위의 아주 작은 화석에서 발견되었다. 이 화석의 세포는 세균보다 10배까지 훨씬 컸고, 내막과 막으로 둘러싸인 작은 구조들을 포함하였다. 이 단세포들 간의 형태가 갖는 복잡성과 다양성은 실로 놀라웠다. 비교적 단순한 세포에서 상당히 복잡한 세포로의 단계는 생명의 진화에서 가장 중요한 사건의 하나인 새로운 종류의 생물, 즉 진핵생물의 출현을 나타내는 것이다. 비록 이 초기 단계에서 나타난 진화적 사건은 아직 명확하지 않지만, 최근에 DNA의 유사성을 분석한 결과에 따르면 5개의 거대한 무리들[초상위범주(supergroup)]이 진화되었음을 알 수 있는데, 식물은 그 가운데 하나로부터 기원하였고 동물과 균류는 다른 무리로부터 비롯되었다.

그림 24.1 초기의 진핵생물 화석. 시베리아에서 발견된 10억 년 전의 화석조류.

24.1 첫 진핵생물인 원생생물이 세포내 공생으로 생겨났다

진핵세포는 세포골격을 갖고 핵막이나 세포소기관처럼 세포가 구획화되어 있다는 점에서 원핵세전형적인 환경이었을 것이다포와 차이가 난다. 크고 복잡한 진핵세포가 생겨난 사건의 정확한 순서는 알려지지 않았지만, 몇 가지 주요 사건들에 대해서는 의견을 같이 하고 있다. 단단한 세포벽이 사라지면서 막이 안쪽으로 접히고 표면적이 늘어났다. 한편 막의 유연성 덕분에 한 세포가 다른 세포를 완전히 에워쌀 수 있게 되었다.

화석 증거로 진핵생물 기원의 연대를 추정한다

학습목표 24.1.1 진핵생물의 가장 빠른 증거를 설명하라.

간접적인 화학흔적들은 진핵생물의 역사가 27억 년 전까지도 거슬러 올라갈 것이라는 암시를 주지만, 이를 뒷받침할만한 화석은 아직까지 발견되지 않았다. 15억 년 전의 바위에서는 그 이전에 나타난 지름이 6 ㎛를 넘지 않는 단순한 형태와는 현저하게 모습이 다른 미세화석을 볼 수 있다(그림 24.1). 이 세포들은 원핵생물의 세포보다 훨씬 크고 내막과 두꺼운 벽을 갖고 있다.

이들 초기의 화석은 생명의 진화에서 중요한 사건, 즉 새로운 종류의 생물이 나타났음을 보여주는 것이다. 이러한 새로운 세포들은 "진정한 핵"을 의미하는 그리스어에서 유래된 진핵생물(eukaryote)이라 부르는데, 그 이유는 이들이 핵(nucleus)이라는 내부 구조를 갖기 때문이다. 원핵생물 외의 모든 생물은 진핵생물이다.

다음의 절에서는 진핵세포에 들어있는 내부 구조의 기원에 대하여 살펴볼 것이다. 진핵세포가 진화하는 동안 수평유전자전달(horizontal gene transfer)이 빈번하게 일어났을 것이라는 점을 상기하자. 진핵세포는 한편으로 수평유전자전달을 통해서, 그리고 다른 한편으로는 막이 함입되고 다른 세포를 에워싸는 과정을 통해서 진화하였다. 오늘날의 진핵세포는 서로 다른 종들의 DNA와 세포소기관들이 잘라지고 붙여진 결과이다.

핵과 소포체는 막의 함입으로 생겼다

많은 원핵생물에서는 외막이 세포질 안쪽으로 밀려들어가 표면과 통로 역할을 하는 함입 현상이 나타난다. 진핵생물에서 볼 수 있는 내막의 망을 소포체(endoplasmic reticulum; ER)라 부르고, 소포체의 망이 연장되고 분리되어 핵을 보호하는 핵막(nuclear envelope)은 그러한 함입의 결과로 진화되었다고 여겨진다(그림 24.2).

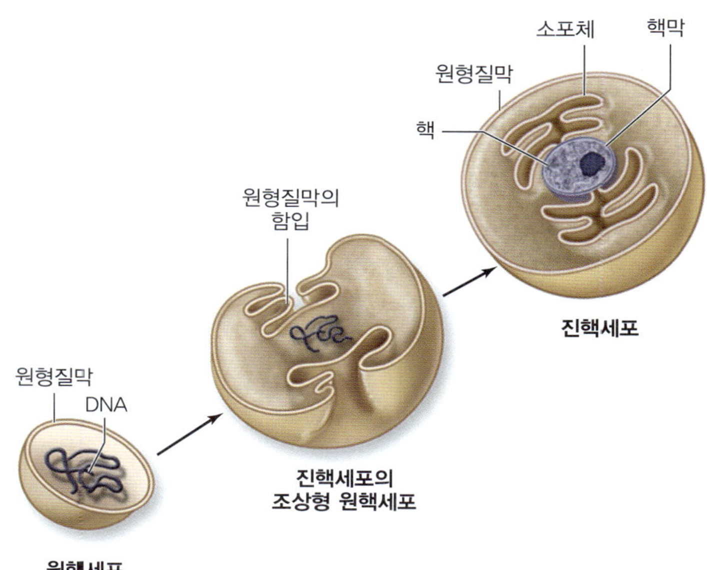

그림 24.2 핵과 소포체의 기원. 오늘날의 많은 원핵생물에서는 원형질막의 함입을 볼 수 있다. 진핵생물의 소포체(ER)라 부르는 내막계와 핵막은 그러한 원형질막의 함입으로 진화되었을 것이고, 원핵세포의 DNA를 둘러싸면서 진핵세포가 생겨났다.

미토콘드리아는 삼켜진 호기성 세균에서 진화하였다

학습목표 24.1.2 세포내 공생이 어떻게 미토콘드리아의 진화와 관련되는지 설명하라.

다른 세포 안에 살면서 숙주세포를 위해 특정한 기능을 수행하는 세균을 **세포내 공생세균**(*endosymbiotic bacteria*)이라 부른다. 자연에서 흔하게 나타나는 세포내 공생을 두고 1970년대 초에 마굴리스(Lynn Margulis)가 세포공생기원설을 주장하였는데, 이 생각은 1905년에 메레쉬코브스키(Konstantin Mereschkowsky)가 처음 제안한 것이다. **세포내 공생**(*endosymbiosis*)이란 긴밀한 유대 관계를 맺고 함께 사는 것을 의미한다.

이제는 널리 받아들여지는 세포내 공생 개념은 진핵세포의 진화에 있어서 중대한 단계가 원핵생물들이 세포내 공생 관계를 형성하는 것임을 시사한다. 이 이론에 따르면 에너지를 생산하는 세균이 보다 큰 다른 세균 안에서 살게 되고, 결국 오늘날 미토콘드리아라고 부르는 구조로 진화하였다(그림 24.3). 아마도 원래의 숙주 세포는 수소의존성 대사경로를 가진 혐기성 세균이었을 것이다. 공생자는 수소(H2)를 생성하는 호흡방식을 취하였다. 숙주는 무산소 조건에서 공생자에게 수소를 의존하였다가 나중에 공생자의 호흡경로를 이용하여 산소가 풍부한 대기에 적응할 수 있었다.

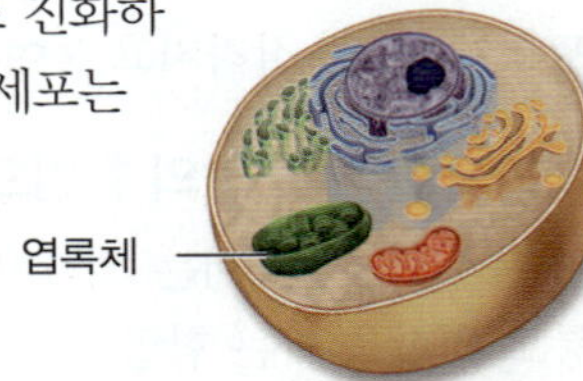

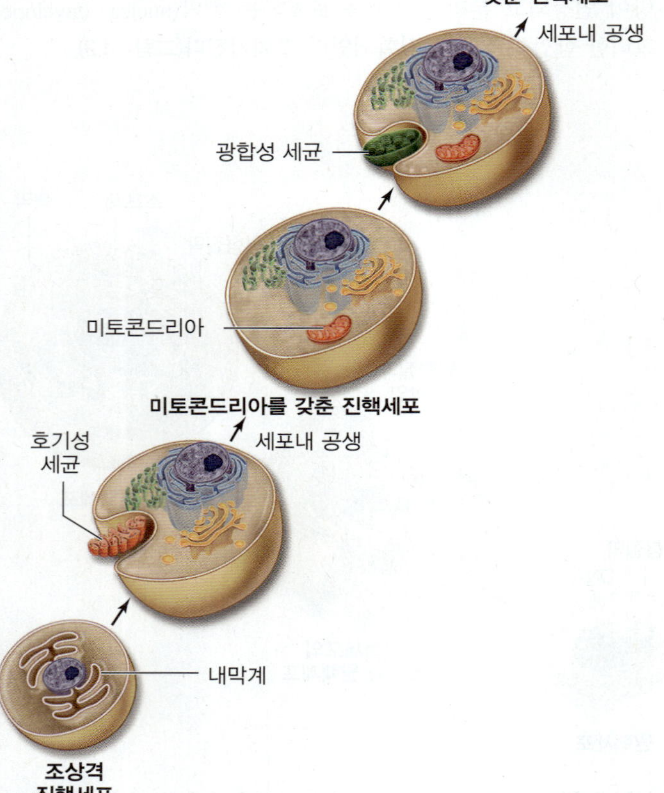

그림 24.3 세포내 공생 이론. 과학자들은 이미 내막계를 갖춘 조상격인 진핵세포가 호기성 세균을 삼키고, 이 세균이 진핵세포의 미토콘드리아가 되었다고 제안한다. 엽록체 역시 이러한 방식으로 진핵세포가 광합성 세균을 삼켜서 생겨났다.

엽록체는 삼켜진 광합성 세균에서 진화하였다

학습목표 24.1.3 엽록체의 기원을 설명하라.

광합성 세균이 보다 큰 다른 세균 안에서 살게 된 것으로 여겨지고, 이는 결국 식물과 조류에서 광합성을 하는 세포소기관인 엽록체로 진화하였다(그림 24.3 참조). 엽록체 진화의 역사는 계통 연구에서 주의를 기울여야 할 본보기가 된다. 모든 엽록체는 남세균의 단일한 계열에서 진화한 것으로 보이지만, 이들 엽록체의 숙주격인 생물은 단계통이 아니다. 이 명백한 역설은 2차 세포내 공생과 경우에 따라서는 3차 세포내 공생의 가능성을 고려하면 해결된다. 홍조류와 녹조류는 모두 광합성 남세균을 삼켜서 엽록체를 얻었다. 갈조류는 아마도 하나 또는 여러 홍조류를 삼켜서 엽록체가 생겼는데, 이 과정을 **2차 세포내 공생(secondary endosymbiosis)**이라한다(그림 24.4).

홍조류와 녹조류의 엽록체 유전자 순서만을 바탕으로 계통수를 작성하면 믿을 수 없을 정도로 긴밀한 진화적 유연관계를 나타낸다. 그렇지만 이 계통수는 오해의 소지가 있는데, 그 이유는 이 자료는 동일한 계열의 남세균을 삼킨 시점에 두 조류 계열이 얼마나 분기되었는

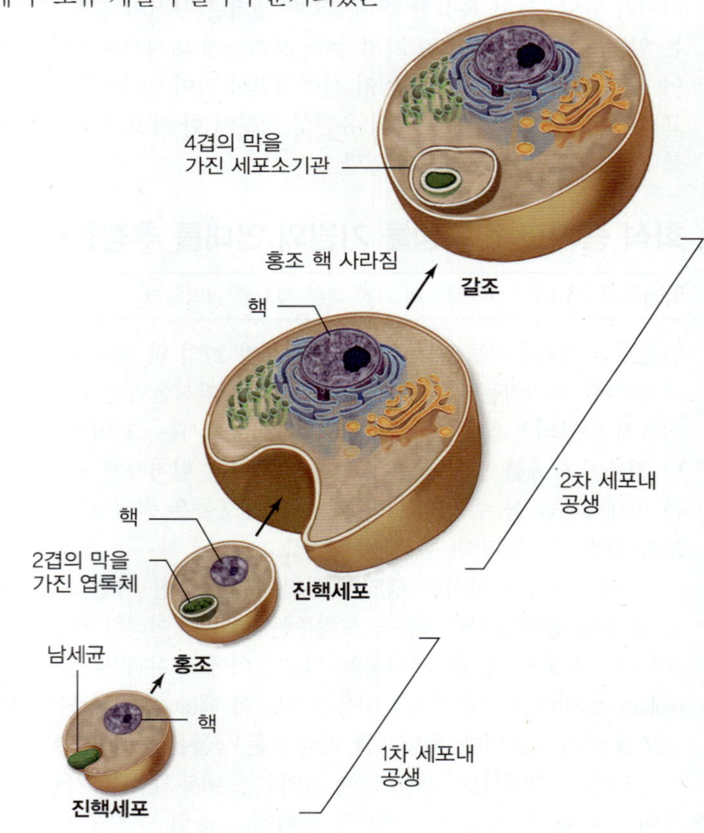

그림 24.4 세포내 공생으로 생겨난 홍조류와 녹조류의 엽록체.

지를 설명하지 못하기 때문이다. 홍조류와 녹조류의 관계를 밝히는 데에는 엽록체의 유전자 순서보다 형태적 형질과 화학적 형질이 훨씬 도움이 된다.

세포내 공생은 다양한 증거들에 의해 뒷받침된다

오늘날 많은 공생관계를 볼 수 있다는 사실은 세포내 공생 이론에 힘을 실어주는 것이다. 이 이론은 오늘날의 미토콘드리아와 엽록체 같은 세포소기관들이 고유한 DNA를 포함한다는 점에서 훨씬 강력한 지지를 받는데, 이들의 DNA는 그 크기와 특징이 세균의 DNA와 매우 비슷하다. 미토콘드리아가 진핵세포에서 세포내 공생체로 존재한 15억 년 동안 미토콘드리아 유전자의 대부분은 숙주 세포의 염색체로 전달되었지만, 모두가 그런 것은 아니었다. 아직도 각각의 미토콘드리아는 세균에서 발견되는 DNA와 비슷한 폐쇄환형 DNA의 유전체를 갖고 있으며, 여기에 산화적 대사에 필수적인 단백질을 암호화한 유전자들이 자리 잡고 있다. 이 유전자들은 미토콘드리아 내에서 미토콘드리아 리보솜을 이용하여 전사되는데, 이 리보솜들은 진핵세포의 리보솜보다 작고, 크기와 구조가 세균의 리보솜과 매우 비슷하다. 세균의 단백질 합성을 억제하는 많은 항생물질들이 미토콘드리아와 엽록체의 단백질 합성도 억제하지만, 세포질에서는 단백질 합성이 억제되지 않는다. 엽록체와 미토콘드리아가 유사분열을 하지 않고 2분법으로 복제된다는 점 역시 세균에서 기원되었다는 점을 뒷받침하는 것이다.

유사분열이 진핵생물에서 진화하였다

학습목표 24.1.4 유사분열이 한꺼번에 진화되었다고 믿지 않는 이유를 설명하라.

진핵생물 간에서 지금은 흔하게 나타나는 유사분열과 세포질분열의 기구가 한꺼번에 진화되지 않았다. 아주 다르고 어쩌면 중간인 메커니즘의 자취가 아직도 일부 진핵생물에 남아있다. 예를 들어 식물과 동물 그리고 다른 많은 원생생물에서는 핵막이 사라지지만 균류와 일부 원생생물에서는 핵막이 사라지지 않고 유사분열이 핵에 국한된다. 이들 생물에서 유사분열이 완료되면 핵이 2개의 딸핵으로 분열하고, 그 후에야 세포의 나머지가 분열한다. 핵막이 사라지지 않는 유사분열이 진화의 여정에서 중간 단계를 나타내는 것인지 아니면 그저 동일한 문제를 해결하는 다른 방안인지는 명확하지 않다. 유사분열의 역사를 추적할 수 있을 만큼 충분하게 화석에서 분열 중인 세포의 내부를 볼 수 없다.

개념 정리 24.1

진핵생물은 핵과 그 밖의 막으로 둘러싸인 세포소기관들이 들어있는 생물이다. 소포체와 핵막은 외막의 함입으로 생겼다. 세포내 공생 이론에 따르면 삼켰지만 온전하게 남아있는 세균으로부터 미토콘드리아와 엽록체가 진화하였다. 미토콘드리아와 엽록체는 원핵생물의 DNA와 유사한 고유한 DNA를 갖고 있다. 유사분열은 한꺼번에 진화되지 않았고, 여러 다른 생물들에서 다양한 기구가 지금도 나타난다.

- 세포내 공생 이론을 뒷받침하는 증거는 무엇인가?

24.2 생물학적으로 원생생물은 매우 다양한 집단이다

원생생물(*protist*)은 가장 원시적인 진핵생물이고, "곰팡이나 식물 또는 동물이 아닌" 부정적 특징을 기반으로 분류된다. 어떤 면으로 보나 원생생물은 통합적 특징이 없는 매우 변화가 심한 집단이다. 그림 24.5에 보인 보르티셀라(*Vorticella*)처럼 많은 종류가 단세포로 되어 있지만, 군체를 이루거나 다세포로 된 무리도 매우 많다. 대부분은 현미경적 크기를 갖는 반면, 어떤 원생생물은 나무에 견줄 만큼 크기가 크다.

원생생물은 곰팡이나 식물 또는 동물이 아닌 원생생물이다

학습목표 24.2.1 원생생물을 다른 진핵생물과 구별하는 특징을 설명하라.

원생생물의 세포 표면은 아주 다양하게 나타난다. 아메바 같은 어떤 원생생물은 오로지 원형질막으로만 둘러싸인다. 다른 모든 원생생물들에서는 원형질막의 외부에 세포외 기질(extracellular matrix; ECM)이 나타난다. 어떤 세포외 기질은 단단한 세포벽을 형

그림 24.5 단세포 원생생물. 원생생물계는 매우 다양한 집단들로 구성된 잡동사니 같은 계이다. 이 사진에 보인 예는 유포생물 섬모충류의 하나인 보르티셀라(Vorticella)인데, 세균을 섭식하는 이 단세포 생물은 수축성 자루를 갖는다.

성하는데, 이를테면 돌말류와 유공충류는 규산질로 된 유리 같은 껍질을 만든다.

이동 세포소기관

원생생물은 다양한 방법을 이용하여 운동을 한다. 많은 원생생물이 하나 또는 여러 개의 편모를 움직여 물속에서 이동하고, 다른 원생생물들은 편모처럼 생긴 짧은 섬모를 이용하여 물살을 일으켜 섭식하거나 나아간다. 아메바는 세포체가 뭉툭하게 확장된 위족(pseudopodium; 그리스어로 "헛발"을 의미함)이 주된 이동 수단이다. 동족의 다른 원생생물에서는 가늘고 갈라진 돌출부가 뻗어 나오는데, 보통 이 돌출부는 미세소관 축사들에 의해 지탱된다. 축위족(axopodium)이라 부르는 이 구조는 뻗거나 움츠릴 수 있다. 끝이 가까운 표층에 붙을 수 있어서, 앞쪽의 축위족은 짧게 하고 뒤쪽의 축위족은 뻗으면서 세포는 롤링 운동으로 움직일 수 있다.

포낭 형성

표면이 연약한 많은 원생생물들이 혹독한 서식지에서도 잘 지낸다. 이들이 성공적으로 생존하는 비결은 무엇일까? 이들은 살기에 적합하지 않은 조건에서 포낭을 형성하여 살아남는다. 포낭(cyst)은 보호성 외피로 둘러싸인 휴지세포이고, 세포 내의 대사는 거의 완전히 멈춘 상태이다. 그렇지만 모든 포낭이 그렇게 강인한 것은 아니다. 예를 들어 척추동물에 기생하는 아메바는 위액의 산도에 잘 견디는 포낭을 만들지만, 이 포낭이 건조와 높은 온도에는 견디지 못한다.

영양

원생생물은 화학독립영양을 제외한 모든 유형의 영양획득을 이용하는데, 생물이 자신이 필요로 하는 에너지를 화학반응으로부터 얻는 능력인 화학독립영양(chemoautotrophy) 방식은 지금까지 원핵생물에서만 관찰되고 있다. 어떤 원생생물은 식물과 같이 에너지원으로 빛을 이용하는 광합성 독립영양생물이고, 이를 광영양생물(phototroph)이라고 한다. 다른 어떤 원생생물은 다른 생물이 합성한 유기분자로부터 에너지를 얻는 종속영양생물(heterotroph)이다. 종속영양생물 가운데 가시적인 입자를 섭취하는 원생생물을 섭식생물(phagotroph)이라고 부른다. 섭식생물에 의해 섭취된 먹이입자들이 세포 내에서 막으로 둘러싸인 소포를 식포 또는 파고솜이라 부른다. 리소좀이 식포와 결합하여 식포 내의 먹이입자들을 소화하는 효소를 내놓는다. 소화된 분자들이 막을 통해 흡수되면서 식포는 오그라진다. 용해된 형태로 먹이를 섭식하는 원생생물을 **호삼투생물**(*osmotroph*)이라고 한다. 엄청난 유연성을 나타내는 원생생물 영양방식의 또 다른 예는 **혼합영양생물**(*mixotroph*)에서 볼 수 있는데, 이는 독립영양과 종속영양을 모두 영위하는 원생생물이다.

다세포성

단일한 세포에는 한계가 있다. 세포가 차츰 커지면서 부피가 늘어나는 데 비해 표면적은 좁아진다. 이 문제는 여러 세포로 구성된 다세포성 개체들이 진화하면서 해결되었다. 다세포성(multicellularity)은 생물이 서로 영구적으로 연관되고 활동이 통합되는 여러 세포들로 구성된 상태를 가리킨다. 다세포성의 가장 중요한 이점은 특수화(specialization)가 가능해진다는 점으로, 뚜렷이 구별되는 유형의 세포와 조직 및 기관들이 개체의 몸 안에서 분화되고 이들 각각이 서로 다른 기능을 할 수 있다는 것이다. 그와 같은 기능적 "분업"이 체내에서 나타남에 따라 다세포생물은 특별히 몸을 보호하도록 특수화된 세포와 몸을 움직이게 하는 세포, 그리고 짝을 찾거나 먹이를 찾는 데 사용되는 세포와 그 밖의 많은 활동을 수행하는 세포들을 다양하게 보유할 수 있게 된다. 비유하자면 주민이 5만 명인 작은 도시는 축구장의 5만 명 군중보다 훨씬 복잡하고 유능하다고 말할 수 있는데, 축구장에 모인 관중과 달리 도시의 주민 각자는 다른 모든 사람들과 밀접한 관계를 맺는 특정한 활동을 하도록 전문화되어 있다.

군체. 군체(colony)를 이루는 생물은 세포들이 영구적으로 연관되었지만 세포활성은 거의 또는 전혀 통합되지 않은 세포들의 무리이다. 많은 원생생물들이 군체를 형성하는데, 이를 구성하는 많은 세포들에서는 분화나 통합이 거의 일어나지 않는다. 그렇지만 일부 원생생물에서는 군체와 다세포의 구별이 모호해진다. 이를테면 녹조류 좁쌀공말속(Volvox)에서는 각각의 운동성 세포들이 속이 빈 공 모양으로 뭉치는데(그림 24.6), 수십 명의 뱃사공들 모두가 일제히 노를 젓는 것처럼 각 세포들이 동조적으로 편모를 휘저어 이 군체가 움직인다. 움직이는 군체의 뒤쪽에 있는 몇몇 세포들은 생식세포이지만, 대부분의 세포들은 비교적 미분화된 상태이다.

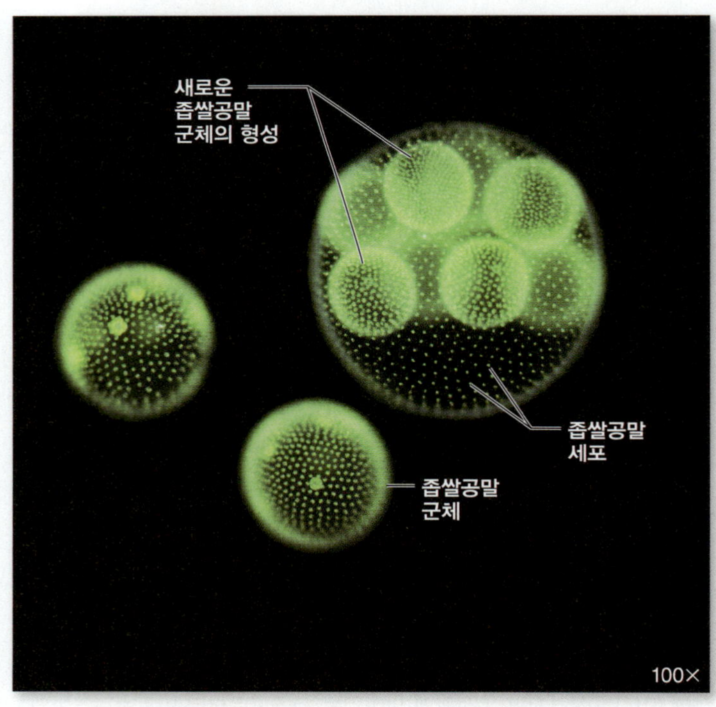

그림 24.6 군체성 원생생물. 녹조식물문의 원생생물 좁쌀공말속 (*Volvox*)에서는 각각의 운동성 단세포 조류들이 뭉쳐서 속이 빈 군체를 형성하는데, 각 세포들이 편모를 휘저어 군체를 움직인다. 좁쌀공말속의 어떤 종들은 세포들 간의 세포질연결을 갖고 있어서 군체의 활동이 조정된다. 좁쌀공말속의 복잡한 군체는 다세포성 생명체에서 나타나는 많은 특성을 갖는다.

다세포성 개체들. 각 세포들의 활성이 조화를 이루고 세포간 연락이 이루어지는 진정한 다세포성은 진핵생물에서만 나타나며, 이는 진핵생물이 갖는 주요 특징 가운데 하나이다. 원생생물 가운데 세 집단에서 단순하지만 진정한 다세포성이 나타난다. 이들 집단은 갈조류(갈조식물문, Phaeophyta), 녹조류(녹조식물문, Chlorophyta) 그리고 홍조류(홍조식물문Rhodophyta)이다. 다세포생물에서는 개체들이 많은 특수한 세포들로 구성되며, 이들 세포들은 상호 작용하면서 그들의 활성을 조정한다.

생식

원생생물은 보통 무성적으로 증식하지만, 유성생식을 하는 시기를 갖는 종류도 있고, 다른 어떤 종류는 먹이 부족 같은 압박을 받을 때 유성생식을 한다.

무성생식. 무성생식에는 언제나 유사분열이 따르지만, 원생생물에서 일어나는 유사분열 과정은 다세포동물의 유사분열과 종종 다르다. 이를테면 유사분열을 하는 동안 내내 핵막이 남아있고 그 안에서 미세소관으로 된 방추체가 형성되기도 한다.

어떤 종류에서는 유사분열이 끝난 다음 세포가 거의 동등한 반쪽으로 나뉜다. 때때로 어버이세포보다 상당히 작은 딸세포가 만들어진 다음 성체의 크기로 생장하기도 하는데, 이와 같은 세포분열을 **출아(budding)**라고 한다. 일부 원생생물에서 흔하게 나타나는 분열생식(schizogony)의 경우, 몇 차례 핵분열이 일어난 다음 세포가 분열된다. 이 경우에는 세포질분열로 여러 개체들이 거의 동시에 만들어진다.

유성생식. 원핵생물에서는 유성생식이 일어나지 않지만 대부분의 진핵세포들은 유성적으로 증식하는 능력을 갖고 있다. 감수분열은 초기의 원생생물에서 생겨난 주된 진화적 혁신이고, 이를 통해 2배체 세포에서 반수체 세포가 만들어진다. **유성생식(sexual reproduction)**은 2개의 반수체 세포들이 결합하는 수정에 의해 자손을 생산하는 과정이다. 유성생식의 커다란 이점은 빈번하게 유전적 재조합을 일으킨다는 점이고, 이것이 바로 진화의 출발점이 되는 변이를 일으킨다. 접합하는 짚신벌레에서 볼 수 있는 것과 같이 (그림 24.7), 대부분의 진핵생물은 압박을 받을 때에만 유성생식을 한다. 감수분열과 유성생식의 진화는 진핵생물의 다양성이 엄청나게 증가하는 데 크게 기여하였다.

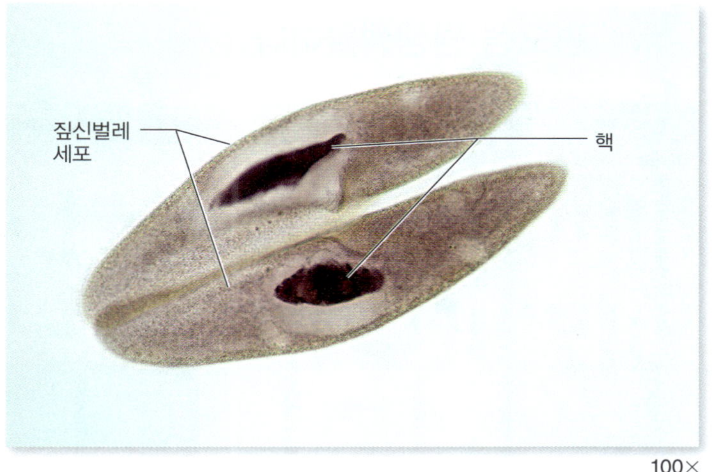

그림 24.7 짚신벌레의 유성생식. 접합이라는 과정을 통해 두 개의 성숙한 세포가 융합하고 반수체 핵을 교환한다.

개념 정리 24.2

모든 원생생물이 원형질막을 갖지만, 단단한 세포외 기질처럼 세포 표면의 성분들은 매우 다양하다. 원생생물은 주로 편모나 위족의 운동을 이용하여 나아간다. 광합성 원생생물은 광합성을 하고, 섭식생물은 먹이 입자를 섭취하며, 호삼투생물은 용해된 영양소를 섭식한다. 압박을 받을 때 흔히 유성생식을 하지만, 대부분의 원생생물에서는 무성생식을 원칙으로 한다. 다세포생물은 군체성 원생생물에서 기원한 것으로 보인다.

- 위족을 이용해서 운동하는 이점은 무엇인가?

24.3 원생생물 계통발생의 윤곽이 명백해지고 있다

원시적 원생생물과 함께 시작된 진핵생물의 기원은 생명의 진화에서 가장 중요한 사건의 하나이다. 결과적으로 다양성이 폭발적으로 증가하였고, 그 추세가 오늘날까지도 이어지고 있다. 분류학자들은 식물과 균류 또는 동물을 제외한 모든 진핵생물들을 편의상 하나의 커다란 계인 원생생물계(Protista)에 둔다. 이 계는 서로 다른 20만 종류를 함께 묶은 것이고, 서로 먼 친척뻘인 15개의 주요 문들로 구분된다. 간략하게 말하면 원생생물계는 측계통성(paraphyletic)이다.

원생생물 중에서 단계통군들이 확인된다

학습목표 24.3.1 원생생물의 15개 주요 문들이 어떻게 연관되는지 설명하라.

이 세상이 산소가 없던 조건에서 산소가 존재하는 조건으로 바뀌면서 진핵생물은 빠르게 분기하였다. 이토록 중대한 진화적 전이를 거친 상이한 계열들 간의 유연관계를 완벽하게 가려내는 것은 불가능할지도 모른다. 그런대로 원생생물들 간의 진화적 유연관계를 이해하기 위해 다양한 분자적 방법들이 적용되고 있다. 분자계통분류학 역시 진핵생물 계통수 전체의 뿌리를 가려내는 데 도움이 되고 있다. 진핵생물 계통수에 대해 제안된 한 가설을 그림 24.8에 나타내었으며, 여기에서 지금까지 알려진 모든 진핵생물들을 분류한 6개의 초상위범주(supergroup)는 다음과 같다.

유굴생물(Excavata). 일부 종류의 세포체 한쪽에 굴(홈)이 있어서 이런 이름이 생겼으며, 이 초상위범주는 3개의 주요 단계통군을 포함한다. 중복편모충류(Diplomonads)와 부기저부충류(Parabasalids)는 변형된 미토콘드리아를 갖고, 유글레노조아류(Euglenozoa)는 구조가 독특한 편모를 갖는다.

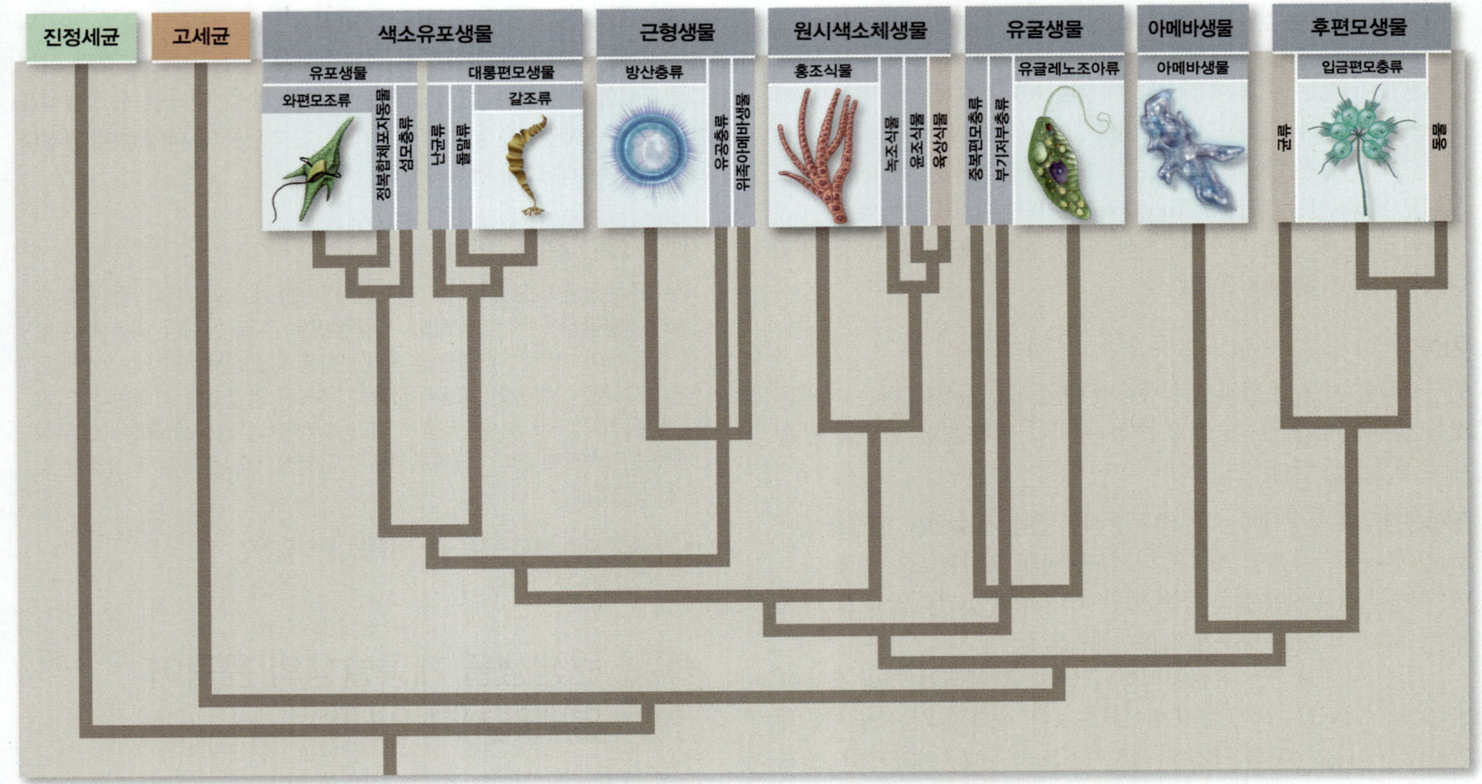

그림 24.8 진핵생물의 진화적 유연관계. 최근의 비교분자적 자료를 분석한 결과에 따르면 진핵생물은 여기에 보인 바와 같이 6개의 초상위범주로 구분된다. 진핵생물 가운데 식물과 균류 및 동물은 단계통군들이지만, 원생생물은 다계군이다. 그림에서 원생생물 계열은 청색으로 음영 처리하였다.

색소유포생물(Chromalveolata). 돌말류와 와편모조류 그리고 섬모충류를 포함하고 주로 광합성을 하는 이 거대한 초상위범주는 2차 세포내 공생으로 생겨났다.

근형생물(Rhizaria). 색소유포생물과 연관된 유공충류와 방산충류를 포함한다. 이들은 많은 점에서 다르지만 DNA의 유사성으로 이들 두 단계통군이 묶어진다.

원시색소체생물(Archaeplastida). 이 집단에 속하는 홍조류와 녹조류는 서로 관련이 있는 광합성 색소체를 갖고 있다. 식물은 녹조류에서 기원하였다.

후편모생물(Opisthokonta). 균류와 동물은 밀접한 관련이 있는 것으로 나타난다. 이 무리에는 동물의 조상인 입금편모충류(choanoflagellates)도 포함된다.

아메바생물(Amoebozoa). 이 집단에는 독립생활성 아메바와 사회성 아메바(점균류)가 포함된다.

앞으로 더 많은 자료들이 축적되면 이를 바탕으로 원생생물 계열을 보다 잘 이해하게 되겠지만, 여기에 제시한 잠정적인 계통분류를 이용하면 많은 공유형질을 갖는 집단 간의 유연관계를 파악하는 데 도움이 된다. 아직까지는 확신을 가지고 모든 원생생물 계열을 이 계통수에 배치할 수 없지만, 그림 24.8에 나타낸 배열은 최근의 분류학과 계통학에 퍼지고 있는 변화와 도전을 전형적으로 보여준다. 이렇게 변화하는 광경을 22장에서 탐구한 바 있다.

개념 정리 24.3

측계통군인 원생생물계는 식물과 균류 및 동물의 조상을 포함한다. 최근의 분자적 연구에 따르면 원생생물은 11개의 단계통군으로 나뉘고 6개의 초상위범주로 구분된다.

- 원생생물계가 측계통군이라고 간주되는 이유는 무엇인가?

24.4 유굴생물은 미토콘드리아가 없는 편모성 원생생물이다

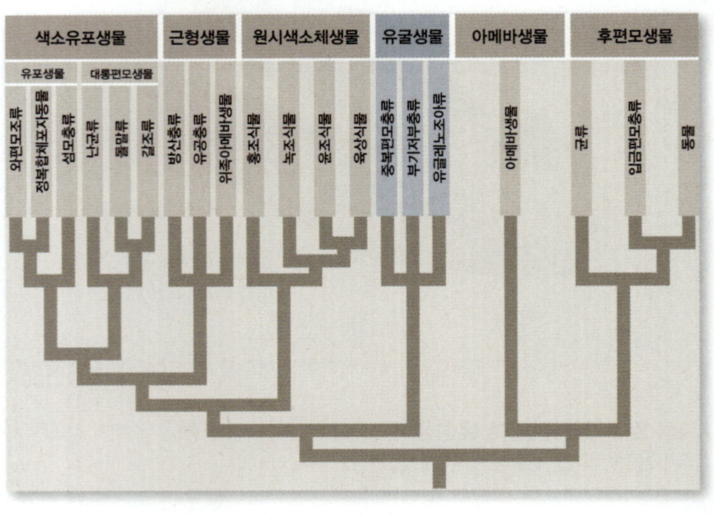

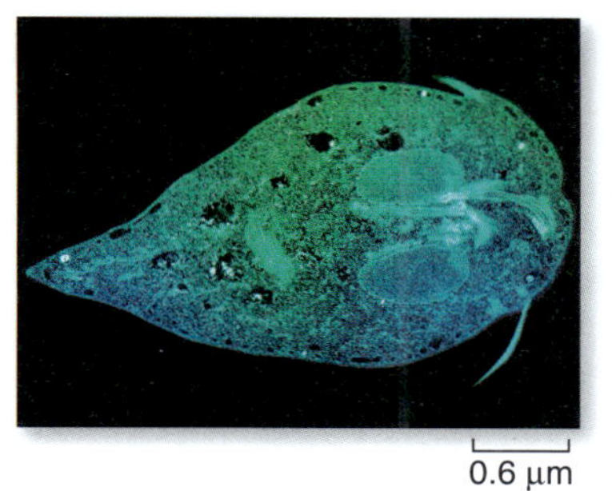

그림 24.9 람블편모충(*Giardia intestinalis*). 이 기생성 중복편모충은 미토콘드리아가 없다.

중복편모충류는 2개의 핵을 갖는다

학습목표 24.4.1 중복편모충류의 주요 특징을 열거하고 그 예를 제시하라.

초상위범주 유굴생물(Excavata)은 2개의 단계통군인 **중복편므충류**(*diplomonads*)와 **부기저부충류**(*parabasalids*)로 구성된다. "유굴생물"은 일부 종류의 세포체 한쪽에 패인 굴(홈) 때문에 이런 이름이 붙여졌다.

중복편모충류는 단세포이고 편모를 이용하여 움직인다. 이 집단의 종류들은 미토콘드리아가 없지만 2개의 핵을 갖는다. **람블편모충**(*Giardia intestinalis*)이 중복편모충류의 예가 된다(**그림 24.9**). **흡반편모충속**(*Giardia*)은 오염된 물을 통해 사람과 사람 사이에서 전염될 수 있는 기생생물이고 설사를 일으킨다. 흡반편모충속의 핵에서 미토콘드리아 유전자들이 발견되어 이들이 호기성 생물로부터 진화되었다는 혼란을 야기한다. 미토콘드리아 특이성 항체로 염색한 흡반편모충 세포를 전자현미경으로 관찰하면 퇴화한 미토콘드리아가 나타난다. 따라서 흡반편모충속은 초기 원생생물로 여겨지지 않는다.

부기저부충류는 파동막을 갖는다

학습목표 24.4.2 부기저부충류의 주요 특징을 열거하고 그 예를 제시하라.

부기저부충류는 아주 흥미로운 종들의 모임이다. 어떤 종은 흰개미의 장에 살면서 섬유소를 소화하는데, 섬유소는 흰개미가 갉아먹는 나무의 주성분이다. 한편으로 부기저부충류는 섬유소의 소화를 돕는 세균과 공생관계에 있다. 각각 다른 계에 속하는 이들 세 가지 공생생물의 끈질긴 활동으로 말미암아 나무로 만든 집이 붕괴되기도 하고 숲의 쓰러진 엄청난 나무들이 분해된다. 또 다른 부기저부충류인 **질편모충**(*Trichomonas vaginalis*)은 사람의 성병을 유발한다.

부기저부충류는 운동을 도와주는 파동막(undulating membrane)을 갖고 있다(**그림 24.10**). 중복편모충류처럼 부기저부충류 역시 편모를 이용하여 움직이고 미토콘드리아가 없다. 이들 두 집단에서 미토콘드리아가 결여된 점은 이제 원시공통형질이라기보다는 파생형질로 믿어진다.

유글레노조아류는 앞편모와 흔히 엽록체를 갖는 독립생활성 진핵생물이다

학습목표 24.4.3 유글레노조아류와 운동핵편모충류를 구별하는 특징을 설명하라.

그림 24.10 부기저부충류의 특징인 파동막. 기생성 원생 생물인 질편모충(*Trichomonas vaginalis*)은 질염(vaginitis)을 일으킨다.

유글레노조아류(Euglenozoa)는 일찍 분기되었고 미토콘드리아를 갖는 초기 독립생활성 진핵생물의 하나이다. 이들의 두드러진 특징 가운데 하나로, 많은 유글레노조아류는 세포내 공생을 통해 엽록체를 획득하였다. 조류들에서도 세포내 공생이 보편적이지만 유글레노조아류와 밀접한 연관이 있는 조류는 없다. 40여 속의 유글레노조아류 가운데 대략 1/3이 엽록체를 갖고 완전한 독립영양 생활을 하지만, 나머지는 종속영양 생활을 하고 먹이를 섭식한다.

유글레나: 가장 잘 알려진 유글레나류

유글레노조아류 가운데 가장 잘 알려진 문은 유글레나류(euglenoids)이다. 개개의 유글레나류는 길이가 10 ㎛에서 500 ㎛ 사이이고, 형태가 몹시 변한다. 나선형으로 배열된 단백질띠가 서로 맞물려 있는 **박막**(*pellicle*) 때문에 유연한 구조가 생기는데, 이 박막은 유글레나류의 원형질막 안쪽에 놓인다. 신축성 있는 박막에 기인하여 유글레나류는 모양을 바꿀 수 있다.

유글레나류는 유사분열에 의한 세포분열로 번식한다. 핵막은 유사분열 과정을 통하여 사라지지 않고 남아 있다. 이 무리에서는 유

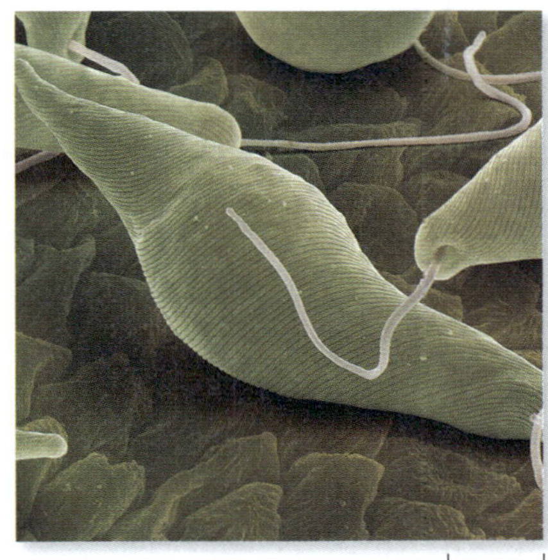

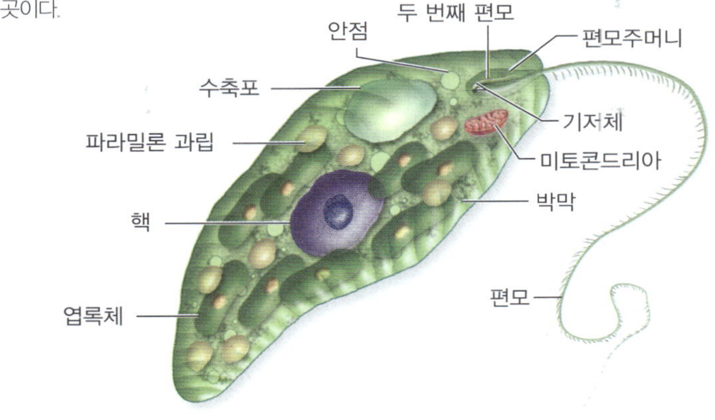

그림 24.11 유글레나류. **a.** 유글레나 그라실리스(*Euglena gracilis*)의 현미경사진. **b.** 유글레나의 모식도. 파라 밀론 과립은 저장물질이 축적되는 곳이다.

과학적 사고

가설: 어두운 환경에서는 유글레나 세포에 광합성색소가 들어있지 않다.

예측: 빛에서 배양한 유글레나 세포를 어두운 곳으로 옮기면 광합성색소가 분해되고 새로운 색소가 만들어지지 않는다.

실험: 정상적인 빛 조건에서 유글레나를 배양하다가 두 개의 플라스크로 옮긴다. 각 플라스크로부터 시료를 취하여 각각의 광합성색소의 양을 측정한다. 한 플라스크는 계속 빛을 주고 다른 플라스크는 어두운 곳으로 옮긴다. 며칠 후에 각 플라스크로부터 광합성색소를 추출하고 둘 사이의 양을 비교하고 처음의 양과도 비교한다.

결과: 어두운 조건에서 배양한 플라스크는 빛 조건에서 키운 플라스크보다 광합성색소의 함량이 적다. 어두운 조건에서 배양한 플라스크는 실험이 시작될 무렵보다 색소의 함량이 적다. 빛 조건에서 키운 플라스크의 색소 함량은 변하지 않았다.

결론: 가설이 뒷받침된다. 유글레나를 어두운 곳에 두면 광합성색소가 사라진다. 색소는 어두운 환경의 플라스크에서 분해된다.

추가 실험: 어두운 조건에서 배양한 플라스크를 빛 조건으로 옮기고 시간의 경과에 따른 색소 함량의 변화를 측정한다. 빛 조건에서 키운 다음, 처음의 색소 농도로 회복되었나?

그림 24.12 빛이 유글레나의 광합성색소에 미치는 효과.

성생식이 나타나지 않는다.

문의 이름이 된 속인 유글레나(Euglena; **그림 24.11**)는 2개의 편모가 플라스크처럼 생긴 구멍의 바닥에 붙는데, **편모주머니**(*reservoir*)라고 부르는 이 구멍은 세포의 앞쪽 끝에 생긴다. 2개의 편모 중 하나는 길고 한쪽을 따라 매우 가늘고 짧은 털 같은 돌기들이 달린다. 다른 편모는 짧고 편모주머니에서 밖으로 나오지 않는다. 수축포(contractile vacuole)는 개체의 모든 부분으로부터 과다한 물을 모아 편모주머니로 배출하는데, 이러한 기능은 체내의 삼투압을 조절하는 데 크게 기여한다. 녹조류(녹조식물문)에서도 나타나는 안점(stigma)은 이들 광합성생물이 빛을 향해 움직이도록 도와준다.

유글레나의 세포에는 수많은 작은 엽록체들이 들어있다. 이들 엽록체는 녹조류와 식물의 엽록체처럼 엽록소 *a*와 *b*, 그리고 카로티노이드를 함유한다. 유글레나류의 엽록체는 그 구조에 있어서 녹조류의 엽록체와는 약간 다르지만 기원이 같을 것으로 추정된다. 유글레나의 광합성색소들은 빛에 민감하다(**그림 24.12**). 유글레나류의 엽록체는 녹조류의 섭식을 통한 공생관계로부터 진화한 것으로 보인다. 최근의 계통적 연구에 따르면 유글레나류 내에서 유글레나속이 다중기원을 갖는 것으로 나타나면서 유글레나(*Euglena*)가 단일한 속이라는 개념에 대해 논란이 일고 있다.

파동편모충: 질병을 일으키는 운동핵편모충류

유글레노조아류 가운데 두 번째 주요 집단은 **운동핵편모충류**(*kinetoplastids*)이다. 운동핵편모충류는 각 세포에 독특한 하나의 미토콘드리아가 들어있다. 미토콘드리아는 미니서클(minicircle)과 맥시서클(maxicircle)의 두 가지 DNA를 갖고 있다. 원핵생물은 환형 DNA를 갖고, 미토콘드리아는 원핵생물에서 기원되었다는 점을 상기하자. 이 미토콘드리아의 DNA는 매우 빠른 해당작용을 책임질 뿐만 아니라 미니서클에 암호화된 안내RNA에 의한 특이한 RNA편집에도 책임을 진다.

기생성(parasitism)은 운동핵편모충류 내에서 여러 번 진화하였다. 운동핵편모충류 가운데 파동편모충(trypanosomes)은 사람에게 많은 심각한 질병을 일으키고, 그 중 가장 잘 알려진 파동편모충증(trypanosomiasis)은 아프리카 수면병이라고도 하며 극심한 무기력과 피로를 유발한다(**그림 24.13**).

모래파리에 의해 전염되는 리슈만편모충증(leishmaniasis)도 파동편모충에 의한 질병으로 피부의 염증을 일으키고 간혹 내장에 영향을 미치면서 죽음에 이르기도 한다. 매년 약 150만 명의 새로운 환자가 보고되고 있다. 남아메리카에서 리슈만편모충증이 증가하는 것은 감염된 사람들이 농촌에서 도시로 이주하는 것과 관련이 있는데, 도시 환경에서는 기생생물이 확산될 기회가 많아진다.

샤가스병(Chagas disease)은 **크루스파동편모충**(*Trypanosoma cruzi*)이 일으킨다. 크루스파동편모충을 나르고 다른 포유동물이나 사람에게 분뇨를 통한 피부접촉으로 이 기생생물을 전파시킬 수 있는 작은 야생 포유동물들 때문에 미국 남부로부터 아르헨티나에 걸쳐 최소한 9천만 명의 사람들이 샤가스병에 걸릴 위험이 있다. 수혈 또한 전염병의 확산을 증대시킨다. 샤가스병은 사람과 가축의 심장과 소화기관에 심각한 문제를 일으킬 수 있지만, 야생 포

그림 24.13 **운동핵편모충류.** a. 사람의 팔에서 피를 빨고 있는 체체파리는 파동편모충을 옮길 수 있다. b. 적혈구들 사이에서 파동편모충의 진하게 염색된 핵과 앞편모 및 파도 모양의 변화가 심한 모양을 보여주는 현미경사진.

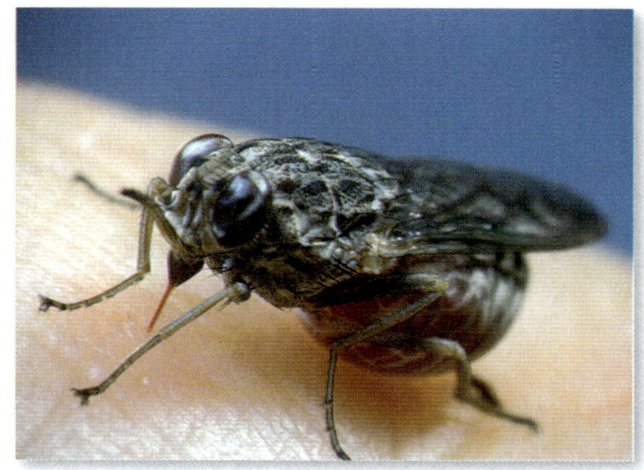

a.

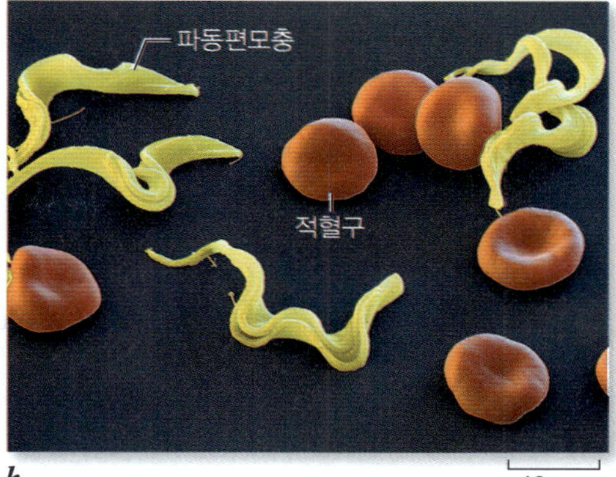

b.

유동물들은 이에 대한 내성을 갖는 것으로 나타난다.

이들 생물들이 지닌 독특한 속성 때문에 통제가 매우 어렵다. 예컨대 체체파리가 전염시키는 파동편모충은 방어성 당단백질 외피의 항원 성질을 계속해서 바꾸는 정교한 유전적 메커니즘을 발달시켜서 숙주가 생산하는 항체를 피하고 있다(35장 참조). 1,000 가지 정도의 가변표면당단백질(variable-surface glycoprotein, VSG) 유전자 가운데 단 한 유전자만이 한 번에 발현된다. VSG 유전자는 보통 복제되어 이들이 전사되는 말단소체 부근의 20여 발현부위 중 하나로 이동한다. 한 번에 단 하나만의 발현부위가 전사된다.

파동편모충은 이들을 전파하는 파리의 내장에서는 전염성이 없다. 이들이 숙주의 피부나 혈류로 옮겨질 준비가 되면 파동편모충은 침샘으로 이동하고 숙주의 항체로부터 이들을 방어하는 당단백질 항원의 두꺼운 외피로 둘러싸인다. 나중에 체체파리에 들어갈 때 파동편모충은 외피를 다시 떨어뜨린다.

그런 체계에 대비하여 백신을 생산하는 것은 복잡하지만 시험이 진행 중이다. 파리 개체군을 조절하기 위해 불임 파리를 풀어놓아 개체군의 생식을 방해하는 기법도 시도되고 있다. 암소 같은 냄새를 풍기지만 살충제를 바른 검은 천으로 만든 덫도 이와 비슷하게 효과가 있는 것으로 나타난다.

최근에 세 가지 운동핵편모충류의 유전체 염기순서를 분석한 결과 세 가지 모두의 공통유전자가 드러났다. 세 가지 기생성물에서 공통적으로 나타나는 하나 또는 몇몇 핵심단백질을 표적으로 하는 단일 약물이 개발될 수 있다면 이들 원생생물 모두가 인명에 미치는 엄청난 피해를 줄일 수 있을 것이다.

개념 정리 24.4

중복편모충류는 미토콘드리아가 없지만 미토콘드리아 유전자를 포함하기도 한다. 이들은 단세포이고 2개의 핵을 가지며 편모로 움직인다. 부기저부충류 역시 미토콘드리아가 없으며 편모와 파동막을 이용하여 운동한다. 미토콘드리아를 포함하는 초기 원생생물인 유글레노조아류는 광영양생물과 종속영양생물 모두가 나타난다. 운동핵편모충류는 두 가지 유형의 DNA를 갖는 단일한 미토콘드리아를 포함하고 안내RNA에 의한 RNA편집 능력을 갖는다. 파동편모충은 질병을 일으키는 운동핵편모충류이다.

- 유글레나 세포에서 수축포가 어떻게 삼투압을 조절하는가?

24.5 색소유포생물은 2차 공생으로 기원된 것이라 여겨진다

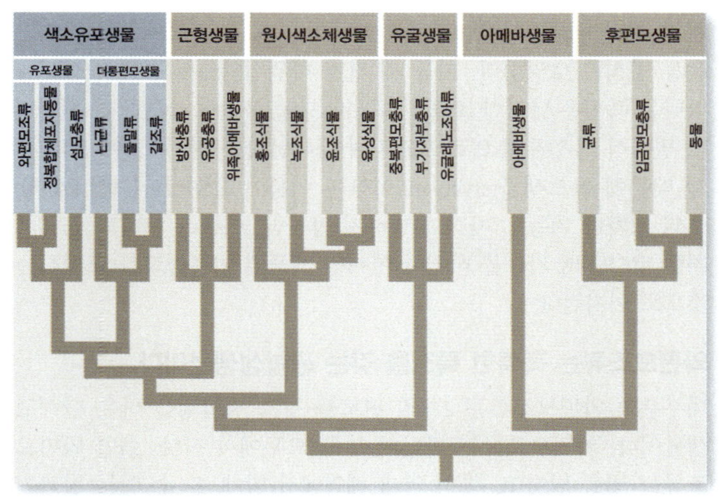

최근 방대한 초상위범주인 색소유포생물(Chromalveolata)이 제안되었는데, 그 이유는 이 초상위범주의 엄청난 다양성에도 불구하고 많은 DNA 염기순서 자료들이 이들 무리가 단계통군을 형성한다고 시사하기 때문이다. 그렇지만 일부 DNA 분석 자료는 이를 뒷받침하지 않고 있어서, 이 과제는 차후 검증받아야 할 작업가설(working hypothesis)로 남는다.

색소유포생물은 주로 광합성을 하고, 이 무리의 조상이 광합성을 하는 단세포성 홍조류를 섭식한 10억 년 이전에 비롯된 것으로 생각된다. 홍조류가 1차 세포내 공생으로 생겨났으므로, 이 사건은 2차 세포내 공생이라고 한다. 그 결과 엽록체는 두 겹이 아닌 네 겹의 막을 갖게 되었다.

유포생물은 세포막 밑에 소포가 있다

학습목표 24.5.1 와편모조류, 정복합체포자동물 및 섬모충류를 구별하는 특징을 설명하라.

색소유포생물 가운데 **유포생물(Alveolata)**이 가장 잘 이해되고 있

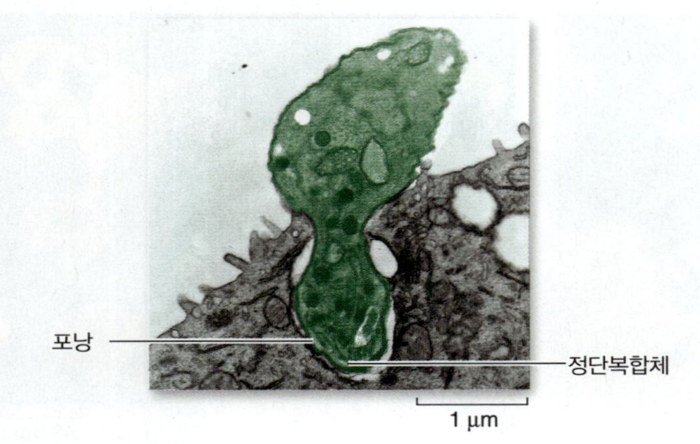

그림 24.14 와편모조류와 정복합체포자동물 및 섬모충류의 원형질막 바로 밑에서 연속적으로 나타나는 소포인 포(alveolus). 정복합체포자동물의 정단복합체는 이 기생생물이 숙주로 침입할 수 있게 해준다.

다. 유포생물은 와편모조류와 정복합체포자동물 및 섬모충류의 세 가지 주된 하위집단을 포함하는데, 이들 모두 공통계열을 갖지만 운동 방식은 다양하다. 이들 세 가지 하위집단에서 공통적으로 나타나는 특성은 납작한 소포인 포(alveolus; 복수형 alveoli)가 원형질막 밑에서 연속된 층으로 포개지며 나타난다는 점이고, 이 포의 존재 때문에 유포생물(alveolata)이라는 이름이 붙여졌다**(그림 24.14)**. 포의 정확한 기능은 아직 분명하지 않지만, 이들은 아마도 골지체처럼 막수송의 기능을 하거나 아니면 세포의 이온농도를 조절하는 것으로 여겨진다.

와편모조류는 독특한 특징을 갖는 광합성생물이다

대부분의 와편모조류는 2개의 편모를 갖고 광합성을 하는 단세포 생물이다. 와편모조류는 바다와 민물 모두에서 산다. 어떤 와편모조류는 빛을 발하고, 특히 열대 해역에서 밤에 볼 수 있는 반짝거림이나 섬광의 원인이 된다.

와편모조류의 편모와 보호용 외피 그리고 생화학적 특성이 독특하고, 와편모조류는 다른 어떤 문과도 직접적인 관련이 없는 것으로 나타난다. 섬유소와 비슷한 물질로 구성되고 보통 규산질로 덮인 판들이 와편모조류 세포를 둘러싼다**(그림 24.15)**. 이들 판에서 나타나는 홈 안에 편모가 있는데, 그 중 하나의 편모는 허리띠처럼 세포를 둘러싸고, 다른 하나는 이와 직각을 이룬다. 홈 안에서 편모가 퍼덕거리면서 와편모조류는 빙글빙글 돌며 움직인다.

대부분의 와편모조류가 엽록소 a와 c, 그리고 카로티노이드를 갖고 있어서 엽록체의 생화학적 측면에서 보면 이들은 돌말류와 갈조류와 유사하다. 이들 구성원과 세포내 공생관계를 형성하면서 와편모조류 계열이 그러한 엽록체를 획득하였을 가능성도 있다.

연안 지역에서 자주 나타나는 유독하고 파괴적인 "적조(red tide)"는 보통 와편모조류 개체군이 폭발적으로 증식하여 이들이 지닌 색소 때문에 물의 색깔이 변하는 "물꽃(bloom)"과 관련이 있다 **(그림 24.16)**. 적조는 전 세계적으로 수산업에 엄청나게 해로운 효과를 미친다. 약 20종의 와편모조류들은 많은 척추동물에서 횡격막을 저해하고 호흡 부전을 일으키는 강력한 독소를 생산한다. 독성 와편모조류가 풍부하면 많은 물고기와 새 그리고 해양 포유동물들이 죽기도 한다.

영양소가 결핍되면 유성생식을 하지만, 와편모조류는 주로 무성적인 세포분열에 의해 번식한다. 무성적인 세포분열은 핵막이 사라지지 않고 그 안에서 항상 응축되어 있는 염색체가 나뉘는 독특한 유형의 유사분열이다. 많은 염색체들이 복제된 다음, 핵은 2개의 딸핵으로 갈라진다.

한편으로 와편모조류의 염색체는 DNA가 대체로 히스톤 단백질과 결합하지 않는다는 점에서 진핵생물 가운데 특이하다. 다른 모든 진핵생물에서는 염색체의 DNA가 히스톤과 함께 뉴클레오솜(nucleosome)을 형성하는데, 이 구조는 핵에서 DNA가 포장(packaging)되는 첫 단계를 나타낸다(10장 참조). 소량의 히스톤과 함께 어떻게 와편모조류가 뚜렷한 염색체를 유지하고 있는지는 수수께끼로 남아 있다.

정복합체포자동물에는 말라리아 기생생물이 포함된다

정복합체포자동물(apicomplexans)은 동물에 기생하고 포자를 형성하는 원생생물이다. 이들을 정복합체포자동물이라고 부르는 이유는 섬유, 미세소관, 액포 그리고 그 밖에 세포의 한쪽 끝에 **정단복합체**(*apical complex*)라고 부르는 세포소기관이 독특하게 배열하기 때문이다(그림 24.14 참조). 정단복합체는 이 원생생물이 숙주로 침입할 수 있게 해주는 세포골격 복합체이자 분비복합체이다. 가장 잘 알려진 정복합체포자동물은 말라리아 기생생물인 **열원충속**(*Plasmodium*)이다.

열원충속과 말라리아. 열원충속은 아메바와 비슷한 수축성으로 숙주의 적혈구 안으로 미끄러지듯 들어간다. 다른 정복합체포자동물과 비슷하게 열원충속은 유성생식기와 무성생식기가 포함되는 복

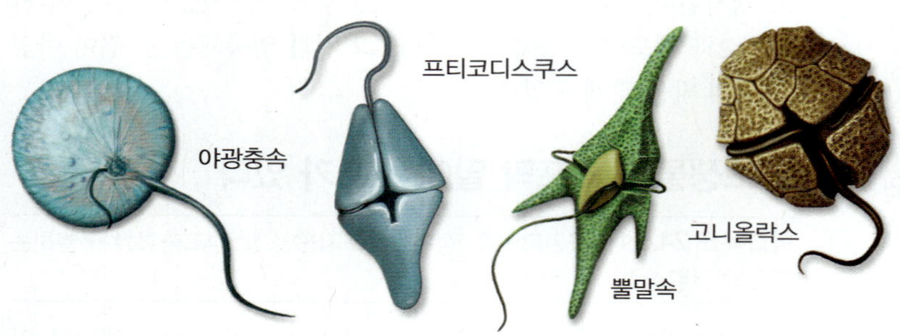

그림 24.15 몇몇 와편모조류. 대부분의 와편모조류에서 특징적으로 나타나는 두꺼운 섬유소 껍질이 없는 야광충속(*Noctiluca*)은 따뜻한 바다에서 파도를 반짝거리게 하는 발광생물의 하나이다. 다른 3속에서는 짧고 둘러싸는 편모가 홈 안에 있고, 다른 긴 편모는 와편모조류의 몸 밖으로 돌출된다.(실제 비율에 따라 그린 것이 아님)

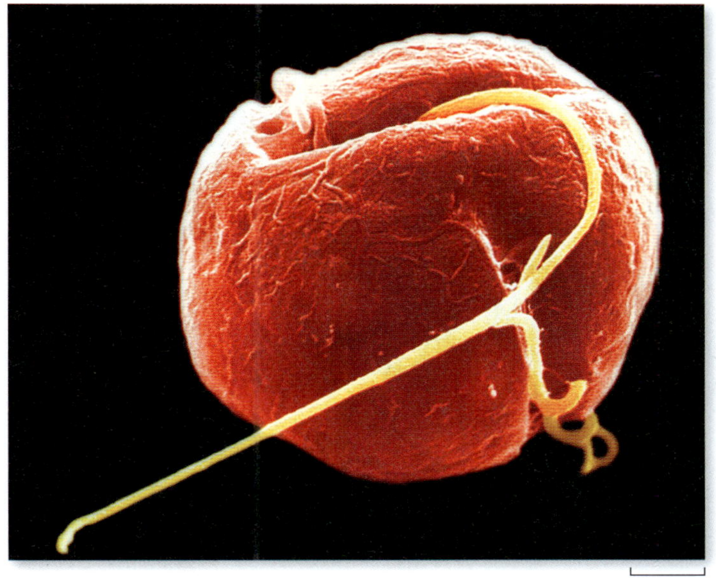

그림 24.16 적조. 비록 크기는 작지만, 이 김노포디움(*Gymnopodium*) 종을 포함하는 와편모조류의 거대한 개체군은 바다를 붉게 물들이고 바닷물에 독소를 방출하기도 한다.

잡한 생활주기를 갖고 서로 다른 숙주를 필요로 하는데, 이 경우에는 모기[학질모기(*Anopheles gambiae*)]와 사람이다(그림 24.17). 열원충속은 미토콘드리아를 갖고 있지만 이 원생생물은 산소가 적고 이산화탄소가 풍부한 환경에서 가장 잘 자란다.

말라리아를 근절시키려는 노력은 (1) 매개체인 모기를 없애고; (2) 인체로 들어온 기생생물을 죽이는 약을 개발하며; (3) 백신을 개발하는 데 집중되고 있다. 1940년대에서 1960년대에 걸쳐 DDT(디클로로디페닐트리클로로에탄)가 광범위하게 살포되면서 미국, 이탈리아, 그리스 그리고 라틴아메리카 일부 지역에서 모기를 죽였다. 잠시나마 전 세계적으로 말라리아를 없애는 것이 가능한 것으로 보였다. 그러나 많은 지역에서 DDT에 내성을 갖는 모기들이 나타나면서 곧 그런 희망은 꺾이고 말았다. 더구나 DDT의 사용은 환경에 심각한 결과를 가져오게 되었다. 내성을 갖는 모기의 계통 문제에 덧붙여, 역사적으로 열원충속을 죽이는 데 사용되어 온 퀴닌(quinine) 같은 약들에 내성을 갖는 열원충속 계통들이 나타났다.

말라리아 기생충의 하나인 **열대열원충**(*P. falciparum*)의 세포표면 단백질을 포함하는 실험적인 백신은 차후의 감염에 대항하는 면역체계를 유도하는 것으로 보인다. 실험에서 예방 주사를 맞은 7명 중 6명은 열대열원충을 나르는 모기에 물린 다음에도 말라리아에 걸리지 않았다. 많은 사람들은 이 새로운 백신이 말라리아를 퇴치할 수 있을 것이라고 희망에 차 있다.

족포자충류. 족포자충류(gregarines)는 독특한 정단복합체를 이용하여 절지동물과 환형동물 그리고 연체동물의 장관상피(intestinal epithelium)에 붙는 또 다른 정복합체포자동물 무리이다. 정단복합체를 제외한 족포자충류 몸의 대부분은 장관의 내강 안에 있고, 세포에 부착한 정단복합체를 통해 영양소를 획득하는 것으로 보인다(그림 24.18).

그림 24.17 열원충속의 생활주기. 말라리아를 일으키는 정복합체포자 동물인 열원충속은 모기와 포유동물을 오가는 복잡한 생활주기를 갖는다.

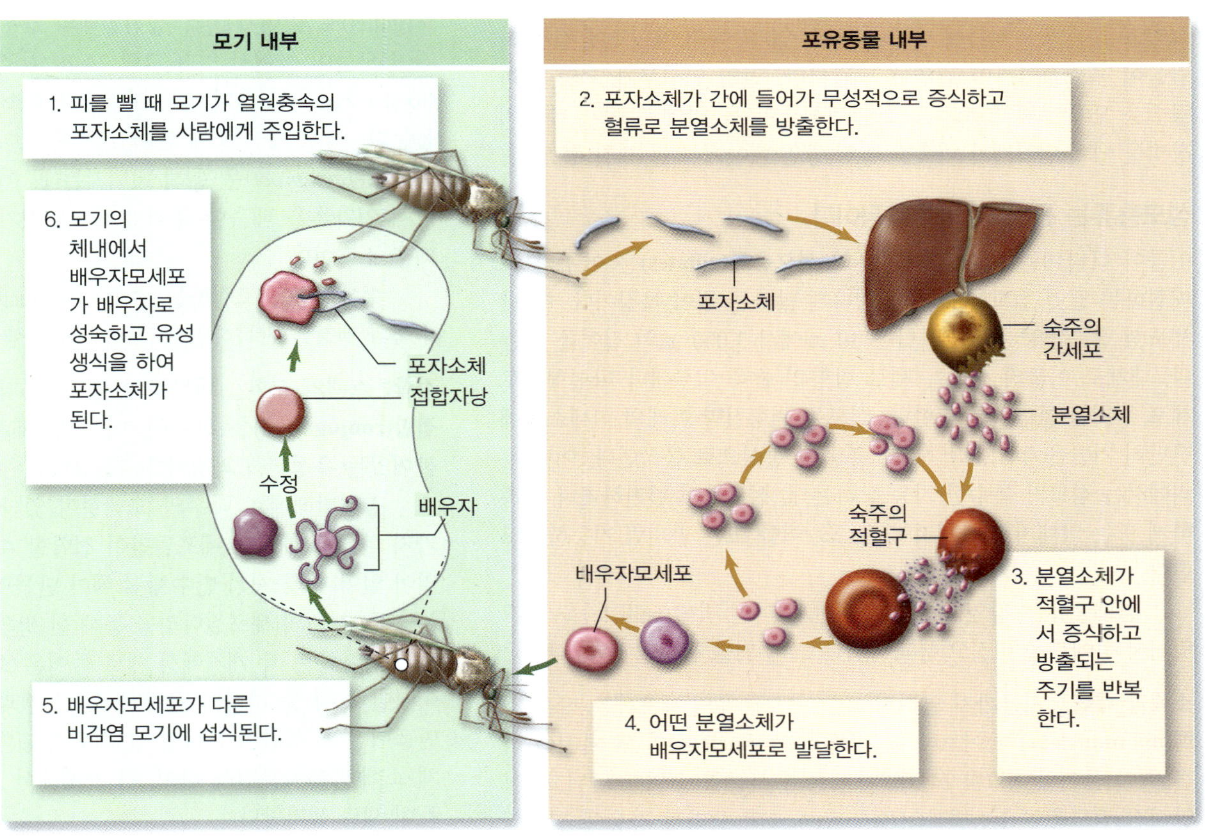

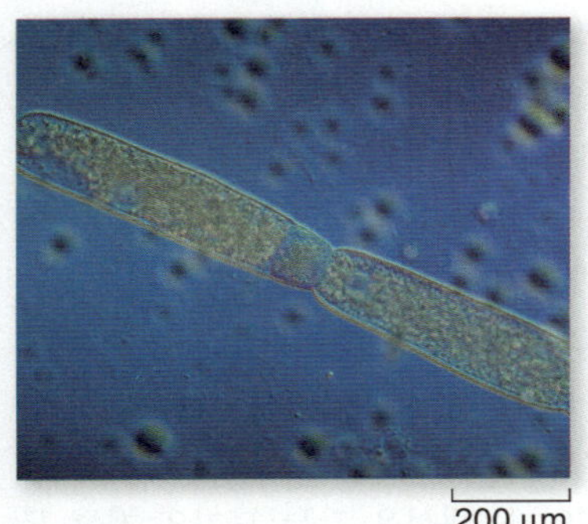

그림 24.18 세포에 들어가는 족포자충류.

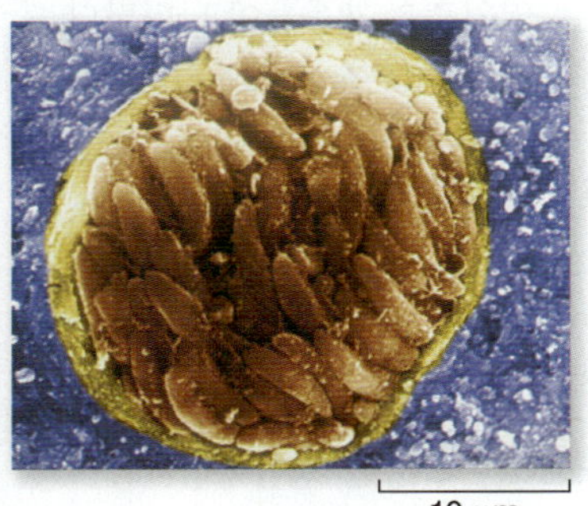

그림 24.19 톡소플라스마로 가득 찬 포낭의 현미경사진. 사진에서 붉게 보이는 톡소플라스마는 뇌에 들어가서 서서히 복제된 기생생물들로 가득 찬 포낭을 만들기도 한다.

톡소플라스마. 톡소포자충(*Toxoplasma gondii*)은 정단복합체를 이용하여 사람 내장의 상피세포에 침입한다. 이 기생생물에 감염된 사람들의 대부분이 면역반응을 시작하여 영구적인 손상을 입지 않는다. 그렇지만 면역체계가 완전하지 않은 경우에 오래 감염되면 톡소플라스마는 내장과 림프조직뿐만 아니라 뇌(그림 24.19), 심장 그리고 골격의 조직들에 피해를 줄 수 있다. 특히 에이즈에 걸린 사람들이 톡소플라스마 감염에 민감하다. 만일 임신부가 고양이 화장실을 만진다면 톡소플라스마 기생충이 몸 안에 들어가 태반의 장벽을 넘어 면역계가 미숙한 발생 중인 태아에 해를 끼칠 수 있다.

섬모충류는 운동 방식이 특징이다

이름이 나타내는 바대로 대부분의 **섬모충류(ciliates)**는 아주 작고 매질하는 털인 섬모(cilia)가 엄청나게 많다는 점이 특징이다. 이 단세포성 종속영양 원생생물들은 10 ㎛에서 3,000 ㎛의 길이를 갖는다. 대체로 이들의 섬모는 세로 방향의 줄을 이루거나 나선형으로 세포 주위를 돌면서 배열한다. 섬모는 원형질막 아래의 미세소관에 단단히 기반을 두고(4장 참조), 조율된 방식으로 움직인다. 어떤 무리에서는 섬모가 특수한 기능을 하는데, 섬모들이 편편하거나 뾰족하게 또는 막대처럼 합쳐져서 입, 노, 이빨 또는 발처럼 기능하기도 한다.

섬모충류는 강인하지만 유연한 외피인 박막(pellicle)을 갖고 있어서 장애물을 비집고 통과하거나 그 주위를 돌아갈 수 있다.

소핵과 대핵. 지금까지 알려진 모든 섬모충류의 세포에는 작은 **소핵(micronucleus)**과 이보다 큰 **대핵(macronucleus)**의 두 가지의 다른 핵이 들어있다(그림 24.20). 대핵은 유사분열에 의해 나뉘고, 잘 알려진 섬모충인 **짚신벌레속**(*Paramecium*)의 생리적 작용에 필수적

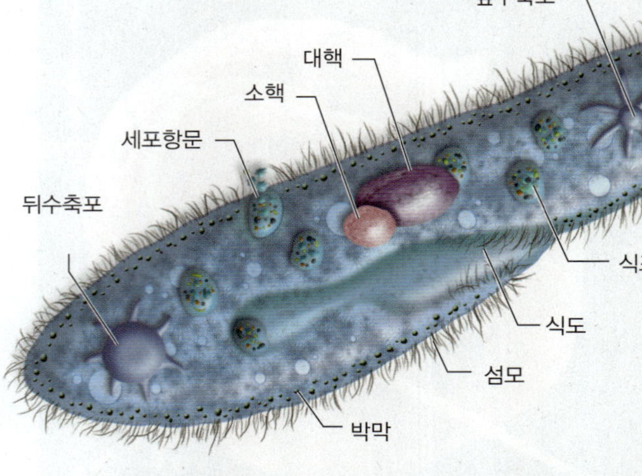

그림 24.20 짚신벌레속. 이 섬모충의 주요 특징은 섬모와 두 개의 핵 그리고 많은 특수한 세포소기관들이다.

이다. 생물학적 실험에 널리 쓰이는 종인 테트라히메나 **피리포르미스**(*Tetrahymena pyriformis*)의 몇 개체에서 1930년대에 소핵을 실험적으로 제거하였는데, 그 자손들이 지금까지도 계속 무성적으로 번식하고 있다. 그렇지만 짚신벌레속은 불멸의 생물이 아니다. 세포가 약 700세대에 걸쳐 무성적으로 분열하고 나서, 만일 유성생식이 일어나지 않으면 죽는다. 섬모충류에서 소핵은 분명히 유성생식에만 필요하다.

소포. 섬모충류는 먹이를 섭식하고 수분평형을 조절하는 데 있어서 소포를 형성한다. 처음에 먹이가 세포인두라고도 부르는 식도(gullet)로 들어가는데, 짚신벌레의 경우 이 식도에는 막과 합쳐진 섬모들이 늘어서 있다(그림 24.20 참조). 먹이는 식도에서 식포(food vacuole)로 옮겨지고, 여기에서 효소와 염산이 먹이의 소화를 돕는다. 그 후에 식포에 들어있는 폐기물은 박막의 특별한 구멍인 **세포항문**(*cytoproct*)을 통해 비워지는데, 이 세포항문은 본질적으로 고체 입자들을 배출할 준비가 될 때 정기적으로 나타나는 세포외 배출 소포이다.

수분평형을 조절하는 수축포(contractile vacuole)는 정기적으로 수축과 팽창을 반복하면서 그 내용물을 생물의 체외로 내보낸다.

접합: 소핵의 교환. 대부분의 섬모충류와 비슷하게 짚신벌레속은 **접합(conjugation)**을 하는데, 이는 두 세포가 몇 시간까지도 서로 붙어있는 유성생식 과정이다(그림 24.21).

짚신벌레에는 다수의 교배형이 있다. 유전적으로 결정된 두 가지 다른 교배형의 세포들만이 접합할 수 있다. 소핵에서 감수분열이 일어나 몇 개의 반수체 소핵이 만들어지고, 접합하는 두 세포는 그들 사이의 세포질다리를 통해 한 쌍의 소핵들을 교환한다.

접합하는 각 개체에서 새로 들어온 소핵은 그 개체에 이미 들어있던 소핵 중 하나와 융합하고, 그 결과 새로운 2배체의 소핵이 만들어진다. 접합이 끝나면 각 세포의 대핵은 붕괴되고 새로운 2배체 소핵이 유사분열을 하여, 각 개체에서 2개의 동일한 2배체 소핵들이 새로 생겨난다.

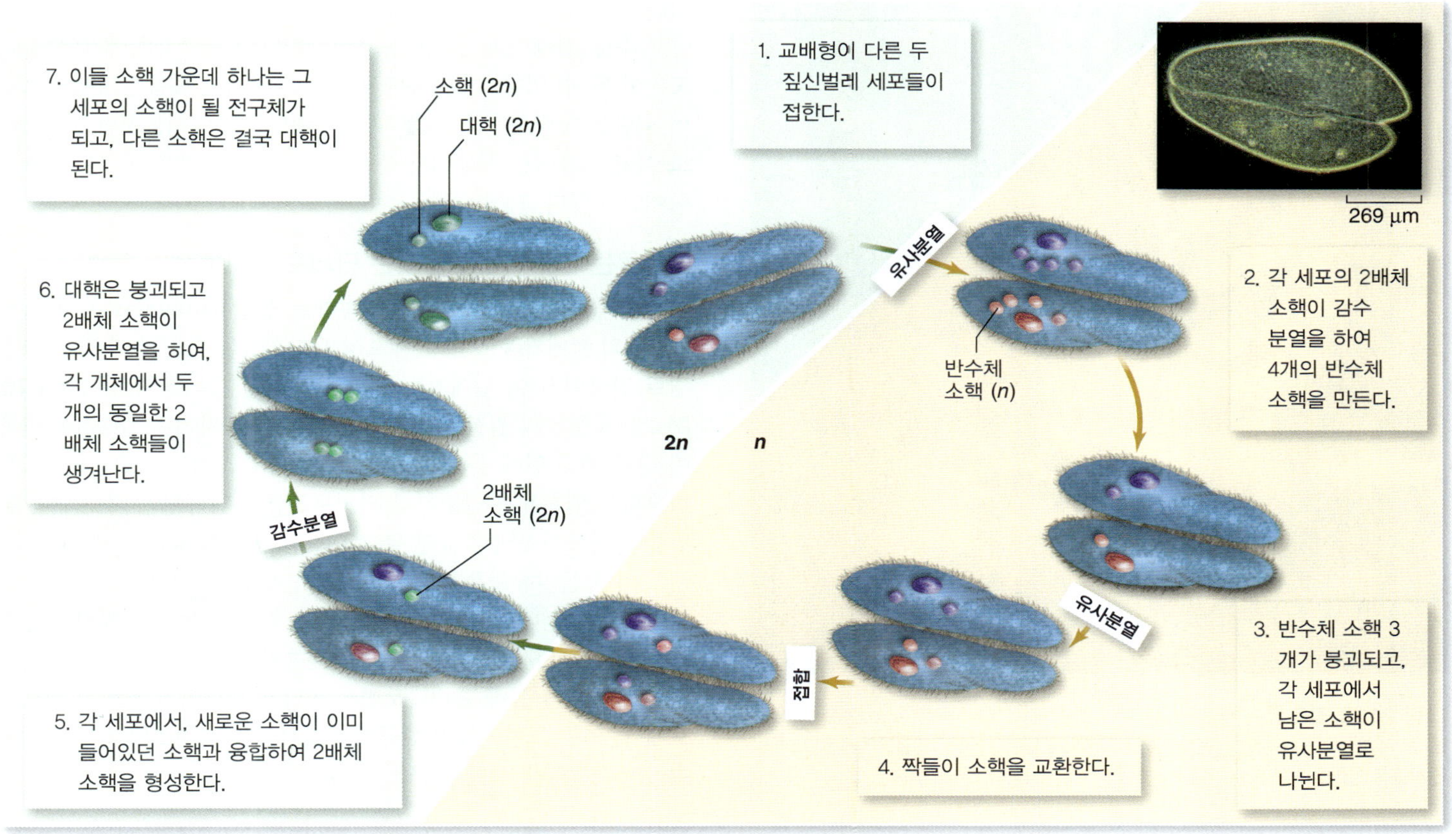

1. 교배형이 다른 두 짚신벌레 세포들이 접한다.

269 μm

유사분열

2. 각 세포의 2배체 소핵이 감수분열을 하여 4개의 반수체 소핵을 만든다.

반수체 소핵 (*n*)

2*n* *n*

3. 반수체 소핵 3개가 붕괴되고, 각 세포에서 남은 소핵이 유사분열로 나뉜다.

유사분열

4. 짝들이 소핵을 교환한다.

접합

5. 각 세포에서, 새로운 소핵이 이미 들어있던 소핵과 융합하여 2배체 소핵을 형성한다.

2배체 소핵 (2*n*)

감수분열

6. 대핵은 붕괴되고 2배체 소핵이 유사분열을 하여, 각 개체에서 두 개의 동일한 2배체 소핵들이 생겨난다.

7. 이들 소핵 가운데 하나는 그 세포의 소핵이 될 전구체가 되고, 다른 소핵은 결국 대핵이 된다.

소핵 (2*n*)

대핵 (2*n*)

그림 24.21 짚신벌레속의 생활주기. 유성생식에서, 성숙한 두 세포는 접합이라는 과정을 통해 융합한다.

이들 소핵 가운데 하나는 그 세포에서 장차 소핵들이 될 전구체가 되는 반면, 다른 소핵은 DNA 복제를 여러 차례 거듭하여 새로운 대핵이 된다. 이렇게 유전물질이 완전하게 분리되는 것이 섬모충류의 독특한 점이고, 이러한 특성 때문에 어떤 측면의 유전학을 연구하는 데 있어서 섬모충류가 이상적인 생물이 되고 있다.

"살생" 계통. 연구자들은 짚신벌레속의 계통이 짚신벌레속의 다른 민감한 계통을 죽이는 현상을 오랫동안 이해하지 못했다. 처음에는 민감한 계통에 유해한 물질을 암호화하는 유전자를 살생 계통이 갖고 있다고 믿었다. 독소의 진정한 근원은 "살생" 계통의 세포에서 내부공생을 하는 세균으로 밝혀졌다. 이 세균이 "비살생" 계통에 둘러싸이면 독소가 방출되고 민감한 짚신벌레가 죽게 된다.

대롱편모생물은 가느다란 털을 갖고 있다

학습목표 24.5.2 갈조류와 돌말류 및 물곰팡이를 구별하는 특징을 설명하라.

대롱편모생물(*stramenopiles*)에는 갈조류와 돌말류 그리고 난균류(물곰팡이)가 포함된다. 대롱편모생물이라는 이름은 이 집단을 구성하는 생물의 편모에서 발견되는 독특하고 아주 가느다란 털(그림 24.22)과 관련이 있지만, 일부 종에서는 진화 과정에서 그러한 털이 사라졌다.

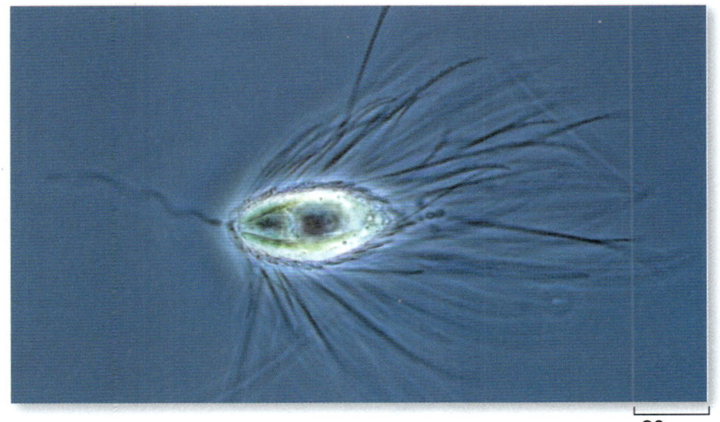

그림 24.22 대롱편모생물은 아주 가느다란 털이 달리는 편모를 갖는다.

갈조류는 대형 해조류를 포함한다

갈조류는 북반구 해역에서 가장 눈에 잘 띄는 해조류이다(그림 24.23). 갈조류의 생활주기는 다세포 포자체(2배체)와 다세포 배우자체(반수체)가 세대교번을 하는 것이 특징이다(그림 24.24). 포자체의 일부 세포들은 감수분열을 통해 포자를 만든다. 이 포자들이 발아하고 유사분열을 거듭하여 대형갈조(kelp)처럼 우리가 알아볼 수 있는 큰 거체를 만든다. 배우자체는 보통 훨씬 작고 실 같은 몸을

그림 24.23 갈조류. 대형갈조인 마크로시스티스 피리페라(*Macrocystis pyrifera*)는 전 세계적으로 수심이 얕은 연안에서 자라고, 많은 다양한 생물들에게 먹이와 피난처를 제공한다.

하고 있으며, 그 폭은 몇 ㎝이다.

수중 환경이라 할지라도 아주 커다란 갈조류들에게 수송은 도전이 될 수 있다. 어떤 종에서는 서로 포개진 독특한 수송세포들이 운반을 향상시킨다. 그렇지만 큰 대형갈조가 식물처럼 보이더라도 이 갈조류에는 식물에서 볼 수 있는 물관부 같은 복잡한 조직이 들어있지 않다.

돌말류는 2개의 껍질을 갖는 단세포생물이다

황갈조식물문(Chrysophyta)에 속하는 **돌말류(diatoms)**는 독특하게 2개의 껍데기를 갖는 단세포성 광합성생물인데, 유리 같은 규산질로 만들어진 이 껍데기는 보통 두드러진 무늬를 갖고 있다(그림 24.25). 돌말류의 껍질은 뚜껑이 있는 작은 상자처럼 껍데기의 한쪽이 다른 쪽의 안에 들어간다. 엽록소 a와 c 그리고 카로티노이드를 함유하는 엽록체는 갈조류와 와편모조류의 엽록체와 비슷하다. 돌말류는 독특한 탄수화물인 황갈조녹말(chrysolaminarin)을 만든다.

어떤 돌말류들은 등줄(*raphe*)이라 부르는 2개의 긴 홈을 이용하여 움직이는데, 그 안에는 진동하는 작은 섬유들이 채워져 있다(그림 24.26). 자세한 메커니즘은 아직까지 풀리지 않았지만, 점액다당류가 등줄을 통해 흘러나오면서 돌말류를 나아가게 하는 것으로 보인다. 연필 모양의 돌말류들이 서로 이리저리 미끄러지듯 움직일 수 있어서 변화무쌍한 모양을 만든다.

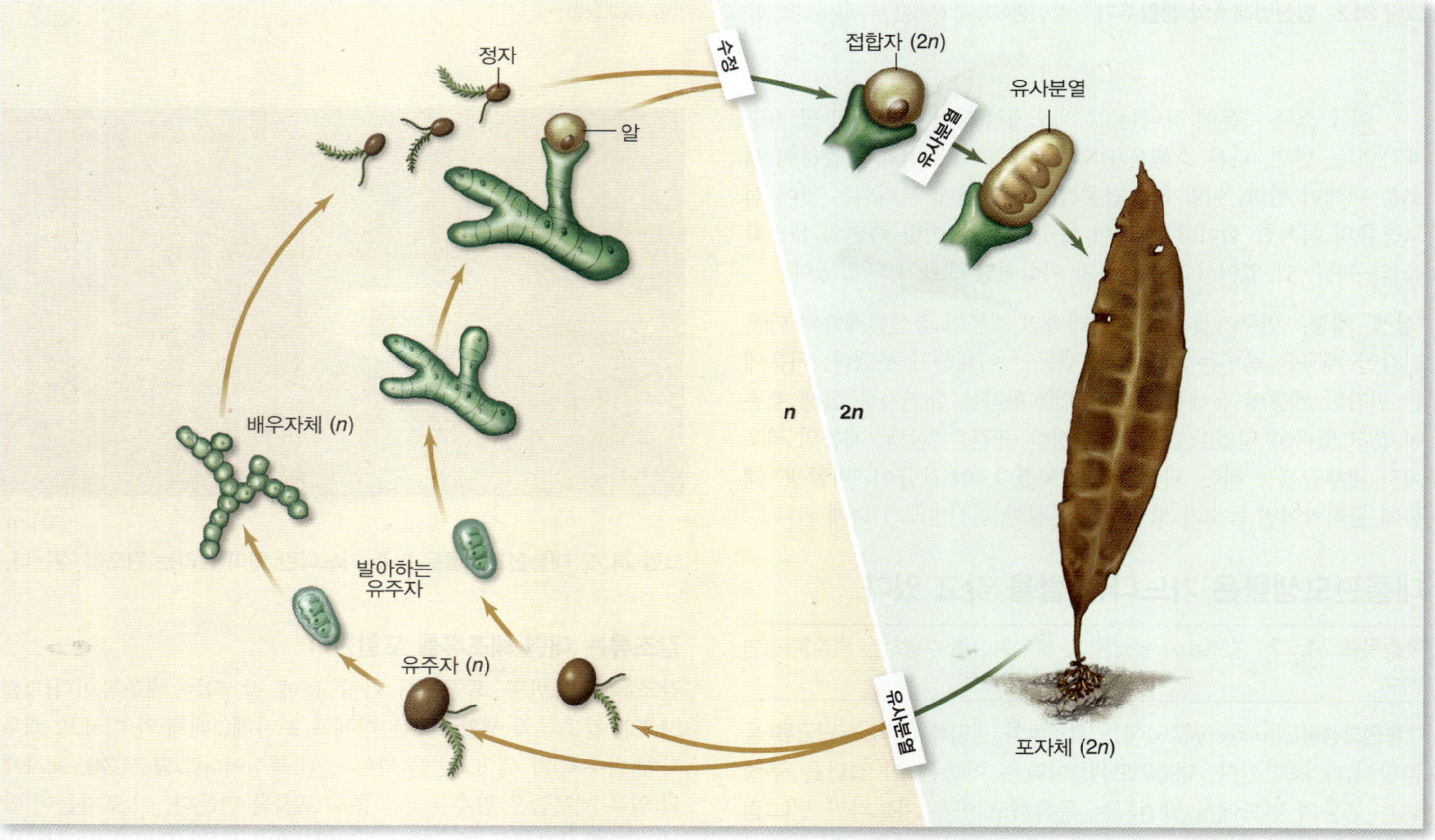

그림 24.24 갈조 다시마속(*Laminaria*)의 생활주기. 이 생활주기에서 다세포로 된 반수체 세대와 2배체 세대가 나타나지만, 암배우자체와 수배우자체는 아주 작다.

그림 24.25 돌말류. 이 그림의 다양한 방사대칭 돌말류들은 독특하고 규산질로 된 두 개의 껍데기를 갖는다.

그림 24.26 돌말류의 등줄 안에는 운동을 도와주는 작은 섬유들이 채워져 있다.

물곰팡이인 난균류는 일부 병원성 생물을 포함한다

모든 난균류(oomycetes)는 기생생물이거나 사체의 유기물을 먹고 사는 생물인 부생생물이다. 한때 이들 생물을 곰팡이로 간주하였기 때문에 **물곰팡이**(*water mold*)라고 부르고, 그런 연유로 이름에 **균류**(*-mycetes*)가 들어가게 된 것이다.

물곰팡이는 다른 원생생물과 운동성 포자인 유주자(zoospore)의 구조에서 차이가 나는데, 유주자에는 서로 다른 2개의 편모가 달리고, 그 중 하나는 향하지만 다른 하나는 뒤쪽을 향한다. 유주자는 포자낭에서 무성적으로 만들어진다. 배우자를 만드는 암수 생식기관이 형성되어 유성생식을 한다. 대부분의 난균류가 물에 살지만 육상에 출현하는 난균류들은 식물병원균이다.

1845년부터 1847년에 걸쳐 아일랜드에서 일어난 감자 기근 사태는 감자마름병을 일으키는 **감자역병균**(*Phytophthora infestans*) 때문이다. 이 기근 사태 동안에 약 40만 명이 굶어 죽거나 기아 때문에 더욱 심해진 질병으로 죽었고, 약 200만 명의 아일랜드 사람들이 미국 등지로 이민을 갔다.

또 다른 난균류인 **물곰팡이속**(*Saprolegnia*)은 양어장에 큰 손해를 입히는 어류 병원균이다. 감염된 물고기를 호수에 풀어놓으면 병원균이 양서류에 감염되고 양서류의 수많은 알들을 한 번에 죽일 수 있다. 이 병원균은 양서류가 줄어드는 현상의 원인이라고 여겨진다.

개념 정리 24.5

대롱편모생물의 대부분은 가느다란 털이 달린 편모를 갖는다. 갈조류는 해양생물에게 먹이와 서식지를 제공하고 세대교번을 하는 대형 해조류이다. 돌말류는 규산질로 된 세포벽을 갖는 단세포생물이고, 세포벽은 두 쪽이 포개져서 껍데기를 형성한다. 어떤 돌말류는 움직일 수 있다. 난균류는 2개의 불균등한 편모가 달리는 유주자를 만드는 것이 특징이다.

- 갈조류의 포자체와 배우자체를 어떻게 구별할 수 있는가?

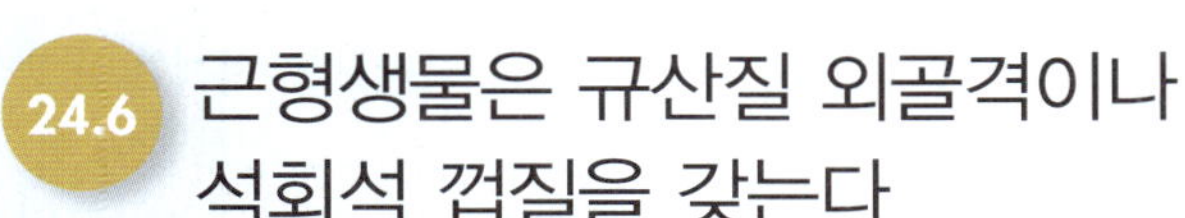

24.6 근형생물은 규산질 외골격이나 석회석 껍질을 갖는다

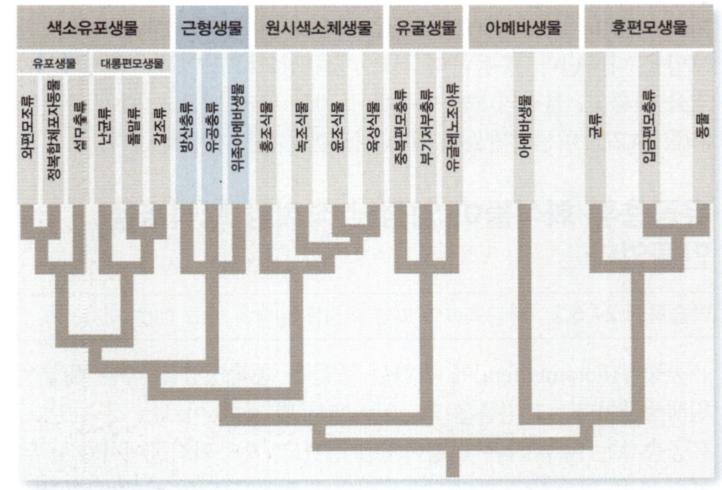

초상우 범주 근형생물(Rhizaria)에 속하는 생물들은 색소유포생물과 밀접한 관련이 있다. 근형생물은 방산충류(radiolarians)와 유공충류(forams)의 두 단계통군을 포함하는데, 세 번째 단계통군인 위족아메바생물(cercozoans)이 제안되었다. 이들 세 무리는 서로 형태적으로 매우 다르고, 최근까지도 원생생물의 계통수에서 한데 묶여지거나 특정한 가지에 연결되지 않았다. 원생생물의 계통발생을 나타내는 그림이 빠르게 바뀌고 있으므로, 향후의 연구를 통해 이 분류체계는 의심할 여지없이 개선될 것이다.

방사판족류는 규산질의 내부골격을 갖는다

학습목표 24.6.1 방산충류의 위족을 설명하라.

대부분의 방산충류는 모양이 끊임없이 바뀌는 위족들이 뻗어 나와

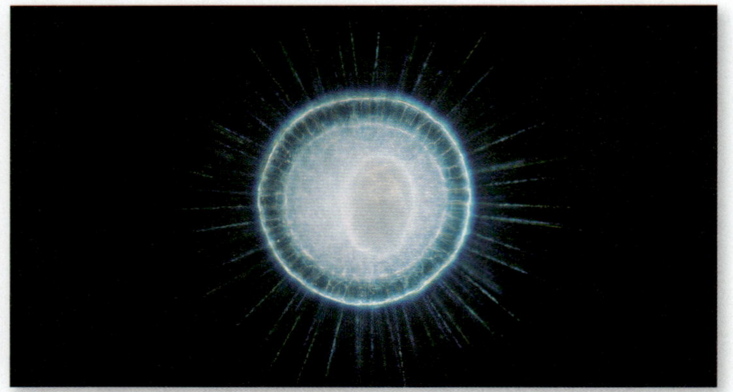

그림 24.27 바늘 같은 위족을 갖는 악티노스파이리움 (*Actinosphaerium*).

서 일정한 형태를 갖지 않는다. 대충 아메바형(amoeboid)이라고 특징을 찾을 수 있지만, 이들과 동일하게 위족을 갖는 형체는 원생생물의 다른 초상위범주에서도 나타난다. 그렇지만 근형생물의 한 집단은 보다 분명한 구조를 갖는다. 방사판족문(Actinopoda)의 일종인 **방산충류(radiolarians)**는 규산질로 된 유리 같은 외골격을 갖는다. 이 골격 때문에 단세포생물은 좌우대칭이나 방사대칭의 뚜렷한 모양을 나타낸다. 종들마다 서로 다른 정교하고 아름다운 많은 껍질을 만들고, 골격의 뾰족뾰족한 돌기를 따라 밖으로 뻗어 나온다(그림 24.27). 미세소관들이 이들 세포질돌기를 지탱해 준다.

유공충류 화석들이 엄청난 석회암 퇴적물을 만들었다

학습목표 24.6.2 유공충류의 외부 특징을 설명하고 그 예를 제시하라.

유공충류(Foraminifera)에 속하는 종들은 종속영양을 하는 해양성 원생생물이다. 그 지름은 약 20 ㎛에서 몇 ㎝에 이르는 것도 있다. 유공충류는 아주 작은 달팽이처럼 생겼고, 해양퇴적물에서 3 m 두께의 층을 이루기도 한다. 이 무리의 특징은 구멍이 산재한 껍질인데, 피각(test)이라고도 부르는 이 껍데기는 탄산칼슘 입자, 모래 또는 심지어 극피동물 껍데기의 판이나 해면동물 골격의 침골(탄산칼슘으로 된 아주 가는 바늘) 등으로 보강된 유기물질로 구성된다.

어떤 물질을 이용하여 껍데기를 만드는가에 따라 유공충류는 아주 다른 모양의 껍데기를 갖기도 한다. 어떤 종류는 화려한 색채의 빨간색, 담홍색 또는 황갈색을 띤다.

대부분의 유공충류가 모래에 살거나 다른 생물에 부착하여 살지만, 두 과는 부유하는 플랑크톤들로 구성된다. 이들의 피각은 하나의 방이기도 하지만 대부분 여러 개의 방으로 구성되며, 일부는 아주 작은 달팽이의 껍데기처럼 나선상의 모양을 갖기도 한다. 발(*podium*)이라고 부르는 가느다란 세포질 돌기가 피각의 구멍을 통해 나온다(그림 24.28). 헤엄치고 피각을 이루는 물질을 수집하고 먹이를 먹을 때 발을 이용한다. 유공충류는 매우 다양한 작은 생물들을 먹는다.

그림 24.28 대표적 유공충. 살아있는 이 유공충의 석회질로 된 껍데기 또는 피각의 구멍을 통해 가느다란 세포질 돌기인 발이 뻗어 나온다.

유공충류는 반수체 세대와 2배체 세대가 교번하는 복잡한 생활주기를 갖는다. 유공충류는 2억 년 이상 그들의 피각을 엄청나게 화석으로 축적하였다. 피각이 훌륭하게 보전되고 종들마다 확연히 다르기 때문에 유공충류는 지질시대의 지표화석으로 매우 중요하다. 여러 다른 유공충류들이 나타나는 양상은 석유가 매장된 지층을 탐사하는 지표로 종종 이용된다. 잉글랜드 남부에 있는 도버의 유명한 흰 절벽(White Cliff)을 포함하여 전 세계의 많은 석회암들은 유공충류가 풍부하게 포함되어 있다(그림 24.29).

그림 24.29 도버의 흰 절벽. 이 절벽을 형성하는 석회암은 거의 전적으로 유공충류를 포함하는 원생생물들의 화석 껍질로 구성되어 있다.

위족아메바생물은 다양한 방법으로 양분을 취한다

학습목표 24.6.3 위족아메바생물을 어떻게 식별하는지 설명하라.

유전체의 유사성으로 식별되는 위족아메바생물(Cercozoans)은 편모가 달린 아메바형 원생생물의 큰 무리이다. 이들 원생생물은 세균과 균류 및 다른 원생생물을 먹는 포식성 종속영양생물로부터 광합성을 하는 독립영양생물에 이르기까지, 그리고 심지어는 세균도 먹고 광합성도 하는 일부 종류까지 몹시 다양한 방법으로 양분을 취한다.

개념 정리 24.6

근형생물은 유리 같은 외골격을 갖는 방산충류와 구멍이 산재한 유공충류의 서로 다른 두 집단이 포함된다. 분자적 유사성에 의거하여 세 번째 집단이 제안되었다.

- 석회질의 껍데기로 둘러싸인 유공충류가 어떻게 먹이를 먹을까?

24.7 원시색소체생물은 단일한 세포내 공생 사건으로 생겨났다

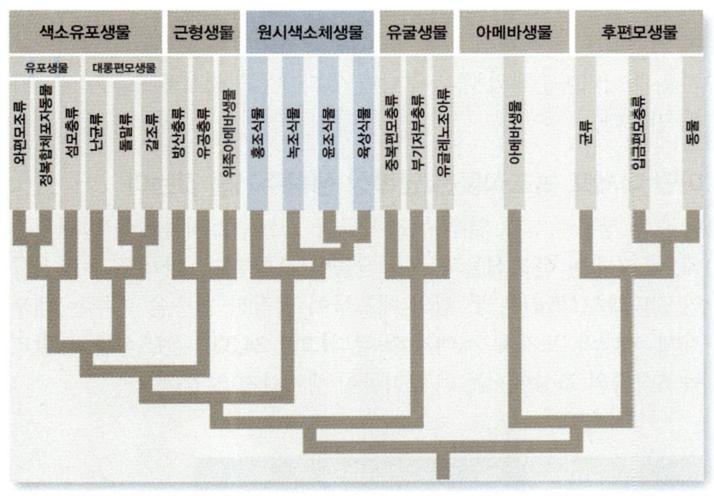

홍조류와 녹조류가 원생생물의 네 번째 초상위범주인 원시색소체생물(Archaeplastida)을 이루는데, 이 집단은 10억 년 전의 단일한 세포내 공생 사건에서 비롯된 것으로 추정된다. 오늘날 지구의 표면을 덮고 있는 식물이 녹조류에서 진화되었다는 강력한 증거가 있기 때문에 이 초상위범주는 특히 중요하다.

홍조식물문은 광합성을 하는 다세포 해조류이다

학습목표 24.7.1 홍조류의 주요 특징을 열거하라.

약 6천 종의 홍조류[홍조식물문(Rhodophyta)]가 전 세계의 바다에 살고 있다. 홍조류의 기원은 논란의 대상이지만, 유전체 비교 결과는 이들이 매우 일찍 진화한 진핵생물이고 녹조류와 공통조상을 갖는다는 점을 시사한다. 홍조류와 녹조류에 들어있는 엽록체의 분자적 비교 역시 이 두 집단이 한 차례의 세포내 공생으로 기원되었다는 점을 뒷받침한다.

홍조류는 대체로 세대교번을 통한 유성생식을 한다. 홍조류는 편모와 중심립이 없는 유일한 조류이고, 바다의 파도에 의존해서 개체들 간에 배우자를 나른다.

홍조식물문(rhodos는 그리스어로 "빨강"을 뜻함)의 붉은빛은 광합성의 보조색소인 홍조소(phycoerythrin)의 존재 때문인데, 이 홍조소가 엽록소의 녹색을 가리고 있다. 홍조소는 보조색소들인 남조소와 이질남조소와 더불어 **색소단백질체**(*phycobilisome*)라고 부르는 구조 안에 배열하고 있다. 이들 색소는 조류가 청색과 녹색광을 흡수하도록 도와주는데, 이들 파장이 바닷물에서 비교적 깊이 침투하기 때문에 홍조류가 깊은 곳에서도 살 수 있다.

홍조류는 현미경적인 단세포생물로부터 길이가 2 m가 되는 다세포 해조류(예: *Schizymenia borealis*)에 이르기까지 크기가 다양하다(**그림 24.30**). 대부분의 홍조류는 다세포이고, 열대의 연안 해역에서 가장 흔하게 나타나는 해조류이다. 홍조류는 상업적으로 널리 이용된다. 초밥을 만드는 데 쓰이는 김은 김속(*Porphyra*)의 다세포 홍조류이다. 홍조류의 다당류는 아이스크림과 화장품의 농화제로도 사용된다.

녹조식물문은 몹시 다양한 녹조류이다

학습목표 24.7.2 녹조류의 주요 특징을 열거하라.

녹조류는 뚜렷이 구별되는 2계통을 갖는데, 그 한 계통은 여기에서 다루는 녹조식물(chlorophytes)이고 다른 계통은 스트렙토식물(streptophytes)인데, 후자에는 육상식물의 기원이 된 윤조식물(charophytes)이 포함된다(그림 26.1 참조). 녹조식물은 엄청난 다양성과 분화의 계열 때문에 특히 흥미롭다. 녹조식물은 9억 년 전까지 거슬러 올라가는 풍부한 화석기록을 남겼고 육상식물과 매우 유사하다. 특히 녹조식물의 엽록체는 육상식물의 엽록체와 생화학적 특성이 아주 비슷해서 엽록소 a와 b 그리고 다수의 카로티노이드를 함유한다.

많은 녹조식물이 단세포이다

초기의 녹조류는 아마도 약 10억 년 전에 분기된 **클라미도모나스 레인하르드티**(*Chlamydomonas reinhardtii*; **그림 24.31**)를 닮았을 것이다. 이 조류는 현미경적이고(대체로 길이가 25 ㎛ 미만), 녹색이며, 둥글고, 앞쪽 끝에 2개의 편모가 달린다. 이들은 흙에 살고, 편모를 서로 반대 방향으로 매질하면서 물속에서 빠르게 움직인다. 대부분의 클라미도모나스는 반수체이다. 클라미도모나스는 유성생식도 하고 무성생식도 하지만, 항상 단세포이기 때문에 이들의 생활주기는 단복상(haplodiplontic)은 아니다(그림 24.31 참조).

클라미도모나스 같은 생물로부터 비운동성 단세포 녹조류를 포함하여 몇 개의 진화적 분화계열이 생겨났다. 클라미도모나스는 살고 있는 연못이 마를 때 편모를 쑥 들어가게 하고 움직이지 않는 단세포생물로 바뀔 수 있다. 클로렐라(*Chlorella*)처럼 토양과 나무 껍질에서 흔하게 발견되는 일부 조류 역시 이런 형질은 기본적으로 클라미도모나스와 유사하지만, 이들 조류는 편모를 형성하는 능력을 갖지 않는다.

유전체의 염기순서를 결정하는 사업이 식물의 진화를 새롭게 이해하게끔 도와주고 있다. 클라미도모나스 유전체를 통해 예측된 6968 단백질군을 홍조식물의 유전체와 두 가지 스트렙토식물[이끼와 애기장대속(*Arabidopsis*)]의 유전체와 비교하였다. 이들 단백질 가운데 식물에 독특한 단백질은 172개뿐이었다. 식물계통수의 많은 가지들 간에서 나타나는 이런 보존성 단백질들을 비교하면 식물의 진화에 대한 중요한 통찰력을 제공하게 될 것이다.

그림 24.30 형태와 크기가 다양하게 나타나는 홍조류.

군체성 녹조식물은 어떤 세포분화를 나타낸다

다세포성은 진핵생물에서 여러 차례 생겨났다. 군체성 녹조식물은 다세포성의 한 측면인 세포분화의 사례를 나타낸다. 클라미도모나스와 유사한 세포들에서 유래된 분화의 한 계열이 운동성을 갖는 군체성 생물의 형성과 관련이 있다. 이 계열의 녹조류들에서는 클라미도모나스와 유사한 세포들이 그들의 개체성(individuality) 일부를 간직하고 있다.

이들 생물 가운데 가장 정교한 조류는 속이 빈 공 모양을 하는 좁쌀공말속(Volvox)으로(그림 24.32), 이는 각각 2개의 편모가 달린 500~60,000개 세포들이 한 층으로 구성된다. 이들 가운데 소수의 세포들만이 생식을 한다. 어떤 생식세포들은 무성적으로 분열하여 안쪽으로 불룩해진 다음 새로운 군체를 만드는데, 이 딸군체는 처음에 어버이군체의 내부에 남아 있다. 다른 생식세포들은 배우자를 만든다.

어떤 다세포 녹조식물은 단복상 생활주기를 갖는다

단복상 생활주기가 일부 녹조식물과 스트렙토식물에서 발견되는데, 후자에는 윤조식물과 육상식물이 포함된다. 다세포 녹조식물인 갈파래속(*Ulva*)은 두 겹의 세포들이 납작한 박층을 이루는 배우자체 세대와 포자체 세대가 똑같다(그림 24.33). 윤조식물과 달리 녹조식물의 조상에서는 육상식물이 생겨나지 않았다.

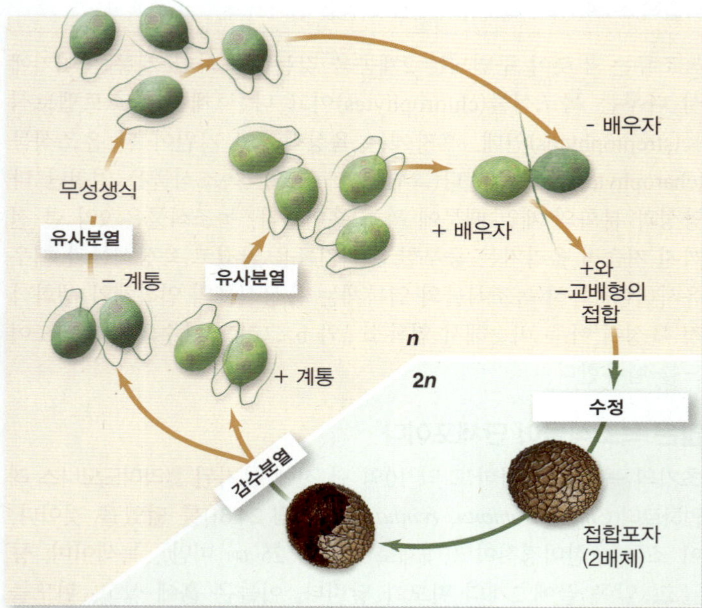

그림 24.31 클라미도모나스의 생활주기. 단세포로 된 이 녹조식물은 무성생식과 유성생식 모두를 한다. 식물과 달리 배우자가 융합한 다음에 유사분열이 일어나지 않는다. © Dr. Richard Kessel & Dr. Gene Shih/Visuals Unlimited.

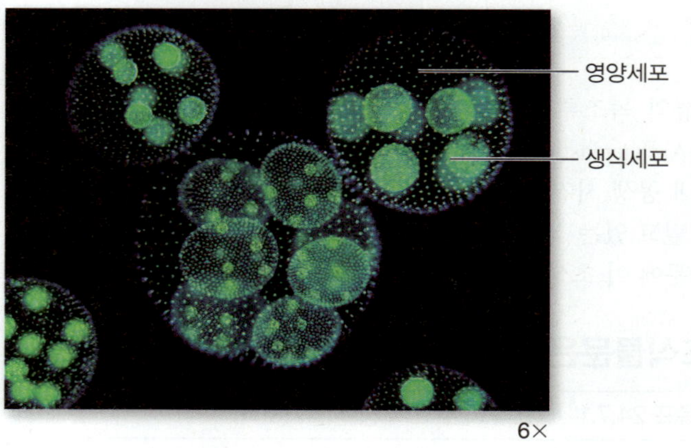

그림 24.32 좁쌀공말속. 이 녹조식물은 일부 세포가 생식세포로 분화된 군체를 형성한다.

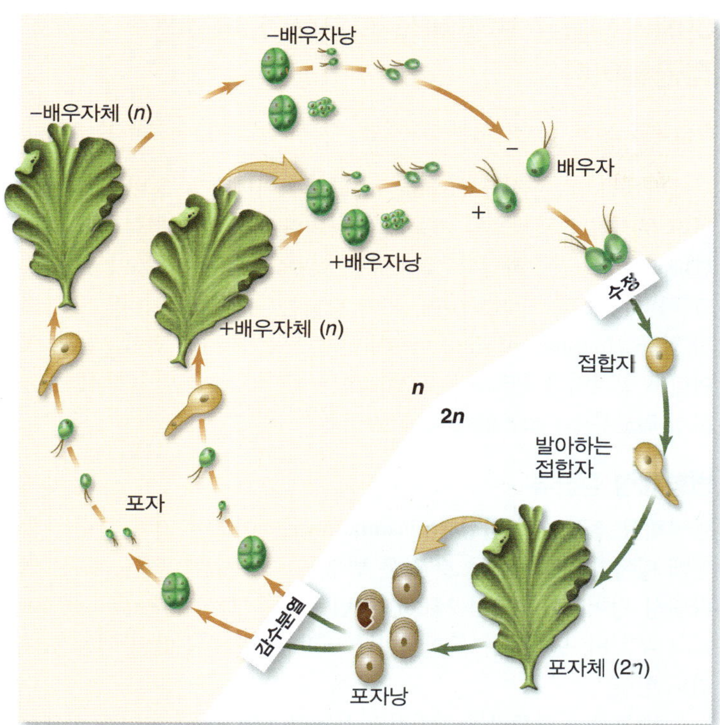

그림 24.33 갈파래속의 생활주기. 이 녹조류는 단복상 생활주기를 갖는다. 배우자체와 포자체는 다세포로 되어 있고, 모양이 같다.

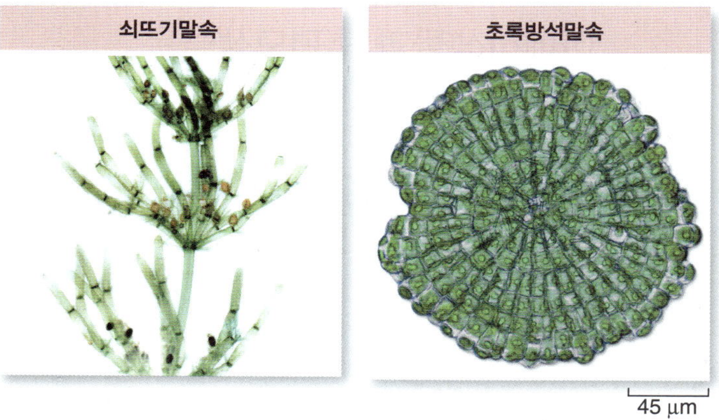

그림 24.34 쇠뜨기말목에 속하는 쇠뜨기말속과 초록방석말목에 속하는 초록방석말속은 육상식물과 가장 밀접한 연관이 있는 두 단일계통군들이다.

윤조식물은 식물과 가장 가까운 친척이다

학습목표 24.7.3 윤조식물이 식물과 가장 가까운 친척으로 간주되는 이유를 설명하라.

스트렙토식물의 계통군인 **윤조식물(charophytes)** 역시 녹조류이고, 이들은 식물과 매우 가까운 계통적 유연관계를 갖는다는 점에서 녹조식물과 구별된다. 윤조식물은 단상(haplontic) 생활주기를 갖는데, 이는 육상으로 이동한 다음에 복상(diplontic)의 배와 단복상(haplodiplontic)의 생활주기가 진화하였음을 나타낸다.

어떤 윤조식물 계통군이 육상식물과 가장 가까운 자매군인지를 확인하는 일은 오랫동안 생물학자들의 수수께끼였다. 윤조류의 화석기록은 드물다. 최근에 rRNA와 DNA염기순서로부터 얻어진 분자적 증거들은 스트렙토식물 가운데 육상식물의 기원이 된 녹조류 계통군은 윤조식물이라고 뒷받침하였다.

가능성이 큰 두 윤조식물 계통군은 약 300종의 쇠뜨기말목(Charales)과 약 30종의 초록방석말목(Coleochaetales)이다(그림 24.34). 이들 모두 주로 민물에서 자라는 조류들이지만, 현미경적인 초록방석말목과 비교하여 쇠뜨기말목은 엄청 크다. 두 계통군은 육상식물과 유사성을 갖고 있다. **초록방석말속**(*Coleochaete*)과 그 친척들은 세포들 간에서 세포질이 연결되는 **세포질연락사**(*plasmodesmata*)를 갖고 있는데, 이는 육상식물에서 발견된다. 쇠뜨기말목에 속하는 쇠뜨기말속(Chara)의 종들은 육상식물 세포와 비슷하게 유사분열과 세포질분열을 한다. 이들 모두 유성생식에서 크고 비운동성인 알과 편모가 달린 정자가 나타난다. 이러한 배우자들은 많은 윤조식물 친척들에서 나타나는 배우자보다 육상식물의 배우자와 훨씬 더 비슷하다. 이들 윤조식물 계통군들은 모두 연못과 습지의 가장자리를 따라 녹색의 매트를 형성한다. 어떤 종이 건조에 적응하면서 육지를 향해 성공적으로 나아갔음이 분명하다.

개념 정리 24.7

홍조류는 크기가 매우 다양하고 붉은빛을 띠게 하는 보조색소들을 만든다. 이들은 중심립과 편모가 없으며, 보통 세대교번을 이용하여 증식한다. 녹조식물은 식물의 엽록체와 매우 비슷한 엽록체를 갖는다. 녹조류에서는 건조에 견딜 수 있는 비운동성 단세포 종들이 진화하고, 어느 정도 세포분화를 나타내는 군체성 생물이 진화하였다. 녹조류의 무리인 윤조식물은 다양한 형태적 및 분자적 증거에 근거하여 오늘날 식물의 자매군으로 생각된다.

- 녹조류가 육상에서 유성생식을 가능케 하는데 극복했어야 할 주된 장벽은 무엇인가?

24.8 아메바생물과 후편모생물은 밀접한 관련이 있다

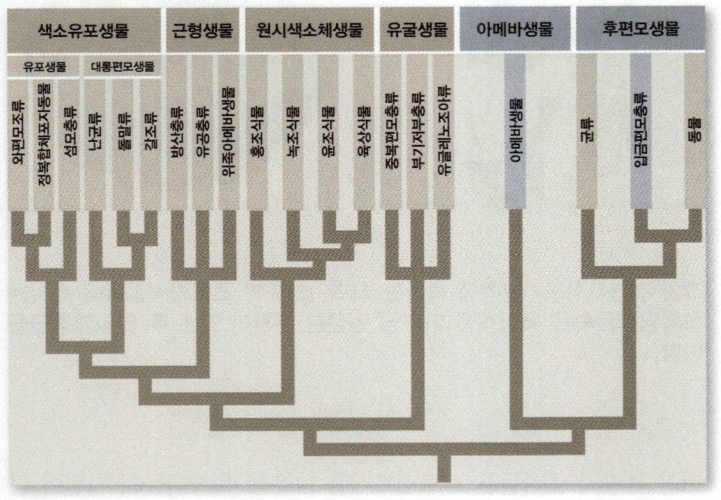

아메바는 위족(pseudopod)을 이용하여 여기저기로 이동하는데, 세포질이 확장된 돌기인 위족은 아메바를 앞으로 당기거나 먹이입자를 에워싼다. 아메바는 위족을 앞으로 뻗었다가 안쪽으로 흘러들어가게 한다(그림 24.35). 근육에서 발견되는 것과 비슷한 액틴과 미오신 필라멘트들이 이러한 운동과 관련된다. 위족은 세포체의 어느 지점에서든 형성될 수 있어서 아메바는 어느 방향이든지 움직일 수 있다. 초상위범주 아메바생물(Amoebozoa)에 속하는 아메바는 균류와 동물이 포함되는 후편모생물(Opisthokonta)과 매우 밀접한 관련이 있다. 다른 초상위범주의 생물들이 2개 또는 그 이상의 편모를 갖는 반면, 이들 두 초상위범주에 속하는 생물들은 하나의 편모를 갖는다. 아메바생물과 후편모생물을 통틀어 단편모류(Unikonts)라고도 하는데, 여기서 "uni"는 단일한 편모를 나타낸다. 그렇지만 이들은 뚜렷이 구별되는 초상위범주이다.

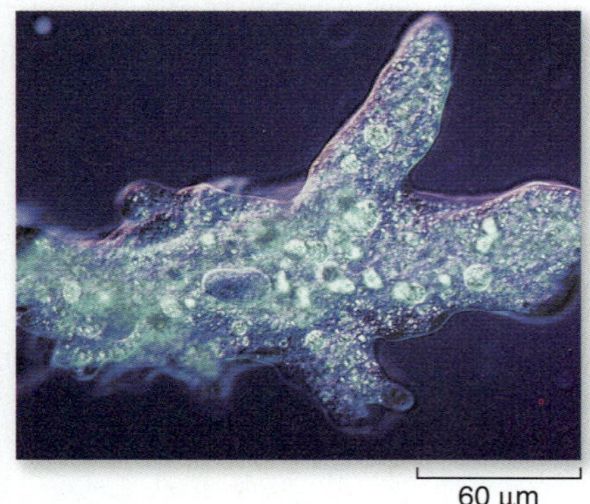

그림 24.35 아메바 프로테우스(*Amoeba proteus*). 뻗어 나온 돌기는 위족이고, 아메바는 위족을 안쪽으로 흘러들어가게 하면서 움직인다.

아메바생물은 변형체성 점균류와 세포성 점균류이다

학습목표 24.8.1 변형체성 점균류와 세포성 점균류를 구별하라.

아메바생물 또는 점균류(slime molds)는 아메바형 형태를 취하는 여러 무리의 원생생물들 가운데 하나이다. 물곰팡이처럼 점균류도 한때 균류로 간주하였다. 점균류는 아주 다른 두 계통이 있는데, 그 하나는 크고, 단세포이며, 기어 다니는 다핵성 덩어리인 변형체성 점균류(plasmodial slime molds)이고, 다른 하나는 단세포들이 덩어리로 합쳐지고 분화해서 다세포성의 초기 모델을 만들어 내는 세포성 점균류(cellular slime molds)이다.

변형체성 점균류

변형체성 점균류는 **변형체(plasmodium)**를 이루어 기어 다니는데, 점액 덩어리가 움직이는 것 같은 변형체는 세포벽이 없는 세포질의 다핵성 덩어리이다(그림 24.36). 이런 유형을 섭식기(*feeding phase*)라고 부르며, 변형체는 주황색이나 노란색 또는 그 밖의 색깔을 띠기도 한다.

변형체는 세포질이 이리저리 유동하는데, 특히 현미경 하에서는 눈에 잘 띈다. 변형체는 옷감의 그물 사이를 통과할 수 있고, 다른 장애물을 돌아가거나 통과할 수 있다. 움직이는 동안 세균과 효모 그리고 그 밖의 작은 유기물 입자들을 에워싸고 소화시킨다.

그림 24.36 변형체성 점균류. 프레첼 같이 생긴 다핵성 점균류인 그물점균(*Hemitrichia serpula*)이 삼킬만한 세균이나 유기입자들을 찾아 움직인다.

그림 24.37 변형체성 점균류의 포자낭. 점균문(*Myxomycota*)에 속하는 부들점균속(*Arcyria*)의 포자낭.

그림 24.38 세포성 점균류 딕티오스텔리움 디스코이데움의 발생. **1.** 처음에 포자가 발아하여 먹이가 다 떨어질 때까지 섭식하고 증식하는 아메바를 형성한다. 먹이가 고갈될 시점에 아메바들이 응집하여 중앙으로 모인다. **2.** 결집된 아메바들이 더미를 이루기 시작한다. **3.** 더미에 끝 부분이 생기고 옆으로 넘어진다. **4.** 결집된 아메바들이 2~3 ㎜ 길이의 다세포성 "이동체(slug)"를 형성하고, 빛을 향하여 이동한다. **5.** 이동체가 운동을 멈추고 극치(culmination)라고 부르는 과정이 시작된다. 세포들이 자루와 포자세포로 분화한다. **6.** 성숙한 자실체에서 아메바들이 포낭에 싸여 포자가 된다.

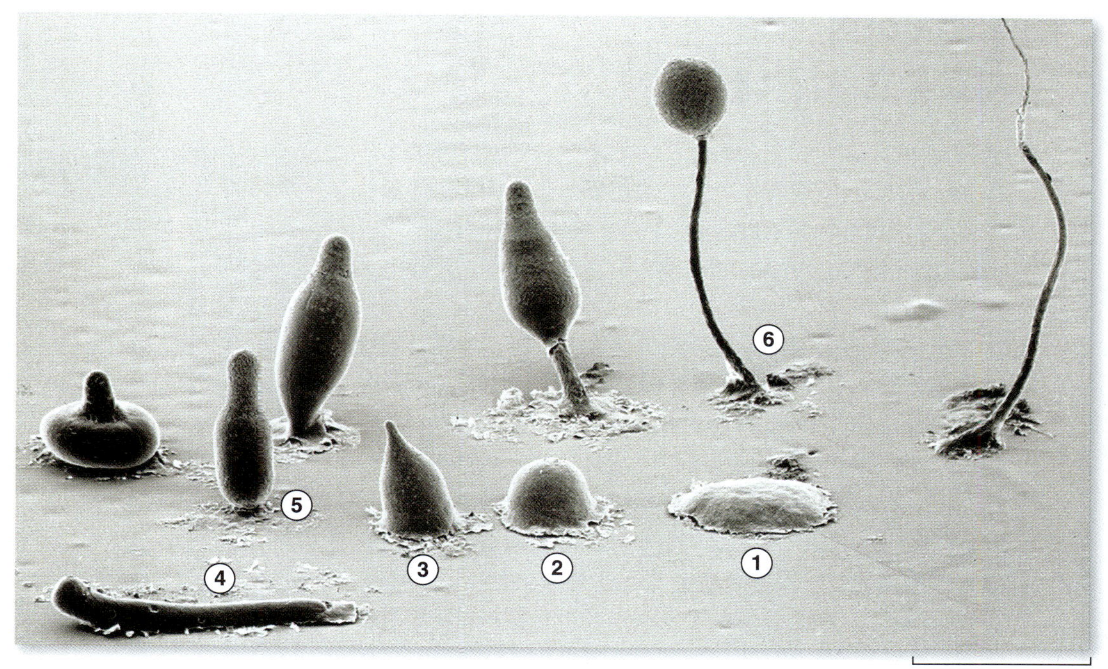

다핵성인 변형체 세포는 동시에 유사분열을 하는데, 핵막은 늦은 후기 또는 말기에서만 사라진다. 중심립은 없다.

먹이나 수분이 충분하지 않을 때 변형체는 비교적 빠르게 새로운 장소로 이동한다. 이동을 멈추면 포자로 분화되는 덩어리를 이루거나 다수의 작은 더미로 분열하는데, 이 더미들 각각은 포자를 생성하는 구조인 성숙한 **포자낭(sporangium)**을 만든다. 이 포자낭들은 종종 아름답고 형태가 극도로 복잡하다(그림 24.37). 포자는 부적합한 환경의 영향에 매우 잘 견디고, 건조한 상태에서도 수년간 지속할 수 있다.

세포성 점균류

세포성 점균류는 이들의 비교적 단순한 발생체계 때문에 세포분화를 연구하는 중요한 집단이 되었다(그림 24.38 참조). 각 개체는 독립된 아메바처럼 행동하고, 토양에서 움직이면서 세균을 섭취한다. 먹이가 차츰 고갈되면 각 개체들은 응집하여 움직이는 "이동체(slug)"를 형성한다. 일부 세포에서 고리형 아데노신1인산(cAMP)이 분비되고 다른 세포들은 cAMP의 방향으로 이동하여 이동체를 형성한다. 세포성 점균류 딕티오스텔리움 디스코이데움(*Dictyostelium discoideum*)에서 이 이동체는 형태형성을 거쳐 자루와 포자세포를 만든다. 포자들이 습한 서식지에 떨어지면 새로운 아메바를 형성한다.

입금편모충류는 동물의 조상일 것 같다

학습목표 24.8.2 입금편모충류의 진화적 중요성을 설명하라.

입금편모충류(choanoflagellates)는 구조적으로 그리고 분자적으로 가장 원시적인 동물인 해면동물과 가장 비슷한 원생생물이다. 입금편모충류에서는 단일한 편모가 밖으로 나오고 그 주변을 빽빽하게 배열된 필라멘트로 구성된 깔때기 모양의 수축성 깃(collar)이 둘러싸는데, 이 구조는 동물인 해면동물의 경우와 정확히 일치한다. 입금편모충류는 깃을 이용하여 물을 걸러서 세균을 먹고 산다. 군체성 종류는 담수 해면동물과 비슷하다(그림 24.39).

입금편모충류와 동물 간의 밀접한 유연관계는 입금편모충류와 해면동물에서 각각 발견되는 세포표면 단백질[티로신인산화효소수용체(tyrosine kinase receptor)] 간의 강력한 상동성에서도 입증되고 있다(9장 참조).

그림 24.39 군체를 이루는 입금편모충류는 가까운 동물 친척인 해면동물과 비슷하다.

개념 정리 24.8

점균류는 다른 아메바들처럼 위족을 이용하여 움직인다. 변형체성 점균류는 다핵의 큰 단세포로 구성되는 반면, 세포성 점균류는 다세포성이다. 뉴클레아리아류(nucleariid) 아메바가 균류의 가장 가까운 조상으로 여겨지고, 입금편모충류가 동물의 가장 가까운 친척으로 생각된다. 군체성 종류는 담수 해면동물과 비슷하고, 이 두 집단은 상동의 세포표면 수용체를 갖는다.

- 입금편모충류를 해면동물과 관련지을만한 다른 유형의 연구는 어떤 것인가?

말라리아의 치료유효 시간대

말라리아가 다른 어떤 전염병보다도 더 많은 사람을 매년 죽이고 있지만, 미국에서는 모기의 박멸과 효과적인 치료 덕택에 이 질병이 사실상 퇴치되었다. 1941년에는 4천 명 이상의 미국인이 말라리아로 죽었는데, 2010년에는 말라리아에 걸려 사망한 미국인이 겨우 5명뿐이었다.

말라리아를 통제하는 열쇠는 그 생활주기를 이해하는 데에서 기인한다. 그 첫 번째 중대한 진전은 1897년에 인도 세쿤데라바드(Secunderabad)의 외딴 야전병원에서 나왔다. 이 병원의 영국인 의사 로스(Ronald Ross)는 말라리아에 걸리지 않은 환자가 창문이 있거나 방충망이 있는 병동에서보다는 방충망이 없는 개방된 병동에서 좀 더 말라리아에 걸릴 가능성이 많다는 사실을 관찰하였다. 면밀하게 관찰한 그는 개방된 병동의 환자들이 아노펠레스속(Anopheles)의 모기에 물리는 것을 목격하였다. 말라리아에 걸린 환자를 깨문 모기를 해부한 그는 기생성 열원충을 발견하였다. 새로 부화하여 피를 빨지 않은 모기에게 말라리아에 걸리지 않은 혈액을 주고 키웠더니 기생충이 생기지 않았다. 로스는 모기가 깨물 때 기생충을 옮기면서 한 사람으로부터 다른 사람에게 말라리아가 전염된다는 결론에 도달하였다. 아노펠레스속 모기의 퇴치가 가능한 나라들마다 말라리아 발생률은 급격히 감소하였다.

두 번째로 중대한 진전은 말라리아에 걸린 환자를 치료하는 의약품의 개발에서 나왔다. 영국인들은 19세기 중반에 인도에서 기나나무(cinchona) 껍질로부터 추출한 키닌(quinine)이라는 쓴 물질이 말라리아의 공격을 억제하는 데 효과적이라는 사실을 알았다. 사진에서 누워있는 소년들은 키닌 정맥주사를 맞고 치료하는 중이다. 키닌은 열을 가라앉히는 데에도 효과가 있지만, 그렇다고 해서 이 질병을 낫게 하지는 않았다.

오늘날 의사들은 합성약물인 클로로퀸(chloroquine)과 프리마퀸(primaquine)을 대신 사용하는데, 이들 치료약은 키닌보다 훨씬 효과적이고 부작용도 훨씬 적다. 키닌과는 달리 이 두 가지 약제는 환자를 완전히 치유할 수 있다. 그 이유는 이들이 말라리아열원충속의 생활주기 가운데 한 단계, 즉 감염 후 며칠 내에 혈류에 방출된 분열소체(merozoite)를 공격하여 파괴하기 때문이다. 그렇지만 이 약들은 모기에 물리자마자 바로 투여해야 효과적이다.

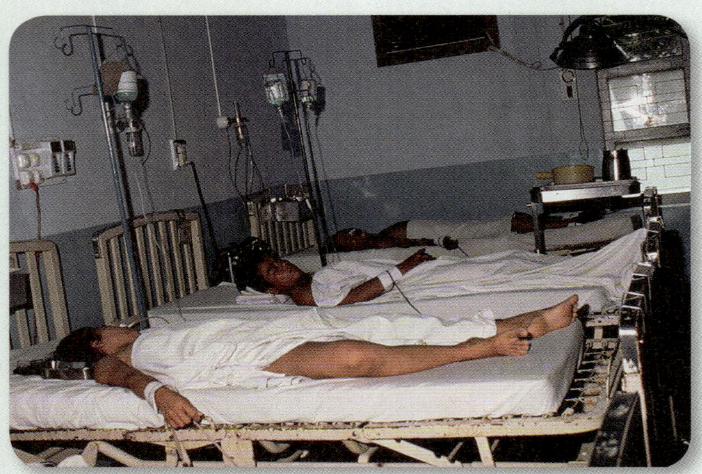

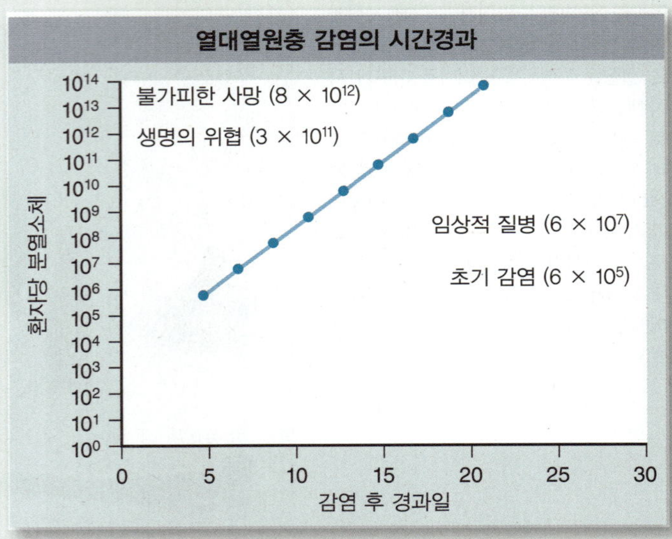

성공적인 치료를 위한 시간 프레임을 밝히기 위해 의사들은 말라리아 감염의 시간경과를 주의 깊게 연구하였다. 그래프는 그 결과를 보여준다. 분열소체의 수를 y축에 로그 눈금으로 나타냈으며, 각 단계마다 수가 10배 증가하는 것이다. 적혈구의 1%가 감염되면 생명을 위협하는 수준이 되고, 만일 적혈구의 20%가 감염되면 꼼짝없이 죽게 된다.

분석

1. **개념 적용** 이 그래프에서 종속변수는 무엇인가?
2. **추론**
   a. 감염된 다음에 간에서 분열소체가 혈류로 방출되기까지, 즉 분열소체에 의해 처음 감염되기까지 시간이 얼마나 걸렸나? 질병이 생명을 위협하기까지 걸린 시간은? 꼼짝없이 죽게 되기까지 걸린 시간은?
   b. 분열소체가 10배로 늘어나는 데 걸리는 시간은?
3. **결론 도출** 임상적 질병 증상이 처음 나타나고 나서 생명을 위협하기까지 질병을 치료할 수 있는 날은 며칠인가? 환자의 목숨을 구할 가능성이 거의 없게 되기까지 치료할 수 있는 날은?

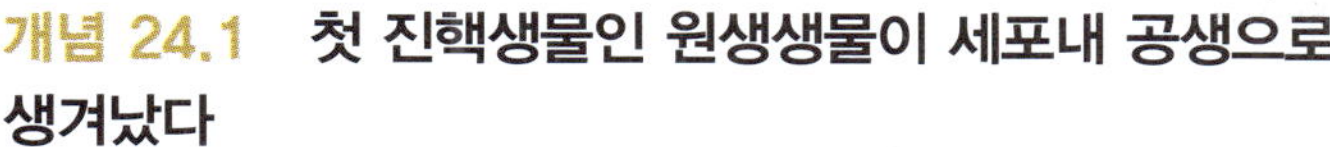

학습 과정 복습

개념 24.1 첫 진핵생물인 원생생물이 세포내 공생으로 생겨났다

24.1.1 화석 증거로 진핵생물 기원의 연대를 추정한다 진핵생물이 훨씬 오래 전에 생겨났겠지만, 화석의 증거는 약 15억 년 전으로 거슬러 올라간다.

24.1.2 미토콘드리아는 삼켜진 호기성 세균에서 진화하였다 세포내 공생 이론은 진핵세포의 조상이 삼킨 호기성 세균이 미토콘드리아가 되었다고 설명한다. 이 이론은 미토콘드리아에 DNA가 들어있고, 이 DNA가 세균의 DNA와 비슷하다는 점으로 뒷받침된다. 시간이 지나면서 많은 미토콘드리아 유전자들이 핵으로 옮겨졌다.

24.1.3 엽록체는 삼켜진 광합성 세균에서 진화하였다 엽록체는 진핵세포의 조상이 삼킨 광합성 세균에서 생겼다고 믿어진다.

24.1.4 유사분열이 진핵생물에서 진화하였다 유사분열의 메커니즘이 생물들 간에서 다양하게 나타나는 것은 유사분열 과정이 한꺼번에 진화되지 않았다는 점을 가리킨다.

개념 24.2 생물학적으로 원생생물은 매우 다양한 집단이다

24.2.1 원생생물은 곰팡이나 식물 또는 동물이 아닌 원생생물이다 원생생물은 주로 편모나 위족을 이용하여 움직이지만, 다른 많은 방법으로 이동하기도 한다. 영양획득 측면에서 원생생물은 광영양생물과 종속영양생물 그리고 두 가지를 모두 할 수 있는 혼합영양생물이 포함된다. 원생생물은 유사분열이나 출아 또는 분열생식에 의해 무성적으로 증식할 수 있다. 한편 원생생물에서는 유성생식도 나타난다.

개념 24.3 원생생물 계통발생의 윤곽이 명백해지고 있다

24.3.1 원생생물 중에서 단계통군들이 확인된다 분자적 비교를 통해 원생생물의 분류가 명확해지기 시작한다. 이는 한편으로 진핵생물 계통수의 뿌리를 밝히는 데 도움이 되고 있다. 모든 진핵생물은 6개의 초상위범주로 구분된다. 그 중 한 집단으로부터 식물이 진화하였다고 생각되고, 균류와 동물은 다른 집단에서 비롯되었다고 여겨진다.

개념 24.4 유굴생물은 미토콘드리아가 없는 편모성 원생생물이다

24.4.1 중복편모충류는 2개의 핵을 갖는다 중복편모충류는 단세포이고, 편모를 이용하여 움직이며, 2개의 핵을 갖는다.

24.4.2 부기저부충류는 파동막을 갖는다 부기저부충류는 편모와 파동막을 이용하여 움직인다.

24.4.3 유글레노조아류는 앞편모와 흔히 엽록체를 갖는 독립생활성 진핵생물이다 유글레나류는 빛 조건 하에서 광합성을 하는 엽록체를 만들 수 있다. 이들은 박막을 갖고, 앞편모로 움직인다.

개념 24.5 색소유포생물은 2차 공생으로 기원된 것이라 여겨진다

24.5.1 유포생물은 세포막 밑에 소포가 있다 와편모조류는 2개의 편모를 갖고 빙글빙글 돌며 움직인다. 와편모조류의 대발생은 적조를 일으킨다. 정복합체포자동물은 포자를 형성하고 동물에 기생한다. 이들은 세포의 한쪽 끝에 정단복합체라고 부르는 세포소기관이 독특하게 배열하는데, 이는 숙주에 침입하는 데 이용된다. 섬모충류는 단세포성 종속영양 원생생물이고, 먹이를 잡고 앞으로 나아가는 데 수많은 섬모를 이용한다. 각 세포에는 대핵과 소핵이 들어있다.

24.5.2 대롱편모생물은 가느다란 털을 갖고 있다 갈조류는 일반적으로 배우자체와 포자체가 세대교번을 하는 대형 해조류들이다. 돌말류는 세포벽에 규산질이 들어있다. 각 돌말 세포는 상자와 뚜껑 같이 꼭 들어맞는 2개의 유리 같은 껍데기를 만든다. 물곰팡이인 난균류는 기생생활을 하고, 서로 다른 2개의 편모가 달리는 무성포자인 유주자를 만든다는 점에서 독특하다.

개념 24.6 근형생물은 규산질 외골격이나 석회석 껍질을 갖는다

24.6.1 방사판족류는 규산질의 내부골격을 갖는다

24.6.2 유공충류 화석들이 엄청난 석회암 퇴적물을 만들었다 유공충류는 종속영양을 하는 해양성 원생생물이고, 주로 탄산칼슘의 침착으로 형성된 구멍이 산재한 껍질을 갖는다.

24.6.3 위족아메바생물은 다양한 방법으로 양분을 취한다

개념 24.7 원시색소체생물은 단일한 세포내 공생 사건으로 생겨났다

24.7.1 홍조식물문은 광합성을 하는 다세포 해조류이다 홍조류는 붉은 빛을 내는 보조색소를 만든다. 홍조류는 편모와 중심립이 없고, 세대교번을 한다.

24.7.2 녹조식물문은 몹시 다양한 녹조류이다 단세포 녹조식물문에는 2개의 편모가 달린 클라미도모나스와 편모가 없고 무성적으로 증식하는 클로렐라가 포함된다. 좁쌀공말속은 일부 분화된 세포들을 갖는 군체성 녹조류이다.

24.7.3 윤조식물은 식물과 가장 가까운 친척이다 스트렙토식물의 두 계통군인 쇠뜨기말목과 초록방석말목에서는 세포질연락사가 나타난다. 한편 이들은 육상식물과 비슷하게 유사분열과 세포질분열을 한다.

개념 24.8 아메바생물과 후편모생물은 밀접한 관련이 있다

24.8.1 아메바생물은 변형체성 점균류와 세포성 점균류이다 모든 점균류들은 응집하여 포자를 만들고 움직이는 "이동체"를 형성할 수 있다.

24.8.2 입금편모충류는 동물의 조상일 것 같다 군체성 입금편모충류는 담수 해면동물과 매우 비슷하고, 이들 간에서는 분자적 유사성도 발견된다.

학습 과정 평가

개념 24.1 첫 진핵생물인 원생생물이 세포내 공생으로 생겨났다

이해

1. 진핵생물의 화석증거는 언제로 거슬러 올라가는가?
   a. 25억 년 전.　　b. 15억 년 전.
   c. 250만 년 전.　　d. 150만 년 전.
2. 진핵세포의 기원에 관한 세포공생기원설을 뒷받침하는 증거는?
   a. 진핵세포는 내막을 갖고 있다.
   b. 미토콘드리아와 엽록체는 고유한 DNA를 갖는다.
   c. 핵막이 세포소기관의 막과 비슷하다.
   d. 미토콘드리아는 세포벽이 규산질로 되어 있다.

응용

1. 다음과 같은 서술을 검토하고 세포공생기원설을 가장 정확하게 뒷받침하는 서술을 골라라.
   a. 미토콘드리아는 복제하는 데 유사분열에 의존한다.
   b. 엽록체는 DNA를 갖고 있지만, 엽록체 내에서 번역이 일어나지 않는다.
   c. 액포는 2중막을 갖고 있다.
   d. 세균의 단백질 합성을 억제하는 항생물질은 미토콘드리아에도 동일한 효과를 미칠 수 있다.

종합

1. 식물에서 미토콘드리아와 엽록체 그리고 핵의 유전체들 모두에 리보솜RNA유전자가 포함되어 있다. 식물의 미토콘드리아에 있는 rRNA유전자들이 엽록체에 있는 rRNA유전자들과 가까울 것으로 예상하는가, 아니면 핵의 rRNA유전자들과 훨씬 연관성이 있을 것으로 기대하는가? 그 이유를 설명하라.

개념 24.2 생물학적으로 원생생물은 매우 다양한 집단이다

이해

1. 다음 중 원생생물의 운동 양식이 아닌 것은?
   a. 섬모 흔들기
   b. 위족 뻗기
   c. 축위족 짧게 하기
   d. 밀어 낸 점액질 위로 미끄러짐
2. 모든 원생생물이 갖고 있는 것은?
   a. 세포벽　　b. 기능적 엽록체
   c. 다세포성 체제　　d. 핵

응용

1. 원생생물 가운데 혼합영양생물(mixotroph)에서 나타나는 두 가지는?
   a. 광영양과 종속영양　　b. 단세포와 군체
   c. 이동성과 고착성　　d. 무성과 유성

종합

1. 좁쌀공말속(그림 24.6)을 다세포성이라고 분류할 것인가? 갈조류와 홍조류 그리고 녹조류의 다세포성은 좁쌀공말 군체의 다세포성 체제와 무엇이 다른가?

개념 24.3 원생생물 계통발생의 윤곽이 명백해지고 있다

이해

1. 다음 중 원생생물에 포함되지 않는 것은?
   a. 조류(algae)　　b. 섬모충류
   c. 정복합체포자동물　　d. 버섯류
2. 식물과 가장 최근의 공통조상을 공유하는 원생생물이 발견되는 집단은?
   a. 근형생물　　b. 원시색소체생물
   c. 아메바생물　　d. 색소유포생물

응용

1. 다음의 원생생물 초상위범주 가운데 2개의 다세포생물 계(kingdom)가 생겨난 것은?
   a. 색소유포생물　　b. 근형생물
   c. 원시색소체생물　　d. 단편모류

종합

1. 최근의 분류학적 처리에서는 생물을 분류할 때 계통발생적 자료에 대단히 많이 의존한다. 과거에는 분류학자들이 흔히 형태학적 종의 개념을 이용하였는데, 이는 생장형의 유사성에 의거하여 종을 규정하는 것이다. 일련의 원생생물을 형태학적 종개념으로 무리 짓는다면 계통적 종개념에 의한 분류 결과와 어떻게 다를지 예를 들어 보라.

개념 24.4 유굴생물은 미토콘드리아가 없는 편모성 원생생물이다

이해

1. 중복편모충류와 부기저부충류는 모두
   a. 엽록체가 들어있다.　　b. 다핵세포를 갖는다.
   c. 미토콘드리아가 없다.　　d. 세포벽에 규산질이 있다.

응용

1. 흡반편모충속(*Giardia*)에 미토콘드리아가 없다는 사실이 의미하는 것은?
   a. 흡반편모충 세포는 산화적 호흡을 수행하지 않는다.
   b. 흡반편모충 세포의 핵에는 미토콘드리아 유전자가 들어있지 않다.
   c. 흡반편모충속은 원생생물의 초기 형태이다.
   d. 흡반편모충속은 원생생물의 초기 형태가 아니다.
2. 만일 세포에 박막(pellicle)이 있다면, 그 세포는
   a. 형태를 쉽게 바꿀 수 있다.　b. 공 같은 모양을 한다.
   c. 어뢰 같은 모양을 한다.　　d. 반드시 수축포가 들어있다.

종합

1. 편모가 달린 원생생물 흡반편모충속(*Giardia*)은 진정한 미토콘드리아가 없지만 미토솜(mitosome)이라고 부르는 아주 작은 세포소기관을 갖고 있다. 이 미토솜이 미토콘드리아로부터 유래되었다는 가설을 검증하기 위해 찾아야 할 특징은 무엇인가?

개념 24.5 색소유포생물은 2차 공생으로 기원된 것이라 여겨진다

이해

1. 다음 중 광합성을 하는 원생생물을 모두 골라라.
   a. 돌말류　　b. 섬모충류
   c. 정복합체포자동물　　d. 와편모조류
2. 대롱편모생물의 특징은?
   a. 아주 작은 편모　　b. 큰 섬모
   c. 편모에 있는 작은 털　　d. 쌍으로 된 큰 편모

응용

1. 때때로 바닷속에서 거대한 숲을 이루는 대형갈조(kelp)가 실제로는 어떤 다세포성 원생생물인가?
   a. 녹조식물문　　b. 홍조류
   c. 갈조류　　d. 와편모조류

종합

1. 말라리아를 근절시키기 위해 세 가지 방법이 시도되고 있다. 그 첫 번째는 기생생물의 매개체가 되는 모기를 제거하는 것이고, 두 번째는 기생생물이 인체에 들어온 다음 죽이는 것이며, 세 번째는 이 기생생물에 대한 백신을 개발하여 사람의 면역계가 말라리아로부터 인체를 보호하도록 하는 것이다. 장기적으로 볼 때 가장 유망한 방안은 무엇이라고 생각하는가? 그 이유는?

개념 24.6 근형생물은 규산질 외골격이나 석회석 껍질을 갖는다

이해

1. 다음 중 방사판족문(Actinopoda)이 갖지 않는 것은?
   a. 단단한 탄산칼슘 껍질.
   b. 많은 집단의 아메바형 형태.
   c. 규산질로 된 유리 같은 외골격.
   d. 뾰족뾰족한 바늘 같은 위족.
2. 지질시대의 지표화석으로 이용되고 석유를 탐사하는 데 이용되는 원생생물은?
   a. 방산충류　b. 유공충류　c. 돌말류　d. 점균류

응용

1. 아메바와 유공충류 그리고 방산충류는 무엇을 이용하여 움직이는가?
   a. 세포질　b. 편모　c. 섬모　d. 강모

종합

1. 방산충류는 외부에 규산질로 된 유리 같은 껍질이 있는 반면, 유공충류는 탄산칼슘(석회석의 재료)으로 만들어진 돌 같은 껍데기를 갖는다. 이들 원생생물이 이토록 겉을 단단하게 만드는 전략을 활용하는 것은 무엇 때문이라고 생각하는가?

개념 24.7 원시색소체생물은 단일한 세포내 공생 사건으로 생겨났다

이해

1. 클라미도모나스는 어떤 점 때문에 식물과 다른가?
   a. 배우자 융합 이후에 유사분열이 나타나지 않는다.
   b. 엽록소 a만이 발견된다.
   c. 홍조소가 엽록소의 녹색을 가린다.
   d. 생활주기에서 반수체 세대와 2배체 세대가 나타난다.
2. 원생생물 갈파래속(*Ulva*)의 포자체는
   a. 배우자를 만든다.　　b. 반수체의 정자가 들어있다.
   c. 2배체의 포자를 만든다.　　d. 수정의 산물이다.

응용

1. 다세포생물의 세대교번이 일어나는 모든 집단을 골라라.
   a. 와편모조류　　b. 갈조류
   c. 홍조류　　d. 돌말류

종합

1. 만일 식물이 녹조류에서 유래되었다면, 왜 분류학자들이 녹조류를 식물로 분류하지 않을까?

개념 24.8 아메바생물과 후편모생물은 밀접한 관련이 있다

이해

1. 응집체를 형성하고, 섬유소로 된 세포벽을 가지며, 종속영양을 하는 원생생물은 다음 중 어떤 집단일까?
   a. 섬모충류　　b. 입금편모충류
   c. 방산충류　　d. 점균류
2. 분자분류학자들이 의심하기 시작한 균류의 원생생물 조상은?
   a. 윤조류　　b. 입금편모충류
   c. 뉴클레아리아류　　d. 세포성 점균류
3. 동물의 조상일 가능성이 가장 높은 집단은?
   a. 파동편모충　　b. 중복편모충류
   c. 섬모충류　　d. 입금편모충류

응용

1. 세포성 점균류의 생활주기를 검토하고, 먹이가 부족할 때 생존하는 데 가장 유리하게 작용할 특징은 어떤 것인지를 결정하라.
   a. 세포성 점균류는 먹이가 부족하면 포자를 형성한다.
   b. 세포성 점균류는 부생생물이다.
   c. 세균을 먹게 되면 먹이가 절대로 고갈되지 않는다.
   d. 세포성 점균류는 서로에게 먹이원을 안내하는 데 cAMP를 이용한다.
2. 클라미도모나스의 단백질 암호화 유전자들을 홍조류와 식물의 유전체와 비교하면,
   a. 클라미도모나스 유전자의 대부분이 독특하다.
   b. 홍조류 유전자의 대부분이 독특하다.
   c. 식물 유전자의 대부분이 독특하다.
   d. 유전자의 대부분이 이들 세 집단에서 공통적으로 나타난다.

종합

1. 원생생물 간에서 다세포성이 생겨난 사례를 열거하라. 이들 사례 간에서 진화발생을 촉진하게 된 공통된 주제를 제안할 수 있는가?

25 균류

학습과정

서론

원생생물로부터 진화된 3개의 다세포생물계 중, 가장 심오한 적응은 균류에서 찾아볼 수 있다. 균류는 그들을 둘러싸고 있는 것들로부터 영양을 흡수한다. 또한, 균류의 다세포 몸체는 세포질의 자유로운 이동을 통해 엄청난 속도로 생장하는 몸체와 자신의 세포 사이에서 빠르게 양분을 공유할 수 있다. 실제로 버섯과 독버섯들은 빠르게 자라 커지기 때문에, 하룻밤 사이에 우리 앞뜰에 나타난 것처럼 보이기도 한다. 균류는 뿌리가 없는 식물의 줄기를 도와 영양분과 물을 흡수하여 식물이 땅에 자리 잡을 수 있도록 한다. 균류는 지구상 어디에서나 찾아볼 수 있다 – 열대에서부터 툰드라까지, 육상에서 해저까지 – 그리고 균류는 생태계, 심지어 인간의 몸에도 매우 깊은 영향을 끼친다. 그들의 번식 잠재력은 무한하다. 하나의 아밀라리아 곰팡이가 땅 속에서 무려 15ha를 뒤덮으며 무게는 100톤까지 나갈 수 있어서, 면적으로 치면 세계에서 가장 큰 유기체가 된다. 어떤 먼지버섯은 지름이 1미터 가까이 되고 7조개의 포자를 가지고 있는데, 이 포자들을 줄줄이 늘어놓으면 지구의 적도를 감기에 충분하다!

25.1 곰팡이는 그 어떤 다세포생물과도 다르다

우리 주변에 균류가 있다는 것을 인지하는 사람은 거의 없지만, 균학자는 최대 150만 종에 달하는 균류가 있을 것으로 예상하고 있다. 비록 단세포형태인 효모가 존재하지만, 균류는 대부분이 다세포로 되어있다.

버섯 같은 곰팡이의 구조물들은 땅으로부터 자라 올라오는 모습을 보이기 때문에 많은 사람들은 균류를 식물의 일종으로 생각했다. 사실, 균류는 식물보다는 동물에 가깝다 – 그리고 동시에 그들은 동물과는 매우 다르다! 이 장에서 균류에 대해 공부하며 보겠지만, 균류의 다세포성에 대한 접근은 동물이나 식물의 방법과는 완전히 다르다. 현대의 분자적 접근을 통해, 우리는 균계를 형성하게 된 독특한 진화의 여정을 알 수 있을 것이다.

곰팡이의 몸체는 연결된 균사 덩어리다

학습목표 25.1.1 식물과 균류의 몸체를 비교하라.

곰팡이의 몸체는 기본적으로 실 같은데, 대부분이 가는 파이프처럼 생긴 **균사(hyphae)**로 구성되어있다. 하나로 연속되거나 가지를 치고 있는 관 속은 세포질과 여러 개의 핵으로 채워져 있다. 균사는 전형적으로 연달아 있는 세포들의 긴 사슬로 만들어져 있고, '격벽'이라고 불리는 가로벽으로 분리되어 있다. 균류의 혁명적인 적응력의 가장 큰 특징은 아마도 격벽이 그들이 생식세포를 분리해낼 때를 제외하고는 완전한 벽으로 형성되지 못한다는 것이다. 따라서, 균류의 다세포성은 격벽을 가지고 균사체를 하나의 긴 세포로 효과적으로 결합하는 독특한 방식으로 진화했다.

세포질은 균사를 통해 자유롭게 흘러가는데, 격벽이 있는 주요 벽공을 지나간다(그림 25.1). 이러한 흐름 때문에, 균사를 통해 합성되는 단백질들은 활발하게 자라는 끝 쪽으로 이동할 수 있다. 그 결과, 균류의 균사들은 양분과 물이 풍부하고 온도가 적절할 때 매우 빠르게 생장한다. 예를 들어, 당신은 여름날 한 차례 비가 온 후, 다음 날 자신의 마당에 갑자기 버섯이 생겨난 것을 본 적이 있을 것이다. 균류의 독특한 다세포성이 가지는 위대한 진화적 이점은 바로 자유로운 세포질의 이동이 그들 주변에서 부딪히는 양분들을 빠르게 섭취할 수 있도록 해준다는 것이다.

균사체

균사가 연결된 덩어리를 **균사체(mycelium**, 복수형은 *mycelia*)라 한다(이 단어와 곰팡이를 공부한다는 균학(*mycology*)이라는 용어는 모두 곰팡이라는 뜻을 가진 그리스 단어 *mykes*로부터 유래하였다). 곰팡이의 균사체(그림 25.2)는 모두 합치면 몇 미터가 되기도 하는 시스템을 이루고 있다. 이 균사체는 토양, 목재, 또는 다른 물질 속으로 자라 들어가 물질의 분해가 빠르게 시작된다. 네 개의 주요 곰팡이의 집단 중 두 개는 생활사의 특정 단계에서 버섯, 말징버섯, 곰보버섯 같이 균사를 뒤섞어 만든 생식구조가 형성된다. 이러한 구조들은 균사의 빠른 팽창 때문에 빠르게 확장된다.

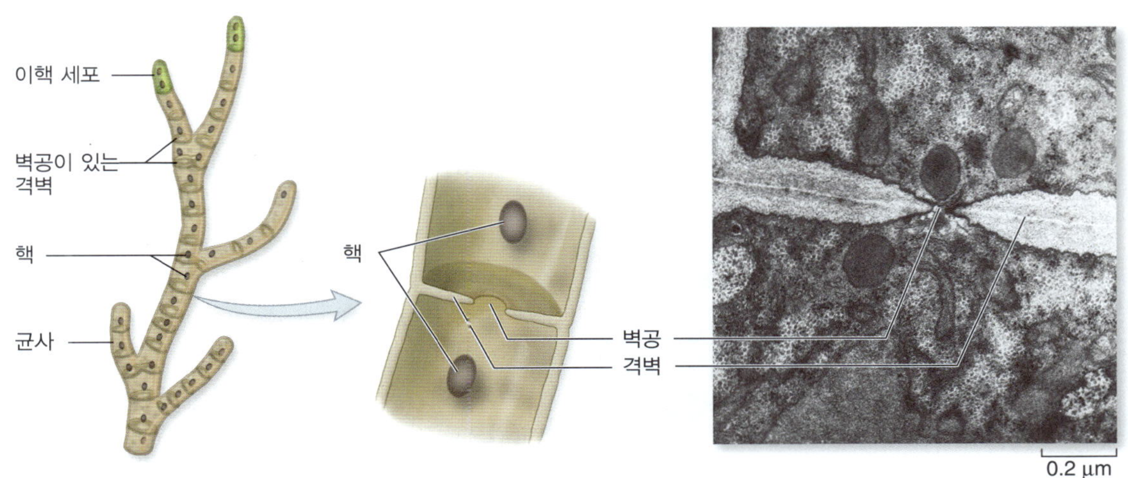

그림 25.1 격벽. 자낭균 균사 절편의 전자현미경 사진은 세포질이 흐르고 있는 구멍을 보여준다.

키틴질을 가지고 있는 세포벽

곰팡이의 세포벽은 다당류, 주로 키틴질로 이루어져 있다. 이와는 대조적으로 식물과 많은 원생동물들의 세포벽들은 키틴질이 아닌 셀룰로오스(셀룰로스, cellulose)를 포함하고 있다. 키틴은 단위 포도당이 연결된 데에 질소 집단이 추가된 변형 셀룰로오스이다; 이 중합체는 단백질로 교차결합되어 있다. 키틴은 곤충류와 갑각류가 포함되어 있는 절지동물의 딱딱한 껍질을 구성하는 주성분이거나 외골격과 같은 물질이다(27장). 키틴은 과학자들이 곰팡이와 동물의 관계가 곰팡이와 식물의 관계보다 더 밀접하다고 믿게 하는 공통적인 특성 중 하나이다.

다핵

곰팡이는 각 세포(또는 균사)에 하나, 둘, 그 이상의 핵을 가질 수 있다는 점에서 대부분의 동물이나 식물과는 다르다. 단 한 개의 세포핵을 가지고 있는 균사는 **단핵성(monokaryotic)**이라 부르고; 핵이 두 개인 세포를 **이핵성(dikaryotic)**이라 한다. 이핵세포에는 두 개의 반수체 핵이 독립적으로 존재한다. 이핵균사는 두 유전체(지놈, genome) 모두 전사되므로 일부 배수체의 유전적 특징을 가지고 있다.

때로는 곰팡이 균사체의 평범한 세포질에 많은 핵이 뒤섞여 있는데, 이것은 뚜렷한 세포에는 없을 수 있다. 이핵 또는 다핵 균사가 유전적으로 확실히 구분되는 두 개체로부터 나온 핵들을 가지고 있다면 그 균사체는 **이핵성(heterokaryotic)**이라고 한다. 핵이 또 다른 핵과 유전적으로 비슷한 균사는 **동핵성(homokaryotic)**이라고 한다.

곰팡이의 번식은 그들의 특별한 신체구조를 반영한다

학습목표 25.1.2 곰팡이와 식물의 유사분열을 비교하라.

곰팡이의 증식은 여러 가지 중요한 면에서 신체구조에 따라 극적인 영향을 받는다.

그림 25.2 곰팡이 균사체. 이 균사들로 이루어진 균사체는 메릴랜드에 있는 임상 위의 잎사귀 속으로 자라 들어간다.

유사분열에서는 세포분열이 일어나지 않는다

다세포 곰팡이의 유사분열은 대부분의 다른 생물들과는 다르다. 그들의 세포가 연결되어 있기 때문에 세포 자체가 번식의 관련단위는 아니다; 대신 핵이 관련단위이다. 핵막은 망가지고 다시 만들어지지 않는다; 대신 방추체가 그 안에서 만들어진다.

병꼴균류를 제외한 모든 곰팡이는 중심립을 가지고 있지 않다; 대신 곰팡이는 유사분열을 하는 동안에 작고 *spindle plaques*라고 불리는 상대적으로 부정형인 구조물로 미세소관의 형성을 조절한다. 이러한 독특한 조합은 곰팡이가 이러한 특징을 가진 어떤 미지의 단세포 진핵생물 집단에서 유래하였다는 사실을 강하게 제시하고 있다.

곰팡이는 유성생식과 무성생식 모두 한다

많은 곰팡이들이 무성포자와 유성포자를 생산 할 수 있다. 곰팡이가 유성생식을 할 때는 친화적 교배형 균사가 어우러지고 융합한다.

이핵체 단계(The Dikaryon Stage). 동물, 식물, 그리고 몇몇 곰팡이의 생식과정 중에 두 반수체 세포가 융합하면 바로 배수체 세포(2n)가 만들어진다. 그러나 다른 곰팡이들, 즉 담자균류와 자낭균류에서는 모핵들이 융합하여 배수체 핵을 만들기 전에 이핵기(1n+1n)가 있다. 자낭균류에서는 이 **이핵기(dikaryon)**가 짧으며, 유성생식 구조를 가진 몇 세포에서만 일어난다. 그러나 담자균류에서는 영양구조와 유성포자 생산구조 모두를 포함하여 곰팡이의 거의 모든 생애 동안 지속될 수 있다.

번식구조

어떤 곰팡이들은 포자 생산을 지원하기 위한 특화된 균사체 구조를 만든다. 우리가 볼 수 있는 땅위의 버섯, 죽은 나무의 주간에 나타나는 "선반형" 곰팡이, 말징버섯류 등이 그 예인데, 수십억 개의 포자를 가지고 있다.

앞에서 언급한 바와 같이 곰팡이 균사체 내의 세포질은 구멍 난 격벽을 통해서 정상적으로 흐르거나 격벽이 없으면 자유롭게 이동한다. 생식구조들은 여기에서 중요한 예외사항이다. 생식구조가 만들어질 때, 구멍이 없거나 곧 막힐 구멍을 가지고 있는 완전한 격벽에 의해 차단된다.

포자

포자들은 곰팡이들의 가장 흔한 생식 수단이다. 포자들은 무성 또는 유성 생식 과정의 결과로 만들어지며, 흔히 바람에 의해 흩어진다. 포자는 적절한 장소에 닿으면 발아하여 새로운 곰팡이 균사를 만든다.

포자들은 지름 2~75㎛로 매우 작기 때문에(그림 25.3) 오랫동안 공기 중에서 떠다닐 수 있다. 불행하게도, 식물과 동물에 병을 일으키는 많은 곰팡이들이 이러한 방법으로 빠르게 전파된다. 다른 곰팡이들의 포자는 다른 작은 동물이나 곤충에 의해 일상적인 방법으로 전파된다. 몇몇 곰팡이 문(phylum)은 조상전래의 편모를 유지하고 있으며, 운동성 유주포자를 가지고 있다.

생물학자들은 전세계적인 곰팡이의 존재가 진화적인 시간의

10 μm

그림 25.3 곰팡이 포자. 곰팡이 *Aspergillus* 포자의 주사전자현미경 사진.

척도에서 거의 무제한적인 장거리 전파 때문이라고 오랫동안 믿어왔다. 그러나 최근의 생물지리학적 연구는 세계 이 곳 저 곳에 있는 곰팡이들을 계통발생학적으로 조사하여, 오랫동안 유지되어 온 이 가정이 틀렸음을 입증하였다.

곰팡이체는 주변의 영양분을 아주 효율적으로 흡수한다

학습목표 25.1.3 곰팡이의 신체 구조가 종속영양체인 그들의 형태에 왜 적합한지 설명하라.

곰팡이의 몸은 주변으로부터 영양분을 흡수하도록 최고로 잘 적응되었다. 모든 곰팡이는 주변에 소화효소를 분비하여 체외소화에 의해 만들어진 유기물 분자를 흡수함으로써 음식물을 얻는다. 곰팡이 몸만들기 계획이 이러한 방식을 반영한다. 곰팡이 중에서 용적당 표면적 비율이 가장 큰 단세포 곰팡이는 흡수를 위하여 표면적을 최대화하고 있다. 균사의 광활한 네트워크는 곰팡이 균사체 내에 양분을 흡수하기 위하여 막대한 표면적을 제공한다.

많은 곰팡이들은 나무의 셀룰로오스를 분해할 수 있는데, 포도당 소단위 사이의 결합을 끊어서 포도당 분자를 먹이로 흡수한다. 대부분의 곰팡이들은 식물세포벽을 단단하게 하는 불용성 유기화합물인 목질소를 소화 시킨다. 곰팡이의 이러한 특화된 대사경로들은 죽은 나무와 선충이라 불리는 작은 벌레를 포함하여 보기 드문 범주의 유기화합물들로부터 영양소를 얻게 해준다(**그림 25.4a**).

식용인 느타리버섯(*Pleurotus ostreatus*, 그림 25.4b)의 균사체는 곰팡이를 먹고 사는 선충을 마비시키는 물질들을 배출한다. 곤충들이 느릿느릿 움직이고 비활동적일 때 곰팡이의 균사들이 곤충들을 덮어서 몸에 침투한다. 그리하여 곰팡이들은 소화액을 분비하고, 식물에서 그러듯이 선충의 영양성분을 흡수한다.

보통 이런 곰팡이는 살아있는 나무나 오래된 나무 그루터기에서 자라고, 식물세포벽의 셀룰로오스와 목질소를 효소로 분해하여 만들어지는 포도당을 얻는다. 이들이 소비하는 선충은 주요 질소원임이 확실한데, 질소는 생물계에서 거의 항상 공급이 딸리는 물질이다. 다른 곰팡이는 *Pleurotus*보다도 훨씬 더 활동적인 포식자로서 그들이 잡아먹는 선충, 윤충, 작은 동물들에게 덫을 놓거나, 함정을 만들거나 발사체를 발사한다.

어떤 탄수화물 함유 화합물, 심지어 제트연료까지도 분해하는 능력 때문에, 곰팡이들은 환경적으로 오염된 숲의 잔재물, 토양, 물 등을 정화하는 데에 생물체를 사용하는 생물적 복원에서 관심이 높다. 한 예를 들자면, 어떤 곰팡이는 다른 무해한 휘발성 화합물들과 함께 셀레니움에 결합하여 높은 농도에서는 독성을 보이는 셀레니움을 토양으로부터 제거한다.

개념 정리 25.1

곰팡이는 많은 양의 균사(세포)로 이루어져 있는데, 용어로는 균사체이다. 세포벽은 다당류 키틴을 포함하고 있다. 곰팡이의 유사분열은 핵을 나누지만 균사 자체가 나뉘는 것은 아니다. 유성생식은 서로 다른 교배형을 가진 균사들이 융합할 때 일어난다. 어떤 집단에서는 각 교배형의 반수체 핵이 분리된 채 존재할 수도 있는데, 이를 이핵기라고 한다. 포자는 유성 또는 무성적으로 생산되고 바람이나 동물들에 의해 전파된다. 곰팡이들은 외부로 소화효소를 분비하고 소화된 산물을 흡수한다. 곰팡이는 거의 모든 유기화합물을 분해할 수 있다.

- 둘 다 종속영양생물인데 곰팡이가 동물과 다른 점은 무엇인가?

25.2 곰팡이는 분류학적으로 다양하다

다중유전자의 DNA분석에 따르면 화석과 분자적 자료들은 동물과 곰팡이가 거의 6억 7천만 년 전 경까지는 아마도 *neclеariid* 원생동물이라는 공통된 조상을 공유하고 있었다고 알려주고 있다. 가장 오래된 곰팡이의 화석은 현존하는 취균류(Glomeromycota)의 글로무스(Glomus)속과 비슷하다.

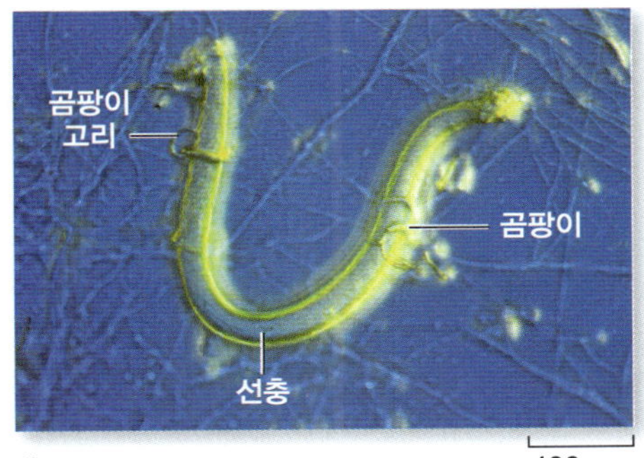

a.

b.

그림 25.4 육식성 곰팡이. **a.** 선충으로부터 영양분을 얻는 곰팡이. **b.** 느타리 *Pleurotus ostreatus*는 나무를 분해할 뿐만 아니라 곰팡이가 질소원으로 사용하는 선충을 못 움직이게 한다.

곰팡이의 분류학은 빠른 변화를 겪고 있다

학습목표 25.2.1 곰팡이의 주요 문을 열거하라.

곰팡이간의 계통발생학적인 관계들은 많은 논쟁거리가 되어 왔다. 전통적으로 세포의 감수분열 특성에 따라 주로 4개의 곰팡이 문이 인식되어 왔다: Chytridiomycota("병꼴균류"), Zygomycota("접합균류"), Ascomycota("자낭균류"), Basidiomycota("담자균류"). 병꼴균류와 접합균류는 단원종이 아니다. 곰팡이의 계통발생론에 대한 이해는 분자서열자료 증가의 도움을 받아 빠르고 흥미로운 변화를 지나고 있다. 2007년에 진균학자들은 7개의 단일계통 종족에 동의하였다: 미포자충류(Microsporidia), Blastocladiomycota, Neocallimastigomycota, 병꼴균강(Chytridiomycetes), 글로메로균문(Glomeromycota), 담자균문(Basidiomycota), 자낭균문(Ascomycota)(**그림 25.5**, **표 25.1**). Blastocladiomycota와 Neocallimastigomycota는 예전에는 병꼴균류와 같은 집단이었다. 미포자충류는 다른 모든 곰팡이들과 자매이지만 그것이 진균인지 아닌지에 대해서는 논란이 있다.

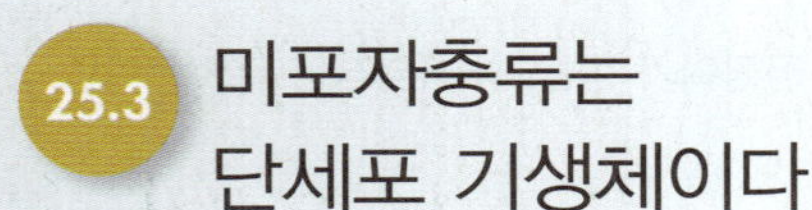

개념 정리 25.2

곰팡이는 nucleariid 원생동물에서 유래되었다. 모두는 아니지만 많은 곰팡이들이 7개의 단일계통 문을 구성한다.

- 접합균 강을 다른 곰팡이 문과 구분하는 것은 무엇인가?

25.3 미포자충류는 단세포 기생체이다

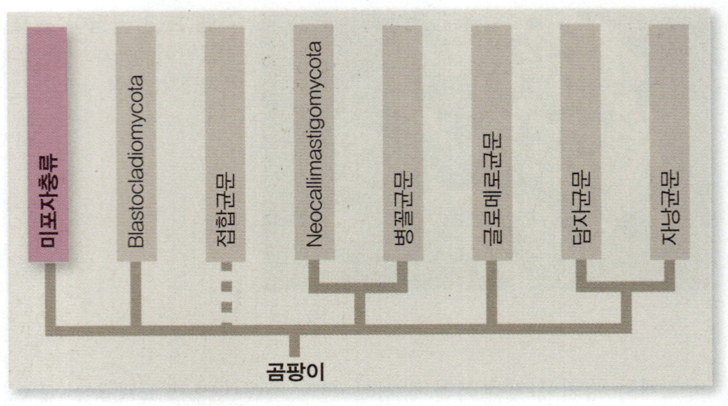

미포자충류는 퇴화된 곰팡이이다

학습목표 25.3.1 미포자충류를 설명하라.

미포자충은 절대기생을 하며 세포 내에 사는 동물기생체로서 오랫동안 원생동물로 여겨졌었다. 미토콘드리아를 가지고 있지 않기 때문에 생물학자들이 미토콘드리아에 의한 내부공생이 일어나기 전에 갈라진 원생동물의 한 지류로 믿어 왔다. 미포자충 *Encephalitozoon cuniculi*의 유전체 서열은 작은 2.9 Mb 유전체 안에 있는 미토콘드리아 관련 유전자와의 상동성을 나타내고 있다. 미토콘드리아의 유전자의 발견은 미포자충의 조상들은 미토콘드리아를 가지고 있었으나 많이 줄어들었으며, 미토콘드리아에서 유래한 세포기관들이 미포자충 내에 존재한다는 가설을 이끌어냈다.

새로운 서열자료 분석에 따른 계통발생학에 의해 미포자충은 원생동물에서 곰팡이로 시험적으로 이동되었다.

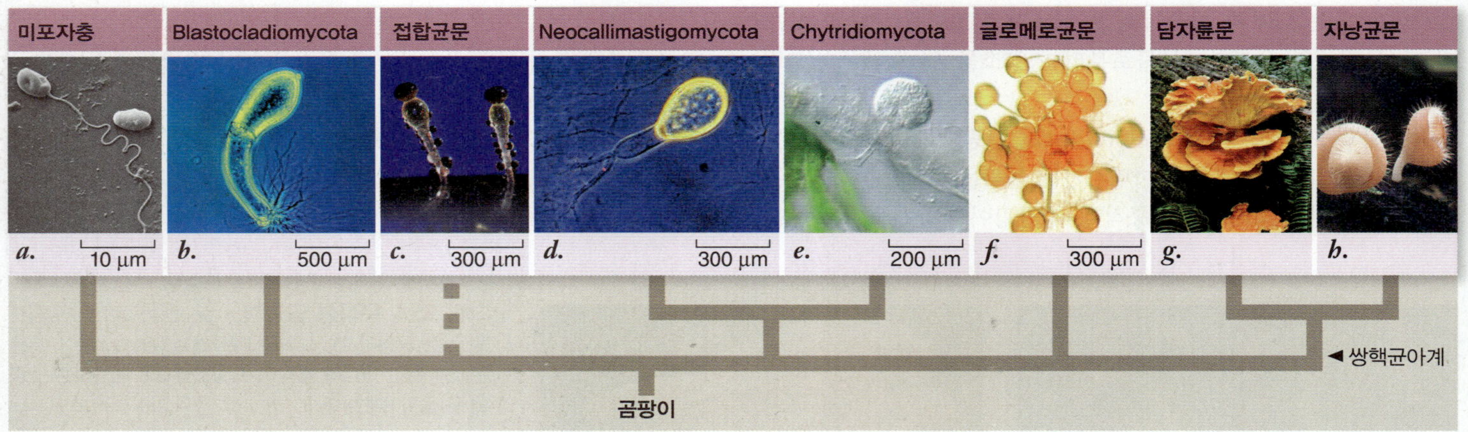

그림 25.5 곰팡이의 주요 종. 접합균문을 제외한 모든 문은 단원적 계통이다. **a.** *Encephalitazoon cuniculis*를 포함하는 미포자충류는 동물기생체이다. **b.** 수생균류인 *Allomycetes arbuscula*는 blastocladiomycetes이다. **c.** 접합균강인 *Pilobolus*는 동물의 똥위에서 자라고 또한 배양기 위에서 자란다. **d.** *Piromycetes communis*를 포함하고 있는 Neocallimastigomycetes는 초식동물의 반추위에서 셀룰로스를 분해한다. **e.** *Rhizophydium* 속을 포함하는 몇몇 병꼴균류는 녹조류에 기생한다. **f.** 글로메로균강인 *Glamus intraradices*의 포자는 뿌리와 관련이 있다. **g.** 광대버섯인 *Amanita muscaria* 는 독성이 있는 자낭균류이다. **h.** 찻종버섯 *Cookeinia tricholoma*는 코스타리카 열대우림 지역의 자낭균류이다.

표 25.1	곰팡이		
Group	전형적인 예	주요 특징	살아있는 종의 대략적인 수
Chytridiomycota	*Allomyces*	유성생식으로 반수체 배우자를 생산하거나 무성생식으로 유주포자를 만드는 편모를 가진 수생 곰팡이	1000
Zygomycota	*Rhizopus, Pilobolus*	다핵 균사는 번식구조를 제외하고는 격벽이 없는 다핵균사; 균사융합으로 접합포자낭 안에 접합자를 형성하며, 거기서 발아하기 직전에 감수분열이 일어난다; 무성생식이 가장 흔하다.	1050
Glomeromycota	*Glomus*	수지상 균근을 형성한다. 다핵균사는 격벽이 없다. 무성적으로 증식한다.	150
Ascomycota	송로버섯, 곰보버섯	유성생식에서 자낭포자는 자낭이라 불리는 주머니안에서 형성된다: 무성생식도 흔하다.	45,000
Basidiomycota	버섯, 독버섯, 녹병균	유성생식시 담자포자들은 담자기라 불리는 곤봉모양구조에 만들어진다: 때로는 무성생식도 한다.	22,000

E. cunuculi 와 다른 미포자충은 공통적으로 AIDS 환자나 장기이식을 받은 환자 등 면역이 떨어진 사람들에게 병을 일으킨다. 미포자충들은 극관(polar tube)을 가진 포자로 숙주를 감염한다(그림 25.6). 극관은 포자 내용물을 세포로 밀어내고, 액포 내에 기생관계가 만들어진다. *E. cunuculi* 는 내장과 신경세포를 감염하여, 설사와 신경변성을 유발한다. 미포자충의 계통발생학적 위치를 이해하는 것은 효과적인 병 치료법을 알아내는 데 있어서 중요하다.

개념 정리 25.3

미포자충은 미토콘드리아는 없지만 미토콘드리아 유전자가 있다는 것은 예전에 조상 때는 그것을 가지고 있었다는 것을 나타낸다. 절대 기생체인 미포자충은 인간을 포함한 동물에서 병을 일으키고 있다.

- 미포자충과 기생성 원생동물인 Plasmodium을 어떻게 구별할 것인가?

25.4 병꼴균은 편모가 있는 유주포자를 가지고 있다

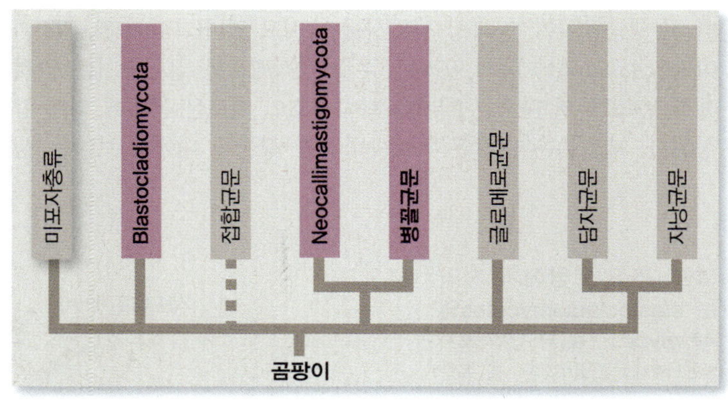

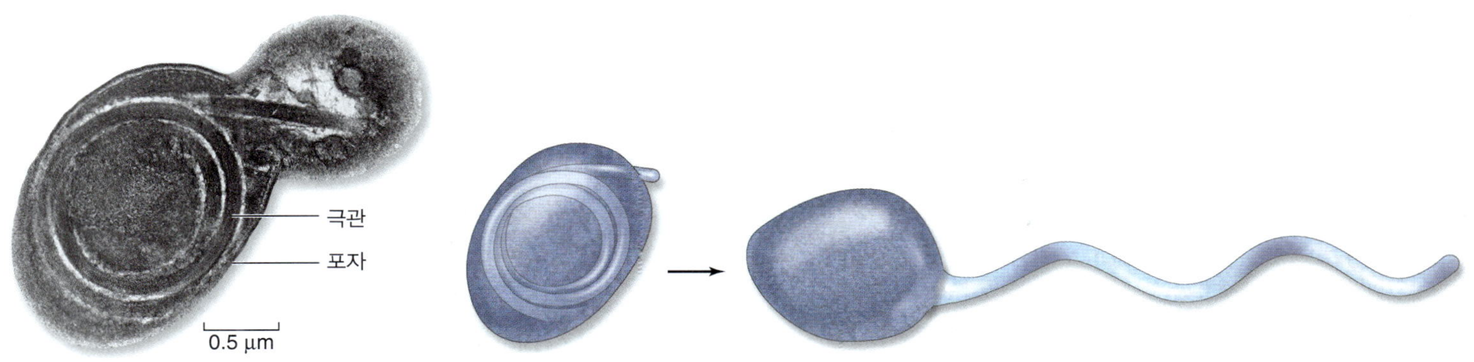

그림 25.6 *E. cuniculi* 포자의 극관은 세포를 감염한다.

병꼴균은 운동성 유주포자를 가지고 있다

학습목표 25.4.1 "병꼴(chytrid)"의 뜻을 설명하라.

병꼴균강(chitridiomycetes) 또는 **병꼴균(chytrids)**, 즉 병꼴균문의 곰팡이들은 곰팡이의 조상과 매우 밀접한 관련을 가지고 있는 편모성 수생 곰팡이이다. 운동성 유주포자는 이 곰팡이의 특징이다. 병꼴균은 "작은 주전자"라는 그리스 단어인 *chytrion*에 어원을 가지고 있다. 이러한 구조가 편모가 달린 유주포자를 방출하도록 되어 있다(그림 25.7).

*Chytrids*는 양서류의 급격한 소멸과 연루되어온 *Batrachochytrium dendrobatidis*를 포함하고 있다(25.10 참조). 다른 Chytrids들은 식물 병원균으로 인식되어 왔다.

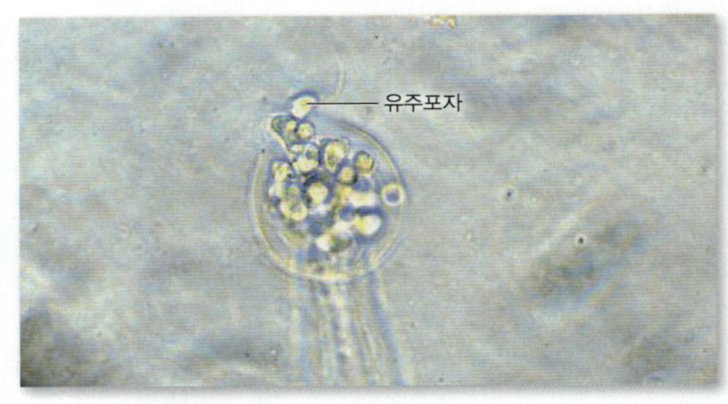

그림 25.7 유주포자 방출. 유주포자를 가지고 있는 물병(그리스어로 chytridion) 같은 구조로 인해 이름지어졌다.

블라스토클라디아균류(Blastocladiomycota)는 하나의 편모를 가지고 있다

병꼴균과 밀접한 관련이 있는 문인 Blastocladiomycetes는 단편모 유주포자를 갖는다. Blastocladiomycetes, neocallimastigomycetes, chytridiomycetes들은 모두 미포자충류를 제외하고 나머지 그룹에서는 찾을 수 없는 편모를 가지고 있었기 때문에 원래는 하나의 문으로 분류되었다. 다중 유전자로 계통발생학적 분석에서는 이 3 집단이 3개의 분리된 단일계통 문을 이루는 것으로 밝혀졌다.

알로마이세스(*Allomyces*)는 대표적인 Blastocladiomycetes 속이다. 수생균류이며, 단복상 생활사를 가지고 있다(그림 25.8). 알로마이세스(*Allomyces*) 종의 생식은 수컷 생식세포를 끌어당기는 암컷 생식세포로부터 나오는 원거리 화학신호인 페로몬 분비에 의해 향상된다. 페로몬은 호르몬과 비슷하지만 생물체 내에서 보다는 생물체 사이에서 작용한다. 알로마이세스(*Allomyces*)페로몬은 시레닌(sirenin)이라 불리고(그리스어 신화의 Sirens을 따름), 화학적으로 동정된 최초의 곰팡이 성호르몬이었다.

미토콘드리아가 없는 미포자충류와는 달리, *A. macrogynus*는 유주포자 내에 아주 큰 미토콘드리아를 가지고 있다. 편모가 있는 유주포자는 각각 하나의 큰 미토콘드리아를 가지고 있는데, 체세포에서는 여러 개의 정상 크기 소기관으로 나뉜다.

네오칼리마스트릭스균류(Neocallimastigomycota)는 반추 초식동물에서 셀룰로오스를 소화한다

병꼴균과 매우 가까운 두 번째 문은 Neocallimastigote이다. **Neocallimastigomycetes**는 포유류 초식동물의 반추위 내에서 식물의 셀룰로오스와 리그닌을 효소로 분해하여 먹고 산다. 양, 소, 캥

그림 25.8 토양에서 자라는 blastocladiomycetes인 *Allomyces* **a.** 공모양의 포자낭은 체세포분열로 배수체 유주포자, 또는 감수분열로 반수체 유주포자를 생산한다. **b.** 반수체나 2배체의 다세포 단계를 가지고 있는(세대교체) *Allomyces*의 생활사.

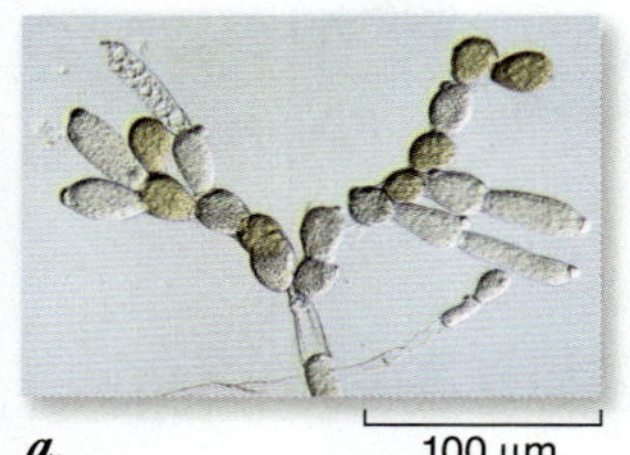

a.

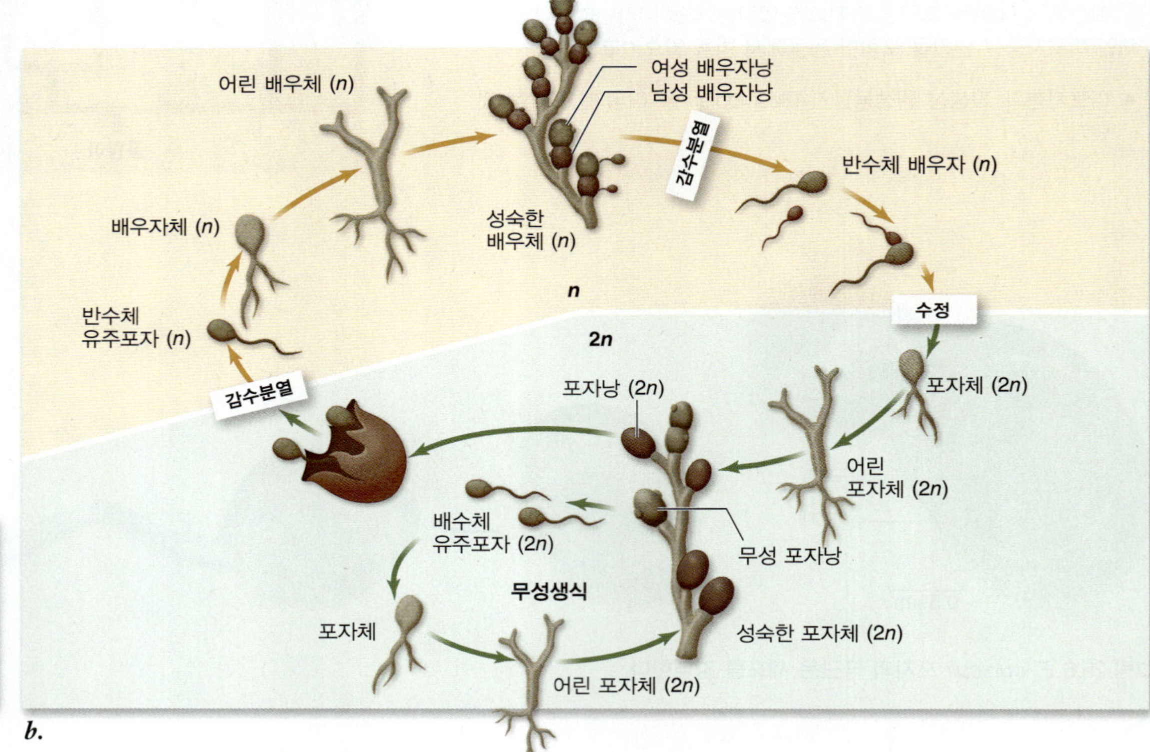

b.

거루, 그리고 코끼리는 모두 다 충분한 칼로리를 얻기 위해 이 곰팡이들에게 의존한다. 이들 혐기성 곰팡이들은 크리스테가 없는 매우 작은 미토콘드리아를 가지고 있다. 이들의 유주포자는 여러 개의 편모를 가지고 있다. 이들 이름의 "Mastig"는 라틴어로 "채찍"이며, 다양한 편모를 나타내고 있다.

Neocallimastix 속은 셀룰로오스만으로도 살 수 있다. 나아가는 셀룰라아제(셀룰레이즈, cellulase) 같은 소화 효소를 코딩하는 유전자는 유전자의 수평이동을 통해 세균으로부터 *Neocallimastix* 유전체로 살 길을 찾아갔다. Neocallimastigomycetes가 식물의 세포벽에서 셀룰로오스와 리그닌을 소화시키기 위해 사용하는 효소들은 셀룰로오스로 바이오연료를 생산하는 데에 유용할 수도 있다. 그렇지만 셀룰로오스로부터 에탄올을 얻는 것이 가능할지라도, 셀룰로오스를 쪼개는 것이 주요한 기술적 장벽이다.

개념 정리 25.4

매우 가까운 세 문인 병꼴균류, 블라스토클라디아균류, 네오칼리마스트릭스균류는 편모가 있는 유주포자를 가지고 있다. 병꼴균은 유주포자를 방출하는 항아리 모양의 구조를 의미한다. 대표적인 blastocladiomycete인 알로마이세스(Allomyces)는 거대한 미토콘드리아가 있는 단편모 유주포자와 단복상 생활사를 가지고 있다. Neocallimastigomycetes는 세균으로부터 셀룰로오스를 얻는다. 그들은 반추동물이 식물로부터 얻은 셀룰로오스를 소화시키는 것을 돕고, 바이오연료를 생산하는 데 유용하게 쓰일 수 있다.

- Blastocladiomycets를 미포자충류와 구분하는 두 가지 특징은 무엇인가?

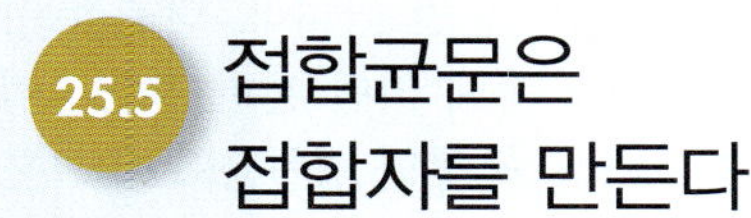

25.5 접합균문은 접합자를 만든다

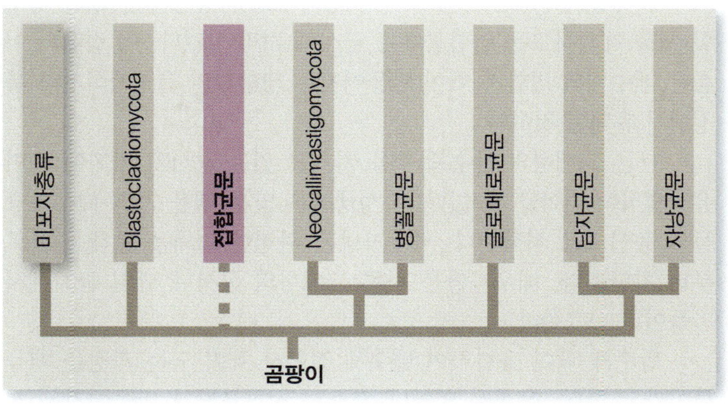

유성생식에서 접합자는 접합포자낭에서 만들어진다

학습목표 25.5.1 접합균류의 본질적인 특징을 설명하라.

접합균류(**Zygomycetes**, 접합균문)는 불과 1050종정도만 명명되었지만 이들은 놀라울 만큼 다양하다. 접합균류는 단원적이지는 않지만 이 장에서는 하나의 집단으로 취급하였으며, 진화적인 역사에 대한 연구가 이루어지고 있다. 딸기나 다른 과일 등 썩고 있는 유

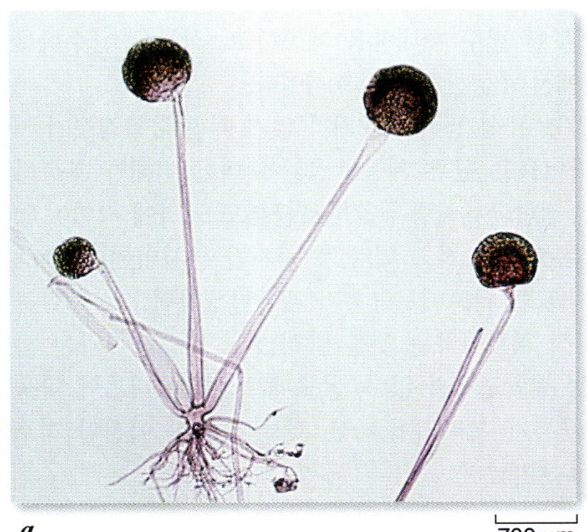

a.

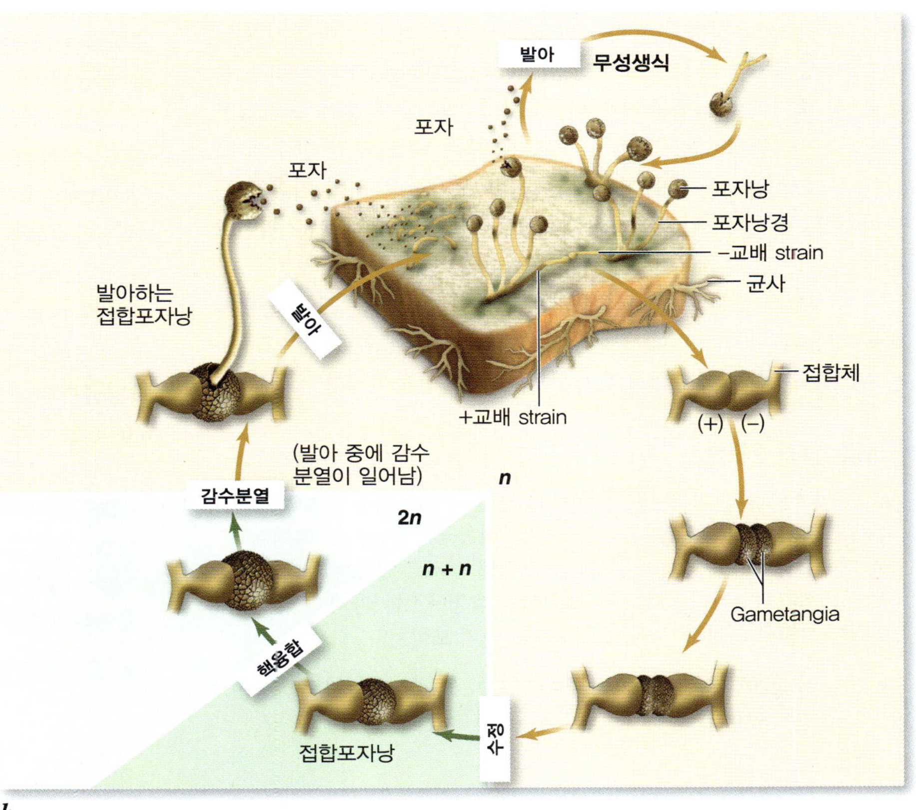

b.

그림 25.9 단순 당에서 자라는 접합균류인 *Rhizopus*. 이 곰팡이는 젖은 빵이나 과일에서 자주 발견된다. **a.** 어둡고 구형이며, 포자를 생산하는 포자낭은 높이 1cm 정도의 균사위에 존재한다. 뿌리 같은 균사(rhizoids)가 포자낭을 고정시킨다. **b.** *Rhizopus*의 생활사. 접합균류는 *Rhizopus*의 접합포자낭 특징을 따서 명명되었다. (+)와 (−)는 접합형을 의미한다.

기물에서 발견되는 다양한 종류의 곰팡이뿐만 아니라, 단원적 아문인 털곰팡이아문(Mucoromycotina)에 속해 있던 흔한 빵곰팡이 중 일부(그림 25.9)도 여기에 속한다. 인간의 몇몇 병원균도 이 그룹에 포함된다.

포자낭이나 배우자낭(포자나 생식세포가 생성되는 곳)을 형성할 때를 제외하고는 접합균류는 균사에 격벽이 없다. 이 집단의 이름은 배수체의 접합자 핵이 만들어지는 생활사의 유성생식기의 특징에서 유래된 것이다.

다른 교배형의 반수체 핵을 가지고 있는 균사가 가까이 오면 유성생식이 일어날 수 있다. 유성생식은 많은 핵을 가진 배우자낭들의 융합으로 시작한다. 배우자낭은 완전한 격벽을 통해 균사로부터 차단된다. 배우자낭은 다른 교배형의 균사나 단일 균사에서 만들어지기도 한다.

반수체 핵이 융합하여 배수체 접합자 핵이 되는 과정을 핵융합이라고 한다. 융합이 일어난 장소는 접합포자가 만들어지는 접합포자낭으로 발달한다(그림 25.9b). 하나 혹은 그 이상의 배수체 핵을 가질 수 있는 접합포자는 살기에 적당하지 않은 환경에서도 그들이 살아남을 수 있도록 도와주는 두꺼운 껍질을 얻게 된다.

유사분열 다음 과정인 감수분열은 접합포자가 발아하는 동안 일어나며, 여기서 반수체 포자들이 방출된다. 이들 반수체 포자가 발아하여 반수체 균사로 자란다. 접합자 핵을 제외하면, 모든 접합균류의 핵은 반수체이다.

무성생식이 더 흔하다

학습목표 25.5.2 포자낭경의 구조와 기능을 설명하라.

접합균류에서 무성생식은 유성생식보다 훨씬 더 빈번하게 일어난다. 무성생식동안 균사는 **포자낭경(sporangiophore)**라고 불리는 똑바로 선 줄기 덩어리들을 만든다. 포자낭경의 끝 부분은 포자낭을 생산하고, 이는 격벽에 의해 분리된다. 얇은 벽을 가진 반수체 포자는 포자낭 안에서 만들어진다. 이러한 포자들은 먹이 기질에 흩뿌려지고, 여기서 포자는 바람에 의해 이동되거나 새로운 먹이로 흩어진다.

무성생식 또는 유성생식에 의해 만들어진 균사는 모두 반수체 핵을 갖는다. 생식과정에서 핵융합은 감수분열 이후 일어나고, 무성 포자는 반수체 세포에서 유사분열에 의해 만들어진다.

개념 정리 25.5

접합균류는 핵융합이라는 반수체 핵의 융합 과정을 통해 만들어진 배수체 접합자 핵의 이름을 따서 지어졌다. 접합균류의 균사는 다핵성이며, 배우자낭이나 포자낭이 분리되는 격벽을 가지고 있다. 많은 접합균류는 접합포자낭이라고 불리는 특징적인 휴면구조를 가지고 있으며, 혹독한 상황을 견딜 수 있는 접합포자도 여기 포함된다.

- 어떤 상황에서 접합균류가 반수체 포자가 아닌 접합포자를 생성한다고 생각하는가?

25.6 글로메로균문은 무성의 식물공생균이다

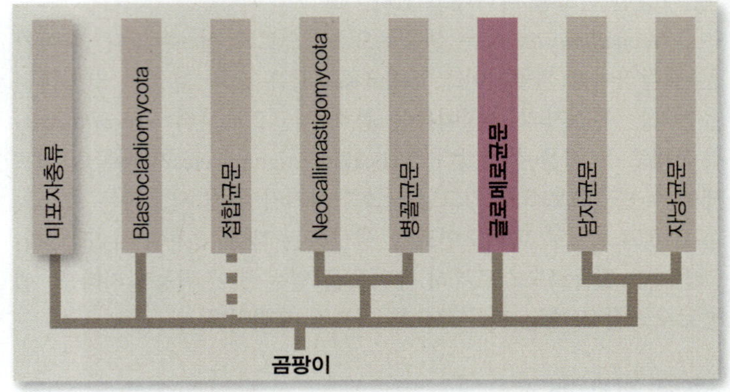

식물의 토지 침입을 쉽게 해주는 글로메로균류

학습목표 25.6.1 글로메로균문의 생식을 설명하라.

약 150종의 곰팡이로 이루어진 작은 그룹인 글로메로균류는 육생 식물의 진화를 가능하게 한 것 같다. 균사의 끝부분은 대부분의 나무와 초본식물의 뿌리세포에서 생장하며, 영양분 교환을 가능케 하는 분지구조를 형성한다. 식물 뿌리와의 세포내 연합은 **수지상 균근(arbuscular mycorrhizae)**이라고 부른다. 수지상체 균근의 특징과 다른 형태의 균근 작용은 section 25.9에 설명되어 있다.

글로메로균류는 숙주 식물이 없으면 생존할 수 없다. 글로메로균류는 인을 비롯한 필수 미네랄을 제공하고, 식물은 탄수화물을 제공한다는 점에서 공생관계는 상호적이다.

글로메로균류는 유성 생식의 증거가 없기 때문에 특징짓기 어렵다. 이러한 곰팡이들은 균류 계통발생론에 대한 이해가 부상하고 있다는 예이다. 접합균류처럼 글로메로균류도 균사에 격벽이 없어 접합균류로 분류되었던 적도 있다. 그렇지만 분자마커의 DNA 염기순서에 대한 비교는 글로메로균류가 계통발생학적으로 접합균류와는 다른 단원적 계통이라는 것을 밝혀냈다. 접합균류와는 달리 글로메로균류는 접합포자가 없다. 글로메로균류는 다음에 나올 자낭균류와 담자균류가 분리되어 나온 것보다 훨씬 이전인 최소 6.0~6.2억 년 전에 생겨났다.

개념 정리 25.6

글로메로균류는 분자마커의 분석에 근거한 단원적인 곰팡이 계통이다. 많은 식물의 뿌리와의 절대적 공생 관계는 오래된 것으로 나타나며, 육생식물의 진화를 가능하게 한 것으로 보인다.

- 글로메로균류는 왜 숙주 식물을 필요로 하는가?

25.7 담자균문은 버섯 곰팡이이다

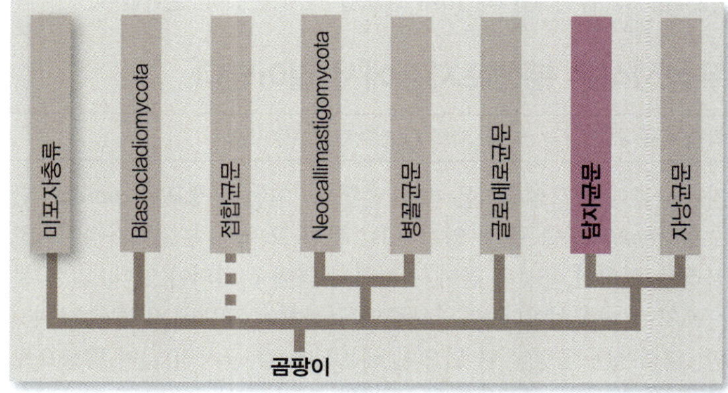

담자기 내에서 유성생식을 하는 담자균류

학습목표 25.7.1 담자균류 내의 주요한 균사체와 부차적인 균사체를 구별하라.

담자균류(**basidiomycetes**, 담자균문)는 가장 친숙한 곰팡이들 중 몇몇을 포함한다. 양송이, 독버섯, 먼지버섯, 그리고 shelf fungi 뿐만 아니라 녹병과 깜부기를 비롯한 여러 중요한 식물 병원균들이 담자균류에 포함된다(그림 25.10a).

담자균류라는 명칭은 곤봉모양의 **담자기**(**basidium**, 복수형 basidia)라는 특징적인 유성생식 구조에서 비롯하였다. 핵융합(두 핵의 융합)은 담자기 내에서 일어나며, 생활사의 배수체 세포만 만들어 낸다(그림 25.10b). 감수분열은 핵융합 직후에 일어난다. 담자균류에서, 감수분열에서 나온 4개의 반수체 산물은 **담자포자**(**basidiospore**)로 발전한다. 이 문에 속한 대부분의 곰팡이들은 담자기 끝에 있는 가느다란 돌기(sterigmata)에 담자포자를 만든다.

담자균류의 2차균사체는 이핵이다

담자균류의 생활사는 포자 발아 후 단핵균사의 형성과 함께 지속된다. 이러한 균사는 발달 초기에는 격벽을 가지고 있지 않는다. 결국에는 단핵균사의 핵 사이에서 격벽이 생성된다. 단핵성 균사로 이루어진 담자균류의 균사체는 1차균사체라고 부른다.

서로 다른 교배형의 단핵균사 끼리는 융합할 수 있으며, 이핵균사 또는 2차균사체를 형성한다. 이러한 균사는 두 격벽 사이에 있는 두 개의 핵이 서로 다른 교배형을 나타낸다는 점에서 이핵(heterokaryotic)이다. 이는 앞서 설명한 곰팡이의 뚜렷한 특징인 이핵체(dikaryon) 단계이다. 이는 자낭균류와 담자균류 모두에서 발견된다. 이런 공통점 때문에 이 두 문은 쌍핵균 아계로 분류된다.

담자과(**basidiocarps**) 또는 버섯들은 전부 이핵성 2차균사로 이루어졌다. 버섯 갓 아랫면 조직에 있는 얇은 판 모양의 아가미는 막대한 수의 작은 포자들을 생산한다. 직경 7.5cm의 버섯 갓은 1시간에 약 4000만개의 포자를 만드는 것으로 산출되었다!

a.

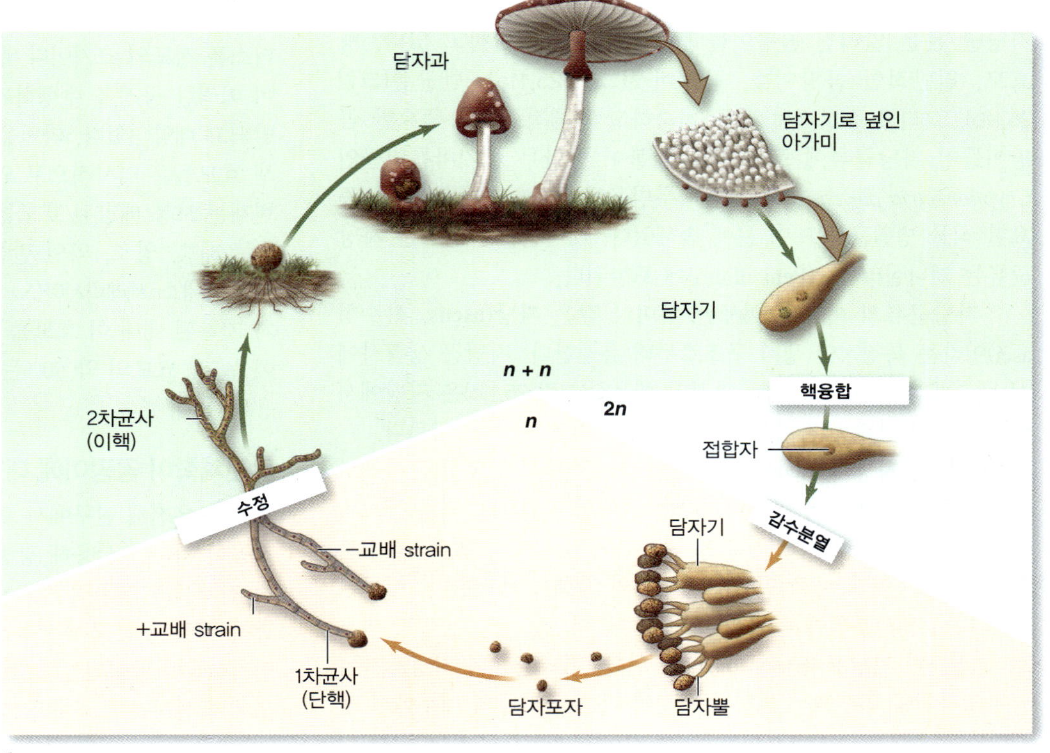

b.

그림 25.10 담자균류. **a.** 독버섯 *Amanita phalloides*. 이런 버섯들은 먹으면 치명적이다. **b.** 담자균류의 생활사. 담자기 세포는 생식 구조이다.

개념 정리 25.7

담자균류에서는 곤봉모양의 담자기에서 감수분열이 일어난 뒤 핵융합이 일어난다. 1차균사체는 포자 발아를 통해 생성된 단핵균사체로 이루어져 있다. 담자균류의 2차균사체는 하나의 균사 세포 안에 두 핵이 공존하는 이핵체 단계이다.

- 이핵 세포를 배수체 세포와 구분하는 것은 무엇인가?

25.8 자낭균문은 곰팡이 중에서 가장 다양한 문이다

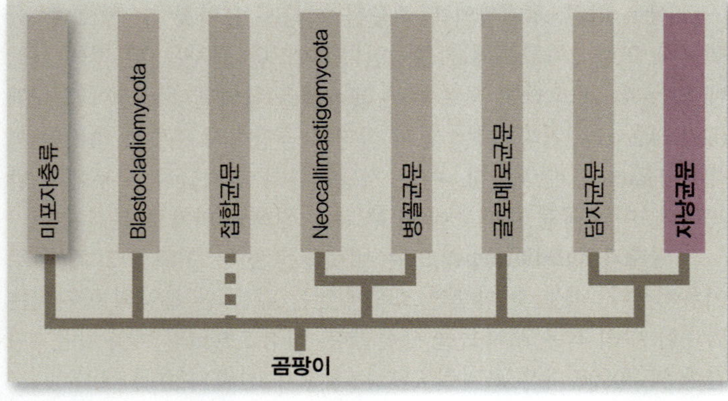

유성생식은 자낭균류의 자낭에서 일어난다

학습목표 25.8.1 자낭균류와 담자균류를 비교하라.

자낭균 문은 알려진 곰팡이들 중 약 75%를 포함하고 있다. 빵효모, 일반적인 곰팡이들, 곰보버섯(그림 25.11a), 반균류(그림 25.11b), 그리고 송로버섯 같은 친숙하고 경제적으로도 중요한 곰팡이들이 자낭균류에 포함된다. 더불어 밤나무 줄기마름병균인 *Cryphonectria parasitica*와 느릅나무병균인 *Ophiostoma ulmi* 등 중요한 식물 병원균들도 이 문에 속해있다. 페니실린을 만드는 자낭균류는 페니실리움속(Penicillium)에 포함된다.

자낭균류의 이름은 미세한 주머니 같은 **자낭**(**ascus**, 복수형 asci)이라는 특징적인 생식 구조로부터 유래한다. 자낭균 생활사에서 배수체 핵만을 생성하는 과정인 핵융합(그림 25.11c)은 자낭에서 일어난다. 자낭과 담자기의 기능은 동일하지만, 구조는 다르다.

자낭은 **자낭과**(**ascocarp**)라고 불리는 빽빽하게 얽힌 균사체로 구성된 구조물 안에서 만들어진다는 점에서 이와 대응되는 곰보버섯이나 반균류의 가시적 부분인 담자기와는 차이가 있다. 감수분열은 핵융합 이후 바로 일어나고, 4개의 딸핵을 형성한다. 이들은 대개 다시 유사분열에 의해 8개의 반수체 핵으로 나누어지며, 벽으로 둘러싸여 **자낭포자**(**ascospore**)가 된다. 자낭균류의 자낭포자는 담자포자처럼 외부에서 생성되는 것이 아니라 자낭의 내부에서 생긴다.

많은 자낭균류에서 자낭은 성숙기에 매우 팽윤상태가 되며, 결국 대개 미리 결정된 위치가 터진다. 이때 자낭포자는 31cm 정도 튕겨져 나가는데, 대부분의 자낭포자가 10㎛ 정도 크기라는 것을 고려할 때 매우 놀라운 거리이다. 이는 야구공(직경 7.5cm)을 1.25km, 즉 홈런 거리의 10배 정도를 던지는 것에 필적한다.

무성생식은 분생포자경에서 일어난다

학습목표 25.8.2 분생포자와 담자포자를 구분하라.

자낭균류에서 무성생식은 매우 흔하다. 이는 **분생포자**(**conidia**, 단수형 *conidium*)를 통해 일어나고, 무성 포자는 분생포자경이라고 불리는 변형된 균사의 끝에서 격벽에 의해 분리되어 있다. 많은 분생포자는 다핵성이다. 자낭균류의 균사체는 격벽에 의해서 나뉘지만, 격벽에는 구멍이 나 있으며 세포질은 각 균사의 길이 방향으로 흐른다. 자낭과 분생포자를 균사와 격리시키는 격벽은 처음에는 구멍이 뚫려 있으나 나중에는 막힌다.

어떤 자낭균류는 효모 형태를 하고 있다

대부분의 효모는 단세포적 생활사를 가진 자낭균류이다. 효모의 생식은 대부분 무성이며 큰 세포로부터 작은 세포가 만들어지는(그림 25.12) 세포 분열과 출아에 의해 일어난다. 때때로 두 개의 효모 세포가 융합하여 두 핵을 포함한 하나의 세포를 만들기도 한다. 이러한 세포는 자낭 역할을 하여 핵융합 직후에 감수분열이 일어난다. 이렇게 만들어진 자낭포자는 직접 새로운 효모 세포의 역할을 한다.

탄수화물을 발효시켜 포도당을 분해하여 에탄올과 이산화탄소를 생산하는 효모의 기능은 빵, 맥주, 그리고 와인을 생산하는 데에 필수적이다. 이렇게 작고 강한 유기체 약 40억 개가 모이면 꼭 티스푼 정도의 크기이다. 쌀, 보리, 밀, 그리고 옥수수 등을 이용하여 이러한 공정을 수행하기 위하여 여러 다른 종류의 효모들이 선발되고 배양되었다. 와인을 만드는 지역에서 자생적으로 자라는 야생 효모들은 역사적으로 와인을 만드는 과정에서 매우 중요했으나 현재는 보통 배양된 효모들이 사용된다.

제빵, 양조, 와인 만들기의 과정에서 가장 중요한 효모는 사카로미세스 세레비시아(*Saccharomyces cerevisae*)이다. 인간은 역사가 기록된 내내 이 효모를 사용하여 왔다. 효모는 비타민 B 함유율이 높고, 효모의 약 50%는 단백질이기 때문에 영양 보충제로도 이용된다.

유전체학이 곰팡이에 대한 시각을 명확하게 해줄 것이다

효모는 유전체 연구에서 오랫동안 지속된 시범체계이다. 효모는 유전공학 기술을 이용해 광범위하게 조작되는 첫 진핵생물이며, 여전히 진핵세포 연구의 시범으로서 선구적인 역할을 한다. 1996년 완전히 배열된 첫 진핵생물 중 처음으로 *S. cerevisiae*의 전체 유전체 염기서열이 완성되었다. 효모의 두 교잡체계는 단백질 상호작용 연구에 핵심적인 요소이다(17장 참조).

a.

b.

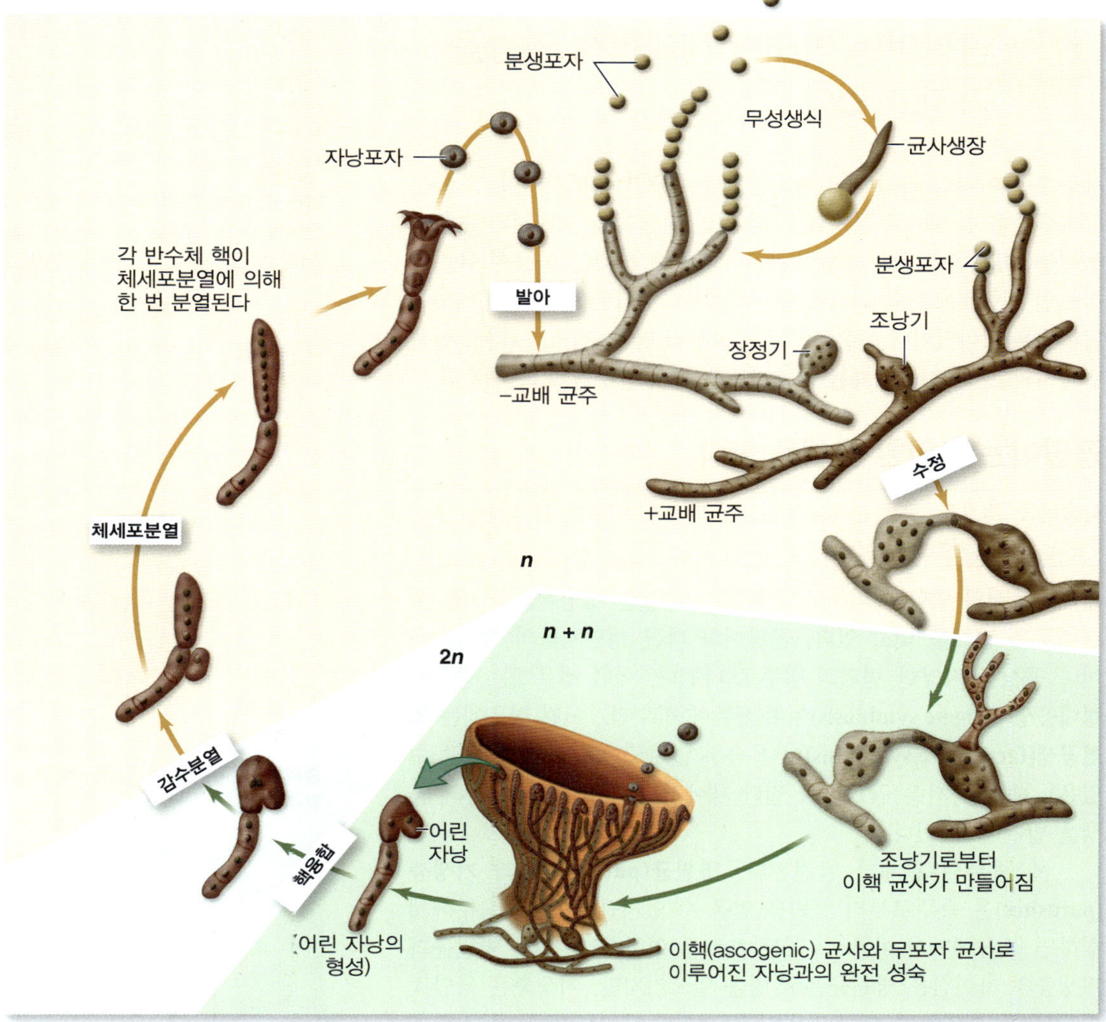

c.

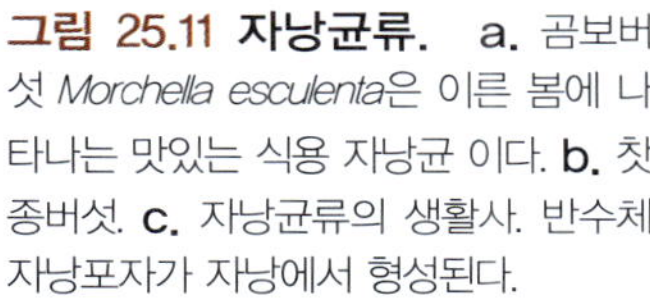

그림 25.11 자낭균류. **a.** 곰보버섯 *Morchella esculenta*은 이른 봄에 나타나는 맛있는 식용 자낭균 이다. **b.** 찻종버섯. **c.** 자낭균류의 생활사. 반수체 자낭포자가 자낭에서 형성된다.

곰팡이 유전체에 대한 계획은 다른 곰팡이들의 서열정보를 제공하기 위해 진행되고 있다. 25개 이상의 곰팡이들의 염기서열이 밝혀졌거나 밝혀지고 있는 중이다. 이러한 곰팡이들은 우리의 식량 공급을 위협하는 식물 병원균을 포함하여 인간의 건강에 미치는 영향을 바탕으로 선발되었다. 어떤 균을 선발할지 선택하는 두 번째 중요한 기준은 곰팡이 진화에 관한 정보 제공 가능성이다. 새로운 정보는 다양한 곰팡이 영역에 대한 우리의 이해를 완성하고 확장시켜줄 것이다.

그림 25.12 *Saccharomyces*의 발아. 주사전자현미경 사진에서 볼 수 있듯이 세포는 사슬 모양으로 결집하려는 경향이 있으며, 이는 다세포 선조로부터 단세포 효모가 생겨났음을 상기시킨다.

개념 정리 25.8

자낭균류는 특이한 주머니 모양의 구조인 자낭에서 핵융합 과정을 거친다. 감수분열이 일어나면 자낭포자가 만들어진다. 이 집단의 효모는 일반적으로 출아법으로 무성생식을 한다. 자낭균류는 음식이나 음식의 생성에 사용되는 이로운 것들과, 질병과 부패의 원인이 되는 해로운 것들이 모두 존재한다.

- 콕시디오이도 진균증은 포자를 들이마셔서 생긴다; 이는 미국 남서부 농부들에게 때때로 발생한다. 이러한 질병을 예방하기 위한 대책은 무엇이 있을까?

25.9 곰팡이는 막대한 생태학적 영향을 가지고 있다

세균뿐만 아니라 곰팡이도 생물권에서 주요한 분해자이다. 그들은 유기물들을 분해하고 분자에 갇혀 있던 물질들을 생태계의 순환에 돌려놓는다. 곰팡이는 나무의 주요 성분 중 하나인 불용성 유기화합물인 셀룰로오스와 리그닌을 분해한다. 이러한 물질을 분해하여 곰팡이는 살아있거나 죽은 유기체들로부터 탄소, 질소, 그리고 인을 방출시키고, 다른 유기체들이 그것들을 사용할 수 있도록 해준다.

곰팡이는 다양한 공생을 한다

학습목표 25.9.1 공생 관계에서 곰팡이의 가치에 기여하는 특징을 동정하라.

분해자로서의 역할 이외에도 곰팡이는 다양한 생명체들과 대단히 흥미로운 관계를 맺고 있다. 곰팡이와 다른 생명체들의 상호작용이나 공생은 다양한 범위의 범주로 나뉜다. 어떤 경우에는 공생이 **절대공생(obligate symbiosis)**이며(생존에 필수적), 어떤 경우에는 **조건공생(facultative symbiosis)**이다(숙주 없이도 곰팡이가 살아갈 수 있음). 매우 가까운 곰팡이들 집단 내에서도 몇몇 다른 유형의 공생을 발견할 수 있다.

세 종류의 관계가 발견된다. **병원균(pathogens)**과 **기생충(parasites)**은 숙주로부터 자원을 얻을 수 있지만, 이들은 숙주에게 심하면 죽음에까지 이를 수 있는 해로운 영향을 끼친다. 병원균과 기생충의 차이점은 병원균은 질병을 일으키지만, 기생충은 극단적인 경우를 제외하면 그렇지 않다는 점이다. **공생(commensal)**관계는 한 쪽에는 이로움을 주지만 다른 쪽에는 해를 끼치지 않는 것이다. **상호(mutualistic)**관계에 있는 곰팡이는 자신과 자신의 숙주 모두에게 도움을 준다. 대부분의 이런 관계에 대해서는 다음의 논의에 설명되어있다.

내생체(Endophyte)는 식물 내부에 살며 기생체로부터 식물을 보호할 수 있다

내생성 곰팡이는 식물의 내부, 실제로 세포 사이의 공간에 거주한다. 식물계에서 발견할 수 있는 이러한 관계는 기생, 공생의 예시일 것이다.

이러한 곰팡이들 중 일부는 화학적 독소나 억제제를 생산하여 초식동물로부터 그들의 숙주를 보호한다는 증거가 많아지고 있다. 곰팡이들은 대부분 식물을 보호하는 알카로이드를 합성한다. 식물 또한 다양한 알카로이드를 합성하며, 이들 중 상당수는 식물을 방어하는 역할을 한다.

내생체가 자신의 숙주 식물의 건강을 증진시키는지 평가할 수 있는 방법 중 하나는 한 쪽에는 내생체와 함께 식물을 기르고, 다른 한 쪽에는 내생체 없이 식물을 길러보는 것이다. 다년생의 독보리, 가는보리풀(*Lolium perenne*)을 가지고 한 실험은 독보리가 내생

과학적 사고

가설: 내생 곰팡이는 초식동물로부터 숙주를 보호할 수 있다.

예측: 감염되지 않은 독보리에 비해 내생곰팡이에 감염된 다년생 독보리(*Lolium perenne*)에는 초식동물인 진딧물(*Rhopalosiphum padi*)이 더 적을 것이다.

테스트: 내생곰팡이가 있거나 없는, 2주 정도 된 식물 화분에 성숙한 진딧물 다섯 마리를 각각 놓는다. 화분을 구멍 난 비닐봉지 안에 두고, 36일 동안 키운다. 각 화분에 들어있는 진딧물의 수를 센다.

결과: 감염되지 않은 식물에게서 현저히 더 많은 수의 진딧물이 발견되었다.

결론: 내생곰팡이는 초식동물로부터 숙주식물을 보호한다.

추가 실험: 곰팡이가 어떻게 초식동물로부터 식물을 보호할까? 만약 화학 독소를 분비하는 경우, 곰팡이가 분비하는 특정 혼합물을 시험하기 위해 기본 실험 계획을 짤 수 있는가?

그림 25.13 내생곰팡이 *Neotyphodium*이 다년생 독보리(*Lolium perenne*)에 사는 진딧물 개체군에 미치는 영향.

곰팡이(*Neotyphodium*)가 있을 때 진딧물에 저항성이 강하다는 것을 보여주었다(그림 25.13).

지의류는 다른 계 사이에서 공생하는 한 예이다

학습목표 25.9.2 지의류의 살아있는 구성요소에 대해 설명하라.

지의류(그림 25.14)는 곰팡이와 광합성을 하는 개체 사이의 공생 관계이다. 많은 지의류들이 상호 호혜적 공생의 좋은 예들을 보여주지만, 몇몇 곰팡이들은 광합성을 하는 숙주에 기생한다.

지의류의 구성

자낭균류는 현존하고 있다고 추정되는 약 15,000종의 이끼 중 단지 20개 정도를 제외한 나머지 모든 것의 곰팡이 공생자이다. 지의류의 가시적인 몸체의 대부분은 곰팡이로 구성되어있지만, 그 곰팡이의 단섬유들 사이는 시아노박테리아, 녹조, 때때로는 둘 다이다.

특화된 곰팡이의 균사는 광합성 세포 벽 사이를 관통하거나 감싸고, 영양소를 곰팡이 공생자에게 직접 전달한다. 곰팡이가 세포벽을 통과하지만, 곰팡이가 원형질막을 통과하지는 않는다는 점에 주목하라. 곰팡이의 생화학적인 신호는 분명하게 시아노박테리아나 녹조류 구성성분에게 전해져, 곰팡이와는 독립적으로 살 때는 생산되지 않는 신진대사 물질을 생산할 수 있도록 한다.

지의류의 곰팡이는 광합성 공생자가 없이는 정상적으로 생장할 수 없으며, 곰팡이는 강한 빛과 건조함으로부터 공생자를 보호한다. 지의류의 곰팡이들을 인위적으로 광합성 공생자와 단절시켰을 때, 생존하기는 했지만 굉장히 천천히 생장했다.

지의류의 생태학

곰팡이의 광합성과 결합된 지속가능한 구조는 지의류가 산 정상이나 가장 먼 북/남위, 그리고 건조한 사막의 암석과 같은 혹독한 환경까지 침범할 수 있도록 해준다. 혹독하고 비바람에 노출된 지역에서 지의류는 종종 첫 점령자가 되어 돌을 부수고 다른 유기체들의 진입을 위한 단계를 마련한다.

지의류는 공기 중의 오염원에 의해 민감하게 변화하며, 몇몇 종은 공기의 질을 알려주는 지표생물로도 이용된다. 지의류의 민감성은 비나 이슬에 용해된 물질을 흡수할 수 있는 능력의 결과이다. 지의류는 자동차 교통과 산업 활동 때문에 대부분 도시 안이나 주변에는 존재하지 않지만, 몇몇 종은 이러한 환경에 적응하기도 한다. 오염이 감소하면 지의류의 수는 증가하는 경향이 있다.

그림 25.14 바위에서 자라는 지의류.

균근은 식물의 뿌리와 연합한 곰팡이이다

학습목표 25.9.3 균근과 지의류를 대조하라.

모든 식물 과의 약 90%에는 균근이라고 불리는 곰팡이와의 공생 관계를 형성하는 뿌리를 가진 종이 있다. 이러한 곰팡이는 전 세계 식물 뿌리 총 무게의 15%에 달할 정도로 광범위한 것으로 추산된다. 균근 연합의 곰팡이는 뿌리 체계가 확장한 것처럼 역할 한다. 곰팡이 균사는 흡수를 위한 흙 접촉과 총 표면적을 급격하게 증가시킨다. 균근이 있는 경우, 균근은 토양으로부터 인, 아연, 구리 그리고 다른 미네랄 영양소들이 뿌리로 이전되는 것을 직접적으로 돕는다. 한편 식물은 곰팡이에게 유기 탄소를 공급해주므로 이러한 체계는 상호적이다.

균근에는 두 가지 종류가 있다(그림 25.15). 수지상 균근의 경우 곰팡이의 균사는 식물 뿌리의 외부 세포를 통과한 뒤, 꼬이거나 부풀거나 작은 가지들을 만든다; 또한 주변 토양으로 뻗어나간다. 외생균근의 경우 균사는 뿌리의 세포벽을 둘러싸지만, 이를 뚫고 들어가지는 않는다. 두 경우 모두 균사체는 토양으로 뻗어나간다. 하나의 뿌리는 많은 종류의 곰팡이와 결합할 수 있다.

수지상 균근

수지상(arbuscular) 균근은 두 종류 중에서 훨씬 더 흔한 것으로서, 대충 모든 식물 종의 약 70%를 포함하고 있다(그림 25.15a). 이 균근의 곰팡이 구성요소는 글로메로균류이며, 이는 접합균류 계통 중의 하나에서 생겨난 단원적 그룹이다. 글로메로균류는 200,000종 이상의 식물들과 결합하고 있다.

버섯과는 달리 글로메로균류는 지상의 결실 구조를 가지고 있지 않고, 그래서 결과적으로 잔존하는 종의 개체 수를 정확하게 세기란 어렵다. 수지상 균근 곰팡이는 낮은 인산염과 에너지 투입으로도 곡식 산출량을 증가시킬 수 있는 가능성이 있기 때문에 광범위하게 연구되고 있다.

가장 오래된 화석 식물은 종종 수지상 균근 뿌리를 보여준다. 이러한 연합은 식물들이 토양에 대량 서식하도록 기여했을 가능성이 있다. 당시의 토양은 척박하고 유기물질들이 부족했을 것이다. 균근 결합을 형성한 식물들은 비옥하지 않은 토양에서 특히나 성공적으로 번식할 수 있었을 것이다; 화석증거로 미루어보았을 때, 균근 결합이 초기 식물들이 이러한 토양에서 자리 잡는 데에 도움을 주었다는 것은 타당해 보인다. 게다가 오늘날까지 살아남은 초

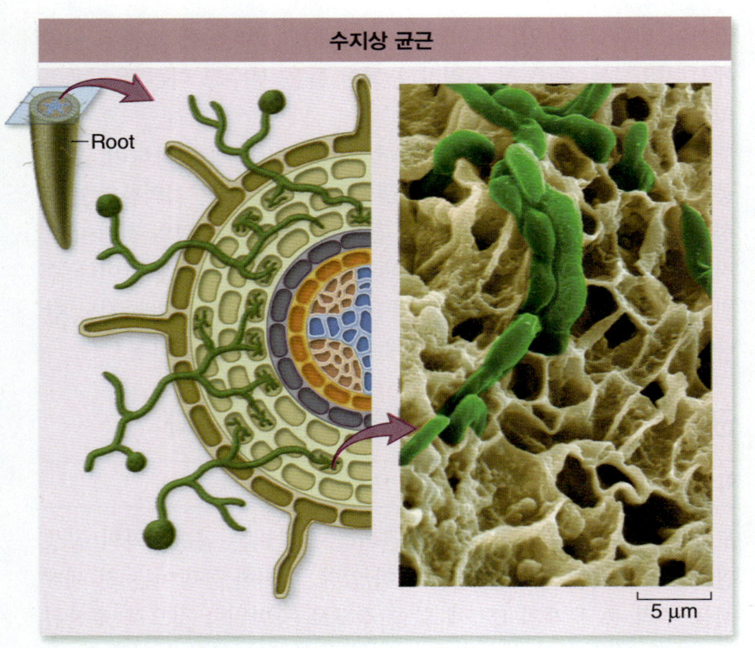

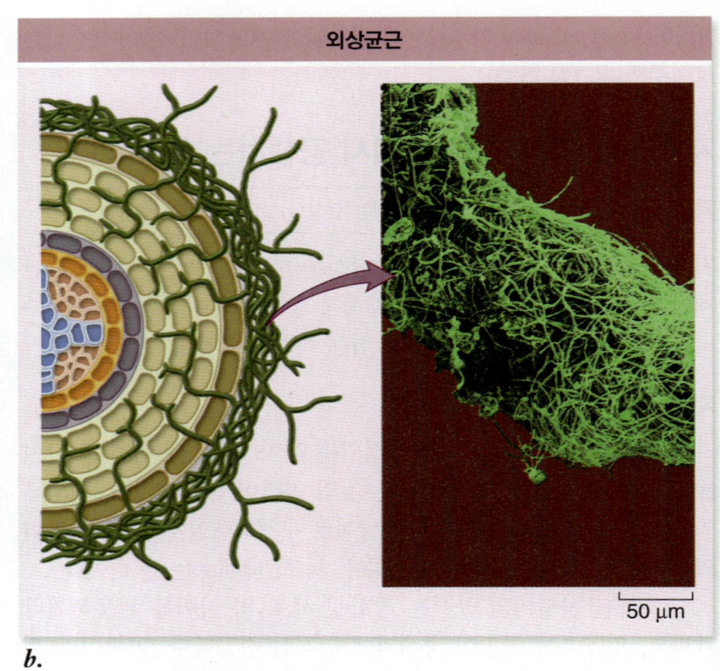

a. *b.*

그림 25.15 수지상 균근과 외생균근. a. 수지상 균근에서 곰팡이 균사는 식물의 뿌리 세포벽을 통과하지만 식물의 세포막은 통과하지 않는다. b. 유칼립투스 뿌리의 외생균근은 뿌리 세포를 통과하지는 않지만 그 주변에서 생장하며 세포 사이로 뻗어간다.

기 관속 식물의 가까운 친척들이 균근에 강하게 의존하고 있다.

외생균근

외생균근(그림 25.15b)은 수지상 균근에 비해 훨씬 더 적은 종류의 식물, 약 몇 천 종정도의 식물과 연관되어 있다. 외생균근의 숙주는 대부분 소나무, 참나무, 자작나무, 버드나무, 유칼립투스 등등 숲 속의 나무들이다. 대부분 외생균근을 구성하는 곰팡이는 담자균류이지만 일부는 자낭균류이다.

대부분의 외생균근 곰팡이는 한 종의 식물에만 국한되지 않으며, 식물도 대부분 많은 외생균근 곰팡이들과 연합한다. 각각의 조합은 식물의 생리학적 특징과 다양한 환경적 조건에서 살아남을 수 있는 능력에 각각 다른 영향을 미친다. 최소 5,000종의 곰팡이가 외생균근 관계를 형성한다.

곰팡이는 동물과 상호 공생을 형성한다

학습목표 25.9.4 동물에서의 상호 공생을 식물에서의 상호공생과 대조하라.

곰팡이와 동물의 다양한 상호 공생이 밝혀졌다. Neocallimastigomycete 곰팡이는 반추동물의 소화관을 숙주로 삼는다. 곰팡이는 셀룰로오스와 리그닌 함량이 높은 풀로부터 영양소를 방출하는 대신에 영양소가 풍부한 환경을 얻는다.

어떤 3자간 공생은 개미, 식물, 그리고 곰팡이를 포함한다. 절엽 개미는 새로운 세계 열대에서 우세한 초식 동물이다. 계통발생학적으로 Attini 족의 일원인 이 개미들은 토양 아래에서 길러지고 유지된 특정 곰팡이들과 절대적인 공생 관계를 맺는다. 이 개미들은 곰팡이에게 먹을 잎을 주고 병균과 다른 천적들로부터 보호해준다(그림 25.16). 이 곰팡이는 개미의 식량 자원이다.

개미의 종류에 따라 개미의 집은 골프공 크기 정도 일수도 있고, 직경 50cm 가량에 1m 이상의 깊이를 가진 집일 수도 있다. 어떤 개미집은 곰팡이 정원을 유지하는 절엽 개미들 수백만 마리가 살기도 한다. 이렇게 사회적 곤충들은 계급 체제를 가지고 있으며, 각각의 개미는 특정한 역할을 맡는다. 200m 가량의 길을 따라가며 절엽 개미는 곰팡이를 위한 나뭇잎을 찾는다. 개미떼들은 하루 안에 나무 전체를 고사시킬 수도 있다. 개미와 곰팡이의 공생은 수차례 진화해왔고, 약 5천만 년 전부터 발생한 듯하다.

그림 25.16 개미-곰팡이 공생. 개미들이 곰팡이 정원을 경작한다.

개념 정리 25.9

곰팡이는 생태계에서 주요한 분해자이다. 곰팡이와 식물의 공생관계는 진화해왔다. 내생곰팡이는 식물의 조직 내부에 살며 기생체로부터 식물을 보호해줄 수 있다. 지의류는 곰팡이와 시아노박테리아 혹은 녹조류와의 복잡한 공생관계이다. 곰팡이와 식물 뿌리의 균근 결합은 상호호혜적이다. 또한 곰팡이는 동물과도 상호적인 관계로 공진화해왔다.

- 곰팡이와 개미의 공생은 어떻게 진화해왔는가?

25.10 곰팡이는 식물과 동물의 중요한 병원균이다

곰팡이는 식물의 수확을 망치고 사람의 건강에 심각한 문제를 가져올 수 있다. 치료와 예방에서 가장 중요한 문제점은 곰팡이가 식물과 동물과 마찬가지로 진핵생물이라는 점이다. 곰팡이가 어떻게 다른 두 진핵생물계와 구분되는지 이해하는 것이 곰팡이 기생체와 병원균으로 인해 생긴 질병을 치료하는 데에 보다 안전하고 효율적인 방법을 제시해줄 것이다.

곰팡이 감염은 식물과 그것을 먹는 사람을 해칠 수 있다

학습목표 25.10.1 동물의 곰팡이 감염을 치료하는 것이 왜 어려운지 설명하라.

곰팡이 종은 식물에 많은 질병을 야기하고, 매년 이로 인한 농업 손실은 수 조원에 달한다. 곰팡이는 살아있는 식물에게 유해한 해충이며, 수확되고 저장된 식품들 또한 상하게 한다. 게다가 곰팡이는 종종 그들이 감염하는 음식에 독성 물질을 분비하기도 한다.

발암성 화학물 중에 가장 잘 알려진 아플라톡신은 옥수수, 땅콩, 목화씨에서 자라는 아스페르질루스플라부스(*Aspergillus flavus*)의 어떤 계통에 의해 만들어진다. 또한 아플라톡신은 사람을 포함한 동물의 신장과 신경계를 파괴할 수 있다. 대부분의 선진국은 음식의 아플라톡신 허용 농도를 법으로 제한하고 있다.

반면에 옥수수 깜부기병(그림 25.17)은 식물에게는 해롭지만 이를 소비하는 동물에게는 해롭지 않은 곰팡이병이다. 깜부기병은 담자균인 *Ustilago maydis*에 의해 생기는 것으로서, 먹을 수도 있다.

사람과 다른 동물의 곰팡이 감염은 치료하기 어렵다

사람과 동물의 질병 또한 원인이 곰팡이인 것도 있다. 백선(벌레가 아니라 곰팡이), 무좀, 손톱 곰팡이 같은 흔한 질병들은 국부 항진균 연고나 어떤 경우에는 경구 투여를 통해 치료할 수 있다.

곰팡이는 곰팡이와 동물 사이의 밀접한 계통 발생학적인 관계 때문에 인간에게 종종 치료하기 어려운 심각한 질병을 일으키기도 한다. 효모 자낭균은 입을 감염하여 아구창 같은 병을 일으키는 중요한 병원균이다; 칸디다(*Candida*)라는 효모는 흔히 구강 혹은 질 감염을 일으킨다. **폐포자충**(*Pneumocystis jiroveci*)는 폐를 침입하여 호흡을 방해하고, 다른 기관으로 퍼져나갈 수 있다.

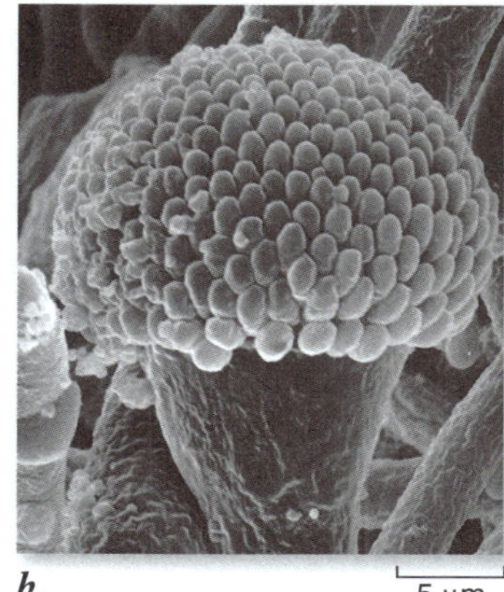

그림 25.17 옥수수 곰팡이 감염. **a.** *Ustilago maydis*의 옥수수 감염은 히스패닉 요리에서 별미이다. **b.** *Aspergillus flavus* 분생포자의 현미경 사진. *Aspergillus flavus*는 옥수수를 감염하여 동물에게 해로운 아플라톡신을 생산한다.

기생성 곰팡이와 동물의 공생 예는 키트리디드진균증(chytridiomycosis)으로 1998년에 처음으로 발견된 양서류의 전염병균이다. 양서류의 개체 수는 지난 30년간 세계적으로 줄어들고 있다. 이러한 감소는 광범위한 개구리 시체 연구 후에 밝혀졌는데, 피부를 둘러싼 병꼴균 *Batrachochytrium dendrobatidis*의 존재와 관련 있다(그림 25.18). 병들고 죽은 개구리는 건강한 개구리에 비해 피부에 플라스크 같은 구조가 감싸져 있는 경우가 많았는데, 이것은 병꼴균류의 포자 생산과 관계가 있다고 증명되었다.

*B. dendrobatidis*와의 연관성은 DNA 염기서열 자료와 병꼴균류의 분리와 배양, 건강한 개구리에게 접종, 질병 증상의 재현 등을 통해 입증되었다. 어떻게 질병이 동시에 다른 대륙에서 발생했는지는 아직도 풀리지 않은 미스터리이다.

개념 정리 25.10

곰팡이는 직접적인 감염이나 독소 혹은 발암 물질의 분비를 통해 식물과 동물을 심각하게 해치거나 죽일 수 있다. 동물의 곰팡이 질병과 기생에 대한 치료는 곰팡이와 동물 사이의 밀접한 관계로 인해 곰팡이에게 해를 가하는 것이 숙주에게도 안 좋은 영향을 미치기 때문에 어렵다.

- 곰팡이 질병의 가장 흔한 전파 기작은 무엇인가?

그림 25.17 병꼴균진균증(chytridiomycosis)으로 죽은 개구리. 병꼴균류로 생긴 병변을 개구리의 복부에서 볼 수 있다.

질의 및 분석

병꼴균류는 개구리들을 죽이고 있는가?

여러분들이 이미 이 장에서 배웠듯이 병꼴균은 전 세계적인 양서류의 멸종에 중요한 역할을 하고 있다고 생각된다. 병꼴균류의 중요한 역할에 대한 인식은 개구리의 대량 멸종이 보고된 1993년에 퀸즐랜드(Queensland, 오스트레일리아의 남동쪽에 있는)에서 시작되었다. 모든 종류의 개구리들이 영향을 받은 것 같으며, 모든 개체군을 쓸어버렸다. 퀸즐랜드 북쪽의 열대다우림지역에서 Sharp-nosed torrent frog(*Taudactylus acutirostris*)의 개체군이 멸종 위험에 처할 정도로 심각하게 영향을 받은 것이 밝혀졌다. 이러한 종들을 보호하기 위해 제임스쿡 대학과 멜버른 및 타론가 동물원에 포획지구(captive colony)를 설정했다. 불행히도 이러한 종들을 보호하려는 시도는 실패했다. 포획지구내의 개구리들이 모두 죽어버렸기 때문이다.

무엇이 개구리들을 죽였는가? 이 질문에 대한 해답은 1998년에 나오는데, 이 때 연구자들이 죽은 개구리의 상피세포(피부)를 주사전자현미경으로 조사하였고, 연구자들은 아래의 현미경사진에 보이는 것을 보았다. 정상일 때는 상대적으로 부드러운 표면인데, 죽은 개구리의 상피는 표면에서 돌출되어 나온 공모양의 형체가 있어서 거칠어 보인다.

이러한 돌출물은 병꼴균의 무성 번식구조인 유주포자낭이다. 다른 하나의 사진은 이것을 확대한 것이다. 각 유주포자낭은 한 개 이상의 작은 돌출 관을 가지고 있고, 대충 공 모양이다.유주포자낭에서는 수 백 만개의 유주포자들이 만들어진다.

튜브의 끝을 막고 있는 마개가 사라진다면 포자들이 인접 피부세포의 표면 위와 물속으로 배출되고, 그들의 편모는 그들이 또 다른 숙주를 만날 때까지 떠돌아다닐 수 있게 해준다. 유주포자 중 하나가 또 다른 개구리의 피부에 닿으면 그것이 달라붙어 피부의 표피 아래층에 새로운 유주포자낭을 만들며 감염환을 다시 시작한다.

병을 감염시키는 병꼴균에 관한 연구는 이들이 *Batrachochytrium dendrobatidis*의 구성원들이라는 사실을 보이고 있다. 이것은 예상치 못했던 일이다. 병꼴균류는 전형적으로 물속이나 토양에서 발견되는데, 비록 식물과 곤충을 감염시키는 여러 가지 형태가 알려져 있다 해도 척추동물을 감염시키는 병꼴균류는 알려진 바가 없다.

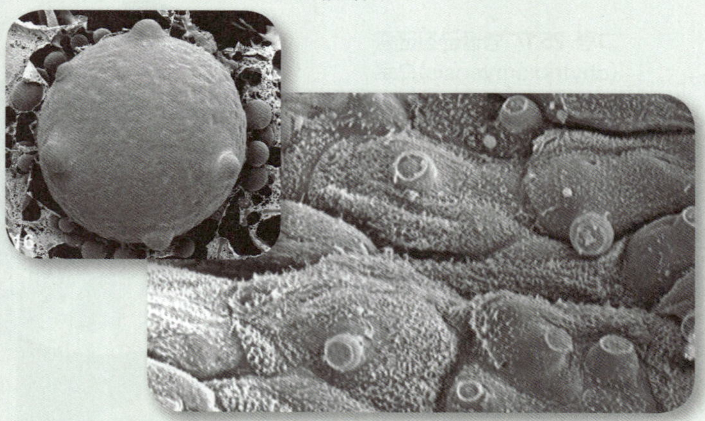

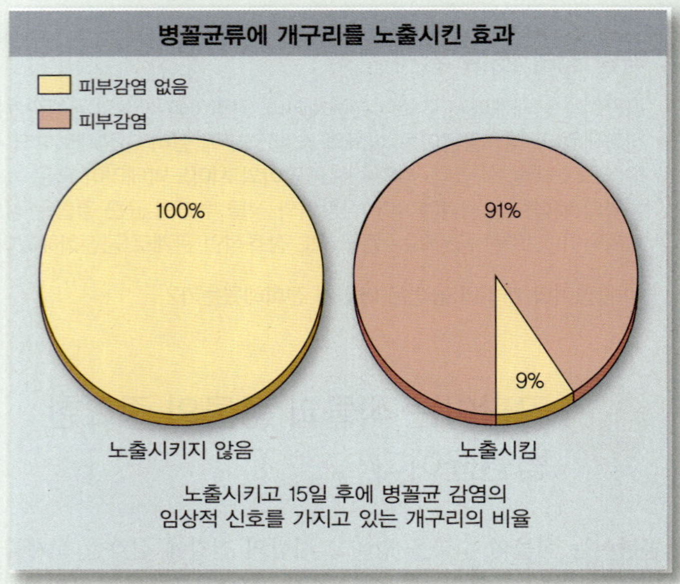

이러한 전자현미경 사진이 시발이 되어 퀸즐랜드에서의 개구리 대량 폐사의 원인이 병꼴균류라는 사실을 상당히 신뢰할 수 있게 만든 것 같다. 그러나 좀 더 직접적인 증거를 제공하기 위하여 실험들이 수행되었는데, 개구리를 죽이는 병꼴균류의 능력을 직접 평가했다.

다른 많은 경우에서 전형적이듯이 그러한 실험 중 하나에서는 *Dendrobates* 속의 몇몇 개구리들을 병꼴균류에 노출시켰고, 나머지는 노출시키지 않았다. 3주후 모든 개구리들에 대해서 개구리를 죽이는 병의 임상적 신호인 탈피 여부를 조사했다. 결과는 두 개의 원그래프에 나타나 있다.

분석

1. **개념 적용** 이 연구에서 종속변수가 있는가? 그렇다면 그것은 무엇인가?
2. **자료 해석** 노출되지 않은 개구리들에서의 병 발생은 얼마인가? 노출된 개구리에서는?
3. **추론** 병꼴균류 *B. dendrobatidis*에 노출과 개구리의 생명을 위협하는 병의 임상적 신호인 피부감염 발달과는 어떤 연관이 있는가?
4. **결론 도출** 병꼴균류에의 노출이 개구리를 죽이는 병의 발달 가능성에 대한 영향력은 무엇일까?
5. **추가 분석**
   a. 세계적으로 많은 종류의 개구리들과 도룡뇽들이 죽어가고 있다. 이 실험은 양서류가 병꼴균류 감염에 대한 양서류의 감수성이 얼마나 일반적인지 결정하는 방법을 제시하고 있는가?
   b. 몇 몇 종의 개구리 멸종은 과거에도 있었지만 이렇게 심각해 본 적은 없다. *B. dendrobatidis*가 새로운 종이라고 생각하는가 또는 지구온난화나 오존층 파괴 때문에 생기는 UV 방사량 증가 같은 환경변화 때문이라고 생각하는가? 논하라.

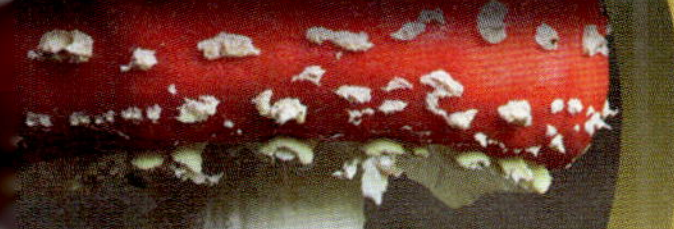

학습 과정 복습

개념 25.1 곰팡이는 그 어떤 다세포생물과도 다르다

25.1.1 곰팡이의 몸체는 연결된 균사 덩어리다 곰팡이는 균사세포를 가지고 있고, 균사세포는 키틴이 들어있는 벽을 가지고 있다. 균사 덩어리는 균사체라고 하는데, 연속적이고 다핵성이며, 격벽이라고 불리는 가로막에 의해 분리되어 있는 세포의 긴 사슬이다. 핵이 하나인 균사는 단핵성이고, 2개의 핵을 가진 균사는 이핵성이다. 두 개의 반수체핵은 배수체의 특성을 갖기도 한다.

25.1.2 곰팡이의 번식은 그들의 특별한 신체구조를 반영한다 세포는 서로 연결되어 있기 때문에 번식에 관련된 구성단위는 세포가 아니라 핵이다. 방추체가 핵 외피에서 만들어지는데, 분해되지 않고 재생된다. 곰팡이는 두 개의 친화적 교배형의 균사 또는 같은 곰팡이의 균사들의 융합으로 유성적으로 증식한다. 포자는 무성 또는 유성적으로 만들어지는데, 일반적으로 바람에 의해 포자가 분산된다.

25. 1.3 곰팡이체는 주변의 영양분을 아주 효율적으로 흡수한다 곰팡이는 외부 소화를 위해 효소를 배출하여 영양분을 얻고, 그 생산물을 흡수한다.

개념 25.2 곰팡이는 분류학적으로 다양하다

25.2.1 곰팡이의 분류학은 빠른 변화를 겪고 있다 곰팡이는 7개의 단원성 문으로 이루어져 있다.

개념 25.3 미포자충류는 단세포 기생체이다

25. 3.1 미포자충류는 퇴화된 곰팡이이다 미포자충류는 미토콘드리아가 없는 세포로 절대기생균이지만 예전에는 가지고 있었을 수도 있다. 전에는 곰팡이가 원생동물과 분자가 유사하다고 여겨져 같이 분류했었다.

개념 25.4 병꼴균은 편모가 달린 유주포자를 가지고 있다

25.4.1 병꼴균은 운동성 유주포자를 가지고 있다 병꼴균류는 공생관계를 형성하고 있고, 양서류 감소와 관련이 있으며, Blastocladiomycota는 단편모를 가지고 있다. Blastocladiomycete인 Allomyces는 단복상 생활사를 가지고 있다. Neocallimastigomycetes는 셀룰로오스와 리그닌을 소화할 수 있는 효소를 가지고 있다.

개념 25.5 접합균문은 접합자를 만든다

25.5.1 유성생식에서 접합자는 접합포자낭에서 만들어진다 접합균강은 모두 배수체 접합자를 만든다. 유성생식에서 배우자낭의 반수체 핵이 융합하여 배수체 접합자 핵을 생산하는데, 이것이 접합포자가 된다.

25.5.2 무성생식이 더 흔하다 포자낭에서 바람에 의해 전반되는 반수체 포자들을 만들어내는데 빵곰팡이가 접합균강의 흔한 예이다.

개념 25.6 글로메로균문은 무성의 식물공생균이다

25.6.1 식물의 토지 침입을 쉽게 해주는 글로메로균류 글로메로균강의 균사는 식물뿌리와 세포내 연관을 맺으며, 수지상 균근이라 부른다. 글로메로균강이 유성생식한다는 증거는 없다.

개념 25.7 담자균문은 버섯 곰팡이이다

25.7.1 담자기 내에서 유성생식을 하는 담자균류 담자과는 버섯, 독버섯, 먼지버섯 등과 같은 그룹의 가시적 생식구조이다. 핵융합은 배수체 세포를 만드는 담자기에서 일어난다. 감수분열로 결국 4개의 반수체 담자포자를 만든다. 담자균강의 이차균사체는 이핵(heterokaryotic)이다. 일차균사체는 단핵이지만 이차균사체를 만들어내기 위해 다른 교배형이 융합하기도 한다.

개념 25.8 자낭균문은 곰팡이 중에서 가장 다양한 문이다

25.8.1 유성생식은 자낭균류의 자낭에서 일어난다 자낭에서만 핵융합이 일어나 배수체 핵을 만든다. 감수분열과 체세포분열로 세포벽이 있는 자낭포자 안에 있는 8개의 반수체 핵을 만든다.

25.8.2 무성생식은 분생포자경에서 일어난다 무성생식은 매우 흔하며, 분생포자경이라는 변형된 균사 끝에 분생포자를 만드는 것이다.

개념 25.9 곰팡이 막대한 생태학적 영향을 가지고 있다

25.9.1 곰팡이는 다양한 공생을 한다 곰팡이는 병원성, 기생성, 공생성, 상리공생성일 수 있다.

25.9.2 지의류는 다른 계 사이에서 공생하는 한 예이다 지의류는 시아노박테리아, 녹조류와 더불어 일반적으로 자낭균류인 곰팡이로 구성되어 있다.

25.9.3 균근은 식물이 뿌리와 연합한 곰팡이이다 수지상 균근은 흔하고 글로메로균류를 포함하고 있다; 외생균근은 주로 숲속나무에서 발견되는데, 여기에 담자균류와 약간의 자낭균류가 포함된다.

25.9.4 곰팡이는 동물과 상호 공생을 형성한다 어떤 개미들은 식물성 물질을 제공하여 곰팡이 "농장"을 운영한다.

개념 25.10 곰팡이는 식물과 동물의 중요한 병원균이다

25.10.1 곰팡이 감염은 식물과 그것을 먹는 사람을 해칠 수 있다 곰팡이는 포자르 확산되며, 음식을 맛없게 만들고, 발암원이나 독성으로 만드는 화학물질을 분비한다.

학습 과정 평가

개념 25.1 곰팡이는 그 어떤 다세포생물과도 다르다

이해

1. 다음중 곰팡이의 특징이 아닌 것은?
   a. 세포벽은 키틴으로 구성되어 있다
   b. 체세포분열의 형태가 식물이나 동물과는 다르다
   c. 광합성을 수행하는 능력이 있다
   d. 실모양의 구조를 가지고 있다
2. 곰팡이의 증식은
   a. 유성생식, 무성생식 둘다 b. 유성생식으로만
   c. 무성생식으로만 d. 유성생식, 무성생식, 분열로

응용

1. 유전적으로 다른 2개의 핵을 가지고 있는 곰팡이 세포의 분류는
   a. 단핵(monokaryotic) b. 동핵(homokaryotic)
   c. 이핵(bikaryotic) d. 이핵(heterokaryotic)
2. 다세포 곰팡이의 체세포분열이 다른 다세포 생물의 체세포분열과 다른 점은
   a. 방추체가 핵 바깥에서 형성된다.
   b. 체세포분열 간에 DNA 복제가 없다
   c. 핵외피는 분해되지 않는다
   d. 중심소체는 미소관(microtubules)의 형성을 제어한다

종합

1. 곰팡이에 관한 이해력을 바탕으로 하여, 곰팡이 감염에 대한 치료시 왜 항생물질들이 작용하지 않는지에 대하여 가설을 세우시오.

개념 25.2 곰팡이는 분류학적으로 다양하다

이해

1. 다음 곰팡이 그룹 중 단계통적이 아닌 것은?
   a. Zygomycota b. Glomeromycota
   c. Basidiomycota d. Ascomycota
2. 알려진 곰팡이의 반 이상이 여기에 속한다.
   a. Basidiomycota b. Zygomycota
   c. Ascomycota d. Chytridmycota

응용

1. 다음중 곰팡이계의 특징이 아닌 것은?
   a. 종속영양성 b. 핵 유사분열
   c. 셀룰로오스 세포벽 d. 비운동성 정자

종합

1. 곰팡이가 전체 계를 되기에 성공적이었다면, 왜 처음으로 곰팡이가 된 nucleariid 원생생물이 아메바 원생생물들 중 소수집단이 되었다고 생각하는가?

개념 25.3 미포자충류는 단세포 기생체이다

이해

1. 미포자충류는
   a. 원생동물이다 b. 셀룰로오스 분해자이다
   c. 편모가 있다 d. 세포내 기생체이다

응용

1. *Encephalitozoon cuniculi*는 세포내 기생체인데 왜 혼자 살지 못 할까?
   a. 미토콘드리아가 없어서 b. 핵이 없어서
   c. DNA가 없어서 d. 원형질막이 없어서

종합

1. 왜 미포자충류가 곰팡이로 분류되는가? 왜 그들이 원생동물로 분류되지 않는가?

개념 25.4 병꼴균은 편모가 있는 유주포자를 가지고 있다

이해

1. Chytrids를 구분하는 특성은
   a. 운동성 유주포자 b. 반수체 배우자체
   c. 수정 후 감수분열 d. 유성생식
2. Neocallimastigomycetes는 식물 세포벽에 있는 셀룰로오스를 소화할 수 있다. 이들은 많은 초식동물의 소화관에 사는 것으로 밝혀졌다. 이 예는 어떤 종류의 관계인가?
   a. 기생 b. 상호부조
   c. 공생

응용

1. 병꼴균문 및 밀접한 연관종들에 포함되는 곰팡이는
   a. 성페로몬을 이용한다 b. 개구리에 위험하다
   c. 셀룰로오스를 소화한다 d. 앞의 것 모두

종합

1. Neocallimastigomycetes는 인공배양하기가 어렵다. 식물질로부터 상업적인 에탄올 생산에 그들의 셀룰로오스와 리그닌 분해효소를 이용할 때 유전공학이 어떻게 이용될 것인지 서술하라.

개념 25.5 접합균문은 접합자를 만든다

이해

1. 접합균류가 다른 곰팡이와는 다른 것은 무엇을 생산하지 않기 때문인가
   a. 균사체 b. 자실체
   c. 이핵 d. 포자낭

응용

1. 기원이 알려지지 않는 균사 배양시 균사는 격벽이 없고, 곰팡이는 곧은 줄기 다발을 이용하여 무성생식 하는 것을 알았다. 그러나 때로는 유성생식이 관찰될 수 있다. 이 곰팡이를 어떤 집단이라고 말할 수 있는가?
   a. 병꼴균문 b. 담자균문
   c. 자낭균문 d. 접합균문

종합

1. 특징적인 번식구조가 없는 곰팡이 균사가 있다면, 그것이 속하는 주된 집단을 결정할 수 있는가? 어떻게?

개념 25.6 글로메로균문은 무성의 식물공생균이다

이해

1. 물리적인 특징에 기초하여은 곰팡이의 가장 오래된 문이다.
   a. Basidiomycota　　b. Zygomycta
   c. Ascomycota　　d. Glomeromycota
2. 글로메로균문 곰팡이가 식물의 절대공생체라는 것은 무엇을 의미하는가?
   a. 식물에 해가 된다
   b. 식물과 관련되었을 때 가장 잘 자란다
   c. 식물 공생체 없으면 살 수 없다
   d. 기생한다

응용

1. 육지에서 사는 식물의 초기 진화는 어떤 곰팡이의 균근 관계로 인해 가능했는가?
   a. Zygomycetes　　b. Ascomycota
   c. Glomeromycota　　d. Basidiomycota

종합

1. 육상생명체의 진화에 있어서 곰팡이의 중요성은 대표적으로 이해되어 왔다. 땅을 개척함에 있어서 곰팡이의 중요성을 평가하라.

개념 25.7 담자균문은 버섯 곰팡이다

이해

1. 버섯의 아가미는
   a. 대기로부터 산소를 얻는다.
   b. 포자를 포함하고 있다.
   c. 곰팡이의 성숙된 성체이다.
   d. 배수체이다

응용

1. 담자균강의 감수분열이 일어나는 곳은
   a. 균사　　b. 담자기
   c. 균사체　　d. 담자과

종합

1. 버섯은 곰팡이의 생활사 중 어떤 부분에 해당하는가?

개념 25.8 자낭균문은 가장 다양한 곰팡이문이다

이해

1. 자낭균강은 증식포자가 어디에서 만들어지는가?
   a. 자낭이라는 특별한 주머니　b. 담자과의 아가미
   c. 포자낭경　　d. 균사체

응용

1. 다음 중 효모 *Saccharomyces cervislae*에 관하여 옳은 것은?
   a. 출아법이라는 과정으로 무성생식한다.
   b. 번식시 자낭과를 만든다
   c. 접합균문에 속한다
   d. 위 사항 모두 옳다

종합

1. 담자균류는 곡물 농장을 황폐화시키는 녹병처럼 중요 농작물의 심각한 병을 일으킨다. 자낭균강은 밤나무 줄기마름병처럼 나무를 죽이는 병의 원인이다. 병의 연관성 측면에서 이러한 차이점이 어디에 기인한다고 생각하는가?

개념 25.9 곰팡이는 막대한 생태학적 영향을 가지고 있다

이해

1. 곰팡이와 공생관계에 있는 것은
   a. 식물　　b. 세균
   c. 동물　　d. 위의 모든 것
2. 지의류는 무엇 사이에 상호공생관계가 있는가?
   a. 곰팡이와 식물　　b. 곰팡이와 조류들
   c. 곰팡이와 곤충들　　d. 곰팡이와 산호충
3. 다음 중 동물과 곰팡이간의 공생관계를 가장 잘 반영하는 것은?
   a. 세균으로부터의 보호　　b. 땅의 개척
   c. 건조로부터의 보호　　d. 영양소 교환

응용

1. 임목과 담자균류 간의 곰팡이 관계에 대하여 살펴보고, 공생에 관한 가장 적절한 분류를 결정하라.
   a. 단지 기생이다　　b. 수지상 균근
   c. 외생균근　　d. 지의류
2. 균근은 식물들이 무엇을 얻는데 도움을 주는가?
   a. 물　　b. 산소
   c. 탄수화물　　d. 미네랄

종합

1. 광합성 식물, 곰팡이, 기생식물 간에 삼자간 공생이 성립되었을 때, 곰팡이는 이로부터 어떠한 잇점을 축적하는가?

개념 25.10 곰팡이는 식물과 동물의 중요한 병원균이다

이해

1. 어떤 병원성 곰팡이가 사람을 감염하는가?
   a. *Aspergillus flavus*
   b. *Ustilago maydi*
   c. *Batrachohytrium dendrobatidis*
   d. *Pneumocyctis jiroveci*

응용

1. 다음 중 사람의 병과 연관이 없는 곰팡이는 어떤 것인가?
   a. *Pneumocyctis jiroveci*
   b. *Aspergillus flavus*
   c. *Candia albicans*
   d. *Batrachohytrium dendrobatidis*

종합

1. 당신 친구가 무좀을 가지고 있는데 그것을 없애는데 얼마나 걸릴지 걱정이다. 불쾌하게도 당신 친구는 왜 사람의 곰팡이 감염을 치료하는 데 살균제를 사용하는 것보다 페니실린(곰팡이로부터 만들어진) 같은 항생제가 사람의 세균 감염을 치료하는 데 더 효과적인지를 물을 것이다. 당신은 친구에게 어떤 말을 하겠는가?

26
식물

학습과정

서론

식물에 의한 지상의 점령은 지구상의 생명의 역사를 근본적으로 바꾸어 놓았다. 지상의 환경은 광합성을 위한 이산화탄소와 태양 방사를 충분히 제공한다. 하지만 최소 5억년 동안 물의 부족과 강한 자외선 복사는 녹조류 조상의 삶을 수중 환경에 제한시켰다. 생식과 구조적 지지, 물 손실의 방지를 위한 진화적 혁신은 식물이 지상 환경에 적응하는 데에 중요한 역할을 하였다. 2배체 세대가 지배적인 생활주기로의 진화적 이행은 강한 자외선에 의해 생겨나는 열성 돌연변이의 영향력을 약화시킨다. 그 결과 많은 수의 대립 유전자가 유전자풀 내에 존재하게 되어 유전적 다양성이 증가한다. 지상의 장애물들에 대해 진화적 측면에서의 극복이 이루어짐으로써, 숲에서 고산의 툰드라까지, 그리고 농지에서 사막까지 걸쳐 300,000종 이상의 식물이 지상의 모든 장소에 분포하게 되었다. 식물은 환경의 질 상승에서부터 약, 음식, 연료, 건축 자재, 의복의 제공까지 우리 삶의 거의 대부분의 영역에 영향을 미친다. 이 장에서는 식물의 진화 역사와 진화 전략을 탐구한다.

26.1 식물은 다세포의 육상 독립 영양 생물로 배를 가진다

24과에서 배웠듯이 원생생물들 간의 계통발생학적 관계가 검토된 바 있다. 우리는 현재 녹조류와 오늘날 지상을 지배하는 식물이 10억년 이상 전에 공통된 원생생물 조상을 가졌음을 알고 있다.

식물은 민물 조류로부터 진화하였다

학습목표 26.1.1 녹조류와 식물의 관계를 설명하라.

어떤 바다 조류들은 민물 환경에서 번성하도록 진화하였다. 단 한 종의 민물 녹조류로부터 이끼에서 현화식물(피자식물, 꽃식물)에 이르기까지, 지상의 모든 식물 계통이 발생하였다. 믿을 수 없을 만한 가혹한 지상의 조건을 고려했을 때, 지상의 식물들이 하나의 공통된 조상을 갖는다는 것은 놀라운 일이 아니다. 이 조류 조상이 정확히 어떤 것이었는지는 여전히 미스테리이나, 가까운 친척으로서 차축 조류에 속하는 생물이 오늘날 민물 호수에 존재하고 있다.

녹조류는 지상에 자리 잡지 못한 녹조식물 집단과 모든 육상식물들과 형제지간인 차축 조류 집단의 두 주요 단 계통군으로 나뉘어졌다(그림 26.1). 차축 조류와 육상식물 집단은 함께 스트렙토식물이라 불린다. 육상식물은 다양하지만 어떠한 공통된 특성들을 가지고 있다. 차축 조류와 달리 육상식물은 다세포의 반수체, 2배체 단계를 거친다. 2배체 배아 역시 육상식물의 혁신이다. 시간이 지남에 따라 배아의 보호와 생활주기에서의 반수체 단계가 축소되는 방향으로 진화가 이루어졌다.

식물은 지상에서의 생활에 적응하였다

학습목표 26.1.2 육상식물이 경험한 두 가지 주요한 환경적 도전들과 그에 관련된 적응을 설명하라.

민물 조상들과는 달리, 육생 생물들은 오직 제한된 양의 물만을 사용할 수 있다. 지상에서의 생활에 대한 적응으로, 대부분의 식물들

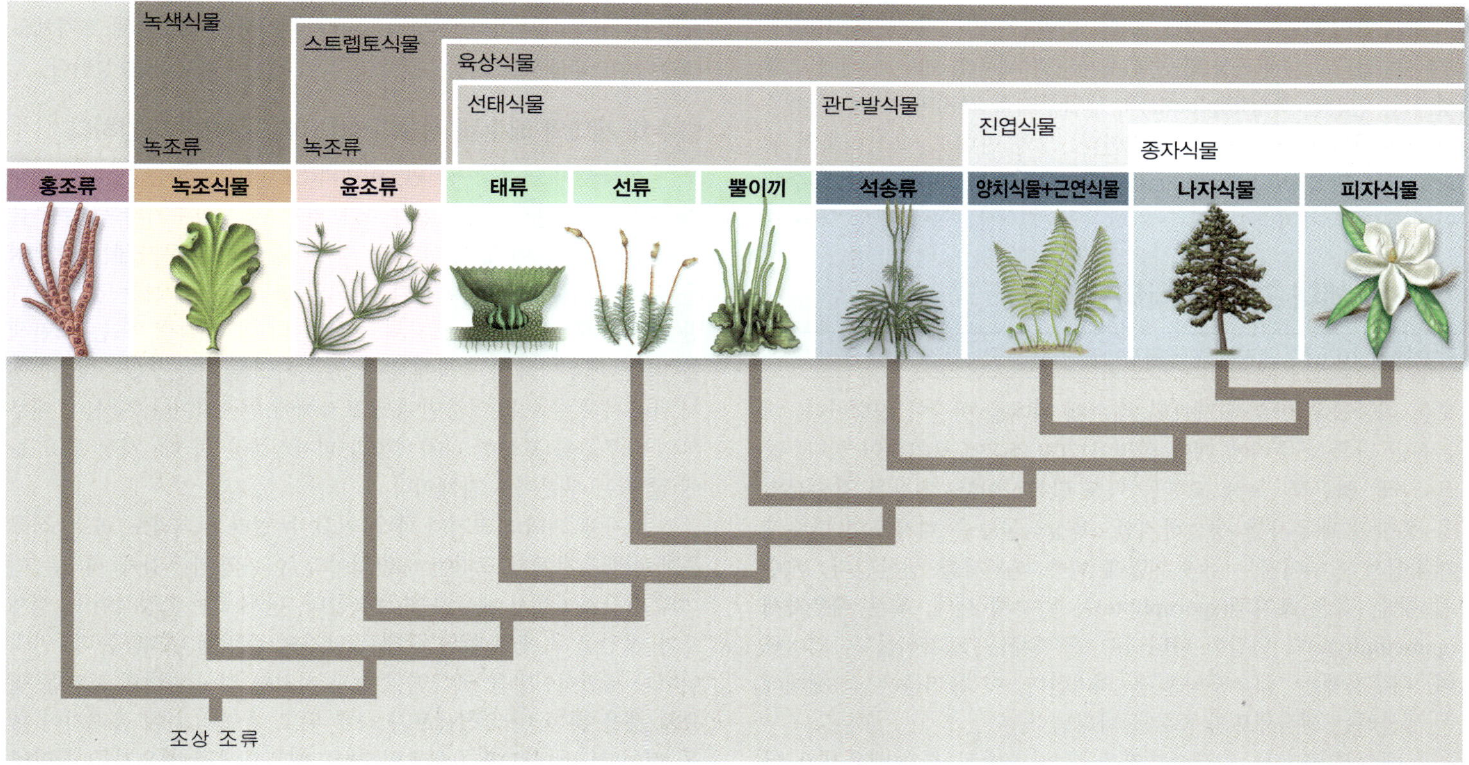

그림 26.1 식물 계통발생.

은 식물의 노출된 표면으로 분비되는, 왁스와 같은 표면 물질인 각피에 의해 건조 - 개체가 공기 중으로 물을 잃는 경향성 - 으로부터 보호된다. 각피는 상대적으로 투과성이 약하여 물의 손실을 막는다. 그렇지만 이 방법은 호흡과 광합성에 필수적인 기체 교환을 제한한다. 식물의 내부, 혹은 외부로의 기체의 확산은 그와 함께 물이 바깥으로 확산되도록 하는, **기공(stomata)**이라고 불리는 작은 입 모양의 구멍을 통해 이루어진다. 31장에서는 기공이 물의 손실을 막기 위해 어떻게 때때로 닫히는지 공부할 것이다.

식물체 내에서 물을 이동시키는 것은 식물의 크기 증가에 따라 그 어려움이 증가한다. 육생 생물 중 일부는 물과 무기질의 수송을 돕도록 특수화 된 세포인 **헛물관(tracheid**, 29장에 자세히 설명되어 있다)의 존재 유무를 바탕으로 구분된다. 관다발식물들은 헛물관이라고 불리는 특수화된 수송세포를 가지며, 매우 효율적인 수송 체계를 발달시켰다: 이 식물들의 줄기, 뿌리, 그리고 잎에 물을 수송시키는 물관과 양분을 수송시키는 체관이 존재한다. 수련을 포함하여 수중 환경에서 자라는 식물들 중 일부는 헛물관을 가지고 있다. 수중 관다발식물들은 육상식물을 조상으로 가졌으며, 이들이 후에 수중 환경에 적응한 것이다.

육상식물의 경우 수중의 조류보다 더 높은 강도의 자외선에 노출되어 있어서 돌연변이가 일어날 수 있는 가능성이 증가한다. 2배체 유전체는 하나의 치명적인 대립유전자의 영향력을 감소시킨다. 모든 육상식물은 반수체 세대와 배수체 세대를 모두 가지며, 배수체 세대가 우위를 차지하는 방향으로의 진화적 이행은 육상식물들 내에서 더 큰 유전적 다양성이 유지될 수 있도록 하였다.

모든 식물들은 **단복상(haplodiplontic)** 생활주기를 가지며, 배우자 융합과 감수분열 이후 유사 분열을 경험한다. 그 결과는 - 배우자 융합이 감수분열의 바로 뒤에 일어나는 인간의 생활주기의 경우와는 달리 - 다세포성 반수체 개체와 다세포성 배수체 개체의 형성이다. 인간은 **복상(diplontic)**의 생활주기를 가지며, 이는 오직 복상 단계에서만 다세포임을 의미한다; 그와 반대로, 육상식물의 생활주기는 **단복상(haplodiplontic)**이며, 다세포성 반수체와 배수체 단계를 모두 가진다.

식물은 세대 교번을 나타낸다

학습목표 26.1.3 포자체와 배우자체를 구분한다.

모든 식물들은 반수체 세대와 배수체 세대를 번갈아 경험한다. 기본적인 단복상 주기에 대한 설명이 **그림 26.2**에 요약되어 있다. 많은 갈색, 붉은색, 녹색 조류들 역시 단복상이다. 인간은 감수분열을 통하여 배우자를 생산하지만, 육상식물들은 다세포의 반수체 개체에서 이루어지는 유사분열에 의해 배우자를 생산한다. 배수체 세대, 혹은 **포자체(sporophyte)**는 반수체 세대, 혹은 **배우자체(gametophyte)**와 번갈아 나타난다. 포자체는 "포자식물"을 의미하며, 배우자체는 "배우자식물"을 의미한다. 이 용어들은 각 세대에서 생산하는 생식세포의 종류를 나타낸다.

배수체 포자체는 감수분열을 통해 반수체 포자(배우자가 아닌)를 생산한다. 감수분열은 포자낭이라는 구조 속에서 진행되며,

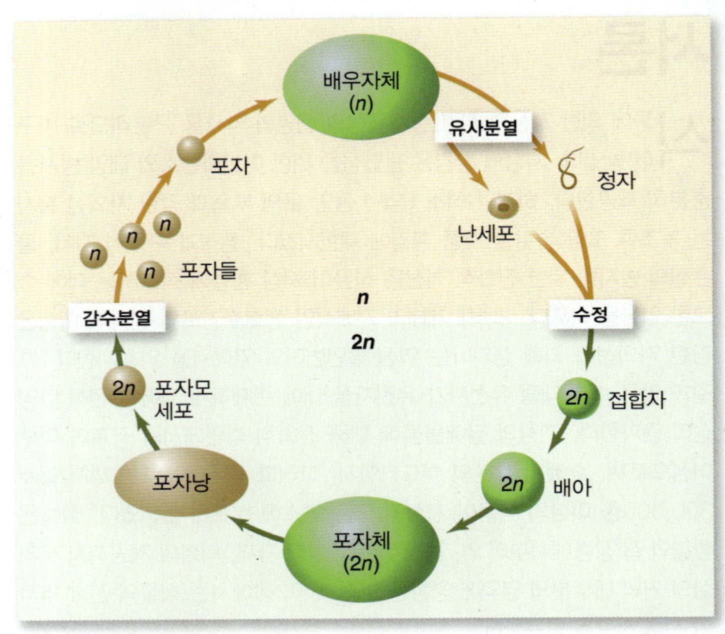

그림 26.2 일반적인 다세포 식물 생활주기. 반수체와 2배체 개체들 모두가 다세포일 수 있음에 유의하라. 또한, 배우자는 유사분열에 의해 생산되는 반면, 포자는 감수분열에 의해 생산된다.

그곳에서 배수체 **포자모세포(spore mother cells, sporocytes)**가 감수분열을 거쳐 각각 4개의 반수체 **포자(spores)**를 생산한다. 포자는 배우자체 세대에서의 첫 번째 세포이다. 포자는 유사분열을 통해 다세포의 반수체 배우자체를 생산한다.

반수체 배우자체는 배우자의 기원이다. 배우자들이 결합할 때, 그들이 생산하는 접합자는 배수체이며, 다음에 이어지는 포자체 세대의 첫 번째 세포이다. 접합자는 유사분열을 통해 2배체 포자체로 생장하며, 궁극적으로 감수분열이 일어나는 포자낭을 형성한다.

반수체 세대와 배수체 세대의 상대적인 길이는 다양하다

모든 식물들이 단복상이지만, 이끼와 양치식물에서는 반수체 세대가 나자식물, 피자식물의 경우보다 훨씬 더 생활주기의 큰 부분을 차지하고 있다. 이끼, 우산이끼, 양치식물에서 배우자체는 광합성을 하며, 독립적으로 살아간다. 이끼의 경우 당신이 보는 것은 커다란 배우자체 조직이다; 포자체는 보통 더 작고 갈색, 또는 노란색을 띠며, 배우자체의 조직에 붙어 있는 구조물이다. 다른 식물들에서 배우자체는 보통 영양면에서 포자체에 의존적이다. 당신이 대부분의 나무들을 포함한 나자식물과 피자식물을 볼 때, 가장 크고 눈에 잘 띄는 부분이 포자체이다.

포자체 세대의 크기가 매우 커질 수 있다 하더라도, 모든 식물들에서 배우자체의 크기는 제한적이다. 이끼의 배우자체 세대는 이끼의 가장자리에서 배우자를 생산한다. 난세포는 고정적이며, 정세포가 물방울 속에 포함된 상태로 난자의 주변에 내려앉는다. 만약 이끼가 세쿼이어만큼 크다면 수송과 지지를 위해 관다발 조직을 필요로 했을 뿐 아니라 정세포가 나무 위로 수영을 하여 올라가야 했을 것이다! 반대로 양치식물의 작은 배우자체는 배우자들이 만날 수 있는 숲의 바닥에서 발달한다. 나무고사리는 호주에 특히 풍부

히 존재한다; 포자체 나무가 생산하는 반수체의 포자는 바닥에 떨어져 배우자체로 발달한다.

식물의 생활주기에 대한 개관을 마쳤으므로 다음에는 식물계의 주요 집단들에 대해 고찰하며, 그들이 진화해 왔다고 생각되는 순서에 따라 대략적인 논의가 이루어진다. 앞으로 우리는 집단들 사이에서의 배우자체의 감소, 다세포 **배우자낭(gametangia**, 배우자가 생산되는 구조물)의 소실, 오늘날 지배적으로 존재하는 현화식물에서의 괄목할 만한 구조적인 적응을 포함한, 지상 생활을 위한 특수화의 증가를 확인하게 될 것이다.

개념 정리 26.1

한 종의 민물 녹조류가 성공적으로 지상에 침입하였다; 이 민물 녹조류의 후손인 식물은 결과적으로 생식 전략, 수송 체계, 기공, 큐티클 등을 적응으로서 발달시켰다. 대부분의 식물들은 하나의 개체에서 반수체 형태와 2배체 형태가 번갈아 나타나는 단복상 생활주기를 가진다. 2배체 포자체는 감수분열을 통해 반수체의 포자를 생성한다. 각 포자는 유사분열을 통해 반수체 배우자체로 발달할 수 있다; 배우자체 형태는 다시 유사분열을 통해 반수체 배우자를 생성한다. 배우자들이 결합할 때, 다시 한 번 2배체 포자체가 생성된다.

- 식물에서의 배우자 형성과 인간에서의 배우자 형성을 구분하는 것은 무엇인가?

26.2 선태식물에서는 배우자체 세대가 지배적이다

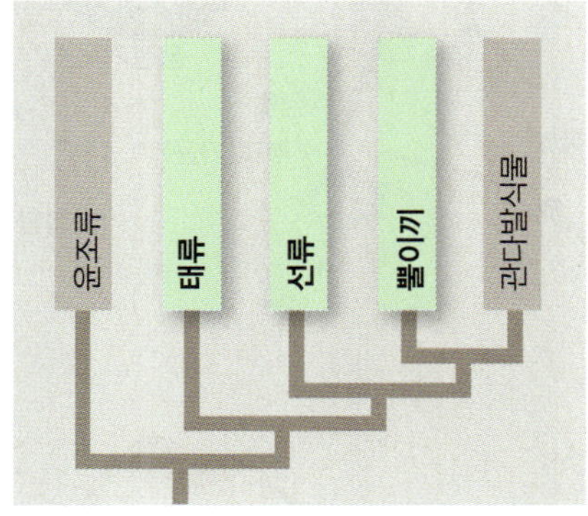

선태식물(bryophytes)은 첫 번째 육상식물의 살아있는 가장 가까운 후손이다. 이 집단의 식물들은 헛물관이라고 일컬어지는 수송세포의 부재로 인하여 비헛물관식물이라고도 불린다.

선태식물들은 특수화되어 있지 않지만 다양한 환경 속에서 성공적으로 존재한다

학습목표 26.2.1 육상 환경 속에서의 생존을 위한 선태식물의 적응을 설명한다.

초기 육상식물의 삶을 재구성하기 위하여 화석 증거와 분자계통분류학이 이용될 수 있다. 물과 기체의 이용 가능성이 제한 요소였다. 이들 식물들은 내부의 수분을 조절할 수 있는 능력을 거의 가지지 않았을 것으로 보이며, 아마도 건조를 견뎌냈을 것으로 보이는데, 이 두 가지 특성은 오늘날의 대부분의 이끼들에서 발견되고 있다.

윤조목을 포함한 조류들은 뿌리를 가지고 있지 않다. 균류와 초기 지상식물은 함께 살았으며, 균류는 물의 흡수 기능을 강화한 식물들과 가까운 관계를 형성하였다. **균근 연합(mycorrhizal association)**이라 불리는, 이와 같은 균류와 식물의 강한 공생 관계는 현존하는 많은 선태식물들에서도 발견된다.

대략 24,700종의 선태식물들은 단순하지만 심지어 사막을 포함한, 다양한 육상 환경에 매우 잘 적응하였다. 대부분의 선태식물들은 작다; 길이가 7cm를 넘는 것이 거의 없다. 선태식물은 물과 영양분의 흡수를 위하여 헛물관 이외의 수송세포를 가진다. 헛물관은 관다발식물, 즉 선태식물을 제외한 모든 육상식물들을 특징짓는 파생 형질이다. 선태식물들은 가끔 비관다발식물이라고 불리기도 하지만, 실제로 다른 종류의 수송세포를 가지고 있기 때문에 비헛물관식물이라는 용어가 더 정확하다.

과학자들은 현재 선태식물이 비교적 덜 특수화 된, 뚜렷이 구분되는 3개의 단계통군으로 구성되어 있음에 동의하고 있다: 태류, 선류, 뿔이끼가 그것이다. 그들의 배우자체는 광합성을 하며 포자체보다 더 뚜렷이 눈에 띈다. 포자체는 배우자체에 부착되어 있으며, 영양 면에서 다양한 정도로 배우자체에 의존한다. 포자체들 중 일부는 완전히 배우자체 조직에 싸여 있다; 다른 것들은 그렇지 않으며 성숙기에 갈색 또는 담황색 빛으로 변한다. 양치식물들과 일부 다른 관다발식물(헛물관식물)들과 같이, 선태식물들은 유성 생식을 위하여 물(빗물과 같은)을 필요로 하며, 이는 그들의 수생 기원을 나타낸다. 그들이 열대 지방이나 온대 지방 모두에서 습기가 있는 장소에 특히 일반적으로 나타난다는 사실은 놀랍지 않다.

태류는 오래된 문이다

학습목표 26.2.2 포자체와 배우자체를 구분한다.

고대 영어에서 단어 *wyrt*는 "식물" 혹은 "초본"을 의미한다. 가

그림 26.3 흔한 태류, 우산이끼속(우산이끼문). 현미경적 크기인 포자체가 우산 모양 구조물의 조직 안에서 수정에 의해 형성되며, 이 구조물은 납작하고 녹색이며 땅을 기는 배우자체의 표면에서부터 유래한다.

장 친숙한 **태류**(**liverworts**, 우산이끼문)는 납작한 배우자체를 가지며, 이 배우자체는 간의 열편과 유사한 열편을 가진다 - 따라서 "liverwort"라는 영문명을 가진다(그림 26.3). 이들은 실질적으로 우산이끼문에 속하는 종들의 20%만을 차지한다. 나머지 80%는 잎이 있고 선류와 표면적으로 닮아 있다. 배우자체는 꼿꼿이 서 있기 보다는 엎드려 있고, 헛뿌리가 하나의 세포로 되어 있다.

어떤 태류들은 공기 주머니를 가지는데, 이 공기 주머니는 위를 향하고 분지하는 광합성 세포 열을 포함한다. 또한 각 공기 주머니는 꼭대기에 공기의 교환을 촉진시키기 위한 구멍을 가진다. 기공과는 달리, 이 구멍은 닫힐 수 없으며, 항상 열린 상태로 고정되어 있다.

태류에서의 유성생식은 선류에서의 유성생식과 유사하다. 열편이 나누어져 있는 태류의 경우 우산같이 생긴 구조 안에서 배우자낭을 형성할 것이다. 무성생식은 배우자체로부터 방출되는, 렌즈 모양으로 생긴 조직의 조각이 자라 새로운 배우자체를 형성할 때 일어난다.

선류와 뿔이끼는 뚜렷하게 구분되는 진화적 혁신들을 경험하였다

학습목표 26.2.3 선류의 배우자체와 포자체의 관계를 설명한다.

다른 선태식물들과는 달리, 선류의 배우자체는 전형적으로 줄기와 같은 축을 중심으로 나선형으로 혹은 호생하여 배치하는 작고 잎과 같은 구조물들(관다발조직을 포함하는 진짜 잎은 아니다)로 이루어져 있다(그림 26.4); 축은 헛뿌리를 이용하여 기질에 고정되어 있다. 각 헛뿌리는 물을 흡수하는 몇 개의 세포들로 구성되어 있으며, 이들이 흡수하는 물의 양은 관다발식물의 뿌리가 흡수하는 물의 양에 미치지 못한다.

그림 26.4 솔이끼, 솔이끼속(선태식물문). 잎과 유사하게 생긴 구조물은 배우자체에 속한다. 끝부분에 포자낭을 가지는 갈색의 줄기는 포자체이다.

선류의 잎과 같은 구조물은 관다발식물의 잎과 공통점이 거의 없으나, 피상적인 외형, 즉 녹색의 납작한 엽신과 중앙을 따라 흐르는 약간 비후된 주맥은 비슷하다. 세포 한 층의 두께로서(주맥은 제외) 관다발과 기공을 가지지 않으며, 모든 세포들은 반수체이다.

물은 선류 배우자체 축의 중앙에 있는 특수화 된 세포들을 따라 위로 이동할 것이다. 어떤 선류들은 물을 수송하는 세포들을 둘러싼, 특수화 된 양분 수송세포들을 가진다.

선류의 생식

다세포의 배우자낭은 잎 모양을 한 배우자체의 가장자리에 형성된다(그림 26.5). 암컷 배우자낭(**장란기**, **archegonia**)은 수컷 배우자낭(**장정기**, **antheridia**)과 같은 배우자체에서 발달하거나, 다른 식물체에서 발달한다. 하나의 난세포가 장란기의 부푼 아랫부분에서 생성되는 반면 정세포는 여러 개가 장정기에서 생성된다.

정세포는 장정기로부터 배출될 때 이슬이나 빗물의 막을 통해 편모를 이용하여 장란기 쪽으로 수영하여 나아간다. 하나의 정세포(반수체이다)와 하나의 난세포(역시 반수체이다)가 만나 2배체의 접합자를 생성한다. 접합자는 유사분열을 거쳐서 가느다란 기부의

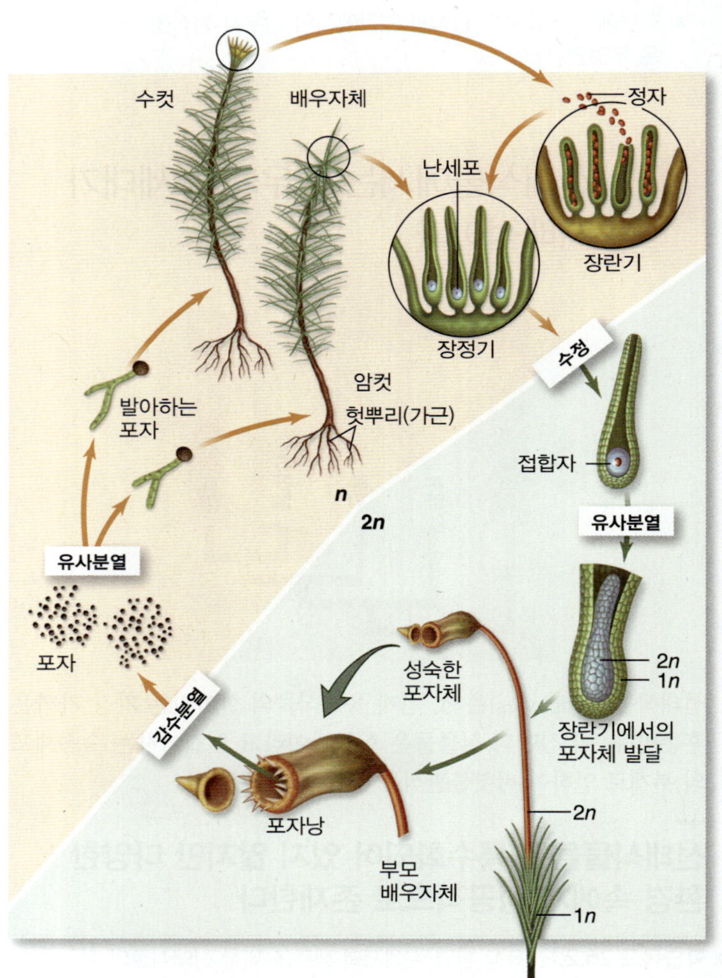

그림 26.5 전형적인 선류의 생활주기. 선류는 반수체 상태로 생활주기의 대부분을 보낸다. 잎과 같은 배우자체는 광합성을 수행하지만, 더 작은 포자체는 광합성을 하지 않으며, 영양 면에서 배우자체에 의존적이다.

줄기 끝에 부푼 캡슐, 즉 포자낭을 가지는 포자체로 발달한다. 포자체가 발달하면서 그 기부는 영양분의 원천이 되는 배우자체 조직으로 둘러싸인다.

포자낭은 종종 원통형 또는 곤봉형이다. 포자낭 안의 포자모세포는 감수분열을 거쳐 각각 4개씩의 반수체 포자를 만들어낸다. 많은 선류들은 성숙기에 포자낭의 꼭대기 부분이 터져 포자가 방출된다. 적절한 습한 장소에 내려앉은 포자는 유사분열을 통해 발아하고 생장하여, 가지를 뻗어 헛뿌리와 위로 향해 자라는 눈을 형성하는 실 모양의 구조물이 된다. 각 눈은 잎이 많이 달린 축으로 구성되는 새로운 배우자체 식물로 발달한다.

과학적 사고

가설: 선류와 현화식물에 있는 건조 내성과 관련된 유전자는 공동 조상에서 처음으로 나타났다.

추측: 현화식물로부터 유래한 건조 내성 유전자인, LEA(Late Embryogenesis Abundant) 단백질 유전자는 선류가 심각한 수분의 부족을 경험할 때 선류에서 발현될 것이다.

시험: 물 부족 스트레스를 겪지 않은 선류 식물(대조군)과 84%의 수분을 잃은 선류 식물, 그리고 95%의 수분을 잃은 선류 식물로부터 RNA를 분리해 낸다. 각 조건들로부터 추출한 같은 양의 RNA를 전기영동시킨다. LEA 유전자의 염기 서열에 대한, 라벨링 된 cDNA로 RNA를 확인한다.

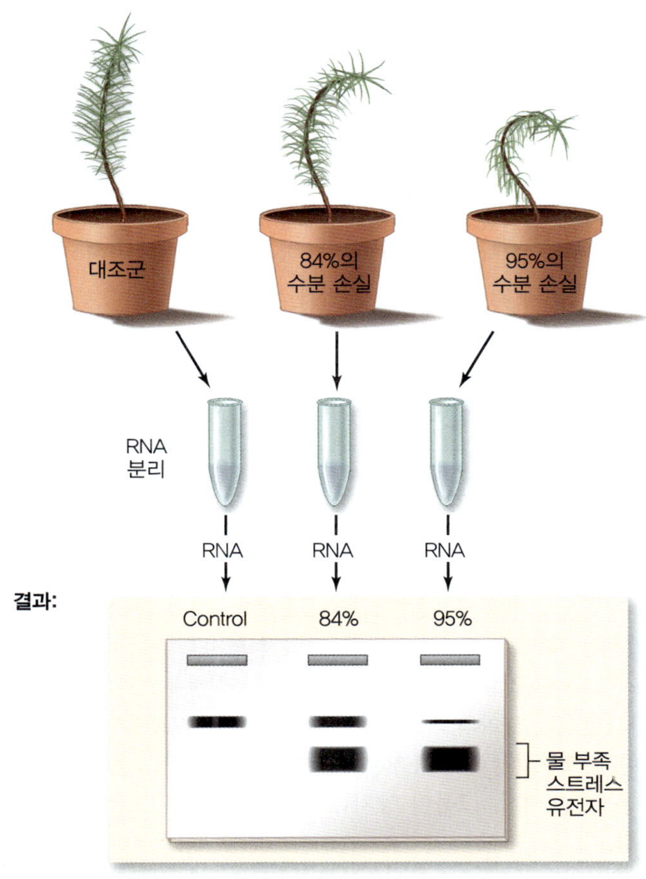

결론: 선류와 현화식물은 물 부족 스트레스 하에서 같은 유전자를 발현시킨다.

추가 실험: 선태식물과 현화식물은 다른 스트레스 관련 유전자들을 공유할 것인가? 스트레스로부터 유발된 유전자들을 이용하여 위의 실험을 반복하여 보아라.

그림 26.6 선류와 현화식물은 건조 내성 유전자를 공유한다.

선류의 분포

북극과 남극에서 선류는 가장 풍부한 식물이다. 그러나 선류의 종이 가장 다양한 곳은 열대 지방이다. 비록 선류들이 사막에서 일반적으로 자라지는 않지만, 많은 선류들이 오래 지속되는 가뭄을 견딜 수 있다. 대부분의 선류들이 공기의 오염에 매우 민감하여 도시나 다른 공기 오염이 심각한 지역 내 혹은 근처에서 풍부히 발견되는 일이 드물다. 어떤 선류들, 예를 들어 물이끼(물이끼속)는 그들 무게의 25배가 되는 양의 물을 위로 빨아들일 수 있으며, 토양개량제로서, 혹은 마른 상태에서는 연료로서 상업적인 가치가 있다.

선류의 유전체

선류 식물들은 극심한 수분 손실을 견뎌낼 수 있다-이는 관다발식물의 영양 조직으로부터는 상실된, 육상 점령 초기의 적응적 특징이다(그림 26.6). 건조에 대한 내성과 계통발생학적 위치는 연구자들이 선류 **피스코미트렐라 파텐스**(*Physcomitrella patens*)를 종자식물이 아닌 첫 번째 스트렙토식물(Streptophytes)로서 그 유전체의 염기 서열을 분석해 내도록 이끈 특성들에 속한다. 비록 선류의 유전체가 **클라미도모나스**(*Chlamydomonas*)나 현화식물 **애기장대**(*Arabidopsis*)와 마찬가지로 하나로 된 유전체일지라도, 이 유전체에는 많은 진화적 단서가 숨겨져 있다. 증거는 현화식물에서 완전히 없어진 편모 팔을 포함하여, 수중 생활과 연관된 유전자들이 사라졌음을 나타낸다.

온도와 물의 유용 가능성을 포함한, 육상의 스트레스에 대한 내성과 관련된 유전자들이 클라미도모나스에서는 부재하며, 선류에서는 존재한다. 유전체 자료는 계통분류학적 분석에서 사용될 수 있는 풍부한 특징들을 제공한다.

뿔이끼는 기공을 발달시켰다

뿔이끼(**뿔이끼문**)의 기원은 명확하지 않다. 그들은 가장 최초의 육상식물들에 속할 것으로 보이나, 최초의 뿔이끼 화석 포자는 속씨

그림 26.7 뿔이끼(뿔이끼문). 뿔이끼의 포자체가 이 그림에서 나타나 있다. 다른 선태식물의 포자체들과는 다르게, 대부분의 뿔이끼 포자체는 광합성을 수행한다.

식물이 번성하기 시작한 백악기(6500만년~1억4500만 년 전)부터 나타난다.

작은 뿔이끼 포자체는 작은 녹색의 빗자루 손잡이나 뿔을 닮았으며, 보통 직경이 2cm가 되지 않는 얇은 배우자체로부터 솟아나 있다(그림 26.7). 포자체 기부는 그가 영양분의 일부를 얻어내는 배우자체 조직으로 싸여 있다. 그러나 포자체는 기체 교환을 조절하기 위한 기공을 가지며, 광합성을 하고, 생장과 생식을 위해 필요한 에너지의 상당 부분을 제공한다. 뿔이끼 세포는 보통 하나의 커다란 엽록체를 가진다.

개념 정리 26.2

선태식물은 육상 생활에의 적응을 나타낸다. 선류의 적응은 선류의 몸체를 고정시키고 물을 흡수하기 위한 헛뿌리와 물 수송 조직을 포함한다. 뿔이끼는 기체 교환을 위하여 열리고 닫힐 수 있는 기공을 발달시켰다.

- 북극과 남극에 선류가 풍부히 존재함을 어떻게 설명할 것인가?

26.3 관다발식물은 뿌리, 줄기, 그리고 잎을 진화시켰다

비교적 완벽한 기록을 가진 첫 번째 관다발식물은 리니아문(Rhyniophyta)에 속하였다. 우리는 이 관다발식물들이 가장 초기에 어떤 모습이었는지 확실히 알지 못하나, 쿡소니아(*Cooksonia*)의 화석은 그들의 특성들에 대한 통찰을 제공한다(그림 26.8).

그림 26.8 쿡소니아, 최초로 알려진 지상의 관다발식물. 이 화석은 4억 2천만 년 전에 살았던 한 식물을 나타낸다. 쿡소니아는 리니아문에 속하며 현재 멸종된 식물들로만 이루어져 있다. 위를 향해 솟은, 분지하는 줄기의 높이는 몇 센티미터 채 되지 않았으며, 이 사진에서 보여지는 대로 그 끝부분에 포자낭을 가지고 있었다. 이 식물은 아마도 개펄과 같은 습한 환경에서 살았을 것이고, 저항력 있는 각피를 가졌을 것이며, 관다발식물에서 전형적으로 나타나는 포자를 생산하였을 것이다.

관다발 조직은 영양분의 분배를 가능하게 한다

학습목표 26.3.1 물관과 체관을 구분한다.

알려진 첫 번째 육상 관다발식물인 쿡소니아(*Cooksonia*)는 4억2천만년 전 실루리아기 후기에 나타났으나 현재는 멸종 상태이다. 이 식물은 어떤 면으로는 지상의 넓은 지역으로 뻗어나가는 과정에서 경쟁자가 거의 없었던 이유로 성공적이었다. 이 식물은 키가 고작 몇 센티미터였으며 뿌리나 잎이 없었다. 이 식물은 분지하는 축으로 이루어져 있었으며, 가지는 균일하게 갈라져 가장자리를 향해 약간 확장하였다. 그들은 **동형포자성(homosporous**, 오직 한 가지 종류의 포자를 형성하는)이었다. 포자낭은 가지의 끝에서 형성되었다. 이 식물 이후 존재한 다른 고대의 관다발식물들은 더 복잡한 포자낭의 배치를 진화시켰다.

쿡소니아와 이를 따르는 초기의 식물들은 관다발조직이라고 불리는, 효율적인 물과 영양분의 수송 체계를 발달시킴으로써 지상의 성공적인 지배자가 되었다. 이 조직들은 뿌리의 끝 가까이로부터 줄기를 거쳐 본엽(엽신에 관다발조직이 존재함으로써 정의된다)에 이르기까지 식물 전체에 걸쳐 네트워크를 형성한, 특수화 된 원통형의 혹은 신장된 세포들의 열들로 이루어져 있다. 관다발조직의 한 가지 종류인 **물관(xylem)**은 뿌리로부터 물과 용해된 무기염류를 위쪽으로 수송시킨다; 또 다른 종류의 조직, **체관(phloem)**은 자당과 호르몬을 식물체 전체에 걸쳐 수송시킨다. 관다발조직은 관다발식물에서의 키와 크기의 확장을 가능하게 한다. 관다발조직은 포자체에서는 발달하나 배우자체에서는(몇 가지 경우는 제외하고) 발달하지 않는다. 관다발조직은 중요한 진화적 발전이었다(그림 26.9). 각피와 기공 역시 관다발식물의 특징이다.

관다발식물의 세 가지 단계통군은 현존하는 일곱 개의 문을 포함한다

학습목표 26.3.2 뿌리, 잎, 종자의 진화적 중요성을 설명한다.

오늘날 **관다발식물(tracheophyte)**에는 세 가지 단계통군이 존재한다: (1) 석송류(lycophytes), (2) 양치류(pterophytes; 양치식물과 그들의 친척), 그리고 (3) 종자식물(seed plant)이다. 분자계통분류학의 발전은 우리가 관다발식물의 진화적 역사를 인식하는 방법을 변화시켰다. 송엽란과 쇠뜨기는 서로 구분되는 문으로서 선태식물과 관다발식물 사이의 과도기적 위치에 있다고 오랫동안 믿어져 왔다. 현재 계통발생학적 증거는 그들이 양치식물의 살아있는 가장 가까운 친척이며, 그들이 양치류(pterophyte) 집단으로 묶임을 보여준다.

관다발식물은 가장 높은 산들과 툰드라를 제외한 모든 육상 서식지를 지배한다. 단복상 생활주기는 아직 존재하나, 관다발식물의 진화 과정에서 배우자체 세대는 포자체 세대에 비하여 그 길이가 짧아졌다. 이와 유사한 축소는 다세포 배우자낭에서도 역시 일어났다.

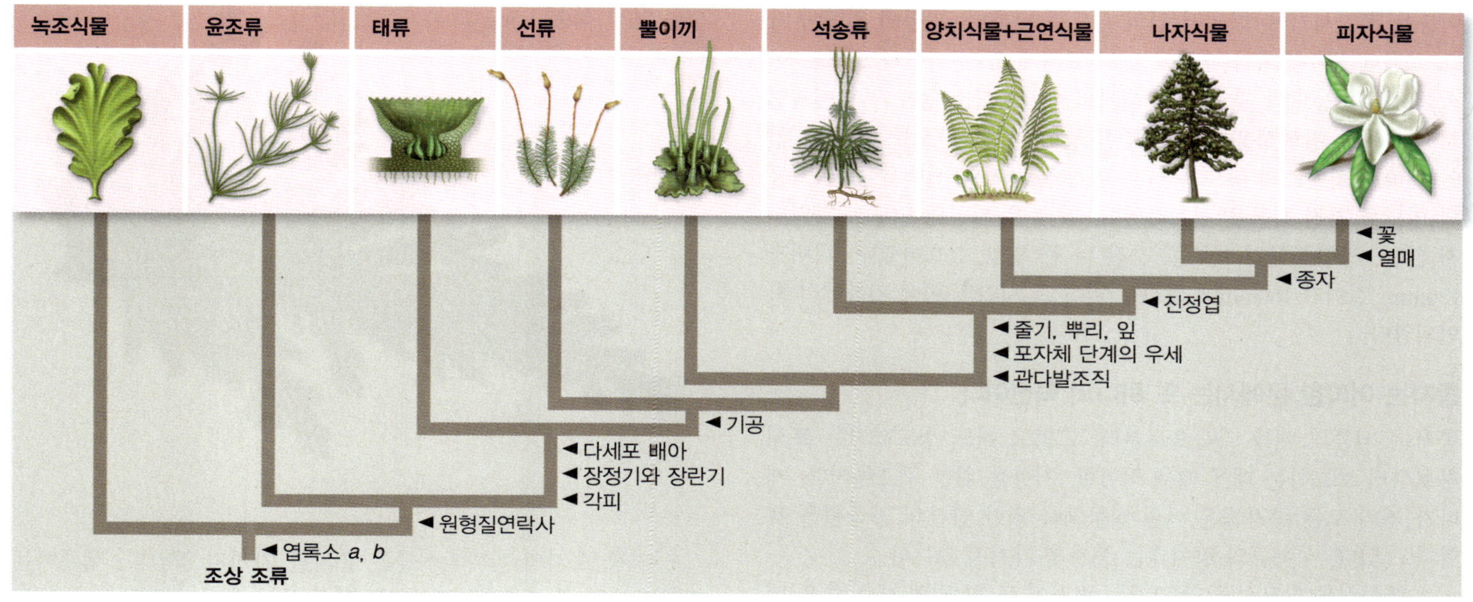

그림 26.9 식물에서 나타난 주된 진화적 혁신.

줄기는 뿌리보다 먼저 진화하였다

초기 관다발식물들의 화석에서 줄기는 발견되나, 뿌리나 잎은 발견되지 않는다. 쿡소니아를 포함한 가장 초기의 관다발식물들은 그들의 줄기에 수송세포를 가졌으나, 뿌리는 갖지 않아 이 식물들의 크기는 제한적이었다.

뿌리는 구조적 지지와 수송 능력을 제공한다

진정한 뿌리는 오직 관다발식물에서만 발견된다. 다른, 다소 비슷한 구조물들이 비관다발식물에서 수송 혹은 지지를 강화시키지만, 오직 뿌리만이 수송과 지지, 두 가지 기능을 모두 갖는다. 화석 증거의 의하면 석송류는 뿌리가 나타나기 전에 다른 관다발식물로부터 분화하였다. 뿌리가 최소한 두 번의 서로 다른 시기에 진화하였던 것으로 보인다.

잎은 한 번 이상 진화하였다

잎은 포자체의 표면적을 확장시키며, 광합성 능력을 증가시킨다. 석송은 석송엽(lycophyll)이라 불리는 비교적 작은 잎들을 지지하는 하나의 관다발을 가진다. 진정엽(euphyll)이라 불리는 진정한 잎은 오직 양치식물과 종자식물에서만 발견되며, 석송엽과 구분되는 기원을 가진다(그림 26.10). 석송엽은 아마도 줄기 위의 작고 잎모양의 돌출물에 침투하는 관다발조직으로부터 유래하였을 것이다. 진정엽은 아마도 가지 사이의 잎 조직이 물갈퀴처럼 넓어진, 분지한 줄기로부터 유래하였을 것이다.

4억년 정도의 시간이 관다발조직의 출현과 넓은 진정엽의 출현 사이에 존재한다 - 정말로 매우 긴 시간이다. 현재의 가설은 3억 6천만 년 전 대기 중 이산화탄소 양의 90%가 감소하여 잎의 크기 증가를 가져왔으며, 이는 잎에 있는 기공 수의 증가와 관련된다는 것이다. 크고 수평 방향으로 존재하는 잎은 얇고 축 방향으로 존재하는 잎보다 태양 복사를 200% 더 받아들인다. 광합성에는 이득이 되더라도, 더 큰 잎은 결과적으로 잎의 온도를 높이며 이는 식물에게 치명적일 수 있다. 잎에서의 기공의 열림은 잎 밖으로 나가는 물의

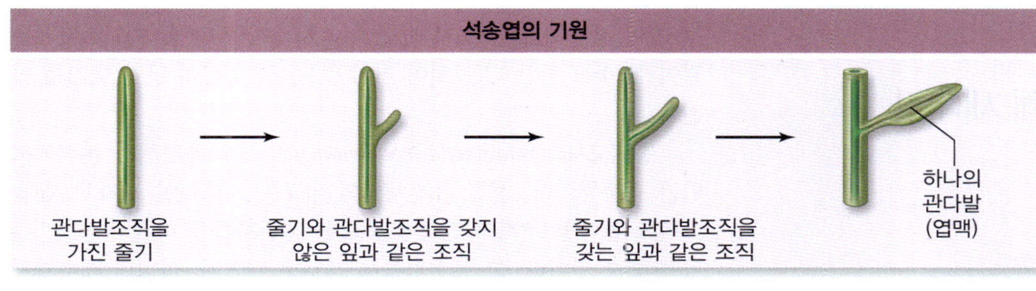

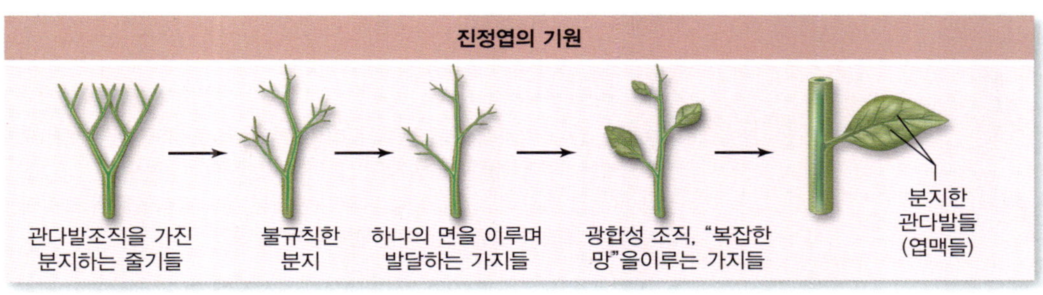

그림 26.10 잎의 진화.

이동을 촉진시키며, 따라서 잎의 온도를 낮춘다. 기공의 열림이 가스 교환에 필수적이기 때문에 잎의 표면에 있는 기공의 밀도는 이산화탄소의 농도와 관련된다. 대기의 이산화탄소 농도가 떨어지면서 식물들은 광합성을 위한 충분한 양의 이산화탄소를 얻을 수 없었다. 이산화탄소의 농도가 낮은 대기에서, 자연 선택은 높은 기공의 밀도를 가진 식물을 선호하였다. 더 높은 기공의 밀도는 과열되지 않는, 광합성상의 이득을 가진 더 큰 잎을 선호하였다. 너비가 120mm, 길이가 160mm에 달하는 잎이 그 시기의 화석 기록에서 확인되었다.

종자는 어떠한 문에서는 또 하나의 혁신이다

종자는 식물의 배를 가뭄으로부터, 그리고 어느 정도까지는 포식자로부터 보호하는 데에 매우 적합한, 저항을 위한 구조물이다. 게다가 거의 모든 종자들은 어린 식물체를 위한 양분의 공급원을 포함하고 있다. 석송류와 양치류는 종자를 가지지 않는다.

현화식물(피자식물)의 열매는 종자에 또 한 겹의 보호 층을 더해주며, 종자 산포를 돕는 동물들을 유혹하여 종의 영역을 확장시킨다. 꽃은 식물이 유전적 다양성을 증가시킴에 있어 넓은 범위에서의 이종 교배의 이익을 유지하도록 한다. 석송류와 양치류의 구체적인 사항으로 나아가기 전에 그림 26.9에 표현되어 있는, 육상식물에서의 혁신의 진화적 역사를 복습해보라. 종자가 제공하는 이점이 현재 지상 환경에서의 피자식물의 우점으로 이어졌다.

개념 정리 26.3

대부분의 관다발식물이, 헛물관을 포함하여, 개체 내부에서의 효율적인 물과 양분의 수송을 가능하게 하는 잘 발달된 관다발 조직을 가지고 있다. 그들은 또한 특수화 된 뿌리, 줄기, 잎, 각피, 그리고 기공을 가지고 있다. 이 중 많은 식물들이 배를 보호하고 배에 영양을 공급하는 종자를 생산한다.

- 관다발조직은 왜 배우자체 세대가 아닌 포자체 세대에 지배적으로 존재할까?

26.4 석송류에서는 포자체 세대가 지배적이다

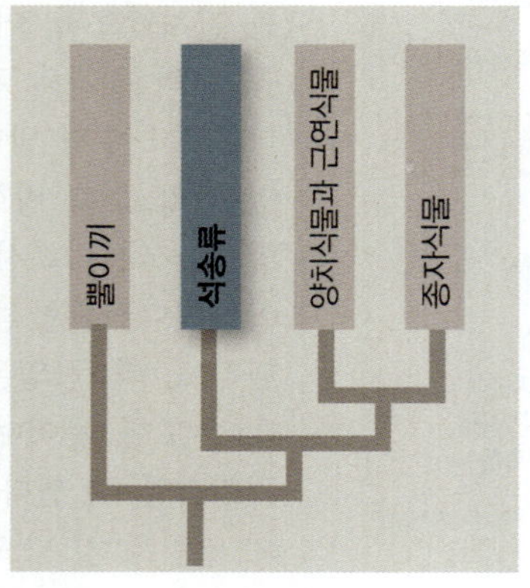

그림 26.11 석송. 황금고사리(*Selaginella moellendorffii*)의 포자체 세대는 습한 임상에서 자란다.

가장 초기의 관다발식물은 종자를 가지지 않았다. 생존하는 관다발식물 네 개 문의 구성원들 역시 종자를 가지지 않으며, 이는 오직 화석을 통해서만 확인되는 최소 세 개의 문에서도 마찬가지이다. 관다발식물의 적응을 탐색해 가면서, 우리는 생식 전략과 점점 복잡해지는 수송 체계의 이점, 두 가지에 초점을 맞출 것이다.

석송은 유일하게 생존하는 석송류이다

학습목표 26.4.1 석송류를 선태식물류로부터 구분 짓는 특징들을 설명한다.

석송은 관다발식물들이 처음으로 나타났던 오래된 과거의 잔존종이다(**그림 26.11**). 그들은 모든 관다발식물들의 자매군이다. 큰 나무들을 포함한 석송류의 몇 개의 속이 2억 7천만년 전에 멸종하였다. 오늘날 모든 석송류는 초본 형태이다. 그들은 전 세계에 분포하며 열대 지방과 습한 온대 지역에 가장 풍부히 존재한다.

석송류에 포함되는, 12~13속, 그리고 살아있는 1150종 정도의 구성원들은 피상적으로는 선류를 닮았지만, 그들의 내부 관다발 구조와 생식 과정이 알려지면서 그들이 선류와 연관되지 않는다는 것이 분명해졌다. 포자체 단계는 지배적인 단계이다; 포자체는 길이가 30cm 이상 되는 일이 거의 없는, 잎이 많이 달린 줄기를 가진다.

황금고사리(*Selaginella moellendorffi*)는 그 유전체가 분석되고 있는 석송류이다. 선류 유전체와의 비교는 지배적인 포자체 세대, 그리고 관다발 조직의 진화에 중요한 유전자들을 더 잘 이해할 수 있게 해줄 것이다. 그 유전자들은 새로운 것인가, 아니면 배우자체 세대에도 존재하는가?

개념 정리 26.4

석송류는 진화 역사상 모든 다른 관다발식물들의 조상에 해당한다. 표면적으로는 선태식물을 닮았지만, 그들은 헛물관에 기반한 관다발조직을 가지고 있으며, 그들의 생식 주기는 다른 관다발식물들의 그것과 유사하다; 그러나 그들의 잎에는 관다발이 없다.

- 어떤 사건으로 인해 2억 7천만년 전 큰 석송이 멸종했을까?

26.5 양치류는 양치식물들과 그들의 친척들이다

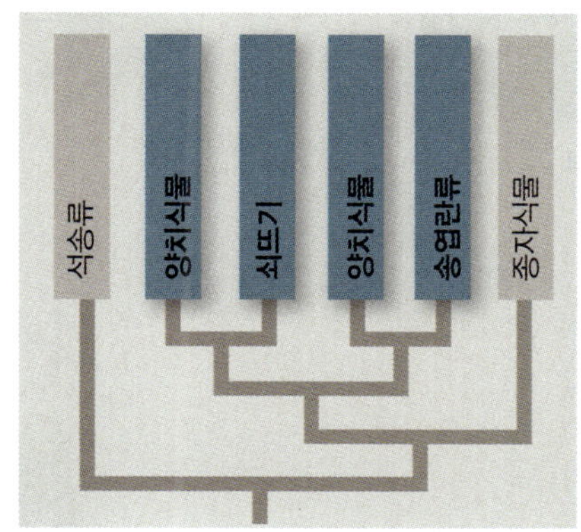

양치식물들과 그들의 가까운 친척들 사이에서의 계통발생학적 관계는 여전히 연구되고 있다. 공통 조상은 두 개의 단계통군으로 나뉘었다: 하나의 단계통군은 갈라져 양치식물 종류와 쇠뜨기를 생성하였다; 다른 단계통군은 갈라져 다른 종류의 양치식물과 송엽란류 - 오래되어 보이는 식물들 - 을 생성하였다.

양치식물은 포자낭군이 달려 있는 양치잎을 가진다

학습목표 26.5.1 양치류와 석송류를 비교한다.

양치식물(ferns)은 종자가 없는 관다발식물들 중 가장 풍부히 존재하는 집단으로, 살아있는 11,000종 정도로 이루어져있다. 최근의 연구 결과는 이들이 종자식물의 가장 가까운 친척일 수 있음을 나타낸다.

화석 기록은 양치식물이 3억 5천만 년 전 데본기에 나타났으며, 다음 5천만 년 동안 풍부해지고 그 형태에 있어 다양해졌음을 나타낸다. 그들의 분명한 조상들은 3억 7500만 년 전에 지상에 자리잡았다. 미국 동부와 유럽에서 자라는 석송류(lycopsid)와 나무고사리의 열대우림과 늪은 3억 년 이상 전에 현재 채굴되고 있는 석탄을 형성하였다. 현재 양치식물은 전 세계에 걸쳐 넓은 범위의 서식지에서 번성한다; 그러나 종들의 75%는 열대 지방에서 자성한다.

눈에 잘 띠는 포자체는 직경이 1cm 이하이거나(Azolla와 같은 작은 수중 양치식물의 경우와 같이), 혹은 나무고사리에서는 길이가 5m 혹은 그 이상 달하는 잎과 함께, 높이가 24m 이상 될 것이다(그림 26.12). 포자체와, 직경이 대부분 6mm에 달하지 못하는 훨씬 작은 배우자체는 모두 광합성을 한다.

양치식물의 생활주기(그림 26.13)는 더욱 발달된 정도, 독립성, 양치식물 포자체의 우세 등의 면에서 선류의 그것과 차이가 있다. 양치식물의 포자체는 선류의 포자체보다 구조적으로 더 복잡하며, 관다발 조직과 잘 분화된 뿌리, 줄기, 그리고 잎을 가진다. 그러나 배우자체에는 포자체에서 찾아볼 수 있는 관다발조직이 없다.

그림 26.12 말레이시아의 숲에 있는 나무고사리(양치식물문). 양치 식물은 종자를 가지지 않는 관다발식물들 중 가장 규모가 큰 큰 집단이다.

양치식물의 형태

양치식물의 포자체는 뿌리줄기를 가진다. 양치잎이라고 불리는 잎은 다시금 펴져 확장될 수 있는, 단단히 말려 올라간 코일 형태("바이올린의 머리 모양")를 가지며 보통 뿌리줄기의 가장자리에서 발달한다(그림 26.14).

많은 양치잎들은 상당히 분절되어 있고 깃털과 같아 이러한 잎을 생산하는 양치식물들은 장식용 정원 식물로서의 가치를 인정받는다. 네가래속(*Marsilea*)과 같은, 어떤 양치식물들은 네잎클로버의 잎과 유사한 양치잎을 가지지만, 네가래속의 양치잎은 여전히 말려 올라간 코일 형태로부터 시작한다. 다른 양치식물들은 광합성을 하는 잎과 광합성을 하지 않는 갈색 빛깔의 생식엽을 동시에 가진다.

양치식물의 생식

양치식물들은 특징적인 포자낭들을 생산하는데, 이 포자낭들의 집합은 포자낭군이라 불리며 전형적으로 양치잎의 아랫면에 위치한다. 포자낭군은 종종 그들의 발달 과정에서 투명하고 우산같이 생긴 덮개로부터 보호받는다.(첫눈에는 포자낭군을 식물의 감염으로 오해하기 쉽다.) 각 포자낭에 들어있는 2배체의 포자모세포는 감수분열을 거쳐 반수체의 포자를 생산한다.

성숙기에 포자는 포자낭으로부터 빠른 속도로 떨어져 나가며, 적당한 습한 장소에 안착한 포자들은 발아하여, 종종 심장 모양이고 세포 1개 두께이며(중앙부는 제외) 그들을 기질에 고정시킬 수 있는 헛뿌리를 가지는 배우자체를 생산할 것이다. 이 헛뿌리는 관다발조직을 가지고 있지 않기 때문에 진짜 뿌리는 아니지만 물과 양분을 흙으로부터 수송하는 일을 보조한다. 플라스크 모양의 장란기와 구형의 장정기는 동일하거나 다른 배우자체에서 생산된다. 다세포의 장란기는 발달하는 배아를 보호하는 역할을 어느 정도 수행한다.

장정기에서 생성되는 정세포는 물이 있을 때 장란기로부터의 분비되는 화학적 신호에 반응하여 장란기 방향으로 수영하여 나

그림 26.13 전형적인 양치식물의 생활주기. 배우자체와 포자체 모두가 광합성을 수행하며, 독립적으로 생존할 수 있다. 수정을 위하여 물을 필요로 한다. 정자는 배우자체의 아래쪽에서 방출되며, 습한 흙 속에서 수영을 하여 가까운 배우자체로 이동한다. 포자는 바람에 의해 산포된다.

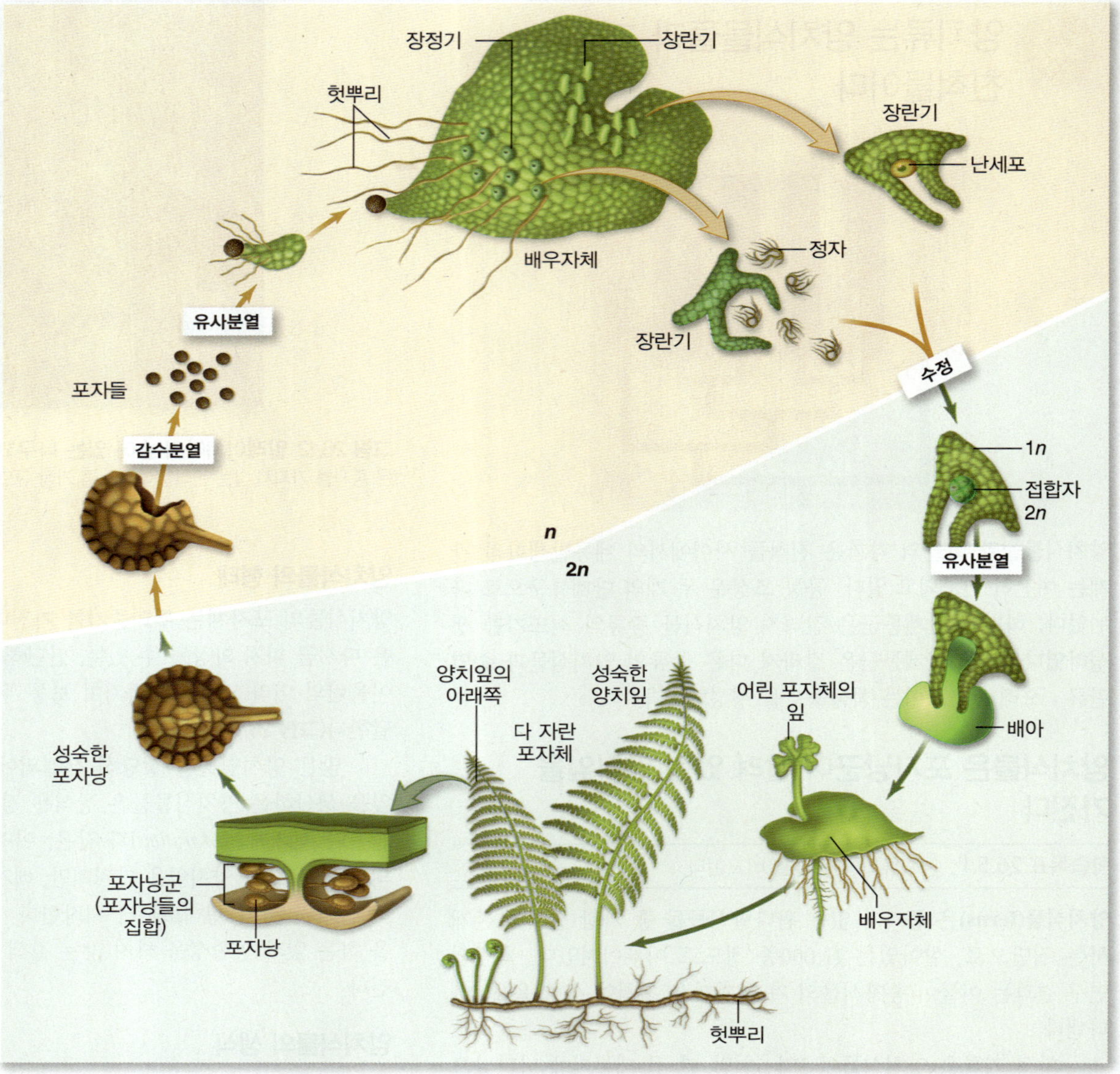

장정기
장란기
헛뿌리
장란기
난세포
배우자체
정자
장란기
유사분열
포자들
감수분열
수정
1n
접합자
2n
유사분열
n
2n
배아
양치잎의 아래쪽
성숙한 양치잎
어린 포자체의 잎
다 자란 포자체
성숙한 포자낭
포자낭군 (포자낭들의 집합)
포자낭
배우자체
헛뿌리

그림 26.14 양치식물의 "바이올린 머리". 이 사진에서의 나무고사리 양치잎을 포함하여, 양치잎들은 코일처럼 말린 상태로 발달하여 후에 천천히 펴진다. 바이올린의 머리같이 생긴 양치잎 부분은 몇 요리들에서는 훌륭한 음식으로 인정받지만, 어떤 종들에서는 위암과 관련된 2차 화합물을 포함하고 있다.

아갈 수 있게 하는 편모를 가진다. 하나의 정세포는 장란기의 기부 방향에 있는 하나의 난세포와 결합하여 접합자를 생성한다. 접합자는 새로운 포자체로 발달하며, 생활주기를 완성짓는다(그림 26.13을 보라).

발달하는 양치식물의 배아는 차축 조류 접합자의 경우보다 환경으로부터 훨씬 더 잘 보호받지만, 종자식물의 배아처럼 혹독한 겨울을 이겨내기 위해 휴면기로 들어갈 수 없다. 비록 현존하는 양치식물들이 종자를 생산하지 않더라도 3억6500만년 된, 종자를 가진 양치식물의 화석이 발견된 바 있다. 종자를 가진 양치식물은 실제로 양치류이라기보다 나자식물이다. 7개의 관다발식물문(표 26.1)에서 오직 2가지-나자식물과 피자식물-만이 종자를 생산한다.

송엽란과 쇠뜨기는 양치식물의 가까운 친척이다

학습목표 26.5.2 양치식물로부터 송엽란과 쇠뜨기를 구분짓는 특징들을 설명한다.

송엽란은 그들의 뿌리와 잎을 이차적으로 상실하였다

송엽란과 쇠뜨기는 양치식물의 가까운 친척이다. 석송류와 선태류와 같이 그들은 모두 장정기와 장란기를 형성한다. 편모를 가진 정세포가 수영하여 나아가 난세포와 결합하는 수정의 과정에서 물이 필요하다. 반대로, 대부분의 종자식물들은 편모가 없는 정세포를 생산한다.

열대지방 혹은 아열대지방에서 자라는 송엽란의 경우, 포자체 세대는 뿌리가 없이 균등하게 분지한 녹색 줄기들로만 구성되어 있다**(그림 26.15)**. 그러나 솔잎란속(*Psilotum*)의 두세 종은 매우 작고 녹색이며 나선형으로 배열된, 엽맥과 기공이 없는 납작한 조직을 가지고 있다. 다른 속인 트메시프테리스속(*Tmesipteris*)의 경우 잎 모양의 부속물을 더 많이 가지고 있다. 현재, 계통분류학자들은 송엽란이 양치식물 혈통에서 다른 식물들로부터 분지하였던 시기에 잎과 뿌리를 잃었다고 믿는다.

송엽란의 간단한 구조를 고려할 때, 그들이 양치식물과 함께 단계통을 형성한다는 발견은 특히 놀라웠다. 송엽란의 배우자체는 근본적으로 색이 없으며 직경이 2mm보다 짧으나, 높이는 18mm에 달할 수 있다. 그들은 그들에게 양분을 제공하는 균류과 공생 관계를 형성한다. 어떤 종류들은 관다발조직 요소들을 발달시키며, 그렇게 하는 유일한 배우자체라는 점에서 다른 것들과 구별된다.

쇠뜨기는 관절이 있는 줄기와 솔과 같은 잎을 갖는다

쇠뜨기류의 살아있는 15종은 모두 동형포자성이다. 그들은 하나의 속, 속새속(*Equisetum*)을 구성한다. 속새속의 화석은 그들의 친척들 중 일부가 나무 형태였던, 3억 년 전으로 거슬러 올라간다. 오늘날 이들은 전세계에 걸쳐 널리 분포하며 특히 습한 곳에 나타난다. 캘리포니아에서 해변가의 삼나무들과 섞여 자라는 일부는 높이가 3m에 달하나 대부분의 것들은 키가 1m 이하이다**(그림 26.16)**.

쇠뜨기 포자체는, 지하에서 분지하며 마디에 뿌리를 갖는 뿌리줄기로부터 나온, 골이 지고 관절이 있으며 광합성을 하는 줄기로 되어 있다. 광합성을 하지 않는 비늘과 같은 잎들은 각 마디에서 윤생하여 나온다. 속이 빈 줄기는 능각(rib)의 표피 세포에 실리카를 축적하고 있으며, 줄기의 안쪽 부분은 두 쌍의 수직한, 튜브와 같은 통로를 가지고 있다. 바깥쪽의 더 큰 통로는 골과 호생하여 존재하며 공기를 포함하고, 안쪽의 더 작은 통로는 골과 대생하며 물을 포함한다. 쇠뜨기는 설겆이풀(scouring rush)이라고도 불리는데 미 서부 개척자들이 이들을 팬을 닦는 데 사용했기 때문이다.

그림 26.15 송엽란. 송엽란은 뿌리나 잎을 가지고 있지 않다. 광합성을 하는 녹색의 줄기에 노란 포자낭군이 붙어 있다.

그림 26.16 쇠뜨기(*Equisetum telmateia*). 이 종은 두 종류의 바로 서는 줄기를 가진다: 하나는 광합성을 하며 녹색이고, 다른 하나는 끝부분에 포자를 생산하는 원뿔형 구조를 가지며 연한 갈색이다.

개념 정리 26.5

양치식물들과 그들의 친척들은 관다발조직을 가진, 크고 특징적인 포자체를 갖는다. 이들 중 많은 것들이 잘 분화된 뿌리, 줄기, 잎(양치잎)을 가진다. 배우자체 세대는 작고 관다발조직을 갖지 않는다.

- 쇠뜨기의 경우와 같이, 실리카를 줄기에 저장하는 것이 어떤 이점을 가지는가?

26.6 종자식물은 식물의 진화에서 중요한 단계를 의미한다

육상식물의 역사는 수생 조류의 조상들이 혹독하고 다양한 육상의 지역을 점령할 수 있도록 한 진화적 혁신들로 가득하다. 초기의 혁신은 지상에서의 생존을 가능하게 만들었으며, 뒤이어 지상과 대기를 끊임없이 변화시키고 육상 동물의 삶에 기반을 제공하는, 식물

표 26.1	현존하는 관다발식물의 7개 문		
문	예시	주요 특징들	살아있는 종의 대략적인 수
종자가 없는 관다발식물			
석송문	석송	동형포자성이거나 이형포자성. 정자가 운동성을 가짐. 수정을 위해 외부의 물을 필요로 함. 12~13 속 정도가 존재.	1150
양치문	양치식물	대부분 동형포자성(적은 수가 이형포자성). 정자가 운동성을 가짐. 수정을 위해 외부의 물을 필요로 함. 코일과 같이 감긴 어린 잎은 성숙하면서 펴짐. 포자체와 실질적인 모든 배우자체는 광합성을 함. 365 속 정도가 존재.	11,000
	쇠뜨기	동형포자성. 정자가 운동성을 가짐. 수정을 위해 외부의 물을 필요로 함. 줄기는 골이 지고, 관절이 있으며, 광합성을 하거나 하지 않는다. 잎은 윤생하며 인편과 같고, 성숙 시에 광합성을 하지 않는다. 한 속이 존재.	15
	송엽란	동형포자성. 정자가 운동성을 가짐. 수정을 위해 외부의 물을 필요로 함. 뿌리와 지상부가 구분되지 않는다. 잎이 없다; 두 속 중 하나는 인편과 같은 확장부를 가지며, 다른 하나는 잎과 같은 부속체를 가진다.	6
종자식물			
구과식물문	구과식물(소나무, 가문비나무, 전나무, 삼나무, 그리고 그 외의 것들)	이형포자성의 종자식물. 종세포가 운동성을 갖지 않음; 화분관을 통해 난세포로 이동. 잎은 대부분 바늘 모양이거나 인편 모양임. 나무, 관목. 50 속 정도가 존재. 많은 수가 구과 안에서 종자를 생산함.	601
소철문	소철	이형포자성. 정자에 편모가 있으며 운동성을 갖지만 난세포 근처를 향해 생장하는 화분관의 범위 안에 제한됨. 우상엽을 갖는, 야자수와 비슷한 식물들. 구과식물과 비교하여 2기생장이 느리다. 10 속이 존재. 구과 안에 종자가 있음.	206
마황문	마황	이형포자성. 정자가 운동성을 갖지 않음; 화분관을 통해 난세포로 이동. 도관을 갖는 유일한 나자식물. 나무, 관목, 덩굴식물. 3개의 매우 다양한 속을 가짐(마황속(*Ephedra*),네타속(*Gnetura*),웰위치아속(*Welwitschia*))	65
은행나무문	은행나무	이형포자성. 정자에 편모가 있으며 운동성을 갖지만 난세포 근처를 향해 생장하는 화분관의 범위 안에 제한됨. 일정하게 분지하는 잎맥을 가진 부채 모양의 잎의 낙엽수. 종자는 고약한 냄새가 나는 육질의 껍질을 가졌으며 작은 자두와 닮았음.	1
현화식물문	현화식물(피자식물)	이형포자성. 정자는 운동성을 갖지 않음; 화분관을 통해 난세포로 이동. 종자는 열매 안에 싸여있음. 잎은 그 크기와 형태에 있어서 매우 다양함. 초본, 덩굴식물, 관목, 나무. 14,000 속 정도가 존재.	250,000

의 폭발적 증가가 따랐다.

종자는 배아를 보호한다

학습목표 26.6.1 종자의 진화적 이점을 나열한다.

종자를 생산하는 식물들은 지난 몇 억 년에 걸쳐 지상의 풍경을 지배하게 되었다. 종자식물, 즉 나자식물과 피자식물 모두에서의 괄목할 만한 성공의 상당 부분은, 섬세한 배아를 보호하고 영양분을 제공하는, 종자의 진화라는 혁신에서 그 원인을 찾을 수 있다. 종자는 배아가 "시계를 멈추어" 혹독한 겨울이나 극단적으로 건조한 시기가 지나간 후 발아하도록 한다. 그 이후의 혁신인 열매는 넓은 지역에 걸친 종자의 산포를 촉진하였다.

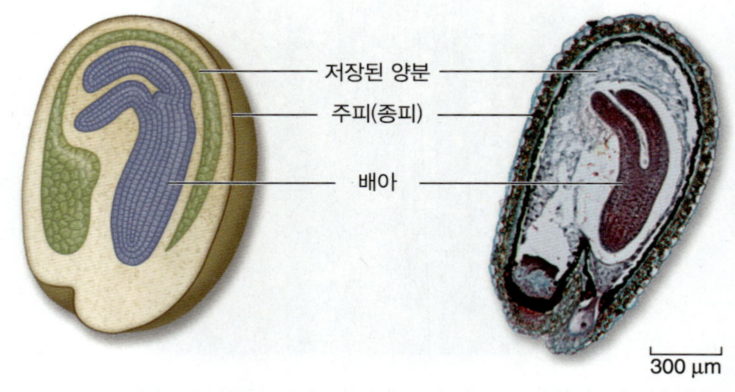

그림 26.17 배주의 단면.

추가적으로 배아를 보호하는 종자식물의 경우, 3억 500만에서 4억 6500만 년 전 처음 등장하였고 나자식물과 피자식물의 조상이었다. 종자식물은 **원나자식물(progymnosperms)**이라고 알려진, 포자를 가지고 있는 식물로부터 진화하였다고 여겨진다. 원나자식물은 이차 관다발조직(발달 후기에 식물체의 둘레를 증가시킨다)을 포함하여 몇 가지 특징들을 현대의 나자식물과 공유하였다. 어떤 원나자식물들은 잎을 가졌다. 그들의 생식은 매우 단순하였으며, 원나자식물의 어떤 특정한 집단이 종자식물로 진화하였는지는 확실치 않다.

진화적인 또한 생태적인 관점에서, 종자는 중요한 진보를 의미한다. 배아는 **주피(integument)**라고 불리는, 한 두 층의 추가적인 포자체 조직으로부터 보호되며, **배주(ovule)**를 형성한다(그림 26.17). 배주 안에서 대포자낭은 감수분열하여 하나의 반수체 대포자를 생성한다. 대포자는 정세포와 결합하여 접합자를 만드는 난세포를 생산한다. 종자는 또한 발달하는 배를 위한 영양의 공급원을 포함하고 있다.

발달 과정 동안 주피는 단단해져 종피를 형성한다. 배아를 가뭄으로부터 보호하는 것에서 더 나아가, 종자는 쉽게 산포될 수 있다. 아마 더 중요한 것은, 종자의 존재는 배아가 더욱 생장할 수 있을 만큼 환경 조건이 좋아지는 시점까지 휴면 단계에서 생존할 수 있도록 한다는 점일 것이다.

화분은 숫배우자체이다

종자식물은 두 종류의 배우자체-수컷과 암컷-를 생산하며 각각은 단지 몇 개의 세포들로만 구성되어 있다. 다세포의 숫배우자체인 화분은 바람 또는 수분매개자에 의해 암배우자체에 있는 난세포로 운반된다. 어떤 종자식물들에서는 정세포가 **꽃가루관(pollen tube)**을 생장시켜 난세포 쪽으로 이동한다. 이것은 외부의 물에 대한 필요성을 제거한다. 종자가 없는 식물들의 경우와는 달리, 단순히 정세포가 아닌 숫배우자체 전체가 암배우자체 쪽으로 이동한다.

암배우자체는 주피의 보호 안에서 생성되며 이것들은 함께 배주를 형성한다. 피자식물에서는 배주가 추가적인 2배체의 포자체 조직에 완전히 감싸여 있다. 배주와 이것을 감싸는 보호 조직을 통틀어 자방이라고 한다. 자방은 열매로 발달한다.

개념 정리 26.6

종자를 가졌던 공통의 조상으로부터 나자식물과 피자식물이 발성하였다. 종자는 배를 보호하고, 산포를 도우며, 생활주기의 정지 상태를 연장시킬 수 있다. 종자식물은 수컷과 암컷 배우자체를 생산한다; 숫배우자체는 화분이며 바람이나 다른 방법들에 의하여 암배우자체로 운반된다. 정세포는 화분 안에 있다.

- 종자식물에서 물이 수정에 필수적이지 않은 이유는 무엇인가?

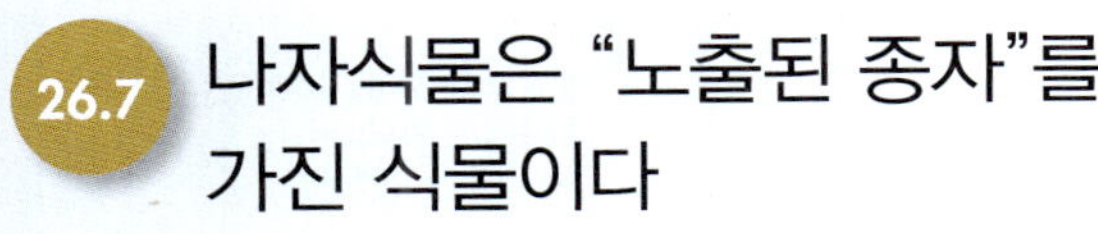

26.7 나자식물은 "노출된 종자"를 가진 식물이다

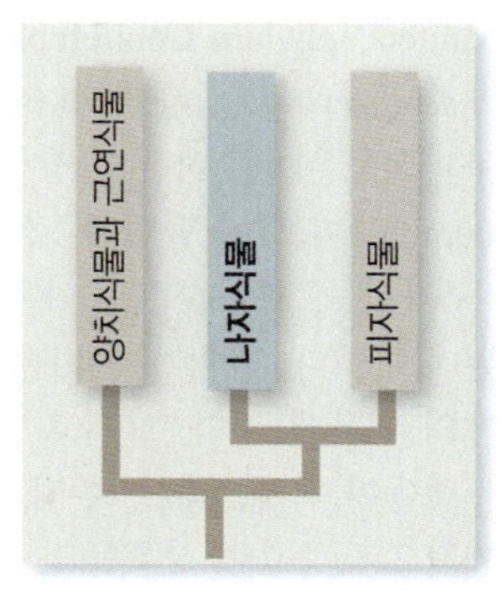

살아있는 **나자식물(gymnosperms)**은 구과식물문(coniferophytes), 소철문(cycadophytes), 마황문(gnetophytes), 그리고 은행나무문(ginkgophytes)의 네 집단으로 나뉘며 이들은 모두 피자식물이 갖는 꽃과 열매가 없다. 이들 모두에서, 종자가 되는 배주는 인편(줄기나 잎이 변화한 것) 위에서 노출되어 있으며 수분이 일어나는 시기에 포자체 조직에 의하여 완전히 감싸여있지 않다. **나자식물**이라는 명칭은 말 그대로 "노출된 종자"를 의미한다. 비록 배주는 수분시기에 노출되어 있지만, 나자식물의 종자는 성숙기에 때때로 다른 포자체 조직에 감싸여 있다.

생식의 세부 사항은 나자식물 내에서 다소 다양하고, 관련된 형태들 또한 상당히 다양하다. 예를 들어, 소철과 은행나무는 움직일 수 있는 정세포를 가진 반면 구과식물과 마황은 편모가 없는 정세포를 가진다. 모든 정세포가 꽃가루관 내에서 이동된다. 암컷 구과는 무게가 25g이 채 되지 못하며 직경이 수mm인, 매우 작은 나무 재질의 구조물로부터, 소철에서 생산되는, 무게가 45kg이상 나가고 높이가 1m 이상 신장하는 커다란 구조물에 이른다.

구과식물은 가장 규모가 큰 나자식물문이다

학습목표 26.7.1 구과식물의 생식은 왜 숲을 필요로 하는가?

가장 친숙한 나자식물은 소나무(그림 26.18), 가문비나무, 전나무, 삼나무, 솔송나무, 주목, 낙엽송, 잣나무, 그리고 그 외의 것들을

그림 26.18 구과식물. 플로리다의 대왕송(*Pinus palustris*)은 나자식물 중 가장 종 수가 많은 구과식물문의 대표적인 식물이다.

포함하는 **구과식물**(conifers, phylum Coniferophyta)이다. 레드우드(미국삼나무, *Sequoia sempervirens*), 캘리포니아 북서부와 오레곤 남서부에 자생하는 구과식물은 현존하는 가장 큰 관다발식물이다; 그것은 키가 거의 100m(300피트)에 달한다. 캘리포니아의 화이트 마운틴에 있는 다른 구과식물, 브리슬콘 소나무(*Pinus longaeva*)는 생존하는 가장 오래된 나무이다; 나이가 4900년에 달한다.

구과식물은 세계의 냉온대 지역, 그리고 때때로 건조 지역에서 발견된다. 다양한 종들이 목재, 종이, 수지, 택솔(암 치료에 이용), 그리고 다른 경제적으로 중요한 상품들의 원료가 된다.

소나무는 대표적인 구과식물속이다

현재 100여종 이상의 소나무가 존재하며, 적도 남쪽으로 그 영역이 약간 확장된 한 종을 제외하고 모두 북반구 원산이다. 같은 과에 속하는 소나무와 가문비나무는 북극 툰드라와, 남쪽의 온대 낙엽숲, 초원 사이에 존재하는 방대한 침엽수림을 구성하고 있다. 지난 세기동안 소나무는 남반구에 널리 심어졌다.

소나무의 형태

소나무는 단단하고 바늘과 같은 잎을 가지며 대부분 2개 내지 5개의 잎이 모여서 달린다. 구과식물들 중 오직 소나무의 경우만 잎이 무리지어 난다. 두꺼운 각피와 오목한 기공을 가진 잎은 수분 손실을 억제하기 위한 진화적인 적응이다. 많은 나무들이 1년 중 일부 기간 표층이 얼어있어 뿌리가 물을 빨아들이는 것이 어려운 지역에서 자라기 때문에 이 전략은 중요하다.

포자체의 잎과 다른 부위들은 주변의 세포들이 수지를 분비하는 통로를 가진다. 수지는 곤충과 균류의 공격을 막는다. 어떠한 소나무의 수지는 휘발성인 액체 부분(테레빈유-*turpentine*)을 위하여, 또는 현악기의 활에서 사용되는 고체 물질 로진을 위하여 상업적으로 채취된다. 소나무의 목재에는 다른 나무들에서 발견되는 더욱 단단한 세포 종류가 부재하며, 따라서 "단단한" 목재라기보다 "부드러운" 목재로 간주된다. 소나무의 두꺼운 수피는 화재와 영하의 온도를 견뎌내기 위한 적응이다. 어떠한 구과들은 실제로 열리기 위하여 불에 의존하며 종자를 방출하여 불 탄 지역을 재생시킨다.

생식 구조

모든 종자식물들이 두 종류의 포자를 생산하며 이들 포자로부터 두 종류의 배우자체(**그림 26.19**)를 생산한다. 소나무의 숫배우자체(화분)는 일반적으로 아래쪽 가지의 끝에서 30-70개씩 무리지어 발달하는 수컷 구과 내에서 생산되는 소포자로부터 발달한다; 하나의 나무에 몇백 개의 위와 같은 수컷 구과의 무리들이 존재할 것이다.

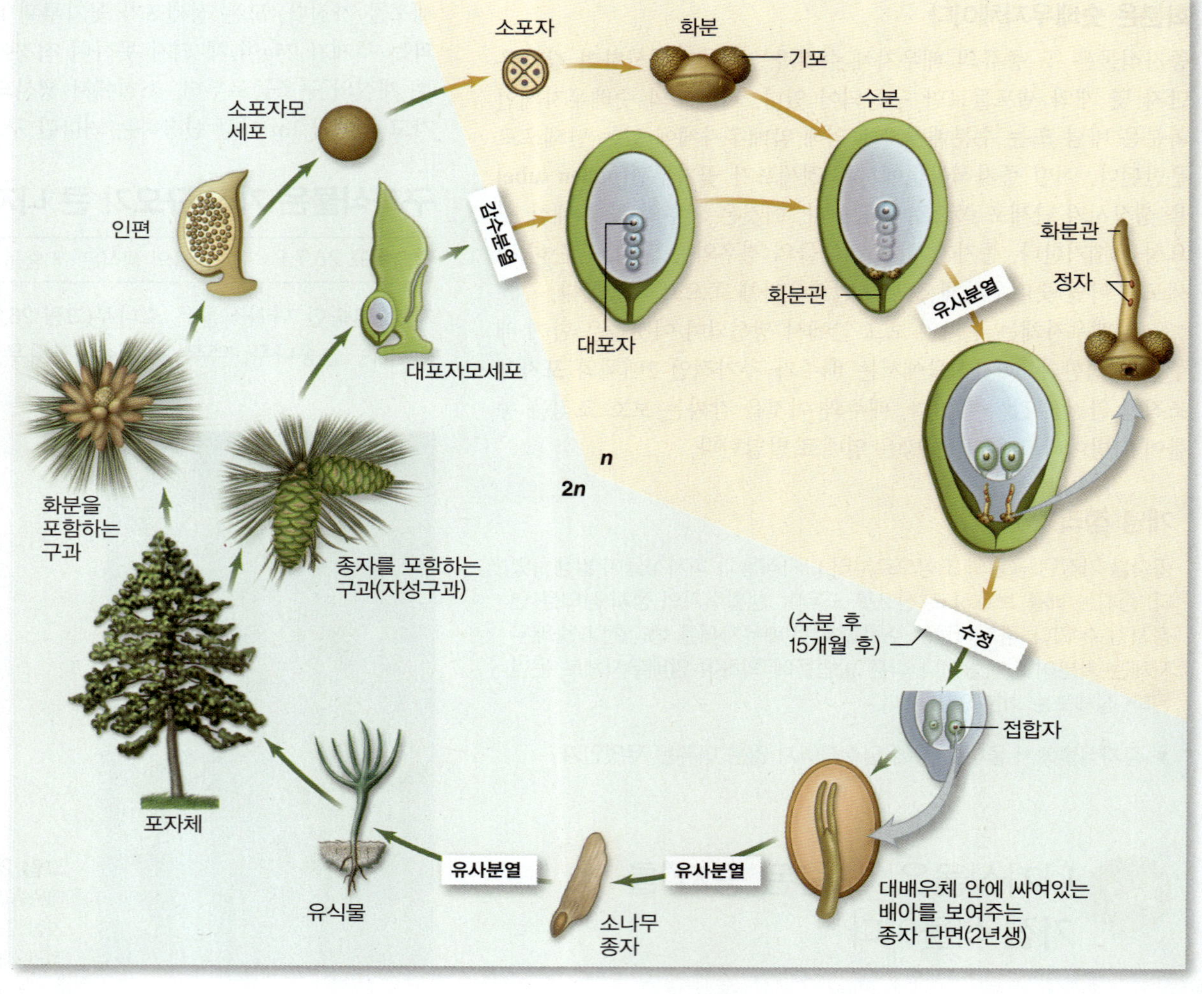

그림 26.19 전형적인 소나무의 생활주기. 이 식물들에서 숫배우자체와 암배우자체는 그 크기가 극적으로 축소된다. 일반적으로 바람이 정자를 생산하는 숫배우자체(화분)를 산포시킨다. 화분관의 생장은 정자를 암컷 구과에 있는 난세포로 이동시킨다. 후에 종피로 발달하는 주피가 배아를 위한 추가적인 보호 기능을 제공한다.

수컷 소나무 구과는 일반적으로 길이가 1~4cm이며, 나선형 또는 소용돌이형으로 배열되는 종이와 같은 작은 인편으로 구성되어 있다. 소포자낭 한 쌍이 각 인편 안에서 주머니와 같이 형성되어 있다. 소포자낭에 들어있는 수많은 소포자모세포들은 감수분열을 거쳐 각각 4개의 소포자를 형성한다. 소포자는 4개의 세포를 갖는 화분으로 발달하며 이 화분은 공기 중에 방출되었을 때 이들에게 부력을 제공하는 한 쌍의 공기 주머니를 갖는다. 하나의 수컷 소나무 구과 무리는 백만 개 이상의 화분을 생산할 것이다.

암컷 소나무 구과는 남성 구과를 생산한 동일한 나무의 위쪽 가지에서 만들어진다. 암컷 구과는 수컷 구과보다 크며 그들의 인편은 목질화된다.

두 개의 배주는 각 인편의 기부 쪽으로 발달한다. 각 배주는 **주심(nucellus)**이라 불리는 대포자낭을 포함하고 있다. 주심은 **주피(integument)**라 불리는, 한쪽 끝을 향해 뚫린 작은 구멍(**주공, micropyle**)을 가지는 두꺼운 층의 세포들로 완전히 둘러싸여있다. 주피의 한 층은 나중에 종피가 된다. 각 대포자낭에 들어있는 하나의 대포자모세포는 감수분열을 거쳐 네 개의 대포자를 가진 열이 된다. 이 중 세 개의 대포자는 파괴되지만, 남은 하나는 일 년 중 좋은 시기를 걸쳐 암배우자체로 느리게 발달한다. 성숙기의 암배우자체는 주공 끝에서 형성되는 2개에서 6개 사이의 장란기와 함께 수천 개의 세포들로 구성되어 있다. 각 장란기는 현미경 없이 맨 눈으로 볼 수 있는 매우 큰 난세포를 갖는다.

수정과 종자 형성

암컷의 구과는 보통 두 계절 혹은 그 이상을 거쳐 성숙한다. 처음에는 붉은 빛이나 보라 빛이 돌지만, 곧 녹색으로 변하고, 첫 봄 동안 인편들이 간격을 두고 분포하게 된다.

인편들이 열려있는 동안, 바람에 의해 운반되어 온 화분이 그들 사이에 내려앉고, 화분들 중 일부는 주공으로부터 분비되어 나오는 끈적거리는 물질에 포획된다. 끈적거리는 액체 안의 화분은 주공을 거쳐 천천히 주심의 꼭대기 쪽을 향해 끌려 내려가며, 이후 바로 인편이 닫힌다.

장란기와 암배우자체들 중 나머지는 약 1년 이후에까지 성숙하지 않는다. 암배우자체가 발달하는 동안 주공 아래쪽의 화분으로부터 꽃가루관이 나와 주심을 뚫고 장란기에 도착한다. 꽃가루관이 자라는 동안 화분의 네 개의 세포 중 하나인 생식세포가 유사분열을 거치고, 분열에 의해 만들어진 두 개의 세포들 중 하나는 다시 한 번 분열한다. 이들 마지막 두 개의 세포는 정세포로 기능한다. 두 개의 정세포를 가진 발아된 화분은 성숙한 숫배우자체이며, 양치식물의 배우자체와 비교하였을 때 그 기간이 매우 짧은 반수체 단계를 나타낸다.

수분이 이루어진 후 15개월 정도 지났을 때 꽃가루관은 장란기에 도착하여 그 내용물을 장란기에 방출한다. 하나의 정세포가 난세포와 결합하여 접합자를 형성한다. 다른 정세포와 화분의 세포들은 퇴화한다. 접합자는 종자 안에서 배아로 발달한다. 종자가 산포되고 발아한 후, 다음 세대의 어린 포자체가 나무로 발달한다.

나자식물에는 상대적으로 종의 수가 적은 3개의 문이 존재한다

학습목표 26.7.2 구과식물에 해당하지 않는 나자식물에 대해 설명한다.

소철류는 야자나무와 비슷하지만 현화식물이 아니다

소철류(cycads, phylum Cycadophyta)은 열대 지방이나 아열대 지방에서 느린 속도로 자라는 나자식물이다. 알려진 100종의 대부분의 포자체가 높이 15m 혹은 그 이상에 달하는 기둥을 갖고 있으며 야자나무와 닮았다**(그림 26.20a)**. 현화식물인 야자나무와 달리 소철류는 구과를 생산하며 소나무류와 비슷한 생활주기를 가진다.

잎의 기부들 사이에서 위를 향해 발달하는 암컷 구과는 어떤 종들에서는 매우 크고 무게가 45kg에 달한다. 소철류의 정세포는, 꽃가루관 속에서 생산되나 배주 안에서 방출되고 장란기를 향해 이동한다. 이들의 정세포는 모든 살아있는 유기체들의 정세포 중 가장 큰 것이다. 소철류 중 몇 종은 야생에서 멸종의 위기를 맞고 있으며 아마 곧 식물원에서만 존재하게 될 것이다.

마황문은 물관부를 가지고 있다

마황문에는 3속과 살아있는 65종의 식물들이 포함된다. 그들은 그들의 물관에 도관을 가지고 있는 유일한 나자식물이다. **도관**

a.

b.

c.

그림 26.20 나자식물의 세 개 문. **a.** 소철류, 남양소철(*Cycas circinalis*). **b.** 웰위치아(*Welwitschia mirabilis*)는 마황문에 속하는 세 속 중 한 가지를 대표한다. **c.** 은행나무(*Ginkgo biloba*), 유일하게 살아 있는 은행나무문의 대표적 식물.

(vessels)은 특별히 효율적인 통도세포 종류로 피자식물에서 일반적이다.

3속의 구성원들은 서로 형태가 매우 다르다. 모든 식물들 중 가장 특이한 것들 중 하나는 아프리카 남서부의 나미브(Namib)와 모싸메데스(Mossamedes) 사막에서 자라는 웰위치아(*Welwitschia*)이다(그림 26.20b). 이 식물의 줄기는 크고 얕은 컵과 같으며 좁아지면서 지면 아래의 곧은 뿌리로 이어진다. 이 식물은 끈 모양을 한 가죽질의 잎을 2개 가지는데, 이 잎들은 식물의 기부로부터 지속적으로 생장하고 바람에 의해 펄럭일 때 서로 갈라진다. 웰위치아의 생식 구조는 원뿔형이고, 줄기의 가장자리 근처에 있는 잎들의 기부를 향해 나타나며, 수컷 식물과 암컷 식물에서 따로 생산된다.

마황문에 속하는 종들의 반 이상이 미국 서부와 멕시코의 건조한 지역에서 흔하게 자라는 마황속(*Ephedra*)에 속한다. 이 종들은 오스트레일리아를 제외한 모든 대륙에서 발견된다. 관목과 같은 이 식물들은 표면적으로 쇠뜨기와 비슷한 줄기를 가지며, 관절로 되어 있고 각 마디에 인편과 같은 매우 작은 잎을 가진다. 수컷과 암컷 생식 구조는 동일한 혹은 다른 개체에서 생산될 것이다.

호흡기 질환의 치료에 널리 쓰이는 에페드린(ephedrine)은 과거 마황속의 중국 종들에서 추출되었으나, 현재 이 물질은 상당 부분 합성 물질(슈도에페드린; pseudoephedrine)로 대체되었다. 체중 감량을 위한 약초 치료에서 쓰이는 에페드린이 중풍과 심장마비와 관련이 있었기 때문에 이 물질은 2004년 4월에 시장에서 철수되었다. 2006년 슈도에페드린을 포함한 상품들에 대해 판매 규제가 내려졌는데, 이 물질이 불법 약물인 메스암페타민을 제조하는 데 이용될 수 있기 때문이었다.

세 번째 속인 네타속(*Gnetum*)에서 가장 잘 알려진 종은 열대 나무이지만 이 속의 대부분의 종들이 포도나무와 비슷하다. 모든 종들이 피자식물에서 발견되는 것과 유사한 넓은 잎을 가진다. 어떠한 네타속 종의 경우 야채로서 요리되는 부드러운 지상부를 얻기 위하여 자바에서 재배한다.

은행나무문의 오직 한 종이 현재 남아 있다

화석 기록은 은행나무문(phylum Ginkgophyta)에 속하는 식물들이 한 때 넓은 지역에 걸쳐 분포했으며, 특히 북반구에 많이 있었음을 나타낸다; 오늘날에는 은행나무(*Ginkgo biloba*) 한 종만이 남아 있다(그림 26.20) 가을에 잎을 떨어뜨리는 이 나무는 일본과 중국에서 재배되고 있는 것을 유럽 사람들이 발견하였다; 이 식물은 확실히 야생에서는 더 이상 존재하지 않는다.

소철류의 정자와 같이, 은행나무의 정자는 편모를 갖는다(그림 26.21). 은행나무는 **암수이주(dioecious)**이다 - 수컷과 암컷의 생식 구조가 각자 다른 나무에서 만들어진다. 암컷 은행나무의 종자를 감싸고 있는 다육질의 바깥 부분은 산패한 버터에서 나는 것과 같은 악취를 풍기는데, 이는 부티르산과 이소부티르산 때문이다. 따라서 지상부로부터 영양 번식을 하는 수컷 식물이 재배에 있어서 더 선호된다. 그 아름다움과 공기 오염에 대한 저항성 때문에 은행나무는 도시의 도로를 따라 흔히 심어진다.

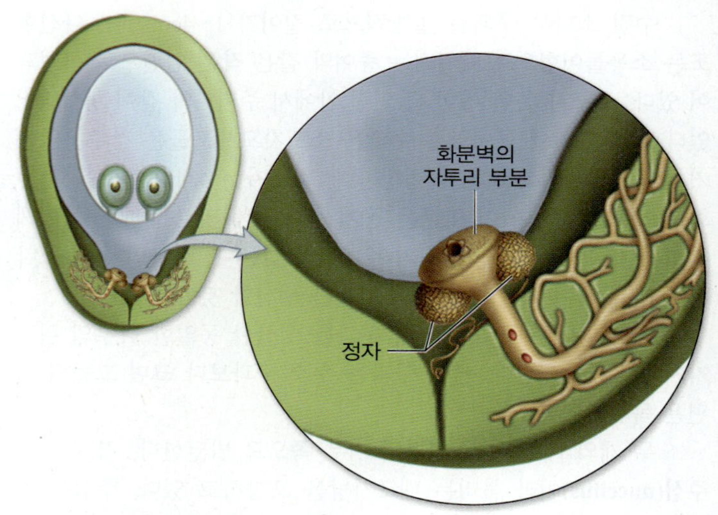

그림 26.21 은행나무 화분관의 생장. 은행나무 화분관은 배주 조직 안의 세포들 사이에서 자라나 상당히 분지된 구조를 형성하게 된다. 확장된 기부의 끝은 두 개의 편모를 가진 정자를 포함한다; 이 구조물이 터지면, 두 정자가 암배우자체 안에 있는 난세포 쪽으로 수영해 이동한다.

개념 정리 26.7

나자식물은 대개 구과를 가지는 종자식물이다. 나자식물에서, 배주는 수분 시 포자체 조직들에 의해 완전히 둘러싸여 있지 않으며, 따라서 "노출된 종자"를 가진다. 나자식물의 4개 집단은 구과식물, 소철류, 마황류, 은행나무이다.

- 구과식물은 바람에 의해 운반되는 화분을 포획하기 위해 어떠한 적응을 보여주는가?

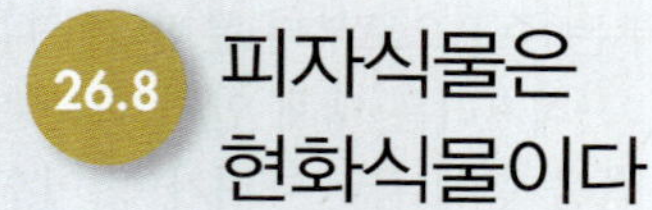

26.8 피자식물은 현화식물이다

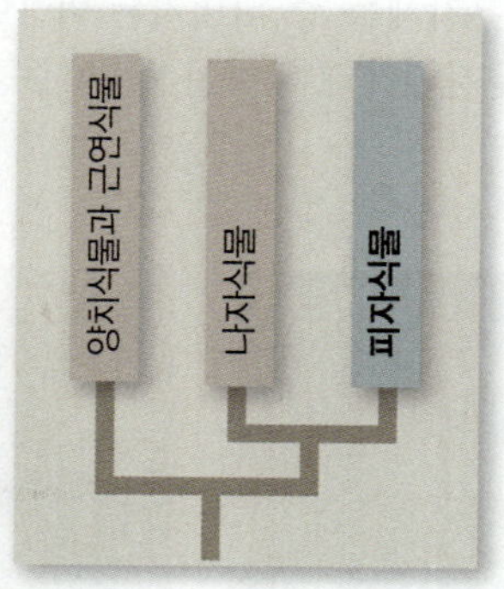

알려진 270,000종의 현화식물들은 **피자식물(angiosperms)**이라 불리는데, 나자식물과는 달리 그들의 배주가 수분 시 2배체 조직에 의해 감싸여 있기 때문이다. 종자를 보호하는 변형된 잎인 심피는 피자식물에서의 독특한 구조인 열매로 발달한다. 주목을 포함하여 어떤 나자식물들은 그들의 종자 주변에 다육질의 조직을 가지는데

이 조직은 피자식물에서의 열매와 그 기원이 다르며 진과가 아니다.

피자식물의 기원은 미스테리이다

학습목표 26.8.1 피자식물을 정의하는 특징들을 나열한다.

피자식물의 기원은 다윈마저 혼란에 빠뜨렸다(그는 피자식물의 기원을 "지독한 미스테리"라고 표현했다). 분자 서열 데이터와 더불어 최근의 화분, 식물 화석은 초기의 피자식물에 대한 흥미로운 단서를 제공하였는데, 피자식물의 기원이 1억 4500만 년에서 2억 800만 년 전으로 거슬러 올라감을 제시하였다.

중국의 먼 지역에 있는 요령지역(Liaoning province)에서 최소 1억 2500만 년 된 완전한 상태의 피자식물 화석이 발견되었다(그림 26.22). 이 화석은 새롭고 진화 과정 상 초기에 있으며 현재 멸종한 피자식물의 과, 아케프룩타케(Archaefructaceae)를 나타내며 여기에 두 종이 포함된다: 아케프룩투스 리아오닝젠시스(*Archaefructus liaoningensis*)와 아케프룩투스 시넨시스(*A. sinensis*). 아케프룩투스(*Archaefructus*)는 초본의 수중 식물이었다. 이 과는 모든 다른 피자 식물들의 자매군인 것으로 추정되나, 이 주장의 유효성에 대한 활발한 논쟁이 계속되고 있다. 아케프룩투스 화석은 수컷과 암컷 생식 구조를 모두 가지고 있다; 그러나 이들은 수분매개체를 유혹하기 위해 후기 피자식물에서 진화된 꽃잎과 꽃받침을 가지고 있지 못하다. 아케프룩투스는 오래된 식물이나, 가장 최초의 피자식물은 아닌 것 같다. 그러나, 믿을 수 없을 만큼 잘 보존된 이 화석은 공룡들이 지구상에서 번성하였던 쥬라기 초기에서부터 백악기 후기까지의 피자식물에 대한 가치 있는 세부 정보를 제공한다.

그림 26.22 초기 피자식물의 화석. 많은 종자를 가진 심피(열매)들과 수술들을 보여주는 아르카에프루크투스(*Archaefructus*) 화석. 이 식물은 화석 기록으로 알려진 가장 오래된 피자식물로 1억 2200만 년에서 1억 4500만 년 전 존재했던 것으로 보인다.

그림 26.23 현존하는 고대의 피자식물, 암보렐라 트리코포다(*Amborella trichopoda*). 이 식물은 기원 피자식물의 살아있는 가장 가까운 친척인 것으로 믿어진다.

진화 과정상 가장 초기 단계에 있는, 살아있는 피자식물에 대한 합의가 모아지고 있다-암보렐라 트리코포다(*Amborella trichopoda*)가 그 식물이다(그림 26.23). 작은 크림색의 꽃을 가진 암보렐라는 수련보다도 훨씬 더 원시의 것이다. 남태평양의 뉴칼레도니아(New Caledonia) 섬에서만 발견되는 이 작은 관목은 1억 3500만 년 전 발생한, 현존하는 가장 초기의 피자식물 계열의 마지막으로 남아있는 종이다.

비록 암보렐라가 피자식물의 기원은 아니라 할지라도 충분히 기원에 가깝기 때문에, 이 식물의 생식에 관한 생물학을 공부하는 것은 우리가 피자식물의 초기 확장을 이해하는 것을 돕는다. 피자식물의 계통발생은 피자식물의 기원에 대한 새로운 연구를 추진시키는 진화적 가설들을 반영한다.

꽃은 배우자체 세대를 가진다

학습목표 26.8.2 피자식물의 꽃의 구조를 설명한다.

꽃은 변형된 잎을 가진 변형된 줄기로 간주된다. 그 크기와 형태에 관계 없이, 꽃들은 모두 특정한 특징들을 공유한다(그림 26.25). 꽃은 **원기(primordium)**로부터 발생하며, 원기는 **소화경(pedicel)**이라고 불리는 줄기의 끝에 위치하는 눈으로 발달한다. 꽃자루는 끝부분에서 약간 확장되어, 꽃의 나머지 부분들이 부착되는 **화탁(receptacle)**을 형성한다.

꽃의 형태

꽃의 다른 부위들은 전형적으로 원 모양을 이루며 **윤생하여(whorl)** 부착된다. 가장 바깥 층은 **꽃받침(sepals)**으로 이루어져 있다. 대부분의 꽃들은 녹색이고 다소 잎 모양인 3개에서 5개의 꽃받침을 가

그림 26.24 열매의 진화. 나자식물과는 달리, 피자식물의 배주는 잎으로부터 기원한 2배체 조직으로 둘러싸여 있다. 이 조직은 심피라고 불리며, 열매로 발달한다. 콩의 꼬투리에서 잎이 심피의 기원이라는 점을 확인할 수 있다.

진다. 다음 층은 종종 색깔을 나타내어, 곤충, 새, 그리고 작은 포유류 등의 수분매개체를 유혹하는 **꽃잎(petals)**으로 이루어져 있다. 꽃받침과 마찬가지로 보통 3개에서 5개 사이인 꽃잎은 서로 따로 떨어져 있거나 합쳐져 있으며, 바람에 의해 수분이 매개되는 꽃의 경우에는 꽃잎이 부재한다.

세 번째 층은 **수술(stamens)**들로 이루어져 있으며, 집합적으로 수술군이라 불린다. 이 층은 숫배우자체인 화분이 생산되는 부위이다. 각 수술은 화분을 포함하고 있는 **약(anther)**과 어떠한 꽃들에서는 부재하는, 수술대(filament)라 불리는 줄기로 이루어져 있다.

꽃의 중앙에는 **암술군(gynoecium)**이라 불리며, 작은 암컷 배우자체를 포함하는 네 번째 층이 있다; 암술군은 한 개 혹은 그 이상의 **심피(carpels)**로 구성되어 있다. 첫 번째 심피는 그 가장자리에 배주가 존재하는 잎과 유사한 구조물로부터 형성되었을 것으로 생각된다(그림 26.24). 원시적인 꽃들은 많고 적은 분리된 심피들을 가질 수 있으나, 대부분의 꽃들에서 두 개, 혹은 여러 개의 심피들이 함께 합쳐져 있다. 이러한 심피의 융합은 반으로 잘라진 오렌지에서 확인할 수 있다; 각 조각은 하나의 심피를 나타낸다.

심피의 구조

심피는 3개의 주요한 부분으로 이루어져 있다(그림 26.25a를 보라). **자방(ovary)**은 한 개에서 수백 개의 배주를 포함하고 있는, 부풀어 있는 기부이다; 자방은 나중에 **열매(fruit)**로 발달한다. 심피의 끝부분은 **암술머리(stigma)**라고 불린다. 대부분의 암술머리는 끈적끈적하거나 깃털 같아 암술머리에 내려앉은 화분립을 고정시킨다. 전형적으로, **암술대(style)**라고 불리는 목 혹은 줄기는 암술머리와 자방을 연결시킨다; 어떠한 꽃들에서는 암술대가 매우 짧거나 아예 없는 경우가 있다.

많은 꽃들은 밀선이라고 불리는, 꿀을 분비하는 선을 가지는데, 이는 종종 자방의 기부를 향해 위치한다. 꿀은 설탕과 아미노산, 그리고도 다른 분자들을 포함하고 있어 곤충, 새, 그리고 동물을 꽃으로 유인한다.

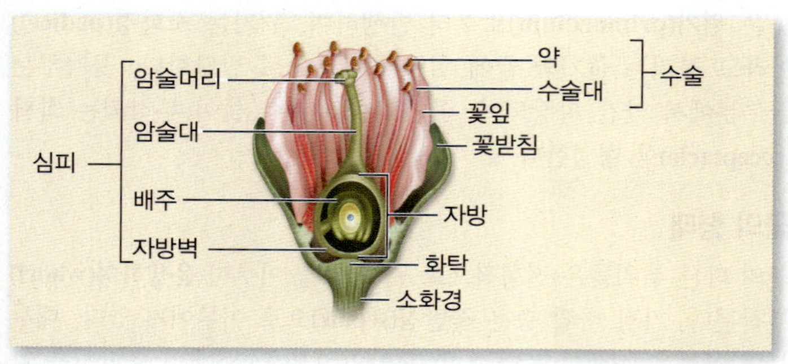

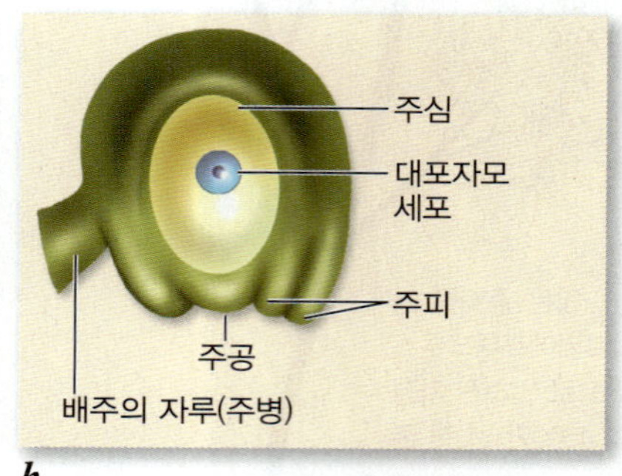

그림 26.25 피자식물 꽃의 도해. **a.** 꽃의 주요한 구조들의 명칭이 기입되어 있다. **b.** 배주의 세부 구조. 자방은 성숙하여 열매가 될 것이다; 배주의 바깥 층(주피)은 성숙하여 종피가 될 것이다.

대부분의 종들이 수분매개체의 유인과 생식을 위하여 꽃을 이용한다

쌍자엽식물(대략 175,000종)은 우리에게 친숙한 피자식물들의 상당 부분을 포함하고 있다-거의 모든 종류의 나무와 관목, 금어초, 민트, 콩, 해바라기, 그리고 그 밖의 식물들. 단자엽식물(대략 65,000종)은 백합, 풀, 부들, 야자나무, 용설란, 유카, 난초, 붓꽃 등을 포함하며 쌍자엽식물과 공통된 조상을 공유한다. 옥수수를 포함한 단자엽식물의 일부는 생식을 위하여 수분매개체보다 바람에 더 의존한다.

피자식물의 생활주기는 중복수정을 포함한다

학습목표 26.8.3 중복수정과 그 결과를 설명한다.

꽃의 눈이 발달하는 동안, 배주 안에 있는 하나의 대포자모세포는 감수분열을 거쳐 4개의 대포자를 생산한다(그림 26.26). 대부분의 현화식물에서 3개의 대포자는 곧 없어진다; 남은 대포자의 핵은 유사분열을 하고, 이 세포는 그 크기가 초기의 몇 배가 될 때까지 천천히 확장된다.

암배우자체

대포자의 확장이 이루어지는 동안, 각 딸핵은 두 번 분열하여 4개 핵으로 구성되는 두 개 집단, 8개의 반수체 핵이 된다. 동시에 배주의 두 층인 주피가 분화하여 종자의 종피가 된다. 주피가 발달하는 동안 앞에서 설명된, 한쪽 끝에 있는 작은 간극 혹은 구멍인 주공이 만들어진다(그림 26.25b 참조).

4개의 핵으로 만들어진 집단에서의 한 핵은 그가 극핵으로 기능하는 중앙부로 이동한다. 극핵들은 함께 융합하여 하나의 배수체 핵을 형성하거나, 두 개의 반수체 핵을 가진 하나의 세포를 형성한다. 세포벽 또한 남아있는 핵 주변에 형성된다. 주공과 가까이 있는 집단에서 하나의 세포는 난세포로 기능한다; 다른 두 핵은 조

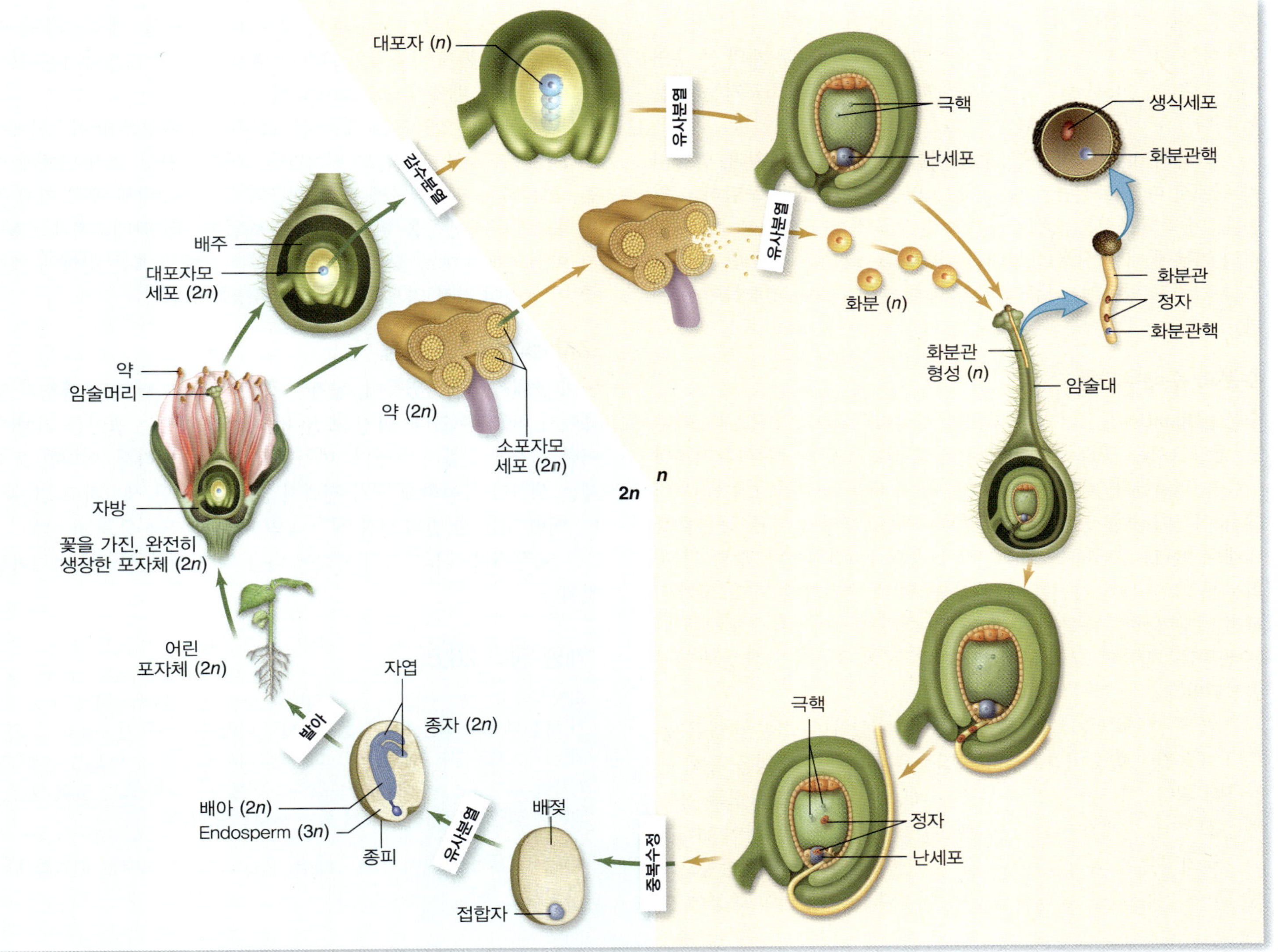

그림 26.26 전형적인 피자식물의 생활주기. 피자식물은 소나무에서처럼, 수정을 위해 외부의 물을 더 이상 필요로 하지 않는다. 피자식물의 대부분의 종들에서, 동물이 화분을 심피로 이동시킨다. 심피의 바깥쪽 벽은 동물을 유혹하여 종자를 퍼뜨릴 수 있도록 하는 열매를 형성한다.

세포로 불린다. 다른 한 끝에 있는 세 개의 세포들은 반족세포라고 불린다; 그들은 뚜렷한 기능을 가지지 않으며, 결국 파괴되어 사라진다.

일곱 개의 세포들, 또한 이 세포들에 들어 있는 여덟 개의 핵을 가진 커다란 주머니를 **배낭(embryo sac)**이라고 한다; 이것은 암배우자체를 구성한다. 영양을 위해 포자체에 완전히 의지하기는 하나, 배낭은 다세포의 반수체 개체이다.

화분 생산

암배우자체가 발달하는 동안, 약에서 그와 비슷하지만 덜 복잡한 과정이 일어난다(그림 26.26을 보아라). 대부분의 약은, 안쪽이 영양세포로 덮인 방으로 발달하는 조직의 조각들(보통 4개)을 가진다. 각 조각의 조직은 거의 동시에 감수분열을 거쳐 각각 4개의 소포자를 생산하는, 수많은 2배체 소포자모세포로 구성되어 있다.

4개의 소포자는 처음에는 한 조가 되어 함께 존재하고 각 소포자의 핵은 한 번 분열한다; 그 다음에, 대부분의 종들에서 각 조의 소포자들은 서로 분리된다. 동시에, 두 층으로 된 벽이 각 소포자를 감싸 발달한다. 소포자를 포함하는 약이 성숙해 나가는 동안, 인접하는 한 쌍의 방들 사이에 있는 벽이 파괴되어 두 개의 큰 주머니를 남긴다. 이 시점에서, 두 개의 핵을 가지게 된 소포자는 화분이 된다.

화분의 바깥쪽 벽 층은 종종 아름다운 무늬를 가지며, 암술머리 위에서 다른 물질들과 반응할 수 있는 화학물질을 포함하고 있는데, 이 화학물질은 숫배우자체의 발달을 진행하여 완성시킬 것인지의 여부에 대한 신호를 보내기 위함이다. 화분은 구멍과 같은 구조를 가지고 있는데, 나중에 이를 통해 꽃가루관이 생장하여 나온다.

수분과 수배우자체

수분(pollination)은 단순히 화분이 만들어진 장소(약)로부터 화분을 받아들이는 장소(현화식물의 암술머리)까지의, 화분의 기계적 이동을 의미한다. 대부분의 수분은 서로 다른 식물들의 꽃들 사이에서 이루어지며, 곤충, 바람, 중력, 박쥐, 그리고 다른 동물들을 매개로 한다. 그러나 모든 피자식물들의 1/4만큼이나 많은 경우, 화분은 그 자신이 기원한 꽃의 암술머리에 내려앉게 되고, 자가수분이 이루어진다. 수분은 수정으로 이어지거나 이어지지 못하게 되는데, 이는 화분과 그 화분이 내려앉은 꽃의 유전적 호환성에 의해 결정된다.

만약 암술머리가 화분을 받아들일 수 있다면, 화분의 높은 농도의 세포질이 암술머리로부터 물질들을 흡수하여 구멍을 통해 팽창하게 된다. 이러한 팽창된 부분은 배낭 쪽으로 생장하도록 유도하는 화학적, 기계적 자극에 반응하여 발달하는 꽃가루관이 된다.

꽃가루관은 화학물질들의 확산 기울기를 따라, 아랫방향으로 생장하여, 암술대를 통과해 주공에 이른다. 꽃가루관이 주공에 다다를 때 까지 보통 몇 시간에서부터 이틀이 걸리지만, 드문 경우 1년이 걸릴 수도 있다. 꽃가루관의 생장은 나자식물에서보다 피자식물에서 더 빠르다.

화분의 두 세포 중 하나인 생식세포는 뒤에 늦춰져 이동한다. 이 세포의 핵은 화분 내, 혹은 꽃가루관 내에서 분열하여 두 개의 정세포를 생산한다. 선류, 양치류, 그리고 일부 나자식물들의 정세포와는 달리, 현화식물의 정세포는 편모를 갖지 않는다. 이 시점에서 꽃가루관과 정세포를 갖는 화분은 성숙한 숫배우자체가 된다.

중복 수정과 종자 생산

꽃가루관은 배낭으로 들어갈 때, 그 과정에서 조세포를 파괴하고 내용물을 분출한다. 두 개의 정세포 모두 기능을 가지고 있으며, **중복수정(double fertilization)**이라고 불리는 사건이 따른다. 하나의 정세포는 난세포와 결합하여 후에 배아 포자체 식물로 발달하는 접합자를 만든다. 다른 정세포와 두 개의 극핵은 결합하여 삼배체의 1차 배젖핵을 형성한다.

1차 배젖핵은 빠른 속도의 반복적인 분열을 시작하여 곧 수천 개의 세포들로 이루어질 삼배체 배젖 조직이 된다. 배젖 조직은 옥수수 등의 초본에서 종자의 확장된 영역이 될 수 있으며, 대부분의 현화식물에서 배에 영양분을 공급한다.

최근까지, 영양분을 제공하는 삼배체의 배젖은 피자식물에서 오래된 구조물일 것이라고 믿어왔다. 진화 역사상 초기 단계에 있는, 현존하는 피자식물에 대한 최근의 분석은 2배체 배젖 역시 일반적으로 존재했음을 밝혀냈다. 이 종들에서의 암배우자체는 8개가 아닌 4개의 핵을 갖는다. 현재로서는, 2배체 혹은 삼배체 배젖 중 어느 것이 가장 원시적인 것인지 불명확하다.

포자체의 발아와 생장

이미 앞에서 언급하였듯이, 종자는 종에 따라 수 년 동안 휴면기 상태에서 머물 수 있다. 환경 조건이 좋을 때 종자는 발아를 거치며, 어린 포자체 식물이 자란다. 마찬가지로 종에 따라서, 어떠한 포자체는 생식이 가능하게 되기 전까지 많은 해 동안 생장하고 발달하며, 어떤 것은 한 번의 생장 계절 동안 빠르게 자라 꽃을 피운다.

30장에서 식물에서의 생식에 대한 더 자세한 설명이 이루어질 것이다.

개념 정리 26.8

피자식물의 경우 수분 시 심피 기부의 자방 안에 둘러싸여 있는 배주가 특징적이며, 이는 피자식물문에서만 나타나는 독특한 구조이다; 열매는 자방으로부터 발달한다. 피자식물에서의 진화적 혁신은 수분매개체를 유혹하는 꽃, 배아를 보호하고 이들의 산포를 돕는 열매, 또한 배아에 영양을 공급하는 것을 돕는 배젖을 포함한다.

- 피자식물은 동물이 먹을 과일을 생산함으로써 어떠한 이득을 얻는가?

지채(Arrowgrass)는 어떻게 염분을 견디는가?

식물들은 지구상의 거의 대부분의 지역에서 자라며, 노출과 가뭄, 그리고 다른 혹독한 조건들로부터 생존을 위협받으며 다양한 지역에서 번성한다. 사막에서의 일반적인 스트레스 원인은 흙 속에 들어있는 높은 농도의 염분이다. 흙의 염분은 수백만 에이커의 버려진 농지에서 역시 문제가 되는데, 관개 용수로부터의 염분의 축적이 식물의 생존을 제한하기 때문이다. 흙 속의 과도한 염분이 왜 식물에게 문제가 되는가? 첫 번째로, 식물의 뿌리가 흡수하는 높은 농도의 소듐 이온은 독성을 가진다. 다른 이유로, 식물이 염분이 많은 흙에서 자랄 때 뿌리는 물을 흡수할 수 없다. 삼투(용질의 농도가 더 높은 지역으로의 물 분자의 이동, 104페이지를 보라)는 높은 농도로 존재하는 흙의 염분에 의해 물이 뿌리로부터 빠져나와 반대 방향으로 이동하도록 만든다. 그리고 식물들은 이런 흙에서 자란다. 식물들은 어떻게 하는 것일까?

이를 밝히기 위해 연구자들은 해변가에서 자라는, 아래 그림의 지채(*Triglochin maritima*)를 조사하였다. 지채는 다른 식물들이 보통 생존하지 못하는 환경, 즉 매우 염분이 많은 해변가의 흙에서 자랄 수 있다. 이들은 어떻게 생존할 수 있는 것일까? 연구자들은 이 식물의 뿌리가 염분을 흡수하지 않으며, 따라서 염분을 유독한 정도까지 축적시키지 못함을 발견하였다.

그렇지만 이 식물의 뿌리 세포가 염도가 높은 주변의 흙으로 물을 잃는 것을 방지하도록 하는 문제가 아직 남아있다. 뿌리는 어떻게 삼투압의 균형을 유지하는가? 이 문제를 해결하기 위해 연구자들은 지채를 2주 동안 염분이 없는 흙에서 기른 후 이들을 염도가 다른 몇 종류의 흙들 중 하나에 옮겨 심었다. 10일 후 식물의 지상부를 채취하여 아미노산을 분석하였는데, 아미노산의 축적이 세포가 삼투압 균형을 유지하도록 하는 하나의 방법일 수 있기 때문이었다. 결과는 그래프에 제시되어 있다.

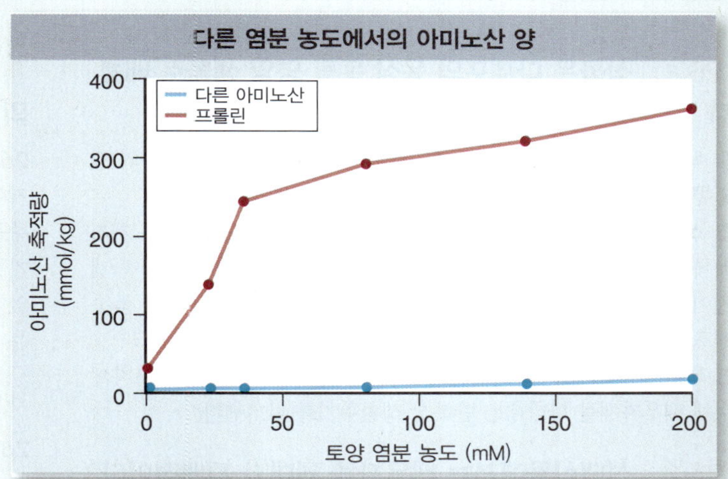

분석

1. **개념 적용** 약어 "mM"와 "mmol/kg"은 무엇을 의미하는가?
2. **자료 해석**
   a. 염분이 없는 흙에서(mM 흙 염분 농도=0), 10일 후 얼마나 많은 proline이 뿌리에 축 적되었는가? 다른 아미노산들의 경우는 어떠한가?
   b. 염도가 35mM인 해변가의 흙에서, 10일 후 얼마나 많은 proline이 뿌리에 축적되었는 가? 다른 아미노산들의 경우는 어떠한가?
3. **추론**
   a. 일반적으로 지채에서의 아미노산 proline의 축적에 흙의 염분 농도가 미치는 영향은 무엇인가?
   b. Proline 축적에 미치는 염분의 영향은 염도가 낮을 때와(50mM 이하) 염도가 높을 때(50mM 이상) 동일한가?
4. **결론 도출** 이 결과들은 지채가 염분이 높은 흙에서 삼투압 균형을 유지하기 위하여 proline을 축적할 것이라는 가설에 부합하는가?
5. **추가 분석** 염도가 낮은 흙과 염도가 높은 흙에서의 proline 축적량에 차이가 나는 것을 무엇으로 설명할 수 있는가? 이 가설을 확인하기 위한 방법을 생각해낼 수 있겠는가?

학습 과정 복습

개념 26.1 식물은 다세포의 육상 독립 영양 생물로 배를 가진다

26.1.1 식물은 민물 조류로부터 진화하였다 모든 식물들은 한 종의 민물 녹조류로부터 기원하였다. 차축 조류는 식물의 자매군이다.

26.1.2 식물은 지상에서의 생활에 적응하였다 육상식물들은 두 가지 주요한 특징들을 가진다: 보호받는 배아와 다세포의 반수체, 2배체 단계가 그것이다. 왁스 같은 각피, 기공, 물과 무기염류의 수송을 위한 특수화된 세포들은 생존을 돕는다.

26.1.3 식물은 세대 교번을 나타낸다 식물은 다세포로 된 2배체 포자체와 반수체 배우자체를 나타내는 단복상 생활주기를 나타낸다.

개념 26.2 선태식물에서는 배우자체 세대가 지배적이다

26.2.1 선태식물들은 특수화되어 있지 않지만 다양한 환경 속에서 성공적으로 존재한다 선태식물들은 뚜렷이 구분되는 3개의 단계통군으로 이루어진다: 태류, 선류, 뿔이끼. 선태식물들은 진짜 뿌리나 헛물관을 갖지 않지만, 물과 영양분의 이동을 위한 수송세포를 가진다.

26.2.2 태류는 오래된 문이다 어떠한 태류의 배우자체는 납작하며, 간의 열편과 유사한 열편을 가진다. 그들은 배우자낭을 포함하는, 위를 향해 서는 구조를 형성한다.

26.2.3 선류와 뿔이끼는 뚜렷하게 구분되는 진화적 혁신들을 경험하였다 선류는 세대 교번을 나타내며 넓은 지역에 걸쳐 분포한다.

개념 26.3 관다발식물은 뿌리, 줄기, 그리고 잎을 진화시켰다

26.3.1 관다발 조직은 영양분의 분배를 가능하게 한다 포자체에서의 헛물관의 진화는 더 효율적인 관다발 체계가 발달하도록 하였다.

26.3.2 관다발식물의 세 가지 단계통군은 현존하는 일곱 개의 문을 포함한다 오늘날 발견되는 관다발 식물들은 세 개의 단계통으로 존재한다: 석송류, 양치류와 종자식물.

개념 26.4 석송류에서는 포자체 세대가 지배적이다

26.4.1 석송은 유일하게 생존하는 석송류이다 석송류 조상들은 가장 오래된 관다발 식물이었으며, 지배적인 포자체 세대를 갖는 최초의 식물들 중의 하나였다.

개념 26.5 양치류는 양치식물과 그들의 친척들이다

26.5.1 양치식물은 포자낭군이 달려 있는 양치잎을 가진다 양치류는 수정을 위해 물을 필요로 하며 종자를 갖지 않는다. 양치잎이라 불리는 양치식물의 잎은 다시금 펴져 확장될 수 있는, 단단히 말려 올라간 코일 형태로 발달한다. sori(포자낭군)이라 불리는 포자낭은 양치잎의 아랫면에서 발달한다. 배우자체는 종종 독립적으로 살 수 있다. 송엽란 포자체는 뿌리가 없는, 균일한 폭으로 분지한 녹색 줄기를 가진다.

26.5.2 송엽란과 쇠뜨기는 양치식물의 가까운 친척이다 쇠뜨기 포자체의 인편과 같은 잎들은 윤생하여 배열한다. 줄기 능각(rib)의 표피 세포에는 실리카를 축적하고 있다.

개념 26.6 종자식물은 식물의 진화에서 중요한 단계를 의미한다

26.6.1 종자는 배아를 보호한다 종자는 건조로부터 배아를 보호하는 저항적인 구조체이다. 포자체 조직의 추가적인 층이 배아를 감싸며, 배주를 만든다. 종자는 배아를 보호하며 환경 조건이 좋아질 때까지 휴면기를 갖는다. 종자식물의 배우자체는 오직 몇 개의 세포들로만 구성되어 있다. 화분립은 정세포를 포함하고 있는 숫배우자체이다. 암컷 배우자체는 종자를 구성하는 배주 안에서 발달한다.

개념 26.7 나자식물은 "노출된 종자"를 가진 식물이다

26.7.1 구과식물은 가장 규모가 큰 나자식물문이다 나자식물은 수분 시 완전히 감싸여 있지 않는 배주를 가진다. 나자식물의 네 집단은 구과식물문(coniferophytes), 소철문(cycadophytes), 마황문(gnetophytes), 그리고 은행나무문(ginkgophytes)이며 이들은 모두 꽃과 진과를 갖지 않는다. 가장 키가 크고 오래된 관다발식물은 구과식물이다. 소나무의 질기고 바늘과 같은 잎들은 2개에서 5개까지 무리지어 난다. 이들은 수컷 그리고 암컷의 구과를 생산한다. 수컷 구과에서 소포자낭 안에 들어있는 소포자모세포는 나중에 4개의 세포로 된 화분, 즉 숫배우자체로 발달하는 소포자를 만든다. 암컷 구과에서는 대포자낭(주심)이 나중에 4개의 대포자가 되는 대포자모세포를 생산한다; 대포자들 중 3개는 파괴되며 나머지 1개는 난세포를 가지는 장란기를 생산하는 암배우자체로 발달한다. 수정 시 화분으로부터 꽃가루관이 발생하여 주심을 뚫고 자라난다. 두 개의 정세포가 꽃가루관을 통해 이동하며 그 중 하나는 난세포과 결합한다; 나머지 하나는 파괴된다.

26.7.2 나자식물에는 상대적으로 종의 수가 적은 3개의 문이 존재한다 소철류는 야자나무와 비슷하지만 현화식물이 아니다. 마황문은 물관에 도관을 가진다. 은행나무문의 오직 한 종만이 현재 남아있다.

개념 26.8 피자식물은 현화식물이다

26.8.1 피자식물의 기원은 미스테리이다 피자식물은 수정 시 배주가 2배체 조직 안에 감싸여 있고, 또한 열매를 형성하기 때문에 명확히 식별된다. 현재 멸종한 아케프룩타케과(Archaefructaceae)가 그 자매군이었을 것으로 추정되긴 하나, 어떻게 피자식물이 발생하였는지는 그 누구도 알지 못한다.

26.8.2 꽃은 배우자체 세대를 가진다 꽃은 변형된 잎을 가진 변형된 줄기로 간주된다. 꽃 부분은 4층으로 조직된다: 꽃받침, 꽃잎, 수술군, 암술군. 대부분의 종들이 수분매개체를 유혹하기 위해 꽃을 이용한다. 꿀과 향기는 한 꽃에서 다른 꽃으로 화분을 이동시키는 동물 수분매개체를 유혹한다; 어떤 피자식물들은 바람에 의해 수분된다.

26.8 피자식물의 생활주기는 중복수정을 포함한다 암술머리에 내려앉은 후, 화분립은 배낭을 향해 생장하는 꽃가루관을 발달시킨다. 두 개의 정세포가 이 관을 통과한다. 하나는 난세포와 결합하여 접합자를 만들고, 다른 하나는 극체와 결합하여 배에 영양분을 공급하도록 발달하는 3배체의 배젖을 형성한다.

학습 과정 평가

개념 26.1 식물은 다세포의 육상 독립 영양 생물로 배를 가진다

이해

1. 다음 중 식물을 차축 조류로부터 구분짓는 특징이 아닌 것을 고르라.
   a. 단복상 생활주기　　b. 2배체 배아
   c. 원형질연락사　　d. 이상의 모든 것들

응용

2. 포자모세포가 포자를 생산할 때 발생하는 사건을 포자가 배우자체를 생산할 때 발생하는 사건과 비교하라.
   a. 포자모세포와 포자는 둘 다 감수분열을 거친다.
   b. 포자모세포와 포자는 둘 다 유사분열을 거친다.
   c. 포자모세포는 유사분열을 거치고 포자는 감수분열을 거친다.
   d. 포자모세포는 감수분열을 거치고, 포자는 유사분열을 거친다.

종합

1. 식물과 균류의 지상에서의 생존에의 적응을 비교, 대조하여라. 어떤 집단이 더 성공적이었으며, 그 이유는 무엇인가?

개념 26.2 선태식물에서는 배우자체 세대가 지배적이다

이해

1. 다음 보기들 선태식물에서 발견되지 않는 것은 무엇인가?
   a. 균근 연합　　b. 헛뿌리
   c. 헛물관 세포　　d. 광합성을 하는 배우자체
2. 육상식물이 거친 주요한 혁신은 배아의 보호이다. 선류의 배아는 어떻게 건조로부터 보호되는가?
   a. 종자에 의해　　b. 장정기에 의해
   c. 장란기에 의해　　d. 리코필에 의해

응용

1. 다음 보기들 중 어떠한 것이 옳은가?
   a. 선태식물은 단계통군을 형성한다.
   b. 모든 선태식물들의 포자체 단계에서 광합성이 일어난다.
   c. 장란기와 장정기는 생식세포를 생산하는 반수체 구조를 의미한다.
   d. 기공은 모든 선태식물들에서 공통적으로 나타난다.
2. 선류는 크게 자라지 않는데 그 이유는
   a. 엽록소가 부족하기 때문이다.
   b. 물을 매우 높이 이동시킬 수 있는 특수화 된 관다발 조직을 갖지 않기 때문이다.
   c. 선류에서의 광합성이 빠른 속도로 이루어지지 않기 때문이다.
   d. 세대 교번이 식물이 생식 이전에 크게 자라지 못하게 만들기 때문이다.

종합

1. 선태식물에서 피자식물까지 모든 종류의 식물에서 수정 이후의 접합자는, 다세포의 배아, 그리고 궁극적으로는 성숙한 포자체로 발달하는 과정에서 모계 배우자체가 제공하는 물질들로부터 영양을 얻는다. 그렇다면 모든 식물들을 "유배식물"이라고 칭하는 것이 적절한가? 논의하여라.

개념 26.3 관다발식물은 뿌리, 줄기, 그리고 잎을 진화시켰다

이해

1. 아래의 식물 구조들 중 어떠한 것이 대응하는 기능과 연결되어 있지 않은가?
   a. 기공-가스의 이동을 가능하게 한다
   b. 헛물관-물과 무기염류의 이동을 가능하게 한다
   c. 각피-건조를 방지한다
   d. 위의 모든 보기들이 올바로 연결되어 있다.
2. 관다발 식물들의 어떠한 특징이 가장 초기에 진화된 것인가?
   a. 뿌리　　b. 줄기
   c. 잎　　d. 꽃

응용

1. 뿌리가 없는 식물은 어떻게 흙으로부터 충분한 영양분을 얻는가?
   a. 불가능하며, 모든 육상식물들은 뿌리를 가지고 있다.
   b. 균근균이 식물과 연합하여 영양분의 이동을 보조한다.
   c. 차축 조류가 식물과 연합하여 영양분의 이동을 보조한다.
   d. 이 식물은 뿌리가 없을 때 물관에 의존한다.

종합

1. 석탄기 후기에 북아메리카 대륙의 상당 부분이 낮았고, 얕은 바다와 습지로 덮여 있었다. 키가 크고 가는 석송류 나무들은 35m의 높이까지 생장하였으며 그 시기를 지배하였다. 그들의 압축된 잔해가 우리가 오늘날 석탄이라고 알고 있는 물질이다. 경험적으로, 당신은 석탄이 상당 부분 석송류로 구성되어 있다는 것을 어떻게 확신하는가?

개념 26.4 석송류에서는 포자체 세대가 지배적이다

이해

1. 석송은 왜 선태식물로 분류되지 않는가?
   a. 그들은 헛물관을 갖는다
   b. 그들은 종자를 생산한다
   c. 그들은 꽃을 피운다
   d. 그들은 광합성을 하지 않는다

응용

1. 어떤 식물이 장란기와 장정기를 갖지 않는가?
   a. 석송류　　b. 마황류
   c. 선태식물류　　d. 위의 보기들 모두 해당 안 됨

종합

1. 당신은 선류와 석송류인 *Selaginella*의 유전체 염기 서열을 알 수 있다. 이 자료를 분석하는 데 있어서 당신의 목표는, 식물의 진화에 관한 중요한 질문에 대답하는 획기적인 논문을 쓰는 것이다. 당신은 어떠한 질문에 답을 하고자 할 것인가?

개념 26.5 양치류는 양치식물과 그들의 친척들이다

이해

1. 양치식물을 복잡한 관다발 식물들로부터 구분하는 하나의 특징은 양치식물이 다음의 것을 갖지 않는다는 것이다
   a. 그들의 생활주기에서의 세대 교번
   b. 종자
   c. 건조를 막기 위해 존재하는 각피
   d. 관다발 체계

응용

1. 종자가 없는 관다발 식물의 한 예는
   a. 뿔이끼　b. 석송
   c. 소나무　d. 위의 보기들 모두 해당 안 됨

종합

1. 양치식물은 그들의 생활주기를 완성하는 데 있어서, 피자식물과는 달리 왜 자유수를 필요로 하는가? 이 차이의 원인은 무엇인가?

개념 26.6 종자식물은 식물의 진화에서 중요한 단계를 의미한다

이해

1. 다음의 적응들 중 어떠한 것이 식물이 환경 조건이 이상적이 될 때까지 생활주기를 멈추도록 하는가?
   a. 기공　b. 체관과 물관
   c. 종자　d. 꽃
2. 종자에서, 배젖은 다음 보기들 중 무엇을 돕는가?
   a. 수정　b. 보호
   c. 영양　d. 산포

응용

1. 다음의 용어들 중 어떠한 것이 식물의 수컷 부분과 연관되어 있지 않는가?
   a. 대포자　b. 장정기
   c. 화분　d. 소포자

종합

1. 종자를 생산하는 능력은 왜 배우자체 세대가 대배우자체와 소배우자체의 두 가지로 명백하게 나뉘는 것과 항상 관련이 있는가? 진화 과정 동안 이 관계는 어떻게 변하였는가?

개념 26.7 나자식물은 "노출된 종자"를 가진 식물이다

이해

소나무에서 소포자와 대포자는 다음의 과정을 거쳐 생산된다
   a. 수정　b. 유사분열
   c. 융합　d. 감수분열

2. 나자식물 중 어떠한 문이 가장 적은 수의 종을 가지고 있는가?
   a. 구과식물문　b. 마황문
   c. 소철문　d. 은행나무문

응용

1. 다음의 나자식물 중 어떠한 것이 피자식물에서 발견되는 것과 유사한 관다발 조직의 유형을 가지고 있는가?
   a. 소철류　b. 마황류
   c. 은행나무류　d. 구과식물류

종합

1. 뉴질랜드에서는 커다란 나자식물들이 커다란 피자식물들보다 훨씬 더 일반적으로 존재한다. 어떠한 조건 하에서 나자식물이 피자식물에 비해 진화적 이점을 갖겠는가?

개념 26.8 피자식물은 현화식물이다

이해

1. 무엇이 피자식물을 다른 종자식물들로부터 구분하는가?
   a. 관다발 체계
   b. 바람에 의한 화분의 산포
   c. 완전히 포자체로 덮이지 않은 배주
   d. 열매와 꽃
2. 중복수정에서, 하나의 정세포는 2배체의 ______를 생산하고, 다른 정세포는 3배체의 ______를 생산한다.
   a. 접합자; 일차배젖　b. 일차배젖; 소포자
   c. 반족세포; 접합자　d. 극핵; 접합자

응용

1. 피자식물에 대한 당신의 이해를 적용시켜 어떠한 혁신이 피자식물의 큰 성공에 기여하였는지 찾아내어라.
   a. 피자식물에서의 동형포자형성
   b. 동물 산포자를 유혹하는 열매
   c. 종자를 보호하는 구과
   d. 지배적인 배우자체 세대
2. 수정 후 꽃에서 다음의 조직들이 2배체이다:
   a. 심피, 주피, 그리고 대포자모세포.
   b. 심피, 주피, 그리고 대포자.
   c. 심피, 대포자, 그리고 접합자.
   d. 심피, 대포자모세포, 그리고 배젖.

종합

1. 현화식물과 수분매개체의 관계는 종종 공진화의 예로서 사용된다. 많은 현화식물 종들이 수분매개체 한 종에 적응된 꽃의 구조를 가지고 있다. 이러한 특수화 된 관계의 이점과 결점을 설명하라.

27
동물의 다양성

학습과정

서론

우리는 오랜 시간 동안 진화되어온 현대동물의 엄청난 다양성을 살펴볼 것이다. 거의 모든 서식지에서 발견되는 오늘날의 동물은 그들의 형태, 서식지, 행동 그리고 생활양식의 다양성으로 우리를 놀라게 한다. 약 150만 종의 동물이 알려져 있다. 엄청나게 다양한 동물들에 대한 탐구는 형태적으로 가장 단순한 해면동물, 해파리 그리고 일부 벌레들로부터 시작된다. 진화한 나머지 모든 동물의 기본적인 체제의 초안이 되는 동물의 체제의 주요구성은 이러한 동물로부터 진화된 것이라고 생각된다. 이 27장에서는 척추가 없는 동물, 즉 무척추동물의 다양성에 대하여 다루게 될 것이고, 28장에서는 척추동물에 대해 다루게 될 것이다. 단연코 가장 다양한 동물분류군은 절지동물이다. 명명된 모든 동물종의 2/3가 절지동물이며, 이 중 80%는 본 책의 첫 페이지에 있는 메뚜기 같은 곤충이다. 딱정벌레류만 하더라도 척추동물의 약 7배 정도의 종수를 가지고 있다!

27.1 다양한 동물의 몸 체제는 일련의 진화적 혁신에 의해 생겨났다

이 장의 초반부는 동물이 갖고 있는 공통적인 특징에 주안점을 두어 동물의 다양성을 소개할 것이며, 후반부는 동물의 체제구성을 유도한 진화적 혁신(evolutionary innovations)에 초점을 맞추어 소개하고자 한다. 이러한 일은 현시대 동물의 계통수를 이해할 수 있는 근간을 제공하며 또한 무척추동물의 다양성으로의 여행을 구성해 줄 수 있다. 동물은 너무 다양하여 모든 동물에 맞는 기준은 몇 개 밖에 없다. 하지만 몇 가지, 예를 들어 포식자 또는 소비자 같은 일부 동물에는 모두 적용되기도 한다. 이동 능력이 있는 동물(즉 움직일 수 있는 동물)과 같은 다른 경우에는 예외가 있다. 위에 설명한 것을 종합하여 보았을 때, 대부분의 동물의 종이 갖고 있는 공통적인 특징과 핵심 중요성을 갖는 다른 특징들은 동물이 단계통적(monophyletic)이라는 것을 보여주는 설득력이 있는 증거가 된다.

동물은 다양함에도 불구하고 많은 특성을 공유한다

학습목표 27.1.1 동물들의 일부 공통적인 특징을 기술하라.

동물의 특징을 보여주는 어떠한 목록도 불완전할 수밖에 없지만, 다음의 목록은 동물에 관한 일련의 일반적인 특징이다.

- **종속영양.** 모든 동물은 종속영양이다. - 종속영양이라는 말은 다른 생물을 섭식하는 과정을 통해서 에너지와 유기물질을 획득한다는 뜻이다. 독립영양 생물인 식물, 조류(algae)와 달리 동물은 이산화탄소(CO_2)로부터 유기물질을 만들지 못한다. 일부 초식동물들은 독립영양생물들을 소비하고, 일부 육식동물들은 종속영양생물들을 소비하며, 일부 동물들은 잡식성으로 독립영양생물들과 종속영양생물들을 모두 소비한다. 그리고 부식성생물들은 부패되고 있는 생물들을 소비한다.
- **다세포성.** 모든 동물은 다세포로 구성되어져 있다; 대부분 복잡한 몸체제를 가지고 있다. 단세포성 종속영양생물들은 24장에서 다룰 원생동물에 속하는 크고 다양한 집단 내에서 몇 개의 다른 계통군(clade)에 속하는 것으로 현재 고려되고 있다.
- **세포벽이 없다.** 동물세포는 다른 다세포생명체들과는 다르다: 동물세포는 딱딱한 세포벽을 가지고 있지 않으며 그로인해 일반적으로 약간 유연하다. 동물의 몸을 구성하는 많은 세포들은 콜라겐과 같은 구조단백질로 이루어진 세포외구조들과 연결되어 서로를 지지하고 있다. 또 다른 종류의 독특한 단백질들은 세포와 세포사이에 독특한 연접(junction)을 이루고 있다.
- **활발한 운동.** 단세포동물일지라도 어느 장소에서 다른 장소로 이동이 가능하다. 동물의 운동은 매우 다양한 방법들이 있다. 이는 신경조직이 근육조직으로 진화되는 것과도 흡사하다. 각 동물의 이동방식 중 하나는 나비(절지동물문; 그림 27.1a 참조)처럼 날아다니는 경우가 포함된다. 많은 경우 장소이동을 하지 않는 고착형(sessile)동물도 있으며, 거의 움직이지 않거나 매우 느린 동물(착생형 sedentary)도 있다.
- **형태의 다양성.** 동물들의 모양, 크기의 범위는 육안관찰이 안될 정도로 작은 것에서 부터 고래, 대왕오징어처럼 큰 것까지 매우 다양하다. 그림 27.1b와 같은 노래기류(절지동물문)와 같이 척추가 없는 대부분의 동물들을 무척추동물이라 부른다. 알려진 100만 종의 현서종 중 60,000종 미만의 동물이 척추를 가지는데 이를 척추동물이라 부른다.
- **서식지의 다양성.** 동물은 35~40개의 문의 집단으로 나누어진다. 대부분의 생물종은 바다에 서식하고 있고 매우 적은 종류의 문의 경우 담수에 서식하거나 매우 적은 종류는 육지에 서식한다. 해양환경에 성공적으로 적응한 절지동물문, 연체동물문과 육지에 적응한 척삭동물을 포함한 3개 문이 주로 많은 동물군이다.
- **유성생식.** 대부분의 동물은 유성생식을 한다. 동물의 알은 움직이지 않으며 편모를 가지고 움직이는 작은 정자에 비해 훨씬 크다. 동물에 있어서 감수분열로 만들어진 새포들은 배우자로서의 기능을 한다. 이러한 반수체세포는 다른 반수체와 결합하여 접합자(zygote)를 생성한다. 당연하게 식물의 특성인 세대교번에 대응되는 동물은 없다.
- **배발생.** 동물의 접합자는 세포의 덩어리인 포배를 형성하는 난할이라고 부르는 그림 27.1c에서 개구리 알의 분열과 같은 일련의 유사분열을 거친다. 동물의 배아는 유생으로 발달하는데 대부분 성체와는 많이 다른 모습을 하고 있으며, 다른 서식지에서 살며, 다른 먹이를 먹고 산다. 유생은 급진적인 몸 구조의 변화과정, 즉 변태과정을 거쳐 성체로 변화한다.
- **조직.** 해면동물을 제외한 모든 동물은 세포들은 구조적 기능

a.

b.

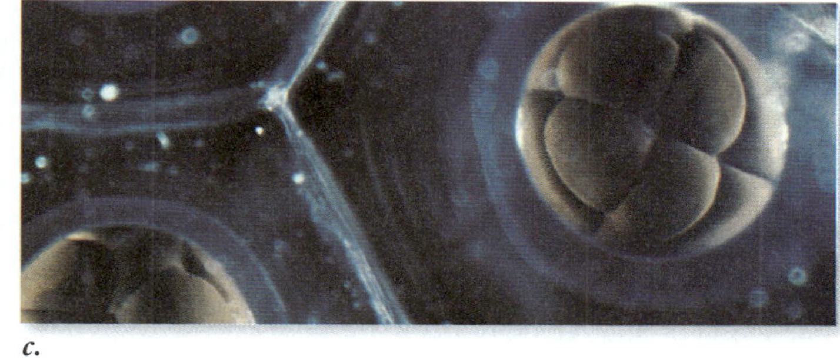

c.

그림 27.1 동물들이 공유하는 몇 가지 특징. **a.** 전부는 아니지만 대부분의 동물들은 여기저기로 이동할 수 있다. 다른 생물도 이동할 수 있지만 날 수 있는 것은 동물만의 특징이다. **b.** 동물들은 매우 폭넓고 다양한 크기와 모양을 보여준다. 하지만 엄청난 대부분의 동물은 등뼈가 없는 노래기 같은 무척추동물들이다. **c.** 동물은 발생단계를 거치면서 난할이라고 부르는 연속적인 세포분열을 하여 다세포 구조를 만드는데 이를 포배라고 부른다.

적 단위인 조직(특정 작업을 수행할 수 있도록 특별하게 므여진 세포들의 집합체)을 이룬다.

조직과 대칭적인 몸의 진화는 중요한 초기혁신이었다

학습목표 27.1.2 방사형과 좌우대칭형을 비교 및 대조 설명하라

전형적인 해면동물은 명확한 좌우대칭성이 결여되며 조직이 없는 불규칙적인 덩어리로 자라난다. 실제로 모든 다른 동물들은 조직을 가지고 있으며 확실한 외형과 좌우대칭을 보여주는 가상의 축이 동물의 몸에 존재한다. 대칭은 방사대칭형과 좌우대칭형 두 가지 주요한 유형으로 나뉜다(모든 동물들은 완벽하게 대칭이 아니지만 대칭에 매우 가깝다고 고려될 수 있다).

조직의 진화

접합자(수정란)는 동물의 몸을 이루는 모든 종류의 세포로 분화되는 능력을 가지고 있다. 우리는 이러한 능력을 전능성(totipotent)이라고 부른다. 배발생 기간동안 세포들은 특별한 기능을 가지도록 특별해 진다. 해면동물을 제외한 모든 동물에서 이러한 과정은 비가역적이다 : 분화가 되어진 세포의 후손에는 분화된 것이 남아있다.

한 가지 기능으로 특수화된 해면동물의 세포는(이를테면 섭식작용을 위한 강장 내부를 형성) 특별한 기능을 잃어버려 다른 기능을 가진 세포로 변화되지 않는다(이를테면 배우자). 이렇게 해면동물의 세포는 탈분화 그리고 재분화할 수 있다. 모든 다른 동물의 세포는 특정 형태와 기능의 세포에 의해 각각의 조직으로 구성되어 있다. 하지만 그들의 탈분화능력은 특성이 명확하게 구분되어진 조직(결국 기관으로 될 조직)으로부터 해면동물의 세포 형성을 방지한다. 분화된 조직의 진화는 진화적 다양성의 형성이라는 점(21장 참조)에서 중요한 혁신이다.

방사대칭

자포동물(Cnidaria) 문에 속하는 생물(해파리, 말미잘, 산호 ; C는 묵음)은 **방사대칭(radial symmetry)**의 몸을 보인다. 중심축을 통과하는 어떤 평면일지라도 거의 절반으로 나누어주는 거울상을 만들어준다. 파이를 예로 들면 방사대칭인데 말미잘과 비슷하다(그림 27.2a).

좌우대칭

해면동물과 자포동물을 제외한 거의 모든 동물은 몸의 좌측과 우측을 반으로 나누었을 때 거울상을 보여주는 **좌우대칭(bilateral symmetry)**의 몸을 가진다. 이러한 몸 체제를 가진 동물들을 좌우대칭동물이라고 명명한다. 시상단면은 그들의 절반을 규정한다(그림 27.2b). 좌우대칭인 몸(좌우의 절반)은 배(등쪽)면과 복부면은 관상면(frontal plane)에 의해 나누어지며, 앞쪽과 뒤쪽의 말단부는 횡단면에 의해 나누어진다. 4족동물의 경우는 배면(등쪽면)이 위쪽이다.

어떤 경우에는 동물이 좌우대칭인지 방사 대칭형인지 결정내리는 것이 쉽지 않은 경우도 있다. 예를 들어서 극피동물(불가사리 등)의 경우 성체는 방사대칭이지만 유생은 좌우대칭이다. 이러한 경우 동물의 계통연구결과 방사대칭인 성체는 좌우대칭형인 조상형 조건으로부터 유도되었다 ; 유생의 형태형성과 함께 과학자들은 극피동물이 좌우대칭이라는 것에 대한 고려를 하고 있다.

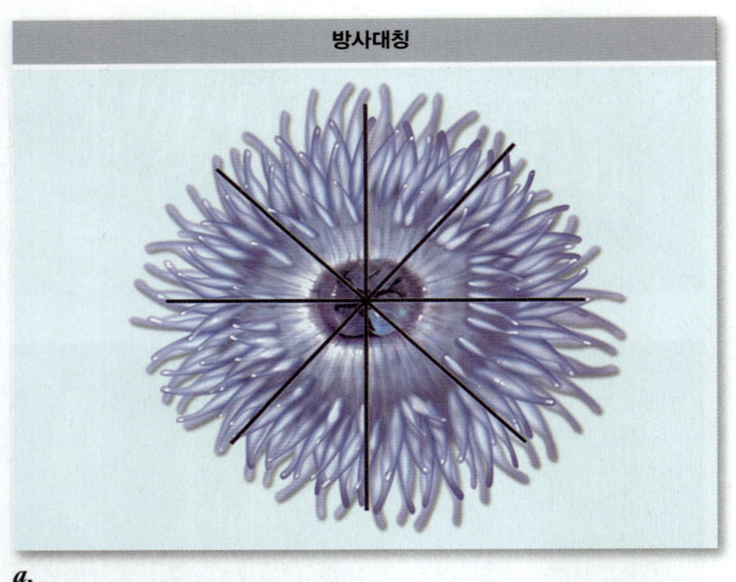

a. *b.*

그림 27.2 방사대칭과 좌우대칭의 비교. **a.** 말미잘(자포동물문) 같은 방사대칭 동물은 몸의 중앙축을 통과하는 어떤 면이라도 똑같은 반쪽으로 나누어진다. **b.** 거북(척삭동물문) 같은 좌우대칭 동물은 시상면(sagittal plane)을 따라서만 똑같은 반쪽으로 나눌 수 있다.

좌우대칭은 동물의 몸체제의 발달에 있어 진화적인 발전을 만들어 냈다. 좌우대칭동물들은 환경에서 일관성 있는 방향성을 갖고 이동할 수 있는 능력을 갖는다(특별히 앞부분먼저) - 방사대칭동물들에게는 매우 어려운 기술이다. 방향성 있는 움직임과 함께 신경세포들이 모여서 뇌가 된다. 그리고 몸의 앞부분에 감각구조를 이룬다. 앞부분에서의 신경조직의 집중은 초기 진화의 현상으로 **머리화(cephalization)**라고 부른다. 좌우대칭동물들의 신경계의 많은 레이아웃은 하나 또는 그 이상의 주요한 세로축의 앞쪽의 감각기관과 뇌로부터 몸의 나머지 부분으로 정보를 전달하는 신경삭에 집중된다.

체강은 기관계의 발생을 가능하게 만들었다

학습목표 27.1.3 동물의 체강 유형을 설명하라.

배발생 과정에서 대부분의 동물군의 세포들은 배엽(germ layer)이라고 부르는 세 세포층을 만든다. 바깥층을 외배엽, 안쪽층을 내배엽, 중간층을 중배엽이라 부른다. 세 겹의 배아세포층으로 이루어진 동물들을 3배엽성(triploblastic)이라고 부른다. 배로부터의 성숙과정 동안 어떤 기관과 기관계는 각각의 배엽으로부터 발생한다. 자포동물을 오로지 두 개의 배엽, 즉 내배엽과 외배엽으로 이루어진 2배엽성(diploblastic) 동물로 기관들을 가지고 있지 않다. 해면동물은 배엽들이 없으며 조직이나 기관들을 가지지 않는다. 모든 좌우대칭동물들은 3배엽성이다.

체강

좌우대칭동물의 몸체제에 있어서 가장 중요한 혁신은 외부로부터 체강이 분리되어 있다는 것이다. 이는 외부로 열려있는 소화강과는 다르다. 동물의 몸속 효과적인 기관계의 진화는 기관을 지지하고, 물질을 분배하고, 복잡한 상호작용의 발달촉진 하는 체강 없이는 가능하지 않았다. 강은 유체로 차있다. 대부분의 동물들의 유체는 액체이다. 하지만 척추동물인 경우 기체인 경우도 있다. 사람의 체강에는 생명이 위협받는 상황인 경우 유체가 가득하다. 좌우대칭동물의 몇몇은 체강이 없는 경우도 있다. 중배엽으로부터 발달된 조직의 빈 공간 그리고 세포와 결합조직으로 채워져 있는 내배엽으로부터 발달된 빈공간만 가지고 있는 경우도 있다. 이들을 소위 무체강동물이라고 부른다(그림 27.3).

좌우대칭동물에 있어서 여러번 진화를 거쳐 체강이 나타났다. 어떤 동물에서는 **의체강(pseudocoelom)**이라고 부르는 체강이 발생학적으로 중배엽과 내배엽사이에서 발생함으로써 성체에서 중배엽과 내배엽에서 유래한 조직 사이에 존재하는데, 이런 유형의 체강을 가진 동물을 의체강동물이라고 부른다. 어떤 동물에 있어서 중배엽과 내배엽 사이에서 발생학적으로 발달한 그리고 그 결과 중배엽과 내배엽 사이에서 각각 유도되어진 조직을 가진 성체인 동물의 체강을 의체강이라 부른다. 이런 타입의 체강을 가진 동물을 의체강동물이라고 부른다. 의체강의 의미는 "가짜의 체강"이라는 뜻으로 많은 동물군에서 진정한 몸속 공간이다. 체강(coelom)은 공간으로 중배엽으로부터 완전히 발생된 것이다(그림 27.3). 체강은 복막이라고 부르는 중배엽으로부터 유도되어진 표피세포들의 층으로 둘러싸인 공간이다.

동물은 개방 또는 폐쇄 순환계를 가진다

많은 작은 동물에 있어서 영양분과 산소는 체강내 유체(체액)에 의해 공급되고 제거되고 소비된다. 대부분의 대형동물의 경우에는 대조적으로 **순환계(circulatory system)**를 가진다. 그물과 같은 혈관은 유체를 운반하고 몸의 먼 곳까지 소화(장관) 또는 가스교환(아가미 또는 폐)을 한다. 순환되는 체액은 순환되는 유체와 몸을 구

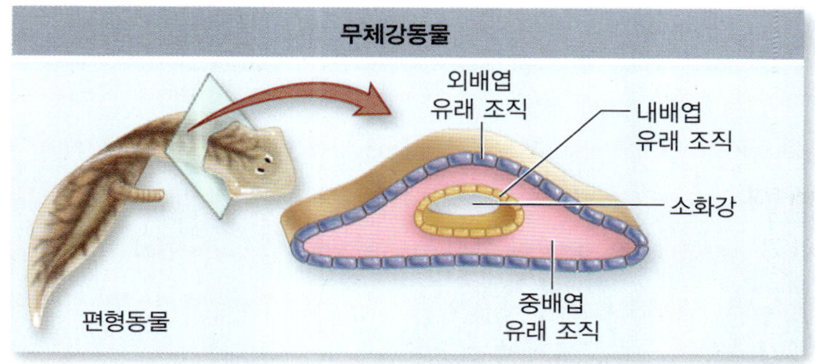

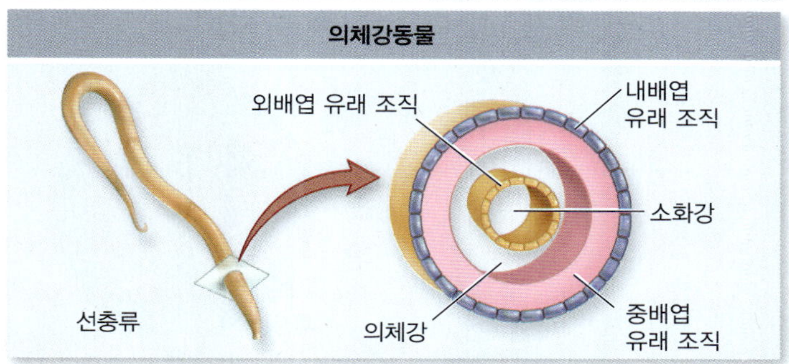

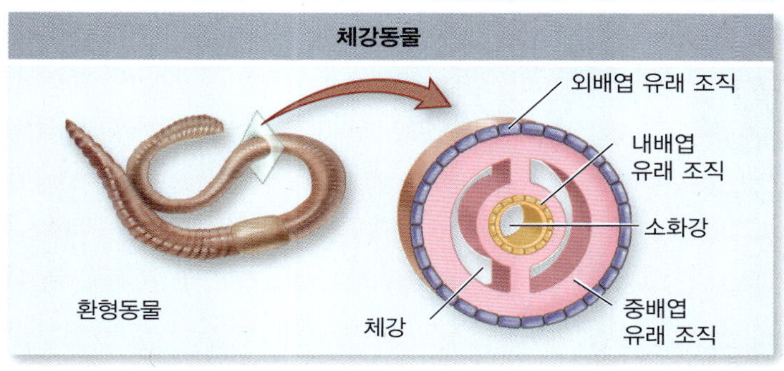

그림 27.3 좌우대칭 동물의 세 가지 몸체제. 편형동물 같은 무체강동물은 내배엽에서 유래된 소화관과 중배엽에서 유래된 근육층 사이에 체강이 없다. 의체강동물은 내배엽에서 유래된 조직과 중배엽에서 유래된 조직들 사이에 의체강이 있다. 체강동물은 전적으로 중배엽에서 유래된 조직들 내에서 생긴 체강을 갖고 있고, 중배엽에서 유래된 조직들이 체강의 양쪽에 늘어선다.

성하는 각 세포들 간 확산에 의해 영양분과 산소를 각 조직으로 운반하거나 이산화탄소를 포함한 노폐물을 제거해주는 역할을 한다.

혈액이 혈관에서부터 공동으로 들어가는 **개방순환계(open circulatory system)**에 있어 조직의 세포들이 담그어 져 있는 체액과 혼합되며 다른 곳에 있는 혈관으로 다시 들어간다. **폐쇄순환계(closed circulatory system)**에 있어서는 혈액은 혈관 내에 가두어져 있으며 그로 인해 다른 체액들과는 물리적으로 분리되어있다. 혈액의 이동은 개방순환계보다 폐쇄순환계의 경우가 보다 빠르고 효과적이다 ; 개방순환계는 상대적으로 활동성이 약한 동물의 특징이며 많은 산소가 요구되지 않는다. 몸집이 작은 동물에 있어서 동물의 움직임에 따라 혈액이 폐쇄순환계를 통해 추진되어질 수 있다. 몸집이 큰 동물에 있어서, 혈액을 밀어낼 만큼 몸의 근육조직이 충분한 힘을 가지지 못하여 하나 또는 그 이상의 심장(혈관의 일부인 특별하게 분화된 근육조직)을 가진다.

초기발생의 차이가 좌우대칭동물군을 선구동물과 후구동물로 나눈다

학습목표 27.1.4 선구동물과 후구동물을 비교하고 대조하라.

동물의 배발생 과정은 36장에서 좀 더 심도 있게 다루어질 것이다. 요약해보면 좌우대칭동물들은 알에서부터 난할이라고 부르는 유사분열을 시작으로 해서 속이 빈 공모양의 세포덩어리를 만들고 만입되어 두 개의 층을 가진 공이 만들어지게 된다. 만입되어 만들어진 내부의 공간은 원시적인 장을 의미하는 **원장(archenteron)**이라고 하고, 외부와 맞닿은 부분을 **원구(blastopore)**라고 부른다.

선구동물과 후구동물

선구동물(protostome)은 성체가 되었을 때 원구 또는 원구근처가 입으로 발달되는 동물을 가리킨다(*protostome*의 뜻은 "첫번째 입"이라는 의미로 처음 열린 입구가 입이 된다는 뜻임). 선구동물은 편형동물, 선형동물, 연체동물, 환형동물 그리고 절지동물 등 대부분의 좌우대칭동물을 포함한다. 어떤 선구동물은 입과 항문 모두 배발생과정의 원구로부터 유래하며, 또 다른 종류의 선구동물의 항문은 나중에 배의 다른 영역으로부터 유래한다. **후구동물(deuterostomes)**은 표면적으로 다른 두 개의 집단 ? 극피동물과 척추동물 ? 과 몇몇의 작은 문으로 구성되어 있는데 성체가 되었을 때 원구가 입으로 되지 않는다. 후구동물의 원구는 그 개체의 항문으로 만들어진다. 입은 발생과정 후기에 만들어지는 새로운 구멍으로부터 만들어진다(후구 *deuterostome*의 의미는 "두 번째 입"이다).

난할의 양상

난할의 양상은 상대적으로 배의 극방향 축이 세포가 어떤 방향성으로 다른 세포와 배열되는지에 따라 결정된다. 어떤 선구동물에 있어서 각각의 새로운 세포가 분열되면서 극방향축을 중심으로 비스듬하게 기울어진 각도로 배열되어진다. 그 결과 새로운 세포는 좀 더 오래된 세포와 촘촘한 배열을 하고 있으며 빈 공간 방향으로 놓여있게 된다. 이러한 양상을 우리는 **나선난할(spiral cleavage)**이라고 부르는데 그 이유는 세포가 분열하여 선으로 그려지는 순서가 극방향축을 중심으로 바깥방향으로 나선형으로 보이기 때문이다(**그림 27.4**의 위). 나선난할은 환형동물, 연체동물, 유형동물 그리고 연관성 있는 문들의 전형적인 특징이다 ; 이러한 종류의 동물들과 같은 난할양상을 가지는 경우를 나선난할동물(Spiralia)이라고 부르기도 한다.

후구동물과 대조적으로 세포들은 극방향축을 중심으로 오른쪽 방향으로 분열한다. 따라서 각각의 분열을 통한 세포들은 직접적으로 위와 아래쪽으로 위치하며 이러한 과정의 결과 서로 느슨하며 꽉 찬 공 같은 구조가 만들어진다. 이러한 양상을 **방사상 난할(radial cleavage)**이라고 부르는데, 그 이유는 극방향 축을 중심으로 세포분열의 순서가 바깥 방향으로 방사상이기 때문이다.

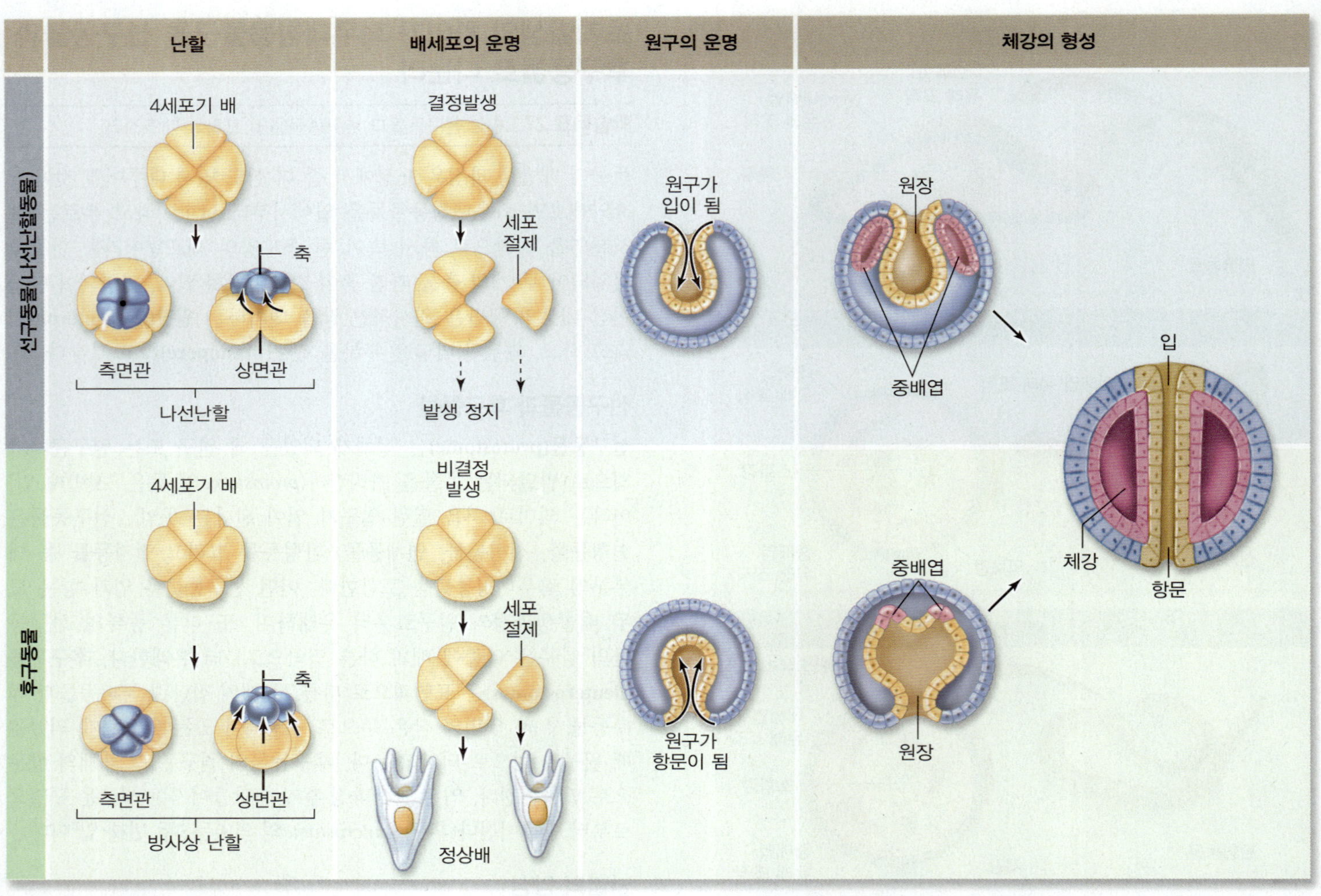

그림 27.4 선구동물과 후구동물의 배발생과정. 선구동물인 나선난할동물에서 배세포들은 나선형으로 난할을 하고 결정발생을 나타낸다. 원구는 동물의 입이 되고 체강은 내배엽 세포들의 분할로부터 유래된다. 후구동물에서 배세포들은 방사상으로 난할을 하고 비결정발생을 나타낸다. 원구는 동물의 항문이 되고 체강은 원장의 함입으로부터 생긴다.

결정발생 대 비결정발생

많은 선구동물들은 **결정발생(determinate development)**을 나타낸다. 즉 배세포는 성체가 되었을 때 확정적인 형태에 대한 결정을 가지고 있다. 많은 계통은 난할이 시작되기 전에 알의 각기 다른 영역에 분자적인 발생신호를 가지고 있다. 그 결과, 수정 후 세포의 분열 때 분자신호를 분리하여 각각의 딸세포에 전달하여 초기의 배세포들조차도 특별한 운명이 결정되어 있다. 각각의 배아세포는 성체의 특별한 부분으로 운명이 결정되어 있다. 만일 세포들이 분리되어 있다면 발생의 과정은 일어나지 않는다.

반대로 후구동물은 **비결정발생(indeterminate development)**을 한다. 접합자의 최초의 세포분열은 동일한 딸세포를 생산한다. 만일 세포끼리 서로 떨어져 있다면 그 누구도 정상적인 개체로의 발생을 언급할 수 없을 것이다(이것이 쌍둥이가 생기는 방법이다). 그러므로 각각의 세포가 전능성을 가지고 있으며 여러 번의 난할을 하는 동안에도 운명이 결정되어지지 않는다.

체강의 형성

체강은 중배엽에서 유래한다. 선구동물에 있어서, 중배엽세포들의 덩어리와 함께 체강의 확장을 하기 위해 세포들은 서로간 떨어지기 위해 단순하게 움직인다. 후구동물에 있어서 세포들의 집단은 원장 끝부분에서 주머니를 만드는데 이를 우리는 원장(primitive gut)이라고 부른다. 발생중인 배의 중심의 공동은 내배엽으로 줄지어 있다.

후구동물 발생의 일관성 그리고 선구동물과의 차이점은 공통조상으로부터의 진화로 제안되어진다. 선구동물의 발생의 양상은 다양하지만 나선형 발생과의 차별점 때문에 과학자들은 모든 나선난할을 하는 문들의 공통조상으로부터의 진화로 설명한다. 우리가 앞으로 보게 되듯이 동물계통발생에 대한 우리들의 변화하는 인식은 이러한 결론을 지원한다.

체절화는 여러 번 진화하였다

학습목표 27.1.5 어떻게 체절화가 중요한 혁신인지 설명하라.

표 27.1	대부분의 종을 포함하는 동물문		
문(Phylum)	전형적인 예	주요 특징	개략적인 종수
절지동물문 (Arthropoda)	곤충, 게, 거미, 가재, 다지류(지네)	키틴질의 외골격이 체절화되고 체강이 있는 몸을 싸고 있다. 쌍을 이루는 관절지가 있다. 많은 종류의 곤충은 날개를 가진다. 해양, 육상 그리고 담수 서식지에 산다.	1,000,000
연체동물문 (Mollusca)	달팽이, 조개, 문어, 민달팽이	많은 연체동물은 체강이 있는 몸으로 외투막에서 분비되어 만들어진 한 개 또는 그 이상의 패각으로 덮여있다. 많은 종류들은 독특한 골 같은 혀, 즉 치설을 가진다. 해양, 육상 그리고 담수 서식지에 산다.	110,000
척삭동물문 (Chordata)	포유류, 어류, 파충류, 양서류	체강을 가진 각 개체는 어떤 시기에 척삭, 등쪽 신경삭, 인두열 그리고 항문뒤 꼬리를 가진다. 척추동물에 있어 척삭은 척추로 대체된다. 해양, 육상 그리고 담수 서식지에 산다.	56,000
편형동물문 (Platyhelminthes)	플라나리아, 조충(촌충), 흡충	체절화 되어있지 않고, 무체강이며, 좌우대칭이다. 소화강은 한쪽으로만 열려있다 ; 조충(촌충)은 소화관이 없다. 많은 종들은 사람과 가축의 기생충으로 중요하다. 해양, 육상 그리고 담수 서식지에 산다.	20,000
선형동물문 (Nematoda)	회충, 요충, 십이지장충	의체강이고, 체절이 없으며, 좌우대칭이다; 입과 항문에 관상의 소화관을 가진다. 해양, 육상 그리고 담수 서식지에 산다. 어떤 종은 식물과 사람을 포함한 동물에 기생한다.	25,000 (종수가 더 많다고 생각하는 학자도 있다)
환형동물문 (Annelida)	지렁이, 서관충, 거머리	체절화 되어있고 좌우대칭이며, 완전한 소화관을 가진 체강이 있다. 대부분은 각 체절에 강모(chaetae)를 가진다. 해양, 육상 그리고 담수 서식지에 산다.	16,000
자포동물문 (Cnidaria)	해파리, 산호, 말미잘	방사대칭이고 체강이 없으며 조직이 있으나 기관은 없다. 입은 단순한 소화낭으로 열려있으며 쏘는 캡슐(자포)로 무장된 촉수로 둘러싸여 있다. 비해양성인 몇 종이 담수에 서식한다.	10,000
극피동물문 (Echinodermata)	불가사리, 성게, 연잎성게	성체는 5방사대칭이다. 수관계는 체강공간이다. 탄산칼슘 판으로 된 내골격이 있다. 몸의 일부가 제거되면 재생된다. 모두 바다에 산다.	7000
해면동물문 (Porifera)	해면	비대칭을 이루는 몸들을 "개체"로 규정짓기는 어렵다. 조직이나 기관이 없다. 수관이 바깥쪽으로 열려있으며 내부 체강에는 여과섭식용 편모가 나 있는 금세포(choanocyte)층이 있다. 대부분 해산종이다.	7000
태형동물문 (Bryozoa)	이끼벌레류 (Sea mats, sea moss)	유일하게 군체를 이루는 문이고 각 군체는 작고 체강을 갖는 개체들(개충)로 구성되고, 개충들은 외골격에 의해 연결된다. 고리 모양의 섬모 달린 촉수(촉수관)가 각 개충의 입 주변을 둘러싸고 있다.	4500
종수는 적지만 중요한 동물문			
윤형동물문 (Rotifera)	윤충류	1세트의 복잡한 턱을 포함한 완전소화관을 가진 작은 의체강동물이다. 앞쪽 끝에 있는 섬모의 움직임이 돌아가는 바퀴와 닮았다.	2000
유형동물문 (Nemertea)	끈벌레	선구동물인 끈벌레는 연약한 몸이 주목할 만하다. 길게 늘어날 수 있는 주둥이는 체강공간을 차지한다. 대부분 해산종이지만 몇몇은 담수종이며 소수가 육상에 산다.	900
완보동물문 (Tardigrada)	곰벌레	현미경적인 크기인 선구동물로 5개의 체절과 4쌍의 발톱이 달린 다리가 있다. 각 개체는 일주일 또는 그 미만으로 살지만 가사상태로 오랜 기간 생존할 수 있다. 해양, 육상 그리고 담수 서식지에 산다.	800
완족동물문 (Brachiopoda)	개맛(Lingula)	두 개의 패각을 가지는 선구동물이다. 입 주변에 고리 모양의 섬모가 난 촉수관(lophophore)이 있다.	300
유조동물문 (Onychophora)	발톱벌레	체절화된 선구동물로 완보동물과 닮았다. 키틴성의 부드러운 외골격과 체절화되지 않은 부속지를 갖는다.	110
유즐동물문 (Ctenophora)	빗해파리, 감투해파리	젤리 같고, 거의 투명하며, 가끔 빛을 내는 해산동물. 8개의 섬모띠(즐판대)가 있고, 섬모를 운동기관으로 사용하는 가장 큰 동물이다. 완전한 소화관과 항문을 가진다.	100
모악동물문 (Chaetognatha)	화살벌레	작고, 좌우대칭이며, 투명한 해산종으로 각 측면에 지느러미를 갖는다. 강력한 강모가 있는 턱을 가지고 측면에 신경삭이 있다. 체강동물인지 논란이 많다.	100

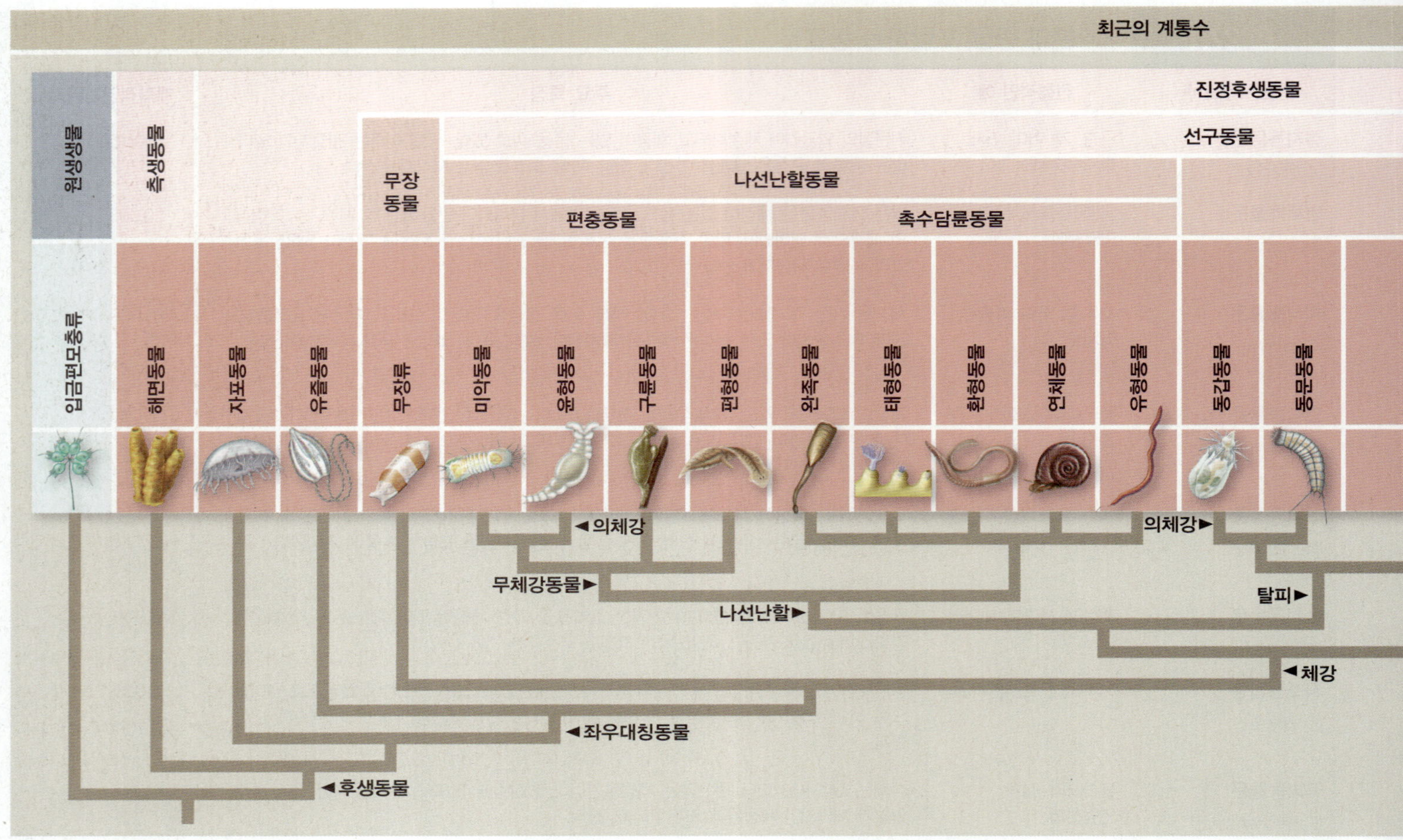

그림 27.5 개정되어 제안된 동물의 계통수. 35~40개 문에 대한 계통수는 해부학적 자료와 발생학적 자료뿐만 아니라 분자계통학적 연구에서 얻어진 결과를 해석한 일치된 의견을 반영한다. 모악동물은 선구동물인지 후구동물인지가 분명하지 않다.

체절이 있는 동물은 적어도 발생초기에는 일련의 선형배열된 전형적으로 비슷한 구획으로 구성되어 있다(그림 27.16, 27.20, 27.28 참조). 하지만 그것들은 특별한 기능을 이미 가지고 있다. 초기 발생과정동안 체절은 우선 명백하게 중배엽이지만 후에 외배엽과 내배엽에 반영되어진다. 두 가지의 장점은 초기배 체절화로부터의 결과이다.

1. 지렁이(환형동물문)와 같이 체절이 매우 많은 동물은 각각의 체절이 성체의 기관계의 완벽한 세트로 발전된다. 이러한 중복적인 시스템 때문에 어느 하나의 체절이 손상되어도 치명적이지는 않다.
2. 각각의 체절이 절반 정도 독립적으로 움직일 수 있어 운동성은 좀 더 효과적이다. 체절을 구분 짓는 각각의 구획은 각각 자율적으로 수축하거나 확장할 수 있다. 그러므로 긴 몸이 복잡한 방법을 통해 이동이 가능해진다.

체절화는 형태적으로 가장 복잡한 동물의 몸체제 구성의 기초를 이룬다. 절지동물의 성체의 경우 체절이 합쳐진다. 하지만 체절화는 보통 배아발달과정에서 명백하다. 척추동물의 경우 간혹 체절화가 성체인 경우 숨겨져 있지만 척추와 근육의 블록들은 체절로 되어있다.

예전의 동물학자들은 진정한 체절화가 환형동물, 절지동물 그리고 척삭동물에서 고려되지만 체절화는 좀 더 광범위한 동물에서 존재하다고 인식하였다. 유조동물문(velvet worms), 완보동물문(곰벌레, water bears) 그리고 동문동물문(mud dragons) 등에 속하는 동물들은 체절화되어 있다.

개념 정리 27.1

동물은 대칭구조, 조직, 체강의 종류, 배발생 과정의 순서 그리고 체절화에 기초하여 구분되어진다. 좌우대칭동물들은 좌측과 우측이 거울상을 이룬다. 대부분의 좌우대칭동물은 체강이 형성된다. 의체강은 중배엽과 내배엽 사이에서 발생한다 ; 체강은 완전히 중배엽에서 발생한다. 선구동물은 입이 항문보다 앞서 발생하고, 후구동물의 입은 항문이 만들어진 후 형성된다. 체절화는 중복된 시스템으로 이동에 매우 효과적이다.

- 머리화가 어떻게 몸의 대칭성과 관계가 있을까?

27.2 분자적 자료는 동물의 계통수를 명확하게 해 준다

다세포동물들 또는 후생동물들은 전통적으로 35~40개의 문(phyla, 단수 phylum)으로 나누어진다. 생물학자들 간에는 대부분의 동물의 문 단위의 배치에 대하여 약간의 견해 차이가 있다. 일부 동물학자들은 몇몇의 위치에 대해 다른 의견을 갖고 있다. 동물의 다양성은 표 27.1에서 명확하게 보여주고 있으며 20개의 문에 대하여 중요한 형질에 대하여 언급하고 있다.

분자적 자료는 동물의 계통을 수정한다

학습목표 27.2.1 동물의 계통이 바뀌는 것에 대해 우리가 어떻게 이해하는지 설명하라.

전통적으로 동물의 계통은 동물의 계통수의 중심 가지와 관련하여 지난 세기동안 나타난 광범위한 의견의 일치에 근거한 해부학적 특징과 배의 발생학적 국면들의 특성을 통해 추론된다. 지난 30년간 모든 동물 집단에 대한 유전자서열 자료는 분류의 개념을 다시 한번 생각할 수 있도록 가속적으로 축적되었다. 가끔 같은 동물 집단 안에서의 조금 다른 분자는 진화적 유연관계로 제안되어져 계통수는 발전된다. 하지만 여러 개의 유전자로부터 종합되어진 자료는 대부분의 문의 관계를 결정한다.

그들은 분자 자료와 계통수가 완전히 일체화 또는 그들이 전통적인 동물 계통수와 깊은 구조와 공유한 것을 기초로 하여 어떤 면에서 서로 차이가 있다. 그림 27.5는 형태적, 분자생물학적, 생활사 그리고 다른 적절한 자료로부터 발전된 동물 계통수의 요약이다. 이러한 계통의 일부는 확실하게 정립되지 않았으며 새로운 연구는 지속적으로 나타나며 가끔은 전혀 다른 결론으로 나타나고는 한다. 계통분류학자에게는 흥미로운 시간이지만 동물들 집단 간의 관계에 대한 이해의 변화는 좌절될 수도 있다. 어떠한 과학적인 생각처럼, 계통은 추가 자료를 고려하여 수정이 개방 되어 있는 가설이다.

한 가지 일관된 결과는 해면동물은 다른 동물들과 동일한 조상을 공유한 단일계통 집단으로 구성되어 있다는 것이다. 일부 계통분류학자는 해면동물이 두 개(또는 3개)의 집단으로 구성되는 것으로 고려를 하였지만 분자생물학적 자료는 해면동물문이 단일집단이라는 주된 관점을 지지한다. 앞에서 언급한 바와 같이 모든 동물들은 단계통으로 발견된다.

진정후생동물이라고 부르는 나머지 동물들의 분자생물학적 자료는 좌우대칭동물(Bilateria)에서 분지되어 나온 전통적인 시각의 자포동물(히드라, 해파리, 산호)과 일치한다.

좌우대칭동물 중 후구동물의 계통에 대한 우리의 이해는 크게 많이 변경되지 않았다. 하지만 선구동물에 대한 이해는 분자자료에 의해 과감한 변경이 있었다. 분자생물학적 분석을 통해 환형동물과 절지동물은 명확해졌다. 두 집단 모두 체절화가 되어있어 그들은 매우 가까운 것으로 생각되지만 사실은 그렇지 않고, 그 대신 그들은 분리되어진 계통군에 속한다. 선형동물과 절지동물은 이전에는 밀접한 관계는 아니라고 생각되었다. 하지만 탈피라는 특징의 공통점을 보아 같은 계통군의 일부로 생각된다. 분자적 서열 자료는 형태학적 특징은 진화적인 유연관계를 가장 잘 보여준다는 우리의 생각을 시험하게끔 도와줄 수 있다. 이러한 경우 분자자료는 그런 것을 보여주는 것을 허용한다. 우리의 가설과는 반대로, 체절화는 수렴진화로 보이지만 탈피는 그렇지 않다.

분자자료는 동물의 계통에 대한 견해를 변화시키고 명확하게 한다. 동물들이 단일계통이라는 사실은 명확해졌으며, 동물 내에서 해면동물 역시 단계통적이지만 유연관계는 불명확하다. 이러한 자료는 모든 계통학적 논쟁을 해결해 주지는 못하며, 선구동물의 유연관계에 대한 우리의 식견을 바꿔 주었다.

전통적인 형태학기반의 계통은 체강에 초점을 둔다

이러한 새로운 동물계통에 대한 이해는 어떻게 체강이 형성되었는지에 대한 새로운 생각에서 유래되었다. 동물학자들은 이전에 최초의 동물은 무체강동물이었을 것이라고 추측한다. 그들 자손 중 일부는 의체강동물로 진화되었을 것이라고 생각한다. 그리고 어떤 의체강동물의 후손은 체강동물로 진화되었다고 생각한다. 분류시스템은 체강의 상태에 기초하였다 라는 견해는 다소 광범위 하다고 보인다. 하지만 21장에서 나오듯 진화는 선형 그리고 방향적인 것처럼 가끔 발생한다. 동물의 계통에 대한 우리의 이해는 체강의 상태가 이전에 인식한 것 보다 여러 번 진화되었다 고 하는 점이 명확하다. 그리고 결과적으로 계통분류학적 관계를 추론하기에는 신뢰할만한 특징이 되지 못한다는 점이다.

특히, 체강은 단한번의 진화로 나타나며 계통군의 조상은 선구동물과 후구동물을 포함한다. 계속해서 의체강동물의 조건은 선구동물 계통군인 체강동물의 조상에서부터 여러 번 일어난 것이다. 이러한 결과로 모든 후구동물은 체강을 갖는다. 하지만 선구동물의 조건들과 혼합되어있다. 부가적으로 무체강의 조건은 동물들의 선조의 상태로 여겨질 지라도 어떤 동물들은 체강이 없으며 두 번째로 무체강동물이 되었다.

선구동물은 나선난할동물과 탈피동물로 구분된다

학습목표 27.2.2 나선난할동물과 탈피동물을 비교하라.

선구동물의 두 개의 주요 계통군은 아주 오래전부터 독립적으로 진화되어 왔다고 인식되어진다. : **나선난할동물(spiralians)**은 그들의 난할 양식에서 이름이 붙어졌으며, **탈피동물(ecdysozoans)**은 개체가 자라는 것과 맞추어 주기적인 허물을 벗는 특징 때문에 붙여졌다.

나선난할동물

나선난할동물은 몸에 점차 덩어리를 붙여 나가는 방법으로 자라난다. 대부분 물에 살고 섬모 또는 몸의 근육질을 수축함으로써 추진력을 얻는다. 나선난할동물은 **촉수담륜동물(lophotrochozoans)**과 **편충동물(platyzoans)**의 두 계통군으로 나누어진다. 편충동물의 가장 두드러진 집단은 단순한 몸에 순환계 또는 호흡계가 없고 매우 발달된 생식계를 가진 편형동물인 편형동물문(Platyhelminthes)이다. 이 집단은 해양 및 담수 플라나리아뿐만 아니라 기생성 간흡충과 조충(촌충)이 포함되어 있다. 촉수담륜동물은 두 가지 주요 문(phyla)과 여러 개의 작은 것들로 구성된다. 많은 동물들은 담륜자(trochophore)로 알려진 자유생활 유생시기를 가지고, 어떤 것은 섭식구조인 걸러먹기(filter-feeding)를 위한 말굽 모양의 왕관처럼 보이는 섬모가 나있는 촉수로 둘러싸인 입, 즉 촉수관을 가진다(그림 27.6). 태형동물(Bryozoa) 과 완족동물(Brachiopoda)의 경우 촉수관은 문의 특징이다. 촉수관을 가지는 동물들은 고착형(sessile)이다.

촉수담륜동물 중에 담륜자를 가지는 동물문은 연체동물문과 환형동물문이다. 연체동물문은 체절화되어 있지 않으며 체강이 최소화되어 있다. 이 문은 문어, 달팽이 그리고 조개를 포함하는 매우 다양한 동물을 포함한다. 환형동물문은 체절화된 유체강 벌레로 지렁이 때문에 매우 친숙하게 알고 있다. 하지만 거머리와 매우 큰 해양성 다모류가 포함된다.

탈피동물

선구동물의 또 다른 주된 계통군은 **탈피동물(Ecdysozoa)**이다. 탈피동물은 허물을 벋는 동물들인데 동물계에서 이러한 현상은 한번에 진화된 것으로 여겨진다. 동물이 딱딱한 외부골격을 가득 채울 정도로 충분히 크게 생장하였을 때, 탈피에 의해 골격을 잃는데 이러한 과정을 **탈피(ecdysis)**라고 한다(그림 27.7). 동물이 생장하는 동안 새로운 외골격이 현재의 외골격 밑에서 형성되고 있다. 탈피의 첫 번째 단계는 현재의 외골격을 금가게 하고 열리게 한 후 밖으로 나오도록 몸체를 부풀리는 것이다. 외골격 탈피시 동물은(많은 곤충과 거미, 공기 등)는 새로운 표피를 체액을 이용하여 부드럽게 부풀리고 확대시킨다. 새롭게 딱딱하게 만들어진 외피는 허물을 벗은 예전 것보다 더 크며 생장을 위해 공간을 가지고 있다. 따라서, 탈피동물들의 생장은 다른 동물들처럼 연속되는 것이 아니라 계단식이다.

선형동물과 절지동물 두 개의 문은 이전에는 연관되어 생각하지 않았지만 지금은 탈피동물로 분류된다. 절지동물문은 그 어떤 문보다도 가장 많은 종수가 기재되어있다. 두 문 모두 실험실에서 최신 유전학과 발생학을 이해하는 데 사용되는 모델생물인 초파리(*Drosophila melanogaster*)와 예쁜꼬마선충(*Caenorhabditis elegans*)을 포함하고 있다.

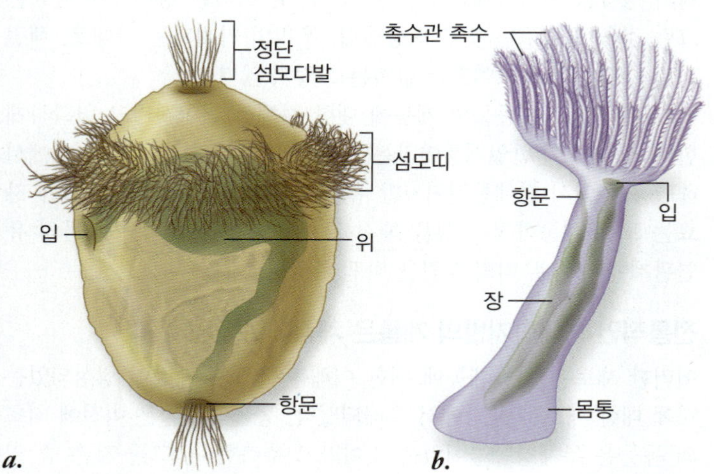

그림 27.6 (a) 담륜자와 (b) 촉수관.

그림 27.7 곤충의 일종인 매미의 탈피.

개념 정리 27.2

과학자들은 전통적으로 조직, 대칭, 체강의 유무 그리고 발생단계에 기초하여 문을 정의했다. 분자자료는 단순하게 몸 크기를 늘려가는 나선난할동물과 대조적으로 크기를 늘리기 위해 허물을 벗는 탈피동물을 포함하는 선구동물의 재평가를 주도했다.

- 왜 계통분류학자들은 각 집단의 동물의 한 가지 또는 보다 많은 특징들이 오직 한 번에 진화되었다고 특징지으려 할까?

27.3 진정한 조직은 간단한 동물에서 진화되었다

계통분류학자들은 전통적으로 동물계(후생동물, Metazoa)를 두 개의 큰 집단으로 나눈다. 측생동물(Parazoa)은 명확한 대칭성이 없으며 조직을 가지지 않는 동물을 포함한다. 이들은 해면동물문(Porifera)이다. 그들은 많은 면에서 다른 동물들과 달라서 일부 과학자들은 해면동물이 다른 동물들과 유연관계가 없다고 말한다. 그 의미는 동물의 경우 두 개의 분리된 기원이 있다는 뜻이다. 진정후생동물(Eumetazoa)은 일정한 모양과 대칭성을 가진 동물들이다. 모든 동물은 조직을 가지며 대부분 기관과 기관계를 가진다. 현재 대부분의 계통분류학자들은 측생동물과 진정후생동물이 살아있는 생물 중 입금편모충류(choanoflagellates)와 가장 가까운 공통조상에서 유래했다는 데 동의한다. 이러한 암시는 동물은 하나의 기원에서 그리고 대부분의 계통은 동물의 계통수의 가장 근간에 있는 측생동물의 분자자료와 함께 구축되어진다.

해면동물은 대칭성이 없으며 특수한 조직이 없다

학습목표 27.3.1 금세포의 기능에 대하여 설명한다.

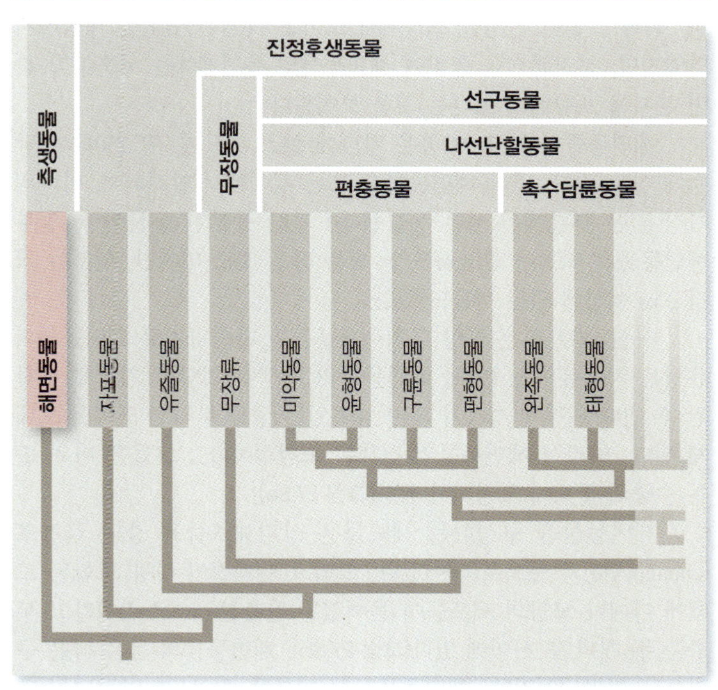

해면동둘문(Porifera)에 속하는 해면동물(sponge)은 가장 간단한 동물이다. 대부분의 해면동물은 대칭성이 완전히 결여되며, 그들을 구성하는 세포들도 매우 특수화 되어있으며 조직을 구성하지도 않는다. 그러나 해면동물 세포들은 동물세포가 갖는 중요한 성질인 세포인식을 한다. 예를 들어, 하나의 해면동물은 실크로 만든 미세

a.

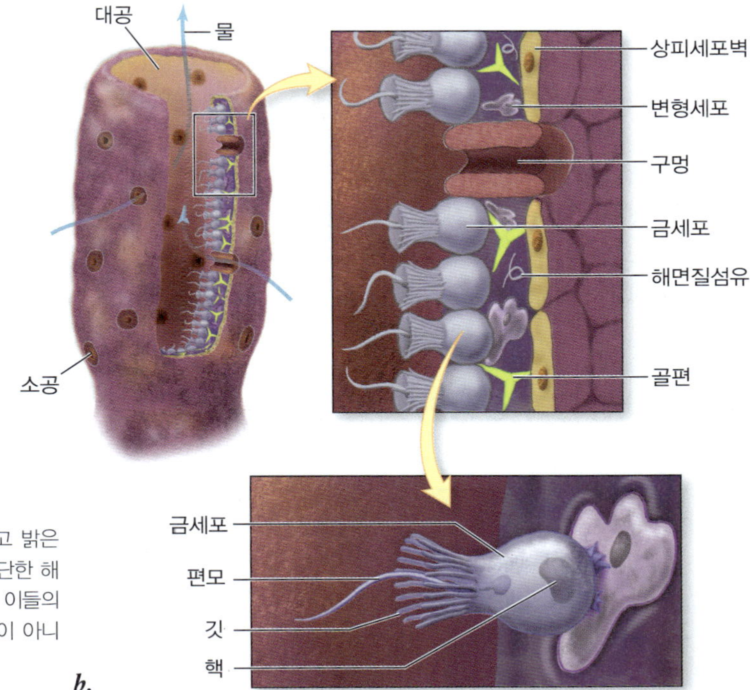

b.

그림 27.8 해면동물문: 해면. a. 관해면(*Aplysina longissima*). 아름답고 밝은 오렌지색과 보라색을 띠는 긴 해면은 깊은 산호초에서 발견된다. b. 가장 간단한 해면의 도식화한 그림. 해면은 여러 가지의 다른 세포형으로 구성되어 있는데, 이들의 활동은 공동으로 작용한다. 해면의 몸체에는 잘 발달된 조직이 없으며 대칭이 아니다.

그물망을 통과할 때, 각각의 세포들은 분리되었다가 다시 재응집하여 반대편에서 다시 해면동물을 형성한다. 한 개의 해면으로부터 분리되어 나온 덩어리는 완전하게 새로운 해면으로 만들어질 수 있다. 비록 그들이 진정한 조직에서 보이는 특별한 연접을 형성하지 않았지만, 분자분석을 통하여 해면동물의 유전체에는 세포부착 관련 분자를 포함하고 있다는 것을 보여준다.

해면동물의 약 7,000종은 바다에 살고 있으며, 약 150종이 담수에 살고 있다. 바다 해면동물은 모든 깊이에서 발견되며, 바다의 가장 깊은 부분에서 사는 동물들 중 가장 풍부한 동물이다. 일부 해면동물은 직경이 몇 mm도 안 되는 작은 것도 있지만, 일부는 직경 2 m 이상에 되는 것들도 있다.

사실 매우 많은 해양 무척추동물들과 마찬가지로 해면동물의 유생은 자유유영을 한다. 해면동물의 유생이 적당한 기질에 부착된 후 변태를 통해 성체가 되며 남아있는 생을 부착된 면에서 보내게 된다. 따라서 해면동물의 성체는 고착형이다 ; 그들은 바위 또는 수중의 물체에 고정되어 있다(그림 27.8a).

해면동물을 구성하는 세포들은 상피세포들을 층인 금세포(choanocyte)의 층으로 되어있다. 그리고 단백질이 다량 포함된 모체에 아메바 모양의 세포들이 들어있는 **간충질(mesohyl)**이라고 부르는 두 개의 층 사이에 있다(그림 27.8b). 해면동물의 몸은 작은 구멍으로 천공되어있다. 해면동물문의 이름은 천공되어있는 시스템에서 기인한다. 독특한 편모를 가진 세포들은 해면동물의 체강의 내부표피인 금세포(choanocytes) 또는 깃세포(collar cell)라고 부른다(그림 27.8b). 많은 금세포 편모의 박동은 구멍으로 물을 끌어당긴다. 왜 이런 움직임이 물을 움직이는 것일까? 해면동물은 "여과섭식동물"이기 때문이다. 각 금세포의 편모의 박동은 울타리와 닮은 작은 머리털모양의 돌기, 그러한 깃세포를 통해 물을 끌어당긴다. 원생동물과 작은 동물들과 같은 물속에 있는 어떠한 음식입자들도 이 울타리에 갇힌다. 해면동물의 금세포는 원생동물인 깃편모충류와 매우 비슷하다(24장 참조).

해면동물이 군체로 고려되어야 하는지의 여부는 인간 언어의 한계이다. 산호와 같은 무척추동물들의 군체는 각각 개체의 집단으로 정의되며 물리적으로 연결(생리학적으로도 연결)되어 있으며 유성생식으로부터 나온 단일 전구체로부터 무성생식(출아 또는 분열과 같은)을 한다. 거의 모든 해면동물은 단일배수공이 연결되어 만들어진 편모로 덮인 여러 개의 강에 의해 생장한다. 하지만 그들의 단위는 "개체(individual)"로 고려되어지는 것이 논쟁의 여지가 있다.

자포동물은 대칭성과 진정한 조직을 모두 가진다

학습목표 27.3.2 자포동물의 특징을 기술한다.

해면동물 이외의 모든 동물들은 대칭성과 조직을 모두 가진다. 가장 원시적인 두 개의 방사대칭형의 문은 데이지(daisy)의 꽃받침과 같이 중심축을 중심으로 몸체가 구성되어있다. 방사대칭은 이러한 동물에 이점을 제공한다. 그들의 몸체(표면부착 또는 자유유영)가 환경과 모두 접하고 있지는 않는다. 하지만 모든 면과 상호작용을

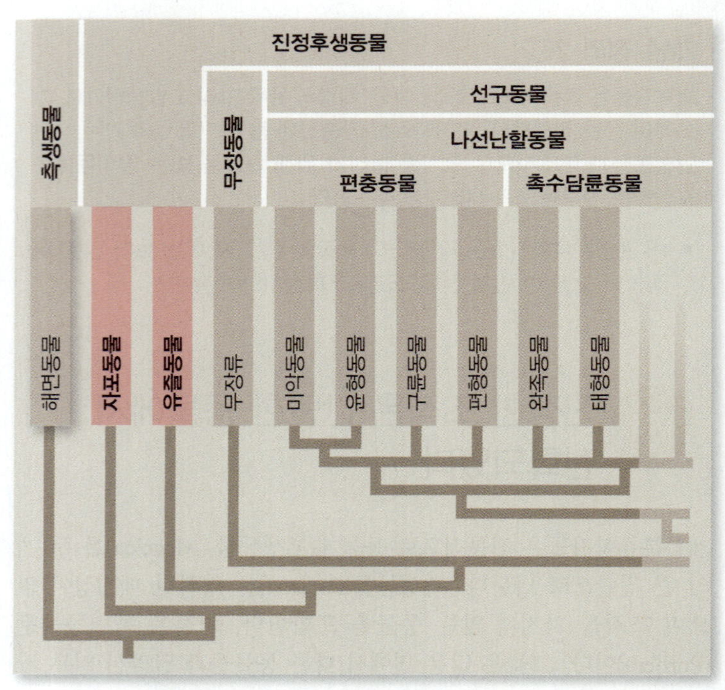

한다. 이 두 개의 문은 **자포동물문(Cnidaria** ; '니다리아'로 발음)과 **유즐동물문**(**Ctenophora** ; '테노포라'로 발음)이다. 자포동물은 해파리, 히드라(그림 27.9), 산호, 말미잘 등이 속한다. 유즐동물은 빗해파리가 속한 작은 문이며 젤리 같은 메두사 형태인 것은 자포동물과 닮았으며 그들은 구조적으로 좀 더 복잡하다. 조직으로 이루어진 다른 동물의 몸은 근본적으로 좌우 대칭이다.

자포동물(자포동물문)은 육식동물이며 물고기와 갑각류처럼 입 주변의 고리 같은 촉수를 사용하여 먹이를 포획한다. 이러한 촉수와 때때로 체표에 그들의 독특한 쏘는 세포인 **자세포(nematocyte)**가 달린다. 각각의 자세포 내부에는 작지만 강력한 작살인 **자포(nematocyst)**가 들어있는데, 자포동물은 이를 이용하여 먹이를 잡는다. 자세포는 매우 높은 내부 삼투압을 만들고 자포를 폭발적으로 밖으로 밀어낼 수 있도록 하는데 그 힘은 게의 딱딱한 껍질을 뚫을 수 있을 정도로 강력하다.

이들 문의 가장 혁신적인 진화 현상은 먹이의 세포외 소화(extracellular digestion)이다. 해면동물에 있어서는 내포작용과 소화를 통해 음식물이 세포로 직접 들어온다. 자포동물의 경우에는 음식물이 강장으로 불리는 체강으로 들어온 후 소화효소 등에 의해 분해되고, 이러한 소화의 산물은 강을 이루는 세포들에 의해 흡수된다. 처음으로 동물이 자신보다 더 큰 동물을 소화시킬 수 있게 되었다.

자포동물의 몸체제는 크게 두 가지로 나뉜다(그림 27.10). 메두사(medusa)는 자유유형형이며, 젤리 같은 우산 모양의 형태를 지녔다. 그들의 입은 입주변의 가장자리를 둘러싼 촉수가 아랫방향으로 늘어져 아래쪽을 가리킨다. 메두사는 일반적으로 해파리(jellyfish)라고 부르는데, 내부가 점액질로 되어 있기 때문이다. 폴립(polyp)은 원통형 파이프 모양으로 보통 바위에 붙어 고착한다. 히드라, 말미잘 그리고 산호가 폴립의 대표적인 예이다. 피신처와 보호를 위해 산호는 살아있을 때 탄산칼슘으로 만들어진 외골격을

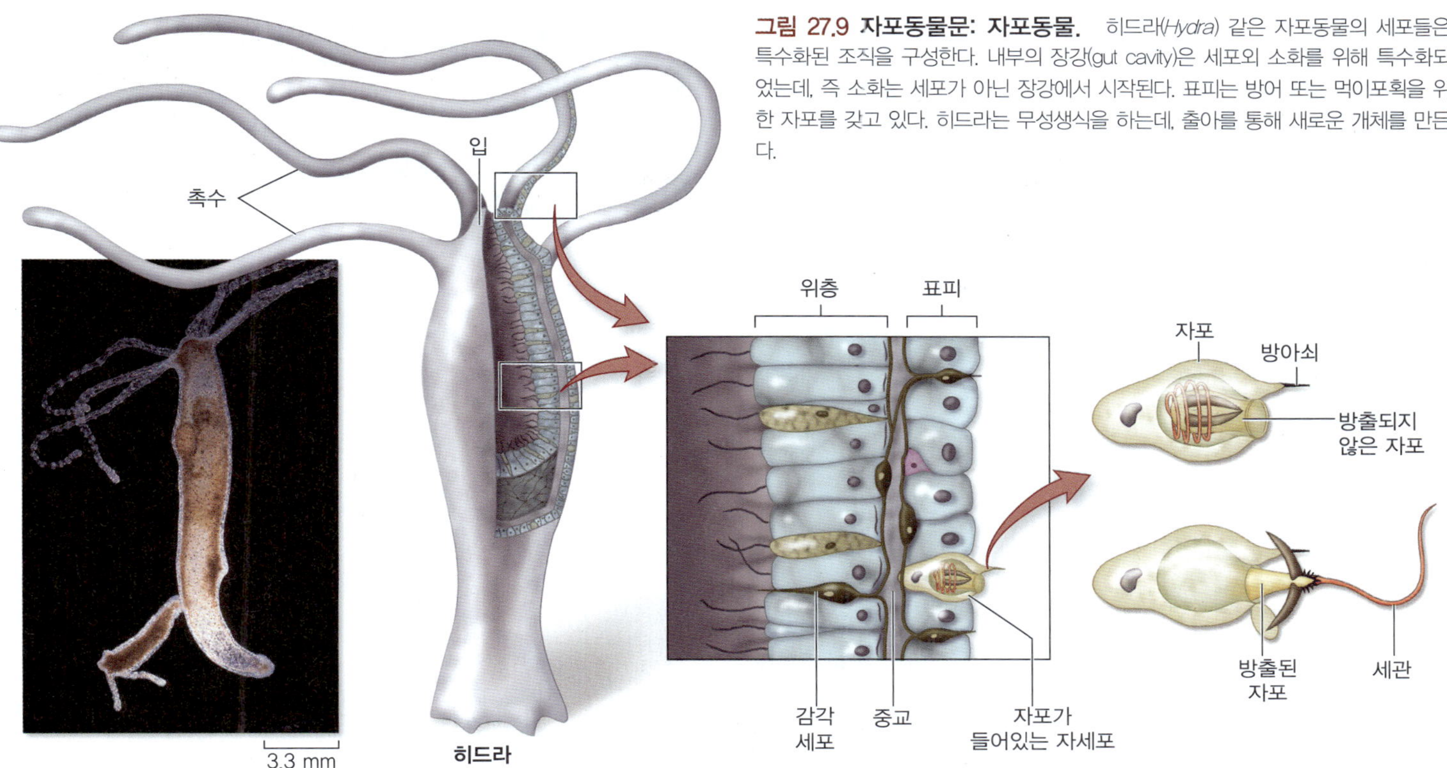

그림 27.9 자포동물문: 자포동물. 히드라(*Hydra*) 같은 자포동물의 세포들은 특수화된 조직을 구성한다. 내부의 장강(gut cavity)은 세포외 소화를 위해 특수화되었는데, 즉 소화는 세포가 아닌 장강에서 시작된다. 표피는 방어 또는 먹이포획을 위한 자포를 갖고 있다. 히드라는 무성생식을 하는데, 출아를 통해 새로운 개체를 만든다.

가진다. 이는 산호에서만 볼 수 있는 구조이다. 많은 자포동물들은 메두사로 존재하는데 다른 종류들은 폴립이거나 두 가지 상태를 생활사에서 번갈아가면서 보이는 경우도 있다.

개념 정리 27.3

해면동물문에 속하는 해면동물은 다세포 동물이지만 조직수준이나 몸체제의 대칭성이 없다. 해면동물의 금세포들은 편모를 가지고 있으며 해면동물 몸체에 물이 순환될 수 있도록 요동친다. 자포동물문에 속하는 동물들은 대칭형이며 조직이 있다. 자포동물은 육식동물이며 그들의 자포는 작살로 사용되며 방어를 하거나 먹이를 잡을 때 활용된다.

- 어떠한 특징이 해면동물이 군체로 보이도록 하고, 또 어떤 특징이 하나의 생명체로 생각하게 하는 것일까?

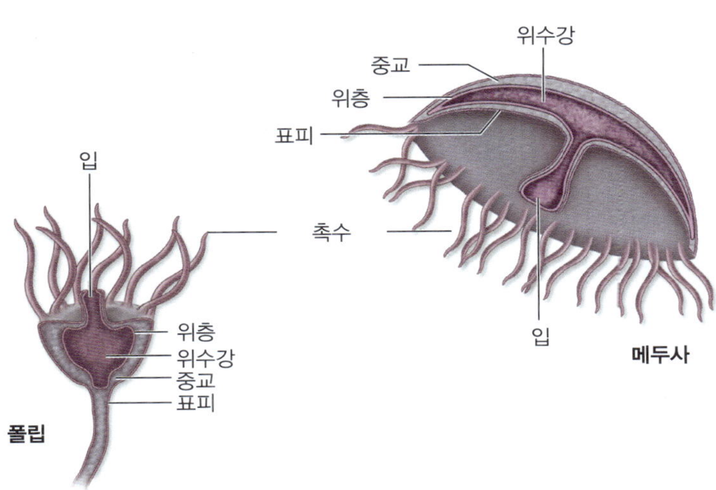

그림 27.10 자포동물의 두 가지 체형인 폴립과 메두사.

27.4 편충동물은 매우 단순한 좌우대칭동물이다

좌우대칭동물은 동물의 몸의 체제에서 좌우대칭성으로 변화하는 특징을 보여주는데 이는 동물 몸의 일부가 마치 감각구조가 몸의 앞쪽에 집중되는 현상처럼 매우 높은 수준으로 특수화될 수 있도록 해준다. 좌우대칭동물은 크게 두 가지 계통군으로 나뉜다. 하나의 계통군은 선구동물들과 후구동물들을 포함하는데 본 장과 28장에서 논의된다. 나머지 계통군인 무체강 편형동물들은 자세히 논의되어지지 않을 것이다.

편형동물은 좌우대칭이고 진정한 체강이 없다

학습목표 27.4.1 편형동물문의 특징을 기술할 수 있다.

편형동물문(Platyhelminthes)은 약 2만 종을 포함하고 있다. 섬모가 있고 부드러운 몸을 가진 이 동물들은 등배쪽으로 납작하다. 이들의 해부학적 연구는 이들의 이름을 편형동물로 불리도록 하였다. 편형동물의 몸은 불완전한 소화강을 제외하고는 딱딱하다(그림 27.11). 좌우대칭동물 중에서 형태학적으로 가장 단순하지만, 그들은 그들의 생식 장치와 같은 몇몇 구조는 복잡한 구조를 가지고 있고, 동물 중 가장 복잡한 생활사를 갖는다.

대부분의 편형동물에 속한 종들은 다른 여러 가지 동물들의 몸속에 기생하는 동물이다. 나머지 편형동물은 자유생활을 하며 육지의 습한 지역보다 해양과 민물 서식지에 더 많이 산다. 자유생활하는 편형동물들은 다양한 작은 동물들을 먹으며 유기물 파편들

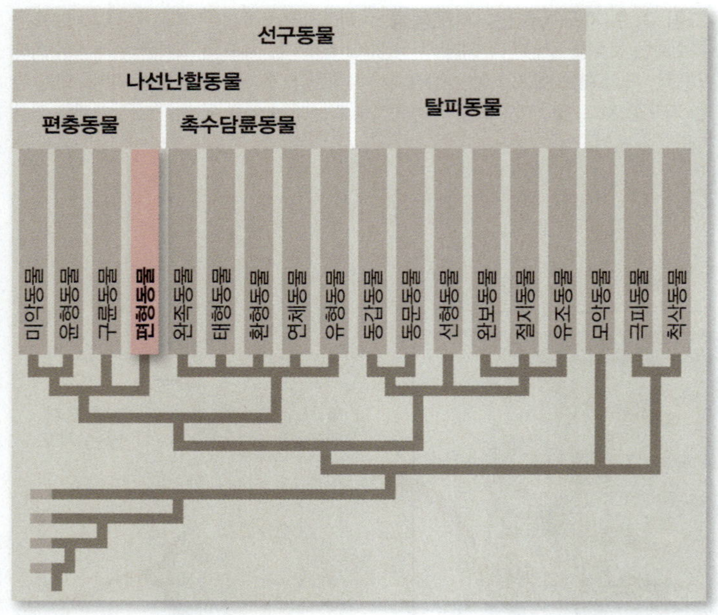

을 먹는다. 그들은 복부에 집중되어 있는 섬모가 있는 상피세포들에 의해서 이리저리 이동을 한다.

편형동물들은 한쪽으로만 열려있는 근육으로 만들어진 관 모양의 장이 있는데 이를 인두(pharynx)라고 한다. 이 열린 구멍을 통해 음식이 들어오고 노폐물이 제거되어진다. 따라서 편형동물들은 다른 발달된 동물들처럼 지속적으로 음식을 먹지 못한다. 장은 몸의 여러 곳으로 가지치고 확장되어 음식물의 소화와 이동을 시키는 기능을 한다. 장의 표면세포들은 대부분의 작은 음식물 조각들을 식세포작용으로 삼켜 소화시킨다. 기생성 납작벌레는 소화계가 결여되어있어 그들의 체벽을 통해 음식물을 흡수한다.

자포동물과는 달리, 편형동물은 몸을 관통하는 그물 같은 미세한 관으로 구성된 배설계를 가지고 있다. 전구처럼 생긴 **불꽃세포(flame cell)**의 빈 공간의 중앙에 섬모들이 늘어서 있으며, 불꽃세포들은 관의 옆 가지들에 위치하고 있다. 불꽃세포의 섬모 상피 세포 사이에 있는 배출구(출구 구멍)를 통해 다음 세관에 물과 배설물질을 이동시킨다. 불꽃세포라는 이름은 그 안에서의 섬모의 다발의 움직임이 깜박이는 것 때문에 붙여진 것이다. 그들은 체내 수분균형을 조절하는데 중요한 역할을 한다.

해면동물, 자포동물및 유즐동물과 마찬가지로 편형동물들은 순환계가 없다. 대신에 편형동물은 얇은 몸체와 고도로 분지된 소화강을 가지고 있어서 편형동물 세포들은 산소와 음식을 확산시킬 거리 내에 있다. 편형동물들의 신경계는 매우 단순하다: 세로축의 신경삭은 간단한 중추신경계의 역할을 한다. 두 개의 세로축의 신경삭은 가로로 연결되어있어 편형동물의 신경계는 사다리와 비슷하다. 자유생활을 하는 편형동물들은 그들의 머리에 안점을 가지고 있다. 이들은 뒤집혀 있으며 착색되어진 컵 형태로 빛에 민감한 세포들과 신경계가 연결되어있다. 이러한 안점들은 명암을 구별할 수 있도록 해준다.

편형동물들의 생식계는 복잡하다. 대부분의 편형동물들은 자웅동체인데 각각의 개체는 웅성과 자성의 생식기관을 가지고 있다.

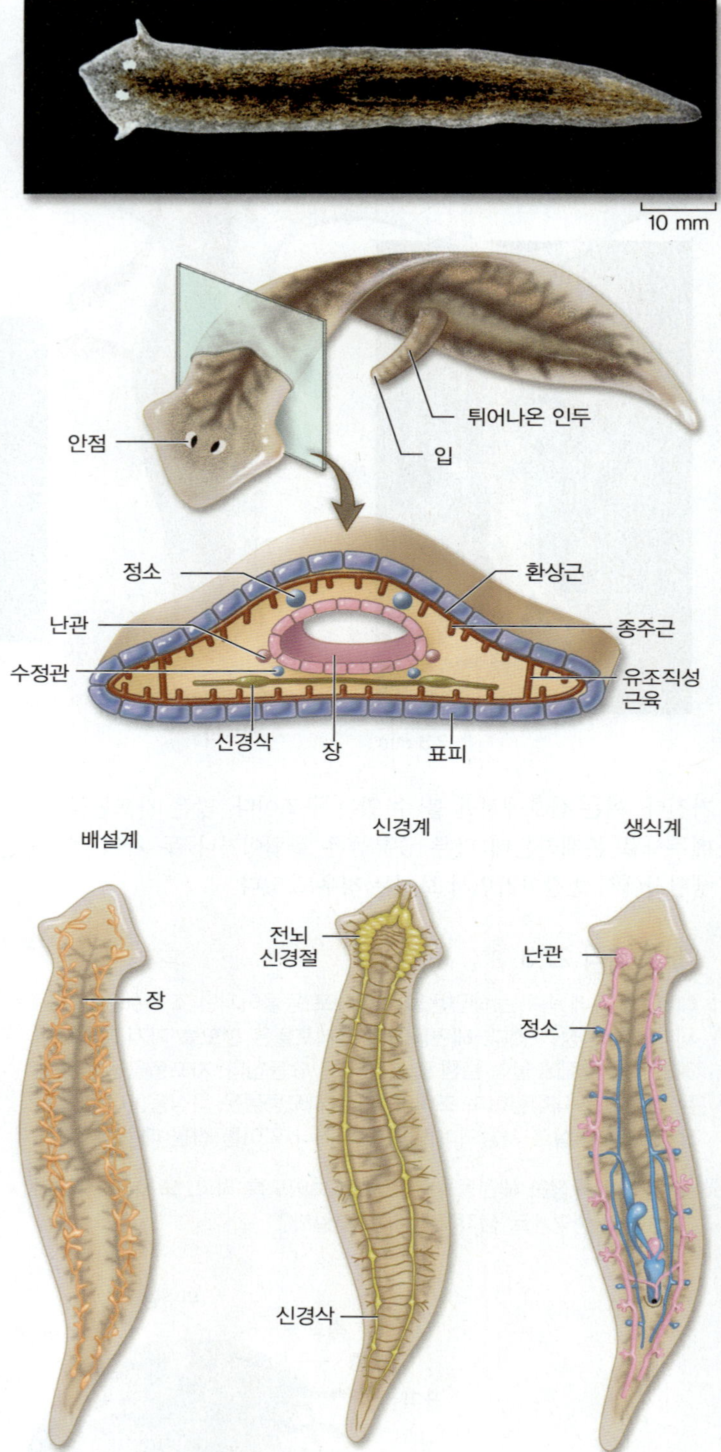

그림 27.11 편형동물의 구조. 연못과 강에 사는 플라나리아(*Dugesia*)의 (a) 사진과 (b) 이상적인 도해. 위쪽의 도식은 동물전체를 보여주며, 몸의 앞쪽을 자른 횡단면을 보여준다. 아래의 도식은 소화계, 중추신경계 및 생식계를 보여준다.

일부 기생성 편형동물들은 독특한 애벌레 모양의 복잡한 계대를 가진다. 편형동물들의 어떤 목은 무성생식에 의한 재생이 가능하다; 한 개의 개체가 두 개 또는 여러 개로 나누어질 수 있는데, 각각의 조각은 재생되어 새로운 편형동물이 된다.

윤형동물들은 작고 진정한 체강이 없는 동물이다

학습목표 27.4.2 윤형동물들의 특징을 기술한다.

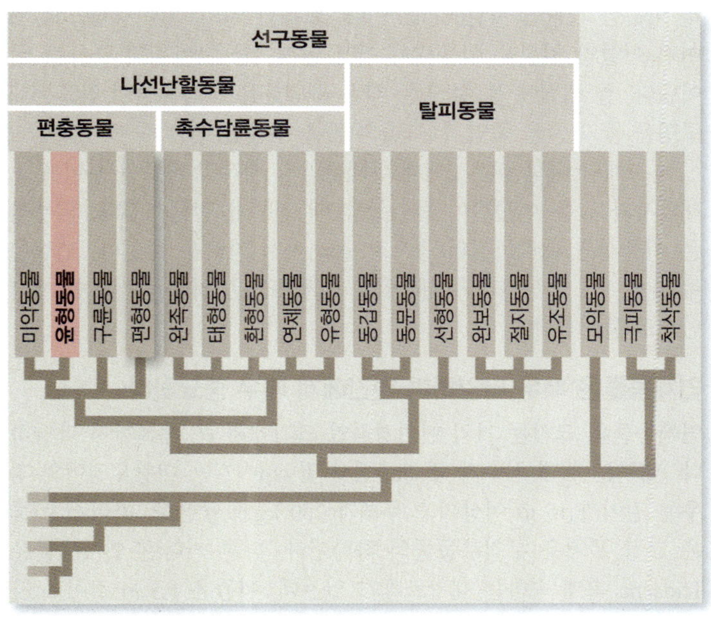

윤형동물(**윤형동물문, Rotifera**)은 좌우대칭이며 체절화 되어 있지 않은 의체강동물이다(그림 27.12). 여러 가지 특징들은 그들의 조상이 편형동물과 닮았다는 것을 제시하고 있다. 50-500 μm 길이인 윤형동물은 섬모가 달린 그 어떤 원생생물보다도 작다. 그러나 그들은 3개의 세포층, 고도로 발전되어진 내부기관 그리고 완벽한 장관으로 이루어진 복잡한 몸을 가지고 있다. 광범위한 의체강은 유체골격의 역할을 한다 ; 세포골격은 단단함을 제공한다. 윤형동물은 단단한 외피를 가지고 있지만 대단하게도 그들의 몸을 길게 또는 짧게 할 수 있다. 이는 뒤쪽 부분이 점점 좁아져서 망원경처럼 접을 수 있기 때문이다. 많은 윤형동물은 식물 또는 다른 물체에 달라붙기 위해 끈적한 발을 지닌다.

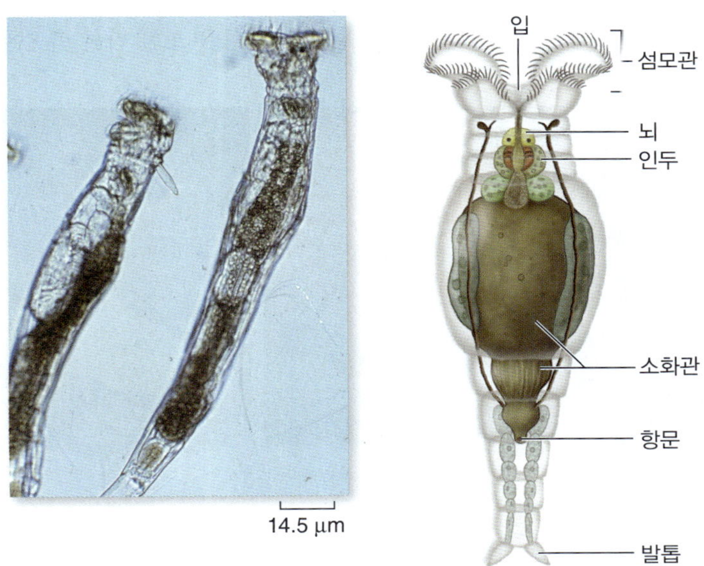

그림 27.12 윤형동물문. (a) 윤형동물은 현미경적 크기이고 일부 선모충보다 더 작지만, (b) 복잡한 내부기관들을 가진다.

다양성과 분포

약 1,800 종이 알려져 있으며 대부분 담수에 살고 있다 ; 일부 윤형동물은 흙, 이끼류의 모세관 그리고 바다에 살고 있는 경우도 있다. 윤형동물의 수명은 보통 1~2주 정도 이내이다. 하지만 어떤 종은 말린 상태로 생존이 가능한데 식물의 잎에 불활성 상태로 존재한다 ; 비가 내릴 때 윤형동물은 활성화되어 잎의 표면에 있는 얇은 막 형태의 물을 먹는다.

먹이 모으기

섬모관(corona)이라고 불리는 앞쪽 끝(그림 27.12 참조)에 있는 섬모의 고리 구조는 윤형동물의 일반명인 "바퀴형 동물; 윤형동물"이라는 말의 유래가 된다. 왜냐하면 파동형 섬모는 바퀴처럼 보이는데 동물의 머리 부분에서 회전하는 것처럼 보인다. 이 섬모관은 이동시 사용되지만 윤형동물의 입으로 먹이를 쓸어 담을 때에도 사용된다. 음식물을 삼킨 후 인두의 복잡한 턱으로 분쇄한다.

개념 정리 27.4

편형동물들은 체강이 없는 조밀한 좌우대칭 동물이다. 대부분 한쪽으로만 열려 있는 막힌 체강을 가지고 있고, 몸을 관통하여 지나는 세뇨관과 불꽃세포로 이루어진 배설계를 가지고 있다. 많은 종류들이 자유유영을 하는데 어떤 것들은 인간 질병의 원인이기도 하다. 윤형동물들은 매우 작지만 매우 복잡한 몸체를 가지고 있다; "바퀴형 동물"이라는 이름은 파동섬모의 뚜렷한 움직임에서 유래한다.

- 조충(촌충)의 구조는 그들의 생활 방식과 어떤 관계가 있을까?

27.5 연체동물과 환형동물은 촉수담륜동물 중 가장 큰 집단이다

선구동물 계통수를 다시 조정하게 된 이유 중 하나는 환형동물이 절지동물보다 연체동물에 좀 더 밀접하다는 것을 알게 된 것이다. 체절화는 절지동물과 환형동물을 묶어주는 것으로 생각되어져 왔지만, 지금은 두 가지 계통이 독립적으로 생겨난 것으로 여겨진다.

연체동물은 크고 다양한 집단이다

학습목표 27.5.1 여러 다른 종류의 연체동물을 구별하라.

11만 종이 넘는 **연체동물문(Mollusca)**은 두 번째로 큰 문이다(그림 27.13). 연체동물은 대부분 바다에 서식하고 있으며 거의 모든 곳에서 발견된다.

연체동물의 몸은 머리-발(head-foot), 몸의 기관들이 포함된 중심 부분인 내장덩어리(visceral mass), 그리고 **외투막(mantle)**의 3부분으로 구성된다(그림 27.14). 연체동물의 발은 근육이 발달되어 있으며 이동, 부착, 먹이포획 또는 이러한 다양한 기능들의 조합을

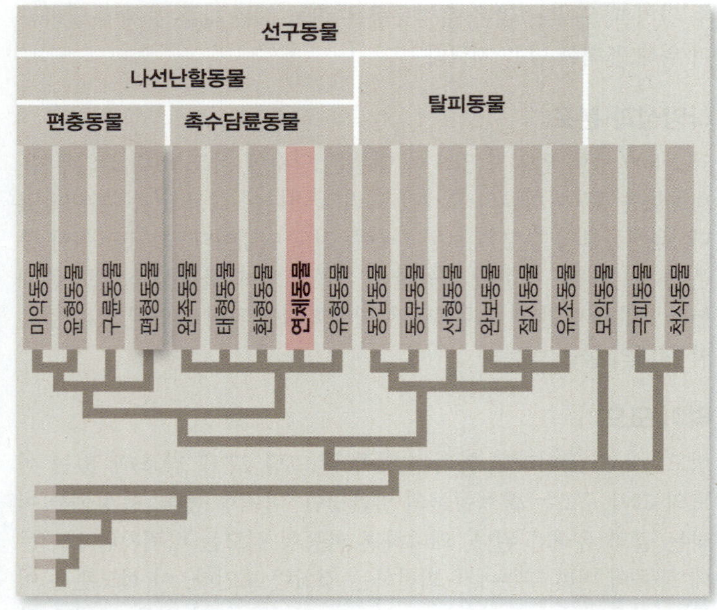

위하여 적응되었다. 외투막은 내장덩어리를 망토처럼 둘러싸고, 그 안쪽 표면에 호흡기관(아가미 또는 폐)이 코트의 안감처럼 위치한다.

연체동물은 7개 또는 8개의 강으로 구성되는데, 가장 일반적이고 잘 알려진 종류는 복족류(달팽이, 민달팽이), 2매패류(조개, 굴, 가리비, 홍합) 그리고 두족류(문어, 오징어, 앵무조개)의 3가지이다(그림 27.13 참조). 육상에 서식하는 모든 연체동물은 복족류로 이들의 외투막은 딱딱한 껍질을 분비한다. 2매패류는 경첩(hinge)으로 연결된 두 개의 부분으로 이루어진 껍질을 분비하며 패각 안으로 물을 끌어들인 후 걸러먹기를 한다. 두족류는 매우 큰 뇌와 제트추진을 할 수 있도록 변형된 외투강을 가지고 있다.

연체동물들은 효율적인 배설계를 갖춘 첫 번째 동물군이다. **신관(nephridia)**이라 부르는 관 모양 구조들이 체강으로부터 온 노폐물을 모아 외투강 안으로 유출시킨다. 한편 연체동물은 체액, 산소 그리고 음식분자 등을 몸 전체로 운반하는 그물 같은 혈관의 순환계를 가지고 있다. 순환되는 체액은 보통 하나 또는 그 이상의 근육질 심장의 수축에 의해 순환계로 밀어낸다.

복족류와 두족류의 특징적인 형질 가운데 하나는 끌과 같은 혀 비슷한 기관인 치설(radula)이다. 뾰족한 열의 뒤쪽 방향으로 휘어진 이빨인 치설을 이용해서 어떤 달팽이들은 바위의 조류를 긁어낸다. 굴 껍질에 볼 수 있는 작은 구멍들은 복족류들이 만드는데 구멍을 뚫고 굴을 죽인 후 그들의 몸을 추출한다.

조개와 굴과 같은 2매패의 외투막과 패각의 내부층 사이에 모래입자와 같은 이물질이 들어왔을 때 진주가 만들어진다. 외투막은 이물질을 패각물질의 층으로 둘러싸서 자극을 줄인다. 껍질은 주로 방어의 기능을 하는데, 일부 연체동물은 위협을 받으면 패각 안으로 들어간다.

연체동물은 매우 다양하며 인간에게 매우 중요하다

연체동물의 크기는 거의 현미경적인 크기에서 큰 종류까지 다양하다. 대부분 최대 치수가 몇 mm에서 몇 cm이지만 대왕오징어의 경우는 길이가 15 m 이상이고 무게가 250 kg에 달한다. 따라서 이들은 가장 무거운 무척추동물의 하나이다. 다른 커다란 연체동물은 Tridacna 속에 속하는 대왕조개가 있는데, 이들은 1.5 m 길이로 자라며 무게는 270 kg 정도인 경우도 있다.

모든 주요 동물 집단과 마찬가지로 연체동물은 바다에서 진화되었으며, 대부분의 집단들이 아직도 바다에 살고 있다. 해산 연체동물은 광범위하며 대부분 풍부하다. 달팽이와 민달팽이는 담수와 육상서식지를 지배하였으며 담수 홍합류는 호수와 흐르는 물에 산다(달팽이와 민달팽이의 넓적한 발은 포복이 가능하도록 해주지만 조개, 홍합 그리고 다른 연체동물의 발의 경우는 땅을 파는데 적응하였다. 그래서 그들은 육지에서 이동이 불가능하다). 예를 들어 사막의 바위 틈새 같이 육상에서 연체동물이 사는 곳이 건조하게 보이지만, 연체동물의 서식지는 적어도 잠시만이라도 물이 공급되는 곳이다.

굴, 조개, 가리비, 홍합, 문어, 오징어 등을 포함하는 연체동물은 사람에게 있어 중요한 식량자원이다. 그들은 또한 다른 측면에

a.

b.

c.

d.

그림 27.13 연체동물의 다양성. 연체동물은 매우 다양하게 나타난다. **a.** 불꽃가리비(*Lima scabra*)는 여과섭식자이다. **b.** 파란고리문어(*Hapalochlaena maculosa*)는 사람에게 위험한 몇 연체동물 중 하나이다. 무척 아름다운 이 종은 물었을 때 독을 주입할 수 있는 날카로운 부리를 가지고 있다. c. 격실구조의 앵무조개인 황제앵무조개(*Nautilus pompilius*)는 공룡시대 이전부터 존재해 왔다. d. 태평양 연안 북서부에 자생하는 민달팽이인 노란민달팽이(*Ariolimax columbianus*)는 몸길이 25 cm 정도로 세계에서 두 번째로 큰 민달팽이이다.

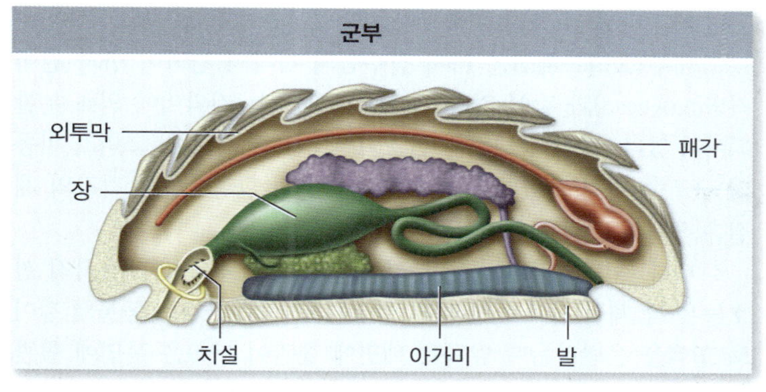

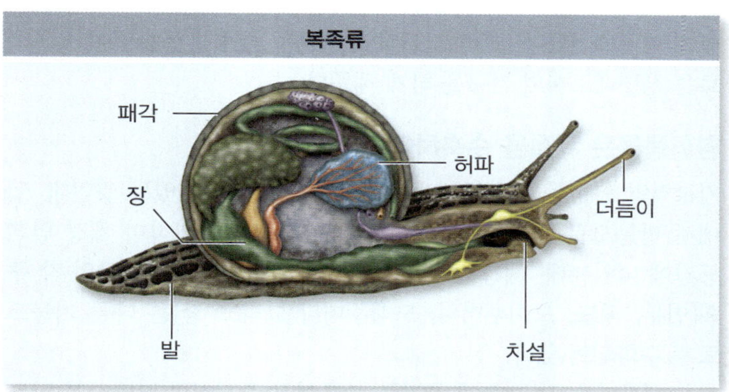

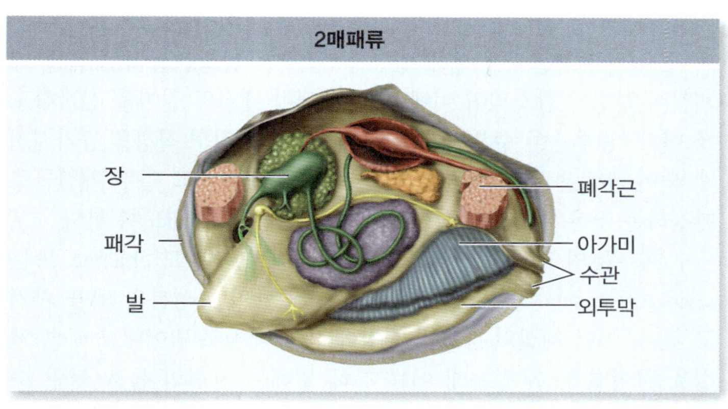

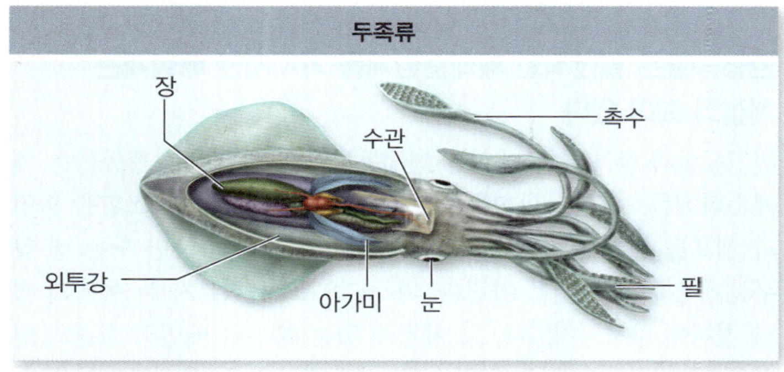

그림 27.14 **일부 연체동물의 몸 체제.**

서 경제적으로도 중요하다. 예를 들어, 조개껍질 속의 진주(진주층)는 보석 또는 장식용 물건으로 쓰이고 전복과 같은 연체동물의 패각을 예전에는 단추로 사용하기도 하였다. 연체동물은 때로는 해를 주는 동물일 수도 있다. 좀조개(shipworm)로 불리는 2매패는 바다에 노출되어진 나무를 파고들어, 배, 도크(조선소 등) 그리고 말뚝 등을 파괴한다. 얼룩무늬 홍합(*Dreissena polymorpha*)은 최근 많은 북아메리카의 담수생태계를 침공하였다. 많은 민달팽이와 달팽이는 꽃, 야채밭, 그리고 농작물들에 피해를 준다. 다른 연체동물들은 많은 심각한 기생충들의 유충시기의 숙주 역할을 한다.

환형동물의 몸은 고리 같은 체절로 이루어져 있다

학습목표 27.5.2 원형 그리고 세로방향의 근육이 체절로 된 몸의 이동을 어떻게 촉진시키는지를 설명하라.

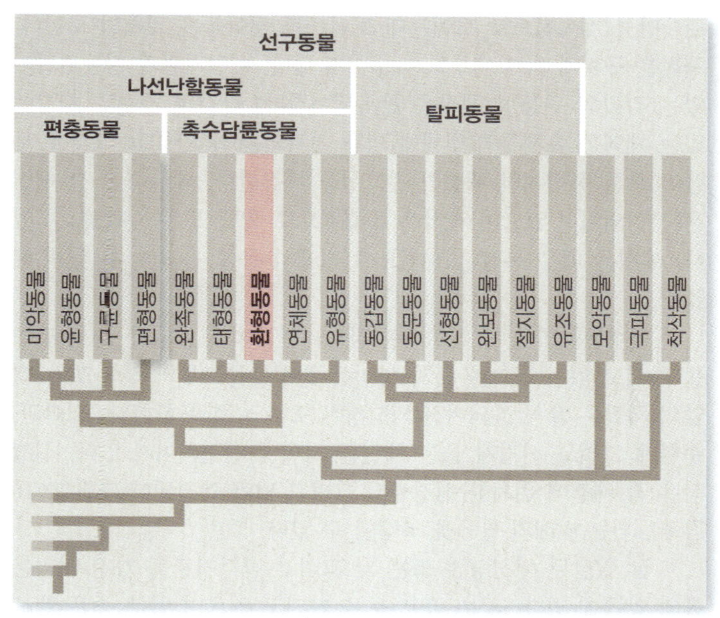

몸이 일련의 반복된 단위들로 구성되는 체절화(segmentation)는 여러 차례에 거쳐 진화되었다. **환형동물문(Annelida)**에 속하는 벌레(그림 27.15)들은 동전을 쌓아놓은 듯 반복되는 단위로 구성되어진 체절화가 되어있다. 체절화된 몸의 장점은 각각의 독립된 체절 또는 체절의 집단이 발생과 기능 측면에서 다를 수 있다는 것이다. 예를 들어 어떤 체절은 생식에 특수화되는데 반하여, 다른 체절은 이동 또는 배설에 적응할 수 있다.

그림 27.15 **환형동물문: 다모류.** 널리 분포하는 육식성 해양 다모류인 큰참갯지렁이(*Nereis virens*)는 운동과 호흡을 위한 깃털 모양의 옆다리(parapodia)와 사냥에 사용되는 턱을 갖는다. 갯지렁이는 낚시 미끼로 구입할 수 있다.

환형동물로 간주되는 모든 동물들이 체절화되어 있어서, 이 동물들은 자연군(natural group)을 구성하는 것으로 여겨졌다. 하지만 환형동물이 단계통군이라는 사실은 재검토를 받고 있는데, 그것은 체절을 갖지 않는 일부 벌레들도 이 계통군에 포함되기 때문이다.

모든 환형동물의 2/3인 약 8,000종이 바다에 서식한다. 하지만 어떤 종은 담수에 서식하고, 나머지의 대부분(약 3,100종)은 지렁이들이다. 환형동물의 기본적인 몸체제는 튜브 속의 튜브이다. 소화관은 입에서 항문까지 계속적으로 체강 내에 매달려 있다**(그림 27.16)**. 환형동물의 체절화된 몸은 고리모양의 구조의 연속이 몸의 길이만큼 계속적으로 보이는데 도너츠를 쌓아놓은 것처럼 보인다. 체절은 구획에 의해 내부도 나누어져 있다. 배설기관과 이동기관이 있는 각각의 원통형 체절은 반복되어진다. 각각의 체절의 체강에 있는 체액은 유체골격(액체에 의해 지지되는)을 만들고 그것은 부풀어 오른 풍선처럼 체절의 견고성을 제공한다. 왜냐하면 각 체절은 분리되어져 있으며 각각은 독립적으로 확장 또는 수축될 수 있다. 이것은 매우 복잡한 방법으로 벌레의 몸을 움직일 수 있게 해준다.

환형동물의 앞쪽 체절에는 감각기관들이 포함되어 있다. 렌즈를 가지고 있는 정교한 눈과 망막은 환형동물로부터 진화했다. 맨 앞의 체절은 잘 발달되어진 뇌신경절 또는 뇌를 포함한다. 소화관, 순환계 그리고 신경계 들은 체절들 사이에 연결되어져 있다. 신경삭은 각 체절에 위치한 신경센터 그리고 뇌와 연결된다(그림 27.16 참조). 뇌는 벌레의 활동을 조정할 수 있다.

잘 발달된 뇌신경절 또는 뇌 그리고 감각기관을 가진 머리는 몸의 앞쪽에 있다. 많은 종은 눈을 가지고 있으며 일부 종은 렌즈와 망막을 가진다. 기술적으로 머리는 체절이 아닐 뿐 아니라 항문상판(pygidium)이라고 불리는 벌레의 뒤쪽 말단도 아니다. 발생학적 발달에 있어 머리와 꼬리가 가장 처음 형성되며 체절은 그 사이에서 형성된다. 만약 벌레를 조각으로 잘라본다면 일반적으로 그들의 각 부분은 머리 또는 꼬리 부분은 재생되어 없어진 부분을 만든다 하지만 중간 조각은 죽는다.

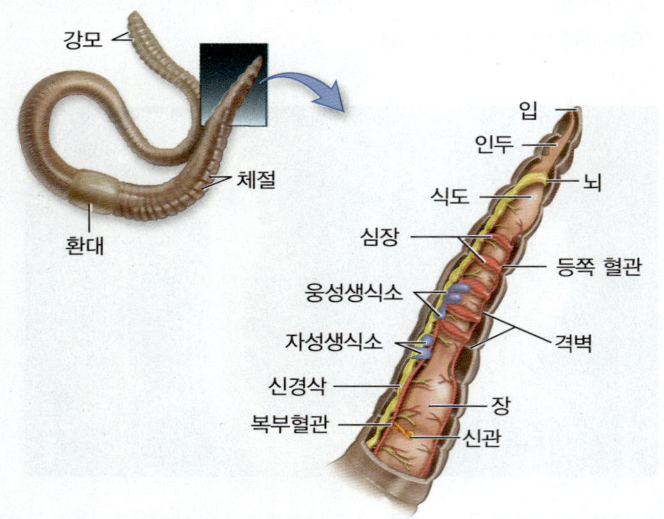

그림 27.16 환형동물문: 빈모류. 지렁이의 몸 체제는 반복되는 체절을 기초로 하고 있다. 체절들은 내부적으로 격벽에 의해 서로 분리되어 있다.

내부적으로 체절은 마치 잠수함의 각각의 칸막이 방과 같이 격벽(bulkhead)과 같이 격벽(septa)으로 불리는 칸막이에 의해 분할되어져 있다. 각각의 체절은 한쌍의 배설기관, 신경절 그리고 이동성 구조를 가지고 있다. ; 대부분의 해양성 환형동물은 각각의 체절은 생식기관 세트를 가지고 있다.

비록 격벽이 각 체절을 분리하고 있지만 물질 및 생물학적 신호들은 각 체절 사이를 통과할 수 있다. 폐쇄순환계는 동물의 길이로 혈액을 운반하는데 앞쪽은 배면에 혈관이 뒤쪽은 복면에 혈관을 가지고 있다. 복부 신경삭은 각각의 체절에 있는 신경절과 뇌와 함께 연결되어있다. 이러한 신경의 연결은 벌레가 통합적이고 조화로운 생명체로서의 기능을 하게 해준다.

환형동물은 체절을 수축하여 움직인다

기본적인 환형동물의 몸체제는 튜브 속에 튜브가 있는 것인데, 입에서 항문으로 이어지는 소화관은 각 격벽을 통과하며 체강 안의 공간에 떠있는데, 체강은 체벽으로 둘러싸여 있다. 소화관의 각 구획[인두, 식도, 모이주머니, 모래주머니 그리고 장]은 다른 기능으로 특수화되어 있다.

체강액은 각 체절에 공기로 부풀어진 풍선처럼 딱딱하게 만드는 유체골격을 형성한다. 환형동물의 운동은 환상근 그리고 종주근의 수축과 유체골격에 의해 영향을 받는다. 환상근들이 수축될 때 체절의 직경이 감소되며 이에 따라 체액이 체절의 길이를 신장하도록 한다. 종주근이 수축되어질 때 체강액이 체절의 직경을 증가시키게 되어 체절은 짧아진다. 이러한 수축을 교대하고 일부 체절들로 한정하는 것은 벌레가 복잡한 방식으로 이동할 수 있도록 한다.

대부분의 환형동물 집단에서 각 체절은 강모(chaetae 또는 setae; 단수, seta 또는 chaeta) 라고 불리는 키틴 성분의 털을 가지고 있다. 어떤 체절의 강모의 신장에 의해 기질로 밀어내고 다른 체절을 끌어넣을 수 있는데 이를 통해 벌레는 자신의 몸을 늘릴 수 있으며 미끄러지지 않는다.

환형동물은 일반적인 폐쇄순환계를 가지지만 배설계는 체절화 되어 있다

절지동물과 두족류를 제외한 연체동물과는 다르게 환형동물은 폐쇄순환계를 가진다. 환형동물은 산소와 이산화탄소의 교환을 환경과 체표를 통해서 한다. 육상종이 아닌 경우 몸의 측면 또는 맨 앞 부분에 있는 아가미를 가진다. 가스(그리고 음식분자)는 몸속의 혈관 전체에 분포되어있다. 각 체절에 있는 복부와 배면의 혈관의 연결은 혈액을 통해 체표에 있는 각 세포에 산소와 음식분자들을 확산시키고 이산화탄소와 노폐물을 세포로부터 혈액으로 확산 시킬 수 있을 수 있도록 충분하게 가깝게 있다. 몸의 앞쪽에 있는 어떤 혈관은 확대되어져 있으며 매우 근육질화 되어있어 심장처럼 혈액을 펌핑하여 순환시키는 역할을 한다.

환형동물의 배설계는 연체동물과 흡사한 섬모로 덮인 깔대기 모양의 신관으로 구성되어있다. 각각의 체절은 한 쌍의 신관을 가지고 있는데 이 신관을 이용하여 노폐물을 모으고 운반하여 몸 밖으로 내보낸다. 어떤 다모류는 플라나리아의 불꽃세포와 흡사한 원신관을 가지고 있다.

체절화는 환형동물뿐만 아니라 절지동물(갑각류, 거미류 그리고 곤충) 그리고 척삭동물(창고기, 피낭류 그리고 당신을 포함한 척추동물)을 포함한 모든 복잡한 체강동물의 몸 구성의 기초가 된다.

개념 정리 27.5

연체동물과 환형동물은 편충동물 중 가장 큰 집단들이다. 연체동둘은 복족류, 2매패류 및 두족류의 3개 주요 집단으로 이루어져 있다. 모습은 다양하지만, 연체동물은 모두 비슷한 기본적인 몸체로 디자인 되어있다. 환형동물은 체절로 구성된 벌레들이다. 각 체절은 자신만의 버설계와 운동기관을 가지고 있다. 체절에 있는 환상근과 종주근은 몸체를 제각기 늘렸다 움츠렸다 할 수 있도록 한다.

- 왜 치설이 2매패류에는 필요가 없을까?

27.6 촉수동물은 매우 간단한 해양생물이다

태형동물문(Bryozoa)과 **완족동물문(Brachiopoda)**은 대부분이 해양동물이고, 하나의 촉수관(lophophore)을 가진 것이 특징적인데, 이 촉수관은 입 주변에 있으며 1~2개 줄의 섬모를 갖춘 촉수를 체강이 뻗은 방향으로 가진 하나의 원형이거나 U자 모양을 한 능선을 이루고 있다. 촉수관은 기체교환을 하는 표면으로 작용한다. 그리고 촉수관의 섬모들은 유기퇴적물과 플랑크톤을 해양동물의 입 주변에 안내하여 섭식할 수 있도록 하는 역할을 한다. 바로 그러한 촉수관 구조 때문에, 태형동물과 완족동물은 서로 연관되어 있는 것으로 간주되어 왔으나, 최근의 일부 자료에 의하면 그러한 구조는 수렴적으로 진화해왔을 수 있다는 것을 시사하여 준다.

태형동물은 유일한 군체성 동물이다

학습목표 27.6.1 태형동물이 어떻게 먹이를 얻는지 기술하라.

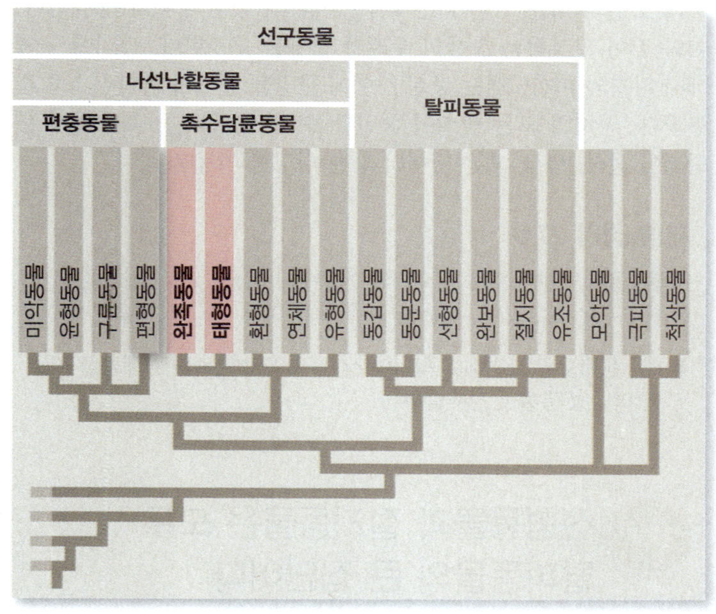

태형동물(Bryozoans)은 일반적으로 0.5 mm 길이 이하로 작고, 물에 잠긴 물체의 표면에서 이끼 조각 같은 형태의 군체를 이루며 산다(**그림 27.17**). 그들의 일반명인 "moss-animals"은 라틴어 '*bryozoa*'를 직역한 것이다. 소화체제는 U자 모양을 하고 있으며, 많은 고착동물과 같이 항문은 입 근처에 열려있다.

약 4,000종의 태형동물이 바다와 민물에 산다. 태형동물의 군체를 구성하는 각 개체인 개충(zooid)은 매우 작은 키틴 성분의 공간을 분비한다. 이를 충실(zoecium; 복수 zoecia)이라고 부르며, 바위 혹은 해양식물과 조류(algae)의 잎과 같은 다른 기질에 부착되어 있다. 많은 해양 태형동물(이끼벌레)에서 충실의 벽에 탄산칼슘이 침적된다, 그리고 지질학적으로 초기시기에, 이끼벌레는 오늘날 산

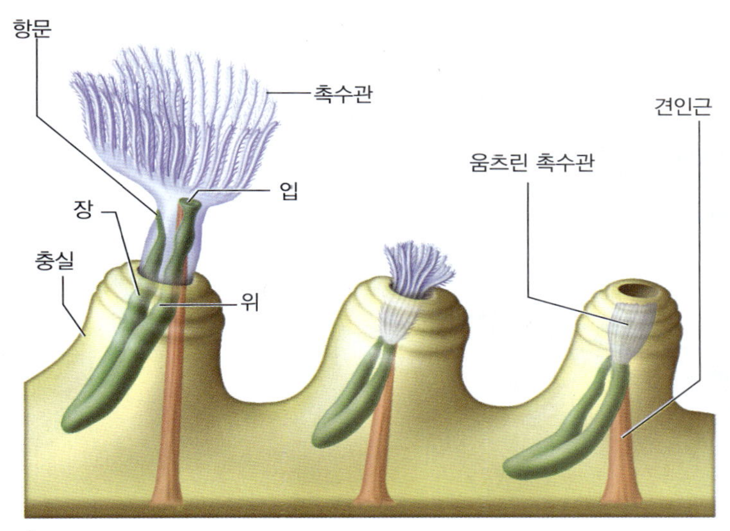

그림 27.17 태형동물문: 태형동물. **a.** 이 그림은 바위에서 자라는 담수 태형동물 깃털이끼벌레속(*Plumatella*) 군체의 일부를 묘사한 것이다. 왼쪽의 개체는 완전히 늘어난 촉수관을 가진다. 아주 작은 개체는 교란을 받아 충실(zoecium)로 사라졌다. **b.** 깃털이끼벌레속의 또 다른 종(*Plumatella repens*).

호와 마찬가지로 암초를 형성한다. 개충은 분열할 수 있으며, 혹은 새싹을 낼 수 있다. 이를 통하여 무성생식 방법을 통하여 또 다른 개충을 기존에 있는 개충 옆에 만들 수 있다. 그리하여 새로운 개충의 충실의 벽은 기존에 존재하는 개충의 충실의 벽과 공유한다: 이와 같이 확장하는 충실의 무리가 군체를 구성한다. 그러한 군체에서 각각의 이끼벌레는 충실 사이에 구멍을 통하여 화학적으로 소통한다. 군체의 모든 충실이 동일할 수 없고, 일부는 특수하게 분화되어 섭식, 생식, 혹은 방어와 같은 다양한 기능을 한다.

개념 정리 27.6

완족동물과 태형동물은 주로 해양동물이다. 이들 모두 섭식을 위하여 촉수관을 갖고 있다. 이끼벌레는 군체성이며, 바다와 민물에 산다.

- 태형동물들은 표면에 부착하여 산다. 왜 우리는 이끼벌레류를 식물이 아니라 동물로 간주할까?

27.7 선형동물과 절지동물은 모두 탈피동물의 큰 집단이다

동물계통학을 현대적 관점에서 새롭게 정렬하면서 발견한 또 다른 놀라움은 선형동물과 절지동물이 매우 가까운 관계에 있다는 것이다. 선형동물과 절지동물은 종의 수와 개체수 측면에서 매우 성공한 집단이고, 이들 모두 탈피하는 동물인 탈피동물(ecdysozoan) 내의 계통군(clade)들로 인식되고 있다.

선형동물은 서로 다른 많은 종류의 선충류로 구성된다

학습목표 27.7.1 선형동물 특유의 특징을 기술하라.

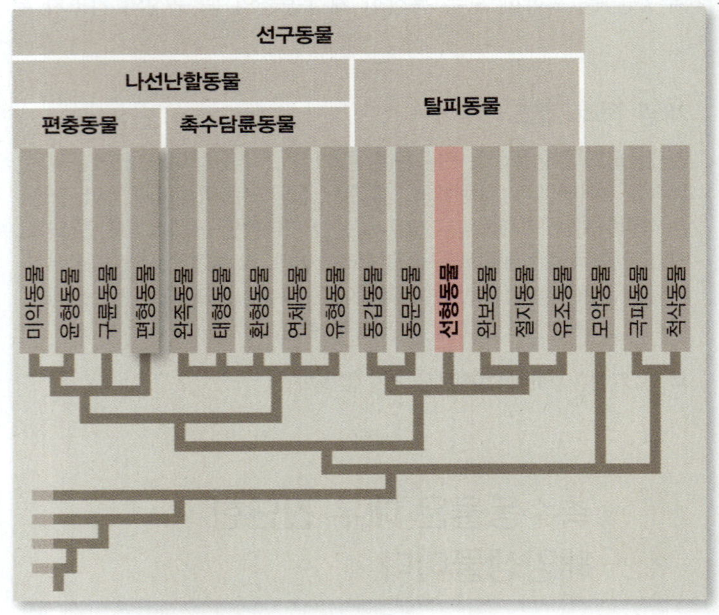

선형동물(nematodes)은 좌우대칭이고, 분절되어 있지 않은 벌레들이다(**그림 27.18**). 선충류는 유연하고 두꺼운 큐티클(각피)로 덮여있는데, 이 큐티클은 생장하는 동안 탈피를 거쳐 벗겨진다. 선충류의 근육은 표피 아래 한 층으로 구성되어 있으며, 선충류의 몸을 둘러싸기보다는 선충류의 길이에 따라서 확장되어 있다. 이러한 종주근(longitudinal muscle)은 선충류의 몸의 외층에 부착되어 있고, 피부

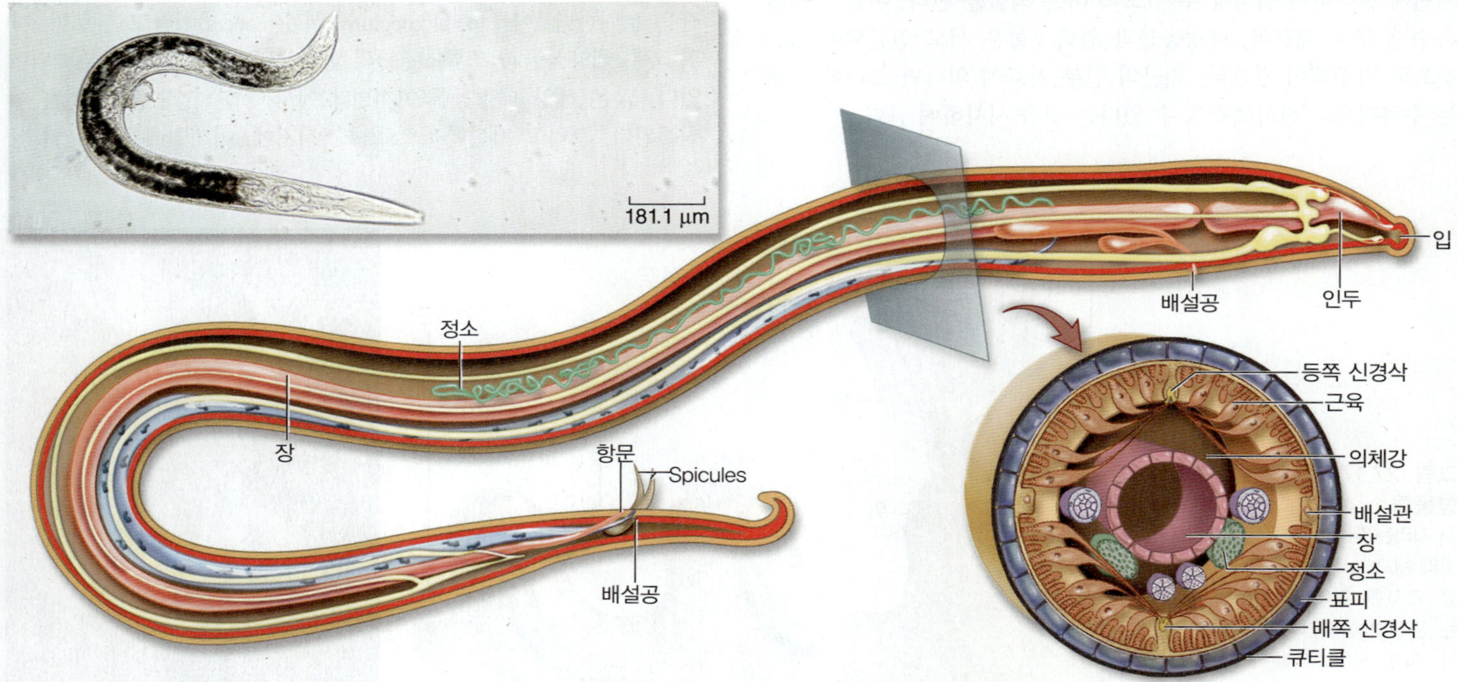

그림 27.18 선형동물문: 선충류. 이 그림에 있는 수컷 선형동물 같은 선충류는 장과 체벽 사이에 의체강이라 부르는 체강을 갖는다. 이는 몸 전체에 영양소를 순환시키고 근육 운동에 의한 장기의 변형을 방지할 수 있다.

와 액체성 외골격의 형태를 형성하는 의체강(pseudocoelom)에 반하여 당겨주는 역할을 한다. 선충류는 몸이 좌우로 채찍질하듯 움직인다.

특수하게 분화된 호흡기관은 없지만, 선충류는 큐티클을 통하여 산소와 이산화탄소를 교환한다. 선충류는 잘 발달된 소화계를 갖고 있고, 다양한 음식물을 섭식한다. 입의 가까운 앞쪽 끝에 털 모양의 감각구조가 있다. 선충류의 입에는 침(stylet)이라는 찌르는 기관이 있기도 한다. 음식은 근육질의 인두(pharynx)가 리듬과 함께 수축함으로써 흡입 동작을 하여 입으로 들어가고, 장을 관통하여 계속 진행된다(그림 27.18 참조). 음식과 혼합된 물의 일부는 소화관의 끝부분에서 재흡수되고, 소화되지 않은 물질은 항문을 통하여 배출된다.

선형동물들은 편모나 섬모가 전혀 없고, 심지어 정자세포에도 없다. 선충류의 생식은 유성생식이며, 일반적으로 암수가 구분되어 있다. 선충류의 발달은 단순하며, 성충은 매우 적은 수의 세포들로 구성된다. 이러한 이유 때문에, 선충류는 유전 및 발생연구를 위한 매우 중요한 연구모델이 된다. 1 mm 길이의 예쁜꼬마선충은 단지 3일 만에 성숙하며, 그 몸은 투명하고, 단지 959개의 세포를 갖고 있다. 발생 과정 중 세포구조가 완벽하게 알려진 유일한 동물로 알려져 있으며, 그 유전체 서열이 완벽하게 밝혀진 최초의 동물이다(총 9,700만 개의 DNA 서열이 21,000개 이상의 다양한 유전자를 암호화하고 있다).

선충류가 원인이 되는 인간 질병

미국에서 꽤 흔한 종을 포함하여 약 50종의 선형동물이 자주 사람에 기생한다. 대부분 *Necator* 속에 속하는 십이지장충(hookworm)은 남부의 주들에서 흔하다. 십이지장충은 장의 벽을 통해 혈액을 빨아서 사람의 빈혈을 유발하기도 한다.

온대지역에서 가장 심각하고 흔한 선충류 유래 질병은 선모충증(trichinosis)이다. 선모충속(Trichinella)에 속하는 벌레는 일부 포유류, 특히 돼지와 곰의 소장에 산다. 수정된 암컷은 장벽을 통하여 구멍을 뚫고, 1,500개에 달하는 많은 어린 유충을 방출한다. 이들은 림프계를 통하여 온몸의 근육으로 보내지고, 그 곳에서 성숙하여 가장 저항성이 있는 포낭을 형성한다. 이러한 포낭(cyst)을 갖고 있는 덜 익은 돼지나 곰 고기를 먹어 선모충속이 전파된다. 감염되어 목숨을 잃는 경우는 매우 드물다. 지난 10년간 미국에서 선모충증에 의하여 사망한 경우는 단지 20명이다.

미국에서 어린이의 30% 그리고 성인의 16%가 요충(*Enterobius vermicularis*)에 감염되는 것으로 추정된다. 요충의 성충은 인간의 직장에서 사는데, 일반적으로 항문이 다소 가려운 것 이외에 심각한 증상을 유발하지 않는다. 그러나 직장이 밖으로 나오는 원인이 될수 있다. 요충은 약으로 쉽게 죽일 수 있다.

일부 선충류 유래 질병들은 열대지방에서 훨씬 심각하다. 사상충증(filariasis)은 다수의 선충류 종에 의하여 유발되는데, 세계적으로 최소한 2억 5천만 명의 인구가 감염된다. 사상충의 일부 종류는 순환계에 산다. 사상충의 유충은 전형적으로 모기 같은 흡혈 곤충의 중간숙주에 의하여 전파되어진다.

절지동물은 모든 동물 중 가장 성공적인 동물이다

학습목표 27.7.2 곤충의 4개 강(class)을 열거하라.

절지동물은 모든 동물 중 가장 성공한 동물이다(표 27.2). 절지동물

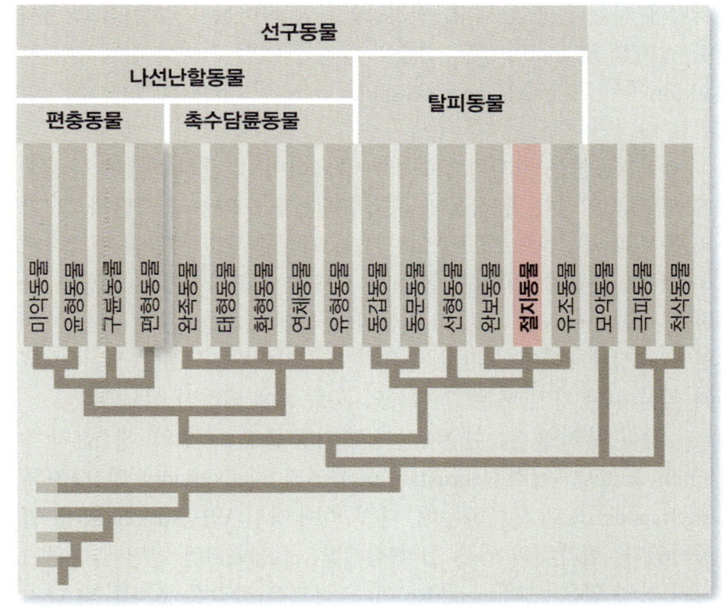

표 27.2 절지동물문의 주요 집단

강	특징	동물군
협각강(Chelicerata)	구기는 협각(집게발 또는 송곳니)이다.	거미, 응애, 진드기, 전갈, 장님거미, 투구게
갑각강(Crustacea)	구기는 아래턱이다. 부속지는 두가닥형(biramous)이고, 머리에는 두 쌍의 더듬이가 달린다.	바닷가재, 게, 새우, 등각류, 따개비
6지강(Hexapoda)	구기는 아래턱이다. 몸은 한 쌍의 더듬이가 달린 머리, 가슴 및 배의 세 부분으로 구성된다. 부속지는 한가닥형(uniramous)이다.	곤충(딱정벌레, 벌, 파리, 메뚜기, 나비, 흰개미), 톡토기
다지강(Myriapoda)	구기는 아래턱이다. 몸은 한 쌍의 더듬이가 달린 머리와 매우 많은 체절로 구성되는데, 각 체절은 한 쌍의 한가닥형의 부속지를 가진다.	지네, 노래기

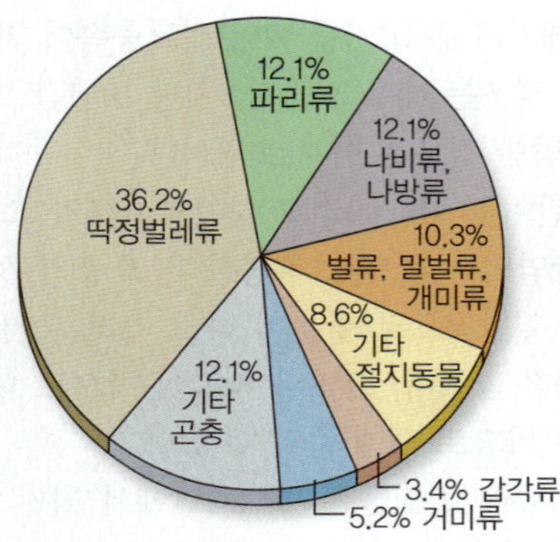

그림 27.19 절지동물은 성공적인 집단이다. 밝혀진 모든 동물의 2/3는 절지동물이다. 절지동물의 약 80%는 곤충이며, 명명된 종류의 절반은 딱정벌레류이다.

문(Arthropoda)에는 100만 종이 훨씬 넘는 종이 포함되는데, 이는 지구상에서 학명을 가진 모든 종의 약 2/3에 해당하는 수이다(**그림 27.19**). 사람 한 명당 약 2억 개체의 곤충이 어느 때나 생존한다. 곤충과 그 밖의 절지동물이 지구상의 모든 서식지에서 생존하지만, 바다에 사는 곤충은 적다. 절지동물문에 속하는 무리는 작고 대체로 길이가 몇 mm이지만, 성충의 크기는 어떤 기생성 진드기의 약 80 μm에서 키다리게(Japanese spider crab)의 3 m에 이르는 넓은 범위로 나타난다.

절지동물은 경제적으로 매우 중요하며, 인간의 생활에 다양하게 영향을 미친다. 농작물의 꽃가루받이를 도와주고 사람과 그 밖의 동물의 먹이원으로도 중요하지만, 먹이를 두고 사람과 경쟁하며 농작물에 피해를 입힌다. 곤충과 진드기가 확산시키는 질병은 사람을 포함해서 모든 종류의 식물과 동물에 피해를 준다. 곤충은 단연코 육상생태계에서 가장 중요한 초식자이다. 사실상 모든 종류의 식물이 한 가지 또는 그 이상의 곤충 종에 의하여 섭식된다.

분류학자들은 현존하는 절지동물을 4개의 강[협각류(chelicerates), 갑각류(crustaceans), 6지류(hexapods) 및 다지류(myriapods)]으로 분류하는데, 다섯 번째 강인 3엽충(trilobites)은 멸종하였다. 협각류의 입은 협각(집게발; chelicera)인 반면에 다른 3가지 강의 입은 큰턱(mandible)이다. 큰턱은 갑각류, 6지류 및 다지류의 공통조상에서 생긴 것으로 추론하고 있다. 이는 이들 세 집단이 협각류보다는 매우 밀접하게 서로 연관되어 있다는 것을 뜻한다.

절지동물의 몸은 세 가지 중요한 특징을 나타낸다

학습목표 27.7.3 외골격의 장단점을 설명하라.

절지동물(arthropods)은 견고한 외골격과 관절지와 함께 분절화되어 있는 몸을 보여준다. 이들은 등쪽 표면 부근에 심장(heart)이라는 종주근 혈관(longitudinal muscular vessel)을 갖고 있는 개방순환계를 갖고 있다(**그림 27.20**). 신경계는 절지동물의 복부 표면을 따라 분절화된 신경절(ganglia)이 등쪽 신경절과 융합하여 뇌를 형성

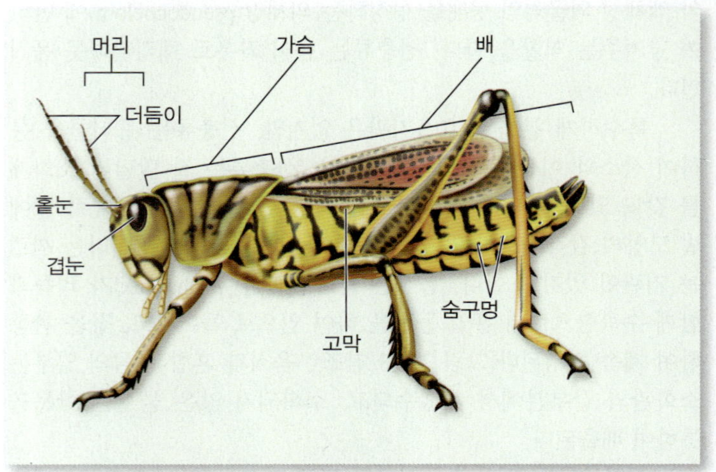

a.

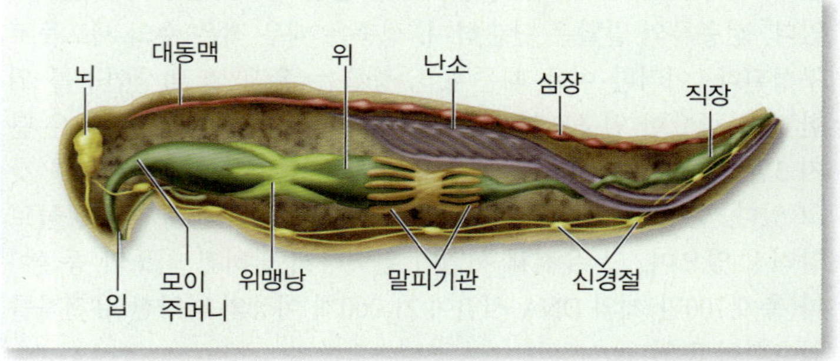

b.

그림 27.20 메뚜기(메뚜기 목). 이 메뚜기의 그림은 종의 수가 가장 많은 절지동물인 곤충의 중요한 구조적 특징을 보여준다. **a.** 외부 구조. **b.** 내부 구조.

한다. 신경계의 분절화된 특징 때문에 각 분절마다 존재하는 신경절이 절지동물의 행동의 대부분을 조절한다.

분절화의 장점은 앞에서 살펴보았다. 단단한 외골격은 포식자로부터 보호해 주지만, 행동을 제약하기도 한다. 부속지의 마디는 약간의 유연성을 제공하여 주면서 보호를 유지하여 준다. 이러한 체계를 갖고 있는 절지동물은 바다와 육지 모두에서 많은 효율적인 운동방식을 발달시켰다.

체절화

절지동물의 일부 강(class)에 속하는 구성원에 있어, 많은 체절들이 유사하게 보인다. 다른 경우에 그러한 체절들은 곤충의 머리, 가슴, 그리고 배와 같은 기능적 부위인 **합체절(tagmata**; 단수 **tagma)**로 분화된다(그림 27.20 참조). 합체절화(tagmatization)라고 알려진 체절의 융합은 절지동물의 진화에서 결정적으로 중요하다. 일반적으로 유충의 발생에서는 분절들을 볼 수 있지만 발생 과정에 융합이 일어나 그러한 분절은 없어진다. 모든 절지동물은 뚜렷한 머리를 갖고 있는데, 많은 갑각류와 협각류에서 머리와 가슴이 융합되어 머리가슴(두흉부, cephalothorax)을 형성하거나, 전체절(prosoma)을 형성한다.

외골격

바깥에 있는 단단한 골격인 외골격(exoskeleton)은 키틴과 단백질로 이루어진다. 모든 동물에서, 골격은 근육과 길항작용을 하고, 몸을 지탱하여 주며, 물리적 압박에 대해 몸을 보호해 준다. 절지동물의 외골격은 수분의 손실을 막아주는데, 이 특징은 곤충이 육지에 정착하는 데 큰 장점이 되었다. 키틴은 식물의 주된 구조적 성분인 섬유소와 화학적으로 유사하며, 강하고 유연하다는 점이 공통점이다.

외골격은 내재하는 제약이 있다. 절지동물의 크기가 증가하면 외골격은 근육의 견인력을 지탱하기 위하여 반드시 불균형적으로 두꺼워져야 한다. 만약 딱정벌레가 독수리만 하거나 게가 소 같이 크다면, 그 외골격은 너무 두꺼워서 엄청난 무게 때문에 움직일 수 없을 것이다. 몇 g 이상 되는 육상의 절지동물은 거의 없지만 해양의 절지동물은 훨씬 무거운데, 그 이유는 공기보다 밀도가 높은 물이 많은 지탱을 제공하기 때문이다. 또 다른 제약은 절지동물이 주기적으로 탈피를 해서 외골격을 만들어야 한다는 점이다. 소화관의 앞쪽과 뒤쪽뿐만 아니라, 겹눈도 큐티클로 둘러싸여 있어서 이들 또한 탈피를 해야 한다. 동물은 탈피 과정에서 외골격이 부드러워지기 때문에 포식자의 공격으로부터 특히 취약하다.

관절지

절지동물(arthropod)이라는 이름은 "관절로 된 발"을 뜻하고, 모든 절지동물은 관절로 연결된 부속지인 관절지(jointed appendage)를 갖고 있다. 부속지는 더듬이, 다양한 종류의 구기(mouthpart) 혹은 다리로 변형되기도 한다.

관절지의 한 가지 장점은 이들이 확장될 수 있고, 구부려서 당길 수 있다는 점이다. 만약 당신의 팔과 다리가 구부릴 수 없다면, 생명체가 얼마나 어려울지를 상상해 보라! 지레(lever)위에 있는 작은 근육은 큰 움직임을 만들어 낼 수 있다. 이는 마치 당신의 아래팔이 팔꿈치의 지렛대로 활용할 수 있는 것과 유사하다. 여러분의 근육을 조금만 수축하여도 당신의 손이 큰 포물선을 그리며 움직인다.

절지동물에는 네 개의 강이 있다

학습목표 27.7.4 절지동물의 4개의 강을 비교하고 대조하여 기술하라.

협각강: 거미, 응애 및 진드기

약 57,000종의 협각강(Chelicerata)은 **협각**(**chelicerae**: 단수 chelicera)이라고 부르는 가장 앞쪽의 부속지가 송곳니 또는 집게발의 기능을 한다. 협각류의 몸은 두 개의 합체절(tagmata)로 구분되는데, 앞쪽의 두흉부(prosoma)에는 모든 부속지가 달리고, 뒤쪽의 후체구(opisthosoma)는 생식기관을 갖고 있다. 협각류는 우리에게 친숙하고 주로 육상에 사는 절지동물이 포함되는데, 그 예로 35,000종이 보고된 거미류(**그림 27.21**)와 35,000 종의 진드기류와 응애류, 그리고 전갈류와 장님거미류를 들 수 있다. 이들의 대부분은 육상에 살지만, 4,000종의 응애류와 1종의 거미는 담수의 서식지에 살고, 몇 종의 응애는 바다에 산다. 전적으로 바다에 사는 협각류는 투구게와 바다거미이다. 협각류는 한 쌍의 협각에 덧붙여 4쌍의 보각(walking leg)을 갖고 있다. 대부분의 협각류는 육식성이지만 응애류는 대체로 초식성이다. 작은 입자를 소화할 수 있는 장님거미류를 제외하고 대부분의 협각류는 단단한 음식을 먹을 수 없다. 이들은 액체를 먹고 사는데, 단단한 음식에 소화효소를 주입한 후 액체화하여 근육질의 인두로 빨아먹는다.

a. *b.*

그림 27.21 두 종의 흔한 독거미. **a.** 검은과부거미(*Latrodectus mactans*). **b.** 갈색독거미(*Loxosceles reclusa*). 두 종은 북아메리카의 온대지역과 아열대지역에서 흔히 발견된다.

갑각강: 게, 새우 및 바닷가재

갑각강(Crustacea)은 게, 새우, 바닷가재, 따개비와 같이 주로 바다에 사는 약 35,000종의 생물들로 구성된다. 그러나 가재 등의 일부 집단은 민물에 살고, 어떤 게와 요각류(**그림 27.22**)는 지구상에 가장 풍부한 다세포 생물에 속한다. 단지 적은 수의 갑각류가 육상생활을 하는데, 쥐며느리와 일부 모래벼룩이 그 예가 된다. 바닷가재와 가재 같은 일부 갑각류는 사람의 식용으로 중요하고, 크릴새우 같은 부유성 갑각류는 수염고래와 이보다 작은 많은 해양동물의 주

그림 27.22 담수 갑각류. 알을 붙이고 있는 요각류(copepod). 요각목은 플랑크톤의 중요한 구성요소이다. 대부분의 몸길이는 몇 mm이다.

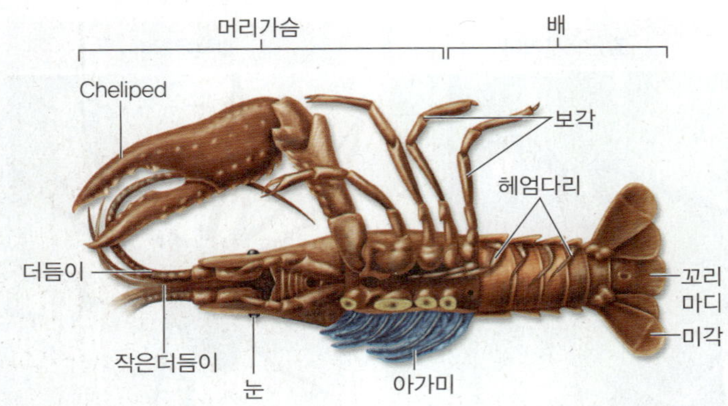

그림 27.23 십각목 갑각류. 바닷가재(*Homarus americanus*)의 배쪽면과 각 부분의 주요 명칭.

요 먹이원이다.

전형적인 갑각류는 세 부분의 합체절을 갖고 있는데, 때로는 앞쪽의 두 합체절인 머리와 가슴이 융합되어 머리가슴(두흉부, cephalothorax)을 만들기도 한다(그림 27.23). 대부분의 갑각류는 두 쌍의 더듬이, 음식을 씹고 조작하는 세 쌍의 부속지 그리고 여러 쌍의 다리를 갖고 있다. 첫 번째 더듬이 쌍을 제외하고 갑각류의 부속지는 두가닥형(2지형, biramous)이다. 갑각류는 6지류와 다르지만, 가슴뿐만 아니라 배에도 부속지가 달린다는 점에서 다족류와 유사하다. 갑각류는 두 쌍의 더듬이를 갖고 있는 유일한 절지동물이다.

큰 갑각류는 다리의 기저 근처에 호흡을 위한 날개 모양의 아가미(gill)을 갖고 있다(그림 27.23 참조). 아가미로부터 얻은 산소는 순환계를 통하여 분산된다. 보다 작은 갑각류에서 기체교환은 큐티클의 얇은 부위나 몸 전체를 통해 직접 일어난다.

노플리우스(nauplius) 유충은 갑각류의 특징이며, 이는 이와 같이 다양한 집단에 속한 생물은 생활사에서 노플리우스를 갖고 있는 공통조상으로부터 유래하였다는 증거를 제공한다. 조개 같은 외골격을 갖고 있는 고착형 따개비류는 노플리우스 유충을 갖고 있다는 것이 발견되기 전에는 연체동물과 관련이 있는 것으로 생각되었다.

6지강: 곤충

6지강(Hexapoda)에 속하는 곤충은 그 이름이 의미하는 바와 같이 6개의 다리와 날개를 갖고 있다. 곤충은 종과 개체수의 관점에서 볼 때 지구상에서 단연코 가장 큰 동물군이다. 곤충은 육지와 담수의 거의 모든 서식지에서 살지만, 매우 적은 수만이 바다에 산다. 명명된 동물종의 절반 이상이 곤충이지만, 아직까지 발견되고 분류되어 명명되지 않은 수많은 곤충이 있으므로 실제로는 더 많을 수 있다.

대략 90,000종의 곤충이 미국과 캐나다에서만 나타나고, 실제로는 125,000종 가까이 될 것이다. 교외의 정원에는 1,500종 가량이 살기도 한다. 열대 저지대의 숲에는 전형적인 1헥타르 내에 41,000종의 곤충이 서식하고 있을 것으로 추정된다. 대략 1018 개체의 곤충이 임의의 시간에 생존하는 것으로 추정된다. 그림 27.24는 곤충의 엄청난 다양성을 간단하게나마 보여준다.

발생 과정에서 많은 곤충은 변태(metamorphosis)를 한다. 미성숙 유충이 성충과 매우 유사한 메뚜기 같은 곤충의 경우, 일련의 탈피를 하면서 점차 커지고 보다 잘 발달하게 되는데, 이를 단순변태(simple metamorphosis)라고 한다. 나방과 나비 같은 곤충은 벌레처럼 생긴 유충시기를 갖고, 탈바꿈이 일어나는 번데기(pupa 혹은 chrysalis)라 부르는 휴지기를 가진 다음 최종적인 탈피를 하여 성충이 되며, 이를 완전변태(complete metamorphosis)라고 한다.

다지강: 지네, 노래기

지네류(지네아강, Chilopoda)와 노래기류(노래기아강, Diplopoda)의 몸은 뚜렷이 구별되는 머리와 그 뒤의 수많은 유사한 마디들로 구성된다. 지네의 거의 모든 체절에는 한 쌍의 부속지가 달리고, 노래기의 거의 모든 체절에는 두 쌍의 부속지가 달린다. 노래기의 각 체절은 조상이 갖던 두 개의 체절에서 진화적으로 유래된 간단한 합체절이다. 이는 왜 노래기가 지네보다 각 체절마다 두 배 많은 다리를 갖고 있는 지를 설명하여 준다. 영어로 지네(*centipede*)라는 이름은 100개의 다리, 그리고 노래기(*millipede*)라는 이름은 1,000개의

a.

b.

c.

그림 27.24 곤충의 다양성. 곤충은 약 30개 목이 있는데 대부분의 종은 4가지로 기술되어진다. 그 중 3가지 예. **a.** 미국옥색산누에나방(*Actias luna*) **b.** 등애(*Ptecticus trivittatus*) **c.** 목화바구미(*Anthonomus grandis*). Hymenoptera(벌목)의 그림이 없는데 이는 사회성 곤충으로 벌 그리고 말벌이 포함된다.

다리를 가진 동물을 뜻하지만, 지네의 성충은 일반적으로 100개보다 훨씬 적은 다리(대부분 15, 21, 또는 23쌍)를 갖고 있으며, 노래기의 성충은 대부분 100개 혹은 그 이하의 다리를 갖고 있다.

대략 3,000종이 있다고 알려진 지네류는 육식성이며, 주로 곤충을 먹고 산다. 첫 번째 몸통 체절의 부속지는 변형되어 한 쌍의 독 발톱이 되었다. 지네의 독은 사람에게 해로운데, 매우 고통스럽지만 결코 치명적이지는 않다. 이와 대조적으로 대부분의 노래기류는 초식성이며, 주로 부엽과 썩은 통나무 같은 부식된 식물을 먹고 산다. 많은 노래기류는 그 몸을 똘똘 말아서 납작한 고리 또는 공이 되어 그 자신을 방어한다. 12,000종 이상의 노래기류가 명명되었다.

개념 정리 27.7

선형동물과 절지동물은 탈피생물의 가장 큰 두 집단이다. 선충류는 환형이 아닌 종형 근육을 갖고 있는 분절화되어 있지 않은 벌레들이다. 일부 선충류는 동물과 식물의 기생생물이다. 절지동물은 외골격과 관절지를 갖는 체절화된 동물이다. 절지동물의 4개의 강은 협각강, 갑각강, 6지강(곤충), 그리고 다지강이다. 이들은 구기, 체절의 융합, 그리고 부속지의 수에 따라 구분된다.

- 왜 가장 큰 절지동물이 해양환경에서 발견되는지 설명할 수 있는가?

27.8 후구동물은 극피동물과 척삭동물로 구성된다

후구동물은 선구동물보다 소수의 문과 종들로 구성되며, 외형적으로는 차이가 있지만 여러모로 훨씬 획일적이다. 불가사리 같은 극피동물과 사람 등의 척삭동물은 발생양식이 비슷하다. 이는 이들 생물이 공통조상에서 진화하였다는 증거이며, 이들을 선구동물과 명확하게 구별되게 한다.

극피동물은 아주 오래되고 틀림없다

학습목표 27.8.1 극피동물의 기본적인 몸의 형태를 기술하라.

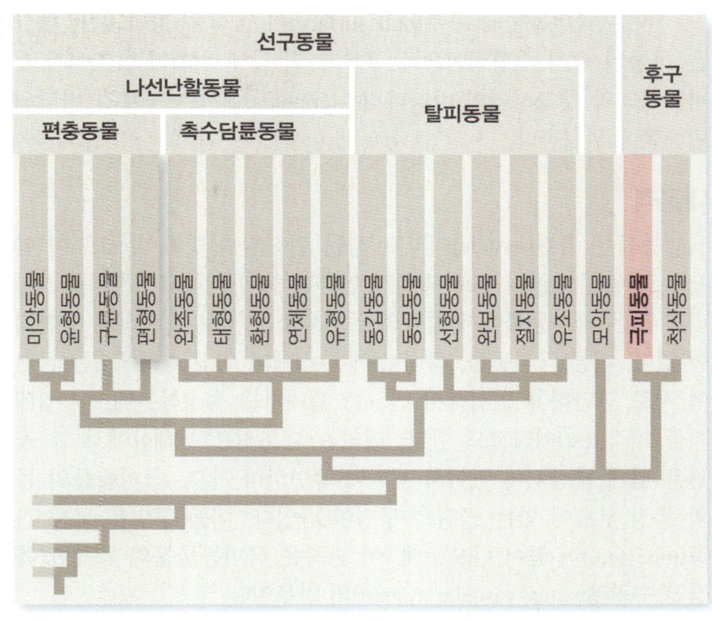

전적으로 해양에 서식하는 극피동물문(Echinodermata)의 종들은 후구동물의 발생과 내골격의 특징을 갖고 있다. 내골격

Class: 불가사리강

a.

b.

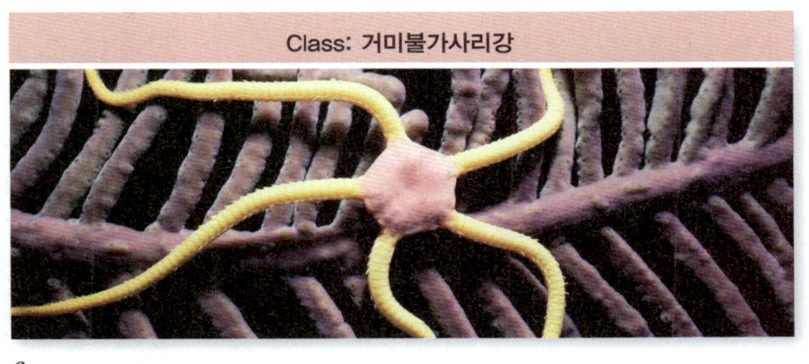

e.

c.

d.

그림 27.25 극피동물의 다양성. **a.** 불가사리(*Oreaster occidentalis*), 캘리포니아만, 멕시코만. **b.** 해삼(*Parastichopus parvimensis*), 필리핀. **c.** *Echinometra* 속에 속하는 성게, 카멜만. **d.** *Comatheria* 속에 속하는 바다나리, 인도네시아. **e.** 가우디 거미불가사리(*Ophioderma ensiferum*), 그랜드터크섬, 카리브해.

(endoskeleton)은 연약한 피부 바로 밑에 있는 딱딱한 탄산칼슘 판으로 구성된다. "가시가 있는 피부"라는 뜻의 용어 *'echinoderm'*은 많은 종의 이러한 판에서 나타나는 가시 혹은 돌기를 가리킨다. 극피동물은 불가사리, 해삼, 성게와 연잎성게, 바다나리와 갯고사리, 그리고 거미불가사리가 포함된다(그림 27.25). 풍부한 화석기록은 캄브리아기까지 거슬러 올라가지만, 극피동물의 기원은 아직 명확하지 않다. 극피동물은 좌우대칭의 조상으로부터 진화한 것으로 생각되는데, 그것은 극피동물의 유생이 좌우대칭이기 때문이다.

많은 극피동물의 구부(oral surface)가 바닥을 향하지만, 해삼은 동물의 축이 수평적이므로 구부가 맨 앞에 위치하며 기어가고, 바다나리와 갯고사리의 바다나리류(crinoids)에서는 구부가 바닥의 반대쪽에 위치한다.

내골격

극피동물은 **골편(ossicle)**이라고 하는 탄산칼슘[방해석(calcite)] 판으로 구성된 내골격 위로 펼쳐진 연약한 표피를 갖고 있다. 불가사리류 같은 극피동물에서 각각의 골격요소는 서로 느슨하게 결합되어 있다. 다른 극피동물, 특히 성게류(성게와 연잎성게)에서는 골편이 서로 단단하게 인접해서 견고한 껍데기를 형성하는데, 이 껍데기를 피각(test)이라고도 한다. 이와는 대조적으로 해삼에서 그 골편은 넓게 분산되어 있어서 체벽이 유연하다. 일부 극피동물의 몸의 특정 부위에 있는 골편은 구멍이 나있다. 이들 구멍을 통해 관족(tube feet)이 뻗어 나오는데, 이 관족은 극피동물문의 독특한 특징인 수관계(water-vascular system)의 일부이다.

극피동물은 변화 가능한 아교질조직을 갖고 있어서, 감촉이 거칠고 탄력이 있는 것에서 약하고 유동적으로 변화할 수 있다. 이와 같이 놀라운 조직 때문에 극피동물은 몸의 일부를 잘라낼 수 있다. 한편 이런 조직은 해삼이 순식간에 거의 딱딱한 상태에서 축 늘어진 상태로 변화할 수 있는 이유가 된다.

수관계

수관계는 방사상으로 조직된다. 극피동물의 식도 주위를 둘러싸는 환상수관(ring canal)으로부터 방사관(radial canal)은 몸의 각 분지로 펼쳐진다(그림 27.26). 물은 체 모양의 판인 **천공판(madreporite)**을 통해 수관계로 들어간다. 대부분의 극피동물에서 천공판은 이 동물의 표면에 있고 석관(stone canal)을 통해 환상수관으로 흘러 들어가는데, 석관은 탄산칼슘에 의하여 강화되었기 때문에 그렇게 이름이 붙여졌다. 각각의 방사관은 차례차례로 짧은 측면 분지를 통하여 속이 빈 관족까지 확장된다(그림 27.26b). 어떤 극피동물은 각 관족 끝에 빨판(sucker)이 있지만, 다른 극피동물에는 빨판이 없다. 대부분의 극피동물에서 각 관족의 기저부에는 근육성 주머니인 **병낭(ampulla)**이 있다. 병낭이 수축하면 1방판막(one-way valve)에 의해 방사관으로 들어가지 못하는 액체는 관족에 힘을 가해 관족이 확장한다. 관족의 한쪽에서 종근이 수축하면 관족의 벽이 굽어지고, 병낭의 근육이 이완되고 관족의 모든 종근이 수축하면 액체를 다시 병낭으로 돌아간다.

불가사리류와 성게류에서, 개별적으로 관족은 작고 약하지만 매우 엄청난 수의 관족들이 일치된 행동을 하면 해저를 거슬러 이동한다. 해삼의 입 주변에 있는 관족은 섭식에 이용된다. 바다나리에서, 위쪽을 향한 컵의 가장자리에서 펼쳐진 여러 팔의 분지에 발달하는 관족은 주변의 물로부터 먹이를 포획하는 데 이용된다. 거미불가사리의 관족은 뾰족하고, 섭식을 위해 특수화되었다.

극피동물의 기체교환은 몸의 표면과 관족을 통해 이루어진다. 이에 덧붙여 해삼은 후장(hindgut)에서 뻗어 나오는 쌍으로 된 호흡수(respiratory tree)를 갖고 있다. 물은 호흡수에 들어가고 나와 항문을 통해 배출된다. 불가사리에서는 표피로부터 체강의 일부가 분지하여 파풀라(papulae)라고 부르는 돌기를 내는데, 이를 통해 기체교환이 일어난다.

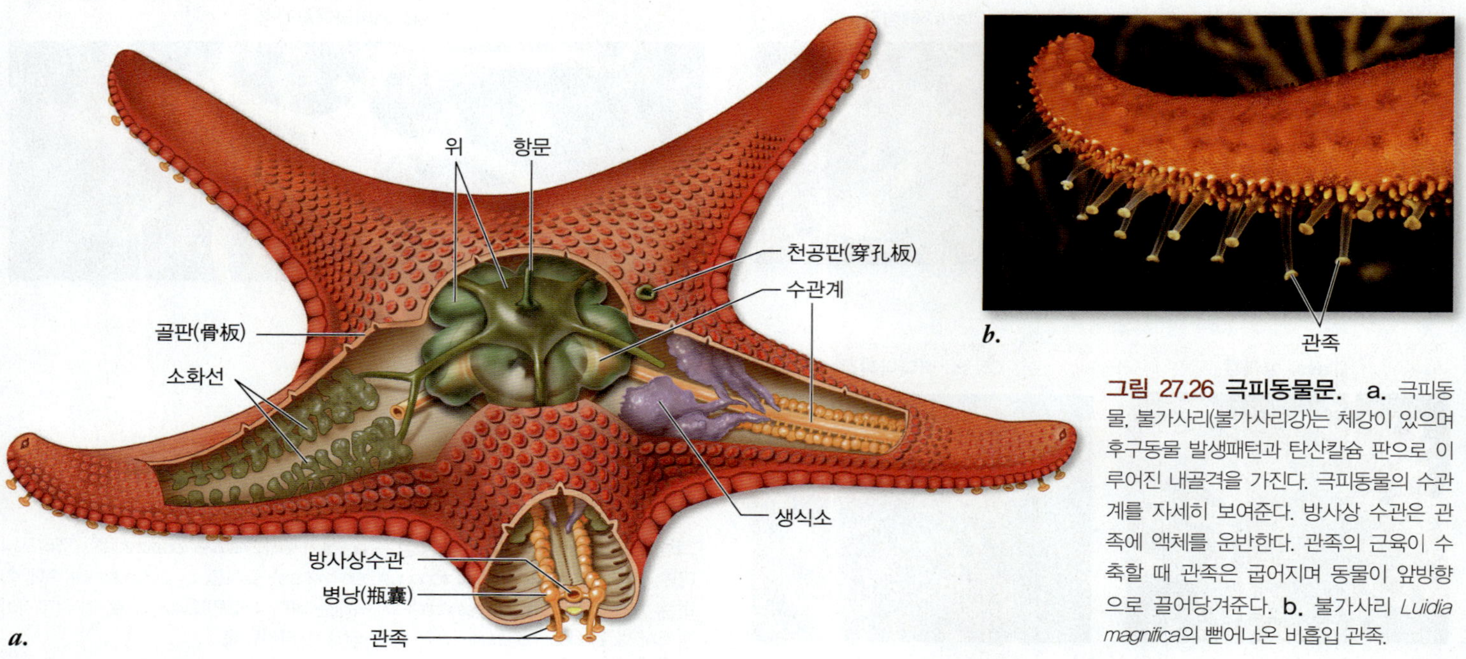

그림 27.26 극피동물문. **a.** 극피동물, 불가사리(불가사리강)는 체강이 있으며 후구동물 발생패턴과 탄산칼슘 판으로 이루어진 내골격을 가진다. 극피동물의 수관계를 자세히 보여준다. 방사상 수관은 관족에 액체를 운반한다. 관족의 근육이 수축할 때 관족은 굽어지며 동물이 앞방향으로 끌어당겨준다. **b.** 불가사리 *Luidia magnifica*의 뻗어나온 비흡입 관족.

모든 척추동물은 척삭동물이다

학습목표 27.8.2 척삭동물을 정의하는 특징을 기술하라.

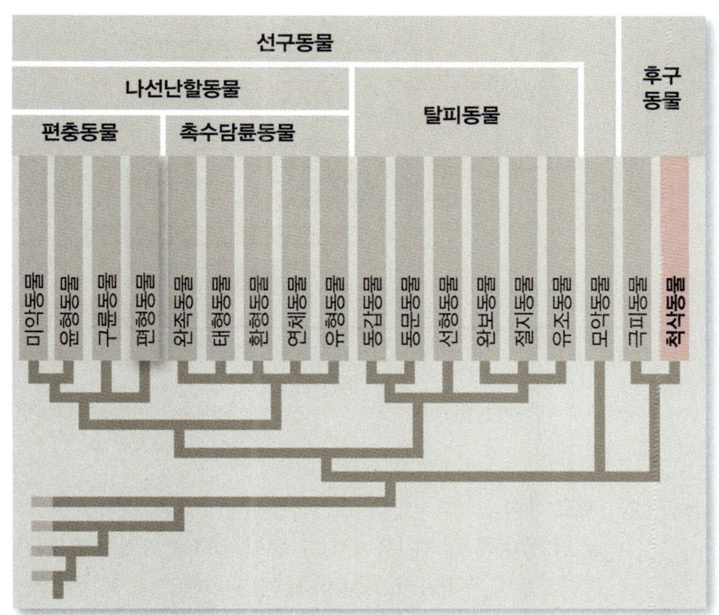

척삭동물(척삭동물문, Chordata)은 후구동물의 다른 유일한 주요 문이다. 약 56,000종의 척삭동물에는 어류, 양서류, 파충류, 조류 그리고 포유류의 모든 척추동물이 포함된다.

척삭동물은 4가지의 특징을 갖고 있고, 이 특징들은 척삭동물 문의 진화에서 중요한 역할을 해왔다(그림 27.27):

1. 하나의 속이 빈 신경삭(nerve cord)이 동물의 등쪽 표면 바로 아래를 지나간다. 척추동물에서는 등쪽 신경삭이 뇌와 척수로 분화된다.
2. 유연한 막대 모양의 척삭(notochord)이 초기 배의 원장 등쪽에서 형성되며, 모든 척삭동물의 일부 발생단계에서 나타난다. 척삭은 신경삭 바로 아래에 위치한다. 일부 척삭동물에서는 척삭이 지속되고, 다른 척삭동물에서는 척삭이 배발생 과정에서 신경삭 주변에 형성되는 척추로 대체된다.
3. 인두열(pharyngeal slit)이 구강과 식도를 잇는 근육성 관인 인두를 외부 환경과 연결한다. 육상의 척추동물에서는 그 틈(slit)이 외부와 연결되어 있지 않으며 주머니 또는 낭이라고 부르는 것이 더 좋다. 인두낭(pharyngeal pouch)은 모든 척추동물의 배에 존재한다. 그들은 새열이 되며, 동물에서 아가미로 외부에 개방되어있다. 모든 척추동물의 배에 이러한 구조가 존재한다는 것은 그들의 조상이 물에 살았다는 증거이다.
4. 척삭동물은 최소한 발생과정 동안이라도 항문 뒤까지 확장되는 꼬리를 갖는다. 거의 모든 다른 동물에서는 항문이 끝에 달린다.

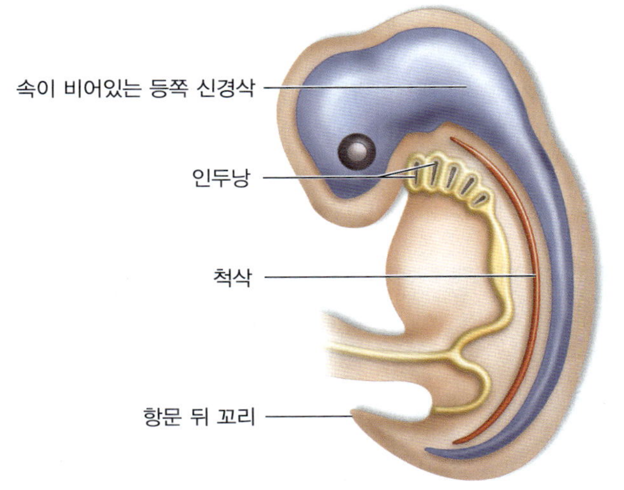

그림 27.27 척삭동물의 주요한 4가지 특징을 일반적인 배를 통해 볼 수 있다.

그림 27.28 마우스의 배. 11.5일 발생, 중배엽은 이미 체절로 나누어져 있는데 이를 somite(사진에서 어둡게 염색되어진 부분)라고 하며, 모든 척삭동물의 근본적인 체절화를 반영한다.

모든 척삭동물은 그들의 생활사에서 어느 시기에 이들 4가지의 특성을 모두 갖는다. 예를 들어, 배(embryo) 시기의 사람은 인두낭, 등쪽 신경삭, 항문뒤 꼬리, 그리고 척삭을 갖고 있다. 성체가 되면 신경삭은 남고, 척삭은 척추로 대체된다. 한 쌍의 인두낭을 제외한 모든 것은 소실되고, 이 남아있는 쌍이 가운데귀와 목구멍을 연결하는 귀인두관(Eustachian tube)을 형성한다. 항문뒤 꼬리는 퇴화되어 꼬리뼈(coccyx)를 형성한다. 척삭동물의 근육은 분절화된 블록 안에 배열된다. 그 분절화된 블록은 척삭동물의 몸의 기본구성에 영향을 주며, 종종 척삭동물의 배에서 명료하게 보일 수 있다(그림 27.28). 대부분의 척삭동물은 근육과 함께 작동하는 내부 골격을 갖고 있다. 척삭동물, 특히 척추동물은 28장에서 자세히 다룰 것이다.

개념 정리 27.8

극피동물은 내골격을 갖고 있는 해양성 후구동물이며, 성체에서 5축방사대칭의 특징을 나타낸다. 빨아들이는 컵으로 작동하는 수관계와 관족은 이동과 섭식을 돕는다. 척삭동물은 발생의 어떤 시점에 속이 빈 등쪽신경삭, 척삭, 인두낭 그리고 항문뒤 꼬리를 갖는 특징이 있다모든 척추동물은 척삭동물이다.

- 척삭동물과 극피동물의 차이점은 무엇인가?

중단평형: 한 사례의 역사 평가

생물학자들은 오랫동안 진화가 일어나는 속도를 놓고 논쟁을 벌여왔다. 어떤 생물은 서서히 진화한 것으로 나타나고(점진주의, gradualism), 반면에 다른 어떤 생물의 진화는 단속적으로 발생한 것처럼 보인다(중단평형, punctuated equilibrium). 화석기록에서는 두 가지 양상 모두 나타난 증거가 있다. 아마도 중단평형이론에 대한 가장 유명한 주장은 해양에 서식하는 태형동물(이끼벌레류)의 화석기록을 연구한 학자들의 주장일 것이다. 태형동물(bryozoans)은 분지군체를 형성하는 현미경적인 수생동물이다. 이 장 앞부분의 촉수동물에서 태형동물을 다룬 바 있다. 화석기록은 카리브 해의 메트라답도토스속(*Metrarabdotos*)에 속하는 이끼벌레류 종들에서 특히 잘 나타나 있는데, 이들의 화석기록은 중단 없이 1500만 년 전으로 거슬러 올라간다. 화석(fossil)은 죽은 지 오래된 생명체가 무기물화되어 돌처럼 된 유해이고, 화석기록(fossil record)은 과학계에 알려진 특정한 생물의 화석의 총집합이다.

그래프는 메트라답도토스속의 화석기록을 분석한 자료이다. 연구자들은 먼저 이끼벌레의 광범위한 특징에 입각한 종합적인 형질지수를 만들었다. 형질지수(character index)는 그 형태에 기초하여 한 시료에 부여하는 수치이다. 여러 다른 형질들을 측정하여 정량적 수치를 부여하고, 각 표본에 부여된 각각의 형질 값을 합하여 형질지수를 결정하였다. 두 표본의 형징지수가 가까울수록 그 둘은 매우 밀접한 관계에 있다. 그 다음에 각 화석의 모든 형질을 측정하였다. 그리고 나서 연구자들은 그 화석의 지수를 계산하고, 그래프에 검은 점으로 나타내었다. 여러 개의 점으로 형성된 타원형의 각 무리는 별개의 종을 나타낸다.

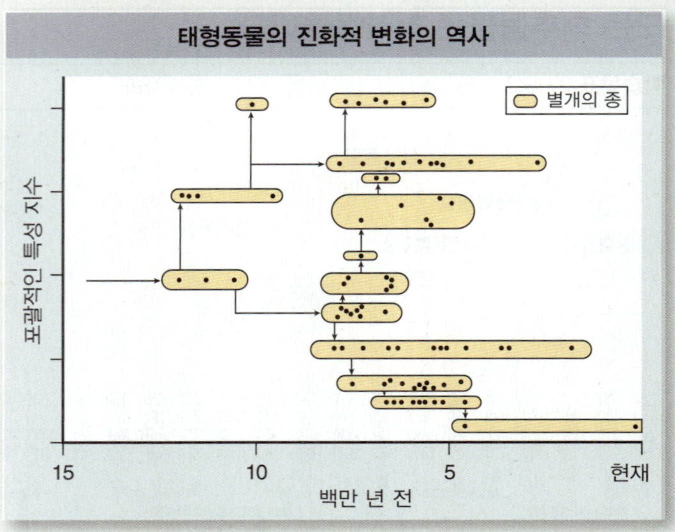

분석

1. **개념 적용**
   a. **변수.** 그림에서 종속변수가 있는가? 그렇다면 그것이 무엇인가?
   b. **그림 분석.** 얼마나 많은 다른 종들이 이 그림에서 나타낸 연구에 포함되었나? 이들 중 얼마나 멸종되었나?
2. **자료 해석**
   a. 각 종마다 화석기록에서 그 종이 얼마나 오랫동안 생존하였는지 추정하라. 단순하게 하기 위해 오직 한 번 발견된 종은 1백만 년의 기간으로 할당한다. 메트라답도토스속 종들이 진화적으로 지속된 평균 기간은?
   b. 그 자료를 바탕으로 종-추정기간의 막대그래프를 만들어라(x축에 지속기간을 표시하고, y축에 종의 수를 표시하라). 메트라답도토스속 종들이 지속된 기간의 분포에 관하여 어떻게 개략적으로 말할 수 있을까?
3. **추론**
   a. 얼마나 많은 종이 포괄적인 형질지수에서 변이를 보이는가?
   b. 종 내에서 나타나는 이러한 변이의 정도를 종간에서 보이는 변이와 비교하면 어떠한가?
4. **결론 도출.** 이와 같은 종합적 형질지수에서 나타난 중요한 변화를 바탕으로 검토해 볼 때, 진화의 중대한 변화가 점진적으로 나타났는가 아니면 혹은 이따금씩 돌발적으로 발생하였는가?
5. **추가 분석.** 메트라답도토스속의 종수를 백만 년 간격으로 비교하여 도식화하라. 그 결과의 특징을 묘사하라. 그 원인은 무엇이라고 추정하는가? 그 가능성을 평가하는 작업에 어떻게 시작할 것인가?

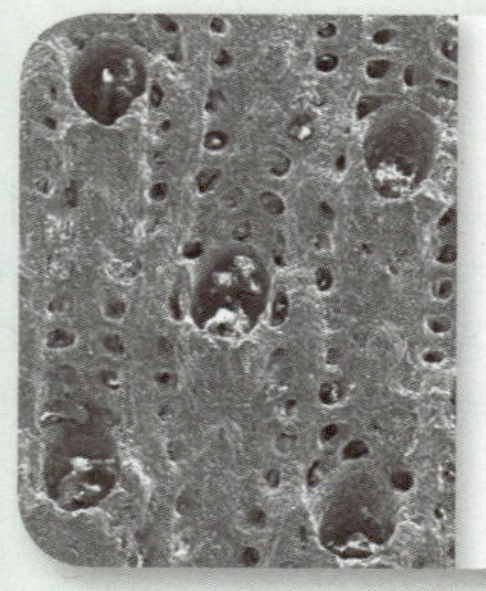
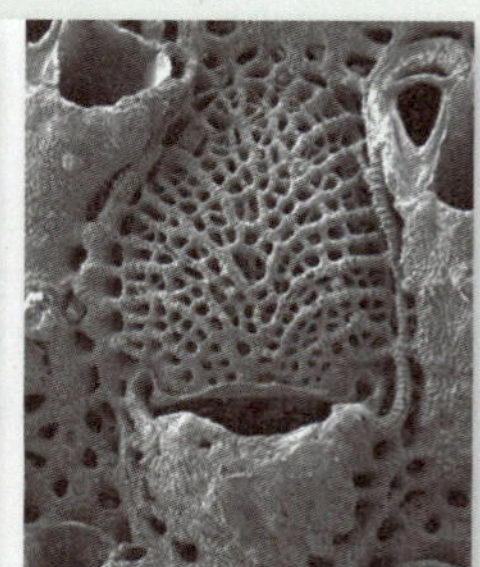
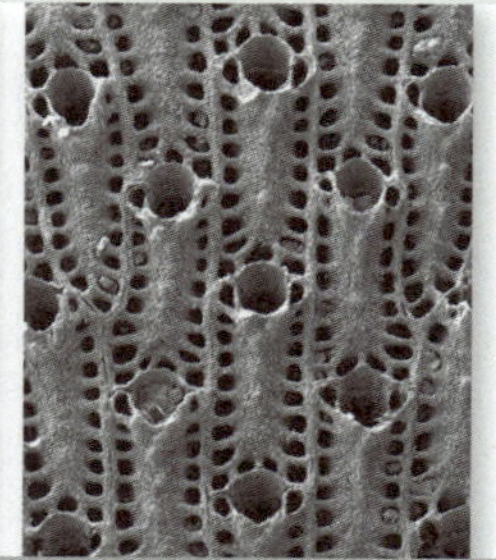
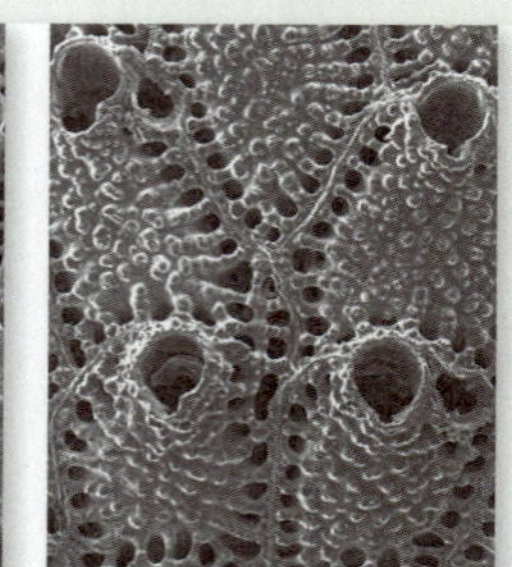
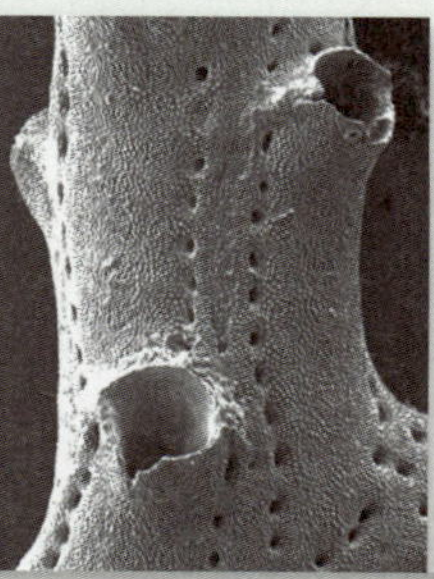
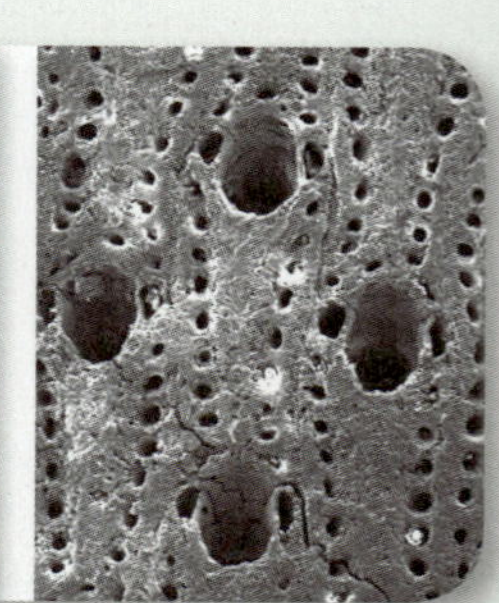

학습 과정 복습

개념 27.1 다양한 동물의 몸 체제는 일련의 진화적 혁신에 의해 생겨났다

27.1.1 동물은 다양함에도 불구하고 많은 특성을 공유한다 동물의 특징은 다세포성, 종속영양 다양한 형태와 서식지, 배발생 그리고 운동이 포함된다.

27.1.2 조직과 대칭적인 몸의 진화는 중요한 초기혁신이었다 복잡한 생명체는 특징적인 형태와 기능을 가진 세포들로 이루어진 조직 그리고 그 조직으로 이루어진 기관들을 가진다. 해면동물은 조직이 없으며 비대칭이다. 하지만 다른 동물들은 방사대칭 또는 좌우대칭성 이다. 자포동물보다 훨씬 복잡한 동물들은 좌우대칭이다.

27.1.3 체강은 기관계의 발생을 가능하게 만들었다 대부분의 좌우대칭동물들은 소화관 외에 체강을 가진다. 체강은 중배엽에서 유래한 조직 내의 공간이다. 의체강은 중배엽과 장에서 유래한 조직들 사이에 있다. 체강은 단 한 번 진화되었다. 큰 동물들은 순환계를 가지고 있어 영양소와 기체를 운반한다. 순환계는 개방순환계 또는 폐쇄순환계이다.

27.1.4 초기발생의 차이가 좌우대칭동물군을 선구동물과 후구동물로 나눈다 선구동물의 입은 원구 또는 그 주변에서 유래한다. 선구동물은 결정발생을 나타내고, 대부분 나선난할을 한다. 후구동물은 항문이 원구에서 유래한다. 후구동물은 비결정적발생을 거치고 방사상 난할을 한다.

27.1.5 체절화는 여러 번 진화하였다 여러 번에 걸쳐 진화된 체절화는 유연하고 효과적인 운동을 가능케 한다. 체절화는 형태적으로 복잡한 동물들의 몸체제 구성의 기초를 이룬다.

개념 27.2 분자적 자료는 동물의 계통수를 명확하게 해 준다

27.2.1 분자적 자료는 동물의 계통을 수정한다 생물학자들은 대부분의 동물을 35~40개의 문으로 분류하는 데 동의하지만, 그 문들 간의 유연관계는 논란의 여지가 있다. 계통분석에 있어 분자자료를 활용하는 것은 전통적인 견해를 변화시켰다. 후구동물의 계통수 가지에 비하여 선구동물의 계통수 가지는 크게 달라졌다.

27.2.2 선구동물은 나선난할동물과 탈피동물로 구분된다 나선난할동물은 촉수담륜동물과 편충동물의 계통군을 포함한다. 나선난할동물은 몸에 점차 덩어리를 붙여 나가는 방법으로 자라고 나선난할을 한다. 탈피동물은 외골격을 탈피시키면서 생장한다.

개념 27.3 진정한 조직은 간단한 동물에서 진화되었다

27.3.1 해면동물은 대칭성이 없으며 특수한 조직이 없다 해면동물문은 몸의 체제가 없다. 해면동물들은 조직과 기관 및 확실한 대칭성이 없지만 복잡한 다세포성을 가지고 있다.

27.3.2 자포동물은 대칭성과 진정한 조직을 모두 가진다 자포동물은 육식성이고 방사대칭이며 명확한 조직을 갖지만 기관은 없다. 이들은 고착성의 폴립형과 자유유영을 하는 메두사형의 두 가지 체형이 있다. 자포동물들은 세포외 소화를 하며 자포라고 부르는 찌르는 캡슐을 가진다.

개념 27.4 편충동물은 매우 단순한 좌우대칭동물이다

27.4.1 편형동물은 좌우대칭이고 진정한 체강이 없다 편형동물문에 속하는 자유생활형 편형동물들은 섬모가 달린 상피세포와 근육들에 의해 움직인다. 그들은 또한 머리와 불완전한 장관을 가진다. 편형동물들은 불꽃세포와 그물 같은 관을 포함하는 배설계를 가진다.

27.4.2 윤형동물들은 작고 진정한 체강이 없는 동물이다 윤형동물은 복잡한 형태를 갖는 작은 나선형 동물이다. 이들은 자유유영을 하거나 고착형이다.

개념 27.5 연체동물과 환형동물은 촉수담륜동물 중 가장 큰 집단이다

27.5.1 연체동물은 크고 다양한 집단이다 연체동물은 심장 주위에 진정한 체강이 있다. 연체동물은 그들의 생활사 중 어떤 시기에 좌우대칭인 시기를 갖는다. 그들은 운동, 부착 및 먹이포획을 위해 근육질 발을 이용한다. 2매패류를 제외한 모든 연체동물은 끌과 비슷한 구조로 섭식에 이용되는 치설을 가진다.

27.5.2 환형동물의 몸은 고리 같은 체절로 이루어져 있다 환형동물의 몸은 반복되는 기관들을 가지며 체절화 되어있으며 폐쇄순환계를 가진다. 체절은 격벽에 의해 구분되어 있으며 앞쪽 뇌 영역을 포함한 배쪽 신경삭에 의해 연결되어 있다.

개념 27.6 촉수동물은 매우 간단한 해양생물이다

27.6.1 태형동물은 유일한 군체성 동물이다 각 개체의 개충은 충실이라고 불리는 키틴질로 된 방을 만드는데, 이 충실로 기질과 군체의 다른 구성원에 달라붙는다.

개념 27.7 선형동물과 절지동물은 모두 탈피동물의 큰 집단이다

27.7.1 선형동물은 서로 다른 많은 종류의 선충류로 구성된다 선형동물들은 유성생식을 하고 성적 이형을 나타내는 탈피동물이다. 선형동물들은 쿠티클을 통해 기체교환을 하고 잘 발달된 소화계를 갖고 있다.

27.7.2 절지동물은 모든 동물 중 가장 성공적인 동물이다 백만 종이 넘는 절지동물이 보고되었고, 이는 지금까지 알려진 생물의 2/3에 해당한다.

27.7.3 절지동물의 몸은 세 가지 중요한 특징을 나타낸다 절지동물들은 외골격을 가지고 체절을 갖고 있다. 외골격은 탈피를 하는 동안 벗겨져서 절지동물이 자랄 수 있도록 해준다. 관절지는 구기, 더듬이 또는 다리로 변형되기도 한다.

27.7.4 절지동물에는 네 개의 강이 있다 네 개의 강은 협각강, 갑각강, 6지강, 그리고 다지강이다. 이들 강은 구기, 체절 그리고 부속지의 구조에 따라 구분된다. 6지류는 가장 크고 가장 다양한 집단이며 곤충이 포함된다. 갑각강은 게, 새우 및 바닷가재를 포함한다.

개념 27.8 후구동물은 극피동물과 척삭동물로 구성된다

27.8.1 극피동물은 아주 오래되고 틀림없다 극피동물은 5방사대칭이고 표피로 덮인 내골격 및 수관계를 갖는 후구동물이다.

27.8.2 모든 척추동물은 척삭동물이다 척삭동물은 등쪽 신경삭, 척삭, 인두낭 그리고 항문뒤 꼬리를 가진다. 척삭동물의 중배엽은 발생 과정에서 체절화된 구역들로 조직화 된다.

학습 과정 평가

개념 27.1 다양한 동물의 몸 체제는 일련의 진화적 혁신에 의해 생겨났다

이해

1. 동물들은 운동을 위한 ________과(와) 세포간 신호전달을 위한 ______를(을) 가진다는 점에서 독특하다.
   a. 뇌; 근육 b. 근육조직; 신경조직
   c. 4지; 척수 d. 편모; 신경
2. 동물의 세포벽은 _________ 으로 구성되어 있다.
   a. 키틴 b. 섬유소
   c. 펩티도글리칸 d. 이산화규소(silicon dioxide)
   e. 동물세포는 세포벽이 없다.
3. 체강은 소화강과는 다르다. 왜냐하면
   a. 그들은 외부와 연결되지 않으므로
   b. 그들은 항상 외배엽으로 둘러싸여 있으므로
   c. 그들은 항상 액체로 채워져 있으므로
   d. 그들은 오직 비대칭 생물에서만 발견되므로

응용

1. 모든 동물은 다음 중 어떤 특징을 갖나?
   a. 몸의 대칭성 b. 조직
   c. 다세포성 d. 체강

종합

1. 동물들은 바다에서 처음 진화하였다. 육상에 성공적으로 정착한 주요 집단들을 나열하라. 육지에 올라오지 않은 집단에는 없지만 육상동물들이 공통으로 가지는 특징은 무엇일까?

개념 27.2 분자적 자료는 동물의 계통수를 명확하게 해준다

이해

1. 동물의 분류와 관련하여 다음의 어떠한 연구가 계의 체제에 대한 우리의 생각을 바꾸어 놓았는가?
   a. 분자계통학 b. 조직의 기원
   c. 체절화의 양상 d. 형태적 특징의 진화
2. 탈피는 어떤 동물군의 중요한 특징인가?
   a. 나선난할동물 b. 탈피동물
   c. 연체동물 d. 편형동물

응용

1. 현대의 동물계통학적 분석에서 선구동물은 두 가지 주요 집단으로 나누어지는데, 어떤 특징을 기반으로 하는가?
   a. 그들의 대칭성 b. 머리를 가진다
   c. 탈피 능력 d. 척추뼈의 유무

종합

1. 새로운 계통수에서 절지동물과 선형동물은 모두 탈피동물이다. 이는 체강이 한 번 이상 진화하였다는 것을 의미하는가?

개념 27.3 진정한 조직은 간단한 동물에서 진화되었다

이해

1. 해면동물에서 다음 중 어떤 종류의 세포가 편모를 갖는가?
   a. 금세포 b. 변형세포
   c. 상피세포 d. 골편
2. 자포동물은 다음 중 무엇을 갖는가?
   a. 좌우대칭성 b. 세포외 소화
   c. 내골격 d. 복잡한 신경계

응용

1. 해면동물의 금세포는 원생생물 중 단편모류(Unikonta) 집단의 ________ 무리와 놀라운 유사성을 가진다.
   a. 누클레아리아(nuclearia)
   b. 대롱편모생물(stramenophytes)
   c. 입금편모충류(choanoflagellates)
   d. 윤조류(charophytes)

종합

1. 해면동물과 자포동물을 비교하라. 이들 동물은 먹이입자와 노폐물을 어떻게 취하고 버리는가? 그 유사성을 어떻게 설명할 것인가?

개념 27.4 편충동물은 매우 단순한 좌우대칭동물이다

이해

1. 윤형동물의 이름은 그 몸의 꼭대기에 바퀴 모양의 섬모에서 유래하였다. 그 섬모의 기능은?
   a. 소화 b. 이동
   c. 배설 d. 호흡

응용

1. 다음 중 편형동물문에서 찾아볼 수 없는 특징은?
   a. 머리화(cephalization) b. 체절화(segmentation)
   c. 체강(a body cavity) d. 좌우대칭(bilateral symmetry)

종합

1. 조충(촌충)이 소화계를 가지고 있지 않은 점은 그들이 편형동물의 원시적 조상형이라는 점을 의미하는 것인가? 질문에 답해 보라.

개념 27.5 연체동물과 환형동물은 촉수담륜동물 중 가장 큰 집단이다

이해

1. 연체동물의 _________ 은 매우 효과적인 호흡 구조이다.
   a. 신관(nephridium) b. 치설(radula)
   c. 빗살아가미(ctenidium) d. 부유자패(veliger)

응용

1. 어떤 종이 탈피하지 않고 체강을 가지며 담륜자(trochophore) 유생을 가진다면 그 종이 속할 집단은?
   a. 절지동물 b. 선형동물
   c. 연체동물 d. 극피동물

2. 연속적인 체절화는 다음 중 어떤 문의 주요 특징인가?
   a. 연체동물　　b. 완족동물
   c. 태형동물　　d. 환형동물

종합

1. 육상에 서식하는 연체동물과 환형동물을 비교하라. 왜 육상에 서식하는 연체동물과 환형동물이 육상의 절지동물에 비하여 그 다양성이 적을까?

개념 27.6 촉수동물은 매우 간단한 해양생물이다

이해

1. 유일하게 군체를 형성하는 동물군은?
   a. 태형동물　　b. 완족동물
   c. 환형동물　　d. 유즐동물

응용

1. 고생물학자들이 바위에서 화석화된 충실(zoecia)의 두꺼운 층을 발견하였다. 그 동물이 살아있었을 때의 바위에 대해 어떻게 이야기 할 수 있을까?
   a. 그 바위는 분명히 물속에 있었다.
   b. 그 바위는 용암류에 노출되었다.
   c. 그 바위는 침식된 산의 일부분이었다.

종합

1. 태형동물과 완족동물의 비슷한 점과 다른 점을 토의하라.

개념 27.7 선형동물과 절지동물은 모두 탈피동물의 큰 집단이다

이해

1. 종의 수라는 측면에서 지구상에서 가장 성공한 문은?
   a. 연체동물문　　b. 절지동물문
   c. 극피동물문　　d. 환형동물문
2. 다음 절지동물 중 협각(chelicerae)을 갖는 종류는?
   a. 순각류　　b. 갑각류
   c. 6지류　　d. 협각류

응용

1. 다음 중 절지동물에서 발견되지 않는 특징은?
   a. 관절지　　b. 체절화
   c. 폐쇄순환계　　d. 체절화된 신경절

종합

1. 우림(rain forest)에서 새로운 종을 발견하였는데, 그 종은 육상에 살고, 결정발생을 하며, 생활사 중 탈피를 하고, 관절지를 갖는다. 이 동물은 어떤 문에 속하는가?

개념 27.8 후구동물은 극피동물과 척삭동물로 구성된다

이해

1. 배발생과정에 근거하여 다음 중 어떤 문이 척삭동물과 가장 가까울까?
   a. 환형동물　　b. 절지동물
   c. 극피동물　　d. 연체동물
2. 모든 척삭동물의 종에 관한 설명 중 틀린 것은?
   a. 척삭동물은 후구동물이다.
   b. 척삭은 배(embryo)에서 나타난다.
   c. 척삭은 뼈 또는 연골에 둘러싸여 있다.
   d. 모든 척삭동물은 배발생 과정에 항문뒤꼬리를 가진다.

응용

1. 후구동물문 2개를 골라라.
   a. 편형동물문　　b. 극피동물문
   c. 절지동물문　　d. 척삭동물문
2. 다음 중 어떤 구조가 극피동물의 수관계(water-vascular system)를 구성하는 요소가 아닌가?
   a. 골편　　b. 병낭
   c. 방사관　　d. 천공판

종합

1. 척추동물이 다른 동물에 비해 몸집이 훨씬 큰 이유가 그들의 내골격 때문이라고 생각하는가? 설명하라.

28
척추동물

학습과정

서론

척삭동물은 극피동물에서 보이는 내골격에 상당한 변화가 있다. 27장에서 보았듯이, 극피동물의 내골격은 절지동물의 외골격과 기능적으로 유사하다–껍질 안쪽 면에 근육이 붙어있음. 척삭동물은 실질적인 내부기관인 내골격에서 큰 차이를 보인다. 척삭동물문은 배아의 등쪽에 발달한 유연한 막대를 가지고 있는 것이 특징이다. 초기 척추동물이 물이서 유영을 하는 동안, 이 막대에 붙어있는 근육을 통해 몸을 좌우로 움직이게 해준다. 근육이 내부에 부착된 이 중요한 진화적 진전은 척삭동물이 실제로 큰 동물인 척추동물로의 진화 과정이 시작된 것을 의미한다.

28.1 무척추 척삭동물은 뼈를 형성하지 않는다

27장에 살펴보았듯이, **척삭동물**(**Chordates**, 척삭동물문[phylum Chordata])은 후구동물의 두 주요 문중에 하나이다. 27장에서 자세하게 다룬 다른 주요문인 극피동물과는 매우 다르다. 척삭동물문은 3개의 아문으로 나눌 수 있다. 이들 중 2개인 미삭동물아문과 두삭동물아문은 무척추동물이다; 세 번째 아문은 척추동물아문으로 물고기, 양서류, 파충류, 조류 그리고 포유류를 포함한다. 무척추 척삭동물은 척추골이나 다른 뼈를 형성하지 않고, 미삭동물의 경우에 척삭동물에서 나타나는 특징과는 매우 다른 성체로 발달한다.

피낭동물은 척삭형 유생을 만든다

학습목표 28.1.1 무척추 척삭동물 설명하기.

피낭동물(미삭동물아문)은 약 1250여종의 해양 동물의 한 무리이다. 그들 대부분은 움직이지 않는 부착성 성체로서, 오직 유생만이 척삭과 신경삭을 가지고 있다. 올챙이와 유사한 피낭동물의 유생은 기본적인 척삭동물의 특징을 모두 가지고 있고 대부분의 척삭동물에서 발견된 가장 원시적인 특징들을 통해 척삭동물로 표시한다(그림 28.1c). 유생은 바닥 면에 정착하기 단 며칠만 유영하며 빨판을 이용하여 적합한 표면에 부착한다. 성체 피낭동물은 우리가 척삭동물에서 봤던 형태와 완전히 다르다. 성체가 되면서 더 이상 체강뿐만 아니라 체절도 존재하지 않는다(그림 28.1a,b). 대부분의 종은 얕은 물에서 나타나나, 일부는 상당히 깊은 곳에서도 발견된다.

창고기는 척삭형 성체를 형성한다

학습목표 28.1.2 창고기와 피낭동물 구분하기.

창고기(두삭동물아문)은 작은 양날검과 유사하다. 이 비늘이 없는 척삭동물은 길이가 수 cm 정도로 전 세계 바다의 얕은 물에 서식한다. 창고기는 23종으로 구성된 작은 아문이다. 창고기의 척삭은 몸 전체에 걸쳐 있으며 일생 동안에 그대로 유지된다.

창고기는 대부분의 시간을 앞쪽의 돌출된 부분을 위쪽으로 향한 채 모래 진흙에 몸의 일부를 묻고 지낸다(그림 28.2). 창고기는

a.

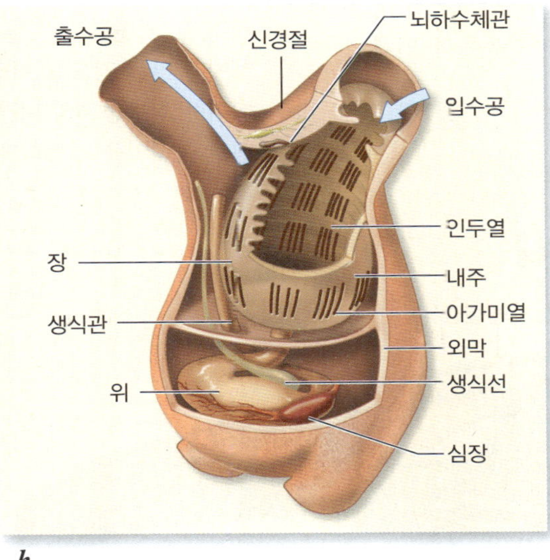

b.

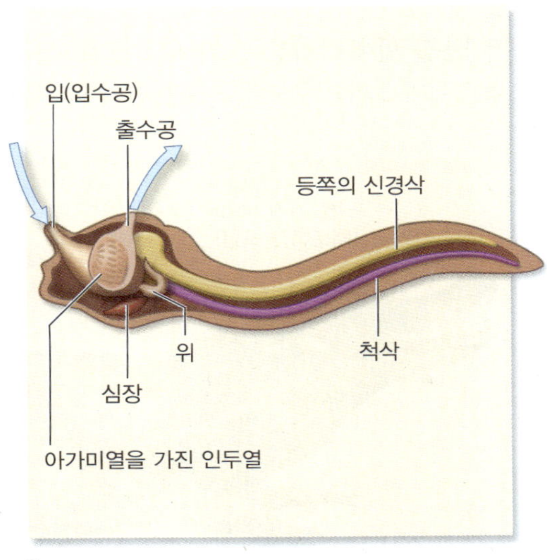

c.

그림 28.1 **피낭동물(척삭동물문, 미삭동물아문).** a. 다른 피낭동물과 마찬가지로 분홍석 우렁쉥이(*Halocynthia auranthium*)는 움직이지 않는 성체로서 바닥에 강하게 부착되어 있다. b. 성체 피낭동물의 구조. c. 피낭동물 유생의 구조는 올챙이와 유사한 형태를 하고 있다. 피낭동물의 유생은 척삭동물의 공통 조상과 유사하다.

그림 28.2 창고기. 두 마리의 창고기(*Branchiostoma lanceolatum*)가 앞쪽의 돌출된 부분을 위쪽으로 향하고 껍질이 있는 자갈에 몸의 일부를 파묻고 있다. 근체절이 명확히 보인다.

여과섭식자로서 인두열에 있는 섬모의 운동을 통해 플랑크톤을 섭취한다. 최근에 5억5천만년 된 바위에서 발견된 화석은 현재의 창고기와 유사하여 이 무리의 조상일 것이라고 여겨진다. 분자분류학자들에 의한 최근의 연구는 창고기가 척추동물과 매우 가깝다는 가설을 뒷받침하고 있다.

개념 정리 28.1

무척추 척삭동물은 척삭을 가지고 있지만 척추골과 뼈가 없다. 피낭동물은 척삭형 유생의 형태를 가지지만 완전히 다른 형태의 성체로 변한다. 창고기는 성체가 돼서도 몸이 변하지 않는다.

- 창고기와 피낭동물은 척추동물과 어떻게 다른가?

28.2 거의 모든 척삭동물은 척추동물이다

척삭동물 안에서 가장 큰 무리는 척추동물이다. 절지동물과 연체동물 이외에 어떤 문보다도 많은 종의 척추동물이 있다.

척추동물은 척추와 머리, 그리고 몇몇 다른 특징들을 가지고 있다

학습목표 28.2.1 척추동물과 다른 척삭동물 구분하기.

척추동물(척추동물아문)은 척추를 가지고 있는 척삭동물이다. 그 이름의 유래는 척추를 만드는 척추골이라 불리는 연골질의 체절 또는 개별적인 뼈로부터 유래하였다. 척추동물은 2가지 중요한 점에 관해서 피낭동물, 창고기와 다르다:

척주(Vertebral column). 진화적으로 가장 초기에 갈라진 물고기를 제외한 모든 척추동물들의 척삭은 배아 발생 시기에 척주로 교체된다. 척주는 경골이나 연골로 된 척추골이 연결된 것으로 소매같이 생긴 등 쪽의 신경삭을 둘러싸서 보호한다.

머리(Head). 척추동물은 3쌍의 잘 발달된 감각 기관을 가진 명확하고 잘 분화된 머리를 가지고 있다; 뇌는 경골이나 연골로 만들어진 두개골로 싸여져 있다.

게다가 척추동물은 다른 중요한 부분에서 다른 척삭동물들과 차이를 보인다(그림 28.3):

신경능선(Neural crest). 신경능선(Neural crest)은 배아 세포에서만 존재하는 세포무리로 다양한 척추동물의 구조 발달에 기여한다. 이 세포들은 신경관의 능선에서 발달하며 신경판이 함몰과 함입하면서 형성된다(36장의 자세한 설명 참고)

내부 기관(Internal organs). 척추동물의 특징적인 내부 기관에는 간, 신장, 그리고 내분비선이 있다. 별도의 관이 없는 내분비선은 다양한 신체 기능을 조절하는데 필요한 호르몬을 분비한다. 모든 척추동물은 하나의 심장과 하나의 폐쇄순환계를 가지고 있다. 척추동물의 순환 기능과 배설 기능은 다른 동물들과 뚜렷한 차이를 보인다.

내골격(Endoskeleton). 거의 모든 척추동물의 내골격은 경골과 연골로 만들어 진다. 경골과 연골은 고밀도의 아교섬유로 된 조직이다. 키틴질로 만들어진 골격을 능가하는 경골의 장점은 깨지지 않는 강도를 가진 살아있는 조직으로서의 유연함이다. 이러한 척추동물의 내골격은 이 무리의 특징인 거대한 크기와 힘찬 움직임을 가능하게 해 주었다.

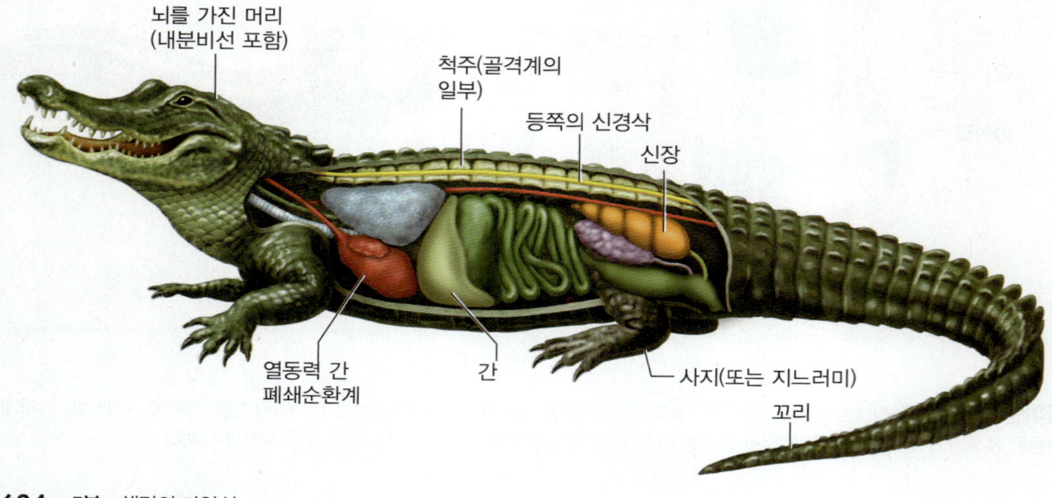

그림 28.3 척추동물의 중요한 특징. 성체 척추동물은 척주와 두개골을 포함한 경골이나 연골로 만들어진 내골격계가 특징이다. 다른 여러 가지 내 외부적 특색들도 척추동물의 특징이다.

개념 정리 28.2

척추동물은 척주와 명확한 머리가 특징이다. 또 다른 특색은 신경능선의 발달, 폐쇄순환계, 특화된 기관, 그리고 더 커진 몸과 움직일 수 있는 힘을 가능케 하는 경골이나 연골로 만들어진 내골격계이다.

■ 외골격은 어떤 방식으로 생물체의 크기를 제한 할 것인가?

28.3 물고기는 가장 오래 되고 다양한 척추동물이다

모든 척추동물의 절반 이상은 물고기이다. 가장 다양한 척추동물 무리인 물고기는 양서류가 육상으로 침입하게 된 진화적 기반을 제공하였다. 여러 면에서 양서류는 중간 단계인 "물을 벗어난 물고기"로 볼 수 있다.

물고기는 5가지 중요한 특징을 가지고 있다

학습목표 28.3.1 물고기의 진화적 혁신에 대해 설명하기.

약 18m에 이르는 고래상어부터 손톱만한 작은 망둑어에 이르기까지 물고기는 크기, 표면, 색깔, 그리고 겉모습에서 매우 다양하다 (그림 28.4). 몇몇은 차가운 북극 바다나, 따뜻한 바다, 혹은 담수호에 살고, 여전히 물 밖에서 많은 시간으로 보내기도 한다. 이러한 다양함에도 모든 물고기들은 중요한 공통적인 특징을 가지고 있다:

1. **척주(Vertebral column).** 물고기는 등쪽의 신경삭을 둘러싼 경골 또는 연골성 척추와 뇌를 둘러싼 두개골인 내골격계를 가지고 있다. 턱이 없는 먹장어와 칠성장어는 예외다. 먹장어는 연골성 두개골과 척삭은 존재하나 척주가 없다. 칠성장어의 경우에 연골성 골격과 척삭이 먹장어와 마찬가지로 존재하지만 원시적인 연골성 척주가 척삭을 둘러싸고 있다.
2. **턱과 부속기관(Jaws and paired appendages).** 칠성장어와 먹장어 이외에 모든 물고기들은 사족체에서 보여 지는 특징인 턱과 쌍으로 된 부속기관을 가지고 있다. 턱은 이들 물고기들이 더 크고 활발한 먹이들을 잡을 수 있도록 했다. 대부분의 물고기들은 2쌍의 지느러미를 가지고 있다: 어깨 부근에 있는 한 쌍의 가슴지느러미, 그리고 허리부근에 한 쌍의 배지느러미. 총기 아강의 각종 물고기들은 이 지느러미 쌍이 마디로 되어 있다.
3. **아가미(Internal gills).** 물고기는 수중생물체로 물에 녹아 있는 산소를 추출해 내야 한다. 이들은 입에서 아가미로 물을 통과시켜 산소를 흡수한다. 아가미는 혈관이 많은 미세한 섬유로 된 조직으로 구성되어 있다(34장 참조).
4. **단일폐쇄혈액순환계(Single-loop blood circulation).** 혈액은 심장에서 아가미로 흐른다. 아가미에서 산소가 공급된 혈액은 몸 전체를 통과하고 다시 심장으로 돌아온다. 심장은 순차적으로 수축하는 두 개의 방으로 만들어진 근육성 펌프관이다.

그림 28.4 물고기. 물고기는 가장 다양한 척추동물이고 다른 모든 종류의 척추동물을 합친 것보다 더 많은 종을 포함하고 있다. 위, 리본장어(*Rhinomuraena quaesita*); 아래 왼쪽, 나뭇잎 해룡(*Phycodurus eques*); 아래 오른쪽, 황다랑어(*Thunnus albacares*)

5. 영양 결핍(Nutritional deficiencies). 물고는 방향족 아미노산(페닐알라닌, 트립토판, 타이로신; 3장 참조)을 합성할 수 없고, 음식을 통해 섭취해야만 한다. 이러한 불능은 그들의 모든 자손들에 유전되어 왔다.

원생 물고기는 턱이 없다

학습목표 28.3.2 초기 물고기에서 턱의 진화에 대해 설명하기.

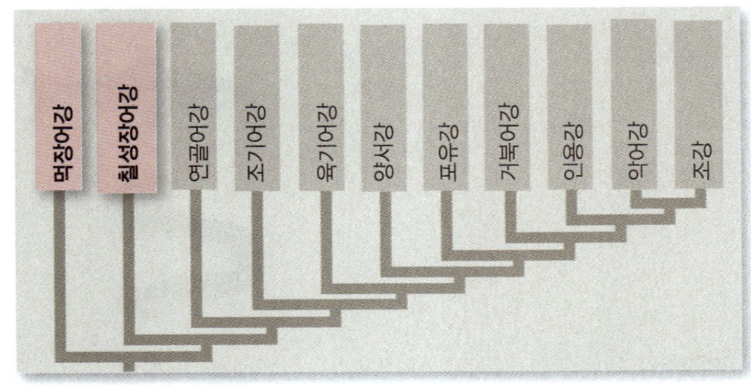

척추동물의 진화는 캄브리아기(5억4천5백만년전~4억9천만년전)의 고대 바다로부터 시작되었다. 그림 28.5에 순차적으로 진화한 척추동물의 주요 특징들이 나와 있다. 물속을 꿈틀거리고, 턱과 이가 없는 첫 번째 물고기는 진공청소기 모형처럼 생겨 바다 밑바닥으로부터 조그마한 음식물을 받아들였다. 대부분 발 길이보다 작았고 아가미를 통해 호흡했으며, 쌍으로 된 지느러미나 척주(몇몇은 원시 형태의 척주를 가지고 있었음)가 없었다; 그들은 머리와 원시적인 꼬리를 가지고 있어서 물속을 유영할 수 있었다.

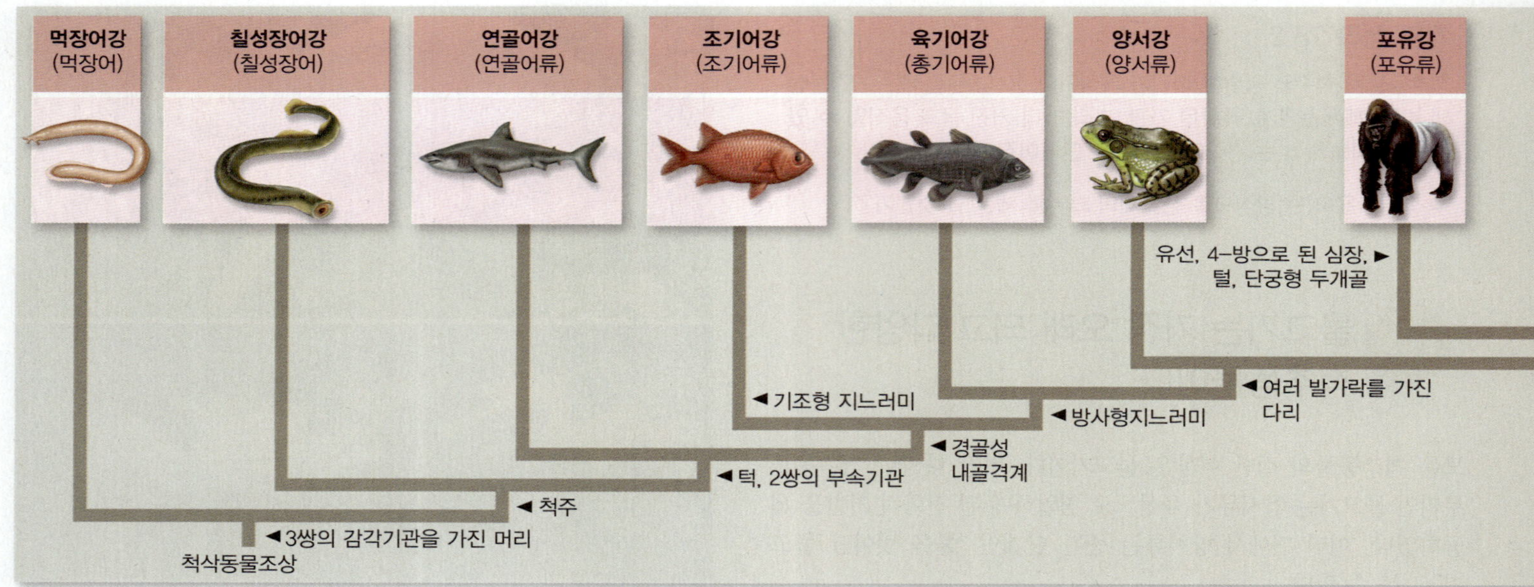

그림 28.5 현존하는 척추동물의 계통도. 척추동물 무리 사이에 진화한 몇몇 중요한 특징들이 이 계통도에 나와 있다.

표 28.1 물고기의 주요 강

강	일반적인 예	주요 특징	살아있는 종의 수
육기어강	총기어류	대부분 멸종된 경골어류; 양서류의 조상; 쌍으로 된 엽상 지느러미	8
조기어강	조기어류	가장 다양한 척추동물; 부레와 경골성 골격; 경골성 방사형의 쌍으로 된 지느러미	30,000
연골어강	상어, 홍어 가오리	경골화된 골격계; 부레가 없다;체내수정	750
칠성장어강	칠성장어	대부분 멸종된 무악어류로 쌍으로 된 부속기관이 없다;기생형과 비기생형이 있다;모두 민물에서 번식한다.	35
먹장어강	먹장어	쌍으로 된 부속기관이 없는 무악어류; 청소부; 거의 장님이나 후각이 잘 발달	30
판피어강	갑주어	딱딱한 골질판으로 덮여있는 머리를 가진 유악어류; 상당수가 확실히 크다.	멸종
극어강	가시물고기	턱이 있거나(극어류) 없는(판피어류) 물고기; 날카로운 가시에 지지받는 쌍으로 된 지느러미를 가지고 있다; 경골로 보호된 머리; 나머지는 연골성 골격으로 됨	멸종

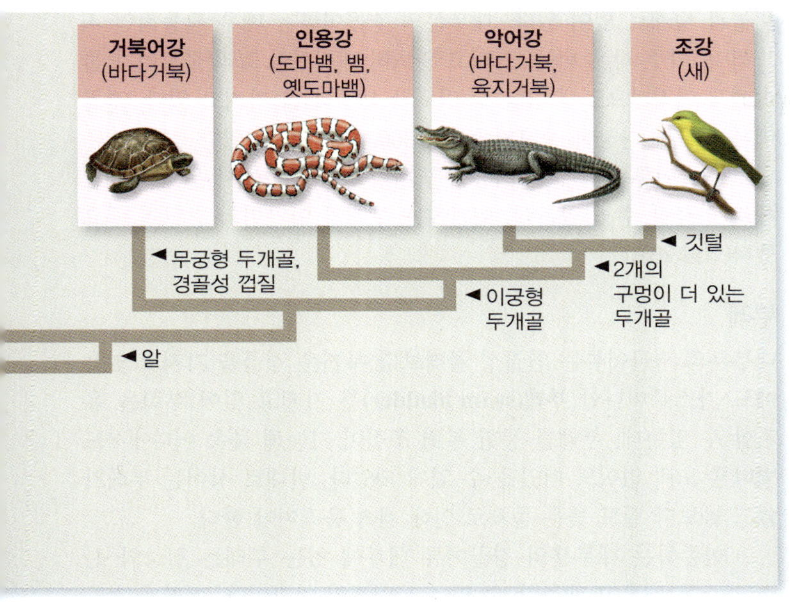

오르도비스기(4억9천만년전~4억3천8백만년전)인 5천만년 동안, 이런 단순한 물고기가 유일한 척추동물이었다. 이 시기의 말기에 물고기는 수영을 원활히 할 수 는 원시적인 지느러미가 발달하게 되었고 방어를 위한 뼈로 된 거대한 방패가 생겨났다. 턱이 있는 물고기는 실루리아기(4억3천8백만년전~4억8백만년전)에 처음 등장하였고, 이는 음식 섭취에 관한 새로운 방법을 갖게 된 것을 의미한다.

첫 번째 물고기는 턱이 없었고(표 28.1), 대신에 몸 앞쪽 끝에 입이 있어 그 잎을 열어 음식물을 잡을 수 있었다. 먹장어(먹장어강)와 칠성장어(칠성장어강) 두 무리가 오늘날까지 현존하고 있다.

또 다른 무리는 갑피류(*ostracoderms*, "껍질로 된 피부"라는 의미)이다. 갑피류의 머리 쪽 방패만이 경골로 만들어졌다; 정교한 내골격계는 연골로 만들어졌다.

턱의 진화

실루리아기 말기에 나타난 중요한 진화적 진전은 턱의 발달이었다. 턱은 아가미 틈 사이가 보강된 앞쪽의 아가미궁으로부터 진화하였다(그림 28.6). 판피어로 불리는 갑주어와 극어류로 불리는 가시물고기 모두 턱을 가지고 있다.

이러한 변화는 처음에 나타나는 것처럼 급격하진 않았다. 각각의 아가미궁은 여러 연골(나중에 경골로 진화)이 연결되어 V자 모양으로 배열되면서 형성되었다. 앞쪽 아가미궁 쌍이 접합하여 경첩이 만들어지고 나서 원시적인 척추동물의 턱을 가지게 됐을 것이다. 턱의 위쪽 절반은 뒤쪽부분을 제외하고 두개골에 직접적으로 부착되지 않았다. 이빨은 입에 배열된 피부의 비늘이 변형되어 턱 위에 발달하였다(그림 28.6)

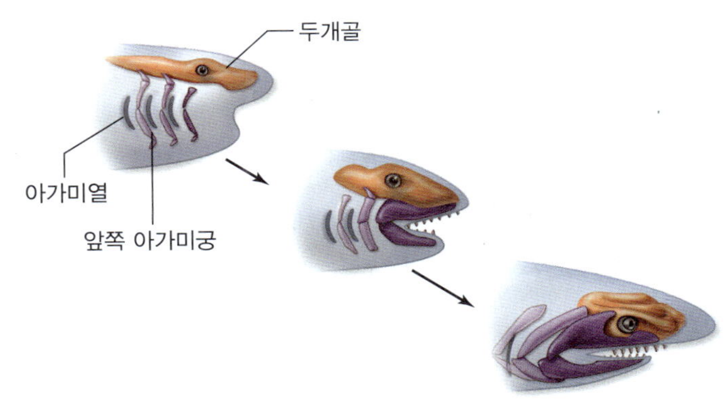

그림 28.6 턱의 진화. 턱은 턱이 없는 물고기 조상의 앞쪽 아가미궁으로부터 진화되었다.

연골성 골격을 가진 상어, 최상위 포식자가 되다

학습목표 28.3.3 어떻게 측선계가 작동하는지 설명하기.

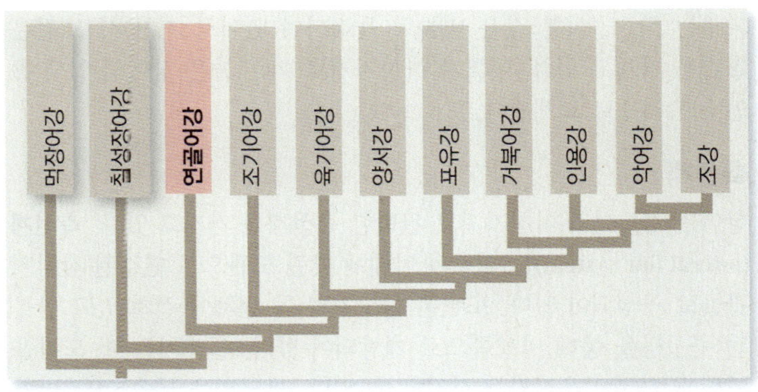

데본기 말기에 이르러 초기 갑주어는 사라지고, 데본기 초기(4억년전)에 나타난 상어와 경골어로 대체된다. 이 물고기들은 턱이 더욱 더 발달하게 되는데, 턱 뒤쪽의 첫 번째 아가미궁의 위쪽 부분이 변형되어 지주 혹은 받침대 역할을 하고 아래 턱의 뒤쪽 부분이 두개골의 뒤쪽과 결합하게 된다. 이것은 입이 이전보다 더 넓게 열수 있게 해 주었다.

석탄기(3억6천만년전~2억8천만년전)에 상어는 바다에서 가장 강력한 포식자가 되었다. 상어는 홍어, 가오리(모든 연골어강)와 마찬가지로 원시 물고기와 비슷한 연골로 된 골격을 가지고 있지만, 그것은 일종의 "석회화"된 연골 바깥에 쌓인 탄산칼슘 과립에 의해 강화된 것이었다. 그 결과 골격은 가볍고 강해졌다.

상어는 유선형의 쌍으로 된 지느러미, 가볍고 유연한 골격계를 가진 탁월한 유영자다(그림 28.7). 그들의 가슴지느러미는 특히 크고 비행기의 날개처럼 빳빳하게 돌출되어 있어 꼬리지느러미의 추진력이 아래로 향할 때 위로 끌어올릴 수 있는 보상력을 제공한다. 상어는 매우 공격적인 포식자이고 몇몇은 이미 초기에 거대한 크기를 갖게 되었다.

이빨의 진화

상어는 이빨이 발단된 가장 초기 척추동물중의 하나이다. 이 이빨들은 거친 피부 비늘에서 진화하였고 사람의 이빨과는 달리 턱 안에 들어있지 않아 강하게 고정되어 있지 않고 쉽게 빠진다. 상어의 입에는 20열의 이빨이 배열 되어있다; 앞쪽 이빨은 물고 뜯는데 사용하고 뒤쪽 이빨은 필요할 때 사용할 대체용이다. 이빨이 고장 나

그림 28.7 **연골어강.** 청새리상어(*Prionace glauca*)와 같은 연골어강들은 주로 포식자이거나 썩은 고기를 먹는 동물이다.

거나 닳았을 때, 뒤쪽 열의 이빨이 앞쪽 열을 대체한다. 한 마리의 상어는 일생 동안 20000개 이상을 사용할 것으로 추정한다. 상어 피부는 작고, 이빨 같은 비늘로 둘러싸여 있어서 거친 사포 같은 질감을 가지고 있다. 이빨과 마찬가지로 이 비늘은 상어의 일생 동안 지속적으로 교체된다.

측선계

상어는 경골어와 마찬가지로 완벽한 측선계를 가지고 있다. **측선계(lateral line system)**는 피부의 아래에 깔린 도관으로 연결된 감각기관들로 구성되어 있다. 도관은 물고기의 몸 전체에 걸쳐 있고 함몰된 콧구멍을 통해 바깥쪽으로 개방되어 있다. 물고기는 이 도관을 통해 물속에서 움직임을 감지할 수 있다. 콧구멍은 물속 어느 방향으로부터의 자극이든 인지할 수 있도록 향한다. 측선계의 기능은 33장에서 자세히 다뤘다. 실제로 측선계는 물고기의 청각에 해당하므로 일종의 물리적 자극수용기라 할 수 있다.

오늘날의 바다는 경골어류가 주를 이룬다

학습목표 28.3.4 부레의 중요성 설명하기.

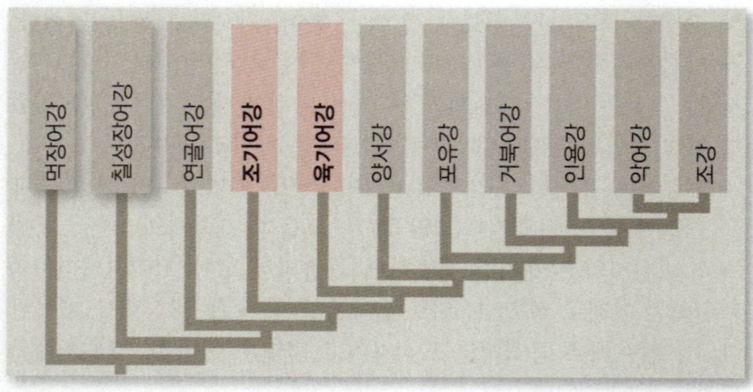

경골어류는 상어와 비슷한 시기인 약 4억년 전에 진화하였지만 완전히 다른 진화과정을 겪었다. 경골어류는 상어처럼 기민함을 통한 속도를 획득하는 대신에 완전히 경골로 만들어진 무거운 내골격계에 적응하였다.

경골은 매우 단단해서 강력한 근육을 끌어당길 수 있는 기반이 된다. 경골어류는 골화된 내골격계를 가질 뿐만 아니라, 피부가 비늘과 덮개로 덮여 있다. 대부분의 경골어류는 매우 활동적인 지느러미, 아주 작은 비늘, 그리고 완벽히 대칭적인 꼬리(물고기가 물속에서 일직선으로 유영할 수 있도록 해준다)를 가지고 있다. 경골어류는 가장 다양한 물고기종으로 30000종 이상이 있다.

경골어류는 우수한 적응력을 바탕으로 물속에서 우세한 생명체로 성공할 수 있었는데, 여기에는 부레와 아가미의 발달이 주요했다(그림 28.8).

부레

대부분의 경골어류는 연골성 골격보다 무거운 경골을 가지고 있음에도 가스주머니인 **부레(swim bladder)**를 가지고 있어 부력을 유지할 수 있는데, 부레를 통한 부력 조절이 가능해 물속 어디에서도 별다른 노력 없이도 떠있을 수 있게 되었다. 반대로 상어는 부레가 없고 물보다 밀도 높은 몸체로 인해 계속 움직여야 한다.

현존하는 대부분의 경골어류 내부에 있는 부레는 질소와 산소 가스를 채우고 배출할 수 있는 독립적인 기관이다. 어떻게 경골어류는 이러한 특별한 재주를 제어할 수 있을까? 그것은 경골어가 더 많은 부력이 필요할 때, 부레로 가스를 흘려보내는 하나의 분비선을 이용해 혈액으로부터 가스를 수집하는 것으로 알려졌다. 부력을 낮추기 위해서는 난형체로 불리는 기관을 통해 혈액으로 가스가 재흡수 된다. 다양한 생리적인 요인들이 혈액과 부레 사이의 가스 교환을 제어한다.

아가미뚜껑

대부분의 경골어류는 **아가미뚜껑(operculum)**으로 불리는 딱딱한 덮개를 가지고 있어 머리의 양쪽에 있는 아가미를 덮을 수 있다. 아가미뚜껑의 수축운동은 경골어류가 물을 아가미로 보낼 수 있게

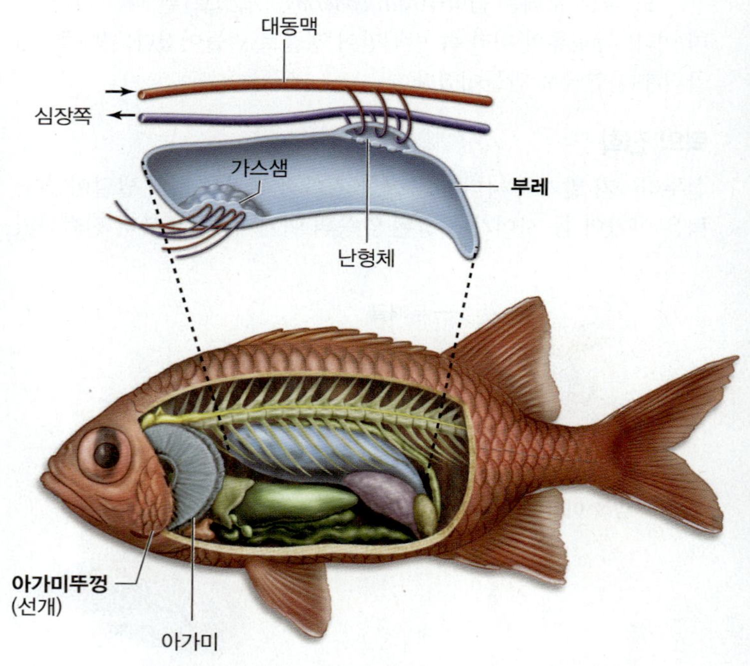

그림 28.8 **부레의 모식도.** 경골어류는 인두의 위쪽에 있는 주머니로 진화한 이 구조물을 이용해 물속에서 그들의 부력을 유지할 수 있다.

해 준다. 아가미는 물고기 몸 밖과 인두 사이의 연결 통로에 형성된 인두 틈에 달려있다. 아가미뚜껑이 닫혀있을 때, 물의 배출이 차단된다. 입을 열면 닫힌 아가미뚜껑은 입 안의 부피를 증가시키게 되어 물을 입으로 끌어들이게 된다.

입이 닫혔을 때는 열린 아가미뚜껑이 입 안의 공간 부피를 감소시켜 물이 아가미에서 밖으로 통과하도록 한다. 이러한 효과적인 일종의 풀무를 이용하여 경골어류는 물속에서 정지되어 있는 동안에도 물을 아가미로 통과시킬 수 있다. 그것은 금붕어가 어항에서 무엇인가를 급히 삼킨 것처럼 보이는 것과 같다.

총기어류를 통해 본 지상을 달리게 된 진화 경로

경골어류의 두 가지 주요 무리는 조기어류(조기어강)과 총기어류(육기어강)이다. 총기어류는 3억9천만년 전에 진화하였는데, 얼마 후에 첫 번째 경골어류가 출현하였다. 오직 8종만이 현존하는데, 2종의 공극어류(실러캔스)(그림 28.9)와 6종의 폐어류가 있다. 비록 오늘날에는 매우 드물지만 총기어류는 척추동물의 진화과정에서 매우 중요한 역할을 했다. 양서류는 거의 확실하게 총기어류에서 진화하였다.

개념 정리 28.3

물고기는 일반적으로 척주, 턱, 쌍으로 된 부속물, 측선계, 아가미, 그리고 단일폐쇄순환계를 가지고 있는 것이 특징이다. 연골어류는 가벼운 골격을 가지고 있으며 이빨이 발달한 첫 번째 척추동물이다. 가장 성공한 경골어류는 유일하게 부레와 아가미뚜껑을 가지고 있다. 경골어류 중 유일하게 총기어류가 양서류의 조상이다.

- 엽상지느러미가 방사형지느러미보다 좋은 점은 무엇인가?

그림 28.9 총기어류. 실어캔스(*Latimeria chalumnae*)(육기어강). 총기어류의 지느러미는 경골의 중앙에 붙어있다.

28.4 양서류는 최초의 육상 척추동물이다

개구리, 도롱뇽, 무족영원류 등의 촉촉한 피부를 가진 척추동물들은 물고기의 직계후손이다. 양서류(양서강)은 매우 성공적인 무리로 유일하게 생존한 육지를 걸어 다니는 첫 번째 척추동물이다. 대부분의 현생 양서류는 작고 인간의 눈에 잘 띄지 않게 살아가지만, 육지의 척추동물 중에 가장 많다. 양서류는 전 세계에 걸쳐 먹이사슬에서 아주 중요한 역할을 한다.

현생 양서류는 5가지 독특한 특징을 가지고 있다

학습목표 28.4.1 양서류만의 독특한 특징 설명하기.

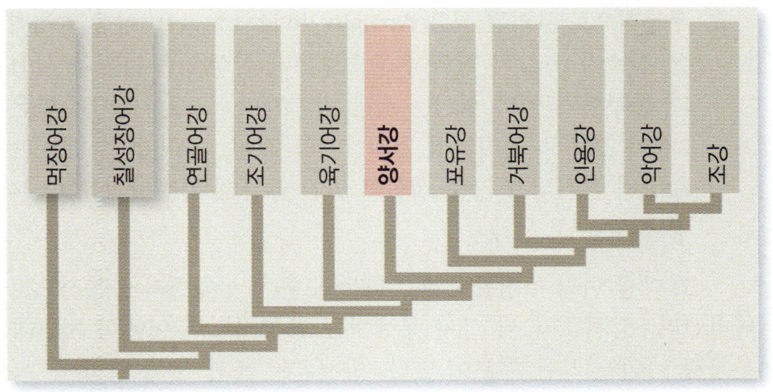

생물학자들은 현생 양서류를 3개의 목으로 분류하였다(그림 28.10): 개구리와 두꺼비가 속한 22개 과의 무미목("꼬리가 없는"); 도롱뇽과 영원이 속한 9개 과의 유미목("꼬리가 보이는"); 그리고 무족영원류로 불리며 열대지방에 서식하는 거의 눈이 멀고 벌레처럼 생긴 동물로 6개 과의 무족목("다리가 없는"). 양서류는 여러 가지 공통적인 특징을 가지고 있다:

1. **다리(Legs)**. 개구리와 대부분의 도롱뇽은 4개의 다리를 가지고 있어 육상에서 잘 움직일 수 있다. 다리는 육상에서 살아가기 위한 중요한 적응 중 하나이다. 무족영원류는 굴속에 적응하며 살면서 다리를 잃게 되었다.
2. **허파(Lungs)**. 대부분의 양서류는 한 쌍의 허파를 가지고 있으나 파충류나 포유류 허파의 표면적보다 적다. 양서류는 공기를 입으로 삼키고 다시 입을 닫은 다음 구강 바닥을 들어올려 공기를 허파로 밀어 넣는 방식으로 호흡한다.
3. **피부호흡(Cutaneous respiration)**. 개구리, 도롱뇽, 그리고 무족영원류는 모두 허파를 이용한 호흡 이외에 그들의 촉촉하고 넓은 체표면을 통해 호흡한다.
4. **폐정맥(Pulmonary veins)**. 혈액이 허파로 펌프 된 후에 2개의 큰 혈관인 폐정맥은 산소가 공급된 혈액을 심장으로 다시 펌프 한다. 이런 방식은 산소가 풍부한 혈액을 높은 압력으로 조직에 전달 할 수 있게 한다.

a.

b.

c.

그림 28.10 양서강. **a.** 빨간눈청개구리, *Agalychnis callidryas*(무미목). **b.** 범얼룩도롱뇽, *Ambystoma tigrinum*(유미목). **c.** 무족영원, *Caecilia tentaculata*(무족목).

5. **부분적으로 분리된 심장(Partially divided heart).** 심장의 격벽은 산소가 고갈된 혈액이 몸으로부터 심장으로 돌아와 산소가 풍부한 혈액과 섞이는 것을 방지한다. 그래서 혈액순환은 2개의 경로로 분리되어 있다: 폐와 전신. 그러나 이 분리는 심장에 분리되지 않은 심실이 있기 때문에 완전하지 않다(34장 참조)

또 다른 여러 특징들도 현존하는 모든 양서류에서 공통적으로 나타난다. 양서류의 세 가지 목에서는 공통적으로 이빨의 치관과 부착점 사이에 약한 부분이 있다. 양서류는 또한 눈의 망막에 "녹색 막대"로 불리는 독특한 간상세포를 가지고 있다. 이 간상세포의 기능에 대해서는 아직 알려지지 않았다.

양서류의 번영과 몰락

양서류는 육지로 이동하면서 많은 자원과 서식지를 활용할 수 있었다. 양서류는 석탄기(3억6천만년전~2억8천만년전)에 널리 퍼진 동물이었다. 양서류의 14개 과는 석탄기 초기에 양서류의 조상형 중 대표적인 화석동물인 익티오스테가(*Ichthyostega*)와 같이 수생이거나 반수생으로 알려졌다. 석탄기 말기가 되면서 북아메리카가 저지대의 열대 습지로 뒤 덮이자, 36개 과의 양서류는 포유류형 파충류인 펠리코사우르류나 다른 초기 파충류와 함께 습한 육지의 환경에서 번성하였다.

초기 페름기(2억 8천만년전~2억4천8백만년전)에 이르러 양서류 사이에 눈에 띄는 변화가 일어났다-습지를 벗어나 건조한 고지대로 이동하기 시작했다. 수많은 육지의 양서류는 경골판과 몸을 뒤덮을 수 있는 비닐을 가지고 있었으며 어떤 것은 조랑말처럼 매우 커졌다. 체구가 커지고 몸이 완전히 비늘로 뒤덮인 것은 양서류가 더 이상 현생 양서류와 같은 피부호흡을 이용하지 않게 되었다는 것과 불침투성의 질긴 피부가 수분 손실을 막아주게 되었다는 것을 의미한다. 결과적으로 양서류는 완전히 허파 호흡에 의존할 수밖에 없었다.

페름기 중기에 40개 과의 양서류가 존재했다. 그들 중 오직 25%만이 반수생으로 살았고; 60% 정도는 완전히 육상에 서식하였으며, 15%는 반육지생으로 살았다. 이것은 양서류 번영의 꼭지점으로 양서류의 시대로 불리기도 한다. 페름기 말기에는 파충류가 양서류에서 진화되었다. 한 무리인 수궁류가 우세해 지면서 그들의 영역에서 양서류를 내쫓았다. 페름기 말기의 대멸종이 일어난 후에 수궁류는 육상의 지배자가 되었고, 생존한 대부분의 양서류는 수생환경에 서식하는 종이었다. 이러한 경향은 트라이아스기(2억4천8백만년전~2억천3백만년전)까지 이어지는데, 이 시기에 양서류는 육지로부터 거의 멸종되었다.

현대의 양서류는 3개 무리에 속한다

학습목표 28.4.2 현존하는 양서류의 세 가지 목을 대조하기.

오늘날의 양서류는 공룡시대에 생존한 단 3개 과의 양서류에서 내려온 것이다. 신생대 3기(6천5백만년전~2백만년전)에 이들 3개 과의 촉촉한 피부를 가진 양서류는 습한 서식지로 재침입 하는데 성공하였고, 오늘날 전 세계에 36개 과, 5600종 이상의 양서류가 존재한다. 현생 양서류는 3개의 목으로 구성된다: 무미목(=개구리목), 유미목(=도롱뇽목), 무족목

무미목: 개구리와 두꺼비

꼬리 없는 양서류인 개구리와 두꺼비는 사막이나 산악지형에서부터 연못이나 물웅덩이에 이르기까지 다양한 환경에 서식한다(그림 28.10a). 개구리는 매끄럽고 촉촉한 피부, 폭이 넓은 몸통을 가지고 있고, 긴 뒷다리가 있어 점프를 잘 할 수 있다. 대부분의 개구리는 물속이나 근처에 서식하고 개구리로 변태하기 전까지 수중의 올챙이 시기를 거친다; 그러나 몇몇 열대성 종은 이 시기를 거치지 않고 바로 새끼 개구리로 부화하며 물 근처에 살지 않는다. 개구리와는 달리, 두꺼비는 건조하고 울퉁불퉁한 피부 그리고 짧은 다리를 가지고 있는데, 건조한 환경에 잘 적응되었다.

대부분의 개구리와 두꺼비는 번식을 위해 물로 돌아오는데, 물속에 직접 알을 낳는다. 그들의 알은 껍데기가 없어 육지에서는 금세 말라버린다. 체외수정 된 알이 부화하면 유영할 수 있는 올챙

이로 부화한다. 올챙이는 물속에서 조류를 섭식하며 살아간다. 상당히 성장한 후에 올챙이는 개구리로 변태하게 된다.

유미목: 도롱뇽

도롱뇽은 긴 몸통, 긴 꼬리, 그리고 부드럽고 촉촉한 피부를 가지고 있다(그림 28.10b). 도롱뇽의 크기는 왕도롱뇽 속의 아시아 왕도롱뇽이 1.5m 길이에 33kg까지 나가기도 하지만, 보통 수 인치부터 1피트정도 한다. 대부분의 도롱뇽은 바위나 통나무, 혹은 열대성 식물의 잎 아래 같은 습한 장소에 사는데, 몇몇은 완전히 물속에서 살기도 한다.

무미목처럼 많은 도롱뇽은 성체로 변태하기 전에 유생기를 거친다. 그러나 올챙이와 성체 개구리가 완전히 다른 무미목과는 달리, 대부분 물속에 살고 변태하면서 사라지는 외부 아가미와 아가미틈을 가지고 있다는 것만 제외하고 유생 도롱뇽은 성체와 매우 비슷하다.

무족목: 무족영원류

무족목(=무족영원목)의 일원인 무족영원류는 굴을 파는 양서류로 특화된 무리이다. 이 다리가 없고 벌레 같은 창조물은 길이가 보통 30 cm 정도 하는데, 1.3 m에 이르기도 한다. 무속영원류는 아주 작은 눈을 가지고 있으면 대다수는 장님이다. 벌레를 닮았지만 이빨이 있는 턱을 가지고 있고 벌레나 토양에 사는 무척추동물을 먹으며 산다.

개념 정리 28.4

개구리, 두꺼비, 도롱뇽, 그리고 무속영원류를 포함한 양서류는 다리, 허파, 피부호흡, 그리고 좀 더 복잡하고 분리된 순환계가 특징적이다. 이 모든 특징들은 양서류가 지상에 서식하기 위해 적응하며 발달한 것이다. 대부분의 종은 번식을 위해 수생 서식지에 의존한다. 비록 몇몇 종의 초기 형태는 조랑말 크기에 다다랐으나 현존 양서류들은 대부분 작다.

- 양서류가 육상동물로의 변화를 위해 극복한 문제들은 무엇인가?

28.5 육상서식에 완전히 적응한 파충류

양서류를 육상에서 생존하는 것에 대한 원고의 초안이라고 가정한다면, 파충류는 완성된 책으로 볼 수 있다. 양서류가 육상에 살게 된 5가지 주요 특징들을 파충류는 향상시켰다. 파충류 다리의 배열은 몸무게를 좀 더 효율적으로 지탱할 수 있도록 진화하였는데, 결과적으로 몸이 더 커지고 더 잘 뛸 수 있게 되었다. 또한 허파와 심장도 좀더 효율적으로 진화하게 하였다. 피부는 수분 손실을 최소화 할 수 있도록 건조한 덮개나 비늘로 덮여있었고, 알은 물이 통과되지 않는 불투과성막으로 둘러싸인 형태로 진화하였다.

파충류에는 3가지 주요 특징이 있다

학습목표 28.5.1 알의 진화가 갖는 의미 설명하기.

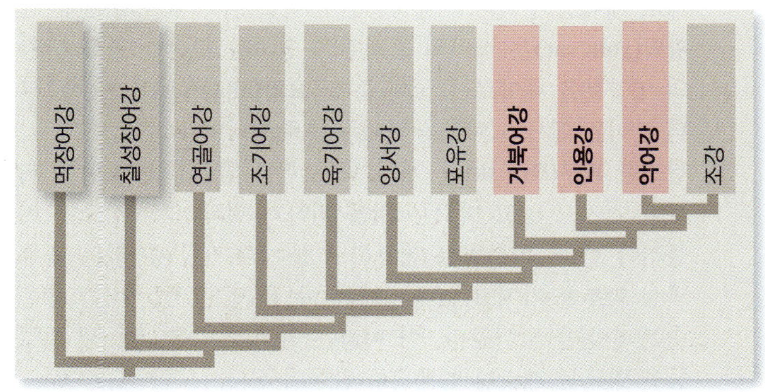

지구상에는 현재 7000종 이상의 파충류(파충강)이 산다. 그들은 오늘날 가장 성공한 종이다; 현존하는 뱀과 도마뱀의 종은 포유동물보다도 많다.

살아있는 모든 파충류들은 그들이 육상의 가장 우세한 종으로서 양서류를 대체한 시점부터 가지고 있던 공통적인 특징들이 있다. 대표적인 특징들은:

1. **양막형 알(Amniotic eggs)**. 양서류 알은 마르는 것을 피하기 위해 물속에 놓여있거나 습하게 유지되어야 한다. 대부분의 파충류는 영양분 공급원(난황)과 4개의 막:난황막, 양막, 요막, 그리고 장막을 가진 불투과성의 알을 낳는다(그림 28.11). 각각의 막은 알이 독립적으로 생명을 유지할 수 있도록 하는데 있어 주요한 역할을 한다. 현재의 모든 파충류는 조류나 포유류와 마찬가지로 유사한 방식의 막이 있는 알을 가지고 있다. 이들 3개 강을 **양막동물(amniotes)**로 부른다.

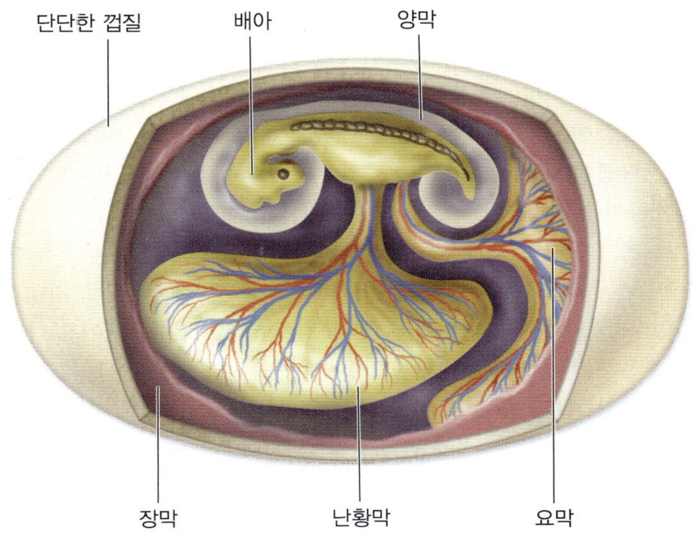

그림 28.11 총기어류. 불투과성 알. 양막성 알은 파충류가 육상의 다양한 서식지에서 살아남을 수 있도록 해준 가장 중요한 특징일 것이다.

알의 가장 바깥쪽 막은 **장막(chorion)**으로 침투성 껍질의 바로 아래쪽에 있다. 그것은 주변 공기와의 가스 교환을 가능케 하지만 수분을 통과시키지는 않는다. **양막(amnion)**은 액체로 채워진 주머니로 발생중인 배아를 둘러싸 보호한다. **난황막(yolk sac)**은 배아의 소화관에 연결된 혈관을 통해 난황의 영양분을 배아로 공급해 준다. **요막(allantois)**은 배아로부터 분비된 대사 노폐물을 담아두는 주머니이다.

2. **건조한 피부(Dry skin)**. 거의 모든 현존 양서류는 촉촉한 피부를 가지고 있고 마르는 것을 피하기 위해 습한 장소에 머물러야 한다. 파충류는 건조하고 물이 투과할 수 없는 불투과성 피부를 가지고 있다. 그들의 몸을 덮고 있는 비늘 층은 수분 손실을 막아준다. 이 비늘은 갈고리 발톱, 털, 새 깃털 등을 만드는 케라틴 성분으로 만들어 진다.
3. **흉부 호흡(Thoracic breathing)**. 양서류는 입을 수축하여 공기를 허파로 밀어 넣어 호흡 한다; 이것은 그들의 입에 감당할 수 있는 공기의 용량에 한계를 가지고 있다. 파충류는 근육을 수축하여 흉곽을 확장시키고 음압을 만들어내 공기를 안으로 흡입한 다음 다시 밖으로 내보낼 수 있도록 허파가 발달하였다. 이 시스템으로 인해 호흡능력은 허파의 용적에 좌우되게 된다.
4. **변온 동물(Ectothermy)**. 현존하는 모든 파충류는 **변온동물(Ectothermy)**로 외부의 열을 흡수하여 체온을 유지한다. 그와는 반대로, 현생 포유류와 조류 같은 **온열 동물(endothermic)**은 내부적으로 체온을 유지할 수 있다.

파충류는 2억5천만 년간 육상을 지배했다

학습목표 28.5.2 단궁형과 이궁형 구분하기.

2억5천만 년 동안 파충류는 가장 우세한 척추동물로 많은 종류의 파충류들이 등장하고 사라졌다.

단궁형(Synapsids)

파충류를 분류하는 가장 중요한 특징은 눈 뒤에 있는 구멍의 존재 유무와 숫자이다(그림 28.12). 파충류의 턱 근육은 이 구멍에 붙어 있어 그들이 좀더 강력하게 물 수 있게 한다. 첫 번째 우세했던 무리는 **단궁형(Synapsids)**으로 눈 뒤쪽 측두부에 하나의 구멍이 있는 두개골이 특징적이다.

초기 단궁형의 가장 중요한 무리인 반룡(펠리코사우루스류)은 5천만년 동안 모든 육상 척추동물의 70%를 차지할 정도로 지배적이었다; 몇몇 종은 200kg에 달했다. 길고 날카로운 "스테이크 나이프"같은 이빨을 가진 반룡은 그들과 비슷한 크기의 짐승들을 죽일 수 있는 첫 번째 육상 척추동물이었다.

약 2억5천만 년 전에 반룡은 수궁류로 불리는 또 다른 종류의 단궁류에 의해 교체된다. 몇몇 증거들은 그들이 내부적으로 열을 생성할 수 있는 온열동물이고 완전한 털을 가지고 있었을 것이라고 말한다.

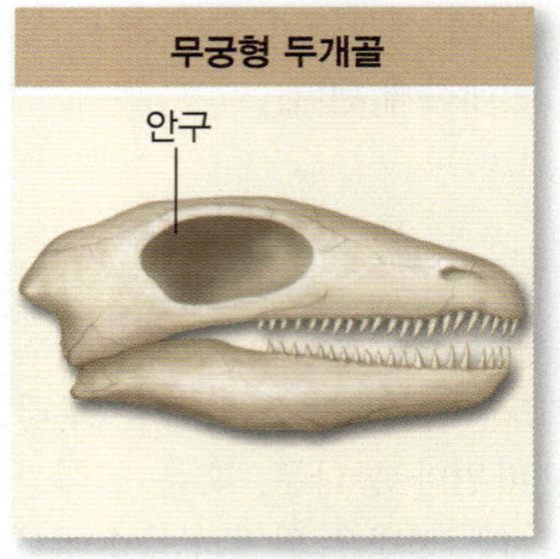

그림 28.12 파충류의 두개골. 파충류 무리는 눈 뒤쪽에 있는 두개골의 구멍 수에 따라 구분된다: 0(무궁형), 1(단궁형), 2(이궁형). 거북이는 특징적인 여러 무리가 존재하지만, 유일한 무궁형 파충류 이기도 하다.

수궁류는 또 다른 파충류인 이궁형에 의해 2억3천만년 전에 완전히 교체될 때까지 약 2천만년 동안 우세했던 육상 척추동물이다. 대부분의 수궁류는 1억7천만년 전에 멸종되었지만 한 무리는 오늘날의 자손인 포유류로 생존해왔다.

조룡류(Archosaurs)

이궁류(Diapsids)은 2쌍의 측두부 구멍이 있는 두개골을 가지고 있고, 양서류와 초기 파충류 같이 변온동물이었다. 트라이아스기(2억천3백만 년 전~2억4천8백만 년 전)에는 다양한 이궁류가 출현했지만, 악어, 익룡, 공룡, 그리고 새와 연관된 조룡류가 특히 진화적 중요성을 갖는다.

그림 28.13 아프로베나토르(*Afrovenator*)의 기동력 있는 골격. 이 두발로 걷는 육상동물은 몸 길이가 약 30ft에 달하며 약 1억3천만 년 전에 아프리카에 살았다.

초기 조룡류는 지구상에서 가장 크고 두발로 걷고 서있을 수 있는 두발동물인 첫 번째 육상 척추동물이 있었다. 그러나 트라이아스기 말기가 되면서 오직 하나의 조룡류 무리가 두드러지게 된다:공룡

공룡은 약 2억2천만년 전에 진화하였다. 이전의 두발로 걷는 이궁류와는 달리 그들의 다리는 몸통 아래에 바로 아래 위치해 있었다(그림 28.13). 이러한 설계는 몸 체중을 다리가 받치고 있어 공룡이 엄청난 속도와 민첩성을 가지고 뛸 수 있게 해주었다. 그 후에 수많은 종류의 공룡들이 거대한 크기로 진화하였고 그 구게를 지탱하기 위해 4발로 회귀하기도 하였다. 또 다른 종류인 수각류는 지구상에서 가장 무서운 포식자가 되었으며 어떤 수각류는 새로 진화하였다. 공룡은 1억5천만년 이상 모든 육상 척추동물 중에서 가장 성공적으로 우세했었다. 모든 공룡은 6천5백만년 전에 그들의 조류 후손을 제외하고 갑작스럽게 멸종하게 되는데, 아마도 소행성 충돌로 인한 것으로 본다.

현생 파충류의 중요한 특징

알의 구조를 통해 짐작할 수 있듯이, 파충류와 다른 양막류는 대부분의 양서류처럼 체외수정을 하지 않는다. 정자는 알을 보호하는 막을 통과할 수 없기 때문이다. 대신에 알의 방어막이 형성되기 전에 정자가 난자와 수정되는 암컷의 내부로 정자를 넣는다. 이것을 체내수정이라고 한다.

파충류의 순환계는 물고기와 양서류에 비해 훨씬 향상되었는데, 즘더 효율적으로 산소를 몸에 전달할 수 있다(그림 28.14; 34장 참조). 그것은 심장에서 심방의 일부분으로부터 격벽이 확장되어 심실을 가로지르게 되면서 향상된 것이다. 이 격벽은 심실 내부에서 산소농도가 높은 혈관과 농도가 낮은 산소 간에 섞이는 것을 완화시켜주는 불완전한 벽으로 작용하였다. 악어의 경우에 조류와 포유류(아마도 후기 공룡도 포함 한)처럼 격벽은 심실을 4개로 완벽히 분리하여, 4개의 방으로 된 심장을 만들게 된다.

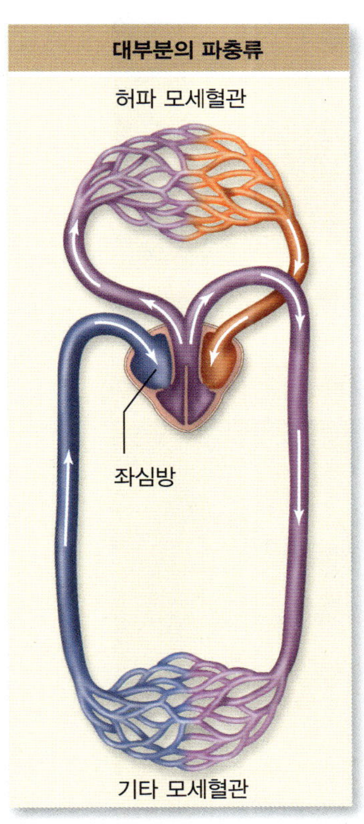

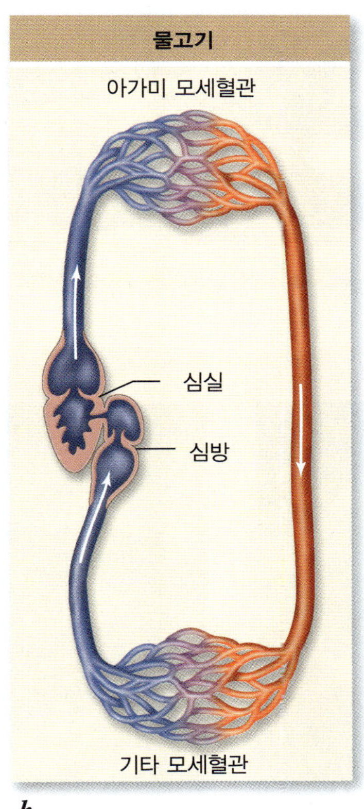

그림 28.14 파충류와 어류의 순환계 비교 a. 대부분의 파충류에서 산소가 공급된 혈액(빨간색)은 허파를 떠난 뒤 다시 펌프되어 온몸을 활발하게 순환한다. b. 어류의 혈액은 아가미로부터 흘러나와 직접 몸으로 순환하게 되는데, 결과적으로 상대적으로 느리게 순환한다.

현생 파충류는 4개 목에 속한다

학습목표 28.5.3 현생 파충류의 주요 무리에 대한 특징 설명하기.

현존하는 4개 파충목에는 약 7000종이 있다. 파충류는 변온동물이 살 수 없는 추운 지역을 제외하고 세계 어디에나 분포한다. 그래서 파충류는 육상 척추동물 중에서 가장 많고 다양하다.

거북목:바다거북과 육지거북

거북목은 약 250종의 바다거북과 육지거북으로 되어있다. 바다거북과 육지거북은 이빨이 없지만 날카로운 주둥이를 가지고 있다. 그들은 보호기능이 있는 껍질에 둘러싸여 있어 다른 모든 파충류들과는 다르다. 대부분은 그들의 머리와 다리를 껍질 안으로 집어넣을 수 있어 포식자로부터 완전히 보호할 수 있다.

껍질은 2개의 기본 구조로 되어있다. 갑각은 등쪽을 둘러싸고 있고 복갑은 가슴쪽을 감싸고 있다. 이 껍질의 근본적인 구조를 보면, 대부분의 바다거북과 육지거북 종들의 척주골과 갈비가 갑각의 안쪽에 연결되어 있다. 모든 근육은 껍질에 부착되어 있다.

비록 바다거북은 바다에서 대부분의 시간을 보내지만 알을 낳기 위해서는 육지로 돌아와야만 한다. 많은 종들이 이것을 위해 아주 먼 거리를 이동한다. 녹색바다거북(*Chelonia mydas*)은 먹이를 찾고 섭취하던 브라질 연안을 떠라 2000km 이상 떨어진 어센션 섬까지 이동하는데 그것은 자신들이 알을 깨고 나온 곳에 알을 낳기 위함이다.

옛도마뱀목: 옛도마뱀

오늘날의 옛도마뱀목은 약 0.5m 길이의 큰 도마뱀 같은 2종의 옛도마뱀만 있다(그림 28.15b). 멸종위기의 종들이 유일하게 발견된 곳은 뉴질랜드 해안에서 떨어져 있는 작은 섬들이다. 현생 옛도마뱀목의 제한적인 다양성은 진화적으로 풍요로웠던 과거와는 상충 된다: 트라이아스기에 옛도마뱀목은 엄청난 적응방산을 경험하게 되는데, 크기와 서식지에서 확연히 다른 수많은 종들이 출현했었다.

옛도마뱀의 독특한 특징은 머리 꼭대기에 두정안으로 불리는 뚜렷하지 않은 "제3의 눈"이다. 얇은 비늘 층 아래 감춰진 그 눈은 렌즈와 망막을 가지고 있고 신경에 의해 뇌까지 연결되어 있다. 옛도마뱀목은 인용류아강에 속하는 뱀과 도마뱀에 상대적으로 가깝다.

유린목: 도마뱀과 뱀

유린목(그림 28.15c)에는 3800종의 도마뱀과 약 3000여종의 뱀이 있다. 유린목을 구분하는 특징은 수컷에 있는 쌍으로 된 교미기관의 존재여부이다. 또한 변화한 머리와 턱 모양은 강도와 기동성을 증가시켰다. 대부분의 도마뱀과 뱀들은 육식동물로서 곤충이나 작은 동물을 잡아먹으며 사는데, 이러한 턱 설계의 향상은 그들이 진화적으로 성공을 거두는데 큰 기여를 했다.

도마뱀의 조상으로부터 진화한 뱀은 엄청나게 많은 수의 척추골(어떤 경우에 300개 이상)뿐만 아니라, 갈비뼈가 없고 가동성의 눈꺼풀, 그리고 외이에 의해 특징지어 진다. 팔다리가 없는 것은 실제로 도마뱀에서 여러 번 이상 진화된 것으로 볼 수 있다; 뱀은 이러한 진화의 경향에서 완전히 벗어난 경우이다.

흔한 도마뱀에는 이구아나, 카멜레온, 도마뱀붙이, 그리고 아놀리 도마뱀이 있다. 대부분은 그 크기가 1 피트보다 작다. 가장 큰 도마뱀은 왕도마뱀과에 속한다. 가장 큰 왕도마뱀류는 인도네시아의 코모도왕도마뱀으로 길이가 3 m에 달하며 100 kg 이상 나가기도 한다. 뱀은 수 인치에서 10 m 이상까지 다양한 크기가 있다.

많은 도마뱀과 뱀은 먹이를 잡거나 포식자로부터 피할 수 있는 민첩성과 속도를 지니고 있다. 오직 두 종의 도마뱀만이 독이 있는데, 미국 남서부의 미국독도마뱀과 멕시코 서부의 멕시코독도마뱀이 있다. 뱀도 유사하게 대부분의 종이 독이 없다. 13개 뱀과 중에 오직 4개 과만 독이 있다:코브라과(코브라, 삿갓뱀, 산호뱀); 바다뱀과; 독사과(유럽산살모사, 부쉬마스터, 방울뱀, 늪살모사, 아메리카살모사); 몇몇 뱀과(아프리카독사, 나뭇가지뱀)

악어목: 일반악어와 중미산악어

악어목은 25종으로 되어 있으며, 크기가 크고 주로 수생에서 서식하는 파충류이다(그림 28.15d). 악어목에는 일반악어와 중미산악어 외에도 남미산악어와 인도산악어도 포함된다. 비록 오늘날의 모든 악어목은 매우 비슷하지만 과거에는 상당히 다양한 종들이 있었는

그림 28.15 현생 파충목. **a.** 거북목. 붉은배거북(*Pseudemys rubriventris*). 돔처럼 생긴 껍질은 포식자로부터 보호해 주는 역할을 한다. **b.** 옛도마뱀(*Sphenodon punctatus*). 옛도마뱀목의 조상 무리에 속하며 홀로 생활하는 종. **c.** 유린목. 왼쪽에 보이는 것이 목걸이도마뱀류(*Crotaphytus collaris*), 오른쪽은 에메랄드트리보아(*Corallus caninus*). **d.** 악어목. 악어(*Crocodylus acutus*)같은 대부분의 악어류는 조류와 포유류처럼 4개의 방으로 된 심장을 가지고 있다; 현존하는 다른 모든 파충류는 3개의 방으로 된 심장을 가지고 있다. 조류처럼 악어목은 다른 어떤 현생 파충류보다도 공룡에 가깝다.

데, 완전히 육상에서만 서식하거나 전체 몸길이가 50피트에 달하는 종도 있었다.

일반 악어는 주로 야행성동물로 아프리카, 아시아, 그리고 아메리카의 열대 혹은 아열대 지역의 물 근처에 서식한다. 아메리카악어(*Crocodylus acutus*)는 플로리나 남쪽, 쿠바, 그리고 중앙아메리카의 열대지역에서 발견된다. 나일악어(*Crocodylus niloticus*)와 바다악어(*Crocodylus porosus*)는 거대한 크기로 자랄 수 있는데 대년 수많은 인명 피해를 일으킨다. 중미산악어에는 단 2종만이 있다: 하나는 미국 남부에 서식하고(*Alligator mississippiensis*) 다른 하나는 중국에 살고 있는 종(*Alligator sinensis*)으로 멸종위기에 처해 있다. 남미산악어는 중미산악어와 닮았으며 중앙아메리카 태생이다. 인도악어는 길고 가는 주둥이를 이용해 물고기를 잡아먹는 악어의 한 무리로 인도와 버마에서만 서식한다.

모든 악어는 육식동물이다. 일반적으로 그들은 은밀하게 매복하여 먹이를 사냥하고 맹렬히 공격한다. 악어의 몸은 그러한 형태의 사냥에 잘 적응되었는데, 머리 꼭대기에 있는 눈과 주둥이 꼭대기에 있는 넓은 콧구멍은 조용히 잠수한 상태에서 숨쉬고 볼 수 있게 해준다. 악어는 날카로운 이빨이 많이 들어있는 거대한 입과 매우 강력한 목을 가지고 있다. 입 뒤쪽에 있는 판막은 악어가 물속에서 먹이를 먹을 때 기도로 물이 들어가는 것을 막아준다.

많은 경우에 악어는 다른 현생 파충류가 살아가는 방식보다는 새와 더 비슷하다. 예를 들어, 악어는 보금자리를 만들고 그들의 새끼를 보호하며(새나 몇몇 공룡이 가지고 있는 특징), 조류처럼 4개의 방으로 된 심장이 있는 것이다. 대부분의 생물학자들은 새가 공룡의 직계 후손이라는 사실에 동의한다. 악어와 새 모두는 도마뱀과 뱀 사이의 관계보다 더 밀접하게 관련되어 있다.

개념 정리 28.5

파충류는 수분손실을 최소화할 수 있는 단단한 비늘에 덮인 피부를 가지고, 흉부호흡과 폐쇄순환계, 그리고 물속에 낳을 필요가 없는 알을 가지고 있다. 단궁형은 눈 뒤쪽의 두개골에 하나의 구멍을 가지고 있으며, 포유류의 조상이다; 이궁형은 두 개의 구멍을 가지고 있으며 현생 파충류와 조류의 조상이다. 현존하는 4개의 파충류목에는 바다거북과 육지거북, 옛도마뱀, 도마뱀과 뱀, 그리고 악어가 있다.

- 파충류의 알은 양서류의 알과 어떻게 다른가?

28.6 새는 본질적으로 나는 파충류이다

오늘날, 새(조류)는 총 166과와 약 8600여 종을 포함하는 28개 목으로 모든 육지의 척추동물들 중에서 가장 다양하다. 동물의 세계에서 새의 성공은 독특한 구조의 발달에 기인한다-깃털. 파충류의 비늘에서 발달한 깃털은 비행을 위한 이상적인 적응으로, 가벼운 날개는 손상을 입더라도 쉽게 대체된다(박쥐와 멸종한 익룡이 가진 취약한 피부 날개와는 다르다).

새의 주요 특징은 깃털과 경량화된 골격이다

학습목표 28.6.1 새의 주요 특징 설명하기.

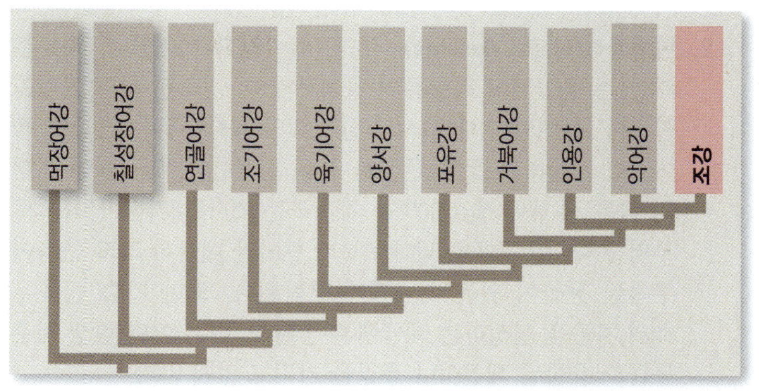

현대의 새는 이빨이 없고 단지 퇴화한 꼬리만 있으나, 여전히 많은 파충류의 특징들을 가지고 있다. 예를 들어, 새는 알을 낳는다. 또한, 파충류의 비늘은 새의 발과 뒷다리에 남아있다. 새와 현생 파충류를 구분하는 2가지 기본적인 특징:

1. **깃털(Feathers)**. 깃털은 털과 비늘처럼 케라틴으로 만들어진 변형된 파충류의 비늘이다. 깃털은 2가지 기능을 한다: 비행을 위해 들어 올리거나 열을 저장한다. 깃털의 구조는 최소화된 무게를 바탕으로 강도와 유연성이 최대화된 조합이다(그림 28.16)

   깃털은 모낭으로 불리는 피부의 작은 구멍으로부터 발달하였다. 전형적인 날개깃은 모낭으로부터 굴대가 드러나 있고, 양방향으로 쌍으로 된 날개가 발달하였다. 성숙되었을 때, 각각의 날개는 미늘이라 불리는 수많은 가지가 있다. 다시 말해, 미늘은 미세한 갈고리를 갖춘 작은 깃가지로 불리는 많은 융기를 가진다. 이 갈고리는 미늘과 미늘을 연결시켜 깃

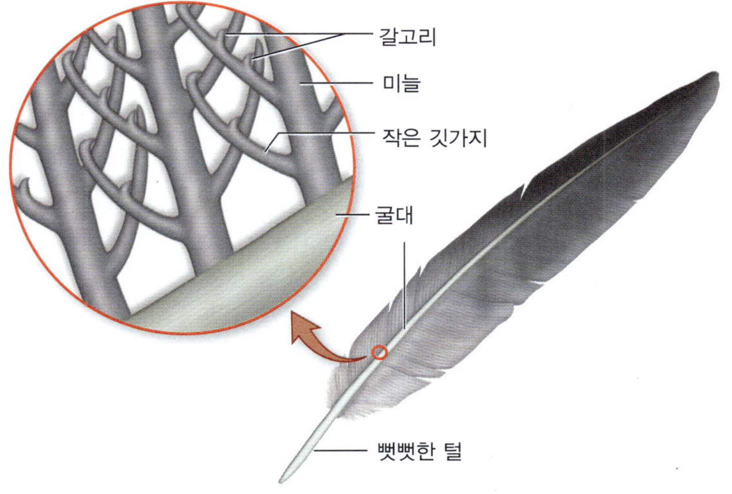

그림 28.16 깃털. 확대사진은 어떻게 이차 가지와 날개의 미늘이 미세한 깃가지에 의해 연결되었는지를 보여준다.

털이 연속된 표면과 견고하지만 유연한 모양을 갖추게 한다.

비늘처럼 깃털도 교체될 수 있다. 현존하는 동물들 중에서 깃털은 새가 유일하다. 최근에 발견된 화석은 몇몇 공룡들이 깃털을 가졌을 것이라고 시사한다.

2. **비행골격(Flight skeleton).** 새의 뼈는 얇고 비어있다. 대부분의 뼈는 융합되어 파충류의 골격보다 더 경직된 새의 골격을 만든다. 등뼈와 견대 그리고 골반대의 융합부분은 근육이 붙어있어 비행하는 동안 튼튼한 틀을 형성한다. 역동적인 비행의 힘은 새 몸무게의 30%를 차지하는 커다란 가슴 근육으로부터 온다. 이 근육은 날개로부터 뻗어와 대단히 크고 근육이 부착된 용골이 있는 가슴뼈에 부착된다. 또한 가슴 근육은 소위 차골을 형성하는 쇄골에 부착된다. 다른 어떤 현생 척추동물도 융합된 쇄골이나 흉골을 가지고 있지 않다.

그림 28.17 시조새. 1억5천만 년 전에 중앙 유럽의 숲에 살았던 까마귀 크기의 시조새는 조상인 두발 공룡과 밀접히 연관되었다. 시조새의 실제 깃털색깔은 알려지지 않았다.

조류는 약 1억5천만 년 전에 출현했다

학습목표 28.6.2 왜 새를 파충류의 한 종류로 간주하는지 설명하기

첫 번째 새로 알려진 **시조새**(*Archaeopteryx*, **그림 28.17**)의 1억5천만 년된 화석은 1862년 독일 남부의 바이에른에 있는 석회석 채석장에서 발견되었는데, 깃털의 흔적이 암석에 명확히 새겨졌다. 시조새의 골격은 많은 특징들이 작은 수각류 공룡들과 유사했다. 까마귀 크기의 시조새는 이빨을 가진 두개골을 가지고 있었고, 몇몇 뼈들이 다른 것과 융합되어 있었다. 그 뼈들은 새의 뼈처럼 빈 것이 아니라 조밀하고 단단해 보였다. 또한 긴 파충류 꼬리를 가지고 있었고, 현생 새와 같이 비행 근육을 붙잡는데 사용하는 커다란 가슴뼈가 없었다. 마지막으로 앞다리의 골격구조는 수각류의 것과 거의 일치했다.

많은 공룡의 특징들 때문에 여러 **시조새** 화석들은 화석에서 깃털이 발견될 때까지 처음에는 작은 크기의 수각류 공룡인 **턱룡**(*Compsognathus*)로 분류하였다.

시조새와 **턱룡**의 괄목할만한 유사성은 거의 모든 고생물학자들이 시조새는 공룡의 직계후손이라고 결론짓게 했다-실제로, 오늘날의 새를 "깃털 달린 공룡"으로 부른다. 최근에 중국에서 발견된 깃털 달린 공룡 화석의 발견은 이러한 추정을 강력하게 지지해주고 있다. 한 예로, 공룡 **카우디프테릭스**(*Caudipteryx*)는 명확히 시조새와 공룡의 중간으로 꼬리와 팔에 큰 깃털을 가지고 있지만 **벨로시랩터**(*Velociraptor*) 같은 공룡의 수많은 특징도 가지고 있다(**그림 28.18**). 카우디프테릭스의 팔은 날개로 사용하기에 너무 짧기 때문

그림 28.18
새의 진화 경로. 현재 대부분의 고생물학자는 새가 수각류 공룡의 직계 후손일 것이라는 이론을 인정한다.

그림 28.19 백악기 초기의 새 화석. 공자새는 긴 꼬리 깃털을 가지고 있다. 이 종의 몇몇 화석 표본에서는 긴꼬리 깃털이 없는 것은, 현생 새처럼 그것이 단지 하나의 성에 존재하는 특징일 것으로 본다.

에, 아마도 깃털은 비행을 위해 진화하지 않았을 것으로 보이며, 대신에 포유류처럼 털 같은 단열재로 사용됐을 것이다.

비행은 공룡들이 좀더 긴 팔로 진화함에 따라 획득한 공룡의 능력이다. 우리는 이것을 공룡새라 부른다. 공룡과 밀접한 연관성을 가지고 있음에도 불구하고, 새들은 3가지 진화적 새로움을 가지고 있다: 깃털, 속이 빈 뼈, 그리고 역동적 비행을 유지할 수 있는 고효율적 허파 같은 생리적 장치

시조새가 살았던 단 수백만 년 이후인 백악기 초기에, 현생 새의 많은 특징들을 가진 다양한 종류의 새들이 진화하였다. 지난 몇 년간 몽골, 스페인, 그리고 중국의 화석에서 지속적인 비행에 필요한 속이 빈 뼈와 가슴뼈를 가진 다양한 치악조류 표본들이 나타났다(그림 29.19). 다른 화석들은 고도록 특화되고 날개 없이 잠수하는 새를 나타냈다. 이러한 다양한 새들은 나는 파충류가 백악기 말기에 멸종될 때까지 7천만년동안 하늘을 공유했다.

깃털의 흔적은 드물게 화석화되었고 현생 새는 속이 비고 연약한 뼈를 가지고 있기 때문에 새의 화석 기록은 불완전하다. 현생 새의 166개 과 사이의 연관관계는 대부분 해부학 연구와 DNA 유사성 정도를 통해 추론한 것이다.

현생 새들은 다양하지만 여러 가지 공통된 특징이 있다

학습목표 28.6.3 비행을 위한 에너지 소비에 대처하기 위한 새의 적응에 대해 설명하기.

타조 같은 대부분의 원시 현생 새는 날수 없는 새였다. 백악기 초기에 오리, 거위, 그리고 고니가 다음으로 진화하였고, 다양한 딱따구리, 앵무새, 칼새, 그리고 올빼미 무리들이 뒤따랐다. 새의 가장 큰 목인 참새목은 백악기 중기에 진화하였고 60%정도가 오늘날까지 생존했다. 전체적으로 새는 가장 큰 5000종 이상의 28개 목으로 되어있다(그림 28.20).

새의 부리와 발을 검사하여 먹이와 습관에 대해 많은 이야기를 할 수 있다. 예를 들어, 올빼미 같은 육식성 새는 먹이를 잡기 위한 굽은 발톱과 먹이를 찢기 위한 날카로운 부리를 가지고 있다.

그림 28.20 새의 가장 큰 목인 참새목의 다양성. a. 여름풍금새(*Piranga rubra*). b. 유리멧새(*Passerina cyanea*). c. 스텔라스 어치(*Cyanositta stelleri*). d. 쌀먹이새(*Dolichonyx oryzivorus*).

오리의 부리는 진흙을 파기 위해 평평하고, 되새류의 부리는 씨 분쇄기로 적합한 짧고 두꺼운 형태다. 호흡과 순환계 적응, 그리고 체내 온도의 조절작용을 포함한 수 많은 적응은 새가 비행에 필요한 엄청난 에너지 소비를 극복할 수 있도록 했다.

효과적 호흡

비행 근육은 활발한 비행 동안에 어마어마한 양의 산소를 소비한다. 파충류의 허파는 필요한 모든 산소를 흡수하기에 부족한 제한된 내부 표면적을 가지고 있다. 포유류는 더 넓은 표면적을 가졌으나, 새의 허파는 방사형으로 재설계되어 이 문제를 완전히 해소하였다.

새가 숨을 들이쉴 때, 공기는 허파를 지나 등쪽의 뼈의 빈 공간에 위치한 여러 개의 기낭을 통과 한다; 거기부터 공기는 허파에서 내쉬기 전에 앞쪽의 기낭으로 들어간다. 공기는 내내 한쪽 방향으로 허파를 통과하기 때문에, 가스교환이 매우 효율적이다. 새의 호흡은 34장에서 좀 더 자세히 다뤘다.

효과적 순환

힘 있는 비행을 위해서는 향상된 대사에 효과적인 혈액순환 또한 필요했는데, 그 결과 허파에 의해 포집한 산소가 재빨리 비행 근육에 전달될 수 있었다. 대부분의 현존 파충류의 심장에서는 심실을 2개의 방으로 나누는 벽이 완벽하지 않기 때문에, 허파로부터 온 산소가 풍부한 혈액과 몸으로부터 되돌아온 산소가 빈약한 혈액이 섞인다. 새의 경우에 심실을 나누는 벽이 완벽하여 2종류의 혈액순환은 섞이지 않는다-그래서 비행 근육은 온전히 산소가 풍부한 혈액만 공급받는다. 파충류와 대부분의 다른 척추동물을 비교해봐도 새가 가장 빠른 심장박동수를 가진다. 벌새는 1분당 거의 600번의 심장 박동을 하고, 미국박새는 1분당 1000번의 심장박동수를 보인다. 반대로 큰 심장을 가진 날수 없는 타조의 경우 분당 평균 70번의 심장 박동을 한다.

내온성

포유류와 마찬가지로 새는 내온성 동물이다(수렴진화의 예). 많은 고생물학자들은 공룡이 새와 마찬가지로 내온성으로 진화되었을 것이라고 믿는다. 새의 체온은 40~42°C로 대부분의 포유동물보다 상당히 높다(사람의 체온은 37°C) 깃털은 훌륭한 단열재로 몸이 열을 저장하는데 도움을 준다.

내온성에 의해 유지된 고온은 신속한 물질대사와 신속한 근육수축에 필요한 ATP를 제공하여 새의 비행 근육이 빠른 속도를 낼 수 있도록 해 준다.

개념 정리 28.6

새는 육상 척추동물 중에서 가장 종이 풍부하다. 가장 오래된 화석 새인 시조새는 수각류 공룡과 많은 공통점을 가지고 있다. 새의 주요 특징은 깃털, 가볍고 속이 빈 골격이다; 추가적인 특징은 보조의 기낭과 4개의 방으로 된 심장이다.

- 새와 파충류의 공통된 특징은?

28.7 포유류는 척추동물 중 가장 적은 다양성을 보인다

현존하는 포유류(포유강)는 약 4500여 종으로 어류, 양서류, 파충류, 조류보다도 적다. 지상에 거주하는 가장 큰 척추동물은 포유류이다.

포유류는 털, 유선, 그리고 다른 특징들을 가지고 있다

학습목표 28.7.1 포유류의 특징 설명하기.

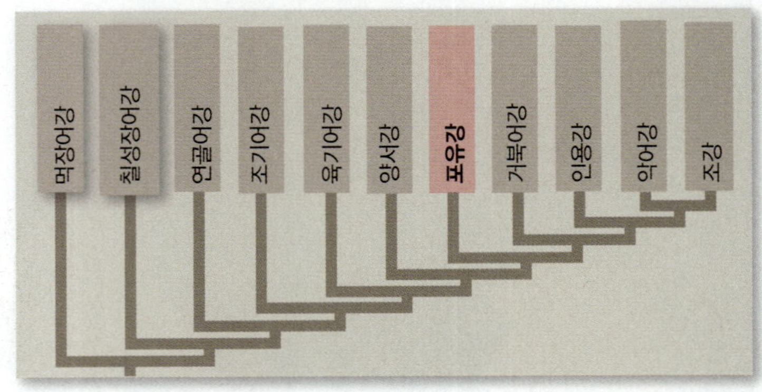

아프리카 초원을 볼 때 우리는 큰 포유동물들을 본다-사자, 얼룩말, 가젤, 그리고 영양. 그러나 전형적인 포유동물은 그렇게 크지 않다. 4500여 종의 포유동물 중에서 3200종이 설치류, 박쥐, 뒤쥐, 혹은 두더지이다.

포유류는 다른 모든 척추동물강과는 2가지 근본적인 특징인 털과 유선에 의해 구분되고 여러 가지 두드러진 특징들을 가지고 있다:

1. **털(Hair).** 모든 포유동물은 털을 가지고 있다. 고래와 돌고래는 명확한 털이 없더라도 그들의 코에 감각적인 뻣뻣한 털이 자란다. 각각의 털은 모낭으로 알려진 피부 아래의 전구에서 뻣뻣한 실 같은 것이 길게 뻗은 섬유이다. 그 섬유는 주로 섬유질 단백질인 케라틴을 채워진 죽은 세포로 구성되어 있다. 털의 진화는 포유류로 하여금 변온성 파충류가 하지 못한 추운 지역으로의 서식지 확장을 할 수 있게 했다. 포유류는 일반적으로 주변 환경보다 높게 체온을 유지할 수 있고, 많은 포유류에 있는 고밀도의 속 털은 체온의 손실을 감소시켰다.

   털의 다른 기능은 위장이다. 포유류 모피의 채색과 형태는 대개 주변과 조화를 이뤘다. 또한 털은 감각기관으로서 기능을 한다. 고양이와 개의 수염은 촉각에 매우 민감한 뻣뻣한 털이다. 마지막으로 털은 방어무기로도 사용할 수 있다. 호저와 고슴도치는 가시로 불리는 길고, 날카롭고, 뻣뻣한 털로 스스로를 방어한다.
2. **유선(Mammary glands).** 모든 암컷 포유류는 젖을 분비할 수 있는 유선을 갖고 있다. 이빨 없이 태어난 새끼 포유류는 첫

번째 음식으로 젖을 빤다. 심지어 고래새끼도 그들의 어미젖을 통해 양육된다. 젖은 매우 고칼로리의 음식(사람의 젖은 750 kcal/L 이다)으로, 새끼가 빨리 성장하기 위해 많은 에너지를 필요로 하기 때문에 매우 중요하다. 젖에 있는 약 50%의 에너지는 지방에서 유래한다.

3. **내온성(Endothermy)**. 내온성은 매우 중요한 적응으로 포유류가 사막에서부터 얼음지역 같은 열악한 환경을 개척하고 밤낮을 가리지 않고 활동할 수 있게 됐다. 또한 4개의 방으로 된 심장에 의한 더 효율적인 혈액순환계와 횡경막(34장 참조)으로 인해 향상된 효율적 호흡은 대사율을 높이게 되었다.
4. **태반(Placenta)**. 대부분의 포유류 종에서 암컷은 자궁에 발달하는 새끼를 갖고 태반(placenta)을 통해 영양분을 공급하여 살아있는 새끼를 출산하게 된다. 태반은 어미의 혈관이 태아의 혈관과 연결되도록 특화된 기관이다(그림 28.21). 영양분, 물, 그리고 산소는 어미로부터 아기로 전달되고 배설물은 어미의 혈관으로 지나간다.

이러한 주요 특징 외에도, 포유류 계통은 특정 무리에서 다른 여러 가지 적응을 보인다. 특화된 이빨, 식물을 소화하는 초식동물의 능력, 케라틴으로 만들어진 발굽과 뿔, 그리고 박쥐의 날기 위한 적응 등이 있다.

특화된 이

포유류는 서식지에서의 특수한 섭취에 적합하도록 고도로 특화된 다른 유형의 이빨을 가지고 있다. 그래서 단순히 이빨을 검사해 보면 포유류의 식생활을 결정할 수 있게 된다. 예를 들어 개의 긴 송곳니는 먹이를 물고 붙잡는데 매우 적합하고, 작은 송곳니와 어금니는 고기를 떼어낼 수 있도록 삼각형의 날카로운 모양을 하고 있다. 반대로 사슴 같은 큰 초식동물은 송곳니가 없다; 대신에 아래 턱에 평평하고 정 비슷한 앞니가 있어 풀을 한입에 가득 넣고 잘라낼 수 있다. 사슴의 어금니는 크고 거친 식물 조직을 효과적으로 갈고 해체할 수 있도록 울퉁불퉁한 융기로 되어있다.

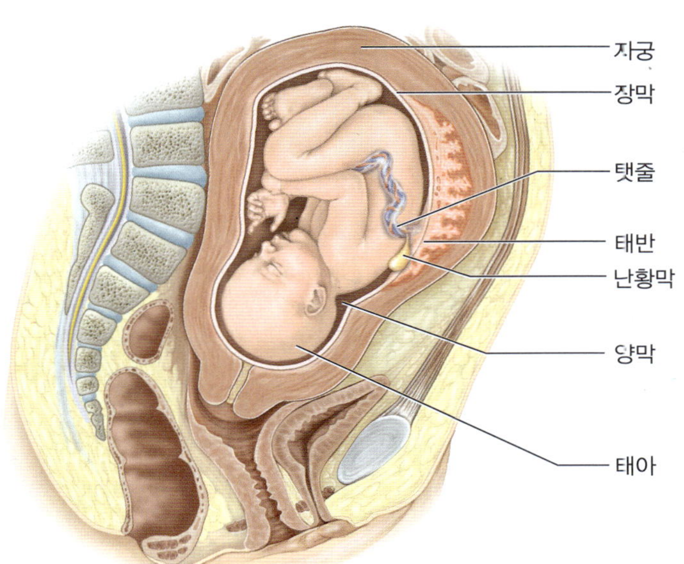

그림 28.21 태반. 태반은 태반 포유동물 무리의 가장 큰 특징이다. 그것은 알의 막에서 진화했다. 탯줄은 요막에서 진화했고 장막이나 알의 가장 바깥쪽 부분은 태반의 대부분을 형성했다. 태반은 어미와 태아의 혈액이 섞이지 않게 일시적으로 태아의 허파, 내장, 그리고 신장 역할을 한다.

식물의 소화

대부분의 포유동물은 초식동물이다. 거대한 식물 몸통을 형성하는 셀룰로오스는 초식성 포유동물의 주요 영양분 공급원이다. 그러나 포유동물은 셀룰로오스를 분해할 수 있는 효소가 없다. 초식성 포유동물은 셀룰로오스 분해 효소를 가지고 있는 그들 소화기계의 박테리아와 상리 공생적 동반자관계에 의존한다.

소, 버팔로, 영양, 염소, 사슴, 기린 같은 포유동물은 식도와 위에서 유래한 커다란 4개의 방으로 된 발효 통을 가지고 있다. 첫 번째 방은 가장 크고 셀룰로오스 분해 박테리아가 밀집되어 있다. 으깨진 식물 원료가 이 방으로 들어오면 박테리아는 셀룰로오스를 분해한다. 식물 원료는 다른 세 방을 추가적으로 통과하면서 소화된다.

반대로 설치류, 말, 토끼, 그리고 코끼리는 상대적으로 작은 위를 가지고 있고 흰개미처럼 그들의 큰 내장에서 식물 원료를 소화한다. 박테리아는 작은창자의 끝에서 파생한 맹장으로 불리는 작은 주머니에 살며 셀룰로오스를 분해한다.

발굽과 뿔의 발달

털을 만드는 단백질인 케라틴은 또한 발톱, 손톱, 그리고 발굽을 만드는데도 이용된다. 발굽은 말, 소, 양, 그리고 영양의 발가락에 있는 특화된 케라틴 패드다. 이 패드는 단단하고 뿔 같아서 발가락을 보호하고 충격을 완화해 준다. 소, 양, 그리고 영양의 뿔은 케라틴 껍질이 뼈를 둘러쌓아 만들어진 것이다. 뼈 중심부는 두개골에 부착되어 있고, 뿔은 따로 떨어져 있지 않다.

사슴의 가지진 뿔은 케라틴이 아닌 뼈로 만들어 진다. 수컷 사슴은 매년 새로운 뿔이 자라고 탈락한다. 여름 동안에 가지진 뿔은 벨벳 같은 부드러운 얇은 피부 층으로 덮인다.

비행하는 포유류 : 박쥐

박쥐는 날 수 있는 유일한 포유류이다(그림 28.22). 새와 익룡의 날개처럼, 박쥐의 날개는 변형된 앞다리이다. 박쥐의 날개는 질긴 피부막이고 네 개의 손가락뼈에 근육이 뻗어있다. 막의 가장자리는 몸의 바깥쪽과 뒷다리에 부착되어 있다. 쉴 때, 대부분의 박쥐는 그들의 발톱을 이용해 거꾸로 매달려 있는 것을 좋아한다.

박쥐목의 많은 종들이 대부분의 새들이 이용하지 않는 영양소-밤에 날아다니는 곤충을 이용할 수 있기 때문에 특별히 성공한 무리로 인식되어 왔다.

어떻게 박쥐는 밤에 돌아다닐 수 있나? 18세기 후반에 이탈리아 생물학자 스팔란차니(Lazzaro Spallanzani)는 눈을 가린 박쥐가 물체에 부딪치지 않고 곤충을 잡는다는 것을 보여주었다. 분명히 박쥐는 어둠 속에서 돌아다니기 위해 시각보다는 다른 감각을 이용하고 있었다. 스팔란차니가 박쥐의 귀를 막았을 때, 박쥐는 돌아다닐 수 없었고 물체에 충돌했다. 스팔란차니는 박쥐의 "청각"이

그림 28.22 관박쥐(*Rhinolophus ferrumequinum*). 박쥐는 실제 비행을 할수 있는 유일한 포유류이다.

밤에 활동할 수 있는 방법이었다고 결론 내렸다.

현생 포유류는 세 개의 그룹으로 분류된다

학습목표 28.7.2 세 가지 현생 포유류 무리 비교.

포유류는 약 2억2천만 년 전인 공룡시대부터 살아왔다. 백악기 말기인 6천5백만 년 전에 공룡과 다른 수많은 육상 과 해양 동물들은 멸종되었지만, 포유류는 아마도 털이 단열재로 작용하여 생존할 수 있었다. 신생대 3기(6천5백만 년전 ~2백만 년 전)에 포유류는 급속도로 다양화되어 공룡에 의해 지배되었던 생태계의 법칙을 이어받았다.

포유류는 신생대 3기 말인 약 1억5천만 년 전 즈음에 다양성이 최고조에 다다른다. 그시기에 전 세계에 걸쳐 많은 열대 환경이 조성되었다. 지난 천5백만년 동안에 세계의 기후는 변하여 열대 서식지가 감소하게 되었고, 총 포유류 종의 수가 감소하게 된 원인이 되었다.

공룡이 번성하던 1억5천5백만 년 동안 포유류는 소수의 작은 식충동물과 초식동물이었다. 가장 원시적인 포유류는 **원수아강(Prototheria)**의 하나였다. 대부분의 원수류는 작고 뒤쥐를 닮았다. 모든 원수류는 그들의 단궁류 조상처럼 알을 낳았고, 오늘날까지 생존한 유일한 원수류는 단공류이다.

또 다른 주요 포유류 무리는 **수아강(Theria)**이다. 수아강은 살아있는 상태로 태어나는 모체 발아의 특성을 가지고 있다. 두 개의 현생 수아강은 유대류, 혹은 유대동물(캉가루, 주머니쥐, 코알라), 그리고 태반포유류(개, 고양이, 사람, 말, 그리고 대부분의 다른 포유류)이다.

단공류: 알 낳는 포유류

오리너구리(*Ornithorhynchus anatinus*)와 2종의 가시두더지류가 오늘날의 유일한 현생 **단공류(monotreme)**이다(그림 28.23a). 현존 포유류 중에서 오직 단공류만 알을 낳는다. 그들의 어깨와 골반 구조는 다른 현존 포유류보다 초기 파충류와 더 유사하다. 또한 파충류처럼, 단공류는 몸 밖으로 내보내는 배설물, 오줌, 그리고 생식관련 물질이 하나의 관으로 통하는 총배설강을 가지고 있다.

몇 가지 파충류 특성을 가지고 있음에도, 단공류는 공룡포유류의 특징을 가지고 있다: 아래턱의 바깥쪽에 있는 한 개의 뼈, 털, 그리고 유선. 어린 단공류는 알에서 깨어난 후 그들의 어미젖을 마신다. 암컷은 젖꼭지가 없다; 대신에 젖이 어미의 털에 새어 나오고, 새끼는 그들의 혀로 핥아먹는다.

오직 호주에서만 발견된 오리너구리는 대부분의 시간을 물에서 보내는 뛰어난 수영선수다. 오리같이 생긴 부리는 벌레나 다른 부드러운 동물을 진흙에서 파내는데 이용한다. 호주의 가시두

단공류

a.

유대류

b.

태반포유류

c.

그림 28.23 오늘날의 포유류. a. 단공류, 가시두더지(*Tachyglossus aculeatus*, 왼쪽), and 오리너구리(*Ornithorhynchus anatinus*, 오른쪽). b. 유대류, 붉은캥거루(*Macropus rufus*, 왼쪽)와 주머니쥐(*Didelphis virginiana*, 오른쪽). c. 태반포유류, 사자(*Panthera leo*, 왼쪽)와 주먹코돌고래(*Tursiops truncates*, 오른쪽).

더지(*Tachyglossus aculeatus*)와 뉴기니의 긴코가지두더지(*Zaglossus bruijni*)는 매우 강하고 날카로운 발톱을 가지고 있어서 굴이나 땅을 팔 때 사용한다. 가시두더지는 코를 이용해 개미와 흰개미 같은 곤충을 찾는다.

유대류: 유대동물

유대류와 다른 포유류의 주요한 차이점은 그들의 태아 발달 방식이다. 유대류는 수정된 알이 장막과 양막에 둘러싸이지만, 단공류처럼 알을 둘러싸는 껍질은 없다. 발달 초기에 유대류의 태아는 알속에서 풍부한 난황에 의해 영양분을 공급받는다. 태어나기 바로 전에, 장막으로부터 일시적으로 태반이 형성된다. 때때로 8일간의 수정기간 후에 유대류 태아는 태어난다. 태아는 작고 털이 없이 나타나 젖꼭지가 붙어있는 주머니로 들어가 더 성장을 한다.

유대류는 태반포유류가 출현하기 바로 전인 약 1억2천5백만 년 전에 진화하였다. 오늘날의 거의 모든 유대류는 오랫동안 지리적으로 독립된 지역인 호주와 남아메리카에 서식한다. 호주와 뉴기니의 유대류는 세계 곳곳을 차지한 태반포유류의 생태환경에 맞추어 변하였다. 오늘날의 호주와 뉴기니의 태반포유류는 상대적으로 최근에 도착한 것이고 몇몇은 인간에 의해 건너왔다. 북아메리카에서 발견된 유일한 유대류는 버지니아 **주머니쥐**(*Didelphis virginiana*) 지난 3백만 년 동안에 중앙아메리카로부터 이주한 것이다.

태반포유류

태반은 태반포유류의 자궁에서 태아가 온전히 발달할 수 있도록 영양분을 공급한다(그림 28.23c). 인간을 포함한 대부분의 현생 포유류는 이 무리에 속한다. 19목의 현생 포유류 중에 17개 목은 태반포유류이다. 태반포유류는 1.5g의 소뒤쥐부터 100,000kg의 고래까지 있다. 태아 발달단계의 초기에 태반이 형성된다. 태반에는 태아와 어미 모두의 혈관이 풍부한데, 어미와 새끼의 혈관 흐름을 효과적으로 교환할 수 있다(그림 28.21) 태아의 태반은 장막과 요막으로부터 형성된다. 유대류와는 달리, 태반포유류에서는 새끼가 태어나기 전까지 꽤 오랜 기간 태반을 통해 성장한다.

개념 정리 28.7

포유류는 털과 유선을 가진 유일한 동물이다. 다른 포유류의 분화에는 내온성, 태반, 소화에 적합한 이빨 설계, 그리고 특화된 감각계가 있다. 오늘날의 포유류는 3개의 하위 그룹으로 나뉜다: 알을 낳는 단공류; 유대류 주머니에서 어린 태아를 먹이는 유대류; 태반을 통해 태아발생과정에 걸쳐 태아에 영양을 공급하는 태반포유류.

- 포유류와 조류 모두에서 찾을 수 있는 특징으로 수렴진화의 예로 볼 수 있는 것은 무엇인가?

28.8 영장류는 인간이 출현하게 된 포유류이다

영장류(Primates)는 우리가 속한 종이 출현하게 한 포유류 무리이다. 영장류는 그들이 나무 위에 사는 식충동물로서 성공할 수 있도록 2가지 분명한 특징들이 진화하였다.

1. **움켜잡는 손가락과 발가락(Grasping fingers and toes)**. 나무두더지와 다람쥐의 발톱을 가진 발과는 달리, 영장류는 움켜쥘 수 있는 손과 발을 가지고 있어 나뭇가지에 매달리거나 음식을 잡을 수 있고, 어떤 영장류의 경우엔 도구를 사용할 수 있다. 많은 영장류의 엄지손가락은 마주보는 방향으로 되어 있고, 전부는 아니지만 최소한 몇몇은 손가락에 손톱이 있다.
2. **양안시(Binocular vision)**. 머리의 각 측면에 위치한 뒤쥐와 다람쥐의 눈과는 달리, 영장류의 눈은 얼굴의 앞쪽으로 향해 있다. 이것은 양쪽 눈의 시야가 중첩되어 뇌가 정확한 거리를 판단하게 한다–동물이 나무 위를 이동하고 물체를 잡거나 음식물을 잡을 때 중요하다.

유인원의 혈통은 최초의 인간을 이끌었다

학습목표 28.8.1 영장류의 주요 그룹 구분하기.

예를 들어, 육식성의 포식자 같은 다른 포유류도 양안시를 가졌지만 오직 영장류만이 양안시와 움켜쥘 수 있는 손 모두를 가지고 있어 나무 위에서 사는 환경에 특히 잘 적응하였다.

약 4천만년 전에 최초 영장류는 2 그룹으로 나뉜다: 원원류와 유인원류. **원원류(prosimian)**는 다람쥐와 고양이 간의 잡종처럼 보였는데 북아메리카, 유럽, 아시아, 그리고 아프리카에 흔했다. 오직 소수의 원원류가 생존했다-여우원숭이, 로리스원숭이, 그리고 안경원숭이(그림 28.24). 원원류는 움켜쥘 수 있는 손과 양안시와 더불어 시력을 향상시킬 수 있는 큰 눈을 가졌다. 대부분의 원원류는 야행성으로 과일, 잎, 그리고 꽃을 섭식하고, 많은 여우원숭이는 균형을 잡기 위한 긴 꼬리를 가지고 있다.

유인원류

유인원류에는 원숭이, 꼬리없는 원숭이, 그리고 인간이 있다. 유인원류는 거의 대부분 주행성으로 주로 과일과 나뭇잎을 섭식한다. 자연 선택은 눈의 설계를 색각을 포함하여 유리한 쪽으로 많이 바꿨는데, 수렵채집을 위한 적응이었다. 커진 뇌가 향상된 감각을 제어하면서 두개는 점점 더 커졌다.

그림 28.24 원원류. 동남아시아에 서식하는 원원류인 안경원숭이(*Tarsius*)는 영장류의 특징을 보인다: 움켜쥘 수 있는 손가락과 발가락, 양안시

유인원류는 몇몇 주행성 원원류 같이 복잡한 사회관계를 형성하며 무리 생활을 한다. 유인원류는 그들의 새끼를 장기간 돌보는 경향이 있는데, 그것은 학습과 뇌 발달을 위한 긴 유아

그림 28.25 유인원류. a. 신세계원숭이, 다람쥐원숭이(*Saimiri oerstedii*). b. 구세계원숭이, 만드릴원숭이(*Mandrillus sphinx*). c. 인원류, 인간(*Homo sapiens*, 왼쪽)과 고릴라(*Gorilla gorilla*, 오른쪽).

a.

b.

c.

기를 가능케 했다.

약 3천만년 전에 몇몇 유인원류는 남아메리카로 이주했다. 신세계원숭이**(그림 28.25a)**로 알려진 그들의 후손은 구분하기 쉽다: 모두 나무 위에서 살고 납작하고 평평한 코를 가지고 있다; 그리고 상당수는 긴 꼬리를 가지고 물체를 잡는다.

유인원은 아프리카에 남아 있으면서 2 계통을 나타나게 했다: 구세계원숭이**(그림 28.25b)**와 인원류(꼬리없는원숭이와 인간, 그림 28.25c) 구세계원숭이에는 나무 위에서 사는 종처럼 땅 위에서 사는 종이 있다. 그들은 잡기에 적합한 꼬리가 없고, 콧구멍은 가깝게 붙어있으며, 그들의 코 끝은 아래로 향했고, 길어진 앉아있는 시간을 위해 엉덩이에 단단한 패드로 된 피부를 가졌다.

인원류

인원류(hominoid)에는 꼬리없는원숭이와 **사람류(hominid)**가 있다(인간과 그들의 직계 조상). 현생 꼬리없는원숭이류에는 긴팔원숭이(*Hylobates*), 오랑우탄(*Pongo*), 고릴라(*Gorilla*), 그리고 침팬지(*Pan*)가 있다. 꼬리없는원숭이류는 원숭이보다 큰 뇌를 가지고 있고, 꼬리가 없다. 작은 긴팔원숭이를 제외하고 모든 현생 꼬리없는원숭이류는 어떤 원숭이보다도 크다. 꼬리없는원숭이류는 사람을 제외한 어떤 포유류보다도 가장 적응력이 뛰어나다. 아프리카와 아시아에 널리 펴졌던 꼬리없는원숭이류는 오늘날 매우 드물고 상대적으로 좁은 지역에 서식한다. 북아메리카나 남아메리카에서는 한번도 꼬리없는원숭이류가 나타나지 않았다.

꼬리없는원숭이류의 DNA연구는 현생 꼬리없는원숭이류가 어떻게 진화하였는지 잘 설명하고 있다. 아시아의 꼬리없는원숭이류가 가장 먼저 진화되었다. 꼬리없는원숭이류의 직계는 긴팔원숭이가 약 천5백만년 전에 다른 꼬리없는원숭이류로부터 갈리게 이끌었고, 반면에 오랑우탄은 약 천만년 전에 갈라져 나왔다**(그림 28.26)**. 인류와 밀접한 연관이 있는 그룹은 없다.

아프리카 꼬리없는원숭이류는 6백만년전과 천만년전 사이로 좀더 최근에 진화되었다. 이 꼬리없는원숭이류는 상대적으로 현생 인류와 가깝다. "꼬리없는원숭이류" 분류군은 측계통군으로, 어떤 꼬리없는원숭이류는 다른 종보다도 사람류에 더 가깝다. 이런 이유로 몇몇 분류학자들은 인간과 아프리카 꼬리없는원숭이류를 같은 동물학적 과인 사람아과로의 분류를 주장한다.

원시 사람류(인간과 그들의 직계조상) 화석은, 이 단원 후반부에 다뤘지만, 사람류의 공통조상은 고릴라보다는 침팬지에 가까웠다는 것을 제시한다. 유전적 차이에 기초하여 과학자들은 약 8백만년 전에 고릴라가 침팬지와 사람이 나타나는 계통에서 갈라져 나왔을 것으로 추정한다.

고릴라가 갈라져 나온 지 얼마 되지 않아 모든 사람류의 공통

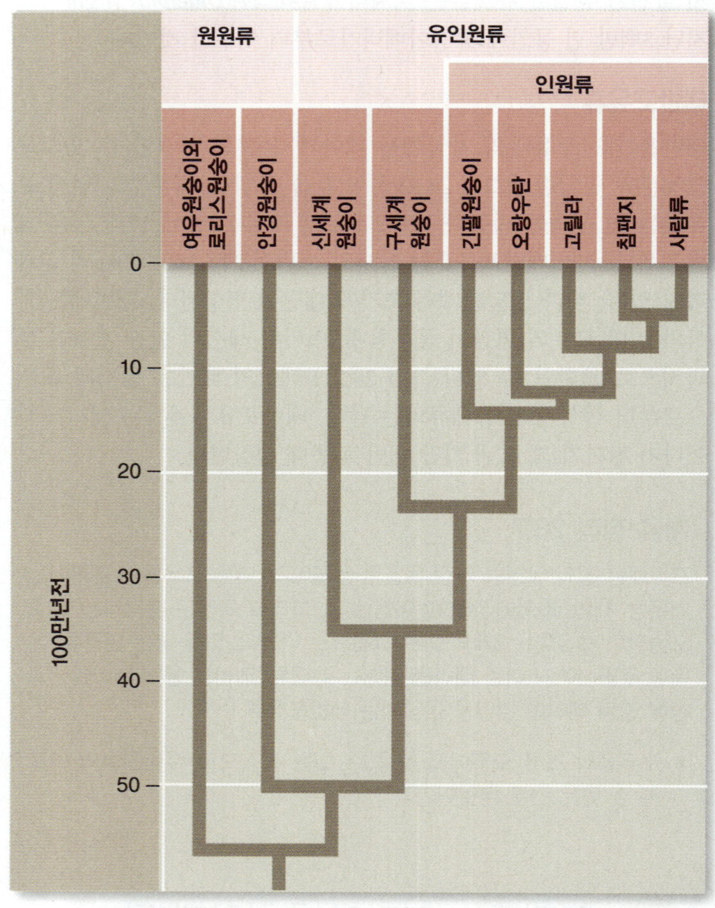

그림 28.26 영장류의 진화 계보. 원원류는 영장류의 진화에서 초기에 갈라졌지만, 사람류는 가장 최근에 갈라졌다. 꼬리없는원숭이는 측계통군으로 간주하는데, 어떤 꼬리없는원숭이는 다른 꼬리없는원숭이보다 사람류에 더 가깝기 때문이다.

조상은 침팬지 계통에서 사람으로의 진화 경로가 시작되도록 분기되었다. 이러한 분기는 비교적 최근이기 때문에 사람과 침편지가 진화하기에 충분한 정도의 미미한 유전적 차이를 보인다. 예를 들어 인간의 헤모글로빈 분자는 침팬지의 것과는 단지 한 개의 아미노산만 틀리다. 대체로, 인간과 침팬지의 유전적 유사성은 같은 속의 연관된 종 사이에서 나타나는 유사성 정도와 비슷하다!

꼬리없는원숭이류와 사람류의 비교

꼬리없는원숭이류와 사람류의 공통조상은 나무 위에 사는 어떤 동물일 것으로 생각되어 왔다. 사람류의 뒤이은 진화는 보행에 대한 다른 접근방식이 반영되었다. 사람류는 두발로 서서 걷게 되었다; 반대로 꼬리없는원숭이류는 그들의 손가락 위쪽에 무게가 실리게 관절을 땅에 대고 걷는 방식으로 진화하였다. (반대로 원숭이는 그들의 손바닥을 이용해 걷는다)

인간은 두발 이동과 관련한 여러 해부학적 구조에서 꼬리없는 원숭이류로부터 벗어났다. 인간은 두 발로 걷기 때문에, 그들의 척주는 꼬리없는원숭이류보다 더 휘었고, 인간의 척수는 두개골의 뒤쪽보다는 좀 더 아래쪽으로 옮겨지게 되었다. 인간의 골반은 다리 위쪽의 몸통 무게의 중심 쪽으로 휘어진 뼈와 함께 더 넓어지고 그릇모양을 하게 되었다. 엉덩이, 무릎, 그리고 발 모두 변화된 부분이다.

인간은 두발로 걷게 되면서 전체 몸무게의 32~38%를 차지하는 몸무게를 다리에 의지하게 되고 팔보다 길어졌다; 인간의 팔은 몸무게를 지탱하지 않고 단지 전체 몸무게에서 7~9%정도만 차지한다. 아프리카 꼬리없는원숭이류는 4개의 다리로 걷는데, 앞쪽과 뒤쪽다리 모두 몸무게를 지탱 한다; 고릴라는 긴 앞다리가 몸무게의 14~16%정도 되고, 짧은 뒷다리가 약 18%차지한다.

오스트랄로피테구스는 원시 사람류였다

학습목표 28.8.2 원시 사람류의 진화에서 두발보행의 역할 설명하기.

5백만~천만 년 전에 전 세계의 기후는 추워지기 시작했고, 아프리카의 거대한 숲은 초원의 사바나나 개방된 삼림지대로 변해갔다. 이러한 변화에 대한 반응으로, 새로운 종류의 인원류가 진화하는데 그 하나가 두발동물이었다. 이 새로운 인원류는 인간 계통의 사람류로 분류되었다

사람류의 주요 그룹에는 3~7종의 사람속(genus homo), 오래된 7종, 작은 뇌를 가진 오스트랄로피테쿠스(*Australopithecus*), 그리고 여러 아주 오래된 계통이 있다(그림 28.27). 발견된 모든 화석들을 통해 확정할 수 있는 것은 사람류는 사람류 진화의 대표적 특징인 두발동물이었다는 것이다.

최근에 인류학자들은 기존에 알려진 것보다 6~7백만년 이전의 것으로 추정되는 일련의 원시 사람류 화석을 발견하였다. 종종

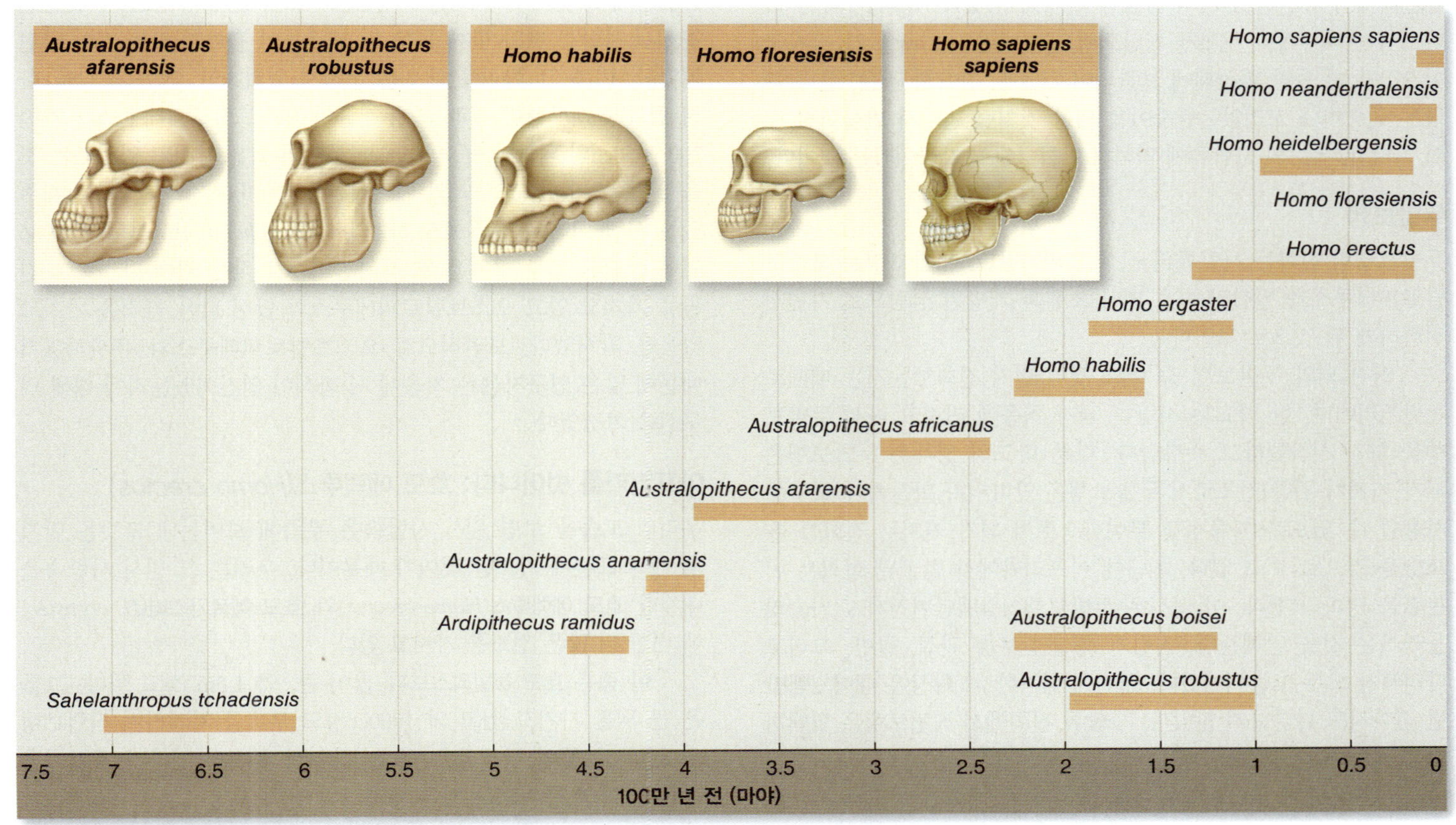

그림 28.27 사람류 화석 역사. 전부는 아니지만 대부분의 인원류 화석이 여기에 나와있다. 새로운 종은 특정한 표본이 새로운 종을 대변하는지에 대한 활발한 논쟁을 통해 종종 발견되어 왔다.

원시와 현대의 특징이 혼합되어 나타나는데, 이 화석들은 원시 사람류 연구를 혼란에 빠트렸다. 비록 이 화석들의 내용물은 사람류일 것으로 확실해 보임에도, 단지 몇 개의 표본만 발견되어 오스트랄로피테쿠스와 사람과의 연관성을 확실히 결정할 만한 충분한 정보를 제공해 주지 못했다. 원시 사람류 화석에 대한 추가적인 연구는 진행 중이다.

원시 오스트랄로피테쿠스

오스트랄로피테쿠스에 대한 우리의 지식은 모두 남아프리카와 동아프리카(서아프리카의 차드에서 발견된 한 개의 표본을 제외하고)에서 발견된 수백 개의 화석에 기반을 둔다. 오스트랄로피테쿠스는 아프리카의 광범위한 지역에 살았을 것으로 생각되지만, 아직까지 화석을 포함하고 있는 적절한 시기의 돌은 어느 곳에서도 발견되지 않았다. 사람류의 진화는 수많은 종으로의 방사와 함께 시작된 것으로 보인다. 지금까지 동정된 6종만으로도 오스트랄로피테쿠스는 매우 다양한 그룹이었다는 증거로 충분하다.

이 원시 사람류는 몸무게가 약 18kg정도 했고 키는 약 1m 정도였다. 그들의 치열상태는 분명한 사람류였지만, 뇌는 꼬리없는 원숭이류 보다 크지 않았는데 보통 500cc이거나 더 적었다. 사람속의 뇌를 비교해 보면 보통 600cc보다 크다; 현생인류의 뇌는 평균 1350cc

오스트랄로피테쿠스 화석의 구조는 그들이 직립보행을 했다는 것을 확실히 보여준다. 두발보행의 증거로는 동아프리카의 라에콜리에서 발견된 69개의 사람류 발자국이 있다. 하나는 다른 하나보다 큰 두 개의 개체가 직립보행으로 나란히 27m를 간 발자국이 370만 년 동안 화산재에 보관되어 있었다. 중요한 점은, 큰 발가락은 원숭이나 꼬리없는원숭이에 의한 것처럼 벌어져 만들어진 것이 아니고, 복수의 사람류에 의해서 만들어진 발자국이라는 것이다.

두발보행

두발보행의 진화는 사람류의 시작을 의미한다. 두발보행은 오스트랄로피테쿠스가 밀집된 숲은 떠나 초원과 개방된 삼림으로 가면서 진화하게 된 것으로 보인다.

커진 뇌와 두발보행 중 어느 것이 먼저 진화했는지는 때때로 논란거리이다. 한 학교는 사람류 뇌가 처음에 커지고 나서 두발보행을 하기 시작했다고 주장한다. 다른 학교의 생각은 두발보행은 뇌가 커지기 위한 전조로서 두발보행은 앞다리가 만들거나 도구를 사용할 수 있도록 자율성을 부여함으로써 뇌가 커지는 진화를 유도했을 것으로 보고 있다. 최근에 아프리카에서 발굴된 화석은 이 논란을 명확히 했다. 이 화석은 두발보행이 4백만년전까지 거슬러 올라가는 것을 말해준다; 직립의 특징인 무릎 관절, 골반, 그리고 다리뼈가 모두 보존되어있다. 반면에 현저한 뇌 확장은 대략 2백만 년 전까지도 나타나지 않았다. 사람류 진화에서 직립보행은 명백히 커진 뇌보다 우선했다.

사람류에서 두발보행이 진화한 이유에 대해선 여전히 논란으로 남아있다. 2백5십만년 전까지 어떠한 도구도 발견되지 않아서 도구 만들기를 원인으로 보기는 힘들어 보인다. 또 다른 생각은 직립보행이 더 빠르고 덜 에너지를 쓰기 때문일 것; 직립자세는 사람류가 나무나 키가 큰 풀의 열매를 딸 수 게 해주었다는 것; 직립이 태양열에 노출되는 몸의 표면적을 줄여주는 효과가 있다는 것; 두발보행으로 수컷은 자유로운 앞발로 암수관계 형성에 도움이 되게 암컷에 음식을 건네주게 된 것 등이 있다. 이 제안들 모두 나름의 찬성자들이 있지만, 보편적으로 인정받는 제안은 없다. 사람류 진화의 중요한 사건인 두발보행의 기원은 여전히 미스터리로 남아있다.

사람속은 대략 2백만 년 전에 출현

학습목표 28.8.3 오스트랄로피테쿠스와 사람속 대조하기.

첫 번째 인간(사람속, genus homo)은 약 2백만년전 오스트랄로피테쿠스 조상으로부터 진화했다. 정확한 조상은 명확히 규명되지는 않았지만, 일반적으로 오스트랄로피테쿠스 아파렌시스(*Australopithecus afarensis*)일 것으로 추정한다. 지난 30년 동안에 원시 사람속 화석들이 상당수 발견되었다. 관심의 증가는 전문적인 탐사 연구로 이어져 새로운 발견들이 점차 소개되었다; 매년 인간 진화 계보에서 우리의 상황이 점점 명확해지고 있다. 이어진 역사적 기술은 의심의 여지없이 미래의 발견에 의해 보완되겠지만, 그 자체로 훌륭한 과학적 선례를 제공해 주고 있다.

첫 번째 인간: 호모 하빌리스(*Homo habilis*)

1960년대 초반에 오스트랄로피테쿠스 보이세이(*A. boisei*)가 발굴된 곳에서 사람류 뼈와 함께 돌로 된 도구들이 흩어져 있는 것이 발견되었다. 비록 그 화석은 대부분 부서져 있었지만, 많은 조각을 다시 힘들게 재구성한 결과 그 두개골이 오스트랄로피테쿠스가 가진 200~550cc의 뇌보다 큰, 약 680cc 부피의 뇌를 가지고 있었다는 것을 알 수 있었다. 도구와의 연관성 때문에 이 초기 인간을 "손재주 있는 사람"이라는 뜻의 호모 하빌리스(*Homo habilis*)로 불렀다. 1986년에 발견된 일부 골격은 호모 하빌리스가 작은 키에 다리보다 긴 팔을 가지고 있고 오스트랄로피테쿠스와 많이 닮은 골격을 가지고 있음을 암시했다. 보편적으로 오스트랄로피테쿠스와 유사하였기 때문에 많은 연구자들은 처음에 이 화석이 인간이었는지에 대해 의구심을 가졌었다.

아프리카를 벗어나다: 호모 에렉투스(*Homo erectus*)

우리의 모습을 보면 원시 사람속은 부족해 보이는데 그것은 단지 몇 개의 표본에 기초한 것이기 때문이다. 우리는 그 원시 사람속을 대체한 호모 에렉투스(*Homo erectus*)와 호모 에르가스터(*H. ergaster*)에 대한 더 많은 정보를 가지고 있다.

이 종은 호모 하빌리스보다 많이 큰, 약 1.5m 정도 이다. 그들은 큰 뇌를 가지고 있고 약 1000cc정도 부피를 차지하며 직립보행을 했다. 그들의 두개골은 현생인류처럼 확실히 이마가 등성이를 이뤘다. 가장 흥미로운 것은 두개골의 안쪽 모양이 호모 에렉투스가 말을 할 수 있었다는 것을 암시해 주는 것이다.

호모 에렉투스가 호모 하빌리스보다 훨씬 더 성공적이었던 것은 아프리카에서 광범위하고 우세했다는 것이며, 100만년 내에 아시아와 유럽으로 이주한 것이었다. 사회적 종인 **호모 에렉투스**는 20~50명의 부족을 이뤄 살았으며 종종 동굴을 파서 생활했다. 그들은 큰 동물을 성공적으로 사냥했는데, 부싯돌과 뼈 도구를 이용해 그들을 잡았으며, 불에 요리를 했다-중국의 유적지에서는 말, 곰, 코끼리, 그리고 코뿔소의 흔적이 있다.

호모 에렉투스는 인간의 다른 어떤 종보다도 긴 100만년이상 생존했다. 이렇게 적응력이 뛰어난 인간은 현생 인류가 팽창하면서 약 500,000년 전에 아프리카에서 사라졌다. 흥미롭게도 그들은 250,000년 전까지 아시아에서 더 오래 생존했다.

사람과에 등장한 새로운 종: 호모 플로레시엔시스 (*Homo floresiensis*)

2004년에 세상은 작은 인도네시아의 플로레스 섬에서 발견된 새로운 인간 종 화석으로 어리벙벙했다(그림 28.28). **호모 플로레시엔시스**(*Homo floresiensis*)는 아주 작은 키가 특징이었다; 서 있는 키가 단 1 m 로 뇌 크기는 단 380cc여서 영화 "반지의 제왕"에 나오는 "호빗"이라는 별명이 붙었다. 더 놀라운 것은 그 화석의 나이가 지금까지의 화석 중에서 가장 어린 15,000년 된 것이다.

그것이 최신임에도 불구하고, 수많은 골격 특징들을 **호모 플로레시엔시스**가 **호모 사피엔스**보다 **호모 에렉투스**에 좀 더 연관이 있다는 것을 말해준다. 만약 사실이라면(모든 과학자가 동의하지는 않는다), 이것은 **호모 에렉투스**계통이 이전에 생각했던 것보다 더 오래 지속했었다는 것을 의미한다. 우리는 단지 어떻게 **호모 사피엔스**와 **호모 플로레시엔시스**가 접촉했고, 어떻게 이 접촉이 완전히 다른 신체 크기에 의해 영향을 받았는지를 추측할 수 있을 뿐이다.

비록 수많은 전문가들은 포유류 종이 섬에서 점점 작아지는 쪽으로 진화한다는 "섬 소인증" 현상을 지적하지만, 왜 **호모 플로레시엔시스**가 그렇게 작은 크기로 진화했는지는 알 수 없다. 실제로 **호모 플로레시엔시스**는 먹이였던 작은 코키리 종과 같이 플로레스에서 생존했었으나, 그 또한 멸종했다. 이러한 발견들은 섬 소인증을 이해하는데 관심을 불러 일으켰다.

현생인류

진화 경로는 약 600,000만년전 아프리카에서 현생인류가 처음 나타날 때까지 막바지에 접어들었다. 인간의 다양성을 연구하는 연구자들은 현생인류를 3개 종으로 표시한다: **호모 헤이델베르겐시스**(*Homo heidelbergensis*), **호모 네안데르탈렌시스**(*H. neanderthalensis*), 그리고 **호모 사피엔스**(*H. sapiens*). 다른 연구자들은 이 세 종을 하나로 묶어 *H. sapiens*("현명한 사람")로 표시한다.

가장 오래 된 현생 인류인 **호모 헤이델베르겐시스**는 에티오피아의 600,000년 된 화석으로부터 알려졌다. 비록 그것은 아프리카에서 **호모 에렉투스**와 공존했었지만 **호모 헤이델베르겐시스**는 두개골의 중앙선에 있는 용골, 안와 위의 두꺼운 능선, 그리고 커다란 뇌 같이 좀더 해부학적으로 발전된 특징을 가지고 있었다. 또한 그것의 앞머리와 코뼈는 **호모 사피엔스**와 매우 유사했다.

약 130,000년 전에 **호모 에렉투스**가 희박해 지면서, 인류의 새로운 종이 아프리카에서 유럽으로 도착하게 되었다. **호모 네안데르탈렌시스**는 현생 인류와 비슷한 500,000년 전에 조상 계보에서 분리되었다. 현생인류와 비교하여 네안데르탈인은 작고 단단하며 건장한 체격을 가지고 있었다; 그들의 두개골은 튀어나온 얼굴과 함께 크고, 무겁고, 이마 뼈에 두 개의 능선을 가지고 있었다.

크로마뇽인과 네안데르탈인

네안데르탈인(많은 고생물학자들에 의해 분리된 종으로 분류되었다. **호모 네안데르탈렌시스**, *Homo neanderthalensis*)은 1856년 처음 화석이 발견된 독일의 네안데르 계곡 이름을 따서 명명하였다. 아프리카 이외의 지역에서는 드물게, 그들은 70,000년 전에 유럽과 아시아에서 널리 퍼져 보편화되었다.

네안데르탈인은 긁털개, 창끝, 그리고 손도끼 같은 다양한 도구를 만들었다. 그들은 사냥을 하거나 동굴에 살았다. 네안데르탈인은 상처나 아픔을 돌봤으며, 죽은 시신을 종종 음식, 무기, 그리고 꽃과 함께 묻었다. 그런 죽음에 대한 주의력은 그들인 사후 세계를 믿고 있었음을 의미한다. 이것은 현생 인류의 기호적 사고 특징에 대한 첫 번째 증거이다.

호모 네안데르탈렌시스(*H. neanderthalensis*) 화석은 약 34,000년 전 이후로 화석 기록에서 갑자기 사라지고 크로마뇽인(화석이 처

그림 28.28 *Homo floresiensis*. 이 작은 종(현생 사람 여성(오른쪽)과 *Homo floresiensis* 여성(왼쪽)의 비교)은 인도네시아의 작은 섬 플로레스에서 발견되었다. *Homo floresiensis*는 플로레스에서 또한 발견된 작은 코끼리종(*Stegodon sondaari*)(아프리카 코끼리와(*Loxodonta African*, 회색)의 비교)을 잡아먹었다.

음 발견된 프랑스의 계곡이름을 따서 명명)으로 불리는 호모 사피엔스로 대체된다. 그것은 전 유럽에 걸쳐 매우 짧은 기간에 이뤄졌지만, 우리는 단지 왜 이렇게 갑자기 교체가 발생했는지 상상만 할 수 있다.

다양한 증거들은 크로마뇽인이 아프리카에서 왔다는 것을 의미 한다-기본적으로 현생 특징의 화석이긴 하나 발견되었을 때 100,000정도 되었다. 크로마뇽인은 40,000년전에 중동에서 네안데르탈인을 완전히 대체한 것으로 보이며, 그 후 유럽으로 퍼져 나가면서 수 천년 동안 네안데르탈인과 공존했을 것으로 보인다. 네안데르탈인 DNA의 최근 분석결과 크로마뇽인 DNA와 완전히 달랐다. 흥미롭게도 오늘날의 인간은 네안데르탈인 DNA의 평균 2.5%를 가지고 있는데, 비록 많지는 않지만 그것은 2 종이 실제로 이종교배 했다는 것을 의미한다. 네안데르탈인은 우리의 조상이 아니라 사촌이다. 네안데르탈인을 대체한 크로마뇽인은 복잡한 사회 질서와 완전한 언어 능력을 가지고 있었다. 크로마뇽인에 의해 그려진 정교하고 아름다운 동굴벽화는 전 유럽에 걸쳐 볼 수 있다(그림 28.29).

현생 인류는 적어도 빙하기가 후퇴하기 시작하고 시베리아와 알래스카가 여전히 연결된 13,000년 전에 마침내 시베리아를 가로질러 북아메리카까지 퍼지게 된다. 10,000년 전에 전 세계에 살고 있는 사람들은 약 5백만정도 였다(현재 70억 이상).

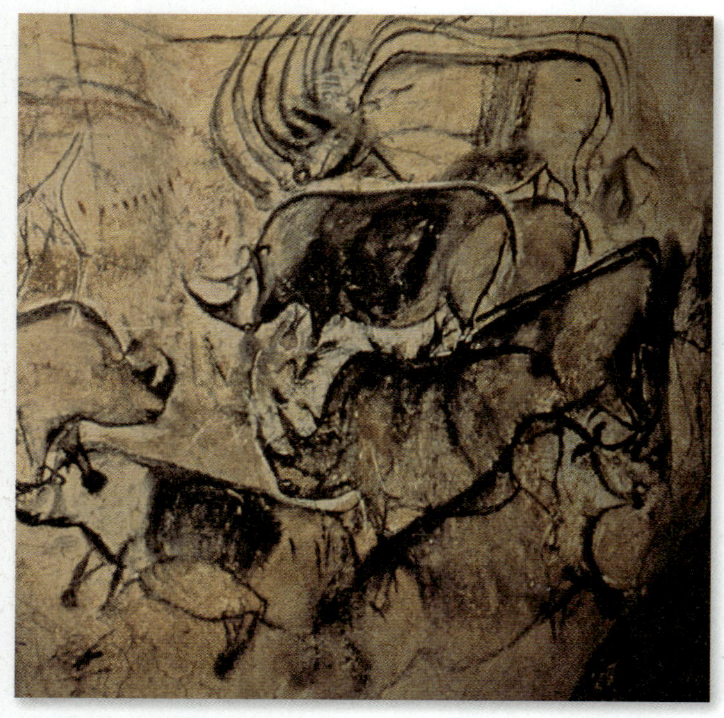

그림 28.29 크로마뇽인의 예술. 1995년 프랑스의 발롱 퐁 다크 근처에서 발견된 동굴벽화에 코뿔소가 묘사되어 있다.

우리의 종: 호모 사피엔스(*Homo sapiens*)

호모 사피엔스(*Homo sapiens*)는 사람속 중에 유일하게 생존한 종이고 실제로 유일한 현존 사람류이다. 호모 사피엔스 화석 중에 제일 잘 보존된 것은 이스라엘의 나사렛 근처 동굴에서 발견된 것으로 두개골과 20개의 뼈가 잘 보존되었다. 현대 기술로 측정한 결과 이 사람들은 90,000~100,000년 정도 되었다. 두개골은 크기, 높이, 작은 짧은 두개, 약간 이마에 능선이 있고 1550cc정도 부피가 나가는 현재와 비슷한 특징을 가지고 있었다. 우리의 진화는 뇌 크기의 급속한 증가로 나타났고, 우리는 여러 가지 면에서 다른 동물들과 구분된다. 첫 째, 인간은 다른 동물보다 더 효과적으로 도구를 만들고 사용할 수 있다. 두 번째, 비록 개념적인 생각을 할 수 있는 유일한 동물이지는 않지만 인간은 이 능력을 우리 종의 대표적인 특징이 될 때까지 세련되고 확장시켜 나갔다. 마지막으로, 우리는 기호화된 언어를 사용하고 단어를 이용해 경험의 개념을 구체화하여 한 세대에서 다른 세대로 전달할 수 있다.

인류는 다른 어떤 동물도 가지지 못한 것을 행하고 있다: 광범위한 문명의 진화. 문명을 통해, 우리는 환경에 대한 반응으로 진화적으로 변화하는 것보다 우리의 환경을 바꾸고 만들 수 있는 방법을 찾아왔다.

인종

모든 다른 종처럼 인간은 전 세계에 퍼져 나가면서 분류할 수 있는 특징을 갖게 되었다. 한 지역에 사는 현지 주민은 다른 어딘가에 사는 사람들과 확연히 다른 특징이 나타난다. 예를 들어, 많은 유럽인들은 금발, 흰 피부, 그리고 파란 눈을 가지고 있지만, 많은 아프리카인들은 검은 머리, 검은 피부, 그리고 갈색 눈을 가지고 있다. 이런 특징은 아마도 특정 집단이 그들의 환경에 적응하는 것일 것이다. 혈액형은 아마도 질병에 대한 면역과 관련이 있어 특정한 지역에서 좀더 일반적일 것이고, 검은 피부는 자외선으로부터 손상 효과를 방지하는 방어막으로 온화한 지역보다는 열대지역에서 더 강하다.

모든 인간은 다른 인간과 교배를 할 수 있고 수정된 아이를 출산할 수 있다. 그들이 교배를 선택하는 것은 상대방과의 심리적 욕구와 행동에 연관되어 있다(문화).

인종을 나름의 논리적 기준으로 나눈 그룹의 수는 오랫동안 논쟁거리였다. 역사적으로 인류학자는 사람을 많게는 30개 인종, 적게는 3개 인종으로 나눈다: 코카서스 인종, 흑색 인종, 동양인종. 아메리카 인디언, 부시먼, 그리고 오스트레일리아 원주민은 때때로 전혀 다른 그룹으로 간주되는 예이다. 이런 방식으로 분류된 사람이나 다른 생명체는 문제점을 가지고 있는데 그것은 인종을 결정하는데 사용한 특징이 다른 분류군과 잘 연관되어 있지 않고, 인종의 결정이 독단적이다 라는 것이다. 인간은 시각적으로 적응되었다; 결과적으로 우리는 인종을 결정하는데 있어 시각적 실마리에 의존한다-일차적으로 피부색. 그러나 혈액형과 같은 다른 유형의 특징으로 시험했을 때, 시각적으로 인종을 결정한 분류군과는 상이한

a.

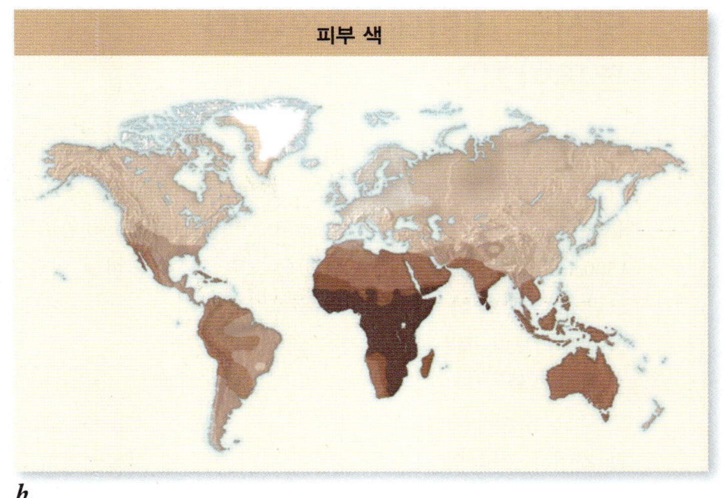

b.

그림 28.30 피부색의 패턴과 유전적 다양성의 패턴 차이. **a.** *Homo sapiens*에서 유전적 다양성. 많은 효소와 혈액형 유전자에 기초한 유전적 유사성이 높을수록 진한 색상으로 표시. **b.** 피부색에 기초한 *Homo sapiens* 유사성. 표시된 색상은 그 지역에 사는 원주민들의 피부색으로 나타낸다.

양상을 보인다. 실제로, 만약 우리가 인종을 유전적 유사성에 기초하여 나눴을 경우, 분류군은 시각적 특징에 기초했을 때와는 매우 다르게 나타난다(그림 28.30)

피부색 같은 개체군 사이의 분화된 특징은 유전자 확산과 자연선택 사이에 길항작용의 전형적인 예를 보여준다. 열대 지역에서의 어두운 피부색처럼 자연선택이 충분히 강력할 때, 개체군은 유전자 확산이 존재하더라도 분화할 수 있다. 그러나 유전자 확산은 개체군이 다른 유전자 자리에서의 유전적 변이가 비교적 균일하도록 한다.

인종 사이의 차이를 나타내는 인간 종의 유전적 변이는 상대적으로 작다. 실제로, 한 연구는 인간 내에 있는 모든 유전적 변이의 8%만이 인종 그룹 내에서도 존재하는 차이로 보고했다. 인종의 분류는 거대한 인간의 유전적 변이를 설명하기에 부적합하다. 이런 이유로, 대부분의 생물학자들은 인간 종의 생물학적 차이를 반영하는 유형으로 인종학적 분류를 거부한다.

개념 정리 28.8

영장류에는 원원류, 원숭이, 꼬리없는원숭이, 그리고 인간이 있다. 영장류는 움켜 쥘 수 있는 손가락과 발가락 그리고 양안시를 가지고 있다. 사람류에서 두발 이동능력의 진화는 척추, 골반, 그리고 사지의 변화를 일으켰다. 다양한 사람속의 종이 아프리카에서 진화되었고, 몇몇은 그곳에서 유럽과 아시아로 이주하였다. 호모 사피엔스(Homo sapiers)는 개념적 사고와 도구사용에 능숙하고 기호화된 언어를 사용하는 유일한 동물이다. 전통적인 인종은 다양한 분석에 의해 뒷받침 받지 않는다.

- 다음 그룹에서 동일한 단계통군에서 발생한 것은: 원원류, 원숭이, 꼬리없는원숭이, 사람류?

당신은 네안데르탈인보다 똑똑한가?

이 단원에서 언급했듯이 뇌 크기는 사람류가 진화함에 따라 급격히 커졌다. 흥미롭게도, **호모 네안데르탈렌시스**(*Homo neanderthalensis*)는 약 1650cc, **호모 사피엔스**(*Homo sapiens*)는 약 1500cc로, 네안데르탈인 화석(아래 그림 왼쪽)은 현생 인류(아래 그림 오른쪽)의 화석보다 큰 뇌를 가지고 있다. 이것이 네안데르탈인이 우리보다 똑똑하다는 것을 의미하는가?

오른쪽 그래프는 사람류 뇌 크기의 진화를 사람류의 시대별 주요 유형에 대한 뇌 크기(두개골의 안쪽 부피)를 도표로 분석한 것이다. 각각의 사람류 유형에 따라 기술된 화석에서의 뇌 크기에 차이가 있고 대표값이 표시되어 있다(괄호 안의 수). 예를 들어 호모 네안데르탈렌시스의 값은 대표값 1650cc로 표시되었지만, 이스라엘의 아무드 동굴에서 발견된 같은 종류로 보이는 두개골의 값은 90cc 더 크다. "세분파에 속하는 학자"의 관점이 나타난 이 분석법의 이점에도, 몇몇 고생물학자들은 호모 에르가스테르(H. ergaster)는 호모 에렉투스(H. erectus)의 변형으로, 호모 헤이델베르겐시스(H. heidelbergensis)와 **호모 네안데르탈렌시스**(*H. neanderthalensis*)는 **호모 사피엔스**(*H. sapiens*)의 변형으로 간주한다. 갈등을 겪는 의문이 남아 있지만, 많은 인류학자들은 **호모 헤이델베르겐시스**(*H. heidelbergensis*)로부터 기원한 **호모 네안데르탈렌시스**(*H. neanderthalensis*)와 **호모 사피엔스**(*H. sapiens*)는 분리된 종으로 생각한다.

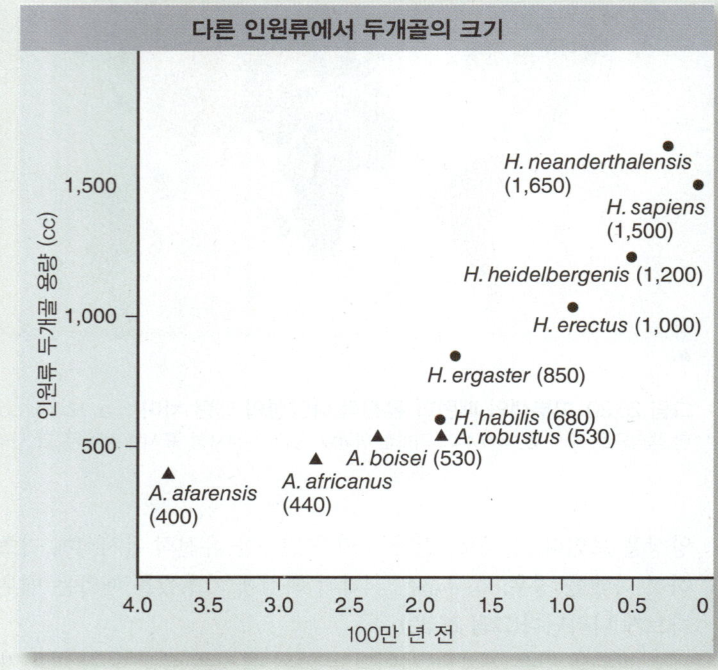

분석

1. **개념 적용**
   그래프에서, 종속변수는 무엇인가?
2. **자료 해석**
   a. 사람속의 어떤 종이 가장 큰 뇌와 가장 작은 뇌를 가지고 있었나?
   b. 오스트랄로피테쿠스류 중에 어떤 종이 가장 큰 뇌와 가장 작은 뇌를 가지고 있었나?
   c. 오스트랄로피테쿠스류 중에 사람과 같은 크기의 뇌를 가진 종이 있었나?
3. **추론**
   a. 2백만년 넘게, 오스트랄로피테쿠스의 뇌 크기가 변했나? 얼마나? 몇 % 증가했는가?
   b. 2백만년 넘게, 인간의 뇌 크기가 변했나? 얼마나? 몇 % 증가했는가?
4. **결론 도출**
   a. 오스트랄로피테쿠스속보다 사람속에서 뇌 크기의 진화가 더 빨랐나? 얼마나 빨랐나?
   b. 네안데르탈인의 명백히 큰 뇌 크기와, 4a 질문에 대한 당신의 결론에 비춰봤을 때, 당신은 네안데르탈인이 오늘날의 인간보다 더 똑똑하다고 결론 내릴 수 있나?
5. **추가 분석**
   이 마지막 결론에서 검증되지 않은 중요한 추론은 무엇인가? 만약 당신이 이 앞선 결론을 받아들이지 않는다면, 왜 당신은 뇌 크기의 진화가 사람속에서 급속하게 진화되었다고 생각하는가?

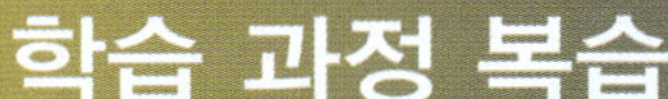

학습 과정 복습

개념 28.1 무척추 척삭동물은 뼈를 형성하지 않는다

28.1.1 피낭동물은 척삭형 유생을 만든다 피낭동물은 척삭동물의 모든 특징이 있는 수영하는 유생을 형성하지만, 성체는 고착성의 주머니 같이 생겼다.

28.1.2 창고기는 척삭형 성체를 형성한다 창고기는 척삭동물의 특성을 갖고 살지만, 성체는 뼈와 확연한 머리가 없다.

개념 28.2 거의 모든 척삭동물은 척추동물이다

28.2.1 척추동물은 척추와 머리, 그리고 몇몇 다른 특징들을 가지고 있다 척추동물에서 척추는 등 쪽의 신경삭을 둘러싸서 보호한다. 잘 발달된 감각 기관을 가진 명확하고 잘 분화된 머리를 가지고 있다. 척추동물은 특화된 기관 그리고 경골이나 연골로 만들어진 내골격계를 가지고 있다.

개념 28.3 물고기는 가장 오래 되고 다양한 척추동물이다

28.3.1 물고기는 5가지 중요한 특징을 가지고 있다 현생 물고기는 경골이나 연골로 된 척주, 턱, 쌍으로 된 부속기관, 아가미, 그리고 폐쇄순환계를 가지고 있다.

28.3.2 원생 물고기는 턱이 없다 먹장어와 칠성장어는 유일한 현존 무악동물로 턱이 없는 입을 가진 물고기이다.

28.3.3 연골성 골격을 가진 상어, 최상위 포식자가 되다 상어, 가오리, 그리고 홍어는 연골성 어류다. 상어는 빠른 유영을 위해 유선형 모양을 하고, 먹이를 물고, 죽일 수 있는 이빨이 진화하였다. 상어의 측선계와 경골어류는 수압의 변화를 감지할 수 있다.

28.3.4 오늘날의 바다는 경골어류가 주를 이룬다 경골어류는 조기어류(조기어강) 혹은 총기어류(육기어강)에 속한다. 조기어류는 경골성 가시로 된 견고한 지느러미를 가지고 있다. 총기어류는 관절에 의해 뼈가 연결된 근육엽을 가지고 있다. 이 구조로 인해 사지가 땅에서 움직일 수 있게 진화될 수 있었다.

개념 28.4 양서류는 최초의 육상 척추동물이다

28.4.1 현생 양서류는 5가지 독특한 특징을 가지고 있다 양서류의 적응에는 다리, 허파, 피부호흡, 폐정맥, 그리고 부분적으로 나뉜 심장이 있다.

28.4.2 현대의 양서류는 3개 무리에 속한다 개구리목은 성체가 되면서 꼬리가 사라진다; 많은 종이 올챙이 시기를 갖는다. 유미목(도롱뇽)은 성체가 되어도 꼬리를 갖고 성체와 비슷한 유생기가 있다. 무미목(무족영원류)는 다리가 없다.

개념 28.5 육상서식에 완전히 적응한 파충류

28.5.1 파충류에는 3가지 주요 특징이 있다 파충류는 불투과성 알; 불투과성 피부; 흉부 호흡의 특징이 있다. 현생 파충류는 내부 생식을 하는 변온동물이다.

28.5.2 파충류는 2억5천만 년간 육상을 지배했다 단궁형 시기에 포유동물 계통이 되는 수궁류가 나타났다. 이궁형은 현생 파충류와 조류를 나타나게 했다.

28.5.3 현생 파충류는 4개 목에 속한다 파충류의 4가지 목은 거북목(바다거북과 육지거북); 옛도마뱀목(옛도마뱀);유린목(도마뱀과 뱀); 그리고 악어목(일반악어와 중미산악어)이다.

개념 28.6 새는 본질적으로 나는 파충류이다

28.6.1 새의 주요 특징은 깃털과 경량화된 골격이다 깃털은 하늘을 날게 하거나 열을 보존할 수 있게 한다. 새의 경량화 된 골격은 비행에 적응한 결과이다.

28.6.2 조류는 약 1억5천만년 전에 출현했다 깃털은 아마도 처음에 단열재 역할을 하기 위해 생겨난 것으로 보이며, 나중에 날 수 있게 변형된 것이다.

28.6.3 현생 새들은 다양하지만 여러 가지 공통된 특징이 있다 주요 특징과 더불어, 새들은 효율적인 호흡계와 순환계, 그리고 내온성의 특징을 가지고 있다.

개념 28.7 포유류는 척추동물 중 가장 적은 다양성을 보인다

28.7.1 포유류는 털, 유선, 그리고 다른 특징들을 가지고 있다 포유류는 털과 새끼에게 젖을 제공하는 유선에 의해 구분된다. 또한 포유류는 내온성이다. 포유류는 약 2억2천만년 전에 수각류(단궁형)로부터 진화했고 약 천5백만년 전에 다양성이 최고조에 다다른다.

28.7.2 현생 포유류는 세 개의 그룹으로 분류된다 단공류는 껍질로 된 알을 낳는다. 유대동물은 태아가 주머니에서 완전히 발달한다. 태반포유동물은 태아에 영양을 공급하기 위해 자궁에 태반을 만든다.

개념 28.8 영장류는 인간이 출현하게 된 포유류이다

28.8.1 유인원의 혈통은 최초의 인간을 이끌었다 영장류는 2개의 혁신을 공유 한다: 움켜쥘 수 있는 손가락과 발가락, 그리고 양안시. 최초 영장류는 원원류와 유인원류(원숭이, 꼬리없는원숭이, 사람-나중에 진화)가 있다. 인원류는 꼬리없는원숭이와 사람류 또는 사람을 포함한다.

28.8.2 오스트랄로피테구스는 원시 사람류였다 사람류의 구분된 특징은 수직 자세와 두발보행이다.

28.8.3 사람속은 대략 2백만 년 전에 출현 호모 사피엔스(*H. sapiens*)의 일반적인 특징은 커진 몸과 뇌 크기이다. 호모 사피엔스(*H. sapiens*)가 유일하게 현존한다. 사람은 개념사고를 하고 도구와 기호화된 언어를 사용한다.

학습 과정 평가

개념 28.1 무척추 척삭동물은 뼈를 형성하지 않는다

이해

1. 아래에서 모든 척삭동물 종에 대한 표현 중 틀린 것은?
   a. 척삭동물은 후구동물이다.
   b. 척삭은 배아에 존재한다.
   c. 척삭은 경골이나 연골에 둘러싸여 있다.
   d. 모두 배아 발달 시기에 꼬리를 가지고 있다.
2. 두색동물아문에 없는 것은?
   a. 체절
   b. 등 쪽의 신경삭
   c. 신경삭을 보호하는 경골 구조
   d. 연골

응용

1. 피낭동물과 창고기의 중요한 차이점은?
   a. 신경능선의 존재　　b. 여과섭식
   c. 성체 척삭　　d. 섬모-주름 인두

종합

1. 육상 서식지에서 가장 많은 수의 종과 개체가 성공적으로 살았던 3개의 동물 종족들은? 무엇이 이 세 종을 땅에 살게 했는가?

개념 28.2 거의 모든 척삭동물은 척추동물이다

이해

1. 아래의 예시 중에 척삭동물과 다르게 척추동물만이 가진 특징은?
   a. 신경능선　　b. 머리
   c. 성체의 척삭　　d. 내골격
2. 모든 척추동물은
   a. 체온을 유지할 수 있다.
   b. 방수가 되는 케라틴으로 만들어진 피부를 가지고 있다.
   c. 완전한 폐쇄순환계를 가지고 있다.
   d. 성장하면서 이빨을 가진 턱이 발달한다.

응용

1. 배아 발생 시기에 신경 능선 세포는?
   a. 척수를 형성　　b. 태아의 다양한 위치로 이동
   c. 성체 척삭을 형성　　d. 태아의 뇌를 형성

종합

1. 모든 척추동물이 경골성 등뼈를 가지고 있는가? 설명하시오/

개념 28.3 물고기는 가장 오래 되고 다양한 척추동물이다

이해

1. 현존과 멸종된 모든 물고기는 갖는 공통된 아래 특징 중 아닌 것은?
   a. 아가미　　b. 턱
   c. 등쪽의 신경삭에 있는 내골격　　d. 단일폐쇄순환계
2. 원생물고기는 턱이 없다. 턱은 어디에서 진화했나?
   a. 귀뼈
   b. 아가미궁
   c. 등쪽의 신경삭에 있는 내골격
   d. 경골의 작은 판
3. 원생 척추동물에서 상어가 진화한 특징이 아닌 것은?
   a. 석회화된 내골격　　b. 이빨
   c. 측선계　　d. 부레

응용

1. 연골어강(상어)과 경골어강(경골어류)은 유영 속도와 민첩성을 증가시키기 위해 해부학적 특징들이 진화하였다. 경골어강에서 찾아볼 수 없는 변화는?
   a. 측선계
   b. 부레를 이용한 부력 조절
   c. 연골로 만들어진 가벼운 내골격
   d. 선개
2. 아래 예시 중에 폐어류와 가까운 것은?
   a. 먹장어　　b. 상어
   c. 조기어류　　d. 포유류

종합

1. 몇몇 물고기는 꽤 긴 시간을 물 밖에서 보낸다. 어떻게 이것이 가능할 수 있을까?
2. 처음 발견된 홍어 화석은 약 2억4천8백만년전 것으로 보이는데, 화석연대 기준으로 상어가 출현한 지 2억년 이후이다. 홍어가 상어와 매우 밀접하다고 받아들일 만한 증거는 무엇인가?

개념 28.4 양서류는 최초의 육상 척추동물이다

이해

1. 왜 폐정맥의 진화가 양서류에 중요한가?
   a. 산소를 허파에서 이동시키기 위해
   b. 대사율을 증가시키기 위해
   c. 뇌로의 혈액 순환을 증가시키기 위해
   d. 아무것도 맞는 게 없다.
2. 고생대에 육지에서 성공적으로 서식한 첫 번째 척추동물은?
   a. 양서류　　b. 공룡
   c. 어류　　d. 수궁류

응용

1. 양서류가 육지에서 성공하기 위해서, 그들은 아래 예시 중에서 무엇을 발달시켜야 했나?
   a. 좀 더 효율적인 부레　　b. 피부호흡과 허파호흡
   c. 방수성 피부　　d. 껍질이 있는 알

종합

1. 양서류는 성공한 진화 역사의 하나로 파충류 이전에 진화하였고 오늘날까지 여전히 전 세계에 분포한다. 안타깝게도 양서류는 최근 몇 년간 급격하게 감소하고 있다. 어떤 특징이 특히 인간이 바

끈 그들의 환경에 취약한가?

개념 28.5 육상서식에 완전히 적응한 파충류

이해

1. 파충류의 적응에 포함되지 않는 것은?
   a. 알 b. 피부 위의 층으로 된 비늘
   c. 중이 뼈 d. 호흡계의 변화
2. 폐기물은 저장되는 곳은?
   a. 양막 b. 장막
   c. 난황막 d. 요막

응용

1. 악어와 매는 무엇이 닮았나?
   a. 둘 다 단궁형이다.
   b. 둘 다 항온동물이다.
   c. 둘 다 4개의 방으로 된 심장을 가지고 있다.
   d. 둘 다 석회화되지 않은 피부를 가지고 있다.

종합

1. 몇몇 사람들은 공룡은 "완전 멸종"하지 않았다고 얘기한다. 이러한 주장을 뒷받침할 만한 증거는 무엇인가?

개념 28.6 새는 본질적으로 나는 파충류이다

이해

1. 아래 진화적 적응에서 비행할 때 새가 효율적으로 변하도록 한 것은?
   a. 깃털의 구조 b. 높은 대사 온도
   c. 향상된 호흡 효율 d. 전부 다
2. 아래의 예시는 비행에 필요한 높은 에너지 요구를 극복하는 새의 능력 향상에 기여한 것들이다. 아닌 것은?
   a. 효율적 호흡 b. 내온성
   c. 효율적 순환 d. 효율적 소화

응용

1. 조류와 포유류 모두 내온성의 생리적 특징이 비슷하다. 어떻게 이 동물들이 체온을 유지할 수 있을까?
   a. 그들은 따뜻한 환경에 산다.
   b. 그들은 높은 대사율을 가진다.
   c. 그들은 열을 내기 위해 뛰거나 달린다.
   d. 그들은 많이 먹는다.
2. 새와 악어가 보금자리를 만드는 이유는 무엇 때문인가?
   a. 모두 온혈동물이다.
   b. 모두 물고기를 먹는다.
   c. 모두 공통 조상에서 유래했다.
   d. 모두 알을 놓는다.

종합

1. 파충류가 단단한 껍질로 된 알을 갖게 되면서 얻게 된 장점은? 그 장점들을 고려할 때, 왜 새의 알은 딱딱한 껍질을 가진 알로 진화하였다고 생각하는가?
2. 육상 척추동물에서, 비행능력은 3번 진화했다. 어떤 육상 척추동물 강이 비행능력이 진화하지 않았나? 왜 진화하지 않았다고 생각하나?

개념 28.7 포유류는 척추동물 중 가장 적은 다양성을 보인다

이해

1. 다른 척추동물에는 없고 대부분의 포유류 종에만 있는 특징은?
   a. 알 b. 내온성
   c. 중이 뼈 d. 털
2. 아래 예시에서 수아강이 아닌 것은?
   a. 캥거루 b. 주머니쥐
   c. 가시두더지 d. 인간

응용

1. 포유류는 많은 진화 형태를 가지고 다양화하기 시작하는데,
   a. 백악기의 멸종 이후에
   b. 공룡시기에
   c. 큰 체구의 공룡이 진화한 시기와 동일한 시기에
   d. 페름기 대멸종 이후에
2. 단공류가 알을 낳는다는 사실은
   a. 그들이 다른 포유류보다는 몇몇 파충류와 더 밀접하다는 것을 뜻한다.
   b. 중배엽형 특징이다.
   c. 알이 여러 번 진화했다는 것을 말한다.
   d. 내온성의 결과다.

종합

1. 가시두더지는 곤충을 먹고, 캥거루는 식물이나 곰팡이를, 사자는 고기를 먹는다. 이 세 종류의 동물 이빨에서 찾을 수 있을 것으로 성각하는 차이점은 무엇인가?
2. 정확히 어떻게 개와 고양이를 구분할 수 있을까?(구체적으로)

개념 28.8 영장류는 인간이 출현하게 된 포유류이다

이해

1. 유인원류에 해당하지 않는 것은?
   a. 원숭이 b. 꼬리없는원숭이
   c. 여우원숭이 d. 인간
2. 인원류에 해당하지 않는 것은?
   a. 구세계원숭이 b. 고릴라
   c. 인간 d. 침팬지

응용

1. 비록 많은 포유류가 양안시를 가지고 있긴 하지만, 영장류는 다른 포유동물의 이것이 분리된 해부학적 적응이 있다.
   a. 물건을 잡을 수 있는 꼬리
   b. 손의 마주보는 손가락
   c. 큰 뇌
   d. 털로 덮인 피부

종합

1. 호주에서 한때 보편적이었던 Genyornis newtoni로 불리는 거대한 날지 못하는 새는 지금 멸종했다. 화석알 껍질을 방사성연대측정법으로 측정한 것에 의하면 50,000년 이상 된 Genyornmis 알은 없었다. 인간은 50,000년 전에 호주에 정착했다. 인간이 이 날수 없는 새를 사냥해서 멸종했다는 가설을 뒷받침하기 위해서는 어떤 증거가 필요할까?

개념 연결하기: 5부 생명의 다양성

비교적 단순한 원핵세포 구조에서 보다 복잡한 진핵세포로의 진전은 생명의 진화에 있어서 가장 중요한 사건의 하나로 기록된다. 세포내 공생에 의해 미토콘드리아와 엽록체가 생겼고, 이들 세포소기관은 생물이 에너지를 사용 가능한 형태로 전환시키게끔 도와주었다. 계통분류학은 생물을 형태와 분자적 유사성에 근거하여 분류하는데, 이러한 분류는 한편으로 진화적 유연관계를 나타낸다. 구조적 혁신과 적응은 생명이 물에서 나와 육상으로 진출하는 데 기여하였고, 이는 나아가서 다양성을 증가시켰다.

- 150만 종 이상의 균류가 존재한다.
- 대부분의 균류와 비슷하게 자낭균류는 유성생식과 무성생식을 한다.
- 자낭균류에는 친숙하고 경제적으로 중요한 빵효모와 흔한 곰팡이 그리고 곰보버섯이 포함된다.
- 이 문에는 많은 심각한 식물병원균도 포함된다.

- 육상의 도전에 대한 수많은 진화적 혁신의 결과로 30만 종 이상의 식물이 생겼다.
- 배(embryo)가 보호를 받으면서 식물이 다양해지고 성공적으로 육상에 진출하였다.
- 납질의 각피는 건조로부터 식물을 막아주는 반면, 기공은 기체교환을 가능케 하면서 물의 손실을 제한한다.
- 특화된 헛물관 세포들과 관다발조직은 식물체 전반에 걸친 액체의 수송이 가능하게 한다.

- 진핵세포의 진화는 가장 중요한 진화적 사건의 하나로 기록된다.
- 단단한 세포벽이 사라지면서 막이 감싸지고 핵과 소포체가 형성되었다.
- 보다 큰 세균에 삼켜진 에너지생성세균과 광합성세균이 각각 미토콘드리아와 엽록체로 진화하였다.

- 경골어류는 모든 척추동물 가운데 종이 가장 풍부한 무리이다. 이들이 진화한 두 가지 적응비결은 부력을 제공하는 부레와 아가미로 물이 지나가도록 도와주는 아가미뚜껑이다.
- 관절로 된 지느러미를 갖는 총기류에서 양서류의 조상이 생겼고, 생명은 육상으로 계속 전이되었다.

- 동물은 화학에너지를 얻기 위해 반드시 다른 생물을 잡아먹어야 한다.
- 모든 생물과 마찬가지로 동물은 세포호흡을 이용하여 분자량이 큰 유기물질을 분해해서 에너지를 얻는다.
- 동물은 먹이를 얻고 소화하며 먹이를 사냥하고 포식자로부터 도망가는 운동의 방법들에 있어서 다양하게 적응하였다.

- 많은 원핵생물은 광독립영양생물이거나 이산화탄소로부터 탄소를 얻는 화학무기독립영양생물이다.
- 다른 원핵생물들은 광종속영양생물이거나 유기물질로부터 탄소의 일부를 얻는 화학종속영양생물이다.

- 잎은 태양에너지를 수확하여 화학에너지로 전환시키는 광합성기관이다.
- 다른 모든 생물은 식물과 그 밖의 독립영양생물이 생산한 유기화합물에 의존하여 산다.
- 관다발조직은 잎과 그 밖의 광합성기관에서 생산한 영양소를 식물체 구석구석으로 수송한다.

이제까지 [개념 연결하기]의 두 가지 예를 보았으니, 제공된 개념들을 이용하여 "구조가 기능을 결정한다"를 뒷받침하는 세부 사항들을 채워보라.

29 식물의 형태

학습과정

서론

비록 선인장, 난초, 그리고 단단한 목재를 생산하는 나무의 유사성이 첫 눈에는 분명하게 파악되지 않을지라도, 이 식물들과 대부분의 다른 식물들은 기본적인 구조상의 공통점을 갖는다. 이 공통점은 식물체들이 어떻게 구성되어 있는지에, 또한 그들이 어떻게 생장하고 생산하며 영양분을 수송하는지에, 그리고 그들의 발달이 어떻게 조절되는지에 반영된다. 이 과는 어떻게 관다발식물들이 "지어지는지"에 대한 물음에 답하고자 한다. 우리는 성숙한 식물체를 구성하는 세포, 조직, 그리고 기관에 초점을 맞출 것이다. 성숙한 식물체의 독특한 지상부와 지하부 구조 형성에 기여하는 줄기와 뿌리는, 처음의 배발생과정 동안 수립된 기본적인 식물체 설계 계획의 최종 산물이며, 이 과정은 우리가 성숙한 관다발식물의 형태를 공부해 나아가면서 반복적으로 접하게 될 발달과 생장의 단계이다.

29.1 줄기의 관다발 체계는 식물의 뿌리와 잎을 연결한다

대부분 현재 멸종한, 가장 초기의 관다발 식물들은 그 식물체가 뿌리나 잎 등의 특수화 된 기관들로 명확하게 분화되지 않았다. 현재의 관다발 식물들에서 이러한 기관들의 존재는 지상에서의 생존을 위한 요구들과 관련된, 증가된 특수화를 나타낸다. 예를 들어, 물을 획득하는 것은 지상에 사는 생물들에게 중요한 문제이며, 뿌리는 흙으로부터 물을 흡수할 수 있도록 적응하였다. 잎, 뿌리, 가지, 그리고 꽃의 형태와 구조의 발달이 현재의 식물들에서 정교하게 조절되고 있을지라도, 잎, 줄기, 그리고 뿌리 발달의 다양한 측면이 매우 유동적이다. 이 과에서는 현화식물을 모델로 하여 식물 형태의 통합적 측면을 강조할 것이다.

관다발식물은 뿌리와 줄기를 가지고 있다

학습목표 29.1.1 뿌리와 줄기의 기능을 구분한다.

가장 간단하게 보았을 때, 관다발식물은 지상부에 경엽부라 불리는 줄기와 잎을 가지며, 줄기는 뿌리와 잎을 연결한다(**그림 29.1**). 뿌리와 줄기는 **정단(apex)**이라고 불리는 그들의 끝부분에서 발달한다.

뿌리계(root system)는 식물을 고정시키고, 식물이 그들의 생존에 필수적인 물과 이온을 흡수하기 위하여 땅을 뚫고 들어간다. 뿌리계는 종종 확대되며, 자라나는 뿌리는 신장되고 확장되면서 물질을 이동시키기 위하여 큰 힘을 발휘할 수 있다. 지상에서의 생존을 위한 적응 과정에서 뿌리는 경엽계보다 나중에 발달하였다.

경엽계(shoot system)는 줄기와 잎으로 구성된다. 줄기는 광합성의 주요한 장소인 잎을 공간에 자리잡게 하는 골격으로 기능한다. 잎의 배열, 크기, 그리고 다른 특징들은 식물의 영양분 생산에 매우 중요하다. 꽃, 다른 생식기관, 그리고 궁극적으로는 열매와 종자 역시 경엽부에서 생산된다.

영양기관인 경엽부의 반복적 단위는 마디 사이, 마디, 잎, 그리고 곁눈으로 이루어지나, 생식 구조들은 여기에 포함되지 않는다. 곁눈은 줄기의 마디에 존재하는, 어린 경엽의 정단분열조직으로서, 식물이 새로운 가지를 뻗도록 하거나, 초식동물에게 먹혔을 경우엔 주요 경엽부를 대체할 수 있도록 한다. 영양기관인 곁눈은 1기 경엽부(1년생 줄기와 잎)의 발달을 반복할 수 있는 능력을 가진다. 식물이 발달 과정에서 생식 단계에 도달했을 때, 이 곁눈은 꽃이나 꽃줄기(화서)를 생산한다.

그림 29.1 식물체의 도해. 분지하는 뿌리계, 경엽계는 식물체의 골격을 형성한다. 각 뿌리와 줄기의 정단부는 확장하여 식물체를 생장시킨다. 잎은 줄기의 마디에서 발생하며, 줄기는 곁눈을 갖는다. 곁눈은 휴면 상태에 머물 수도 있고, 생장하여 측면의 가지를 형성하거나 꽃을 피울 수도 있다. 잎은 단순한 하나의 엽신이거나, 그림에서 보는 바와 같이 여러 개의 소엽으로 이루어질 수도 있다. 뿌리, 줄기, 그리고 잎 모두 관다발(수송) 조직으로 연결되어 있다.

뿌리와 줄기는 조직계로 이루어져 있다

학습목표 29.1.2 관다발식물에서의 세 종류의 조직에 대해 설명하라.

뿌리, 줄기 그리고 잎은 모두 세 가지의 기본조직을 가지고 있다: 표피조직, 기본조직, 관다발조직이 그것이다. 이들 각 조직이 뿌리계와 경엽계를 통해 확장되기 때문에, 이들을 **조직계(tissue system)**

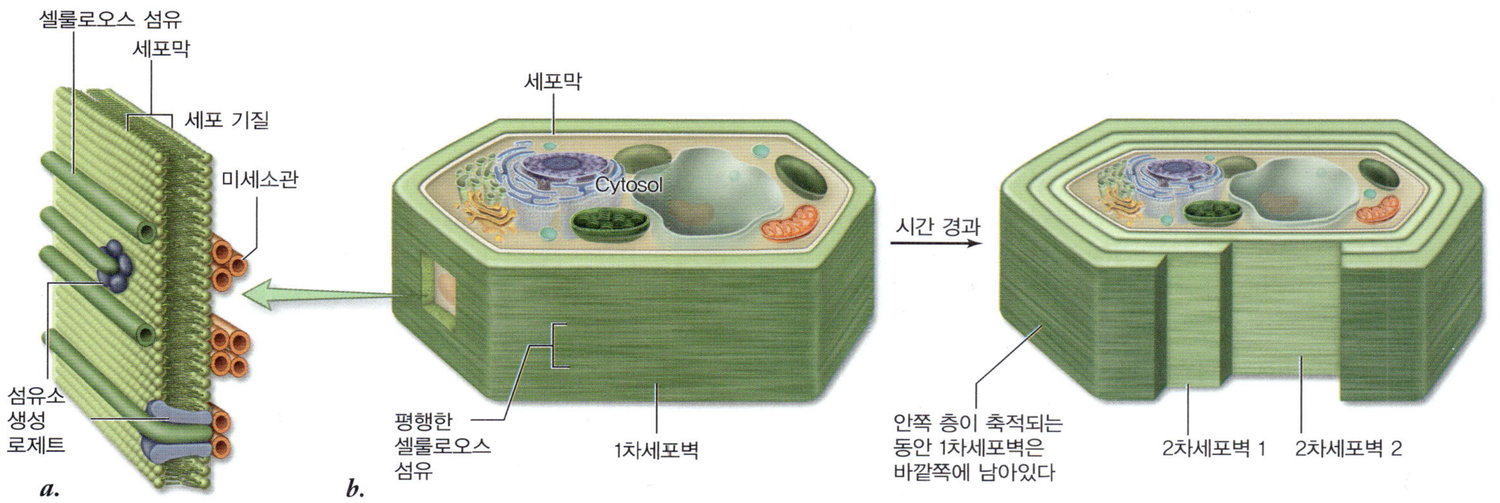

그림 29.2 식물 세포벽의 합성. **a.** 섬유소(셀룰로오스)는 세포벽을 형성하기 위해, 세포막에 있는 섬유소 생성 로제트에서 생산되는 포도당 중합체이다. 셀룰로오스 섬유는 세포막 안에서 미세소관과 평행하게 배열된다. 어떠한 세포 종류들에서는, 세포벽을 강화하고 방수 기능을 제공하는 추가적인 물질이 세포벽에 더해진다. **b.** 어떠한 세포들은 추가적인 층의 섬유소를 만들어내어 세포벽의 기계적인 힘을 강화시킨다. 새로운 섬유소가 세포에서 간들어지기 때문에 섬유소의 가장 오래된 층은 세포벽의 가장 바깥쪽에 위치한다. 모든 세포는 1차세포벽을 가지고 있다. 추가적인 섬유소 층들과 리그닌이 2차세포벽을 만든다.

라고 부른다.

식물 세포의 유형은 그들이 가진 액포의 크기, 세포 성숙 시 살아있는지 죽어있는지의 여부, 또한 식물 세포의 고유한 특징인, 섬유소 세포벽에서 발견되는 분비물의 두께 등에 의해 구분된다(세포 구조를 복습하려면 4장을 참고). 어떠한 세포들은 섬유소로 이루어진 1차세포벽만을 가지며, 섬유소는 세포막 가까이에 있는 원형질체에 의해 합성된다. 미세소관은 세포 내에서 정렬하여 섬유소의 배열 방향을 결정한다(그림 29.2a). 식물체를 지탱하는 세포들은 더욱 강화된 세포벽을 갖게 되며, 이들 세포벽은 다층의 섬유소로 구성되어 있다. 섬유소 층은 합판의 경우와 같이 인접한 섬유소 층과 각을 이루어 배열한다; 이는 세포벽의 힘을 강화시킨다(그림 29.2b).

식물 세포는 세 가지 조직계를 구성한다. **표피조직(dermal tissue, epidermis)**은 대부분의 식물들에서 세포 한 층 두께이고, 식물의 외부 보호막을 형성한다. **기본조직(ground tissue)** 세포는 식물을 지지하고 보호하는 섬유를 만들 뿐 아니라, 저장, 광합성, 그리고 분비를 위한 기능을 담당한다. **관다발조직(vascular tissue)**은 식물체에 걸쳐 액체와 용해된 물질들을 수송한다. 각 조직들과 그들의 다양한 기능이 다음 절에서 더 자세히 설명되고 있다.

분열조직은 식물의 일생에 걸쳐 체제 형성 계획을 정교하게 진행한다

학습목표 29.1.3 1기생장(일차생장)과 2기생장(이차생장)을 비교하라.

종자가 발아하는 시기에는, 완전히 생장한 식물체의 오직 작은 일부분만을 확인할 수 있다. 배아 세포는 분열과 분화를 거쳐 다양한 세포 유형들을 만들 수 있지만, 대부분의 생장한 세포들은 그 운명이 더욱 제한적이다. 식물체의 추가적인 발달은 식물의 다른 부위에서는 물론 줄기와 뿌리의 정단에 존재하는 특수화된 세포들, 즉 분열조직의 활성에 의존한다.

분열조직의 개관

분열조직은 높은 농도의 세포질과 이에 비례한 큰 핵을 갖는 작은 세포들의 집합으로, 동물에서의 줄기세포와 같은 역할을 수행한

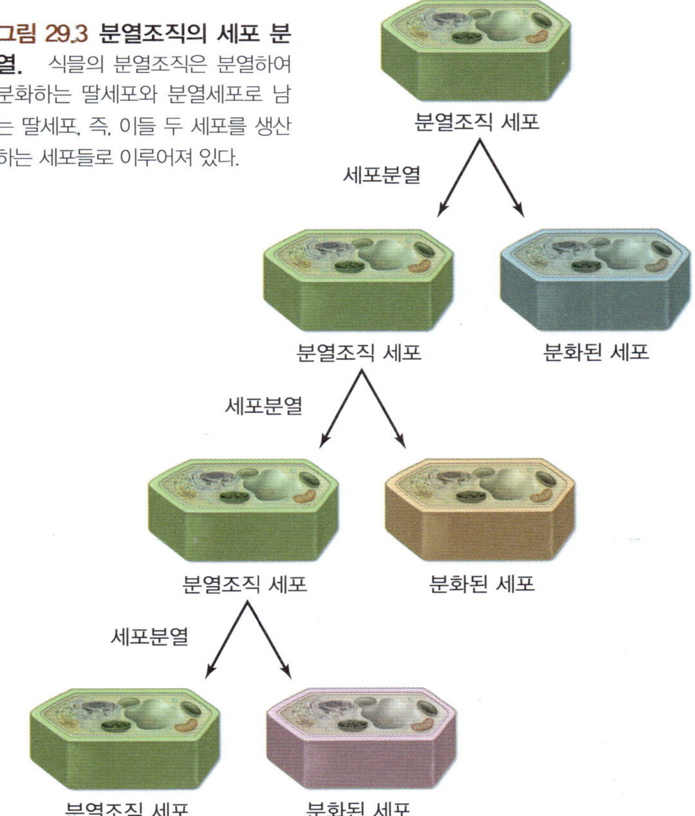

그림 29.3 분열조직의 세포 분열. 식물의 분열조직은 분열하여 분화하는 딸세포와 분열세포로 남는 딸세포, 즉, 이들 두 세포를 생산하는 세포들로 이루어져 있다.

다. 이는, 하나의 세포가 분열하여 두 개의 세포를 만든 후 두 세포 중 하나는 분열조직의 기능을 지속하여 수행하며, 나머지 하나는 분화의 과정을 거쳐 식물체 형성에 기여함을 의미한다(그림 29.3). 이 방법으로 분열 세포들의 집단은 지속적으로 새로워진다. 분자유전학적 증거는 동물 줄기세포와 식물 분열세포가 유전자 발현에서 동일한 경로를 공유할 것이라는 가설을 지지한다. 뿌리와 지상부 확장은 모두 반복적인 **정단분열조직(apical meristems)**에의 세포 분열과 이에 뒤따르는 분열된 세포들의 신장에 의해 이루어진다. 관목들과 대부분의 교목들을 포함한 일부 관다발식물들에서는 **측생분열조직(lateral meristems)**이 뿌리와 지상부의 직경을 증가시킨다.

그림 29.4 정단분열조직. 줄기와 뿌리의 정단분열조직은 지상부와 지하부의 식물체를 확장시킨다. 엽원기는 줄기의 연약한 분열조직을 보호하며, 뿌리 분열조직은 새로운 뿌리 조직 이외에도 보호 기능을 하는 뿌리골무를 만든다.

정단분열조직

정단분열조직은 줄기와 뿌리의 끝에 존재한다(그림 29.4). 생장 기간 동안, 정단분열조직의 세포들은 분열하여 끝부분에 지속적으로 세포들을 추가한다. 정단분열조직으로부터 유래한 조직들은 **1기조직(일차조직, primary tissue)**이라 불리며, 뿌리와 줄기의 확장은 **1기식물체(일차식물체, primary plant body)**라고 알려진 것을 형성한다. 1기식물체는 나무나 관목의 어리고 부드러운 지상부와 뿌리로 이루어져 있거나, 어떠한 식물들에서는 식물체 전체로 이루어진다.

뿌리와 지상부의 정단분열조직들은 모두 보호를 필요로 하는 연약한 세포들로 이루어져 있다(그림 29.4를 보라). 뿌리의 정단분열조직은 뿌리골무에 의해 보호된다. 뿌리골무의 해부 구조는 나중에 설명하기로 한다. 뿌리골무 세포는 뿌리 분열조직에 의해 만들어지며 뿌리가 땅 속을 뚫고 나아가는 동안 벗겨지고 대체된다. 이와 반대로, 잎원기는 공기와 태양빛에 노출되어 있어 건조에 취약한, 자라나는 지상부 정단분열조직을 보호한다.

정단분열조직은 **1기분열조직(일차분열조직, primary meristems)**을 시작으로 하여 세 가지 조직계를 만든다. 세 가지 일차분열조직은 표피를 형성하는 **원표피(protoderm)**; 일차 관다발조직(물의 수송을 위한 일차물관부와 양분의 수송을 위한 일차체관부)을 형성하는 **전형성층(procambium)**; 그리고 기본조직으로 분화하는 **기본분열조직(ground meristem)**. 쇠뜨기나 옥수수와 같은 어떤 식물들에서는 **절단분열조직(intercalary meristems)**이 줄기의 절간(잎들이 붙어있는 사이의 공간)에서 자라나 절간의 길이 생장에 기여한다. 만약 당신이 조용한 여름 밤 당신의 무릎 높이만큼 자란 옥수수밭 사이를 걷고 있다면, 당신은 부드러운 펑 소리를 들을 것이다. 이 소리는 개재분열조직의 빠른 생장에 의한 것이다. 아주 짧은 시간 동안 일어나는 줄기 신장의 양은 매우 놀랍다.

측생분열조직

많은 초본 식물들(목본이 아닌 다육질의 줄기를 가진 식물들)에서는 오직 1기생장만 나타나나, 다른 식물들은 직경의 상당한 증가로 이어지는 **2기생장(이차생장, secondary growth)** 또한 나타낸다. 2기생장은 측생분열조직에 의해 이루어진다 - 측생분열조직은 줄기와 뿌리의 바깥쪽에 위치한 원통형 분열조직으로 나자식물과 대부분의 피자식물의 직경을 증가시킨다. 측생분열조직은 정단분열조직에서 유래하는 기본조직으로부터 만들어진다(그림 29.5). 단자엽식물들은 2기생장을 할 수 없다.

나무가 아닌 많은 식물들에서 2기생장이 직경을 증가시킨다 하더라도, 2기생장의 효과는두 개의 측생분열조직을 가지는 나무인 식물들에서 가장 극적이다. 나무 줄기의 수피 안쪽에는 **코르크형성층(cork cambium)** - 나무의 바깥쪽 수피를 만들어내는 측생분열조직 - 이 있다. 수피 바로 안쪽에는 **관다발형성층(vascular cambium)** - 2기 관다발조직을 만드는 측생분열조직 - 이 있다. 관다발형성층은

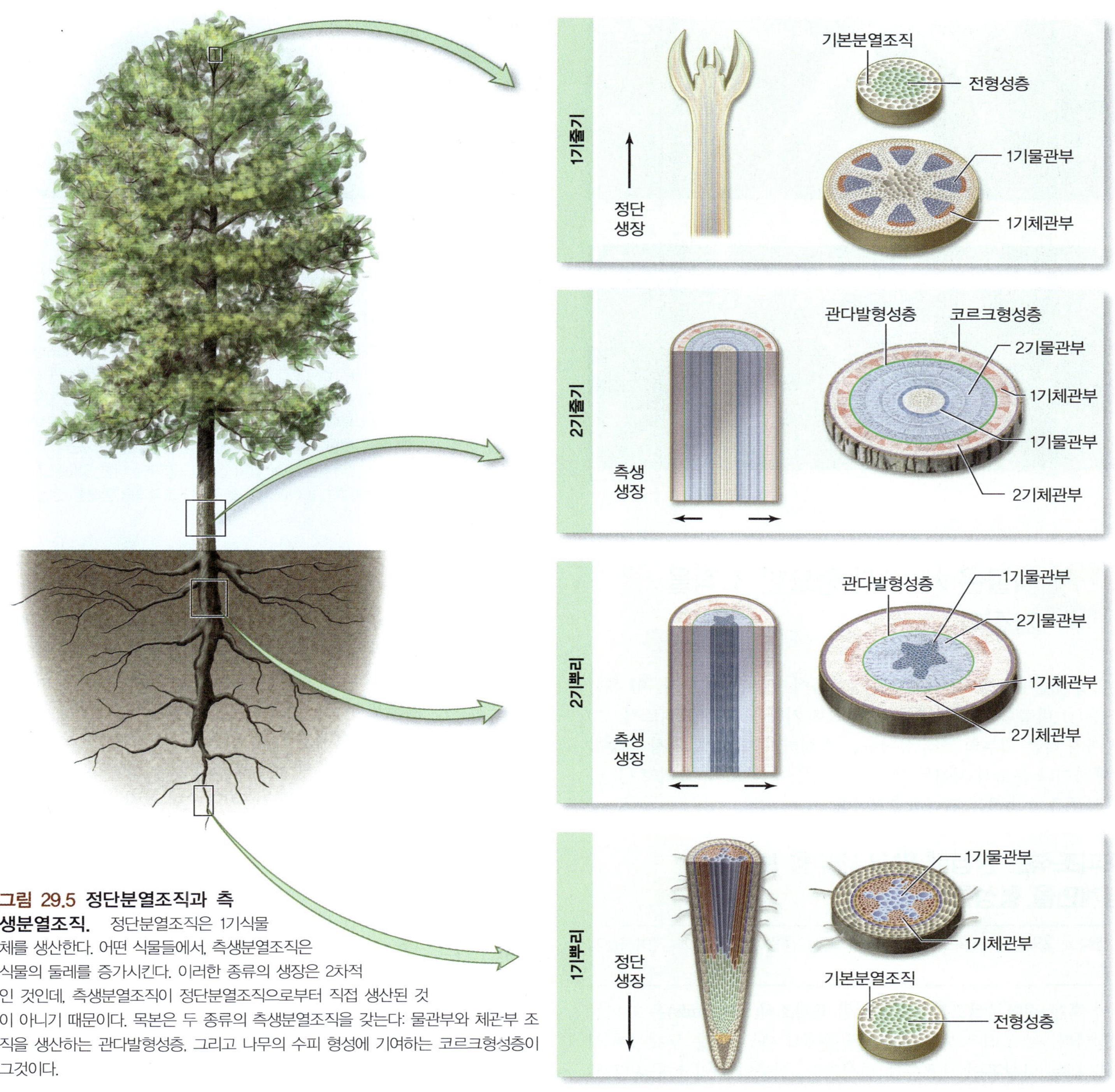

그림 29.5 정단분열조직과 측생분열조직. 정단분열조직은 1기식물체를 생산한다. 어떤 식물들에서, 측생분열조직은 식물의 둘레를 증가시킨다. 이러한 종류의 생장은 2차적인 것인데, 측생분열조직이 정단분열조직으로부터 직접 생산된 것이 아니기 때문이다. 목본은 두 종류의 측생분열조직을 갖는다: 물관부와 체관부 조직을 생산하는 관다발형성층, 그리고 나무의 수피 형성에 기여하는 코르크형성층이 그것이다.

관다발의 물관부와 체관부 사이에 형성되며 그 양쪽 면에 2기 관다발조직을 추가한다.

2기물관부는 목재의 주요한 구성요소이다. 2기체관부는 나무 줄기의 바깥쪽 표면에 매우 가까이 위치한다. 나무의 수피를 제거하는 것은 체관부를 손상시키며 결국 나무를 죽일 수도 있다. 나무의 몸통과 가지, 그리고 나무와 관목의 오래된 뿌리로 구성되는, 측생분열조직으로부터 형성된 조직들은 **2기조직(이차조직, secondary tissues)**으로 알려져 있으며, 집합적으로 **2기식물체(이차식물체, secondary plant body)**로 불린다.

개념 정리 29.1

뿌리계는 식물을 고정시키고 물과 영양분을 흡수한다. 줄기, 잎, 그리고 꽃으로 구성된 지상부 체계는 광합성과 유성생식을 수행한다. 조직의 세 가지 일반적인 유형은 표피조직, 기본조직, 그리고 관다발조직이다. 1기생장은 뿌리와 지상부의 끝에 있는 정단분열조직에 의해 이루어진다; 2기생장은 측생분열조직에 의해 이루어지며, 직경을 증가시킨다.

- 나무는 왜 1기생장과 2기생장 모두를 필요로 하는가?

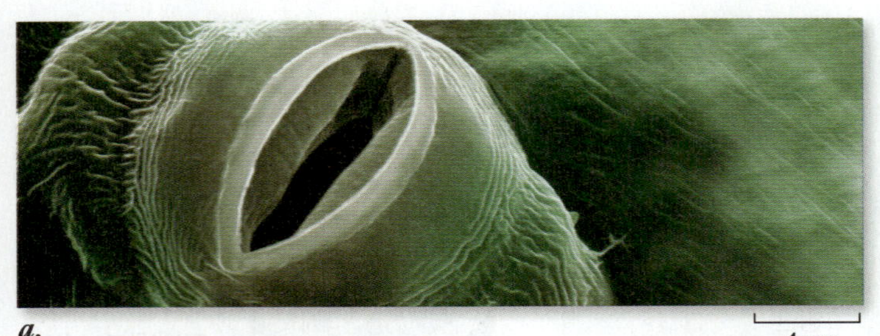

a.

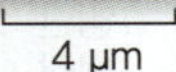

b. 200 μm

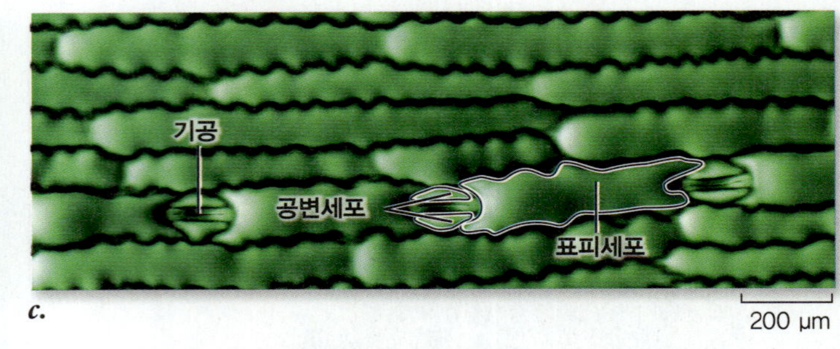

c. 200 μm

그림 29.6 기공. **a.** 기공은 구멍의 크기를 조절하는, 두 개의 공변세포 사이에 위치하는 공간이다. 기공은 단자엽식물과 진정쌍자엽식물의 표피에 균등하게 분포하나, 그 유형에는 매우 차이가 있다. **b.** 기공이 무작위적으로 배열되어 있는 완두(진정쌍자엽식물)의 잎. **c.** 열을 이루어 기공이 균등하게 분포되어 있는 옥수수(단자엽식물)의 잎. 이 현미경사진들은 또한 식물에서의 다양한 세포 형태를 보여준다. 어떤 식물 세포들은 옥수수(c)에서 보여지는 것과 같이 상자 모양이며, 다른 것들은 완두(b)의 표피세포처럼, 조각그림 맞추기 놀이에서의 불규칙한 조각그림 형태를 갖는다.

29.2 식물은 세 가지 중요한 조직을 가진다

관다발식물에서 조직의 세 가지 유형들이 구분될 수 있다. 이 유형들은 (1) 바깥쪽 표면에 위치하며 보호 기능을 하는 표피조직; (2) 몇 가지 다른 내부의 조직 유형들을 형성하며, 광합성, 저장 기능을 수행하거나 구조적 지지를 제공할 수 있는 기본조직; 그리고 (3) 물과 양분을 수송하는 관다발조직이다.

표피조직은 환경에 맞서 내부를 보호하는 경계면을 형성한다

학습목표 29.2.1 표피조직이 어떻게 육상 생활에의 적응에 기여하는지 설명한다.

배아 혹은 정단분열조직에서 유래한 **표피조직(epidermis)**은 표피를 형성한다. 이 조직은 대부분의 식물들에서 세포 한 층 두께이며 식물을 덮는 바깥쪽의 보호층을 형성한다. 식물의 어리고 노출된 부분에서 표피는 **각피(큐티클, cuticle)**를 이루는 지방질의 **큐틴(cutin)** 층으로 덮여있다; 사막의 다육식물과 같은 경우, 몇 층의 왁스가 각피에 입혀져 수분의 손실을 막고 자외선에 의한 피해로부터 보호한다. 어떠한 경우들에서 표피조직은 나무의 수피를 형성한다.

원표피에서 유래한 **표피세포(epidermal cells)**는 1기식물체의 모든 부분을 덮는다. 공변세포, 모상체, 그리고 뿌리털을 포함한 많은 종류의 특수화 된 세포들이 표피에서 나타난다.

공변세포

공변세포는 표피에 있는 입 모양의 구멍인 **기공(stoma, stomata(복수형))**의 양 측면에 짝을 이루어 존재하는 세포로, 소세지처럼 생겼다. 다른 표피세포들과는 달리 공변세포는 엽록체를 포함하고 있다.

기공은 잎의 표피에 존재하고(**그림 29.6a**), 간혹 줄기나 열매와 같은 식물의 다른 부분에도 존재한다. 기체 상태의 물의 확산은 물론 산소와 이산화탄소의 통과가 거의 대부분 예외 없이 기공을 통해 일어난다. 잎 표면 $1cm^2$ 당 1000개에서 100만개 이상의 기공이 존재한다. 많은 식물들에서 기공은 잎의 상표피보다 하표피에 더 많이 존재한다-이는 수분의 손실을 최소화하는 요소이다. 어떤 식물들은 오직 하표피에만 기공을 가지며, 수련과 같은 몇몇의 식물들의 경우 가스 교환을 최대화하기 위하여 상표피에만 기공을 가진다.

공변세포 형성은 공변세포와 기공의 개폐를 보조하는 부세포를 생산하는 비대칭적인 세포 분열의 결과이다. 기공의 분포로 이어지는, 이와 같은 비대칭적인 세포 분열의 유형화는 발달생물학자들의 관심을 끌었다(**그림 29.6b,c**).

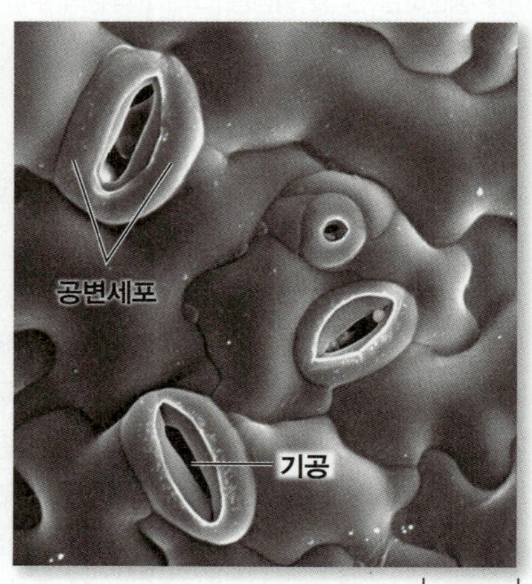

그림 29.7 너무 많은 기공이 형성되는 기공 돌연변이체. 이 애기장대 돌연변이체 식물은 기공 배치를 위한 필수적인 신호 체계를 갖지 못한다. 보통, 분화하는 공변세포 쌍은 근처의 세포가 공변세포로 분화되는 것을 막는다.

어디에 기공을 위치시켜야 하는지 "혼란스러워하는" 돌연변이에 대한 연구는 기공을 개시하는 시기와 공변세포 형성을 유발하는 세포 간 의사소통 유형에 대한 정보를 제공하고 있다. 예를 들어 애기장대에서 나타나는 '너무 많은 입'(*too many mouths: tmm*) 돌연변이는 공간적으로 기공을 분리시키는 일반적인 유형의 세포 분열을 와해시킨다(그림 29.7). 위의유전자와 그 밖의 다른 기공 유형 형성 유전자들에 대한 연구는 세포에게 다른 세포들에 대한 그들의 상대적인 위치를 알려주고 세포의 운명을 결정하는, 세포간 의사소통(9과를 보라)의 조직화된 네트워크를 밝혀내었다. *TMM* 유전자는 비대칭적인 세포 분열을 조절하는 신호 전달 경로의 일부인, 세포막에 붙어있는 수용체를 부호화한다.

모상체(털, 모용)

모상체(Trichomes)는 하나 또는 여러 개의 세포로 되어 있는, 머리털 같은 표피의 돌출물이다(그림 29.8). 이들은 줄기, 잎, 그리고 생식 기관에서 자주 나타난다. "털이 보송보송한" 혹은 "털로 뒤덮인" 잎은 현미경의 낮은 배율을 통해 명확히 볼 수 있는 모상체로 덮여 있다. 모상체는 잎의 표면을 시원하게 유지하며 기공을 덮어 증발을 줄인다. 그들은 또한 높은 강도의 빛과 자외선 방사로부터 잎을 보호하고 온도의 격변에 대해 완충의 역할을 한다. 모상체는 형태적으로 매우 다양하다; 어떤 것은 하나의 세포로 되어 있고, 다른 것들은 다세포로 되어 있다. 어떠한 것들은 선이 있어 종종 끈적끈적하거나 독성이 있는 물질을 분비해 초식동물로부터 방어한다.

*GLABROUS3(GL3)*를 포함하여 모상체의 발달을 조절하는 유전자들이 밝혀졌다. GL3와 같은 모상체 개시 유전자가 모상체 억제 유전자에 비하여 역치에 도달하면, 표피 세포는 모상체가 된다. 이 모상체 세포로부터의 신호는 이웃한 세포가 모상체 촉진 유전자를 발현시키는 것을 막는다.

뿌리털

하나의 표피세포가 관 모양으로 돌출한 **뿌리털(root hairs)**은, 자라나는 어린 뿌리의 끝 바로 뒤 지점에위치한다(그림 29.9). 뿌리털은 단순히 표피세포의 돌출된 형태이고 하나의 독립된 세포가 아니기 때문에 격막에 의해 세포의 나머지 부분으로부터 분리되지 못한다. 뿌리털은 뿌리가 주변의 흙 입자들과 매우 가까이 접촉하도록 만들며 뿌리의 표면적과 흡수의 효율을 대단히 증가시킨다.

그림 29.8 모상체(털). 토마토에서 발견되는, 갈색빛의 부푼 말단부를 갖는 모상체는 선모이다. 이 선모는 말 그대로 곤충을 모상체에 부착시킬 수 있는 물질을 분비한다.

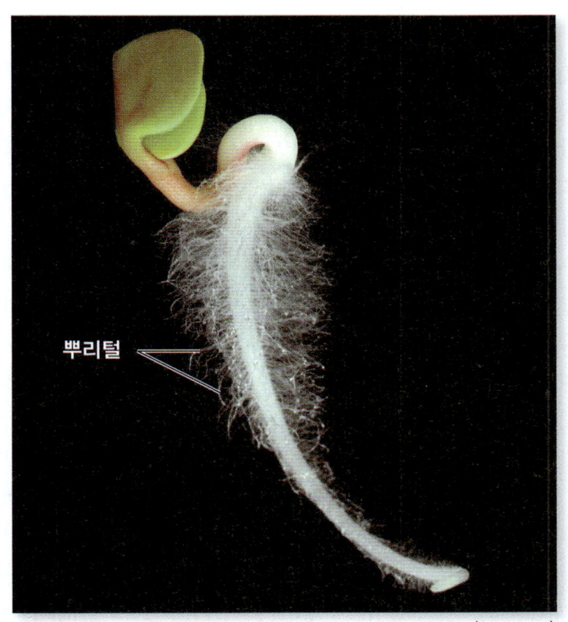

그림 29.9 뿌리털. 뿌리털 세포는 표피세포의 일종으로 뿌리의 표면적을 넓혀 물과 무기염류의 흡수를 증가시킨다.

뿌리가 자라면서 오래된 끝 부분의 뿌리털은 떨어져 나가고 새로운 뿌리털들이 정단에서 생산되기 때문에 뿌리털이 있는 구역의 범위는 대략적으로 일정하게 보존된다. 특히 초본 식물에서 물과 무기염류의 흡수의 대부분은 뿌리털을 통하여 이루어진다. 뿌리털은 다세포 구조물이며 뿌리의 깊은 곳에서 기원하는 측근과 혼동되어져서는 안 된다. 표피조직 체계가 코르크형성층에 의해 확장되어 나무의 줄기와 뿌리의 주피(외수피)에 기여할 때 뿌리털은 발견되지 않는다. 표피는 신장되며, 관다발형성층에 의한 축의 방사방향 확장에 의해 파괴된다.

첫 번째 육상 식물은 나중에 지상부로부터 진화한 뿌리를 가지고 있지 않았다. 이러한 공통 조상을 생각하였을 때, 지상부 표피 세포에서의 모상체와 기공 분화에 필요한 유전자들의 일부가 뿌리털 발달에서도 특정한 역할을 수행한다는 것은 놀랍지 않다.

기본조직 세포는 저장, 광합성, 그리고 지지를 포함한 다양한 기능을 수행한다

학습목표 29.2.2 다양한 종류의 기본조직들을 비교하고 대조하라.

기본조직은 주로 저장, 광합성, 그리고 분비의 역할을 수행하며 얇은 세포벽을 가진 유조직 세포들로 이루어져 있다. 후각세포와 후벽세포르 이루어진 다른 기본조직은 지지와 보호의 역할을 한다.

유조직

유세포(parenchyma cells)는 가장 일반적인 유형의 식물 세포이다. 유세포는 큰 액포와 얇은 세포벽을 가지고 있으며 초기에(그렇지만 짧은 시간 동안) 대략 구형이다. 그러나 살아있는 원형질체를 가지는 이 세포들은 만들어진 후 곧 서로를 향해 압력을 가하여 11개에서 17개의 면들로 구성된 다른 형태를 띄게 된다.

유세포는 여러 해 동안 생존할 것이다; 이들은 양분과 물의 저장, 광합성, 그리고 분비의 기능을 한다. 이들은 1기조직의 가장 풍부히 존재하는 세포이며, 훨씬 그 양이 적기는 하지만 2기조직에서도 존재한다(그림 29.10a). 대부분의 유세포는 세포가 생장하는 동안 축적되는 1차벽만을 가진다. 유조직의 경우, 꿀과 수지의 분비나 라텍스, 단백질, 대사 노폐물의 저장 등 특별한 기능을 갖는 변이들이 존재하나, 다른 식물 세포들보다는 덜 특수화되어 있다.

유세포는 기능을 갖는 핵을 가지며 분열할 수 있고, 성숙한 후에도 보통 살아있다; 어떤 식물들에서는(예를 들어, 선인장), 그들은 100년 이상 생존해 있을 것이다. 사과와 같은 열매에 있는 세포들의 상당 부분이 유조직이다. 어떤 유조직은 특히 잎과 초본성 줄기의 바깥 부분에 엽록체를 가진다. 이러한 광합성을 하는 유조직은 엽록조직이라 불린다.

후각조직

샐러리 "줄기"가 당신의 이빨 사이에 끼었던 적이 있다면 당신은 질기고 유연한 **후각세포(collenchyma cells)**와 친숙할 것이다. 유세포와 같이, 후각세포는 살아있는 원형질체를 가지고 있으며 오랜 기간 생존할 것이다. 길이가 너비보다 약간 더 긴 이 세포들은 두께가 다양한 세포벽을 갖는다(그림 29.10b).

유연한 후각세포는 식물 기관이 부러지지 않고 굽어지도록 함으로써 그들을 지지한다. 그들은 종종 줄기와 잎자루의 표피 아래, 그리고 잎의 엽맥을 따라서 끈 혹은 연장된 원통형을 형성한다. 후각조직의 가닥은 1기식물체 줄기의 지지에 상당 부분 역할을 한다.

후벽조직

후벽세포(sclerenchyma cells)는 질기고 두꺼운 세포벽을 가진다. 유조직과 후각조직과 달리, 그들은 성숙 시 살아있는 원형질체를 갖지 않는다. 그들의 2차세포벽은, 종종 가지를 많이 뻗은 중합체로서 세포벽을 더 단단하게 만드는 **리그닌(lignin)**으로 침적되어 있다; 예를 들어 리그닌은 목재의 중요한 구성 요소이다. 리그닌을 포함하고 있는 세포벽은 목본화 되었다고 표현한다. 리그닌은 구조적 혹은 기계적 기능을 담당하는 식물 세포들의 세포벽에 일반적으로 존재한다. 어떤 종류의 세포들에서는 2차세포벽 뿐만 아니라 1차세포벽에도 리그닌이 침적되어 있다.

후벽조직은 두 종류로 존재한다: 섬유세포와 보강세포가 그것이다. 섬유세포는 길고 가는 세포로서, 보통 함께 무리지어 가닥을 형성한다. 예를 들어 아마섬유는 아마(*Linum spp.*)라는 식물의 체관부에 존재하는 후벽조직 섬유세포들의 가닥들로 짜여 만들어진다. 보강세포는 형태적으로 다양하나 종종 분지한다. 이들은 한 개씩 혹은 무리를 지어 존재한다; 이들은 신장되지 않으나, 별 모양을 비롯하여 많은 다양한 형태를 가진다. 배의 모래와 같은 질감은 열매의 부드러운 과육에 존재하는 보강세포 집단들에 의한 것이다(그림 29.10c). 보강세포는 딱딱한 종피에서도 발견된다. 질기고 두꺼운 벽을 가진 이 두 가지 세포 유형들은 그들이 존재하는 조직을 강화시키는 역할을 한다.

관다발조직은 식물체 전체를 거쳐 물과 양분을 수송한다

학습목표 29.2.3 물관부와 체관부를 구분한다.

기본 관다발조직은 이미 언급하였듯이 두 가지의 통도조직을 포함

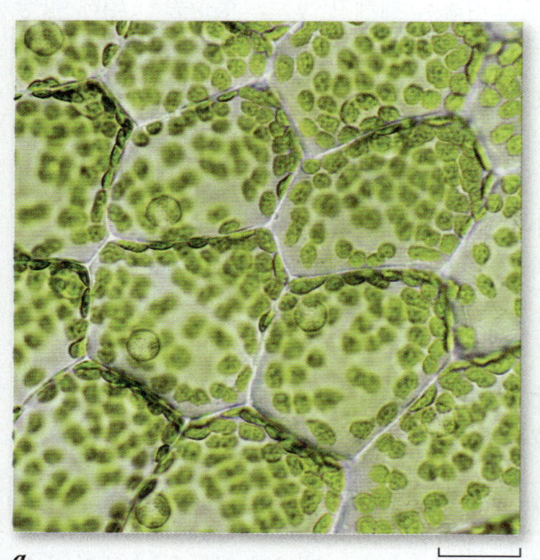

a.

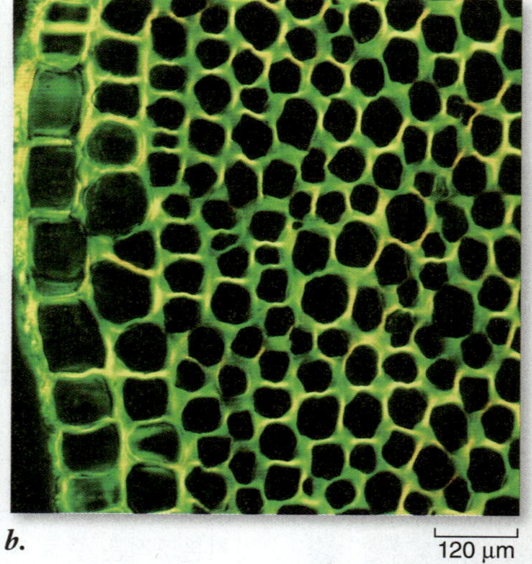

b.

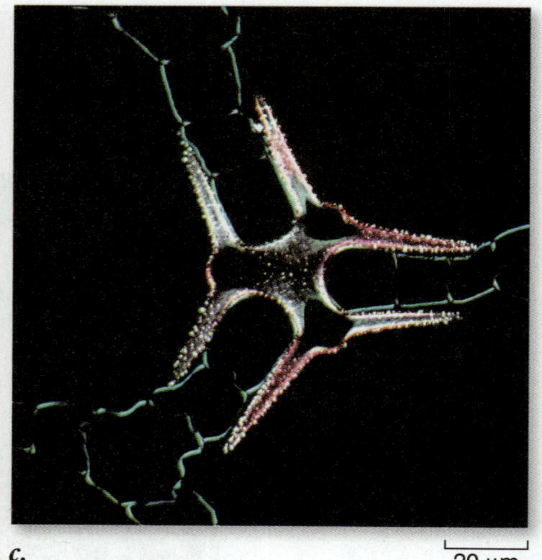

c.

그림 29.10 기본조직의 세 가지 유형. a. 유조직. 풀의 유세포 횡단면 사진에서는 1차세포벽만이 확인된다. b. 후각조직. 엘더베리(딱총나무속)의 어린 가지에서 얻은 후각세포 횡단면에서 세포벽의 모서리가 비후된 것이 관찰된다. 다른 종류의 후각세포에서, 세포벽 모서리의 비후는 더욱 심화되어 세포간극이 발달하거나 혹은 식물체의 표면과 평행으로 띠와 같은 형태로 나타난다.

한다: (1) 물과 용해된 무기 염류를 수송하는 물관부, 그리고 (2) 식물의 영양을 위해 탄수화물-보통 설탕- 용액을 수송하는 체관부가 그것이다. 체관부는 호르몬, 아미노산, 그리고 식물의 생장에 필요한 다른 물질들도 수송한다. 물관부와 체관부는 기능뿐만 아니라 구조에서도 차이가 난다.

물관부(Xylem)

식물의 주요한 물 수송 조직인 물관부는 속이 빈 죽은 원통형 세포들이 끝과 끝을 맞닿아 생성한 연속된 관인 **도관**, 그리고 죽은 세포들이 끝으로 갈수록 좁아지고 서로 겹쳐져서 형성된 **헛물관**의 조합으로 이루어져 있다(그림 29.11). 1기물관부(일차물관부, primary xylem)는 정단분열조직으로부터 만들어진 전형성층에서 유래한다. 목재는 축적된 2기물관부(이차물관부, secondary xylem)로 이루어져 있다.

어떠한 식물들에서는(현화식물은 제외) 헛물관(tracheids)은 유일하게 존재하는 물 수송 세포이다; 물은 뿌리에서부터 지상부를 지나 잎 속으로, 끊어지지 않는 연속된 흐름을 이루며 물관부를 통과한다. 물이 잎에 도달하였을 때 물의 상당부가 수증기의 형태로 세포 간 공간으로, 그리고 잎을 떠나 주변의 공기로, 일반적으로 기공을 통하여 확산된다. 이러한 식물로부터의 수증기의 확산은 **증산작용(transpiration)**이라고 알려져 있다(31장 참조). 물, 용해된 무기염류, 그리고 질산염과 인산염과 같은 무기이온을 식물체 내에서 수송하는 것에 더하여 물관부는 식물체를 지지하는 작용도 한다.

도관절(Vessel members)은 헛물관보다 더 짧고 더 굵다. 현미경으로 보았을 때 이들은 양 끝이 제거된 음료수캔과 닮아있다. 도관절과 헛물관 모두 두껍고 목본화 된 2차벽을 가지며 성숙 시에 살아있는 원형질체를 갖지 않는다. 리그닌은 세포로부터 생성되어, 세포의 원형질체가 죽어 세포벽만을 남기기 전, 섬유소 세포벽의 강화를 위해 분비된다.

헛물관은 2차세포벽 물질이 침적되지 않은 둥글거나 타원형인 작은 부위, 벽공을 가진다. 인접한 세포들의 벽공은 서로 마주보며 존재한다; 이 벽공들을 통해 한 헛물관에서 다음 헛물관까지, 물이 연속적인 흐름을 이루어 통과한다. 반대로 끝과 끝이 서로 연결되어 있는 도관절의 경우, 대부분 끝에 완전한 구멍이 뚫려있거나 열려진 구멍을 가로지르는 막대나 끈 형태의 구조물을 가지고 있다(그림 29.11). 도관은 좁아지는 끝부분이 겹쳐 존재하는 헛물관의 경우보다 더 효율적으로 물을 통과시키는 것으로 여겨진다. 우리가 이것을 부분적으로 알 수 있는 이유는 여러 집단의 식물들에서 도관절이 헛물관으로부터 독립적으로 진화하였으며 이는 도관절이 자연선택에서 유리하였음을 의미하기 때문이다.

수송세포에 더하여 물관부는 전형적으로 섬유와 유세포(기본조직 세포)를 가지고 있다. 어떠한 유형의 섬유세포들의 경우 헛물관으로부터 진화하여 수송보다는 강화를 위하여 특수화되었을 가능성이 있다. 관다발형성층의 특수한 방사조직시원세포에 의해, 일반적으로 방사조직이라 불리는 수평방향 열에서 만들어지는 유세포는 측면 수송과 영양분 저장의 기능을 갖는다.(시원세포는 분열조직 세포를 일컫는 다른 용어이다. 이것은 분열하여 또 다른 시원세포와 분화하는 세포를 생성한다.)

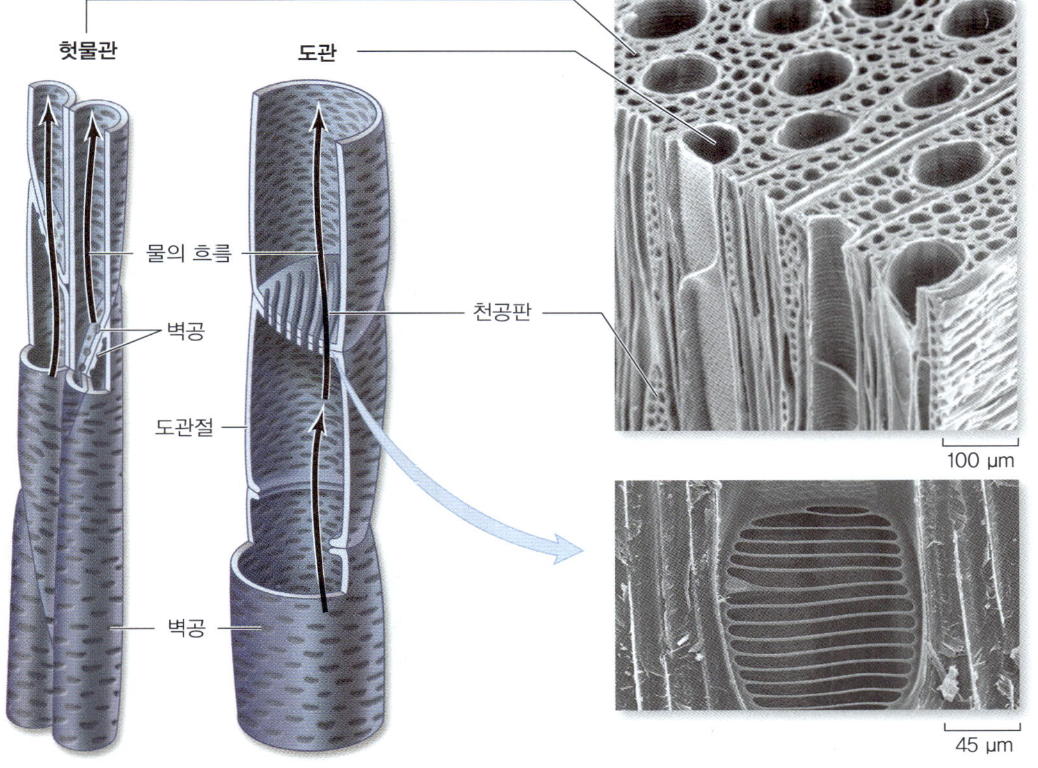

그림 29.11 헛물관과 도관절의 비교. 헛물관에서 물은 벽공을 통해 세포에서 세포로 이동한다. 도관절에서 물은 천공판을 통해 이동한다(이 그림의 현미경 사진에서 확인할 수 있다). 나자식물 수목에서 헛물관은 물을 수송하고 지지를 제공한다; 대부분의 피자식물에서는 도관 이외에도 헛물관이 존재한다. 이 두 종류의 세포들은 물을 수송하고, 섬유는 추가적인 지지를 제공한다. 꽃단풍(*Acer rubrum*)의 목재는 이 전자현미경 사진에서 볼 수 있듯이 헛물관과 도관을 모두 가지고 있다.

목본의 줄기 및 뿌리의 횡단면에서 물관부의 중앙으로부터 방사방향으로 뻗는, 마치 자전거 바퀴살과 같은 구조를 확인할 수 있다. 섬유는 참나무(*Quercus spp.*)와 같은 어떠한 종류의 나무들에서 풍부하며 이 나무들은 이에 상응하여 밀도가 높고 무겁다. 물관부의 이러한 세포들, 혹은 다른 종류의 세포들의 배열은 오직 목재로부터 대부분의 식물 속과 많은 종들을 분별할 수 있도록 해준다.

2000년 이상 전에 우리가 현재 인식하는 종이가 초본 식물을 물 속에서 짓이겨 판 위에 체관부 섬유들을 얇게 분리해내는 방법으로 중국에서 만들어졌다. 서기 3세기 이전까지 종이를 만드는 비법은 중국 밖으로 퍼져나가지 못했다. 오늘날 종이에 대한 증가하는 수요는, 비교적 부드럽고 참나무보다 방사조직 섬유를 덜 가진, 가문비나무를 포함한 목재들로부터 체관부 섬유를 추출해내는 것으로서 충족된다. 리그닌이 많이 포함된 세포벽은 종종 탈색을 필요로 하는 갈색 종이를 만들어낸다. 또한, 양마(kenaf), 대마(hemp)를 포함한 많은 다른 식물들로부터의 조직은 종이의 원료로서 발달되었다. 미국의 지폐는 75%의 면과 25%의 아마로 만들어진다.

체관부(Phloem)

뿌리와 줄기의 바깥 부분을 향해 위치하는 체관부는 관다발식물에서 주요한 영양 수송 조직이다. 만약 식물에서 수피를 포함하여 아래쪽의 관다발형성층을 향해 원주 둘레의 조직을 상당 부분 떼어내면 그 식물은 결국 뿌리의 영양실조에 의해 죽을 것이다.

체관부에서의 양분의 수송은 두 가지 종류의 신장된 세포들에 의해 이루어진다: 사세포(sieve cells)와 사관절(sieve tubes /sieve-tube members)이 그것이다. 나자식물, 양치식물, 그리고 쇠뜨기는 사세포만을 가지고 있다; 대부분의 피자식물은 사관절을 가지고 있다. 두 종류의 세포들은 모두 사공역(sieve areas)이라 불리며 체(sieve)를 닮은, 구멍들의 집합체를 가진다. 사공역은 세포의 겹치는 끝부분에 더 풍부하게 존재하며, 이웃하는 사세포들, 혹은 사관절들의 원형질체를 연결한다. 이 두 가지 세포는 살아있으나 대부분의 사세포와 모든 사관절은 성숙 시 핵을 갖지 않는다.

사관절에서 어떠한 사공역은 더 큰 구멍을 가지며 사판(sieve plate)이라 불린다(그림 29.12). 사관절들은 끝과 끝이 이어져 있어 사관이라 불리는 긴 구조를 형성한다. 사세포는 사관절보다 덜 특수화되었으며, 사공역 모든 부분의 구멍은 대부분 그 직경이 같다. 사관절은 더 특수화되어 있으며 아마도 사세포보다 더 효율적이다.

각 사관절은 반세포(companion cell)라 불리는, 인접해 위치하는 특수화된 유세포와 연결되어 있다. 반세포는 연관된 사관절을 유지하는 데 필요한 대사 기능의 일부를 담당하는 것이 명확하다. 피자식물에서 동일한 시원세포가 비대칭적으로 분열하여 사관절 세포와 그의 반세포를 만든다. 반세포는 핵을 포함하여 일반적인 유세포의 모든 구성 요소들을 가지며, 많은 수의 세포질연락사(인접한 세포들에서의 세포질 연결 구조)는 그들의 세포질을 연관된 사관절의 세포질과 연결한다.

꽃이 피지 않는 식물에서 사세포는 반세포와 같은 기능을 하는 단백세포를 가진다. 반세포와는 달리, 단백세포는 반드시 그들과 연관된 사세포와 동일한 모세포로부터 유래하지 않는다. 섬유와 유세포는 종종 체관부에 풍부히 존재한다.

개념 정리 29.2

표피조직은 식물을 그들의 주변 환경으로부터 보호하며 공변세포, 모상체, 그리고 뿌리털과 같은 특수화된 세포들을 포함한다. 기본조직은 저장(유세포), 광합성(엽록조직이라 불리는 특수화된 유조직), 그리고 구조적 지지(후각조직과 후벽조직)을 포함한 몇 가지 기능들을 수행한다. 관다발조직은 물을 물관부를 통해 운송하며(주로 도관) 양분을 체관부를 통해 운송한다(주로 사관).

- 성숙한 도관과 사관의 구조와 기능을 대조하라.

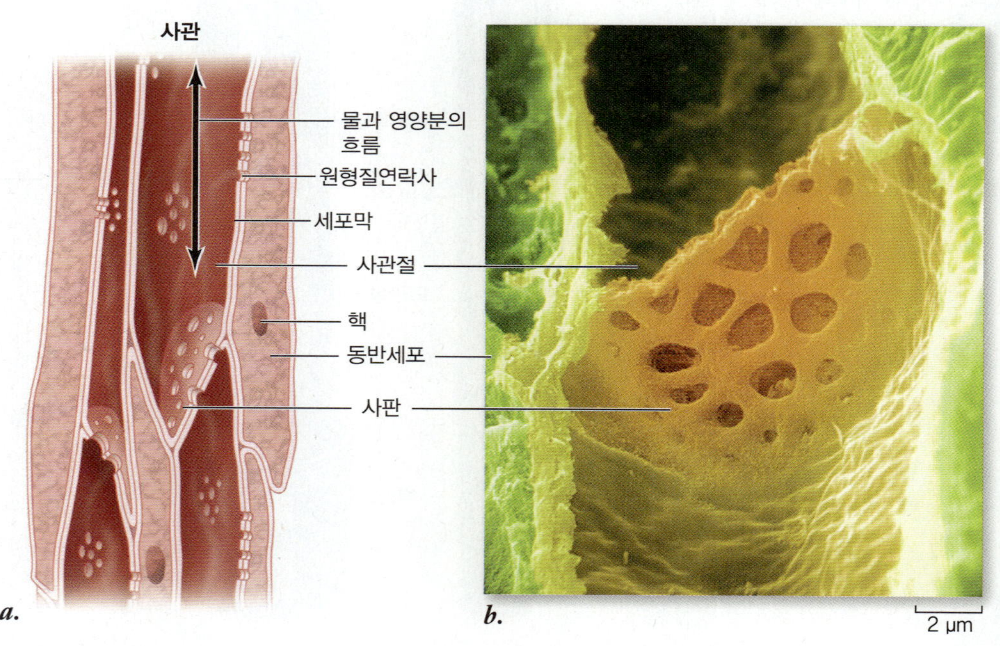

그림 29.12 사관절. **a.** 사관절 세포는 겹겹이 쌓여 있으며, 사판이 이들을 연결하고 있다. 사관절의 오른쪽에 위치하며 핵을 가지는 좁은 세포는 동반세포이다. 동반세포는 원형질막을 가지지만 핵은 갖지 않는 사관절 세포에 영양분을 제공한다. **b.** 호박의 체관부에 있는 사판을 내려다 본 이 사진은 자당과 호르몬이 이동하는 구멍을 보여준다.(Dr. Richard Kessel & Dr. Gene Shih/Visuals Unlimited)

29.3 뿌리는 4개의 생장대를 가진다

뿌리는 줄기보다 더 단순한 구조와 발달의 유형을 가지며, 우리는 뿌리에 먼저 초점을 맞출 것이다. 그렇지만 뿌리가 줄기보다 나중에 발달하였으며, 뿌리가 육상에서의 생존을 위한 주요한 혁신이었음을 기억하라.

뿌리는 지하에서의 생장과 물과 용질의 흡수를 위해 적응되었다

학습목표 29.3.1 전형적인 뿌리에서의 네 영역을 설명하라.

발달하는 뿌리는 일반적으로 네 구역을 가진다: 뿌리골무, 세포분열대, 신장대, 성숙대가 그것이다(**그림 29.13**). 마지막 3개 영역의 경우, 그 경계가 분명하지 않다.

끝세포군이 분열할 때 뿌리 끝 가장자리에 위치하게 되는 딸세포들이 뿌리골무 세포가 된다. 반대 방향으로 분열하는 세포들은 그들이 분화를 멈추기 전에 다른 세 개의 구역을 통과한다. 이 구역들에 대해 생각할 때, 뿌리의 끝이 활발히 생장하며 흙 속으로 깊숙이 이동하는 것을 상상하라. 이것은 도표와 사진이 전달하는 뿌리의 고정된 이미지를 상쇄할 것이다.

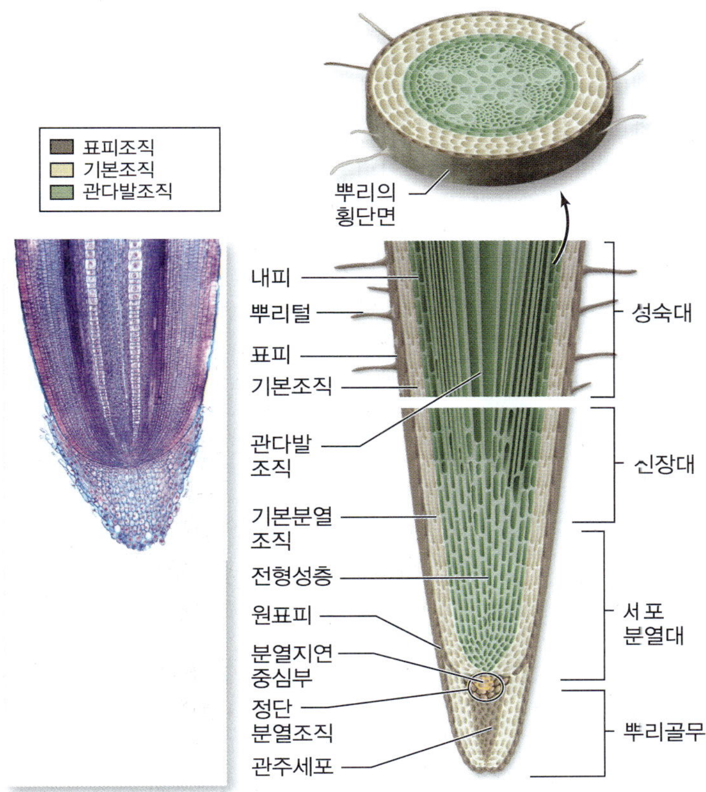

그림 29.13 뿌리 구조. 옥수수(*Zea mays*)의 근단.

뿌리골무

줄기에는 **뿌리골무(root cap)**에 대응되는 기관이 없다. 뿌리골무는 두 가지 종류의 세포들로 이루어져 있다: 안쪽의 **관주세포**(*columella cells*, 이들은 기둥처럼 생겼다), 그리고 끊임없이 뿌리 정단분열조직에 의해 대체되는, 바깥쪽 측면에 있는 **뿌리골무 세포**(*root cap cells*)가 그것이다. 큰 뿌리를 갖고 있는 어떠한 식물들에서는 뿌리골무의 존재가 명확하다. 뿌리골무의 주 기능은 뿌리가 거친 흙 입자들을 뚫고 생장할 때, 뿌리골무 뒤쪽에 있는 섬세한 조직을 보호하는 것이다.

바깥쪽 뿌리골무 세포에 있는 골지체는 세포벽을 통해 외부로 끈적끈적한 물질을 분비한다. 평균적으로 1주 이내 생존 가능한 뿌리골무 세포는 안쪽으로부터 끊임없이 대체되며, 점액질의 윤활유를 만들어 뿌리가 흙을 뚫고 나아가기 쉽게 한다. 콩과 식물 등과 같은 경우 끈적끈적한 물질은 뿌리에 있는 이로운 질소 고정 박테리아의 생장을 위한 환경을 제공한다. 기존에 존재하는 뿌리골무가 인위적으로, 혹은 우연히 뿌리로부터 제거되었을 때 새로운 뿌리골무가 만들어진다.

뿌리골무는 또한 중력을 인식하여 기능한다, 혹은 굴지성을 갖는다. 관주세포의 경우 소포체는 세포의 주변부에 존재하고, 핵은 세포의 중앙이나 꼭대기에 위치하며, 매우 특수화되어 있다. 그들은 큰 액포를 갖지 않는다. 관주세포는 중력이 당기는 방향을 향한 세포의 면에 집적되는 녹말체(전분 과립을 가진 색소체)를 가진다. 화분에 심어진 식물을 옆으로 뉘였을 때 녹말체는 세포 내에서 중력 방향의 아랫면으로 이동하며, 뿌리가 그 방향으로 굽어진다.

애기장대에서 관주세포를 제거하기 위해 레이저가 사용되었다. 관주세포 두 개만으로도 중력을 인식하기에 충분함이 밝혀졌다! 중력에 대한 반응의 세부적인 속성은 알려져 있지 않으나, 어떤 증거들은 녹말체의 칼슘 이온이 세포 안에서의 생장 호르몬(이 경우에는 옥신)의 분포에 영향을 미친다는 것을 나타낸다. 옥신이 없을 때에도 굽어지는 현상이 관찰되었으므로, 다중 신호 기작들이 존재할 것이다. 현재의 가설은 전기 신호가 관주세포들로부터 신장대(세포분열대와 가장 가까운 지점)의 세포들을 향해 이동한다는 것이다.

세포분열대(zone of cell division, Meristemic zone)

정단분열조직은 뿌리골무로부터 보호받는 구역인 뿌리 끝 중앙부에 위치한다. 이 **세포분열대(zone of cell division)**에서의 활성의 대부분은, 12시간에서 36시간마다 종종 균등하게 세포가 분열하며 하루에 1~2회 분열의 정점에 이르는, 분열조직의 가장자리를 향해 일어난다.

대부분의 세포는 기본적으로 입방체이며, 작은 액포, 그리고 중앙에 위치하며 세포 크기에 비례하여 커지는 핵을 가진다. 빠른 속도로 분열하는 이 세포들은 정단분열조직의 딸세포이다. 분열지연중심부라 부르는, 뿌리 정단분열조직 중앙에 있는 세포 집단은 매우 드물게 분열한다. 분열지연중심부의 존재는 확장하는 속이 찬 공을 생각할 때 이치에 맞는다 - 바깥쪽 표면은 정중앙보다 더

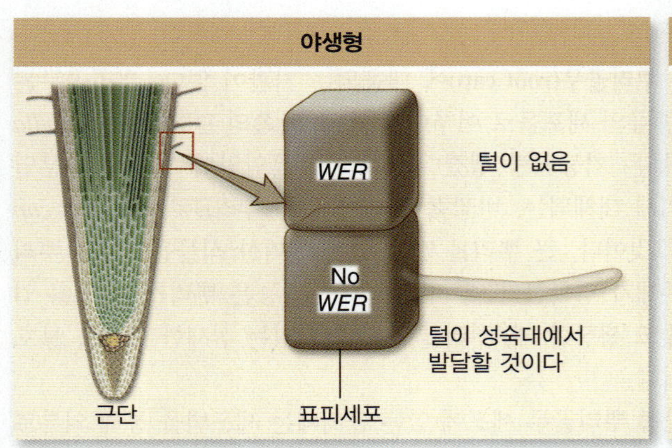

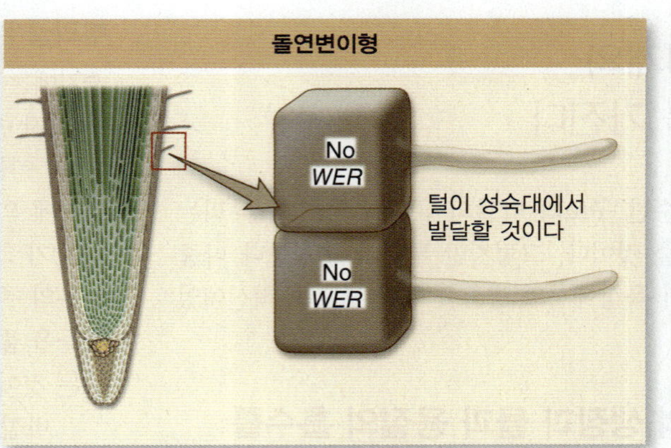

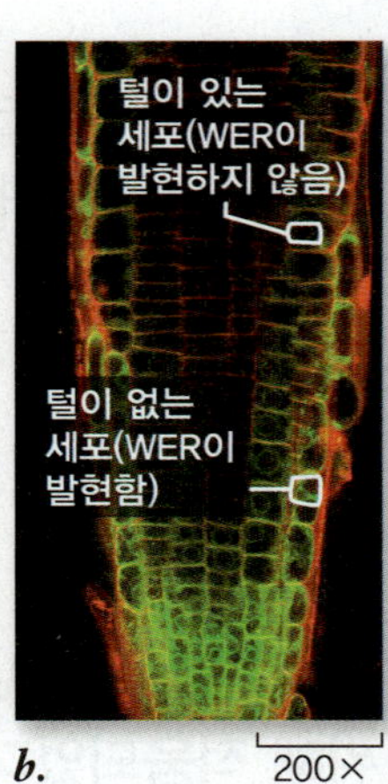

a. *b.*

그림 29.14 조직 특이적 유전자 발현. **a.** 애기장대의 *WEREWOLF* 유전자는 표피세포의 일부에서 발현되며, 뿌리털의 발달을 억제한다. *wer* 돌연변이체는 뿌리털로 덮여있다. **b.** *WER* 프로모터는 녹색 형광 단백질을 암호화하는 유전자에 부착되어 형질전환 식물을 만드는데 이용되었다. 녹색의 형광은 해당 유전자가 발현된, 털을 갖지 않는 표피세포를 나타낸다. 붉은색은 세포벽의 자가형광에 의하여 세포의 가장자리를 시각적으로 나타낸다.

빠르게 증가하여야 할 것이다.

정단분열조직 딸세포는 곧 이전에 논의되었던 세 가지 일차조직으로 분열한다: 원표피, 전형성층, 기본분열조직이 그것이다. 애기장대의 비교적 단순한 뿌리에서 이 조직계들의 유형화를 조절하는 유전자들이 확인되었다. 이 세포들의 유형화는 세포분열대에서 시작되지만, 이 유형화의 해부학적, 형태학적 발현은 세포가 성숙대에 다다르기 전까지 확실히 밝혀지지 않는다.

예를 들어 *WEREWOLF(WER)* 유전자는 뿌리털을 가지거나 가지지 않는 두 종류의 표피세포의 유형화에 필요하다(그림 29.14). wer 돌연변이를 가지는 식물은 지나치게 많은 뿌리털을 갖는데, *WER*이 털이 없는 표피세포에서의 뿌리털의 발달을 막는 데에 필요하기 때문이다. 이와 유사하게, *SCARECROW(SCR)* 유전자는 기본조직 세포 분화에 필요하다(그림 29.15). *SCR*이 존재한다면 기본분열조직 세포는 비대칭적인 세포 분열을 거쳐 두 겹으로 된 원통구조를 만들어내게 된다. 바깥쪽 세포층은 기본조직이 되어 저장 기능을 담당한다. 안쪽의 세포층은 뿌리의 관다발 핵심부를 향한 물과 용질의 세포간 흐름을 조절하는 내피를 형성한다. *scr* 돌연변이는 반대로, 내피 세포 그리고 기본조직 세포의 두 가지 특징을 갖는 한 층의 세포층을 형성한다.

*SCR*은 세포 분열 방향의 중요성을 분명히 보여준다. 만약 세포분열 상의 실수 혹은 다른 세포의 제거에 의해 세포의 상대적인 위치가 바뀌었다면, 그 세포는 새로운 위치에 따라 발달한다. 대부분의 식물 세포들의 운명은 다른 세포들에 대한 그들의 상대적인 위치에 따라 결정된다.

신장대(Elongation zone)

신장대(zone of elongation)에서 뿌리는 길어지는데, 이는 기본분열조직에서 생산되는 세포들의 경우 그 길이가 너비의 몇 배가 되고, 그들의 너비 또한 약간 증가하기 때문이다. 존재하는 작은 액포들이 합쳐지고 생장하여 각 세포 부피의 90% 혹은 그 이상을 차지하

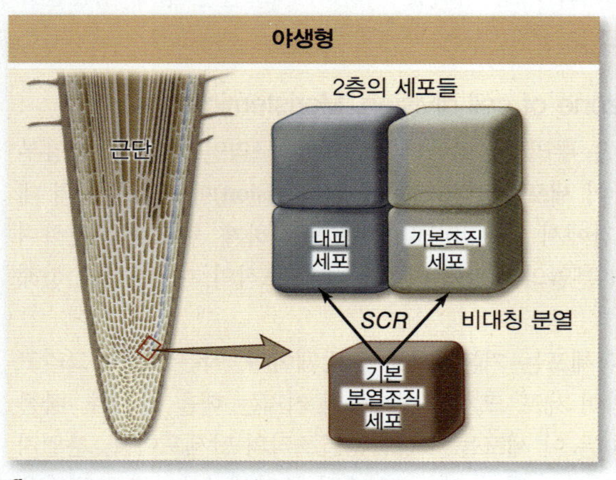

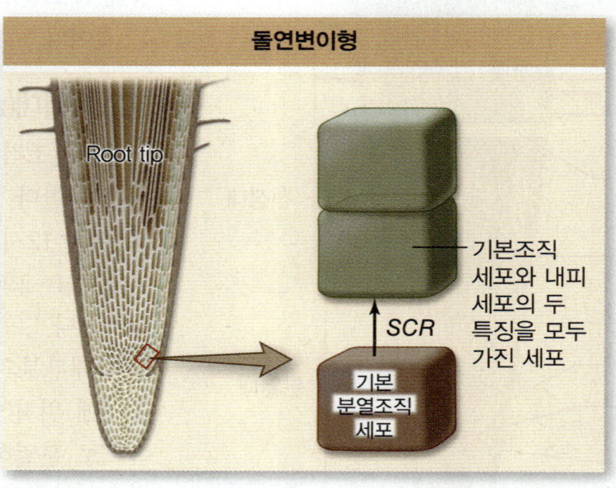

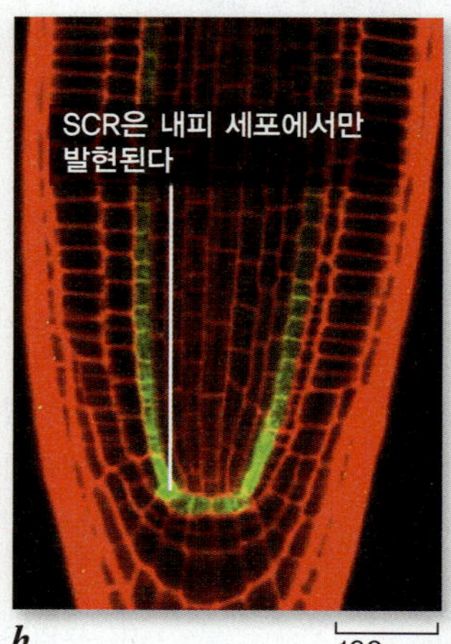

a. *b.*

그림 29.15 Scarecrow 유전자는 비대칭적인 세포분열을 조절한다. **a.** *SCR*은 딸세포가 분화되어 내피 세포와 기본조직 세포가 되도록 하는, 비대칭적인 세포 분열에 필요하다. **b.** *SCR* 프로모터는 야생형 뿌리의 어느 장소에서 *SCR* 유전자가 발현되는지를 정확하게 확인하기 위해, 녹색 형광 단백질을 암호화하는 유전자에 부착되었다. *SCR*은 기본조직 세포에서는 발현되지 않으며, 오직 내피 세포에서만 발현된다.

게 된다. 신장대 위쪽으로는 세포 크기의 증가가 더 이상 일어나지 않는다. 증가된 둘레를 제외한 뿌리의 성숙한 부분은 식물의 일생에 걸쳐 변하지 않는 상태로 유지된다.

성숙대(Maturation zone)

신장대에서 신장된 세포들은 **성숙대(zone of maturation)**에서 특별한 세포 종류로 분화한다(그림 29.13을 보아라). 원통형인 뿌리의 표면을 구성하는 세포들은 표피세포로 성숙하는데, 이 표피세포는 매우 얇은 큐티클층을 가지며 뿌리털과 뿌리털이 아닌 세포 두 가지 모두를 포함한다. 비록 뿌리털이 이 단계의 발달 과정 전까지는 눈에 보이지 않더라도, 당신이 WER의 발현 유형에서 보았듯이, 이들의 운명은 훨씬 이전에 결정지어져 있다(그림 29.14를 보아라).

뿌리털은 뿌리 하나당 37,000cm^2 이상의 표면적을 제공한다. 이러한 표면적의 큰 확장은 뿌리의 흡수 능력을 대단히 증가시킨다. 대기의 질소를 고정시켜 콩과 식물에서 사용 가능한 형태로 바꾸는 공생 박테리아는 뿌리털을 통해 식물 속으로 들어가 식물이 뿌리털 주위에 질소 고정을 위한 뿌리혹을 만들도록 "지시내린다"(31장 참고).

유세포는 표피 바로 안쪽에서 기본분열조직에 의해 만들어진다. **피층(cortex)**이라 불리는 이 조직은 세포 여러 층으로 이루어져 있으며 양분 저장의 기능을 한다. 방금 설명하였듯이, *SCR*에 의해 조절되는 비대칭적인 세포 분열 이후, 피층의 안쪽 경계는 한 층의 세포로 되어있는 **내피(endodermis)**로 분화한다(그림 29.16). 내피 1차벽은 물이 투과하지 못하는 지방질의 물질 수베린으로 침적되

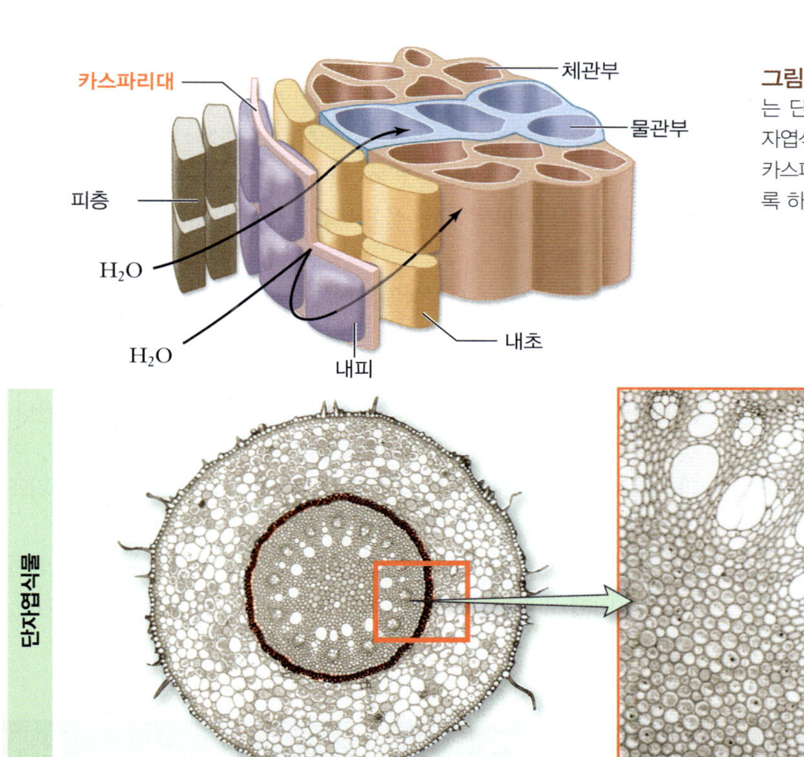

그림 29.16 뿌리의 성숙대의 횡단면. 단자엽식물과 진정쌍자엽식물의 뿌리는 단자엽식물인 청미래덩굴(청미래덩굴속)과 미나리아재비(미나리아재비속, 진정쌍자엽식물)의 횡단면에서 확인할 수 있듯이, 이들은 모두 카스파리대를 가지고 있다. 카스파리대는 물과 무기염류가 세포벽의 빈 공간 보다는 원형질막을 통해 이동하도록 하게 하는, 방수성을 가진 띠이다.

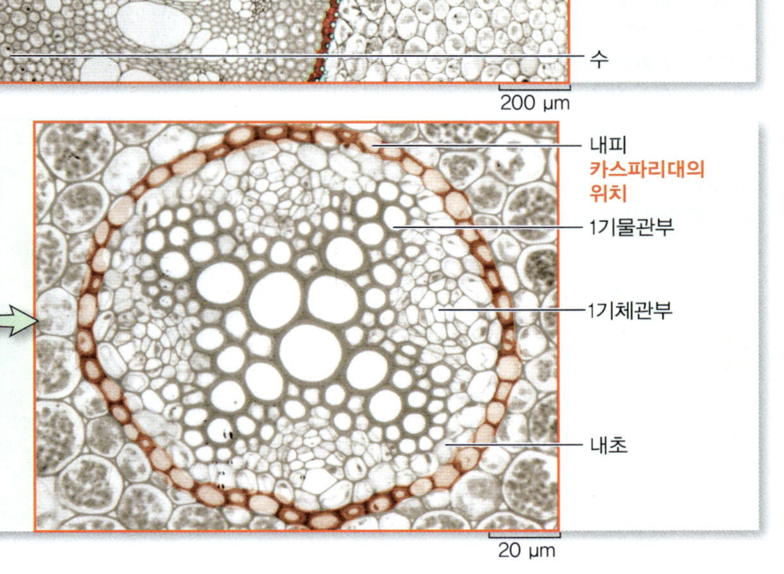

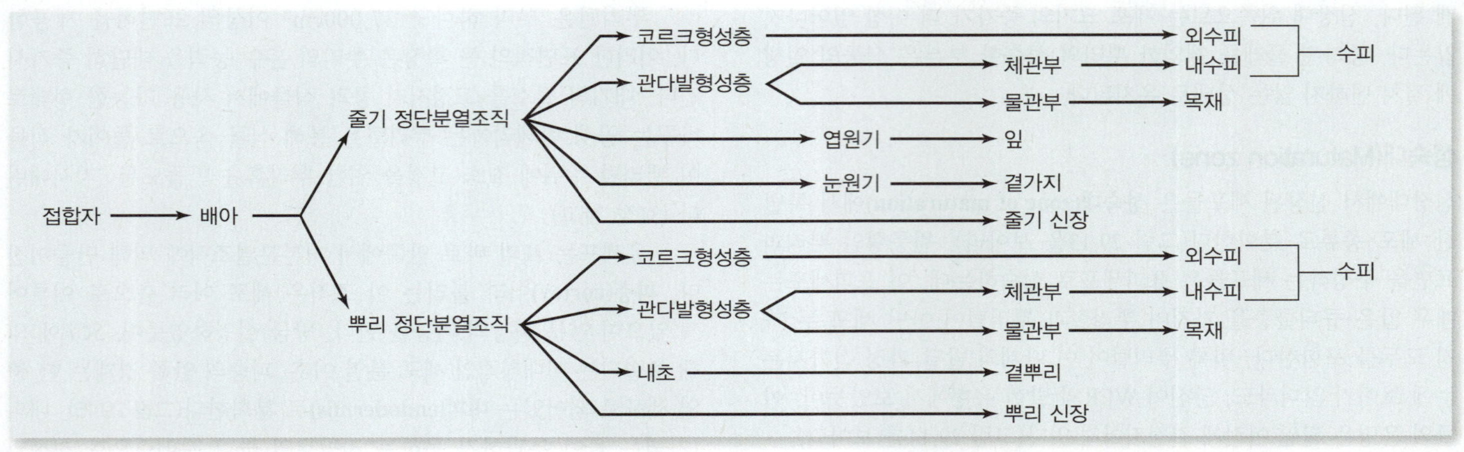

그림 29.17 식물 조직의 분화 단계.

어 있다. 수베린은 인접해 있는 내피 세포벽을 뿌리 표면과 직각 방향에서 둘러싸는 **카스파리대(Casparian strips)**에서 만들어진다. 이 띠는 세포 사이의 수송을 막는다. 뿌리 표면과 평행을 이루는 두 표면은 뿌리의 관다발조직으로의 유일한 통로이며, 원형질막은 어떠한 물질을 통과시킬 것인지 조절한다. *scr* 돌연변이를 가지는 식물은 방수가 되는 카스파리대를 가지지 않는다.

내피 안쪽의 모든 조직은 통틀어 **중심주(stele)**라 부른다. 내피의 안쪽에서 내피와 바로 인접하여 있는, 원통형을 이루는 유조직을 **내초(pericycle)**라 부른다. 내초는 그들이 성숙한 후에도 분열한다. 그들은 측근을 만들어내거나, 진정쌍자엽식물에서는 관다발형성층과 코르크형성층 두 개의 측생분열조직을 만들어낸다.

1기물관부의 물 수송 세포는 어린 진정쌍자엽식물 뿌리의 중앙에서 단단한 핵으로 분화한다. 진정쌍자엽식물 뿌리의 횡단면을 보면, 1기물관부의 중앙 핵이 종종 다소 별 모양을 하며, 이 별 모양에서는 두 개에서 여러 개의 방사상 팔이 내초를 향하여 뻗어있다(그림 29.16을 보아라). 단자엽식물(그리고 몇몇의 진정쌍자엽식물)의 뿌리에서는, 뿌리 가장 중심부의 수라고 불리는 유세포를 둘러싸며 원 모양을 이루는 관다발 안에 1기물관부가 존재한다. 영양의 수송에 관여하는 세포들로 이루어진 1기체관부는 진정쌍자엽식물과 단자엽식물 모두에서, 물관부와 바로 접하여 있는 세포 집단 내에 존재한다.

2기생장을 하는 진정쌍자엽식물들과 다른 식물들의 경우 내초의 일부, 그리고 체관부 부분과 물관부 사이에 있는 유세포가 뿌리 관다발형성층이 되며, 이 뿌리 관다발형성층은 안쪽 방향으로는 2기물관부를 생성하고, 바깥쪽 방향으로는 2기체관부를 생성한다. 결국 2기조직은 중심이 같은 원통형의 조직을 형성하게 된다. 이 과정에서 1기체관부, 피층, 그리고 표피는 파괴되며, 더 많은 2기조직이 더해지는 과정에서 떨어져 나간다.

목본 식물의 내초에서, 코르크형성층은 바깥쪽 수피를 만들어내며, 이에 대하여서는 줄기를 공부할 때 더 자세히 다룰 것이다.

그림 29.18 다섯 가지의 변형된 뿌리. **a.** 옥수수의 지주근은 줄기로부터 기원하며, 식물을 위쪽 방향으로 곧추세운다. **b.** 기생란은 열대의 토양 훨씬 위쪽에서 나무에 부착되어 있다. 그들의 뿌리는 흙으로부터가 아니라 공기로부터 물을 얻기 위해 적응되어 있다. **c.** 호흡근(사진 전경의 원추형 돌기)은 아래쪽의 뿌리로부터 뻗어 나온 스폰지와 같은 돌출물이다. **d.** 물 저장 뿌리는 그 무게가 25kg(60 파운드) 이상 된다. **e.** 열대 무화과나무의 판근.

a.

b.

진정쌍자엽식물 뿌리의 경우, 2기생장 과정에서 중심주 바깥쪽의 모든 조직은 떨어져나가고 수피로 대체된다. 그림 29.17은 식물 조직에서 일어나는 분화의 과정을 요약하고 있다.

변형된 뿌리가 특수화된 기능을 담당한다

학습목표 29.3.2 변형된 뿌리의 기능을 설명하라.

대부분의 식물들은 하나의 큰 뿌리와 더 작은 분지근으로 특징지어지는 직근계, 혹은 비슷한 직경을 가진 많은 작은 뿌리들르 구성되는 수근계 중 하나를 생산한다. 그러나 어떤 식물들의 경으 고정과 흡수 기능에 더하여 특별한 기능을 가진 흥미로운 변형된 뿌리를 갖는다.

모든 뿌리들이 기존에 존재하는 뿌리로부터 생겨나지 않는다. 줄기를 따라 나거나 뿌리 이외의 다른 장소에서 나는 뿌리를 **부정근(adventitious root)**이라고 부른다. 예를 들어 담쟁이덩굴과 같은 덩굴식물의 경우 줄기로부터 뿌리가 나온다; 이는 줄기를 나무 기둥이나 벽돌 벽에 고정시킨다. 담쟁이덩굴에서의 부정근 형성은 지상부의 발생 단계에 의존한다. 지상부가 발달과정 중 성체의 단계에 이르렀을 때, 이 식물은 더 이상 이 뿌리들을 발생시키지 못한다. 아래에 변형된 뿌리들의 기능을 제시하였다.

지주근(prop roots). 옥수수와 같은 어떠한 외떡잎식물들의 경우 줄기의 아랫부분에서 굵은 부정근을 형성한다. 이 부정근은 아래의 땅 쪽으로 자라나 바람으로부터 식물체를 지지한다(그림 29.18a). 부정근은 습지 식물들에서 일반적이며, 습한 환경을 극복하도록 해준다.

기근(aerial roots). 나무 줄기에 부착하여 땅에 접촉하지 않고 생장하는(그러나 실제로 기생하는 것은 아닌) 기생란과 같은 식물들의 경우, 공기를 향해 뻗는 뿌리를 가진다(그림 29.18b). 어떠한 기근은 수분 손실을 줄이기 위해 두꺼운 표피를 가진다. 이 기근들은 또한 광합성을 할 것이다.

호흡근(pneumatophores). 늪이나 다른 습한 장소에서 생장하는 어떤 식물들은 그들의 물 속 뿌리에서 호흡근이라고 불리는 스폰지와 같은 돌출 구조를 만들어 낸다(그림 29.18c). 호흡근은 아래쪽 뿌리의 산소 흡수를 돕는다.

수축근(contractile roots). 백합의 구근에서 나오는, 혹은 민들레와 같은 다른 몇 식물들로부터 나오는 뿌리는 나선형으로 수축함으로써 뿌리가 흙 속에서 비교적 안정된 온도를 나타내는 구역에 다다를 때까지 뿌리를 매년 흙 속으로 조금씩 더 깊이 끌어당긴다.

기생근(parasitic roots). 새삼(*Cuscuta spp.*)과 같이 엽록소를 가지지 않는 어떠한 식물들의 줄기는 흡수근(haustoria)이라 불리는 못 형태의 뿌리를 만들어내는데 이 뿌리는 이 식물이 감고 올라가는 숙주 식물을 뚫고 들어간다. 새삼은 자라서 다른 몇 식물들에 부착되었을 때 숙주식물을 약화시키며 병을 퍼뜨릴 수 있다.

영양 저장근(food storage roots). 고구마와 그 밖의 비슷한 식물들의 분지근에 있는 물관부는 시간 간격을 두고 탄수화물을 상당량 저장할 수 있는 많은 추가적인 유세포를 만든다. 당근, 비트, 파스닙(parsnips), 무, 그리고 순무는 줄기와 뿌리의 기능이 결합되어 영양 저장의 기능을 한다.

물 저장근(water storage roots). 호박(Cucurbitaceae, 박과)의 어떤 종류들은, 특히 건조한 지역에서 자라는 것들은 50kg이나 그 이상 무게가 나가는 물 저장 뿌리를 생산한다(그림 29.18d).

판근(buttress roots). 무화과 그리고 다른 열대 나무 종들은 기둥의 기부 쪽으로 큰 판근을 생산하며, 이 판근은 상당히 안정된 구조를 제공한다(그림 29.18e).

c.

d.

e.

개념 정리 29.3

뿌리골무는 뿌리 정단분열조직을 보호하고 중력의 감각을 돕는다. 세포분열대에서 생산되는 새로운 세포들은 신장대에서 길이생장을 한다. 성숙대에서 세포는 분화하며 여기에서 뿌리털이 나타난다. 뿌리털은 뿌리의 흡수 표면적을 상당히 증가시킨다. 변형된 뿌리는 식물이 지지, 통기, 양분과 물의 저장 등 다양한 추가적 기능을 수행하도록 만든다.

- 당신은 왜 뿌리털이 신장대에서는 생성되지 않는 것이라고 생각하는가?

29.4 줄기는 지상부 기관을 지지하는 기능을 한다

관다발식물 지상부 체계의 지지는 땅 속의 뿌리계로부터 대기 중으로 확장되는 구조인 줄기가 담당하며, 이 줄기는 상당한 높이에 다다를 수 있다. 중력을 극복하고 위로 자라날 수 있는 딱딱한 줄기는 식물이 지상 생태계로 이동할 수 있도록 한 오래된 적응 구조이다.

줄기는 잎과 꽃을 달고 있으며 이들의 무게를 지탱한다

학습목표 29.4.1 곁눈이 어떠한 구조들을 생산할 수 있는지 나열하라.

뿌리와 같이 줄기는 세 종류의 식물 조직으로 구성된다. 줄기는 또한 정단분열조직과 측생분열조직에서의 세포 분열로부터 생장한다. 줄기는 다른 줄기나 기관이 자라나는 축으로 생각할 수 있을 것이다. 지상부 정단분열조직은 이러한 새로운 줄기와 기관을 형성할 수 있다.

줄기의 외부 구조

지상부 정단분열조직으로부터 줄기 조직 형성이 시작되며 이 정단분열조직은 간헐적으로 잎, 다른 지상부, 심지어는 꽃으로 발달할 수 있는 돌출부(원기)를 생산한다(그림 29.19). 잎은 줄기를 둘러싸고 나선형으로 배열할 것이며, 혹은 쌍을 이루어 서로 마주 달리거나 엇갈려 달릴 것이다; 또한 3개 혹은 그 이상이 잎이 윤생할 수

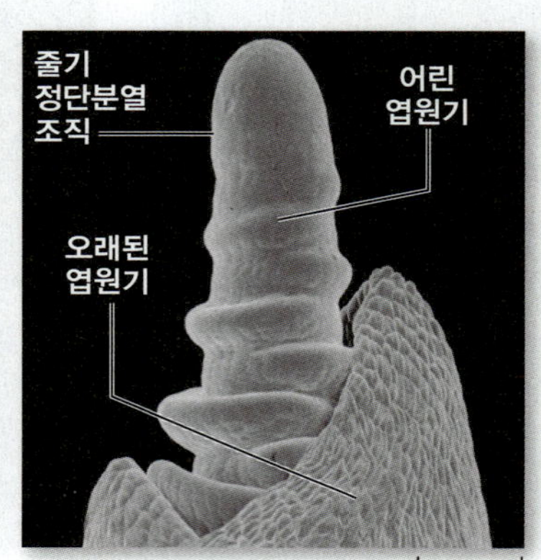

그림 29.19 줄기 정단. 주사전자현미경으로 찍은 밀(밀속)의 정단분열조직.

그림 29.20 잎 배열의 종류. 세 가지 일반적인 잎 배열 유형은 호생, 대생, 윤생이다.

도 있다(그림 29.20). 나선형 배열이 가장 일반적이고, 아직 알려지지 않은 원인들로 연속된 잎들이 137.5° 떨어져 위치한다. 이 각도는 자연에서 발견되는 수학적 비율인 황금분할과 연관되어 있다. 이 각도는 어떠한 복족류들의 껍질 무늬가 감긴 각도와 같다. 황금분할은 고전적인 건축양식(그리스 파르테논의 벽의 차원에서처럼)에서도 사용되었으며, 현대 미술(예를 들어 몬드리안의 그림과 같은)에서도 사용되었다. 식물에서, **잎차례**(*phyllotaxy*)라 불리는 이러한 잎의 배열 양상은 태양에의 잎의 노출을 최적화시킨다.

잎이 줄기에 붙은 구역이나 위치를 **마디(node)**라고 부른다; 줄기에서 두 마디 사이의 구역은 **마디사이(internode)**라고 불린다. 대부분의 잎은 납작한 엽신을 가졌고, 어떤 것들은 엽병(잎자루)을 가진다. 잎자루(혹은 엽신)와 줄기 사이의 각도를 **엽액(axil)**이라 부른다. **곁눈(axillary bud)**은 각 엽액에서 생산된다. 이 눈은 1기 지상부 정단분열조직의 생산물이며, 그 자체로도 지상부 정단분열조직이다. 곁눈은 자주 잎이 달린 가지로 발달하며, 꽃을 형성할 수도 있을 것이다.

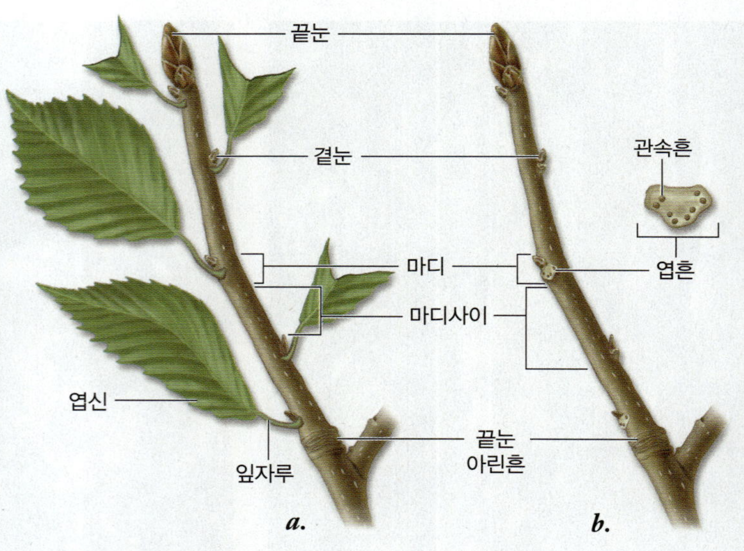

그림 29.21 목본의 1년지. a. 여름의 가지. b. 겨울의 가지.

단자엽식물, 혹은 초본성 진정쌍자엽식물의 줄기는 모두 코르크형성층을 생산하지 않는다. 이 식물들에서의 줄기는, 적어도 피층의 바깥층 세포가 엽록체를 가지므로 보통 녹색이며 광합성을 한다. 초본의 줄기는 일반적으로 기공을 가지며 다양한 종류의 모상체(털)를 가질 것이다.

목본의 줄기는 여러 해 동안 지속하여 생존하며, 생산되는 초기의 기관들에 더하여 분명한 표식을 발달시킨다(그림 29.21). 끝눈은 보통 생장기 동안 지상부 체계의 길이를 늘린다. 제라늄의 것과 같이 어떠한 눈들의 경우는 보호받지 못하나, 목본 식물의 대부분의 눈은 보호성 겨울눈의 아린을 가지고 있으며, 이들은 눈이 팽창하여 탈락함으로써 작은 아린흔을 남긴다.

어떠한 가지들은 다양한 기원의 작은 상처들을 가진다. 탁엽(잎의 일부이다)이라 불리는 한 쌍의 나비 모양의 부속체가 어떤 잎들의 기부에서 발달한다. 이 탁엽은 떨어져서 탁엽흔을 남길 수 있다. 낙엽성 나무들의 잎이 가을에 떨어질 때, 이들은 관속의 연결위치를 표시해주는 작은 관속흔과 함께 엽흔을 남긴다. 엽흔의 형태, 크기 그리고 다른 특징들은 매우 분명하여, 겨울에 낙엽성 식물들의 잎이 탈락하였을 때, 이 식물들의 식별을 가능하게 한다.

줄기의 내부 구조

단자엽식물과 진정쌍자엽식물의 줄기를 구분하는 주요한 특징은 관다발 조직계의 구성이다(그림 29.22). 대부분의 단자엽식물의 관다발은 기본조직계 전체에 걸쳐 산포되어 있으나 진정쌍자엽식물의 관다발 조직은 안쪽의 기본조직(수)과 바깥쪽의 기본조직(피층) 사이에 원을 형성하며 배열되어 있다. 관다발 조직의 배열은 줄기의 2기생장의 능력과 직결되어 있다. 진정쌍자엽식물에서 관다발형성층은 1기물관부와 1기체관부 사이에서 발달한다(그림 29.23). 많은 면에서 이는 점을 잇는 놀이를 연상시키는데, 관다발형성층이 1기관다발의 원을 연결시키고 있기 때문이다. 산포되어 있는 1기 단자엽식물 관다발 조직을 연결시킴으로써 둘레의 일정한 생장을 가

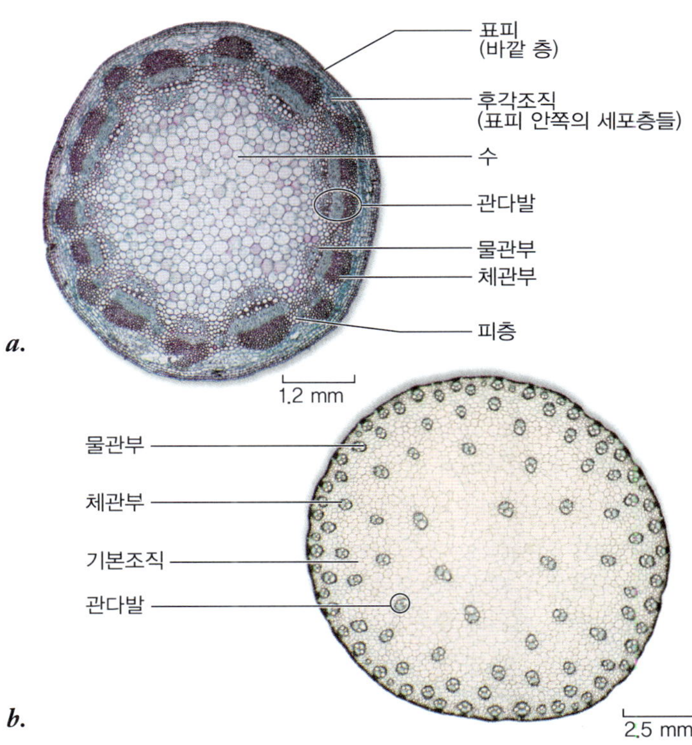

그림 29.22 줄기. 어린 줄기의 횡단면. **a.** 진정쌍자엽식물. 주위에서 흔하게 보이는 해바라기(*Helianthus annus*) – 관다발이 줄기의 바깥쪽에 환상을 이루며 배열되어 있다; **b.** 단자엽식물. 옥수수(*Zea mays*) – 관다발이 특징적으로 기본조직 전체에 걸쳐 산포되어 있다.

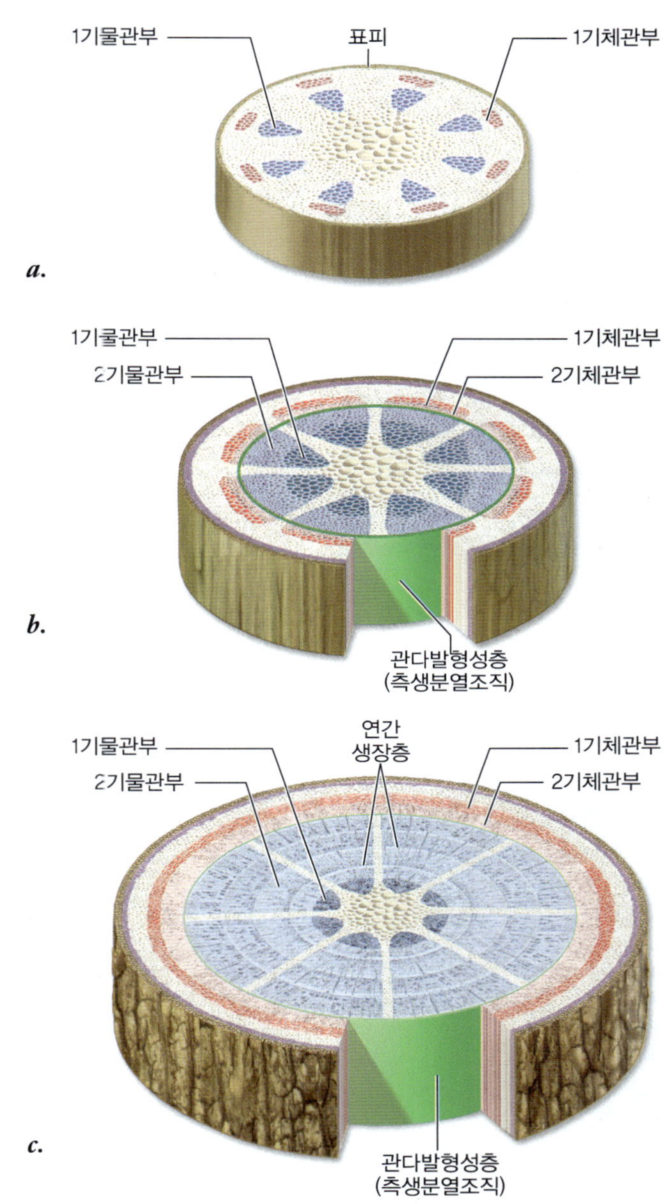

그림 29.23 2기생장. **a.** 진정쌍자엽식물 줄기에서 2기생장이 시작되기 전에, 1기조직은 정단분열조직의 1기생장에 따라 지속적으로 신장한다. **b.** 2기생장이 시작되면서 관다발형성층은 2기조직을 생산하며, 이로써 줄기의 직경은 증가한다. **c.** 이 4년 된 줄기에서, 2기조직은 지속적으로 넓어지고, 나무의 몸통은 두꺼워지면서 목질화되었다. 관다발형성층이 분열하여 원통형 구조를 만들고, 형성층을 지니는 뿌리와 줄기를 축 방향(위–아래 방향)으로 연결함에 주목하라.

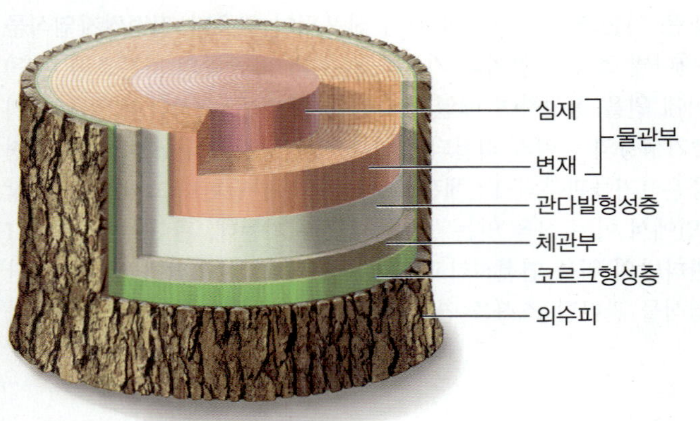

그림 29.24 나무 그루터기. 관다발형성층은 물관부(변재와 수송 능력을 상실한 심재)와 체관부의 조직을 생산하며, 코르크형성층은 코르크조직을 생산한다.

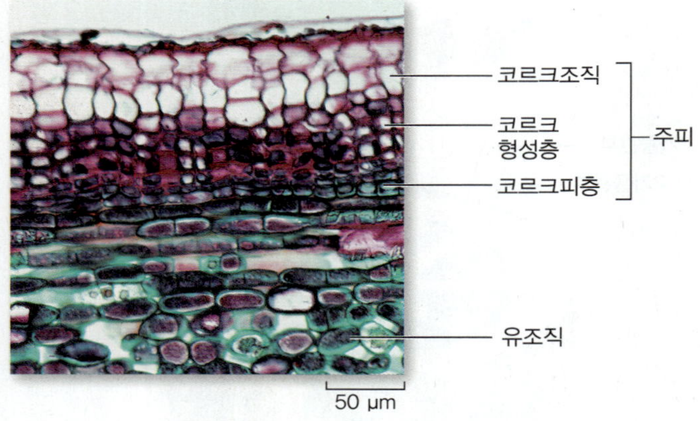

그림 29.25 주피의 횡단면. 미루나무(*Populus* sp.)에서의 주피 발달 초기 단계.

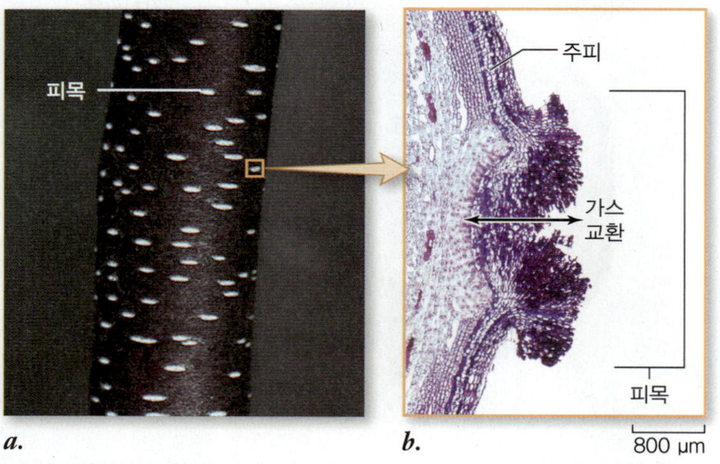

그림 29.26 피목. **a.** 체리나무(*Prunus cerasifera*) 수피에서 보이는, 다수의 작고 흰색인 돌출 부위는 피목이며, 외부의 대기와 목본식물 수피 바로 아래에 존재하는 살아있는 조직 사이에서 가스 교환을 가능하게 한다. **b.** 엘더베리(*Sambucus canadensis*)의 줄기에 있는 피목의 횡단면.

능하게 할 논리적인 방법은 존재하지 않는다. 따라서 관다발형성층이 없는 단자엽식물은 2기생장을 하지 않는다.

나무 그루터기에서 보이는 원은 관다발형성층 생장의 연간 유형을 알려준다; 생장 조건에 따라 세포의 크기는 다양할 수 있다(그림 29.24). 큰 세포는 충분한 강수 등과 같은 유리한 조건 하에서 생성된다. 작은 세포들의 원은 생장이 제한되었던 계절을 나타낸다. 목본 진정쌍자엽식물과 나자식물에서 2기형성층인 코르크형성층이 바깥쪽 피층에서(간혹 표피나 체관부 속에서도) 생긴다; 코르크형성층은 상자와 같은 코르크 세포를 바깥쪽을 향해 생성하며 또한 유조직과 같은 코르크피층 세포를 안쪽으로 생성한다.

코르크형성층, 코르크, 그리고 코르크피층을 통틀어 주피라 부른다(그림 29.25). 세포가 생성된 직후 방수성의 수베린으로 침적되고, 그 다음에 죽는 코르크 조직은 외수피를 구성한다. 코르크 조직은 표피로 물과 양분이 도달하지 못하게 하여 표피가 죽어 떨어지게 만든다. 어린 줄기에서, 줄기 조직과 공기 사이의 가스 교환은 기공을 통해 일어나지만, 코르크형성층이 코르크를 만들면서 기공 아래에 수베린이 없는 세포들로 이루어진 조직 부위도 역시 형성한다. 가스 교환이 지속되도록 하는, 수베린이 침적되지 않은 이 세포들은 피목이라 불린다(그림 29.26).

변형된 줄기는 영양 번식을 수행하며 양분을 저장한다

학습목표 29.4.2 변형된 줄기의 세 가지 기능을 나열하라.

대부분의 줄기들이 곧추 자라지만, 어떠한 줄기들은 자연적인 영양 번식을 포함하여 특별한 기능들을 수행할 수 있도록 변형되어 있다. 사실, 널리 행해지는 식물의 인공적인 영양 번식은 그것이 상업적이든 개인적이든, 변형된 줄기를 조각내어 자른 후 다시 심어, 새로운 식물을 생산하는 과정을 일반적으로 포함하고 있다. 다음에 제시된 변형된 줄기들에 익숙해지는 과정에서, 뿌리는 잎, 마디, 결눈을 갖고 있지 않은 반면, 줄기는 마디에 잎을 가지고 절들 사이에 절간을 가지며 잎의 엽액에 눈을 가진다는 것을 명심하라.

인경(bulbs). 양파, 백합, 그리고 튤립은 비대한 지하부 줄기를 가지며, 이들은 기부에 부정근을 가지는 정말로 큰 눈이다(그림 29.27a). 인경의 대부분은 작고 홑같은 줄기에 붙어 있는 육질의 잎으로 이루어져 있다. 대부분의 인경의 경우, 다음 해의 잎은 저장잎으로부터 보호받는 경단의 끝에서 나온다.

구경(corms). 크로커스, 글라디올러스, 그리고 다른 인기 있는 정원용 식물들은 표면적으로 인경과 비슷한 생김새를 가진 구경을 생산한다. 그러나 구경을 반으로 갈라보면 육질의 잎을 발견할 수 없다. 대신, 구경의 대부분은 바깥쪽에는 몇 개의 종이 같은, 갈색의 기능 없는 잎을 가지며, 아래쪽으로는 부정근을 가지는 줄기로 이루어져 있다.

지하경(rhizomes). 다년생 풀, 양치식물, 수염붓꽃, 그리고 많은 다른 식물들이 전형적으로 지하에서 수평 방향으로 자라며, 종종 지표면 가까이 위치하는 지하경을 가지고 있다(그림

29.27b). 각 마디에서 곁눈을 가진, 눈에 잘 띄지 않는 비늘과 같은 잎이 자란다; 광합성을 하는 훨씬 더 큰 잎이 지하경의 끝에서 생산될 것이다. 부정근은 지하경의 길이를 따라 보통 아랫면에서 생산된다.

지상포복경(runners)과 지하포복경(stolon). 딸기는 보통 땅의 표면을 따라 생장하며 긴 절간을 가진, 수평 방향의 줄기를 생산한다. 몇 개의 지상포복경은 하나의 식물에서 방사 방향으로 퍼져나갈 것이다(그림 29.27c). 어떤 생물학자들은 포복경이라는 용어를 감자에서 보듯이, 지하에서 자라는 긴 절간을 가진 (그러나 뿌리를 갖지는 않은) 줄기에 대하여 사용한다. 그러나 감자는 그 자체로 하나의 변형된 줄기 즉, 괴경이다.

괴경(tubers). 감자에서 탄수화물은 지하경의 끝에 축적될 것이며 이에 따라 지하경은 비대해져 괴경이 될 것이다; 지하경은 괴경이 성숙한 후 죽는다(그림 29.27d). 감자의 "눈"은 비늘과 같은 잎의 엽액에서 생성되는 곁눈이다. 이 잎들은 곧 떨어진다; 성숙한 감자의 각 "눈"과 인접해 있는 작은 물결 모양은 엽흔이다. 작물로 이용되는 감자는 "씨감자"로부터 영양생식으로 번식한다. 괴경은 적어도 한 개의 눈을 포함하는 조각들로 잘려진 후 심어진다.

덩굴손(tendrils). 포도나 서양송악 등의 덩굴식물들은 지지물을 감아 식물체가 높이 올라갈 수 있도록 돕는, 덩굴손이라 알려져 있는 변형된 줄기를 가진다(29.27e). 콩이나 호박 등의 덩굴손의 경우는 실제로는 변형된 잎이나 소엽이다.

엽상경(cladophylls). 선인장과 몇몇 다른 식물들은 엽상경이라 불리며, 납작하고 광합성을 하는, 잎을 닮은 줄기를 생산한다(그림 29.27f). 선인장에서 실제의 잎은 가시로 변형되어 있다(다음 섹션을 참고하라).

개념 정리 29.4

지상부는 정단분열조직과 측생분열조직으로부터 자란다. 곁눈은 가지, 꽃, 또는 잎으로 발달할 것이다. 단자엽식물에서 관다발조직은 줄기 기본조직에 일정한 간격으로 분포하여 있다; 진정쌍자엽식물에서는 관다발조직이 원을 이루어 배열되어 있으며, 그 안쪽과 바깥쪽에 기본조직이 있다. 어떤 식물들은 지지, 영양 번식, 또는 영양분 저장을 위한 변형된 줄기를 생산한다.

- 왜 줄기는 뿌리의 근관과 같은 조직을 만들지 않는가?

29.5 잎은 식물의 광합성 기관이다

정단분열조직에 의해 원기로부터 시작되는 잎은 우리가 알고 있듯이 생명에 필수적인데, 이는 잎이 지상에서 광합성의 주요한 장소이며, 먹이사슬의 기반을 제공하기 때문이다. 잎은 세포의 확대와 세포의 분열에 의해 확장된다. 사람에서의 팔과 다리처럼, 잎은 한정적 구조인데, 이는 그들의 생장이 성숙기에 중지됨을 의미한다.

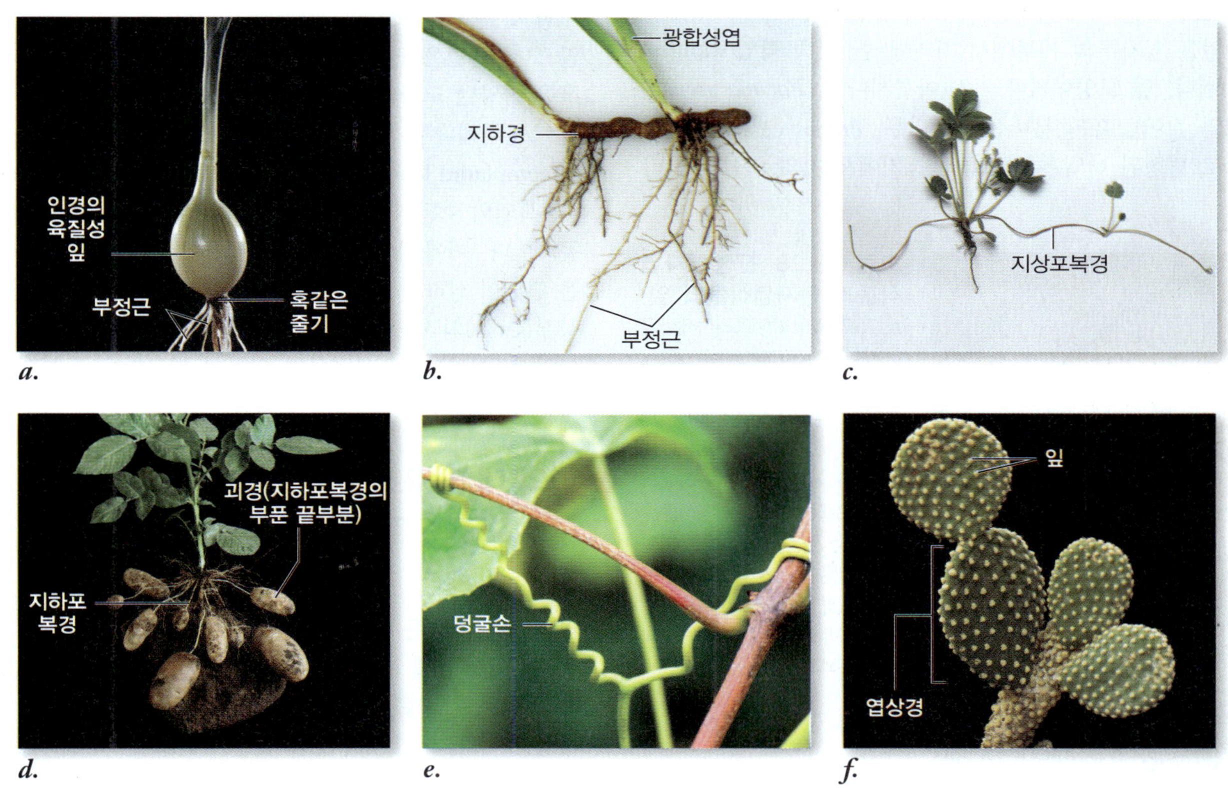

그림 29.27 변형된 줄기의 유형들. a. 인경. b. 부정근. c. 지상포복경. d. 지하포복경. e. 덩굴손. f. 엽상경.

잎이 식물에서 중요하기 때문에 그들의 배열, 형태, 크기 그리고 내부 구조 등의 특징들은 매우 중요하며, 상당히 다양할 수 있다. 각기 다른 유형들은 다른 환경들 내에서 적응적인 가치를 지닌다.

잎의 외부 구조는 관다발의 형태를 반영한다

학습목표 29.5.1 단엽과 복엽을 구분하라.

잎은 지상부 경단분열조직의 확장과 줄기 발달의 결과물이다. 그들이 처음 원기 조직으로 출현하였을 때, 그들은 잎이 될 것으로 결정지어지지 않았다. 아주 어린 엽원기를 양치식물과 콜레우스 식물에서 분리하여 배지에서 키운 실험은 이 특징을 증명한다: 원기가 충분히 어리면 그들은 잎을 형성하기보다 지상부 전체를 형성할 것이다. 엽원기의 위치 결정과 시원세포의 분열은 이 세포들이 잎 발달 과정에 참여하기 전에 이루어진다.

잎은 진화적 기원의 차이를 반영하는 두 개의 형태적으로 다른 집단으로 나뉜다. **소엽(microphpyll)**은 줄기의 유관속주로부터 분지하며 잎의 전체 길이를 따라 뻗지 않는 하나의 엽맥을 가진 잎이다; 소엽은 대부분 작고 석송문과 주로 연관되어 있다. 대부분의 식물들은 여러 개에서 많은 수의 엽맥을 포함하는 **대엽(megaphyll)**을 갖는다.

대부분의 진정쌍자엽식물 잎은 편평한 **엽신(blade)**과 가는 줄기, 즉 **잎자루(petiole)**를 가지고 있다. 엽신의 편평함은 방사상 대칭에서 등쪽 - 배쪽(위 - 아래) 대칭으로의 이행을 반영한다. 잎의 편평함은 광합성을 수행하는 표면적을 넓힌다. 식물학자들은 분명한 위-아래를 갖지 않는 돌연변이를 분석함으로써 어떻게 이러한 이행이 일어났는지를 이제 막 이해하기 시작하였다.

또한 잎은 잎자루의 기부에서 자라난 한 쌍의 **탁엽(stipules)**을 가질 것이다. 잎 모양이거나 가시(아까시나무, *Robinia pseudoacacta*에서와 같이), 혹은 분비선(자두나무, Prunus cerasifera에서와 같이)으로 변형된 탁엽은 현미경적 크기에서 거의 엽신의 반만 한 크기까지, 그 크기가 매우 다양하다. 풀들과 다른 단자엽식물들의 잎은 보통 잎자루를 갖지 않는다; 이 잎들은 기부 쪽을 향하여 줄기를 감싸 안는다.

그림 29.28 진정쌍자엽 식물과 단자엽식물의 잎. **a.** 스리랑카의 아프리카제비꽃 근연식물에서 보는 바와 같이, 진정쌍자엽식물의 잎에는 그물 모양, 혹은 망상의 엽맥이 존재한다. **b.** 미국 남동부산의, 부채꼴 잎을 가진 야자수인 아메리카팔메토와 같이, 단자엽식물은 평행맥을 갖는다. 진정쌍자엽식물의 잎은 엽맥을 더 명확히 보이도록 하기 위하여 화학물질을 이용하여 투명화시킨 후 붉은색으로 염색시켰다.

그림 29.29 단엽과 복엽 **a.** 가장자리가 깊게 갈라진, 참나무(*Quercus robur*)의 단엽. **b.** 흑호두나무(*Juglans nigra*)의 우상복엽. 복엽은 잎자루가 줄기에 붙은 부분에 존재하는, 하나의 곁눈과 연관되어 있다.

엽맥(**veins**, 잎에서 관다발을 일컫는 용어)은 물관부와 체관부 두 가지로 이루어져 있으며, 엽신의 전체에 걸쳐 분포한다. 대부분의 단자엽식물에서 주맥들은 평행하다; 반면에 진정쌍자엽식물에서는, 엽맥은 흔히 복잡한 망모양을 형성한다(그림 29.28).

엽신은 난형에서 깊게 열편으로 갈라진 모양, 분리된 소엽들을 가진 모양까지 다양한 형태를 나타낸다. 라일락과 자작나무에서와 같은 **단엽(simple leaves)**에서(그림 29.29a) 엽신은 나누어지지 않으나, 단엽은 단풍나무와 참나무의 잎에서와 같이 거치와 톱니, 혹은 다양한 크기의 열편을 가질 것이다.

물푸레나무, 네군도단풍나무, 그리고 호두나무에서와 같은 **복엽(compound leaves)**에서는(그림 29.29b) 엽신이 소엽들로 갈라진다. 복엽의 발달과 단엽의 발달 사이의 관계는 아직 해결되어야 할 문제이다. 이에 대한 두 가지 설명들이 논란이 되고 있다: (1) 복엽은 단엽이 심하게 갈라진 형태이다, 또는 (2) 복엽의 생성에서는 지상부(shoot)의 발달 기작이 적용되어 있으며, 각 소엽이 한때는 잎이었다. 이 문제에 답변하기 위하여 연구자들은 복엽을 단엽으로 바꾼다고 알려져 있는 돌연변이를 이용하고 있다.

잎의 내부 구조는 가스 교환과 증발을 조절한다

학습목표 29.5.2 단자엽식물 잎과 진정쌍자엽식물 잎의 엽육조직을 비교하라.

잎 전체의 표면은 투명한 표피로 덮여 있으며, 이 표피 세포들의 대부분은 엽록체를 가지고 있지 않다. 이미 설명하였듯이, 표피는 왁스와 같은 각피로 덮여 있으며 다양한 종류의 샘들과 모상체들을 가질 것이다. 또한 대부분의 잎들의 하표피(그리고 때로는 상표피)에는 공변세포에 싸여 있는 틈과 같은, 혹은 입 모양인 기공이 매우 많이 존재한다(그림 29.30).

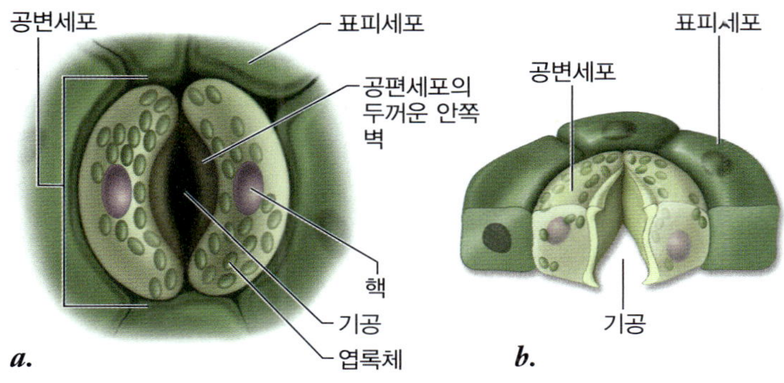

그림 29.30 기공. a. 표면에서 본 모양. b. 횡단면의 모양.

상표피와 하표피 사이에 있는 조직을 **엽육조직(mesophyll)**이라 부른다. 엽육조직에는 다양한 크기의 엽맥이 분포하고 있다.

대부분의 진정쌍자엽식물은 뚜렷한 두 가지 종류의 엽육조직을 가진다. 상표피 가까이에는 한 층에서 여러 층(보통 2층)으로 되었으며 빽빽이 쌓여있는, 통형에서 원통형에 이르는 엽록조직 세포(엽록체를 가진 유조직)가 책상조직을 이루고 있다(그림 29.31). 유칼립투스 종을 포함하여 어떤 식물들은 수평으로 뻗어나가기 보다 늘어진 잎을 가지고 있다. 이들은 잎의 양쪽에 책상조직을 가진다.

진정쌍자엽식물 잎들의 거의 대부분은 책상조직과 하표피 사이에 헐겁게 배열된 해면조직 세포를 가지며, 해면조직 사이사이에 공기로 채워진 많은 공간을 가진다. 서로 연결된 세포 간 공간들은 기공과 더불어, 가스 교환과 잎으로부터의 수증기 통과의 기능을 담당한다.

단자엽식물 잎의 엽육조직은 종종 책상층과 해면층으로 분화되지 않으며, 상표피와 하표피는 거의 서로 분별되지 않는다. 대신, 관다발조직을 둘러싸는 세포들은 특징적이며, 탄소 고정의 장소이다. 이 해부학적 차이는 변화된 광합성 경로, 즉 광호흡 과정에서의 에너지 손실을 줄이기 위해, 산소에 대한 상대적인 이산화탄소의 양을 최대화하는, C4 광합성과 종종 연관된다(8과를 보라). 잎의 해부학적 구조는 물의 손실과 가스 교환의 조절, 그리고 식물 나머지 부분으로 광합성 산물의 운송 등 여러 가지 활동들에 직접적으로 연관되어 있다.

변형된 잎은 상당히 다재다능한 기관이다

학습목표 29.5.3 변형된 잎의 기능을 설명하라.

식물이 사막에서 호수, 그리고 열대우림에 이르기까지 매우 다양한 환경에 정착하면서, 식물 기관은 식물들이 그들의 독특한 자생지에 적응할 수 있도록 변형되었다. 특히 잎에서 현저한 적응들이 진화하였다. 이 변형의 몇 가지를 아래에서 간단히 논의한다.

화엽(floral leave; 포, bract). 포인세티아와 층층나무는 비교적 눈에 잘 띄지 않는, 작고 녹색 빛을 띠는 노란 꽃을 가지고 있다. 그렇지만 두 식물 모두 화엽(floral leaves, 포인세티아에서는 빨갛게 나타나고 층층나무에서는 희거나 분홍색으로 나타난다)이라 불리는 큰 변형된 잎들을 가지고 있다. 이 화엽들은 진짜 꽃을 둘러싸며 화려한 꽃잎들과 같은 기능을 한다. 다른 식물들에서는 화엽은 작고 눈에 잘 안 띌 수 있다.

가시(spines). 많은 선인장들과 다른 식물들의 잎은 가시(*spines*)로 변형되어 있다(그림 29.27f를 보라). 선인장에서 좁은 잎의 표면적을 갖는 것은 수분 손실을 줄이며, 날카로운 가시는 또한 천적을 물리친다. 가시는 변형된 줄기인 경침(thorn)이나 단순

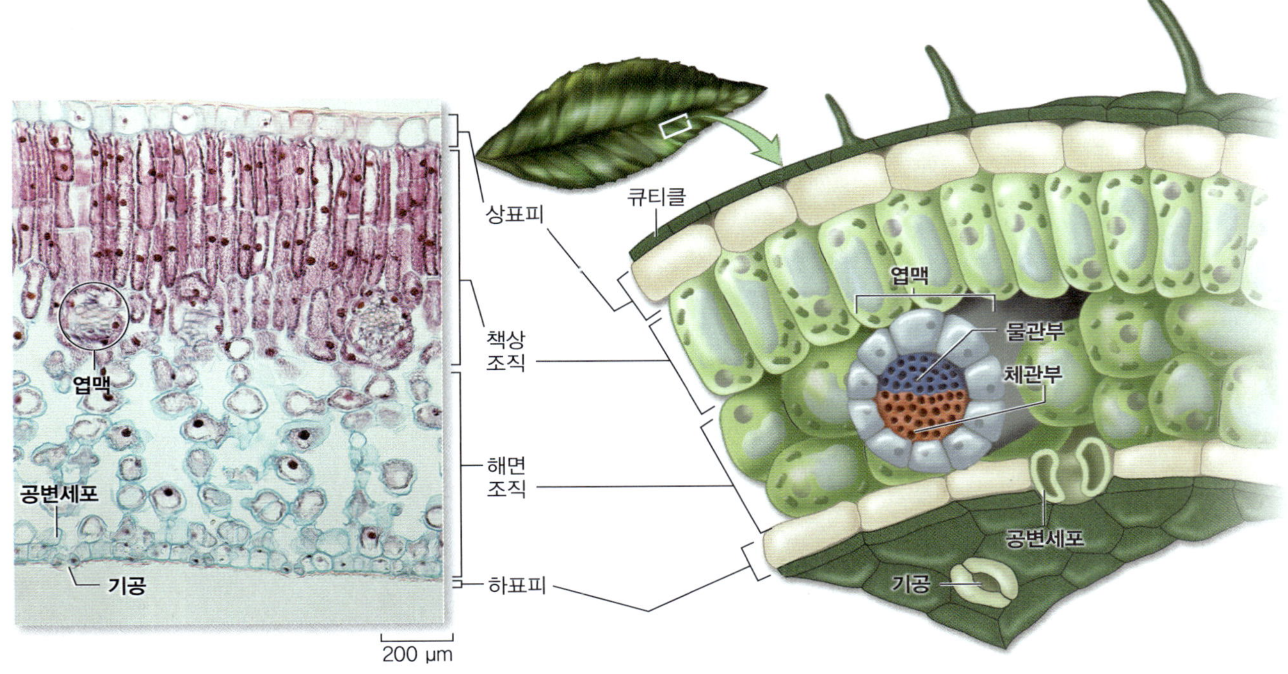

그림 29.31 잎의 횡단면. 책상조직과 해면조직, 관다발 혹은 엽맥, 그리고 표피를 보여주는 잎의 횡단면. 표피에는 쌍을 이루어 기공을 감싸고 있는 공변세포가 존재한다.

히 표피의 돌출물인 라즈베리의 피침(prickle)과 혼동되어서는 안 된다.

생식엽(reproductive leaves). 몇몇 식물들, 특히 칼랑코에는 그들의 가장자리에 작지만 완전한 식물체를 생산한다. 각 소식물체는 잎으로부터 분리되었을 때 완전히 큰 성체로 독립적으로 생장할 수 있다. **거미고사리**(*Asplenium rhizophyllum*)는 양치잎의 끝에 새로운 소식물체를 생산한다.

창문엽(window leaves). 건조한 지역에서 자라는 식물들 중 몇 속은 투명한 정단부를 가지는 원뿔형 잎을 생산한다. 이 잎들은 종종 바람에 의해 날아오는 모래에 대부분 묻히지만, 두꺼운 표피와 각피를 가진 투명한 끝부분은 빛을 식물의 비어있는 내부로 통과시킨다. 이는 지표 아래에서 광합성이 이루어질 수 있게 한다.

음엽(shade leaves). 빛을 잘 받지 못하는, 그늘에서 생장한 잎은 표면적이 큰 경향이 있으나, 직접적으로 빛을 받은 동일한 나무의 잎들보다 더 얇고 엽육조직을 덜 갖는다. 발달에서의 이러한 가소성은 주목할 만하다. 환경 신호는 발달에 주요한 영향을 미칠 수 있다.

식충엽(insectivorous leaves). 현화식물들 중 200종 정도가 벌레를 잡는 잎을 가진 것으로 알려졌다; 어떤 식물들은 벌레의 부드러운 부분을 소화시킨다. 식충엽을 가진 식물들은 필요로 하는 영양소가 부족하거나 식물이 바로 사용할 수 없는 형태의 영양소를 포함하는 산성의 늪에서 종종 생장한다; 이는 식물들이 그들의 생장과 생식에 필요한 대사 과정을 유지하기 힘들게 만든다. 그러나 그들의 필요는, 동물계로부터의 추가적인 영양소 흡수에 의해 충족된다.

개념 정리 29.5

잎은 다양한 형태로 나타난다. 단엽은 나누어져 있지 않으며, 반면 복엽은 많은 분리된 소엽을 갖는다. 우상엽은 깃털같이 중앙부에 맥을 갖는다; 장상엽은 손바닥같이 중앙으로부터 사방으로 뻗어나가는 몇 개의 맥을 갖는다. 단자엽식물은 전형적으로 평행한 맥을 가지는 잎을 생산하며, 진정쌍자엽식물의 맥은 망상이다. 엽육조직 세포는 광합성을 수행한다; 단자엽식물에서 엽육조직은 분화되지 않으나, 반면에 진정쌍자엽식물에서는 책상조직과 해면조직으로 나누어진다. 잎은 생식, 보호, 물 보존, 영양분 흡수, 그리고 벌레를 잡는 덫의 기능을 위해 변형된다.

- 왜 수직 방향의 잎을 가진 식물은 해면조직이 아닌 책상조직만을 형성하는가?

크기와 대사율을 연결짓는 통일된 이론이 존재하는가?

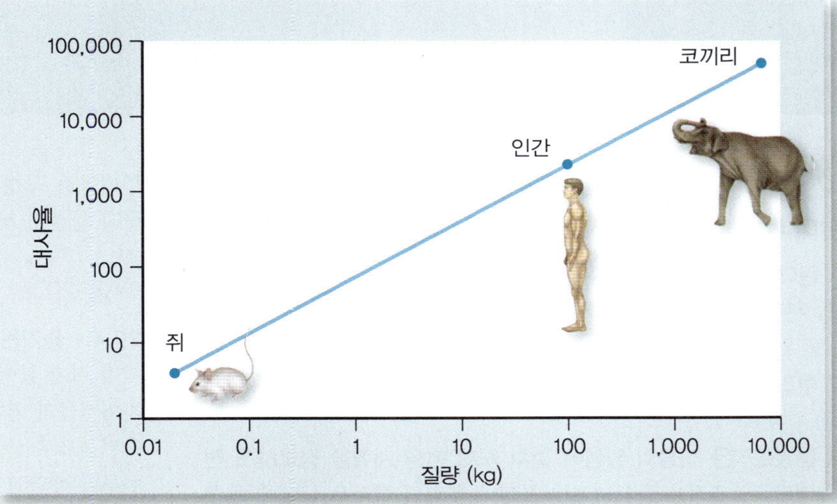

여러 해 동안 생물학자들은 클라이버(Kleiber)의 법칙이라 불리는, 개체의 크기와 대사율을 연관시키는 통일된 대사 이론을 받아들였다. 이 아이디어는 포유류와 조류의 대사율이 몸 질량의 3/4승에 비례한다는 1932년 클라이버(Max Kleiber)의 관찰에서 비롯되었다. 즉, 이는 쥐, 사람, 그리고 코끼리처럼 서로 다른 개체들의 기초 대사율의 로그값이 0.75의 기울기를 가진 직선을 나타내면서 몸의 질량에 따라 변화한다는 것이다(위쪽 그래프).

1960년에 클라이버의 3/4 기울기는 포유류, 파충류, 어류, 곤충류, 그리고 심지어는 단세포 생물 등 6목에 걸쳐 적용되는 것으로 나타났다. 이것은 예외적으로 넓게 적용되는 대사 유형이며, 어떤 면에서는 표면적-부피 관계를 반영하는 것으로 생각된다.

그렇지만 클라이버의 법칙은 식물들에게도 적용되는가? 2006년까지는 클라이버가 예측한 3/4 비율을 확인하거나 이를 거부할 수 있게 하는 식물의 전체 호흡량에 대한 직접적인 측정이 거의 이루어지지 않았다. 2006년에 식물생리학자 라이히(Peter Reich)는 43종 약 500개체의 식물들에 대하여 식물의 전체 호흡량을 직접 측정하였다. 이 연구를 위해 살아있는 가장 키가 큰 식물에서부터 손톱보다 작은 식물에 이르기까지, 6목에 걸친 다양한 규모의 체질량을 갖는 식물들이 선택되었다.

라이히의 연구 결과가 아래쪽 그래프에 제시되어 있다. 식물의 대사율이 식물 전체 호흡률(kcal per day)로부터 직접 측정되어 있다. 녹색 선은 클라이버의 법칙에 의해 예측된 3/4 비율을 나타내는 선이다. 파란 선은 영양분이 적은 자연 토양의 식물들에 대한 대사율-호흡률의 관계를 보여준다. 또한 빨간 선은 영양분이 풍부한 온실 토양에서 자란, 같은 종류의 식물들에 대한 이들의 관계를 보여준다.

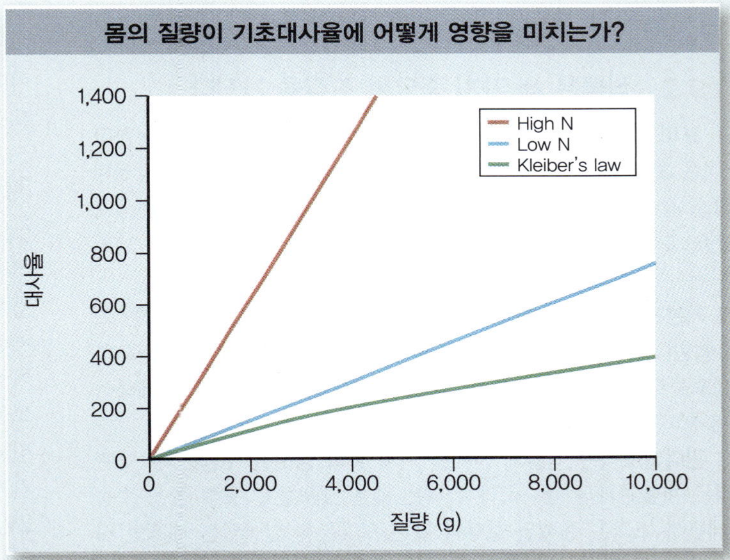

분석

1. **개념 적용** 그래프에서, 어떤 것이 종속변수인가?
2. **자료 해석**
   a. 라이히의 호흡률 측정은 로그스케일 혹은 선형스케일 중 어떤 함수로 표현되어 있는가?
   b. 선형 혹은 로그 스케일인, 클라이버의 법칙의 3/4 비율 관계는 살짝 오른쪽으로 휘어진 곡선을 나타낸다. 두 식물의 선은 역시 곡선인가, 아니면 선형인가?
3. **추론**
   a. 질소가 적게 포함된 식물에서 함수의 기울기는 무엇인가?(힌트: 만약 당신이 식물 질량을 4000그램에서 8000그램으로 늘리면, 호흡률은 얼마나 변하는가?
   b. 질소가 많이 포함된 식물에서 함수의 기울기는 무엇인가?(힌트: 만약 당신이 식물 질량을 2000그램에서 4000그램으로 늘리면, 호흡률은 얼마나 변하는가?
   c. 식물들은 질소가 풍부한 온실의 흙 또는 질소가 부족한 자연 상태의 흙 중 어느 곳에서 활발히 대사하는가? 혹은 두 경우 차이가 없는가?
4. **결론 도출**
   a. 자연 상태의 흙에서 자란 식물들과 온실의 흙에서 자란 식물들에 대한 함수의 기울기를 비교하여라. 식물 생장률은 scaling 관계에 영향을 미치는가?
   b. 라이히 함수의 직선은 식물 전체 호흡과 식물체 질량 사이의 엄격한 비례(선형) 관계를 보여주는 반면, 녹색 선에서 보여지는 곡선은 비선형적인 비례 관계를 나타낸다. 여기에서 함수로 표현된 라이히의 자료에 따르면 식물들은 클라이버의 법칙을 따르는가?

학습 과정 복습

개념 29.1 줄기의 관다발 체계는 식물의 뿌리와 잎을 연결한다

29.1.1 관다발식물은 뿌리와 줄기를 가지고 있다 뿌리계는 주로 땅 속에 있다; 뿌리는 식물을 고정시키고 물과 무기염류를 흡수한다. 지상부 체계는 땅 위에 있으며 잎과 꽃을 지지한다.

29.1.2 뿌리와 줄기는 조직계로 이루어져 있다 조직의 세 가지 유형은 표피조직, 기본조직, 관다발조직이다.

29.1.3 분열조직은 식물의 일생에 걸쳐 체제 형성 계획을 정교하게 진행한다 정단분열조직은 줄기의 끝부분이나 뿌리의 끝부분 근처에 존재한다. 측생분열조직은 2기생장을 나타내는 식물들에서 발견된다. 이들은 줄기와 뿌리의 직경을 증가시킨다.

개념 29.2 식물은 세 가지 중요한 조직을 가진다

29.2.1 표피조직은 환경에 맞서 내부를 보호하는 경계면을 형성한다 표피조직은 보통 세포 1층 두께이고 수분 소실을 줄이기 위해 지방질의 혹은 왁스 같은 큐티클을 가지는 표피를 이룬다. 표피에 있는 공변세포는 기공을 통한 물 손실을 조절한다. 뿌리털은 뿌리의 흡수 면적을 넓히는 것을 돕는 표피 세포 구조이다.

29.2.2 기본조직 세포는 저장, 광합성, 그리고 지지를 포함한 다양한 기능을 수행한다 기본조직은 주로 저장, 광합성, 그리고 분비의 역할을 하는 유세포들로 이루어져 있다. 후각세포는 유연한 지지 구조를 제공하며, 후벽세포는 단단한 지지 구조를 제공한다.

29.2.3 관다발조직은 식물체 전체를 거쳐 물과 양분을 수송한다 물관부 조직은 헛물관과 물관요소라 불리는 죽은 세포들을 통해 물을 수송한다. 체관부 조직은 용해된 설탕과 같은 영양분을 살아있는 세포인 사관절과 사세포를 통해 수송한다.

개념 29.3 뿌리는 4개의 생장대를 가진다

29.3.1 뿌리는 지하에서의 생장과 물과 용질의 흡수를 위해 적응되었다 발달하는 뿌리에서 네 개의 구역이 나타난다: (1) 뿌리를 보호하는 뿌리골무; (2) 정단분열조직을 포함하는 세포분열대; (3) 뿌리를 흙 속으로 확장시키는 신장대; 그리고 (4) 세포들이 분화하는 성숙대가 그것이다.

29.3.2 변형된 뿌리가 특수화된 기능을 담당한다 대부분의 식물들은 하나의 큰 뿌리와 더 작은 분지근들을 포함하는 주근계, 혹은 많은 작은 뿌리들로 구성된 수근계를 형성한다. 부정근은 지지, 안정, 산소 획득, 물과 양분의 저장, 또는 숙주식물에의 기생을 위하여 변형될 것이다.

개념 29.4 줄기는 지상부 기관을 지지하는 기능을 한다

29.4.1 줄기는 잎과 꽃을 달고 있으며 이들의 무게를 지탱한다 잎은 줄기의 절에 붙어있다. 엽액은 잎과 줄기 사이의 부분이며, 곁눈은 진정쌍자엽식물의 엽액에서 발달한다. 단자엽식물의 줄기에 있는 관다발은 무작위적으로 산포되어 있으며, 진정쌍자엽식물에서는 관다발이 원 모양을 이루며 배열되어 있다. 관다발형성층은 안쪽의 물관부와 바깥쪽의 체관부 사이에서 발달하며 2기생장을 가능하게 한다.

29.4.2 변형된 줄기는 영양 번식을 수행하며 양분을 저장한다 인경, 구경, 지하경, 포복경, 괴경, 덩굴손, 그리고 엽상경은 변형된 줄기의 예들이다. 감자의 괴경은 영양소의 근원인 동시에 새로운 식물체 번식을 위한 도구이다.

개념 29.5 잎은 식물의 광합성 기관이다

29.5.1 잎의 외부 구조는 관다발의 형태를 반영한다 잎은 광합성이 일어나는 주요한 장소이다. 잎의 배열, 형태, 크기, 그리고 내부 구조는 환경에 따라 매우 다양할 수 있다. 관다발은 단자엽식물에서는 평행으로 배열되어 있으나 진정쌍자엽식물에서는 망상을 이룬다. 대부분의 진정쌍자엽식물의 잎들은 편평한 엽신과 가는 잎자루를 가진다; 단자엽식물은 보통 잎자루를 가지지 않는다. 엽신은 단엽이거나 복엽(소엽들로 나누어지는)일 것이다. 잎은 또한 우상(깃털에서처럼 중앙부를 따르는 엽맥을 가지는)이거나 장상(중앙에서 엽맥이 퍼져나가는)일 것이다.

29.5.2 잎의 내부 구조는 가스 교환과 증발을 조절한다 잎의 조직은 공변세포를 가지는 표피조직, 관다발조직, 그리고 광합성이 일어나는 엽육조직을 포함한다. 진정쌍자엽식물 잎의 엽육조직은 수평방향으로 배열되어 있으며 상표피에 가까운 책상조직과 하표피에 가까운 해면조직으로 나뉜다. 단자엽식물 잎의 엽육조직은 종종 분화되지 않는다.

29.5.3 변형된 잎은 상당히 다재다능한 기관이다 잎들은 그 형태에 있어서 매우 다양하며 많은 다른 기능들을 수행하기 위해 적응되었다. 잎은 생식, 보호, 저장, 무기염류 흡수, 또는 육식식물에서는 곤충 포획을 위해 변형되었다.

학습 과정 평가

개념 29.1 줄기의 관다발 체계는 식물의 뿌리와 잎을 연결한다

이해

1. 영양 지상부의 반복적인 단위는 하나를 제외하고 아래의 모든 보기를 포함한다
   a. 절간　　b. 잎
   c. 곁눈　　d. 꽃
2. 관다발식물에서 뿌리계와 지상부 체계 사이의 하나의 차이점은 다음과 같다
   a. 뿌리계는 2기생장을 거칠 수 없다.
   b. 뿌리계는 2기생장을 거치지만 수피를 형성하지 않는다.
   c. 뿌리는 뚜렷한 신장대를 가지지만 지상부 체계는 갖지 않는다.
   d. 뿌리계는 양분을 저장할 수 있지만 줄기 구조는 그렇지 못하다.
3. 식물에서의 특별한 특징 중 하나는 무한한 생장이 가능하다는 것이다. 무한한 생장이 가능한 이유는 다음과 같다
   a. 1기생장을 위한 분열 구역이 식물체 전체에 걸쳐 분포한다.
   b. 식물의 모든 세포 유형이 종종 분열조직을 생성한다.
   c. 분열 세포들은 끊임없이 다른 분열 세포들로 대체된다.
   d. 식물의 모든 세포가 끊임없이 분열을 지속한다.

응용

1. 식물 기관은 다음으로부터 형성된다
   a. 배우자 조직에서의 세포 분열
   b. 분열조직에서의 세포 분열
   c. 조직 내 적당한 위치로의 세포 이동
   d. 전구세포에서의 염색체 제거
2. 식물 세포 유형들은 하나를 제외하고 아래의 모든 보기들에 의해 구분된다
   a. 액포 크기　　b. 페르옥시솜의 존재
   c. 세포벽 두께　　d. 성숙 시 생존 여부
3. 당신은 최근에 아름다운 산을 감상할 수 있는 경치가 좋은 집을 구입하였으나, 당신의 이웃이 많은 나무들을 심어 경치를 감상할 수 없게 되었다. 궁극적으로 나무를 제거하고 이를 들키지 않기 위해 당신은 몇 마리의 호저가 밤에 이웃집 뜰에 들어가 잠행을 하도록 호저들을 훈련시키기 시작한다. 가장 효율적으로 나무를 죽이기 위해 당신은 호저가 다음의 것을 완전히 제거하도록 훈련시켜야 한다
   a. 전형성층　　b. 코르크
   c. 코르크형성층　　d. 1기체관부

종합

1. 지상부는 줄기를 포함할 필요가 있는가? 잎들이 지표면을 덮고 있을 때 식물은 성공적으로 광합성을 수행할 수 있는가?
2. 당신이 키가 6m인 나무에 지상 2m 위치에서 망치로 못을 박는다면, 나무의 키가 12m로 생장했을 때 지상부 어디쯤에 못이 위치하겠는가?

개념 29.2 식물은 세 가지 중요한 조직을 가진다

이해

1. 공변세포의 기능은 다음과 같다
   a. 이산화탄소의 흡수를 가능하게 한다
   b. 곤충과 다른 초식동물을 쫓아낸다
   c. 잎 조직을 지지한다
   d. 물 흡수를 가능하게 한다
2. 어떠한 세포가 성숙 시 원형질체를 갖지 않는가?
   a. 유세포　　b. 동반세포　　c. 후각세포　　d. 후벽세포
3. 참나무에서의 영양분 수송 세포는 다음과 같이 불린다
   a. 헛물관　　b. 도관　　c. 동반세포　　d. 사관절

응용

1. 당신이 저녁으로 먹기 위해 감자의 껍질을 벗길 때 당신은 감자의 어떠한 조직을 상당 부분 제거하는 것일까?
   a. 표피조직　　b. 관다발조직
   c. 기본조직　　d. a와 b만이 껍질과 함께 제거된다
   e. 위의 모든 것이 껍질과 함께 제거된다
2. 대부분의 대사와 저장 기능을 수행하는 기본조직은 다음과 같다
   a. 유세포　　b. 후각세포　　c. 후벽세포　　d. 보강세포
3. 보기 중 어떤 것이 식물 세포 유형과 그 기능을 잘못 연결하고 있는가?
   a. 물관부-무기 영양소를 수송한다
   b. 체관부-수피의 일부로서 기능한다
   c. 모상체-증발을 줄인다
   d. 후각조직-광합성을 수행한다

종합

1. 만약 후벽조직 세포가 살아있는 세포질을 가지고 있지 않다면, 후각조직 세포는 왜 가지고 있는 것이라 추측하는가?
2. 당신의 한 친구가 미시간 북부로의 가족 여행에서 방금 돌아왔다. 당신의 친구는 미시간에서 단풍나무 농장을 방문하여 메이플 시럽을 만들었다. 그들은 단풍나무의 수피를 뚫고 들어가는 비교적 작은 하나의 흠집(큰 나무의 경우에는 2개의 흠집)을 낸 후 양동이에 그 수액을 받았다. 당신의 친구는 왜 그들이 나무 둘레를 따라 완전히 상처를 내 더 많은 수액을 더 빨리 받지 않는 것인지 당신에게 질문한다. 당신을 그 질문에 어떻게 답할 것인가?

개념 29.3 뿌리는 4개의 생장대를 가진다

이해

1. 뿌리털은 다음의 구역에서 생산된다
   a. 세포분열대　　b. 신장대　　c. 성숙대　　d. 위의 보기 중 한 가지 이상
2. ________에 있는 세포는 관다발조직과 뿌리 바깥 부분에 있는 세포층들 사이에서 이루어지는, 측면 방향의 물의 흐름을 조절한다.
   a. 주피　　b. 내피
   c. 내초　　d. 물관부

응용

1. 뿌리가 줄기와 다른 이유는 뿌리가 다음의 것을 갖지 않기 때문이다
   a. 도관절　b. 마디　c. 표피　d. 기본조직
2. 뿌리털과 측근은 다음 보기들 중 한 가지를 빼고 모든 면에서 비슷하다
   a. 둘 다 뿌리계의 흡수 표면적을 증가시킨다
   b. 둘 다 일반적으로 오래 생존한다
   c. 둘 다 다세포이다
   d. b와 c 두 가지가 모두 옳다

종합

1. 만약 당신이 식물 뿌리의 내초를 표피층으로 옮긴다면 이는 뿌리의 생장에 어떠한 영향을 미치겠는가?
   a. 뿌리 성숙대에서의 2기생장이 일어나지 않을 것이다
   b. 뿌리 정단분열조직이 표피조직의 자리에 관다발조직을 생성할 것이다
   c. 내초가 보통 뿌리의 표피 층 근처에 위치하기 때문에 아무것도 변하지 않을 것이다
   d. 측근이 뿌리의 바깥 부분에서 자라날 것이며 관다발조직과의 연결에 실패할 것이다
2. 만약 당신에게 낯선 야채가 주어진다면, 그것의 외부적 특징과 그 횡단면의 현미경적 관찰을 바탕으로 하였을 때 그것이 뿌리인지 줄기인지 어떻게 구별할 것인가?

개념 29.4 줄기는 지상부 기관을 지지하는 기능을 한다

이해

1. 다음 보기들 중 어떠한 것이 관다발 식물의 줄기에 관하여 사실이 아닌가?
   a. 줄기는 절과 절간을 포함한, 반복적인 조각들로 이루어져 있다
   b. 1기생장은 오직 지상부 정단분열조직에서만 일어난다
   c. 관다발조직은 줄기의 바깥쪽에 분포하거나, 줄기 전체에 걸쳐 산포되어 있다
   d. 줄기는 기공을 포함할 수 있다
2. 다음 보기들 중 어떠한 것이 변형된 줄기가 아닌가?
   a. 괴경　b. 지하경　c. 포복경　d.화엽

응용

1. 당신은 참나무의 나이를 ________에 의해 생긴 __________의 나이테를 세어봄으로써 알 수 있다.
   a. 정단분열조직; 1기물관부　b. 관다발형성층; 2기체관부
   c. 코르크형성층; 표피조직　d. 관다발형성층; 2기물관부
2. 다음 보기들 중 어떠한 것이 참나무에서 발견되는, 중앙부에서부터 바깥부분까지의 세포 유형들을 옳게 나열하였는가?
   a. 수, 2기물관부, 1기물관부, 관다발형성층, 1기체관부, 2기체관부, 코르크형성층, 코르크
   b. 수, 1기물관부, 2기물관부, 관다발형성층, 2기체관부, 1기체관부, 코르크형성층, 코르크
   c. 수, 1기물관부, 2기물관부, 관다발형성층, 2기체관부, 1기체관부, 코르크, 코르크형성층
   d. 수, 1기체관부, 2기체관부, 관다발형성층, 2기물관부, 1기물관부, 코르크형성층, 코르크

종합

1. 15년 전 당신의 부모는 당신의 집 뜰에서 자라는 커다란 나무의 아래쪽 가지에 그네를 매달았다. 당신이 오늘 그 그네에 가 앉았을 때, 당신은 15년 전 당신이 처음으로 그네에 앉았을 때와 정확히 같은 높이에 그네가 존재한다는 것을 깨달았다. 나무가 자랐음에도 그네가 지상으로부터 더 높은 위치에 있지 않은 이유는 다음 보기와 같다.
   a. 나무 기둥에서 2기생장이 일어나지 않았다
   b. 나무 기둥은 그 식물의 1기생장 체계의 일부분이지만 나무의 그 부분에서 더 이상 신장이 일어나지 않았다
   c. 나무는 정단분열조직을 갖지 않아 키가 커지지 않는다
   d. 당신은 착각을 하고 있는데, 왜냐하면 나무가 자라면서 그네가 위로 올라가지 않는다는 것은 불가능한 일이기 때문이다.
2. 당신은 왜 판매용으로 종자로부터 자란 감자가 이용되지 않는다고 생각하는가?

개념 29.5 잎은 식물의 광합성 기관이다

이해

1. 절에서 두 개의 곁눈을 생산하는 식물은 어떠한 잎의 배열을 갖고 있다고 말해지는가?
   a. 대생　b. 호생
   c. 윤생　d. 장상
2. 책상조직과 해면조직은 전형적으로 다음 식물의 엽육조직에서 발견된다
   a. 단자엽식물
   b. 진정쌍자엽식물
   c. 단자엽식물과 진정쌍자엽식물
   d. 단자엽식물과 진정쌍자엽식물 모두 해당 없음
3. 화엽은 다음 보기들 중 하나이다
   a. 뚜렷하지 않은 꽃　b. 잎
   c. 가시　d. 꽃잎

응용

1. 잎은 다음 보기들 중 하나의 연장이다
   a. 분열조직　b. 곁눈
   c. 지상부 정단분열조직　d. 소엽
2. 관다발식물 잎에서 가스는 ________이라고 불리는 구멍을 통해 식물체로 들어갔다 나왔다 할 수 있다
   a. 기공　b. 분열조직
   c. 모상체　d. 피목
3. 식물이 지상부 아래에서 광합성을 수행할 수 있도록 하는 구조는 다음 중 하나이다
   a. 지하경　b. 엽록체가 풍부한 뿌리 표피 세포
   c. 창문잎(window leaf)　d. 괴경

종합

1. 복엽의 적응적 이득은 무엇이라 생각하는가?
2. 어떤 식물들은 곤충을 성공적으로 포획한다. 희극적인 뮤지컬 공포의 작은 가게에서 오드리 2라는 이름을 가진 식물은 주인공을 먹어치운다. 만약 육식성의 식물이 성공적인 종속영양생물일 수 있다면, 당신은 왜 이러한 식물들이 더 많지 않은 것이라고 생각하는가?

30
식물의 생식

학습과정

서론

현화식물의 혁신적인 진화적 성공은 그들의 새로운 생식 전략과 밀접한 관련이 있다. 이번 장에서 우리는 속씨식물의 생식 전략을 공부하고, 그들의 독특한 특징인 꽃과 과일이 어떻게 이러한 성공에 기여했는지 공부할 것이다. 이 분야는 식물과 동물 사이에서 이뤄진 공진화에 관한 이야기로, 식물은 배우자들을 매우 넓게 이동시킴으로써 그들의 다양한 유전학적 다양성을 확보할 수 있게 되었다. 화분이 도착한 꽃에서 수정된 난이 어떻게 복잡한 성체 식물로 발달할 수 있는 것일까? 식물의 세포들은 이동이 불가능하기 때문에 각 식물 세포분열의 시간과 방향성은 매우 정교하게 이뤄져야 한다. 세포들은 그들의 인접한 세포들로부터 자신들의 위치 정보를 확보함으로써 세포 특이성이 나타난다. 배의 발달은 매우 허약한 단계이고, 식물들이 처음 육상에서 살아가기 시작한 이래로 다양한 보호 장치들이 개발되었다. 토양에서부터 유식물이 처음 발달할 때 오직 하나의 식물 일부분이 형성된다. 새로운 식물의 기관들은 식물의 전 생애기를 거쳐 발달한다. 모든 부분에서 식물의 생식은 파란만장한 여정이다.

30.1 속씨식물의 생식은 개화와 함께 시작한다

26장에서 우리는, 속씨식물은 꽃과 과일이라는 혁신적인 진화적 산물을 지니고 있음을 공부하였다. 이번 장에서는 우리는 영양생장기의 식물이 꽃과 관련된 정교한 구조를 만드는 부가적인 변화에 대해 공부할 것이다(그림 30.1).

꽃을 만드는 시기는 정교하게 조절된다

학습목표 30.1.1 현화식물의 생활사를 표현한다.

많은 동물들이 그러하듯이 식물들도 생식을 위한 발생과정을 겪게 된다. 이러한 유생장기에서부터 성체로의 전환은 올챙이가 성숙한 개구리로 또는 애벌레가 생식이 가능한 나비로 변태되는 과정에서 볼 수 있다. 식물도 꽃의 형성을 유도하는 비슷한 변화과정을 겪게 된다. 꼬리가 없어지는 어린 개구리와는 다르게, 식물들은 기존에 존재하는 구조에 정단분열조직에서 생성되는 새로운 구조를 형성시키는 과정을 유지하게 된다.

정교하게 조절되는 일련의 과정들이 꽃이 언제 어디에서 만들어질 것인지 결정한다. 더군다나, 많은 식물들은 개화를 조절하기 위한 내·외부 신호들과 그 신호에 반응할 수 있는 능력을 지녀야만 한다. 일단 식물이 생식을 할 수 있는 상태가 되면 빛, 온도 그리고 촉진 또는 억제할 수 있는 내부의 신호들이 복합적으로 포함되어진 요소들이 언제 꽃을 만들 것인지 결정하게 된다. 이러한 신호들은 꽃을 이루는 기관들(꽃받침, 꽃잎, 수술 그리고 암술)을 형성하는 유전자들의 발현을 유도하게 된다. 일단 세포들이 특이적인 꽃의 기관으로 변화하는 과정에 들어서게 되면, 또 다른 발달 조절 기작이 꽃의 일부분으로 변화하도록 이끌게 된다. 우리는 꽃

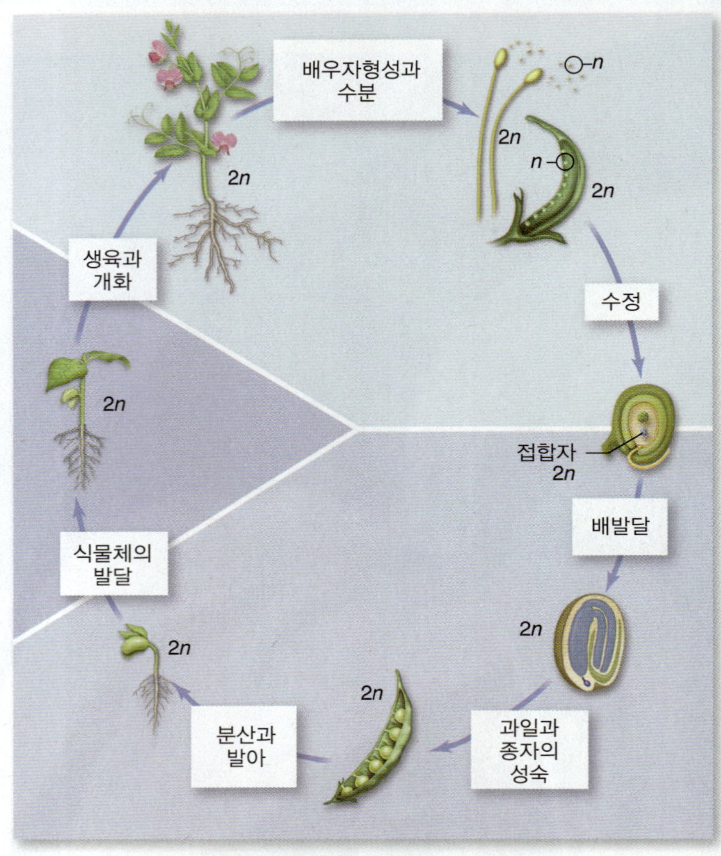

그림 30.1 현화식물(속씨식물)의 생활사.

의 부분별 변화과정을 자세하게 이해할 수 있을 것이다.

개화할 수 있는 능력을 지니는 시기로의 전환은 '상태의 변화'이다

발아를 할 때 대부분의 식물들은 모든 환경의 요소들이 알맞은 상태일지라도 꽃을 형성할 수 있는 능력이 없다. 내부 발달프로그램의 변화가 식물들이 꽃을 형성할 수 있는 내·외부 신호에 반응할 수 있는 능력을 가지게끔 한다. 이러한 전환을 **상태의 변화(phase change)**라고 한다.

이러한 과정은 매우 중요한데, 왜냐하면 식물이 성숙한 발달 단계에 도달할 때 생식을 할 수 있는 구조를 만들 수 있느냐 없느냐의 중요한 요소를 담고 있기 때문이다. 개화를 유도하기 위해서는 아마도 또 다른 요소가 필요할 것이다.

개화를 유도하기 위한 4개의 유전적인 조절 기작이 밝혀졌는데, (1) 빛 의존적 조절기작, (2) 온도 의존적 조절기작, (3) 지베렐린 호르몬 의존적 조절기작, (4) 자동적 조절기작 이다. 식물들은 원천적으로 하나의 조절기작에 의해 꽃을 피울 수 있지만, 모든 4개의 조절기작들이 관여할 수 있다.

환경은 개화를 억제 또는 촉진할 수 있고, 어떤 경우에는 비교적 영향을 미치지 않을 수도 있다. 예를 들어 장일조건은 온대 기후 조건에서 긴 여름날의 도래와 생식을 위한 적절한 조건이 되었다는 신호가 될 수 있다. 또 다른 경우에는, 어떤 식물들은 생식

에 필요한 에너지원으로서 설탕의 양을 충분히 축적할 때 빛에 의존하지만, 일장조건은 이들 식물의 개화에 영향을 미치지 않는다. 온도 역시 개화를 유도하는 신호로 작용한다. 개화를 촉진하기 위해 일정기간 동안의 저온처리를 종자 또는 새싹에 가하는 **춘화처리(vernalization)**는 온도 의존적 조절과정을 통하여 이루어진다. 생식발달의 조절기작이 비교적 환경변화가 적은 열대환경에서 시작되었음을 감안하면, 일장과 온도에 의한 여러 조절기작들은 식물들이 온대기후 지역으로 진출함에 따라 새롭게 진화되었을 것이다. 개화를 위해 춘화처리를 필요로 하는 식물들은 겨울이 지난 후에야 개화를 유도하게 됨으로 생식의 성공률을 향상시킨다. 다양한 개화조절기작의 중복적인 존재는 원활한 종족번식에 도움이 된다.

완전화(complete flower)는 4개의 윤생체 부분으로 나눠진다

학습목표 30.1.2 속씨식물 꽃의 일반적인 구조를 나열한다.

꽃은 배우자를 만들어 내는 반수체를 지니고 있을 뿐만 아니라, 각기 다른 식물체(또는 같은 식물체)로부터 형성되는 암/수 배우자체가 결합 할 수 있는 가능성을 증가시키는 기능을 지니고 있다.

속씨식물의 다양성은 수정률을 향상시킬 수 있는 많은 수의 다양한 화기의 표현형을 지니는 진화로 인해 형성되었다. 화기는 잎으로부터 진화된 것으로 여겨진다. 몇몇 초기 속씨식물들에서 화기로 진화된 기관들은 종종 잎에서 발견되며 나선형으로 발달하는 형태를 유지하고 있었다. 이러한 발달의 패턴이 4개의 독특한 윤생체들로 발달하였다. 완전화는 4개의 윤생체들(꽃받침, 꽃부리, 수술기, 암술기)로 이뤄져 있다(그림 30.2). 이러한 윤생체 중에 하나 또는 그 이상이 없는 경우 불완전화(incomplete flower)라고 한다.

꽃의 형태

완전화와 불완전화에서 **꽃받침(calyx)**은 일반적으로 가장 바깥쪽 윤생체를 구성한다. 꽃받침은 보통 평평한 형태의 식물의 눈에서 꽃을 보호하는 기능을 지니는 꽃받침 조각이라 불리는 부속물로 구성된다. 꽃잎은 종합적으로 **꽃부리(corolla)**를 구성한다. 많은 꽃잎들의 기능은 꽃가루 매개자를 유혹하는데 있다. 비록 화기의 두 외부 윤생체들은 직접적으로 배우자의 형성이나 수정에 관여하지는 않지만, 그들은 생식과정을 향상시킬 수 있다.

수배우자 구조. 수술기(*Androecium*)는 한 꽃의 모든 수술을 일컫는 종합적인 용어이다. 수술은 속씨식물의 소포자낭을 지니는 데에 특화된 구조를 지닌다. 비슷한 구조들이 겉씨식물 꽃가루콘 안에 소포자낭을 지니고 있다. 대부분의 속씨식물들은 가늘고 실과 비슷한 모양의 필라멘트 형태를 지니는 수술을 지닌다. 4개의 소포자낭은 수술의 끝부분에 위치하는 뚱뚱하게 부푼 형태의 꽃밥(anther)에 존재하게 된다.

암배우자 구조. 암술기(*Gynoecium*)는 꽃의 모든 암술을 포함하는 종합적인 용어이다. 대부분의 꽃에서 암술기는 하나 또는 둘 이상이 합쳐진 심피로 구성되어 있다. 이러한 심피를 종종 단자예 그리고 복자예라고 정의하기도 한다. 복자예로 구성된 꽃의 예는 토마토와 오렌지에서 볼 수 있다. 미나리아재비와 같은 식물은 독립적으로 분리된 암술로 이뤄진 꽃을 지니는데, 각각의 암술은 하나의 심피로부터 형성된다.

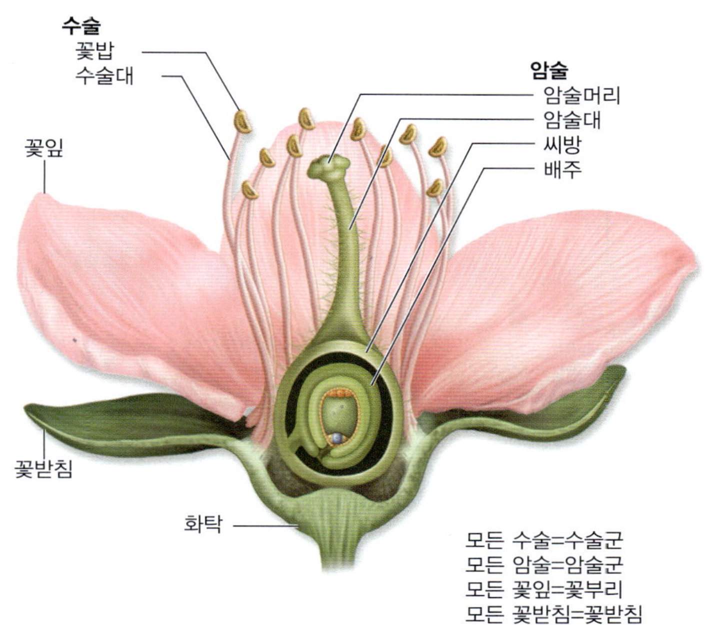

그림 30.2 속씨식물의 완전화.

버주(종자로 발달함)는 암술의 아랫부분에 뚱뚱하게 부푼 형태를 가진 **씨방(ovary)**으로부터 형성된다. 씨방의 윗부분 꼭대기에는 꽃가루를 받는 암술머리가 위치하며 목처럼 가늘게 형성된다. 가끔 암술머리는 몇 개의 심피가 특정한 암술을 구성하는지 여부를 나타내는 암술머리 가지의 수만큼 분열되어져 있기도 한다.

심피는 기본적으로 배주를 감싸고 있는 꽃의 잎이 말아 올려진 구조이다. 처음에 심피는 잎이 수직으로 접혀서 형성되었을 가능성이 있다. 털이 있는 잎 가장자리는 진화하기 전까지는 융합된 모습이 아니었지만, 털들은 서로 맞물려서 꽃가루를 받을 수 있었을 것이다. 진화과정을 겪으면서 털들은 암술머리로 발달하였고, 암술대가 만들어지고, 그리고 심피 가장자리의 합쳐짐이 결과적으로 암술이 되었음이 입증되었다. 오늘날의 많은 현화식물들의 심피는 상당히 변형되어 있고, 암술을 잘라 속을 보지 않는 이상 육안으로 서로 구분할 수 없는 형태이다.

배우자들은 꽃의 배우자체에서 형성된다

학습목표 30.1.3 소배우자체와 대배우자체를 구별한다.

생식의 성공은 꽃의 화분립과 배낭에서 발견되는 배우자(난과 정자)의 결합에 의해 결정된다(그림 30.3). 우리가 26장에서 학습하였듯이, 식물의 유성생식 주기는 2배체의 포자체 세대에서 반수체의 배우자체 세대로의 전환이라는 특징을 보여주고 있다. 속씨식물에서 배우자체 세대는 매우 작고 완전히 부모의 포자체 조직 안에 존

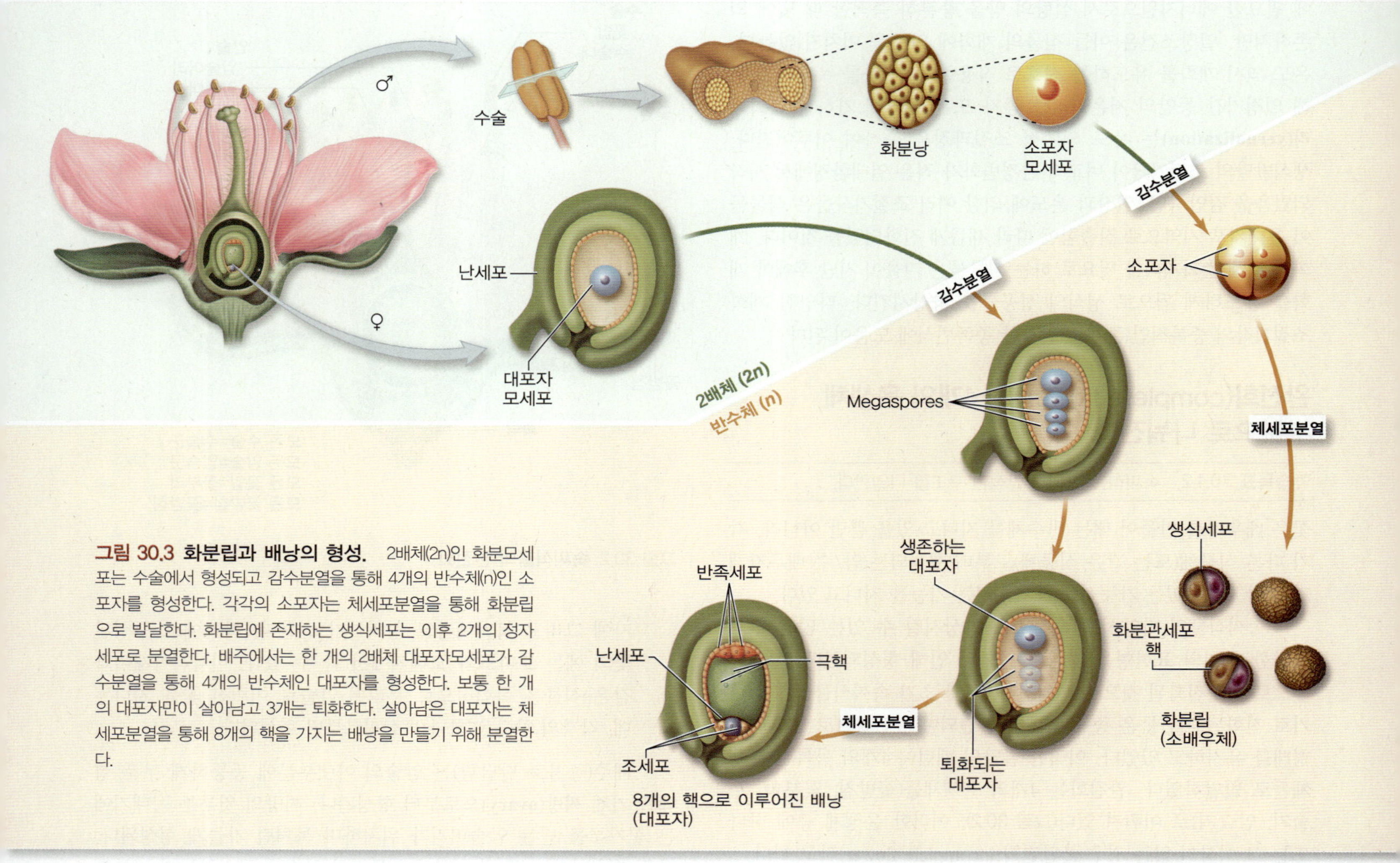

그림 30.3 화분립과 배낭의 형성. 2배체(2n)인 화분모세포는 수술에서 형성되고 감수분열을 통해 4개의 반수체(n)인 소포자를 형성한다. 각각의 소포자는 체세포분열을 통해 화분립으로 발달한다. 화분립에 존재하는 생식세포는 이후 2개의 정자세포로 분열한다. 배주에서는 한 개의 2배체 대포자모세포가 감수분열을 통해 4개의 반수체인 대포자를 형성한다. 보통 한 개의 대포자만이 살아남고 3개는 퇴화한다. 살아남은 대포자는 체세포분열을 통해 8개의 핵을 가지는 배낭을 만들기 위해 분열한다.

재하게 된다. 수배우자체 또는 소배우자체는 **화분립(pollen grains)** 을 말한다(그림 30.4). 암배우자체 또는 대배우자체는 **배낭(embryo sac)** 을 말한다. 화분립과 배낭은 모두 속씨식물의 독립적이며 특정한 구조를 가지고 만들어진다.

동물과 마찬가지로, 속씨식물은 암수배우자체를 만들기 위해 독립적인 기관을 가지고 있다. 하지만 속씨식물의 생식기관은 동물의 생식기관과 두 가지의 차이점에서 구분이 된다. 첫 번째로, 암수배우자체 모두 하나의 독립적인 꽃에서 함께 만들어 진다. 두 번째로, 생식기관들은 각 성체의 영원한 부속물이 되지 못한다. 속씨식물의 꽃과 생식기관들은 어느 계절에 한정되어 발달하게 된다. 종종 생식기관은 딱 한 번만 만들어지고 식물은 죽기도 한다. 그리고 속씨식물에서 생식 계열은 발달 초기에 만들어 지는 것이 아니라 꽤 늦은 단계에서 형성된다.

암수배우자체의 형성과 수정이 일어나기까지의 과정들은 26장에서 자세히 설명되었다(26장 8.3). 이러한 과정들은 그림 30.3에서 속씨식물의 생활주기와 함께 다시 한번 설명되고 있다. 다음 섹션에서 우리는 화분립이 암술머리에 도착하는 다양한 방법들에 대해 논의할 것이다. 이러한 일련의 과정은 수정이 되어 속씨식물의 중복수정과정이 일어나고 배가 발달하는 과정을 보여 줄 것이다.

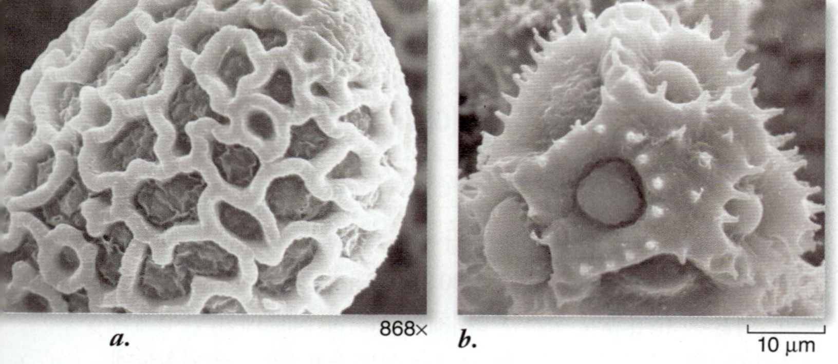

그림 30.4 화분립. a. 부활절 백합(Easter lily, *Lilium candidum*). b. 해바라기속의 식물, *Hyoseris longiloba*.

개념 정리 30.1

현화식물의 생활주기에서 수정은 종자내에 배를 형성한다. 배는 꽃을 피우고 다시 배우자를 만드는 식물로 발달하게 된다. 꽃은 4개의 동심원적인 윤생체인 꽃받침, 꽃부리, 수술기, 암술기로 이뤄져 있다 수배우자는 화분립에서 만들어지고, 암배우자는 배낭에서 만들어진다. 꽃의 소포자 모세포는 감수분열을 통해 소배우자체(화분립)을 형성하는 소포자를 만든다. 대포자 모세포는 비슷한 과정을 통해 대배우자체(배낭)를 형성하는 대포자를 만들게 된다.

- 꽃의 진화적 주요 장점은 무엇일까?

30.2 꽃은 수분매개자들을 유혹하기 위해 존재한다

수분은 화분이 암술머리에 도달하면서 시작되는 과정이다. 화분은 바람 또는 동물에 의해 옮겨지거나, 또는 각각 다른 꽃에서 자체적으로 도달하게 될 것이다. 자신으로부터 만들어진 화분이 자신의 암술머리에 수정을 일으키기도 하는데 이를 자가수정이라고 하고, 다른 꽃의 화분이 수정을 일으키는 것을 타가수정 또는 이종교배라고 한다.

화분은 다양한 방법을 통해 꽃에 도달한다

학습목표 30.2.1 화분이 꽃에 도착할 수 있는 다양한 방식에 대해 비교한다.

속씨식물의 수정이 일어나는 과정에서 화분립과 난세포의 직접적인 접촉이 일어나는 것은 아니다.

화분이 암술머리에 도착하였을 때, 화분은 발아를 하고 화분관이 생장을 하여 정자가 배낭에 도착하게 된다. 중복수정이 일어나게 되면(685쪽 참조) 배와 배유의 발달이 시작된다. 종자는 익어가는 과일 내에서 성숙하게 되며, 종자의 발아는 또 다른 생활사를 개시하게 된다.

많은 속씨식물에서 성공적인 수정은 곤충, 새 또는 또 다른 동물들을 포함하는 **수분매개자(pollinators)**들의 유혹에 의존적이다. 동물들이 화분을 퍼뜨리는 것은, 현화식물들이 활발하게 자신들의 배우자를 찾는 것과 같은 기능을 대신 수행해주게 된다.

식물과 수분매개자들의 관계는 꽤 끈끈해 질 수 있다. 두 파트너 중 한 개체의 돌연변이는 생식을 하지 못하게 할 수 도 있다. 만약 식물이 잘못된 시간에 꽃을 피우게 된다면, 수분매개자의 활동을 기대할 수 없을 것이다. 또한 꽃 또는 수분매개자의 모양이 바뀐다면 이것은 수정에 물리적인 장벽으로 작용될 수 있다. 확실히 꽃의 모양은 수분매개자들과 함께 공진화하였고, 이러한 결과는 좀 더 복잡하고 다양한 모양을 만들어 왔다. 이러한 변화로 인해 단순함을 넘어 4개의 독특한 윤생체로 이뤄진 기관으로 발달되었다.

초기 종자식물들은 바람에 의해 수정이 일어났다

초기 종자식물들의 수정은 바람에 의해 매개되는 수동적인 과정이었다. 현재의 침엽수처럼, 거대한 양의 화분이 쏟아져 나왔고 간헐적으로 같은 종의 난세포 주변에 도착할 수 있었다. 이렇게 바람에 의해 수정이 일어나는 개개의 식물들은 효율성의 증대를 위해 아주 가깝게 서식해야만 했다. 그럼에도 불구하고 각각의 화분이 방향성을 가지고 정확하게 원하는 위치에 도착하는 경우는 매우 드물었다. 대부분의 풍매화분들은 기껏해야 100m를 날아가지 못했다. 이러한 제약은 특정한 곤충, 새, 또는 다른 동물들에 의해 먼 거리로 옮겨지는 화분들과는 매우 중요한 차이점을 만들어 주었다.

꽃과 동물 수분매개자들은 함께 진화하였다

학습목표 30.2.2 각기 다른 동물 수분매개자들의 효율성을 비교해본다.

속씨식물의 꽃을 방문한 수분매개자들에 의해 화분이 식물 사이로 퍼지는 과정은 이들이 성공적으로 진화하는데 매우 중요한 역할을 하였다. 최초의 속씨식물 또는 이들의 조상들은 곤충에 의해 수정이 일어난 것이 확실해 보인다. 또한 지난 1억 년이 넘는 시간 동안의 곤충과 식물의 공진화는 두 생명체에게 매우 중요하게 작용되었다.

벌

곤충에 의해 수분이 일어나는 식물 중에는 벌이 수정을 일으키는 속씨식물이 가장 많은 수를 차지한다(그림 30.5). 대부분의 곤충들처럼, 벌도 음식을 얻기 위한 장소로써 향기에 의해 초기 방향을 설정하고, 이후 꽃 또는 그들이 지니는 모양, 색깔, 그리고 질감에 의해 정확한 위치를 파악하게 된다.

어떤 벌들은 꿀을 모으게 되는데, 이것은 애벌레와 다자란 벌들의 먹이가 된다. 거의 20,000 종의 벌이, 애벌레가 완전하게 성숙하기까지 필요한 양분을 제공하는 화분을 얻기 위해 꽃을 방문한다.

수백 종의 사회성/준사회성 벌과 다른 벌들의 벌집에서 기생하는 약 1,000종의 벌을 제외한, 적어도 18,000종의 벌들이 포함된 대부분의 벌들은 독립적인 생활을 한다. 온대지역에 사는 독립생활

그림 30.5 화분립. 띠호박벌에 의한 수분. *Bombus*속의 띠호박벌의 경우 화분이 꿀벌의 몸에 달라붙는다. 화분은 벌이 방문하는 다음 식물에 옮겨지게 될 것이다.

벌들은 일 년에 한 세대만의 생활사를 지닌다. 많은 수의 벌들이 일 년에 오직 몇 주만을 성체로 활발하게 활동할 수 있다.

많은 독립생활 벌들은 특정한 일부 식물들의 꽃을 애벌레의 식량원으로 이용할 뿐이다. 이러한 특정한 벌과 식물들의 독특한 관계는 아마도 꽃과 벌 모두에게 공진화를 유도하였을 것이다. 예를 들어 하루 중에 꽃이 열리는 시간은 벌이 몰려드는 시간과 관련이 있을 것이다. 벌의 화분을 수집하는 입 구조는 관 형태를 가지고 있는 꽃의 모양과 관련되어 길어지거나 또는 식물 화분의 모양에 맞게 적응되어진 것이다. 이런 절묘한 관계는 꽃에게는 수정을 증가시키고, 벌에게는 안정적인 식량을 제공할 수 있는 것이다.

벌 이외의 곤충들

벌 이외에 다른 곤충들이 찾아가는 꽃들 중에 몇몇 그룹은 매우 특별한 기능을 가지는 경우가 있다. 주로 나비가 수분을 돕는 협죽초 꽃의 경우 나비가 안전하게 앉을 수 있는, 마치 비행기의 활주로와 같은 기능을 하는 갑판이 존재한다. 협죽초의 꽃에는 꿀이 가득 찬 길고 가느다란 꽃관을 지니고 있다. 이러한 꽃관은 나비와 나방류를 포함하는 나비목 곤충들의 길고 휘감긴 구조의 입이 꿀을 빨아 먹을 수 있게 해주는 형태이다.

흰꽃독말풀(*Datura stramonium*), 달맞이꽃(*Oenothera biennis*) 과 같이 나방이 주로 찾아가는 꽃은 종종 흰색, 노란색과 같은 옅은 색을 지니는 경향이 있다. 이러한 꽃들은 강한향기를 냄으로써 나방들이 밤에도 쉽게 꽃을 찾을 수 있게 한다(그림 30.6).

새

몇몇 흥미로운 식물들이 있는데, 이들은 주로 아메리카 대륙에 사는 벌새, 아프리카에 사는 태양새 등과 같은 새가 수정을 돕는 경우이다(그림 30.7). 이러한 식물들은 새들이 지속적으로 찾아오게 만들기 위해 많은 양의 꿀을 준비해야만 한다. 만약 새들이 이러한 꽃들로부터 충분한 양의 음식을 찾지 못한다면 더 이상 오지 않을 것이기 때문이다. 하지만 꽃들은 많은 양의 꿀을 지니기 때문에 자신들의 수정을 전혀 돕지 못하고 단지 에너지만 얻어가는 곤충들이 쉽게 찾아올 수 있기 때문에 항상 장점이 있는 것은 아니다. 그렇다면 꽃들은 어떻게 벌새나 태양새와 같은 특정한 파트너들만이 올 수 있도록 전략을 짰을까?

정답은 꽃 색의 진화와 관련이 있다. 자외선은 곤충들이 아주 잘 인식할 수 있다. 카로티노이드는 해바라기, 겨자와 같은 많은 식물의 꽃에서 노란색 또는 오렌지색을 나타내는 색소이다. 카로티노이드는 노란색과 자외선 파장의 빛을 모두 반사하여 "벌의 자주색"이라 불리는 독특한 색을 만들어 낸다. 노란색 꽃들 역시 우리들에게는 잘 보이지 않지만 벌이나 곤충들에게 쉽게 인식될 수 있는 독특한 방식을 통해 표식을 한다(그림 30.8).

반대로 빨간색은 대부분의 곤충들에게 눈에 띄는 색은 아니지만, 새들에게는 매우 두드러지는 색이다. 대부분의 곤충들에게는 홍성초(poinsettia)의 빨간 위쪽 잎이 식물의 또 다른 잎처럼 보이게 된다. 결과적으로 이 꽃은 풍부한 양의 꿀을 생산하여 벌새들을 유혹하지만, 곤충들은 그저 지나치게 만들어 버린다. 그리하여 빨간색은 새들에게는 풍부한 꿀의 존재를 알려주는 신호임과 동시에 곤충들에게는 눈에 띄지 않게 만들어 주게 된다.

다른 동물 수분매개자

박쥐나 작은 설치류 역시 식물의 수정을 돕기도 한다. 이러한 경우에는 종의 특이성이 나타난다. 소노라 사막(Sonoran Desert)에 자생하는 사구와로 선인장(*Carnegeia gigantea*)은 밤에 꿀을 취하는 박쥐, 새, 곤충들에 의해 수정이 일어난다.

과학적 사고

가설 : 화분을 더 멀리 퍼뜨리는데 있어서 나방이 호박벌보다 더 효율적일 것이다.

예측 : 야생식물의 종자를 생성하기 위한 화분제공자들은 벌이 수행하는 것보다 나방이 화분을 옮겨주는 것이 더 멀리 퍼질 수 있을 것이다.

테스트 : 벌과 나방이 충분히 있어야 하고, 식물의 유전적인 형질을 조절할 수 있을 만큼의 다양성이 확보되어져 있는 야생식물이 자생하고 있는 넓은 지역을 선택하시오. 이번 실험세트에서 보라색 꽃 (우성형질)과 하얀색 꽃 (열성형질)을 지니고 있는 식물들의 개체군이 있다고 가정하자. 개체군에서 가장자리에 위치한 식물을 제외한 보라색 꽃을 지니는 식물의 모든 꽃을 제거하자. 실험구로 사용될 개체군의 중심부에 위치한 하얀색 꽃을 지니는 식물을 찾으시오. 나방만이 수정을 일으킬 수 있도록 낮에는 꽃을 가리고 저녁에는 꽃을 개방시키시오. 반대로 벌이 수정을 도울 수 있도록 다른 식물의 꽃을 저녁에 가리고, 낮에는 개방하시오. 각 실험구에서 종자를 수확하여 식물을 생장시키시오. 각 처리구에서 보라색 꽃을 피우는 식물의 개수를 측정하시오. 보라색 꽃을 피우는 경우에는 먼 거리에 위치하고 있는 실험구 식물로부터 화분을 공급받은 경우일 것이다.

낮에 일부 꽃을 가리고 밤에 다른 꽃들을 가리시오. 각 처리구에서 보라색 꽃을 피우는 식물체의 수를 측정하시오.

결과 : 벌과 나방에 의해 수정되어 보라색꽃을 지니는 식물의 수는 같았음.

결론 : 가설은 옳지 않았음. 벌과 나방은 같은 능력을 지니고 있음.

추가 실험 : 실험의 결론을 얻기 위해 사용된 방법은 시간이 너무 오래 걸렸음. 좀 더 효율적으로 가설을 증명할 수 있는 또 다른 방법을 제안해 보시오.

그림 30.6 수분매개자로서 나방의 효과.

그림 30.7 벌새와 꽃. 긴 꼬리를 지니는 독거성 벌새(*Phaethornis superciliosus*)가 코스타 리카의 숲에 있는 헬리코니아의 꽃에서 꿀을 빨아먹고 있다. 새의 부리에 화분이 묻게 된다. 벌새들은 그들의 부리와 모양과 길이가 잘 맞는 길고 굽은 꽃으로부터 우선적으로 꿀을 얻게 된다.

a.

b.

그림 30.8 벌이 꽃을 어떻게 발견할까. a. 러드위지아 식물(*Peruvian primrose*)의 노란색 꽃을 일반 조건으로 사진을 찍었을 때와 (b) 자외선만 비춰서 찍은 사진. 꽃잎의 외곽 조각들이 노란색과 자외선을 모두 반사시켜 두 개의 색이 합쳐진 "벌의 보라색"이 나타남. 꽃잎의 안쪽부위는 오직 노란색만 반사하고, 그럼으로써 사진에서 나타나는 것처럼 자외선의 반사가 강조되어 어둡게 보인다. 벌에게 있어서 이 꽃은 마치 뚜렷한 중앙에 황소의 눈을 가진 것처럼 보이게 된다.

이러한 동물들은 이들 선인장의 종자와 과일을 퍼뜨리는 역할도 하고 있다. 원숭이들은 오렌지색과 노란색에 매력을 느끼게 되는데, 그럼으로써 이러한 색을 지니는 과일의 분산이 효율적으로 이뤄지도록 도움을 주게 된다.

어떤 꽃 식물들은 여전히 바람에 의한 수정을 이용하고 있다

학습목표 30.2.3 동물과 바람에 의해 일어나는 식물의 수정을 비교한다.

많은 수의 속씨식물이 바람에 의해 수정이 일어나고 있다. 이러한 식물에는 참나무류, 자작나무류, 미루나무류, 잔디, 사초류, 쐐기풀 등이 포함된다. 이러한 식물들의 꽃은 작고, 녹색을 띄며 향기가 없는 특징이 있다. 그들의 꽃부리는 작거나 또는 존재하지 않는다. 이러한 꽃들은 많은 수가 함께 그룹을 지어 생활하고 있으며, 바람에 의해 흔들리는 태슬(장식술 모양의 수꽃)을 늘어드려 화분이 자유롭게 흩어질 수 있는 구조를 지니기도 한다.

바람에 의해 수정이 일어나는 많은 수의 식물들은 독립적인 수술과 암술만을 지니는 꽃을 지니고 있다. 옥수수가 아주 좋은 예인데, 옥수수는 화분을 만드는 태슬(수꽃)을 식물의 꼭대기에 위치시키고 그 아래쪽 측면의 줄기에 암꽃을 위치시킨다. 이렇게 암/수꽃을 분리시켜 놓은 이유는 타가수정을 일으키는 옥수수의 특성상 이종교배의 확률을 높이기 위한 전략이다. 나무와 관목 같은 몇몇 바람에 의해 수정이 일어나는 식물들은 잎이 발생하기 전인 봄에 꽃을 피워 바람이 화분을 이동시킬 때에 잎에 의해 방해 받는 것을 피하기도 한다.

자가수정은 안정적인 환경에서 선호된다

학습목표 30.2.4 자가수정이 어떻게 선호되는지를 설명한다.

지금까지 우리는 식물이나 진핵생물에게 일반적으로 많은 장점을 부여하는 이종교배의 관점에서 수정을 설명하였다. 하지만 온대지역에 살고 있는 속씨식물들 중에는 자가수정을 일으키는 종들이 존재한다. 대부분의 자가수정 식물들은 꽃봉오리가 열리기 전에 화분을 직접 암술머리에 떨어뜨리며 상대적으로 화려하지 않고 크기가 작은 꽃을 지니고 있다.

우리는 유전적인 다양성을 확보하기 어려운 자가수정 식물들이 어떻게 지금까지 살아남을 수 있었는지에 대한 논리적인 의문점을 지니게 될 것이다. 생물학자들은 자가수정 식물들이 빈번하게 발견되는 2가지의 중요한 이유를 제안하고 있다.

1. 자가수정은 특정 환경에서 생태학적인 장점을 가지고 있다. 왜냐하면 자가수정의 경우 종자를 생산하기 위한 수분매개자들의 방문이 필요하지 않기 때문이다. 그 결과 자가수정 식물의 경우 수분매개자들을 유혹하기 위해 필요로 하는 에너지를 소비하지 않아도 되고, 또한 수분매개자들이 존재하지 않거나 매우 희박한 극지방 또는 고산지역에서도 충분히 생장할 수 있기 때문이다.
2. 자가수정은 타가수정보다 유전적으로 더욱 동일한 자손을 만들 수 있다. 타가수정은 재조합 과정이 포함된 감수분열이 존재하기 때문에 자손들은 부모와 완벽하게 동일한 유전적 형질을 지니지는 않는다. 하지만 이러한 자손들은 특정한 환경조건에서 더욱 잘 적응할 수 있는 개체들의 비율을 높게 가질 수 있을 것이다.

일반적으로 타가수정을 일으키는 종에서의 자가수정은 적응력이 약한 개체들을 더욱 많이 생산할 수 있다. 왜냐하면 자가수정은 해로운 열성 대립형질을 제공할 수 있기 때문이다. 하지만 이러한 조합은 특정한 환경에서 높은 장점을 부여하기도 한다. 이러한

그림 30.9 불탄 자리에서 나는 잡초 *Epilobium angustifolium*의 자웅이숙(dichogamy). 약 200년 전 이 잡초는 식물의 수분이 기록된 첫 번째 식물중 하나이다. 첫 번째로, 꽃밥이 화분을 노출시키면, 암술머리의 4개의 엽이 안쪽으로 웅크리면서 화분을 받을 수 있는 상태로 발달하는 동안 암술대가 수술보다 높이 신장하게 된다. 결과적으로 꽃은 우선 수술이 있는 꽃으로 완성되고, 2일 후에 암술이 작용할 수 있는 꽃으로 발달한다. 꽃은 점진적으로 줄기에 피게 됨으로써, 가장 아래에 있는 꽃이 처음 방문을 받게 된다. 꽃이 위쪽으로 피어나면서 벌은 화분이 노출된 꽃을 만나게 되고, 화분을 벌들이 암술이 발달된 아래쪽 꽃으로 옮겨주게 된다. 수술이 발달된 상태의 꽃 (a)과 암술이 발달된 꽃(b)을 보여주고 있다.

특정 환경에서는 식물이 막연하게 자가수정을 지속하는 것이 생존에 유리했을 것이다.

몇몇 진화적인 전략이 이종교배를 증가시켰다

학습목표 30.2.5 이종교배를 증가시킨 3가지의 진화전략을 설명한다.

우리가 스트레스 상황에 놓여 있을 때, 이종교배는 몇몇 종을 제외한 대부분의 진핵생물들에게 있어서 진화와 적응에 매우 중요한 요소이다. 많은 꽃들은 수술과 암술 모두를 지님으로써 자가수정 확률을 증가시킨다(그림 30.9). 이종교배를 증가시키기 위한 하나의 일반적인 전략은 수술과 암술을 각각 분리시켜 놓는 것이다. 또 다른 전략은 자가수정을 막는 자가불화합성이 있다.

시공간적으로 암수 배우자의 구조를 분리한다

버드나무, 뽕나무와 같은 많은 수의 식물 종들에서 수술과 암술이 있는 꽃들이 각기 다른 식물에서 만들어 진다. 오직 배주 또는 화분만 형성하는 식물들을 우리는 "두 개의 집"이라는 뜻을 지니는 자웅이주(dioecious)라 명명한다. 이러한 식물들은 자가수정을 하지 못하며, 반드시 이종교배를 해야 한다. 떡갈나무, 자작나무, 옥수수, 호박과 같은 식물들은 같은 식물에 암꽃과 수꽃을 형성한다. 이러한 식물들은 "한 개의 집"이라는 뜻을 지니는 **자웅동주(monoecious)**라 명명한다(그림 30.10). 자웅동주 식물에서는 수술과 암술을 지니는 꽃들이 개화하는 시기를 다르게 하여 이종교배의 확률을 높이게 된다.

비록 정상적인 암술과 수술이 어떤 특정한 식물종의 꽃에 동시에 존재한다 하더라도, 이들이 완벽하게 성숙하는 시기를 달리하여 자가수정을 방해하게 된다. 이러한 식물의 발달과정을 **자웅이숙(dichogamous)**이라고 부른다. 만약 수술이 먼저 성숙하게 되면 암술머리가 성숙하기 전에 화분을 방출 시키면서 효율적으로 수술만이 기능을 하는 꽃을 만들게 된다. 수술이 화분의 방출을 완료하게 되면, 그 이후에 암술머리가 성숙하게 되고 드디어 꽃은 완전한 암꽃만 존재하게 된다(그림 30.9 참조). 이러한 시간적 분리는 마치 자웅이주와 같은 수분전략을 가지게 되고, 이종교배의 확률이 매우 높아지게 되는 것이다.

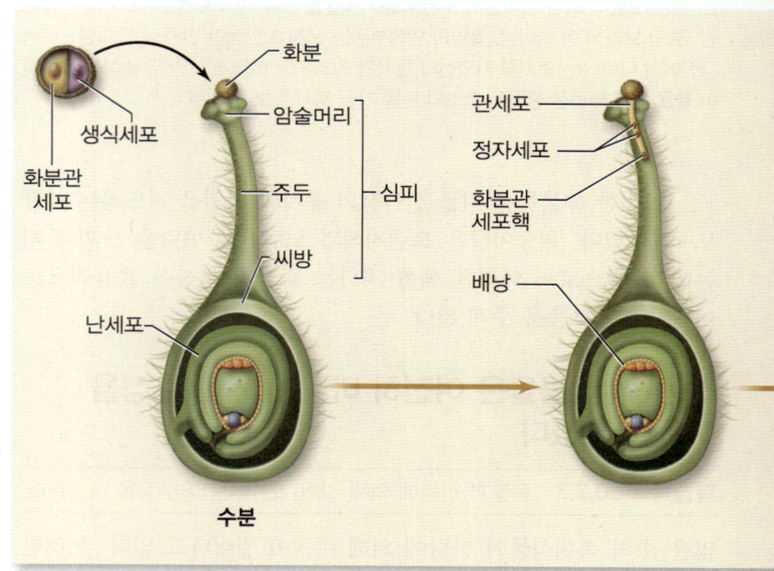

그림 30.10 *Betula*종에 속하는 자작나무의 수술과 암술이 발달된 꽃. 자작나무는 수꽃이 노란 태슬을 길게 늘어뜨린 형태와, 암꽃이 작은 갈색의 콘과 같은 모양의 군생형태를 지니는 자웅동주이다.

자가 불화합성(Self-Incompatibility)

설사 암술과 수술이 같이 성숙했어도, 속씨식물에서 많이 발견되는 유전적인 자가불화합성이 이종교배를 증가시킨다. 자가불화합성이란 화분과 암술머리에서 서로의 유전적 동질성을 인식함으로써 화분관의 생장을 억제하는 기작을 의미한다.

화분이 인식되는 기작은 먼 과거 겉씨식물의 공통 조상으로부터 기원된 것으로 예상된다. 석탄기의 화분관을 포함하는 화석으로부터 우리는 화분을 인식하는 시스템이 진화되어져 왔다는 사실을 알 수 있다.

속씨식물은 중복수정을 한다

학습목표 30.2.6 중복수정 과정을 이해한다.

속씨식굴의 수정은 중복수정이라 불리는 2개의 정자세포가 참여하는 복잡한 과정을 포함한다. 중복수정 과정을 통해 (1) 난세포의 수정과 (2) 배에 영양분을 공급하는 배유를 형성하게 된다.

바람, 동물 또는 자가 수정의 방법을 통해 옮겨지는 화분립은 당성분의 끈적한 물질을 통해 암술머리에 달라붙게 되고, 주두의 조직을 관통하면서 화분관의 생장이 일어나게 된다(그림 30.11). 화분관은 자방안에 있는 배주에 도착할 때까지 당 형태의 양분을 공급받으면서 생장하게 된다. 동시에 화분립관에 존재하는 발생세포는 2개의 정자세포로 분열하게 된다.

화분관은 배주의 배낭에 도착하게 된다. 배낭에 들어갈 때 난세포의 측면에 위치하는 하나의 핵이 퇴화되고, 화분관이 그 세포로 들어가게 된다. 화분관의 끝부분이 터지고 두 개의 정자세포가 배출된다. 두 개의 정자세포 중 한 개가 난세포와 수정이 되어 접

그림 30.11 화분관과 중복수정의 형성. 화분이 꽃의 암술머리에 도달하면, 화분관이 배낭을 향해 생장하기 시작한다. 화분관이 생장하는 동안, 생식세포는 2개의 정자세포로 분열한다. 화분관이 배낭에 도착하면, 하나의 조세포로 들어가고, 정자세포를 배출한다. 중복수정 과정중에 하나의 정자세포의 핵은 난세포와 결합하여 2배체 접합자를 형성하고, 다른 하나는 2개의 극핵과 결합하여 3배체 배유핵을 형성한다.

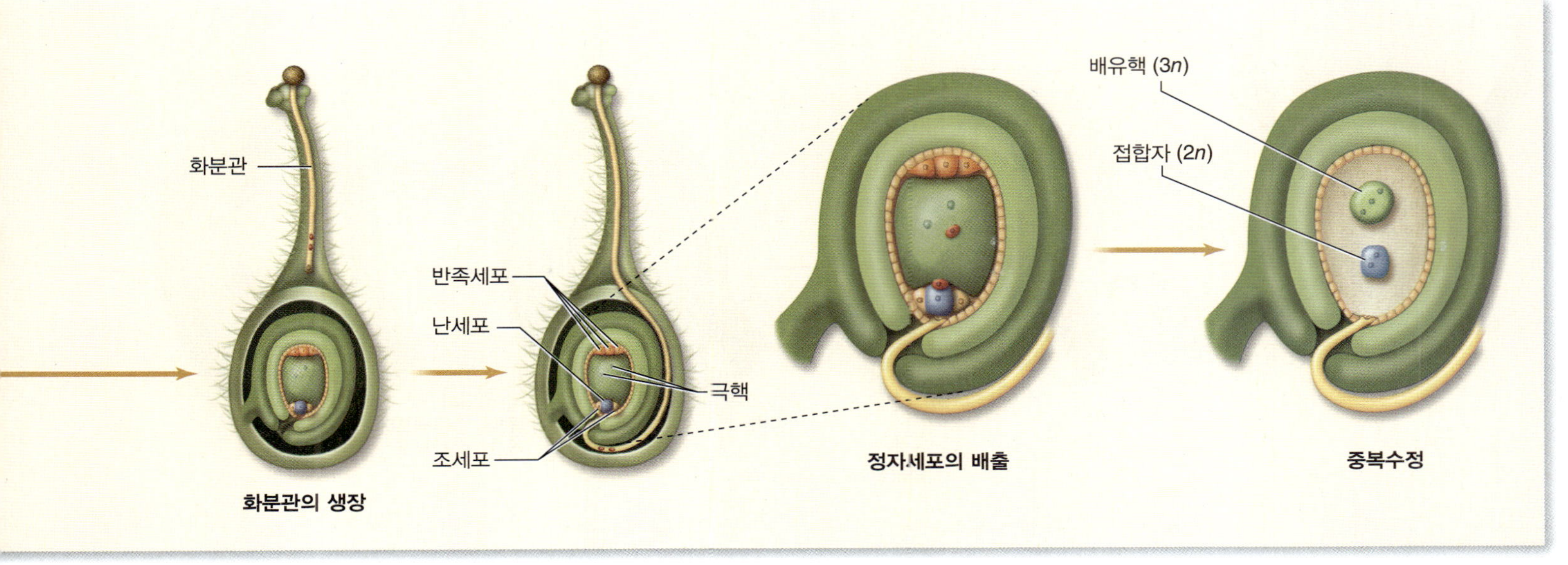

합자를 형성한다. 다른 한 개의 정자세포는 배낭의 중심부에 위치하는 두 개의 극핵과 결합하여 3배체의 원시 배유 핵(3n)을 형성한다. 원시 배유 핵은 배유로 발달하게 된다.

수정이 완료되면 세포가 수많은 분열을 하면서 배가 발달된다. 동시에 보호조직이 배를 둘러싸면서 종자가 형성된다. 종자들은 과일이라고 불리는 또 다른 조직에 의해 감싸지게 된다. 이러한 전형적인 속씨식물들의 구조는 유전적 다양성을 확보하기 위해 먼 거리까지 종자가 퍼져야 하는 필요성에 의해 진화된 것이다.

개념 정리 30.2

화분은 바람, 곤충 또는 새에 의해 옮겨진다. 자가수정은 수분매개자의 부재 또는 식물이 안정적인 환경에 적응을 했을 때 선호된다. 이종교배가 증가되기 위해 암/수꽃을 분리하는 방식이 이용되었다. 암꽃과 수꽃이 성숙하는 시기를 다르게 하였고, 또는 유전적으로 조절되는 자가불화합성을 이용하였다. 중복수정은 2배체의 배와 3배체의 양분을 공급하는 배유를 형성한다.

- 자가수분을 통해 생산되는 모든 자손들은 유전적으로 동일한가?

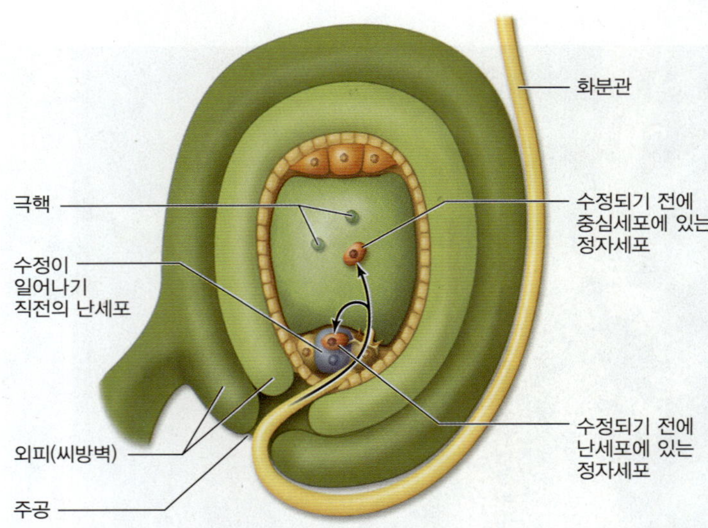

그림 30.12 수정은 배발생을 개시한다. 배낭에 있는 난세포는 화분관으로부터 배출되는 한 개의 정자세포와 수정된다. 두 번째 정자세포는 중앙세포와 수정되고 배유의 바닥을 개시한다. 수정이 일어나기 전 정자들을 보여주고 있다.

30.3 배의 발달은 난세포가 수정되면서 시작된다

난세포가 수정이 되면 곧바로 배의 발달이 시작된다. 화분립으로부터 생장한 화분관은 조세포를 통해 속씨식물의 배낭으로 들어가고 2개의 정자세포를 방출한다(그림 30.12).

하나의 정자세포는 중심세포의 극핵과 수정을 하여 양분을 저장하고 있는 **배유(endosperm)**를 생성한다. 또 다른 정자세포는 접합자를 형성할 수 있는 난세포와 수정하여 세포분열을 통한 **배(embryo)**를 형성한다.

단일세포의 분열이 3차원의 체제를 만든다

학습목표 30.3.1 배의 발달과정에서 배병의 역할을 설명한다.

꽃식물에서 접합자(수정된 난세포)는 비대칭적인 첫 번째 분열을 통해 서로 다른 두 개의 운명을 지니는 세포를 형성한다(그림 30.13). 하나의 딸세포는 빽빽한 세포질을 지니며 작은 크기를 보인

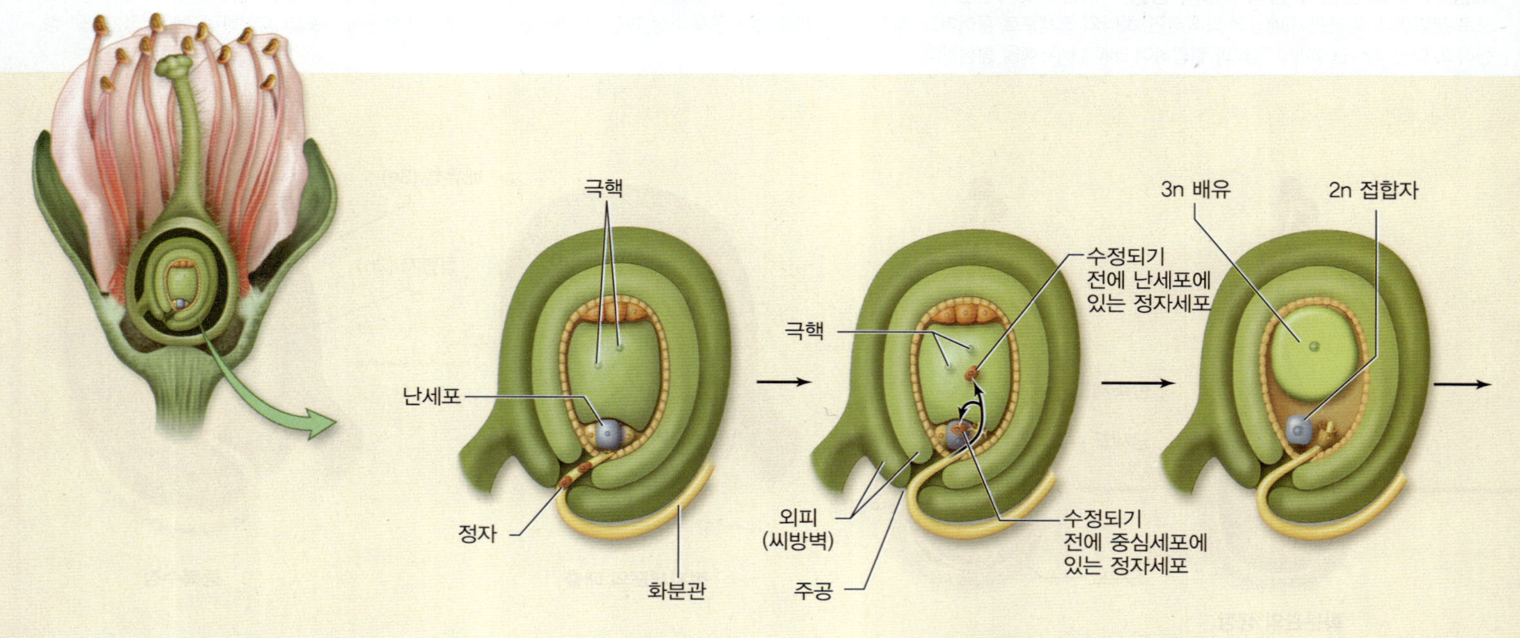

다. 이 세포는 이후 배로 발달하게 되는데, 반복적으로 여러 방향으로 세포분열이 일어나 세포로 이뤄진 구형을 형성한다. 좀 더 크기가 큰 다른 딸세포도 반복적인 세포분열을 통해 **배병(suspensor)**이라 불리는 기다란 구조를 형성한다. 배병은 종자 안에서 양분이 포함된 조직과 배를 연결하고 있다. 배병은 양분이 발달 중인 배에 도달할 수 있는 통로를 제공해준다. 뿌리와 줄기의 축도 이 때 형성이 되는데, 배병과 가까이 있는 세포가 향후 뿌리로 발달하며, 축의 끝 부분에 위치하는 세포가 줄기로 발달하게 된다.

배발생 동안 간단한 식물체의 체제가 만들어진다

학습목표 30.3.2 배에서 어떻게 식물의 세 가지 조직계가 형성되는지 설명한다.

식물의 3차원적 구조와 형태는 세포분열의 형태와 양에 의해 형성된다. 뿌리-줄기 축인 수직축(vertical axis)은 발달 초기에 형성되며, 내외부 축인 방사상 축(radial axis)이 이후에 형성된다. 비록 첫 번째 세포분열을 통해 하나의 열을 가지는 두 개의 세포를 만들어 내지만, 세포들은 바로 다양한 방향으로 분열을 하여 3차원적 구형을 지니는 구조를 지니게 된다. 뿌리-줄기 축은 세포분열을 통해 길이가 늘어나게 된다. 새로운 세포벽들이 뿌리-줄기 축에 직각을 이루며 형성되고, 새로운 세포들이 뿌리-줄기 축을 따라서 축적되게 된다.

뿌리와 줄기의 끝자락에 위치하는 활발히 세포분열이 일어나는 정단분열조직이 구형 배 단계에서 형성된다. 식물의 기본 조직계인 **기본조직**, **표피조직**, **관다발 조직**이 정단분열조직으로부터 형성된다(29장 참조). 이러한 조직들이 뿌리-줄기 축을 중심으로 방사상으로 형성된다. 줄기/뿌리 분열조직은 모두 정단분열조직이지만, 그들의 형성은 서로 다른 유전자들의 조성에 의해 독립적으로 조절된다.

세 가지 식물의 조직계의 형성

1기 **분열조직**이라고 명명되는 세 개의 기본 조직은 식물의 구형배 단계에서 분화된다. 식물의 배 발달과정 중에는 세포의 이동이 일어나지는 않는다. 배의 가장 바깥쪽에 위치하는 원표피(protoderm)가 **표피조직**으로 분화된다(29장 참조). 이 세포들은 거의 식물체 조직 표면에 대해 수직방향으로 분열이 일어남으로써, 세포들이 한 층의 표피층을 지속시킬 수 있게 한다. 표피조직은 탈수로부터 식물을 보호하는 기능을 지닌다. 개폐가 조절되는 기공이 가스의 교환을 촉진하고 표피조직으로부터 수분 손실을 최소화 한다.

기본분열조직은 기본적으로 양분과 물을 저장하는 기능을 지니는 **기본조직**의 형성을 증대시킨다.

최종적으로 전형성층은 향후 물과 양분의 이동을 관장하는 관다발 조직을 형성시키는 중심이 된다.

형태형성

구형 배는 속씨식물의 한 그룹인 2개의 돌출부(bulge)를 지니는 심장형배 단계(쌍자엽)로 발달하거나, 하나의 중배를 지니는 공형태를 지니는(단자엽) 배로 발달한다. 이 중배가 **자엽(cotyledons)**("첫 번째 잎")이며 구형기에서 발생되는 정단분열조직에서 형성되는 것이 아니라, 배아세포에서 형성된다. 이러한 일련의 과정을 형태형성(morphogenesis)이라 부르며, 세포분열의 속도와 평면의 변화에 의해 일어난다.

발생과정 중 식물세포는 이동하지 않기 때문에, 식물체의 형태는 세포가 분열하는 평면의 위치에 의해 결정되게 된다. 또한 세

그림 30.13 속씨식물 배의 발달과정. 가장 첫 번째 세포분열은 비대칭적으로 일어난다. 분화는 거의 수정이 일어나자마자 즉시 시작된다.

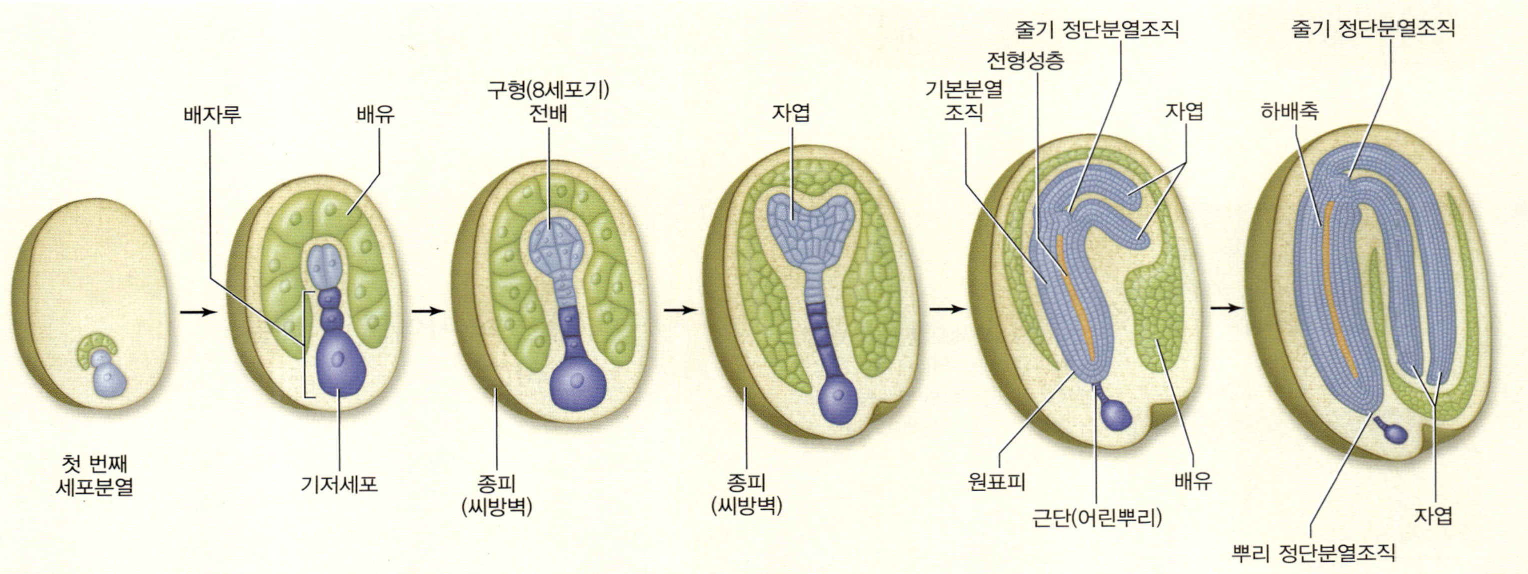

포가 형성된 이후 삼투압에 의한 확장으로 세포의 모양이 변하는 것에 의해서도 조절이 이뤄진다**(그림 30.14)**. 세포판의 위치는 세포분열의 방향을 결정하고, 미소관(microtuble)과 액틴이 세포판의 위치를 결정하는데 중요한 역할을 한다. 식물 호르몬들과 다양한 요소들이 원형질막 안쪽의 미소관 묶음의 방향성 형성에 영향을 미친다. 이러한 미소관은 새로운 세포의 외부를 감싸는 세포벽 형성을 위한 섬유소 축적을 조절하기도 한다. 세포의 6면 중 4곳에 섬유소가 많이 집적되며, 섬유소의 집적이 덜 이뤄지는 2개의 면에서 세포가 확장되고 생장하는 경향이 나타난다**(그림 30.14b)**.

세포 수준에서의 형태형성에 대한 많은 지식은 돌연변이체(분열은 하지만 방향성 및 분열에 대한 조절이 이뤄지지 못하는)를 연구함으로써 얻어졌다. 뿌리 정단분열조직의 발달이 없어진 호빗 돌연변이체가 이러한 한 예이다. 원시 형성층 줄기세포의 분화가 뿌리에서 시작될 때, 매우 중요한 세포의 분열이 *WOODEN LEG* *(WOL)* 유전자에 의해 조절된다**(그림 30.15)**. 이러한 세포 분열이 일어나지 않으면, 체관의 형성이 이뤄지지 않게 된다. 물관의 형성만이 관다발에서 나타나게 되고, 이러한 결과는 뿌리를 "나무 의족"("wooden leg")처럼 만들어 버린다.

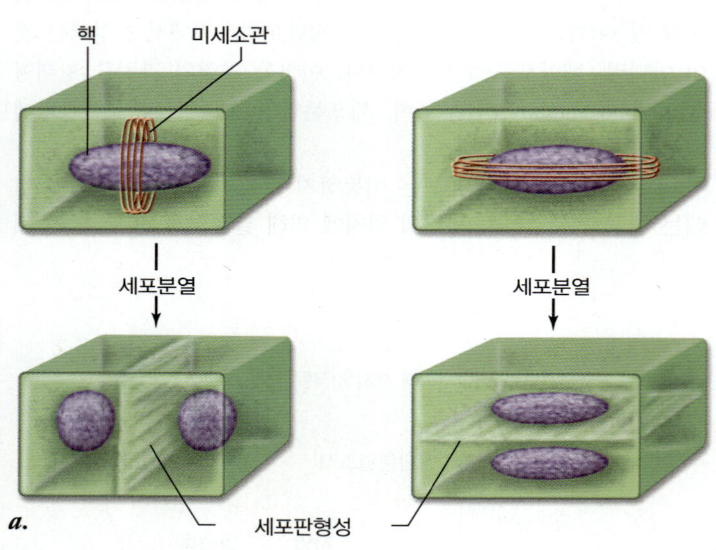

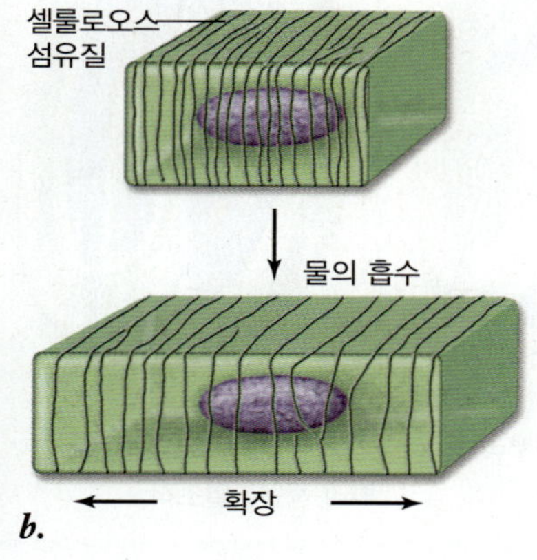

그림 30.14 세포분열과 신장. **a.** 미소관의 방향이 세포판 형성의 방향을 결정함으로써, 새로운 세포벽이 형성된다. **b.** 식물세포의 모든 면에서 같은 양의 셀룰로오스 보강이 일어나지 않는다. 물이 흡수되면 세포는 세포벽의 보강이 덜 이워진 방향으로 확장된다.

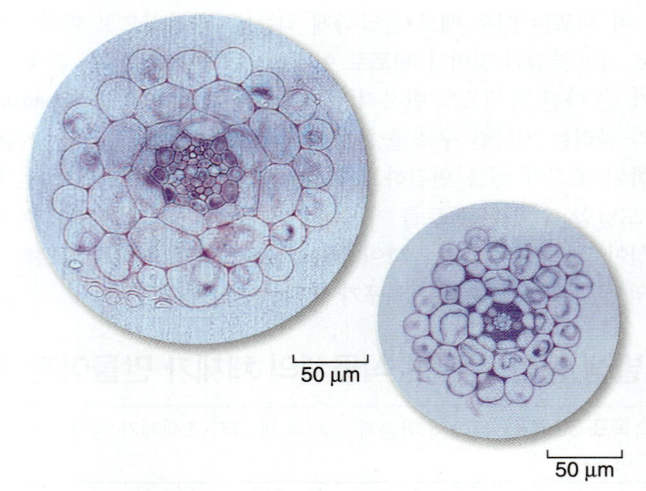

그림 30.15 *WOODEN LEG*는 체관의 발달에 필요한 유전자이다. *wol* 돌연변이체(오른쪽)은 야생형 정상 애기장대(왼쪽)와 비교하여 관다발 조직의 발달이 문제가 있다. 또한 모든 관다발이 물관으로 이뤄져 있다.

초기 배아발달과정에서 대부분의 세포는 잎을 포함한 다양한 종류의 기관으로 분화한다. 이러한 발달과정에서 광범위성 능력을 지니는 세포들은 정단분열조직을 품고 있는 지역에 한정되게 된다. 많은 분열조직들이 배발생이 끝날 시점에서 구성되며, 종자는 휴면 상태에 들어가게 된다. 발아과정 이후 정단분열조직들은 뿌리와 줄기의 끝자락에서 지속적으로 세포를 채워주게 된다. 예를 들어 활발하게 자라는 옥수수의 정단분열조직 세포는 매 12시간 마다 분열하여 하루에 50만개의 세포를 만들어 낸다. 측생분열조직(lateral meristem)들은 몇몇 식물체의 부피생장을 촉진한다. 반면에 잔디와 같은 볏과의 식물의 줄기에 있는 절간분열조직(intercalary meristem)은 길이생장을 촉진하게 된다.

개념 정리 30.3

식물의 배 발생과정 중 뿌리–줄기 축과 방사축이 형성된다. 배에서 형성되는 세 개의 조직들은 원표피, 기본 조직 분열세포와 원시 형성층 줄기세포이다. 배가 형성되는 동안 배유에서 배가 발달할 수 있는 양분이 공급된다. 종피는 배주 조직으로부터 형성된다. 반면 과일은 심피벽으로부터 형성된다.

- 겉씨식물과 속씨식물 종자에서 양분을 보호하는 조직은 어떻게 다를까?

30.4 종자는 속씨식물의 배를 보호한다

배가 발달하는 동안 속씨식물은 3개의 서로 다른 중요한 과정을 거치게 된다: (1) 양분공급원의 발달, (2) 종피의 발달, (3) 종자를 감싸는 열매의 발달 과정이다. 양분의 저장은 발아과정 동안 배의 발달을 위해 필요로 하며, 이후 배는 광합성 능력을 획득하게 된다.

양분의 저장은 배발생 과정 중에 일어난다

학습목표 30.4.1 배에서 양분의 저장이 어떻게 일어나는지 설명한다.

속씨식물의 중복수정은 양분을 공급하는 배유를 형성한다. 겉씨식물의 경우 대배우자체가 양분의 공급원으로 작용한다(26장 참조). 종피는 주피가 분화하여 형성하며, 단단하게 배를 감싸서 보호한다. 이후 종자는 휴면기에 들어가는데, 이는 배형성이 완료되었다는 신호이다. 속씨식물에서 열매는 배주를 감싸고 있는 심피벽으로부터 발달한다. 종자의 발달과 발아 그리고 과일의 발달은 이번 장의 뒷부분에서 자세히 설명할 것이며, 이번 섹션에서는 양분의 저장을 좀 더 자세히 설명할 것이다.

배발생 과정 동안 탄수화물, 지질, 그리고 단백질들이 합성된다. 종자의 저장단백질들은 매우 풍부하며, 식물 분자생물학자들이 가장 먼저 클로닝하고자 노력하였던 유전자들이 바로 저장 단백질을 코딩하는 유전자들이었다. 양분의 공급원을 형성시키는 것은 배의 생존확률을 높일 수 있는 진화적인 방향성의 한 부분이었다.

속씨식물에서 포자체(sporophyte)는 배자루를 통해 양분을 이동시킨다. 이러한 방식은 단지 배자루가 배를 양분의 공급원인 대배우자체와 근접할 수 있게 해주는 겉씨식물과 확연한 차이을 보여준다. 이러한 양분의 이동방식은 속씨식물만이 지니고 있는 배유의 발달을 일으키게 되었다(물론 마황(*Ephedra*)과 같은 겉씨식물에서는 중복수정이 관찰된다).

배유의 형성은 종마다 크기와 형태가 매우 다양하다. 코코넛의 배유는 밀크형태의 액체를 포함한다. 옥수수의 배유는 단단한 고체이다. 팝콘 옥수수의 배유는 열을 가하게 되면 하얀색의 식용이 가능한 형태로 바뀐다. 콩의 배유는 배의 발달동안 증가되는데, 양분이 두껍고 신선한 자엽에 저장이 된다(그림 30.16).

광합성에 관여하는 기관들이 빛에 반응하여 발달하기 때문에, 저장된 양분은 초기 발달에 매우 중요하게 이용된다. 종자 내 발아가 진행되는 포자체들은 광합성 능력을 가지기 전까지 세포호흡을 통해 양분저장소로부터 필요한 양분을 얻게 될 것이다. 땅속에 너무나 깊이 파묻힌 종자들은 지표면에 도착하여 햇빛을 이용 할 수 있을 만큼 생장하기 전에 그들이 저장해 놓은 양분을 모두 소진해 버릴 것이다.

종피는 배를 보호한다

학습목표 30.4.2 종자가 식물의 자손들의 생존을 도울 수 있는지 설명한다.

속씨식물의 발달 초기과정에서 매우 중요한 사건이 일어나는데 그것은 배가 발달을 멈추게 되는 것이다. 많은 식물에서 배의 발달은 정단분열조직과 자엽이 분화된 후 멈추게 된다. 배주의 바깥쪽 세포층인 외피는 휴면상태의 배와 양분을 저장하고 있는 종자를 감싸고 있는 거의 불투과성의 **종피(seed coat)**를 감싸고 있다(그림 30.17).

종자는 배를 멀리 퍼뜨릴 수 있는 수단이다. 종자에 보호막을 지니고 있음으로써 성숙된 식물들이 살아남을 수 없는 환경에서도

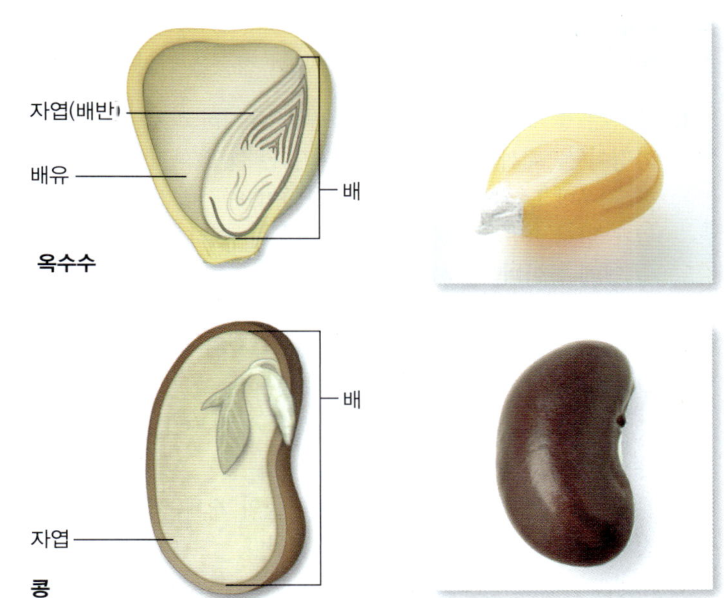

그림 30.16 옥수수와 콩의 배유. 옥수수알의 경우 성숙된 형태의 배유를 지니고 있지만, 콩의 배유는 보이지 않는다. 콩에 존재하는 배의 자엽은 양분을 저장하는 기능을 가지고 있다.

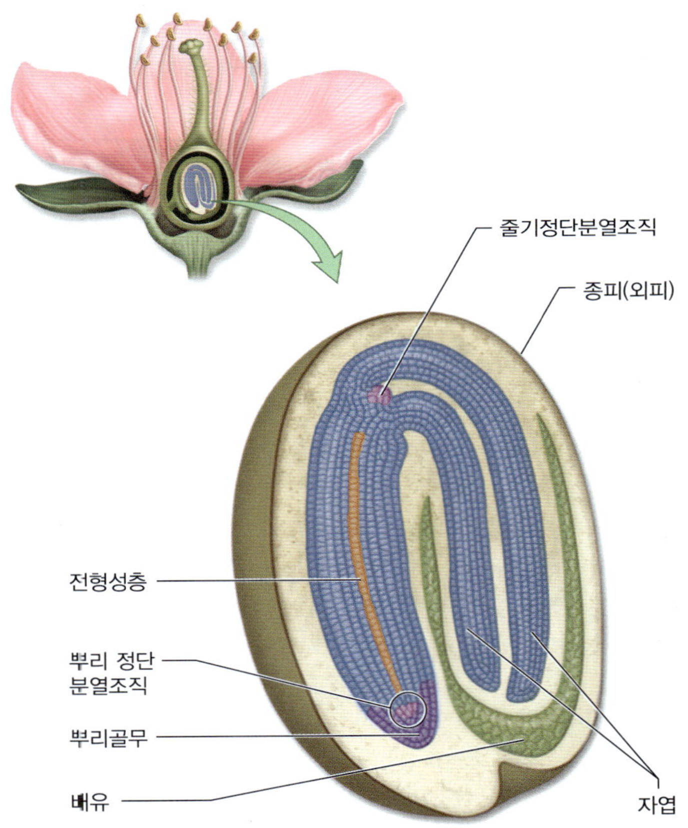

그림 30.17 종자의 발달. 성숙된 속씨식물 배주의 외피는 종피로 발달한다. 2개의 자엽은 굽은 모양으로 자라게 되는데, 이들은 종자내에 단단하게 숨겨져 있다. 특정 배의 경우, 정단분열조직이 이미 몇 개의 잎 원기를 만들어 놓기도 한다.

식물의 배가 생존이 가능케 한다.

종자는 다음 4가지의 방식으로 중요한 적응을 한다 :

1. 종자는 좋지 않은 환경에서 휴면을 유지하고 좀 더 개선된 환경이 올 때까지 발달을 연장시킨다. 설사 환경이 애매모호한 경우에도 식물은 약간의 종자들이 여전히 발아를 할 수 있게 한다. 이러한 현상은 설사 발아를 했다 해도 살아남을 수 있게 함이며, 일부 다른 종자들은 여전히 휴면을 유지하기 때문이다.
2. 종자는 환경에 대한 위험도가 가장 큰 어린 유식물 단계에서 보호력을 최대한으로 끌어올릴 수 있다.
3. 종자는 유식물들이 광합성을 시작하기 전까지 발달과 생장을 할 수 있게끔 양분을 저장하고 있다.
4. 분산을 통한 새로운 서식지로 식물들의 개체군의 이주를 촉진하는 것이 가장 중요한 요소일 것이다.

완전히 성숙한 종자는 대략 5~20%의 물을 지니고 있다. 이러한 조건에서 종자와 유식물은 매우 견실한 상태이다. 이러한 상황에서 생장의 억제가 일어나게 되는데 이는 배의 극심한 탈수과정 때문이고 또한 대사 작용의 활성도를 낮추는 것과 관련이 있다. 발아는 물과 산소가 배에 도달할 때 까지 일어나지 않는다. 특정 식물들의 종자는 수백 년 또는 간헐적으로 수천 년을 생존할 수 있는 상태로 유지될 수 있는 것으로 알려져 있다.

a.

b.

그림 30.18 산불은 특정 소나무의 종자가 배출되게 도와준다. 산불은 성숙된 잭 소나무를 파괴할 수 있지만, 다음 세대의 생장을 촉진시켜 준다. **a.**잭 소나무의 솔방울이 단단하게 붙어있어 비늘에 의해 보호되고 있는 종자가 노출되지 않았다. **b.** 높은 온도는 종자의 배출을 유도한다.

특별화된 종자의 적응은 후손들의 생존율을 향상시킨다

학습목표 30.4.3 몇몇 식물들의 발아에서 환경의 조건들에 대해 논의한다.

특별한 적응은 종자의 발아가 특정 환경에서만 일어나도록 한다. 단단한 원뿔(솔방울) 안에 존재하는 종자들은 산불의 열에 노출되기 전까지 솔방울을 열지 않는다(그림 30.18). 이러한 전략은 산불에 의해 식물들이 타버림으로써 양분이 상대적으로 충분해지는 지역에서 종자를 발아시키기 위함이다.

또 다른 식물의 종자들은 종피로부터 발아를 억제하는 화학물질들이 희석되어 발아하는데 필요한 충분한 물이 공급되는 것이 확실해 질 때 발아를 한다. 또한 어떤 종자들은 새나 동물들의 소장을 통과하거나 또는 역류되어짐으로써 그들의 외피가 약해지고 분산이 확실해 졌을 때 발아를 시작한다. 종종 특정지역에서 멸종되었을 것이라고 판단되는 식물들의 종자들이 특별한 환경조건에서 발아를 하기도 하여 다시 복구되기도 한다.

개념 정리 30.4

외피로부터 기원된 종피는 배와 양분을 동봉하게 된다. 휴면, 배의 보호, 양분공급, 그리고 분산의 수단으로써 4가지의 장점을 부여하게 된다. 산불, 홍수 또는 동물들의 섭식행위 등은 특정 식물종의 발아에 필요한 부분이기도 하다.

- 추운 겨울이 존재하는 기후대에 서식하는 식물에게는 어떠한 종류의 휴면이 존재할까?

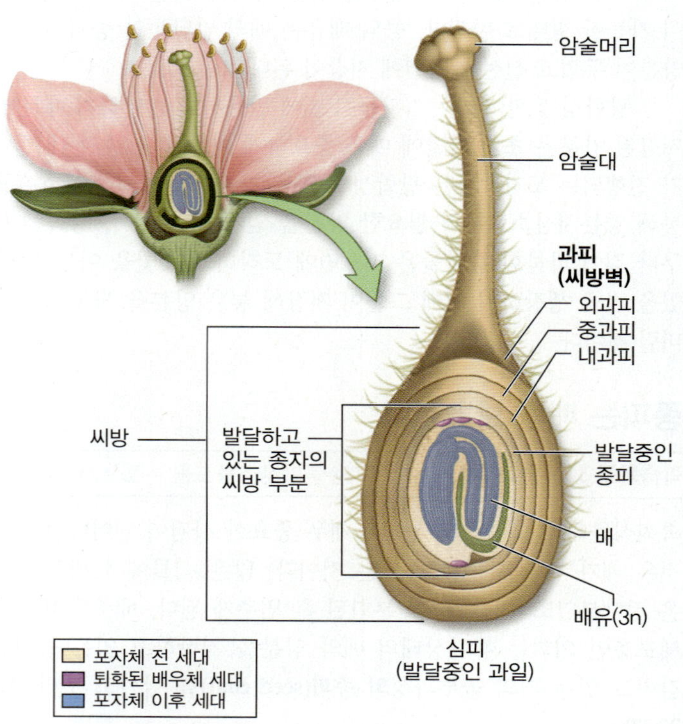

그림 30.19 과일의 발달. 심피(특히 씨방)벽은 외과피, 중과피, 내과피로 이뤄진 3개의 층으로 이뤄져 있다. 한 개 또는 모든 층이 각기 다른 종에서 과일로 인식되는 기관으로 발달하게 된다. 종자는 이렇게 발달되는 과일 안에서 성숙하게 된다.

30.5 과일은 종자가 널리 분산될 수 있게 한다

속씨식물 배의 생존은 과일과 종자의 발달에 의존적이다. 과일은 가장 간단하게 성숙된 자방(심피)이라고 정의된다. 종자의 형성 중에 꽃의 씨방은 과일로 발달을 시작한다(그림 30.19). 어떠한 경우에는 암술머리에 도달한 화분이 과일의 발달을 개시할 수 있지만, 대부분의 경우 과일, 종피, 배 그리고 배유의 종합적인 발달은 수분 이후 이뤄지게 된다.

과일은 종자의 분산을 위해 적응된 것이다

학습목표 30.5.1 과일로 발달하는 구조를 동정한다.

과일의 발달은 종자의 발달이 없이도 가능하다. 예를 들어, 현재 식용으르 판매되는 바나나는 종자의 발달을 퇴화시키고 식용이 가능한 성숙된 씨방을 만든다. 바나나는 배의 발달이 없기 때문에 무성생식을 통해 증식이 된다.

과일은 다양한 방식을 통해 형성되고, 분산을 위한 다양한 범위의 적응을 보여주고 있다. 자낭과피라 불리는 씨방벽의 3개 층은 각각 구분되는 운명을 지니게 된다. 이러한 방식을 통해 다육질의

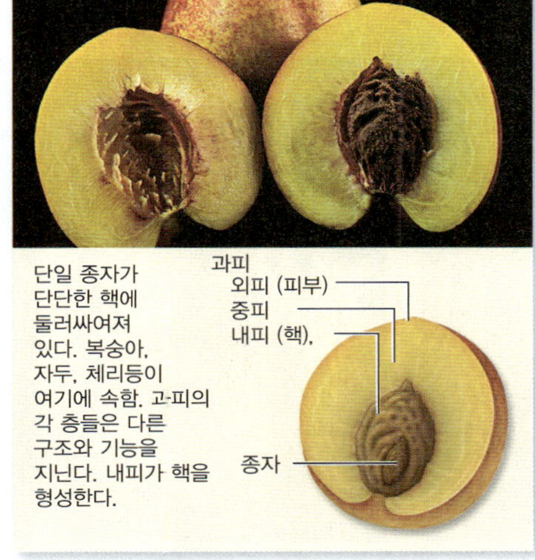

그림 30.20 몇몇 과일종류의 예. 콩과와 익과 식물을 마른과일의 예이다. 콩과식물의 종자으 배출을 위해 과일을 열지만 익과는 그렇지 않다. 핵과와 진정 베리는 간단한 과일을 지닌다. 이들은 한 개 또는 여러개의 심피를 지니는 한 개의 암술로 이뤄진 꽃으로부터 발달한다. 집합과일과 다중형성과일은 과일의 집합체이다. 이들은 한 개이상의 암술로 이뤄진 꽃 또는 여러개의 꽃으로부터 발달한다.

특성에서부터 마르고 단단한 형태의 다양한 과일의 특성이 설명될 수 있다. 몇몇 다양한 과일 형태의 차이점을 **그림 30.20**에서 확인할 수 있다.

발생학적 면에서 과일은 3개의 유전자형을 하나의 패키지로 지니고 있는 매혹적인 기관이다. 과일과 종피는 이른 포자체 단계에서부터 기원된다. 난세포를 만드는 배우자체 단계의 잔유물들이 발달하는 종자 내에서 발견되고, 배는 다음 포자체 형성 단계에서 나타난다.

과일은 속씨식물들이 넓은 지역을 점령할 수 있게 하였다

다양한 형태의 과일이 형성되는 것뿐만 아니라 과일은 많은 특화된 분산 방법을 지니고 있다. 반들반들한 검정색, 밝은 파란색 또는 빨강색을 종종 지니는 다육질 과일은 일반적으로 새나 또는 척추동물들에 의해 분산이 일어난다**(그림 30.21a)**. 빨간색의 꽃과 비슷하게 빨강 과일은 풍부한 양분을 포함하고 있다는 신호로 작용된다. 이러한 과일을 통한 양분을 제공함으로써 새나 다른 동물들은 한 장소에서 다른 장소로 종자를 운반해주게 된다. 그리하여 적절한 서식지에서 다른 장소로 식물들이 옮겨질 수 있는 것이다. 이러한 종류의 종자들은 동물들의 위산과 소화효소에 버틸 수 있는 단단한 종피를 필요로 한다.

갈고리 같은 가시로 뒤덮인 과일은**(그림 30.21b)** 북쪽 낙엽송 숲에 있는 여러 식물 속들의 전형적인 특징이다. 이러한 과일들은 사람과 같은 포유동물들의 옷이나 털에 붙어서 널리 퍼지게 된다.

단풍나무, 느릅나무, 자작나무와 같은 식물의 과일은 바람에 의해 널리 날아갈 수 있도록 날개를 지니고 있다. 난초는 바람에 의해 쉽게 날릴 수 있는 미세한 먼지 같은 종자를 지니고 있다. 민들레는 바람에 의해 분산이 되는 과일의 형태에 대한 친숙한 한 예를 제공한다**(그림 30.21c)**.

해안가에 서식하는 코코넛 같은 식물들은 종자를 물에 둥둥 띄워 종자를 분산시킨다**(그림 30.21d)**. 이러한 분산은 하와이 제도(Hawaiian Islands)와 같이 먼 거리에 위치하는 섬에 정착하는 중요한 방식이다.

현재 하와이 제도에서 발견되는 거의 970여종의 식물이 진화하기 위해서는 북미지역에 서식하는 식물의 1/3에 해당하는 대략 175종류의 속씨식물이 하와이 섬(Hawaii)에 도착해야만 할 것으로 측정된다. 이들 종자 중 일부는 바람을 타고, 또 일부는 새의 깃털에 붙어서 또는 소화기관을 통해 이동되었다. 또한 일부 종자는 태평양을 항해하여 이동되었다.

개념 정리 30.5

종자가 발달할 때 씨방 벽의 자낭 과피가 과일로 발달한다. 베리류는 과육을 지니는 자낭과피를 지니고, 콩은 터지면서 종자를 내보낼 수 있는 마른 자낭과피를 지니고 있다. 핵과의 자낭과피의 외곽층은 과육으로 이뤄져 있다. 익과는 건조한 구조의 날개를 지니고 있다. 동물들은 과육을 지니는 과일 종자와 가시나 고리를 지니는 과일의 분산을 일으킨다.
바람은 가벼운 종자나 익과형태의 종자의 분산을 돕는다.

- 동물들이 먹을 수 있게 발달된 과일은 어떠한 특징이 존재하는가?

30.6 발아는 어린식물의 생장을 개시한다

환경이 적당할 때 배는 초기 건조한 상태에서 벗어나 저장된 양분을 이용하면서 생장을 시작하게 된다. 비록 **발아(germination)**는 몇 단계의 발달과정을 지니는 특성을 보이지만, 종종 발아는 **소근(radicle, 처음 나오는 뿌리)**이 종피를 뚫고 출연하는 과정으로 정의된다.

a.

b.

c.

d.

그림 30.21 종자의 분산 전략. **a.** 인동이라 불리는 덩굴에 달린 빨간 앵두는 새들을 유혹한다. 과일을 먹은 새는 아주 먼거리 까지 그 종자를 옮겨줄 것이다. **b.** *Cenchrus incertus* 식물의 과일은 지나가는 동물에 쉽게 달라붙을 수 있는 가시를 지니고 있다. **c.** 민들레 일종인 *Pyrrhopappus carolinianus*는 "낙하산"을 지니고 있는데, 이는 종자가 바람을 타고 멀리 날아갈 수 있게 한다. **d.** 코코넛 야자 *Cocos nucifera*의 과일은 모래해변에서 생장한다. 코코넛들은 파도를 타고 항해를 하여 다른 섬에 정착하게 된다.

외부의 신호와 환경이 발아를 개시한다

학습목표 30.6.1 종자의 발아가 어떻게 일어나는지 설명한다.

발아는 종자가 물을 흡수하고 이들의 대사과정이 재개될 때 시작된다. 하나의 종자가 흡수 할 수 있는 물의 양은 가늠할 수 있고, 삼투압이 종피를 깰 수 있는 충분한 양의 힘을 제공한다. 이 단계에서 발달하는 배가 이용할 수 있는 산소가 중요한데, 이는 동물처럼 식물도 세포호흡에 산소가 필요하기 때문이다. 벼와 같은 몇몇 식물은 물속에서 성공적으로 발아를 할 수 있는 종자를 만드는데, 이들은 혐기성 조건에 대한 내성을 지니도록 진화해 왔기 때문이다.

비록 휴면상태의 종자가 충분한 양의 물을 흡수하고 호흡을 개시하여 단백질, RNA 합성을 시작하고 정상적인 대사과정을 수행한다 할지라도, 적절한 외부 환경 신호 없이는 정상적인 발아를 할 수 없게 된다. 이러한 신호는 정확한 파장과 강도를 지니는 빛, 추운 날의 연속, 적절한 발아를 위한 온도가 도래하는 경과이다. 많은 종의 식물 종자들은 어느 정도의 낮은 온도에 노출되는 기간을 포함하는 특정한 경과 없이는 발아를 하지 않는다. 이러한 현상은 식물의 종자들이 겨울이 지나기 전까지 추운 지역에서 발아가 되는 것을 억제함으로써, 유약한 어린 유식물들을 거칠고 추운 환경으로부터 보호할 수 있게 된다.

특정종자들은 아주 좁은 범위의 온도에서만 발아를 하지만, 종자의 발아는 넓은 범위의 온도(5~30℃)에서 일어날 수 있다. 어떤 종자들은 가장 완벽한 환경이 도래하지 않는 한 발아를 하지 않는다. 어떤 특정 식물들은 무한정으로 종자들의 휴면을 유지하는 중대한 분할을 주기도 한다. 이러한 과정은 미래 식물들의 개체군에 매우 중요한 진화적 유전자 풀을 제공할 수 있다. 토양 내에 발아하지 않은 종자의 존재는 **종자은행(seed bank)**으로써 작용할 수 있음을 의미한다.

양분의 저장은 생장하는 유식물의 발달을 유지한다

종자의 발아는 모든 내/외부 환경적 요소가 적당할 때 일어난다. 발아와 초기 유식물의 생장은 아밀로플라스트(amyloplasts, 색이 없는 플라스티드)에 저장된 전분과 단백질체(protein bodies)와 같은 대사 저장산물의 이용이 필요하다. 특정 종자에 저장된 지방과 지질은 발아과정 중 세포 호흡과정 동안 에너지를 생산하는 글리세롤과 지방산을 만들기 위해 쉽게 분해된다. 이들은 포도당으로 전환되기도 한다. 식물의 종에 따라 이러한 양분은 배나 배유에 저장되기도 한다.

시리얼 곡물의 속대(kernels)에서 단자엽이 상대적으로 커다란 구조로 변화되어져 있는데 이를 **배반(scutellum)**이라 부른다(그림 30.22). 배반에 저장된 충분한 양분은 발아되는 과정에서 가장 먼저 사용된다. 유식물이 발달한 후 배반은 배유로부터 배로 이동되는 양분의 이동통로로 작용된다.

발아되고 있는 식물에 의해 저장된 전분의 이용은 식물호르몬이 어떻게 식물의 발달을 조절하는지에 대한 가장 좋은 사례이기도 하다. 배는 지베렐린 호르몬을 합성한다. 지베렐린은 **호분층**

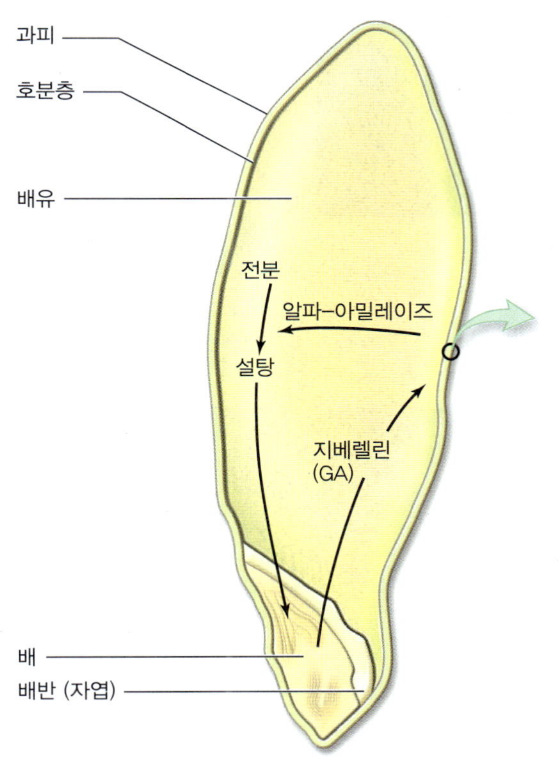

1. 지베렐린이 호분층의 세포에 존재하는 세포막 수용체에 결합한다. 이것이 신호전달을 거시한다.

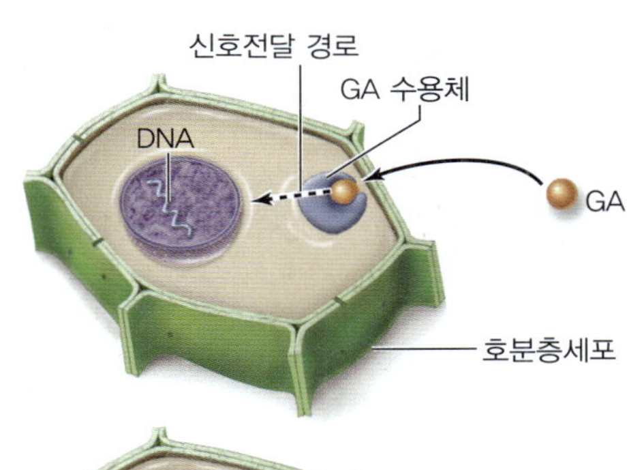

2. 신호전달은 Myb유전자의 발현과 단백질 발현을 세포질에서 유도하게 된다.

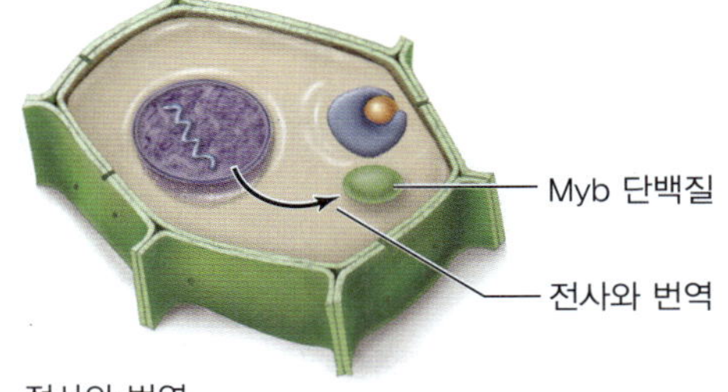

3. Myb 단백질은 핵으로 들어가서 알파-아밀레이즈 유전자의 프로모터를 활성화한다. 알파-아밀레이즈가 합성된다.

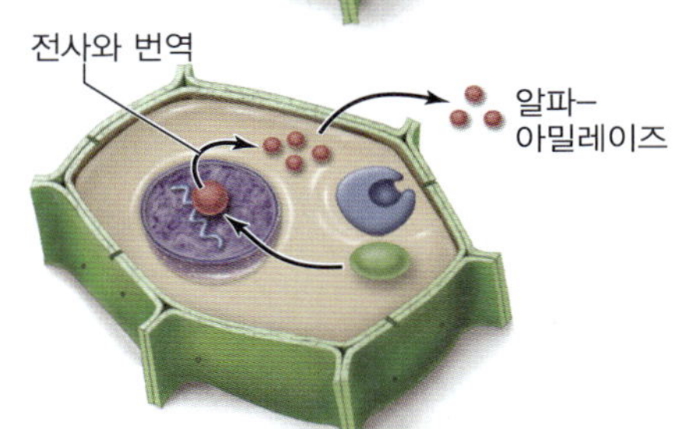

그림 30.22 유식물 생장을 위한 호르몬의 조절.

(aleurone)이라 불리는 배유의 외곽층에서 알파-아밀라아제(알파-아밀레이즈, α-amylase)를 만드는 신호로 작용한다. 이 효소는 배유의 전분을 분해하게 되는데, 전분이 분해되어 아밀로오스(아밀로즈, amylose)로, 그리고 당으로 전환되어 배반을 통해 배로 전달된다.

어린식물이 환경에 적응되었을 때 광합성이 시작된다

학습목표 30.6.2 쌍자엽식물 콩과 단자엽식물 옥수수에서 슈트의 발달패턴을 비교한다.

포자체가 종피를 뚫고 나올 때는 방향성을 지니게 된다. 따라서 뿌리는 아래로, 어린 줄기는 위쪽으로 자라게 된다. 환경의 위험으로부터 보호되는 연약한 정단분열조직에서 새로운 생장이 시작된다. 어린 줄기조직은 광합성을 시작하고, 생장과 발달의 새로운 배발생 단계에 돌입하게 된다. 그림 30.23은 발아과정과 이후 이뤄지는 쌍자엽과 단자엽식물의 발달과정을 보여주고 있다.

단자엽식물의 새롭게 발생하는 어린줄기와 뿌리의 정단은 부가적으로 발생하는 층에 의해 보호된다. **자엽초**(*coleoptile*)가 어린 줄기를 감싸고, **근초**(*coleorhiza*)가 어린뿌리를 감싸고 있다. 또 다른 보호기작으로 새롭게 나오는 어린 줄기의 윗부분을 구부림으로써 좀 더 튼튼한 세포벽이 흙을 뚫고 올라갈 수 있게 하는 방식이 있다.

발아과정 동안의 새로운 어린뿌리와 줄기의 발생은 종에 따라 매우 다양하게 조절된다. 대부분의 식물에서 어린줄기가 출연하기 전에 뿌리가 먼저 나타남으로써 어린 유식물이 흙에 잘 정착할 수 있게 된다. 완두콩 같은 식물들에서는 자엽이 땅 속에서 나타나고, 콩, 무, 양파와 같은 식물의 자엽은 땅 위로 올라오게 된다. 자엽들은 녹색으로 변하고, 어린 유식물들이 만들어지는 동안 양분을 공급하는 역할을 한다. 자엽은 이후 빠르게 시들어 버리게 된다. 종자의 발아에서부터 어린 식물체가 만들어지는 과정은 식물의 생존에 매우 중요한 단계이다. 어린 유식물들은 병원균에 쉽게 감염이 되고 수분 스트레스에 쉽게 해를 입을 수 있기 때문이다. 토양의 구성성분과 산성도는 새롭게 발아된 식물체의 생존에 영향을 줄 수 있는 요인들이다.

개념 정리 30.6

발아를 하는 동안 종자와 배는 물을 흡수하고, 호흡을 증가시키며 단백질과 RNA를 합성한다. 종자 내에 탄수화물, 지질과 같은 대사체 산물들이 저장되어져 있다. 어린 유식물이 출연하는 동안 콩과 같은 쌍자엽식물의 자엽과 종피는 땅 위로 밀려져 나오고, 광합성을 시작한다. 반면에 옥수수와 같은 단자엽식물의 자엽과 종피는 땅속에 남게 된다.

- 어린 유식물이 출연할 때 종자가 땅 속에 남아있게 하는 것은 어떠한 장점이 존재하는가?

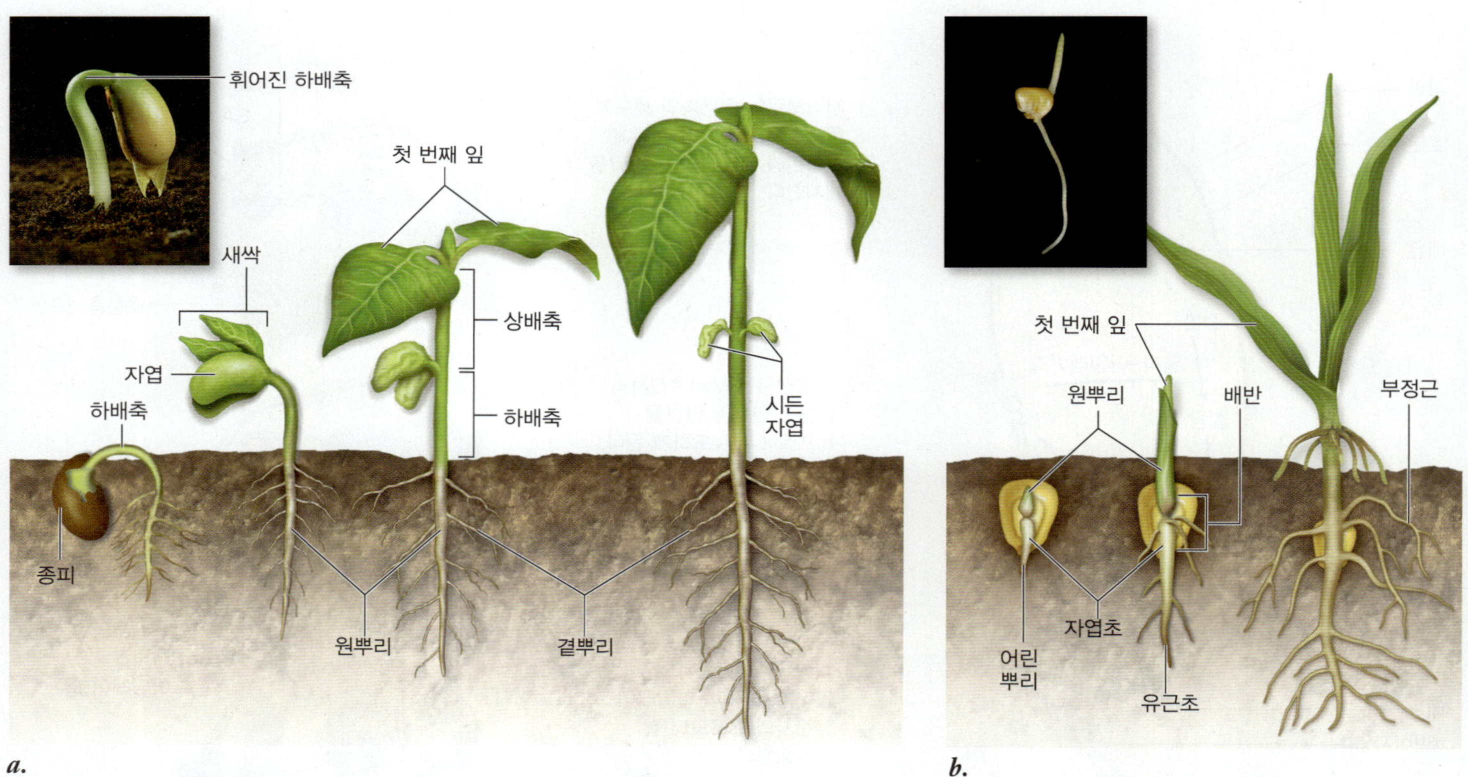

그림 30.23 발아. a. 쌍자엽식물인 콩(*Phaseolus vulgaris*), b. 단자엽식물 옥수수(*Zea mays*)의 발아단계. 하배축(자엽의 아랫부분)이 구부려져 있는 것은 땅위로 출연한 슈트의 정점을 보고하기 위함이다. 옥수수의 어린뿌리는 유근초라 불리는 조직의 보호막에 의해 보호된다. 콩과 옥수수 모두에서 뿌리골무가 발견된다. 하배축 조직보다는 자엽초라 불리는 세포의 덮개가 출연하는 옥수수의 슈트 정단을 보호한다.

30.7 식물의 수명은 매우 다양하다

한번 식물의 생장 및 발달이 완성되면 이들의 수명은 종의 특성에 따라 매우 다양하게 나타난다. 수명은 생식의 방식과는 관련이 없다. 2차 생장을 왕성하게 일으키는 목본식물들이 대개 2차 생장을 제한적으로 일으키는 초본식물들보다 오래 사는 경향이 있다. 예를 들어 미국 소나무(Bristlecone pine)는 4천년을 넘게 살 수 있다.

식물의 수명은 세 가지 방식 중 하나에 속한다

학습목표 30.7.1 목본과 초본 다년생 식물을 구분한다.

몇몇 초본식물은 매년 목본으로 이뤄진 바탕에 새로운 줄기를 만들어 낸다. 또 다른 식물은 그들이 일생을 마감하기까지 딱 한 번의 개화를 유도한다. 단년생 식물들은 2차 조직을 축적할 수 있는 충분한 시간을 지니고 있지 않기 때문에 목본조직을 거의 만들지 못한다. 식물들의 생활사의 기간에 따라 초본식물들은 일년생, 이년생 또는 다년생으로 구분된다. 목본식물들은 일반적으로 다년생에 포함된다(그림 30.24).

다년생식물은 오랫동안 해를 거치면 산다

다년생식물(Perennial plants)은 매년 생장을 지속하고 초본(많은 산림지대, 습지대, 프래리 초지에서 발견됨) 또는 목본(나무와 관목)의 특성을 보인다. 관다발을 지니는 식물의 대부분의 종이 다년생식물들이다. 다년생 식물은 일반적으로 불명확한 기간 동안 매년 꽃을 피우고, 종자와 과일을 생산한다.

초본 다년생식물들은 줄기에 2차 생장을 거의 일으키지 않는다. 따라서 이러한 식물의 줄기들은 비교적 빠르게 생장하고 양분을 축적한 후 매년 생을 마감하게 된다. 양분들은 종종 식물의 뿌리나 지하줄기 부분에 저장되는데, 이러한 저장 부위는 지상부의 식물 개체와 비교했을 때 상당히 크게 자랄 수도 있다.

나무와 관목은 모두 한 해의 특정 기간 동안 모든 잎을 떨어뜨리는 낙엽을 하고, 식물들은 잎이 없는 벌거벗은 상태로 한 기간 동안 존재한다. 상록수의 경우에는 지속적으로 떨어지는 잎을 지니고 있음으로써 항상 잎으로 덮여 있는 것처럼 보인다. 북쪽의 온대 기후 지역에 서식하는 침엽수류들이 가장 친숙한 상록수이다. 하지만 열대나 아열대 기후 지역에서 대부분의 속씨식물들은 상록수이며, 다만 건기가 존재하는 지역의 경우에는 예외가 된다. 건기가 존재하는 지역에서의 많은 속씨식물들은 건기에 잎을 떨어뜨림으로써 물을 보존할 수 있다.

a. *b.*

그림 30.24 단년생과 다년생 식물. 식물의 수명은 매우 다양하다. a. 사막에 사는 일년생 식물들은 그들의 모든 생활주기를 단한번 꽃을 피우고, 몇 주 만에 완성한다. b. 캘리포니아 시에라 네바다의 서부지역에 자생하는 거대 미국 삼나무와 같은 몇몇 나무종들은 2천 년을 넘게 살고 매년 꽃을 피운다.

일년생 식물들은 일 년에 생장과 생식 그리고 생을 마감한다

단년생 식물은 생장, 개화 그리고 과일과 종자의 형성을 한 번의 생장시기에 완료하고, 이러한 모든 과정이 완료되었을 때 생을 마감한다. 옥수수, 밀, 콩과 같은 많은 식용작물들이 이러한 단년생 식물에 속한다. 단년생 식물들은 적당한 환경과 물과 양분의 이용이 충분할 때 빠르게 생장한다. 해바라기, 거대 돼지풀과 같은 몇몇 단년생 식물의 경우 지지를 위한 이차 조직들이 측생분열조직(lateral meristems)으로 부터 생성된다. 하지만 대부분의 단년생 식물들은 거의 초본이다.

일반적으로 단년생식물은 꽃이 핀 이후 생을 마감한다. 발달하는 꽃이나 배는 양분의 재할당을 위해 호르몬 신호전달을 이용하는데, 그럼으로써 부모식물체는 사실상 죽기 위해 굶게 되는 현상이 일어나게 된다. 식물의 죽음을 유도하는 이러한 과정은 **노화(senescence)**라고 명명된다.

이년생 식물은 2년의 생활사를 가진다

단년생보다는 일반적이지 않은 이년생 식물은 생을 마감하기 위해 2년의 생활사를 지니고 있다. 첫해에 이년생 식물은 광합성 산물을 지하 저장기관에 쌓아두게 된다. 2년차 생장 기간 동안 꽃을 피우는 줄기가 형성되고 지하부에 저장해 놓은 에너지를 이용하게 된다. 당근, 배추, 근대와 같은 특정 식용작물들이 이년생 식물들이다. 하지만 일반적으로 이러한 작물들은 생장 첫해에 꽃이 피기 전 식량으로 이용하기 위해 수확된다.

앵초(evening primroses), 당근수(Queen Anne's lace), 우단 담배풀(mullein) 등이 야생 이년생 식물들이다. 이년생 식물로 고려되는 많은 식물들이 3년 또는 그 이상이 지날 때까지 개화를 하지 않는다. 하지만 모든 이년생 식물들은 그들이 죽기 전에 딱 한 번 꽃을 피운다.

개념 정리 30.7

목본 다년생 식물은 이차 생장을 일으키지만, 초본 다년생 식물은 일반적으로 이차 생장을 하지 않는다. 다년생 식물은 매년 끊임없이 생장을 지속한다. 반면에 일년생 식물은 생장하는 그 해에 생을 마감한다. 이년생 생활사를 지니는 식물의 첫 생장 해에는 양분이 만들어지고 지하 저장기관에 저장된다. 그 다음해에 저장된 에너지는 꽃을 피우는 줄기를 만들기 위해 사용된다.

- 일년생 생활사와 비교하여 다년생 식물의 생활사는 어떠한 장점과 단점이 존재할까?

30.8 무성생식은 현화식물에서 일반적으로 일어난다

무배우 생식(apomixis)은 2배체 배의 발달을 포함한다

학습목표 30.8.1 무배우 생식을 정의한다.

자가수정은 유전적 다양성을 줄이지만, 무성생식은 오직 유사분열만 일어나기 때문에 유전적으로 동일한 개체를 만들어 낸다. 감수분열이 없는 상태에서, 환경적 변화가 거의 없는 곳에서 적응된 개체들은 자가수정을 선호하는 요인을 지속적으로 유지하게 된다. 커다란 변화가 생긴 상태에서 자연선택압에 반응하기 위한 개체군의 변이가 적을 것이고, 이러한 종들은 거의 살아남지 못할 것이다.

무성생식은 자가수정이나 유성생식을 통해 변이가 발생한 좋은 형질의 식물을 증식시키기 위해 농업과 원예업에서 이용된다. 예를 들어 대부분의 장미와 감자는 영양(무성)생식을 통해 증식된다.

감귤, 잔디, 민들레 같은 특정 식물들의 종자 안에 있는 배는 부모식물로부터 무성적으로 형성되었을 것이다. 이러한 종류의 무성생식을 무배우 생식이라 한다. 이러한 방식을 통해 만들어진 종자는 그들의 부모와 유전적으로 동일한 개체를 형성하게 된다.

비록 이러한 식물들은 배주 안에 복제된 2배체 세포를 만들어 생식을 하지만, 유성생식의 과정에서 일반적으로 나타나는 종자의 분산에 좋은 장점을 그들도 역시 가지게 된다. 식물에게서 무성생식은 변이의 가능성이 거의 없는 거친 환경에서 훨씬 더 일반적으로 나타난다. 예를 들면 식물의 무성생식 비율이 온대지방 보다는 극지방에서 훨씬 자주 일어난다.

영양생식에서는 새로운 식물체가 비생식 조직으로부터 발생한다

학습목표 30.8.2 영양생식에 관여하는 식물의 부분을 나열한다.

영양생식(vegetative reproduction)이라 불리는 무성생식의 매우 일반적인 형태는 새로운 식물의 개체가 간단하게 성체의 한 부분으로부터 복제되는 것이다(그림 30.25). 식물의 영양생장 형태는 다양하게 나타난다.

그림 30.25 영양생식. 작은 식물들이 관상용 식물 *Kalanchoë daigremontiana* 잎을 따라 형성된 굴곡에서 형성되어져 있다. 이런 작은 묘목들은 떨어져서 새로운 식물로 생장하게 된다. 이러한 현상은 영양생식의 드문 형태이다.

기는 줄기 또는 포복경(Runners or stolons). 일부 식물들은 길고 가는 줄기가 땅 표면을 따라 생장하는 **기는 줄기(포복경)** 방식을 통해 생식을 한다. 농가에서 재배되는 딸기의 경우 잎, 꽃 그리고 뿌리가 기는 줄기의 각 마디에서 형성된다. 각 포복경 이차 마디를 지나 간지가 나타나고 두꺼워 진다. 이러한 과정은 첫 번째 부정근을 형성하고, 그리고 새로운 어린 줄기를 출연시킨다.

뿌리줄기(Rhizomes). 잔디, 창포등과 같은 식물의 지하 평형줄기 또는 **뿌리줄기** 역시 중요한 생식 구조이다. 뿌리줄기는 부모식물 주변지역을 침입하고, 각 마디는 새로운 꽃을 피우는 줄기로 만들어 낼 수 있다. 많은 잡초의 유해한 특징이 이러한 생장 방식에 의해 만들어 지는데, 붓꽃(irises) 같은 많은 정원 식물들이 거의 완벽하게 뿌리줄기 형태를 통해 증식된다. 구경과 구근이 지하 줄기에 수직으로 형성된다. 덩이줄기 역시 저장과 생식을 위해 형성된 특별한 줄기구조이다. 덩이줄기는 뿌리줄기의 끝부분에 형성되는 저장구역이다.

흡근(Suckers). 체리, 사과, 나무딸기 같은 식물의 뿌리는 새로운 식물체로 생장하는 흡근 또는 새싹을 형성한다. 민들레의 뿌리가 잘려졌을 때 각각의 뿌리 조각들은 새로운 식물체로 생장할 수 있다.

부정 묘목(Adventitious plantlets). 소수의 식물 종들에서 잎이 생식기관으로 작용하기도 한다. 하나의 좋은 예가 많은 사람들에게 "산모 식물(maternity plant)"로 잘 알려진 실내 관상식물 *Kalanchoë daigremontiana*이다(그림 30.25 참조). 이 식물의 친근한 이름은 잎을 따라 형성된 협곡 구조(notches)에 존재하는 정단분열조직으로부터 수많은 어린 묘목들이 생성되기 때문이다.

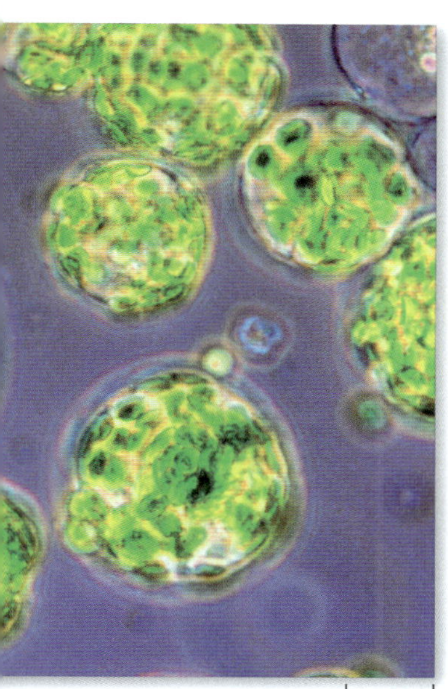

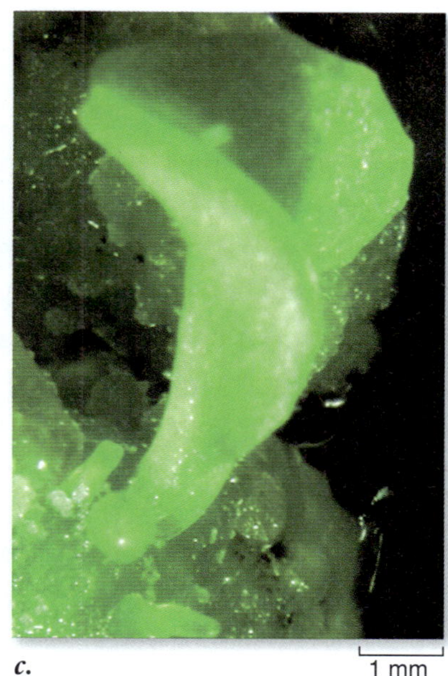

그림 30.25 원형질체의 재분화. 앵초의 단일 원형질체로부터 완벽한 식물체가 형성되는 단계. **a.** 세포벽이 재분화되고 세포분열이 시작되고 있음. **b.** 4주 배양후 형성된 녹색의 깨지기 쉬운 캘러스. **c.** 7주 배양후 슈트 원기의 발달. **d.** 원형질체로부터 분화되어 잎과 뿌리가 잘 형성된 식물이 기내에서 로제트 잎이 만들어지는 단계에서 생장하고 있다. 이 사진은 원형질체가 분리된 후 4개월 동안 촬영되었다.

실험실에서 식물들의 분리된 세포로부터 식물을 복제할 수 있다

학습목표 30.8.3 원형질체가 재분화되는 단계를 확인한다.

식물생장호르몬이 포함된 영양원 배지 위에서 식물의 조직이나 세포로부터 완벽한 식물체가 복제될 수 있다. 이러한 과정은 또 다른 무성생식의 방식이다. 배양되는 잎, 줄기, 뿌리조직들은 배양과정에서 기관형성(organogenesis)이 일어날 수 있고, 어린 줄기와 뿌리가 형성된다.

때로는 배양을 통해 단일세포들이 완전한 식물체로 형성될 수도 있다. 단일세포들은 세포벽을 녹일 수 있는 효소를 이용하여 식물조직으로부터 분리할 수 있다. 이러한 단일세포들은 원형질막으로만 둘러싸인 **원형질체**(*protoplast*)이다. 식물세포들은 척추동물들의 세포보다 발달 가소성(developmental plasticity)이 높다. 많은 종류의 식물세포들이 배양을 통해 완벽한 식물체나 기관을 만들어 낼 수 있는 능력을 지니고 있다. 척추동물에서 성체 줄기세포의 한정된 이용성과 36장에서 소개된 이와 관련된 복제기술 개발에 대한 도전을 고려해 보자.

단일 식물세포를 배양할 때 세포벽이 먼저 재분화된다. 세포분열에 의해 분화되지 않은 세포들의 덩어리인 캘러스(callus)가 형성된다(그림 30.26). 캘러스가 일단 형성되면, 완벽한 식물체가 배양을 통해 형성된다. 완벽한 식물체의 발달과정은 배발생단계를 통해 이뤄진다. 또한 이들은 어린줄기 또는 뿌리의 형성과 함께 발달이 시작된다. 식물세포 배양과정에서는 유전자 조작을 위해 원형질체 융합을 이용하기도 한다.

조직배양은 농업과 원예업에서 많이 이용되고 있다. 설사 바이러스에 나무딸기, 사탕무 등의 작물이 감염되었을 경우에라도, 이러한 식물을 이용하여 배양되는 정단분열조직으로부터 바이러스에 감염되지 않는 무병주들이 증식될 수 있다.

개념 정리 30.8

무배우 생식과정에서 배는 수정이 아닌 유사분열을 통해 형성된다. 반대로 무성 영양생식은 식물의 영양 조직으로부터 형성된다. 포복경, 기는줄기, 뿌리줄기, 흡근, 부정묘목등과 같은 식물의 부분들이 영양생식에 포함된다. 실험실에서 원형질체는 세포벽을 제거하여 분리 될 수 있다. 칼러스라 불리는 미분화된 세포들의 덩어리가 유사분열을 통해 형성된다. 이러한 캘러스에서 식물의 분화가 촉진될 수 있다.

- 어떠한 상황들에서 무성영양생식 방식이 생존을 하는데 유리할까?

수분매개자들은 꽃의 색깔에 대한 진화에 책임이 있을까?

진화는 포식자-피식자의 관계, 경쟁, 성 선택과 같은 개체간의 상호작용에 방식에 의해 이뤄졌다. 식물과 동물의 공진화의 중요한 방식이 현화식물과 그들의 수분매개자들이다. 수분매개자들은 음식을 얻기 위해 꽃이 필요하고, 식물은 생식을 위해 수분매개자들이 필요하다. 그렇다면, 꽃의 모양, 크기, 향기, 색등의 진화적 변화는 벌과 같은 수분매개자에 의해 크게 변했을 것이라는 가설을 논리적으로 세울 수 있다. 우리는 곤충이 어떤 특정한 꽃을 방문해 봄으로써 꽃의 형질의 변화에 반응한다는 사실을 알고 있다. 하지만 수분매개자에 의해 선택이 되는 식물의 모집단에 대한 반응을 예상하고 평가해볼 수 있는 연구가 거의 이뤄지지 않았다. 야생무의 집단에서 꿀벌은 노란색과 하얀색 꽃을 방문하는 것이 선호된다. 반면에 꽃등에 파리는 분홍색 꽃을 선호한다. 캘리포니아 대학교의 어윈(Rebecca Irwin)과 슈트라우스(Sharon Strauss)는 자연 상태에서 야생무의 꽃 색깔에 대한 수분매개자들의 선택을 연구하였다. 그들은 야생무의 두 집단에서 4가지 색깔(노랑, 분홍, 흰색, 구리색)에 대한 선호도를 비교하였다. 벌들은 그들이 선호하는 색에 기초하여 꽃을 방문하는 첫 번째 집단을 형성하였다. 과학자들은 꽃의 색을 구별되지 않게 하기 위해 야생물의 인위적인 수분을 통해 두 번째 집단을 생성하였다. 하지만 인위적인 수분을 위해 사용된 화분은 야생에서 발견되는 빈도에 기초하여 각 식물의 종류를 포함하는 큰 규모로 포함되었다. 여기에서 보여주는 그래프에서 당신은 두 집단에서 꽃의 색깔의 분포를 볼 수 있다. 파란색 막대는 벌에 의해 수분이 이뤄진 집단에서의 노랑, 흰색, 분홍, 구리색 꽃의 수를 보여준다. 빨간색 막대는 선택이 이뤄지지 않고, 연구자들이 인위적으로 수분을 일으킨 집단에서 만들어진 각 색을 지니는 꽃의 수를 보여준다.

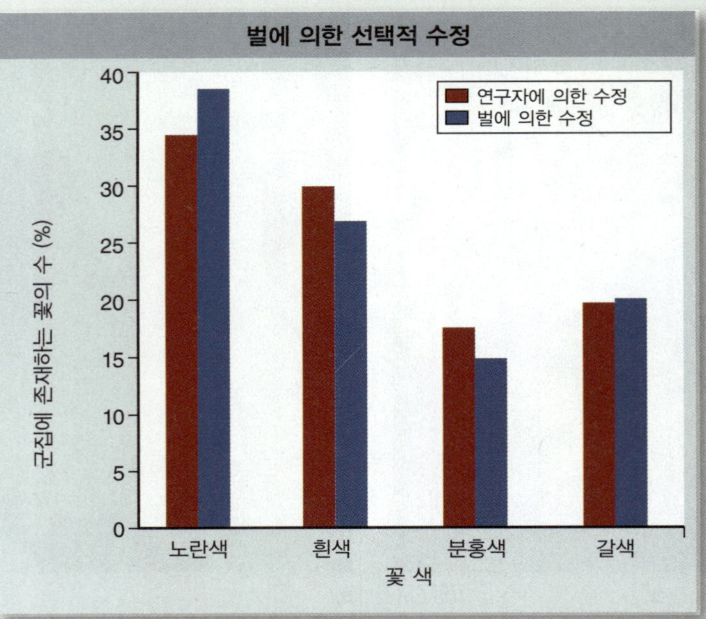

분석

1. **개념 적용**
   a. **변수.** 그래프에서 비독립적인 변수는 무엇인가?
   b. **막대그래프의 해석.** 이 그래프는 꽃등에파리가 수분을 일으킨 꽃의 색에 대한 결과를 반영하였는가?
2. **자료 해석**
   a. 어떤 꽃의 색이 가장 일반적인가?
   b. 어떤 꽃의 색이 벌이 선호하여 방문한 것처럼 보이는가?
3. **추론**
   a. 이번 연구를 수행한 지역에서 가장 많이 존재하는 곤충은 어떤 종류일까? 그리고 왜 그렇게 생각하는가?
   b. 분홍색 꽃이 있기 때문에, 당신은 꽃등에가 이 지역에 서식할 것이라 이야기 할 수 있는가?
4. **결론 도출**
   a. 야생무 집단에서 꽃의 색깔에 대한 진화에 곤충이 관여한 것처럼 보이는가?
   b. 왜 연구자에 의해 수분이 이뤄진 집단의 꽃의 색깔이 벌에 의해 수분이 이뤄진 집단의 꽃의 색깔과 비슷한 형태로 표출되었을까? 연구자들이 꽃의 색을 선택할 때 실험적인 편견이 존재하였을까?
5. **추가 분석**
   만약 이번 연구에서 이용된 야생무의 집단을 10년 후에 방문했을 때, 이 연구에서 이용된 집단의 수가 예상한 것만큼 높지 않게 노란색 꽃을 지니는 식물의 수가 약간 증가했다고 가정해보자. 왜 예상한 것만큼 노란색 꽃을 지니는 식물의 수가 증가되지 않았는지 설명해 보자.

학습 과정 복습

개념 30.1 속씨식물의 생식은 개화와 함께 시작한다

30.1.1 꽃을 형성하는 시기는 정교하게 조절된다 식물의 생활주기는 세대의 변화라는 특징이 나타난다.

30.1.2 완전화는 4개의 윤생체 부분으로 나눠진다 4개의 꽃 기관은 꽃받침, 화관(꽃부리), 수술군, 그리고 암술군이다. 불안전화는 하나 또는 2개 이상의 윤생체가 결여되어 있다.

30.1.3 배우자들은 꽃의 배우자체에서 형성된다 꽃밥에서 일어나는 감수분열은 수배우자체인 화분립을 형성하는 소포자를 형성한다. 배주에서 일어나는 감수분열은 암배우자체인 배낭을 형성하는 대포자를 형성한다.

개념 30.2 꽃은 수분매개자들을 유혹하기 위해 존재한다

30.2.1 화분은 다양한 방법을 통해 꽃에 도달한다 바람에 의해 일어나는 수분은 수동적이며, 화분을 멀리 운반하지 못한다.

30.2.2 꽃과 동물 수분매개자들은 함께 진화하였다 동물 수분매개자들은 화분을 먼 거리까지 효율적으로 이동시킬 수 있게 해주었다. 꽃은 수분매개자들을 위해 향기를 만들고 색을 만들었다.

30.2.3 어떤 꽃 식물들은 여전히 바람에 의한 수정을 이용하고 있다 풍매화 종들은 암, 수꽃이 개별적으로 존재 하던가 또는 같은 개체에 개별적으로 존재한다.

30.2.4 자가수정은 안정적인 환경에서 선호된다 안정적인 환경에서 적응된 식물의 경우 유전적 동일성을 지니는 자손을 지니는데, 이러한 방식은 이종교배를 통해 얻어지는 자손들 보다 더 성공적으로 이뤄진 것으로 보인다.

30.2.5 몇몇 진화적인 전략이 이종교배를 증가시켰다 두 가지 중요한 전략은 암수의 구조를 시공간적으로 구분한 것과 자가불화합성이다.

30.2.6 속씨식물은 중복수정을 한다 중복수정은 2배체 접합자와 이들에게 양분을 공급해주는 3배체 배유를 형성한다.

개념 30.3 배의 발달은 난세포가 수정되면서 시작된다

30.3.1 단일세포의 분열이 3차원의 체제를 만든다 속씨식물의 접합자는 배유에 의해 둘러싸여진 배를 형성하기 위해 분열한다. 초기분열단계에서 뿌리-줄기축과 방사축이 확립된다.

30.3.2 배발생 동안 간단한 식물체의 체제가 만들어진다 슈트와 뿌리의 정단분열줄기세포가 발달한다. 그리고 원표피, 기본분열조직, 그리고 원시부름켜 줄기세포가 분화된다. 이러한 분화된 세포는 성숙한 식물의 3가지 조직이 될 것이다.

개념 30.4 종자는 속씨식물의 배를 보호한다

30.4.1 양분의 저장은 배발생 과정 중에 일어난다 배가 형성되는 중에, 배를 위한 양분의 공급이 확립된다. 속씨식물에서 중복수정의 결과로 형성된 배유를 통해 이뤄지며, 겉씨식물에서는 대포자체가 양분의 공급원이 된다.

30.4.2 종피는 배를 보호한다 종자는 좋지 않은 환경에서 휴면을 유도하고, 배를 보호하고, 배에 양분을 공급하고, 분산의 수단을 제공함으로써 다음세대에서 생존할 수 있게끔 도와준다.

30.4.3 특별화된 종자의 적응은 후손들의 생존율을 향상시킨다 종자가 발아하기 전에 투과성이 형성되어 물과 산소가 배에 도달해야 한다.

개념 30.5 과일은 종자가 널리 분산될 수 있게 한다

30.5.1 과일은 종자의 분산을 위해 적응된 것이다 과일은 속씨식물의 성숙된 배주이다. 그들은 많은 종류가 있는데, 이것은 자낭과피의 운명에 의해 다양해진다. 과일은 부모와 자손의 포자체와 배우자체의 조직을 포함한다. 분산의 방법으로는 동물과 새에 의한 소화에 의한 것과 바람 또는 물에 의한 운반이 있다.

개념 30.6 발아는 어린식물의 생장을 개시한다

30.6.1 외부의 신호와 환경이 발아를 개시한다 종자는 발아를 하기 위해 반드시 물을 흡수해야 한다. 발아하는 종장에서 높은 대사율을 유지하기 위해 충분한 산소가 필요로 한다. 외부환경신호는 종종 발아를 위해 필요로 한다. 특정 파장의 빛, 적절한 온도, 그리고 일정기간 동안의 차가움이 이러한 환경요인에 포함된다.

30.6.2 어린식물이 환경에 적응되었을 때 광합성이 시작된다 대부분의 식물들이 슈트가 나타나기 전에 유식물을 땅에 고정하기 위해 뿌리를 발생시킨다. 발생한 슈트가 광합성을 시작할 때, 유식물은 생장과 발달의 후배 단계에 돌입한다.

개념 30.7 식물의 수명은 매우 다양하다

30.7.1 식물의 수명은 세 가지 방식 중 하나에 속한다 다년생 식물은 여러 해를 산다. 단년생 식물은 생장, 생식, 그리고 죽음에 이르는 시간이 일년에 일어난다. 이년생식물은 2년의 생활주기를 지닌다. 첫해에 생장을 하고 둘째 해에 꽃을 피고 종자를 형성한다.

개념 30.8 무성생식은 현화식물에서 일반적으로 일어난다

30.8.1 무배우 생식은 2배체 배의 발달을 포함한다 무성생식은 유전적으로 동일한 개체를 생성한다. 무배우생식은 종자의 체세포분열을 통해 배를 형성한다.

30.8.2 영양생식에서는 새로운 식물체가 비생식 조직으로부터 발생한다 기는줄기, 근경, 괴경 그리고 묘목등과 같은 영양기관에서 새로운 복제품이 생성된다.

30.8.3 실험실에서 식물들의 분리된 세포로부터 식물을 복제할 수 있다 세포벽을 없애면 원형질체가 형성된다. 이것은 분열하여 완벽한 식물체로 분화될 수 있는 캘러스가 될 수 있다.

학습 과정 평가

개념 30.1 속씨식물의 생식은 개화와 함께 시작한다

이해

1. 개화 능력이란 식물이
   a. 생존 가능한 꽃을 피우는 것이다.
   b. 성숙된 꽃이 과일로 생장할 수 있는 것이다.
   c. 꽃을 만들 수 있는 능력을 가지는 것이다.
   d. 오직 종자로부터 발아 될 수 있는 것이다.
2. 다음 중 꽃의 구성요소가 아닌 것은?
   a. 꽃잎 b. 수술
   c. 암술 d. 포엽
3. 대포자는 어디에서 만들어 지는가?
   a. 꽃밥의 체세포분열. b. 꽃밥의 감수분열.
   c. 배주의 체세포분열. d. 배주의 감수분열.

응용

1. 속씨식물의 유성생식은 다음 중 무었을 필요로 하는가?
   a. 화분. b. 근경.
   c. 무배우생식. d. 과일.
2. 동물과 식물의 배우자체 형성에 있어서 가장 눈에 띄는 차이는 무엇인가?
   a. 식물은 배우자를 체세포 조직에서 형성하지만, 동물은 생식 조직에서 생성한다.
   b. 식물은 체세포 분열을 통해 배우자를 형성하지만, 동물은 감수분열을 이용한다.
   c. 식물은 각 배우자의 한 개만 만들지만, 동물은 모든 배우자를 생성한다.
   d. 식물의 2배체 배우자를 생성하지만, 동물은 반수체이다.

종합

1. 온대기후에서 춘화처리는 왜 진화적으로 꽃을 피우는데 있어서 이점을 가졌을까?

개념 30.2 꽃은 수분매개자들을 유혹하기 위해 존재한다

이해

1. 벌에 의해 수분이 일어나는 꽃과 다르게, 새가 수분을 일으키는 꽃의 특징은 무엇인가?
   a. 강한 향기를 만든다. b. 착륙을 돕는 판이 있다.
   c. 황소의 눈 형태를 만든다. d. 붉은색이다.
2. 속씨식물의 이종교배를 증가시키는 요인이 아닌 것은?
   a. 자웅이주의 식물
   b. 무성생식
   c. 암술과 수술이 물리적으로 떨어져 있는 경우
   d. 유전학적 자가불화합성

응용

1. 한식물의 수술로부터 형성된 화분이 다른 꽃의 암술머리에 수분이 되는 것을 무엇이라 하는가?
   a. 암술화. b. 이종교배.
   c. 자가수정 d. 바람에 의한 수분.
2. 암꽃과 수꽃을 모두 가지고 있는 속씨식물을 무엇이라 하는가?
   a. 자웅이주. b. 자웅동주.
   c. 완전화. d. 동정생식

종합

1. 잡초에 속하는 종 또는 거친 환경에 서식하는 많은 종류의 식물들이 자가수분을 이용한다. 왜 비슷한 환경에 사는 동물들의 경우 비슷한 방식의 생식방법을 발달시키지 않았을까? 당신은 자가수정을 하는 동물을 상상해 볼 수 있겠는가?

개념 30.3 배의 발달은 난세포가 수정되면서 시작된다

이해

1. 접합자가 첫 번째 체세포분열을 한 후 두 개의 세포 중 큰 세포는 무엇이 되는가?
   a. 배. b. 배유. c. 배자루. d. 주공.
2. WOODEN LEG 유전자가 결손된 식물은 어떤 특징이 있는가?
   a. 식물의 잎으로 물을 수송하지 못한다.
   b. 물관과 체관이 발달하지 못한다.
   c. 광합성산물을 이동시키지 못한다.
   d. 위에 있는 모든 특징이 보인다.

응용

1. 수정된 난세포는 첫 번째 분열을 하여 서로 크기가 다른 2개의 세포를 만든다. 큰 세포는 연속적인 분열을 통해 무엇을 형성하는가?
   a. 공모양의 세포 집합체. b. 배자루.
   c. 배유. d. 배우자체.
2. 배주의 외피는 무엇으로 발달하는가?
   a. 배. b. 배유. c. 과일. d. 종피.

종합

1. 배낭에 도달한 화분관으로부터 2개의 정자세포가 배출되었을 때, 수정된 난세포는 어떻게 이들을 막을 수 있는지 생각해보자.

개념 30.4 종자는 속씨식물의 배를 보호한다

이해

1. 배유는 어떤 결합에 의해 형성되는가?
   a. 정자세포와 중심세포. b. 정자세포와 조세포.
   c. 난세포와 정자세포. d. 배주와 난세포.
2. 종자는 포자보다 더 뛰어난 진화적 개선점을 지녔는가?
   a. 종자는 물을 약간 보유하고 있기 때문이다.
   b. 종자는 발아를 하기에 적당한 환경이 오기 전까지 휴면에 들어갈 수 있기 때문이다.
   c. 콩, 옥수수, 벼와 같이 식량으로서 중요성을 지니기 때문이다.
   d. 종자가 포자보다 훨씬 크기 때문이다.

응용

1. 종피는 다음 중 어떤 조직으로부터 분화되었는가?
   a. 배주 b. 배자루
   c. 대배우자체 d. 암술
2. 종자내에 있는 배의 생장이 멈추는 이유는 무엇인가?
   a. 종피가 이후 조직의 확장을 막기 때문이다.
   b. 심각한 탈수.
   c. 저장된 양분이 소진되기 때문이다.
   d. 온도가 너무 낮을 때.

종합

1. 잭 소나무의 솔방울이 단단하게 봉인되어 종자가 배출되는 것이 방해되고, 발아가 되지 못하게 되는 이유는 무엇이라고 생각하는가? 잭 소나무는 다음 세대를 어떻게 이어갈 수 있을까?

개념 30.5 과일은 종자가 널리 분산될 수 있게 한다

이해

1. 과피는 무엇인가?
   a. 씨방벽. b. 발달하는 종피.
   c. 씨방. d. 성숙된 배유.
2. 딸기는 무엇인가?
   a. 베리. b. 핵과.
   c. 익과. d. 집합과.

응용

1. 과일은 종자의 분산을 위해 특별하게 발달된 복잡한 기관이다. 다음 식물의 조직 중 과일의 성숙에 관여하지 않는 것은?
   a. 전세대에서 유래된 포자체 조직
   b. 전세대에서 유래된 배우자체 조직
   c. 다음 세대에서 유래된 포자체 조직
   d. 다음 세대에서 유래된 배우자체 조직

종합

1. 나자식물에서 종자에 있는 영양조직은 암배우자체 조직이다. 이것은 감수분열의 산물이다. 속씨식물의 중요한 진화적인 발견은 영양원 조직으로 수정에 의한 3배체 배유를 형성시킨 것이다. 왜 배유가 암배우자체 조직보다 더 풍부한 영양원으로써 작용할 수 있는 것일까?

개념 30.6 발아는 어린식물의 생장을 개시한다

이해

1. α-아밀라아제 유전자가 결핍된 식물은 종자발아에 어떤 영향을 미칠까?
   a. 종자가 물을 흡수하지 못한다.
   b. 배가 아사한다.
   c. 종피가 벗겨지지 못한다.
   d. 종자가 성숙 전에 발아해 버린다.
2. 발생하는 옥수수 유식물의 슈트 끝은 무엇이 보호하는가?
   a. 하배축. b. 상배축.
   c. 자엽초. d. 새싹.

응용

1. 종자가 발아하는 동안 어떤 호르몬이 호분층의 탄수화물을 분해하는 신호를 만들어 내는가?
   a. ABA b. 에틸렌
   c. 지베렐린 d. 옥신
2. 발생하는 단자엽 식물의 슈트의 끝부분은 쌍자엽 식물에는 존재하지 않는 어떤 조직층에 의해 보호되는가?
   a. 유근초. b. 하배축.
   c. 자엽초. d. 뿌리 정단.

종합

1. 우리가 어느 날 사과를 먹을 때, 사과 종자를 모아서 그들을 흙에 심겠다고 결정하였다. 하지만 종자가 발아를 하지 않았다. 종자가 발아하지 않은 모든 가능성에 대해 토의하고, 종자를 발아시킬 수 있는 방법에 대해 논해 보자.

개념 30.7 식물의 수명은 매우 다양하다

이해

1. 다년생 식물이란?
   a. 항상 초본. b. 항상 목본.
   c. 초본 또는 목본. d. 둘 다 아님.
2. 일년생과 이년생 식물이 다년생과 다른점은 무엇인가?
   a. 일년생과 이년생 식물은 꽃을 딱 한번 피고 생을 마감한다.
   b. 일년생과 이년생은 2년 동안 산다.
   c. 일년생과 이년생은 겨울을 넘긴다.
   d. 일년생과 이년생은 20년 넘게 산다.

응용

1. 노화란?
   a. 식물이 죽는 것. b. 생식생장.
   c. 수분. d. 저장기관에 양분이 모이는 것.

종합

1. 몇몇 식물들은 꽃을 한번 피고 생을 마감한다; 다른 식물들은 여러 번 개화를 한다.
   두 가지 방식의 상대적인 장점은 무엇일까?

개념 30.8 무성생식은 현화식물에서 일반적으로 일어난다

이해

1. 무성생식은 다음 생태계 중 가장 일반적인 곳은?
   a. 열대 수풀림 b. 온대기후 초기
   c. 극지방 툰드라 d. 낙엽이 지는 숲
2. 지하에 수평적으로 이뤄져 있는 줄기를 무엇이라 부르는가 ?
   a. 기는줄기. b. 포복지.
   c. 근경. d. 괴경.

응용

1. 원형질체는 무엇이 없는 세포인가?
   a. 핵. b. 세포벽.
   c. 원형질막. d. 원형질.

종합

1. 세계각지에서 상업적으로 이용되는 감자는 괴경에서 형성되는 싹을 이용한 무성생식법을 통해 생산된다. 그러나 남아시아, 안데스와 같은 특정지역에서는 종자를 통해 감자를 키우고 있다. 종자를 통해 감자를 재배하는 방법의 장점과 단점을 토론해 보자.

31
살아 있는 식물

학습과정

서론

이번 단원에서는 생존과 번영으로 이어지는 식물의 생애에 대해 다룰 것이다.

식물은 살아가면서 세 가지 큰 문제에 직면하게 되는데, 그것은 물과 영양의 균형 있는 공급 및 유지, 길이생장의 구조적 지지, 생존에 필수적인 환경에의 적응이다. 식물의 관다발계는 물, 미네랄, 유기물들을 뿌리에서 지상부 줄기부분(shoot), 심지어 사진 속에 나오는 큰 나무처럼 긴 거리를 이동시킨다. 건강을 유지하기 위해 식물은 토양에서 획득한 다양한 양분들을 필요로 하는데, 이러한 중요 양분의 결핍은 식물의 생장을 느리게 하거나 질병에 쉽게 감염되게 하여 죽게 만든다. 모든 유기체처럼, 살아있는 식물은 외부자극을 감지하고 환경과 상호 작용한다. 식물의 생존과 생장은 물, 바람, 빛을 포함하여 피할 수 없는 비생물적 요인에 의해 영향을 받는다. 이 단원의 후반부에서, 우리는 어떻게 식물이 이러한 요소를 감지하고 신호를 전달하여 최적의 생리학적, 생장, 또는 발달을 유도하는지 살펴볼 것이다. 호르몬은 환경에 따라 맞춰지며 식물의 환경의 변화에 따른 내부 신호전달을 조절하는 중요한 역할을 한다.

31.1 식물을 통한 물질의 이동은 물 수송에 의해 조절된다

어떻게 10층 높이의 나무가 뿌리에서 꼭대기까지 물을 올릴 수 있을까? 현재까지 호기심 많은 사람들이 이 질문을 궁금해 했다. 식물에는 동물의 순환계나 근육조직이 없기 때문에 유체를 식물의 몸체를 통해 수송해야한다.

수분포텐셜이 식물의 몸체를 통해 물의 이동을 조절한다

학습목표 31.1.1 수분포텐셜을 이용해 물의 이동을 예상해보자.

근육조직이 없음에도 불구하고, 식물은 원형질연락사(plasmodesmata, 세포사이의 연결통로)를 이용해 원형질 사이의 세포벽을 통해 물을 이동할 수 있고, 식물의 모든 조직으로 확대되어져 있는 서로 연결된 요소들을 통해 물의 이동이 이뤄진다(그림 31.1). 물은 먼저 뿌리로 들어와 식물의 가장 안쪽의 관 조직인 물관(xylem)을 통해 이동한다. 물은 여러 요인의 조합에 의해 물관을 통해 상승하고, 그 대부분의 물은 잎의 기공(stomata)를 통해 빠져나간다.(그림 31.2)

부분적 변화는 물질의 긴 거리 이동을 초래한다

물 분자와 물에 녹은 미네랄의 가장 긴 거리의 이동은 물관에서 일어난다. 예를 들어, 미국삼나무(redwood)의 물관으로 들어간 물은 100m나 위로 이동한다. 대부분의 이 힘은 당기기(pulling) 이며 기공의 얇은 수막에서 일어나는 증발현상인 증산작용에 의해 일어난다. 이런 당김현상은 물분자가 서로 달라붙거나(응집력), 물관부의 헛물관(tracheid)과 물관(xylem vessel) 벽에 달라붙기 때문에 일어난다. 그 결과는 큰 높이에 도달하는 대단히 안정적인 물기둥이다.

세포 수준에서 물의 이동은 또한 훨씬 짧은 거리에 걸쳐 있지만, 식물에게 있어서 대량의 물을 수송하는 데 중요한 역할을 한다. 물은 원형질막을 통해 확산할 수 있지만, 전하를 띤 이온과 설탕(sucrose)을 포함한 유기화합물의 이동은 촉진확산이나 능동수송을 활성화하는 막을 통과하는 수송단백질(5장 참조)에 의해 조절된다. ATP의존성 수소이온펌프는 능동수송에 에너지를 공급한다. 이들은 막 내-외부에 수소이온농도구배를 형성하며, 이 농도구배는

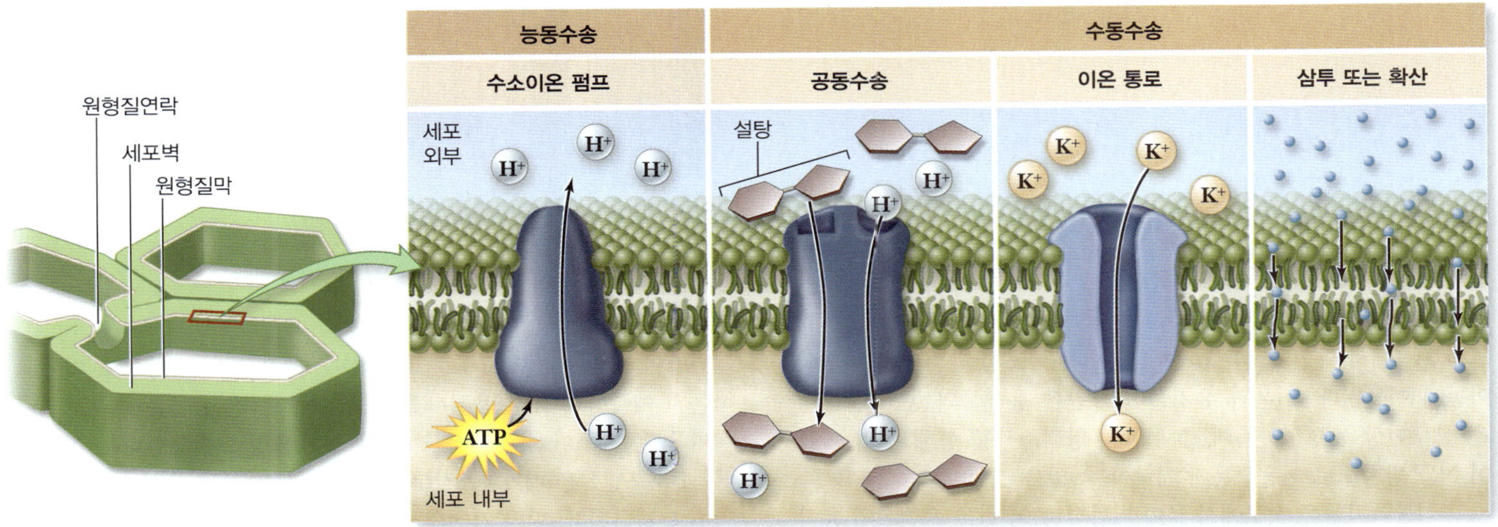

그림 31.1 세포간 이동. 물, 무기양분, 유기화합물은 세포막을 통해 확산할 수 있는데, 능동-또는 수동적으로 막 결합 수송체를 통해 이동하거나, 원형질연락사를 통해 이동한다. 막을 통한 이동은 제5장에 자세히 설명되어 있다.

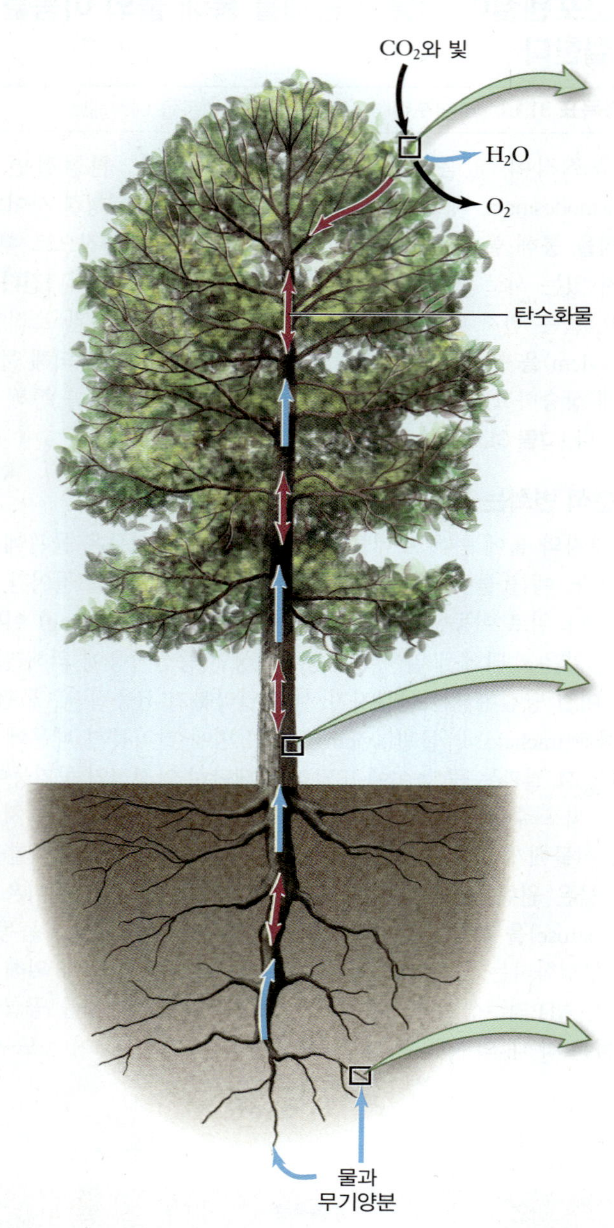

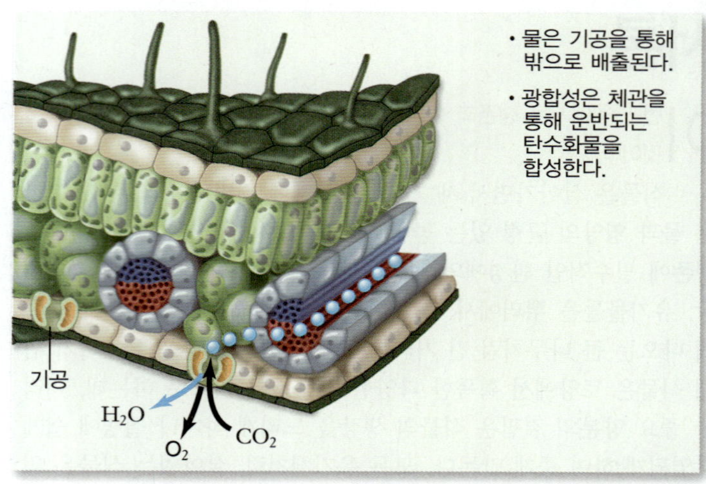

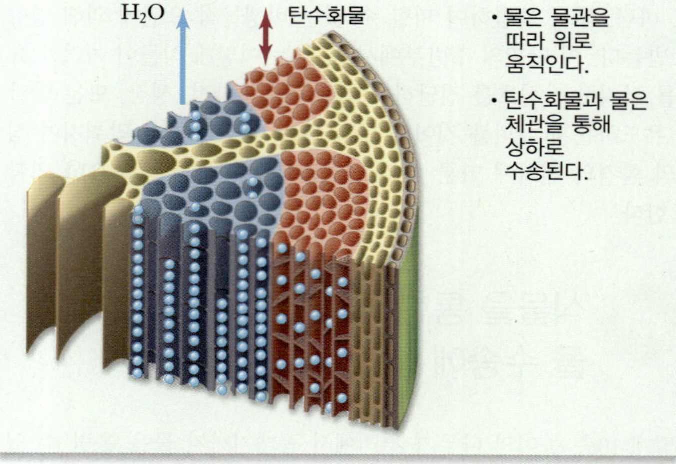

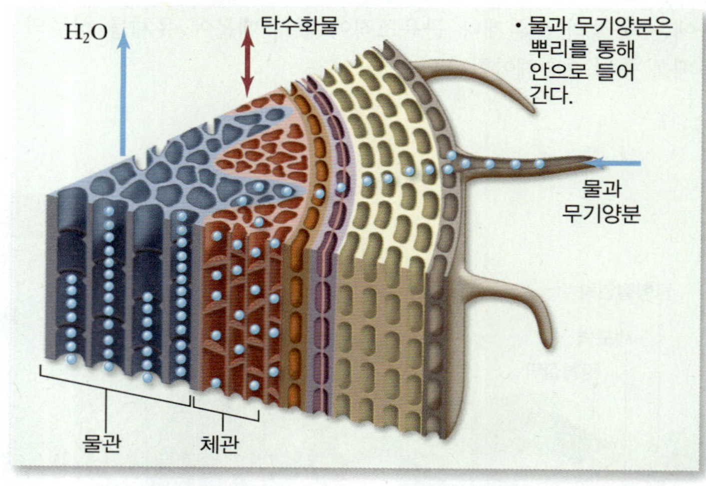

그림 31.2 식물에서의 물과 무기양분의 이동경로. 이 모식도는 물과 무기양분이 식물체 안쪽으로, 내부에서, 밖으로 이동하는 경로를 묘사한다.

그림 31.1에서 확인 할 수 있듯이 당 이동을 포함한 다양한 물질의 이동에 이용된다. 이온과 유기물질과 같은 용해물의 농도 불균형은 삼투현상을 형성하는데, 삼투압의 양적조사를 통해 우리는 물이 어느 방향으로 이동하는지 예상할 수 있을 것이다.

식물학자들은 식물에서 물이 이동하는 이 힘을 포텐셜의 용어로 설명한다. 포텐셜은 자유에너지를 설명하는 한 방법이다(포텐셜이 하는 일은 6장에서 공부하였다). **수분포텐셜(water potential)**은 그리스어 싸이(psi, W(Ψ_w))로 표시하며, 물이 어느 방향으로 이동하는지 예측하는 데 사용된다. 여기서 중요한 점은 물은 수분포텐셜이 높은 세포나 용질에서 낮은 세포나 용질로 이동한다는 점이다. 수분포텐셜은 **메가파스칼(megapascals(MPa))**로 불리는 압력의 단위로 계산된다. 만약 가정의 싱크대나 욕조를 최대수압으로 틀면 0.2에서 0.3 MPa(30 to 45 psi)로 측정될 것이다.

삼투에 의한 물의 이동

식물세포를 물에 담그면, 세포 내부의 용질의 농도가 바깥보다 월등히 높아 물은 **삼투(osmosis)**과정을 통해 세포 내부로 이동한다(5장의 막 부분을 통해 상기해보자). 세포는 팽압 때문에 세포벽을 압박하며 팽창하고 세포를 부풀게 한다. 대조적으로 세포를 매우 높은 당 농도의 용액에 담그면 세포에서 물은 빠져나가고 팽압이 낮아진다. 세포막은 세포벽으로부터 안으로 세포가 쭈그러진 만큼 당겨진다. 이 과정은 **원형질분리(plasmolysis)**라고 불리며, 세포가 물을 너무 많이 잃어버리면 세포는 죽게 될 것이다. 세포부피의 작은 변화라도 팽압에는 큰 변화가 된다. 팽압이 0으로 떨어지게 되면 대부분의 식물은 죽거나 시든다.

수분포텐셜의 계산

팽압의 변화는 세포와 주변용액의 수분포텐셜을 계산해서 더 정확하게 예측될 수 있다. 수분 포텐셜은 두 가지로 구성된다 : 1) 중력이나 세포에 가해지는 압력 같은 물리적 힘, 2) 각 용액의 용질 농도.

물리적 힘의 면에서, 중력이 수분 포텐셜에 기여하는 부분은 매우 적기 때문에 만약 매우 큰 나무에서 계산하면 이는 고려할 필요가 없다. 세포벽에 대하여 가해지는 압력인 팽압은 **압력포텐셜(pressure potential, Ψ_p)**로 언급된다. 즉 팽압이 증가하면 Ψ_p는 증가한다. 그러나, 설탕이 녹아있는 하나의 비커는 세포막이나 세포벽에 둘러싸여 있지 않다. 혈관이나 세포막을 포함하지 않는 용액은 팽압을 갖지 않으며, 이들은 항상 Ψ_p이 0이다(그림 31.3a).

수분포텐셜은 또한 막의 양쪽 용액간의 용질의 불균등한 분배로부터 발생하며, 이러한 결과로 삼투압이 형성된다. 용질의 농도가 좀 더 높은 막 쪽으로의 추가적인 압력은 삼투를 방지한다. 삼투를 정지하는 데 필요한 압력의 최소한의 양은 용액의 삼투압 또는 **용질포텐셜**(solute potential, Ψ_s)에 비례한다(그림 31.3b). 순수한 물의 용질 포텐셜은 0이다. 용액의 용질 농도가 증가하면, Ψ_s는 감소한다. 용액내의 더 높은 용질농도에 의해 Ψ_s는 더 음의 값을 갖는다.

식물세포의 총 수분포텐셜(Ψ_w)은 압력포텐셜(Ψ_p)과 용질포텐셜(Ψ_s)의 합계이며, 이는 세포의 모든 물의 포텐셜 에너지로 나타낼 수 있다 :

$$\Psi_w = \Psi_p + \Psi_s$$

용액과 세포 내부의 Ψ_w가 같다면 물의 이동은 없다.(그림 31.3c)

세포가 다른 Ψ_w용액에 놓일 때, 물은 결국 평형의 결고(세포와 용액이 같은 Ψ_w를 갖는)로 이동하는 경향을 보일 것이다. 세포와 용액의 Ψ_p 와 Ψ_s값은 다를지 몰라도, 합계(Ψ_w)는 같아야 하기 때문이다.

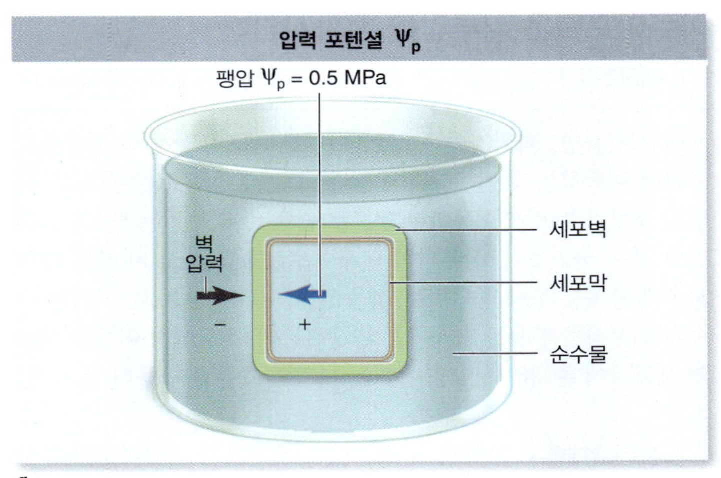

a.

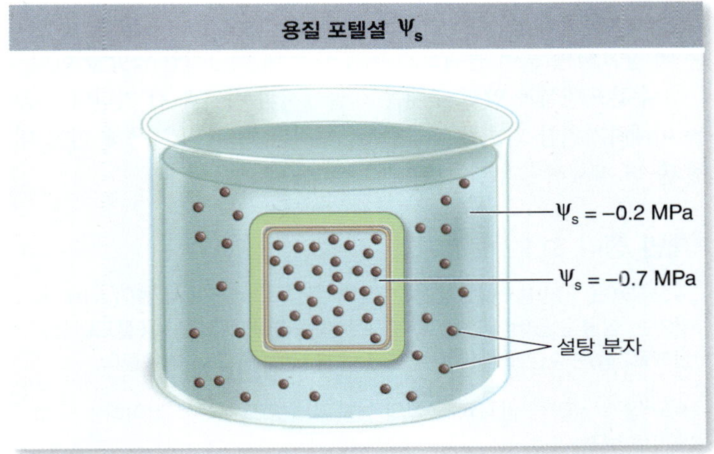

b.

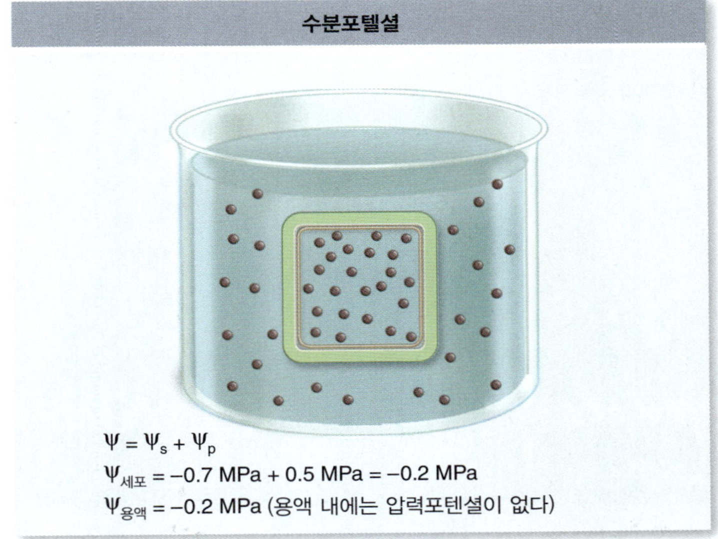

c.

그림 31.3 수분포텐셜의 결정. **a.** 세포벽은 세포 팽압의 반대방향으로 압력을 가한다. **b.** 주어진 용질 포텐셜을 이용해 물의 이동방향을 예측할 수 있다. **c.** 총 수분포텐셜은 Ψ_s와 Ψ_p의 합계이다. 세포 내부와 용액의 수분포텐셜이 같기 때문에, 이 상태에서 물의 이동은 없다.

아쿠아포린은 삼투압을 증가시킨다

학습목표 31.1.2 수분포텐셜을 결정하는데 아쿠아포린의 역할을 설명한다.

오랜 시간동안, 과학자들은 물이 어떻게 세포막의 지질 이중층을 통과해 이동하는지 이해하지 못했다. 그런데 물은 삼투압으로 예상된 것보다 빠르게 이동하는 것으로 밝혀졌다. 우리는 5장을 통해 먼저 공부 하였듯이, 삼투압이 아쿠아포린(aquaporins)이라는 막의 물 이동통로를 통해 증가하는 것을 알고 있다(그림 31.4). 이러한 수송채널은 식물과 동물 모두에서 발생하는데, 식물에서 이들은 액포와 세포막에 존재하고 막을 통하는 다량의 흐름을 만들어 낼 수 있다.

애기장대에서 30여개의 서로 다른 유전자가 아쿠아포린-유사 단백질들을 코딩한다. 아쿠아포린은 삼투속도를 빠르게 하지만, 물의 이동방향을 바꾸진 않는다. 이들은 세포가 물 균형을 유지하는 데 중요하며 물이 물관으로 이동하는 데 핵심적인 역할을 한다.

수분포텐셜과 압력 구배는 식물에서의 지역과 긴 거리의 수송을 이해하기위한 기초를 제공한다. 우리는 이 단원을 통해 이에 대해 좀 더 자세히 공부할 것이다.

개념 정리 31.1

증산작용은 기공을 통한 얇은 수막의 증발로, 물관에서 물이 위로 올라가는 힘을 만들어 낸다. 수분포텐셜은 압력포텐셜과 용질포텐셜의 합계로, 물은 수분포텐셜이 높은 곳에서 낮은 곳으로 이동한다.

- 어떻게 물리적 압력과 용질의 농도가 수분포텐셜에 기여하는지 설명해보자.

31.2 물과 무기양분은 식물의 뿌리를 통해 흡수된다

대부분의 물은 뿌리와 뿌리털을 통해 식물로 흡수된다(그림 31.5, 31.6). 29장에서 공부하였듯이, 뿌리털은 생장하는 뿌리의 끝부분 바로 뒤쪽에 위치하는 표피세포들이 확장된 것이다.

뿌리는 세 가지 흡수방식을 이용한다

학습목표 31.2.1 물이 관다발조직으로 이동할 수 있는 가능한 경로를 설명한다.

많은 종의 식물에서 균근성 곰팡이(mycorrhizal fungi)와의 상호작용을 통해 물과 무기양분이 흡수되는 표면조직이 증가된다. 이러한 곰팡이 균류는 뿌리털이 지니고 있는 것 이상으로 흡수 할 수 있는 면적을 확장하고, 특히 토양으로 부터 인산흡수에 도움을 준다. 균근류에 대한 자세한 설명은 25장에 나와 있다.

일단 뿌리털을 통해 흡수되면 물과 무기양분들은 관다발조직에 도달하기 전까지 반드시 세포층들을 통과하고, 그 뒤 물과 해리된 이온은 물관부로 들어가고 식물체를 통해 이동한다.

물과 무기양분들은 세 가지 방법을 통해 뿌리의 관다발조직으로 들어간다(그림 31.7). 아포플라스트경로(apoplast route)는 세포사이의 공간과 세포벽을 통한 이동을 포함한다. 아포플라스트를 통한 수송은 막을 통한 수송을 피한다. 심플라스트경로(symplast route)는 원형질연락사를 통해 연결된 세포간 세포질의 연속체

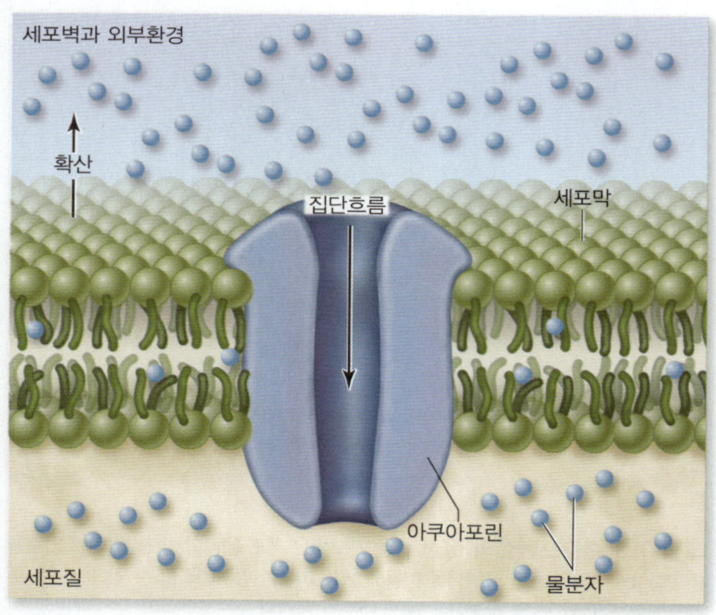

그림 31.4 아쿠아포린. 아쿠아포린은 세포막에 존재하는 물을 선택적으로 통과시키는 채널로 이들이 막을 관통하는 대량의 흐름을 만들어내기 때문에 삼투압이 증가한다.

그림 31.6 물과 미네랄은 뿌리털이 풍부한 뿌리로 이동한다.

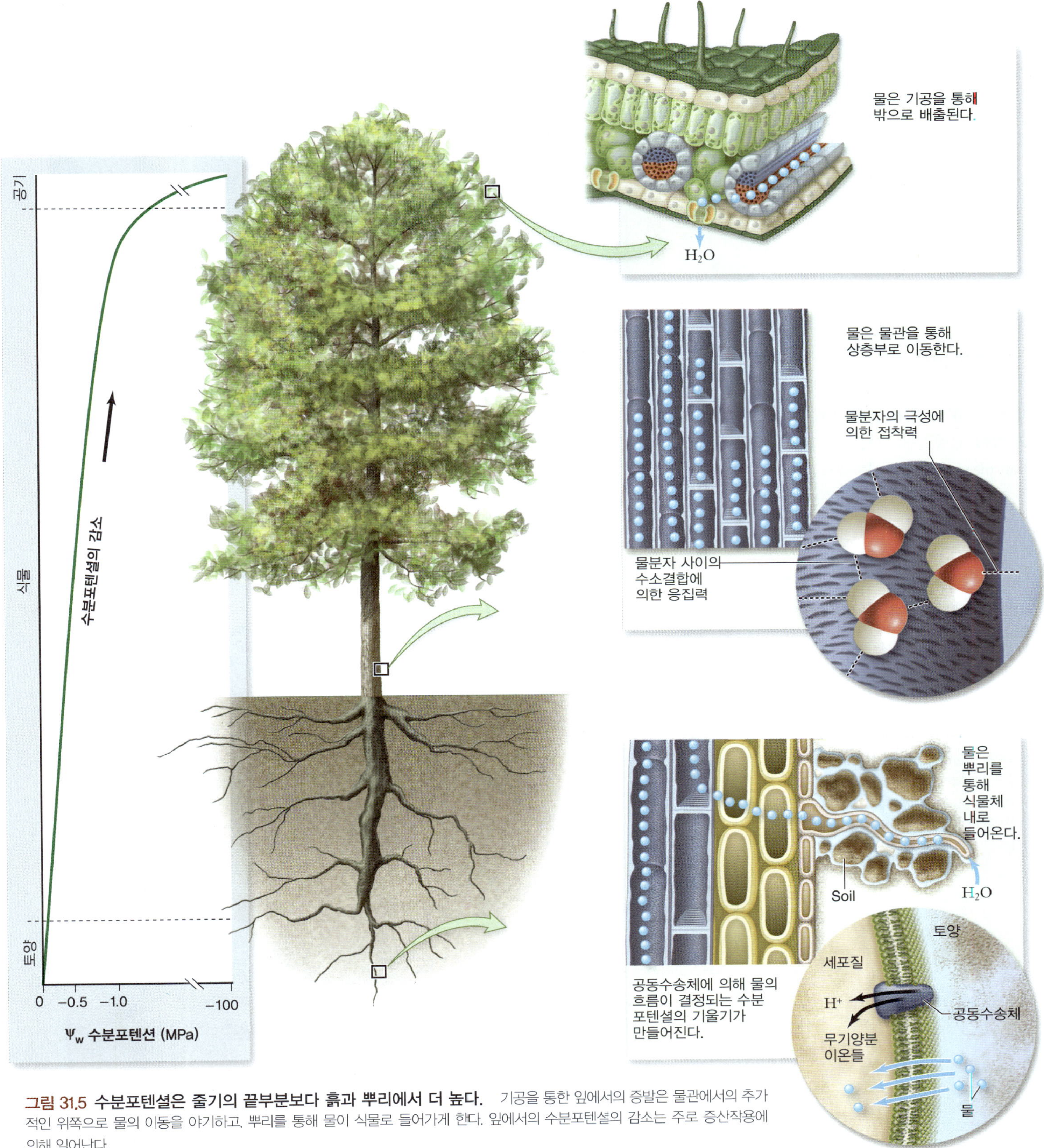

그림 31.5 수분포텐셜은 줄기의 끝부분보다 흙과 뿌리에서 더 높다. 기공을 통한 잎에서의 증발은 물관에서의 추가적인 위쪽으로 물의 이동을 야기하고, 뿌리를 통해 물이 식물로 들어가게 한다. 잎에서의 수분포텐셜의 감소는 주로 증산작용에 의해 일어난다.

그림 31.7 세포간 수송경로.

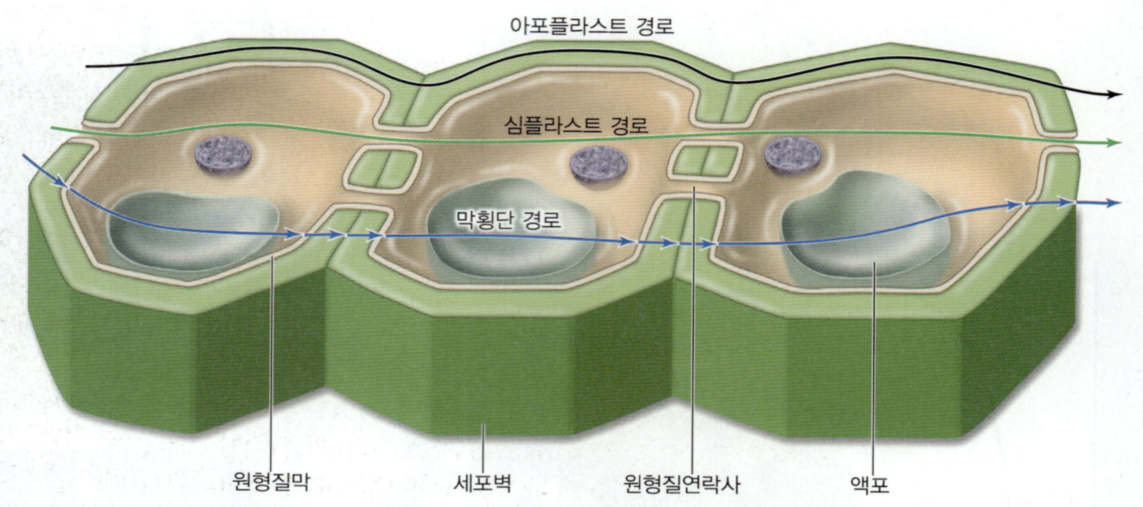

이다. 분자가 세포 안에 있게 되면, 그들은 세포막을 통과할 필요 없이 원형질연락사를 통해 세포사이를 이동한다. 막통과경로(transmembrane route)는 세포간의 막 수송과 세포내 액포의 막에서의 이동을 포함한다. 이 경로는 각각의 세포가 어떤 물질을 들이고 내보낼 것 인지를 적절하게 조절할 수 있게 해준다. 이들 세 경로는 고정적이지 않고, 분자는 뿌리의 내피층(endodermis)에 도달하기 전 까지 언제나 경로를 바꿀 수 있다.

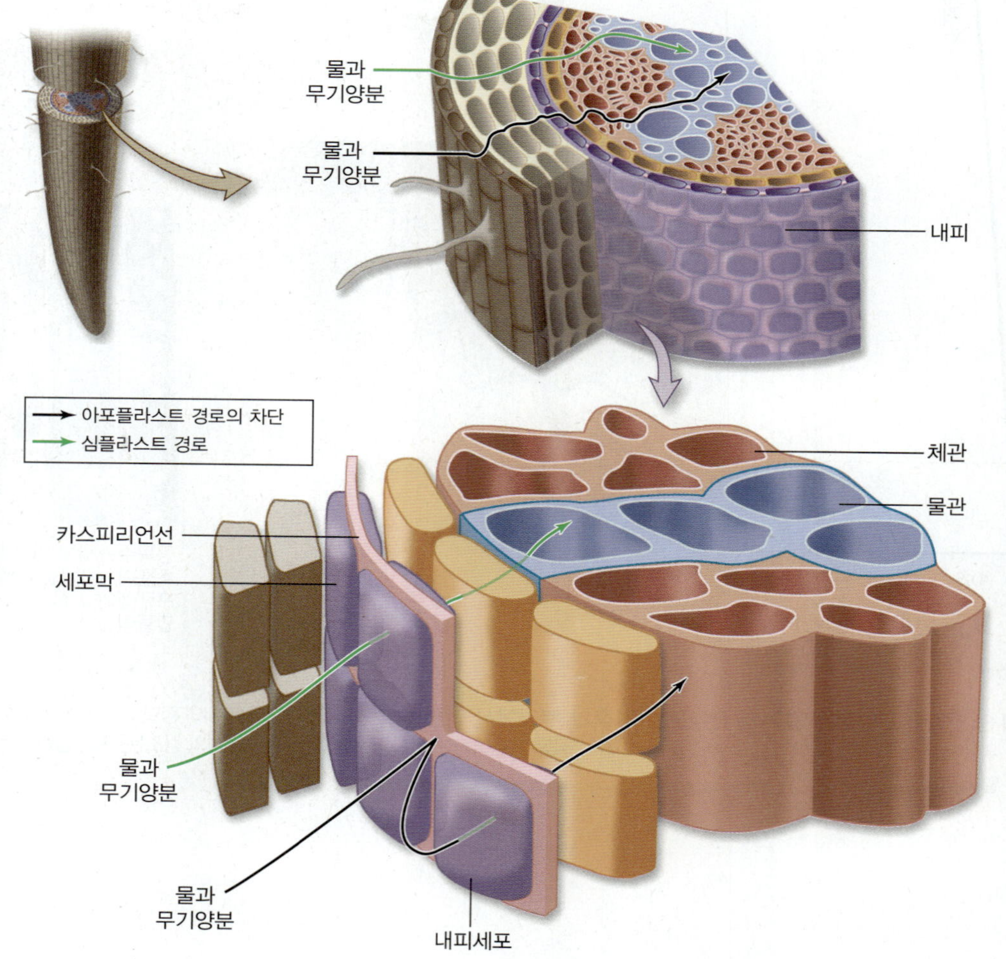

그림 31.8 뿌리에서의 무기양분 수송경로. 무기양분은 뿌리 표면을 통해 흡수된다. 피층(cortex)을 통과할 때, 이들은 세포벽과 그들 사이의 공간을 따르거나 원형질연락사를 통하여 하나의 세포에서 다음 세포로 세포막과 세포의 원형질막을 직접 통하여 이동한다. 그런데, 그들이 내피층에 도달하면 세포벽으로의 다음 이동이 카스피리언선(Casparian strips)에 의해 막히고, 물관에 도달할수 있기 전에 내피세포의 막과 원형질을 반드시 통과해야 한다.

내피를 통한 수송은 선택적이다

학습목표 31.2.2 카스파리선의 기능을 설명한다.

결국, 그들의 내부로의 항해로 분자는 내피층에 도달한다. 서포벽을 통한 모든 이동은 카스파리선(Casparian strips)에 의해 막히게 된다. 내피층 내의 모든 실린더의 세포는 **리그닌(lignin**, 참고: 원서에서는 **수베린(suberin)**으로 표시되어 있으나, 최근연구는 리그닌이라는 사실을 밝힘) 이라는 방수물질이 내장된 벽을 갖고 있다. 분자들이 물관에 도달하기 위해 반드시 원형질막과 내피층의 원형질체를 통과해야한다(그림 31.8). 독특한 구조로 이뤄진 내피층은 피층(cortex)과 표피층(epidermis)과 함께 수분포텐셜을 조절하기 위한 물관에서의 물과 영양분의 흐름을 제어하고, 뿌리에서 물이 빠져나가는 것을 제한한다.

대체로 식물 내부보다 토양수분의 미네랄이온 농도가 낮기 때문에, 뿌리세포에 이러한 이온을 축적하기 위해선 에너지(ATP로부터 공급)의 손실이 필요하다. 내피 세포의 세포막은 많은 종류의 단백질 수송 채널들을 지니고 있다. 이러한 양성자 수송 펌프 단백질들은 특정 이온들을 농도 구배에 역행하여 이동시키게 된다. 일단 관다발의 중심부에 들어오게 되면, 식물의 영양분인 이온들은 물관을 통해 식물 내부로 이동한다.

개념 정리 31.2

물과 미네랄은 뿌리로, 특히 뿌리털을 통해 토양에서 뿌리로 이동한다. 물이 수송되는 경로는 세포간의 아포플라스트 경로, 원형질연락사를 통한 심플라스트 경로, 세포막을 관통하는 막통과경로의 세가지가 있다. 내피를 통한 수송은 카스파리선에 의해 선택적으로 작용한다.

- 세포막의 어떠한 특징이 선택적 보호막으로 역할하게 하는가?

31.3 물관은 물을 뿌리에서 슈트로 이동시킨다

뿌리와 슈트의 수분포텐셜 기울기는 수송을 가능하게 한다

학습목표 31.3.1 뿌리의 압력을 만드는 환경적 조건을 설명한다.

내피층 세포의 막을 통과하는 물을 포함하는 액체는 식물의 관다발조직으로 들어가고(그림 31.8) 물관의 관조직(vessel)과 헛물관(tracheids)으로 이동한다. 이온들이 뿌리로 에너지를 이용한 이동되거나 또는 확산에 의한 촉진에 의해 이동될때, 삼투압으로 인한 뿌리의 수분포텐셜과 팽압이 증가된다.

증산작용이 없거나 낮아도 뿌리압은 존재한다

종종 밤에 발생하는 뿌리압은 잎에서의 증산이 매우 낮거나 없을 때 뿌리에 계속되는 이온의 축적에 의해 발생한다. 이 축적은 결과적으로 점점 더 세포의 높은 이온농도를 야기시키고, 차례로 더 많은 물이 삼투압에 의해 뿌리털로 들어가게 한다. 더욱이 이온수송은 뿌리의 Ψ_s를 감소시킨다. 결과적으로 증산작용의 부재에도 불구하고 물이 식물내부로 들어가고 물관기둥으로 올라가게 된다.

특정 상황에서, 뿌리압은 줄기를 자른 식물에서 몇시간 또는 며칠 동안 물이 새어나올 만큼 강하다. 뿌리압이 매우 높을 경우, 이는 물을 강제로 잎으로 끌어올려 **일액현상(guttation)**이라 불리는 과정을 통해 액체의 형태로 물을 손실한다. 일액현상은 물을 매우 높이까지, 혹은 빠르게 움직이지 못한다. 이 현상은 기공에서 발생하는 것이 아니라, 대신에 이런 기능만을 위해 작은 맥 끝 근처에 위치한 세포에서 발생한다. 일반적으로 잎의 이슬 이라 부르는 것이 일액현상으로 생성된 것이다.

증산작용은 물관수송의 추진력이다

하지만 뿌리압만으로는 물관수송을 설명하기 어렵다. 증산작용은 물과 이온용질들이 뿌리에서 잎으로 이동하는데 필요한 힘을 제공한다. 수분포텐셜은 세포막뿐만 아니라 전체식물에서의 물의 이동을 조절한다. 뿌리가 이들의 흡수에 있어서 가장 중요한 부위이다. 물은 토양이 뿌리보다 수분포텐셜이 높을 때 토양에서 식물로 이동한다. 너무 많은 비료가 투입되거나 비가 오랫동안 오지 않는 상황은 토양의 Ψ_w를 낮게 하고, 물이 식물로 이동하는 것을 제한한다. 식물안의 물은 토양(습한 상태에서 Ψ_w가 0에 가까운)으로 부터 좀 더 충분한 음성적 수분포텐셜을 지니는 뿌리, 줄기, 잎, 대기로의 Ψ_w 기울기를 따라 이동한다.

잎에서의 물의 증발은 말 그대로 물을 뿌리에서 줄기로 끌어올릴 수 있는 물관에 음성 압이나 장력(tension)을 만들게 된다. 입과 대기사이의 강한 압력기울기는 증산작용만으로는 설명할 수 없다. 물이 잎의 작은 측맥의 물관에서 확산하면, 엽육세포벽을 따라 얇은 필름을 형성한다. 물과 공기의 접점인 표면이 상당히 매끄러운(평면) 인 경우, 표면이 거친 경우보다 수분포텐셜이 더 높게 형성된다.

증산작용의 추진력은 잎 내부의 100%상대습도와 100%미만의 기공 밖 상대습도의 습도구배에 의해 만들어 진다. 물관에서의 분자의 확산은 증발되는 물 분자들을 대체한다. 증발 비율의 증가로, 확산은 모든 물 분자를 대체하지 못하게 된다. 필름은 매끄럽다가 세포벽 안쪽으로 당겨지며 거칠어지게 된다. 이런 변화는 물관의 물기둥 끌어당김을 증가시키고, 동시에 증산작용율을 증가시킨다.

물관과 헛물관은 대량흐름의 공간을 제공한다

학습목표 31.3.2 물관에서 물의 흐름에 공동현상(cavitation)이 주는 효과를 설명한다.

물은 그들이 다른 분자와 수소결합을 형성하는 경향으로부터 분자의 응집력에서 발생하는 고유의 **인장강도(tensile strength)**를 갖는다(2장 참고). 이러한 두 가지 요인은 물관에서 물의 대량흐름에 대한 설명인 응집장력설(cohesion－tension theory)의 기초가 된다. 물 기둥의 인장력은 기둥의 지름에 반비례한다; 즉, 기둥의 지름이 작으면 인장력은 커진다. 헛물관과 물관부의 지름이 가늘기 때문에, 물의 응집력이 중력보다 강하다. 물 분자 또한 헛물관이나 물관부의 벽면에 부착함으로써 더욱이 물의 긴 기둥을 더욱더 안정화시킨다.

좁은 물기둥일수록 큰 인장력을 가짐을 감안할 때, 헛물관보다 큰 직경을 갖는 물관부들이 많은 식물에서 발견되는 것은 흥미로운 사실이다. 직경의 차이는 기둥의 인장력보다 물을 이동시키는 효과에 대해 더 큰 영향을 준다. 기둥 안에서 초당 액체가 이동하는 양은 일정한 압력에서 기둥의 반지름 r의 4제곱(r)에 비례한다. 반지름이 2배로 증가하면 기둥을 통해 이동하는 액체의 양은 16배 증가한다. 물관의 동일한 단면적을 감안할 때, 더 큰 직경의 관을 가진 식물은 더 작은 헛물관을 가진 식물보다 빠르게 물을 줄기로 올려보 낼 수 있게 된다.

공동현상의 효과

인장력은 물기둥의 연속성과 깊은 관련이 있다; 관이 부서지거나 잘렸을 때 안으로 유입되는 기포는 물기둥의 연속성과 응집력이 만들어지지 못하게 한다. 기포는 확장되어 물관부나 헛물관을 막을 수 있는데, 이러한 현상을 **공동현상(cavitation)**이라 한다. 공동현상은 물의 수송을 막고 탈수를 일으켜 식물 일부나 전체가 죽게 만들 수 있다(그림 31.9).

해부학적 적응은 한 경로가 차단될 경우 대안경로를 통한 문제점을 해결하는 것을 포함하여 공동현상의 문제점에 대한 해결책을 제시할 수 있다. 각각의 헛물관과 물관부막들은 그들의 벽에 난 벽공을 통해 다른 헛물관 또는 물관부들과 연결되어 있다. 그리고 대부분의 기포는 이렇게 연결되어져 있는 구멍들보다 크게 형성된다. 이러한 이유로 기포는 이후의 물의 수송을 막을 수 있는 벽공을 통한 이동이 제한된다. 얼거나 세포의 변형, 특히 계절의 온도 변화는 물관 세포 내에서 형성하는 작은 기포의 원인이 될 수 있다. 물관이 늙어서 물을 이동하지 못하는 것도 공동현상의 한 원인이다.

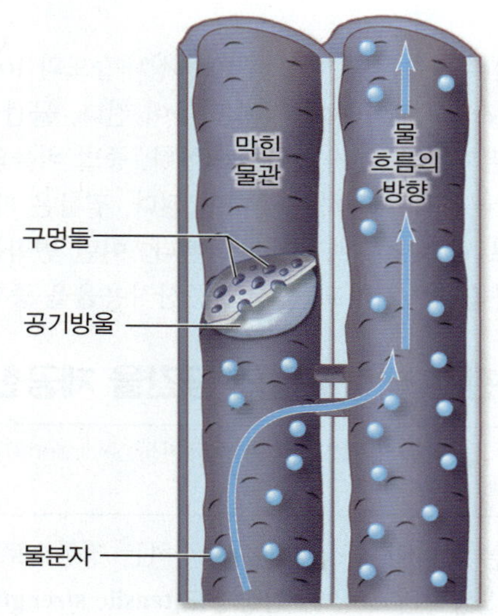

그림 31.9 공동현상 기포는 물기둥의 인장력을 깰 수 있다. 기포는 벽공보다 커 인접한 헛물관이나 관으로 이동하지 못한다. 물은 주변의 헛물관이나 관으로 흘러든다.

무기양분(Mineral) 수송

헛물관과 물관부는 무기양분들의 대량수송에 필수적이다. 궁극적으로, 뿌리로 능동수송된 무기양분들은 물관에서 대사작용이 활발히 일어나는 부분으로 재배치된다. 인, 칼륨, 질소와 때때로 철은 특정 계절 동안 물관에 많이 존재하기도 한다. 많은 식물에서 이온 농도의 패턴은 나뭇잎과 나뭇가지 등의 성숙한 낙엽 부분에서 분열조직영역이라 불리는 활발히 생장하는 부분으로 이동해서 이러한 필수 영양소의 보존에 도움을 준다.

물관을 통해 재배치된 무기양분들은 물관을 통한 위쪽 방향으로 이동해야 함을 상기해보자. 모든 무기양분들이 한번 옮겨지게 되면 물관을 통해 다시 옮겨질 수는 없다. 필수영양소인 칼슘은, 한번 식물의 특정 부위에 퇴적되면 다른 곳으로 이동할 수 없다. 하지만 다른 몇몇 영양소는 체관으로 수송될 수 있다.

개념 정리 31.3

일액현상은 뿌리압이 높지만 증산작용은 낮을 때 일어난다. 물의 높은 인장력은 물의 응집력과 장력에서 온다. 이를 통해 물은 증산작용에 의해 물관으로 끌어올려진다. 물의 흐름을 막는 공동현상은 물 수송계의 기포에 의해 발생하며 응집력을 막는다.

- 물관을 떠난 무기양분에게 무슨 일이 일어났을까?

31.4 식물은 날씨에 따라 증산 속도를 조절한다

식물의 뿌리를 통해 들어오는 물의 90% 이상은 결국 대기 중으로 소실된다. 물은 잎맥 끝에서 엽육세포로 이동하고, 이 세포들의 표면으로부터 잎에 있는 대기와 접해있는 주머니에서 증발하게 된다. 29장에서 설명했듯, 이러한 세포내 공간은 잎의 기공을 통해 외부의 공기와 접촉하고 있다.

기공은 물과 이산화탄소의 필요에 따라 열리고 닫힌다

학습목표 31.4.1 공변세포가 기공의 열림을 조절하는 기작을 설명한다.

물은 식물의 대사활동에 필수적이지만, 끊임없이 공기 중으로 소실된다. 동시에, 광합성은 대기로부터 엽록조직 세포에 CO_2 공급을 요구한다. 그러므로 식물은 다소 모순되는 두 가지 요건을 마주하게 된다: 대기로의 물 소실을 최소화하고 이산화탄소를 들어오게 할 필요성 이다. 기공이나 큐티클과 같은 구조적 특징은 이러한 요건 중 하나 혹은 두 가지 모두에 대응하여 진화해 왔다.

증산 속도는 습도와 낮의 길이를 포함한 날씨 조건에 따라 결정된다. 앞서 말했듯이, 잎에서의 증산은 잎과 대기의 증기압 변화도가 적고 기공이 닫히는 밤에 감소한다. 낮에는, 증산이 증발 냉각을 통해 잎을 차게 하는 반면, 햇빛은 잎의 온도를 증가시킨다.

단기적으로는, 기공을 닫는 것이 수분 손실을 조절할 수 있다. 이러한 현상은 많은 식물에서 그들이 물에 의한 스트레스를 받았을 때 일어난다. 그러나 그 시간 중 일부는 CO_2가 들어 올 수 있도록 기공이 열려야만 한다. CO_2가 세포내 공간으로 들어왔을 때, 이 CO_2는 광합성에 사용되는 공간인 식물의 세포로 들어오기 전에 물에 녹는다. 이 기체는 기공 아래에 있는 세포내 공간의 벽에 존재하는 물에 주로 녹는다. 뿌리로부터 잎에 도달하는 연속적인 물의 흐름은 이 벽을 촉촉하게 유지한다.

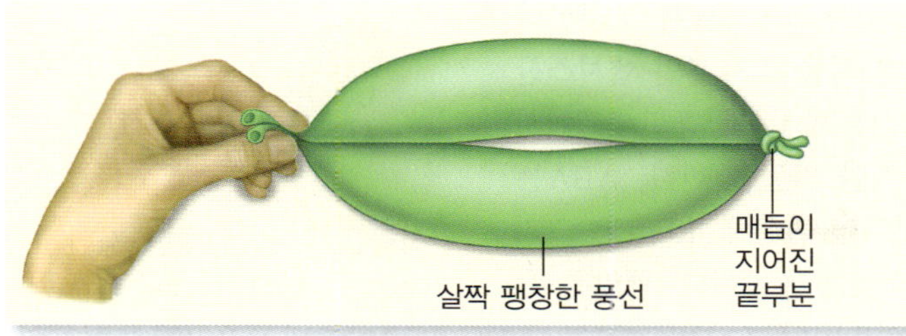

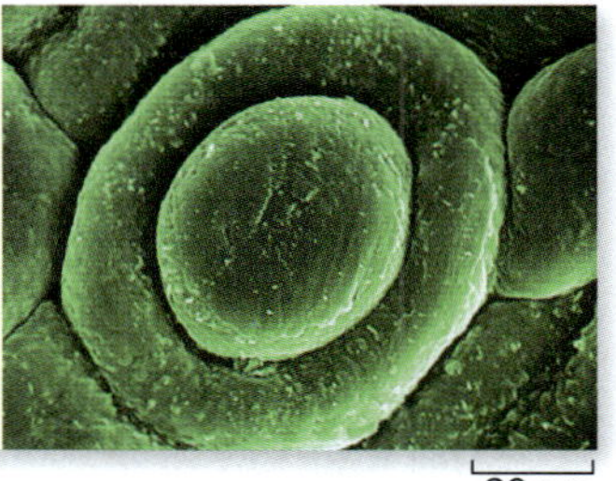

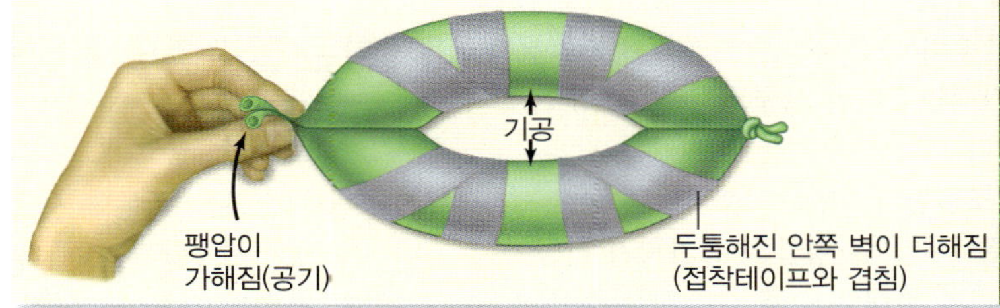

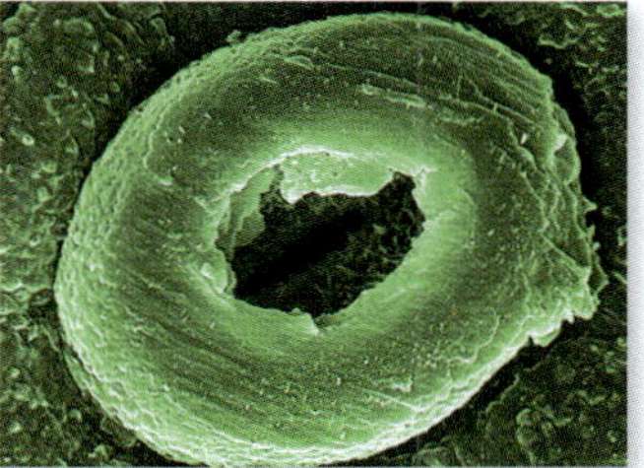

그림 31.10 기공세포의 일정하지 않은 두께는 기공세포가 확장될 때 기공을 열수 있는 원인이 된다.

공변세포의 팽압은 기공이 열리고 닫히게 한다

기공의 각면에 있으며 두 개의 소시지 모양인 공변세포는 모양뿐만 아니라 엽록체를 포함하는 유일한 상피세포라는 점에서 다른 상피세포와는 차이가 나타난다. 안쪽은 두껍고 다른 쪽은 얇은 그들의 독특한 벽 구조는 공변세포가 팽창할 때 부풀어 오르고 휘어지게 한다.

우리는 긴 풍선 두 개의 끝부분을 묶고 두 풍선을 조금 팽창시킴으로써 공변세포의 모델을 혼자서도 만들 수 있을 것이다. 두 풍선의 열린쪽을 함께 잡았을 때, 두 풍선 사이에는 아주 조금의 공간만이 있을 것이다. 이제 그림 31.10에 보여진 것처럼 두 풍선의 주입구 주변을 테이프로 싸고(어떤 공기도 방출되지 않게), 둘 중 하나를 조금 더 팽창시킨다. 다시 열린 쪽을 함께 잡아라. 이제 중앙에 "기공"이 있고 거의 도넛모양을 가진 "공변세포" 한 쌍을 가지게 되었을 것이다. 실제 공변세포는 공기가 아닌 물의 유입과 유출에 따라 열리고 닫힌다.

공변세포의 팽압은 칼륨이온(K^+), 염화이온(Cl^-) 그리고 말산염의 활발한 흡수의 결과로 생긴다. 용질의 농도가 증가하면, 공변세포의 수분포텐셜이 감소하게 되고, 물은 삼투하여 들어온다. 그 결과로, 이 세포는 물을 축적하고 점차 부어올라 기공을 연다(그림 31.11). 공변세포 막을 가로질러 이온을 움직이는 데에 필요한 에너지는 ATP 주도의 H^+ 펌프로부터 온다.

많은 식물 종의 공변세포는 규칙적인데, 광합성이 일어나는 아침에는 부어오르고, 수분 이용가능성에 관계없이 저녁에는 팽압을 잃는다. 하루 동안, 광합성에 역할을 하는 공변세포에 설탕이 축적된다. 저녁에 공변세포로부터 설탕을 활발하게 퍼내는 것은 팽압을 잃게 하고 공변세포를 닫게 한다.

환경적 요소들이 증산 속도에 영향을 준다

온도와 풍속이 증가하면 물 분자가 더욱 빨리 증발하기 때문에, 증산 속도는 온도와 풍속에 따라 증가한다. 습도가 증가하면 잎과 대기의 수분 포텐셜 차이가 감소하지만, 대기에 비해 95%의 습도만 있어도 증기압의 구배는 완전한 증산작용을 유지할 수 있다. 이용가능한 물의 양이 불충분해서 전체 식물이 시들어 버릴 정도의 재앙과 같은 수준에서는, 공변세포가 팽압을 잃고, 그 결과로 기공은 닫힐 것이다. 증산 속도의 변동은 기공의 개폐에 의해 조절된다.

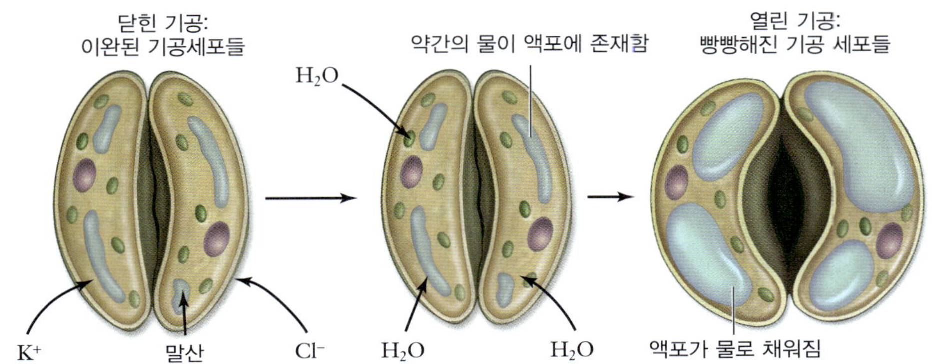

그림 31.11 기공은 어떻게 열리는가. 수소이온이 기공세포로부터 밖으로 펌핑될 때, 칼륨과 염소이온이 안쪽으로 들어오게된다. 삼투에 의한 물이 들어옴으로써 기공세포의 팽압이 증가된다. 팽압이 증가하게 되면 기공세포가 볼록해지게 되고, 기공세포 안쪽에 위치하는 두꺼운 세포벽이 바깥쪽으로 휘게 된다. 그럼으로써 기공이 열리게 된다.

실험적 증거는 몇몇 신호전달 과정이 기공의 개폐를 조절한다는 것을 나타낸다. 31.10절에서 설명했던 식물 호르몬인 **앱시스산 (ABA)**은 가뭄에 반응하여 기공을 닫음으로써 K^+가 공변세포에서 바깥쪽으로 빠르게 이동하는 데에 1차적인 기능을 한다. ABA는 공변세포의 원형질 막에 있는 수용체 부위에 결합해, K^+, Cl^- 그리고 말산염 이온 채널을 여는 신호전달 과정을 촉발한다. 팽압은 수분 손실에 따라 감소하고 공변세포는 닫힌다(그림 31.12).

CO_2 농도, 빛, 그리고 온도 또한 기공의 열림에 영향을 준다. CO_2 농도가 높을 때, 많은 식물종의 공변세포는 기공의 열림을 감소시키도록 한다. 이때에는 추가적인 CO_2가 요구되지 않고, 공변세포가 닫혀 있을 때 물은 보존된다.

청색 빛은 기공의 열림을 조절한다. 이것은 햇빛이 증산을 통한 온도를 낮추는 요구를 더 증가시킬 때 팽압을 증가시켜 기공이 열리는 것을 돕는다. 농도 기울기와 반대로 K^+를 수송하는 것은 빛에 의해 촉진된다. 청색 빛은 특히 K^+ 채널을 여는 양성자의 기울기를 만들기 위해 양성자(H^+)의 수송을 촉발한다.

기공은 온도가 30℃에서 34℃를 넘었을 때와 수분 조건이 좋지 않을 때 닫힐 것이다. 충분한 기체 교환을 보장하기 위해, 기공은 어둡고 온도가 떨어졌을 때 열린다. 몇몇 식물은 낮 시간에 광합성을 할 수 있게끔 밤에 CO_2를 모을 수 있는 변형된 형태를 이용한다(Chapter 8).

개념 정리 31.4

기공의 열림은 수분 함유량에 따라 모양을 바꾸는 공변세포에 의해 조절된다. 앱시스산은 삼투 현상에 영향을 주는 칼륨 이온의 이동을 조절한다. 기공은 식물이 물에 의한 스트레스 상태에 있을 때 닫히지만, 그들은 이산화탄소가 필요할 때 열리고 증산작용은 과도한 수분 손실을 유발하지 않는다.

- 이산화탄소가 식물내로 들어왔을 때 왜 물에 녹는 것이 중요할까?

31.5 식물들은 물에 대한 스트레스에 적응한다

식물들은 물에 대한 제한이나 염농도 변화에 대해 쉽게 서식지를 변경할 수 없으므로, 가뭄이나 높은 염농도의 토양에 적응할 수 있는 방향으로 진화해왔다.

제한된 물부족으로 인한 가뭄에 대한 식물의 적응

학습목표 31.5.1 식물의 3가지 가뭄에 대한 적응을 나열하라.

식물에서 수분을 잃는 비율을 조절하는 많은 기작들이 진화해왔다. 기공을 열고 닫는 것에 대한 조절은 빠른 대응을 제공한다. 형태학적 적응은 가뭄이 지속되는 기간동안 오랫동안 버틸 수 있는 해결책을 제공한다. 예를 들어, 몇몇의 식물들은 연간 건기에 휴면상태로 존재한다; 다른 기작은 잎을 적게 가져 증산작용을 제한한다. 극심한 가뭄조건에 있는 지역에는 주로 낙엽성 식물이 존재한다. 넓은 의미에서, 일년생 식물은 좋지 못한 환경에서 씨앗과 같은 방식으로 휴면상태에 들어감으로써 물을 보존한다.

상대적으로 적은 기공을 가진 두껍고, 딱딱한 잎들- 종종 기공은 잎의 아랫면에만 존재한다-은 기공이 많고 크고 유연한 잎들에 비해 훨씬 더 느리게 수분을 손실한다. 양모처럼 생긴 모상체(trichomes)의 다발로 덮인 잎들은 햇빛을 더욱 반사하고, 그로 인해 열이 잎에 전달되는 것을 막음으로서 증산에 요구되는 열을 식히게 된다.

식물은 짧고 긴 시간 동안의 침수에 반응한다

학습목표 31.5.2 식물의 생장에 있어 침수의 단점에 대해 설명한다.

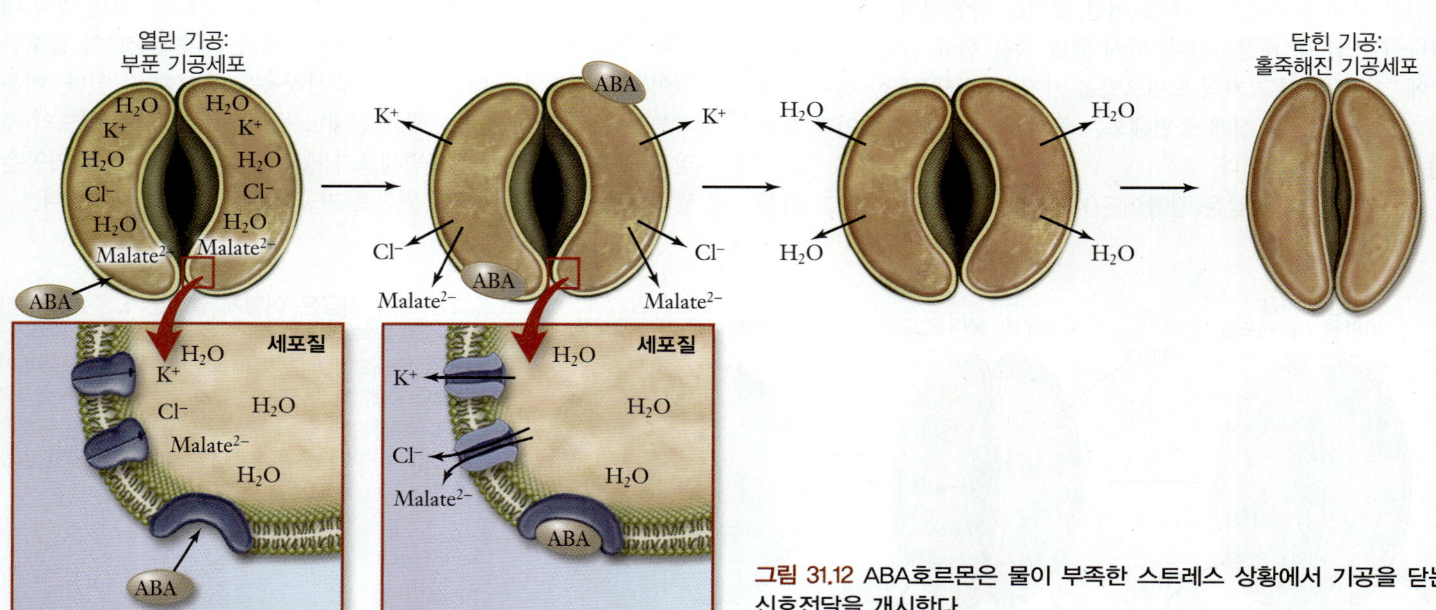

그림 31.12 ABA호르몬은 물이 부족한 스트레스 상황에서 기공을 닫는 신호전달을 개시한다.

물이 범람했을 때 식물들은 너무 많은 물을 만날 수 있다. 물의 급한 흐름은 토양의 산소 수용을 급격하게 감소시키며 뿌리에 있는 미네랄과 탄수화물의 수송을 방해 한다. 이로 인해 종종 비정상적인 호르몬의 발현과 생장이 발생된다.

산소의 급격한 감소는 세포호흡을 감소시키기 때문에 가장 중요한 문제이다. 움직이는 물보다 멈춰있는 물이 훨씬 적은 산소를 지니고 있다. 일반적으로 멈춰있는 물이 범람하는 것이식물에게 더 해롭다(조류의 충돌에 의한 격량 수역은 배제됨). 식물이 휴면상태에 있을 때의 홍수는 그들이 활발히 자라고 있을 때의 홍수보다 덜 해롭다.

산소부족으로 인한 뿌리에 발생하는 물리적인 변화는 식물에서 물의 흐름을 멈추게 할 수 있다. 역설적으로, 식물의 뿌리에 물이 충분히 존재한다고 해도 잎들은 마를 수 있다. 식물들은 홍수조건에서 가스의 교환을 촉진할 수 있는 큰 피목을 만들고 부수적인 뿌리들이 수면까지 올라와 가스 교환을 할 수 있게끔 반응을 한다.

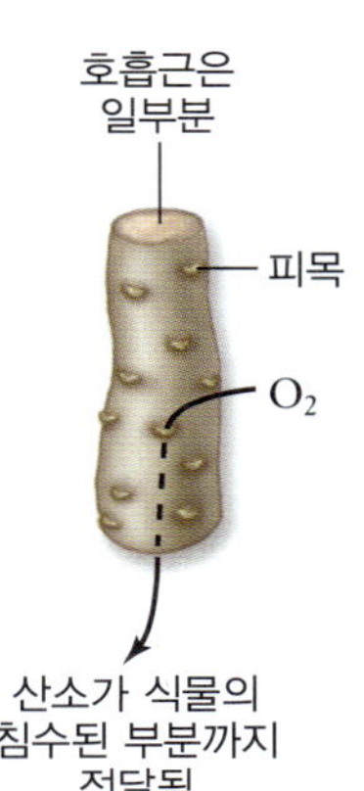

그림 31.13 맹그로브는 어떻게 침수된 지역에서 산소를 얻을 수 있을까. 검은 맹그로브(*Avicennia germinans*)는 보통 물이 차여 있는 지역에서 생장한다. 각각의 식물들의 대부분은 침수된 상태로 생장한다. 하지만 공기뿌리라고 불리는 변형된 뿌리를 통해 침수된 부위에 산소를 공급할 수 있다. 왜냐하면 공기뿌리는 물 위쪽으로 노출되어 있고 많은 피목을 가지고 있기 때문이다.

배출을 통해 높은 염농도에 대한 적응을 한다

학습목표 31.5.3 염 환경에서의 식물의 적응의 개요를 설명한다.

맹그로브와 같은 식물들은 소금물이 넘치는 곳에서 물에 잠긴 부분에 산소를 공급할 뿐만 아니라 염 농도를 맞추며 생장한다. 염은 반드시 배제되어야 하고, 활발하게 분비되고, 혹은 그것들이 들어올 때는 희석되어야 한다. 검은 맹그로브(*Avicennia germinans*)는 길고 스폰지형의 공기가 찬 뿌리가 진흙위에 표출되어져 있다. 이 뿌리들을 공기뿌리/호흡근(pneumatophores)라 하는데, 큰 피목이 물 위에 있는 부분을 통해 산소가 들어온다. 그리고 산소는 부수적인 뿌리들로 전달된다(**그림 31.13**). 게다가 많은 양의 물을 가지고 있는 몇몇 맹그로브 종들의 잎은 즙이 많아서 염이 도달했을 때 희석된다. 많은 식물들이 이러한 조건에서 또한 많은 양의 염을 분비하고 뿌리에서 염이 올라오는 것을 막는다.

고농도의 염을 가진 토양을 참아낼 수 있는 몇몇 **호염성 식물(halophytes)**이라고 불리는 식물들이 있다. 이들은 뿌리에 고농도의 유기 분자를 생산해 토양과 뿌리의 수분 포텐셜 기울기를 만들어 뿌리로 물이 들어오게 된다.

개념 정리 31.5

가뭄에 대한 적응방법에는 휴면, 낙엽, 잎의 수분 손실 최소화가 있다. 식물이 침수에 노출되었을 때, 산소 부족은 낮은 세포호흡 비율을 유발하고 무기양분과 탄수화물 수송의 방해, 그리고 호르몬 수준의 변화를 유발한다. 만약 식물이 염환경에 노출되었을 때, 염이 올라오는 것을 막거나, 올라 왔을 때 분비하거나 희석시킨다.

- 광합성을 통해 산소를 생산함에도 불구하고 왜 식물이 침수되었을 때 산소부족에 의한 위험이 발생하는가?

31.6 체관부는 생체유기분자를 수송한다

잎은 광합성이 주로 일어나는 장소이기 때문에, 식물은 그 생산물과 당을 잎으로부터 전체 식물체의 뿌리, 그리고 줄기로 수송할 수 있어야 한다. 물관의 단일 방향성 흐름과는 달리, 체관부는 당과 물을 식물체 내 곳곳으로 수송한다.

생체유기분자는 줄기 위아래로 수송된다

학습목표 31.6.1 전류(translocation)을 정의한다.

잎과 녹색을 띠는 식물의 조직으로부터 만들어지는 대부분의 탄수화물은 체관부를 통해 광합성이 일어나지 않는 식물체의 조직으로 분배된다. 전류라고 알려진 이 과정은 적절한 탄수화물 블록을 뿌리와 활발히 생장하는 다른 식물체의 부분에 제공한다. 괴경과 같은 저장기관에 주로 녹말의 형태로 농축된 탄수화물은 설탕(sucrose)과 같이 수송하기 쉬운 분자로 바뀌어 체관부를 통해 이동한다. 이번 장에서 우리는 탄수화물과 **수액(sap)**이라 불리는 영양소가 많은 유체가 식물체 내를 이동하는 방법에 대해 논의할 것이다.

당과 다른 물질이 체관부를 통해 이동하는 것은 방사선 표지를 이용해 확인해 볼 수 있다. 방사성 이산화탄소($^{14}CO_2$)는 광합성의 결과로 글루코오스에 포함될 수 있다. 글루코오스는 체관부를

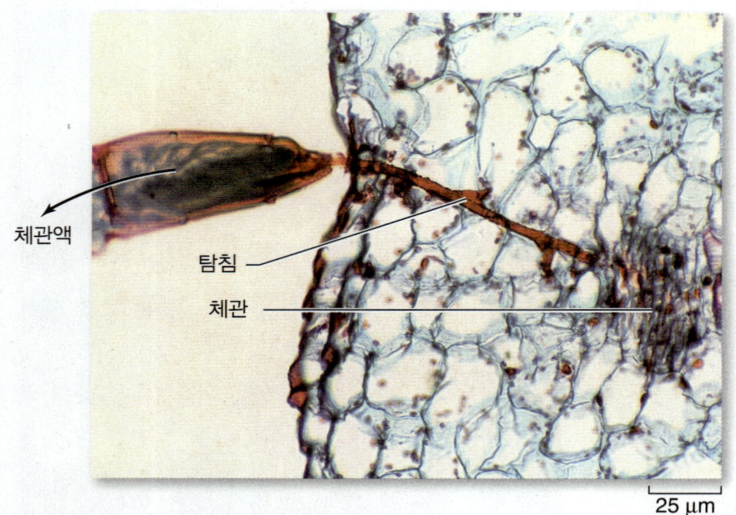

그림 31.14 체관을 통한 섭식. 진딧물은 양분이 풍부한 체관에서 섭식을 행한다. 그들은 탐침이라고 불리는 날카로운 입을 통해 양분을 빨아들인다.

통해 수송되는 이당류인 설탕(sucrose)를 만드는데 이용된다. 이러한 연구는 설탕이 체관부에서 위, 아래 양쪽의 방향으로 이동할 수 있다는 것을 보여준다.

식물의 수액을 뽑아 먹는 곤충인 진딧물은 전류를 이해하는데 유용한 도구이다. 진딧물은 그들의 빨대(날카로운 입부위)를 잎과 줄기의 체관부 세포에 찔러 풍부한 당을 얻는다. 먹이를 먹고 있는 진딧물의 빨대를 자름으로써 진딧물을 제거하면, 체관부로부터 나오는 액체가 지속적으로 떨어진 입부분을 통해 흐르고, 그 액체는 분석용으로 쓸 수 있는 순수한 형태이다(그림 31.14). 체관부에 있는 액체는 증발되면 10~25%의 건조 중량을 포함하고, 대부분은 설탕이다. 중요한 샘플을 얻기 위해 진딧물을 이용하는 것과 그들을 표지하기 위해 방사성 추적자를 이용하는 것은 식물 생명학자로 하여금 체관부의 물질이 50에서 100cm/h와 같이 매우 빠른 속도로 이동할 수 있다는 것을 증명하게 했다.

체관부는 또한 식물 호르몬을 수송할 수 있는데, 환경적인 신호는 식물체 내에서 호르몬의 빠른 전류가 가능하도록 한다. 최근의 증거는 또한 mRNA가 체관부를 통해 이동할 수 있다는 것을 나타내며, 이는 세포와 세포사이 장거리 연락에 관해 이전까지 밝혀지지 않았던 기작을 제공한다. 게다가 체관부는 다양한 당, 아미노산, 유기산, 단백질 그리고 이온과 같은 다른 분자들을 수송한다.

팽압 차이는 체관부의 많은 수송을 유도한다

학습목표 31.6.2 압류모델(pressure–flow) 가설을 설명한다.

체관부를 따라서 이동하는 수용액에서 어떻게 탄수화물이 이동하는지에 대한 설명으로써 가장 인정을 받고 있는 모델은 **압류모델 이론(pressure-flow theory)**이라고 명명된다. 용해된 탄수화물들은 공급조직(source)로부터 흐르고 그들이 활용되는 저장조직(sink)에 옮겨지게 된다. 탄수화물을 공급하는 조직은 잎의 엽육조직과 같은 광합성이 일어나는 조직이 포함된다. 뿌리의 피층과 같은 양분 저장 조직은 공급조직과 저장조직 모두가 될 수 있다. 저장조직은 또한 뿌리의 생장점과 발달중인 열매에 있는 줄기에 나타난다. 또한, 공급조직과 저장조직은 필요에 따라 점차 달라질 수 있으므로 체관부 흐름의 방향은 바뀔 수 있다.

체관부 적재(phloem loading)라고 알려진 과정에서, 탄수화물(대부분 설탕임)은 공급조직에 있는 가장 작은 잎맥의 체관으로 들어간다. 몇몇 설탕은 엽록세포로부터 심플라스트를 통해 반세포와 체관세포로 이동한다. 대부분의 설탕은 아포플라스트 수송을 통해 체관세포에 도착하고, 설탕과 H^+ 공동수송을 통해 막을 가로질러 이동한다(chapter 5 참조). 이러한 에너지 요구 과정은 그림 31.1에서 설명한 바와 같이 양성자 펌프에 의해 작동된다. 체관과 인접한 반세포와 유조직 세포는 이 수송을 작동시키기 위한 ATP 에너지를 제공한다. 물관, 헛물관과는 다르게 체관세포는 살아있어야 하고 능동 수송에 참여해야만 한다.

대량수송(bulk flow)은 추가적인 에너지 요구 없이 체관에서 일어난다. 체관과 주변 물관세포들 사이의 수분 포텐셜 차이로 인한 삼투압 때문에 물은 이동한다. 체관의 압력이 증가하고, 이 압력은 체관의 조직으로부터 액체가 나오게 한다. 저장조직에서 설탕과 호르몬들은 체관으로부터 능동적으로 제거된다. 그리고 물은 삼투압에 의해 따라나온다. 저장조직의 팽압이 떨어지면서, 설탕에서의 강한 압력으로부터 저장조직의 약한 압력으로 큰 흐름이 발생한다(그림 31.15). 그리고 저장조직에 있던 대부분의 물이 재순환하거나 증산작용을 통해 손실되는 물관으로 돌아간다.

체관에 있는 설탕과 다른 탄수화물들의 수송은 에너지가 필요하지 않다. 그러나 이동을 유발시키기 위해 필요한 압력은 체관에서 일어나는 이러한 물질들의 에너지 의존적 적재와 하적을 통해 만들어진다.

개념 정리 31.6

전류는 체관부를 통해 식물 전체로 녹은 물질이 이동하는 것이다. 체관부의 수액은 설탕과 다른 당, 호르몬, mRNA, 아미노산, 유기산, 단백질 그리고 이온을 포함한다. 압류모델 이론에 따르면, 체관에 있는 탄수화물은 수분포텐셜 차이를 만든다. 그 결과로, 물은 체관부를 통해 액체가 흐를 압력을 만드는 관으로 들어온다.

- 물관부와 체관부에 있는 액체의 차이점은 무엇일까?

31.7 식물은 다양한 영양분을 필요로 한다

식물 영양의 주요원천은 태양으로부터 받은 에너지를 이용해 대기중의 이산화탄소(CO_2)를 고정시켜 간단한 당을 만드는 것이다. CO_2는 기공을 통해 들어간다; 산소(O_2)는 광합성 후 남은 찌꺼기이며 기공을 통해 빠져나가는 대기권 조성 물질이다. 산소는 식물을 유지하고 생장에 도움을 주기 위해 세포 호흡으로 이용된다.

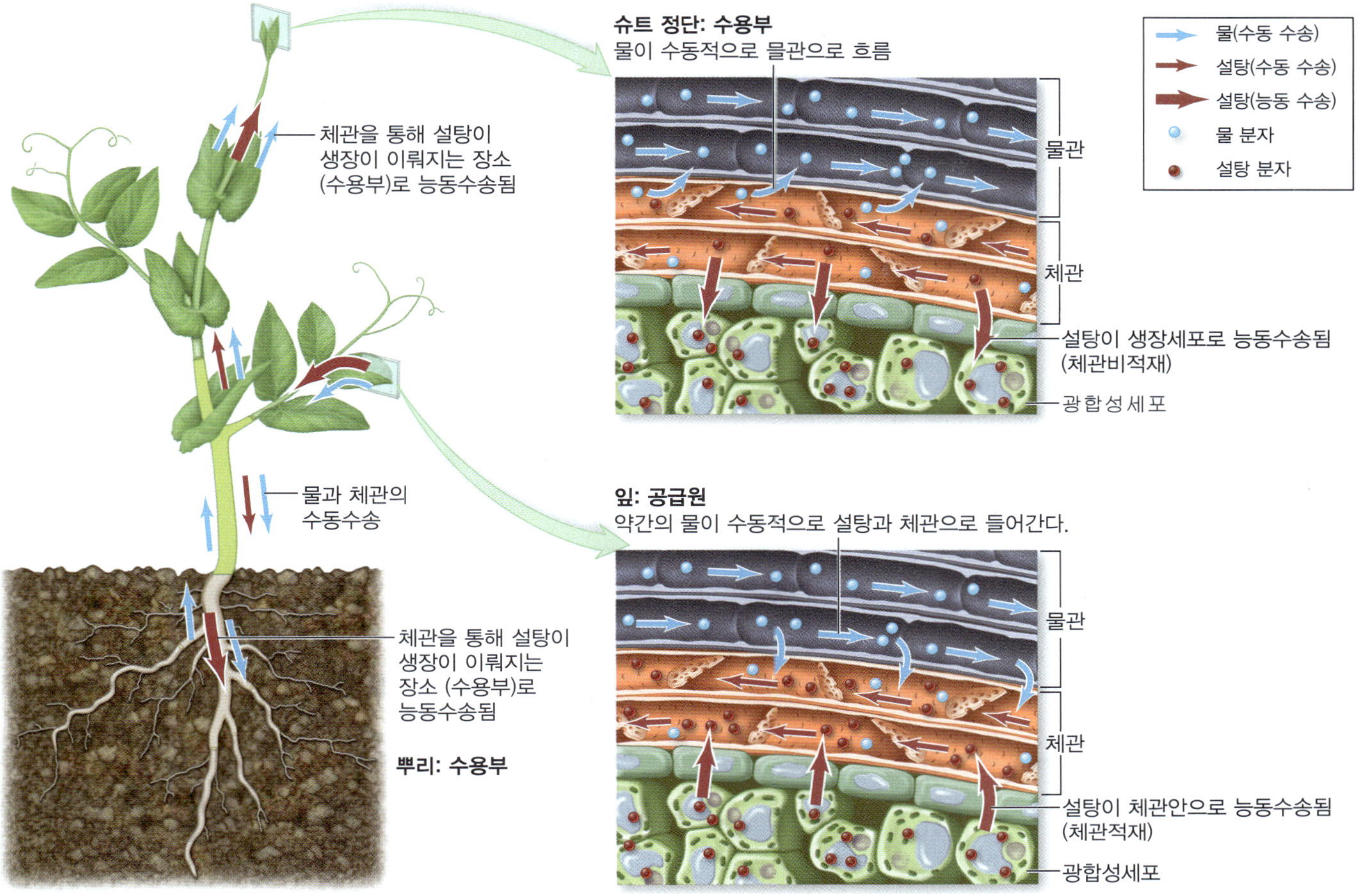

체관을 통해 설탕이 생장이 이뤄지는 장소 (수용부)로 능동수송됨

물과 체관의 수동수송

체관을 통해 설탕이 생장이 이뤄지는 장소 (수용부)로 능동수송됨

뿌리: 수용부

슈트 정단: 수용부
물이 수동적으로 물관으로 흐름

물관

체관

설탕이 생장세포로 능동수송됨 (체관비적재)

광합성세포

잎: 공급원
약간의 물이 수동적으로 설탕과 체관으로 들어간다.

물관

체관

설탕이 체관안으로 능동수송됨 (체관적재)

광합성세포

물(수동 수송)
설탕(수동 수송)
설탕(능동 수송)
물 분자
설탕 분자

그림 31.15 집단류(mass flow) 모식도. 이 모식도에서 빨간 점은 설탕 분자를, 파란 점은 물 분자를 나타낸다. 잎의 엽육조직이나 다른 식물 부분에서 통도 세포 중 하나인 체관을 통해 이동하면, 설탕 분자는 집단류를 통해 식물의 다른 부분으로 이동되고 그것들이 필요한 부분으로 가게 된다.

식물은 9개의 다량영양소와 7개의 미량영양소가 필요하다

학습목표 31.7.1 다량영양소와 미량영양소를 구별한다.

이산화탄소(CO_2)와 빛 에너지는 충분하지 않지만, 식물이 필요로 하는 도든 분자의 합성을 의해 필요로 한다. 식물은 생체에서 만들어지지 않는 여러 영양소들도 필요하다. 이들 중 식물이 많은 양을 필요로 하는 것을 **다량영양소(macronutrients)**라고 하고, 적은 양을 필요로 하는 것을 **미량영양소(micronutrients)**라고 한다.

9가지의 다량영양소는 탄소, 산소, 그리고 수소 - 이 3가지 요

그림 31.16 식물에서 무기양분의 결핍. a. 건강한 토마토. b. 마그네슘이 결핍된 잎. c. 구리가 결핍된 토마토 잎. d. 인이 결핍된 토마토 잎.

소 모두가 생체 구성물이다 - 와 더불어 질소(아미노산에 필수적), 칼륨, 칼슘, 마그네슘(엽록체 분자의 중심금속), 인, 그리고 황이 포함된다. 이들 각각의 영양소는 건초 중량 중 1%에 근접하거나 탄소의 경우, 1%를 훨씬 넘는다.

7개의 미량영양소는 염소, 철, 망간, 아연, 붕소, 구리, 그리고 몰디브덴으로 구성되어 있으며 대다수의 식물에서 1 ~ 몇백 ppm 보다 적게 포함되어 있다. 이중에서 어느 하나가 없어도 식물의 생장에 큰 영향을 끼칠 수 있다(그림 31.16). 다량영양소는 보통 지난 세기에 밝혀졌지만, 미량 영양소는 아주 작은 양으로도 작동해 동정하는 기술이 최근에 개발되면서 밝혀졌다.

영양 요구는 식물의 뿌리가 공기가 통하는 영양소가 포함된 용액 위에 떠서 자라게 되는 수경 재배방법을 통해 평가된다. 실험의 목적을 위해, 용액은 모든 필요한 영양소를 알맞은 비율로 포함하고 있지만, 알고 싶거나 궁금한 영양소를 넣지 않는다. 식물들이 자랄 수 있는 환경을 만들어 주고 생장형태, 잎의 색 변화들을 관찰을 한다. 이러한 관찰을 통해 어떠한 영양원이 어떤 단계에서 어떻게 필요로 하는지 가능할 수 있다(그림 31.17). 이해를 돕기 위해

이식

완벽한
영양분
용액

필수양분이라고
예상되는 물질
한 개가 빠진 용액

생장을 관찰함

예상한 양분은
필수적이지 않음

정상적인 생장

예상한
양분은
필수요소임

비정상적 생장

그림 31.17 식물의 양분 요구도를 분석하는 과정. 어린 식물을 완벽한 양분이 포함된 배지에서 우선 키운다. 그 다음 이식물을 생장에 반드시 필요할 것이라고 예상되는 양분이 빠진 배지로 옮겨준다. 잎의 색변화, 생육의 저해 등과 같이 식물이 비정상적으로 자라는 현상이 존재하는지 여부를 조사한다. 만약 식물이 정상적으로 자란다면 빠진 양분은 중요하지 않은 것으로 간주한다. 하지만 식물의 생장이 비정상적이라면 그 양분이 식물의 생장에 필수적인 요소이다.

미량영양소가 얼마나 적은 양이 필요한지 알아보자면, 오스트레일리아 토양에서 심각한 몰디브덴의 결핍에 첨가해주는 정상적인 1회 사용분은 10년마다 1 ha(한 변이 100m인 정사각형 - 약 2.5 에이커)에 34g(한 움큼)이다.

많은 식물들은 수경 재배시 뿌리에 공기가 공급되면 만족할 만큼 많이 자란다. 이 방법은 비록 비싸지만, 가끔 상업적인 목적으로 실험에 이용되기도 한다. 분석화학은 식물의 생장에 필요한 각기 다른 분자들의 양을 실험하는데 있어서 훨씬 쉽게 접근할 수 있도록 만들어 주었다.

개념 정리 31.7

식물은 상대적으로 많은 양의 다량영양소 9개와 적은 양의 미량영양소 7개를 필요로 한다. 식물은 어느 영양소가 생장에 필요한지 결정하기 위해 수경재배용액을 이용하여 재배하였다.

- 왜 토양의 마그네슘 부족이 식량 생산에 한계를 가져오는가?

31.8 식물의 생장은 빛에 반응한다

8장에서 우리는 식물이 화학적인 결합 에너지를 통해 빛을 에너지로 변환하는 과정인 광합성을 자세하게 살펴보았다. 우리는 색소를 빛 에너지를 흡수하는 능력을 가진 분자라고 기술하였다; 우리는 엽록소가 광합성의 주요한 색소 분자라고 배웠다. 식물은 다른 색소들도 물론 포함하고 있고, 이들의 기능 중의 하나는 빛을 감지하고 이 정보를 식물에 전달한다.

파이토크롬은 빛 반응 유전자의 발현을 가능하게 한다

학습목표 31.8.1 색소인 파이토크롬과 엽록소를 비교하라.

빛을 포함하는 몇몇 환경적 요소는 식물의 일생에서 종자발아, 개화, 그리고 다른 중요한 발달 과정들을 개시할 수 있다. **광형태형성(photomorphogenesis)**는 빛에 의해 유도되는 식물의 발달을 표현하기 위해 사용되는 단어이다. 이것은 개화를 포함한 복잡한 형태 변화를 야기할 수 있다. 광형태형성과는 다르게, 굴광성(phototropisms)은 빛에 반응하여 직접적으로 생장의 반응이 나타나는 것을 의미한다. 광형태형성과 굴광성은 불리한 환경 조건을 회피할 수 없는 식물의 무능력을 보상해준다.

파이토크롬(phytochrome)은 모든 식물과 녹조류의 몇 종에 존재하지만, 원생생물, 박테리아, 그리고 곰팡이에는 존재하지 않는다. 파이토크롬 체계는 아마도 녹조류에서 진화되었고 식물의 최근 조상에도 존재했다.

파이토크롬 분자는 두개의 호환가능한 형태로 존재한다 : 첫번째 형태인 P_r은 660nm 파장을 가지는 적색광을 흡수한다; 두번

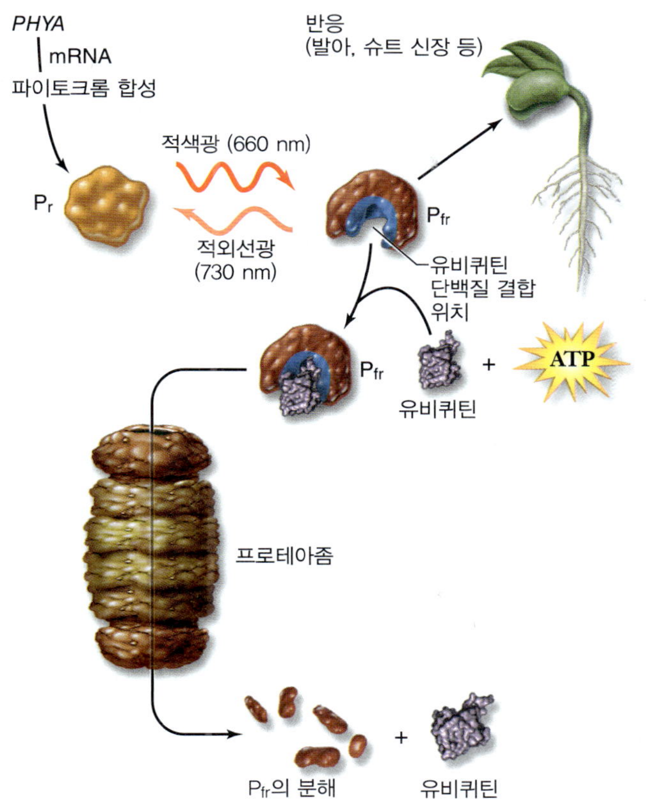

그림 31.18 어떻게 파이토크롬이 작동하는가. 파이토크롬A(PYHA)는 5개의 애기장대 파이토크롬 유전자 중 하나이다. 적색광에 노출되면 P_r은 식물에서 반응을 이끌어내는 활성화 형태인 P_{fr}로 바뀐다. P_{fr}은 원적외선에 노출되면 P_r로 변환된다. P_{fr}의 양은 단백질 제거에 의해 조절 받는다. 프로테아좀에서의 제거를 위해 P_r에 유비퀴틴 단백질 꼬리표가 달린다.

째로, P_{fr}은 730nm인 근적와선을 흡수한다. P_r은 생물학적으로 비활성 상태이다; 적색 광자가 존재할 때 이것은 활성화 상태인 P_{fr}로 변환된다. P_{fr}은 원적외 광자가 사용가능할 때 P_r 형태로 다시 변환된다. 다시 말하면 파이토크롬에 의해 영향을 받는 생물학적 반응은 P_{fr}이 존재할 때 발생한다. 대부분의 P_{fr}이 P_r로 대체될 때, 반응은 일어나지 않을 것이다(그림 31.18).

P_{fr}의 양은 단백질 분해 과정에 의해서도 조절된다. 유비퀴틴(Ubiquitin)은 P_{fr}에 꼬리표를 붙여 **프로테아좀(proteasome)**이라는 28개의 단백질로 구성된 단백질 파쇄기로 운반하는 단백질이다. 프로테아좀은 가운데에 통로를 가지고 있고, 단백질이 그 통로를 통과하면, 4장에서 기술한 것처럼 다른 단백질로 구성될 수 있는 아미노산으로 잘라진다. P_{fr}에 꼬리표를 붙이고 재활용 하는 것은 세포 내에서 파이토크롬이 정확하게 필요한 양으로 유지되도록 조절한다.

색소를 포함하고 있는 단백질 **파이토크롬(phytochrome, P)**은 두 부위로 구성되어 있다. 작은 부분은 빛에 민감한 부분으로 발색단(*chromophore*)이라고 불리며, 큰 부분은 아포단백질(*apo-protein*)이라고 불린다. 아포단백질은 빛 반응 유전자를 발현하는 기능을 가진다. 애기장대(*Arabidopsis*) 전체 유전자의 10퍼센트가 넘는 2500여개의 유전자가 적색광에 반응하는 파이토크롬 중 하나의 형태적 변화를 개시하는 생물학적 반응을 수반한다. 파이토크롬은 유전자 발현으로 이어지는 많은 신호 전달 경로를 수반한다.

파이토크롬은 세포질에서 발견되지만, 빛 반응 유전자의 전사를 가능하게 하기 위해 핵 속으로 들어간다. P_r이 P_{fr}로 변환되었을 때 핵 속으로 움직일 수 있다. 핵 속에서, P_{fr}은 전사 복합체 형태의 다른 단백질과 결합하여 빛에 의해 조절되는 유전자의 발현을 유도하게 된다(그림 31.19). 파이토크롬의 단백질 결합부위는 전사 인자와의 상호작용에 필수적이다.

파이토크롬은 또한 단백질 인산화효소 신호 전달 경로를 이용하여 일을 한다. 파이토크롬이 P_{fr} 형태로 변할 때, 아포단백질 도메인인 단백질인산화효소는 파이토크롬 자신의 아미노말단(N) 부분과 세린을 인산화 시키거나(자가인산화), 빛에 신호를 수반하는 다른 단백질의 세린을 인산화 시킬 수도 있다. 인산화는 빛 조절 유전자의 전사를 이끄는 전사 인자의 활성화를 시킬 수 있는 일련

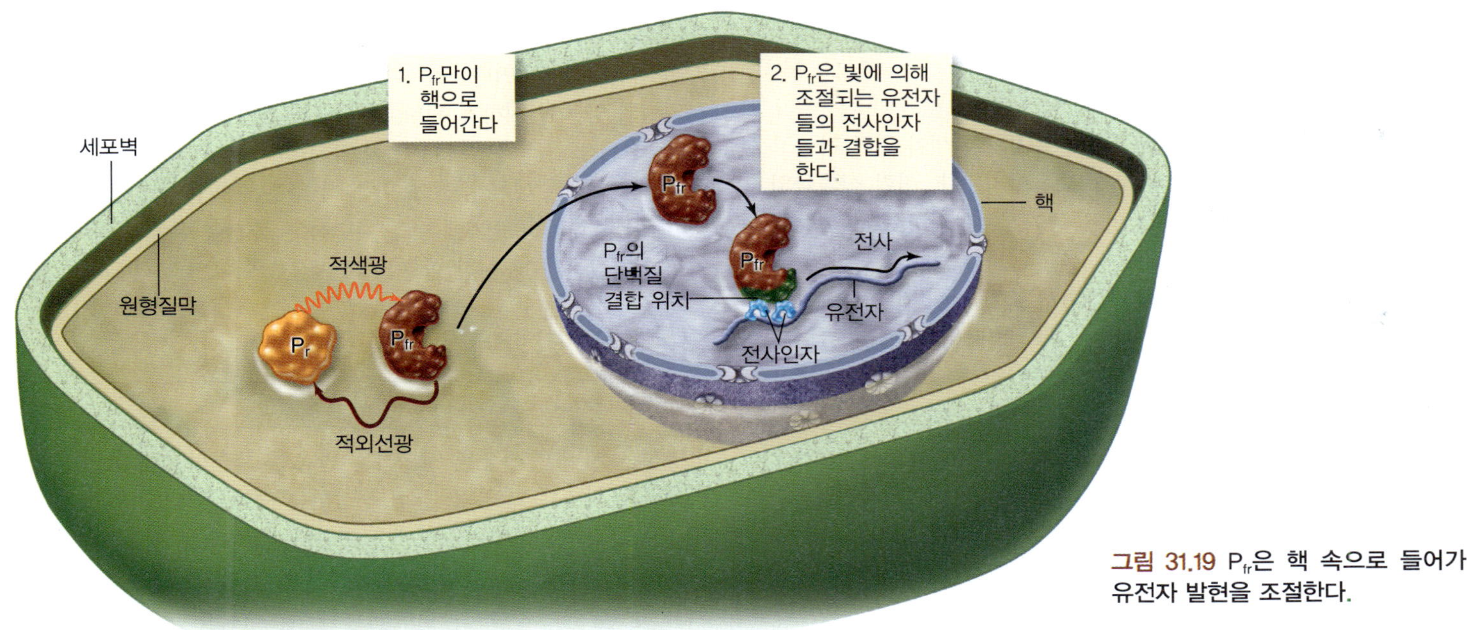

그림 31.19 P_{fr}**은 핵 속으로 들어가 유전자 발현을 조절한다.**

의 신호를 개시한다.

비록 파이토크롬이 여러 신호 전달 경로와 관련되어 있지만, 그들은 애기장대 식물 유전자의 10%는 직접적으로 발현을 조절하지는 않는다. 오히려, 파이토크롬은 광형태형성과 굴광성을 나타나게 하는 복잡한 상호작용을 다루는 핵심 조절 유전자의 발현을 개시한다. 유전자 발현은 중요한 역할을 담당하는 호르몬과 함께 그 첫번째 단계일 뿐이다.

비록 우리는 여기서 파이토크롬을 단일 분자로서 나타내지만, 몇몇 다른 파이토크롬은 특별한 기능을 나타내는 것으로 보고되었다. 애기장대에서는 파이토크롬A(PHYA)에서 부터 파이토크롬E(PHYE)까지 특징지어진 5가지의 파이토크롬이 존재하는데, 각자는 중복적으로 기능하지만, 생장과 발달에서의 빛 조절에서는 별개의 역할을 가진다.

많은 생장 신호는 파이토크롬과 연결되어 있다

학습목표 31.8.2 파이토크롬에 의해 영향을 받는 생장 반응을 설명한다.

파이토크롬은 종자 발아, 슈트 신장, 식물 간격의 감지를 포함한 많은 식물 생장 반응에 관여하고 있다.

종자 발아

많은 식물에서 종자발아는 적색광에 의해 촉진되고, 근적외선에 의해서는 억제된다. 엽록소가 강하게 적색광을 흡수하지만 근적외선은 흡수하지 않기 때문에, 종자 위쪽에 있는 캐노피 나무 상단의 녹색 잎을 통해 빛은 적색광의 양이 감소된 것을 보인다. 근적외선은 P_{fr}을 생물학적으로 비활성화 상태인 P_r 형태로 변환시켜 종자 발아를 억제한다.

결과적으로, 겨울에 잎이 떨어지는 낙엽성 식물의 땅 아래의 종자는 잎이 분해되고 종자가 직사광선과 더 많은 양의 적색광에 노출되는 봄에 더 잘 발아를 하는 것이다. 이러한 적응은 어린 유식물들이 키가 큰 나무들의 잎에 의해 그늘이 지고 광합성에 필요한 햇빛의 양이 줄어들기 전에 형성될 수 있는 기회를 충분히 증가시킬 수 있게 하였다.

슈트 신장

황화된 유식물의 슈트 신장(암 상태가 유지되어 색이 옅고 가늘고 길게 자라는 특성)은 적색광의 부족으로 야기된다. 이런 식물들의 형태는 적색광을 노출시켜 P_{fr}의 양을 증가시키면 정상으로 생장하게 된다.

황화는 식물이 암상태에서 자라면서 죽기 전에 빛에 도달하기까지 식물의 생장을 돕기위한 에너지 절약 전략이다. 그들은 빛을 사용 할 수 있을 때 까지 녹색이 되지 않고, 절간 생장을 위해 에너지를 사용한다. 이 전략은 유식물들이 땅속이나 잎에 덮인 아랫부분에서 유용하게 사용되는 전략이다.

애기장대의 *de-etiolated(det2)* 돌연변이는 약한 황화 반응을 보인다. 암상태에서 유식물은 신장에 실패한다(**그림 31.20**). *det2* 돌연변이는 브라시노스테로이드 호르몬의 생합성에 필요한 효소의 결함을 가지고 있고, 이 연구를 주도하였던 연구자들은 브라시노스테로이드가 파이토크롬과 관련된 식물의 빛에 대한 반응에서 중요한 역할을 한다는 것을 제안하였다(브라시노스테로이드와 다른 호르몬은 이번 장의 뒤쪽에서 설명할 것임.)

그림 31.20 애기장대에서 길이신장은 빛과 *det2*유전자에 의해 조절된다. *det2*는 암상태로 키운 식물의 황화현상에 필요한다.

식물 간격의 감지

적색광과 근적외선은 식물 간격에도 신호를 보낸다. 다시 말하지만, 잎의 그림자는 상대적으로 적외선에 비해 근적외선의 양을 증가시킨다. 식물은 어찌됐든 옆에 서식하는 식물에 의해 형성된 근적외선의 양을 인식하게 된다. 아주 가깝게 서식하는 식물들은 붉은 빛에 비해 근적외선이 더 많이 감지될수록 더 크게 자라는 경향이 있다. 이것은 다른 식물에 비해 더 나은 햇빛을 얻기 위한 전략이다. 만약 식물의 줄기에 빛을 차단하는 물건을 두어 빛의 인식이 일어나지 않는다면, 신장 반응은 더 이상 일어나지 않게 된다.

빛은 생장 방향에 영향을 준다

학습목표 31.8.3 굴광성의 기작에 대해 설명한다.

방향성을 지니며 생장을 일으키는 반응인 굴광성(**그림 31.21**)은 우리가 식물의 슈트가 빛을 향해 생장하는 형태를 볼 수 있듯이, 거의 모든 식물 형태의 다양성에 관여한다. 굴광성은 매우 흥미로운 주제이다. 왜냐하면 굴광성은 세포에서 환경적인 신호를 인식하고,

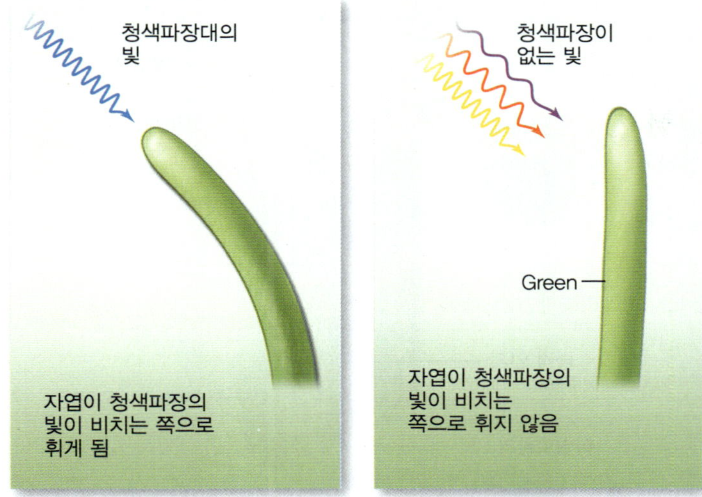

그림 31.21 굴광성. 귀리 자엽은 파란색 파장의 빛이 비춰는 방향으로 자란다. 모식도에 있는 색깔은 자엽에 도달하는 빛의 색을 의미한다.

생화학적 경로로 전달하고, 그리고 궁극적으로 바뀐 생장 반응과 연결시키기 위한 연구자의 도전을 일으키기 때문이다.

줄기에서 긍정적인 굴광성

빛을 향해 휘는 반응은 생장하는 줄기와 청색광 파장(460nm 범위)을 가지는 빛의 근원을 향하여 다른 식물 부분이 휘는 것을 의미한다. 일반적으로 줄기는 굴광성을 가지고 있고 빛의 방향으로 자라지만 대부분의 뿌리는 빛에 반응하지 않거나, 간헐적으로 효과가 적은 아주 약한 굴광 반응이 나타날 뿐이다.

줄기의 굴광 반응은 명확하게 환경에 대한 적응의 결과로, 식물이 이용가능한 빛에 더 노출시키게 된다. 그들은 또한 식물 기관의 발달을 결정하고, 따라서 식물 외관의 형성에 중요하게 작용한다. 각각의 개별적인 잎 또한 굴광 반응을 표현할 수 있다; 잎의 위치는 식물의 광합성 효율에 중요하다. 이후 논의될 식물 호르몬 옥신은 전부는 아니지만 식물의 굴광적 생장 반응 대부분에 관여한다.

청색광 수용체

최근 식물의 청색광 수용체 발견을 통해 빛 신호를 굴광 반응에 연결시키기 시작했다. 청색광 수용체인 포토트로핀1(PHOT1)은 굴광성이 없는 돌연변이의 특성으로 확인되었다. PHOT1 단백질은 빛에 의해 활성화되는 식물 수용체 인산화효소(9장 참조)이다. 최근이 신호전달 체계의 초기 단계만이 이해되고 있다. 어떻게 식물이 빛을 향해 생장하는지 설명할 수 있는, 아직 확인되지 않은 PHOT1 신호 전달 경로의 이야기를 펼쳐보는 것은 매우 흥미로울 것이다.

생체 시계는 빛에 독립적이지만 빛에 의해 이끌린다

학습목표 31.8.4 빛이 어떻게 식물 생장에서 생체시계를 이끄는지 설명한다.

비록 더 짧고 훨씬 긴 자연적으로 형성되는 리듬도 존재하지만, **생체 리듬(circadian rhythms)**은("하루 동안") 일반적으로 진핵세포 사이에 널리 퍼져있다. 그들은 정확히 24시간 주기는 아니지만 지구의 밤과 낮 주기와 관련이 있다.

프랑스 천문학자인 마랑(Jean de Mairan)이 생체리듬을 1729년에 처음 발견하였다. 그는 밤에 소엽과 잎을 닫는 민감한 식물인 미모사(*Mimosa pudica*)로 연구를 하였다. 마랑이 식물체를 완전히 어둠속에 넣었을 때, 그들은 낮과 밤을 노출한 것 처럼 여전히 "자고 깨는" 것을 계속하였다. 생체 시계의 네 가지 특징 중 하나인, 외부 신호가 없을 때에도 계속 진행되고 있다. 생체시계가 있는 식물은 실질적으로 그들의 주기에서 발생하는 일광과 어둠을 경험하지 않아도 된다.

게다가 생체 리듬은 지속 시간이 약 24시간이여야 하고, 그 주기는 재설정되거나 바뀔 수 있다. 비록 식물이 어둠속에서 생체 주기를 계속 유지하지만, 주기의 기간이 실제의 하룻밤 주기와 점차 비동기화 되면서 바뀔 수 있다. 자연 환경에서, 주기는 파이토크롬과 청색광 수용체의 작용을 통해 하루 주기에 맞춰지게 된다.

인간을 포함한 다른 진핵생물도 생체 시계를 가지고 있고, 어쩌면 당신도 몇몇 시간대를 걸쳐서 비행기로 여행할 때 시차를 경험했을 것이다. 시차로부터 회복되는 것은 새로운 시간대로 유입되는 것을 의미한다.

생체 주기의 또 다른 특징은 지속 시간이 바뀌지 않게 시각이 온도의 차이를 보상할 수 있다는 것이다. 이러한 특징은 우리가 생화학적 반응에 대해 무엇을 이해하고 있는지를 고려하게 되는 독특한 반응이다. 왜냐하면 반응의 속도가 대부분 온도에 의해 변하기 때문이다. 생체 주기는 많은 생물에 존재하고, 이들은 여러 번 독립적으로 진화한 것처럼 보인다.

개념 정리 31.8

식물은 환경 신호에 대해 반응하면서 생장과 발달을 조절한다. 적색광 수용체인 파이토크롬은 유전자 발현을 조절하는 경로를 통해 반응한다. 파이토크롬은 종자발아, 유식물 신장, 그리고 다른 생장에 영향을 준다. 굴광성은 청색광 수용체에 의해 조절되며 빛에 반응하는 방향성 생장이다. 생체 리듬은 하룻밤 주기에 맞춰지는 24시간 주기이다.

- 색소로서 파이토크롬과 엽록소를 모두 가지고 있는 것이 어떠한 장점이 있는가?

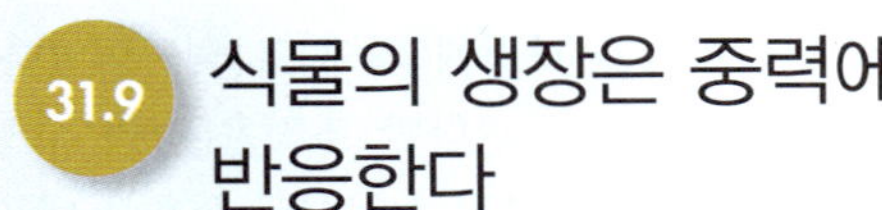

31.9 식물의 생장은 중력에 반응한다

화분에 심어진 식물을 넘어뜨리고 그대로 두게 되면, 줄기가 휘어지고 위쪽을 향해 자라게 된다. 똑같은 현상이 폭풍에 의해 넘어진 식물들에서 나타나게 된다. 이러한 현상들은 식물들의 지구의 중력에 반응하는 굴지성의 예이다(그림 31.22). 식물은 빛에 반응하여 생장을 하기 때문에, 굴지성을 연구하는 분야에서 빛에 의한 효과를

그림 31.22 식물은 중력에 반응한다. 식물을 수평으로 눕혀 놓고 일주일 동안 그대로 키웠다. 줄기에서 발견되는 중력의 방향에 반대로 작용하는 줄기의 반응을 확인할 수 있다.

구분하는 것이 매우 중요하다.

식물은 중력장에 따라 생장을 조절한다

학습목표 31.9.1 식물세포에서 중력을 인지하는 구조를 동정한다.

중력에 대한 반응은 뿌리는 아래쪽으로 그리고 슈트는 위쪽을 향해 자라는 발아가 일어나는 시점에서 발생한다. 왜 슈트는 중력이 작용하는 힘에 역행하고 뿌리는 정의 방향으로 작용을 하는 것일까? 옥신(auxins)이 중력에 반응하는데 있어서 일차적인 책임이 있다. 하지만 옥신이 식물전체에 중력의 정보를 제공하는 유일한 방법은 아니다. 무중력환경이 만들어지는 우주선에서 실험을 할 수 있는 기회가 중력에 대한 식물의 반응을 연구하는 주제를 증대시키고 있다. 중력반응에 변화가 발생한 돌연변이체를 분석하는 것 또한 굴지성에 대한 이해를 넓히는데 일조하였다. 연구자들은 중력에 대한 반응을 유도하는 4가지의 일반적인 과정을 제안하였다.

1. 중력은 세포에 의해 인지된다.
2. 중력을 인지한 세포내에서 기계적인 신호가 생리학적인 신호 내로 전이된다.
3. 생리학적인 신호가 세포안으로 그리고 외부의 다른세포로 전이된다.
4. 뿌리와 슈트의 상하부에 위치하는 세포들에서 서로 다른 세포신장이 일어난다.

최근 학자들은 중력을 인지하는 과정에 대해 토론을 벌였다. 슈트에서는 중력이 줄기의 길이를 따라 관다발 조직을 감싸고 있는 내피세포에서 감지된다**(그림 31.23a)**. 그리고 인식된 신호는 바깥쪽 외피세포 방향으로 인식된다. 뿌리에서는 뿌리골무(cap)에서 중력이 인지되고, 그 신호는 생장위치(elongation zone)에서 세포의 분열과 길이생장을 다르게 유도해야 된다**(그림 31.23b)**. 뿌리와 슈트에서 모두 아밀로플라스트(amyloplasts)라 불리는 전분을 포함하고 있는 플라스티드(plastids) 세포소기관 들이 중력이 발생하는 힘의 중심부에 적재되고, 그럼으로써 중력을 인지하는데 관여하는 것으로 여겨진다. 아밀로플라스트는 세포내골격(cytoskeleton)과 상호작용을 한다. 옥신은 실험적으로 아밀로플라스트를 포함하고 있는 세포들이 중력신호를 인지하고 전달하며, 그리고 어느 방향으로 생장을 일으킬 것인지를 조절하는데 중요한 역할을 하고 있음이 알려져 있다. 아밀로플라스트와 옥신의 관련성은 정확하게 알려져 있지는 않다.

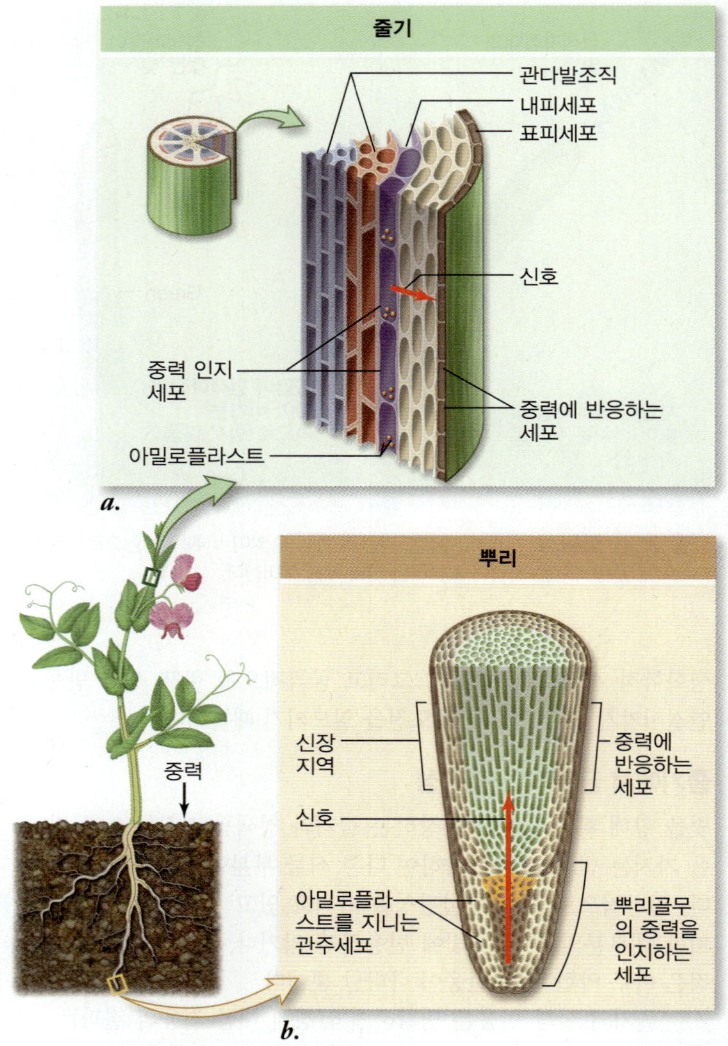

그림 31.23 굴광성. 뿌리와 줄기에서 중력을 인식하는 부위와 반응.

줄기는 중력의 중심부와 반대방향으로 구부려진다

줄기의 하부쪽에 옥신의 농도가 높아지게 되면, 상부쪽 세포들보다 더 큰 생장을 일으키게 된다. 이러한 결과로 줄기는 중력이 작용하는 힘에 반대반향으로 휘어지게 되고, 다시말해 음성적 **굴광성 반응**(*negative gravitropic response*)이 나타난다. 이러한 호르몬의 농도 차이에 의한 현상은 뿌리에서는 같게 설명되지는 않는다. 그러나, 수평하게 자라는 뿌리의 위쪽부분이 아래쪽 부분보다 빠르게 자라고 뿌리는 궁극적으로 아래쪽을 향하면서 자라게 된다. 이러한 현상은 **양성적 굴광성 반응**(*positive gravitropic response*)이라고 알려져 있다. 뿌리의 비정상적인 표현형을 보이는 것으로 처음 보고된 애기장대 돌연변이 scarecrow(scr)와 short root(shr)는 슈트의 굴광성에도 영향을 미치는 것으로 알려졌다(그림 31.24). 두 유전자 모두 정상적인 내피의 발달에 관여하고 있다. 완벽한 내피의 기능이 없이는 줄기에서 정상적인 중력반응이 나타나지 않는다. 내피세포들은 줄기에서 아밀로플라스트를 이동시키지만, 돌연변이에서는 줄기의 내피가 분화되지 못하였고, 그럼으로써 중력을 인식하는 아밀로플라스트의 생성이 일어나지 못한 것이다.

뿌리는 중력의 중심부 방향으로 휘게 된다

뿌리에서 중력을 인식하는 세포는 뿌리골무에 위치한다. 비대칭적 생장이 활발하게 일어나는 세포들이 뿌리골무와 가장 가까이 존재하는 말단의 생장지대에 존재한다. 어떻게 정보들이 이러한 먼거리에서 전달될 수 있을까에 대한 것은 흥미로운 과학적 질문이다. 옥신이 관여하고 있는 것으로 여겨지지만, 옥신의 이동이 억제되더라도 중력에 대한 반응은 여전히 말단의 생장지대에서 나타난다. 세포막의 분극을 만들어내는 몇몇 전기적인 신호들이 관여하고 있다는 가설이 존재하고, 이러한 가설들이 무중력 상태의 우주선에서 조사되었다. 현재까지도 정확한 기작이 연구중에 있다. 많은 수의 옥신관련 돌연변이체들로부터 옥신이 뿌리의 굴지성에 매우 중요한 역할을 하고 있음이 확인되었다. 하지만 뿌리골무와 생장지대 사이에서 일어나는 먼거리 신호전달에는 관여하지 않는 것 같다. 세포내 옥신의 유입과 유출에 영향을 주는 돌연변이체들은 이 호르몬의 흐름의 방향성을 바꿈으로써 중력의 반응성을 약하게 만든다. 열대림에 있는 특정 식물의 뿌리는 일반적으로 다른 뿌리들처럼 양성적 굴지성을 보이는 대신에, 주변식물의 줄기에서 자라나는 것을 보면 우리는 놀라게 될 것이다. 이것은 아마도 빗물이 양분을 녹이고 숲의 표면을 그대로 흘러버리면서 결과적으로 나무줄기에 흐르는 결과를 만들기 때문으로 보인다. 이러한 물들은 양분이 거의 없는 식물들이 뿌리가 박혀 있는 열대림 토양보다 훨씬 이용가치가 있는 수분공급원인 것이다. 이러한 현상에 대한 설명은 현재의 가설에 대한 도전이다. 뿌리는 슈트에서 보다 옥신에 대한 민감도가 큰 것으로 알려져 있다. 이러한 옥신은 양성적 굴광성 반응으로 뿌리의 하부쪽 생장을 억제할 것이다. 아마도 이러한 열대의 식물들의 뿌리는 옥신의 민감도가 떨어져 있다.

개념 정리 31.9

굴지성은 식물의 중력에 대해 반응을 하는 것이다. 줄기의 내피세포들과 뿌리골무 세포들에 있는 아밀로플라스트가 바닥에 정착되고 그럼으로써 식물이 중력의 방향성을 인지하게 된다. 이러한 반응으로 줄기의 아래쪽에 존재하는 세포와 뿌리의 위쪽에 존재하는 세포들의 생장이 빠르게 나타나고, 그 결과 줄기는 위쪽으로 뿌리는 아래쪽 방향으로 생장하게 된다.

- 행성괴도를 돌고 있는 우주선과 같은 무게가 존재하지 않는 상황에서 식물들의 생장은 어떻게 일어날까?

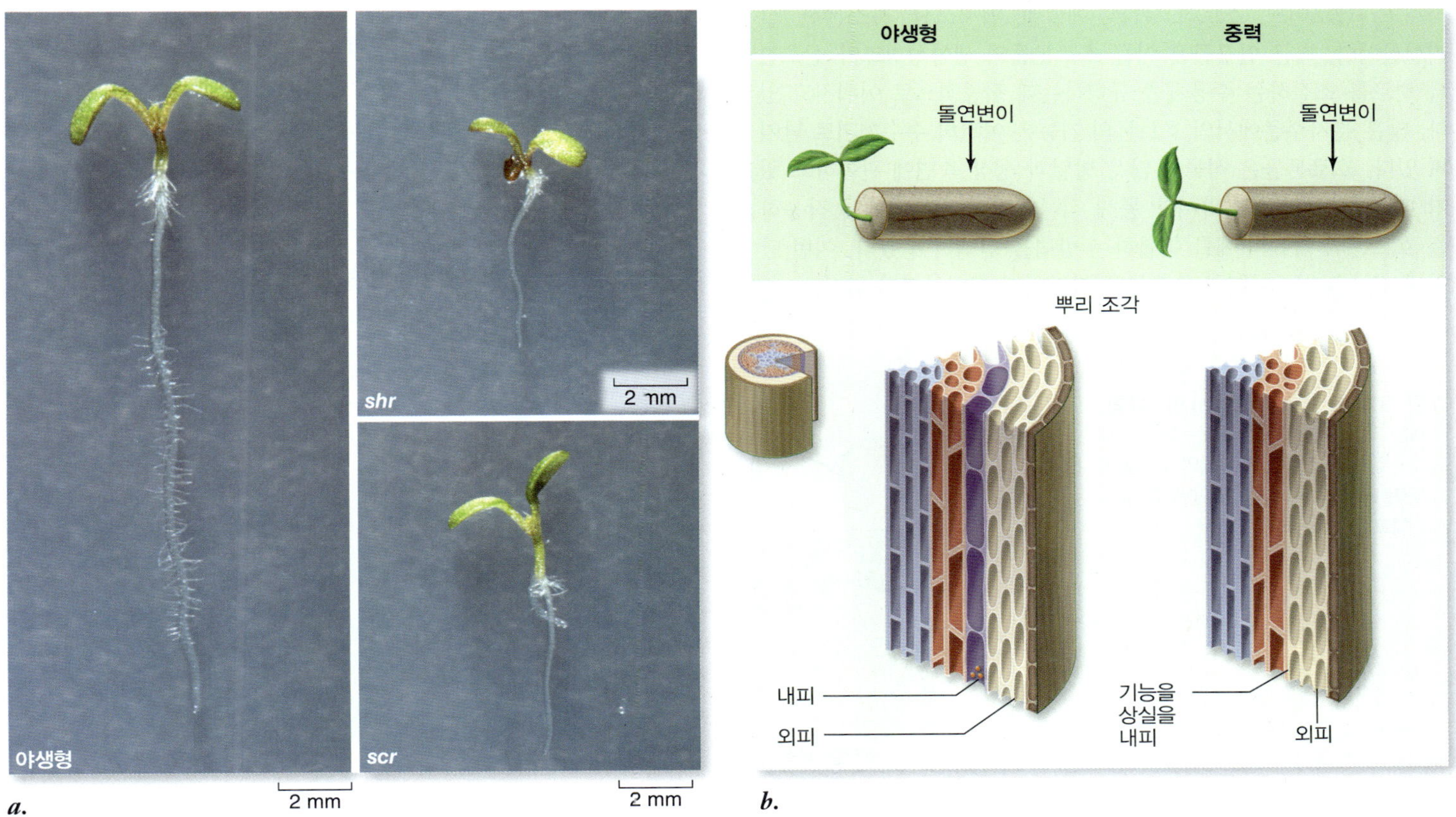

그림 31.24 줄기의 내피에 있는 아밀로플라스트는 굴지성에 필요하다. a. 애기장대의 *scr*과 *shr* 돌연변이는 완벽하게 분화된 내피층이 없는 비정상적인 뿌리를 가지고 있다. b. 내피층의 발달이 줄기에서도 일어나지 않았고, 이 돌연변이에서는 정상적인 식물에서 나타나는 굴지성이 줄기부위에서도 줄어 있었다.

31.10 식물은 생장을 조절하기 위해 호르몬을 이용한다

표현형을 바꾸는 감각인식은 복잡한 생리학적 네트워크에 의존한다. 많은 식물의 내부 신호전달 경로는 이번 단원에서 공부하게 될 식물 호르몬을 포함한다. 호르몬은 외부 환경에 반응할 뿐만 아니라, 내부의 발달도 조절한다.

식물의 생장을 유도하는 호르몬은 환경에 반응한다

학습목표 31.10.1 식물호르몬의 특성에 대해 논의한다.

호르몬은 생물체의 특정 한 기관에서 소량으로 하지만 종종 대량으로 생산되는 화학물질이다. 이들은 이후 생리학적 또는 발달적인 측면에서 반응을 보이는 특정 장소로 옮겨지게 된다. 특정장소에서 어떻게 호르몬이 작용을 하는가는 호르몬에 의해서 그리고 신호를 받아들이는 조직 모두에 의해 영향을 받게 된다. 동물의 경우 대부분의 호르몬은 내분비샘과 같은 가장 일반화된 특정한 결정된 장소에서 만들어진다. 식물에서는 특정화된 조직에서 호르몬이 만들어 지는 것이 아니라, 일반적으로 좀 더 명확한 기능을 수행하는 조직에서 합성이 이뤄진다. 9가지의 주요 식물호르몬이 발견되었는데, 옥신, 시토키닌(최근 사이토카이닌으로 발음함), 지베렐린, 브라시노스테로이드, 스트리고락톤, 에틸렌, 앱시스산, 자스몬산, 살리실산이다. 최근 연구들은 이들 호르몬들의 생합성경로와 신호전달 경로를 조절하는 수용체를 규명하는데 집중적으로 이뤄지고 있다. 많은 분자수준에서의 호르몬의 기능은 여전히 수수께끼로 남겨져 있다. 호르몬들은 식물의 많은 발달과 생장 측면에 관여하고 있기 때문에, 우리는 교과서를 통해 식물학의 특정분야에서 작용하는 호르몬의 역할의 예를 통합하는 방법을 선택하여 왔다. 이번 단원에서는 우리는 이러한 호르몬을 간략하게 설명하고자 한다.

옥신(auxin)은 신장을 유도하고 식물 체제를 확립한다

학습목표 31.10.2 식물의 생장을 조절하는 옥신의 역할을 설명한다.

약 100 여년 전, 옥신으로 알려진 유기물질이 식물의 첫 번째 호르몬으로 발견되었다. 옥신은 식물 세포벽의 유연성을 증대시키고, 줄기의 신장에 관여한다. 옥신과 식물의 생장에 관여하는 이들 역할의 발견은 실험적 사유의 훌륭한 예이며, 그 이유를 이번단원에서 요약할 것이다.

옥신의 발견

위대한 진화학자 다윈(Charles Darwin)은 생애 후반기에 식물을 연구하는데 많은 시간을 할애했다. 1881년 다윈과 그의 아들 프란치스는 빛에 대해 식물의 생장이 반응하는 체계적인 연구결과를 발표하였다. 이러한 반응은 이후 굴광성으로 알려졌다. 다윈은 빛을 향해 생장하는 식물들을 다수 관찰하였고, 식물에 대한 이러한 효과는 줄기가 아닌 식물의 끝부분을 비치는 빛에 의존적이었다. 그들은 슈트의 한쪽 방향으로부터 빛이 비추게 되면, 식물은 빛을 향해 "자극원(influence)"에 반응하여 휘게 되고, 이 자극원은 슈트의 정단위치에 존재하는 원천으로부터 아래 방향으로 움직인다고 가정하였다.

약 30년 후, 덴마크 식물생리학자 보이센옌센(Peter Boysen-Jensen)과 헝가리 식물생리학자 팔(Arpad Paal)에 의해 이렇게 식물의 슈트를 휘게 만드는 물질이 화학물질임이 개별적으로 알려지게 된다. 그들은 발아하고 있는 자엽초의 정단조직을 자르고, 한천조각을 올려 남아있는 유식물과 공간적으로 공간을 만들어 자른 정단조직을 올려놓아도 정상적으로 자라는 것으로 확인하였다.

확산이 되는 물질이 흡수된 한천 조각을 이용하여 네덜란드 식물생리학자 벤트(Frits Went)는 1926년 그 다음 실험을 진행하였다. 그는 정상적으로 빛을 쬐여준 귀리의 유식물 정단부분을 잘라 한천조각 위에 올려놓았다(그림 31.25). 그는 비슷하게 암조건에서

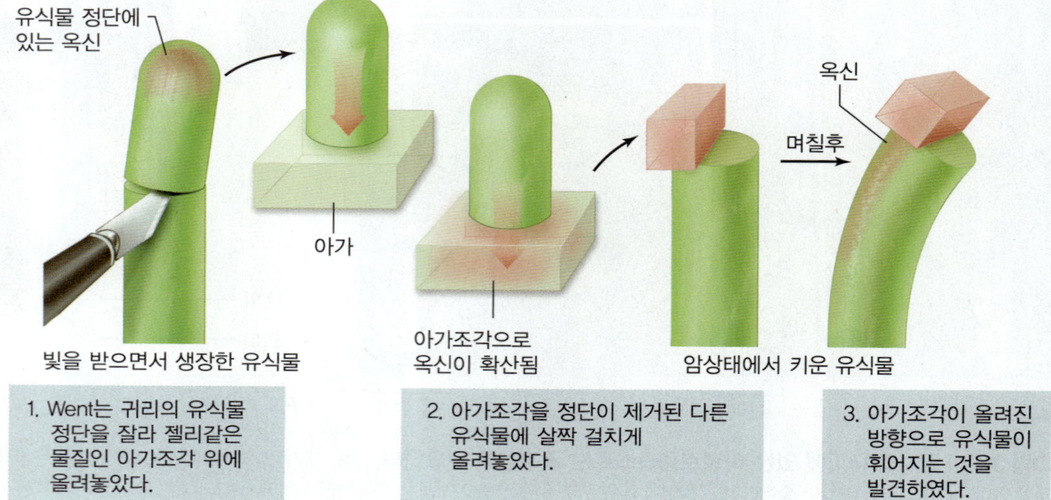

그림 31.25 Frits Went의 실험. Went는 그가 명명한 옥신이라는 물질이 세포의 신장을 촉진하였고 귀리의 유식물에서 빛이 비치는 반대방향으로 이들이 쌓이게 된다고 결론지었다.

키운 귀리 유식물의 정단부분을 제거하였다. 그런 다음 벤트는 빛을 쬐여준 귀리 유식물을 잘라 올려놓은 한천조각을 암조건으로 키워 정단을 제거한 유식물의 윗 부분에 올려놓았다. 그들에게 빛을 노출시키지 않았음에도 불구하고, 귀리 유식물들은 한천조각이 놓여진 위치의 반대방향으로 휘었다.

실험 대조구로, 벤트는 깨끗한 한천조각을 같은 조건의 식물의 윗부분에 올려놓았을 때 반응이 없거나 또는 약하게 휘는 것을 발견하였다. 최종적으로 벤트는 광 조건에서 키운 유식물의 아랫부분의 조각을 잘라 암상태로 키워 정단부분을 제거한 유식물이 올려 놓았을 때 아무런 효과가 나타나지 않음을 관찰하였다.

이렇게 훌륭한 실험적인 접근은 빛을 쬐여준 귀리 자엽의 끝부분에서 생성된 물질에 의해 식물이 굽어 자란다는 것을 알려주었다. 이렇게 식물이 휘게 되는 현상은 한천이 놓여진 쪽에 위치하는 세포가 더 많은 길이생장을 할 수 있게끔 유도하는 신호전달 물질 때문이다. 다시 말해, 이 물질은 세포의 신장을 촉진하고 있는 것이다. 벤트는 이물질을 옥신(auxin)이라고 명명하였다. 이러한 사실은 굴광성을 이해하는데 중요한 기초지식을 제공하였다. 귀리의 유식물이 빛이 있는 방향으로 굽어 자라는 것은 슈트의 양쪽 자리에서 옥신의 농도가 서로 다르기 때문이다(그림 31.26). 그늘이 지는 쪽의 슈트 부위에 더 많은 옥신이 존재한다. 이 부위에서 세포의 길이생장이 촉진되고, 식물은 빛이 있는 쪽으로 휘게 된다.

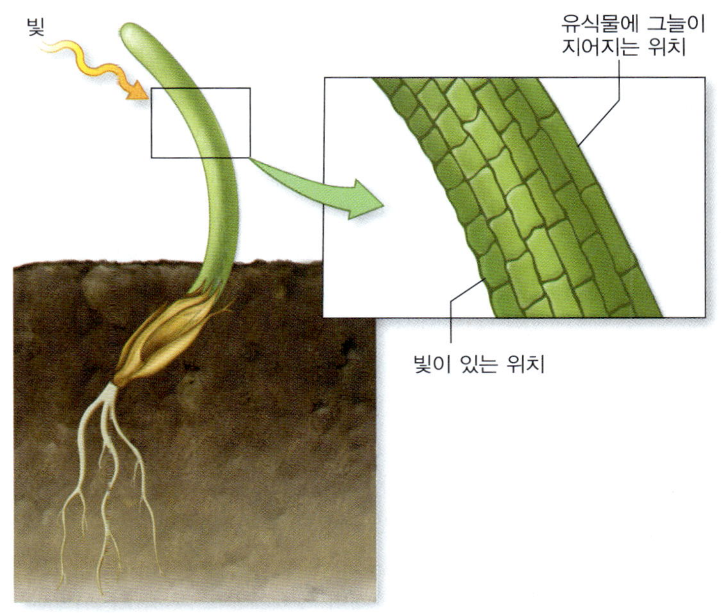

그림 31.26 옥신은 그늘이 지는 쪽의 세포가 신장하게 한다. 그늘이 지는 쪽의 식물세포는 더 많은 옥신이 존재하고, 빛이 비치는 쪽의 세포보다 빠르게 생장하여 식물이 빛이 비치는 쪽으로 굽게 된다. 이후의 실험들은 왜 옥신이 그늘진 쪽에 많이 위치하는지를 정확하게 증명하였다.

옥신의 효과

옥신은 식물의 생장과 길이생장을 촉진하고, 외부환경 신호는 식물체내에서 옥신의 분배에 영향을 줄 수 있다. 어떻게 빛과 같은 외부 환경요소가 이러한 영향을 줄 수 있는가? 빛은 옥신의 합성과 분해 또는 식물체내에서의 옥신의 이동에 영향을 줄 수 있다. 식물체 내에서의 옥신의 이동가능성은 실험적으로 증명된 경우이다.

브릭스(Winslow Briggs)는 얇고 투명한 운모판을 한천조각실험에서 수평하게 슈트에 올려놓았다. 반쪽은 빛을 향하는 부위, 그리고 반쪽은 그 반대쪽으로 올려졌다. 운모판은 옥신의 이동을 막았고, 이 실험을 통해 빛은 옥신의 이동을 빛이 오는 쪽의 식물 윗부분에서 그늘이 지는 쪽으로 움직이는 것을 촉진한다는 것을 확인하였다.

옥신의 효과는 다양하게 나타난다. 옥신은 관다발 형성층 줄기세포의 활성도와 관다발 발달을 촉진한다. 또한 옥신은 화분에 많은 양을 지니고 있고, 과일의 발달에 매우 중요한 역할을 한다. 합성옥신은 비슷한 목적으로 상업적으로 이용된다. 과일은 수정이 일어나지 않고 종자가 형성되지 않을 경우 비정상적으로 생장할 것이다. 하지만 간헐적으로 옥신이 외부에서 처리되면 정상적으로 생장하기도 한다. 몇몇 식물종에서 수정이 일어나기 전이라도 수분에 의해 옥신의 배출이 시작될 수 있다.

옥신은 어떻게 일을 하는가?

이렇게 오랜 기간동안 연구가 진행되었어도, 옥신의 분자수준에서의 옥신의 작용기작은 알려지지 않았었다. 가장 일반적인 옥신인 인돌아세트산(indoleacetic acid; IAA)의 화학구조는 아미노산 트립토판을 닮았고, 식물에서의 트립토판으로부터 만들어 질 것이라 예상되었다(그림 31.27). 비록 다른 형태의 옥신도 존재했지만, IAA는 가장 일반적인 천연 옥신이다.

옥신과 결합하는 단백질(ABP1)이 20년전 동정되었지만, 이것

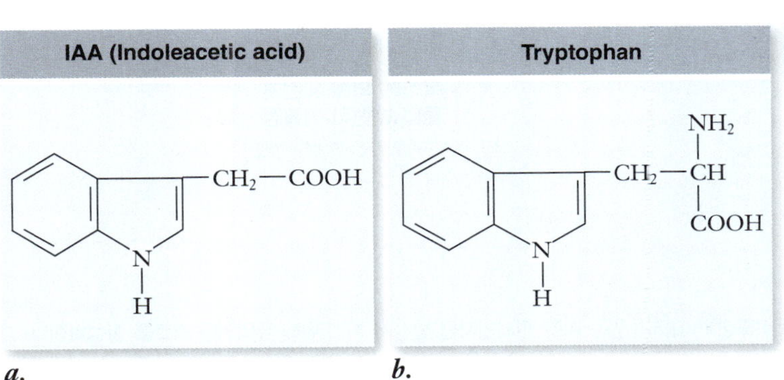

그림 31.27 옥신. **a.** 인돌 아세트산(Indoleacetic acid (IAA))은 천연 옥신이다. **b.** 트립토판은 식물에서 IAA를 만드는데 필요한 전구체이다. **c.** Dichlorophenoxyacetic acid(2,4-D)는 제초제로 널리 사용되었던 합성옥신이다.

의 역할은 아직도 명확하지 않다. ABP1이 결손된 돌연변이는 세포의 신장이 억제되고 기본적인 식물체계의 조직화가 일어나지 않아 배발생이 일어나지 않는다. 하지만 이 돌연변이체의 세포는 분열을 하는데, 이는 옥신의 신호전달의 어떤 부분은 정상적으로 일어나고 있음을 의미한다.

근래에 2개의 종류의 단백질들이 빠르게 옥신에 의해 유도되는 유전자의 발현을 조절하는 것이 알려졌다. 옥신반응인자(auxin response factors(ARFs))와 Aux/IAA 단백질들이다. ARF 단백질들은 전사를 조절하는 전사인자로 작용을 하고, Aux/IAA 단백질들은 이들 전사인자들의 기능을 억제한다. 하지만 이들 두 단백질 모두 옥신의 수용체는 아니고, 2005년에 드디어 옥신 수용체가 발견되었다. 수용체 단백질은 transport inhibitor response protein 1(TIR1) 이라고 명명되었고, 직접적으로 옥신과 결합하였다. 이러한 발견은 TIR1, ARFs 그리고 Aux/IAA 단백질들의 작용기작을 이해할 수 있게 하였다. 이 작용모델에서 옥신이 직접 결합된 TIR1은 SCF라고 불리는 단백질 복합체와 상호작용을 통해 Aux/IAA를 분해한다. auxin/TIR1/SCF 단백질 복합체는 Aux/IAA단백질의 분해를 유비퀴틴 경로를 통해 촉진하게 된다(4장 참조). Aux/IAA에 의한 전사저해효과가 없어지면, ARFs는 옥신에 의해 유도되는 유전자들의 발현을 시작하게 된다. 이 작용모델이 **그림 31.28**에 자세히 설명되어져 있다.

동물의 호르몬과는 다르게, 어떠한 예상되는 반응을 나타내는 특정세포에 특정신호가 보내지지는 않는다. 다양한 옥신 수용위치가 존재하는 것 같다. 옥신은 지하부 방향으로 수송되는 식물호르몬이다. 두 종류의 유전자들이 애기장대에서 옥신의 수송에 관여하고 있음이 알려져 있다. 예를 들어 하나의 유전자는 PIN 단백질이다. 이들은 위쪽에서 아랫방향으로의 옥신의 수송에 관여한다. 반면에 2개의 다른 단백질이 앞에서 설명한 굴지성을 뿌리끝에서 조절하고 있다.

옥신의 직접적인 효과중에 하나는 식물세포벽의 유연성을 증대시키는 것이다. 하지만 이러한 효과는 2차 세포벽이 왕성하게 형성되지 전인 어린 세포벽에서만 작용을 하고, 아마도 유전자의 급격한 변화는 유도하지 않는 듯하다. 산성 생장촉진 가설(acid growth hypothesis)이 옥신에 의한 세포벽 신장을 설명한다. 이 가설에 따르면, 옥신은 신장이 일어나는 세포에 활발하게 세포질로부터 세포벽 공간으로 수소이온을 옮기게 된다. 이것은 낮은 pH를 유도하여 세포벽 섬유소들의 연결을 분해할 수 있는 효소의 활성을 유도한다.

이 가설은 몇몇 방식의 실험을 통해 증명되었다. 세포벽의 산성화를 막는 완충액에서는 세포의 신장이 억제되었다. 세포로부터 수소이온을 배출 시킬 수 있는 화합물들은 세포신장을 유도하였다. 최종적으로, 옥신처리에 의해 세포가 반응할 때 수소이온의 이

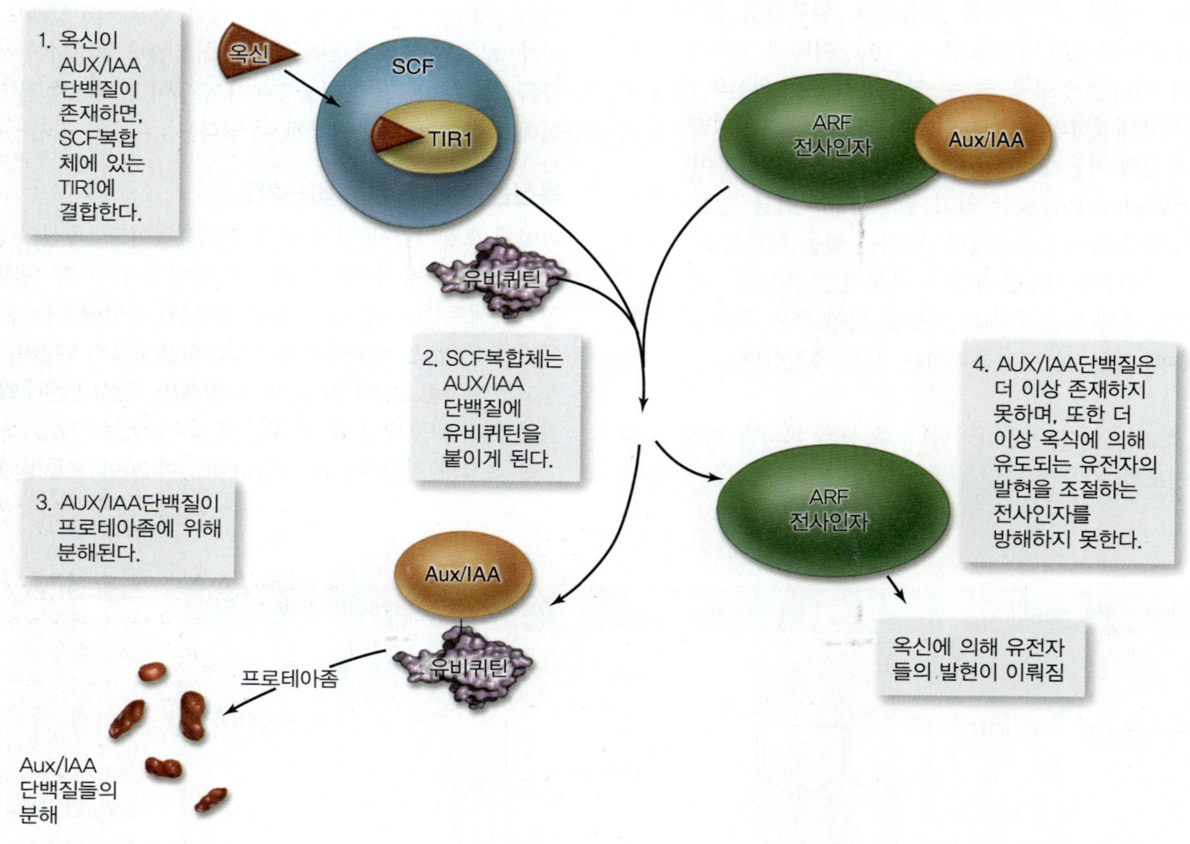

그림 31.28 옥신에 의한 유전자의 발현 조절. 옥신은 Aux/IAA단백질에 의해 비활성화 되어져 있는 ARF 전사인자를 활성화 하기 위해 유비퀴틴 경로를 활성화한다. 그 결과로 옥신에 의해 유도되는 유전자가 발현된다.

그림 31.29 지베렐린 효과. 빠른 생활사를 가지는 겨자과 식물은 지베렐린의 양이 높아지면 빠르게 꽃이 피게 된다. 왼쪽에 있는 돌연변이 겨자는 지베렐린의 합성이 결여된 식물체 이다. 슈트의 정단에 지베렐린을 외부에서 처리하게 되면 C들의 결여된 표현형이 회복된다(오른쪽 식물).

동이 관찰되었다. 파리지옥이 곤충을 덮칠 때 산에 의해 생장이 일어나는 반응이 일어난다는 것으로 알려져 있다. 이 반응은 세포가 0.5초만에 생장하여 덫을 닫을 수 있게 한다.

합성옥신

나프탈렌 아세트산(naphthalene acetic acid(NAA))과 인돌부탄산(indolebutyric acid(IBA))와 같은 합성옥신은 농업과 원예 산업에서 많이 이용되고 있다. 이들이 가장중요하게 이용되고 있는 한 분야가 식물의 낙엽을 막는 것이다. 합성옥신은 사과가 익기 전에 떨어지는 낙과를 막기 위해 이용되고, 딸기가 겨울철에 유통되기까지 가지에 달려 있게 하기 위해 사용된다. 또한 합성옥신은 파인애플의 개화와 과일형성을 촉진하기 위해 이용되고, 삽목의 발근촉진을 위해 사용된다. 합성옥신은 제초작업을 위해서도 많이 이용된다. 제초제로 사용될때에는 IAA가 식물에서 작용되는 농도보다 훨씬 높은 농도로 이용된다. 합성옥신 중 제초제로 이용되는 것 중 가장 잘 알려진 것이 2,4-dichlorophenoxyacetic(2,4-D)이다(그림 31.27c). 2,4-D는 잔디밭에서 잎이 넓은 쌍자엽 식물을 선택적으로 죽이는 제초제이다. 이와 비슷한 제초제가 2,4,5-trichlorophenoxyacetic acid(2,4,5-T)인데, 이것은 미국에서 1979년 사용금지 될때까지 가장 널리 이용되었던 제초제이다. 2,4,5-T 합성산업은 실험실에서 적은 양으로도 동물의 백혈병, 선천성 장애, 유산, 폐와 간의 질병 등을 일으킬 수 있는 같은 다이옥신(dioxin)의 오염을 일으켰다. 베트남 전쟁에서 사용된 악명 높은 고엽제 Agent Orange가 2,4-D와 2,4,5-T를 섞어서 만든 것이었다.

시토키닌(사이토카이닌, cytokinin)은 세포분열과 분화를 촉진한다

학습목표 31.10.3 옥신과 시토키닌을 비교한다.

시토키닌(Cytokinins)은 식물에서 천연적으로 합성되는 또 다른 그룹의 식물호르몬 이다. 오스트리아의 하버란트(Gottlieb Haberlandt)가 1913년경 처음 관다발 식물의 다양한 조직에서 알려지지 않은 화학물질의 존재를 보고하였다. 이 물질을 감자를 자른 조각에 처리하면 유조직세포가 줄기세포화 되어 코르크 형성층 줄기세포로 분화되는 것을 발견하였다. 궁극적으로 시토키닌이 포함된 코코넛 밀크를 이용한 다른 연구에서는 식물의 조직배양에서 식물의 조직을 기관으로 분화를 촉진시키는데 이용하였다.

시토키닌은 옥신과 함께 사용하였을 때 세포의 분열과 분화를 촉진하는 식물 호르몬 이다. 대부분의 시토키닌은 뿌리정단분열조직에서 합성이 되고 식물체 전체에 운반된다. 발달하고 있는 과일은 시토키닌이 합성되는 또 다른 중요한 위치이다. 이끼류에서 시토키닌은 배우자체에서 영양번식을 하는 배아를 형성시키는데 중요한 역할을 한다. 모든 식물에서 시토키닌은 다른 호르몬들과 함께 식둘의 형태를 조절하는 것으로 알려져 있다.

시토키닌은 아데닌의 유도체인 퓨린이다. 자연계에서 만들어지지 않는 다양한 종류의 분자들이 시토키닌과 비슷한 효과를 보이기도 한다. 시토키닌은 가지사이에 있는 측아의 생장을 촉진한다. 반대로 시토키닌은 곁뿌리의 형성을 억제하지만, 옥신은 곁뿌리 발달을 촉진한다. 이러한 상호관계에 대한 결론으로 옥신과 시토키닌의 균형은 식물의 형성에 중요하게 작용함을 알 수 있다.

지베렐린은 식물의 생장과 양분의 이용을 향상시킨다

학습목표 31.10.4 식물의 생장에 있어서 지베렐린의 효과를 설명한다.

지베릴린(Gibberellins)은 벼에 기생하여 비정상적으로 키가 커지게 만드는 곰팡이 *Gibberella fujikuroi*로부터 명명되었다. 일본의 식물병리학자 쿠로사와(Eiichi Kurosawa)는 1920년대에 빠가내 질병(bakanae, 멍청한 유식물)을 연구하였다. 그는 *Gibberella*를 배양하여 벼에 처리 하였을 때 키가 커지는(빠가내) 벼를 만드는 물질을 발견했다(그림 31.29). 이물질은 1939년 일본의 화학자들에 의해 분리되어 구조가 분석되었다. 이 화학물질은 진기한 물질로 처음에는 생각되었지만, 식물호르몬으로 자연계에서 합성되는 100여개가 넘는 물질로 알려졌다. 이 물질은 모두 산 형태이고 일반적으로 GA(gibberellic acid)로 약어로 표시되며, GA_1, GA_2 등과 같이 각각을 구분하기 위해 서로 다른 단축된 단어로 표시된다.

줄기와 뿌리의 정단 위치에서 합성되는 지베렐린은 줄기의 길이생장이 중요한 역할을 한다. 옥신이 함께 존재할 때 길이생장 효과는 훨씬 증대된다. 지베렐린은 다양한 부분의 식물의 생장과 발달에 관여한다.

에틸렌은 과일이 익는 것을 유도하고 식물의 방어력을 높인다

학습목표 31.10.5 어떻게 에틸렌이 과일이 익는 것을 유도하는지 설명한다.

식물호르몬으로써 가치를 인정받기 전에는 기체형태의 탄화수소 에틸렌(*ethylene*; H_2C-H_2)은 오래된 가로등에서 새어나왔을 때 식물의 낙엽을 유도하는 것으로 알려져 왔다. 하지만 에틸렌은 식물의 대사과정으로 합성되는 천연물질이고, 다른 호르몬들과 상호작용을 한다. 옥신이 줄기의 정단분열조직에서 아래로 운반될 때, 옥신은 곁눈 주변의 조직에서 에틸렌 합성을 촉진함으로써 생장을 더디게 한다. 에틸렌은 줄기와 뿌리의 길이생장을 아마도 비슷한 방식을 통해 억제한다. 에틸렌의 수용체는 잘 연구되어져 있고, 광합성 생물들에서 초기에 형성되어 진화된 특성을 보인다. 이러한 특성을 박테리아에서 발견된 외부 환경변화를 감지하는 특징과 함께 공유하는 것으로 보인다.

에틸렌은 과일의 발달에 주로 작용한다. 초기 수분이 일어나고 꽃과 과일이 발달하는 동안 많은 양의 옥신이 만들어지는데, 이것은 에틸렌의 합성을 촉진시킨다. 에틸렌의 증가는 과일이 익게 만든다. 복잡한 탄수화물이 단순한 당 형태로 분해되고, 엽록소들이 분해되고 세포벽은 부드럽게 변한다. 그리고 익은 과일에서 만들어지는 향에 관련된 휘발성 물질들이 형성된다.

에틸렌이 식물호르몬으로써 작용을 한다는 사실을 인지하게 된 것은 덜 성숙된 바나나가 오렌지에서 만들어진 가스에 의해 익는 현상을 발견하면서이다. 이러한 사실들은 에틸렌이 상업적으로 중요하게 이용될 수 있게 만들었다. 예를 들어 토마토는 녹색의 익지않은 상태로 수확하여 이후에 에틸렌을 처리하여 후숙을 시킨다. 에틸렌은 오렌지와 레몬의 빠른 후숙을 위해 이용된다. 이산화탄소는 과일이 익는 것을 억제하는 반대적인 효과를 지니고 있다. 과일은 이산화탄소가 가득차 있는 상태로 운반되기도 한다.

앱시스산(abscisic acid; ABA)은 생장을 억제하고 휴면을 유도한다

학습목표 31.10.6 ABA의 주요 역할을 설명한다.

ABA는 주로 성숙된 녹색 잎, 과일, 뿌리골무에서 만들어 지는 것으로 여겨진다. 이 호르몬이 이러한 이름을 얻은 이유는 ABA를 목화에 처리하였을 때 과일이 떨어지는 것을 촉진하는 것처럼 보였기 때문이다. 하지만 이 과정에 ABA가 관여한다는 증거는 매우 부족하다. 에틸렌이 실제적으로 노화와 낙엽을 촉진하는 호르몬으로 알려져 있다.

ABA는 겨울동안 휴면을 하고 있는 눈(buds)의 형성을 유도하는 것으로 알려져 있다. 잎의 원기가 눈으로 변경된다. 에틸렌과 비슷하게, ABA는 휴면중인 곁눈의 생장을 억제한다. 곁눈의 생장을 억제하는 ABA는 지베렐린의 효과를 상쇄할 수 있는 것처럼 보인다. 또한 ABA는 옥신의 기능을 상쇄하여 노화를 촉진하기도 한다.

그림 31.30 ABA에 의한 휴면 효과. ABA는 미국 참피나무의 겨울곁눈을 형성에 중요한 역할을 한다. ABA가 존재하는 동안 이 곁눈은 잎이 변형된 비늘에 싸여 탈수를 막으면서 겨울동안 휴면상태를 유지할 것이다.

ABA는 종자가 발아될 때 지베렐린과 상보적인 역할을 하여 종자의 휴면을 유지하는데 중요한 역할을 한다. 배발생 과정중에 ABA의 양은 증가된다. 옥수수의 배가 발달할 때, ABA는 휴면을 유도하고, 일찍 발아가 되는 것을 막는데 필요로 한다(그림 31.30). ABA는 또한 기공 개폐에 중요하게 작용한다.

모든 식물의 그룹에서 발견되는 ABA는 진화상 초기 식물군에서부터 생장을 조절하는 물질로 이용되어져 왔다. 상대적으로 이들의 정확한 생리학적 생화학적 효과에 대해 덜 알려져 있지만, 이들이 효과는 1~2분 이내에 작용하는 매우 빠른 반응을 보인다. 그러므로 아마도 유전자의 발현과는 별개로 작동 해야만 할 것이다.

개념 정리 31.10

호르몬은 어떤 한 지역에서 아주 적은 양이 만들어 져서 그들이 생리학적 또는 발달적인 측면에서 반응을 보이는 다른 지역으로 운반되는 화학물질이다. 옥신과 시토키닌은 모두 분열조직에서 합성이 일어나고, 생장을 촉진한다. 옥신은 세포의 신장을 통해 생장을 촉진하지만, 시토키닌은 세포분열을 촉진한다. 반대로 ABA는 생장을 억제하고 휴면을 연장시킨다.

- 뿌리골무에서 합성이 되는 ABA가 줄기에 있는 곁눈에 영향을 주는지 여부를 어떠한 방법을 통해 실험할 수 있는가?

물은 체관 또는 물관을 통해 나무의 지상부로 운반되는가?

이번 장을 공부하기 전에, 우리는 약 10층 높이의 나무 꼭대기 까지 어떻게 물이 올라갈 수 있을까에 대한 의문을 지녔을 것이다. 초기 과학자들도 역시 이러한 질문에 의문을 지니고 있었다. 높은 물의 관은 끔직한 만큼의 많은 무게가 나간다. 당신이 만약 키가 큰 빨대에 물을 가득 채운다면, 당신은 그것을 들지 못할 것이다. 이 퍼즐에 대한 정답은 1911년 독일의 생물학자 레너(Otto Renner)에 의해 처음 제안되었다. 그는 나무의 잎 사이를 지나는 마른공기가 증산작용을 통해 물분자를 붙잡고, 이 물분자는 뿌리로부터 오는 다른 물분자에 의해 대체될 것이라고 주장하였다. 거의 정확한 레너의 생각은 이번 장에서 설명한 응집장력이론의 중심이 되었다. 이 이론에서 가장 중요한 것은 물이 위 아래로 자유롭게 움직이는 파이프인 잎에서부터 뿌리로 이어진 깨지지 않은 물기둥이 존재한다는 것이다. 이러한 물기둥의 역할을 설명하기 위해 필요한 2개의 후보자가 있는데, 각각은 폭이 좁은 관의 기다란 시리즈가 나무의 줄기를 따라 길게 뻗어 있다. 우리가 공부 한 것처럼 이 두 개의 관 조직은 물관과 체관이라고 부른다. 기본적으로, 물관 또는 체관은 물이 나무 몸통 또는 다른 줄기로 이용할 수 있게끔 수도배관으로써 역할을 해야 한다. 어느 것이 작용을 할까? 한 위 대한 실험을 통해 어떠한 도과 시스템이 물을 나무의 줄기 위까지 올릴 수 있는지 확인하였다. 나뭇가지 조각을 칼륨의 방사선 동위원소 ^{42}K가 포함된 물에 담궜다. 물의 이동을 막기 위해 왁스가 칠해진 종이 조각을 23 cm 크기 나무 조각의 물관과 체관사이에 집어넣었다. 물이 충분히 나뭇가지를 이동할 수 있는 시간이 지난 후, 23 cm 크기 나무 조각을 빼내서 6개의 조각을 자르고, 각 조각의 체관과 물관에 존재하는 칼륨의 방사선동위원소의 양을 측정하였다. 측정된 방사선 동위원소의 양은 물관 또는 체관을 통해 나무줄기의 아래부분에서 윗부분으로 이동한 물의 양의 정보를 제공해준다. 그 결과를 그래프로 표현하였다.

분석

1. **자료 해석**
   a. 23 cm 크기 나무조각이 제거된 아랫부분에 있는 물관과 체관에 방사선 활성이 나타나는가? 나무조각이 제거된 윗부분에서는 방사선 활성이 나타나는가?
   b. 23 cm 크기 나무조각의 중심부위인 조각 2, 3, 4, 5에서 물관과 체관 모두에서 방사선 활성이 나타났는가?
2. **추론**
   a. 23 cm 크기 나무조각의 물관과 체관 중 칼륨 동위원소가 더 많이 발견된 곳은 어디인가? 이 결과로부터 우리는 어떠한 결론을 낼 수 있는가?
   b. 23 cm 크기 나무조각의 위, 아래부분 중 칼륨 방사선 동위원소가 더 많이 존재하는 곳은 물관인가 아니면 체관인가? 이 현상을 우리는 어떻게 해석할 수 있을까? [힌트: 실험에 사용된 나무조각은 뒤늦게 이동되는 물질수송을 막기 위한 왁스 종이막이 존재하지 않았다]
   c. 23 cm 크기 나무조각의 1~6번 조각의 체관에 안쪽보다 더 많은 칼륨 동위원소가 존재한다. 이러한 현상을 어떻게 해석할 수 있을까?
   d. 물이 물관 또는 체관 시스템 중에 하나를 통해 움직였다고 할 수 있는가?
3. **결론 도출**
   물은 물관 또는 체관을 통해 이동하였는지 설명하시오.

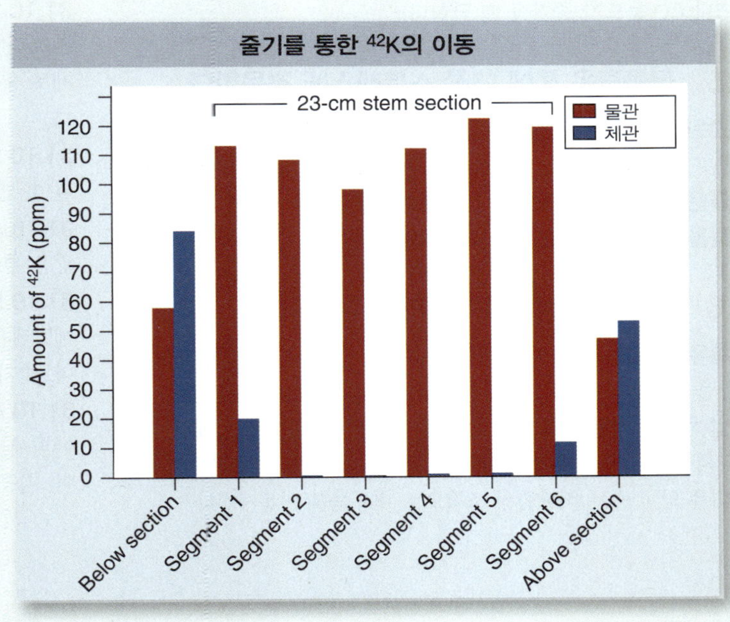

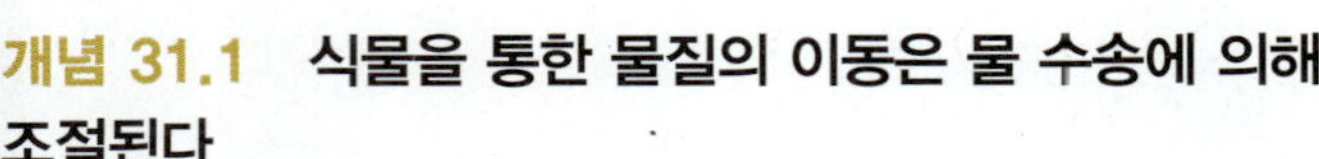

학습 과정 복습

개념 31.1 식물을 통한 물질의 이동은 물 수송에 의해 조절된다

31.1.1 수분포텐셜이 식물의 몸체를 통해 물의 이동을 조절한다 식물에서 물 수송의 가장 큰 힘은 증산작용에 의한 물의 당김이다. 물은 수분포텐셜이 높은 곳에서 낮은 곳으로 이동한다.

31.1.2 아쿠아포린은 삼투를 증가시킨다 아쿠아포린은 세포막의 수분통로로서 물이 빨리 이동하게 한다.

개념 31.2 물과 무기양분은 식물의 뿌리를 통해 흡수된다

31.2.1 뿌리는 세 가지 흡수방식을 이용한다 3개의 물 수송경로는 세포간의 아포플라스트 경로, 원형질연락을 통한 심플라스트 경로, 세포막을 통한 막통과 경로의 세가지 경로가 있다.

31.2.1 내피를 통한 수송은 선택적이다 내피의 카스파리선은 세포막으로 물과 양분이 이동하게 하고, 물관으로 선택적인 흐름을 만든다.

개념 31.3 물관은 물을 뿌리에서 슈트로 이동시킨다

31.3.1 뿌리와 슈트의 수분포텐셜 기울기는 수송을 가능하게 한다 뿌리보다 땅의 수분 포텐셜이 높을 때 물은 뿌리로 이동한다. 잎의 증발이 만들어내는 음성 수분 포텐셜은 물을 물관을 통해 위로 끌어당긴다.

31.3.2 물관과 헛물관은 대량흐름의 공간을 제공한다 물관과 헛물관을 통해 수송될 수 있는 물의 양은 지름에 달려있다. 공동현상은 물기둥안에 기포가 생기면 발생하며 물의 이동은 멈춘다.

개념 31.4 식물은 날씨에 따라 증산 속도를 조절한다

31.4.1 기공은 물과 이산화탄소의 필요에 따라 열리고 닫힌다 뿌리로 흡수된 물의 90% 이상이 열린 기공에서의 증발에 의해 손실된다. 기공은 온도가 높거나 CO_2농도가 증가할 때 닫힌다.

개념 31.5 식물들은 물에 대한 스트레스에 적응한다

31.5.1 제한된 물부족으로 인한 가뭄에 대한 식물의 적응 기공의 개폐조절은 짧은 기간의 반응이고, 형태학적 적응은 긴 기간의 반응이다.

31.5.2 식물은 짧고 긴시간 동안의 침수에 반응한다

31.5.3 배출을 통해 높은 염농도에 대한 적응을 한다

개념 31.6 체관부는 생체유기분자를 수송한다

31.6.1 생체유기분자는 줄기 위아래로 수송된다 체관을 통한 생체유기분자의 이동을 전류 라고 부른다. 탄수화물은 체관으로 능동수송된다.

31.6.2 팽압 차이는 체관부의 많은 수송을 유도한다 광합성 잎에서, 체관부로의 당의 능동수송은 수분 포텐셜을 감소시킨다. 물이 체관으로 이동하면, 압력은 당이 없는 비광합성 조직으로 내용물을 이동시킨다.

개념 31.7 식물은 다양한 영양분을 필요로 한다

31.7.1 식물은 9개의 다량영양소와 7개의 미량영양소가 필요하다 다량영양소의 요소는 C, O, H, N, K, Ca, Mg, P, S 이고 미량영양소의 요소는 Cl, Fe, Mn, Zn, B, Cu, Mb이다.

개념 31.8 식물의 생장은 빛에 반응한다

31.8.1 파이토크롬은 빛 반응 유전자의 발현을 가능하게 한다 파이토크롬은 적색광의 흡수에 의해 활성화되고 원적색광에 의해 불활성화 된다. 활성화형태는 전사체를 형성하기 위해 핵으로 이동하고, 빛에 조절되는 유전자를 전사한다.

31.8.2 많은 생장 신호는 파이토크롬과 연결되어 있다 파이토크롬은 종자 발아, 슈트 신장, 식물 간격의 감지등에 관여하고 있다.

31.8.3 빛은 생장 방향에 영향을 준다 굴광성은 청색광에 대한 방향적 생장반응이다.

31.8.4 생체 시계는 빛에 독립적이지만 빛에 의해 이끌린다 생체시계는 파이토크롬과 청색 광수용체에 의해 조절되는 일주기 이다.

개념 31.9 식물의 생장은 중력에 반응한다

31.9.1 식물은 중력장에 따라 생장을 조절한다 식물의 세포는 아밀로플라스트가 밑으로 당겨지면 중력을 감지하고, 물리적 신호를 발생시켜 다른 세포의 세포신장을 유도한다.

개념 31.10 식물은 생장을 조절하기 위해 호르몬을 이용한다

31.10.1 식물의 생장을 유도하는 호르몬은 환경에 반응한다 호르몬은 식물의 한 부분에서 만들어져 물리적으로나 발생적으로 반응이 있는 다른 부분으로 이동한다.

31.10.2 옥신은 신장을 유도하고 식물 체제를 확립한다 옥신은 정단분열조직에서 만들어지고 유전자 발현에 영향을 준다. 옥신은 줄기의 신장, 세포 분화를 촉진시키고 잎의 탈리를 억제하며 에틸렌의 형성을 유도한다.

31.10.3 시토키닌은 세포분열과 분화를 촉진한다 시토키닌은 체세포분열, 엽록체 발달, 배아 형성, 그리고 잎 노화 지연을 촉진시킨다.

31.10.4 지베렐린은 식물의 생장과 양분의 이용을 향상시킨다 지베렐린은 뿌리와 생장점, 어린 잎, 그리고 종자에서 만들어진다.

31.10.5 에틸렌은 과일이 익는 것을 유도하고 식물의 방어력을 높인다 에틸렌은 잎, 꽃, 그리고 과일의 낙과를 조절하고, 과일 후숙을 촉진시키며, 줄기와 뿌리의 신장을 억제시킨다.

31.10.6 앱시스산은 생장을 억제하고 휴면을 유도한다 앱시스산은 배아의 생장을 억제시키고, 다른 호르몬의 영향으로 종자 휴면을 유도하며, 기공 개폐를 조절한다.

학습 과정 평가

개념 31.1 식물을 통한 물질의 이동은 물 수송에 의해 조절된다

이해

1. 식물 세포의 수분 포텐셜은?
   a. 막 포텐셜과 중력의 합이다.
   b. 막 포텐셜과 중력의 차이다.
   c. 압력 포텐셜과 용질 포텐셜의 합이다.
   d. 압력 포텐셜과 용질 포텐셜의 차이다.

응용

1. 용질 포텐셜이 -0.4MPa고 압력 포텐셜이 0.2MPa인 세포를 0.5MPa의 압력을 가하는 순수한 물로 채워진 배양기에 위치되면 어떻게 될 것인가?
   a. 물이 세포 밖으로 흘러 나올 것이다.
   b. 물이 세포 안으로 흘러 들어갈 것이다.
   c. 세포는 찌그러질 것이다.
   d. 세포는 폭발할 것이다.

종합

1. 당신이 실내화초에 비료를 너무 자주 주면, 흙이 젖어 있어도 시들시들하게 보이는 것을 확인할 수 있다. 수분 포텐셜이라는 단어를 이용하여 무슨 일이 일어난 것인지 설명하시오.

개념 31.2 물과 무기양분은 식물의 뿌리를 통해 흡수된다

이해

1. 세포벽을 통한 물의 이동은?
   a. 아포플라스트.
   b. 심플라스트
   c. 둘 다 옳음.
   d. 둘 다 틀림.
2. 뿌리에서 카스파리선은 어디에서 발견되는가?
   a. 피층
   b. 내피층
   c. dermal tissue
   d. 물관

응용

1. 카스파리선을 제거하면 어떤 결과가 나타나는가?
   a. 물과 미네랄 영양소는 물관까지 도달하지 못한다.
   b. 물관을 통과하는 것에 대해 적은 선택성을 가질 것이다.
   c. 물과 미네랄 영양소는 물관에서 다시 토양으로 유실될 것이다.
   d. 물과 미네랄 영양소는 내피층의 세포벽을 더 이상 통과할 수 없을 것이다.

종합

1. 내피를 통한 수송에서 리그닌의 역할을 토의하자.

개념 31.3 물관은 물을 뿌리에서 슈트로 이동시킨다

이해

1. 일액현상은 언제 가장 잘 관찰되는가?
   a. 추운 겨울날.
   b. 따뜻하고 맑은 날.
   c. 시원한 여름 밤.
   d. 따뜻하고 흐린 날.
2. 물관에 있는 공기방울의 형태를 무엇이라 하는가?
   a. 교반.
   b. 부착.
   c. 응집.
   d. 공동 현상.

응용

1. 물기둥에서 인장력의 변화 방향은?
   a. 기둥 직경에 정비례하여 변한다.
   b. 기둥 높이에 정비례하여 변한다.
   c. 기둥 직경에 반비례하여 변한다.
   d. 기둥 높이에 반비례하여 변한다.

종합

1. 돌연연변이가 물관의 반지름을 3배 증가시켰다면 식물에서 물의 움직임에 어떤 영향을 끼치는가?

개념 31.4 식물은 날씨에 따라 증산 속도를 조절한다

이해

1. 기공은 공변세포가 어떨 때 열리는가?
   a. 칼륨 증가.
   b. 설탕 증가.
   c. 칼륨 감소.
   d. 설탕 감소.

응용

1. 당신이 열린 기공을 닫히게 하는 구조를 수동으로 조절했을 때, 이 식물에는 어떤 현상이 예상되는가?
   a. 설탕 합성이 점점 느려질 것이다.
   b. 물 수송이 점점 느려질 것이다.
   c. a와 b는 계속 기공이 닫혔을 때 함께 일어난다.
   d. a와 b 모두 계속 기공이 닫혀도 일어나지 않는다.

종합

1. 공변 세포의 팽압은 K^+, Cl^-, 그리고 말산의 흡수 활성화의 결과이다. 이 과정에서 말산은 어떤 역할을 한다고 생각하는가?

개념 31.5 식물들은 물에 대한 스트레스에 적응한다

이해

1. 식물은 가뭄에 적응하기 위해 많은 무엇을 만들었는가?
   a. 기공.
   b. 잎.
   c. 모용.
   d. 피목.

응용

1. 다음 중 높은 염분 환경에 대한 적응이 아닌 것은?
   a. 소금의 분비
   b. 뿌리의 수분포텐셜 저하
   c. 소금 차단.
   d. 통기근 형성.

종합

1. 어떻게 염생 식물과 상어가 고삼투압 환경에 맞서며 살아가는지 비교하시오.

개념 31.6 체관부는 유기(생체)분자를 수송한다

이해

1. 압류모델 가설에 의하면, 어느 것이 탄수화물 공급원인가?
   a. 슈트 b. 잎
   c. 뿌리 d. 줄기

응용

1. 식물이 에너지를 사용해야만 하는 것은?
   a. 증산작용 b. 전류
   c. 증산작용과 전류 모두. d. 모두 아니다.

종합

1. 진딧물은 식물의 체관부로부터 탐침이라 부르는 구강부를 이용하여 구멍을 뚫어 음식을 섭취한다. 식물의 수송조직은 표피의 아래쪽에 존재한다. 어떻게 배고픈 진딧물이 물관을 피하여 구멍을 뚫는가?

개념 31.7 식물은 다양한 영양분을 필요로 한다

이해

1. 미량영양소에 해당하는 것은 무엇인가?
   a. 질소 b. 인
   c. 칼슘 d. 철

응용

1. 새롭게 발견된 식물의 필수 영양원을 찾기 위한 실험을 진행 중이다. 실험을 통해 영양배지에 붕소가 없으면 식물은 죽게 되고, 5 ppm의 농도에서 잘 생장을 하였다. 이 자료를 통해 붕소를 무엇이라 말할 수 있는가?
   a. 필수적인 대량영양소.
   b. 필수적이지 않은 미량영양소.
   c. 필수적인 미량영양소.
   d. 필수적이지 않은 대량영양소.

종합

1. 토마토 유식물의 정상적인 생장에 필요한 붕소의 양을 결정하는 실험을 기술하시오.

개념 31.8 식물의 생장은 빛에 반응한다

이해

1. 청색광에 의해 자극된 이후의 과정은?
   a. 종자 발아. b. 식물의 간격의 감지.
   c. 굴광성. d. 슈트 신장.
2. 전 방향으로의 빛에 의해 유발되는 발달과정은 어디서 유도되는가?
   a. 파이토크롬. b. 엽록소.
   c. 옥신. d. 포도당.

응용

1. 만약 당신이 씨앗을 일련의 적색광과 근적외선에 노출시키는 처리를 했을 때, 어떠한 노출 처리가 종자 발아로 나타나는가?
   a. 적색광; 근적외선
   b. 근적외선; 적색광
   c. 적색광; 근적외선; 적색광; 근적외선; 적색광; 근적외선; 적색광; 근적외선
   d. 셋 다 아니다.

종합

1. 당신은 피토크롬의 단백질 인산화 효소 도메인에 돌연변이가 생긴 식물의 씨앗을 받았다. 당신이 씨앗을 심어서 발아시킬 때 어떠한 적색광 유도 반응을 보일 것이라고 기대하는가? 당신의 답을 설명하시오.

개념 31.9 식물의 생장은 중력에 반응한다

이해

1. 줄기에서 중력은 어느 세포에서 감지되는가?
   a. 표피 b. 피층
   c. 주피 d. 내피

응용

1. 줄기는 중력을 피해 구부러진다. 무엇 때문인가?
   a. 윗부분의 옥신 증가로 인해.
   b. 윗부분의 옥신 감소로 인해.
   c. 아래쪽의 옥신 증가로 인해.
   d. 아래쪽의 옥신 감소로 인해.

종합

1. 굴지성에 관한 현재 모델은 세포 아래로의 아밀로플라스트의 축적이 세포가 중력을 감지하게 한다고 한다.

개념 31.10 식물은 생장을 조절하기 위해 호르몬을 이용한다

이해

1. 옥신은 식물의 생장을 어떻게 빛이 있는 방향으로 촉진시킬까?
   a. 줄기 그늘진 부분의 세포 분열 증가를 통해.
   b. 빛을 받는 줄기 세포의 축소를 통해.
   c. 그늘진 곳의 줄기 세포들의 신장을 유발.
   d. 빛을 받는 줄기 세포들의 세포 분열 감소를 통해.
2. 앱시스산 호르몬은 무엇을 하는가?
   a. 후숙 b. 휴면 유도
   c. 세포분열 자극. d. 줄기 신장 증대

응용

1. Charles 와 Francis Darwin이 식물의 굴광성을 조사하여 어떤 것을 밝혀냈는가?
   a. 옥신은 빛에 의한 생장에 반응했다.
   b. 식물의 슈트 끝부분에서 빛이 감지되었다.
   c. 식물의 슈트 끝 아래에서 빛이 감지되었다.
   d. 붉은 빛만이 굴광성을 자극했다.

종합

1. 농부들은 덜 익은 과일을 시장에 도착 직전 에틸렌을 짧게 분사하는 특수 냉장칸이 달린 기차에 실어 보낸다. 왜 이러한 방식으로 과일에 분사하는가?

개념 연결하기: 6부 식물의 형태와 기능

관다발 식물은 세 가지 식물의 기본조직으로 이뤄진 뿌리와 슈트로 이뤄져 있다. 각 조직은 독특한 세포의 종류, 구조, 그리고 기능을 지니고 있다. 아래에 있는 생물학적 체계에서, 조직은 기관을 만들고 각 식물의 기관은 특이적인 기능을 한다. 예를 들면, 잎은 광합성을 하는 기관이다. 잎의 구조는 식물과 대기 사이에서 가스의 교환을 가능하게 한다. 속씨식물은 그들의 꽃과 과일이라는 진화적 진보를 보여주고 있다. 꽃은 식물의 생식기관으로 그들의 복잡한 생활주기를 가능하게 한다.

진화는 적응과 다양성을 유도한다

과일은 종자의 분산을 돕는다

- 꽃의 배주는 과일로 발달하는데, 수정에 의해 형성되는 종자를 감싸게 된다.
- 과일은 넓은 지역을 점령할 수 있게 한다.
- 과일의 종류는 과육, 마른형태, 단단한 형태 등 다양하게 존재한다. 과일의 다른 형태는 종자의 다양한 분산을 위해 적응된 결과이다.

화분은 다양한 방법을 통해 꽃에 도달한다

- 꽃과 수분매개자는 1억년이 넘는 과거부터 공진화 해 왔다. 새, 벌 그리고 다른 곤충 등이 중요한 수분매개자들이다.
- 바람에 의해 수정이 되는 식물들은 눈에 크게 띄지 않는 꽃을 가지고 있으며, 초기 종자식물들에게서 나타난다.
- 자가수정은 에너지를 적게 소비하고, 안정적인 환경에서 선호된다.

식물은 수분 스트레스에 적응하였다

- 가뭄에 대한 적응방법은 : 휴면, 낙엽, 그리고 잎에서 물의 손실을 최소화 한다.
- 침수는 산소의 결핍을 유도하여 세포 호흡을 줄이는 결과를 초래한다. 침수에 대한 적응은 가스의 교환을 촉진하기 위한 긴 시간에 걸친 구조적 변화를 포함할 수 있다. 이러한 변화는 피목의 형성 또는 부정근을 수면보다 높이 형성하는 것이다.
- 높은 염농도에 대한 적응으로써 액이 많은 잎에서 염의 농도를 희석시키는 방식, 염을 밖으로 배출하는 방식, 또는 뿌리에서 염의 흡수를 막는 방식이 있다.

관다발 시스템은 뿌리와 슈트를 연결한다

- 관다발 시스템은 식물에 액체의 이동을 가능케 함으로써 육지에서 정착할 수 있게 도움을 주었다.
- 뿌리는 식물이 땅에 부착할 수 있게 하고, 물과 무기양분을 흡수 할 수 있는 관다발 조직을 포함하며, 저장을 위한 양분이 이동을 가능하게 한다.
- 슈트는 잎이 태양광에 노출되는 양을 증가시키고, 수분매개자들이 꽃에 접근할 수 있게 도움을 준다.

생체계를 통한 에너지의 흐름

잎은 광합성 기관이다

발아는 유식물의 생장을 시작한다

식물은 양분을 필요로 한다

구조는 기능을 결정한다

식물은 특성화된 조직을 지닌다

- 기본조직은 지지기능을 하는 두꺼운 벽을 지니는 후각조직과 후막조직으로 구성된다. 얇은 벽으로 이뤄진 유조직 세포는 광합성과 저장기능을 한다.
- 표피조직은 식물체를 덮고 있고 보호기능을 한다.
- 관다발조직은 양분과 물을 이동시킬 수 있는 특성화된 세포로 이뤄진 체관과 물관으로 이뤄져 있다.

꽃은 생식기관이다

- 배우자는 꽃의 배우체에서 생성된다.
- 꽃받침은 싹이트는 꽃을 보호한다.
- 꽃잎은 화관이 모여져 있는 형태로 수분매개자들을 유혹한다.
- 수술은 화분이 동물 수분매개자나 바람에 의해 더 잘 이동될 수 있도록 한다.
- 암술은 암 생식기관을 지니고 있다.

식물은 증산률을 조절한다

- 바람의 속도가 증가하면 물의 증발이 빨라지기 때문에 증산률은 증가가 된다.
- 기공세포의 팽압의 변화는 기공의 개폐의 원인이 된다.
- 밤에 낮은 증기압의 구배는 기공을 닫게 하고 증산을 줄인다.
- 태양광은 잎의 온도를 높이는데, 이것은 냉각을 위해 증산이 증가되게 된다.

지금까지 두 가지의 개념 연결의 예를 확인하였다. 이러한 개념을 통해 "생체계를 통한 에너지 흐름" 파트에 개념을 채워보자.

32
동물의 몸과 운동

학습과정

서론

사람들이 동물에 대하여 생각할 때 애완동물이나 수족관의 물고기 또는 이 장의 표지에 있는 부엉이 등을 생각할 수 있다. 개, 물고기, 그리고 새는 많은 차이점에도 불구하고 이 세 종류는 모두 척추동물이며, 유사한 기본적 체제(body plan)를 갖고 있고, 유사한 방식으로 작동하는 조직과 기관을 공유하고 있다. 이 장에서 우리는 척추동물 생물학의 세부적 이해를 시작하고자 한다. 척추동물의 몸을 구성하는 조직에 대한 간단한 고찰로 시작하여 척추동물의 몸이 어떻게 움직이는가에 대한 세부사항을 학습할 것이다. 척추동물의 특징인 몸의 움직임은 반경식의 골격계, 경첩으로 작동하는 관절, 그리고 골격을 잡아당길 수 있는 근육계의 조합으로 만들어진다. 여기 사진에 나타난 부엉이가 날기 위해 비상할 때, 단어 그대로 날개를 밀면서 날개는 공기 중으로 힘을 가한다. 유사하게 당신이 달릴 때도 당신은 발을 앞쪽으로 밀면서 땅을 박찬다. 당신과 부엉이의 움직임을 가능하게 하는 근육과 뼈의 복잡한 시스템은 놀라운 진화적 공학의 산물이다.

32.1 척추동물의 몸은 계층적 구조를 갖고 있다

척추동물의 몸은 (1) 세포(cell), (2) 조직(tissue), (3) 기관(organ), (4) 기관계(organ system)의 4단계로 구성되어 있다. 모든 동물에서 처럼 척추동물의 몸은 다른 종류의 세포로 구성되어 있다. 그룹에 따라 50에서 수백 개 종류의 세포가 척추동물의 몸을 구성한다. 인간은 210 종류의 다른 세포를 갖고 있다.

척추동물의 몸은 4단계의 계층적 구조를 갖고 있다

학습목표 32.1.1 척추동물 내 조직의 단계를 열거하라.

조직은 기능이 같은 한 종류 세포의 그룹이다

구조와 기능이 유사한 세포의 그룹은 조직으로 구성된다. 발달 초기에 성장하는 배아의 세포들은 **배엽(germ layer)**이라 불리는 세 개의 기본적인 조직으로 분화한다. 이는 안쪽에서 바깥쪽으로 내배엽(*endoderm*), 중배엽(*mesoderm*), 외배엽(*ectoderm*) 순이다. 각 배엽은 계속해서 다른 세포 타입으로 그리고 척추동물의 몸에 특징적인 조직으로 분화한다.

성체 척추동물에는 4개의 **1기 조직(primary tissue)**이 있다: (1) **상피(epithelial)**, (2) **신경(nerve)**, (3) **결합(connective)**, (4) **근육(muscle)**. 각 타입은 이 장의 분리된 부분에서 설명된다.

기관과 기관계는 특화된 기능을 제공한다

기관(*organ*)은 구조와 기능 단위를 구성하는 몇몇 다른 조직으로 구성된 구조이다(**그림 32.1**). 심장을 예로 들면 심장은 심장근(cardiac muscle), 결합조직, 상피세포를 포함한다. 신경조직은 뇌와 척수(spinal cord)를 심장에 연결하고 심장박동을 조절한다.

기관계(organ system)는 신체의 주요 활동을 수행하도록 협력하는 한 기관의 집단을 말한다. 예로 순환계(circulatory system)는 심장과 혈관(동맥, 모세혈관과 정맥)으로 구성된다(34장 참조). 이 기관들은 몸에 물질을 공급하거나 혈액을 전달하는데 있어 협력한다. 척추동물의 몸은 11개의 주 기관계로 구성된다.

척추동물의 일반적인 체제는 관 안에 관이 있는 것이다

학습목표 32.1.2 척추동물에서 어떻게 체강이 형성되는지 설명하라.

모든 척추동물의 신체는 같은 일반적 구조를 갖고 있다. 체제(body plan)는 하나의 관안에서 떠있는 관이다. 내부관은 입에서 항문으로 연결된 긴 관인 소화관이다. 연결된 뼈와 몸이 성장함에 따라 성장하는 연골로 구성된 내부 골격은 외부관을 지탱한다. 그리고 그 외부관이 주요 척추동물의 몸을 구성한다. 척추동물 몸의 가장 바깥쪽 층은 외막 또는 피부와 그것과 관련된 모발, 깃털, 비늘, 땀샘과 같은 많은 부수적인 기관과 부분들이다.

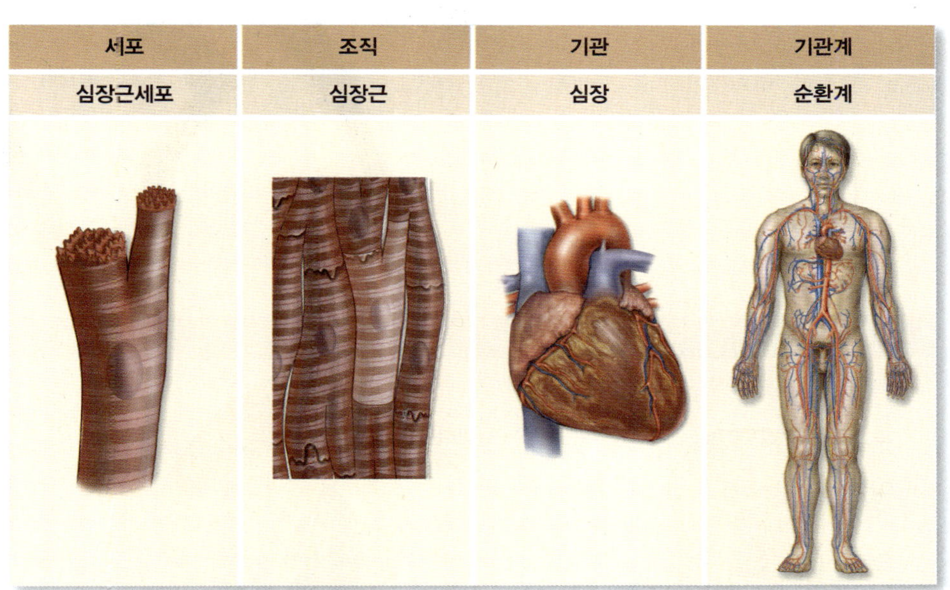

그림 32.1 몸의 구성 단계. 유사한 세포의 종류가 함께 작동하여 조직을 구성한다. 함께 작동하는 조직은 심장과 같은 기관을 형성한다. 심장은 주로 상피조직으로 붙여진 심장근으로 구성된다. 기관계는 몸의 어떤 기능을 위해 함께 작용하는 몇 개의 기관으로 구성된다. 기관계의 예는 순환계이다. 순환계는 심장, 혈관, 혈액으로 구성된다.

척추동물은 복측과 배측 체강을 갖고 있다

척추동물의 내부에는 2개의 구분되는 체강을 갖고 있다. **배측체강**(*dorsal body cavity*)은 두개골과 척추 안에 형성된다. 두개골은 뇌를 둘러싸고 척추의 내부는 척수를 포함하는 통로이다.

복측체강(*ventral body cavity*)은 흉곽(rib cage)과 척추 후방에 의해 둘러싸인 지역으로부터 복측체근육(ventral body muscle, abdominal) 내와 골반대(요대, pelvic girdle)를 포함하는 지역까지 앞쪽으로 확장되고 훨씬 넓다. 포유동물에서 한 장의 근육인 횡격막(diaphragm)이 복측체강을 **흉강**(*thoracic cavity*)과 **복부골반강**(*abdominopelvic cavity*)으로 나눈다. 앞쪽 흉강은 심장과 허파를 포함하고 뒷쪽 복부골반강은 위장, 내장, 간장, 콩팥, 방광을 포함한다**(그림 32.2a)**.

제 27장에서 동물 체제에 대한 토의 내용을 회상해 보자. 진체강(coelom)은 척추동물을 포함하는 몇몇 동물에서 중배엽 층 내에 형성된 액체로 채워진 체강이다. 진체강은 척추동물에 존재한다. 그러나 무척추동물에서의 진체강과 비교하면 제한적이고 접혀있으며, 세분되어 있다. 진체강에 존재하는 중배엽층은 복측체강 내 몇몇 기관을 확장하고 싸기 위해 체벽으로부터 확장한다**(그림 32.2b)**. 복부골반강에서 진체강의 공간은 **복막강**(*peritoneal cavity*)이다.

흉강의 심장과 허파는 진체강 공간을 많은 부분을 차지하며 제한한다. 심장을 둘러싸고 있는 중배엽층 내 좁은 공간은 **심막강**(*pericardinal cavity*)이고 허파를 둘러싸고 있는 2개의 좁은 공간은 **흉막강**(*pleural cavity*)이다(그림 32.2b).

개념 정리 32.1

몸의 세포는 조직을 구성하고 다시 기관과 기관계로 구성된다. 조직의 타입은 상피, 연결, 근육, 그리고 신경조직을 포함한다. 포유류는 배측체강과 복측체강을 갖고 있고 복측체강은 횡격막에 의해 흉강과 복부골반강으로 나뉜다. 성체의 진체강은 복막강, 심막강, 흉막강으로 다시 나뉜다.

- 기관은 하나 이상의 조직으로 만들어질 수 있는가?

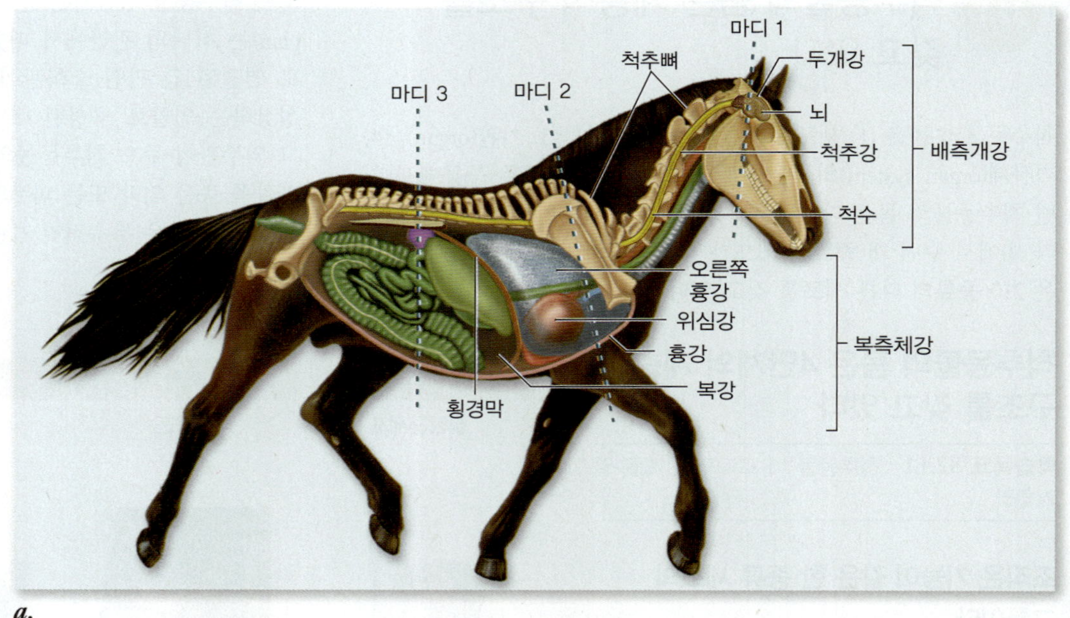

a.

b.

그림 32.2 척추동물 몸의 구조. **a.** 모든 척추동물은 복측체강과 배측체강을 갖고 있다. 배측체강은 뇌를 포함하고 있는 두개강(cranial cavity)과 척수를 포함하고 있는 척추강(vertebral cavity)으로 나뉜다. 포유동물에서 횡격막 근육은 복측체강을 흉강과 복부골반강으로 분할한다. **b.** 3곳에서의 횡단면을 통해 체강과 주요기관 그리고 체강(심막강, 흉막강, 복막강) 사이 관계를 볼 수 있다.

32.2 상피조직이 몸의 방벽을 형성한다

상피(epithelial membrane, epithelium; 복수, epithelia)는 척추동물의 몸의 모든 표면을 덮는다. 상피는 3층의 배엽으로부터 생성된다. 예로 외배엽으로부터 발생한 표피(epidermis)는 피부의 바깥부분을 차지한다. 내배엽에서 발생한 상피는 소화관 내부 표면에 존재하고, 중배엽에서 기원한 상피는 혈관의 내부 표면에 존재한다. 몇몇 상피는 발달과정에서 분비기능으로 특화된 구조인 샘(gland)으로 변한다.

상피가 몸의 주요한 방벽을 형성한다

학습목표 32.2.1 상피의 구조와 기능을 설명하라.

상피막이 모든 신체의 표면을 덮기 때문에 물질이 체내로 들어오거나 나가려면 상피를 통해야 만 한다. 그래서 상피막은 어떤 물질에게는 장벽으로 작용하지만 반면에 다른 물질은 투과를 용이하게 한다. 당신 체중의 15%는 상피 또는 피부이다. 표피(epidermis)의 물에 대한 상대적 불투과성이 탈수(dehydration)와 공기로부터 침투하는 감염원에 대한 보호기능을 제공한다. 대조적으로 소화관 상피는 소화된 물질에 대한 선택적 유입을 허락해야 하고 반대로 독성물질에 대해선 장벽으로 작용해야한다. 허파의 상피는 혈액으로부터 기체의 빠른 확산을 가능하게 해야 한다.

모든 상피의 특징은 상피세포 사이 거의 틈이 없이 단단하게 서로 결합되어 있다는 것이다. 양분과 산소는 하부 결합조직에 공급되기 위해 혈관으로부터 상피세포로 확산해 들어 가야한다. 이러한 것이 상피막의 두께를 제한하는 특성이 된다. 그래서 대브분의 상피막은 한 층 혹은 몇몇의 상피세포층으로 되어 있다.

상피의 재생

상피는 동물의 일생동안 계속해서 세포를 교체할 수 있는 상당한 재생능력을 갖고 있다. 예로 상피조직으로부터 형성된 샘(gland)인 간(liver)은 상당 부분이 외과적으로 절제되더라도 쉽게 재성된다. 표피는 2주에 한 번씩 재생되고, 위(stomach)의 내부 상피는 2일에서 3일에 한 번씩 교체된다. 이러한 재생 능력은 손상과 부상이 발생하는 표면조직을 지속적으로 새롭게 하고, 보호층을 빠르게 교체할 수 있게 하기 때문에 유용하다.

상피조직의 구조

상피조직은 섬유막(fibrous membrane)에 의해 결합조직에 부착된다. 상피의 보호된 면은 **기저면**(*basal surface*)이라 하고 자유로운 면을 **정단면**(*apical surface*)이라 한다. 이러한 차이는 상피조직에 종종 조직의 기능에 중요한 극성(polarity)을 부여한다. 예로 단백질들이 신세관 몇몇 상피조직의 기저면에 박혀 있다. 이러한 단백질들은 혈액으로 물을 돌려보기기 위한 삼투경사(osmotic gradient)를 만들기 위한 세포 사이의 공간으로 Na^+을 능동적으로 전달한다(35장 참조).

상피의 타입은 기능을 반영한다

학습목표 32.2.2 다른 종류의 상피를 비교하라.

상피막의 일반적인 2종류는 **단층**(단일세포층, *simple*)과 **중층**(다 세포층, *stratified*) 상피막이다. 이들 종류는 편평형(비늘모양, squamous), 입방형(직육면체 모양, cuboidal), 주상형(기둥형, columnar)으로 좀 더 세분화 될 수 있다. 편평세포는 납작하고, 입방세포는 직사각형이며 주상세포는 길다.

단층 상피

단층상피막은 한 층의 세포로 구성된다. 단층편평상피(simple squamous epithelium)는 횡단으로 보여질 때 평편한 모양이다. 그러한 상피닥의 예는 혈관과 허파에 존재한다. 이곳에서 얇고 세밀한 상피막은 확산 가스와 같은 분자의 빠른 움직임을 가능케 한다.

단층입방상피(*simple cuboidal epithelium*)는 신세관과 몇몇 샘에 존재한다. 샘에서 이들 세포들은 분비에 특화되어 있다.

단층주상상피(*simple columnar epithelium*)는 대부분의 위장관(gastrointestinal tract) 내부나 호흡관(respiratory tract)의 기도(airway)에 존재한다. 점막의 단층주상상피 세포 사이사이에는 점액 분비에 특화된 세포인 많은 **배상세포**(*goblet cell*)가 있다. 호흡관 기도의 주상상피세포는 내강을 접하는 면인 정점면에 섬모(cilia)가 있다. 섬모는 점액과 먼지 등을 목으로 보내는 역할을 수행한다. 소장에서 주상상피세포의 정점면은 **미세융모**(*microvilli*)라 불리는 손가락 모양의 융기체를 형성한다. 미세융모는 음식을 흡수하기 위한 표면적을 증가 시킨다.

척추동물의 샘은 함입된 상피조직으로부터 형성된다. 입방세포와 주상세포의 확장된 크기는 샘의 분비와 물질의 활동적인 흡수 또는 두 가지 모두에 요구되는 세포 내 기구를 수용할 수 있다. **외분비샘(exocrine gland)**에서 샘과 상피막 사이 연결은 도관으로 되어있다. 도관을 통해 샘의 생성물은 상피막으로 이동한다. 그리고 다시 소화관과 같은 외부로 다시 분비된다. 외분비샘에는 침샘과 피지샘, 땀샘 등이 있다. **내분비샘(endocrine gland)**은 도관이 없는 샘이다. 상피와 연결은 발달과정 중에 사라진다. 그래서 내분비물질(호르몬)은 상피막으로 전달되지 않고 대신 혈관으로 들어가 몸을 순환한다. 내분비샘은 35장에서 더 자세히 다루어진다.

중층상피

중층상피막(stratified epithelial membranes)은 2개에서 수 개의 세포층이고 정점 세포층의 형태에 따라 이름이 지워진다. 예로 표피(epidermis)는 **중층편평상피**(*stratified squamous epithelium*)이다. 육상 척추동물에서 표피는 상층부의 세포층이 죽은 편평세포로 되어 있고, 케라틴이라는 내수성 단백질로 채워져 있기 때문에 **케라틴성상피**(*keratinized epithelium*)라고 한다.

반복된 마찰에 따른 피부에서 케라틴의 축적은 굳은살(callus)을 생성한다. 케라틴의 내수성은 쉽게 건조하고 트는 입술의 붉은 부분과 얼굴의 피부를 비교하면 명확히 알 수 있다. 입술은 비케라틴성 중층편평상피에 의해 덮혀 있다.

개념 정리 32.2

상피조직은 방벽을 형성하며 모든 몸의 표면과 샘을 덮는 막을 포함한다. 표피는 결합조직과 연결된 기저면을 갖고 정점면은 자유롭게 노출되어 있다. 상피는 분비, 수송, 또는 보호 등의 역할로 특성화 될 수 있다. 단층상피는 단일세포층으로 되어 있고 편평형, 입방형, 주상형 또는 가중층성(pseudostratified)으로 나뉘고 중층상피는 주로 편평형이다.

- 샘의 상피는 장에 존재하는 상피와 어떻게 다르게 작용하는가?

32.3 신경조직은 신호를 빠르게 전달한다

두 번째로 주요한 척추동물의 조직은 신경조직(표 32.1)이다. 신경조직은 뉴런(neuron, 신경세포)과 신경교세포(neuroglia)라 불리는 지지세포를 포함한다. 뉴런은 전기적 현상 또는 자극(impulse)을 생성하고 전달하는데 특화되어 있다.

어떤 뉴런은 길게 확장되어 있다

학습목표 32.3.1 뉴런과 지지세포의 기본적 구조를 서술하라.

대부분의 **뉴런(신경세포, neuron)**은 세포체(cell body), 가지돌기(dendrite), 축삭(axon)의 3 부분으로 구성된다. 뉴런의 세포체는 핵을 포함한다. **가지돌기**는 자극 정보를 받아들이고 전기적 자극을 세포체로 전달하는 얇고 고도로 분화된 가지들이다. 축삭은 자극을 세포체로부터 전달하는 세포질의 단일 확장체이다. 축삭과 가지돌기는 상당히 길 수 있다. 예로 당신 발의 근육을 조절하는 신경의 세포체는 척수에 있고 그들의 축삭은 당신의 발까지 1 미터 이상 뻗을 수 있다.

신경교세포는 뉴런을 지지한다

신경교세포는 전기적 자극을 전달하는 것 대신에 뉴런을 지지하거나, 둘러싸서 외부와 분리하거나, 뉴런 주변이나 안의 물질을 제거하는 역할을 수행한다. 많은 뉴런에서 신경교세포는 축삭과 관련되어 축삭 주변을 막으로 둘러싸서 생성되는 절연 덮개인 미엘린초(myelin sheath)를 형성한다. **랑비에결절**(*node of Ranvier*)로 알려진 미엘린초에 존재하는 틈은 전기 자극을 강화하는 부위로 작용한다(33장 참조).

신경계의 두 부분이 활동을 조절한다

신경계는 대뇌(brain), 척수(spinal cord)를 포함하는 **중추신경계(central nervous system, CNS)**와 신경(*nerve*)과 신경절(*ganglia*)을 포함하는 **말초신경계(peripheral nervous system, PNS)**로 나뉜다. 신경은 말초신경에서 전기 케이블처럼 함께 묶인 축삭 다발을 말한다. 신경절은 뉴런 세포체의 집단이다. 중추신경계는 일반적으로 감각으로 부터의 입력과 같은 입력의 해석과 통합의 역할을 수행한다. 말초신경계는 중추신경세포로부터 근육세포와 내분비세포와 같은 신체의 부위로 혹은 중추신경계로 신호를 전달하는 역할을 한다.

표 32.1 신경조직

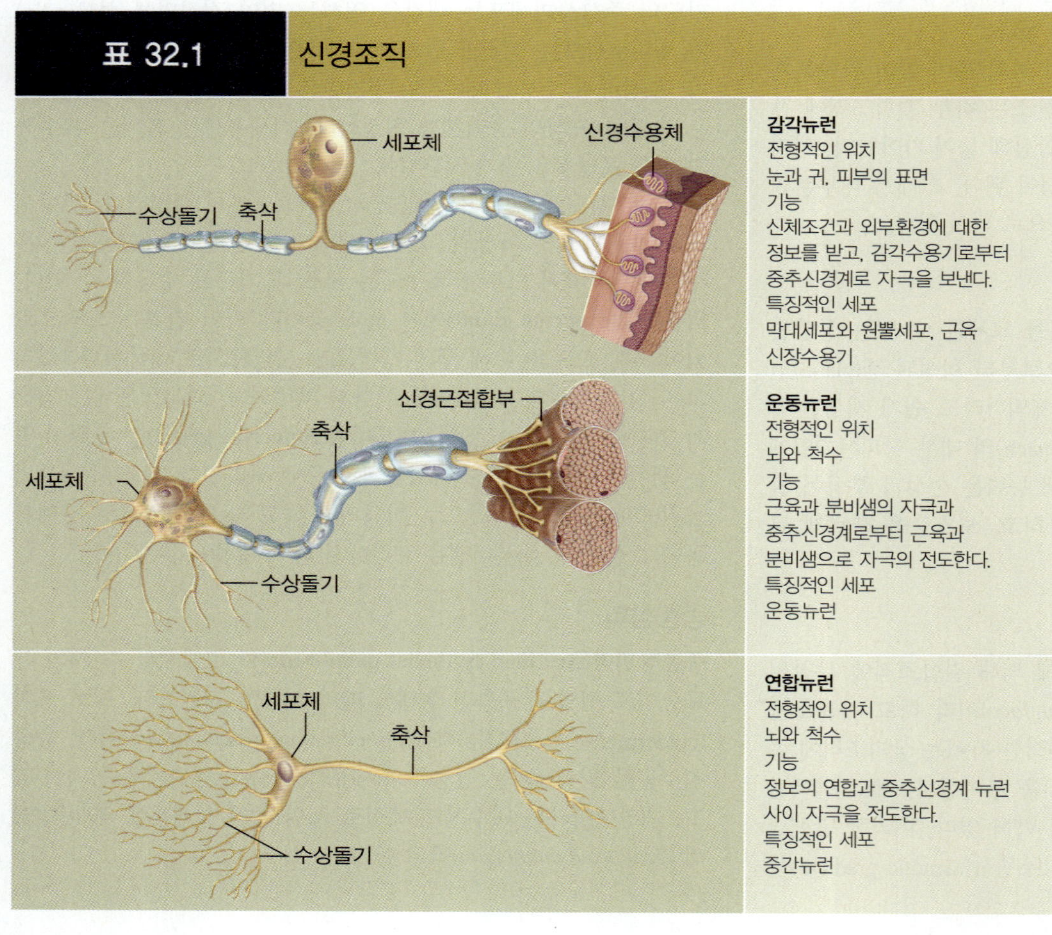

뉴런	설명
감각뉴런	전형적인 위치 눈과 귀, 피부의 표면 기능 신체조건과 외부환경에 대한 정보를 받고, 감각수용기로부터 중추신경계로 자극을 보낸다. 특징적인 세포 막대세포와 원뿔세포, 근육 신장수용기
운동뉴런	전형적인 위치 뇌와 척수 기능 근육과 분비샘의 자극과 중추신경계로부터 근육과 분비샘으로 자극의 전도한다. 특징적인 세포 운동뉴런
연합뉴런	전형적인 위치 뇌와 척수 기능 정보의 연합과 중추신경계 뉴런 사이 자극을 전도한다. 특징적인 세포 중간뉴런

개념 정리 32.3

신경조직은 뉴런과 신경교세포로 구성된다. 뉴런은 핵으로 포함하는 세포체와 들어오는 신호를 받아들이는 가지돌기, 세포체로부터 자극을 전달하는 축삭으로 구성된다. 신경교세포는 축삭을 둘러싸는 것을 포함하는 지지 기능을 한다. 신경계는 중추와 말초로 구성된다.

- 표면적 대 부피의 비율은 세포의 크기를 제한한다. 그럼에도 불구하고 뉴런은 어떻게 1미터까지 다다를 수 있을까?

32.4 결합조직은 몸을 지지한다

결합조직은 중배엽으로부터 기원하고 많은 다른 형태로 존재한다. 우리는 이들 다양한 형태를 주요한 2개의 결합조직으로 구분 한다; 하나는 **고유결합조직**(*connective tissue proper*)으로 성긴결합조직(loose)과 조밀결합조직(dense)으로 다시 세분화 된다. 다른 하나는 연골, 뼈, 혈액을 포함하는 특수결합조직(special connective tissue)이다.

고유결합조직은 성기거나 치밀하다

학습목표 32.4.1 성긴결합조직과 치밀결합조직을 구분하여라.

언뜻 보기에 그렇게 다양한 조직이 같은 카테고리 안에 들어 있다는 것이 이상하게 보일지도 모른다. 그러나 모든 결합조직은 공통적인 구조적 특징을 공유한다. 결합조직은 세포들이 넓게 떨어져 분포하기 때문에 풍부한 세포외물질을 갖고 있다. 이러한 세포외물질을 조직의 **기질(matrix)**이라 한다. 뼈에서 기질은 뼈를 단단하게 하는 결정체를 포함한다. 즉 뼈에서 기질은 뼈의 유체부분인 플라즈마이다. 기질 자체는 단백질 섬유와 **세포간 물질(ground substance)**로 구성된다. 세포간 물질은 단백질과 다당류의 다양한 배열을 포함하는 섬유와 세포들 사이의 유체물질이다.

성긴결합조직 뿐 아니라 조밀결합조직의 발달과정 동안 섬유모세포(fibroblast)라 불리는 세포가 생성되어 세포외기질로 분비된다. 성긴결합조직은 면역체계의 세포인 비만세포(mast cell)와 대식세포(macrophage) 외에도 다른 세포들을 포함한다.

성긴결합조직

성긴결합조직(loose connective tissue)은 다량의 세포간 물질을 포함하는 기질 내에 흩어진 세포들로 구성된다. 이러한 젤라틴성 물질은 콜라겐(collagen), 엘라스틴(elastin), 레티큘린(reticulin)과 같은 단백질 섬유의 성기게 흩어진 것에 의해 강화된다. 콜라겐 섬유는 그물을 형성하여 조직을 지지한다(**그림 32.3**) 그리고 엘라스틴은 조직을 신축성이 있게 하고, 레티큘린은 콜라겐 망을 보조한다. 사막의 향이 나는 젤라틴은 동물의 성긴결합조직에서 추출된 세포외 물질에서 기인한다.

지방세포(adipose cell)는 양분의 저장에 중요하며 성긴결합조직에 존재한다. 피부 아래나 골수(bone marrow), 콩팥 주변을 포함하는 몸의 일부 세포들은 **지방조직(adipose tissue)**을 형성하는 커다란 그룹으로 발달할 수 있다(**그림 32.4**).

각각의 지방세포는 저장소포 내에 트리글리세리드 방울을 포함한다. 에너지가 필요할 때, 지방세포는 저장된 트리글리세리드를 가수분해하고 지방산으로 분비한다. 분비된 지방산은 혈액으로 들어가 근육, 간 그리고 다른 조직의 세포에서 산화된다. 지방세포는 분열할 수 없다. 성인에서 지방세포의 수는 일반적으로 고정되어 있다. 사람이 뚱뚱해짐에 따라 지방세포는 커지고 날씬해 질 때는 세포는 줄어든다.

조밀결합조직

조밀결합조직(dense connective tissues)는 적은 세포간 물질을 갖고 있고, 성긴결합조직 보다 더 강하게 만드는 단단하게 꽉 찬 콜라겐

그림 32.3 콜라겐섬유. 전자현미경상에서 보이는 이러한 섬유는 많은 콜라겐 섬유로 구성되어서 장력 하에서 매우 단단하다.

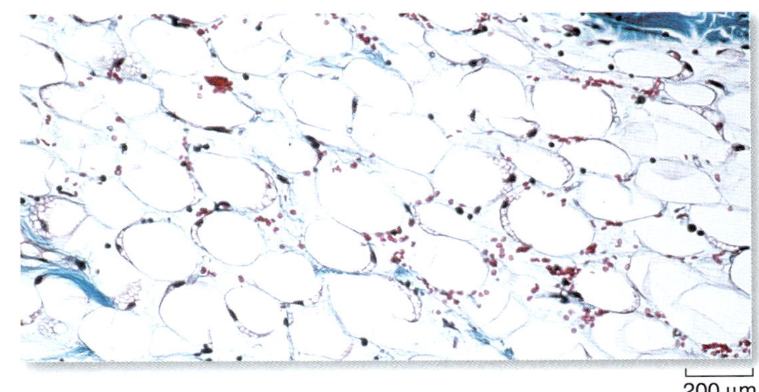

그림 32.4 지방세포. 지방은 성긴결합조직인 지방조직의 소체(globule)에 저장된다. 사람이 체중이 증가하거나 감소할 때, 지방 소체의 크기가 커지거나 작아진다. 사람이 체중을 줄임으로써 지방세포의 수를 줄일 수는 없다.

섬유를 갖고 있다. 조밀결합조직은 규칙성과 불규칙성의 두 종류로 구성된다. **조밀규칙성결합조직**(*dense regular connective tissue*)의 콜라겐 섬유는 밧줄처럼 병렬로 늘어선다. 이것은 근육과 뼈를 연결하는 힘줄(tendon)과 뼈와 뼈를 연결하는 인대(ligament)의 구조이다.

대조적으로 **조밀불규칙성결합조직**(*dense irregular connective tissue*)의 콜라겐 섬유는 많은 다른 방향성을 갖고 있다. 이런 종류의 결합조직은 부신(adrenal gland)나 콩팥의 캡슐과 같은 조직을 둘러싸는 단단한 덮개를 만든다.

특수결합조직은 독특한 특징을 갖고 있다

학습목표 32.3.2 연골, 뼈, 혈액을 설명하라.

연골(cartilage), 뼈, 혈액과 같은 특수결합조직은 특수한 기능을 수행하도록 하는 독특한 세포와 기질을 갖고 있다.

연골

연골(cartilage)은 세포간 물질이 **콘드로이틴**(*chondroitin*)이라 불리는 특이적인 당단백질과 병렬, 직렬배열로 스트레스 선을 따라서 침착된 콜라겐 섬유로 구성된 특수화된 특수결합조직이다. 특수결합조직은 늘어나지 않지만 단단하며 유연한 조직이다. 성긴 또는 조밀결합조직 보다는 훨씬 단단하며 큰 인장력을 갖는다.

연골은 현대 무악류(agnathans)나 연골어류(cartilaginous fishes)(28장 참조)의 전체 골격계를 구성한다. 그렇지만 대부분의 성체 척추동물에서 연골은 자유롭게 움직일 수 있는 관절을 형성하는 뼈의 표면 연결부에 제한된다. 예로 인간은 코 끝, 외이, 척추의 추간판(disk), 후두(larynx)를 포함하는 몇몇 구조물이 연골로 구성된다.

연골세포인 **콘드로사이트**(*chondrocyte*)는 연골 세포간 물질 내 **뼈공간(골소강, lacunae)**이라 불리는 공간에 있다. 이러한 세포들은 연골기질 내 혈관이 존재하지 않아도 생존할 수 있다. 주위 혈관으로부터 연골 세포간 물질을 통해 확산되는 양분과 산소를 이용한다. 이러한 확산은 연골기질이 뼈로 석화되지 않고 잘 수화되어 있을 때만이 일어난다.

뼈

뼈세포인 **뼈세포(골세포, osteocyte)**는 세포외기질이 인산칼슘(calcium phosphate)의 결정으로 경화되어도 살아 있게 된다. 혈관은 뼈의 중심관(central canals)을 통해 들어가 양분을 제공하고 노폐물을 제거한다. 골세포는 주위 골세포에 **소관**(*canaliculi*)이라 불리는 미세관을 통하여 세포질 돌기를 뻗는다. 골세포는 이러한 세포질 망을 통하여 중심관 안의 혈관과 물질을 교류할 수 있다.

태아 발달과정에서 척추동물의 지느러미, 팔, 다리 등 다른 부속지의 뼈는 처음에 연골로 틀이 만들어진다. 연골 기질은 특정 장소에서 석회화 되고 그 결과로 콘드로사이트는 기질을 통한 확산에 의해 양분이나 산소를 더 이상 얻을 수 없다. 살아 있는 뼈는 죽어가거나 퇴화하는 연골을 대체한다. 뼈는 뼈와 근육이 복잡한 움직임을 만들기 위해 함께 어떻게 작동하는 가를 살펴 볼 때 좀 더 자세히 설명된다.

혈액

우리는 **혈액**(*blood*)을 풍부한 세포외 물질인 유체의 혈장(plasma)을 포함하기 때문에 결합조직으로 분류한다. 혈액의 세포는 **적혈구**(*erythrocyte*) 또는 RBC(red blood cell)과 **백혈구**(*leukocyte*) 또는 WBC(white blood cell)이다. 혈액은 또한 골수세포의 한 종류인 **혈소판**(*thrombocyte, platelet*)을 포함한다. 우리는 혈액에 대해 34장에서 좀 더 자세히 다룬다.

모든 결합조직은 유사성을 갖고 있다

비록 결합조직의 종류에 대한 서술이 이들 조직에 대한 많은 다른 기능을 제안하지만, 결합조직들은 어느 정도 유사성을 갖고 있다. 앞에서 언급한 것처럼 결합조직은 중배엽에서 기원하고 모두 기질이라 불리는 풍부한 세포외 물질을 갖고 있다. 그렇지만 세포외기질은 결합조직에 따라 다르다. 각 조직의 세포외기질에 다양한 세포들이 박혀 있고 이들 세포 각각은 특화된 기능을 갖고 있다.

개념 정리 32.4

결합조직은 성기게 구성된 세포들 사이 기질을 형성하는 세포외 물질에 의해 특성 지워진다. 고유결합조직은 성기거나 치밀하다. 특수결합조직은 독특한 세포외기질을 갖고 있다. 연골은 유기물의 기질을 갖고 있고, 뼈는 칼슘결정, 혈액은 혈장라고 불리는 유체의 기질을 갖고 있다.

- 왜 혈액이 결합조직으로 여겨지는가?

32.5 근육조직이 몸의 움직임에 동력을 공급한다

근육은 척추동물 몸의 모터이다. 근육세포를 독특하게 만드는 특징은 근육 내 액틴(actin)과 미오신(myosin) 필라멘트의 구조와 상대적 풍부성이다. 비록 이러한 필라멘트가 모든 진핵세포에서 미세한 망을 형성하고 세포 안에서 물질의 이동에 기여하지만 근육세포에서 더욱 더 풍부하고 잘 조직화 되어있다. 그리고 근육세포에서 필라멘트는 수축에 특화되어 있다.

척추동물은 3종류의 근육을 갖고 있다

학습목표 32.5.1 세 종류의 근육과 근육세포를 비교하라.

척추동물은 **평활근**(*smooth muscle*), **골격근**(*skeletal muscle*), **심장근**(*cardiac muscle*) 등 3종류의 근육을 갖고 있다(표 32.2). 골격근과 심장근은 세포방향으로 절단하여 현미경으로 볼 때 근육세포가 횡단하는 띠로 나타나기 때문에 **가로무늬근**(*striated muscle*)으로 알려져 있다. 각 골격근의 수축은 수의적 조절 하에 있으나 반면에 심

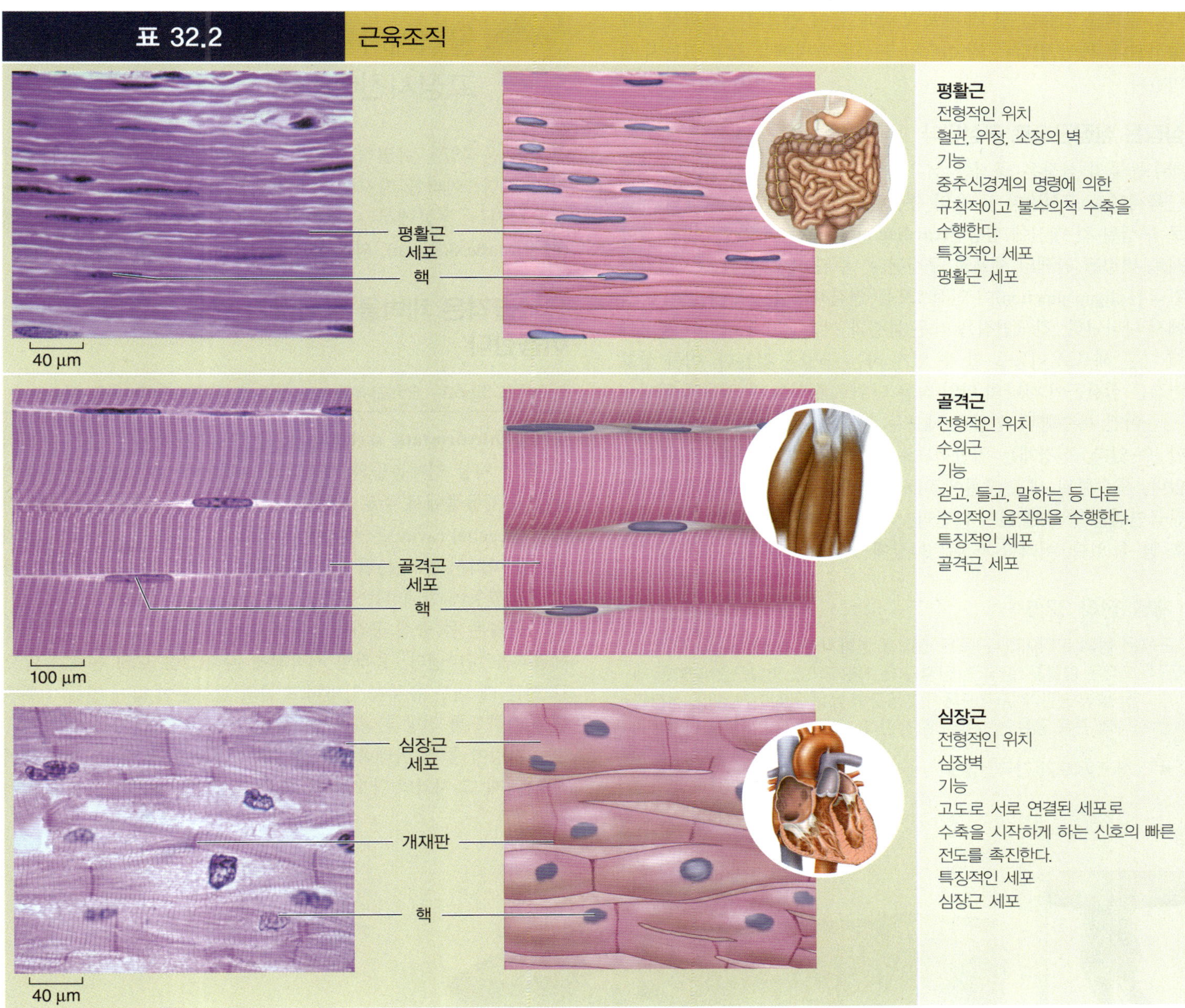

장근과 평활근의 수축은 일반적으로 불수의적이다.

평활근은 대부분의 기관에서 발견된다

평활근(smooth muscle)은 진화상 가장 초기 형태의 근육이고 동물 대부분에서 발견된다. 척추동물에서 평활근은 기관의 내부 환경 또는 내장(*viscera*)에 존재하여 내장근(*visceral muscle*)이라 한다. 평활근 조직은 긴 방추형태 세포의 판으로 배열된다. 그리고 평활근 세포는 단일 핵을 갖고 있다. 척추동물에서 평활근은 혈관의 벽면에 많이 존재한다. 소화관 벽에 존재하는 것과 같은 다른 평활근 조직에서 근육세포는 자발적으로 전기적 자극을 만들 수 있다. 이러한 전기적 자극은 근육을 느리고 안정적으로 수축을 하게 한다.

골격근은 몸을 움직이게 한다

골격근(skeletal muscle)은 일반적으로 힘줄에 의해 뼈에 붙어 있어 근육이 수축할 때, 뼈가 관절 쪽으로 움직이게 한다. 골격근은 **근섬유(muscle fiber)**라 하는 다수의 매우 긴, 다핵의 근육세포로 구성된다. 근섬유는 근육 안에서 서로 평행하게 위치하고 근육의 끝에서 힘줄과 연결된다. 각 골격근 섬유는 운동뉴런에 의해 수축하도록 자극을 받는다.

신경계는 운동뉴런이 발화하는 수를 조절하여, 즉 수축하도록 자극되는 근섬유의 수를 조절하여 골격근 수축의 전체 세기를 조절한다. 각 근섬유는 액틴과 미오신 근필라멘트의 고도의 배열인 **근원섬유(myofibril)**라 불리는 하부구조에 의해 수축한다. 이들 필라멘트에 의해 근섬유가 가로무늬를 갖게 한다. 우리는 이장의 후반부에서 수축과 관련된 세부 분자기전을 조사할 것이다.

골격근 섬유는 몇 개 세포의 끝과 끝이 연결되는 융합에 의해 형성된다. 배아 발달은 왜 성숙된 근섬유가 다핵을 갖고 있는지 설명한다.

심장은 심장근으로 구성된다

척추동물의 심장은 골격근 섬유와는 매우 다르게 배열되는 선형 근육세포로 구성된다. 근육의 종단을 따라 매우 길고 다핵의 세포로 구성된 것 대신에 **심장근(cardiac muscle)**은 더 작고, 세포 간에 서로 연결된 단핵의 세포로 구성된다. 주위 세포 간의 상호연결은 간극연접(gap junction)이 인접세포를 연결하는 선들로써 현미경 상에서 나타난다. 간극연접은 작은 물질과 이온(ion)이 하나의 세포에서 다른 세포로 이동을 할 수 있게 하는 구멍을 갖는다. 이들 상호연결은 심장근이 하나의 단일 작용 단위로 형성할 수 있도록 한다.

어떤 특수화된 심장근 세포는 자발적으로 전기 자극을 생성할 수 있다. 신경계는 일반적으로 자극 활성의 속도를 조절할 수 있다. 특수화된 세포 그룹에 의해 생성된 자극은 세포에서 세포로 간극연접을 통하여 뻗어 나간다. 이로 인하여 심장의 수축을 동조화 할 수 있다. 이러한 과정은 34장에서 더 서술된다.

개념 정리 32.5

근육은 몸의 모터이다. 근육은 길이를 변화시켜 수축할 수 있게 한다. 근육조직은 평활근, 골격근, 심장근 등 3종류이다. 평활근은 다양한 내장 기능을 제공한다. 골격근은 척추동물의 몸을 움직이게 한다. 심장근은 하나의 근육 펌프인 심장을 형성한다.

- 심장근 세포가 간극연접을 갖는 것이 왜 중요한가?

32.6 골격계가 몸의 근육을 고정시킨다

근육은 움직임을 유발하는 변화를 생성하기 위해 무엇인가를 당겨야 한다. 이러한 지지구조의 필요한 형태는 골격계라고 한다. 동물학자는 동물에서 3 종류의 골격계를 인정 한다: **유체골격(hydrostatic skeleton)**, **외골격(exoskeleton)**, **내골격(endoskeleton)**

유체골격은 체벽을 강화하기 위해 수압을 이용한다

학습목표 32.6.1 유체골격을 갖고 있는 동물이 움직이는가를 서술하라.

유체골격(hydrostatic skeleton)은 지렁이와 달팽이와 같은 부드러운 몸의 지상 연제동물과 해파리와 오징어와 같은 부드러운 몸의 수중 연체동물에서 주로 발견된다. 이들 동물에서 유체로 채워진 중심강(central cavity)은 체벽에 두 세트의 근육에 둘러싸인다. 몸의 길이를 따라서 뻗고 분절에서 반복되는 환상근(circular muscle), 환상근의 활동에 반대하는 종주근(longitudinal muscle)이다.

근육은 몸 중심 공간에서 유체로 작용한다. 그리고 그것이 유체골격을 나타낸다. 움직임 시작됨에 따라(그림 32.5) 몸체가 앞으로 뻗을 때 내부 유체를 압박하고 몸의 앞부분이 얇게 만들기 위해 힘을 가하도록 전방 환상근이 수축한다.

지렁이 몸의 아래쪽은 짧은 강모(chaetae)가 있다. 환상근이 작동할 때 그 지역의 강모는 몸 쪽으로 바짝 당겨지고 지상과 떨어

그림 32.5 지렁이에서의 이동. 지렁이의 유체골격은 분절돈 체강 안에 있는 유체를 움직이기 하기 위해 근육을 이용한다. 환상근이 수축할 때, 유체에 압력은 증가한다. 동시에 종주근은 이완하고 몸은 길고 가늘게 된다. 종주근이 수축하고 환상근이 이완하면, 지렁이 바닥 표면의 강모가 뒤로 밀리는 것을 막기 위해 확장된다. 종주근 수축에 이은 환상근 수축의 파동은 앞으로 움직일 수 있게 한다.

진다. 환상근의 활동은 뒤로 수축파동(wave)을 만들기 위해 분절에서 분절로 뒤쪽으로 전달된다.

이러한 파동이 지속됨에 따라 전방 환상근은 이완되고 다음은 종주근이 맡아서 지렁이의 앞부분을 두껍게 하고 강모를 내밀어 다시 땅과 접촉하게 한다. 이제 강모는 지렁이의 몸이 뒤로 미끄러지는 것을 막는다. 이러한 움직임의 과정은 환상근 수축파동이 종주근 효과의 파동에 의해 계속될 때 진행된다.

외골격은 단단한 외피를 구성한다

학습목표 32.6.2 외골격의 한계를 설명하라.

외골격은 몸을 둘러싸는 단단한 케이스이다. 갑각류나 곤충과 같은 절지동물은 몇몇 원생생물이나 곰팡이의 세포에서도 발견되는 다당류인 키틴(*chitin*)으로 구성된 외골격을 갖고 있다.

키틴성 외골격은 몸이 구부러지지 않게 하여 골격의 틀로 작용한다. 또한 내부 기관을 보호하고 외골격 외피 내부에 존재하는 근육을 위한 부착부위를 제공한다. 그러나 외피를 갖고 있는 동물은 성장을 하기 위해서 외피를 벗는 탈피를 해야 한다. 탈피한 동물은 새로운 외골격이 형성되기 전까지는 포식에 취약해진다.

외골격은 다른 한계를 갖는다. 키틴성 틀은 뼈만큼 단단하지 못하다. 이러한 사실 자체가 곤충의 크기를 제한 한다. 그러나 더 중요한 인자가 존재한다. 곤충은 미세한 관으로 연결된 구멍(기문)을 통하여 호흡을 하는데 곤충의 크기가 커짐에 따라 어떤 한계를 넘어 간다. 즉 관 내부의 표면적과 몸의 체적사이의 비가 호흡계의 비를 압도하게 된다.

a.

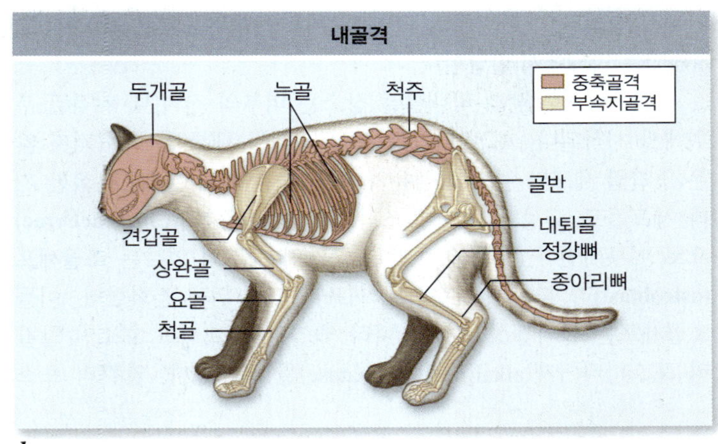

b.

그림 32.6 외골격과 내골격. **a.** 메뚜기와 같은 절지동물의 단단한 외피는 키틴으로 구성된 외골격이다. **b.** 고양이와 같은 척추동물은 연골과 뼈로 구성된 내골격을 갖고 있다. 주요한 뼈의 특징이 표시되어 있다.

내골격은 단단한 내부 구조를 구성한다

학습목표 32.6.3 내골격과 외골격을 비교하라.

극피동물과 척추동물에서 발견되는 **내골격(endoskeleton)**은 몸의 틀을 형성하는 단단한 내부 골격으로 근육이 부착할 수 있는 표면을 제공한다. 밤송이조개(sand dollar)나 성게와 같은 극피동물은 탄산칼슘의 결정인 방해석(calcite)으로 구성된 골격을 갖고 있다. 칼슘 복합물은 인산칼슘에 바탕을 둔 뼈에서는 다르다.

척추동물의 골격 조직

척추동물 내골격(그림 32.6b)은 다소 단단한 결합조직인 연골과 뼈 외에 섬유성치밀 결합조직을 포함한다. 연골은 단단하고 다소 유연하며, 관절과 같이 뼈가 모이는 곳에서 뼈의 끝에서 완충재의 역할을 한다. 비록 상어와 같이 크고 활동적인 동물이 연골성 골격을 갖고 있지만, 뼈가 척추동물의 골격에서 주요 구성 요소이다. 뼈는 연골보다 훨씬 더 단단하고 더 유연하다.

키틴과 달리 연골과 뼈는 둘 다 살아 있는 조직이다. 뼈는 만일 뼈세포가 일반적 조건에서 기질 내 도처에 존재한다면, 높은 대사활성을 갖는다. 뼈와 그리고 연골은 어느 정도까지 물리적 자극이나 손상에 대해 변환하거나 재형성이 가능하다.

개념 정리 32.6

유체골격을 이용한 움직임은 몸의 유체에 압력을 가하기 위해 근육을 수축한다. 무척추동물의 외골격은 성장을 위해 탈피되고 재생되어야 하는 단단한 키틴으로 구성된다. 내골격은 연골과 석화된 뼈 외에도 섬유성치밀 결합조직으로 구성된다.

- 육상 무척추동물에 부과된 외골격의 한계는 무엇인가?

32.7 척추동물의 내골격은 뼈로 구성된다

뼈는 단단하지만 탄력이 있으며 척추동물에 고유한 조직이다. 이러한 결합조직은 약 520만 년 전에 처음 나타났고 연골여류를 제외한 모든 척추동물에서 발견된다.

뼈는 발달의 두 가지 방법에 의해 분류될 수 있다

학습목표 32.7.1 뼈의 연골내 발달과 막내 발달을 비교하라.

뼈조직 자체는 다른 방식에 따라 몇 가지 타입으로 분류될 수 있다. 가장 일반적인 분류 방식은 뼈가 발달하는 방법에 바탕을 둔 것이다.

막내 발달

막내 발달(intramembranous development)에서 뼈는 결합조직의 층 안에서 형성된다. 두개골과 턱의 외부를 구성하는 많은 납작뼈(flat bones)는 막내에서 발달한다.

일반적으로 뼈의 막내발달 장소는 피부의 진피 내 지정된 부위에서 시작된다. 배 발달과정 동안 진피는 대부분, 분화되지 않은 중간엽 세포와 콜라겐 섬유와 함께 중간엽 세포에서 분화한 기타 세포들로 구성된 느슨한 조직인, **간충직(중간엽, mesenchyme)**으로 이루어진다. 분화되지 않은 중간엽 세포의 일부는 **조골세포(osteoblast)**라 불리는 특수화된 세포가 되기 위해 분화한다. 이들 조골세포는 콜라겐성 섬유를 따라 배열된다. 그리고 효소인 알칼리 포스파타아제(alkaline phosphatase)를 분비한다. 알칼리 포스파타아제는 인산화칼슘염(calcium phosphate salts)을 수산화인회석(*hydroxyapatite*)이라 불리는 결정화된 구조로 전환한다. 생성된 결정은 조골세포를 둘러싸기 위해 섬유를 따라서 결합한다.

결정은 뼈를 단단하게 한다. 그러나 콜라겐의 신장능력에 의해 부여되는 탄력성이 없어진다. 뼈는 단단해지지만 대신 부서지기 쉬워진다. 전형적인 뼈는 대략 비슷한 부피의 콜라겐과 수산화인회석을 포함한다. 그러나 수산화인회석은 뼈 무게의 약 65%를 차지한다.

조골세포가 뼈의 결정을 만들기 시작함에 따라 조골세포의 일부는 뼈 기질에 갇히고 형태와 기능에서 현저한 변화가 일어난다. 그래서 골세포(osteocyte)가 된다(그림 32.7). 골세포는 뼈공간(lacunae)이라 불리는 뼈 기질 내 좁은 공간에 놓인다. 공간으로부터 뻗은 작은 관은 소관(canaliculi)이라 불리며, 각 골세포의 발광체와 유사한 확장체를 주변과 접촉할 수 있게 한다. 이러한 방식으로 뼈 안에 많은 세포들이 세포 간에 소통할 수 있다.

막내골화가 진행됨에 따라 형태의 변화가 요구된다. 당신이 점토 조형작업을 하고 있고, 작은 점토 그릇을 크게 만들기를 원하고 있다고 상상해보라. 단순히 밖에 점토를 붙이는 것으로 만들어지는 않을 것이다. 당신은 또한 내부에서 점토를 제거해야 한다. 뼈

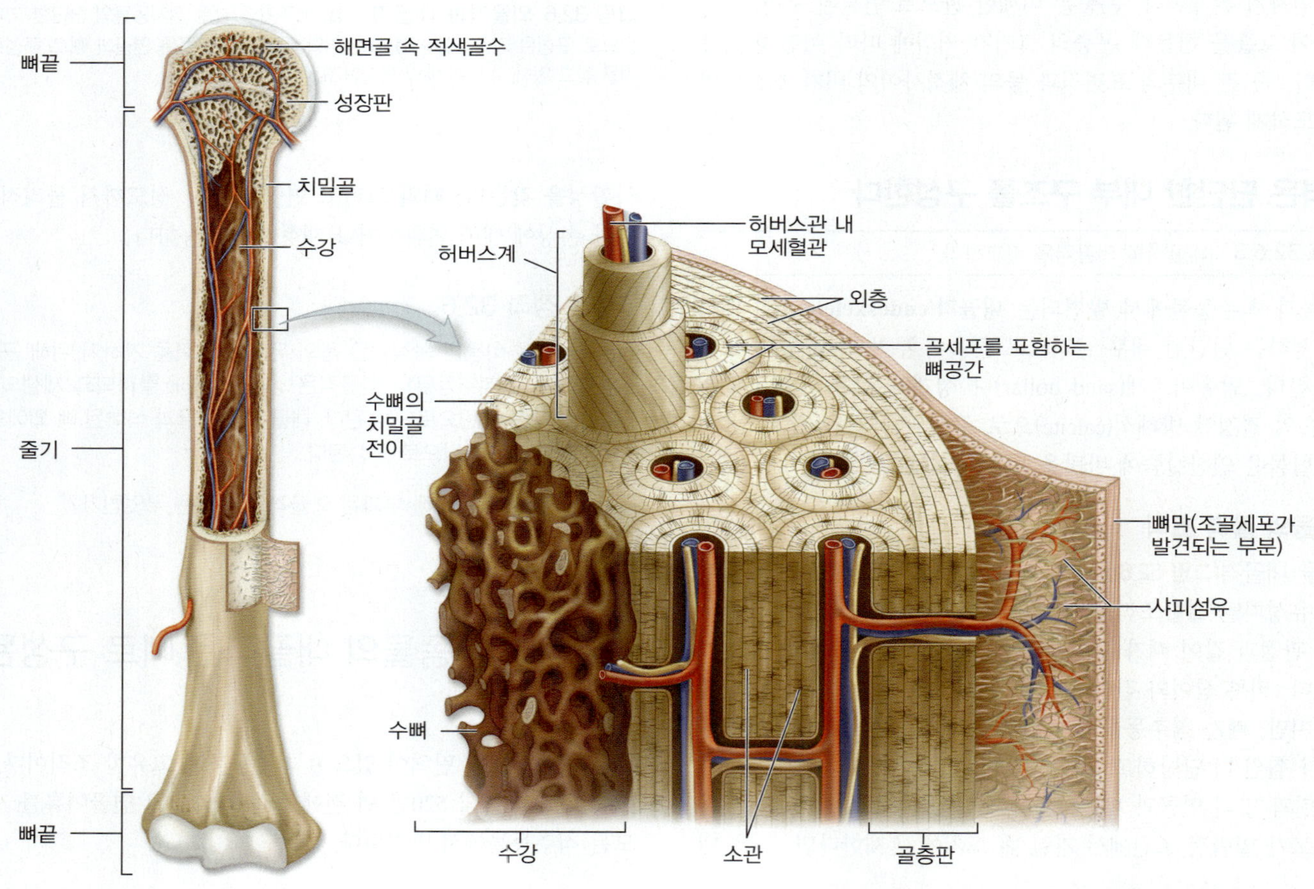

그림 32.7 뼈의 구조. 포유류 상완골이 왼쪽에서 내부를 보기 위해 부분적으로 펼쳐졌다. 횡단면은 분리되고 골수강 안에 위치한 외부의 조밀뼈와 내부의 해면뼈 사이 구조적 차이를 보기 위해 오른쪽에 확대 되어졌다. 공간에 기본 층들의 세밀한 것과 하버스관, 골세포들을 볼 수 있다.

가 성장함에 따라 어떤 부분에서는 기질이 추가되고 다른 부분에서는 제거되는 재형성 과정을 겪어야 한다. 여기 부분이 파골세포(osteoclast)가 유입되는 곳이다. 파골세포는 백혈구의 일종인 단핵백혈구(monocyte)의 융합에 의해 형성된다. 그래서 커다란 다핵세포가 형성된다. 파골세포의 기능은 뼈 기질을 분해하는 것이다.

연골 내 발달

연골 내 발달(endochondral development)을 통해 형성된 뼈는 일반적으로 몸의 깊은 곳에 있고 몸의 구조적 틀을 구성한다. 예로 척추뼈, 갈비뼈(늑골), 어깨뼈, 골반뼈, 긴뼈(장골), 대부분의 더리뼈(두개골)을 포함한다. 연골 내 발달은 궁극적으로는 만들어질 뼈의 대략적인 형태를 갖고 있는 작고, 연골성인 모형에서 시작된다. 이러한 뼈의 발달은 내부의 연골을 뼈로 대치하는 것 대신에 연골성 틀 밖에 뼈를 첨가하는 것이다. 틀의 바깥에 첨가된 뼈는 연골을 둘러싸는 섬유성 초(sheath)에서 생성된다. 이러한 초는 단단하며 콜라겐 섬유로 구성되어 있으나, 또한 분화되지 않은 중간엽 세포도 포함한다. 조골세포가 생성되어 초의 깊은 곳에서 섬유를 따라 분류된다. 뼈는 초와 연골 기질 사이에서 형성된다. 이러한 과정은 막내 뼈 형성에서 진피에서 발생하는 것들과 다소 유사하다.

외부에 뼈가 형성됨에 따라 내부의 연골은 석회화된다. 이러한 석회화 과정에서 칼슘의 근원은 연골세포 자체인 것으로 여겨진다. 석회화가 계속됨에 따라 내부 연골성 조직은 잔해로 분해된다. 이제는 골막(periosteum)으로 불리는 초로부터의 혈관은 외부 뼈덮개(bony jacket)를 통해 연골성 틀로 들어가 잔해를 제거한다. 다시 가두어진 조골세포는 골세포로 전환되고 뼈의 재형성을 위한 파골세포가 막내형성에서처럼 세포 융합으로 발생한다. 뼈 두께의 증가는 골막 바로 아래에 추가적인 뼈 층을 첨가함으로써 일어난다.

인간에서 일반적으로 뼈 길의 증가는 늦은 청소년기에 멈춘다. 비록 길의 성장이 이 시기에 멈추지만 두께의 증가는 계속된다. 축의 직경은 일생 동안 골막 바로 아래에 뼈를 추가함으로써 커질 수 있다.

뼈의 구조는 혈관과 신경을 포함할 수 있다

학습목표 32.7.2 장골의 다른 부분들의 구조를 비교하라.

뼈 발생은 혈액의 공급을 필요로 하는데, 특히 연골 내 뼈의 형성에서 명확하다. 그러나 내부 혈액 공급을 위한 통로가 뼈 형성이 완료된 후에도 반드시 남아 있는 것은 아니다. 대부분 포유류의 연골 내 형성 뼈는 내부혈관을 갖고 있어 **혈관성 뼈(vascular bone)**라 불린다. 혈관성 뼈는 또한 많은 파충류와 몇몇 양서류에서도 발견된다. 세포성 뼈(*cellular bone*)는 골세포를 함유하고 있으며 혈관성이다. 이러한 뼈들은 대사적으로 활성화된 상태로 남아있게 된다(그림 32.7).

어류와 조류의 뼈는 **무혈관성**이다. 일반적으로 무혈관성 뼈는 골세포를 갖고 있지 않아 미세포성 뼈라 불린다. 이러한 뼈는 중간엽 세포로 구성된 골막이 있어 뼈의 수선이 가능한 표면을 제외하고는 불활성이다.

많은 뼈는, 특히 연골 내 뼈 형성으로 만들어진 장골, **수강**(*medullary cavity*)이라 불리는 중심강을 갖고 있다. 많은 척추동물에서 수강은 적혈구와 백혈구의 생성에 중요한 골수(bone marrow)가 위치한다. 그러한 이유로 수강은 **골수강(marrow cavity)**이라 한다. 그러나 모든 수강이 골수를 갖고 있는 것은 아니다. 가벼운 뼈를 갖고 있는 조류는 큰 내강을 갖고 있으나, 골수를 갖고 있지 않다. 조류는 적혈구를 생성하기 위해 몸의 다른 부위에 존재하는 줄기세포를 이용한다.

골수강에 인접한 뼈는 바깥쪽 표면에 가까이에서 발견되는 부드럽고 치밀한 뼈와 다르다. 밀도와 질감에서 볼 때 뼈는 3개의 카테고리로 나뉠 수 있다. 외부 **치밀뼈(dense compact bone)**, 내강에 존재하는 **수뼈(medullary bone)**, 그리고 치밀뼈 두꺼운 껍질 내부 뼈끝(골단, epiphysis)을 구성하고 벌집 형태를 갖고 있는 **해면골(spongy bone)** 등이다. 치밀뼈와 해면골은 뼈의 세기를 결정한다. 골수강은 **골내막(edosteum)**이라 불리는 얇은 조직으로 되어 있고, 골내막은 콜라겐성 섬유는 없으나 간충직 세포와 같은 다른 구성체를 갖고 있다.

혈관성 뼈는 **하버스계(Haversian system)**라 불리는 특수한 내부 조직을 갖고 있다. 바깥 기본층 아래 연골내 뼈 형성으로 만들어진 뼈는 하버스골층판(*Haversian lamellae*)이라 불리는 동심층으로 구성된다. 이들 동심관은 뼈의 종축을 따라 평행하게 뻗어 있는 **하버스관**(골내관, *Haversian canal*)이라 불리는 좁은 관 주변에 존재한다. 하버스관은 뼈의 기질에 묻혀있어도 골세포를 여전히 살아있게 유지하는 혈관을 갖고 있다. 하버스관 내 작은 혈관은 소동맥과 세정맥 또는 모세혈관을 포함한다. 그리고 작은 혈관들은 근막 또는 근내막에서 안쪽으로 확장되고, 하버스관에 수직으로 분포하는 관을 따라 존재하는 좀 더 큰 혈관들과 연결된다.

뼈의 재형성은 뼈가 사용되거나 사용되지 않음에 대해 반응할 수 있게 한다

학습목표 32.7.3 뼈의 재형성이 어떻게 일어나는지 설명하여라.

우리는 죽은 동물의 골격을 제외하고는 거의 뼈를 볼 수 없기 때문에 뼈를 불활성 물질로 쉽게 생각한다. 그러나 근육, 피부, 그리고 다른 신체 조직이 환경 자극에 따라 변화할 수 있는 것처럼 뼈도 요구에 따라 변화될 수 있는 역동적인 조직이다.

관절에 대한 압박, 뼈의 어느 부분에 대한 근육의 힘과 같은 물리적 자극은 발달과정에서 뿐 아니라 출생 이후에도 뼈를 만드는 재형성 인자가 될 수 있다. 뼈에 가해지는 힘의 방향과 정도에 따라 뼈는 두꺼워질 수 있고, 근육과 힘줄, 인대가 결합된 표면의 크기와 형태는 변할 수 있다. 심지어는 해면골을 구성하는 미세뼈 지주의 방향도 변할 수 있다.

특정한 일을 위한 근육의 빈번한 사용이나 훈련은 근육 외에도 변화를 유발할 수 있다. 혈관과 섬유성 결합조직은 증가하고 골격의 틀은 뼈가 두꺼워지고 강화됨에 따라서 더 단단해진다.

재형성 현상은 장골에서 쉽게 설명될 수 있다. 작은 힘 뼈에

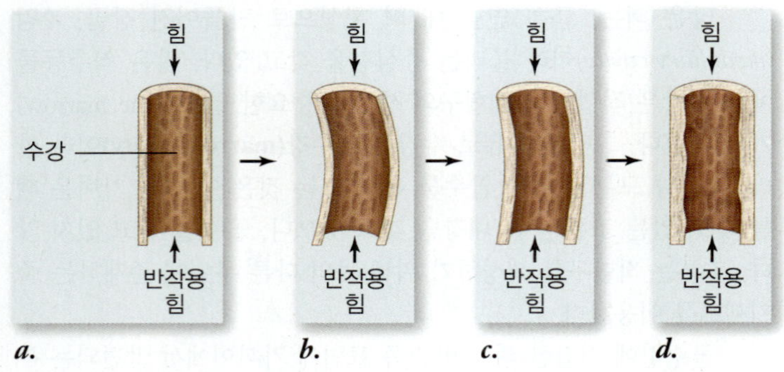

그림 32.8 긴뼈에서 외부자극과 재형성. 이 그림은 다리뼈와 같은 긴뼈의 도식적인 절단면을 보여주고 있다. 단면은 다리가 서 있는 땅으로부터의 반작용 힘과 같은 힘을 받는 상태에 놓여있다. **a.** 압축하는 약한 힘은 뼈를 굽히지는 않는다. **b.** 만약 힘이 충분히 세고 뼈가 충분히 단단하지 않다면, 뼈는 휠 것이다(그림에서 보이는 것은 명확히 보기 위해 과장되어 있음). **c.** 굽어진 부위에서 추가적인 뼈를 생성하도록 조골세포에 신호를 보낸다. 뼈가 굵어짐에 따라서 구부러지는 정도가 감소된다. **d.** 충분한 뼈가 심각한 구부러짐을 막기 위해 첨가될 때, 새로운 조골세포의 생성은 멈추고 더 이상 뼈가 첨가되지 않는다.

많은 영향을 주지 못할 수 있다. 하지만 큰 힘은 충분히 빈번히 발생한다면 재형성을 유도할 수 있다(그림 32.8). 예에서 보여주고 있는 것처럼 굽힘이, 육안으로는 관찰되지 않더라도, 강하게 압박하는 힘은 뼈를 굽힐 수 있다. 이렇듯이 굽히게 하는 힘은 뼈를 두껍게 하는 현상을 증진시킨다. 뼈가 두꺼워 짐에 따라 굽는 정도는 감소한다(그림 32.8c). 게다가 뼈의 첨가는 궁극적으로 굽힘을 막을 것이다(그림 38.2d). 이점에서 뼈의 추가가 멈춘다.

뼈의 재형성 현상은 의학적인 면에서 중요하다. 뼈의 무기질 밀도의 감소로 특징짓는 골다공증(Osteoporosis)은 미국에서 2천5백만 명 이상의 사람에 영향을 주는 질환이다. 골다공증은 폐경 후 여성에서 주로 나타나며, 영양실조와 다양한 질환을 앓는 환자에서도 나타난다. 하나의 치료법은 뼈의 축적을 자극하기 위한 웨이트 트레이닝 요법이다.

뼈는 관절에서 서로 간에 상대적으로 움직인다

학습목표 32.7.4 관절에서 길항근이 어떻게 작용하는지를 설명하여라.

내골격의 움직임은 골격근에 의해 힘을 얻는다. 근육 활동에 반응하는 골격의 움직임은 뼈와 뼈가 서로 만나는 부위인 **관절(joints)**에서 일어난다. 골격 내에서 움직일 수 있는 각 관절은 움직임에 대한 특징적인 범위를 갖는다. 네 개의 기본적인 관절 운동 패턴이 있다: 구와식 관절(*ball-and-socket*), 경첩관절(*hinge joint*), 활주관절(*gliding joint*), 연합관절(*combination joint*)

구와식 관절(ball-and-socket joint)은 힘에 있는 것과 같다. 위쪽 다리뼈가 골반과 구와식관절을 형성한다. 이런 형태의 관절은 관절을 회전시키는 것을 포함하여 모든 방향으로 다양한 움직임이 가능하다.

가장 간단한 형태의 관절은 무릎과 같은 **경첩관절(hinge joint)**이다. 무릎관절은 아래쪽 다리를 옆으로는 움직이지 못하고 앞뒤로만 움직이게 한다.

활주관절(gliding joint)은 많은 포유류가 아닌 척추동물의 두개골에서 발견된다. 그러나 또한 모든 척추동물의 측 척추투사(lateral vertebral projection) 사이에도 존재한다. 척추투사는 각 척추의 앞뒤로 뻗고, 쌍을 이룬다. 앞쪽 투사는 다소 낮고, 뒤쪽 투사의 아래 표면부분 따라 미끄러져 들어갈 수 있다. 활주관절은 척추 사이 움직임에 대한 유연성을 허락하는 반면에 안정성을 제공한다.

연합관절(combination joint)은 2개 또는 그 이상의 관절 형태가 움직임의 특징을 갖는 관절이다. 전형적인 포유동물의 턱관절이 좋은 예이다. 대부분의 동물은 음식을 씹어 작은 조각으로 만든다. 음식을 잘 씹기 위해 아래턱은 위쪽 이와 아래쪽 이 사이에 최상의 접촉을 위해 좌우 옆으로 움직임이 요구된다. 아래턱은 어느 정도 앞뒤로 미끄러져 들어갈 수 있어야 한다. 동시에 턱관절은 입의 경첩과 같이 개폐될 수 있도록 형태를 갖춰야 한다. 포유류 턱관절의 구성은 경첩과 활주관절이 복합된 특징을 갖고 있다.

골격근이 관절에서 움직임을 만들기 위해 뼈를 당긴다

골격근이 수축할 때 골격의 움직임을 만들 수 있다. 비록 일부가 피부와 같은 다른 구조에 연결될 수 있지만, 일반적으로 골격근의 양끝은 다른 뼈에 연결되어진다. 뼈에 결합되는 두가지 방식이 있다. 하나는 근섬유가 골막에 직접 연결될 수 있다. 다른 하나는 근육이 힘줄(*tendon*)이라 불리는 조밀결합조직에 연결되고, 다시 힘줄이 근막에 결합함으로써 뼈에 연결될 수 있다(그림 32.9).

근육의 한쪽 부착은 수축이 일어나는 동안 비교적 정지되어 있다. 다른 쪽 부착은 근육이 수축할 때 움직이는 뼈에 부착된다. 예로 대퇴사두근(quadricep)의 수축은 다리 아래 부분이 윗부분에 대하여 상대적으로 앞쪽으로 회전할 수 있게 한다. 일반적으로 근육은 잘 정돈돼서 하나의 근육에 의해 생성된 움직임이 다른 근육에 의해 억제되거나 되돌려질 수 있다. 슬굴곡근(뒤넙다리근, hamstring)이라 불리는 다리의 굴근(flexor)(그림 32.9)은 다리 아래 부분을 뒤로 그리고 위쪽으로 당겨서 무릎을 굽히게 한다. 슬굴곡근의 움직임은 대퇴사두근에 의해 억제될 수 있다. 두 종류의 근육은 서로 길항적이다. 즉 하나의 작용은 다른 것의 작용에 의해 억제된다. 이는 이러한 특징은 근육은 수축할 수 만 있고 밀수는 없다는 중요한 특성에서 기인한다.

개념 정리 32.7

막내형성 뼈는 결합조직의 한 층 내에서 형성 된다; 연골 내 형성 뼈는 연골 틀에서 시작하여 뼈조직으로 대치된다. 뼈의 재형성은 힘과 근육의 사용으로 일어나는 뼈에 대한 반복적인 자극으로 인해 일어난다. 근육은 관절에 교차로 연결되고, 수축함으로써 상대적으로 뼈의 움직임을 유발한다.

- 육상생활을 위해 내골격이 외골격의 한계를 극복한 방식은 무엇인가?

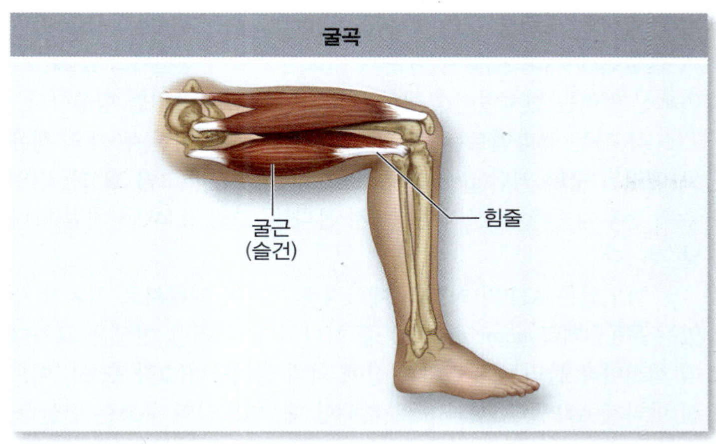

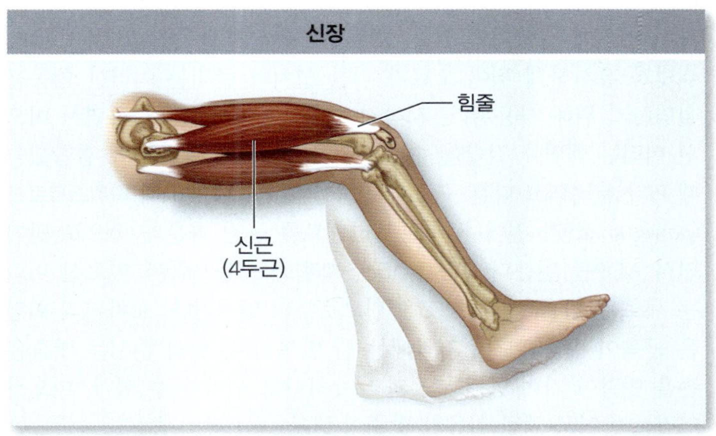

그림 32.9 다리의 굴근과 신근. 길항근은 반대로 작용한다. 인간에서 세 개 근육의 그룹인 슬굴곡근은 상부 다리에 비해 하부 다리를 뒤로 움직이게 한다. 반면에 네 개 근육의 그룹인 대퇴사두근은 하부 다리를 앞쪽으로 당긴다.

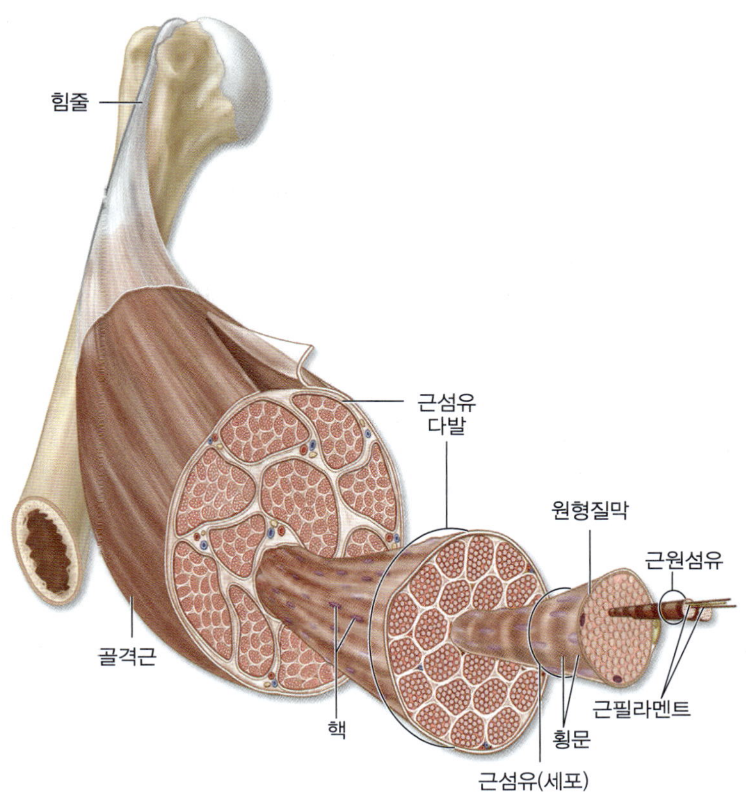

그림 32.10 척추동물 골격근의 구성. 각 근육은 근섬유의 많은 묶음으로 구성된다. 각 근섬유는 많은 근원섬유로 근원섬유는 근필라멘트로 구성된다.

32.8 근 필라멘트가 짧아지기 때문에 근육이 수축한다

척추동물의 골격근은 많은 근섬유를 갖고 있다. 각각의 근섬유는 **근원섬유(myofibrils)**라 불리는 4-20개 확장된 구조의 다발을 둘러싸고 있다. 다시 개개의 근원섬유는 가늘고, 굵은 근 **필라멘트(myofilament)**로 구성된다(그림 32.10).

근섬유는 필라멘트가 서로 미끄러져 겹침으로써 수축한다

학습목표 32.8.1 근수축의 활주 필라멘트 기전을 설명하여라.

현미경하에서 근원섬유는 번갈아 어둡고 밝은 띠를 갖는다. 그리고 그것이 골격근이 띠모양의 모습을 갖게 한다. 근원섬유에 각띠는 Z선(*Z line*)이라 불리는 단백질 원반에 의해 반으로 나눠진다. 얇은 필라멘트는 이들 단백질 원반에 연결된다. 전자현미경 상에서 근원섬유의 구조는 Z 선에서 Z 선까지 반복되는 것을 볼 수 있다. 이러한 반복구조를 **근절(sarcomere)**이라 하고 근수축의 가장 작은 단

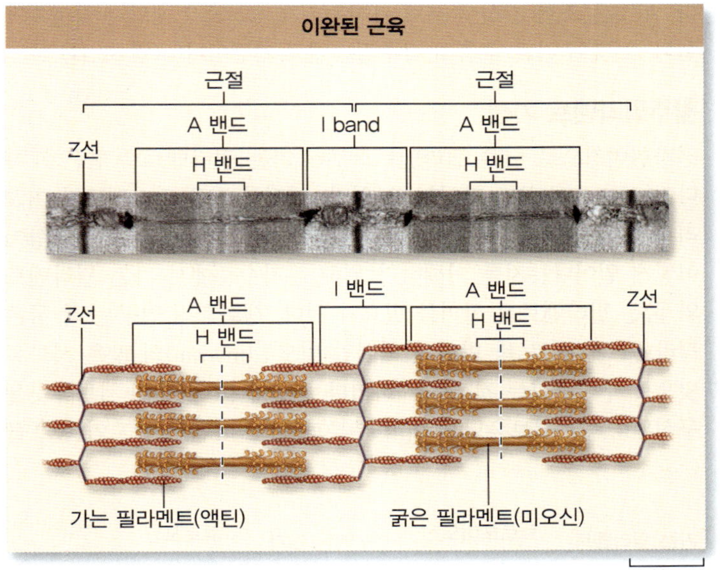

그림 32.11 이완된 근절의 구조. 현미경 사진에서 두 개 근절의 근원섬유 분절을 볼 수 있다. 아래 그림은 굵은 필라멘트와 가는 필라멘트의 배열을 나타낸다. Z 선은 각 근절의 경계를 형성한다. A 밴드는 굵은 필라멘트를 나타낸다. 가는 필라멘트는 I 밴드 안에 있고 굵은 필라멘트와 서로 맞물리면서 A 밴드로 확장된다. H 밴드는 단지 굵은 필라멘트만을 포함하는 좀 더 밝게 나타나는 A 밴드의 중심부이다.

a.

b.

그림 32.12 굵은 필라멘트는 미오신으로 구성된다. **a.** 각 미오신 분자는 골프 클럽처럼 생기고 서로 꼬인 두 개의 폴리펩티드 사슬로 구성되어 있다. 각 사슬의 끝에는 "머리"라고 불리는 구형의 부분이 있다. **b.** 굵은 필라멘트는 묶음으로 된 미오신 분자로 구성된다. 굵은 필라멘트에서 머리가 규칙적인 간격을 두고 돌출되어 있다.

위가 된다**(그림 32.11)**.

근육의 근원섬유가 수축하기 때문에 근육이 수축한다. 이러한 일이 일어날 때 근필라멘트 짧아지지 않는다. 대신 굵고 가는 근필라멘트는 서로 미끄러져 들어간다. 가는 필라멘트는 H 밴드가 좁아져 완전히 사라질 때 까지 A 밴드 안으로 깊게 미끄러져 들어간다. 이것은 또한 Z 선이 서로 가까워지게 하므로 I 밴드가 좁아지게 한다. 이것이 바로 수축의 활주필라멘트 기전이다(그림 32.11).

활주필라멘트 기전

전자현미경으로 굵은 필라멘트로부터 가는 필라멘트로 뻗은 교차다리(cross-bridge)를 확인할 수 있다. 이러한 것은 필라멘트가 미끄러져 들어가는 기전을 제안한다. 이렇게 미끄러져 들어가는 현상이 어떻게 일어나는지를 이해하기 위해 분자수준에서 가는 필라멘트와 굵은 필라멘트를 살펴볼 필요가 있다. 생화학적 연구는 각 굵은 필라멘트가 서로 꽉 박힌 단백질인 미오신(myosin)의 많은 서브유닛으로 구성된다는 것을 제시하였다. 미오신은 두 개의 서브유닛을 구성된다. 각 서브유닛은 머리 부분과 긴 필라멘트가 꼬인 골프클럽과 유사한 형태를 갖는다. 굵은 필라멘트는 섬유의 길이를 따라서 돌출된 머리로 배열된 다수의 미오신으로 구성된다**(그림 32.12)**. 미오신 머리는 전자현미경 상에서 나타나는 교차다리를 형성한다.

각 가는 필라멘트는 주로 이중 나선으로 꼬여진 두 개의 섬유로 배열된 구형 액틴(globular actin)으로 구성된다**(그림 32.13)**. 만일 수축 전후에 근절을 분자수준에서 본다면, **그림 31.14**에서처럼 나타날 것이다.

미오신은 ATP의 화학적 에너지를 기계적 에너지로 전환할 수 있는 운동단백질(*motor protein*) 중 하나이다. 이러한 현상은 교차다리 회전이라 불리는 일련의 현상에 의해 일어난다**(그림 32.15)**. 미오신 머리가 ATP를 ADP와 Pi로 분해할 때, 미오신의 구조는 변한다. 후에 파워스트로크를 위한 활성화된 상태가 된다. ADP와 Pi는 미오신 머리에 결합되어 있는 상태에서 활성화된 구조를 유지한다. 쥐덫과 유사하게 튀어 오르기 위한 설치와 준비는 이러한 행동을 설명하기 위해 사용된다. 시작점에서 교차다리를 형성하면서 미오신 머리는 액틴에 결합할 수 있다. 미오신 머리가 액틴에 결합했을 때 Pi가 분리되고 다른 구조적 변화가 일어난다. 이 때 **파워스트로크**(*power sroke*)가 일어나 가는 필라멘트를 근절 가운데 쪽으로 당기면서 ADP를 잃는다**(그림 32.15c)**. 파워스트로크 끝에 미오신 머리는 새로운 ATP와 결합하고 액틴으로부터 떨어진다. 교차다리 회전은 근육이 수축되도록 자극되는 한 반복된다. 일의 순서는 밧줄은 손을 번갈아 가며 당기는 것과 비슷하다고 생각할 수 있다. 미오신 머리는 손이고 액틴 섬유가 밧줄이 된다.

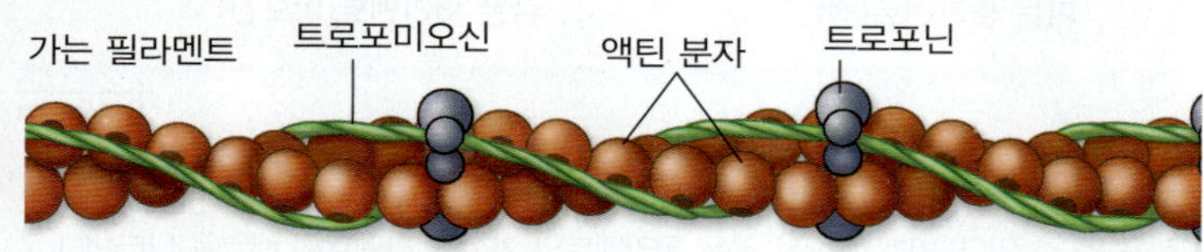

그림 32.13 가는 필라멘트는 구형 액틴 단백질로 구성된다. 2열의 액틴 단백질이 가는 필라멘트를 형성하기 위해 나선형으로 서로 꼬인다. 트로포미오신과 트로포닌과 같은 다른 단백질들은 액틴 가닥과 결합되고 근수축에 관련된다. 이들 다른 단백질들은 이장의 다른 부분에서 논의 된다.

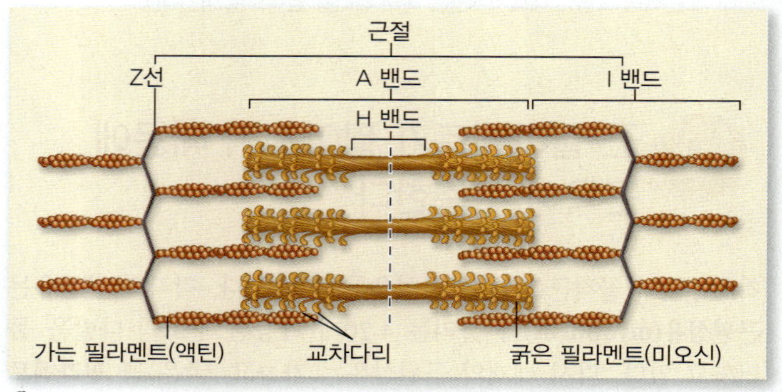

a.

b.

그림 32.14 골격근 근절에서 굵은 필라멘트와 가는 필라멘트이 상호작용. **a.** 굵은 필라멘트 양쪽 끝에 머리는 반대 방향으로 위치되어 있어 교차다리가 가는 필라멘트를 당길 수 있고, 근절 양쪽의 Z 선을 중심부로 향한다. **b.** 필라멘트의 이러한 미끄러짐이 근수축을 만든다.

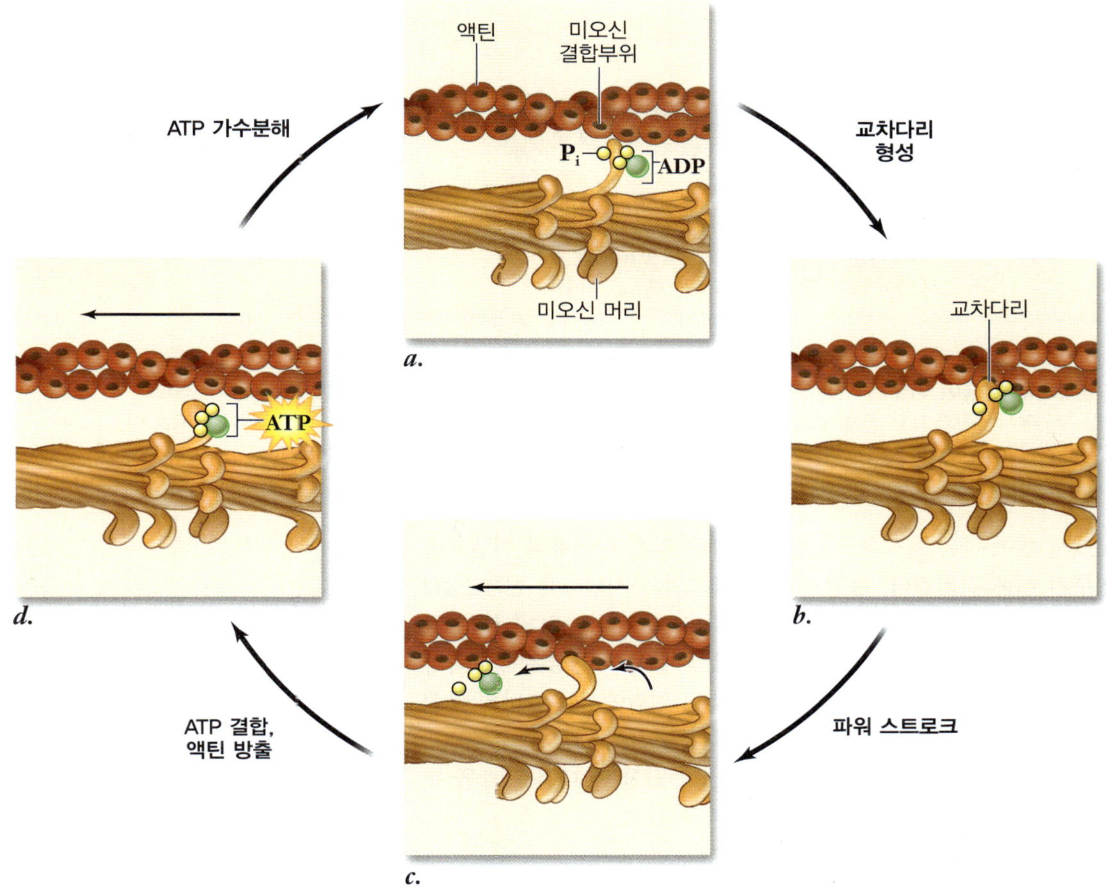

그림 32.15 근수축시 교차다리는 순환한다. **a.** ATP의 가수분해는 머리가 활성화된 상태로 전환될 수 있는 구조적 변화를 유발한다. ADP와 Pi는 미오신 머리에 결합된 상태로 남아 있다. 머리는 액틴에 결합되어 있다. **b.** 미오신은 교차다리를 형성하면서 액틴에 결합한다. **c.** 파워스트로크가 일어나는 동안 미오신 ADP와 Pi가 떨어져 나가면서 원래 구조로 돌아간다. **d.** ATP가 교차다리를 끊으면서 미오신 머리에 결합한다. ATP 가수분해는 미오신 머리를 활성화된 구조로 되돌린다. 그리고 순환이 다시 시작된다.

죽은 후에 세포는 더 이상 ATP를 생성할 수 없다. 그래서 교차다리는 분리될 수 없어 사후강직(*rigor mortis*) 현상이 일어난다. 그러나 살아 있는 세포는 미오신 머리가 액틴으로부터 떨어질 수 있게 하기 위한 풍부한 ATP를 항상 갖고 있다. 그러면 어떻게 교차다리 회전을 멈추고 근육을 이완시킬 수 있게 하는가? 우리는 다음에서 수축과 이완의 조절을 논의한다.

근수축은 신경자극에 따른 칼슘이온의 분비에 의해 시작된다

학습목표 32.8.2 근수축이 어떻게 신경자극과 연결되어 있는지를 설명하라.

근육이 이완되어 있을 때, 미오신 머리는 ADP와 Pi가 결합된 활성화된 상태에 있다. 그러나 미오신 머리는 액틴에 결합할 수 없다. 이완된 상태에서는 액틴의 미오신 머리 결합부위는 가는 필라멘트에 있는 **트로포미오신(tropomyosin)**에 의해 물리적으로 막혀있다. 그래서 교차다리가 형성될 수 없고, 서로 미끄러져 들어갈 수도 없다.

수축이 일어나기 위해 트로포미오신은 미오신 머리가 진행하는 길로부터 비껴 있어야 하고 그래야 노출된 액틴의 결합부위에 결합할 수 있다. 이러한 것은 트로포미오신과 액틴을 함께 묶는 조절 단백질복합체인 **트로포닌(troponin)**의 작용을 필요로 한다. 트로포닌과 트로포미오신 간의 조절상호작용은 근섬유 세포질의 칼슘이온(Ca^{2+})의 농도에 조절된다.

세포질의 Ca^{2+} 농도가 낮을 때, 트로포닌은 교차다리 형성을 억제한다(그림 32.16a). 그러나 Ca^{2+} 농도가 올라가면 Ca^{2+}은 트로포닌에 결합하여 트로포닌의 구조를 변화시켜 트로포마이오신 복합체를 전환시킨다. 이러한 구조의 전환은 액틴 상에 존재하는 미오신 결합 부위를 노출시킨다. 그래서 교차다리가 형성될 수 있고, 파워스트로크를 수행하고 근수축을 일으킨다(그림 32.16b).

근육은 안정적인 Ca^{2+}의 공급을 필요로 한다. 근섬유는 **근소포체(sarcoplasmic reticulum, SR)**라 불리는 변형된 소포체 안에 Ca^{2+}을 저장한다(그림 32.17). 근섬유가 수축하도록 자극될 때, 근섬유막은 탈분극된다. 이러한 탈분극은 **가로소관(transverse tubule, T tubule)**이라 불리는 세포막의 함입 구조에 의해 근섬유 깊은 안쪽으로 전달된다. 가로소관의 탈분극은 근소포체의 Ca^{2+} 이온통로를 열게 하여 Ca^{2+}을 세포질로 분비한다. 다음 Ca^{2+}은 근원섬유로 확산된다. 근원섬유에서 Ca^{2+}은 트로포닌과 결합하고 구조변화와 수축을 일으킨다. 근수축에서 Ca^{2+}의 관련성은 운동뉴런에 의한 근섬유의 흥분과 근수축과 연결하기 때문에 **흥분수축짝지음(흥분-수축 연결, excitation-contraction coupling)**이라 한다.

운동뉴런으로 부터의 신경자극

근육은 운동뉴런에 의해 수축하도록 자극된다. 근수축을 자극하는 운동뉴런은 체성운동뉴런(*somatic motor neuron*)라 불린다. 세포

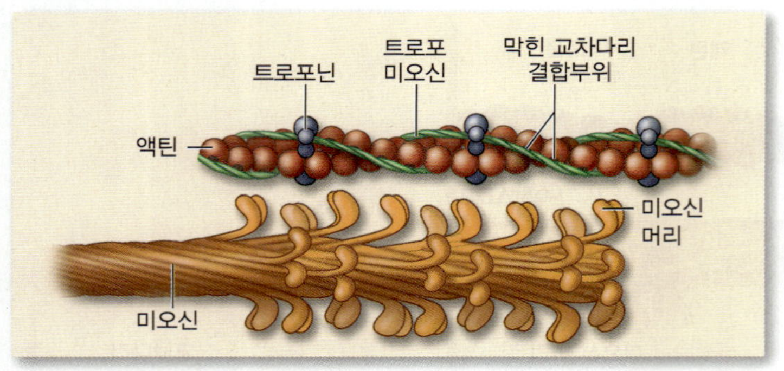

a.

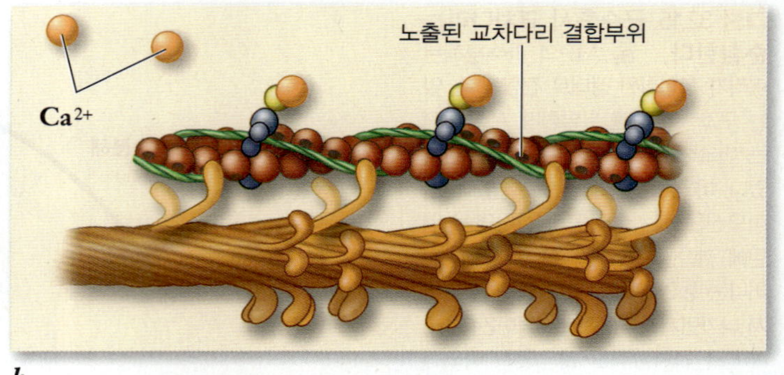

b.

그림 32.16 칼슘이 어떻게 가로무늬근의 수축을 조절하는가. **a.** 근육이 휴지 상태에 있을 때, 트로포미오신이 액틴 분자의 미오신 결합부위를 막고 있다. 미오신이 이들 부위에서 액틴과 교차다리를 형성할 수 없기 때문에 근수축이 일어나지 않는다. **b.** Ca^{2+}이 다른 단백질인 트로포닌에 결합하면 Ca^{2+}–트로포닌 복합체가 트로포미오신의 위치를 바꾼다. 그 결과로 액틴의 미오신 결합부위가 노출되고, 교차다리가 형성되고 근수축이 일어난다.

체에서 뻗어 나온 체성운동뉴런의 축삭은 많은 근섬유와 시냅스를 이루기 위해 갈라진다. 뉴런과 근육 세포와의 시냅스를 신경근접합(*neuromuscular junction*)이라 한다(그림 32.17). 하나의 축삭은 많은 근섬유를 자극할 수 있다. 그리고 몇몇 동물의 근섬유에서 하나 이상의 운동뉴런에 의해 자극된다. 그러나 인간에서는 하나의 근섬유는 하나의 축삭가지와 시냅스를 이룬다.

체성운동뉴런이 전기화학적 자극을 전달할 때 다음 단계를 통하여 시냅스를 이룬 근섬유의 수축을 자극한다:

1. 신경근접합부에서 운동뉴런은 신경전달물질인 아세틸콜린(acetylcholine, ACh)을 분비한다. ACh은 근세포막의 수용체에 결합하여 Na^+ 이온통로를 연다. Na^+의 유입은 근세포막을 탈분극시킨다.
2. 전기적 자극이 근섬유막을 따라 퍼져나가고 가로세관을 통하여 근섬유로 전달된다.
3. 가로세관은 근소포체로 자극을 전도하여 Ca^{2+} 이온통로를 열어 Ca^{2+}을 분비한다. Ca^{2+}은 액틴 필라멘트 상의 트로포닌에 결합하여 미오신 결합부위를 노출시키고 근수축을 자극한다.

운동뉴런으로부터 전기자극이 멈추면, ACh의 분비가 멈추고 근섬유에서의 전기자극 생성도 멈춘다. 근소포체상의 다른 막단백질은 ATP를 분해하여 얻은 에너지를 이용하여 능동수송(active transport)에 의해 다시 Ca^{2+}을 근소체 안으로 펌프한다. 트로포닌은 더 이상 Ca^{2+}과 결합하지 않고 트로포미오신은 억제상태로 돌아가면서 근육은 이완한다.

개념 정리 32.8

근원섬유에서 근필라멘트의 활주가 근수축의 원인이다. 이러한 활주에는 액틴 섬유에 교차다리를 형성하는 모터단백질인 미오신을 포함한다. 짧아지는 과정은 근소포체에서 분비된 Ca^{2+} 이온에 의해 조절된다. Ca^{2+}은 트로포닌에 결합하여 액틴에 미오신이 결합할 수 있는 부위를 만든다.

- 증가된 미오글로빈(myoglobin)과 미토콘드리아가 근섬유에 제공하는 이점은 무엇인가?

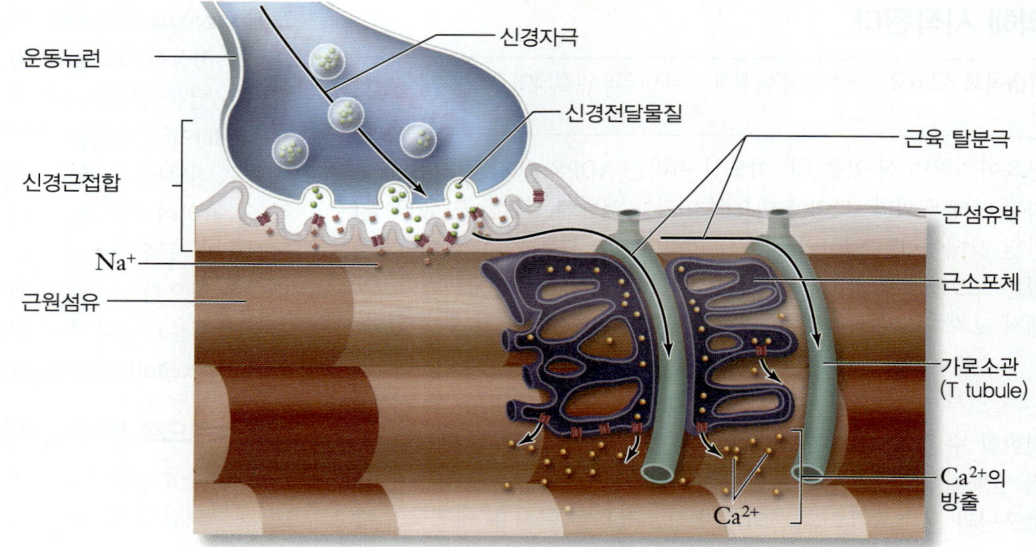

그림 32.17 근원섬유, 가로세관과 근세포체의 관계. 신경근접합부에서 분비된 신경전달물질은 화학적으로 개폐되는 Na^+이온통로에 결합한다. 그리고 이것이 근육세포막의 탈분극을 유발한다. 이 탈분극은 근소포체로부터 Ca^{2+}의 분비를 자극하기 위해 근세포막을 따라 다시 가로세관을 따라 전도된다. Ca^{2+}은 근원섬유 세포지로 확산되어 수축을 유발한다.

32.9 동물의 이동은 많은 형태를 갖춘다

동물은 한 장소에서 다른 장소로 능동적으로 이동할 수 있는 능력면에서 다른 다세포생물 중에서도 독특하다. 이동은 추진기전뿐 아니라 조절기전도 필요로 한다. 다양한 추진기전이 있고 대부분 필요한 힘을 생성하기 위한 근수축을 포함한다. 대형동물에서 활동적 이동은 거의 항상 진동하는 부속지에 의한 **부속지이동**(*appendicular locomotion*) 또는 물결치거나 연동운동을 하는 몸에 의한 **축이동**(*axial locomotion*)에 의한다.

비록 동물의 이동은 많은 다른 형태로 일어나지만 일반적인 원리는 모든 그룹에서 많은 것이 유사하다. 움직임에 대한 물리적 제한인 중력과 마찰은 단지 정도의 차이는 있으나 모든 환경에서 같다.

유영하는 동물은 물에서 이동할 때 마찰과 싸워야 한다

학습목표 32.9.1 어떻게 유영은 마찰력을 극복하기 위해 근육의 힘을 사용하는지를 설명하라.

유영하는 동물에게 부력은 중력의 효과를 감소시킨다. 그 결과로 전진운동을 방해하는 주요 힘은 마찰력이다. 그래서 몸의 형태가 물에서 앞으로 나가는 데 필요한 힘을 줄이기 위해 중요하다.

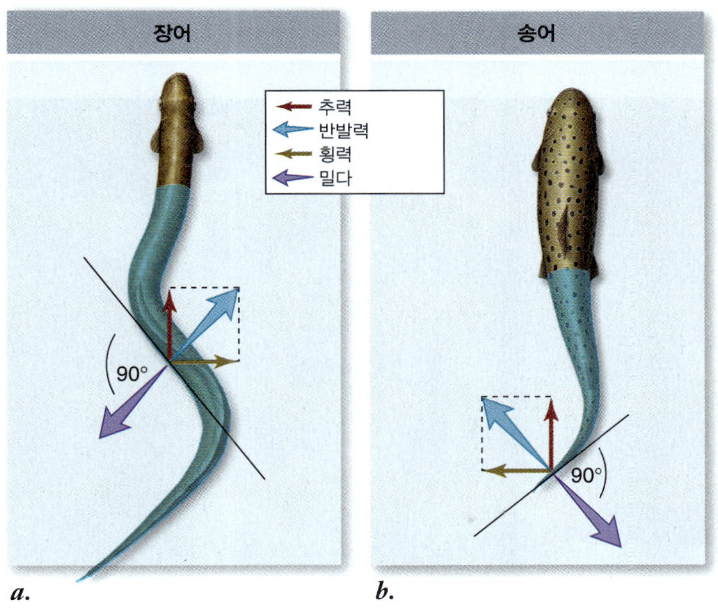

그림 32.18 유영하는 어류의 움직임. **a.** 뱀장어는 전체 몸으로 물을 민다. **b.** 반면에 송어는 단지 몸의 후반부 반으로 물은 민다.

몇몇 해양 무척추동물은 수력추진을 이용하여 이동한다. 예로 국자가리비(scallops)는 양쪽 껍질을 강하게 부딪친다. 오징어와 문어는 바다제트엔진처럼 물을 분출한다.

대조적으로 많은 무척추동물과 수중 척추동물은 유영을 한다. 유영은 몸의 부분으로 물을 미는 행동을 포함한다. 한 쪽 극단에 뱀장어와 바다뱀은 전체 몸의 파동운동으로 유영한다(**그림 32.18a**). 뱀장어의 유영에서 물결치는 몸의 파형은 오른쪽과 왼쪽의 몸통근육(axial musculature)의 번갈은 근수축의 파형에서 생성된다. 각 몸의 분절이 계속해서 물을 차고나감에 따라 이동 파형은 뱀장어가 앞으로 나갈 수 있게 한다.

다른 타입의 어류는 뱀장어와 비슷한 기전을 이용한다. 그러나 추진력의 대부분이 꼬리지느러미(caudal fin)을 이용한 몸의 후반부에서 생성된다(**그림 32.18b**). 이는 또한 추진력의 손실 없이 몸 앞쪽 말단 부분에서 상당한 특수화가 가능하게 한다. 악어와 같은 파충류는 꼬리치는 것을 이용하여 같은 방법으로 유영을 한다.

고래와 바다사자와 같은 다른 해양 포유류는 진화적으로 해양생활로 되돌아 왔고, 비슷한 형태의 이동으로 수렴적으로 진화했다. 어류처럼 해양 포유류는 몸의 파동운동을 이용하여 유영한다. 그러나 어류와 달리 좌우에서가 아니라 파형은 위에서 아래쪽으로 전달한다. 이러한 차이는 과거 진화의 역사가 연속적인 진화적 변화를 조절하는지를 설명한다. 포유류 척추는 척수를 강화하고 작은 좌우 유연성 허락하여 어류의 척추와 다르게 구성된다. 이러한 이유로 고래의 조상이 다시 해양 거주환경으로 돌아갔을 때, 등쪽에서 배쪽으로(dorsoventral) 몸을 흔드는 것을 이용한 유영방식에 적응하기 위해 진화하였다.

많은 육상의 네발 척추동물은 사지의 움직임을 통하여 유영할 수 있다. 오리와 거위와 같은 대부분의 조류는 물갈퀴가 달린 뒷다리를 이용하여 물을 차서 몸을 추진시킨다. 개구리와 대부분의 수생 포유류 또한 물갈퀴가 달린 뒷다리를 이용하여 유영한다.

육상에서 이동은 일차적으로 중력을 해결해야 한다

학습목표 32.9.2 어떻게 마찰력과 중력이 육상 이동에 영향을 주는지 설명하여라.

공기는 물보다 밀도가 훨씬 낮기 때문에 육상에서 이동에 대항하는 마찰력은 물에서 보다 훨씬 작다. 대신 중력에 대항하는 것이 육상에서 이동하거나 공중을 나는 육상생물에게는 가장 큰 도전이다.

연체동물(mollusks), 절지동물(arthropods), 척추동물(vertebrates)의 육상동물의 3개의 가장 큰 그룹은 각자 다른 방식으로 육상에서 움직인다.

연체동물의 이동은 다른 그룹에 비해 훨씬 느리다. 달팽이와 민달팽이 등 다른 육상연체동물은 발로 밀면서 미끄러져 갈 경로를 따라 점액을 분비한다.

척추동물과 절지동물(곤충, 거미와 갑각류)은 빠른 표면 이동 방법을 개발했다. 두 그룹에서 몸은 땅 위로 올려지고, 다리인 관절로 연결된 일련의 부속지로 땅을 밀면서 앞으로 움직인다.

비록 동물은 두 개의 다리 혹은 100개 이상의 다리로 걸을 수 있지만, 똑같은 일반적인 원칙이 육상동물에게 적용된다. 다리는 동물에게 지지 뿐 아니라 추진력을 제공하기 때문에 움직임의 순서는 중요하다. 이동하는 동안 지지와 추진을 하는 다리의 불균형이 생길 수 있다. 불균형의 시간이 짧다면 괜찮지만 길어진다면 동물은 넘어질 것이다. 안정성을 유지하기 위한 필요성이 척추동물과 절지동물에서 유사한 다리 움직임의 순서를 결정한다.

절지동물과 척추동물의 걸음걸이의 명확한 차이 다리 수의 차이를 반영한다. 척추동물은 2 개 또는 4개의 다리로 걷는다. 대신 모든 절지동물은 6개 또는 4개의 부속지를 갖고 있다. 비록 많은 절지동물의 다리는 이동 동안 안정성을 증가시키지만, 획득할 수 있는 최대 이동속도를 감소시킨다.

도롱뇽에서 대부분의 포유류까지 네발동물의 기본적인 걷는 패턴은 왼쪽 뒷다리, 오른쪽 앞다리, 오른쪽 뒷다리, 왼쪽 앞다리이다. 말의 질주와 같은 네발 포유류의 최대 속도는 동물이 한 개의 다리에 의해 지지되거나 심지어는 공중에 떠있는 상태를 포함한다. 이것은 포유류가 일련이 도약에 의해 달리도록 몸통과 사지골격의 구조가 변화되었기 때문이다.

캥거루와 토끼 그리고 개구리 같은 척추동물은 효과적으로 도약할 수 있다(그림 32.19). 그러나 곤충이 도약에 있어 진정한 올림픽 챔피언이다. 메뚜기와 같은 많은 곤충은 거대한 뒷다리 근육을 갖고 있고 작은 곤충은 자신 몸길이의 100배 이상의 높이를 뛰어오를 수 있다.

비행은 몸을 떠받치기 위해 공기를 이용한다

학습목표 32.9.3 어떻게 날개가 양력을 만드는지 설명하라.

비행의 진화는 독립적으로 4번의 진화가 발생한 수렴진화의 고전적인 예이다. 한 번은 곤충에서 발생했고, 다른 세 번은 척추동물에서 발생했다(그림 32.20). 세 척추동물 비행자는 앞발을 날개 구조로 변형시켰으나, 다른 방식으로 변형시켰다. 이는 어떻게 자연선택(natural selection)이 다른 진화적 과정을 통하여 비슷한 구조물을 만들 수 있는가를 설명한다(32.20b). 조류와 익룡(공룡과 함께 번성했다가 소멸된 파충류)에서 날개는 단일 지지뼈에 의해서 형성된다. 그러나 조류의 날개는 노뼈(radius, 요골), 자뼈(ulna, 척골), 손목뼈의 확장이다. 반면에 익룡의 날개는 네 번째 손가락뼈의 확장이다. 대조적으로 박쥐의 날개는 각각이 손가락뼈에서 확장된 다수의 뼈에 의해 지지된다. 두 번째 차이는 익룡과 박쥐의 날개는 피부로부터 형성된 막으로 구성되어 있으나, 조류는 파충류의 비늘로부터 변형된 깃털을 이용한다.

모든 그룹에서 하늘을 나는 것은 많은 면에서 비슷한 방식으로 일어난다. 추진은 날개로 공기로 밀어냄으로써 일어난다. 이것 하나로 곤충을 공중에 뜨게 하는 충분한 양력을 제공한다. 그러나 훨씬 더 큰 포유류는 더 큰 양력을 필요로 한다. 이렇게 더 필요한 양력은 위쪽 표면이 아래쪽에 비해 더 볼록한 날개의 구조에 의해 획득된다. 공기는 지표면 위로 더 멀리 나가기 때문에 빨리 움직인다. 공기와 같은 유체는 빠르게 움직일 때 내부 압력이 감소한다. 그래서 날개 위로 압력이 낮아지고 날개 아래에서는 압력이 높아진다. 이것은 비행기의 날개에 의해 이용되는 원리와 같다.

조류와 대부분의 곤충에서 날개의 상승과 하강은 신근(상승

그림 32.19 뛰는 동물은 공중으로 도약을 위해 뒷다리를 이용한다. 개구리의 강력한 다리 근육은 약 100 msec 안에 웅크린 위치에서 도약을 가능하게 한다.

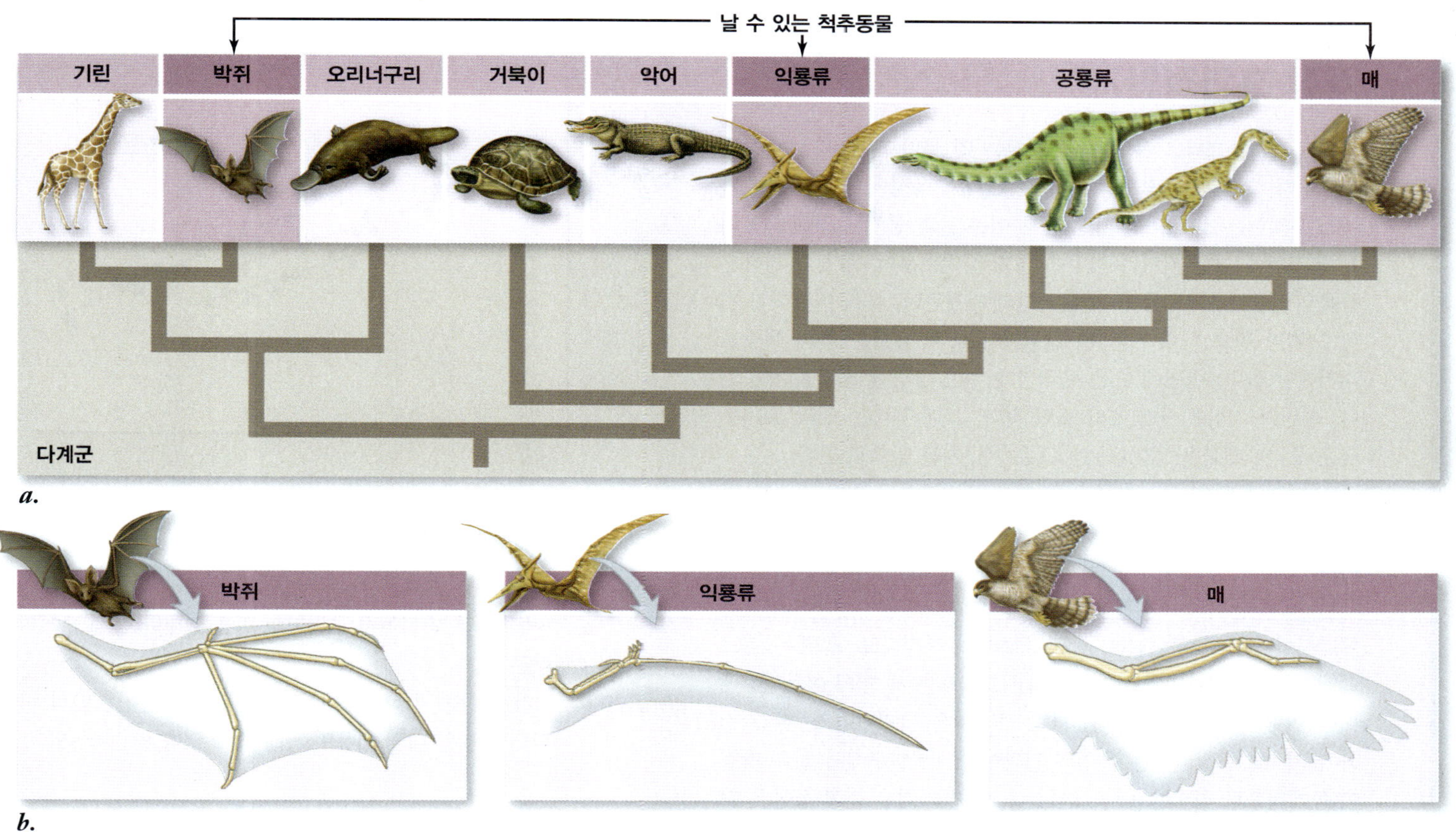

그림 32.20 척추동물에서 날개의 수렴진화. 날개는 박쥐, 익룡, 조류에서 각각 앞발의 다른 부위가 확장됨으로써 독립적으로 진화하였다.

기)과 굴근(하강기)의 교차 수축에 의해 수행된다. 네 개의 곤충 목(order)(파리, 모기, 말벌, 꿀벌, 딱정벌레를 포함하는)은 초당 100번에서 1,000번 이상의 빈도로 날갯짓을 한다. 이는 신경이 연속적인 자극을 전달할 수 있는 것보다 더 빠르다.

곤충에서 비행근육은 모두 날개에 붙어 있지 않고, 대신에 가슴의 단단한 벽에 붙어 있다. 그리고 이 벽은 근육의 수축에 의해 들락날락 하면서 비틀어진다. 이러한 근육이 빠르게 수축할 수 있는 이유는 하나의 근육의 수축이 다른 근육의 이완시킨다. 이는 신경 자극이 도착하는 것을 기다리는 것 없이 계속해서 수축을 유도할 수 있게 한다.

비행 외에도 많은 종들은 먼 거리를 날 수 있는 능력, 즉 활공능력을 증진하도록 적응 진화하였다. 이는 증가된 표면적의 피부를 펼쳐 낙하 속도를 낮춤으로 가능하게 하였다. 활공하는 동물은 비행할 수 있는 다람쥐, 뱀, 도마뱀에서 몸을 따라 피부의 펼침판을 포함한 많은 방식으로 비행할 수 있다.

개념 정리 32.9

이동은 물 또는 공기, 땅에 대한 몸의 부속지에 의해 생성되는 마찰과 압력을 포함한다. 걷는 것, 뛰는 것, 나는 것은 중력에 대항하여 몸을 지지하는 것을 필요로 한다. 비행은 날개의 위와 아래 공기의 흐름 사이 압력의 차이가 양력을 만들 때 수행된다. 이동에 대한 해결책은 수렴진화 하였다.

- 어떤 면에서 도약에 의한 이동이 다리의 교차에 의한 이동에 비해 더 이익인가?

어떤 방식의 이동이 가장 효과적인가?

달리기, 날기 그리고 유영은 앉아 있는 것 보다 더 많은 에너지를 요구한다. 그러나 어떻게 비교할 수 있나? 육상에서 하늘에서 물에서 움직이는 것 사이의 가장 큰 차이는 물과 공기에 의해 제공되는 움직임에 대한 지지와 저항에 대한 차이로부터 온다. 유영하는 동물의 체중은 주변 물에 의해 완전히 지지된다. 몸을 지지하기 위한 노력이 필요 없다. 반면에 달리거나 나는 동물은 몸의 체중을 지지해야 한다. 반면에 물은 움직임에 대한 상당한 저항을 제공한다. 이러한 저항은 공기에서 훨씬 적다. 그래서 나는 것과 달리는 것은 중간매개물을 밀어내는데 적은 에너지를 필요로 한다.

다른 동물의 움직임에 대한 비용을 비교하기 위한 간단한 방법은 얼마나 많은 에너지가 움직이는데 요구되는가를 비교하는 것이다. 달리고 날고 유영하는데 소요되는 에너지는 일정 단위의 몸체가 일정 단위의 거리를 그 이동방식으로 이동하는데 요구되는 에너지이다(에너지는 kcal, 킬로칼로리로 측정되고, 몸체는 킬로그램, 거리는 킬로미터로 측정된다). 그래프는 세 개의 이동비용에 대한 연구 결과를 나타낸다. 파랑 사각형은 달리기이고, 빨강 원은 날기, 초록 삼각형은 유영의 결과이다. 각 연구에서 선은 각점이 통계적으로 최적인 곳에 그려졌다. 인간과 같은 몇몇 동물은 달리고(능숙함), 유영(능숙하지 못함)을 할 수 있으므로 두 선으로 된 데이터를 갖는다. 오리는 날고(매우 능숙함), 달리고, 유영(능숙하지 못함)할 수 있으므로 세 개의 선으로 된 데이터를 갖는다.

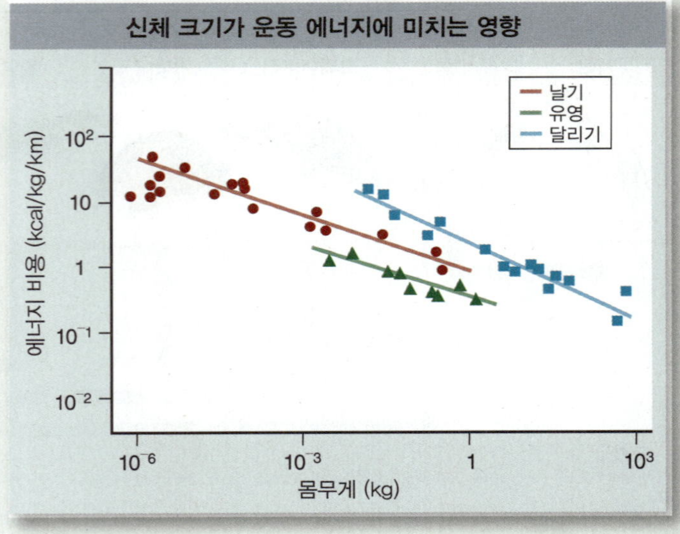

분석

1. **개념 적용**
   a. **변수.** 그래프에서 독립변수는 무엇인가?
   b. **연속변수의 비교.** 이동의 세 가지 방식은 같은 비용이 드는가? 다른 비용이 드는가?

2. **자료 해석**
   a. 주어진 이동 방식에서 움직임의 비용에 대한 몸체 크기의 영향은?
   b. 세 가지 이동 방식에서 체중의 영향은 같은가? 만일 아니라면 어느 방식의 비용이 가장 적게 영향 받는가? 왜?

3. **추론**
   a. 한 동물에게서 달리기 에너지 비용 대 날기 에너지 비용을 비교할 때, 어느 이동 방식이 가장 에너지 소모적인가? 왜 그렇다고 생각하는가?
   b. 나는 것에 대해 유영하는 것을 비교할 때, 어느 것이 적은 에너지를 사용하는가? 왜 그렇다고 생각하는가?

4. **결론 도출**
   일반적으로 이동의 어느 방식이 가장 효과적인가? 가장 덜 효과적인가? 왜 그렇다고 생각하는가?

5. **추가 분석**
   운동선수의 달리기 비용이 운동으로 감소된다고 생각하는가? 왜? 이것을 조사하기 위해 어떻게 시작할 것인가?

학습 과정 복습

개념 32.1 척추동물의 몸은 계층적 구조를 갖고 있다

32.1.1 척추동물의 몸은 4단계의 계층적 구조를 갖고 있다 조직은 단일 종류와 단일 기능의 세포 그룹이다. 성체 척추동물의 주요 조직은 상피, 결합, 근육, 신경조직이다. 기관은 구조적 기능적 단위로 구성된 다른 조직들의 그룹이다. 기관계는 전체적으로 하나의 기능을 수행하는 기관의 그룹이다.

32.1.2 척추동물의 일반적인 체제는 관 안에 관이 있는 것이다 소화관은 골격과 부속 기관에 둘러 싸여있고 외피로 막혀있다. 척추동물은 배측(등쪽)과 복측(배쪽)에 체강을 갖고 있다.

개념 32.2 상피조직이 몸의 방벽을 형성한다

32.2.1 상피가 몸의 주요한 방벽을 형성한다 상피세포는 서로 간단히 결합하여 선택적 방벽을 만든다. 상피세포는 지속적으로 교체되며 상처가 회복 될 때 재생될 수 있다.

32.2.2 상피의 타입은 기능을 반영한다 상피는 단층(단일 세포층)과 중층(다 세포층)의 2가지로 나뉜다. 그리고 이것들은 세포의 형태에 따라 편평형(비늘모양), 입방형(직육면체 모양), 주상형(기둥형)으로 다시 나뉜다.

개념 32.3 신경조직은 신호를 빠르게 전달한다

32.3.1 어떤 뉴런은 길게 확장되어 있다 뉴런은 핵이 있는 세포체, 자극을 받는 가지돌기, 자극을 전달하는 축삭을 갖는다. 신경교세포는 신경세포의 주위 환경을 조절한다. 몇몇 신경교세포는 축삭을 둘러싸는 미엘린초를 구성한다.

개념 32.4 결합조직은 몸을 지지한다

32.4.1 고유결합조직은 성기거나 치밀하다 결합조직은 세포외 기질과 세포간 물질과 다양한 세포를 포함한다. 고유결합조직은 치밀결합조직과 성긴결합조직으로 나뉜다.

32.4.2 특수결합조직은 독특한 특징을 갖고 있다 모든 결합조직은 중배엽에서 기원하고 세포외 기질 안에 다양한 세포를 갖고 있다. 특수결합조직은 독특한 세포와 기질을 갖는다. 연골은 콘드로사이트에서 뼈는 골세포에서 형성된다.

개념 32.5 근육조직이 몸의 움직임에 동력을 공급한다

32.5.1 척추동물은 3종류의 근육을 갖고 있다 평활근은 대부분의 기관에서 발견된다. 불수의근인 평활근은 내장에 존재하고 단일 핵을 갖고 있는 긴 방추형태의 세포로 구성된다. 골격근은 몸을 움직인다. 수의적인 골격근 또는 가로무늬근은 일반적으로 힘줄에 의해서 뼈에 연결되고 수축성 근원섬유를 포함한다. 심장은 심장근으로 구성된다. 심장근은 조절할 수 있도록 간극연접에 의해 연결된 가로무늬근 세포로 구성된다.

개념 32.6 골격계가 몸의 근육을 고정시킨다

32.6.1 유체골격은 체벽을 강화하기 위해 수압을 이용한다 근수축에 의해서 지렁이는 유체를 몸의 다른 부분으로 이동하도록 압박하여 이동한다.

32.6.2 외골격은 단단한 외피를 구성한다 생명체가 성장하기 위해서는 외골격이 벗겨져야 한다.

32.6.3 내골격은 단단한 내부 구조를 구성한다 척추동물의 내골격은 인산칼슘으로 결정화된 살아 있는 결합조직이다.

개념 32.7 척추동물의 내골격은 뼈로 구성된다

32.7.1 뼈는 발달의 두 가지 방법에 의해 분류될 수 있다 막내 발달에서 뼈는 결합조직 층에서 형성된다. 연골내 발달에서 뼈는 연골의 틀을 채운다.

32.7.2 뼈의 구조는 혈관과 신경을 포함할 수 있다 조류와 어류에서 뼈는 무혈관, 무세포이다. 반면에 척추동물은 세포와 모세혈관 신경을 포함한다.

32.7.3 뼈의 재형성은 뼈가 사용되거나 사용되지 않음에 대해 반응할 수 있게 한다 뼈 구조는 사용 빈도와 뼈에 가해지는 힘에 따라 굵거나 가늘다.

32.7.4 뼈는 관절에서 서로 간에 상대적으로 움직인다

개념 32.8 근 필라멘트가 짧아지기 때문에 근육이 수축한다

32.8.1 근섬유는 필라멘트가 서로 미끄러져 겹침으로써 수축한다 근수축은 액틴과 미오신 필라멘트가 교차다리를 형성하고 서로 미끄러져 들어갈 때 일어난다. 미오신의 구형 머리는 ATP가 ADP와 Pi로 가수분해될 때 교차다리를 형성한다.

32.8.2 근수축은 신경자극에 따른 칼슘이온의 분비에 의해 시작된다 트로포닌에 의해 액틴에 결합된 트로포미오신은 교차다리의 형성을 방해한다. 신경자극은 근소포체로부터 칼슘을 분비하고, 트로포닌-칼슘 복합체는 트로포미오신의 위치를 바꾼다.

개념 32.9 동물의 이동은 많은 형태를 갖는다

32.9.1 유영하는 동물은 물에서 이동할 때 마찰과 싸워야 한다 척추동물에서 유영은 몸 전체를 또는 일부를 이용하여 물을 밀면서 일어난다. 많은 척추동물은 추진을 위해 꼬리 또는 몸을 이용하여 물결치게 한다.

32.9.2 육상에서의 이동은 일차적으로 중력에 대처하여야 한다 대부분의 육상 동물은 지상에서 몸을 띄워 부속기관으로 지면을 밀면서 움직인다.

32.9.3 비행은 몸을 떠받치기 위해 공기를 이용한다 비행은 공기를 밀치는 날개를 필요로 한다. 부양은 공기가 날개 위와 아래의 볼록면을 흐름에 따라 발생하는 압력의 차이에 의해 생성된다. 비행과 글라이딩 하는 동물에서 수렴진화는 비슷한 결과를 산출하였다.

학습 과정 평가

개념 32.1 척추동물의 몸은 계층적 구조를 갖고 있다

이해

1. 다음 중 성체 척추동물에서 4개의 기본적 타입의 조직이 아닌 것은?
   a. 신경　　b. 근육
   c. 중배엽　　d. 결합

응용

1. 몸의 모든 기관이 공통적으로 갖고 있는 것은?
   a. 각 기관은 같은 종류의 세포를 갖고 있다.
   b. 각 기관은 몇 개의 다른 종류의 조직으로 구성된다.
   c. 각 기관은 외배엽으로부터 발생한다.
   d. 각 기관은 순환계의 부분으로 생각될 수 있다.

종합

1. 복부골반강이 흉막강과 복막강으로 분할되는 시점은 언제인가? 왜 단일 강은 기능할 수 없는가?

개념 32.2 상피조직이 몸의 방벽을 형성한다

이해

1. 상피조직이 하는 일이 아닌 것은?
   a. 방벽 또는 경계를 만드는 일
   b. 소화관에서 양분을 흡수하는 일
   c. 중추신경계로 정보를 전달하는 일
   d. 허파에서 기체를 교환하는 일
2. 상피조직의 노출면은?
   a. 케라틴성 표면　　b. 정단면
   c. 기저면　　d. 외분비면

응용

1. 다음 중 상피층의 기능이 아닌 것은?
   a. 물질분비
   b. 몸에서 물질의 저장과 분배
   c. 탈수로부터 상피 하부 층의 보호
   d. 감각표면의 제공

종합

1. 만일 당신의 체중이 60 kg이라면 대략 당신 피부의 무게는 얼마일까?

개념 32.3 신경조직은 신호를 빠르게 전달한다

이해

1. 신경교세포의 기능은?
   a. 말초신경계로부터 중추신경계로 정보를 전달하는 것이다.
   b. 신경세포를 지지하고 보호하는 것이다.
   c. 근수축을 자극하는 것이다.
   d. 기억을 저장하는 것이다.
2. 랑비에결절이 발견되는 곳은?
   a. 가지돌기의 끝부분　　b. 신경교세포의 표면
   c. 축삭을 따라서　　d. 뉴런의 세포체 내부

응용

1. 외계 바이러스가 지구에 도착했다고 생각해보자. 이 바이러스는 뉴런의 구조를 공격하여 신경계에 손상을 유발한다. 그렇다면 다음의 어느 구조가 공격으로부터 면역성을 제공할 것인가?
   a. 축삭　　b. 가지돌기
   c. 신경교세포　　d. 위의 것 모두가 공격받을 것임.

종합

1. 운동뉴런과 중간뉴런의 축삭을 비교하여라. 왜 이러한 차이가 존재한다고 생각하는가? 왜 이 두 종류의 뉴런에서 축삭이 유사하게 생기면 안 되는가?

개념 32.4 결합조직은 몸을 지지한다

이해

1. 결합조직은 다양한 그룹의 세포를 포함한다. 그러나 세포들은 공통된 다음의 것을 갖고 있다.
   a. 입방형
   b. 호르몬을 형성하기 위한 능력
   c. 수축하기 위한 능력
   d. 세포외 기질의 존재

응용

1. 연골을 다양한 작용을 한다. 다음 중 연골의 작용이 아닌 것은?
   a. 당신 귀의 단단한 외이를 구성한다.
   b. 관절에서 뼈의 끝 부분을 형성한다.
   c. 손가락과 발가락 끝의 손톱, 발톱을 구성한다.
   d. 추간판을 단단하고 유연하게 한다.

종합

1. 모든 결합조직은 넓은 유사성을 갖고 있는 반면에, 혈액은 콜라겐, 뼈, 지방조직과 꽤 다르다. 그런데 왜 혈액은 결합조직으로 여겨지는가?

개념 32.5 근육조직이 몸의 움직임에 동력을 공급한다

이해

1. 세 가지 종류의 근육은 다음의 특징을 공통적으로 갖고 있다.
   a. 선을 포함하는 구조　　b. 전기적으로 활성화되는 막
   c. 수축할 수 있는 능력　　d. 자체로 흥분되는 특징

응용

1. 골격근은 평활근과 다른 것은?
   a. 다핵을 갖고 있다.
   b. 미토콘드리아를 갖고 있다.
   c. 원형질막을 갖고 있다.
   d. 배아조직에서 기원하지 않았다.

종합

1. 만약 당신의 심장이 골격근으로 구성되어 있다면 잘 작동하지 않을까? 심장의 기능에 핵심이 되는 심장근의 특징은 무엇인가?

개념 32.6 골격계가 몸의 근육을 고정시킨다

이해

1. 다음 생명체에서 내골격이 없는 것은?
   a. 성게 b. 밤송이조개
   c. 뱀 d. 집고양이

응용

1. 유체골격을 갖는 동물에서 강모의 역할은?
   a. 몸을 단단한 표면에 붙이는 역할
   b. 주위 물에서 수영할 수 있게 하는 역할
   c. 근수축을 일으키는 역할
   d. 체강 내 유체를 이동시키는 역할

종합

1. 땅은 식물, 곰팡이, 연체동물, 절지동물, 척추동물의 거주지이다. 이들의 몸은 물에서 보다는 공기 중에서 훨씬 더 작은 부양력이 있기 때문에, 이들 각 그룹은 기계적 지지를 위한 특징적인 단단한 물질을 갖는 것으로 진화하였다. 다섯 물질의 장점과 단점을 토의하면서 비교하라. 플라스틱이 이들 물질보다 더 효율적이라고 생각하는가?

개념 32.7 척추동물의 내골격은 뼈로 구성된다

이해

1. 연골내 발달을 통해 생성된 뼈가 존재하는 전형적인 곳은?
   a. 몸 내부 깊은 곳 b. 두개골 표면
   c. 턱뼈 d. 피부의 진피층
2. 하버스관을 설명하는 것이 아닌 것은?
   a. 관 주위 동심원으로 침착된 뼈를 갖는다.
   b. 뼈의 장축과 평행하게 달린다.
   c. 관을 지나가가는 혈관과 신경을 갖고 있다.
   d. 연골과 뼈를 연결한다.

응용

1. 문장의 빈 칸에 들어갈 문장으로 적절한 것은? 뼈 굵기의 성장은 ______________ 뼈에 추가적인 층을 첨가함으로써 일어난다.
   a. 내부 연골을 대치하기 위해
   b. 간충직에
   c. 골막 아래에
   d. 소관(canaliculi) 안에
2. 뼈의 중심에서 가장 잘 발견되는 것은?
   a. 조밀한 뼈조직 b. 해면뼈(골수)
   c. 조골세포 d. 아무 것도 없음

종합

1. 당신의 몸은 206개의 뼈로 구성되어 있다. 성장함에 따라서 206개의 뼈 모두가 성장해야 하고 서로 서로 적당한 크기의 비율을 유지해야한다. 어떻게 이들의 성장이 조절되는가?

개념 32.8 근 필라멘트가 짧아지기 때문에 근육이 수축한다

이해

1. 근수축의 에너지원은?
   a. 액틴 b. 미오신
   c. 근절 d. ATP
2. 수축이 활성화될 때 Ca^{2+}이 결합하는 곳은?
   a. 액틴 b. 트로포닌
   c. 미오신 d. 트로포미오신

응용

1. 근수축에서 칼슘의 역할은 무엇인가?
   a. 미오신이 사용하기 위해 ATP를 모으는 것
   b. 근원섬유의 수축을 위해 미오신 머리를 변환된 위치로 이동시키는 것
   c. 근육이 이완되도록 미오신 머리를 액틴으로부터 떨어뜨리는 것
   d. 액틴 상에 미오신 부착 부위를 노출시키는 것

종합

1. 근필라멘트는 양끝에 부착된 막을 강하게 당김으로써 수축할 수 있다. 그러나 근필라멘트는 양쪽 끝에 결합된 막을 밀어 서로 멀어지게 함으로써 근필라멘트를 늘어나게 할 수는 없다. 왜 근필라멘트를 당기는 것은 가능하고 미는 것이 불가능한가?

개념 32.9 동물의 이동은 많은 형태를 갖는다

이해

1. 모든 수생 척추동물은 (   ) 이용하여 유영한다.
   a. 부속지 b. 축상이동
   c. 수압이동 d. 수렴이동

응용

1. 끌벌은 신경자극이 전도할 수 있는 것보다 더 빨리 초당 1000번의 날개짓을 할 수 있다. 이것이 가능한 것은?
   a. 매우 큰 직경의 운동뉴런의 축삭을 이용하기 때문이다.
   b. 비행근육이 날개 외에 흉곽에 연결되어 있기 때문이다.
   c. 굴근과 신근의 번갈은 수축 때문이다.
   d. 날개의 윗 부분이 더 볼록한 날개를 이용하기 때문이다.

종합

1. 동물은 물, 하늘, 땅 등 다른 환경에 대하여 다른 이동 방식으로 진화해왔다. 이동의 세 가지 방식에서 공통적인 것은 무엇인가?

33
신경계

학습과정

서론

해면동물을 제외한 모든 동물은 외부 환경과 신체조건에 대한 정보를 모으고 이 정보를 통합하고 가공해 신경세포의 네트워크를 이용해 신체의 근육과 분비샘에 명령을 발령한다. 여기 그림에 보여주는 뉴런들로 구성된 이 신경체계는 빠른 정보 교환계이며 신체내적환경의 일관성을 유지하기 위한 많은 되먹임체계의 핵심부분 역할을 한다. 감각뉴런에서 중추신경계로 들어오는 모든 입력은 전기적 신호와 같은 형태로 도착한다. 감각뉴런은 척추동물의 눈에 존재하는 간상세포 혹은 원추세포와 같은 많은 다른 감각수용기로 부터 입력을 받아들인다. 다른 감각뉴런은 각각 다른 뇌의 영역으로 연결되어서 서로 다른 감각으로 연계된다. 뇌는 일몰, 교향곡 그리고 타는 듯한 고통을 각각의 감각뉴런에 활동전위와 파장의 빈도수를 유발한다.

33.1 신경계가 신체의 활동을 지시한다

신경계는 중추 및 말초신경계로 나뉜다

학습목표 33.1.1 척추동물 신경계의 하부 나눔(중추 및 말초신경계)을 구분하라.

동물은 환경자극에 반응할 수 있어야 한다. 파리는 파리채를 탈출해야하고 메기는 먹이감을 감지하고 이것이 있는 곳으로 이동해야 한다. 이런 행동을 완수하기위해서 동물은 자극을 감지하는 감각수용기(sensory receptors)를 그리고 이것에 대응할 수 있는 운동효과기(motor effectors)도 가져야 한다.

척추동물에는, **감각뉴런 혹은 구심성 뉴런(sensory neurons, or afferent neuron)**이 감각수용기에서 뇌와 척추신경으로 구성된 **중추신경계**(*central nervous system*)로 자극을 전달한다. 운동뉴런 혹은 **원심성 뉴런(motor neurons or efferent neurons)**은 자극을 중추신경계에서 작용기인 분비샘이나 근육으로 전달한다. 세 번째 형태의 뉴런은 **사이뉴런(interneuron)** 혹은 연합뉴런(associate neuron)으로 척추동물 전부 그리고 대부분의 무척추동물에 존재한다. 사이뉴런은 척추동물의 뇌와 척추신경에 위치하며, 이들이 더 복잡한 반사 그리고 학습과 기억을 포함한 고등한 부수적 기능 제공을 돕는다. 요약하면, 척추동물에서는 감각뉴런, 운동뉴런이 말초신경계(peripheral nervous system; PNS)를 구성한다. 골격근을 수축하도록 흥분시키는 운동신경은 **체성신경계(somatic nervous system)**를 구성하고; 내장근 심근 분비샘의 활동을 조절하는 신경은 **자율신경계(automatic nervous system)**를 조성한다.

자율신경계는 교감신경계(sympathetic)와 부교감신경계(parasympathetic)로 나뉜다. 이들 두 신경계는 많은 기관계의 조절에 있어서 상호길항적(counterbalance)으로 작용한다. 그림 33.1은 척추동물 신경계의 다른 부분들 사이에 상호관계를 보여준다.

뉴런의 구조는 그들의 기능을 지지한다

뉴런의 외형은 다양하게 보일지라도, 대부분의 뉴런은 같은 기능적 구조물을 가지고 있다(그림 33.2). **세포체(cell body)**는 핵을 포함한 넓은 부분이다. 세포체에서 뻗어 나와 세포질이 확장된 부분을 **수상돌기(dendrite)**라고 부른다. 운동, 사이 뉴런들은 아주 많이 가지

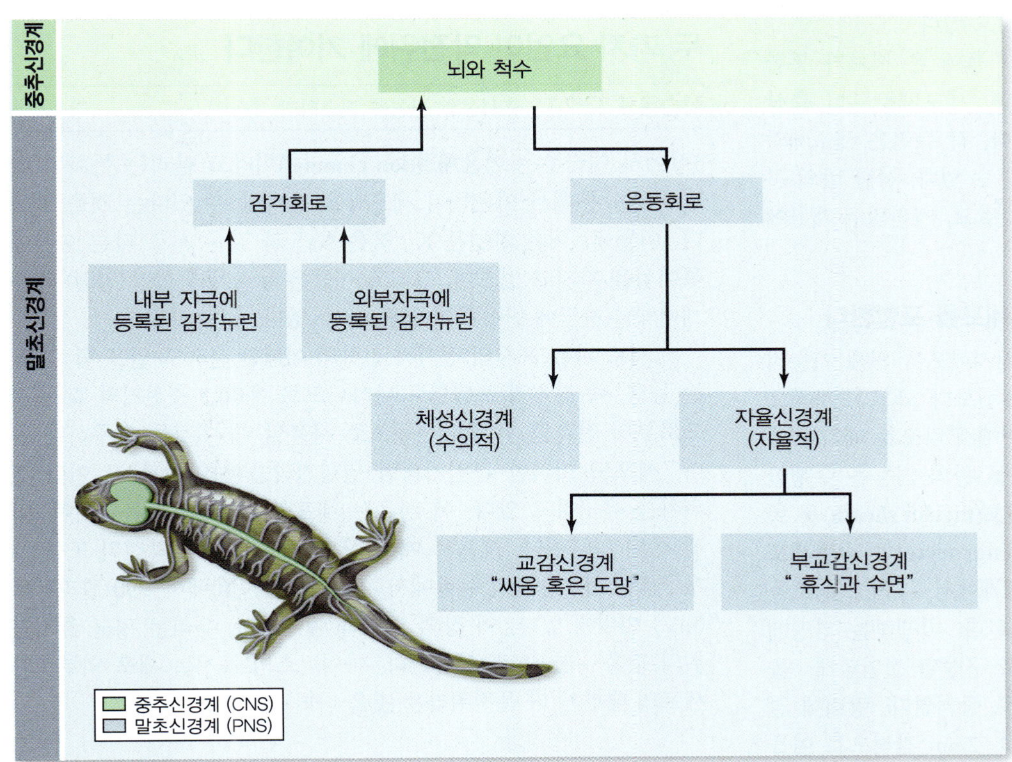

그림 33.1 척추동물 신경계의 나눔. 척추동물의 신경계는 크게 중추와 말초 신경계로 나뉜다. 뇌와 척수는 중추신경계(CNS)를 구성한다. 말초신경계(PNS)는 중추신경계의 외부에 있는 나머지 신경계를 포함하는데 감각 회로와 운동회로로 나누어진다. 감각 회로는 외부 혹은 내부 자극을 감지할 수 있다. 운동회로는 수의근을 활성화시키는 체성신경계와 불수의근을 활성화시키는 자율신경계로 나누어진다. 상호길항작용을 하는 교감신경계와 부교감신경계는 자율신경계에 속한다.

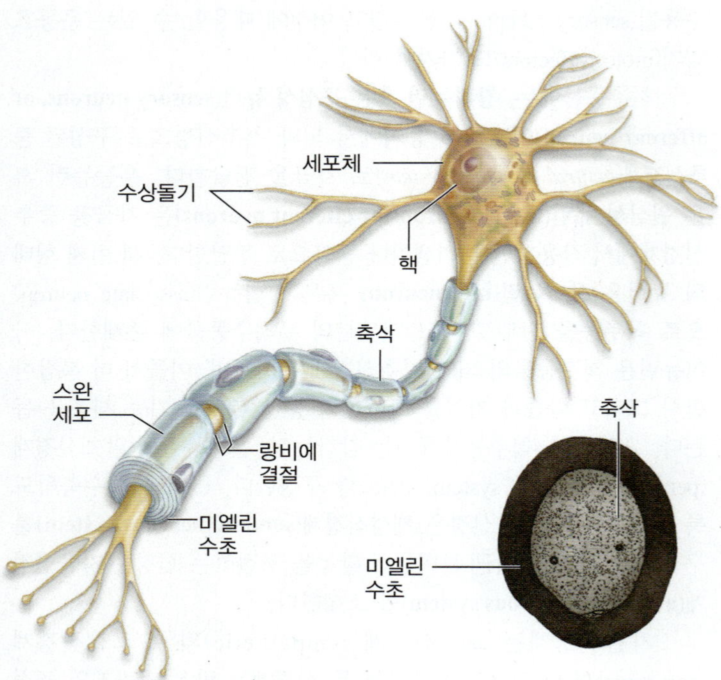

그림 33.2 특징적인 척추동물 뉴런의 구조. 세포체로부터 확장된 것들은 정보를 받아들이고 이것을 세포체로 전달하는 여러 수상돌기들이다. 하나의 축삭은 충격을 세포체로부터 멀리 전달한다. 축삭을 절연하기위한 수초에 의해 많은 축삭이 둘러싸인다. 랑비에 결절이라 불리는 작은 틈새들이 일정한 간격으로 수초를 절단하고 있다.

를 친 수상돌기를 가지고 있는데, 이들이 신경으로 들어오는 여러 곳의 정보를 동시에 수용할 수 있게 한다. 어떤 뉴런은 자극을 수용하기 위해 표면적을 증가시키는 수상돌기 가시(dendrite spine)라고 불리는 수상돌기에서 확장된 부분을 가지고 있다.

세포체의 표면에서 각 수상돌기로부터 들어 온 정보가 통합된다. 총체적인 세포막 흥분성이 충분하면, 세포체로부터 **축삭(Axon)**을 따라 충격 전도의 방아쇠를 당긴다. 각 뉴런은 세포체와 연결된 하나의 축삭을 가진다. 축삭은 꽤 길 수 있다. 사람 발의 근육 움직임을 조절하는 축삭은 1m 이상으로 길고, 기린의 두개골에서 골반까지 연결된 축삭은 약 3m이다.

지지세포는 슈반세포와 희소돌기신경교세포를 포함한다

뉴런은 총체적으로 신경수초라고 불리는 지지세포에 의해 기능적으로 구조적으로 지지된다. 이 세포들은 뉴런보다 크고 숫자적으로 약 10배나 많으며, 뉴런에 영양공급, 뉴런에서 나오는 폐기물 제거, 축삭 이동의 안내, 그리고 면역기능 제공 등의 기능을 수행한다. 수 많은 뉴런의 축삭을 에워싸는 **미엘린초(myelin sheath)**를 형성하는 세포는 **희소돌기신경교세포(oligodendrocyte)**와 **슈반세포(Schwann cell)**들이다. 슈반세포는 말초신경계에서, 그리고 희소돌기신경교세포는 중추신경에서 수초를 형성한다. 발생하는 과정에 미엘린 수초—압착된 세포막의 여러 층으로 구성된 절연덮개—를 형성하기위해 각각의 축삭을 여러 번 스스로 둘러싼다. 랑비에 결절(node of Ranvier)로 알려진 작은 틈새가 1–2mm 간격으로 이들 미엘린초를 차단한다. 다음절에서 충격전도속도에서 이 미엘린 수초의 역할에 대해 논의할 것이다.

개념 정리 33.1

척추동물 신경계는 중추신경계(CNS)와 말초신경계로(PNS)로 구성된다. 말초신경계는 체성신경계와 자율신경계로 형성되어 있으며, 자율신경계는 교감신경계와 부교감신경계를 가진다. 뉴런은 세포체, 정보를 받아들이는 수상돌기들, 신호를 내보내는 하나의 축삭으로 구성되어 있으며, 이들은 여러 가지 신경교세포(neuroglia)의 지지를 받는다.

- 말초신경의 어떤 부분이 의식적 조절 하에 있나?

33.2 뉴런은 원형질막 사이로 휴지전위를 유지한다

뉴런의 기능은 원형질막 사이의 전위차를 생성하는, 그리고 어떻게 이들 전위차를 신호의 전파를 위해 변화시키는지의 능력에 달려있다. 세포막은 수용액에 담겨져 있고 전하는 이온들에 의해 운반되기 때문에, 세포는 원형질막 양쪽 여러 중요한 이온의 농도를 조절해 전위차를 만들고 또 변화시킨다.

뉴런이 자극을 받으면, 원형질막의 전기적인 전하가 퍼지거나 세포의 이쪽 부위에서 저쪽 부위로 전파된다. 이 신호는 다양한 특화된 막 운반 단백질의 특성에 의존한다. 처음엔 막전위를 생성하는 일반적 동물세포 막에서 기본적 전위차를 조사할 것이며, 그 후 뉴런이 막전위 변화로 만들어진 신호를 어떻게 보내는지를 볼 것이다.

두 가지 요인이 막전위에 기여한다

학습목표 33.2.1 휴지전위 생성을 기술하라.

5장에서 여러분은 **이온채널(ion channel)**이라고 불리는 특화된 막 단백질을 통해서 이온들이 세포막을 통과할 수 있다는 것을 배웠다. 이들 각 이온 채널은 K^+ 혹은 Na^+ 과 같은 서로 다른 이온에 특이성을 가지고 있으며, 그리고 이들은 누출채널(항상 열림) 혹은 개폐채널(자극에 반응하여 열림)일 수 있다.

서로 다른 표시의 전기적 전하의 어떠한 분리도 일을 할 수 있는 능력, 즉 전기적 포텐셜로 나타나므로 우리는 충전기와 같은 것으로부터 전류를 얻어내 전등으로 사용할 때 이것을 마주하게 된다. 세포도 이러한 충전기처럼 원형질막을 사이에 두고 이런 전위차를 유지하고 있다. 이 경우는 세포막의 안 쪽이 음극이며, 바깥 쪽이 양극이다. 세포는 매우 작기 때문에 이들 막전위 또한 매우 작다. 척추동물의 뉴런에서 휴지전위는 −40에서 −90 밀리볼트(mV) 범위에 있다. 이 장의 그림과 예에서는, 우리는 평균 휴지전위의 값을 −70mV로 사용한다. 마이너스의 표시는 세포 외부보다 세포의 내부가 더 음전위라는 것을 나타낸다.

막전위에 기여하는 것들

다음 두 인자들 때문에 세포 내부가 외부보다 더 음전하를 나타낸다.

1. 나트륨-칼륨 펌프가 ATP 하나를 소비하며 두 개의 칼륨이온을 세포 안으로 들여보내고, 세 개의 나트륨이온을 세포 밖으로 퍼낸다(그림 33.3). 이것이 세포 안에 높은 칼륨이온 농도, 낮은 나트륨이온 농도로 세포안과 밖의 두 이온 농도 차이를 초래하는 결과를 낳는다.
2. 세포막에 존재하는 이온채널들 중에서 나트륨이온채널보다 칼륨이온채널의 수가 더 많다. 이들 칼륨 이온 유출 채널이 나트륨이온보다 칼륨 이온의 막 투과도를 더 크게 한다. 칼륨이온이 세포내에 더 높기 때문에 양전하를 세포 밖으로 내보내며 확산되어 나갈 수 있다.

휴지전위: 이들 두 요인 사이의 균형

휴지전위는 나트륨-칼륨 펌프의 작용과 칼륨에 대한 세포막의 더 높은 투과도 때문에 생겨난다. 이 펌프는 세 개의 나트륨양이온을 퍼낼 때 동시에 두 개의 칼륨 양이온을 퍼 담는데, 이로 인해 세포 안과 밖 양이온의 불균형을 만들어낸다. 이것은 오직 작은 효과를 나타내지만, 펌프에 의해 생성된 농도구배는 의미가 있다. 칼륨이온의 농도는 항상 세포 안이 바깥보다 높아 항상 열려있는 칼륨 누출채널에 의해 확산이 일어난다. 이를 중화시킬 수 있는 음이온들(주로 유기인산, 아미노산, 그리고 단백질)은 생체막을 관통할 수 없기 때문에, 양전하가 생체막 바깥쪽으로 그리고 음전하가 막 안쪽으로 채워진다. 그 후 이 기전력이 칼륨 양이온을 세포 안으로 끌어당기는 흡인력이 된다. 전기적 힘과 확산력 사이의 균형이 **평형전위(equilibrium potential)**을 만든다. 각 힘에 의한 수행한 일과의 관계식에 따라 네른스트 방정식이라고 불리는 평형전위를 정량적으로 유도할 수 있다. 이 방정식은 일반적으로 단일 이온에 대해 성립되어다. 양이온 전하가 +1인 경우, 칼륨 이온에 대한 네른스트 방정식은 다음과 같다.

$$E_K = 58\ \text{mV}\ \log([K^+]\text{out}/[K^+]\text{in})$$

칼륨 이온에 대한 평형전위는 −90mV, 측정된 값인 −70mV에 근접한다. 나트륨이온에 대한 계산된 값은 +60mV로 측정치에 근접하지 않지만, 세포 안으로 되돌아가는 적은 양의 나트륨 양이온 유출이 칼륨이온의 평형전위을 −70mV로 낮추는데 그 역할을 하고 있다. 뉴런의 휴지막전위는 전압측정기와 전극(하나는 세포 안 또 하나는 세포 밖에 꽂아)으로 측정하고 볼 수 있거나 그래프화 할 수 있다(그림 33.3 참조).

> **개념 정리 33.2**
>
> 뉴런은 세포 안에 높은 칼륨양이온을, 세포 밖에 나트륨양이온을 각각 유지한다. 칼륨양이온의 바깥쪽으로 확산이 세포의 휴지전위를 약 −70mV로 나타나게 한다.
>
> ■ 여러분은 막의 휴지전위 탈분극을 초래하는 어떤 사건들을 생각해 볼 수 있는가?

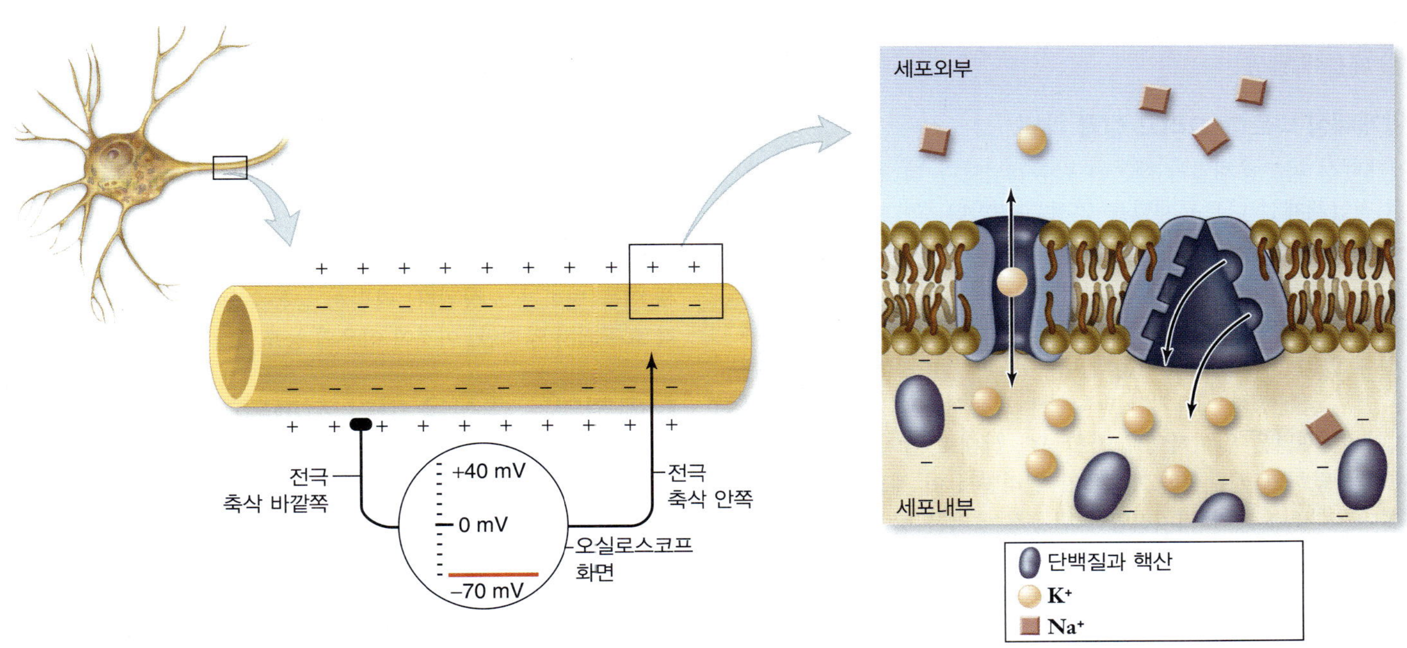

그림 33.3 휴지막전위의 확립. 전압계의 한 전극을 축삭 안에 꽂고 그리고 다른 하나는 막 밖에 둔다. 막의 바깥과 비교하여 내부의 전기적인 잠재력이 −70mV이다. K^+ 이온은 세포내부가 바깥보다 높기 때문에 이것은 이온채널을 통해 확산되어 나온다. 음전하를 가진 단백질이나 핵산은 세포 밖으로 나올 수 없어서 세포 밖의 양전하 즉 K^+ 이온과 같은 것을 끌어당긴다. 이 전기적인 힘과 확산적인 힘의 균형이 휴지전위를 만든다. 나트륨–칼륨 펌프는 Na^+의 세포 안으로 누수 효과에 대응하여 세포의 균형을 유지하고, 그리고 ATP에너지를 사용해 세 개의 Na+를 세포 밖으로 퍼내고 두 개의 K^+를 세포 안으로 담으면서 휴지전위 유지에도 기여한다.

33.3 활동전위는 신경자극을 퍼져나가게 한다

뉴런은 휴지전위 때문이 아니라 자극에 반응하여 생성되는 활동전위로 인해 특별하다. 두 가지 형태의 변화가 관찰된다. **차등전위(graded potential)**와 **활동전위(action potential)**. 차등전위는 막전위에서 작지만 지속적인 변화이고, 활동전위는 전위의 갑작스럽고 일시적인 변동이다. 활동전위는 막전위가 역치전압을 넘을 때 생성된다. 활동전위는 축삭을 따라 신호를 보낼 때 생성되며, 차등전위는 뉴런과 다른 세포들 간에 연결될 때 만들어진다.

막전위의 변화는 막의 투과도에서 변화로부터 초래된다

학습목표 33.3.1 전압개폐성채널의 활동이 어떻게 활동전의를 만드는지 설명할 수 있다.

휴지전위는 누출채널을 통한 칼륨이온의 투과도 때문에 생겨난다. 휴지전위로부터 벗어나는 이탈은 **개폐성 채널(gated channels)**이라고 불리는 여러 채널단백질의 활동 때문이다. 개폐성 채널은 자극에 의해 열고 닫히는 현관문과 같이 작동한다. 두 형태의 개폐성 채널이 존재한다. 그 하나는 화학적 신호에 반응하는 **리간드-개폐형 채널(ligand-gated channel)**이고, 그리고 또 하나는 막전위변화에 반응하는 **전압-개폐성 채널(voltage-gated channel)**이다. 축삭바닥에서 막전위가 영치전압을 넘을 때, 이것이 활동전위 생성 방아쇠를 당긴다. 이 활동전위는 전압개폐성 두 채널(나트륨채널과 칼륨채널) 때문에 발생한다.

전압개폐성 나트륨 그리고 칼륨 채널

전압개폐성 나트륨채널의 행동이 칼륨채널보다 더 복잡하므로 우리는 전압개폐성 나트륨채널을 먼저 고려한다. 이 채널은 활성화 개폐기와 불활성화 개폐기 두 개의 개폐기를 가지고 있다. 휴지기에는 이 채널의 활성화 개폐기는 닫혀있고 불활성화 개폐기는 열려있다. 역치전압에 도달하면, 활성화 개폐기는 농도와 전압 차등으로 인해 빨리 열려 나트륨이온의 내부유입이 일어나게 된다. 짧은 시간 이후 불활성화 개폐기가 닫히면 나트륨이온의 내부유입이 차단되며 이 채널을 일시적으로 불활성화 상태로 남겨둔다. 활성화 개폐기가 닫히고 불활성화 개폐기가 열리면서 이 채널은 휴지상태로 돌아온다. 그 결과 역치전압에 반응하여 막을 탈분극시키는 일시적인 나트륨이온의 유입(influx)이 있다.

칼륨채널은 휴지상태에 닫히는 하나의 활성화개폐기를 가진다. 역치값 전압에 반응하여 이 채널은 천천히 열린다. 세포내 높은 칼륨 농도와 그리고 평형전위에서 멀리 벋어난 생체막으로 인해 칼륨이온의 이출(efflux)이 시작된다. 세포에서 나가는 이 양전하는 나트륨채널의 효과에 대응하고 생체막을 재분극시킨다.

활동전위의 변화를 추적하기

이 모든 것을 함께 모아서 활동전위를 만들어내는 이온들 흐름의 변화가 어떻게 일어나는지 알아보자. 활동전위는 상승단계, 하강단계, 그리고 더 하강 단계(undershoot phase) 세 단계로 구성된다(그림 33. 4). 역치 전위에 도달하면, 갑작스런 나트륨이온 채널의 열림이 막전위를 나트륨을 위한 균형전위인(+60mV)로 급격히 상승시키는 나트륨이온 유입을 초래한다. 이것이 오실로스코프 상에 상승단계로 나타난다. 이 상승단계를 끝내는 나트륨채널 불활성화 개폐기의 닫힘 때문에 막전위는 결코(+60mV)정도까지 도달하지 못한다. 동시에 칼륨채널의 열림이 하강기에 세포막을 재분극시키는 세포밖으로 칼륨이온 확산을 이끌어낸다. 칼륨채널은 휴지전위로 회복되는 필요 이상으로 더 오래 열린 상태를 유지하여, 그 결과적 더 하강 단계(undershoot phase)를 초래한다. 하나의 활동전위를 만들어내는 전 사건의 연속이 약 1밀리 초(millisecond) 내에 일어난다.

활동전위의 특성

활동전위는 하나하나가 실무율 사건이다. 막전위가 역치전위에 도달하면 활동전위로 일어나고, 그렇지 못하면 막전위는 역치 값 이하로 남아 있다. 역치값 이하의 막전위가 합해지거나 간섭하는 것처럼, 활동전위는 서로 합쳐지거나 간섭하지 않는다. 나트륨채널은 발사된 후, 이들 효과가 합쳐지는 것을 막기 위해 불활성화 개폐기가 다시 열릴 때까지 불활성화 된 상태로 남아있다. 이것을 신경세포막이 더 이상 자극을 받아들이지 못하는 시기 절대불응기(absolutely refractory period)이라고 한다. 자극이 감소한 진폭의 활동전위를 만드는 상대불응기(relative refractory period)도 존재한다.

활동전위의 생성은 전적으로 수동적으로 이온들의 확산에 의해 초래된다. 그러나 각 활동전위의 끝에 세포질에는 휴지전위 때와 비교해 약간 높은 나트륨 이온 농도와 약간 낮은 칼륨 이온농도를 갖는다. 하나의 활동전위에 의해 움직이는 이온의 숫자는 세포막 사이에 유지하는 나트륨이나 칼륨 양이온 농도구배와 비교해 아주 작지만, 결국 이동하는 이온에 의해 효과(활동전위)가 나타난다. 이 신경세포에서 지속적으로 작동하는 나트륨-칼륨 펌프에 의해 이들 변화가 보상된다. 따라서 능동수송이 활동전위 생성에 직접 요구되지 않지만, 이것이 이온의 농도구배 유지에는 필요하다.

활동전위는 축삭을 따라 전파된다

학습목표 33.3.2 활동전위는 축삭을 따라 어떻게 전파되는지 설명할 수 있다.

축삭을 따라 활동전위의 움직임은 축삭의 기저부에서 끝으로 이온의 흐름에 의해 만들어지는 것이 아니다. 대신 축삭의 기저부에서 만들어진 활동전위가 축삭을 따라 지속적으로 재생된다.

각각의 활동전위는 이것의 상승 단계에서 생체막 극성의 뒤집힘을 반영한다. 나트륨이온의 유입은 그 근처 막 주변을 역치값까지 탈분극시키고, 그래서 바로 옆 부근에서 활동전위가 생성되게 한다. 동시에 이전의 막 부분은 휴지전위로 되돌리는 재분극이 일

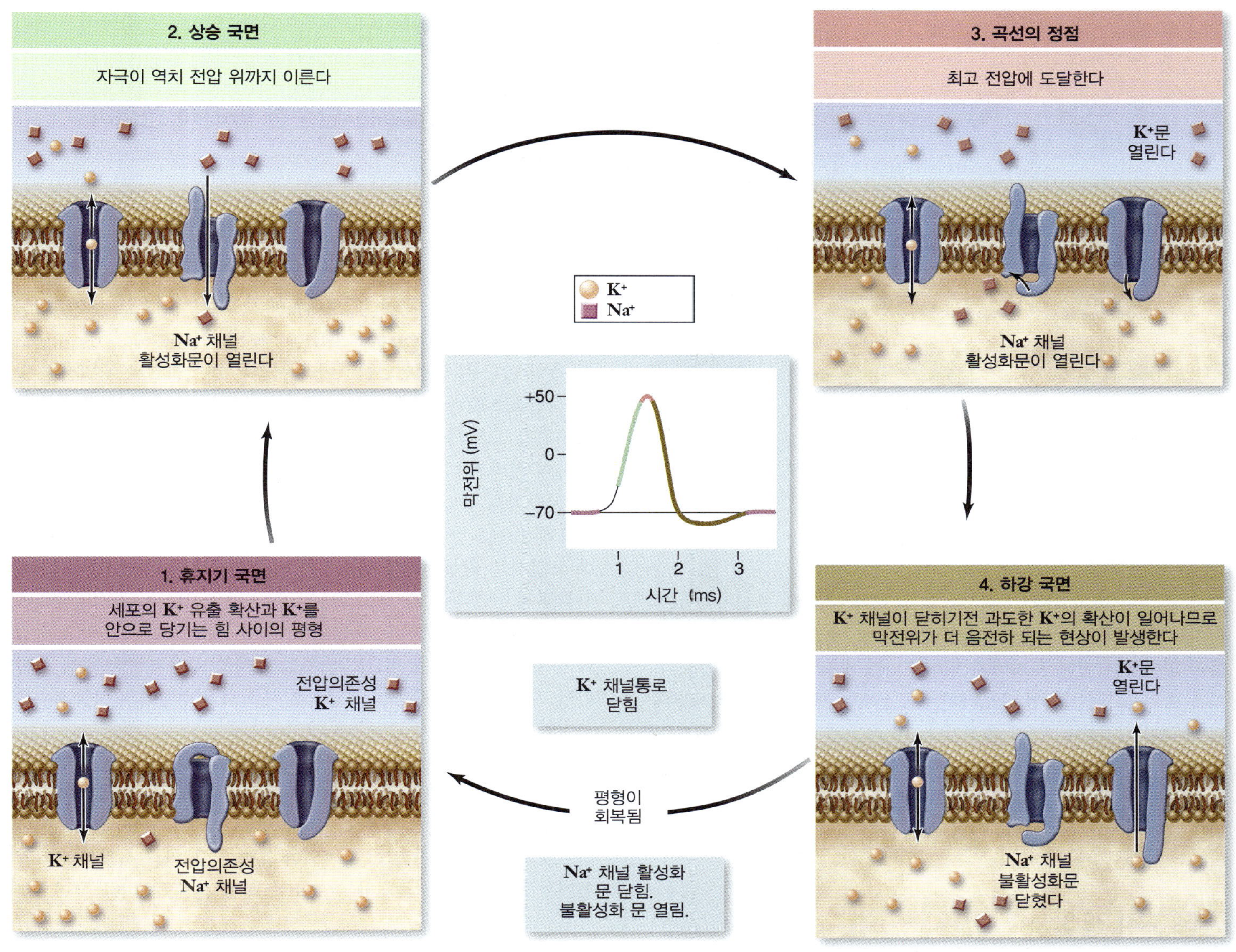

그림 33.4 활동전위. (1) 휴지전위 때, 전압의존성 이온채널은 닫혀있지만, 약간의 K^+이온 확산은 일어난다. 자극에 반응하여, 세포가 탈분극을 시작하고, 그리고 역치 값 수준에 도달하면, 활동전위가 생성되어진다. (2) 전압의존성 Na^+ 채널이 열리므로 갑자기 탈분극이 일어난다(급등 혹은 스파이크의 상승부분). (3) 스파이크의 정점에서, Na^+채널은 불활성화되어 닫히며, 지금까지 닫혀 있던 전압의존성 K^+채널이 열리기 시작한다. (4) K^+ 채널의 열림과 함께, K^+가 축삭 밖으로 확산되어 나가므로 재분극이 시작된다. 막전위가 원래의 휴지전위로 돌아오기 전에 전위가 더 아래로 내려가는 일이 발생한다.

어난다. 이 신호는 다시 되돌아가지 못하는데 나트륨채널은 한번 발사(fired)되면 불활성상태로 자극에 불응기(저항기)를 유지하기 때문이다.

활동전위의 전파는 운동경기장에서 행해지는 "파도타기"와 비슷하다. 사람들은 한자리에 머물러 있으면서 일어날 때(탈분극), 손을 만세를 하듯 높이 들어 올리고(활동전위의 최고점), 그리고 다시 손을 내리며 자리에 앉는 것(재분극)과 유사하다. 사람들은 그 자리에 머물러 있지만 이 파도는 운동경기장을 돈다.

동물은 신경충격의 속도를 증대시키는 두 가지 길을 진화시켰다. 축삭의 반지름을 증대시키거나, 축삭을 수초화하면 전도속도를 더 증대시킬 수 있다.

전기적 저항은 축삭 반지름의 함수관계이고, 전기적 흐름은 큰 반지름의 축삭에서 작은 저항을 나타내는 것처럼 축삭의 단면적에 반비례하므로, 축삭 반지름 증대는 신경 충격 속도를 증대시킨다. 큰 반지름의 축삭은 무척추동물에서 주로 발견된다.

유수신경에서 활동전위는 랑비에결절에서만 생성되므로, 수초가 있는 축삭(유수신경 축삭)은 이것이 없는 축삭(무수신경 축삭)보다 빠르게 전기적 충격을 전도한다.

하나의 활동전위는 다음을 위한 탈분극 자극으로 아직 봉사하지만, 한 결절의 탈분극은 다음 결절에 있는 전압의존성 개폐채널의 열림을 시작하기위해 절연된 수초 아래로 빠르게 퍼져간다.

그러므로 전기적 충격이 결절에서 결절로 뛰뛰기 하는 것처럼 (그림 33.5) 보여서 이것을 **도약전도(saltatory conduction;** 라틴어로 "*saltcre*"는 뛰뛰기)라고 한다. 도약전도가 어떻게 충격의 전도를 빠

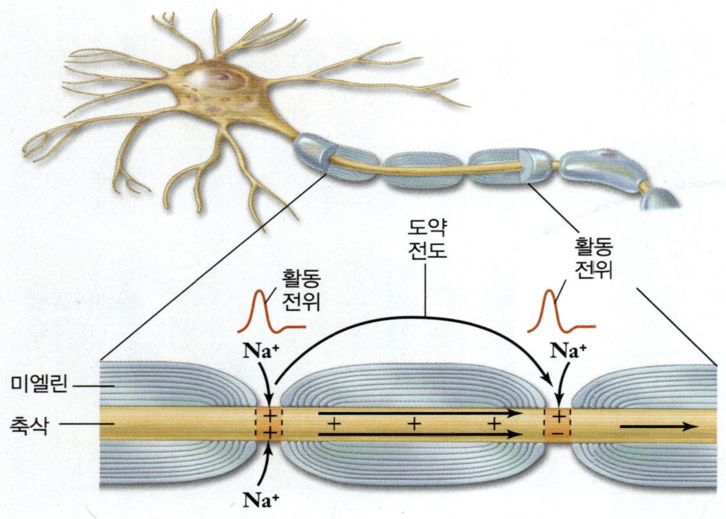

그림 33.5 유수축삭에서 도약전도. 유수축삭에서는 랑비에 결절에서만 활동전위가 생성된다. 한 결절의 활동전위가 다음 결절을 탈분극시키므로 활동전위가 결절사이는 뛰어 넘고 지나간다. 유수축삭에서 도약전도는 적은 수의 활동 전위가 만들어지므로 무수축삭에서 전도속도보다 매우 빠르다.

르게 하는지 알기위해서, 활동전위의 전파를 위한 운동장의 파도타기로 비유해 보자. 만원운동장에 밀집한 팬들이 옆 구역의 사람들이 일어서는 것을 보자마자 일어나기를 시작하는 것처럼 파도타기가 빨리 움직인다. 이 파도타기 속도는 빈 구역을 빼먹기 때문에, 빈 구역이 많을수록 빨리 움직인다. 이 파동은 일어나야 하는 사람이 빠진 구역에서 사람이 일어나는 것을 기다릴 필요가 없는데, 활동전위가 노출된 결절 사이에 있는 수초로 싸인 절연지역을 뛰어 넘는 것처럼 이것은 단순히 다음 사람들이 밀집한 지역으로만 움직인다.

개념 정리 33.3

활동전위는 막전위가 역치값을 넘으면 시작된다. 전압의존성 나트륨 채널이 열리고, 그리고 탈분극이 일어난다: 연속해서 열리는 칼륨채널이 재분극을 이끈다.

- 어떻게 활동전위가 만들어지는 동안 오직 양이온들만 탈분극과 재분극을 초래하는가?

33.4 시냅스는 뉴런이 다른 세포와 정보를 주고받는 곳이다

신경 신호는 결국 축삭의 끝에 도달하고, 나누어진다. 분비샘의 세포, 근육, 그리고 다른 신경세포의 수상돌기와 연접을 형성한다. 이들 세포간의 연접을 **시냅스(연접, synapse)**라고 하며. 이들 세포사이에 신호를 전달하는 곳이 **화학적(chemical)**이거나 혹은 **전기적(electrical;** 간극연접에 의한 직접 연결)일 수 있다. 이들 연결은 신호를 보내는 시냅스전세포(presynaptic cell)와 이 신호를 받는 시냅스 후 세포(postsynaptic cell)가 관여한다. 여기서는 화학적 시냅스에 대해 집중적으로 논의할 것이다.

척추동물의 시냅스는 단순한 물리적 연결이 아니다

학습목표 33.4.1 어떻게 세포들이 시냅스를 통해 정보교환을 하는지 기술하라.

시냅스를 광학현미경으로 보면, 시냅스전 그리고 시냅스후 세포가 서로 접촉하고 있는 것처럼 보이지만, 전자현미경으로 보면, 이들 대부분이 **시냅스틈(synaptic cleft)**를 가지고 있다(그림 33.6). 시냅스전 축삭 말단은 신경전달물질이라 불리는 화학물질로 채워진 수많은 **시냅스소포(synaptic vesicles)**을 가지고 있다. 축삭의 말단에 활동전위가 도달하면, 이것이 전압의존성 칼슘이온(Ca^{2+})채널을 자극하여 열리게 하고 그 결과 빨리 칼슘이온을 세포질로 확산된다. 이 칼슘이온 유입은 시냅스 소포과 원형질막과의 융합을 통한 외세포작용으로 한 신경전달물질의 방출을 유도한다. 시냅스전 세포에 도달하는 활동전위의 빈도수가 많을수록 이들이 간직한 신경전달물질의 방출하는 시냅스 소낭의 수가 증가한다. 신경전달물질은 시냅스틈의 다른 부위로 확산되고 그 후 시냅스후 세포의 원형질막에 있는 화학-혹은 리간드-의존성 개폐성 수용기 단백질에 결합한다. 이들 수용기 활동이 시냅스후 세포의 원형질막의 차등전위를 생성한다.

신경전달물질은 전기기적인 신호가 작용하는 신경계에 존재하는 화학적 신호이므로 이들이 작용하는 동안은 철저한 조절이 요구된다. 신경전달물질은 다음 번 새로운 신호가 또 전달되어야 하므로 시냅스틈에서 빨리 제거되어야 한다. 분비된 신경전달 물질 제거는 시냅스 틈에 존재하는 효소에 의한 분해, 분비한 뉴런으로

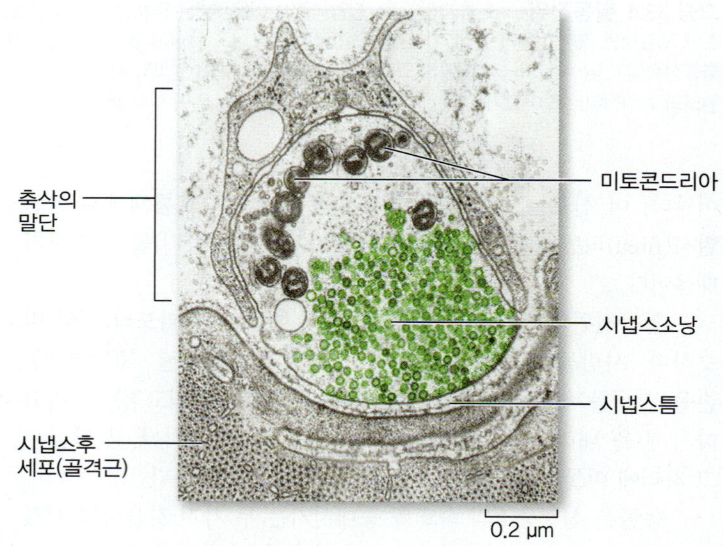

그림 33.6 시냅스틈. 신경근육 시냅스를 보여주는 전자현미경사진. 시냅스 소포체를 녹색으로 색체화 하였다.

신경전달물질 재흡수, 수초세포에 의한 흡수 등 다양한 기전에 의해 완성된다.

많은 다른 화학물질들이 신경전달물질로 작용한다

학습목표 33.4.2 흥분성과 억제성 신경전달물질의 효과를 상호 비교하라.

비록 우리가 화학적 유사성에 따라 어떤 형태의 분류 집단을 만들 수는 있지만. 하나의 화학적 특징이 그 신경전달물질의 성격을 정의하진 못한다. 어떤 것은 신경계 전체에서 널리 사용되지만, 또 다른 것은 중추신경계의 매우 특이한 연접에서만 발견된다.

아세틸콜린

아세틸콜린(Acetylcholine, ACh)은 신경전달물질로 신경근육연접부에서 이용된다(그림 33.7). ACh은 리간드 의존성 나트륨채널인 시냅스 후 세포에 있는 이것의 수용기에 결합한다. 시냅스후 세포막에서 이 채널의 열림은 **흥분성 시냅스후 전위**(*excitatory postsynaptic potential, EPSP*)라고 불리는 탈분극을 만들어낸다(그림 33.8a). 이 EPSP가 충분히 크면, 활동전위를 만들어낸다. 이 경우는 골격근육세포가 시냅스 후 세포이므로 32장에서 논의하는 바와 같이 활동전위가 근육의 수축을 자극할 것이다. 근육의 이완을 위해서는 ACh를 시냅스틈에서 제거해야한다. **아세틸콜린에스테라제**(*acetylcholinesterase, AChE*)는 ACh를 제거하는 시냅스 후 세포막에 존재하는 효소이다. 이 효소는 ACh를 불활성화시키고 파편으로 분해한다. 신경가스나 살충제 파라치온은 AChE의 강력한 억제제이다. 사람에서도 이들은 강력한 뇌성마비를 초래하거나 심지어 사망할 수도 있다.

ACh은 운동성 뉴런과 골격근 세포 사이에 신경전달물질로 작용하지만, 많은 뉴런들이 다른 뉴런의 세포체나 수상돌기의 시냅스에서 ACh를 또한 신경전달물질로 사용한다.

아미노산

글루탐산(glutamic acid)은 척추동물의 중추신경계에서 중요한 흥분성 신경전달물질이다. 흥분성 신경전달물질은 EPSP를 생성하여 활동전위를 자극한다. 헌팅턴 증후군을 앓는 환자의 어떤 뉴런은 글루탐산에 과민하게 되는 변화가 일어나는데 이것이 신경퇴행을 초래한다. GABA(glycine and γ-aminobutyric acid)는 억제성 신경전달물질이다.

이 신경전달물질(GABA)은 뉴런 안으로 확산되어 들어가는 농도구배를 가지고 있는 리간드 의존성 염소이온(Cl^-)개폐채널을 열게 한다. 염소이온은 음전하를 가지고 있으므로, 이것의 유입은 휴지상태보다 더 세포 안을 음전하 상태로 만든다(그림 33.8b). 이 과분극된 상태를 억제성 시냅스후 전위(inhibitory postsynaptic potential, IPSP)라고 부르고, 이것은 몸의 움직임이나 다른 뇌의 기능 신경성 조절에 매우 중요하다 디아제팜(발리움)이라는 약물이 GABA를 이 수용기 결합을 촉진하여 불안, 긴장을 억제하는 효능과 더불어 중독성의 원인이 된다.

생물유래 아민들

도파민(dopamine)은 신체의 움직임과 다른 기능을 조절하는 뇌의 어떤 부분에서 사용되는 매우 중요한 신경전달물질이다. 도파민-방출 뉴런의 퇴행은 파킨슨 질환의 근육경련을 만드는데, 이런 질환을 가진 사람을 도파민 전구체인 l-dopa(l-,4-ihydroxyphenylalanine)로 치료할 수 있다.

세로토닌(serotonin)은 신경전달물질로 수면과 또한 다양한 감정상태 조절에 관여한다. 세로토닌 분비 뉴런의 불충분한 활성이 진단적 우울증의 한 요인일 수 있다. 항우울증 치료제인 플루옥세틴(프로작)과 같은 약물은 시냅스틈에서 세로토닌의 제거를 억제한다; 그래서 이들 약물을 *selective serotonin reuptake inhibitors*, 혹은 *SSRIs* 이라고 한다.

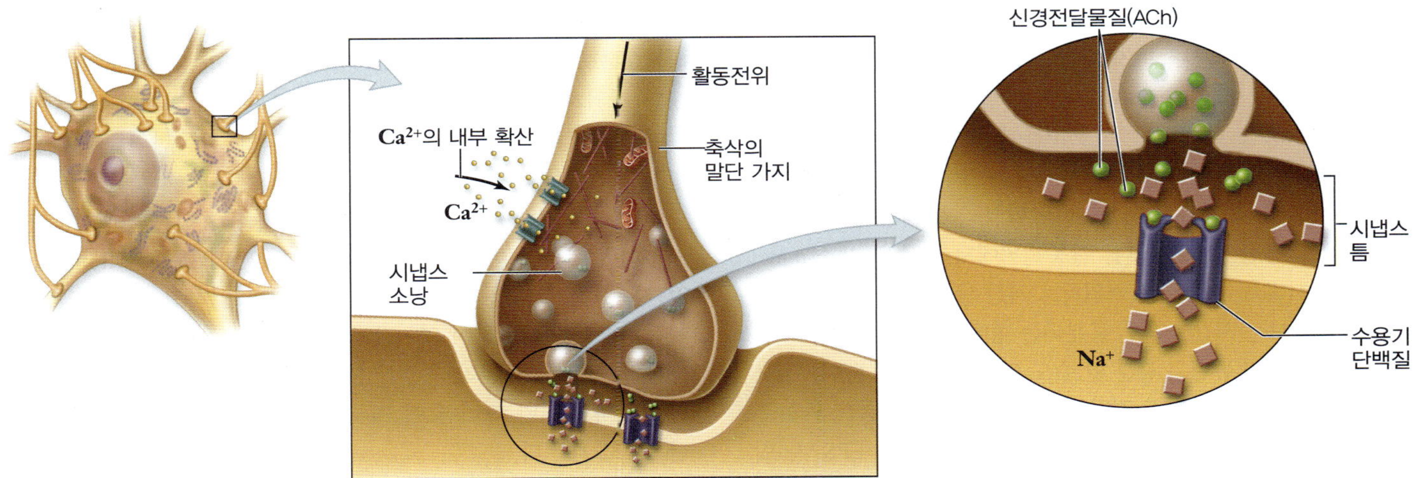

그림 33.7 신경전달물질의 방출. 축삭말단에 도달한 활동전위가 Ca^{2+}의 내부 확산의 방아쇠를 당기면, 이것이 시냅스 소낭과 원형질막의 융합을 초래하고 신경전달물질을 방출한다[이 경우는 ACh]. 신경전달물질 분자는 시냅스틈 사이에 확산되어 시냅스후세포막에 있는 리간드 개폐성 수용기에 결합한다.

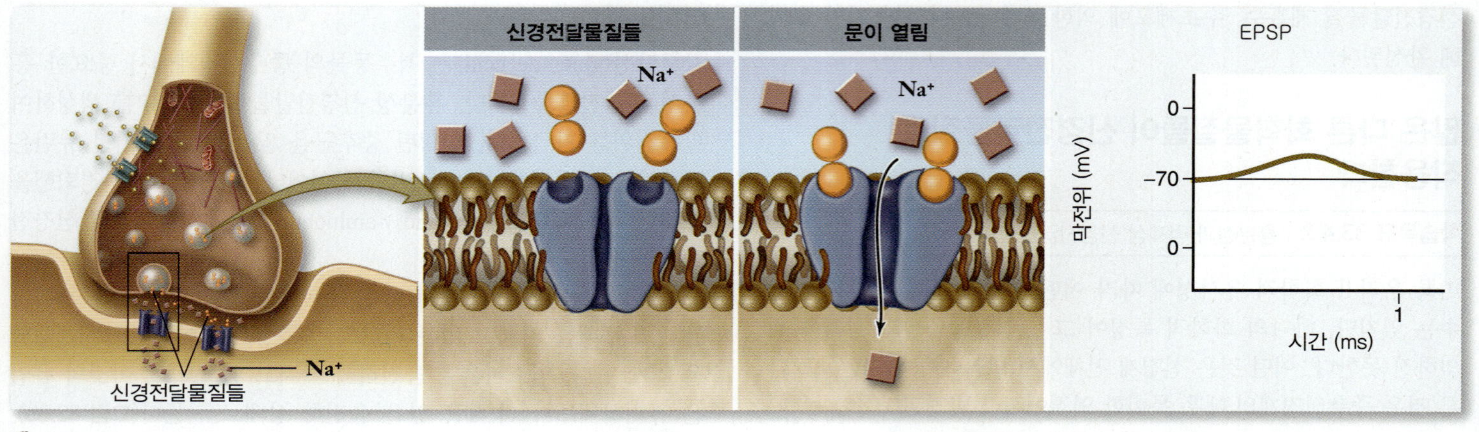

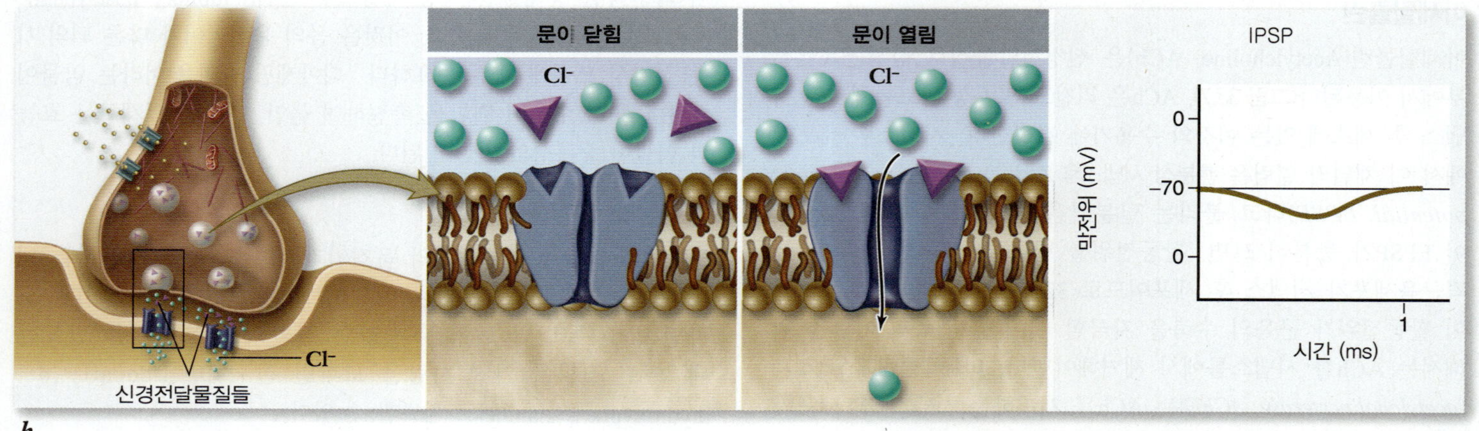

그림 33.8 다른 신경전달물질의 다른 효과를 나타낸다. **a.** 흥분성 신경전달 물질은 탈분극, 혹은 흥분성 시냅스후 전위(EPSP)를 촉진한다. **b.** 억제성 신경전달물질은 과분극, 혹은 억제성 시냅스후 전위(IPSP)를 촉진한다.

시냅스 후 뉴런은 많은 시냅스에서 들어온 정보를 통합해야 한다

학습목표 33.4.3 다른 뉴런에서 들어온 정보를 어떻게 뉴런이 통합하는지 설명한다.

각 시냅스 후 뉴런은 흥분성과 억제성 스냅스로부터 정보를 받는다. 이들 시냅스로부터 받는 EPSPs와 IPSPs는 뉴런의 세포체에 도달하면 서로 상호작용을 한다. 작은 EPSP들이 모여서 서로 합해져 막전위를 역치값에 가깝게 도달하게 하지만 IPSP는 막전위가 역치값에 도달하는 것을 제제하도록 EPSP의 탈분극 효과를 줄인다. 이 과정을 시냅스 통합이라고 한다. 활동전위에서 실무율(all-or-none) 특징 때문에, 시냅스 후 뉴런은 스위치가 켜진 상태 혹은 꺼진 상태인 것처럼 된다. 정보는 시간을 넘어 흥분되는 형태에 숨어 있지만, 이 신호를 받을 때 각각의 뉴런은 흥분 할 수도 있고 안할 수도 있다.

한 뉴런의 활성화 여부를 결정하는 일에는 많은 시냅스 후 뉴런들이 관여할 수 있다. 많은 여러 수상돌기들이 생성하는 EPSP가 합해져서 역치전위에 도달하는 방식과, 혹은 반복적으로 EPSP가 생성되는 하나의 수상돌기에서 이것들이 합해져서 역치전위에 도달하는 방식 등, 생체막이 역치전압에 도달하는 데는 두 가지 길이 있다.

우리는 처음 것을 **공간적 가중(spatial summation)** 그리고 두 번째 것을 **시간적 가중(emporal summation)**이라고 한다. 공간적 가중은 동시에 생성된 다른 시냅스전 수상돌기에서 온 차등전위가 서로 합쳐져 역치전압이상을 생성하기에 충분하기 때문에 가능하다. 이 입력이 EPSPs를 형성하는데 전부일 것을 요구하지는 않는다; 요구되는 것은 모든 것으로 모든 EPSPs와 IPSPs가 합해져 생성된 전위가 역치전압보다 큰 값인가 혹은 아닌가이다. 축삭 기저부에 생체막이 역치값 이상으로 탈분극되면, 활동전위를 만들고 이 신경자극이 축삭 아래쪽으로 보내진다.

시간적 가중에는, 하나의 수상돌기가 활동전위를 생성할 만큼 충분히 탈분극을 만들 수 있는데, 특징적인 EPSP은 약 15m sec 동안 지속되므로 다음 자극이 이 시간 안에 도달하고 이 탈분극이 주어진 시간 안에 합하여 역치값보다 크게 넘게 하면 시간적 가중이 충분히 일어난다. 만약 충분한 EPSP가 축삭 기저부에서 역치값 이상으로 생성되면 그러면 이 자극은 활동전위로 변환되어 축삭 말단으로 보내진다.

이들 두 가지 가중 방법 사이에 구분되는 특징을 흙으로 땅위에 언덕을 만드는데 비유할 수 있다. 하나의 삽으로 언덕을 만드는데 빠른 속도로 흙을 합치는 것이나, 다른 하나는 충분히 높을 때까지 않은 삽질로 흙을 첨가하여 만드는 것과 같다. 결과적으로 만들어진 흙더미가 충분히 높이 쌓아지면 축삭은 활동전위를 만든다.

개념 정리 33.4

화학적 시냅스는 신경전달물질에 의한 뉴런사이의 정보교환에 관여한다. 이 시냅스에는 ACh, GABA, 생물에서 유래한 아민, 그리고 세라토닌이 포함된다. 이들 신호의 결과들은 합하여 활동전위를 만들 수 있는 차등전위를 유발한다.

- 칼륨이온 채널에 작용하는 신경전달물질은 막전위에 어떤 경향을 미치는가?

33.5 중추신경계는 뇌와 척수를 포함한다

중추신경계는 오래된 진화적 혁신의 결과물이다. 핵심적으로 모든 좌우대칭 동물은 신체의 길이를 달리는 신경끈과 앞쪽에 신경절이 있는 중추신경계를 가지만, 척추동물에서 그 구조가 최고의 정교함에 도달해 있다.

척추동물 뇌는 세 가지 기본 범주를 가진다

학습목표 33.5.1 척추동물 뇌의 구성을 기술하라.

척추동물의 복잡한 신경계는 긴 진화의 역사를 가진다. 약 5억 년 전 물속을 헤엄을 추고 다닌 무악류 화석의 두뇌 속 내부를 비추어 관찰해 보면(28장 참조), 척추동물 뇌의 오래된 진화단계에 대해 많은 것을 나타내준다. 비록 그 뇌의 크기는 작지만, 이들 뇌는 이미 현재의 모든 척추동물 뇌 특징으로 나타나는 세 범주를 이미 가졌다(그림 33.9).

1. 후뇌(능형뇌, *hindbrain*, 혹은 *rhombencephalon*)
2. 중뇌(*midbrain*, 혹은 *mesencephalon*)
3. 전뇌(*forebrain*, 혹은 *prosencephalon*)

물고기의 후뇌

후뇌는 오늘날 물고기에도 존재하는 아주 오래된 뇌의 주요 구성요소이다. **소뇌(cerebellum)**, **뇌교(pons)**, 그리고 **숨골(연수, medulla oblongata)**로 구성되며 숨골은 척수의 연장으로 고려될 수 있으며 일차적으로 운동반사의 조정활동에 헌신한다. 매우 많은 수의 축삭을 가진 신경관로가 후뇌와 척수를 오르고 내리며 전선처럼 배치되어 있다. 그래서 후뇌는 신체에서 오는 많은 감각신호를 통합하고 운동 반응의 형태를 조정한다.

이런 조정의 대부분이 소뇌로 불리는 후뇌의 작은 확장부위에서 수행된다. 좀 더 앞서 있는 척추동물에서, 소뇌는 몸 움직임의 조정 중심으로 증대되는 중요한 역할을 수행하므로, 척추동물의 소뇌가 어류의 소뇌보다 당연히 크다. 모든 척추동물에서, 소뇌는 근육의 수축과 이완 상태, 그리고 몸의 일반적인 위치 및 외부 세계

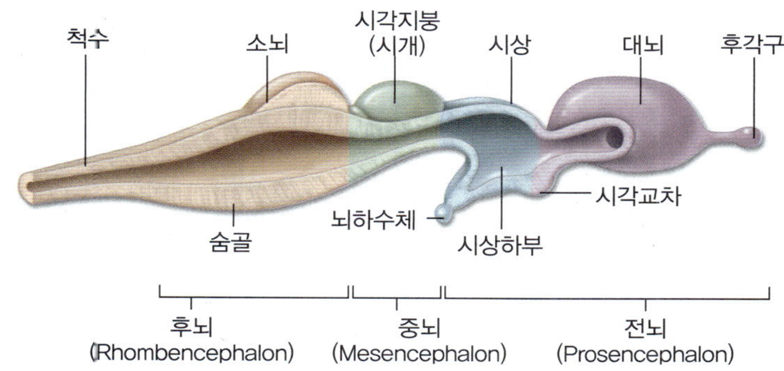

그림 33.9 척추동물 뇌의 기본 구조는 원시적인 물고기의 뇌에서도 볼 수 있다. 뇌는 모든 척추동물 달라진 부분으로 발견되는 세 영역으로 나눈다. 후뇌 물고기에서 가장큰 부분을 차지한다. 물고기에서 중뇌는 일차적으로 시각정보를 처리하는 곳이고, 이 동물의 전뇌는 주로 후각에 관련되어 있다. 육상에 사는 척추동물에서는 전뇌가 물고기의 전뇌에 비교하여 신경작용에 있어서 훨씬 더 주도적인 역할을 담당한다.

와 연관성, 각 사지의 움직임 그리고 현재 위치에 관한 데이터를 처리한다.

최근 척추동물에서 우세한 전뇌

양서류에서 시작하여 파충류에서 현격하게 계속되어 감각정보의 처리는 전뇌에서 집중적으로 일어난다. 이런 추세는 척추동물 뇌를 더 나은 발달로 이끈 우세한 진화적 경향기도 하다(그림 33.10). 파충류, 양서류, 조류, 그리고 포유류에서 전뇌는 구분되는 기능을 가진 두 가지 요소로 구성된다. 사이뇌(간뇌, *diencephalon*)는 **시상(thalamus)**과 시상하부(hypothalamus)로 구성된다. 시상은 입력되는 감각정보와 대뇌사이의 결속과 중계의 중심이다. 시상하부는 기본적 욕구와 감정 조절에 관여하며 뇌하수체 샘(pituitary gland)의 호르몬분비를 조절한다. **끝뇌(종뇌, telencephalon)**는 앞 뇌의 앞부분에 의치하며 두뇌의 연합 활동에 헌신한다. 포유동물에서 끝뇌를 대뇌라고 부른다. 끝뇌 역시 이 책의 다음부분에서 인간의 뇌를 기술할 대 논의할 구조에 포함된다.

대뇌의 확장

척추동물들 중에서 뇌의 크기와 몸무게 사이의 상관성을 조사하면, 확실한 차이가 어류와 파충류 사이에서, 그리고 포유류와 조류 사이에서도 관찰된다. 포유류는 몸집에 비교해 특이적으로 큰 뇌를 가지고 있다. 이 현상은 돌고래와 사람에서 두드러지게 나타난다. 뇌 크기의 증가는 크게 뇌의 대부분을 차지하는 대뇌의 큰 확장을 반영한다.

대뇌(cerebrum)는 포유류 뇌에서 학습과 추론 연관성 분석의 중심이다. 대뇌는 시상으로부터 감각기 정보를 받고, 그리고 하향 축삭 경로를 통해 운동 명령을 척수로 내보낸다. 척추동물에서 중추신경계는 뇌와 척수로 구성된다. 이들 두 구조물은 신경계에서 정보 처리에 가장 큰 책임을 지며, 일차적으로 사이 뉴런과 신경교세포로 구성되어 있다. 상향 신경관로는 감각 정보를 뇌로 운반한다. 반면 하향 신경관로는 뇌에서 운동 뉴런과 몸의 근육을 조절하

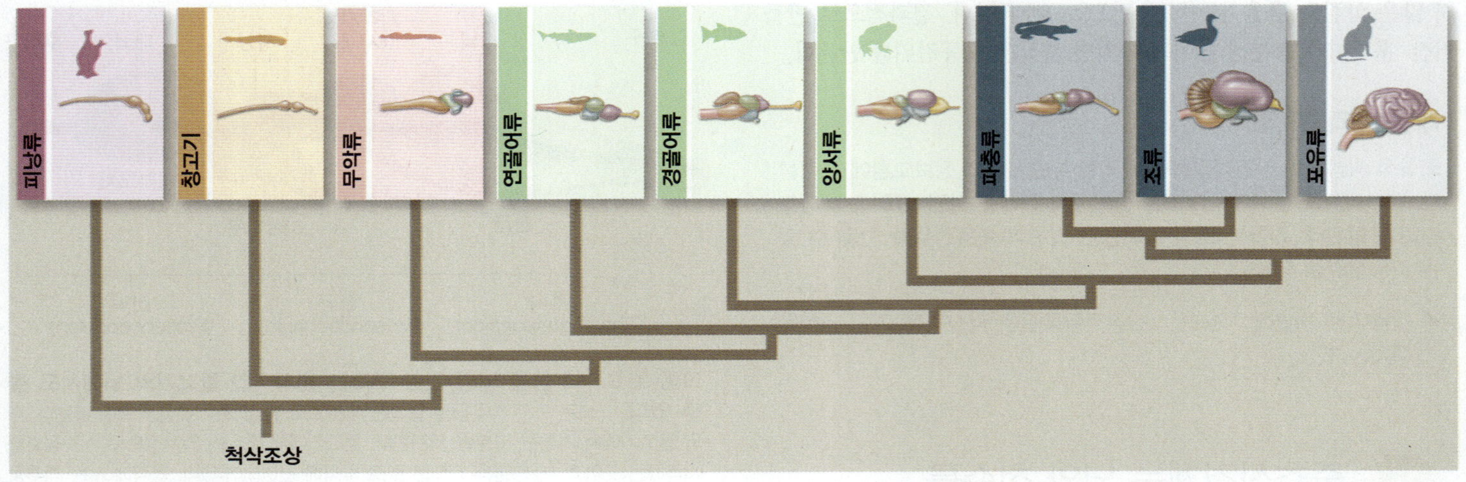

그림 33.10 다른 신경전달물질의 다른 효과를 나타낸다. 척추동물 뇌의 진화. 척추동물이 진화함에 따라 다른 뇌 영역의 상대적 크기가 변하였다. 어류와 상어에서 후뇌가 우세하고 뇌의 나머지 부분은 감각정보 처리에 일차적으로 관여한다. 양서류에서는 앞뇌가 매우 크고, 그리고 부수활동에 전념하는 큰 대뇌를 가지고 있다. 파충류에서 진화한 조류는 소뇌가 잘 발달해 있다. 포유류에서는 대뇌가 시각 교차를 덮고 그리고 뇌의 대부분을 차지한다. 대뇌의 우세는 사람에게서 가장 크며, 대뇌가 나머지부분을 덮고 있다.

는 척수에 있는 사이 뉴런으로 충격을 운반한다.

사람의 전뇌는 탁월한 정보처리능력을 보인다

학습목표 33.5.2 척추동물 뇌의 구조를 기술하라.

사람의 대뇌는 워낙 커서 뇌의 나머지 부분을 둘러싸고 있는 것처럼 보인다. 대뇌는 좌, 우 반구로 나뉘며, 뇌량(corpus callosum) 이라고 불리는 신경섬유다발(tract)로 연결되어 있다**(그림 33.11)**. 각각의 반구는 다시 전두엽(*fronta*), 두정엽(*parietal*), *temporal*(측두엽), 그리고 후두엽(*occipital lobe*)으로 나뉜다.

각 반구는 신체의 반대쪽에서 들어오는 대측성 입력을 받고 그 쪽을 일차적으로 지배하는 운동 제어를 수행한다. 그러므로 오른쪽 손의 촉각은 일차적으로 좌측 반구로 연결되고, 그 후 이 촉각에 대응하여 오른쪽 손의 움직임이 시작될 수 있다. 충격에 의한 한쪽 반구의 손상은 몸의 그 반대쪽 측면에 마비나 감각 손실을 초래한다.

대뇌피질

대부분의 대뇌의 신경활성은 오직 표면에서 수 밀리미터 두께에 있는 회색질층 안에서 일어난다. 이 층은, **대뇌피질(cerebral cortex)** 이라 불림, 은 신경세포로 꽉 차있다. 사람의 경우, 뇌 안에 있는 신경세포의 약 10%에 해당하며 100억 개 신경세포로 구성되어 있다. 대뇌피질의 표면은 매우 주름이 많이 져 있는데, 이것은 사람의 뇌에서 매우 특징적이며 피질의 표면적을 세 배로 증가시킨다. 대뇌피질의 활성은 운동, 감각, 연합의 세 가지 영역 중 하나에 해당한다. 대뇌의 어떤 영역은 주어진 특정 기능과 상관성이 있다.

뇌에서 앞에 위치하는 전두엽과 뒤에 있는 두정엽의 경계를 이루는 깊은 주름(중심 열구, *central sulcus*)을 사이에 두고 **1차 운동 피질(primary motor cortex)**은 전두엽의 뒤쪽 피질 주름이 밭이랑처럼 솟아오른 부분을 따라 존재한다. 운동피질 표면위의 각 지점은 신체의 다른 부분의 운동과 연관성을 가지고 있다. 중심열구 바로 뒤에 있는, 두정엽의 앞쪽 부분을 따라 감각 피질이 위치한다. 이 지역의 각 지점은 신체의 특정부위의 피부나 근육의 감각을 제공하는 뉴런으로부터 받는 입력을 받는다. 일차 운동 피질과 일차체 감각 피질의 많은 면적은 손가락, 말과 손재주를 위해 필요하므로 입술, 그리고 혀에 할당되어 있다. 청각피질은 측두엽(temporal lobe)에 위치하며, 이 피질의 다른 지역은 다른 소리파동을 담당한다.

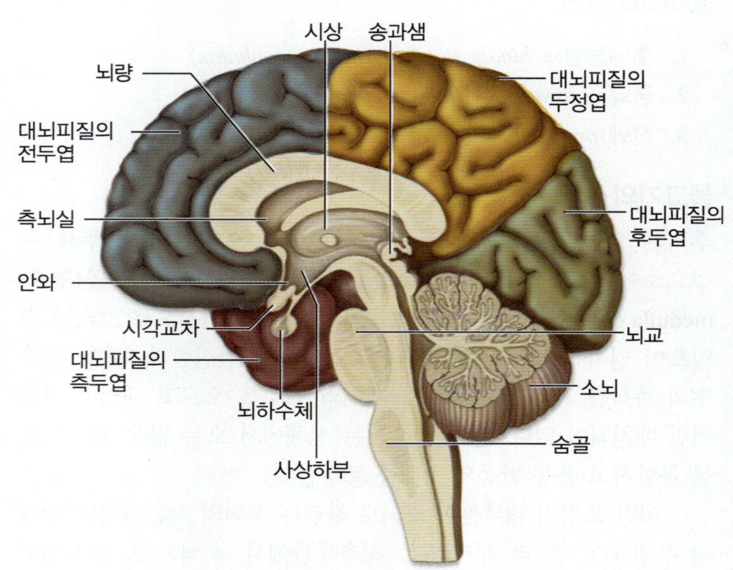

그림 33.11 사람 뇌의 단면도. 뇌의 한쪽 반구를 보여 주는 이 시상면 절편그림에서 섬유성 신경통로로 두 대뇌의 반구를 연결하는 뇌량을 깨끗하게 볼 수 있다.

망막의 다른 영역으로부터 해당되는 눈의 시각 영역에의 특별한 지점에까지의 정보처리를 위한 다른 위치를 가진 시각 피질은 후두엽(occipital lobe)에 있다. 감각과 운동 피질이 차지하지 않는 대뇌피질 부분을 **연합 피질(associate cortex)**이라고 한다. 고등 두뇌활동을 관장하는 연합피질은 유인원에서 최대에 도달하는데, 특히 사람에서는 대뇌피질 표면의 약 95%까지 차지한다.

시상과 시상하부

시상은 뇌에서 감각 통합의 일차적 장소이다. 시각, 청각, 그리고 체감각 정보가 감각신경다발이 신경 연결되어 있는 연합뉴런을 통해 시상으로 보내진다. 그 후 이 감각 정보는 각각 시상을 통해 대뇌피질의 후두엽(occipital), 측두엽(temporal), 그리고 두정엽(parietal)으로 전달된다. 각각의 감각 정보 전달은 시상 내의 특별한 신경세포체의 집합에 의해 취급된다. 시상하부는 내장의 활동을 통합한다. 이곳은 체온, 허기, 만족감, 갈증과—대뇌 연변계를 따라—다양한 감정상태의 조절을 돕는다. 시상하부는 또한 뇌하수체 분비샘을 조절하는데, 이를 통해 많은 신체의 내분비샘을 조절한다.

뇌줄기 혹은 뇌간(*brainstem*; 중뇌, 송과샘, 숨골을 총괄적으로 언급) 안의 조절 중심과 대뇌의 피질 상호연결에 의해서, 시상하부는 많은 내적 자극과 감정에 대응하는 신경과 내분비의 반응을 조절하는 것을 돕는다.

척수는 메시지를 운반하고 어떤 반응은 직접 조절한다

학습목표 33.5.3 단순반사가 어떻게 작동하는지 설명하라.

척수는 뉴런들이 척추를 통해 뇌로부터 확장된 전선이다(**그림 33.12**). 척수는 뇌를 둘러싸고 있는 뇌척수막(*meninges*)이라고 불리는 막과 척추에 의해 둘러싸여 있고 보호된다. 척수 내부에는 두 영역이 존재한다. 내부영역은 회색질이고 이것은 일차적으로 신경아교세포, 운동뉴런, 사이뉴런의 세포체들로 구성되어 있다. 외부영역은 백색질로 등쪽 기둥에 있는 감각축삭과 배쪽 기둥어 있는 운동축삭의 전선을 포함한다. 이들 신경다발은 또한 다른 신경의 수상돌기를 또한 포함할 수도 있다. 메시지가 신체에서 뇌로 척수를 통해서 올라가고 내려오므로 척수를 "정보의 고속도로"라고 한다. 메시지의 중계와 더불어, 척수는 또한 근육의 갑작스러운 무의식적 움직임인 반사작용의 기능을 수행한다. 반사는 척수에서 높은 수준의 정보처리 없이 감각 뉴런이 운동 뉴런 신호를 보내므로 자극에 반응하여 빠른 움직임을 만든다.

여러분의 몸에서 일어나는 하나의 반사작용은 눈을 보호하는 눈 깜빡임이다. 곤충이나 먼지 구름이 당신의 눈에 접근을 하면 눈꺼풀이 무엇이 일어났는지 여러분이 알기 전에 깜빡거린다. 반사작용은 눈이 위험에 처해 있음을 대뇌가 인식하기전에 일어난다. 무릎 차기 반사와 같은 악간의 반사는 감각뉴런은 축삭이 근육으로 바로 연결되나온 운동뉴런과 직접 연결되어 있다. 그러나 척추동물에서 대부분의 반사는 감각뉴런과 운동뉴런 사이의 연결된 사이뉴런이 관여한다. 뜨거운 난로에 닿자마자 손을 피하는 반사작용은 하나 혹은 그 이상의 사이 뉴런을 통한 감각 뉴런으로부터 운동뉴런으로 정보의 중계를 포함한다. 그 후 운동 뉴런이 관련된 근육의 수축을 자극한다. 감각 뉴런이 다른 사이뉴런(interneuron)과 뇌로 신호를 보내기 위해 연결되어 있어 당신이 손을 움직일 지라도 고통을 느낀 다는 것을 인지한다.

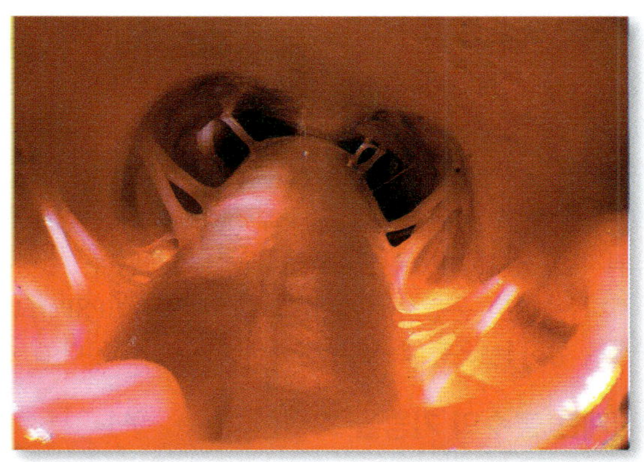

그림 33.12 사람 척수를 위에서 아래로 본 사진. 척수로부터 뻗어 나온 척수신경 쌍을 볼 수 있다. 뇌로부터 나온 뇌신경과 더불어 이들 신경을 따라 중추신경계가 신체의 다른 부위와 정보교환을 한다.

개념 정리 33.5

척추동물은 후뇌 중뇌 전뇌 세 곳의 일차적인 영역을 가진다. 대부분 연합활동(associative activity)이 일어나는 곳은 뇌 표면의 대뇌피질의 회색질이다. 척수는 뇌로 입력과 출력 메시지를 중계한다; 또한 척수에서 감각정보를 직접처리하고 운동반응을 시작하는 반사반응이 일어난다.

- 반사의 장점은 무엇인가?

33.6 말초신경계는 감각뉴런과 운동뉴런으로 구성된다

말초신경계(PNS)는 중추신경계(CNS)의 바깥쪽에 위치하는 신경으로, 전선 같은 축삭 과 **신경절(ganglia 단수는 ganglion; 뉴런 세포체의 모임)**로 구성된다. 말초신경계의 기능은 환경으로부터 정보를 받아, 이것을 중추신경계로 전달하며, 그리고 근육세포와 같은 효과기로 정보를 운송하기도 한다.

말초신경계는 체성신경과 자율신경계를 가진다

학습목표 33.6.1 체성, 자율, 교감, 부교감 신경계를 구분하라.

앞서 언급한 것처럼, 체성신경은 골격근의 수축을 자극하고 자율운동신경은 내장근, 심장 근육, 그리고 분비샘인 불수의 효과기들에 분포한다.

체성신경계는 운동을 조절한다

체성신경계는 의식적인 조절을 요구하지 않는 반사작용의 부분과 의식적인 명령에 반응하여 수축하는 골격근을 자극한다. 그러나 특별한 골격근의 수축을 위해 자극할 때, 길항적인 근육은 수축이 억제되어야 한다. 예를 들어 팔을 구부리기 위해서는, 굴근(flexor)은 자극되지만, 길항적인 신근(extensor)은 억제된다. 길항적인 근육에 분포하는 척추 운동뉴런에서 초래된 과분극(IPSPs)으로 말미암아 아래로 향하는 운동 축삭은 필요한 억제를 만든다.

자율신경계는 불수의 기능을 조절한다

자율신경계는 교감부(*sympathetic*), 부교감부(*parasympathetic*) 그리고 이들 체계를 도와주는 후뇌의 숨골로 구성된다. 이들은 비록 서로 다를 지라도 교감부, 부교감부는 여러 특징들을 공유한다. 두 신경계는, 원심성 운동 통로 두 뉴런을 포함한다: 첫 번째 신경은 중추신경계 내의 세포체를 가지고 자율신경절로 축삭이 나와 있다. 두 번째 뉴런은 자율신경절에 세포체를 가지고 있으며 분비세포 심장 근육 내장근육과 연접하는 시냅스로 이것의 축삭을 내보낸다. 두 번째 뉴런을 신경절 후 뉴런(*postganglionic neuron*)이라고 명명한다. 부교감신경 부에서 이들은 ACh을 방출하며 그리고 교감신경부에서 이들은 노르에피네프린을 방출한다.

교감신경부. 교감신경 부에서는, 신경절전 뉴런이 흉추, 요추 그리고 척수지역에서 나온다(그림 33.13, 왼쪽). 척수 바로 바깥쪽 신경절의 두 평행 매듭 연결부위에서 이들 뉴런의 대부분 축삭은 시냅스로 연결된다. 이런 구조물을 교감신경적 신경절 매듭연결이라 부른다. 교감적 사슬(*sympathetic chain*)은 신경 절 후 뉴런의 세포체를 가지며 그리고 이것이 여러 내장 장기에 분포하는 이 뉴런에서 나오는 축삭들이다.

부교감신경부. 교감신경부의 작용은 부교감신경부에 의해 길항적으로 조절된다. 신경절 전 부교감신경적 뉴런은 뇌와 척추의 천골(sacral) 지역에서 시작된다(그림 33.13, 오른쪽). 이런 기원 때문에 교감 신경절 매듭연결과 유사한 부교감 신경절 매듭연결이 없다. 대신에 미주신경(제10뇌신경) 안에 있는 절전 축삭이, 내부 장기 안에서 혹은 그 가까이에 위치하는 신경절에서 끝난다. 그 후 신경절 후 뉴런은 그들의 시냅스에 ACh 방출로 내부 기관을 조절한다. 부교감신경의 효과는 심장박동을 늦추고 소화기관의 활성화와 분비를 증가시킨다.

개념 정리 33.6

말초신경계(PNS)는 체성 그리고 자율 신경계로 구성된다. 척수신경은 정보를 중추신경계로 운반하는 감각뉴런이나, 중추신경계에서 목적지로 이것을 운반하는 운동뉴런을 포함한다. 자율신경의 교감신경 부는 싸우거나 도망치는 반응(fight–or–flight response)을 활성화시키는 반면에 부교감신경 부는 소화와 긴장해소를 촉진시킨다.

- 교감신경부와 부교감신경부를 가진 것이 하나의 시스템을 가진 것보다 왜 유리한가?

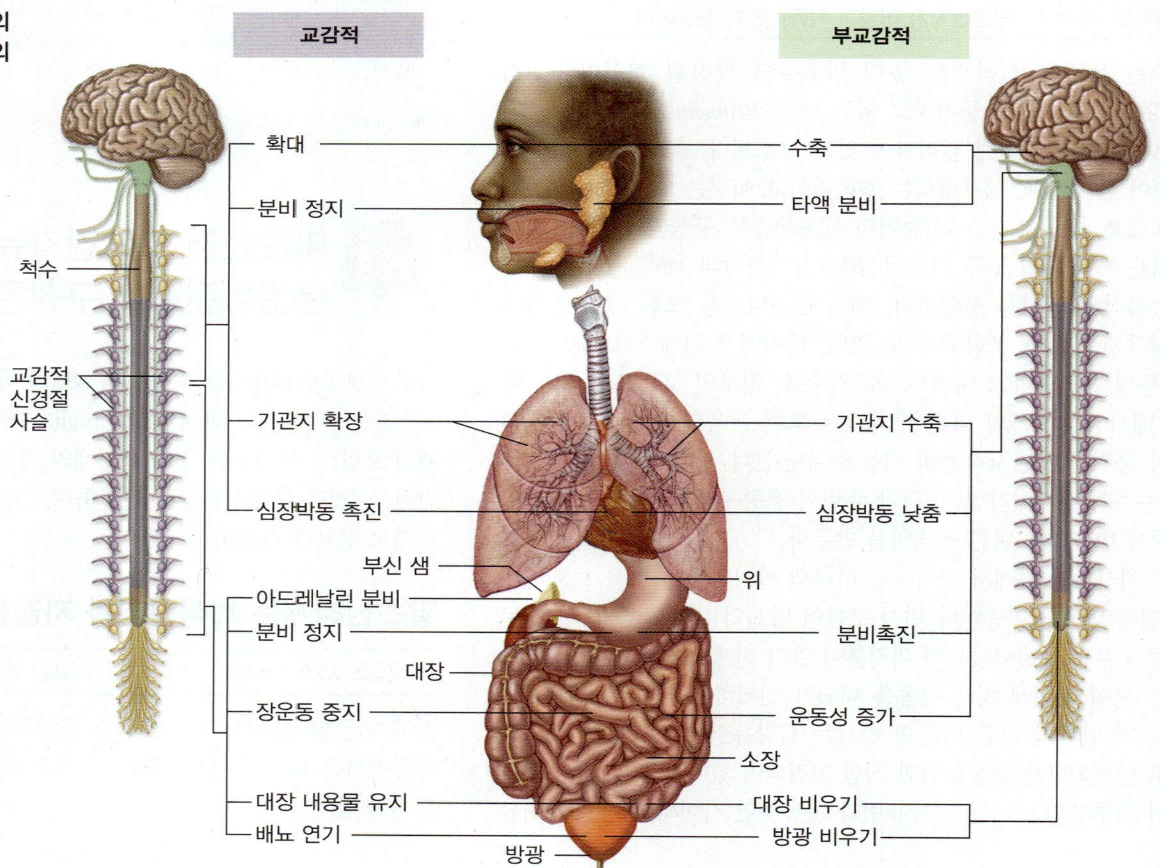

그림 33.13 자율신경계의 교감신경과 부교감신경의 나눔.

33.7 감각수용기는 신체의 환경에 관한 정보를 제공한다

우리가 감각수용기를 생각할 때, 머리에 떠오르는 것이 시각, 청각, 미각, 후각, 그리고 촉각으로- 이들 감각은 우리 환경에 대한 정보를 제공한다. 확실하게 이들 외부 정보는 동물의 성공과 생존에 결정적이지만, 감각수용기는 또한 근육의 이완, 몸의 위치 그리고 혈압 같은 내부 상태에 대한 정보와 같은 내부정보도 제공한다.

감각수용기는 외부와 내부 자극 모두를 감지한다

학습목표 33.7.1 어떻게 감각기정보가 감각수용기로부터 중추신경계로 운반되는지 설명하라.

외수용기(exteroceptor)는 외부 환경에서 일어나는 자극을 감지하는 수용기이다. 땅을 침범하기 전에 척추동물의 대부분 외수용기는 물속에서 진화하였다. 결과적으로, 육상 척추동물의 많은 감각은 물에서 잘 여행하는 자극을 강조한다. 바다에서 땅으로 전환하는 과정에 유지되어온 수용기를 사용하여. 예를 들어, 포유류의 청각은 원래 물속에서 진화했던 그것과 비슷한 수용기를 사용하여 공기의 자극을 수중의 자극으로 변환시킨다. 물고기의 전기기관처럼 소수의 어떤 척추동물 감각계는 물속에서 잘 작동하지만 공기 중에서는 작동하지 않거나 육상의 척추동물들 중에서 아예 발견되지도 않는다. 대조적으로 약간의 육상 동물들은 적외선 열 감지기 같은 물속에서는 작동되지 않는 감각기를 가지고 있다.

내부자극수용기(interoceptors)는 몸 안에서 발생하는 자극을 감지한다. 이들 내부 수용기는 근육의 길이와 긴장성, 사지 위치, 통증, 혈액 조성, 혈액 부피, 체온, 혈압과 관련된 자극을 감지한다. 외부 환경을 감지하는 수용기와 비교하여 대부분 이들 수용기는 단순하며 원시적인 감각수용기와 매우 닮았다고 믿어진다. 이 장의 나머지 부분에서 우리는 각각의 감지를 위해 특화된 자극의 종류에 따라 내부자극수용기 그리고 외수용기의 다른 형태들을 고려한다.

수용기는 세 카테고리로 분류할 수 있다

감각수용기는 이들 감각 수상돌기를 제일 잘 활성화하는 환경자극의 특성에 따라 다르다. 넓게 보면, 이들 수용기들을 세 부류로 인식할 수 있다.

1. **기계적 감각수용기(mechanoreceptors)**는 압력과 같은 기계적 힘에 의해 자극된다. 여기에는 촉각, 청각 그리고 균형을 위한 수용기가 포함된다.
2. **화학 수용기(chemoreceptors)**는 화학물질과 화학적 변화를 감지한다. 냄새 맛의 감각은 화학적 수용기에 의존한다.
3. **전자기 수용기(electromagnetic receptors)**는 열과 빛에너지에 반응한다. 열수용기가 여러 파충류에서 발견되는 것처럼 빛을 감지하는 눈의 광수용기가 한 예이다.

가장 단순한 감각수용기는 세포외액에서 산소와 같은 화학물 온도의 변화로 인해 감각 뉴런의 막 굽어짐 늘어남에 대응하는 자유로운 신경 말단이다. 다른 감각수용기는 특수화된 표피세포와 함께 있는 감각 뉴런의 연합을 포함하여 좀 더 복잡하다.

감각전달은 개폐성 이온채널이 관여한다

학습목표 33.7.2 어떻게 개폐성 이온채널이 작동하는지 기술하라

감각 세포는 **자극-의존성 이온채널(stimulus-gated ion channels)**을 이들 생체막에 가지고 있기 때문에 자극에 반응한다. 감각 자극은 관련된 감각계에 따라서 이들 이온 채널이 열리거나 닫히게 한다. 대부분의 경우 감각자극은 신경전달 물질에 반응하여 시냅스 후세포에서 EPSP가 만들어지는 것과 유사하게 수용기세포의 탈분극을 만든다.자극에 따라 감각수용기에서 발생하는 탈분극을 수용기 전위라고 말한다.

EPSP처럼, 수용기전위도 차등전위이다. 감각 자극이 크면, 탈분극 정도도 커진다. 수용기전위도 역시 시작된 지점에서 멀어지면 그 크기가 감소한다. 이것은 작고 무관한 자극이 감각뉴런의 세포체에 도달하는 것을 막는다. 수용기전위가 혹은 수용기전위의 합이 탈분극의 역치 수준을 넘을 만큼 충분하게 크면 활동전위가 만들어지고 감각신경 축삭을 따라 중추신경계(CNS)로 전파된다.감각자극이 크면 수용기전위 탈분극이 커지고 활동전위 빈도수도 증가한다(활동전위의 빈도가, 이들의 합이 아니라, 자극의 강도 변환에 대응한다는 것을 기억하라).

일반적으로, 지수적인 상관성이 자극의 강도와 활동전위의 빈도 사이에 작동한다—혹 예를 들어 다른 감각 자극보다 10배 정도 큰 어떤 특정한 감각 자극은 비교 자극 보다 두 배 많은 빈도수의 활동전위를 만들어낸다. 이런 상관성이 중추신경계가 들어오는 신호의 빈도수에 기초하여 감각 자극의 강도를 해석하도록 허용한다.

개념 정리 33.7

감각수용기는 기계적 감각수용기, 화학수용기, 그리고 전기자기장 에너지 감지 수용기를 포함한다. 막전위를 변화시키면서 자극에 반응하여 개폐성 이온 채널이 열리고 닫힌다.

- 활동전위의 빈도수 사이의 상관관계가 왜 지수적(logarithmic)이라고 갈하는가?

33.8 기계적 감각수용기는 촉각과 압력을 감지한다

통각수용기는 가능한 손상에 신체를 경계하게 한다

학습목표 33.8.1 통증수용기가 어떻게 통각을 인식하는지 기술하라.

조직손상의 초래하거나 초래할 것 같은 자극은 통증으로 인식된다. 조직 손상과 더불어 유해한 물질에 민감할 수 있기 때문에 통증이라고 인식되는 자극을 전달하는 수용기를 **통각수용기(nociceptors)**라고 한다. 대부분 통각수용기는 특히 손상이 잘 일어날 것 같은 표피 주위와 온 몸 전체에 존재하는 자유로운 신경말단으로 구성된다. 또 다른 통각수용기는 매우 높은 고온, 강한 충격 같은 매우 강력한 물리적 자극, 혹은 손상된 세포에서 방출된 세포외액에 있는 특별한 화학물질에 반응한다. 어떤 종류의 조직 손상은 극단적인 고온에 의해 초래 되는데, 이 경우에는 이런 유해한 자극이 고통의 감각을 초래하는 확실하게 알려졌다. 통증에서 발견되는 이온 채널 단백질의 종류는 일시적 수용기 전위(transient receptor potential; TRP)이온채널로 온도에 의해 자극되면 이 채널 단백질은 양이온 일차적으로 Na^{+}와 Ca^{2+} 이온을 세포 내부로 통과시킨다. 그래서 이 탈분극 흐름이 통증에 대응하여 만들어지는 척수의 뉴런에서 EPSP 생성이나, 글루탐산 방출로 이어지는 감각뉴런의 방아쇠를 당기게 한다. 고온 저온에 반응하는 TRP 채널들이 발견되었다. 피부는 온도변화에 민감한 감각 뉴런의 수상돌기 말단은 노출되어 있는 **온도수용기(thermoreceptors)** 두 집단을 가지고 있다. 이들 온도수용기는 고온과 저온에 반응하는 TRP 이온채널을 가지고 있다 순환하는 혈액의 온도를 감지하고 신체 내부(핵심) 온도에 관한 정보를 중추신경계에 제공한다. 온도수용기는 또

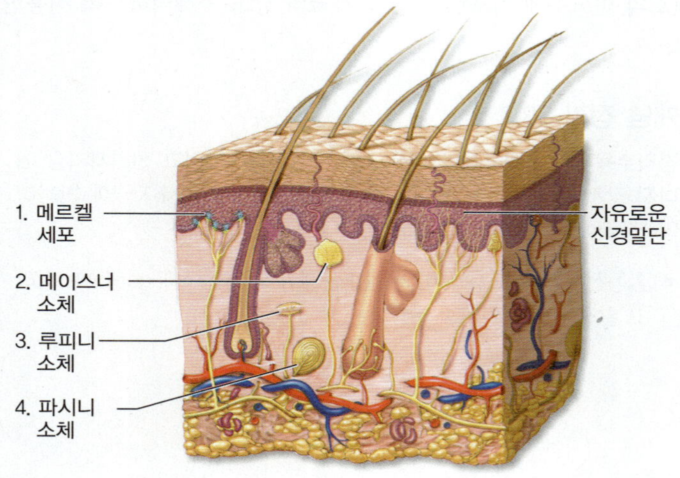

그림 33.14 사람피부에 있는 감각수용기들. 피부 수용기는 자유로운 신경말단이거나 다른 지지구조와 함께 있는 감각 수상돌기이다.

한 뇌의 시상하부에서도 발견된다. 여러 형태의 기계적 수용기가 피부에 존재하는데 어떤 것들은 진피에 그리고 다른 것들은 피하조직에 있다(그림 33.14). 이들 수용기는 막이 물리적으로 뒤틀리는데 반응해 열리는 이온채널을 가진 감각세포를 가지고 있다. 이들은 물리적 접촉의 여러 형태를 감지한다. 이것은 촉각이다. 형태적으로 섬세한 촉감에 반응하는 특수한 수용기는 대부분 손가락 끝이나 얼굴 같은 특정 부위에 집중되어 있다. 이들은 피부감각점을 매우 정확하게 찾아낸다.

근육길이와 긴장성은 자기(고유) 수용기에 의해 조정된다

학습목표 33.8.2 자기수용기가 사지의 위치와 움직임을 감지하는지 기술하라.

경골 어류를 제외한 모든 척추동물의 골격근 안에 묻혀있는 것들은 근육 축들과 근육 내 나머지 섬유소들과 평행하게 누워있는 감각성 이완 수용기들이다. 각 축은 여러 얇은 **근방추(Muscle spindles)**로 함께 쌓여 있고, 그리고 근육과 근육 축이 늘어날 때 활성화되는 감각 뉴런이 분포한다. 근육 축들은, 인대나 관절에 있는 다른 수용기와 과 더불어 **고유(자기)수용기(Proprioceptors)**로 알려져 있다. 이러한 감각수용기는 동물들의 신체 부위의 상대적인 위치나 움직임에 관한 정보를 제공한다.

압력수용기는 혈압을 감지한다

학습목표 33.8.3 압력 수용기를 구분하라.

신체의 중요한 두 곳에서 혈압이 감지된다. 그 하나는 뇌로 혈액을 공급하는 왼쪽과 오른쪽 내부 경동맥이 확장된 부분인 경동맥강(sinus)에 있다. 다른 하나는 심장에서 나오는 부분에서 매우 가까운 대동맥 궁(arch)에 있다. 이 두 곳의 혈관 벽은 이 혈관 벽이 늘어났는지 혹은 긴장성이 있는지 감지하는 압력수용기라고 불리는 구심성 뉴런들로 구성된 고도로 촘촘한 연결망을 가진다. 혈압이 감소하면 압력수용기에서 만드는 전기적 충격의 빈도수가 감소한다. 중추신경은 심장박동과 혈관수축의 증대를 초래하는 교감신경 부를 자극하여 감소한 입력에 반응한다. 이 두 가지 효과는 혈압 상승을 도와서 항상성 유지하게 한다. 혈압의 상승은 압력 수용기 충격을 증가시키는데, 이것이 총괄적으로 교감신경의 활성을 감소하게 하며 혈압을 낮추고 심장박동을 느리게 하는 부교감신경부를 자극한다.

개념 정리 33.8

통각수용기는 조직의 손상이나 혹은 손상 가능성을 감지하므로 통증을 유발한다. 열 수용기는 열에너지 변화를 감지하고, 고유(자가)수용기는 근육의 길이를 인지하고; 압력수용기는 대동맥에서 혈압을 감시한다.

- 왜 근육이완을 감지하는 것이 중요한가?

33.9 소리와 몸의 위치는 진동감지기에 의해 인식된다

물이 압력파동을 더 효과적으로 전달하므로 공기에서 보다 물에서 **청각(auditory perception)**, 소리파동의 감지가 더 잘 작동한다. 이런 제한점에도 불구하고, 소리는 그들의 환경을 감지하고 , 종의 다른 구성원과 소통하며 가능한 위험 원천을 감지하는데 육상 척추동물에 의해 널리 사용된다. 공기나 물과 같은 매질 통해 이동하는 소리는 진동의 결과물로 혹은 파동이다, 소리 파동의 감지는 수중생물체에게서 처음 진화한 특화된 기계적 감각수용기의 작용을 통해서 가능하다.

어류의 측선계는 저주파 진동을 감지한다

학습목표 33.9.1 측선계가 어떻게 어둠속에서 물고기를 먹잇감을 찾아 수영해 갈 수 있게 하는지 기술하라.

청력을 제공하는 것에 더하여, 물고기 측선계는 저주파 진동과 압력파동을 반사하는 물체를 감지하게 하는 능력을 물고기가 가지도록 하는 "먼 곳의 촉각,"을 또한 제공한다. 이 능력이 물고기가 먹잇감을 감지하고, 상호 협력 수영도 가능하게 해 준다. 측선계는 또한 눈먼 동굴 물고기조차 수용기를 지나는 물의 상태 변화를 측정해 이 물고기로 하여금 환경 변화를 인식하게 해준다. 측선계는 양서류 유충에서도 발견되지만 변태 후 사라지고, 그리고 육상 척추동물에서는 존재하지 않는다. 측선계는 몸의 양쪽 옆으로 뻗어 있는 물고기 피부 안의 측면 통로 안과 그리고 머리에 여러 통로 안에 존재하는 유모세포로 구성된다(그림 33.15a).

유모세포 표면에는 정 혹은 팽대능(cupula) 라고 불리는 젤라틴성 막에 박힌 돌출부를 가진다. 이 유모세포에는 충격을 뇌로 전달할 수 있는 감각 뉴런이 분포한다. 유모세포는 부동섬모(stereocilia)와 하나의 긴 **운동섬모(kinocilium)**로 불리는 것으로 구성된 여러 털 모양의 구조물을 가진다(그림 33.15b). 부동섬모는 실제 액틴 섬유를 가진 미세 융모이고 미세소관을 가진 운동섬모가 실제로 섬모이다. 물고기의 환경을 통해 전달된 진동은 팽대능을 굽어지게 하여 이것의 움직임을 만든다. 부동섬모가 운동섬모 방향으로 굽어지면 부속된 감각 뉴런이 자극되고 수용기 전위를 발생하게 한다. 그 결과로 감각뉴런에 의해 만들어진 활동전위 빈도수가 증가한다. 반면 부동섬모가 반대방향으로 굽어지면 감각뉴런의 활성은 감소한다.

귀의 구조는 소리를 감지하도록 특화되었다

학습목표 33.9.2 소리 파장이 어떻게 내이에서 활동전위의 생성을 이끄는지 설명하라.

육상척추동물의 귀속에서 공기 중 진동은 외이도를 통해 고막으로 전달된다. 이들 구조가 **외이(바깥귀, outer ear)**를 구성하는 부품들이다. 고막의 진동은 **중이(가운데귀, middle ear)**라고 알려진 뼈로 된 공간에 위치한 하나 혹은 그 이상의 작은 뼈 움직임의 원인이 된다. 양서류와 파충류는 **등자뼈(등골, stapes;** 안장에 매달려 있는 형상) 하나만 가지지만, 포유류는 **망치뼈(추골, malleus;** 망치 모양) 그리고 **모루뼈(incus;** 대장간에서 뜨거운 금속을 올려놓고 두드릴 때 쓰는 쇠로 된 대를 닮음) 두 개를 더 가지고 있다(그림 33.16a, b). 이 두 첨가된 뼈는 어디서 유래했는가? 화석의 기록은 현재 포유류의 망치뼈와 모루뼈는 단궁 파충류의 아래턱의 두 뼈에서 유래

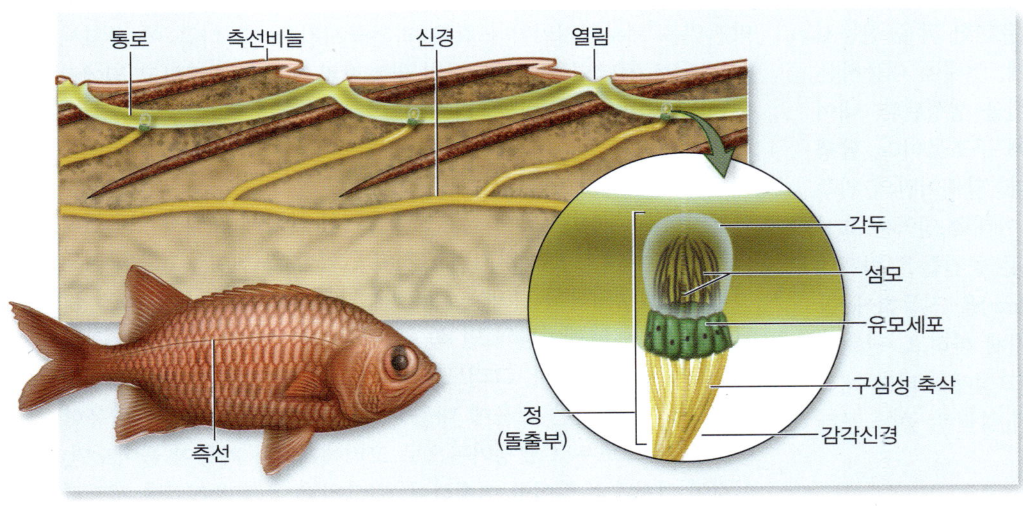

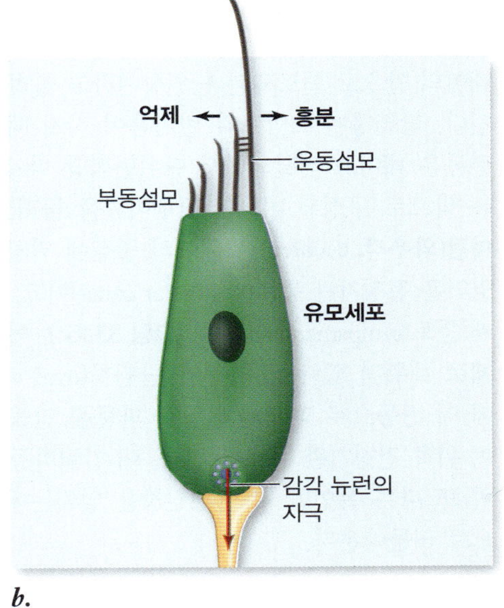

그림 33.15 측선계. **a.** 이 측선계는 피부 표면 아래 물고기 몸의 길이로 달리는 관으로 구성된다. 이들 관안에 젤라틴성 돌출부 안으로 뻗어 있는 섬모를 가진 유모세포를 포함하는 감각기 기관이 있다. 물을 통해 관으로 들어온 압력 파동이 섬모를 흔들고 유모세포에 부착된 감각세포를 탈분극시킨다. **b.** 유모세포는 제라틴성 막으로 돌출된 머리털 같은 섬모를 가진 기계적수용기이다. 측선계의 유모세포는(척추동물 내이의 막성 미로와 함께) 부동섬모, 운동섬모라고 불리는 다수의 작은 섬모들을 가진다. 섬모가 운동섬모 방향으로 굽어질 때 유모세포는 부속되어 있는 감각뉴런을 탈분극시키는 화학적 전달물질을 방출한다. 반면 섬모가 굽어지는 방향이 반대이면 유모세포는 감각뉴런에 억제적인 효과를 준다.

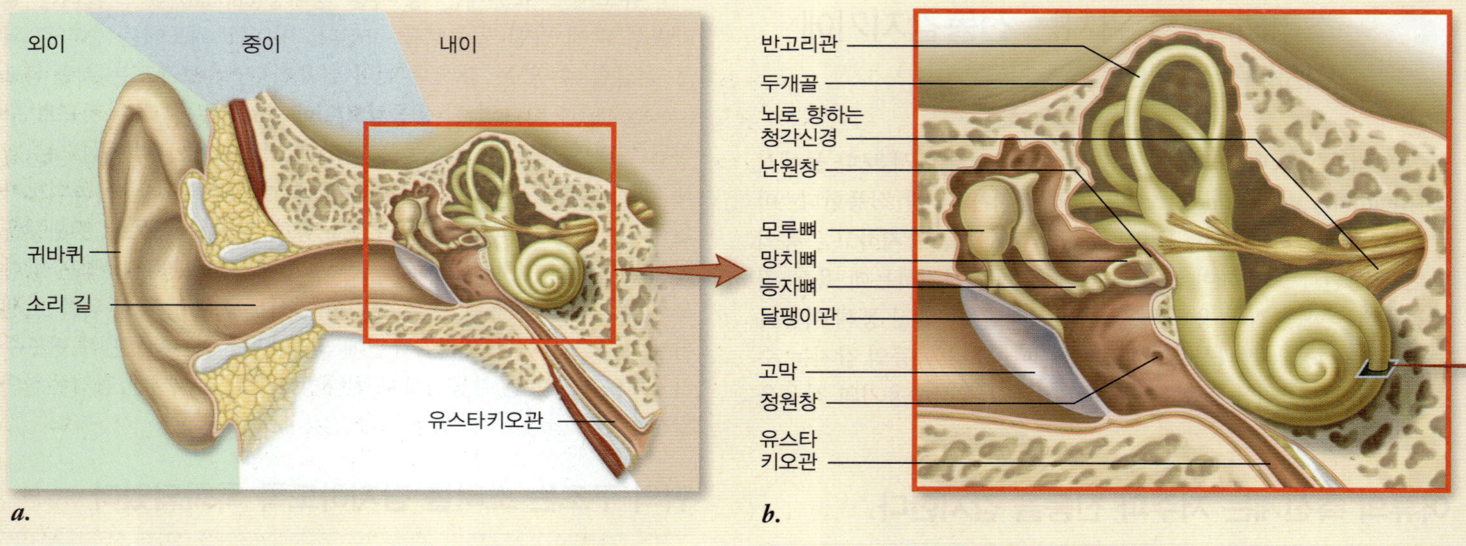

그림 33.16 사람 귀의 구조와 기능. 사람 귀의 구조를 기능적인 부분(a에서 d)을 도식화하여 연속적 확대도에서 보여 준다. 귀 통로를 지나 온 소리 파장이 고막 진동을 만들면, 이것이 내부 막(난원창)을 두드리는 중이의 이소골(모루, 망치 그리고 등자뼈) 움직임의 원인이 된다. 이 진동이 달팽이관의 림프와 정원창 내부 액체의 압력파동을 만들어 낸다. 이 압력이 유모세포의 섬모를 굽게 하여 감각뉴런으로부터 활동전위신호를 만든다.

한 것을 명확하게 보여준다. 진화의 시간을 통해, 이들 두 뼈는 점진적으로 작아져서 등자뼈에 가까이 놓이게 되었다. 결국, 현대 포유류에서는, 이들 두 뼈는 턱뼈에서 완전히 떨어져 나왔고 그리고 귀의 중이 자체 안으로 옮겨왔다. 청각의 관으로 또한 알려진 유스타키오관을 통해 중이와 목은 연결되어있고, 외부와 중이 사이에 공기 압력을 동일하게 만드는 역할을 한다. 여러분이 비행기를 타 하늘을 날아오르거나 아니면 산에 있는 도로 위를 운전하면서 갑자기 오르내려올 때 경험하는 "귀 뚫림" 현상은 유스타키오관에 의한 고막의 양쪽 면 사이의 압력 균형화과정에 생겨난다. 등자뼈는 내이의 안으로 인도되는 난원창이라고 불리는 유연한 막을 진동시킨다. 난원창이 고막보다 반지름이 작기 때문에, 이것에 대응하는 진동은 내이로 전달되면서 단위면적당 더 큰 힘을 생성된다. 내이는 막으로 구성된 미로인 달팽이관을 둘러싼 뼈 구조물이다. **달팽이관(와우각, cochlea)**은 내이의 중심에 위치한다; 달펑이관의 위쪽 영역은 전정기관 통로(vestibular canal)이고, 그 아래쪽 영역은 고실계 통로(tympanic canal)이다(그림 33.16c). 이 모든 공간들은 림프액체로 채워져 있다. 등자뼈가 난원창(oval window)을 진동하게 할 때 이 진동으로 액상에서 압력 파동을 만들어지게 하려고, 난원창이 위쪽 전정기관 통로를 연다, 이 압력파동은 고실계를 타고 내려와 또 다른 유연한 막인 정원창을 밀치는데, 이 압력은 중이 공간으로 되돌아온다.

변환은 와우각(달팽이관)에서 일어난다

학습목표 33.9.3 포유동물이 서로 다른 주파수 간의 소리를 구분하는지 설명하라.

압력 파동들이 달팽이관을 통해 난원창으로 전달될 때, 이들이 달팽이관을 진동하게 한다. 기저막이라고 불리는 달팽이관 바닥은 매우 유연성이 있고 이 압력파동에 반응하여 진동한다. 기저막의 표면이 감각 유모세포를 가지고 있다. 유모세포로 나온 부동섬모가 걸쳐진 젤리틴성 덮개 막으로 뻗어 있다. 이 감각기관은 기부 막, 부속된 감각 뉴런을 가진 유모세포, 코르티기관으로 알려진 덮개 막으로 구성된다(그림 33.16d).

기저막이 진동하면, 유모세포의 섬모가 덮개막에 대하여 기저막의 움직임에 따라서 굽어진다. 부동섬모의 한쪽 방향으로 굽힘 유모세포를 탈분극시킨다. 이들 부동섬모의 반대방향으로 굽힘은 막전위를 재분극시키거나 혹은 과분극시킨다. 그 다음 이 유모세포는 뇌로 전달되는 감각뉴런의 활동전위 생성을 촉진하고 뇌에서는 이것들이 소리로 해석된다.

달팽이관에서의 인식 주파수 위치

달팽이관(cochlea)의 아래쪽막은 젤라틴성 물질에 채워져 있으면서 길이와 강도가 변하는 악기의 줄처럼 탄력성 있는 섬유소로 구성되어 있다. 달팽이관의 기저부에서(거의 난원창), 기저막의 섬유가 짧고 뻿뻿하다. 달팽이관의 먼 쪽 끝(정점), 섬유소가 5배 길고 그리고 100배 더 유연하다. 그러므로 기저막의 공명 주파수가 정점에서보다 바닥에서 높은 고음에 대응하고, 정점은 낮은 저음에 반응한다. 난원창으로부터 달팽이관으로 고리에에너지 파동이 들어오면, 이것이 기저막의 길이를 여행하며 위 그리고 아래 움직임을 시작한다. 그러나 이것의 에너지 대부분이 이 지점에서 기저막의 최고의 휨을 초래하는 소리파동의 근처 공명주파수를 가진 기저막의 부분으로 전해다. 이지점에서 기저막의 최고의 휨을 초래, 그 결과로 유모세포의 탈분극은 이 지역에서 최대로 되고 그리고 다른 지역의 그것보다 이 지역의 원심성 축삭이 더 크게 자극된다. 이들 활동전

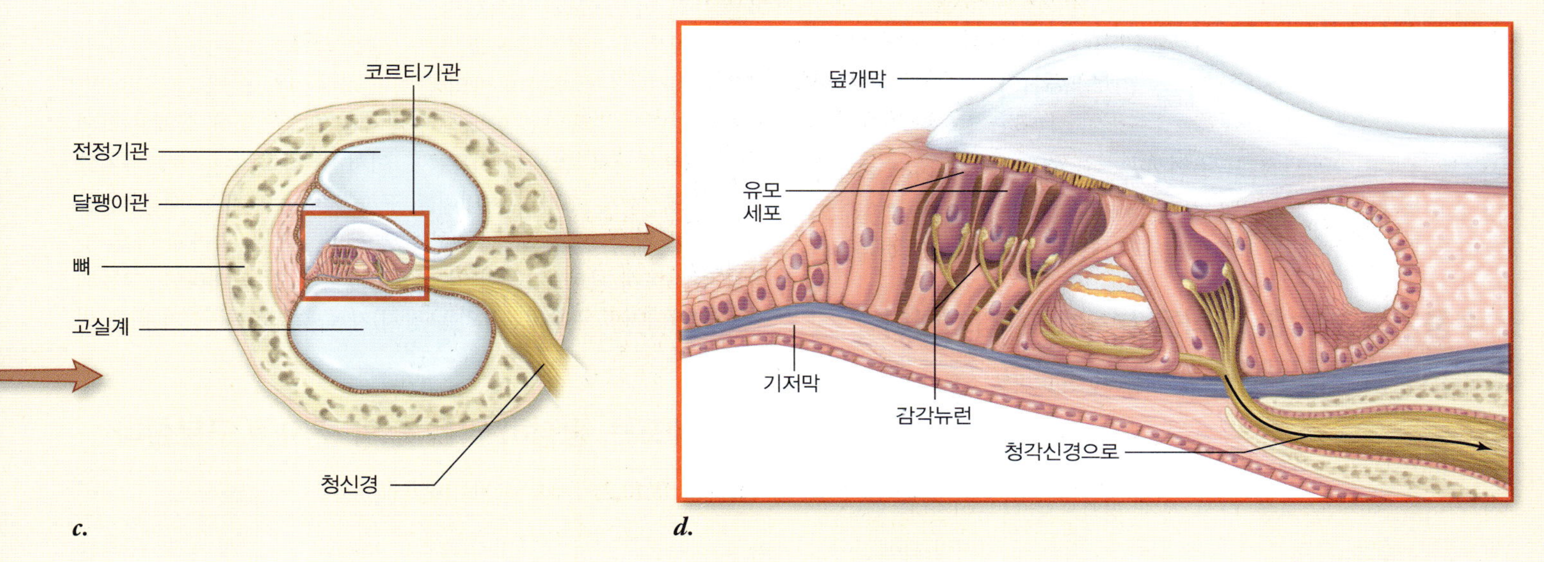

위가 뇌에 도착하면, 이것들은 최고 정점 혹은 특정 주파수의 소리로 대표하는 것으로 해석된다.

몸의 위치는 내이 안에 있는 중력 민감 수용기에 의해 감지된다

학습목표 33.9.4 내이의 구조에 의해서 공간에서 몸의 위치가 어떻게 감지되는지 설명하라.

진동을 감지하는 방식으로 내부 칼슘 카바네이트 결정체를 이용하는 전략의 진화는 공간에서 몸의 위치나 가속과 같은 운동을 감지하는 감각기관의 발달을 또한 허용하였다. 대부분 무척추동물은 **평형낭(statocyst)**이라고 불리는 감각기로 중력에 대하여 자신을 올바른 방향으로 돌릴 수 있다. 이런 돌들이, 혹은 평형석이 젤라틴성 막의 무게를 증가시켜서 이것이 동물이 위치를 바꿀 때 섬모를 굽어지게 한다. 예를 들어 동물이 오른쪽으로 기울면 평형석 막이 섬모를 오른쪽으로 구부리고 연관된 감각 뉴런을 활성화시킨다. 이와 비슷한 구조가 척추동물 내이 막성 미로기관에서도 발견된다. 복잡하지만, 전체구조가 아주 작고 사람에게서 이것은 강낭콩만한 크기이다.

내이의 구조

대부분의 척추동물에서 중력수용기는 **난형낭(utricle)**과 **구형낭(saccule)**으로 불리는 막으로 된 두개의 방(미로기관, 내이에 존재하는)으로 구성되어 있다. 이들의 내부 구조는 물고기의 측선계와 유사하게 부동섬모(stereocilia)와 운동섬모(kinocilium)를 가진 유모세포들이다. 이들 털과 같은 장치가 칼슘탄산염 결정체를 가진 평형석(otolith)막인 제라틴성 막 안에 박혀 있다. 평형석은 난형낭과 구형낭에서 각각 서로 다른 방향성을 가지고 있기 때문에, 난형낭은 수평적 가속(움직이는 차 안에서처럼)에, 그리고 구형낭은 수직적 가속(엘리베이터 안에서처럼)에 각각 민감하다. 이 두 경우에서, 가속도가 부동섬모의 굽어짐을 초래하고, 그리고 결과적으로 부수감각 뉴런에서 활동전위를 만든다. 이 막성 내이, 난형낭과 구형낭은 **반고리관(semicircular canals)**과 연결된다. 서로 다른 평면으로 향하고 있기 때문에 그래서 모든 방향의 각가속도를 감지할 수 있다. 관의 끝에는 부풀어진 방이 있고, 이를 팽대부(ampullae)라고 부르는데, 다른 그룹의 유모세포 섬모가 돌출해 있다. 이 섬모의 끝부분이 각 반고리관의 림프성 액체 속으로 돌출되어 있는 젤라틴성 물질을 정, 혹은 마루(cupula; 물고기 측선계의 정, 혹은 마루 cupula와 비슷함)라고 하는 요트 같이 생긴 쐐기에 박혀 있다.

전정기관의 활동

머리를 회전시킬 때 반고리관 안의 액체가 마루 혹은 정(cupula)을 밀고, 그리고 섬모를 굽어지게 만든다. 이 섬모가 굽어지는 방향에 다라서, 굽어짐이 유모세포를 탈분극 시키거나 과분극을 시킨다. 이것은 물고기에서 작동하는 측선계 방식과 비슷하다 If the 부동섬모(stereocilia)가 운동모(kinocilium)의 방향으로 굽어지면, 수용기 전위가 생성되며, 부속된 감각뉴런에 활동전위 생성을 자극한다. 구형낭, 타원낭, 그리고 반고리관을 총괄적으로 **전정기관(vestibular apparatus)**라고 부른다. 구형낭(saccule)과 타원낭(utricle)은 직선가속도의 감을 제공하고, 그리고 반고리관(semicircular canals) 은 각 가속도의 감(느낌)을 제공한다. 뇌는 균형과 평형을 유지하기 위해 전정기관에서 들어오는 몸의 위치에 대한 정브를 이용한다.

개념 정리 33.9

소리 파동은 중이의 이소골을 진동하게 한다; 내이의 유체가 진동하고, 그 다음 유모세포(hair cell)를 구부려서 활동전위를 유발한다. 육상동물에서 공기 중 소리파동은 내이의 유체로 전이되어야 한다.육상척추동물의 전정기관 유모세포는 균형과 가속도 감지를 수행한다.

- 측선계가 왜 성체 양서류에서는 소용이 없는가?

맛, 냄새, 그리고 pH 감지기는 화학적 수용기를 이용한다

화학수용기라고 불리는 약간의 감각세포는 세포외액에 있는 리간드나 특별한 화학물에 결합할 수 있는 막단백질을 가진다. 화학적 상호작용에서 감각뉴런의 막은 탈분극되고 활동전위를 생성한다.

맛 수용기는 가능한 음식을 분석하고 감지한다

학습목표 33.10.1 다섯 가지 맛의 범주를 나열하고 이들 수용기가 어떻게 기능하는지 기술하라.

맛의 인지(맛보기)는, 색깔의 인지처럼, 물리적 심리적 요소들이 합해진 것이다. 이것은 보통 다섯 가지 영역으로 나누어진다. 단맛, 신맛, 짠맛, 쓴맛, 그리고 우마미 맛(육수, 치즈, 고기처럼 단백질이 풍부한 음식에서 친근한 식감을 주는 글루탐산이나 다른 아미노산들의 인지). 척추동물에서는 맛 봉우리들이—원심성 뉴런과 연합된 화학민감성 표피세포의 집합체—미각을 중계한다. 어류에서 맛 봉우리는 몸의 표면에 퍼져 있다. 이것들은 가장 민감한 척추동물의 화학적 수용기로 알려져 있다. 그들은 특히 아미노산에 민감하다; 메기를 예를 들면, 이들은 10억 당 100부분보다 작은 농도에서 두 아미노산을 구분할 수 있다(10,000 L 물에서 1g) 주변 물의 맛을 감지하는 능력은 가끔 뿌연 환경에서 먹이의 존재를 감지하게 해주므로 바닥에서 먹이 활동을 하는 물고기에게는 매우 중요하다. 모든 육상 척추동물의 맛 봉우리는 혀와 구강 상피세포에서 솟아 올라와 있고, 올라와 있는 부분을 작은 돌기(papillae)라고 한다. 맛 봉우리는 50에서 100사이의 맛 세포들로 구성되어 있는 양파모양의 구조이다. 각 세포는 맛봉우리 꼭대기를 통해 찌르는 미세융모라고 불리는 손가락 모양의 돌출부를 가진다. 이곳을 맛 공이라고 한다(그림 33.17). 음식물의 화학성분은 타액 속에 녹고 그리고 맛 공을 통해 미각세포와 접촉한다. 맛 봉우리 안에서, 짠맛 감지세포는 Na^+ 이온에 직접 반응하고, 반면 신맛 감지세포는 H^+을 직접 감지한다. 단맛 쓴맛 우마미 맛의 감지 메커니즘은 좀 더 간접적이며, 각 카테고리에 특화된 G 단백질 연계 수용기에 결합에 의해 시작된다. 척추동물처럼, 많은 절지동물도 역시 맛 화학 수용기를 가지고 있다. 예를 들어, 초파리는 먹이를 구하는 이들의 행동 때문에, 발에 존재한 감각 털의 화학수용기에서 설탕, 소금, 그리고 다른 맛들을 감지하게 한다. 이들이 가능한 음식물에 발을 내리면, 그들의 주둥이(빨대처럼 관으로 된 먹는 장치)가 즉각 먹이를 먹기 위해 번어 나온다.

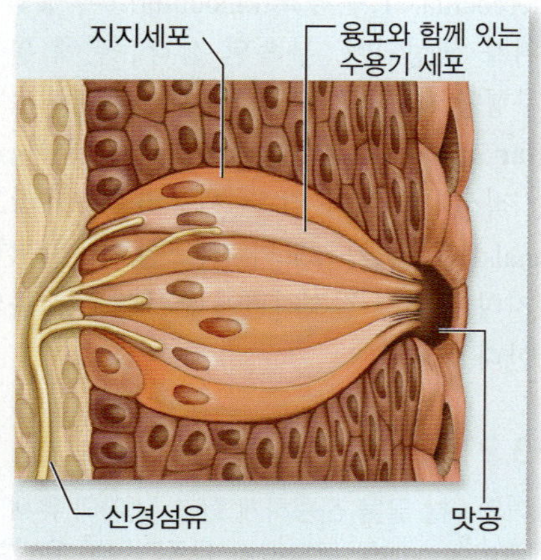

그림 33.17 맛봉오리. 각각의 맛봉오리는 구멍을 통해 입으로 들어오게 열려있는 전구모양의 화학수용기 집합체이다.

냄새 세포는 굉장히 많은 수의 분자를 구분한다

학습목표 33.10.2 냄새수용기가 어떻게 작동하는지 기술하라.

육상 척추동물에서 냄새감각(후각; olfaction)은 코의 통로 윗부분에 위치하는 화학 수용기에서 일어난다. 수상돌기 끝 섬모 술 장식품처럼 끝을 가진 이들 수용기는 코의 점액질로 뻗어나 있고 그리고 그들의 축삭이 대뇌 피질로 직접 연결된다. 물고기가 맛의 감지하기 위해 사용하는 같은 방식으로 동물 주변의 화학적 환경을 표본조사하기 위해 육상동물은 냄새의 감각을 사용한다.

사람은 오직 다섯 가지 양식으로 맛을 감지하지만, 냄새는 수천가지를 구분할 수 있다. 새로운 연구 결과는 냄새를 위한 수 천의 다른 유전자가 다른 수용기 단백질을 암호화하고 있음을 제시하고 있다. 주어진 냄새에 반응하기 위해 후각 뉴런의 특별한 세트가 "생체인식"으로 작용하는 것처럼 뇌를 냄새 분자들의 구분 목적으로 사용할 수 있다.

내부 화학 수용기가 pH를 감지한다

학습목표 33.10.3 신체가 어떻게 혈액의 pH를 감지하는지 기술하라.

대동맥과 경동맥체에 있는 **부수적 화학 감지기(peripheral chemoreceptors)**는 혈장 pH에 민감하고, 그리고 뇌의 숨골에 있는 중앙 **화학 감지기(chemoreceptors)**는 뇌척수액 pH에 민감하다. 호흡률이 매우 낮으면 혈장의 CO_2 농도가 증가하고 더 많은 탄산을 만들어 혈액의 pH를 떨어지게 만든다. 이산화탄소가 뇌척수액으로 들어갈 수 있으므로 pH를 낮추며, 그래서 중앙 화학감지기를 자극한다. 이 자극이 간접적으로 뇌줄기에 존재하는 호흡조절 중추에 영향을 주고 호흡률을 증가시킨다.

개념 정리 33.10

인간의 다섯 가지 미감은 단맛, 신맛, 짠맛, 쓴맛, 그리고 우마미(아미노산) 맛이다. 맛과 후각 화학 수용기는 신체 외부의 화학물질을 감지한다; 후각수용기는 수천가지의 냄새분자를 구별할 수 있다. 내부 화학수용기는 신체내 산–염기 균형을 감시하여 호흡조절을 돕는다.

- 발에 미각 수용기를 가지고 있는 곤충의 장점은 무엇인가?

33.11 시각은 멀리 있는 물체를 인식하기 위해 광수용기를 사용한다

멀리 있는 물체를 인지하는 능력은 대부분의 동물에게서 중요하다. 시각, 냄새, 소리 등 세 가지 먼 거리 감각에 기초하여 포식자는 피식자의 위치를 알아야하고 피식자는 포식자를 피해야 한다. 물론 시각은 엄청나게 먼 거리까지도 볼 수 있다. 맨눈으로 사람은 수천광년 떨어져 있는 별을 볼 수 있고 그리고 하나의 광자 하나가 활동전위를 보내게 하는 만큼 망막 세포 하나를 자극하기에 충분하다.

시각은 멀리 있는 빛을 감지한다

학습목표 33.11.1 척추동물과 무척추동물의 시각을 비교하라.

시각은 **광수용기(photoreceptors)**에 의해 빛 에너지를 잡아내는 것과 함께 시작된다. 빛은 직선으로 내달리고, 그리고 거리와 무관하게 실질적으로 동시에 도착하므로, 시각 정보는 물체의 방향과 거리를 결정하는데 이용될 수 있다. 다른 자극들은 도달하는 동안 퍼져나가고 매우 느리게 움직이므로 훨씬 덜 정교한 정보를 제공한다.

무척추동물의 눈

많은 무척추동물은 안점 안에 광수용기가 뭉쳐있는 형태의 단순한 시각계를 가진다. 단순한 안점은 눈의 다른 쪽에 그늘지게 하는 색소층의 첨부로 광원의 방향에 대한 민감도를 만들어낼 수 있다. 편충은 양 안점의 뒷면과 안쪽에 동물의 앞에서 오는 빛에 의해 광수용기 세포가 자극이 되도록 하는 투영이 가능한 색소화 된 세포층을 가지고 있다. 광수용기 세포가 마지막으로 자극된 방향으로 헤엄치게 하거나 몸을 돌리게 할 것이다. 안점이 빛의 방향을 인식하지만, 시각영상을 만들 수는 없다. 네 종류의 동물 문- 환형동물 연체동물 절지동물 척삭동물 조류동물들은 진화하여 잘 발달한 영상 형성 눈을 가진다. 실제 영상을 형성하는 눈을 가진 이들 동물문은 비록 구조가 놀랍게도 비슷하지만 각각 독립적으로 진화했다고 믿어진다, 수렴진화의 예로(그림 33.18). 흥미롭게도, 이들 실제 영상을 형성하는 동물들 눈에 있는 광수용기는 빛을 포획하는 분자로 같은 것을 사용하므로 이는 아마도 광 포획분자로 역할을 할 수 있는 다른 분자들이 많지 않음을 암시하고 있다.

척추동물의 눈 구조

사람의 눈은 전형적인 척추동물의 눈이다(그림 33.19). 눈의 흰색부분은 단단한 결합조직으로 형성된 **공막(sclera)** 이다. 빛은 초점을 맞추기 시작하는 투명한 **각막(cornea)**을 통해 눈으로 들어간다. 다른 밀도의 매질을 빛이 여행할 때 빛이 굴절(굽어짐) 하므로 초점 맞추기가 일어난다. 눈에서 색깔 있는 부분은 **눈조리개(홍채, iris)** 이다. 밝은 빛에서는 눈조리개근육의 수축이 눈조리개의 열린 크기, 동공의 크기를 감소시킨다. 빛은 동공을 통해서 눈의 뒷면에 있는 망막 위로 빛의 초점 맞추기를 완성하는 투명한 구조물인 **수정체(lens)**, 통과한다. 현수인대로 모양체근에 붙어있다. 수정체의 모양은 수정체를 둘러싸며 원형의 모양체근에 붙게 하는 현수인대의 긴장 정도 영향을 받는다. 모양체근 이 수축하며 현수인대를 느슨하게 하고, 그리고 수정체는 더욱 둥근 모양을 하며 빛을 더 강하게 굽어지게 한다. 이렇게 둥글어지는 것이 가까운 것을 보는데 요구된다. 먼 시야에서는 모양체 근이 이완하고 수정체로부터 멀리 떨어지며 그리고 현수인대를 팽팽하게 한다. 이 수정체는 더욱 납작해지고 그리고 빛을 덜 굽게 하여 망막에 초점이 맞혀진 영상을 유지한다. 흥미롭게도 물고기나 양서류의 수정체는 모양을 변화시킬 수 없고, 대신에 이 동물들은 여러분이 카메라의 초점을 맞추는

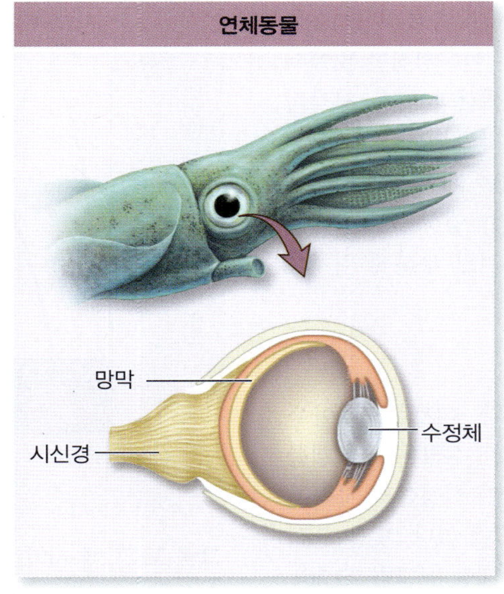

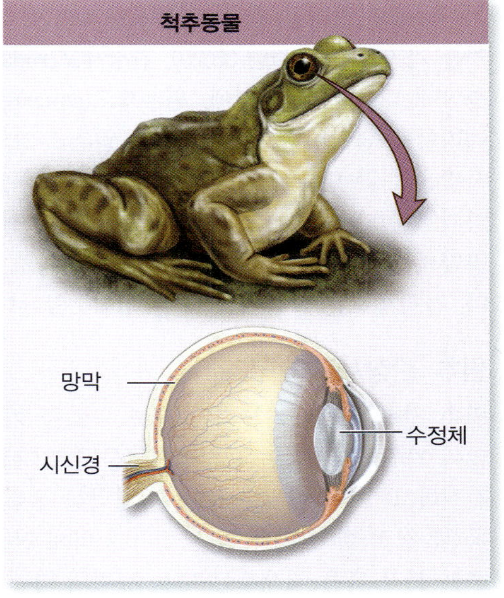

그림 33.18 세 동물 문에서의 눈. 이들은 피상적으로 비슷하지만 구조에 있어서 가각 매우 다르다(문어와 척추동물의 자세한 비교를 위해 그림 20.6을 또한 보시오). 각각은 독립적으로 진화하였고 그리고, 보기에는 구조상 복잡해 보이나, 단순한 구조로부터 시각이 완성된다.

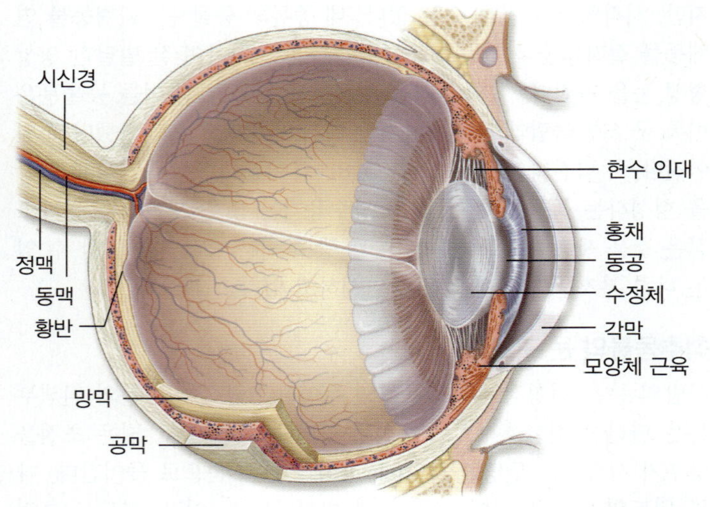

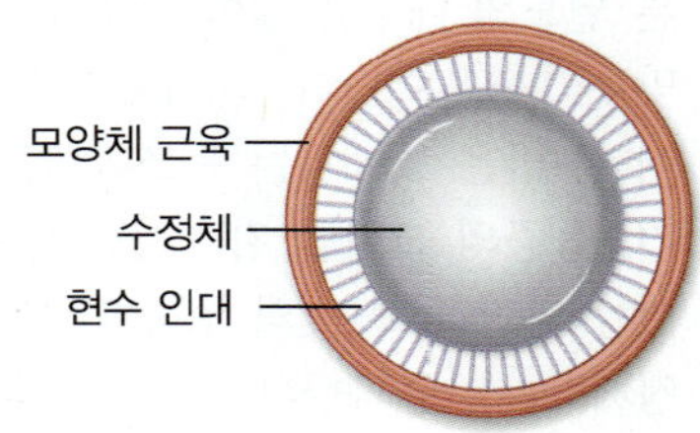

그림 33.19 사람 눈의 구조. 투명한 각막과 수정체는 눈의 뒷면에 있으면서, 광수용기(간상과 원추세포들)를 가지진 망막에 빛의 초점을 맞춘다. 각 눈의 시야 중심은 황반위에 맞춰 진다. 모양체 근육의 수축과 이완으로 수정체의 극면을 조정하여 초점 조절이 일어난다.

것처럼 수정체를 안으로 넣었다가 빼는 움직임으로 영상을 초점을 조절한다.

척추동물 광수용기는 원추세포와 간상세포이다

학습목표 33.11.2 광수용기가 어떻게 기능하는지 기술하라

척추동물의 망막은 원추, 간상세포라고 불리는 두 종류의 광 수용기를 가지고 있다(그림 33.20). **간상세포(rods)**는 어두침침한 빛에서 명암에 대응한다. 반면에, **원추세포(cones)**는 색감과 높은 시각적 예리함을 담당한다; 원추세포는 원추-모양의 바깥부분을 가진다. 사람은 한쪽 망막에 약 1억 개 간상세포와 3백만 개의 원추세포를 가지고 있다. 대부분의 원추세포는 눈이 선명한 영상을 형성하는 망막의 중심부에 위치한 황반(fovea)이라고 알려진 부분에 위치한다, 간상세포는 황반에 거의 존재하지 않는다.

원추, 관상세포의 구조

원추 간상세포는 기본적인 세포 구조를 가진다. 미토콘드리아를 많이 가진 안쪽 절편은 신경전달물질로 가득 찬 수많은 소포체를 간직하고 있다. 이것은 수많은 납작한 원판들이 천정까지 차곡차곡 꽉 찬 바깥 절편과 좁은 줄기에 의해 연결되어 있다. 빛을 포획하는 분자 혹은 광색소는 이들 절편의 막에 존재한다(그림 33.20). 간상세포에서 광색소는 **로돕신(시홍, rhodopsin)**이라고 불린다. 이것은 비타민 A로부터 만들어진 시스-레티나 분자가 결합된 단백질

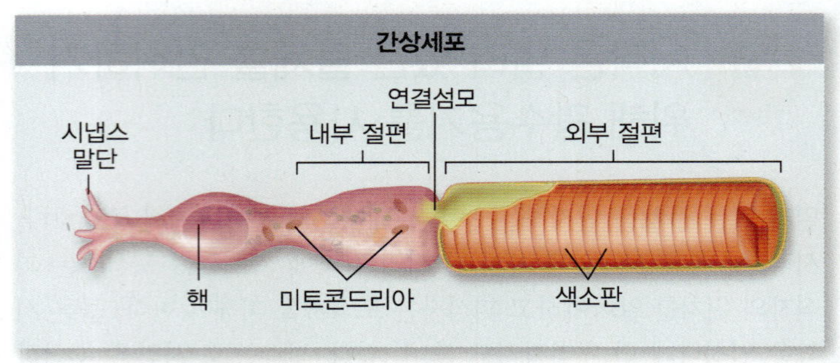

그림 33.20 간상세포와 원추세포. 각각의 세포 안에 색소를 가진 바깥 절편은, 아주 좁은 통로인 연결 섬모로만 이어진 분획칸막이에 의해 세포의 나머지 부분과 분리되어 있다.

옵신(opsin)으로 구성된다. 비타민 A는 식물에서 광합성 색소인 카로틴으로부터 유도된다. **포톱신(photopsins)**이라고 불리는 원추세포의 광색소는 구조적으로 로돕신과 매우 비슷하다. 사람은 세 종류의 원추세포를 가지고 있는데, 각각의 원추세포는 아미노산 서열이 약간 다른 단백질에 시스-레티나가 결합되어 구성된 포톱신을 갖고 있다. 포톱신의 이미노산 서열 차이가 색소가 가장 잘 흡수하는 전기자성 스펙트럼 영역의 최대 흡광도를 다르게 한다(그림 33.21). 간상세포의 로돕신에서 시스-레티나의 최대 흡광도는 500 nanometers(nm)이고; 반면, 세 종류의 원추세포에 있는 포톱신 최대흡광도는 각각 420 nm(청색 흡수), 530 nm(녹색흡수), 그리고

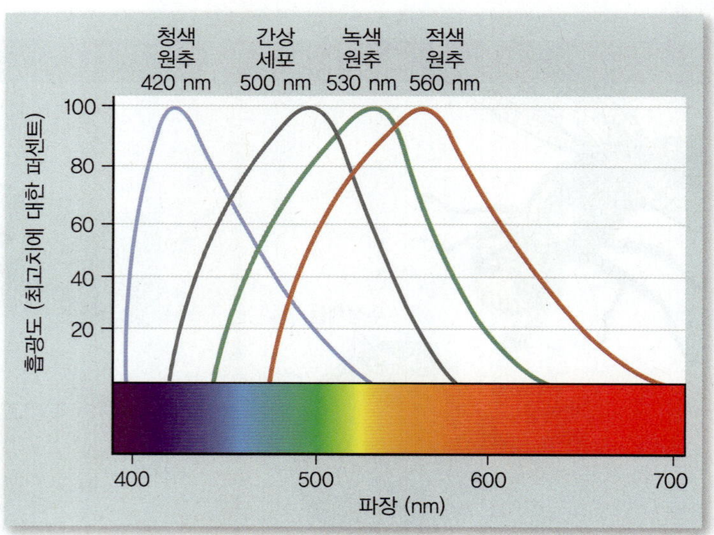

그림 33.21 색 시야. 간상세포의 로돕신에 있는 시스-레티날의 최대 흡광도는 500 nm이다. 그러나 "청색 원추세포"는 420nm에서, "녹색 원추세포"는 530nm에서, "적색 원추세포"는 560nm에서 최대흡광도를 각각 가진다. 뇌는 이들 세 원추세포체계의 조율된 활성으로부터 모든 다른 색들을 인식한다.

560 nm(적색흡수)이다. 포톱신의 빛 흡수 특성에서 이런 차이는 청색 , 녹색, 그리고 적색 원추세포로 간혹 언급되는 세 종류의 원추세포의 다른 색깔 민감도를 설명할 수 있다. **망막(retina)**, 눈의 내부 표면은 세 세포층으로 구성된다. 눈동자의 바깥쪽 표면에 가장 가까운 세포층은 원추, 간상세포로 구성되고; 그 다음 층이 2극세포로 구성되며 그리고 눈의 내부공간에 제일 가까운 층이 신경절세포로 구성된다. 그러므로 빛은 처음 신경절세포, 2극세포를 통과해야 광수용기에 도달할 수 있다. 간상세포와 원추세포가 **2극세포(양극세포, bipolar cells)**에 시냅스로 연접되어 있고, 그리고 2극세포와 **신경절세포(ganglion cells)**가 시냅스로 연결되어 있어서 시각신경을 통해 뇌로 정보를 보낼 수 있는 것은 신경절세포이다. 그래서 오직 뇌로 활동전위를 보낼 수 있는 망막의 뉴런은 신경절 세포이다. 감각정보의 흐름은 망막에서 빛이 지나는 길의 반대방향이다. 신경절세포가 눈의 내부 공간 안에 있기 때문에 시각 신경은 맹점을 만들며 강막을 뚫고 통과해야 한다(그림 33.19 참조). 연체동물의 눈의 구조는 망막의 앞으로 보다 뒤로 감각뉴런을 가짐으로써 이 문제를 피한다. 망막은 수평 세포와 아크린 세포라고 불리는 두 개의 첨가된 뉴런 형태를 더 가진다. 망막 위 광점의 중심에 있는 광수용기에 의한 수평세포의 자극은 그 중심의 주변(측면) 광수용기의 반응을 억제한다. 이런 측면억제가 영상을 명확하게 하며 대비를

그림 33.22 척추동물 눈에서의 신호전달. 빛이 없을 때, 억제성 신호전달 물질의 방출을 지휘하는 Na^+ 유입을 초래하도록 하기 위해 cGMP는 Na^+ 채널을 열려있게 한다. 빛은 로돕신의 레티날에 흡수되고 이것의 구조변화가 생긴다. 이것이 로돕신을 G 단백질과 결합하게 한다. 활성화된 G 단백질이 cGMP를 GMP로 변환시키는 인산디에스테르가수분해효소를 자극한다. cGMP의 손실은 Na^+ 채널을 닫게 하고 2극세포로 하여금 신경절세포를 자극하도록 하기위해 억제성 신경전달 물질의 방출을 억제한다.

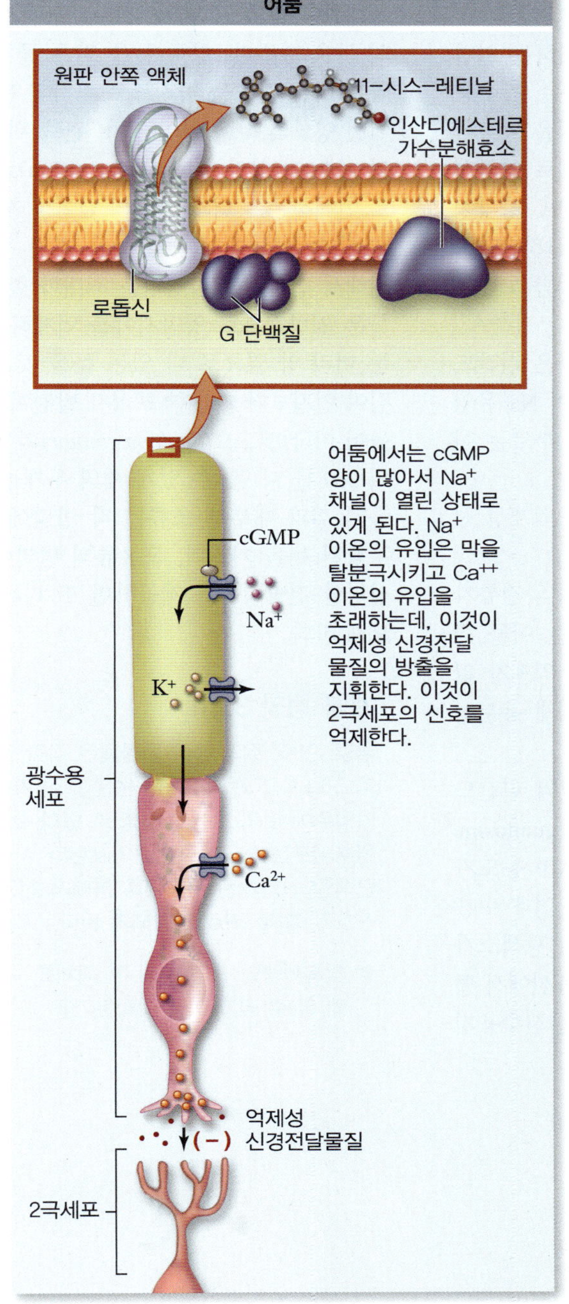

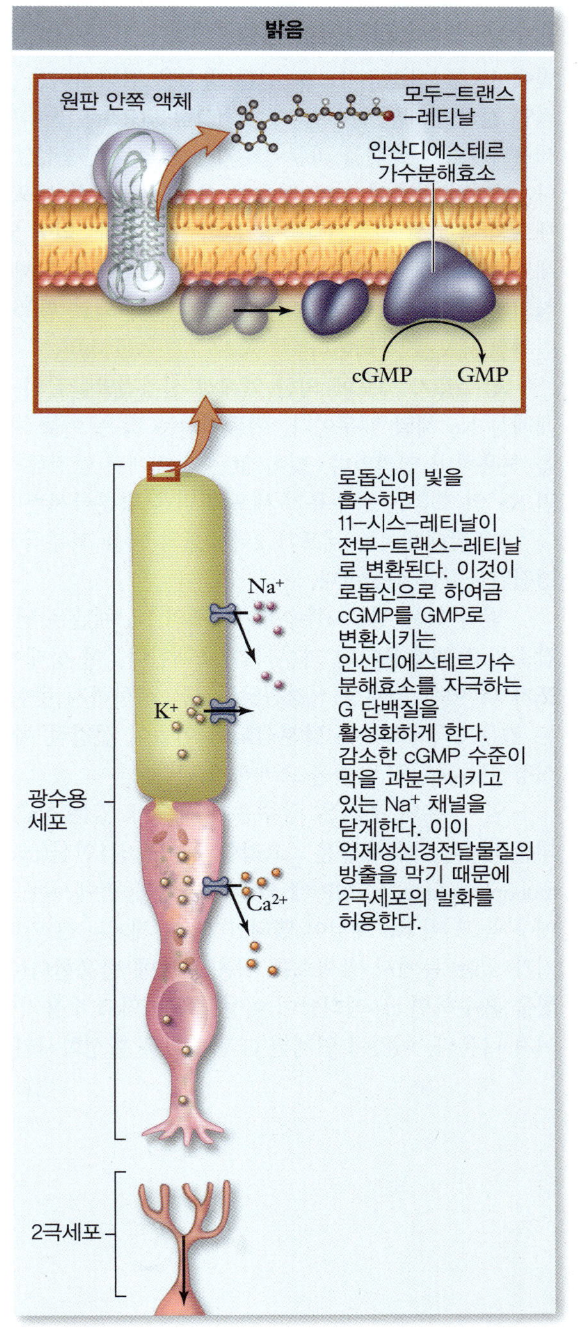

증대시킨다. 대부분의 척추동물들, 특히 이들 중 주행성(낮에 활동적임)인 것들은, 많은 곤충과 약간의 다른 무척추동물을 포함해 색깔시각을 가진다. 정말로 꿀벌들은—조류 도마뱀, 그리고 여타 포유류들을 포함해 —인간의 눈으로는 볼 수 없는 근-자외선 범위에 있는 빛을 볼 수 있다. 색체 시각은 다른 수용기 세포에서 하나이상의 광색소의 존재를 요구한다만, 인간이나 다른 유인원의 특징 같은 세 종류 원추세포 체계를 갖고 있는 것은 아니다. 예를 들어 물고기 거북 그리고 조류는 더 많은 원추세포들을 가지고 있어서 이들 동물이 근자외선 빛을 볼 수 있게 하고 우리가 감지할 수 없는 색깔의 그림자를 구분할 수 있게 한다. 다른 한편으로는, 예를 들어, 다람쥐와 개를 포함한 많은 포유류들은 두 가지 형태의 원추세포만 가지고 있어서 서로 다른 색깔을 구분하는데 한계가 있다.

광수용기에서 감각신호 변환

빛에너지를 신경충격으로 변환 방식은 감각자극을 감지하는 일반적인 길의 반대인 순서를 따른다**(그림 33.22)**. 어둠속에서는, 광수용세포가 2극성 뉴런을 과분극시키는 억제성 신경전달물질을 방출한다. 이것의 방출이 뇌로 신호를 보내는 신경절 세포에게로 양극성세포의 흥분성 신경전달물질 분비를 막는다. 빛이 있으면, 양극성세포에서 자극이 생겨나게 광수용기 세포에서 억제성 신경전달물질의 방출이 정지된다. 2극성세포가 결국 뇌로 활동전위를 보내는 신경절 세포를 자극한다.

광수용기 세포에 의한 억제성 신경전달물질의 생산은 리간드 개폐성 Na^+채널 때문이다. 어둠에서는 많은 이들 채널이 Na^+유입을 허용하며 열려있다. 빛이 없는 상태에서 암전류라고 부르는 이런 Na^+의 흐름은 광수용기 세포의 막을 탈분극시킨다.

이 상태에서는 세포가 2극세포의 막을 과분극시키 억제성 신경전달물질을 생산한다.

빛이 있는 경우, 광수용기세포의 Na^+채널은 닫히며 암전류가 감소하고 광수용기의 과분극을 초래한다. 이 상태에서는 이들 세포가 더 이상 억제성 신경전달물질을 생산하지 못한다. 억제가 없는 경우 2극세포막은 탈분극되어 이들이 신경절 세포에게 흥분성 신경전달 물질의 방출을 초래하게 된다.

암 전류의 조절은 광수용기 세포에 있는 Na^+채널의 리간드 의존성이다. 이 채널은 고리형 구아노신1인산(cyclic guanosine monophosphate; cGMP)에 의존한다. 어둠속에서는, cGMP 농도가 매우 높고 이 Na^+채널이 열려있다. 이 체계는 G 단백질 연계 수용기가 있는 눈에서 광색소를 이용해 빛에 반응한다(9장). 광색소가 빛을 흡수하면 cis-레티날이 이성질화가 되고 수용기인 옵신에서 떨어져 나온다. 이것이 연계된 G 단백질을 활성화시키는 옵신수용기의 구조를 변화시킨다. 활성화된 G 단백질이 cGMP을 GMP로 분해하는 인산디에스테르가수분해효소(phosphodiesterase)를 활성화시킨다. cGMP의 손실은 암전류를 감소시키는 cGMP-의존성 Na^+ 채널을 닫게 한다(그림 33.22). 각 옵신은 인산디에스테르가수분해효소 수백여 분자를 활성화시킬 수 있는 100여개를 넘는 조절 G 단백질과 연계되어 있다. 각 인산디에스테르가수분해효소는 수 천개의 cGMP를 GMP로 바꿔 초당 1000개의 Na^+ 채널을 닫게 하며 그리고 암전류를 억제한다. 하나의 양자 흡수가 약 백 만 개의 Na^+ 이온의 유입을 막아서, K^+의 투과도 변동 없이 광수용기가 과분극되고 억제성 신경전달물질 방출이 정지된다. 억제로부터 자유로운 2극세포는 뇌로 충격을 보내는 신경절을 활성화시킨다.

양안시

유대류(사람을 포함)와 대부분 포식자는 얼굴 한쪽에 하나씩 두 개의 눈을 가진다. 양쪽 눈을 같은 물체를 보도록 훈련할 때 시야가 약간 다른 각도를 가지므로 각각의 눈이 보는 영상이 약간 다르다. 이런 영상의 작은 차이(시차; 관측 위치에 따른 물체의 위치나 방향의 차이)가 **양안시(binocular vision)**로 하여금 3물체를 차원영상으로 인식하는 능력과 장소의 깊이를 지각하게 해준다.

앞쪽을 대하는 두 눈을 가진 것은 3차원적으로 보게 해주기 위해서 겹치는 시각영역을 최대화 한다. 이에 비교하여, 피식자 동물은 일반적으로 양안시야를 억제하고 전반적인 수용장을 확대하는 머리 양 옆으로 나 있는 눈을 갖고 있다. 많은 피식자에게서는 깊이 인지보다 가능한 포식자 발견이 더 자연선택 된 것 같다. 예를 들어 미국 멧도요(*Scolopax minor*)의 눈은 머리를 돌리지 않고 시야의 360°를 다 볼 수 있게 새의 두개골의 반대 방향에 위치한다. 적응의 결과 대부분 조류는 각 망막에 두 개의 황반이 있는 측면에 부착된 눈을 가진다. 포유류의 망막에서 황반처럼, 하나의 황반이 선명한 전방시야를 제공하면 또 다른 황반은 선명한 측면 시야를 보게 한다.

개념 정리 33.11

환형, 연체, 절지, 척추동물들은 각각 영상을 형성하는 눈을 독립적으로 진화시켰다. 척추동물 눈은 조절 가능한 수정체로 광수용기를 가진 망막위에 빛의 초점을 맞출 수 있다. 어둠에서 광수용기의 간상세포와 원추세포는 양극 뉴런을 억제한다 시스-레티나가 빛을 흡수하면, G 단백질과 연계된 수용기를 통해서 신경절세포의 억제를 제거하여 이 신호가 그 후 뇌로 전달되게 된다.

- 적록색맹인 개인이 이 두 색체를 구분할 수 있게 배울 수 있는가? 왜 할 수 있고 아님 못하는가?

큰 신경이 빠른가?

이 장에서는 축삭이 수초라는 것으로 절연성 포장을 가실 수 있지만 많은 신경 축삭은 수초라는 포장을 가지지 못했다는 것을 배웠다. 또한 모든 축삭이 같지 않다는 것도 알았다. 어떤 것은 섬세한 전선처럼 가늘고, 반면 다른 것들은 두껍다. 사람 내장기관의 운동 축삭은 반지름이 1-5 마이크로미터이고, 반면 오징어 외트근육 운동신경 반지름은 500마이크로미터를 훨씬 넘는다. 크기가 이렇게 차이 나는 이유는 무엇일까? 물리학은 신경축삭의 전도속도와 이것의 반지름 간에 상관성이 있어야 한다는 것을 우리에게 알려준다. 정확하기 위해서, 섬유의 반지름이 100배 증가하면 전도속도는 10배 증가한다. 오징어의 거대 축삭이 사람의 내장기관으로 전도하는 운동축삭보다 100배 두꺼우니 속도가 10배 빠른가? 답은 그렇다. 사람 축삭의 전도속도는 초당 2m이고, 반면 오징어 그대 축각의 전도 속도는 초당 25m이다--이렇게 빠른 속도는 오징어로 하여금 그들의 망토를 빠르게 수축하게 하여 제트 추진의 힘을 충분히 만들게 한다. 여러분처럼 대부분의 척추동물 운동 신경 축삭은 절연된 마디를 넘어서 축삭의 점프하는 전기 신호로 신호를 매우 빠르게 전도하기위해 절연성 수초가 덮고 있다. 아래 사진은 신경 축삭의 묶음을 보여 주는데, 그들의 다수가 유수신경이고 그리고 약간 도넛처럼 보인다. 사람의 축삭은 피부의 온도 수용기 축삭의 반지름에서 20마이크로미터의 다리근육에 분포하는 신경섬유까지 넓은 범위 반지름 크기를 가진다. 많이 뚱뚱하게 수초로 둘러싸인 유수신경 축삭이 빨리 전도할까요? 그렇다. 왜? 축삭 결절 영역의 전도 속도는 전기적 충격이 도달했을 때 얼마나 많은 이온 채널이 열리는가에 달려있거나 혹은 큰 축삭은 넓은 면적을 가지고 더 많은 이온채널을 노출되면 다음 결절로 더 빨리 신호를 전달하므로 축삭의 결절에 노출된 이온채널의 숫자는 이 결절의 노출된 면적에 비례할 것이다. 그래서 결절의 한 위치의 고려된 면적은 정수 파이(3.14159265, 표시는 π)에 반지름에 을 곱한 것이다. 그러므로 유수신경 축삭의 속도는 이것의 반지름에 직접 비례한다. 쉽게 말하면, 반지름이 두 배되면 속도도 두 배로 빨라진다. 이 경우인가? 현대의 전극 기술로, 척추동물의 몸 안에 있는 축삭의 전도 속도를 직접 측정할 수 있고, 그래서 이 질문에 답할 수 있다. 그래프는, 고양이 유수축삭섬유의 전도 속도를 보여주는데, 마이크로미터 단위로 측정한 축삭 섬유의 반지름에 대하여 초당 전도속도를 미터 단위로 측정한 것을 그래프로 나타낸 것이다.

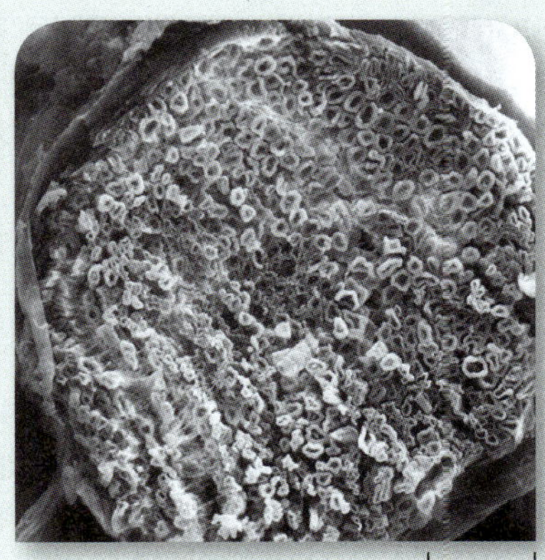

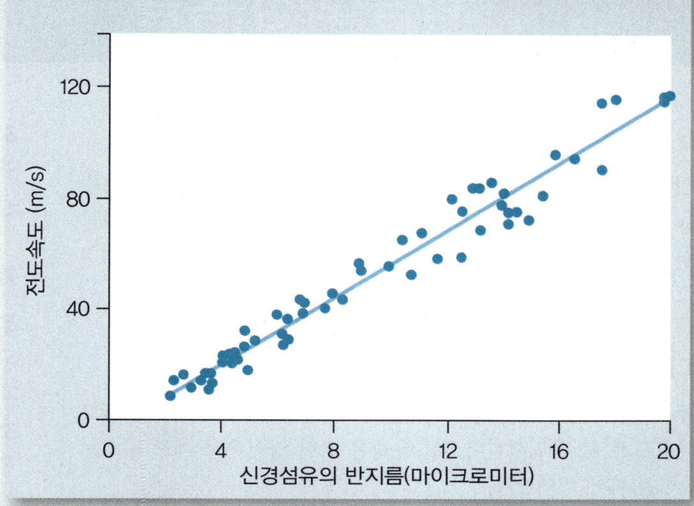

분석

1. **개념적용**
   a. 무엇이 종속변수인가?
   b. **범위.** 검사한 신경섬유의 반지름의 범위는 무엇인가?
   c. **빈도수.** 좁은 반지름(8마이크로미터 보다 작은 것) 혹은 두꺼운 반지름(12마이크로미터 보다 큰 것)을 가진 축삭 중에서 어느 것을 더 반복해서 측정하게 되는가?
2. **자료 해석**
   a. 신경섬유의 반지름이 4 마이크로미터인 경우 전도속도는?
   b. 반지름의 2배 커져 반지름이 8 마이크로미터인 신경섬유의 전도속도는?
   c. 또 반지름의 2배로 증가(반지름이 16마이크로미터)한 신경섬유의 반 경우 전도속도는?
3. **추론**
   a. 반지름 이 큰 섬유에서 전도속도가 빠르다?
   b. 신경섬유 반지름이 두 배가 되면, 무엇이 전도속도에 영향을 미치는가?
4. **결론 도출**
   이들 데이터가 전도속도는 신경섬유 반지름에 직접 비례한다는 결론을 지지하는가?
5. **추가 분석**
   랑비에 결절 사이 거리가 짧거나 혹은 이들 사이의 거리가 멀다면 유수 축삭이 정말 빨리 전도할 수 있다고 생각하는가?

학습 과정 복습

개념 33.1 신경계가 신체의 활동을 지시한다

33.1.1 신경계는 중추 및 말초신경계로 나뉜다 말초신경계의 감각 뉴런은 충격을 중추신경계로 전달하고, 그리고 운동뉴런은 중추신경계로부터 충격을 전달해 나간다.

개념 33.2 뉴런은 원형질막을 가로질러 휴지전위를 유지한다

33.2.1 두 가지 요인이 막전위에 기여한다 Na^+/K^+ 펌프가 Na^+를 세포 밖으로 퍼내고 K^+를 유입시킨다. K^+ 유출은 또한 양이온을 세포 밖으로 나가도록 하는 데에 기여한다.

개념 33.3 활동전위는 신경자극을 퍼져나가게 한다

33.3.1 막전위 변화는 막의 투과도에서 변화로부터 초래된다

33.3.2 활동전위는 축삭을 따라 전파된다 활동전위 동안 Na^+의 유입은 이 자체의 활동전위를 만들기 위해 주변지역을 탈분극시킨다.

개념 33.4 시냅스는 뉴런이 다른 세포와 정보를 주고받는 곳이다

33.4.1 척추동물의 시냅스는 단순한 물리적 연결이 아니다

33.4.2 많은 다른 화학물들이 신경전달물질로 작용한다 신경전달물질에는 ACh, 아미노산, 생체 아민, 그리고 신경펩티드가 포함된다.

33.4.3 시냅스 후 뉴런은 많은 시냅스에서 들어온 정보를 통합해야 한다 흥분성 시냅스 후 전위는 막을 탈분극시키고, 억제성은 막을 과분극시킨다.

개념 33.5 중추신경계는 뇌와 척수를 포함한다

33.5.1 척추동물 뇌는 세 가지 기본 범주를 가진다 뇌는 전뇌, 중뇌, 그리고 후뇌로 나뉜다.

33.5.2 사람의 전뇌는 탁월한 정보처리능력을 보인다

33.5.3 척수는 메시지를 운반하고 어떤 반응은 직접 조절한다

개념 33.6 말초신경계는 감각뉴런과 운동뉴런으로 구성된다

33.6.1 말초신경계는 체성신경과 자율신경계를 가진다 체성신경계는 의식적 명령과 무의식적 반사에 반응하여 움직임을 조절한다.

자율신경계는 두 개의 길항적인 교감신경계와 부교감신경계로 나뉘며 무의식적 기능을 조절한다.

개념 33.7 감각수용기는 신체의 환경에 관한 정보를 제공한다

33.7.1 감각수용기는 외부와 내부 자극 모두를 감지한다 외수용기는 외부 자극을 감지하고, 반면 내수용기는 내부 자극을 감지한다.

33.7.2 감각전달은 개폐성 이온채널이 관여한다 감각성 신호전도는 개폐성수용기 전위를 생성한다. 하나의 전위 혹은 전위들의 합이 역치값을 넘으면 활동전위를 생성한다.

개념 33.8 기계적 감각수용기는 촉각과 압력을 감지한다

33.8.1 통각수용기는 잠재적인 손상에 신체가 경계하도록 한다 통각은 고통으로 인식하게 하여 손상 자극에 반응한다. 온도수용기는 TRP 이온채널을 가진다.

33.8.2 근육의 길이와 긴장성은 자기(고유) 수용기에 의해 조절된다 고유수용기는 근육의 이완된 정도와 신체부위의 상대적 위치에 대한 정보를 제공한다.

33.8.3 압력수용기는 혈압을 감지한다

개념 33.9 소리와 몸의 위치는 진동감지기에 의해 인식된다

33.9.1 어류의 측선계는 저주파 진동을 감지한다 소리나 압력 파동을 감지하는 청각은 수중에서 제일 잘 작동하고, 또한 방향 정보를 제공한다.

33.9.2 귀의 구조는 소리를 감지하도록 특화되었다 육상 척추동물의 외이는 소리를 귀청(고막)으로 잘 전달하게 한다. 진동은 중이의 이소골을 통해 난원창에서 달팽이관 안으로 전달된다.

33.9.3 변환은 와우각(달팽이관)에서 일어난다 달팽이관의 기저막은 소리의 다른 주파수에 반응하도록 섬유소로 구성되어 있다.

33.9.4 몸의 위치는 내이 안에 있는 중력 민감 수용기에 의해 감지된다 신체의 위치는 젤라틴성 매질에 담겨져 있는 섬모성 유모세포에 의해 감지된다.

개념 33.10 맛, 냄새, 그리고 pH 감지기는 화학적 수용기를 이용한다

33.10.1 맛 수용기는 잠재적인 음식을 감지하고 분석한다

33.10.2 냄새 세포는 굉장히 많은 수의 분자를 구분한다

33.10.3 내부 화학 수용기는 pH를 감지한다

개념 33.11 시각은 멀리 있는 물체를 인지하기 위해 광수용기를 사용한다

33.11.1 시각은 멀리서 빛을 감지한다 척추동물 눈에서는 빛이 동공을 통해 들어가고, 수정체가 망막 위에 그 빛의 초점을 맞춘다.

33.11.2 척추동물의 광수용기는 원추세포와 간상세포이다 간상세포는 흑백을 감지한다; 원추세포는 시력과 색깔 감지를 위해 필요하다. 이들은 어둠에서 양극세포를 억제한다; 빛의 감지는 이것을 반전시킨다.

학습 과정 평가

개념 33.1 신경계는 신체의 활동을 지시한다

이해

1. 운동 뉴런은?
   a. 자극을 중추신경계로 운반한다.
   b. 기억과 같은 고등 기능에 이용된다.
   c. 근육과 분비샘에 신호를 보낸다.
   d. 오직 중추신경계에 분포한다.

응용

1. 다음 중 사이뉴런의 손상을 초래하는 돌연변이 때문에 증상이 나타나는 곳은?
   a. 모든 신경계. b. 말초신경계 안에서만.
   c. 중추신경계 안에서만. d. 감각신경계 안에서만.

종합

1. 감각적 입력이 중추신경계로 어떻게 중계되는지, 그리고 운동 신경회로로 반응을 생성하는지에 대해 논의하라.

개념 33.2 뉴런은 원형질막을 사이에 두고 휴지전위를 유지한다

이해

1. 다음 설명 중에서 휴지 상태 뉴런의 전기적 상태를 가장 잘 기술한 것은?
   a. 뉴런의 안쪽이 바깥쪽보다 더 음전하를 띠고 있다.
   b. 뉴런의 바깥쪽이 안쪽보다 더 음전하를 띠고 있다.
   c. 뉴런의 안과 바깥이 같은 전기적 전하를 가지고 있다. 더 음전하를 띠고 있다.
   d. 휴지기에 K^+ 이온이 뉴런 밖으로 누출되고 있다.

응용

1. 여러분이 뉴런의 막 사이를 관통하는 이온의 움직임에 실험을 하고 있다고 생각해보자. 이들 막에서 다음 중 어느 것이 이온의 평형농도를 결정하는데 역할을 한다고 판단하는가?
   a. 이온 농도의 구배 b. 이온 pH 구배
   c. 이온 전기적 구배 d. a와 c 둘 다 옳음.

종합

1. 네른스트 방정식을 이용해 Na^+이온에 대한 평형전위를 측정하면 그 값은 약 +60mV인데, 실제 측정한 평형전위 값은 -70mV이다. 왜 이런 차이가 나오는가?

개념 33.3 활동전위는 신경자극을 퍼져나가게 한다

이해

1. 활동전위 기간 동안의 상태는?
   a. 상승기는 Na^+유입에 의해서이다.
   b. 감소기는 K^+ 유입에 의해서이다.
   c. 감소기는 K^+ 유출에 의해서이다.
   d. a와 c가 동시에 일어난다.

응용

1. Na^+/K^+ ATPase 펌프는?
   a. 활동전위를 발사하기위해서 요구되지 않는다.
   b. 휴지전위를 오랜 기간 유지하기 위해 중요하다.
   c. 오직 시냅스에서 중요하다.
   d. 차등 전위를 자극하는데 사용된다.

종합

1. 활동전위에서, K^+ 채널이 휴지전위를 회복하자마자 닫아버리면 그 효과는 어떨 것 같다고 생각되는가? 무엇이 이것이 일어나는 것을 막고 있는가?

개념 33.4 시냅스는 뉴런이 다른 세포와 정보를 주고받는 곳이다

이해

1. 억제성 신경전달 물질은?
   a. 시냅스후 막을 과분극시킨다.
   b. 시냅스전 막을 탈분극시킨다.
   c. 시냅스후 막을 과분극시킨다.
   d. 시냅스전 막을 탈분극시킨다.

응용

1. 흥분성신경전달물질은 시냅스 후 뉴런에서 ________을 열어서 시냅스 후 뉴런의 활동전위를 시작하게 한다.
   a. Na^+ 채널 b. K^+ 채널
   c. Cl^- 채널 d. Ca^{2+} 채널

종합

1. 테트라에틸암모늄(TEA)은 전압의존성 K^+ 채널을 막는다. TEA는 뉴런에 의해서 생성된 활동전위에 어떤 영향을 미칠까요? TEA가 신경전달물질을 분비하는 시냅스전 뉴런에 선택적으로 작용한다면 시냅스후 세포에 미치는 효과를 어떻게 변화시킬까요?

개념 33.5 중추신경계는 뇌와 척수를 포함한다

이해

1. 뇌량은 다음 중 어느 둘 사이에서 연결하는 역할을 하는가?
   a. 시상과 시상하부 b. 중뇌와 전뇌
   c. 좌반구와 우반구 d. 전두엽과 후두엽

응용

1. 대부분의 신경활동이 일어나는 대뇌 부위는 어디인가?
   a. 대뇌피질. b. 뇌량.
   c. 시상. d. 망양체.

종합

1. 척추동물의 진화과정에 달라진 뇌의 영역 지도를 보라. 이것이 인간의 인지능력 진화와 어떻게 연관이 있는가?

개념 33.6 말초신경계는 감각뉴런과 운동뉴런으로 구성된다

이해

1. ____는 의식적인 생각으로 조절되지 않는다.
   a. 운동 뉴런들　　b. 체성신경계
   c. 자율신경계　　d. 골격근육

응용

1. 신체에서 싸움 혹은 도망은 다름 무엇에 의해 조절되는가?
   a. 신경계의 교감신경 부
   b. 신경계의 부교감신경 부
   c. 절후 뉴런으로부터 ACh 방출
   d. 체성신경계.

종합

1. 왜 포유동물의 자율신경계는 하나의 신경계가 아닌 교감과 부교감 신경계 두 개를 가지고 있는지 이유는 무엇인가?

개념 33.7 감각수용기는 신체의 환경에 관한 정보를 제공한다

이해

1. 아래 수용기들 중 육상척추동물의 카테고리가 아닌 것은?
   a. 기계수용기　　b. 전기기관 수용기
   c. 내부수용기　　d. 화학수용기

응용

1. 감각수용기의 탈분극을 뜻하는 용어는?
   a. 수용기 전위.　　b. 활동전위.
   c. 시냅스전 탈분극.　　d. 흥분성 시냅스후 전위 .

종합

1. 중추신경이 감각기 충격의 크기를 어떻게 해석하는가?

개념 33.8 기계적 감각수용기는 촉각과 압력을 감지한다

이해

1. 동화 속에서, 잠자는 미인이 그녀의 손가락이 찔린 후 잠에 빠져들었다. 어떤 수용기가 이 같은 고통스러운 자극에 반응했을까요?
   a. 기계적 수용기　　b. 통각 수용기
   c. 열수용기　　d. 촉각 수용기
2. 압력 수용기는______를 감지한다.
   a. 혈압.　　b. 열　　c. 통증.　　d. 조직손상.

응용

1. 당신의 손가락이 날카로운 핀에 찔렸다고 가정해 봅시다. 그러나 그 영향이 아주 약해서 오직 하나의 통증 수용기만 발화되었는데 이런 자극이 빠를 비율로 반복해서 발생해 발화가 되었다면 이것은 다음 중 어떤 예에 해당되는가?
   a. 시간적 가중.　　b. 공간적 가중.
   c. 습관화.　　d. 재분극.

종합

1. 일요일 저녁에 아주머니가 갑자기 일어서다가 창백해 지셨다. 갑작스러운 일어남으로 인한 그녀의 창백해짐은 어떤 감각수용기의 문제가 관여했는지 설명하라.

개념 33.9 소리와 몸의 위치는 진동감지기에 의해 인식된다

이해

1. 무엇의 움직임으로 귀는 소리를 감지하는가?
   a. 기저막.　　b. 덮개막.
   c. 유스타키오관.　　d. 반고리관 액체.

응용

1. 측선계가 발견되는 동물이 아닌 것은?
   a. 양서류 유충.　　b. 상어
   c. 뱀장어　　d. 고래

종합

1. 부동섬모가 운동섬모를 향해서 움직일 때 혹은 다른 방향으로 움직일 경우 어떻게 측선계 유모세포가 다르게 영향을 받는가?

개념 33.10 맛, 냄새, 그리고 pH 감지기는 화학적 수용기를 이용한다

이해

1. 미각에 비교하여, 냄새 감각은?
   a. 사람에게서는 덜 민감하다.
   b. G-단백질 연계 수용기가 관여한다.
   c. 파리에게서 더욱 민감하다.
   d. 같은 화학 수용기가 사용된다.

응용

1. 말초 그리고 중추 화학수용기가 혈압 pH의 낮아짐을 감지할 때, 중추신경은 무엇에 의해 반응하는가?
   a. 혈장의CO_2 수준 증가에
   b. 호흡률의 증가에
   c. 더 많은 카르보닉 산의 생산에
   d. 호흡률의 증가에

종합

1. 혈액의 pH가 떨어질 때 잠재적으로 치명적인 조건인 산성혈증이 초래된다. 이에 대응하여 신체는 호흡률을 변화시킨다. 우리 몸이 어떻게 이런 변화를 감지하는가? 그리고 어떻게 호흡률 변화가 일어나는가?

개념 33.11 시각은 멀리 있는 물체를 인식하기 위해 광수용기를 사용한다

이해

1. ______은 간상세포와 원추세포에 모두 포함된 광색소이다.
   a. 카로틴　　b. 시스-레티나
   c. 포토크롬　　d. 클로로필

응용

1. 아래의 진술 중 옳지 않은 것은?
   a. 척추동물은 수정체의 모양을 바꿔 눈의 초점을 맞춘다.
   b. 절지동물과 척추동물 눈은 같은 빛 포획물질을 사용한다.
   c. 간상세포는 다른 색들을 감지하고 원추세포는 다른 회색 그늘을 감지한다.
   d. 빛이 시스-레티날을 트랜스-레티날로 바꾼다.

종합

1. 어두운 방에 들어갈 때. 처음엔 아무 것도 볼 수 없다. 시작하고 10-30분 후 어느 정도 자세하게 볼 수 있다. 이런 효과를 만들기 위해 여러분의 눈에서 어떤 조정이 이런 일을 가능해 지게 하는가? [힌트: 로돕신에 초점을 맞추라.]

34
몸의 신진대사

학습과정

34.1 척추동물의 소화기관은 관 모양이다

34.2 음식물은 소화관을 통과한다

34.3 소화기관은 신경계와 호르몬에 의해 조절된다

34.4 호흡계는 효율적인 기체교환을 촉진한다

34.5 아가미는 물에서 효율적인 기체교환을 한다

34.6 허파는 육지 척추동물을 위한 호흡기관이다

34.7 산소와 이산화탄소는 기본적으로 다른 기작으로 운반된다

34.8 혈액순환은 대사물과 기체를 조직으로 운반한다

34.9 척추동물의 순환계는 효율적인 순환을 중요시한다

34.10 4분방 심장은 한 주기 내에서 수축한다

34.11 순환로는 동맥, 모세혈관 그리고 정맥으로 구성된다

서론

사자와 같은 척추동물은 종속영양생물로, 유기물을 소비함으로써 몸에 연료를 공급한다. 이 물질은 작은 분자들로 소화되고, 몸 세포들로 순환된다. 몸에 대사 연료를 공급하는 것은 소화, 순환, 호흡 이 세 개의 주요 신체 시스템을 이용한다. 소화는 관모양의 소화기를 통해 음식이 이동하면서 일어난다. 호흡은 물이나 공기로부터 기체교환을 하는 과정이다. 이는 호흡에 산소가 필요하다는 것이고 이로부터 이산화탄소가 생성되는 것이다. 순환은 신체 대사 활성을 유지하기 위해 혈관을 통해 영양분과 산소, 이산화탄소를 필요한 곳으로 이동시킨다. 많은 구조적 적응은 척추동물이 진화해오면서 바뀌어왔다.

34.1 척추동물의 소화기관은 관 모양이다

해면동물(sponges)과 같은 단일 세포 유기체는 먹이를 세포내로 소화한다. 다른 다세포 동물은 먹이를 소화강을 통해 세포밖으로 소화한다. 소화 효소는 동물의 바깥 환경과 연결되는 곳으로 분비된다. 자포동물과 편형동물은 소화강이 하나의 개구를 가지고 있다(27장을 참고하시오). 위수강이라고 불리는 이러한 유형의 소화계에는 특수화된 기관이 없는데, 이유는 모든 세포가 음식물 소화의 모든 단계에 노출되기 때문이다.

척추동물의 소화관은 많이 특수화된 공간으로 이루어져 있다

학습목표 34.1.1 척추동물 소화관에서 특수화된 공간의 목록.

특수화는 소화관이 입과 항문으로 분리되어 음식물이 한 방향으로 움직일때 일어난다. 대부분의 원시 소화관은 선충류(선충동물문)에서 나타나며, 상피의 막으로 된 관상의 **소화관**(장, *gut*)이다. 지렁이(환형동물 문)는 섭취, 저장, 분해, 소화와 흡수를 위해 특수화된 소화관을 가지고 있다. 척추동물을 포함한 모든 복잡한 동물들은 비슷하게 특수화 되었다(그림 34.1).

삼켜진 음식은 특수화된 소화관에 저장되거나 처음으로 분해될 것이다. 이러한 분해는(대부분의 척추동물의 입에서) 치아로 씹거나(새나 지렁이의 모래주머니에서) 자갈로 인한 갈아지는 것으로 이루어진다. 그 뒤 다당류, 이당류, 지방, 단백질의 큰 분자들을 작은 기본 단위로 분해하는 화학적 소화가 일어난다.

화학적 소화는 음식으로부터 기본 단위 분자인 초기 단당류, 아미노산, 지방산으로 가수분해 하는 반응을 포함한다. 이러한 화학적 소화의 생산물은 장 상피를 통해 혈액으로 들어오며, 이것은 **흡수**(*absorption*) 라는 과정으로 알려져 있다. 흡수되지 않은 어떤 음식 분자는 동물에서 이용될 수 없다. 이렇게 흡수되지 않고 남는 생산물은 배설되거나 항문을 통해 배변된다.

사람과 다른 척추동물에서, 소화계는 위장관과 부속 소화 기관으로 이루어져 있다(그림 34.2).

소화관의 개요

위장관의 시작은 구강과 비강의 공통된 통로인 입과 인두이다. 인두는 음식을 위로 연결하는 근육으로 된 관인 식도로 연결되며, 예비 소화가 일어난다.

위에서, 음식은 소화 효소가 소화 과정을 지속시키는 작은창자로 지나간다. 소화 산물은 물과 미네랄과 함께 작은창자 벽을 통해 혈류로 흡수된다. 남은 것들은 물과 미네랄이 흡수되는 큰창자로 흐른다.

포유동물이 아닌 대부분의 척추동물에서 남은 산물은 큰창자에서 총배설강이라고 불리는 공간으로 이동한다(그림 34.1 참조). 총배설강에서는 비뇨생식계 산물도 모인다. 포유동물에서 비뇨생식 생산물은 큰창자에서 배설물과는 격리되고, 배설물은 항문으로 불리는 직장을 통과한다.

부속 소화 기관에는 **쓸개즙**(담즙, *bile*)(지방을 유화하는 초록색 용액)을 생성하는 간, 농축된 담즙을 저장하는 쓸개, 그리고 이자가 있다. 이자는 소화 효소와 중탄산염을 포함하는 **이자액**(*pancreatic juice*) 을 생성한다. 담즙과 이자액은 작은창자의 첫번째 구역인 샘창자(십이지장)로 분비되어 소화를 돕는다.

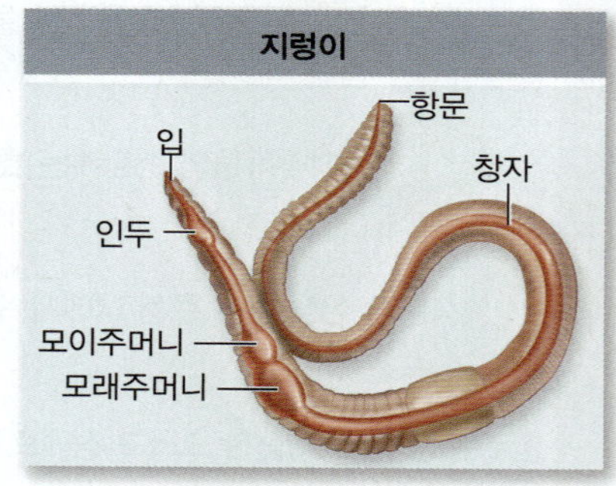

그림 34.1 한 길로 이루어진 소화관을 갖는 선충류, 지렁이, 척추동물. 선충류, 지렁이, 척추동물의 한 방향 소화관. 소화관을 통한 한 방향 움직임은 소화계의 다른 구역이 다른 기능을 갖게 특수화되도록 하였다.

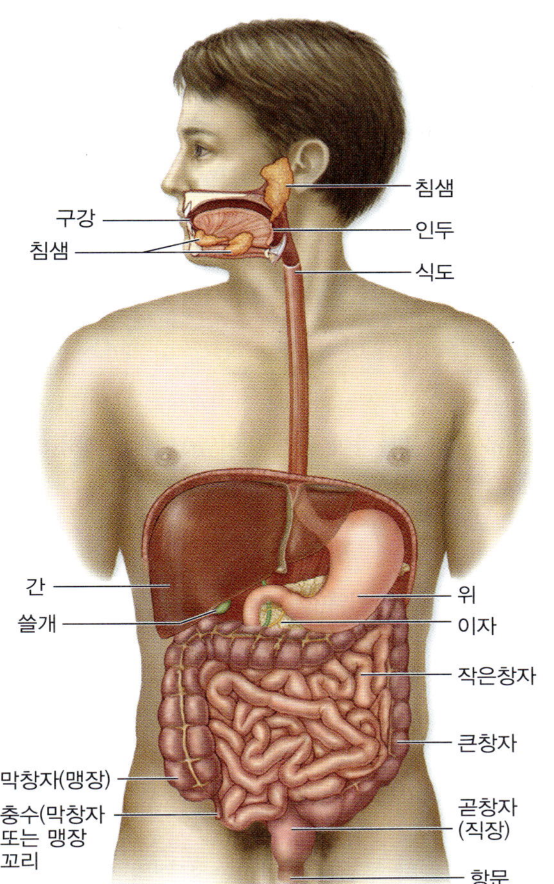

그림 34.2 사람의 소화계. 사람의 소화계는 구강, 식도, 위, 작은창자, 큰창자, 곧창자(직장), 항문으로 구성되었고, 부속 기관이 이를 돕는다.

개념 정리 34.1

불완전한 소화관은 하나의 개구만 있고, 완전한 소화관은 입에서 항문까지 통과한다. 척추동물의 소화계는 입과 인두, 위, 작은창자, 큰창자, 총배설강, 곧창자(직장), 항문 그리고 부속 기관으로 이루어진다.

- 한 길로 이루어진 소화관에는 어떤 이점이 있을까?

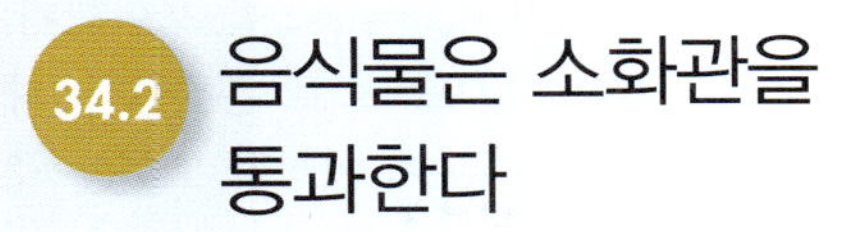

34.2 음식물은 소화관을 통과한다

여러 종류의 척추동물의 소화계의 분화는 동물의 삶을 반영한다. 새는 이가 없고 두개의 방으로 이루어진 위에서 음식을 분해한다. 이 방 중 하나는 **모래주머니**(사낭, *gizzard*)라고 불리며, 새가 삼킨 작은 자갈이 근육의 운동에 의해 음식과 함께 분해된다. 이러한 교반은 씨앗이나 다른 단단한 식물성 물질들을 작은 덩어리로 갈아 쉽게 소화되도록 한다.

척추동물의 치아는 여러 종류의 음식에 적응했다

학습목표 34.2.1 척추동물의 치아모양에서 적응의 다양성을 확인한다.

많은 척추동물은 씹거나 **저작**(*mastication*) 하는 치아(**그림 34.3**)를 가지며, 음식을 작은 입자로 분해하고 액체 분비물과 섞는다. 육식 포유류는 자르고 절단하는데 적응해 끝이 날카로운 치아를 가진다. 육식동물은 음식을 조각으로 찢지만 그것들을 씹을 필요가 적다. 이는 소화효소가 동물 세포에 직접 작용하기 때문이다. 반대로 초식동물은 반드시 제1위의 미생물이나 막창자(맹장)의 세균이 식물 조직의 섬유소 세포벽을 소화하기 전에 분쇄해야 한다.

사람의 치아는 식물성 음식과 동물성 음식 모두를 먹을 수 있게 진화되었다. 간단하게 보면, 사람은 입의 앞부분은 육식동물, 입의 뒷부분은 초식동물이다(그림 34.3 참조). 윗턱과 아랫턱의 네개의 앞니는 물기 위해 날카롭고, 끌처럼 생겼다. 앞니의 양쪽에 있는 치아는 음식을 찢을 때 쓰이는데 날카롭고, 끝이 뾰족하며 송곳니라고 불린다. 송곳니의 뒷편에 두개의 작은어금니와 세개의 어금니가 있다. 이들은 갈고 부수기 위해 납작하고 단단한 표면을 가진다.

입은 섭취와 소화의 첫 과정을 위한 방이다

입 안에서, 혀는 음식을 점액인 침과 섞는다. 사람에서 세 쌍의 침샘은 관을 통해 침을 입으로 분비한다. 침은 음식을 적시고 윤활작용을 하여 쉽게 삼켜지게 하며 식도를 지나가며 조직에 손상을 주지 않도록 한다.

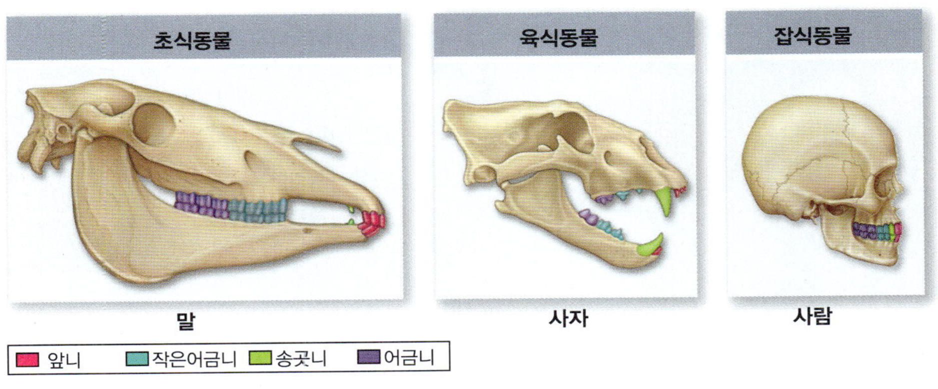

그림 34.3 음식에 따른 치열. 다른 척추동물(초식동물, 육식동물, 잡식동물)은 일반화된 패턴에서 음식에 따라 특별하게 분화된 치열을 갖는다.

침은 또한 가수분해 효소인 아밀라아제(amylase)를 포함한다. 아밀라아제는 다당류인 전분을 이당류인 말토오스로 분해한다. 대부분의 사람들이 음식을 오래 씹지 않기 때문에 이러한 소화는 주로 사람에게서 일어난다.

타액분비 자극

침샘의 분비는 신경계로부터 조절되며, 사람에서 입안에 음식이 없더라도 지속적으로 시간당 0.5ml씩 분비된다. 지속적인 분비는 입을 축축하게 한다.

음식이 입안에 있을 때 침의 분비가 촉진된다. 후각신경과 미뢰는 침샘을 자극 하는 신호를 뇌로 보내게 된다. 음식의 시각적, 소리, 냄새는 많은 동물에서 침샘을 자극한다. 사람은 음식에 대해 이야기하거나 생각하는 것으로도 같은 효과를 갖는다.

식도의 근육수축은 음식물을 위장으로 이동시킨다

학습목표 34.2.2 식도에서 음식이 어떻게 이동하는지를 설명한다.

삼켜진 음식물은 인두와 위를 잇는 관상의 근육으로 이루어진 식도를 통과한다. 식도는 근육운동으로 **음식 덩어리(bolus)**라고 불리는 덩어리가 된 음식을 이동시킨다. 음식은 위에 저장 되며 초기 소화과정을 거친다.

성인의 식도는 25cm정도 된다. 상부 1/3은 수의조절을 할 수 있는 뼈대근(골격근)으로 구성된다. 하부 2/3은 불수의근인 민무늬근으로 이루어졌다. 연하중추는 이러한 근육의 식도에서 위까지의 한방향으로 수축하게 한다. 이러한 근육수축은 **꿈틀운동(연동운동, peristalsis)**이라고 한다. 연동은 사람과 다른 척추동물이 뒤집어있더라도 음식물 섭취가 가능하도록 한다.

많은 척추동물에서 식도에서 위까지의 음식물의 이동은 원형의 민무늬근이나 **조임근**(괄약근, *sphincter*)에 의해 조절된다. 그것은 음식물에 의한 압력에 대해 반응한다. 조임근의 수축은 위에 있는 음식이 다시 식도로 넘어가는 것을 방지한다. 설치류와 말은 이 부위에 진성 조임근(괄약근)을 가지고 있어 역류가 불가능하다. 사람은 진성조임근이 부족하다. 정상적인 식도는 음식을 삼킬 때 말고는 닫혀있다.

위는 음식물의 산성분해가 일어나는 정류장이다

학습목표 34.2.3 위에서 일어나는 소화 과정을 설명한다.

위(stomach)는**(그림 34.4)** 소화관에서 주머니처럼 생긴 부위이다. 내부 표면은 매우 구불구불하여 위가 비어있을 때는 접혀 있다가 음식물로 차게 되면 풍선처럼 부푼다. 예를 들어 사람의 위는 비어 있을 때 50ml 정도의 부피밖에 안되지만 음식물이 차게 되면 2-4L까지 확장한다.

위는 음식물을 젓고 **위액(gastric juice)**(관상의 위샘의 점막에서 분비되는 산성 분비물)과 섞기 위한 세개의 근육 층으로 이루어진다. 이러한 외분비샘에는 세가지의 분비세포가 있다. **점액 분비 세포**(*mucus-secreting cells*), 염산(HCl)을 분비하는 **측벽세포**(*parietal cells*), 단백분해효소(단백질을 소화시키는 효소) **펩신(pepsin)**의 비활성화 형태인 **펩시노겐(pepsinogen)**을 분비하는 **주세포**(*chief cells*)가 있다.

펩시노겐은 활성화 부위를 차단하는 44개의 추가적인 아미노산을 갖는다. HCl은 펩시노겐으로부터 44개의 아미노산을 제거함으로써 활성화 부위를 노출시킨다. 이것은 활성화된 단백분해효소인 펩신을 만들어 낸다. 비활성 형태의 분비해 외부에서 활성형 효소로 변환되는 이런 과정은 주세포가 세포스스로를 분해하는 것을 예방한다. 위에서 점액은 내벽을 감쌈으로써 위내벽이 소화되는 것

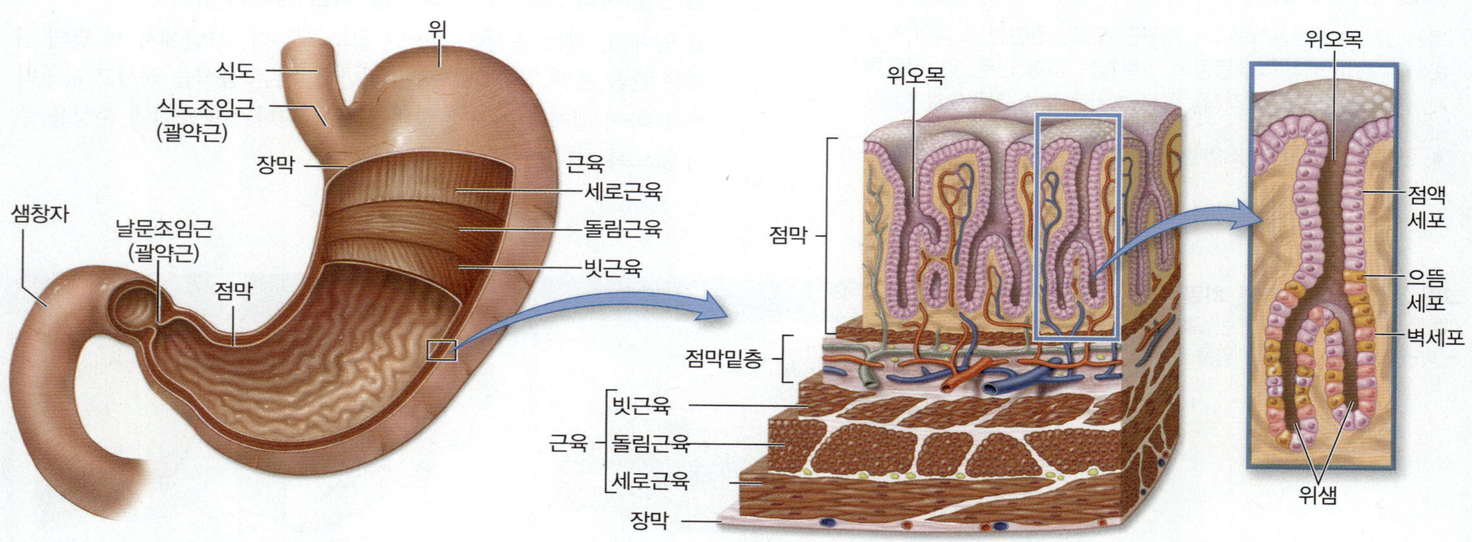

그림 34.4 위와 샘창자. 음식물은 식도에서 위를 통과한다. 날문조임근(괄약근)이라고불리는 반지모양의 민무늬근은 작은창자의 상부인 샘창자로의 통과를 조절한다. 위의 상피벽은 위샘이 있는 깊은 접힘인 위오목으로 점으로 뒤덮여 있다. 위오목은 점액세포와, 펩시노겐을 분비하는 으뜸세포, HCl을 분비하는 벽세포로 구성된다. 위오목은 위샘의 개구이다.

을 방지하기 위해 점액분비세포에 의해 생산된다.

산의 역할

사람의 위는 매일 2L의 HCl과 다른 위 분비물을 생산하면서 매우 산성인 용액을 생산한다. 이 용액의 HCl의 농도는 대략 10mM이며, PH 2이다. 그래서, 위액은 정상적으로 7.4의 정상 pH를 가지는 혈액보다 250,000배 더 산성이다.

위의 낮은 pH는 음식을 단백질로 분해하는 것을 돕고, 펩신이 최대로 활성을 갖게 한다. 펩신은 음식의 단백질이 작은창자를 통과하기 전까지 완벽하게 소화되지 않는 불완전한 짧은 폴리펩티드로 가수분해 한다. 부분적으로 소화된 음식과 위액의 혼합물은 **미즙(chyme)**이라고 불린다. 성인에서 단백질은 오직 위에서 부분적으로 소화되며 탄수화물이나 지방의 중요한 소화는 여기서 일어나지 않는다.

위의 산성용액은 음식과 함께 섭식된 대부분의 세균을 죽인다. 적은 세균은 위에서 살아남아 작은창자로 들어간다. 일부 세균은 위에서 살아남아 창자로 들어가며 특히 큰창자에서 자라서 증식할 수 있게 된다. 사실 척추동물의 창자에는 세균집락이 번성하여 살고 있다. 이후 설명하겠지만, 반추동물의 소화관에서 사는 세균은 반추동물이 섬유소를 소화하는데 중요한 역할을 한다.

위를 떠나기

미즙은 유문괄약근(*pyloric sphincter*)을 통해 위를 떠나 작은창자로 들어간다. 작은창자는 탄수화물, 지질, 단백질의 모든 최종 소화가 일어나는 곳이며, 아미노산, 포도당과 같은 소화산물이 혈액으로 흡수되는 장소이다. 미즙 속의 일부 물과 아스피린, 알콜같은 아주 적은 물질들은 위벽을 통해 흡수된다.

작은창자의 구조는 영양분 섭취에 특화되어 있다

학습목표 34.2.4 위와 작은창자의 표면을 비교하고 대조한다.

작은창자의 공간은 한정되어 있고, 작은창자의 소화 과정은 시간이 소요된다. 그러므로 상대적으로 한번에 적은 양의 미즙이 위에서 작은창자로 이동하는 효율적인 소화가 필요하다. 위와 장의 협동은 신경과 호르몬 신호로 조절된다.

작은창자는 살아 있는 사람에서 대략 4.5m정도 길이이고, 부검하면 근육이 이완하면서 6m가 된다. 처음 25cm는 **샘창자(십이지장, duodenum)**이며 남아있는 장은 **빈창자(공장, jejunum)**와 **돌창자(회장, ileum)** 이다.

샘창자는 위로부터 산성의 미즙을 받아 이자에서 나온 소화효소와 중탄산염과 간과 쓸개에서 나온 담즙을 소화한다. 이자액의 효소는 큰 음식 분자를 작은 분절로 소화한다. 이 소화는 주로 샘창자와 빈창자(공장)에서 일어난다.

작은창자의 상피벽엔 손가락처럼 생긴 작은 융기인 **융털(융모, villi)**(복수형으론 villi, 단수형으론 villus; **그림 34.5**)가 있다. 융모의 각 상피세포열은 **미세융모(microvilli)**라고 불리는 세포의 확대로 인한 세포막의 접힘이 내강과 접하고 있는 말단 표면을 덮고 있다. 이것은 매우 작아 전자현미경으로만 뚜렷이 볼 수 있다. 광학현미경 상에서는 미세융모는 솔의 가장자리 처럼 보이기 때문에 작은창자의 상피벽은 솔가장자리(털연변부, *brush border*) 라고도 불린다.

융모와 미세융모는 작은창자 표면적을 늘린다. 사람에서 이 표면적은 300 m^2이며 테니스 코트보다 크다. 이 넓은 표면적을 통해 소화산물을 흡수한다.

미세융모는 소화에 참여한다. 많은 소화 효소가 그 활성 부위를 미즙에 노출한 채로 상피세포의 세포막에 끼어 있다. 이러한 솔

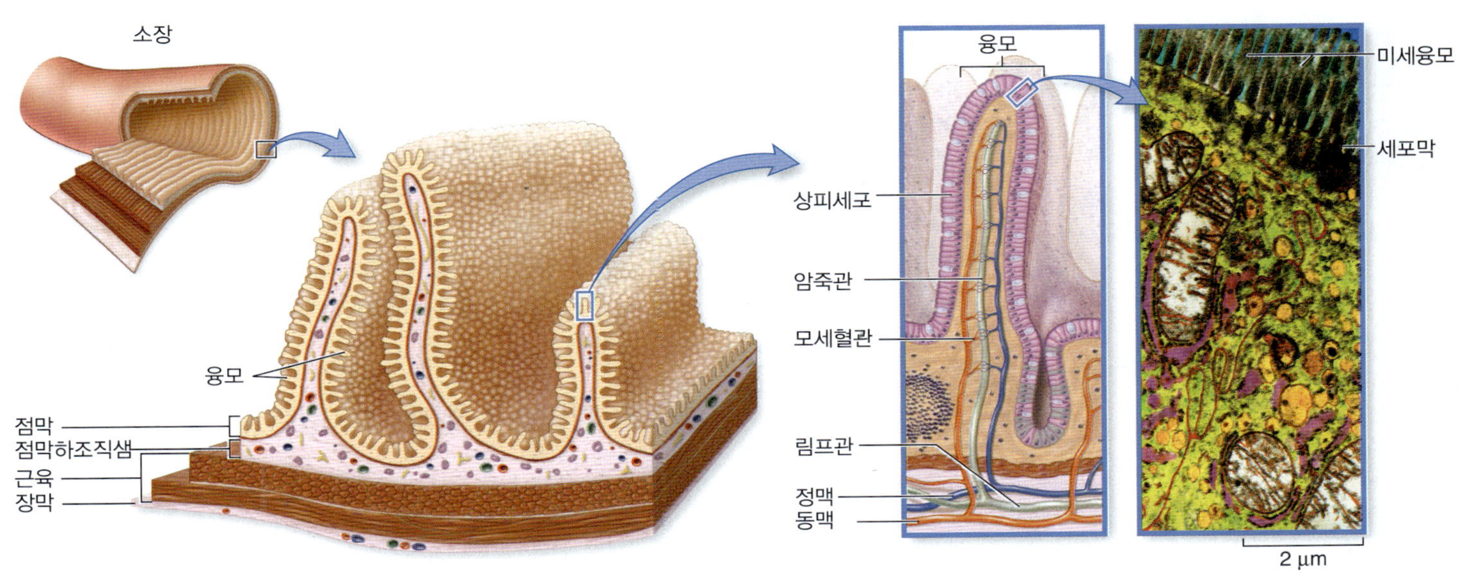

그림 34.5 작은창자. 작은창자는 표면적을 증가시키는 융모로 덮인 상피주름을 통하여 확장할 수 있다. 현미경 사진은 수많은 미세융모로 덮인 작은창자 상피세포를 보여주고 있다.

가장자리 효소는 젖당이나 설탕같은 이당류를 가수분해한다. 많은 성인은 솔가장자리 효소인 락테이즈를 만들어내는 능력이 낮아 유당(우유의 당)을 소화할 수 없다. 그러한 상태를 젖당비내성(*lactose intolerance*) 이라고 한다. 솔가장자리 효소는 입안에서 침의 아밀라아제에 의한 활성으로 시작된 소화 과정을 완성한다.

부속기관들이 효소를 작은창자로 분비한다

학습목표 34.2.5 부속기관의 이름과 역할을 설명한다.

소화를 돕는 주된 기관은 이자, 간, 쓸개이다. 이들은 관을 통해 직접 작은창자로 효소들을 분비한다.

이자의 분비

이자는(그림 34.6) 위와 작은창자의 연접부 주변에 위치한 큰 샘이며, 이자액을 이자관(*pancreatic duct*)을 통해 샘창자로 분비한다. 그게 외분비샘으로서의 이자의 기능이다. 이자액은 단백질을 소화하는 **트립신(tripsin)**, **키모트립신(chymotrypsin)**, 전분을 소화하는 **이자 아밀라아제(pancreatic amylase)**, 지방을 소화하는 **리파아제(lipase)**와 같은 소화효소를 포함한다. 위에 있는 펩신과 같이 이런 효소들은 샘창자에서 처음 불활성 상태로 분비되어 솔가장자리 효소에 의해 처음 활성화된 트립신에 의해 활성화된다.

이자 효소는 단백질을 작은 폴리펩티드, 다당류를 짧은 사슬의 당으로, 지방은 자유 지방산과 모노글리세라이드로 소화한다. 단백질의 소화와 탄수화물은 솔가장자리 효소에 의해 완성된다. 또한 이자액은 중탄산염을 포함해 위에서의 HCl을 중화하고, 샘창자에 있는 미즙을 약 알칼리성의 pH를 갖게 한다. 소화효소와 중탄산염은 **샘꽈리(소포, acinus;** 복수형 acini)로 알려진 분비세포 집단에서 분비된다.

게다가 이자는 소화에서의 외분비 기능뿐 아니라 내분비 샘의 기능도 가지며, 혈액으로 여러 호르몬을 방출해 혈중 당과 다른 영양분의 양을 조절한다. 이런 호르몬 기능은 이자 전체에 흩어져 있는 **랑게르한스 섬(islets of Langerhans)**이라는 내분비 세포 집단에 의해 이루어진다. 가장 중요한 두개의 이자 호르몬은 인슐린과 글루카곤으로 이것들은 35장에서 설명한다.

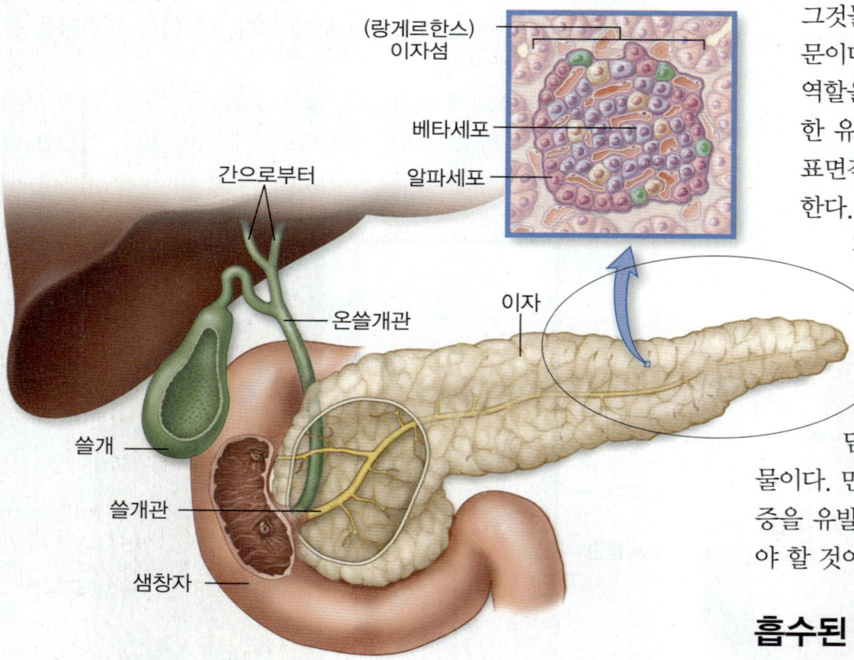

그림 34.6 이자. 이자와 쓸개관은 샘창자로 흘러든다. 이자는 이자액을 이자관을 통해 분비한다. 이자의 랑게르한스섬은 혈중으로 호르몬을 분비한다. 알파세포는 글루카곤을, 베타세포는 인슐린을 분비한다. 간은 쓸개즙을 분비하며 쓸개즙은 쓸개즙색소(간에서 생성된 찌꺼기)와 쓸개즙염으로 구성된다. 담즙염은 지방 소화에 관여한다. 쓸개즙은 샘창자에 지방질 음식이 도착해서 필요해질 때 까지 쓸개에 농축되어 저장된다.

간과 쓸개

간은 신체에서 가장 큰 장기이다. 성인에서 간의 무게는 1.5kg이며 미식축구공 크기이다. 간의 주된 외분비 기능은 쓸개즙이다. 쓸개즙은 담즙색소(*bile pigments*)와 담즙염(*bile salt*)의 혼합물이고 음식물을 소화할 때 샘창자로 분비된다.

담즙색소는 소화에 관여하는 것은 아니다. 그것들은 간에서 적혈구를 파괴하고 나온 결과로 생성된 찌꺼기이며 궁극적으로 변을 통해 배출된다. 간에서의 담즙색소의 분비가 차단되면 색소는 혈중에 축적되며 조직을 노랗게 염색시키는 황달(*jaundice*)이 된다.

반면, 담즙염은 지방이 효소에 의해 소화가 되는데 매우 중요한 역할을 한다. 왜냐하면 지방은 물에 녹지 않는 지용성이고 그것들은 장을 통과할때 수용성 미즙에서 방울로 통과하기 때문이다. 담즙염은 지용성이나 부분적 수용성이고 세제와 같은 역할을 해서 큰 지방 방울을 미세한 부유물로 분해한다. 이러한 유화 작용은 리파아제 효소가 작용할 수 있는 최적의 지방 표면적을 만들고 더 빠르게 지방 소화가 이루어질 수 있도록 한다.

간에서 담즙이 생성되면, 쓸개에 저장되고 농축된다. 샘창자에 지방질 음식이 도착하면 신경적 호르몬적 반사에 의해 쓸개가 수축되도록 자극해 쓸개즙이 온쓸개관을 통해 샘창자로 운송되도록 촉발된다(이러한 반사는 다음에 나올 부분의 주제이다).

담석은 개별적으로 형성되는 콜레스테롤의 딱딱해진 침전물이다. 만약 이 돌들이 쓸개관을 막으면 쓸개의 수축은 강렬한 통증을 유발한다. 심한 경우 막히게 되면 쓸개를 외과적으로 제거해야 할 것이다.

흡수된 영양소는 혈액이나 림프관으로 이동한다

학습목표 34.2.6 부속 기관의 이름을 알고 그 역할을 설명한다.

효소에 의한 분해가 끝나면 단백질과 탄수화물은 아미노산과 단당류로 각각 흡수된다. 이들은 솔가장자리의 상피세포에서 수동확산과 능동수송을 통해 운송된다(그림 34.7a). 포도당은 Na^+이온과 짝지어져 운송된다. 말단 막의 상피세포를 통과하면 이러한 단당류와 아미노산은 세포질로 이동하고 바닥가쪽막을 통과해 융모에 있는 혈관으로 운송된다.

혈액은 간문맥을 통해 이러한 소화 산물을 장에서 간으로 운송한다. 간문맥은 심장으로 돌아가는 대신에 두개의 모세혈관과 연결된다. 이러한 간문맥 때문에 간은 지방을 제외한 대부분의 소화산물을 받는 첫번째 장기이다. 지방 소화의 지방산물은 다른 기작으로 흡수된다(그림 34.7b). 중성지방은 무극성이여서 상피세포를 단순확산으로 통과할 수 있는 지방산과 모노글라이세라이드로 가수분해되고, 단백질과 결합해 유미입자라고 불리는 작은 입자를 형성한다. 이것은 너무 커서 장의 모세혈관을 통과할 수 없기 때문에 간문맥 순환으로 들어가지 않는다. 대신에 유미입자는 림프세관을 통해 흡수되어 목 주변의 정맥에서 혈액과 합쳐진다(34.11에서 설명한다). 유미입자는 지방성 음식은 채혈한 혈액의 혈장을 뿌옇게 만든다.

하루에 작은창자를 통과하는 유체의 양은 대략 9L정도로 놀랄만하게 많다. 그러나 이 유체는 배변으로 배출되기보다는 대부분이 신체로 흡수된다. 대략 8.5L가 작은창자에서 흡수되며 추가적으로 350mL이 큰창자에서 흡수된다. 50g정도의 고체와 100mL정도의 액체만 변으로 배출된다. 사람 소화관의 정상 유체의 흡수 효율은 대략 99%로 참으로 매우 높다.

큰창자는 찌꺼기 물질을 제거한다

학습목표 34.2.7 어떻게 흡수된 영양소가 혈액이나 림프관으로 이동하는지 설명한다.

큰창자나 가로창자(결장)는 작은창자보다 길이는 훨씬 짧지만 큰 직경을 가진다. 작은창자의 내용물은 흔적기관으로 남은 두개의 구조물인 충수와 막창자(맹장)가 있는 큰창자와의 연접부를 통해 바로 이동한다. 가로창자에서는 소화가 일어나지 않고, 오직 4%의 액체가 흡수가 일어난다. 내부에는 융모가 없고, 따라서 작은창자에 비하면 1/30의 흡수 표면적을 가진다. 가로창자의 기능은 전해질과 물을 흡수하고, 비타민 K와 같은 세균 대사 산물을 만든다. 큰창자는 신체로부터 찌꺼기 물질이 배출되도록 한다.

세균은 큰창자에서 서식하고 증식하고 잉여 세균들은 대변이라고 불리는 쓰레기 물질과 합쳐진다. 세균 발효는 가로창자에서 하루에 500mL정도의 기체를 생성한다. 이 비율은 콩이나 다른 채소를 먹으면 매우 증가하는데 왜냐하면 소화되지 않은 식물성 물질(섬유소)는 큰창자에서 세균 발효의 재료를 제공하기 때문이다.

사람의 가로창자는 고 섬유소성 함유물에 맞는 음식의 처리에 맞게 진화되었다. 미국과 다른 선진국에서 일반적인 저섬유소의 식이는 가로창자에서 음식물의 이동을 느리게 한다. 저섬유소의 식이는 미국에서의 많은 수의 가로창자암과 관련된다.

압축된 대변은 큰창자의 연동수축에 의해 이동되며, 큰창자에서 짧은 관인 곧창자(직장)로 이동한 뒤 항문을 통해 몸밖으로 배출된다. 두개의 조임근(괄약근)이 항문을 통과하는 것을 조절한다. 첫번째는 민무늬근(평활근으로 이루어져 곧창자(직장) 재부의 압력에 의해 불수의적으로 열린다. 두번째는 횡문근(가로무늬근)으로 이루어져 뇌에 의해 수의적으로 조절되어 의식적 결정으로 배변을 미룰 수 있다.

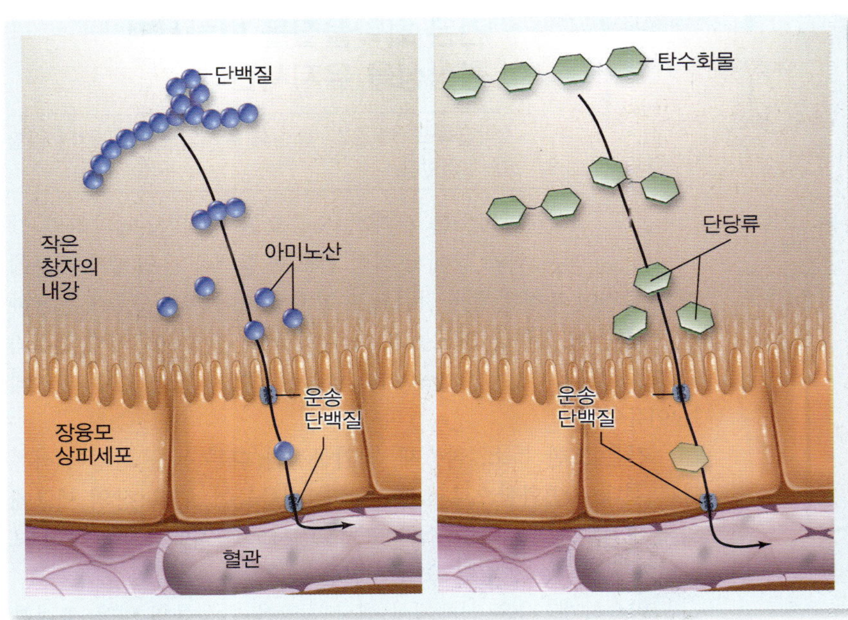

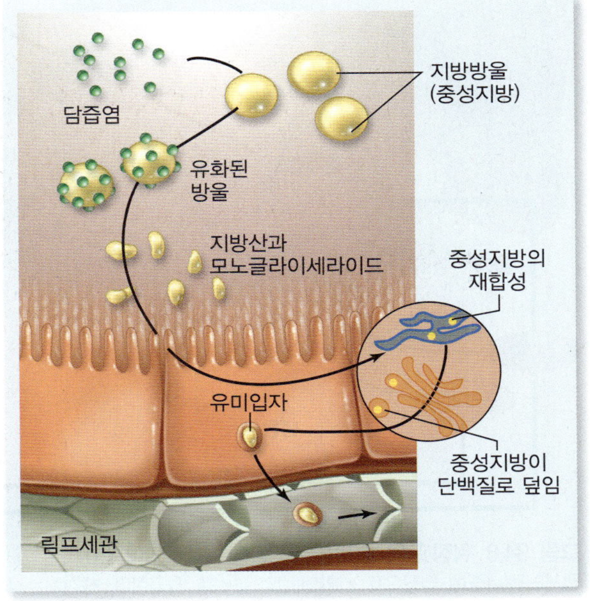

그림 34.7 소화 산물의 흡수. a. 단당류와 아미노산은 모세혈관으로 운송된다. b. 장 내강의 지방산과 모노글라이세라이드는 흡수되고 장 상피 세포에서 중성지방으로 변환된다. 그 후 단백질로 덮여 유미입자라는 구조물을 형성하여 림프세관을 통과한다.

개념 정리 34.2

척추동물에서 치아의 모양은 식이에 맞게 적응했다. 입은 섭식된 음식물의 소화를 시작한다. 연동 율동은 산과 단백분해효소인 펩신을 함유하는 위액이 있는 위로 음식물을 보낸다. 대부분의 효소의 소화는 작은창자에서 일어나며, 작은창자의 표면은 흡수 표면적을 넓히도록 변형되었다. 큰창자는 물, 전해질, 세균 대사산물을 흡수한다. 포도당과 아미노산은 능동수송과 수동확산을 통해 흡수된다. 지방은 단순확산으로 흡수된다.

■ 당신이 빵과 닭가슴살, 마요네즈가 들어있는 치킨샌드위치를 먹었다고 가정해 보세요. 이 중 어떤 음식이 위에서 분해가 시작될까요?

34.3 소화기관은 신경계와 호르몬에 의해 조절된다

호르몬은 소화를 조절한다

학습목표 34.3.1 어떻게 신경계가 소화 과정을 자극하는지 설명한다.

위장관의 활동은 신경계와 내분비계의 협력에 의해 일어난다. 예를들어 신경계는 시각, 냄새, 음식의 욕구에 의해 침샘과 위산분비를 자극한다. 음식물이 위에 다다르면 음식 속의 단백질은 **가스트린(gastrin)**이라는 위 호르몬의 분비를 자극하며 차례로 가스트린은 위샘에서 펩시노겐과 HCl의 분비를 자극한다(그림 34.8). 분비된 HCl은 위액의 pH를 낮추고, 더이상 가스트린이 분비되지 않도록 음성 되먹임의 작용을 한다. 이러한 방식으로 위산의 분비는 적절하게 조절된다.

위에서 샘창자로의 미즙의 흐름은 위의 수축을 방해하고, 이전의 양이 처리되기 전까지는 더이상의 미즙이 샘창자로 넘어갈 수 없다. 이 위의 억제는 신경 반사와, 샘창자에서 혈중으로 방출되는 호르몬에 의해 조절된다. 이러한 호르몬은 **엔테로가스트론(enterogastrone)**이라고 알려져 있다. 호르몬의 조절은 이어지는 다음 장에서 다룬다.

주된 엔테로가스트론은 **콜레시스토키닌(cholecystokinin; CCK)**, **세크레틴(secretin)**, **위액억제펩티드(gastric inhibitory peptide; GIP)**를 포함한다. 높은 지방을 포함한 미즙은 CCK나 GIP 분비의 가장 장한 자극이 되고, 미즙의 산도를 높여 세크레틴의 방출에 영향을 준다. 세개의 이러한 엔테로가스트론은 위의 운동(교반작용)과 위액분비를 억제한다. 그 결과 지방질의 식이는 무지방식이보다 위에 머무는 시간이 길어져 지방분자복합체를 소화하는데 더 많은 시간이 소요된다.

게다가 위의 억제는 CCK나 세크레틴은 소화에서 다른 중요한 조절 기능을 가진다. CCK는 또한 이자의 소화 효소 분비와 쓸개의 수축을 상승을 자극한다. 쓸개 수축은 더 많은 쓸개즙을 샘창자로 방출시키고 지방 유화와 지방 소화 효율을 강화한다. 세크레틴의 다른 주된 기능은 이자로부터 더 많은 중탄산염을 분비하도록 자극하는 것이고, 유미의 산도를 중화한다. 세크레틴은 가장 처음으로 발견된 호르몬이다.

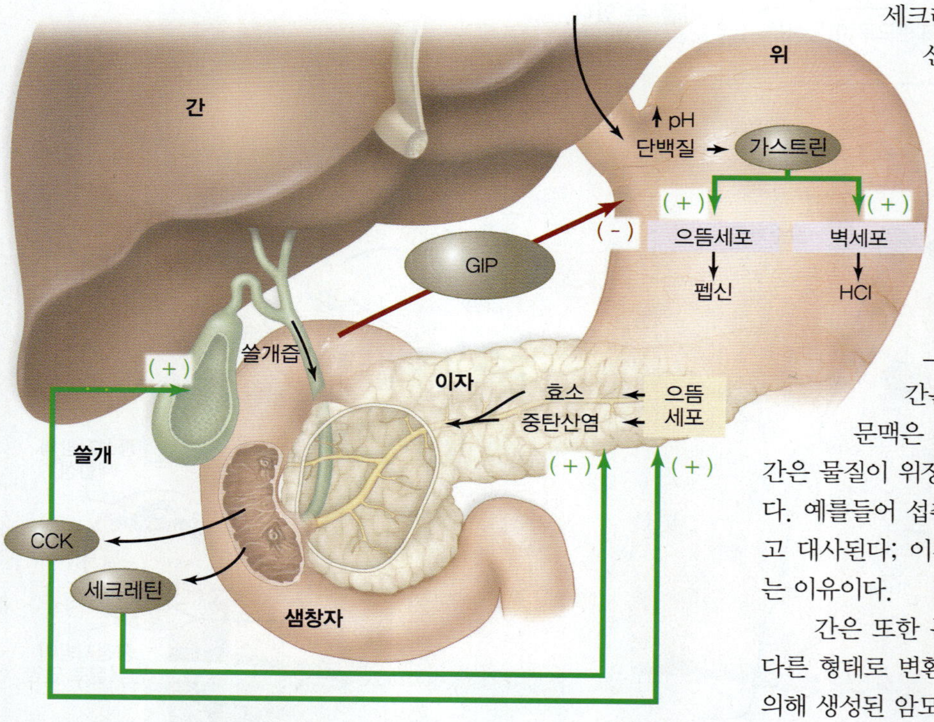

그림 34.8 위장관의 호르몬 조절. 위의 점막에서 분비된 가스트린은 HCl과 펩시노겐(나중에 펩신으로 변환되는)의 분비를 자극한다. 샘창자는 세 가지 호르몬을 방출한다: 쓸개 수축을 자극하고 이자 효소를 분비되도록 하는 콜레시스토키닌(CCK), 이자에서 중탄산염을 분비시키는 세크레틴, 위를 비우는 것을 방해하는 위 억제 펩티트(GIP)이다.

간은 화학물질을 변화시켜 항상성을 유지시킨다

학습목표 34.3.2 항상성 유지와 관련된 간의 역할을 설명한다.

간은 독소를 분해하는 중요한 장기다. 왜냐하면 간문맥은 위와 장에서 직접 간으로 혈액을 운반하기 때문에 간은 물질이 위장관에서 전신으로 퍼지기 전에 화학적으로 변형한다. 예를들어 섭취된 알코올과 다른 약물은 간세포에 의해 섭취되고 대사된다; 이것은 알코올이나 약물남용에서 간이 자주 파괴되는 이유이다.

간은 또한 독소, 살충제, 발암물질과 다른 독을 독성이 적은 다른 형태로 변환함으로써 제거한다. 예를들어, 간은 장의 세균에 의해 생성된 암모니아 독소를 고농도에서도 혈액에서 안전하게 보관되고 운반되는 물질인 요소로 변환 한다.

비슷하게, 간은 신체에서 생산된 많은 합성물의 양을 조절한다. 예를 들어 스테로이드호르몬은 덜 활동적이고 더 수용성인 형태로 간에서 변환된다. 그 다음 이러한 분자는 담즙에 포함되어 변을 통해 신체에서 제거되거나 혈액에 의해 콩팥으로 운반되어 오줌으로 배설된다.

간은 또한 대부분의 혈장 단백질을 생성한다. 혈장단백질의 전체 농도는 혈액과 간질(조직)액 사이의 삼투압 균형 유지를 위해 특정 범위 내에서 유지되야 하기 때문에 중요하다. 만약 혈장단백질의 농도가 너무 낮게 떨어진다면, 간경화와 같은 간질환에 의한 것일 수 있고 그럴 경우 체액이 조직에 쌓이게 되면서 부종의 상태가 된다.

이자는 혈당을 조절하는 호르몬을 분비하고 이중 일부는 간세포에 작용한다. 뇌에 있는 뉴런은 주로 혈장에서 얻어진 포도당을 이용해 호흡함으로써 에너지를 얻는다. 그래서 절식상태나 지속적인 운동을 할때 혈당 농도가 너무 낮게 떨어지지 않는 것이 생명유지에 중요하다. 혈당의 호르몬의 조절은 35장에서 자세하게 설명되었다.

개념 정리 34.3

시각, 냄새, 맛의 감각 수용은 침샘과 위의 활동을 자극하고, 위에 음식물이 도달하는 것도 같은 작용을 한다. 주된 엔테로가스트론은 콜레시스토키닌(CKK), 세크레틴, 그리고 위액억제 펩티트(GIP)이다; 이것들은 미즙이 샘창자로 흐르는 것을 조절하며 또한 이자효소와 쓸개즙을 방출한다. 간은 잠재적으로 위협적인 독소를 중화하는 역할을 한다.

- 만약 당신이 후각 상실이 되서 냄새를 감지할 수 없다면, 소화에 영향을 미칠까요?

34.4 호흡계는 효율적인 기체교환을 촉진한다

기체교환은 막을 통과하는 확산과 연관된다

학습목표 34.4.1 막을 통과하는 기체교환에 적용되는 Fick의 확산 법칙을 설명한다.

모든 다세포 동물이 직면하는 하나의 주된 생리적 과제는 충분한 산소를 얻고 과잉의 이산화탄소를 버리는 **호흡(respiration)**이라는 과정이다. 산소는 세포호흡을 위해 미트콘드리아에서 이용하며 부산물인 CO_2도 생성한다.—7장의 주제. 왜냐하면 세포막은 안정하기 위해선 물에 둘러 쌓여야 하기 때문에 기체 교환의 외부 환경은 항상 수분이 있어야 한다. 이것은 육지 척추동물에서도 마찬가지다. 이러한 경우에서 공기 속의 산소는 호흡기 표면을 덮고 있는 얇은 막을 통해 용해된다.

척추동물에서 O_2와 CO_2는 호흡기를 덮고 있는 상피세포열의 수분막을 통과해 확산된다. 확산 과정은 수동적이고, 오직 양쪽의 O_2와 CO_2농도 차이와 세포막에 대한 상대적인 용해도 의해 이루어진다. 용해된 기체의 농도는 보통 압력으로 표현된다; 우리는 후에 다시 이것을 설명하기로 한다.

일반적으로, 두 부분의 확산 비율은 Fick의 확산법칙이라고 알려진 관계에 의해 결정된다. **Fick의 확산 법칙(Fick''s Law of Diffusio)**은 용해된 기체에 대한 상태를 보여준다. 확산율(R)은 확산이 일어나는 양쪽 면의 압력차(p)와 확산이 일어나는 면적(A)의 직접적인 비율이다. 게다가, R은 확산이 꼭 일어나는 거리(d)의 비율에 반비례한다. 분자-특정 확산 상수인 D는 분자의 크기와 막투과성 그리고 온도를 나타낸다. 공식으로 나타내면 Fick 의 확산법칙은 다음과 같다:

$$R = \frac{DA\,\Delta p}{d}$$

호흡 기작에 있어서의 주된 진화적 변화는 최적의 확산율을 나타내기 위해 변화되었다. 은 (1) 표면적 A을 넓힘으로써, (2) 거리 d를 좁힘으로써, (3) 농도차이 p를 높임으로써 최적이 된다. 호흡기저의 진화는 이 모든 요소의 변화로 진화되었다.

진화적 전략은 기체 확산율을 극대화시켜왔다

학습목표 34.4.2 어떻게 진화의 적응이 Fick의 법칙에 어떤 다른 영향을 줄 수 있는지 설명한다.

세포 호흡에 필요한 산소의 양은 0.5mm 이상의 거리에서 확산으로 얻을 수 없다. 환경으로부터 확산으로 산소를 얻는 유기체의 크기는 한정되어 있다. 세균, 고세균, 원생동물은 너무 작아서 확산이 충분하며 심지어 몇몇 집락 형성에도 충분하다. 대부분의 다세포동물은 기체를 교환하기 위해 적응된 구조물이 필요하다.

대부분의 무척추동물문은 특화된 호흡기관이 부족하지만, 그것들은 확산을 향상시키도록 발전되었다. 많은 유기체는 지속적으로 호흡 표면에 물을 대체할 수 있는 물의 흐름을 만들어냈다; 섬모가 움직이는 것은 이러한 흐름을 만들어낸다. 이것이 지속적으로 물을 공급하기 때문에 외부 산소 농도는 확산 경로에 의해 떨어지지 않는다. 비록 유기체를 통과하는 산소 분자가 주변 물로부터 제거되더라도, 새로운 물이 지속적으로 산소가 부족한 물을 대체한다. 이것은 농도 경사를 최대로 만든다—Fick 공식의 Δp.

다른 무척추동물(연체동물, 절지동물, 극피동물)과 척추동물이 아가미, 기관, 허파와 같은 호흡기를 갖더라도 그것은 확산이 효과적으로 일어나게 표면적을 넓힌다(**그림 34.9** 참조). 이러한 적응이 물이나 공기같은 외부 환경이 몸을 순환하는 혈액이나 혈림프와 같은 내부 체액과 근접하게 한다. 따라서 호흡기는 표면적(A)을 넓히고, 기체가 이동하는 거리(d)를 좁힘으로써 확산율을 높인다.

개념 정리 34.4

기체는 살아있는 막을 통과해 확산하기 위해 반드시 용해되어야 한다. 확산의 방향은 농도 차이의 경사에 의해 일어난다. Fick의 법칙은 농도 차이와 막의 면적에 영향을 받는다는 것을 보여준다. 진화 전략은 농도경사를 높이고 표면적을 넓히고 거리를 좁혔다.

- 어떤 요소가 지속적인 섬모 운동에 영향을 미치는가?

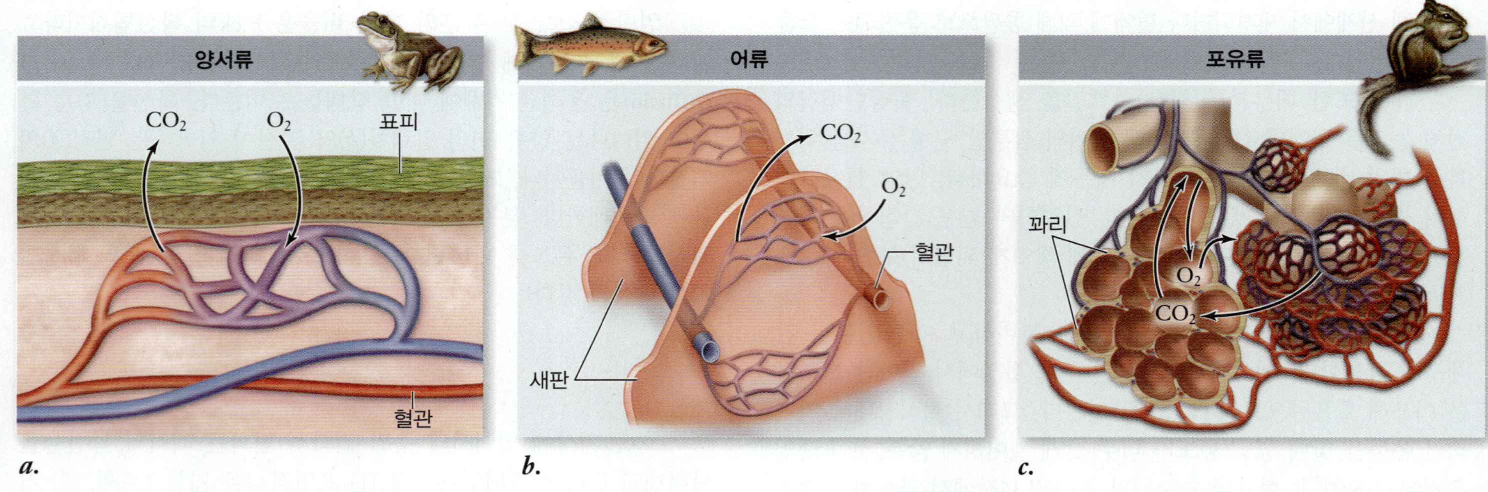

그림 34.9 동물에서의 다른 기체 교환 시스템. **a.**대부분의 양서류와 많은 다른 동물은 피부를 통해 호흡한다. 양서류는 또한 허파를 통해서도 기체교환을 한다. **b.** 물고기의 아가미는 매우 큰 호흡 면적과 역행의 교환을 만들어 낸다. **c.** 포유동물의 꽈리는 큰 호흡 면적을 제공하지만 역행 교환을 일으키진 않는다.

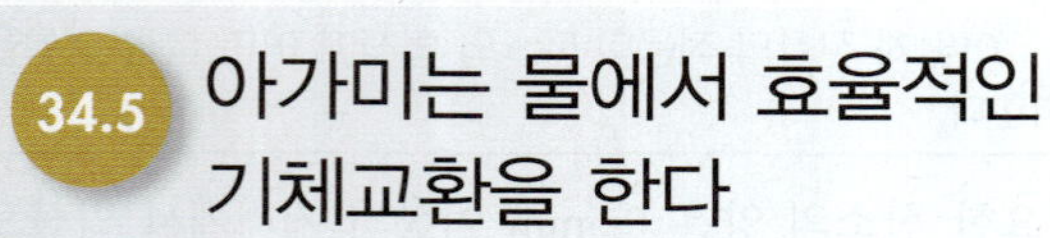

34.5 아가미는 물에서 효율적인 기체교환을 한다

물고기는 외부 아가미를 통해 호흡한다

학습목표 34.5.1 어떻게 아가미가 역방향 흐름으로 이점을 얻는지 설명한다.

아가미(gills)는 물쪽으로 돌출되어 있는 특수하게 분화된 확장된 조직이다. 아가미는 확산 면적을 높임으로써 수생 동물이 물에서 더 많은 산소를 얻을 수 있게 했다. 이 부분에서 우리는 척추동물에 있는 아가미에 대해 집중한다.

다른 축축한 외부 표면은 어떤 척추동물이나 무척추동물에서 역시 기체교환에 관여한다. 예를들어 피부를 통한 기체교환은 많은 양서류 집단에서의 일반적인 전략이다.

외부 아가미는 신체 구조에 둘러싸여 있지 않다. 외부 아가미를 가진 척추동물은 우파루파 뿐만 아니라 많은 어류와 양서류의 유생이고 이들은 이러한 특징을 평생 가지고 있다.

외부 아가미의 하나의 큰 단점은 이들이 높은 산소가 있는 신선한 물과 접촉하기 위해 반드시 지속적으로 이동되어야 한다는 것이다. 그러나 많이 가지가 쳐있는 아가미는, 움직임 방해가 되고, 이러한 형태의 호흡은 작은 동물이 아니라면 효과적이지 않다. 다른 단점은 기체교환을 위한 얇은 상피가 있는 외부 아가미가 쉽게 손상될 수 있다는 것이다.

경골어류의 아가미는 아가미덮개로 덮여 있다

경골어류의 아가미는 구강과 덮개공간(*opercular cavities*) 사이에 위치한다. 두개의 공간은 물이 한방향으로 펌핑되는 기능을 한다. 처음 입으로 들어오면, 아가미를 통과하고, 마지막으로 물고기가 아

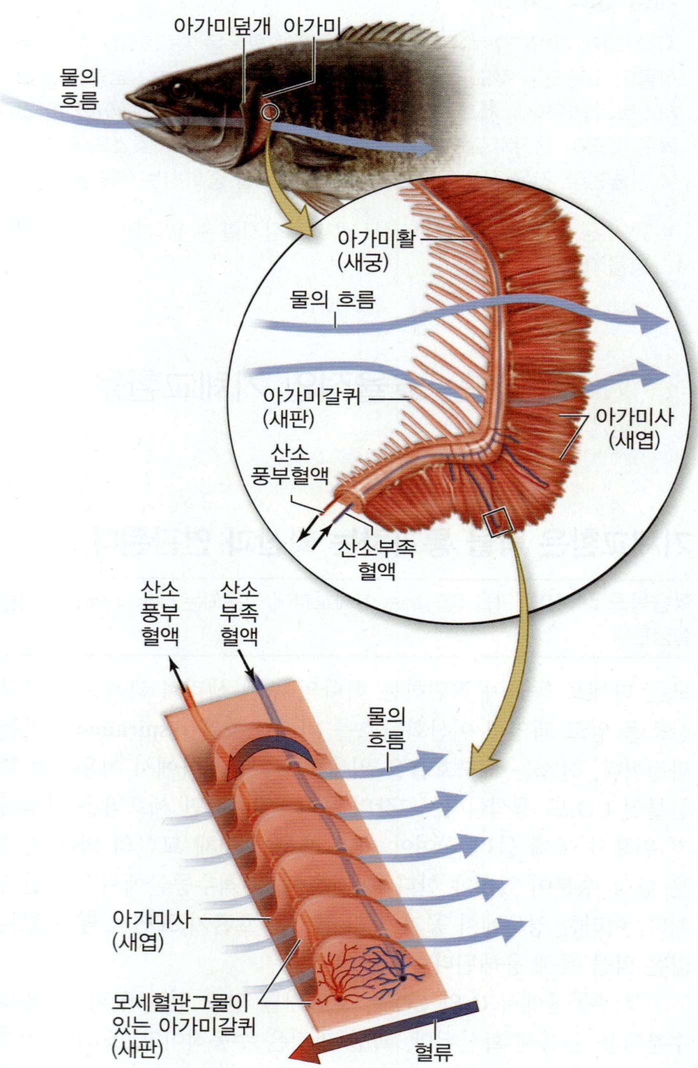

그림 34.10 물고기 아가미의 구조. 물은 아가미활(새궁)에서 아가미사 (새엽)로 지난다(그림의 왼쪽에서 오른쪽으로). 물은 항상 새판을 한 방향으로만 지나고 새판의 혈류와는 반대방향이다. 성공적인 아가미의 작동은 혈액과 물의 이 역행 흐름에 의해 좌우된다.

가미덮개를 열어 나가게 된다.

참치와 같이 지속적으로 수영하는 어떤 경골어류는 실제로는 움직이지 않는 아가미 덮개를 가진다. 이러한 물고기들은 입이 살짝 열린 채로 수영하여 지속적으로 물이 아가미를 통과하게 하며, 이것을 **환수**(*ram ventilation*) 라고 부른다. 그러나 대부분의 경골 어류는, 유연한 아가미 덮개가 있다. 예를들어 상어 등에 업혀 사는 빨판상어는 상어가 수영을 할 동안에는 환수를 하지만, 상어가 수영을 멈추면 그 아가미 덮개를 펌핑하는 행동을 한다.

3에서 7개의 아가미활이 물고기 머리 양쪽에 각각 있다. 각 아가미활(새궁)은 두 개의 새판으로 구성되고 각각의 아가미사(새엽, *gill filaments*)는 막성 판이나 새판(*lamellae*)으로 물의 흐름에 튀어나와 있다(그림 34.10). 새판에서의 물의 흐름은 한방향으로만 흐른다.

각 아가미갈퀴(새판)에서 혈류는 물의 흐름과는 반대이다. 이런 흐름을 **역행흐름(countercurrent flow)**이라고 부르고, 이것은 전체 확산 경로에서 산소 경사를 높임으로써 Fick법칙의 p를 높여 혈액의 산소 활성을 최대로 한다. 역행흐름의 장점은 그림 34.11a에서 설명하였다. 역행흐름은 산소 농도 경사가 혈액과 물에서 새판의 너비를 통해 남아있게 한다. 이것은 산소가 지속적으로 새판의 모든 곳으로 확산되게 하여, 아가미를 떠나는 혈액은 물을 통과한 아가미 만큼의 높은 산소 농도를 갖게 된다.

단일 혈액과 물이 같은 방향으로 흐른다면, 흐름은 **평행**(*concurrent*)하게 된다(그림 34.11b). 이러한 경우, 새판을 건넌 농도 차이는 물에서 산소가 혈액으로 이동하면서 급격히 떨어질 것이고, 산소의 총 확산이 물과 혈액의 산소 양이 같을 때 멈출 것이다.

역행흐름의 기체교환이기 때문에 물고기의 아가미는 가장 효율적인 호흡기관이다.

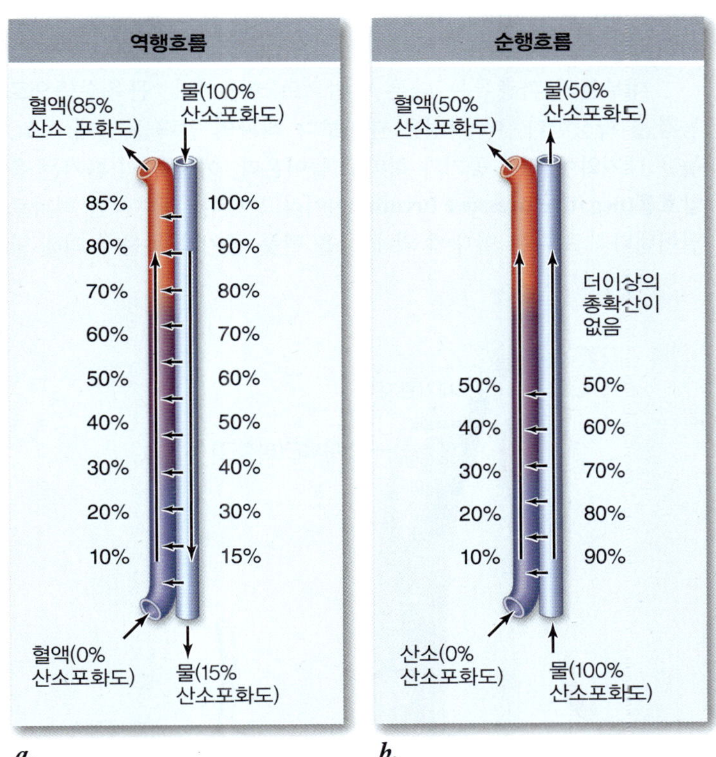

그림 34.11 역행의 흐름. 이 과정은 대부분의 혈액에 산소를 공급하는 것을 효율적으로 가능하게 한다. 혈액과 물이 다른 방향으로 흐르게 되면 **a.** 물과 혈액의 초기 산소 농도 차이는 작지만 충분한 산소가 물에서 혈액으로 확산된다. 더 많은 산소가 혈액으로 확산되면서, 혈액의 산소 농도는 높아지고, 혈액은 높은 산소 농도가 된다. 모든 지점에서 산소 농도는 물에서 높고, 그래서 확산이 계속된다. 이 경우, 혈액은 산소 농도의 85%까지 얻는다. 혈액과 물이 같은 방향으로 흐르면 **b.** 산소가 처음에는 빠른 속도로 물에서 혈액으로 확산되겠지만, 더 많은 산소가 확산되면서 최종적으로 물속의 산소의 농도가 혈액과 같아질 때 까지 확산율은 늦어진다. 이러한 예에서 혈액의 산소농도는 50%를 넘을 수 없다.

개념 정리 34.5

아가미는 매우 세분화된 구조로 큰 교환 면적을 제공한다. 역행흐름을 통해 아가미의 혈액은 물의 방향과 반대로 흐르고, 이를 통해 농도 경사를 유지하여 기체교환을 최대로 하도록 한다. 어떤 양서류는 피부 호흡에 의존한다.

- 역행흐름을 위해서 해부학적으로 어떤 것이 요구될까?

34.6 허파는 육지 척추동물을 위한 호흡기관이다

아가미가 수생 환경에서 호흡기관으로서 매우 효율적이지만 아가미는 다음 두 가지 이유에 의해 육지동물에서는 대체되었다.

1. **공기는 물에 비해 지지력이 약하다.** 미세한 막의 새판은 강도가 부족하고 이것을 지지하기 위해서 물이 관여한다. 물에서 나온 물고기는 산소가 넘쳐나지만, 곧 질식한다. 왜냐하면 아가미가 조직의 덩어리로 찌그러지기 때문이다. 아가미와 달리 기관지나 허파와 같은 내부 기도는 신체 스스로 구조적 지지가 가능하기 때문에 항상 열려있다.
2. **물은 증발한다.** 공기는 폭풍우가 일어난 후가 아니면 수증기로 포화되기 쉽지 않다. 그러므로 육지 생물체는 지속적으로 공기중으로 물을 잃는다. 아가미는 물을 잃을 수 있는 거대한 표면 면적을 제공한다.

허파는 가지가 쳐진 관을 공기가 통과하기 때문에 증발을 최소화 할 수 있다. 절지동물의 기관계도 역시 증발을 막기 위해 내부 기도를 이용한다.

호흡기도로 들어온 공기는 허파가 있는 내부 지역으로 들어오기 전 수증기로 포화된다. 이 지역에서 얇고 젖은 막은 기체교환이 되도록 한다. 아가미의 기능에 한방향의 물의 흐름이 매우 효과적이었던 것과 달리 기체는 같은 기도록 허파로 들어왔다 나갔다 하는 두방향 흐름 시스템이다.

공기로 숨을 쉬는 것은 기체의 부분 압력 형성의 장점을 갖게 한다

학습목표 34.6.1 (1) 양서류와 파충류, (2) 포유류, 그리고 (3) 새의 호흡 기작을 비교한다.

건조한 공기는 78.09%의 질소와, 20.95%의 산소, 0.93%의 아르곤 그리고 다른 불활성 기체, 그리고 0.03%의 이산화탄소로 구성되어 있다. 비록 고도가 증가함에 다라 공기의 양(분자의 수)은 조금씩 줄어들지만, 대류 흐름은 대기가 최소한 고도 100Km내에서는 같은 조성을 갖게 한다.

중력 때문에 공기는 그 아래에 있는 물체에 아래방향으로 압력을 가한다. 기압을 측정하는 장치는 기압계라고 불리며, 760mmHg는 수평면에서의 기압계의 기압이다. 760mmHg의 압력은 또한 대기압(1.0atm) 라고 정의되었다.

각각의 기체 조성은 존재하는 전체 분자에 따라 전체 대기압을 만든다. 한 기체에 의한 압력은 **분압(partial pressure)**이라고 부르고, P_{N_2}, P_{O_2}, P_{CO_2},와 같이 나타낸다. 수평면에서 질소, 산소, 이산화탄소의 분압은 다음과 같다:

$$P_{N_2} = 760 \times 79.02\% = 600.6 \text{ mm Hg}$$
$$P_{O_2} = 760 \times 20.95\% = 159.2 \text{ mm Hg}$$
$$P_{CO_2} = 760 \times 0.03\% = 0.2 \text{ mm Hg}$$

사람은 6000m이상의 고도에서는 오래 생존할 수 없다. 비록 그 고도에서의 공기가 여전히 20.95%의 산소를 포함하지만 대기압이 380mmHg 밖에 되지 않고, P_{O_2}는 오직 80mmHg(380x20.95%)이며, 수평면에서 보다 절반의 산소만이 이용가능하다.

이어지는 부분에서는 우리는 파충류와 양서류를 설명하면서 척추동물의 허파를 이용한 호흡을 설명한다. 우리는 그리고 포유류의 허파와 매우 적응되고 분화된 새의 허파를 요약한다.

양서류와 파충류는 다른 방법으로 숨을 쉰다

양서류의 허파는 장의 주머니모양의 외부 주머니의 형태이다. 비록 주머니의 내부 표면적이 주름에 의해 증가되었지만 양서류의 허파는 다른 육지 척추동물의 허파와 비교했을 때 기체교환 면적이 적다. 각 양서류의 허파는 구강의 뒷면이나 인두과 연결되어 각 허파의 개구는 성대문이라는 밸브에 의해 조절된다.

양서류는 다른 육지 척추동물과는 다른 방법으로 숨을 쉰다. 양서류는 공기를 그들의 허파로 들어가게 한다; 구강을 공기로 부풀린다, 입과 콧구멍을 막고 구강의 바닥을 상승시킨다. 이것은 풍선을 불 때 쓰는 공기 압력 탱크와 같은 원리로 공기를 허파로 집어넣는다. 이것은 **양압호흡(positive pressure breathing)**이라고 부른다; 사람에서, 이것은 입에서 입으로 인공호흡을 할 때와 유사한 원리이다.

대부분의 파충류는 다른 방법으로 호흡한다. 근육수축으로 늑강을 확장한다. 이 과정은 대기보다 허파의 압력을 낮게 하고, 높은 대기압에 의해 공기가 허파로 들어온다. 이 종류의 환기는 **음압호흡(negative pressure breathing)**이라고 한다. 왜냐하면 허파로 밀어낸다기 보다는 빨대에 의해 물을 빨듯 공기가 동물에 의해 당

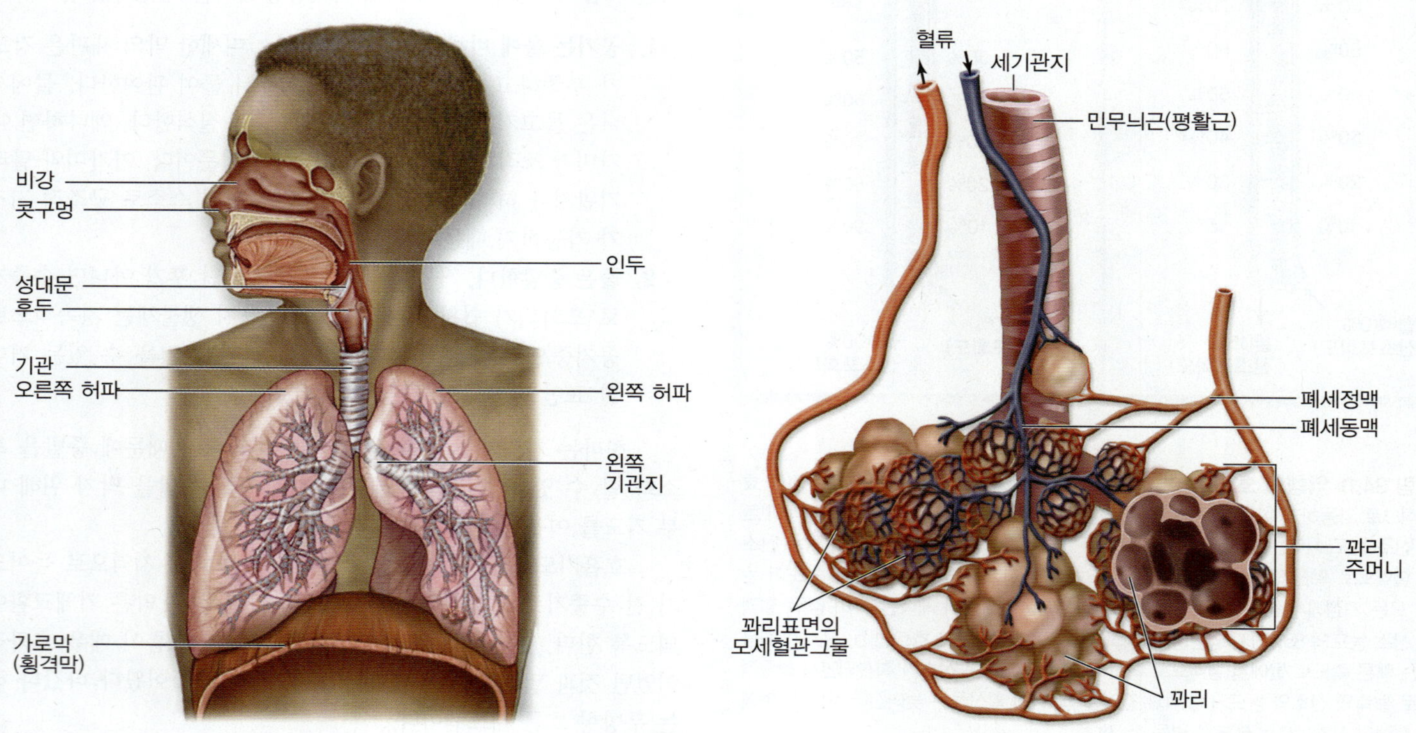

그림 34.12 사람의 호흡기계와 포유류의 허파. 포유류의 허파는 거대한 표면적을 가지고, 이는 세기관지의 말단부에 있는 수많은 꽈리가 있기 때문이다. 이것은 혈액과의 기체 교환의 효율을 제공한다.

겨지기 때문이다.

포유류의 허파는 표면적이 매우 증가했다

새와 포유류와 같은 온혈동물에서는 지속적으로 높은 대사율을 가지며 그래서 더 많은 산소가 필요하다. 이러한 척추동물이 냉혈동물보다 더 복잡하고 효율적인 호흡기계를 보여준다.

온혈동물의 더 효율적인 호흡기계로의 진화는 세포 호흡의 증가한 요구에 적응한 것이다.

포유류의 허파는 포도처럼 생긴 작은 주머니인 수많은 **허파꽈리(폐포, alveoli)**로 채워져 있다(그림 34.12). 이로 이해 각각의 허파는 기체교환을 위한 거대한 면적을 가지고 있다. 각각의 꽈티는 세포 하나 두께의 상피로 구성되고, 마찬가지로 세포 하나 두께의 모세혈관으로 둘러싸여 있다. 그래서, 기체가 확산하는 거리가 매우 작다-겨우 0.5에서 1.5 .

흡입한 공기는 입과 코를 통해 인두를 지나 성대와 성대문의 개구부인 성문(후두, *glottis*) 를 지나고, C-모양의 고리 연골에 의해 지지되는 기관으로 들어간다. 기관(*trachea*)이라는 용어는 척추동물의 기관과 구조가 명확히 일치하진 않지만 절지동물의 호흡관을 가르키는 용어로 모두 사용한다. 포유동물의 기관은 오른쪽과 왼쪽 기관지로 분지되어 있고, 각각의 허파로 들어가 꽈리에 공기를 전달하는 세기관지로 분지된다.

꽈리는 넓은 모세혈관 그물로 둘러싸여 있다. 공기와 혈액 사이의 모든 기체교환은 꽈리 벽을 통해 일어난다. 세기관지의 가지와 넓은 수의 꽈리는 호흡 표면적을 양서류나 파충류보다 훨씬 높게 만든다. 사람에서 각각의 허파는 300,000,000개의 꽈리를 가지고 확산이 일어나는 전체 표면적은 $80m^2$ 또는 신체표면적의 42배만큼 넓다. 꽈리 경계면에서의 모세혈관의 혈액과의 기체교환은 이어지는 다음 부분에서 설명한다.

새의 호흡기는 매우 효율적인 흐름의 시스템이다

조류의 호흡기계는 조류가 모든 육지 척추동물보다 가장 효율적인 호흡을 할 수 있도록 하는 독특한 구조이다. 꽈리에서 끝이 나는 포유동물의 허파와는 달리 새의 허파는 곁기관지라고 불리는 기체교환이 일어나는 작은 공기 관으로 교통한다. 곁기관지를 지나는 공기의 흐름은 한방향으로만 흐르고, 새만 있는 작은 기낭으로 공기를 흡입한 뒤 허파를 통해 내뱉는다. 이 한방향의 공기 흐름은 물고기 아가미에서의 물의흐름과 비슷하다.

한방향의 공기 흐름은 상당한 호흡 효율을 높인다: 조류의 허파에있는 혈액의 흐름은 공기의 흐름과 90도를 이룬다. 이 교차흐름은 물고기 아가미의 180도의 역행흐름의 효율보다는 떨어지지만, 더 높은 용량을 가져 공기로부터 산소를 추출하는 능력이 포유류보다 뛰어나다.

이러한 호흡기의 적응 때문에 6000m의 고도에서 비슷한 몸집과 대사율을 가진 생쥐는 산소 부족으로 죽지만, 참새는 활동할 수 있다.

포유류의 허파는 큰 표면적을 가진다

학습목표 34.6.2 Fick의 확산법칙을 따르는 포유류의 허파의 효율을 설명한다.

30,000.000,000개 정도의 모세혈관이 각각의 허파에 있지만, 대략 한 꽈리당 100개의 모세혈관이 있다. 그래서 꽈리는 혈액으로 덮힌 공기방울처럼 보인다. 기체교환은 이 경계면에서 매우 신속하게 일어난다.

전신순환을 돌고 난 혈액은 산소가 부족하고 산소분압(P_{O_2})이 40mmHg로 낮다. 반면 꽈리에서의 P_{O_2}는 대략 105mmHg이다. 압력의 차이는 Fick의 법칙에서 p로 명명했고, 65mmHg이며, 이것은 산소가 혈액으로 들어가도록 한다. 허파를 떠나는 혈액은 기체교환의 결과로 100mmHg정도의 정상적인 P_{O_2}가 된다. 허파는 매우 효율적이지만 혈액에 산소를 넣는 일이 완벽하지 않다. 혈액에서의

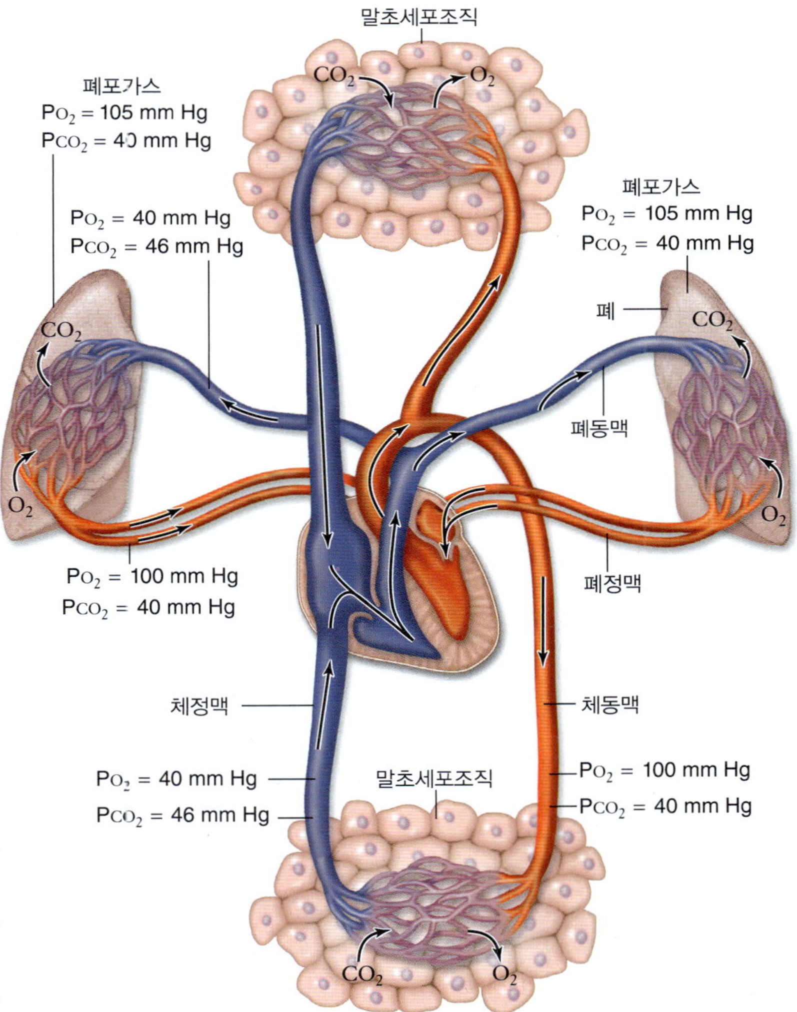

그림 34.13 전신순환과 허파의 모세혈관 사이의 기체교환. 허파의 기체교환의 결과로 전신 동맥은 산소가 포함된 혈액과 상대적으로 낮은 이산화탄소 농도를 가진다. 산소과 조직에서 내려진 후 전신 정맥의 혈액은 낮은 산소와 증가된 이산화탄소 농도를 가진다.

산소교환과 이산화탄소의 교환은 그림 34.13과 같다.

다른 포유류와 달리 사람은 각 허파의 외부가 **내장가슴막(visceral pleural membrane)**이라고 불리는 얇은 막으로 둘러싸여 있다. 다른막은 **벽가슴막(벽측 흉막, parietal pleural membrane)**이라고 하는데, 흉강 내벽의 내부를 덮고 있다. 이 두 막 사이의 공간은 **흉막강(pleural cavity)** 이라고 하며, 매우 작고 체액으로 차 있다. 체액은 두 막이 붙지 않도록 하고, 허파와 흉강을 연결한다. 가슴막은 각각의 허파를 분리한다. 만약 한 허파가 막의 천공에 의해 허탈되고 다른 쪽의 허파는 계속 기능한다.

가로막(횡격막)은 호흡주기에 따라 허파의 용적을 확장하고 수축한다

학습목표 34.6.3 횡격막이 흡기때 어떻게 수축하는지 설명한다.

흡기동안 흉강의 용적은 두 개의 근육의 수축에 의해 증가된다: 바깥갈비사이근(*external intercostal muscles*)과 가로막(횡격막, *diaphragm*)이다. 갈비뼈(늑골) 사이의 바깥갈비사이근의 수축은 갈비뼈를 들어올려 흉강을 확장시킨다. 가로무늬근(횡문근)으로 이루어진 오목한 판으로 복강과 흉강을 나누는 **가로막(diaphragm)**의 수축은 가로막을 아래로 내려가게 해 더 평평한 모양이 되게 한다. 이런 흉강과 허파의 확장은 복강장기의 압력이 상승하는 동안 음압환기를 만든다(그림 34.14a).

가슴과 허파는 탄성이 있다; 흡기시의 팽창은 이러한 구조를 탄성 장력에 놓이게 한다. 바깥갈비사이근과 가로막이 이완되면, 탄성 장력이 허파와 흉곽을 되돌리려고 하기 때문에 힘이 들어가지 않는 호기가 일어난다. 풍선을 불 때 처럼 당신은 활동적으로 복부 근육을 수축함으로써 더 큰 호기를 만들 수 있다(그림 34.14b).

환기의 효율은 호흡율과 허파 용적에 따라 달라진다

다양한 용어는 숨을 쉬는 동안의 용적변화를 나타내는데 이용된다. 휴식중인 사람은, 각 숨을 쉴 때마다 약 500mL정도의 1회 호흡량(tidal volume)만큼의 공기가 허파로 들어갔다가 나온다. 1회 호흡량의 약 150mL은 관상의 통로에(기관, 기관지, 세기관지)에 들어있고, 기체교환은 일어나지 않는다.- 이를 용어로 해부학적 사강이라고 한다. 이 공간에 있는 공기는 흡기때 신선한 공기와 섞인다. 이러한 혼합은 포유류의 호흡기가 조류보다 효율이 떨어지는 하나의 이유인데, 조류는 허파의 공기 흐름이 한방향이기 때문이다.

최대로 공기를 흡입 한 후 최대로 내쉴 수 있는 공기 양을 폐활량(vital capacicy)라고 한다. 이것의 측정은 젊은 남자에서 평균 4.6L, 젊은 여자에서 3.1L이며, 비정상적으로 낮은 폐활량은 꽈리(폐포)의 여러 허파 질환을 나타내는 것이기 때문에 임상적으로 중요하다.

호흡의 깊이는 정상적으로 혈중의 P_{O_2},와 P_{CO_2}를 정상 범위 내에서 유지시킨다. 만약 호흡이 정상 혈액 기체 수준에 충분하지 않다면(혈중 P_{CO_2} 상승이 가장 좋은 지표이다), 그 사람은 저환기 상태이다. 호흡이 과도하다면 혈중 P_{CO_2}는 비정상적으로 낮을 것이고, 그 사람은 **과환기(hyperventilating)** 상태라고 말할 수 있다,

중추신경계는 호흡을 조절한다

학습목표 34.6.4 중추신경계가 어떻게 호흡을 조절하는지 설명한다.

각각의 호흡은 연수에 위치하는 호흡조절중추(*respiratory control center*)의 뉴런에서 시작한다. 이 뉴런들은 횡격막과 외늑간근 수축을 촉진해서 흡기를 야기한다. 이 뉴런들이 자극생성을 멈추면, 흡기 근육들은 이완되고 호기가 나타난다. 호흡근들은 골격근일지라도, 이 근육들은 보통 자동적으로 조절된다. 하지만 이 조절들은

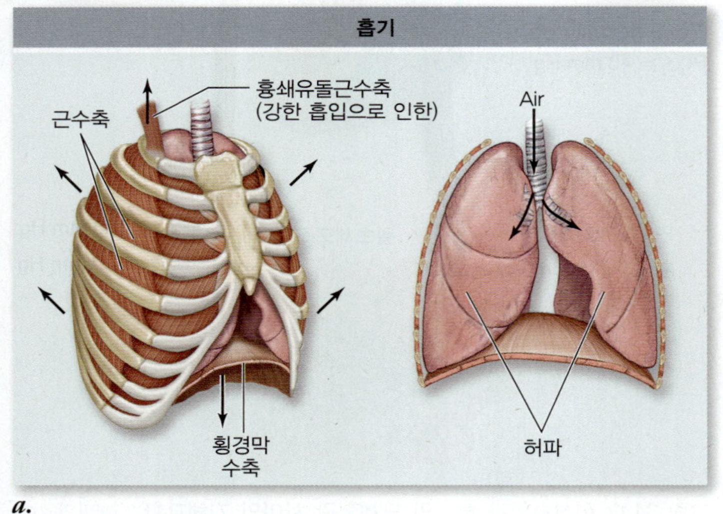

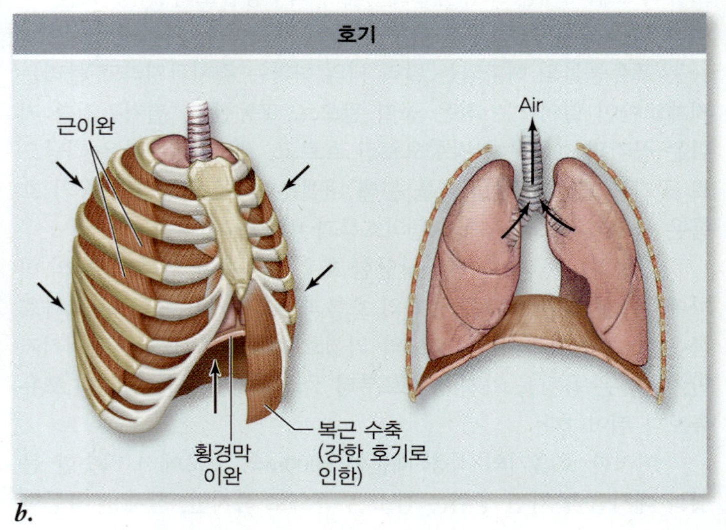

그림 34.14 사람의 호흡. **a.** 흡입(들숨). 횡격막이 수축하고 흉강의 벽이 확장하면서 흉강과 허파의 용적이 늘어난다. 용적이 커진 결과, 공기가 허파 안으로 들어온다. **b.** 호기(날숨). 횡격막과 흉벽이 탄력 있는 반동의 결과로 정상 위치로 돌아가고, 흉강의 용적이 줄어들면서 허파의 공기가 기관을 거쳐 밖으로 밀려나간다. 흡입은 흉쇄유돌근(목빗근) 같은 부수적인 호흡근의 수축에 의해 강제로 일어날 수 있고, 호기는 복근의 수축에 의해 강제로 일어날 수 있다.

저환기이거나 고환기일 경우 자율적으로 중단될 수 있다.

연수의 뉴런들은 항상성을 유지하기 위해서 혈액내 P_{O_2}와 P_{CO_2}의 변화에 빠른 반응을 보여야 한다. 당신은 간단히 숨을 참음으로서 이 기작을 설명할 수 있을 것이다. 당신의 혈액내 이산화탄소농도는 재빨리 증가하고, 혈액내 산소농도는 감소한다. 얼마 가지 않아 혈액내 기체 변화에 의해 야기된 숨쉬고싶은 충동이 더 강력해진다. P_{CO_2} 증가로 보여주는 혈액내 이산화탄소의 증가는 산소농도의 저하보다 더 중요한 개시인자이다.

P_{CO_2}의 증가는 탄산(H_2CO_3)의 생성을 증가시키는데, 이것은 혈액의 pH를 감소시킨다. 혈액pH의 감소는 대동맥과 경동맥 내에 위치한 **대동맥소체(aortic bodies)**와 **경동맥소체(carotid bodies)**의 화학적 민감성뉴런을 촉진시킨다. 이 말초 수용기들은 호흡조저중추로 자극을 보내고, 그다음 호흡증가를 촉진시킨다. 뇌는 또한 중추성 화학수용체를 포함하는데, 뇌척수액(CSF; cerebrospinal fluid)의 pH저하에 의해 촉진된다.

사람은 자발적으로 길게 과호흡하지 못한다. 과호흡으로 인한P_{CO_2}의 감소와 혈장, CSF의 pH증가는 호흡반사를 억제한다. 의도적인 과호흡은 사람이 숨을 오래 참을수 있도록 한다.-혈액내 산소가 많아서가 아니라, 이산화탄소농도가 낮아져서 다시 되돌아오는데 오랜시간이 걸리고 그 결과 숨쉴 필요성을 지연하기 때문이다.

보통의 허파를가진 사람에서, P_{O_2}는 대기중 P_{O_2}가 낮은 고도에서만 호흡율을 증가시키는 중요한 자극이 된다. 고도에서 낮은 산소포화도의 질병을 고산병이라고 하는데, 이것은 매스꺼움, 두통, 구토, 그리고 정신기능의 감소를 포함한다. 이 모든 증상들은 낮은 P_{O_2}와 관련되고 보충의 산소호흡은 이 모든증상들을 제거한다.

개념 정리 34.6

허파는 기체교환에 있어 넓은 표면적을 제공하는 반면, 증발을 최소화한다. 양서류는 그들의 허파에 공기를 밀어넣는다; 대부분의 파충류와 조류, 그리고 포유류는 흉강을 확장시킴으로써 공기를 허파로 끌어 당긴다. 조류는 효율적인 호흡기계를 가진다. 한방향의 공기흐름과 그에 반대방향의 혈류가 허파를 통과한다. 사람에서는, 매 호흡마다 허파에서 들어갔다 나오는 약 500mL의 일회호흡량을 가진다. 호흡의 깊이와 빈도는 CNS뉴런에 의해 조절되는데, 이 뉴런은 CO_2농도를 감지한다.

- 새에서 고효율의 허파로 진화하는데 어떤 도태압력이 작용하였는가?

34.7 산소와 이산화탄소는 기본적으로 다른 기작으로 운반된다

육지 생물체의 호흡, 순환계는 물에 낮은 용해도를 가지는 산소와 이산화탄소, 이렇게 두 가지 기체를 운반하기 위해서 협동한다. 진화는 각 기체에 대해 특이한 방법을 통해 해결하여 왔다. 산소의 용해도는 혈액내에서 운반체로 작용하는 단백질과 결합함으로서 증가된다. 많은 무척추 동물에서 이 단백질은 헤모시아닌(hemocyanin)이고, 척추동물에서 주된 산소 운반체는 헤모글로빈(hemoglobin)이다. 반면, 이산화탄소의 용해도는 상대적으로 불용성의 가스에서 이온으로 바꾸는 화학적 반응을 통해 증가된다. 이산화탄소와 물의 반응은 carbonic acid를 생성하는데, 이것은 중탄산이온을 생성하기 위해서 해리된다. 비록 기작은 매우 다르지만, 순환겨를 통해서 용해도와 이러한 기체 운반을 증가시키는 방식으로 작용한다.

호흡색소들은 운반을 위해서 산소와 결합한다

학습목표 34.7.1 헤모글로빈의 구조가 어떻게 산소와 결합하는지 설명한다.

초기에, 혈장내에서 용해될수 있는 산소의 양은 폐포내 P_{O_2}에의해 완전히 결정된다고 설명되었다. 포유류의 허파가 제대로 기능할 때, 허파를 떠나는 혈장은 공기의 P_{O_2}를 받아서 이론적으로 용해시킬 수 있는 최대한의 산소를 용해시킨다. 산소의 낮은 용해도로 인해, 혈장은 최대 리터당 3ml의 산소만을 함유할 수 있다. 하지만, 정상적으로 모든 혈액은 리터당 200ml의 산소를 운반할 수 있다. 혈액내의 대부분의 산소는 적혈구 내의 헤모글로빈과 결합된다.

헤모글로빈(Hemoglobin)은 헴 그룹(heme group)이라고 불리는 네개의 유기화합물과 네개의 폴리펩티드 체인으로 구성된 단백질이다. 각 헴 그룹의 중앙에는 철이온이 있는데, 이것은 산소분자와 결합한다(그림 34.15). 그러므로 각 헤모글로빈 분자는 산소 4분자를 실어나를 수 있다.

헤모글로빈은 허파순환 폐포 모세혈관의 산소와 결합하여 산소 헤모글로빈(oxyhemoglobin)을 형성한다. 이 분자는 선홍색을 띈다. 혈액이 전신순환의 모세혈관을 통과함에 따라, 몇몇의 산소헤모글로빈은 산소를 방출해서 **산소가 제거된 헤모글로빈(deoxyhemoglonin)**이 된다. 산소가 제거된 헤모글로빈은 어두운 붉은색을 띈다. 하지만 이것은 조직에서 푸르스름한 색을 띄게 한

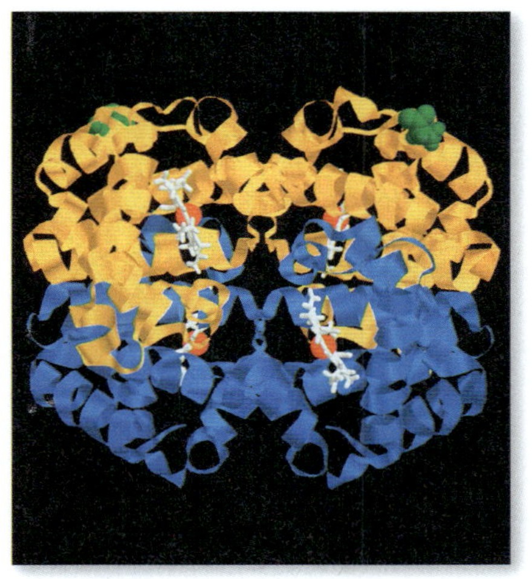

그림 34.15 성인 헤모글로빈 단백질의 구조. 헤모글로빈은 4개의 폴리펩티드 사슬(두 개의 α사슬과 두 개의 β사슬)로 구성된다. 각 사슬은 하나의 헴기(흰색)와 결합하고, 각 헴기는 중앙에 O_2분자와 결합할 수 있는 철 원자(빨간 공)가 있다.

다. 심혈관계 삽화들은 산소가 있는 혈액을 운반하는 혈관은 붉은 색으로, 산소가 결핍된 혈액을 운반하는 혈관은 푸른색으로 나타낸다. 헤모글로빈은 오래된 단백질이다.; 모든 척추동물에서 산소 운반 분자일 뿐 아니라, 환형동물, 연체동물, 극피동물, 편형동물, 몇몇 원생동물등 무척추 동물에서도 산소 운반 분자로 작용한다. 하지만, 다른 많은 무척추동물에서는 헤모시아닌(hemocyanin)이라는 다른 산소 운반 분자를 이용한다. 헤모시아닌의 산소와 결합하는 원자는 철이 아닌 구리 이다. 절지동물과 연체동물에서 헤모시아닌은 혈액세포와 관련되어있기 보다는 순환하는 체액(hemolymph)에서 자유 단백질중 하나이다.

헤모글로빈과 미오글로빈은 산소예비(Po_2)를 제공한다

폐포에서 나오는 혈액은 100mmHg인 Po_2를 가지며 거의 97%가 적혈구에서 산소헤모글로빈형태로 존재한다.이는 97&의 산소헤모글로빈 포화도를 의미한다.

휴식중의 사람에서, 체정맥에서 돌아오는 혈액은 약 40mmHg까지 감소된 Po_2를 가진다. 낮은 Po_2일때, 헤모글로빈의 포화도는 단지 75%이다. 그러므로 휴식중의 사람은 22%(97−75%)의 산소헤모글로빈이 조직에 산소를 방출한다. 다르게 말하면, 대략 1/5의 산소가 조직에서 방출되고, 4/5의 산소는 혈액내에서 예비로 작용한다. 이러한 변화를 그래프로 나타낸 것을 산소헤모글로빈 분리곡선(oxyhemoglobin dissociation curve)이라고 한다(그림 34.16).

많은 양의 산소 예비(oxygen reserve)는 중요한 기능을 한다. 산소예비는 운동하거나 휴식중일때, 혈액이 몸의 산소요구량을 충족할 수 있도록 한다. 예를들어 운동하는 동안, 근육의 촉진된 대사는 산소를 더 많이 사용하고, 정맥혈의 Po_2를 감소시킨다. 정맥혈의 Po_2는 20mmHg까지 떨어질 수 있다. 이런 경우에, 헤모글로빈의 포화도는 단지 35%이다. 동맥혈은 여전히 97%의 산소헤모글로빈을 포함하기 때문에 방출할 수 있는 산소량은 휴식중 방출 산소량인 22%가 아닌, 62%(97−35%)이다. 이러한 기능에 더하여, 산소예비는 심장이 멈추거나 호흡이 방해 받을때 4−5분간 생을 지속할 수 있는 혈액내 충분한 산소를 보유할 수 있도록 보장한다.

헤모글로빈의 산소 친화력은 pH와 온도에 영향을 받는다

학습목표 34.7.2 환경조건에 따른 헤모글로빈의 산소 친화력을 설명한다.

혈액을 통해서 운반되는 산소는 온도와 pH를 포함하여 다른 조건에 영향을 받는다. 대사중인 조직에서 생성된 이산화탄소는 H_2O와 결합해서 탄산(H_2CO_3)을 형성한다. H_2CO_3는 중탄산(HCO_3^-)와 H^+로 해리되어 혈액의 pH를 낮춘다. 이 반응은 적혈구 내에서 처음 일어나는데, 낮아진 pH는 헤모글로빈의 산소 친화력을 감소시키고, 산소의 방출을 용이하게 한다. **보어효과(Bohr effect)** 또는 **보어이동(Bohr shift)**라고 알려진 헤모글로빈의 산소 친화력에 대한 pH의 영향은 헤모글로빈에 결합하는 H^+의 결과이다. 오른쪽 산소헤모글로빈 분리곡선 oxyhemoglobin dissociation curve(그림 34.17a)에 나와있다. 온도의 증가는 헤모글로빈의 산소 친화력에 비슷한 영향을 미친다(그림 34.17b). 운동하는 동안 골격근은 더 빠르게 이산화탄소를 생성하고, 활성화된 근육은 열을 생산하기 때문에 혈액은 더 많은 산소를 방출한다.

이산화탄소는 혈액 내에서 주로 중탄산(bicarbonate)이온으로 운반된다

학습목표 34.7.3 어떻게 이산화탄소가 혈액내에서 운반되는지 설명한다.

혈액내 약 8%의 이산화탄소는 단순하게 혈장내에서 용해된다; 20%는 헤모글로빈에 결합한다. 이산화탄소는 heme group의 iron 원자가 아닌 헤모글로빈의 단백질 부위에 결합하기 때문에 산소와 경쟁하지 않는다.; 하지만 헤모글로빈과 결합한 이산화탄소는 헤모글로빈의 형태를 변화시키고, 이것은 산소친화도를 감소시킨다.

나머지 72% 이산화탄소는 적혈구에 확산된다. 이곳에서 탄산무수화효소(carbonic anhydrase)는 이산화탄소를 물과 결합하여

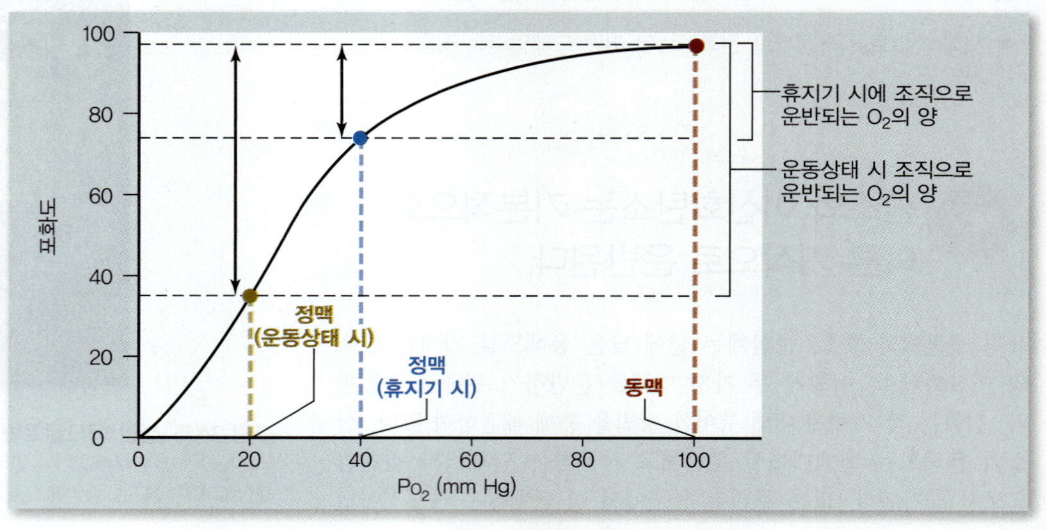

그림 34.16 산소헤모글로빈해리곡선. 헤모글로빈은 허파에서 O_2와 결합하고, 산소화된 혈액은 동맥을 따라 전신으로 수송된다. 세포호흡을 지원하기 위해 혈액에서 O_2가 제거된 다음, 정맥으로 들어가는 혈액에는 O_2가 적게 들어있다.

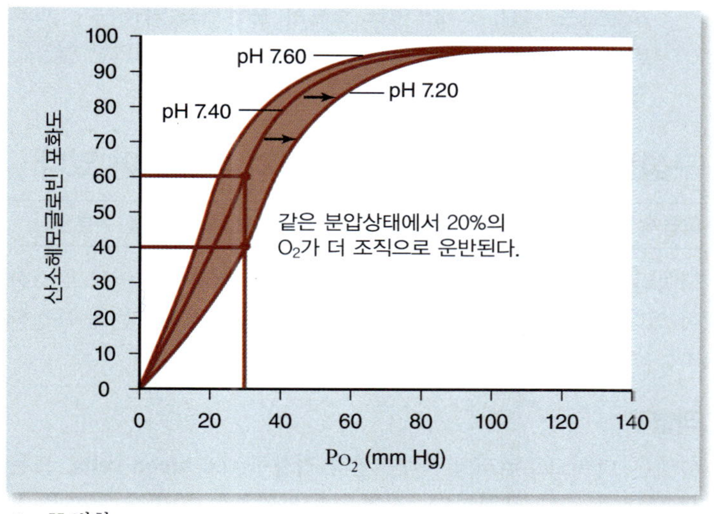

a. pH 변화

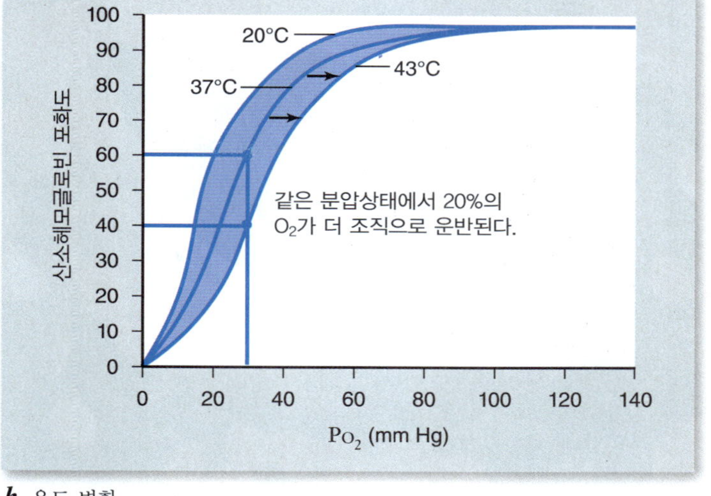

b. 온도 변화

그림 34.17 산소헤모글로빈해리곡선에 미치는 pH와 온도의 영향. 혈액의 pH가 낮고(a) 혈액의 온도가 높으면(b), 산소헤모글로빈해리곡선은 오른쪽으로 이동하여 O_2의 운반을 촉진한다. 이 예에서 산소헤모글로빈 포화백분율이 60%에서 40%로 낮아지면 조직에 운반되는 O_2의 양은 20% 차이가 나는 것을 보여준다.

H_2CO_3를 형성하는 것을 촉매한다. H_2CO_3는 HCO_3^-와 H^+으로 해리된다. H^+는 산소헤모글로빈과 결합하고 HCO_3^-는 한개의 Cl^-과 한 개의 HCO_3^-를 교환하는 운반체를 통해 적혈구에서 혈장으르 이동한다(chloride shift 라고 부른다).

이 반응은 확산경사를 유지시켜 여분의 이산화탄소를 주변 조직으로 부터 혈장으로 이동시키면서 혈장으로부터 많은 양의 이산화탄소를 제거한다. H_2CO_3의 형성은 혈액의 산염기 균형을 유지하는데 있어서 중요하다. ;HCO_3^-는 혈장의 주요한 완충제로 작용한다.

허파에서, 폐포내 혼합기체의 낮은 P_{CO_2}는 탄산무수화효소 반응을 역방향으로 진행시켜 H_2CO_3를 H_2O와 이산화탄소로 전환시킨다. 적혈구로부터 폐포로의 이산화탄소 확산은 몸을 다음 호기를 가능하게 한다.

용해된 다른 기체들은 또한 헤모글로빈을 통해 운반되는데, 특히 일산화질소(NO)는 혈관 확장에 중요한 역할을 한다. 일산화탄소(CO)는 산소에 비해 헤모글로빈과 더 강하게 결합하는데, 이것은 왜 일산화탄소 중독이 치명적일 수 있는지 설명한다. 일산화탄소중독 환자들은 일산화탄소와 결합한 헤모글로빈으로 인해 선홍색의 피부를 가진다.

개념 정리 34.7

혈액내 순환하는 헤모글로빈은 폴리펩티드 체인 4개로 구성 되는데, 각각 산소와 결합할 수 있는 헴 그룹(heme group)과 관련된다 헤모글로빈의 산소친화도는 pH와 온도에 영향을 받는다; 낮은 pH와 높은 온도에서 더 많은 산소가 조직으로 방출된다. 이산화탄소는 적혈구 내에서 탄한무수화효소 반응을 통하여 주로 혈장 내 중탄산염형태로 운반된다.

- 혈액내에서 산소와 이산화탄소의 운반형태의 차이점은 무엇인가?

34.8 혈액순환은 대사물과 기체를 조직으로 운반한다

혈장은 액상기질이다

학습목표 34.8.1 순환혈액의 주요기능을 열거한다.

혈액은 **혈장(plasma)**이라고 하는 액체, 몇몇 다른 종류의 세포, 그리고 **형성된 성분(formed elements)**들이 순환하는 액체로 이루어진 결합조직이다(그림 34.18). **혈소판(platelets)**은 그림 34.19에 포함되어 있지만, 완전한 세포라기 보단, 골수에서 생성되는 세포의 파편이다(이번 목차에서 혈소판의 혈액내 응고기작을 설명한다). 순환혈액은 많은 기능을 한다.

운반(Transportation): 세포대사에 있어서 필수적인 모든 물질들은 혈액을 통해 운반된다. 적혈구는 헤모글로빈에 결합한 산소를 운반한다. 영양분자는 혈장을 통해 운반되고, 때때로는 운반체를 통해서 운반된다. 그리고 대사물질은 혈액이 간과 콩팥을 통과함으로서 제거된다.

조절(Regulation): 심혈관계는 내분비샘을 통하여 조절호르몬을 운반하고 온도조절에 관여한다. 체표 근처인 표피 밑 혈관의 수축과 이완은 열을 필요한 만큼 보존하거나 분산하는데 도움을 준다.

보호(Protection): 순환계는 체내로 유입된 손상, 외부 미생물 또는 독성물질로부터 보호한다. 혈액응고는 혈관이 손상 받을 때, 혈액손실을 보호하는데 도움을 준다. 백혈구,또는 호중구 는 바이러스나 세균같은 침입자를 무력화시키고, 망가뜨리는데 도움을 준다(chapter 35를 보라).

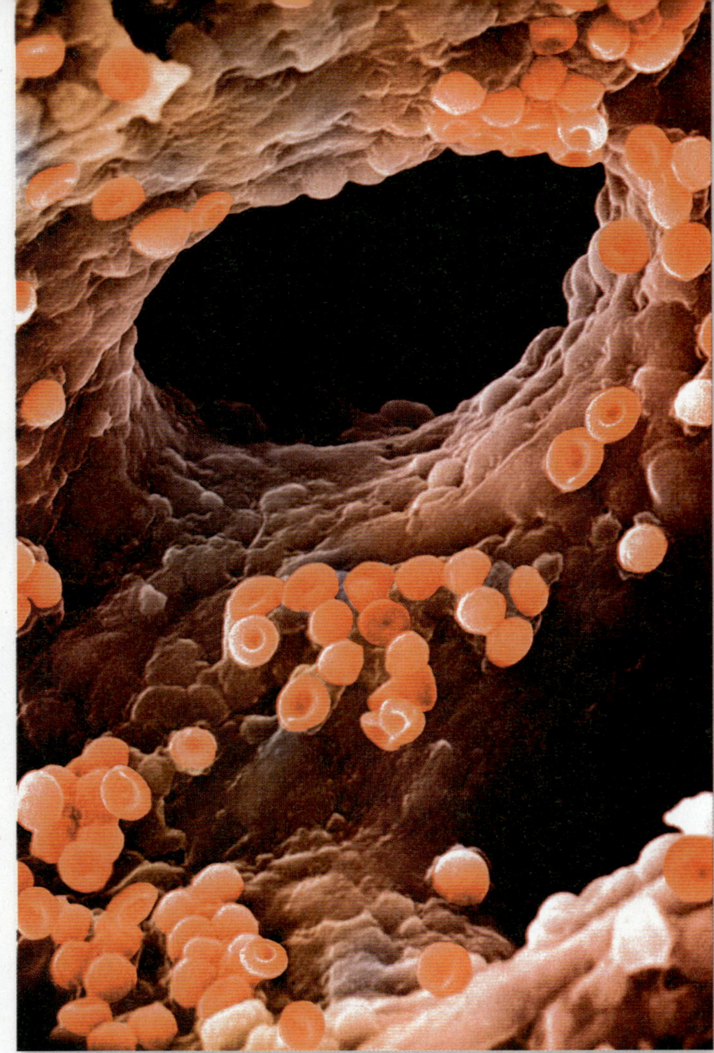

그림 34.18 혈관을 통해 이동하는 적혈구의 순환.

혈장은 액체이다

학습목표 34.8.2 혈액의 용질을 설명한다.

혈장은 혈액세포와 혈소판이 떠다니는 물질이다. 간질(세포외)액은 혈장 액체 유래이다. 혈장은 92%가 물로 일어져있지만, 다른 용질들도 포함한다.

영양소(Nutrients), 배설물(wastes), 그리고 호르몬(hormones). 혈장 안에 녹아있는 소화 분해로 인한 영양소는 세포에 의해 사용되는데, 포도당, 아미노산 그리고 비타민이 있다. 또한 세포대사로 인해 생성된 질소화합물과 이산화탄소인 배설물들 또한 혈장에 녹아있다.

내분비샘으로부터 분비된 호르몬들은 혈액을 통해서 표적세포로 이동한다.

이온(Ions). 혈장은 salt-용액을 희석시킨다. 주된 혈장이온은 Na^+, Cl^- 그리고 중탄산염이온(HCO_3^-)이다. 더하여, 혈장은 Ca^{2+}, Mg^{2+}, Cu^{2+}, K^+, 그리고 Zn^{2+}도 미량 포함한다.

단백질(Proteins). 앞에서 언급했듯이, 간은 혈장단백질 대부분을 차지하는 알부민 같은 대부분의 혈장단백질을 생성한다. 글로불린은 지질, 스테로이드 호르몬 운반체로 이용된다. 피브리노겐은 혈액 응고에 필요하다. 피브리노겐을 제거한 혈장을 혈청이라고 한다.

구성성분으로는 순환하는 세포와 혈소판이 있다

학습목표 34.8.3 혈액 내 존재하는 생성된 요소들의 종류를 구분한다.

생성된 혈액세포와 세포파편들에는 적혈구, 백혈구 그리고 혈소판이 있다. 각각 요소들은 몸의 건강과 항상성을 유지하는데 특정한 기능을 가진다.

적혈구

혈액은 마이크로리터당 5백만개의 **적혈구(red blood cells, 또는 erythrocytes)**를 포함한다. 적혈구가 차지하는 전혈량 부분을 헤마토크릿(*hematocrit*)이라고 한다. 사람에서 헤마토크릿은 보통 약 45%이다.

각 적혈구는 중앙이 패인 도넛형태의 디스크모양인데, 가운데가 완전히 통과된 형태는 아니다. 성숙된 포유류 적혈구는 핵을 가

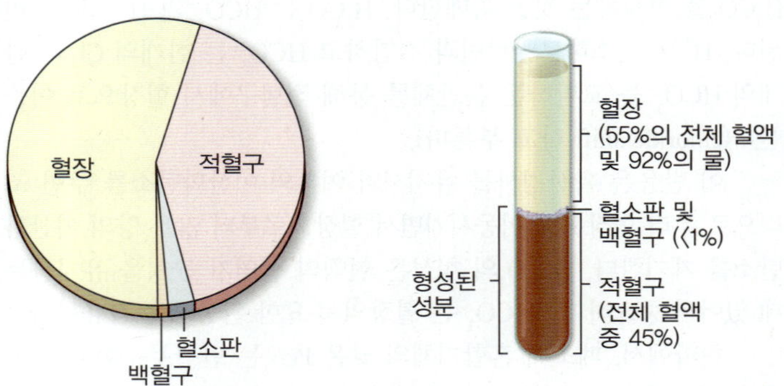

혈장	적혈구	혈소판
혈장단백질 (7%) 알부민 (54%) 글로불린 (38%) 피브리노겐 (7%) 나머지들 (1%)	4 million-6 million/ mm^3 blood	150,000-300,000/ mm^3 blood
물 (91.5%) 다른 용질들 (1.5%) 전해질 영양분 기체 조절물질 폐기물	**호중구** 60-70%	**호산구** 2-4%
단핵구 3-8%	**호염구** 0.5-1%	**림프구** 20-25%

그림 34.19 혈액의 구성.

지지 않는다. 척추동물 적혈구는 헤모글로빈을 포함하는데, 이 헤모글로빈은 산소와 결합하여 운반하는 색소이다. 척추동물에서 헤모글로빈은 적혈구에서만 발견된다. 무척추동물에서 산소결합색소(항상 헤모글로빈은 아니다)또한 혈장내 존재한다.

백혈구

백혈구(leukocytes)는 사람 혈액내 세포중 1%미만이다. 적혈구 1000개당 백혈구는 1개나 2개밖에 없다. 백혈구는 적혈구보다 크고 핵을 가진다. 게다가 백혈구는 적혈구처럼 혈액내에만 있는 것이 아니라 세포사이공간을 통해 모세혈관에서 주변 간질조직액으로 이주할 수 있다. 백혈구들은 다양성을 가지는데, 35장에서 설명했듯이 각각 침입한 미생물과 다른 외부물질에 대한 특이적 방어작용을 한다. **과립백혈구(granular leukocytes)**로는 호중구, 호산구, 호염구가 있다. 이것들은 세포질 내에 있는 과립의 염색특성에 따라 이름 지어졌다. 사람에서 **무과립백혈구(nongranular leukocytes)**에는 림프구와 단핵구가 있다. 사람에서 백혈구중 호중구의 수가 가장 많다. 그 다음으로는 림프구, 단핵구, 호산구, 그리고 호염구 순이다.

혈소판

혈소판(platelets)은 골수내 큰세포 에서 떨어져 나온 세포 파편이다. 약 3마이크로미터의 직경을 가진다. 혈관의 손상을 뒤따르는데, 간은 프로트롬빈(*prothrombin*)을 혈액으로 방출한다. 이런 응고인자의 존재 하에, 피브리노겐은 불용성의 실인 **피브린(fibrin)**으로 전환된다. 피브린은 뭉쳐서 혈전을 형성한다.

구성 요소들은 줄기세포로부터 유래한다

학습목표 34.8.4 순환혈액내 생성된 요소의 기원을 설명한다.

혈액의 생성된 요소들은 각각 한정된 수명을 가지고 그러므로 계속해서 대체된다. 많은 오래된 세포조각들은 비장의 포식세포로부터 소화된다; 하지만 오래된 세포에서 생성된 철이나 아미노산 같은 많은 물질들은 새로운 요소로 통합된다. 새로운 요소의 형성은 골수에서 시작된다.

모든 생성된 요소는 **전분화능줄기세포(pluripotent stem cells)**로부터 발달한다. 골수에서 발생하는 혈액세포의 생성을 **조혈(hematopoiesis)**이라고 한다. 이 과정은 두 가지 타입의 줄기세포를 운명제한적으로 발생시킨다. 림프구 줄기세포는 림프구로 발달하고, 골수계줄 줄기세포는 나머지 혈액세포로 발달한다.

혈액내 이용가능한 산소량이 감소하게 되면, 콩팥은 혈장단백질을 호르몬인 **적혈구생성소(erythropoietin)**로 변환시킨다. 적혈구생성소는 **erhthropoiesis**라는 과정을 통해 골수계 줄기세포로부터 적혈구생성을 촉진한다.

포유류에서, 성숙적혈구가 순환혈액으로 방출하기 전, 핵을 잃는다. 반면, 다른 모든 척추동물의 성숙적혈구는 핵이 계속 남는다. 거핵세포(*Megakaryocytes*)는 골수의 줄기세포로부터 생성된 위탁세포(committed cell)중의 하나이다. 거핵세포의 세포질에서 뜯겨나가 혈소판을 생성한다.

개념 정리 34.8

순환계는 운반, 체온과 대사 조절, 몸을 방어하는 기능을 한다. 혈액내 생성된 요소들에는 적혈구, 백혈구 그리고 혈소판이 있다.

- 어떻게 혈소판이 생성되는가?

34.9 척추동물의 순환계는 효율적인 순환을 중요시한다

작은 무척추동물들은 순환계를 가지지 않는다. 적절한 순환은 체액에 관한 몸의 움직임에 의해 이루어지는데, 장기와 체내조직과 직접 접촉한다. 큰 동물 조직은 여러 겹의 두꺼운 층으로된 세포를

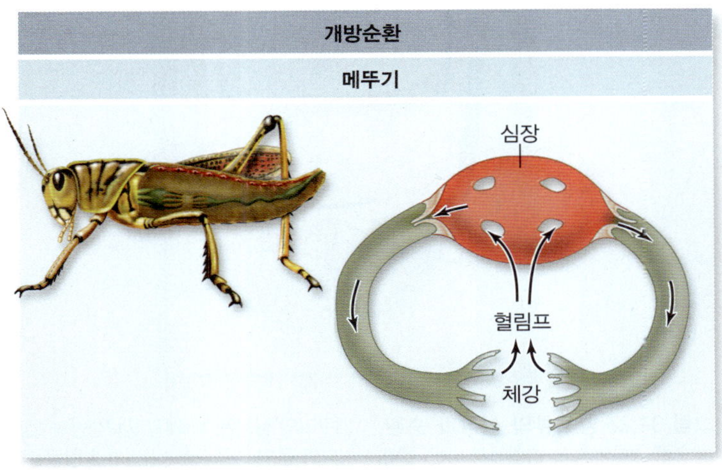

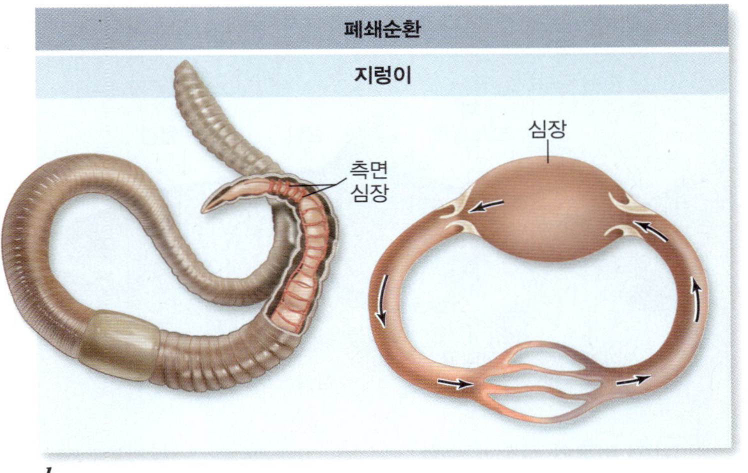

그림 34.20 개방순환계와 폐쇄순환계. a. 곤충의 개방순환계에서는 관꼴 심장에서 체강으로 혈림프를 내보내고 정맥으로 돌려보내 재순환시킨다. b. 지렁이의 폐쇄순환계에서는 심장에서 나온 혈액이 혈관계에 남아 있다가 심장으로 되돌아간다. 모든 척추동물 역시 폐쇄순환계를 갖는다.

가진다. 세포들은 체표나 소화강 에서 환경과 직접 물질을 교환하기에 너무 멀리 떨어져있다. 대신, 산소와 영양소들은 순환계 내에서 헤모림프라고 불리는 체내조직에 의해 환경과 소화강 에서 체세포로 운반된다.

순환계의 두 가지 주요 타입에는 개방(*open*)과 비개방(*closed*) 타입이 있다. 대부분의 연체동물과 절지동물에서 볼 수 있는 개방 순환계에서는(그림 34.20a) 체조직 세포외액과 순환액 사이에는 차이가 없다. 폐쇄순환계에서는 순환액인 혈액은 항상 혈관안에 있는데, 혈관은 혈액을 심장에서 나가고, 들어오게 한다(그림 34.20b). 폐쇄순환계는 환형동물과 척색동물에서도 발견된다.

물고기의 심장은 아가미를 통해 혈액을 내보낸다

학습목표 34.9.1 물고기의 심장구조를 설명한다.

척추동물의 조상인 척색동물은 28장에서 설명하였던 창고기에서 볼 수있는 심장과 비슷한 간단한 원통형구조 심장을 가지고 있다고 생각되었다. 심장은 다른 동맥보다 무거운 근육으로 만들어진 복대정맥의 특별한 구조에 불과하다. ; 심장은 간단한 연동파로 수축한다.

물고기에서 아가미의 발달은 더욱 효율적인 펌프를 필요로 했고, 분방된 펌프로된 심장으로의 진화를 볼 수 있다. 물고기의 심장은 본질적으로 두개의 펌프 분방을 형성하는, 한분방에 다른 분방으로 배열된 사분방 으로 이루어진 원통형이다(그림 34.21). 처음 두 구조인 **정맥굴(sinus venosus)**과 **심방(atrium)**은 첫 분방을 형성한다; 나머지 두 개의 분방은 **심실(ventricle)**과 **동맥원뿔(동맥원추, conus arteriosus)**는 두 번째 분방을 형성한다. 처음 정맥동이 수축하면 이어서 심방, 심실 마지막으로 동맥원추가 수축한다.

이러한 심장의 구조의 위치가 조금씩 바뀌었을 지라도, 심장박동의 순서는 모든 척추동물에서 유지된다. 물고기에서 수축을 형성하는 전기파는 정맥동 에서 시작한다. 다른 척추동물들은 정맥동과 유사한 구조인 **동방결절(sinoatrial node)**에서 전기파가 시작된다.

혈액이 동맥원추를 떠난 후 아가미를 지나면서 산소를 공급받는다. 혈액이 아가미를 떠나고 몸의 나머지 동맥망으로 흐른다. 이러한 간단한 고리는 치명적인 제한을 가진다: 아가미의 모세혈관을 통과할때, 혈압은 심각하게 떨어진다. 이로인해 아가미에서 나머지 몸으로 순환이 느려지고 이것은 조직으로 산소의 공급을 제한할 수 있다.

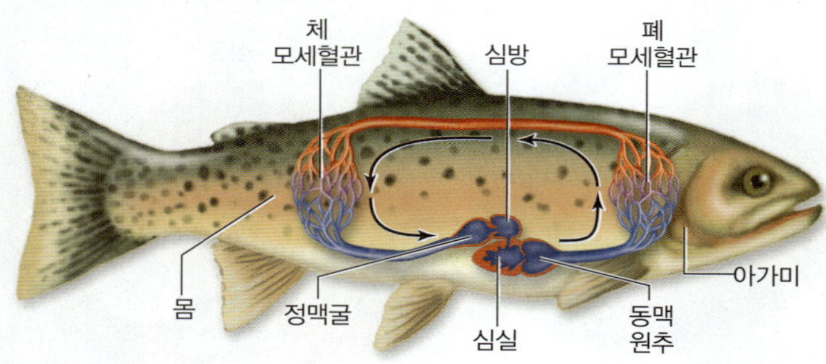

그림 34.21 어류의 심장과 순환. 두 개의 방과 일련의 구조들(정맥굴, 심방, 심실, 동맥원추)을 보여주는 어류의 도해. 심실에서 나온 혈액은 아가미를 거쳐 몸으로 들어간다. 산소가 풍부한 혈액은 빨간색으로 나타내었고, 산소가 결핍된 혈액은 파란 색으로 나타내었다.

양서류는 또 하나의 순환인 폐순환을 발달시켰다

학습목표 34.9.2 폐정맥 발달의 중요성을 설명한다.

양서류 허파의 진화는 주요하게 두번째 펌핑 순환회로의 양식으로 변화하면서 발달하였다(그림 34.22). 심장에 의해 폐동맥(*pulmonary arteries*)에서 허파로 혈액이 이동한 후, 좁은 통로인 허파 모세혈관을 통과하면서 많은 힘을 잃는다. 이렇게 느려진 부진한 순환은 체조직으로 계속 할수 없다. 대신, 엄청난 발달로 체조직으로 순환하기 전에 두번째 펌핑으로 폐정맥(*pulmonary veins*)에서 심장으로 산소를 함유한 혈액이 유입된다. 이러한 시스템을 **이중순환(double circulation)**이라고 한다. 이중순환 시스템 중 하나인 **폐순환(pulmonary circulation)**의 혈류는 심장과 허파 사이를 흐르고, 다른 시스템인 **온몸순환(체순환, systemic circulation)**에서 혈류는 심장과 나머지 몸사이를 흐른다.

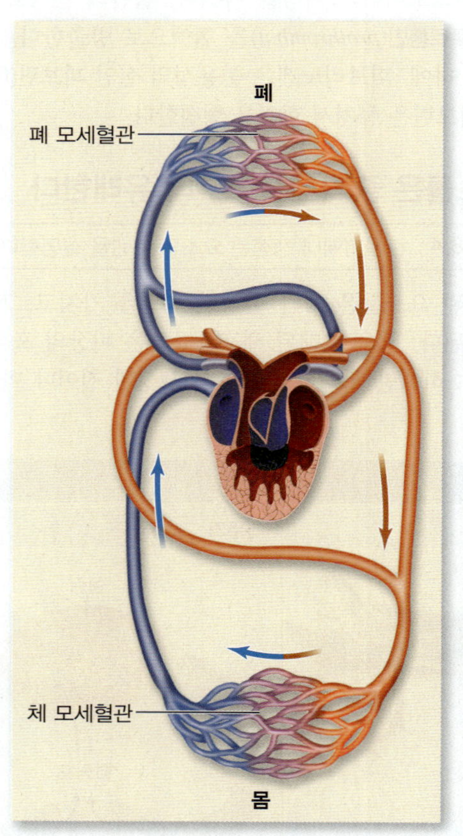

그림 34.22 양서류의 심장과 순환. 개구리의 심장은 세 개의 방(2심방과 1심실)으로 이루어지고, 심실에서 나온 혈액은 허파와 몸의 양쪽으로 나간다. 혼합될 가능성이 있음에도 불구하고 산소가 풍부한 혈액(빨간 줄)과 산소가 결핍된 혈액(파란 줄)은 허파와 몸으로 내보내지면서 거의 섞이지 않는다. 피부를 통한 기체교환에 의해서도 혈액이 산소화된다.

양서류 순환

최적으로, 허파에서 산소를 함유한 혈액은 몸에서 부터 돌아오는 산소를 함유하지 않은 혈액과 심장에서 섞이기 보다는 직접 조직으로 흐른다. 양서류심장은 두가지 구조적특징이 있는데 이것은 혈액의 혼합을 상당히 줄인다(그림 34.22). 첫째로, 심방은 두 분방으로 나뉜다. 우심방은 전신순환으로부터 산소를 함유하지 않은 혈액을 받고, 좌심방은 허파로부터 산소를 함유한 혈액을 받는다. 그러므로 이 두 혈액은 심방에서 섞이지 않는다.

양서류는 한개의 심방을 가지기 때문에 폐순환과 전신순환의 분리가 완전하지는 않다. 심방의 혈액이 심실로 이동할 때 섞이는 양은 심실벽 내 형성된 오목한 심장내 채널을 통해 감소된다. 동맥원추는 벽을 나눔으로써 부분적으로 분리되는데, 이 벽은 산소를 함유하지 않은 혈액을 폐동맥으로 바로 흐르게 하고, 전신순환의 주요 동맥인 대동맥으로 산소를 함유한 혈액을 흐르게 한다.

물속에 사는 양서류는 그들의 피부를 통한 확산을 통해 추가적인 산소를 얻는다. 그러므로 양서류들은 **폐피순환**(*pulmocutaneous circuit*)을 가지는데, 이것은 혈액을 허파와 피부로 모두 보낸다. 피부호흡은 바다거북 같은 많은 수생파충류에서도 볼 수 있다.

파충류의 순환

파충류에서, 심장에서 혈액의 섞이는 것을 줄이기 위한 추가된 변화가 있다. 두개의 분리된 심방에 더하여, 파충류들은 심실을 부분적으로 나누는 중격을 가진다. 파충류 순환의 다른 변화는 동맥원추는 심장을 떠나는 대동맥줄기에 통합되어 있다는 점이다.

파충류, 새, 그리고 악어는 두 개의 완전히 분리된 순환계를 가진다

학습목표 34.9.3 악어, 새, 그리고 파충류 심장의 완전한 중격의 중요성을 설명한다.

파충류, 새 그리고 악어는 두 개의 분리된 심방과 두 개의 분리된 심실인, 4분방 심장을 가진다(**그림 34.23**). 새와 악어의 심장은 다른 점이 있긴 하지만 전반적으로 비슷하다. 그들의 가까운 진화관계를 생각해보면 놀랍지 않다. 하지만 새와 포유류의 상당히 비슷한 점은 수렴진화의 경우에 있어서 주목할 만하다—한 개의 일러스트레이션만으로도 두 개를 충분히 보여줄 만큼 닮아있다(그림 34.23).

4분방심장에서, 우심방은 몸으로부터 산소를 함유하지 않은 혈액을 받고 우심실로 전달하는데, 여기서 혈액을 허파로 내보낸

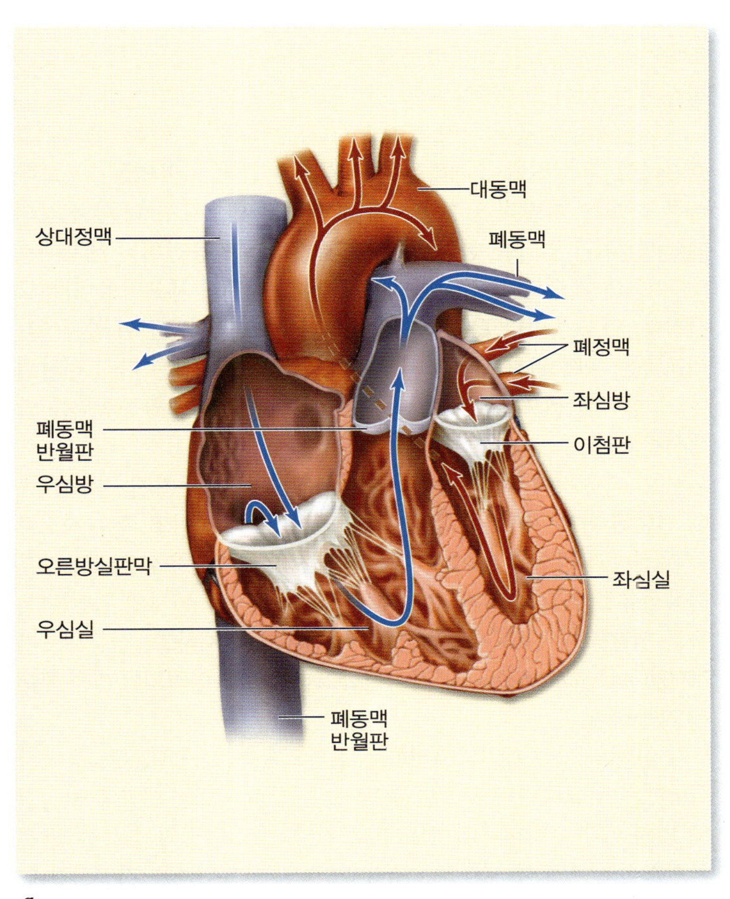

a.

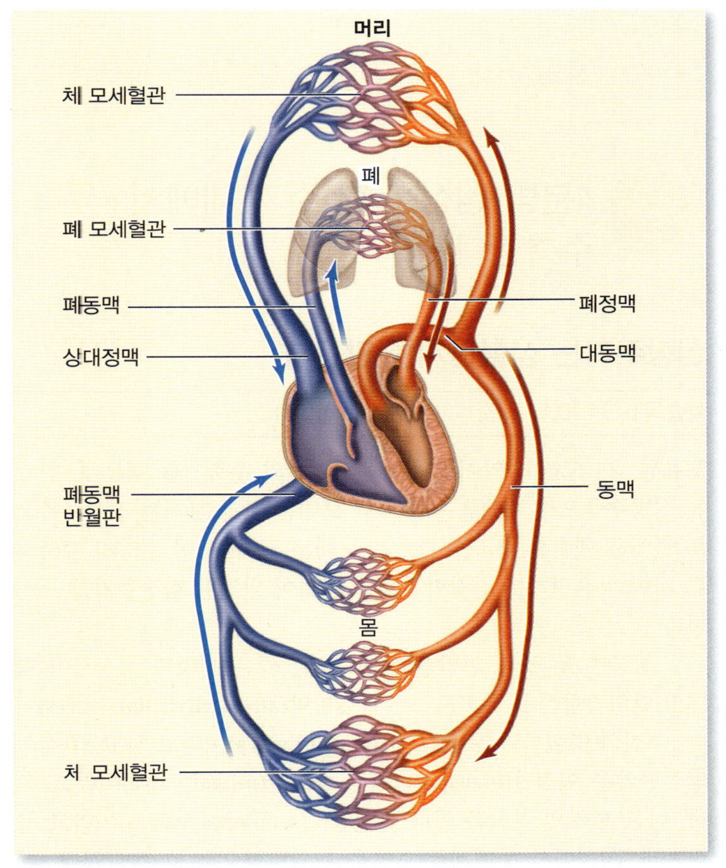

b.

그림 34.23 포유동물과 새의 심장과 순환. a. 4개의 방으로 구성된 심장을 지나는 혈액의 경로. b. 심장의 오른쪽은 산소가 결핍된 혈액을 받아 이를 허파로 내보낸다. 심장의 왼쪽은 산소가 풍부한 혈액을 받아 이를 몸으로 내보낸다. 이렇게 하여 폐순환과 체순환은 완전히 분리된다.

다. 좌심방은 허파로부터 산소를 함유한 혈액을 받고 좌심실로 전달해서, 좌심실에서는 산소를 함유한 혈액을 나머지 몸으로 내보낸다.

이러한 척추동물의 심장은 2주기의 펌프를 한다. 두개심방 둘다 심장을 채우고 동시에 수축하며, 심실로 혈액을 보낸다. 두 심실 모두 동시에 수축하며 혈액을 동시에 폐순환과 체순환으로 보낸다.

포유류와 새의 이중 순환계 효율의 증가는 내온성진화에 있어서 중요하다고 생각된다. 더효율적인 순환은 맞춰진 체내온도의 유지에 필요한 높은대사를 지지하는데 필수적이다. 척추동물심장의 진화역사 동안, 심장박동이 시작되는 정맥동은 페이스메이커 역할을 해왔다. 정맥동이 물고기심장에서는 주요 분방일 지라도, 양서류와 파충류에서 크기는 작아졌다. 포유류와 새에서 정맥동은 더이상 분리된 분방은 아니지만 우심방 벽에 조직으로 남아있다. 이 조직을 동방결절이라고 하는데, 여전히 심장박동이 시작하는 곳이다. 더 자세한 것은 나중에 설명하겠다.

개념 정리 34.9

척색동물심장은 혈관의 근육부위에서, 물고기의 2분방심장, 양서류와 대부분파충류에서 3분방 심장, 그리고 악어, 새, 포유류의 4분방심장으로 진화해왔다. 심장에서 허파로의 산소를 함유하지 않은 혈액의 폐순환은 다시 심장으로 돌아온다. 심장에서 몸으로 산소를 함유한 혈액의 전신순환은, 다시 심장으로 돌아온다.

- 분리된 심실을 가지는 것은 생리적으로 어떤 이점이 있는가?

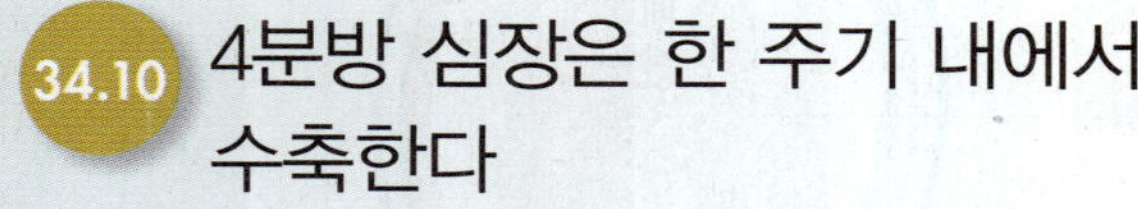

34.10 4분방 심장은 한 주기 내에서 수축한다

심장주기는 심혈관계를 만든다

학습목표 34.10.1 심장주기의 요소를 설명한다.

포유류, 새 그리고 악어의 심장은 두 번의 수축기를 겪는데, 한개는 심방수축으로 혈액을 심방으로 보내는 것과 한개는 심실수축으로 혈액을 폐순환, 전신순환으로 보내는 것이다. 이 두가지 수축과 그 사이의 휴면기는 심장박동을 포함하여 완전한 **심장주기**를 구성한다.

심장은 두 쌍의 판막을 가진다. 한 쌍은 심방과 심실사이 혈액의 단일방향성을 유지시키는 **방실판막(atrioventricular valves)**이다. 우심의 방실판막은 **삼첨판(tricuspid valva)**이라고 하고, 좌심의 방실판막은 **이첨판(bicuspid)** 또는 **승모판(mitral valve)**이라고 한다. 다른 한쌍의 판막은 둘다 **반월판막(semilunar valvas)**이라고 불리는데, 심실에서 동맥계로 혈액을 단일방향으로 흐르게 한다. **폐동맥판(pulmonary valve)**은 우심실 출구에 바로 위치하고, **대동맥판(aortic valve)**막은 좌심실 출구에 바로 위치한다. 이 판막들은 심장이 주기를 지나는 동안 열리고 닫힌다. 이 판막들이 폐쇄로 나는 소리인 '두근두근(lub-dub)' 소리는 청진기로 들을 수 있다.

심장주기는 그림 34.24에 묘사되어 있다. 심장주기는 혈액이 정맥을 통해서 우심방과 우심실로 흐르면서 시작된다. 심방이 혈액으로 차고 혈압이 높아지면서 방실판막은 열리고 혈액은 심실로 흐른다. 심실은 이 시기에 80% 충만된다. 심방의 수축이 휴식중 사람에서 평균 심실이 받는 혈액 80mL의 나머지 20%를 가득 채운다. 이 과정은 심실이 이완할 때 일어나고 이 시기를 심실 **확장기(이완기, diastole)**라고 한다.

약간의 지연 후, 심실이 수축하는데 이시기를 심실 **수축기(systole)**라고 한다. 각각 심실의 수축은 각 분방압력을 높이고 방실판막을 세게 닫아서(lub 하는 소리) 혈액이 심방으로 다시 흐르지 못하도록 한다. 방실판막이 닫히자마자, 심실의 압력은 반월판막을 열리게 하고 동맥계로 혈액이 흐르게 한다. 심실이 이완하게 되면 반월판막은 닫혀서(dub 소리) 혈액이 역류하지 못하도록 한다.

심근수축은 자율박동세포로 인해 시작된다

학습목표 34.10.2 동방결절의 자율박동세포역할을 설명한다.

다른 종류의 근육과 같이 심근의 수축은 세포막의 탈분극에 의해 촉진된다(33장). 골격근에서 운동신경으로부터 신경전달만이 정상적으로 탈분극을 일으킬 수 있다. 반면 심장에서는 자율박동섬유조직이라는 스스로 흥분하는 특별한 근육세포를 가진다. 이것은 신경 흥분 없이 주기적인 활동 전위를 시작할 수 있다.

자율박동세포의 가장 중요한 그룹중 하나는 동방결절이다(그림 34.25). 우심벽에 존재하는 동방결절은 다른 자율박동세포보다 빠른 속도로 자발적인 활동전위를 만들어 냄으로써 다른 심장의 페이스메이커 역할을 한다. 이러한 자발적인 활동전위는 세포내로 Na^+이온의 계속적인 유출에 의한 것인데, 이것이 세포막을 탈분극시킨다. 역치에 다다르면 활동전위가 나타난다. 활동전위 말기에는 세포막은 다시 역치보다 더 내려가게 되고, 이 과정은 다시 시작된다. 동방결절 세포는 0.6초마다, 즉 일분에 100번의 활동전위를 발생시킨다.

이 박동원에 의해 시작된 각각의 탈분극은 두가지 경로를 통해 전달된다. 한가지 경로는 좌심방 근육섬유조직이고, 한가지경로는 우심방과 방실결절 이다. 탈분극이 시작되면 근육섬유에서 다른 근육섬유로 빠르게 전파되고 좌심방과 우심방을 동시에 뒤덮는다. 빠른 탈분극의 전도는 특별한 전도 섬유가 존재하고, 심근세포가 개재판(*intercalated disk*)내 간극결합그룹에의해 연결되어있기 때문에 가능하다.

심방을 심실로부터 분리하는 결합조직층은 근육섬유를통해서 심방에서 심실로의 흥분전달을 막는다. 방실결절은 심방에서 심실로 탈분극되는 단하나의 전도 경로이다. 방실결절의 섬유는 탈분극신호전도 속도를 낮추고, 약 0.1초정도 심실수축을 지연시킨다. 이러한 지연은 심방 수축을 끝나게 하고 심실 수축전에 심실로 혈액을 보낸다.

방실결절로부터 탈분극파는 방실속(atrioventricular bundle) 또는 히스속(bundle of His)이라는 섬유망을 통해 두 심실로 빠르게 전도된다. 이 섬유들은 purkinje 섬유로 탈분극을 전달하고 이것은 직접적으로 우심실, 좌심실의 심근세포를 자극시켜 거의 동시에 수축하게 한다.

심근세포의 자극은 활동전위를 생성해서 수축을 유발한다. 수축은 골격세포와 비슷하게 Ca^{2+}와 트로포닌/트로포미오신 시스템을 통해 조절된다(32장). 하지만 활동전위의 형태는 다르다. Na^+ 전위의존성 통로로부터 Na^+유입으로 인해 유발된 첫 rising phase 후에 plateau phase가 나타나는데 이 시기는 수축을 지속한다. Plateau phase는 Ca^{2+}전위의존성 통로로부터 Ca^{2+}유입에 의한 것이다. 이것은 Na^+통로가 불활성화된 후에도 세포막이 계속해서 탈분극 되도록 하고 근소포체 내 더욱 많은 Ca^{2+}전위의존성통로를 열리게 한다. 세포질 내 여분의 Ca^{2+}는 계속적인 수축을 유발한다. Ca^{2+}는 골격근과 비슷하게 근소포체 내 펌프에 의해 제거된다. 그리고 원형질막내 여분의 운반체들이 Ca^{2+}를 간질로 보낸다.

심장의 전기적 활동성은 사지와 가슴체표에 전극을 위치시킴으로써 기록할 수 있다. 이런 기록을 심전도(electrocardiogram; ECG 또는 EKG)라고 하는데, 이것은 심장주기 동안 어떻게 심장세포가 탈분극되고 재분극되는지 보여준다(그림 34.25). 재분극은 심장의 수축을 유발하고 재분극은 이완을 유발한다.

동맥, 모세혈관 그리고 정맥을 통한 혈액의 흐름은 심실수축에 의해 생성된 압력에 의해 나타난다. 심실은 반드시 혈액이 전 순환계를 통과할 수 있을만큼 힘차게 수축해야 한다.

혈압은 수축기대 이완기압력의 비율인데, 건강한 20살 남녀의 보통 혈압은 120/75이다. **고혈압(hypertension)**이라 불리는 질병상태는 수축기압이 150mmHg 넘거나 이완기압력이 90mmHg 이상일 경우로 정의된다.

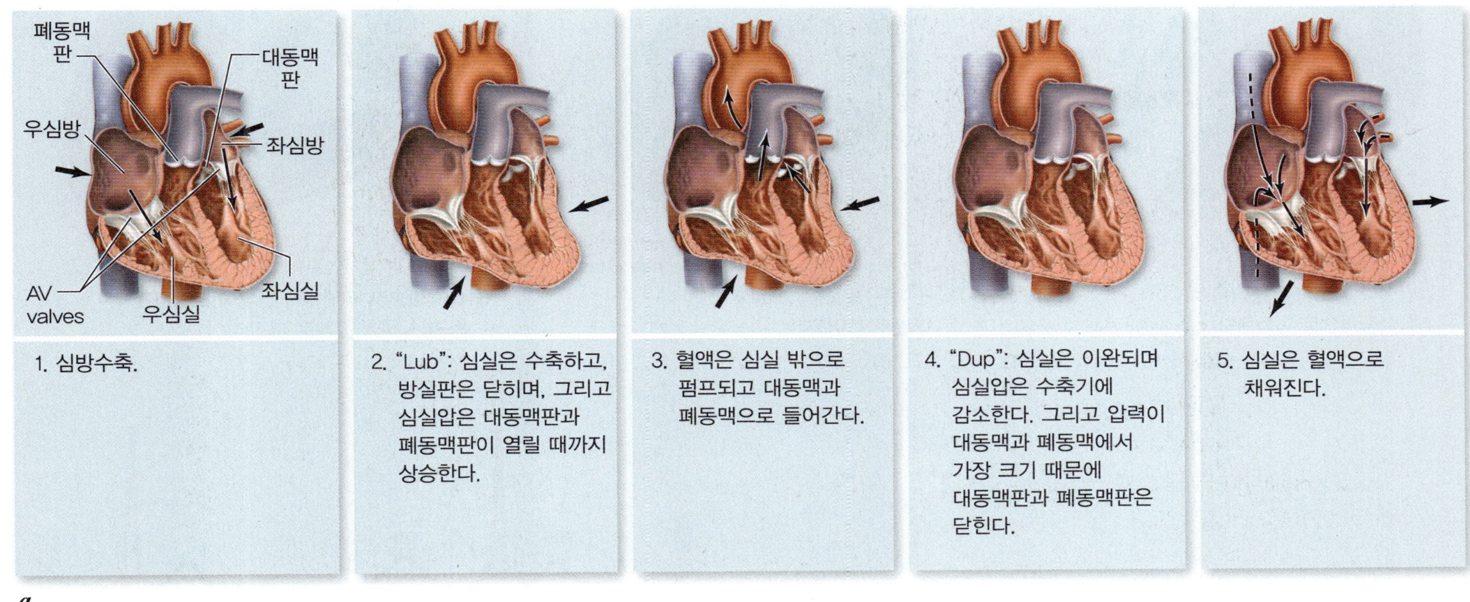

a.

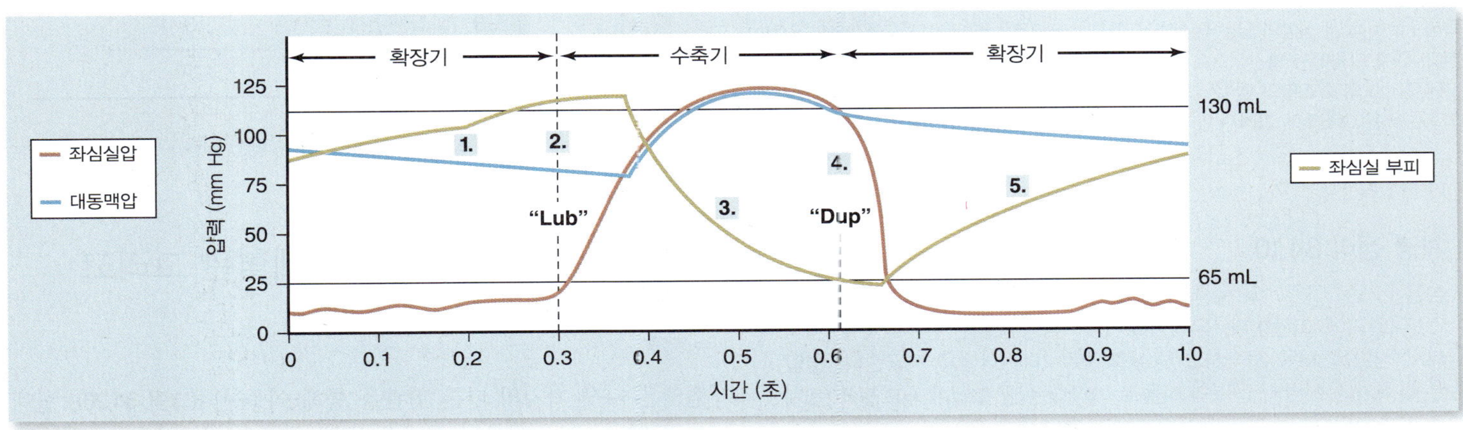

b.

그림 34.24 심장주기. **a.** 심방과 심실이 수축하고 이완되면서 혈액이 심장을 지나간다. **b.** 혈압과 혈액량은 심장주기에 따라 변하는데, 이 그림에서는 좌심실을 보여준다.

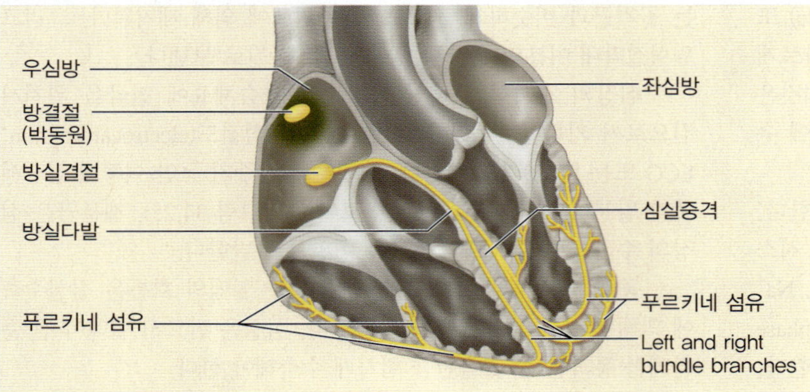

1. 충격은 동방결절에서 시작되며 방실결절로 이동된다.

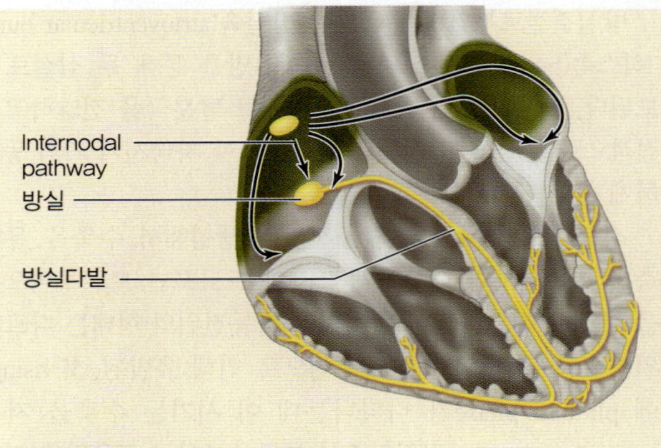

2. 충격은 방실결절에서 지연된다. 그것은 곧 방실다발로 이동된다.

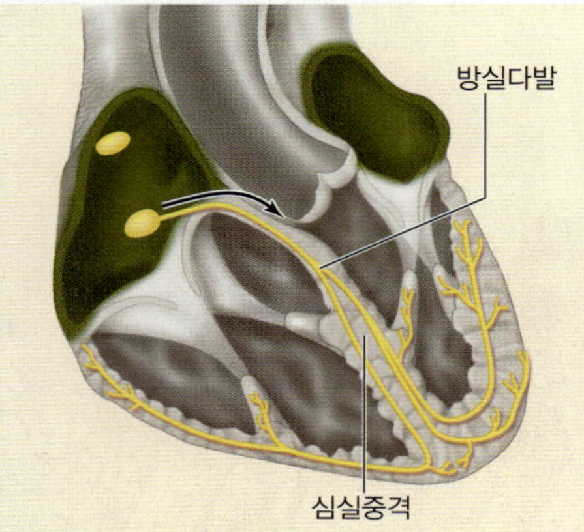

3. 방실다발로부터, 충격은 심실중격으로 이동된다.

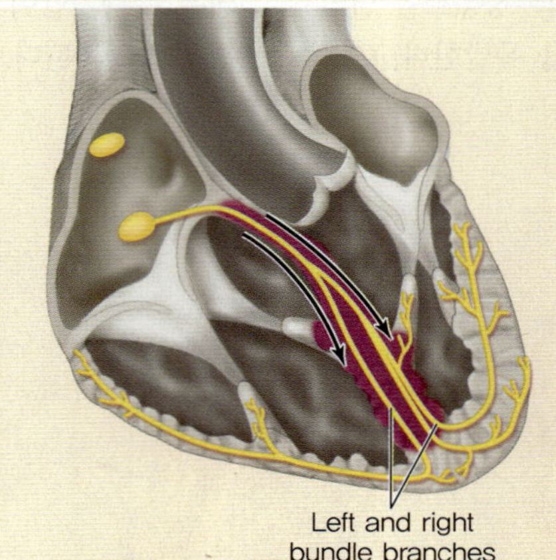

4. 충격은 심실중격으로부터 다발로 흩어진다.

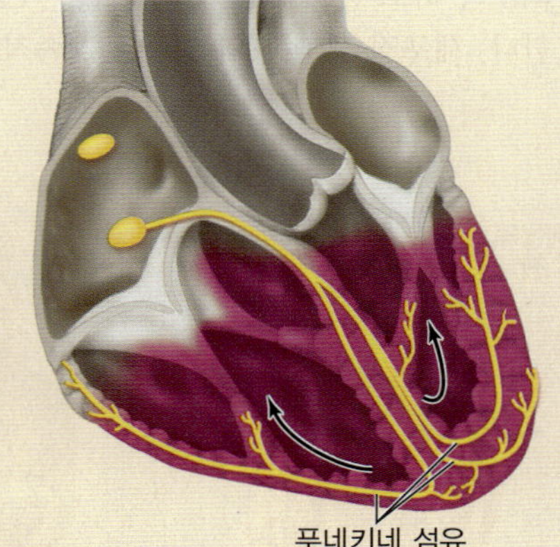

5. 마지막으로 푸네키네 섬유에 도달하면서 충격은 심실 전체로 퍼진다.

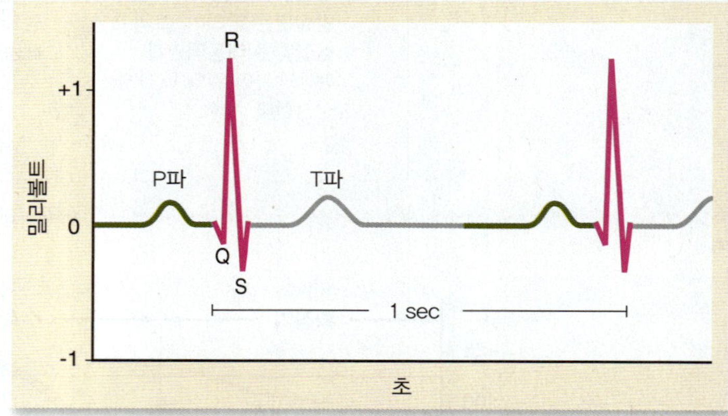

그림 34.25 심장의 전기적 흥분 경로. 심장이 수축되는 동안 일어나는 사건은 심전도(ECG 또는 EKG)에 의한 전기적 활동의 측정과 관련이 있다. 위쪽 그림에서 녹색으로 나타낸 심방의 탈분극/수축은 역시 녹색으로 나타낸 심전도의 P파와 일치한다. 위쪽 그림에서 빨간색으로 나타낸 심실의 탈분극/수축은 역시 빨간색으로 나타낸 심전도의 QRS파와 일치한다. 심전도의 T파는 심실의 재분극과 일치한다. 심방의 재분극은 QRS파에 가려져 있다.

개념 정리 34.10

심장주기는 이완기와 수축기로 구성된다.; 심실은 수축기에 수축하고, 이완기에 이완한다. 우심방에 있는 동방결절은 탈분극파를 시작해서 심방을 처음 자극하고 방실결절로 가서 심실을 자극한다. 혈압은 수축기대 이완기 압력의 비율로 나타내는데, 혈압계라고 불리는 기계로 측정된다.

- 심장귀와 심실수축사이에 지연이 없다면 어떤 일이 일어날까?

34.11 순환로는 동맥, 모세혈관 그리고 정맥으로 구성된다

혈액은 다섯 가지의 다른 혈관을 통해 이동한다(그림 34.26). 혈액이 **동맥(arteries)**이라는 혈관을 통해 심장을 떠난다는 사실은 이미 알고 있을 것이다. 이 동맥은 계속해서 가지를 내어 hollow tree를 형성해서 각각 장기로 유입된다. 동맥계통에서 가장 얇은 가지

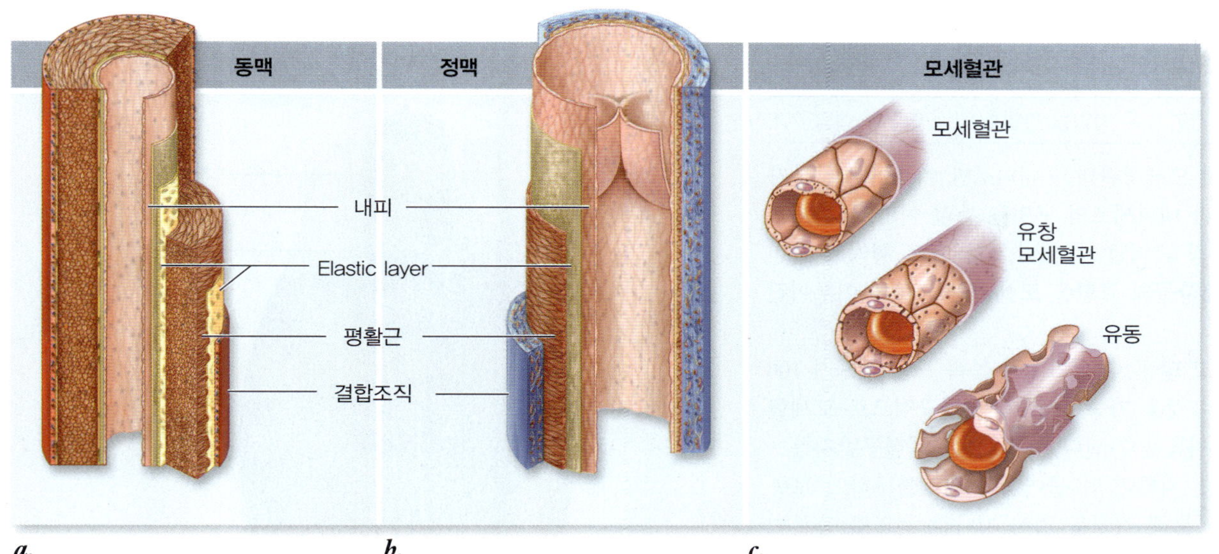

그림 34.26 혈관의 구조. 동맥(a)과 정맥 (b)은 4개의 조직층으로 된 동일한 기본구조를 갖지만, 동맥에서는 평활 근층이 훨씬 두껍고 두 개의 탄력층이 있다. **c.** 모세혈관은 내피세포의 단일층으로만 구성된다. (동일한 비율로 그리지 않았다.)

는 **소동맥(세동맥, arterioles)** 이다. 세동맥 에서나온 혈액은 정교한 격자로 구성된 매우 얇은벽 으로된 좁은 관인 **모세혈관(capillaries)** 으로 유입된다. 모세혈관을 통과한 후, 혈액들은 매우 얇은 **소정맥(세정맥, venules)**으로 모이는데, 이것은 큰 혈관인 **정맥(veins)**으로 모이고, 다시 심장으로 이동된다.

동맥과 소동맥은 높은 혈압을 견디는 방향으로 진화해왔다

학습목표 34.11.1 동맥과 세동맥이 어떻게 높은 혈압을 견디는지 설명한다.

큰 동맥들은 다른 혈관들보다 혈관벽에 더 많은 탄성섬유를 포함한다. 이것은 심장으로부터 혈액이 들어올 때 마다 동맥을 움츠러들게 한다. 작은 동맥과 세동맥 들은 덜 탄성적 이지만, 상대적으로 두꺼운 민무늬근(평활근)층은 터질 것 같은 것에 대해 저항할 수 있게 한다.

혈관이 좁아질수록, 마찰저항은 커진다. 사실 다른혈관 지름의 반 정도인 혈관은 16배의 마찰저항을 가진다. 혈액흐름의 저항은 반대로 혈관 반지름 네제곱에 비례한다. 그러므로, 동맥계 에서 작은 동맥과 세동맥은 혈액흐름에 큰 저항을 준다.

세동맥의 평활근층수축은 **혈관수축(vasoconstriction)**을 야기한다. 이것은 저항을 높이고, 혈액흐름을 낮춘다. 세동맥 민무늬근층 이완은 **혈관확장(vasodilation)**을 야기하고, 저항값은 저하되고, 장기로 혈액흐름은 증가한다. 세동맥의 만성적 혈관수축은 고혈압을 유발한다.

혈관수축과 혈관이완은 냉온동물, 온혈동물 모두에서 체온을 조절하는데 중요한 의미를 갖는다(그림 34.27). 피부로 혈액흐름을 증가시킴으로서 동물은 열교환을 증가시킬수 있고, 이것은 열을 얻거나 잃는데 도움이 된다. 역으로, 피부로 혈액흐름을 차단하는 것은 동물이 열교환을 최소화해야할때, 특히 추운 겨울에 효과적이다.

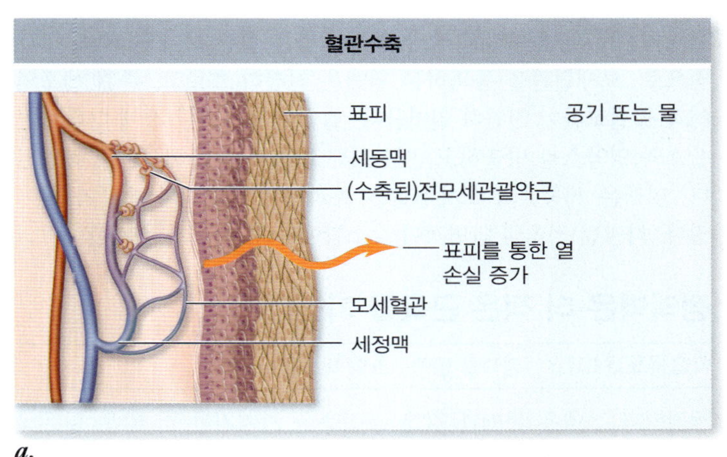

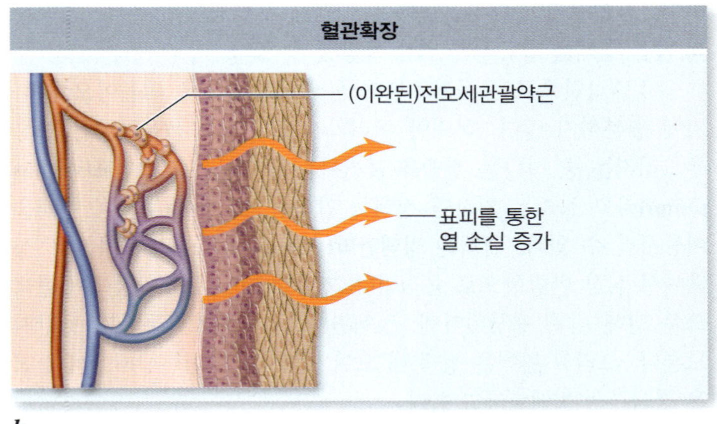

그림 34.27 열교환의 조절. 체표에서 생기거나 잃는 열의 양은 표층을 지나는 혈액의 흐름을 제어해서 조절할 수 있다. **a.** 주변의 공기보다 동물의 체온이 높을 때 표층의 혈관이 수축되어 혈류가 제한되고 열이 소실된다. 주변의 공기보다 동물의 체온이 낮을 때(그림에는 나타내지 않았음), 수축을 최소화하여 열을 얻는다. **b.** 혈관의 확장은 혈류와 열교환을 증가시킨다.

모세혈관은 거대한 교환망을 형성한다

학습목표 34.11.2 모세혈관이 높은 혈압을 견딜수 없는 이유를 설명한다.

동맥, 정맥벽과는 다르게 모세혈관벽은 내피로만 이루어져서 분자와 이온은 확산, 모세혈관 내피세포의 구멍을 통한 여과, 내피세포를 통한 수송을 통해 혈장을 떠날 수 있다. 그러므로 혈액과 간질액., 세포 사이 기체와 대사물의 교환은 모세혈관을 통해 이루어진다.

모세혈관의 광대하고 많은 수의 가지는 몸속 모든 세포가 100 모세혈관 내에 존재 하는 것을 가능하게 한다. 평균적으로 모세혈관은 1mm 길이와 8vm 지름을 가진다. 이 지름은 적혈구반지름보다 조금 더 크다(5–7μm). 지름이 딱 들어맞음에도 불구하고 보통의 적혈구는 모세혈관을 통해 어려움 없이 지나갈 정도로 충분히 유연하다. 혈관을 통한 혈액흐름은 유체역학에 의해 조절된다. 혈관단면이 작을수록 더 빠른 흐름이 나타난다. 이 사실을 보아, 모세혈관의 흐름은 제일 빠를 것 이라고 예상할 수 있다. 이 점이 확산에 이상적이지 않아 보이지만 실제로는 그렇지 않다. 각각 모세혈관이 매우 좁을지라도 총 단면적이 다른 혈관 보다도 크다. 결과적으로, 모세혈관을 통과하는 혈액은 천천히 흐르고, 주위 세포외액과 물질교환이 천천히 일어난다. 혈액이 모세혈관 끝에 다다르면 산소와 영양소를 방출하고, 이산화탄소와 다른 분해산물이 유입된다. 혈액은 세동맥과 모세혈관을 통과하면서 압력과 속도가 떨어진다. 하지만 정맥의 단면적이 감소함에따라, 속도가 증가한다.

정맥벽은 더 적은 근육을 가진다

학습목표 34.11.3 정맥을 동맥구조와 비교한다.

세정맥과 정맥은 동맥과 같은 조직층을 가지지만 더 얇은 민무늬근층을 가진다. 적은 근육은 동맥혈압의 약 1/10이기 때문에 필요하다. 심혈관계의 대부분혈액은 정맥에 포함되어 있는데, 정맥은 더 많은 혈액을 함유하기 위해 확장할 수 있다.

정맥압만으로는 사지로부터 심장으로 혈액을 되돌아오게 하기에 충분하지 않다. 하지만 여러가지 압력의 도움을 준다. 가장 두드러지는 중 하나는 정맥을 둘러싸는 골격근은 **정맥펌프(venous pump)**라고 불리는 기작인 정맥을 압착함으로서 수축하여 혈액을 이동시킬 수 있다. 혈액은 **정맥판막(venous valves)**의 도움으로 정맥에서 심장 한방향으로 움직인다(그림 34.28). 사람의 정맥이 혈액으로 인해 너무 팽창된다면, 정맥판막은 더이상 작동하지 못할지 모른다. 그리고 혈액은 정맥 내 고여 있게 된다. 이런상태에서 정맥은 정맥류성 정맥이라고 한다.

림프기관은 심혈관계를 떠난 액체를 회수한다

학습목표 34.11.4 림프계가 어떻게 작동하는지 설명한다.

심혈관계는 비개방시스템이라고 간주되어진다. 왜냐하면 모든 혈관들이 서로 연결되어 있고 끝이 개방되어 있지 않기 때문이다. 하지만 혈장내 물과 용질들의 상당량이 모세혈관을 빠져나가 간질액을 형성한다. 대부분 간질액은 세동맥 끝의 혈압이 높은부위인 가까운 모세혈관을 빠져나간다; 세정맥 끝에 가까운 모세혈관으로 다시 유입된다.

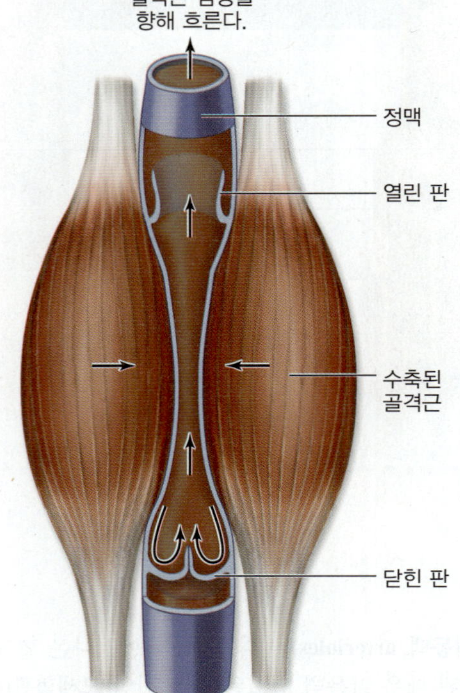

그림 34.28 정맥에서 한쪽으로 흐르는 혈액. 정맥판은 혈액이 심장으로 되돌아가는 한쪽 방향으로만 지나도록 한다.

액체는 삼투현상을통해 이동한다(5장 참조). 대부분의 혈장단백질들은 크기가 크기때문에 모세혈관구멍을 빠져나갈 수 없다. 혈장속 단백질농도가 산질액속 단백질 농도보다 높기 때문에 혈장속 단백질은 모세혈관구멍을 빠져나갈수 없다. 단백질농도의 차이점은 삼투압경사를 만드는데 이것은 간질액에서 모세혈관으로 액체를 이동시킨다.

높은 모세혈관압력은 너무 많은 간질액 축적을 유발한다. 예를 들어 임신한 여성에서, 태아에의해 확장된 자궁에 의해서 복강내 정맥이 압박되고 이것은 여성의 다리 모세혈관압력을 높인다. 증가된 간질액은 조직이 붓거나 발에 **부종(edema)**을 일으킨다.

혈장단백질 농도가 너무 낮다면 부종이 발생할 수 있다. 액체가 모세혈관으로 다시 들어오지 못하고, 간질액에 남아있기 때문이다. 낮은 혈장단백질농도는 간의질병에의해 발생할수도 있다. 왜냐하면 간은 혈장단백질의 대부분을 생성하기 때문이다. 기아로 인한 식이단백질 부족에 의해 부종이 나타날 수 있다.

정상상태일 때에도, 삼투압으로 인해 모세혈관으로 들어오는 액체양보다 나가는 양이 많다. 나머지는 결국 **림프계(lymphatic system)**라는 개방순환계에 의해 결국 심혈관계로 들어오게 된다.

림프계는 림프모세혈관, 림프관, 림프절 그리고 비장, 흉선 같은 림프기관으로 이루어진다. 넘치는 조직액은 높은투과성벽을 가진 맹점으로 된 림프모세혈관으로 배액된다. 이 액체는 **림프액(lymph)**이라고 불리는데 이것은 계속해서 정맥과 비슷하고 한방향의 판막을 가진 큰 림프혈관을 통과한다(그림 34.26b와 비슷). 림프액은 결국 두가지 주요 림프관으로 들어가는데 이것은 쇄골밑에 있는 좌,우 쇄골하정맥으로 배액된다.

포유류의 림프액이동은 정맥을 통해 혈액이 이동하는 정맥펌프와 비슷하게 골격근이 림프관을 압착함으로 나타난다. 몇몇 경우에서 림프관은 주기적으로 수축한다. 많은 물고기에서, 모든 양서류와 파충류, 새 배아 그리고 몇몇 성체조류에서 림프액의 이동은 **림프심장(lymph hearts)**에 의해 추진된다.

개념 정리 34.11

혈관은 내피, 탄성조직층, 민무늬근(평활근, 그리고 결합조직으로 구성된다. 모세혈관은 내피만을 가진다. 동맥벽은 높은 혈압을 버티기 위해 정맥벽보다 많은 근육을 가진다. 정맥은 역류를 방지하기 위한 판막이 존재한다. 림프액이라고 불리는 간질액의 과다는 한 방향의 림프계를 통해 순환한다.

- 림프계와 순환계의 연결은 무엇인가?

왜 당뇨는 오줌에 포도당을 분비시킬까?

고령에 발생하는 당뇨병은 심각하고 매우 평범한 질병인데, 몸의 세포들이 인슐린에 반응하는 능력을 잃는 것이다. 인슐린은 포도당의 흡수를 촉진한다. 아래에 묘사한 대로, 세포막의 수용기에 인슐린이 결합함으로서 빠르게 세포막에 포도당 운반체를 삽입하고, 세포가 포도당을 흡수하도록 한다. 하지만 당뇨병에서는 체세포가 포도당이 없어서 굶더라도 포도당은 혈액 내에 축적된다. 심하지 않은 경우에는, 혈액 포도당치는 정상치인 4mM보다 몇 배 정도 더 올라간다. 치료되지 않은 심각한 경우에는 정상치보다 25배 정도 심하게 올라간다. 약한 당뇨병의 특징적인 증상은 요를 통해 많은 양의 포도당을 배설하는 것이다. 이 질병은 진성당뇨라고 불리는데, 이 뜻은 달달한 오줌을 많이 배설한다는 말이다. 반대로 정상에서는 매우 적은 양만의 포도당이 배설된다. 콩팥은 콩팥을 지나가는 액체로부터 포도당을 매우 효율적으로 재흡수한다. 왜 당뇨병에서는 이렇지 않을까?

오른쪽에 나와 있는 그래프를 포도당 내성곡선이라고 한다. 파란줄이 정상사람의 것이고, 빨간줄이 당뇨병사람의 것이다. 음식을 먹지 않고 하룻밤 뒤, 각각의 사람들은 물에 용해된 100g의 포도당을 마셨다. 그다음 혈당량은 30분과 1시간마다 측정했다. 점선은 콩팥의 역치를 나타내고, 이것은 포도당 운반체가 최대로 이용되었을 때, 콩팥으로 이동하는 혈액으로부터 재흡수할 수 있는 혈당의 최대농도이다(약 10mM).

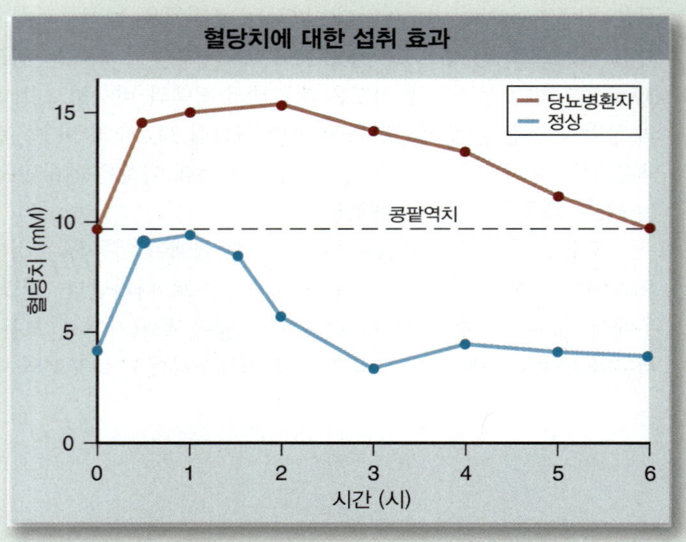

분석

1. **개념 적용**
   a. **곡선을 보아라.** 시험용량의 포도당을 먹었을 때, 정상인의 혈당치는 어떻게 변하는가? 정상인의 혈당치가 시험전으로 돌아오기까지 시간이 얼마나 걸리는가?
   b. **곡선을 비교하라.** 당뇨병 환자와 다른 점이 있는가? 당뇨병 환자의 혈당치가 시험 전으로 돌아오기까지 시간이 얼마나 걸리는가?
2. **자료 해석**
   a. 정상사람의 혈당치가 콩팥역치를 초과하는 지점이 있는가?
   b. 당뇨병사람의 혈당치가 콩팥역치를 초과하지 않는 지점이 있는가?
3. **추론**
   a. 왜 당뇨병 환자는 시험용량으로 부터 회복하는데 더 많은 시간이 걸린다고 생각하는가?
   b. 정상인이 포도당을 배출하는 것을 예상할 수 있는가? 설명하여라. 당뇨병 환자는 어떠한가? 설명하여라.
4. **결론 도출** 왜 당뇨병 환자는 달달한 오줌을 배설하는가?

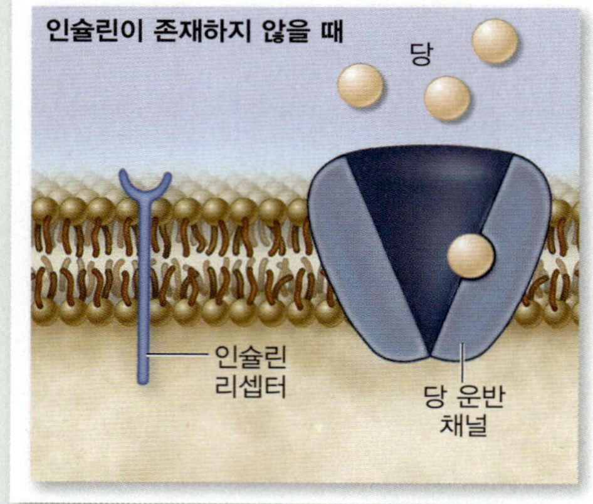

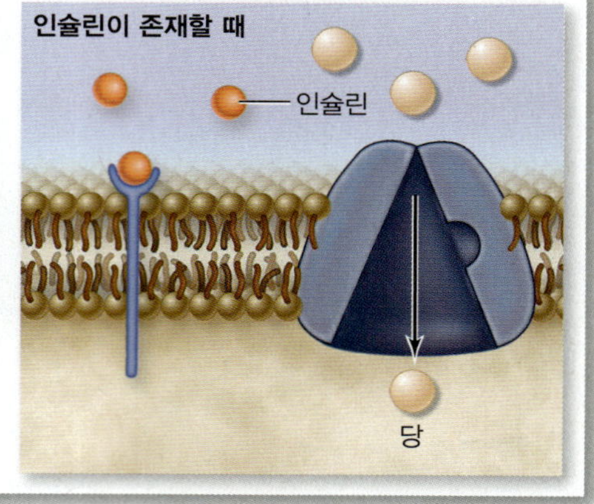

학습 과정 복습

개념 34.1 척추동물의 소화기관은 관 모양이다

34.1.1 척추동물의 소화관은 많이 특수화된 공간으로 이루어져 있다 소화기관은 입과 인두, 식도, 위, 작은창자, 큰창자, 직장 그리고 항문을 포함한다.

개념 34.2 음식물은 소화관을 통과한다

34.2.1 척추동물의 치아는 여러 종류의 음식에 적응했다

34.2.2 식도의 근육수축은 음식물을 위장으로 이동시킨다

34.2.3 위는 음식물의 산성분해가 일어나는 정류장이다 위에서 HCl은 음식을 분해시키고, 펩시노겐을 펩신으로 전환한다.

34.2.4 작은창자의 구조는 영양분 섭취에 특화되어 있다 작은창자의 표면적은 융모라고 부르는 손가락 모양의 돌기물에 의해 매우 증가되어 있다.

34.2.5 부속기관들이 효소를 작은창자로 분비한다 이자는 소화효소와 중탄산염을 분비한다. 간은 담즙을 분비하는데, 이것은 지방을 유화시킨다.

34.2.6 흡수된 영양소는 혈액이나 림프관으로 이동한다

34.2.7 큰창자는 찌꺼기 물질을 제거한다

개념 34.3 소화기관은 신경계와 호르몬에 의해 조절된다

34.3.1 호르몬은 소화를 조절한다 활동적인 소화기관은 신경계와 내분비기관에 의해 조절된다.

34.3.2 간은 화학물질을 변화시켜 항상성을 유지시킨다 간은 해독, 스테로이드호르몬 조절, 그리고 혈장단백질생산에 관여한다.

개념 34.4 호흡계는 효율적인 기체교환을 촉진한다

34.4.1 기체교환은 막을 통과하는 확산과 연관된다 더 높은 농도의 분압차와 넓은 면적은 확산율을 증가시킨다(Fick's Law).

34.4.2 진화적 전략은 기체 확산율을 극대화시켜왔다

개념 34.5 아가미는 물에서 효율적인 기체교환을 한다

34.5.1 물고기는 외부 아가미를 통해 호흡한다 물고기의 아가미는 반대방향의 교환을 통해 기체확산을 최대화 하는데, 아가미의 혈액은 물의 흐름과 반대방향으로 흐른다.

개념 34.6 허파는 육지 척추동물을 위한 호흡기관이다

34.6.1 공기로 숨을 쉬는 것은 기체의 부분 압력 형성의 장점을 갖게 한다 기체의 부분 압력은 압력 경사의 원인이 되며, 이것이 기체 교환을 일으킨다.

34.6.2 포유류의 허파는 큰 표면적을 갖는다

34.6.3 가로막(횡격막)은 호흡주기에 따라 허파의 용적을 확장하고 수축한다 횡격막의 수축과 늑골 사이의 근육은 음압을 형성한다.

34.6.4 중추신경계는 호흡을 조절한다 CNS뉴런은 CO_2 수준을 감시한다.

개념 34.7 산소와 이산화탄소는 기본적으로 다른 기작으로 운반된다

34.7.1 호흡색소들은 운반을 위해서 산소와 결합한다 헤모글로빈은 혈액이 혈장 내에 녹아있는 산소보다 더 많은 양의 산소를 운반하도록 해준다.

34.7.2 헤모글로빈의 산소 친화력은 pH와 온도에 영향을 받는다 헤모글로빈의 산소에 대한 친화력은 pH가 감소하고, 온도가 증가함에 따라 감소한다.

34.7.3 이산화탄소는 혈액 내에서 주로 중탄산 이온으로 운반된다

개념 34.8 혈액순환은 대사물과 기체를 조직으로 운반한다

34.8.1 혈장은 액상기질이다

34.8.2 혈장은 액체이다 혈장은 92%의 물과 영양소, 호르몬, 이온, 혈장단백질, 그리고 대사산물로 구성된다.

34.8.3 구성성분으로는 순환하는 세포와 혈소판이 포함된다 세포는 적혈구, 백혈구, 그리고 혈소판을 포함된다.

34.8.4 구성 요소들은 줄기세포로부터 유래한다 혈액세포는 골수내 만능 줄기 세포에서 조혈작용을 통해 만들어진다.

개념 34.9 척추동물의 순환계는 효율적인 순환을 중요시 한다

34.9.1 물고기의 심장은 아가미를 통해 혈액을 내보낸다 물고기는 2개의 방으로 구성된 선상의 심장을 가진다.

34.9.2 양서류는 또 하나의 순환인 폐순환을 발달시켰다 폐순환은 허파로 혈액을 내보내고, 체순환은 혈액을 몸으로 내보낸다.

34.9.3 파충류, 새, 그리고 악어는 두 개의 완전히 분리된 순환계를 가진다 4개의 방으로 이루어진 심장은 2개의 심실을 가진다.

개념 34.10 4분방 심장은 한 주기 내에서 수축한다

34.10.1 심장주기는 심혈관계를 만든다

34.10.2 심근수축은 자율박동세포로 인해 시작된다 수축은 SA node에서 시작되는데, 자연적인 박동원이다. 그리고 전기신호는 AV node로 이동한다.

개념 34.11 순환로는 동맥, 모세혈관 그리고 정맥으로 구성된다

34.11.1 동맥과 소동맥은 높은 혈압을 견디는 방향으로 진화해왔다

34.11.2 모세혈관은 거대한 교환망을 형성한다

34.11.3 정맥벽은 더 적은 근육을 가진다

34.11.4 림프기관은 심혈관계를 떠난 액체를 회수한다

학습 과정 평가

개념 34.1 척추동물의 소화기관은 관 모양이다

이해

1. 척추동물의 소화과정은 다음중 어떤 구조를통해서 일어나는가?(모두 골라라)
   a. 식도 b. 위 c. 작은창자 d. 큰창자

응용

1. 큰창자의 첫번째 기능은 소화산물을 몸밖으로 내보내기 위해서 고체(변)로 농축시키는 것이다. 어떻게 이 기능을 달성하는가?
   a. 점막층에 부가적인 세포들을 더함으로서.
   b. 수분을 흡수함으로서.
   c. 염분을 배출함으로서.
   d. 위의 모든 방법을 사용함으로서.

종합

1. 화학적소화는 가수분해를 포함한다. 3장에서 당신이 알게된 가수분해를 가지고, 이당류인 젖당이 가수분해하는 과정에대하여 서술하여라.

개념 34.2 음식물은 소화기관을 통과한다

이해

1. (　　)과(와) (　　)은(는) 단백질, 지질, 그리고 탄수화물을 소화에 필요한 화학물질을 만들어 냄으로서 소화헤 중요한 기능을 한다.
   a. 간; 이자 b. 간; 담낭
   c. 콩팥; 맹장 d. 이자; 담낭

응용

1. 작은창자는 흡수에 특화되어있는데, 왜냐하면 이것이
   a. 소화기관의 마지막 부위이고, 음식물이 길게 저류하기 때문이다.
   b. 주머니같은 연장된 구조를 가지고 음식물을 모으기 때문이다.
   c. 출구가 없기 때문에 음식물이 오랫동안 머무르기 때문이다.
   d. 매우넓은 면적을 가지고 이것이 음식물의 많은 노출을 가능하게 하기 때문이다.

종합

1. 어떻게 소화기관은 스스로 위산의 분비에 의해 소화되는 것을 막는가?

개념 34.3 소화기관은 신경계와 호르몬에 의해 조절된다

이해

1. 위에 도달한 음식물은 가스트린분비를 촉진한다. 가스트린의 기능은 무엇인가?
   a. 가스트린은 단백질분해효소 이다.
   b. 가스트린은 펩시노겐을 활성화시킨다.
   c. 가스트린은 단백질을 가수분해시킨다.
   d. 가스트린은 펩시노겐과 hcl분비를 촉진시킨다.

응용

1. 버터를 많이 함유한 식사를 먹는것은 아래중 어떤것을 촉진시키겠는가?
   a. 샘창자로로 유미즙분비를 증가시킨다.
   b. 담낭의 수축을 증가시킨다.
   c. 분비를 억제한다.
   d. 펩시노겐과 HCl 분비를 증가시킨다.

종합

1. 굶은 동물들에서 때때로 굶었을 때의 초기에 나타나는 수척대신에 배가 부른것을 볼 수 있다. 왜 그런가?

개념 34.4 호흡계는 효율적인 기체교환을 촉진한다

이해

1. 확산률에서 Fick의 법칙은 어디에 정비례하는가?
   a. 혈관과 조직단면의 차이
   b. 확산이 일어나는 막과 부위 두 면의 압력차이
   c. 기관의 안과 밖의 압력차이
   d. 기체의 온도

응용

1. 기체교환을 증가시키기 위해 진화적으로 적응한 것끼리 연결한 것은(모두 골라라)?
   a. beating cilia—표면적을 증가시킨다.
   b. 수족관으로 기체를 주입한다—산소농도의 차이를 증가시킨다.
   c. 허파의 막은 한층의 세포두께이다—거리를 감소시킨다.
   d. 세균의 작은 직경—표면적을 감소시킨다.

종합

1. 고지대에서, 산소농도는 바다 레벨에서보다 낮다. 이런 이유로, 등산가들은 산소통을 가지고 올라간다. 이것이 어떻게 그들이 등산하는데 도움을 주고 Fick의 법칙에서 어떤 것이 변한 것인가?

개념 34.5 아가미는 물에서 효율적인 기체교환을 한다

이해

1. 물고기에서 물이 계속해서 아가미를 통과하지 못한다면, 어떤일이 일어날까?
   a. 물고기는 살만큼의 충분한 산소를 물로부터 흡수하지 못할 것이다.
   b. 물고기는 피부호흡을 할 것이다.
   c. 물고기 아가미는 동시의 교환을 사용하기 위해 이동할 것이다. 효율적이진 않지만 어느 정도의 기체교환을 가능하게 할 것이다.
   d. 위의 모든것들이 물고기에 영향을 주지 않을것이다.

응용

1. 물고기에서 발견되는 아가미는 매우 효율적이다. Fick의 법칙에서 두 가지 측면이 아가미가 물로부터 산소를 흡수하는데 효율을 높인다. 이 두 가지 측면은 무엇인가?

종합

1. 물고기아가미의 반대방향 교환에서 혈관의 어떤 부위가 물로부터 산소를 많이 공급받는가? 어디에서 이러한 공동의 교환이 일어나는가? 설명하라.

개념 34.6 허파는 육지 척추동물을 위한 호흡기관이다

이해

1. 흡기시 공기의 흐름을 코와 입에서부터 순서대로 나열하여라.
   a. 기관지 b. 꽈리 c. 기관지 d. 인두
   e. 기관

응용

1. 포유류 허파에서는 역방향의 교환이 일어나지 않는다. 왜냐하면
   a .공기가 아닌, 유수에서 부유하는 산소를 필요하기 때문에.
   b. 혈류방향과 반대방향의 공기흐름을 필요로하는데, 허파에서는 일어나지 않기 때문에
   c. 산소농도가 다를때 반대방향의 흐름에의해 산소교환이 일어나고 허파에서는 일어나지 않기 때문에
   d. 이산화탄소의 존재하에서는 작동할수 없기 때문에

종합

1. 물고기아가미와 포유류의 허파의 작동과 효율을 비교하라.

개념 34.7 산소와 이산화탄소는 기본적으로 다른 기작으로 운반된다

이해

1. 허파로 이산화탄소를 운반하는 가장 주요한 방법은 무엇인가?
   a. 혈장에 녹여서 b. 헤모글로빈에 결합해서
   c. 일산화탄소 형태로 d. 중탄산염 형태로

응용

1. Po_2가 주어졌을때, 운동중의 근육이나 휴식중의 근육중에서 어떤쪽이 산소헤모글로빈의 포화도가 높은지 예상할수 있는가? 설명하여라.

종합

1. 만약 탄산 탈수 효소가 작동하지 않는 돌연변이가 나타난다면, 사람의 호흡에 어떤 영향을 줄까?

개념 34.8 혈액순환은 대사산물과 기체를 조직으로 운반한다

이해

1. 다음중 만들어진 요소가 아닌 것은?
   a. 혈장 b. 백혈구 c .혈소판 d. 적혈구

응용

1. 범죄현장에서 혈액샘플로부터 DNA를 추출하려고 할때. 다음중 어떤것이 DNA를 분리하는데 도움이 되지 않을까?(모두 글라라)
   a. 적혈구 b. 호중구 c. 호염구 d. 혈소판
   e. 림프구

종합

1. 왜 올림픽과 다른 스포트에서 erythropoietin이 약물로 사용 금지되었다고 생각하는가?

개념 34.9 척추동물의 순환계는 효율적인 순환을 중요시 한다

이해

1. 양서류의 심장에대해 옳은 것은?
   a. 양서류 심장에서, 산소가 있는 혈액과 산소가 제거된 혈액은 한개의 심실에서 완전히 섞인다.
   b. 양서류 심장에서 2개의 SA node가 있어서 심장전체가 동시에 수축이 일어난다.
   c. 양서류 심장의 심실에 있는 내부채널은 혈액이 섞이는 것을 감소시킨다.
   d. 양서류 심장에서, 왼쪽의 대동맥만이 확산을 통해 얻은 산소가 있는 혈액을 피부로 내보낸다.

응용

1. 좌심실의 심장근육에서 생성된 CO_2는 이것만을 제외하고 체내를 떠나기 전에 통과한다. 이것은?
   a. 우심방 b. 좌심방 c. 우심실 d. 좌심실

종합

1. 플라크의 축적으로 주요동맥이 부분적으로 막혔을때, 좌심실은 충분한 혈액을 내보내기 위해 더욱더 열심히 일해야 한다. 결국, 심장은 약해지고 부전이 일어나게 된다. 이러한 상태를 울혈성 심부전이라고 하는데, 때때로 폐수종을 야기한다. 왜 그런지 설명하여라.

개념 34.10 4분방 심장은 한 주기 내에서 수축한다

이해

1. 심실의 재분극은 ECG의 어떤부분에 상응하는가?
   a. P파 b. QRS파 c. T파
   d. QRS파에 가려서 ECG상으로 보이지 않는다.

응용

1. 수축기는 심장기능에 매우 종요하다. 수축기는 무엇과 함께 시작되는가?
   a. AV node의 활성 b. SA node의 활성
   c. 칼슘채널이 열림으로써 d. 반월판이 열림으로써

종합

1. 척추동물의 심장은 밀어내는 것을 통해서 혈액을 내보낸다. 왜 심장이 수축함으로서 혈액을 내보내는 형태보다, 심장을 이완함으로써 혈액을 끌어들이는 빨아들이는 형태로 진화하지 않았는가?

개념 34.11 순환로는 동맥, 모세혈관 그리고 정맥으로 구성된다

이해

1. 세동맥의 민무늬근의 수축은
   a. 혈류의 마찰저항을 증가시킨다.
   b. 피부를 통한 열교환을 증가시키는 방법이다.
   c. 기관으로 혈류를 증가시킬 수 있다.
   d. 위의 모두를 포함한다.

응용

1. 아래중, 틀린 것은?
   a. 동맥만이 산소를포함한혈액을 이동시킨다.
   b. 동맥과 정맥 모두 민무늬근(평활근)층으로 구성된다.
   c. 동맥과 정맥 모두 모세혈관으로 확장한다.
   d. 모세혈관을통한 혈류는 혈관수축을 통해 조절된다.

종합

1. 임의의 시간에, 어떻게 당신이 동맥혈압보다 정맥혈압이 더 클 수 있는가?

35 항상성 유지

학습과정

서론

척추동물의 몸에서 조직과 기관은 조절 신호의 작용을 통해서 항상성이 유지되도록 협력한다. 이번 장에서는 우리는 내적 환경을 유지하고 몸의 활동도를 조절하기위해 이들 세포나 분비샘이 생산하는 내분비계의 조절물질들과 어떻게 이들이 기능을 하는지 조사한다. 항상성 유지에 주된 문제는 수분의 균형을 유지하는 것이다. 우리 몸무게의 대부분은 물일지라도, 여러분은 매우 탈수된 환경에 존재한다. 사진에 있는 캥거리 쥐는 더욱 더 탈수화되는 사막에 살지라도, 이 쥐는 물에 매우 효과적이어서 마실 물을 필요하지 않는다. 이 쥐는 이것의 음식물 산화과정의 부산물에서 충분한 물을 만들어낸다. 포유류 콩팥의 삼투조절계가 캥거루쥐와 다른 포유류들이 세포외액과 혈액의 삼투적 힘을 조절할 수 있게 하였다. 신체조건 조건 유지의 또 다른 핵심적 측면이 미생물이나 바이러스 침공으로부터 몸을 방어하고 있다. 우리는 맨눈으로는 볼 수 없는 생명체로 가득찬 세상에 살고 있고 어떤 척추동물도 그들의 무자비한 공격을 오래 버틸 수 없다. 매우 효과적인 면역 방어의 다양성을 진화시켰기 때문에 우리는 살아남았다.

35.1 항상성은 내적 환경을 일정하게 유지한다

동물들은 움직일 수 있고 그리고 그들의 환경에 적응할 수 있게 진화하였기 때문에 이들은 점진적으로 복잡해졌다. 각각의 세포는 신체 안에서 정밀한 기능을 수행하도록 잘 조정되어있는 정교한 기계이다. 이런 세포들의 특수화는 오직 세포외 조건들이 좁은 제한된 범위 안에 있을 때 가능하다. 온도, pH, 포도당, 산소농도, 그리고 다른 요소들은 세포가 효과적으로 기능하고 서로 상호작용하게 상대적으로 일정하게 남아있어야 한다.

음성되먹임 기작이 좁은 범위 내에서 값들을 유지한다

학습목표 35.1.1 음성되먹임 회로가 항상성을 어떻게 이끄는지 설명할 수 있다.

내적환경의 역동적인 일관성을 항상성이라고 한다. 역동성(*dynamic*)이라는 말은 조건이 결코 일정하지 않지만 좁은 범위 안에서 계속해서 변동하기 때문에 사용된다. 항상성은 생명에는 필수적이고, 척추동물 몸의 대부분 조절기전은 항상성을 유지하는데 관여한다. 내적 일관성을 유지하기 위해, 척추동물 신체는 **음성되먹임(negative feedback)**으로 알려진 조절계 형태를 사용한다. 음성되먹임에는 신체의 내부와 외부에 있는 여건들이 막 수용체이거나 세포일 수 있는 특화된 감응기에 의해 발견되어진다. 조건들이 맞춰진 지점으로부터 너무 많이 벗어나면, 맞춰진 지점으로 여건을 되돌리기 위해 생화학적 반응이 시작된다. 이 **맞춰진 지점**(*set point*)은 공간 온열기에 온도 맞추기에 비유할 수 있다. 방의 온도가 내려갈 때, 이 변화는 열 조절 **감응기(sensor)** 안에 온도 민감 장치에 의해 발견된다. 당신이 히터용 맞춤 값을 표시한 항온기는 **비교기(comparator)**를 가지고 있다고, 감응기 정보가 맞춰진 값 아래도 떨어질 때, 이 비교기가 전기회로를 닫는다. 그러면 히터를 통한 전기의 흐름이 더 많은 열을 생산한다. 요약하면, 방의 온도가 올라갈 때, 이 변화가 회로를 열리게 하고, 그리고 열이 더 이상 만들어지지 않게 한다. 비슷한 방식으로, 사람의 몸은 체온, 혈당농도, 전해질 농도, 인대의 긴장성, 등에 대한, 지정된 값들이 가진다. 이들의 총괄 중추는 대부분 뇌나 척수의 특별한 영역이다. 그러나 어떤 경우에는 내분비 샘의 세포일 수 있다. 어떤 조건에서 이탈이 새기면, **효과기**(*effector*)라고 명명된 특수한 표적 기관들의 활성을 증대 혹은 감소하라는 명령이 보내진다. 효과기들은 일반적으로 근육이나 분비샘으로, 이들의 작용은 문제의 조건 값들을 맞춰진 지점으로 변화시킬 수 있다.

포유동물과 조류는 **내온동물**(*endothermic*)이다.; 외부 온도에 무관하게 이들은 체온을 상대적으로 일정하게 유지할 수 있다. 사람에게서 **시상하부(hypothalamus)**라고 불리는 뇌의 한 부분에 있는 뉴론이 혈액의 온도가 37°C(98.6°F)를 넘으면, 이런 온도 변화를 감지한다. 운동뉴런의 조절을 통한 행동, 즉 땀을 흘리거나, 피부의 혈관을 확장시키거나, 혹은 또 다른 메커니즘으로 열을 방출하는 것을 촉진하여 이 시상하부는 체온 상승에 반응한다. 이들 반응들이 일반적인 체온 상승에 대응하는 경향이다.

길항적 효과기들은 서로 반대방향으로 작용한다

항상성 유지를 위한 음성되먹임 기작은 섬세한 조절의 정도를 만들기 위해 자주 상호 반대한다. 내부환경에서 대부분 요소들은 가끔 길항적작용을 하는 약간의 효과기들에 의해서 조절된다. 길항적인 효과기의 조절을 가끔 길항적인 효과기의 감소된 활성에 의해 한 효과기의 증대된 활성을 보이는 "밀고-당기고"로 기술된다. 한 효과기를 단순히 끄거나 켜는 것으로 조절하는 것보다 더 이것이 섬세한 정도의 조절를 제공한다. 우리의 이전 예로 돌아가서, 에어컨을 켜고 끄며 혹은 바로 온열기를 켜고 끄면서 방의 온도를 유지할 수 있다. 항온조절기가 에어컨과 난방기를 함께 조절하면, 훨씬 더 안정화된 온도가 가능하다. 그러면 온열기는 냉방기가 꺼졌을 때 작동하고, 그 반대로 냉방기는 온열기가 꺼졌을 때 작동한다(**그림 35.1**).

양성되먹임 기전은 변화를 증대시킨다

어떤 경우엔, 우리 몸은 같은 방향으로 더 변화를 밀거나 가속화하는 **양성 되먹임**(*positive feedback*) 기작을 사용한다. 양성되먹임 회로에는, 맞춰진 지점으로부터 더 조절되는 변수의 값으로 끌고 간다. 불꽃 하나가 폭탄을 불붙이는 것처럼 양성되먹임기작에서는 그 결과가 매우 불안정하게 된다.

그러나, 이런 기작에서는 어떤 생리적 기전의 중요한 요소이다. 예를 들어, 혈병(blood clotting)을 빠르게 형성하는데 하나의 응고 요소가 다른 하나를 활성화시키는 혈액응고에서도 양성되먹임이 일어난다. 출산하는 동안 자궁(uterus)의 수축에서도 양성되먹임

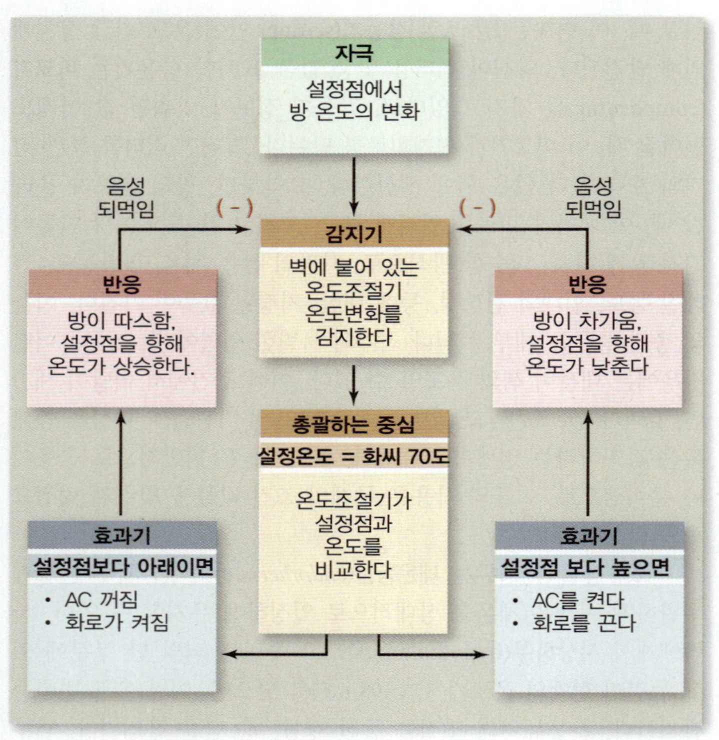

a.

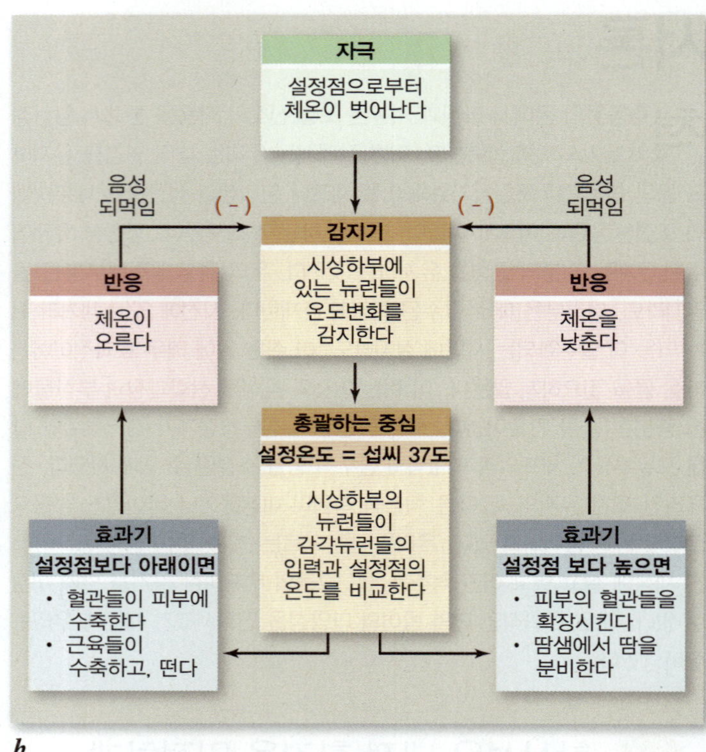

b.

그림 35.1 방과 몸의 온도는 음성되먹임과 길항적 효과기들에 의해서 유지된다. **a.** 온도조절기가 낮은 온도를 감지하면(설정점과 비교하여), 난로가 켜지고 그리고 냉방기가 꺼진다. 온도가 너무 높으면, 냉방기가 켜지고 그리고 난로가 꺼진다. **b.** 뇌의 시상하부가 체온의 상승과 하강을 감지한다. 그러면 비교 장치(또한 시상하부에 있는) 정보를 처리하고 그리고 피부 혈관들, 땀샘, 그리고 골격근 등의 효과기를 활성화한다. 음성되먹임이 설정점과 비교해 체온과의 차이를 줄이도록 한다. 결과적으로 비교 장치에 의해 효과기들의 자극도 또한 감소한다.

이 역시 일어난다. 이 경우엔, 태아(fetus)에 의한 자궁의 늘어남이 수축을 자극하고, 수축이 더 늘어남의 원인이 된다; 자궁이 태아를 밀어낼 때까지 이 주기가 계속된다.

동물은 다양한 방식으로 체온을 조절한다

학습목표 35.1.2 체온 조절에 기초하여 개체를 분류하라.

체온은 모든 개체들이 다투어야 환경에서 가장 중요한 것 중 하나이다. 이것은 항상성 조절의 원리 적용에 좋은 예를 제공한다. 우리가 보게 될 것처럼, 어떤 개체들은 환경에 순응한 체온을 가지고, 그리고 다른 것들은 그들의 체온을 조절한다. 먼저 온도가 왜 그렇게 중요한지 생각해 보자.

동물을 열의 원천에 따라 분류한다

오랫동안, 생리학자들이 동물을 이들의 체온을 일정하게 유지하는지 아니면 주위 온도와 더불어 이들의 체온이 변동하는지에 따라 분류하였다. 정해진 온도에 맞게 그들의 체온을 조절하는 동물을 **항온동물**(*homeotherms*)이라고 하고, 그리고 환경에 그들의 체온의 순응을 허용하는 동물을 **변온동물**(*poikilotherms*)이라고 불렀다. 항온동물의 의미는 외부온도 이상으로 이들의 체온을 일정하게 유지하기 때문인데, 이들을 또한 구어체적로 "온혈동물"이라고 부르며; 반면 변온동물을 "냉혈동물"이라고도 한다. 안정된 온도를 유지하는 환경에 사는 변온동물은(심해에 사는 많은 물고기 경우에는) 어떤 온혈동물보다 더 일정한 체온을 유지하고 있어서 사실 이런 용어에는 문제가 있다. 온도조절에 기반을 둔 분류에서의 이런 제한은 어떻게 체열이 발생하는가에 기초한 또 다른 관점으로 인도하였다. 환경보다 높게 이들 온도를 유지하고 몸의 열을 생산하기위해 대사 작용을 사용하는 동물을 내온 동물(endotherms)이라고 한다. 상대적으로 낮은 대사율로 물질대사를 열 생산에 사용하지 않고 외부온도에 따르는 체온을 가진 동물을 외온동물(ectotherms)이라 부른다. 내온동물은 좋은 보온 기작에 의한 낮은 열전도율을 가지고 있고, 반면 외온동물은 높은 열전도율을 가지거나 보온이 부족한 경향이 있다. 이 두 용어는 생리와 적응의 스펙트럼의 이상적인 끝 점을 대표한다. 많은 동물들은 이런 극단 점 사이의 특징을 가지고 있으며 이런 경우 우리는 이들을 변온동물(heterotherms)이라 부른다. 어떤 특정한 동물이 각 그룹의 특징을 조금씩 가지고 있어서 이 동물을 어떻게 분류할지는 결국 판단의 문제이다.

변온동물은 행동으로 체온을 조절한다

낮은 대사율을 가졌을 지라도, 변온동물은 행동으로 그들의 체온을 조절할 수 있다. 대부분 무 척추동물은 그 들의 온도를 조정하기위해 행동을 이용한다. 많은 나비들은 그들이 알 수 있기 전에 체온이 어떤 수준에 도달 해야만 한다. 서늘한 아침에는, 나비들이 햇빛의 흡수를 최대화하기위한 방향으로 그들의 몸을 돌려놓는다.

다른 곤충들은 가슴 비행근육을 덥히기 위해 몸을 심하게 흔드는 반사작용을 일으킨다.

포유류 조류를 제외한 척추동물들도 환경 온도에 순응하는 체온을 유지하므로 변온동물이다. 이것은 이들 동물이 높고 일정한 체온을 유지하지 못한다는 의미는 아니나, 그러나 이들도 높고 일정한 체온을 유지하기위한 행동을 한다. 많은 변온동물적 척추동물도 온도의 항상성을 유지할 수 있으므로 이들은 항온적 변온동물이다.

참치, 황새치, 그리고 어떤 상어를 포함한 큰 물고기는 수온보다 확실히 높은 체온을 신체의 어떤 부위에는 유지할 수 있다. 이들은 그렇게 하기위해 역류 열 교환 장치를 사용한다(그림 35.2). 이것이 정맥에 가까이 있는 동맥의 따뜻한 혈액으로부터 열의 복사를 통해 정맥의 더 차가운 혈액을 데워지게 허용한다. 동맥은 몸의 중심에서 더 따뜻한 피를 운반한다.

파충류는 체온을 행동으로 조절한다—햇빛이 있는 곳과 그늘진 곳으로 그때그때 옮겨 다니면서. 이것이 왜 우리가 자주 해를 쬐고 있는 도마뱀을 볼 수 있는 이유이다. 어떤 파충류는 혈액의 흐름의 조절로 행동조정의 효과를 극대화한다. 해양 이구아나는 전도에 의한 열의 이동에 유용한 혈액을 조절하기 위해 심장 박동 회수와 그리고 혈관의 수축과 이완의 정도를 조절한다. 육상에 있을 때 심장박동의 증가 혈관확장이 최대한 열흡수를 가능하게 하며, 반면에 섭식을 위해 잠수할 때는 최소의 심장 박동과 혈관수축으로 차가워짐을 최소화한다.

일반적으로, 변온동물은 에너지(음식)의 낮은 유입과 함께 낮은 대사율을 가졌다. 도마뱀은 같은 크기의 쥐와 비교하여 쥐의 사용에너지 10% 만 흡수하여도 살아갈 수 있다. 이런 거래로 인해 변온동물은 높은 에너지 유지를 할 수 없게 되었다.

내온동물은 내부 대사열을 보존하거나 소실한다

학습목표 35.1.3 내온동물에서 온도의 항상성 유지 메커니즘을 기술하라.

내온동물에는, 높은 대사율을 통해 만들어지는 내부 열의 생성을 개체가 추우면 몸을 데우는데 이 열을 사용할 수 있지만, 더 높은 온도에서는 발산해야 하는 열원을 외부로 내 보내야 한다. 열전도에 영향을 주는 가장 단순한 반응은 동물의 표면으로 혈액 흐름의 양을 조절하는 것이다. 확장된 혈관은 표면으로 혈액 흐름의 양을 증가시키고, 이것이 다시 열의 분산과 온도적 열 교환을 증가시킨다. 반면, 혈관 수축은 표면으로 혈액 흐름의 양을 감소시키고 전도에 의한 열손실 양을 제한하면서 열의 분산과 온도적 열 교환을 감소시킨다.

외부온도가 상승하면 많은 내온동물은 헐떡거림이나 땀 흘림으로 증발 냉각의 장점을 이용한다. 땀 흘림은 사람을 포함한 약간의 포유류에서 발견되고, 그리고 체포면의 땀샘으로부터 능동적인 물의 방출을 포함한다. 물이 증발할 때 피부를 냉각시키고 이 냉기가 피부 표면 가까이에 있는 모세혈관으로 전달된다. 약간의 포유류나 조류에 의해 이용되는 헐떡거림 역시 증발적 냉각을 위해 호흡 표면을 이용하는 것으로 비슷한 적응이다. 효율적인 증발적 냉각을 위해 동물은 물의 손실을 인내할 수 있어야 한다. 내온동물의 장점은 지속적인 높은 에너지 활성을 허용하는 것이다. 내온 동물을 위한 거래는 상대적으로 일정하고 높은 에너지 유입(음식)을 요구에 대응하는 비용을 가져야한다.

몸의 크기와 절연

크기는 동물생리에 영향을 미치는 하나의 중요한 특징이다. 체중의 변화는 대사율에 큰 영향을 준다. 작은 동물이 큰 동물보다 단위체중당 더 많은 에너지를 소비한다. 이들 상관관계를 대사율 대비 포유동물 크기의 불균형을 보여주는 "쥐에서 코끼리 " 곡선에 요약하였다(그림 35.3). 높은 물질대사율을 가진 작은 동물에게는 그들의 부피에 비해 표면적이 상대적으로 크다. 추운환경에서 그들의 넓은 표면적을 통해 생겨나는 전도적인 손실을 균형 잡는 내부 열을 충분히 생산할 수 없으면 이것은 재난이 될 수 있다. 그르므로 추운 환경에서 작은 내온동물은 체온을 유지하기위한 의미 있는 절연체

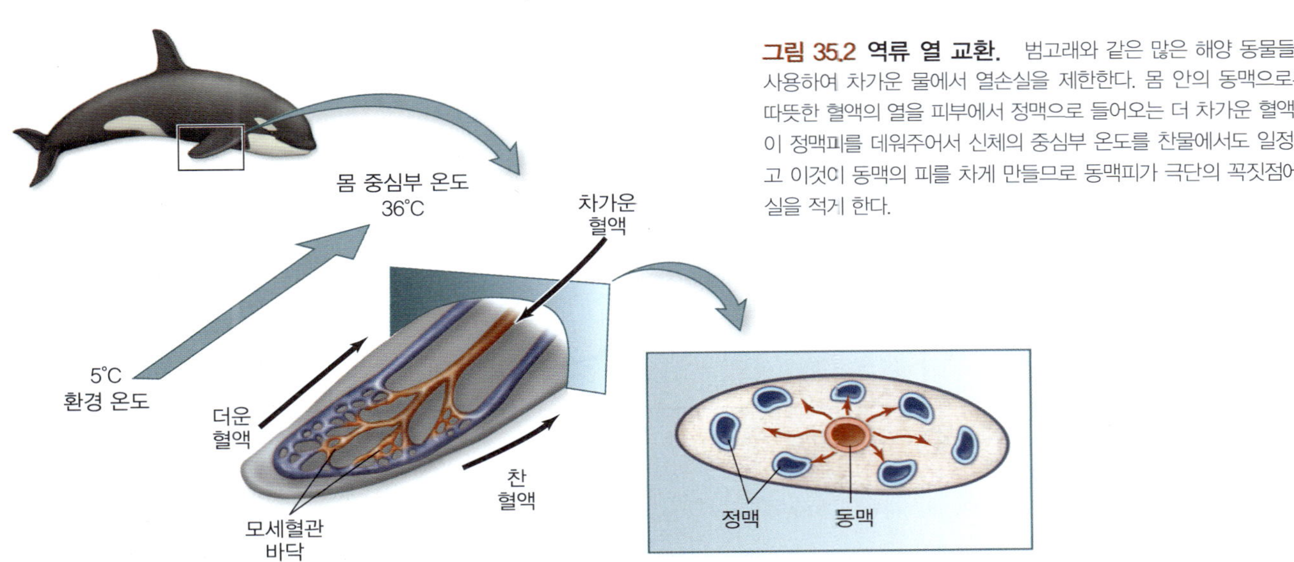

그림 35.2 역류 열 교환. 범고래와 같은 많은 해양 동물들은 역류 열교환기를 사용하여 차가운 물에서 열손실을 제한한다. 몸 안의 동맥으로부터 뽑아져 나오는 따뜻한 혈액의 열을 피부에서 정맥으로 들어오는 더 차가운 혈액으로 전달한다. 이것이 정맥피를 데워주어서 신체의 중심부 온도를 찬물에서도 일정하게 유지하며, 그리고 이것이 동맥의 피를 차게 만들므로 동맥피가 극단의 꼭짓점에 도달할 때 열의 손실을 적게 한다.

를 요구한다. 또한 절연체의 양이 계절적으로, 그리고 지리적으로 즉 북쪽으로 갈수록, 겨울일수록, 두껍게 변한다.

더운 환경에 사는 대형동물은 상반되는 문제를 가진다. 비록 그들의 물질 대사 율이 상대적으로 낮지만, 전도에 의해 열을 발산시킬 만큼 충분한 표면적을 상대적으로 아주 적게 가지고 그들은 아직 많은 양의 열을 생산한다. 그래서 더운 환경에 사는 대부분 대형동물은 절연체가 거의 없고 열을 잃어버리는 행동을 사용한다. 예를 들면 코끼리가 대류성 열손실을 증대시키려고 귀를 펄럭인다.

열 발생

온도가 결정적인 하위 역치 값(threshold) 아래로 내려가면 정상적인 내온적 반응으로 동물을 따뜻하게 하기에 충분하지 못하다. 이 경우 동물은 **열 발생(thermogenesis)**에 의존하거나, 혹은 정상적인 물질 대사 에너지를 열 생산에 사용한다. 열 생산은 떨림과 비 떨림의 두 가지 형태로 일어난다. 비 떨림 열 발생은, ATP 생산 대신 열을 생산하도록 지질대사가 변형된 것이다. 비 떨림 열 발생은 신체 전체에서 일어나지만, 여러 포유동물에서는 갈색지방조직이라고 불리는 특수지방저장소를 이 목적을 위해 특별히 이용된다. 이 갈색지방조직은 양 어깨와 목 사이에 위치한 작은 저장소이다. 이 지방 조직은 열을 생산된 위치로부터 멀리 효과적으로 전달하기 위해 맥관이 아주 잘 분포해 있다.

떨림 열 생산은 유용한 일을 하지 않고 열을 만들기 위해 근육을 사용한다. 이것은 내온 척추동물에게서 그리고 곤충 비상근육 데우기에서 본 앞선 예에서처럼 어떤 곤충들에게서 일어난다. 떨림은 ATP의 가수분해로 실제 움직임을 만들지 않고 열을 생산하기 위해 길항적 근육사용도 포함한다.

포유동물의 열 조절은 시상하부에 의해서 통제된다

상대적으로 일정한 핵심 온도를 유지하는 포유동물은 전반적인 조절체계를 필요로 한다. 이 체계는 여러분의 집에 있는 자동온도조절기가 연결된 열을 생산하는 화로 그리고 열을 제거하기 위한 에어컨으로 만들어진 온열/냉방 체계처럼 작동한다. 이와 같은 체계는 필요에 따라 가열과 냉각을 반복하며 여러분의 집의 온도를 정해진 온도 근처에서 유지한다. 여러분의 혈액 온도가 37℃(98.6℉)를 넘어가면 시상하부(hypothalamus) 뉴런이 이런 온도변화를 감지한다. 이것이 시상하부에 있는 **열 제거 센터**(*heat-losing center*)의 자극을 이끌어낸다. 이 영역의 뉴런이 더 많은 혈액을 운반해 열의 발산을 촉진하도록 말초혈관의 확장을 유발한다. 다른 뉴런은 증발 냉각을 이끄는 땀의 생산을 촉진한다. 물질대사를 촉진하는 호르몬의 생산은 또한 억제된다.

37℃ 아래로 당신 체온이 떨어지면, 효과의 길항적인 세트가 시상하부에서 만들어진다. 이것은 증발 냉각을 막기 위해 땀 흘리기를 막고 연의 전달을 감소시키려고 혈관을 수축하는 신경을 가진 **열 생산 중추**(*heat-promoting center*)의 통제 하에 있다. 부신수질에서 에피네프린(epinephrine) 생산이 촉진되고 뇌하수체 전엽(anterior pituitary)에서 갑상샘자극호르몬(TSH) 생산이 촉진되며 이들 둘 다 물질대사를 촉진한다. 여기서 TSH는 열 생산에는 사실 간접적으로 영향을 미치는 것으로, 그 이유는 대사를 촉진하는

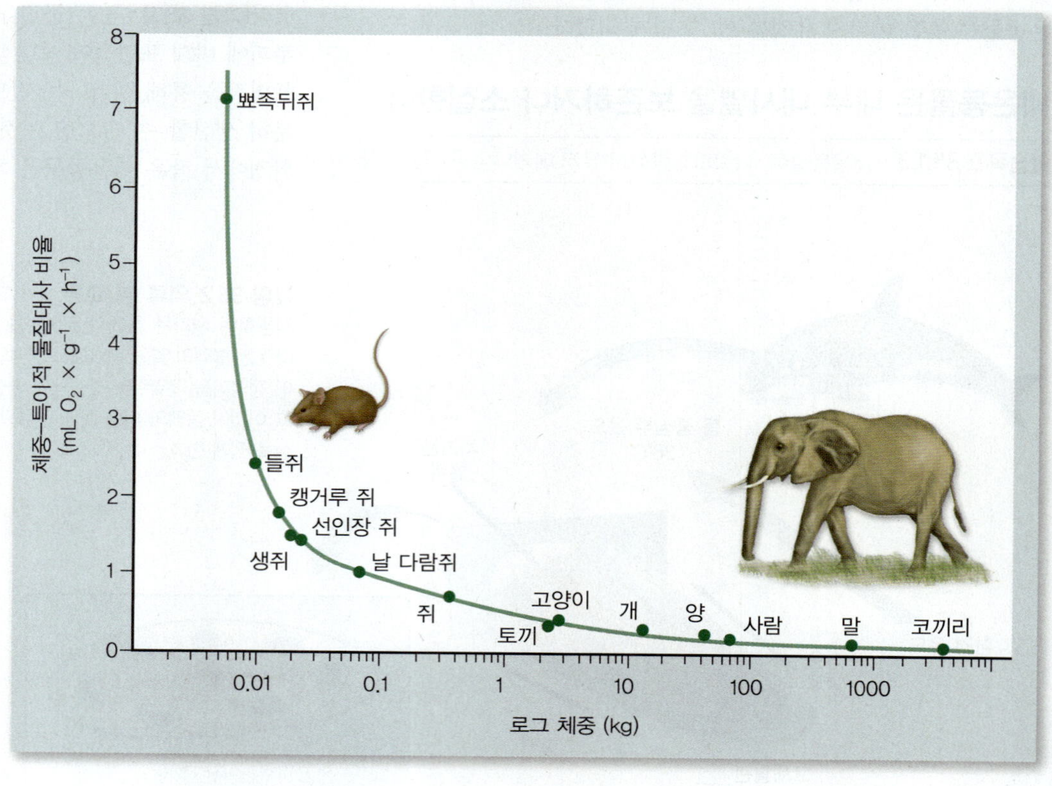

그림 35.3 포유동물에서 체중과 물질대사율 간의 상관성. 작은 동물들일수록 상대적으로 몸집이 큰 동물들과 비교하여 높은 체중 당 물질 대사율을 가진다. 이 그림에서는 체중– 특이 대사율을(단위 체중 당 산소 소비량으로 나타냄) 체중에 대해서 전개 하였다. 체중 축의 단위는 로그 값으로 표시한 것에 주의하기 바람.

것은 티록신(thyroxin)이고 이것의 생산을 위해 갑상샘을 자극하는 TSH이기 때문이다. 에피네프린과 지방 조직의 자율적 신경자극의 조합이 내부 열을 생성하기 위한 열 생산을 유도한다. 다시 온도가 상승하면, 시상하부에서 음성되먹임이 열 생성 반응을 감소시킨다.

무기력

내온동물은 또한 무기력이라 부르는 동면상태를 만들 수 있는 체온과 대사율을 줄일 수 있다. 무기력은 동물에게 물질대사를 줄여서 필요한 음식의 섭식을 줄이는 것을 허용한다. 벌새와 같은 어떤 새들은 밤에 체온을 25°C까지 떨어뜨리는 것을 허용한다.

이 전략은 작은 내온동물에서 발견된다; 더 큰 포유동물에서는 너무 몸집이 커서 빠르게 냉각하는 것을 허락할 수가 없다. **동면**(*hibernation*)은 여러 주 혹은 달 지속되는 무기력의 극단적인 상태이다. 이 경우는, 동물의 온도가 오랜 동안 정상 지정 온도보다 20°C아래 까지 떨어질 수 있다. 겨울잠을 실행하는 동물들은 중간 크기의 동물들인 것 같다. 작은 크기의 내온동물은 그들이 대사율 감소로 이전에 저장한 에너지 보다 빠르게 더 많은 에너지를 소비한다. 매우 큰 동물은 겨울잠을 자지 않는 것으로 나타났다. 곰이 겨울잠을 자는 것은 오래된 생각이지만, 그러나 실제로는 이들의 체온이 오직 약간 감소한다. 그들은 대신 연장된 겨울잠을 진행한다. 그들의 큰 열량 체 그리고 낮은 배율의 열 손실로, 겨울잠을 위한 점가된 에너지 저장은 요구되지 않는 것 같다.

개념 정리 35.1

항상성은 개체의 내부 환경의 역동적인 일관성이다. 음성되먹임기작은 온도나 pH와 같은 내적 변수들을 정상범위 유지를 위해 이들의 정해진 값에서 벗어남을 교정한다. 두 효과기의 길항작용은 일정성을 유지하는데 도움을 준다. 외온 동물은 그들의 행동으로 체온을 조절한다. 포유류는 대사 율을 조절하여 일정한 체온을 유지하는 내온동물이다.

- 음성되먹임과 길항적 효과기는 함께 기능을 하는가?

35.2 호르몬은 신체의 처리 과정을 지시하는 화학적인 전언이다

호르몬(hormone)은 어떤 조절능력을 가진 화학물질로 세포외액에 분비되어 혈액에 의해 운반되며 그래서 이것의 원천 지역으로부터 멀리 떨어진 곳에서도 작용할 수 있다. 호르몬을 분비할 수 있게 특화된 기관을 **내분비샘**(*endocrine glands*)이라고 부르지만, 간이나 콩팥 같은 어떤 기관들은 다른 기능을 수행하면서 호르몬도 생산할 수 있다. 호르몬을 생산하는 조직들과 기관들을 총괄적으로 **내분비계(endocrine system)**라고 한다.

내분비샘들은 각각 화학적으로 구분되는 세 종류의 호르몬들을 생산한다

학습목표 35.2.1 신체 조절과정에서의 호르몬의 역할을 기술하라.

혈액이 호르몬을 모든 세포에게 운반하지만 호르몬에 대한 알맞은 수용체를 가진 표적 세포만 이것에 반응한다. 이 수용체단백질이 호르몬과 특이적으로 반응하고 그리고 이 호르몬에 대한 반응을 만드는 신호전달경로를 활성화시킨다(세포의 소통은 9장에서 다뤄진다). 호르몬과 수용체의 매우 높은 특이한 상호작용은 호르몬으로 하여금 아주 소량의 농도에서도 활성을 나타내게 한다. 순환하는 혈액에 있는 호르몬의 농도가 10^{-8}에서 10^{-10} M로 측정되는 것은 비정상적인 것이 아니다. 내분비계는(**그림 35.4**) 호르몬을 분비하는 기관들 모두를 포함한다—갑상샘(thyroid gland), 뇌하수체, 부신 샘들(adrenal glands), 그리고 등등. 이들 기관의 세포들은 호

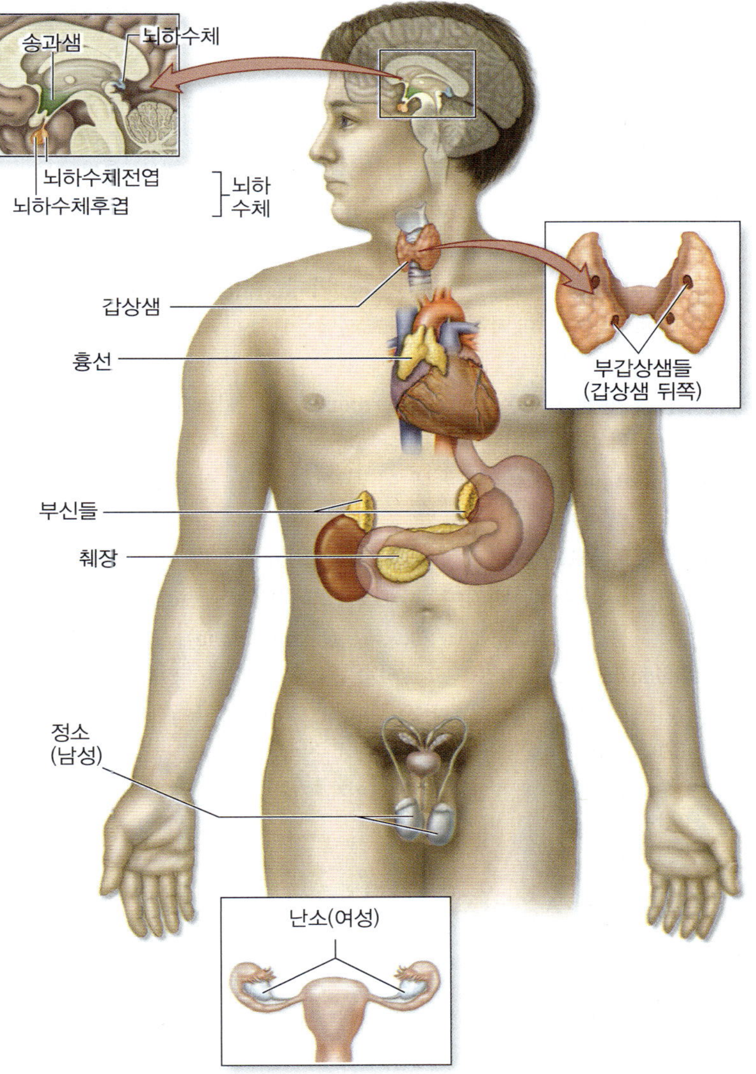

그림 35.4 사람의 내분비계. 주요 내분비 샘들을 보여주는데, 많은 다른 기관들도 글의 주요기능들에 더하여 호르몬들을 분비한다.

르몬을 주변의 모세혈관으로 확산해 갈수 있는 세포외액에 분비한다. 이런 이유로, 호르몬을 내분비기관 분비물이라고 한다. 췌장과 같은 외 분비샘은 이들의 생산물을 어떤 관을 통해 몸 밖으로 , 혹은 장 안으로 방출한다. 호르몬으로 기능을 수행하는 물질은 두 가지 기본 특징들을 가지고 있어야 한다. 첫째, 이들은 표적세포에게 조절 정보를 운반하기위한 충분한 복잡성을 가진다. 둘째, 표적세포에 도달하기 전에 파괴로부터 저항하는 충분한 안정을 가져야한다. 세 가지 일차적 물질의 화학적 분류물질들이 이러한 요구를 충족시키다.

1. **펩티드 그리고 단백질(peptied and proteins)**은 아미노산 사슬로 구성된다. 여기에 속하는 것들로는 예를 들어 보면 항이뇨 호르몬(9 아미노산), 인슐린(51 아미노산), 그리고 성장호르몬(191 아미노산)이다. 이들 호르몬은 DNA에 암호화 되어있고 그리고 다른 펩티드 분자의 전사 번역을 담당하는 똑같은 세포내 장치들에 의해 생산된다. 더 복잡하는 것은 당화된 단백질로 탄수화물이 부착된 두 가닥 펩티드 사슬로 구성되어 있다. 이런 것의 예로는 갑상샘 자극 호르몬과 황체호르몬이 포함된다.
2. 특수한 아미노산의 효소적 변형으로 생산되는 **아미노산 유도체(amino acid derivative)**도 호르몬이다; 여기는 33장에서 논의한 생물 생성 아민들로 구성된다. 부신수질(부신의 안쪽 부분), 갑상샘, 그리고 송과샘(pineal gland)에서 분비되는 호르몬들이 여기에 속한다. 부신수질에서 분비되는 것들은 티로신에서 유도된 것들이다. **카테콜아민(catecholaminse)**으로 알려진 에피네프린(아드레날린) 그리고 노르에피네프린(노르아드레날린)이 여기에 포함된다. 갑상샘에서 분비되는 **갑상샘 호르몬(thyroid hormones)**도 아미노산 티로신에서 유도된 호르몬이다. 송과샘은 다른 아민 호르몬인 **멜라토닌(melatonin)**을 분비하는데 이것은 아미노산 트립토판에서 유래한 것이다.
3. **스테로이드(steroids)**는 콜레스테롤의 효소적 변형에 의해 생산된 지질이다. 여기에는 테스토스테론(testosterone), 에스트라디올(estradiol), 프로게스테론(progesterone), 알도스테론(aldosterone), 그리고 코르티솔(cortisol)이 포함된다. 스테로이드 호르몬은 정소, 난소, 태반, 그리고 부신피질에서 분비되는 성 호르몬과, 그리고 부신피질에서 분비되는 코르티코스테로이드(미네랄로크르티코이드 그리고 코르티솔)로 나누어진다.

호르몬은 친수성인지 소수성인지 구분할 수 있다

학습목표 35.2.2 지질 진화적 그리고 소수성 호르몬을 구분하라.

호르몬이 운반되고 그들의 표적들과 상호작용하는 태도는 그들의 화학적 특성에 따라 다르다. 호르몬은 비극성인 **친지질성**(*lipophilic*)-지방에 녹음, 혹은 극성인 **친수성**(*hydrophilic*)-물에 녹음으로 나눌 수 있다.

스테로이드 호르몬과 감상선 호르몬도 친지질성 호르몬에 포함된다. 대부분 다른 호르몬들은 친수성이다. 이런 구분은 이들 호르몬들이 어떻게 그들의 표적세포를 조절하는가를 이해하는데 중요하다. 친수성 호르몬들은 혈액에 자유롭게 녹아 있지만 표적세포의 막을 통과할 수 없다. 반면에 친지질성 호르몬은 운반체 단백질에 부착되어 혈액을 돌아다닌다. 그들의 지질 용해도는 이들 호르몬을 세포막을 넘어가 세포질에 있는 수용체에 결합하게 한다. 친수성 호르몬은 친지질성 호르몬 보다 매우 빨리 불활성화 된다. 친수성 호르몬은 상대적으로 짧은 시간 동안(수 분에서 수 시간 내), 활동하는 경향이 있고 반면에 친지질성 호르몬은 일반적으로 여러 날 혹은 여러 주 긴 시간 동안 활성이 있다.

친지질성 호르몬은 세포내 수용체를 활성화한다

학습목표 35.2.3 스테로이드 호르몬 수용체가 전사를 활성화하는지 설명할 수 있다.

친지질성 호르몬들은 원형질막의 지질 부분이 장벽으로 나타나지 않으므로 세포 안으로 들어갈 수 있다. 일단 이 호르몬이 세포안으로 들어가면 친지질성 조절물질들은 모두 비슷한 작용기작을 갖는다(그림 35.5).

운반과 수용체 결합

호르몬들은 혈액 안에서 생존하는 기간을 연장하고 이들의 용해도를 높이기 위해 이들 수송 단백질에 결합해서 순환한다. 호르몬이 표적세포에 도달하면 이들은 수송 단백질로부터 분리되고 세포의 원형질 막을 관통하게 된다. 그 후 호르몬은 세포내부의 수용체 단백질에 결합한다. 여러 스테로이드 호르몬들은 세포질에 있는 수용체와 결합해 호르몬-수용체 복합체를 형성한 후 핵으로 이동한다. 다른 스테로이드 호르몬과 갑상샘 호르몬 티록신은 그들의 수용체를 만나기 전에 직접 핵으로 들어간다.

핵에서 전사의 활성화

스테로이드 호르몬 결합으로 활성화된 호르몬 수용체는 이제 DNA의 특정 지역에 결합할 수 있다. 특정유전자의 프로모터에 위치하는 이들 DNA 영역들은 **호르몬 반응 요소들(hormone response elements)**이라고 알려졌다.

호르몬- 수용체 복합체의 결합은 어떤 경우는 유전자 전사 불활성화로 혹은 활성화로 그 위치에 유전자 전사 수준에 직접 영향을 준다. 그러므로 수용체는 호르몬–활성화 전사인자(*hormone-activated transcription factor*)로 기능을 수행한다(9, 16장 참조). 이들 전사인자의 활성화로 초래된 단백질들은 표적세포의 대사를 특수한 형태로 변화시키는 활성을 가지고 있다. 예를 들면, 간세포안에서 에스테로겐(estrogen)이 이것의 수용체에 결합할 때 이것은 세포가 비텔로제닌(vitellogenin) 단백질을 생산하도록 하는데, 이것은 후에 난소로 운반되어 알의 난황을 형성하게 된다.

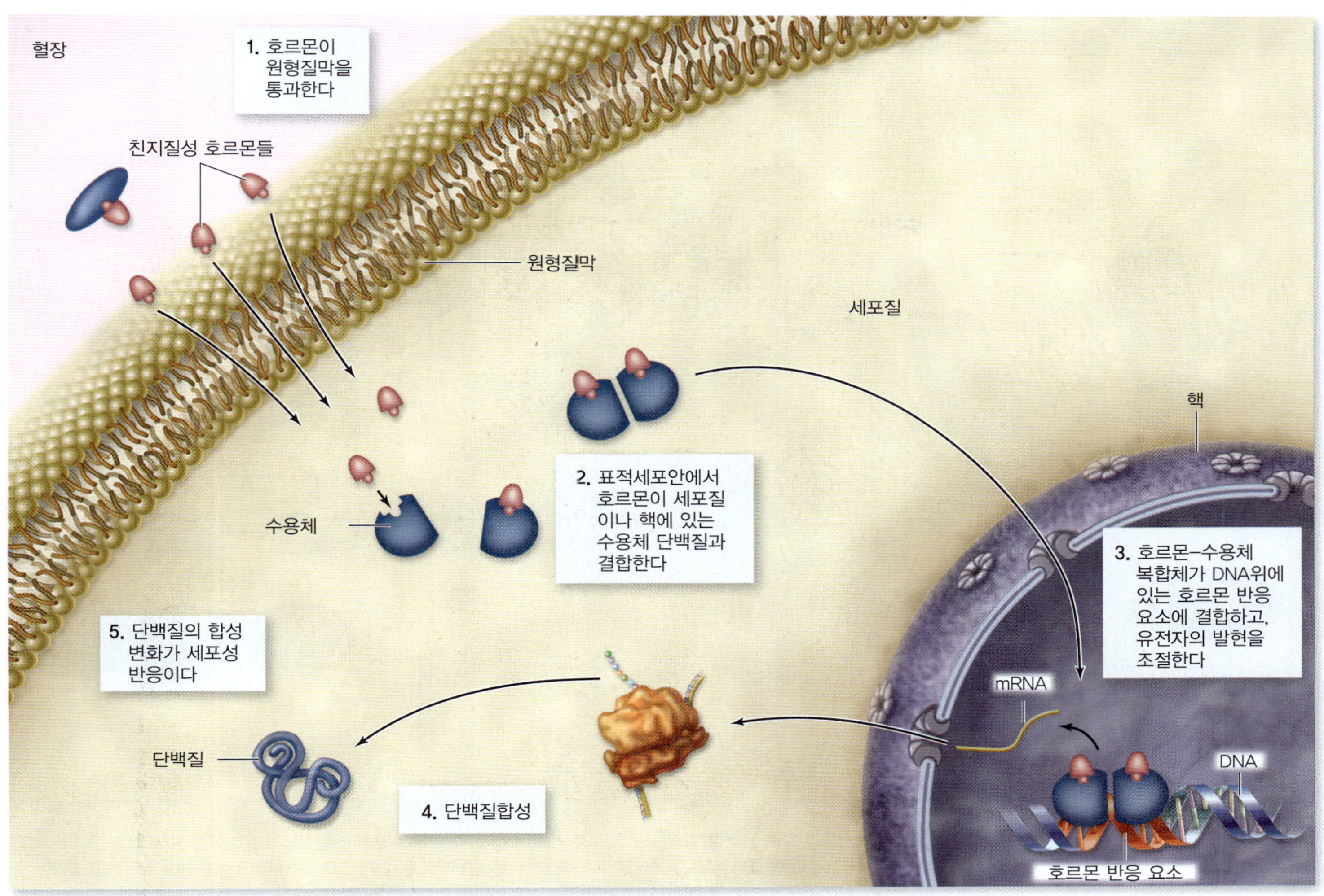

그림 35.5 친지질성 호르몬의 작용 메커니즘. 친지질성 호르몬은 원형질막을 통해 확산되고 세포내부에 있는 수용체 단백질들과 결합한다. 이 후에 호르몬–수용체 복합체는 DNA의 특정한 부위(호르몬 반응 요소들)에 결합하여, 메신저 RNA(mRNA)의 생산을 조절한다. 이들 호르몬들의 대부분 수용체들은 핵 안에 존재한다: 호르몬이 수용체와 세포질에서 결합하는 것이라면, 호르몬–수용체 복합체는 함께 핵으로 이동한다.

수용성 호르몬은 표적세포막에 있는 수용체를 활성화시킨다

학습목표 35.2.4 펩티드 호르몬에 의해 운반되는 신호가 어떻게 원형질막을 넘는지 설명하라.

친수성인 호르몬들은 쉽게 표적세포의 원형질막을 넘을 수 없다. 이들 호르몬들은 세포 밖에서 막 관통 단백질인 수용체와 결합한다. 여기에는 펩티드, 단백질, 당단백질, 카테콜아민(catecholamine)이 포함된다. 수용체와의 결합은 세포의 반응을 유발하는 신호전달계를 시작하게 한다. 이 반응은 단백질 인산화 효소라고 불리는 세포질 내 효소들의 수용체 의존성 활성화로 가끔 완결된다. 9장에서 기술된 것과 같이, 단백질 인산화 효소는 인산화를 통해 세포의 단백질 활성화 혹은 비활성화시키는 결정적인 효소이다. 단백질 인산화 효소로, 친수성 호르몬의 수용체는 세포내 기능들의 넓은 영역에 대해 강력한 영향력을 행사할 수 있다.

수용체 단백질 인산화효소

인슐린과 같은 여러 호르몬들은 수용체 자체가 단백질 인산화 효소이고(그림 35.6), 그리고 세포의 활성을 변화시키는 세포내 단백질들을 직접 인산화할 수 있다. 인슐린의 경우, 이 행동이포도당을 세포 안으로 들어오게 하는 포도당 운반 단백질의 원형질막 분포를 초래한다. 비록 성장호르몬 수용체는 그 자체는 인산화 효소가 아닐지라도, 다른 펩티드 호르몬도 성장호르몬 수용체와 비슷한 기전으로 작동한다. 대신에, 호르몬 결합 수용체가 세포내 인산화효소들을 끌어들이고 세포내 반응을 시작하는 이들을 활성화 한다.

이차–신호전달물질계

에피네프린과 같은 많은 친수성 호르몬은 이차신호전달계를 통해 작동한다. 9장에서 본 것처럼 많은 다른 분자들도 역시 세포 안에서 이차신호전달물질로 작용할 수 있다. 호르몬과 그 수용체의 상호작용이 표적세포의 세포질에 2차신호전달물질의 양을 증가시키

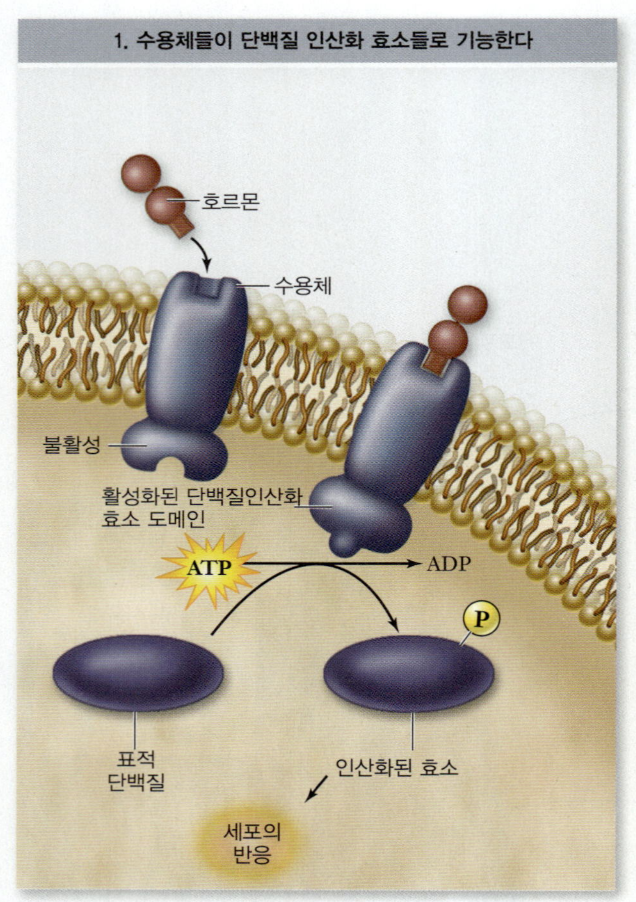

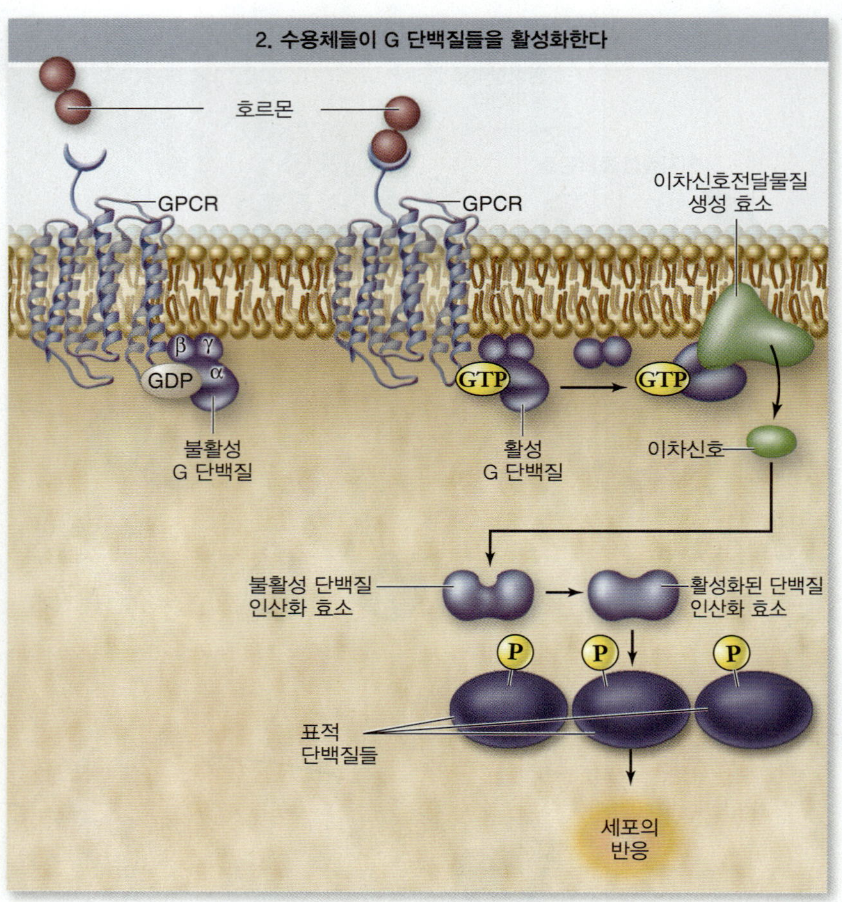

그림 35.6 수용성 호르몬의 작용. 친수성 호르몬들은 세포 안으로 들어갈 수 없고 그러므로 세포 밖에서 막 관통 수용체 단백질들의 활성화를 통해 일을 한다 (1) 이들 수용체들은 세포 안 다른 단백질들의 인산화를 활성화하는 단백질 인산화 효소들오 기능을 할 수 있다. (2) 다른 한편으로는, 매개성 G 단백질들에 작용하여 호르몬과 결합한 수용체가 이차신호전달물질의 생산을 활성화 시킨다. 이 이차신호전달물질이 다른 단백질들을 인산화하고 활성화하는 단백질 인산화 효소들을 활성화한다. GPCR: G 단백질과 연계된 수용체.

는 기전을 활성화시킨다.

1960대 초기에, 얼 서덜랜드(Earl Sutherland)는 간세포에서 에피네프린 수용체의 활성화는 세포내에서 2차신호전달물질로 작용하는 고리화된 아데노신 1 인산(cyclic adenosine monophosphate, cAMP)의 증가함을 증명해 보였다 cAMP는 이차신호전달계에서는 처음으로 발견된 신호전달물질이다 이것이 처음 발견된 이후로 호르몬으로 조절되는 다른 이차신호전달물질들이 발견되었는데, 두가지 지질 신호전달물질인 **이노시톨 3인산(inositol triphosphate, IP_3)**과 디아실 글리세롤(diacyl glycerol, DAG)이 그것이다. 이들들 신호전달계는 9장에서 설명되어 있다.

G 단백질의 작용

이차신호전달을 통해서 작용하는 보통 부류의 수용체는 9장에서 상세히 설명한 G 단백질-연계 수용체(G protein-coupled receptors, GPCR)들이다. 호르몬이 수용체에 결합하면 이차신호전달물질을 생성하는 효소를 활성화하는 G 단백질을 활성화시킨다(그림 35.6 참조). 에피네프린의 경우, ATP로부터 이차신호전달물질인 cAMP를 만드는 G단백질은 ATP로부터 이차신호전달물질인 cAMP를 만드는 아데닐 고리화효소를 활성화시킨다. 이 cAMP는 이후에 cAMP의존성 단백질 인산화 효소(protein kinase)를 활성화시킨다. 이 단백질 인산화 효소에 의해 후속적으로 인산화되는 기질단백질의 종류는 세포마다 다르고, 여기에는 효소, 막 운송단백질, 그리고 전사인자 등이 포함된다. 이 다양성이 다른 조직에서 확연히 구분되는 작용을 가진 다른 역할의 호르몬이 되게 한다. 예를 들어 간에서 cAMP 의존성 단백질 인산화효소는 글리코겐을 포도당으로 변환시키는 효소를 활성화 한다. 반면 심근세포에서는 세포단백질의 다른 조합을 발현하게 하여 cAMP 증가는 심장근육의 수축힘과 박동율 증대를 활성화시킨다.

활성화 대 불활성화

호르몬에 대한 세포의 반응은 호르몬 수용체에 의해서 활성화되는 G 단백질의 종류에 따라 다르다. 어떤 수용체는 2차신호전달 물질을 생산하는 효소를 활성화하는 G 단백질과 연결되어 있고 반면 다른 수용체는 2차신호전달 물질을 생산하는 효소를 억제하는 G 단백질과 연결되어 있다. 그 결과로 어떤 호르몬은 단백질 인산화효소를 활성화시키고 다른 것은 이것의 표적을 억제시킨다. 더욱이, 어떤 두 종류의 세포에서 수용체가 각기 다른 G 단백질과 연결되어 있는 경우는 하나의 호르몬이 두 개 다른 세포종류에서 각 각 구분되는 작용을 나타나게 된다. 예를 들어 간에서는 이미 설명한 대로 에피네프린 수용체는 cAMP을 아데닐 고리와 효소에 의해 만들게 한다. 이들이 생성한 cAMP은 글리코겐으로부터 포도당생성을 촉진하는 단백질 인산화효소를 활성화한다. 대조적으로 민무늬 근육에서는 에피네프린 수용체가 다른 종류의 촉진 G 단백질과 연결되어 IP_3를 생성하는 포스폴리파아제 C(phospholipase C)를 활성화시킨다. 그 결과, 민무늬근에서 에피네프린 자극은 세포내의 IP_3 조절로 인해 근육 수축을 유발하는 칼슘 방출을 초래한다.

수용성 호르몬 효과의 지속성

친수성 호르몬이 이것의 수용체 결합은 가역적이고 그리고 보통 매우 짧은데; 호르몬은 결합후 곧 수용체로부터 분리되거나 빠르게 표적세포에 의해 불활성화된다. 첨가적으로 표적세포는 이차신호전달물질이나 단백질 인산화효소를 빠르게 불활성화시킬 수 있는 특별한 효소들을 가지고 있다. 그 결과 수용성 호르몬은 세포에서 즉각적인 반응을 자극할 수 있지만 가끔 작용이 짧은 기간(수분 혹은 수시간) 유지된다.

개념 정리 35.2

호르몬은 특수한 표적세포의 활성을 조정한다. 화학적으로 구분되는 3 종류의 내분비 호르몬은 팹티드와 단백질, 아미노산 유도체, 그리고 스테로이드이다. 스테로이드는 친지질성이며 생체막을 통과해 세포질 내 수용체와 결합한다. 그 후 호르몬-수용체 복합체는 유전자발현을 조율하는 역할을 한다. 친수성 호르몬은 외부에서 단백질 인산화 효소를 직접 활성화하거나 또는 cAMP 혹은 IP_3/DAG와 같은 이차신호전달물질을 통해 작동하는 생체막 수용체와 결합한다.

- 에피네프린과 같은 하나의 호르몬이 다른 조직에서 다양한 효과를 나타내게 하는가?

35.3 뇌하수체 그리고 시상하부는 몸의 조절 중추이다

두뇌 뒤의 바닥에 있는 시상하부로부터 시각교차 지점까지 있는 줄기에 **뇌하수체(pituitary gland 또는 hypophysis)**가 매달려 있는 모양을 나타낸다. 시상하부는 신체의 활동을 조절하는 중추신경계의 한 부분이다. 이들 둘의 구조는 33장에서 기술되었다. 여기서는 이들이 신체 활동에서 변화와 항상성 유지를 가져오도록 하기 위해 어떻게 함께 작동하는지에 대해 자세히 논의한다.

뇌하수체는 하나의 복잡한 내분비 샘이다

학습목표 35.3.1 왜 뇌하수체를 복잡한 내분비샘으로 생각하는지 설명하라.

현미경적으로 보면 분비샘이 두 부분으로 구성되어 있음을 알 수 있는데, 하나는 선 혹은 샘처럼 보여서 **뇌하수체 전엽(anterior pituitary 또는 adenohypophysis)**이라고 불린다. 그리고 나머지 부분은 섬유처럼 보이는데 이를 **뇌하수체 후엽(posterior pituitary 또는 neurohypophysis)**이라고 말한다. 이들 두 뇌하수체 부분은 배아 발생 기원도 다르고, 다른 호르몬을 분비하며, 다른 조절계에 의해 조절된다. 이들 두 기관은 모든 척추동물에서 보존되어 있어서 각각 여기에는 오래되고 그리고 중요한 기능이 있음을 암시한다.

뇌하수체 후엽은 두 가지 신경호르몬을 보관하고 방출한다

뇌하수체후엽은 시상하부 안에 있는 세포체들에 시작된 축삭을 갖고 있고 섬유다발처럼 뇌하수체의 줄기를 따라 뻗어 나오고 있어서 뇌하수체후엽은 섬유성인 것으로 보인다. 이런 해부학적 상관성은 배아 발달 중에 뇌하수체 후엽의 형성 과정에서 유래한 것이다. 제3뇌실의 천장이 사상하부를 형성 할 때 이들 신경조직 일부가 뇌하수체 후엽을 만들기 위해 아래로 자란다. 그래서 시상하부와 뇌하수체 후엽은 축삭다발로 직접적으로 연결된 채로 남아있다.

항이뇨호르몬

뇌하수체 후엽의 내분비 역할은 1912년에 보고된 비정상적인 임상적 경우에서 나타났다. 머리에 총상을 입은 사람이 하루 24시간 매 30분 배뇨의 필요성이 나타났다. 총알이 환자의 뇌하수체 후엽에 있었고, 후속 연구결과 뇌하수체 후엽의 제거도 동일한 증상을 만들어낸다는 것을 증명하였다. 이후에 여기에서 펩티드 호르몬을

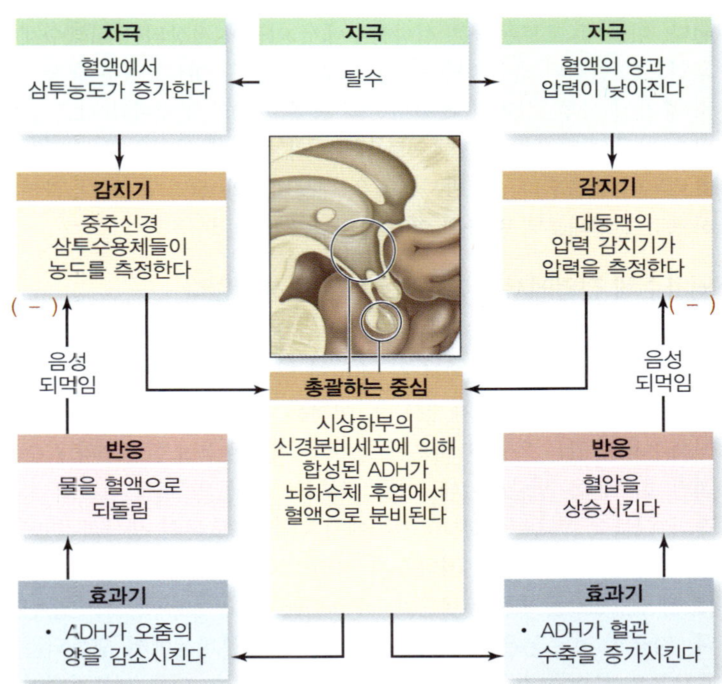

그림 35.7 항이뇨호르몬(ADH)의 효과. 탈수는 혈액의 삼투 농도를 증가시키고 그리고 혈압을 감소시키는데 이것이 ADH 분비가 일어나도록 하는 뇌하수체 후엽 자극한다. ADH는 콩팥에서 물의 재흡수를 증가시키고 혈압을 올리도록 혈관 수축이 일어나게 한다. 혈액의 삼투농도감소와 혈압의 증가는 항상성 유지를 위한 음성 되먹임회로가 완성한다.

분리하였고 이것을 항이뇨호르몬(antidiuretic hormone; ADH)이라고 명명하였다. ADH는 콩팥에서 수분의 재흡수를 촉진하고(그림 35.7), 그리고 이를 위해 이뇨(오줌 생성)를 억제한다. 총상(shooting victim)의 환자에서처럼 완전한 ADH의 손실은 콩팥에서 물의 재흡수능력이 매우 감소하고, 그 결과 과도한 오줌이 생산된다. 콩팥에서 ADH의 역할에 대해서는 이번 장의 뒷부분에서 다루어진다.

옥시토신

뇌하수체 후엽은 또한 9개의 아미노산으로 구성된 두 번째 펩티드 신경호르몬인 **옥시토신(oxytocin)**을 분비한다. 포유류에서는 젖 분출 반사를 자극한다. 젖을 빨리는 동안 젖꼭지의 감각 수용체가 충격을 시상하부로 보내고 이곳에서 옥시토신 분비가 시작된다. 옥시토신은 또한 출산하는 동안 여성의 자궁수축을 자극하는데 필요하다. 연관되는 뇌하수체 후엽신경호르몬인 아르긴 바소토신(*arginine vasotocin*)도 비 포유류 종에서 비슷한 효과를 나타낸다. 예를 들면, 닭과 바다거북에 있어서는 아르기닌 바소토신이 알을 낳는 동안 난관의 수축을 촉진한다. 최근에서야 옥시토신이 생식 행동의 중요한 조절자로 밝혀졌다. 남과 여 모두에게서("포옹 호르몬"이라고 불리도록 하는) 흥분과 오르가즘을 포함하는 성적 반응의 조절과 더불어 쌍방 간의 유대를 촉진하는데 이 옥시토신이 관여하는 것으로 생각되고 있다. 이런 효과를 위해서는 옥시토신은 많은 신경전달물질처럼 중추신경에서 측분비 경향으로 작용하는 것 같다.

시상하부에서 신경호르몬의 생산

ADH과 옥시토신은 시상하부에 있는 뉴런 세포체에서 실제로 생산된다. 이들 두 호르몬들은 시상하부에서 이들이 저장되는 뇌하수체 후엽으로 연결된 축삭 다발을 따라 운반된다. ADH의 경우 혈장에서 증가된 삼투, 그리고 옥시토신의 경우 아기의 젖먹이와 같은 알맞은 자극에 반응하여 혈액으로 뇌하수체 후엽에 의해 이들 신경성 호르몬이 방출된다. 이 반사조절은 내분비계와 신경계 둘 다 관여하므로 신경내분비 반사에 의해 분비된다고 일컬어진다.

뇌하수체 전엽에서는 7종의 호르몬을 생산한다

뇌하수체 전엽은 후엽과는 달리 뇌의 성장으로부터 발달하지 않는데 대신, 배아의 입천장에서 꼭 집혀서 나온 상피조직의 주머니에서 발달한다. 뇌와 근접해 있지만, 이것은 신경계의 부분이 아니다. 뇌하수체 전엽은 독립된 내분비 샘이다. 이것은 최소한 7종의 필수적인 호르몬을 생산하는데, 이들 대부분이 이들의 표적 기관의 성장과 더불어 부속된 내분비 기관에서 다른 호르몬의 생산과 분비를 자극한다. 그러므로 뇌하수체 전엽의 여러 호르몬은 총괄적으로 자극성 호르몬 혹은 트로핀(*tropic hormones, or tropins*)으로 불린다. 자극성 호르몬은 다른 내분비 샘을 표적분비샘에서 생산되는 호르몬의 분비를 자극한다. 뇌하수체 전엽에 있는 다른 세포형태에서 생산되고 분비되는 호르몬들을 펩티드(*peptied hormones*), 단백질(*protein hormones*), 그리고 당단백질(*glycoprotein hormones*) 세 가지 구조적 유사성 그룹으로 나눌 수 있다.

펩티드 호르몬들

뇌하수체 전엽의 **펩티드 호르몬(peptide hormones)**들은 하나의 전구체 단백질에서 잘려진 것들이라서, 그들은 어떤 공동 서열을 공유한다. 그들의 크기는 40개 아미노산 보다 적다.

1. **부신피질자극호르몬(adrenocorticotropic hormone, ACTH** 혹은 **코르티코핀)** 코르티솔(사람에게) 그리고 코르티스테론(많은 다른 포유류에서)을 포함하는 코르티코스테로이드(corticosteroid) 호르몬의 생산을 자극한다. 이 호르몬들은 포도당 항상성과 스트레스 반응에 중요하다.
2. **멜라닌형성세포 자극 호르몬(melanocyte-stimulating hormone, MSH)**은 어떤 물고기, 양서류, 그리고 파충류의 표피를 검게 하는 멜라닌 색소의 생성과 이것의 퍼짐을 촉진하고, 그리고 포유동물에서는 머리털 색소를 조절할 수 있다.

단백질 호르몬

단백질 호르몬(protein hormones)들은 각각 약 200 아미노산으로 구성된 단일 사슬로 구성되며, 그들은 유의성 있는 구조적 유사성을 공유한다.

1. **성장호르몬(growth hormone, GH** 혹은 **소마토트로핀)**은 근육과 뼈(간접적으로)그리고 다른 조직들도 자극하고, 이것은 적당한 대사적 조절에 필수적이다.
2. **프로락틴(prolactin, PRL)**포유류의 유선에서 우유생산을 많이 하도록 자극하는 것으로 잘 알려져 있다. 그러나 이것은 상피에서 물과 철의 투과 조절, 새끼 양육의 다양한 기관의 자극, 그리고 부모행동의 활성화 등을 포함한 많은 다른 표적들에게는 다양한 효과를 나타낸다.

당단백질 호르몬

가장 크고 제일 복잡한 것으로 알려진 호르몬은 각각 백 개 정도의 아미노산으로 구성된 알파(α)와 베타(β) 소단위체가 결합한 이량체이면서 설탕 잔기가 공유결합으로 연결되어있는 당단백질 호르몬(*glycoprotein hormones*)이다. 이 α 소단위체는 모든 세 종류의 호르몬에서 공통적인 소단위체이다. β 소단위체는 각 호르몬에게 다른 표적 특이성을 부여하므로 서로 다르다.

1. **갑상샘 자극 호르몬(thyroid-stimulating hormone, TSH** 혹은 **티로트로핀)**은 갑상샘을 자극해 갑상샘 호르몬인 티록신 생산을 촉진한다. 분비된 티록신은 결국 핵에 있는 수용체와 결합해 발생과 대사를 조절한다.
2. **황체 호르몬(luteinizing hormone, LH)**은 여성의 생식 주기에서 배란에 필요하고, 난소에서 에스트로겐과 프로게스테론의 생산을 자극한다. 수컷에서는 이 호르몬은 정소를 자극해 정자생산과 수컷의 이차성징 발달에 필요한 테스토스테론을 생산하게 한다.
3. **여포자극 호르몬(follicle-stimulating hormone, FSH)**은 암컷에서 난소 내 여포의 발달에 요구된다. 수컷에서는 정자 발달에 요구된다. FSH는 암컷에서는 테스토스테론을 에스트로겐

으로 그리고 수컷에서는 테스토스테론을 디하이드로테스토스테론(dihydroxytestosterone)으로 변환되는 것을 각각 촉진한다. 여포자극 호르몬과 황체 호르몬을 총괄적으로 생식소 자극호르몬 이라고 한다.

시상하부의 신경호르몬이 뇌하수체 전엽을 조절한다

학습목표 35.3.2 뇌하수체 전엽과 후엽의 연결을 기술하라.

후엽과는 다르게 뇌하수체 전엽은 뇌로부터 유래한 것이 아니며 또 시상하부의 축삭 다발을 받지도 않는다. 그러나 사상하부는 뇌하수체 전엽의 호르몬 와 생산과 분비를 조절한다. 이 조절은 신경 축삭에 의한 것이 아니고 자체 호르몬으로 작동된다.

시상하부의 뉴런들은 시상하부 바닥에 있는 모세 혈관로 확산되는 **방출과 억제호르몬(releasing hormones and inhibiting hormones)** 두 가지 형태의 신경호르몬을 분비한다(그림 35.8). 이들 모세혈관은 뇌하수체 줄기 안으로 흐르는 작은 정맥으로 흘러 들어가서는 또 이 뇌하수체 전엽의 두 번째 모세혈관 바닥으로 간다. 이런 비정상적인 혈관체계는 시상하부뇌하수체 문맥 체계(*hypothalamohypophyseal portal system*)로 알려져 있다. 이 문맥체계에서는 두 모세혈관이 정맥으로 연결되어 있다. 이 경우는 호르몬이 첫 번째 모세혈관 바닥에 들어가고 그리고 정맥이 흐르몬을 뇌하수체 전엽을 들어가고 나오는 두 번째 모세혈관 바닥에 배달한다.

방출호르몬

시상하부에서 방출되는 각각의 신경호르몬은 문맥체계로 들어가서 뇌하수체 전엽에서 특별한 호르몬 분비를 조절한다. 방출호르몬들은 펩티드 신경호르몬들로 다른 호르몬들의 방출을 특이적으로 촉진한다: 갑상샘 자극 방출호르몬(*thyrotropin-releasing hormone, TRH*)은 TSH의 방출을 촉진한다; 부신피질자극 방출호르몬(*corticotropin-releasing hormone, CRH*)은 ACTH의 방출을 자극한다, 그리고 생식샘자극 방출호르몬(*gonadotropin-releasing hormone, GnRH*) FSH과 LH의 방출을 자극한다. 성장호르몬 방출 호르몬(*growth hormone-releasing hormone, GHRH*) 역시 발견되었으며, 그리고 TRH, 옥시토신, 그리고 혈관에 작용하는 장 펩티드 전부는 프로락틴(prolactin)의 방출호르몬으로 작용하는 것으로 보인다.

억제 호르몬

시상하부는 뇌하수체 전엽의 어떤 호르몬의 방출을 억제하는 신경호르몬을 역시 방출한다. 지금까지, 이런 신경호르몬들이 세 가지 발견되었다. 소마토스타틴(*somatostatin*), 혹은 GH의 방출을 억제하는 성장호르몬 억제호르몬(*growth hormone-inhibiting hormone, GHIH*); 프로락틴 방출을 억제하는 프로락틴 억제 인자(*prolactin-inhibiting factor, PIF*) 그리고 신경전달물질인 도파민(dopamine); 그리고 멜라닌 세포 자극 호르몬의 분비를 억제하는 멜라닌 세포 자극 호르몬-억제호르몬(*MSH-inhibiting hormone, MIH*)이다.

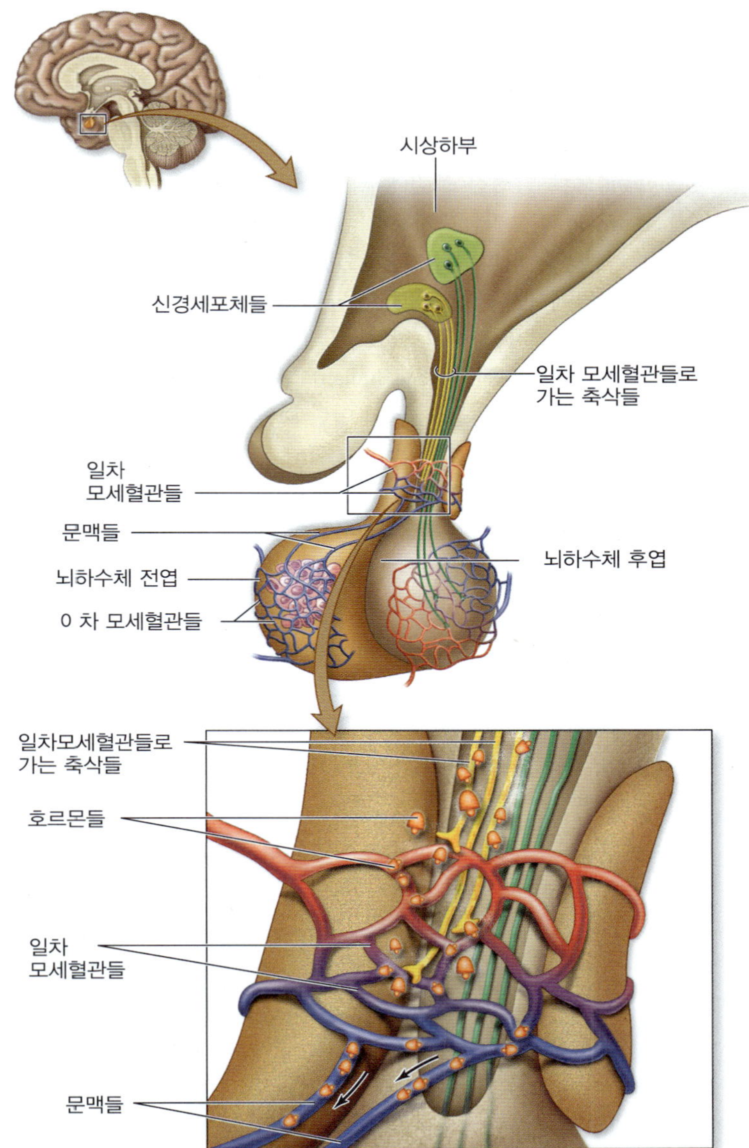

그림 35.8 시상하부에 의한 뇌하수체의 호르몬 조절. 시상하부의 뉴런들은 문맥 혈관들에 의해서 뇌하수체 전엽으로부터 호르몬들의 분비를 촉진 혹은 억제하는 뇌하수체 전엽에 직접 운반 되는 호르몬들을 분비한다.

뇌하수체 역할을 탐구하기위한 초창기의 실험들은 매우 거칠었다: 여기에는 수술로 뇌하수체를 완전히 제거하는 뇌하수체절제도 포함되었다. 뇌하수체가 절제 동물은 성장 발달의 감소, 물질대사 감소, 생식력 말소 등을 포함한 다양한 범주의 결손 현상을 보였다. 이런 다양한 효과들로 인해 뇌하수체를 "최고의 내분비 샘."으로 언급되었다. 이것은 뇌하수체는 직접 작용하는 호르몬의 생산과 더불어 다른 내분비샘을 자극하는 자극호르몬도 생산하기 때문이다. 이런 자극호르몬들은 감상샘, 부신, 그리고 생식샘에 작용한다. 전엽 호르몬들 중 성장호르몬, 프로락틴, 그리고 MSH은 주로 직접 효과에 의해 작동하고, 반면 선(샘)자극 호르몬인 ACTH, TSH, LH, 그리고 FSH은 각각의 배타적인 표적에만 작용한다.

성장호르몬의 효과

뇌하수체 전엽의 중요성은 모든 신체의 성장이나 어떤 부분의 성장이 너무 과도하게 나타나는 것으로 특징 지워지는 거인증(*gigantism*)으로 알려진 조건에 의해 잘 보여진다. 로버트 워들로(Robert wadlow)는 지금까지 키가 큰 인간의 최고 기록을 가진 사람으로 거인증을 나타냈다(**그림 35.9**). 1928에 태어난 그는 8 피트 11 인치 콩팥에 몸무게는 485 파운드였고, 22세에 감염으로 죽기 전까지 여전히 키가 자라고 있었다. 의학계에 기록된 여자로서 키가 제일 큰사람은 쩡진란(Zeng Jinlian)으로 그녀의 키는 8피트 1.75 인치 였다. 워들로처럼, 그녀 역시 어린 나이에 죽었다(17세 때).

거인증은 자라는 어린이에게 GH의 과도한 분비가 원인이라는 것을 지금 우리는 알고 있다. 반면, 어린 시절에 GH 분비 결핍은 정상 체구를 성취하는데 실패한 **뇌하수체성 난쟁이증(pituitary dwarfism)**을 초래한다. GH은 단백질 합성 그리고 근육과 결합조작의 성장을 촉진한다; 이것은 또한 간접적으로 뼈의 연골성 골단 성장판(cartilaginous epiphyseal growth plates)에서 세포분열을 자극함으로서 뼈의 콩팥을 촉진한다(32장을 보기). 이 자극이 혈장이 없으면 일어나지 않는다는 것을 연구자들은 발견하였고, 이것은 뼈에 대한 GH의 효과를 나타내기 위해서는 다른 호르몬도 함께 작용해야만 한다는 것을 암시한다. 우리가 GH의 자극에 반응하여 간과 뼈에서 **인슐린 유사성장인자(insuline-like growth factors)**의 생산을 자극되는 것을 지금은 알고 있다. 그러므로 성장인자 촉진으로 만들어진 이 인슐린 유사 성장인자가 골단 성장판(epiphyseal growth plates)의 세포분열을 자극해 뼈의 콩팥이 일어난다.

그림 35.9 알톤의 거인. 이것은 일리노이주 알톤에 살았던 로버트 와들로우를 21세 생일날 찍은 사진으로 그의 아버지 그리고 어머니 그리고 네 형제자매들을 함께 보여준다. 그는 정상의 콩팥으로 태어났지만 어린 아이처럼 성장호르몬을 분비하는 뇌하수체 암이 발생하여서 22세에도 성장이 멈추지 않아 그의 키가 8 피트 11 인치까지 도달했다.

개념 정리 35.3

뇌하수체 후엽은 신경조직으로부터 발달한다; 뇌하수체 전엽은 상피세포로부터 발달한다. 시상하부로부터 나온 축삭이 시상하부 후엽으로 확장되어 들어가고 신경호르몬을 생산한다. 이들 뉴런들은 뇌하수체 전엽의 호르몬을 억제하거나 방출하는 인자들을 분비한다. 방출호르몬은 호르몬분비를 자극한다; TRH은 TSH 방출의 원인이 된다. 억제자들은 분비를 억압한다; GHIH은 GH 방출을 억제한다.

- 뇌하수체에 종양으로 인해 거인증을 앓고 있는 사람을 GHIH으로 치료할 수 있을까?

35.4 말초 분비샘이 항상성 유지에 중요한 역할을 한다

뇌하수체 자극성 호르몬은 많은 내 분비샘들을 조절하지만, 부신수질, 그리고 이자와 같은 다른 것들은 이 뇌하수체호르몬에 대해 독립적이다. 여러 내 분비샘은 소화관의 맨 앞쪽 절에 있는 원시 인두의 유도체들로부터 발달한다. 여기에는 탄수화물, 지질, 단백질 영양소 흡수 그리고 미네랄 대사와 관련된 갑상샘 그리고 부갑상샘이 포함된다.

갑상샘은 기초대사와 발생을 조절한다

학습목표 35.4.1 갑상샘 호르몬의 작용을 기술하라.

갑상샘의 형태는 척추동물 종에 따라 다르지만, 심장 앞쪽에 목 부근에서 발견된다. 사람에서 이것은 나비넥타이 모양을 하고, 목의 앞에 목젖 바로 아래 위치한다. 갑상샘은 일차적으로 티록신, 작은 분량의 트리요오드티로닌(triiodothyronine)-총괄적으로 갑상샘 호르몬, 그리고 칼시토닌(calcitonin), 세 호르몬을 분비한다. 앞서 기술한 것처럼, 갑상샘 호르몬은 신체에서 요오드를 함유한 유일한 분자들이다(요오드 분자를 4개 가진 것을 티록신, 트리요오드티로닌는 요오드 분자를 세 개 가진 것).

갑상샘 연관 질환들

갑상샘 호르몬은 신체의 대부분 세포에 있는 핵 수용체와 결합해 작용한다. 인간의 갑상샘 질환의 연구로부터 갑상샘 호르몬의 중요성이 명확해 졌다. 갑상샘 저하증을 가진 성인은 티록신의 생산 저하로 인해 탄수화물과 지방의 이용능력이 감소하는 것을 포함하여 낮은 대사율을 갖는다. 그 결과, 이들은 자주 피곤하고 과체중이며 잘 추위를 느낀다. 다행스럽게도, 갑상샘 호르몬은 작고 단순한 분자이므로 갑상샘 저하증인 사람은 알약으로 티록신을 복용할 수 있다. 반면에 갑상샘 과다증인 사람은 과도한 티록신의 생산으로 인해 반대되는 현상 즉 체중감소, 신경질적이며, 높은 대사율과 같은 증상을 나타낸다. 갑상샘에서 호르몬 합성을 막는 약물 사용이 가능하지만 그러나 어떤 경우엔 갑상샘 일부를 수술로 제거하거나 방사선치료를 하기도 한다.

갑상샘 호르몬 작용

갑상샘 호르몬은 대부분 세포에서 신체의 기초대사율을 유지하기 위해 이들 연료를 적당히 사용하는 것을 촉진하는 탄수화물과 지질의 대사를 지배하는 효소를 조절한다. 갑상샘 호르몬은 성장호르몬, 에피네프린, 그리고 생식적 스테로이드의 활성을 촉진하며 다른 호르몬과 상승작용 및 협동작용을 가끔 수행한다. 이런 작용들을 통해서, 갑상샘 호르몬은 대사적으로 요구되는 활동성을 지원할 수 있도록 적당한 세포의 에너지가 가능하게 보장하는 기능을 수행한다.

언제나 상대적으로 높은 물질대사율을 보이는 사람의 경우, 혈액에서 갑상샘 호르몬은 상대적으로 높은 농도로 유지되고 있다. 반면, 활동의 계절적 순환을 지속하는 파충류, 양서류, 어류에서는 혈액 내 갑상샘 호르몬의 양이 물질대사 활성화 기간 동안에는 증가하고 그리고 추운 달에는 감소한다. 갑상샘 호르몬들의 가장 극적인 효과들 중에 약간은 이들이 성장과 발달 조절에 관여한다는 것이다. 인간의 발달에 있어서, 갑상샘 호르몬은 뉴런의 성장을 촉진하고 중추신경의 성숙을 자극한다. 갑상샘 저하증을 가지고 태어난 어린이들은 성장이 저해되고 심각한 지능저하를 겪는다. 조기 검진으로 발견된 이런 조건의 어린이들은 갑상샘 호르몬 처리로 예상되는 증상을 개선시킬 수 있다. 양서류에서는 갑상샘 호르몬의 더욱 극적인 역할이 나타난다. 갑상샘 호르몬은 올챙이를 개구리로 변태를 지시해, 물속의 채식성 유충 모습을 변화시켜 육상의 육식성 성체의 모습으로 바꾼다. 올챙이의 갑상샘을 제거하면 변태가 억제되고 미성숙 올챙이에게 갑상샘의 조작을 먹이면 미성숙 변태가 일어나 아주 작은 개구리가 된다.

칼슘 항상성은 여러 호르몬들에 의해 조절된다

학습목표 35.4.2 Ca^{2+} 항상성 유지에 관여하는 요소들을 기술하라.

칼슘은 뼈의 구조적 요소이고 그리고 이것의 근육수축과 이온-중계 회로에서의 이것의 역할 때문에 척추동물 몸에 필수적 요소이다. 갑상샘과 부갑상샘 샘들은 비타민 D와 더불어 칼슘 항상성 유지를 위해 작용한다.

갑상샘에서 칼시토닌의 분비

갑상샘 호르몬과 더불어 갑상샘 샘은 혈액에서 칼슘(Ca^{2+})의 적당한 수준을 유지하기위해 작용하는 펩티드 호르몬인 **칼시토닌(calcitonin)**을 분비한다. 혈액의 Ca^{2+} 농도가 매우 높으면 칼시토닌이 칼슘을 뼈로 흡수를 자극하고 그래서 혈액의 칼슘농도를 낮춘다. 여러 척추동물에서는 칼시토닌이 생리학적으로 중요할지라도 사람 성인에게서 수준을 하루-하루 Ca^{2+}을 조절하는데는 덜 중요한 것 같다. 그러나 빨리 자라는 어린이들에게서 뼈의 재편성에서는 중요한 역할을 하는 것 같다.

부갑상샘 호르몬(PTH)

부갑상샘은 갑상샘에 부착된 네 개의 작은 분비샘이다. 이들의 크기 때문에 연구자들이 20세기에 들어설 때 까지 이들을 무시해왔다. 이 기관이 내분비샘이라는 첫 번째 암시는 개를 이용해 수행한 실험으로부터였다: 개의 부갑상샘을 수술로 제거하면 혈액 내 Ca^{2+} 농도가 정상의 절반이하로 급감하였다. 이 실험 개에게 부갑상샘 추출물을 먹이면 Ca^{2+} 농도가 정상으로 되돌아왔다. 그러나 과량의 추출물을 먹게 하면 뼈에서 칼슘 인산의 결정이 녹아 개의 Ca^{2+} 수준이 정상 보다 더 많이 올라간다. 부갑상샘이 뼈로부터 칼슘을 방출하는 것을 촉진하는 호르몬을 생산한다는 것은 명확하

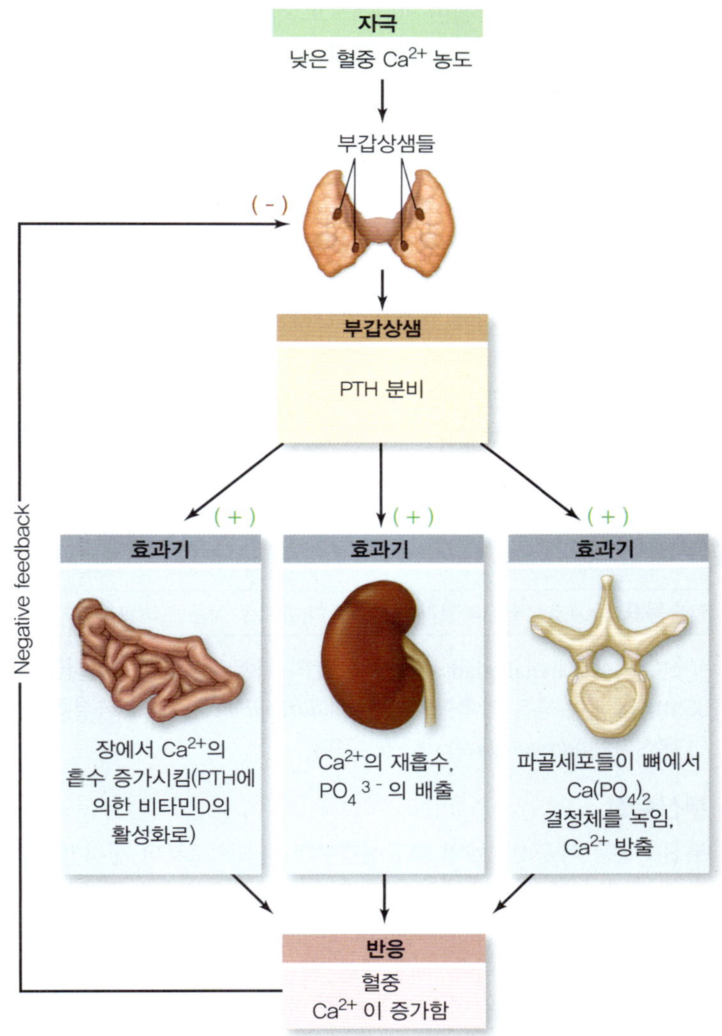

그림 35.10 부갑상샘 호르몬(PTH)에 의한 혈액 내 Ca^{2+} 수준의 조절. 혈액의 Ca^{2+} 수준들이 낮으면, 부갑상샘 샘들에서 PTH가 분비된다. PTH 는 직접 뼈의 용해와 콩팥에서의 Ca^{2+} 재흡수를 자극한다. PTH는 간접적으로 비타민D의 활성화된 형태의 생산을 자극해서 장에서의 Ca^{2+}의 흡수를 촉진한다.

다. 부갑상샘에서 만들어지는 펩티드 호르몬을 **부갑상샘 호르몬(parathyroid hormone, PTH)** 이라고 한다. Ca^{2+} 농도가 떨어지는 것에 반응하여 PTH이 합성되고 방출된다. 혈액 내 Ca^{2+} 농도가 의미 있게 감소하면 심각한 근육 경련이 일어나므로, 이런 감소는 수정되지 않고 지속되는 것을 허용할 수 없다 정상적인 혈액 내 Ca^{2+} 농도는 신경 및 내분비계의 정상적인 기능을 위해서, 그리고 심장을 포함한 근육의 정강적인 작동을 위해서 중요하다. PTH은 뼈에 있는 파골세포(뼈를 용해는 세포)를 자극해 뼈의 기질에서 인산화 칼슘 결정을 녹여내 혈액으로 방출하게 한다**(그림 35.10)**. PTH은 또한 콩팥을 자극해 오줌으로부터 Ca^{2+}의 재흡수를 자극하고 소장에 음식물로부터 칼슘의 흡수에 필요한 비타민 D의 활성화를 이끈다.

비타민 D

비타민 D는 자외선에 반응하여 콜레스테롤 유도체로부터 피부에서 생산된다. 이것은 필수 비타민인데 지구상의 온대지역에서는 사람의 피부에서 생산되는 양을 보충하기위해 낙농제품이 요구된다(적도지역에서는, 사람들이 일반적으로 적당한 비타민 D를 생산할 만큼 충분한 양의 햇빛 노출을 받고 있다.) 혈액에서 피부로 확산된 비타민 D는 실제로 불활성인 호르몬 형태이다. 활성화되기 위해서는 이 분자가 두 개의 하이드록시(—OH) 기를 얻어야만 한다. 이 중 하나는 간에 있는 효소에 의해서 첨가되고, 다른 하나는 콩팥에 있는 효소에 의해서 부가된다. 마지막 단계에 필요한 효소는 PTH에 의해 자극되는데, 이렇게 하여 비타민D의 활성화된 형태가 1,25-디하이드록시비타민 D(1,25-dihydroxyvitamin D) 로 알려졌다. 이 호르몬은 Ca^{2+}의 장내 흡수를 자극하고 혈액 내 Ca^{2+} 수준을 올리는데 도움을 줌으로써 뼈가 적당히 광물화되게 한다. 그래서 음식물에 비타민 D가 결핍되면 뼈의 형성이 약화되는 그루병(rickets)이라는 조건으로 내몰린다.

부신은 카테콜아민과 스테로이드 호르몬들을 분비한다

학습목표 35.4.3 부신피질과 부신수질의 호르몬 작용을 비교하라.

부신분비샘(adrenal glads)은 각 콩팥의 바로 위에 위치한다**(그림 35.11)**. 각 분비샘은 안쪽에 **부신 수질**(*adrenal medulla*)과 바깥쪽 층인 **부신피질**(*adrenal cortex*)로 구성된다.

부신수질

부신수질은 자율신경계의 교감신경부의 축삭으로부터 신경정보를 받고 그리고 이 축삭의 자극에 반응하여 카테콜아민인 에피네프린과 노르에피네프린(norepinephrine)을 분비한다. 이들 호르몬들의 작용은 극단적인 노력을 위해 몸을 준비하도록 도와주는 교감신경부에 의해 나타나는 반응과 유사한 반응인"경고"의 방아쇠를 당긴다. 이들 호르몬의 작용으로 심장박동률 증대, 혈압증가, 기관지 확장, 혈당증가 피부나 소화기관으로 혈류 감소, 근육과 심장으로 혈류 증가가 일어난다. 호르몬으로 방출되는 에피네프린의 작용은 교감신경계에 의해서 방출되는 신경전달물질의 작용을 보충한다.

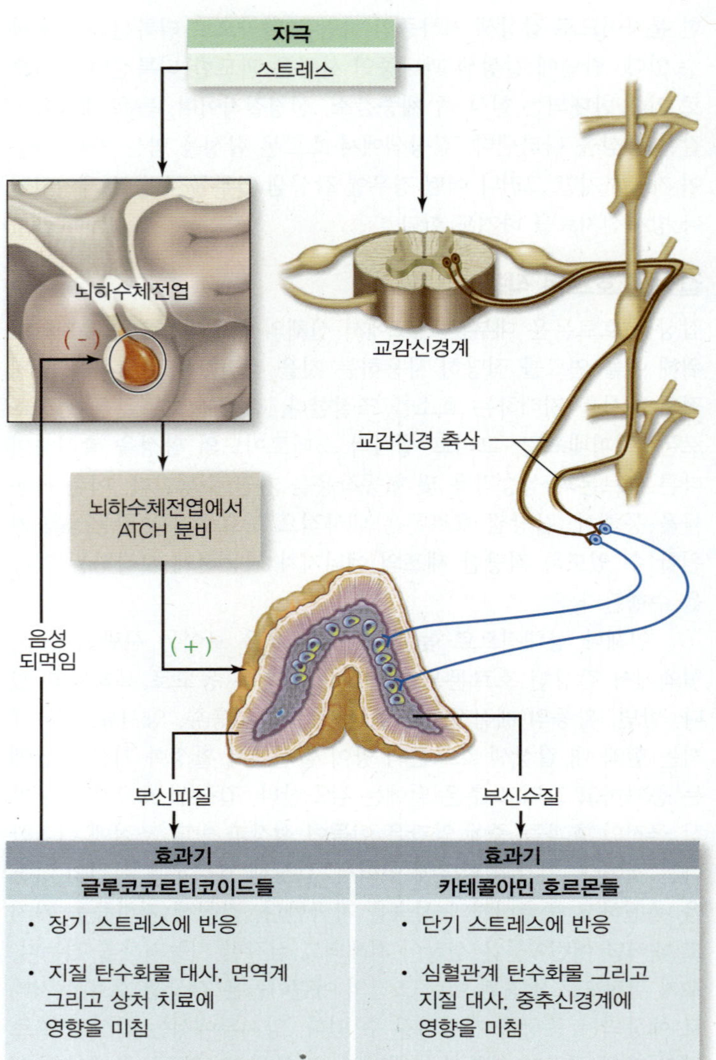

그림 35.11 부신들. 부신 수질은 긴급한 스트레스에 대응을 시작하도록 하는 카테콜아민인 에피네프린과 노르에피네프린을 생산한다. 부신 피질은 글루코코르티코이드를 포함한 스테로이드 호르몬들을 생산한다. 스트레스 반응에서 코르티솔 분비는 글루코스 생산을 촉진하고 면역 반응을 자극한다.

부신피질

부신피질에서 나오는 호르몬들은 모두 스테로이드이고 그래서 총괄적으로 이것들을 **코르티스테로이드**(*corticosteroids*)라고 한다. 부신피질에서 분비되는 **코르티솔**(*cortisol*) 혹은 하이드로코르티솔 그리고 여기에 연관된 스테로이드들은 포도당 항상성 유지를 위해서 몸속의 여러 세포들에 작용한다. 포유동물에서는 이들 호르몬들을 글루코코르티코이드(glucocorticoids)라고 하며 그리고 이들의 분비는 뇌하수체 전엽으로부터 분비되는 부신피질자극호르몬에 의해 일차적으로 조절된다. 글루코코르티코이드는 근육단백질을 혈액에서 간으로 운반되는 아미노산들로 분해하는 것을 자극한다. 그들은 또한 아미노산을 당으로 바꿀 수 있는 포도당신생합성에 필요한 효소들의 생산을 하도록 간을 자극한다. 아주 오랜 기간 단식하거나 운동을 하는 동안 그렇지 않으면 포도당 수준이 위험할 정도로 낮아질 때 단백질로부터 포도당 합성은 특별히 중요하다. 매일 포도당과 단백질의 일주기 조절에 글루코코르티코이드들이 중요한 반면, 부신수질 호르몬들처럼 이들도 또한 스트레스에 대응하여 많은 양이 분비된다. 스트레스 동안 이들 호르몬들은 단백질과 지방의 비용으로 포도당을 생산한다고 알려졌다. 포도당 대사의 조절과 더불어, 글루코코르티코이드들은 면역반응의 어떤 측면도 조율한다. 이런 작용의 생리학적 유의성은 분명하지 않지만, 오직 글루코코르티코이드들이 장기간동안 높은 수치로 유지되는 때만 이것에 의한 면역반응의 조율이 있는 것처럼 보인다(장기간 스트레스). 글루코코르티코이드들은 면역질환을 가진 사람들의 면역을 억제하는데 사용되고(류마티스 관절염) 그리고 조직과 기관 이식시 거부반응으로부터 면역계를 막기 위해서도 처방된다. 프레드니손 같은 코르티솔 유도체들도 항염증 약물로 의약용으로 널리 사용된다.

알도스테론(*aldosterone*)은, 또 다른 주된 코르티코스테로이드, 미량원소의 균형을 조절하는데 돕기 때문에 이것은 미네랄로코르티코이드(mineralcorticoid)로 분류된다. 부신피질로부터 알도스테론의 분비는 35.7절에서 기술한 레닌- 안지오텐신계(renin-angiotensin system)의 산물인 안지오텐신II와 그리고 높은 혈액 K^+ 농도에 의해서 활성화된다. 안지오텐신II 는 혈압이 떨어질 재 알도스테론 분비를 활성화한다. 알도스테론의 일차작용은 콩팥을 오줌에서 Na^+ 재흡수하도록 자극하는 것이다(Na^+가 오줌에서 재흡수되지 않으면 혈중 Na^+는 감소한다). 소듐은 주된 세포외액 용질이다; 근육과 신경에서 활동전위를 생성할 때와 더불어, 정상적인 혈액의 양과 압력을 유지하는데도 소듐이 필요하다. 알도스테론 없이는, 콩팥은 혈액의 Na^+를 오줌으로 대량 잃어버린다. 알도스테론-자극 Na^+재흡수는 또한 오줌으로 K^+의 콩팥 분비를 초래한다. 알도스테론은 그래서 근육과 신경에 전기적 신호전달 때 잘못된 기능을 초래하는 K^+의 혈액 내 축적을 막는다. 이런 필수적인 기능을 알도스테론에 의해서 수행되므로, 부신분비샘의 제거나, 혹은 알도스테론 분비를 막는 질병들은 호르몬 처방 없이는 확실히 치명적이다.

이자 호르몬들은 탄수화물 대사를 조절한다

학습목표 35.4.4 인슐린과 글루카곤이 혈당 조절 수준에 미치는 효과를 비교하라.

이자는 위에 근접해 있고 이자관으로 소장의 십이지장과 연결되어 있다. 여기에서 탄산염이온과 다양한 소화효소들이 이 관을 통해 소장으로 분비되어서(34장 참조), 오랫동안 이자를 전적으로 외분비 샘으로 간주되어 왔다.

인슐린과 글루카곤은 서로 다른 세포들에서 생산된다

1869년에, 파울 랑게르한스(Paul Langerhans)라는 독일(Germany) 의과대학생이 이자에 분산되어 있는 비정상적인 세포 덩어리를 기술하였고 이것을 후에 랑게르한스섬이라고 부르게 되었다. 그들은 지금 더 보편적으로 이자의 섬들이라고 불린다. 이후에, 수술로 이자를 제거하면 당뇨병으로 알려진 질환의 대표적 증상인 오줌에 포도당이 나오게 하는 것을 관찰했다. 이것이 인슐린이라 알려진 당뇨를 닥는 이자의 섬에서 만들어지는 호르몬의 발견으로 이끌었다. 1922년에 와서야 프레더릭 밴팅(Frederick Banting)과 찰스 베스트(Charles Best)에 의해 인슐린이 분리되었다. 그들은 치료하지 않으면 살지 못할 13세 당뇨를 앓고 있는 소년을 소의 췌장에서 분리한 인슐린을 사용해 치료하기로 하였다. 한번 주사로 이 소년 혈액 포도당 수치가 25% 떨어졌다. 더 높은 역가의 이자추출물은 곧 소년의 혈당을 거의 정상 수준으로 낮췄다. 이것이 성공적인 인슐린 치료의 첫 번째 성공사례이다. 일정한 수준의 혈당을 유지하는 것은 길항적으로 작용하는, 이자 섬의 베타(β)가 생산하는 인슐린과 이섬의 알파(α)섬에서 생산되는 두 호르몬에 의존한다. 인슐린은 혈당을 낮추는데 작용하며 글루카곤은 혈당을 올리는데 작용한다. 인슐린은 포도당을 혈액에서 제거하는 것을 촉진해 이것을 간이나 근육에서 글루카곤으로 바뀌게 하여 혈당을 낮춘다. 글루카곤은 글리코겐을 포도당으로 변환을 촉진하고 그리고 포도당 합성도 촉진하여 혈당을 올린다(그림 35.12).

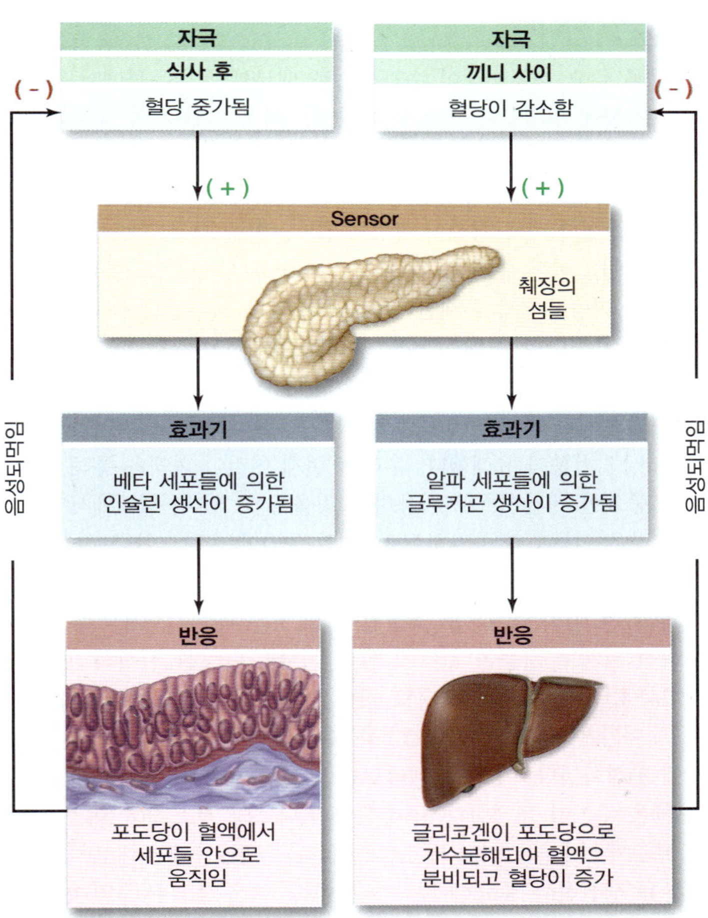

그림 35.12 혈당에 대한 인슐린과 글루카곤의 길항작용. 식사 후 인슐린은 근육, 지방세포, 그리고 간에서 혈당의 세포수준에서 흡수를 자극한다. 글루카곤은 끼니 사이에 간의 글리코겐 분해를 자극하여 간이 포도당을 혈액으로 분비하게 한다. 이들 길항 작용들은 혈당 농도의 항상성 유지를 돕는다.

탄수화물이 풍부한 식사를 한 후, 인슐린 신호는 간과 골격근육으로 하여금 혈액으로부터 과도한 포도당을 제거하고 이것을 이들 기관 안에 글리코겐으로 저장하도록 한다. 혈당이 감소하는 때, 끼니 사이에 있거나, 금식기간이거나, 운동하는 중에는, 글리코겐 신호가 간으로 하여금 혈액으로 포도당을 방출하게 한다. 포도당은 글리코겐이 포도당-6-인산으로 분해된 후 얻어진다. 여기서 인산기가 제거되고, 자유 포도당이 혈액으로 방출된다. 골격근에는 이들도 글리코겐을 저장하지만 포도당-6-인산에서 인산기를 게게 하는 효소가 없어서 포도당을 혈액으로 방출할 수 없다. 그러나 근육세포들은 포도당-6-인산이 해당과정의 첫 번째 반응의 산물이므로 이 포도당을 직접 이용한다. 단식과 운동이 지속되면, 간은 포도당신생합성(새로운 포도당의 형성)으로 아미노산 젖산등과 같은 다른 분자들로부터 포도당으로 변환시킨다. 이 포도당신생합성은 근육 단백질로부터 얻어낸 아미노산들을 사용할 수 있으로 오랜 단식 동안 일어나는 심각한 근육의 위축이 왜 일어나는지 설명할 수 있다.

멜라토닌은 일주기 조절에 결정적이다

학습목표 35.4.5 멜라토닌이 척추동물에서 어떻게 24시간의 일주기를 확립하는지 기술하라.

또 다른 주요 내분비샘이 송과샘으로 대부분 척추동물에서 제3뇌실의 지붕에 위치한다(그림 35.4 참조). 이것은 완두 콩 하나의 크기로, 솔방울 원추모양을 하고 있어서 붙여진 이름이다. 송과샘은 원시적인 척추동물의 두개골의 윗부분에 있는 중엽 빛-민감 눈으로부터 진화했다(비록 영상이 형성되지는 않지만 가끔 "제3의 눈," 이라고 불림). 이런 송과 눈은 아직 원시어류(사이클로스톰)와 약간의 현대 파충류에서 존재한다. 그러나 다른 척추동물에서는 송과샘은 머리 깊숙한 곳에 묻혀있고 멜라토닌 호르몬을 분비하며 내분비샘으로 기능을 한다. 멜라토닌(melatonin)은 멜라닌 과립의 분산을 감소시켜 하등 척추동물의 피부를 창백하게 하는 이것의 능력에서 그 이름이 유래했다. 우리는 현재 이것이 혈액을 통해 방출되는 중요한 시간신호로 작용하는 것을 알고 있다. 혈액에서 멜라토닌 양은 어두우면 증가하고 낮 시간 동안에는 감소한다.

멜라토닌의 분비는 시상하부의 시각교차상핵(*suprachiasmatic nucleus, SCN*)의 활성으로 조절된다. SCN은 척추동물에서 주요 생물학적 시계로 기능을 한다고 알려졌는데, 다양한 신체적 과정을 매 24시간이 반복되는 하나로 하여 일주기 리듬 속으로(일치시켜서) 들어가게 한다. SCN의 조절을 통해, 송과샘의 멜라토닌 분비가 밤에 활성화된다. 이 같은 멜라토닌 방출의 일주기는 잠/깨어 있음과 체온 주기를 조절한다. 척추동물의 나소와 정소 역시 에스트로겐 프로게스테론 그리고 테스토스테론을 포함한 성 스테로이드 호르몬을 생산하는 중요한 내분비 샘이다. 이들 호르몬들은 36장에 자세히 기술되어 있다.

개념 정리 35.4

주요한 말초 내분비샘은 갑상샘과 부갑상샘 그리고 부신분비샘 그리고 이자를 포함하다. 갑상샘 호르몬은 물질대사와 발생에서 중요한 역할을 수행한다. 칼슘 항상성은 칼시토닌, PTH 비타민 D가 작용한 결과로 유지된다. 부신 분비샘은 스트레스 호르몬을 생산한다. 이자에서 생산되는 길항작용을 하는 인슐린과 글루카곤은 혈당을 정상수준으로 유지하게 한다.

- 왜 여러분의 몸은 혈당을 일정하게 유지하기 위해 두 가지 호르몬이 필요한가요?

35.5 동물은 삼투순응 혹은 삼투조절자이다

물은 다세포 동물의 몸에 세포내부와 세포외부에 구획사이에 분포된다. 대부분 척추동물들은 세포외액의 전체용질의 농도와, 그리고 주로(Na^+)와(Cl^-)와 같은 특별한 무기 이온 농도에 대한 항상성을 유지한다.

동물은 이들의 삼투를 다양한 방법으로 조절한다

학습목표 35.5.1 삼투 순응자와 삼투 조절자를 구분하라.

여러분은 반투과성 막을 건너 물의 확산을 삼투라고 한다는 것을 5장에서 배웠다. 삼투는 좀 더 희석된 용액(낮은 용매 농도를 가진)에서 덜 희석된 용액(좀 더 높은 용매 농도를 가진)으로 항상 일어난다. 용액의 삼투압은 삼투에 의해 물을 가져가는 그것의 경향을 측정한 값이다. 용매의 높은 농도로 된 용액은 더 높은 삼투압을 작동한다. 이것이 용액의 **삼투압몰농도(osmolarity)**인 용액의 "리터당 삼투적으로 활동적인 용질의 수"로 측정된다.

용액의 **긴장성(tonicity)**은 삼투에 의해 세포의 부피변화를 만드는 용액의 능력으로 측정한 것이다. 고장액에서 동물세포는 물을 주변으로 잃는 경향이 있어서 쭈그려든다만, 반면 저장액 속에서 동물세포는 물을 얻어서 팽창한다. 등장액 속에서 세포는 순수한 물의 이동을 보지 못한다.

해양환경에 사는 삼투 순응자

해양무척추동물에서 체액의 삼투압몰농도는 바닷물의 그것과 동일하다. 세포외액이 바닷물과 등장액이므로, 삼투농도 구배가 없고, 체내로 물이 들어오거나 나가는 경향이 없다. 이와 같은 생물체들은 **삼투순응자(osmoconformers)**들로 이들은 환경과 삼투적 균형을 유지한다.

육상동물은 삼투조절자들이다

육상생물은 **삼투조절자형 동물(osmoregulators)**이다—즉, 주변 환경의 여러 다른 농도에도 불구하고 동물이 상대적으로 일정한 삼투 농도를 유지하는 동물. 진화는 삼투균형을 유지하기 위해 점점 적으로 정교한 체계를 만들어 왔으나, 전부 중요한 용질과 돝을 재흡수 하면서 체액을 여과하는 단순한 과정에 의존한다.

무척추동물 중에서 가장 단순한 해결책은 분비공으로 바로 연결된 편형동물의 **원신관(protonephridia)**이다(그림 35.13a). 이들 관 안에 있는 불꽃세포들은 밖으로 열려있는 구멍으로 액체를 끌어내 배출하는 섬모를 가지고 있다. 크기와 복잡성이 증가하면서 삼투조절기관이 되었다. 환형동물에서는 우리는 **신관(nephridia)**의 형성을 볼 수 있다(그림 35.13b). 이들 신관들은 깔대기 모양의 신관의 개구로 들어가는 체강액의 여과액을 받는다. 용매는 선택적으로 신관으로부터 재흡수되고, 나머지액체는 구멍으로 배출된다. 좀 더 왕성한 물과 용매의 재흡수가 몸의 순환계로부터 물과 노폐물을 모으기 위해 **말피기관(Malpighian tubules)**이 소화관으로부터 뻗어 나온 곤충에서 일어난다. 도관들로 K^+의 분비는 삼투적으로 물을 끌어오고 액체로 자을 향해 움직일 때, 물과 이온들이 재흡수 된다(그림35.13c).

척추동물들 중에서는, 상어와 이들의 친척들이 삼투순응자들이고, 나머지 다른 모든 척추동물들은 삼투조절자들이다. 체액삼투농도의 상대적 일정성을 유지하는 것이 척추동물을 넓은 다양한 생태적 지위를 탐색하도록 허용하였다. 그러나 이런 일정성을 성취하는 것은 계속된 조절을 요구한다. 육상 척추동물들의 체액은 명백하게 주변 공기보다 높은 물의 농도를 가지고 있고 그래서 이들은 증발에 의해 물을 잃어버리는 경향이 있다. 모든 파충류들, 조류들, 포유류들, 또한 육상 양서류들은 이런 문제에 직면해 있다. 이를 척추동물들에게서 값 비싼 배설/삼투조절계의 진화가 이들로 하여금 물을 유지하게 도와준다.

개념 정리 35.5

생리학적 기작이 대부분 척추동물의 혈액 삼투몰농도와 철의 농도를 상대적으로 일정하게 유지하도록 돕는다. 해양 무척추동물들은 삼투순응자들로 이들의 체액이 바닷물과 등장액이다. 대부분 해양 척추동물들은 삼투조절자들로 이들의 환경과 비교해 이들의 체액이 고장액이거나 등장액이다.

- 삼투가 일어나는 과정 중에서, 물분자는 낮은 삼투압몰농도로 가는 지가 아님 높은 삼투압몰농도로 가는가?

35.6 콩팥은 포유류에서 삼투 항상성을 유지한다

사람에게서 콩팥은 주먹크기만한 기관으로 아래 등 쪽에 위치한다. 각 콩팥은 콩팥동맥으로부터 혈액을 받고, 그리고 이 혈액으로부터 오줌을 생산한다. **방광(urinary bladder)**에 오줌을 운반하는 **수뇨관(ureter)**을 통해서 각 콩팥으로부터 오줌이 빠져나온다. 방광으로부터 **요도(urethra)**를 통해 몸 밖으로 오줌이 빠져나간다(그림 35.14).

네프론이 콩팥에서 걸러내는 기본 단위이다

학습목표 35.6.1 콩팥의 주요 요소를 기술하고 이름을 쓰시오.

콩팥 안에서는, 수뇨관 플레어 입구가 깔데기 같은 구조-콩팥 깔때기를 형성하며 열려있다. 콩팥 깔때기는 결국 콩팥 조직에서 오줌을 받는 컵 모양의 확장부위를 가진다. 콩팥조직은 바깥쪽의 **콩팥 피질(콩팥피질, renal cortex)**과 안쪽의 **콩팥 수질(콩팥 수질, renal medulla)**로 나누어진다. 콩팥은 세 가지 기본 기능을 수행하는데

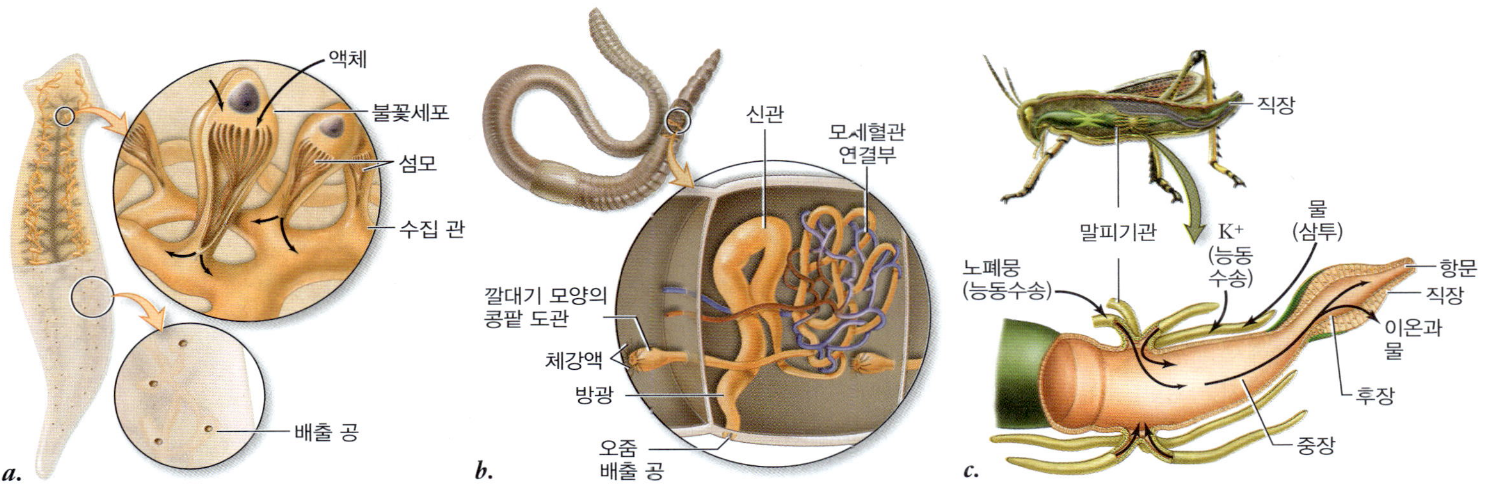

그림 35.13 육상 무척추동물 삼투조절기관들.

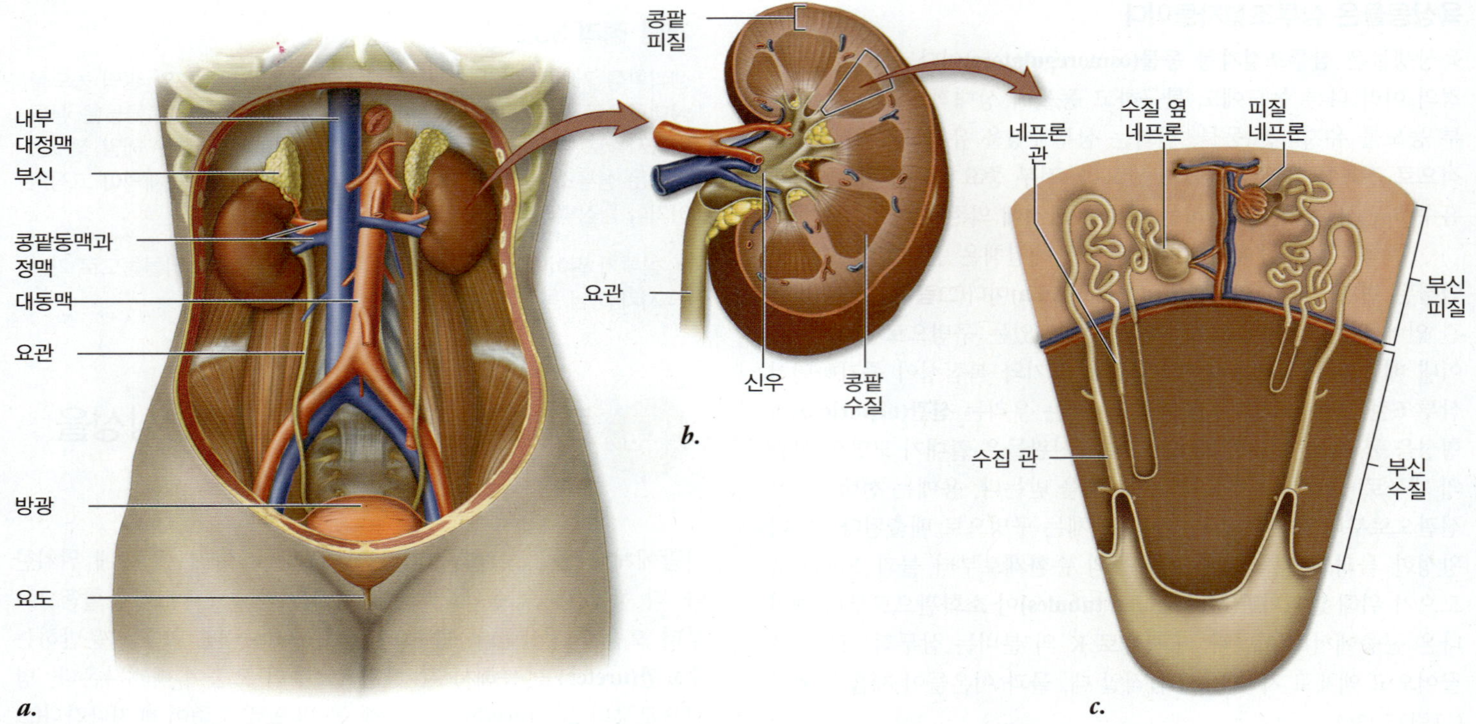

그림 35.14 사람의 콩팥계. a. 오줌 생성계의 기관들의 위치. b. 내부구조를 보여주는 콩팥 단면도. c. 포유류 콩팥에서 네프론의 위치. 피질네프론은 콩팥의 피질에 주로 위치하며 수질 옆 네프론은 부신의 수질 속으로 깊이 확장되어 긴 회로들을 가진다.

이를 그림 35.15에 요약하였다:

1. 여과(*Filtreation*): 혈액속의 액체는 혈액속의 큰 단백질들과 세포들을 남기고 세뇨관속으로 걸러져 들어가는데 이 여과액은 물과 혈액의 용질들로 구성된다. 이 여과는 배설에서 오줌 생산을 위한 콩팥의 나머지 부분에 의해 조정된다.
2. 재흡수(*Reabsorption*): 재흡수는 포도당, 아미노산들, 그리고 다양한 무기 이온들 중요한 용질의 선택적인 움직임인데, 이들을 세관 속의 여과액으로부터 세포외액으로 그 후엔 세관 모세혈관을 통해 혈액으로 되돌리는 것이다. 이 재흡수과정은 용질에 따라서 능동 혹은 수동 수송과정을 이용할 수 있다. 물도 또한 재흡수되고 물의 손실의 양을 조절하기위해 지배를 받는다.
3. 분비(*Secretion*): 분비는 혈액에서 세포외액으로 그 후에 세뇨관속의 여과액으로 물질의 이동이다. 물질을 몸에 유지하려는 재흡수와는 달리, 분비는 몸에서 배출되는 것을 더하는 것으로 독성물질을 제거하는데 이용될 수 있다.

현미경적 수준에서 보면, 각 콩팥은 백만 개 이상의 기능을 수행하는 네프론을 가지고 있다. 포유류의 콩팥은 긴 헨레 고리를 가져서 수질까지 깊숙이 통과하는 **방수질 네프론(juxtamedullary nephron)**,그리고 짧은 헨레 고리를 가진 **피질 네프론(cortical nephron)**의 혼합체를 가지고 있다. 헨레 고리 길이의 유의성은 잠시 뒤에 설명될 것이다.

여과액의 생산

각 네프론은 긴 관과 그리고 부수의 작은 혈관들로 구성된다(그림 35.16). 먼저, 혈액이 수입소동맥(*afferent arteriole*)으로부터 운반되어 콩팥의 피질에 있는 모세혈관 다발—**사구체(glomerulus)**로 들

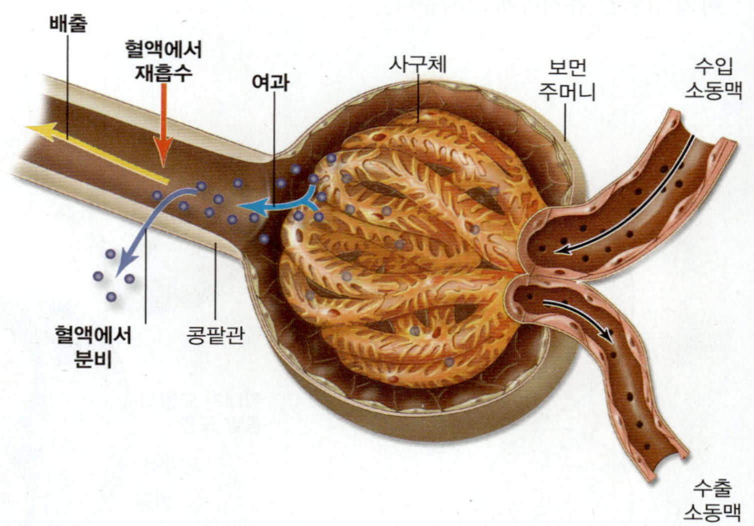

그림 35.15 콩팥의 세 가지 기능. 분자들이 여과에 의해 사구체 외부로 빠져나와 그리고 둘러싸고 있는 소관 모세혈관에서 세뇨관으로 분비에 의해도 오줌으로 들어온다. 여과액으로 나온 분자들이 둘러싸고 있는 소관 모세혈관으로 재흡수되어 혈액으로 되돌아갈 수 있다.콩팥을 빠져나간 액체는 요관 그리고 후에 방관을 통과한 후 배설에 의해 몸에서 제거된다.

그림 35.16 포유동물 콩팥의 네프론. 네프론의 관은소관 모세혈관들로 둘러 싸여있고 그리고 직립관(vasa recta)의 확장부위는 수질 속 헨르회로를 둘러싼다. 이들 모세혈관 바닥은 여과액에서 재흡수한 분자들과 이온들을 운반해 나간다.

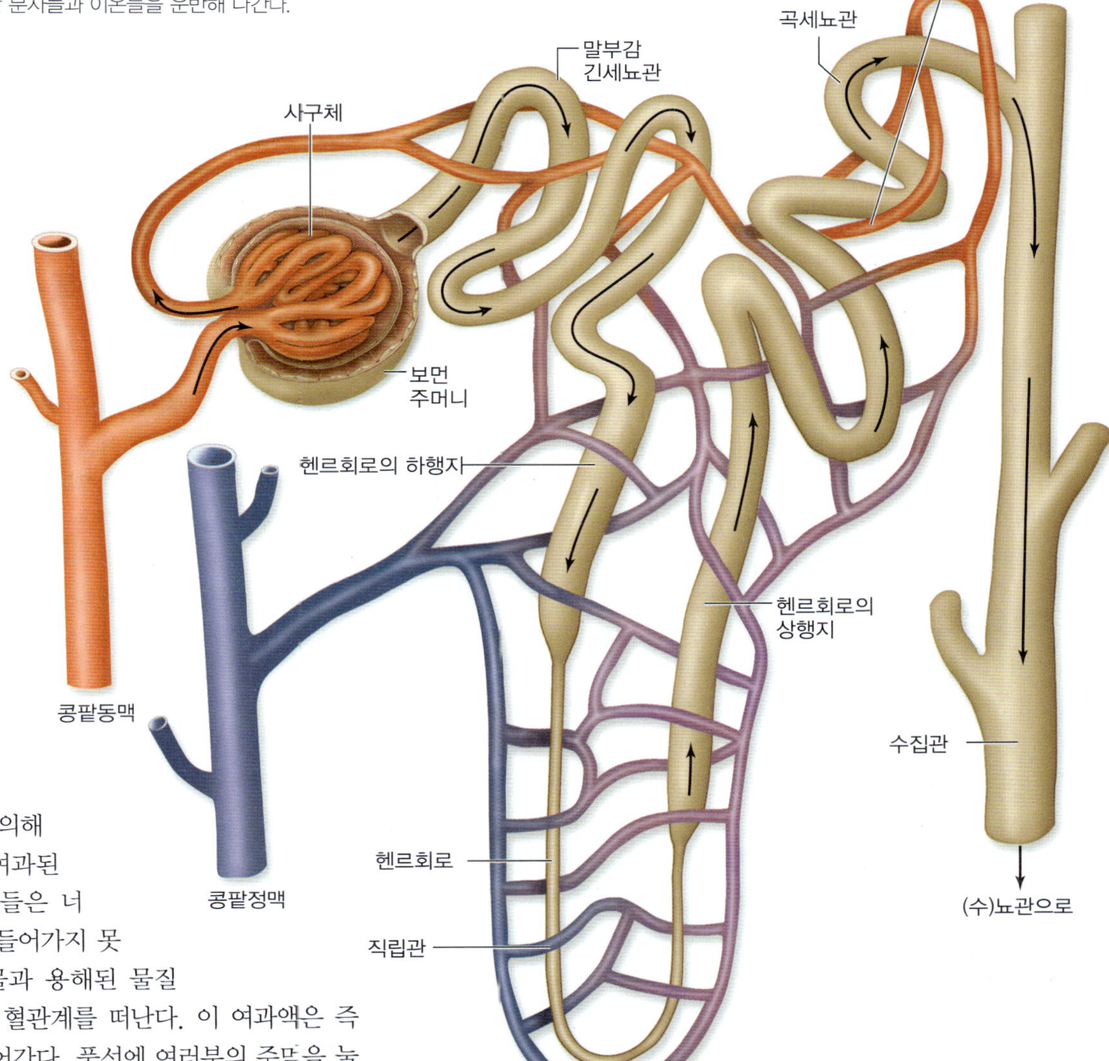

어온다. 여기서 혈액이 혈압에 의해서 모세혈관 벽 구멍을 통해 여과된다. 혈구세포들과 혈장 단백질들은 너무 커서 이 사구체 여과액으로 들어가지 못하지만, 그러나 이 단계에서 물과 용해된 물질들로 구성된 많은 양의 혈장은 혈관계를 떠난다. 이 여과액은 즉시 네프론 관의 첫 지역으로 들어간다. 풍선에 여러분의 주먹을 눌러서 안으로 넣었을 때 크고 부드러운 풍선이 여러분의 손을 둘러싸는 것 같이 이 지역, **보먼 주머니(Bowman's capsule)**, 이 사구체를 감싼다. 사구체 여과액이 네프론관의 시스템 안으로 들어갈 수 있게 사구체는 열려있는 틈새를 가지고 있다. 사구체에서 여과되지 않은 혈액성분들은 **수출소동맥**(*efferent arteriole*)으로 빠져나가고 **신소체주위모세혈관(peritubular capillaries)**이라고 불리는 이들 관을 둘러싸는 두 번째 모세혈관 판으로 빠져나간다. 이곳은 연속해서 발생하는 두 개의 모세혈관 판이 존재하는 신체의 몇 안 되는 곳들 중 하나이다. 근 수질 네프론에서는 수출소동맥과 그리고 소관 모세혈관도 헨레고리를 둘러싸는 직립관(vasa recta) 으로 연결되어 나간다. 이후에 자세히 서술한 것처럼, 세뇨관 주변 모세혈관은 재흡수와 분비의 과정을 위해 필요하다. 여과액이 보먼 주머니로 들어간 후 피질 근방에 위치한 **기부감긴세뇨관(기부감긴세뇨관, proximal convoluted tubule)**이라고 불리는 네프론의 부분으로 들어간다. 피질옆 네프론에서는 피질로 올라오기 전에 최소한으로 수질에 꽂히는 **헨레고리(loop of Henle)**를 통해 액체가 흐른다. 수질 옆 네프론에서는, 피질로 올라오기 전에 헨레고리가 수질에 깊숙이 확장되어 있다. 피질 네프론 보다 수질 옆 네프론에서 더 많은 물이 재흡수된다. 그 후 액체는 수질 안쪽까지 깊이 들어갔다가 헨레 고리를 타고 피질이 있는 위로 다시 되돌아 나온다. 포유류와 조류의 콩팥에서만 오직 헨레 고리가 있고 그리고 이것이 왜 조류와 포유류만이 이들의 오줌을 농축시킬 수 있는지에 대한 이유이다.

오줌 모으기

헨레고리를 떠난 후, 그 다음 수집관으로 연결된 **말부감긴세뇨관(말부감긴세뇨관, distal convoluted tubule)**으로 액체들이 배달된다. **수집관(collecting duct)**은 다시 부신 수질 쪽으로 내려간 후 콩팥 깔때기에 있는 이들 내용물을 비워주는 다른 수집관들과 합해진다.

물, 영양소, 그리고 이온들은 재흡수된다; 다른 분자들은 분비된다

학습목표 35.6.2 콩팥을 통과하는 물질의 주요 집합들의 운명을 기술하라.

사구체 여과액에 들어가는 물과 용해된 용질들은 재흡수로 혈액에 되돌아와야 하며 만약 그렇지 못하면 문자 그대로 동물들은 죽음에 오줌 누기를 한다. 예를 들어 사람에게서 하루에 약 혈액 2000L 이 콩팥을 통과하며 180L의 물이 혈액을 떠나 사구체 여과액으로 들어간다.

물

사람 전제 혈액의 양은 약 5 L 이고 그리고 하루에 오줌을 1에서 2L 정도 만들기 때문에 하루 동안 각 리터의 혈액이 여러 번 여과되며 대부분 재흡수 된다. 물이 헨레고리의 하행지 그리고 수집관을 통과할 때 물은 기부감긴세뇨관에서 재흡수된다. 수집관에서의 물의 선택적 재흡수는 간략하게 기술한 헨레고리에 의해 만들어진 삼투적 구배에 의해서 작동된다.

포도당과 영양소

포도당, 아미노산들, 그리고 몸이 필요로 하는 많은 다른 분자들의 흡수는 능동수송이나 2차 능동수송(공수송) 수용체에 의해 수행된다. 최대 운반 속도는 운반체가 포화되는데 까지 도달한다. 콩팥의 기부감긴세뇨관에 있는 포도당 운반체의 포화는 혈당의 농도가 포도당 180 mg/혈액 100 mL일 때 일어난다(사구체 여과액도 마찬가지로 같은 농도). 어떤 사람이 이(180mg/100ml) 농도 이상의 혈당을 가지고 있다면 치료되지 않은 당뇨질환에서 일어나는 것처럼, 여과액에 있는 여분의 포도당이 오줌으로 배출된다. 실제로, 당뇨병은 오줌에 포도당의 존재 여부로 진단한다.

노폐물 분비

몸이 생성한 특별한 노폐물과 외래 분자들의 분비는 모세혈관이나 콩팥 관의 막을 관통해 이런 물질들을 운반하는 것을 포함한다. 이 과정은 재흡수와 비슷하지만 반대방향으로 진행한다. 어떤 분비되는 물질은 콩팥으로 한번 통과하여 혈액으로부터 빨리 청소되도록 오줌으로 제거된다. 이 빠른 제거는 네프론에서 분비되는 페니실린을 왜 하루에도 여러 번 많은 용량을 복용해야 하는지를 설명할 수 있다.

독소와 과다물질의 분비

콩팥의 주된 기능은 동물이 먹거나 마신 다양한 잠재적으로 유해한 물질들을 제거하는 것이다. 더불어, 앞에서 기술한 것처럼 오줌에는 아미노산들과 핵산들의 이화작용의 산물인 질소성 노폐물이 포함되어 있다. 오줌은 또한 혈액에서 제거된 과량의 K^+, H^+와 그리고 다른 이온들을 가지고 있다. 오줌은 일반적으로 높은 H^+ 농도를(pH 5 에서 7) 가지고 좁은 범위 내에서 혈액의 산 염기 균형(pH 7.35 에서 7.45) 유지를 돕는다. 더욱이, 오줌으로 물의 배출은 혈액의 양과 압력을 유지하는데 기여한다: 많은 양의 오줌이 배출되면 혈액의 양은 준다.

그러므로 콩팥 기능의 목적은 항상성 유지에 있다: 콩팥은 내적 환경 일관성 유지에 극단적으로 관여한다. 질병이 콩팥의 기능을 방해할 때, 혈액에 질소성 노폐물의 농도가 오르고, 산-염기 균형과 전해질의 동요가 생기며 그리고 혈압 조절의 실패의 원인이 된다. 이 같은 잠재적인 치명적 변화는 정상 신체 생리에서 콩팥의 중심적 중요성을 명확하게 한다.

네프론의 각 부분은 특수한 운송기능을 수행한다

학습목표 35.6.3 네프론의 구조와 기능을 연계시켜라.

이전에 설명한 것처럼, 매일 약 180L의 등장성 사구체 여과액이 보먼 주머니로 들어간다. 네프론 관의 나머지 부분들을 통과한 후 혈액으로 재흡수 되지 않은 액체의 부피가 오줌으로 잃는다. 이 많은 양의 오줌을 생산하는 것은 불가능하지만, 그러나 물은 삼투에 의해 생체막을 빠져나가지만 삼투도 두 등장액(혈액과 사구체 여과액) 사이에서는 불가능 하다. 그러므로 물의 재흡수를 허용하는 사구체 여과액과 혈액사이에 삼투적 농도구배를 만들기 위한 어떤 메커니즘이 필요하다.

기부감긴세뇨관

사실상, 여과액 속의 모든 영양소분자들은 기부감긴세뇨관에서 침투성의 혈액으로 재흡되어 들어온다. 여기에 더하여 보면 주머니로 걸러져 나간 약 2/3의 소금과 물은 기부감긴세뇨관의 벽을 통해 즉각적으로 재흡수 된다.

이 재흡수는 여과액에서 Na^+의 능동수송으로 인해 일어나며, 둘러싸고 있는 신소체주위모세혈관으로 재흡수 된 물질들이 들어온다. 전기적인 끌림에 의해 Cl^-이온은 Na^+를 따라 들어오고, 물도 삼투에 의해 이들 두 이온을 따르게 된다. 물과 소금이 여과액에서 적당량 제거되었기 때문에 관에 남아 있는 여과액은 아직도 혈장에 대해서 등장액이다. 소금과 물의 초기 재흡수로 네프론 관에 남아 있는 양은 초기 여과액의 1/3이지만, 이것은 아직도 굉장히 많은 양을 차지한다(초기 여과액180L에서 나머지 60L). 확실히 동물은 이 많은 양의 오줌을 감내할 수 없으므로 이 물들을 재흡수해야 한다. 물의 재흡수는 수집관 벽에서 주로 일어난다.

헨레 고리

헨레 고리의 기능은 피질에서 수질로 삼투농도 증가의 구배를 만드는 것이다. 이것은 여과액이 헨레 고리를 통해서 움직일 때 수집관에서 삼투로 인해 물이 재흡수 되는 것을 허용한다. 헨레 고리의 하행지와 상행지는 구조적으로도 다르고, 물과 이온들에 대한 투과도도 다르다. 이것이 피질에서 수질까지 삼투농도 증가 구배를 만든다(**그림 35.17**). 이 고리의 구조는 또한 간질액의 삼투농도 증가에 작용하는 역류교환장치의 한 예를 형성한다. 헨레 고리의 기능을 이해하기 위해서, 상행지로부터 시작하는 것이 쉽다.

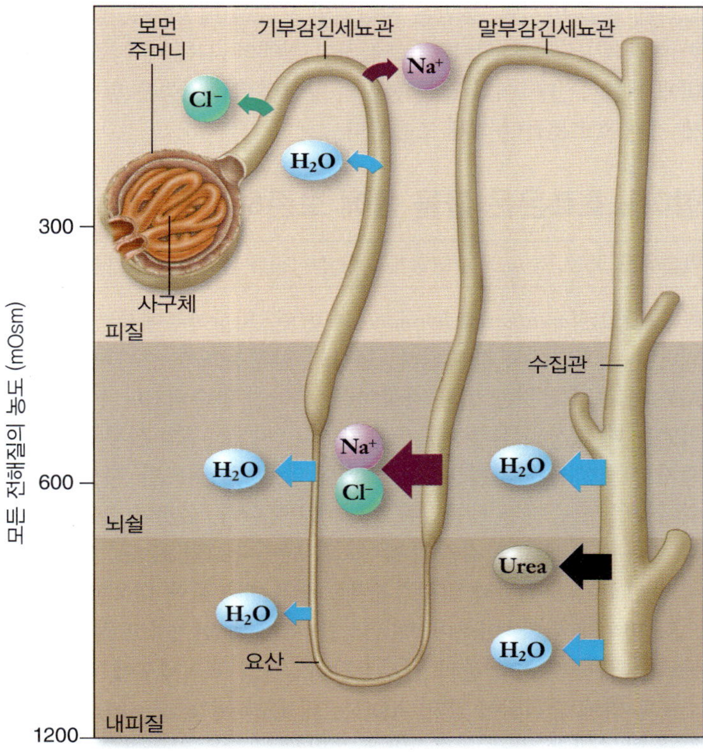

그림 35.17 포유류 콩팥에서 염분과 물의 재흡수. 기부감긴세뇨관에서의 Na^+ 능동수송은 Cl^-와 물의 수동적 움직임이 뒤 따른다. 헨르 회로의 상행지로부터 NaCl 능동적 빼내기는 헨르 회로의 하행지와 수집관에서 물의 재흡수를 위해 요구되는 삼투 농도를 만들어 낸다. 이 회로의 두 가지가 삼투농도를 증가시키는 역류 증폭계를 형성한다. 그림의 왼쪽에 피질에서 수질로 삼투농도의 변화를 표시하였다.

1. 상행지의 전 영역이 물에 대해서 비투과적이다. 상행지의 두꺼운 부분은 능동적으로Na^+을 운반하면 Cl^-은 수동적으로 따른다. 상행지의 가는 관은 Na^+와 Cl^-에 모두 확산에 의한 투과성이 있다.
2. 하행지는 가늘고 물에 대해서는 투과성 있지만 NaCl에 대해서는 불투과성을 나타낸다. 상행지에 의해 잃어버린 Na^+와 Cl^- 때문에, 간질액의 삼투몰농도가 하행지에서 보다 높고, 삼투에 의해 하행지로부터 물이 빠져나온다. 이것이 또한 세뇨관 속의 액체의 삼투를 증가시켜서 관류액이 바닥을 돌 때, 앞에서 기술한 것처럼 가는 상행지에서 확산에 의해 NaCl을 잃을 것이다.
3. 하행지로부터 물의 손실이 상행지에 의한 Na^+(수동적으로 따르는 Cl^- 과 함께) 배출을 통해 회로의 각 수준에 도달할 수 있는 농도를 증폭시킨다. 헨레 회로가 길수록 상행지오- 하행지 상호작용 영역이 길어지고 성취할 수 있는 총 농도가 커진다. 사람의 콩팥에서는 회로를 들어가는 여과액의 삼투농도가 300 밀리삼투몰(mOsm)이고 콩팥의 수질에서 가장 긴 헨르 회로의 바닥에서는 그 농도가 1200 mOsm 이상으로 증폭된다.
4. 상행지로부터 빠져나온 NaCl는 주변 간질액으로부터 직립혈관으로 흡수되고 그래서 NaCl은 수질을 떠나는 혈액에서 수질을 떠나는 혈액으로 확산된다. 그러므로 열교환을 위한 큰 굴속 척추동물의 지느러미 속의 혈액의 역류교환장치에서 기술한 것과 비슷하게 산소교환을 높이려고 아가미를 통과하는 혈액과 물의 역류교환장치처럼(34장 참조) 직렬혈관 역시 역류교환 속에서 기능을 수행한다. 직렬형관의 경우 이 교환이 헨르 회로에 의해 성립된 삼투농도구배 파괴로부터 모세혈관을 통해 혈액의 흐름을 막는다. 그러므로 선택적 물의 재흡수를 위해 수집관의 능력에 미치는 영향 없이 콩팥의 이 지역에 혈액이 공급될 수 있다.

회로의 두 지류에서 서로 반대방향으로 액체를 흐르게 하여 고장액 콩팥수질을 만들어내는 헨레 회로의 작용은 역류증폭계로 알려져 있다. 이렇게 만들어진 삼투농도구배는 세뇨관계로부터 순전히 능동수송으로 만들어진 것보다 더 크다. 부신수질의 용질고농도는 일차적으로 역류 증폭계에 의한 NaCl의 축적에 의한 것이지만 요소도 또한 수질의 전체 삼투농도에 또한 기여한다. 헨르 회로의 하행지 그리고 수집관 둘 다 요소에 투과성을 가지고 있어서 요소는 확산에 의해 네프론의 이 지역을 떠나갈 수 있다.

말부감긴세뇨관과 수집관

상행지에서 NaCl이 능동적으로 밖으로 운반되 나오기 때문에, 말부감긴세뇨관과에 도착한 후 그리고 수집관으로 들어가는 여과액은 저삼투액(오직100 mOsm을 가진)이다. 이 희석 용액을 운반하는 수집관은 수질로 내리 꽂힌다. 콩팥 수질의 고장액성 간질액의 결과로 인해, 강력한 삼투 농도 구배가 수집관에서 물을 끌어내고 그리고 주변 혈관으로 들어가게 한다. 삼투농도는 정상적으로 일정하지만 말부감긴세뇨관과 수집관에서 물에 대한 투과도는 이 장의 뒤에 언급할 **항이뇨호르몬**(*antidiuretic hormone, ADH*)에 의해 조정된다. 동물이 물을 보존할 필요가 있을 때, 뇌하수체 후엽에서 더 많은 ADH가 분비되고, 그리고 이 호르몬이 수집관의 원형질막에서 물 채널의 숫자를 증가시킨다. 수집관에서 물에 대한 투과도가 증가하므로 더 많은 물이 재흡수되고 오줌의 배출양이 줄어든다. 이 동물은 고장액 오줌을 배출한다. 수분 평형의 조절과 더불어, 콩팥은 분비와 재흡수로 혈액 내 전해질의 균형도 조절한다. 예를 들면, 콩팥은 K^+을 기부감긴세뇨관에서 재흡수하고 그리고 말부감긴세뇨관에서 항상성 유지를 위해 K^+를 분비한다(그림 35.18). 콩팥은 또한 H^+을 오줌으로 배출하고 그리고 HCO_3를 재흡수해서 산-염기 균형을 유지한다. 말부감긴세뇨관과 수집관에서의 NaCl 재흡수는 몸의 필요에 의존하고, 또 알도스테론 호르몬 조절 하에 있다. NaCl의 측면에서 알도스테론이 더 유의성이 있지만, ADH와 알 **도스테론**(*aldosterone*) 둘 다 수집관과 말부감긴세뇨관에 영향을 미친다. 다음 절에서 배설의 호르몬 조절에 대해 좀 더 논의할 것이다.

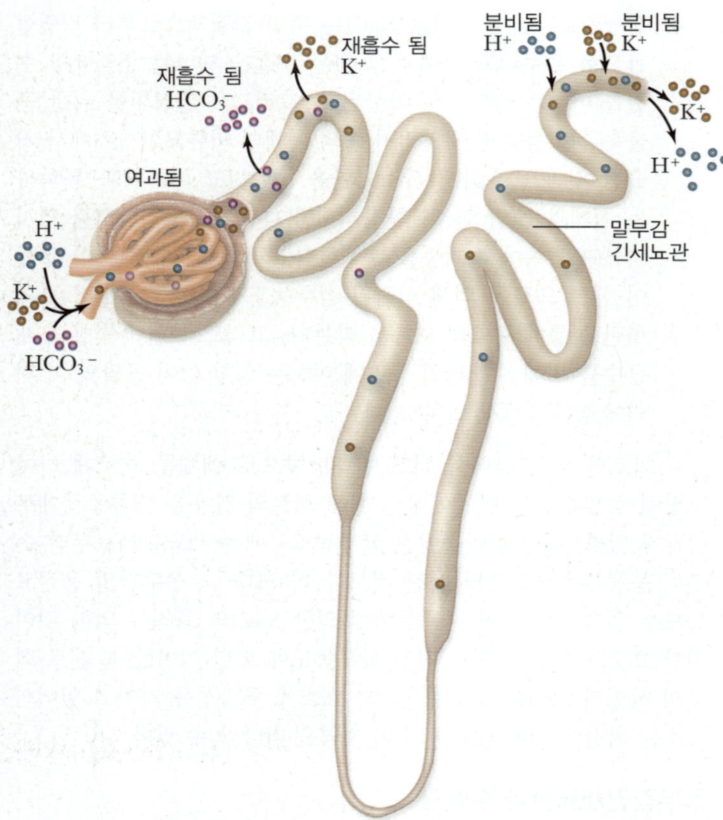

그림 35.18 염분 균형의 조절. 네프론은 오줌으로 배설되는 K^+, H^+, 그리고 HCO_3의 양을 조절한다. K^+는 기부감긴세뇨관에서 완전히 재흡수되고 말부감긴세뇨관에서 분비되지만 호르몬에 의해 조절된다. HCO_3^-는 여과되지만 정상적으로 완전하게 재흡수된다. H^+는 여과되고 그리고 말부감긴세뇨관에서 분비되므로 마지막 오줌은 산성 pH를 갖는다.

개념 정리 35.6

거름작용은 처리 과정동안 혈액에서 액체를 제거한다. 재흡수는 콩팥관들로부터 혈액으로 물질을 되돌리는 과정이고 그리고 분비는 물질을 혈액에서 관으로 옮기는 것이다. 신관에서 능동수송으로 포도당 아미노산 재흡수가 일어나고 반면 물은 삼투적으로 움직인다. 헨레고리는 콩팥 수질에서 물의 선택적 재흡수를 허용하는 높은 삼투농도 영역을 만들어내기 위해 기능을 수행한다.

- 만니톨은 걸러져 나오지만 재흡수가 될 수가 없다. 이 물질에 의한 오줌생성의 양에 미치는 효과는 어떨까요?

35.7 호르몬들이 삼투조절을 지배한다

혈액의 부피, 혈압, 그리고 혈장의 삼투농도들은 콩팥에 의해서 여러분이 얼마나 많은 물을 마시는지에 무관하게 상대적으로 일정하게 유지된다. 다음에 기술할 메커니즘이 작동하여 몸이 물의 보존을 필요로 할 때는 콩팥은 고장액의 오줌을 배설한다. 여러분이 과도하게 물을 마시면, 콩팥은 저장액의 오줌을 배설한다. 콩팥은 또한 혈장의 K^+ 와 Na^+농도를 조절하고 혈액의 pH를 매우 좁은 범위 내에 제한시킨다. 이와 같은 콩팥의 항상성 조절기능은 일차적으로 세 가지 호르몬들에 의해 조율된다.

항이뇨호르몬은 물을 몸에 보존하게 한다

학습목표 35.7.1 ADH이 어떻게 삼투 항상성을 유지하는지 기술하라.

항이뇨호르몬(*antidiuretic hormone, ADH*)은 시상하부에서 생성되고, 뇌하수체 후엽에서 분비된다. 혈장의 삼투농도가 증가하는 것이 ADH의 분비를 위한 일차 자극이다. 사람이 탈수되거나 짠 음식을 먹었을 때 혈장의 삼투농도가 증가한다. 시상하부의 삼투수용체가 증가한 혈액 삼투압몰농도에 대하여 충괄 중심(또한 시상하부에 위치함)으로 증가된 활동전위 보내서 반응한다. 이것이 결국, ADH의 분비 증가와 갈증 감각의 방아쇠를 당긴다(**그림 35.19**).

ADH가 수집관과 말부감긴세뇨관의 벽을 물에 더욱더 투과적으로 변하게 한다. 아쿠아포린(5장을 보기 바람)이라고 불리는 물 통로단백질들이 수집관과 말부감긴세뇨관의 표피세포에 세포내부 소포체 막에 간직되어 있다. ADH는 외세포작용(exocytosis)과 비슷하게 이 소포체 막을 원형질막에 융합하는 것을 자극한다. 아쿠아포린이 이제 원형질막에 있게 되고 그래서 부신 수질의 고장액 조건에 반응해 물이 세뇨관과 수집관 밖으로 흘러나오는 것이 허용된다. 이 물은 혈류 속으로 재 흡수된다. 원형질막이 안으로 족집게에 집혀진 것처럼 돌출된 후 아쿠아포린을 간직한 세포질 내 소포체를 형성한다. 말부감긴세뇨관과 수집관의 원형질막으로부터 이와 같은 아쿠아포린의 제거는 이들의 물에 대한 투과도를 감소시킨다. 그래서 더 많은 물이 오줌으로 배출된다. ADH 분비가 최대인 조건에서는 오직 600mL의 고농축 오줌을 하루에 배출한다. 뇌하수체의 손상으로 ADH이 부족한 사람은 요붕증이라고 알려질 질환을 나타내고 묽은 오줌을 지속적으로 배출한다. 이런 사람은 심각하게 탈수가 일어나는 위험하게도 저혈압에 굴복당하는 위험 속에 있다. ADH의 작용을 통한 항상성유지는 ADH의 분비를 억제하는 보통 약물인 에탄올이나 카페인에 의해 또한 영향을 받는다. 이것이 과음 후 영향을 받는 탈수현상의 기본 이유이다.

알도스테론이 소듐이온의 농도를 조절한다

학습목표 35.7.2 혈액의 삼투몰농도와 혈압과 상관성을 기술하라.

Na^+은 혈장에서 주요한 용질이다. 혈액의 Na^+농도가 떨어질 때, 혈액의 삼투농도도 역시 떨어진다. 삼투농도의 감소는 ADH의 분비를 억제하여 오줌으로 배설하기위한 수집관내에 더 많은 물이 남아있게 한다. 그 결과로 혈액의 부피와 혈압이 감소한다. 세포외액에서 Na^+ 감소는 또한 삼투에 의해 세포로 더 많은 물이 유입되게 하여, 부분적으로는 혈장의 삼투농도의 감소를 상쇄하게 하지만 더욱 혈압과 혈액 양을 감소하게 한다. 만약 Na^+ 감소가 심각하면, 혈액 양이 매우 낮아서 생명을 유지하는데 혈압이 불충분하다. 이런 연유로 염이 생명에 필요하다. 많은 동물이 "소금 허기"를 가지

그림 35.19 항이뇨호르몬은 콩팥에 의한 수분의 재흡수를 자극한다. 이 작용이 음성되먹임 회로를 완성하고 몸의 부피와 삼투의 항상성 유지를 위해 돕는다.

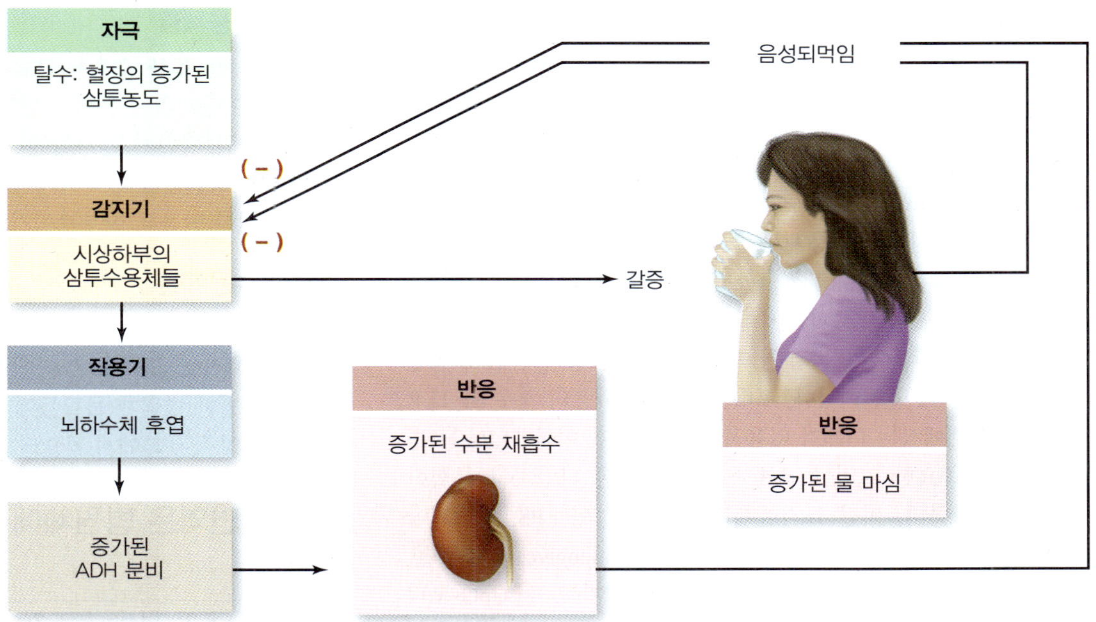

며 그리고 사슴이 소금 핥기 장소에 모일 때처럼 활동적으로 소금을 찾는다. 혈액에서 Na^+ 농도가 떨어짐은 부신피질에서 분비되는 **알도스테론**(*aldosterone*)의 영향으로 콩팥에 의해 정상적으로 보상된다. 알도스테론은 말부감긴세뇨관과 수집관으로 하여금 Na^+을 재흡수하고, 오줌으로 Na^+의 배설을 줄인다. 정말로, 알도스테론이 최고조인 조건에서는 줌에서 Na^+분비가 완전히 사라진다. Na^+의 재흡수는 Cl^-와 물의 재흡수를 동반하므로, 알도스테론은 물과 염을 유지하게 하는 순 효과를 나타낸다. 그러므로 이것은 혈액의 양, 삼투농도, 그리고 혈압을 유지하는 것을 돕는다.

혈액에서 Na^+의 수준 감소에 반응하여 알도스테론의 분비는 간접적이다. 혈액에서 Na^+의 떨어짐은 혈액 부피의 감소도 동반되는데, 방사구체장치(juxtaglomerular apparatus) 이라고 불리는 곳을 지나는 혈액도 또한 감소한다. 방사구체장치는 말부감긴세뇨관과 수입소동맥 사이 콩팥 영역에 존재한다. 혈액의 흐름이 감소하면, 방사구체장치는 레닌(*renin*)이라는 효소를 혈액에 분비하며 반응한다. 레닌은 안지오텐시노겐(angiotensinogen) 단백질로부터 안지오텐신 I의 생산을 촉매한다. 안지오텐신 I은 이 후에 다른 효소의 작용으로 안지오텐신 II으로 변화되어, 혈관이 수축하도록, 그리고 부신피질에서 알도스테론의 분비하도록 자극한다. 그래서 이 레닌- 안지오텐신-알도스테론계에 의한 활성화로 혈압과 혈액 부피의 항상성이 유지될 수 있다. Na^+재흡수 촉진과 더불어, 알도스테론은 또한 말부감긴세뇨관과 수집관에서 K^+의 분비를 촉진한다. 결과적으로, 알도스테론은 음식에서 K^+양의 변화를 직면하여 혈액의 K^+ 농도를 낮추어 K^+ 수준을 혈액에서 일정하게 유지하는데 도움을 준다. 알도스테론을 생산하는 능력이 없는 사람은 오줌으로 과도한 염과 물의 손실과 혈액 내 K^+의 과도한 증가로 인해 치료하지 않으면 사망한다.

개념 정리 35.7

ADH은 물의 재흡수를 증가시키위해 수집관과 말부감긴세뇨관에 물 채널들의 삽입을 자극한다. 알도스테론은 말부감긴세뇨관 수집관에서 물과 Na^+, Cl^-, 의 재흡수를 또한 K^+의 관내로 분비를 촉진한다. 혈압도 또한 이 체계에의해 영향을 받는데, 혈액량이 감소하면 혈압도 감소한다.

- 물의 통로인 아쿠아포린을 막는 약물의 효과는 무엇이겠는가?

35.8 면역계가 몸을 방어한다

체내 항상성을 유지하는 핵심관점은 미생물의 침입과 암세포에게 굴복당하는 것으로부터 신체를 방어하는 것이다. 미생물 침입과 암의 성장에 대한 척추동물의 반응은 선천성 면역 그리고 적응면역 두 갈래로 일어난다(그림 35.20).

선천성 면역계는 특징적 병원성 분자들을 인식한다

학습목표 35.8.1 인식 수용체 형태의 기능을 기술하라.

선천성 면역은 병원체 종류에 따라 특징적인 인식분자들에 기초하여 감염한 병원체에 대해 반응한다. 이런 특징적인 인식분자들로는 그람-음성 박테리아세포벽에서 발견되는 지질다당류들(lipopolysaccharide; LPS); 모든 박테리아세포벽에서 발견되는 펩티도글리칸(peptidoglycan); 그리고 바이러스의 DNA 와 RNA등을 포함시킬 수 있다. 이 선천적 반응에는, 서로 다른 수용체 단백질이 이들 분자들의 종류에 따라 개별로 각각 결합한다. 이들 수용체는 다양한 여러 종류의 혈구세포의 표면에 있는 막 단백질이거나 수용성 단백질일 수 있다.

톨 유사 수용체들

가장 잘 연구된 선천적 수용체는 초파리의 톨(Toll) 수용체이고, 그리고 톨 유사 수용체(Toll-like receptor, TLR)를 많은 포유동물에서도 발견하였다. 톨은 초파리에서 등-배 축 형성 과정의 일환으로 발견되었다. 그 후, 이와 똑같은 막 수용체가 곰팡이 감염에 반응을 매개하는 것이 발견되었다. 포유류에서는, 사람의 경우 11 TLR이 그리고 생쥐에서는 13개가 있음을 발견하였다. 이들 TLRs 는 병원체 생존에 중요한 그리고 크게 변화되지 않은 다양하고 특별한 표적들에 결합한다. 이런 표적들에는 그람 음성의 LPS, 박테리아의 지질단백질들, 박테리아의 펩티도글리칸(peptidoglycan) 조각들, 효모세포-벽의 요소들, 박테리아 DNA의 메틸화가 안 된 CpG 모티브, 그리고 박테리아 DNA, 그리고 바이러스 RNA 등이 포함된다. 이들은 오랜 진화과정에서 포유류가 숙주였던 가능성이 있는 침투성 병원체들의 광범위한 영역을 나타낸다. TLRs 는 다양한 형태를 수용할 수 있게 결합 주머니로 굽어지는 반복된 루이신-밀집 영역을 가진다. 다른 TLRs 에서는 이들 주머니들이 다른 분자들의 종류들을 인식한다. 이런 주머니에 이들 분자들 결합이 병원체에겐 치명적이므로 하나의 수용체가 LPS 혹은 펩티도글리칸과 같이 특징을 공유하는 병원체의 범위를 인식할 수 있다. 선천적 수용체의 활성화는 선천적 면역과 획득성 면역의 연결을 제공하고 이 두 면역반응들을 증진시키는 신호전달계를 작동시킨다. 이런 연결이 염증반응의 유도로(뒤에 기술할 것임); 항미생물적 폴리펩티드의 생산 ; 그리고 B와 T세포들과 더불어 식세포들을 유인하는 시토키닌의 생산으로 이끌어간다. 이들 모두가 다 함께 감염에 대해 선천성 반응을 형성한다.

세포질 수용체들

톨(Toll)과 톨 유사 수용체(TLR)의 발견 이후에, 세포질에 존재하는 두 번째 단계의 수용체가 발견되었다. 이들 내부 수용체들은 또한 특징적인 병원체 분자들에 결합하고 내세포작용 후 세포질에서 침입한 병원체을 인식하게 한다. 이들 수용체는 또한 바이러스 RNA에 대한 반응의 한부분이기도 하다.

수용성 수용체들

수용성 수용체들은 또한 혈장 안에서 순환하며, 미생물 세포벽에서 발견되는 만노스(mannose) 당에 결합하는 어떤 렉틴(lectin) 집단을 포함해 특별한 병원체 물질들에 반응할 수 있다. 이들 렉틴 단백질들은 이장의 뒷부분에서 기술된 보체계의 활성화에 중요하다.

선천성 면역은 병원체에 대한 다양한 반응을 이끈다

학습목표 35.8.2 염증반응을 기술하라.

TLR 계통과 같은 선천적 수용체에 의해 침입한 병원체의 인식이 신호분자들의 분비, 항미생물 펩티드 생산, 그리고 보체의 활성화를 포함하는 협동적인 반응을 이끈다. 이런 반응을 그림 35.20.에서 요약해 보이고 있다. 정상적인 피부에서 발견되는 항 미생물 펩티드들은 디펜신과 비슷하다. 디펜신(defensins)에 있는 시스테인 잔기들이 병원체 표면에 있는 양이온을 띤 아미노산과 결합한다. 항미생물 펩티드들이 미생물의 막 기능을 방해하고 그리고 식세포작용을 증대시킨다. 이런 작용은 또한 막을 가진 바이러스에 효과적으로 대응한다. 신체 방어에 핵심역할을 하는 선천적 방어로 유도되는 또 다른 단백질이 인테페론이다. 인터페론은 다양한 기능을 가진 중요한 분비되는 신호분자이다. I형과 II형의 두 종류 인터페론은 각 각 다른 수용체들을 가지고 있으며, 또한 서로 다른 신호전달경로를 활성화시킨다. I형 인터페론은 실제로 감염된 세포에

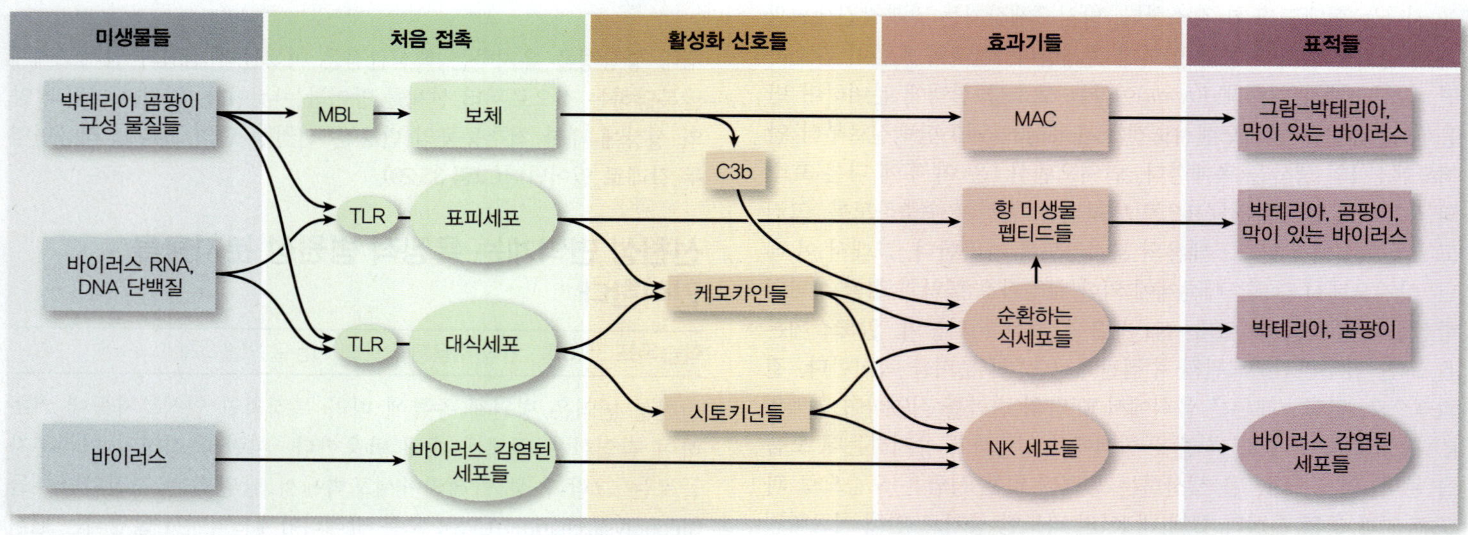

그림 35.20 선천성 면역의 요약도. 병원체들은 막에 부착된 수용체(TLR), 혹은 수용성 수용체(MBL)에 부착하는 결정적인 분자들을 가진다. 이것이 항미생물 펩티드로 병원체를 공격하는 케모카인들(chemokines)과 시토키닌들(cytokines), 보체 활성화로 인한 막공격 복합체(MAC) 형성, 그리고 자연살상세포(NK 세포들)의 활성화를 초래한다.

서 생산되어서 주변의 감염되지 않은 세포들을 방어하기위한 신호로 작용한다. 바이러스들이 주변세포들을 여전히 뚫고 들어갈 수 있지만, 인테페론은 이들 세포에서 RNA을 분해를 유도하고 단백질 생산을 막는다. 이것은 세포의 죽음을 이끌지만 바이러스의 확산과 생성을 막는다. II형 인터페론은—사람에게서 인터페론 감마(interferon gamma, IFN-γ)—T 림프구라고 불리는 특별한 백혈구(뒤에 또 기술됨)와 자연 살상 세포에 의해서만 생산된다. 이들 세포에 의한 IFN-γ 분비는 종양과 감염에 대항하는 면역적 방어의 한 부분이다. 이들 비 특이적 방어 분자들과 더불어, 선천성 면역의 활성은 뒤에 염증반응의 활성화와 그리고 보체계의 활성화로 분리해서 논의할 만큼 충분히 중요하다. TLR과 내부 수용체를 통한 신호는 다양한 시토카닌들이나 혹은 조절신호물질들의 분비를 이끌 수 있다. 이들이 다른 비 특이적인 식세포들을 공격하여 염증반응의 원인이 되고 그리고 더 나아가 적응면역에게 신호한다.

식세포들은 선천적 면역과 연계되어 있다

가장 중요한 선천성면역 중에서는 비특 이적으로 침입한 병원체를 죽일 수 있는 것이다. 이들은 림프구 혹은 백혈구들로 이들은 몸 전체를 순환하며 조직 내 병원체를 공격한다. 세 종류의 방어용 다핵형 백혈구—대식세포(macrophage), 호중구(neutrophils) 그리고 자연살상세포(natural killer cells)—가 발견되었고 이들은 각각 침입한 다른 종류의 미생물들을 죽인다.

대식세포들. 대식세포(macrophages)들은("크게 먹는 것들") 식세포작용으로 미생물들을 섭식하여 이들을 죽이는 크고, 불규칙적인 모양의 세포들이다. 한번 대식세포 안으로 들어가면, 막으로 둘러싸인 병원체는 리소솜과 융합한다. 융합이 식 소포체(phagosome) 안의 미생물을 죽이고 소화하는 리소솜 효소들을 활성화한다. 덧붙여서, 식 소포체 내에서는 많은 양의 산소를 함유한 자유 라디칼들을이 만들어지며 이들 라디칼들은 배우 반응적이라서 병원체를 빨리 분해한다. 박테리아와 더불어 대식세포는 세포성 잔해, 폐에 있는 먼지, 그리고 바이러스도 잡아먹는다. 대식세포는 조직을 적시고 있는 세포외 액체들 안을 지속적으로 배회한다. 감염에 대응하여, 혈액에서 발견되는 분화하지 않은 대식세포인 단핵구가 모세혈관의 내피세포를 통해 결합조직들 속으로 들어온다. 감염된 곳에서 이 간핵구(monocytes)는 활동적이고 식세포적인 대식세포로 성숙한다.

호중구들. 호중구(neutrophils)들은 말초 혈액 백혈구들의 50에서 70% 까지 차지하는 순환하는 백혈구들 중에서 가장 많은 부분을 차지하는 것들이다. 이들은 조직의 손상이나 감염이 일어나는 곳에 나타나는 첫 번째 형태의 세포들이다. 대식세포들처럼, 이들은 이들이 식세포작용으로 다양한 병원체를 섭식하는 감염된 조직들로 들어가기 위해 모세혈관 내피세포들 사이를 비집고 배져나간다. 산소 다양한 범위의 라디칼들을 생산하는 것을 제외하고 대식세포의 메커니즘과 비슷하다. 호중구들도 역시 디펜신 펩티드를 생산한다.

자연 살상세포들. 자연살상(natural killer(NK) cells) 세포들은 감염된 미생물들을 공격하지 않는다. 대신 이들은 바이러스에 감염된 신체의 세포를 죽인다. 이들 세포들은 식세포작용으로 죽이는 것이 아니라 표적세포의 세포자살을 유도해 죽인다. NK세포들에 의해 분비도는 퍼포린이라고 불리는 다백질이 표적세포의 막에 삽입해

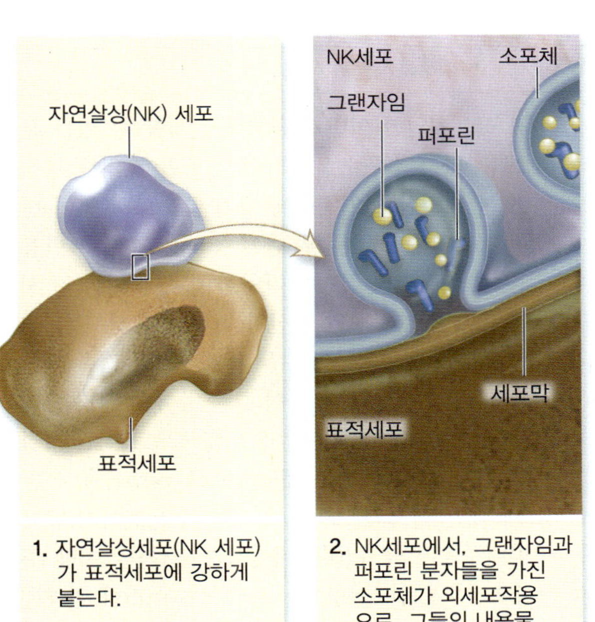

1. 자연살상세포(NK 세포)가 표적세포에 강하게 붙는다.

2. NK세포에서, 그랜자임과 퍼포린 분자들을 가진 소포체가 외세포작용으로 그들의 내용물들을 방출한다.

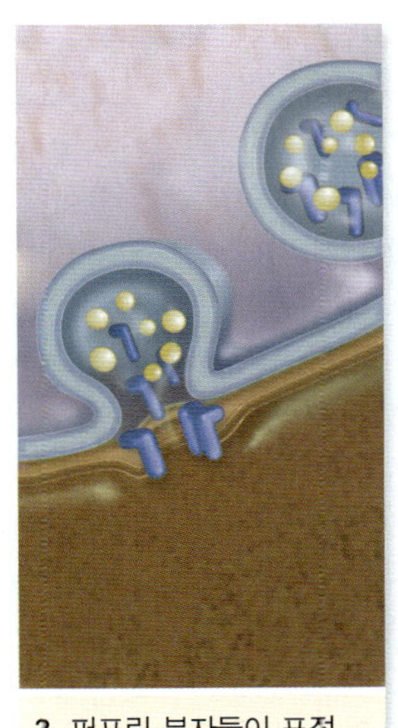
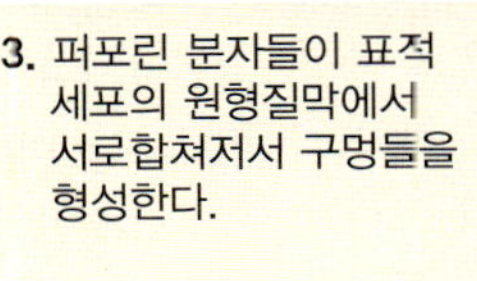
3. 퍼포린 분자들이 표적세포의 원형질막에서 서로합쳐저서 구멍들을 형성한다.

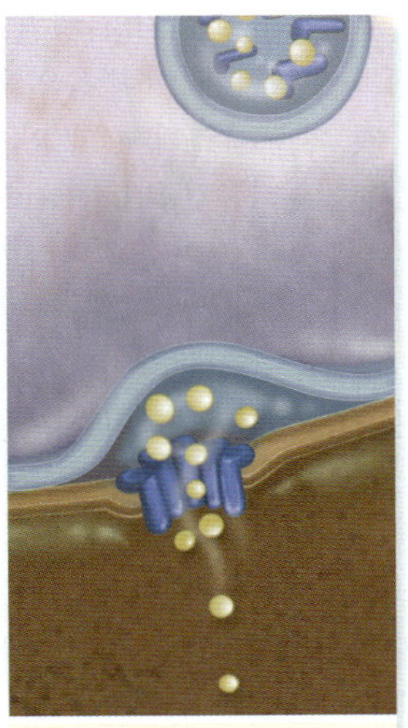
4. 그랜자임들이 구멍을 통해 들러가 표적세포 안에서 아폽토시스 유발하는 카스파제를 활성화시킨다.

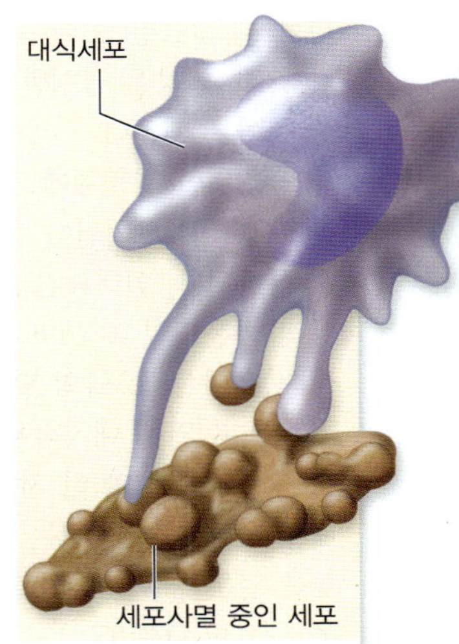

5. 세포사멸 중인 세포들이 소포체들로 분해된다. 그 후 대식세포들은 이들 소포체들을 잡아먹는다.

그림 35.21 자연살상세포가 어떻게 표적세포를 제거하는가. 자연 살상세포들은 실질적으로 아폽토시스 혹은 예정세포사멸로 감염된 세포를 죽인다. 이것은 죽이려는 세포에 구멍을 형성하게 되는 분비된 단백질들과 이 구멍을 통해 확산되어 단백질들에 의해 성춰되며 아폽토시스가 유발된다.

들어가 막에 구멍을 만든다. 그랜자임이라고 불리는 또 다른 NK-생산 단백질들이 리 구멍을 통해 세포 안으로 들어가고 표적세포에서 세포자살을 유발하는 단백질을 활성화한다(그림 35.21). 대식세포는 그 결과 생성된 세포막으로 둘러싸인 소낭형 세포 잔해물들을 섭식한다. 암 덩어리로 발견될 만큼 충분히 분열할 기회를 가지기 전의 암세포들을 NK 세포들이 공격한다. NK 세포들에 의한 철통 경계는 우리 몸이 암에 대응하는 가장 힘 있는 방어 수단들 중 하나이다.

염증반응은 조직손상이나 감염에 대한 비특이적인 대응이다

염증반응은 신체의 여러 계(system)들이 관여하고 지엽적이거나 시스템적으로 일어난다. 급성 반응은 일반적으로 빠르게 시작하지만 오직 상대적으로 짧은 동안 지속된다. 어떤 감염 혹은 손상된 세포들은 화학적 경고 신호들을 - 대부분 히스타민, 프로스타글란딘 과 브래디키닌도 함께 방출한다. 이들 화학물질들은 염증의 명백한 표시인 빨갛게 열나는 지역을 만드는 위치에 혈액의 흐름을 증가시키는 국소 혈관의 혈관 확장을 초래한다. 이들 화학물질들은 또한 염증반응의 세 번째 특징인 가끔은 감염과 연계되어 있는 부종(조직 부풀림)을 초래하는 이 지역의 모세혈관의 투과도를 증가시킨다. 부풀어 오름이 이 지역 신경말단에 압력이 발생하게 하여 그리고 이것과, 다른 매개자들의 방출과 함께, 통증을 유발하고, 열 발생과 빨갛게 되는 것은 사라진다. 증가한 모세혈관 투과도는 시작부터 호중구들이 혈액에서 병원체들을 섭식하고 분해하는 조직을 적시는 세포외 용액으로 이동하는 것을 촉진한다.

어떤 감염과 연관된 고름은 죽은 병원체, 조직 세포들, 그리고 호중구들의 혼합체이다. 호중구들은 몇 시간 뒤에 단백구를 끌어들이는 신호물질들을 또한 분비한다. 단백구들이 대식세포들로 분화할 때 그들은 또한 죽은 세포들의 나머지와 병원체를 집어삼킨다. 염증 반응은 급성반응으로 수행된다. 이 반응의 명백한 특징들 중 하나는 체온이 올라가는 것 혹은 발열이다. TLR을 가진 대식세포가 침입한 병원체에 결합하면 **인터류킨-1(interleukin-1 IL-1)** 이라고 부른 시토키닌이 방출되고 그리고 이것이 머리로 혈액에 의해서 운반된다. 인터류킨-1은 뇌하수체에 뉴런으로 하여금 체온을 정상적인 온도인 37℃(98.6℉) 보다 몇도 높게 올린다. 이런 체온의 상승은 대식세포들의 활성을 촉진하고 약간의 미생물들의 성장을 억제한다. 열은 대식작용을 촉진하며 그리고 철을 산과 쓸개에 저장을 초래한다. 이런 저장은 혈액에 철의 수준을 낮춰서 성장하는데 많은 양이 요구되는 박테리아의 생장을 방해한다. 그러나 매우 높은 열은 중요한 효소를 불활성화시킴으로 위험하다. 일반적으로 온도가 39.4℃(103℉)이상이면 사람에게 위험하고 40.6℃(105℉) 이상이면 사람에겐 가끔 치명적이다. 염증반응 동안 총괄적으로 극심한-상황의 단백질들로 언급되는 여러 단백질들이 간(liver) 세포로부터 방출된다. 이들 단백질들은 여러 미생물들에 결합하고 그리고 호중구와 대식세포와 같은 식세포에 의한 그들의 세포내 섭취를 촉진한다.

보체계는 막 공격복합체를 형성할 수 있다

척추동물의 세포성 방어는 혈장에서 자유롭게 순환하는 약 30개 다른 단백질 집단인 **보체계(complement system)**라고 불리는 매우 효과적인 화학적 방어에 의해서 증가된다. 보통 이들은 염증 반응 동안 조직에 불활성화된 형태로 들어간다. 보체는 선천성 면역의 수용성 감지기들 중 하나인 만노스-결합 렉틴 단백질(mannose-binding lectin protein; MBL)에 의해 활성화 될 수 있고, 혹은 병원체의 표면에 전하를 띤 종들이 관련된 복잡한 연속 반응들에 의해서도 활성화된다. 보체계가 활성화되면, 보체단백질들이 뭉쳐서 보체 단백질들은 병원체의 원형질 막(혹은 막으로 포장된 바이러스의 경우 주변 지질 막)에 삽입해 구멍을 형성하는 **막 공격 복합체(membrane attack complex MAC)**를 만든다. 세포외액이 이 구멍을 통해 병원체 안으로 들어가고 병원체를 부풀려 터지게 한다. 항체들이(B림프구에 의해 분비되는) 침입한 병원체에 결합할 때, 다음 절에서 기술되는 것처럼 특별한 순서에 따라 보체단백질의 활성화가 또한 시작된다.

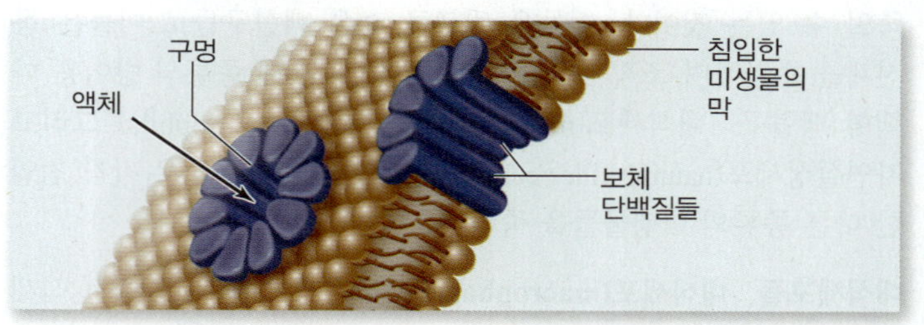

적응면역은 유전자의 재조합으로 수용체의 다양성이 생겨난다

학습목표 35.8.3 적응면역의 특징들을 정의하라.

적응 면역은 실질적으로 침입한 어떤 병원체도 인식할 수 있는 분자들의 다양한 세트를 만들어내는 유전자의 재조합에 의해 특징지워진다. 이것은 또한 침입한 병원체들에 늦기만 고도의 특이 반응과 그리고 예방주사의 기본이 되는 두 번째 공격에 더 빠른 반응의 기본이다. 우리는 거의 감염성 질병의 다양한 접촉 없이 어린 시절을 보낼 수 없다. 1991년 효과적인 백신이 나타나기 전에는, 십대에 도달하기 전에 대부분 어린이들이 수두 바이러스와 접촉했다. 수두(chicken pox)와 그리고 약간의 다른 이 같은 종류의 질병을 대부분의 사람들이 한번 경험하면 다시는 걸리지 않으므로 어린 시절의 질병으로 간주되었다. 그들은 대상포진(*varicella-zoster*)을 유발하는 수두바이러스에 대한 면역과 그리고 이 면역이 온전하게 남아있게 유지하는 면역체계를 발달시켰다. 비슷하게, 오늘날 예방 주사는 비병원성 대상포진에 대한 방어력도 부여한다. 이러한 면역은 획득면역이라고 불리는 적응 면역 방어 메커니즘에 의해서 생성된다. 2000년 넘게 감염성 질병을 경험한 사람은 같은 질병의 연속된 재발로부터 자주 방어되어 왔다는 것을 여러 사회에서 알아왔다.

그러나 면역의 과학적 연구는 에드워드 제너가 천연두로부터 사람들을 보호하는 실험을 수행한 1796년 이전에는 수행되지 않았다.

제너와 천연두 바이러스

천연두는, 천연두 바이러스에 의해 유발되는, 흔하고 1700년대 까지는 죽음의 질병이었다. 수두(chicken pox)처럼, 수두에 살아남은 사람은 이 병에 거의 걸리지 않았고, 그리고 접종을 통해 의도적으로 스스로 감염을 시키면 면역이 된다는 것도 사람들이 알고 있었다. 그러나 제너는 우두(cowpox)라고 불리는 천연두의 아주 순한 형태에 감염된 적이 있는 우유를 짜는 가정부는 천연두(smallpox)에 거의 감염되지 않는다는 사실을 관찰했다. 제너는 우두가 천연두에 저항성을 부여한다는 생각을 검정하기위해 실행에 나섰다. 우두 물집의 액체를 건강한 어린이에게 주사했고 그리고 그에게 의도적으로 천연두 물집의 액체를 주사하여, 그가 천연두에 걸리지 않을 것으로 예상하였다(제너의 실험은 오늘날에는 비윤리적이라고 여겨진다). 지금 우리는 우두와 천연두는 그들 바이러스의 표면은 비슷하지만 다른 바이러스에 의해서 발병한다는 것을 알고 있다. 우두 바이러스로 접종된 제너의 환자는 뒤에 접종된 천연두의 감염에 대항하는 효과적인 방어력을 향상시켰다. 이처럼 감염에 위험한 사람들에게 저항성을 증대시키기 위해 해가 없는 물질들을 주사하는 것을 예방주사라고 한다.

파스퇴르와 조류 콜레라

어떤 이는 그 질병에 저항성을 준 감염원에 어떻게 노출되었는지 알기도 전에 많은 시간이 지나갔다. 이 질문에 답하는 중요한 과정이 반세기전에 있었다. 유명한 프랑스(France) 과학자 루이스 파스퇴르(Louis Pasteur)가 조류 병아리에 감염되는 박테리아인 조류 콜레라를 연구했다. 그는 건강한 새에게 감염시키면 질병을 유발하는 배양된 박테리아를 분리했다. 2주간 휴가를 떠나기 전에 그는 이 배양을 선반위에 실수로 내버려 두었다고 보고되었다. 그가 돌아와 이 오래된 배양을 건강한 새에게 주사했는데 이 새들은 약간 병이 나고 곧 회복했다. 더욱이, 이들 새들은 대조군 병아리에겐 병을 유발하는 새로운 박테리아를 주사해도 더 이상 병들지 않았다. 내버려진 박테리아는 어떤 연유로 약화되어 더 이상 치명적인 감염을 일으킬 수는 없지만, 이것들은 면역반응은 유발할 수 있다. 지금은 우리가 박테리아 표면에 나와 있는 분자가 닭에서 활동적인 면역을 유발한다는 것을 알고 있다.

항원은 특이적 면역 반응을 촉진한다

항원(antigen)은 특이적 면역반응을 유발하는 분자이다. 가장 효과적인 항원은 단백질처럼 크고 복잡한 분자들이다. 면역학적으로 비자기(non-self)로 인정되는 복합적 "거대분자"일수록—숙주로부터 그들의 계통수적 거리가 멀수록—더 위대한 것은 이들이 불러일으키는 면역반응일 것이다. 항원은 바이러스 혹은 미생물의 구성물일 수 있지만, 이들은 단백질, 수혈한 적혈구 표면 혹은 이식한 조직에 있는 당단백질일 수도 있다. 항원은 또한 음식물의 구성물이거나

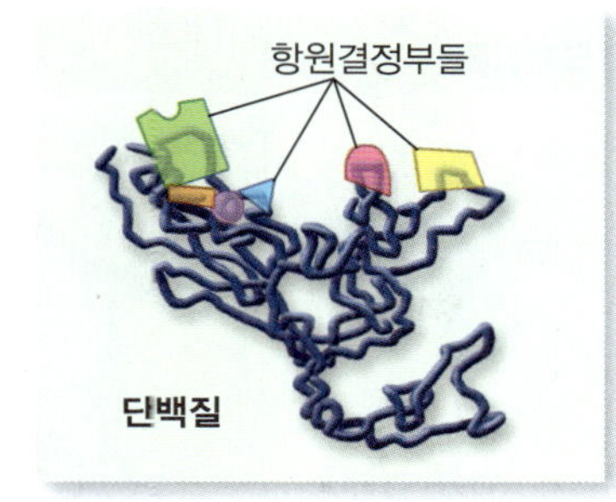

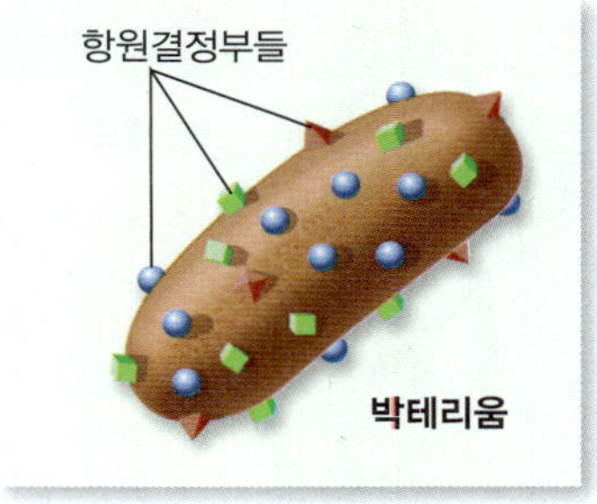

a. ***b.***

그림 35.22 어떤 하나의 항원은 많은 다른 항원결정부들을 나타낸다. **a.** 부착된 탄수화물들이 많은 하나의 단백질은 항원결정부라고 불리는 서르 다르고 많은 항원 결정소들을 가지고 있으며, 이들은 각각 구분되는 면역 반응을 자극할 수 있다. **b.** 박테리아와 같은 병원체는 그들의 표면에 많은 단백질을 가지고 있으며, 그리고 각각에 대한 다수의 복제품들이 있을 수 있다. 박테리아와 단백질들을 각각에 대하여 같은 크기단위로 그리지 않았음 주의하기 바란다.

꽃가루 일수도 있다. 큰 항원은 구분되는 면역반응을 자극할 수 있는 **항원결정구**(*antigenic determinants*)나, 혹은 **항원 결합구**(*epitopes*)와 같은 많은 다른 부분들을 가지기도 한다(그림 35.22).

림프구들은 적응면역반응들을 수행한다

적응면역계 특징은 는 아래와 같다.

1. 항원 인식의 특이성
2. 넓은 항원의 다양성의 특이적 인식
3. 기억, 면역계가 처음으로 만난 항원에 보다 더 전에 한번 접촉한 항원에게 더 강하고 다 빠르게 반응 반응하는 것
4. 자기 항원을 구분하는 능력

혈액어서 적응면역에 관여하는 세포들은 림프 전구세포들이라고 불리는 줄기세포로부터 유래한 **림프구(lymphocytes)**이다. 이들 림프구들은 그들 세포 표면에 항원의 특별한 항원결정부를 인식하거나 그리고 세포 표면 위나 용액에 안에 있는 항원에 대응해 면역반응을 지시하는 수용체 단백질들을 가지고 있다(그림 35.23). 이 반응들 역시 앞서서 기술한 선천적 면역체계로부터 유래한 신호에 의해서 영향을 받는다. 선천적 면역체계는 새로운 병원체에 의한 감염의 초기단계를 지배하고 그리고 감염의 후기단계는 적응면역이 지배한다.

림프구와 항원인식

비록 어떤 하나의 림프구위에 모든 수용체 단백질이 같은 항원결정부 특이성을 가지고 있지만 어떤 두 개의 림프구들이 동일한 특이성을 갖는 것은 흔치 않다. 이 특징이 최소한 마주한 어떤 항원의 소수 항원결정부가 인식하는 것을 확실히 하는 다양한 면역반응을 만든다. 항원을 한 번도 접한 적이 없는 림프구를 **선천적 림프구**(*naive lymphocyte*) 라고 한다. 선천적 림프구가 외래 항원과 결합

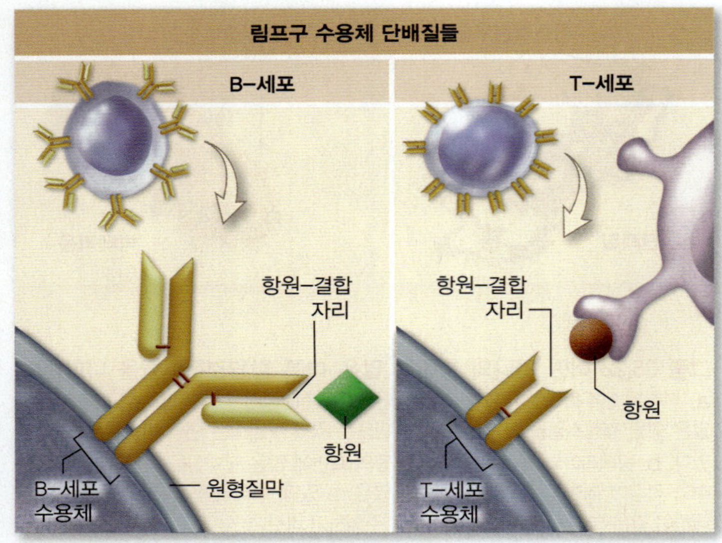

그림 35.23 B- 그리고 T-세포 수용체들은 항원들과 결합한다. B-세포 수용체는 특징적인 Y 형태의 구조를 가진 면역글로불린(Ig) 분자들이다. 각각의 B 세포는 하나의 항원 결정소와 결합하는 이것의 표면에 있는 한 종류의 Ig를 갖는다. T-세포 수용체들은 Ig 분자보다 더 단순하다지만 이것들 역시 특이한 항원 결정소들과 결합한다. T세포들은 다른 세포에 결합한 항원들에게만 결합한다.

하면, 림프구는 활성화되고 이것이 동일한 항원 특이성을 가진 세포의 클론을 만들게, 이 과정을 **클론선택(clonal selection)** 라고 함, 세포를 분열하게 한다. 이들 중 약간은 항원에 즉각적으로 반응하고, 그리고 나머지 세포들은 우리 삶의 나머지 기간 동안 우리 몸에 남아 있을 기억세포들이 된다. 이 기억세포들은 같은 항원의 연속된 접촉에 쉽고 빠르게 활성화된다.

B 세포

림프구들, B **림프구(B lymphocytes)**라고 불리는, 혹은 B **세포(B cells)**들은 **항체(antibodies)**, 혹은 **면역글로불린(immunoglobulins Ig)**이라고 불리는 단백질 분비로 항원에 반응한다. 항원인식은 B 세포막에 있는 면역글로불린에 항원이 결합할 때 일어난다. 항원에 결합이, 뒤에 기술될 다른 신호들과 연계하여, 세포막에 항체에 의해 인식된 항원인식부위에 특수한 항체를 분비하는 형질세포의 생산을 이끄는 신호 경로를 시작한다. 분비되는 항체를 생산하는 이런 B-세포-매개 반응을 **체액성 면역(humoral immunity)**이라고 부른다.

T 세포

T **림프구(T lymphocytes)** 혹은 T **세포(T cells)**라 불리는 다른 림프구들은 항체를 분비하지 않지만 다른 세포들의 면역반응을 조절하거나 특별한 항체를 운반하는 세포들을 직접 공격한다. 이들 세포들은 **세포-매개 면역(cell-mediated immunity)**이라고 불리는 적응면역에 또 다른 한 팔로 참여한다. 세포매개성 면역 그리고 체액성 면역 둘 다 다음 절에서 상세하게 설명된다.

개념 정리 35.8

선천성 면역은 병원체의 특수한 분자들을 인식한다. 여기에는 박테리아의 지질당류 그리고 펩티도글리칸, 또한 바이러스의 DNA나 RNA도 포함된다. 염증 반응은 호중성 백혈구를 유인하고, 모세혈관 투과성 증대시키고, 보체를 활성화하고, 그리고 발열을 유발하는 신호들을 포함한다. 적응성 면역은 특별한 반응을 증대시켜서 각각의 병원체를 인식한다. B 세포는 순환하는 항체를 생산하고(체액성 면역); T 세포는 병원체를 죽이거나 혹은 다른 세포의 반응을 돕는다(세포성 면역).

- 선천성 면역은 특이적인가?

35.9 세포성 면역에는 보조 그리고 살상 T 세포가 관여한다

T세포는 **세포독성T세포(cytotoxic T cells T_C)** 혹은 보조 **T 세포(helper T cells TH)**로 특징을 지울 수 있다. 이들 세포들은 각각 세포 표면 표지단백질을 기준으로도 분류할 수 있다. T_C 세포는 CD8 단백질을 세포표면에 가지고 있어서 이들을 $CD8^+$세포로, 그리고 T_H 세포는 CD4 단백질을 이들 세포표면에 가지고 있어서 $CD4^+$ 세포로 표시한다.

세포독성T세포는 바이러스가 감염된 세포나 암세포를 제거한다

학습목표 35.9.1 세포독성T세포의 기능을 기술하라.

활성화되기 위해서는 이들 T 세포 둘 다 **주조직적합복합성(major histocompatibility)**, 혹은 MHC 단백질에 붙어 있는 펩티드조각을 인식해야만 한다. 이 두 형태의 세포 들은 (1) 구분되는 세포 분배를 갖게 하는 것과 그리고 (2) 그들이 활성화된 후 세포의 달라진 역할에 의해 다른 급의 MHC 단백질의 인식과 구분될 것이다

주조직적합복합성은 자기 비자기 정보를 운반한다

대부분의 척추동물 세포 표면에 MHC에 의해 암호화되어 있는 당단백질을 나타낸다. 사람에게서는 이 MHC에 의해 암호화된 단백질을 사람에게서는 **인간 백혈구 항원(human leukocyte antigens HLAs)**이라고 한다. MHC 단백질을 암호화하는 유전자는 굉장히 다형성(대립유전자를 많이 가짐)을 나타낸다. 예를 들어서 어떤 단백질에는 거의 500개의 대립유전자를 가지고 있는, 가장 다형성이 높은 것으로 알려진 유전자에 의해 HLA 단백질들은 특화된다. 오직 흔치 않은 경우에만 두 개인들이 같은 대립유전자 조합을 가지고 그리고 이 각 개인마다는 서로 다르다. 조직세포에서 MHC 단백질들 자신의 표지 단백질로 기여하고 이것을 통해 외부 세포로부터 자기 자신의세포를 구분하는 능력, 즉 자기 와 비자기를 인식하는 능력을 면역체계, 특히 T세포가 갖게 한다.

MHC 단백질에는 두 종류가 있다. **MHC I 단백질(MHC class I proteins)**은 몸의 핵이 있는 모든 세포에 존재한다. 그러나

MHC II 단백질(MHC class II proteins)은 오직 **항원-제시 세포들(antigen-presenting cells)**(MHC class I 단백질과 더불어)에서 발견된다. 이들 세포에는 대식세포들, B 세포들 그리고 수지상세포들이 포함된다. T_C 세포들은 MHC I 단백질에 결합한 펩티드에 반응하고 그리고 T_H 세포들은 MHC II 단백질에 결합한 펩티드에 반응한다. 대부분 시간동안 단백질에 결합한 펩티드는 개인 자신의 세포에서 자신의 단백질에서 유래한 것들이다. 이 같은 이유로 T 세포들이 흉선에서 선택이 진행되고 자신의 MHC 위에 자신의 단백질에 매우 강하게 결합하는 T 세포들은 제거된다는 것이 중요하다. 이 방법으로 T 세포들은 그들이 성숙한 일차적인 림프 기관들의 밖에서 그리고 암이나 바이러스 감염이 있을 경우처럼 T 세포들이 자신-MHC 위에 외부단백질의 펩티드를 접촉했을 때만 오직 활성화된다. 활성화된 세포독성 T 세포들은 "변동된-자신" 세포들을, 특히 바이러스에 감염되었거나 암세포화 된 세포들을 잘 인식한다. 세포독성 T 세포의 TCRs는 MHC I 단백질에 결합된 내부 항원 펩티드를 인식한다. 내부 항원의 펩티드는 세포질에서 만들어지고 그리고 이후에 이들이 MHC I 단백질에 결합하게 될 소면 소포체 안으로 특수한 운반체 단백질들에 의해서 빨려 들어온다. 이들 단백질들은 내부 막 체계를 통해 세포표면으로 이들의 행로를 계속한다. 내부 항원은 암화된 세포에서 생산되는 이상한 단백질이나 바이러스 감염된 세포에서 만들어진 바이러스 단백질이거나 자신의 단백질일 수 있다. T_C 세포들은 오직 자기-MHC I에 붙어 있는 비정상적인 단백질의 펩티드에 오직 반응한다. 이전에 기술 한 것처럼 T 세포들의 활성화는 이차 림프 기관에서 일어난다. 예를 들면, 림프절에서 T 세포들은 항원제시 세포들을 만난다. 수지상세포들은 특별히 자주 T_C 세포들을 활성화시키는 항원을 제시한다. 모든 바이러스가 다 수지상세포를 감염할 수 있는 것은 아니므로, 수지상세포들이 바이러스들이나 종양세포들을 섭식하고 상호 표현처럼 언급한 메커니즘을 통해 바이러스 혹은 종양 펩티드들을 MHC I 단백질 위에 올려놓아야 한다. 수지상세포에 이것의 CD8과 이것의 T_CR을 통한 T_C 세포의 결합은 많은 활성화된 T_C 세포들과 더불어 기억 T_C 세포들을 만드는 T_C세포의 클론 확장을 유도한다(그림 35.24). 그 후 활성화된 T_C세포들은 신체를 순환하고 자신-MHC I 위에 동일한 외래 펩티드 결합을 발현하는 "표적" 숙주 세포들과 결합 한다. 표적세포의 사멸은 NK 세포들에서와 비슷한 데커니즘으로 유도된다.

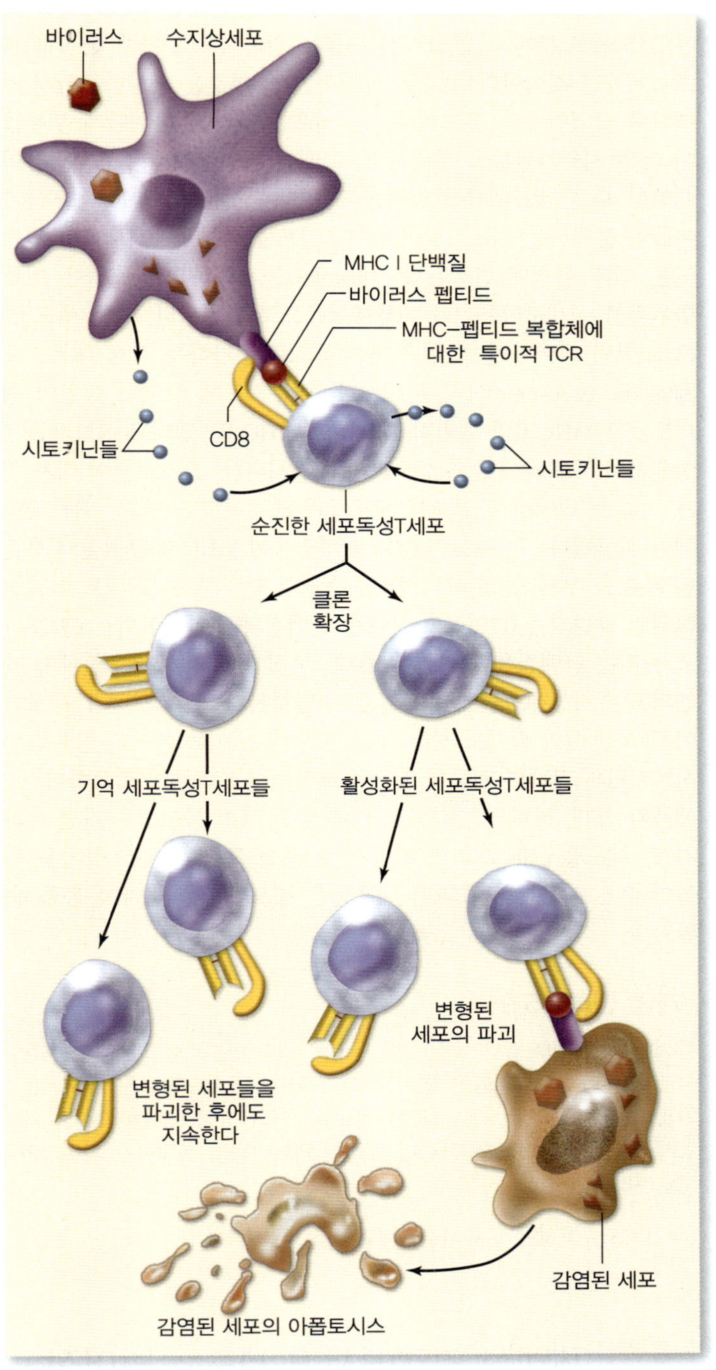

그림 35.24 세포독성T세포들은 "변형된 자기" 세포들의 아폽토시스를 유도한다. 순진한 세포독성T세포들은 이차 림프 기관에서 수지상세포들 위의 자기-MHC I에 전시된 외래 펩티드의 TCR 인식 때 처음으로 활성화된다. 활성화는 클론의 확장과 기억세포로의 분화를 초래하고 그리고 세포들을 활성화한다. 활성화된 T_C 세포의 후손들은 말초(이차 림프 기관 외부)에서 똑같은 자기-MHC I- 펩티드 결합체가 세포표면에 존재하는 어떤 세포의 세포사멸을 유도한다. 암세포나 바이러스에 감염된 세포에서 이것이 일어날 수 있다.

보조T세포는 면역반응을 지시하는 단백질을 분비한다

학습목표 35.9.2 보조T세포의 역할을 설명하라.

활성화된 보조T세포들, T_H세포들, **시토키닌(cytokines)**으로 알려진 저분자의 단백질을 분비한다. 매우 다양한 시토키닌이 알려져 있다. 전부는 아니지만 많은 시토키닌들이 T_H 세포에서 분비된다. 특별히 면역계에 한정된 것은 아니지만 많은 다른 세포들의 원형질막에 특별한 수용체에 이들 시토키닌이 결합한다. 결합과 동시에,

이들은 표적세포를 활성화 혹은 분화를 촉진하는 표적세포내의 신호전달계를 시작하게 한다.

시토키닌은 꽤나 잠재력이 있기 때문에, 일반적으로 매우 낮은 농도에서 분비되고, 그래서 이들은 일차적으로 아주 근접한 세포들에게만 결합한다. IL-1은 예외적인데, 이것은 시상하부까지 여행하여 발열반응을 유도한다. T_H 세포들의 다른 하위단계 부류들이 다른 시토키닌들을 분비하고, 그래서 자연상태에서 면역반응이 체액성 혹은 세포매개성 일지를 결정하는 것은 크게 T_H 세포들과 이들이 분비하는 시토키닌이다. T_H 세포들은 항원제시세포가 가지고온 외래 항원에 반응한다. 대식세포들과 수지상세포들은 이들 항원들을 식세포작용이나 내세포작용으로 획득한다. 이들 세포 안으로 한번 들어가면, 항원은 점차적으로 증가하는 산성 내부소포체(acidic endosome)에서 분해된다. 내부소포체 안에서 항원의 펩티드들은 MHC II와 결합하고 그리고 MHC II-펩티드 복합체들은 항원제시 세포의 표면으로 운반되고 전시된다. T_H세포들이 이차 림프 기관들 내에서 항원제시 세포들과 조우하고 그리고 이들 복합체와 결합한다. T_H 세포의 CD4 단백질들이 MHC II 단백질의 보존된 부분을 부가적으로 결합한다. 순진한 T_H 세포는 T 세포가 활성화되면 발현되는 B7이라고 불리는 단백질과 결합해야하는 CD28라고 불리는 단백질을 발현한다. B7은 오직 항원-제시 세포들에서 발견되고 수지상세포들에서 제일 높게 발현된다. 이 요구는 T_H세포들이 필요할 때만 활성화 하는 것을 보장한다. 이들 세포가 방출하는 시토키닌의 잠재력 때문에 이처럼 조심스러운 조절이 필요하다. T_C 세포와 함께, 하나의 활성화된 T_H 동일한 TCR 특이성을 가진 효과기 T_H 세포들 cells 그리고 기억 T_H 세포들 포함하는 T_H 클론을 만들어낸다. 대부분의 효과기 세포들은 림프기관을 떠나 온몸을 순환한다.

개념 정리 35.9

T세포는 자기MHC 단백질에 표출되는 외래항원의 펩티드에 반응한다. 활성화 T_C 세포들은 변화된 자기세포들의 세포자살을 유도하는데, 이들은 바이러스에 감염된 세포들이거나 종양세포들이다. T_H 세포들은 세포매개면역반응이나 체액성 면역반응을 촉진하는 시토카인을 분비한다.

- T세포수용체는 톨유사수용체와 어떻게 다른가?

35.10 체액성 면역에서 B 세포는 방어적 항체를 생산한다

항원의 인식은 항체단백질에 의해서 수행된다

학습목표 35.10.1 항체 분자의 구조를 기술하라.

항원에 대한 B 세포 수용체는 원형질막에 내재성 단백질로 존재하는 면역글로불린이다. 각각의 B세포는 항원의 특별한 항원결정부에 같은 특이성을 가진 105개의 면역글로불린 분자들을 내보인다. 이차 림프 기관에 있는 순진한 B 세포들은 항원들을 만나다. 항원의 특별한 항원결정부에 B세포 표면에 있는 면역글로불린 분자들이 결합하면서, 이 B 세포는 특별히 T_H 세포들이 분비한 시토키닌과 같은 요구되는 신호를 받으면, 그때 이 B 세포들은 활성화되고 항체를 분비하는 플라스마 세포나 기억세포로 분열한다. 각 플라스마 B 세포는 부모 B 세포의 세포막에 부착된 항체들처럼 똑같은 특이성을 가진 수용성 항체들을 생산하는 작은 공장이다. 이들 항체들은 세포외액과 순환하는 혈액 그리고 림프에 들어가고, 이들은 신체안의 어느 곳에서나 직면하는 항원의 적당한 항원결정부와 결합한다. 어떤 하나의 항원도 다양한 항원결정부들을 가지므로 하나의 항원의 다른 항원결정부들을 다른 B 세포들이 인식할 것이다. 한번 면역글로불린들이 항체를 둘러싸면, 항원을 제거하기 위해 많은 다른 세포들과 관련된 처리 과정들이 활성화된다. 파스퇴르가 그의 병아리에서 발견한 조류 콜레라에 대한 면역은 어떤 그것에 대응하는 항체들이나 항체를 생산하는 B 세포의 지속적인 생존에서 초래되었다.

면역글로불린 구조는 변이와 불변부위로 되어 있음을 보여준다

각 면역글로불린은 두 개의 같고 짧은 폴리펩티드인 **가벼운 사슬**(*light chain*)과 **무거운 사슬(heavy chain)**이라고 불리는 두 개의 같고 긴 폴리펩티드로 구성되어 있다**(그림 35.25)**. 이항화결합에 의해 면역글로불린 네 개의 사슬들이 함께 붙들려, 글자 Y-모양을 형성한 분자이다**(그림 35.25a)**. 각각 분자의 "팔"을 Fab 영역이라고 하며 그리고 "줄기"를 Fc 영역이라고 한다.

항체의 특이성은 변이부위에 존재한다

많은 다른 면역글로불린 분자들의 아미노산 서열 비교는 각 Fab 영역에서 아미노 말단의 절반 부위에 있음을 증명하였다. 이 절반의 Fab는 아미노산 서열이 이 면역글로불린의 아미노산 서열이 다음 것과 각각 달라서 그래서 **변이부위**(*variable region*)라고 명명하게 되었다. 가벼운 사슬과 무거운 사슬 둘 다 변이부위를 가진다. 나머지 부분의 면역 글로불린 아미노산 서열은 하나의 면역 글로불린에서 다음 것까지 상대적으로 일정하고 그래서 이 부분을 불변부위라고 지정한다**(그림 35.25b)**. 가벼운 사슬과 무거운 사슬 둘 다 또한 불변부위를 나타낸다. 면밀한 분석은 포유동물의 가벼운 사슬 불변부위들은 상등한 기능을 수행하는 것으로 보이는 κ(kappa)와 and λ(lambda)로 지정된 두 개의 다른 서열들로 구성되어 있음을 나타낸다. 무거운 사슬의 불변부위는 μ(뮤), δ(델타), γ(감마), α(알파), and ε(입실론) 다섯 개의 다른 서열들로 구성되어 있다. 각 이들의 무거운 사슬이 두 개 중 하나의 가벼운 사슬과 결합할 때 이들은 특정한 부류의 면역글로불린인 IgM, IgD, IgG, IgA, 그리고 IgE가 된다. 가벼운 사슬과 무거운 사슬의 변이 부위들이 **항원이 결합하는 자리**(*antigen-binding site*)인 계곡 모양을 형성하기위해 서로 접혀진다(그림 35.25 참조). 그 표면의 아미노산들의 산과 더불어 항원 결합부의 크기와 모양이 항원의 항원결정부에 대한 각 면역글로불린의 특이성을 결정한다. 각각의 면역글로불린은 두 개의 같은 절반으로 구성되어 있기 때문에 공간적(형태) 제한으로 인해 일반적으로 같은 항원 상에 있지 않을 지라도, 각각은 같은 두 개의 동일한 항원결정부에 결합할 수 있다. 항체가 두 항원결정부에 결합할 수 있는 능력은 다수의 항원 항체 분자들을 포함한 항원-항체 복합체의 형성을 허용한다.

항체의 다양성은 DNA 재조합을 통해 만들어진다

학습목표 35.10.2 어떻게 항체의 다양성이 생겨나는지 설명하라.

척추동물의 면역계는 실제로 외부물질 어떤 비자기 분자가 존재하면 인식할 수 있는 능력이 있다. 사람이나 쥐의 B 세포들은 1010 이상의 다른 항원 결합부를 가진 각각의 항체를 생산할 수 있다고 추정된다. 비록 각각의 개인이 항원의 모든 항원결정부들에 대한 특이한 항체를 가지고 있지 않을지라도, 효과적인 면역 반응을 만들기 위해서 요구되는 모든 것은 항체들이 항원결정부들을의 약간은 인식할 것이라는 것이 거의 확실하다. 척추동물이 항원 인식의 다양성을 어떻게 만들어 냈을까? 이에 대한 답은 변이부위의 특이한 유전학에 있다. 면역글로불린의 각 사슬에 있는 이 부위는 하나의 단순한 DNA의 나열에 있는 것이 아니고, 이 보다는 변이 부위를 생성하기위해서 두 개 혹은 세 개의 분리된 DNA 절편들이 뭉쳐져 조합된다. 이 과정을 DNA 재배열이라고 부르며 두 개의 핵심적인 차이는 있지만, 감수분열시 일어나는 교차와 비슷하다(11장을 보기바람): 이것은 동일 염색체 상의 유전자 좌위 사이에 일어나고 그리고 이것은 또한 위치 특이적이다. 골수에서 선조 B세포가 성숙할 때 DNA 재배열이 일어난다. 재배열 후, RNA 전사로 mRNA가 생성되고, 여기서 전사된 유전자 위치에 따라서 가벼운 사슬 혹은 무거운 사슬 면역글로불린이 번역될 수 있다. 세포들은 염색체들의 상동 된 짝을 가지지만은 DNA재배열은 오직 한 상동체의 무거운 사슬과 가벼운 사슬 유전자 위치에서만 일어나고 이 과정을 대립적 배제(*allelic exclusion*)이라고 한다. 그래서 각 B 세포는 오직 하나의 특이성을 가진 면역 글로불린을 만든다.

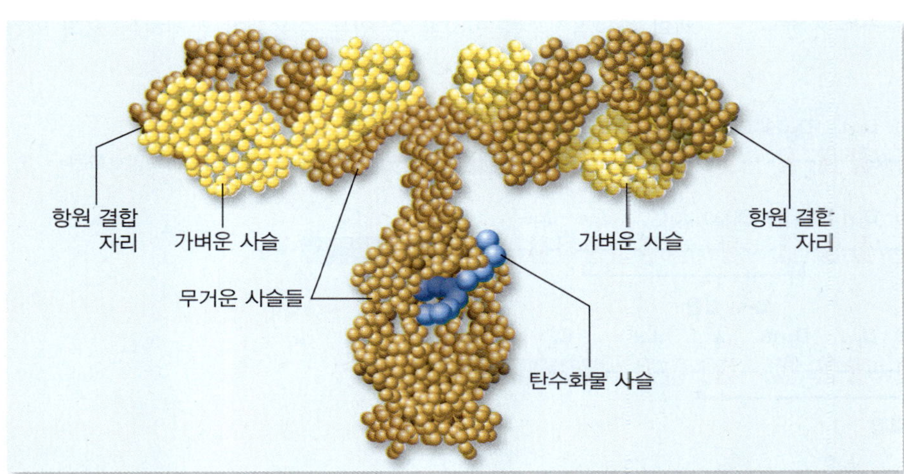

a.

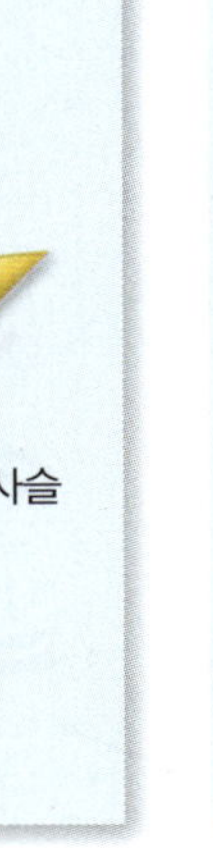

b. *c.*

그림 35.25 면역글로불린 분자의 구조. **a.** 면역글로불린(Ig) 분자의 이 모델에서는 펩티드 내 아미노산들을 작은 원으로 나타냈다. 이 분자는 두 개의 무거운 사슬들(갈색) 두 개의 가벼운 사슬들(노란 색)로 구성된다. **b.** 더 도식적 관점은 Y모양의 팔에 위치하는 두 개의 같은 항원-결합 자리, Fab 영역들, 그리고 줄기, 혹은 Fc 영역이 함께 있는 네 가지 사슬들이 어떻게 Y자 모양을 형성하는지를 보여준다. 두 개의 Fab 영역들이 Fc 영역에 유연한 경첩에 의해 결합되어 있다. **c.** 막 단백질로 보여준 Ig 분자. 청색으로 보여준 변이부위는 항원의 항원결정부들에 결합한다.

변위부위 DNA의 재배열

여러 서로 다른 개인들로부터 면역글로불린 무거운 사슬 유전자 좌위의 염기서열분석은 DNA 단편(분절; segment)들이 무리(cluster)를 이루고 있음을 밝혔다. 약 50개의 연속된 V 분절들로 구성된 무리 뒤를, D 분절이라고 불리는 약 30 개의 작은 절편들의 한 무리가 따른다. D 절편들 뒤에, 마지막으로 6개의 J 절편들로 구성된 무리가 위치한다. 각 V 분절은 서로 서로 비슷하게 같은 크기이지만, 염기서열은 서로 다르며 그래서 다른 아미노산을 암호화하는데 이런 상황이 D와 J 절편에서도 비슷하다.

DNA 재배열은 B-세포 성숙기간 동안 D 절편들 중 하나와 J 절편들 중 하나가 결합하는 위치 특이 재조합과 함께 시작된다**(그림 35.26)**. 이들 두 위치들이 동일한 염색체 상에 있음으로, 중간 부분의 DNA는 결손이 된다. 다시 그 사이에 위치한 DNA는 결손 되면서 어떤 하나의 V 절편이 재배열된 DJ에 결합하는, 또 하나의 위치 특이 재조합이 이것의 뒤를 따른다. 이것들 중에 어느 V, 어느 D, 그리고 어느 J가 선택될지는 무작위적이다. 이 서 로 다른 V, D, 그리고 J의 조합으로 9000개의 다른 무거운 사슬 변이부위 연기서열을 형성하고 다른 단백질을 만들어낼 수 있다. 변이부의의 가벼운 사슬도 오직 V와 J 두 절편들이지만 비슷한 방식으로 형성된다. 또 다른 과정들이 변이부위의 다양성을 더 증대시키는데 기여한다. 재조합시 DNA 영역의 결합이 어느 정도는 부정확하고 그래서 틀 이동(a shift of the reading frame)을 초래되는 각 절편의 끝에서 약간의 염기들이 첨가되고 결손이 일어날 수 있다. B 세포들은 이것들이 성숙하는 동안 어떤 가벼운 사슬과 어떤 무거운 사슬로 발현하는 것을 결정하는 것 같다. 나중에, 이들 유전자들은 체세포 과돌연변이로 명명된 증대된 돌연변이율을 나타낸다. 모든 이들 과정들을 모두 고려해 계산해 보면, 가능한 면역글로불린 단백질 변이 부위 추정치는 1010 이상이다.

전사와 번역

변이부위를 암호화하는 DNA 재조합을 완성한 후, 5′ 말단은 재조합된 변위부위에서 시작되어 μ와 δ를 암호화하는 불변부위 엑손으로까지 계속되는 pre-mRNA 전사체는 형성된다. 이들 RNA 전사체의 대체 짜깁기는 남아 있는 어떤 여분 의 J 절편과 또한 δ 혹은 μ 서열을 제거해 똑 같은 변이부위와 또한 δ 혹은 μ 서열을 암호화하게 한다(그림 35.26). 조면 소포체에서 가벼운 사슬과 결합하면 번역의 결과 μ 혹은 δ을 가진 무거운 사슬 폴리펩티드를 초래하게 된다. 그래서 성숙된 순진한 B세포는 같은 항원 결합 특이성을 가진 IgM과 IgD를 표면에 발현한다.

항원에 대한 2차 반응은 1차 반응 보다 더 효과적이다

학습목표 35.10.3 백신이 어떻게 질병을 막는지 설명할 수 있다.

특이한 항원이 체내로 들어갈 때 이 항원은 우연한 기회에 적당한 이것과 결합하는 수용체를 가지고 면역 반응을 유발할 수 있는 순진한 림프구를 반드시 만나게 된다. 처음으로 어떤 병원체가 신체를 침범하면, 감염이 되었거나, 혹은 그렇지 않으면 자가-MHC에 결합된 외부 펩티드를 가진 비정상적인 세포들이거나, 혹은 병원체의 항원결정부를 인식할 수 있는 수용체가 존재하는 오직 약간

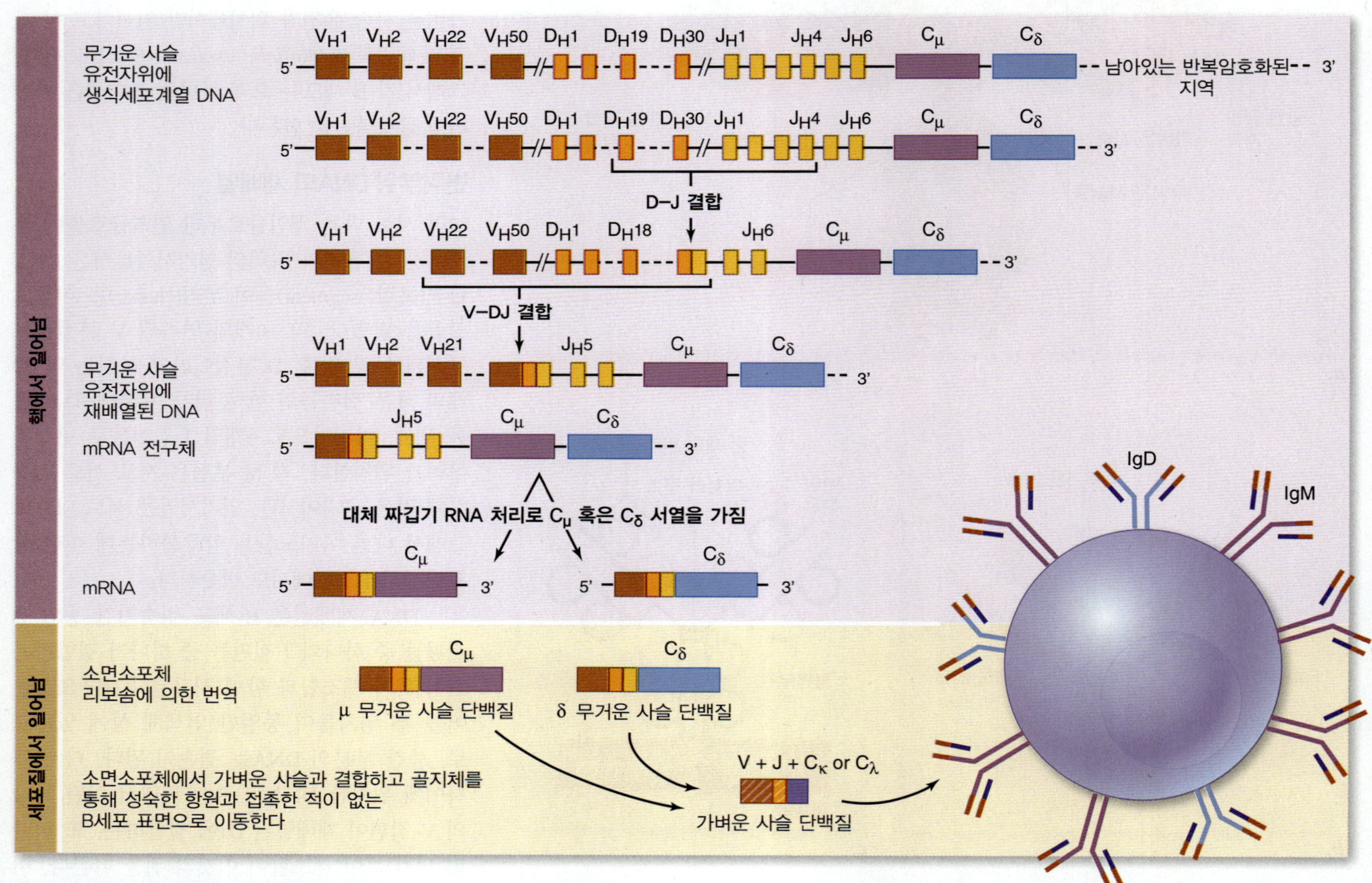

그림 35.26 면역글로불린 다양성은 DNA 절편의 재배열로 만들어진다. 면역글로불린(IgG) 단백질은 다른 DNA 절편들에 의해 암호화 되어 있다: 하나의 V(변이), 하나의 D(다양성), 그리고 하나의 J(결합) 절편에, 불변부위가 더해진다. 골수에서 성숙되는 동안 이들은 DNA 재배열의 정확한 서열에 의해 서로 연결된다. 어떤 J절편에 어떤 D가 처음으로 연결해 합치고, 그리고 합쳐진 DJ에 어떤 V 절편이 합류한다. 다양성에 기여하기위해서 다른 세포는 다른 V, D, 그리고 J 절편들을 선택한다. 전사체 합성은 재배열된 VDJ에서 시작해 그리고 불변부위 엑손들로 계속된다. 초기 RNA 스플라이싱은 변이부위를 불변부위의 어떤 μ 혹은 어떤 δ 영역과 결합한다. 이들 전사체들은 가벼운 사슬들(어떤 V, 어떤 J, 그리고 어떤 C에 의해 암호화된)과 합해지기 위해 조면소포체(RER)에서 무거운 사슬 폴리펩티드들로 번역된다. 이들(μ 불변부위)과 IgD(δ 불변부위) 둘 다를 발현하며 동일한 변이부위와 그래서 동일한 항원특이성을 가진 단백질들이 성숙한 경험이 없는 B 세포의 세포 표면으로 운송된다.

의 B 혹은 T 세포들이 있을 수 있다. 그래서 처음 병원체를 갖닥뜨린 경우 면역 반응을 올릴 수 있는 오직 약간의 세포만 존재함으로 오직 약간의 세포만 존재하므로 사람들은 병의 증상이 나타난다. IgM 항체의 분비와 더불어 T와 B세포의 클론 확장이 일어나고 이것은 여러 날이 걸린다(그림 35.27). 일차반응 중에 많은 기억세포

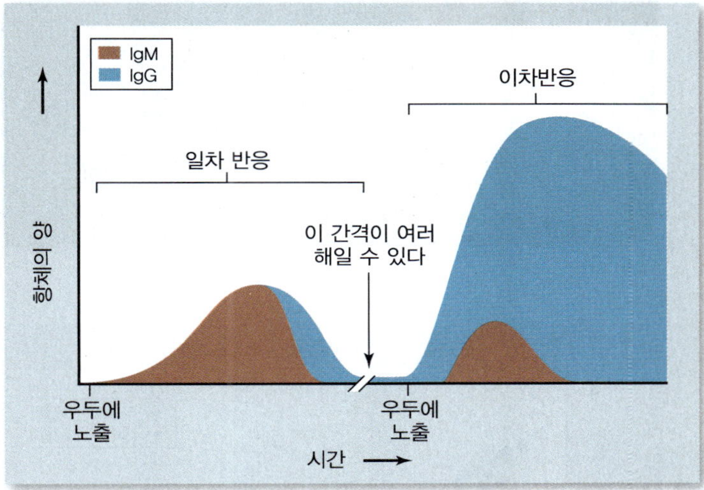

그림 35.27 활성적인 면역의 발달. 제너의 환자들에서는 그들에게 으두 접종이 우두 뿐만 아니라 수두 항원에도 결합할 수 있는 수용체를 가진 기억세프들을 포함한 림프구의 클론들의 발달을 자극했기 때문에 수두에 대한 면역이 발생했다. 두 번째 노출이 같은 특이성의 많은 양의 항체를 생산하고 그리고 첫 면역 기간 보다 훨씬 빠르게 기억세포들을 자극한다. 일차반응동안 생산된 첫 항체들은 IgM(빨간색)이고 IgG(청색)는 일차반응의 끝 무렵에서나 분비된다. 점막관련림프조직에 있는 B세포들이 항원에 의해 활성화되면 IgA가 분비되고, 혹은 알러지와 같은 어떤 경우에는 IgE가 분비되지만, 두 번째 반응 동안 분비되는 대부분의 항체는 IgG이다.

클론이 발달하기 때문에, 다음번 같은 병원체에 의해 신체가 감염되면 면역계는 준비되어 있다. 기억세포들은 순진한 림프구들보다 더욱 빨리 활성화 될 수 있기에 이차면역 반응이 처음 반응에 비교하여 시작과 더불어 매우 빠르게 최고치에 오른다. 더욱이, 항체의 대량 분비와 함께 클론 확장도 일어난다. 각각 다른 종의 항체는 다른 기능을 수행하기 때문에, 이것은 개인에 면역 반응 동안 다른 종류의 면역글로불린의 생산을 위해서 유리하다. 같은 항원에 두 번째 노출이 있는 동안 기억세포가 활성화되며 그리고 IgM보다 다른 이소타입 항체를 분비하지만, 다른 순진한 B세포들은 역시 항체를 처음 인식하고 활성화되며 IgM을 분비한다. 수십 년간 기억세포는 살아남을 수 있기 때문에 수두를 한 번 앓았거나 이것의 백신 주사를 맞은 사람은 두 번째로 수두에 감염이 거의 없는 이유이다. 백신이 일차반응을 시작하면 후에 실제 병원체를 이 후에 실제로 맞닥뜨려도 크고 빠른 이차반응이 일어나서 질병의 증상이 관찰되기 전에 감염이 중지된다. 어린 시절에 질병의 원인이 된 바이러스들이 해마다 아주 조금 변하는 표면 항원을 가지고 있음으로 같은 항체가 수십 년 간은 효과적으로 작용한다.

개념 정리 35.10

항체는 항원을 인지하고 결합하는 변이영역을 가진다. 구분되는 DNA 조각의 연결해 암호화 된 변위부위는 항원 인식의 다양성을 제공한다. 각 항체는 이들의 기능을 결정하는 IgA, IgD, IgE, IgG, 그리고 IgM가 포함되는 다섯 종류들 중 한 가지만의 불변부위를 또한 가진다.

백신은 일차반응을 유발해 후에 이 항원을 가진 병원체를 이차 반응으로 빨리 제거하도록 만든 인위적인 항원이다.

- Ig 수용체가 TLR 선천성 수용체와 어떻게 다른가?

과학 기술 분석

잠자는 새가 어떻게 온기를 유지하는가?

포유류와 조류는 내온동물로 그들은 주변의 온도에 관계없이 상대적으로 일정하게 체온을 유지한다. 이것이 이들로 하여금 외부 온도가 떨어져도 그들의 대사율을 확실하게 작동하게 한다—온도가 매 10°C 떨어질 때 마다 대부분 효소 촉매 반응이 2-3 배 감소한다. 여러분의 몸은 37°C(98.6°F)에서 좁은 변동 폭으로 유지되고, 조류는 좀 더 높은 온도에서 체온이 유지된다.

이 처럼 따뜻하게 머물려고, 포유류와 조류는 지속적으로 열을 생산하는 산화적 대사를 수행한다. 특별히 동물이 활동적이지 않을 때 이것은 비싼 몇 배의 증대된 대사율을 요구한다. 논리적 해결책은 온기를 유지하기위해 투쟁하는 것을 포기하고 그리고 잠자는 동안 무기력한 조건일 때 체온을 낮게 하는 것이다. 사람은 이 접근을 적용하지 않았지만, 많은 다른 포유류나 조류는 그렇게 한다. 이것은 흥미로운 질문을 하게 한다: 무엇이 무기력 속에 있는 잠자는 새의 얼어버림을 막는가? 새의 몸이 단순히 이들 주위의 온도를 단순히 적용하는가?, 아님 얼어버림을 피하려고 대사적 발열이 일어나는 낮은 체온에 있는지?

오른쪽 그래프는 위에 보인 것 같은 생육조건에서 **유람피스** (*Eulampis*)라는 적도 벌새로 이 문제를 실험적으로 조사한 것을 나타낸 것이다. 공기온도 하강이 대사율(산소소비량으로 측정함)에 미치는 효과를 조사하였다. 두 개의 생리적 상태를 대비하기 위해, 산소소비량은 3°부터 37°C까지 범위에서 측정하였다: 푸른색 데이터는 깨어있는 조류에서 얻은 것이고, 붉은 데이터는 잠자는 무기력한 새에게서 얻은 것이다. 푸른색과 붉은 색 선은 회귀선이라고 하는데 데이터에 제일 잘 맞는 것을 제공하는 선형회귀곡선 통계를 사용하여 그린 것이다.

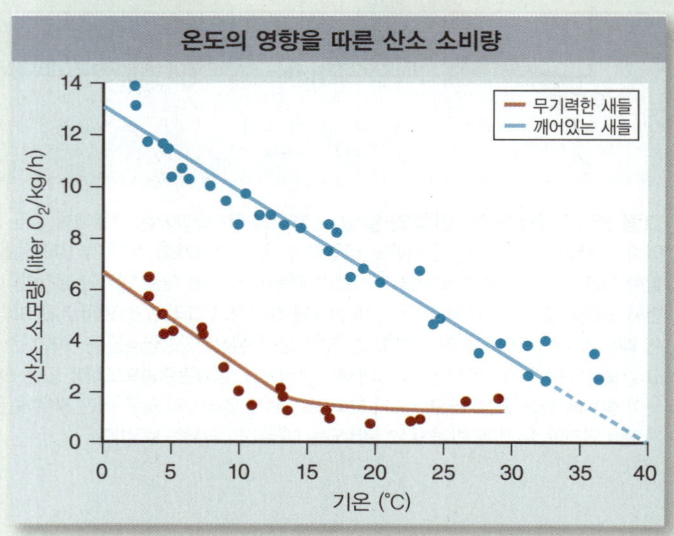

분석

1. **개념 적용**

   두 데이터 세트를 비교하기. 깨어 있는 벌새는 상온에서 전부 같은 대사율을 유지하고 있는가? 잠자는 것도 무기력의 하나인가? 주어진 시간에 깨어있는 새, 무기력한 새 중에서 어느 쪽이 더 높은 대사율을 보이는가?

2. **자료 해석**

   a. 공기의 온도가 떨어질 때 어떻게 깨어있는 벌새의 산소 소비가 변하는가? 그렇다면 왜 그렇게 생각하는가? 조사한 공기 온도의 전 범위에서 이 변화가 지속되는가?

   b. 공기 온도가 떨어질 때 잠자는 무기력한 새들의 산소소비량의 변화가 어떠한가? 조사한 공기 온도의 전 범위에서 이 변화가 지속되는가? 여러분이 감지한 어떤 병화를 설명하라.

   c. 15°C 아래에서 두 회귀선의 경사에 어떤 유의적인 차이가 있는가? 여러분에게 이것은 무엇을 제시하고 있는가?

3. **추론**

   a. 각각의 공기온도 5도 간격으로 깨어있는 새와 잠자는 새의 산소평균 소비량을 추정하고 공기온도의 함수로 이 차이를 그래프로 그려라.

   b. 이 곡선에 기초하여, 공기온도가 30°에서 to 20°C?로 떨어질 때 그리고 15°에서 to 5°C로 떨어질 때 각각 잠자는 새의 체온에 무슨 일이 생겨났는지 기대하는가?

4. **결론 도출** 잠잘 때나 추운 밤에 율람피스 벌새는 차가워지는 것을 어떻게 피하는가?

학습 과정 복습

개념 35.1 항상성은 내적 환경을 일정하게 유지한다

35.1.1 음성되먹임 기전이 좁은 범위 내에서 값들을 유지한다 항상성은 음성되먹임 회로를 설정점으로부터 벗어나는 것을 제한하기위해 사용한다.

35.1.2 동물은 다양한 방식으로 체온을 조절한다 내온동물들은 높은 대사율을 가지고 있으며 내부에서 열을 발생한다만, 외온동물들은 그렇지 못하다.

35.1.3 내온동물은 내부 대사열을 보존하거나 소실한다 내온동물은 생리적 변화에 따라 온도를 조절한다; 외온동물은 행동을 이용한다.

개념 35.2 호르몬은 신체의 처리 과정을 지시하는 화학적인 전언이다

35.2.1 내분비샘들은 각각 화학적으로 구분되는 세 종류의 호르몬들을 생산한다 이들 세 종류는 펩티드들과 단백질들; 아미노산 유도체들; 그리고 스테로이드들이다.

35.2.2 호르몬은 친수성인지 소수성인지 구분할 수 있다 친지질성 호르몬은 지용성이고 세포막을 관통할 수 있다; 친수성 호르몬은 수용성이다.

35.2.3 친지질성 호르몬은 세포내 수용체를 활성화한다 친지질성 호르몬은 원형질막을 관통하고 그리고 전사를 활성화하는 세포내 수용체를 활성화 한다.

35.2.4 수용성 호르몬은 표적세포막에 있는 수용체를 활성화시킨다 친수성 호르몬은 세포막에 있는 수용체에 결합하여 신호전달계를 시작한다.

개념 35.3 뇌하수체 그리고 시상하부는 몸의 조절 중추이다

35.3.1 뇌하수체는 하나의 복잡한 내분비 샘이다

35.3.2 시상하부의 신경호르몬이 뇌하수체 전엽을 조절한다 시상하부 호르몬들은 뇌하수체 전엽으로 전해지고 그리고 이들의 호르몬 생산을 조절한다.

개념 35.4 말초 분비샘이 항상성 유지에 중요한 역할을 한다

35.4.1 갑상샘샘은 기초대사와 발생을 조절한다 갑상샘샘 호르몬 티록신은 척추동물에서 기초대사량을 조절한다.

35.4.2 칼슘 항상성은 여러 호르몬들에 의해 조절된다 혈액의 Ca^{2+} 농도는 칼시토닌에 의해 낮춰지고 그리고 부갑상샘샘 호르몬에 의해 오른다.

35.4.3 부신은 카테콜아민과 스테로이드 호르몬들을 분비한다 에피네프린과 노르에피네프린은 경고 반응을 일으킨다. 코르티코스테로이드는 포도당의 수준을 유지한다.

35.4.4 이자 호르몬들은 탄수화물 대사를 조절한다 인슐린은 혈당을 낮추고, 글루카곤이 올린다.

35.4.5 멜라토닌은 일주기 조절에 결정적이다 멜라토닌은 일주기 기상과 수면 주기를 조절한다. 성 스테로이드 호르몬은 성적 발생과 생식을 조절한다.

개념 35.5 동물은 삼투순응 혹은 삼투조절자이다

35.5.1 동물은 이들의 삼투를 다양한 방법으로 조절한다 삼투압은 용액의 물을 가져오고자 하는 경향성이다.

개념 35.6 콩팥은 포유류에서 삼투 항상성을 유지한다

35.6.1 네프론이 콩팥에서 걸러내는 기본 단위이다 혈액은 사구체에서 신관인 헨르 회로, 말부감긴세뇨관, 그리고 수집관으로 걸러져 나간다.

35.6.2 물, 영양소, 그리고 이온들은 재흡수된다; 다른 분자들은 분비된다

35.6.3 네프론의 각 부분은 특수한 운송기능을 수행한다 영양소들과 염류의 재흡수는 기부감긴세뇨관에서 일어난다.

개념 35.7 호르몬들이 삼투조절을 지배한다

35.7.1 항이뇨호르몬은 물을 몸에 보존하게 한다 ADH는 물의 재흡수를 증대시키려고 수집관의 투과도를 증가시킨다.

35.7.2 알도스테론이 소듐이온의 농도를 조절한다 알도스테론은 말부감긴세뇨관에 의한 Na^+흡수를 촉진한다.

개념 35.8 면역계가 몸을 방어한다

35.8.1 선천성 면역계는 특징적 병원성 분자들을 인식한다 톨 유사 수용체들은 LPS과 펩티도글리칸과 같은 것들을 인식하는 루이신이 많은 영역을 가지고 있다.

35.8.2 선천성 면역은 병원체에 대한 다양한 반응을 이끈다 병원체의 선천성 수용체에 결합은 염증반응과 항미생물 펩티드, 그리고 적응면역을 자극하는 시토키닌들의 생산을 유발한다.

35.8.3 적응면역은 유전자의 재조합으로 수용체의 다양성이 생겨난다 림프구들의 표면 수용체들은 항원을 인식하고 특이 면역반응을 지시한다.

개념 35.9 세포성 면역에는 보조 그리고 살상 T 세포가 관여한다

35.9.1 세포독성 T세포는 바이러스가 감염된 세포나 암세포를 제거한다 T_C 세포들은 바이러스에 감염된 세포나 암세포를 인식할 수 있다. 그들은 NK세포들과 같은 방식으로 세포들을 파괴한다.

35.9.2 보조 T 세포는 면역반응을 지시하는 단백질을 분비한다 T_H 세포들은 세포성 면역과 체액성 면역을 촉진하는 시토키닌을 분비한다.

개념 35.10 체액성 면역에서 B 세포는 방어적 항체를 생산한다

35.10.1 항원의 인식은 항체단백질에 의해서 수행된다 면역글로불린은 변이부위를 가진 두 개의 가벼운 사슬과 두 개의 무거운 사슬 폴리펩티드들로 구성된다.

35.10.2 항체의 다양성은 DNA 재조합을 통해 만들어진다 항체 그리고 TCR 다양성은 DNA 재조합으로 만들어진다. TCR들은 한 항체의 Fab 영역과 유사하다.

35.10.3 항원에 대한 2차 반응은 1차 반응 보다 더 효과적이다 기억세포들은 반복된 노출에 대응해 이차반응을 보다 빨리 만든다.

학습 과정 평가

개념 35.1 항상성은 내적 환경을 일정하게 유지한다

이해

1. 다음 기술들 중에 옳은 것을 모두 고르시오.
   a. 변온동물(Poikilotherms)은 가끔 "온혈동물"이라고 언급한다.
   b. 내온동물은 차가운 환경에서 온기를 유지하기위해 체열을 만드는 물질대사과정을 이용한다.
   c. 해양동물의 지방과 같은 단열재로 인해 외온동물은 그들의 체온을 유지할 수 있다.
   d. 몸 떨림은 내온동물들과 외온동물들이 그들의 몸을 따듯하게 하려고 사용하는 행동이다.

응용

1. 다음 시나리오들 주 양성되먹임을 올바르게 기술한 것은?
   a. 당신 방의 온도가 올라갈 때 화로에서 더운 공기의 방출이 더 증가한다.
   b. 물을 많이 마시면 더 많은 오줌이 만들어진다.
   c. 가솔린 값이 오르면 운전자는 여행거리를 줄인다.
   d. 추위를 느끼면 몸을 떤다.

종합

1. 우리는 모두 배고픔의 고통을 경험한 적이 있다. 이 배고픔이 음성되먹임 조절인가 양성되먹임 조절인가 이 자극에 반응과 관련된 단계를 기술하라.

개념 35.2 호르몬은 신체의 처리 과정을 지시하는 화학적인 전언이다

이해

1. 다음 설명들 중 친지질성 호르몬에 관한 진술로 옳은 것은?
   a. 혈액에 자유롭게 녹아있다.
   b. 혈류 속에서 운반체 단백질이 필요하다
   c. 표적세포 안으로 들어갈 수 없다.
   d. 수용체에 결합한 후 빨리 불활성화 된다.

응용

1. 펩티드호르몬의 작용이 스테로이드호르몬의 그것과 다른 이유는 무엇이 인가?
   a. 펩티드호르몬은 세포 안으로 들어가고, 반면 스테로이드호르몬은 못한다.
   b. 펩티드호르몬은 세포 안으로 못 들어가고, 스테로이드호르몬은 들어간다.
   c. 펩티드 호르몬은 직접 DNA에 작용한다.
   d. 스테로이드 호르몬은 이차신호전달물질을 이용한다.

종합

1. 펩티드 호르몬에 의한 반응은 왜 호르몬 수용체에 의해 활성화되는 여러 형태의 G 단백질에 의존하는지 이유를 설명하라.

개념 35.3 뇌하수체 그리고 시상하부는 몸의 조절 중추이다

이해

1. 뇌하수체에서 분비되는 호르몬들은 두 가지 다른 원천을 가진다. 이것들 중 하나는 시상하부 뉴런들에서 생산된 것을 ____________통해서 방출하는 것이고 그리고 다른 하나는 뇌하수체에서 생산되어 ____________ 통해서 방출하는 것이다.
   a. 시상; 시상하부
   b. 뇌하수체 후엽; 뇌하수체 전엽
   c. 오른쪽 뇌하수체; 왼쪽 뇌하수체
   d. 피질; 수질

응용

1. 뇌하수체에 영향을 미치는 암은 전부는 아니지만 여기서 방출되는 호르몬의 약간의 감소를 초래한다. 어떤 환자에서 그 증상이 피곤하고, 체중감소, 그리고 낮은 혈당 수치를 보인다. 이것은 아마도 다음의 생산이 줄어든 때문일 것이다. 옳은 것을 고르시오.
   a. 근육량의 감소를 초래한 GH.
   b. 글루코코르티코이드 생산의 손실을 초래한 ACTH
   c. 티록신의 생산 감소를 초래한 TSH.
   d. 과도한 오줌의 생산을 초래한 ADH.

종합

1. 뇌가 왜 단순히 뇌하수체 호르몬의 생산을 즉각적으로 지시하는 대신에 방출호르몬의 생산의 문제로 가는지에 대해 여러분의 생각은?

개념 35.4 말초 분비샘이 항상성 유지지에 중요한 역할을 한다

이해

1. 랑게르한스 섬의 베타세포에서 분비되는 것은?
   a. 인슐린. b. 글루카곤.
   c. 칼시토닌 d. 알도스테론.

응용

1. 여러분의 샘 아저씨는 파티를 좋아한다. 그가 음주를 하면 자주 용변을 보러 가야한다고 불평한다. 알코올이 이 호르몬의 방출을 억제했기 때문이라고 당신이 그에게 설명했다.
   옳은 설명은?
   a. 티록신, 콩팥으로부터 수분의 재흡수를 증가시켰다.
   b. 티록신, 콩팥으로부터 수분의 재흡수를 감소시켰다.
   c. ADH, 콩팥으로부터 수분의 재흡수를 감가시켰다.
   d. ADH, 콩팥으로부터 수분의 재흡수를 증가시켰다.

종합

1. 많은 생리적 지표인 혈액 내 Ca^{2+}농도 그리고 혈당 수준들은 상호 길항작용을 하는 두 가지 호르몬들에 의해서 조절된다. 오직 한 방향으로 수치를 변화시키는 한 호르몬을 사용하는 대신 이 방식의 조절로 성취할 수 있는 장점은 무엇인가?

개념 35.5 동물은 삼투 순응자 혹은 조절자이다

이해

1. 세포를 고장액에 담구면, 이것은
   a. 물을 잃는다. b. 물을 얻는다.
   c. 같은 상태로 있다. d. 터진다.

응용

1. 민물에 사는 척추동물은 주변의 물보다 고농도의 체액을 가지고 있다. 이런 동물에서 삼투균형을 유지하기위해 적용되는 메커니즘들은 어떤 것들인가? 적용되는 모든 것을 모두 고르시오.
   a. 그들은 과량의 물을 마신다.
   b. 그들은 매우 희석된 오줌을 배설한다.
   c. 그들은 NaCL을 그들 몸으로 재흡수한다.
   d. 그들은 매우 농축된 오줌을 배설한다

종합

1. 환형동물의 신관 그리고 곤충의 말피기관에서 물과 염류는 재흡수로만 몸으로 회수된다. 이들 배설계가 어떻게 이 육상동물들의 삼투 균형을 조절하는지 설명하라.

개념 35.6 콩팥은 포유류에서 삼투 항상성을 유지한다

이해

1. 어떤 과학자가 다른 환경에서 발견되는 여러 포유동물의 콩팥의 기능을 연구하고 있다. 그는 사막 환경에 사는 종과 열대 우림에 사는 종을 서로 비교한다. 사막에 사는 종이 열대우림에 사는 종과 비교해 어떤 특징이 있을 것으로 예상되는가?
   a. 열대우림의 종보다 짧은 헨르 회로.
   b. 열대우림의 종보다 긴 헨르 회로.
   c. 열대우림의 종보다 짧은 기부감긴세뇨관.
   d. 열대우림의 종보다 긴 원위 세뇨관.

응용

1. 바이러스 감염이 어디에 위치한 세포를 공격해야 사구체 여과액으로부터 이온의 재흡수가 방해를 받는가?
   a. 보먼 주머니.
   b. 사구체
   c. 콩팥 세관들
   d. 수집관.

종합

1. 포유동물의 콩팥에서, 물은 수집관에서 헨르회로의 바닥 근처 염분농도가 높은 조직으로 재흡수된다. 이물은 혈관에 의해 빠져나간다. 그런데 왜 이곳을 통과하는 혈관 안의 혈액은 그렇게 짜지 않은 이유는 무엇인가?

개념 35.7 호르몬들이 삼투조절을 지배한다

이해

1. 다음 중 ADH(항이뇨호르몬)의 작용은?
   a. 수집관에서 NaCl 의 재흡수를 증가시킨다.
   b 수집관에서 NaCl 의 분비를 증가시킨다.
   c. 수집관에서 물의 재흡수를 증가시킨다.
   d. 수집관에서 물의 분비를 증가시킨다.

응용

1. 카페인은 ADH의 분비를 억제한다. 시험 전에 여러분은 많은 커피를 마신다. 시험 보는 동안 여러분이 기대할 수 있는 것은?
   a 수집관에서 더 많은 물의 재흡수.
   b. 수집관에서 물 재흡수 감소.
   c. 말부감긴세뇨관에서의 더 많은 포도당 재흡수
   d. 말부감긴세뇨관에서의 포도당 재흡수의 감소

종합

1. 당신이 바다에 실종되어 술이 있는 구명보트를 타고 표류를 하게 되었는데 매우 갈증을 느낀다고 가정하자. 이때 술을 마셔야 하나 아님 바닷물을 마셔야 하나? 당신의 답을 설명하라 .

개념 35.8 면역계가 몸을 방어한다

이해

선천적 면역반응을 시작하는 수용체들은?
a. 특이한 항원들을 인식하는 항체들이다.
b. 특이한 항원들을 인식하는 T-세포들이다.
c. 병원체-연관된 분자의 형태를 인식한다
d. 특별한 것이 전혀 아니다.

응용

1. 면역을 억제하는 새로운 질병이 발견되었다. 다음 중 보조 혹은 세포독성 T 세포는 아니고 B 세포들에게만 특이적으로 영향을 미치는 질병으로 나타나는 것은?
   a. 인터류킨-2의 생산의 감소
   b. 인터페론의 생산의 감소
   c. 형질세포의 생산의 감소
   d. 인터류킨-1 생산생산의 감소

종합

1. 왜 하나의 박테리아 세포가 많은 다른 면역반응을 유발하는지 설명하라

개념 35.9 세포성 면역에는 보조 그리고 살상 T 세포가 관여한다

이해

1. 다음 중 MHC II 단백질이 부족한 세포는?
   a. 수지상세포 b. 대식세포
   c. B 세포 d. T 세포

응용

1.다음 중 오래 지속되는 면역반응은 ?
   a. 대식세포가 감염된 세포를 습식하고 파괴한다
   b. 보조T 세포들이 움직인다.
   c. B세포들이 증식한다.
   d. 대식세포가 인터류킨을 분비한다.

종합

1. 왜 각각의 개인들은 특이한 HLA "지문"을 갖는가?

개념 35.10 체액성 면역에서 B 세포는 방어적 항체를 생산한다

이해

1. 척추동물이 어떻게 수맥만의 다른 항체 수용체 줄기세포를 만들 수 있는가?
   a. 수백만 유전자의 돌연변이로
   b. DNA 절편의 재조합으로
   c. 항원 유발 수용체 창조로
   d. 위의 것들 중 맞는 것 없음

응용

1. 다음 중 미래에 특별한 병원체의 감염에 대한 면역은 부여하는 것은?
   a. 기억 B 세포들. b. 인터류킨-1.
   c. 형질세포들. d. 보조T세포들.

종합

1. 면역계는 오직 수백 개의 항체수용체 유전자들로만 암호화하고 있는지 그 이유는 무엇이라고 생각하는가? 왜 수천 개의 유전자들에 의해 암호화되어 있지 않는가?

36
생식과 발생

학습과정

36.1 포유류는 태생이다

36.2 남성의 생식계는 포유류의 전형이다

36.3 여성의 생식 체계는 주기적인 배우자 발생을 한다

36.4 발생에서의 첫 단계는 수정이다

36.5 초기 배아의 세포는 분화전능성이다

36.6 난할은 포배기를 이끈다

36.7 낭배형성은 배아의 기본적인 체제를 형성한다

36.8 신체 장기는 장기 형성 동안 만들어진다

36.9 인간 발생은 9개월이 소요된다

서론

약간의 문제들은 성보다는 매일의 일상에 만연해 있고 약간의 충동들은 계속된다. 이 장에서는 인간에 초점을 맞추어 척추동물의 성과 생식에 대해 이야기할 것이다. 우리는 어떻게 생물체가 탄생, 성장, 변화 그리고 성숙이 답이 될 수 있는지에 대하여 오랜 기간 동안 의문점으로 남아있고 재생의료에 대한 새로운 가능성이 공존하는 시대에 살고 있다. 인간의 생식방법은 두 개의 반수체 배우자가 접합자로 불리는 하나의 2배체 세포를 형성한다. 접합자는 세포분열과 분화를 통해 여러 종류의 조직과 기관으로 구성된 복잡한 다세포 유기체로 변화한다. 발생기간 동안 유전자 발현에 관한 결정들을 하게 되고 이것들은 원인과 결과를 따르는 복잡한 망을 회전하면서 특정 세포들은 다른 경로들을 따라 진행된다. 동시에 생식세포를 구성하는 세포 집단은 성체로 발생하는 유기체들이 유성생식을 할 수 있도록 존재하고 있다.

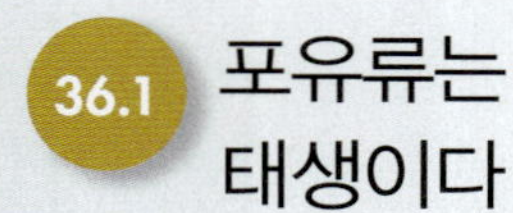

36.1 포유류는 태생이다

척추동물의 유성생식의 진화는 그들이 육지에 닿기 이전 바다에서 이루어졌다. 일반적으로 수컷은 난자가 포함되어 있는 수중에서 정자를 배출하고 그 곳에서 방출된 배우자들의 결합이 이루어진다. 그러나 척추동물이 육지에서 살기 시작하면서 그들의 작고 연약한 배우자들은 심각한 문제를 갖게 된다. 육지에서 무방비로 노출된 배우자는 순식간에 말라 사멸하는 것이다. 결과적으로 이 치열한 선택압은 육상 척추 동물들의 체내 수정을 초래하게 되었다. 즉, 직접적으로 수컷 배우자를 암컷의 생식관 내로 방출하는 것이다. 이러한 방법을 통해 성체 동물들의 건조한 육지에서 생활함에도 불구하고 건조하지 않은 환경에서 수정이 일어난다.

자손 번성을 위한 체내 수정의 세 가지 전략

학습목표 36.1.1 태생, 난생과 난태생의 비교 및 대조.

체내 수정을 하는 척추동물은 배아 발생과 태아 발생을 위한 난생, 난태생 그리고 태생이라는 세 가지 전략을 보여준다.

1. **난생(Oviparity)**은 몇 몇의 경골어류와 대부분의 파충류, 몇몇 연골어류와 몇몇 연골어류 약간의 포유류와 모든 조류에서 발견된다. 체내에서 수정된 후의 알은 완전한 발생을 위해 외부에서 모체에 의해 품어진다.
2. **난태생(Ovoviviparity)**은 몇 몇의 어류와 많은 파충류에서 나타난다. 수정된 알은 완전한 발생을 위해 모체 안에서 보호되지만, 그들은 여전히 난황으로부터 영양분을 얻는다. 그들은 부화할 때 완전하게 발생된다.
3. **태생(Viviparity)**은 상어, 몇 몇의 양서류와 소수의 파충류 및 모든 대다수의 포유류에서 나타난다. 그들은 모체 안에서 발생되며 난황보다는 모체의 혈액을 통하여 직접적인 영양분을 획득한다.

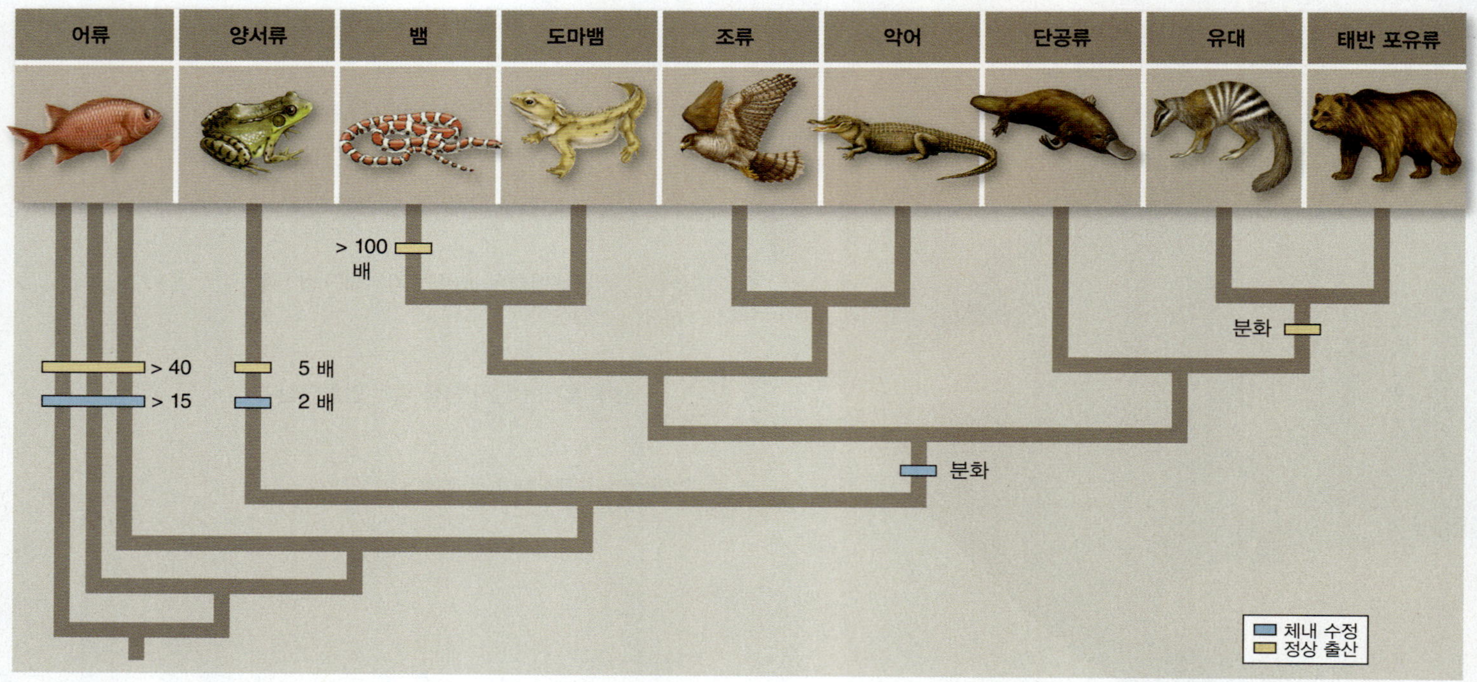

그림 36.1 척추동물의 체내수정 진화와 출산. 출산이 비록 어류와 비늘이 있는 파충류들로 여러 번 진화했지만 이 두 집단의 대부분의 종들은 알을 낳는다. 만약 그렇더라도 진화적으로 출산에서 알을 낳는 것까지 진화적인 역행은 거의 드물게 일어난다. 어류와 비늘이 있는 파충류의 기원의 숫자에 대한 가늠은 각 집단안의 자세한 계통 발생 분석에 기초한 것이며; 수에서의 불확실성은 몇 집단에서의 완전하지 않은 정보에 대한 결과이다.

생식 체계의 진화

척추동물에서의 생명 탄생은 많은 시간에 걸쳐 진화되어 왔다: 포유류에서는 한 번이지만, 어류와 파충류 및 양서류들에서는 많은 시간동안 독립적으로 진화했다(그림 36.1). 체내 수정은 수컷으로부터 암컷으로 정자를 전달하는 방법들을 수반한다. 대부분의 척추동물들은 수컷이 암컷의 몸 안에 정자를 직접 전달하는 송입기관으로 진화했다. 반면에 조류는 이 기관이 퇴화되었다. 체내 수정을 위해 조류는 그들의 배설강을 단순화하여 수컷의 정자가 암컷으로 갈 수 있게 하였다.

개념 정리 36.1

대부분의 포유류는 모체에 의해 태아에게 영양분이 공급되며 태어나는 태생이다. 체내수정은 암컷의 몸 안에서 배아가 발생되는 것을 말하며 위대한 생식의 성공을 보여준다.

- 난생은 어떤 환경에서 유리한가?

36.2 남성의 생식계는 포유류의 전형이다

전형적인 수컷 포유류, 즉 남성 생식계의 구조는 그림 36.2에 보이는 것과 같다. 인간의 배아에서 정소가 형성될 때, 그들은 정자를 만드는 기관인 정세관으로 발생된다. 수정 후 대략 43일에서 50일 사이의 기간이다. 약 9주에서 10주에 정세관사이의 세포간 조직에 존재하는 레이디히 세포는 테스토스테론(주된 남성 호르몬, 혹은 안드로젠)을 분비하기 시작한다. 배 발생 동안 테스토스테론 분비는 중요하지 않은 구조들을 음경과 고환을 포함한 주머니 형태의 음낭으로 되어있는 외부 생식기로 바꾸어 준다. 테스토스테론의 부재에서는 이 구조들이 여성의 외부 생식기로 바뀐다. 테스토스테론은 사춘기동안 수염의 발생, 변성기 및 체모와 같은 남성 2차 성징을 위해서도 필요하다.

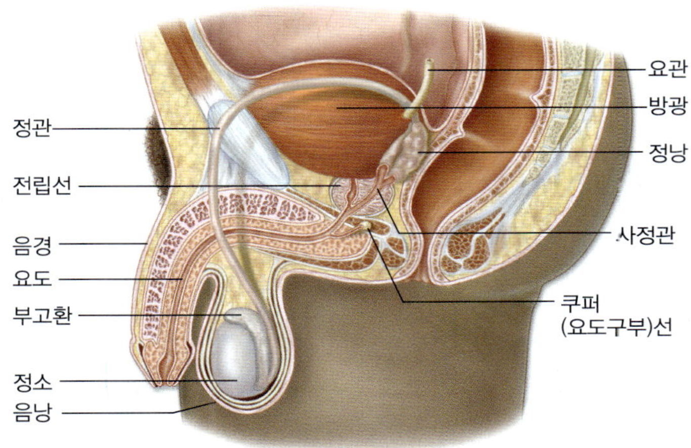

그림 36.2 남성 생식계 구조. 음경과 음낭은 외부 생식기이고 고환은 생식샘이며 다른 기관들은 생식부속선으로 모두 정액의 생산과 사정에 도움을 준다.

수백만 개의 정세포 생성

학습목표 36.2.1 정자형성과정에 대해 설명하라.

성체에서 각각의 고환은 주로 매우 복잡한 정세관으로 구성되어 있다(그림 36.3, 왼쪽).

고환들은 실제로 복강에서 형성되지만, 탄생 전에 서혜관이라고 불리는 열려있는 곳을 통해 복강 바깥부분에 매달려 있는 음낭으로 내려온다. 음낭은 고환을 신체 온도보다(37℃) 약간 낮은 온도인 34℃로 유지시킨다. 인간에게 이 낮은 온도는 정상적인 정자 발생에 매우 중요하다.

정세관의 벽은 정원세포 또는 **배세포**(*germ cells*) 및 세르톨리 세포(sertoli cell)로 이루어져 있다. 정세관의 바깥쪽 표면에 있는 배세포들은 2배체이며 배우자체를 생성하기위해 감수분열하는 유일한 세포이다(11장 참고). 내강에 가깝게 위치한 발생중인 배우자체 세포들은 반수체이다.

정자를 만드는 세포분열

정원세포는 2개의 2배체 세포를 만드는 유사분열을 한다. 이 두 세포들 중 한 개는 그 후 정자가 되는 4개의 반수체 세포를 생성하기 위해 감수분열을 하고 반면에 나머지 한 개는 정원세포로 남는다. 이런 식으로 남성은 정자를 생성하기 위한 정원세포를 결코 모두 사용하지 않는다. 성인 남성은 평균 100에서 200만개의 정자를 만들고 그들이 살아 있는 내내 그러한 방식으로 유지한다. 감수분열을 시작하는 2배체의 딸세포는 제일정모세포라고 불린다. 인간의 경우에 제일정모세포는 23쌍의 염색체(전체 46개 염색체)를 갖고 있으며 각각의 염색체는 두 개의 염색분체를 갖은 채로 복제된다. 첫 번째 감수분열은 두 개의 반수체인 제2정모세포 상동 염색체 쌍으로 분리된다. 그러나 각각의 염색체는 여전히 두 개의 똑같은 염색분체로 구성되어 있다. 이들 각각의 세포는 염색분체로 분리되기 위해 제 2감수분열을 하고 두 개의 2배체 세포, 즉 **정세포(spermatids)**를 생성한다. 그러므로 전체 4개의 2배체 정세포들은 제일정모세포로부터 만들어진다(그림 36.3 오른쪽). 이러한 모든 세포들은 성세관의 생식상피세포를 구성하는데, 생식상피세포들은 배우자들을 생산한다.

지지 조직

생식 상피세포뿐만 아니라, 정세관의 세포벽은 이전에 언급된 세르톨리 세포와 같이 비 시원세포(nongerminal cell)들을 포함한다. 이 세포들은 발생하고 있는 정자들을 돌보고 정자형성에 필요한 것들을 분비한다. 그들은 또한 세포질 외 나머지를 완전히 에워싸 정세포들이 **정자(spermatozoa; sperm)**로 바뀌는 것을 도와준다.

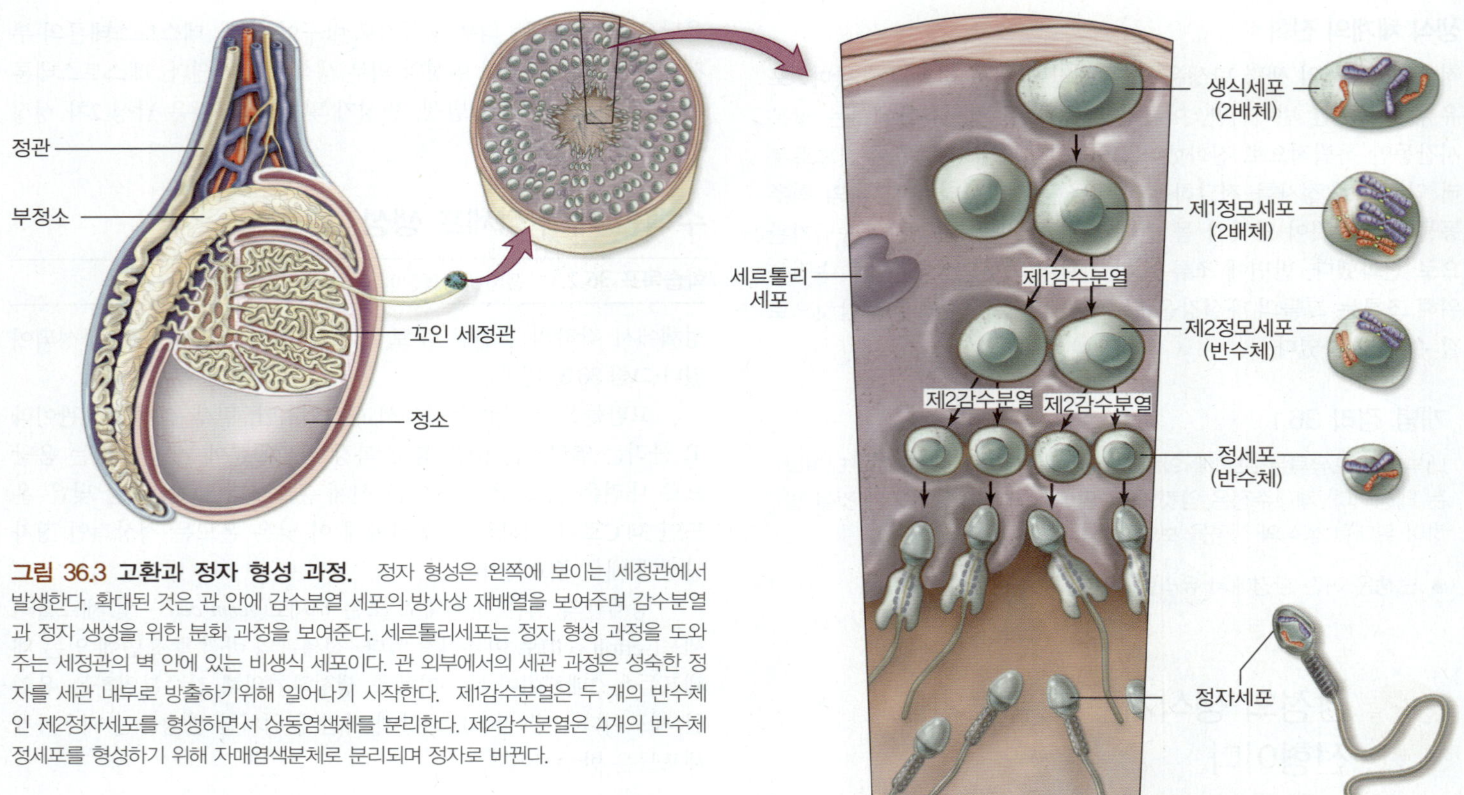

그림 36.3 고환과 정자 형성 과정. 정자 형성은 왼쪽에 보이는 세정관에서 발생한다. 확대된 것은 관 안에 감수분열 세포의 방사상 재배열을 보여주며 감수분열과 정자 생성을 위한 분화 과정을 보여준다. 세르톨리세포는 정자 형성 과정을 도와주는 세정관의 벽 안에 있는 비생식 세포이다. 관 외부에서의 세관 과정은 성숙한 정자를 세관 내부로 방출하기위해 일어나기 시작한다. 제1감수분열은 두 개의 반수체인 제2정자세포를 형성하면서 상동염색체를 분리한다. 제2감수분열은 4개의 반수체 정세포를 형성하기 위해 자매염색분체로 분리되며 정자로 바뀐다.

정자의 구조

정자는 머리 몸체 그리고 편모(꼬리)로 이루어진 상대적으로 단순한 세포이다(그림 36.4). 머리는 응축된 핵으로 되어있고 첨단체라고 불리는 골지체에서 유래된 소포에 의해 덮혀있다. 첨단체는 난자를 둘러싸고 있는 보호막 통관에 도움이 되는 효소들을 포함하고 있다. 몸체와 꼬리는 추진 기작을 갖고 있다: 꼬리의 내부는 편모로 이루어져 있고 몸체 안은 편모를 위해 기저체로 움직이는 중심립과 편모의 움직임을 위한 에너지를 생성하는 미토콘드리아로 되어있다.

남성의 보조 생식 기관은 정자의 수송을 돕는다

학습목표 36.2.2 정액과 그것이 교배동안 어떻게 방출되는지에 대하여 설명하라.

정자가 정세관 안에서 생성된 후에, 그들은 **부고환(epididymis)**이라 불리는 길고 꼬인 관으로 간다. 정자는 부고환에 도착하면 움직일 수 없고 그들의 운동성이 생겨나려면 최고 18시간은 머물러 있어야 한다. 부고환에서부터 정자는 **정관(vas deferens)**이라고 하는 또 다른 긴 관으로 들어가게 되고 서혜관을 거쳐 복강으로 통과한다.

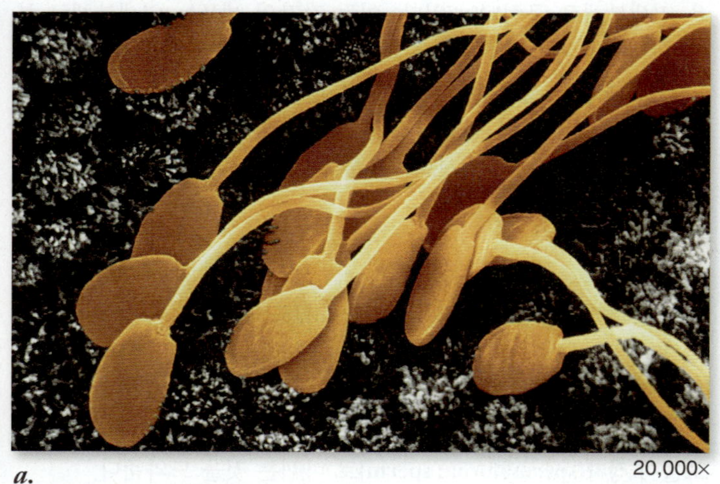

a.

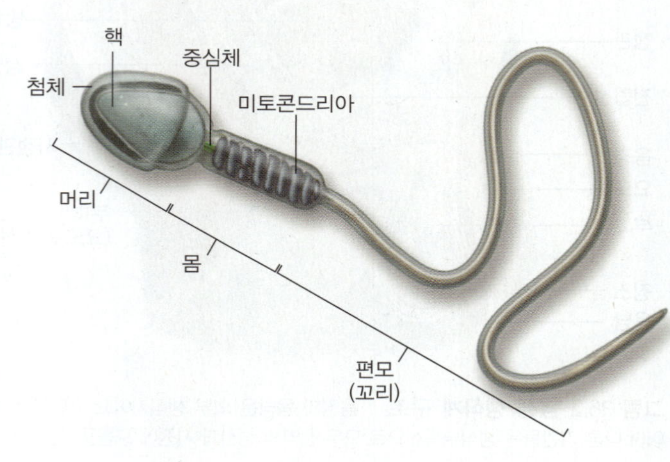

b.

그림 36.4 인간 정자. a. 노랗게 표시된 정자의 전자 현미경 모습. b. 정자의 주요 구성요소 모식화.

정액의 생성

정액은 정자와 유동체의 복잡한 혼합물이다. 각각의 고환으로부터의 부고환은, 정액 부피의 약 60%를 구성하고 있는 과당이 풍부한 유동체를 생산하는 곳인 정낭이라고 불리는 한 쌍의 분비선으로부터 하나의 관으로 합쳐진다. 이 부분부터 부고환은 사정관으로의 임무를 하게 되고 방광의 아랫부분인 전립선으로 들어간다. 인간의 **전립샘(prostate gland)**은 스폰지 느낌의 골프공만한 크기이다. 전립선은 정액 양의 30%까지 기여한다. 전립선 안에서는 사정관이 방광으로부터 나온 요도로 합쳐진다. 그 요도는 음경의 끝부분을 통해 몸 밖으로 정액을 나른다. 콩 크기의 요도구샘 한 쌍은 정액의 10%정도를 만들어 분비하고 또한 성교 이전에 음경의 끝부분에 윤활유역할을 한다.

음경의 구조와 발기

요도에 더해, 음경은 발기 조직의 두 개의 관인 음경의 등쪽에 따라 존재하는 음경해면체와 배 쪽에 따라 위치하는 요도해면체를 갖고 있다(그림 36.5). 음경을 팽창시키는 세동맥을 야기하기 때문에 일산화질소를 배출하는 자율 신경계 부교감부에 있는 신경 세포에 의해 음경의 발기가 발생한다. 이 발기 조직은 혈액과 함께 충혈 됨에 따라 부풀어 오른다. 발기 조직에서의 증가된 압은 혈관을 압축하고 혈액은 음경으로 흐르지만 분출되지는 않는다. 대부분의 포유류는 음경 안에 발기동안 단단하게 유지시켜주는 음경골(*baculum*)이라는 음경 뼈를 갖고 있지만 인간은 그렇지 않다.

사정

발기와 계속되는 성적 자극에 의한 결과로 평균 3억 마리의 정자를 포함하고 있는 정액이 2에서 5 mL 정도 음경으로부터 배출되는 것이 사정이다. 난자로의 여행을 완주하는 정자 세포에 난자가 대항하기 대문에 많은 수의 정자가 필요하고 단일 정자가 난자를 통과할 수 있기 전에 많은 수의 정자의 첨단체는 난자와의 상호작용이 필요하다(수정은 이 장 뒤에서 설명하겠다). 밀리미터당 2천만 정자보다 적게 갖고 있는 남성은 일반적으로 불임이다. 많은 정자의 수에도 불구하고 사정되는 정액 부피의 약 1%만이 정자가 된다.

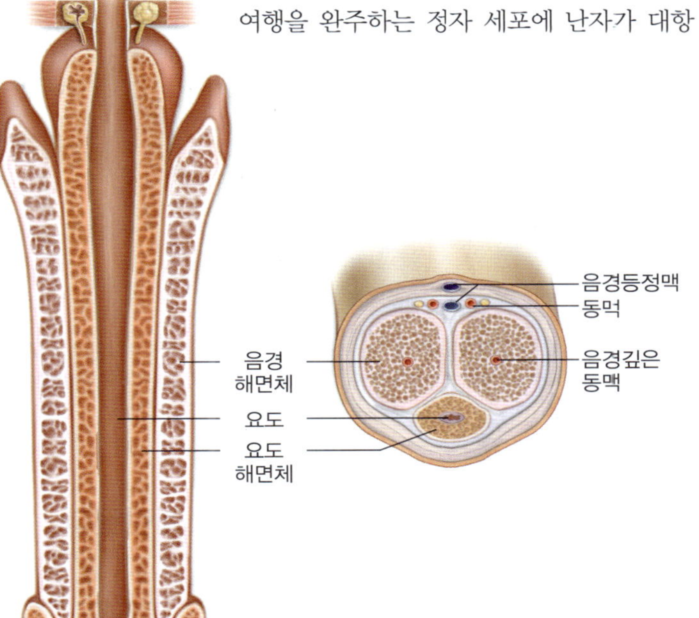

그림 36.5 음경의 횡단면(우)과 종단면(좌). 발기동안 음경해면체는 혈액으로 차 있고 음경을 크게 만든다. 요도해면체는 발기동안 요도의 압축을 막는다.

호르몬은 남성 생식 기능을 조절한다

학습목표 36.2.3 호르몬이 어떻게 남성 생식 기능을 조절하는지 설명하라.

35장에서 살펴봤던 대로, 뇌하수체 전엽은 두 개의 생식선 자극 호르몬을 방출한다: 난포자극호르몬(FSH)과 황체형성호르몬(LH). 이 호르몬들이 여성에서 작용하는 것일지라도 남성 생식 기능 작용에 연관되어 있다(표 36.1). 남성에서의 FSH 호르몬은 정자 발생을 용이하게 하는 세르톨리 세포를 자극하고 LH는 테스토스테론을 분비하는 레이디히 세포(Leydig cell)를 자극한다.

음성 되먹임 억제(negative feedback inhibition)의 주된 원리는 FSH와 LH분비 조절에 관련에 적용된다(그림 36.6). 시상하부 성선자극 호르몬(gonadotropin-releasing hormone; GnRH)은 FSH와 LH를 분비하는 뇌하수체 전엽을 자극한다. FSH는 인히빈이라 부르는 펩타이드 호르몬을 방출하는 세르톨리 세포를 자극하여 특정적으로 FSH분비를 억제한다. 유사하게 뇌하수체 전엽에서 직접적으로 그리고 시상하부에 의해 방출되는 GnRH 감소에 의해 간접적으

표 36.1	포유류의 생식 호르몬
남성	
FSH	세르톨리세포를 통해 정자형성을 자극한다.
LH	레이디히 세포를 통해 테스토스테론의 분비를 자극한다.
테스토스테론	남성의 2차성징과 정자형성 및 생식부속선의 발생과 유지를 시켜준다.
여성	
FSH	난포의 성장과 에스트라디올의 분비를 자극한다.
LH	배란과 난포를 황체로 바꿔주며 황체에 의한 에스트라디올과 프로게스테론의 분비를 자극한다.
에스트라디올(에스트로젠)	여성 2차성징의 발생과 유지를 시켜주며 임신을 위해 매달 자궁의 준비를 돕는다
프로게스테론	임신을 위해 자궁의 완벽한 상태를 준비해주며 여성의 2차성징 유지를 도와준다
옥시토신	자궁의 수축과 젖분출반사를 자극한다.
프로락틴	젖의 생산을 자극한다.

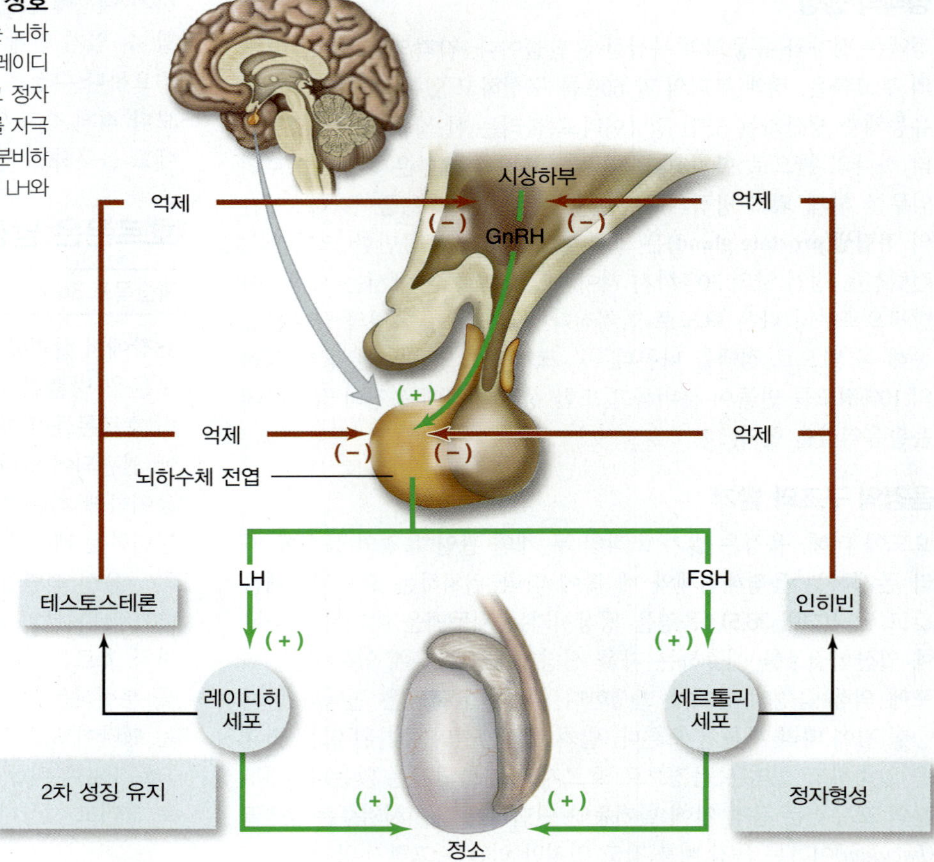

그림 36.6 고환과 뇌하수체 전엽 사이에서의 호르몬 상호 관계. 시상하부는 GnRH를 분비하고 LH와 FSH를 생산하는 뇌하수체 전엽을 자극한다. LH는 테스토스테론을 분비하기 위한 레이디히 세포를 자극하고 그것은 제2차 성징의 발달과 유지 그리고 정자 형성과정 자극과 연관이 있다. FSH는 세정관의 세르톨리세포를 자극하여 정자 형성을 용이하게 한다. FSH는 또한 억제호르몬을 분비하는 세르톨리 세포를 자극한다. 테스토스테론과 억제호르몬은 LH와 FSH 분비에서 각각에 음성되먹임억제 영향을 준다.

로 LH는 테스토스테론 분비를 자극하고 LH의 분비를 억제하는 것을 되돌리는 역할을 한다. 가장 중요한 음성 되먹임 억제의 중요함은 고환 제거에 의해 설명될 수 있다; 테스토스테론과 인히빈이 없을 경우, 뇌하수체 전엽에서의 FSH와 LH의 분비가 급격하게 증가된다.

개념 정리 36.2

정원세포는 유사분열을 통해 또 다른 생식세포를 생산하고 생식세포는 감수분열을 통해 4개의 반수체 정자세포를 만든다. 정액은 정소로부터 생산된 정자와 정낭과 정낭에서 생성한 액체로 구성되어 있다. 자극은 발기를 야기하고 이후 정액을 방출한다. 정소에서의 정자와 테스토스테론의 생성은 뇌하수체 전엽에서 분비되는 FSH와 LH에 의해 조절된다.

- 자연 선택설이 더 많은 정액을 생성하는 남성에게 유리하게 하는가? 당신의 대답을 설명하라

36.3 여성의 생식계는 주기적인 배우자 발생을 한다

여성 생식계의 구조는 그림 36.7과 같다. 고환과는 반대로 난자는 매우 천천히 발생한다. 테스토스테론이 없을 경우, 여성의 난자에서는 남성에서 음경과 음낭을 만드는 같은 배구조에서 **음핵(clitoris)**과 대음순으로 발생한다. 그러므로 음핵과 음경, 그리고 대음순과 음낭은 동일한 구조라고 할 수 있다. 음경과 같이 음핵의 경우도 해면체를 갖고 있고 때문에 발기가 가능하다.

그림 36.7 여성 생식계의 구성. 난소는 생식선이고 나팔관은 배란된 난자를 받아들인다. 자궁(uterus, womb) 난자가 수정되었을 시 배아의 발생이 이루어지는 곳이다.

생리주기동안 보통은 하나의 난자만 배란된다

학습목표 36.3.1 난모세포의 생성 과정에 대해 묘사하라.

난자는 난소 여포라고 불리는 미세한 구조들을 포함하고 있고 이들은 제1 난모세포라고 불리는 잠재적인 난자 세포와 더 작은 **과립막세포(granulosa cell)**들을 포함하고 있다. 사춘기의 과립막세포는

주된 여성호르몬으로 초경을 유도하는 에스트라디올(estrogen이라 불리는)을 분비하기 시작한다. 에스트라디올은 가슴의 발달 및 음모 생성과 같은 여성의 2차 성징 형성을 자극한다. 게다가 에스트라디올과 다른 스테로이드 호르몬인 프로게스테론은 나팔관, 자궁 및 질과 같은 여성의 부생식기관 유지에 도움을 준다.

여성의 난소는 감수분열을 시작하는 **제1난모세포(primary oocyte)**를 포함한 약 백만 개의 여포를 갖고 있다. 매 월경주기마다 발생을 초기화하기 위해 여포집합체는 모이게 되지만, 여포 성숙 과정은 수 개월이 걸린다; 주어진 시간 안에 난소에서 다양한 성숙 단계의 여포들이 존재한다. 인간의 월경 주기는 대략 한 달(평균 28일)이고 난소 활성기는 배란에 의해 분리되는 두 개의 난포기와 황체기로 나뉜다(그림 36.8).

월경초기에는 그 모여있던 집합체에서 단 하나의 우성 난포가 분리되어 발생이 진행되며 반면에 다른 여포들은 퇴화된다.

여포기

여포기 동안 우성 난포는 **3차여포(late tertiary)** 혹은 FSH 자극에 있는 **그라핀여포(Graafian follicle)**로 완전히 성숙된다. 이 여포는 난자의 표면에 얇은 벽의 수포로 형성된다. 자궁은 자궁내막이라고 불리는 원주상피로 되어있다: 여포기동안 에스트라디올이 자궁내막을 두껍게 한다. 이 기간이 알려진 대로 **증식기(proliferative phase)**라고 한다(그림 36.8). 여포기에는 그라핀 여포안의 제1난모세포가 제 1 감수분열을 한다. 두 개의 동일한 큰 딸세포를 형성하는 대신에 제2난모세포인 하나의 큰 딸세포와 **극체(polarbody)**라

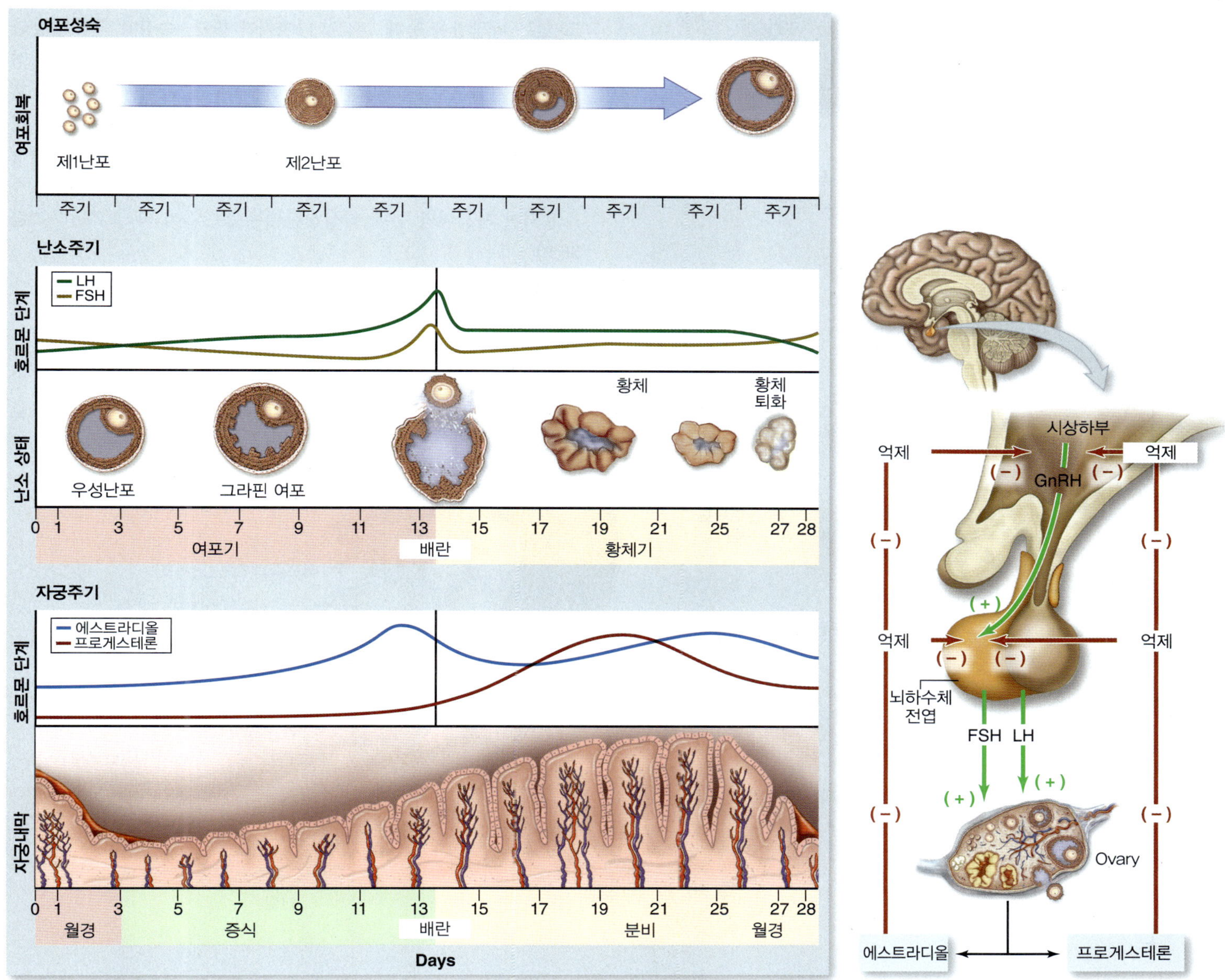

그림 36.8 인간 월경 주기. 좌(Left): 주기 동안 배란 및 자궁의 자궁너막의 성장과 관련된 호르몬 수치이다. 증식기동안 자궁 내막의 성장과 단단해짐은 에스트라디올에 의해 자극받는다. 에스트라디올과 프로게스테론은 분비기 동안 자궁내막을 유지하고 조절한다. 이들 두 호르몬의 감소는 월경을 유도한다.

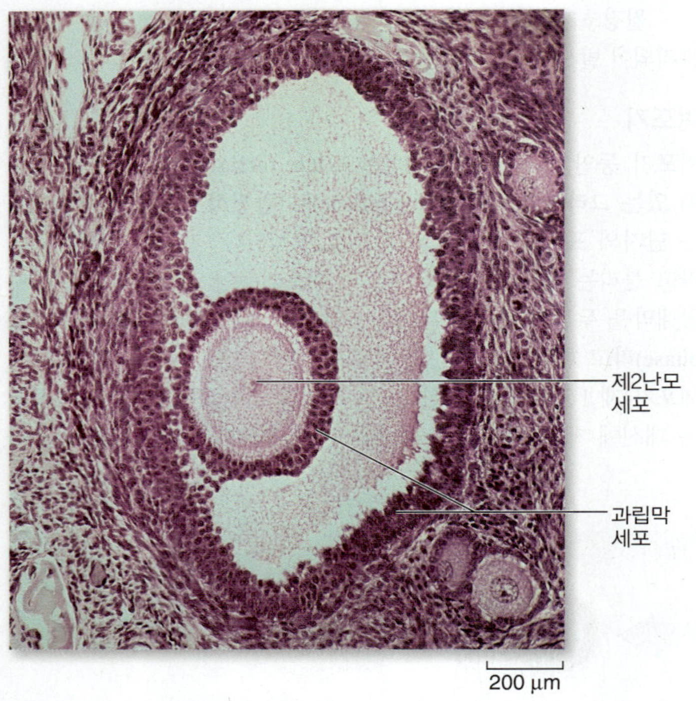

그림 36.9 고양이 난소에서의 성숙된 그라프 난포. 제2난모세포로 둘러싸인 과립막세포 고리는 배란될 때 난자 세포 주변에 남아있으며 정자는 제2난모세포의 원형질막에 도달하기 위해 이 고리를 통과한다.

고 하는 작은 딸세포를 생성한다(그림 36.9). 따라서 제2난모세포는 제1난모세포로부터 대부분의 세포질을 받고(비대칭 세포질분열), 초기 배아를 지탱하고 난모세포가 수정할 수 있도록 지지해준다. 이에 반해 극체는 점차 사라진다. 이후 제2난모세포는 제2중기가 억제된 채로 제2 감수분열을 시작한다. 이 후 수정능을 가진 형태의 난자는 난관에서 수정되기 전까지 제2감수분열이 끝나지 않은 형태로 난소에서 배란된다.

배란

여포기동안의 혈류내 에스트라디올의 증가는 중기의 LH 분비를 촉진하는 뇌하수체 전엽을 자극한다. LH의 갑작스런 분비는 제2 난모세포를 방출하면서 배란과정동안에 성숙된 난포를 가능하게 한다. 방출된 난모세포는 섬모주변의 복강내로 들어간다. 나팔관을 따라 섬모상피세포는 난모세포쪽으로 움직이고 자궁을 향하고 있는 나팔관을 통해 그것이 나아가게 한다. 수정이 되지 않았다면, 난모세포는 배란일 안에 파괴된다. 만약 수정이 되었다면 수정에 의한 자극으로 난자가 완전히 성숙되며 제2극체를 형성하며 제2감수분열을 한다(그림 36.10). 난자와 정자의 핵결합은 2배체 접합자를 생성한다. 정상적인 수정은 나팔관 상부 1/3지점에서 발생되며 인간의 경우 접합자는 자궁까지 도달하는데 대략 3일정도가 소요되며 자궁내막 안에 착상하는데는 2–3일이 더 소요된다(그림 36.11).

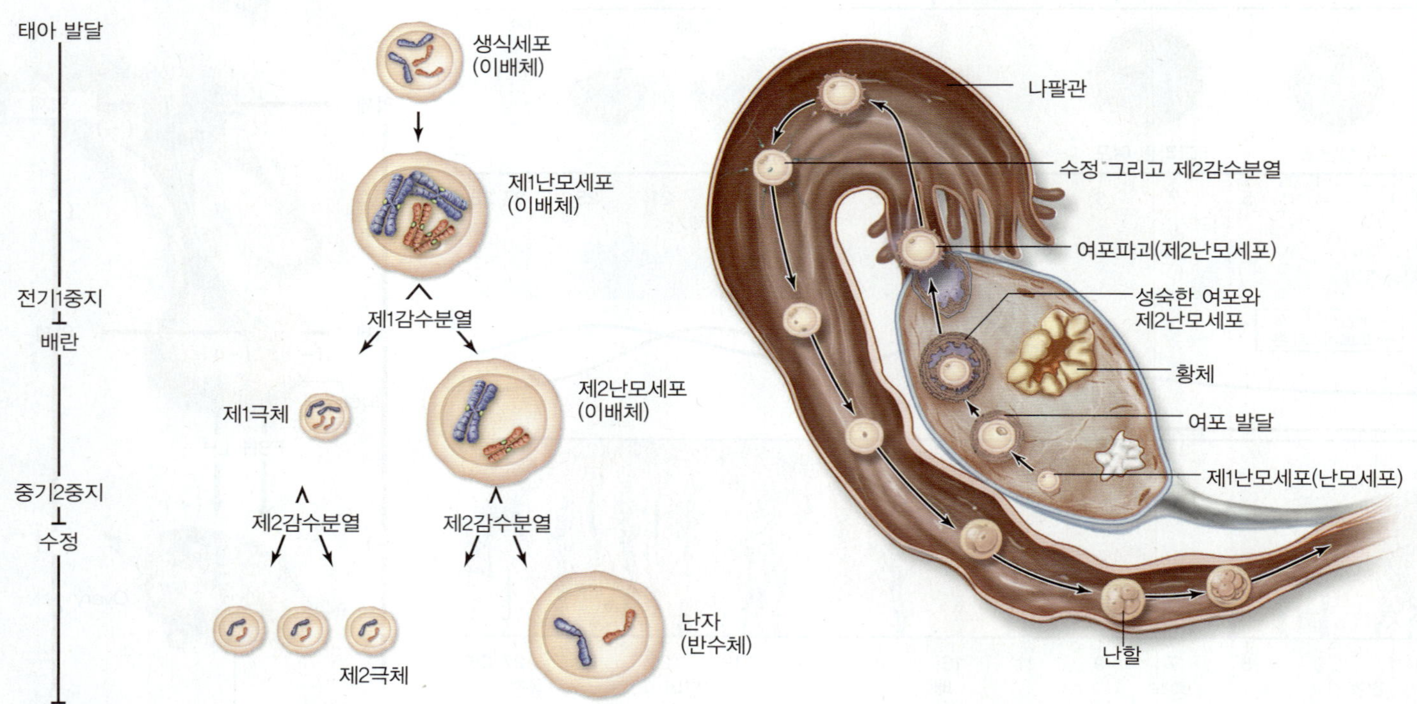

그림 36.10 인간의 난자형성의 감수분열. 제1 난모세포는 2배체이다. 제1 감수분열이 끝나면 하나의 분열 생산물이 극체로 없어지고 다른 제 2난모세포는 배란동안 배출된다. 수정 후에도 제2 난모세포는 완전한 제2차 감수분열을 하지 못하며 이 분열은 두 번째 극체와 하나의 반수체 알 또는 난자를 만든다. 반수체 난자핵과 반수체 정자핵과의 결합은 2배체 접합체를 만든다.

황체기

배란이후, LH 자극은 **황체(corpus luteum)**라고 불리는 구조로의 성숙된 난포의 발생을 가능하게 한다. 이러한 이유로 생리주기의 후반부는 **황체기(luteal phase)**라고도 한다. 황체는 에스트라디올과 또 다른 스테로이드계 호르몬인 프로게스테론을 분비한다. 황체기 혈류 내 고농도의 에스트라디올과 프로게스테론은 FSH와 뇌하수체 전엽에서 분비되는 LH의 음성 되먹임 억제를 통해 조절된다. 황체기동안 이 억제는 중기의 LH 분비에서 에스트라디올에 의해 행해지는 자극과는 대조적으로 행해진다. 그리고 그것은 배란을 유도한다. 배란 뒤에 에스트라디올과 프로게스테론의 억제 효과는 추가적인 여포의 발생과 계속적인 배란을 막는 자연적 피임 기작 역할을 한다. 황체기동안 에스트라디올과 프로게스테론의 조합은 자궁내막을 글리코겐 저장원으로 더욱 더 두텁게 한다. 자궁내막의 모습과 기능으로 이 시기를 자궁내막의 **분비기(secretory phase)**로 알려져 있다. 이러한 변화들이 배아 착상을 위해 자궁벽을 준비시킨다. 수정이 되지 않았을 경우, 황체기 말기에 LH와 FSH의 감소로 황체는 파괴된다. 황체를 형성하는 에스트라디올과 프로게스테론은 그것의 생존에 필요한 LH의 분비를 억제한다. 황체가 사라지면 결과적으로 황체기 말기에는 혈류안의 에스트라디올과 프로게스테론의 농도가 줄어들게 되는 결과를 초래하고 출혈을 동반하면서 자궁벽이 허물어진다. 이것을 월경이라고 한다. 배란된 난세포가 수정이 될 경우, 작은 배아세포는 황체기의 억제와 LH같은 호르몬인 난막에 의해 만들어지는 hCG 분비에 의한 지속적인 월경을 방해한다. 황체유지에 의해 hCG는 높은 수준의 에스트라디올과 프로게스테론을 유지시키고 결국 월경을 막음으로써 임신이 시작된다. hCG는 난막에서 만들어지며 모계로부터 오는 것은 아니다. 또한 이 호르몬은 임신 여부 판명에 이용된다.

포유류의 발정 주기

포유류의 월경에서는 발정 주기가 존재하지 않는다. 비록 자궁내막에서 주기적으로 방출되는 세포들은 있지만, 이 과정에서 출혈을 동반하지는 않는다. 이 발정 주기는 발정전기(proestrus), 발정기(estrus), 발정후기(metestrus) 및 발정후기(diestrus) 4단계로 나뉜다. 이것은 월경 주기에서의 번식기, 중기, 분비기 그리고 자궁내막의 월경기와 일치한다.

여성 부속 생식 기관은 정자를 받고 영양분을 생성하며 배아를 보호한다

학습목표 36.3.2 포유류의 여성 생식기 비교.

나팔관(난관이라고 부른다)은 난소에서 자궁까지 난자를 운반한다. 인간의 자궁은 근육으로 되어있고, 자궁목과 자궁경관으로

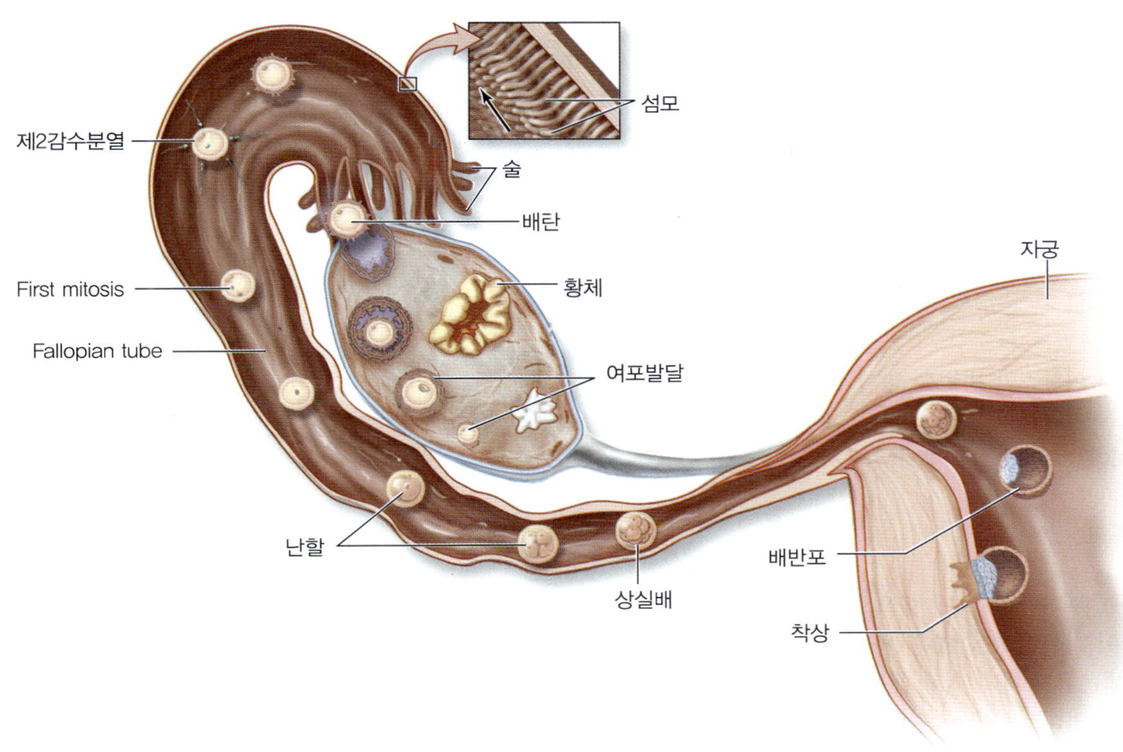

그림 36.11 난자의 여정. 여포안에서 만들어지고 배란 때 배출된 제 2차 난모세포는 나팔관으로 휩쓸리고 관 벽에서 섬모운동에 의해 운반된다. 질에서부터 이동해 온 정자는 제2 난모세포를 통과하고 그 때 감수분열은 끝나며 그 결과로 초래된 난자의 수정은 나팔관에서 이루어진다. 그 접합자는 여전히 그 관 안에서 몇 번의 감수분열을 거친다. 그것이 자궁안으로 갈 때까지 배반포라고 불리는 속이 빈 구모양의 세포이다. 이 배반포는 자궁벽 내에 착상하며 그곳에서 발생이 계속된다(난자와 그 연속적인 단계들의 확대 그림)

형성된 좁은 서양 배모양의 기관이며 질까지 이어진다. 질쪽 입구는 처녀막이라고 불리는 막에 의해 덮여져 있다. 이것은 매우 격렬한 활동이나 실질적인 성교에 의해 파열될 수 있다. 후자의 경우, 처녀막이 파열될 때 매우 고통스러운 첫 경험이 될 수 있다. 성적 흥분 상태 동안 소음순, 음핵 및 질 모두 남성의 발기 조직처럼 충혈된다. 음핵은 많은 감각 신경 말단을 갖고 있으며 매우 민감한 것들 중 하나이다. 성적 흥분동안 질 입구에 위치한 큰어귀샘(Bartholin's gland)에서 음경을 통과하기 용이하게 해 주는 윤활유를 분비한다.

남성의 사정이란 정자를 질 밖에서부터 나팔관에 위치한 제2 난모세포와 만나 수정하기 위해 정자 세포를 넣어주는 것이다.

포유류는 다른 원시동물과 다르게 더 복잡한 여성 생식기를 갖고 있고 질은 난관부분까지 닿는 자궁각을 형성하기 위해 나뉘어져 있다. 예를 들면 고양이, 개 그리고 소의 경우에 하나의 자궁경관을 갖고 있지만 격막(septum) 또는 벽에 의해 두 개의 자궁각을 갖고 있다. 주머니쥐와 같은 유대류는 심지어 두 개의 연결되지 않은 자궁각과 두 개의 자궁 경관 그리고 두 개의 질이 분리되어 있다. 수컷의 유대류는 동시에 두 개의 질 안으로 삽입할 수 있는 한쪽 끝이 두 갈래인 음경을 갖고 있다.

원하지 않는 임신을 막아주는 피임

학습목표 36.3.3 산아제한의 다른 유형을 비교하라.

인간에 있어서 여성은 성적으로 생식에 수동적이다. 이 성교행위와 연결된 감수성은 두 번째 중요한 기능을 한다-이것은 남녀 한쌍의 결합과 둘 사이에서의 감정적 교류들을 강요한다. 이것은 인간의 감정적 삶에 중요한 부분이기는 하지만 모든 부부가 임신과 연계된 성을 바라는 것은 아니다. 산아제한을 하는 것으로 임신을 막는다. 생리학적으로 임신은 수정된 후 성공적인 착상과 함께 약 1주일 안에 시작된다. 착상 전에 조치를 취하는 산아제한의 방법은 피임이라고 일컬어진다.

금욕

임신을 피할 수 있는 가장 이상적인 방법은 말할 것도 없이 성적 관계를 갖지 않는 것으로 그것을 금욕이라고 한다. 피임의 모든 방법 중에 가장 적절한 것이다. 하지만 유지하기 위해서는 가장 극단적이고 가장 어려운 방법이다.

정자 차단

차단법은 자궁에서 정자를 계속 머무르게 함으로써 수정을 막는다. 남성의 입장에서는, 이것은 음경을 얇은 싸개나 콘돔으로 감싸는 것을 말한다. 이 방법은 적용하기 쉽고 매우 효율적이지만 부정확하고 부합되지 않은 사용 또는 콘돔 불량으로 실제 매년 약 3~15% 피임 실패율을 보이고 있다. 그럼에도 불구하고 미국에서의 콘돔 사용은 가장 일반적인 피임 방법이다.

여성의 경우에 차단법은 자궁으로 들어오는 정자를 막기 위해 질을 덮는 것이다. 이것은 며칠동안 끼울 수 있는 상대적으로 빡빡한 질 캡이거나 또는 성교 직전에 삽입하는 고무로 된 반원형태의 모양인 다이어프램을 말한다. 개인차로 인해 의사에 의해 초기에 꼭 맞게 행해져야한다.

정자 파괴

질에 도달한 정자는 살정제액, 젤리 또는 발포제에 의해 파괴된다. 이것은 일반적으로 성교 직전에 행해져야한다. 실패율이 10~25%으로 다양하다.

배란 억제

약 1960년부터 널리 알려진 여성의 피임 방법으로는 매일 산아제한 알약의 섭취나 경구피임약방법이다. 이 약은 프로게스테론 유사성분이나 때때로 에스트로겐 화합물을 포함하고 있다. 프로게스테론과 에스트라디올은 난소 주기의 황체기동안 음성되먹임에 의해 FSH와 LH의 분비를 막는다. 때문에 난포의 발생과 배란을 막는다. 산아 제한 약에 포함된 호르몬은 배란을 억제하고 결국 수정을 막는다. 경구피임약의 피임 실패율은 매년 1~5%정도로 낮다.

배아 착상의 방지

꼬여있거나 또는 불규칙적인 모양의 물체를 자궁 내 장치(intrauterine device; IUD)로 삽입하는 피임 방법은 피임에 효과적이다. 자궁 내 장치는 착상을 방해한다. 자궁 내 장치는 약 1~5%만의 실패율을 보여준다. 높은 효율은 아마도 편리성에 있다; 한 번만의 장치 삽입으로 장치의 설치 유무를 잊을 수 있다. 또 다른 배아 착상 방해 방법으로 사후 피임약 또는 플랜 비(Plan B)가 있는데 위 약 들은 산아 제한 약 안에 있는 에스트로젠의 50배가 들어있다. 이 약은 일시적으로 난자 발생을 막거나 수정을 방해, 또는 수정 된 난자의 착상을 못하게 한다. 이 약은 응급 피임 방법을 목적으로 사용되고 있다.

개념 정리 36.3

여성의 발생동안 제1 생식 세포는 제1 감수분열에서 정지된다. 사춘기 이후, 난소에서의 난포에 있는 제1난모세포는 제2감수분열에서 정지된 제2난모세포로서 배출되기위해 제1감수분열을 한다. 이것은 매달 LH에 의해 유도되는 난포기 동안 일어난다. 수정이 되었다면 이 난모세포는 감수분열한다. 황체기 동안 다른 난모세포의 발생은 제한되며 수정이 되지 않았다면 자궁내막은 무너진다. 금욕생활, 차단법과 호르몬 제한으로 원하지 않는 임신을 막을 수 있다.

- 왜 남성용 산아제한 약은 존재하지 않는가?

36.4 발생에서 첫 단계는 수정이다

모든 생식 동물들에서 발생의 첫 단계는 수컷과 암컷 배우자체의 결합이고 그것을 수정이라고 부른다. 수정은 수생생물의 경우에 전형적으로 외부에서 이우러 진다. 이와는 대조적으로 대부분의 육상동물들은 그들의 배우자체들에게 건조하지 않은 환경을 제공하기 위해 체내수정한다.

정자는 막융합을 위해 난자의 원형질막을 통과해야 한다

학습목표 36.4.1 수정을 위해 필요한 일련의 과정을 설명하라.

유성생식의 물리적인 도전은 배우자끼리의 결합이다. 많은 정교한 전략들은 접촉의 가능성을 높이는 방향으로 진화되어왔다. 예를들면, 대부분의 수생 무척추동물은 주변 산란지의 바닷물에 수 백 만 개의 난자와 정자를 방출한다. 공들인 구애 행동은 채내 수정을 하는 동물들에게는 일반적이다(37장 참조). 수정은 그 자체가 공동으로 일어나는 일련의 과정으로 이루어 진다: 정자의 통과와 막 융합, 난자 활성화 그리고 핵융합이 그것이다. 배 발생은 정자와 난자의 원형질막 융합과 함께 시작된다. 그러나 수정되지 않은 난자는 이 과정에 다른 면모를 나타낸다. 그 이유는 그것이 하나 혹은 그 이상의 보호막에 의해 둘러 싸여있기 때문이다. 이 보호막은 곤충 난자의 융모막, 젤리 막 그리고 성게 및 개구리 알의 난황막 및 포유류 난자의 투명대를 갖고있다. 포유류의 난모세포는 과립막세포에 의해 둘러싸여 있다(**그림 36.12**). 따라서 수정의 첫 도전은 정자가 난자의 원형질막까지 도달하기 위해 이 외부막을 통과해야 한다. **첨체(acrosome)**라고 하는 주머니형태의 세포기관은 원형질막과 정자 머리의 핵 사이에 위치해 있다. 이 첨체는 소화효소를 포함하고 있고 그것은 정자가 난자의 외막에 도달할 때 외포작용에 의해 방출된다. 이 효소는 정자가 난자의 원형질막을 통과하는 길을 뚫게 함으로써 보호막에 구멍을 만든다.

성게 정자에서 세포 막 아래에 세포골격 섬유 내에 액틴 소단위체가 모여 길고 좁은 파생물을 만든다 - 첨단체 과정. 첨단체 과정은 수정부터 세포막을 통해 확장하고, 이후 정자의 핵이 첨단체 과정으로 형성된 통로를 통해 알로 이동한다.

쥐에서는 첨단체 과정이 형성되지 않지만 정자의 전체 머리가 투명대를 통과하여 알로 파고든다. 이후 정자와 알의 막 융합을 통해 직접적으로 정자의 핵이 난자의 세포질 내로 이동한다. 많은 동물 종들에서, 알 세포질은 막 융합 이후 정자의 머리를 에워싸기 위해 불룩해진다(**그림 36.13**).

난자를 활성화시키는 막융합

학습목표 36.4.2 다수정이 차단되는 다른 방법을 나열하라.

배란이후 정자와 난자 막의 융합이 난자 대사의 재활성화를 유도할 때까지 난자는 휴지 상태에 있다. 대부분의 종에서 정자가 난자의 원형질막과 접촉한 후에 난자에서 체세포내 Ca^{2+}이 순간적으로 높게 증가한다. 내부의 막 결합 세포소기관에서 방출되어 증가된 Ca^{2+}이온의 농도는 정자가 침입하고 알을 통과하는 시점부터 증가하기 시작한다. 과학자들은 Ca^{2+}에 달라붙는 형광물질 염색에 의해 수정되지 않은 난자에 의해 방출되는 Ca^{2+}의 곡선을 볼 수 있었다 (**그림 36.14**). 방출된 Ca^{2+}이온은 난자의 세포질 안에서 단백질 활성화에 변화를 주는 2차 전령으로 활동한다. 막 융합에 의해 시작되는 이 많은 일들을 총칭하여 난자활성이라고 한다.

염색에 의해 수정되지 않은 난자에 의해 방출되는 Ca^{2+}의 곡선을 볼 수 있다(그림 36.14). 방출된 Ca^{2+}이온은 난자의 세포질 안에서 단백질 활성화에 변화를 주는 2차전령으로 활동한다. 막융합에 의해 시작되는 이 많은 일들을 총칭하여 난자활성(*egg activaion*)이라고 한다.

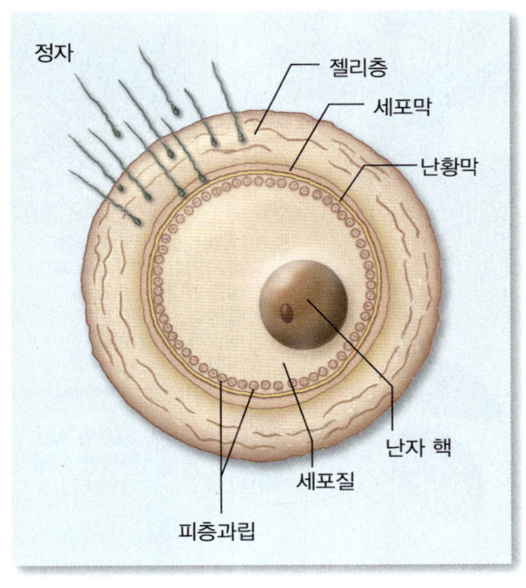

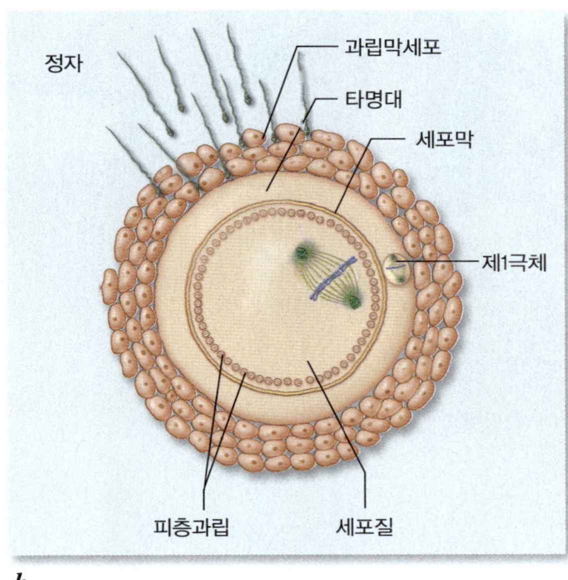

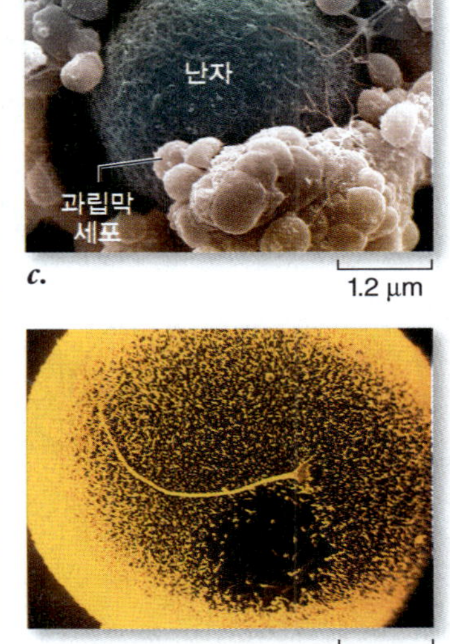

그림 36.12 동물 생식 세포. **a.** 수정된 성게 난자의 구조. 이 모식도에서 정자와 난자는 상대적인 크기이다. **b.** 포유류의 정자는 과립막세포의 막과 난모세포막에 도달하기 전에 투명대라고 불리는 당단백질막을 통과해야 한다. **c.** 인간 난모세포는 많은 수의 과립막세포게 의해 둘러쌓여 있고 **d.** 난자에서의 인간 정자

추가적인 수정의 차단

산란 또는 사정하는 동안 많은 수의 정자가 방출되기 때문에 하나의 난자에 여러 정자가 도달 및 수정하려고 한다. 다중수정은 셋 또는 그 이상의 염색체 세트를 가지는 **배수성**(*polyploidy*)이라고 알려진 상태인 접합체를 만든다. 배수성은 식물에서는 자주 발견되지만 동물 발생에서는 존재할 수 없다. 결과적으로 많은 동물들은 초기반응에서 다른 정자들의 추가적인 결합을 막는다. 즉, **다정자수정**(*polyspermy*)을 막는 것을 말한다.

성게에서 첫 번째 정자와 만나는 난자의 막전위는 급격하고 일시적인 변화를 보여준다. 이 중요한 사실은 적은 양의 나트륨으로 조성된 인공 바닷물에서 성게 난자가 수정되는 실험에 의해 증명되었다. 막전위 변화는 나트륨의 유입 때문에 일어나는데 적은 양의 나트륨을 포함한 물은 이것을 막는다. 그래서 보통의 바닷물보다 이러한 낮은 나트륨 조건에서 다정자 수정이 더 빈번하게 발생한다.

많은 동물들이 이 막을 통과하는 다른 정자들을 막아내면서 외부 난자 막의 구성요소들을 바꾸기 위해 다른 추가적인 기작들을 활용한다. 성게와 포유류의 경우, 난자의 원형질막 바로 아래에 위치해 있는 **피층과립(cortical granyles)**이라고 불리는 특정화된 소낭이 세포외 배출에 의해 내용물을 원형질막-난황막 또는 원형질막-투명대 사이의 공간에 각각 배출한다. 각 경우에 피층과립 효소는 난자의 외막에 있는 중요한 정자 수용체를 제거한다.

마침내 성게종에서의 난황막은 다른 피층과립 효소와 하이알린(hyalin)의 조합으로 방출됨으로써 난자의 표면을 제거한다. 이 효소는 원형질막과 난황막 사이의 연결을 끊어 그들을 분리하도록 한다. 하이알린은 당이 많이 있는 고분자로 삼투압에 의해서 난자의 표면과 난황막 사이의 공간으로 물을 빨아들여 이 둘을 분리한다. 이외의 다른 정자들은 그 단단해진 난황막을 통과할 수 없고 그것을 **수정막**(*fertilization envelope*)이라고 부른다.

정자 통과 후 다른 효과들

이전에 언급된 난자 표면의 변화와 더불어 정자의 통과는 난자의 또 다른 세 가지 효과를 일으킨다. 첫째, 많은 동물들에 있어서 수정되지 않은 난자의 핵은 아직 반수체가 아니다. 왜냐하면 이것은 배란 이전에 감수분열에 들어가지 않았거나 완성되지 않았기 때문이다(그림 36.15). 그 후에 정자 원형질막의 융합은 이들 동물의 난자의 감수분열을 유도한다. 포유류에서는 반수체 핵을 가진 난자가 만들어지고, 다른 핵을 포함하고 있는 하나 또는 그 이상의 극체가 만들어진다.

두 번째로 많은 동물들에서 정자의 통과는 난자 세포질을 움

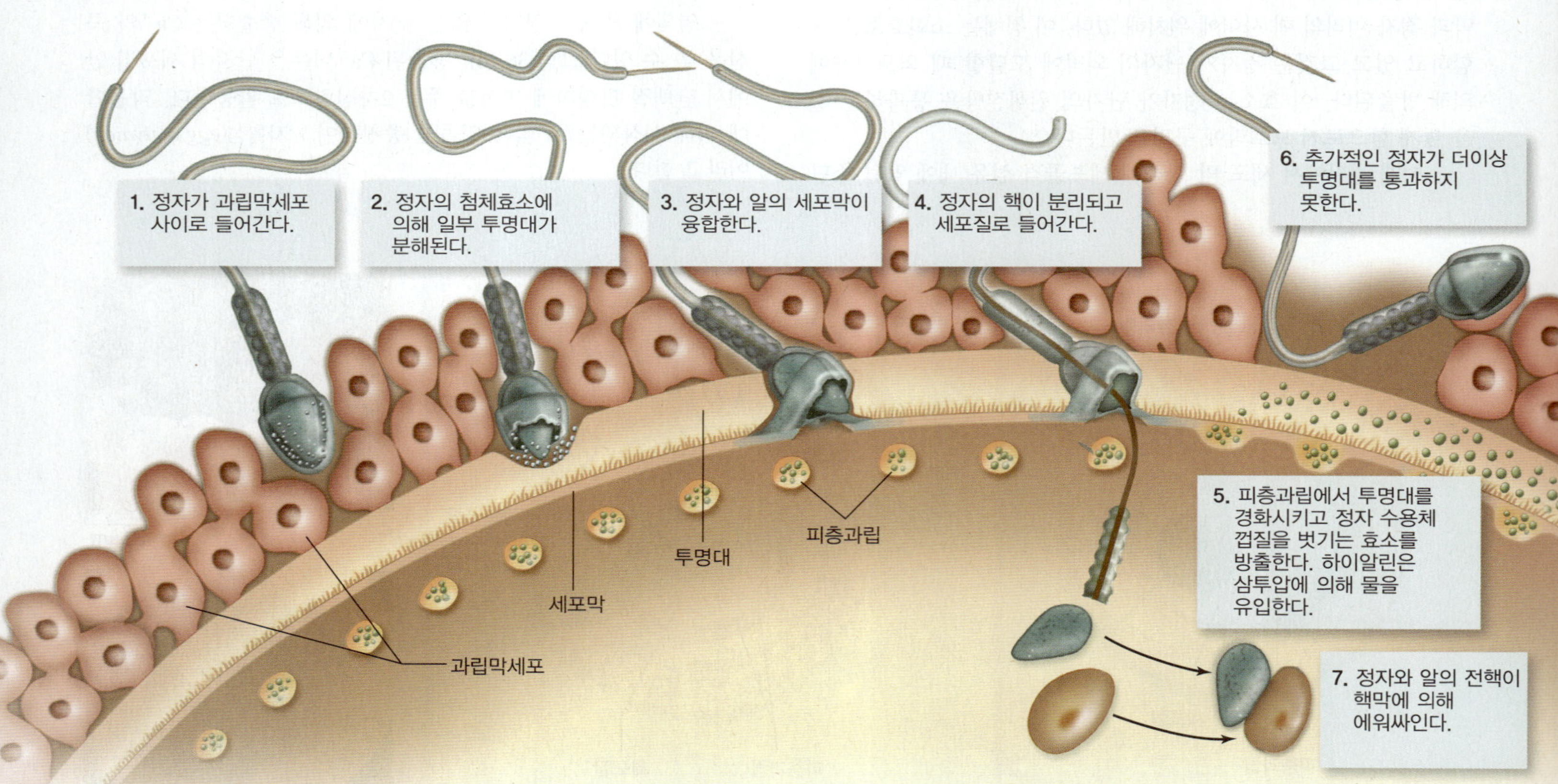

그림 36.13 정자의 침투와 융합. 정자는 반드시 정자와 난자의 원형질막과의 융합이 일어날 수 있기 전에 난자 주변의 외부막을 통과해야한다. 융합은 난자를 활성화 시키고 다정자 수정을 막는 여러 과정들로 이끈다.

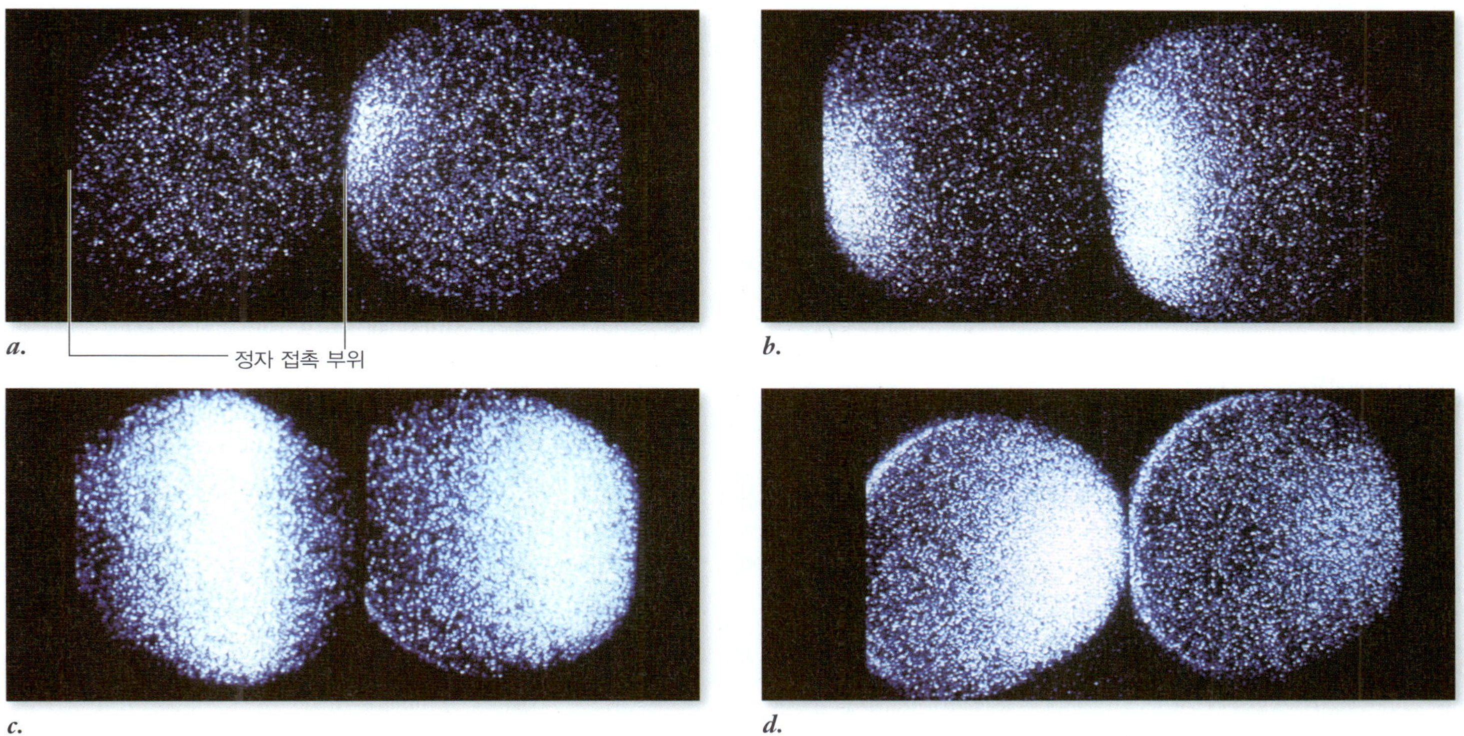

그림 36.14 정자와 접촉 후에 두 성게알을 가로질러 물결처럼 방출되는 칼슘이온. 밝은 하얀 점들은 칼슘(Ca^{2+})과 결합했을 때 형광을 띠는 염색 물질이다. 이 두 성게알에서 칼슘(Ca^{2+}) 물결은 왼쪽에서부터 오른쪽으로 이동한다(**a**–**d**). 오른쪽에 있는 성게알은 왼쪽에 있는 성게알보다 몇 초 전에 수정이 되었다. 이러한 물결은 약 30 초 만에 성게알 전체로 가로지른다.

직이도록 한다. 예를 들면 양서류의 배아에서 정자 입구 지점은 난자에서는 세포질 움직임의 중심지점이고 이 움직임들은 궁극적으로 발생하는 동물들이 양방향성으로 대칭을 이루도록 한다. 정자의 통과는 세포질난자 세포질의 바깥 색소캡을 안쪽으로 회전하도록 하는데, 정자 통과지점의 반대편에 위치한 내부 세포질의 회색 초승달을 덮지 않으면서 일어난다(그림 36.16). 회색 초승달 지점은 첫 번째 세포분열의 시작지점을 결정한다. 정자 입수 지점과 회색 초승달 사이에 유도된 선은 미래 성체의 오른쪽과 왼쪽을 2등분한다.

세 번째로, 활성화는 단백질 합성의 급격한 증가와 일반적인 대사 활성도의 증가로 특징지어진다. 난자 발생과정에서 활성화된 난자에서 단백질 합성은 난자 발생과정동안 난자 세포질 안에 있는 mRNA를 이용하는 것으로 밝혀졌다.

몇몇 동물들의 경우 정자의 출입 없이 난자를 찌르는 것만으로도 인공적인 난자의 활성화가 가능하다. 특정한 종에서는 이런

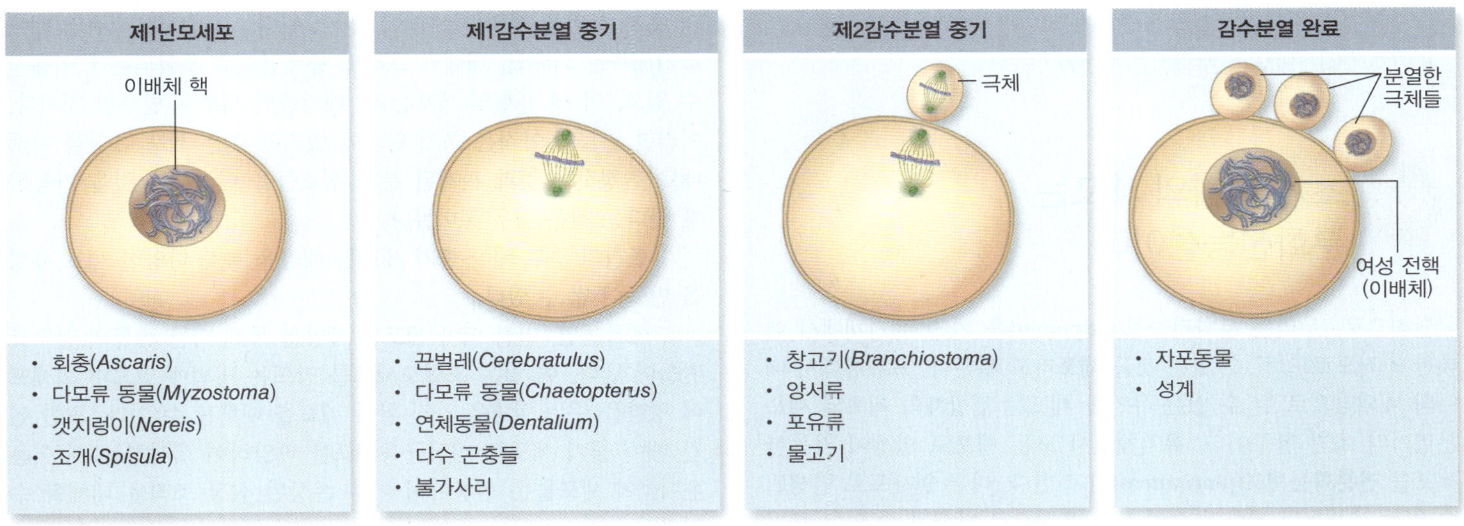

그림 36.15 대표적인 동물들에서의 정자가 결합할 때 난자 성숙 단계.

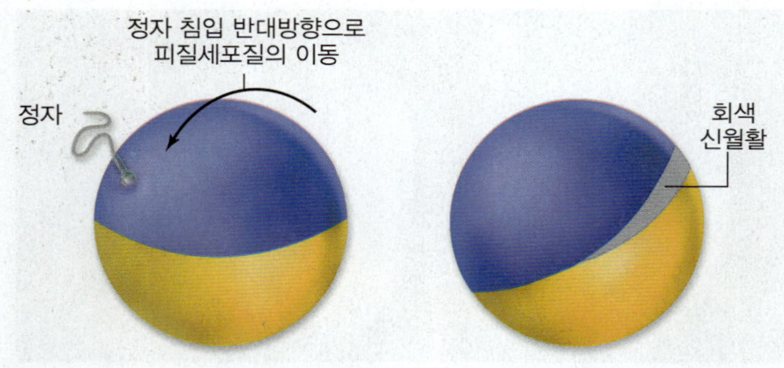

그림 36.16 개구리 난자의 회색신월환. 이 회색 신월환은 정자에 의해 통과된 난자의 반대쪽에 형성된다.

식으로 활성화된 난자도 정상적인 개체로 발생한다. 사실은 양서류와 파충류들의 몇몇 종류들은 주된 생식 방법으로 무성생식을 이용한다(두 개의 구별된 배우자체의 결합 없이 생식함). 단위생식이라 부르는 이 과정은 암컷의 후손만을 낳는다.

2배체 상태를 만드는 핵융합

수정의 마지막 단계에서, 접합체의 2배체 핵을 만들기 위해 반수체 정자의 핵과 반수체 난자 핵이 융합된다. 이 과정은 두 핵이 미세소관을 따라-별모양에 기초한- 서로 이동하는 과정을 포함한다. 정자 핵과 함께 난세포로 들어오는 중심립은 미세소관 정렬을 형성하는데, 이는 난자의 세포질에서 저장된 튜블린 단백질로부터 만들어 진다. 인간을 포함한 포유류에서 핵은 실제로는 결합하지 않는다. 대신에 새로운 2배체를 형성하기 이전에 정자와 난자의 핵막이 파괴된다. 새로운 핵막은 두 개의 염색체 세트 주변에 형성된다.

개념 정리 36.4

정자의 통과에 따라, 난막과 정자의 융합은 난자 활성화, 다정자수정의 방해 그리고 세포질의 주된 재배열을 포함한 일련의 과정의 시발점이다. 막전위에서의 변화와 정자 수용체를 제거하는 효소 및 난황막을 없애주는 hyalin의 방출에 의해 다정자수정이 차단된다. 그리고나서 난자와 정자핵은 2배체 접합체를 만들기 위해 서로 합쳐진다.

- 난자 활성화에서 Ca2+역할은 무엇인가?

36.5 초기 배아의 세포는 분화전능성이다

극단적으로, 우리는 **분화전능성(totipotent)**을 가진 유기체에서 어떠한 조직으로도 될 수 있는 것을 세포라고 부른다. 포유류에서 배아와 배외막으로 될 수 있는 유일한 세포는 접합체와 최초의 세포분열기의 초기 할구이다. 유기체에서 모든 세포로 발생이 가능한 세포를 **전분화능세포(pluripotent)**라고 한다. 다른 혈세포로 발생될 수 있는 세포처럼 제한된 수의 세포 유형으로 발생될 수 있는 줄기세포는 **다분화능세포(multipotent)**라고 부른다. 또 다른 극단적인 예로, **단분화능(unipotent)** 줄기 세포는 남성의 정자세포처럼 단 하나의 세포 유형으로만 발생된다.

배아줄기세포는 배아에서 유도된 전분화능세포이다

학습목표 36.5.1 줄기세포의 다른 여러 유형들을 구분하라.

실험실에서 만들어진 전분화능 줄기 세포의 형태를 배아줄기세포(ES cell)라고 부른다. 이러한 세포들은 배반포라고 불리는 공모양의 세포를 만들기 위해 발생 중 난할을 거치는 포유류 배아로부터 만들어진다. 배반포는 영양외배엽(trophectoderm)이라고 하는 바깥구 형태의 세포로 되어있고 그것은 태반과 배아를 형성하는 내세포집단이 된다(그림 36.23). 배아 줄기 세포는 내세포집단에서 분리되며 배양될 수 있다(그림 36.17). 이 세포들은 생쥐에서 많이 연구되고 있고 성체 조직에서 어떠한 유형의 세포로도 발생할 수 있다는 것을 보여주고 있다. 그러나 이 세포조직은 발생동안 생기는 배체외조직을 생기게 하지는 않는다. 따라서 이들은 분화전능성이 아닌 전분화능이다.

이 세포들이 생쥐에서 일단 발견되었으니 인간 배아 세포가 유도되는 것은 시간문제이다. 1998년 최초로 인간 배아 세포가 분리되었고 배양되었다. 인간과 생쥐 사이에는 비록 차이점이 존재하지만, 유사성 또한 상당하다. 아래 설명된 대로, 배아줄기세포는 어떤 세포로도 될 수 있는 재생시키는 약 개발을 약속할 수 있다. 이 세포는 논란의 여지가 되고 있고 배아의 기원 때문에 윤리적 논의가 되고 있다.

배양에서 결정과 분화

치료적인 이용 가능성과 더불어, 배아 줄기 세포는 배양 시 분화 과정을 연구하는 방법을 가능하게 했다. 배양 메디아에 첨가된 이들 세포들의 조작은 실제 세포가 겪는 단계에서 분화에 관여하는 인자들을 알아낼 수 있게 해줄 것이다.

이러한 메디아를 이용하여 배아줄기세포들은 생쥐 발생단계의 초기 사건을 설명하는데 이용되어 왔다. 그러므로 생쥐의 배아줄기세포는 외배엽, 내배엽 그리고 중배엽으로 분화되는데 이용될 수 있고, 이 세 유형의 세포는 각 배엽층의 세포로 발생할 것이다. 이러한 일들이 아직은 초기 단계에 있지만 다른 세포 유형을 차례대로 결정짓는 것과 관계된 분자 신호들을 이해하는 것을 가능하게 한다는 것은 매우 흥미롭다.

인간의 경우 배아 줄기 세포는 배양을 통해 다양한 세포 유형을 만들어 낼 수 있다.

예를들면, 인간 배아 세포는 배양을 통해 다른 종류의 혈구를 만들어 낸다. 이 일은 조혈모세포를 만드는 방법에 있으며 혈세포에 영향을 주는 질병을 가진 환자 세포를 대체할 수 있다. 또한 인간 배아 줄기 세포는 심장근육세포를 배양하여 생산하는 데 이용된다. 이 세포들은 심장마비 이후 손상된 심장 조직을 대체할 수 있다.

그림 36.17 배아줄기세포의 분리. a. 초기 세포분열은 외막과 내세포집단을 구성하는 포배기를 이끌어주고 세포분열은 배아 형성을 위해 계속된다. 배아를 방해하거나 세포를 배지에 배양함으로써 이 단계로부터 배아줄기세포를 분리할 수 있다. 여섯째 날의 포배로부터 분리된 줄기 세포는 분화되지 않은 상태에서 배양되고 유지될 수 있다. b. 인간 배아줄기세포. 사진 속 이것은 위스콘신대학교 매디슨캠퍼스의 발생 생물학자 제임스 톰슨(James Thomson) 연구실에서 연구된 분화되지 않은 인간 배아줄기세포 덩어리이다.

결정의 역행은 복제를 가능하게 한다

학습목표 36.5.2 치료와 생식 복제 구별하기.

초기 발생동안 결정과 분화의 과정에 대한 연구는 이 과정이 역행하는지에 관한 수많은 질문들을 불러 일으켰다. 1950년대에 수행된 실험들에서는 완전하게 분화된 성체 식물 조직에서부터 나온 하나의 세포는 완전한 성숙된 식물로 발생할 수 있다고 보여졌다. 1996년 양에서 분리된 세포에서도 같은 결과를 얻었다(그림 36.18). 이것은 성체 세포의 분화가 역행할 수 없다고 생각되어져왔기 떠문에 놀라운 일이었다. 초기 난할 단계의 포유류의 세포들은 분화전능성이다. 포유류 배아들은 자연적으로 두 개로 분리될 때, 일란성쌍생아를 초래한다. 각각의 난할구가 다른 하나로부터 분리되면 이들 중 다른 하나는 완전하게 정상 개체를 생성한다. 사실 생산물의 이러한 유형은 소들 중 특별히 귀한 종을 얻기 위한 상업적인 사육을 목적으로 4 세트 혹은 8 세트의 동일한 자손을 얻는데 이용된다.

양서류의 초기 연구

발생 생물학에서의 초기 의문점은 발생동안 분화된 세포의 생산이 세포에 비가역적인 변화를 수반하는지 아닌지에 대한 것이었다. 1950년대에 로버트 브릭스(Robert Briggs)와 토마스 킹(Thomas King)에 의해 수행된 실험과 존 거든(John Gurdon)에 의해 1960년대 및 1970년대에 수행된 실험에서는 세포사이에서의 핵이 이식될 수 있음을 보여주었다. 매우 정교한 파이펫(속이 빈 유리 관)의 사용으로 연구자들은 개구리나 두꺼비 난자의 핵을 빨아들였고 다른 개체의 체세포의 핵을 난자 핵 부분에 이식했다.

이 실험들로부터의 결론은 약간 모순되는 부분이 있다. 다시 말해 세포들은 유전자 유실과 같은 비가역적인 변화를 전혀 겪지 않는 것으로 보인다. 즉 이식될 때, 더 분화된 세포 유형일수록 직접 발생에서는 덜 성공적인 핵이 된다. 이것은 핵 재프로그래밍(nuclear reprogramming) 개념으로 이어지고 즉 분화된 세포로의 핵이 **후성적(epigenetic)** 변화를 겪는다는 것은 핵이 직접발생을 할 수 있다는 것을 의미하기도 한다. 유전자 발현에 있어서 후성적 변화는 유전적인 변화를 말한다. 이러한 변화는 DNA염기서열에 변화를 주지 않고 종종 DNA의 메틸화 및 히스톤 단백질 변형을 통해서 발생한다(16장). 양서류의 초기 실험들은 올챙이 장내 세포핵이 자립가능한 성체 개구리로 될 수 있게 재프로그램될 수 있다는 것을 보여주었다. 이 동물들은 복제될 수 있을 뿐 아니라 올챙이 핵이 완전하게 재프로그램될 수 있다는 것을 보여준다. 그러나 성체의 분화된 세포로부터 나온 핵은 올챙이가 되도록 재프로그램화될 수는 있지만 자립하거나 생식가능한 성체로는 불가능하다.

포유류에서의 성공적인 핵 이식

양서류어서 행해진 일들 고려해 볼 때, 성공적이지 않았던 많은 핵 이식 실험이 주로 생쥐나 소와 같은 포유류에서 시도되었지만 이 난자들은 전혀 성체로 발생되지 않았다.

이 결과들은 1984년 초기 난자의 세포에서 추출된 핵을 이용하여 양이 복제되었을 때까지 유효했다. 이 성공의 핵심은 발생에서 매우 초기에 공여세포를 추출했다는 것이다. 이 흥미로운 결과는 곧 다른 과학자들에 의해 돼지나 원숭이와 같은 다른 유기 생명체에서도 재현되었다. 그러나 초기 난자 세포에서만 작동되는 것처럼 보였다.

스코트랜드에서의 유전학자들은 성공적인 발생을 위해 같은 세포 주기에 난자와 증여된 핵이 존재해야 한다고 추론했다. 이 생각을 증명하기 위해 1996년에 그림 36.18에 설명된 과정을 수행했다.

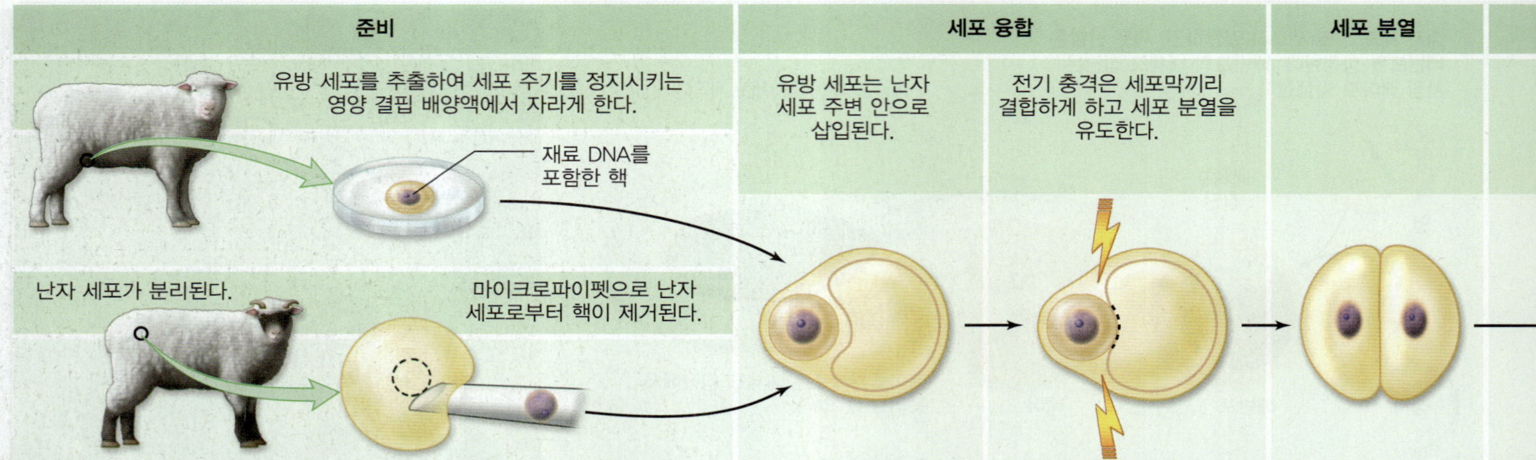

그림 36.18 동물에서 세포 결정은 가역적이라는 것을 증명. 과학자들은 핵이 제거된 성체 유방 세포부터 돌리라고 불린 양의 클론까지 성공적으로 핵을 융합시켰고 돌리는 정상 성체로 자랐다. 이 실험은 성체 동물의 성공적인 첫 클로닝이었고 분화된 성체 세포는 모든 발생을 이끌어 낼 수 있었다.

그들은 6세의 양의 유방으로부터 분리한 분화된 유방세포를 제거했다. 이 세포는 조직배양되었고 혈청영양소의 농도를 줄임으로써 5일동안 굶주리게 했다. 이것은 세포 주기의 개시를 멈추게 했다. 동시에 암양으로부터 얻은 난자로부터 핵을 제거했다. 유방세포와 난세포는 외과적으로 체세포 핵이식(somatic cell nuclear transfer; SCNT)이라고 불리는 과정으로 재조합되었다. 유방세포와 난세포 난자에 유방세포를 삽입함으로써 합쳐졌다. 합쳐진 277개 중 29만이 난자로 발생되었고 그것은 대리모의 생식계로 들어간다. 그 중 하나의 양이 완전히 분화된 동물세포로부터 생성된 첫 복제동물 돌리(Dolly)라고 이름 지어진 새끼 양을 낳았다. 돌리는 암양으로 성장했고 오래된 방식으로 생식해서 여섯 마리의 새끼 양을 낳을 수 있었다. 결국 돌리는 동물에서의 결정발생은 가역적이라고 하는 분쟁을 해명해 주었고 올바른 기술을 통해서라면 완전 분화된 세포의 핵은 분화전능성을 위해 리프로그램될 수 있다는 것을 보여주었다.

적절한 유전체 각인의 부족으로 실패한 생식 복제

학습목표 36.5.3 치료용과 생식 복제 구별하기.

생식 복제(reproductive cloning)라는 용어는 설명된 과정과 관계있고 유전적으로 동일한 또 다른 동물을 생산하기 위해 과학자들은 SCNT기법을 사용한다. 1997년 돌리의 탄생 이래 과학자들은 고양이, 토끼, 생쥐, 들쥐, 소, 염소, 돼지 그리고 노새 등을 성공적으로 복제했다. 이 과정들 모두에 성체세포를 사용했다.

낮은 성공률과 나이와 관련된 질병들

모든 생식 복제에서의 효율성은 매우 낮다. 기증 난자에 이식되는 단 3–5%의 성체 핵만이 살 수 있다. 더욱이 태어나는 많은 클론들은 간부전이나 감염으로 금방 죽게 된다. *LOS(large offspring syndrome)*라고 알려진 질환문제로 많은 수가 과하게 크다. 2003년에 복제된 네 개의 돼지들중 세 개가 성체로 발생되었지만 6개월도 못가고 세 마리 모두 심부전으로 갑작스럽게 사망했다. 돌리는 비교적 6살이라는 어린 나이에 안락사 되었다. 비록 바이러스성 폐암 때문에 끝이 났지만 어린 나이에 이미 심각한 관절염을 진단받았었다. 따라서 유전공학과 가축을 더 키우기 위한 클로닝에서의 어려움은 충분히 건강한 동물의 탄생이다.

각인의 부족

세 가지 문제점들에 대한 원인은 13장: 유전체 각인(*genomic imprintting*)에서 논의된 현상에 있다. 각인된 유전자들은 부모의 기원에 따라 다르게 발현된다. 즉 난자 또는 정자가 분리되고 이 세팅은 발생을 통해 성체로 계속된다.

DNA의 화학적 재프로그램은 성체의 생식 조직에서 발생되고 정자는 수 개월, 난자는 수 년 동안 발생한다. 대조적으로 복제동안 공여 DNA의 재프로그램은 수 시간안에 발생한다. 체세포에서의 염색체의 구성은 또한 새롭게 수정된 난자의 구성과는 매우 다르다. 만약 복제된 난자가 살 수 있다면 이식된 공여핵의 주된 염색질재편성이 이루어져야 한다. 재편성 및 재프로그래밍이 적절하게 일어나는 시간에 비해 충분하지 않기 때문에 복제에 실패한다.

제한된 인자의 사용에 의해 이뤄지는 핵의 재프로그래밍

학습목표 36.5.4 핵의 재프로그래밍이 치료용 복제를 위해 어떻게 사용될 수 있는지 설명하라

포유류의 생식 복제 과정 중 배아줄기세포의 발견과 성공에 힘입어 배아를 이용하지 않고 전분화능을 가지며 재프로그램된 성체세포를 찾는 방향으로 바뀌었다(그림 36.19).

배아줄기세포와 분화된 세포를 접합시키는 접근이다. 이 접합 실험은 분화된 세포의 핵이 배아줄기세포의 세포질에 노출됨에 따

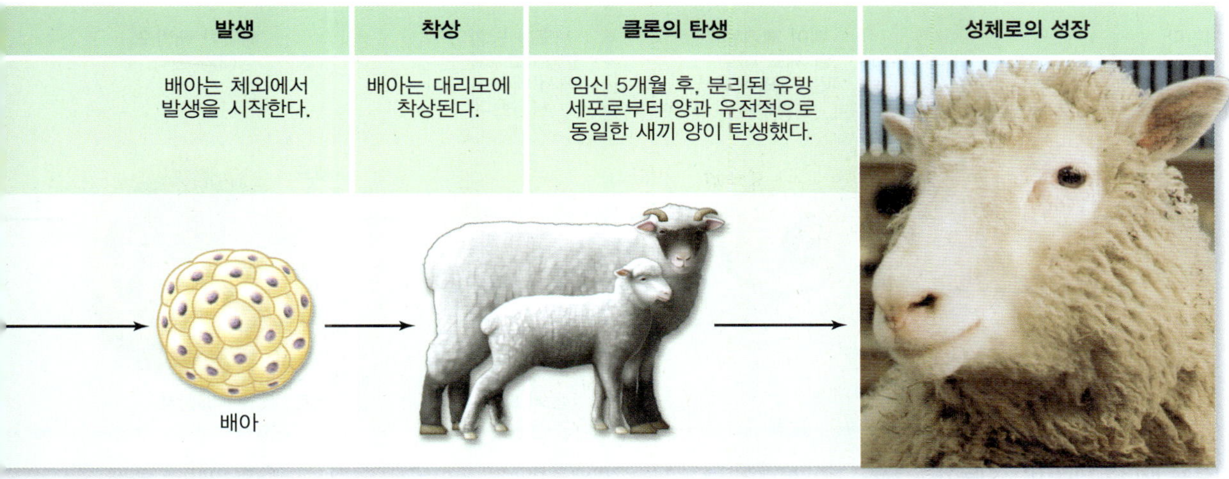

라 다시 재프로그램될 수 있다는 것을 보여준다. 물론, 이 결과 세포들은 4배체이고 실험적, 실용적 가치로 제한한다. 또 다른 연구에서는 체외 배양된 원시 생식 세포가 더 긴 시간 후에는 배아 줄기세포와 비슷하게 행동하는 세포로 발생될 수 있다.

이러한 다른 모든 연구들은 체세포 핵의 재프로그램이 가능하다는 것을 보여준다. 전분화능에 대한 특성에 대한 연구는 배아 줄기 세포에서 활성화되는 전사인자들을 밝혀냈다. 그 뒤 2006년에 야마나카 신야(Shinya Yamanaka)와 동료들은 배양하는 동안 4개의 전사인자—Oct4, Sox2, c-Myc와 Klf4—들의 유도가 섬유아세포를 재프로그램 할 수 있다는 것을 보여주었다. 전사인자들이 유도됨에 따라 Oct4와 Sox2의 목표 유전자 발현을 위해 세포들은 선별되었는데 이 세포들은 전분화능성(pluripotent)을 보인다. 이들을 만능유도 줄기세포(induced pluripotent stem cells) 혹은 iPS 세포라고 부른다.

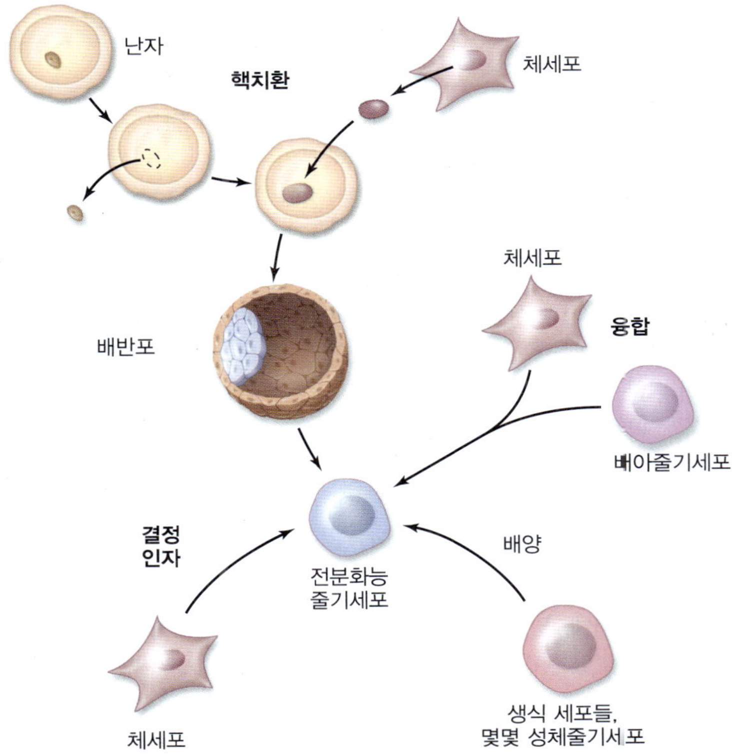

그림 36.19 성체 세포 핵을 재프로그램하는 방법. 성체로부터 취한 세포들은 다른 방법들로 전분화능세포로 재프로그램화 될 수 있다. 클로닝동안 체세포의 핵은 난모세포로 이식될 수 있다. 체세포 세포들은 ES 세포와 약간의 다른 방법에 의해 결합을 할 수 있다. 오랜 배양 후에, 생식세포와 몇몇 성체 줄기 세포들은 재프로그램되는 것처럼 보인다. 최근 연구에서 배양된 체세포는 특정 요소의 도움으로 재프로그램될 수 있다.

전분화능 상태에 중요한 다른 목표 유전자들을 선택함에 따라 실험방법이 개선되었다: *Nanog. Nanog*가 발현되는 iPS세포는 비록 염색체 구조나 후성적인 특성은 ES 세포와 같지 않지만 발생 잠재력의 측면이나 유전자 발현 패턴에서 ES 세포와 유사하다.

이러한 연구는 분화되고 전분화능을 가진 세포에서 큰 빛을 발하고 있다. 재프로그래밍은 다단계 과정을 거친다는 것이 갈수록 더 분명하다. 재프로그래밍이 끝났을 때, 세포들 중 한 집단만이 각 단계를 완수하였다.

첫 번째 과정에서 섬유아세포(fibroblast) 세포들은 더 동그랗게 모양이 변하고 분열도 더 빠르게 일어난다. 두 번째 과정에서 섬유아세포들은 발생 프로그램의 순서를 뒤바꾸면서 더욱더 상피 세포에 가까워진다. 세 번째 과정과 마지막 리프로그래밍 과정에서 핵심적인 전분화능 조절인자인 Oct4, Sox2, Nanog는 안정된 양상을 띠게 된다. 그 후 전분화능 상태는 전사인자와 염색체 구조가 결합함으로써 유지된다.

최근 이 기술은 유전적으로 신경학적인 이상이 있는 척수성근위축증 환자들로부터 배아줄기세포를 만들어 내는데 사용되고 있다. 이들 배아 세포는 그 질병의 표현형을 나타내는 운동신경세포로 배양된다. 그 질병을 유발하는 능력에는—특정 줄기 세포—그런 질병에 대한 앞으로의 연구에 있어서 놀라운 잠재성을 갖고 있으며 유전적 질병에 의해 영향을 받는 특정 세포들에 대한 연구 및 가능한 치료 방법을 우리에게 제시해 준다.

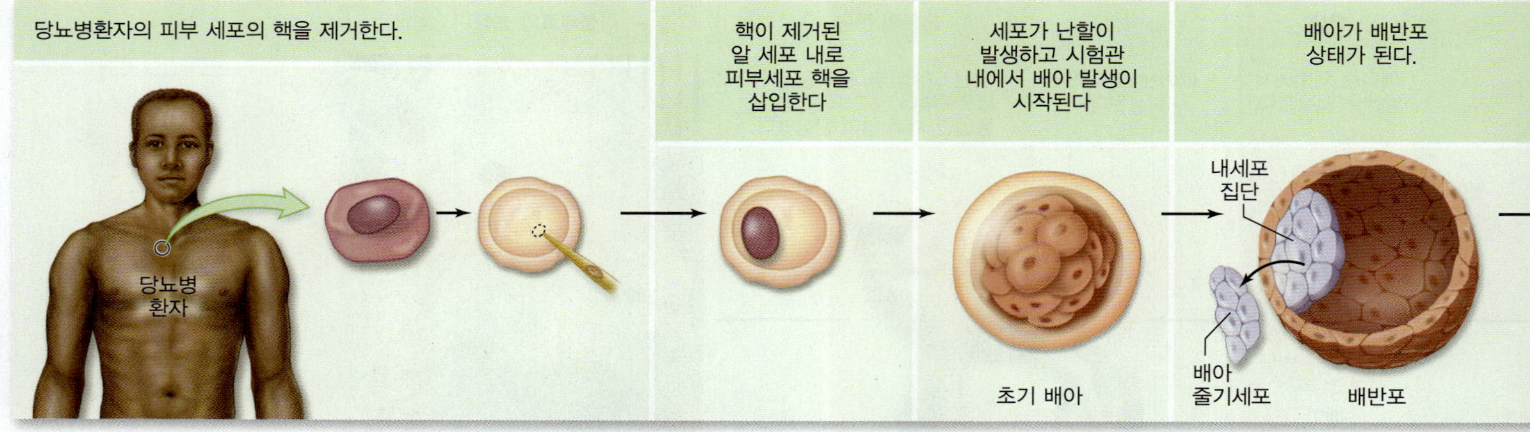

그림 36.20 인간 배아는 어떻게 치료용 배아복제로 이용되는가. 치료용 배아 복제에서 초기 단계후 재생 클로닝까지 배아는 산산조각나고 배아줄기세포는 분리된다. 이들은 배지에서 자라고 DNA를 제공한 개체의 질병 조직으로 대체되었다. 그 줄기세포는 환자와 유전적으로 동일하기 때문에 문제가 되고 있는 질병은 유전되지 않는다면 이 방법은 매우 유용하다.

전분화능세포 유형들은 치료적인 응용에 대한 잠재성이 있다. 심각한 화상의 경우에서 피부 이식과 같은 이식편거부반응의 문제를 해결할 방법으로 환자 맞춤형 배아 줄기 세포를 만드는 것이다. 이를 이루기 위한 첫 번째 방법을 **치료용 복제(therapeutic cloning)**라고 부르고 배아를 보합해서 돌리를 탄생시킨 방법과 동일한 체세포 핵이식 과정을 이용한다: 피부세포에서 핵을 제거하고 그 핵이 제거되는 즉시 난자 안으로 넣어준다; 피부 세포 핵을 가진 난자는 포배기의 난자 형태를 띄고; 이 인공 난자는 상처난 조직에 이식되기 위해 배아 줄기 세포를 만드는데 이용된다(그림 36.20).

치료용 복제는 줄기세포가 상처와 질병에 의해 손상된 인간의 조직들을 다시 고쳐줄 수 있기 이전에 해결되어야 하는 중요한 문제-면역 반응의 문제-를 다루고 있다. 줄기세포는 사람 자신의 조직으로부터 복제되기 때문에 그들은 면역체 자신의 자가 점검을 통과하고 신체는 순조롭게 그들을 받아들인다. 이 기술에 큰 흥미가 있지만 iPS 세포는 배아의 폐기라는 도덕적인 문제와 난모세포에 요구되는 실질적인 문제점들을 모두 해결해야 할 것이다.

개념 정리 36.5

발생 동안, 우선 세포가 결정되고 특정 세포 유형으로 분화한다. 배아 줄기 세포는 모든 성체 구조로 발생될 수 있는 전분화능성 세포이다. 초기 배아 단계의 세포들은 전분화능성이지만 분화된 세포의 핵은 반드시 재프로그램되어야 한다. 이것은 유전체각인과 같은 후성유전적 변화와 관계가 있다. 핵은 4개의 전사인자들의 유도로 재프로그램된다. 치료용 복제는 자기 자신의 세포를 사용함으로써 대체 조직을 가능하게 하는 것을 목표로 한다.

- 분화된 핵에서 분화전능성 세포를 만들기 위해 어떤 변화가 일어나야 하는가?

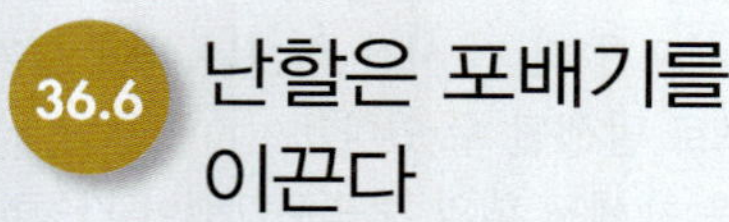

36.6 난할은 포배기를 이끈다

포배는 속이 빈 세포의 덩어리이다

학습목표 36.6.1 난할과 포배라는 용어에 대해 정의하라.

동물발생에서 수정 후에 일어나는 주된 일은 더 적은 세포의 수가 더 늘어나게 되는 급격한 접합체의 분열이다. 이 시기를 난할이라고 부르고 배아의 전체적인 크기는 증가하지 않는다. 각각의 세포는 응축된 세포의 덩어리를 만들고 그것을 난할구라고 한다.

많은 동물들에서 난자의 두 끝과 바로 다음의 배아는 **동물극(animal pole)**과 **식물극(vegetal pole)**으로 불린다. 일반적으로 동물극의 난할구들은 몸의 외부 조직으로 되고 식물극은 안쪽의 조직이 된다.

많은 동물들의 배아의 경우 난할동안 구 형태의 세포에서 가장 바깥쪽의 난할구는 밀착연접에 의해 서로 연결된다. 밀착연접은 세포를 둘러싸고 이웃 세포와 결합시키는 단백질 벨트이다(4장 참조). 또한 밀착연접은 외부 환경으로부터 세포 덩어리의 내부를 분리하는 씰을 만든다.

그 뒤에, 덩어리 내부의 세포는 세포질로부터 Na^+ 이온을 세포 사이에 있는 공간으로 내보낸다.

이러한 삼투 변화의 결과는 배아의 중심으로 물을 끌어당기고 내부 공간은 커지게 된다. 결국 이런 내부 공간은 배아 내부에 하나의 커다란 공간으로 합쳐진다. 세포 내부의 커다란 빈 공간을 포배(blastula 포유류에서는 배반포)라고 하며 포배 내부를 꽉 채우고 있는 것을 **포배강(blastocoel)**이라고 부른다.

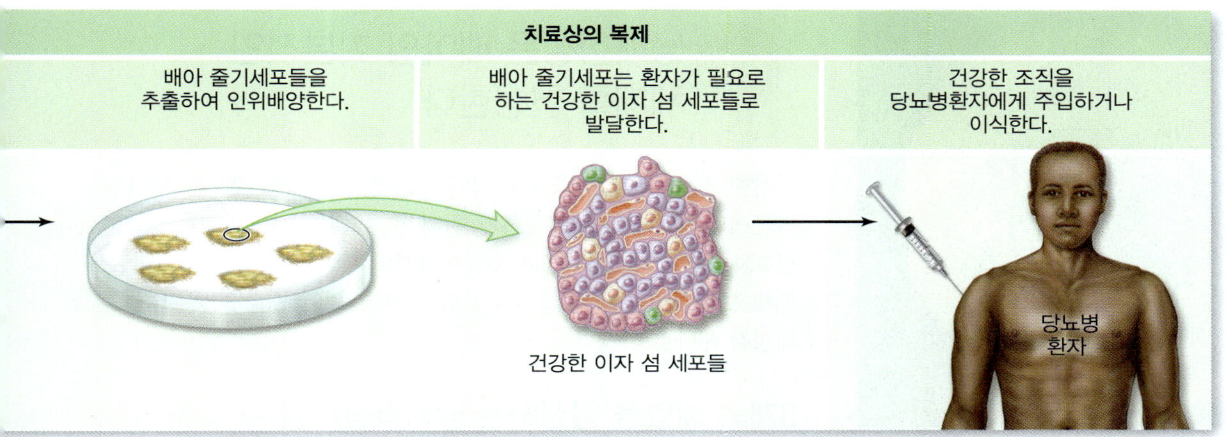

매우 다양하고 독특한 난할의 양상

학습목표 36.6.2 동물에서 보여지는 난할의 다른 양상에 대해 설명하라.

난할의 분열은 대부분의 종에서 매우 급속하게 일어나고 10장에서 동물의 배아에서 세포의 주기를 조절하는 보존된 단백질의 세트에 대해 대략적으로 설명했다. 여러 동물문이 존재하기 때문에 난할의 양상은 매우 다양하고 동물 난자의 세포질을 나누는 방법도 다양하다. 그럼에도 불구하고 우리는 일반화할 수 있다.

첫째로, 난자의 영양분이 많은 난황의 상대적인 양은 대부분이 동물 배아의 난할 패턴에 영향을 준다는 특징이 있다(그림 36.21). 보통이나 적은 양의 난황을 가진 난자에서 난할은 난자 전체에 걸쳐 일어나는데 이러한 양상을 **전할(holoblastic cleavage)** 이라 한다. 이러한 난할 양상은 연체동물(mollusks), 환형동물(annelids), 극피동물(echinoderms), 피낭류(tunicates) 등 무척추동물들의 특징이다. 또한 양서류나 포유류에서도 나타난다.

척추동물은 난황 활용에 있어서 다른 패턴을 가진 다양한 발생 전략을 구사한다. 왜냐하면 난황이 많은 지역은 난황이 적은 지역에 비해 느리게 분열하기 때문이다. 수평 난할의 홈은 동물극으로 대체된다. 고로 개구리 난자의 전할은 대체된 포배강을 가진 비대칭적인 포배를 만들게된다. 포배는 식물극에 많은 양의 난황을 포함한 큰 세포를 포함하며 더 작고 많은 수의 세포는 동물극에서 더 작은양의 난황을 포함하고 있다.

포유류에서의 난할

포유류의 배아는 아주 적은 양의 난활을 포함한다; 하지만 포유류의 배아발생과정은 파충류와 조류의 발생과 매우 유사하다.

프유류의 배아의 난황은 난할을 지연시키지 않고 전할(그림 36.22)을 하며 포배강이 하나의 세포층으로 둘러싸이고 가운에 액체로 가득 찬 포배(blastocyst)라 불리는 구조를 형성한다. 게다가, **내세포덩이(inner cell mass, ICM)** 는 포배강의 한 극에 위치해 있다. ICM은 새와 파충류의 배반과 비슷하며, 발생중인 배아를 형성하기 시작한다.

세포의 바깥 층은 **영양막(trophoblast)**으로 불리며, 파충류 알의 단단한 바깥 껍질 아래 막을 형성하고 있는 세포와 유사하다. 이 세포들은 포유류의 진화 과정 동안에 매우 다양한 기능을 수행하도록 변했다: 영양막 부분은 모계 영양막(자궁의 내벽 표피)으로 들어가고 태반(*placenta*) 형성에 기여하며, 태반은 태아와 모계의 혈액 사이의 교환을 가능하게 한다.

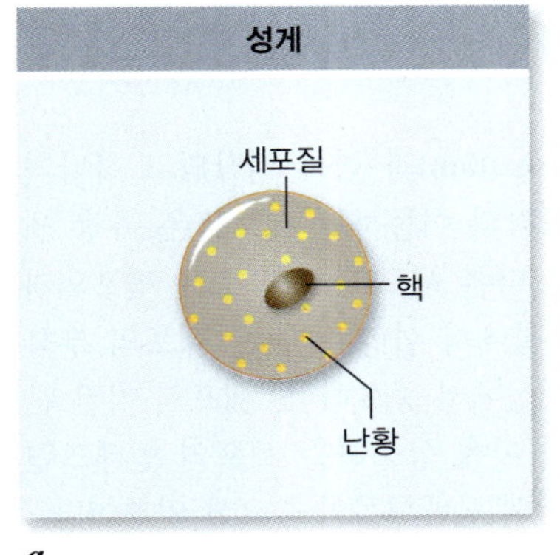

a.

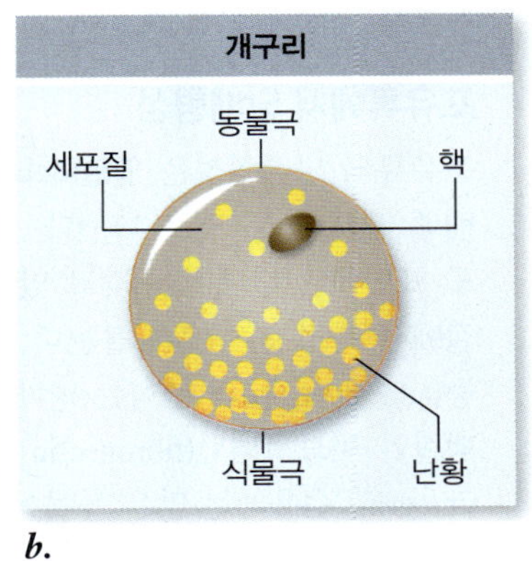

b.

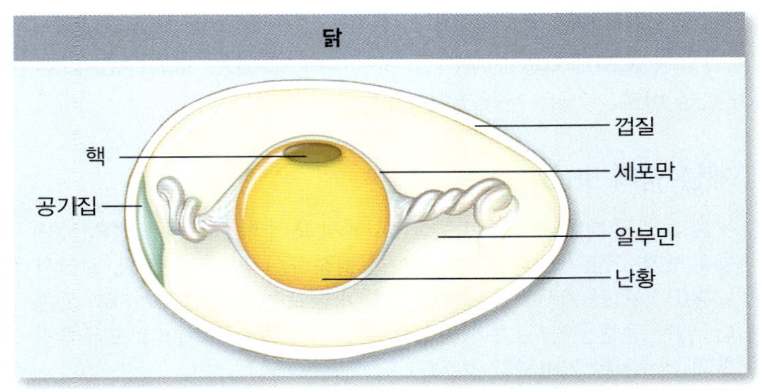

c.

그림 36.21 세 종류의 난자에서의 난황의 분배. **a.** 성게 난자에서 세포질은 적은 양의 난황이 고루 포함하고 있고 핵은 중앙에 위치한다. **b.** 개구리 난자에는 더 많은 난황이 있고 핵은 극으로 치환된다. **c.** 조류의 난자는 복잡한데, 중앙의 난황 큰 윗부분에 위치한 세포질의 작은 판에 포함된 핵을 가지고 있다.

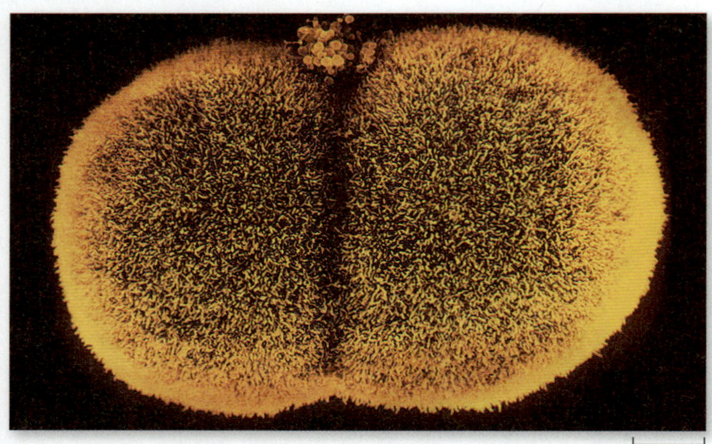

그림 36.22 전할. 난할의 유형에서 상대적으로 적은 양의 난황을 가진 난자의 특징이고 난자의 전체를 통해 세포분열이 일어난다.

발생경로에서 작용하거나 작용하지 않는 할구

학습목표 36.6.3 무엇이 발생을 조절하는지 설명하라.

바깥을 살펴보면 난할 상태의 배아는 종종 세포처럼 간단한 공 모양이나 디스크 모양을 띤다. 포유류는 **발생의 조절**(*regulative development*)이 고도로 이루어지는 것으로 나타나는데 초기 할구는 특정한 운명을 결정짓지 않는 것으로 보인다. 예를 들어, 만약 사람 배아의 할구가 초기 8세포기에서 제거된다면(착상전 유전 진단 과정에서 수행됨), 배아에 남은 7개 세포들은 여성의 자궁에 착상됐을 경우 완전한 개인으로 '조절'하고 발생할 것이다. 유사하게, 둘로 나눠진 배아들(자연적으로 혹은 실험적으로)은 동일한 쌍생아를 만든다. 즉, 이것은 포유류 발생에 있어서 결정 요인을 암호화하는 모계유전은 중요하지 않은 메카니즘이라는 것을 보여준다. 또한 몸을 형성하는 것은 주로 세포-세포 상호작용에 의해 결정되는 것으로 보여진다.

포유류 배아의 초기 패턴 사건은 배반엽을 형성을 유도하는 착상 전 단계동안 일어난다. 8세포기에서 많은 포유류 할구의 바깥 표면은 **압축**(*compaction*)이라 부르는 과정에서 납작하게 되고 이는 양극화를 초래한다. 양극화된 할구는 비대칭적인 세포 분열이 일어난다. 세포 계보 연구는 배아 내부에 있는 세포들은 종종 포유류 배반엽의 ICM세포로 변하지만 배아 외부에 있는 세포들은 영양막 세포로 변하는 것을 보여주고 있다.

개념 정리 36.6

난할 동안의 빠른 세포분열은 접합자에서 포배라는 빈 공 모양의 세포들로 변형시킨다. 난황은 난할양식을 결정하는 중요 요인이다. 알에서 난황이 적으면 완전히 쪼개지며 난황이 많으면 완전히 쪼개지지 못한다. 많은 동물들에서. 초기 세포들은 발생과정에 기여한다; 포유류의 초기 세포들은 기여하지 않는다.

- 만약 포유류 배아의 4세포기 단계의 세포를 분리한다면, 정상적으로 자라겠는가? 개구리 배아의 4세포기의 세포를 분리한다면 어떻게 되겠는가?

36.7 낭배형성은 배아의 기본적인 체제를 형성한다

복잡한 세포 모양 변화와 움직임의 과정에서 포배 세포는 배아의 기본적인 몸체형성을 형성하기 위해 재배열된다. 이 과정을 **낭배형성과정**(*gasturulation*)이라고 부르며 3개의 주된 배엽을 형성하고 포배세포를 소화관의 중심 전구체와 전후축 및 등배축을 가진 좌우 대칭적 배아로 바꾼다.

3개의 배엽을 형성하는 낭배형성과정

학습목표 36.7.1 낭배형성과정에서 어떻게 발생중인 배아를 인지하는지 설명하라.

낭배형성과정은 주된 3개의 **배엽**(*germ layers*)을 형성한다: 내배엽과 중배엽 그리고 외배엽. 각각의 배엽에서의 이 세포들은 매우 다른 발생학적 운명을 갖고있다. 초기 소화관을 형성하기 위해 배아 쪽으로 이동하는 세포들은 **내배엽**(*endoderm*)이다. 내배엽은 내벽에 소화관이 생기게 하고, 파생물을 만든다(이자, 폐, 간 등등). 내배엽은 내장선을 만들고 이로부터 유래되는 이자, 폐, 간 등을 만든다. 이 바깥쪽에 있는 세포들은 **외배엽**(*ectoderm*)이고 그들로부터 유래되는 신경계와 몸의 바깥쪽에 표피를 포함하고 있다.

내배엽과 외배엽 사이의 공간으로 움직이는 세포들은 **중배엽**(*mesoderm*)이고 척삭, 골격, 혈관, 연결조직과 근육 및 신장과 생식샘과 같은 내부 장기들을 형성한다.

세포는 낭배형성동안 다양한 세포모양을 변화시키면서 움직인다. 몇몇의 세포들은 이웃 세포를 넘어가기 위해 넓고 액틴으로 가득찬 연결선을 이용하는데 이것은 **라멜리포디아**(*lamellipodia*)라고 부른다. 다른 세포들은 **필로포디아**(*filopodia*)라 불리는 좁은 연결선을 내보낸다. 이것은 세포외기질 또는 다른 세포들의 표면을 덮는다. 충분한 부착이 이루어지면 필로포디아는 수축되어 세포를 앞쪽으로 잡아당긴다. 액틴필라멘트 다발의 수축은 이러한 세포 모양 변화의 많은 부분에 관여한다. 접착반(desmosome) 또는 접착대(adherens junction)를 통해 다른 것과 밀착 연접된 세포들은 세포 시트로 이동하게 될 것이다.

포유류에서 낭배형성

포유류의 낭배형성은 **엽렬(delamination)**과 함께 시작되고 하나의 배층 세포가 두 개로 나뉜다. 각각의 이동하는 세포들은 특정 세포 표면의 당단백질을 갖고 있고 다른 세포의 표면 또는 세포외기질에서 특정 분자에게 붙는다. 4장에서 설명된 대로, 세포의 부착능(adhesiveness)의 변화는 낭배형성에서 중요하다. 세포외 기질 단백질인 피브로넥틴(fibronectin)과 이에 상응하는 세포의 인테그린(integrin) 수용체는 많은 동물에서의 낭배형성의 중요한 인자이다.

포유류의 낭배형성은 새와 같은 식으로 이루어진다. 이 두 동물의 경우 배아는 판상으로 정열된 세포-조류와 포유류의 내세포 집단에서의 배반엽-로부터 발생한다. 조유의 배반엽이 비록 판상형

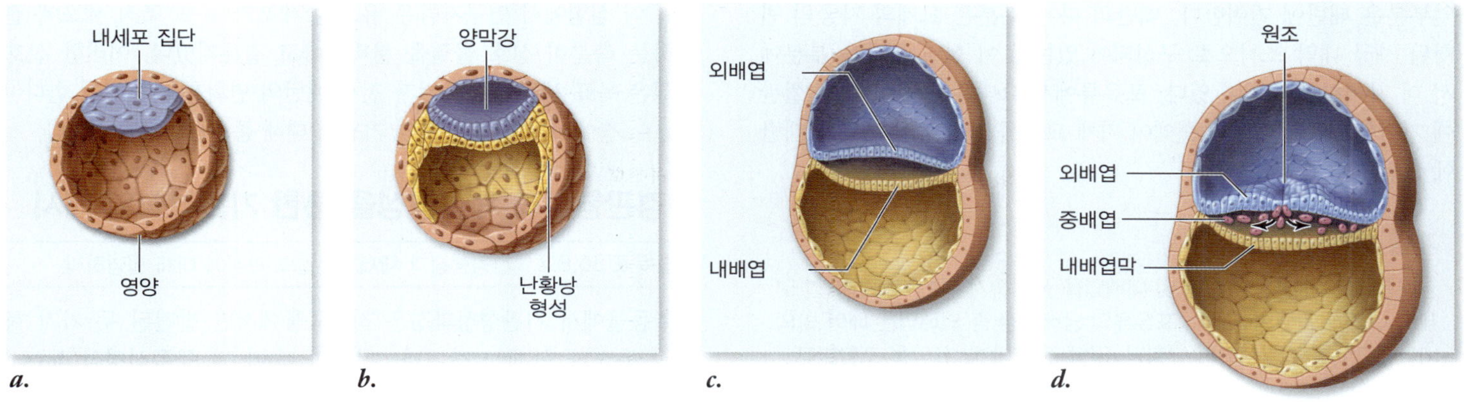

그림 36.23 **포유류 낭배형성.** a. 마지막 난할 단계에서의 포유류 버반포 횡단면 b. 양막강은 내세포집단과 배아극 사이에 형성된다. 동시에 안쪽세포덩어리(inner cell mass; ICM)은 평평해지고 두 개의 막으로 갈라지게 되는데 이것이 외배엽과 내배엽이 된다. c. 낮은 쪽에 있는 막의 세포는 난황낭을 형성하는 포배강 구획을 위해 바깥쪽으로 이동한다. d. 원조(primitive streak) 외배엽을 형성하고 중배엽이 되는 세포들은 안쪽으로 이동한다. 조류 낭배형성도 이와 유사하다.

일지라도 단황란(mass of yolk)에 붙어있기 때문에 단황란이 없을지라도 포유류의 내세포질은 판상형이다.

포유류에서 태반은 난황을 필요로하지 않게 한다; 배아는 자궁벽에 착상을 함으로써 모계로부터 영양분을 습득한다. 그러나 이 배아는 여전히 난황구의 위에 위치해 있으면서 낭배를 형성한다.

포유류에서 원조(primitive streak)가 만들어 지고 원조를 통한 세포 이동이 3개의 배엽을 만드는데 새들도 같은 원리로 이루어진다(그림 36.23). 유사하게, 포유류의 배아는 배반엽의 낮은쪽에서 이동하는 배아 외 세포에서 난황낭을 만듦으로써 소실된 난황을 둘러싸고 있다.

육지의 삶에 적응된 배외막

학습목표 36.7.2 양막동물의 배외막 명칭.

육지에서 적응됨에 따라 파충류, 조류 및 포유류의 배아는 양수로 가득찬 **양막**(*amniotic membrane or amnion*)안에서 발생된다. 양막 및 다른 막들은 배아 세포로부터 형성되지만 그들은 배아 밖에 위치하고 있다. 이러한 이유로 이들은 **배외막(extraembryonic membranes)**으로 알려져 있다. 배외막은 양막, 융모막과 난황낭 및 요막을 포함한다.

포유류에서 배반포의 영양막 세포는 모계 자궁의 자궁내막에 이식되며 양막이 된다(그림 36.24). 자궁 내막 조직과 연결된 양막의

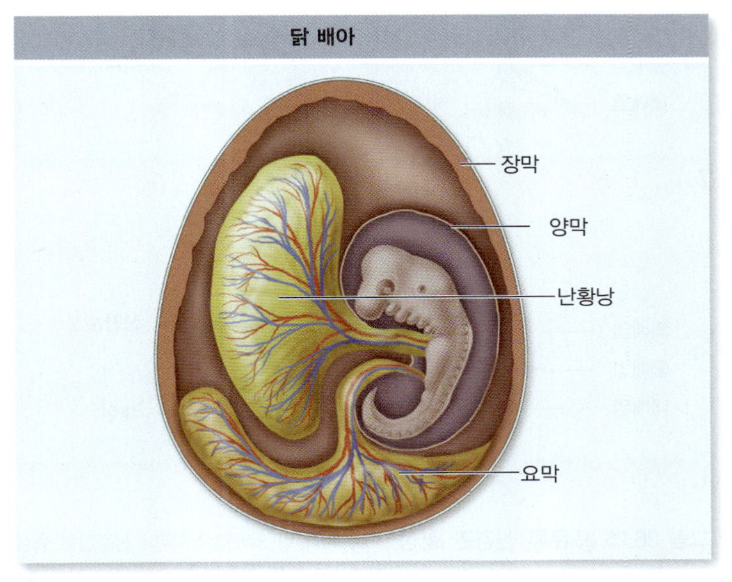

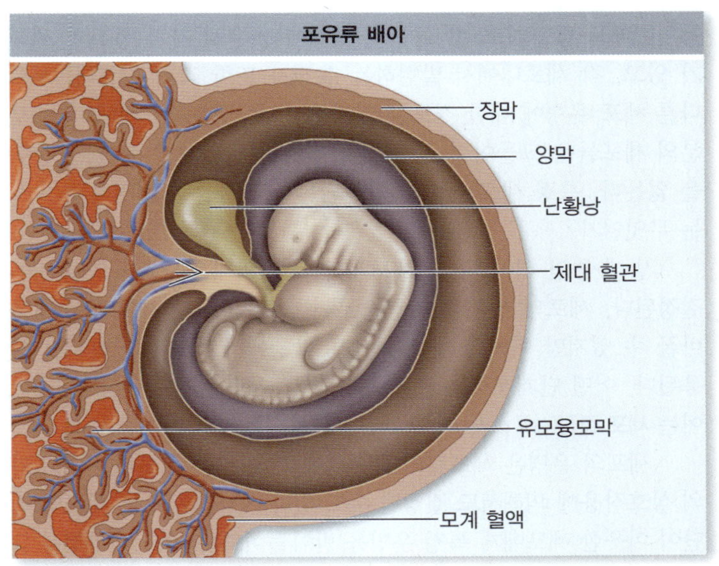

그림 36.24 **배외막.** 병아리 배아와 포유류의 배아의 배외막은 같은 특징들이 몇 가지 있다. 그러나 병아리에서 가스 교환과 관계있는 난각 아래에서 융모막과 합쳐질 때까지 요막은 계속 성장한다. 포유류 난자에서 요막은 탯줄을 위해 혈관이 된다.

일부분은 태반에 기여한다. 태반의 다른 부분은 모계의 자궁의 변형된 자궁 내막 조직으로 구성되어 있는데 이 설명은 다음 부분에서 더 자세히 설명되어 있다. 포유류에서 요막은 탯줄이 되는 혈관에 기여함으로써 태아의 혈액이 기체 교환을 가능하게 하도록 태반에 도달한다.

개념 정리 36.7

낭배형성은 외배엽, 중배엽 및 내배엽을 생성하기 위한 세포재배열 및 세포 이동과 관련되어있다. 포유류의 낭배형성 중 외배엽은 배아 밖의 배아세포로부터 형성되며 난황낭, 양막, 융모막 및 요막을 포함한다.

- 낭배형성을 위해 필요한 세포의 행동은 무엇인가?

36.8 신체 장기는 장기 형성 동안 만들어진다

낭배형성은 기본적인 체제(body plan)을 형성하고 동물 배아 내 3가지 초기배엽을 형성한다. 이 단계는 기관형성(*organogenesis*)을 위한 시기 중 하나로 3개의 배엽 내부 및 그 사이에서 세포의 상호작용을 통해 적절한 위치에서의 기관이 형성되도록 유도한다. 그러므로 낭배형성이 완료되기 전 절정인 시기에 기관형성이 시작되며 급속하게 진행된다. 연속적인 발생과정동안 조직이 기관으로 발생되고, 동물의 배아는 그들만의 독특한 체형을 형성하게 된다.

세포의 운명을 이끄는 유전자 발현 변화

학습목표 36.8.1 기관형성의 예를 설명하라.

동물에서 핵이 없는 특정 몇몇 세포를 제외하고는 모든 세포가 같은 유전 정보를 갖고 있다. 이와 같은 대부분의 세포가 유전적으로 동일함에도 불구하고 한 동물의 성체에는 수백 가지 종류의 세포가 있고, 각 세포내에서 발현하는 유전자 또한 각기 다르다. 서로 다른 세포 유형에 대한 정보는 잃지 않지만 발생중인 개체 내 대부분의 세포들은 그들이 가진 전체 유전자를 발현시킬 수 있는 능력을 잃는다. 특정 세포 안에서 발현되는 유전자들을 결정하는 요소는 무엇인가?

발생 중인 배아 내 각 세포의 위치에 의해 해당세포의 운명이 결정된다. 세포의 위치를 바꿈으로써 실험자는 각 세포의 운명을 바꿀 수 있지만 이러한 현상은 세포 발생에서 특정 시기까지만 적용된다. 어떤 단계에서는 모든 세포의 궁극적 운명이 결정되어지며 이는 세포 결정(*cell determination*)이라 불리는 과정이다.

세포의 운명은 세포질의 유전성에 의해 또는 이웃하는 세포와의 상호작용에 의해서도 결정될 수도 있다. 한 세포 또는 세포의 집단이 이웃한 세포에게 특정 운명을 받아들이도록 이끄는 과정을 유도(*induction*)라 부른다. 셀로판막과 같은 구멍이 없는 장해물이 유도체와 목표 조직 사이에 있으면 유도는 발생하지 않는다. 반대로 단백질도 통과할 수 있는 다공성 막이 있으면 유도가 발생하게 된다.

이 실험에서 연구자들은 유도성 세포가 목표 조직 세포에 결합하는 측분비 신호 물질을 분비한다고 결론지었다. 이러한 신호 물질은 목표 세포에서 유전자 전사 패턴의 변화를 가능하게 한다(9장). 이 장에서는 배아 유도의 기원에 대해 좀 더 알아볼 것이다.

신경관형성과 체절형성을 통한 기관형성의 개시

학습목표 36.8.2 신경형성과 체세포분열의 과정에 대해 설명하라.

척추동물에서 기관형성과정은 척삭동물에서만 발견된 두 가지 형태적 특징과 함께 시작된다: 척삭과 속이 빈 **등쪽신경삭(dorsal nerve cord)**(28장 참조). 등쪽신경삭의 발생을 신경관형성이라고 부른다.

신경관의 발생

척삭은 중배엽으로부터 형성되고 낭배형성이 완성된 후 육안으로 확인된다. 척추동물에서 신체를 지지하는 기능이 척추의 발생에 의해 대체되지만 모든 척삭동물의 배아에서 척삭은 등 쪽 중심을 따라 위치한 유연한 관(rod)이다. 척삭이 형성된 후에 척삭 위쪽에 위

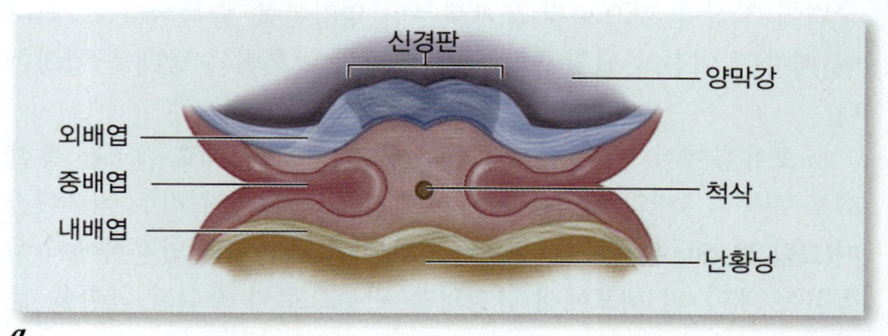

a.

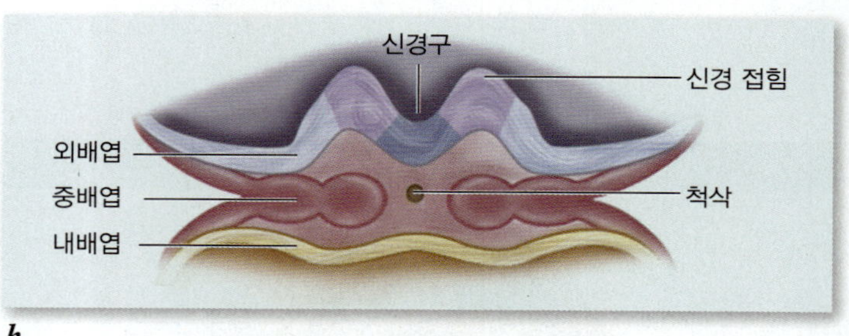

b.

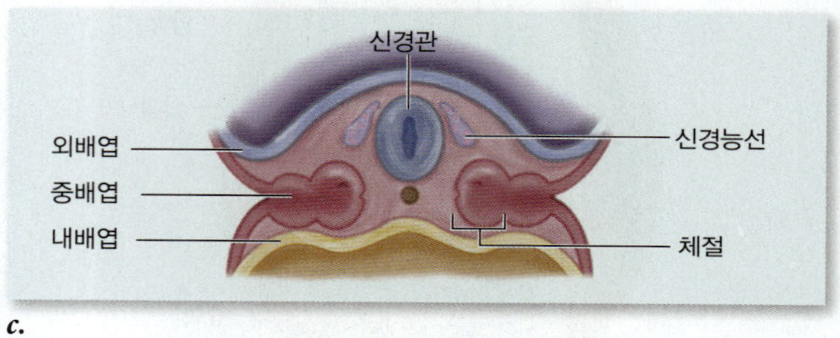

c.

그림 36.25 포유류 신경관 형성. **a.** 척삭 위 외배엽으로부터 신경판이 형성된다. **b.** 신경구를 형성하기 위해 신경판 세포는 함께 접힌다. **c.** 신경구는 신경관이라는 속이 빈 관을 형성하기 위해 닫히고 그것은 뇌와 척수가 된다. 관이 닫히면서 신경관의 등쪽 부위로부터의 세포중 일부는 신경관과 다양한 구조들을 형성하는 유주세포(migratory cell)로 분화하고 이들은 척추동물의 특징이 된다.

치해 있는 등 쪽 외배엽 세포 부분은 신경판(*neural plate*)이 되기 위해 단단해지기 시작한다.

이것은 등 쪽 외배엽세포의 신장에 의해 가능하다. 이 세포들은 세포의 정단 말단 부분에서 액틴 필라멘트 다발의 신축성 때문에 쐐기 모양을 띠고 있다. 이와 같은 형태의 변화는 신경조직이 말려 올라와 배아의 긴축을 따라 아래로 움직이는 **신경고랑(neural groove)**이 형성되도록 한다. 그 후 신경고랑의 양 말단이 서로를 향해 움직이고 합쳐져 긴 원기둥 모양의 **신경관(neural tube)**을 형성한다(그림 36.25). 신경관은 표면외배엽에서부터 배아의 등쪽 표면 아래의 끝 쪽까지 집어낸다. 마지막으로 Hox 유전자 군의 조절로 인한 국부적 변화는 신경관이 척수와 뇌로 분화되도록 한다.

체절의 발생

신경관이 등쪽 외배엽으로부터 형성되는 동안 중배엽의 변화에 의해 신체 기본적인 구조들이 급격하게 형성된다. 발생중인 척삭의 양쪽 말단부위 위에 있는 중배엽이 **체절구(somitomeres)**라 불리는 일련의 동심원 모양으로 분리된다. 이후 체절구는 **체절(somites)**이라고 불리는 분절 구조로 분리된다.

머리 부분에서 중배엽은 별개의 체절로 분리되지 않지만 체절구로 연결된 체 남아있고 그것은 얼굴과 턱 그리고 목의 골격근을 형성한다. 체절은 머리부터 꼬리까지 규칙적인 주기로 형성되며 닭의 배아에 체절을 염색시키는 생염료를 투여하여 체절형성과정을 확인한 사례가 있다. 체절 발생 전 중배엽에서 체절이 형성될 것으로 예상되는 경계 부분에 있는 세포들이 앞부분으로 응축되고 특정 주기에 맞춰 체절으로 분리된다(예를 들면 병아리 배아에서는 90분주기로 형성됨). 이 주기는 이웃하는 세포들 사이에서 접촉에 의해 매개되는 세포 신호 전달에 의해 조절되는 것으로 사료된다.

체절은 일시적 배아 속 구조이며 체절이 형성된 후 세포들은 흩어지며 다양한 경로를 따라 분화하기 시작한다. 이것은 결과적으로 골격, 골격근조직 그리고 이를 잇는 연결 조직을 형성한다. 형성된 체절의 전체 수는 종 특이적이다: 예를 들어, 닭은 50개의 체절로 구성되는 반면 뱀의 일부 종들은 400개의 체절로 구성된다. 신장, 부신 그리고 생식샘과 같은 특정 신체기관은 각 체절에 평행한 연속된 중배엽의 사이에서 발생된다. 대부분 배쪽에 위치한 이 나머지 중배엽은 바깥쪽과 내배엽 주변으로 이동하고 점차 내배엽을 완전하게 둘러싼다.

이러한 움직임의 결과로 중배엽은 두 개의 막으로 분리된다. 바깥쪽의 막은 내부 체벽과 결합되어 있고 안쪽의 막은 내장 기관의 바깥쪽 막과 결합되어 있다. 이 두개의 막 사이에서 중배엽은 체강(*coelom*)이 되고(27장 참조), 이것은 성체의 체강(body cavity)이 된다.

이동성 신경능선 세포는 수많은 종류의 세포로 분화한다

학습목표 36.8.3 장기발생에 있어서 신경능선세포의 움직임과 그들의 역할에 대해 설명하라.

신경관형성은 모든 척삭동물에서 일어나고, 무척추 척삭동물인 창고기의 신경관형성과정은 인간과 매우 유사하다. 그러나 척추동물에서의 신경관 형성은 추가적인 단계가 필요하다. 신경관을 형성하기 위해 신경고랑의 양쪽 말단 부위가 가까워지며, 닫히기 직전 신경능선(*neural crest*)이라 불리는 작은 세포군집을 형성한다. 이것은 신경관의 윗부분과 표면외배엽 사이의 부분에 위치한다.

동물의 발생 동안 광범위한 세포이동과 관련된 또 다른 예는 신경능선세포가 발생중인 배아의 매우 다양한 부분으로 이주하기 위해 신경관으로부터 이동하는 것이다. 신경능선의 출현은 신경능선세포들이 최종 목적지에 도달한 후 궁극적으로 척추동물 신체 내 다양한 구조로 발생하기 때문에 척추동물의 진화에 있어서 매우 중요한 사건이다.

신경능선세포의 분화는 그들의 이동경로와 최종 목적지에 따라 다양하다. 배아에서 신경능선세포는 3개의 경로 중 한 가지를 따라 이동한다. 두개부 신경능선세포들은 머리와 목으로 이동하는 앞부분 세포들이다; 몸통부분 신경능선세포는 두 개의 경로중 하나를 다라 이동한다(짧게 설명되어짐). 각 신경능선세포들은 다양한 종류의 세포로 발생한다.

두개부 신경능선세포의 이동

두개부 신경능선세포는 얼굴 및 두개골에 연결된 조직들과 골격의 발생뿐만 아니라 신경계의 신경세포와 신경아교세포 및 멜라닌 색소 세포 분화에도 중요한 역할을 한다. 발생동안 두개 부 신경능선세포의 위치변화는 매우 다양하고 복잡한 척추동물 머리의 진화를 이끌었다.

두개부신경능선세포의 이동에는 두 가지 방향이 있다. 첫 번째는 등 배 구조 모두를 만드는 것이고, 두 번째는 단지 등 쪽 구조만 형성하며 연골과 골격은 만들지 않는 것이다. 이식 실험에서 세포들의 발생학적 잠재성은 이 두 방향에서 동일하게 나타났다. 세포운명의 차이는 미리 결정되어진 것이 아닌 이동 중인 세포들이 직면하는 환경 때문으로 밝혀졌다.

몸통 신경능선세포: 배 쪽 경로

좀 더 뒤쪽에 위치한 신경능성세포는 신경능선세포의 이동 경로에 따라 달라지는 매우 다른 발생학적 운명을 갖고 있다. 우선 신경관으로부터 움직이는 몸통 신경능선세포는 인접하는 각각의 체절의 앞쪽 절반을 통해 배 쪽 위치까지 통과한다(그림 36.26a).

이러한 세포들 중 몇몇은 배근신경절의 감각신경세포를 형성한다(33장 참고).

이 밖의 세포들은 말초신경을 따라 자극의 빠른 전달을 촉진하기 위해 신경 섬유를 감싸는 슈반세포로 특화된다. 또한 이들은 자율신경세포를 형성하고 이것은 내부 기관의 활성과 부신수질의 내분비세포를 조절한다(그림 36.26b).

몸통 신경능선세포: 외측 경로

몸통 신경능선세포의 두 번째 집단은 배아 전체 주변의 공간을 확보하기 위해 표면외배엽 아래 공간의 신경관으로부터 이동한다.

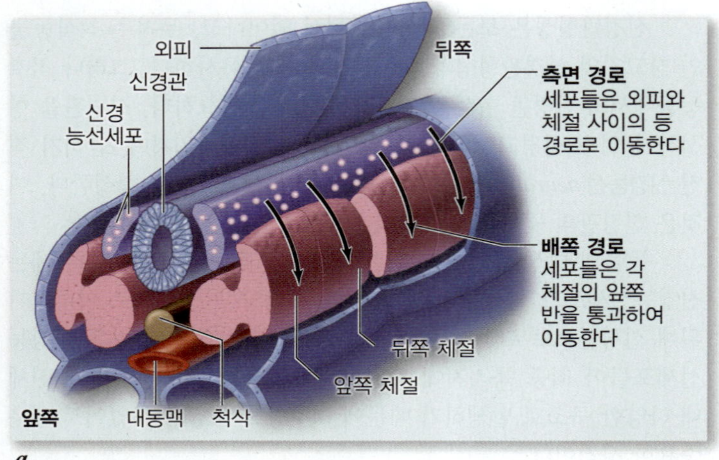

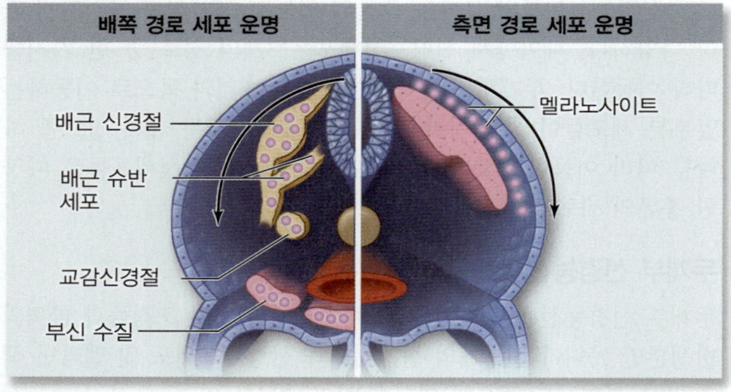

그림 36.26 신경 능 세포의 이동 경로와 세포 운명. **a.** 신경능 세포의 첫 파동은 각각의 체세포 반의 앞쪽을 통해 배쪽으로 이동하고 반면에 두 번째 파동은 등쪽으로 떠나며 표피와 체세포 사이의 공간을 통해 이동한다. **b.** 등쪽 경로의 신경능 세포는 다양한 특성화된 세포 유형으로 분화되지만 측면 경로 세포들은 피부의 멜라노사이트(색소 세포)로 발생한다.

그곳에서 이 세포들은 피부의 색소 세포로 분화할 것이다(그림 36.26a, b). 생존과 관련 있는 유전자 및 신경능선세포의 이동과 관련된 돌연변이는 배 쪽 표면 피부에서 백반현상을 일으키고, 또한 다른 신경능선 유래조직에서 신체 내부의 문제를 초래한다.

다양한 생태학적 역할에 기여한 특정 척추동물의 적응에 관한 많은 부분이 신경능선세포로부터 발생된 구조와 관련되어있다. 척추동물들은 매우 높은 대사 율을 가진 빠르게 수영하는 포식자가 되었다. 이 가속화된 대사 율은 원시 척삭동물들 사이에서 가능했던 대사 율 보다 더 높은 수준을 보였다. 신경능선 세포의 파생물과 관련된 또다른 진화적 변화는 먹이사냥 시 향상된 탐지 능력 및 공간자각능력 그리고 감각정보에 대해 빠르게 반응하는 것이다. 따라서 신경능선의 진화와 그것으로부터 유도된 구조의 진화는 척추동물의 진화에 중요한 단계이다(그림 36.27).

개념 정리 36.8

기관형성의 유전적 조절은 세포 전달 물질의 보존된 유전자 군과 전사인자에 영향을 받는다. 척추동물에서 신경관형성 과정은 기본적인 신경계를 형성한다. 체절형성은 체절로 형성되는 중배엽의 분열이다. 신경능선세포는 신경관으로부터 발생되고 다양한 종류의 세포를 형성하기 위해 많은 부위로 이동한다. 신경능선의 진화는 많은 척추동물의 특이적 적응 현상의 출현을 이끌어 냈다.

- 신경능선세포는 이동전에 결정되는가?

36.9 인간 발생은 9개월이 소요된다

수정에서 탄생까지 인간의 발생은 평균 266일이나 혹은 9개월 가량이 소요된다. 이 기간은 보통 삼분기(*trimesters*)라고 불리는 세 시기로 나뉜다. 이 삼분기 동안 진행되는 배아 발생에 대해 설명할 것이다. 뒷부분에서는 탄생, 신생아의 간호 및 임신 후 과정에 대하여 요약할 것이다.

수정 후 3개월 동안, 접합체는 빠른 발생과 분화를 겪는다

학습목표 36.9.1 수정 후 3개월 동안 주된 발생학적 사건들에 대해 설명하라.

수정 후 약 30시간 후에, 접합체는 첫 난할을 경험하고; 두 번째 난할은 첫 난할 후 약 30시간 후에 일어난다. 배아가 자궁까지 도달하는데 수정 후 6~7일정도가 소요되며 배반포로 분화한다. 이전에 언급된 대로, 배반포는 내세포집단을 구성하고 있고 배아와 영양막 세포의 주변층이 된다.

배반포의 영양막 세포는 **착상(implantation)**과정에서 자궁내막 벽 안쪽을 분해하여 길을 만든다. 이 배반포는 급속하게 성장하기 시작하며 양막과 융모막 형성을 시작한다.

발생 첫 달

수정 후 2주 동안 발생중인 장막과 모계의 자궁내막 조직들은 태반이 된다(그림 36.28). 태반안에서 모계의 혈액과 배아의 혈액은 가까워지지만 섞이지는 않는다. 하지만 기체는 서로 교환하며 태반은 배아를 위해 영양을 공급해준다. 또한 배아 순환의 일부가 되는 특정 분자들의 독소를 제거해 주며 호르몬을 분비한다. 술과 약물 및 항생제와 같은 특정 물질들은 태반에 의해 걸러지지 않고 엄마의 혈류를 따라 배아 안으로 들어가게 된다.

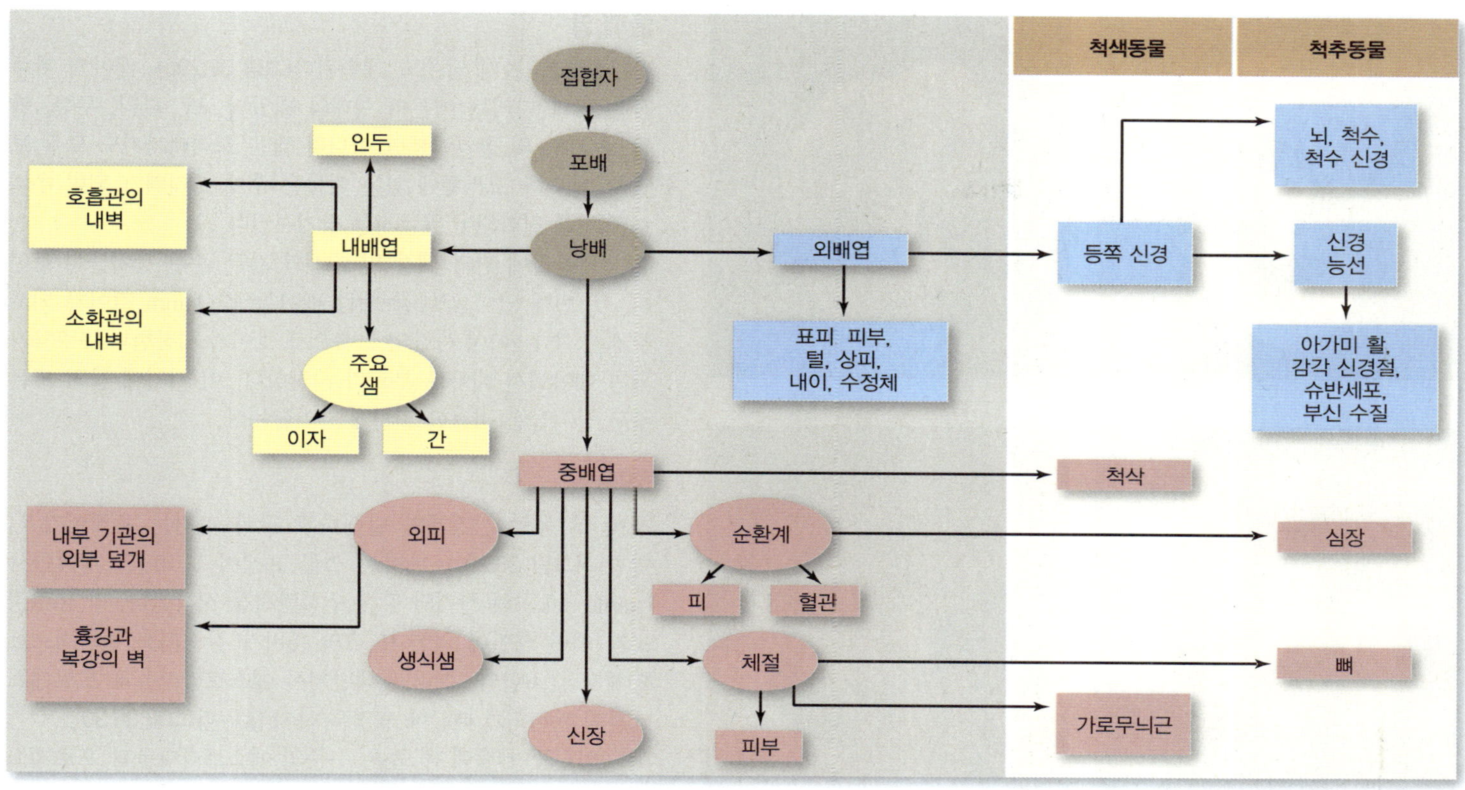

그림 36.27 동물에서 중요한 조직 유형들의 배엽 유도. 낭배형성동안 형성된 3개의 배엽은 신체 모든 기관과 조직으로 발생되고 외배엽 조직으로부터 형성된 신경능 세포는 척추동물에서 여러 아가미 활 과 얼굴 및 두개골과 같은 일반적인 구조들이 된다.

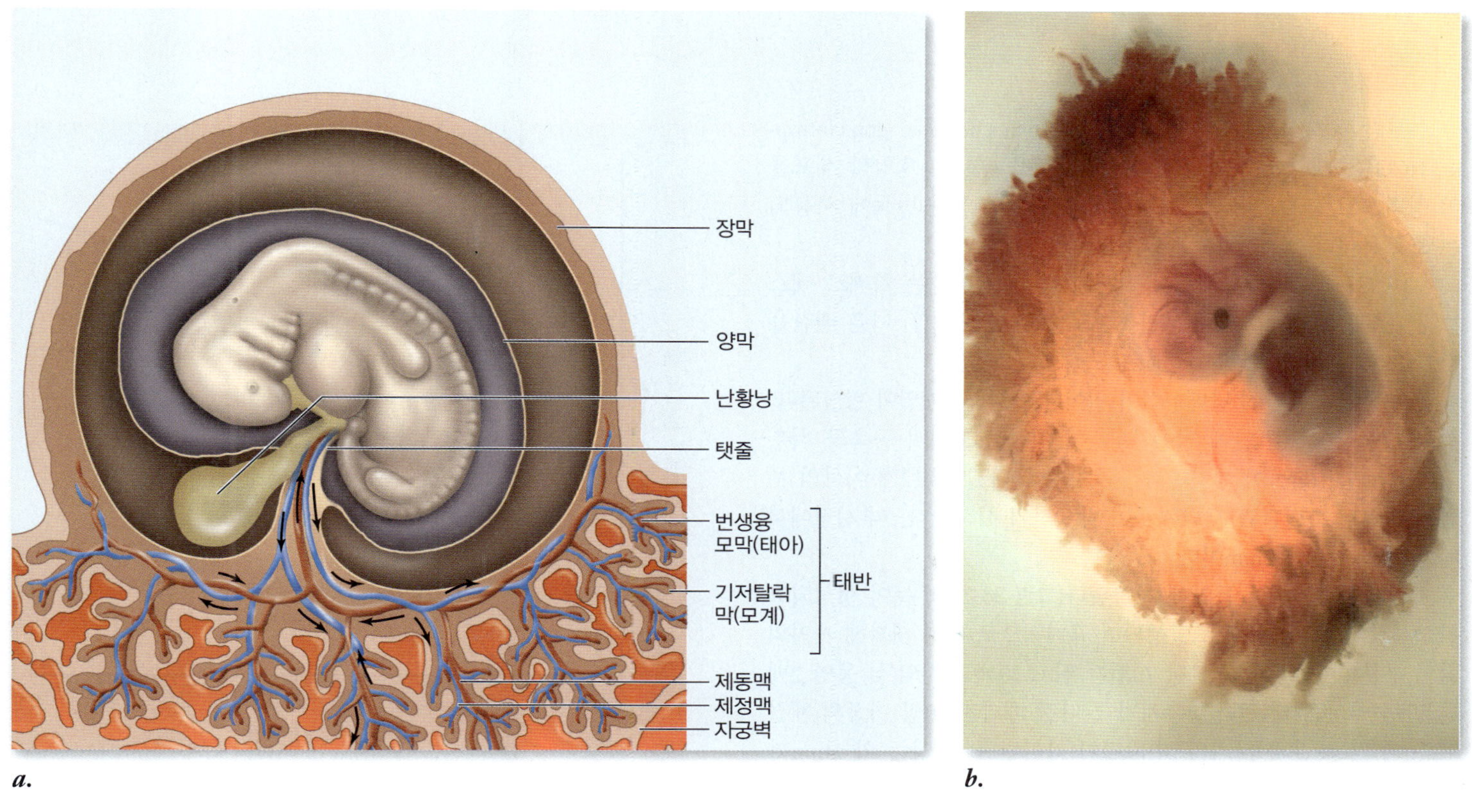

그림 36.28 태반의 구조. a. 태반은 태아의 구성물과 번생융모막 및 모계 구성물들을 비롯하여 기저 탈락막을 포함하고 있다. 산소가 없는 태아 혈액이 탯줄(파란색으로 보이는)로부터 태반으로 들어가고 그곳에서 산소와 모계의 혈액으로부터 영양분을 취한다. 산소가 풍부한 태아 혈액은 탯줄(붉은색으로 보이는)에서 태아에게 되돌아온다. b. 7주 된 배아는 양수로 찬 주머니에 있다.

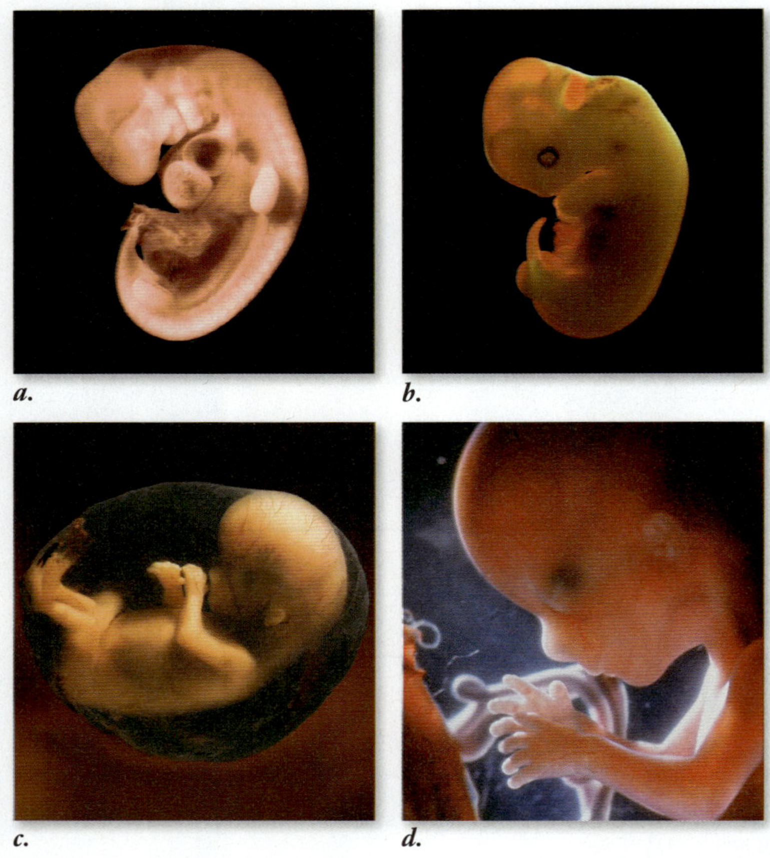

그림 36.29 발생 중인 인간. a. 4주. b. 5주 말. c. 3개월. d. 4개월.

둘째 달

기관형성은 둘째 달에도 계속된다**(그림 36.29b)**. 배아의 아주 작은 팔과 다리는 어른의 형태와 닮았다. 팔, 다리, 무릎, 팔뚝, 손가락 및 발가락뿐만 아니라 짧은 꼬리뼈까지도 모두 보인다. 배아의 꼬리쪽에 있는 뼈들은 후에 꼬리뼈가 되며 우리가 어떻게 진화되어 왔는지를 상기시킨다.

복강안에 간과 췌장 및 쓸게와 같은 주된 장기들이 보인다. 두 번째 달이 끝나갈 때쯤 배아는 약 25mm 길이가 되고 무게는 약 1 g이며 사람의 모습으로 보이기 시작한다. 9주차가 되면 배아에서 태아로 부르기 시작한다. 이 시기에 몸의 모든 주된 장기들은 적절한 위치에 자리잡는다.

셋째 달

셋째 달 동안 신경계가 발생하고 팔과 다리는 움직이기 시작한다**(그림 36.29c)**. 배아는 얼굴 표정이 드러나고 경악반사(startle reflex)와 빨기와 같은 원시반사를 시작한다. 약 10주정도가 되면 태반에 의한 HCG의 분비가 감소되고 결과적으로 황체가 감소한다. 그러나 태반에서 에스트라디올과 프로게스테론이 분비되기 때문에 월경은 하지 않는다**(그림 36.30)**.

임신동안 혈액 내 높은 수준의 에스트라디올과 프로게스테론은 계속해서 FSH와 LH 분비를 저해하고 결국 배란을 방해한다. 또한 자궁의 유지와 순차적인 분만 및 출산 준비를 할 수 있게 도와주며 출산 후 수유준비를 위해 유방의 발달을 자극한다.

사람 융모성 생식선자극호르몬(human chorionic gonadotropin, HCG)은 태반에 의해 분비되는 호르몬중 하나로 영양막 세포들이 장막으로 되기 전에 이 호르몬이 분비되어 임신 판독에 사용되는 호르몬이다.

HCG은 모계의 황체를 유지시켜준다. 이 황체는 차례로 에스트라디올과 프로게스테론 분비를 지속하며 월경과 뒤 이은 배란을 막아준다.

수정 후 2주안에 낭배형성이 일어나고 3개의 배엽이 형성된다. 신경관 형성은 3주 안에 일어난다. 첫 체절이 보이며 근육과 척추 그리고 결합조직들이 생겨난다. 3주차가 끝나갈 때 12개 이상의 체절이 확인되며 혈관과 소화관들이 발생하기 시작한다. 이 시점에서 배아의 길이는 약 2mm이다.

장기형성은 4주 동안에 시작된다**(그림 36.29a)**. 눈이 형성되고 관상심장이 4개의 심실로 발생되며 규칙적으로 뛰기 시작해 개인의 삶의 부분이 될 것이다. 분당 70회가 뛰고 70세 까지의 삶 동안 2백 5십만번 이상 뛰게 된다. 4주차가 끝나갈 때까지 30쌍 이상의 체절이 눈에 띄고 팔과 다리의 싹(bud)이 나타난다. 배아는 약 5mm까지 커진다. 발생학적 각본상으로는 많은 일들이 일어나지만, 사실 많은 여성들이 여전히 이 단계에서 임신 사실을 모른다. 결함이 있는 배아의 대부분은 이 시기에 자연 유산된다.

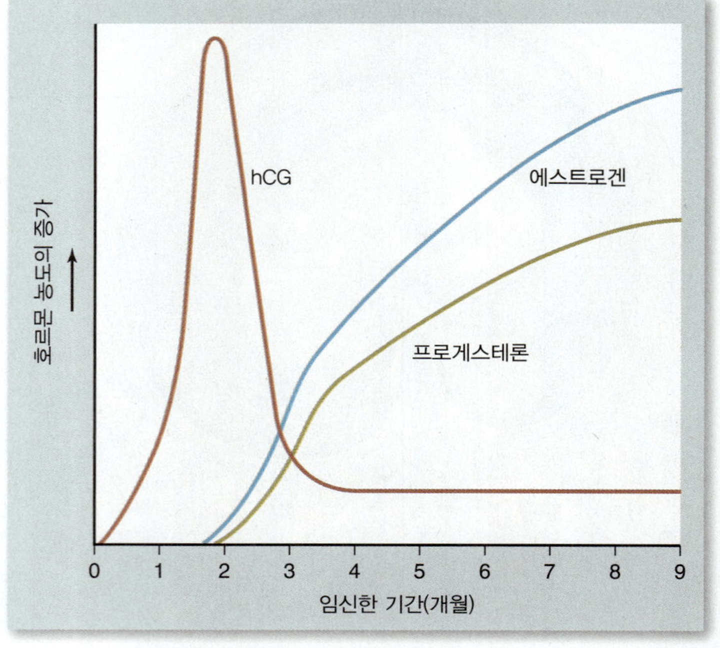

그림 36.30 태반에 의한 호르몬 분비. 태반은 HCG를 분비하고 2개월에 정점으로 이루며 감소한다. 5주후에 에스트로젠과 프로게스테론의 분비가 증가한다.

임신 2기와 3기 동안 장기의 성숙

학습목표 36.9.2 2기와 3기에서의 중요한 발생학적 사건에 대해 설명하라.

골격은 4개월 동안 활발하게 성장하며(그림 36.29d), 4개월 달이 되면 모체는 태아의 발차기를 느낄 수 있다. 10주차 초에도 터아 감지 장치로 태아의 심장소리 감지가 가능하지만, 5개월 말이 되면 청진기를 통해서도 태아의 심장 박동 소리를 들을 수 있다.

6개월째가 되면 태아의 몸무게는 600 g(1.3lb)이고 길이는 300 mm(1 ft) 이상이 되며 출산 전 성장의 대부분이 끝나간다. 하지만 태아는 특별한 의료 기기 없이는 자궁 밖에서는 살 수 없다.

이 세 번째 시기는 주로 성장의 시기이며 장기가 성숙되는 기간이다. 태아의 몸무게는 수십 배가 되지만 몸무게가 늘어나는 것은 일종의 성장은 아니다. 많은 신경세포들 뿐만 아니라 뇌에 있는 주된 신경관 대부분이 이 기간 동안 형성된다. 하지만 출생할 때의 완전함과 신경학적 성장은 차이가 있다. 만일 완전히 신경학적 발생이 일어날 때까지 자궁 안에 남겨져 있다면 골반을 통해 안전한 분만을 하기에는 태아가 너무 크게 성장할 수 있다. 대신 신생아가 생존의 가능성이 높은 순간에 태어나고 이후 수개월동안 아이의 뇌는 발생과 새로운 신경세포를 계속해서 만들어 낸다.

탄생이 가져오는 호르몬상의 결정적인 변화

학습목표 36.9.3 탄생 과정의 호르몬 조절에 대해 설명하라.

몇몇의 포유류들 중 발생중인 태아의 호르몬 양의 변화로 출산과정이 시작된다. 이들 포유류의 태아는 부신피질안의 세포는 추가적인 막을 갖고 있고 이 막은 부신피질 호르몬을 분비하여 모계의 자궁으로부터 프로스타글란딘을 만든다. 프로스타글란딘은 자궁의 부드러운 근육이 강력한 수축을 유도한다.

인간의 경우, 임신후기에 태아의 코티졸 분비가 증가하고 코티졸의 증가는 태반에서 분비되는 에스트라디올에 의해 자극되는 것처럼 보인다. 자궁은 프로스타글란딘을 증가시키고 결과적으로 태반에서 많은 양의 에스트라디올이 분비된다. 에스트라디올은 더 많은 옥시토신 수용체를 생산하도록 자궁을 자극하며 결과적으로 자궁은 옥시토신에 매우 민감하게 된다.

프로스타글란딘은 자궁을 수축하지만 자궁으로부터 온 감각 피드백은 모계의 뇌하수체 후엽으로부터 옥시토신의 증가를 자극한다. 옥시토신과 프로스타글란딘은 함께 작용하여 자궁의 수축을 자극하고 태아를 아래쪽으로 향하게 한다(그림 36.31).

분만동안 이러한 양성피드백 기작은 더욱 가속화 된다. 초기에는 몇 시간마다 한번 씩 수축하지만 차차 증가하여 2-3분에 한번 수축하게 된다. 모계에서 태아를 내보내려는 힘과 강한 수축으로 결국 태아는 밖으로 나오게 되며, 태아는 새로 태어난 아기 또는 신생아(*neonate*)로 부른다.

출산이후(*afterbirth*) 계속되는 자궁의 수축은 태반과 관계된 막들을 배출하며 후산기라고 부른다. 탯줄은 여전히 아이와 붙어 있고 의사나 산파가 탯줄을 죔쇠로 고정시키고 자른다. 탯줄에서의 혈액응고와 근육의 수축은 과도한 출혈을 막는다.

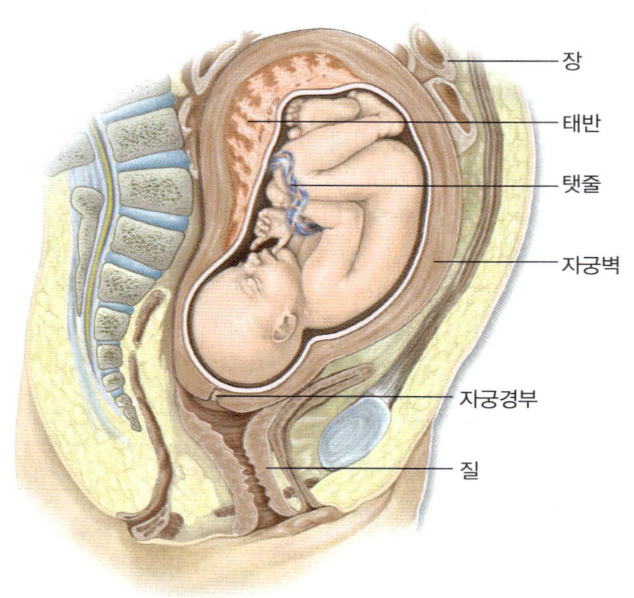

그림 36.31 출생전의 태아의 위치. 발생중인 태아는 여성의 해부학적 구조에 주된 변화를 가져온다. 위와 장이 올라가게 되고 등 아랫부분에 압력 때문에 불편하게 된다. 정상 분만에서 자궁경관을 통해 태아가 나오며 아이가 통과할 수 있게 자궁경관은 커져야 한다.

새끼를 돌보는 포유류의 구별되는 특징

학습목표 36.9.4 수유의 호르몬 조절에 대해 설명하라.

젖의 생산, 또는 **젖분비**(*lactation*)는 유방포가 뇌하수체 전엽 호르몬인 프로락틴에 의해 자극받을 때 유방포에서 일어난다. 유방포로부터 생긴 젖은 유포상관쪽으로 분비되고 유두에 이르게 한다.

임신기간 동안 높은 프로게스테론 수치가 유방포 발생을 자극하고 높은 수준의 에스트라디올이 유포상관의 발생을 자극한다. 그러나 에스트라디올은 유방에서 프로락틴의 활동을 차단하고 시상하부로부터 프로락틴 저해 호르몬의 분비를 자극함으로써 프로락틴의 분비를 억제한다.

그러므로, 임신동안 유선은 준비가 되지만 젖은 분비되지 않는다. 유선의 성장은 프로락틴과 유사 호르몬인 태반 호르몬 HCG 그리고 성장호르몬 유사 호르몬인 사람 생장 호르몬(human somatotropin)에 의해 자극된다.

출산 후에 태반이 나올 때 모계의 혈액 내 에스트라디올과 프로게스테론의 농도는 빠르게 감소한다. 이러한 감소는 뇌하수체 전엽이 프로락틴을 분비하게 해주고 젖을 생산하는 유방포를 자극한다. 아기가 젖을 빠는 힘에 의한 자극은 뇌하수체 후엽이 옥시토신을 분비하게 한다.

옥시토신은 유방포 주변의 부드러운 근육의 수축을 자극하고 결국 가슴에서 우유가 밖으로 배출된다. 이 과정은 **사유반사**(*milk let-down reflex*)로 알려져 있으며 다른 포유류에서도 마찬가지로 발견된다. 분만동안 그랬던 것처럼, 수유동안 옥시토신의 분비는 또한 자궁의 수축을 야기한다. 이러한 수축은 모유 수유를 하는 모계의 자궁 근육에 탄력을 복구하는데 도움을 준다.

출산 직후 생산되는 첫 번째 젖은 노란색을 띄는 액체로 초유라고 부르며 영양분과 모계의 항체가 풍부하다. 젖의 합성은 출산 후 약 3일안에 시작되고 젖이 밀려온다고 말한다.

많은 엄마들이 1년 또는 더 긴 시간 아기를 돌본다. 보살핌이 멈출 때 가슴에서 젖의 축적이 프로락틴의 분비를 멈추는 신호를 보내고 젖의 생산이 중단된다.

수년 동안 계속되는 인간의 생후발달

학습목표 36.9.5 인간의 생후발달의 사건들에 대해 설명하라.

신생아의 성장은 출생 후에 급속도로 계속된다. 아이들은 보통 두 달 안에 출생몸무게의 두 배가 된다. 장기가 성장하는 비율이 다르고 성장이 멈추는 시간대가 다르기 때문에 아이들의 신체 비율은 어른과 다르다. 예로 들면, 머리는 신생아의 경우에는 불균형적으로 크지만 출생 후에 신체의 다른 부분들에 비해 천천히 성장한다. 이와 같이 다른 부분들이 다른 비율로 자라는 성장을 **대비성장(allometric growth)**이라고 한다.

대부분의 포유류에서 뇌의 성장은 태아의 주된 현상이다. 예를 들어 침팬지의 경우, 대뇌부 부분의 뇌와 두개골은 출생 후에 매우 천천히 성장하지만 반면에 턱뼈는 계속 성장한다. 그 결과, 성인 침팬지의 머리는 침팬지 유아 혹은 태아와 확연한 차이를 보인다. 사람의 태아의 경우 대조적으로 뇌와 대뇌부는 턱과 같은 비율로 성장한다. 그러므로 턱과 두개골의 비율은 출생 후에도 변화가 없고 성인의 머리는 태아 또는 신생아와 매우 유사하다.

인간 두뇌는 생후 몇 년 동안 눈에 띄게 성장한다는 사실은 이 기간 동안 적절한 영양분과 안전한 환경이 인간의 지적 잠재력에 완전한 발생을 위해 특히 중요하다.

개념 정리 36.9

인간 발생의 중요한 단계는 임신 첫 3개월 안에 일어난다; 그 다음 6개월은 성장과 성숙에 관계가 있다. 뇌의 성장은 출생 때는 완전한지 않고 생후에 완전해져야한다. 모체 혈액안의 호르몬들은 발생중인 태아를 위해 영양을 제공하는 자궁 환경을 유지한다; 호르몬 분비와 양의 변화는 분만(프로스타글란딘과 옥시토신) 및 수유(옥시토신과 프로락틴)를 자극한다.

- 테트라토젠(선천적 질환을 야기시키는 물질)은 임신 첫 3개월 안에 왜 강력한가?

STD는 왜 빈도에 있어서 다른가?

일반적으로 보호되지 않은 성적 접촉의 증가와 함께 성병의 발병도 증가했다. AIDS의 출현으로 언론의 많은 관심과 교육이 위험한 행동을 감소시켰다. 지난 10년 동안 미국에서 성적 파트너의 수와 보호되지 않은 관계의 빈도 모두 눈에 띄게 떨어졌다. 이대로 가면 미국에서는 매독, 임질 및 클라미디아와 같은 성병의 빈도가 감소되어야 한다.

매년 자세한 통계가 그래프로 보고된다. 결과는 조금 놀랍다. 임질 감염의 정도는 1984년 이래로 감소한 반면 클라메디아 감염은 같은 기간동안 꾸준히 증가했다. 무엇이 우리를 이렇게 만들었을까?

이런 차이에 대한 가장 간단한 설명은 다른 인구집단에서 발생되는 두 종류의 성병을 말하거나 성적 활동이 감소하는 한 인구집단일 경우이지만, 다른 경우 그 정도가 상승한다. 그러나 전국 통계는 모든 인구의 하위집단을 포함하고 각각의 주된 하위집단은 위에 언급된 모든 주요 성병들을 포함한다. 따라서 클라미디아의 빈도가 늘어나는 것에 대한 설명으로는 아닌 것 같다.

두 번째로 가능한 설명은 성병 감염력에서의 변화이다. 감염을 초래하는 성적접촉이 줄었다는 이유로 성병이 감염되는 인구수가 줄어드는 경향을 보였다.

매독은 초기 단계에서 가장 감염성이 높지만 이 단계는 단지 한 달 정도만 지속된다. 입안의 붉은 반점과 발진이 특징인 더 긴 두 번째 시기에 대부분의 전이는 발생한다. 이 세균은 키스나 액체를 공유하는 것에 의해 전이될 수 있다. 이 성병의 감염도 저하는 이 단계가 단축되었음을 예견하기도 하지만 실제로 짧아지지 않았다.

임질은 감염된 사람과 다양한 형태의 성적 접촉에 의해 언제든지 전이될 수 있다. 또한 매독처럼 성적 접촉에 대한 감염성의 저하가 없다고 보고 된다.

클라미디아는 특이한 특성 때문에 전염성에 있어서 가장 재미있는 변화의 가능성을 보여준다. 트라코마 클라미디아(*Chlamydia trachomatis*)는 유전적으로 세균성이지만 세포 내 기생충이며 이런 측면에서 바이러스와 같고- 인간 세포 안에서 생식이 가능하다. 사진에서 붉은 부분들이 사람 세포 안의 클라미디아 세균이다.

임질처럼 클라미디아도 감염된 사람과의 질이나 항문 또는 구강 성교를 통해 전이된다. 다른 두 성병처럼 감염도의 하락이 나타나지 않는다. 클라미디아에 감염된 사람에게는 아무런 증상이 없다.

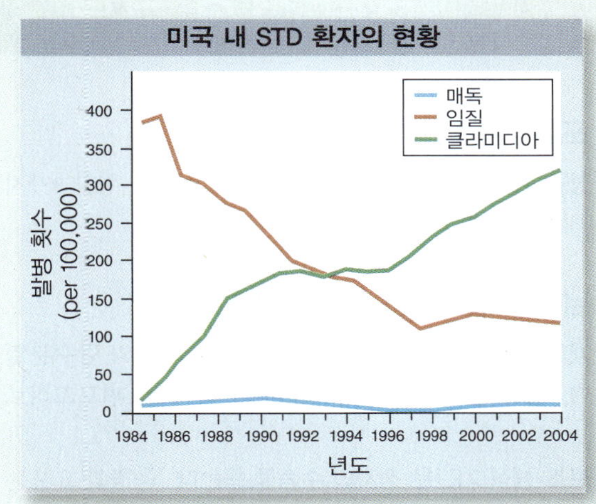

하지만 왜 한 집단에서 하나의 성병 빈도만 오르고 반면에 같은 집단에서 또 다른 성병의 빈도가 떨어지는가. 세 번째 가능성을 설명하기 위해 우리는 감염된 개인의 경험에 초점을 맞출 필요가 있다.

감염되었다는 것을 아는 매독과 임질에 감염된 사람과 달리, 클라미디아에 감염된 사람에게는 증상이 없다. 성병에 대한 대중의 인식을 고취시키는 프로그램들은 자신이 감염된 사실을 아는 사람들의 성행위를 낮추지만 자신들의 감염에 대해 모르는 사람들의 성행위에는 영향을 끼치지 않는다. 이러한 가능성을 가늠하기 위해서 그라프에서 보여지는 미국의 매독과 임질 및 클라미디아의 발병 동향에 대해 주의 깊게 조사해야한다.

분석

1. **개념 적용** 무엇이 종족변수인가?
2. **추론**
   a. **임질(Gnorrhea)** : 1985년과 1995년 발생률은 얼마인가? 빈도수가 감소했는가 증가했는가? 일반적으로, 임질에 감염되었을 때 개인이 감염된 것을 알 수 있는가?
   b. **클라미디아(Chlamydia)**: 1985년 발생률은 얼마인가? 빈도수가 감소했는가 증가했는가? 일반적으로, 클라미디아에 감염되었을 때 개인이 감염된 것을 알 수 있는가?
3. **결론 도출** 높아진 대중의 인식이 왜 임질과 클라미디아의 양상을 다르게 했는지 어떻게 설명할 수 있는가?

학습 과정 복습

개념 36.1 포유류는 태생이다

36.1.1 자손 번성을 위한 체내 수정의 세 가지 전략 발생을 위한 3가지 전략은 난생, 난태생 그리고 태생이다.

개념 36.2 남성의 생식계는 포유류의 전형이다

36.2.1 수백만 개의 정세포 생성 반수체 정자는 정원세포의 감수분열에 의해 생성된다. 정자는 첨단체를 가진 머리와 몸체 및 편모꼬리로 구성되어있다.

36.2.2 남성의 보조 생식 기관은 정자의 수송을 돕는다 음경의 요도는 정액과 소변을 모두 운반하고 발기 조직의 두 개의 관과 혈관 및 신경들로 되어있다.

36.2.3 호르몬이 남성 생식 기능을 조절한다 남성 생식 기능은 FSH와 LH호르몬 및 음성피드백 고리에 의해 조절된다.

개념 36.3 여성의 생식계는 주기적인 배우자 발생을 한다

36.3.1 생리주기동안 보통은 하나의 난자만 배란된다 난소주기는 여포기, 배란 그리고 황체기로 구성된다. 출생에서 제1난모세포는 제 1 감수분열에서 정지된다. 매달 난모세포는 제1감수분열을 하고 제2 감수분열에서 멈춘다.

36.3.2 여성 부속 생식 기관은 정자를 받고 영양분을 생성하며 배아를 보호한다 자궁경부를 통해 자궁안으로 들어가는 정액을 질에서 받아들인다.

36.3.3 원하지 않는 임신을 막아주는 피임 임신은 금욕 및 정액을 차단하는 방법 또는 정액의 파괴 및 배란과 착상을 막는 방법과 불임수술에 의해 막을 수 있다.

개념 36.4 발생에서의 첫 단계는 수정이다

36.4.1 정자는 막융합을 위해 난자의 원형질막을 통과해야 한다 정자의 첨단체는 난자의 외막을 통과하기 위한 분해효소를 방출한다.

36.4.2 난자를 활성화시키는 막융합 막 결합은 난자의 활성화를 유도한다. 다정자수정방지는 난자의 외부 막 변형과 막전위의 변화를 말한다. 난자활성화를 기반으로

개념 36.5 초기 배아의 세포는 분화전능성이다

36.5.1 배아줄기세포는 배아에서 유도된 전분화능세포이다 배아줄기세포는 내 세포 집단에서부터 유래되었다. 이들은 어느 성체 조직으로도 분화할 수 있다.

36.5.2 결정의 역행은 복제를 가능하게 한다 세포들은 발생동안 비가역적 변화를 거치지 않는다. 성체 세포는 분화전능성을 지니기 위해 재프로그램될 수 있다.

36.5.3 적절한 유전체 각인의 부족으로 실패한 생식 복제

36.5.4 제한된 인자의 사용에 의해 이뤄지는 핵의 재프로그래밍 체세포는 특정유전자의 도입에 의해 재프로그램화 될 수 있다.

개념 36.6 난할은 포배기를 이끈다

36.6.1 포배는 속이 빈 세포의 덩어리이다 난할은 속이 빈 구형태의 세포집단을 만드는 재빠른 세포분열의 연속과정이다.

36.6.2 매우 다양하고 독특한 난할의 양상 난황이 조금 있거나 거의 없는 포유류의 난할은 전할이다(전체 난자 포함).

36.6.3 발생경로에서 작용하거나 작용하지 않는 할구 포유류는 조절되는 발생을 보인다; 초기 세포의 운명은 미리 결정되지 않는다.

개념 36.7 낭배형성은 배아의 기본적인 체제를 형성한다

36.7.1 3개의 낭배형성은 낭배형성과정 낭배형성동안 3개의 배엽은 분화된다: 내배엽과 중배엽 및 외배엽.

36.7.2 육지의 삶에 적응된 배외막 난황낭과 양막 및 융모막 그리고 요막은 건조하게 되는 것을 막아주고 영양분을 주며 배아를 보호해 준다.

개념 36.8 신체 장기는 장기 형성 동안 만들어진다

36.8.1 세포의 운명을 이끄는 유전자 발현 변화 발생중인 배아에서 세포의 위치는 다른 세포들과의 상호작용(유도)에 의해 종종 그것의 운명을 결정짓는다.

36.8.2 신경관형성과 체절형성을 통한 기관형성의 개시 신경관 형성은 척삭주변의 외배엽에서부터 신경관이 형성되는 것을 말한다; 체절형성은 체절이라고 불리는 단위로 중배엽이 형성되는 것을 말한다.

36.8.3 이동성 신경능선 세포는 수많은 종류의 세포로 분화한다 신경능선세포는 연결 조직과 신경 및 신경아교세포와 멜라노사이트 그리고 다른 세포들로 되기 위해 이동한다.

개념 36.9 인간의 발생은 9개월이 소요된다

36.9.1 수정 후 3개월 동안, 접합체는 빠른 발생과 분화를 겪는다 임신 첫 주에 착상이 이루어진다. 태반이 형성되고 낭배형성이 2주차에 일어난다.

36.9.2 임신 2기와 3기 동안 장기의 성숙

36.9.3 탄생이 가져오는 호르몬상의 결정적인 변화 프로스타글란딘을 유도하는 태아의 부신 피질에서 분비된 스테로이드에 의해 출산이 시작되고 그것은 수축을 야기한다.

36.9.4 새끼를 돌보는 포유류의 구별되는 특징 보살피는 것은 신경내분비반사에 연관되며 옥시토신의 분비 및 젖의 생산을 야기한다.

36.9.5 수년 동안 계속되는 인간의 생후발달 생후 발달은 서로 다른 속도로 성장하는 기관들과 함께 지속되며 이것을 대비생장이라고 부른다.

학습 과정 평가

개념 36.1 포유류는 태생이다

이해

1. 대부분의 포유류는 태생이지만 단공류 동물들은 다르다. 그 이유는 그들은
   a. 살아있는 새끼를 출산하지 않기 때문에
   b. 다른 포유류들과 달리 체내 수정을 하기 때문에
   c. 체외 수정하기 때문에
   d. 난 태생이지만 수정은 체외수정을 하기 때문에

응용

1. 다음 집단의 어느 것이 체내 수정을 하지만 결코 살아있는 새끼를 낳지 않는 것은?
   a. 태생 포유류
   b. 조류
   c. 양서류
   d. 어류

종합

1. 몇몇 어류와 많은 파충류들은 태생이며 수정된 난자들을 보호하기 위해 모체 안에 지니고 있다. 하지만 파충류에서 진화된 조류는 그들의 난자를 보호하는 이러한 방법을 결코 이용하지 않는다. 그 이유를 생각해 볼 수 있는가?

개념 36.2 남성의 생식계는 포유류의 전형이다

이해

1. 다음 구조들중 어느것이 정자생성 부위인가?
   a. 전립선
   b. 요도구선
   c. 요도
   d. 세정관

응용

1. 만약 발생동안 고환이 음낭으로 내려오지 않는다면 이 남성은 불임을 격게 될 것이다. 이유는
   a. 정자 생산에 필요한 적정 온도가 유기체의 정상적인 체온보다 낮기 때문에
   b. 정자 생산에 필요한 적정 온도가 유기체의 정상적인 체온보다 더 높기 때문에
   c. 내부적으로 자리를 잡을 수 있는 고환을 위한 충분한 공간이 골반에 없기 때문에
   d. 사정하는 동안 몸이 정액을 배출하는 것이 쉽기 때문에

종합

1. 파충류와 조류에서 태아는 기본적으로 남성적이며 태아의 에스트로젠 호르몬은 여성성의 발생 유도에 필요하다. 이와 반대로 포유류에서 태아는 기본적으로 여성이고 태아의 테스토스테론 호르몬은 남성성의 발생 유도를 위해 역할을 한다. 파충류에서 일어나는 이러한 양상이 왜 포유류에서는 발생하지 않을지 생각해보라.

개념 36.3 여성의 생식계는 주기적인 배우자 발생을 한다

이해

1. 배우자형성과정은 제2 감수분열 결말을 필요로 한다. 여성들에게 언제 이것들이 발생되는가?
   a. 태아 발생동안 b. 사춘기의 시작
   c. 수정 후 d. 착상 후

응용

1. 다음중 정자형성과 난자형성과정 사이의 주된 차이점은 무엇인가?
   a. 정자형성은 감수분열과 관계가 있고 난자형성은 체세포분열과 관계가 있다.
   b. 정자형성은 계속되지만 난자형성은 변동이 있다.
   c 정자형성은 난자형성보다 전구세포 당 적은 배우자체를 생성한다.
   d. 이들 모두 난자형성과 정자형성사이에 중요한 차이점들이다.

종합

1. 왜 여성은 임신동안 월경을 하지 않는가?

개념 36.4 발생에서의 첫 단계는 수정이다

이해

다음 중 수정 후 즉시 일어나는 사건은 무엇인가?
   a. 난자의 활성
   b. 다정자 수정 차단
   c. 세포질 내 변화
   d. 수정 후 이 모든 것들이 일어난다.

응용

1. 첨단체에서 단백질에 영향을 주는 돌연변이는 다음 기능 중 어떤 것을 지연시키는가?
   a. 수정 b. 운동능력
   c. 감수분열 d. 정액 생산

종합

1. 왜 단위 생식의 부모는 모두 암컷인가?

개념 36.5 초기 배아의 세포는 분화전능성이다

이해

1. 전분화능 세포는
   a. 유기체 안에서 어떤 세포 유형도 될 수 있는 것이다.
   b. 단일 세포 유형의 무제한으로 생성되는 것이다.
   c. 특정 세포 유형의 제한된 양만을 생성할 수 있다.
   c. 다양한 세포 유형을 생성할 수 있다.응용
2. 성체 세포를 재프로그램하기 위해 수중에 필요한 요소들을 당신이 갖고 있는지 그리고 어떤 세포 유형으로의 분화를 유도하기 위해 필요한 요소들인지 추정해 보라. 이것들이 어떻게 환자들의 특정 손상된 조직을 대체할 수 있겠는가?

종합

1. 돌리를 볼 때, 왜 개구리 핵 이식은 가능하지 않았는가?

개념 36.6 난할은 포배기를 이끈다

이해

1. 포배 안쪽의 액체로 가득한 공간을
   a. 배반포라고 부른다.
   b.체강이라고 부른다.
   c. 포배강이라고 부른다.
   d. 원구라고 부른다.

응용

1. 전자기 방사선의 파열이 개구리 배아의 동물극의 할구를 쳤다고 가정하라.
   이들 중 가장 일어날 법한 일은 무엇인가?
   a. 표피나 피부와 관련된 변화나 돌연변이
   b. 내부 장기의 변화로 체축을 따라 반대로(좌우) 발생한다.
   c. 신체 외부를 형성하는 신경계의 이동
   d. 생식계 발생의 실패

종합

1. 왜 포유류의 난자에는 많은 난황이 없는가?

개념 36.7 낭배형성은 배아의 기본적인 체제를 형성한다

이해

1. 낭배형성은 발생동안 매우 중요하다. 이유는?
   a. 낭배형성은 빈 공간을 형성한 세포들을 양방향 대칭 구조로 바꾼다.
   b. 낭배형성은 원시 소화관의 형성을 야기한다.
   c. 낭배형성은 포배의 등배 축 발달을 유도한다.
   d. 이 모든 것들이 낭배형성동안 일어나는 중요한 일들이다.

응용

1. 분만이 시작되면 여성들은 배외막의 파열을 경험하곤 하며 그것을 주로 양수파열이라고 부른다. 배외막과 관계된 것은? 설명하라.

종합

1. 낭배형성은 왜 세포의 이동을 필요로 하는가?

개념 36.8 신체 장기는 장기 형성 동안 만들어진다

이해

1. 체절
   a. 배아의 꼬리 끝부분에서 형성되기 시작하고 파도물결 양상으로 전진한다.
   b. 내배엽으로부터 유래한다.
   c. 체절당 조직의 단 하나의 양상으로 발생하다.
   d. 하나의 종에서 다음으로까지 많은 수에서 다양하다.

응용

1. 발생중인 인간에서 형성되기 시작하는 첫 조직은
   a. 골격 조직　　b. 신경 조직
   c. 근육조직　　d. 생식 조직

종합

비공성막에 의해 왜 차단되는가?

개념 36.9 인간의 발생은 9개월이 소요된다

이해

1. 배아에서 태아의 변화는
   a. 수정후 즉시 일어난다.　　b. 첫달 후에 일어난다.
   c. 9주차에 일어난다.　　d. 7주차에 일어난다.
2. 분만동안 자궁의 수축은 다음중 어떤 호르몬에 의해 자극 받는가?
   a. 에스트로젠　　b. 옥시토신
   c. 프로락틴　　d. 프로게스테론

응용

1. 당신의 이모 이가는 아기들이 그들 자신의 분만 시작을 자극할 수 있다고 생각한다. 당신은 그녀에게 말하기를
   a. 포유류의 분만 개시는 달의 단계 변화와 관계가 깊다.
   b. 분만의 개시를 결정하는 것은 모계의 24시간 주기이다.
   c. 분만의 개시는 체중이 결정한다.
   d. 태아 호르몬의 변화가 분만의 개시에 영향을 줄 수 있다.

종합

1. 피임 및 원하지 않는 임신에 관해 10대 아이들과의 대화에서 젊은 여성이 대답하기를 "가장 믿을 수 있는 피임의 방법은 아기돌보기이다." 그녀가 의미한 것에 대하여 설명하라.

개념 연결하기: 7부 동물의 형태와 기능

동물은 살아 있는 유기체 중 가장 풍부하고 다양하다. 동물이 공유하는 몇몇 특징들은 종속영양, 운동방식, 그리고 유성생식이다. 각각 동물종은 이와 같은 활동을 하기 위해 유전적, 행동학적, 그리고 구조적 적응을 가진다. 많고 복잡하게 조절되는 반응들은 동물 내 기능에 매우 중요하다. 신경 충격, 근육 수축, 세포 분화, 가스 교환 그리고 면역 반응들은 동물 내에서 조절되는 경로의 예 중 일부에 불과하다. 특징의 다양화는 이 분야 내 커다란 다양성으로 그려지는 동물 내에서 찾을 수 있다.

삶의 과정들은 반응들에 의해 조절된다

활동전위는 신호충격을 전파한다

- 세포는 세포의 내부를 외부보다 전기적으로 음성으로 만듦으로써 막 전위를 유지한다.
- 역치 전위에 도달하면 나트륨 채널이 열리고, 막 전위의 탈분극이 발생한다.
- 나트륨 채널이 닫히고 포타슘 채널이 열리면서 막이 재분극된다.
- 활동 전위는 축삭 아래에서 생성되며, 축삭을 따라 인접한 막으로 전달된다.

항상성은 변하지 않는 내부 환경을 유지한다

- 척추동물의 조절 메커니즘의 대부분은 항상성을 유지한다.
- 척추동물은 체온, pH, 그리고 포도당, 산소의 단계를 유지하기 위해 음성 되먹임을 이용한다.
- 특수화된 센서는 상태를 감지하고 만약 상태가 고정점을 벗어난다면 생화학적 반응을 통해 원래의 고정점으로 되돌아간다.

근수축은 칼슘이온에 의해 유발된다

- 근육은 운동뉴런이 방출한 Ach에 의해 자극을 받는다.
- Ach는 나트륨 채널을 여는 방아쇠 역할을 하여 근육 세포 막의 탈분극을 유도하고, 탈분극에 의해 근소포체의 칼슘 방출을 유도한다.
- 칼슘 이온은 액틴 위의 미오신-결합 노출 부위인 트로포닌에 결합하여 근육 수축을 자극한다.

탄생은 커다란 호르몬적 변화를 가져온다

- 에스트라디올과 프로게스테론은 자궁의 진통과 출산을 준비하기 위해 FSH와 LH의 분비를 억제한다.
- 어미의 자궁은 프로스타글란딘을 방출하여 자궁수축을 유도한다.
- 에스트라디올은 자궁을 자극하여 옥시토신에 대한 민감성을 증가시키기 위해 옥시토신 수용체를 더 많이 생성한다.
- 옥시토신과 프로스타글란딘은 자궁 수축을 자극하고, 태아를 아래로 향하는 것을 촉진한다.

구조는 기능을 결정한다

- 신경 그리고 호르몬적 조절은 소장내의 적은양의 유미즙 방출을 조절하여 소화 효율을 최적화한다.
- 융모 그리고 미세융모는 소장의 표면에 위치하여 표면적을 넓게 한다.
- 미세융모 내 박힌 소화적 효소들은 소화에 관여한다.

선천적 면역계는 첫 방어 기작이다

- 피부는 강한 물리적 장벽으로 표면의 화학적 방어를 통해 감염을 막는다.
- 상피 세포에 의해 분비되는 점액은 감염원을 붙잡고 소화, 호흡 또는 비뇨생식관으로 들어오는 것을 막는다.
- 선천적 수용체는 특정 감염원을 감지하고 결합하며 감염원에 의한 반응의 방아쇠 역할을 한다.

신경 구조는 신경의 기능을 지지한다

- 운동뉴런은 많은 가지를 가지는 수상돌기를 갖는데, 다양한 정보의 수집을 가능하게 한다.
- 각각 뉴런들은 각각의 세포체로부터 뻗어져 나오는 축삭돌기를 갖는데, 각각의 축삭돌기는 여러 세포의 자극을 가능하게 한다.

진화는 적응과 다양성의 산물이다

동물의 운동은 많은 형태를 갖는다

동물의 생식은 물과 관련이 있었다 하지만 현재는 땅에서의 적응이 핵심이다

진화적 전략은 가스 확산의 비율을 최대화했다

두 개의 개념 연결을 봤을 것이다. "진화는 적응과 다양성의 산물이다"의 빈 칸을 책에서 나오는 개념을 이용하여 채워 넣어 보자.

37 행동 생물학

학습과정

서론

행동학은 다양한 생물학 분야의 중심에 있다. 행동을 관찰함으로써 뇌와 신경계의 작용, 유전자와 환경의 영향, 동물들이 언제 어떻게 번식을 하는지, 그리고 그들이 환경과 어떻게 적응 하는지 깊이 있게 들여다볼 수 있다. 행동은 자연선택(natural selection)으로 다듬어졌고 유전자, 호르몬, 신경전달물질, 그리고 신경 회로 등의 내부 메커니즘을 통해 조절된다. 이 장에서 우리는 행동과 그 진화의 메카니즘을 자세히 이해하고, 그러기 위해 행동학이 어떻게 다양한 생명과학의 방법론들을 이용하는지 살펴볼 것이다.

37.1 동물의 유전자가 행동에 영향을 미친다

동물을 관찰하고 그 행동에 대한 자세한 추론을 하는 것은 간단한 것 같지만 무척 심오한 일이다. 행동은 동물이 하는 것이다. 행동은 동물이 먹을 것, 포식자, 또는 동료의 냄새, 소리, 혹은 시각적 신호와 같은 환경의 신호에 따라 적응하여 반응하는 아주 즉각적인 반응이다. 행동에는 생각과 인지, 한 개체의 사회적 환경의 관찰, 그리고 협력을 할지 말지 혹은 이타적으로 행동할 지에 대한 의사결정까지도 포함된다. 행동을 통하여 동물들은 생존하고 번식할 수 있으며, 동물의 진화는 행동이 있기 때문에 가능한 것이다.

행동 차이는 유전적 차이와 관련이 있다

학습목표 37.1.1 유전자와 행동을 연관 짓는 증거를 제공한 연구 유형에 대해 토론할 수 있다.

동물의 유전자가 행동에 어떻게 영향을 주는지에 대한 연구는 아직 논란의 여지가 있으며, 행동이 개인의 유전자(본성, nature)에 의해 영향을 더 많이 받는지 아니면 학습과 경험(양육, nurture)에 의해 영향을 받는지는 끝없는 논쟁거리 이다. 이 본성과 양육 논쟁을 해결할 수 있는 열쇠는 "또는" 이라는 명제인데, 천성과 교육 둘 다 행동 발달에 중요한 역할을 할 것이며 이 두 가지의 특성이 복잡한 방법으로 얽히면서 행동을 만들어간다는 점을 그간 많은 사람들이 간과했던 것이다.

행동 유전학은 유전이 행동에 기여하는 부분을 다룬다. 유전의 단위인 유전자가 다음 세대로 전달되어 신경계의 발달과 그 신경계가 조절하는 행동을 잠재적으로 유도하는 것은 당연한 것이다. 하지만 동물들은 활발한 사회적 환경 안에서 성장하고 행동을 유도하는 경험을 할 수도 있다. 행동에 있어서 "본성"과 "양육"의 상대적인 중요성은 많은 관심의 대상이 되어왔다.

인위선택과 잡종 연구로 유전자의 영향을 파악할 수 있다

몇몇 연구를 통하여 학자들은 개인 간의 행동 차이는 유전적 차이에서 온다는 것을 밝혔다. 다양한 동물들을 대상으로 한 연구에서 잡종(hybrid)을 만들고, 그 잡종들이 둥지를 만들거나 구애를 하는 행동에 있어서 부모의 행동들 사이의 중간 형질을 가진다는 것을 보였다. 이러한 노력의 결과로 행동은 유전적인 요소를 갖는다는 점을 밝혔지만 관련 유전자를 밝히는 것은 쉬운 일이 아니었다. 하지만 분자 생물학이 발달하면서 훨씬 발전된 정교한 실험이 가능하였고, 이러한 기술적 발전이 행동 유전학의 분석에 도움을 줄 수 있었다.

학습 능력 그 자체도 유전자의 영향을 받을 수 있다. 한 대표적인 연구에서 쥐가 보상으로 준비된 음식이 있는 하나뿐인 출구를 찾아 미로를 통과하도록 했다. 몇몇 쥐들은 약간의 실수 후 빠른 시간에 미로를 빠져나가는 길을 찾았지만, 다른 쥐들은 정확한 길을 찾는데 많은 오류를 경험하였다. 연구자들은 오류 횟수가 적은 쥐들을 골라 교미시켜서 "미로에 능숙한(maze-bright)" 그룹을 만들고, 오류 횟수가 많은 쥐들끼리 상호교미 시켜서 "미로에 둔한(maze-dull)" 그룹을 만들었다. 각 그룹의 자식들은 미로 학습 능력을 검사 받았다. 미로에 능숙한 쥐들의 자식들은 미로를 빠져나가는데 오류 횟수가 부모 보다 적었으며, 미로에 둔한 쥐들의 자식들은 부모보다도 못했다. 이러한 인위선택(artificial selection)이 여러 세대를 거치자 미로 학습 능력에 있어서 확연한 차이를 보이는 아주 다른 두 종류의 쥐가 만들어졌다(그림 37.1). 이러한 연구는 자연선택으로 특정 능력에 대한 유전자가 더 많아져 주류를 이루는 특징이 될 수 있다는 점을 보여준다.

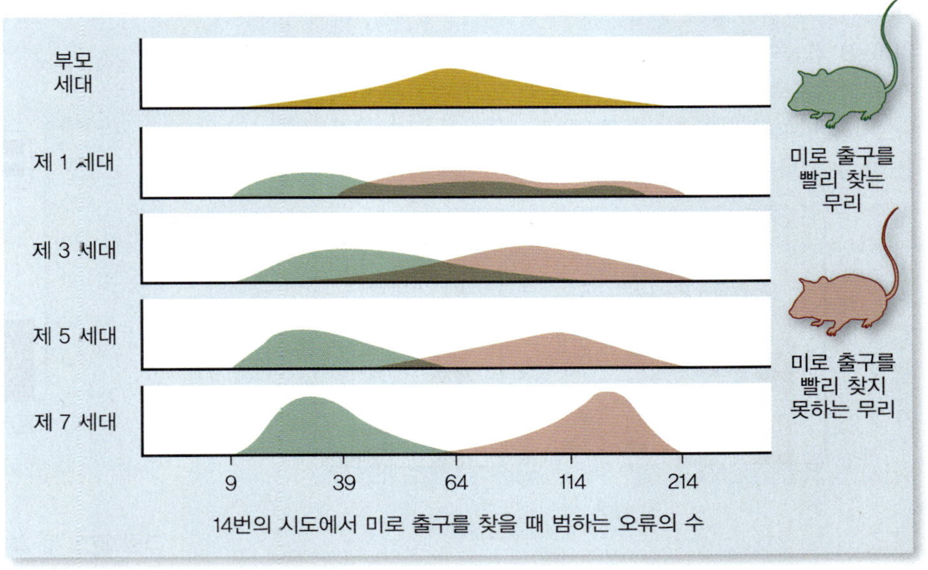

그림 37.1 학습의 유전. 오류 횟수가 적은 쥐들만을 골라 교미시키고, 오류 횟수가 많은 쥐들을 따로 골라 교미시킨 뒤 얼마나 학습능력이 더 좋아졌는지(초록색), 아니면 더 나빠졌는지(빨간색)를 관찰한다.

어떤 행동들은 하나의 유전자에 의해서만 조절되는 것처럼 보인다

학습목표 37.1.2 단 하나의 유전자가 어떻게 행동에 영향을 미칠 수 있는지 설명할 수 있다.

인위 선택과 잡종 연구는 행동에 있어서 유전자의 역할을 그저 포괄적인 수준에서만 보여줄 수 있다. 하지만 최근에는 연관된 유전자를 밝히는데 분자 생물학적 기술을 활용한다. 많은 연구 결과, 특정 유전자가 쥐에서 사람까지 다양한 동물에서 특정 행동 유발에 강한 영향을 미친다는 점이 밝혀졌다.

쥐의 어떤 유전자는 공간 기억력 그리고 육아와 관련이 있다. 예를 들면, 특정 변이가 있는 어떤 쥐는 물건의 위치에 대한 최근 정보를 잘 기억하지 못한다. 이것은 공간 감각에 있어서 중요한 역할을 하는 뇌의 해마(hippocampus)가 기능을 하는데 중요한 효소인 α-calcium-calmodulin-dependent kinase II 분비가 원활하지 못하기 때문이다.

fosB 유전자는 매우 흥미로운 유전자로 어미가 자식을 보살피는 행동(모성 행동, maternal care)과 관련이 있는 것으로 보인다. 온전한 fosB의 존재는 암컷 생쥐가 그의 새끼를 특정 방법으로 돌보는 행동을 유발한다. 따라서 정상적인 암컷 생쥐는 이 유전자가 존재하며 새끼를 보호하는 행동을 보이는 반면, 비활성 fosB 대립유전자 동형접합성을 가진 암컷 쥐는 처음에는 갓 태어난 새끼를 살피지만 그 후 무시해버린다(그림 37.2). 이러한 행동은 fosB의 불활성화로 신경계에서 일어나는 일련의 화학반응 과정이 제대로 이루어지지 않았기 때문인 것으로 보인다. 어미들은 처음에 갓 태어난 새끼들을 살피며 청각, 후각 그리고 촉각을 통해 정보를 얻는다. 이러한 정보가 시상하부(hypothalamus)로 입력되면서 fosB를 활성화시킨다. fosB 유전자는 시상하부의 신경 회로에 영향을 주는 여러 효소와 유전자를 활성화 시키는 단백질을 암호화하는데 이러한 일련의 과정을 통해 모성 행동이 발생하는 것이다. 하지만, 어미의 fosB 기능이 없어지면 이러한 과정이 차단되고, 뇌의 신경 회로가 정상적으로 작동하지 않으며, 결국 모성 행동은 나타나지 않는다. 이로 미루어 쥐의 "모성 본능"에는 유전적 힘이 작용한다는 것을 알 수 있다!

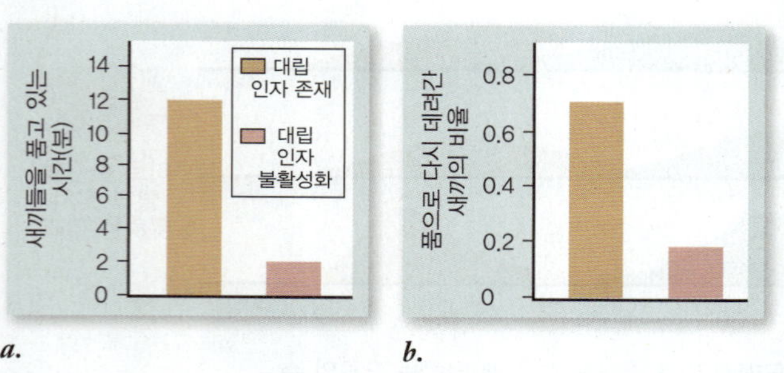

그림 37.2 모계 보살핌의 유전적 원인. a. 암컷 쥐가 새끼들 위로 웅크려서 수유하는 자세를 보인 시간. b. 연구자가 일부러 떼어낸 새끼들 중 암컷이 다시 품으로 데려간 새끼의 비율.

행동 발생에 유전자가 작용을 한다는 또 다른 예가 북아메리카 설치류의 두 근연종, 프레리들쥐(prairie voles)와 몬테인쥐(montane voles)의 사회적 행동 연구를 통해서 알려지게 되었다. 암수 프레리들쥐는 일부일처(monogamous) 관계를 맺고 양육도 나눠서 하는 반면, 몬테인쥐는 난교(promiscuous, 여러 개체와 교미하고 각자의 길을 감)를 한다. 이들 설치류의 암컷과 수컷이 짝짓기를 시작되면 신경펩티드(neuropeptide)인 바소프레신(vasopressin)과 옥시토신(oxytocin)의 분비가 시작되는데, 이들 분비된 펩티드에 대한 반응은 두 종에서 판이하게 다르다. 바소프레신이나 옥시토신 둘 중의 하나를 주사할 경우 프레리들쥐는 교미가 없었더라도 짝을 형성하게 된다. 하지만 이런 신경펩티드의 활동을 방해하는 화학물을 주사하면 프레리들쥐는 교미 후에도 짝을 이루지 않는다. 이와 대조적으로, 몬테인쥐는 펩티드 주사나 그를 방해하는 물질의 주사 어느 것에도 영향을 받지 않는다.

이렇게 서로 다른 양상의 반응은 종 간 뇌 구조의 차이 때문이다(그림 37.3). 프레리들쥐의 뇌에는 중격측좌핵(nucleus accumbens)이라는 특정 부위가 있으며, 이 부위에 펩티드 수용기가 많다. 아마도 이 수용체가 펩티드에 대한 반응을 유발할 것이고 그러한 짝짓기 행동을 유발하는 것으로 보인다. 반대로, 몬테인쥐에는 중격측좌핵에 그러한 수용기의 수가 적다. 프레리들쥐에서 이 수용기를 차단하는 실험을 하였는데, 놀랍게도 짝짓기가 일어나지 않았지만, 이 수용기를 자극하면 짝짓기 행동이 유발되었다. 후에 이 펩티드 수용기 유전자가 발견되었으며, 이 두 종 간 DNA 차이 또한

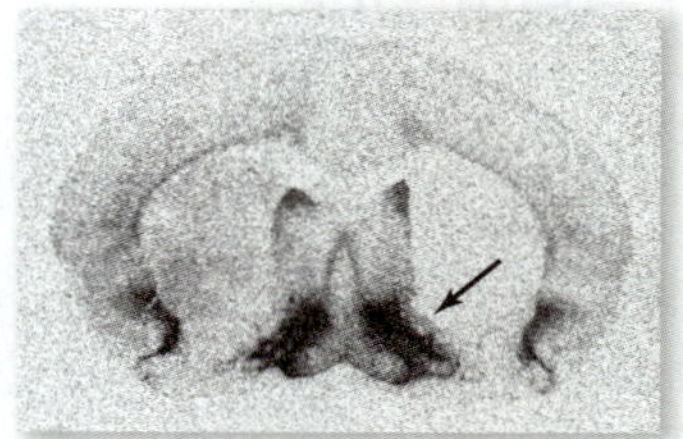

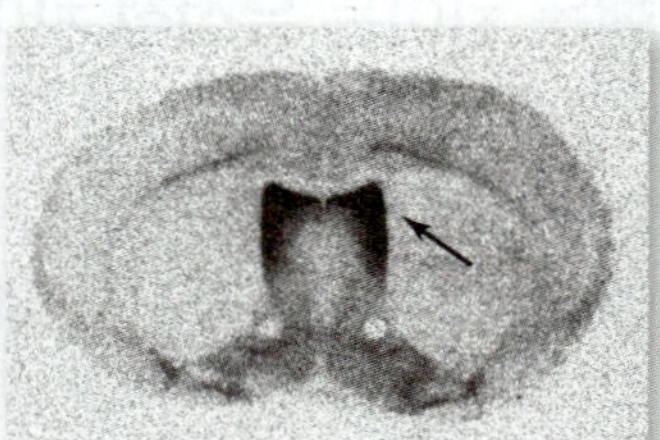

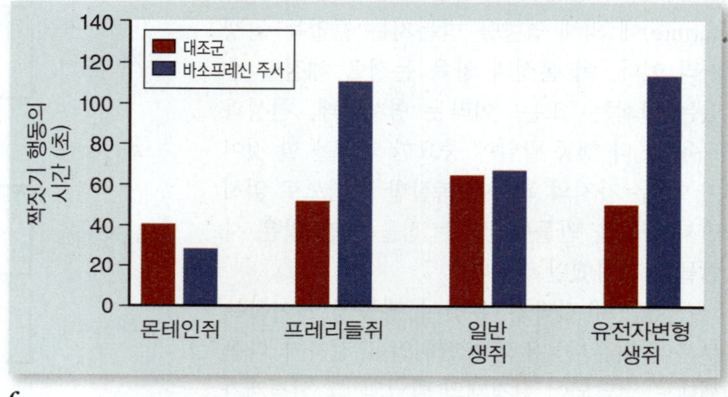

그림 37.3 두 설치류 종의 암수 짝짓기 행동의 유전학적 차이. 두 설치류 종의 뇌 바소프레신 분포의 차이. a. 프레리들쥐(*Microtus ochrogaster*) b. 몬테인쥐(*M. montanus*). c. 바소프레신을 주사했을 때, 쥐들의 반응을 5분 간 측정한 결과. 프레리들쥐와 프레리들쥐의 수용체 유전자를 가진 유전자 변형 쥐는 바소프레신을 주사했을 때 비교군에 비해 더 강한 짝짓기 행동을 보여주었다.

밝혀졌다. 과학자들은 이 두 설치류 종의 행동 차이가 유전적 차이 때문이라는 것을 직접적으로 보여주기 위해, 프레리 들쥐의 유전자를 가진 유전자 변형 생쥐를 만들었으며, 아니나 다를까 이들은 바소프레신이 주입되었을 때 프레리들쥐와 매우 흡사한 짝짓기 행동을 보였다. 물론 이런 행동은 일반 생쥐에서는 전혀 발견되지 않는다. 영장류들은 종 별 짝짓기 체계가 다르며, 역시 이들 간 바소프레신 수용기 유전자의 차이를 보인다. 인간 남성에서 이 유전자는 결혼 관계와 결혼 만족도와 어느 정도 연관이 있는 것으로 최근 알려졌다.

개념 정리 37.1

유전자와 행동의 관계는 인위 선택과 다양한 실험적 방법을 통해 입증되었다. 유전자는 신경계의 기능에 영향을 주는 단백질을 암호화 함으로써 행동에 작용한다; 이 단백질을 변화시키는 돌연변이는 행동에 영향을 미친다.

- 이미 학습한 바와 같이 많은 수컷들은 수컷이 때때로 자신의 배우자가 아닌 다른 암컷과 교미 한다. 프레리들쥐의 짝짓기에 유전자의 역할이 어느 정도인지 논리적으로 설명한다면?

그림 37.4 뜻밖의 부모. 거위 새끼들은 콘래드 로렌즈(Konrad Lorenz) 박사가 자신들의 어미인양 따른다. 거위 새끼들은 태어나자마자 그를 처음 보았고, 각인의 대상으로 삼았다. 로렌즈 박사는 이 연구로 1973년 노벨 생리 · 의학상을 받았다.

37.2 학습 또한 행동에 영향을 준다

행동생물학자들은 행동이 유전학적으로 그리고 학습으로 만들어진다는 것을 알고 있다. 지금까지 우리는 유전자와 학습의 영향을 따로 논의했다. 하지만 우린 이러한 요소들이 발달 과정 중 행동을 형성하기 위해 상호작용 한다는 것을 알게 될 것이다.

부모-자식 간 상호작용은 행동 발달에 영향을 준다

학습목표 37.2.1 각인을 형성하는데 필수적인 특정 시기(임계기)가 있다는 것을 설명할 수 있다.

동물은 성숙하면서 다른 개체들에게 사회적 애착을 보이거나 추후에 행동에 영향을 미칠 수도 있는 특정 선호(또는 기호, preference)를 형성할 수 있다. 이러한 행동발달을 **각인(imprinting)**이라고 한다. 각인의 성공률은 임계기(critical period)에 가장 높다(거위의 경우 부화 후 약 13~16시간). 이 시간 동안 특정 정보가 습득되야 각인이 형성된다. 부모와 자식 간(사회적) 애착도 각인의 산물이며 **세대 간 각인(filial imprinting)**이라 부른다. 예를 들면 오리나 거위 등의 어린 새는 부화 후 단 시간에 어미를 따라다니기 시작하고, 그들의 반응은 어미와 새끼의 사회적 유대를 만든다. 각인을 통한 어린 새의 초기 경험은 후년에 사회적 행동의 발달을 결정짓는 중요한 과정이다. 동물행동학자인 콘래드 로렌즈(Konrad Lorenz)는 거위는 어미가 아니더라도 부화한 뒤 처음 본 사물을 따라다니고 자신의 사회적 행동을 그 사물에 맞춰나간다는 것을 밝혀냈다. 로렌즈 박사는 거위를 알에서부터 키웠고, 자신이 각인을 위한 모델로 나섰을 때, 거위 새끼들은 그가 부모인 마냥 대했고 충실하게 따랐다(그림 37.4).

부모와 자식 간 상호 작용은 사회적 행동의 정상적인 발달을 위한 핵심 요소이다. 심리학자 해리 할로우(Harry Harlow)는 고아가 된 아기 붉은털원숭이(rhesus monkey)들에게 철사틀로 만든 가짜어미를 접하게 하는 실험을 하였다. 하나는 그대로 또 하나는 부드러운 천으로 감싸서 아기 원숭이에게 보여 주고 사회적 유대를 형성하는지 관찰하였는데, 철사 틀로만 만들어진 어미에게서만 음식이 제공되었지만 새끼들은 천으로 감싼 어미와 더 많은 시간을 보냈다. 이는 음식 제공이 아닌 감촉과 촉감이 새끼의 사회적 애착을 촉진하는 어미의 중요한 요소임을 나타낸다. 사회적 접촉의 부족하면 새끼 원숭이의 정상적인 발달이 어렵고, 심하면 아동기와 성인기에서의 사회 행동 이상이 나타날 수 있다. 고아가 된 인간 유아에게도 비슷한 현상이 나타나며, 정상적인 성장과 정신적인 발달을 위해 지속적인 "어머니 형상(mother figure)"이 필요하다.

최근 한 연구에서 어린 시절 부모-자식 간 상호 작용은 성장에 필요한 생물학적 자극을 제공한다는 결과가 나왔다. 예를 들어, 암컷 주는 출산 후 새끼들을 핥는데, 이 자극은 성장을 억제하는 뇌펩티드의 분비를 막는 중요한 과정이다. 어미로부터 정상적인 촉각 자극을 받은 새끼는 더 많은 글루코코르티코이드 호르몬 뇌 수용체를 가지며, 그로 인해 스트레스에 대한 더 강한 내성과 수명이 긴 뇌세포를 가지게 된다. 이러한 자극의 중요성은 인간에서도 마찬가지인데, 주기적으로 마사지를 받는 아기는 더 빠르게 체중이 증가한다는 연구 결과도 있다. 이러한 연구들을 볼 때, 어릴 때부터 사회적 상호 작용은 매우 중요하고, 부모와 자식 간의 접촉이 육체적 발달 뿐 아니라 뇌 및 행동 발달에도 큰 영향을 미친다는 것을 알 수 있다.

쌍둥이 연구로 인간 행동은 유전자와 환경의 산물임이 드러났다

학습목표 37.2.2 행동 연구에 있어 일란성 쌍둥이의 중요성을 설명할 수 있다.

같은 환경에서 자랐거나 아니면 태어나자마자 따른 환경에서 떨어져서 자란 일란성 쌍둥이(유전적으로 같음)의 행동을 비교하면 인간의 행동을 형성하는 유전자와 환경의 상호 작용을 알아챌 수 있다. 같이 자랐거나 따로 자란 쌍둥이에 많은 자료가 축적되어 있으며, 이들 자료를 면밀하게 분석해 보면 행동의 유사성이 유전적 유사성에서 오는지, 아니면 같은 환경에서의 경험에서 오는지 알 수 있다. 많은 연구에서 나타나 있듯이, 아무리 서로 떨어져 지냈다 하더라도, 쌍둥이의 성격이 유사한 경우가 상당히 많다. 또한 MAOA 결핍과 같이 지금까지 유전적 요인으로 알려진 반사회적 행동이 어릴 때의 환경과 유전적 요인의 상호작용 결과라는 것이 최근 연구에서 밝혀졌다. 유전과 환경 중 어떤 것이 더 중요한가 하는 논의가 아직 계속되고 있지만, 한 번도 만난 적 없는 쌍둥들이 가지는 유사성은 인간 행동에서 유전자의 역할이 적지 않음을 보여준다.

개념 정리 37.2

어린 개체는 특정 시기에 적절한 사회적 상호작용이 필요하며 이러한 시기를 임계기라고 한다. 부모 자식 간 접촉을 통해 새끼의 성장과 뇌 발달에 필수적인 호르몬들이 적절히 분비되고, 뇌 수용체들이 활성화될 수 있다.

- IQ는 유전적으로 결정되는 것을 보여주기 위해 노력한 과학자들도 있었는데, 이들의 연구는 왜 문제가 되는 것일까?

37.3 생각은 동물들의 행동을 지배한다

몇십 년간 동물의 행동을 연구하는 많은 연구자들은 인간 외의 동물들이 생각을 할 수 있다는 사실을 절대 인정하려 하지 않았다. 하지만 최근 많은 학자들이 동물들의 인지 능력에 관심을 가지기 시작하였으며, 동물의 인지 행동(cognitive behavior)이 인간들이 하는 정보처리와 사고와 유사하다는 견해가 서서히 지지를 얻고 있다 (그림 37.5).

여러 실험에서 동물의 인지 행동이 관찰되었다

학습목표 37.3.1 동물도 생각할 수 있다는 주장에 대한 증거를 제시할 수 있다.

a.

b.

그림 37.5 동물의 생각? **a.** 이 침팬지는 나뭇가지에서 잎을 떼어내고 있고, 이것으로 흰개미의 굴에 집어 넣은 후 꺼낼 것이다. 이로 미루어 침팬지는 이 나뭇가지로 무엇을 할 지에 대한 충분한 지식을 갖고 의식하며 계획을 세운다고 볼 수 있다. **b.** 이 해달(sea otter)은 돌을 모루로 써서 조개를 때려 깨고 안의 내용물을 꺼내 먹는다. 해달은 마치 돌의 향후 쓰임새를 잘 아는 것처럼 자기 마음에 드는 돌을 오랫동안 지니고 다니기도 한다. 이러한 행동은 동물들이 인지 능력이 가지고 있다는 것에 대한 증거가 될 수 있다.

1920년대에 행해진 일련의 실험들에서 한 마리의 침팬지가 바나나가 천장에 달려 손에 닿지 않는 위치에 있는 방에 남겨졌다. 바닥에는 박스 몇 개가 놓여 있었다. 뛰어서 바나나를 잡으려 몇 번의 실패를 겪은 뒤, 침팬지는 박스를 쌓아서 타고 올라가 바나나를 획득할 수 있었다(그림 37.6). 일본원숭이(Japanese macaques)들이 감자의 모래를 씻어내거나 곡물을 물에 띄워 모래로부터 분리할 수 있다는 것은 잘 알려진 사실이다. 침팬지들은 나뭇가지의 잎을 떼어내고 그 나뭇가지를 흰개미굴의 입구로 집어넣어서 "사냥"을 한다(그림 37.5a 참조). 또한 침팬지는 "망치와 모루"의 기술을 이용하여 땅콩을 깨서 연다. 놀라운 점은 부모가 자식에게 땅콩 깨는 법을 알려준다는 것이다!

최근 연구에서 침팬지와 여러 영장류가 인간과 유사한 사고를 할 수 있다는 강력한 증거를 발견했다. 침팬지는 특정 기생충에 감염 되었을 때 약용 식물의 잎을 먹는다. 또한 침팬지들은 마치 과거

그림 37.6 침팬지의 문제 해결. 점프로 바나나를 획득할 수 없자, 새로운 해결법을 고안해 낸다.

그림 37.7 까마귀의 문제 해결. 까마귀가 처음 보는 문제를 해결하고 있다. 까마귀는 고기에 연결된 끈을 끌어올리고 발로 고정하기를 반복하여 고기를 획득한다.

장거리 왕복 이동을 이주(migration)라고 한다. 청둥오리, 기러기 그리고 그 외 많은 새들은 매년 가을 캐나다를 떠나 북미를 지나, 남미까지 날아갔다가 이듬해 봄 다시 돌아온다. 왕나비도 매년 가을 북미의 중부와 동부에서 멕시코 중부 산지에 있는 작고 고립된 침엽수림으로 이주하여 월동한다(그림 37.8). 8월이면 나비들은 남쪽으로 날아가기 시작하고, 겨울이 끝나갈 무렵에 여름 번식 지역으로 돌아온다. 사실 왕나비들은 북쪽으로 다시 날아가기 시작하는 동안에 2에서 5세대가 지나가게 된다. 그렇다면 가을에 멕시코로 날아가는 나비들은 그곳에 단 한 번도 가본 적이 없다는 이야기가 된다!

최근 지리적 서식 범위가 달라진 또는 확대된 철새들을 조사해 보면 이들의 이주 원리를 엿볼 수 있다. 쌀먹이새(bobolinks)의 무리가 본래의 지역인 미국 중서부나 북부에서 멀리 떨어진 서부에

성공했던 기억이 있는 것처럼 다른 개체들과 상호작용을 한다. 이러한 인지 능력이 영장류에게만 국한되는 것은 아니다. 큰까마귀와 다른 까마귀과 새들은 매우 뛰어난 이해력과 문제 해결 능력을 가지고 있다(그림 37.7).

개념 정리 37.3

한때는 인간에게만 있다고 여겼던 문제 해결과 추론 등의 인지 능력이 인간이 아닌 동물들에게도 있다는 강력한 증거가 연구를 통해 제시 되었다.

- 침팬지가 사물을 셀 수 있는 능력이 있는지 어떻게 알아낼 수 있을까?

37.4 이주는 본능이자 학습된 행동이다

왕나비(Monarch butterflies)와 다양한 많은 새들은 열대의 월동 지역을 향해 대륙을 넘으며 수천 마일을 여행한다. 많은 동물들은 한 계절 동안은 여행길에 올랐다가 다음 계절엔 집으로 돌아온다. 이들 동물들은 정위(orientation, 방향 찾기)에 있어 뛰어난 기술을 보여주며, 주위 환경에서 방향과 위치에 관한 신호를 얻는다. 비둘기 같은 회귀 본능이 있는 동물들은 집으로 돌아오기 위해 환경의 복잡한 특성을 인지하고 이용한다. 하지만 수십 년의 연구에도 불구하고 동물의 정위 메커니즘에 대한 이해는 아직 걸음마 단계이다.

이주는 흔히 장거리를 이동하는 개체군에서 관찰된다

학습목표 37.4.1 실제 예를 들어 이주를 설명할 수 있다.

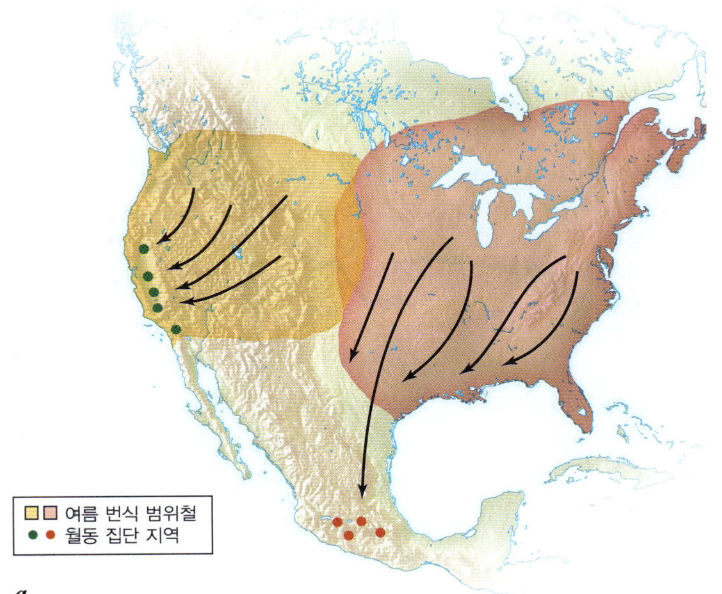

그림 37.8 왕나비(*Danaus plexippus*)의 이주. **a.** 북미 서부의 왕나비들은 태평양 해안을 따라 남하한 후 온화한 기후의 지역에서 겨울을 난다. 북미 동부의 왕나비들은 멕시코를 향해 약 3000 km 이상을 이동한다. **b.** 왕나비들은 멕시코의 월동 지역의 숲에 도착하여, 나무 기둥에 집합체를 이룬다(**c**).

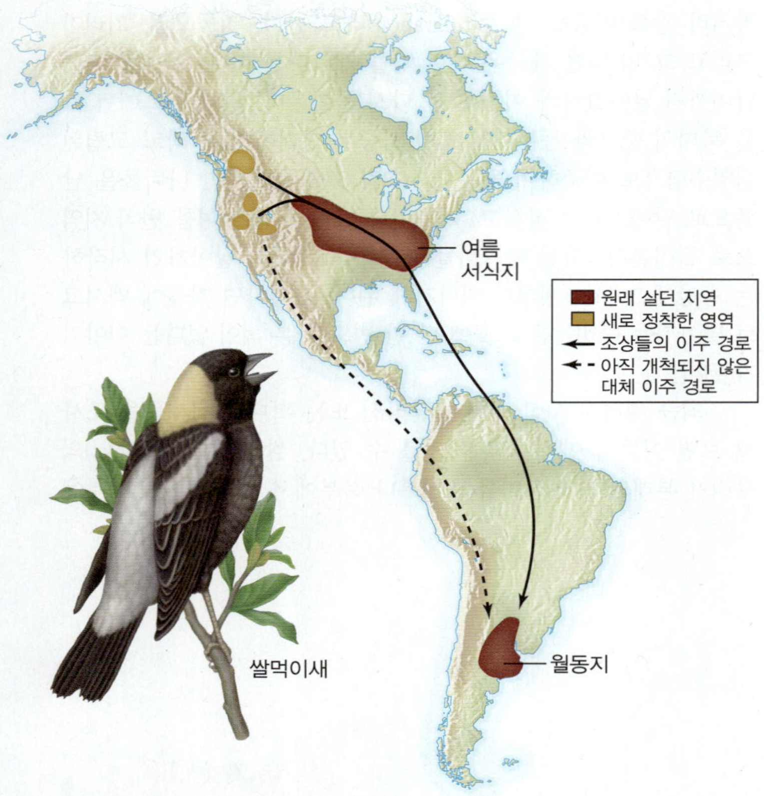

그림 37.9 이동하는 새들. 쌀먹이새(*Dolichonyx oryzivorus*)의 여름 지역은 최근 미국 중서부에서 서부까지 확장되었다. 이곳에 새로 자리 잡은 새들은 곧장 월동 지역인 남미로 이주하지 않고, 대신 먼 길을 택하여 중서부로 이동한 다음, 원래 조상들의 비행경로를 따라 남쪽으로 이동한다.

자리 잡았을 때, 그들은 곧장 원래의 월동 지역인 남미로 이주하지 않고, 대신 그들은 조상들이 대대로 살았던 동쪽으로 이동한 다음 원래의 비행 경로를 따라 남쪽으로 이동했다(그림 37.9). 원래의 이주 패턴을 변경하기 보다 그들은 그냥 새로운 구간(서쪽에서 동쪽)을 추가했다. 과학자들은 서부의 쌀먹이새들이 시간이 지남에 따라 더 효율적인 이주 경로를 찾아낼 지, 아니면 원래의 경로를 항상 따를지 계속 연구하고 있다. 나비와 새의 이주 행동을 연구하다 보면 이들 동물들이 어떻게 이주 경로를 찾는지 알 수 있을 것이다.

이주하는 동물들은 정위(orientation)과 항로 결정(navigation)이 가능해야 한다

학습목표 37.4.2 정위과 항로 결정의 차이를 서술할 수 있다.

한 장소에서 다른 곳으로 이동하기 위해서 동물들은 "지도"(어디로 가는지 앎)와 "나침반"(환경의 신호를 이용해서 여정을 안내함)이 필요하다. 정위는 어두운 곳에서 빛이 나오는 것을 따라가는 것처럼 방위를 찾는 것을 말하지만, 항로 결정이란 방향을 설정하거나 조절하고 따르는 능력이다. 전자는 나침반의 사용과 같으며, 후자는 나침반을 지도와 함께 사용하는 것과 같다. 하지만 동물들이 쓰는 "지도"의 생물학적 기본 원리가 무엇인지는 아직 잘 알려져 있지 않다.

새와 그외 이주하는 동물들은 낮에는 해를 보고 밤에는 별을 보며 방향을 읽는다. 유리무당새(indigo bunting)는 단거리 야행성 철새이다. 이 새는 낮 동안 해를 안내 삼아 이동하며, 날이 진행하며 하늘의 해의 움직임을 따라 방향을 다시 조절한다. 밤에는 북극성 주변 별자리의 위치를 나침반으로 이용한다.

많은 철새들은 지구의 자기장을 감지하는 능력을 가지고 있어서, 해나 별이 없을 때에도 자기장을 이용하여 방향을 잡을 수 있다. 따라서 이주하는 새들은 눈에 보이는 외부 신호 없이 실내 새장에 가둔다면 올바른 지리적 방향으로 움직이려고 할 것이다. 하지만 만약 새장 주변에 자석을 둔다면 방향을 잡는데 어려움을 겪을 수 있다. 연구자들이 자기를 띄는 철성분을 일부 새들의 눈 속과 부리 위 쪽에서 발견하였지만, 이것이 감각기관과 어떻게 작용하는지는 아직 알려지지 않았다.

이주를 막 시작하느 새들은 천체 신호(새들은 주로 밤에 난다)와 지구의 자기장을 이용할 것이다. 하지만 연구자가 두 신호를 실험적으로 조작하여 혼돈을 야기하면, 새들은 별이 주는 정보를 자기장 정보보다 더 우선시 하는 듯 하다. 그러나 최근 연구에 의하면 천체 신호는 이주의 전반적인 방향을 나타내며, 자기장 신호는 구체적인 이주 경로를 나타낸다(어쩌면 새가 이동 중에 틀어야 하는 방향). 찌르레기(starlings)를 이용한 실험에 따르면, 경험이 없는 새는 주로 정위에만 의존하지만, 경험이 있는 성숙한 새들은 때에 맞추어 항로를 조절한다(그림 37.10).

하지만 어떻게 항로 결정이 이루어지는지 아직 잘 알지 못한다. 푸른바다거북은 브라질(Brazil)에서 출발하여 어센션 섬(Ascension Island)까지 대서양을 가로질러 이주한다. 이들은 30년 동안 한 번도 본 적 없는 작은 섬을 바다 한 가운데서 어떻게 찾을까? 이 작은 섬에서 태어난 어린 거북이는 어떻게 브라질까지 찾아갈까? 갓 태어난 거북이 새끼들은 파도를(출발) 신호로 삼아 바다로 향하고 몇몇 바다 거북이들은 지구의 자기장을 이용하여 북대서양에서 위치를 파악하지만, 거북이의 이주는 아직 우리에게 미스테리다.

개념 정리 37.4

이주는 개체군의 주기적인 장거리 이동이다. 정위란 방위나 방향을 따르는 것을 말하며, 항로 결정은 지도나 기억에 근거하여 방위나 방향을 맞추는 것이다. 많은 종들은 별자리로 항로 결정을 한다; 그들은 별자리가 없을 때 자기장을 감지할 수도 있다. 동물들 이주의 정확성은 많은 종에 있어서 미스테리로 남아있다.

- 나비와 새와 같은 많은 동물들이 장거리를 이동하여 이주한다. 그들이 각기 다른 항로 결정 시스템을 이용할까? 그 이유는 무엇인가?

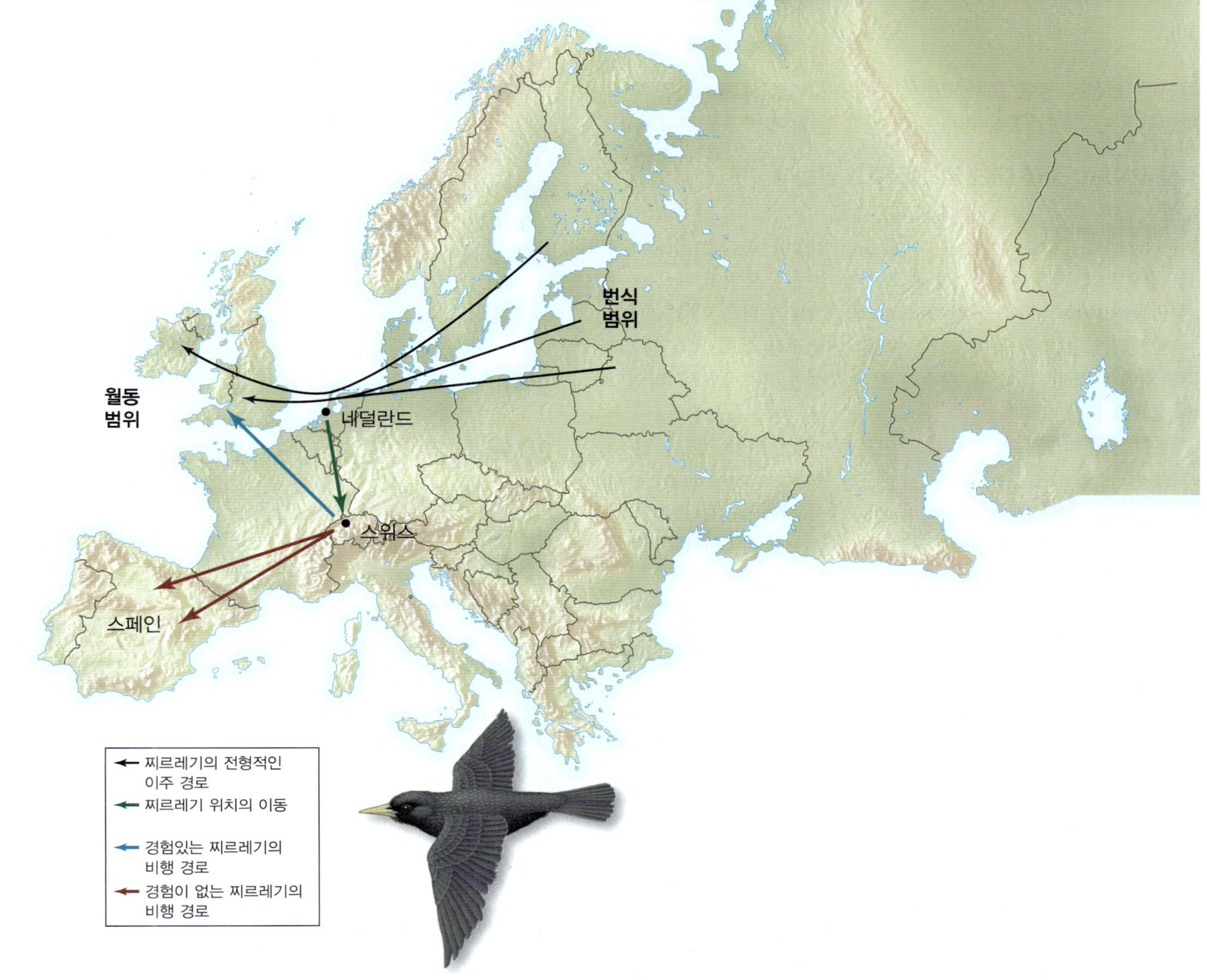

그림 37.10 찌르레기(*Sturnus vulgaris*)의 이주 습성. (이주) 경험이 없는 새들의 항로 결정 능력은 이주 경험이 있는 새들과 다르다. 발틱(Baltic)의 번식 지역에서 영국의 월동 지역으로 가는 중간 지점인 네덜란드(Holland)에서 이 새들을 포획하였다; 이 새들은 다시 스위스로 옮겨져서 방사되었다. 이주 경험이 있는 새들은 여러 가지를 감안하여 본래의 월동 지역으로 향해 날아갔지만(파란색 화살표), 경험이 없는 어린 새들은 방향만 찾아 계속 날아서 스페인까지 갔다(빨간색 화살표). 이 관찰을 통해 어린 새들은 정위를 따라 이동하지만, 경험이 있는 새들은 정확한 항로 결정에 의존한다는 것을 알 수 있다.

37.5 동물의 의사소통은 생태적 그리고 사회적 행동에 중요한 역할을 한다

의사소통은 동종을 인식하고 타종과 생식적 격리를 유지하며, 사회적 상호작용을 하는데 가장 중요하다. 사실 행동 연구의 대부분은 동물들의 의사소통 신호가 어떻게 만들어지고 받아들여지는지에 대한 본질을 분석하는 것이고, 그 신호의 생태학적 역할과 진화적 근원을 확인하는 것이다. 의사소통은 시각, 청각, 화학, 전기 그리고 진동 등의 다양한 신호 양식에 의한다.

성공적인 번식은 적절한 신호와 응답이 있어야 가능하다

학습목표 37.5.1 생식적 격리에 있어서 구애 신호의 역할을 설명할 수 있다.

동물들은 짝이 될 만한 동물이나 같은 성(sex)의 개체들과 의사소통을 하기 위해 신호를 만들어낸다. 수컷이 암컷에게 신호를 보내고 암컷이 이에 응하는 과정에서 흔히 **자극-반응 사슬(stimulus-response chain)**이라는 연쇄적 과정이 일어난다. 수컷이 암컷에게 보내는 신호는 종 특이적이다. 동물들이 어떻게 자신이 가진 본질적 특징을 외형이나 소리, 냄새으로 알릴 수 있는지 많은 학자들은 다양한 실험을 통해 조사하였다. 큰가시고기(stickleback)의 영토 방어와 구애 의사소통은 이와 관련 가장 잘 알려진 연구 결과이다.

짝을 찾아서: 종에 대한 정보를 주고 받는다

구애 신호는 종종 같은 종의 개체들에게만 제한되어 있는 것인데 이는 생식적 격리를 유지하는데 중요한 역할을 한다(21장 참조). 반딧불이의 불빛은 종 특이적 신호이다: 암컷은 불빛이 나오는 패턴을 통해 동종의 수컷을 알아보고(**그림 37.11**), 수컷은 이에 응답하는 암컷의 불빛으로 동종임을 알아낸다. 이러한 상호간의 신호가 계속되면서 짝이 될 만한 개체의 종 정체성을 지속적으로 확인할 수 있게 해준다.

같은 종의 개체들끼리 주고 받을 수 있는 화학 전달물인 페로몬(pheromone)은 많은 동물들에게 성 유인(sex attractants) 물질로 작용한다. 누에나방(*Bombyx mori*) 암컷은 생식기관과 관련이 있는 한 분비샘에서 bombykol이라는 성 페로몬을 분비한다. 수컷의 안테나는 매우 민감한 다수의 감각 수용체를 지니며, 이는 특별히 bombykol만을 인식한다고 신경 생리학적 연구를 통해 밝혀졌다. 몇몇 나방 종에서는 수컷이 아주 낮은 농도의 성 페로몬을 인식하여 7km 씩이나 떨어진 암컷을 찾을 수 있다!

많은 곤충, 양서류, 그리고 새들은 짝의 마음을 끌기 위해서 종 특이적 음향 신호를 보낸다. 황소개구리 수컷은 아랫 턱 밑에 자리한 울음 주머니를 팽창시키고 공기를 배출하여 울음 소리를 낸다. 암컷은 같은 서식지에서 동시에 우는 다른 종의 수컷과 동종의 수컷의 소리를 구별할 수 있다. 앞에서 언급했듯이 수컷 새들은 자신의 존재를 알리기 위해서, 그리고 암컷의 마음을 끌기 위해서 노래한다. 많은 종에서 암컷은 수컷 노래의 차이로 수컷의 질을 구분한다. 종합해 보면 이런 종들에서 노래는 개체마다 차이가 있고 종 특이성도 가진다. 소리 신호와 비슷한 진동은 곤충, 양서류, 그리고 다른 동물들이 사용하는 물리적 의사 소통의 한 종류이다.

짝짓기 행위는 뒤에서 이야기할 성선택(sexual selection)에 있어서 아주 중요한 부분이다.

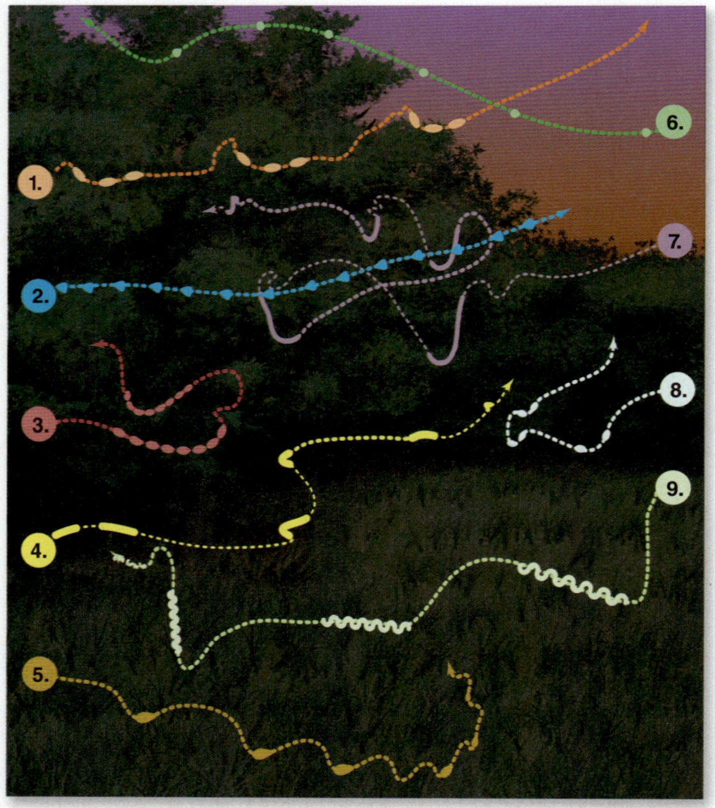

그림 37.11 반딧불이(개똥벌레)의 불꽃놀이. 개똥벌레의 발광은 종 특이적이므로 생식적 격리의 행동 메커니즘으로 작용한다. 각 번호는 다른 종 수컷의 불빛 패턴을 나타낸다.

의사소통은 집단 구성원 간 정보 공유를 가능하게 한다

학습목표 37.5.2 꿀벌들이 음식의 위치를 다른 개체들에게 어떻게 알리는지 설명할 수 있다.

많은 곤충, 어류, 새, 그리고 포유동물들은 구성원끼리 정보를 주고 받으며 무리를 이루어 산다. 예를 들면 포유류 집단의 몇몇 개체들은 경계를 늦추지 않고 망을 보는 포수의 역할을 한다. 포식자가 나타나면 그들은 울부짖어서 위험을 알리고 다른 집단원들은 피신처를 찾을 수 있도록 한다(**그림 37.12**). 개미나 꿀벌과 같은 사회적 곤충은 공격적인 행동을 일으키는 경고 페로몬을 분비한다. 또한 개미는 다른 집단 구성원들을 위해 집과 음식이 있는 곳 사이에 추적 페로몬을 분비해 둔다. 꿀벌은 같은 벌집에 있는 동료들을 꿀의 위치로 안내하기 위해 아주 복잡한 춤 언어(dance language)를 가지고 있다.

꿀벌의 춤 언어

꿀벌은 수 많은 개체가 복잡하고 협동적인 사회 무리를 이루며 산다. 일벌들은 벌통으로 부터 먼 거리를 날아 다양한 식물들에서 꿀과 꽃가루를 모은다. 이들의 먹이 원천은 작은 지역에 무리를 지어 존재(패치, patch)하고, 각 패치는 한 마리의 벌이 옮길 수 있는 양보다 훨씬 많은 양의 꿀을 제공한다. 군집은 패치를 발견하고 춤 언어를 통해 그 위치를 알려주는 정찰병 꿀벌 덕분에 먹이 원천을 찾아 먹이를 모을 수 있다.

그림 37.12 프레리독(*Cynomys ludovicianus*)의 경고 울음. 프레리독은 포식자를 보면 다른 프레리독이 굴로 재빨리 돌아갈 수 있도록 뒷다리로 서서 경고 울음을 낸다.

그림 37.13 꿀벌(*Apis mellifera*)의 8자 춤. **a.** 먹이, 벌통, 그리고 태양 사이의 각도는 춤추는 벌이 추는 춤의 직선 부분과 수직선 사이의 각도로써 나타내어진다. 먹이가 태양의 오른쪽 30도 방향에 있다면, 8자 춤의 축부분은 수직선의 오른쪽 30도 방향이다. **b.** 정찰병 꿀벌이 벌집 위에서 춤을 추고 있다.

정찰병 꿀벌이 멀리 있는 먹이의 패치를 발견하고 돌아오면 벌통에서 막 몸을 떨면서 춤을 춘다. 벌이 춤추는 방향은 숫자 8의 모양을 닮았다. 벌은 경로의 직선 부분(그림 37.13의 점선)에서 파열음을 내며 배를 떤다(waggle). 벌은 잠시 춤을 멈추고 짧은 털에 담아온 꿀의 샘플을 다른 벌들에게 주기도 한다. 춤을 출 때에는 다른 벌들이 가까이서 따라다니며, 이들은 모두 먹이가 있는 곳으로 날아갈 개체들이다.

벌통의 동료 벌들이 춤에 담긴 정보를 어떻게 이용하는지 실험을 통해 밝혀져 있다. 8자 춤의 축은 먹이의 위치가 현 태양의 방향에서 어떤 각도로 벗어나 있는지를 가르키는 것이다. 예를 들어 먹이가 현재 태양의 방향에서 오른쪽으로 30도 방향에 있다면 8자 춤의 축(즉 8자의 두 동그라미가 만나는 직선 부분)은 태양에서 오른쪽으로 30도 기울어진 곳으로 향할 것이다(**그림 37.13a**). 먹이까지의 거리는 8자 춤의 축에서 머무는 시간으로 표현된다. 최근 컴퓨터로 조절되는 로봇 벌을 이용하여 벌통 동료들에게 틀린 정보를 주는 기발한 실험이 있었다: 먹이의 위치를 모르고 속아 넘어간 벌들이 있는 것으로 보아 이들은 정찰병의 정보에만 의존하여 먹이를 찾는 것으로 보인다!

인간 이외의 영장류와 인간의 언어

진화 생물학자들은 원숭이와 유인원의 의사 소통 체계에서 인간 언어의 근원을 찾고자 했다. 몇몇 영장류는 특정 포식자의 정체를 표시할 수 있는 "단어 사전(vocabulary)"을 가지고 있다. 예를 들어 아프리카의 버빗원숭이(vervet monkey)는 다양한 발성을 통해 다가오는 위협들이 독수리인지 표범인지 혹은 뱀인지 표현해 낼 수 있다(**그림 37.14**).

인간 언어는 무척 복잡하기 때문에 생물학적으로만 설명하는 것이 불가능 할 것 같지만, 자세히 관찰해 보면 동물과 별 차이 없음을 깨닫게 된다. 대부분의 언어는 기본적인 유사성을 가진다. 대략 3000개 정도의 언어가 있는데, 대다수는 40개 정도의 자음과 모음 소리의 세트에서 만들어 진 것이며(영어는 그 중 24개를 사용), 모든 문화의 인간은 이를 습득하고 배울 수 있다. 연구자들에 따르면 이 유사성은 우리의 뇌가 추상적 정보를 다루는 방식이 같기 때문이다.

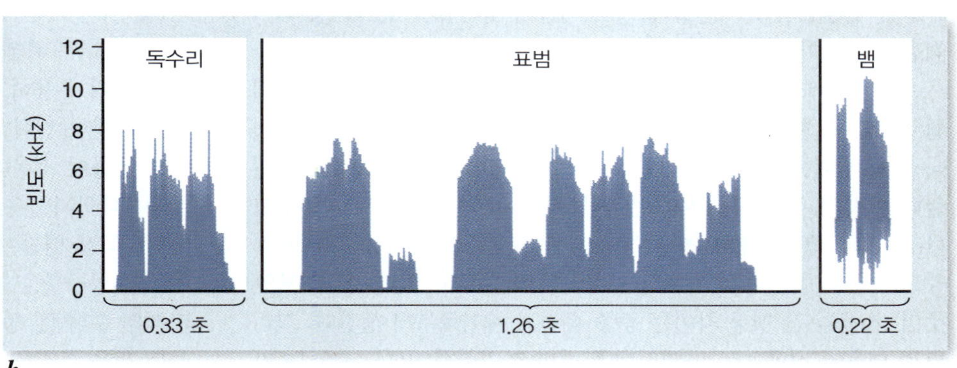

그림 37.14 영장류 언어. 버빗원숭이는 독수리, 표범 그리고 뱀을 볼 때 (a) 다른 경고음을 낸다. **b.** 다른 경고음 덕분에 그에 맞춘 다양한(탈출) 행동이 가능하다.

개념 정리 37.5

동물 의사 소통은 소리, 화학물질, 또는 움직임 등 다양한 방식에 의존한다. 구애 신호는 매우 종 특이적이며 생식적 격리의 한 메커니즘으로 알려져 있다. 꿀벌과 같은 사회성 무리를 형성하며 사는 동물들은 먹이와 포식자에 대한 정보를 주고 받기 위해 복잡한 의사 소통 체계를 사용한다.

- 2 종의 나방 모두 배우자에게 자신을 알리기 위해 성 페로몬을 사용한다. 같은 위치에 살지만 이들 종들이 생식적으로 격리가 되어 있다. 어떻게?

37.6 자연선택은 행동을 형성시킨다

행동생태학은 행동이 적응적으로 얼마나 중요한가(adaptive significance)를 찾는 과학이다

학습목표 37.6.1 행동생태학이 무엇인지 설명할 수 있다.

니코 틴버겐(Niko Tinbergen)은 행동의 적응 기능(adaptive function)에 대한 연구를 개척한 사람이다. 간단히 말하자면, 이것은 행동이 동물을 살아있게 하고 자식들을 살아있게 하는 방식이라는 것이다. 예를 들면, 틴버겐 박사는 갈매기 부모가 새끼가 부화한 뒤 재빠르게 껍질을 둥지에서 없애는 것을 관찰하였다. 이런 행동을 궁극적으로 이해하기 위해(즉 이러한 행동이 진화적인 적응인지를 파악하기 위해), 그는 달걀에 색을 입혀 갈매기 알처럼 만들어 한 가지 실험을 하였다(**그림 37.15**). 그는 하얀 속이 확연히 드러나는 깨진 알 껍질을 몇몇 알 옆에 두면서 갈매기들이 둥지를 트는 곳 전체에 놓았다. 그리고 대조군을 만들었는데, 깨진 알 껍질 없이 보호색을 입힌 알만 놓았고, 어떤 알들이 까마귀에게 더 잘 발견되었는지 기록했다. 까마귀들은 깨진 알 껍질의 하얀 속을 신호로 갈매기 알을 찾기 때문에 알 껍질 주변에 있는 알들이 더 많이 먹히는 것을 발견할 수 있었다. 이를 근거로 틴버겐 박사는 알 껍질을 치우는 부모들의 행동은 포식압을 줄여 새끼들의 생존률을 높이는 진화적 적응의 산물이라고 판단할 수 있었다.

틴버겐 박사는 자연선택이 어떻게 행동을 형성시키는가에 대한 연구, 즉 **행동생태학(behavioral ecology)**의 창설자 중 한 명이다. 행동생태학은 생태학의 한 분야로 행동의 적응적 중요성, 다시 말해 어떻게 행동이 생존과 번식을 향상시킬 수 있는지를 연구한다. 현재의 행동생태학 연구 역시 행동이 동물의 번식성공 또는 적응도(fitness)에 어떻게 기여하는지에 초점을 두고 있다. 앞서 보았듯이, 개체들 간 행동 차이는 종종 유전적 차이로부터 생긴다. 그러므로 행동에 작용하는 자연선택은 진화적 변화를 만들 수 있는 가능성이 있다.

그림 37.15 알 색깔의 적응 가치. 1973년 노벨 생리 · 의학상을 받은 니코 틴버겐은 갈매기 알의 반점 있는 갈색 보호색과 비슷하게 달걀을 색칠했다. 이 달걀은 보호색을 띠는 알들이 포식자의 눈에 덜 띄고 고로 새끼의 생존률을 높힌다는 가정을 확인하기 위해 사용되었다.

결과적으로 행동생태학은 다음 두 질문에 대한 해답을 찾는 학문이다. 첫째, 행동은 진화적 적응의 산물인가? 무조건 그렇다고 다시 말해 환경에 대한 적응 방식이라고 이야기하고 싶겠지만 그리 간단하지는 않다. 이미 19장에서 언급한 바와 같이 현재 생명체의 특징은 자연선택 이외의 진화적 과정, 즉 유전적 부동, 유전자 확산 및 여러 다른 진화적 과정 등 다양한 이유에서 나타날 수 있다. 특히 우리는 몇몇 생명체의 특징들이 과거에 적응한 산물로 현재에는 그리 유용하지 않지만 존재하는 것을 알고 있다. 행동적 특징 역시 다양한 진화 과정의 산물이다.

행동이 적응적이라면, 그 다음 질문은: 어떻게 적응적인가? 행동생태학자들은 특정 행동이 번식성공으로 이어지는지에 관심이 있다. 특정 행동이 에너지 섭취를 높여서 자식 생산을 늘리는가? 짝짓기 성공률을 높이는가? 포식 확률을 낮추는가? 에너지의 양과 자식의 수나 질 등의 측면에서 추산하여, 행동의 이득과 손실은 행동의 적응 본질을 분석하는데 종종 쓰인다.

섭식 행동(foraging behavior)은 에너지 섭취와 개인 적응도에 직접적으로 영향을 줄 수 있다

학습목표 37.6.2 섭식 행동의 비용 편익 분석(cost-benefit analysis)에 대해 논의할 수 있다.

행동생태학적 방법론을 이해하려면 섭식 행동에 집중하는 것이 유용한 방법이 될 수 있겠다. 많은 동물들에게 먹이는 다양한 크기로 제공된다. 큰 먹이는 더 많은 에너지를 갖지만 잡기가 어렵고 흔하지 않을 수 있다. 그리고 동물들은 어떤 먹이를 먹기 위해 아주 멀리 가기도 한다. 동물들에게 섭식이란 먹이 에너지의 이득과 먹이를 얻는 과정에서 생기는 비용의 상충(trade-off) 과정이다. 각 크기의 먹이에서 얻는 순 에너지(net energy, 칼로리나 joule로 표시될 수 있다)는 간단히 말해 먹이의 에너지 함량에서 그것을 잡는데 쓰인 에너지를 뺀 값이다. **최적섭식이론(optimal foraging theory)**에 의하면 자연선택적으로 최대 에너지 효율을 가진 먹이찾기 행동이 가장 유리하다. 다시 말해, 동물들은 먹이를 찾을 때, 쉽게 순 에너지 섭취를 극대화 할 수 있는 먹이를 찾는 경향이 있다.

여러 연구를 통해 먹이를 찾는 동물들이 에너지 수익을 최대화 할 수 있는 먹이를 선호한다는 것이 입증되었다. 예를 들어 바닷가에 사는 게는 최대치의 에너지 수익을 주는 중간 크기의 홍합을 선호한다; 더 큰 홍합이 더 많은 에너지를 주지만, 그것을 까서 여는데 더 많은 에너지가 들어간다. 이번 장의 마지막 부분에 이 행동의 효율성을 조사한 실험이 소개된다.

최적섭식이론의 설명에서 나타난 동물의 행동, 즉 최고 에너지 효율을 얻기 위한 동물의 행동은 더 많은 자식을 낳을 수 있는 확률을 높여주는 행동이기 때문에, 역시 자연선택에 의해 다듬어지는 특징으로 볼 수 있다. 학자들은 콜롬비아 얼룩다람쥐(ground squirrel)와 금화조(zebra finch)를 이용한 실험에서 순 에너지 섭취와 키워낸 자식 수 사이에 직접적인 관계가 존재함을 밝혀내었다. 유사한 결과가 황금눈 뜨개 거미(orb-weaving spider)에서도 발견된 바 있다.

하지만 동물들은 에너지 이외의 필요 사항이 있고 때때로 이들 사이에서 갈등이 생긴다. 한 가지 중요한 사항은 포식자의 회피이다: 종종 에너지 섭취를 극대화 하는 행동이 포식 위협을 최소화하지는 않는다. 이런 경우, 적응도를 최대화 하는 행동이 최소한의 포식 위협과 가장 많은 에너지의 섭취 사이의 비용 상충(trade off)를 반영할 수도 있다. 당연히 많은 연구에서 다양한 동물 종들이 포식자가 있을 때 섭식 행동을 바꾼다는 것을 밝혔다. 이 경우에서 경계와 섭식 사이의 비용 상충과 같은 절충이 섭식 동안 발생할 수 있는 것이다.

최적 섭식 이론은 에너지를 최대화 하는 행동이 자연선택에 의해 진화했다고 추정한다. 그러므로 여기에는 유전적 바탕이 있어야만 한다. 예를 들어 순 에너지 섭취의 극대화에 성공적인 금화조 암컷은 그와 비슷한 성공적인 자식을 갖곤 한다. 어린 새끼들이(스스로) 둥지를 떠날 수 있기도 전에 어미로 부터 분리 되었기 대문에 이 유사성은 섭식 행동이 유전적 요소를 갖는다고 볼 수 있다. 다른 동물에 관한 연구를 보면 나이, 경험, 그리고 학습 또한 효율적인 섭식의 발달에 있어서 중요하다.

세력권행동은 영역 소유의 이익이 비용을 넘을 때 진화한다

학습목표 37.6.3 세력권행동의 진화적 이익을 설명하라.

동물들은 활동 과정에서 종종 넓은 지역에 이르는 행동권을 지닌다. 많은 종들의 개체 행동권은 시간이나 공간에 있어서 개체 간 중복이 있을 수 있지만, 각 개체들은 각자 행동권을 잘 지켜서 그 영역과 자원을 독점적으로 이용하려 한다. 이러한 행동을 세력권 방어(territoriality)라고 한다(그림 37.16).

세력권 방어의 특징은 다른 개체들의 침입과 자원 이용을 막는 것이다. 그곳이 이미 점령 되었다는 것을 알리며, 명백한 공격성을 통해 영역을 수비하는 것이다. 새들은 영역 내의 횃대에 앉아 노래를 부르며 근처의 새가 들어오지 못하게 막는다. 만약 침입자가 그 노래에 단념하지 않는다면, 영역 주인은 공격을 개시하여 떠나게 만들 것이다. 하지만 영역을 수비하기 위해서는 그만한 비용을 치러야 한다. 노래 부르는데 많은 에너지가 소모되며, 공격을 하다 자신이 부상당할 수 있다. **영역 사용(occupancy)**을 알리기 위해 신호(노래 혹은 시각적 표시)를 보내다가 포식자에게 자신의 위치를 노출시킬 수도 있다.

그럼 동물은 댓가에도 영역 수비를 멈추지 않을까? 세력권 제도의 에너지적 이득은 자원의 단독 사용으로 인한 먹이 섭취량, 배우자에 대한 접촉 기회 확보, 포식자를 피할 수 있는 기회의 증가 등을 포함한다. 벌새(hummingbirds)와 태양새(sunbirds)와 같이 꿀을 먹는 새의 예를 들어 보자(그림 37.17). 새는 꽃 한 무더기를 혼자 쓰면서 가능한 효율적으로 이익을 얻고자 한다. 이렇게 단독으로 사용하기 위해서 새는 그 꽃 무더기(꽃이 모여있는 영역)를 열심히 지켜내야 한다. 단독으로 사용하며 얻는 이득은 특정 조건 하에서만 수비하며 발생하는 비용을 능가한다.

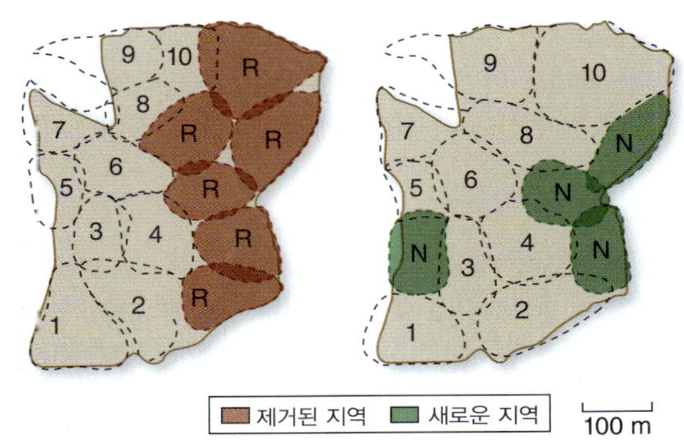

그림 37.16 공간을 위한 경쟁. 새의 영역 크기는 경쟁자의 수에 따라 바뀐다. 박새(*Parus major*) 6쌍이 각자 영역에서 제거되었을 때(왼쪽 그림에 R로 표시), 그 영역은 근처의 새들과 새로운 4쌍의 새들에게 넘겨졌다(오른쪽 그림에 N으로 표시). 숫자는 전과 후의 새들의 개체 수를 나타낸다.

그림 37.17 세력권 행동의 이익. 아프리카에 서식하고 벌새(오른쪽)와 생태적으로 비슷한 태양새(왼쪽)는 자신의 영역 내에 있는 꽃으로 접근하는 다른 개체들을 공격하여 먹이 자원을 방어한다.

태양새는 영역에서 침입자를 쫓아내느라 시간당 약 3000칼로리의 에너지를 소모한다. 영역 수비의 이익이 비용을 능가하는지는 꽃의 꿀의 양과 새가 얼마나 효율적으로 그 꿀을 채집하는지에 달렸다. 꽃이 불충분하거나 꿀의 양이 적으면 꿀을 먹는 새는 영역 수비의 비용을 감당할 만큼 충분한 에너지를 얻지 못할 것이다. 이러한 조건들에서 세력권을 주장하는 것은 에너지적으로 전혀 유리하지 않다. 꽃이 충분하다면 새는 그 지역을 다 차지하기 위해 노력할 필요가 없으므로 수비의 비용에 더 많은 투자 없이 하루의 에너지 요구량을 맞출 수 있다. 즉 이럴 경우, 에너지의 관점에서 보았을 때, 널린 것이 꽃인데 이를 방어하려 애쓰는 것은 그리 가치 있는 행동이 아니다. 즉, 세력권 행동은 이용가능한 꽃의 양이 아주 많지 않은 상태에서 이를 방어하는 행동의 이득이 비용을 능가할 때 발생하는 것이다.

많은 종에서 수컷에게는 먹이의 유무 보다 암컷에게 접근할 수 있는 기회가 세력권 영역의 크기를 결정하는 더 큰 요소가 될 수 있다. 몇몇 도마뱀 수컷들은 번식기 동안 거대한 영역을 유지한다. 여러 암컷의 영역까지도 포함하는 이 영역은 충분한 먹이를 제공하기 위해 실제 필요한 것보다 훨씬 더 크고, 수컷들은 이를 필사적으로 지킨다. 반대로 비번식기간 중 수컷은 이 영역의 크기도 줄이고 이를 방어하기 위한 공격적인 세력권행동을 대폭 감소시킨다.

개념 정리 37.6

행동생태학은 행동을 진화적 적응 메커니즘에 의거하여 해석하는 연구이다 – 따라서 행동이 어떻게 생존과 번식 성공에 영향을 미치는지 파악하려 노력한다. 보다 실질적으로 행동의 에너지 이익과 비용을 측정하고, 행동을 통해 쏟는 것 보다 얻는게 많은지 분석함으로써 적응도 이익을 얻는지 추정한다. 섭식 행동과 세력권의 수비는 이러한 방식으로 분석될 수 있다. 에너지 이득 외에도 포식자를 피하는 것 등도 적응도를 측정하는데 있어서 중요하다.

- 꿀을 먹는 새인 하와이 꿀먹이새(Hawaiian honeycreeper)는 자주 보지 못하거나 풍부하지 않은 꽃은 수비하지 않는다. 그 이유는?

37.7 행동 전략은 번식성공을 극대화하도록 진화했다

번식기 동안 동물들은 어떤 배우자를 고를지, 얼마나 많은 배우자를 만들지, 자식을 키울 때 얼마만큼의 시간과 에너지를 투자할지 등 여러 가지 중요한 일생사의 "판단"을 내린다. 이런 판단은 번식 성공률을 극대화하기 위해 진화했다고 여겨지는 행동들의 모음, 즉 **번식 전략(reproductive strategy)**이다.

암컷과 수컷은 다른 번식 전략을 갖는다

학습목표 37.7.1 부모 투자(parental investment)와 관련된 배우자선택에 대해 설명하라.

번식의 에너지 비용은 암컷과 수컷 간의 행동 차이를 유발할 수 있다. 먹이 자원, 서식처 위치, 그리고 암수 개체들이 공간적으로 환경에 분포되어 있는 방식, 그리고 질병과 같은 생태적 요인은 번식 판단의 진화에 매우 중요하다.

수컷과 암컷 모두 자식의 양과 질을 높이고 싶어 하지만, 이렇게 적응도를 극대화 하려는 방식, 즉 번식 전략과 행동은 매우 다르다. 이러한 번식 행동의 차이는 배우자선택에서 명확히 나타난다. 다윈은 암컷이 흔히 맨 처음 마주한 수컷과는 짝짓기를 하지 않고, 수컷의 자질을 평가한 다음 짝짓기를 할지 결정한다는 것을 맨 처음 발견하였다. 공작새 암컷은 복잡한 꼬리깃털에 더 많은 눈꼴무늬가 있는 수컷을 선호한다(그림 37.18b, c). 이와 비슷하게 개구리 암컷은 청각적으로 더 복잡하고, 따라서 매력적인 울음소리를 가진 수컷과 짝짓기를 선호한다. 배우자 선택이라는 이 행동은 많은 동물 종에서 잘 알려져 있다.

수컷은 암컷만큼 까다롭게 배우자를 선택하지 않는다. 왜 그럴까? 암컷과 수컷 사이의 번식 전략 차이는 부모 투자의 양을 비교해보면 쉽게 알 수 있다. **부모 투자(parental investment)**는 각 암수가 자식을 만들고 키우는데 쓰는 에너지와 시간을 말한다.

많은 연구에서 나타난 바로는 암컷이 대체로 더 높은 부모 투자를 한다. 한 가지 이유는 난자가 정자보다 더 크기 때문이다 – 인간의 경우 195,000배! 난자는 난황에 단백질과 지질을 포함하고 배아 성장에 필요한 그 외의 영양분을 갖고 있지만, 정자는 움직이는 유전자 포장물에 지나지 않는다. 몇몇 동물 집단에서는 암컷이 그들만이 할 수 있고 비용이 많이 드는 임신과 수유를 책임진다.

이러한 번식 투자의 불균형에서 오는 결과로, 암컷과 수컷은 아주 다른 선택압을 받게 된다. 수컷은 그 어떤 짝짓기건 간에 비용이 많이 들지 않기 때문에 최대한 많은 암컷과 교배함으로써 적응도를 높일 수 있다. 반대로 암컷에게는 짝짓기의 비용이 많이 들기에 생산할 수 있는 난자의 갯수가 번식 성공을 제한하기도 한다. 이러한 이유로 암컷은 자신의 자식들에게 최대의 이익을 주고 고로 암컷의 적응도를 높일 수 있는 수컷을 까다롭게 선택해야 한다.

이러한 논리는 암컷의 번식 투자가 수컷보다 높을 때에만 적

a.

b.

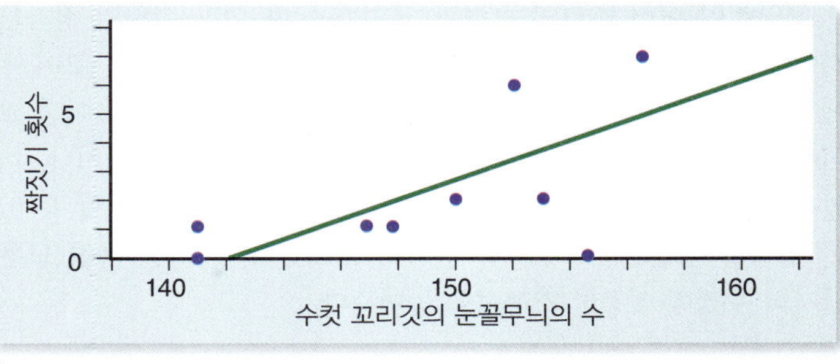

c.

그림 37.18 자웅 선택의 결과. 긴 깃털로 상대를 유혹하는 것은 뚜렷한 성적 이형은 **(a)** 아프리카극락조(African paradise whydah, *Vidua paradisaea*), 그리고 **(b)** 공작새(*Pavo cristatus*)와 같은 새 종에서 흔히 나타난다. **c.** 공작새 암컷은 꼬리 깃털에 눈꼴무늬가 많은 수컷과 교미하기를 선호한다.

용된다. 암수가 같이 자식을 키우는(biparental care)의 종들에서 수컷은 자식을 키우는데 더 많은 비용을 지불하기 때문에 부모 투자량은 암컷과 수컷이 서로 비슷하며, 이럴 경우 배우자 선택의 정도는 암수 간에 더 동일해진다.

간혹 수컷의 투자가 암컷을 능가할 수도 있다. 예를 들어 모르몬귀뚜라미(Mormon cricket) 수컷은 짝짓기 하는 동안 단백질을 함유한 주머니(spermatophore)를 암컷에게 전달한다. 암컷에게 영양분을 제공하고 알을 키우는데 도움을 주는 이 주머니는 수컷 몸무게의 30% 정도를 차지한다. 배우자 선택 모델에서 예상해 볼 수 있듯이, 여기서는 까다로운 수컷을 차지하기 위해 암컷들이 서로 경쟁한다. 수컷은 정말로 까다로우며 덩치가 큰 암컷을 선호한다. 큰 덩치의 암컷은 더 많은 알을 지니기 때문으로, 많은 연구에서 더 큰 암컷을 고른 수컷은 더 많은 자식을 남기는 것을 발견하였다(그림 37.19).

성선택은 동료 경쟁과 배우자 선택을 통해 발생한다

학습목표 37.7.2 성선택이 어떻게 이차 성징의 진화에 영향을 주는지 설명하라.

19장에서 다뤘듯이 개인의 번식 성공은 개인의 수명, 교미 횟수, 그리고 각 짝짓기 마다의 자식 수에 의해 결정된다. 배우자를 얻기 위한 경쟁을 **성선택(sexual selection)**이라고 한다. 어떤 사람들은 자웅 선택을 자연선택과 구별할 수 있다고 보지만, 어떤 과학자들은 개체의 적응도에 영향을 주는 많은 요인 중의 하나이자 자연선택의 부분 집합으로 본다.

성선택은 같은 성의 개체들의 경쟁(다윈이 말하길 "전쟁에서 다른 수컷을 이기는 힘")하는 **성내선택(intrasexual selection)**과 배우자 선택("매혹하는 힘")을 일컫는 **성간선택(intersexual selection)**을 포함한다. 성선택은 사슴의 가지진 뿔과 숫양의 뿔과 같이 다른 수컷과 싸우기 위한 구조와, 길고 화려한 꼬리 깃털과 같이 이성을 "유혹"하기 위해 사용되는 장식의 진화, 즉 **이차 성징(secondary sexual characteristics)**을 만든 장본인이다.

선택은 동료 간 경쟁에서 보다 큰 능력을 부여하는 특징을 매우 선호한다. 세력권을 주장하는 종들 처럼 우위가 중요하다면 큰 몸 크기가 큰 이점이다. 따라서 수컷이 암컷보다 훨씬 더 클 수도 있다. 암수 사이의 이러한 차이는 **성적 이형(sexual dimorphism)**이라고 불린다. 다른 종에서는 뿔,(사슴의) 가지진 뿔, 그리고 큰 송곳니와 같이 싸움에 사용되는 구조는 성 내 선택에서 저들이 주는 이점 때문에 수컷들에게서 더 크도록 진화 되었다.

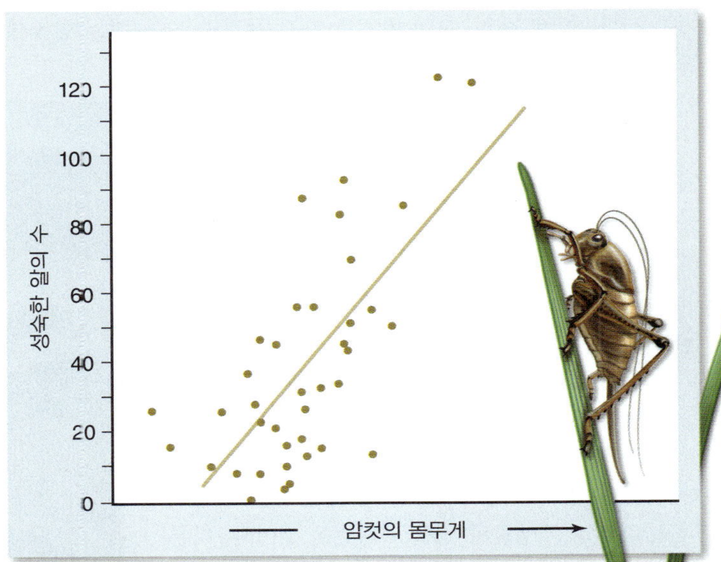

그림 37.19 수컷 배우자선택의 이점. 모르몬귀뚜라미(*Anabrus simplex*) 수컷은 덩치 큰 암컷을 배우자로 고르며, 큰 암컷은 더 많은 알을 지닌다. 따라서 수컷의 배우자 선택은 자신의 적응도를 높이는 방식이다.

암컷이 여러 마리의 수컷과 교미했을 때 여러 수컷의 정자들 사이에서 **정자경쟁(sperm competition)**이 일어나기도 한다. 교미 후에 발생하는 이런 경쟁 때문에 많은 수컷의 생식기는 바로 이전 교미에서 들어간 정자를 빼낼 수 있는 정자이동장치를 가지거나, 더 많은 정자를 생산할 수 있는 큰 고환, 그리고 더 빨리 수영할 수 있는 정자를 생산할 수 있도록 진화하게 되었다. 이러한 특징 모두 난자와 수정에 성공할 가능성을 높여준다.

성내선택

많은 종들에서 하나의 성, 주로 수컷은 짝짓기 기회를 얻기 위해 서로 경쟁한다. 경쟁은 암컷이 자식을 먹이거나 키우는 영역에서도 발생할 수 있다. 수컷은 암컷을 위해 직접적으로 경쟁할 수도 있다. 대부분의 수컷이 아예 교미를 못할 때, 성공한 소수의 수컷은 지나치게 많은 횟수의 교미를 할 수도 있다. 예를 들면 바다코끼리 수컷은 번식하는 바닷가에서 영역을 지배하므로, 소수의 우위 수컷들만이 짝짓기를 한다(그림 37.20). 예를 들어 한 바닷가에선 나머지 수컷들이 거의 짝짓기를 하지 못한 반면, 여덟 마리의 수컷이 348마리의 암컷을 임신 시켰다.

성간선택

양성 간의 선택은 활발한 배우자 선택을 말한다. 배우자 선택은 직접적은 그리고 간접적인 이익을 준다.

배우자 선택의 직접적인 이익. 경우에 따라 배우자 선택의 이익은 명백하다. 수컷이 자식을 키울 때 도움을 준다면, 암컷은 최고의 보살핌을 줄 수 있는 수컷을 고름으로써 익을 얻을 것이다 - 아비가 좋을수록 더 많은 자식을 기를 수 있을 것이다. 어떤 종에서는 수컷이 먹이, 서식지, 그리고 포식자로 부터의 피신 장소를 제공하는 영역을 유지하지만 자식을 보살피지는 않는다. 좋은 질의 풀이 있는 영역을 가진 붉은 사슴의 수컷이 가장 많은 암컷과 짝짓기를 한다. 이런 경우, 그런 영역을 가진 수컷과 짝을 짓는 암컷에겐 직접적인 이익이 있다: 암컷은 방해 없이 좋은 먹이를 먹는다.

배우자 선택의 간접적인 이익. 허나 많은 종들에서 수컷은 암컷에게 그 어떤 직접적인 이익을 제공하지 않는다. 그럴 경우 암컷이 "까다로움"으로써 무엇을 얻을 수 있는지는 직관적으로 명확하지 않다. 더 나아가, 엄청 긴 꼬리나 복잡한 노래를 가진 수컷을 고르는게 무슨 이익을 줄 수 있을까?

이런 기호의 진화를 설명하기 위해 몇 가지 이론이 제시 되었다. 한 발상은 암컷이 가장 건강하거나 나이가 많은 수컷을 고른다는 것이다. 예를 들어 큰 수컷은 성공적으로 오래 살고, 많은 먹이를 섭취하고, 그리고 기생충과 병을 이겨냈을 것이다. 다른 종에선 크기 외에 다른 특징들이 수컷의 상태를 알려줄 수 있다. 구피(guppy)와 몇몇 새들에서는 수컷 색깔의 밝기가 식이의 질과 전반적인 건강을 나타낸다. 암컷은 건강한 수컷과 교미함으로써 두 가지 이익을 얻을 수 있다. 첫째, 건강한 수컷에게는 교미 중에 암컷에게 감염될 수 있는 질병이 있을 가능성이 낮다. 둘째, 수컷의 성공적인 장수와 번영의 정도는 그의 유전자 구성의 결과일 것이며, 암컷은 자신의 자식들이 아비로 부터 좋은 유전자를 얻을 것이라고 확신하게 된다.

어류와 나방을 연구한 여러 연구에서 암컷의 배우자 선택이 더 나은 번식 성공으로 이어지는지 실험하였다. 이 실험에서 수컷은 다른 집단의 암컷들과 무작위로 짝지어진 반면, 한 집단의 암컷들은 수컷을 고를 수 있었다. 직접 짝을 고른 암컷들의 자식은 선택권이 없던 암컷들의 자식보다 더 활발하고 생존률이 높았다. 이는 암컷들이 더 우수한 유전자 구성의 수컷을 선호한다는 것을 나타낸다.

이 이론을 약간만 변형시키면 보다 실질적이다. 때때로 암컷들은 생존에 있어서 해로운 특징을 가진 짝을 선호한다(그림 37.18c 참고). 공작새의 긴 꼬리는 나는데 있어서 방해가 되며 수컷을 포식자에게 더 취약하게 만든다. 왜 암컷은 이런 특징을 가진 수컷을 선호할까? 장애가설(handicap hypothesis)은 유전적으로 뛰어난 개체들만이 그런 장애를 갖고도 살아남을 수 있다고 말한다. 가장 큰 장애를 가진 수컷을 선택함으로써 암컷은 그녀의 자식들이 뛰어난 유전자를 받을 것이라고 확신한다. 당연히 그 자식들은 장애의 유전자를 받을 것이다. 이러한 이유로 진화 생물학자들은 여전히 이 가설의 가치에 대해 토론하고 있다.

배우자 선택의 진화에 대한 다른 이론들. 몇몇 구애 표현은 특정 자극에 반응하도록 하는 암컷의 신경계의 특성으로부터 진화한 것으로 보인다. 예를 들어 암컷은 특정 색이나 특정 빈도의 소리를 더 잘 알아볼 수도 있고, 고로 그러한 신호에 끌릴 수 있다. 감각착취(sensory exploitation)는 이렇게 기존의 성향을 "활용"하는 신호를 가진 수컷의 진화를 유도한다. 예를 들어 암컷이 붉은 색 물체를 감지하는데 특히나 능숙하다면, 수컷에게서 구애 표현의 일부로 붉

그림 37.20 북쪽 바다코끼리(*Mirounga angustirostris*) 암컷은 일부다처를 방어함. 바다코끼리 수컷은 영토 소유를 위해 서로 싸운다. 오직 제일 큰 수컷만이 암컷이 많은 영토를 차지한다.

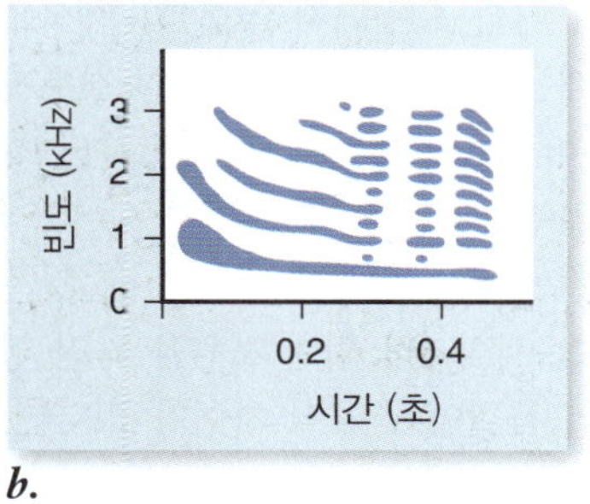

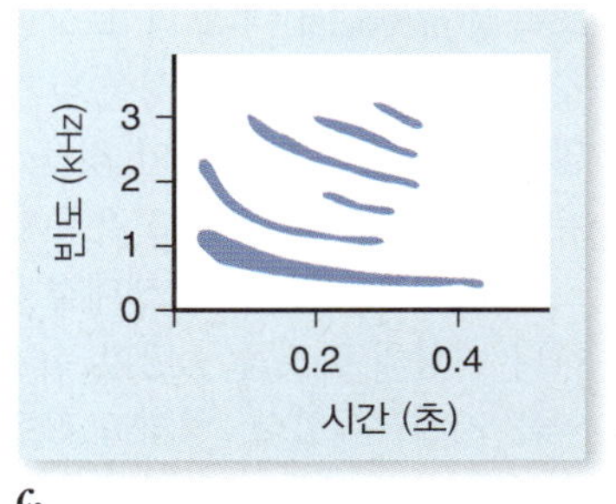

a. *b.* *c.*

그림 37.21 울고 있는 텅가라 개구리(*Physalaemus pustulosus*) 수컷. *Physalaemus* 속의 다양한 종의 암컷은 울음소리에 "chuck" 소리를 가진 수컷을 선호한다. 하지만 텅가라 개구리의 수컷(a)만이 그러한 울음소리(b)를 낸다; 다른 종의 수컷(c)은 그렇지 않다.

은 색채(coloration)가 진화할 것이다.

구애 표현의 진화를 이해하기 위해 텅가라(Túngara) 개구리의 발성(법)을 생각해보자(그림 37.21). 관련 종과는 다르게 수컷은 울음의 마지막에 "chuck"이라고 불리는 짧은 소리를 낸다. 최근 연구에 따르면 관련 종의 수컷들은 "chuck"의 소리를 내지 않지만, 그 암컷들은 텅가라 개구리의 암컷과 함께 이 짧은 소리에 끌린다고 한다.

짝짓기 선호도의 진화를 설명하기 위해 다양한 종류의 가설들이 제시되어 왔다. 이 중 많은 가설들이 특정 상황에서 옳을 수도 있지만, 그 어떤 것도 동물 세계 속의 교배 행동의 모든 다양성을 설명할 수는 없는 듯하다. 이 분야는 새로운 발견이 정기적으로 나타나는 활기찬 연구 영역이다.

교배 양식(mating system)은 자식을 돌볼 수 있는 부모의 능력을 반영한다

학습목표 37.7.3 왜 어떤 종은 일반적으로 일부일처고 다른 종은 일부다처인지 설명하라.

번식기에 짝짓기를 하는 동물들의 개체수는 종에 따라 다르다. 교배 양식에는 일부일처제(하나의 수컷이 하나의 암컷과 교미), 일부다처제(하나의 수컷이 여러 암컷과 교미; 그림 37.20 참고), 그리고 일처다부제(하나의 암컷이 여러 수컷과 교미)가 있다. 일부일처 교미만이 쌍 결합(pair bond)(프레리 들쥐 처럼)을 이룬다. 교배 양식은 배우자 선택처럼 암컷과 수컷이 적응도를 극대화 할 수 있도록 진화한 것이다.

여러 개체들과 교미하는 선택권은 자식 보살핌의 필요로 인해 제한될 수도 있다. 암컷과 수컷이 자식을 돌볼 수 있다면, 자식을 성공적으로 양육하기 위해 두 부모의 존재가 필수적일 수도 있다. 따라서 일부일처제가 선호되기도 한다. 이는 종의 90%가 일부일처인 새들에게서 흔히 볼 수 있다. 수컷은 짝과 함께 자식을 돌보거나 다른 짝을 찾아서 기존의 짝을 버린다; 두 전략 다 수컷의 적응도를 높일 수 있다. 자연선택이 선호하는 전략은 자식을 먹이거나 지키는데 있어서 수컷의 지원의 필요에 따라 달라진다. 몇몇 종(인간 처럼!)에서 자식들은 만숙성(altricial)을 갖는다 - 장기간의, 폭넓은 보살핌이 필요하다. 이런 종들에게 두 부모의 보살핌의 필요성은 수컷이 기존의 짝을 버리고 다른 짝을 찾는 경향을 줄여준다.

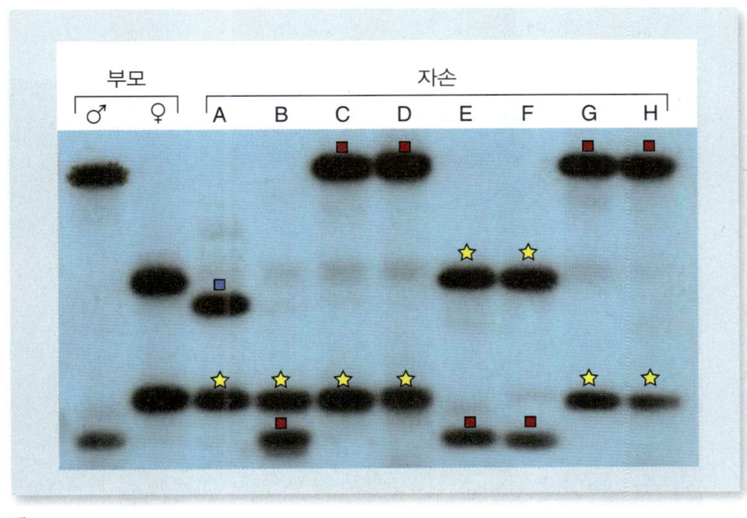

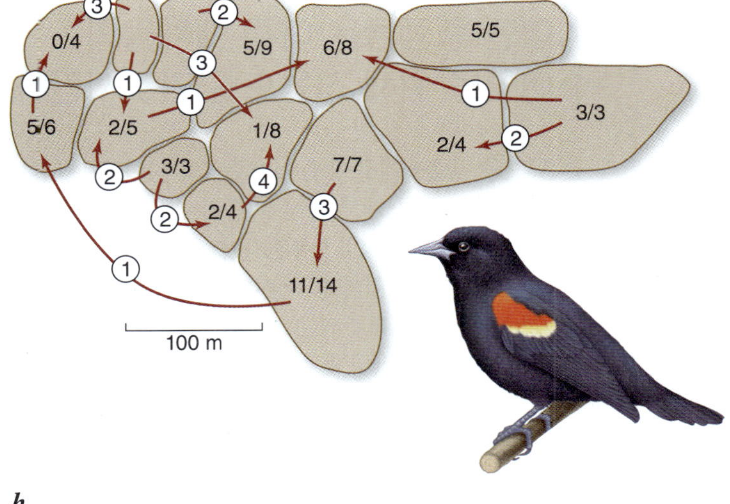

a. *b.*

그림 37.22 영역내에서 부계의 연구. **a.** 얼룩무늬 딱새(*Ficedula hypoleuca*)의 둥지 내 부모와 자식의 유전자 지문 감식 겔. 각 밴드는 다양한 유전자 길이의 조각을 나타낸다. 알을 낳는 암컷과 그 짝은 둘 다 이형 접합이며 밴드를 공유하지 않음으로써 혈통의 할당을 허용한다. 알들이 암컷의 둥지 안에 있음으로 예상할 수 있듯이, 모든 자식은 노란 별로 표시된 암컷의 밴드 중 하나를 가진다. 자식 중 7마리는 아비로부터 받은 빨간 기호로 표시된 대립형질을 가지지만, 8번째 자식인 A는 어느 부모에게도 없는 대립형질을 가진다. 이는 A가 개체군 내의 다른 수컷과의 교미로부터 얻어진 것임을 나타낸다. **b.** 붉은어깨검정새(*Agelaius phoeniceus*)의 유전자 지문 검사 연구의 결과. 분수는 둥지가 있는 지역의 수컷에서 나온 자식의 비율을 나타낸다. 화살표는 각 지역 밖의 특정 수컷에서 나온 자식의 수를 나타낸다.

조숙성(precocial)(부모의 보살핌이 거의 요구되지 않음)의 자식을 갖는 종은 육아의 필요성이 낮기 때문에 수컷이 일부다처일 경우가 많다. 포유류는 암컷들만 젖을 분비하여, 수컷들은 수유로부터 자유롭다. 이는 대부분의 포유류가 일부다처임을 따른다.

교배 양식은 주변 생태적 조건에 크게 영향을 받는다. 수컷은 하나 이상의 암컷을 충당할 수 있는 서식지나 먹이 자원을 가진 영역을 지킬 수 있다. 영역이 자원의 품질이나 양에 차이가 있다면, 수컷이 이미 짝을 이루었더라도 질 좋은 영역을 가진 그 수컷과 교미하는 것이 암컷의 적응도를 극대화할 수 있다. 예외는 있지만, 암컷은 수컷이 이미 짝이 있더라도, 짝이 없고 질 나쁜 영역을 가진 수컷보다 짝이 있고 질 좋은 영역을 가진 수컷과 번식하는 것이 더 유리하다(그림 37.22). 이는 일부다처제의 진화를 선호한다.

일처다부제는 상대적으로 드물지만, 암컷의 여러번의 짝짓기는 더 잘 이해되고 있다. 이는 습지 처럼 아주 생산적인 환경에서 사는 삐삐도요 속의 새(spotted sandpipers)와 자서나(jacanas)와 같은 새들에서 잘 알려져 있다. 이들 암컷들은 하나 이상의 수컷들의 알을 낳음으로써 육아에 필요한 늘어난 자원을 활용한다. 수컷이 알을 품고 육아를 하고, 암컷은 여러 수컷들과 교미하고 알을 낳는다.

개념 정리 37.7

더 큰 부모 투자를 쏟는 성이 배우자 선택을 하곤 한다. 암컷 또는 수컷은 양육에 쓰는 에너지와 시간에 따라 조심히/까다롭게 고르기도 한다. 동료 경쟁과 배우자 선택은 자웅 선택으로 이어진다. 번식 성공은 수컷과 암컷이 일부일처로 짝을 지을지 아니면 여러 짝과 맺을지에 영향을 준다.

- 실고기(pipefish) 수컷은 알주머니에 새끼를 품는다. 어떤 성이 배우자 선택을 할 것 같은가? 이유는?

37.8 어떤 행동들은 다른 개체들의 이익을 위해 적응도를 감소시킨다

다윈과 같은 진화 생물학자들에게 이타주의의 진화를 이해하기란 특별한 도전이었다. 왜 한 개체는 남을 돕기 위해 그의 또는 그녀의 적응도를 줄일까? 이타주의의 유전자가 시간이 지남에 따라 개체군을 감소시킬 것을 고려한다면, 어떻게 그 유전자가 자연선택에 의해 선호될까? 사실은 이타주의는 개체가 번식을 그만두게 하거나 자신의 생명 까지도 희생하게 하지만, 이타주의자에게는 큰 이익이 있을 수 있다. 어떻게 그럴 수 있는지 들여다 보자.

호혜주의 이론은 관계없는 개체 간의 이타주의를 설명할 수 있다

학습목표 37.8.1 이타주의와 그의 잠재적인 이익을 설명하라.

이타주의는 주체의 희생으로 다른 개체가 이익을 얻게 되는 행동이다. 전쟁에서 자신을 희생하거나 어린 자식을 돕기 위해 위험을 자처하는 인간들과 같은 예가 있지만, 이타주의는 매우 다양한 생물들에게서 나타난다. 많은 새의 종에게서는 "둥지의 도우미"가 존재한다—새끼들을 키울 때 부모 외에 도움을 주는 새들이다. 포유류와 새들 중에서 포식자를 감시하는 개체는 경고소리를 내어 다른 개체들이 도망갈 수 있게 해주지만 이는 포식자의 주목을 받게도 한다. 개미와 같은 사회적 곤충들에서 일꾼들은 군집의 여왕인 자신들의 어미가 번식할 수 있도록 돕는 불임 자식들이다.

한때는 이타주의가 "종의 이익"을 위해 진화했다고 생각되었다. 번식/교미에 실패한 개체는 경쟁에서 실패를 개체군이나 종이 늘어나지 않게 하고, 자원의 부족을 막고, 멸종을 막기 위해 번식을 그만둔다고 이해하여 "이타주의자"로 불리웠다. 번식에 실패한 개체는 자손을 남기지도 못하고 선택에 의해 선호되지도 않으므로 이 성군 선발법 설명(개체군이나 종에 작용하는 선택)은 틀렸다.

최근의 이타주의에 대한 연구에서는 겉보기에 이타주의적인 행동은 이기적일 수 있다고 말한다. 예를 들어, 둥지의 도우미는 대개 정착한 번식 개체들을 도우며 가치 있는 육아 경험을 얻을 수 있다. 이것은 그들이 번식할 때 이점을 줄 수도 있다. 더 나아가 그들은 스스로 번식할 수 있는 기회가 제한 되어 있을 수 있으며, 번식하는 짝 주변을 자주 드나들다가 정착했던 번식 개체들이 죽으면 그 영역을 물려 받기도 한다.

이타주의의 한가지 설명에서는 유전적으로 관련이 없는 개체들 끼리 이타주의적 행동의 상호 교환으로 두 참가자 모두 이익을 얻을 수 있는 "동맹"을 결성할 수도 있다고 제안한다. 동반자/파트너들은 도움을 주고서 미래에 필요할 때를 대비하여 선행에 대한 "상환"을 연기한다. 상호 이타성에서 "사기꾼"(상호적이지 않은 개체들)은 차별을 받고 다음에 도움을 받지 못하기 때문에 동맹은 안정적이다. 이 이론에 따르면 이타주의 행동이 상대적으로 저렴하다면 미래에 도움을 받지 않음으로 생길 수 있는 손실이 보답하지 않

그림 37.23 진실이 허구보다 이상하다: 뱀파이어 박쥐(*Desmodus rotundus*)의 상호 이타성. 흡혈 박쥐들은 큰 포유류의 피를 먹고 살지만, 사람으로 변해서 관 속에서 자진 않는다. 흡혈 박쥐들은 무리를 지어 살고 혈분을 공유한다. 그들은 과거에 피를 나누어준 박쥐를 기억하며 이전에 피를 나누었던 박쥐와 공유할 가능성이 높다. 사진 속 박쥐들은 브라질에서 소의 피를 먹고 있다.

음으로써 얻을 수 있는 작은 이익보다 훨씬 크다. 이러한 조건 아래 사기 행동은 선택으로 제거되어야 한다.

흡혈 박쥐는 속이 빈 나무, 동굴, 그리고 광산에서 8 에서 12 마리의 무리를 지어 둥지를 튼다(그림 37.23). 박쥐는 높은 대사율을 갖기 때문에 최근에 먹지 못한 개체는 죽을 수도 있다. 숙주를 찾은 박쥐는 엄청난 양의 피를 들이키기 때문에 배고픈 둥지 동료에게 조금 나누어 주는 것은 기증자에게 큰 에너지 소모가 되지 않는다. 흡혈 박쥐들은 굳이 친척 관계가 아닌 과거의 보답자와도 피를 나누기도 한다. 과거에 피를 얻은 박쥐가 다른 박쥐에게 피를 주지 않는다면, 그 개체는 앞으로의 피 나눔에서 제외될 것이다. 상호 이익/호혜주의는 많은 사람을 포함한 많은 영장류에서 일상적으로 나타난다.

혈연 선택 이론은 이타주의에 있어서 직접적인 유전적 이익을 제안한다

학습목표 37.8.2 혈연 선택과 포괄 적응도를 설명하라.

대단한 집단 유전학자인 J. B. S. 할데인은 한 출판물에서 두 형제 또는 8명의 사촌들을 위해 자신의 목숨을 내놓을 수 있다고 열정적으로 얘기했다.

진화론적으로 말하자면 할데인이 부모로 받은 각 대립유전자를 그의 형제들이 똑같이 받았을 가능성이 각자 50%이기 때문에 이 희생은 일리가 있다(그림 37.24). 통계적으로 할데인이 후대에 물려줄 수 있는 할데인의 대립유전자의 특정 조합만큼 두 형제들도 물려줄 수 있다고 예상된다. 비슷하게 할데인과 사촌은 그들의 대립유전자의 1/8을 공유할 것이다(그림 37.24 참조). 형제자매인 그들의 부모는 그들의 대립유전자의 절반을 공유할 것이고, 그들의 자식들은 그것의 반을 받게 될 것이다. 그리고 평균적으로 그것의 절반이 공통일 것이다: 1/2 × 1/2 × 1/2 = 1/8. 그러므로 8명의 사촌들은 할데인 자신이 후대에 물려줄 수 있는 만큼의 대립유전자를 물려줄 수 있을 것이다.

우리 시대의 가장 영향력 있는 진화 생물학자 중의 한명인 윌리엄 D. 해밀턴은 1964년에 이타주의의 친척 관련된 근원에 대한 가장 설득력 있는 설명을 내놓았다. 해밀턴은 할데인의 요점을 이해했다: 자연선택은 생명의 희생과 같이 개인의 대립유전자의 증식을 늘릴 수 있는 그런 행동을 선호할 것이다.

해밀턴은 도움/지원을 가까운 유전적 친척들에게 향하게 할 경우, 이타주의자는 자신의 적응도를 낮춘 것에 대해 보상 받을 뿐만 아니라 친척을 돕지 않고서는 불가능만큼 자신의 적응도를 높이면서 친척들의 번식 성공을 높일 수 있다고 수학적으로 밝혔다. 이타주의자의 행동이 친척들의 대립유전자의 증식을 늘리기 때문에 이는 자연선택에 의해 선호될 것이다. 친척을 향한 이타주의를 선호하는 선택을 혈연 선택이라고 한다. 이타주의적 행동에도 불구하고 유전자는 친척들에게 있는 같은 유전자의 복사본의 성공을 선호하도록 하기 때문에 유전자는 사실 "이기적으로 행동한다." 다르게 말해, 만약 한 개체가 이타주의를 초래하는 우성 대립유전자

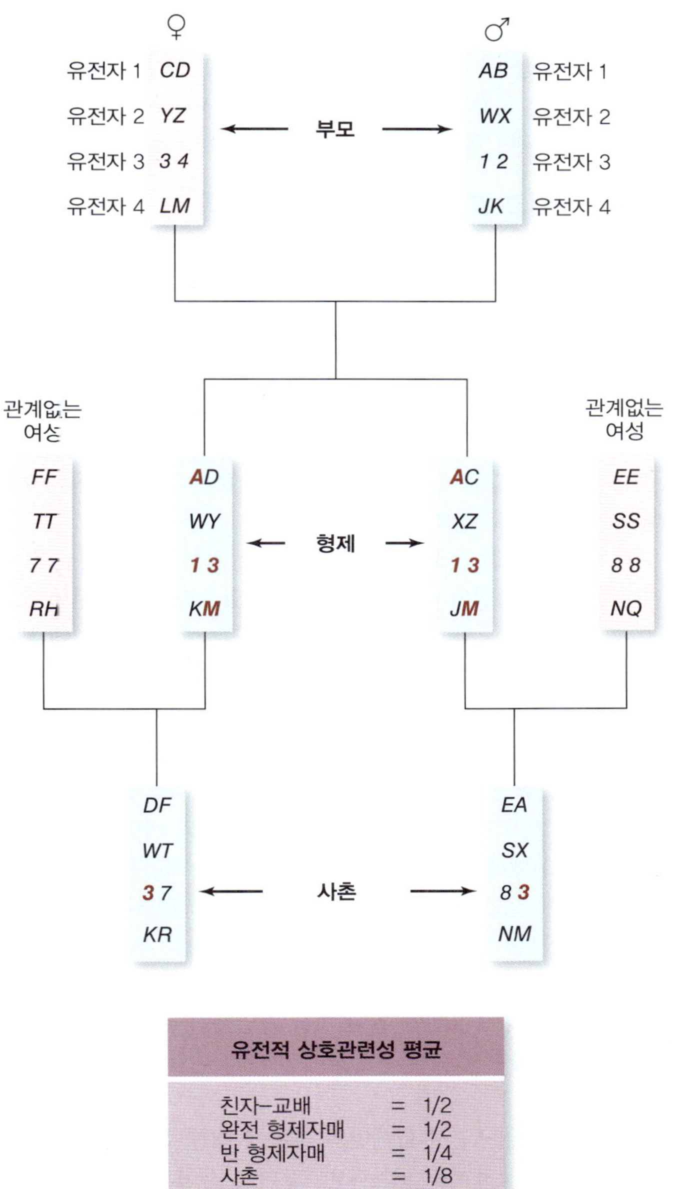

그림 37.24 유전적 관계의 가설 예. 평균적으로 완전 형제는 그들 대립유전자의 절반을 공유한다. 반대로, 사촌들은 평균적으로 오직 1/8만을 공유한다. 각 문자와 숫자는 다른 대립유전자를 나타낸다.

를 가진다면, 주체에게 해로울지언정 그 대립유전자의 빈도가 후대에 높아지도록 하는 행동이 선호될 것이다.

그리곤 해밀턴은 번식 성공을 새로운 개념으로 정의했다 - 포괄 적응도. 포괄 적응도는 직접적인 번식(개인의 적응도)와 간접적인 번식(친척들의 적응도)을 통해 새로운 유전자의 증식을 생각/고려한다. 해밀턴의 혈연 선택 모델은 이타주의가 가까운 친척들에게 향할 것이라고 예상한다. 두 개체가 밀접한 관계일수록 더 나은 잠재적 유전적 결실을 맺고 더 나은 포괄 적응도를 얻을 것이다. 이는 이타적 행동이 $rb > c$ 일 때 선호된다고 해밀턴의 규칙에 의해 묘사된다. 여기서 b와 c는 각각 이타적 행동의 이익과 손실이고, r

은 두 개체가 공통 조상을 통해 공유하는 대립유전자의 비율을 나타내는 근친 계수이다. 예를 들어, 유전자의 1/4(r = 0.25)을 공유하는 반 형제를 허용한다면, 5 혹은 더 많은 자식(b = 5)을 가지기 위해선 개인은 자식을 하나 덜 낳아야할 것이다(c = 1).

개미, 벌, 그리고 말벌의 반수성과 이타주의

유전적 상호관련성, 혈연 선택, 그리고 이타주의의 관계는 사회적 곤충을 예로 들어서 쉽게 이해할 수 있다. 꿀벌의 벌집은 유일한 알 생산자인 하나의 여왕벌과 비기능적 난소를 가진 암컷 일벌을 포함한 그녀의 수많은 자식들로 구성되어 있다(그림 37.25). 꿀벌은 진사회성이다("정말로" 사회적임): 그들의 사회는 일의 번식 분배(여왕벌만 번식함), 새끼 무리의 협력된 관리(일벌은 보살피고, 청소하고 먹이를 찾음), 그리고 세대의 겹침(여왕벌은 자신의 자손의 여러 세대와 지낸다)으로 정의된다.

다윈은 진사회성에 당황했다. 어떻게 자연선택이 자손을 남기지 않는 불임 일벌의 진화를 선호할 수 있을까? 혈연 선택 모델을 이용한 벌목(벌, 말벌, 그리고 개미)의 진사회성의 근원에 대한 설명은 해밀턴에게 남겨졌다. 이 곤충들에게 수컷이 반수체(수정되지 않은 알에서 만들어짐)이고 암컷이 2배체이다. 반수성이라 불리는 성 결정과 단위 생식의 체계는 군집 구성원들 사이의 흔치 않은 유전적 상호관련성으로 이어진다. 여왕벌이 한 수컷에 의해 수정이 되면 모든 암컷 자식들은 아버지로 부터 똑같은 대립유전자를 물려받을 것이다(왜냐하면 수컷은 반수체이고 각 대립유전자의 복사본을 하나씩만 갖고 있기 때문이다). 암컷 자식(일벌과 미래의 여왕벌)은 자기들 끼리도 평균적으로 여왕벌인 어미로 부터 받은 대립유전자의 절반을 공유한다. 따라서 그들은 평균적으로 대립유전자의 75% 각 자매와 공유하게 된다(이를 확인하기 위해서 그림 37.24를 다시 보되, 아버지는 각 유전자에 하나의 대립유전자만을 가지도록 한다).

이 부분을 읽으면서 할데인의 가족에 대한 헌신의 성명을 생각해보자. 일벌이 자식을 낳는다면, 그녀는 자식과 그녀의 대립유전자의 절반만을 공유할 것이다(다른 절반은 아버지로 부터 올 것이다). 그러므로 반수성으로 인한 가까운 유전적 상호관련성으로 인해 일벌은 어미를 도와 새 여왕벌이 될 수도 있고, 새 군집을 형성/시작할 수도 있고, 그리고 번식할 수도 있는 그녀의 자매들을 돌보고 자기 자신의 번식을 포기함으로써 자신의 대립유전자를 번식시킬 것이다.

이러한 방법으로 흔치 않은 반수배수성 체계가 진사회성의 진화를 위한 "유전적 바탕"을 설정 했을 수도 있다. 사실 진사회성은 벌 목에서 적어도 12번 별도로 진화했다. 하지만 이 이론의 한가지 유행형은 진사회성 체계가 다른 곤충(총채벌레, 바구미, 그리고 흰개미) 그리고 몇몇 포유류(벌거숭이 두더지쥐)에서 진화했다는 것이다. 총채벌레 또한 반수배수성이지만 흰개미와 벌거숭이 두더지쥐는 그렇지 않다. 그러므로 반수성이 진사회성의 진화를 가능하게 했을지라도 다른 요인 또한 사회 진화에 영향을 줄 수 있다.

혈연 선택의 다른 예

혈연 선택은 다른 동물들의 이타주의를 설명할 수도 있다. 벨딩의 얼룩다람쥐는 코요테나 오소리와 같은 포식자를 보면 경고 울음을 낸다. 포식자는 울음을 내는 다람쥐를 공격할 수 있으므로, 신호를 주는 것은 그 다람쥐를 위험에 처하게 한다. 얼룩다람쥐의 집단은 암컷과 그녀의 자식, 자매, 이모, 그리고 조카를 포함한다. 수컷은 성숙한 뒤에 태어난 곳으로 부터 멀리 흩어지기 때문에 집단에 속한 수컷은 암컷과 유전적으로 관련이 없다. 집단 내의 다람뒤의 털에 개별 염색 패턴으로 표시하고, 어떤 개체가 어떤 사회적 상황에서 울음소리를 내는지 기록함으로써 연구자들은 가까이에 친척이 있는 암컷들이 그렇지 않은 암컷들 보다 경고 울음을 내는 경향을 발견했다. 수컷은 대부분의 집단 구성원들과 연관이 없기에 예상할 수 있듯이 울음소리를 훨씬 덜 낸다.

100에서 200마리의 무리를 지어 아프리카의 강둑을 따라 서식

그림 37.25 꿀벌의 일의 번식 분배. 여왕벌(중앙)은 유일한 산란자이다. 딸들은 불임이다.

그림 37.26 흰목 벌잡이새(*Merops bullockoides*)의 혈연 선택. 벌잡이새들은 아프리카에서 큰 무리를 지어 곤충을 먹고 사는 새이다. 벌잡이새들은 다른 개체들의 육아를 돕는다: 도우미들은 대부분 가까운 친척을 돕기를 선택한다.

하는 흰목 벌잡이새(white-fronted bee-eater)에서 또다른 예를 볼 수 있다(그림 37.26). 얼룩다람쥐와는 다르게 벌잡이새 수컷은 주로 태어난 집단에 머무르고, 암컷이 새로운 집단에 참여하기 위해 흩어진다. 대부분의 벌잡이새는 자신의 자식을 키우지는 않는 대신 다른 개체들을 돕는다. 대부분의 도우미들은 어리지만, 둥지 틀기에 실패한 성숙한 새들도 도우미가 될 수 있다. 한 마리의 도우미가 있을 때, 살아남는 새끼의 수는 평균적으로 두 배가 된다. 증거의 두 줄이 혈연 선택이 도움을 주는 행동을 결정하는데 중요하다는 생각을 지지/지원한다. 첫째, 도우미들은 주로 군집의 다른 새들과 혈연 관계가 없는 암컷이 아닌 관계가 있는 수컷이다. 둘째, 새들이 다른 부모를 도울 수 있는 선택권이 있다면 그들은 반드시 가장 가까운 혈연 관계를 골랐다.

개념 정리 37.8

유전적 그리고 생태적 요인들은 이타주의의 진화에 기여했다. 협동적인 행동이 보상을 받는다면 개체들은 직접적인 혜택을 받을 수 있다. 혈연 선택은 대립유전자를 공유하는 친척들에게 이타적인 행동을 향하게 하는 것이 어떻게 개인의 포괄 적응도를 높일 수 있는지 설명해 준다. 반수성은 몇몇 곤충 사이에서 유전적 상호관련성을 높임으로써 진사회성을 야기했다.

- 원숭이 무리에서 나이가 많은 구성원이 포식자가 나타났을 때 아기를 구하는 것을 보았다. 이 이타적 행동이 호혜인지 혈연 선택인지 어떻게 알 수 있을까?

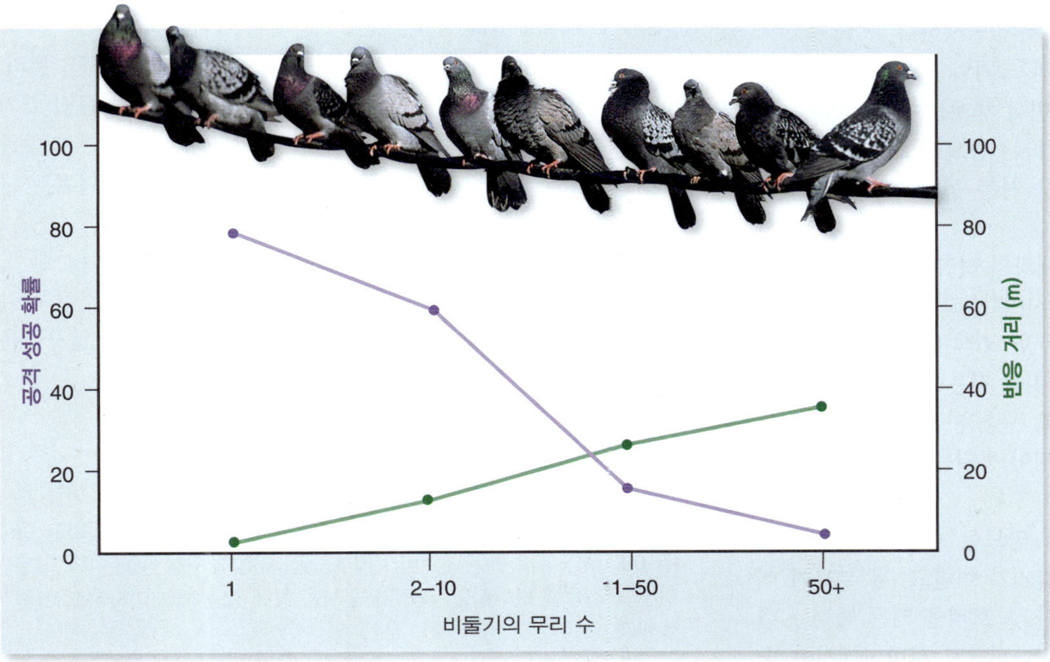

37.9 집단 생활은 곤충과 척추동물 모두에서 진화했다

자포 동물의 생물들과 곤충에서 부터 어류, 고래, 침팬지, 그리고 인간은 사회적 집단 안에서 산다. 사회적 현상의 다양함을 둘러싸기 위해 우리는 사회를 협동 방식으로 조직화 된 같은 종의 생물들의 집단이라고 대략적으로 정의할 수 있다.

곤충 사회는 전문화된 계급을 가진 효율적인 군집을 이룬다

학습목표 37.9.1 단체 생활에서의 가능한 이점을 설명하라.

왜 몇몇 종의 개체들은 집단의 구성원이 되기 위해 개인 생활을 포기했을까? 한 가설은 단체 내의 개인은 집단 생활을 통해 직접적인 혜택을 받는다는 것이다. 예를 들어 무리 속의 새는 포식자로 부터 더 보호를 받는다. 무리의 크기가 커질 수록 포식자를 감시하기 위해 주변을 살피는 개체가 많아지기 때문에 포식의 위험은 줄어든다(그림 37.27).

무리의 다른 구성원에게서 새로운, 풍부한 먹이 자원의 위치에 대한 정보를 얻게 된다면 무리의 구성원은 섭이 성공률을 높일 수도 있다. 몇몇 포식자들에게는 무리 지어 사냥함으로써 사냥 성공률을 높이고 혼자서 잡기엔 큰 먹이를 같이 잡을 수 있다.

우리는 앞서 벌 목(개미, 벌, 말벌)의 진사회성의 근원에 대해 얘기해보았다. 모든 흰개미(흰개미 목)와 몇몇 곤충과 절지 동물 종류 또한 진사회성이다. 사회적 곤충 군집은 번식 능력, 크기, 그리고 형태의 차이가 있고 각각 다른 임무를 수행하는 개체의 집단인 castes(계급/카스트)로 형성되어 있다. 일꾼들은 새끼를 돌보고, 보금자리를 유지하고, 먹이를 구한다; 병사들은 크고 수비에 특화된 강력한 턱을 가졌다.

곤충 사회의 구조는 많게는 몇백만 마리 까지 모여 군집을 형성하는 절엽 개미(leaf-cutter)가 설명할 수 있다. 이 개미들은 잎을 잘라 지하에서 곰팡이의 농작에 쓴다. 일꾼들은 몸집 크기에 따라 절엽, 수비, 곰팡이 정원의 피복, 그리고 곰팡이 균사 심기 등의 일을 나눈다(그림 37.28).

그림 37.27 무리짓기는 포식을 줄인다. 무리 속에 더 많은 비둘기가 있을 수록 멀리서도 매를 발견할 수 있고 달아나는 시간을 벌 수 있다. 결과적으로, 비둘기 무리의 크기가 클 수록, 매는 비둘기 사냥에 덜 성공적이다.

그림 37.28 **개미의 계급.** 절엽 개미들은 다양한 계급의 구성원이다. 큰 개미는 잎을 둥지로 가져가는 일꾼이고, 작은 개미는 일꾼을 보호한다.

그림 37.29 **섭식과 포식자 회피.** 임무 수행 중인 보초병 미어캣. 미어캣(*Suricata suricata*)은 칼라하리 사막의 반건조 기후의 모래에서 서식하는 사향고양잇과의 매우 사회적인 종이다. 미어캣은 포식자를 망 보는 역할을 번갈아가며 한다. 그들의 경계의 안전 아래, 다른 구성원들은 섭식에 집중할 수 있다.

척추동물의 사회는 엄격하게 조직화되어 있지 않다

학습목표 37.9.2 척추동물과 곤충 사회의 성질을 비교하시오.

매우 정교하고 통합적인 곤충 사회와 그들의 이타주의의 놀라운 방식과는 다르게 척추동물의 사회 집단은 덜 엄격하게 조직화 되어 있고 덜 화합적이다. 척추동물이 일반적으로 곤충보다 덜 애타적이라는 점(인간은 예외다)은 역설적으로 보인다. 호혜주의와 혈연 선택적 이타주의는 척추동물 사회에서 흔하지만, 집단 구성원 간의 마찰/대립이 더 잦다. 마찰/대립은 주로 먹이와 배우자에 대한 접근에 초점이 맞춰지고, 척추동물의 사회가 자기 자신의 적응도를 높이고자 하는 개인들로 만들어졌기 때문에 발생한다.

척추동물의 사회 집단은 구성원의 크기와 안정성, 번식하는 수컷과 암컷의 수, 그리고 특정 종의 번식 체계 특성의 종류를 갖는다. 식성과 포식은 사회 집단을 구성하는 중요한 요인이다. 예를 들어 미어캣은 다른 구성원들이 먹이를 찾는 동안 교대로 포식자를 경계한다(그림 37.29).

식물로 둥지를 짓는 아프리카 멧새과의 멋장이새는 생태와 사회 단체 사이의 관계를 잘 나타내는 예시이다. 그 중 90 여 종은 사회 조직의 종류에 따라 나눠질 수 있다. 한 조직은 숲 속에 살며 보호색을 띄고 혼자만의(혼자 떨어진) 둥지를 짓는다. 수컷과 암컷은 일부일처이다; 어린 새끼를 먹이기 위해 곤충을 잡으러 다닌다. 두 번째 조직은 사바나의 나무에 무리를 지어 둥지를 튼다. 그들은 일부다처이며 무리를 지어 씨앗을 먹는다

이 두 조직의 섭이와 보금자리를 만드는 습관은 번식 체계와 연관이 있다. 숲 속에서는 곤충을 찾기가 어렵고, 두 부모가 어린 새끼를 먹이는데 협력을 해야만 한다. 보호색을 띄는 둥지는 새끼들에게 포식자의 주의를 끌지 않는다. 개방된 사바나에서는 숨은 둥지를 짓는 것은 선택사항이 아니다. 사바나에 거주하는 멧새과의 멋장이새는 흔치 않은 나무에 둥지를 틈으로써 포식자로부터 새끼를 보호한다. 안전한 보금자리의 부족은 새들을 다함께 무리 지어 둥지를 만들게 한다. 씨는 풍부하기 때문에 암컷은 수컷의 도움 없이 새끼를 키우기 위한 먹이를 혼자 획득할 수 있다. 육아의 의무로 부터 자유로운 수컷은 많은 암컷과 교미/짝짓기 하며 시간을 보낸다 - 일부다처제.

척추동물의 사회가 곤충의 사회 처럼 체계화 되어 있지 않다는 일반적인 원칙의 예외로 동아프리카 근처에 사는 작고 털이 없는 벌거숭이 두더지쥐를 들 수 있다. 혼자 살거나 작은 가족 단위로 생활하는 다른 두더지쥐와는 다르게 벌거숭이 두더지쥐는 광범위한 굴과 중앙의 둥지 영역을 갖는 거대한 지하 군집을 이룬다. 군집이 80 개체를 포함하는 것은 드문 일이 아니다.

벌거숭이 두더지쥐는 끊임 없이 굴을 파면서 찾은 구근, 뿌리, 그리고 덩이줄기를 먹고 산다. 곤충 사회에서 처럼 그들 몸집 크기에 따라 몇몇은 굴을 파는 역할을 하고 나머지는 각기 다른 역할을 수행하며 군집 구성원 사이에서 임무를 나눈다. 큰 두더지쥐는 군집을 지키고 굴을 판다.

벌거숭이 두더지쥐는 진사회성 곤충과 관련된 것과 유사한 노동의 번식 분배를 갖는다. "여왕"이라 불리는 하나의 암컷이 하나 또는 두 배우자와 모든 번식을 담당한다. 암컷 또는 수컷 일꾼들은 굴을 깨끗이 하고 먹이를 채집한다.

개념 정리 37.9

단체 생활의 장점은 포식자로부터의 보호와 섭이 성공률의 증가를 포함한다. 진사회성 곤충은 군집의 적응도를 높일 수 있는 복잡하고 아주 이타적인 사회를 구성한다. 척추동물 사회의 구성원들은 더 많은 마찰과 경쟁을 보이지만, 특히나 친척을 향해 협동하고 이타적으로 행동한다.

■ 친척을 향한 이타주의는 왜 이기적인 행동으로 여겨지는가?

게는 현명하게 먹는가?

많은 행동 생태학자들은 동물들이 일명 최적의 섭식 행동을 보인다고 주장한다. 이는 동물이 먹이를 찾아 나선다는 것은 먹이의 에너지 함유량과 먹이 획득의 비용의 트레이드오프(균형)이 존재하기 때문에 진화는 이 균형을 최적화 할 수 있는 섭식 행동을 선호해야 한다는 것이다.

다 맞는 말이지만, 동물이 실제로 그렇게 할지는 불투명하다. 이 최적의 섭식에 대한 접근은 에너지 섭취량을 극대화 함으로써 번식 성공률을 높일 것이라는 중요한 추정을 하고 있다. 이는 몇몇 경우에선 분명히 사실이다. 이 장의 초반에 얘기했듯이, 연구자들은 순 에너지 섭취량과 성공적으로 키워낸 자식의 수 사이의 관계를 얼룩 다람쥐, 금화조, 그리고 황금눈 뜨개 거미에서 발견하였다.

하지만 동물들은 에너지 외에 다른 욕구/요구가 있으며 가끔은 이 욕구/요구가 충돌을 일으킨다. 많은 동물들에게 중요한 한 가지 "다른 욕구/요구"는 포식자를 피하는 것이다. 먹이를 조금 더 먹다가 자기 자신이 잡아먹힐 가능성이 매우 높아진다면 그 음식을 조금 더 먹으려 하는 것은 말이 되지 않는다. 종종 에너지 섭취량을 극대화 하는 행동은 포식 확률을 높인다. 게는 바닷가의 홍합을 찾아나섬으로써 포식성의 갈매기와 그외 다른 바닷가의 새들의 약탈/침략에 자신을 노출시킨다. 따라서, 적응도를 극대화 하는 행동은 가장 낮은 포식 가능성으로 최대한의 에너지를 얻는 트레이드오프/균형을 반영할 것이다. 놀랍지 않게도 다양한 동물들은 포식자가 있을 때 더 조심스러운 섭식 행동을 보인다 - 덜 활동적이고 피신처 가까이에 머무르면서 말이다.

그럼 게는 무엇을 할까? 조사원은 이론이 예상하는 대로 가장 많은 에너지를 공급하는 홍합을 먹는지 지켜보았다. 바닷가에는 길이가 10mm 보다 작으면서 게가 열기는 쉽지만 가장 적은 에너지를 함유한 홍합 부터 30mm 보다 크고 가장 많은 에너지를 공급하지만 비집어 열기엔 훨씬 많은 에너지가 요구되는 큰 홍합 까지 다양한 크기의 홍합이 있었다. 그래프에 파란색 곡선으로 표시했듯이, 가장 많은 순 에너지를 얻기 위해 최적의 접근법은 22mm 정도의 중간 크기의 홍합을 먹는 것이다. 게들이 실제로 이렇게 할까? 이를 알아보기 위해 연구자는 바닷가의 게 집단이 매일 먹는 홍합의 크기를 관찰하였다. 실제로 섭취한 각 크기의 홍합의 갯수는 빨간색 막대 그래프로 나타냈다.

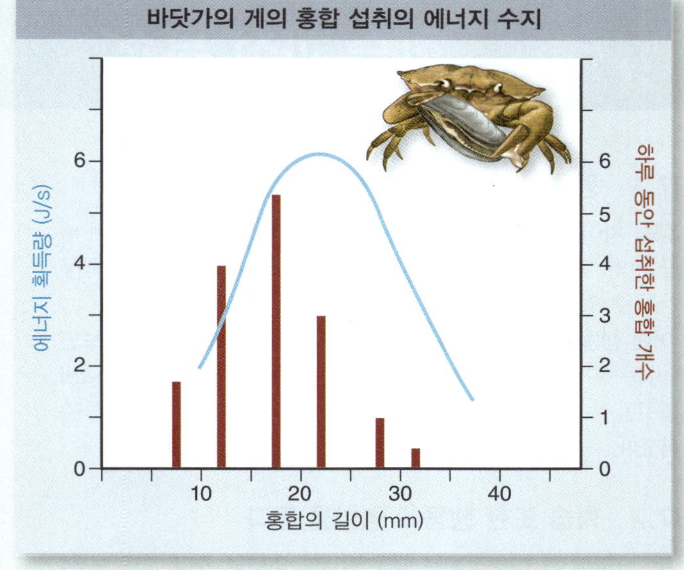

분석

1. **개념 적용** 곡선 그래프의 종속 변수는 무엇인가? 막대 그래프에선?
2. **추론**
   a. 게가 먹기에 에너지적으로 가장 최적의 홍합 사이즈(mm)는 무엇인가?
   b. 어떤 크기(mm)의 홍합이 가장 많이 먹혔는가?
3. **결론 도출** 내기 바닷 게는 가장 많은 에너지를 공급하는 홍합을 먹는 경향이 있는가?
4. **추가 분석** 어떤 요인이 최대한의 에너지 섭취를 위한 최적의 길이와 관련하여 최고의 먹이 길이의 근소한 차이에 책임이 있을까?

학습 과정 복습

개념 37.1 동물의 유전자가 행동에 영향을 미친다

37.1.1 행동 차이는 유전자 차이와 관련이 있다 빠르게 혹은 느리게 배우는 쥐를 여러 세대에 걸쳐 교배하면, 유전적으로 차이가 있는 두 행동 집단을 만들 수 있다.

37.1.2 어떤 행동들은 하나의 유전자에 의해서만 조절되는 것처럼 보인다 유전자는 신경계의 기능에 영향을 주는 분자 인자를 생산함으로써 행동을 조절할 수 있다. 이러한 인자를 바꾸는 변이는 행동에 영향을 준다고 밝혀졌다.

개념 37.2 학습 또한 행동에 영향을 준다

37.2.1 부모-자식 간 상호작용은 행동 발달에 영향을 준다 각인에 있어서 어린 동물들은 다른 개체들에게 애착을 형성하거나 나중의 행동에 영향을 주는 선호성을 개발한다.

37.2.2 쌍둥이 연구는 인간 행동에 있어서 유전자와 환경의 역할을 드러낸다 일란성 쌍둥이의 행동과 성격은 이란성 쌍둥이 보다 더 비슷하다.

개념 37.3 생각은 동물들의 행동을 지배한다

37.3.1 여러 실험에 동물의 인지 행동이 관찰되었다 몇몇 동물들은 인지 행동과 추론 능력을 보인다.

개념 37.4 이주는 본능이자 학습된 행동이다

37.4.1 이주는 흔히 장거리를 이동하는 개체군에서 관찰된다

37.4.2 이주하는 동물들은 정위(orientation)과 항로 결정(navigation)이 가능해야 한다 정위는 동물들이 환경의 신호를 따라 움직이는 기제/메카니즘이다. 항로 결정은 어떠한 "지도"와 정위에 따른 경로를 따르는 것이다.

개념 37.5 동물의 의사소통은 생태적 그리고 사회적 행동에 중요한 역할을 한다

37.5.1 성공적인 번식은 적절한 신호와 응답이 있어야 가능하다 구애 신호는 종 특이적이며 생식 격리를 보장해준다.

37.5.2 의사소통은 집단 구성원 간 정보 공유를 가능하게 한다 꿀벌과 같이 사회 집단 내에서 사는 동물들은 먹이와 포식자에 대한 정보를 주고 받기 위해 의사소통의 복잡한 체계를 사용한다.

개념 37.6 자연선택은 행동을 형성시킨다

37.6.1 행동생태학은 행동이 적응적으로 얼마나 중요한가를 찾는 과학이다 행동 생태학은 어떻게 행동이 생존과 번식 성공에 영향을 주는지를 연구한다.

37.6.2 섭식 행동(foraging behavior)은 에너지 섭취와 개인 적응도에 직접적으로 영향을 줄 수 있다 자연선택은 에너지 획득(비용)이 최소화되고 번식 성공(이익)이 최대화 되는 최적의 섭식 전략을 선호한다.

37.6.3 세력권행동은 영역 소유의 이익이 비용을 넘을 때 진화한다 영역 수비는 에너지 획득과 호식자 회피를 비용과 이익에 비교함으로써 경제 용어로 분석될 수 있다.

개념 37.7 행동 전략은 번식성공을 극대화하도록 진화했다

37.7.1 수컷과 암컷은 다른 번식 전략을 갖는다 한 성은 다른 성 보다 까다롭게 선택할 수 있고, 어떤 쪽이 까다로운 지는 부모 투자의 정도에 따른다.

37.7.2 성선택은 동료 경쟁과 배우자 선택을 통해 발생한다 성 내 선택은 같은 성의 구성원 끼리의 경쟁을 포함한다. 성 간 선택은 배우자의 적극적인 선택을 포함한다. 배우자 선택은 직접 또는 간접적인 이익을 제공할 수 있다.

37.7.3 교배 양식은 자식을 돌볼 수 있는 부모의 능력을 반영한다 교배 양식은 일부일처제, 일부다처제, 그리고 일처다부제를 포함한다; 이는 생태에 영향을 받는다.

개념 37.8 어떤 행동들은 다른 개체들의 이익을 위해 적응도를 감소시킨다

37.8.1 호혜주의 이론은 관계없는 개체 간의 이타주의를 설명할 수 있다 상호 교환은 양쪽 참가자 모두에게 이익을 준다; 보답하지 않는 참가자는 앞으로 도움을 받을 수 없을 것이다.

37.8.2 혈연 선택 이론은 이타주의에 있어서 직접적인 유전적 이익을 제안한다 혈연 선택은 친척의 번식 성공률을 높임으로써 공통된 대립유전자의 빈도를 높이고, 따라서 개인의 포괄 적응도를 향상시킨다. 개미, 벌, 그리고 말벌은 반수배수성 번식을 하며, 따라서 유전자 공유의 높은 수준을 갖는다.

개념 37.9 집단 생활은 곤충과 척추동물 모두에서 진화했다

37.9.1 곤충 사회는 전문화된 계급을 가진 효율적인 군집을 이룬다 사회 체계는 협동적인 방식으로 조직된 집단이다. 사회적인 곤충 사회는 전문화된 역할의 계급(카스트)으로 이루어져 있다.

37.9.2 척추동물의 사회는 엄격하게 조직화되어 있지 않다 척추동물의 사회 체계는 먹이 여부와 포식의 위험에 영향을 받는 구조로 곤충 사회보다 덜 엄격하게 조직화 되었고 덜 화합한다.

학습 과정 평가

개념 37.1 동물의 유전자가 행동에 영향을 미친다

이해

1. 장애가 있는 *fosB* 대립유전자를 가진 암컷 쥐의 모성 행동
   a. 정상이다. b. 감소한다.
   c. 없다. d. 증가한다.
2. 프레리 들쥐에서 높은 옥시토신과 바소프레신 수준은 무엇을 유발하는가?
   a. 암수 결합 b. 높은 수준의 부모 보살핌
   c. 난교 d. 유아살해

응용

1. 쥐의 미로 학습에 대한 연구(그림 37.1)에서, 7번째 세대 부터 미로 학습 능력과 상관없이 짝짓기를 하도록 하였다면 어떻게 되었을까?

종합

1. 전쟁은 인간들 사이에 잦기 때문에 우리 종의 기본 행동으로 취급되어야 한다. 이는 다른 동물 집단에서는 보이지 않는다(몇몇 영장류를 제외). 이 행동에 유전적 바탕이 있을까? 그러하다면, 그 행동의 진화는 왜 자연선택에 의해 선호되었을까?

개념 37.2 학습 또한 행동에 영향을 준다

이해

1. 자식의 각인에서
   a. 자식은 형제자매에게 애착을 형성한다.
   b. 부모는 그들의 부모에게 애착을 형성한다.
   c. 자식은 부모에게 애착을 형성한다.
   d. 위의 예 중에 없다.

응용

1. 같이 자란 일란성 쌍둥이와 따로 자란 일란성 쌍둥이를 비교해볼 때 행동과 성격에서의 유사성은 무엇을 말해주는가?
   a. 어른 행동을 결정 짓는데 있어서 형제자매로부터 배우는 것이 중요하다.
   b. 환경은 어른 행동을 결정 짓는데 아무런 역할을 하지 않는다.
   c. 인간 행동은 중요한 유전적 요소를 가진다.
   d. 행동은 발육상으로 결정된다.

종합

1. 무는 벌레는 종종 검은색과 노란색을 띠며 결과적으로 포식자에 의해 먹히지 않는다. 포식자가 선천적으로 이런 식의 색을 띠는 벌레를 피하는지, 아니면 학습을 통해 피하는지 어떻게 알 수 있을까?

개념 37.3 생각은 동물들의 행동을 지배한다

이해

1. 다음 중 인지 행동의 예가 아닌 것은?
   a. 전복을 깨기 위해 제일 좋아하는 돌을 간직하는 해달.
   b. 흰개미를 채취하기 위해 갈대로 가는 도구를 만드는 침팬지.
   c. 어딜 가든 엄마를 따라다니는 거위 새끼.
   d. 감자를 먹기 전에 감자에 묻은 모래를 씻어내는 마카크(아프리카 · 아시아산 원숭이의 하나).

응용

1. 바나나에 다가가는 것(그림 37.6)과 같이 침팬지가 문제를 해결하는 것과 당신이 똑같은 문제를 해결하는 것의 차이는
   a. 어느 인간이던 훨씬 빨리 해결할 것이다.
   b. 당신/인간은 다르게 해결할 것이다.
   c. 당신/인간은 해결할 수 없을 것이다.
   d.(차이는) 없다.

종합

1. 문어가 인지가 가능한지 확인할 수 있는 실험을 디자인하라. 관찰된 행동이 단순히 본능이 아니라고 어떻게 확신할 수 있을까?

개념 37.4 이주는 본능이자 학습된 행동이다

이해

1. 동물들의 이주는
   a. 타고난 안내를 이용한다. b. 별자리 단서를 이용한다.
   c. 어른으로 부터 배웠다. d. 위 모든 것.

응용

1. A라는 새의 종은 동-서로 이주하며 정확한 항로 결정으로 길을 찾는다. 그 중 한마리가 이주의 절반 지점에서 포획되어 원래의 이주 방향에서 남쪽으로 200km 옮겨졌다. 이 새의 새로운 이주 방향은 무엇일까?
   a. 북쪽 b. 서쪽
   c. 북서쪽 d. 남서쪽

종합

1. 1997년에 프랑스부터 영국 해협을 지나 영국까지의 주요 비둘기 경주는 초장파 소리(초저주파 불가청음이라고 불림)를 없애버린 음파의 Concorde 초음속 제트 여객기의 음속 폭음으로 방해받았다. 5만 마리가 넘는 비둘기가 방향 감각을 잃고 길을 잃었다. 새들은 어떻게 초저주파 불가청음을 이용하여 길을 찾을까?

개념 37.5 동물의 의사소통은 생태적 그리고 사회적 행동에 중요한 역할을 한다

이해

1. 구애 신호의 종 특이성은 무엇에서 역할을 할까?
   a. 생식 격리 b. 이타적 경고 울음
   c. 혈연 선택 d. 호혜

응용

1. 구애 의사소통에서
   a. 신호 그 자체는 항상 종 특이적이다.
   b. 신호는 종 정체성을 전달한다.
   c. 자극-반응 일련을 포함한다.
   d. 오직 수컷만이 구애 신호를 만든다.

종합

1. 벌집을 90도 회전시킨다면, 벌들이 먹이를 찾아 벌집 밖으로 나갈 때 엉뚱한 방향으로 갈까? 설명하라.

개념 37.6 자연선택은 행동을 형성시킨다

이해

1. 행동 생태학의 분야는 어떤 질문을 하나?
   a. 행동은 유전이 되나?
   b. 행동은 적응적인가?
   c. 행동은 경험에 의해 변하나?
   d. 행동은 발육상으로 결정되나?
2. 세력권 행동은 어떨 때 진화할까?
   a. 자원이 아주 부족할 때.
   b. 자원이 매우 풍부할 때.
   c. 종이 일부일처일 때.
   d. 수비/방어의 비용이 얻어지는 에너지 이득보다 적을 때.

응용

1. 최적의 섭식 이론에 따르면
   a. 개인은 시간 단위 당 에너지 섭취를 최소화한다.
   b. 먹이의 에너지 함유량이 섭식자의 먹이선택에 있어서 유일한 결정 요인이다.
   c. 먹이 포획에 걸리는 시간이 섭식자의 먹이선택에 있어서 유일한 결정 요인이다.
   d. 포획에 시간이 많이 걸릴 경우, 높은 에너지를 함유한 먹이는 낮은 에너지를 함유한 먹이보다 가치가 떨어진다.

종합

1. 매와 그외 포식성 새가 홀로 사냥하는 반면, 제비는 종종 무리 지어 사냥을 한다. 이 차이에 대한 설명을 제시하라.

개념 37.7 행동 전략은 번식성공을 극대화하도록 진화했다

이해

1. 공작새 수컷의 정교한 꼬리 깃털은 왜 진화했는가?
   a. 수컷과 암컷의 번식 성공을 향상시키기 때문에.
   b. 수컷의 생존을 향상시키기 때문에.
   c. 생존을 감소시키기 때문에.
   d. 위의 예 중에 없다.

응용

1. 모르몬 귀뚜라미 쌍에서 수컷이 큰 암컷을 고름으로써 배우자 선택을 한다(그림 37.19 참고). 만약 암컷이 배우자 선택을 했다면, 큰 수컷을 선택하는 것은
   a. 적응도를 높일 것이다.
   b. 적응도를 낮출 것이다.
   c. 적응도에 아무런 영향을 주지 않을 것이다.
   d. 더 이상의 정보 없이는 알 수 없는 방식으로 적응도에 영향을 줄 것이다.

종합

1. 왜 많은 척추동물의 번식 집단이 하나의 암컷과 여러 수컷이 아닌, 하나의 수컷과 여러 암컷으로 이루어졌는지 진화적 이유를 제시하라.

개념 37.8 어떤 행동들은 다른 개체들의 이익을 위해 적응도를 감소시킨다

이해

1. 개인의 사리사욕이 아닌 집단의 이익을 추구하는 행동은?
   a. 공격적인 행동 b. 이타적인 행동
   c. 협동적인 행동 d. 자발적인 행동
1. 혈연 선택에 따르면, 당신의 _____의 생명을 구하는 것이 당신의 포괄 적응도를 높이는데 최소한의 역할만을 할 것이다.
   a. 어머니 b. 남자 형제
   c. 시누이 d. 조카

응용

1. 이타주의는
   a. 오직 호혜를 통해 가능하다.
   b. 오직 혈연 선택을 통해 가능하다.
   c. 오직 집단 선택을 통해 설명이 가능하다.
   d. 오직 특정 행동이의 적응도 이익이 비용 보다 클 때만 발생한다.
2. 찰리의 엄마의 여동생은 찰리가 태어난 날에 리차드라고 이름 지은 아들을 낳았다. 찰리와 리차드는 그들의 대립유전자의 _____을(를) 공유한다.
   a. 절반 b. 1/8 c. 1/6 d. 1/4
3. 성 결정의 반수성 체계에서 수컷은
   a. 반수체이다.
   b. 2배체이다.
   c. 불임이다.
   d. 벌은 단일 성(sex) 집단으로 존재하기 때문에 존재하지 않는다.

종합

1. 이타적 행동은 주체의 희생으로 한 개체가 이익을 보는 것으로 정의된다. 이러한 행동이 어떻게 진화하는데에 두가지 이론이 있다: 호혜와 혈연 선택. 현장 조사/필드 연구에서 이 둘을 어떻게 구분할 수 있을까?

개념 37.9 집단 생활은 곤충과 척추동물 모두에서 진화했다

이해

1. 벌거숭이 두더지쥐의 군집은 왜 척추동물 사회에서 특이할까?
   a. 일꾼이 소수의 수컷에 도전하지 않고 번식 권리를 포기했기 때문.
   b. 일꾼이 번식 권리를 위해 경쟁하기 때문.
   c. 일꾼이 번식 권리를 공유하기 때문.
   d. 암컷이 구애 신호에 따라 번식 수컷을 고르기 때문.

응용

1. 어떤 요인이 멧새과의 멋장이새의 사회적 집단에 영향을 주었을까?
   a. 자식 경쟁 b. 포식과 먹이 종류
   c. 포식 d. 혈연 선택

종합

1. 특정 절엽 개미의 카스트(계급)가 유전적으로 결정 되었는지 어떻게 알아낼 수 있을까?

38 개체와 개체군의 생태학

학습과정

서론

생태학이란 생명체들이 다른 생명체들과 또는 환경과 상호작용하는 방식을 연구하는 학문으로 매우 흥미로우며 우리 인간의 생활에도 무척 중요한 정보를 제공한다. 생태학적 원리를 파악하기 위해 가장 먼저 알아야 할 것은 어떻게 생물들이 주위에 있는 무생물 환경에 반응하며 이러한 반응들은 어떻게 개체군의 특성이나 변화에 영향을 미치는가 하는 것이다. 39장에서는 공존하는 여러 종들이 군집을 이루는 과정에 대해 공부할 것이다. 그리고 40장에서는 전체 생물계에 대한 학습과 보전생물학에 대한 고찰할 것이다.

그림 38.1 데블스홀(Devil's Hole pupfish)이라고 하는 작은 물고기. 세계에서 가장 적은 서식 범위를 가지고 있는 척추동물로 알려져 있다.

38.1 개체군은 동일 지역에 사는 같은 종의 무리를 일컫는다

생물체는 동일한 시간과 공간에 있는 같은 종의 무리인 개체군의 한 구성원으로 살아간다. 이 장에서는 개체군의 특성을 개체군의 성장과 축소가 얼마나 빠르게 어떤 영향으로 벌어지는지 등에 관한 내용에 초점을 두고 이야기하고자 한다. 지난 세기 동안 전 세계 인간 개체군의 성장 역시 이러한 학습 내용의 한 부분이 될 것이다.

개체군의 지리적 분포를 서식 범위라고 한다

학습목표 38.1.1 한 종의 지리적 서식 범위가 시간에 따라 어떻게 변하는지 설명할 수 있다.

개체군(*populations*)이란 용어는 좁게 또는 포괄적으로도 정의될 수 있다 이러한 유연성 덕분에 세계에 있는 모든 인간 개체군, 흰개미 장내 미생물 개체군, 하나의 숲 속에 서식하는 사슴 개체군 같이 다양하게 적용 가능하다. 격리된 산중호수에 사는 송어 무리처럼 뚜렷한 경계를 가지는 개체군도 있고, 옥수수 밭으로 나누어진 두 숲에 서식하는 사슴의 두 무리에게 각각 개체군이라는 용어를 붙일 수는 있지만 이 두 숲을 사슴들이 별 어려움 없이 오가는 경우처럼 개체군의 경계가 모호한 경우도 적지 않다.

개체군 생태학에서는 다음의 3가지 특징이 특히 중요하다: (1) 개체군의 서식 범위, 즉 하나의 개체군이 출현하는 지역; (2) 개체군의 서식 범위 내 개체들이 지역을 점유하고 이용하는 방식; (3) 시간의 흐름에 따른 개체군의 크기 변화.

모든 종류의 서식처에서 나타나는 개체군은 없다. 이는 인간의 경우도 마찬가지이다. 대부분의 종들은 다소 제한된 범위에서 서식하며, 몇몇 종들은 그 서식 범위가 무시할 수 있을 만큼이나 무척 적다. 데블스홀(Devil's Hole pupfish)이라고 하는 작은 물고기는 미국 네바다주의 작은 옹달샘에만 서식하는 무척 희귀한 종이다(그림 38.1). 소코로(Socorro, *Thermosphaeroma thermophilus*)라고 하는 작은 등각류(isopod)도 미국 뉴멕시코주의 작은 샘에서만 나타나는 종이다. 하지만 전 서식 범위가 극단적으로 넓은 예도 있다. 예를 들면 돌고래(coomon dolphin, *Delphinus delphis*) 같은 종류는 전 세계 어느 바다에서나 볼 수 있다.

앞에서도 언급하였지만 생물체들은 자기가 서식하는 환경에 적응되어 있어야 한다. 북극곰은 북극의 추운 기후에서 생존할 수 있도록 적응되어 있지만 열대우림에서는 살 수 없다. 옐로우스톤 국립공원의 간헐천 뜨거운 물에서 사는 원핵생물들이 온도가 낮은 하천에 살 수 없는 것과 같은 이치이다. 각각의 집단들은 자신들이 생존하고 번식하기 위해 필요한 조건이 있는데 이 조건을 만족하지 못하는 지역에서는 살지 못하는 것이다.

개체군의 서식 범위는 팽창과 수축을 반복한다

개체군의 범위는 정적이지 않고 시간에 따라 변화한다. 이 변화를 일으키는 요인은 2가지이다. 환경의 변화가 첫 번째의 요인인데, 마지막 빙하기 이후 빙하가 수축되는 시기였던 약 만년 전 많은 북미 식물과 동물 개체군들이 북쪽으로 자신의 범위를 확장시켰다. 동시에 날씨가 따뜻해지면서 개체군들은 자신들이 살기 가장 적합한 고도로 이동하였다(그림 38.2).

또한 개체군들은 서식하고 있는 지역에서 더 이상 적절한 이득을 얻을 수 없을 때, 적당하지만 비어 있는 공간을 찾아 이동하기도 한다. 아프리카가 원산인 붉은 백로(cattle egret, *Bubulcus ibis*)를 예로 들 수 있다. 1800년대 이 종이 남미의 북부지역에 나타났는데, 튼튼한 날개 덕에 3500km를 비행하여 대서양을 건너 새로운 지역에 정착한 것이다. 이 종은 점차 그 영역을 확대하였고, 최근에는 미국 전지역에서 발견되고 있다(그림 38.3).

인간의 영향

끊임없이 환경을 변화시키는 인간 덕분에 다른 생물 개체군들의 범위가 확장되거나 개체군의 범위가 움직이는 그런 현상이 나타나고 있다. 인간은 현대 개체군 범위 이동의 주범이다. 인간에 의해 옮겨진 개체들이 대량 번식하여, 마치 자신이 오래 전부터 그 지역의 주인이었던 것처럼 행세하는 생물들도 적지 않다. 예를 들면, 세익스피어가 언급했던 모든 새들이 도시에 있어야 한다는 허황된 생각에 사람들이 1896년 뉴욕에 100마리의 찌르레기를 뉴욕시에 풀어 놓은 사건이 있었는데, 이 찌르레기들이 점차 퍼져나가 1980년 경에는 미국 전역에서 매우 흔하게 발견되는 종이 되었다. 이와 유사한 사례는 전 세계적으로 수도 없이 많고, 매년 수 많은 새로운 동물과 식물 종들이 인간에 의해 퍼져나가고 있다. 하지만 이런 이입종의 출현은 많은 토착종들의 서식을 어렵게 만들기도 한다.

분산 기작

새로운 지역으로 이주하는 방식은 여러 가지이다. 예를 들면 도마뱀류는 멀리 떨어진 섬 지역에 정착할 수 있는데, 알이 물에 떠 가거나 떠 다니는 식물체의 도움으로 섬에 도착할 수 있는 것이다. 박쥐의 경우 날 수 있기 때문에 섬 지역에도 쉽게 정착할 수 있다.

식물의 씨앗도 여러 방식을 통해 이주할 수 있다(그림 38.4). 어떤 종류의 씨앗은 공기 중에 잘 떠다니기 유리한 구조로 되어 있어 실제 바람을 타고 먼 거리를 이동하기도 한다. 씨앗 중에는 동물의 가죽이나 깃털에 잘 붙기 때문에 먼거리를 이주할 수 있는 것들도 있다. 많은 종류의 씨앗은 과실 속에 있기 때문에 초식동물의 위를 통해 배설물로 나가게 되고 배설되는 곳에서 발아한다. 겨우살이(*Arceuthobium*)의 씨앗들은 과실의 아래 부분으로부터 터지듯 퍼져나가 추진력을 가지듯 날라서 이주한다. 사실 씨앗들이 먼 거리를 이주하여 성공적으로 새로운 정착지에서 새 개체군을 만들 확률이 그리 높은 것은 아니지만, 수백만년 정도의 시간을 고려한다면 정말 많은 경우의 장거리 씨앗 분산이 있다고 볼 수 있다.

그림 38.3 붉은 백로(cattle egret, *Bubulcus ibis*)의 서식 범위 확장. 붉은 백로(소나 굽을 가진 동물을 따라다니며 붙어 있는 벌레나 작은 동물을 잡아먹는 습성 때문에 cattle egret이란 이름이 붙음)는 아프리카 원산이지만 1800년대 후반 남미에 처음 정착하였다. 1930년대 부터 이 종의 서식 범위 확장이 과학적으로 알려지기 시작하였고, 결국 북쪽으로는 북미대륙 그리고 남쪽으로는 안데스 산맥을 따라 남미의 끝까지 퍼져나갔다.

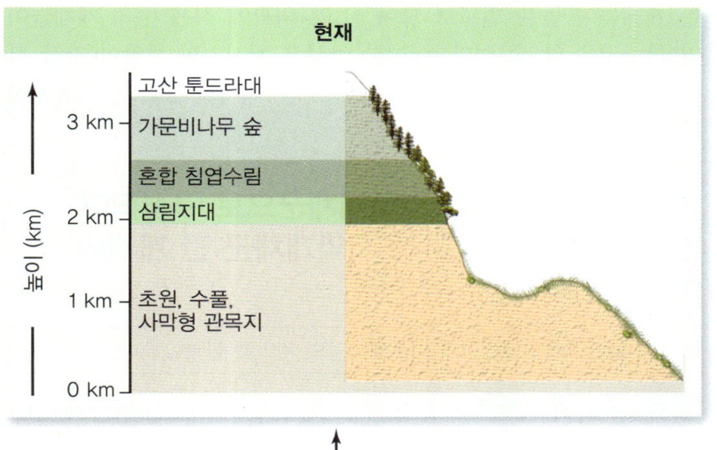

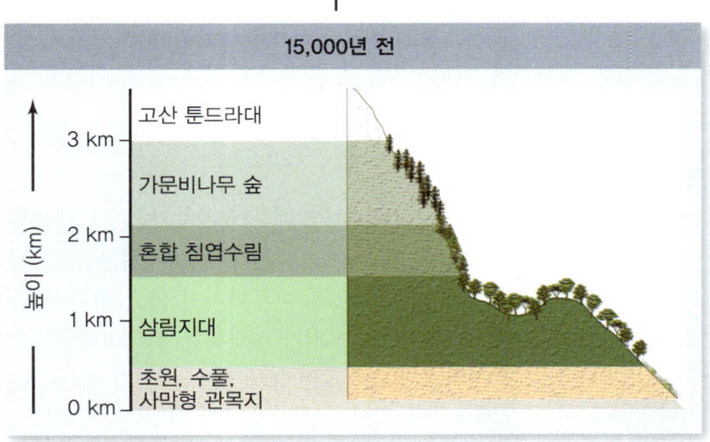

그림 38.2 북미 남서쪽의 산지에서 나무들의 고도 분포 변화. 약 15,000년 전 빙하기 동안은 지금보다 훨씬 추운 조건이었다. 하지만 빙하기가 끝이나고 날씨가 점차 온화해 지면서, 추운 기후가 서식하기 적합한 나무 종들은 잘 적응되어 있는 기후 조건을 찾아 보다 높은 고도로 차츰 이동하였다.

개체군의 개체들은 각기 다른 공간 분포 양상을 보인다

학습목표 38.1.2 개체군에서 개체들은 어떻게 공간적으로 분포하는지 기술할 수 있다.

개체군 구조의 또 다른 핵심적인 특징이 바로 개체들이 개체군 내

그림 38.4 씨앗의 적응을 보여주는 예. 씨앗들은 분산을 용이하게 하는 여러 형태의 형질을 가지도록 진화하였다. 몇몇 씨앗들은 바람을 타고 먼 곳으로 이주하기도 하고 몇몇 씨앗들은 동물들에 달라 붙거나 과일을 먹는 초식동물의 도움으로 멀리 이주하기도 한다.

에서 어떻게 분포하는가 하는 문제이다. 개체들은 무작위로 또는 일관성 있게 분포할 수 있고, 때로는 조금씩 뭉쳐서 분포할 수 도 있다.

무작위 분포

개체군 내에서 개체들이 서로 강한 상호작용을 하고 있지 않거나, 균일하지 않은 환경 요인의 영향이 없다면 개체들이 무작위로 분포할 수도 있다. 하지만 무작위 분포는 자연계에서 그리 흔한 일이 아니지만, 몇몇 나무 종에서는 이런 분포가 발견되기도 한다.

균일분포

항상 그런 것은 아니지만 개체군 내 개체들의 균일분포는 자원 경쟁 때문에 생겨나는 경우가 많다. 하지만 다른 요인들도 적지 않다.

37장에서 언급된 바와 같이 동물의 경우 균일분포는 개체 간 상호작용에 의해 나타나는 경우가 많다. 많은 종에서 개체들은 자신의 영역을 설정하고 그곳을 넘어서는 개체들을 몰아낸다. 이 영역의 확보는 곧 먹을 것이나 물, 피난처, 배우자 등 자원의 확보를 의미하며 이 영역 확보 전쟁으로 개체들은 균일한 분포를 하게 된다.

식물 역시 균일한 분포는 자원전쟁의 결과인 경우가 많다. 촘촘하게 붙어 사는 식물들의 경우 햇빛, 영양분, 물을 조금이라도 더 얻기 위해 개체 간 경쟁을 하는 경우가 많다. 이런 경쟁은 한 개체가 다른 개체를 덮어 햇빛을 차단하는 것처럼 직접적인 경우도 있고, 영양분이나 물을 더 많이 끌어당기기 위해 벌이는 경쟁처럼 간접적인 경우도 많다. 남가새류(creosote bush) 같은 몇몇 식물의 경우 다른 종에 독성으로 작용하는 화학물질을 토양에 분비하여 다른 종류의 접근을 막는 경우도 있다. 이 모든 경우의 경쟁은 서로 서로 일정한 거리를 두고 공존하도록 하는 원리로 작용한다.

무리분포

서식하는 환경에서 필요한 자원이 불균등한 분포를 하고 있는 경우 개체들은 무리를 이루어 분포하게 된다. 동물이나 식물이나 혹은 미생물이나 할 것 없이 개체들은 토양의 종류, 수분 그리고 많은 환경요인에 따라 자기가 가장 잘 적응되어 있는 환경에 머무르게 되는데, 그렇기 때문에 무리분포가 자연계에서 가장 흔한 형태의 분포인 것이다.

개체들 간 사회적 상호작용 역시 무리분포의 원인이 될 수 있다. 많은 종들은 무리지어 살거나 이동하거나 하는데 종에 따라 그 무리는 여러 가지 다른 이름으로 불리우기도 한다(예를 들면, 무리 *flock*, 떼 *herd*, 프라이드 *pride*). 이렇게 무리지어 살면 포식자의 위협을 보다 쉽게 인지하거나 방어할 수 있고, 에너지 소모를 줄일 수 있으며, 무리 내 개체들을 서로 잘 알 수도 있다.

개체군을 전체적으로 바라보면, 개체군은 주로 그 내부에 많은 개체들이 높은 밀도로 모여 살고, 외곽에 적은 수의 개체들이 있다는 것을 알 수 있다. 이러한 양상은 서식지의 중앙이 가장 서식에 적합하기 때문이고, 경쟁에 밀려난 개체들이 다소 적합하지 못한 환경에 사는 것이다.

이소개체군은 작은 지역개체군으로 구성되어 있는 집합 단위이고 각 지역개체군 간 개체의 이동이 있다

학습목표 38.1.3 개체군과 이소개체군의 차이를 설명할 수 있다.

하나의 종은 뚜렷하게 구분된 여러 개의 지역개체군(subpopulation)의 무리이고 개체들은 이 지역개체군 사이를 이주한다. 이러한 지역개체군의 연결 구조를 **이소개체군(metapopulation)**이라고 부르며, 적당한 서식처가 비연속적으로 단절되어 분포될 때 이러한 양상이 주로 나타난다.

분산과 서식처 점유

이소개체군 구조 내에서 지역개체군들의 상호작용 정도는 개체들이 얼마나 이주할 수 있는가 하는데 달려있다. 지역개체군들 간 상호작용은 반드시 대칭적(양방향)으로 이루어지지 않으며(다시 말해, 오고 가는 양이 같지 않으며), 크기가 성장하는 지역개체군들은 주로 개체들을 다른 지역개체군로 많이 보내지만, 크기가 줄어드는 지역개체군은 주로 개체들을 받아들이는 경향이 크다. 상대적으로 격리된 지역개체군들은 받아들이는 개체들이 적을 수 밖에 없다.

하나의 이소개체군이 점유하는 지역의 모든 서식처가 적합할 수는 없고, 당연히 모두 개체들에 의해 점유되는 것은 아니다. 이런 저런 이유로 지역개체군들은 절멸에 이를 수 있는데, 점염병 창궐, 화재 등 자연재해, 유전적 병목현상에 따른 지역개체군 유전적 다양성의 감소 등이 그 주요 이유가 될 수 있다. 어떤 지역개체군으로 부터 개체들이 분산하여 어느 지역에 정착할 수도 있다. 어떤 시점에 이소개체군 내에 점유된 서식처의 수는 존재하는 지역개체군의 멸종률과 비어 있는 서식처의 정착률 간 평형에 의해 결정된다.

공급(source)과 흡수(sink)

이소개체군 구조를 이루고 이는 종에서 어떤 서식처는 오랜 기간 지역개체군의 유지에 적합할 수 있지만 모든 서식처가 다 그런 것은 아니다. 이는 **공급-흡수 이소개체군(Source-sink metapopulation)**이라 한다. 좋은 서식처에 존재하는 지역개체군은 개체를 주로 내 보내는 공급지(sources)로서의 역할을 할 수 있지만, 적합하지 못한 서식처를 가진 지역개체군은 개체를 받기는 하지만 지역개체군의 크기는 늘어나지 않는 그런 상태에 머물 것이다(sinks). 개체가 흡수되기만 하는(sink) 지역개체군의 경우, 개체의 공급이 없다면, 음(-)의 성장률을 보일 것이고 결국 절멸의 기로에 서게 될 것이다.

나비의 이소개체군 구조는 가장 많이 연구된 예이다. 어느 연구에서 과학자들은 남서 핀란드(Finland) 1,600개 초원지역에 서식하는 글랜빌 네발나비(Glanville fritillary butterfly) 이소개체군 구조를 연구하였다(그림 38.5). 평균적으로 매년 200여 지역개체군들이 멸종하고, 114개의 비어 있는 서식처가 새로운 개체들에 의해 점유된다는 것이 발견되었다. 이 연구에서 지역개체군들의 멸종에 가장 주요한 요인은 지역개체군의 크기가 너무 작거나, 타 지역개체군들과 너무 격리되어 새로운 개체들의 이주가 잘 이루어지지 않고, 적절한 자원이 없거나(예를 들면 꽃의 수가 극히 적거나), 집단 내 유전적 변이가 적거나 하는 것이다.

연구자들은 여름 건조한 시기에는 멸종률이 정착률을 크게 초과하는 것을 밝혔다. 이 시기에는 핀란드 남서부 지방 그 어떤 개체군들도 자생적으로 생존할 만큼 크지 않기 때문에, 이소개체군 네트워크를 통해서 다른 지역개체군에서의 개체 이입이 반드시 필요하다. 이 과정에서 새로운 지역개체군도 계속 생겨나고 기존에 존재하는 다른 지역개체군도 개체를 지속적으로 보충 받을 수 있는 것이다. 하지만 나쁜 날씨가 아주 오래 지속된다면 멸종하는 지역개체군의 수는 더 늘어날 것이다.

이소개체군은 종의 존재와 서식 범위에 있어 크게 2가지의 중요한 점을 가진다. 첫째 이소개체군 내에서 비어있는 지역으로 지속적 정착이 이루어기 때문에, 이소개체군이 있으면 장기적인 멸종을 막을 수 있다. 이런 개체 이동을 통한 상호작용이 존재하지 않으면 작은 지역개체군은 사라질 것이고 이는 종 전체의 절멸을 이끌 수도 있다. 게다가 공급-흡수 이소개체군 구조가 있으면, 좋은 더 많은 지역을 점유할 수 있으며, 특히 비교적 적은 개체들만이 존재하는 분포 범위의 말단에 지속적으로 개체를 보낼 수 있다. 이런 이유로 자연 서식처들이 단절되고 사라지는 현대 사회에서 이소개체군의 연구는 보전생물학에서 매우 중요한 부분을 차지한다.

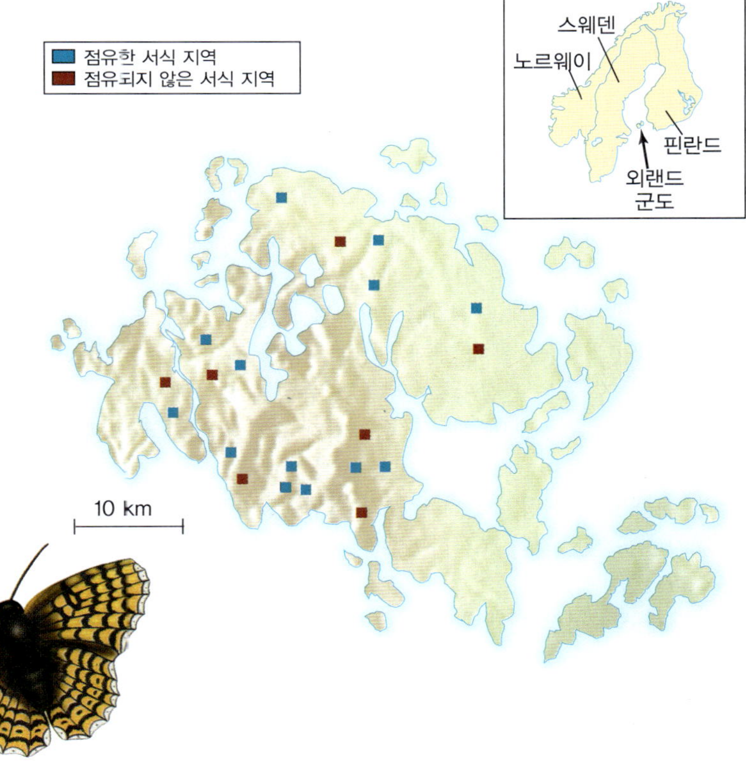

그림 38.5 나비 이소개체군. 남서 핀란드(Finland) 외랜드군도(Åland Islands) 초원지역에 서식하는 글랜빌 네발나비(*Melitaea cinxia*)는 이소개체군을 형성한다. 모든 지역개체군들이 스스로 자생할 수 없을 정도로 작지만, 지속적으로 개체를 교환하는 네트워크 구조 때문에, 개체를 보충 받을 수 있다. 절멸하는 개체군도 있지만, 새로운 지역에 정착하여 생겨나는 개체군도 있다. 물론 최근에는 좋지 않은 날씨 때문에 생겨나는 개체군보다는 절멸하는 개체군의 수가 더 많지만.

개념정리 38.1

개체군이란 특정 지역에 같이 존재하는 동종의 개체들의 무리를 뜻한다. 여러 개의 개체군이 모여 이들 간 지속적으로 개체 이동이 발생하는 이소개체군이 형성되기도 한다. 개체군 내 개체의 분포는 무작위, 균일 그리고 작은 무리 형성 등 다양한 방식으로 이루어지고, 이는 자원의 이용 가능성과도 연관이 있다.

- 만약 개체군들 간 개체의 이동이 없다면 한 종의 지리적 서식 분포는 어떻게 변화할 수 있는가?

38.2 개체군의 성장 여부는 개체들의 연령 분포와 성비에 의해 결정된다

개체군의 역학적 변화(즉 시간에 따른 변화)는 여러 요인에 의해 생긴다. 하나의 중요한 요인은 개체군을 이루는 개체들의 연령 분포이다. 연령 분포란 성체와 젊은 개체 그리고 어린 개체들의 비율을 의미하는 것이다.

성비와 세대 길이는 개체군 성장률에 영향을 미친다

학습목표 38.2.1 개체군통계학을 정의할 수 있다.

개체군통계학(demography)이란 개체군을 양적 측면에서 분석하는 연구 분야이다. 시간이 지나며 개체군의 크기가 어떻게 달라지는지를 분석하는 방식은 크게 2가지가 있다. 첫째는 개체군 전체를 분석하는 것이고, 또 다른 하나는 개체군을 여러 부분으로 나누어서 분석하는 것이다. 개체군 전체를 분석하는 방식이 보다 포괄적 수준의 분석인데, 이를 통해 개체군이 커지는지 작아지는지 아니면 변화가 없는지 등을 관찰할 수 있다. 단순하게 생각해 보면, 출생률이 사망률보다 높으면 개체군의 크기가 증가할 것이고 그 반대의 경우는 개체군이 감소할 것이다. 또한 개체군을 여러개의 작은 단위, 예를 들어 연령별로 나누어 각 단위에서의 출생률과 사망률에 미치는 요인을 각각 조사하면 보다 쉽게 개체군 성장에 관한 경향을 파악할 수 있다.

개체군의 성장은 개체군의 성비(sex ratio)에 의해서도 영향을 받는다. 하나의 개체군에서 출생하는 개체의 수는 일반적으로 암컷의 수와 직접적인 연관이 있다. 하지만 한 마리의 수컷이 여러 마리의 암컷과 교미하는 종에서 수컷의 수는 개체군에서 출생하는 개체 수와 아무런 관련이 없다. 37장에서 이미 다루었지만, 많은 종에서 수컷들은 암컷과 교미하기 위해 격렬하게 경쟁하고 결국 소수의 수컷들만이 대부분의 교미 기회를 차지하며 다수의 수컷들은 암컷 근처에도 가 보지 못한다. 이러한 종에서 성비는 주로 암컷에 치우쳐져 있기 때문에 성비 그 자체는 개체군 성장에 그리 영향을 미치지 못한다. 다시 말해, 이러한 종에서는 수컷의 수가 크게 감소한다고 하더라도 누가 교미의 기회를 가지느냐 하는 것에만 영향을 미칠 뿐, 태어나는 개체의 수에는 어떤 영향도 주지 못한다. 일부일처를 유지하는 종(monogamous species)에서는 암수가 오랜 기간 같이 지내며 교미를 지속하는데, 이럴 경우 수컷 수의 감소가 출생 개체의 감소로 이어질 수 있다.

세대 길이(generation time)는 개체군에서 한 개체의 출생과 그 자손의 출생 간의 평균 시간을 뜻하는 용어이다. 세대 길이 역시 개체군 성장률에 영향을 미친다. 모든 종들은 그 세대 길이가 다르다. 종의 세대 길이는 개체들의 평균 몸 크기와도 어느 정도 연관성이 있다. 예를 들면 코끼리 한 세대는 생쥐 100 세대에 해당한다(그림 38.6). 하지만 몸 크기가 작다고 세대 길이가 다 작은 것은 아니다. 예를 들어 영원류(newts; 양서류의 일종)는 생쥐보다 훨씬 덩치가 작지만 더 긴 세대 길이를 가진다.

일반적으로 세대 길이가 짧은 종의 개체군은 세대 길이가 긴 개체군보다 빠르게 성장한다. 반대로 세대 길이와 수명은 밀접한 상관관계가 있기 때문에 짧은 세대 길이의 집단은 출생률이 갑자기 떨어지면 굉장히 빠른 속도로 그 크기가 감소한다.

연령구조는 각 연령군의 개체수에 의해 정해진다

학습목표 38.2.2 한 종의 개체군통계에 중요한 요인들은 기술할 수 있다.

개체군 내에서 같은 연령의 개체들의 모임을 **코호트(cohort)** 또는 같은 **연령군**이라고 말한다. 대부분의 종에서 어느 한 개체들이 생식하고 죽을 확률은 전체 수명 중 어느 시기에 있느냐 즉 어느 연령군에 속하느냐에 따라 달라진다. 결국 한 개체군 내에서 각 연령군들은 특징적인 **출생률(birth rate)** 혹은 **포란수(임성, fecundity;**

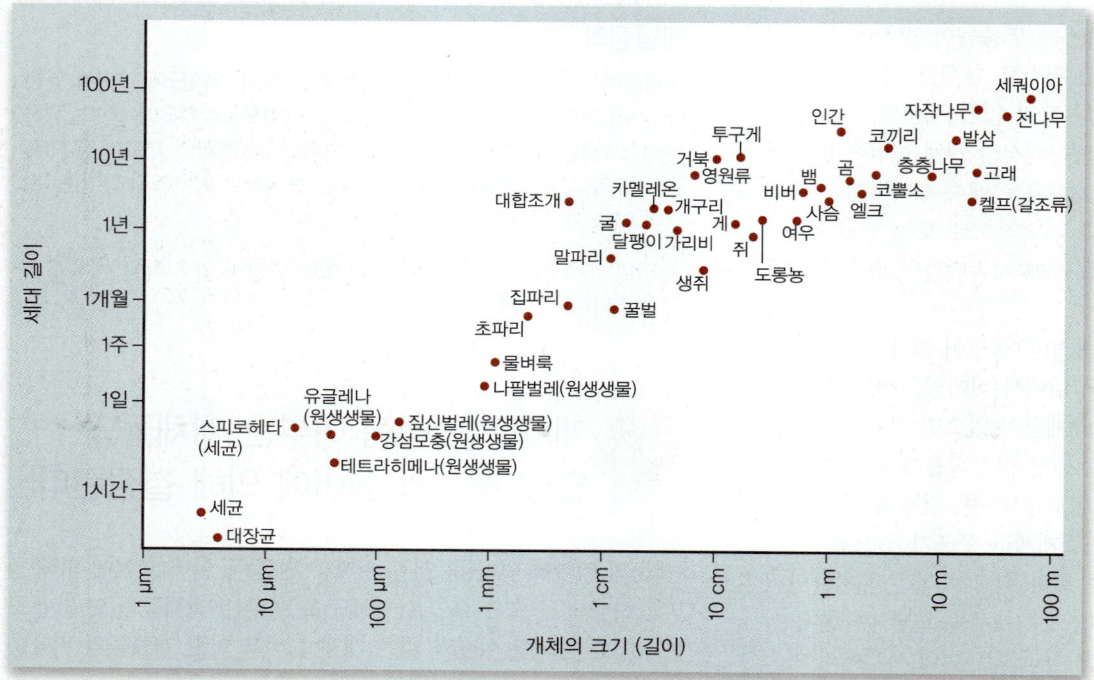

그림 38.6 몸의 크기와 세대 길이의 관계. 일반적으로 덩치가 큰 생물의 세개 길이가 길지만 예외도 있다.

그림 38.7 **여러 다른 개체군의 연령구조.** 그림에 보이는 들풀들은 1년생이다. 따라서 각각의 개체들은 모두 같은 연령군에 속하며, 1년이 지나지 않아 모두 같이 죽을 것이다. 대조적으로 풀을 뜯고 있는 한 무리의 들소(bison)들은 다양한 연령군의 개체들이 섞여 있고, 대부분의 개체들은 내년에도 죽지 않고 이 자리에서 풀을 뜯을 것이다.

정해진 시간 또는 일년에 생산할 수 있는 자식의 수), **사망률(death rate** 혹은 **mortality;** 정해진 시간 또는 일년에 죽는 개체수)를 가진다.

같은 연령군에 속한 개체수의 상대 비율 분포를 **연령구조(age structure)**라고 한다(그림 38.7). 각 연령군은 다른 생식력(또는 임성)과 사망률을 가지기 때문에 연령 구조는 개체군의 성장에 지대한 영향을 미친다. 예를 들어, 개체군 내 어린 개체들이 큰 비중을 차지하면 그 개체군은 조만간 생식할 수 있는 개체들로 가득찰 것이고 결국 개체군은 성장한다. 이 장의 뒷부분에서 언급이 있겠지만, 많은 개발도상국의 인구 구조가 이러한 예가 될 수 있다. 반대로 개체군 내 나이 많은 개체들의 빈도가 높으면 개체군의 크기는 감소할 것이고 이러한 현상은 일본과 여러 유럽 국가에서 관찰되고 있다.

생명표는 각 연령군의 생애 동안 생존과 생식의 확률을 보여준다

자연계에 존재하는 개체군들이 어떻게 변화하는지를 알아내기 위해 생태학자들은 **생명표(life table)**를 이용한다. 생명표란 각 연령군별로 얼마나 많은 자손을 생산하고 이들 중 죽어나가는 개체가 얼마나 되는지를 도식화 한 표이다. 표 38.1은 한 들풀(*Poa annua*) 연구에서 사용된 생명표이다. 이 생명표는 843개체의 운명을 알아보기 위해 일정 기간 동안 얼마나 많은 개체들이 살아남고 자손을 생산하는지 시간에 따라 추적한 결과이다.

표 38.1에서 제 1 행은 각 연령군의 나이를 보여준다(3개월이 1살인 꼴이다). 두 번째와 세 번째 행은 각각 살아 남은 개체수와 연령 별 측정이 시작될 때 존재한 개체수로 나눈 비율 즉 생존율을 보여준다. 다섯 번째 행은 **사망률(mortality rate)**, 즉 각 연령군의 측정을 시작할 때에는 살아 있었지만 측정이 끝나는 시점에서는 죽은 그런 개체들의 비율을 의미한다. 일곱 번째 행은 살아 있는 개

표 38.1 들풀(*Poa annua*) 843개체로 구성된 한 연령군(cohort)의 생명표(life table)

연령 (즉 3개월이 1살)	연령의 시간이 시작될 때 살아 남은 개체의 수	연령의 시간이 시작될 때 살아 남은 개체의 비율(생존율)	각 연령의 기간 중 사망한 개체수	각 연령의 기간 중 사망률	각 연령의 기간 중 생산된 씨앗의 수	살아남은 개체당 생산된 씨앗의 수(임성)	원래 연령군 내 속해 있던 개체수 당 생산된 씨앗의 수(임성 x 생존율)
0	843	1.000	121	0.143	0	0.00	0.00
1	722	0.857	195	0.271	303	0.42	0.36
2	527	0.625	211	0.400	622	1.18	0.74
3	316	0.375	172	0.544	430	1.36	0.51
4	144	0.171	90	0.626	210	1.46	0.25
5	54	0.064	39	0.722	60	1.11	0.07
6	15	0.018	12	0.800	30	2.00	0.04
7	3	0.004	3	1.000	10	3.33	0.01
8	0	0.000	—		총계 = 1665		총계 = 1.98

체들에 의해 생산되는 씨앗의 수, 그리고 마지막 행은 원래 연령군 내 속해 있던 개체수 당 생산된 씨앗의 수를 보여준다.

생명표에서 정말 많은 정보를 얻을 수 있다 이 들풀의 경우, 죽을 확률과 자손을 남길 확률은 연령이 높아지면서 점점 증가한다는 것을 알 수 있다. 또 마지막 행의 모든 수를 더하여 연령군의 개체 별 생산할 수 있는 자손의 총 수를 알 수 있다. 거의 2에 가까운데, 이는 이 연령군에 속한 모든 개체들은 평균 2 개체의 자손을 남긴다는 것을 뜻한다. 만약 1이라는 숫자를 얻었을 경우 이 개체군은 성장하지도 줄지도 않는 상태일 것이지만, 이 표의 예에서 들풀은 꽤 빠른 속도로 성장하고 있다는 것을 알 수 있다.

하지만 대부분의 경우 생명표는 이처럼 간단하게 작성될 수 있는 것은 아니다. 많은 생물군은 수명이 짧지 않기 때문에, 태어나서 죽을 때까지의 생활사를 추적하는 것이 쉽지 않을 것이다. 그 대안으로 개체군 내 다양한 연령군의 개체들을 따로 조사하는 것도 하나의 방법이 될 수 있다. 그리고 세대 중복, 즉 자식들은 부모가 죽기 전 생식을 시작할 수 있다는 점, 역시 생명표의 작성을 어렵게 하고, 개체군이 늘어나는지 줄어드는지 판단하기 어렵게 만든다.

생존곡선은 생존율이 연령에 따라 어떻게 달라지는지를 보여준다

하나의 개체군에서 일정 연령까지 얼마나 많은 개체들이 살아남는지를 수치화한 것이 **생존율(survivorship)**이다. 개체군의 연령 분포를 표시할 수 있는 하나의 방법이 생존곡선(*survivorship curve*)이다. 여러 종류의 생존곡선이 **그림 38.8**에 나타나 있다. 굴(oyster)은 엄청난 수의 자손을 낳지만 생식할 때까지 살아남는 개체는 그리 많지 않다. 하지만 정착하는 단계가 어려운 것이지, 일단 한 번 제 위치를 잡고 나면 생존 확률이 무척 높다(제3형 생존곡선). 이런 형태의 곡선에서 생존율과 사망률은 역의 상관관계에 있다. 다시 말해, 초기에 생존율이 극히 나쁘다는 것은 엄청나게 많은 개체들이 죽는다는 것을 뜻하고, 후기에 살아 남은 많은 개체들이 자기 수명을 다할 때까지 산다는 것은 사망률이 낮아진다는 것을 의미한다.

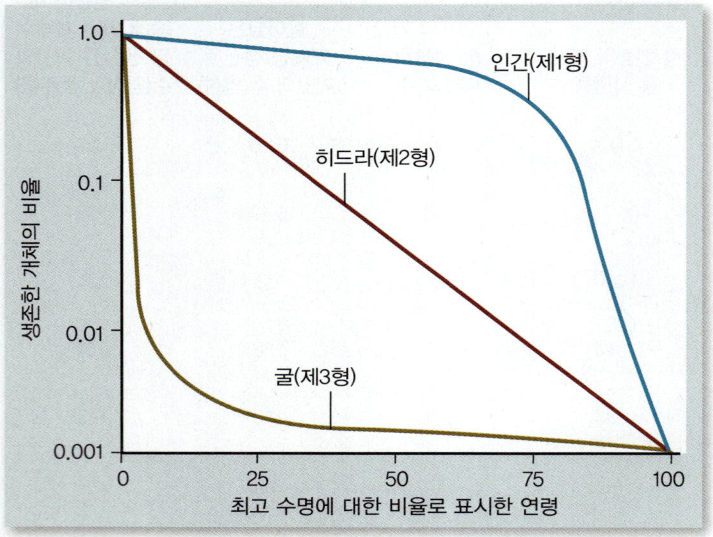

그림 38.8 생존곡선. 통상적으로 생존율(Y축)은 로그 전환된 수치로 표시한다. 인간은 제1형, 히드라나 해파리류는 제 2형 그리고 굴은 제3형에 해당한다.

그림 38.9 들풀의 생존곡선. 몇 개월의 시간이 지나면, 사망률은 일정하게 유지된다(제 1형에서 2형으로).

히드라의 경우, 어떤 연령이라도 개체들은 모두 비슷한 사망률을 가지며 그림과 같이 직선형의(제2형) 생존곡선을 가지게 된다.

마지막 형태의 곡선은 인간 사회와 많은 동물, 원생생물에서 흔히 볼 수 있는데, 초기 사망률은 무척 낮고, 연령이 높아지면서 점점 사망률이 높아지는 것으로 이를 제1형 생존곡선이라 한다.

물론 이는 단순하게 일반화된 표현으로 실제로는 이보다는 복잡한 양상이 많이 발견된다. 예를 들어 들풀의 일종인 *P. annua*를 보면 1형에 가깝지만, 후반부 2형과도 비슷한 그런 생존곡선이다(**그림 38.9**).

개념정리 38.2

개체군 통계(demography)란 개체군의 양적 특성을 설명하는 분야로, 개체군의 연령 구조, 수명, 성비, 세대길이, 출생률, 사망률 등이 주 연구 대상이다. 개체군의 크기는 여러 다른 연령군에서 출생률과 사망률의 변화에 따라 달라지는 수치이다.

- 높은 생존율을 보이는 개체군들이 낮은 생존율을 가진 개체군들보다 더 빨리 생장하는가?

38.3 일생 동안의 번식성공도가 높은 생활사 전략만이 없어지지 않고 살아남을 수 있다

자연선택은 다음 세대에 최고로 많은 자손을 남기는 개체들에게 보다 유리하게 작용한다. 보다 많은 자손을 남기기 위해서는 생식할 수 있는 연령까지 죽지 않고 살아야하며, 가능한 모든 생식 연령에서 많은 자식을 낳아야 한다.

생식은 부모의 생존에 엄청난 손실을 주는 과정이다

학습목표 38.3.1 한 생명체가 생식에서 얻는 이득과 손실의 정도가 그 생활사에 어떤 영향을 미치는지 설명한다.

왜 모든 생명체들은 태어나자마자 생식을 하지 않는가? 왜 많은 자손을 생산하며, 태어난 자손을 돌보며, 일생동안 자손 생산과 돌봄을 반복하는가? 자식과 관련된 삶은 다른 개체와 경쟁하고 포식자를 피하며 먹이를 찾는데 도움이 되기는커녕 방해가 되는데 말이다. 위의 질문에 대한 해답은 바로 '모든 개체들이 언제나 그런 것은 아니다'이다. 개체들은 자원이 충분히 확보되어 있을 때간 그렇게 할 수 있다. 다시 말해, 모든 생명체들은 자신이 가진 자원을 현재의 생식과 미래의 생존과 생식 가능성에 나누어 투자한다.

생활사(life history)란 어느 개체가 살아가는 모든 생활 주기를 뜻한다. 하지만 모든 생활사가 그에 해당하는 이득과 손실이 있게 마련이다. 쉽게 설명하면, 자원이 부족할 때, 생식에 투자하면 미래 자신의 생존과 생식 가능성을 적게 만든다. 전나무가 현재 많은 열매를 생산하면 그 개체는 그 만큼 생장이 더딜 수 밖에 없다. 생산할 수 있는 열매의 수가 나무의 크기에 비례한다고 하면, 생장이 더딘 그 개체는 후에 생산할 수 있는 열매도 다른 개체에 비해 적을 수 밖에 없다.

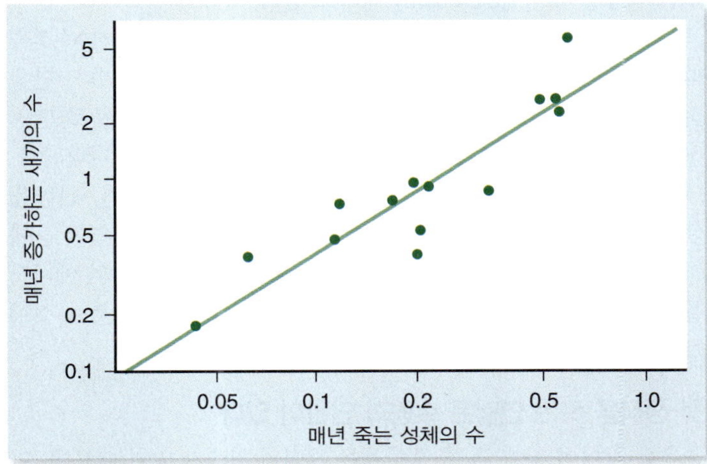

그림 38.10 생식에는 비용이 따른다. 알바트로스(맨 아래)같은 큰 종류와 참새류(맨 위)와 같은 작은 종류에 이르기까지 조사된 예에 의하면 자식을 많이 낳는 종은 그만큼 생존율이 낮다. 다시 말해 그 해에 많은 자식을 낳은 개체는 그만큼 죽을 확률도 높아진다는 것이다.

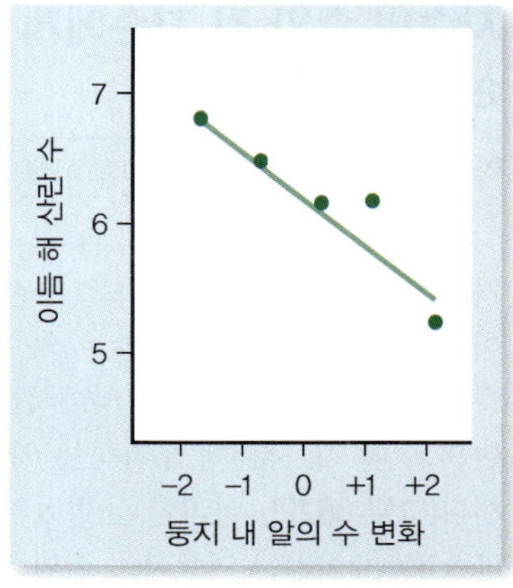

그림 38.11 일생 동안의 생식. 목도리딱새(collared flycatchers, *Ficedula albicollis*)의 둥지에 알을 더 추가하면 어미들은 이 알들을 부화시키고 새끼를 기르기 위해 더 많은 노력을 해야 하고 결국 이듬해 낳는 알의 수는 줄어든다. 하지만, 알의 수를 줄이면 이듬해 더 많은 알을 낳을 수 있다. 이 실험은 현재의 생식 노력과 미래의 생식 성공은 반비례(trade-off)하는 관계에 있다는 점을 보여준다.

또한 만약 새들이 매년 다른 개체보다 많은 자손을 생산한다면, 후에 그 개체는 사망률이 다른 개체들보다 높거나 알을 적게 낳을 확률이 높아지게 된다(그림 38.10). 하지만 반대로 생식을 늦춘 개체들은 보다 높은 생장률을 가지거나 미래 생식 성공률이 높아진다.

어느 연구팀에서 한 조류(collared fly-catcher)의 둥지들에서 알의 수를 인위적으로 변화시키는 시도를 하였다(그림 38.11). 자신의 둥지에 적은 수의 알을 가진 개체들은 그들에게 투자하는 에너지의 양도 적을 것이고 결국 다음 해에 더 많은 알을 낳을 수 있지만, 많은 알을 가진 개체들은 더 많이 일을 해야 하면 결국 이듬해 낳는 알의 수가 적을 수밖에 없다. 생태학자들은 이처럼 현재의 생식 노력을 미래 생식 가능성을 줄이는 비용으로 해석한다.

일생 동안의 생식성공도를 최대화 할 수 있는 생활사가 자연선택 과정에서 가장 유리한 전략이다. 생식 비용이 상대적으로 적으면 개체들은 더 많은 자식을 낳기 위해 노력할 것이다. 가용자원이 풍부하면 생식 비용이 상대적으로 낮아질 수 있다. 그리고 사망률이 아주 높은 상태에서도 개체들은 생식에 대한 투자를 늘일 수 있다. 왜냐하면 언제 죽을지 모르는 상태에서 생식 노력을 늘였다고 미래 생존 가능성이 크게 달라지지는 않을 것이기 때문이다.

생식 비용이 너무 높은 시기에는 현재의 생식 노력을 줄이고 생장과 생존율을 높이는데 더 많은 투자를 한다면 일생 동안의 생식성공도를 높일 수 있다. 현재의 생식 비용이 생존에 문제를 일으키거나 미래 생식 성공 가능성을 낮추거나 하면 개체들은 당당 생식에 투자하는 에너지를 줄일 것이다.

자손의 수와 각 자손에게 하는 투자는 서로 상충되는 관계이다

학습목표 38.3.2 생식에 대한 자원 투자에 있어 손실과 이득을 비교할 수 있다.

자연선택 개념에서 생산하는 자손의 수는 그 자손이 생식 연령에 이를때까지 살아남은 자손 수와 정확히 일치하지 않는다. 자손에 투자할 수 있는 에너지의 양이 한정되어 있다는 점을 생각하면 자손의 수와 각 자손에 투자하는 양 사이에는 일종의 균형점이 존재한다**(그림 38.12)**. 이러한 균형점의 존재를 한 종류의 도마뱀(side-blotched lizard)을 이용하여 실험적으로 검증한 예가 있다. 이 도마뱀은 한 번에 너덧개의 알을 낳는다. 임신한 도마뱀 암컷의 배를 갈라 한두개의 알을 제거하면 이 도마뱀은 평균보다 적은 수의 알을 낳는데, 대신 각각의 알은 다 많은 난황을 가지게 되고, 더 높은 부화율에 개체의 크기도 더 커지게 된다**(그림 38.13)**. 반대로 난황의 크기가 줄어들면, 자식 개체의 몸 크기도 줄어든다는 것이 실험적으로 입증되어 있다.

어느 종이든 새끼의 덩치는 굉장히 중요한 의미를 가지는데, 일반적으로 덩치가 큰 새끼들이 보다 생존율이 높기 때문이다. 하지만 덩치가 작은 개체들을 많이 낳는 것이 가장 좋은 전략이라 볼 수 없듯이, 덩치가 꽤 큰 한 마리만 낳아서 생존을 시키는 것도 역시 최고의 생식 전략으로 보기는 어려울 듯 하다. 대신, 적당히 큰 개체들은 생존력도 높을 것이기 때문에 이런 개체들을 여럿 낳는 중간 정도의 전략이 최고가 될 수도 있다.

일생에서 몇 번 생식을 할 수 있을지는 생식과 관련된 균형점을 결정하는 가장 중요한 요소이다.

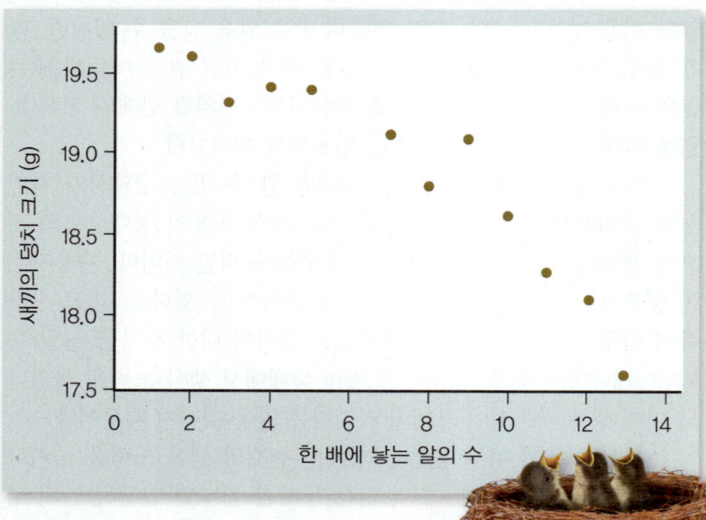

그림 38.12 한 배에 낳는 알의 수와 자식의 크기 간의 상관성. 박새(*Parus major*) 새끼의 크기는 몇 개의 알이 한 배에서 나왔는지와 역의 상관관계에 있다. 공급해야 할 먹이의 양이 늘어나고, 하나의 새끼가 가져갈 수 있는 먹이의 수는 당연히 줄어들기 때문이다. 작고 많은 수의 자식을 낳는 것과 크고 적은 수의 자식을 낳는 것 중 어느 것이 자연선택 하에서 경쟁력이 있다고 생각하는가?

그림 38.13 실험적으로 만든 땅유타 도마뱀(side-blotched lizards, *Uta stansburiana*) 새끼들의 크기 변이. 수술을 통해 알을 일부 제거한 개체의 새끼들은 꽤 덩치가 크고(중앙), 수술을 통해 알을 추가한 개체의 새끼들이(오른쪽)나 알의 난황을 제거한 새끼들(왼쪽)은 덩치가 상대적으로 작다.

일생에서 몇 번 생식을 할 수 있을지는 생식과 관련된 균형점을 결정하는 가장 중요한 요소이다

연령과 생식 간 균형점(trade-off)도 생활사 전략에 큰 영향을 미친다. 일년생 식물과 곤충은 단 한 번의 생식기회에 가지고 있는 모든 자원을 투자한다. 이러한 생활사 적응을 단생식(semelparity)이라 하고, 만약 일생동안 여러 번식기를 통해서 여러 번 자손을 생산하는 적응을 다생식(iteroparity)이라고 한다.

매년 생식하는 종은 특정 해의 생식에 많은 투자를 하는 것을 피해야 미래에도 생식을 계속 잘하고 생존력을 늘일 수 있다. 단생식, 다시 말해 한 번에 엄청난 양의 생식을 하는 경우는 주로 단명하는 종들이나 아주 나쁜 환경에 서식하는 식물 등에서 나타난다. 단생식은 생식이 엄청난 비용을 수반하는 종, 예를 들면, 산란을 위해 바다와 강을 거슬러 오랜 여행을 해야 하는 태평양 연어 등에서 가장 적절한 전략이다. 이들 종에서 내년을 위해 자신의 에너지를 남겨 놓는 것 보다는 한 번에 모든 에너지를 다 쏟아 붓는 것이 보다 나은 전략이다.

첫 생식을 하는 연령은 수명과 연관이 있다

포유류 같이 수명이 꽤 긴 생물들은 생식의 기회가 많기 때문에, 어린 시기에는 생식을 하지 않고 생식 비용을 줄이기 위한 다양한 경험을 하는데 시간을 쓴다. 이들 생물들은 성장과 생존에 생식 만큼의 큰 에너지를 투자한다.

하지만 수명이 짧은 동물들에게는 시간이 별로 없다. 그 모든 것보다 생식에 투자하며 그러다보니 생식 시작 연령도 어린 편이다.

개념 정리 38.3

생활사 적응은 생식 비용과 생존에 대한 투자 간 균형점에 의해 정해진다. 이 균형점은 여러 가지 면으로 나타나는데, 미래를 위해 다소 적은 수의 알을 낳거나 아니면 가지고 있는 모든 에너지를 단 한 번의 생식에 투자하거나 하는 식으로 나타난다.

- 두 종이 있다고 가정하고, 어느 한 종이 보다 포식에 노출될 확률이 높을 때, 두 종 간 생활사 전략이 다를 가능성이 있는가?

38.4 환경 조건이 개체군 성장을 제한할 수 있다

개체군은 얼마나 새로운 개체들이 태어나는 지와 무관하게 일정할 크기로 유지될 수 있다. 1장에서 이미 학습하였겠지만, 찰스 다윈은 자연선택 논리를 몇 가지 대응되는 예를 가지고 체계화시켰다. 자연선택은 어떤 개체들이 다른 개체들보다 더 많은 생식 가능한 자손들을 남길 때 벌어지는 현상이다. 개체군을 제대로 이해하기 위해서는 개체군 성장의 원리와 성장에 영향을 미치는 환경 요인들을 알아야 한다.

지수성장은 제한 없이 성장하는 개체군들에 적용되는 모델이다

학습목표 38.4.1 개체군 성장을 수학적으로 나타내어라.

개체군의 성장률을 r, 개체의 출생률과 사망률을 각각 b와 d, 개체군에 새로 합류하는 개체(이입)의 비율과 나가는 개체(이출)의 비율을 각각 e와 i라고 한다면 다음과 같은 공식이 성립한다.

$$r = (b - d) + (i - e)$$

개체의 이동은 개체군 성장에 영향을 미치는 주요 요소이다. 예를 들어 20세기 말 미국의 인구성장은 유입되는 인구의 증가 때문이다.

개체군 생장의 가장 단순한 모델은 개체군이 최고 생장률로 제한 없이 성장하며 이입과 이출이 정확히 똑같은 경우이다. 이 생장률을 **생물학적 잠재력(biotic potential)**이라고 하며 어느 한 종의 개체군이 특정 제한 없이 성장하는 경우를 말한다. 수학적으로 표현하면:

$$\frac{dN}{dt} = r_i N$$

여기서 N은 개체군의 개체수이며 dN/dt는 정해진 시간 내 개체수의 변화, 그리고 r_i은 특정한 제한요인이 없을 때, 개체군의 자연생장률, 다시 말해 내재성장률(innate capacity for growth)을 뜻한다.

개체군의 생물학적 잠재력은 일종의 지수성장(기하급수적 성장)이다(그림 38.14의 붉은 선). 개체군의 생장이 일정하더라고 개체

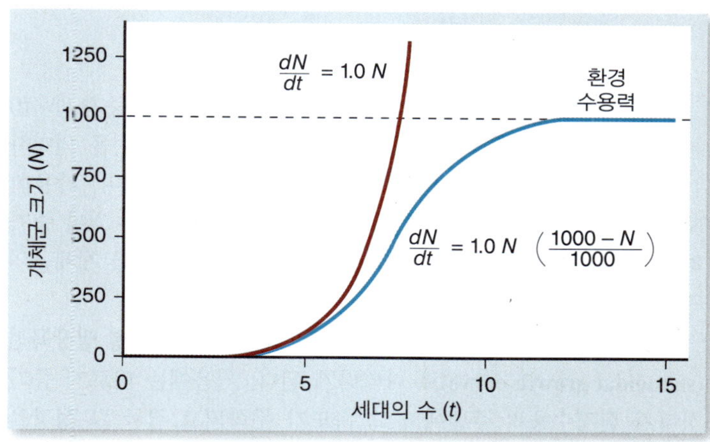

그림 38.14 개체군 성장의 두 모델. 붉은 선은 지수성자 모델을 의미하며 내재생장률(r)은 1.00이다. 파란 선은 $r = 1.0$, $K = 1{,}000$ 개체인 집단의 로지스트 성장 모델이다. 처음에 로지스트 성장은 기하급수적으로 시작하다가 자원이 고갈되기 시작하면 사망률이 증가하고 성장도 둔화된다. 성장은 출생률과 사망률이 같아질 때 최종적으로 멈추게 된다. 환경수용력(K)이란 환경 내에서 가용한 자원에 의해 결정된다.

군의 크기가 커지면 늘어나는 개체의 수는 점점 더 많아지는 것이다. 특별하나 제한요인이 없을 때 지수성장이 지속되는 경우를 개체군 폭발(population explosion)이라는 용어로 표현한다.

한쌍의 암수 집파리를 예로 들면, 이들은 한 세대에 약 120개의 알을 낳을 수 있고, 1년이 지나면 무려 5조마리의 개체가 생겨날 수 있다. 약 10년 정도면 이들 개체들이 지구를 2m 두께로 덮을 수가 있다. 하지만 실제로 이렇게 제한 없는 개체군 성장은 가용 자원이 풍부한 아주 짧은 기간에만 잠깐 가능하다. 예를 들면 봄철 한 시기에 엄청나게 피어나는 민들레, 연못을 뒤덮는 조류(algae), 새나 각종 먹이가 풍부한 섬지방에 인위적으로 도입된 고양이 개체군 같은 경우가 그 예라고 할 수 있다.

로지스트 모델은 성장이 환경수용력에 따라 결정되는 개체군에 적용된다

학습목표 38.4.2 환경수용력이 어떻게 개체군 성장 곡선에 영향을 주는지 설명할 수 있다.

아무리 개체군이 빠르게 성장한다고 해도 필수 환경 요인, 즉 공간, 빛, 물, 영양분 등이 고갈되면 성장은 한계에 부딪힌다. 결국 하나의 개체군은 그 개체군이 서식하는 장소의 환경수용력에 따라 어느 순간 일정한 크기가 안정적으로 유지되게 된다. 환경수용력은 보통 K로 표시하고, 이는 그 환경에서 수용할 수 있는 최대 개체수를 의미한다.

하나의 개체군의 크기가 환경수용력에 다다르게 되면, 개체들이 이용할 수 있는 잉여의 자원이 그리 많이 남아 있지 않다는 뜻이 되며, 그 개체군의 성장은 둔화된다. 이러한 상황에서의 개체군 성장은 주로 여러가지의 요인에 의해 결정되며 다음과 같은 수학 공식으로 표현된다:

$$\frac{dN}{dt} = rN\left(\frac{K-N}{K}\right)$$

이 개체군 성장 모델에서, 단위시간 당 개체수의 증가(dN/dt)는 내재적 자연 성장률(r 과 특정 시간 존재하는 개체수를 의미하는 N의 곱)에 이용 가능한 자원의 양을 고려한 공식이다. 가용한 자원의 양은 $[(K - N)/K]$으로 고려할 수 있다. 개체수 N이 증가하며, r과 곱해지는 $[(K - N)/K]$는 점점 줄어들어 결국 개체군의 전체 크기 증가는 둔화하게 되는 것이다.

이를 시간 대비 개체수의 그래프로 표현하면, **S자 형 생장곡선(sigmoidal growth curve)**로 나타나게 된다. 처음에는 빠르게 증가하다가 환경수용력 주변에서 그 속도가 둔화되고 결국 그 성장을 멈추는 것이다(그림 38.14의 푸른색 선).

수학적 논리로 N이 K에 다가가면 개체군의 성장 속도(dN/dt)가 느려지고 결국 $N = K$인 지점에서 성장률은 0이 된다(그림 38.15). 개체군의 크기가 환경수용력을 넘어서게 되면 결국 $N - K$는 음의 값이 되고, 이 개체군은 크기 감소를 겪게 된다. 개체군의 크기가 감소해서 다시 환경수용력과 비슷해지면 개체군의 감소 속도는 다시 줄어들고 결국 $N = K$인 지점에서 성장률은 0이 된다.

개체군의 크기는 환경수용력보다 크던 작던 언제나 환경수용력을 향하여 움직이는 경향이 있다. 이러한 이유 때문에 로지스트 성장 모델은 결국 개체군의 크기를 환경수용력과 같은 크기로 되돌리는 모델이라고 볼 수 있고, 이렇듯 개체군의 크기가 환경수용력과 비슷한 정도에 머물러 있으면 그 개체군은 일종의 평형상태(equilibrium)에 있다고 이야기한다.

많은 경우 실제 개체군들은 로지스트 모델과 유사한 방식의 성장을 한다. 이 모델을 실험실에서 증명한 예도 있지만 실제 자연 상태에서 로지스트 모델을 관찰할 수도 있다(그림 38.16a). 하지만 로지스트 모델과 잘 부합하지 않는 예도 있으며, 이러한 개체군들은 다른 양상의 성장을 보인다(그림 38.16b).

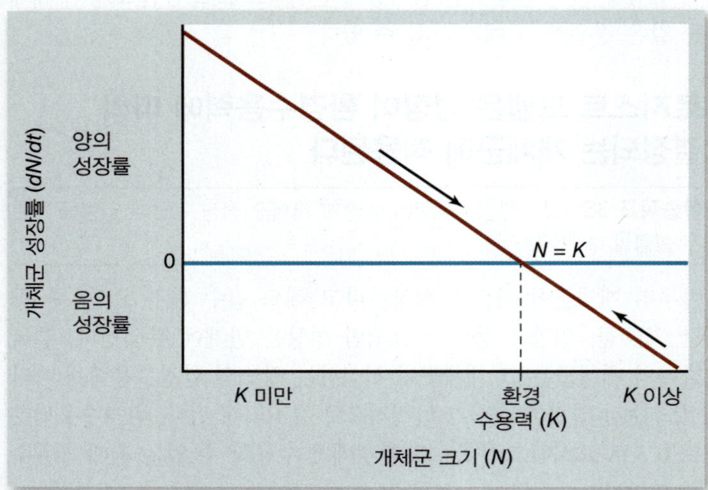

그림 38.15 개체군의 성장률과 개체군의 크기. 환경수용력보다 훨씬 작은 개체수를 가진 개체군들은 일단적으로 높은 성장률을 보이지만 환경수용력보다 더 많은 개체수를 가진 개체군들은 음의 성장률을 보이게 된다. 환경수용력과 개체수가 유사해질수록 개체군의 성장률은 0에 가까워진다.

a.

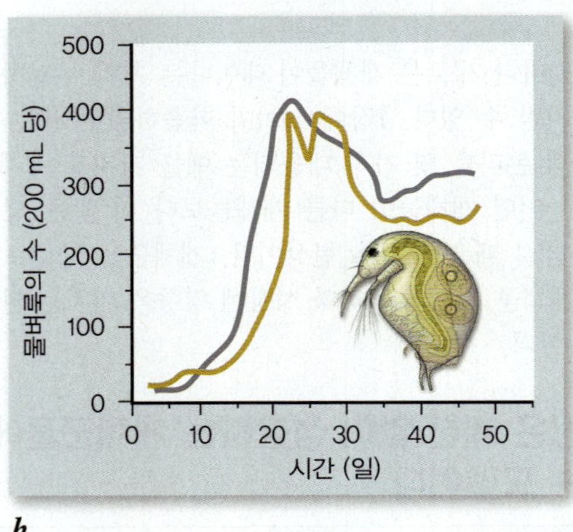

b.

그림 38.16 많은 개체군들은 주로 로지스트 성장 모델을 따른다. **a.** 알라스카 St. Paul 섬의 물개(*Callorhinus ursinus*) 개체군. **b.** 물벼룩(*Bosmina longirostris*) 두 실험실 집단의 개체군 성장. 이들 개체군은 처음에는 환경수용력을 넘어서는 성장을 하다 다시 줄어들고 이내 같은 크기가 유지되었다.

개념 정리 38.4

개체군이 지수성장을 할 때, 성장률은 개체군의 내재적 성장률과 개체군의 크기의 곱으로 표현할 수 있다. 환경수용력(K)이란 현 환경에서 가능한 최대 개체군의 크기를 의미한다. 로지스트 성장은 환경수용력에 의한 제한이 있는 성장을 말하며, K 근처에 이를 때까지 성장을 하고, K에서는 실제 성장이 없고, K 이하에서는 음의 성장을 하게 된다.

- 개체군의 환경수용력을 변화시키는 요인은 무엇이 있으며 이들 요인에 개체군이 어떻게 반응하는가?

그림 38.17 **밀도의존적 개체군 조절.** 밀도의존적 요인들이 출생률이나 사망률에 영향을 미치고, 때로는 동시에 영향을 미치기도 한다.

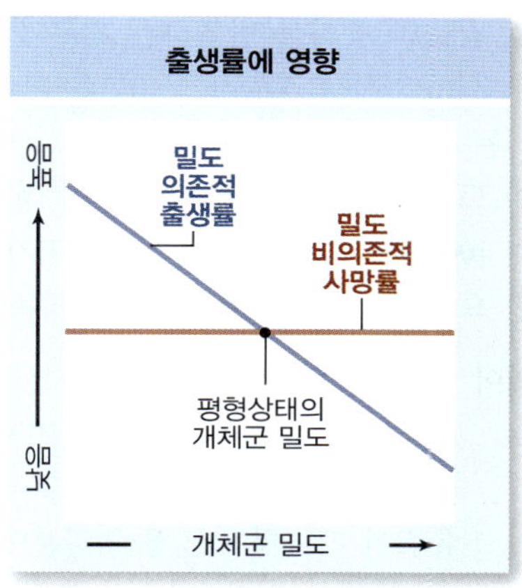

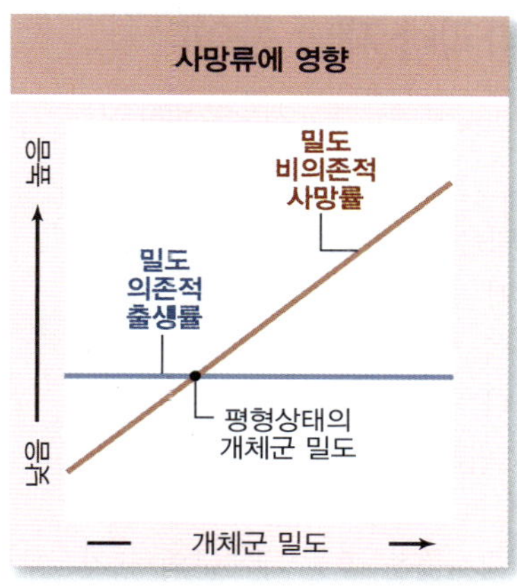

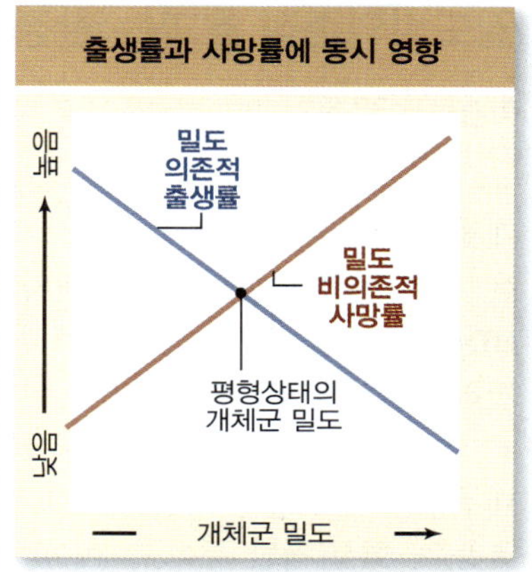

38.5 가용 자원의 양이 개체군의 성장을 조절한다

시간에 따른 개체군의 성장에 영향을 미치는 요인은 여러가지가 있다. 이들 중 몇몇은 개체군의 크기에 의존적이며 그래서 흔히 밀도의존적(*density-dependent*)이라는 표현을 쓴다. 하지만 자연재해 같은 요인은 밀도와 아무 상관이 없다. 많은 개체군들은 주기적인 개체군 크기 변화를 겪는데, 이는 여러 요인들의 복잡한 상호작용의 결과이다.

밀도의존적 효과는 생식과 생존이 개체군의 크기에 영향을 받을 때 생긴다

학습목표 38.5.1 밀도의존적 요인과 밀도비의존적 요인이 각각 개체군의 성장에 어떠한 영향을 미치는지 비교할 수 있다.

개체군의 성장이 개체군의 크기에 영향을 받는 이유는 이들 요인이 **밀도의존적(density-dependent)**이기 때문이다. 개체군이 성장하며 생식률(reproductive rates)이 감소하고 사망률은 증가하는데, 이런 이유가 종합적으로 개체군의 성장에 음성 되먹임(*negative feedback*)의 영향을 미친다(그림 39.17).

개체군의 크기는 여러 가지 요인에 의해 조절된다. 개체군이 환경수용력 근처까지 성장하면, 자원을 둘러싼 개체 간 경쟁도 심해지고 결국 출생률이 감소하며 사망률은 증가하게 된다. 이 장의 마지막 부분에 소개될 참새류(song sparrows)의 섬 개체군 간 조사&분석(*Inquiry&Analysis*)에서 이러한 관계가 분명하게 보여진다. 보통 포식자들은 특정 종의 추적에 초점을 맞추기 때문에, 개체군의 크기 증가는 포식압의 증가를 의미하기도 한다. 또 개체가 많아지며 생기는 각종 배설물은 주변 환경에 독성 물질 증가를 유발하기도 한다.

행동적 변화 역시 개체군 성장률에 영향을 미치는 요인 중 하나이다. 몇몇 종의 설치류들은 개체군의 크기가 커지면 반사회적 행동을 나타내, 싸움을 자주 하거나, 번식에 무감각해지고 때로 각종 스트레스의 징후를 보인다. 아마도 호르몬 변화가 주 요인일 것으로 생각되지만, 진화적 요인은 아직 밝혀진 바 없고, 아마 부족한 자원에 대한 적응적 기제가 아닐까 하고 과학자들은 추측하고 있다. 또한, 너무 밀도가 높은 개체군에서는 이주하여 보다 나은 환경을 찾는 개체들이 늘어나는데, 이 역시 개체군 성장을 제한하는 원인이 될 수 있다(그림 38.18).

그림 38.18 **밀도의존적 효과.** 이주하는 매뚜기류의 일종인 *Locusta migratoria*는 아프리카와 유라시아의 대표적인 위협 해충이다. 높은 밀도에서 이들 개체들은 다른 호르몬 및 생리적 특성을 보이며 자주 떼를 지어 날아다닌다.

하지만 모든 밀도의존적 요인들이 모두 개체군 성장에 반하는 효과를 가지는 것은 아니다. 가끔 개체군의 크기가 커지면서 오히려 성장률이 증가하는 경우도 있다. 이를 소위 **알리 효과(Allee effect**, 이 효과를 처음 기술한 Warder Allee의 이름을 따서 지음)라고 하는데, 일종의 양성 되먹임(*positive feedback*) 효과라고 볼 수 있다. 알리 효과는 여러 가지의 상황에서 나타난다. 예를 들어 개체군 내 개체들이 서로 멀리 떨어져 있어, 짝짓기 할 때 서로 짝을 찾기조차 어려운 경우가 있다. 어떤 종의 경우 서로 모여 큰 무리를 만들면 포식자를 몰아내기 쉽고, 때로 번식에 유리한 경우도 있다. 만약 종이 서식처 파괴나 남획으로 개체군 크기가 줄어들어 멸종 위기에 직면한 종의 경우, 알리 효과는 오히려 이 개체군의 보전에 위협이 될 수 있다.

밀도비의존적 효과는 환경 파괴나 재난 등이다

학습목표 38.5.2 밀도비의존적 효과가 어떻게 개체군의 성장을 제한하는지 설명한다.

개체군의 성장은 때로 로지스트 모델을 전혀 따르지 않는다. 많은 경우 이러한 현상은 **밀도비의존적 효과(density-independent effects)**에 의해 생기는데, 즉 개체군의 성장률이 개체군의 크기와 전혀 무관하게 조절되는 경우를 말한다.

밀도비의존적 개체군 조절에는 여러 다양한 요인들이 있다. 대부분은 외부 환경 요인에 의한 것으로, 극한의 겨울 날씨, 가뭄, 폭풍우, 화산 폭발 등이 그 예이다. 개체들은 종종 개체군의 크기와는 전혀 관계 없이 이런 요인들의 영향을 받는다.

어떤 자연 현상이 자주 벌어지는 지역에 서식하는 개체군들은 다소 이상한 형태의 개체군 성장을 보이는데, 환경이 그리 나쁘지 않은 시기에는 개체군이 매우 빠르게 성장하고, 환경이 나빠지면 개체군 성장이 급격히 감소하게 된다(그림 38.19). 이러한 개체군들은 로지스트 모델로 예측할 수 있는 S자형 성장을 전혀 기대할 수 없다.

다양한 상호작용으로 개체군 크기 변화의 주기가 생길 수 있다

학습목표 38.5.3 왜 몇몇 개체군들은 주기적으로 그 크기가 변하는지 그 이유를 설명하라.

몇몇 개체군에서 밀도의존적 효과가 전혀 나타나지 않고 주기적으로 감소와 증가를 반복하는 경우가 있다. 생태학자들은 1820년대부터 10년(사실 정확하게 10년은 아니고, 8 – 11년)을 주기로 벌어지는 북미 눈토끼(*Lepus americanus*) 개체군의 변화를 조사해 왔다. 이 토끼 개체군은 10배에서 30배 정도 크기가 감소하기도 하고 무려 100배 정도의 크기 변화가 생기기도 하였다. 아마도 2개의 중요한 요인이 있는데, 이는 '먹이가 되는 식물'과 '포식자'이다.

먹이 식물. 눈토끼가 가장 좋아하는 먹이는 버드나무와 자작나무의 가지이다. 눈토끼 개체군이 커지면, 각 개체들이 이용할 수 있는 가지의 수가 줄어들고, 결국 개체들은 울며겨자먹기로 섬유질이 지나치게 많은(영양분이 상대적으로 적은) 먹이를 먹을 수 밖에 없다. 따라서 출생률이 감소하게 되고, 어린 개체들의 생존율이 줄어들며 개체군의 성장률 감소도 따라오게 된다. 먹이가 부족해지면 이 눈토끼들은 먹이를 찾는데 많은 시간을 보내는데, 그러다보니 포식자의 눈에 더 잘 띄는 것은 피할 수 없는 현상이다. 버드나무와 자작나무 가지의 감소가 토끼 개체군의 감소를 가져오게 되었고, 이 먹이 식물이 적절한 상태로 회복되는데에는 약 2–3년의 시간이 필요하다.

포식자. 가장 대표적인 포식자는 캐나다 스라소니이다. 이 종은 약 10년의 주기로 성장과 감소를 반복하는데, 그 주기는 정확하게 눈토끼 개체군의 증감 시기를 따른다(그림 38.20). 눈토끼 개체군의 크기가 증가하면 캐나다 스라소니의 입장에서는 먹이의 증가이므로 스라소니 개체군도 증가하게 되며, 반대로 눈토끼가 줄어들면 먹이 감소로 스라소니의 수도 줄어들게 된다.

어떤 요인이 포식자-피식자 변동에 영향을 미쳤을까? 토끼의 수가 늘어나면 먹이식물의 남획이 생기는가(토끼-식물 주기)? 아니면 스라소니가 늘어나면 토끼의 남획을 이끄는가(토끼-스라소니 주기)? Charles Krebs 연구팀이 야외에서 조사한 연구 결과에 그 해답이 있다.

연구팀은 캐나다 유콘(Yukon) 지방에 서식하는 눈토끼 개체군의 주변으로 실험 구획을 설정하였다. 이 구획에 여분의 먹이를 공

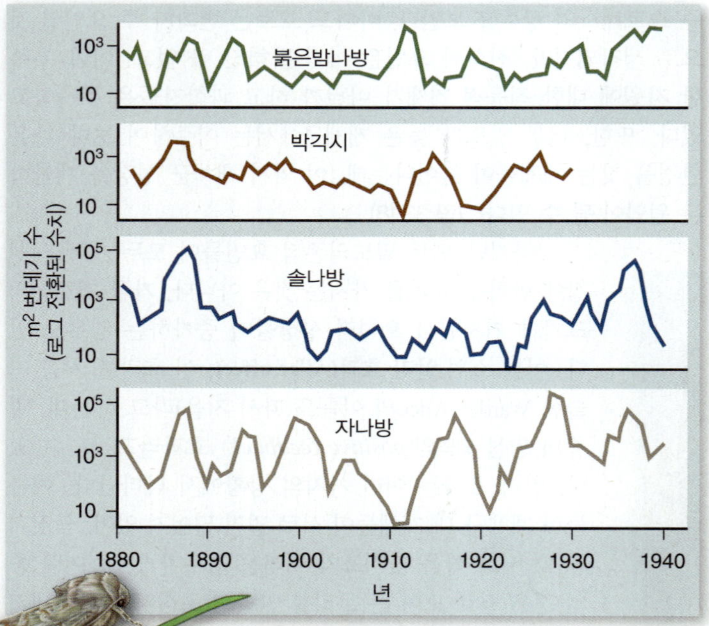

그림 38.19 4종의 나방 번데기 수의 변화(독일). 밀도비의존적 요인이 개체군의 크기 변동에 큰 영향을 미친다. 각 종 개체군의 변화가 시간에 따라 정확히 일치하는 것으로 보아 공통적으로 작용하는 외부 요인이 있을 것으로 생각된다.

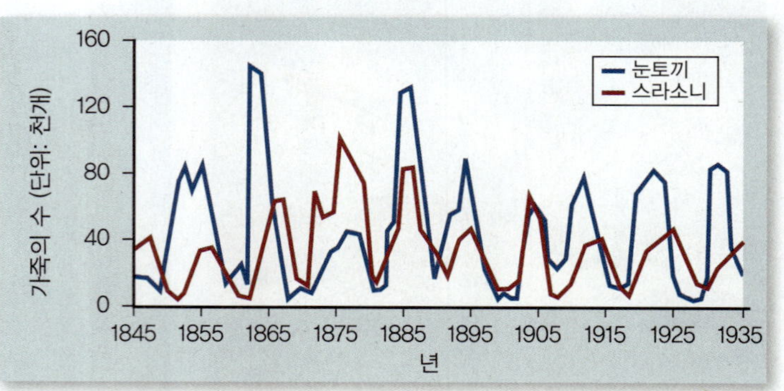

그림 38.20 눈토끼 개체군과 스라소니 개체군의 연관된 크기 변화의 주기. 그래프에 나타난 자료는 캐나다 Hudson Bay 지역에서 모피 사냥꾼들에 의해 잡힌 개체들에 의해 산출된 것들이다. 스라소니 개체군의 크기 변동이 약간의 시간차를 두고 눈토끼의 것을 쫓아가고 있다.

급하고(먹이 부족으로 인한 효과가 없도록),(포식자에 의한 효과가 없도록) 모든 포식자의 접근을 차단하였다. 그랬더니, 눈토끼의 10년 증감 주기는 사라졌다. 하지만 이 두 요인 중 하나만이라도 작용하게 하면, 다시 말해, 먹이 공급을 차단하거나 포식자 차단을 중단하거나 하면 원래의 주기는 회복되었다. 두 개의 효과가 동시에 작용해도 역시 주기가 관찰되었다.

개체군의 주기적 변화는 이전에는 매우 드문 현상 중 하나로 평가되었지만, 최근에 700여 건의 장기 연구(약 25년 이상의 관찰)를 종합하여 고찰한 결과 그리 드문 현상도 아니라는 것이 밝혀졌다. 장기 연구 중 약 30%에서 이러한 주기가 관찰되었고, 그 대상 종들도 조류, 포유류, 어류, 갑각류 등 다양하다. 물론 눈토끼-스라소니의 예처럼 극적이고 큰 폭의 변화가 관찰되는 예는 없었다. 몇몇에서는 눈토끼-스라소니의 예처럼 밀도의존적 요인에 의한 변화가 관찰되기도 하였고, 어떤 경우는 날씨 변화 같은 밀도비의존적 요인에 의한 변화가 나타나기도 하였다.

이용 가능한 자원의 유무가 생활사 적응에 영향을 미친다

학습목표 38.5.4 *K*–선택과 *r*–선택형 개체군 간 차이를 설명하라

앞에서 언급되었듯이, 여러 종들의 개체군의 크기는 환경수용력 근처에서 안정된 개체군의 크기를 나타내지만 이 환경수용력에서 멀어지면 다소 그 크기가 요동치게 된다. 개체군의 크기가 환경수용력 근처에 있다면 자원의 양이 제한되어 있을 것이고 개체들은 자원 획득을 위해 심하게 경쟁해야 하지만, 개체군의 크기가 환경수용력에 전혀 미치지 못하는 작은 상태라면 개체들은 보다 쉽게 풍부한 자원을 확보할 수 있다. 하지만 이러한 양상에 영향을 미치는 요인들은 종마다 차이가 있다.

자원 확보가 어려운 상태에서는 생식 비용이 매우 높을 수 밖에 없다. 결국, 효과적으로 경쟁하고 효율적으로 자원을 이용하는 개체들이 살아남게 될 것이다. 이에 대한 적응 과정으로 개체들이 자원 확보 단계에서는 생식에 투자하는 비용을 줄이고, 개체군의 크기가 환경수용력 근처에 있을 때 더 잘 살아남을 수 있도록 적응되어 있는 종들은 흔히 ***K*–선택 종**(*K-selected*)이라고 한다. 표 38.2는 *K*-선택 종들의 전형적인 특징을 소개하고 있다. *K*-선택 종의 대표적인 예로 야자나무, 두루미, 고래 그리고 인간 등을 들 수 있다.

대조적으로 환경수용력에 훨씬 못 미치는 크기를 가진 개체군에는 이용 가능한 자원이 풍부한 것이 일반적이다. 따라서 생식에 드는 비용도 적고, 이럴 때는 가능한 많은 자손을 생산하는 개체가 자연선택적으로 가장 유리하다. 다시 말해, 활발한 생식 능력을 가진 개체들에게 유리한 환경일 것이고 이러한 개체군을 ***r*–선택(*r*-selected)** 개체군이라고 부른다.

r-선택 생활사를 가진 생물들은 우리가 흔히 급격하게 번성하는 예로 알고 있는 생물들 대다수를 포함한다. 민들레, 진딧물, 쥐, 바퀴벌레 등이 그 예이다. 자연 생태계에 존재하는 대부분의 개체

표 38. 2 *r*–선택 그리고 *K*–선택 생활사 적응

적응	*r*–선택 개체군	*K*–선택 개체군
최초 생식 연령	이름	늦음
수명	짧음	길
성숙 기간	짧음	길
사망률	종종 높음	일반적으로 낮음
번식기 당 낳는 자손의 수	많음	적음
생애 생식 수	적음	많음
자식돌보기	없음	가끔 적극적으로
알이나 자식의 크기	작음	큼

군들은 *r*-선택 생활사와 *K*-선택 생활사를 부분적으로 조금씩 나타낸다. 그래서 표 38.2에 제시된 특징을 정확하게 따르는 개체군을 자연계에서 발견하기는 무척 어렵다. 이러한 특징들은 일반화를 위해 제시된 것이지 실제로 많은 예외가 존재한다는 사실을 인지해야 한다.

개념 정리 38.5

이용 가능한 자원의 양 같은 밀도의존적 요인은 큰 개체군에서 역할을 한다. 반대로 자연재해 같은 밀도비의존적 요인들은 개체군의 크기와는 관계가 없다. 개체군의 밀도는 이용 가능한 자원의 양이나 포식자와의 상호작용으로 주기적인 변화를 겪기도 한다. 개체군의 밀도의존적 조절은 주로 개체군의 크기가 환경수용력 근처에 있을 때 생겨난다. 환경수용력에 훨씬 못 미치는 크기를 가진 개체군에서는 높은 생식 능력을 가진 개체들이 자연선택적으로 유리하다.

- 하나의 개체군이 양의 그리고 음의 밀도의존적 조절을 모두 겪을 수 있는가?

인간 개체군(인류)은 폭발적으로 성장한 개체군의 예이다

인간은 *K*-선택 생활사를 따르는 대표적인 특징을 많이 가지고 있다. 즉, 한 배에 가질 수 있는 자손의 수가 적고, 생식 연령이 높으며, 자식돌보기 행동이 아주 강하다. 이러한 생활사 특징은 정해진 환경에서 제한된 자원을 효율적으로 이용하기 시작한 인류 진화의 초기 단계에서 나타났을 것이다.

인구는 기하급수적으로 증가해 왔다

학습목표 38.6.1 인구 성장률이 시간에 따라 어떻게 변화하였는지 설명한다.

인류 역사에서 인구는 주로 먹을 것, 질병, 포식자 등의 요인에 의해 조절되어 왔다. 홍수나 역병의 창궐, 가뭄 등의 요인도 영향을 미쳤다는 것을 부인할 수 없다. 인류의 초기 역사에서 인구는 아주 천천히 증가하였다.

2천년 전 지구의 인구는 약 1억3000만명 정도였다. 이 인구가 2배 증가하는데 약 천년이란 시간이 걸렸고, 이 인구가 1650년에 다시 2배가 되어 지구의 인구는 약 5억명 정도였다. 다시 설명하면, 16세기 동안 지구의 인구는 굉장히 느리게 증가한 셈이다. 이런 면에서 인류는 *K*-선택 생활사를 정확히 따른다고 볼 수 있겠다.

하지만 1700년대에 들어 상황이 급변하였다. 인류는 먹을 것을 보다 쉽게 얻을 수 있는 기술을 가지게 되었고, 포식자를 피할 수 있는 무기가 생겼으며, 각종 질병을 피할 수 있는 의학 기술 역시 가지게 되었다. 동시에 주거와 저장 기술의 발달로 인류는 더 이상 날씨 변화에 취약한 동물이 아니었다. 이러한 변화로 인간 개체군들의 환경수용력은 눈에 띄게 증가하였고, 기하급수적 인구 성장이 시작되었다.

환경 제약이 없어지면서 인구의 증가는 지난 300년 간 엄청났다. 이 기간 동안 출생률은 1000명에 30명꼴로 큰 변화가 없었지만, 사망률은 1000명당 20명에서 13명으로 크게 줄었다. 이러한 사망률의 변화는 매년 약 2%의 인구 증가를 의미한다. 물론 현대의 인구 증가율은 약 1.2% 정도이다.

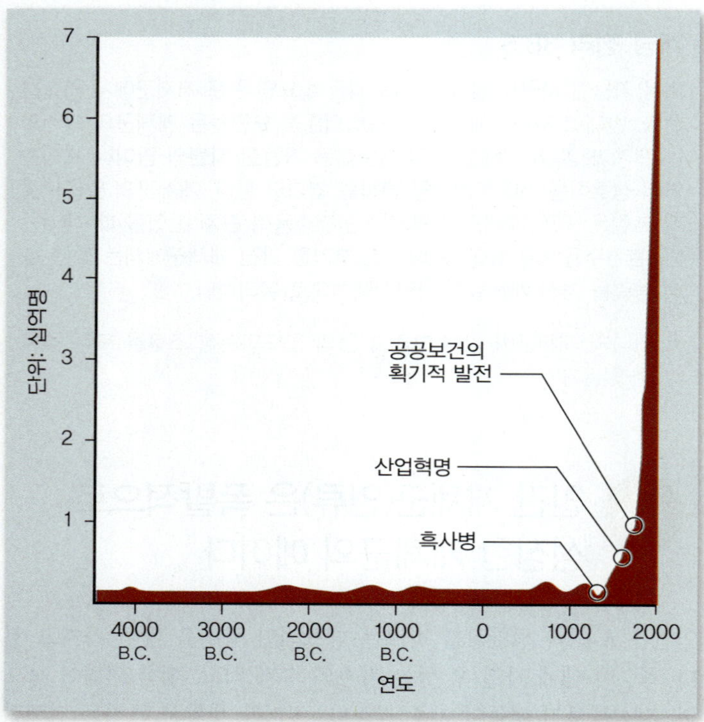

그림 38.21 인구 증가의 역사. 1300년 흑사병이 전 유럽에 퍼졌을 때, 인구 증가에 큰 영향을 주었지만, 그 효과는 인류 역사를 볼 때 일시적이었다. 폭발적 성장은 1800년 산업혁명 이후이며, 이후 사망률이 줄어들면서 인구 성장은 탄력을 받게 된다. 현재 인구는 70억명으로 58년 뒤에는 이론적으로는 지금의 두 배가 된다.

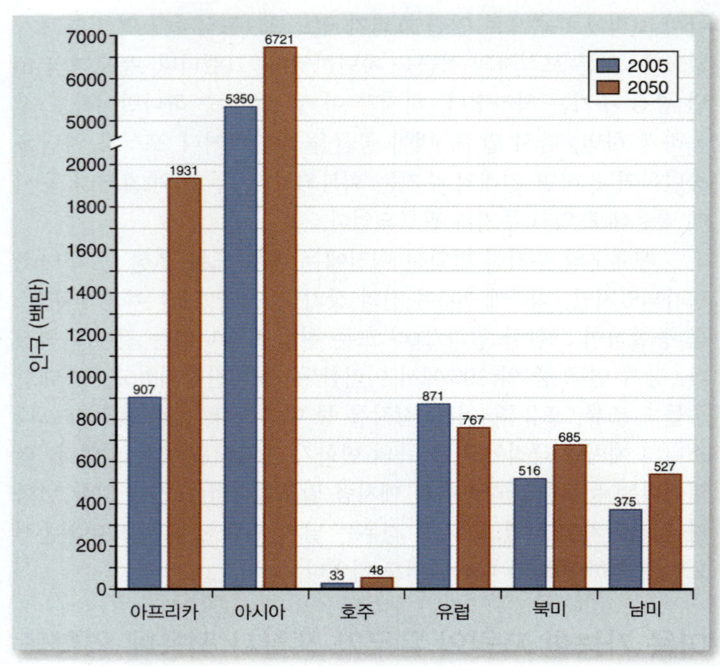

그림 38.22 현 인구와 미래 인구 예측(2006–2050년). 선진국의 인구는 그리 많이 늘지 않을 것으로 예상되지만 저개발 국가의 인구는 가히 폭발적일 것이다.

1.2% 인구 성장은 그리 크게 느껴지지 않을 수 있지만 현재의 인구 70억명을 만들어냈다**(그림 38.21)**. 이러한 성장률이 계속된다면 내년에는 7천800만명이 추가될 것이고 58년 후에는 현재 인구의 2배가 될 것이다. 현재의 인구와 인구 증가율은 우리 세계의 다소 암울한 미래를 보여주는 수치가 될 수도 있다.

인구 피라미드는 출생률과 사망률의 경향성을 보여준다

학습목표 38.6.2 인구 연령 분포가 인구 성장에 어떤 영향을 미치는지 설명한다.

20세기 초반 급격한 지구의 인구는 급격히 증가하였지만, 모든 지역을 통틀어 유사한 양상의 증가가 나타난 것은 아니다. 사실 아프리카나 아시아, 남미 등에서 급격한 인구 증가가 이루어진 것이지 나머지 지역에서의 인구증가는 그리 빠르지 않았다**(그림 38.22)**. 사실 유럽의 몇몇 국가에서는 인구의 감소를 경험하였다.

인구가 미래에 얼마나 빨리 증가할 것인지를 알 수 있게 해 주는 그래프가 바로 **인구 피라미드(population pyramid)**인데, 인구를 연령별 빈도를 막대그래프로 표시하는 방식이다**(그림 38.23)**. 남성이 주로 왼쪽에 여성이 주로 오른쪽에 따로 표시가 되어, 인구의 남녀 성비를 알 수 있게 해 준다. 일반적으로 나이가 많은 인구에서는 여성이 남성보다 더 많은데, 이는 여성의 평균 수명이 남성보다 길기 때문이다.

인구 피라미드에서 출생률과 사망률과 관련된 경향을 엿볼 수 있다. 일반적으로 직사각형의 피라미드는 늘지도 줄지도 않는 안정적인 인구 특성을 가진 나라의 예가 될 수 있다. 삼각형의 피라미드는 아직 출산 가능 연령이 아닌 어린 인구의 수가 많은 것으로 미래 급격한 인구 증가를 예상할 수 있다. 역삼각형은 출생률의 감소로 인구가 줄어드는 국가의 대표적 특징이다.

스웨덴과 케냐의 2010년 인구 피라미드가 그림 38.23에 표시되어 있다. 이 두 국가는 다른 연령 분포를 보이고 있다. 스웨덴의 인구 피라미드는 직사각형에 가까우며, 약간씩 줄어드는 출산률과 증가된 수명으로 인구는 늘지도 줄지도 않는 그런 상태이다. 케냐의 인구 피라미드는 삼각형으로 높은 출산률에 짧은 기대 수명의 결과로 미래 폭발적인 인구 증가가 예상된다. 스웨덴에서 15세 미만은 전체 인구의 약 16%만을 차지하지만, 캐냐의 경우는 절반에 가까운 인구가 15세 미만이다. 스웨덴에서는 한 명의 여성 당 1.7명의 아이를 임신하지만, 케냐에서는 4.7명을 임신한다. 아마 케냐의 인구는 35년 뒤 지금의 2배가 되겠지만, 스웨덴의 인구는 그리 변화가 없을 것이다.

인구 증가로 인류의 미래는 불확실하다

학습목표 38.6.3 미국의 전형적인 생태 발자국을 설명할 수 있다.

지구의 인구 팽창과 더불어 생겨나는 각종 문제로 생물권(biosphere)의 미래는 더 이상 장담할 수 없는 상황이 되었다. 매년 7천800만명이 증가하고(다시 말하면 5일에 100만명 꼴 혹은 1분에 150명), 몇몇 신흥 발전국에서는 이보다 훨씬 빠른 인구 증가가 있을 것이다. 예를 들어 인디아는 2002년 10억명을 겨우 넘었지만, 2050년에는 16억명을 넘을 것이다.

지구 인구 문제의 핵심은 이와 같이 지역별 불균형에 있다. 1990년대 지구에 10억명 정도 인구가 증가하였는데, 증가된 인구의 90%는 저개발 국가에 있다는 사실에서 이러한 불균형을 실감할 수 있다(그림 38.24). 비율로 볼 때, 선진국의 인구 비율은 점차 감소하고 있다. 1950년대 전 세계 인구의 3분의 1은 산업화된 국가에 있었다. 1995년 4분의 1로 줄기 시작하더니 2020년에는 약 6분의 1만이 산업화된 국가에 있을 것으로 예상된다. 미래의 인구 증가는 저개발 국가의 큰 문제가 될 수 있으며, 이들 국가의 상당수는 이런 인구 문제를 해결할 능력을 가지고 있지 않다.

지구가 70억명의 인구를 지탱할 수 있을지 그 누구도 장담할 수 없다. 지구의 생태계는 이미 엄청난 스트레스로 위기 상태이다. 어느 누구도 지구의 환경수용력이 얼마나 되는지, 어디까지 확장할 수 있을지 알 수 없다. 인류는 최악의 경우 엄청난 사망률을 가지게 될 수도 있는데, 이를 피하려면 출생률이 획기적으로 감소되어야 한다.

인구 증가율은 떨어지기 시작하였다

대부분의 국가에서는 인구 증가율에 깊은 관심을 가지고 있고, 효과적인 정책으로 발전적 성과를 거둔 곳도 있다. 케냐의 경우 1984

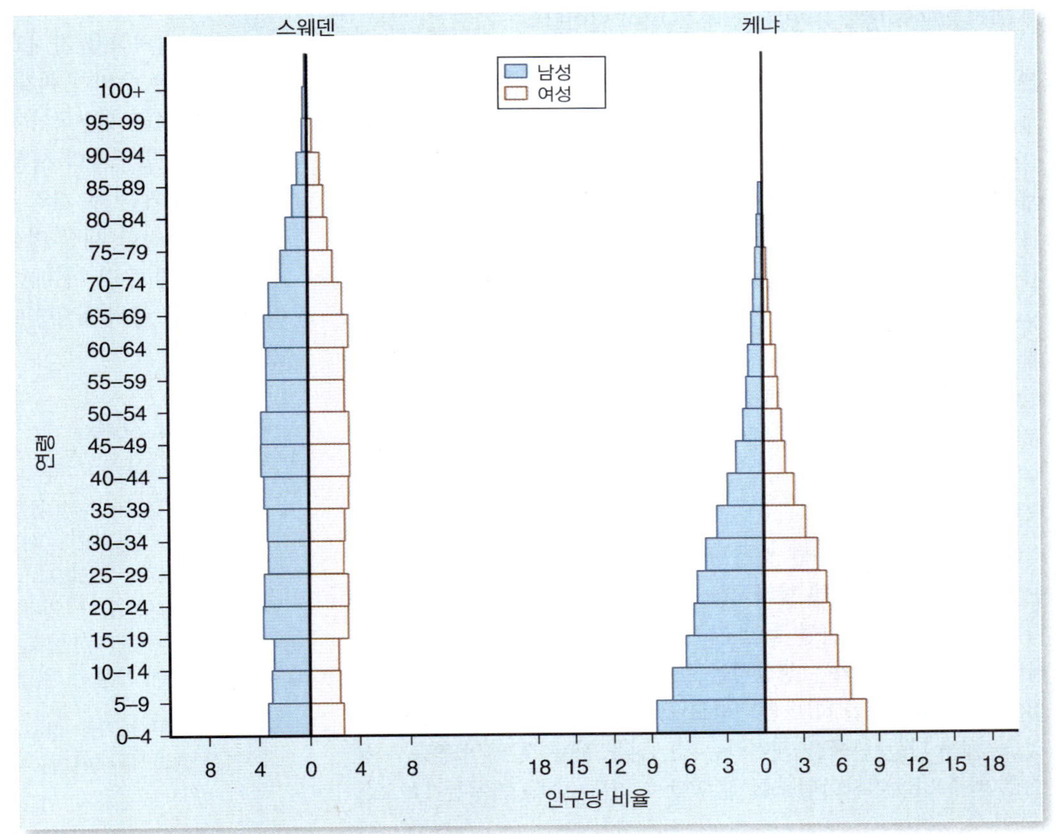

그림 38.23 2010년의 인구 피라미드. 인구 피라미드는 인구의 연령 분포를 파악할 수 있게 해 주는 그래프 자료이다. 케냐의 인구 피라미드는 아랫 부분이 넓은데 이는 가임기 전 아이들의 비율이 높다는 것을 뜻하며, 이들이 가임기 연령에 이르렀을 때 폭발적 인구 성장이 있을 것이다. 스웨덴의 인구 피라미드는 중간 부분이 약간 볼록한데 아마 20세기 중반 베이비붐의 결과일 것이다. 생식 연령을 넘어선 사람들의 비율이 높은데 이는 스웨덴의 높은 기대 수명을 반영한다.

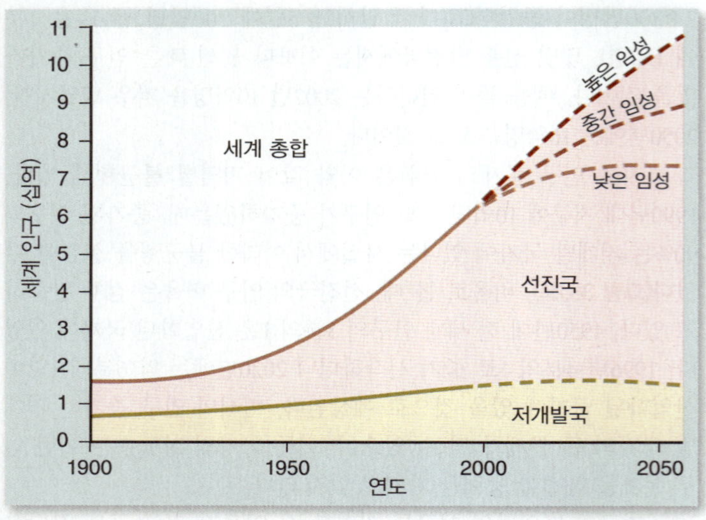

그림 38.24 인구 성장 분포. 1950년 이후 인구 성장은 주로 개발도상국에 집중되었다. 개발도상국의 연령 구조는 가까운 미래의 폭발적 인구 증가를 예견하게 한다. UN에서 예측하기를 지구의 인구는 2050년 즈음에는 73억에서 107억 사이가 될 것이라고 하며, 이 시기에는 인구가 더 증가하거나 거의 증가하지 않거나 할 것으로 예상되며, 가장 좋은 스토리는 감소하는 것이다.

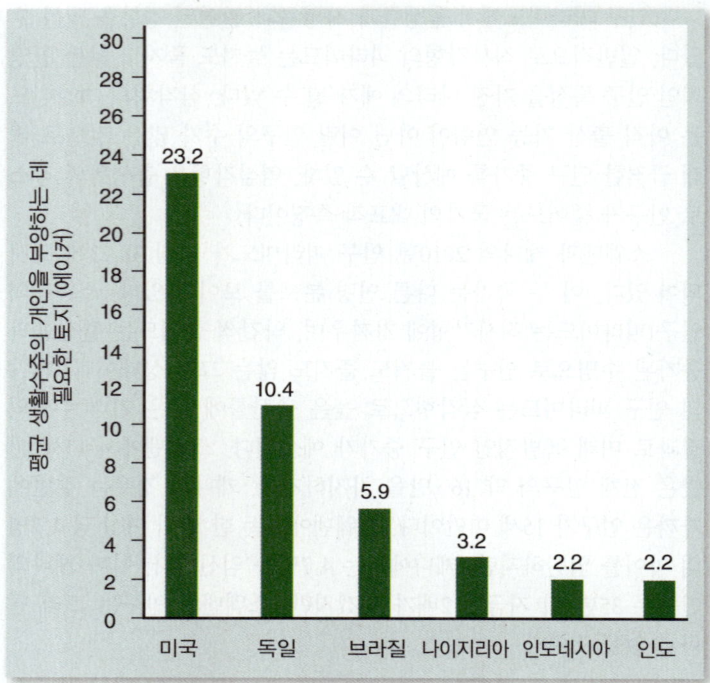

그림 38.25 여러 다른 국가의 개인별 생태발자국. 생태발자국은 일생 동안 개인을 부양하는 데 얼마나 많은 토지가 필요한지 계산하는 것이며, 여기에는 식량의 생산, 임산물 및 주택공급에 쓰이는 토지(에이커)에 화석연료의 연소에 의해 생성되는 이산화탄소를 흡수하는 데 필요한 삼림이 포함된다.

년 한 쌍의 부부 당 임신률이 8명이었지만 2008년 4.7명으로 줄었고, 이로 인하여 인구 증가율은 4%에서 2.8%로 줄었다. 이러한 노력으로 지구의 인구는 현 세기의 중반즈음 89억명 정도에서 안정될 것이라는 전망이 나오고 있다. 지구에 얼마나 많은 인구가 살 수 있을 지의 문제는 사실 삶의 질의 문제이다. 사실 현재의 인구는 현대 과학으로 지탱할 수 있는 범주를 이미 벗어났다.

선진국의 소비가 자원을 고갈시키고 있다

개체군의 크기만이 사용 가능한 자원의 양을 결정하는 요인은 아니다. 개체 별 자원 사용 양이 가장 중요하다. 이런 면에서 선진국에서 보다 소비를 줄일 수 있도록 별도의 노력을 해야 한다. 아무리 인구의 대부분이 저개발 국가에 있지만 자원 소비의 상당수는 산업화된 국가에서 이루어지기 때문이다. 상위 20%에 속하는 부유층 인구가 전 세계 자원의 86%를 소비하고 전 세계 이산화탄소 배출의 53%를 유발하지만, 하위 20%의 인구의 자원 소비량은 약 1.3% 그리고 이산화탄소 배출량은 약 3% 정도이다. 극단적으로 비교하자. 오늘 선진국에서 태어나는 아이가 사용하는 자원의 양과 후진국에서 태어나는 아이가 사용하는 자원의 양을 비교해 보라. 극명한 차이가 있다.

이렇듯 개인의 자원 사용량에 있어서의 차이를 보여줄 수 있는 개념이 있는데 **생태 발자국(ecological footprint)**이 바로 그것이다. 생태 발자국은 일생 동안 자신이 속한 곳에서 평균 생활 수준을 영위할 때 사용되는 생산력을 가진 토지의 양을 뜻한다. 개인의 삶에는 본인이 직접 하지 않더라도 농사를 짓는 것, 가축을 키우는 것, 숲에서 나는 산물을 채취하는 것, 집을 짓는 것, 탄소연료 사용으로 배출되는 이산화탄소를 흡수할 수 있는 숲을 가꾸는 그 모든 것이 연관되어 있다. **그림 38.25**에 나타나 있듯이, 미국인의 생태 발자국은 인디아에 살고 있는 사람들의 평균보다 10배 더 크다.

생태 발자국을 가지고 계산하면 인간은 우리의 자연이 지탱할 수 있는 양은 우리가 현재 사용하는 양의 약 3분의 1 정도이다. 더 큰 문제는 신흥개발국가에서 소비가 점차 늘어나는 것이다. 만약 이들 신흥개발국가의 생활수준이 현재 선진국의 그것과 비슷해진다면 우리에게는 두 개의 지구가 필요할 것이다.

지속가능한 세상 건설은 우리 인류가 직면한 가장 중요한 과제이다. 미래 우리 아이들이 누릴 수 있는 삶의 질은 현재 우리가 어떻게 인구 증가와 일인당 소비의 양을 조절할 수 있는가에 달려 있다.

개념 정리 38.6

인류 역사를 통해 인구는 지속적으로 증가해 왔다. 지난 400년간의 인구 증가는 기하급수적이었다. 현재의 인구 증가율을 고려하면 약 58년 뒤에는 현 인구의 두 배가 될 것이다. 인구 피라미드는 연령별 인구 분포를 보여주는 그래프이다. 아래가 넓은 피라미드는 미래의 인구 증가를 예측할 수 있다. 인구 증가율은 약간씩 감소하는 추세이며, 인구 증가율의 분포는 지역별로 크게 다르다. 자원의 과도한 소비는 지구의 지속가능성에 가장 큰 위협이 될 수 있다.

- 지구 인구 증가를 감소시키고 선진국의 자원소비를 막을 수 있는 가장 효과적인 방법은 무엇인가?

섬에 서식하는 노래참새 개체군들은 밀도의존적 요인에 의해 조절되는가?

섬의 개체군들은 격리되어 이입과 이출이 적기 때문에, 개체군의 크기가 개체군의 성장에 어떤 영향을 미치는지 조사하기 매우 용이하다. 개체군의 크기는 개체군의 성장률에 영향을 미치는데, 이는 개체수가 증가하며 이용 가능한 자원이 줄고, 결국 사망률도 증가하기 때문이다. 또한 포식자들도 특정 종을 가장 선호하는 먹이로 이용하기 때문에, 개체군이 커지면 포식압에 의한 사망률이 커질 수 있다. 하지만 개체수의 감소가 개체군의 크기와 전혀 상관이 없는 경우도 있다. 날씨, 화산 폭발, 인간의 간섭 등 개체군의 크기와 무관하게 작용하는 다양한 요인들이 있기 때문이다.

그래프에 나타난 자료는 Mandarte라는 섬에 서식하는 13종의 노래참새로부터 얻은 것이다. 각 종의 진화적 적응 방식이 개체군의 크기를 결정할 수 있는 요인이 되기 때문에, 각 개체군에 대한 전수조사가 이루어졌고 어린 개체들의 사망률에 대한 조사도 이루어졌다. 그래프에는 어린 개체들의 사망률이 각 개체군에 있는 생식 가능 연령 성체의 수에 대비하여 표시되어 있다. 약간의 변이는 있지만 전체적인 추세를 설명할 수 있는 통계적으로 유의한 회귀선(best-fit regression line)을 그릴 수 있다.

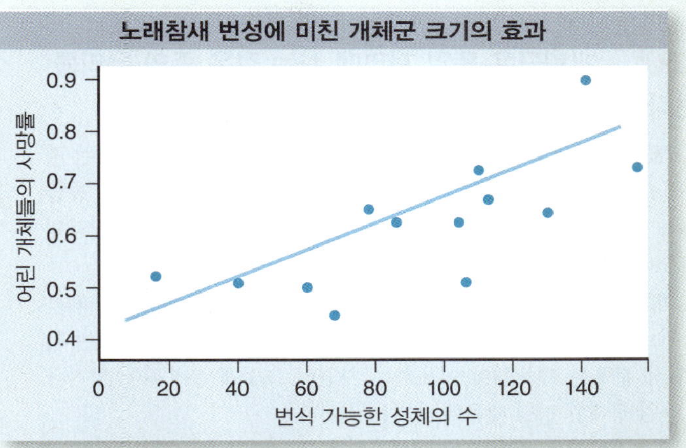

분석

1. **개념 적용**

   산포형 자료 분석하기. 가장 낮은 어린 개체 사망률을 나타내는 개체군의 크기는? 반대로 가장 높은 사망률을 나타내는 개체군의 크기는?

2. **자료 해석**

   a. 13개 개체군에서 어린 개체들의 평균 사망률을 그래프에 있는 13개 점으로 계산한다면?

   b. 얼마나 많은 개체군에서 평균 이하의 어린 개체 사망률을 보이는가? 이들 개체군의 평균 크기는?

   c. 얼마나 많은 개체군에서 평균 이상의 어린 개체 사망률을 보이는가? 이들 개체군의 평균 크기는?

3. **추론** 어린 개체 사망률이 낮은 개체군의 크기가 그렇지 않은 개체군보다 큰가 아니면 작은가?

4. **결론 도출** 개체군의 크기가 밀도의존적인 양상을 나타내는가?

학습 과정 복습

개념 38.1 개체군은 동일 지역에 사는 같은 종의 무리를 일컫는다

38.1.1 개체군의 지리적 분포를 서식범위라고 한다 개체군의 제한된 지리적 분포는 시간이 흐르며 확장될 수도, 오히려 축소될 수도 있다. 종들은 지리적 장벽을 넘어 다른 지역으로 이동할 수 있고, 최근에는 인간의 도움으로 서식 범위를 넓히는 종들도 적지 않다.

38.1.2 개체군의 개체들은 각기 다른 공간 분포 양상을 보인다 개체들은 무작위로, 균일하게 아니면 부분 부분 무리를 지어 분포할 수 있는데, 비무작위적 분포는 개체들이 이용하는 자원이 그렇게 분포되어 있거나 아니면 자원에 대한 경쟁 때문에 생기는 것이다.

38.1.3 이소개체군은 작은 지역개체군으로 구성되어 는 집합 단위이고 각 지역개체군 간 개체의 이동이 있다 지역개체군이 크고 다른 지역개체군과 잘 연결되어 있으면, 이 지역개체군과 다른 지역개체군사이에는 잦은 개체 이동이 있을 수 있다. 잘 연결된 이소개체군 내에 있는 지역개체군들은 멸종을 피할 수 있다.

개념 38.2 개체군의 성장 여부는 개체들의 연령 분포와 성비에 의해 결정된다

38.2.1 성비와 세대 길이는 개체군 성장률에 영향을 미친다 암컷이 많고, 세대 길이가 짧은 개체군은 빠른 성장을 할 수 있다.

38.2.2 연령구조는 각 연령군의 개체수에 의해 정해진다 각 연령군은 다른 생식력과 사망률을 가지므로 개체군의 연령구조는 개체군의 성장에 절대적인 영향을 미친다. 생명표는 각 연령군의 생존율과 생식 정도에 대한 정보를 제공한다. 생존 곡선은 연령별 생존율을 보여주며, 높은 연령까지 생존율이 높은 개체군도 있지만, 어릴 때의 사망률이 매우 높은 개체군들도 있다.

개념 38.3 일생 동안의 번식성공도가 높은 생활사 전략만이 없어지지 않고 살아남을 수 있다

38.3.1 생식은 부모의 생존에 엄청난 손실을 주는 과정이다 자원은 제한되어 있기 때문에, 생식은 늘 비용이 수반되는 과정이다. 개체들은 가지고 있는 자원을 현재의 생식에 투자할 수 있지만 부족한 자원은 미래의 생식을 제한할 수도 있다.

38.3.2 자손의 수와 자손에게 하는 투자는 서로 상충되는 관계이다 생식 비용이 너무 클 때, 다른 생식 전략들이 개체의 적응도를 높여줄 수 있다. 즉 너무 많은 자식을 낳는 것 보다는 소수의 덩치 큰 자식을 낳아 이 자식들의 생존율을 높여주는 것이 유리할 때가 있다. 일생 동안 몇 번의 생식을 할 것인가 하는 것도 역시 중요한 균형점이 필요하다. 단생식이란 일생 동안 단 한 번의 생식을 거창하게 하는 것을 말하며, 다생식이란 여러 번에 걸쳐 자손을 생산하는 것을 의미한다. 생식 가능 연령은 개체의 수명과 관련이 있는데, 개체의 수명이 긴 종은 주로 생식 가능 연령이 높다.

개념 38.4 환경 조건이 개체군 성장을 제한할 수 있다

38.4.1 지수성장 개체군이 제한 없이 성장하는 개체군들에 적용되는 모델이다 개체군의 성장률 r은 출생률 b에서 사망률 d를 뺀 값이다. 지수성장 모델은 개체군이 자원이나 다른 종에 의한 제한을 전혀 받지 않는 경우에 나타난다.

38.4.2 로지스트 모델은 성장이 환경수용력에 따라 결정되는 개체군에 적용된다 환경수용력은 서식 환경에서 감당할 수 있는 개체군의 최대 크기를 의미한다. 로지스트 성장은 환경수용력의 제한을 받는다. 환경수용력 근처에서는 개체군 성장이 감소하고 이를 넘어서면 개체군의 크기는 줄어들게 된다.

개념 38.5 가용 자원의 양이 개체군의 성장을 조절한다

38.5.1 밀도의존적 효과는 생식과 생존이 개체군 크기에 영향을 받을 때 생긴다 경쟁과 질병이 가장 대표적인 밀도의존적 요인이다. 출생률이 낮아지고 사망률이 높아지면서 개체군의 크기는 안정화되기 시작한다.

38.5.2 밀도비의존적 효과는 환경 파괴나 재난 등이다 밀도비의존적 요인 개체군의 크기와 상관 없이 개체군의 성장률을 제한하는 요인들을 말하며, 개체군의 사망률을 증가시키는 각종 갑작스러운 환경 변화를 그 예로 들 수 있다.

38.5.3 다양한 상호작용으로 개체군 크기 변화의 주기가 생길 수 있다 개체군의 크기가 먹이 공급이나 포식자의 존재에 따라 주기적으로 달라지는 경우가 있다.

38.5.4 이용 가능한 자원의 유무가 생활사 적응에 영향을 미친다 환경수용력 근처에 있는 개체군에서 개체들은 자원확보를 최대화하도록 적응되어 있다. 환경수용력에 못 미치는 크기를 가진 개체군에서는 개체들이 가능한 많은 자손을 낳도록 적응되어 있다.

개념 38.6 인간 개체군(인류)은 폭발적으로 성장한 개체군의 예이다

38.6.1 인구는 기하급수적으로 증가해 왔다

38.6.2 인구 피라미드는 출생률과 사망률의 경향성을 보여준다 인구 분포에서 어린 사람들이 많으면, 그들이 생식 연령에 도달할 때, 폭발적 인구 증가가 수반된다.

38.6.3 인구 증가로 인류의 미래는 불확실하다 인구의 분포는 전 세계적으로 매우 불균형적이다. 저개발 국가의 인구 증가로 이들은 더 많이 못 살게 되었고, 세계 대부분의 자원들은 선진국에서 다 소비해 버린다. 최근 인구 증가율은 다소 감소하였지만, 이런 증가율에도 인구는 더 늘어날 것이며 아마 70억에서 100명 사이에서 평형을 이루지 않을까 예상된다. 인류의 지속가능성을 확보하기 위해서는 인구 조절과 개인 소비 감소가 필수적이다.

학습 과정 평가

개념 38.1 개체군은 동일 지역에 사는 같은 종의 무리를 일컫는다

이해

1. 개체들이 균일하게 분포하는 개체군에서 다음 중 가장 옳은 설명은?
   a. 그 개체군의 크기는 환경수용력 보다 훨씬 작다.
   b. 자원 확보 경쟁에서 뛰어난 개체들이 자연선택에서 유리할 것이다.
   c. 다른 개체군으로부터의 개체 이동으로 그 개체군은 멸종의 위기에서 벗어날 수 있다.
   d. 위의 어떤 것도 정답이 아니다.
2. 공급-흡수 이소개체군 구조는 다른 형태의 이소개체군 구조와는 차이가 있다. 그 이유는?
   a. 공급-흡수 이소개체군에서만 개체의 이동이 있기 때문이다.
   b. 음의 성장률을 가진 개체군이 공급-흡수 이소개체군에 포함되어 있기 때문이다.
   c. 공급-흡수 이소개체군에서 지역개체군들은 절대로 멸종에 이르지 않기 때문이다.
   d. 공급-흡수 이소개체군에서 모든 지역개체군들은 결국 멸종될 것이기 때문이다.

응용

1. 다음 중 어떨 때 개체들 간 상호작용이 최대로 일어나는가?
   a. 개체들이 무작위 분포를 하고 있을 때.
   b. 개체들이 균일한 분포를 하고 있을 때.
   c. 개체들이 무리를 지어 분포할 때.
   d. 위의 어떤 것도 정답이 아니다.
2. 이소개체군을 이루는 지역개체군이 절멸하는 경우가 있다. 다음 중 그 이유가 아닌 것은?
   a. 다른 지역 개체군들과 격리되어 있을 때.
   b. 이형접합자 빈도가 낮을 때.
   c. 이용 가능한 자원이 별로 남아 있지 않을 때.
   d. 집단의 크기가 작을 때.

종합

1. 진화적으로 하나의 개체군은 다른 개체군들과 달라질 수 있다(분화, divergence). 이러한 견지에서 이소개체군에 속해 있는 개체군들 간 진화적 분화와 독립적인 개체군들 간의 진화적 분화에는 어떤 차이가 있을까?

개념 38.2 개체군의 성장 여부는 개체들의 연령 분포와 성비에 의해 결정된다

이해

1. 개체군 통계는 개체군의 어떠한 변화를 연구하는 분야인가?
   a. 크기. b. 생태.
   c. 사회 구조. d. 분포.
2. 임성 또는 생식력이란 한 ( )에 가질 수 있는 자손의 수를 의미한다. 괄호 안에 들어갈 단어는?
   a. 생애(lifetime). b. 배(brood).
   c. 해(year). d. 개체.

응용

1. 다음 중 개체군들이 성장하는 이유가 아닌 것은?
   a. 출생률 증가.
   b. 남성 비율의 증가.
   c. 세대 길이 감소.
   d. 출생률이 사망률을 추월할 때.
2. 제 1형 생존 곡선에서 사망률은?.
   a. 생애 후반부에 급격히 상승한다.
   b. 연령과 상관 없이 일정하다.
   c. 연령으로 예측할 수 있는 것이 아니다.
   d. 생식 후에 사망률이 급증한다.

종합

1. 당신의 들풀을 무척 좋아해서 집에서 화초처럼 키우고 싶어한다고 가정하자. 또 당신이 시장에 나가서 하나의 화초를 사기를 원하는데, 가능한 오래 살 것 같은 화초를 고르고 싶다고 가정하자. 어떤 연령의 화초를 사야 하는가? 이 질문에 대한 답을 생존 곡선을 이용하여 이야기 하다면?

개념 38.3 일생 동안의 번식성공도가 높은 생활사 전략만이 없어지지 않고 살아남을 수 있다

이해

1. 생태학자들이 이야기하는 생식의 비용이란?
   a. 현재 생식 활동으로 인한 미래 생식력 감소.
   b. 성공적인 생식 활동에 들어가는 칼로리의 양.
   c. 알이나 자식에게 들어가는 칼로리의 양.
   d. 위의 어떤 것도 답이 아니다.
2. 자손의 수와 크기 간 생활사적 균형점이란?
   a. 자손의 수가 증가하면 자식의 크기도 증가한다.
   b. 자손의 수가 증가하면 자식의 크기가 감소한다.
   c. 자손의 수가 증가하면 성체의 크기가 증가한다.
   d. 자손의 수가 증가하면 성체의 크기가 감소한다.

응용

1. 포식자의 위협을 강하게 받는 개체군에서 다음 중 가장 옳은 설명은?
   a. 개체들은 생식에 대한 투자를 줄여 생존 가능성을 높인다.
   b. 개체들은 적은 수의 자손을 생산하여 그들에 대한 투자를 줄인다.
   c. 개체들은 자신이 이듬해 번식기까지 생존할 수 있는 보장이 없기 때문에 생식에 최대로 투자를 한다.
   d 모든 개체들은 생식을 중단한다.

종합

1. Bumpus라는 한 연구자가 참새 개체군을 연구하였는데, 아주 극심한 겨울 날씨에 덩치가 가장 큰 수컷들은 꽤 좋은 생존율을 보였지만, 아주 덩치가 크거나 작거나 한 암컷들은 그리 좋은 생존율을 보이지 않았다. 왜 암컷과 수컷이 다른 결과를 보였는지 설명할 수 있는가?

개념 38.4 환경 조건이 개체군 성장을 제한할 수 있다

이해

1. 지수성장과 로지스트 성장의 차이점은?
   a. 지수성장은 출생률과 사망률에 의해 결정되지만 로지스트 성장은 그렇지 않다.
   b. 로지스트 성장에서 이입과 이출은 그리 중요하지 않다.
   c. 둘 다 밀도의존적 영향을 받지만, 로지스트 성장이 더 느리다.
   d. 로지스트 성장에서만 출생과 사망에 밀도의존적 효과가 반영된다.
2. 환경에서 지탱할 수 있는 최대 개체수를 무엇이라고 하는가?
   a. 생명잠재력. b. 영양 단계. c. 환경수용력. d. 최대 생식력.

응용

1. 로지스트 성장 모델 공식, $dN/dt = rN[(K - N)/K]$은 가능한 최대 성장이 가정되었을 때의 개체군 성장을 나타낸다. 다음 중 N이 K와 가까워질 때의 설명이 아닌 것은?
   a. dN/dt는 급격하게 증가한다.
   b. dN/dt는 0에 가까워진다.
   c. dN/dt는 천천히 증가한다.
   d. 개체군은 멸종 위기에 처한다.
2. 연못에 영양물질이 갑자기 많이 들어오게 되면 갑자기 많은 조류(algae)가 번성할 수 있다. 만약 조류 개체군의 크기가 그 연못의 환경수용력(K)을 넘어설 정도가 되면 무슨 일이 벌어지는가?
   a. 개체군은 새로운 K값에 도달하는 방향으로 성장한다.
   b. 사망률이 최고점에 이른다.
   c. 개체군은 더 높은 평형점에 이를 때까지 성장한다.
   d. 개체군의 크기가 감소하여 K값에 근접하게 된다.

종합

1. 당신은 지수적 성장을 하는 개체군이 다시 로지스트 성장으로 바뀌는 과정을 가끔 보아왔을 것이다. 하지만 반대의 경우, 즉 로지스트 성장에서 지수적 성장으로 바뀌는 것이 어떻게 가능한지 설명할 수 있는가?

개념 38.5 가용 자원의 양이 개체군의 성장을 조절한다

이해

1. 다음 중 어떤 것이 개체군 성장에 밀도의존적으로 영향을 미치는 예인가?
   a. 혹한의 겨울.
   b. 토네이도.
   c. 엄청나게 더운데 더위를 피할 장소가 개체군의 개체수에 비해 턱없이 적을 때
   d. 가뭄.
2. 다음 중 K-선택 종의 특징이 아닌 것은?
   a. 안정된 개체군 크기를 가진다.
   b. 치열한 자원 획득 경쟁을 경험한다.
   c. 높은 생식력을 가진다.
   d. 환경수용력과 비슷한 크기의 개체군에서 생활한다.

응용

1. 인간에 의해 포식자들이 사라진다면 다음 중 가능한 상황은?
   a. 새로운 포식자가 나타날 때까지 피식자들이 지수적 성장을 한다.
   b. 포식자의 위협이 피식자 개체군 크기를 결정하는데 중요한 요인이라면, 피식자 개체군의 크기가 커질 것이다.
   c. 그 환경의 환경수용력이 커질 것이다.
   d. 알리효과(Allee effect)가 나타난다..

종합

1. K-생식전략을 보이는 많은 종, 예를 들면 두루미, 고래 등은 멸종위기 상태이다. 혹시 멸종위기에 있지만 r-생식전략을 보이는 종의 예가 있는가? 그리고 왜 K-생식전략을 보이는 종이 더 많은가?

개념 38.6 인간 개체군(인류)은 폭발적으로 성장한 개체군의 예이다

이해

1. 현재 지구의 인구는?
   a. 70억. b. 80억.
   c. 90억. d. 60억.
2. 2012 지구의 인구 증가율을 고려하였을 때 일년에 모두 몇 명이 증가하는가?

응용

1. 인구 피라미드에서 아래가 위 보다 훨씬 넓은 형태(삼각형)인 경우 인구는 어떻게 될 것으로 예상되는가?
   a. 줄어들 것이다.
   b. 안정화될 것이다.
   c. 베이비 붐을 경험할 것이다.
   d. 급격한 증가를 경험할 것이다.
2. 세계 인구 증가율은?
   a. 변화 없음. b. 감소.
   c. 증가. d. 불확실.

종합

1. 그림 38.23에 나타난 인구 피라미드를 보고 다음을 답하라. 평균 세대 길이를 줄이는 것이 한명의 여성이 일생 동안 가질 수 있는 아이의 수를 줄이는 것과 비슷한 효과가 있는가? 어떤 것이 개체군 성장에 보다 강한 효과를 가지는가?
2. 당신이 지금까지 학습한 개체군 성장에 대한 모든 이론을 동원하여 지구의 인구와 관련하여 벌어질 모든 것을 예측해 보아라.

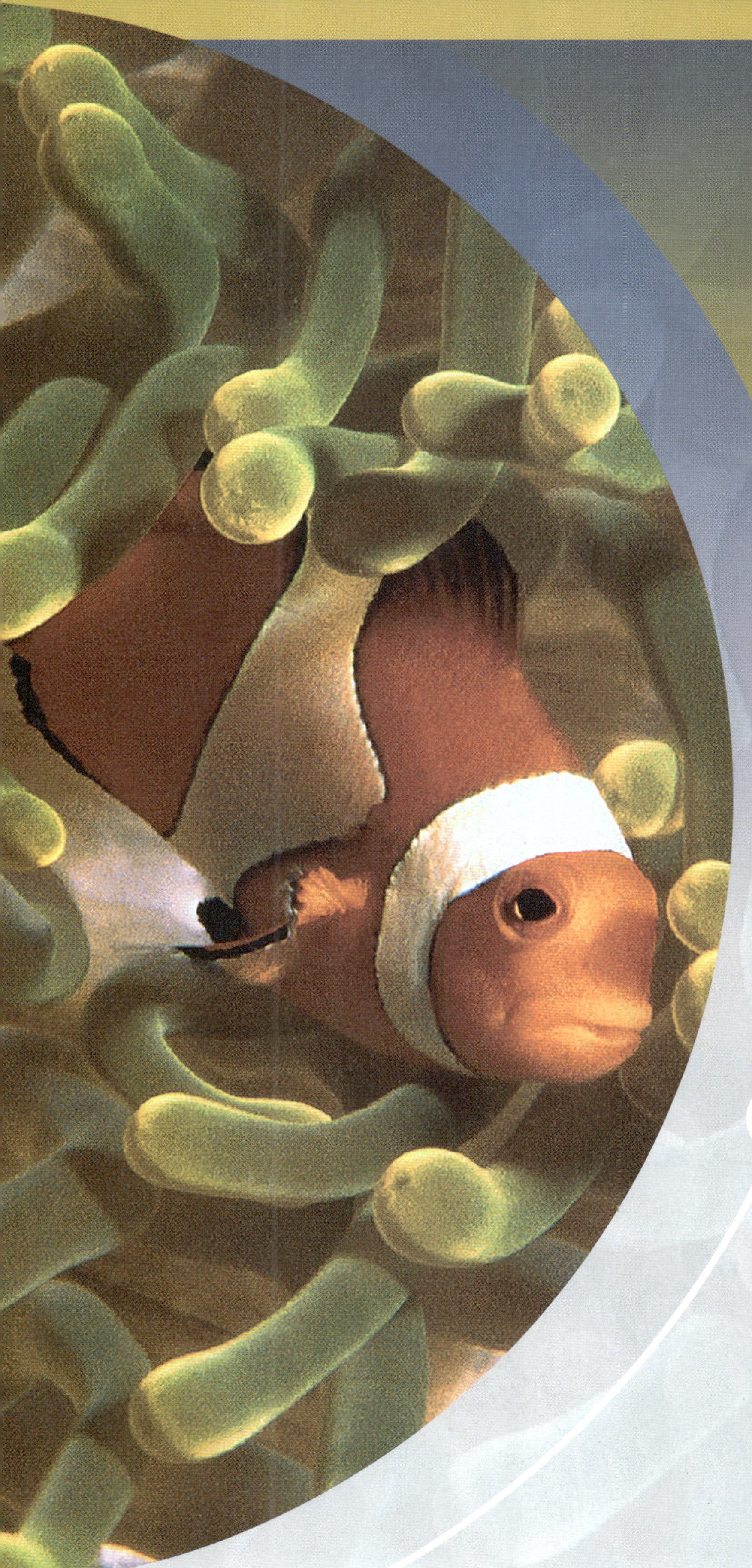

39 군집생태학

학습과정

서론

정한 지역에 함께 서식하는 모든 생물들은 군집의 구성원이다. 열대우림에 서식하는 수많은 종들도 특정한 군집을 이룬다. 실제로 지구상에 서식하는 생물은 특정한 집합체를 이룬다. 시간이 경과함에 따라, 함께 살아가는 서로 다른 종들은 그들의 군집 특징과 안정성을 위해 관계를 구축하고 함께 진화하면서 수많은 복잡한 조절과정을 만들어왔다. 경쟁과 협동은 중요한 역할을 한다. 이 장에서, 우리는 군집 생태계의 이와 같은 여러 가지 요인을 학습한다.

39.1 경쟁은 종들이 군집 안에서 함께 살아가는 방법을 만든다

군집이란 특정한 지역에 사는 모든 종들이다

학습목표 39.1.1 군집을 정의하라.

지구의 대부분 장소는 생물종들이 차지하고 있으며, 때로는 아마존(Amazon)의 열대우림같이 많은 생물종 수가 차지하는 곳도 있으며, 때로는 옐로스톤 간헐천(Yellowstone's geyser)의 뜨거운 물 근처에 작은 수가 서식하기도 한다(옐로스톤 간헐천에는 많은 미생물이 서식하고 있다). **군집(community)**이란 특정한 지역에서 출현하는 모든 생물 종들을 뜻한다(**그림 39.1**). 군집들은 예를 들면 **종 풍부도(species richness)**-출현 종 수 또는 **일차생산량(primary productivity)**-에너지생산량과 같은 종의 구성 또는 종의 특성에 의해 특징을 지을 수 있다.

군집 구성원 간의 상호작용은 많은 생태와 진화 과정을 조절한다. 포식, 상리 공생과 같은 이러한 상호작용들은 특정 종의 개체군 증가 또는 감소를 보이는 개체군 생물학에 지대한 영향을 미친다. 예를 들어 생태계를 통한 에너지와 영양분 순환은 하나의 방법이다. 게다가, 군집환경은 종들이 직면한 자연선택의 형태에 영향을 미쳐 결국은 진화과정에도 영향을 미치게 된다.

과학자들은 대규모 실험에서 상세한 관찰에 이르기까지, 여러 가지 방법으로 군집 생태계를 연구한다. 과학자들은 종종(예를 들어, "거미군집") 공동체 같은 하위군집을 언급하지만, **집합(assemblage)**은 포함된 종들이 전체 군집 내에 존재하는 일부분임을 암시하는 것에 더 적절하다.

종의 생태적 지위는 가용자원을 활용하는 방법이다

학습목표 39.1.2 기본 지위와 실제 지위를 구별하라.

군집내의 각각의 생물체는 다양한 방법으로 생존의 도전에 직면한다. 생물체가 차지하는 생태적 **지위(niche)**는 주어진 환경 안에서 자원을 활용하는 모든 방법이다. 생태적 지위는 공간 활용, 먹이섭

그림 39.1 아프리카 사바나 군집. 군집은 모든 종으로 구성되어 있다—식물, 동물, 곰팡이, 원생생물 및 원핵생물의 경우 나미비아(Namibia) 에토샤 국립공원 지역에서 나타난다.

취, 온도 범위, 교미를 위한 적당한 조건, 수분요구량 및 기타 요인들에 관하여 설명 될 수 있다.

종들은 때때로 다른 종들의 존재 또는 부재 때문에 전체 생태적 지위를 차지할 수 없게 된다. 종은 다양한 방식으로 서로 상호 작용할 수 있으며, 이러한 상호 작용은 긍정적이거나 부정적인 영향을 미칠 수 있다. 상호작용의 한 유형인 **종간경쟁(interspecific competition)**은 두 종을 충족시키기에 자원이 부족하고 두 종이 동일한 자원을 사용하는 경우에 일어난다.

세력권를 방어하기 위해 싸우거나 특정 서식지로부터 개체를 쫓아내는 것과 같이 자원을 둘러싼 물리적 상호 작용을 **간섭경쟁(interference competition)**이라 하며, 동일 자원을 소비하는 것을 **자원획득경쟁(exploitative competition)**이라고 한다.

생리적 허용한계와 자원수요에 기초하여 종이 이용 가능한 전체 지위를 **기본 지위(fundamental niche)**라고 한다. 다른 종의 존재 또는 부재와 같은 실제 환경 조건 안에서 종이 안정된 개체수를 유지할 수 있는 것을 **실제 지위(realized niche)**라 한다. 기본 지위는 잠재적이며 실제 지위는 실질적인 것이다. 종간상호작용의 이유로 종의 실제 지위는 기본 지위보다 훨씬 작을 수 있다.

종간 생태적 지위 경쟁

캘리포니아대학교 샌타바버라캠퍼스(Santa Barbara California)의 요셉 코넬(Joseph Connell)의 고전 연구에서 스코틀랜드(the coast of Scotland)의 해안을 따라 바위에서 함께 자라는 두 종 따개비의 경쟁적인 상호 작용을 조사하였다. 요셉이 연구한 두 종 중 별모양따개비(*Chthamalus stellatus*)는 조석 작용으로 인해 공기에 종종 노출되는 얕은 물에서 살며 바위따개비(*Semibalanus balanoides*)(1995년 이전까지 *Balanus balanoides*라 불리던)는 대기에 노출되지 않는 좀 더 깊은 곳에서 서식한다(그림 39.2). 이러한 공간들은 매우 유리한 가치가 있다. 더욱 깊은 지역에서 서식하는 *S. balanoides*는 간섭경쟁의 한 예로 *C. stellatus*를 바위에서 밀어내거나 깎아내리거나 심지어 생활하는 곳을 대체하여 항상 경쟁할 수 있다.

그러나 코넬이 그 서식지역에서 *S. balanoides*를 제거하자 생리학적이거나 일반적인 장애물이 서식하는 것을 막지 못하면서 *C. stellatus*가 쉽게 더 깊은 구역을 차지하는 할 수 있었다. 그에 반해 *S. balanoides*는 *C. stellatus*가 서식하는 얕은 물에서 생존할 수 없었다. 이 지역에 *C. stellatus*가 서식하는데 있어 필요한 따뜻한 온도에 *S. balanoides*는 생리학적인 적응을 하지 못했다. 그러므로 *C. stellatus*의 기본 지위는 얕은 지역과 깊은 지역 모두에 서식 할 수 있으나 기본 지위에서 *S. balanoides*에 의해 물러나질 수 있어 실제 지위는 더욱 좁게 되었다. 반면에 *S. balanoides*의 실제 지위와 기본 지위는 동일한 것으로 나타났다.

생태 지위 제한의 다른 요인

경쟁외적인 과정이 실제 지위에 제한을 줄 수 있다. 예를 들어 식물인 St. John의 초목(*Hypericum perforatum*)는 특화된 딱정벌레들이 초목의 서식을 조절하기 위해 도입되기 전까지 켈리포니아(California)의 넓은 방목 서식지에 도입되어 넓게 퍼져 있었다. 식물의 개체 수는 급격히 줄어들었고 딱정벌레들이 번식할 수 없는 그늘에서만 발견된다. 이 경우 천적의 등장이 식물의 실제 지위를 제한하는 것이다.

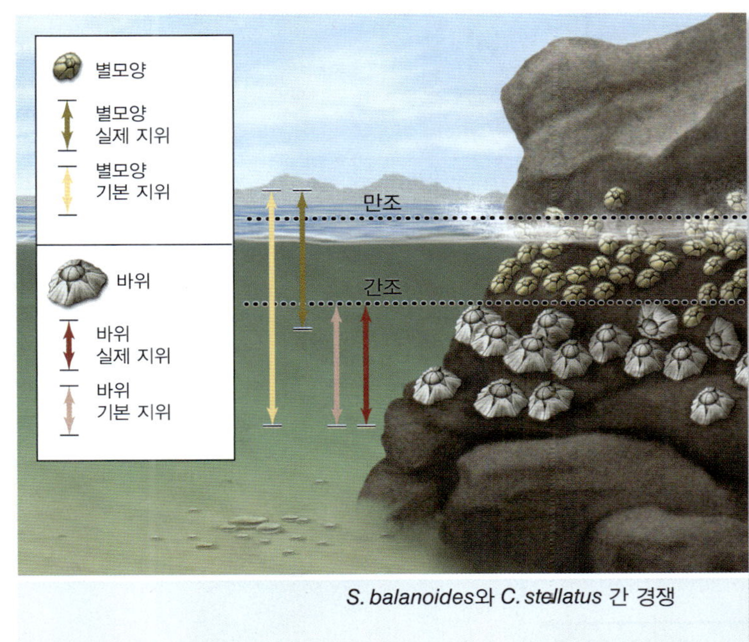

그림 39.2 따개비의 두 종 간의 경쟁. 별모양따개비의 기본 지위는 얕고 깊은 곳 모두에 있지만 바위따개비와 실제 지위가 겹쳐져 별모야따개비는 기본 지위 밖으로 몰아냈다.

경쟁 배타는 자원이 제한되어 종들이 경쟁할 때 발생한다

학습목표 39.1.3 경쟁 배타가 어떻게 작용하는지 설명하라.

1934년과 1935년에 수행한 고전적 실험에서 러시아 생태학자인 게오르기 가우세(Georgii Gause)는 매우 작은 원생생물인 Paramecium 3종의 경쟁에 대해 연구하였다. 각각의 세 종들은 배양액에 현탁된 오트밀을 먹는 박테리아와 효모를 먹으면서 스스로 배양관에서 잘 자랐다(그림 39.3a). 그러나 가우세가 *P. aurelia*와 *P. caudatum*를 같은 배양관에서 배양 시켰을 때 *P. aurelia*만이 남고 *P. caudatum*는 항상 개체수가 감소하여 멸종되었다. 왜 이런 일이 일어났을까? 가우세는 자원획득경쟁의 예로 *P. aurelia*가 제한된 자원을 더욱 잘 활용하여 경쟁종인 *P. caudatum*보다 6배나 빨리 자라난다는 것을 알게 되었다.

이와 같은 실험으로부터 가우세는 **경쟁 배타(competitive exclusion)** 원칙이라 불리는 것을 만들어 냈다. 이 원칙은 만약 2종이 음식과 물과 같은 제한된 자원 때문에 경쟁할 때 자원을 더욱 효과적으로 사용하는 종이 그렇지 못한 종을 제거한다는 것을 나타낸다. 다시 말해서 자원이 한정되었을 때 동등한 지위를 갖는 두 종은 공존 할 수 없다는 것이다.

생태지위 중복과 공존

증명하기 위한 실험에서 가우세는 이전실험의 경쟁에서 진 종 짚신벌레(*Paramecium caudatum*)와 세 번째 종인 *P. bursaria*를 함께 배양하였다. 그는 2종들이 제한된 박테리아 먹이공급으로 인해 경쟁할 것이라 생각했기 때문에, Gause는 그가 앞서 한 실험처럼 한 종이 생존할 것이라 예상했다. 그러나 그의 예상은 빗나갔다. 그 대신 두 종 모두 배양관에서 먹이 자원을 공유하며 살아남았다.

종의 공존에 대한 설명은 간단하다. 산소 농도와 박테리아 밀도가 높은 배양관의 위쪽 부분에서 *P. caudatum*가 박테리아를 더 잘 섭취할 수 있어 우세하였다. 그러나 배양관의 아랫부분에서는 산소 농도가 낮아 잠재적 먹이인 효모가 잘 자랄 수 있어 *P. bursaria*가 이러한 먹이를 더 잘 섭취할 수 있었다. 각 종의 기본 지위는 배양관의 전체였으나, 각 종의 실제 지위는 관의 일부에 불과했다. 두 종의 실제 지위가 너무 많이 중복 되지 않아서 모두 살아남을 수 있었다. 그러나 경쟁은 참여 개체들에게 부정적인 영향을 주었다(그림 39.3c). 경쟁자 없이 성장 할 때, 두 종 모두 경쟁자가 있을 때 보다 개체 밀도가 세배 더 높았다.

가우세의 경쟁적 배타 원칙으로 정의된 경쟁 배타는 다음과 같이 나타낼 수 있다. 두 종은 자원이 제한되었을 때 같은 지위를 차지할 수 없다. 확실하게 종은 같은 자원을 위해 경쟁할 때 공존할 수 있다. 그렇지만 Gause의 가설은 두 종이 장기적으로 공존할

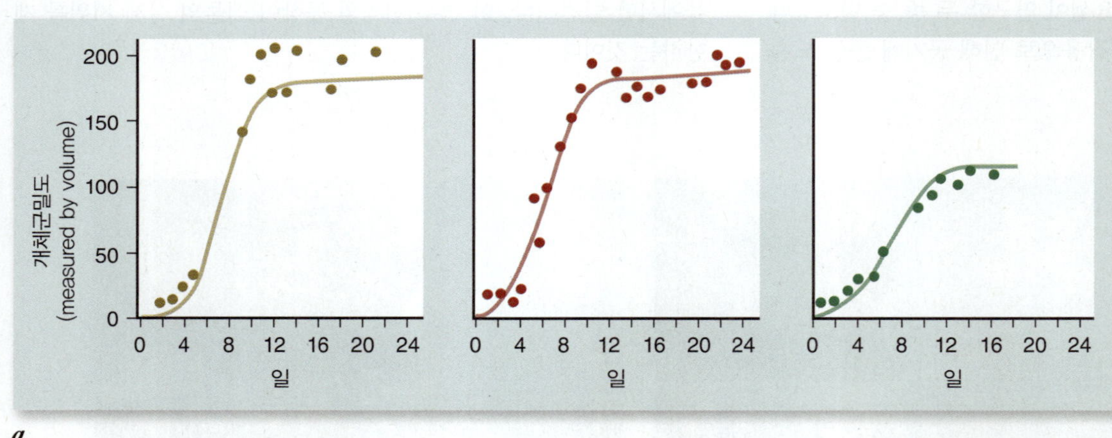

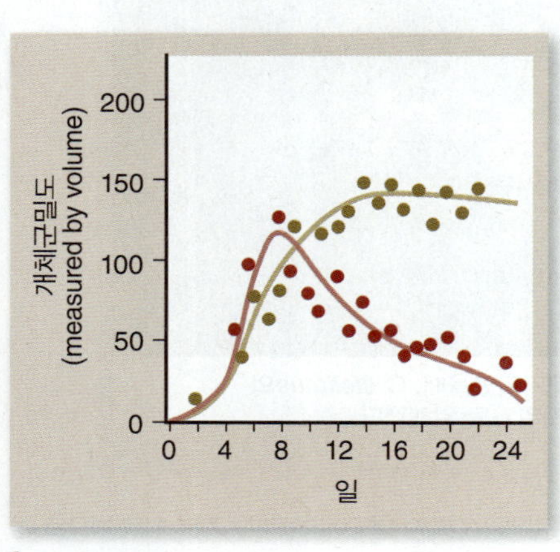

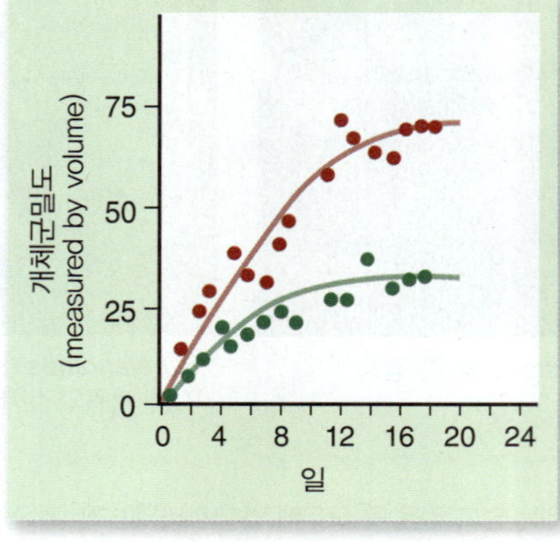

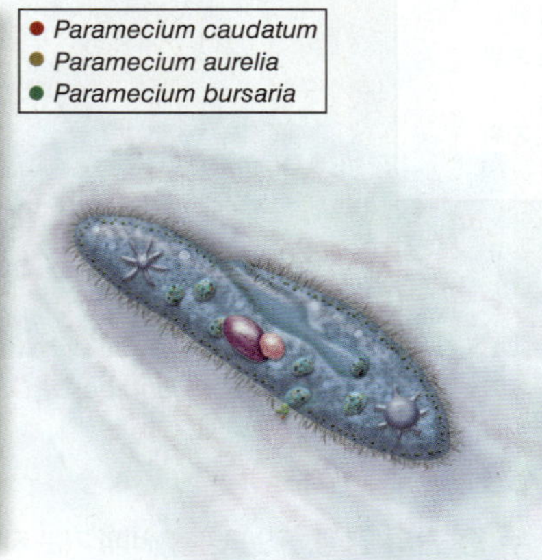

그림 39.3 세종 짚신벌레의 경쟁 배제. 미소 세계에서 짚신벌레는 작은 원생생물을 먹는 사나운 포식자이다. **a.** Gause는 그의 실험에서 3종류의 짚신벌레가 배양 튜브에서 잘 자라는 것을 확인 했다. **b.** 하지만 같은 실제 지위를 공유했기 때문에 *P. aurelia*가 *P. caudatum*의 먹이를 다 차지하여 *P. aurelia*가 늘어날수록 *P. caudatum*은 줄어들었다. **c.** *P. caudatum*와 *P. bursaria*은 다른 실제 지위를 갖기 때문에 경쟁을 피해 공존 할 수 있었다.

때 자원이 제한되지 않거나 항상 그들의 지위가 하나 이상의 특징에서 달라야 한다는 것을 예측한다. 그렇지 않으면 한 종이 다른 종을 몰아내고 두 번째 종의 멸종은 불가피하게 나타날 것이다.

경쟁은 자원분배를 이끈다

학습목표 39.1.4 지위의 중복이 어떻게 자원 분배를 일으키는지 설명하라.

가우세의 경쟁적 배제 원칙은 매우 중요한 결과를 가지고 있다. 만약 제한된 자원에 대해 경쟁이 심해지면 한 종이 다른 종을 멸종시키거나 자연선택이 경쟁을 감소시킬 것이다. 생태학자 맥아더(Robert MacArthur)가 다섯 가지 종류의 숲에서 작은 곤충을 잡아먹는 휘파람새를 연구하였을 때, 새들은 같은 자원에 대해 경쟁하는 것을 알아냈다. 그러나 그가 더욱 자세히 휘파람새에 대해 연구 하면서 휘파람새가 가문비나무의 다른 부분에서 먹이를 찾아 다른 종의 곤충을 먹는다는 것을 알게 되었다. 한 종류는 가지 근처의 곤충들을 먹고 두 번째 종은 무성한 잎에서 세 번째 종은 하위 가지들에서 네 번째 종은 나무의 윗부분에서 다섯 번째 종은 나무의 꼭대기에서 먹이를 찾아냈다. 그러므로 각각의 휘파람새들은 먹이자원을 가문비나무의 다른 부분에서 먹을 수 있도록 진화하였다. 휘파람새들은 지위를 세분시켜 다른 종과의 직접 경쟁을 피했다. 이와 같이 지위 세분화는 **자원 분배(resource partitioning)**를 나타낸다.

자원 분배는 같은 지리적 공간을 차지하는 비슷한 종인 경우 종종 볼 수 있다. 그러한 동지역성 종은 서식지의 다른 부분에 살거나 다른 먹이나 자원을 이용하여 경쟁을 종종 피한다(그림 39.4). 이러한 자원 분배의 패턴은 경쟁 압박을 줄이는데 사용되는 자원을 분배하기 위해 초기에 비슷한 종을 만드는 자연선택 과정의 결과라고 생각된다.

어떤 진화학적 분지가 나타날 수 있는지는 단지 부분적인 중복을 포함하는 종을 비교하는 것에 의해 연구될 수 있다. 두 종이 함께 발생하는 곳에서는 다른 종과 발생하지 않는 같은 종들의 이소적 개체수 보다

a.

b.

c.

d.

그림 39.4 동소성 도마뱀 종들의 자원 분할. 카리브해 섬(Caribbean islands)에 *Anolis* 도마뱀의 종은 다양한 방법으로 자신의 서식지를 분할한다. **a.** 몇 종들은 나무 캐노피의 나뭇잎과 가지들을 차지한다. **b.** 다른 종들은 주변의 나뭇가지들을 이용한다. **c.** 또 다른 종은 나무의 몸통 기부에서 찾을 수 있다. **d.** 일부는 밖에서 잔디를 사용한다. 2종이 나무의 같은 위치를 공유하게 되면 그들은 다른 크기의 곤충들을 음식으로 활용하거나 미소서식 환경을 나눈다. 예를 들어 한쪽은 햇빛이 있는 곳에서만 생활하고 다른 종은 어두운 곳에서만 생활하는 것이다.

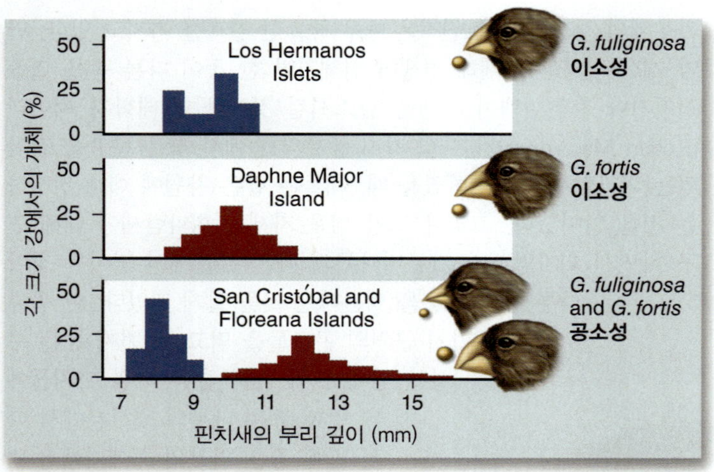

그림 39.5 다윈 핀치새의 특성변화. 핀치새(갈라파고스 핀치 종)의 두 종은 이소성일 때 같은 크기의 부리를 가지며 동소성일 때 다른 크기의 부리를 갖는다.

형태학적(유기체의 구조와 모양) 그리고 자원 사용의 더 큰 차이를 종종 나타내는 경향이 있다. 이와 같은 것을 **형질 대치**(*character displacement*)라고 하고, 동소적 종간 차이점은 자원 분배의 수단으로 자연 선택을 선호하게 되어 결국 종간 경쟁이 감소가 된다.

예를 들어 **그림 39.5**에서 두 개의 다윈의 핀치새는 이소성(즉, 다른 종이 나타나지 않는 섬에서 각각 살고 있다)으로 비슷한 크기의 부리를 가지고 있다.

동소성(같이 나타나는)이 살고 있는 섬에서 두 종들은 다른 크기의 부리로 진화했다. 한 종은 큰 씨에 맞는 큰 부리로 다른 종은 작은 씨에 맞게 진화하였다. 적응방산으로 중요한 역할을 하는 형질대치는 21장에서 설명한 것처럼 새로운 종들이 다른 환경에 적응 할 수 있게 이끈다.

개념 정리 39.1

군집은 특정 지역에 있는 모든 종의 총합이다. 지위란 생물이 가용한 자원을 활용하는 방법이다. 기본 지위는 지위 전체이며 실제 지위는 종이 실제로 활용하는 것이다. 만약 자원이 제한적이라면, 두 종은 불가피하게 한 종의 멸종을 이끄는 경쟁 없이 같은 지위를 차지할 수 없다. 자원 분배는 두 종이 경쟁을 줄여 지위를 차지 할 수 있게 해준다.

- 어떤 상황에서 동일한 지위를 갖은 두 종이 무기한으로 공존할 수 있는가?

39.2 포식자–피식자 관계는 공진화를 촉진한다

포식(predation)은 또 다른 생물에 의한 생물의 소비이다. 이런 의미에서 포식은 표범이 영양을 사냥하고 잡아 먹는 것부터 사슴이 풀을 뜯어먹는 것 등의 모든 것을 포함한다.

포식은 피식 개체군에 지대한 영향을 미친다

학습목표 39.2.1 개체군에 대한 포식의 영향을 설명하라.

실험 개체군을 간단한 실험실 조건으로 설정한다면 포식자들은 그들의 먹이를 전멸 시키고, 결국 먹이가 남지 않게 되어 스스로 멸종된다. **그림 39.6**은 포식자인 원생생물 강섬모충속(*Didinium*)과 피식자인 짚신벌레(*Paramecium*)의 상황을 보여준다. 짚신벌레을 위한 피난처가 제공되면 개체군이 낮게 감소하지만 멸종되지는 않는다. 낮은 피식 개체군 수준은 강섬모충속(*Didinium*)에게 충분치 않은 양의 먹이를 제공해 포식자들의 개체군을 감소시킨다. 이런 상황이 발생 할 때 피식 개체군이 회복 될 수 있다.

피식 개체군의 폭발적 증가와 충돌

가장 극적인 포식자와 피식자의 상호 연결의 예로는 인간에 의해 지역의 먹이가 추가되거나 멸종시키는 상황이 있다. 예를 들어 미국 동부(the eastern United States)의 대부분 큰 육식 동물들의 소멸은 흰 꼬리 사슴의 개체 수를 폭발적으로 증가시켜 그들이 접근 할 수 있는 지역내에 식용 가능한 식물들의 서식지를 없애 버렸다. 이와 유사하게 미국 서부해안(the western coast of the United States) 수달이 사냥으로 거의 멸종되자 수달의 먹이인 성게의 개체군이 기하급수적으로 증가하였다.

반대로 쥐, 개, 고양이의 전 세계적으로 많은 섬으로의 진입은 토착동물군을 대량으로 사라지게 하였다. 여러 섬 중에 갈라파고스(Galápagos) 거북이는 알과 어린 거북이를 먹는 쥐, 돼지, 개, 고양이의 출현으로 멸종 위기에 처해 있다. 이와 유사하게 뉴질랜드(New Zealand)의 다양한 새와 도마뱀은 쥐의 포식에 의해 멸종 되고 있으며, 현재는 쥐들이 서식하지 않는 섬에만 소수가 남아있다.

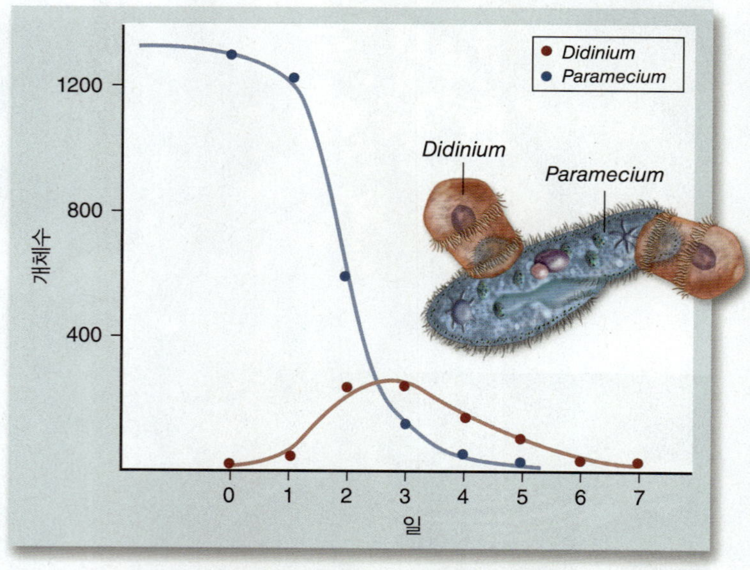

그림 39.6 미소세계의 포식자와 피식자. *Paramecium* 개체군에 포식성의 *Didinium*가 추가되면 *Didinium*의 수가 초기에 늘어나고 *Paramecium*은 꾸준하게 줄어든다. *Paramecium*의 개체군이 사라지면 *Didinium* 또한 사라진다.

포식이 군집에서 할 수 있는 기능에 대한 고전적인 예는 19세기 호주(Australia)에서 prickly pear cactus의 도입을 들 수 있다. 포식자의 부재로 선인장은 급격히 확장하였고 1925년이 지나 서 1200만 헥타르의 범위에 이르러 소목장을 만들기 어렵게 하였다. 선인장의 개체군을 조절하기 위해 1926년부터 아르헨티나에서 선인장 명나방(*Cactoblastis cactorum*)를 공수하여 도입했다. 1940년에 선인장의 개체 수는 급격히 감소했고 현재 선인장은 적은 개체근을 유지하고 있다.

포식과 공진화

포식은 피식 개체군에 강한 선택압을 가한다. 포획의 가능성을 줄이는 방법이 어떤 것이든 강하게 선호되어야한다. 따라서 그런 특징의 진화는 포식개체군 안에서 피식개체군이 적응하게 작용하여 자연 선택이 야기된다. 이와 같은 적응 과정은 **공진화(coevolution)** 라고 하는 두 종 이상의 상호 작용이 동일한 방식으로 선택되어 진다. 다음 장에서 방어와 대응에 대해 좀 더 배울 것이다.

식물 적응은 초식 동물에 대한 방어이다

학습목표 39.2.2 포식자에 대한 식물의 방어기작을 설명하라.

식물은 초식 동물로부터 스스로 방어하기 위해 많은 기작들을 진화시켜왔다. 가장 명백한 방어는 형태학적 방어이다. 가시, 가시털과 까칠거림은 큰 식물을 먹는 포식자의 식욕을 감소시키고 특히 식물의 털은 초식 곤충으로부터 방어하는 끈끈한 분비선을 가지고 있다. 몇몇의 잔디와 같은 식물들은 실리카를 잎에 저장하여 스스로를 강하게 하고 보호하도록 한다. 충분한 실리카가 있으면, 이러한 식물들은 너무 단단하여 먹을 수 없게 된다.

화학적 방어

형태학적 적응이 중요한 것처럼 화학적 방어를 하는 식물들이 더 널리 산재해 있다. 식물들은 초식동물로부터 방어하기 위해 놀라운 화학적 적응을 보여준다. 예를 들어 최근의 연구는 야생 담배 식물이 애벌레에게 공격당할 때 공기에 화학 물질을 방출하여 애벌레를 먹는 곤충을 부르는 것을 보여주었다.

가장 잘 알려져 있는 초식동물에 대한 식물의 화학적 방어는 이차 대사 화합물(*secondary chemical compounds*)이다. 이러한 화합물질은 주요대사물질인 일차화합물과 구분된다. 게다가 많은 식물들과 조류들은 구조적으로 다양한 이차 대사 화합물 가지고 있으며, 이러한 화합물은 애벌레의 정상적인 성장을 저해하는 대사 교란이나 대부분의 초식동물에 독성을 나타낸다. 결과적으로 대부분의 초식 동물들은 이런 화합물을 갖고 있는 식물들을 피하는 경향이 있다.

겨자과(Brassicaceae)는 겨자 오일로 알려진 화합물 만든다. 이러한 물질은 겨자, 양배추, 미나리, 무, 그리고 고추냉이 등의 식물에 톡 쏘는 향과 맛을 준다. 우리가 즐기는 향과 맛들은 다양한 종류의 곤충들에게 독성을 가지고 있는 화합물인 것이다. 비슷하게 박주과리과(Asclepiadaceae)와 이와 관련있는 개정향풀과(Apocynaceae)는 초식 동물로부터 먹히는 것을 막기 위해 유백색의 수액을 생산한다. 게다가 이런 식물들은 척추동물의 심장 기능에 심각하게 해로운 효과를 줄 수 있는 분자인 심장 배당화합물을 생성한다.

초식동물의 공진화적 반응

특정 그룹 초식 동물들은 특정한 종류의 이차대사 화합물에 의해 보호되는 각 과 또는 그룹의 식물과 연관이 있다. 이러한 초식 동물들은 종종 독점적인 먹이원으로서, 유해하지 않게 식물을 먹을 수 있다.

예를 들어 배추 흰나비의 유충(subfamily Pierinae)은 겨자와 케이퍼과의 식물을 거의 독점적으로 먹으며, 뿐만 아니라 겨자 오일(그림 39.7)이 포함 된 소수의 다른과 식물을 먹을 수 있다. 비슷한 예로 모나크 나비와 그들의 사촌인 왕나비아과(subfamily Danainae)의 애벌레들은 박주리과와 개정향풀과 식물을 먹는다. 어떻게 이러한 동물들은 식물의 화학적 방어를 피할 수 있으며, 특정한 형태의 진화학적 전구 생물과 생태학적 결과는 무엇일까?

우리는 이러한 특정 패턴의 진화에 대해 가능한 설명을 제시할 수 있다. 일단 겨자 오일을 생산 할 수 있는 능력이 있는 케이퍼과와 겨자과의 조상이 진화되면, 이러한 식물들은 자신의 지역에 있는 대부분의 초식 동물로부터 보호받았다. 어떤 점에서, 곤충의 어떤 종들은—예를 들어 배추흰나비— 겨자기름을 깨트려 스스로 피해를 입지 않고 먹을 수 있도록 진화하였다. 이와 같은 새로운 능력을 가지고 있는 곤충은 다른 초식동물과 경쟁하지 않고 새로운 자원을 이용 할 수 있게 되었다. 활용도가 낮은 자원의 노출은 종종 진화론적 다양성과 적응 방산을 야기한다.

그림 39.7 초식 곤충은 숙주 식물에 잘 어울린다. **a.** 흰나비(배추흰나비)의 초록색 유충들은 그들이 먹이로 사용하는 양배추에 위장한다. 겨자기름은 대부분의 초식성 동물로부터 식물을 보호하지만, 배추흰나비 유충은 겨자기름을 분해 할 수 있다. **b.** 배추흰나비 성체.

동물의 적응은 포식자에 대한 방어이다

학습목표 39.2.3 동물들이 포식자부터 방어하기 위한 기작을 설명하라.

이차 화합물이 풍부한 식물을 먹는 일부 동물은 추가적인 혜택을 받을 수 있다. 제주왕 나비의 애벌레는 박주과리과 식물을 먹이로 할 때 초식동물로부터 이들 식물을 보호하는 방어적인 심장 배당화합물을 파괴 하지 않는다. 대신에, 애벌레는 몸의 지질에 심장 배당화합물을 모으며 보관한다. 즉 애벌레는 심장 배당화합물을 번데기 단계를 통해 성체까지 전달하며, 심지어는 다음 세대의 알에도 전달한다.

심장 배당화학물의 흡수는 포식자로부터 왕나비 생애 주기의 모든 단계를 보호한다. 왕나비를 먹은 새는 재빨리 뱉어 나중에는 성체 왕나비를 나타내는 뚜렷한 주황과 검정색 패턴을 피하게 된다(**그림 39.8**). 일부 조류 종은 방어 화합물을 견딜 수 있는 방향으로 진화하였다. 이러한 새는 왕나비를 먹을 수 있다.

화학적 방어

동물들은 놀라운 배치의 방어 물질을 생산하고 사용한다. 꿀벌, 말벌, 포식충, 전갈, 거미, 그리고 많은 다른 절지동물이 먹이를 사냥하고 자신을 방어하는데 화화물질을 사용한다. 더욱이 다양한 화학적 방어가 많은 해양 무척추동물에서 진화하였으며, 뿐만 아니라 개구리, 뱀, 도마뱀, 물고기, 일부 조류를 포함한 다양한 척추동물에서도 진화하였다.

독개구리과의 독 화살 개구리는 밝은 색깔의 피부를 덮고 있는 점액의 알칼로이드 독성 물질을 생산한다. 알칼로이드는 척추 포식자에게 영향을 주는 아주 강한 신경독소를 가지고 있다(**그림 39.9**). 가장 강력한 독을 갖는 종은 황금 개구리 *Phyllobates terribilis* 이다. 한 개체가 10–20명의 사람들을 충분히 죽일 수 있는

a. *b.*

그림 39.8 큰 어치는 왕나비를 먹지 말라고 배운다. a. 새장에 사육된 어치는 왕나비를 먹거나 본적이 없다. b. 왕나비를 먹어본 어치는 몇 분 후에 나비를 토해냈다. 이 새는 앞으로 주황색 갈색의 나비는 잡지 않을 것이다.

그림 39.9 척추동물의 화학적 방어. 독개구리과의 개구리는 중남미의 숲에 많고 척추동물에게 매우 해롭다. 80가지의 다른 독성의 알칼로이드가 이 개구리속에서 확인되었다. 딸기독화살개구리(Dendrobatids)는 밝은 보호색으로 그들의 독성을 나타낸다. 결과적으로 포식자들은 밝은 보호색의 먹이는 먹을 수 있지만 피하게 된다.

알칼로이드 독성을 가지고 있다. 신경 근육 연구에서 흥미로운 몇 가지 유용한 화합물을 이들 종으로부터 분리하였다. 유사하게 독성과 독이 있는 종의 연구는 가능한 치료법 연구로 진행 중이다.

보호색

박주가리 식물을 먹는 많은 곤충은 밝은 색을 지니고 있다. 즉 그들은 경계색으로 알려진 생태학적 전략을 사용하여 독성 특성을 보여준다.

화려한 채색은 독을 사용하는 동물의 특징이며 포식자들을 물리치기 위한 독침을 사용한다. 즉 특정 화학 물질이 부족한 생물들은 드물게 밝은 색을 지니고 있다. 실제로는 대부분 애매한 색을 지니고 있다. 따라서 주변 환경과 조화를 이루거나 포식자로부터 개체(**그림 39.10**)를 숨긴다. 위장 동물들은 보통 무리를 이루어 살지 않으며, 이는 포식자들에게 있어 한 개체를 찾으면 그 무리를 찾는데 중요한 단서가 되기 때문이다.

의태는 하나의 종이 다른 종의 방어하는 전략을 활용할 수 있게 한다

학습목표 39.2.4 베이츠 의태와 뮬러 의태를 구분하여라.

진화의 과정 동안 많은 종들이 보호색을 나타내는 불쾌한 종으로 변화 하였다. 위장은 맛없어 보이게 하는데 유리한 효과를 준다. 두 종류의 의태는 구분되어왔다. 즉 베이츠 의태와 뮬러러형 의태가 있다.

베이츠 의태

베이츠 의태(Batesian mimicry)는 1875년 이러한 유형의 의태에 일반적인 관심을 최초로 갖게 한 영국(United Kingdom)의 자연과학자인 헨리 베이츠(Henry Bates)에 의해 이름을 따서 붙여졌다. 그의 남아메리카 아마존(South America Amazon) 지역의 여행에서, 현란한 색과 불쾌한 종들을 닮은 맛없는 곤충들을 찾아냈다. 그는 이러

그림 39.10 애매한 보호색과 형태. 자벌레 애벌레(*Nacophora quernaria*)는 매달려 있는 가지를 따라 한다.

뮐러 의태

다른 종류의 의태인 **뮐러 의태(Müllerian mimicry)**는 1878년 독일 생태학자 프릿츠 뮐러(Fritz Muller)에 이름을 따서 붙여졌다. 뮐러 의태에서 관련 되지 않지만 몇몇의 보호를 받는 동물 종들은 서로 닮아 있다(그림 38.11b). 만약 서로 닮은 동물들이 모두 독성이 있거나 위험하다면, 그들은 이점을 얻을 것이다. 이는 포식자들이 더 재빨리 그들을 피하는 것을 익히기 때문이다. 일부 포식 개체군들은 심지어 종의 타고난 회피성을 진화시켰다. 즉 다수의 위험한 먹이가 닮아 보인다면 그런 진화가 더 빨리 나타날 것이다.

베이츠 의태와 뮐러 의태에서 모두 모방과 모델은 비슷하게 생긴 것뿐만 아니라 행동도 비슷해야한다. 예를 들어 말벌과 아주 닮은 곤충의 다양한 종의 집단은 놀랍게도 말벌과 같이 행동하며 곳곳에서 활발하게 날아다닌다.

한 모방을 통해 포식자가 불쾌한 종을 닮은 것으로 생각하게 만들어 보임으로써 포식자들로부터 피하게 해준다고 설명했다.

베이츠 의태의 예에서 가장 잘 알려진 예는 나방과 나비에서의 모방이다. 이 곤충들의 포식자는 시각 단서를 사용하여 먹이를 찾는다. 그렇지 않으면 비슷한 색의 패턴이 잠재적인 포식자들에게 더 이상 문제 되지 않는다. 늘어나는 증거들은 베이츠 의태가 비록 인간에는 덜 분명 하지만 후각과 같은 비 시각적 단서와 관련이 있을 것이라는 것을 보여준다.

베이츠 의태의 모델을 제공하는 나비의 종류는 독성물질에 의해서 강력하게 보호를 받는 하나 또는 몇몇 밀접하게 연관된 식물 종을 먹는 애벌레 집단의 구성원이다. 그 식물은 독성물질로 자신을 강하게 보호한다. 나비 모델은 이 식물로부터 그들 자신의 몸으로 온 독성 분자를 축적한다. 반대로 위장한 나비는 애벌레의 먹이 서식지가 그렇게 제한되지 않는 집단에 속한다. 애벌레처럼, 이러한 나비들은 독성 물질에 의해 보호되지 않은 다양한 다른 식물 종을 섭취한다.

북아메리카 나비에서 종종 연구되는 모방은 호랑나비이며, 미국 동부에서 나타나며 캐나다까지 서식한다(그림 39.11a). 독성인 쥐방울 덩굴 호랑나비가 출현하는 지역에서 암컷 호랑나비는 다형성이며 쥐방울 덩굴 호랑나비와 아주 유사한 하나의 색상 형태를 띤다.

호랑나비의 애벌레는 튤립, 아스펜, 체리를 포함한 다양한 나무의 먹이를 섭취한다. 그리고 성체나 애벌레 모두 조류들에게는 맛이 없어 보이지 않는다. 흥미롭게도 베이츠 의태는 호랑나비의 성체에서 보이지만 애벌레에게서 나타나지 않는다. 호랑나비의 애벌레는 나뭇잎에서 조류의 변처럼 위장하지만 쥐방울 덩굴 호랑나비의 맛없어 보이는 애벌레는 눈에 확실하게 보인다.

***a.* 베이츠형 의태:** Pipevine swallowtail butterfly (*Battus philenor*)은 독성이다. Tiger swallowtail (*Papilio glaucus*)은 맛 좋은 형태이다.

***b.* 뮐러형 의태:** 두 쌍의 의태이다. 모두 맛없어 보이는 형태이다.

그림 39.11 의태. a. 베이츠 의태 Pipevine swallowtail 나비(*Battus philenor*)는 새와 다른 포식자로부터 먹이로부터 유래된 독성 화합물로 보호하며, 애벌레가 먹으며 몸에 저장한다. Pipevine swallowtail 나비의 성체는 경고 보호색으로 독성을 알린다. Tiger swallowtails(*Papilio glaucus*)는 독이 있는 Pipevine swallowtail의 베이츠 의태하나 화학적으로 보호받지 못한다. b. 뮐러 의태의 짝. *Heliconius erato*와 *H. melpomene*는 동소성 종이며. *H. sapho*와 *H. cydno* 동소성이다. 이 모든 나비들은 맛이 없다. 그들은 동소성에서 포식을 최소화하기 위해 유사한 보호색 패턴으로 진화 하였다. 포식자는 프하기 위해 한 가지 패턴을 배울 필요가 있다.

개념 정리 39.2

포식은 다른 생물에 의한 생물의 소비이다. 높은 포식은 피식 개체군을 멸종시킬 수 있다. 반대로, 포식자가 없으면 피식 개체군이 폭발적으로 증가하여 자원이 고갈된다. 방어적 적응은 피식 종에서 먹이가 맛이 없어 보이거나 독을 갖게 되거나 모양 또는 능력이 방어적 구조로 진화한 것이다.

- 무독성 진홍 왕뱀은 독성을 나타내는 eastern coral snake과 비슷한 빨강, 검정 그리고 노란띠를 지니고 있다. 어떤 종류의 의태로 나타낼 수 있는가?

39.3 종 간의 협력은 공진화로 이어질 수 있다

군집에서 함께 살고 있는 식물, 동물, 원생 생물, 곰팡이 및 원핵생물들은 백만 년 이상 지속적으로 다른 종으로 변하면서 적응해왔다. 우리는 이미 경쟁과 포식자들에 대해 배웠지만 생태학적 상호 작용의 다른 유형들은 일반적으로 일어나며 상호 공진화 조절로 이어진다.

공생은 장기적인 상호 작용에 연관이 있다

학습목표 39.3.1 공생의 다른 형태를 설명하라.

현화 식물의 많은 특징은 동물에 의해 식물의 생식 세포 분산과 관련하여 진화하였다(**그림 39.12**). 다시 말해서, 이러한 동물은 종종 꽃이 있는 식물로부터 효율적으로 자원과 먹이를 얻기 위해 많은 특별한 특징들을 진화시켰다. 그렇게 하는 동안, 동물들은 화분을 가지고, 그들이 방문 하는 다음 식물에 저장하거나 모종으로부터 아주 먼 거리의 환경에 씨앗을 남겨두게 된다.

공생(symbiosis)에서 두 종 또는 그 이상의 종들은 밀접하고 지속적인 관계로 상호작용한다. 모든 공생 관계는 관련된 생물체 간의 공진화 가능성이 있으며, 대단히 흥미롭고 복잡한 공진화 결과의 많은 사례가 있다.

공생의 예는 녹조류 또는 시아노 박테리아(cyanobacteria)와 특정 곰팡이와 관련된 지의류가 있다. 또 다른 예는 대부분 식물의 뿌리와 곰팡이 간 관련이 있는 균근이 있다. 곰팡이는 특정 영양소의 식물 흡수를 촉진하고, 식물은 탄수화물을 곰팡이에게 제공한다(균 근과 지의류는 25장에 자세히 설명 되어 있다). 유사하게, 콩과 식물과 특정 다른 종류의 식물에서 나타나는 뿌리혹은 숙주식물이 대기 중의 질소를 사용가능하게 고정하는 박테리아를 가지고 있다.

열대 지방의 가위 개미는 보통 한 해 동안 그들의 활동 범위인 식물 전체 잎 표면의 4분의 1이상을 제거 할 수 있을 정도로 매우 많이 살고 있다. 그들은 이 잎들을 직접 먹지 않는다. 잎을 개미굴로 가져 간 후 씹어 특정 곰팡이 포자에 접종한다. 특정한 공간에서 곰팡이는 개미에 의해 생산되고 재배된다(20쪽에서 확인). 결국 곰팡이는 개미와 유충의 주요 음식이다. 가위 개미와 곰팡이의 관계는 공생에 관한 아주 훌륭한 예시이다. 최근 DNA와 분자시계를 이용한 추정 계통 연구에서 약 5천만년 이상 오랫동안 이들의 공생 관계를 제시하기도 하였다.

그림 39.12 박쥐에 의한 수분. 대부분의 꽃들은 화분 전달 촉진하기 위해 다른 종들과 같이 공진화 하였다. 곤충은 널리 수분 매개자로 알려져 있으나, 곤충 뿐 아니라 새와 박쥐도 있으며, 심지어 작은 유대류와 도마뱀은 몇 종은 화분 매개자 역할을 한다. 박쥐의 코에 꽃가루를 알아보아라.

주요한 공생 관계는 (1) 한 종이 이익을 얻으면 다른 종은 이익을 얻거나 해를 입는 편리 공생 (2) 종 상호간 이득을 주는 상리 공생 (3) 한쪽이 이익을 얻으면 한쪽이 불이익을 입는 **기생(parasitism)**이 있다. 기생은 숙주가 먹이가 되고 반드시 죽을 필요는 없지만 포식의 형태로 보일 수 있다.

편리 공생은 한 종에겐 혜택을 주지만 다른 종에게는 중립적이다

학습목표 39.3.2 편리공생과 공생들 간의 차이점.

편리공생에서는 하나의 종이 이득을 받고 다른 하나는 불이익을 받거나 상호 작용에 도움을 받지 못한다. 자연에서는 한 종의 개체의 몸에 보통 다른 구성원이 부착된다. 예를 들어 착생 식물은 다른 식물의 가지에서 자라난다. 일반적으로 숙주 나무는 해를 입지 않지만 그 위에 자라는 착생식물은 이익을 받는다. 예로 북미(the southern United States)의 나무에 자라는 스패니시모스(Spanish

그림 39.13 공생의 예. 스페인 이끼(*Tillandsia usneoides*)는 나무 표면을 사용함으로써 혜택을 받고 있으나, 나무는 보통 아무 혜택도 받지 않는다.

moss)가 있다. 파인애플과 식물로 햇빛을 얻기 위해 나무 위에 성장한다. 그들은 보통 나무들에 해를 입히지 않는다(**그림 39.13**).

마찬가지로, 따개비와 같은 다양한 해양 동물은 고래와 같은 해양 동물을 통해 활동적으로 옮겨 다니며 성장하는 등 이곳저곳으로 수동적인 이동을 할 수 있다. 이와 같은 "여행자(passenger)"들은 아마도 한 장소에 오래 머무르는 것 보다 포식자로부터 더 보호받을 수 있을 것이다. 여행자가 여과 섭식을 한다면 이동하는 숙주를 통해 물의 순환으로 도움을 받을 수 있다. 여행자들의 수가 너무 늘어나지만 않는다면 보통 숙주는 영향을 받지 않는다.

편리공생이 편리공생이 되지 못할 때

공생의 가장 잘 알려진 사례 중 하나는, 작은 열대 물고기인 흰동가리와 말미잘 사이의 관계이다. 말미잘의 촉수는 다른 물고기가 닿기만 해도 급속하게 마비시킬 수 있지만, 이 물고기는 말미잘의 촉수에서도 살 수 있는 능력으로 진화하였다. 흰동가리는 숙주인 말미잘로부터 남겨진 음식조각을 먹으며, 촉수가 있는 환경에서도 상처 없이 살 수 있다.

육지에서는 소 또는 영양과 같은 초식 동물과 옥스페커스(oxpeckers)라는 새 사이의 관계가 유사한 예이다(**그림 39.14**). 새들은 그들 대부분의 시간을 동물에 달라붙어 있으며, 기생충과 다른 곤충을 잡아먹고 삶 전체를 숙주와 가까운 관계를 유지하며 보낸다.

상리 공생과 편리 공생 사이에는 경계가 분명하지 않다. 즉 두 번째 파트너의 이익을 받는지 그렇지 않은지를 확신하기 어렵다. 다른 먹이를 잡는 것이 더 쉽기 때문에, 말미잘은 촉수로부터 제거된 음식 조각을 가지는 것으로 혜택을 받는다. 포유동물과 이삭을 줍는 새는 편리공생으로 생각되지만 실제로 상리 공생의 예이다. 기생충과 다른 곤충들을 가지고 있는 포유동물의 혜택은 돋으로부터 제거되는 것이며, 새들은 신뢰할 수 있는 음식을 확보하여 이익을 얻는다.

한편, 편리공생은 쉽게 그것 자체를 기생으로 변형 할 수 있다. 옥스페커스는 기생자를 잡아먹을 뿐 아니라 숙주로부터 딱지 기생충을 제거한다고 알려져 있다. 딱지제거 후 새들은 상처에서 나오는 피를 섭취한다. 가끔씩 지속적 공격의 누적 효과는 초식 동물을 가뭄과 같은 열악한 조건에서 굉장히 약하게 할 수 있다.

상리 공생은 두 종 모두에게 이익이다

학습목표 39.3.3 상리 공생이 어떻게 공진화를 일으키는지 설명하라.

상리 공생은 두 생물 모두 이익을 얻는 공생 관계이다. 상리 공생 관계는 생물학적 군집구조를 결정하는 기본적인 중요 요소이다.

상리공생과 공진화

상리 공생의 가장 좋은 예는 현화식물과 곤충, 새와 박쥐를 포함한 방문동물 사이에서 일어난다. 현화식물의 진화 과정에서 꽃의 특징은 수분 매개자 종(30장)에 특징과 관련하여 진화하였다. 수분 매개자 종은 또한 특정한 현화식물의 종류로부터 먹이 또는 다른 물질을 얻기 위해 특수성을 발달시키면서 진화 해왔다.

상리 공생의 또 다른 예는 개미와 진딧물이 있다. 진딧물은 주둥이로 살아있는 식물의 체관부에서 유체를 빨아먹는 작은 곤충이

그림 39.14 공생, 상리 공생 또는 기생? 이 공생관계에서 oxpecker들은 숙주(예를 들어 임팔라)의 진드기와 다른 기생생물로 찝어 내어 영양분 형태로 혜택을 받는다. 그러나 숙주 효과가 항상 명확한 것은 아니다. 진드기가 유해한 경우, 진드기의 제거로 숙주가 혜택을 보게 되면 관계는 상호간의 이익이다. Oxpecker가 딱지를 찢는 경우에는 감염가능성과 혈액 손실을 야기시켜 기생 관계가 된다. 숙주가 진드기 또는 oxpecker 둘 중 어느 것에도 해롭지 않은 경우 관계는 공생 관계의 예가 된다.

다. 그들은 유체로부터 자당 또는 기타 영양소의 일정량을 얻지만, 그것들을 항문을 통해 변형된 형태로 다량으로 배설한다. 실제로 어떤 개미는 진딧물을 길들이는 장점을 가지고 있다. 마치 목장 주인이 소들을 신선한 들판에 풀을 먹이는 것과 같이, 개미는 진딧물을 새로운 식물로 이동 시킨 후 진딧물이 분비한 "꿀(honeydew)"을 먹이로 먹는다.

개미와 아카시아: 상리 공생의 좋은 예

상리공생의 가장 적합한 예로 개미와 아카시아속의 라틴 아메리카(Latin American) 나무가 있다. 이들 종에서, 턱잎이라는 특정 잎 부분은 한 쌍의 구멍가시로 발달한다. *Pseudomyrmex* 속의 구멍가시에는 쏘는 개미가 서식하며 그들은 어느 다른 곳에도 둥지를 만들지 않는다(그림 39.15). 식물에 나타나는 모든 가시처럼, 아카시아 가시는 초식동물을 억제하는 역할을 한다.

이 아카시아의 잎 끝에는 19세기 영국의 자연과학자 토마스 벨트(Thomas Belt)의 이름을 딴 "벨트체"라는 독특한 고단백질 구조체가 있다. 벨트체는 개미가 거주하지 않는 아카시아의 종에 나타나지 않아, 개미에 일차먹이를 제공하는 역할을 하는 것이 확실하다. 또한, 식물은 잎의 기지 근처 분비샘에서 꿀을 분비한다. 개미는 자신의 유충에 밸트체를 공급하고 꿀을 섭취한다.

물론 이 관계는 개미에게 도움이 되며 왜 개미들이 아카시아과에 거주하는지 알 수 있다. 문제는 특정 상황에서 개미는 아카시아를 위해 무엇을 하는가?

초식곤충이 개미가 살고 있는 아카시아에 접촉 할 때마다, 개미는 즉시 초식동물을 공격한다. 아카시아에 살고 있는 개미는 또한 아카시아에 접촉하는 가지를 멀리 절단하여 숙주가 다른 식물과 경쟁에 도움이 되도록 한다. 그들은 아카시아가 효과적으로 빛을 받아 성장 할 수 있게 해주어 아카시아는 저지대 중앙아메리카의 무성한 열대 우림까지 확장할 수 있게 된다. 개미 군집이 실험적으로 아카시아에서 제거 될 때 아카시아는 서식지에서 성공적으로 경쟁 할 수 없다. 마지막으로, 개미들이 가져오는 유기물과 분비물들은 아카시아에게 풍부한 질소를 제공한다.

그림 39.15 상리공생: 개미와 아카시아. 수도머멕스속(*Pseudomyrmex*)의 개미는 라틴아메리카에서 아카시아 나무 특정 종의 속이 빈 가시 내에서 살고 있다. 잎의 기부에 꿀샘과 작은 잎 끝의 벨트체는 개미에게 음식을 제공한다. 개미는 유기 영양분을 아카시아에게 제공하고, 초식동물과 다른 식물의 그림자로부터 보호한다.

상리 공생이 상리 공생하지 않을 때

편리공생은 그들이 보이는 것과 항상 같지 않다. 개미와 아카시아 관계는 아프리카(Africa)에서 나타난다. 케냐에서 아카시아 개미의 다수 종이 발견됐지만 어떤 한 종이 어느 한 나무에서만 발견되기도 한다. *Crematogaster nigriceps*는 다른 두 종에 비해 경쟁적으로 열등하다. *C. nigriceps* 은 다른 개미 종들에 의한 침입을 방지하기 위해 아카시아 가지를 잘라 침입자를 위한 다리 역할을 하는 다른 나무의 가지를 예방 할 수 있다.

비록 이러한 행동이 개미에게 이익을 줘도 꽃을 생산하는 조직을 파괴하고 본질적으로 나무를 죽게 하여 나무에게는 해롭다. 이러한 경우는 초기에는 상리공생관계지만 후에 기생관계로 된다.

기생은 다른 종의 손실로 한 종이 혜택을 받는다

학습목표 39.3.4 기생이 군집 구조에 어떻게 영향을 미치는 설명하라.

기생은 숙주 생물에 유해하고 기생생물에 도움이 된다. 대부분의 경우 기생생물은 그들의 숙주를 죽이며, 따라서 기생의 생태적 영향은 포식과 유사할 수 있다. 과거 기생생물은 주로 개체에 미치는 영향의 관점과 그들이 살고 있는 개체군에 대하여 연구되었지만, 최근 몇 년간의 기생이 군집 구조에 중요한 요인임을 과학자들은 알게 되었다.

외부 기생생물

생물체의 외부 표면에서 섭취하는 기생생물들은 외부기생 또는 체외기생(그림 39.16)이다. 외부 기생의 경우 많은 식물과 동물에 알려져 있다. 기생생물들 중 곤충들은 살아있는 숙주생물 표면 또는 내

그림 39.16 외부 기생. 황색 포도덩쿨은 꽃식물인 실새삼(*Cuscuta*)으로 기생생활을 하며, 진화의 과정을 통해 엽록소와 잎을 없어 졌다. 종속 영양(스스로 음식을 만들 수 없음)이기 때문에, 실새삼은 성장하는 숙주 식물로부터 먹이를 얻는다.

면에 알을 낳는다. 이러한 행동은 말벌들에게 일반적이며, 그들의 애벌레는 불행한 숙주의 몸에서 먹이를 먹거나 종종 숙주를 죽인다.

내부기생

숙주 몸 안에 살고 있는 기생을 내부기생이라고 부르며 동물과 원생생물의 여러 문(phyla)에서 발생한다. **내부기생(internal parasitism)**은 외부기생보다 더 세분화 되어있는 것으로 인간을 감염시키는 많은 원생생물과 무척추동물로 알려져 있다.

기생생물의 수명은 밀접하게 숙주와 연결되며 형태와 행동은 진화의 과정에서 변형된 것으로 보인다(모든 종류의 공생 관계의 동일한 사실이다). 생물체의 몸안의 조건은 외부 발생된 것과 다르며, 좀 더 일정하다. 결과적으로 내부 기생생물의 구조는 보통 단순화되며, 불필요한 무기나 구조는 진화함에 따라 잃어버린다.

기생생물과 숙주의 행동

대부분의 기생생물은 성장과 생식의 발달을 위해 다양한 숙주들이 요구하는 복잡한 생활주기를 가지고 있다. 최근 연구에서 숙주의 행동을 변경하여 하나의 숙주에서 다른 숙주에 전달하는 기생생물의 놀라운 적응결과를 발표했다. 예를 들어 많은 기생충은 숙주 포식자를 더 취약한 방식으로 만든다. 즉, 숙주가 섭취될 때, 기생생물은 포식자를 감염시킬 수 있다.

가장 잘 알려진 사례 중 하나는 기생 편형동물인, 창형흡충(*Dicrocoelium dendriticum*)는 중간 숙주로 개미에 살고 있지단 성체가 성장하면서 소와 사슴 같은 큰 초식 포유동물로 이동한다. 소는 일반적으로 곤충을 먹지 않기 때문에 개미에서 소에게의 전염은 어려워 보일 수 있다. 그러나 편형동물은 놀라운 적응으로 진화했다. 개미가 기생편형동물에 감염되고, 개미가 하루를 마치며 식물의 끝부분에 올라가 있을 때, 초식동물이 개미와 잔디를 함께 먹으면 소의 하악골을 따라 올라가 뇌에 이동된다(그림 39.17). 결국 개미와 잔디를 함께 먹은 초식동물은 감염으로 이어지게 된다.

종의 상호 작용이 진화 결과를 갖는다

학습목표 39.3.5 종의 상호 작용이 직접 및 간접 영향을 미치는 방법을 대해 모두 설명하라.

우리는 종이 다른 종과 하나 이상의 상호작용 방법들을 알아봤다. 많은 경우의 상호 작용 종류 중 하나의 결과는 상호 작용의 다른 유형이 발생하는 경우에도 변형되거나 반대의 결과로 나타난다.

포식자는 경쟁을 감소시킨다

자원이 한정될 때 우수한 경쟁자가 경쟁 배타를 통해 군집에서 다른 종을 제거 할 수 있다. 그러나 포식자가 크게 경쟁 종의 개체 수를 낮춤으로써 배타를 방지하거나 감소시킬 수 있다.

주어진 포식자는 종종 특정 지역에 식물이나 2-3종 동물 또는 더 많은 종류를 먹이로 할 수 있다. 포식자의 선택은 부분적으로 먹잇감 선택의 상대적 풍부도에 달려있다. 포식자는 A종이 풍부할 때 먹이로 사용할 수 있으나, 드문 경우는 다음 종 B로 선택한다.

이와 유사하게, 주어진 먹이 종이 더 풍부할수록 종의 수를

그림 39.17 숙주 행동의 기생 조작. 뇌 안의 기생생물 때문에, 개미가 잔디 잎의 끝을 기어 오르고 초식동물에 의해 잡아먹힌 뒤, 기생생물은 곤충에서부터 포유류까지 전달되고 있다.

증가시키기 위한 기본먹이자원이 될 수 있다. 이러한 방법의 우수한 경쟁자는 경쟁배재로 다른 종의 증가를 방지 할 수 있다.

이러한 방법은 연안 조간대 서식지에서 군집에 자주 볼 수 있는 특징이다.

예를 들어 이매패류를 선택적으로 먹으면서 불가사리는 독점 이매패류를 방지해 다른 많은 생물 서식지를 위해 공간을 개방한다(그림 39.18).

불가사리가 서식지에서 제거될 때, 종의 다양성은 급격히 감소하고, 저서성 군집은 이매패류의 몇 종에 의해 우점 된다.

포식은 자연적인 군집에서 경쟁을 감소시키는 경향이 있어, 어떤 군집에서 늑대 또는 퓨마와 같은 주된 포식자를 제거하려는 시도는 잘못된 것이다. 결과적으로 생물 다양성이 감소 될 수 있다.

기생은 경쟁에 대응할 수 있다

기생은 동소성 종에 다르게 영향을 주며, 종간의 상호 작용의 결과에도 영향을 줄 수 있다. 대표적인 두 동소성 밀가루 딱정벌레, 딱정벌레(*Tribolium castaneum*)와 *T. castaneum* 사이에서 기생생물인 *Adelina*이 있을 때와 없을 때에 대한 상호작용을 실험하였다. 기생생물이 없을 때, *T. castaneum*는 우점하였고 *T. confusum*는 멸종되었다. 그러나 기생생물이 있을 때는 결과는 반대로 *T. castaneum*가 멸종되었다.

자연계에서 기생생물의 비슷한 효과가 대부분의 종에서 관찰되었다. 예를 들어, 세인트 마틴의 *Anolis lizards* 는 이전에 언급했

과학적 사고

질문 포식은 종간 경쟁의 상호 작용의 결과에 영향을 미치는가까?

가설 : 포식자가 없는 경우, 피식 개체군은 자원이 제한 될 때까지 증가할 것이며, 일부 종간배타경쟁이 된다.

실험 : 조간대 연안 암반지역에서 포식자 불가사리를 제거하고 불가사리의 피식자 개체군에 대하여 관찰하였다. 연구 지역을 통해 지나는 사람들의 영향을 조절하기 위해 발견된 불가사리를 잡아 대조군으로 옮겼다.

a.

b.

결과 : 불가사리의 개체 수가 줄자 미틸루스 칼리포르니아누스(*Mytilus californianus*)의 개체 수가 급격히 증가하고 수용가능한 공간을 다 차지하고 군집의 많은 다른 종들을 제거했다.

해석 : 불가사리들을 실험구역으로 되돌려 놓는다면 어떻게 될까?

그림 39.18 포식은 경쟁을 줄인다. **a.** 해양생태계의 통제된 실험에서, 워싱턴 대학교의 페인(Robert Paine)은 핵심 포식자인 불가사리(*Pisaster*)를 제거하였다. **b.** 이에 대응하여, 쌍각 조개 연체동물의 일종인 매우 경쟁적인 홍합이 개체군으로 증가하였으며, 실제로 다른 7개의 토착종을 밀어냈다.

던 경쟁적으로 열등한 종으로서 lizard malaria(인간 말라리아 관련 질환)에 내성이 있는 반면 다른 종에게는 매우 취약하다. 기생생물이 발생하는 곳에서는 경쟁적으로 열등한 종은 유지 될 수 있으며, 두 종이 공존하는 다른 서식지에서 경쟁력 있는 우점종이 몰아내고 제거할 수 있다.

간접적인 영향

일부 경우에, 종은 직접 한 종의 존재에 직접적으로 상호작용하진 않지만 두 번째, 세 번째 관계에 간접적으로 영향을 미친다. 이러한 효과를 간접적인 영향이라고 부른다.

많은 사막의 설치류는 씨앗을 먹으며, 개미군집 또한 그렇다. 그러므로 그들이 경쟁할 것이라 예상한다. 하지만 모든 설치류가 실험구역에서 제거 된 경우엔 개미의 개체 수가 증가했다가 줄어들었다.

초기 증가는 경쟁자를 제거한 후의 예상된 결과였다. 그런데 왜 다시 감소했을까? 대답은 자연 생태계의 복잡성을 보여준다. 설치류는 큰 씨앗을 선호하는 반면 개미들은 작은 씨앗을 선호한다. 나아가 이 생태계에서 큰 씨앗과 식물은 작은 씨앗과 식물의 경쟁력보다 우수하다. 그래서 설치류를 제거하자, 작은 씨앗의 수가 감소하고 큰 씨앗의 수가 늘어 개미의 개체 수를 감소 시켰다. 개미에 대한 설치류의 영향은 복잡하다. 직접적이고 부정적인 자원 경쟁의 효과와 간접적이며 긍정적인 효과는 식물 경쟁의 매개체가 되었다.

핵심 종은 군집에 큰 영향을 미친다

군집 구성에 종들의 효과는 핵심종인 한 종의 풍부도 보다 더 크다. 앞서 언급된 불가사리 같은 포식자들은 한 종이 다른 종을 몰아내는 것을 막아 **핵심 종(keystone species)**이라 할 수 있다. 그러므로 군집에서 종 풍부도가 높은 수준을 유지한다.

다양한 다른 형태의 핵심 종도 존재한다. 일부 종은 다른 종에게 새로운 서식지를 만드는 방법으로 환경을 만들 수 있다. 예를 들어 비버들은 작은 저수지로 물 흐름 및 범람 지역들의 흐름을 변경한다. 이와 같이 악어는 호수의 바닥에 깊은 구멍을 판다.

가뭄시기에는 파놓은 웅덩이에 물이 남아 결과적으로 수생 종들이 생존할 수 있지만 그렇지 않으면 가뭄이 끝나거나 호수 채워질 때까지 생존하지 못할 것이다.

개념 정리 39.3

공생의 유형에는 상리공생을 포함하며, 두 종이 혜택을 받는 것을 말한다. 편리공생에서는 한쪽이 혜택을 얻고, 다른 쪽은 중립적인 영향을 받는다. 기생에서는 다른 쪽의 손실로 한쪽이 혜택을 얻는 것이다. 상리공생의 종은 보통 공진화한다. 포식과 기생과 같은 생물학적 상호작용은 자원 경쟁을 줄일 수 있다. 이런 효과들은 모두 직 · 간접적이다.

- 포식자의 존재는 긍정적으로 섭취할 수 있는 종의 개체군에 어떠한 영향을 미치는가?

39.4 생태적 천이는 서식지 변화를 가져온다

지역의 기후가 고르게 안정적으로 유지될 때, 군집들은 간단한 군집에서 다양한 군집으로 변화하는 경향이 있는데 이것은 **천이(succession)**로 알려져 있다. 이 과정은 공터나 나무가 없는 곳에서 종이 증가하여 천천히 점유 되는 것으로 익숙하게 볼 수 있다.

천이는 종 구성에 변화를 일으킨다

학습목표 39.4.1 일차 천이와 이차 천이를 구분하여라.

나무가 우거진 지역이 나무가 없어지거나 타버리게 되면, 식물은 서서히 그 지역을 복구 할 것이다. 결국 나무가 없어진 흔적은 사라지고 그 지역은 다시 숲이 될 것이다. 이런 종류의 천이는 기존 군집이 교란되어도 생물은 여전히 남아있고 이러한 종류의 천이를 **2차 천이(secondary succession)**라고 한다.

반면, **1차 천이(primary succession)**는 바위와 같은 무생물 기질에서 나타나는데, 생물체들은 점차 어떤 지역으로 이동하더 상태가 변한다. 일차 천이는 호수나 빙하 녹은 후 노출된 땅에서 나타나며, 그리고 바다에서 상승한 화산섬에서도 나타난다.

빙하의 퇴적에 의한 1차 천이의 예이다(그림 39.19). 미네랄이 부족한 나지에서 빙하의 후퇴기에 노출되었을 때, 토양 pH은 염기성으로 나타나는데 바위의 탄산염 그리고 질소의 낮은 수준으로 인한 결과이다. 지의류는 이러한 조건에서 처음으로 생장하는 초목이다. 지의류의 산성 분비물은 기질 분해시키는데 도움을 주고 pH를 감소시키고 토양의 퇴적물을 증가시킨다. 이끼는 정착하며 토양 주머니를 만들고 궁극적으로 토양에 충분한 영양분을 구축하며 오리나무 관목들이 서식한다. 백 년 동안 오리나무는 박테리아와 공생하며 대기 중 질소를 고정하고 토양의 질소 농도를 증가시키며 그 산성 잎들은 토양의 pH를 더 낮게 한다. 궁극적으로 가문비나무는 전체적으로 오리나무 밖으로 몰려 조밀한 가문비나무 숲을 형성하고 오리나무와 그늘 위에 성장한다.

비슷한 예로 **빈영양호**(*oligotrophic*)의 적은 양의 영양분이 서서히 유기 영양분의 축적에 의해 **부영양화**(*eutrophic*)가 되어진다. 이 문제가 발생함으로서, 군집의 구성이 바뀔 수 있는데, 먼저 종 풍부도가 증가하다가 감소할 수 있다.

왜 천이는 일어나는가

천이는 종이 다른 종이 선호하는 방식으로 서식지와 가용자원을 바꾸기 때문에 나타난다. 정착, 촉진, 억제의 세 가지 개념은 천이 과정에서 매우 중요하다.

1. **정착(Establishment)**. 초기의 천이단계로 잡초에 의해 특징되어지며, r-선택 종은 척박하고 혹독한 환경인 비생물적 조건에 대한 내성이 있다(38장에서 *r*-선택과 *K*-선택에 대한 설명).
2. **촉진(Facilitation)**. 잡초의 초기 천이 단계는 초식 종들이 선호하는 서식지의 지역적 변화를 나타난다.

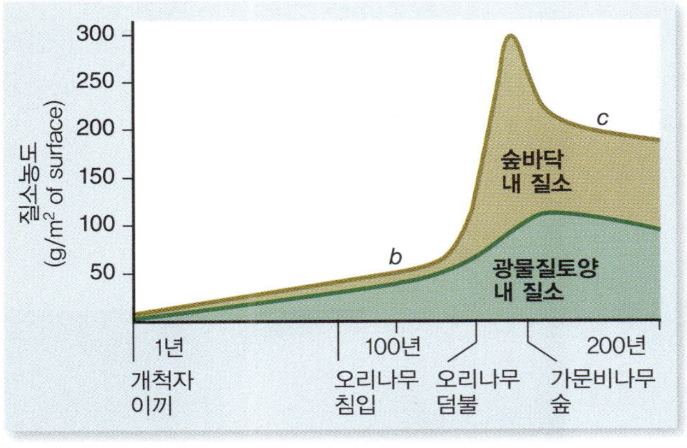

a.

b.

c.

d.

그림 39.19 알래스카 빙하 만에서의 1차 천이. **a.** 초기에 알래스카 빙하만의 빙하의 빙퇴석 토양은 적은 질소를 가지고 있다. **b.** 이러한 노출 지역의 첫 번째 외래종은 질소를 고정하는 상리공생인 미생물과 함께 이끼 종이다. **c.** 이십년 동안 어린 오리나무 관목은 빠르게 질소를 고정하고 조밀한 덤불을 형성하였다. **d.** 결국 가문비나무 숲과 성숙한 오리나무들이 자라게 됐다.

Glacier Bay 천이의 이끼들은 오리나무들이 사용할 수 있는 형태로 질소를 바꾼다. 가분비나무의 정착에 필요하지는 않지만, 질소 축적은 오리나무에 의해 생산되며, 곤충 공격에 내성이 더 강한 울창한 가분비 나무 숲을 촉진한다.

3. **억제(Inhibition)**. 보통 한 종에 의한 서식지 변화는 다른 종이 선호할 때 토종의 성장에 의한 변화를 억제시킨다. 예를 들어 오리나무는 산성 토양에서 잘 자라지 않으며 가문비나무와 솔송나무로 교체 된다. 천이의 과정을 통해 환경이 더 적절해짐에 따라 종의 수가 일반적으로 증가한다. 그러나 어떤 경우에는 생태계가 성숙하면, 더 많은 K-선택 종은 r-선택 종으로 바뀌며, 우수한 경쟁자들은 다른 종 멸종시키기 때문에 궁극적으로 종 풍부도가 감소된다.

동물 군집에서의 천이

군집에 있는 동물들은 천이 패턴의 시간에 따라 변한다. 식물이 천이 기간 동안 바뀌게 되면, 서식지의 어떤 종이 사라지거나 다른 종이 나타난다.

특히 주목할 만한 사례로 1883년 거대한 화산 폭발로 폐허가 된 크라카타우 섬(Krakatau islands)에서 발생하였다. 초기에는 아무것도 자라지 않는 척박한 벌판이었지만, 3개의 섬은 식물이 다시 자라면서 빠르게 천이 변화가 이루어 졌다. 몇몇 풀들은 다음해까지 나타났으며, 15년 안에 해안에 식물들이 정착하여 내부는 조밀하게 초원으로 덮었다. 1930년에는 섬 전체가 울창하게 뒤덮였다 **(그림 39.20)**.

크라카타우 섬의 동물상은 식물과 동시에 변화 하였다. 화산 폭발 9개월 후 유일한 동물의 발견은 하나의 거미였지만, 1908년에는 200여종의 동물종이 3일간 조사기간 동안에 발견되었다. 대부분의 경우 초기에는 동물은 초원에 서식하였지만, 나무가 정착되면서 얼룩 비둘기와 긴 꼬리 까치(육식 조류의 일종)같은 초기 군락이 사라지고 과일을 먹는 과일 박쥐와 새 같은 숲에 서식하는 종으로 바뀌었다.

보통 적당한 수준의 지속적인 교란은 종풍부도의 증가로 이어질 수 있는데 이는 모든 수준의 천이의 종은 임의의 시간에 나타날 수 있기 때문이다. 일반적으로 동물 천이의 패턴은 식물의 천이에 의해 발생 되지만, 동물 군집의 조성이 변화하고 다음으로 식물 조성에 영향을 미친다. 특히 많은 식물은 동물에 의해 확산과 수분이 되는데, 이러한 식물들은 확산자와 수분자들이 정착 될 때까지 크라카타우에 서식지 조성이 될 수 없었다. 예를 들어 소수의 박쥐 매개의 식물이 나타날 때까지 과일박쥐는 크라카타우에 정착하는 속도가 느렸다

개념 정리 39.4

군집은 천이 과정에 의한 시간을 지나 변한다. 일차 천이는 무생물 기질인 땅에서 발생하며 이차 천이는 기존의 군집이 방해받을 경우 발생한다. 초기 정착 종들은 다른 종이 정착할 수 있도록 환경을 바꾸며, 새로운 외래종은 기존 종에 대해 부정적인 영향을 줄 수 있다. 보통 적당한 수준의 교란이 종풍부도를 증가 시킬 수 있다.

- 군집의 관점에서 벌목이 나무 개체의 선택적 벌목보다 더 나은가?

39.5 화학 원소들은 생물지구화학적 순환으로 생태계를 통해 이동한다

생태계는 특정한 장소에서 살고 있는 모든 생물과 상호작용하는 비생물(무생물)적인 환경을 포함한다. 생태계는 본질적으로 물질과 에너지의 과정을 포함하는 다양한 방법으로 역동적이다. 우리는 물질과 함께 시작된다.

그림 39.20 화산폭발 후 천이. 1883년 크라카타우 섬의 주요 화산 폭발로 섬의 모든 생명들이 파괴되었다. **a.** 이 사진은 화산 폭발 이후 감소된 분화의 모습을 보여준다. **b.** 숲과 동물이 가득한 크라카타우

a.

b.

화학원소는 생태계를 통해 순환한다

학습목표 39.5.1 지구 생태계 내에서 원소 순환의 중요성을 설명하여라.

물질의 생물학적 과정에서 원자는 탄소나 산소 원자로 구성되어있으며, 그들은 새로운 화합물로 합성되고 분해되면서 완전한 상태를 유지한다. 지구는 근본적으로 생물학적으로 중요한 각각의 다양한 원자들의 형태로 고정 되고 순환된다.

각 생물체는 흙, 대기, 비생물적인 환경 또는 다른 생물체에 이미 있는 원자로부터 생물체 몸이 형성된다. 생물이 죽으면 그 원자는 배출되어 다른 생물에 의해 사용되거나 비생물적인 환경으로 돌아간다. 물질의 원자 성분이 순환하기 때문에, 당신 몸은 당신의 일생동안 과거에 율리우스 카이사르(Julius Caesar)나 클레오파트라(Cleopatra) 몸의 탄소나 산소가 포함되는 것일 수도 있다. 사실 우리 몸에 있는 모든 원자는 한 번 쯤 유명인의 일부였다.

다양한 화학원소의 원자는 생물지구화학적 순환의 생태계를 통해 움직인다고 알려져 있으며, 화학적 원소의 순환은 생물학적인 생물체와 과정들 뿐 아니라 지질학적(비생물적) 체계와 과정들이 포함된다. 생물지구화학 순환은 세포크기부터 행성의 크기까지의 많은 공간적 규모로 나타나거나, 수초(생화학적 반응)에서 수 천년(바위의 풍화)까지 긴 시간에 걸친 발생하는 과정이다.

생물지구화학적 순환이 일반적으로 개체별 생태계들내의 독립적으로 존재하는 것 보다 생태계 경계를 어떤 규모로 교차하는 것이 더 잘 된다. 예를 들어 하나의 생태계가 탄소를 다른 곳에서 가져오거나 가져갈 수 있다.

이 장에서 우리는 혼합물을 통해 몇 가지 주요 원소의 순환을 논한다. 우리는 또한 숲 생태계의 생물지구화학적 순환의 예를 제시한다.

유기분자의 중심골격인 탄소는 생태계를 통해 순환한다

학습목표 39.5.2 기초적인 탄소 순환을 설명하라.

탄소 원자는 모든 유기 화합물의 골격을 형성하는 원자이기 때문에 생물체의 주성분이다(챕터 3 참조). 즉 사람 몸무게의 약 20%는 탄소이다. 생태계 일상의 관점에서 이산화탄소(CO_2)는 유기체의 비생물학적 환경에서 가장 중요하다. 대기 부피의 0.03%를 차지하며, 약7,500억톤의 이산화탄소를 포함하고 있다. 수중 생태계에서, CO_2는 자연스럽게 물에서 중탄산이온(HCO_3^-)으로 반응한다.

기본적인 탄소순환

그림 39.21에서와 같이 탄소 순환은 복잡하지 않다. 육상 생태계에서 식물과 광합성 생물체는 대기로부터 이산화탄소를 흡수 하며, 광합성으로 탄소가 포함된 유기 화합물을 합성하여 사용한다(8장 참조). 이 과정을 일반적으로 **탄소 고정**(*carbon fixation*)이라고 한다. 즉 고정은 기체로 부터 비 기체 화합물을 만드는 대사반응이다.

동물은 광합성 생물체를 먹고 자신들의 섭취한 유기 화합물의 탄소 원자를 사용하여 조직을 구축한다. 광합성 생물체와 동물은 호기성 세포 호흡을 통해 그들이 사용 가능한 유기 화합물의 일부를 분해하여 살아가는 동안 에너지를 얻는다(7장 참조). 그들은 이 과정을 수행할 때, 이산화탄소를 생산한다. 부패한 생물도 이산화탄소를 생산하고 있다. 탄소 원자는 CO_2 형태로 바뀌는데, 탄소 원자들은 새로운 유기 화합물을 합성하기 위해 광합성에 사용되는 것이 한번 이상 가능하다.

수중 생태계 내에서 탄소 순환은 물에 존재하는 무기 탄소를 제외하고 용해된 CO_2뿐 아니라 HCO_3^- 이온들이 기본적으로 유사하며 조류 및 수중 식물의 광합성에 자원으로 이용한다.

메탄 생산자들

미생물은 혐기성 세포 호흡에 의해 유기 화합물을 분해하며 지구 탄소 순환에 추가적인 규모를 제공한다. 예를 들어, 메탄생성세균은 CO_2 대신 메탄(CH_4)을 생성하는 미생물이다. 메탄(CH_4)의 주요 근원은 습지 생태계로서, 메탄 생성 세균은 산소가 없는 퇴적물에 살고 있다. 메탄은 자연적으로 CO_2로 산화되어 대기로 유입되지만, 산소로부터 분리되어 남은 메탄은 긴 시간 동안 지속될 수 있다.

대기의 이산화탄소의 상승

지구 탄소 순환의 다른 측면은 긴 시간동안 지속되며, 순환의 일부는 더 빠르게 진행 될 수 있다. 시간의 차이는 보통 매년마다 조금씩 상대적인데, 어떤 해에 유기 화합물의 분해에 의해 생성되는 CO_2의 양이 새로운 유기 화합물을 합성하기 위해 사용되는 CO_2의 양과 거의 일치한다.

그러나 작은 부조화가 수 년 동안 지속되게 되면 큰 영향을 미칠 수 있다. 현재 지구의 석탄 매장량은 지질학적 시간이 흘러 구축되었다. 셀룰로오스와 같은 유기화합물이 분해된 것보다 더 빠르게 합성되어 축적되고, 지질학적 과정에 의해 화석연료로 바꿔놓았다. 대부분의 과학자들은 세계의 화석 연료가 같은 방법으로 만들어졌다고 주장한다.

오늘날 화석연료를 사용하는 인간은 탄소 순환에서 많은 불균형을 초래 하였다. 수백만년 걸쳐 탄소를 저장한 화석연료를 빠르게 대기로 돌려보내고 있어, 매년 대기 중 CO_2 농도를 증가시키고 지구 온난화의 두려움을 초래하고 있다.

물의 가용성은 육상 생태계에 필수적이다

학습목표 39.5.3 기본적인 물의 순환을 설명하여라.

그림 39.22에서의 물의 순환은 아마 모든 생물지구화학적 순환에서 가장 익숙할 것이다. 모든 생명은 물의 존재에 따라 달라진다. 즉 생물체는 쉬는 상태에도 생명력을 회복하기 위해 물을 필요로 한다. 대부분의 생물의 몸은 주로 물로 구성되어 있다. 예를 들어, 성인의 몸은 체중의 약 60%가 물이다. 삼림과 사막의 차이를 나타낸 그림과 같이 보통 생태계의 물 사용량은 생물체 상태와 풍부도로 결정된다.

생물지구화학적 순환의 각 유형은 독특한 특징들을 가지고 있다. 물 순환의 독특한 특징은 물은 원소가 아닌 화합물이며, 따

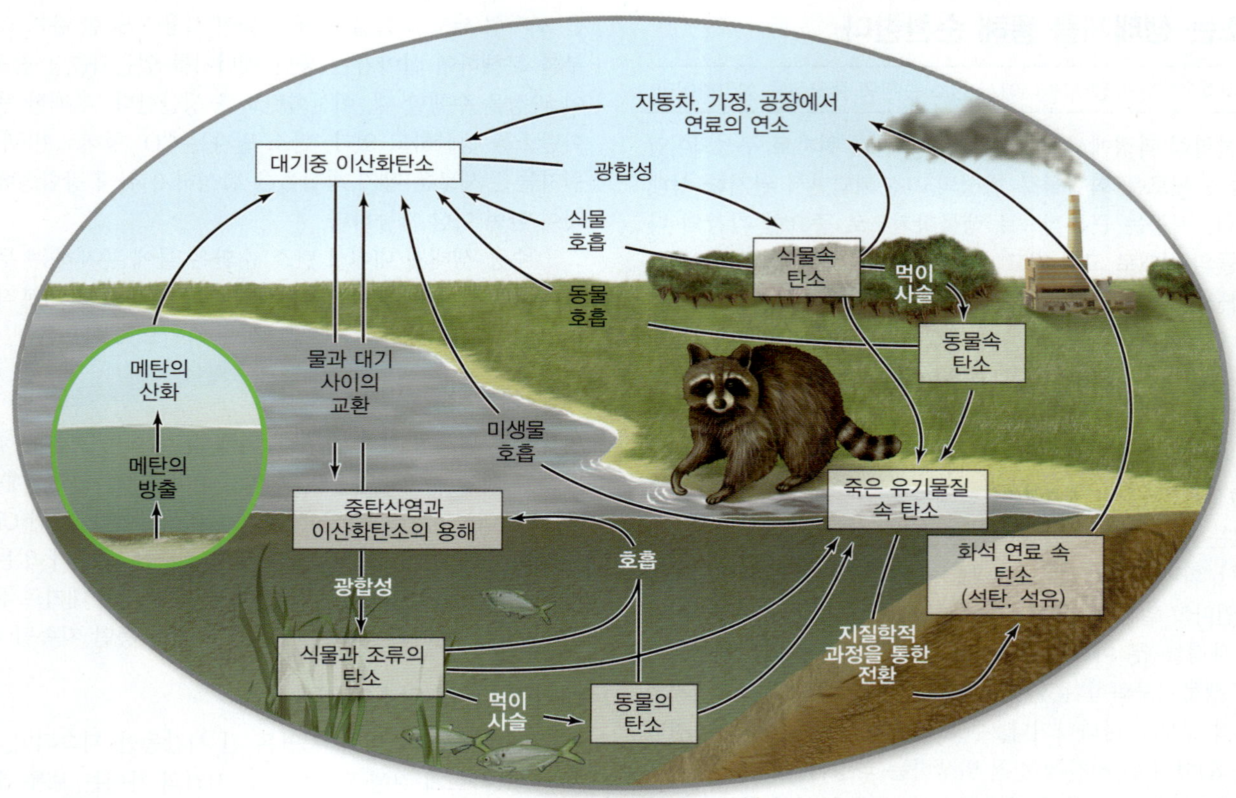

그림 39.21 탄소 순환. 식물 및 조류의 광합성은 유기 화학 화합물의 형태로 탄소를 포집한다. 생물의 호기성 호흡은과 인간의 의한 연료 연소는 이산화탄소(CO_2) 또는 중탄산염(HCO_3^-)의 형태로 탄소를 바꾼다. 메탄 생성 세균은 무산소 미소 서식환경에 서식하며 연못 하단의 진흙 등 대기에서 유입된 이산화탄소를 이용해 서서히 비생물적 산화가스인 메탄가스(CH_4)를 생산할 수 있다(녹색 원으로 표시).

라서 합성되거나 분해가 될 수 있다는 것이다. 호기성 세포 호흡으로 합성되거나 광합성 중 화학적으로 분해될 수 있다(7, 8장 참조). 이러한 과정의 비율은 동일하며, 따라서 생물권을 통해 비교적 일정한 양의 물이 순환된다.

기본적인 물의 순환

물 순환의 하나의 중요한 부분은 지구 표면에서 액체 상태의 물이 대기 중으로 증발하는 것이다. 물이 액체에서 기체로 변하는 것은 상당한 양의 열에너지가 요구되기 때문에, 태양복사가 표면으로 내려 쬐게 되면 빠르게 증발 되는 것을 설명해 준다.

증발은 바다, 호수, 하천의 표면에서 직접 발생한다. 그러나 육상 생태계는 대략 90%의 물이 식물을 통해 대기로 보내진다. 나무, 잔디 및 기타 식물 등은 뿌리를 통해 토양에서 물을 흡수 하고 증산에 의해 잎과 표면을 통해 증발시킨다.

증발된 물은 다른 대기의 가스와 같이 존재한다. 그러나 대부분의 물은 공기 중에 냉각되어 액체로 응축되어 있다. 물방울 또는 물 결정(수증기)의 응축은 구름을 형성하고, 강수(비나 눈)로 지구의 표면에 떨어진다.

지하수

지하수는 땅 아래 있는 물로 우리가 알고 있는 강과 호수의 표면의 물보다 덜 명확하다. 지하수는 **대수층(aquifers)**에서 발생되며, 물이 포화된 바위, 모래, 자갈의 지하층에 스며든다. 지하수는 세계의 많은 지역에 가장 중요한 저장소이며, 예를 들면 미국 모든 담수의 95% 이상을 차지한다.

지하수는 두 개의 하위 부분으로 구성되어있다. 지하수의 상위 층은 지하수면으로 구성되어 있어 식물의 뿌리에 부분적으로 접근할 수 있고 개천으로 흘러 갈 수 있다. 하위 층은 제한된 층으로 보통 개천과 식물과 떨어져 있다. 지하수는 강수로부터 물이 위에서 아래로 스며들며 충전된다. 대수층의 물은 표면의 물보다 느리게 흐르며 어떤 부분은 하루 몇 밀리미터에서 몇 미터정도 흐른다.

미국(United states)에서 지하수는 인간의 사용에 물에 약 25%를 제공하며 물을 마시는 인구의 약 50%를 제공한다. 그레이트플레인스지대(Great Plains states)에서 깊은 오갈랄라 대수층(Ogallala Aquifer)은 농업과 국내의 수요에 수자원으로 광범위하게 양수되고 있다. 대수층은 빠르게 고갈되고 충전되지만 물 순환의 불균형은 지역 농업 생산에 불길한 위협을 주고 있다. 비슷한 위협은 범지구적으로 일부 건조지역에서 다수 존재하고 있다.

생태계의 변화는 물 순환의 변화를 가져온다

생태계 물 공급의 변화는 생물에게 매우 중요하며 생태계 상태를 근본적으로 바꿀 수 있으며, 이러한 변화는 지구의 지질학적 역사에서 자주 발생하였다.

예를 들어 영양 및 기타 방목 동물들의 무리에 의해 점령된 끝

그림 39.22 **물 순환.** 물은 지구의 대기에서 표면으로 다시 순환된다. 태양은 증발에 필요한 대부분의 에너지를 제공한다.

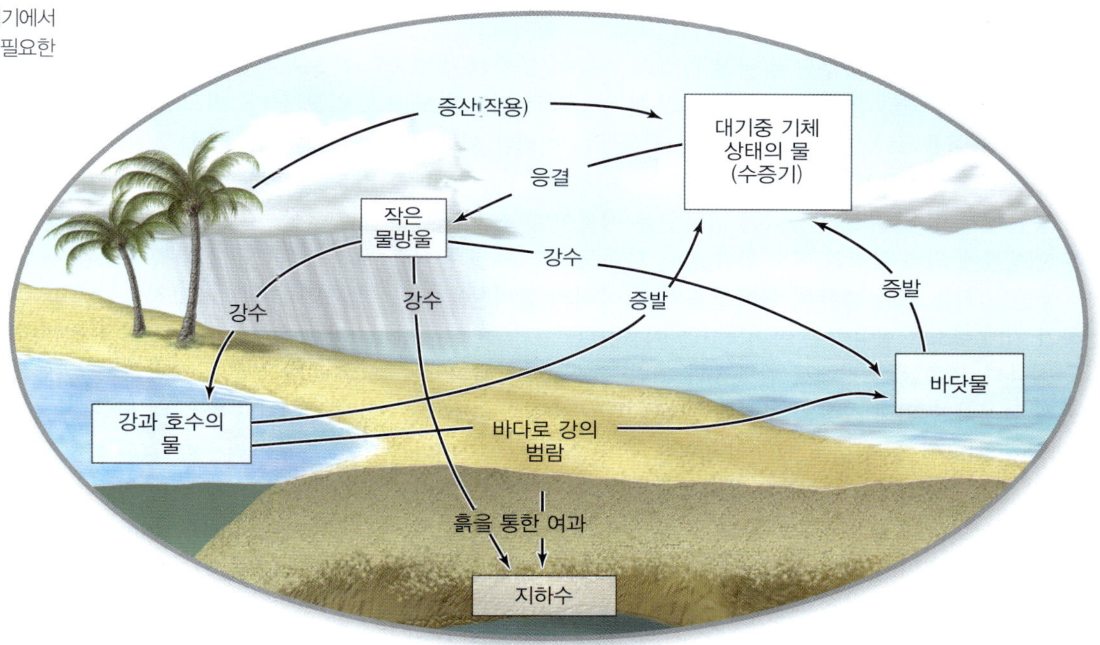

없는 초원으로 유명한 탄자니아 세렝게티 평원(Serengeti Plain in Tanzania)의 생태계를 생각해봐라. 오늘날의 세렝게티의 건조한 초원은 25만 년 전 열대우림이었다. 그때부터 킬리만자로 산(Mount Kilimanjaro)과 같은 산이 습한 열대우림과 인도양(Indian Ocean) 사이에서 솟아났다. 그러한 산들은 인도양으로부터 불어오는 바람에 영향을 끼쳤으며, 바람이 열대우림에 도달하기 전에 공기를 냉각시키고 많은 수분을 강수로 바꾸어 내리게 하였다. 땅은 훨씬 더 건조해졌고 숲은 초원으로 바뀌었다.

오늘날 인간의 활동은 물의 순환을 너무나 극심하게 변화시켜 생태계에 큰 변화를 줄 수 있다. 열대우림의 변화는 한 가지 예로 삼림 벌채로 인해 야기 될 수 있다. 건강한 열대성 우림에서 강수가 되는 90%이상의 수분이 식물들에 의해 흡수되고 증산작용에 의해 공기로 되돌아가게 된다. 식물은 진정한 의미로 그들 소유의 비를 만들게 된다; 대기로 되돌아가는 수분은 숲으로 다시 떨어진다.

어떤 지역의 사람들이 열대우림을 태우거나 벌목했을 때, 그 지역의 물 순환은 끊어지게 된다. 물은 비로 떨어지고 다음으로 구름 형성을 형성하는 것과 숲으로 다시 떨어지는 것 대신에 강으로 빠져 나간다. 오늘날 이러한 변화가 많은 열대우림 내에서 발생하게 되었다(그림 39.23). 예를 들어, 브라질(Brazil)의 넓은 지역은 20세기에 무성한 열대 숲에서 반 건조 사막으로 변하면서 많은 토종 동식물의 서식지가 빼앗기게 되었다.

질소 순환은 미생물 활동에 의해 작동한다

학습목표 39.5.4 어떻게 미생물 활동이 질소 순환을 작동시키는지 설명하여라.

질소는 모든 단백질 및 핵산의 성분이며 모든 생물체에 의해 많은 양이 요구된다. 즉 단백질은 질량의 16%는 질소가 차지한다. 많은 생태계에서 질소는 생물체의 상대적인 필요한 양에 상대적으로 부족하게 공급되는 화학원소이다. 역설적인 것은 질소가 대기에서 78%의 부피를 차지한다는 것이다.

그림 39.23 **삼림 벌목은 지역 물 순환을 방해한다.** 브라질 아마존 지역에서 열대 삼림 벌목은 광범위한 침식 등 심각한 결과를 가져올 수 있다.

질소 가용성

대기에는 질소가 매우 풍부한데 어떻게 질소 공급이 부족한 것일까? 정답은 대기 중의 질소는 질소가스(N_2) 분자 상태로 있으며 모든 식물과 동물을 포함한 다수의 다양한 생물체는 이러한 화학적 형태의 질소를 사용할 방법이 없기 때문이다.

동물에게 있어 질소의 궁극적 공급원은 식물이나 조류 또는 다른 미생물에 의해 합성된 질소 함유 유기 화합물이다. 예를 들어 초식동물은 식물 또는 조류의 단백질을 먹고 자신의 단백질을 합성하기 위해 질소를 함유하는 아미노산을 이용한다.

식물과 조류는 조직에서 단백질과 기타 질소 함유 유기 화합물을 합성하기 위해 그들의 공급원으로서 많은 간단한 질소 함유 화합물 사용한다. 일반적으로 사용되는 두 질소원은 암모니아(NH_3)와 질산 이온(NO_3^-)이다. 특정 원핵생물은 대기 중의 N_2 분자로 부터 암모니아와 질산염을 합성할 수 있고, 그로인해 식물과 조류가 대기 중의 질소를 사용하게 하면서 질소 순환의 일부분이 되는 것이다(그림 39.24). 질소를 사용할 수 없는 원핵생물은 NH_3 과 NO_3^-를 N_2로 바꿀 수 있다. 두 집단의 미생물 활동 균형으로 식물과 조류의 질소 사용을 결정하게 된다.

미생물의 질소 고정, 질소화 및 탈질소화

N_2로부터 질소 함유 화합물의 합성을 **질소고정(nitrogen fixation)**이라고 한다. 이 과정의 첫 번째 단계는 N_2에서 NH_3의 합성이며, 생화학학자들은 보통 이 단계를 특별히 지칭하기 위해 질소 고정이라고 정의하였다. NH_3를 합성한 후, 다른 원핵생물은 NO_3^- 형태로 일부를 산화시키는데, 이 과정을 **질소화(nitrification)**라고 한다.

원핵생물의 특정 속은 질소고정 효소로 알려진 효소 시스템을 사용하여 질소 고정을 수행할 수 있는 능력을 가지고 있다. 미생물의 대부분은 독립생활을 하지만 땅에 사는 미생물의 일부는 콩과 식물(완두콩과 식물, 콩과), 오리나무, 머틀 식물 등의 뿌리와 공생 관계에서도 찾을 수 있다.

부가적으로 원핵생물(세균 및 고세균을 포함한)은 NO_3^-를 N_2(또 N_2O 와 같은 질소 가스)로 변환할 수 있으며, 그 과정은 **탈질소화(denitrification)**라 불린다. 암모니아는 간접적으로 처음에 NO_3^-로 변환된 다음 N_2로 탈질소화가 진행된다.

질소 폐기물 및 비료의 사용

대부분의 동물들은 대사과정을 통해 단백질을 분해할 때, NH_3와 같이 단백질에서 질소를 분비한다. 인간과 포유동물들(35장 참조)은 소변의 요소로 질소를 분비하는데, 여러 미생물은 요소를 NH_3로 변환한다. 동물 분비물의 NH_3는 식물이나 조류의 질소 공급원

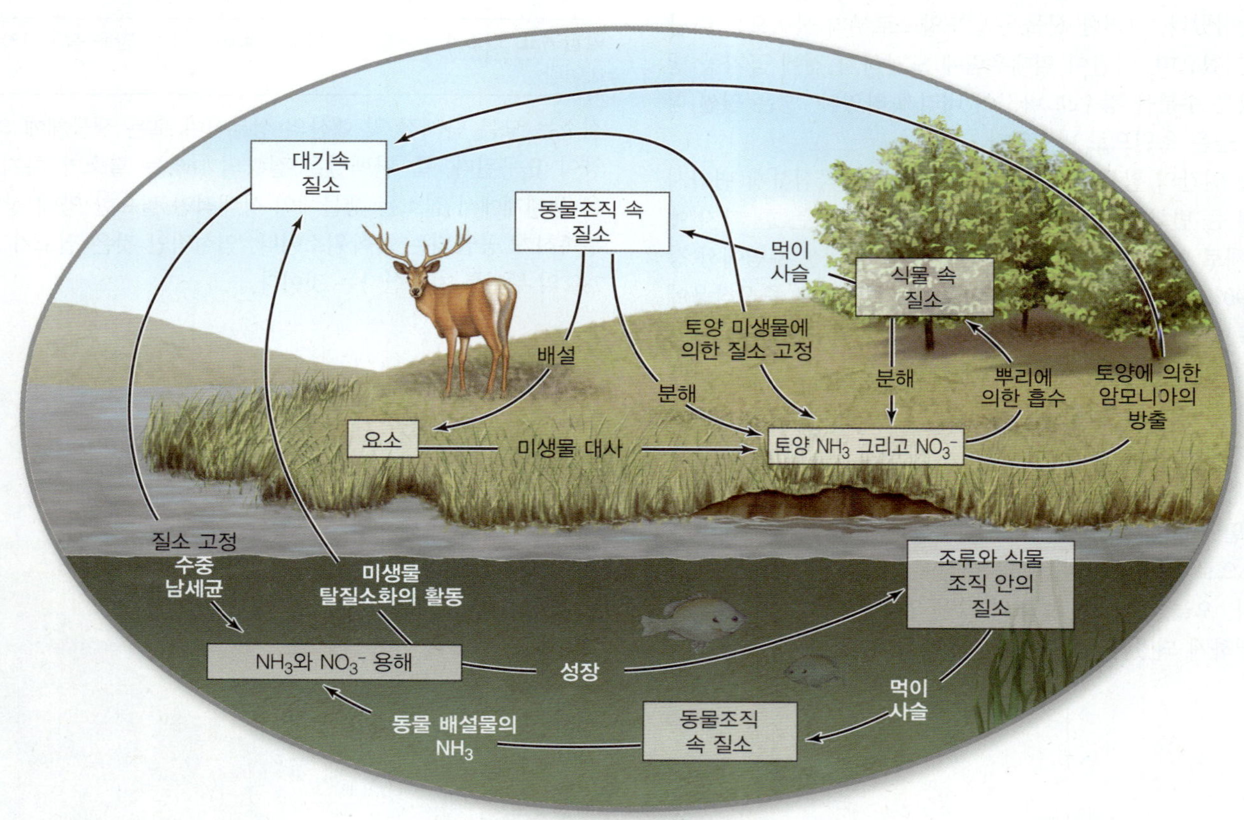

그림 39.24 질소 순환. 질소의 화학적 형태는 여러 변화를 수반하기 때문에 질소 순환은 복잡하다. 특정 원핵생물은 대기의 질소(N_2)를 고정하여 식물 및 조류가 사용할 수 있는 암모니아(NH_3)나 질산염(NO_3^-) 형태로 변환한다. 다른 원핵생물은 암모니아(NH_3)나 또는 질소 함유 화합물을 분해하여 대기에 질소(N_2)를 보낸다. 암모니아 가스는 토양에서 직접 대기로 유입될 수 있다.

으로 이용될 수 있다.

사람들은 잔디 및 농업분야에 비료를 사용하여 지구적인 질소 순환을 급격하게 변화시키고 있다. 비료는 작물에 대기의 N_2를 산업적으로 제조된 암모늄염(NH_4)으로 사용할 수 있게 고정된 질소 형태이다. 비료의 생산 때문에 인간은 이미 토양과 물에 사용할 수 있는 형태의 질소의 이동속도를 두 배 이상 늘렸다.

대기를 제외한 육상 및 수상 생태계를 통한 인 순환

학습목표 39.5.5 인의 순환을 다른 핵심 원소의 순환과 비교하여라.

인은 모든 생물체에 상당한 양이 요구되며 아데노신 삼인산(ATP) 등이 핵산, 막 인지질 및 기타 필수적인 화합물에 나타난다.

탄소, 물, 질소와는 달리 인은 대기를 통해 순환하지 않으며 기체의 형태도 없다(그림 39.25). 이러한 점에서, 인 순환은 칼슘, 실리콘, 미네랄 및 기타 요소에 의해 나타나는 순환 종류로 예를 들 수 있다. 또 다른 특징으로 질소 순환과 비교했을 때 인 순환은 매우 간단하며, 인은 생태계에서 한가지의 산화 상태인 인산(PO_4^{3-})으로 존재한다는 것이다.

인산염 가용성

식물과 조류는 인이 포함된 유기화합물 합성을 통해 토양이나 물에서 유리된 무기 인산을 사용한다. 동물은 스스로 인 화합물을 만들기 위해 식물과 조류의 조직 화합물의 인을 이용한다. 성물체가 죽으면 인산염 재광화라고 불리는 과정으로 부패 미생물이 동물의 몸 안에 유기 화합물을 분해하며, 식물과 조류가 다시 사용할 수 있게 무기 PO_4^{3-} 인산의 인산염을 배출한다.

인 순환은 중요한 비생물적 화학적 및 물리적 과정을 포함한다. 유리 인산은 낮은 농도의 토양에 존재하는데, 이유는 불용성 화합물을 형성하는 다른 토양의 성분들과 결합하고 개천이나 강에 씻겨가는 경향 때문이다. 바위의 여러 종류의 풍화작용으로 인산은 육상 계에 방출되지만, 강은 인산을 대양 분지로 이동시킨다. 육상의 바위로부터 깊은 바다의 퇴적물까지 인산의 커다란 한 방향성 흐름이 있다.

비료로서의 인산염

인간의 활동이 작물비료의 출현 이후 지구의 인 순환을 크게 변화시켰다. 비료는 작물의 성장이 작아 질 수 있기 때문에 일반적으로 PO_4^{3-}을 제공하도록 만들었으며, 인산염이 풍부한 바위와 뼈에서 분쇄 한 것에서 유래 되었다. 세제가 생태계에 PO_4^{3-}을 가하는 다른 잠재적인 원인이지만, 법으로서 현재 세계적으로 저 인산염 세제를 의무화 하고 있다.

대부분의 지구 해양은 질산과 인산이 부족하다. 지구의 바람으로 토양 먼지의 증가에 의해 사하라 사막의 모래 폭풍은 태평양 바다에서 조류의 생산을 높일 수 있다.

개념 정리 39.5

생태계는 생물과 무생물 요소로 구성되어 있다. 원소들은 생물지구화학적 순환으로 생물과 무생물 사이에서 이동한다. 탄소는 주로 광합성과 호흡에 의해 순환된다. 질소는 미생물의 활성으로 질소화, 탈질소화 및 질소 고정에 기초하여 복잡한 순환을 한다. 물 또한 땅에서 대기까지 순환하며 생태계에 중요하다. 인간의 활동은 이러한 순환에 영향을 미친다.

- 동물의 배설물의 비료는 정제된 화학물질 비료 보다 덜 영향을 미치는가? 왜 그런지 또는 왜 그렇지 않은가?

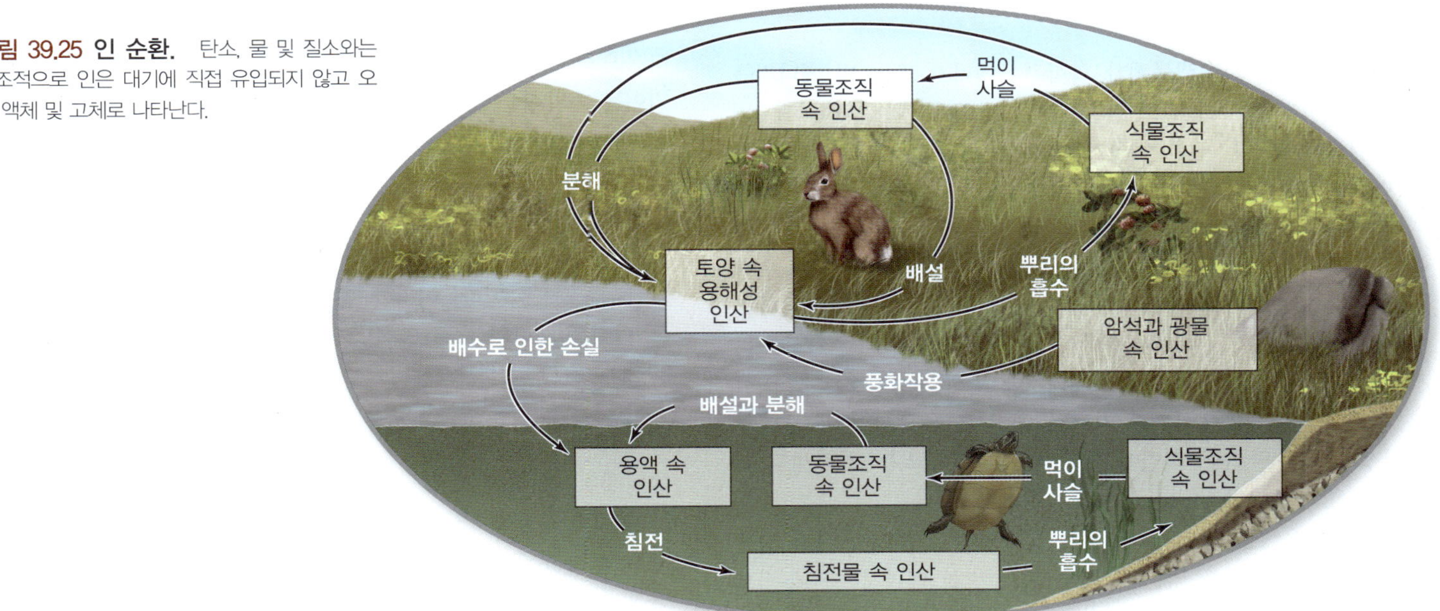

그림 39.25 인 순환. 탄소, 물 및 질소와는 대조적으로 인은 대기에 직접 유입되지 않고 오직 액체 및 고체로 나타난다.

39.6 에너지흐름은 한 방향으로 생태계를 통해 흐른다

생태계의 동적 특성은 에너지 과정 뿐 아니라 물질이 포함되어 있다. 하지만 에너지는 물질 보다 매우 다른 원리를 따른다. 에너지는 결코 재활용되지 않는다. 대신에 태양으로부터의 복사 에너지는 열로 바뀌고 우주로 복사되기 전에 우리들의 행성 생태계를 지나 한 방향으로 지구에 도착한다. 즉, 지구는 에너지를 위한 개방형 시스템이다.

살아 있는 생물체는 열이 아닌 많은 형태의 에너지를 사용할 수 있다

학습목표 39.6.1 열역학 제1, 2법칙으로 생물권 대해 이야기하여라.

물질과 에너지는 왜 매우 다른가? 답변의 핵심은 에너지가 빛, 화학 결합, 운동, 열 등 여러 가지 다른 형태로 존재한다는 것이다. 에너지는 생물권에서 생성되거나 파괴되지 않지만(열역학 제 1법칙), 그것은 종종 형태를 변화시킨다(열역학 6장 참조).

두 번째로 중요한 점은 생물체가 열 에너지를 다른 형태의 에너지로 변환 시킬 수 없다는 것이다. 따라서 생물체가 화학결합 에너지 또는 빛 에너지를 열로 바꿀 수 있다면, 변환은 한 가지 방향이다. 즉 에너지는 다시 원래 형태로 돌아가는 순환을 할 수 없다는 것이다.

왜 지구가 에너지에 관한 개방 시스템으로 쓰이는가를 이해하기 위해서는 두 가지 추가적인 원칙 인식이 필요하다. 첫 번째는 생물체는 오직 특정한 에너지 형태만을 사용할 수 있다는 것이다. 동물이 살아가기 위해 특히 화학 결합 에너지를 필요로 하는데, 이는 음식에서 획득 할 수 있다. 식물은 빛으로부터 에너지를 획득해야 한다. 동물이나 식물(다른 생물체) 둘 다 에너지 공급원으로서 열을 사용 할 수 없다.

두 번째 원칙은 생물체가 화학결합에너지 또는 빛 에너지를 사용할 때마다 일부가 열로 변환된다는 것이다. 즉 열역학 제 2법칙은 열로의 특정환 전환은 불가피하다는 것을 설명한다. 다른 말로 바꾸어 말하면, 동물과 식물은 살아남기 위해 화학 결합 에너지와 빛에너지가 요구되며 이러한 형태의 에너지는 열에너지로 변환된다는 것이며 이러한 열 에너지는 동물과 식물이 살아가기 위해 사용할 수 없으며 그들은 원래의 형태로 다시 되돌아 갈 수 없다는 것 이다.

다행히 생물체는 지구에서 에너지에 대해 개방형 시스템 역할을 한다. 빛은 태양에서부터 지구로 매일 도착한다. 식물과 다른 광합성 생물들은 유기 화합물을 합성하고 살아남기 위해 새로 도착한 빛을 사용한다.

동물들은 살아남기 위해 유기 분자의 화학결합 에너지 사용하면서 광합성 생물을 먹는다. 빛과 화학 결합 에너지는 부분적으로 모든 단계에서 열로 전환된다. 사실 빛과 화학 결합 에너지는 궁극적으로 열로 완전히 전환된다. 열은 전자기 스펙트럼의 적외선 파장이 지구로 복사되고 우주로 방출 된다. 생명을 지속하기 위해서는 새로운 빛 에너지가 항상 필요하다.

지구로 들어오고 나가는 복사 에너지의 흐름이 동일해야 지구의 기온이 일정하게 유지된다. 하나의 걱정은 인간의 활동으로 인해 온실효과(*greenhouse effect*)로 불리는 현상이 나타나며 나가는 에너지 흐름을 방해하여 대기의 구성을 바꾸고 있다. 열은 지구 온난화 발생으로 지구에 축척되고 있다.

에너지는 생태계의 영양 단계에 걸쳐 흐른다

학습목표 39.6.2 생태계의 여러 영양 단계를 설명하여라.

7장에서 우리는 독립 영양 생물("self-feeder")과 종속 영양 생물("fed by others")의 개념을 도입했다. **독립 영양 생물(autotrophs)**은 비 생물적의 에너지를 이용한 이산화탄소, 물, 질산염 등의 무기 전구체로부터 몸의 유기 화합물을 합성한다. 일부 독립 영양 생물은 빛을 에너지원으로 사용하기 때문에 **광독립영양생물(photoautotrophs)**이라 한다. 즉 그들은 식물, 조류 및 시아노박테리아가 포함되는 광합성 생물체이다. 다른 독립 영양 생물은 심해의 열수구에서 배출되는 황화수소를 사용하는 미생물로 무기 산화 반응을 통해 에너지를 얻는데, 이는 **화학적 독립 영양 생물(chemoautotrophs)**이라 한다. 모든 화학적 독립 영양 생물은 원핵생물이다. 광독립 영양 생물은 대부분의 생태계에서 매우 중요하며 우리는 이 장의 나머지 부분에서 그들에게 초점을 맞출 것이다.

종속 영양 생물은 무기 전구체로부터 유기 화합물을 합성할 수 없는 대신에 다른 생물이 만든 유기 화합물을 먹으며 사는 생물이다. 그들은 그들이 에너지를 사용 가능한 유기 화합물을 분해하여 살아가며, 물질 대사 사용을 통해 화학적 결합 에너지를 방출 시켜 버린다(7장 참조). 동물, 균류, 미생물 등이 종속 영양 생물이다.

그들의 토종 환경에서 생활할 때, 종들은 보통 순차적으로 먹이사슬로 조직되어진다. 예를 들어 곤충들은 식물을 먹을 수 있고, 다음으로 쥐들은 곤충을 먹을 수 있으며, 매는 쥐를 먹을 수 있다. 먹이는 순차적으로 4가지 종을 통해 지나간다. 식물 → 곤충 → 쥐 → 매. 이 같은 종의 순서를 먹이사슬이라고 한다.

어떤 전체 생태계에서 많은 종은 유사한 역할을 담당한다. 즉 일반적으로 하나의 종은 한 가지 역할만 하지 않는다. 예를 들어 식물을 먹는 동물은 단지 하나의 곤충 종이 아닌 곤충 30종, 포유동물 10종을 포함된다. 이러한 복잡성을 구성하기 위해 생태학자들은 먹이를 제한된 수로 인식되거나, 또는 영양 단계 구분한다(그림 39.26).

영양단계의 정의

생태계의 첫 번째 영양단계는 **일차 생산자(primary producers)**로 불리며 생태계 내의 모든 독립 영양 생물로 구성된다. 다른 영양 단계는 종속 영양 생물인 **소비자(consumers)**로 구성되어있다. 일차 생산자를 직접적으로 섭취하는 모든 종속 영양 생물은 **초식동물(herbivores)**이라는 영양 단계에 함께 배치된다. 이후로 초

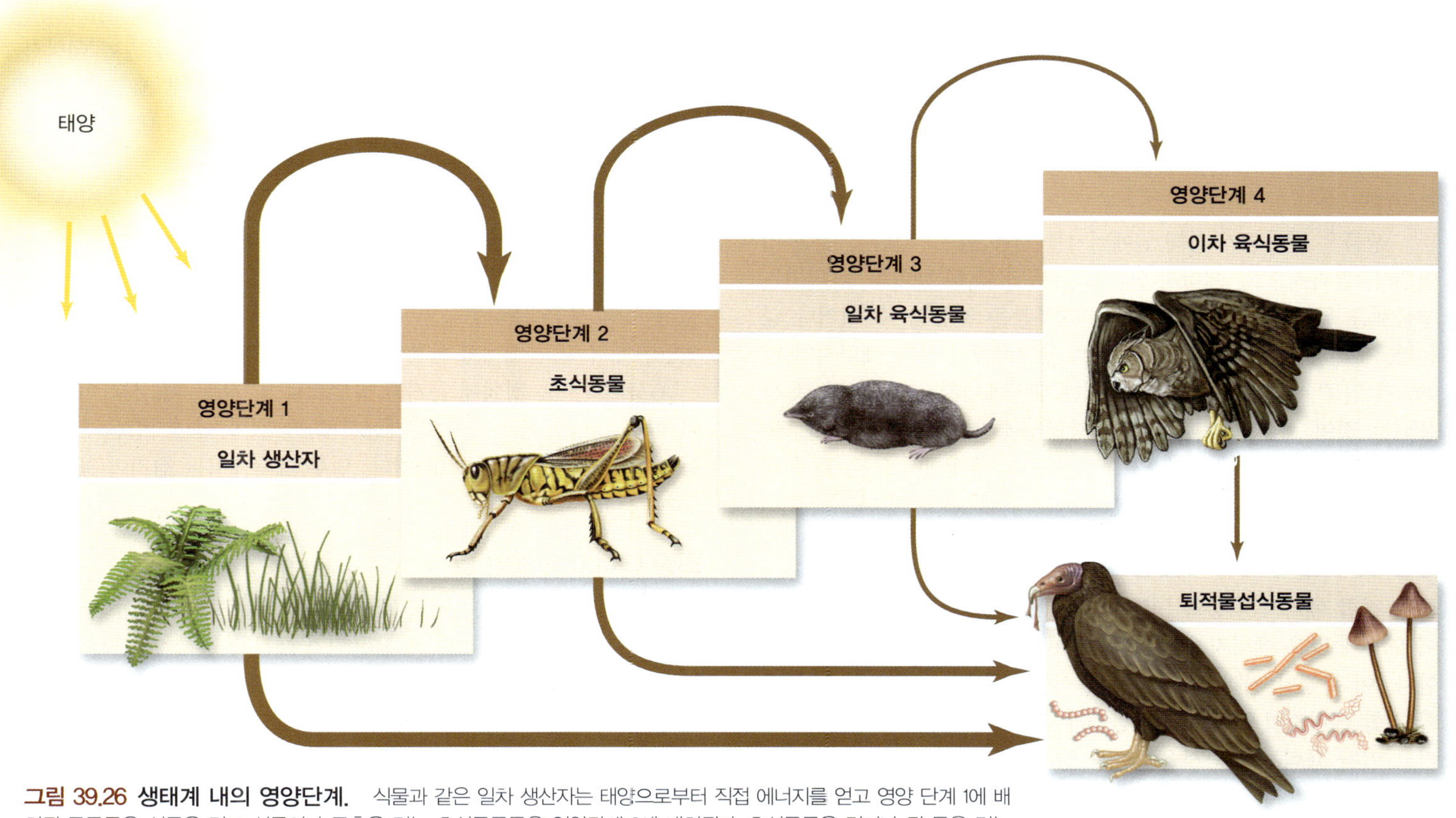

그림 39.26 생태계 내의 영양단계. 식물과 같은 일차 생산자는 태양으로부터 직접 에너지를 얻고 영양 단계 1에 배치된 동물들은 식물을 먹고 식물이나 곤충을 먹는 초식동물들은 영양단계 2에 배치된다. 초식동물을 먹거나 쥐 등을 먹는 일차 육식 동물들은 영양단계 3에 포함되며 일차 육식동물들을 먹는 부엉이 같은 이차 육식동물들은 영양단계 4에 속한다. 각각의 영양 단계는 여기에 설명되긴 하지만 특정 종은 유사한 방식으로 생태계의 모든 종을 먹는다.

식동물을 먹는 종속 영양생물은 대체로 **일차 육식 동물(primary carnivores)**이며, 일차 육식 동물을 먹이로 삼는 동물을 **이차 육식 동물(secondary carnivores)**이라 칭한다.

생태계의 진보된 연구에서 생물체들이 무엇을 먹는지에 관한 간단한 선형 서열이 일치하지 않는 것에 대해 설명이 요구된다. 예를 들면 어떤 동물들은 일차 생산자와 다른 동물 둘 다 먹는다. 그러나 영양 단계의 선형 서열은 많은 목적으로 구성된 원리이다.

추가적인 소비자 단계는 **퇴적물 섭식동물(detritivore)** 영양단계이다. 퇴적물 섭식동물은 이미 죽은 생물을 먹이로 삼는다는 점에서 다른 영양단계의 생물과 다르다. 이러한 경우 퇴적물은 죽은 생물이다. 퇴적물 섭식동물의 하위 범주에는 주로 미생물과 다른 미소 생물이 있는데 이들은 죽은 유기 물질을 분해하며 사는 **분해자(decomposers)**이다.

영양단계 설명을 위한 개념

영양 단계는 생물체의 전체적인 개체군으로 구성되어 있다. 예를 들어, 일차 생산자의 영양단계는 생태계 내의 모든 독립 영양 생물의 전체 집단으로 구성된다. 생태학자들은 개체군의 특성과 영양단계를 설명하기 위해 특별한 용어를 발전시켜왔다.

영양단계의 **생산력(productivity)**은 영양단계의 생물체가 새로운 유기물(새 조직 물질)을 집합적으로 합성하는 비율이다. **일차 생산력(primary productivity)**은 일차 생산자의 생산성이다. 일차 생산자를 분석하는 중요한 복합성은 광합성을 이용해 새로운 유기물을 합성할 뿐 아니라 유기물의 일부를 파괴하고 호기성 세포 호흡을 통해 에너지를 방출한다는 것이다(7장 참조). 1차 생산자의 **호흡(respiration)**은 문맥상 그들이 유기 화합물을 분해하는 비율이다. **총 일차 생산력(gross primary productivity, GPP)**는 단순하게 1차 생산자가 새로운 유기물을 합성하는 일차 생산자의 비율이다. 즉, **순 일차 생산력(net primary productivity, NPP)**은 GPP에서 1차 생산자의 호흡을 뺀 것이다. NPP는 초식동물이 먹이로 삼을 수 있는 유기물을 나타낸다.

종속 영양 생물 영양단계의 생산성은 **이차 생산력(secondary productivity)**이라고 한다. 예를 들어 생태계의 모든 초식동물에서 개체의 성장과 번식의 수단으로 새로운 유기물질이 만들어진 비율은 초식동물 영양 단계의 이차 생산성이다. 각 종속 영양 생물의 영양 단계는 이차 생산성을 가지고 있다.

영양단계들이 어떻게 에너지를 처리하는가?

일차 생산자가 소비하는 태양 복사 에너지는 적다. 일 년 간 평균 숲 또는 바다에 영향을 주는 태양 에너지는 1% 정도 차지한다. 연구자들은 때때로 훨씬 낮은 수준을 관찰할 뿐 아니라 일부 조건에서 5%정도 높은 비율을 관찰하기도 한다. 태양 에너지는 광합성을 통해 화학 결합 에너지로 전환되지 않고 열로 전환된다.

일차 생산자는 이전에 언급한 바와 같이, 자신들의 몸에 있는 화학 결합 에너지를 방출하여 유기 화합물을 분해하는 호흡 과정을 수행한다. 그들은 ATP를 합성하기 위해 화학 결합 에너지의 일부를 사용하며, 다음으로 다양한 에너지가 요구되는 과정에 힘을 사용한다. 결국 그들이 호흡을 통해 방출한 화학 결합 에너지는 열로 전환된다.

생물은 살아남기 위해 열에너지를 사용 할 수 없다는 것을 기억해라. 결과적으로, 에너지 변환이 열로 전활 될 때마다, 에너지는 생물체를 통해 연료원으로서 거의 대부분을 사용할 수 없거나 잃는다. 우리가 지금까지 확인한 것은 생태계에서 태양 에너지의 약 99%가 열로 전환된다는 것이며, 이는 태양에너지가 광합성으로 사용되는 것이 실패했기 때문이다. 광합성에 의한 에너지의 일부는 일차 생산자의 호흡에 의해 열로 전환된다. 생태계의 모든 종속 영양 생물은 화학 결합 에너지가 잔존하는 곳에 살아야한다.

영양 단계 간의 에너지 손실의 예

화학 결합 에너지는 종속 영양 생물 영양단계에서 전달된 바와 같이 도중에 많은 에너지가 전환된다. 이 원리는 극적인 결과를 초래한다. 이 특정한 기간 동안 일차 육식동물에게 사용할 수 있는 화학 결합 에너지의 양은 초식동물에게 사용가능 것보다 더 적고, 그리고 이차 육식동물에 사용가능한 양은 일차 육식 동물에게 사용하는 것이 보다 더 적다.

에너지가 어떤 영양 단계부터 다음 단계로 지나갈 때 왜 화학적 결합 에너지의 양이 감소하는가? 예를 들어 초식 동물 영양 단계(그림 39.27)에 의한 에너지 사용을 생각해보자. 잎을 먹는 곤충과 같은 초식 동물이 어떤 먹이를 섭취한 후에는 배설물을 분비한다. 배설물 속 화합물의 화학 결합 에너지는 일차 육식 동물 영양 단계를 지나가지 않는다. 먹이의 화학 결합 에너지는 초식동물에 의해 동화되며 여러 기능을 위해 사용된다. 동화된 에너지의 일부가 세포 호흡에 의해 방출되어 조직의 복원, 신체의 이동 및 기타 기능을 위해 사용된다. 이러한 방법에서 사용되는 에너지는 열로 바뀌고

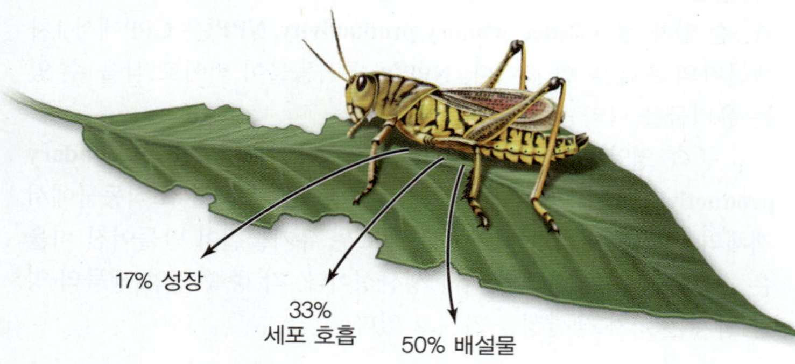

그림 39.27 섭취된 화학 결합 에너지의 운명 : 종속 영양 생물이 섭취하는 모든 에너지가 다음 영양 단계에서 사용될 수 없는 이유. 초식 곤충과 같은 종속 영양 생물은 화학 결합 에너지의 일부만을 흡수한다. 예를 들어 50%는 흡수되지 않고 배설물로 배출되며 제거된 화학 결합 에너지는 일차 육식 동물이 사용할 수 없다. 섭취 에너지의 33%는 세포 호흡의 연료로 사용되며 일차 육식 동물이 사용할 수 없는 열로 전환된다. 섭취된 에너지의 단지 17%만이 성장을 통해 곤충 생체량으로 변환되고 다음 영양 단계의 먹이가 될 수 있지만 곤충의 일부는 먹히기 전 죽을 수도 있다.

육식 동물 영양 단계에는 전달되지 않는다. 일부 화학 결합 에너지는 초식 동물의 조직에 형성되고 육식 동물의 먹이로 제공될 수 있다. 그러나 일부 초식 동물들은 포식자에 의해 잡아 먹히는 것 보다 병이나 사고로 죽는다.

결국 일부 잎으로부터 얻은 초기 화학 결합 에너지는 일차 육식동물에 의해 잡아먹히는 초식동물의 조직으로 형성된다. 그러나 대부분의 초기 화학결합 에너지는 열에너지, 배설물 그리고 육식동물이 먹지 못한 초식동물의 몸으로 전환된다. 동일한 시나리오가 영양단계의 각 단계에서 반복된다(그림 39.28).

생태학자는 경험에 근거한 방법으로 밝혀냈는데, 시간이 지남에 따라 영양단계로 사용이 가능한 화학 결합 에너지량은 사용가능한 전 영양단계의 약 10%이다. 일부 예시에서는 심지어 30% 더 높게 나타난다.

최종 에너지 산물인 열

기본적으로 모든 생태계에서 광합성에 의해 포집된 화학 결합 에너지는 다양한 영양 단계에서 사용되기 때문에 결국 열에너지가 된다. 이 중요한 점을 확인하기 위해, 생태계에 퇴적물섭식동물이 그들에게 쓰여질 수 있는 사체와 배설물 및 모든 다른 물질들을 대사할 때, 그들은 다른 영양단계에서 생산되는 것처럼 열에너지를 만들게 된다.

영양 단계의 수는 에너지 가용성에 의해 제한된다

학습목표 39.6.3 어떻게 에너지가 영양 단계를 통해 이동하는지 설명하여라.

영양단계별로 생물체에서 쓰일 수 있는 화학 결합 에너지의 비율은 에너지가 1차 생산자로부터 초식동물 그리고 다양한 육식동물 수준까지의 경로를 만들면서 기하급수적으로 감소된다. 임계점을 그려보면, 생태계의 1차 생산자들은 일정 기간 동안 화학 결합 에너지를 1000 유닛으로 얻는 것을 단순하게 가정 할 수 있다. 각 영양단계의 에너지 투입이 이어지는 단계로 10% 투입된다면, 초식동물의 영양 단계의 화학 결합 에너지 투입은 100 유닛이 되고, 1차 육식동물에서는 10 유닛이 되며, 2차 육식동물에서는 동일한 시기에 걸쳐 1 유닛이 된다.

상위 육식동물에 대한 제한요인들

영양 사슬에서의 화학 결합 에너지의 기하급수적인 감소는 영양 사슬의 길이와 생태계가 지원할 수 있는 상위 육식 동물의 수를 제한한다. 우리 모델의 계산에 따르면, 어떤 생태계가 2차 육식동물을 포함시키면, 광합성에 의해 포섭된 에너지의 약 천분의 일만이 사용가능한 화학결합 에너지로서 이러한 동물들에 도달하기 위해서 연속적인 영양 단계를 통과하게 된다. 3차 육식 동물은 단지 만분의 일만을 받게 될 것이다. 이는 독수리나 사자의 개체가 많지 않은 이유를 설명하는데 도움이 된다.

사용가능한 화학 결합 에너지의 감소는 생태계의 최상위 육식동물의 개체수가 낮은 경향을 설명하는데 도움이 된다. 최상위 육

그림 39.28 생태계를 통한 에너지 흐름. 파란색 화살표는 에너지의 흐름이 빛으로 생태계로 진입하고, 다음으로 화학결합에너지가 성공적으로 영양단계를 통과한다. 각 단계의 에너지는 바뀌는데, 화학결합 에너지를 사용 할 수 있는 각 영양단계는 사용 가능한 전 단계의 영양단계 보다 적다 것을 의미한다. 빨간색 화살표는 에너지가 열로 전환된 것을 나타낸다. 담갈색 화살표는 에너지가 퇴적물 섭식동물에게만 유용한 배설물과 다른 유기물질로 전환된 것을 나타낸다. 퇴적물 섭식동물은 육식동물을 잡아 먹일 수 있고, 따라서 화학결합 에너지는 더 높은 영양 단계로 돌아오게 된다.

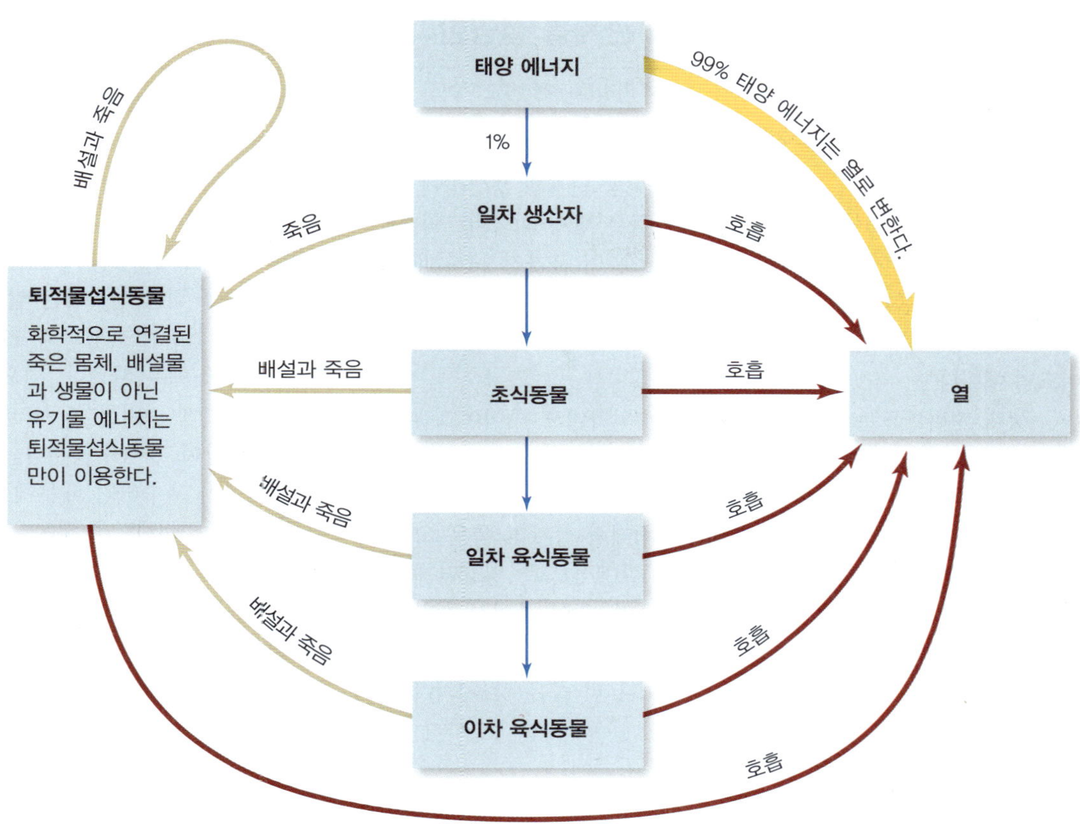

식 동물의 전체 영양 단계는 상대적으로 적은 에너지를 받지만 그러한 육식동물들은 큰 경향이 있다: 그들은 상대적으로 신체 크기가 크고 많은 개체 에너지가 필요해진다. 이러한 두 요인 때문에, 최상위 육식동물의 개체군 수가 작아지는 경향이 있다.

가장 긴 영양 사슬은 아마 바다에서 나타날 수 있다. 일부 참치와 다른 최상위 해양 포식자는 아마도 가끔 3차 혹은 4차 육식동물의 역할을 한다. 매우 긴 영양 사슬 설명에 대한 도전은 분명하지만, 그 해답은 현재 잘 이해되지는 않는다.

소비자로서의 인간 : 사례 연구

뉴욕 북부(그림 39.29)에서 카유가 호수의 에너지 흐름은 영양단계의 에너지론이 어떻게 인간의 식량 공급에 영향을 미치는지를 설명하는데 도움이 된다. 연구원들은 초식동물의 몸으로 전달된 일차 생산자에 의해 차지하는 화학 결합 에너지 1000칼로리 중 150칼로리인 호수 생태계의 실제 가치로부터 계산하였다. 칼로리의 약 30은 빙어와 같은 작은 물고기의 몸으로 전달되었으며, 생태계에서 주요 1차 육식 동물은 작은 물고기였다.

인간이 빙어를 먹은 경우에, 원래 생태계에 들어온 1000칼로리 중 6칼로리를 얻게 된다. 송어가 빙어를 먹고 그 송어를 인간이 먹는다면 인간은 약 1.2칼로리를 얻게 된다. 일반적인 인구에 대입했을 때, 식물이나 다른 1차 생산자를 섭취하는 것이 동물을 먹는 것보다 더 많은 에너지를 사용할 수 있으며, 육식동물 소비 할 때 보다 초식동물을 소비하는 것이 더 많은 에너지를 사용 할 수 있게 된다.

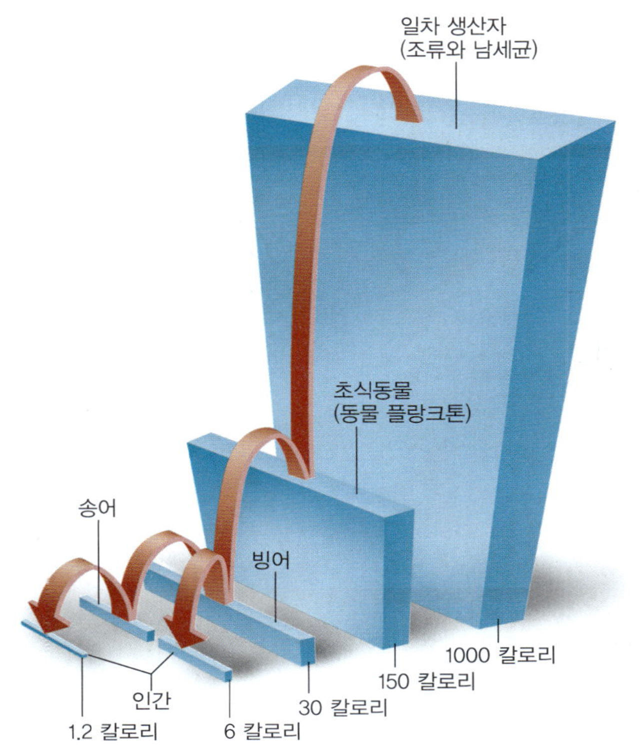

그림 39.29 Cayuga Lake의 영양단계를 통한 에너지 흐름. 독립 영양 플랑크톤(조류와 시아노박테리아)는 태양 에너지를 받고, 초식동물(동물 플랑크톤)의 먹이가 되며 이들은 빙어의 먹이가 된다. 빙어는 송어의 먹이가 된다. 인간은 송어보다 빙어를 먹을 경우에 인간의 에너지 소비에 대한 단위 시간당 물고기의 양은 5배 이상이지만 사람들은 일반적으로 송어를 먹는 것을 선호한다.

생태 피라미드는 영양 단계들의 관계를 설명한다

학습목표 39.6.4 표준 피라미드와 역 생물량 피라미드를 비교하여라.

생태계의 영양 단계가 각각 위로 쌓은 상자로 표현되는 것을 상상해보라. 각 박스의 폭이 그들이 나타내는 영양 단계의 생산성에 비례한다는 것을 또한 상상해라. 쌓인 박스들은 항상 피라미드의 형상을 가질 것이다. 즉 각 상자는 에너지 흐름의 불가침 규칙 때문에 그 아래보다 좁다. 이런 종류의 다이어그램을 에너지 흐름 피라미드 또는 생산성(그림 39.30a) 피라미드라고 한다. 이는 생태 피라미드의 예이다.

생태 피라미드는 여러 종류가 있다. 피라미드 다이어그램은 작물 생체량 또는 개체의 수 뿐 아니라 생산성을 나타내는 데 사용할 수 있다.

생체량 피라미드(pyramid of biomass)에서 상자의 폭은 고정된 작물 생체량에 비례적으로 그려진다. 일반적으로, 영양단계들이 상대적으로 낮은 생산성을 가지고 있으며, 또한 주어진 시간에 따라 상대적으로 적은 생체량을 가지고 있다. 따라서 생체량의 피라미드는 보통 각 상자가 아래 있는 것 보다 더 좁은 것을 의미하면서 수직이다. 그러나 생체량 수직 피라미드는 생산성 수직 피라미드처럼 근본적이고 불가침의 규칙에 위배되지 않는다. 일부 생태계에서 생체량 피라미드는 적어도 하나의 영양 단계가 아래에 있는 다른 영양단계보다 더 큰 생체량을 갖는다는 것을 의미하면서 역으로 된다(그림 39.30c).

생체량 피라미드가 뒤집히게 되는 것은 어떻게 가능한 일일까? 수중 생태계의 1차 생산자인 단세포 조류(식물성 플랑크톤)와 조류 세포를 직접 섭식하는 쌀 입자 크기의 초식동물(예 : 요각류 등)인 일차 생산자를 생각해 보자. 이러한 생태계에서, 조류 세포의 순환은 보통 매우 빠르다. 세포의 증식은 빠르지만 동물들도 동등하게 급속하게 소비한다. 이러한 상황에서 조류 세포는 절대로 크기나 생체량이 커지지 않는다. 그럼에도 불구하고, 조류 세포가 매우 생산성이 우수하기 때문에, 생태계는 조류 개체군에서 관찰된 것보다 더 큰 생체량을 갖는 동물의 실질적인 생체량을 지지할 수 있게 된다.

많은 피라미드에서, 상자의 폭은 다양한 영양단계에 존재하는 개체의 수에 비례한다(그림 39.30d). 이러한 피라미드는 일반적이나 항상 수직으로 되어 있지는 않다.

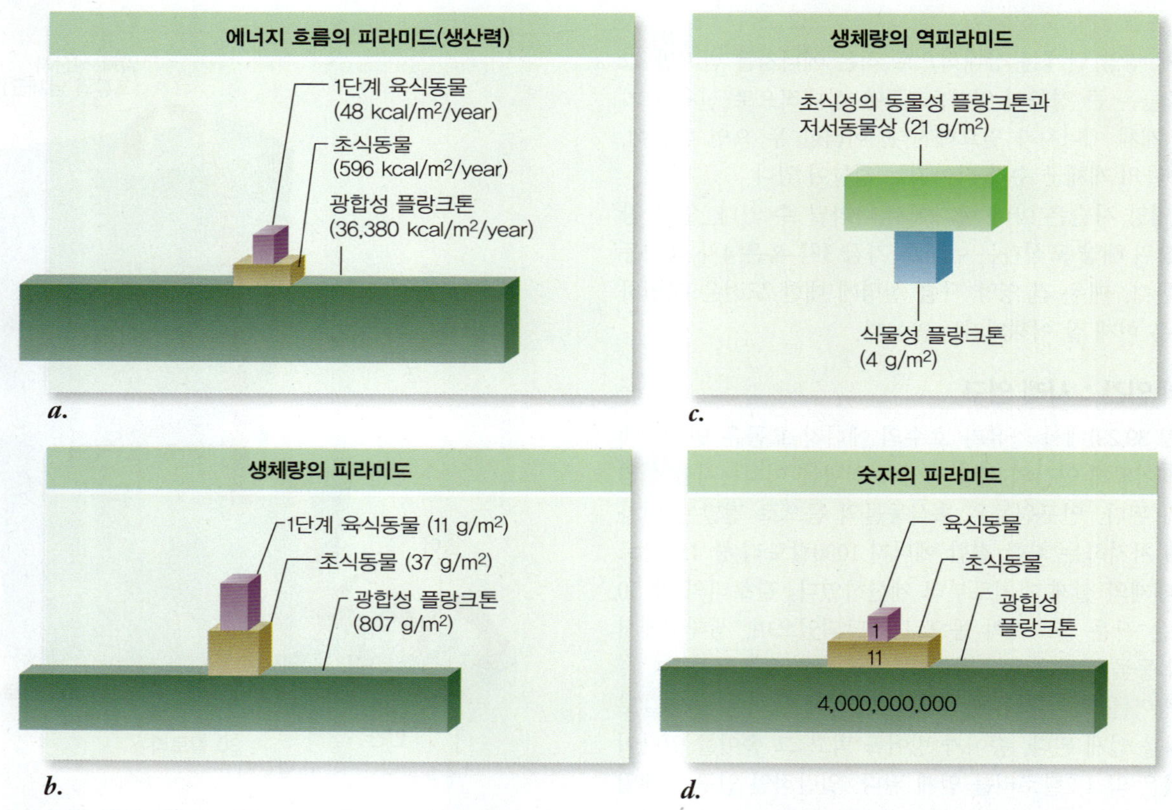

그림 39.30 생태 피라미드. 생태피라미드에서 생태계의 연속 영양 단계를 쌓아 상자로 표현하고, 상자의 폭이 다양한 영양 단계의 생태학적 크기를 표현하고 있다. 생태 피라미드는 여러 다른 특성을 나타낼 수 있다. **a.** 에너지 흐름(생산성)의 피라미드. **b.** 일반적인 생체량의 피라미드. **c.** 생체량의 역피라미드. **d.** 개체수의 피라미드.

개념 정리 39.6

생태계의 에너지 흐름은 한 방향이다. 영양 단계는 1차 생산자, 초식동물, 1차 육식 동물, 2차 육식 동물을 포함한다. 퇴적물 섭식 동물은 모든 단계에서 죽거나 폐기되는 물질을 소비한다. 에너지가 영양 단계 사이를 통과할 때, 일부는 열로 손실된다. 광합성 1차 생산자는 태양 에너지의 약 1%를 차지한다. 이 에너지가 더 높은 영양 단계를 통과하면, 약 10%를 다음 단계에서 사용할 수 있다. 하위 영양 단계는 일반적으로 더 큰 생체량을 가지고 있다.

- 탄소 원자와 같은 물질의 다른 경로는 무엇이며, 생태계를 통해 움직이는 에너지는 무엇인가?

39.7 생물 다양성은 생태계 안정성을 증가시킬 수 있다

생물다양성은 뉴스에서 종종 주제가 되는 경우가 많다. 우리가 많은 종의 증가되는 소멸을 생각해 보면, 남겨진 종의 다양성은 모든 사회에 중요한 과제이다.

종 풍부도는 안정성을 증가시킬 수 있다: 시더 크리크(Cedar Creek) 연구

학습목표 39.7.1 생태계 안정성의 정의.

생태학자들은 종 풍부도-종수-군집간의 다른 결과에 대해 오랫동안 논쟁 하였다. 종이 풍부한 군집은 더 안정적이라는 이론이 있다. 즉, 복잡한 구성일수록 방해에 대해 더 잘 저항할 수 있고 더 안정적이다. 이러한 가설은 미네소타의 시닥크릭 자연사 지역(Cedar Creek Natural History Area) 대학의 데이비드 틸만(David Tilman)과 동료들에 의해 연구되어졌다.

연구자들은 11년 동안 8 – 16m² 대지의 207개의 작은 직사각형 구획들을 관찰하였다(그림 39.31a). 각 구획에서 초원의 식물종의 수를 산출하고 식물 생체량(즉, 구획의 모든 식물의 양)의 총량을 측정하였다. 연구기간동안, 식물 종풍부도는 군집 안정성과 관련이 있었으며, 더 많은 종의 구획에서는 생체량에서 더 적은 전년 동월 비의 변화를 보여주었다. 또한 두 번의 가뭄이 있던 해에 생체량의 감소는 종풍부도와 부정적인 관계성을 가졌다 - 즉, 종이 많은 구획에서는 가뭄에 영향이 적었다.

이러한 결과들은 실험 구획에 다른 수의 종의 씨앗이 뿌려진 실험에서 차후에 확인 되었다. 이 실험에서도, 종이 풍부한 구획에서는 10년 동안 생체량이 매년 더 안정적이었다.

관련된 실험에서, 다른 식물종의 씨앗들이 다른 구획으로 추가된 경우에 정착하려는 이러한 종의 능력은 종풍부도에 부정적으로 관련지어졌다(그림 39.31b). 다시 말해서, 다양한 군집들은 군집 안정성의 또 다른 척도인 새로운 종의 침입에 대해 더 저항적이다.

종 풍부도는 다른 생태계 과정에 영향을 미칠 수 있다. 틸만과 그의 동료들은 얼마나 많은 성장이 발생하는지와 성장하는 식물이 얼마나 많은 질소를 땅으로부터 흡수 하는지를 측정하기 위해 종의 수가 다양한 147가지의 실험 구획을 관찰 하였다. 그들은 더 많은 종을 가진 구획에서 더 많은 질소 흡수와 총 생체량이 생산 된 것을 발견하였다. 그의 연구에서, 증가된 생물다양성이 명백하게 더 많은 생산성을 만드는 것으로 보였다.

인공적인 생태계인 실험실 연구에서 비슷한 결과를 제공 하였다. 하나의 정교한 연구에서, 1m²를 범위의 생태계를 온도, 광도, 공기의 흐름, 대기가스농도를 제어하는 성장 챔버에 구축 하였다. 다양한 식물, 곤충 및 다른 동물들이 9, 15, 31종으로 구성된 생태계를 구축하기 위해 도입 하였으며, 높은 다양성 봉합된 용기의 종

과학적 사고

질문 종 풍부도는 군집 침입 가능성에 영향을 미칠까?

가설 : 성공적인 침입률은 더 많은 풍부도와 군집들을 작게 할 것이다.

실험 : 동일한 수의 비-토착 식물들의 씨앗을 식물 종수가 다른 실험 구획에 추가하였다.

a.

침입 종의 수 (1, 10, 100)
구획 위 종의 수 (0, 5, 10, 15, 20, 25)

b.

결과 : 성공적인 침입종의 수가 높게 변화 하지만, 평균적으로 더 많은 종의 수는 더 적은 종을 침입하게 된다.

설명 : 같은 종 풍부도의 군집에 성공적인 침입종이 존재할 때 변화에 대한 이유를 어떻게 설명 할 수 있는가?

그림 39.31 생태계 안정성에 관한 종 풍부도 효과. **a.** Cedar Creek의 실험 구획 **b.** 군집 안정성은 군집 침입력에 관한 종 풍부도 효과를 보고 평가 할 수 있다. 각점은 Cedar Creek 실험 장소에 하나의 실험 구획 자료를 나타낸다. 비 토착종이 더 많은 종이 있는 구획에 침입 하는 것은 어렵다.

의 일부분을 포함하고 있는 적은 다양성으로 처리한 것도 함께 구성하였다. 틸만 실험과 마찬가지로, 생성된 생체량의 양은 종풍부도와 생태계 생산성의 다른 척도인 이산화탄소 소비량과도 관련이 있었다.

그러나 틸만의 결론인 건강한 생태계가 다양성에 의존한다는 것이 모든 생물학자들에게 받아들여지지는 않다. 이러한 생물 다양성 연구의 타당성과 적합성에 관한 비평가들의 의문은 더 많은 종이 구획으로 가입함으로써 높은 생산성이 있는 하나의 종이 더 가능성 있다고 주장하고 있다. 종 풍부도 자체로 높은 생산성 결과를 보여주는 것보다 특정 높은 생산성 종의 존재를 보여주는 것이 낫고, 실험적인 구획은 "과생산성"으로 나타나야 한다. 다시 말해서, 구획 생산성은 고립되어 성장한 단일 최대 생산성 종보다 많아야만 한다.

이점은 여전히 논란이 있지만, 최근 Cedar Creek과 다른 연구에서 군집의 종풍부도가 군집 생산성과 안정성을 향상시킨다는 주장을 뒷받침 하는 과생산성 증거들이 나타나고 있다.

종 풍부도는 생태계 특성에 의해 영향을 받는다

학습목표 39.7.2 생태계 기능에 대한 종풍부도 효과를 설명하시오.

많은 요인은 군집의 종풍부도에 영향을 준다는 것이 가설되어 있거나 알려져 있다; 이것은 적절한 물리적인 장애와 핵심 종의 손실을 포함한다. 우리는 여기에서 3가지 요인을 토론할 것이다: 일차 생산성, 서식지 이질성, 기후 요인.

일차 생산성

생태계는 일차 생산성에서 실질적인 차이가 있다. 일부 증거는 일차생산성과 관련된 종풍부도를 나타내지만 그들 사이의 관계는 선적이지 않다. 예를 들면 다수의 경우에서, 중간 수준의 생산성을 지닌 생태계는 가장 많은 종수를 가지는 경향이 있다(그림 39.32a).

왜 이렇게 되는지 논의된다. 하나의 가능성은 소비자의 수와 연관된 생산성 수준이다. 이 개념을 식물 종풍부도에 적용하면서, 그러한 논쟁은 낮은 생산성에서 적은 초식동물이 있으며 식물들간에 우수한 경쟁자들이 대부분의 다른 식물 종을 제거할 수 있다는 것이다. 대조적으로, 높은 생산성에서 매우 많은 초식동물들이 존재하여 초식동물방목에 대부분 저항성을 지닌 식물 종만이 살아남는다. 이는 종 다양성을 감소시킨다. 결과적으로, 가장 많은 수 식물 종은 생산성과 초식동물의 중간 수준에서 공존하게 된다.

서식지 이질성

예를 들면, 공간적으로 이질의 비생물환경은 많은 서식지 유형과 다른 종류의 토양으로 구성되어 있다. 이러한 이종환경은 공간적으로 동종 환경보다 더 많은 식물 종을 수용하는 것을 기대 할 수 있다. 무엇보다, 동물의 종풍부도는 현존 식물의 종풍부도를 반영하는 것으로 기대할 수 있다. 이러한 후자의 효과는 그림 39.32b에서 볼 수 있다. 미국 남서부의 여러 지역에서 도마뱀 종의 수는 식물의 지역 구조적 다양성을 반영한다.

기후 요소

기후 요소의 역할을 예상하는 것이 더 어렵다. 반면에 더 많은 종들은 변함없는 환경보다 계절적 환경안에서 공존하는 것을 기대 할 수 있는데, 왜냐하면 변화하는 기후는 그해의 다른 시간에 다른 종을 선호 할 수 있다. 한편, 안정적인 환경은 변동하는 조건의 환경에 생존할 수 없는 특정 종을 지원 할 수 있다. 북아메리카의 서해안 지역에서 포유류 종의 수는 더 넓은 변화인 지역 온도 변화량과 반대 관계가 있으며 소수의 포유류 종 등은 논쟁의 후자를 설명 한다(그림 39.32c).

이유는 불분명하지만, 열대지역은 가장 높은 다양성을 가지고 있다

학습목표 39.7.3 열대 지역의 종 풍부도가 어떻게 많은 영향을 미치는지 설명하라.

다윈 이전 이후로, 생물학자들은 많은 다른 종류의 동물과 식물이 온대지역보다 열대 지역에 더 많이 서식 하는 것을 인식하였다. 많

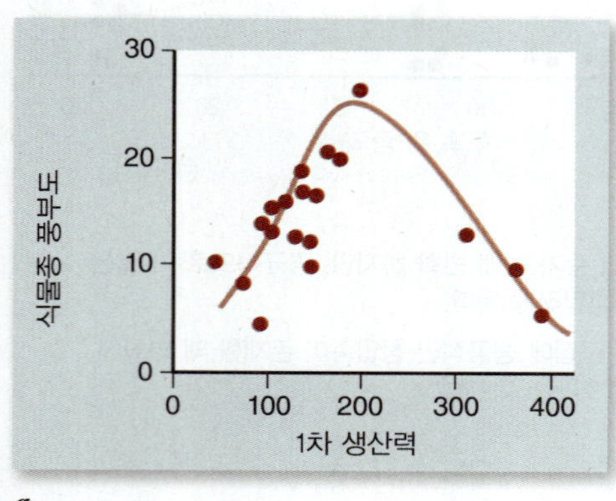

a.

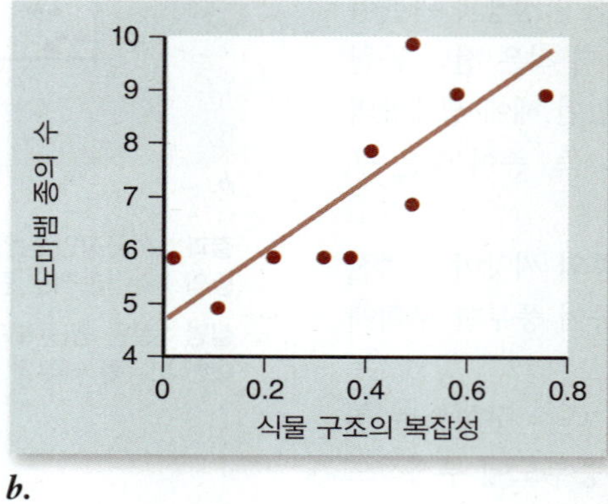

b.

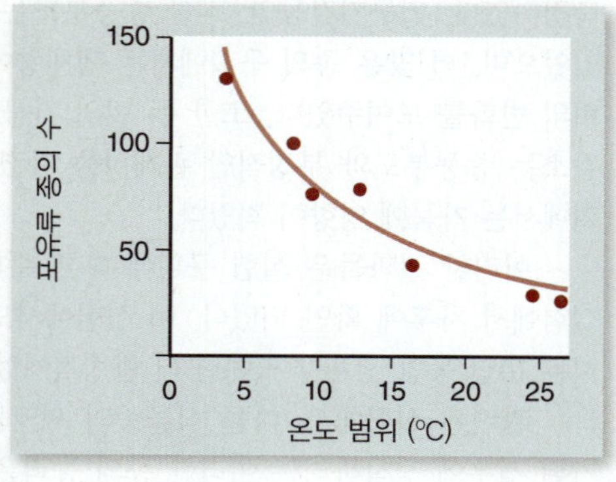

c.

그림 39.32 종 풍부도에 영향을 미치는 요인들. **a.** 생산성: 남아프리카 공화국의 산악지역의 식물 군집에서 식물의 종 풍부도는 생산성의 중간 수준에 피크가 나타난다. **b.** 공간이질성: 사막 도마뱀의 종 풍부도는 미국 남서부 사막 지역에 덮인 식물의 구조적 복잡성과 명확한 관련성이 있다. **c.** 기후: 포유동물의 종 풍부도는 북미 서쪽 해안을 따라 월 평균 온도 범위에 역 상관관계가 있다.

은 유형 생물체의 경우, 북극에서부터 열대까지 종 풍부도가 꾸준히 증가하였다. **종 다양성 변이(species diversity cline)**로 알려진 종 수의 생물지리학적 변화도는 새(그림 39.33), 포유류, 파충류를 포함하는 식물과 동물이 보고되었던 위도와 상관관계가 있다는 것이 보고되었다.

1 세기 동안, 생태학자들은 북쪽부터 열대까지의 이러한 놀라운 종 다양성 변이에 대해 생각했다.

어려움은 왜 더 많은 종이 열대 지방에 존재 하는 지에 대한 합리적인 가설을 설정하지 못했으며, 많은 합리적인 가설 통해서도 정립 되지 않았다. 여기서 우리는 가장 일반적으로 논의되는 제안 다섯 가지를 고려하겠다.

1. 진화적 연령

과학자들은 종종 온대지역 보다 열대 지역이 더 많은 종을 가지고 있다고 종종 제안했다. 열대 지역은 진화적 시간의 연속된 기간이 길기 때문이고, 반면 온대 지역은 반복적인 빙하의 영향을 받는다. 열대성 군집의 많은 연령은 식물과 동물의 많은 다양성을 발전시켜 함께 공진화하는 복잡한 개체군의 상호작용을 허용 할 수 있었을 것이다.

그러나 최근 연구는 열대 군집의 장기간 안정성이 크게 과장되었을 것이라고 제안한다. 누구도 건드리지 않은 토양 코어의 꽃가루 검사에서 빙하기 동안 열대우림이 초원의 환경에 아주 작은 피난처와 계약을 맺은 것을 알 수 있었다. 이것은 열대 지역이 오랜 기간의 진화적 시간동안 종 풍부도의 지속적 기록을 가지고 있지 않았음을 설명해 준다.

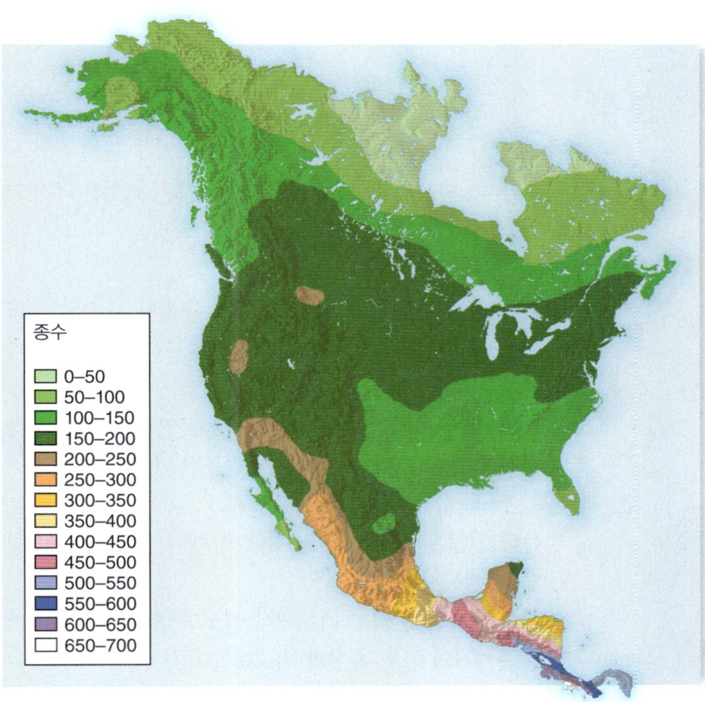

그림 39.33 종 풍부도의 위도 변이. 북미와 중미 조류 중의 종수가 뚜렷한 증가는 열대 쪽 이동에 나타난다. 100종 미만은 북극 위도에서 찾을 수 있지 만, 600종 이상은 남부 중앙아메리카에 살고 있다.

2. 증가되는 생산성

두 번째의 종종 향상된 가설은 열대지역이 더 많은 종을 포함하는 것인데, 왜냐하면 지구의 열대지역은 온대지역보다 태양 복사를 많이 받기 때문이다. 그 논쟁은 더 많은 태양 에너지가 일년내내 열대 식물 성장의 전체 광합성을 증가 한다는 것이다

만약 우리가 열대 우림의 총 자원을 파이와 같고 파이의 조각처럼 종의 지위를 시각화한다면, 우리는 큰 파이가 더 많은 조각을 수용 하는 것으로 볼 수 있다. 앞서 언급 하지만, 많은 현장 연구는 생산성의 중간 단계에서 종풍부도가 가장 높았다는 것을 보여준다. 따라서 증가하는 생산성은 높은 종풍부가 아닌 낮은 종풍부도를 일으키는 것으로 예상된다.

3. 안정성/ 조건의 항상성

비록 계절적 변화가 열대우림에 존재 하지만, 일반적으로 온대지역에 비해 상당히 적다. 이러한 계절적 변동 감소는 자원의 분할과 경쟁 회피를 위해 세분화하는 지위 및 특성화를 유도하게 된다.

4. 포식

많은 보고서에서 포식은 열대지역에서 더 강렬할 수 있음을 나타낸다. 이론적으로, 더 강한 포식은 더 강한 지위 중복을 허용하고 그리고 더 강한 종풍부도를 촉진 시킬 수 있어 경쟁의 중요성을 감소시킬 수 있다.

5. 공간적 이질성

앞서 언급 한 바와 같이, 공간적 이질성은 종풍부도를 촉진한다. 그들의 복잡성의 장점에 의해 열대의 숲은 다양한 미소 서식환경을 조성할 수 있으며, 종의 수를 증가 시킬 수 있습니다. 아마도 열대우림에 식물의 긴 수직열을 통과하는 빛은 다양한 광 환경을 만들고 그리고 생물의 다양성을 촉진 시킬 수 있는 넓은 범위의 빛 주파수를 생산하게 된다.

개념 정리 39.7

생태계가 일정한 조성으로 항상성을 유지하고 방해물에 대해 저항할 수 있다면 생태계는 안정한 것이다. 모든 생태학자는 이러한 결론에 동의 하지만, 실험적인 현장 연구는 종이 풍부한 군집이 새로운 종에 의한 침입에 저항할 뿐 아니라 기초 수준의 생체량 생산을 증가 한다는 결론을 지지한다. 종풍부도는 열대지역에서 최대치로 나타난다.

- 대기 오염으로 인해 지구에 도달한 햇빛의 양이 감소한다며 일차 생산성에 어떠한 영향을 미치겠는가?

개벌 숲은 영구적인 손상을 유발하는가?

개벌이라 불리는 목재 산업의 행위는 많은 국가에서 일반적이다. 벌목꾼은 성숙된 나무를 선택적으로 절단 하는 것보다 분수계로부터 모든 나무를 단순하게 제거하고 나중에 분류하는 것이 더 효율적인 것으로 알고 있다. 노천 채굴은 우연히 목격한 사람에게 황량함으로 보이는 반면, 벌목꾼은 햇빛이 지상 수준의 묘목에 쉽게 도달 하는 것과 마찬가지로 노천굴에 도달한다면 새로운 우림이 순조롭게 만들어 진다고 주장하고 있다. 생태학자들 근본적으로 개벌이란 방식으로 숲을 쉽게 되돌릴 수 없다고 반대하고 있다.

누구의 말이 맞는가? 이를 찾기 위한 가장 직접적인 방법은 지역을 개벌하고 매우 신중하게 보는 것이다. 대규모 현장 실험은 뉴햄프셔주(New Hampshire)의 브룩 실험 숲(Hubbard Brook Experimental Forest)에서 고전적인 실험을 수행 하였다. 허바드 브룩(Hubbard Brook)은 북부 뉴햄프셔주에 온대 낙엽숲의 지역에 흘러나온 큰 유역의 중앙 개천이다. 다트머스 대학교(Dartmouth College)의 허버트 보만(Herbert Bormann)과 진 리켄스(Gene Likens) 교수가 이끄는 연구팀은 먼저 산림분기점관한 많은 정보를 수집하였다. 1963년부터, 그들은 나무를 조사하였고 유역을 통해 유속을 측정 하였다. 그리고 허바드 브룩을 통해 생태계에서 발생되는 물의 미네랄과 영양분 수준을 세밀하게 기록 하였다. 추적하기 위해 그들은 숲에서 갈라진 각각의 6개 개천에 댐을 건설 하였고 그리고 유출된 물을 화학적으로 분석하였다. 자연 상태의 숲은 질소와 다른 영양분을 유지하는데 매우 효율적인 것으로 증명됐다. 비와 눈에 의해 생태계로 유출된 소량의 영양분은 계곡에서 허바드 브룩으로 흘러진 영양분의 양과 대략 비슷하였다.

이제 실험을 했다. 1965년과 1966년 겨울에, 연구자들은 한 개의 개천(사진처럼)에 나온 38 에이커에 있는 모든 나무와 관목을 벌채 하고 흘러넘치는 물도 조사 하였다. 바로 영향이 나타났는데, 계곡으로부터 흘러나온 물의 양이 40% 증가 되었다

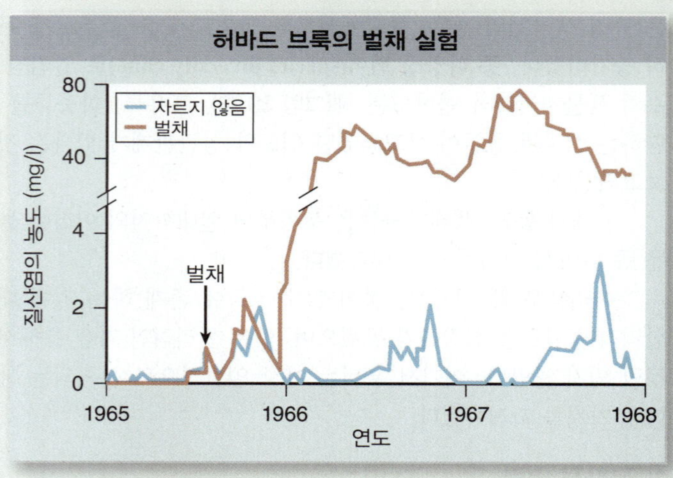

그렇지 않으면 식물에 의해 흡수 되거나 대기에 의해 증발 되었을 것이다. 숲은 물을 유지하지 못하는 것이 명백하지만, 미래의 숲을 촉진하기 위한 열쇠인 토양 영양분은 어떤 영향을 줄 것인가?

그래프에서 빨강색 선은 벌목한 지역에서 흘러나온 개천으로부터 넘쳐 나온 물의 생태계의 질소 미네랄을 보여주고 있는데 반해 파란색 선은 숲의 가까운 벌목하지 않은 부분에서 갈라져 나온 주변 개천의 흘러나온 질소를 보여준다.

분석

1. **개념 적용**

   범위. 4와 40 사이의 수직축에서 어긋남의 중요성은 무엇인가?

2. **자료 해석**

   a. 벌목하기 전의 벌목된 주변 계곡에 유출된 질소의 농도는 대략 얼마인가? 벌목하기 전의 벌목하지 않은 계곡은?

   b. 벌목한 후 벌목되지 않은 주변 계곡의 연간 유출된 계곡의 질소 농도는 대략 얼마 인가? 벌목한 계곡은?

3. **추론**

   a. 벌목하지 않은 숲에서 질소 유출에 대한 연간 패턴이 있는가? 설명하시오.

   b. 어떻게 개벌한 숲의 생태계에서 질소의 손실은 벌목하지 않은 숲에서의 질소 손실과 비교하는가?

4. **결론 도출**

   a. 질소를 유지하는 능력에 따라 숲의 나무의 영향은 무엇인가?

   b. 개벌은 생태계에 해로운가? 설명하시오.

학습 과정 복습

개념 39.1 경쟁은 종들이 군집 안에서 함께 사는 방법을 만든다

39.1.1 군집이란 특정한 지역에 사는 모든 종들이다 종은 독립적으로 환경 조건에 대응하며, 군집 구성은 서서히 시간과 공간에 걸쳐 변화한다.

39.1.2 종의 생태적 지위는 가용자원을 활용하는 방법이다 기본 지위는 사용할 수 있는 종의 전체 지위이다. 실제 지위는 개체군의 안정적인 정착을 위한 실제적 환경 조건의 집합이다.

39.1.3 경쟁 배타는 자원이 제한되어 종들이 경쟁할 때 발생한다 경쟁 배타 원리는 자원이 제한적일 때 두 종이 동일한 지위를 차지 할 수 없으며, 한 종이 제거 되는 것을 말한다.

39.1.4 경쟁은 자원분배를 이끈다 다른 자원(분할)을 사용함에 있어서, 동소적 종은 다른 종과의 경쟁을 회피할 수 있거나 실제 지위를 감소 시켜 공존 할 수 있다.

개념 39.2 포식자–피식자 관계는 공진화를 촉진한다

39.2.1 포식은 피식 개채군에 지대한 영향을 미친다 자연 선택은 포식을 방해하기 위한 적응을 선호한다.

39.2.2 식물 적응은 초식 동물에 대한 방어이다 식물은 초식동물을 저지하기 위해 이차 대사화합물을 생산한다. 보통 초식동물은 화합물을 소화하는 능력을 진화시켜 대응하거나 자신의 방어를 위해 스스로 화합물을 사용하는 경우도 있다.

39.2.3 동물의 적응은 포식자에 대한 방어이다 동물의 적응은 화학적 방어와 색을 이용하여 경고하거나 위장하는 보호색을 포함한다.

39.2.4 의태는 하나의 종이 다른 종의 방어하는 전략을 활용할 수 있게 한다 베이츠의태에서는 식용 가능한 종이 먹지 못하는 종처럼 보이기 위해 색을 통한 경고로 진화하였다. 뮬러의태에서는 두 독성종이 유사한 위장색으로 진화하였다.

개념 39.3 종 간 협력은 공진화로 이어질 수 있다

39.3.1 공생은 장기적인 상호 작용에 연관이 있다 많은 공생 종은 공진화하고 영구적인 관계를 가지고 있다.

39.3.2 편리 공생은 한 종에겐 혜택을 주지만 다른 종에게는 중립적이다 공생관계는 큰 식물에 성장하는 착생생물과 바다 동물에 성장하는 따개비이다.

39.3.3 상리 공생은 두 종 모두에게 이익이다 개미와 아카시아 사이의 상리공생은 초식동물로부터 아카시아가 자신을 보호해 줄 수 있는 개미의 침을 이용하고 개미에게 피난처와 식량을 제공한다.

39.3.4 기생은 다른 종의 손실로 한 종이 혜택을 받는다 많은 생물은 숙주의 안 쪽 또는 표면에 살고 기생 생활을 가지고 있고 손해나 질병을 발생 시킨다.

39.3.5 종의 상호 작용이 진화 결과를 갖는다 종의 상호작용은 직접적 상호 작용을 통해 한 종에게 영향을 줄 수 있을 뿐만 아니라 군집내의 다른 종에 영향을 줄 수 있는 진화적 결과가 나타난다.

개념 39.4 생태적 천이는 서식지 변화를 가져온다

39.4.1 천이는 종 구성에 변화를 일으킨다 초기 천이는 생물이 살 수 없는 표견의 황량함으로 시작되며, 반면 두 번째 천이는 화재, 공허 또는 다른 사건에 의해 파괴되어진 군집 자체 이후에 발생한다.

개념 39.5 화학 원소들은 생물지구화학적 순환으로 생태계를 통해 이동한다

39.5.1 화학원소는 생태계를 통해 손환한다 화학 원소는 생물지구화학적순환의 생태계를 통해 이동한다.

39.5.2 유기분자의 중심골격인 탄소는 생태계를 통해 순환한다 탄소순환은 이산화탄소가 광합성에 의한 고정되고 호흡에 의한 방출을 의미한다. 탄소는 탄산수소와 메탄에서 찾을 수 있다.

39.5.3 물의 가용성은 육상 생태계에 필수적이다 물은 증발과 증산을 통해 대기로 들어가며 강수로써 다시 돌아온다.

39.5.4 질소 순환은 미생물 활동에 의해 작동한다 질소는 일반적으로 대기의 78%를 구성하는 N_2를 통해 공급되는 작은 원소이다. 질소는 질소 고정 미생물에 의해 사용할 수 있는 형태로 바뀌어야 한다.

39.5.5 대기를 제외한 육상 및 수상 생태계를 통한 인 순환 인은 암석의 풍화에 의해 발생 되며, 이것은 심해 퇴적물이 쌓이는 해양으로 흘러간다.

개념 39.6 에너지흐름은 한 방향의 생태계를 통해 흐른다

39.6.1 살아 있는 생물체는 열이 아닌 많은 형태의 에너지를 사용 할 수 있다 열역학 제 이법칙은 생물이 화학결합 또는 빛에너지 사용할 때마다, 그중 일부는 불가피하게 열로 변화되고 되돌릴 수 없는 상태를 말한다.

39.6.2 에너지는 생태계의 영양 단계에 걸쳐 흐른다 에너지는 영양단계안의 생물체간에 전달된다. 영양단계를 통한 서열을 먹이 사슬이라고 부른다.

39.6.3 영양 단계의 수는 에너지 가용성에 의해 제한된다 에너지는 각각의 영양단계를 통해 이동하게 되면, 선행 영양단계로부터 매우 적게 남겨지게 된다(약10%).

39.6.4 생태 피라미드는 영양 단계의 관계를 설명한다 에너지 흐름, 생체량 또는 생물체의 수에 기초한 생태적 피라미드는 보통 직선적이다. 생체량과 개체수의 역 피라미드가 가능하다

개념 39.7 생물 다양성은 생태계 안정성을 증가시킬 수 있다

39.7.1 종 풍부도는 안정성을 증가시킬 수 있다: 시더 크리크(Cedar Creek) 연구 Cedar Creek 연구는 더 높은 종풍부도는 생체량의 적은 연간대비 변화를 가져오며 가뭄과 침입에 더 저항하는 결과를 가져온다.

39.7.2 종 풍부도는 생태계 특성에 의해 영향을 받는다 일차 생산, 서식지 이질성 그리고 기후 요소는 모든 생태계에 있는 종의 수에 영향을 준다.

39.7.3 이유는 불분명하지 않지만, 열대지역이 가장 높은 다양성을 가지고 있다 열대지역의 높은 다양성은 진화적 시간, 생산성, 적은 계절적 변화, 더 많은 포식자 또는 공간적 이질성이 반영 된다.

학습 과정 평가

개념 39.1 경쟁은 종들이 군집 안에서 함께 사는 방법을 만든다

이해

1. 두 종이 매우 비슷한 실제지위를 가지고 있고 그리고 무기한적으로 제한된 자원을 분배하고 공존하는 힘이 있다면,
   a. 두 종이 공존 할 것으로 예상된다.
   b. 두 종이 멸종 할 것으로 예상된다.
   c. 가장 효과적으로 제한된 자원을 사용해야 하는 종은 다른 종이 멸종되어야 한다.
   d. 두 종이 서로 유사해 질 것으로 예상된다.

응용

1. 다음 중 근본적인 지위보다 더 작은 종의 실제지위를 만드는 것은 무엇인가?
   a. 포식자 b. 경쟁
   c. 기생 d. 전부다
2. 동일한 지역의 종에 의한 자원의 분할은
   a. 항상 종이 동일한 지위를 가질 때 일어난다.
   b. 포식자의 존재로 발생하지 않을 수 있으며, 먹이 개체크기가 감소된다.
   c. 기본적인 결과로 실현 가능한 지위는 동일해진다.
   d. 육식동물 보다 초식동물이 더 일반적이다.

종합

1. 그림 39.5에 그려진 갈라파고스 제도에 핀치새 두 종의 부리크기 분포 패턴을 확인해라. 이 패턴에서 도출 될 수 있는 하나의 가설은 특성 변이가 발생한다는 것이다. 거기에 다른 가설이 있습니까? 그렇다면 당신은 어떻게 그들을 테스트 할까요?

개념 39.2 포식자-피식자 관계는 공진화를 촉진한다

이해

1. 포식자와 피식자 사이에 공진화의 개념에 따르면, 피식자 종이 포식자에 대항하는 새로운 방어로 진화 한다면
   a. 포식자는 항상 멸종 할 것으로 예상된다.
   b. 피식자 개체는 포식자 통제를 벗어나 비 가역적으로 증가할 전망이다
   c. 포식자 개체는 증가한다
   d. 포식자 대응의 진화는 자연 선택에 의해 선호되어질 것이다.

응용

1. 포식 종의 존재는
   a. 항상 먹이 종을 멸종 시킬 것이다
   b. 적극적으로 경쟁 종에 해로운 영향을 줌으로써 피식 종에 영향을 미칠 수 있다
   c. 천이의 절정 단계 도달했음을 나타낸다.
   d. 해당 사항 없음
2. 많은 종류의 쏘는 말벌의 노란색과 검은색 띠 패턴의 예는?
   a. 기생 b. 뮐러 의태
   c. 공생 d. 베이츠 의태

종합

1. 대부분의 화학적 보호가 있는 동물 피식자 종은 나쁜 맛을 느끼게 하거나 포식자에 고통을 주는 독을 생산한다. 피식자가 포식자에 의해 맛이 있다면 피식자는 보통 죽는다. 포식자가 죽는 경우, 어떤 화학물질이 피식자를 보호하는 것일까?
2. 곤충들 사이의 공통적인 모방은 척추동물 사이에서는 드물다 왜? 예를 들어 생각할 수 있는가?

개념 39.3 종 간의 협력은 공진화로 이어질 수 있다

이해

1. 두 종간 관계가 한쪽이 혜택을 가지고 그리고 다른 종에게 상처를 주거나 도움을 주지 않 것은?
   a. 기생 b. 상리공생
   c. 공생 d. 경쟁적 배제

응용

1. 다음중 공생의 예는?
   a. 숙주의 창자에 살고 있는 촌충
   b. 말미잘 촉수에 살고 있는 흰동가리
   c. 아카시아 나무와 아카시아 개미
   d. 꽃에서 꿀을 먹는 꿀벌

종합

1. 당신은 흰 동가리와 말미잘 공생 관계에 대한 가설을 어떻게 실험적으로 검증 하겠는가?
2. 내부 기생성 선충의 공생의 최종 결과처럼 진핵세포의 미토콘드리아에 대해 토론 하여라.

개념 39.4 생태적 천이는 서식지 변화를 가져온다

이해

1. 다음은 초기 천이를 제외한 예이다:
   a. 용암 냉각의 결과로 새롭게 형성된 땅
   b. 빙하가 녹아 노출된 땅
   c. 땅의 어떤 지역은 벌목에 의해 모두 제거 되었다
   d. 물의 표면이 갈라 질 때까지의 해저 화산 생성

응용

1. 어떤 종류의 동물이 새롭게 형성된 섬에 정착하려고 지속할 것인가?
   a. 곤충 b. 새
   c. 박쥐 d. 늑대

종합

1. 당신은 어떠한 연속적인 시기에 밀밭 특징을 묘사하겠는가? 이것은 안정성과 생산성에 관하여 무엇을 의미하는가?

개념 39.5 화학 원소들는 생물지구화학적 순환으로 생태계를 통해 이동한다

이해

1. 대기 중 이산화탄소의 7000억 톤 중, 얼마나 많은 탄소가 매년 광합성에 의해 유기 화합물로 고정 되는가?
   a. 0.03%　　b. 10%
   c. 5%　　d. 0.1% 이하

응용

1. 지하수에 대한 설명 중 정확하지 않은 것은?
   a. 미국의 경우, 지하수는 식수로 인구의 50%를 제공한다.
   b. 지하수는 재충전 되는 것 보다 훨씬 빨리 소모되고 있다.
   c. 지하수는 점점 오염되고 있다.
   d. 지하수 오염 물질의 제거가 용이하게 된다.
2. 질소는 종종 많은 생태계에 제한된 영양분인데, 왜냐하면
   a. 탄소 보다 훨씬 적은 대기의 질소가 있다.
   b. 대부분 미생물에 의해 원소의 질소는 매우 빠르게 사용된다.
   c. 질소 가용성은 비료 사용 때문에 오염이 감소되고 있다.
   d. 대부분의 생물은 원소 형태로 질소를 사용할 수 없다.

종합

1. 사하라 사막의 주요 모래 폭풍 발생은 인도양과 태평양의 조류 발생과 상관관계가 있다. 이유는?

개념 39.6 에너지흐름은 한 방향으로 생태계를 통해 흐른다

이해

1. 초식동물은
   a. 기초생산자
   b. 2차 소비자
   c. 기생생물
   d. 썩은 동물을 먹고 사는 동물
2. 실제 구조의 역 생태피라미드는 포함한다.
   a. 에너지 흐름
   b. 생체량
   c. 에너지 흐름과 생체량
   d. 답이 없음

응용

1. 성태학적 피라미드의 맨 위에서 찾을 수 있는 육식동물 수는 무엇이 의해 제한적인가?
   a. 상단 육식 아래 유기체 수
   b. 상단 육식 아래 영양수준의 수
   c. 상단 육식동물 아래 생체량
   d. 상단 육식 동물 아래 에너지 이동량

종합

1. 성태계가 더 성숙됨에 따라 왜 생태계 생산성이 증가 되는가?
2. 성체량의 역 피라미드의 존재는 어떻게 설명 할 수 있는가?

개념 39.7 생물 다양성은 생태계 안정성을 증가시킬 수 있다

이해

1. 종 다양성
   a. 당신이 적도에서 북극까지 멀리 이동하면 위도가 증가한다.
   b. 당신이 적도에서 북극까지 멀리 이동하면 위도가 감소한다.
   c. 당신이 적도에서 북극까지 멀리 이동하면 동일하게 머문다.
   d. 당신이 적도의 북쪽으로 이동하면 위도가 증가하고, 적도의 남쪽으로 이동하면 위도가 감소한다.
2. 시닥크릭 연구에서, 생물 다양성 증가는?
   a. 생체량의 감소로 이어진다.
   b. 생체량 증가와 관련이 있다.
   c. 셍체량의 영향이 없다.

응용

1. 시닥 크릭 자연사 지역에서 실험 구획에서 침략자의 수가 감소하였고, 마찬가지로 구획의 종 다양성은 증가시켰다
   a. 생태계의 안정성 증가로 인한 낮은 종 다양성
   b. 초기 생산성의 기능만으로 생태계의 안정성 제안
   c. 가장 높은 안정성 결과인 중간 방해 관한 이론과 일치
   d. 답이 없음

종합

1. 생태학자의 많은 실험은 종이 풍부한 군집이 종이 적은 군집보다 더 많은 생산성을 보여준다.
   만약 그렇다면, 전체적으로 단일 재배하는 미국인 농부는 어떻게 매우 생산적인가?

40
살아 있는 세계

학습과정

서론

살아있는 세계, 또는 생물권은 바다의 플랑크톤 군집부터 열대우림의 생물까지 지구상의 모든 살아있는 군집을 포함한다. 아주 일반적인 의미로, 지구에서 생물의 분포는 온도의 변화와 물의 가용성 등 ㅈ 구의 비생물적 환경의 변화를 반영한다. 미국의 위성사진은 8년간 수집한 정보를 보여준다. 색의 조성은 엽록소의 상대적 존재비와 생물 군집의 풍부함의 지표를 나타낸다. 노란색 영역은 생산성이 낮은 미국의 사막과 북쪽의 툰드라를 포함하고 녹색과 짙은 녹색 영역은 1차 생산성이 높은(무성한 숲 등) 지역을 나타낸다.

40.1 생태계는 태양, 바람, 그리고 물에 의해 형성된다

지구에 생물의 중요한 패턴은 (1) 지역별, 계절별 도달하는 태양 복사의 양 (2)지구 대기 순환 및 해양 순환의 결과들이 강한 영향을 준다. 토양유형과 땅의 고도와 같은 지역적 특성은 생물이 존재하고 생태계에 분포하는 조건을 결정하는 햇빛, 바람, 물의 흐름의 지구적인 패턴들과 상호작용을 한다.

태양에너지와 지구의 자전은 대기 순환에 영향을 미친다

학습목표 40.1.1 콜리올리 효과를 설명하여라.

지구는 태양으로부터 높은 비율의 가시선과 근 가시선 파장인 전자기 복사로 에너지를 받는다. 대기 상층부는 제곱미터 기준으로 초당 1400줄의 에너지를 받으며, 이는 100와트(W) 전구 14개의 출력에 해당한다.

태양 복사 에너지가 대기를 통과 할 때, 그 세기와 파장 구성은 변화된다. 에너지의 약 절반이 대기 내에서 흡수되고, 절반은 지구 표면에 도달한다. 대기 가스는 강한 몇몇 파장을 흡수하는 반면 다른 파장은 자유롭게 통과할 수 있다. 이에 따라, 태양으로부터 방출된 태양에너지의 조성은 지구 표면에 다르게 도달한다.

예를 들어, UV-B로 알려진 자외선 파장 대역은 대기의 오존(O_3)에 의해 강하게 흡수되고, 그 결과 지구 표면에 도달하는 태양에너지의 파장이 감소한다.

태양복사가 어떻게 기후에 영향을 미치는가

지구 표면의 일부는 다른 곳보다 태양으로부터 더 많은 에너지를 받을 수 있다. 이러한 차이는 기후에 큰 영향을 미친다.

태양 복사의 장소별 차이가 나타나는 주요 원인은 지구가 거의 구형에 가깝기 때문이다(그림 40.1a). 적도 근처 지역에서 태양광은 지구의 표면과 수직상태이기 때문에 열대 지방은 특히 따뜻하다. 극지방에 가까워질수록, 태양광이 지구 표면에 도달하는 각도(입사각; *the angle of incidence*)가 태양에너지를 지구 표면의 더 넓은 면적에 퍼뜨리기 때문에 단위 표면적 당 더 적은 에너지가 도달한다. 그림 40.2에서 볼 수 있듯이, 가장 높은 연 평균 기온은 적도(0°위도)근처에서 발생한다.

태양 주변을 도는 지구의 공전 궤도와 지구 축을 중심으로 한 자전 또한 태양 복사와 기후에 대한 영향을 결정짓는데 중요하다(그림 40.1b). 지구의 자전축은 태양을 평면으로 공전하는 와 지구와 수직이 아니다.

자전축이 약 23.5° 기울어져 있기 때문에, 지구의 모든 부분에서 계절적 변화가 발생하며 특히 적도에서 멀수록 그 변화가 뚜렷하다. 예를 들어, 북반구가 몇 개월 동안은 태양을 향해 기울어 있고 몇 개월 동안은 반대로 향하고 있기 때문에 여름과 겨울이 나타난다.

a.

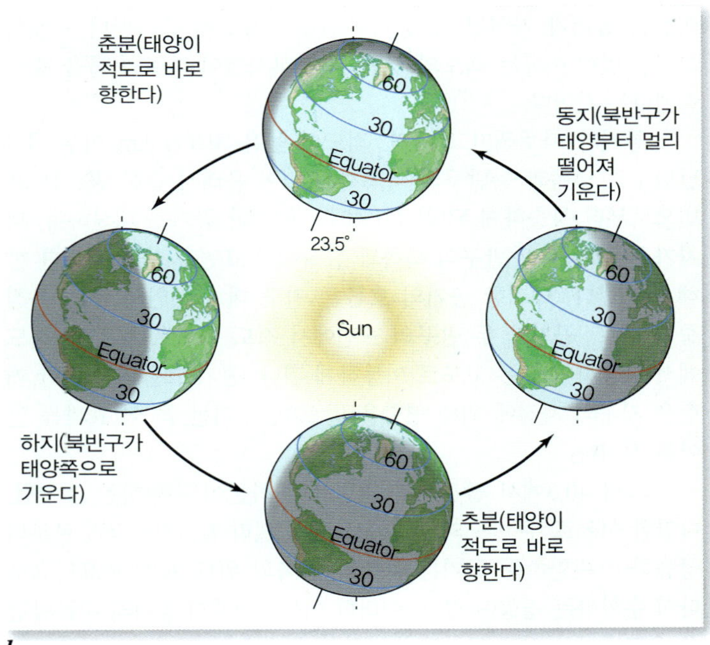

b.

그림 40.1 지구와 태양 간 관계는 지구의 자연과 생물의 분포를 결정할 때 중요하다. **a.** 지구 북반구(또는 남반구)의 중위도에 도달하는 태양 에너지 빛은 적도의 동쪽에 도달하는 동일한 빛 보다 지구 표면의 넓은 지역에 걸쳐 퍼진다. **b.** 실제로 매년 태양을 돌고 있는 지구는 기후에 큰 영향을 미친다. 북반구와 남반구에서 기온은 지구의 축이 수평이 아니기 때문에 년 간 순환에 따라 변화하며, 결과적으로 각 반구는 어떤 달에는 태양 쪽으로 기울지만 다른 달에는 태양으로부터 멀리 떨어져 있다

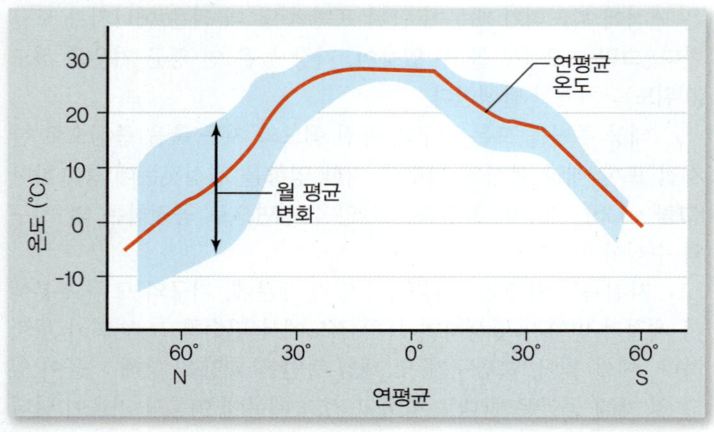

그림 40.2 **연평균 기온은 위도에 따라 다르다.** 빨간색 선은 왼쪽 북극 근처에서 오른쪽에 있는 남극 근처에 이르기까지, 다양한 위도에서의 연간 평균 온도를 나타내며, 적도는 위도가 0℃이다. 각 위도에서, 푸른 영역의 상부 가장자리는 그 해 모든 달에 관찰된 최대 월평균 온도이고, 하단은 최저 월평균 온도이다.

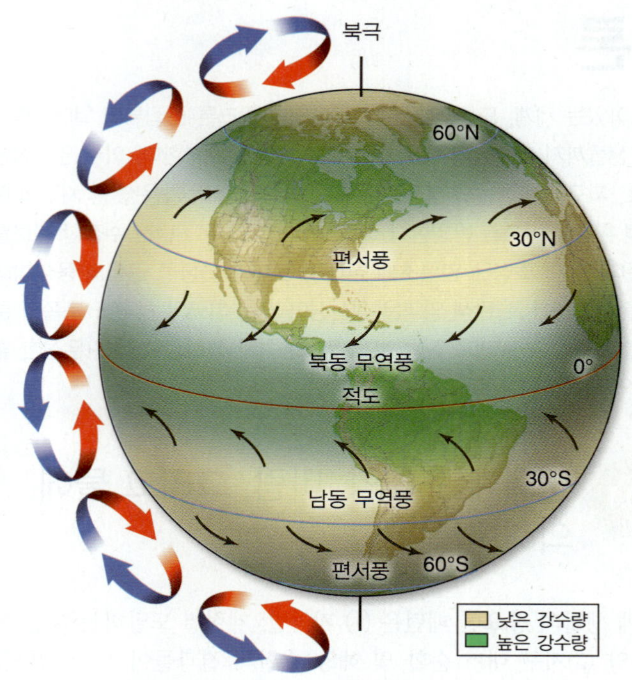

그림 40.3 **대기 순환의 전반적인 패턴.** 이 도표는 1년 동안 일반적으로 만연한 공기 순환 패턴을 보여준다. 차가워져서 상승하는 공기는 적도 부근과 위도 60°N과 60°S 부근에서 비교적 높은 강수의 띠를 형성한다. 높은 고도에서 대부분의 수분을 잃은 공기는 위도 30°N 30°S 부근의 지구 표면에서 하강하는 경향이 있으며 상대적으로 낮은 강수량의 띠를 형성한다. 빨간색 화살표는 지구 표면에서 부는 바람을 보여주며, 파란색 화살표는 높은 고도에서 부는 바람의 방향을 보여준다. 지구가 바람의 아래에서 지축을 기준으로 회전하기 때문에 바람은 지표면에 대한 곡선 경로로 이동한다(코리올리 효과). 용어상의 문제를 인식하는 것은 공식적인 이름이 바람이 가는 방향보다 오는 방향에 따라 주어지는 것이다. 이와 같이, 30°와 60° 사이에서 부는 바람은 서쪽에서 불어오기 때문에 편서풍이라고 한다. 불행히도, 해양학자들은 물이 가는 방향으로 물의 흐름을 명명하는 반대의 접근 방식을 사용한다.

지구 순환은 대기에서 이루어진다

분자 운동은 온도가 증가할수록 증가되기 때문에, 뜨거운 공기는 더 차가운 공기에 비해 밀도가 낮기 때문에 상승하는 경향이 있다. 따라서 적도에 지구 표면의 강한 태양열은 표면부터 대기의 높은 곳까지 상승하게 된다.

이 상승하는 공기는 일반적으로 수증기가 풍부한데, 첫 번째 이유는 공기가 가열될 때 공기의 수분함유량이 증가한다는 것이고, 두 번째 이유는 적도의 강한 태양 복사열이 다량의 물을 증발시킨다는 것이다.

공기가 따뜻해지고 나면, 적도의 높은 고도(10km 이상)에서 남반구의 남쪽과 북반구의 북쪽까지 밀어 올려서 습한 공기는 표면으로부터 상승하게 된다(그림 40.3). 상승한 공기를 대신하여, 더 차가운 공기는 각 반구의 북쪽과 남쪽에서 표면을 따라 적도를 향해 이동한다. 이러한 공기의 흐름은 지구 대기 순환의 주요 특징 중 하나로, 공기가 두 반구의 표면에서 적도 쪽으로 흐르고, 적도에서 상승하여 높은 고도로 이동하게 된다. 공기 흐름의 정확한 패턴은 지구의 자전에 의해 영향을 받으며, 우리는 곧 이 효과를 알아볼 것이다.

그림 40.3에서 빨간색과 파란색의 화살이 순환하는 것처럼, 다양한 이유로 두 반구의 높은 고도에서 멀리 떨어지고 적도로부터 상승하여 순환하는 공기는 북쪽과 남쪽의 위도 30℃ 지표면으로 다시 순환하는 경향이 있다. 이러한 이동과정에서 공기의 수분함량은 온도변화로 인해 급격하게 변화한다.

급격한 냉각은 공기의 수증기 함량을 감소시킨다. 결과적으로 적도에서 상승하는 공기 내의 대부분 수증기는 공기가 상승하는 동안 비와 구름 형태로 응결한다. 이 비는 적도 근처의 위도에 떨어져 지구에서 가장 많은 강수량으로 나타난다. 공기가 지구 표면의 위도 30° 부근에서 다시 하강을 시작할 때 까지, 공기는 차가워지며 공기 중 대부분은 수증기를 잃는다. 공기가 하강하는 동안 다시 데워지더라도, 잃은 만큼의 많은 수증기를 얻을 수는 없다. 대부분의 가장 큰 사막들은 위도 30°의 지표면으로 건조한 공기가 지속적으로 하강하기 때문에 그 부근에서 나타난다. 사하라 사막이 가장 인상적인 예이다.

위도 30° 부근에서 하강한 공기는 지구 표면에 도달한 후 일부만이 적도를 향해 이동한다. 일부는 극지방을 향해 이동하여 각 반구에서 위도 30°에서 60°으로 지표면을 따라 부는 바람의 생성을 돕는다. 위도 60° 부근의 공기는 지표면에서 높은 고도를 향해 상승하는 경향이 있다.

코리올리 효과

만약 지구가 자전하지 않는 다면, 전체 공기의 흐름은 이미 설명되었던 간단한 패턴을 따를 것이다. 그러나 공기의 흐름, 즉 바람은 회전하는 표면을 따라 이동한다. 지구가 바람 조건에서 회전하기 때문에 바람은 표면을 따라 직선 경로보다 곡선 경로로 이동한다. 지구 자전에 의한 바람 경로의 곡률을 **코리올리 효과(Coriolis effect)**라고 하며, 19세기 프랑스의 수학자 가스파르 쉬스타브 코리올리(Gaspard-Gustave Coriolis)가 처음 설명하였다.

만약 당신이 북극에 서 있었다면, 지구가 축을 중심으로 반시

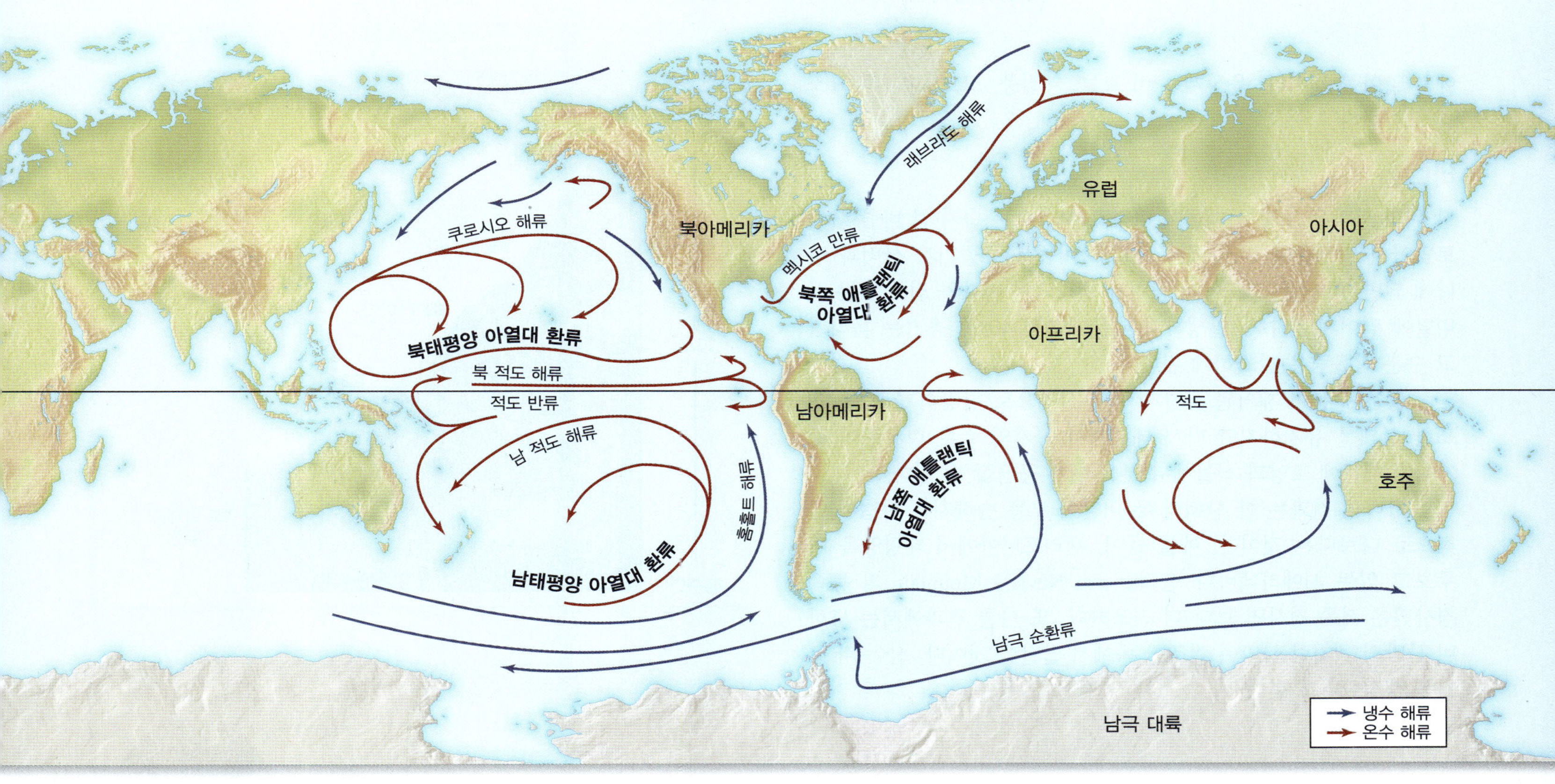

그림 40.4 해양 순환. 몇몇 커다란 해역의 중심에서, 수면은 환류라고 불리는 표면의 커다란 폐 곡선 패턴으로 이동한다. 이러한 물의 이동은 바다에서 생물학적 생산성에 영향을 미치며, 보통 영국제도의 지역에서 멕시코 만류로 따뜻한 물이 흐를 때 인접한 대륙의 기후에 영향을 미친다.

계방향으로 회전하는 것처럼 보일 것이다. 하지만 당신이 남극에서 있었다면, 지구가 시계 방향으로 회전하는 것처럼 보일 것이다. 두 개의 극지방을 볼 때 반대로 회전하는 특징은 코리올리 효과의 방향이 두 반구에서 반대인 이유를 설명한다. 북반구에서 바람은 항상 오른쪽 곡선으로 흐르고 남반구는 왼쪽으로 휘어진다.

이러한 바람 패턴의 이유는 지구의 둘레가 위도에 따라 변하기 때문이다. 지구의 둘레는 극지방에서는 0이고 적도에서는 약 38,000km이다. 따라서 지표면의 속도는 변화는 극지방부터 적도까지 약 0km/h에서 1,500km/h로 변한다. 북위 30°에서 하강하는 공기는 아래 지면과 거의 같은 속도일 것이다. 그러나 공기가 적도 쪽으로 이동하게 되면 그 아래 지표면보다 느리게 움직이므로 북반구는 오른쪽으로, 남반구는 왼쪽으로 편향되어 보인다. 즉, 북반구와 남반구 모두에서 바람은 서쪽과 적도를 향해 분다. 그림 40.3에서 쉽게 볼 수 있듯이 결과적으로 무역풍이라고 불리는 적도의 양쪽 바람은 동쪽 낮게 시작해서 서쪽으로 분다.

반대로, 30°에서 북쪽으로 이동하는 공기는 지표면 보다 더 빠르게 이동하고 그리고 다시 오른쪽 방향을 바꾸게 된다. 마찬가지로, 남반구에서 30°과 60° 사이에 공기층은 왼쪽에서 동쪽으로 바뀌게 된다. 따라서 두 반구에서 30°과 60° 사이의 바람은 서쪽에서 동쪽 방향으로 불며, 이를 편서풍이라고 한다.

지구의 흐름들은 주로 바람에 의해 움직인다

주요 해류는 지구 표면의 바람에 의해 움직이며, 태양에너지에 의해 움직이는 해류는 간접적인 의미이다. 설명한 바와 같이 태양으로부터의 복사열은 대기의 순환을 발생하게 하며, 그리고 바람은 해류를 움직이게 한다.

북대서양(그림 40.4)에서, 지구의 바람은 이와 같은 패턴을 따르며, 표면의 바람은 적도 부근에서는 동쪽에서 시작해서 서쪽으로 부는 경향이 있으나, 중위도(30°과 60°)에서는 서쪽부터 동쪽으로 부는 경향이 있다. 결과적으로 북쪽 대서양의 표층수는 중위도인 북미부터 유럽쪽으로 **환류(gyre)**라 불리는 커다란 닫혀진 곡선 모습으로 움직이는 경향이 있고, 적도 부근의 위도에서는 유럽 및 아프리카부터 북미까지 돌아오게 된다.

물의 흐름은 코리올리 효과의 영향을 받는다. 따라서 코리올리 효과는 시계방향의 폐 곡선 운동을 하게 한다. 중위도에서 대서양을 통해 유럽쪽으로 흐르는 물은 오른쪽으로 휘어, 적도 근처에서 동쪽에서 서쪽으로 흘러 들어가는 경향이 있다. 이 후의 흐름은 오른쪽으로 휘며, 중위도에서 흐름은 서쪽에서 동쪽으로 유입되는 경향이 있다. 남 대서양에서 같은 과정이 거울 이미지처럼 발생되는데, 유사한 시계 방향과 반시계 방향의 환류 또한 북쪽과 남쪽 태평양에서 발생한다.

지역 간 차이는 육지생태계에 영향을 미친다

학습독표 40.1.2 비 그늘 효과(rain shadow effect)에 대해 설명하여라.

특정 장소에 대한 환경조건은 지역 간 태양복사, 공기 순환, 물 순환의 영향을 받으며, 단지 이러한 과정의 지구적인 패턴들은 아니다. 이번 장에서는 육상계에 초점을 맞춘 지역 간 효과의 몇 가지 예를 알아볼 것이다. 육상계는 비 그늘, 계절풍, 고도, 미기후 요소를 포함한다.

비 그늘

땅 위의 사막은 보통 산맥들이 바다로부터 오는 습기 찬 바람을 가로막아서 발생한다. 바다에서 육지로 이동하는 공기가 산맥과 만나게 되면, 더 높은 고도에서 공기가 냉각되어 바다와 접해 있는 산비탈에 떨어져 강수가 발생하기 때문에(그림 40.5), 공기는 올라가고 수분 함유량은 감소하게 된다.

많은 수분이 제거된 공기가 반대 산맥으로 하강하게 되면, 건조한 상태를 유지하지만 다시 데워져서 공기의 수분 함유량이 증가하기 때문에 토양과 식물에 수분을 쉽게 공급할 수 있다.

하나의 결과는 한 산맥의 두 비탈이 보통 습해지는 방법이 극적으로 다르다는 것이다. 예를 들어, 캘리포니아에서 태평양을 마주보고 있는 시에라네바다 산맥(Sierra Nevada Mountain)의 동쪽 경사면은 서쪽 경사면 보다 더 건조하다. 또 다른 결과에서는 모하비 사막의 예처럼 사막이 건조한 쪽에서 발달할 것이다. 산이 비 그늘을 생성한다고 한다.

그림 40.5 비 그늘 효과는 켈리포니아에서 잘 나타난다. 태평양에서 상승한 수분이 함유된 바람은 시에라네바다 산맥을 마주칠 때 냉각된다. 춥고 높은 고도에서 공기의 수분함량이 감소함에 따라 강수는 바다를 향하고 있는 경사면에서 발생한다; 키가 큰 숲은 유명한 세쿼이아덴드론(*Sequoiadendron giganteum*)을 포함하는 숲을 포함하여, 이러한 경사면에서 발생한다. 공기가 산맥의 동쪽에서 하강하는 동안, 수분 함유량은 증가하고 공기는 다시 주변의 수증기를 흡수한다. 그 결과, 산맥의 동쪽 경사면은 건조하고, 비 그늘 사막이 가끔 발생한다.

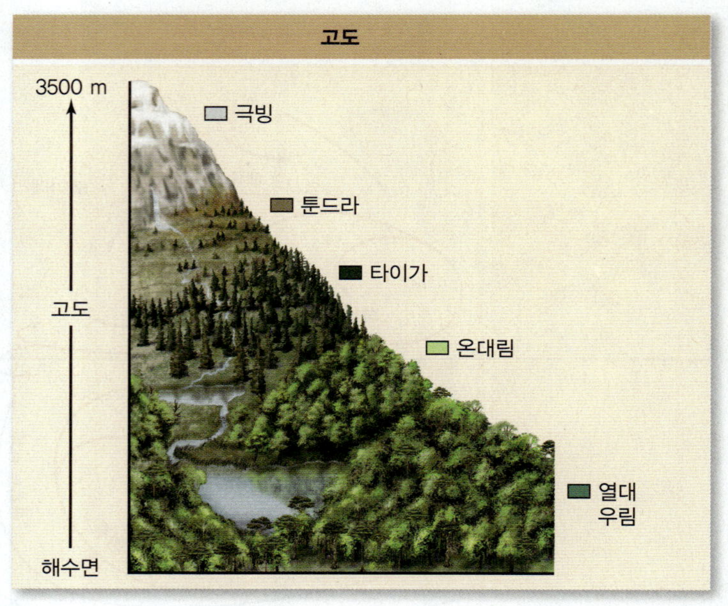

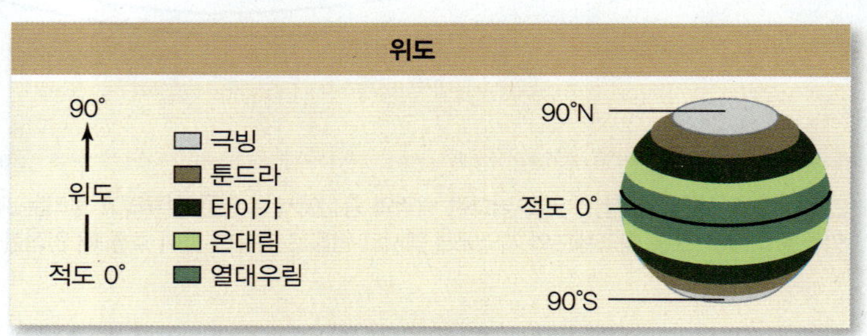

그림 40.6 고도는 위도와 같은 방법으로 생물군계의 분포에 영향을 준다. 생물군계는 해양 수준의 적도의 먼 북쪽에 일반적으로 발생하고, 높은 산의 고도에서 열대성이 나타난다. 그러므로 열대성의 높은 산에서, 위 그림과 같이 생물군계를 볼 수 있다. 북 아메리카에서는 1000m 고도는 온도가 위도에서 880km 증가할 때 동일하게 내려간다.

계절풍

아시아 대륙은 계절 바뀌는 동안, 표면의 가열과 냉각이 바람 패턴에 엄청난 지역적 변화를 야기할 만큼 매우 거대하다. 여름 아시아 대륙의 표면은 주변 바다보다 더 많이 가열되지만, 겨울에는 대륙이 바다보다 더 차갑다. 그 결과, 여름에 바람이 아시아 대륙의 내부, 특히 인도양과 서부 열대 태평양에 수분을 발산하는 경향이 있다. 이러한 바람은 겨울에는 대륙에서 바다로 거꾸로 분다. 이러한 계절적으로 변하는 바람을 계절풍이라고 한다.

계절풍은 강수패턴에 영향을 미치며, 계절풍의 지속기간과 강도는 매년 그 지역 수백명의 사람들을 위한 식량 자급과 기아 사이의 차이를 가져올 수 있다.

고도

또 다른 중요한 지역적 패턴은 산악 지역에서 온도 등의 조건이 고도에 따라 변화한다는 것이다. 주어진 위도에서, 기온은 고도가 1,000M씩 증가할 때마다 약 6°C씩 떨어진다. 고도 따른 온도 변화의 생태학적 결과는 위도에 따른 온도 변화와 유사하다(그림 40.6).

미기후

조건들은 또한 매우 작은 공간적 규모에 대한 중요한 요인들로 다양하다. 예를 들어 숲에서, 개방된 부분에 앉아있는 새는 강렬한 태양의 복사열, 높은 기온, 그리고 낮은 습도를 겪게 될 수도 있고, 심지어 길이 10m 아래에 숨어있는 쥐는 그늘, 시원한 온도, 그리고 수증기가 가득한 공기를 겪을 수도 있다. 이러한 기후조건의 매우 국한된 상태를 미기후라고 한다.

어떤 경우에는, 종은 다른 미기후를 이용하여 적용함으로써 경쟁을 피한다. 예를 들어, 같은 지역의 도룡뇽은 다른 서식지 공간에서 다른 습도에 특화될 것이다.

개념 정리 40.1

지구의 일부 지역에 더 강한 태양열은 대기순환의 패턴을 결정하고, 다음으로 해양에서 물 순환의 전반적인 패턴을 야기한다. 코리올리 효과는 대기의 이동 기단의 지구 자전에 의해 발생한다. 계절적 변화가 더해진 이러한 패턴은 세계의 다른 지역에 살고 있는 생물체가 존재하는 조건에 강한 영향을 미친다. 일반적으로, 온도는 고도나 위도가 증가함에 따라 감소한다.

- 만약 지구가 반대방향으로 회전한다면 지구 공기의 이동 패턴은 어떻게 다른가?

40.2 지구는 생물군계라고 불리는 14가지의 주요 육상생태계가 있다

생물군계(biomes)는 육상에 주요 유형의 생태계이다. 각 생물군계는 특징적인 형태를 가지며, 지역적 기후조건에 따라 광범위하게 정의되며 넓은 지역에 걸쳐 분포한다. 생물군계는 식생구조에 따라 명명되지만, 나타나는 동물을 포함하기도 한다.

온도와 수분은 주로 생물군계를 결정한다

학습목표 40.2.1 한 지역에서 발견되는 생물군계의 요인을 설명하여라.

당신이 생물군계에 주어진 광범위한 정의를 생각해 보면, 육상생태계를 생물군계로 분류하는 여러 방법이 있다. 여기 우리가 아는 8개의 주요 생물군계가 있다 : (1) 열대우림, (2) 사바나, (3) 사막, (4) 온대 초원, (5) 온대낙엽수림, (6) 온대상록수림, (7) 타이가, (8) 툰드라.

일부 생태학자들에 의해 알려진 6개의 생물군계가 더 있으며, 극빙, 산지대, 관목지대, 온난 다습 상록수림, 열대 계절풍림, 그리

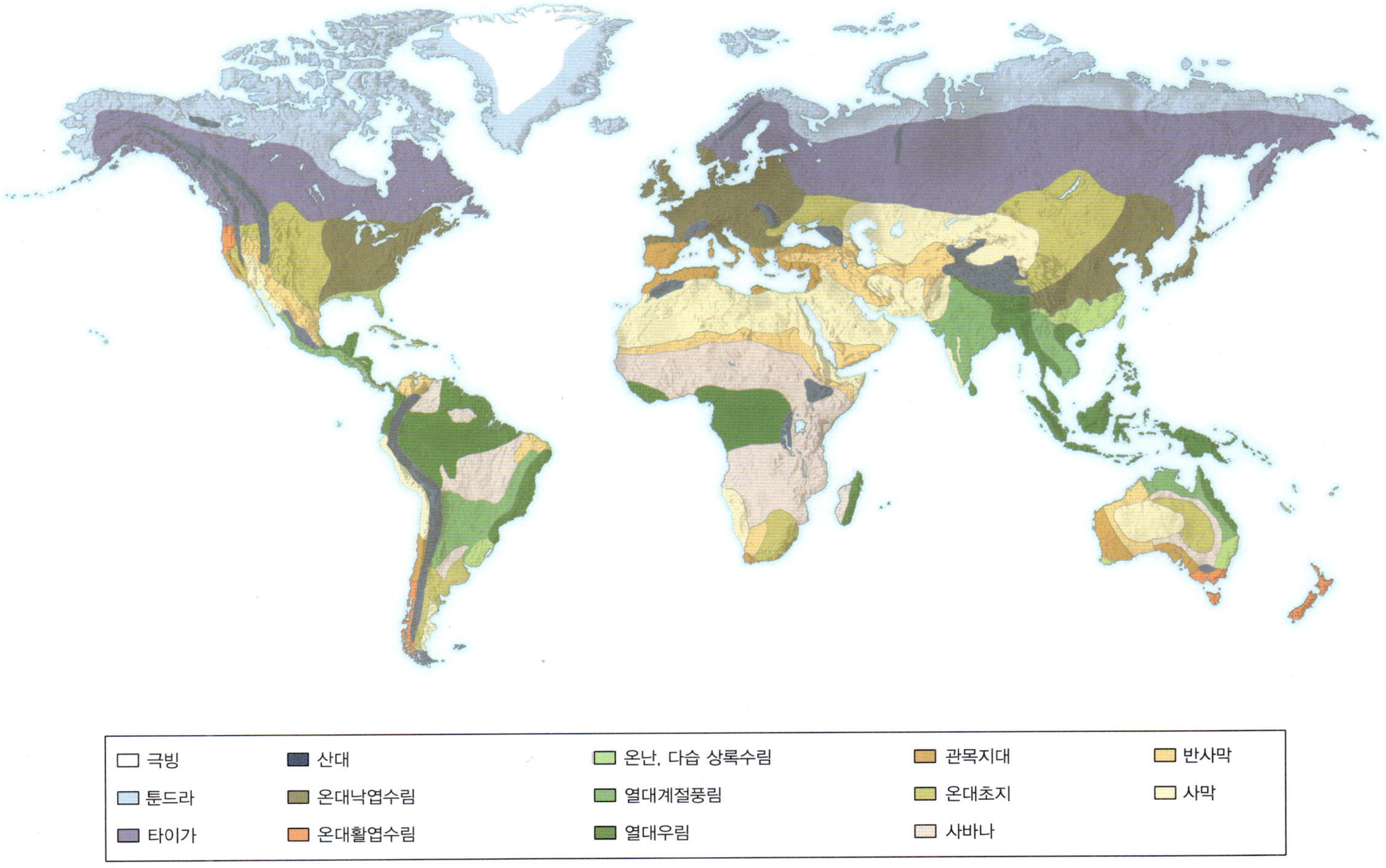

극빙 / 툰드라 / 타이가 / 산대 / 온대낙엽수림 / 온대활엽수림 / 온난, 다습 상록수림 / 열대계절풍림 / 열대우림 / 관목지대 / 온대초지 / 사바나 / 반사막 / 사막

그림 40.7 생물군계의 분포. 각 생물군계는 발생하는 장소의 식생 구조와 형태가 유사하다.

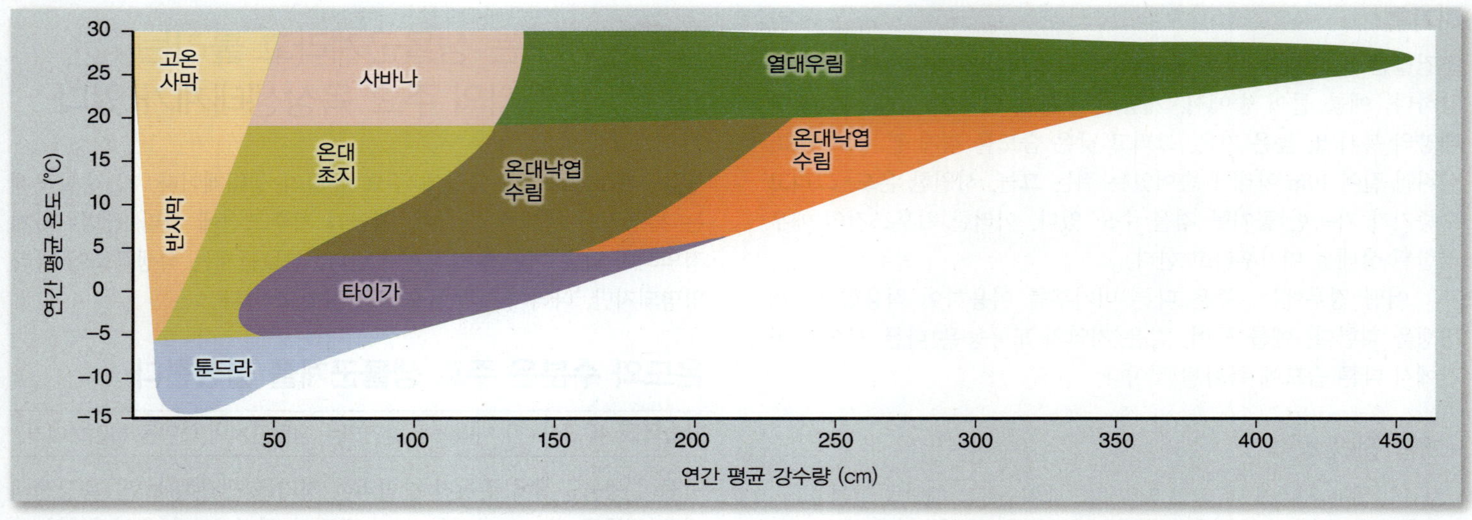

그림 40.8 생물군계 분포의 변인. 가끔 다른 요인들이 중요한 역할을 하지만, 온도와 강수량은 매우 유용한 생물군계 분포의 변인이다.

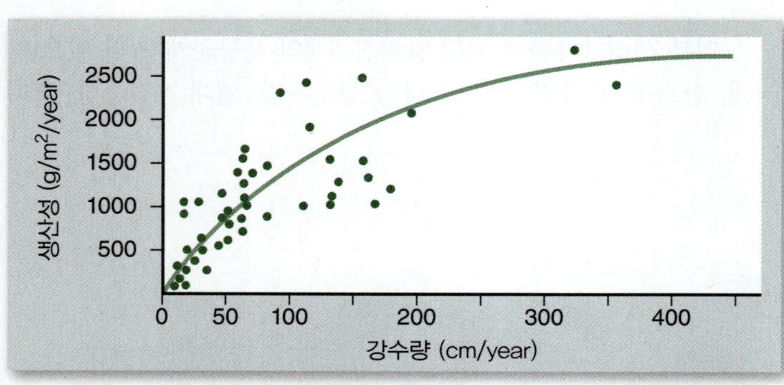

a.

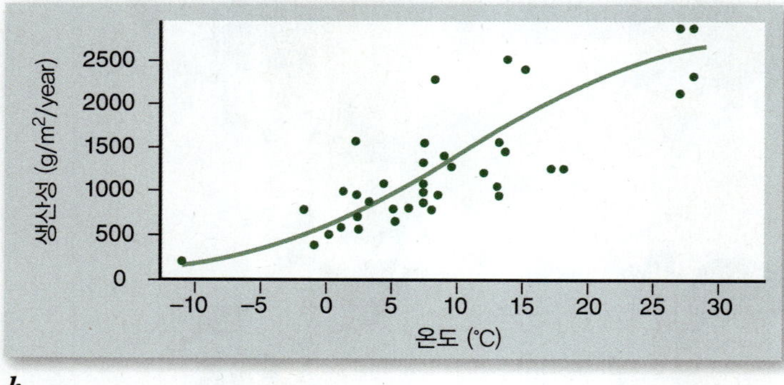

b.

그림 40.9 강수량과 온도에 따른 일차생산성의 상관관계. 전 세계 52개 지역 생태계의 일차 생산성은 (a) 연평균 강수량과 (b) 연평균 온도의 중대한 상관관계이다.

고 반사막이 있다. 다른 생태학자들은 이 6개와 8개의 주요 생물군계를 묶기도 한다. **그림 40.7**은 14개의 모든 생물군계 분포를 보여준다.

생물군계는 특정 식물 종의 출현에 의한 것보다는 특유의 식생 구조와 연관된 기후 조건에 의해 정의된다. 같은 생물군계에 속하는 두 지역은 우점하는 종이 다를지도 모른다. 예를 들어, 전 세계를 둘러싼 열대우림이 모두 크고 무성한 초목나무로 이루어져있지만, 북미열대우림을 우점하는 초목나무 종과 인도네시아의 초목나무 종은 다르다. 각 숲의 유사점은 수렴진화의 결과이다(20장 참조).

생물군계가 발견되는 곳을 결정하는 데에 있어서 두 가지 주요 환경 요인은 온도와 수분이다. **그림 40.8**에서 볼 수 있듯이, 연평균 온도와 강수량을 안다면, 우점하는 생물군계를 예측할 수 있다. 온도와 수분은 여러 방법으로 생태계에 영향을 준다. 39단원에서 설명했듯이, 온도와 수분이 매우 영향력 있다는 한 가지 이유는 일차 생산력에 강한 연관성이 있다는 것이다(**그림 40.9**).

다른 장소들은 연 평균 온도와 강수량이 유사하고, 보통 다른 생물 군계를 살게 하는데, 온도와 습도가 단지 중요한 요소가 아니라는 것을 보여준다. 토양 구조와 미네랄 성분은 영향력 있는 다른 요인이다.

개념 정리 40.2

생물군계라고 불리는 생태계의 주 유형은 육지의 다른 기후지역에 따라 구분할 수 있다. 이러한 생물군계는 지구상에서 발견된 어느 곳이나 매우 유사하다. 연평균 온도와 강수량은 생물군계 유형에 대한 효과적인 변인이다. 하지만 한 지역의 계절적 변화 범위와 토양 특성도 변인이 된다.

- 왜 다른 생물군계는 다른 위도에서 발생하는가?

40.3 담수 서식지는 지구표면의 2% 미만을 차지한다

주요 서식지 중에서 담수는 지구 표면의 가장 낮은 비율을 차지한다. 육지는 27%, 해양은 71%인 것에 비해 겨우 2%이다. 담수의 형성은 물이 대기로 증발되면서 시작되는데, 마치 증류 되어지는 것처럼 대부분의 용해 성분을 제거 된다. 물이 비나 눈으로 지구표면에 떨어질 때, 대기로부터 생물학적으로 중요한 용해 물질이나 특정 물질을 수반되지만, 거의 순수한 상태로 도달한다.

담수 서식지의 생물은 산소 가용성과 연관이 있다

학습목표 40.3.1 산소 가용성이 어떻게 담수생태계에 영향을 주는지 설명하여라.

늪, 소택지, 산성니탄습지와 같은 담수성 습지는 담수와 육지의 중간 서식지이다. 습지는 매우 생산적이다. 또한 홍수를 완화하는 물 저장소와 같은 추가적인 주요 역할도 한다.

담수 생태계의 일차 생산자는 물에 떠다니는 단세포성 조류(식물플랑크톤), 바닥의 얇은 막처럼 성장하는 조류, 그리고 수련과 같은 뿌리 식물에 의해 형성된다. 게다가, 마른 잎과 같은 엄청난 양의 유기물은 인근 육지에서 성장하는 식물군집으로부터 담수생태계로 유입된다.

용존산소(O_2)농도는 담수군집 특징의 주요 결정 요인이다. 산소는 설탕과 소금이 녹듯이 물에 용해된다. 물고기와 다른 수생 생물은 산소가 용해된 담수로부터 필요한 산소를 얻는다. 따라서 산소의 용해도는 매우 중요하다.

실제로, 산소는 물에 잘 녹지 않는다. 따라서, 담수에 산소가 충분이 공급되고 대기와 평형상태에 있더라도, 1L당 포함하는 산소량은 공기 중 산소량의 5%이거나 그 미만이다. 필요한 산소를 얻는다는 면에서 담수 생물이 공기 호흡 생물보다 훨씬 더 미미한 안전 한계를 가진다는 것을 의미한다.

산소는 담수 생물에 의해 끊임없이 증가하고 제거된다. 산소는 광합성과 대기로부터 공급에 의해 증가되고, 동물과 다른 종속영양생물에 의해 제거된다. 많은 유기물의 부패가 수역에서 발생한다면, 부패 미생물의 산소 수요는 증가할 수 있고 다른 생물에 영향을 미칠 수 있다. 물에서 산소제거율이 산소첨가율을 넘는다는 조건하에서는, 용존산소 농도가 수생 생물이 살아남지 못할 만큼 매우 낮게 떨어질 수 있다.

호수들은 산소와 영양분 함량이 다르다

학습목표 40.3.2 부영양 호수와 빈영양 호수를 구별하여라.

조류 영양분(질소와 인과 같은)이 낮고 단위부피 당 조류 물질의 양이 낮은 담수역을 **빈영양화**(*oligotrophic*)라고 한다. 이러한 물은 흔히 아주 투명하다. 빈영양화 개울과 강은 흐르는 물의 이동이 산소가 통하도록 하기 때문에 용존산소량이 높아지는 경향이 있다. 물속의 낮은 유기물 함량은 산소가 상대적으로 낮은 비율로 사용된다는 것을 의미한다. 마찬가지로, 빈영양호수와 연못은 매년 모든 깊이에서 용존산소량이 높은 경향이 있으며, 이는 산소를 적게 사용하기 때문이다. 물이 비교적 투명하기 때문에, 빛이 물을 쉽게 통과할 수 있으며, 위에서 아래로 많은 물기둥을 통해 광합성이 일어나도록 한다.

부영양화(eutrophic) 수역은 조류의 영양분이 높고, 보통 밀도가 높다. 용존산소는 특히 여름에 더 낮을 가능성이 크다. 부영양화 수역에서, 부패 미생물은 종종 사용할 수 있는 산소가 많이 필요하며, 많은 조류가 죽었을 때, 많은 양의 유기물이 분해를 통해 사용되어진다. 더욱이, 물의 모든 유기물 때문에 빛이 부영양화 물을 통과하지 못한다. 그러므로 광합성 산소 생물은 위쪽의 상대적으로 얇은 층으로 제한된다.

인간활동으로 보통 빈영양호에서 부영양호로 변형되어 왔다. 예를 들면, 사람들이 잔디나 논에 비료를 줄 때, 비료 속의 질소와 인은 지역의 물 순환으로 씻긴다. 이러한 영양분을 받는 호수는 더 부영양화가 된다. 어떤 결과에서는 여름동안 저층수가 산소가 없게 될 것이라고 한다. 송어와 같은 빈영양호의 많은 특유한 어류종은 산소 결핍에 매우 예민하다. 부영양호가 되었을 때, 이러한 어류종은 사라지고, 낮은 산소농도에서 더 잘 견딜 수 있는 잉어와 같은 종으로 바뀐다. 질소, 인, 오물과 같은 그 외 유기물의 과다 첨가를 제거한다면 호수는 시간 경과에 따라 빈영양화 상태로 바뀔 수 있다.

개념 정리 40.3

담수 서식지는 지구표면의 약 2%를 차지한다. 담수 호수의 일차 생산은 플랑크톤에 의한 것이며, 산소수준은 제한적이다. 부영양호는 조류 영양분이 높지만 용존산소는 낮다. 빈영양호는 영양분은 낮으나 모든 수심에서 용존산소는 높다.

- 왜 비료의 유입은 빈영양호를 부영양호로 전환할 수 있는가?

해양 서식지는 지구에서 가장 많은 부분을 차지하고 있다

일부 가장 눈에 띄는 지구의 모습을 우주에서 보면 이러하다. 지구는 주로 대륙을 나타내는 초록 부분을 가진 파란 공으로 보인다. 전체의 파란 부분은 지구표면의 매우 많은 부분을 차지하고 있는 해양이다.

외해는 낮은 일차 생산성을 가진다

학습목표 40.4.1 해양 생태계의 주요 형태를 설명하여라.

지구표면의 약 71%는 해양으로 덮여있다. 대륙의 해안선 부근은 특히 물이 깊지 않은 **대륙붕(continental shelves)**이다(그림 40.10). 본질적으로 대륙붕은 물에 잠긴 대륙의 가장자리를 말한다. 전 세계적으로, 대륙붕은 평균 약 80km 넓이에, 해안에서 외해로 향하는 한 구간의 깊이는 1m에서 130m까지 증가한다.

대륙붕을 지나면, 깊이가 갑자기 매우 깊어진다. 외해의 평균 깊이는 4000–5000m이고, 해구라고 불리는 구간은 더 깊으며, 서태평양의 마리아나 해구는 11,000m에 달한다.

대부분의 해양에서, 주요 일차생산자는 빛이 좋은 수면에 떠

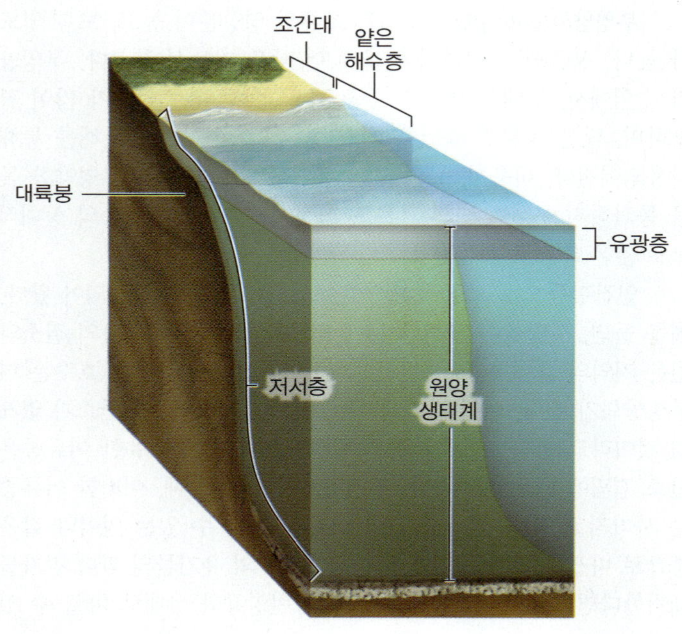

그림 40.10 해양생태계 설명에서 기본 개념과 전문용어가 사용된다. 대륙붕은 물에 잠긴 대륙의 가장자리이다. 전 세계 평균 기준에서, 연안이라고 일컫는 대륙붕을 흐르는 물은 가장 깊은 것이 130m밖에 되지 않는다. 해안선을 따라 조수가 상승하고 하강하는 영역은 조간대라고 한다. 저서는 저서대라고 불리는 반면에, 외해의 물기둥은 해수대 라고 불린다. 유광층은 플랑크톤이 일차 생산성을 가능하도록 충분한 빛이 통과하는 해수대의 일부이다. 이 그림의 수직눈금은 매우 간결하다; 대륙붕의 가장 바깥쪽 가장자리는 깊이 130m인 반면에, 실제 외해는 평균 35배 더 깊다(4000–5000m).

다니는 식물플랑크톤이다. 진화는 현재 해양 플랑크톤을 통해 제한 영양소의 과학적 사고로 이해하고 있는 중이다. 식물플랑크톤에 의한 일차 생산은 전 세계 해양의 약 3분의 2로 질소 제한이 된다고 받아들이고 있으며, 그러나 철 제안은 3분의 1이다. 주요 철 제한 지역은 남극대륙의 거대한 남빙양적도 부근 태평양의 일부, 북 동태평양의 아북극 일부이다. 해안선을 따라 물이 얕은 곳에서, 일차 생산은 식물플랑크톤 뿐만 아니라 해조류를 포함한 뿌리 식물과 해저 서식 조류에 의해 이루어진다.

전 세계 해양은 많은 다른 생태계를 포함할 만큼 매우 크다(그림 40.11). 산호와 하구 퇴적지와 같은 몇몇 생태계는 단위 면적 당 일차 순생산성이 매우 높지만, 다른 생태계는 단위면적당 생산성이 낮다. 해양 생태계는 4개 주요 요인이 있다. 육지에서 멀리 떨어진 외해, 대륙붕 생태계, 용승 영역, 그리고 심해가 있다.

외해의 태양광 조도는 수면의 높은 조도에서부터 200m 깊이에서는 기본적으로 0으로 떨어진다. 광합성은 해양의 이정도 수준에서 제한된다. 하지만, 질산염과 같은 식물플랑크톤을 통한 질산염과 같은 영양분은 유광층에서 낮은 농도로 나타나는 경향이 있고, 과거 수백억년에 걸쳐, 생태학적 과정은 수면에서 심해에 이르기까지 질산염과 다른 영양분을 전달해왔으며, 외해에는 영양분을 빛이 비치는 물까지 되돌리는 강력한 힘이 존재하지 않는다.

유광층에서 영양분의 낮은 농도로 인해, 외해의 많은 부분은 단위 면적당 일차 생산성이 낮아 “생물학적 사막”이라고 적당히 불린다. 거대한 중앙 환류의 중심에 상응하는 이 부분들은 낮은 영양

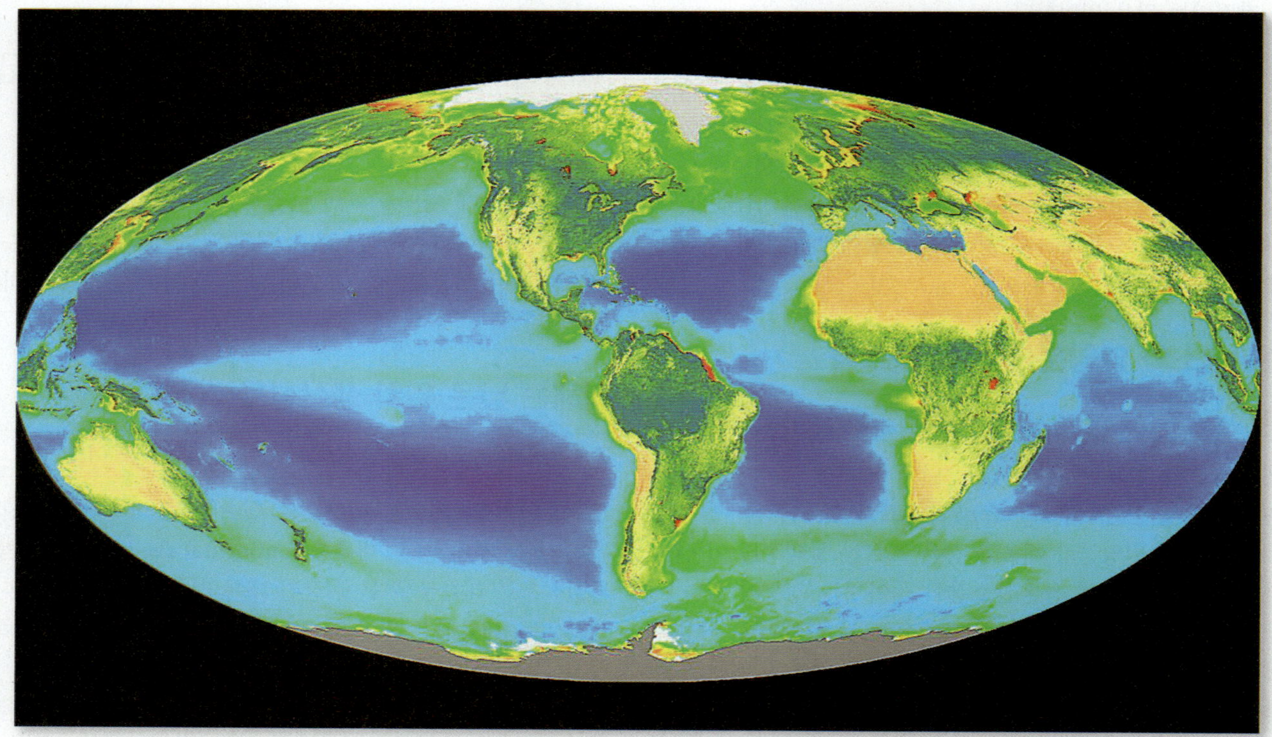

그림 40.11 해양의 주요 기능 지역. 빈 영양성 해양(짙은 파란색)으로 분류된 지역은 단위 면적당 낮은 생산성을 가지는 “생물학적 사막”이다. 대륙붕 생태계(대륙 가장자리의 초록색)는 일반적으로 생산성이 많은 중간지이다. 용승 지역(대륙 가장자리의 노란색)은 단위 면적 당 생산성이 가장 높고 지구 모든 생태계에서 가장 많이 생산하는 곳 중 하나이다.

수준과 생산성에 근거하여 흔히 집단적으로 빈영양화 해양으로 불린다.

오늘날 사람들은 외해에서 다랑어류와 일부 오징어, 고래와 같은 단 몇몇 종들만을 어획을 한다. 외해에서의 어획은 두 가지 이유로 인해 상대적으로 적은 종들로 제한되어 있다. 첫 번째로, 단위 면적 당 낮은 일차생산성 때문에, 외해에서 동물들이 드문드문 분포되어 있는 경향이 있다. 상업적으로 유익하게 잡을 수 있는 유일한 동물들은 따로 자라거나 빽빽한 무리로 함께 모여있는 경향이 있는 동물들이다. 두번째로, 육지로부터 멀리 여행하는 데어 드는 비용은 많다. 모든 당국은 우리가 바다에 의지함으로써 급증하는 인구를 충족시키는 것이 가능하다는 것에 동의하고, 우리는 외해지역이 많은 양의 음식을 공급할 것이라고 기대할 수 없다.

대륙붕 생태계는 풍부한 자원을 제공한다

학습목표 40.4.2 대륙붕 생태계가 외해보다 생산성이 더 많은 이유를 설명하여라.

대부분의 대륙붕 생태계는 단위 면적당 생산성이 비교적 높다. 중요한 이유는 **연안수(neritic waters)**라고 불리는 대륙을 거쳐 간 물은 연평균 상대적으로 질산염 다른 영양분의 농도가 높게 나타나는 경향이 있다.

수백억년에 걸쳐, 연안수는 얕기 때문에, 외해가 가지는 영양분은 심해로 손실되지 않았다. 대륙붕에서, 가라앉는 영양분이 풍부한 물질들은 얕은 바닥에 부딪히고, 그들이 얻은 영양분들은 바람이 강한 날씨로 인한 물기둥이 돌면서 흔들린다. 더욱이, 영양분은 가까운 육지에서 흘러들어와 지속적으로 보충된다.

사람들이 바다에서 수확한 식품의 약 99%는 대륙붕 생태계나 근처 용승 구역에서 온다. 또한 대륙붕 생태계는 인류에 있어서 다른 방식으로 특히 중요하다. 석유와 같은 해양의 미네랄 자원은 거의 대륙붕에서만 온다. 더욱이, 스쿠버 다이빙과 같은 거의 모든 해양 레저는 대륙붕에서 한다. 대륙붕은 연안선과 가깝고 상대적으로 얕기 때문에 이러한 방식으로 눈에 띄게 특징적이다.

심해는 춥고 어두운 곳이다

학습목표 40.4.3 심해에 생물이 사는 것이 어떻게 가능한지 설명하여라.

심해(deep sea)는 지구도처에서 상대적으로 균일한 조건으로 특징짓는 거대한 지역이라는 의미로 지구에서 유일하게 가장 큰 서식지이다. 심해는 계절이 없고, 춥고(2–5℃), 전체적으로 어두우며, 높은 압력(4000–5000m 바닥에서 400–500 기압)을 가진다.

대부분의 심해에서, 먹이는 유광층의 광합성에서 유래된다. 사체, 배설물, 점액의 형태의 먹이는 표면에서부터 바닥까지 떨어지는 소수의 먹이를 섭취 할 수 있으며, 수심에 사는 동물들에 의해 도중에 99%가 먹는다. 그래서, 저서군집은 일차 생산의 단지 약 1%만 받고 먹이가 부족하다. 그렇다더라도 대부분 작은 체구와 드문드문 분포된 수많은 동물 종들은 현재 심해에 사는 것으로 알려져 있다. 동물의 일부는 생물발광을 하여(그림 40.12) 빛을 이용해 소통하거나 먹잇감을 유인 할 수 있다.

그림 40.12 심해 생물. 이 심해 물고기의 눈 아래에 발광점은 생물발광 박테리아의 공생 군집의 존재가 원인이다. 생물발광은 깊고 어두운 해양의 일부에서 운등하는 동물에 매우 흔한 특징이다. 저서에 사는 생물보다 더 낮은 곳에서 사는 종들 사이에서 더 흔하다.

개념 정리 40.4

빈 영양성 해양은 적은 일차 생산을 하는 외해와 심해를 포함한다. 생산성은 주로 질소 철과 같은 영양분에 의해 제한된다. 대륙붕 생태계는 생산성이 많아 완화되는 경향이 있다.

- 해양에 철이 추가되면 생산성에 어떤 영향을 미치는가?

40.5 인류의 오염과 자원 고갈은 생물권에 심각한 영향을 미친다

우리는 모든 인간 활동이 생태계의 악화를 일으킬 수 있다는 것을 알고 있다. 이러한 논의에 대해서 창조적인 사람들이 보통 이런 문제에 대한 합리적인 해결책을 강구 할 수 있음을 인식하는 것이 중요하다.

화학적인 오염은 지구를 변화시키고 있다

학습목표 40.5.1 석탄 연료 발전이 산림벌채에 어떤 영향을 미치는지 설명하여라.

대표적인 예는 미국에서 DDT의 역사를 통해 볼 수 있다. DDT는 종종 모기를 제어하기 위해 습지에 제2차 세계대전 이후 수십 년 동안 널리 보급 된 매우 효과적인 살충제이다. DDT의 사용이 심화되는 등안, 물수리 , 대머리 독수리, 갈색 펠리칸, 큰 물고기 개채군을 잡는 모든 조류가 땅에 떨어져 죽었다. 결국은 DDT의 사용이 이러한 조류의 죽음과 연관되었다.

과학자들은 먹이 사슬에 따라 전달된 DDT와 그 대사산물이 동물의 조직에 점점 더 농축된 것이라고 밝혀냈다(그림 40.13). 먹이 사슬의 아래에 있는 동물들은 자신의 지방 조직에 상대적으로 낮은 농도로 축적되었다.

그러나 그들을 먹이로 하는 일차 육식 동물은 많은 개체를 먹고 나서 더 높은 농도로 축적하고 이차 육식동물은 아직 높은 농도를 축적하지 못했다. 큰 물고기를 먹는 조류와 같은 최상위 육식동물은 극적으로 DDT의 영향을 받았다. 이러한 조류에 대해 과학

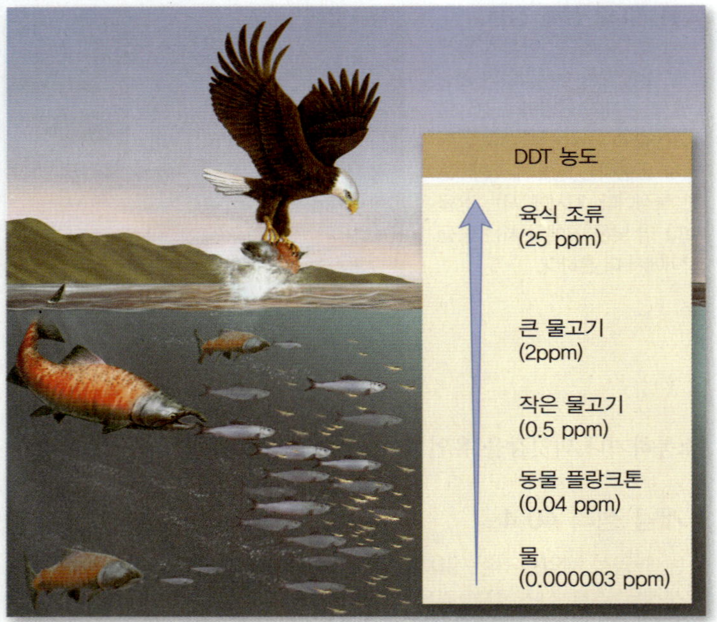

그림 40.13 DDT 농도의 생물학적 확대. 모든 DDT는 동물의 먹이 섭취로 인해 지방 조직에 축적하는 경향이 있기 때문에 DDT는 점점 먹이 사슬의 높은 수준의 동물에 더 집중된다. 오른쪽 농도는 ppm(parts per million)이다. DDT는 미국에서 금지되기 전에 큰 물고기를 먹는 조류 종은 DDT의 대사산물이 조류의 알 껍질을 얇게 만들어 부화기간 동안 부서지게 되며 급격한 개체수 감소를 겪었다.

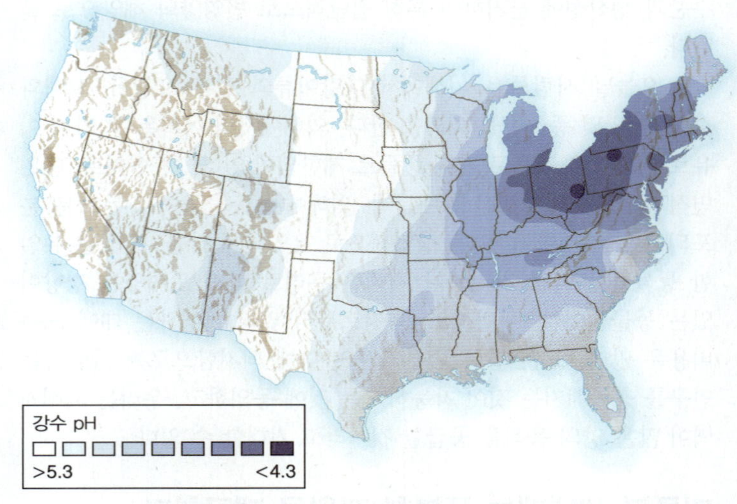

그림 40.14 미국에서 내리는 비의 pH 값. 7 미만의 pH 값은 산 조건을 나타낸다. 신맛도 크며 pH 값이 낮다. 특히 미국 북동부의 일부 강수량은 일반적으로 5.6 이상의 pH를 가지며 자연적인 빗물보다 더 산성이다.

자들은 DDT의 대사산물이 조류의 알 껍데기 형성에 지장을 주는 것을 알아냈다. 조류들은 종종 부화되기도 전에 금이간 얇은 알들을 낳았다.

연구팀은 물고기를 먹는 조류의 죽음은 DDT의 생태계를 청소하기 위한 합리적인 계획에 의해 바뀔 수 있으며, 사용 금지법이 통과되었다. 현재, 40년 후에 물수리, 독수리, 그리고 펠리칸의 개체군들은 극적으로 회복하고 있다. 몇몇 사람들이 과학을 연구하는 주된 이유가 이런 종류의 성공 스토리의 일부가 될 기회라고 생각한다.

석탄 연소에 의한 오염: 산성 강수

화학 오염의 주요 유형은 발전용 석탄의 연소에서 발생한다. 각 굴뚝이 하나의 점원이지만, 많은 굴뚝이 있으며, 굴뚝에서 연기나 가스가 광범위하게 퍼진다. 산성 강수는 이 문제의 한 측면이다. 석탄이 연소될 때 석탄 중의 황이 산화된다. 황산화물을 제어하지 못할 경우, 유황 산화물이 굴뚝 연기에서 대기로 뿜어져 나오게 되며, 황산화물은 산성비를 생성하기 위해 수증기와 결합한다. 떨어지는 비나 눈은 산성으로 더 강해지고 지구의 표면에 도달 할 때 과도한 산성을 띄게 된다(**그림 40.14**).

굴뚝의 연기에서 방출된 수은은 두 번째 잠재적인 문제다. 석탄의 연소는 환경 수은의 주요 원인이며, 수은은 소량으로도 인간 태아와 유아의 두뇌 발달에 장애 줄 수 있기 때문에 심각한 공중 보건 문제가 될 수 있다.

산성 강수와 수은 오염은 담수 생태계에 영향을 미친다. 5.0 미만의 pH 수준에서는 많은 어종 및 기타 수생 동물이 번식할 수 없어 죽게 된다. 전 세계의 수천 개의 호수와 연못은 더 이상 산성비에 의해 야기된 pH 변화 때문에 물고기가 살 수 없다. 수은은 대기로 방출되어 호수나 연못으로 떨어지며 식용 물고기의 조직에 축적된다. 미국의 오대호 지역 사람들 중 특히 임신한 여성은 수은 함유량 때문에 물고기를 조금 먹거나 다른 지역에서 잡은 물고기를 먹으라고 충고하고 있다.

아마 세계적으로 육상 서식지의 단 하나 가장 큰 문제는 벌목과 화입에 의한 삼림 파괴이다. 삼림 파괴에는 많은 이유가 있다. 빈곤 국가에서의 삼림 파괴는 보통 일반 대중에 의해 널리 이루어진다. 즉, 사람들은 나무로 요리를 하고 따뜻하게 지내며 지역의

그림 40.15 열대 우림의 파괴. 가축 방목지를 목적으로 한 이 화재는 브라질의 열대우림을 파괴하고 있다.

숲에서 나무를 모은다.

다른 극단적인 것은 기업이 여전히 산업화 방식으로 원시림의 큰 나무를 잘라 종종 각지의 구매자에게 나무를 배송한다. 등남아시아의 열대 우림의 마호가니와 같은 열대 나무를 가구에 사용하기 위해 미국으로 배송하며, 무른 목재는 펄프 및 종이 생산을 위해 알래스카에서 동아시아로 배송되고 있다. 숲은 때때로 농업이나 목장을 위한 토지를 얻기 위해 쉽게 태워지기도 한다(그림 40.15).

서식지의 손실

삼림 서식지의 손실은 비참한 결과를 초래할 수 있다. 예를 들어, 특히 다양한 종들은 서식지를 열대 우림에 의지하고 있다. 열대 우림이 없어질 때 생물 다양성의 손실이 극단적으로 일어날 수 있다. 많은 열대 우림 지역은 심각하게 훼손되고 있으며, 최근 추정치는 세계 열대 우림의 절반 이상이 자연 그대로의 상태로 남아 있음을 시사하고 있다. 세계 열대 우림은 현재 파괴 속도로 30년 안에 파괴되거나 없어질 것이다.

서식지의 손실 외에도, 삼림 파괴는 지역의 상황에 따라 수많은 2차 결과를 초래할 수 있다. 남아프리카 공화국에 있는 사하라 사막의 사헬지역에서, 삼림 파괴는 증가하는 사막화의 주요 요인되고 있다.

39장의 질의 및 분석 설명에 있는 허바드 브룩(Hubbard brook) 실험에 의해 나타난 바와 같이, 미국 북동부의 삼림에서, 삼림 파괴는 산림 토양에서 영양분의 심각한 손실로 이어질 수 있다.

산성비

삼림 파괴는 온대 지역에서뿐만 아니라 열대 지역에서도 문제가 될 수 있다. 또한 산성비는 삼림뿐만 아니라 호수와 개천에 영향을 미친다. 온대 지역에서는 큰 산림 지역의 산성비로 인해 악영향을 받고 있다. 산성비는 토양의 산도를 변화시킴으로써 산성비는 광범위한 산림의 폐사로 이어질 수 있다(그림 40.16).

그림 40.16 테네시의 클링맨스 돔(Clingman's Dome)에서 산성비에 의한 나무들의 피해. 산성 강수는 나무를 약화 시키며 해충과 천적에 더 취약하게 만든다.

성층권 오존층 파괴는 오존 "구멍"을 초래할 수 있다

학습목표 40.5.2 오존층 파괴의 영향에 대해 설명하여라.

그림 40.17에 있는 위성사진의 색상은 지구 표면위에서 20–25km 위 성층권의 오존(O_3) 농도 차이를 나타낸다. 성층권 오존은 역사적 정상 농도의 2분의 1과 3분의 1로 사이의 오존 구멍이라는 현상으로 남극대륙(그림 보라색 영역)을 통해 감소되고 있다.

성층권 오존의 감소는 남극 대륙에서 가장 활발하지만, 세계적인 현상이다. 미국 환경 보호국(EPA)에 따르면, 미국의 오존 농도는 약 4% 감소했다.

성층권 오존과 UV-B

성층권 오존은 자외선(UV), 특히 **UV-B** 파장을 일사량으로부터 흡수하기 때문에 중요하다. UV-B는 여러 가지 방법으로 살아있는 생물체에 손상을 주고 있다. 예를 들어, 사람의 백내장 및 피부암 위험을 증가시킨다. 성층권 오존의 감소는 지구 표면에 도달하는 더 많은 UV-B를 허용하게 되며, 따라서 UV-B에 대한 손상 위험을 증가시킨다. 예를 들어, 성층권의 모든 오존의 1%가 하락할 때마다 피부암 발생률의 6% 증가를 가져올 것으로 추정된다. UV 노출은 또한 양서류와 같은 다양한 유형의 동물들에 유해할 수 있다.

오존 감소와 프레온가스(CFCs)

성층권 오존 감소의 주요 원인은 산업적으로 생산된 대기의 염소 및 브롬 함유 화합물의 합이다. 특히 우려되는 것은 제조업에서 프레온가스(CFCs)를 최근까지 에어컨과 냉장고의 냉매로 사용되었다는 점이다. 대기로 방출된 프레온가스는 결국 유리 염소 원자를 이탈시키며, 성층권에서 염소원자는 오존분자(O_3)를 일반적인 산소(O_2) 분해를 촉진하게 된다. 오존은 지속적으로 만들어지고 분해되는데 유리 염소 원자가 그 균형을 더 빠른 분해율로 기울어지게 한다.

오존 구멍에서 보게 되는 오존의 극단적인 감소는 남극 대륙에 존재하는 독특한 기상 조건의 결과이다. 남극 겨울의 어둠이 지속되는 동안, 지구의 전 둘레 주위를 부는 극야 제트류인 강한 성층권의 바람은 발달하며, 남아 있는 대기를 통해 남극대륙에 걸친 성층권을 격리시킨다.

남극의 성층권은 몇 주간 혹독한 추위(0℃ 또는 이하)를 유지하며 그 결과로 특이한 형태의 빙운을 형성하게 된다. 이러한 구름 입자와의 결합 반응은 이원자 염소분자인 Cl_2의 축적으로 이어진다. 태양 빛이 이른 남극의 봄으로 돌아올 때, 이원자 염소분자는 광화학적으로 유리 염소 원자로 엄청난 양이 분해되어 오존 파괴 반응이 일어날 것이다.

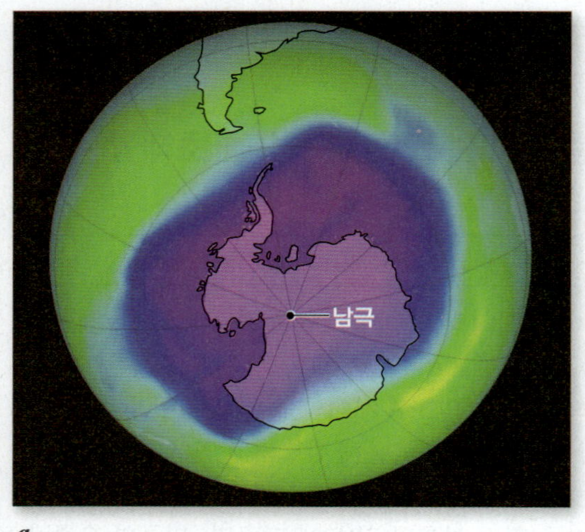

a.

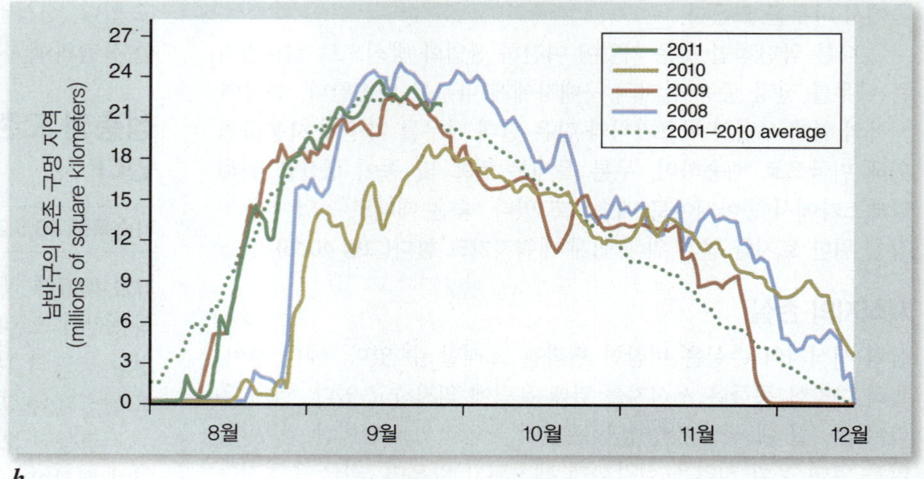

b.

그림 40.17 남극의 오존구멍. NASA의 위성은 현재 해마다 남극 성층권의 오존층 파괴의 정도를 추적 한다. 1980년대 해마다 오존구멍이라고 불리는 오존층 파괴 지역은 남극의 겨울 동안에 햇빛으로 인한 공기내의 화학반응이 억제되어 있다가(남반구의 이른 봄) 8월에 등장했다. **a.** 2006년 9월(위성 영상에 보라색으로 보이는 지점) 1140만 평당 구멍이 미국, 캐나다, 멕시코를 합한 지역보다 더 큰 1140만 평방마일의 구멍이 지금까지 기록된 구멍보다 더 큰 영역을 덮었다. **b.** 오존구멍은 11월–12월의 기온상승으로 축소되기 전인 9월 중에 강렬하게 강화된다. 대기의 오존층 파괴 화합물의 농도는 아마 지난 몇 년 동안 최고치에 도달하고, 앞으로 수십 년 동안 서서히 감소할 것으로 예상된다.

프레온가스의 단계적 폐지

성층권의 오존 파괴의 원인을 밝힌 연구 이후에, 세계적인 협정은 오존 파괴로 이어지는 프레온가스와 다른 화합물 생산의 단계적 폐지하기로 하였다. 이러한 화합물의 제조는 1996년에 미국에서 중단되었고, 현재 "오존 안전"을 위한 대체 화학 물질 사용의 중요성에 대한 대중인식이 커지고 있다. 그 물질들은 화학적으로 안정하기 때문에, 대기는 서서히 오존층 파괴 화합물 자체를 정화할 것이다. 그럼에도 불구하고, 오존 파괴 문제는 줄어들고 있으며, 실질적으로 21세기 후반에 복구될 것으로 기대된다.

프레온가스의 이야기는 환경 문제가 어떻게 발생하고 해결될 수 있는지에 대한 좋은 예 이다. 초기에 프레온가스는 이전 기술에 비해 명확한 개선과 냉매제 공급에 대한 효율적이고 비용 효과적인 방법으로 알려졌다. 그 당시, 프레온가스의 해로운 결과들을 알지 못했다. 문제가 알려지자마자 국제적 협정은 효과적인 해결을 주도하고, 창조적인 기술의 진보는 거의 비용을 들이지 않고 문제가 해결될 수 있는 대안을 도출하였다.

개념 정리 40.5

오염과 자원고갈은 주로 인간이 대부분 멸종된 담수 서식지를 포함한 환경에 영향을 미친 것이다. 주 오염원은 공장 등과 같은 인식가능한 장소로부터 비롯되는 반면, 확산 오염은 비료를 준 잔디 등과 같은 다양한 원인으로부터 비롯된다. 삼림 파괴는 서식지의 파괴, 군집의 훼손, 자원의 고갈, 지역 물 순환을 변화시킬 수 있다. 오존 파괴는 프레온가스에 의해 발생한다. 프레온가스 금지로 일부 회복시켰다.

- 프레온가스의 핵심 원인 또는 확산오염의 예가 있나? 자원으로 인한 오염을 제거하기 위한 노력은 어떤 것이 있나?

40.6 인간활동은 지구의 기후를 변하게 한다

지구의 역사를 공부하고 다른 행성과 비교함으로써, 과학자들은 우리 대기 중의 가스 농도, 특히 CO_2 농도가 이런 가스가 없는 행성에 비해 더 높은 약 25℃로 지구의 평균 온도를 유지시킨다는 것을 알아냈다. 이 사실은 우리 대기의 구성이 지구 생물을 위한 핵심적인 고려사항이라는 것을 강조한다. 불행하게도, 인간의 활동은 현재 대부분 각 국가별 결정한 방법으로 대기의 구성을 변화시키고 있으며, 결국에는 손상되거나 처참하게 될 것이다.

지구 표면의 평균온도는 증가하고 있다

학습목표 40.6.1 지구온난화를 설명하여라.

대기조성의 변화로 인해, 지구 표면의 평균온도는 증가하고 있으며, 이 현상을 지구온난화라고 한다. 이 단원을 시작하면서 우리가 말한 것에서부터 상상했는지 모르지만, 온도의 변화는 복잡한 방법으로 지구의 바람과 물의 흐름 패턴을 바꾼다. 지구 평균 온도의 증가로 인해, 세계의 일부 특정 지역은 작은 규모로 데워지는 반면, 다른 지역은 더 큰 면적이 데워진다(단원의 끝에 **질의 및 분석의 지도** 참조). 또한 지구의 강수 패턴이 지구 바람 패턴에 의존하기 때문에 강수 패턴이 변화하는 것을 의미한다. 거대한 컴퓨터 모델(Enormous computer models)은 세계 모든 지역의 영향을 예측하는 것을 계산하는 데에 사용되고 있다.

독립적인 컴퓨터 모델은 지구의 변화를 예측한다

지구의 기후변화에 대한 연구를 통해 2007년 노벨 평화상을 공동 수상한 엘 고어와 정부간 기후변화위원회(IPCC)는 최근 4번째 평가 보고서를 발표하였다. 여러 가지의 다른 시나리오에 근거하여, 컴퓨터 모델은 금세기가 끝날 때까지 지구 온도가 1.1–6.4℃(2.0–11.5°F)까지 증가할 것이라고 예측했다.

온도보다 더 불길한 것은 강수에 대한 일부 예측이다. 예를 들면, 북유럽이 오늘날 보다 강수량이 더 많을지라도, 최근 남부 유럽의 일부의 강수량이 약 20% 줄어들어 자연 생태계, 농업, 인간 물 공급이 중단될 것이라고 예측했다. 일부 유럽 국가들은 경제적으로 개선될 지도 모르지만, 다른 국가들은 뒤떨어질 것이고, 국가간 정치적 관계는 식품 수출국에서 식품 수입을 요구하는 더 미약한 입장으로 변할 것이다.

이산화탄소는 주요 온실가스이다

학습목표 40.6.2 대기 중의 이산화탄소와 지구 온난화의 관계를 설명하여라.

대기는 많은 가스를 포함하지만 그 중 이산화탄소는 주로 지구 온난화의 원인을 논의할 때 강조되는 가스이다(그림 40.18). 1950년대 이후 하와이 섬의 마우나로아 화산 13,700피트(4,200m) 정상의 방사선 감시국은 대기 중 이산화탄소 농도를 감시해왔다. 이 감시국은 많은 사람들이 사는 큰 대륙에서 멀리 떨어진 태평양 가운데에 있기 때문에 지역에서 발생하는 영향에 대한 혼동 없이 지구의 대기상태를 감시할 수 있어서 특히 중요하다.

1958년 대기에는 0.031% CO_2가 있었다. 2004년까지 CO_2농도는 0.038%로 증가했다. 모든 당국은 대기 중 CO_2의 꾸준한 증가 원인은 인구 증가(그리고 에너지 수요 증가)에 따른 석탄과 석유의 연소라는 것에 동의한다.

이산화탄소는 온도에 어떻게 영향을 미치는가

이산화탄소는 전자기 복사 에너지를 강하게 흡수하기 때문에 CO_2의 대기 중 농도는 지구온난화에 영향을 미친다. 지구는 태양으로부터 복사에너지를 받아들일 뿐만 아니라, 우주로 내보내기도 한다. 지구의 온도는 이러한 두 과정의 비율이 같아야만 변함없을 것이다.

지구에 들어오는 태양 에너지는 비교적 전자기 스펙트럼 파장이 짧다. 가시 및 근 가시인 파장이다. 지구에서 방출되는 에너지는 다르고 더 긴 파장이다. 이산화탄소는 특정 중요한 긴 파장의 적외선 파장의 에너지를 흡수한다. 이산화탄소가 짧은 파장의 복사 에너지의 도달을 방해하지 않더라도, 에너지가 지구의 긴 파장을 먼 우주로 보내는 에너지 비율을 감소시킨다는 의미이다(그림 40.19).

이산화탄소의 효과는 온실가스와 유사하기 때문에 이산화탄소를 흔히 온실가스라고 한다. 유리온실의 내부가 따뜻한 이유는 유리창으로 긴 파장의 적외선은 약간만 투과되고 빛이 들어오기 때문이다. 빛으로 온실 창을 쬐는 에너지는 온실로 자유롭게 들어온다. 온실 안에는 에너지가 열에 의해 흡수되고, 긴 파장의 적외선으로 다시 복사된다. 적외선은 쉽게 유리를 통해 나갈 수 없기 때문에 에너지가 내부에 모이게 된다.

다른 온실 가스들

이산화탄소만 온실가스인 것은 아니다. 메탄과 아산화질소도 포함된다. 어떤 특정 온실가스의 효과는 분자적 특성과 농도에 달려 있다. 예를 들어, 메탄은 이산화탄소보다 약 20배의 열 구속 효과를

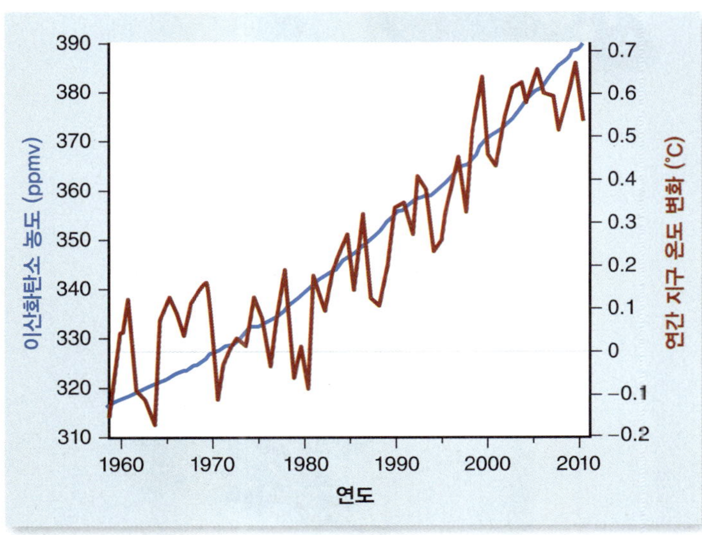

그림 40.18 온실 효과. 파란선이 보여주듯이, 대기 중의 이산화탄소 농도는 1950년대 이후로 꾸준히 증가하고 있다. 빨간선은 같은 기간 동안 평균 지구 온도의 변화를 보여준다.

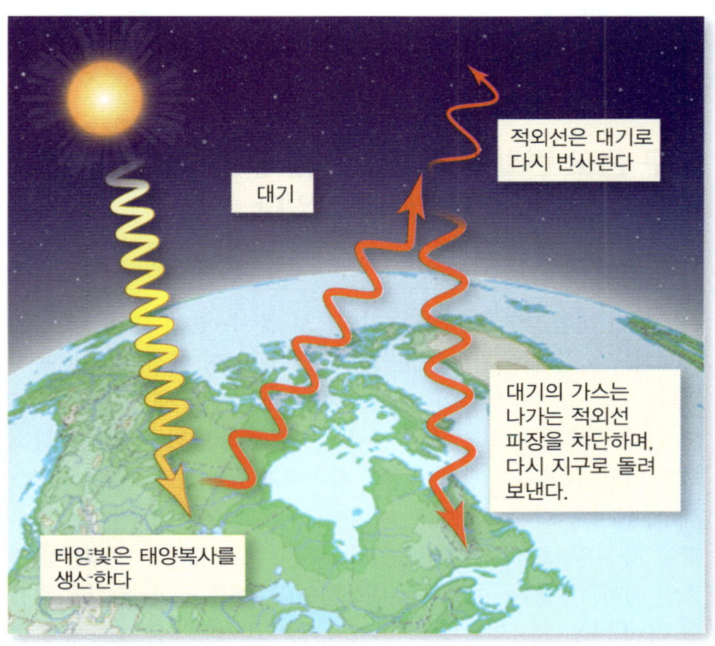

그림 40.19 온실 효과 기작. 태양복사선은 지구를 가열하면서 일부 흡수 되지만 일부는 대기로 반사된다. 온실가스는 적외선이 빠져나가는 것을 막고 온실효과를 증대시키며 적외선을 흡수할 수 있다.

류 등은 최근 수십 년간 북쪽으로 이동하였다(그림 40.21).

많은 철새들이 수십 년 전에 했던 것보다 그들의 여름 번식지에 일찍 이동한다. 많은 곤충과 양서류가 연초에, 많은 식물 꽃 더 일찍 번식한다. 호주의 최근연구에 의하면, 야생 과일 파리의 개체군은 지난 20년 동안 유전자 빈도가 변화 되었으며, 차가운 지역의 개체군이 현재 유전적으로 따뜻한 지역에서 개체군과 유사한 유전자 빈도의 변화를 겪었다고 한다.

산호들의 경우 익숙한 바다 온도가 살아남을 수 있는 최대 온도와 최적온도 사이에서 좁은 차이를 갖고 있는 것으로 보인다. 지구온난화는 이미 일부 산호들에게 자포 동물과 해조류 세포들간에 필요한 공생을 중단함으로써 "백화현상"을 유도하여 위협하고 있다.

오늘날, 먼 과거에 비해 지구온난화의 영향은 자연생태계에 더 심각하게 미치는 이유가 있다. 그 이유 중 하나는 바로 오늘날의 기온상승의 가속화이다, 따라서 여러 종들은 이에 적응하기 위해 상대적으로 적은 수의 세대를 걸쳐 적응과 진화를 필

그림 40.20 사라지는 빙하. 1970년대 탄자니아의 킬리만자로 산(위), 2000년대 사진(아래). 지난 30년간 빙하의 범위는 감소하였다.

가지고 있다. 반면에, 메탄은 이산화탄소보다 대기에 적게 농축되어 있고, 이산화탄소만큼 대기에 있지 못한다.

메탄은 전 세계적으로 혐기성 토양과 젖소와 같은 반추 포유류의 발효 반응에서 엄청난 양이 생산되고 있다. 메탄의 엄청난 양은 현재 북극의 영구 동토층에 가둬져 있다. 영구 동토층의 용해는 메탄이 순식간에 방출됨에 따라 지구 온도에 큰 교란을 불러올 수 있다.

지구 온도 변화는 과거에 생물체에게 영향을 미쳤고 현재도 그렇게 되고 있다

학습목표 40.6.3 지구 생태계의 지구 온난화 결과를 설명하여라.

온난화에 대한 증거는 다양한 방식으로 볼 수 있다. 예를 들어, 전 세계적으로 통계에 기초하여, 얼음 호수와 강이 예전보다 더 녹아 있다. 평균적으로, 얼음이 없는 계절이 지금은 한 세기 전보다 2.5주 이상 길어지고 있다. 또한 북극에서 얼음의 범위는 상당히 감소하고 있고, 세계에서 빙하는 점점 사라지고 있다(그림 40.20).

지구온난화와 빙하기는 과거에도 발생하였는데, 현재는 빙하기와 지구온난화 중간지점에 있다. 종은 주로 자신의 생활환경 경로인 지리적 범위를 이동하여 대응하였다. 예를 들어, 추위에 적응한 북미 나무들은 멀리 북쪽 만에서 발견되거나 높은 고도에서 발견되지만, 10,000~20,000년 전에는 실질적으로 지금보다 추운 조건에서 더 낮은 고도와 훨씬 더 멀리 남쪽에 살았었다. 현재, 지구 온난화 비슷한 효과를 가지고 있다. 예를 들어, 많은 나비와 조

그림 40.21 나비의 이동범위. 반점나무 나비(*Pararge aegeria*)의 1970~1997(녹색)년대와 1915~1939(검은색)년도 영국 북쪽 지방까지의 분포도.

요로 한다. 또 다른 이유는 자연구역이 더 이상 전체 풍경을 포함하지 않고 완전히 도시 혹은 농장에 둘러싸여 고원의 형태를 가진다. 공원은 고정 된 지리적 장소이며 일반적으로 이동할 수 없다. 공원에서 기후 조건이 거주자들을 위해 부적합 할 경우, 공원은 그 기능을 수행하기 위해 중단될 것이다. 또한, 그 지역의 공원 거주자들은 적합한 기후 조건을 찾을 것이며, 공원의 보호보다는 개발 되어질 가능성이 높다.

마찬가지로, 온도가 증가하기 때문에, 많은 산간 종은 그들이 선호하는 서식지를 찾기 위해 더 높은 고도로 이동했다. 그러나 많은 산간 종들은 산의 최대고도까지 도달하게 되어, 결국 더 이상 높은 곳으로 이동할 수 없다. 온도가 계속 증가한다면, 종의 서식지는 완전히 사라진다. 이러한 이유로 코스타리카 개구리 종의 개체군은 멸종 되었고, 이외에 많은 북극 종에게도 그들의 서식지가 녹아 없어지면 코스타리카 개구리와 같은 운명이 일어날 수 있다.

지구 온난화는 다양한 방법으로 인간의 건강과 복지에 영향을 미칠 수 있다. 지구온난화에 의한 변화의 일부는 이로울 수 있으며 비록 해로울지라도 몇몇 국가들 특히, 부유한 국가들은 조절할 수 있을 것이다. 하지만 가난한 나라들은 빠르게 대처하지 못할 수도 있으며, 몇몇 변화는 부유한 나라조차도 매우 많은 돈이 드는 대책을 요구할 것이다.

해수면 상승

20세기 후반 동안, 해수면은 10년마다 2–3cm 상승했다. 미국 환경보호 단체는 지구온난화의 두 가지 요인으로 인해 해수면이 21세기에 비해 2, 3배 더 빠르게 상승할 것이라고 예측한다. (1) 극빙과 빙하가 녹아 해양의 물이 늘어나는 것과 (2) 해수 평균 온도의 증가로 따뜻해지면서 팽창하여 물의 부피가 증가되는 것이다. 이러한 증가는 저지대와 해안습지의 침식과 범람이 증가하게 될 것이며, 다른 서식지도 위태롭게 될 것이다. 무려 200억 명의 사람들은 증가하는 홍수의 영향을 받을 것이다. 해수면이 계속해서 상승한다면, 인도양의 몰디브와 같은 해안도시와 일부 섬 전체는 물에 침수될 위험이 있을 것이다.

다른 기후의 영향들

지구 온난화는 온도 증가 외에도 다양한 영향을 줄 것으로 예상된다. 특히, 극심한 열파, 가뭄, 심한 폭풍, 태풍 등의 기상 재해 발생 빈도가 증가할 것으로 예상되며, 엘리뇨와 같은 일반적인 영향이 미칠 것이다. 또한, 강우 패턴의 변화로 20억 명은 사는 지역의 가뭄으로 인해 앞으로 몇 년 안에 물부족 문제에 직면하게 될 것이다. 이에 대한 증거로는 지난 몇 년 동안에 강력한 폭풍과 허리케인의 증가와 엘리뇨 현상의 발생 빈도 증가가 있다.

농업의 영향들

지구온난화는 농업에 긍정적인 효과와 부정적인 효과를 가진다. 긍정적인 측면은 온도상승과 대기의 이산화탄소 증가로 작물 성장 증가 및 수확증가로 이어질 것이다. 그러나 다른 작물은 아마도 부정적인 영향을 받을 것이다. 또한 대부분의 농작물은 잦은 가뭄에 영향을 받을 것이다. 더욱이 비록 북온대지역의 작물은 높아진 온도에 의해 잘 자라겠지만, 많은 열대작물들은 최대온도에서 자라게 되며, 높아진 온도에서는 수확량 감소 될 것이다. 부정적인 효과로서 강우량 패턴, 온도, 해충의 분포, 다양한 다른 요인의 변화는 많은 적응이 요구될 것이다. 그러한 변화는 선진국 농부에게 상대적으로 쉽게 느껴지겠지만, 연관된 비용적인 측면에선 개발도상국의 농부에게는 피해를 줄 것이다.

문제의 해결

2007년 IPPC의 4차 평가의 발표는 기후변화에 대한 인간적 대의 전환으로 볼 수 있다. 지구온난화는 광범위한 인간활동에 의해 야기되는 현상으로 이전의 회의론자들 조차 현실로 인식하고 있다. 이전에 그러한 사항에 대해 저항했던 정부와 기업은 현재 인간에 의한 영향을 반대하는 것에 대해 인식하고 협동하여 심각함을 받아들였다. "녹색" 기술과 노력은 일반적으로 증가하였다. 지난 세기에 오존층의 파괴가 반전된 것처럼 지구 기후 변화의 심각한 결과는 시민, 기업 정부의 공동 노력을 통해 방지할 수 있다.

개념 정리 40.6

주 온실가스 인 이산화탄소는 온도 상승되는 지구에서 나가는 열을 방해하는 의미이다. 대기 구성변화로 인한 지구온도상승은 주목할 만한 것은 이산화탄소 농도증가이며, 사막화, 서식처 및 종이 사라지는 것이다. 지구온난화는 만년설과 빙하를 녹이고, 해수면 상승으로 해안선을 변화시키고 있다. 극변하는 기후는 물 가용성을 방해하고 저지대의 홍수와 열대지방의 질병을 증가시킬 수 있다.

- 지구의 기후 변화를 오존 파괴에와 다르게 문제를 제기 할 수 있는 것은 무엇인가?

어떻게 지구온난화가 진실인가?

두가지 측면으로 지구온난화에 대한 논쟁이 있다. 첫 번째 측면은 지구 온도가 지구 온난화로 언급되는 해양과 지구 대기의 엄청난 변화시켜 상당히 증가하고 있다. 두 번째 측면은 지구 온난화가 화석연료의 광범위하게 연소되는 결과로 대기의 이산화탄소의 농도가 증가되는 결과가 사실이다.

두 번째 이슈의 해결은 세부적인 과학이 요구되며, 단지 최근에 합의에 도달 하였다. 첫 번째 이슈의 해결은 더 쉬운 문제인데, 왜냐하면 본질적으로 자료 보고서 이다. 오른쪽 그래프는 지난 반세기 동안 지구의 기온으로 질문의 자료를 보여준다. 온도 자료는 아래 그림에서 보는 바와 같이 평균 지구의 지역 측정 자료이다.

막대그래프는 1850년대 이후 매년 대기온도를 나타낸다. 무작위 매년 변화의 영향을 줄이고 축적 영향을 더 밝히기 위해, 자료는 대한 자료는 변칙적인 막대그래프로 나타내었다(**변칙적인 막대그래프(anomaly histogram)**에서, 각각의 막대는 값은 일정 기준 기간동안의 결정된 평균 값으로부터의 기간동안 표준편차를 나타낸다). 예를 들어, 변칙적인 막대그래프는 1961년에서 1990년사이 기준 30년동안 관찰되어진 평균값으로부터 편차를 보여준다.

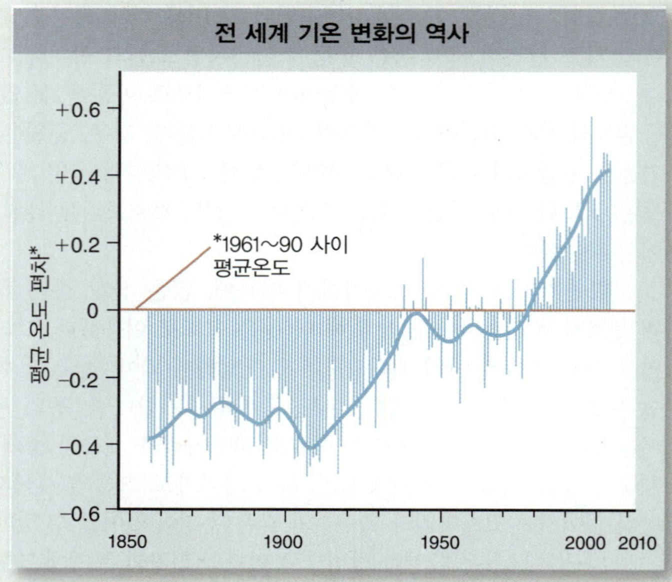

분석

1. **개념 적용** 1961년에서 1990년까지의 평균값은 155년의 편차가 차이가 없는 것은 무엇인가? 어떤 부분이 섭씨 +0.2도 이상 차이는 나는가? 섭씨 −0.2 이상은? +0.4 이상은?, 섭씨 −0.4 이상은?

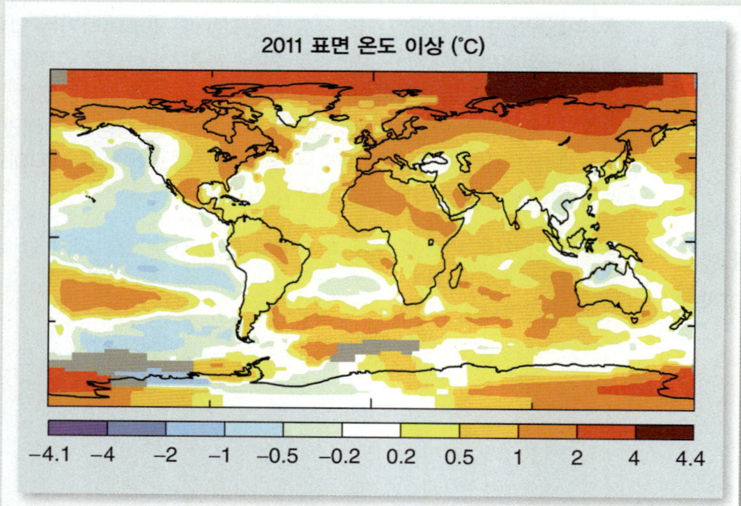

2. **자료 해석**
   a. 섭씨 + 0.2도 이상 차이 있는 해는 1940년 전 몇번인가? 그럼 1940에서 1980년은? 1980년 이후는? 1980년 이후에는 몇번 있었는가?
   b. 섭씨 +0.4도 차이가 있는해도 있는데, 1980년전에는 몇 번일어났는가? 2000년 이후는? 2000년 이후 무슨 차이가 있는가?
   c. 섭씨 −0.2도 차이가 있는해도 있는데 1940년 전에 몇 번 있었는가? 1940−1980년도에는? 1940년 전에는 무슨 차이가 있는가?
   d. 1940년도 전에 섭씨 −0.4도 이상 차이는 몇 번 있었는가? 1940? 1900년은? 1900년도 차이는 무엇인가?
3. **추론** 1850년에서 1900년 동안 무작위로 한해를 뽑는다면, 대부분의 차이는 +0.2, +0.4, −0.2, −0.4도 인가? 1900에서 1940년도 동안 한해는? 1980년도 이후는?
4. **결론 도출** 지난세기와 반세기 넘게 지구 온난화 과정은 진행되는가?

학습 과정 복습

개념 40.1 생태계는 태양, 바람, 그리고 물에 의해 형성된다

40.1.1 태양에너지와 지구의 자전은 대기 순환에 영향을 미친다 지구 표면에 도달하는 태양 복사의 양은 기후에 엄청난 영향을 미친다. 계절은 태양에 관련 있는 지구 위치변화의 결과물이다. 물의 함량이 증가된 뜨거운 공기는 적도에서 상승하여 냉각되어 수분을 잃고 적도의 열대우림을 생성한다. 대기권의 건조하고 차가운 공기가 적도로부터 멀리 이동하고 지구로 하강하는데, 지구표면으로 부터 수분을 제거되고 적도로 다시 돌아가는 도중에 사막을 만든다. 지구의 흐름은 주로 바람에 의해 일어나게 된다. 해류에서 4개의 큰 순환 환류는 바람의 방향에 의해 진행되는 것으로 알 수 있다. 이들은 또한 코리올리 효과에 의해 영향을 받는다.

40.1.2 지역 간 차이는 육상생태계에 영향을 미친다 비 그늘은 산맥 반대편에서 건조한 환경을 만들어 바람이 불어오는 쪽으로부터 움직이는 공기의 수분이 제거 될 때 발생한다. 고도의 1000 미터 증가할 때 마다 온도가 약 6 ℃로 떨어진다.

개념 40.2 지구는 생물군계라고 불리는 14가지의 주요 육상생태계가 있다

40.2.1 온도와 습도가 주로 생물군계를 결정한다 연평균 기온과 강수량뿐만 아니라 계절 변동 범위는 다른 생물 군계를 결정한다. 생물군계의 8가지 중요한 유형으로 알려져 있다. 열대 우림은 매우 생산적인 적도계이다. 사바나는 계절적 강수를 동반하는 열대 목초지이다. 사막은 강우가 거의 없는 지역이다. 온대초원은 풍부한 토양을 가진다. 온대 낙엽림은 계절의 변화에 적응하고 있으며, 온대 상록 숲은 연안이다. 타이가는 겨울이 냉혹한 북부수림이다. 툰드라는 짧은 성장시기와 나무가 거의 없는 매우 추운 곳이다.

개념 40.3 담수 서식지는 지구표면의 2% 미만을 차지한다

40.3.1 담수 서식지의 생물은 산소 가용성과 연관이 있다 담수 서식지는 지구표면의 겨우 2%를 차지한다. 생산성은 식물 플랑크톤에서 나오며, 산소는 제한적이다. 산소는 물에 잘 녹지 않는다. 산소는 수생 식물의 광합성에 의해 끊임없이 첨가되고 종속영양생물에 의해 제거된다.

40.3.2 호수들은 산소와 영양분 함량이 다르다 조류 영양분이 적은 담수 호수는 빈영양화라고 불린다. 빈 영양화는 높은 용존산소를 가져 투명하다. 부영양화 호수는 조류 영양분이 높다. 부영양화는 적은 용존산소를 가져 탁하다.

개념 40.4 해양 서식지는 지구에서 가장 많은 부분을 차지하고 있다

40.4.1 외해는 낮은 일차 생산성을 가진다 해양은 여러 구역으로 나뉜다. 조간대, 연안대, 유광층, 저생대, 해수대 이다. 식물플랑크톤은 외해의 일차 생산자이고, 일차 생산성은 낮은 영양 단계 때문에 낮다. 두 개의 제한 영양소로 여겨지는 것은 질소와 철이다.

40.4.2 대륙붕 생태계는 풍부한 자원을 제공한다 연안수는 대륙붕에 걸쳐 발견되며, 높은 영양 단계를 가진다. 생태계는 대륙붕과 공생의 산호 생태계에서 생산적인 저장고이다.

40.4.3 심해는 춥고 어두운 곳이다 심해는 단일 최대의 서식지이다. 대부분의 구역에서, 심해의 먹이는 위부터 유래된 광합성에 기인한다.

개념 40.5 인류의 오염과 자원 고갈은 생물권에 심각한 영향을 미친다

40.5.1 화학적인 오염은 지구를 변화시키고 있다 특정물질의 확산 오염, 산성 강수, 그리고 과용은 담수 서식지를 위협한다. 삼림 파괴는 서식지 손실, 물 순환의 파괴 및 영양소의 손실로 이어진다. 산성비는 산림 뿐만 아니라 호수와 개천에 큰 영향을 미친다. 해양 서식지에서는 물고기 및 다른 종들이 감소되고 있다.

40.5.2 성층권 오존층 파괴는 오존 "구멍"을 초래할 수 있다 UV-B 복사의 투과 증가는 생물에 위협적이다. 프레온의 국제적 규제는 오존 파괴를 바꾸고 있다.

개념 40.6 인간활동은 지구의 기후를 변하게 한다

40.6.1 지구 표면의 평균 온도는 증가하고 있다

40.6.2 이산화탄소는 주요 온실가스이다 이산화탄소는 태양 복사가 대기를 통과하게 하지만, 따뜻한 조건을 만들어 지구로부터 나가는 열을 막는다.

40.6.3 지구 온도 변화는 과거에 생물체에게 영향을 미쳤고 현재도 그렇게 되고 있다 온도가 빨리 변한다면, 자연선택은 많은 동물의 멸종을 충분하게 막을 만큼 빠르게 일어날 수 없다 해수면의 변화, 빈번한 이상 기후, 농업에 직간접적인 영향, 열대성 질병의 확장은 인간의 삶에 이미 영향을 주기 시작한다.

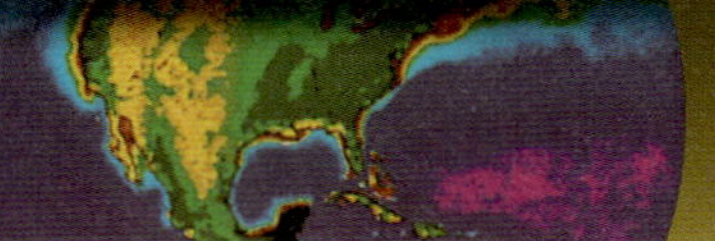

학습 과정 평가

개념 40.1 생태계는 태양, 바람, 그리고 물에 의해 형성된다

이해

1. 콜리올리 효과란?
   a. 지구의 자전
   b. 적도에서 계절성의 관계 결핍이 원인이다.
   c. 지구 바람의 순환 패턴
   d. 지구의 바람과 해양 순환 패턴
2. 비그늘에서, 공기는 상승할 때 시원해지고 하강할 때 더워진다. 종종 습한 부분과 건조한 부분의 생성은 공기의 용수량 때문이다.
   a. 공기의 온도는 직접적으로 연관이 있다.
   b. 공기의 온도는 역으로 관계가 있다.
   c. 공기 온도에 의해 영향을 받지 않는다.
   d. 공기온도에서 변화를 생산한다

응용

1. 지구가 자전축이 기울어지지 않았다면, 북반구와 남반구의 연간 계절 순환은
   a. 바뀔 것이다.　　b. 같아질 것이다.
   c. 감소될 것이다.　　d. 존재하지 않을 것이다.
2. 북 캐나다부터 미국의 동쪽으로 여행한다면, 수목 한계선은 고도가 증가한다. 왜냐하면 고도가
   a. 증가하고, 온도가 증가한다.
   b. 감소하고, 온다가 증가한다.
   c. 증가하고, 습도가 감소한다.
   d. 감소하고, 습도가 감소한다.

종합

1. 왜 대부분의 지구 표면 사막들은 약 위도 30℃에서 발견되는가?
2. 동일한 방식으로 왜 위도와 고도의 증가가 영향을 미치는가? 어떤 식물 종이 자라는가?

개념 40.2 지구는 생물군계라고 불리는 14가지의 주요 육상생태계가 있다

이해

1. 생물군계 분포에 있어서 가장 주요한 두 개의 요인이 무엇인가?
   a. 온도와 적도　　b. 강수와 온도
   c. 적도와 강수　　d. 온도와 토양

응용

1. 어떤 생물군계에서 적도이남에서 생물군계가 발견되지 않는가?
   a. 극빙원　　b. 사바나
   c. 툰드라　　d. 열대 낙엽 수림
2. 가장 흔히 발생하는 적도의 생물군계는?
   a. 사막　　b. 우림숲
   c. 사바나　　d. 수풀

종합

2. 강수량과 온도가 증가하면서 일차 생산성은 왜 증가하는가?

개념 40.3 담수 서식지는 지구표면의 2% 미만을 차지한다

이해

1. 빈영양호는 ___________을 가지고 있다
   a. 낮은 산소, 그리고 높은 영양분 가용성
   b. 높은 산소, 그리고 높은 영양분 가용성
   c. 높은 산소, 그리고 낮은 영양분 가용성
   d. 낮은 산소, 그리고 낮은 영양분 가용성
2. 다음 중 민물호수에 산소공급에 기여하는 것은?
   a. 광합성
   b. 조류 성장
   c. 유기 물질의 분해
   d. 물고기와 무척추 동물의 호기성 호흡

응용

1. 빈 영양화 호수들은 인간의 활동의 결과로 부영양화 호수로 바뀔 수 있다
   a. 물고기 군집은 방해하는 민감한 종의 남획.
   b. 식물과 조류 성장 자극을 주는 물의 영양분을 도입.
   c. 토양에서 호수로 흘려 보내며 해안 근처 육상 식물의 방해.
   d. 물에 농약을 살포하여 수생 곤충 개체를 제어.
2. 아만다의 뒤뜰 연못에는 조류와 물고기가 가득 차 있으며 그녀는 여름에 종종 연못의 물고기가 죽어 이를 보충한다. 그녀의 친구는 그녀의 연못에 폭포를 추가할 것을 제안하였다. 왜 이런 일 도움이 될까?
   a. 폭포는 조류에서 독소를 제거하는 것
   b. 폭포는 물 속 산소를 위해 도움이 될 것이다
   c. 물에 영양분을 추가하기 위해서
   d. 폭포는 조류를 죽일 수 있어서

종합

1. 스위스 제네바 호수(Lake Geneva in Switzerland)는 큰 깊은 민물 호수이다. 인간의 활동에 의해 부영양화되었으며, 비슷한 호수 근처 시애틀, 레이크 워싱턴도 최근들어 비슷한 이유로 부영양화되고 있다. 지역 주민들은 호수에서 조류 독물에 의해 일어나는 문제를 해결하기 위해 제안하였다. 왜 하지 말아야 할까?

개념 40.4 해양 서식지는 지구에서 가장 많은 부분을 차지하고 있다

이해

1. 대륙붕 생태계는 단위 면적당 생산성이 높다. 다음과 같은 이유를 제외하고
   a. 거기의 물은 질산염이 높다.

b. 그들은 토지 지표수의 영양분에 의해 풍부해진다.
c. 얕은곳, 깊은 바다에 영양분을 손실되지 않는다.
d. 다른 해양 지역보다 다양한 생물이 있다.

2. 지구상에서 가장 큰 해양 서식지이다
a. 얕은 해수층. b. 깊은 바다.
c. 열린 바다. d.대륙붕.

응용

1. 외해의 물은 초기 생산성이 낮은 경향이 있다 이유는?
a .유광층에 적은 태양광도.
b. 육지에서부터 바다의 먼 거리.
c. 유광층의 질산염 고갈.
d. 해수중의 낮은 철의 농도.

2. 심해의 생물은 주로 공급받는다
a. 위쪽의 광합성 b. 심해 분출구들
c. 심해 광합성 d. 화학적 자급영향.

종합

1. 지구의 대기의 이산화탄소 수준을 감소시키기 위해 일부 연구자들은 큰 남빙양의 일차 생산성을 증가시켜 해양 이산화탄소 수준을 감소시키자고 제안했다. 이것은 어떻게 할 수 있는가?
2. 왜 바다에서 대부분의 광물 자원을 캐지 않는가?

개념 40.5 인류의 오염과 자원 고갈은 생물권에 심각한 영향을 미친다

이해

1. 생물학적 확대는 발생한다.
a. 오염물이 더 높은 영양 단계에서 조직의 농도가 증가한다
b. 오염 물질의 효과는 생물의 화학적 상호 작용에 의해 확대된다.
c. 생물체는 해부 현미경에 놓아진다.
d. 생물체를 소화하게 되면, 오염 물질은 예상되는 효과보다 크다.

2. 남극 "오존 구멍"은 대부분의 광범위하다.
a. 2월. b. 9월.
c. 3월. d. 8월.

응용

1. 살충제는 저농도(예 : DDT, 등)에서 무해하고 적절히 사용된다면, 어떻게 비 표적 생물에 위협이 될 수 있는가?
a. DDT에 노출 된 후, 어떤 종은 심지어 노출의 낮은 수준에서 알레르기 반응으로 발전한다.
b. DDT 분자가 시간을 통해 농도가 증가되도록 결합 할 수 있다
c. DDT와 같은 화학 물질의 농도는 점차 더 높은 영양 단계에서 농축되기 때문에
d. 지구온난화와 UV-B 방사선에 노출은 DDT가 강해지는 분자로 만든다

2. 오존층의 파괴로 인해
a. 지구 온난화. b. 코리올리 효과.
c. CFC's. d. 염화 탄화수소.

종합

1. 시간이 지남에 따라 왜 매우 적은 양의 화학오염물질에 노출되어도 당신의 건강에 해로울 수 있는지 설명하여라(당신은 특정한 사례에서 매우 위험하게 평가로 장애를 시험하는 BPA와 같은 내분비계 교란에 에 초점을 맞추기를 원할 것이다)
2. 왜 북극에서보다 남극의 대기중의 오존 파괴가 클까?

개념 40.6 인간활동은 지구의 기후를 변하게 한다

이해

1. 소위 '온실 효과'는 유일한 이유는 지구의 표면이 아니라 달의 어두운 면과 같이 춥지 않기 때문이다. 지구 온난화의 지구 평균 온도를 상승 시킨다 _______.
a. 70°F b. 32°F
c. 50°C b. 25°C

2. 자유 시장 경제는 종종 온실 가스의 생산을 촉진한다. 이유는?
a. 탄소 배출의 환경 비용은 대부분 지금까지 경제의 일부로 인식되지 않았다.
b. 공급은 수요를 결코 알지 못했으며, 그래서 에너지의 증가 필요로 산업은 수요를 다루기 위해 결과물이 증가 되어야만 한다.
c. 에너지의 비용에 대한 변수를 예측할 수 없다.
d. 대기 오염을 제어하는 법을 시행할 수 없다.

3. 지구 온난화는 다음을 제외하고 모두 영향을 미친다
a. 비 패턴. b. 해수면 상승.
c. 오존 수준. d. 농업.

응용

1. 만약 많은 온실가스 중 왜 이산화탄소는 지구 온난화의 주 원인으로 간주될까?
a. 다른 가스는 지구 온난화의 원인이 되지 않는다.
b. 과학자는 다른 원인에 대해 우려하고 있다. 예를 들어, 메탄의 방출은 지구 온난화에 큰 영향을 미칠 수 있다.
c. 다른 가스는 기후에 거의 영향을 미치지 않는 소량으로 발생한다.
d. 이산화탄소는 장파장인 적외선을 흡수하는 유일한 가스다.

2. 생물학자들은 오늘날 생태계에 지구 온난화의 영향이 있기 때문에, 먼 과거에 같은 사건보다 더 심각 할 수 있다는 우려가 나오고 있다 그 이유는,
a. 세상은 과거보다 더 뜨거워지고 있다.
b. 현재 지구 온난화의 속도는 과거의 지구 온난화 현상보다 더 빠르다.
c. 오염의 결과로서, 생태계는 과거보다 온도 변화에 더 민감하다.
d. 종은 과거에 비해 오늘날의 생태계에 더 전문화되어 있다.

종합

1. 왜, 상승하는 대기 이산화탄소 수준 균일한 직면에서, 지구 온난화의 속도가 세계 일부 지역이 다른 지역 보다 높은가?
2. 세계가 과거에 여러 번 지구온난화 경험 했다면, 왜 우리가 관심을 가져야 합니까?

개념 연결하기: 8부 생태와 행동

지구 생물의 분포는 기온, 물, 그리고 태양의 변화를 반영하고 생물체는 생명체가 아닌 요인들에 계속적으로 반응한다. 환경이 변하면 생명체는 반응을 해야만 한다. 예를들어, 겨울철 먹이가 감소하게 되면 많은 동물들은 먹이가 좀 더 있는 땅으로 이주하게 된다. 수렵채집은 에너지 섭취 그리고 개인의 건강에 영향을 끼치는 행동 중 하나이다. 경쟁, 침입, 그리고 협동 또한 군집 생태학에 중요한 역할을 하는 일이다. 시간이 흘러 종들은 함께 살고, 함께 진화하고 그리고 군집의 형태를 갖춘다. 진화는 생명 역사와 평생의 증식 성공의 극대화를 하는 행동적 전략에 도움을 준다.

- 빙하와 지구 온난화 같은 환경적인 변화는 시간이 흐르면서 변하는 범주를 야기시킨다.
- 인간에 의한 환경의 변화는 개체군이 장소를 이동하도록 야기시킨다.
- 메타 개체군 교환 구성원들은 빈 패치를 식민지화 하고 멸종을 막는다.

- 포식자와 먹이는 계속 좀 더 나은 방어와 그 방법을 피하기 위해 진화를 한다.
- 식물은 화학물질과, 가시, 가시털 그리고 다른 방어기작을 사용하여 초식동물들에 대해 방어를 한다.
- 동물은 화학물질, 경계색, 위장 그리고 흉내를 이용하여 포식자에 대하여 방어를 한다.

시간이 흘러 한 종은 지리적 범위를 바꾼다

포식자는 먹이 개체군들에 영향을 준다

- 동물은 혹독한 환경을 피하고, 먹이를 찾기 그리고 새끼를 낳기 위해 이주한다.
- 동물은 감각인식 그리고 본능을 이용하여 회유 경로를 찾고 항해한다.

이주하는 동물이 길은 그들이 환경에서 단서를 준다

생물은 그들의 환경에 반응한다

전 세계 온도 변화는 생태계에 영향을 미친다

- 자연선택 보다 빠르게 변하는 전 세계적 기후 변화는 어떤 종으로 부터 오는 멸종을 막기 위해 사용할 수 있다.
- 종들은 종종 그들의 지리적 범주를 변화에 의한 기후 변화에 대해 반응 할 수 있다.
- 기후 변화에 반응에서 많은 새, 곤충 그리고 파충류는 새끼를 좀 더 빨리 낳고 식물은 꽃을 빨리 피운다.

- 지구 표면의 어느 부분은 태양의 에너지를 좀 더 받고 기후와 전세계적 생명의 양상에 영향을 준다.
- 일차 생산력은 기후에 영향을 주는 두 가지 요소인 온도 그리고 습도와 강하게 연관이 있다.

생물군계는 기후조건에 의해 분배되어 있다

- 동물은 먹이 유형에 기초한 먹이 찾기 그리고 포식자 맞닥뜨리기를 막기 위해 전략을 사용한다.
- 수렵 채집은 먹이 에너지 내용물과 그것을 얻기 위한 비용의 균형과 연관되어 있다.
- 종종 에너지를 얻거나 많은 자손 사이에서의 직접적인 관계가 존재한다.

에너지는 살아 있는 체계를 통해 흐른다

에너지는 살아 있는 체계를 통해 흐른다

에너지는 한 방향의 생태계를 통해 흐른다

행동 전략 종식 성공 극대화에 진화 되어져 왔다

진화의 적응과 다양성 만들기

진화는 생명 역사와 평생의 증식 성공의 극대화를 하는 행동적 전략에 도움을 준다

종들 사이의 협력은 공진화를 이끈다

- 지구는 에너지를 위한 열린 체계이고, 태양으로부터 온 새로운 에너지는 항상 요구된다.
- 에너지는 지구권에서 만들어지거나 파괴되는 것도 아니지만, 빈번하게 형태를 바꾼다.
- 생물체가 약간의 화학적결합 또는 열을 내는 약한 에너지를 바꿨으면, 변환은 한 방향이다;그것들은 다시 본래의 형태로 돌아갈 수 없다.
- 화학적결합 에너지의 비율은 높은 영양 단계에서의 일차 생산자들로부터 변환된 에너지로써 이용할 수 있게 만들어 준다.

이제 여러분들은 제공된 개념을 이용하여 "진화가 적응과 다양성을 만들기"를 위해 세부사항에 채워진 두 가지의 연결 개념을 볼 수 있다.

'개념 정리' 문제와 장의 끝 '이해'와 '응용' 질문에 대한 해답

1장

개념 정리

1.1 생명계가 공유하는 특성은 체제, 에너지의 이용, 항상성, 생장과 발생 및 생식, 그리고 유전이다.

1.2 진화가 개체군 수준의 창발성이다. 개체들 각각은 진화할 수 없지만, 시간이 지나면서 개체군은 진화한다.

1.3 과학적 이론은 실험에 의해 검증된다. 가설은 관찰한 현상에 대해 제안한 설명이고 참일 수 있는 명제이며, 관찰의 주체를 설명하는 출발점이 된다. 가설을 이용하여 제시된 예측이 검증되면 그 가설은 이론으로 받아들여진다. 그렇지만 이론은 "증명"될 수 없고, 새로운 자료들이 나오면서 기존에 받아들여진 이론이 재평가될 수 있다.

1.4 그렇지 않다. 다윈의 진화론은 지구상의 생물들이 어떻게 변화했는지 설명하고 시간의 경과에 따른 변화의 메커니즘(자연선택)을 서술한다. 진화론이 생명의 기원에 관한 이론들에 증거를 제공해 줄 수는 있어도, 그 과정을 설명해 주지는 않는다.

1.5 바이러스는 까다롭다. 바이러스는 생명계에서 공통적으로 나타나는 특징의 일부를 지니고 있지만, 다른 몇 가지에서는 문제가 된다(예컨대 바이러스가 증식하려면 숙주를 필요로 한다). 이들은 숙주의 세포기구를 이용하기 때문에 기본적인 세포기구가 없지만, 유전정보를 갖고 있다. 현재 정의하고 있는 바로는 이들이 생물의 자격을 완전히 충족시키지 못하지만, 일부 학자들은 이들이 유기분자와 세포 사이의 독립체라고 제안한다.

1장

장의 끝 문제

개념 1.1

이해

1. b

응용

1. d

개념 1.2

이해

1. b 2. d

응용

1. a

개념 1.3

이해

1. c 2. a

응용

1. b 2. b

개념 1.4

이해

1. d 2. c 3. b

응용

1. d 2. b

개념 1.5

이해

1. d 2. d

응용

1. a, c, d

2장

개념 정리

2.1 양성자의 수가 전자의 수를 초과하면 원자는 전자를 잃고 양의 전하를 띠게 된다.

2.2 비활성 기체들은 주기율표에 있는 다른 원소들보다 안정한데, 그것은 8개(He의 경우는 2개)의 원자가전자를 갖기 때문이다. 최외각 전자가 모두 차 있으면 원자가 불활성 상태 또는 반응성이 없는 상태가 되면서 안정된다.

2.3 이온결합은 전자를 잃거나 얻는 것이고, 공유결합은 전자를 공유하는 것이다. 반대 전하를 띤 이온들이 서로에게 끌리면 이온결합이 형성된다. 이 결합이 형성되면 두 개의 안정된 이온이 만들어진다. 공유결합이 형성되면 전자들이 공유된다. 극성 공유결합에서는 원자가 전자들을 동등하게 공유하지 않는데, 그것은 그들의 친화도(전기음성도)가 동일하지 않기 때문이다. 그렇다고 해서 이 결합에서 전자를 잃거나 얻지는 않는다.

2.4 아니다. 산소와 수소의 전기음성도는 각각 3.5와 2.1로 차이를 보이기 때문에 극성 결합을 하는 반면, 탄소와 수소는 비슷한 전기음성도(각각 2.5와 2.1)를 갖는다. 탄소와 수소가 결합하면 비극성분자가 된다. 물의 극성은 응집력과 부착력에 기인한다. 이와 같은 극성은 탄소 원자와 수소 원자가 결합하여 형성되는 비극성분자에서는 나타나지 않는다.

2.5 pH척도는 상용로그이다. 각 단위는 수소이온 농도의 10배 차이를 나타낸다. pH의 단위가 2만큼 변화하면 [H+]가 100배 변화한 것을 나타낸다. 변화의 방향에 따라 농도는 100배 증가하거나 100배 감소한 것이다. 이를테면 pH 0에서 [H+]=1이고, pH 2에서 [H+]=0.01이다. pH척도가 pH 0에서 pH 2로 올라가면 [H+]는 1/100로 줄어든 것이다. pH척도가 pH 2에서 pH 0으로 떨어지면 [H+]는 100배 증가한 것이다.

2장

장의 끝 문제

개념 2.1

이해

1. a 2. b 3. c 4. c

응용

1. c 2 b

개념 2.2

이해

1. b 2. a 3. c

응용

1. b

개념 2.3

이해

1. d 2. a 3. c 4. d

응용

1. c 2. b 3. c

개념 2.4

이해

1. a 2. b

응용

1. a 2. d

개념 2.5

이해

1. d 2. c

응용

1. a

3장

개념 정리

3.1 가수분해는 탈수의 역반응이고, 탈수는 가수분해의 반대가 된다. 가수분해는 물의 첨가로 공유결합을 깨는데, 수소 원자는 거대분자의 한 구성단위에 붙고, 수산기는 다른 구성단위에 붙는다. 탈수반응은 거대분자가 형성되면서 각 구성단위로부터 떨어져 나온 부산물로 물 한 분자가 생성되는 합성반응이다.

3.2 녹말과 글리코겐 및 섬유소는 모두 포도당의 중합체이다. 녹말과 글리코겐은 α-포도당 소단위들로 구성된 에너지저장분자이다. 이 소단위들은 긴 사슬을 만들고, 사슬의 많은 결합 때문에 그토록 많은 에너지가 분자에 저장될 수 있는 것이다. 사슬이 가지를 치면 식물 세포의 경우 녹말립이 되고, 동물세포의 경우 글리코겐과립이 된다. 섬유소는 β-포도당 소단위들로 구성되고, 가지를 치지 않는 긴 사슬을 형성하여 강인한 섬유를 만든다. 그러므로 섬유소는 구조분자이다.

3.3 구조와 기능은 서로 관련된다. 미지의 단백질이 잘 알려진 단백질과 비슷한 아미노산 순서로 되어 있다면 그 단백질은 비슷한 구조를 만들 것이고, 따라서 그 기능도 비슷할 것이라고 추론할 수 있다. 만일 미지의 단백질이 잘 알려진 기능적 영역이나 모티프를 갖고 있다면, 그 기능을 예측하는 데 이들을 이용할 수 있다.

3.4 DNA와 RNA는 구조적으로 매우 비슷하므로 RNA는 2중 가닥을 형성할 수 있고, 때때로 그렇게 한다. 이를 막을 것은 없지만, 보통 그렇게 되지 않는다.

3.5 인지질은 트리글리세리드의 지방산 가운데 한 곳이 친수성 인산기로 치환되었다. 이 때문에 이 분자는 친수성 부위와 소수성 부위를 갖는 양친매성 분자가 되었다. 따라서 물에서 이 분자는 자연스럽게 2중층의 막을 형성한다.

3장

장의 끝 문제

개념 3.1

이해

1. b 2. a

응용

1. a 2. c

개념 3.2

이해

1. a 2. d 3. b

응용

1. a

개념 3.3

이해

1. b 2. c 3. d 4. b

응용

1. c 2. d 3. b

개념 3.4

이해

1. b 2. c 3. b 4. d

응용

1. a

개념 3.5

이해

1. b 2. a

응용

1. b 2. d

4장

개념 정리

4.1 그 생명이 무엇인지에 따라 달려있다. 만약 우리 행성의 생명체와 다른 분자구조를 가지고 있다면 아마도 우리가 현재 가지고 있는 세포이론에 대한 견해를 바꿀 수도 있을 것이다. 지구상의 생명체와 같은 분자 및 세포 기반을 가지고 있다면 우리의 견해를 바꿀 필요는 없을 것이다.

4.2 박테리아와 고세균은 막으로 구분된 핵과 광범위한 세포내막계를 가지고 있지 않은 단세포일 경향이 높다. 그들 모두 세포벽을 가지고 있지만 그 조성은 서로 다르다.

4.3 아마도 고등 동물에서 서로 다른 조직에 있는 세포들은 그들이 속한 조직의 전문성에 따라 다른 구조를 가질 것으로 예상할 수 있다. 예를 들어, 근육세포와 같이 상당량의 에너지가 필요한 세포의 경우 더 많은 미토콘드리아가 세포에 존재할 것으로 예상할 것이다.

4.4 과립성소포체 표면의 리보솜은 만들어내는 단백질의 종류를 제외하고는 세포질에 존재하는 리보솜과 다른 것이 없다. 세포질 리보솜은 세포질, 핵, 미토콘드리아 및 세포내막계에서 유래되지 않는 소기관에서 기능하는 단백질을 합성한다. 과립성소포체와 연결된 리보솜은 막단백질, 세포내막계 유래 소기관에서 기능하는 단백질, 그리고 세포 밖으로 방출되는 단백질들을 합성한다.

4.5 다른 소기관에서 기능하는 단백질을 암호화하는 핵 유전자는 수평유전자전달을 통하여 특정 소기관으로부터 핵으로 전송되었을 것이다.

4.6 세포골격은 세포의 모양을 유지하고 세포 자체의 움직임 및 세포내 물질의 움직임을 책임진다. 이들만으로도 여러 다른 복잡한 움직임들을 설명할 수 있다.

4.7 미세소관 및 미세섬유 모두 세포의 움직임 및 세포 내의 물질의 이동에 참여한다. 중간섬유는 이러한 역동적인 역할을 없지만 좀 더 구조적인 역할을 담당한다.

4.8 세포연접은 세포를 배열하여 서로 다른 방법으로 참여하고 조직되는 보다 높은 수준의 구조물로 만드는데 도움을 준다. 다른 종류의 연접은 조직의 종류에 따라 다른 기능적 목적을 수행한다. 밀착연접은 상피세포와 같은 아무것도 새면 안 되는 조직에서 발견된다. 만약 조직의 세포가 세포 간 의사소통에 상당히 의존한다면 간극연접이 발견된다.

4장

장의 끝 문제

개념 4.1

이해

1. d 2. c

응용

1. a

개념 4.2

이해

1. d 2. b

응용

1. c

개념 4.3

이해

1.c 2. d

응용

1. b

개념 4.4

이해

1. a

응용

1. a

개념 4.5

이해

1. b

응용

1. c

개념 4.6

이해

1. c 2. c

응용

1. b

개념 4.7

이해

1. b

응용

1. b

개념 4.8

이해

1. b

응용

1. d

5장

개념 정리

5.1 세포의 내용물들에 대한 조절 메커니즘은 존재하지 않을 것이다. 비극성 분자들이 작은 극성 분자들과 마찬가지로 확산에 의해 세포막을 가로지를 수가 있을 것이지만, 특이적인 분자들의 통과를 조절할 수 있는 단백질들의 존재 없이 가로지를 것이다; 반투과성 막으로서의 기능을 할 수가 없을 것이다.

5.2 아니다. 지질 2중층의 비극성 내부는 비극성 용매에서 용해될 것이다. 그 분자들은 그것들의 비극성 꼬리를 용매 내로 체계화 할 것이지만, 인산에서의 음전하가 지질 2중층의 형성을 방해하면서 서로 밀쳐 낼 것이다.

5.3 컴퓨터는 주로 α-나선사로 배열된 소수성의 아미노산으로 구성된 것으로 우리가 알고 있는 확인된 막관통 도메인에 대한 내용을 이용하면서 프로그램화가 될 수 있을 것이다. 유사한 구조를 지닌 단백질들은 유사한 기능을 지닐 것이다.

5.4 IV의 농도는 당신의 혈액 세포에 대해 상대적으로 등장액이어야 한다. 만약에 저장액이라면, 당신의 세포들은 물을 흡수해서, 터질 것이다; 만약에 고장액이라면, 혈액 세포들은 물을 손실하고 오글쪼글해 질 것이다.

5.5 능동수송은 그것들의 기질에 결합하고 수송을 일부 에너지 형태로 결합시키는 운반단백질들을 이용한다. 채널 단백질들은 촉진확산을 허용하는 액성 구멍들이다; 그것들은 능동적으로 이온들을 수송할 수가 없다.

5.6 수용체매개 세포내 도입, 운반체에 의한 수송 및 효소에 의한 촉매 모두 특이성을 필요로 한다: 단백질에 의한 인식과 분자의 특이적인 결합.

5장

장의 끝 문제

개념 5.1

이해

1. d 2. a, b, d

응용

1. a

개념 5.2

이해

1. a, b, d

응용

1. d

개념 5.3

이해

1. b 2. a

응용

1. a

개념 5.4

이해

1. b 2. b 3. a

응용

1. b

개념 5.5

이해

1. c 2. b

응용

1. a

개념 5.6

이해

1. c

응용

1. b

6장

개념 정리

6.1 대양의 바닥에서 빛은 선택사항이 아니므로 황화합물과 같은 환원 물질의 형태로 저장된 에너지를 산화하여 사용한다. 구조판의 접합부에서 주로 발견되는 열수구는 이런 에너지의 원천을 제공한다.

6.2 에너지 손실은 엔트로피의 증가로 이어지며 이는 자발적으로 일어난다. 하지만 손실될 때 에너지는 파괴되지 않고 이동된다. 이 에너지는 조직화에 쓰이며, 이때 엔트로피는 감소한다.

6.3 본문에서 평균 사람의 경우 자신의 몸무게만큼의 ATP를 회전시킨다고 되어 있다. 이런 정보를 통해 100 kg의 사람이 방출되는 에너지를 대략 계산할 수 있다.

kg을 g으로 변환: 100 kg=1.0 X 10^5 g= 100,000 g

그램으로 환산된 무게를 ATP의 분자량으로 나눔: (100,000 g)/(507.18 g/mol)=197.2 mol

가수분해에 대한 ΔG를 곱함: (197.2 mol) X (7.3 kcal/mol)=1439 kcal

6.4 효소는 반응의 속도를 변화시키지만 반응의 열역학적 원칙은 변화시키지 않는다. 효소의 작용은 반응의 ΔG를 변화시키지 않는다.

6.5 되먹임억제는 대사물질을 만드는 경로에서 흔하게 발견된다. 이런 동화작용 경로에서 최종산물은 만들어진 후 자신을 만드는 경로를 억제한다. 이화작용 경로는 화합물의 분해에 관여한다. 되먹임억제가 이렇게 화합물을 분해하는 경로에 적용되는 것은 생화학적으로 말이 되지 않는데, 보통 이들은 에너지 대사, 화합물의 재활용이나 제거에 관여하기 때문이다. 따라서 최종산물은 파괴되거나 제거되고 피드백 될 수는 없다. 하지만 이화작용 경로의 최종산물이 세포가 필요한 물질이라면, 그리고 큰 분자의 분해로 인하여 방출된다면, 그것을 만드는 생화학적 경로를 멈추거나 속도를 늦추는 피드백 작용을 할 수도 있다.

6장

장의 끝 문제

개념 6.1

이해

1. b 2. a

응용

1. c 2. a

개념 6.2

이해

1. a 2. b

응용

1. a 2. a

개념 6.3

이해

1. d 2. a

응용

1. b

개념 6.4

이해

1. d 2. b 3. a 4. d 5. c

응용

1. a

개념 6.5

이해

1. c

응용

1. a

7장

개념 정리

7.1 에너지를 필요로 하는 모든 기능에 포도당의 산화에 의한 에너지에만 의존하지 않는다: ATP는 한번에 즉시 사용될 필요가 없다. 세포는 ATP를 만들고 저장한다; 이렇게 초과된 에너지는다른 반응에서 즉시 사용하지 않아도 손실되지 않는다.

7.2 해당과정의 장소는 미토콘드리아의 세포내공생설 진화에 도움을 주는 가설과는 거리가 있다. 해당과정은 초기에는 미토콘드리아에서 일어날 수 있었으나, 시간이 지남에 따라 세포질로 옮겨졌거나 진핵생물의 세포질에서 일어났을 것이다.

7.3 포도당으로부터 추출된 전자는 전자운반체에 의해 전달된다. 전자들이 방출될 때마다, NAD+또는 FAD에 의해 환원반응에 쓰이며, 이들은 전자 한 쌍을 나른다. 운반체들은 유기호흡이 일어나는 전자전달계의 화학삼투를 통한 ATP의 합성이 이루어질 수 있는 양성자 기울기를 만든다.

7.4 전자전달계의 틸라코이드막에서 양성자가 샌다면, 막을 통한 양성자 기울기는 생기지 않는다. 이 과정은 ATP 합성효소에 의한 ADP의 인산화를 차단하거나 줄일 수 있다.

7.5 화학삼투에 의해 합성된 ATP의 수는 전자전달을 통해 막을 가로질러 수송된 양성자의 수와 ATP 합성효소에 의해 사용된 양성자의 수에 의해 결정된다.

7.6 세포에서 일어나는 ATP와 NADH의 되먹임억제 과정은 아직 필요하지 않은 ATP를 위해 이미 존재하는 ATP보다 훨씬 더 많은 ATP의 합성을 위해 에너지를 투자하지 않는다. 이런 현상은 에너지가 필요하지 않지만 상황에 따라 일정하게 ATP를 합성하게 한다.

7.7 무기호흡은 산소가 없거나 적게 존재하는 생태계에서 일어난다. 이는 특정 수생 생태계나 토양 환경을 포함한다.

7.8 두 가지 이유: 1) 지방산의 산화는 크레브스회로에 아세틸 단위로 들어간다. 크레브스회로의 기본 생성물은 화학삼투를 통해 ATP를 합성하게 전자전달계로 들어가는 전자이다; 2) β-산화 과정은 아세틸 그룹을 생성하며, 산소의존적이다 (β-산화는 산화를 위해 보조인자로써 FAD를 사용한다).

7장

장의 끝 문제

개념 7.1

이해

1. c 2. b

응용

1. b, c

개념 7.2

이해

1. d

응용

1. c 2. b

개념 7.3

이해

1. d

응용

1. b

개념 7.4

이해

1. d 2. d

응용

1. b

개념 7.5

이해

1. b 2. c

응용

1. a

개념 7.6

이해

1. d

응용

1. b

개념 7.7

이해

1. b 2. c

응용

1. a

개념 7.8

이해

1. d 2. b

응용

1. d

8장

개념 정리

8.1 엽록체와 미토콘드리아는 외막과 내막을 모두 가지고 있다. 이들 내막은 정교한 구조를 형성하여 화학삼투를 통해 ATP의 합성이 일어날 수 있게 양성자를 막 횡단 수송하여 양성자 기울기를 형성하는 전자전달계 구조를 가지고 있다. 또한 다양한 효소가 반응을 하는 스트로마가 있다.

8.2 우리 몸에 있는 모든 탄소는 우리가 먹는 유기물로부터 생성된다. 탄소와 수소는 모든 유기물의 기본 원소이다. 유기물 속에 있는 탄소는 독립영양생물에 의해 고정된 것으로 과거 대기 속의 이산화탄소였을 것이다.

8.3 개별 색소들의 흡수 스펙트럼은 빛이 다른 파장에서 흡수된 크기를 나타낸다. 작용 스펙트럼은 빛에 의해 유도되는 광합성 반응에서 가장 효과가 큰 파장이다.

8.4 광계가 알려지기 전에 과학자들은 모든 엽록소가 개별적으로 광자를 흡수하여 들뜬 전자를 생성되는 것으로 추측했다. 이런 가정은 광합성률은 식물의 모든 색소가 작용하고 있을 때 최대일 것으로 기대했다. 그러나 실험적인 증거들을 통해 엽록소나 보조 색소들이 흡수된 빛에너지를 모아서 반응중심으로 전달한다는 것을 알았다. 광합성률이 최대일 때 광계의 반응중심이 활성화된다.

8.5 틸라코이드막에 양성자가 샌다면, ATP를 합성하기 위해 필요한 전기화학적 기울기가 형성되지 않아서 ATP가 합성되지 못한다. 그러나 NADPH는 전자전달이 지속되면 합성된다.

8.6 캘빈회로의 최종 산물은 포도당이며, 아울러 해당과정의 시작물질이다. 캘빈회로의 일부분은 해당과정의 역반응이다: 3-포스포글리세르산은 글리세

르알데히드-3-인산으로 환원된다. G-3-P는 해당과정의 핵심적인 중간 산물이지만, 캘빈회로에서는 중요한 생성물이다. 두 반응은 ATP가 모두 사용된다: 캘빈회로는 ATP를 사용하고, 해당과정은 초기에 ATP를 사용하며 그 후 ATP를 합성한다.

8.7 C4식물은 탄소고정과 탈카르복시화가 다른 세포 (엽육세포와 유관속초세포)에서 일어나지만 CAM 식물은 시간적인 분리 과정을 가진다 (밤에 탄소를 고정하고 낮에 탈카르복시화된다).

8장

장의 끝 문제

개념 8.1

이해

1. c 2. a

응용

1. c

개념 8.2

이해

1. c 2. c 3. d

응용

1. b

개념 8.3

이해

1. d 2. b

응용

1. c

개념 8.4

이해

1. c 2. c

응용

1. a

개념 8.5

이해

1. b 2. d

응용

1. a 2. a

개념 8.6

이해

1. a 2. a

응용

1. b

개념 8.7

이해

1. a

응용

1. b

9장

개념 정리

9.1 리간드들은 상보적인 모양에 기반을 두고 수용체들과 결합한다. 이러한 상호작용은 효소들이 그것들의 기질들과 상호작용을 하는 것과 유사하게 분자적인 인식에 기반을 두고 있다.

9.2 세포막을 횡단할 수 있는 소수성 분자는 내부 수용체를 지닐 수 있을 것이다.

9.3 호르몬의 그것들과 같은 유전자 발현에 대한 효과들은 일반적으로 더 오래 지속적이다.

9.4 Ras 단백질은 생장인자들을 관련시키는 신호전달경로에서 중심적인 역할을 한다. 생장인자 수용체들과 세포 반응 사이의 연결로서 암시가 되어 왔기 때문에 암에서 이러한 단백질의 돌연변이들이 이해가 되고 있다. 이 경로가 방해가 될 때에는 암에서 볼 수 있는 것과 마찬가지로 비정상적인 생장이 유래될 수가 있을 것이다.

9.5 이 수용체가 다양한 리간드에 결합을 하거나 혹은 적응성 있는 수용체이기 때문에 수많은 GPCR들이 존재할 가능성이 있다. 이것은 많은 다른 경로들에서 우용하게 된다. 이러한 수용체들을 암호화 하는 유전자 패밀리의 고대기원에 대한 증거는 이러한 유전자들이 수용체들의 다양화가 일어나게 허용하면서 시간이 경과하는 동안에 복제가 되어 왔다.

9장

장의 끝 문제

개념 9.1

이해

1. b 2. c

응용

1. c

개념 9.2

이해

1. d 2. b

응용

1. c

개념 9.3

이해

1. b 2. c

응용

1. c

개념 9.4

이해

1. c 2. d

응용

1. d

개념 9.5

이해

1. a 2. a 3. c

응용

1. b 2. a

10장

개념 정리

10.1 세균의 염색체가 많으면 2분법 과정이 제대로 작동하지 않을 것이다.

10.2 그렇지 않다. 이를테면 누에의 염색체는 56개인 반면, 그보다 훨씬 복잡한 생물인 사람의 염색체는 46개이다.

10.3 최초의 비가역적 단계는 DNA 복제가 시작되는 것이다.

10.4 코헤신 단백질이 결실된다는 것은 DNA 복제산물들이 서로 붙어있지 못한다는 것을 뜻한다. 그렇게 되면 정상적인 유사분열이 불가능할 수 있고, 따라서 이수체 세포가 생길 수 있는데, 이는 경우에 따라 치명적일 수 있다.

10.5 코헤신 단백질이 결실된 염색체들은 중기에 제대로 정렬하지 못하고 양극에 부착하지 못하여 마구잡이 상태가 된다. 이렇게 되면 부적절한 분할에 기인하여 딸세포의 염색체는 증가하거나 감소할 수 있다.

10.6 돌연변이가 일어나서 Cdk가 사이클린에 전혀 붙지 못한다면 세포는 분열하지 못한다. 만일 돌연변이가 일어나서 세포주기를 정상적으로 조절하는 능력을 차단한다면 세포분열은 통제되지 못한다.

10.7 종양억제유전자는 대체로 열성인 반면, 원암유전자는 우성이다. 종양억제유전자의 기능이 상실되면 암을 유발한다.

10장

장의 끝 문제

개념 10.1

이해

1. d

응용

1. b

개념 10.2

이해

1. b 2. b 3. a

응용

1. b 2. b

개념 10.3

이해

1. d 2. d

응용

1. c

개념 10.4

이해

1. b 2. a

응용

1. a

개념 10.5

이해

1. d 2. b

응용

1. a

개념 10.6

이해

1. b 2. d

응용

1. b

개념 10.7

이해

1. d

응용

1. c

11장

개념 정리

11.1 줄기세포는 유사분열에 의해 분리되어 감수분열을 하는 세포와 또 다른 줄기세포를 생산한다. 따라서, 줄기세포는 생식 세포의 지속적인 공급을 할 수 있다.

11.2 아니다. 첫 번째 분열에서 자매 염색분체가 함께 가는 것이 염색체가 감소하는 이 분열의 열쇠이다. 즉 2배체에서 반수체로 염색체의 수를 줄이는 것이다. 상동 염색체는 염색체 수 감소시키는 첫 번째 분열시에 분리된다.

11.3 후기1에서 부적절한 분리는 4개의 이수성 배우자를 만들게 된다. 즉 2개는 여분의 염색체를 갖고 2개는 염색체를 잃어버린다. 후기2에서의 비분리는 2개의 일반 배우자와 2개의 이수성 배우자를 만들게 된다. 즉 1개는 여분의 염색체를 갖고 1개는 염색체가 잃어버린다.

11.4 세포 분열의 기본 기작은 유사분열과 감수분열이 같지만, 염색체의 행동은 다르다. 예를 들어, DNA복제는 감수분열과 유사분열 이전에 일어난다. 그러나 이러한 복제는 두 번째 감수분열 이전에는 반복되지 않는다.

11.5 상동염색체 쌍의 독립적인 배열은 중기1과 교차의 과정시 쌍을 이룬다. 첫 번째는 모든 염색체에서 유전체를 섞고, 두 번째는 개개의 염색체에서 유전체를 섞는다.

11장

장의 끝 문제

개념 11.1

이해

1. c 2. d

응용

1. b

개념 11.2

이해

1. b 2. a

응용

1. a

개념 11.3

이해

1. b 2. a 3.b 4. c 5. b

응용

1. a 2. a 3. b

개념 11.4

이해

1. b 2. b

응용

1. b 2. a

개념 11.5

이해

1. c

응용

1. d

12장

개념 정리

12.1 정답은 다양할 것이다. 현재 우리가 유전학으로 서술하는 것을 연구한 초기 연구자로서 가끔 Knight의 업적을 언급한다. 멘델의 업적을 유명하게 만든 완두콩의 첫 번째 교배에 관해 Knight에 업적을 인정해 주는 것이 공정할 것이다.

12.2 단성잡종 교배에서, 키가 큰 F_2 식물의 1/3은 순종이고 2/3는 이형접합이며, 남은 1/4 또한 순종이다, 그러나 그것들은 키가 큰 식물이 아니다.

12.3 제1감수분열은 멘델의 법칙을 설명하는데 매우 중요하며, 특히 후기1 동안의 상동염색체의 분리와 중기1에서 다른 상동염색체 쌍의 독립적인 배열에 있어서 중요하다.

12.4 1:1:1:1 dom dom: dom rec: rec dom: rec rec(진짜라고 가정- 만약 우리가 대립유전자 Aa와 Bb, AaBb와 aabb 교배, 즉, 자손의 1/4은 모든 형질이 열성의 표현형질(aabb)이고, 1/4은 a에 대해 열성이고 b에 대해 우성이며(aaBb), 1/4은 b에 대해 열성이며 a에 대해 우성이며(Aabb), 1/4은 이중으로 이형접합성(AaBb)이 될 것으로 기대할 것 이다.

12.5 단일 뉴클레오티드의 변화는 DNA 서열로부터 만들어진 RNA 전사체의 서열을 바꾼다. 이것은 서열의 코돈을 바꾸어, 결과적으로 합성된 단백질에서 아미노산의 서열을 바꾼다. 그 결과로 만들어진 단백질은 기능이 바뀌거나 기능을 못하게 된다. 기능적인 헤모글로빈은 두 개의 알파- 두 개의 베타- 헤모글로빈 폴리펩티드에 의해 만들어 지며, 베타- 헤모글로빈이 잘못되면 올바른 기능을 하는 헤모글로빈 단백질이 만들어지지 않는다.

12.6 6/16 7/16은 흰색이지만, 하나는 이중 열성이다.

12장

장의 끝 문제

개념 12.1

이해

1. b

응용

1. d

개념 12.2

이해

1. c 2. c 3. b 4. c

응용

1. b 2. b

개념 12.3

이해

1. b 2. d 3. a

응용

1. c 2. d

개념 12.4

이해

1. c 2. a

응용

1. c 2. c

개념 12.5

이해

1. d 2. b

응용

1. d

개념 12.6

이해

1. d 2. b

응용

1. b 2. c

13장

개념 정리

13.1 여성, 왜냐하면 Y 염색체는 인간에서 "남성"을 결정하기 때문이다.

13.2 아니다. 유전적 교배로부터는 아니다.

13.3 90%

13.4 처음 분열의 비분리현상은 4개의 이수성의 배우자를 낳는다. 반면에 두 번째 ㅂㄴ열은 오직 두 개의 이수성의 배우자를 낳는다.

13.5 유전적 질병은 보통 단백질의 기능이 바뀌는 것과 연관이 있다. 그러나 단백질을 만들지 않는 유전자들에 대해 더 많이 배울수록, 우리는 단백질을 바꾸지 않는 유전적 질병을 발견할 수도 있다.

13.6 mt-와 mt+의 클라미도모나스 교배 형태사이의 교배에서는 양쪽 부모가 모두 엽록체 DNA에 공헌을 한다. 그러나 한쪽 부모의 대립유전자는 접합자가 형성되면서 비활성화 된다.

13장

장의 끝 문제

개념 13.1

이해

1. c 2. c

응용

1. c 2. b

개념 13.2

이해

1. a

응용

1. c

개념 13.3

이해

1. a 2. b

응용

1. b

개념 13.4

이해

1. d 2. b

응용

1. b

개념 13.5

이해

1. d 2. b

응용

1. c 2. b

개념 13.6

이해

1. c 2. b

응용

1. b

14장

개념 정리

14.1 단백질이 30개의 다른 아미노산의 조합으로 구성된다는 사실은 정보의 복합성으로 번역될 수도 있는 화학적인 복합성을 제공했다.

14.2 적절한 호변이성 형태들은 DNA 구조에 중요한 염기가 적절하게 쌍을 이루는데 필요하다.

14.3 한 라운드가 끝난 후에 하나는 무겁고, 다른 하나는 가벼운 두 개의 밴드가 보일 것이다.

14.4 DNA Pol III가 주요 복제 효소이며, 대량의 DNA합성하는 일을 맡았다. DNA Pol I 시발체를 제거하기 위해서 지체가닥에서 활동을 하고, 그것들을 DNA와 대체한다. DNA Pol II는 복제에서 역할을 하지 않으나 DNA 회복 기능에 견루되어있다.

14.5 말단소체의 비정상적으로 길이가 짧아지는 것이나 말단소체복원효소 활동의 결핍은 결과적으로 염색체의 말단들이 전혀 복제될 수 없게 한다. 그러므로 염색체들은 복제를 할 때마다 짧아진다. DNA는 더 이상 예전에 암호화 하던 것을 할 수 없고, 세포죽음과 같은 심각한 결과들이 일어난다.

14.6 아니다. 결국 손상의 축적은 세포를 죽음으로 이끌 것이다.

14장

장의 끝 문제

개념 14.1

이해

1. d 2. b

응용

1. a

개념 14.2

이해

1. a 2. b 3. c 4. b

응용

1. b 2. A:T와 C:G의 비율이 1:1이 아니므로 #2 튜브이다.

개념 14.3

이해

1. c 2. c 3. d

응용

1. b

개념 14.4

이해

1. c 2. b 3. d

응용

1. c 2. a

개념 14.5

이해

1. c 2. b

응용

1. d

개념 14.6

이해

1. c 2. c

응용

1. b

15장

개념 정리

15.1 아미노산과 뉴클레오티드 사이의 인식을 위한 분자적 기초는 없다. tRNA는 핵산과 염기쌍을 이루어서 결합할수 있고 효소는 tRNA에 아미노산을 공유결합으로 부착할 수 있다.

15.2 유전암호의 특이성은 없어질 것이다.

15.3 아니다. 효모는 세균 같은 원핵세포처럼 전사와 번역이 연결되어 있지 않고, 공간과 시간적으로 전사와 번역의 과정이 분리되어 있는 진핵생물이다.

15.4 아니다. 이것은 진핵세포의 진화적 역사의 산물이지 유전체의 복잡성에 의해 필요케 된 것은 아니다.

15.5 선택적 이어맞추기는 암호정보에 유연성을 제공한다. 유전자의 이어맞추기에 기초해서 만약 단백질이 다양하다면 한 개의 유전자는 다양한 단백질을 암호화할수 있다.

15.6 tRNA는 정지코돈을 읽을 수 있을 것이다. 이것은 정지돌연변이가 생존가능하게 만들지만, 정상단백질보다 긴 것을 만드는 문자를 야기할 것이다. 대부분의 박테리아 유전자들은 실질적으로 그 유전자의 말단에 한 개 이상의 정지코돈을 가지고 있다.

15.7 아미노산을 tRNA에 부착할 때, 장전된 tRNA를 리보솜에 가져갈 때, 그리고 리보솜 이동시

15.8 아니다. 역위와 복제가 일어나는 지점이 어디냐에 따라 달려있다. 복제의 경우, 그것은 또한 복제되는 유전자에 달려있다.

15장

장의 끝 문제

개념 15.1

이해

1. c

응용

1. b

개념 15.2

이해

1. d 2. d

응용

1. d

개념 15.3

이해

1. c 2. d

응용

1. 개시는 중단될 것이다. 만약 프로모터의 −10부위의 A/T 가 G/C로 변하면 발현은 일어나지 않을 것이다.

개념 15.4

이해

1. c 2. a

응용

1. c

개념 15.5

이해

1. d

응용

1. b

개념 15.6

이해

1. a 2. a

응용

1. b

개념 15.7

이해

1. a 2. b

응용

1. a

개념 15.8

이해

1. c

응용

1. c

16장

개념 정리

16.1 효모에서의 유전자발현의 조절은 대장균 같은 원핵생물보다는 진핵생물과 인간의 조절과 더 유사하다.

16.2 DNA에 결합하는 단백질의 능력을 간섭한다.

16.3 만약 억제인자가 트립토판이 존재함에도 불구하고 트립토판에 결합하는 것이 불가능하다면, 오페론에서 전사가 일어날 것이므로 계속적인 트립토판 합성을 위한 효소들이 생산된다. 음성조절의 작용메커니즘이 방해된다.

16.4 한 일반전사인자의 소실은 모든 전사에 영향을 미치므로 치명적일 것이다. 반면에 한 특이전사인자의 소실은 그 인자에 의해 조절되는 유전자들만 영향을 받을 것이다. 특이전사인자 소실의 영향은 어떠한 유전자들이 이 인자의 영향권에 있나에 의존한다.

16.5 하우스키핑이라는 용어는 이러한 유전자들이 내부나 외부의 변화와 같은 자극에 의존적인 "on" 또는 "off"되는 특별화된 과정이 아니고 세포의 일상적인 기능에 필요한 유전자이기 때문에 사용된다.

16.6 RNA간섭은 siRNA를 이용하여 목표 유전자 발현에 대해 특별히 작용하는 메커니즘을 제공한다.

16.7 세포 발생 동안 발현되는 단백질의 배열, 어떤 유전자 생성물들은 유도(FGF와 같이) 특징적이다. 만약 둘 다 발견된다면, FGF의 경우에는 세포질

결정인자 macho-1에 의해 영향을 받는 세포들이 척삭이 된다. 두 작용메커니즘의 조합을 통해서 세포는 결정된다.

16장

장의 끝 문제

개념 16.1

이해

1. c

응용

1. a

개념 16.2

이해

1. d

응용

1. b

개념 16.3

이해

1. a 2. c 3. b

응용

1. a 2. b

개념 16.4

이해

1. b 2. b

응용

1. d

개념 16.5

이해

1. d 2. b

응용

1. c

개념 16.6

이해

1. d 2. c

응용

1. d

개념 16.7

이해

1. b 2. a

응용

1. d 2. b

17장

개념 정리

17.1 분자생물학에서는 EcoRI이 서열 특이적으로 DNA를 절단하는 능력을 이용한다. 즉, 이 핵산내부가수분해효소를 제한효소로 사용하여 특정 위치에서 DNA를 절단하는 데 사용한다. 리가제는 DNA 조각을 예측 가능한 방식으로 연결하기 때문에, EcoRI으로 절단된 DNA 조각을 이어붙이는 데 사용된다. 결론적으로, 이 두 효소는 플라스미드에 외래 DNA를 추가할 수 있도록 해준다.

17.2 cDNA library에 들어있는 유전자 서열은 그것이 mRNA를 주형으로 만들어진 것이기 때문에 인트론이나 발현조절과 관련된 서열은 포함되지 않는다.

17.3 열안정성 DNA 중합효소는 여러 차례의 DNA 복제가 가능하게끔 해준다.

17.4 "녹아웃" 생쥐를 만들어내기 위해서는 특정 단백질의 유전자를 mutant 유전자로 바꿔야 한다. 재조합(recombination) 과정은 원래 있던 유전자가 정확하게 그 "녹아웃" 유전자로 교체될 수 있도록 해준다.

17.5 외래 단백질을 침입자로 인식하는 면역반응.

17.6 유전자 이동을 통해서 일어날 수 있다. 작물에 유전자를 도입하기 위해 사용한 바로 그 박테리아가 재조합 유전자를 야생종 식물로도 전달할 수 있고, 형질전환 식물이 주위의 근연종과 교잡하게 되면 유전자 이동이 일어날 수 있다.

17장

장의 끝 문제

개념 17.1

이해

1. b 2. b

응용

1. b

개념 17.2

이해

1. c 2. d

응용

1. a 2. d

개념 17.3

이해

1. d 2. c

응용

1. c

개념 17.4

이해

1. b 2. d

응용

1. d 2. a

개념 17.5

이해

1. d 2. b

응용

1. b

개념 17.6

이해

1. a 2. d

응용

1. c

18장

개념 정리

18.1 왜냐하면, 유전체의 전체 염기서열과 분석에 사용된 DNA 마커가 데이터베이스에 저장되어 있어 비교할 수 있기 때문이다.

18.2 전체 유전체 정보를 확실하게 얻기 위해서는, 중첩된 조각들의 염기서열이 분석되고 그것들이 제대로 이어붙여질 수 있도록 한 copy가 아닌 여러 copy의 유전체가 각각 다르게 절단되게 하는 것이 필요하다. 염기서열 분석 작업은 완전한 것이 아니어서, 복수의 유전체 copy를 사용하여 중첩된 부분이 있는 것을 참조로 하지 않는다면, 빠진 조각이 나올 수도 있고 작은 DNA 조각들을 이어서 조립하는 과정이 매우 어려울 수 있다.

18.3 전이인자가 많이 존재한다는 것은 그것이 유전체에서 어떤 역할, 즉 자리이동으로 인해 유전자가 활성화되거나 불활성화되도록 함으로써 어떤 조절 역할을 한다는 것을 시사해주는 것일 수도 있다.

18.4 그 자료가 사람으로부터 얻어야 하는 것이기 때문에, 해당되는 사람은 프라이버시 문제를 느낄 수도 있다. 예를 들어, microarray를 사용하여 암에 대해 연구하는 경우에서, 환자의 의료기록에 대한 프라이버시와 함께 환자의 암조직으로부터 채취한 샘플에 대해서도 프라이버시 문제가 제기될 수 있다.

18.5 식물과 동물에서 모두 발견되는 단백질의 유전자, 그리고 모든 생물체와 그 세포에 공통적인 기능(ATP 생산과 같은 기본적인 대사 등)을 조절하는 유전자.

18.6 Transcriptome(전사체)를 분석함으로써 어느 생물체의 특정 발생 단계에서, 그리고 어느 특정 부위에서 어떤 단백질이 만들어지는지 예측하는 것이 가능하다.

18.7 답은 상황에 따라 달라질 수 있다. 예, 왜냐하면 그 감자는 영양학적 가치가 높아졌으며 소비자에게 경제적인 혜택을 안겨줄 것이기 때문이다. 아니오, 나는 인위적으로 품질을 높인 것에 대해서는 이익을 추구하지 않겠다.

18장

장의 끝 문제

개념 18.1

이해

1. a

개념 18.2

이해

1. c 2. b

응용

1. b

개념 18.3

이해

1. c 2. d 3. d 4. b

응용

1. c

개념 18.4

이해

1. c 2. a

응용

1. d

개념 18.5

이해

1. c 2. d 3. b

응용

1. d 2. a

개념 18.6

이해

1. b 2. a

응용

1. c

개념 18.7

이해

1. d

응용

1. 질병을 초기에 막을 수 있는 가능성 또는 건강문제의 기회를 증가시킬 수 있는 환경영향을 회피할 수 있는 능력이 혜택에 포함될 것이다. 문제점으로는 장래에 병을 일으킬 가능성이 있는 특정 유전자를 가진 사람이 보험에 드는 것을 보험회사가 거부하는 등의 문제가 포함될 수 있다.

19장

개념 정리

19.1 변이는 자연선택이 일어나는 원인이 되고, 자연선택은 일부 개체가 생존에 더욱 적합할 때 나타난다. 이러한 개체들은 오래 살고, 살아남아서 번식하며, 자원에 대한 경쟁에서 성공적이며(기타 등등); 그와 같은 특성을 지닌 많은 자손을 낳는다. 변이가 없다면 진화의 원동력이 되는 자연선택이 일어나지 않는다.

19.2 유전자형빈도를 이용하여 실제 대립유전자빈도를 결정할 수 있다. 만일 유전자자리의 대립유전자 중 하나의 빈도가 p이고 다른 하나의 빈도가 q라면, 하디-바인베르크 규칙($p^2 + 2pq + q^2 = 1$)을 이용하여 기대되는 유전자형빈도를 계산할 수 있다. 만일 실제와 기대되는 유전자형빈도가 같거나 크게 차이가 나지 않는다면 그 개체군은 하디-바인베르크 평형상태에 있다고 말할 수 있다.

19.3 이들 과정이 개체군 내의 대립유전자빈도를 변화시킨다. 만일 이들이 결합되면 더욱 그럴 것이다.

19.4 개체군 내에서 어느 표현형이 다른 표현형보다 적응적 이점을 가질 때 개체군 내에서의 상대적 빈도와는 무관하게 방향성 선택이 나타난다. 반면에 보편적이거나 희귀한 표현형이 단순히 그 보편성이나 희귀성 때문에 선택적 이점을 가질 때 빈도의존적 선택이 야기된다. 만일 돌연변이로 말미암아 신규 대립유전자가 개체군에 들어오면 그 대립유전자가 유리하기 때문에 방향성 선택이 나타날 수 있지만, 그 대립유전자가 희귀하기 때문에 빈도의존적 선택이 야기될 것이다.

19.5 방향성 선택. 그렇지만 포식압이 높거나 낮은 환경조건에 따라 여러 다른 표현형들이 나타난다.

19.6 그렇지 않다. 이들 요인 가운데 번식성공도를 결정짓는 데 항상 가장 중요한 요인은 없다. 이들 모든 요인들의 누적 효과가 번식성공을 결정한다. 이를테면 다른 개체보다 오래 살지만 자주 교배하지 않는 개체는 짧게 살지만 흔히 교배하고 성공리에 번식하는 개체보다 덜 "적응적"이다.

19.7 만일 이형접합체가 낮은 적응도를 갖는다면 자연선택은 양쪽의 동형접합체를 선호해서 결과적으로 분단성 선택이 일어나고 개체군 내에서 표현형들이 양봉분포(bimodal distribution)를 나타낼 것이다. 이는 궁극적으로 종분화를 야기할 수 있다. 만일 돌연변이로 말미암아 이로운 대립유전자가 개체군에 도입되면 진화과정이 동일한 방향으로 작동하여 유전자확산(gene flow)은 다른 개체군으로 새로운 대립유전자를 퍼뜨릴 수 있다. 자연선택은 양쪽의 개체군에서 이 대립유전자를 선호하여 정상적인 상황 아래에서 일어나는 것보다 훨씬 빠르게 진화하는 결과를 가져올 수 있다.

19장

장의 끝 문제

개념 19.1

이해

1. c 2. b

응용

1. d

개념 19.2

이해

1. d 2. b

응용

1. d 2. c

개념 19.3

이해

1. d 2. b

응용

1. c 2. d

개념 19.4

이해

1. b 2. c

응용

1. d 2. a

개념 19.5

이해

1. b 2. c

응용

1. d

개념 19.6

이해

1. b 2. a

응용

1. a

개념 19.7

이해

1. b 2. a

응용

1. a

20장

개념 정리

20.1 그렇지 않다. 만일 단단한 씨앗을 먹는 개체들의 부리가 점점 커진다면 이 표현형은 환경의 결과이고 유전자형은 그렇지 않다. 자연선택은 유전적 요소를 갖는 특성에만 작용할 수 있다. 환경에 기인하여 표현형에서 일어나는 변화는 유전하지 않는다.

20.2 이 가설을 검증하는 간단한 실험설계는 나방을 가두는 울타리를 만들고 각 울타리 안에 똑같은 수의 두 가지 형태의 나방을 넣은 다음 포식성 새들을 각 울타리에 넣는 것이다. 한 울타리는 대조군 역할을 한다. 한 울타리는 배경을 밝게 하고, 다른 울타리는 배경을 어둡게 한다. 몇 세대가 지난 다음, 나방들의 표현형 빈도를 측정하면 분명한 경향이 나타날 것이다. 즉 배경이 어두운 울타리에는 짙은 색을 띠는 나방들만 살고, 배경이 밝은 울타리에는 밝은 색을 띠는 나방들만 살며, 대조군에는 밝은 색과 짙은 색의 나방들이 거의 같은 비율로 살 것이다.

20.3 만일 인위적으로 선택하려는 특성이 유전자형에 근원이 있는 것이 아니라 환경에 기인하는 것이라면 원하는 특성을 갖춘 개체를 선택한다 해도 그 특성이 그 자손에 전달되지 못한다.

20.4 유전적 변화의 속도와 방향은 시간을 거치면서 변하는데, 왜냐하면 자연선택의 대부분의 경우에 주된 선택원(selective agent)은 환경이기 때문이다. 기후의 변화, 대륙의 이동 그리고 지질학적 변화와 같은 환경의 변화는 많은 종들에게 있어서 비교적 빠르고 주된 진화적 변화를 가져온 선택압의 원천이 되어왔다. 정반대로 환경이 대체로 변하지 않고 안정되면 선택압이 자주 변하거나 몹시 변하지 않으므로 진화적 변화는 비교적 느리고 경미하다.

20.5 대답은 여러 가지일 수 있다. 돌연변이가 흔적구조와 상동구조에 대한 설명이 될 수 있는데, 특히 흔적구조의 경우가 그렇다. 만일 흔적구조가 다형질발현성(pleiotropic) 효과를 갖는 돌연변이의 결과이고 유전적으로 비정상인 다른 효과들이 선택되었다면 흔적구조 역시 의회법안에 추가된 부칙처럼 선택될 것이다. 그렇지만 돌연변이는 진화과정의 일부이므로 이 설명이 변형이 따르는 진화와 완전히 별개의 것은 아니다.

20.6 대답은 여러 가지일 수 있다. 유전 가능한 돌연변이가 유전치 변화의 끊임없는 누적에 대한 또 다른 이유가 된다. 만일 모든 돌연변이가 굴려졌다면 유전체는 지속적으로 변화하였을 것이다. 그렇지만 돌연변이는 진화과정의 일부이므로 이 설명이 변형이 따르는 진화와 완전히 별개의 것은 아니다.

20.7 유연관계가 먼 종들이 비슷한 환경 압박에 직면하고 자연선택 과정을 통해 유사한 방식으로 반응할 때 수렴진화가 나타난다. 이를테면 펭귄(조류), 상어(어류), 바다사자(포유류), 그리고 멸종된 어룡(파충류)조차도 방추형(fusiform)의 형태를 나타낸다. 이들 동물 각각은 이들이 모두 수생 포식자이고 물속에서 신속하고 민첩하게 움직일 수 있어야 한다는 비슷한 환경 압박에 직면하였다. 가장 최근의 공통조상은 분명히 방추형 형태를 갖지 않았으므로 유사성은 상동(계통)이라기보다는 수렴(환경)에 기인하는 것이다. 그렇지만 환경압박이 비슷해도 항상 수렴진화를 일으키는 것은 아니다. 가장 중요한 것은 계통에서 처음으로 나타나는 특성이 되려면 반드시 돌연변이가 일어나야 한다는 것이다. 특정 생태적 지위를 이미 점유하고 있는 다른 종도 있을 수 있는데, 이러한 경우 자연선택이 두 종간의 경쟁을 증대시키는 특성을 선호할 것 같지는 않다.

20.8 그런 의견은 가설도 아니고 이론도 아니다. 이론은 철저한 검증과 검토를 견뎌 낸 가설의 결과이다. 가설은 질문에 대한 잠정적인 대답이다. 인류가 화성에서 왔다는 의견을 생명의 기원을 설명하는 가설로 다룬다면 이는 검증이 가능하고 반증도 가능해야 하는데, 우주여행이 한계를 갖고 있다는 점에서 상당히 힘겨운 일이 될 것이다. 우리의 과학적 능력을 고려할 때 이 제안은 대체로 검증이 불가능하다.

20장

장의 끝 문제

개념 20.1

이해

1. b

응용

1. c

개념 20.2

이해

1. b

응용

1. c

개념 20.3

이해

1. c

응용

1. d

개념 20.4

이해

1. b 2. b

응용

1. b 2. b

개념 20.5

이해

1. a 2. b

응용

1. d

개념 20.6

이해

1. c 2. c

응용

1. d

개념 20.7

이해

1. b

응용

1. c

개념 20.8

이해

1. c

응용

1. a

21장

개념 정리

21.1 생물학적 종 개념에서 종은 교배를 할 수 있으며, 생장하고 번식력 있는 자손을 생산할 수 있다. 만일 동일종 사이에서 할 수 없다면 그들은 생식적 격리로 남게 되어 다른 종이 된다. 같은 방식으로, 유전자는 같은 종 사이에서 흐르고 두 집단의 유전자 균질화가 되어 같은 종으로 남게 된다.

21.2 적절한 강화가 발생하면 종분화가 완성되고, 두 개체군은 동소적 보다 먼저 몇 생식적 장애물을 가질 것이다. 이러한 초기 생식적 격리가 없으면, 우리는 신속한 유전적 교환을 예상하고, 이와 같은 균질화의 결과는 유전적 흐름에 의한 것이다. 반면에, 만일 두 집단이 이미 약간 생식적 격리가 되었다면(생식능력이 없는 잡종이나 행동적 격리와 같은 접합 전 장애물 때문에), 그 다음에 잡종이 아닌 유익한 개체가 계속해서 자연선택 될 것임을 예상하고, 결국 종분화가 된다.

21.3 환경은 자연선택의 인자로 이로 인해 생식적 격리가 발생한다. 환경은 환경에 가장 적합한 개체를 선호한다. 격리된 집단은 계속적으로 그들의 다른 점을 발달시키고 이의 축적으로 자연선택되어 결국 다른 집단으로 되는데, 이를 생식적 격리라 한다. 다른 한편으로는, 강화는 분명히 생식적 격리와 관련 있는 과정이다. 자연선택은 잡종이 아닐 때 선호하고 발생하는데 이유는 잡종은 생식능력이 없거나 그저 그들의 부모보다 더 작은 신체 때문이다. 이렇게 하면, 집단은 오직 부분적으로 생식적 격리되다가 완전히 생식적 격리가 된다.

21.4 배수체는 즉각적으로 한세대에서 발생한다. 두 다른 종의 부모의 자손은 아마 생식적 격리가 되지만 만일 그 자손이 자가수정 능력이 있다면 생물학적 종 개념에 따라 새로운 종이다. 반면에, 분단선택은 생식적 장애물처럼 많은 세대를 요구하며, 두 집단 사이에 진화와 강화가 종의 분리 전에 요구된다.

21.5 다도해 모델에서, 적응방산은 각 다른 섬의 환경적 영향에 적응하여 독특한 섬 집단이 발생한다. 반면에 분단분열로 부터의 동소적 종분화는 가장 환경에 적합한 종이 필연적이지 않고, 다른 종과 가장 경쟁을 줄일 수 있는 종을 선택한다. 마지막 시나리오는 핵심 혁신에 의한 적응방선이 발생할 가능성이 높다는 것이다.

21.6 종을 정의할 때 사용하는 종 개념에 따라 달라진다. 물론 진화적 변화이지만, 환경 영향 변화 시기에 적응이 발생할 것으로 예상된다. 그러나 적응이 종의 분열로 이끌어 지는 것이 필연적인 것은 아니다 - 대신에 한 종은 간단히 환경주제 변화에 따라 바뀔 수 있다. 이것은 분리, 진화에 반대하여 비분리의 예이다; 그러나 다시, 최종 결과의 생물이 단속적 이벤트를 하기 전에 그 조상의 생물과 다른 종인지 해석의 대상이 된다.

21.7 이전의 주된 대멸종사건과 달리, 현재의 대멸종은 사람의 행동과 관련이 있으며, 서식지 파괴, 오염, 사냥이 포함되지만 한정되지는 않는다.

21장

장의 끝 문제

개념 21.1

이해

1. a 2. d

응용

1. a

개념 21.2

이해

1. d 2. b

응용

1. b

개념 21.3

이해

1. c 2. a

응용

1. b

개념 21.4

이해

1. b 2. d

응용

1. a

개념 21.5

이해

1. b 2. a

응용

1. a 2. d

개념 21.6

이해

1. a 2. a

응용

1. d 2. c

개념 21.7

이해

1. b

응용

1. 생물의 다양성은 캄브리아기부터 종분화가 멸종을 넘어서며 증가하였다. 2. b

22장

개념 정리

22.1 수렴진화 때문이다; 동일한 환경적인 압력을 받게 되는 두 개의 먼 근연종들은 다른 환경적인 압력을 가진 2개의 종들에 비해서 더 최근의 공동조상을 제외하고는 표현형적으로 더욱 유사할 수가 있을 것이다. 근연종들 사이에 가능한 차이점에 대한 다른 이유들은 종들이 급속하게 새로 이용 가능한 적합한 지위에 적응할 수 있는 변동하는 선택과 급속한 적응방산을 포함한다.

22.2 형질들이 종분화의 빈도에 상대적으로 급속하게 분기하는 일부 경우에는, 가장 parsimonious 계통발생이 가장 정확한 것이 아닐 수가 있기 때문에 분기학을 이용하면서 계통발생을 재구성하기가 용이하지 않을 수가 있다. 그렇지만, 대부분의 경우에 분기학은 생명체들의 집단 간의 계통발생적인 유연관계를 추론하는데 있어서 매우 유용한 도구이다.

22.3 그렇다, 일부 경우에 이것이 가능하다. 예를 들어서, 한 종의 2 개체군들이 유사한 환경에서 서로 지리학적으로 고립이 되고, 각각의 개체군이 분기하고 한 집단은 그것의 조상 형질들을 보유하고 다른 집단은 새로운 형질들을 유도하는 종분화가 일어나는 것을 추정해 보아라. 각 개체군의 조상 집단은 동일한 생물학적인 종의 일부 일수도 있지만, 다계통군으로 고려될 수도 있는데, 왜냐하면 그것들의 공동조상이 또한 더 유래된 종들 (생식적으로 고립되기에 충분하게 분기할 수도 있는)인 다른 집단을 포함하기를 강요할 것이기 때문이다.

22.4 그것들이 다르게 (다른 목들에 속하게 되면, 이것이 그것들에 대해 암시하는 것은 무엇인가?) 되는 지점뿐만이 아니라 동일한 집단들 (예를 들어서, 동일한 계, 과 및 강)로 배치할 수 있는 유사한 형질들. 그것들의 진화적인 역사에 대한 조사가 계통수를 요구할 것이기 때문에 진화적인 유연관계는 설명이 되지 않은 상태로 남아 있을 것이다.

22.5 3개의 역들은 가장 커다란 집단들이다 (고세균, 세균 및 진핵생물). 6개의 초상위범주들은 모두 이러한 역들 중에 한개 안에 포함되어 있다. 진핵생물 초상위범주 분류는 한 개의 계 이상을 포함할 수도 있다. 예를 들어서, 초상위범주 후편모생물군은 동물들, 균류 및 공통적으로 편모를 지니기 때문에 이 집단에 위치하고 있는 깃편모충류를 포함하고 있다. 초상위범주는 동일한 역이지만 모두 동일한 계에서 유래되지 않는 분기군에 대한 분류이다.

22장

장의 끝 문제

개념 22.1

이해

1. b 2. d 3. c

응용

1. a 2. c

개념 22.2

이해

1. b 2. a 3. d

응용

1. d 2. b 3. b

개념 22.3

이해

1. d 2. a 3. b

응용

1. c 2. 해답은 다양할 것이다. 생물학적인 종의 개념은 과정들에 초점을 맞출 것인데, 특히 조상 집단으로부터 생식적으로 고립되는 정도로의 개체군의 진화를 초래하는 그러한 과정들에 초점을 맞춘다. 생물학적인 종의 개념에 의하여 사용되는 종분화의 과정은 자연선택, 돌연변이와 유전적 부동과 같은 진화적인 메커니즘들의 상호연관성을 통하여 발생한다. 반면에, 계통발생적인 종의 개념은 과정이 아닌 개체군들 사이에 분기를 일으킨 역사에 초점을 맞춘다. 어떤 종의 개념이 더 옳다, 틀리다고는 할 수 없다; 종의 개념들은 바로 그러한 본성 때문에 주관적이고 잠재적으로 논의의 여지가 있다.

개념 22.4

이해

1. a 2. c

응용

1. c 2. d

개념 22.5

이해

1. c 2. b 3. a 4. d

응용

1. b 2. d

23장

개념 정리

23.1 3개 역을 서로 구별 짓는 차이점으로는 4가지 주된 범주가 있다. 고세균이 진핵생물 및 진정세균과 다른 특징은 고세균의 막지질인데, 이는 진정세균과 진핵생물에서 볼 수 있는 에스테르결합이 아닌 에테르결합으로 탄화수소에 연결된 글리세롤로 구성된 것이고, 독특한 물질로 구성된 고세균의 세포벽은 세균의 세포벽에서 볼 수 있는 펩티도글리칸이 아니다(일부 진핵생물은 세포벽이 없다).

23.2 그들의 DNA와 기타 분자적 분석을 비교하는 것이다. 오랫동안 사용된 많은 대사시험은 분자적 방법으로 대체되었다.

23.3 세균에서 유전정보의 전달은 공여세포에서 수용세포로의 방향성을 갖고, 배우자의 융합이 일어나지 않는다.

23.4 왜냐하면 원핵생물은 많은 형태적 특징을 갖지 않지만 다양한 대사기능을 갖기 때문이다.

23.5 병원체는 독성이 줄어들며 진화하는 경향이 있다. 만일 병원체의 독성이 치명적이라면 그들의 생활양식은 진화적으로 막다른 지경일 것이다(더 이상 침입할 생물이 남아있지 않을 것이다).

23.6 왜냐하면 바이러스는 증식에 필요한 모든 세포기구를 포함하고 있지 않기 때문이다. 바이러스가 성공적으로 증식하려면 반드시 숙주세포의 세포기구를 이용해야 한다.

23.7 이러한 돌연변이를 가진 프로파지는 용균회로에 접어들지 못한다.

23.8 높은 돌연변이율과 안전문제를 포함하여 많은 이유가 있다. 성공적인 백신이 되려면 강력한 세포성 면역반응을 일으켜야 하는데, 자연면역의 이점을 취하는 백신생산의 관습적 방법을 이용하면 돌연변이를 일으켜 피실험자들에서 HIV가 생긴다. 죽인 HIV를 이용하면 면역반응을 유발하지 않아 효과가 없고, 감쇠시킨 HIV를 이용하면 돌발적인 감염문제를 일으킬 수 있다.

23장

장의 끝 문제

개념 23.1

이해

1. c 2. c

응용

1. d 2. a

개념 23.2

이해

1. c 2. c

응용

1. d 2. c

개념 23.3

이해

1. b

응용

1. F^+ 세포는 F 플라스미드를 포함하는 세포를 가리킨다. 그 F 플라스미드가 숙주의 염색체와 통합되면 그 세포를 Hfr 세포라고 부르고, 이는 F 플라스미드에 의한 전달이 염색체 DNA에 포함되었음을 의미한다.

2. 만일 λ 파지가 불완전하게 절단되면 생성된 파지는 통합부위에 인접한 대장균 유전자를 나르게 된다. 이렇게 되면 유전자를 전달하는 정확한 방법이 될 수 없다.

개념 23.4

이해

1. a

응용

1. 고세균에서는 광합성의 가장 간단한 과정이 일어난다. 단일한 단백질인 세균로돕신(bacteriorhodopsin)이 빛에너지를 이용하여 양성자를 막을 가로질러 이동시킨다. 이는 곧 ATP 합성을 위한 원동력을 제공하게 된다.

개념 23.5

이해

1. a

응용

1. d

개념 23.6

이해

1. d 2. a

응용

1. c

개념 23.7

이해

1. d

응용

1. c

개념 23.8

이해

1. d 2. a

응용

1. b

24장

개념 정리

24.1 미토콘드리아와 엽록체는 고유한 DNA를 갖고 있다. 미토콘드리아의 유전자는 미토콘드리아 내에서 미토콘드리아의 리보솜을 이용하여 전사되는데, 미토콘드리아의 리보솜은 진핵세포의 리보솜보다 작고 세균의 리보솜과 매우 비슷하다. 세균의 단백질 합성을 억제하는 항생물질들이 미토콘드리아의 단백질 합성도 억제한다. 한편 엽록체와 미토콘드리아 모두 세균처럼 2분법으로 분열한다.

24.2 위족은 넓은 표면적을 제공하고 안정된 이동을 위한 상당한 견인 역할을 한다.

24.3 원생생물계에는 공통조상을 공유하지 않는 뚜렷이 다른 계통군들이 있다. 흔히 원생생물이라고 분류하는 생물들이 실제로는 여러 단계통군들의 무리이다.

24.4 수축포는 유글레나의 몸에서 과다한 물을 모아 배출한다.

24.5 보통 포자체보다 배우자체가 훨씬 작기는 하지만, 질문에 대한 답으로 가장 확실한 것은 각 개체의 염색체를 세는 것이다. 2배체인 포자체는 반수체인 배우자체보다 2배 많은 염색체를 갖는다.

24.6 유공충류는 피각의 구멍을 통해 나온 발(podium)을 이용해 먹이를 먹는다.

24.7 수정이 일어나려면 편모 달린 정자가 부동성 알에 도달하는 매질로 수중환경에 의존하기 때문에 건조에 대한 적응이 장벽이었다.

24.8 입금편모충류와 해면동물의 비교유전체학 연구가 도움이 될 것이다. 티로신인산화효소수용체만 보지 말고 광범위한 유전자들 간의 유사성을 고려하면 추가적인 증거가 나올 것이다.

24장

장의 끝 문제

개념 24.1

이해

1. b 2. b

응용

1. d

개념 24.2

이해

1. d 2. d

응용

1. a

개념 24.3

이해

1. d 2. b

응용

1. c

개념 24.4

이해

1. c

응용

1. d 2. a

개념 24.5

이해

1. a, d 2. c

응용

1. c

개념 24.6

이해

1. a 2. b

응용

1. a

개념 24.7

이해

1. a 2. d

응용

1. b, c

개념 24.8

이해

1. d 2. c 3. d

응용

1. a 2. d

25장

개념 정리

25.1 곰팡이에서는 유사분열로 핵이 복제되지만 이들 핵이 하나의 세포 안에 남아있다. 이처럼 유사분열 후에 세포가 분열하지 않는 것은 동물에서는 매우 드물다.

25.2 접합균류는 단계통군이 아니다.

25.3 미포자충류는 열원충속(Plasmodium)에서 발견되는 미토콘드리아가 없다.

25.4 Blastocladiomycetes는 독립생활성이고 미토콘드리아를 갖는다. 미포자충류는 절대기생생물이고 미토콘드리아가 없다.

25.5 접합포자는 환경조건이 적합하지 않을 때 좀 더 많이 생성된다. 유성생식은 자손들이 변화하는 환경에서 유리하게 작용할 새로운 유전자 조합을 가질 기회를 증진시킨다. 한편 접합포자는 조건이 개선될 때까지 휴면상태로 남아있을 수 있다.

25.6 기생은 공생관계의 일부이다. 공생관계는 둘 또는 그 이상의 생물들이 한쪽 또는 둘 다 유리하거나 아니면 모두 유리하지 않으면서 긴밀한 관계를 유지하며 함께 생활하는 것을 말한다. 기생은 공생관계에서 한쪽만 이득을 취하고 다른 쪽은 희생을 치르는 관계이다.

25.7 2핵세포는 두 개의 핵을 갖는데, 이 핵들은 각각 단일한 세트의 염색체를 갖는다. 2배체 세포는 두 세트의 염색체를 가진 하나의 핵을 갖는다.

25.8 진균증, 즉 곰팡이의 전염병을 예방하는 데에는 살진균제를 처리하고 올바른 농사 관행이 도움이 된다. 만일 농부가 감염지역에 가야만 한다면 포자를 거를 수 있는 마스크를 착용하는 것이 좋다.

25.9 개미가 섭취하는 곰팡이는 원래 잎에서 자라던 생물이다. 오랜 진화의 시간을 거치면서 돌연변이가 일어나 개미의 행동을 변화시켜서, 개미는 은닉한 곰팡이에게 잎을 가져다주는 3자공생이 진화하였다.

25.10 포자를 멀리 퍼뜨릴 수 있는 바람이 곰팡이 질병을 확산시킨다.

25장

장의 끝 문제

개념 25.1

이해

1. c 2. a

응용

1. d 2. c

개념 25.2

이해

1. a 2. b

응용

1. b

개념 25.3

이해

1. d

응용

1. a

개념 25.4

이해

1. a 2. b

응용

1. d

개념 25.5

이해

1. b

응용

1. d

개념 25.6

이해

1. d 2. c

응용

1. b

개념 25.7

이해

1. d

응용

1. b

개념 25.8

이해

1. a

응용

1. a

개념 25.9

이해

1. d 2. b 3. d

응용

1. c 2. d

개념 25.10

이해

1. d

응용

1. d

26장

개념 정리

26.1 식물의 배우자는 유사분열에 의해 생산된다. 인간의 배우자는 감수분열에 의해 생산된다.

26.2 선류는 극단적인 건조에 대한 내성을 가지며, 물 부족을 견딜 수 있다. 또한 선류가 물을 적게 포함하고 있을 때 극지방의 매우 낮은 온도에 그에 의한 피해가 적다.

26.3 포자체 세대는 크기가 큰 세대로 진화하였으며, 따라서 물과 영양분을 먼 거리에 걸쳐 수송하는 효과적인 방법은 매우 유리하다.

26.4 그 당시에 기후의 극적인 변화가 있었다. 빙하는 널리 퍼져 녹고 후퇴하였다. 건조한 기후는 큰 석송의 멸망에 역할을 하였다.

26.5 실리카는 속이 빈 튜브와 같은 줄기를 강화시키고 초식동물을 물리쳤다.

26.6 꽃가루관이 난세포 쪽으로 생장하면서 정세포를 운반하기 때문이다. 이는 정세포의 이동을 위한 물에 대한 필요성을 제거한다.

26.7 인편(변형된 잎) 위에 배주가 노출된 상태로 존재한다.

26.8 증가된 산포; 열매를 먹는 동물들은 바람보다 더 넓은 거리를 걸쳐 종자를 확산시킨다. 이 종은 넓은 영역을 더 빠른 속도로 지배할 수 있다.

26장

장의 끝 문제

개념 26.1

이해

1. c

응용

1. d

개념 26.2

이해

1. c 2. c

응용

1. c 2. b

개념 26.3

이해

1. d 2. b

응용

1. b

개념 26.4

이해

1. a

응용

1. d

개념 26.5

이해

1. b

응용

1. b

개념 26.6

이해

1. c 2. c

응용

1. a

개념 26.7

이해

1. d 2. d

응용

1. b

개념 26.8

이해

1. d 2. a

응용

1. b 2. a

27장

개념 정리

27.1 신경조직이 뚜렷한 머리 부위에 집중되는 머리화(cephalization)는 본질적으로 좌우대칭의 시작과 결부된다. 좌우대칭은 중앙의 신경중심이 발달하게끔 촉진하였고, 이는 나아가서 신경조직이 머리에 집중되도록 촉진하였다. 뿐만 아니라 머리화와 좌우대칭이 시작되면서 지향성 운동(좌우대칭)과 동물이 움직이는 방향을 향한 감각기관들의 존재(머리화)가 화합되는 결과가 생겼다.

27.2 그렇게 하면 계통분류학자들이 동물을 오로지 파생형질에 근거해서 분류할 수 있다. 한 차례만 진화한 특징을 이용하면 어떤 특징을 갖지 않은 종들보다 그 특징을 가진 종들이 서로 밀접한 연관이 있음을 의미하는 것이다.

27.3 군체를 이루는 원생생물 같은 진정한 군체성 생물의 세포는 구조적으로 그리고 기능적으로 모두 동일하지만, 해면 세포들은 서로 차이를 나타내고 이들 세포는 생물체가 필요로 하는 기능들을 수행하도록 조화를 이룬다. 그렇지만 다른 모든 동물과 달리 해면동물은 그 세포들이 진정한 조직을 구성하지 않는다는 점에서 마치도 군체성 생물과 비슷하게 보이고, 세포는 어떤 유형에서 다른 유형으로 분화할 수 있다.

27.4 촌충류는 그들이 숙주로 삼는 동물의 소화계에 사는 편형동물이다. 촌충류는 숙주의 장관 벽에 고착할 수 있는 갈고리가 들어있는 머리다리(두절) 또는 머리를 갖고 있다. 촌충류의 구조가 그들의 생활방식과 관련된 또 다른 양식은 등배의(dorsoventral) 납작한 몸과 소화계를 갖지 않는다는 점이다. 촌충류는 그들의 먹이 속에서 살고, 체벽을 통해 영양소를 직접 흡수하는 촌충류는 이렇게 편평한 몸이 영양소의 전달을 촉진하게 된다.

27.5 왜냐하면 2매패류는 껍질 안으로 끌어들인 물을 걸러서 먹고 살기 때문이다.

27.6 태형동물은 식물의 특징이 아닌 동물의 일반적 특징을 갖고 있다(27.1절 참조). 많은 동물이 이리저리 움직이지 않는 고착성이다.

27.7 절지동물을 규정짓는 특징 중 하나는 키틴질의 외골격을 갖는다는 점이다. 절지동물의 크기가 늘어남에 따라 그 동물의 근육이 끌어당기는 것을 지탱하기 위해 외골격의 두께는 불균형적으로 늘어나야 한다. 외골격의 덩치가 커지면 동물이 이동하지 못하게 되므로 육상 절지동물의 크기가 제한된다. 물은 공기보다 밀도가 높아서 보다 많은 지지를 제공한다. 이러한 이유 때문에 수생 절지동물이 육상 절지동물보다 몸집이 커질 수 있다.

27.8 극피동물은 절지동물의 외골격과 기능이 유사한 내골격을 가진 반면, 척삭동물은 체내에 진정한 골격인 내골격을 갖고 있다. 극피동물이 내부의 수관계에 연결된 관족을 이용하여 이동하는 반면, 척삭동물은 내골격에 부착된 근육을 갖고 있다. 마지막으로 척삭동물은 신경삭, 척삭, 인두열 및 항문뒤 꼬리의 4가지 고유한 특징을 갖는 문이다.

27장

장의 끝 문제

개념 27.1

이해

1. b 2. e 3. a

응용

1. c

개념 27.2

이해

1. a 2. b

응용

1. c

개념 27.3

이해

1. a 2. b

응용

1. c

개념 27.4

이해

1. b

응용

1. b

개념 27.5

이해

1. c

응용

1. c 2. d

개념 27.6

이해

1. a

응용

1. a

개념 27.7

이해

1. b 2. d

응용

1. c

개념 27.8

이해

1. c 2. c

응용

1. b, d 2. a

28장

개념 정리

28.1 창고기와 피낭동물이 척추동물과 다른 것은 척주나 경골성 내골격계가 없다는 것이다.

28.2 어떤 점에서는, 외골격은 개체가 움직이기에 너무 무거울 수 있다. 동물이 점점 더 커지면서 많은 근육을 끌어당기기 위해서는 외골격의 두께가 확연히 늘어나야만 한다. 그래서 외골격을 가진 개체의 크기는 제한될 수밖에 없다-만약 개체가 너무 커진다면 그것의 외골격 무게가 더해진 무게 때문에 움직일 수 없을 것이다.

28.3 총기어류는 그들의 지느러미를 독립적으로 움직일 수 있지만, 조기어류는 그들의 지느러미를 동시에 움직여야 한다. 이러한 지느러미의 "보행" 능력은 조기어류가 가장 확실한 양서류의 조상임을 제시해 주는 것이다.

28.4 첫째로, 양서류는 그들의 몸무게를 버티고 땅에서 움직일 필요가 있었다; 이 문제는 다리의 진화를 통해 극복되었다. 둘째로, 양서류는 공기에서 산소를 취할 수 있어야 했다; 이것은 그들의 폐어 조상이 했던 피부호흡 보다 더 효율적인 허파의 진화를 통해 성취하였다. 셋째로, 육지에서의 움직임은 물속에서 보다 더 많은 에너지를 필요로 하기 때문에, 양서류는 그들의 커진 근육에 좀 더 효율적으로 산소를 공급할 필요가 있었다; 이것은 쌍폐쇄순환계와 부분적으로 나뉜 심장의 진화를 통해 성취하였다. 마지막으로, 원시 양서류는 비수생 환경에서 수분을 함유한 상태를 유지할 수 있는 방법을 개발할 필요가 있었고, 이 원시 양서류들은 탈수를 방지하는데 도움이 되는 가죽 같은 피부가 발달하게 되었다.

28.5 양서류는 그들의 번식을 위해 계속 물과 연관되어 있었기 때문에, 그들의 알은 젤리와 비슷했고 만약 땅에 놓이게 되면 금방 건조해졌다. 반면에 파충류 알은 양막성 알 이었다-그것은 불투과성에 난황을 가지고 있어서 배아 발생 동안에 영양분을 공급할 수 있었고, 보호 기능과 영양이 되는 4개의 막으로 되어있었다.

28.6 새와 파충류 사이에는 2가지의 근본적인 공통점이 있다. 첫째로, 둘 다 알을 낳는다. 둘째로, 그들 모두 비늘(파충류는 온 몸을 덮지만 새는 다리와 발만 덮는다)을 가지고 있다. 또한 새는 파충류의 한 그룹(악어)과만 공유하는 특징(4개의 방으로 된 심장)이 있다.

28.7 새와 포유류의 가장 인상적인 집합점은 체온을 내부적으로 조절할 수 있는 내온성이다. 덜 인상적인 것은 비행이다; 대부분의 새에서 발견되는 특징이고 포유류에서는 오직 하나만 있다. 날수 있는 능력은 또 다른 수렴진화의 예이다.

28.8 오직 사람류만이 단계통군을 이룬다. 원원류, 원숭이류, 그리고 꼬리없는원숭이류 모두 측계통군이다-그들은 공통조상을 가지나 모두 후손은 아니다: 모든 유인원류를 배제한 일반적인 원원류 조상과 공유하는 원원류 분기군, 인원류를 배제한 일반적인 원숭이 조상과 공유하는 원숭이 분기군, 그리고 사람류를 배제한 공통 꼬리없는원숭이류와 공유하는 꼬리없는원숭이 분기군.

28장

장의 끝 문제

개념 28.1

이해

1. c 2. c

응용

1. c

개념 28.2

이해

1. c 2. c

응용

1. b

개념 28.3

이해

1. b 2. b 3. d

응용

1. c 2. c

개념 28.4

이해

1. a 2. a

응용

1. b

개념 28.5

이해

1. c 2. d

응용

1. c

개념 28.6

이해

1. d 2. d

응용

1. b 2. c

개념 28.7

이해

1. d 2. c

응용

1. a 2. a

개념 28.8

이해

1. c 2. a

응용

1. b

29장

개념 정리

29.1 각 생장의 유형은 다른 결과를 나타낸다: 1기생장은 식물의 큰지뿐만 아니라 높이의 증가에도 기여한다. 2기생장은 식물의 직경 증가에 막대하게 기여하며 포자체 세대의 확장을 가능하게 한다.

29.2 도관은 물을 수송하며 물관부의 일부이다. 이 세포는 죽어있으며 오직 세포벽만이 남아있다. 겹겹이 쌓여 있는 원통형의 도관은 물을 식물체의 뿌리로부터 잎까지 이동시킨다. 사관절은 체관의 일부이며 영양분을 수송한다. 사관절은 살아있는 세포이지만 핵을 갖지 않는다. 이들은 특정 대사 기능들을 위해 인접해 있는 반세포에 의존한다. 도관과 같이, 사관절도한 쌓여서 원통형 구조를 만든다.

29.3 세포의 에너지는 주로 세포를 신장시키는 데 이용된다. 뿌리털은 신장대에 존재하기 어려울 것으로 보이는데, 그 기부가 세포벽의 신장에 의해 분리될 것이기 때문이다.

29.4 뿌리는 지속적으로 그 세포가 상처를 입고 떨어져 나가기도 하는 흙을 뚫고 생장한다. 줄기의 끝은 위와 같은 장애물을 만나지 않으며, 추가적인 보호를 필요로 하지 않는다.

29.5 수평 방향으로 위치하는 잎은 꼭대기부터 햇빛에 노출되어 있다. 수평 방향으로 위치하는 잎은 태양에의 노출이 더 제한적이다. 책상조직은 공기가 들어있는 공간을 최소화하며 수직 방향 잎들의 세포들 사이에 빡빡하게 쌓여 있으며, 이는 광합성 표면적을 최대화하기 위함이다.

29장

장의 끝 문제

개념 29.1

이해

1. d 2. c 3. c

응용

1. b 2. b 3. a

개념 29.2

이해

1. a 2. d 3. d

응용

1. d 2. a 3. d

개념 29.3

이해

1. c 2. d

응용

1. b 2. b

개념 29.4

이해

1. b 2. d

응용

1. d 2. b

개념 29.5

이해

1. a 2. b 3. b

응용

1. c 2. a 3. 이들 모두.

30장

개념 정리

30.1 꽃은 꽃가루매개동물을 유인하여 번식의 가능성을 높일 수 있다.

30.2 아니다. 감수분열이 관여하기 때문에 재조합이 일어날 수 있고, 따라서 자가수분을 하는 식물의 자손도 어버이와 동일하지 않다. 그렇지만 그들 가운데 특정한 서식지에 보다 잘 적응하는 개체들이 높은 비율로 나타날 것이다.

30.3 속씨식물만이 중복수정의 결과인 배젖을 갖는다. 배젖은 속씨식물의 영양공급원이다. 겉씨식물의 배는 영양소의 공급을 대배우자체에 의존한다.

30.4 겨울이 추운 한대기후에 서식하는 나무들은 온도에 민감할 수 있고 발아하기 전에 저온시기를 필요로 한다.

30.5 색깔이나 껍질 같은 특징이 동물에게 열매를 먹도록 부추긴다. 이를테면 다육질의 반짝거리는 검은색 또는 붉은색의 껍질을 가진 열매는 새 또는 그 밖의 척추동물들에게 자주 먹힌다. 붉은색의 열매는 식량공급이 풍부하다는 신호가 되고, 많은 열매들이 익으면 빨갛게 된다.

30.6 종자가 땅 속에 남아있게 되면 유식물에게 뿌리계가 확립될 때까지 안정성을 제공할 뿐만 아니라 동물 등으로부터 보호를 받게 된다.

30.7 2년생 생활주기는 식물로 하여금 2년차에 생식하는 데 필요한 충분한 비축물을 저장하게 한다. 이 전략의 불리한 면은 두 생육기 사이의 겨울에 생존하지 못할 수 있다는 점과 그 적응도가 제로로 줄어들 수 있다는 점이다.

30.8 조건이 한결같고 식물이 이렇게 변함없는 조건에 잘 적응하고 있을 때 유전적 변이는 유리하지 않을 것이다. 그보다는 차라리 영양생식이 현재 조건에 잘 적응된 유전자형이 유지되게끔 보장해 줄 것이다.

30장

장의 끝 문제

개념 30.1

이해

1. c 2. d 3. d

응용

1. a 2. b

개념 30.2

이해

1. d 2. c

응용

1. b 2. b

개념 30.3

이해

1. c 2. c

응용

1. b 2. d

개념 30.4

이해

1. a 2. b

응용

1. a 2. a

개념 30.5

이해

1. a 2. d

응용

1. d

개념 30.6

이해

1. b 2. c

응용

1. c 2. a

개념 30.7

이해

1. c 2. a

응용

1. a

개념 30.8

이해

1. c 2. c

응용

1. b

31장

개념 정리

31.1 물리적 압력에는 중력과 증산이 포함되지만, 한편으로는 팽창하는 세포가 그 세포벽을 향해 압력을 가하는 팽압도 포함된다. 팽압과 그 밖의 물리적 압력의 증가는 수분포텐셜의 증가와 결부된다. 용질의 농도는 삼투현상을 통해 물이 세포로 들어갈지 또는 세포에서 나올지를 결정한다. 용질의 농도가 높을 때 삼투를 멈추는 데 필요한 세포막 쪽의 최소한의 압력은 용질전위이다. 수분포텐셜은 물리적 힘의 압력과 용질전위의 압력을 합한 것이다.

31.2 세포막이 선택적으로 투과시키는 장벽이 되는 이유는 세포막의 구조 때문이다. 세포막을 구성하는 인지질의 방향을 보면 소수성 꼬리는 물로부터 보호를 받으며 서로 마주보고 있고 친수성 머리는 바깥의 물을 향하고 있다. 막의 지질 부위는 주로 장벽의 기능을 하여 세포에 들어오거나 세포로부터 나가는 많은 물질들을 차단하지만, 비전하성 용질은 도움 없이도 막을 쉽게 통과한다. 물은 특이적 기능을 하는 아쿠아포린을 통해 막을 통과한다. 그 밖의 몇몇 분자들이 막에 박힌 단백질들을 통해 막을 통과한다. 이 단백질들은 그들이 통과시키는 분자들의 유형에 특이적인데, 일부는 ATP 형태의 에너지를 필요로 한다. 그러므로 세포막은 어떤 것은 투과시키고 다른 어떤 것은 투과시키지 않는 선택적 특성을 지닌다. 보다 상세한 내용은 3장을 검토하기 바란다.

31.3 무기질은 대사작용에 사용된다. 어떤 무기질은 체관부에 들어가서 식물의 대사적으로 활발한 부위로 수송될 수 있지만, 칼슘 같은 다른 무기질은 물관부를 벗어나면 이동하지 못한다. 어떤 무기질은 화학반응에서 보조인자로서 기능한다.

31.4 왜냐하면 이산화탄소는 관다발조직에서 수송될 필요가 있는데 기체 형태로는 이동하지 못하기 때문이다. 이산화탄소가 일단 물에 용해되면 광합성을 활발하게 일으키는 세포로 수송되고, 그곳에서 캘빈회로의 탄소고정에 이용된다.

31.5 산소가 고갈되는 데 따른 뿌리의 물리적 변화는 물관부에서 더 이상 물을 수송하지 못하게 만들 수 있다. 비록 잎에서는 산소가 생성되지만 이 산소를 뿌리가 이용할 수 없다.

31.6 체관부의 액체에는 설탕과 물에 용해된 식물호르몬을 포함하여 유기화합물이 풍부하게 들어있다. 물관부의 액체는 물에 용해된 무기질로 구성된다.

31.7 마그네슘은 엽록소 분자의 중요한 부분이다. 마그네슘은 엽록소의 포르피린고리의 중심부에서 발견된다. 마그네슘이 충분하지 못하면 엽록소가 결핍되고, 그 결과 광합성이 감소하고 에이커 당 수확량이 줄어든다.

31.8 엽록소는 광합성에서 필수적이다. 피토크롬은 신호로 빛을 이용하여 식물의 생장과 발생을 조절한다. 피토크롬은 빛 환경에 맞춰 광합성이 극대화하도록 식물을 조정하는 점이 식물에게 이롭다.

31.9 식물체는 정상적인 굴중성 반응을 나타내지 않을 것이다. 빛과 같은 다른 환경신호가 식물생장의 방향을 결정하게 될 것이다.

31.10 일부 식물의 뿌리골무로부터 낙엽산(아브시스산)을 분리할 수 있다. 이렇게 분리한 낙엽산을 같은 종의 다른 식물체 줄기에 있는 싹에 바른다. 이 싹들의 생장(또는 생장의 결핍)을 처리하지 않은 대조군과 비교하여 낙엽산이 효과를 미치는지의 여부를 결정한다.

31장

장의 끝 문제

개념 31.1
이해
1. c

응용
1. b

개념 31.2
이해
1. a 2. c

응용
1. b

개념 31.3
이해
1. b 2. d

응용
1. c

개념 31.4
이해
1. a

응용
1. c

개념 31.5
이해
1. b

응용
1. b

개념 31.6
이해
1. c

응용
1. b

개념 31.7
이해
1. d

응용
1. c

개념 31.8
이해
1. c 2. a

응용
1. b

개념 31.9
이해
1. d

응용
1. c

개념 31.10
이해
1. c 2. b

응용
1. b

32장

개념 정리

32.1 그렇다. 기관은 복수의 조직으로 구성될 수 있다. 예로 심장은 근육, 결합, 상피조직을 포함한다.

32.2 분비샘의 상피조직은 분비를 위해 특수화된 단순한 입방형 그리고 주상형 상피세포로 구성되어 있다. 분비샘은 함입된 상피조직으로부터 형성되고 구성하는 세포의 확대된 종류는 샘분비에 필요한 세포외 기관을 포함한다. 소화관 내부 표면에 위치한 내배엽에서 유래된 상피는 정점면에 미세융고를 갖고 있는 단순주상상피로 구성된다. 미세융모는 영양분의 흡수를 위한 세포들의 표면적을 증진시킨다.

32.4 혈액은 풍부한 세포외 물질인 혈장을 갖고 있어 결합조직으로 여겨진다.

32.5 심장세포의 기능은 전기적으로 연결되어지는 것이 필요하다. 간극연접이 세포사이의 이온의 흐름을 가능하게 한다.

32.6 육상 무척추동물이 외골격 때문에 겪게 되는 3가지 제한이 있다. 첫째는 외골격 동물은 외골격을 탈피해야만 생장할 수 있다. 외골격이 탈피된 순간은 포식에 취약하게 된다. 둘째, 외골격에 작용하는 근육은 늘어날 수 없고, 한정된 공간 안에 제한되기 때문에 생장할 수 없다. 마지막으로 외골격은 많은 육상 무척추동물의 호흡기관과 함께 동물이 생장할 수 있는 크기를 제한한다. 육상 동물의 외골격을 강하게 하기 위해서는 충분한 표면적을 자져야 한다. 그래서 동물이 생장함에 따라 두께도 커져야 한다. 외골격의 두께와 무게는 이동을 위한 동물의 능력을 약화시키는 제한점이다.

32.7 첫 번째, 키틴성 외골격과 달리 뼈성 내골격은 살아 있는 조직으로 만들어 진다. 그래서 내골격은 생명체를 따라서 생장할 수 있다. 두 번째, 내골격에 작용하는 근육은 단단한 구조에 제한되지 않는다. 그래서 증가된 사용빈도에 의해 늘어나거나 생장할 수 있다. 마지막으로 전체 생명체를 덮는 무거운 외골격이 의해 부과되는 크기의 제한은 내골격에 의해 극복될 수 있다. 내골격은 더 크거나 무거운 몸을 지탱할 수 있다.

32.8 느린-연축 섬유는 힘이 필요한 근육 보다는 지속적인 힘을 필요로 하는 근육에서 발견된다. 미오글로빈은 포도당의 유산소 호흡이 일어나는 근육에 산소를 제공한다. 그래서 무산소 호흡에서 보다 많은 ATP의 생성이 가능하다. 증가된 미토콘드리아는 또한 세포호흡의 유용성을 증진시킴으로써 근육의 ATP 생산성을 증가시킨다.

32.9 다리의 교차를 이용한 이동은 균형과 조정을 위해 많은 신경계를 요구한다. 동물은 안정성을 유지하기 위해 중력의 중심을 지속적으로 모니터 하는 것이 필요하다. 또한 일련의 도약은 다리의 교차에 의해 움직이는 것 보다 단위 시간과 에너지를 이용하여 더 멀리 이동 할 수 있다.

32장

장의 끝 문제

개념 32.1
이해
1. c

응용
1. b

개념 32.2
이해
1. c 2. b

응용
1. d

개념 32.3
이해
1. b 2. c

응용
1. c

개념 32.4
이해
1. d

응용
1. d

개념 32.5
이해
1. c

응용
1. d

개념 32.6
이해
1. c

응용
1. c

개념 32.7
이해
1. a 2. d

응용
1. c 2. b

개념 32.8
이해
1. d 2. b

응용
1. d

개념 32.9
이해
1. b

응용
1. c

33장

개념 정리

33.1 말초신경계의 체성신경계가 의식적 조절 하에 있다.

33.2 나트륨칼륨펌프의 기능장애를 일으키는 돌연변이는 막의 휴지전위를 탈분극시킬 수 있다.

33.3 Na^{+}이온이 유입되어 양전하가 밀려들어오면 막은 탈분극되고, K^{+}이온이 유출되어 양전하가 밀려나가면 막은 재분극된다.

33.4 흥분성 신경전달물질은 탈분극이나 흥분성 시냅스후전위(EPSP)를 촉진하는 반면, 억제성 신경전달물질은 억제성 시냅스후전위(IPSP)에서 과분극을 조장할 수 있다.

33.5 반사궁은 뇌에서 실제로 정보가 생겨나기 전에 해로운 자극에 반응하도록 한다. 반사는 항상성에 대한 위험을 처리할 수 있기 전에 우리가 해를 입지 않도록 해 준다.

33.6 이 두 시스템은 반대로 작용한다. 이는 반직관적(counterintuitive)으로 보일지도 모르지만, 항상성의 대부분의 기반이 된다.

33.7 자극의 세기와 그 결과 나타나는 활동전위 빈도의 로그값들을 대비하여 도표로 그리면 직선이 나타나므로, 이를 지수적 관계라고 한다.

33.8 자기수용기는 근육이 늘어나는 것을 감지하고 생물체에서 다른 부분들과의 상대적 위치와 운동에 관한 정보를 중추신경계로 전달한다. 이러한 정보는 중추신경계에 있어서 매우 중요한데, 적절한 근육반응의 신호를 내고 균형을 잡아 조절된 운동을 일으켜서 이들 자료에 반응할 수 있어야 한다.

33.9 측선계(lateral line system)는 생물들로 하여금 환경의 압력과 진동의 미세한 변화를 감지하게 함으로써 어류와 양서류 유생들의 청각을 보충해 준다. 측선계는 물의 밀도에 의해 촉진되는데, 성체가 되어 물을 떠나게 되면 육상의 양서류는 더 이상 이 측선계를 이용할 수 없게 된다. 육상에서는 청각에 의해 소리 파동을 감지하는 것이 측선의 비슷한 구조에 의해 진동이나 압력의 파동을 감지하는 것보다 훨씬 쉽다.

33.10 곤충은 발을 이용하여 물체에 내려앉는다. 종종 물체는 먹이의 공급원이 된다. 발에 미각기가 있으면 물체가 잠재적 먹이원인지 살피는 데 좋다.

33.11 아니다. 적록색맹인 사람은 특정 원뿔세포가 결핍되어 있으므로 이들 두 색깔을 "배운다"고 구별할 수 있는 것이 아니다. 독립된 광수용기가 없으므로 색깔들이 동일하게 보인다.

33장

장의 끝 문제

개념 33.1

이해

1. c

응용

1. c

개념 33.2

이해

1. a

응용

1. d

개념 33.3

이해

1. d

응용

1. b

개념 33.4

이해

1. a

응용

1. a

개념 33.5

이해

1. c

응용

1. a

개념 33.6

이해

1. c

응용

1. a

개념 33.7

이해

1. b

응용

1. a

개념 33.8

이해

1. b 2. a

응용

1. a

개념 33.9

이해

1. a.

응용

1. d

개념 33.10

이해

1. d

응용

1. b

개념 33.11

이해

1. b

응용

1. c

34장

개념 정리

34.1 한쪽 방향으로 이동하는 소화계의 세포와 조직들은 섭식과 소화 그리고 배출이 함께 일어날 수 있게끔 전문화되어 있어서 식품의 처리와 에너지 활용 측면에서 매우 효율적이다. 위수강(gastrovascular cavity)을 갖고 있으면 모든 세포들이 소화의 모든 측면을 담당해야 한다.

34.2 샌드위치는 탄수화물(빵), 단백질(닭) 그리고 지방(마요네즈)으로 대표된다. 탄수화물의 분해는 입에서 침샘의 아밀라아제에 의해 시작된다. 단백질의 분해는 위에서 펩시노겐에 의해 시작되고, 지방의 유화는 샘창자(십이지장)에서 쓸개즙의 생성과 함께 비롯된다. 그러므로 위에서 분해가 시작되는 것은 닭이다.

34.3 음식을 보고 맛보고 냄새를 맡으면 소화계가 자극되어 소화효소와 호르몬이 방출된다. 적절한 소화에 필요하고 후각으로 유발되는 침과 위액의 분비는 후각상실에 의해 영향을 받을 수 있다.

34.4 픽의 확산 법칙에서는 호흡표면의 표면적이 증가함에 따라, 호흡하는 기체들 간의 농도차가 증가함에 따라, 그리고 기체가 확산되어야 하는 거리가 감소함에 따라 확산속도(R)가 증가할 수 있다고 설명한다;

$$R = \frac{DA\Delta P}{D}$$

지속적인 섬모의 운동은 농도차(Δp)를 증가시킬 수 있다.

34.5 역류계는 Δp를 증가시켜서 혈액의 산소화 반응을 극대화하고, 따라서 전체 확산경로에 걸쳐 혈액보다 물의 산소 농도를 훨씬 높게 유지시킨다. 어류의 아가미사에서 발견되는 새엽은 아가미의 모세혈관 내에서의 혈류와는 정반대로 물을 단지 한쪽 방향으로만 흐르도록 함으로써 이 과정을 촉진시킨다.

34.6 새들은 다른 육상 척추동물보다 훨씬 효율적인 호흡계를 갖고 있다. 고도가 높은 곳에서 살거나 비행하는 새들은 낮은 산소분압에 직면하고, 따라서 허파 내에서 산소의 확산과 체류를 극대화할 수 있는 호흡계를 진화시켰다. 뿐만 아니라 효율적인 산소교환이 날아다니는 데 결정적이고, 비행은 대부분의 운동방식보다 더 많은 에너지를 필요로 하므로 효율적인 산소 교환 없이는 새들이 짧은 거리조차 안전하게 날 수 없게 된다.

34.7 대부분의 산소는 혈액에서 헤모글로빈과 결합하여 산소헤모글로빈의 형태로 운반되고, 단지 일부분만이 혈장에 용해된다. 반면에 이산화탄소는 대부분이 중탄산염의 형태로 운반되는데, 먼저 이산화탄소가 물과 결합하여 탄산을 형성하고 이어서 중탄산염과 수소이온으로 해리된다. 한편 이산화탄소는 혈장에 용해되어 헤모글로빈과 결합하여 운반되기도 한다.

34.8 혈소판은 골수에 있는 보다 큰 세포들에서 떨어져 나온 세포 조각들이다.

34.9 하나의 심실보다 두 개의 심실을 갖는 주된 이점은 탈산소된 혈액과 산소가 풍부한 혈액을 공간적으로 분리시키는 것이다. 어류와 양서류에서는 산소가 풍부한 혈액과 탈산소된 혈액이 혼합되어 몸의 세포들로 전달되는 산소의 양이 적어진다.

34.10 심방 후의 지연은 심실이 수축하기 전에 방실판이 닫히게끔 해준다. 그런 지연이 없다면 심실이 수축하면서 혈액을 판을 통해 심방으로 역류시킬 수 있다.

34.11 온몸의 기체교환을 거치는 동안 모세혈관에서 확산되어 나온 액체의 90%만이 다시 혈관으로 돌아가고, 나머지는 림프관으로 들어가 좌우의 쇄골하정맥을 통해 순환계로 다시 돌아간다.

34장

장의 끝 문제

개념 34.1

이해

1. b와 c

응용

1. b

개념 34.2

이해

1. d

응용

1. d

개념 34.3

이해

1. d

응용

1. c

개념 34.4

이해

1. b

응용

1. c와 d

개념 34.5

이해

1. a

응용

1. R은 표면적(a)을 증대시키는 아가미의 가지 친 본질과 확산되는 거리(d)를 단축시키는 아가미의 얇은 상피에 의해 최적화된다.

개념 34.6

이해

1. d, e, a, c, b

응용

1. a

개념 34.7

이해

1. d

응용

1. 운동할 때이다. 왜냐하면 운동할 때에는 골격근에 의해 이산화탄소가 빠르게 생긴 결과 휴식할 때보다 빼앗기는 산소의 양이 많아지기 때문이다.

개념 34.8

이해

1. a

응용

1. a와 d

개념 34.9

이해

1. a

응용

1. b

개념 34.10

이해

1. c

응용

1. b

개념 34.11

이해

1. a

응용

1. a

35장

개념 정리

35.1 그렇다. 길항적 효과기와 음성 되먹임은 함께 작용한다.

35.2 특정 조직의 반응은 먼저 그 표면에 있는 수용체에 좌우되고 다음으로 세포의 반응경로에 좌우된다. 동일한 호르몬과 결합하는 여러 다른 수용체 아형이 있을 수 있고, 동일한 수용체가 여러 다른 반응경로를 촉진할 수 있다.

35.3 그렇게 하면 순환계의 GH 양을 줄일 수 있다. 그렇지만 그런 조치로 인해 원치 않는 부작용이 생길 수 있다.

35.4 몸에는 길항작용을 하는 두 가지 호르몬이 혈당을 일정한 수준으로 유지시켜 준다. 그 중 한 호르몬인 글루카곤은 혈당을 높이는 반면, 다른 호르몬인 인슐린은 혈당을 낮추는 작용을 한다. 인슐린의 작용은 혈액에서 포도당을 제거하여 이를 간과 근육에서 글리코겐으로 전환시키는 것이다. 글루카곤은 글리코겐을 포도당으로 변환시키고 간에서 포도당의 합성을 촉진하도록 작용한다. 이들 두 가지 호르몬은 나란히 혈당을 조절한다.

35.5 물은 보다 희석된 용액에서 덜 희석된 용액으로 가는 성질인 삼투성이 높은 구역으로 이동한다.

35.6 이는 세관계 내의 삼투성을 증가시키게 되므로 물의 재흡수를 감소시키게 된다. 그렇게 되면 물의 손실이 일어난다.

35.7 아쿠아포린 통로가 차단되면 집합관에서 물이 재흡수되지 못한다.

35.8 아니다. 선천면역은 병원체의 공통적인 분자클래스에 어떤 특이성을 나타낸다.

35.9 T세포수용체는 재배열되어 특이한 결합능력을 갖는 여러 다른 수용체들을 많이 생성한다. 톨유사수용체는 재배열되지 않고, 특정한 분자가 아니라 분자의 특정한 클래스를 인식한다.

35.10 Ig수용체는 재배열되어 많은 상이한 특이성을 나타낸다. TLR 선천성 수용체는 재배열되지 않고, 분자의 특정한 클래스와 결합한다.

35장

장의 끝 문제

개념 35.1

이해

1. b와 d

응용

1. a

개념 35.2

이해

1. b

응용

1. b

개념 35.3

이해

1. b

응용

1. b

개념 35.4

이해

1. a

응용

1. c

개념 35.5

이해

1. a

응용

1. b와 c

개념 35.6

이해

1. b

응용

1. c

개념 35.7

이해

1. c

응용

1. b

개념 35.8

이해

1. c

응용

1. c

개념 35.9

이해

1. d

응용

1. b

개념 35.10

이해

1. b

응용

1. a

36장

개념 정리

36.1 발정 주기는 대부분의 포유류가 일어나고 대부분의 포유류 종들은 상대적으로 복잡한 사회적 조직을 가지고 있으며 짝짓기 행동을 한다. 유성생식 주기는 이러한 복잡한 짝짓기 체계를 통해 허용된다. 특히, 남자 유아가 위협을 받는 사회집단 내에서 암컷들의 동시적 발정은 빠르게 암컷 집단을 임신키기 위한 수컷의 능력을 제거하기 위해 선택적일 수 있다.

발정주기는 생리적으로 성적 수용능을 향상시키는 호르몬과 알의 성숙을 동반한 결과이다.

36.2 수컷끼리 경쟁하는 집단의 짝짓기 체계 내에서 성 선택의 형태 중 하나인 정자 경쟁은 매우 흔한 일이다. 이러한 집단 내에서 다수의 수컷은 주어진 암컷 내에서 짝짓기 할 것이다. 그리고 많은 숫자의 정자를 생산하는 집단 내 수컷들은 더 많은 자손들의 아버지로써 생식적 이점을 가질 것이다.

36.3 여성의 출산 조절 알약은 배란 주기의 호르몬적 조절 역할을 한다. 지속적으로 프로게스테론을 방출하게 하는 알약은 배란을 막는다. 배란은 주기적이며 호르몬에 의해 조절된다. 따라서 배란은 인위적으로 조절하기 쉽다. 게다가 여성 출산 조절 알약은 하나의 난자의 방출을 중지시킨다. 반면에 남성 출산 조절 알약은 정자의 생산을 완벽하게 중지 시키고(남성의 경우 매일 수백만 개의 정자를 생산한다) 호르몬 교란을 일으켜 불임 또는 다른 치명적 부작용을 야기할 수 있다.

36.4 Ca^{2+} 이온은 2차 전달자처럼 활동한다. 그리고 다 수정 기작을 방지하고 난자 내의 단백질 합성을 촉진하는 단백질 활성도의 변화를 가져온다.

36.5 핵은 재 프로그램화 되어야 한다. 분자적 단계에서 의미는 명확하지 않지만, 아마도 염색체의 구조 변화와 메틸화 양상의 변화를 의미하는 것으로 생각된다.

36.6 포유동물에서 4세포기 단계는 여전히 불명확하고 각각의 세포를 분리시켜도 정상적으로 발달한다. 반면 개구리 배아에서는 난황 분포에 따라 난할이 바뀐다; 게다가 4세포기 세포들은 정상적 발생을 위한 유전적 정보를 가진 핵을 각각 가지고 있지 않다.

36.7 낭배형성을 위해 필요한 세포적 행동 과정은 개체마다 다르다; 그러나 몇몇 낭배형성 과정들은 어느 낭배형성 과정에나 일어난다. 특히 세포의 재배열과 함입을 통해 배아가 발생한다.

36.8 비-신경융기 세포 운명은 세포들의 이동 경로를 통해 결정된다.

36.9 기본적 구조의 형성이 일어나는 배아의 분화의 대부분이 초기 3개월 동안 일어난다:2번째 그리고 3번 째 3개월 동안은 기관들의 발생과 분화보다는 초기 생장과 기관의 성숙의 시기이다. 따라서 기형 발생물질들은 빠른 기관형성 시기 동안 가장 치명적이다.

36장

장의 끝 문제

개념 36.1

이해

1. a

응용

1. b

개념 36.2

이해

1. d

응용

1. a

개념 36.3

이해

1. c

응용

1. b

개념 36.4

이해

1. d

응용

1. a

개념 36.5

이해

1. a

응용

1. 재프로그램 인자는 새로운 조직을 재생함으로써 상처입은 조직의 회복을 위해 치료적으로 사용될 수 있다/또는 분화를 유도하는 인자들은 상처입은 조직을 대체하기 위한 새로운 조직을 생산하는 줄기세포를 얻기 위해 사용될 수 있다.

개념 36.6

이해

1. c 2. b

응용

1. a

개념 36.7

이해

1. d

응용

1. 태아의 분만과 출산 전의 배아에서 발달하는 기관으로 액체로 가득 찬 주머니인 양막의 파열.

개념 36.8

이해

1. d

응용

1. c

개념 36.9

이해

1. c 2. c

응용

1. d

37장

개념 정리

37.1 대초원 들쥐의 짝짓기에 대한 유전적 조절은 상당히 잘 밝혀졌다. 수컷이 때때로 짝외교미를 찾는 사실은 암수 한 쌍의 관계 성립이 유전적 조절뿐만 아니라 행동적 조절 하에 있음을 나타내는 것이다.

37.2 사람의 IQ와 유전자 간에는 관련이 있을 수 있지만 환경적 요소 또한 확실하게 관련된다. IQ에 유전적 연관성을 부여한다면 자칫 선별적으로 "교배"할 가능성이 있고 "맞춤아기(designer baby)"가 나올 위험이 도사리고 있다.

37.3 여러 다른 영장류와 새들을 대상으로 사물을 세는 능력을 검사한 실험 중 하나는 동물에게 숫자를 제시하고 여러 모음에서 그 숫자만큼 사물이 포함된 것을 고르게 하는 것이다. 다른 실험에서는 목표 숫자와 같은 물품이 포함된 것을 고르게 하는 것이다.

37.4 나비와 새는 구조와 생리가 완전히 다르므로 아마도 아주 다른 항로 결정 시스템을 이용할 것이다. 일반적으로 새들은 양방향으로 이동하는데, 추운 계절에는 남쪽으로 이주하고 따뜻한 계절에는 북쪽으로 돌아간다. 그러므로 보통 여러 세대가 함께 이동하면서 어린 새들은 늙은 세대로부터 이동 경로를 배울 수 있다. 반면에 나비들은 번식하러 남쪽에 와서 죽는다. 그 자손들은 한 번도 가보지 않은 북쪽으로 날아가야 한다.

37.5 화학적 생식장벽 외에 많은 종들은 행동적 장벽과 형태적 생식장벽을 함께 이용한다. 혹시 어느 암컷 나방이 다른 종의 수컷 나방의 페로몬에 유인되었더라도 이들은 행동적으로나 구조적으로 부적합할 수 있다.

37.6 세력권 행동은 충돌에 따른 물리적 위험과 에너지 소비 그리고 먹이를 찾거나 교배하는 시기를 놓치는 등의 잠재적 비용을 초과해야 한다. 자주 접하지 않은 꽃에서 꿀먹이새는 자원을 이용하면서 얻을 수 있는 에너지보다 많은 에너지를 자원을 지키는 데 써야만 할 것이다. 반면에 매우 풍부한 자원을 두고는 보통 경쟁 압박이 줄어들므로 새들은 접근이 제한되지 않은 자원을 지키는 데 불필요한 에너지를 사용할 것이다.

37.7 수컷들은 그들이 어버이 투자와 에너지 소비가 더 많은 성이기 때문에 배우자 선택을 해야 한다. 따라서 실고기 수컷은 많은 종들의 암컷처럼 "까다로운(choosier)" 성이 되어야 한다.

37.8 대체로 상호이타적 행동은 희생이 적게 들지만 혈연 선택에 따른 행동은 희생이 적거나 엄청난 희생을 치를 수 있다. 포식자로부터 새끼를 보호하는 행동은 분명히 중대한 위험이고 어쩌면 큰 희생을 치를 수 있다. 그러므로 이러한 행동은 혈연 선택에 기인하는 것으로 보인다. 이런 가설을 입증하려면 유전적 검사를 수행하거나 특히 잘 연구된 개체군을 대상으로 가계도를 살피는 것이다.

37.9 무리 안에서 살면 비용과 편익 모두가 결부된다. 주요한 비용은 자원을 두고 경쟁이 늘어나는 것이고, 주된 편익은 포식으로부터 방어하는 것이다. 혈연에 대한 이타성은 이기적으로 간주되는데, 그 이유는 가까운 친척을 도와주는 일은 포괄적응도(inclusive fitness)에 직접적으로 영향을 미치기 때문이다. 대부분의 군대는 척추동물 사회보다는 곤충 사회와 훨씬 더 비슷하다. 곤충 사회는 극히 소수의 선택된 개체를 도와주고 방어할 목적으로 모인 다수의 개체들로 구성된다. 이렇게 보호를 받고 존경받는 소수의 개체들을 군대가 방어할 사명을 띤 사회라고 생각할 수 있다. 사람의 군대와 비슷하게 곤충 사회는 각자 특정한 과업이 "부과된(assigned)" 개체들로 구성된다. 반면에 대부분의 척추동물 사회는 덜 이타적이고 집단 구성원 간에서 경쟁과 공격성이 드러난다. 요컨대 척추동물 사회는 주된 관심사가 보통 자신의 적응도인 개체들로 구성되는 반면, 곤충 사회는 일차적 관심사가 집단 그 자체인 개체들로 구성된다.

37장

장의 끝 문제

개념 37.1

이해

1. c 2. a

응용

1. 학습 능력에 대한 선택이 중단될 수 있으므로, 세대가 거듭되면서 미로 학습 능력이 변하여 마구잡이유전적 부동(random genetic drift)에만 기인할 것이다.

개념 37.2

이해

1. c

응용

1. c

개념 37.3

이해

1. c

응용

1. d

개념 37.4

이해

1. d

응용

1. c

개념 37.5

이해

1. a

응용

1. a

개념 37.6

이해

1. b 2. a

응용

1. d

개념 37.7

이해

1. a

응용

1. d

개념 37.8

이해

1. c 2. c

응용

1. d 2. b 3. a

개념 37.9

이해

1. c

응용

1. b

38장

개념 정리

38.1 만일 문제의 그 개체군이 공급-흡수 이소개체군(source-sink metapopulation) 무리라면 개체가 흡수되기만 하는 (sink) 지역개체군에 이입이 끊어질 것이고, 이 개체군은 결국 절멸하게 될 것이다. 그렇게 되면 개체를 주로 내보내는 공급지(source)로서의 역할을 하는 개체군은 지리적 분포범위가 넓어지게 될 것이다.

38.2 그것은 문제가 되는 개체군의 최초 크기에 달려있다. 높은 생존율을 갖는 작은 개체군은 낮은 생존율을 갖는 큰 개체군보다 빠르게 생장할 필요가 없다.

38.3 포식에 노출될 확률이 높은 종은 최초 생식기를 앞당기고 출생 사이의 간격을 줄여서 선택적 포식압 아래에서 적응도를 극대화할 것이다. 반면에 포식자가 거의 없는 종들은 초기 사망률의 위험이 줄어들기 때문에 번식하기 전까지 훨씬 더 성숙하도록 사치를 누리고 출생 사이의 간격을 늘려서 각 자손에게 더 많은 것을 물려준다.

38.4 여러 다른 요인들이 개체군의 환경수용력에 영향을 미칠 수 있다. 이를테면 비교적 작은 규모라 할지라도 기후의 변화는 물과 식생뿐만 아니라 식생의 계절학과 분포를 변화시킴으로써 환경수용력에 큰 영향을 미칠 수 있다. 그렇지만 환경변화의 유형에 상관없이 대부분의 개체군들은 환경수용력을 바꿀 수 있어서, 만일 환경수용력이 낮아지면 개체군은 감소하게 되고, 만일 환경수용력이 높아지면 개체군은 증가할 것이다.

38.5 특정한 개체군은 양과 음의 밀도의존효과를 모두 경험할 수 있지만 두 효과를 동시에 겪지 않는다. 이를테면 이용 가능한 먹이가 적거나 높은 포식압 같은 음의 밀도의존효과는 개체군 크기를 감소시킬 수 있다. 반면에 알리효과에서 본 바와 같은 양의 밀도의존효과는 개체군의 크기를 빠르게 증가시키는 결과를 초래한다. 개체군이 동시에 늘어나고 줄어들 수 없으므로 양과 음의 밀도의존효과가 동시에 나타나지 않는다. 그렇지만 개체군에 미치는 선택압이 양과 음의 연속체(continuum)이고, 개체군 크기를 형성하는 힘이 세기가 변할 뿐만 아니라 음에서 양으로 또는 양에서 음으로 방향을 바꿀 수 있다.

38.6 인구의 증가와 자원의 소비는 서로 강하게 결부되어 있고, 인구가 지구의 환경수용력을 넘지 않으려면 그 두 가지는 매우 중요하다. 인구 증가가 계속 늘어나면 인구는 지구의 환경수용력에 다다르게 되고, 소비가 늘어나면 환경수용력이 줄어들게 되므로, 이 두 가지 추세를 반전시켜야 한다.

38장

장의 끝 문제

개념 38.1

이해

1. b 2. b

응용

1. c 2. d

개념 38.2

이해

1. a 2. c

응용

1. b 2. a

개념 38.3

이해

1. a 2. b

응용

1. c

개념 38.4

이해

1. d 2. c

응용

1. b 2. d

개념 38.5

이해

1. c 2. c

응용

1. c

개념 38.6

이해

1. a 2. 78

응용

1. d

39장

개념 정리

39.1 그것은 기본생태적 지위를 말하는 것인지 아니면 실제생태적 지위를 말하는 것인지에 따라 달라진다. 어떤 두 종이 기본생태적 지위 내에서 서로 다른 실제생태적 지위를 형성할 수 있기 때문에 그 두 종은 동일한 기본생태적 지위를 갖고 무기한 공존할 수 있다. 동일한 실제생태적 지위를 갖는 두 종이 무기한 공존하려면 생태적 지위 내의 자원이 제한되지 않아야 한다.

39.2 이것은 독성이 없는 종이 맹독성 종의 체색과 비슷한 색깔을 갖는 베이츠의태의 사례가 된다.

39.3 자원이 제한되고 다수의 피식자 종이 있는 생태계에서 포식자가 없다면 어느 피식자 종이 다른 종과의 경쟁에서 이겨 그 종을 멸종시킬 수 있다. 그렇지만 포식자가 있다면 포식자가 없을 때 경쟁배타에 의해 사라질 위기에 처했던 피식자 종도 군집에서 존속할 수 있다. 경쟁배타의 가능성을 낮추는 포식자를 핵심종이라 한다.

39.4 군집의 관점에서는 개개의 나무를 선별적으로 벌목하는 것이 낫다. 중간교란가설에 따르면 선별적 수확 같은 중간적 규모의 교란은 개벌(clear-cutting) 같은 극심한 교란보다 종풍부도와 생물다양성을 증가시킨다.

39.5 그렇다. 거름 같은 천연물질로 비료를 주는 것이 화학비료를 주는 것보다 생태계를 덜 교란시킨다. 예를 들어 많은 화학비료에는 거름보다 훨씬 많은 인산이 들어있어서 화학비료를 주게 되면 자연의 인 순환을 교란시키게 된다.

39.6 물질과 에너지 모두 유형을 바꾸면서 생태계를 지나지만, 그렇다고 해서 창조되거나 파괴되지 않는다. 한편 생태계 내에서 물질과 에너지는 영양단계를 거치면서 흐른다. 탄소 원자 같은 물질의 흐름은 에너지 흐름보다 훨씬 복잡하고 여러 단계인데, 그것은 이 흐름이 진정한 순환이기 때문이다. 탄소순환에서 원자들은 시작도 없고 끝도 없이 생태계 내에서 순환한다. 탄소는 순환과정을 거치는 동안 고체 상태에서 기체 상태로 변하고 다시 되돌아간다. 반면에 에너지는 한쪽 방향으로 흐른다. 생태계의 에너지는 궁극적으로 태양으로부터 온다. 태양에너지는 첫 번째 영양단계에 있는 1차생산자에 포획되어 태양에너지에서 화학에너지의 형태로 바뀐다. 화학에너지는 한 영양단계에서 다음 영양단계로 전달되며, 결국 저질의 에너지인 열만 남는다.

39.7 그것은 1차생산자가 포획하는 햇빛의 양이 변하는가에 달려있다. 현재 지구의 대기에서 태양에너지의 단지 1%만이 광합성을 위해 1차생산자에 의해 포획된다. 만일 지구 표면에 도달하는 햇빛이 줄더라도 햇빛의 감소에 동반하여 에너지 포획이 증가한다면 1차생산력은 변하지 않을 것이다.

39장

장의 끝 문제

개념 39.1

이해

1. a

응용

1. d 2. d

개념 39.2

이해

1. d

응용

1. b 2. b

개념 39.3

이해

1. c

응용

1. b

개념 39.4

이해

1. c

응용

1. d

개념 39.5

이해

1. b

응용

1. d 2. d

개념 39.6

이해

1. a 2. b

응용

1. d

개념 39.7

이해

1. a 2. b

응용

1. d.

40장

개념 정리

40.1 만일 지구가 반대 방향으로 회전한다면 코리올리 효과는 역전될 것이다. 다시 말해서 북위 30° 또는 남위 30°와 적도 사이에서 하강하는 바람은 그 밑의 지상풍보다 훨씬 느리게 움직여서 편향되겠지만, 북반구에서는 왼쪽으로 방향이 바뀌고 남반구에서는 오른쪽으로 방향이 바뀔 것이다. 30°와 60° 사이에서는 바람이 그 밑의 지상풍보다 훨씬 빠르게 움직이기 때문에 양상이 역전되고, 따라서 정상 방향과 반대 방향으로 편향되어 북반구에서는 왼쪽으로 그리고 남반구에서는 오른쪽으로 바뀌게 될 것이다. 그 결과 무역풍은 서쪽에서 동쪽으로 불고, 실제로는 "편동풍(Easterlies)"인 "편서풍(Westerlies)"이 동쪽에서 서쪽으로 불게 된다.

40.2 고도와 마찬가지로 위도는 기후와 강수의 중요한 결정요인이며, 이들 요인은 특정 지역의 식생구조를 주로 결정하고 이는 나아가서 생물군계를 나타내게 한다.

40.3 부영양호는 조류의 영양소가 풍부하고 용존산소가 낮다. 용존산소가 높고 조류 영양소가 낮은 빈영양호에 비료가 유입되면 그 비료에 포함된 질산과 인산이 호수의 물에 녹아들어 빈영양호는 부영양호로 변한다.

40.4 만일 바다에서 철이 제한된 생산자가 들어있는 구역에 철이 추가되면 (남극 주변의 거대한 남극해, 태평양의 적도 부분, 북극에 가까운 부분들, 태평양의 북동부), 이들 구역의 생산자는 증가하게 될 것이다. 그렇게 되면 해양의 단위면적당 전반적인 생산력이 증가할 것이다.

40.5 CFCs(염화불화탄소)는 점오염원의 한 예이다. CFCs와 그 밖의 점오염원들은 대체로 방지하기 쉬운데, 그것은 이들 오염원을 쉽게 찾을 수 있고 따라서 오염원들을 훨씬 쉽게 줄일 수 있기 때문이다.

40.6 지구의 기후변화와 오존감소는 서로 관련될 수 있다. 기후변화와 오존감소 모두 인간의 건강, 환경, 경제 및 정치의 각각에 미치는 영향 때문에 지구적 차원의 환경문제가 되지만, 이 딜레마와 맞서 싸우는 시도와 이해에는 차이가 있다. 오존감소는 지구 표면에 도달하는 자외선이 증가하는 결과를 초래한다. 반면에 지구의 기후변화는 해수면과 얼음의 유동 및 폭풍 활동의 장기적 변화를 야기한다.

40장

장의 끝 문제

개념 40.1

이해

1. d 2. a

응용

1. d 2. b

개념 40.2

이해

1. b

응용

1. c 2. b

개념 40.3

이해

1. c 2. a

응용

1. b 2. b

개념 40.4

이해

1. d 2. b

응용

1. a 2. a

개념 40.5

이해

1. a 2. c

응용

1. c 2. c

개념 40.6

이해

1. d 2. c

응용

1. b 2. b

찾아보기

국문 찾아보기

ㅈ

기타

영문 찾아보기

E

Q

R

S

T

U

V